당신도 이번에 반드시 합격합니다!
찐합격

▶ 공하성 교수님 직강

소방설비산업기사

전기❸
필기

본문 및 10개년 과년도

소방공학박사
우석대학교 소방방재학과 교수 **공하성** 지음

🅱🅼 ㈜도서출판 **성안당**

성안당 깜짝 알림

원퀵으로 기출문제를 보내고 원퀵으로 소방책을 받자!!

2026 소방설비산업기사, 소방설비기사 시험을 보신 후 기출문제를 재구성하여 성안당 출판사에 15문제 이상 보내주신 분에게 공하성 교수님의 소방시리즈 책 중 한 권을 무료로 보내드립니다.

독자 여러분들이 보내주신 재구성한 기출문제는 보다 더 나은 책을 만드는 데 큰 도움이 됩니다.

✉ 이메일 coh@cyber.co.kr(최옥현) | ※메일을 보내실 때 성함, 연락처, 주소를 꼭 기재해 주시기 바랍니다.

- 무료로 제공되는 책은 독자분께서 보내주신 기출문제를 공하성 교수님이 검토 후 보내드립니다.
- 책 무료 증정은 조기에 마감될 수 있습니다.

■ 도서 A/S 안내

성안당에서 발행하는 모든 도서는 저자와 출판사, 그리고 독자가 함께 만들어 나갑니다.

좋은 책을 펴내기 위해 많은 노력을 기울이고 있습니다. 혹시라도 내용상의 오류나 오탈자 등이 발견되면 **"좋은 책은 나라의 보배"**로서 우리 모두가 함께 만들어 간다는 마음으로 연락주시기 바랍니다. 수정 보완하여 더 나은 책이 되도록 최선을 다하겠습니다.

성안당은 늘 독자 여러분들의 소중한 의견을 기다리고 있습니다. 좋은 의견을 보내주시는 분께는 성안당 쇼핑몰의 포인트(3,000포인트)를 적립해 드립니다.

잘못 만들어진 책이나 부록 등이 파손된 경우에는 교환해 드립니다.

저자 문의 : Ch http://pf.kakao.com/_TZKbxj
　　　　　　Daum cafe.daum.net/firepass
　　　　　　NAVER cafe.naver.com/fireleader

본서 기획자 e-mail : coh@cyber.co.kr(최옥현)

홈페이지 : http://www.cyber.co.kr　　전화 : 031) 950-6300

· 소방설비산업기사 필기(전기분야)

머리말

God loves you, and has a wonderful plan for you.

안녕하십니까?
우석대학교 소방방재학과 교수 공하성입니다.
지난 31년간 보내주신 독자 여러분의 아낌없는 찬사에 진심으로 감사드립니다.
앞으로도 변함없는 성원을 부탁드리며, 여러분들의 성원에 힘입어 항상 더 좋은 책으로 거듭나겠습니다.
본 책의 특징은 학원 강의를 듣듯 정말 자세하게 설명해 놓았다는 것입니다.
시험의 기출문제를 분석해 보면 문제은행식으로 과년도 문제가 매년 거듭 출제되고 있음을 알 수 있습니다. 그러므로 과년도 문제만 충실히 풀어보아도 쉽게 합격할 수 있을 것입니다.
그런데, 2004년 5월 29일부터 소방관련 법령이 전면 개정됨으로써 "소방관계법규"는 2005년부터 신법에 맞게 새로운 문제들이 출제되고 있습니다.
본 서는 여기에 중점을 두어 국내 최다의 과년도 문제와 신법에 맞는 출제 가능한 문제들을 최대한 많이 수록하였습니다.
또한, 각 문제마다 아래와 같이 중요도를 표시하였습니다.

| 별표없는것 | 출제빈도 10% | ★ | 출제빈도 30% |
| ★★ | 출제빈도 70% | ★★★ | 출제빈도 90% |

그리고 해답의 근거를 다음과 같이 약자로 표기하여 신뢰성을 높였습니다.

- **기본법** : 소방기본법
- **기본령** : 소방기본법 시행령
- **기본규칙** : 소방기본법 시행규칙
- **소방시설법** : 소방시설 설치 및 관리에 관한 법률
- **소방시설법 시행령** : 소방시설 설치 및 관리에 관한 법률 시행령
- **소방시설법 시행규칙** : 소방시설 설치 및 관리에 관한 법률 시행규칙
- **화재예방법** : 화재의 예방 및 안전관리에 관한 법률
- **화재예방법 시행령** : 화재의 예방 및 안전관리에 관한 법률 시행령
- **화재예방법 시행규칙** : 화재의 예방 및 안전관리에 관한 법률 시행규칙
- **공사업법** : 소방시설공사업법
- **공사업령** : 소방시설공사업법 시행령
- **공사업규칙** : 소방시설공사업법 시행규칙
- **위험물법** : 위험물안전관리법
- **위험물령** : 위험물안전관리법 시행령
- **위험물규칙** : 위험물안전관리법 시행규칙
- **건축령** : 건축법 시행령
- **위험물기준** : 위험물안전관리에 관한 세부기준
- **피난·방화구조** : 건축물의 피난·방화구조 등의 기준에 관한 규칙

본 책에는 잘못된 부분이 있을 수 있으며, 잘못된 부분에 대해서는 발견 즉시 성안당(www.cyber.co.kr) 또는 예스미디어(www.ymg.kr)에 올리도록 하고, 새로운 책이 나올 때마다 늘 수정·보완하도록 하겠습니다.
이 책의 집필에 도움을 준 이종화·안재천 교수님, 임수란님에게 고마움을 표합니다.
끝으로 이 책에 대한 모든 영광을 그 분께 돌려 드립니다.

공하성 올림

출제경향분석

소방설비산업기사 필기(전기분야) 출제경향분석

제1과목 소방원론

1. 화재의 성격과 원인 및 피해 9.1% (2문제)
2. 연소의 이론 16.8% (4문제)
3. 건축물의 화재성상 10.8% (2문제)
4. 불 및 연기의 이동과 특성 8.4% (1문제)
5. 물질의 화재위험 12.8% (3문제)
6. 건축물의 내화성상 11.4% (2문제)
7. 건축물의 방화 및 안전계획 5.1% (1문제)
8. 방화안전관리 6.4% (1문제)
9. 소화이론 6.4% (1문제)
10. 소화약제 12.8% (3문제)

제2과목 소방전기일반

1. 직류회로 19.9% (4문제)
2. 정전계 4.8% (1문제)
3. 자기 13.4% (2문제)
4. 교류회로 31.2% (6문제)
5. 비정현파 교류 1.1% (1문제)
6. 과도현상 1.1% (1문제)
7. 자동제어 10.8% (2문제)
8. 유도전동기 17.7% (3문제)

제3과목 소방관계법규

1. 소방기본법령 20% (4문제)
2. 소방시설 설치 및 관리에 관한 법령 14% (3문제)
3. 화재의 예방 및 안전관리에 관한 법령 21% (4문제)
4. 소방시설공사업법령 30% (6문제)
5. 위험물안전관리법령 15% (3문제)

제4과목 소방전기시설의 구조 및 원리

1. 자동화재 탐지설비 22% (5문제)
2. 자동화재 속보설비 6% (1문제)
3. 비상경보설비 및 비상방송설비 15% (3문제)
4. 누전경보기 8% (2문제)
5. 가스누설경보기 3% (1문제)
6. 유도등 · 유도표지 및 비상조명등 18% (4문제)
7. 비상콘센트설비 6% (1문제)
8. 무선통신 보조설비 10% (2문제)
9. 피난기구 6% (1문제)
10. 간선설비 · 예비전원설비 6% (1문제)

차 례

초스피드 기억법

제1편 소방원론 ··· 3
　제1장 화재론 ··· 3
　제2장 방화론 ·· 12
제2편 소방관계법규 ·· 17
제3편 소방전기일반 ·· 40
　제1장 직류회로 ··· 40
　제2장 정전계 ·· 41
　제3장 자　기 ·· 43
　제4장 교류회로 ··· 45
　제5장 자동제어 ··· 48
제4편 소방전기시설의 구조 및 원리 ··· 50
　제1장 경보설비의 구조 및 원리 ·· 50
　제2장 피난구조설비 및 소화활동설비 ··· 55
　제3장 소방전기시설 ·· 56

1　소방원론

제1장 화재론 ··· 1-3
　1. 화재의 성격과 원인 및 피해 ··· 1-3
　2. 연소의 이론 ··· 1-9
　3. 건축물의 화재성상 ·· 1-24
　4. 불 및 연기의 이동과 특성 ·· 1-28
　5. 물질의 화재위험 ··· 1-32
제2장 방화론 ··· 1-41
　1. 건축물의 내화성상 ·· 1-41
　2. 건축물의 방화 및 안전계획 ··· 1-48
　3. 방화안전관리 ·· 1-54
　4. 소화이론 ··· 1-57
　5. 소화약제 ··· 1-63

2　소방관계법규

제1장 소방기본법령 ·· 2-3
　1. 소방기본법 ·· 2-3
　2. 소방기본법 시행령 ··· 2-5
　3. 소방기본법 시행규칙 ··· 2-6

CONTENTS

제2장 소방시설 설치 및 관리에 관한 법령 ········· 2-9
1. 소방시설 설치 및 관리에 관한 법률 ········· 2-9
2. 소방시설 설치 및 관리에 관한 법률 시행령 ········· 2-11
3. 소방시설 설치 및 관리에 관한 법률 시행규칙 ········· 2-16

제3장 화재의 예방 및 안전관리에 관한 법령 ········· 2-19
1. 화재의 예방 및 안전관리에 관한 법률 ········· 2-19
2. 화재의 예방 및 안전관리에 관한 법률 시행령 ········· 2-23
3. 화재의 예방 및 안전관리에 관한 법률 시행규칙 ········· 2-26

제4장 소방시설공사업법령 ········· 2-31
1. 소방시설공사업법 ········· 2-31
2. 소방시설공사업법 시행령 ········· 2-34
3. 소방시설공사업법 시행규칙 ········· 2-36

제5장 위험물안전관리법령 ········· 2-39
1. 위험물안전관리법 ········· 2-39
2. 위험물안전관리법 시행령 ········· 2-41
3. 위험물안전관리법 시행규칙 ········· 2-43

3 소방전기일반

제1장 직류회로 ········· 3-3
1. 전자와 양자 ········· 3-3
2. 전기회로의 전압과 전류 ········· 3-3
3. 전력과 열량 ········· 3-9
4. 전기저항 ········· 3-11
5. 여러 가지 효과 ········· 3-13
6. 전류의 화학작용과 전지 ········· 3-14

제2장 정전계 ········· 3-18
1. 콘덴서와 정전용량 ········· 3-18
2. 전 계 ········· 3-21

제3장 자 기 ········· 3-25
1. 자기회로 ········· 3-25
2. 전자력 ········· 3-32
3. 전자유도 ········· 3-34
4. 전자에너지 ········· 3-39

차 례

제4장 교류회로 ··············· 3-41
1. 교류회로의 기초 ··············· 3-41
2. 교류전류에 대한 RLC작용 ··············· 3-44
3. RLC 직병렬 회로 ··············· 3-47
4. 교류전력 ··············· 3-51
5. 3상교류 ··············· 3-54
6. 회로망에 대한 정리 ··············· 3-61
7. 4단자망 ··············· 3-63
8. 분포정수회로 ··············· 3-66

제5장 비정현파 교류 ··············· 3-69
1. 비정현파의 해석 ··············· 3-69

제6장 과도현상 ··············· 3-72
1. RL 직렬회로 ··············· 3-72
2. RC 직렬회로 ··············· 3-73
3. RLC 직렬회로 ··············· 3-74

제7장 자동제어 ··············· 3-76
1. 자동제어계의 구성요소 ··············· 3-76
2. 블록선도 ··············· 3-79
3. 시퀀스 제어의 기본 심벌 ··············· 3-80
4. 불대수와 논리회로 ··············· 3-82
5. 제어장치에 필요한 기초전자회로 ··············· 3-84

제8장 유도전동기 ··············· 3-88
1. 단상유도전동기·직류전동기 ··············· 3-88
2. 3상유도 전동기 ··············· 3-88
3. 서보전동기 ··············· 3-89

4 소방전기시설의 구조 및 원리

제1장 경보설비의 구조 및 원리 ··············· 4-3
1-1 자동화재탐지설비 ··············· 4-3
1. 경보설비 및 감지기 ··············· 4-3
2. 수신기 ··············· 4-27
3. 발신기·중계기·시각경보장치 등 ··············· 4-34

1-2 자동화재속보설비 ··············· 4-45

CONTENTS

1-3 비상경보설비 및 비상방송설비 ·· 4-48
   1. 비상경보설비 및 단독경보형 감지기 ···································· 4-48
   2. 비상방송설비 ··· 4-49
1-4 누전경보기 ··· 4-51
1-5 가스누설경보기 ·· 4-56
제2장 피난구조설비 및 소화활동설비 ·· 4-59
   1. 유도등·유도표지 ·· 4-59
   2. 비상조명등 ·· 4-67
   3. 비상콘센트설비 ·· 4-69
   4. 무선통신보조설비 ·· 4-73
   5. 피난기구 ··· 4-76
제3장 기타 소방전기시설 ·· 4-83
   1. 간선설비 ··· 4-83
   2. 예비전원 설비 ··· 4-86

5   과년도 기출문제(CBT기출복원문제 포함)

- 소방설비산업기사(2025. 2. 7 시행) ··· 25- 2
- 소방설비산업기사(2025. 5. 21 시행) ··· 25-27
- 소방설비산업기사(2025. 9. 1 시행) ··· 25-54

- 소방설비산업기사(2024. 3. 1 시행) ··· 24- 2
- 소방설비산업기사(2024. 5. 9 시행) ··· 24-27
- 소방설비산업기사(2024. 7. 5 시행) ··· 24-52

- 소방설비산업기사(2023. 3. 1 시행) ··· 23- 2
- 소방설비산업기사(2023. 5. 13 시행) ··· 23-26
- 소방설비산업기사(2023. 9. 2 시행) ··· 23-52

- 소방설비산업기사(2022. 3. 2 시행) ··· 22- 2
- 소방설비산업기사(2022. 4. 17 시행) ··· 22-24
- 소방설비산업기사(2022. 9. 27 시행) ··· 22-48

- 소방설비산업기사(2021. 3. 2 시행) ··· 21- 2
- 소방설비산업기사(2021. 5. 9 시행) ··· 21-26
- 소방설비산업기사(2021. 9. 5 시행) ··· 21-51

차 례

- 소방설비산업기사(2020. 6. 13 시행) ·················· 20- 2
- 소방설비산업기사(2020. 8. 23 시행) ·················· 20-28

- 소방설비산업기사(2019. 3. 3 시행) ·················· 19- 2
- 소방설비산업기사(2019. 4. 27 시행) ·················· 19-27
- 소방설비산업기사(2019. 9. 21 시행) ·················· 19-50

- 소방설비산업기사(2018. 3. 4 시행) ·················· 18- 2
- 소방설비산업기사(2018. 4. 28 시행) ·················· 18-26
- 소방설비산업기사(2018. 9. 15 시행) ·················· 18-50

- 소방설비산업기사(2017. 3. 5 시행) ·················· 17- 2
- 소방설비산업기사(2017. 5. 7 시행) ·················· 17-24
- 소방설비산업기사(2017. 9. 23 시행) ·················· 17-48

- 소방설비산업기사(2016. 3. 6 시행) ·················· 16- 2
- 소방설비산업기사(2016. 5. 8 시행) ·················· 16-21
- 소방설비산업기사(2016. 10. 1 시행) ·················· 16-40

찾아보기 ·················· 1

책선정시유의사항

첫째 저자의 지명도를 보고 선택할 것
(저자가 책의 모든 내용을 집필하기 때문)

둘째 문제에 대한 100% 상세한 해설이 있는지 확인할 것
(해설이 없을 경우 문제 이해에 어려움이 있음)

셋째 과년도문제가 많이 수록되어 있는 것을 선택할 것
(국가기술자격시험은 대부분 과년도문제에서 출제되기 때문)

넷째 핵심내용을 정리한 요점 노트가 있는지 확인할 것
(요점 노트가 있으면 중요사항을 쉽게 구분할 수 있기 때문)

이 책의 특징

1. 요점

요점 8 폭발의 종류
① **분해폭발** : 과산화물, 아세틸렌, 다이나마이트
② **분진폭발** : 밀가루, 담뱃가루, 석탄가루, 먼지, 전분, 금속
③ **중합폭발** : 염화비닐, 시안화수소

핵심내용을 별책 부록화하여 어디서든 휴대하기 간편한 요점 노트를 수록하였음.
(으흠 이런 깊은 뜻이!)

2. 문제

각 문제마다 중요도를 표시하여 ★이 많은 것은 특별히 주의깊게 볼 수 있도록 하였음!

★★★
08 자기연소를 일으키는 가연물질로만 짝지어진 것은?
① 나이트로셀룰로오즈, 황, 등유
② 질산에스터, 셀룰로이드, 나이트로화합물
③ 셀룰로이드, 발연황산, 목탄
④ 질산에스터, 황린, 염소산칼륨

각 문제마다 100% 상세한 해설을 하고 꼭 알아야 될 사항은 고딕체로 구분하여 표시하였음.

 해설 위험물 **제4류 제2석유류**(등유, 경유)의 특성
(1) 성질은 **인화성 액체**이다.
(2) 상온에서 안정하고, 약간의 자극으로는 쉽게 폭발하지 않는다.
(3) 용해하지 않고, **물보다 가볍다**.
(4) 소화방법은 **포말소화**가 좋다. 답 ①

용어에 대한 설명을 첨부하여 문제를 쉽게 이해하여 답안작성이 용이하도록 하였음.

소방력 : 소방기관이 소방업무를 수행하는 데 필요한 인력과 장비

3. 초스피드 기억법

 중요 표시방식
(1) 차량용 운반용기 : **흑색** 바탕에 **황색** 반사도료
(2) 옥외탱크저장소 : **백색** 바탕에 **흑색** 문자
(3) 주유취급소 : **황색** 바탕에 **흑색** 문자
(4) 물기엄금 : **청색** 바탕에 **백색** 문자
(5) 화기엄금·화기주의 : **적색** 바탕에 **백색** 문자

특히, 중요한 내용은 별도로 정리하여 쉽게 암기할 수 있도록 하였음.

9 점화원이 될 수 <u>없는</u> 것
① <u>흡</u>착열
② <u>기</u>화열
③ <u>융</u>해열

 ● 초스피드 기억법
흡기 융점없(호흡기의 융점은 없다.)

시험에 자주 출제되는 내용들은 초스피드 기억법을 적용하여 한번에 기억할 수 있도록 하였음.

이 책의 공부방법

소방설비산업기사 필기(전기분야)의 가장 효율적인 공부방법을 소개합니다. 이 책으로 이대로만 공부하면 반드시 한 번에 합격할 수 있습니다.

첫째, 요점 노트를 읽고 숙지한다.
 (요점 노트에서 평균 60% 이상이 출제되기 때문에 항상 휴대하고 다니며 틈날 때마다 눈에 익힌다.)

둘째, 초스피드 기억법을 읽고 숙지한다.
 (특히 혼동되면서 중요한 내용들은 기억법을 적용하여 쉽게 암기할 수 있도록 하였으므로 꼭 기억한다.)

셋째, 본 책의 출제문제 수를 파악하고, 시험 때까지 3번 정도 반복하여 공부할 수 있도록 1일 공부 분량을 정한다.
 (이때 너무 무리하지 않도록 1주일에 하루 정도는 쉬는 것으로 하여 계획을 짜는 것이 좋겠다.)

넷째, 본문은 Key Point란에 특히 관심을 가지며 부담없이 한 번 정도 읽은 후, 처음부터 차근차근 문제를 풀어 나간다.
 (해설을 보며 암기할 사항이 요점 노트에 있으면 그것을 다시 한번 보고 혹시 요점 노트에 없으면 요점 노트의 여백에 기록한다.)

다섯째, 시험 전날에는 책 전체를 한 번 쭉 훑어보며 문제와 답만 체크(check)하며 보도록 한다.
 (가능한 한 시험 전날에는 책 전체 내용을 밤을 세우더라도 꼭 점검하기 바란다. 시험 전날 본 문제가 의외로 많이 출제된다.)

여섯째, 시험장에 갈 때에도 책과 요점 노트는 반드시 지참한다.
 (가능한 한 대중교통을 이용하여 시험장으로 향하는 동안에도 요점 노트를 계속 본다.)

일곱째, 시험장에 도착해서는 책을 다시 한번 훑어본다.
 (마지막 5분까지 최선을 다하면 반드시 한 번에 합격할 수 있습니다.)

소방설비산업기사 필기(전기분야) 시험내용

1. 필기시험

구 분	내 용
시험 과목	1. 소방원론 2. 소방전기일반 3. 소방관계법규 4. 소방전기시설의 구조 및 원리
출제 문제	과목당 20문제(전체 80문제)
합격 기준	과목당 40점 이상 평균 60점 이상
시험 시간	2시간
문제 유형	객관식(4지선택형)

2. 실기시험

구 분	내 용
시험 과목	소방전기시설 설계 및 시공실무
출제 문제	9~18 문제
합격 기준	60점 이상
시험 시간	2시간 30분
문제 유형	필답형

단위환산표

단위환산표(전기분야)

명 칭	기 호	크 기	명 칭	기 호	크 기
테라(tera)	T	10^{12}	피코(pico)	p	10^{-12}
기가(giga)	G	10^{9}	나노(nano)	n	10^{-9}
메가(mega)	M	10^{6}	마이크로(micro)	μ	10^{-6}
킬로(kilo)	k	10^{3}	밀리(milli)	m	10^{-3}
헥토(hecto)	h	10^{2}	센티(centi)	c	10^{-2}
데카(deka)	D	10^{1}	데시(deci)	d	10^{-1}

〈보기〉
- $1km = 10^{3}m$
- $1mm = 10^{-3}m$
- $1pF = 10^{-12}F$
- $1\mu m = 10^{-6}m$

단위읽기표(전기분야)

여러분들이 고민하는 것 중 하나가 단위를 어떻게 읽느냐 하는 것일 듯 합니다. 그 방법을 속시원하게 공개해 드립니다.

(알파벳 순)

단 위	단위 읽는법	단위의 의미(물리량)
[Ah]	암페어 아워(Ampere hour)	축전지의 용량
[AT/m]	암페어 턴 퍼 미터(Ampere Turn per meter)	자계의 세기
[AT/Wb]	암페어 턴 퍼 웨버(Ampere Turn per Weber)	자기저항
[atm]	에이 티 엠(atmosphere)	기압, 압력
[AT]	암페어 턴(Ampere Turn)	기자력
[A]	암페어(Ampere)	전류
[BTU]	비티유(British Thermal Unit)	열량
[C/m^2]	쿨롱 퍼 제곱 미터(Coulomb per meter square)	전속밀도
[cal/g]	칼로리 퍼 그램(calorie per gram)	융해열, 기화열
[cal/g℃]	칼로리 퍼 그램 도 씨(calorie per gram degree Celsius)	비열
[cal]	칼로리(calorie)	에너지, 일
[C]	쿨롱(Coulomb)	전하(전기량)
[dB/m]	데시벨 퍼 미터(deciBel per meter)	감쇠정수
[dyn], [dyne]	다인(dyne)	힘
[erg]	에르그(erg)	에너지, 일
[F/m]	패럿 퍼 미터(Farad per meter)	유전율
[F]	패럿(Farad)	정전용량(커패시턴스)
[gauss]	가우스(gauss)	자화의 세기
[g]	그램(gram)	질량
[H/m]	헨리 퍼 미터(Henry per meter)	투자율
[HP]	마력(Horse Power)	일률
[Hz]	헤르츠(Hertz)	주파수
[H]	헨리(Henry)	인덕턴스
[h]	아워(hour)	시간
[J/m^3]	줄 퍼 세제곱 미터(Joule per meter cubic)	에너지 밀도
[J]	줄(Joule)	에너지, 일
[kg/m^2]	킬로그램 퍼 제곱 미터(kilogram per meter square)	화재하중
[K]	케이(Kelvin temperature)	켈빈온도
[lb]	파운드(pound)	중량
[m^{-1}]	미터 마이너스 일제곱(meter−)	감광계수
[m/min]	미터 퍼 미뉴트(meter per minute)	속도
[m/s], [m/sec]	미터 퍼 세컨드(meter per second)	속도
[m^2]	제곱 미터(meter square)	면적

단위읽기표

단 위	단위 읽는법	단위의 의미(물리량)
[maxwell/m^2]	맥스웰 퍼 제곱 미터(maxwell per meter square)	자화의 세기
[mol], [mole]	몰(mole)	물질의 양
[m]	미터(meter)	길이
[N/C]	뉴턴 퍼 쿨롱(Newton per Coulomb)	전계의 세기
[N]	뉴턴(Newton)	힘
[N·m]	뉴턴 미터(Newton meter)	회전력
[PS]	미터마력(PferdeStarke)	일률
[rad/m]	라디안 퍼 미터(radian per meter)	위상정수
[rad/s], [rad/sec]	라디안 퍼 세컨드(radian per second)	각주파수, 각속도
[rad]	라디안(radian)	각도
[rpm]	알피엠(revolution per minute)	동기속도, 회전속도
[S]	지멘스(Siemens)	컨덕턴스
[s], [sec]	세컨드(second)	시간
[V/cell]	볼트 퍼 셀(Volt per cell)	축전지 1개의 최저 허용전압
[V/m]	볼트 퍼 미터(Volt per meter)	전계의 세기
[Var]	바르(Var)	무효전력
[VA]	볼트 암페어(Volt Ampere)	피상전력
[vol%]	볼륨 퍼센트(volume percent)	농도
[V]	볼트(Volt)	전압
[W/m^2]	와트 퍼 제곱 미터(Watt per meter square)	대류열
[W/m^2·K^3]	와트 퍼 제곱 미터 케이 세제곱(Watt per meter square Kelvin cubic)	스테판 볼츠만 상수
[W/m^2·℃]	와트 퍼 제곱 미터 도 씨(Watt per meter square degree Celsius)	열전달률
[W/m^3]	와트 퍼 세제곱 미터(Watt per meter cubic)	와전류손
[W/m·K]	와트 퍼 미터 케이(Watt per meter Kelvin)	열전도율
[W/sec], [W]	와트 퍼 세컨드(Watt per second)	전도열
[Wb/m^2]	웨버 퍼 제곱 미터(Weber per meter)	자화의 세기
[Wb]	웨버(Weber)	자극의 세기, 자속, 자화
[Wb·m]	웨버 미터(Weber meter)	자기모멘트
[W]	와트(Watt)	전력, 유효전력(소비전력)
[°F]	도 에프(degree Fahrenheit)	화씨온도
[°R]	도 알(degree Rankine temperature)	랭킨온도
[Ω^{-1}]	옴 마이너스 일제곱(ohm-)	컨덕턴스
[Ω]	옴(ohm)	저항
[℧]	모(mho)	컨덕턴스
[℃]	도 씨(degree Celsius)	섭씨온도

시험안내 연락처

기관명	주소	전화번호
서울지역본부	02512 서울 동대문구 장안벚꽃로 279(휘경동 49-35)	02-2137-0590
서울서부지사	03302 서울 은평구 진관3로 36(진관동 산100-23)	02-2024-1700
서울남부지사	07225 서울시 영등포구 버드나루로 110(당산동)	02-876-8322
서울강남지사	06193 서울시 강남구 테헤란로 412 알레르망타워 15층(대치동)	02-2161-9100
인천지사	21634 인천시 남동구 남동서로 209(고잔동)	032-820-8600
경인지역본부	16626 경기도 수원시 권선구 호매실로 46-68(탑동)	031-249-1201
경기동부지사	13313 경기 성남시 수정구 성남대로 1214(수진동)	031-750-6200
경기서부지사	14488 경기도 부천시 길주로 463번길 69(춘의동)	032-719-0800
경기남부지사	17561 경기 안성시 공도읍 공도로 51-23	031-615-9000
경기북부지사	11801 경기도 의정부시 바대논길 21 해인프라자 3~5층(고산동)	031-850-9100
강원지사	24408 강원특별자치도 춘천시 동내면 원창 고개길 135(학곡리)	033-248-8500
강원동부지사	25440 강원특별자치도 강릉시 사천면 방동길 60(방동리)	033-650-5700
부산지역본부	46519 부산시 북구 금곡대로 441번길 26(금곡동)	051-330-1910
부산남부지사	48518 부산시 남구 신선로 454-18(용당동)	051-620-1910
경남지사	51519 경남 창원시 성산구 두대로 239(중앙동)	055-212-7200
경남서부지사	52733 경남 진주시 남강로 1689(초전동 260)	055-791-0700
울산지사	44538 울산광역시 중구 종가로 347(교동)	052-220-3277
대구지역본부	42704 대구시 달서구 성서공단로 213(갈산동)	053-580-2300
경북지사	36616 경북 안동시 서후면 학가산 온천길 42(명리)	054-840-3000
경북동부지사	37580 경북 포항시 북구 법원로 140번길 9(장성동)	054-230-3200
경북서부지사	39371 경상북도 구미시 산호대로 253(구미첨단의료 기술타워 2층)	054-713-3000
광주지역본부	61008 광주광역시 북구 첨단벤처로 82(대촌동)	062-970-1700
전북지사	54852 전북 전주시 덕진구 유상로 69(팔복동)	063-210-9200
전북서부지사	54098 전북 군산시 공단대로 197번지 풍산빌딩 2층(수송동)	063-731-5500
전남지사	57948 전남 순천시 순광로 35-2(조례동)	061-720-8500
전남서부지사	58604 전남 목포시 영산로 820(대양동)	061-288-3300
대전지역본부	35000 대전광역시 중구 서문로 25번길 1(문화동)	042-580-9100
충북지사	28456 충북 청주시 흥덕구 1순환로 394번길 81(신봉동)	043-279-9000
충북북부지사	27480 충북 충주시 호암수청2로 14 충주농협 호암행복지점 3~4층(호암동)	043-722-4300
충남지사	31081 충남 천안시 서북구 상고1길 27(신당동)	041-620-7600
세종지사	30128 세종특별자치시 한누리대로 296(나성동)	044-410-8000
제주지사	63220 제주 제주시 복지로 19(도남동)	064-729-0701

※ 청사이전 및 조직변동 시 주소와 전화번호가 변경, 추가될 수 있음

응시자격

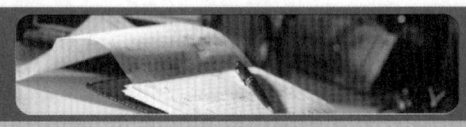

📖 **기사** : 다음 각 호의 어느 하나에 해당하는 사람

1. **산업기사** 등급 이상의 자격을 취득한 후 응시하려는 종목이 속하는 동일 및 유사 직무분야에서 **1년 이상** 실무에 종사한 사람
2. **기능사** 자격을 취득한 후 응시하려는 종목이 속하는 동일 및 유사 직무분야에서 **3년 이상** 실무에 종사한 사람
3. 응시하려는 종목이 속하는 동일 및 유사 직무분야의 다른 종목의 기사 등급 이상의 자격을 취득한 사람
4. 관련학과의 대학졸업자 등 또는 그 졸업예정자
5. **3년제 전문대학** 관련학과 졸업자 등으로서 졸업 후 응시하려는 종목이 속하는 동일 및 유사 직무분야에서 **1년 이상** 실무에 종사한 사람
6. **2년제 전문대학** 관련학과 졸업자 등으로서 졸업 후 응시하려는 종목이 속하는 동일 및 유사 직무분야에서 **2년 이상** 실무에 종사한 사람
7. 동일 및 유사 직무분야의 **기사** 수준 기술훈련과정 이수자 또는 그 이수예정자
8. 동일 및 유사 직무분야의 **산업기사** 수준 기술훈련과정 이수자로서 이수 후 응시하려는 종목이 속하는 동일 및 유사 직무분야에서 **2년 이상** 실무에 종사한 사람
9. 응시하려는 종목이 속하는 동일 및 유사 직무분야에서 **4년 이상** 실무에 종사한 사람
10. 외국에서 동일한 종목에 해당하는 자격을 취득한 사람

📖 **산업기사** : 다음 각 호의 어느 하나에 해당하는 사람

1. **기능사** 등급 이상의 자격을 취득한 후 응시하려는 종목이 속하는 동일 및 유사 직무분야에 **1년 이상** 실무에 종사한 사람
2. 응시하려는 종목이 속하는 동일 및 유사 직무분야의 다른 종목의 산업기사 등급 이상의 자격을 취득한 사람
3. 관련학과의 **2년제** 또는 **3년제 전문대학**졸업자 등 또는 그 졸업예정자
4. 관련학과의 대학졸업자 등 또는 그 졸업예정자
5. 동일 및 유사 직무분야의 산업기사 수준 기술훈련과정 이수자 또는 그 이수예정자
6. 응시하려는 종목이 속하는 동일 및 유사 직무분야에서 **2년 이상** 실무에 종사한 사람
7. 고용노동부령으로 정하는 기능경기대회 입상자
8. 외국에서 동일한 종목에 해당하는 자격을 취득한 사람

※ 세부사항은 한국산업인력공단 **1644-8000**으로 문의바람

초스피드 기억법

제 **1** 편　소방원론

제 **2** 편　소방관계법규

제 **3** 편　소방전기일반

제 **4** 편　소방전기시설의 구조 및 원리

상대성 원리

　아인슈타인이 '상대성 원리'를 발견하고 강연회를 다니기 시작했다. 많은 단체 또는 사람들이 그를 불렀다.
　30번 이상의 강연을 한 어느날이었다. 전속 운전기사가 아인슈타인에게 장난스럽게 이런말을 했다.
　"박사님! 전 상대성 원리에 대한 강연을 30번이나 들었기 때문에 이제 모두 암송할 수 있게 되었습니다. 박사님은 연일 강연하시느라 피곤하실텐데 다음번에는 제가 한번 강연하면 어떨까요?"
　그 말을 들은 아인슈타인은 아주 재미있어 하면서 순순히 그 말에 응하였다.
　그래서 다음 대학을 향해 가면서 아인슈타인과 운전기사는 옷을 바꿔입었다.
　운전기사는 아인슈타인과 나이도 비슷했고 외모도 많이 닮았다.
　이때부터 아인슈타인은 운전을 했고 뒷자석에는 운전기사가 앉아 있게 되었다.
　학교에 도착하여 강연이 시작되었다.
　가짜 아인슈타인 박사의 강의는 정말 훌륭했다. 말 한마디, 얼굴표정, 몸의 움직임까지도 진짜 박사와 흡사했다.
　성공적으로 강연을 마친 가짜 박사는 많은 박수를 받으며 강단에서 내려오려고 했다. 그 때 문제가 발생했다. 그 대학의 교수가 질문을 한 것이다.
　가슴이 '쿵'하고 내려앉은 것은 가짜박사보다 진짜 박사쪽이었다.
　운전기사 복장을 하고 있으니 나서서 질문에 답할 수도 없는 상황이었다.
　그런데 단상에 있던 가짜 박사는 조금도 당황하지 않고 오히려 빙그레 웃으며 이렇게 말했다.
　"아주 간단한 질문이오. 그 정도는 제 운전기사도 답할 수 있습니다."
　그러더니 진짜 아인슈타인 박사를 향해 소리쳤다.
　"여보게나? 이 분의 질문에 대해 어서 설명해 드리게나!"
　그말에 진짜 박사는 안도의 숨을 내쉬며 그 질문에 대해 차근차근 설명해 나갔다.

　인생을 살면서 아무리 어려운 일이 닥치더라도 결코 당황하지 말고 침착하고 지혜롭게 대처하는 여러분들이 되시길 바랍니다.

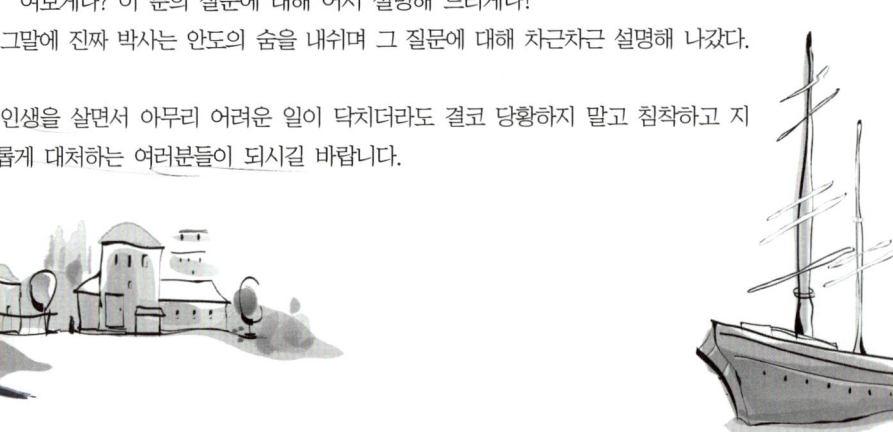

제1편 소방원론

제1장 화재론

1 화재의 발생현황 (눈을 크게 뜨고 보라!)

① 발화요인별 : 부주의 > 전기적 요인 > 기계적 요인 > 화학적 요인 > 교통사고 > 방화의심 > 방화 > 자연적 요인 > 가스누출
② 장소별 : 근린생활시설 > 공동주택 > 공장 및 창고 > 복합건축물 > 업무시설 > 숙박시설 > 교육연구시설
③ 계절별 : 겨울 > 봄 > 가을 > 여름

※ 화재
자연 또는 인위적인 원인에 의하여 불이 물체를 연소시키고, 인명과 재산의 손해를 주는 현상

2 화재의 종류

구 분 \ 등급	A급	B급	C급	D급	K급
화재종류	일반화재	유류화재	전기화재	금속화재	주방화재
표시색	**백**색	**황**색	**청**색	**무**색	–

 초스피드 기억법

백황청무(백색 황새가 청나라 무서워한다.)

※ 요즘은 표시색의 의무규정은 없음

※ 일반화재
연소 후 재를 남기는 가연물

※ 유류화재
연소 후 재를 남기지 않는 가연물

3 연소의 색과 온도

색	온도(℃)
암적색(**진**홍색)	**7**00~750
적색	**8**50
휘적색(**주**황색)	**9**25~950
황적색	1100
백적색(백색)	1200~1300
휘백색	1500

 초스피드 기억법

진7 (진출), 적8 (저팔개), 주9 (주먹구구)

4 전기화재의 발생원인

① 단락(합선)에 의한 발화
② 과부하(과전류)에 의한 발화
③ 절연저항 감소(누전)로 인한 발화

※ 전기화재가 아닌 것
① 승압
② 고압전류

소방원론

Key Point

❋ 단락
두 전선의 피복이 녹아서 전선과 전선이 서로 접촉되는 것

❋ 누전
전류가 전선 이외의 다른 곳으로 흐르는 것

❋ 폭발한계와 같은 의미
① 폭발범위
② 연소한계
③ 가연한계
④ 가연범위

④ 전열기기 과열에 의한 발화
⑤ 전기불꽃에 의한 발화
⑥ 용접불꽃에 의한 발화
⑦ 낙뢰에 의한 발화

5 공기중의 폭발한계 (일사천리로 나와야 한다.)

가 스	하한계(vol%)	상한계(vol%)
아세틸렌(C_2H_2)	2.5	81
수소(H_2)	**4**	**75**
일산화탄소(CO)	12	75
암모니아(NH_3)	15	25
메탄(CH_4)	5	15
에탄(C_2H_6)	3	12.4
프로판(C_3H_8)	2.1	9.5
부탄(C_4H_{10})	**1**.8	**8**.4

● **초스피드 기억법**

수475 (수사후 치료하세요.)
부18 (부자의 일반적인 팔자)

❋ 분진폭발을 일으키지 않는 물질
① 시멘트
② 석회석
③ 탄산칼슘($CaCO_3$)
④ 생석회(CaO)

6 폭발의 종류 (물 흐르듯 나와야 한다.)

① **분해폭발** : **아**세틸렌, **과**산화물, **다**이너마이트
② **분진폭발** : 밀가루, 담뱃가루, 석탄가루, 먼지, 전분, 금속분
③ **중합폭발** : 염화비닐, 시안화수소
④ **분해 · 중합폭발** : 산화에틸렌
⑤ **산화폭발** : 압축가스, 액화가스

● **초스피드 기억법**

아과다해(아세틸렌이 과다해)

❋ 폭굉
화염의 전파속도가 음속보다 빠르다.

7 폭굉의 연소속도

1000~3500m/s

8 가연물이 될 수 없는 물질

구 분	설 명
주기율표의 0족 원소	헬륨(He), 네온(Ne), 아르곤(Ar), 크립톤(Kr), 크세논(Xe), 라돈(Rn)
산소와 더이상 반응하지 않는 물질	물(H_2O), 이산화탄소(CO_2), 산화알루미늄(Al_2O_3), 오산화인(P_2O_5)
흡열반응 물질	**질**소(N_2)

● 초스피드 기억법

질흡(진흙탕)

※ 질소
복사열을 흡수하지 않는다.

9 점화원이 될 수 없는 것

① **흡**착열
② **기**화열
③ **융**해열

● 초스피드 기억법

흡기 융점없(호흡기의 융점은 없다.)

※ 점화원과 같은 의미
① 발화원
② 착화원

10 연소의 형태 (다 외웠는가? 훌륭하다!)

연소 형태	종 류
표면연소	숯, 코크스, 목탄, 금속분
분해연소	**아**스팔트, **플**라스틱, **중**유, **고**무, **종**이, **목**재, **석**탄
증발연소	황, 왁스, 파라핀, 나프탈렌, 가솔린, 등유, 경유, 알코올, 아세톤
자기연소	나이트로글리세린, 나이트로셀룰로오스(질화면), **T**NT, **피**크린산
액적연소	벙커C유
확산연소	메탄(CH_4), 암모니아(NH_3), 아세틸렌(C_2H_2), 일산화탄소(CO), 수소(H_2)

● 초스피드 기억법

아플 중고종목 분석(아플땐 중고종목을 분석해)
자T피(쟈니윤이 티피코시를 입었다.)

11 연소와 관계되는 용어

연소 용어	설 명
발화점	가연성 물질에 불꽃을 접하지 아니하였을 때 연소가 가능한 **최저온도**
인화점	휘발성 물질에 불꽃을 접하여 연소가 가능한 **최저온도**
연소점	어떤 인화성 액체가 공기중에서 열을 받아 점화원의 존재하에 **지**속적인 연소를 일으킬 수 있는 온도

※ 물질의 발화점
① 황린 : 30~50℃
② 황화인·이황화탄소 : 100℃
③ 나이트로셀룰로오스 : 180℃

● 초스피드 기억법

연지(연지 곤지)

12 물의 잠열

구 분	열 량
융해잠열	80cal/g
기화(증발)잠열	539cal/g
0℃의 물 1g이 100℃의 수증기로 되는 데 필요한 열량	639cal
0℃의 얼음 1g이 100℃의 수증기로 되는 데 필요한 열량	719cal

● 초스피드 기억법

융8(왕파리), 5기(오기가 생겨서)

※ 융해잠열
고체에서 액체로 변할 때의 잠열

※ 기화잠열
액체에서 기체로 변할 때의 잠열

13 증기비중

$$증기비중 = \frac{분자량}{29}$$

여기서, 29 : 공기의 평균 분자량

※ 증기밀도

$$증기밀도 = \frac{분자량}{22.4}$$

여기서,
22.4 : 기체 1몰의 부피[l]

14 증기-공기밀도

$$증기-공기밀도 = \frac{P_2 d}{P_1} + \frac{P_1 - P_2}{P_1}$$

여기서, P_1 : 대기압
 P_2 : 주변온도에서의 증기압
 d : 증기밀도

15 일산화탄소의 영향

농 도	영 향
0.2%	1시간 호흡시 생명에 위험을 준다.
0.4%	1시간 내에 사망한다.
1%	2~3분 내에 실신한다.

※ 일산화탄소
화재시 인명피해를 주는 유독성 가스

16 스테판-볼츠만의 법칙

$$Q = aAF(T_1^4 - T_2^4)$$

여기서, Q : 복사열[W]
 a : 스테판-볼츠만 상수[W/m^2·K^4]

F : 기하학적 factor
A : 단면적$[m^2]$
T_1 : 고온$[K]$
T_2 : 저온$[K]$

스테판-볼츠만의 법칙 : 복사체에서 발산되는 복사열은 복사체의 절대온도의 **4제곱**에 비례한다.

● 초스피드 기억법

스4(수사하라.)

17 보일 오버(boil over)

① 중질유의 탱크에서 장시간 조용히 연소하다 탱크 내의 잔존기름이 갑자기 분출하는 현상
② 유류탱크에서 탱크바닥에 물과 기름의 **에멀전**이 섞여 있을 때 이로 인하여 화재가 발생하는 현상
③ 연소유면으로부터 100℃ 이상의 열파가 탱크 저부에 고여 있는 물을 비등하게 하면서 연소유를 탱크 밖으로 비산시키며 연소하는 현상

18 열전달의 종류

① <u>전</u>도
② <u>복</u>사 : 전자파의 형태로 열이 옮겨지며, 가장 크게 작용한다.
③ <u>대</u>류

● 초스피드 기억법

전복열대 (전복은 열대어다.)

19 열에너지원의 종류 (이 내용은 자다가도 말할 수 있어야 한다.)

(1) 전기열

① 유도열 : 도체주위의 자장에 의해 발생
② 유전열 : **누설전류**(절연감소)에 의해 발생
③ 저항열 : 백열전구의 발열
④ 아크열
⑤ 정전기열
⑥ 낙뢰에 의한 열

(2) 화학열

① <u>연</u>소열 : 물질이 완전히 산화되는 과정에서 발생

※ **에멀전**
물의 미립자가 기름과 섞여서 기름의 증발능력을 떨어뜨려 연소를 억제하는 것

※ **자연발화의 형태**
(1) 분해열
 ① 셀룰로이드
 ② 나이트로셀룰로오스
(2) 산화열
 ① 건성유(정어리유, 아마인유, 해바라기유)
 ② 석탄
 ③ 원면
 ④ 고무분말
(3) **발**효열
 ① **먼**지
 ② **곡**물
 ③ **퇴**비
(4) 흡착열
 ① 목탄
 ② 활성탄

기억법
자먼곡발퇴(자네 먼곳에서 오느라 발이 불어텄나)

② **분**해열
③ **용**해열 : 농황산
④ **자**연발열(자연발화) : 어떤 물질이 외부로부터 열의 공급을 받지 아니하고 온도가 상승하는 현상
⑤ **생**성열

● 초스피드 기억법

연분용 자생화(연분홍 자생화)

20 자연발화의 방지법
① 습도가 높은 곳을 피할 것(건조하게 유지할 것)
② 저장실의 **온도**를 낮출 것
③ 통풍이 잘 되게 할 것
④ 퇴적 및 수납시 열이 쌓이지 않게 할 것

21 보일-샤를의 법칙

기체가 차지하는 부피는 **압력**에 **반비례**하며, **절대온도**에 **비례**한다.

$$\frac{P_1 V_1}{T_1} = \frac{P_2 V_2}{T_2}$$

여기서, P_1, P_2 : 기압[atm]
V_1, V_2 : 부피[m³]
T_1, T_2 : 절대온도[K]

22 목재 건축물의 화재진행과정

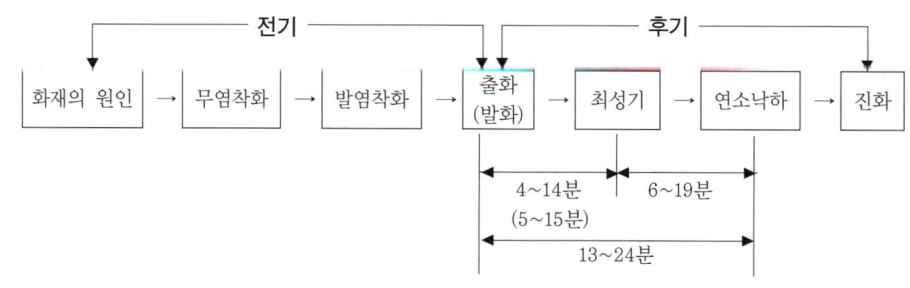

23 건축물의 화재성상(다 중요! 참 중요!)

(1) 목재 건축물

① 화재성상 : <u>고온 단기형</u>
② 최고온도 : 1300℃

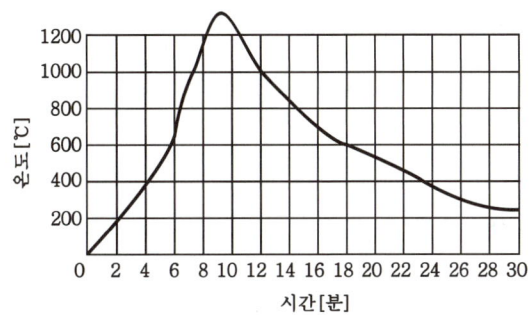

 초스피드 기억법

고단목(고단할 땐 목캔디가 최고야!)

(2) 내화 건축물

① 화재성상 : 저온 장기형
② 최고온도 : 900~1000℃

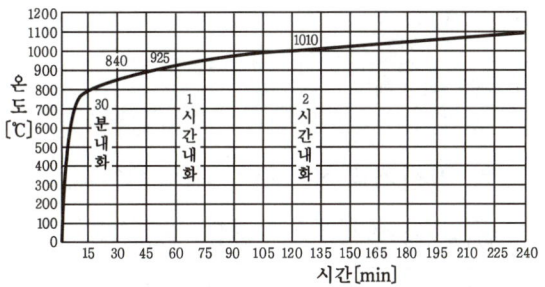

※ 내화건축물의 표준 온도
① 30분 후 : 840℃
② 1시간 후 : 925~950℃
③ 2시간 후 : 1010℃

24 플래시 오버(flash over)

(1) 정의

① 폭발적인 착화현상
② 순발적인 연소확대현상
③ 화재로 인하여 실내의 온도가 급격히 상승하여 화재가 순간적으로 실내전체에 확산되어 연소되는 현상

(2) 발생시점

성장기~최성기(성장기에서 최성기로 넘어가는 분기점)

(3) 실내온도 : 약 800~900℃

● 초스피드 기억법

내플89 (내풀팔고 네플쓰자)

25 플래시 오버에 영향을 미치는 것

① 내장재료(내장재료의 제성상, 실내의 내장재료)
② 화원의 크기
③ 개구율

● 초스피드 기억법

내화플개 (내화구조를 풀게나)

※ 플래시 오버와 같은 의미
① 순발연소
② 순간연소

26 연기의 이동속도

구 분	이동속도
수평방향	0.5~1m/s
수직방향	2~3m/s
계단실 내의 수직 이동속도	3~5m/s

● 초스피드 기억법

연직23 (연구직은 이상해)

※ 연기의 형태
(1) 고체 미립자계 : 일반적인 연기
(2) 액체 미립자계
① 담배연기
② 훈소연기

27 연기의 농도와 가시거리 (아주 중요! 정말 중요!)

감광계수[m⁻¹]	가시거리[m]	상 황
0.1	20~30	연기감지기가 작동할 때의 농도
0.3	5	건물내부에 익숙한 사람이 피난에 지장을 느낄 정도의 농도
0.5	3	어두운 것을 느낄 정도의 농도
1	1~2	거의 앞이 보이지 않을 정도의 농도
10	0.2~0.5	화재 최성기 때의 농도
30	-	출화실에서 연기가 분출할 때의 농도

● 초스피드 기억법

연1 2030 (연일 20~30℃까지 올라간다.)

28 위험물의 일반 사항 (술술 나오도록 외우자!)

위험물	성 질	소화방법
제1류	강산화성 물질(산화성 고체)	물에 의한 **냉각소화** (단, **무기과산화물**은 마른모래 등에 의한 **질식소화**)
제2류	환원성 물질(가연성 고체)	물에 의한 **냉각소화** (단, **금속분**은 마른모래 등에 의한 **질식소화**)
제3류	금수성 물질 및 자연발화성 물질	**마른모래** 등에 의한 질식소화 (단, **칼륨·나트륨**은 연소확대 방지)
제4류	인화성 물질(인화성 액체)	포·분말·CO_2·할론소화약제에 의한 **질식소화**
제5류	폭발성 물질(자기 반응성 물질)	화재 초기에만 대량의 물에 의한 **냉각소화**(단, 화재가 진행되면 자연진화 되도록 기다릴 것)
제6류	산화성 물질(산화성 액체)	마른모래 등에 의한 **질식소화** (단, **과산화수소**는 다량의 **물**로 **희석소화**)

* **금수성 물질**
  ① 생석회
  ② 금속칼슘
  ③ 탄화칼슘

* **마른모래**
  예전에는 '건조사'라고 불리어졌다.

● 초스피드 기억법

1강산(일류, 강산)
4인(싸인해)
5폭자(오폭으로 자멸하다.)

29 물질에 따른 저장장소

물 질	저장장소
황린, **이**황화탄소(CS_2)	**물**속
나이트로셀룰로오스	알코올 속
칼륨(K), 나트륨(Na), 리튬(Li)	석유류(등유) 속
아세틸렌(C_2H_2)	디메틸포름아미드(DMF), 아세톤에 용해

● 초스피드 기억법

황물이(황토색 물이 나온다.)

30 주수소화시 위험한 물질

구 분	주수소화시 현상
무기 과산화물	**산**소발생
금속분·마그네슘·알루미늄·칼륨·나트륨	수소발생
가연성 액체의 유류화재	연소면(화재면) 확대

* **주수소화**
  물을 뿌려 소화하는 것

● 초스피드 기억법

무산(무산 됐다.)

소방원론

※ **최소 정전기 점화에너지**
국부적으로 온도를 높이는 전기불꽃과 같은 점화원에 의해 점화될 때의 에너지 최소값

31 최소 정전기 점화에너지

① 수소(H_2) : 0.02mJ
② 메탄(CH_4)
③ 에탄(C_2H_6)   — 0.3mJ
④ 프로판(C_3H_8)
⑤ 부탄(C_4H_{10})

● 초스피드 기억법

002점수(국제전화 002의 점수)

제2장 방화론

32 공간적 대응

① 도피성
② 대항성 : 내화성능·방연성능·초기소화 대응 등의 화재사상의 저항능력
③ 회피성

● 초스피드 기억법

도대회공(도에서 대회를 개최하는 것은 공무수행이다.)

※ **회피성**
불연화·난연화·내장제한·구획의 세분화·방화훈련(소방훈련)·불조심 등 출화유발·확대 등을 저감시키는 예방조치 강구사항을 말한다.

33 연소확대방지를 위한 방화계획

① 수평구획(면적단위)
② 수직구획(층단위)
③ 용도구획(용도단위)

● 초스피드 기억법

연수용(연수용 건물)

34 내화구조·불연재료 (진짜 중요!)

내화구조	불연재료
① **철**근 콘크리트조 ② **석**조 ③ **연**와조	① 콘크리트·석재 ② 벽돌·기와 ③ 석면판·철강 ④ 알루미늄·유리 ⑤ 모르타르·회

● 초스피드 기억법

철석연내(**철석** 소리가 나더니 **연내** 무너졌다.)

* 내화구조
공동주택의 각 세대간의 경계벽의 구조

35 내화구조의 기준

내화구분	기 준
벽·**바**닥	철골·철근 콘크리트조로서 두께가 **10cm** 이상인 것
기둥	철골을 두께 **5cm** 이상의 콘크리트로 덮은 것
보	두께 **5cm** 이상의 콘크리트로 덮은 것

● 초스피드 기억법

벽바내1(**벽**을 **바**라보면 **내일**이 보인다.)

36 방화구조의 기준

구조내용	기 준
● **철망모르타르** 바르기	두께 **2cm** 이상
● 석고판 위에 시멘트모르타르를 바른 것 ● 석고판 위에 회반죽을 바른 것 ● 시멘트모르타르 위에 타일을 붙인 것	두께 **2.5cm** 이상
● 심벽에 **흙**으로 맞벽치기 한 것	모두 해당

* 방화구조
화재시 건축물의 인접부분에로의 연소를 차단할 수 있는 구조

37 방화문의 구분

60분+방화문	60분 방화문	30분 방화문
연기 및 불꽃을 차단할 수 있는 시간이 60분 이상이고, 열을 차단할 수 있는 시간이 30분 이상인 방화문	연기 및 불꽃을 차단할 수 있는 시간이 60분 이상인 방화문	연기 및 불꽃을 차단할 수 있는 시간이 30분 이상 60분 미만인 방화문

* 방화문
① 직접 손으로 열 수 있을 것
② 자동으로 닫히는 구조(자동폐쇄 장치)일 것

38 주요 구조부(정말 중요!)

① **주**계단(옥외계단 제외)
② **기**둥(사잇기둥 제외)
③ **바**닥(최하층 바닥 제외)
④ **지**붕틀(차양 제외)
⑤ **벽**(내력벽)
⑥ **보**(작은보 제외)

● 초스피드 기억법

주기바지벽보(주기적으로 바지가 그려져 있는 벽보를 보라.)

※ 주요 구조부
건물의 주요 골격을 이루는 부분

39 피난행동의 성격

① **계단** 보행속도
② **군집** 보행속도 ─┬─ 자유보행 : 0.5~2m/s
                   └─ 군집보행 : 1m/s
③ 군집 **유**동계수

● 초스피드 기억법

계단 군보유 (그 계단은 군이 보유하고 있다.)

40 피난동선의 특성

① 가급적 **단순형태**가 좋다.
② **수평동선**과 **수직동선**으로 구분한다.
③ 가급적 상호 반대방향으로 다수의 출구와 연결되는 것이 좋다.
④ 어느 곳에서도 2개 이상의 방향으로 피난할 수 있으며, 그 말단은 화재로부터 안전한 장소이어야 한다.

※ 피난동선
'피난경로'라고도 부른다.

41 제연방식

① 자연 제연방식 : **개구부** 이용
② 스모크타워 제연방식 : **루프 모니터** 이용
③ 기계 제연방식 ─┬─ 제1종 기계 제연방식 : **송풍기+배연기**
                 ├─ 제**2**종 기계 제연방식 : **송풍기**
                 └─ 제**3**종 기계 제연방식 : **배연기**

※ 제연방법
① 희석
② 배기
③ 차단

※ 모니터
창살이나 넓은 유리창이 달린 지붕 위의 구조물

송2(송이 버섯), 배3(배삼룡)

42 제연구획(NFPC 501 4·7조, NFTC 501 2.1.2.2, 2.4.2)

구 분	설 명
제연경계의 폭	0.6m 이상
제연경계의 수직거리	2m 이내
예상제연구역~배출구의 수평거리	10m 이내

43 건축물의 안전계획

(1) 피난시설의 안전구획

안전구획	설 명
1차 안전구획	복도
2차 안전구획	부실(계단전실)
3차 안전구획	계단

복부계(복부인 계하나 더세요.)

(2) 패닉(Panic)현상을 일으키는 피난형태

① H형
② CO형

※ 패닉현상
인간이 극도로 긴장되어 돌출행동을 하는 것

패H(피해), Panic C(Panic C)

44 적응 화재

화재의 종류	적응 소화기구
A급	• 물 • 산알칼리
AB급	• 포
BC급	• 이산화탄소 • 할론 • 1, 2, 4종 분말
ABC급	• 3종 분말 • 강화액

45 주된 소화작용 (참 중요!)

소화제	주된 소화작용
• **물**	• **냉**각효과
• 포 • 분말 • 이산화탄소	• 질식효과
• **할**론	• **부**촉매효과(연쇄반응**억**제)

● 초스피드 기억법

물냉(물냉면)
할부억(할아버지 억지부리지 마세요.)

46 분말 소화약제

종 별	소화약제	약제의 착색	적응 화재	비 고
제**1**종	중탄산나트륨 ($NaHCO_3$)	백색	BC급	**식**용유 및 지방질유의 화재에 적합
제2종	중탄산칼륨 ($KHCO_3$)	담자색 (담회색)	BC급	–
제**3**종	제1인산암모늄 ($NH_4H_2PO_4$)	담홍색	ABC급	**차**고 · **주**차장에 적합
제4종	중탄산칼륨+요소 ($KHCO_3 + (NH_2)_2CO$)	회(백)색	BC급	–

● 초스피드 기억법

1식분(일식 분식)
3분 차주(삼보컴퓨터 차주)

※ **질식효과**
공기중의 산소농도를 16%(10~15%) 이하로 희박하게 하는 방법

※ **할론 1301**
① 할론 약제 중 소화효과가 가장 좋다.
② 할론 약제 중 독성이 가장 약하다.
③ 할론 약제 중 오존 파괴지수가 가장 높다.

※ **중탄산나트륨**
"탄산수소나트륨"이라고도 부른다.

※ **중탄산칼륨**
"탄산수소칼륨"이라고도 부른다.

제2편 소방관계법규

1 기 간 (30분만 눈에 불을 켜고 보라!)

(1) 1일

제조소 등의 변경신고(위험물법 6조)

(2) 2일

① 소방시설공사 착공·변경신고처리(공사업규칙 12조)
② 소방공사감리자 지정·변경신고처리(공사업규칙 15조)

(3) 3일

① **하**자보수기간(공사업법 15조)
② 소방시설업 등록증 **분**실 등의 **재**발급(공사업규칙 4조)
③ 소방시설 등의 자체점검 면제 또는 연기신청(소방시설법 시행규칙 22조)
④ 소방안전관리자 선임연기신청서 관계인 통보(화재예방법 시행규칙 14조)

● 초스피드 기억법

3하분재(상하이에서 분재를 가져왔다.)

(4) 4일

건축허가 등의 **동의** 요구서류 보완(소방시설법 시행규칙 3조)

(5) 5일

① 일반적인 **건축허가** 등의 **동의**여부 회신(소방시설법 시행규칙 3조)
② 소방시설업 등록증 **변**경신고 등의 **재**발급(공사업규칙 6조)

● 초스피드 기억법

5변재(오이로 변제해)

(6) 7일

① 옮긴 물건 등의 **보관**기간(화재예방법 시행령 17조)
② 건축허가 등의 취소통보(소방시설법 시행규칙 3조)
③ 소방공사 감리원의 배치통보일(공사업규칙 17조)
④ 소방공사 감리결과 통보·보고일(공사업규칙 19조)

(7) 10일

① 화재예방강화지구 안의 소방훈련·교육 통보일(화재예방법 시행령 20조)

 Key Point

※ **제조소**
위험물을 제조할 목적으로 지정수량 이상의 위험물을 취급하기 위하여 허가를 받은 장소

※ **소방시설업**
① 소방시설설계업
② 소방시설공사업
③ 소방공사감리업
④ 방염처리업

※ **건축허가 등의 동의요구**
① 소방본부장
② 소방서장

※ **화재예방강화지구**
화재발생 우려가 크거나 화재가 발생할 경우 피해가 클 것으로 예상되는 지역에 대하여 화재의 예방 및 안전관리를 강화하기 위해 지정·관리하는 지역

소방관계법규

② **50층** 이상(지하층 제외) 또는 **200m** 이상인 아파트의 건축허가 등의 동의 여부 회신 (소방시설법 시행규칙 3조)

③ **30층** 이상(지하층 포함) 또는 **120m** 이상의 건축허가 등의 동의 여부 회신(소방시설법 시행규칙 3조)

④ 연면적 **10만m²** 이상의 건축허가 등의 동의 여부 회신(소방시설법 시행규칙 3조)

⑤ 소방안전교육 통보일(화재예방법 시행규칙 40조)

⑥ 소방기술자의 **실무교육** 통지일(공사업규칙 26조)

⑦ **실무교육** 교육계획의 변경보고일(공사업규칙 35조)

⑧ 소방기술자 **실무교육기관** 지정사항 변경보고일(공사업규칙 33조)

⑨ 소방시설업의 등록신청서류 보완일(공사업규칙 2조 2)

⑩ 제조소 등의 재발급 완공검사합격확인증 제출일(위험물령 10조)

(8) 14일

① 옮긴 물건 등을 보관하는 경우 공고기간(화재예방법 시행령 17조)

② 소방기술자 실무교육기관 휴폐업신고일(공사업규칙 34조)

③ **제**조소 등의 용도**폐**지 신고일(위험물법 11조)

④ 위험물안전관리자의 **선**임신고일(위험물법 15조)

⑤ 소방안전관리자의 **선**임신고일(화재예방법 26조)

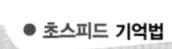

14제폐선(일사천리로 **제패**하여 **성공**하라.)

(9) 15일

① 소방기술자 **실무**교육기관 신청서류 **보**완일(공사업규칙 31조)

② 소방시설업 등록증 발급(공사업규칙 3조)

실 15보(실제 일과는 오전에 보라!)

(10) 20일

소방안전관리자의 **강**습실시공고일(화재예방법 시행규칙 25조)

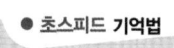

강2(강의)

(11) 30일

① 소방시설업 등록사항 변경신고(공사업규칙 6조)

② 위험물안전관리자의 **재선임**(위험물법 15조)

③ 소방안전관리자의 **재선임**(화재예방법 시행규칙 14조)

④ 소방안전관리자의 **실무교육** 통보일(화재예방법 시행규칙 29조)

※ **위험물안전관리자와 소방안전관리자**
① 위험물안전관리자
제조소 등에서 위험물의 안전관리에 관한 직무를 수행하는 자
② 소방안전관리자
특정소방대상물에서 화재가 발생하지 않도록 관리하는 사람

⑤ **도급계약** 해지(공사업법 23조)
⑥ 소방시설공사 중요사항 변경시의 신고일(공사업규칙 12조)
⑦ 소방기술자 실무교육기관 지정서 발급(공사업규칙 32조)
⑧ 소방공사감리자 변경서류제출(공사업규칙 15조)
⑨ **승계**(위험물법 10조)
⑩ 위험물안전관리자의 직무대행(위험물법 15조)
⑪ 탱크시험자의 변경신고일(위험물법 16조)

(12) 90일

① 소방시설업 **등**록신청 자산평가액·기업진단보고서 **유효**기간(공사업규칙 2조)
② 위험물 임시저장기간(위험물법 5조)
③ 소방시설관리사 시험공고일(소방시설법 시행령 42조)

● 초스피드 기억법

등유9(등유 구해와.)

2 횟수

(1) **월 1회 이상** : 소방용수시설 및 **지**리조사(기본규칙 7조)

＊ **소방용수시설**
① 소화전
② 급수탑
③ 저수조

● 초스피드 기억법

월1지(월요일이 지났다.)

(2) 연 1회 이상

① 화재예방강화지구 안의 화재안전조사·훈련·교육(화재예방법 시행령 20조)
② 특정소방대상물의 소방훈련·교육(화재예방법 시행규칙 36조)
③ 제조소 등의 **정**기점검(위험물규칙 64조)
④ **종**합점검(특급 소방안전관리대상물은 반기별 1회 이상)(소방시설법 시행규칙 〔별표 3〕)
⑤ 작동점검(소방시설법 시행규칙 〔별표 3〕)

＊ **종합점검자의 자격**
① 소방안전관리자(소방시설관리사·소방기술사)
② 소방시설관리업자(소방시설관리사)

● 초스피드 기억법

연1정종(연일 정종술을 마셨다.)

(3) 2년마다 1회 이상

① 소방대원의 소방교육·훈련(기본규칙 9조)
② **실**무교육(화재예방법 시행규칙 29조)

● 초스피드 기억법

실2(실리)

소방관계법규

※ 소방활동구역
화재, 재난·재해 그 밖의 위급한 상황이 발생한 현장에 정하는 구역

③ 담당자 (모두 시험에 썩! 잘 나온다.)

(1) 소방대장

소방**활**동**구**역의 설정(기본법 23조)

● 초스피드 기억법

대구활(대구의 활동)

(2) 소방본부장·소방서장

① 소방용수시설 및 지리조사(기본규칙 7조)
② 건축허가 등의 동의(소방시설법 6조)
③ 소방안전관리자·소방안전관리보조자의 선임신고(화재예방법 26조)
④ 소방훈련의 지도·감독(화재예방법 37조)
⑤ 소방시설 등의 자체점검 결과 보고(소방시설법 23조)
⑥ 소방계획의 작성·실시에 관한 지도·감독(화재예방법 시행령 27조)
⑦ 소방안전교육 실시(화재예방법 시행규칙 40조)
⑧ 소방시설공사의 착공신고·완공검사(공사업법 13·14조)
⑨ 소방공사 감리결과 보고서 제출(공사업법 20조)
⑩ 소방공사 감리원의 배치통보(공사업규칙 17조)

※ 소방본부장과 소방대장
① 소방본부장
  시·도에서 화재의 예방·경계·진압·조사·구조·구급 등의 업무를 담당하는 부서의 장
② 소방대장
  소방본부장 또는 소방서장 등 화재, 재난·재해 그 밖의 위급한 상황이 발생한 현장에서 소방대를 지휘하는 자

(3) 소방본부장·소방서장·소방대장

① 소방활동 **종**사명령(기본법 24조)
② **강**제처분(기본법 25조)
③ **피**난명령(기본법 26조)

● 초스피드 기억법

소대종강피(소방대의 종강파티)

※ 소방체험관
화재현장에서의 피난 등을 체험할 수 있는 체험관

(4) 시·도지사

① 제조소 등의 설치**허**가(위험물법 6조)
② 소방업무의 지휘·감독(기본법 3조)
③ 소방체험관의 설립·운영(기본법 5조)
④ 소방업무에 관한 세부적인 종합계획수립 및 소방업무 수행(기본법 6조)
⑤ 소방시설업자의 지위**승**계(공사업법 7조)
⑥ 제조소 등의 **승**계(위험물법 10조)
⑦ 소방력의 기준에 따른 계획 수립(기본법 8조)
⑧ **화**재예방강화지구의 지정(화재예방법 18조)

※ 소방력 기준
행정안전부령

초스피드 기억법

⑨ 소방시설관리업의 **등록**(소방시설법 29조)
⑩ 탱크시험자의 **등록**(위험물법 16조)
⑪ 소방시설관리업의 과징금 부과(소방시설법 36조)
⑫ 탱크안전성능검사(위험물법 8조)
⑬ 제조소 등의 **완공검사**(위험물법 9조)
⑭ 제조소 등의 용도 폐지(위험물법 11조)
⑮ **예**방규정의 제출(위험물법 17조)

● 초스피드 기억법

허시승화예(농구선수 허재가 차 시승장에서 나와 화해했다.)

(5) 시·도지사·소방본부장·소방서장

① 소방**시**설업의 **감**독(공사업법 31조)
② 탱크시험자에 대한 명령(위험물법 23조)
③ **무**허가장소의 위험물 조치명령(위험물법 24조)
④ 소방기본법령상 **과**태료부과(기본법 56조)
⑤ 제조소 등의 수리·개조·이전명령(위험물법 14조)

● 초스피드 기억법

감무시소과(감나무 아래에 있는 시소에서 과일 먹기)

(6) 소방청장

① 소방업무에 관한 종합계획의 수립·시행(기본법 6조)
② **방**염성능 **검**사(소방시설법 21조)
③ 소방박물관의 설립·운영(기본법 5조)
④ 한국소방안전원의 정관 변경(기본법 43조)
⑤ 한국소방안전원의 **감독**(기본법 48조)
⑥ 소방대원의 소방교육·훈련 정하는 것(기본규칙 9조)
⑦ 소방박물관의 설립·운영(기본규칙 4조)
⑧ 소방용품의 형식승인(소방시설법 37조)
⑨ 우수품질제품 인증(소방시설법 43조)
⑩ 시공능력평가의 공시(공사업법 26조)
⑪ 실무교육기관의 지정(공사업법 29조)
⑫ 소방기술자의 실무교육 필요사항 제정(공사업규칙 26조)

● 초스피드 기억법

검방청(검사는 방청객)

＊ 시·도지사
제조소 등의 완공검사

＊ 소방본부장·소방서장
소방시설공사의 착공신고·완공검사

＊ 한국소방안전원
소방기술과 안전관리 기술의 향상 및 홍보 그 밖의 교육훈련 등 행정기관이 위탁하는 업무를 수행하는 기관

＊ 우수품질인증
소방용품 가운데 품질이 우수하다고 인정되는 제품에 대하여 품질인증 마크를 붙여주는 것

소방관계법규

(7) 소방청장 · 소방본부장 · 소방서장(소방관서장)

① 119 종합상황실의 설치 · 운영(기본법 4조)
② 소방활동(기본법 16조)
③ 소방대원의 소방교육 · 훈련 실시(기본법 17조)
④ 특정소방대상물의 화재안전조사(화재예방법 7조)
⑤ 화재안전조사 결과에 따른 조치명령(화재예방법 14조)
⑥ 화재의 예방조치(화재예방법 17조)
⑦ 옮긴 물건 등을 보관하는 경우 공고기간(화재예방법 시행령 17조)
⑧ 화재위험경보발령(화재예방법 20조)
⑨ 화재예방강화지구의 화재안전조사 · 소방훈련 및 교육(화재예방법 시행령 20조)

● 초스피드 기억법

종청소(종로구 청소)

(8) 소방청장(위탁 : 한국소방안전원장)

① 소방안전관리자의 **실**무교육(화재예방법 48조)
② 소방안전관리자의 **강**습(화재예방법 48조)

● 초스피드 기억법

실강원(실강이 벌이지 말고 원망해라.)

(9) 소방청장 · 시 · 도지사 · 소방본부장 · 소방서장

① 소방시설 설치 및 관리에 관한 법령상 과태료 부과권자(소방시설법 61조)
② 화재의 예방 및 안전관리에 관한 법령상 과태료 부과권자(화재예방법 52조)
③ 제조소 등의 출입 · 검사권자(위험물법 22조)

4 관련법령

(1) 대통령령

① 소방**장**비 등에 대한 **국**고보조 기준(기본법 9조)
② 불을 사용하는 설비의 관리사항 정하는 기준(화재예방법 17조)
③ **특**수가연물 저장 · 취급(화재예방법 17조)
④ **방**염성능 기준(소방시설법 20조)
⑤ 건축허가 등의 동의대상물의 범위(소방시설법 6조)
⑥ 소방시설관리업의 등록기준(소방시설법 29조)
⑦ 화재의 예방조치(화재예방법 17조)
⑧ 소방시설업의 업종별 영업범위(공사업법 4조)
⑨ 소방공사감리의 종류 및 대상에 따른 감리원 배치, 감리의 방법(공사업법 16조)
⑩ 위험물의 정의(위험물법 2조)

Key Point

✱ **119 종합상황실**
화재 · 재난 · 재해 · 구조 · 구급 등이 필요한 때에 신속한 소방활동을 위한 정보를 수집 · 분석과 판단 · 전파, 상황관리, 현장지휘 및 조정 · 통제 등의 업무수행

✱ **특수가연물**
화재가 발생하면 불길이 빠르게 번지는 물품

✱ **방염성능**
화재의 발생 초기단계에서 화재 확대의 매개체를 단절시키는 성질

✱ **위험물**
인화성 또는 발화성 등의 성질을 가지는 것으로서 대통령령으로 정하는 물질

Key Point

⑪ 탱크안전성능검사의 내용(위험물법 8조)
⑫ 제조소 등의 안전관리자의 자격(위험물액 15조)

> ● 초스피드 기억법
>
> **대국장 특방**(**대**구 시장에서 **특**수 **방**한복 지급)

(2) 행정안전부령

① 119 종합상황실의 설치·운영에 관하여 필요한 사항(기본법 4조)
② 소방**박**물관(기본법 5조)
③ 소방**력** 기준(기본법 8조)
④ 소방**용**수시설의 기준(기본법 10조)
⑤ 소방대원의 소방교육·훈련 실시규정(기본법 17조)
⑥ 소방신호의 종류와 방법(기본법 18조)
⑦ 소방활동장비 및 설비의 종류와 규격(기본령 2조)
⑧ 소방용품의 형식승인의 방법(소방시설법 36조)
⑨ 우수품질제품 인증에 관한 사항(소방시설법 43조)
⑩ 소방공사감리원의 세부적인 배치기준(공사업법 18조)
⑪ 시공능력평가 및 공시방법(공사업법 26조)
⑫ 실무교육기관 지정방법·절차·기준(공사업법 29조)
⑬ 탱크안전성능검사의 실시 등에 관한 사항(위험물법 8조)

> ● 초스피드 기억법
>
> **용력행박**(**용**역할 사람이 **행**실이 반듯한 **박**씨)

(3) 시·도의 조례

① 소방**체**험관(기본법 5조)
② 지정수량 **미**만의 위험물 취급(위험물법 4조)

> ● 초스피드 기억법
>
> **시체미**(**시체미** 육체미)

5 인가·승인 등 (꼭! 외워야 합지니라.)

(1) 인가

한국소방안전원의 **정**관변경(기본법 43조)

> ● 초스피드 기억법
>
> **인정**(**인정**사정)

(2) 승인

한국소방안전원의 **사**업계획 및 예산(기본령 10조)

※ 소방신호의 목적
① 화재예방
② 소방활동
③ 소방훈련

※ 시공능력의 평가 기준
① 소방시설공사 실적
② 자본금

※ 조례
지방자치단체가 고유사무와 위임사무 등을 지방의회의 결정에 의하여 제정하는 것

※ 지정수량
제조소 등의 설치허가 등에 있어서 최저의 기준이 되는 수량

 소방관계법규

● 초스피드 기억법

승사(성사)

(3) 등록
① 소방시설관리업(소방시설법 29조)
② 소방시설업(공사업법 4조)
③ 탱크안전성능시험자(위험물법 16조)

(4) 신고
① 위험물안전관리자의 **선**임(위험물법 15조)
② 소방안전관리자·소방안전관리보조자의 **선**임(화재예방법 28조)
③ 제조소 등의 **승**계(위험물법 10조)
④ 제조소 등의 용도폐지(위험물법 11조)

※ **승계**
직계가족으로부터 물려받음

● 초스피드 기억법

신선승(신선이 승천했다.)

(5) 허가
제조소 등의 설치(위험물법 6조)

● 초스피드 기억법

허제(농구선수 허재)

6 용어의 뜻

※ **인공구조물**
전기설비, 기계설비 등의 각종 설비를 말한다.

(1) **소방대상물**: 건축물·차량·선박(매어둔 것)·선박건조구조물·산림·인공구조물·물건(기본법 2조)

> 비교
> 위험물의 저장·운반·취급에 대한 적용 제외(위험물법 3조)
> ① 항공기   ② 선박   ③ 철도   ④ 궤도

※ **소화설비**
물, 그 밖의 소화약제를 사용하여 소화하는 기계·기구 또는 설비

(2) **소방시설**(소방시설법 2조)
① **소**화설비
② **경**보설비
③ **소**화용수설비
④ **소**화활동설비
⑤ **피**난구조설비

※ **소화용수설비**
화재를 진압하는 데 필요한 물을 공급하거나 저장하는 설비

※ **소화활동설비**
화재를 진압하거나 인명구조활동을 위하여 사용하는 설비

● 초스피드 기억법

소경소피(소경이 소피본다.)

초스피드 기억법

(3) 소방용품(소방시설법 2조)

소방시설 등을 구성하거나 소방용으로 사용되는 제품 또는 기기로서 **대통령령**으로 정하는 것

(4) 관계지역(기본법 2조)

소방대상물이 있는 **장소** 및 그 **이웃지역**으로서 화재의 예방·경계·진압, 구조·구급 등의 활동에 필요한 지역

(5) 무창층(소방시설법 시행령 2조)

지상층 중 개구부의 면적의 합계가 해당 층의 바닥 면적의 $\frac{1}{30}$ 이하가 되는 층

(6) 개구부(소방시설법 시행령 2조)

① 개구부의 크기가 지름 **50cm** 이상의 원이 통과할 수 있을 것
② 해당 층의 바닥면으로부터 개구부 밑부분까지의 높이가 **1.2m** 이내일 것
③ 개구부는 **도로** 또는 **차량**이 진입할 수 있는 **빈터**를 향할 것
④ 화재시 건축물로부터 쉽게 피난할 수 있도록 개구부에 창살, 그 밖의 장애물이 설치되지 않을 것
⑤ 내부 또는 외부에서 **쉽게 부수**거나 **열** 수 있을 것

※ **개구부**
화재시 쉽게 피난할 수 있는 출입문, 창문 등을 말한다.

(7) 피난층(소방시설법 시행령 2조)

곧바로 지상으로 갈 수 있는 출입구가 있는 층

7 특정소방대상물의 소방훈련의 종류(화재예방법 37조)

① **소**화훈련   ② **피**난훈련   ③ **통**보훈련

● 초스피드 기억법

소피통훈(소의 피는 통 훈기가 없다.)

8 특정소방대상물의 관계인과 소방안전관리대상물의 소방안전관리자의 업무(화재예방법 24조)

특정소방대상물(관계인)	소방안전관리대상물(소방안전관리자)
① 피난시설·방화구획 및 방화시설의 관리 ② 소방시설, 그 밖의 소방관련시설의 관리 ③ **화기취급**의 감독 ④ 소방안전관리에 필요한 업무 ⑤ 화재발생시 초기대응	① 피난시설·방화구획 및 방화시설의 관리 ② 소방시설, 그 밖의 소방관련시설의 관리 ③ **화기취급**의 감독 ④ 소방안전관리에 필요한 업무 ⑤ **소방계획서**의 작성 및 시행(대통령령으로 정하는 사항 포함) ⑥ **자위소방대** 및 **초기대응체계**의 구성·운영·교육 ⑦ 소방훈련 및 교육 ⑧ 소방안전관리에 관한 업무수행에 관한 기록·유지 ⑨ 화재발생시 초기대응

※ **자위소방대 vs 자체소방대**
① 자위소방대
  빌딩·공장 등에 설치한 사설소방대
② 자체소방대
  다량의 위험물을 저장·취급하는 제조소에 설치하는 소방대

9 제조소 등의 설치허가 제외장소 (위험물법 6조)

① 주택의 난방시설(공동주택의 **중앙난방시설**은 제외)을 위한 **저장소** 또는 **취급소**
② 지정수량 **20**배 이하의 **농**예용·**축**산용·**수**산용 난방시설 또는 건조시설의 **저장소**

● 초스피드 기억법

농축수2

10 제조소 등 설치허가의 취소와 사용정지 (위험물법 12조)

① **변경허가**를 받지 아니하고 제조소 등의 위치·구조 또는 설비를 변경한 경우
② **완공검사**를 받지 아니하고 제조소 등을 사용한 경우
③ **안전조치 이행명령**을 따르지 아니할 때
④ **수리·개조** 또는 **이전**의 **명령**에 **위반**한 경우
⑤ **위험물안전관리자**를 선임하지 아니한 경우
⑥ 안전관리자의 직무를 대행하는 **대리자**를 지정하지 아니한 경우
⑦ **정기점검**을 하지 아니한 경우
⑧ **정기검사**를 받지 아니한 경우
⑨ **저장·취급기준 준수명령**에 위반한 경우

※ 소방시설업의 종류
① 소방시설설계업
   소방시설공사에 기본이 되는 공사계획·설계도면·설계설명서·기술계산서 등을 작성하는 영업
② 소방시설공사업
   설계도서에 따라 소방 시설을 신설·증설·개설·이전·정비하는 영업
③ 소방공사감리업
   소방시설공사가 설계도서 및 관계법령에 따라 적법하게 시공되는지 여부의 확인과 기술지도를 수행하는 영업
④ 방염처리업
   방염대상물품에 대하여 방염처리하는 영업

11 소방시설업의 등록기준 (공사업법 4조)

① **기**술인력
② **자**본금

● 초스피드 기억법

기자등(기자가 등장했다.)

12 소방시설업의 등록취소 (공사업법 9조)

① **거짓**, 그 밖의 **부정한 방법**으로 등록을 한 경우
② **등록결격사유**에 해당된 경우
③ 영업정지 기간 중에 소방시설공사 등을 한 경우

13 하도급범위 (공사업법 22조)

(1) 도급받은 소방시설공사의 일부를 다른 공사업자에게 하도급할 수 있다. 하도급인은 제3자에게 다시 하도급 불가

(2) 소방시설공사의 시공을 하도급할 수 있는 경우(공사업령 12조 ①항)
① 주택건설사업
② 건설업
③ 전기공사업
④ 정보통신공사업

14 소방기술자의 의무(공사업법 27조)

2 이상의 업체에 취업금지(1개 업체에 취업)

※ 소방기술자
① 소방시설관리사
② 소방기술사
③ 소방설비기사
④ 소방설비산업기사
⑤ 위험물기능장
⑥ 위험물산업기사
⑦ 위험물기능사

15 소방대(기본법 2조)

① 소방공무원
② 의무소방원
③ 의용소방대원

16 의용소방대의 설치(기본법 37조, 의용소방대법 2조)

① 특별시
② 광역시, 특별자치시, 특별자치도, 도
③ 시
④ 읍
⑤ 면

※ 의용소방대의 설치권자
① 시·도지사
② 소방서장

17 무기 또는 5년 이상의 징역(위험물법 33조)

제조소 등 또는 허가를 받지 않고 지정수량 이상의 위험물을 저장 또는 취급하는 장소에서 위험물을 유출·방출 또는 확산시켜 사람을 **사망**에 이르게 한 자

18 무기 또는 3년 이상의 징역(위험물법 33조)

제조소 등 또는 허가를 받지 않고 지정수량 이상의 위험물을 저장 또는 취급하는 장소에서 위험물을 유출·방출 또는 확산시켜 사람을 **상해**에 이르게 한 자

19 1년 이상 10년 이하의 징역(위험물법 33조)

제조소 등 또는 허가를 받지 않고 지정수량 이상의 위험물을 저장 또는 취급하는 장소에서 위험물을 유출·방출 또는 확산시켜 사람의 생명·신체 또는 재산에 대하여 **위험**을 발생시킨 자

20 5년 이하의 징역 또는 1억원 이하의 벌금(위험물법 34조 2)

제조소 등의 설치허가를 받지 아니하고 제조소 등을 설치한 자

※ 벌금
범죄의 대가로서 부과하는 돈

21 5년 이하의 징역 또는 5000만원 이하의 벌금

① 소방시설에 폐쇄·차단 등의 행위를 한 자(소방시설법 56조)
② 소방자동차의 출동 방해(기본법 50조)
③ 사람구출 방해(기본법 50조)
④ 소방용수시설 또는 비상소화장치의 효용 방해(기본법 50조)

※ 소방용수시설
화재진압에 사용하기 위한 물을 공급하는 시설

22 벌칙(소방시설법 56조)

5년 이하의 징역 또는 5천만원 이하의 벌금	7년 이하의 징역 또는 7천만원 이하의 벌금	10년 이하의 징역 또는 1억원 이하의 벌금
소방시설 폐쇄·차단 등의 행위를 한 자	소방시설 폐쇄·차단 등의 행위를 하여 사람을 **상해**에 이르게 한 자	소방시설 폐쇄·차단 등의 행위를 하여 사람을 **사망**에 이르게 한 자

23 3년 이하의 징역 또는 3000만원 이하의 벌금

① 화재안전조사 결과에 따른 조치명령(화재예방법 50조)
② **소방시설관리업** 무등록자(소방시설법 57조)
③ **형식승인**을 받지 않은 소방용품 제조·수입자(소방시설법 57조)
④ **제품검사**를 받지 않은 사람(소방시설법 57조)
⑤ 거짓이나 그 밖의 **부정한 방법**으로 제품검사 전문기관의 지정을 받은 사람(소방시설법 57조)
⑥ 소방용품을 판매·진열하거나 소방시설공사에 사용한 자(소방시설법 57조)
⑦ 구매자에게 명령을 받은 사실을 알리지 아니하거나 필요한 조치를 하지 아니한 자(소방시설법 57조)
⑧ 소방활동에 필요한 소방대상물 및 토지의 강제처분을 방해한 자(기본법 51조)
⑨ 소방시설업 무등록자(공사업법 35조)
⑩ 부정한 청탁을 받고 재물 또는 재산상의 이익을 취득하거나 부정한 청탁을 하면서 재물 또는 재산상의 이익을 제공한 자(공사업법 35조)
⑪ 제조소 등이 아닌 장소에서 위험물을 저장·취급한 자(위험물법 34조 3)

● 초스피드 기억법

33관(삼삼하게 관리하기!)

24 1년 이하의 징역 또는 1000만원 이하의 벌금

① 소방시설의 **자체점검** 미실시자(소방시설법 58조)
② **소방시설관리사증** 대여(소방시설법 58조)
③ **소방시설관리업**의 등록증 또는 등록수첩 대여(소방시설법 58조)
④ 화재안전조사시 관계인의 정당업무방해 또는 **비밀누설**(화재예방법 50조)
⑤ **제품검사** 합격표시 위조(소방시설법 58조)
⑥ **성능인증** 합격표시 위조(소방시설법 58조)
⑦ **우수품질 인증표시** 위조(소방시설법 58조)
⑧ 제조소 등의 정기점검 기록 허위 작성(위험물법 35조)
⑨ **자체소방대**를 두지 않고 제조소 등의 허가를 받은 자(위험물법 35조)
⑩ **위험물 운반용기**의 검사를 받지 않고 유통시킨 자(위험물법 35조)
⑪ 제조소 등의 긴급 사용정지 위반자(위험물법 35조)
⑫ 영업정지처분 위반자(공사업법 36조)
⑬ 거짓 감리자(공사업법 36조)

---

* **소방시설관리업**
소방안전관리업무의 대행 또는 소방시설 등의 점검 및 유지·관리업

* **우수품질인증**
소방용품 가운데 품질이 우수하다고 인정되는 제품에 대하여 품질인증마크를 붙여주는 것

* **감리**
소방시설공사가 설계도서 및 관계법령에 적법하게 시공되는지 여부의 확인과 품질·시공관리에 대한 기술지도를 수행하는 것

⑭ 공사감리자 미지정자(공사업법 36조)
⑮ 소방시설 설계·시공·감리 하도급자(공사업법 36조)
⑯ 소방시설공사 재하도급자(공사업법 36조)
⑰ 소방시설업자가 아닌 자에게 **소방시설공사** 등을 도급한 관계인(공사업법 36조)
⑱ 공사업법의 명령에 따르지 않은 소방기술자(공사업법 36조)

25 1500만원 이하의 벌금(위험물법 36조)

① **위험물**의 **저장·취급**에 관한 중요기준 위반
② 제조소 등의 무단 변경
③ **제조소** 등의 **사용정지** 명령 위반
④ **안전관리자**를 **미선임**한 관계인
⑤ 대리자를 미지정한 관계인
⑥ 탱크시험자의 업무정지 명령 위반
⑦ **무허가장소**의 위험물 조치 명령 위반

26 1000만원 이하의 벌금(위험물법 37조)

① **위험물 취급**에 관한 안전관리와 감독하지 않은 자
② **위험물 운반**에 관한 중요기준 위반
③ 위험물운반자 요건을 갖추지 아니한 위험물운반자
④ 위험물안전관리자 또는 그 대리자가 참여하지 아니한 상태에서 위험물을 취급한 자
⑤ 변경한 예방규정을 제출하지 아니한 관계인으로서 제조소 등의 설치허가를 받은 자
⑥ 위험물 저장·취급장소의 출입·검사시 관계인의 정당업무 방해 또는 **비밀누설**
⑦ 위험물 운송규정을 위반한 위험물 운송자

27 300만원 이하의 벌금

① 관계인의 **화재안전조사**를 정당한 사유없이 거부·방해·기피(화재예방법 50조)
② 방염성능검사 합격표시 위조 및 거짓시료제출(소방시설법 59조)
③ 소방안전관리자, 총괄소방안전관리자 또는 소방안전관리보조자 미선임(화재예방법 50조)
④ 위탁받은 업무종사자의 **비밀누설**(화재예방법 50조, 소방시설법 59조)
⑤ 다른 자에게 자기의 성명이나 상호를 사용하여 소방시설공사 등을 수급 또는 시공하게 하거나 소방시설업의 등록증·등록수첩을 빌려준 자(공사업법 37조)
⑥ 감리원 미배치자(공사업법 37조)
⑦ 소방기술인정 자격수첩을 빌려준 자(공사업법 37조)
⑧ 2 이상의 업체에 취업한 자(공사업법 37조)
⑨ 소방시설업자나 관계인 감독시 관계인의 업무를 방해하거나 **비밀누설**(공사업법 37조)
⑩ 화재의 예방조치명령 위반(화재예방법 50조)

※ 관계인
① 소유자
② 관리자
③ 점유자

소방관계법규

28 100만원 이하의 벌금

① 피난 명령 위반(기본법 54조)
② 위험시설 등에 대한 긴급조치 방해(기본법 54조)
③ 소방활동을 하지 않은 관계인(기본법 54조)
④ 정당한 사유없이 물의 사용이나 수도의 개폐장치의 사용 또는 조작을 하지 못하게 하거나 방해한 자(기본법 54조)
⑤ 거짓 보고 또는 자료 미제출자(공사업법 38조)
⑥ 관계공무원의 출입 또는 검사·조사를 거부·방해 또는 기피한 자(공사업법 38조)
⑦ 소방대의 생활안전활동을 방해한 자(기본법 54조)

● 초스피드 기억법

피1(차일피일)

※ 시·도지사
화재예방강화지구의 지정

※ 소방대장
소방활동구역의 설정

 비교

비밀누설

1년 이하의 징역 또는 1000만원 이하의 벌금	1000만원 이하의 벌금	300만원 이하의 벌금
• 화재안전조사시 관계인의 정당업무방해 또는 **비밀누설**	• 위험물 저장·취급장소의 출입·검사시 관계인의 정당 업무방해 또는 **비밀누설**	① 위탁받은 업무종사자의 **비밀누설** ② 소방시설업자나 관계인 감독시 관계인의 업무를 방해하거나 **비밀누설**

29 500만원 이하의 과태료

① 화재 또는 구조·구급이 필요한 상황을 거짓으로 알린 사람(기본법 56조)
② 정당한 사유없이 화재, 재난·재해, 그 밖의 위급한 상황을 소방본부, 소방서 또는 관계행정기관에 알리지 아니한 관계인(기본법 56조)
③ 위험물의 임시저장 미승인(위험물법 39조)
④ 위험물의 운반에 관한 세부기준 위반(위험물법 39조)
⑤ 제조소 등의 지위 승계 거짓신고(위험물법 39조)
⑥ 예방규정을 준수하지 아니한 자(위험물법 39조)
⑦ 제조소 등의 점검결과를 기록·보존하지 아니한 자(위험물법 39조)
⑧ 위험물의 운송기준 미준수자(위험물법 39조)
⑨ 제조소 등의 폐지 허위신고(위험물법 39조)

※ 피난시설
인명을 화재발생장소에서 안전한 장소로 신속하게 대피할 수 있도록 하기 위한 시설

※ 방화시설
① 방화문
② 비상구

30 300만원 이하의 과태료

① 소방시설을 화재안전기준에 따라 설치·관리하지 아니한 자(소방시설법 61조)
② 피난시설·방화구획 또는 방화시설의 폐쇄·훼손·변경 등의 행위를 한 자(소방시설법 61조)
③ 임시소방시설을 설치·관리하지 아니한 자(소방시설법 61조)

④ 관계인의 소방안전관리 업무 미수행(화재예방법 52조)
⑤ **소방훈련** 및 **교육** 미실시자(화재예방법 52조)
⑥ 관계인의 거짓 자료제출(소방시설법 61조)
⑦ 소방시설의 점검결과 미보고(소방시설법 61조)
⑧ 공무원의 출입 또는 검사를 거부·방해 또는 기피한 자(소방시설법 61조)

31 200만원 이하의 과태료

① 소방용수시설·소화기구 및 설비 등의 설치명령 위반(화재예방법 52조)
② 특수가연물의 저장·취급 기준 위반(화재예방법 52조)
③ 한국119청소년단 또는 이와 유사한 명칭을 사용한 자(기본법 56조)
④ 소방활동구역 출입(기본법 56조)
⑤ 소방자동차의 출동에 지장을 준 자(기본법 56조)
⑥ 한국소방안전원 또는 이와 유사한 명칭을 사용한 자(기본법 56조)
⑦ 관계서류 미보관자(공사업법 40조)
⑧ 소방기술자 미배치자(공사업법 40조)
⑨ 하도급 미통지자(공사업법 40조)
⑩ 완공검사를 받지 아니한 자(공사업법 40조)
⑪ 방염성능기준 미만으로 방염한 자(공사업법 40조)
⑫ 관계인에게 지위승계·행정처분·휴업·폐업 사실을 거짓으로 알린 자(공사업법 40조)

32 100만원 이하의 과태료

전용구역에 차를 주차하거나 전용구역의 진입을 가로막는 등의 방해행위를 한 자(기본법 56조)

33 20만원 이하의 과태료

화재로 오인할 만한 불을 피우거나 연막 소독을 하려는 자가 신고를 하지 아니하여 소방자동차를 출동하게 한 자(기본법 57조)

34 건축허가 등의 동의대상물(소방시설법 시행령 7조)

① 연면적 400m^2(학교시설 : 100m^2, 수련시설·노유자시설 : 200m^2, 정신의료기관·장애인의료재활시설 : 300m^2) 이상
② 6층 이상인 건축물
③ 차고·주차장으로서 바닥면적 200m^2 이상(자동차 20대 이상)
④ **항공기격납고, 관망탑, 항공관제탑, 방송용 송수신탑**
⑤ 지하층 또는 무창층의 바닥면적 150m^2(공연장은 100m^2) 이상
⑥ 위험물저장 및 처리시설
⑦ **결핵환자**나 **한센인**이 24시간 생활하는 **노유자시설**
⑧ 지하구
⑨ 전기저장시설, 풍력발전소

* **항공기격납고**
항공기를 안전하게 보관하는 장소

⑩ 공동주택·숙박시설
⑪ 조산원, 산후조리원, 의원(입원실 또는 인공신장실이 있는 것)
⑫ 요양병원(의료재활시설 제외)
⑬ 노인주거복지시설·노인의료복지시설 및 재가노인복지시설, 학대피해노인 전용쉼터, 아동복지시설, 장애인거주시설
⑭ 정신질환자 관련시설(공동생활가정을 제외한 재활훈련시설과 종합시설 중 24시간 주거를 제공하지 않는 시설 제외)
⑮ 노숙인자활시설, 노숙인재활시설 및 노숙인요양시설
⑯ 공장 또는 창고시설로서 지정하는 수량의 **750배** 이상의 특수가연물을 저장·취급하는 것
⑰ 가스시설로서 지상에 노출된 탱크의 저장용량의 합계가 **100t** 이상인 것

35 관리의 권원이 분리된 특정소방대상물의 소방안전관리 (화재예방법 35조, 화재예방법 시행령 35조)

※ **복합건축물**
하나의 건축물 안에 둘 이상의 특정소방대상물로서 용도가 복합되어 있는 것

① 복합건축물(지하층을 제외한 11층 이상 또는 연면적 3만m² 이상 건축물)
② 지하가
③ 도매시장, 소매시장, 전통시장

36 소방안전관리자의 선임 (화재예방법 시행령 [별표 4])

※ **특급소방안전관리대상물**(동식물원, 불연성 물품 저장·취급 창고, 지하구, 위험물제조소 등 제외)
① 50층 이상(지하층 제외) 또는 지상 200m 이상 아파트
② 30층 이상(지하층 포함) 또는 지상 120m 이상(아파트 제외)
③ 연면적 10만m² 이상(아파트 제외)

(1) 특급 소방안전관리대상물의 소방안전관리자 선임조건

자 격	경 력	비 고
• 소방기술사 • 소방시설관리사	경력 필요 없음	특급 소방안전관리자 자격증을 받은 사람
• 1급 소방안전관리자(소방설비기사)	5년	
• 1급 소방안전관리자(소방설비산업기사)	7년	
• 소방공무원	20년	
• 소방청장이 실시하는 특급 소방안전관리대상물의 소방안전관리에 관한 시험에 합격한 사람	경력 필요 없음	

(2) 1급 소방안전관리대상물의 소방안전관리자 선임조건

자 격	경 력	비 고
• 소방설비기사·소방설비산업기사	경력 필요 없음	1급 소방안전관리자 자격증을 받은 사람
• 소방공무원	7년	
• 소방청장이 실시하는 1급 소방안전관리대상물의 소방안전관리에 관한 시험에 합격한 사람	경력 필요 없음	
• 특급 소방안전관리대상물의 소방안전관리자 자격이 인정되는 사람	경력 필요 없음	

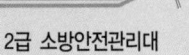

(3) 2급 소방안전관리대상물의 소방안전관리자 선임조건

자 격	경 력	비 고
• 위험물기능장·위험물산업기사·위험물기능사	경력 필요 없음	2급 소방안전관리자 자격증을 받은 사람
• 소방공무원	3년	
• 소방청장이 실시하는 2급 소방안전관리대상물의 소방안전관리에 관한 시험에 합격한 사람	경력 필요 없음	
• 「기업활동 규제완화에 관한 특별조치법」에 따라 소방안전관리자로 선임된 사람(소방안전관리자로 선임된 기간으로 한정)		
• **특급** 또는 **1급** 소방안전관리대상물의 소방안전관리자 자격이 인정되는 사람		

(4) 3급 소방안전관리대상물의 소방안전관리자 선임조건

자 격	경 력	비 고
• 소방공무원	1년	3급 소방안전관리자 자격증을 받은 사람
• 소방청장이 실시하는 3급 소방안전관리대상물의 소방안전관리에 관한 시험에 합격한 사람	경력 필요 없음	
• 「기업활동 규제완화에 관한 특별조치법」에 따라 소방안전관리자로 선임된 사람(소방안전관리자로 선임된 기간으로 한정)		
• **특급** 소방안전관리대상물, **1급** 소방안전관리대상물 또는 **2급** 소방안전관리대상물의 소방안전관리자 자격이 인정되는 사람		

37 특정소방대상물의 방염

(1) 방염성능기준 이상 적용 특정소방대상물 (소방시설법 시행령 30조)

① 체력단련장, 공연장 및 종교집회장
② 문화 및 집회시설
③ 종교시설
④ 운동시설(수영장 제외)
⑤ 의료시설(종합병원, 정신의료기관)
⑥ 의원, 치과의원, 한의원, 조산원, 산후조리원
⑦ 교육연구시설 중 합숙소
⑧ 노유자시설
⑨ 숙박이 가능한 수련시설
⑩ 숙박시설
⑪ 방송국 및 촬영소
⑫ 다중이용업소(단란주점영업, 유흥주점영업, 노래연습장의 영업장 등)
⑬ 층수가 11층 이상인 것(아파트 제외 : 2026. 12. 1. 삭제)

※ 2급 소방안전관리대상물
① 지하구
② 가스제조설비를 갖추고 도시가스사업 허가를 받아야 하는 시설 또는 가연성 가스를 100~1000t 미만 저장·취급하는 시설
③ 스프링클러설비 또는 물분무등소화설비 설치대상물(호스릴 제외)
④ 옥내소화전설비 설치대상물
⑤ 공동주택(옥내소화전설비 또는 스프링클러설비가 설치된 공동주택 한정)
⑥ 목조건축물(국보·보물)

※ 방염
연소하기 쉬운 건축물의 실내장식물 등 또는 그 재료에 어떤 방법을 가하여 연소하기 어렵게 만든 것

소방관계법규

(2) 방염대상물품(소방시설법 시행령 31조)

제조 또는 가공 공정에서 방염처리를 한 물품	건축물 내부의 천장이나 벽에 부착하거나 설치하는 것
① 창문에 설치하는 **커튼류**(블라인드 포함) ② **카펫** ③ **벽지류**(두께 2mm 미만인 **종이벽지 제외**) ④ **전시용** 합판·목재 또는 섬유판 ⑤ **무대용** 합판·목재 또는 섬유판 ⑥ **암막·무대막**(영화상영관·가상체험 체육시설업의 **스크린** 포함) ⑦ 섬유류 또는 합성수지류 등을 원료로 하여 제작된 소파·의자(단란주점영업, 유흥주점영업 및 노래연습장의 영업장에 설치하는 것만 해당)	① 종이류(두께 **2mm 이상**), 합성수지류 또는 **섬유류**를 주원료로 한 물품 ② **합판**이나 **목재** ③ 공간을 구획하기 위하여 설치하는 **간이칸 막이** ④ **흡음재**(흡음용 커튼 포함) 또는 **방음재**(방음용 커튼 포함) 가구류(옷장, 찬장, 식탁, 식탁용 의자, 사무용 책상, 사무용 의자, 계산대)와 너비 10cm 이하인 반자돌림대, 내부 마감재료 제외

* **잔염시간**
버너의 불꽃을 제거한 때부터 불꽃을 올리며 연소하는 상태가 그칠 때까지의 시간

(3) 방염성능기준(소방시설법 시행령 31조)

① 버너의 불꽃을 올리며 연소하는 상태가 그칠 때까지의 시간 **20초** 이내
② 버너의 불꽃을 올리지 않고 연소하는 상태가 그칠 때까지의 시간 **30초** 이내
③ 탄화한 면적 **50cm²** 이내(길이 **20cm** 이내)
④ 불꽃의 접촉횟수는 **3회** 이상
⑤ 최대 연기밀도 **400** 이하

* **잔진시간(잔신시간)**
버너의 불꽃을 제거한 때부터 불꽃을 올리지 않고 연소하는 상태가 그칠 때까지의 시간

● 초스피드 기억법

올2(올리다.)

38 자체소방대의 설치제외 대상인 일반취급소(위험물규칙 73조)

① 보일러·버너로 위험물을 소비하는 일반취급소
② 이동저장탱크에 위험물을 주입하는 일반취급소
③ 용기에 위험물을 옮겨 담는 일반취급소
④ 유압장치·윤활유순환장치로 위험물을 취급하는 일반취급소
⑤ 광산안전법의 적용을 받는 일반취급소

* **광산안전법**
광산의 안전을 유지하기 위해 제정해 놓은 법

39 소화활동설비(소방시설법 시행령 〔별표 1〕)

① **연**결송수관설비
② **연**결살수설비
③ **연**소방지설비
④ **무**선통신보조설비

* **연소방지설비**
지하구에 헤드를 설치하여 지하구의 화재시 소방차에 의해 물을 공급받아 헤드를 통해 방사하는 설비

⑤ **제**연설비
⑥ **비**상콘센트설비

3연 무제비(3년에 한 번은 **제비**가 오지 않는다.)

40 소화설비(소방시설법 시행령 〔별표 4〕)

(1) 소화설비의 설치대상

종 류	설치대상
소화기구	① 연면적 33m² 이상 ② 국가유산 ③ 가스시설, 전기저장시설 ④ 터널 ⑤ 지하구
주거용 주방**자**동소화장치	① **아**파트 등(모든 층) ② 오피스텔(모든 층)

아자(아자!)

(2) 옥내소화전설비의 설치대상

설치대상	조 건
① 차고·주차장	• 200m² 이상
② 근린생활시설 ③ 업무시설(금융업소·사무소)	• 연면적 1500m² 이상
④ 문화 및 집회시설, 운동시설 ⑤ 종교시설	• 연면적 3000m² 이상
⑥ 특수가연물 저장·취급	• 지정수량 750배 이상
⑦ 터널길이	• 1000m 이상

(3) 옥**외**소화전설비의 설치대상

설치대상	조 건
① 목조건축물	• 국보·보물
② **지**상 1·2층	• 바닥면적 합계 **9**000m² 이상
③ 특수가연물 저장·취급	• 지정수량 750배 이상

지9외(지구의)

※ 제연설비
화재시 발생하는 연기를 감지하여 화재의 확대 및 연기의 확산을 막기 위한 설비

※ 주거용 주방자동소화장치
가스레인지 후드에 고정 설치하여 화재시 100℃의 열에 의해 자동으로 소화약제를 방출하며 가스자동차단, 화재경보 및 가스누출 경보 기능을 함

※ 근린생활시설
사람이 생활을 하는 데 필요한 여러 가지 시설

(4) 스프링클러설비의 설치대상

설치대상	조 건

① 문화 및 집회시설, 운동시설
② 종교시설
	• 수용인원 - 100명 이상
	• 영화상영관 - 지하층·무창층 500m² (기타 1000m²) 이상
	• 무대부
	  ⓐ 지하층·무창층·**4층** 이상 300m² 이상
	  ⓑ 1~3층 500m² 이상

③ 판매시설 ④ 운수시설 ⑤ 물류터미널	• 수용인원 - 500명 이상 • 바닥면적 합계 5000m² 이상
⑥ 노유자시설 ⑦ 정신의료기관 ⑧ 수련시설(숙박 가능한 것) ⑨ 종합병원, 병원, 치과병원, 한방병원 및 요양병원(정신병원 제외) ⑩ 숙박시설	• 바닥면적 합계 600m² 이상
⑪ 지하층·무창층·4층 이상	• 바닥면적 1000m² 이상
⑫ 창고시설(물류터미널 제외)	• 바닥면적 합계 5000m² 이상 - 전층
⑬ 지하상가	• 연면적 1000m² 이상
⑭ 10m 넘는 랙식 창고	• 연면적 1500m² 이상
⑮ 복합건축물 ⑯ 기숙사	• 연면적 5000m² 이상 - 전층
⑰ **6층** 이상	• 전층
⑱ 보일러실·연결통로	• 전부
⑲ 특수가연물 저장·취급	• 지정수량 1000배 이상
⑳ 발전시설 중 전기저장시설	• 전부

(5) 물분무등소화설비의 설치대상

설치대상	조 건
① 차고·주차장	• 바닥면적 합계 200m² 이상
② 전기실·발전실·변전실 ③ 축전지실·통신기기실·전산실	• 바닥면적 300m² 이상
④ 주차용 건축물	• 연면적 800m² 이상
⑤ 기계식 주차장치	• 20대 이상
⑥ 항공기격납고	• 전부(규모에 관계없이 설치)

41 비상경보설비의 설치대상 (소방시설법 시행령 〔별표 4〕)

설치대상	조 건
① 지하층·무창층	• 바닥면적 150m² (공연장 100m²) 이상
② 전부	• 연면적 400m² 이상
③ 터널	• 길이 500m 이상
④ 옥내작업장	• 50인 이상 작업

※ 노유자시설
① 아동관련시설
② 노인관련시설
③ 장애인관련시설

※ 랙식 창고
① 물품보관용 랙을 설치하는 창고시설
② 선반 또는 이와 비슷한 것을 설치하고 승강기에 의하여 수납을 운반하는 장치를 갖춘 것

※ 물분무등소화설비
① 물분무소화설비
② 미분무소화설비
③ 포소화설비
④ 이산화탄소 소화설비
⑤ 할론소화설비
⑥ 분말소화설비
⑦ 할로겐화합물 및 불활성기체 소화설비
⑧ 강화액 소화설비

42 인명구조기구의 설치장소 (소방시설법 시행령 〔별표 4〕)

① 지하층을 포함한 **7층** 이상의 **관광호텔**[방열복, 방화복(안전모, 보호장갑, 안전화 포함), 인공소생기, 공기호흡기]
② 지하층을 포함한 **5층** 이상의 **병원**[방열복, 방화복(안전모, 보호장갑, 안전화 포함), 공기호흡기]

● 초스피드 기억법

5병(오병이어의 기적)

43 제연설비의 설치대상 (소방시설법 시행령 〔별표 4〕)

설치대상	조 건
① 문화 및 집회시설, 운동시설 ② 종교시설	• 바닥면적 200m² 이상
③ 기타	• 1000m² 이상
④ 영화상영관	• 수용인원 100인 이상
⑤ 터널	• 예상교통량, 경사도 등 터널의 특성을 고려하여 **행정안전부령**으로 정하는 터널
⑥ 특별피난계단 ⑦ 비상용 승강기의 승강장 ⑧ 피난용 승강기의 승강장	• 전부

44 소방용품 제외 대상 (소방시설법 시행령 6조)

① 주거용 주방자동소화장치용 소화약제
② 가스자동소화장치용 소화약제
③ 분말자동소화장치용 소화약제
④ 고체에어로졸자동소화장치용 소화약제
⑤ 소화약제 외의 것을 이용한 간이소화용구
⑥ 휴대용 비상조명등
⑦ 유도표지
⑧ 벨용 푸시버튼스위치
⑨ 피난밧줄
⑩ 옥내소화전함
⑪ 방수구
⑫ 안전매트
⑬ 방수복

45 화재예방강화지구의 지정지역 (화재예방법 18조)

① **시장**지역
② **공장·창고** 등이 밀집한 지역

Key Point

✽ 인명구조기구와 피난기구
(1) **인**명구조기구
  ① **방**열복
  ② 방화복(안전모, 보호장갑, 안전화 포함)
  ③ **공**기호흡기
  ④ **인**공소생기

〔기억법〕
방공인(방공인)

(2) 피난기구
  ① 피난사다리
  ② 구조대
  ③ 완강기
  ④ 소방청장이 정하여 고시하는 화재안전성능기준으로 정하는 것(미끄럼대, 피난교, 공기안전매트, 피난용 트랩, 다수인 피난장비, 승강식 피난기, 간이완강기, 하향식 피난구용 내림식 사다리)

✽ 제연설비
화재시 발생하는 연기를 감지하여 방연 및 제연함은 물론 화재의 확대, 연기의 확산을 막아 연기로 인한 탈출로 차단 및 질식으로 인한 인명피해를 줄이는 등 피난 및 소화활동상 필요한 안전설비

✽ 화재예방강화지구
화재발생 우려가 크거나 화재가 발생할 경우 피해가 클 것으로 예상되는 지역에 대하여 화재의 예방 및 안전관리를 강화하기 위해 지정·관리하는 지역

③ 목조건물이 밀집한 지역
④ 노후·불량건축물이 밀집한 지역
⑤ 위험물의 저장 및 처리시설이 밀집한 지역
⑥ 석유화학제품을 생산하는 공장이 있는 지역
⑦ 소방시설·소방용수시설 또는 소방출동로가 없는 지역
⑧ 「산업입지 및 개발에 관한 법률」에 따른 산업단지
⑨ 「물류시설의 개발 및 운영에 관한 법률」에 따른 물류단지
⑩ 소방청장, 소방본부장 또는 소방서장이 화재예방강화지구로 지정할 필요가 있다고 인정하는 지역

46 근린생활시설(소방시설법 시행령 〔별표 2〕)

면 적	적용장소	
150m² 미만	• 단란주점	
300m² 미만	• 종교시설 • 비디오물 감상실업	• 공연장 • 비디오물 소극장업
500m² 미만	• 탁구장 • 테니스장 • 체육도장 • 사무소 • 학원 • 당구장	• 서점 • 볼링장 • 금융업소 • 부동산 중개사무소 • 골프연습장
1000m² 미만	• 자동차영업소 • 일용품 • 의약품 판매소	• 슈퍼마켓 • 의료기기 판매소
전부	• 기원 • 이용원·미용원·목욕장 및 세탁소 • 휴게음식점·일반음식점, 제과점 • 안마원(안마시술소 포함) • 의원, 치과의원, 한의원, 침술원, 접골원	• 독서실 • 조산원(산후조리원 포함)

 초스피드 기억법

종3(중세시대)

47 업무시설(소방시설법 시행령 〔별표 2〕)

면적	적용장소	
전부	• 주민자치센터(동사무소) • 소방서 • 보건소 • 국민건강보험공단 • 금융업소·**오피스텔**·신문사	• 경찰서 • 우체국 • 공공도서관

48 위험물(위험물령 〔별표 1〕)

① 과산화수소 : 농도 36wt% 이상
② 황 : 순도 60wt% 이상
③ 질산 : 비중 1.49 이상

※ 의원과 병원
① 의원 : 근린생활시설
② 병원 : 의료시설

※ 결핵 및 한센병 요양시설과 요양병원
① 결핵 및 한센병 요양시설 : 노유자시설
② 요양병원 : 의료시설

※ 공동주택
① 아파트 등 : 5층 이상인 주택
② 기숙사

※ 업무시설
오피스텔

● 초스피드 기억법

3과(삼가 인사올립니다.)
질49(제일 싸구려)

49 소방시설공사업 (공사업령 [별표 1])

종류	자본금	영업범위
전문	• 법인 : 1억원 이상 • 개인 : 1억원 이상	• 특정소방대상물
일반	• 법인 : 1억원 이상 • 개인 : 1억원 이상	• 연면적 10000m² 미만 • 위험물제조소 등

✱ 소방시설공사업의 보조기술인력
① 전문공사업 : 2명 이상
② 일반공사업 : 1명 이상

50 소방용수시설의 설치기준 (기본규칙 [별표 3])

거리기준	지역
100m 이하	• **주**거지역 • **공**업지역 • **상**업지역
140m 이하	• 기타지역

✱ 소방용수시설
화재진압에 사용하기 위한 물을 공급하는 시설

● 초스피드 기억법

주공 100상(주공아파트에 백상어가 그려져 있다.)

51 소방용수시설의 저수조의 설치기준 (기본규칙 [별표 3])

① 낙차 : 4.5m 이하
② 수심 : 0.5m 이상
③ 투입구의 길이 또는 지름 : 60cm 이상
④ 소방 펌프 자동차가 **쉽게 접근**할 수 있도록 할 것
⑤ 흡수에 지장이 없도록 **토사** 및 **쓰레기** 등을 제거할 수 있는 설비를 갖출 것
⑥ 저수조에 물을 공급하는 방법은 **상수도**에 연결하여 **자동**으로 **급수**되는 구조일 것

52 소방신호표 (기본규칙 [별표 4])

종별 \ 신호방법	타종신호	사이렌신호
경계신호	1타와 **연** 2타를 반복	5초 간격을 두고 30초씩 3회
발화신호	난타	5초 간격을 두고 5초씩 3회
해제신호	상당한 간격을 두고 1타씩 반복	1분간 1회
훈련신호	**연** 3타 반복	10초 간격을 두고 1분씩 3회

✱ 경계신호
화재예방상 필요하다고 인정되거나 화재위험경보시 발령

✱ 발화신호
화재가 발생한 때 발령

✱ 해제신호
소화활동이 필요 없다고 인정되는 때 발령

✱ 훈련신호
훈련상 필요하다고 인정되는 때 발령

제3편 소방전기일반

제1장 직류회로

Key Point

* **전력**
  전기장치가 행한 일

* **줄의 법칙**
  전류의 열작용

* **옴의 법칙**
  $$I = \frac{V}{R} \, [A]$$
  여기서, I : 전류[A]
  V : 전압[V]
  R : 저항[Ω]

* **전압**
  $$V = \frac{W}{Q} \, [V]$$
  여기서, V : 전압[V]
  W : 일[J]
  Q : 전기량[C]

* **실리콘**
  '규소'라고도 부른다.

---

1 전력

$$P = VI = I^2 R = \frac{V^2}{R} \, [W]$$

여기서, P : 전력[W], V : 전압[V], I : 전류[A], R : 저항[Ω]

2 줄의 법칙(Joule's law)

$$H = 0.24 Pt = 0.24 VIt = 0.24 I^2 Rt = 0.24 \frac{V^2}{R} t \, [cal]$$

여기서, H : 발열량[cal], P : 전력[W], t : 시간[s],
V : 전압[V], I : 전류[A], R : 저항[Ω]

3 전열기의 용량

$$860 P \eta t = M(T_2 - T_1)$$

여기서, P : 용량[kW], η : 효율,
t : 소요시간[h], M : 질량[l],
T_2 : 상승후 온도[℃], T_1 : 상승전 온도[℃]

4 단위환산

① $1W = 1J/s$
② $1J = 1N \cdot m$
③ $1kg = 9.8N$
④ $1Wh = 860cal$
⑤ $1BTU = 252cal$

5 물질의 종류

물 질	종 류
도체	구리(Cu), 알루미늄(Al), 백금(Pt), 은(Ag)
반도체	**실**리콘(Si), **게**르마늄(Ge), **탄**소(C), **아**산화동
절연체	유리, 플라스틱, 고무, 페놀수지

반실계탄아(반듯하고 실하게 탄생한 아기)

6 여러 가지 법칙

① 플레밍의 **오른손** 법칙 : **도**체운동에 의한 **유**기기전력의 **방**향 결정
② 플레밍의 **왼손** 법칙 : **전**자력의 방향 결정
③ **렌츠**의 법칙 : 전자유도현상에서 코일에 생기는 **유**도기전력의 **방**향 결정
④ 패러데이의 법칙 : **유**기기전력의 **크**기 결정
⑤ 앙페르의 법칙 : **전**류에 의한 **자**계의 방향을 결정하는 법칙

방유도오(방에 우유를 도로 갖다 놓게!)
왼전 (왠 전쟁이냐?)
렌유방 (오렌지가 유일한 방법이다.)
패유크 (폐유를 버리면 큰일난다.)
앙전자 (양전자)

※ **플레밍의 오른손 법칙**
발전기에 적용

기억법
오발(오발탄)

※ **플레밍의 왼손 법칙**
전동기에 적용

※ **앙페르의 법칙**
'암페어의 오른나사 법칙'이라고도 한다.

7 전지의 작용

전지의 작용	현 상
국부작용	① 전극의 **불**순물로 인하여 기전력이 감소하는 현상 ② 전지를 쓰지 않고 오래두면 **못**쓰게 되는 현상
분극작용 (**성**극작용)	① 일정한 전압을 가진 전지에 부하를 걸면 **단**자전압이 저하하는 현상 ② 전지에 부하를 걸면 양극 표면에 **수**소가스가 생겨 전류의 흐름을 방해하는 현상

※ **전류의 3대 작용**
① **발**열작용(열작용)
② **자**기작용
③ **화**학작용

기억법
발전자화
(발전체가 자화됐다.)

불못국(불못에 들어가면 국물도 없다.)
성분단수(성분이 나빠서 단수시켰다.)

제2장 정전계

8 정전용량

$$C = \frac{\varepsilon A}{d} \text{ [F]}$$

여기서, A : 극판의 면적 $[m^2]$
d : 극판 간의 간격 $[m]$
ε : 유전율 $[F/m]$ $(\varepsilon = \varepsilon_o \cdot \varepsilon_s)$

※ **정전용량**
'커패시턴스(capacitance)'라고도 부른다.

9 정전계와 자기

※ 정전력
전하 사이에 작용하는 힘

※ 자기력
자석이 금속을 끌어당기는 힘

정전계	자기
(1) 정전력 $$F = \frac{Q_1 Q_2}{4\pi\varepsilon r^2} = QE \, [\text{N}]$$ 여기서, F : 정전력[N] Q_1, Q_2 : 전하[C] ε : 유전율[F/m] ($\varepsilon = \varepsilon_o \cdot \varepsilon_s$) r : 거리[m] E : 전계의 세기[V/m] ※ 진공의 유전율 : $\varepsilon_o = 8.855 \times 10^{-12}$ [F/m]	(1) 자기력 $$F = \frac{m_1 m_2}{4\pi\mu r^2} = mH \, [\text{N}]$$ 여기서, F : 자기력[N] m_1, m_2 : 자하[Wb] μ : 투자율[H/m] ($\mu = \mu_o \cdot \mu_s$) r : 거리[m] H : 자계의 세기[A/m] ※ 진공의 투자율 : $\mu_o = 4\pi \times 10^{-7}$ [H/m]
(2) 전계의 세기 $$E = \frac{Q}{4\pi\varepsilon r^2} \, [\text{V/m}]$$ 여기서, E : 전계의 세기[V/m] Q : 전하[C] ε : 유전율[F/m] ($\varepsilon = \varepsilon_o \cdot \varepsilon_s$) r : 거리[m]	(2) 자계의 세기 $$H = \frac{m}{4\pi\mu r^2} \, [\text{AT/m}]$$ 여기서, H : 자계의 세기[AT/m] m : 자하[Wb] μ : 투자율[H/m] ($\mu = \mu_o \cdot \mu_s$) r : 거리[m]
(3) P점에서의 전위 $$V_P = \frac{Q}{4\pi\varepsilon r} \, [\text{V}]$$ 여기서, V_P : P점에서의 전위[V] Q : 전하[C] ε : 유전율[F/m] ($\varepsilon = \varepsilon_o \cdot \varepsilon_s$) r : 거리[m]	(3) P점에서의 자위 $$U_m = \frac{m}{4\pi\mu r} \, [\text{AT}]$$ 여기서, U_m : P점에서의 자위[AT] m : 자극의 세기[Wb] μ : 투자율[H/m] ($\mu = \mu_o \cdot \mu_s$) r : 거리[m]
(4) 전속밀도 $$D = \varepsilon_o \varepsilon_s E \, [\text{C/m}^2]$$ 여기서, D : 전속밀도[C/m²] ε_o : 진공의 유전율[F/m] ε_s : 비유전율(단위없음) E : 전계의 세기[V/m]	(4) 자속밀도 $$B = \mu_o \mu_s H \, [\text{Wb/m}^2]$$ 여기서, B : 자속밀도[Wb/m²] μ_o : 진공의 투자율[H/m] μ_s : 비투자율(단위없음) H : 자계의 세기[AT/m]

※ 전속밀도
단면을 통과하는 전속의 수

※ 자속밀도
자속으로서 자기장의 크기 및 철의 내부의 자기적인 상태를 표시하기 위하여 사용한다.

정전계	자기
(5) 정전에너지 $$W = \frac{1}{2}QV = \frac{1}{2}CV^2 = \frac{Q^2}{2C} \text{[J]}$$ 여기서, W : 정전에너지[J] Q : 전하[C] V : 전압[V] C : 정전용량[F]	(5) 코일에 축적되는 에너지 $$W = \frac{1}{2}LI^2 = \frac{1}{2}IN\phi \text{[J]}$$ 여기서, W : 코일의 축적에너지[J] L : 자기 인덕턴스[H] I : 전류[A] N : 코일권수 ϕ : 자속[Wb]
(6) 에너지밀도 $$W_o = \frac{1}{2}ED = \frac{1}{2}\varepsilon E^2 = \frac{D^2}{2\varepsilon} \text{[J/m}^3\text{]}$$ 여기서, W_o : 에너지밀도[J/m³] E : 전계의 세기[V/m] D : 전속밀도[C/m²] ε : 유전율[F/m] ($\varepsilon = \varepsilon_o \cdot \varepsilon_s$)	(6) 단위체적당 축적되는 에너지 $$W_m = \frac{1}{2}BH = \frac{1}{2}\mu H^2 = \frac{B^2}{2\mu} \text{[J/m}^3\text{]}$$ 여기서, W_m : 단위체적당 축적에너지[J/m³] B : 자속밀도[Wb/m²] H : 자계의 세기[AT/m] μ : 투자율[H/m] ($\mu = \mu_o \cdot \mu_s$)

제3장 자 기

10 자석이 받는 회전력

$$T = MH\sin\theta = mHl\sin\theta \text{[N·m]}$$

여기서, T : 회전력[N·m]
M : 자기 모멘트[Wb·m]
H : 자계의 세기[AT/m]
θ : 이루는 각[rad]
m : 자극의 세기[Wb]
l : 자석의 길이[m]

11 기자력

$$F = NI = Hl = R_m\phi \text{[AT]}$$

여기서, F : 기자력[AT]
N : 코일 권수
I : 전류[A]
H : 자계의 세기[AT/m]
l : 자로의 길이[m]
R_m : 자기저항[AT/Wb]
ϕ : 자속[Wb]

Key Point

* **정전에너지**
콘덴서를 충전할 때 발생하는 에너지, 다시 말하면 콘덴서를 충전할 때 짧은 시간이지만 콘덴서에 나타나는 역전압과 반대로 전류를 흘리는 것이므로 에너지가 주입되는데 이 에너지를 말한다.

* **자기**
자기력이 생기는 원인이 되는 것 즉, 자석이 금속을 끌어당기는 성질을 말한다.

* **자기력**
자속을 발생시키는 원동력 즉, 철심에 코일을 감고 전류를 흘릴 때 이 코일권수와 전류의 곱을 말한다.

12 자계

(1) 무한장 직선전류의 자계

$$H = \frac{I}{2\pi r} \text{[AT/m]}$$

여기서, H : 자계의 세기[AT/m], I : 전류[A], r : 거리[m]

(2) 원형코일 중심의 자계

$$H = \frac{NI}{2a} \text{[AT/m]}$$

여기서, H : 자계의 세기[AT/m], N : 코일권수, I : 전류[A], a : 반지름[m]

(3) 무한장 솔레노이드에 의한 자계

① 내부 자계 : $H_i = nI$ [AT/m]

② 외부 자계 : $H_e = 0$

여기서, n : 1m당 권수, I : 전류[A]

● 초스피드 기억법

무솔외 0(무술을 익히려면 외워라!)

(4) 환상 솔레노이드에 의한 자계

① 내부 자계 : $H_i = \dfrac{NI}{2\pi a}$ [AT/m]

② 외부 자계 : $H_e = 0$

여기서, N : 코일권수, I : 전류[A], a : 반지름[m]

● 초스피드 기억법

환솔 외0(한솔에 취직하려면 외워라!)

13 유도기전력

$$e = -N\frac{d\phi}{dt} = -L\frac{di}{dt} = Blv\sin\theta \text{ [V]}$$

여기서, e : 유기기전력[V]
N : 코일권수[s]
$d\phi$: 자속의 변화량[Wb]
dt : 시간의 변화량[s]
L : 자기 인덕턴스[H]

※ 원형코일
코일내부의 자장의 세기는 모두 같다.

※ 솔레노이드
도체에 코일을 일정하게 감아놓은 것

※ 유도기전력
전자유도에 의해 발생된 기전력으로서 '유기기전력'이라고도 부른다.

※ 자속
자극에서 나오는 전체의 자기력선의 수

di : 전류의 변화량[A]
B : 자속밀도[Wb/m²]
l : 도체의 길이[m]
v : 도체의 이동속도[m/s]
θ : 이루는 각[rad]

14 상호 인덕턴스

$$M = K\sqrt{L_1 L_2}\ \text{[H]}$$

여기서, M : 상호 인덕턴스[H]
K : 결합계수
L_1, L_2 : 자기 인덕턴스[H]

- 이상결합·완전결합시 : $K = 1$
- 두 코일 직교시 : $K = 0$

 초스피드 기억법

1이완상(일반적인 **이**완상태)
0직상(영문도 없이 **직**상층에서 발화했다.)

※ 상호 인덕턴스
1차 전류의 시간변화량과 2차 유도전압의 비례상수

※ 결합계수
누설자속에 의한 상호 인덕턴스의 감소비율

제4장 교류회로

15 순시값 · 평균값 · 실효값

순시값	평균값	실효값
$v = V_m \sin\omega t$ $= \sqrt{2}\,V\sin\omega t\ \text{[V]}$	$V_{av} = \dfrac{2}{\pi}V_m = 0.637\,V_m\ \text{[V]}$	$V = \dfrac{V_m}{\sqrt{2}} = 0.707\,V_m\ \text{[V]}$
여기서, v : 전압의 순시값[V] V_m : 전압의 최대값[V] ω : 각주파수[rad/s] t : 주기[s] V : 실효값[V]	여기서, V_{av} : 전압의 평균값[V] V_m : 전압의 최대값[V]	여기서, V : 전압의 실효값[V] V_m : 전압의 최대값[V]

 초스피드 기억법

평637(**평**소에 **육삼칠** 육상선수는 **칠**칠맞다.)
실707(**실**제로 **칠공주**는 **칠**면조를 좋아한다.)

※ 순시값
교류의 임의의 시간에 있어서 전압 또는 전류의 값

※ 평균값
순시값의 반주기에 대하여 평균을 취한 값

※ 실효값
교류의 크기를 교류와 동일한 일을 하는 직류의 크기로 바꿔 나타냈을 때의 값. 일반적으로 사용되는 값이다.

16 RLC의 접속

회로의 종류		위상차	전류	역률 및 무효율
직렬회로	$R-L$	$\theta = \tan^{-1}\dfrac{\omega L}{R}$	$I = \dfrac{V}{Z} = \dfrac{V}{\sqrt{R^2+X_L^2}}$	$\cos\theta = \dfrac{R}{\sqrt{R^2+X_L^2}}$ $\sin\theta = \dfrac{X_L}{\sqrt{R^2+X_L^2}}$
	$R-C$	$\theta = \tan^{-1}\dfrac{1}{\omega CR}$	$I = \dfrac{V}{Z} = \dfrac{V}{\sqrt{R^2+X_C^2}}$	$\cos\theta = \dfrac{R}{\sqrt{R^2+X_C^2}}$ $\sin\theta = \dfrac{X_C}{\sqrt{R^2+X_C^2}}$
	$R-L-C$	$\theta = \tan^{-1}\dfrac{X_L-X_C}{R}$	$I = \dfrac{V}{Z} = \dfrac{V}{\sqrt{R^2+(X_L-X_C)^2}}$	$\cos\theta = \dfrac{R}{Z}$ $\sin\theta = \dfrac{X_L-X_C}{Z}$
병렬회로	$R-L$	$\theta = \tan^{-1}\dfrac{R}{\omega L}$	$I = YV = \sqrt{\left(\dfrac{1}{R}\right)^2+\left(\dfrac{1}{X_L}\right)^2}\cdot V$	$\cos\theta = \dfrac{X_L}{\sqrt{R^2+X_L^2}}$ $\sin\theta = \dfrac{R}{\sqrt{R^2+X_L^2}}$
	$R-C$	$\theta = \tan^{-1}\omega CR$	$I = YV = \sqrt{\left(\dfrac{1}{R}\right)^2+\left(\dfrac{1}{X_C}\right)^2}\cdot V$	$\cos\theta = \dfrac{X_C}{\sqrt{R^2+X_C^2}}$ $\sin\theta = \dfrac{R}{\sqrt{R^2+X_C^2}}$
	$R-L-C$	$\theta = \tan^{-1}R\left(\dfrac{1}{X_C}-\dfrac{1}{X_L}\right)$	$I = YV = \sqrt{\left(\dfrac{1}{R}\right)^2+\left(\dfrac{1}{X_C}-\dfrac{1}{X_L}\right)^2}\cdot V$	$\cos\theta = \dfrac{\frac{1}{R}}{Y}$ $\sin\theta = \dfrac{\frac{1}{X_C}-\frac{1}{X_L}}{Y}$

Key Point

✻ 저항(R)
동상

✻ 인덕턴스(L)
전압이 전류보다 90°
앞선다.

✻ 커패시턴스(C)
전압이 전류보다 90°
뒤진다.

17 전력

구 분	단 상	3 상
유효전력	$P = VI\cos\theta = I^2R[\text{W}]$ 여기서, P: 유효전력[W] V: 전압[V] I: 전류[A] θ: 이루는 각[rad] R: 저항[Ω]	$P = 3V_PI_P\cos\theta = \sqrt{3}\,V_lI_l\cos\theta$ $= 3I_P^2R[\text{W}]$ 여기서, P: 유효전력[W] V_P, I_P: 상전압[V]·상전류[A] V_l, I_l: 선간전압[V]·선전류[A] R: 저항[Ω]

✻ 유효전력
전원에서 부하로 실제
소비되는 전력

초스피드 기억법

구 분	단 상	3 상
무효 전력	$P_r = VI\sin\theta = I^2 X \text{[Var]}$ 여기서, P_r: 무효전력[Var] V: 전압[V] I: 전류[A] θ: 이루는 각[rad] X: 리액턴스[Ω]	$P_r = 3V_P I_P \sin\theta = \sqrt{3} V_l I_l \sin\theta$ $= 3I_P^2 X \text{[Var]}$ 여기서, P_r: 무효전력[Var] V_P, I_P: 상전압[V]·상전류[A] V_l, I_l: 선간전압[V]·선전류[A] X: 리액턴스[Ω]
피상 전력	$P_a = VI = \sqrt{P^2 + P_r^2} = I^2 Z \text{[VA]}$ 여기서, P_a: 피상전력[VA] V: 전압[V] I: 전류[A] P: 유효전력[W] P_r: 무효전력[Var] Z: 임피던스[Ω]	$P_a = 3V_P I_P = \sqrt{3} V_l I_l = \sqrt{P^2 + P_r^2}$ $= 3I_P^2 Z \text{[VA]}$ 여기서, P_a: 피상전력[VA] V_P, I_P: 상전압[V]·상전류[A] V_l, I_l: 선간전압[V]·선전류[A] Z: 임피던스[Ω]

18 Y결선 · △결선

구 분	선간전압	선전류
Y결선	$V_l = \sqrt{3} V_P$ 여기서, V_l: 선간전압[V] V_P: 상전압[V]	$I_l = I_P$ 여기서, I_l: 선전류[A] I_P: 상전류[A]
△결선	$V_l = V_P$ 여기서, V_l: 선간전압[V] V_P: 상전압[V]	$I_l = \sqrt{3} I_P$ 여기서, I_l: 선전류[A] I_P: 상전류[A]

19 분류기 · 배율기

분류기	배율기
$I_o = I\left(1 + \dfrac{R_A}{R_S}\right) \text{[A]}$ 여기서, I_o: 측정하고자 하는 전류[A] I: 전류계의 최대눈금[A] R_A: 전류계 내부저항[Ω] R_S: 분류기 저항[Ω]	$V_o = V\left(1 + \dfrac{R_m}{R_v}\right) \text{[V]}$ 여기서, V_o: 측정하고자 하는 전압[V] V: 전압계의 최대눈금[V] R_v: 전압계 내부저항[Ω] R_m: 배율기 저항[Ω]

Key Point

※ 무효전력
실제로는 아무런 일을 하지 않아 부하에서는 전력으로 이용될 수 없는 전력

※ 피상전력
교류의 부하 또는 전원의 용량을 표시하는 전력

※ 선간전압
부하에 전력을 공급하는 선들 사이의 전압

※ 선전류
3상 교류회로에서 단자로부터 유입 또는 유출되는 전류를 말한다.

※ 분류기
전류계의 측정범위를 확대하기 위해 전**류**계와 **병**렬로 접속하는 저항

기억법
분류병
(분류하여 병에 담아)

※ 배율기
전압계의 측정범위를 확대하기 위해 전**압**계와 **직**렬로 접속하는 저항

기억법
배압직
(배에 압정이 직접 꽂혔다.)

제5장 자동제어

20 제어량에 의한 분류

① **프**로세스제어(process control) : **온**도, **압**력, **유**량, **액**면
② **서**보기구(servo mechanism) : **위**치, **방**위, **자**세
③ 자동조정(automatic regulation) : 전압, 전류, 주파수, 회전속도, 장력

● 초스피드 기억법

프온압유액(프레온의 압력으로 우유액이 쏟아졌다.)
서위방자(스위스는 방자하다.)

21 불대수의 정리

논리합	논리곱	비 고
$X+0=X$	$X \cdot 0 = 0$	-
$X+1=1$	$X \cdot 1 = X$	-
$X+X=X$	$X \cdot X = X$	-
$X+\overline{X}=1$	$X \cdot \overline{X}=0$	-
$X+Y=Y+X$	$X \cdot Y = Y \cdot X$	교환법칙
$X+(Y+Z)=(X+Y)+Z$	$X(YZ)=(XY)Z$	결합법칙
$X(Y+Z)=XY+XZ$	$(X+Y)(Z+W)$ $=XZ+XW+YZ+YW$	분배법칙
$X+XY=X$	$X+\overline{X}Y=X+Y$	흡수법칙
$(\overline{X+Y})=\overline{X} \cdot \overline{Y}$	$(\overline{X \cdot Y})=\overline{X}+\overline{Y}$	드모르간의 정리

22 시퀀스회로와 논리회로

명 칭	시퀀스회로	논리회로	진리표
AND 회로		$X=A \cdot B$ 입력신호 A, B가 동시에 1일 때만 출력신호 X가 1이 된다.	A B X 0 0 0 0 1 0 1 0 0 1 1 1

※ **불대수**
임의의 회로에서 일련의 기능을 수행하기 위한 가장 최적의 방법을 결정하기 위하여 이를 수식적으로 표현하는 방법

※ **논리회로**
집적회로를 논리기호를 사용하여 알기 쉽도록 표현해 놓은 회로

※ **진리표**
논리대수에 있어서 ON, OFF 또는 동작, 부동작의 상태를 1과 0으로 나타낸 표

명 칭	시퀀스회로	논리회로	진리표
OR 회로		A ─┐ B ─┘⊃─ X $X = A + B$ 입력신호 A, B 중 어느 하나라도 1이면 출력신호 X가 1이 된다.	A B X 0 0 0 0 1 1 1 0 1 1 1 1
NOT 회로		A ──▷○── X $X = \overline{A}$ 입력신호 A가 0일 때만 출력신호 X가 1이 된다.	A X 0 1 1 0
NAND 회로		A ─┐ B ─┘⊃○─ X $X = \overline{A \cdot B}$ 입력신호 A, B가 동시에 1일 때만 출력신호 X가 0이 된다. (AND 회로의 부정)	A B X 0 0 1 0 1 1 1 0 1 1 1 0
NOR 회로		A ─┐ B ─┘⊃○─ X $X = \overline{A + B}$ 입력신호 A, B가 동시에 0일 때만 출력신호 X가 1이 된다. (OR회로의 부정)	A B X 0 0 1 0 1 0 1 0 0 1 1 0
EXCLUSIVE OR 회로		A ─┐ B ─┘⊃─ X $X = A \oplus B = \overline{A}B + A\overline{B}$ 입력신호 A, B 중 어느 한쪽만이 1이면 출력신호 X가 1이 된다.	A B X 0 0 0 0 1 1 1 0 1 1 1 0
EXCLUSIVE NOR 회로		A ─┐ B ─┘⊃○─ X $X = \overline{A \oplus B} = AB + \overline{A}\,\overline{B}$ 입력신호 A, B가 동시에 0이거나 1일 때만 출력신호 X가 1이 된다.	A B X 0 0 1 0 1 0 1 0 0 1 1 1

※ NAND 회로
AND 회로의 부정

※ NOR 회로
OR 회로의 부정

제4편
소방전기시설의 구조 및 원리

제1장 경보설비의 구조 및 원리

1 경보설비의 종류

* **자동화재탐지설비**
  ① 감지기
  ② 수신기
  ③ 발신기
  ④ 중계기
  ⑤ 음향장치
  ⑥ 표시등
  ⑦ 전원
  ⑧ 배선

경보설비
- **자**동화재 탐지설비·시각경보기
- **자**동화재 속보설비
- **가**스누설경보기
- **비**상방송설비
- **비**상경보설비(비상벨설비, 자동식 사이렌설비)
- **누**전경보기
- **단**독경보형 감지기
- 통합감시시설
- 화재알림설비

● 초스피드 기억법

경자가비누단(경자가 비누를 단독으로 쓴다.)

2 정온식 감지선형 감지기의 고정방법

구 분	감지선형 감지기
단자부와 마감고정금구	10cm 이내
굴곡반경	5cm 이상

3 감지기의 부착높이

부착높이	감지기의 종류
8~15m 미만	• **차**동식 **분**포형 • 이온화식 1종 또는 2종 • 광전식(스포트형·분리형·공기흡입형) 1종 또는 2종 • 연기복합형 • 불꽃감지기
15~20m 미만	• 이온화식 1종 • 광전식(스포트형·분리형·공기흡입형) 1종 • 연기복합형 • 불꽃감지기

* **공기관식의 구성요소**
  ① 공기관
  ② 다이어프램
  ③ 리크구멍
  ④ 접점
  ⑤ 시험장치

* **공기관**
  ① 두께 : 0.3mm 이상
  ② 바깥지름 : 1.9mm 이상

* **연기복합형 감지기**
  이온화식+광전식을 겸용한 것으로 두 가지 기능이 동시에 작동되면 신호를 발함

● 초스피드 기억법

차분815(차분히 815 광복절을 맞이하자!)

4 반복시험 횟수

횟 수	기 기
1000회	**속**보기
2000회	**중**계기
5000회	**전**원스위치 · **발**신기
6000회	감지기
10000회	비상조명등, 스위치접점, 기타의 설비 및 기기 (수신기)

● 초스피드 기억법

속1
중2(중이염)
5발전(5개 **발**에 **전**을 부치자.)

5 대상에 따른 음압

음 압	대 상
40dB 이하	**유**도등 · **비**상조명등의 소음
60dB 이상	① **고**장표시장치용 ② **전**화용 부저 ③ 단독경보형 감지기(건전지 교체 **음성안내**)
70dB 이상	① 가스누설경보기(단독형·영업용) ② 누전경보기 ③ 단독경보형 감지기(건전지 교체 **음향경보**)
85dB 이상	단독경보형 감지기(화재경보음)
90dB 이상	① 가스누설경보기(**공**업용) ② **자**동화재탐지설비의 음향장치 ③ 비상벨설비의 음향장치

● 초스피드 기억법

유비음4(**유비**는 **음**식 중 **사**발면을 좋아한다.)
고전음6(**고전음**악을 **유**창하게 해.)
9공자

※ 반복시험 횟수
유도등 : 2500회

※ 속보기
감지기 또는 P형발신기로부터 발신하는 신호나 중계기를 통하여 송신된 신호를 수신하여 관계인에게 화재발생을 경보함과 동시에 소방관서에 자동적으로 전화를 통한 해당 특정소방대상물의 위치 및 화재발생을 음성으로 통보하여 주는 것

※ 유도등
평상시에 상용전원에 의해 점등되어 있다가 비상시에 비상전원에 의해 점등된다.

※ 비상조명등
평상시에 소등되어 있다가 비상시에 점등된다.

Key Point

※ 수평거리
최단거리·직선거리 또는 반경을 의미한다.

※ 보행거리
걸어서 가는 거리

※ 비상전원
상용전원 정전시에 사용하기 위한 전원

※ 예비전원
상용전원 고장시 또는 용량부족시 최소한의 기능을 유지하기 위한 전원

6 수평거리 · 보행거리 · 수직거리

(1) 수평거리

수평거리	기기
25m 이하	• **발**신기 • **음**향장치(확성기) • **비**상콘센트(**지**하상가 · **지**하층 바닥면적 합계 3000m² 이상)
50m 이하	• 비상콘센트(기타)

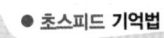
● 초스피드 기억법

발음2비지(발음이 비슷하지)

(2) 보행거리

보행거리	기기
15m 이하	• 유도표지
20m 이하	• 복도**통**로유도등 • 거실**통**로유도등 • 3종 연기감지기
30m 이하	• 1 · 2종 연기감지기

● 초스피드 기억법

보통2(보통이 아니네요!)

(3) 수직거리

수직거리	기기
15m 이하	• 1 · 2종 연기감지기
10m 이하	• 3종 연기감지기

7 비상전원 용량

설비의 종류	비상전원 용량
• **자**동화재탐지설비 • 비상**경**보설비 • **자**동화재속보설비	**1**0분 이상
• 유도등 • 비상콘센트설비 • 제연설비 • 물분무소화설비 • 옥내소화전설비(30층 미만) • 특별피난계단의 계단실 및 부속실 제연설비(30층 미만)	20분 이상
• 무선통신보조설비의 **증**폭기	**3**0분 이상

설비의 종류	비상전원 용량
• 옥내소화전설비(30~49층 이하) • 특별피난계단의 계단실 및 부속실 제연설비(30~49층 이하) • 연결송수관설비(30~49층 이하) • 스프링클러설비(30~49층 이하)	40분 이상
• 유도등 · 비상조명등(지하상가 및 11층 이상) • 옥내소화전설비(50층 이상) • 특별피난계단의 계단실 및 부속실 제연설비(50층 이상) • 연결송수관설비(50층 이상) • 스프링클러설비(50층 이상)	60분 이상

● 초스피드 기억법

경자비1(경자라는 이름은 **비**일비재하게 많다).
3증(3중고)

8 주위온도 시험

주위온도	기 기
$-35\pm2 \sim 70\pm2$℃	경종(옥내 · 옥외형), 발신기(옥내 · 옥외형)
$-20\pm2 \sim 55\pm2$℃	변류기(옥외형)
$-10\pm2 \sim 50\pm2$℃	경종(옥내형), 가스누설경보기(분리형), 속보기
$-10\pm2 \sim 55\pm2$℃	발신기(옥내형), 변류기(옥내형)

* 변류기
누설전류를 검출하는 데 사용하는 기기

● 초스피드 기억법

분04(분양소)

9 스포트형 감지기의 바닥면적

(단위 : [m²])

부착높이 및 소방대상물의 구분		감지기의 종류				
		차동식 · 보상식 스포트형		정온식 스포트형		
		1종	2종	특종	1종	2종
4m 미만	내화구조	90	70	70	60	20
	기타구조	50	40	40	30	15
4m 이상 8m 미만	내화구조	45	35	35	30	—
	기타구조	30	25	25	15	—

* 정온식 스포트형 감지기
일국소의 주위 온도가 일정한 온도 이상이 되는 경우에 작동하는 것으로서 외관이 전선으로 되어 있지 않은 것

10 연기감지기의 바닥면적

(단위 : [m²])

부착높이	감지기의 종류	
	1종 및 2종	3종
4m 미만	150	50
4~20m 미만	75	설치할 수 없다.

* 연기감지기
화재시 발생하는 연기를 이용하여 작동하는 것으로서 주로 계단, 경사로, 복도, 통로, 엘리베이터, 전산실, 통신기기실에 쓰인다.

11 절연저항시험 (절대!절대!중요!)

절연저항계	절연저항	대 상
직류 250V	0.1MΩ 이상	• 1경계구역의 절연저항
직류 500V	5MΩ 이상	• 누전경보기 • 가스누설경보기 • 수신기(10회로 미만, 절연된 충전부와 외함간) • 자동화재속보설비 • 비상경보설비 • 유도등(교류입력측과 외함간 포함) • 비상조명등(교류입력측과 외함간 포함)
	20MΩ 이상	• 경종 • 발신기 • 중계기 • 비상콘센트 • 기기의 절연된 선로간 • 기기의 충전부와 비충전부간 • 기기의 교류입력측과 외함간(유도등·비상조명등 제외)
	50MΩ 이상	• 감지기(정온식 감지선형 감지기 제외) • 가스누설경보기(**10회로** 이상) • 수신기(**10회로** 이상, 교류입력측과 외함간 제외)
	1000MΩ 이상	• 정온식 감지선형 감지기

※ 경계구역
자동화재탐지설비의 1회선이 화재발생을 유효하게 탐지할 수 있는 구역

※ 정온식 감지선형 감지기
일국소의 주위 온도가 일정한 온도 이상이 되는 경우에 작동하는 것으로서 외관이 전선으로 되어 있는 것

12 소요시간

기 기	시 간
• P형·P형 복합식·R형·R형 복합식·GP형·GP형 복합식·GR형·GR형 복합식 수신기 • **중**계기	**5**초 이내
비상방송설비	10초 이하
가스누설경보기	**6**0초 이내

● 초스피드 기억법

시중5 (시중을 드시오!), 6가(육체미가 아름답다.)

축적형 수신기

전원차단시간	축적시간	화재표시감지시간
1~3초 이하	30~60초 이하	60초(1회 이상 반복)

13 수신기의 적합기준

① 해당 특정소방대상물의 경계구역을 각각 표시할 수 있는 회선수 이상의 수신기를 설치할 것

② 해당 특정소방대상물에 가스누설탐지설비가 설치된 경우에는 가스누설탐지설비로부터 가스누설신호를 수신하여 가스누설경보를 할 수 있는 수신기를 설치할 것(가스누설탐지설비의 수신부를 별도로 설치한 경우에는 제외한다)

14 설치높이

기 기	설치높이
기타기기	0.8~1.5m 이하
시각경보장치	2~2.5m 이하(단, 천장의 높이가 2m 이하인 경우에는 천장으로부터 0.15m 이내의 장소에 설치)

15 누전경보기의 설치방법

정격전류	경보기 종류
60A 초과	1급
60A 이하	1급 또는 2급

① 변류기는 옥외인입선의 **제1지점**의 **부하측** 또는 **제2종**의 **접지선측**에 설치할 것
② 옥외전로에 설치하는 변류기는 **옥외형**을 사용할 것

※ **변류기의 설치**
① 옥외인입선의 제1지점의 부하측
② 제2종의 접지선측

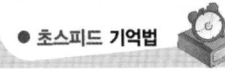
● 초스피드 기억법

1부접2누(일부는 접이식 의자에 누워있다.)

16 누전경보기

① **공**칭작동전류치 : **200**mA 이하
② **감**도조정장치의 조정범위 : **1**A 이하(1000mA)

※ **공칭작동 전류치**
누전경보기를 작동시키기 위하여 필요한 누설전류의 값으로서 제조자에 의하여 표시된 값

● 초스피드 기억법

누공2(누구나 공짜이면 좋아해.)
누감1(누가 감히 일부러 그럴까?)

 참고

검출누설전류 설정치 범위
① 경계전로 : 100~400mA
② 제2종 접지선 : 400~700mA

제2장 피난구조설비 및 소화활동설비

17 설치높이

유도등·유도표지	설치높이
• 복도통로유도등 • 계단통로유도등 • 통로유도표지	1m 이하

※ **조도**
① 객석유도등 : 0.2 lx 이상
② 통로유도등 : 1 lx 이상
③ 비상조명등 : 1 lx 이상

| • 피난구유도등
• 거실통로유도등 | 1.5m 이상 |

18 설치개수

(1) 복도 · 거실 통로유도등

$$개수 \geq \frac{보행거리}{20} - 1$$

(2) 유도표지

$$개수 \geq \frac{보행거리}{15} - 1$$

(3) 객석유도등

$$개수 \geq \frac{직선부분 길이}{4} - 1$$

19 비상콘센트 전원회로의 설치기준

구 분	전 압	용 량	플러그접속기
단상 교류	220V	1.5kVA 이상	접지형 2극

① 1 전용회로에 설치하는 비상콘센트는 <u>10</u>개 이하로 할 것
② 풀박스는 <u>1.6mm</u> 이상의 철판을 사용할 것

● 초스피드 기억법

10콘(시큰둥!)

제3장 소방전기시설

20 감지기의 적용장소

정온식 스포트형 감지기	연기감지기
① **영**사실 ② **주**방 · 주조실 ③ **용**접작업장 ④ **건**조실 ⑤ **조**리실 ⑥ **스**튜디오 ⑦ **보**일러실 ⑧ **살**균실	① 계단 · 경사로 ② 복도 · 통로 ③ 엘리베이트 권상기실 ④ 린넨슈트 ⑤ 파이프덕트 ⑥ 전산실 ⑦ 통신기기실

* 통로유도등
백색바탕에 녹색문자

* 피난구유도등
녹색바탕에 백색문자

* 풀박스
배관이 긴 곳 또는 굴곡부분이 많은 곳에서 시공을 용이하게 하기 위하여 배선도중에 사용하여 전선을 끌어들이기 위한 박스

* 린넨슈트
병원, 호텔 등에서 세탁물을 구분하여 실로 유도하는 통로

● 초스피드 기억법

영주용건 정조스 보살(영주의 용건이 정말 죠스와 보살을 만나는 것이냐?)

21 전원의 종류

1. 상용전원
2. 비상전원 : 상용전원 정전 때를 대비하기 위한 전원
3. 예비전원 : 상용전원 고장시 또는 용량부족시 최소한의 기능을 유지하기 위한 전원

22 부동충전방식의 2차 전류

$$2차전류 = \frac{축전지의 정격용량}{축전지의 공칭용량} + \frac{상시부하}{표준전압} [A]$$

＊ 부동충전방식
축전지와 부하를 충전기에 병렬로 접속하여 충전과 방전을 동시에 행하는 방식

23 부동충전방식의 축전지의 용량

$$C = \frac{1}{L}KI [Ah]$$

여기서, C : 축전지용량
L : 용량저하율(보수율)
K : 용량환산시간[h]
I : 방전전류[A]

＊ 용량저하율(보수율)
축전지의 용량저하를 고려하여 축전지의 용량산정시 여유를 주는 계수로서, 보통 0.8을 적용한다.

24 옥내소화전설비, 자동화재탐지설비의 공사방법

1. **가**요전선관공사
2. **합**성수지관공사
3. **금**속관공사
4. **금**속덕트공사
5. **케**이블공사

● 초스피드 기억법

옥자가 합금케(옥자가 합금을 캐냈다.)

25 경계구역

(1) 경계구역의 설정기준

1. 1경계구역이 2개 이상의 **건축물**에 미치지 않을 것
2. 1경계구역이 2개 이상의 **층**에 미치지 않을 것
3. 1경계구역의 면적은 600m² 이하로 하고, 1변의 길이는 50m 이하로 할 것

(2) 1경계구역 높이 : 45m 이하

＊ 지하구
지하의 케이블 통로

＊ 경계구역
화재신호를 발신하고 그 신호를 수신 및 유효하게 제어할 수 있는 구역

26 대상에 따른 전압

전 압	대 상
0.5V 이하	누전경보기 경계전로의 전압강하
0.6V 이하	완전방전
60V 이하	약전류회로
60V 초과	접지단자 설치
300V 이하	• 전원변압기의 1차 전압 • 유도등·비상조명등의 사용전압
600V 이하	누전경보기의 경계전로전압

● 초스피드 기억법

05경전(공오경전), 변3(변상해), 누6(누룩)

27 전선 단면적의 계산

전기방식	전선 단면적
단상 2선식	$A = \dfrac{35.6LI}{1000e}$
3상 3선식	$A = \dfrac{30.8LI}{1000e}$

여기서, A : 전선의 단면적[mm²]
　　　　L : 선로길이[m]
　　　　I : 전부하전류[A]
　　　　e : 각 선간의 전압강하[V]

※ 소방펌프 : 3상 3선식, 기타 : 단상 2선식

● 초스피드 기억법

33펌(삼삼하게 펌프질한다.)

28 축전지의 비교표

구 분	연축전지	알칼리축전지
기전력	2.05~2.08V	1.32V
공칭전압	2.0V	1.2V
공칭용량	10Ah	5Ah
충전시간	길다	짧다
수 명	5~15년	15~20년
종 류	클래드식, 페이스트식	소결식, 포케트식

● 초스피드 기억법

연2 10(연이어 열차가 온다.)

※ 예비전원
상용전원 고장시 또는 용량부족시 최소한의 기능을 유지하기 위한 전원

※ 기전력
전류를 연속해서 흘리기 위해 전압을 연속적으로 만들어 주는 힘

Part 1

소방원론

Chapter 1 화재론

Chapter 2 방화론

출제경향분석

CHAPTER 01 화재론

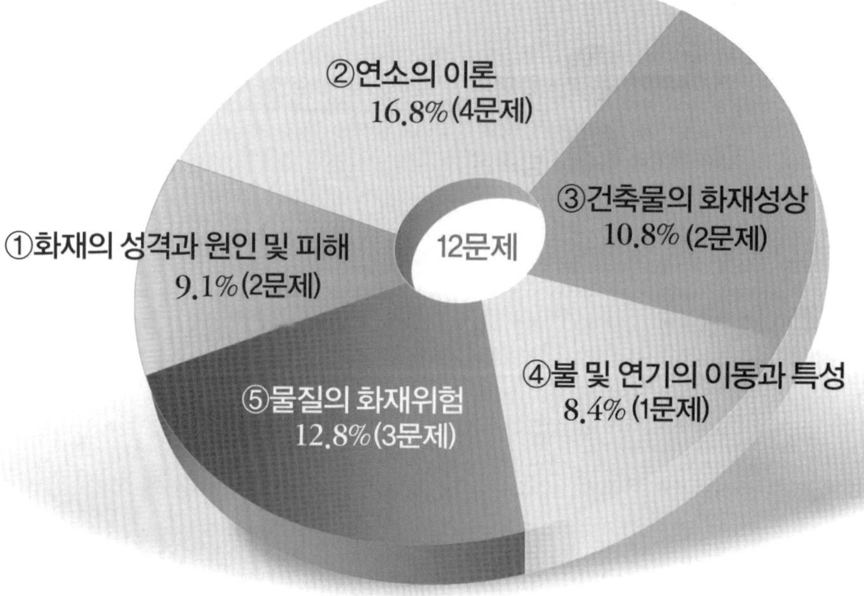

* * * * * * * * * * *

- ② 연소의 이론 16.8% (4문제)
- ③ 건축물의 화재성상 10.8% (2문제)
- ④ 불 및 연기의 이동과 특성 8.4% (1문제)
- ⑤ 물질의 화재위험 12.8% (3문제)
- ① 화재의 성격과 원인 및 피해 9.1% (2문제)

12문제

CHAPTER 01 화재론

1 화재의 성격과 원인 및 피해

1 화재의 성격과 원인

(1) 화재의 정의
① 자연 또는 인위적인 원인에 의하여 불이 물체를 연소시키고, 인명과 재산의 손해를 주는 현상
② 불이 그 사용목적을 넘어 다른 곳으로 연소하여 사람들에게 예기치 않은 경제상의 손해를 발생시키는 현상
③ 사람의 의도에 반(反)하여 출화 또는 방화에 의하여 불이 발생하고 확대되는 현상
④ 불을 사용하는 사람의 부주의와 불안정한 상태에서 발생되는 것
⑤ 실화, 방화로 발생하는 연소현상을 말하며 사람에게 유익하지 못한 해로운 불
⑥ 사람의 의사에 반한, 즉 대부분의 사람이 원치 않는 상태의 불
⑦ 소화의 필요성이 있는 불
⑧ 소화에 효과가 있는 어떤 물건(소화시설)을 사용할 필요가 있다고 판단되는 불

> **문제** 화재의 정의로서 옳지 않은 것은?
> ① 사람의 의사에 반한, 즉 대부분의 사람이 원치 않는 상태의 불
> ② 소화의 필요성이 있는 불
> ③ 소화의 경제적 필요성이 있는 불
>   '이로운 불'로서 화재가 아니다.
> ④ 소화에 효과가 있는 어떤 물건을 사용할 필요가 있다고 판단되는 불
>
> 답 ③

(2) 화재의 발생현황
① 발화요인별 : 부주의>전기적 요인>기계적 요인>화학적 요인>교통사고>방화의심>방화>자연적 요인>가스누출
② 장소별 : 근린생활시설>공동주택>공장 및 창고>복합건축물>업무시설>숙박시설>교육연구시설
③ 계절별 : 겨울>봄>가을>여름

※ **화재의 특성** : 우발성, 확대성, 불안정성

Key Point

※ **화재**
자연 또는 인위적인 원인에 의하여 불이 물체를 연소시키고, 인간의 신체·재산·생명에 손해를 주는 현상

※ **일반화재**
연소 후 재를 남기는 가연물

※ **유류화재**
연소 후 재를 남기지 않는 가연물

※ **화재발생요인**
① 취급에 관한 지식 결여
② 기기나 기구 등의 정격미달
③ 사전교육 및 관리 부족

※ **경제발전과 화재 피해의 관계**
경제발전속도<화재 피해속도

※ **화재피해의 감소 대책**
① 예방
② 경계(발견)
③ 진압

※ **화재의 특성**
① 우발성 : 화재가 돌발적으로 발생
② 확대성
③ 불안정성

소방원론

2 화재의 종류

| 화재의 구분 |

화재종류	표시색	적응물질
일반화재(A급)	백색	• 일반가연물(목재)
유류화재(B급)	황색	• 가연성 액체(유류) • 가연성 가스(가스)
전기화재(C급)	청색	• 전기설비(전기)
금속화재(D급)	무색	• 가연성 금속
주방화재(K급)	—	• 식용유화재

※ A급 화재 : 합성수지류, 섬유류에 의한 화재
　 요즘은 표시색의 의무규정은 없음

(1) 일반화재
목재 · 종이 · 섬유류 · 합성수지 등의 일반가연물에 의한 화재

(2) 유류화재
제4류 위험물(특수인화물, 석유류, 알코올류, 동식물유류)에 의한 화재
① **특수인화물** : **다이에틸에터 · 이황화탄소** 등으로서 인화점이 −20℃ 이하인 것
② **제1석유류** : **아세톤 · 휘발유 · 콜로디온** 등으로서 인화점이 21℃ 미만인 것
③ **제2석유류** : **등유 · 경유** 등으로서 인화점이 21~70℃ 미만인 것
④ **제3석유류** : **중유 · 크레오소트유** 등으로서 인화점이 70~200℃ 미만인 것
⑤ **제4석유류** : **기어유 · 실린더유** 등으로서 인화점이 200~250℃ 미만인 것
⑥ **알코올류** : 포화 1가 알코올(변성알코올 포함)

(3) 가스화재
① 가연성 가스 : 폭발 하한계가 **10%** 이하 또는 폭발 상한계와 하한계의 차이가 **20%** 이상인 것
② 압축가스 : 산소(O_2), 수소(H_2)
③ 용해가스 : **아세틸렌**(C_2H_2)
④ 액화가스 : 액화석유가스(LPG), 액화천연가스(LNG)

(4) 전기화재
전기화재의 발생원인은 다음과 같다.
① 단락(합선)에 의한 발화
② 과부하(과전류)에 의한 발화
③ 절연저항 감소(누전)에 의한 발화
④ 전열기기 과열에 의한 발화
⑤ 전기불꽃에 의한 발화
⑥ 용접불꽃에 의한 발화

---

* LPG
액화석유가스로서 주성분은 프로판(C_3H_8)과 부탄(C_4H_{10})이다.

* LNG
액화천연가스로서 주성분은 메탄(CH_4)이다.

* 프로판의 액화압력
7기압

* 누전
전기가 도선 이외에 다른 곳으로 유출되는 것

⑦ 낙뢰에 의한 발화

※ **승압·고압전류** : 전기화재의 주요원인이라 볼 수 없다.

문제	전기화재의 발생가능성이 가장 낮은 부분은?
	① 코드 접촉부 ② 전기장판
	③ 전열기 ④ 배선차단기
	전기화재의 발생가능성이 가장 낮으며 '저압 배선용 과부하차단기', 'MCCB'라고 부른다.
	답 ④

Key Point

※ **역률·배선용 차단기**
화재의 전기적 발화요인과 무관 또는 관계 적음

※ **풍상(風上)**
① 화재진행에 직접적인 영향
② 비화연소현상의 발전

(5) 금속화재
  ① 금속화재를 일으킬 수 있는 위험물
    (가) 제1류 위험물 : 무기과산화물
    (나) 제2류 위험물 : 금속분(알루미늄(Al), 마그네슘(Mg))
    (다) 제3류 위험물 : 황린(P_4), 칼슘(Ca), 칼륨(K), 나트륨(Na)
  ② 금속화재의 특성 및 적응소화제
    (가) 물과 반응하면 주로 **수소**(H_2), **아세틸렌**(C_2H_2) 등 가연성 가스를 발생하는 **금수성 물질**이다.
    (나) 금속화재를 일으키는 분진의 양은 30~80mg/l 이다.
    (다) **알킬알루미늄**에 적당한 소화제는 **팽창질석, 팽창진주암**이다.

(6) 산불화재
산불화재의 형태는 다음과 같다.
  ① 수간화 형태 : 나무기둥 부분부터 연소하는 것
  ② 수관화 형태 : 나뭇가지 부분부터 연소하는 것
  ③ 지중화 형태 : 썩은 나무의 유기물이 연소하는 것
  ④ 지표화 형태 : 지면의 낙엽 등이 연소하는 것

3 가연성 가스의 폭발한계

(1) 폭발한계
  ① 정의 : 가연성 물질이 기체상태에서 공기와 혼합하여 일정농도 범위 내에서 연소가 일어나는 범위를 말하며, **하한계**와 **상한계**로 표시한다.
  ② 공기 중의 폭발한계 (상온, 1atm)

가 스	하한계[vol%]	상한계[vol%]
아세틸렌(C_2H_2)	2.5	81
수소(H_2)	4	75
일산화탄소(CO)	12	75

※ **폭발한계와 같은 의미**
① 폭발범위
② 연소한계
③ 연소범위
④ 가연한계
⑤ 가연범위

소방원론

※ vol%
어떤 공간에 차지하는 부피를 백분율로 나타낸 것

※ 연소가스
열분해 또는 연소할 때 발생

가 스	하한계[vol%]	상한계[vol%]
에터($C_2H_5OC_2H_5$)	1.7	48
이황화탄소(CS_2)	1	50
에틸렌(C_2H_4)	2.7	36
암모니아(NH_3)	15	25
메탄(CH_4)	5	15
에탄(C_2H_6)	3	12.4
프로판(C_3H_8)	2.1	9.5
부탄(C_4H_{10})	1.8	8.4
휘발유($C_5H_{12} \sim C_9H_{20}$)	1.2	7.6

문제 ★★★ 다음 물질의 증기가 공기와 혼합기체를 형성하였을 때 폭발한계 중 폭발상한계가 가장 높은 혼합비를 형성하는 물질은?

① 수소(H_2) → 75vol% ② 이황화탄소(CS_2) → 50vol%
③ 아세틸렌(C_2H_2) → 81vol% ④ 에터(($C_2H_5)_2O$) → 48vol%

답 ③

휘발유=가솔린

③ 폭발한계와 위험성

㈎ 하한계가 낮을수록 위험하다.
㈏ 상한계가 높을수록 위험하다.
㈐ 연소범위가 넓을수록 위험하다.
㈑ 연소범위의 하한계는 그 물질의 인화점에 해당된다.
㈒ 연소범위는 주위온도와 관계가 깊다.
㈓ 압력상승시 하한계는 불변, 상한계만 상승한다.

※ 폭발의 종류
(1) 화학적 폭발
 ① 가스폭발
 ② 유증기폭발
 ③ 분진폭발
 ④ 화약류의 폭발
 ⑤ 산화폭발
 ⑥ 분해폭발
 ⑦ 중합폭발
(2) 물리적 폭발
 ① 증기폭발(=수증기폭발)
 ② 전선폭발
 ③ 상전이폭발
 ④ 압력방출에 의한 폭발

 연소범위
① 공기와 혼합된 가연성 기체의 체적농도로 표시된다.
② 가연성 기체의 종류에 따라 다른 값을 갖는다.
③ 온도가 낮아지면 좁아진다.
④ 압력이 상승하면 넓어진다.
⑤ 불활성 기체를 첨가하면 좁아진다.
⑥ **일산화탄소**(CO), **수소**(H_2)는 압력이 상승하면 좁아진다.
⑦ 가연성 기체라도 점화원이 존재하에 그 농도 범위 내에 있을 때 발화한다.

④ 위험도(Degree of hazards)

$$H = \frac{U-L}{L}$$

여기서, H : 위험도
 U : 폭발상한계
 L : 폭발하한계

⑤ 혼합가스의 폭발하한계 : 가연성 가스가 혼합되었을 때 폭발하한계는 르 샤틀리에 법칙에 의하여 다음과 같이 계산된다.

$$\frac{100}{L} = \frac{V_1}{L_1} + \frac{V_2}{L_2} + \frac{V_3}{L_3} + \cdots\cdots + \frac{V_n}{L_n}$$

여기서, L : 혼합가스의 폭발하한계〔vol%〕
 L_1, L_2, L_3, L_n : 가연성 가스의 폭발하한계〔vol%〕
 V_1, V_2, V_3, V_n : 가연성 가스의 용량〔vol%〕

4 폭발(Explosion)

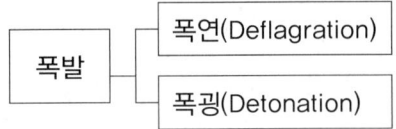

(1) 폭 연(Deflagration)
① 정의
 ㈎ 급격한 압력의 증가로 인해 격렬한 음향을 발하며 팽창하는 현상
 ㈏ 발열반응으로 연소의 전파속도가 음속보다 느린현상

화염전파속도 < 음속

(2) 폭 굉(Detonation)
① 정의 : 폭발 중에서도 격렬한 폭발로서 **화염**의 **전파속도가 음속보다 빠른 경우**로 파면선단에 충격파(압력파)가 진행되는 현상

화염전파속도 > 음속

② 연소속도 : 1000~3500m/s

(3) 폭발의 종류

폭발종류	물 질
분해폭발	• 과산화물 · 아세틸렌 • 다이너마이트

※ 물과 반응하여 가연성 기체를 발생하지 않는 것
① 시멘트
② 석회석
③ 탄산칼슘($CaCO_3$)

※ 분진폭발을 일으키지 않는 물질
① 시멘트
② 석회석
③ 탄산칼슘($CaCO_3$)
④ 생석회(CaO) = 산화칼슘

※ 음속
소리의 속도로서 약 340m/s이다.

※ 폭굉의 연소속도
1000~3500m/s

분진폭발	• 밀가루 · 담뱃가루 • 석탄가루 · 먼지 • 전분 · 금속분
중합폭발	• 염화비닐 • 시안화수소
분해 · 중합폭발	• 산화에틸렌
산화폭발	• 압축가스, 액화가스

중요 폭발발생 원인

물리적 · 기계적 원인	화학적 원인
압력방출에 의한 폭발	① 증기운(vapor cloud) 폭발 ② 분해폭발 ③ 석탄분진의 폭발

5 열과 화상

사람의 피부는 열로 인하여 화상을 입는 수가 있는데 화상은 다음의 4가지로 분류한다.

화상분류	설 명
1도 화상	화상의 부위가 분홍색으로 되고, **가벼운 부음**과 통증을 수반하는 화상
2도 화상	화상의 부위가 분홍색으로 되고, **분비액**이 많이 분비되는 화상
3도 화상	화상의 부위가 벗겨지고, 검게 되는 화상
4도 화상	전기화재에서 입은 화상으로서 피부가 탄화되고, 뼈까지 도달되는 화상

* 화상
불에 의해 피부에 상처를 입게 되는 것

* 2도 화상
화상의 부위가 분홍색으로 되고, 분비액이 많이 분비되는 화상의 정도

* 탄화
불에 의해 피부가 검게 된 후 부스러지는 것

Chapter_ 01

2 연소의 이론

출제확률 16.8% (4문제)

1 연 소

(1) 연소의 정의

가연물이 공기 중에 있는 산소와 반응하여 **열**과 **빛**을 동반하며 급격히 산화반응하는 현상

(2) 연소의 색과 온도

| 연소의 색과 온도 |

색	온도[℃]
암적색 (진홍색)	700~750
적색	850
휘적색 (주황색)	925~950
황적색	1100
백적색 (백색)	1200~1300
휘백색	1500

문제 ★★★ 보통 화재에서 주황색의 불꽃온도는 섭씨 몇 도 정도인가?
① 525도
② 750도
③ 925도 → 주황색 : 925~950℃
④ 1075도

답 ③

(3) 연소물질의 온도

| 연소물질의 온도 |

상 태	온도[℃]
목재화재	1200~1300
연강 용해, 촛불	1400
전기용접 불꽃	3000~4000
아세틸렌 불꽃	3300

(4) 연소의 3요소

가연물, 산소공급원, 점화원을 연소의 3요소라 한다.

① 가연물
  ㉮ 가연물의 구비 조건
    ㉮ **열전도율**이 작을 것
    ㉯ 발열량이 클 것
    ㉰ **산화반응**이면서 **발열반응**할 것
    ㉱ **활성화 에너지**가 작을 것

Key Point

※ 연소
응고상태 또는 기체상태의 연료가 관계된 자발적인 발열반응 과정

※ 연소속도
산화속도

※ 산화반응
물질이 산소와 화합하여 반응하는 것

※ 산화속도
연소속도와 직접 관계된다.

※ 가연물
가연물질

※ **활성화 에너지**
가연물이 처음 연소하는 데 필요한 열

㉤ 산소와 화학적으로 친화력이 클 것
㉥ 표면적이 넓을 것
㉦ 연쇄반응을 일으킬 수 있을 것

(나) 가연물이 될 수 없는 물질(불연성 물질)

특 징	불연성 물질
주기율표의 0족 원소	• 헬륨(He) • 네온(Ne) • 아르곤(Ar) • 크립톤(Kr) • 크세논(Xe) • 라돈(Rn)
산소와 더 이상 반응하지 않는 물질	• 물(H_2O) • 이산화탄소(CO_2) • 산화알루미늄(Al_2O_3) • 오산화인(P_2O_5)
흡열반응 물질	• 질소(N_2)

※ **프레온**
불연성 가스

② 산소공급원 : 공기 중의 산소 외에 다음의 위험물이 포함된다.
  (가) 제1류 위험물
  (나) 제5류 위험물
  (다) 제6류 위험물

> ※ **산소공급원** : 산소, 공기, 바람, 산화제

※ **질소**
복사열을 흡수하지 않는다.

※ **공기의 구성 성분**
① 산소 : 21%
② 질소 : 78%
③ 아르곤 : 1%

③ 점화원
  (가) 자연발화
  (나) 단열압축
  (다) 나화 및 고온표면
  (라) 충격마찰
  (마) 전기불꽃
  (바) 정전기불꽃

※ **점화원이 될 수 없는 것**
① 기화열
② 융해열
③ 흡착열

(5) **연소의 4요소**(4면체적 요소)
① 가연물(연료)
② 산소공급원(산소, 산화제, 공기, 바람)
③ 점화원(온도)
④ 순조로운 연쇄반응 : **불꽃연소**와 관계

※ **나화**
불꽃이 있는 연소 상태

> ※ **불꽃연소**
> ① 증발연소 ② 분해연소 ③ 확산연소 ④ 예혼합기연소(예혼합연소)

Chapter_ 01

 불꽃연소의 특징
① 가연성 성분의 기체상태 연소
② **연쇄반응**이 일어난다.
③ 연소시 **발열량**이 매우 **크다**.

※ 불꽃연소
솜뭉치가 서서히 타는 것

(6) 정전기
　① 정전기의 방지대책
　　㈎ **접지**를 한다.
　　㈏ 공기의 상대습도를 **70%** 이상으로 한다.
　　㈐ 공기를 **이온화**한다.
　　㈑ **도체물질**을 사용한다.
　② 정전기의 발화과정

※ PVC film 제조
정전기 발생에 의한 화재위험이 크다.

전하의 **발**생 → 전하의 **축**적 → **방**전 → 발화

※ **정전기** : 가연성 물질을 발화시킬 수가 있다.

기억법 발축방

2 연소의 형태

(1) 고체의 연소
　① 표면연소 : **숯, 코크스, 목탄, 금속분** 등이 열분해에 의하여 가연성 가스를 발생하지 않고 그 물질 자체가 연소하는 현상

표면연소 = 응축연소 = 작열연소 = 직접연소

※ 목재의 연소형태
증발연소
↓
분해연소
↓
표면연소

※ 불꽃연소
① 증발연소
② 분해연소
③ 확산연소
④ 예혼합기 연소

 작열연소
① 연쇄반응이 존재하지 않음
② 순수한 **숯**이 타는 것
③ 불꽃연소에 비하여 발열량이 크지 않다.

※ 작열연소
표면연소

② 분해연소 : **석탄, 종이, 플라스틱, 목재, 고무** 등의 연소시 열분해에 의하여 발생된 가스와 산소가 혼합하여 연소하는 현상
③ 증발연소 : **황, 왁스, 파라핀, 나프탈렌** 등을 가열하면 고체에서 액체로, 액체에서 기체로 상태가 변하여 그 기체가 연소하는 현상
④ 자기연소 : 제5류 위험물인 **나이트로글리세린, 나이트로셀룰로스**(질화면), **TNT, 나이트로화합물**(피크린산), **질산에스터류**(셀룰로이드) 등이 열분해에 의해 산소를 발생하면서 연소하는 현상

※ 질화도
① 정의 : 나이트로셀룰로오스의 질소의 함유율
② 질화도가 높을수록 위험하다.

2. 연소의 이론 • 1-11

Key Point

문제 자기연소를 일으키는 가연물질로만 짝지어진 것은?
① 나이트로셀룰로오스, 황, 등유
② 질산에스터류, 셀룰로이드, 나이트로화합물
③ 셀룰로이드, 발연황산, 목탄
④ 질산에스터류, 황린, 염소산칼륨

해설 ② 자기연소 : 질산에스터류(셀룰로이드), 나이트로화합물

답 ②

자기연소 = 내부연소

(2) 액체의 연소

① 분해연소 : **중유, 아스팔트**와 같이 점도가 높고 비휘발성인 액체가 고온에서 열분해에 의해 가스로 분해되어 연소하는 현상
② 액적연소 : **벙커C유**와 같이 가열하고 점도를 낮추어 버너 등을 사용하여 액체의 입자를 안개형태로 분출하여 연소하는 현상
③ 증발연소 : **가솔린, 등유, 경유, 알코올, 아세톤** 등과 같이 액체가 열에 의해 증기가 되어 그 증기가 연소하는 현상
④ 분무연소 : 물질의 입자를 분산시켜 공기의 접촉면적을 넓게 하여 연소하는 현상

(4) 기체의 연소

① 확산연소 : **메탄**(CH_4), **암모니아**(NH_3), **아세틸렌**(C_2H_2), **일산화탄소**(CO), **수소**(H_2) 등과 같이 기체연료가 공기 중의 산소와 혼합되면서 연소하는 현상
② 예혼합기 연소 : 기체연료에 공기 중의 산소를 미리 혼합한 상태에서 연소하는 현상

용어

임계온도와 임계압력

임계온도	임계압력
아무리 큰 압력을 가해도 액화하지 않는 최저온도	임계온도에서 액화하는 데 필요한 압력

※ **확산연소**
화염의 안정범위가 넓고 조작이 용이하며 역화의 위험이 없는 연소

※ **예혼합기연소**
'예혼합연소'라고도 한다.

※ **임계온도**
압력조건에 관계없이 그 값이 일정하다.

3 연소와 관계되는 용어

(1) 발화점(Ignition point)

가연성 물질에 불꽃을 접하지 아니하였을 때 연소가 가능한 최저온도

※ 탄화수소계의 분자량이 클수록 발화온도는 일반적으로 낮다.

(2) 인화점(Flash point)

① 휘발성 물질에 **불꽃**을 접하여 연소가 가능한 **최저온도**
② 가연성 증기 발생시 연소범위의 **하한계**에 이르는 **최저온도**

※ **발화점과 같은 의미**
착화점

※ **인견**
고체물질 중 발화온도가 높다.

③ 가연성 증기를 발생하는 액체가 공기와 혼합하여 기상부에 다른 불꽃이 닿았을 때 연소가 일어나는 **최저온도**
④ 위험성 기준의 척도

 인화점
① 가연성 액체의 발화와 깊은 관계가 있다.
② 연료의 조성, 점도, 비중에 따라 달라진다.

(3) 연소점(Fire point)
① 인화점보다 10℃ 높으며 연소를 **5초** 이상 지속할 수 있는 온도
② 어떤 인화성 액체가 공기 중에서 열을 받아 점화원의 존재하에 **지속**적인 연소를 일으킬 수 있는 온도
③ 가연성 액체에 점화원을 가져가서 인화된 후에 점화원을 제거하여도 가연물이 **계속** 연소되는 **최저온도**

 문제 어떤 물질이 공기 중에서 열을 받아 지속적인 연소를 일으킬 수 있는 온도를 무엇이라 하는가?
① 발화점 ② 발열점
③ 연소점 ④ 가연점

 ③ 연소점 : 지속적인 연소를 일으킬 수 있는 온도

답 ③

(4) 비중(Specific gravity)
물 4℃를 기준으로 했을 때의 물체의 무게

(5) 비점(Boiling point)
액체가 끓으면서 증발이 일어날 때의 온도

(6) 비열(Specific heat)

단위	정의
1cal	1g의 물체를 1℃만큼 온도 상승시키는 데 필요한 열량
1BTU	1lb의 물체를 1°F만큼 온도 상승시키는 데 필요한 열량
1chu	1lb의 물체를 1℃만큼 온도 상승시키는 데 필요한 열량

(7) 융점(Melting point)
대기압하에서 고체가 용융하여 액체가 되는 온도

(8) 잠열(Latent heat)
어떤 물질이 고체, 액체, 기체로 상태를 변화하기 위해 필요로 하는 열

Key Point

✳ **발화점이 낮아지는 경우**
① 열전도율이 낮을 때
② 분자구조가 복잡할 때
③ 습도가 낮을 때

✳ **물질의 발화점**
① 황린 : 30~50℃
② 황화인·이황화탄소 : 100℃
③ 나이트로셀룰로오스 : 180℃

✳ **1BTU**
252cal

✳ **lb**
파운드

Key Point

※ 열량

$$Q = rm + mC\Delta T$$

여기서,
Q : 열량[cal]
r : 융해열 또는 기화열[cal/g]
m : 질량[g]
C : 비열[cal/g·℃]
ΔT : 온도차[℃]

※ 열용량

비점이 낮은 액체일수록 증기압이 높다.

※ 증기비중과 같은 의미

가스비중

※ 증기밀도

$$증기밀도 = \frac{분자량}{22.4}$$

여기서,
22.4 : 기체 1몰의 부피[l]

※ 증기압

비점이 낮은 액체일수록 증기압이 높다.

※ 비중이 무거운 순서

① Halon 2402
② Halon 1211
③ Halon 1301
④ CO_2

중요 | 물의 잠열

잠열 및 열량	설 명
80cal/g	융해잠열
539cal/g	기화(증발)잠열
639cal	0℃의 물 1g이 100℃의 수증기로 되는 데 필요한 열량
719cal	0℃의 얼음 1g이 100℃의 수증기로 되는 데 필요한 열량

(9) 점도(Viscosity)

액체의 점착과 응집력의 효과로 인한 흐름에 대한 저항을 측정하는 기준

(10) 온도

온도단위	설 명
섭씨[℃]	1기압에서 물의 빙점을 0℃, 비점을 100℃로 한 것
화씨[℉]	대기압에서 물의 빙점을 32℉, 비점을 212℉로 한 것
캘빈온도[K]	1기압에서 물의 빙점을 273.18K, 비점을 373.18K로 한 것
랭킨온도[°R]	온도차를 말할 때는 화씨와 같으나 0℉가 459.71°R로 한 것

(11) 증기비중(Vapor Specific Gravity)

$$증기비중 = \frac{분자량}{29}$$

여기서, 29 : 공기의 평균분자량

문제 CO_2의 증기비중은? (단, 분자량 CO_2 : 44, N_2 : 28, O_2 : 32)

① 0.8　　　② 1.5
③ 1.8　　　④ 2.0

해설 ② 증기비중 = $\frac{분자량}{29} = \frac{44}{29} ≒ 1.5$

답 ②

(12) 증기-공기밀도(Vapor-Air Density)

어떤 온도에서 액체와 평형상태에 있는 증기와 공기의 혼합물의 증기밀도

$$증기-공기밀도 = \frac{P_2 d}{P_1} + \frac{P_1 - P_2}{P_1}$$

여기서, P_1 : 대기압
P_2 : 주변온도에서의 증기압
d : 증기밀도

4 위험물질의 위험성

① 비등점(비점)이 낮아질수록 위험하다.
② 융점이 낮아질수록 위험하다.
③ 점성이 낮아질수록 위험하다.
④ 비중이 낮아질수록 위험하다.

용어

용 어	설 명
비등점	액체가 끓어오르는 온도, '비점'이라고도 한다.
융점	녹는 온도. '융해점'이라고도 한다.
점성	끈끈한 성질
비중	어떤 물질과 표준물질과의 질량비

5 연소의 온도 및 문제점

(1) 연소온도에 영향을 미치는 요인

① 공기비
② 산소농도
③ 연소상태
④ 연소의 발열량
⑤ 연소 및 공기의 현열
⑥ 화염전파의 열손실

※ 공기비
① 고체 : 1.4~2.0
② 액체 : 1.2~1.4
③ 기체 : 1.1~1.3

※ 연소
빛과 열을 수반하는 산화반응

(2) 연소속도에 영향을 미치는 요인

① 압력
② 촉매
③ 산소의 농도
④ 가연물의 온도
⑤ 가연물의 입자

※ 촉매
반응을 촉진시키는 것

(3) 연소상의 문제점

① 백-파이어(Back-fire) ; 역화
 가스가 노즐에서 나가는 속도가 연소속도보다 느리게 되어 버너 내부에서 연소하게 되는 현상

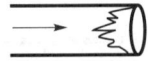

∥백-파이어∥

※ 리프트
버너 내압이 높아져서 분출속도가 빨라지는 현상

> 혼합가스의 유출속도 < 연소속도

② 리프트(Lift)

가스가 노즐에서 나가는 속도가 연소속도보다 빠르게 되어 불꽃이 버너의 노즐에서 떨어져서 연소하게 되는 현상

| 리프트 |

> 혼합가스의 유출속도 > 연소속도

③ 블로-오프(Blow-off)

리프트 상태에서 불이 꺼지는 현상

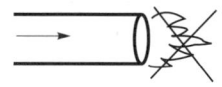

| 블로-오프 |

6 연소생성물의 종류 및 특성

(1) 일산화탄소(CO)

① 화재시 흡입된 일산화탄소(CO)의 화학적 작용에 의해 **헤모글로빈**(Hb)이 혈액의 산소운반작용을 저해하여 사람을 질식·사망하게 한다.
② 산소와의 결합력이 극히 강하여 질식작용에 의한 독성을 나타냄

| 일산화탄소의 영향 |

농 도	영 향
0.2%	1시간 호흡시 **생명**에 위험을 준다.
0.4%	1시간 내에 **사망**한다.
1%	2~3분 내에 **실신**한다.

※ 연소생성물
① 열
② 연기
③ 불꽃
④ 가연성 가스

※ 일산화탄소
① 화재시 인명피해를 주는 유독성 가스
② 인체의 폐에 큰 자극을 줌
③ 연기로 인한 의식불명 또는 질식을 가져오는 유해성분

문제 일산화탄소(CO)를 1시간 정도 마셨을 때 생명에 위험을 주는 위험농도는?
① 0.1% ② 0.2%
③ 0.3% ④ 0.4%

해설 ② 0.2% : 1시간 정도 마셨을 때 생명에 위험을 줌

답 ②

 고체가연물 연소시 생성물질
① CO   ② CO_2 ③ SO_2
④ NH_3 ⑤ HCN   ⑥ HCl

Chapter_ 01

(2) 이산화탄소(CO_2)

연소가스 중 **가장 많은 양**을 차지하고 있으며 가스 그 자체의 독성은 거의 없으나 다량이 존재할 경우, 사람의 호흡속도를 증가시키고, 이로 인하여 화재가스에 혼합된 유해가스의 혼입을 증가시켜 위험을 가중시키는 가스

> **문제** 연소가스 중 <u>가장 많은 양</u>을 차지하고 있으며 가스 그 자체의 독성은 거의 없으나 다량이 존재할 경우, 사람의 호흡속도를 증가시키고, 이로 인하여 화재가스에 혼합된 유해가스의 흡입을 증가시켜 위험을 가중시키는 가스는?
> ① CO ② CO_2
> ③ SO_2 ④ NH_3
>
> **해설** ② CO_2 : 화재가스에 혼합된 유해가스의 흡입을 증가시켜 위험을 가중시키는 가스
>
> 답 ②

Key Point

✽ 임계점
액화 CO_2를 가열하여 액체와 기체의 밀도가 서로 같아질 때의 온도

이산화탄소의 영향		
농 도	영 향
1%	공중위생상의 상한선이다.
2%	수 시간의 흡입으로는 증상이 없다.
3%	호흡수가 증가되기 시작한다.
4%	두부에 압박감이 느껴진다.
6%	호흡수가 현저하게 증가한다.
8%	호흡이 곤란해진다.
10%	2~3분 동안에 의식을 상실한다.
20%	사망한다.

※ 이산화탄소는 온도가 낮을수록, 압력이 높을수록 용해도는 증가한다.

✽ 두부
"머리"를 말한다.

✽ 용해도
포화용액 가운데 들어 있는 용질의 농도

> **중요** **PVC 연소시 생성가스**
> ① HCl(염화수소) : 부식성 가스
> ② CO_2(이산화탄소)
> ③ CO(일산화탄소)

(3) 포스겐($COCl_2$)

매우 독성이 강한 가스로서 소화제인 **사염화탄소**(CCl_4)를 화재시에 사용할 때도 발생한다.

(4) 황화수소(H_2S)

① **달걀 썩는 냄새**가 나는 특성이 있다.
② **황분**이 포함되어 있는 물질의 불완전 연소에 의하여 발생하는 가스
③ **자극성**이 있다.

✽ 농황산
용해열

✽ 연소시 SO_2 발생 물질
S성분이 있는 물질

✽ 연소시 HCl 발생 물질
Cl성분이 있는 물질

Key Point

* **질소함유 플라스틱 연소시 발생가스**
  N성분이 있는 물질

* **연소시 HCN 발생 물질**
  ① 요소
  ② 멜라민
  ③ 아닐린
  ④ poly urethane (폴리우레탄)

* **아황산가스**
  $S + O_2 \rightarrow SO_2$

> **중요** 가연성가스 + 독성가스
> ① 황화수소(H_2S)
> ② 암모니아(NH_3)

(5) **아크롤레인(CH_2＝CHCHO)**
독성이 매우 높은 가스로서 **석유제품, 유지** 등이 연소할 때 생성되는 가스

(6) **암모니아(NH_3)**
① 나무, 페놀수지, 멜라민수지 등의 **질소함유물**이 연소할 때 발생하며, 냉동시설의 **냉매**로 쓰인다.
② 눈·코·폐 등에 매우 자극성이 큰 가연성 가스

> **중요** 인체에 영향을 미치는 연소생성물
> ① 일산화탄소(CO) · 이산화탄소(CO_2) · 황화수소(H_2S)
> ② 아황산가스(SO_2) · 암모니아(NH_3) · 시안화수소(HCN)
> ③ 염화수소(HCl) · 이산화질소(NO_2) · 포스겐($COCl_2$)

7 유류탱크, 가스탱크에서 발생하는 현상

(1) **블래비(BLEVE : Boiling Liquid Expanding Vapour Explosion)**
과열상태의 탱크에서 내부의 액화가스가 분출하여 기화되어 폭발하는 현상

∥블래비(BLEVE)∥

* **유류탱크에서 발생하는 현상**
  ① 보일 오버
  ② 오일 오버
  ③ 프로스 오버
  ④ 슬롭 오버

(2) **보일 오버(Boil over)**
① 중질유의 탱크에서 장시간 조용히 연소하다 탱크 내의 잔존기름이 갑자기 분출하는 현상
② 유류탱크에서 탱크 바닥에 물과 기름의 **에멀전**(emulsion)이 섞여 있을 때 이로 인하여 화재가 발생하는 현상
③ 연소 유면으로부터 100℃ 이상의 열파가 탱크 저부에 고여 있는 물을 비등하게 하면서 연소유를 탱크 밖으로 비산시키며 연소하는 현상
④ 유류탱크의 화재시 탱크 저부의 물이 뜨거운 열류층에 의하여 수증기로 변하면서 급작스런 부피팽창을 일으켜 유류가 탱크 외부로 분출하는 현상

* **보일 오버의 발생 조건**
  ① 화염이 된 탱크의 기름이 열파를 형성하는 기름일 것
  ② 탱크 일부분에 물이 있을 것
  ③ 탱크 밑부분의 물이 증발에 의하여 거품을 생성하는 고점도를 가질 것

⑤ 탱크저부의 물이 급격히 증발하여 탱크 밖으로 화재를 동반하며 방출하는 현상

문제 중질유의 탱크에서 장시간 조용히 연소하다 <u>탱크 내의 잔존기름</u>이 갑자기 <u>분출</u>하는 현상을 무엇이라고 하는가?
① 보일 오버(Boil over)
② 플래시 오버(Flash over)
③ 슬롭 오버(Slop over)
④ 프로스 오버(Froth over)

해설 ① 보일 오버 : 탱크 내의 잔존기름이 갑자기 분출하는 현상

답 ①

(3) 오일 오버(Oil over)
저장탱크 내에 저장된 유류저장량이 내용적의 **50%** 이하로 충전되어 있을 때 화재로 인하여 탱크가 폭발하는 현상

(4) 프로스 오버(Froth over)
물이 점성의 뜨거운 기름 표면 아래에서 끓을 때 화재를 수반하지 않고 용기가 넘치는 현상

(5) 슬롭 오버(Slop over)
① 물이 연소유의 뜨거운 표면에 들어갈 때 기름표면에서 화재가 발생하는 현상
② 유화제로 소화하기 위한 물이 수분의 급격한 증발에 의하여 액면이 거품을 일으키면서 열유층 밑의 냉유가 급히 열팽창하여 기름의 일부가 불이 붙은 채 탱크벽을 넘어서 일출하는 현상

8 열전달의 종류

(1) 전도(Conduction)
① 정의 : 하나의 물체가 다른 물체와 **직접 접촉**하여 열이 이동하는 현상
② 전도의 예 : 티스푼을 통해 커피의 열이 손에 전달되는 것

$$\mathring{Q} = \frac{kA(T_2 - T_1)}{l}$$

여기서, $\mathring{Q}$: 전도열[W]
k : 열전도율[W/m·K]
A : 단면적[m²]
$(T_2 - T_1)$: 온도차[K]
l : 벽체 두께[m]

(2) 대류(Convection)
① 정의 : 유체의 흐름에 의하여 열이 이동하는 현상
② 대류의 예 : 난로에 의해 방안의 공기가 데워지는 것

$$\mathring{Q} = Ah(T_2 - T_1)$$

Key Point

* **에멀전**
물의 미립자가 기름과 섞여서 기름의 증발능력을 떨어뜨려 연소를 억제하는 것

* **열파**
열의 파장

* **슬롭 오버**
① 연소유면의 온도가 100℃ 이상일 때 발생
② 연소유면의 폭발적 연소로 탱크 외부까지 화재가 확산
③ 소화시 외부에서 뿌려지는 물에 의하여 발생

* **유화제**
물을 기름화재에 사용할 수 있도록 거품을 일으키는 물질을 섞은 것

* **열의 전도와 관계 있는 것**
① 온도차
② 자유전자
③ 분자의 병진운동

* **열의 전달**
전도, 대류, 복사가 모두 관여된다.

* **유체**
액체 또는 기체

여기서, A : 대류면적(표면적)$[m^2]$
$\overset{\circ}{Q}$: 대류열$[W]$
h : 열전달률$[W/m^2 \cdot ℃]$
$(T_2 - T_1)$: 온도차$[℃]$

(3) 복사(Radiation)

① **정의** : 전자파의 형태로 열이 옮겨지는 현상으로서, 높은 온도에서 낮은 온도로 열이 이동한다.

② **복사의 예** : 태양의 열이 지구에 전달되어 따뜻함을 느끼는 것

$$\overset{\circ}{Q} = aAF(T_1^4 - T_2^4)$$

여기서, $\overset{\circ}{Q}$: 복사열$[W]$
a : 스테판-볼츠만 상수$[W/m^2 \cdot K^4]$
A : 단면적$[m^2]$
T_1 : 고온$[K]$
T_2 : 저온$[K]$
F : 기하학적 Factor

> **중요** **스테판-볼츠만의 법칙**
> 복사체에서 발산되는 복사열은 복사체의 절대온도의 **4제곱**에 비례한다.

문제 스테판-볼츠만의 법칙으로 온도차이가 있는 두 물체(흑체)에서 저온(T_2)의 물체가 고온(T_1)의 물체로부터 흡수하는 복사열 Q에 대한 식으로 옳은 것은? (a : 스테판-볼츠만 상수, A : 단면적, F : 기하학적 Factor, T_1, T_2 : 물체의 절대온도)

① $Q = aAF(T_1^4 - T_2^4)$ ② $Q = aAF(T_2^4 - T_1^4)$
③ $Q = aA/F(T_1^4 - T_2^4)$ ④ $Q = aA/F(T_2^4 - T_1^4)$

해설 ① $Q = aAF(T_1^4 - T_2^4)$

답 ①

9 열에너지원(Heat Energy Sources)의 종류

(1) 기계열

① **압축열** : 기체를 급히 압축할 때 발생되는 열
② **마찰열** : 두 고체를 마찰시킬 때 발생되는 열
③ **마찰스파크** : 고체와 금속을 마찰시킬 때 불꽃이 일어나는 것

Key Point

✱ **복사**
화재시 열의 이동에 가장 크게 작용하는 방식

✱ **열전달의 종류**
① 전도
② 대류
③ 복사

✱ **열전도와 관계있는 것**
① 열전도율
② 밀도
③ 비열
④ 온도

✱ **기계적 착화원**
① 단열압축
② 충격
③ 마찰

(2) 전기열
① 유도열 : 도체 주위에 변화하는 **자장**이 존재하거나 도체가 자장 사이를 통과하여 전위차가 발생하고 이 전위차에서 전류의 흐름이 일어나 도체의 저항에 의하여 열이 발생하는 것
② 유전열 : **누설전류**에 의해 절연능력이 감소하여 발생되는 열
③ 저항열 : 도체에 전류가 흐르면 도체물질의 원자구조 특성에 따르는 **전기저항** 때문에 전기에너지의 일부가 열로 변하는 발열
④ 아크열 : 스위치의 ON/OFF에 의해 발생하는 것
⑤ 정전기열 : 정전기가 방전할 때 발생되는 열
⑥ 낙뢰에 의한 열 : 번개에 의해 발생되는 열

(3) 화학열
① 연소열 : 어떤 물질이 완전히 **산화**되는 과정에서 발생하는 열
② 용해열 : 어떤 물질이 액체에 **용해**될 때 발생하는 열(**농황산, 묽은 황산**)
③ 분해열 : 화합물이 **분해**할 때 발생하는 열
④ 생성열 : 발열반응에 의한 화합물이 **생성**할 때의 열
⑤ 자연발열(자연발화) : 어떤 물질이 외부로부터 열의 공급을 받지 아니하고 온도가 상승하는 현상

자연발화의 방지법
① **습도가 높은 곳을 피할 것**(건조하게 유지할 것)
② 저장실의 온도를 낮출 것(주위온도를 낮게 유지)
③ 통풍이 잘 되게 할 것
④ 퇴적 및 수납시 열이 쌓이지 않게 할 것(열의 축적 방지)
⑤ 발열반응에 정촉매 작용을 하는 물질을 피할 것

자연발화 조건
(1) **열전도율이 작을 것**
(2) 발열량이 클 것
(3) 주위의 온도가 높을 것
(4) 표면적이 넓을 것

Key Point

✻ **저항열**
백열전구의 발열

✻ **화약류**
① 무연화약
② 도화선
③ 초안폭약

✻ **자연발화의 형태**
(1) 분해열
　① 셀룰로이드
　② 나이트로셀룰로오스
(2) 산화열
　① 건성유(정어리유, 아마인유, 해바라기유)
　② 석탄
　③ 원면
　④ 고무분말
(3) 발효열
　① 퇴비
　② 먼지
　③ 곡물
(4) 흡착열
　① 목탄
　② 활성탄

✻ **자연발화**
어떤 물질이 외부로부터 열의 공급을 받지 아니하고 온도가 상승하는 현상

✻ **건성유**
① 동유
② 아마인유
③ 들기름
※ 건성유 : 자연발화가 일어나기 쉽다.

✻ **물질의 발화점**

물질의 종류	발화점
• 황린	30~50℃
• 황화인 • 이황화탄소	100℃
• 나이트로셀룰로오스	180℃

10 기체의 부피에 관한 법칙

(1) 보일의 법칙(Boyle's law)
온도가 일정할 때 기체의 부피는 절대압력에 반비례한다.

$$P_1 V_1 = P_2 V_2$$

여기서, P_1, P_2 : 기압[atm], V_1, V_2 : 부피[m³]

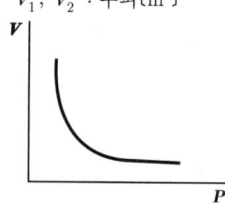

┃ 보일의 법칙 ┃

(2) 샤를의 법칙(Charl's law)
압력이 일정할 때 기체의 부피는 절대온도에 비례한다.

$$\frac{V_1}{T_1} = \frac{V_2}{T_2}$$

여기서, V_1, V_2 : 부피[m³], T_1, T_2 : 절대온도[K]

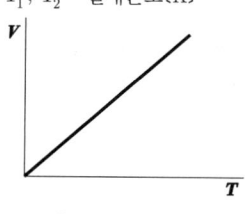

┃ 샤를의 법칙 ┃

(3) 보일-샤를의 법칙(Boyle-Charl's law)
기체가 차지하는 부피는 압력에 반비례하며, 절대온도에 비례한다.

$$\frac{P_1 V_1}{T_1} = \frac{P_2 V_2}{T_2}$$

여기서, P_1, P_2 : 기압[atm]
V_1, V_2 : 부피[m³]
T_1, T_2 : 절대온도[K]

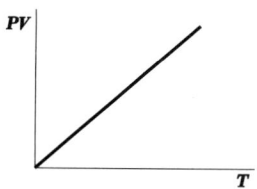

┃ 보일-샤를의 법칙 ┃

※ 기압
기체의 압력

※ 절대온도
① 켈빈온도
  K=273+℃
② 랭킨온도
  °R=460+°F

※ 보일-샤를의 법칙
★ 꼭 기억하세요 ★

문제 ★★★ "기체가 차지하는 부피는 압력에 반비례하며 절대온도에 비례한다."와 가장 관련이 있는 법칙은?

① 보일의 법칙
② 샤를의 법칙
③ 보일-샤를의 법칙
④ 줄의 법칙

해설 ③ 보일-샤를의 법칙 : 기체가 차지하는 부피는 압력에 반비례하여 절대온도에 비례한다.

답 ③

(4) 이상기체 상태방정식

$$PV = nRT$$

여기서, P : 기압[atm]
V : 부피[m^3]
n : 몰수 $\left(n = \dfrac{m\,(\text{질량[kg]})}{M(\text{분자량[kg/kmol]})}\right)$
R : 기체상수(0.082atm · m^3/kmol · K)
T : 절대온도[K]

Key Point

* 이상기체 상태방정식
  ★ 꼭 기억하세요 ★

* 몰수
  아보가드로수에 해당하는 물질의 입자수 또는 원자수

③ 건축물의 화재성상

1 목재 건축물

(1) 열전도율

목재의 열전도율은 콘크리트보다 적다.

※ 철근콘크리트에서 철근의 허용응력을 위태롭게 하는 최저온도는 600℃이다.

(2) 열팽창률

목재의 열팽창률은 벽돌·철재·콘크리트보다 적으며, 벽돌·철재·콘크리트 등은 열팽창률이 비슷하다.

(3) 수분함유량

목재의 수분함유량이 15% 이상이면 고온에 장시간 접촉해도 착화하기 어렵다.

> 문제 목재가 고온에 장시간 접촉해도 착화하기 어려운 수분함유량은 최소 몇 % 이상인가?
> ① 10   ② 15
> ③ 20   ④ 25
>
> 해설 ② 목재의 수분함유량이 15% 이상이면 고온에 장시간 접촉해도 착화하기 어렵다.
>
> 답 ②

(4) 목재의 연소에 영향을 주는 인자

① 비중   ② 비열   ③ 열전도율
④ 수분함량   ⑤ 온도   ⑥ 공급상태
⑦ 목재의 비표면적

(5) 목재의 상태와 연소속도

목재의 상태 \ 연소속도	빠르다	느리다
형 상	사각형	둥근 것
표 면	거친 것	매끈한 것
두 께	얇은 것	두꺼운 것
굵 기	가는 것	굵은 것
색	흑색	백색
내화성	없는 것	있는 것
건조상태	수분이 적은 것	수분이 많은 것

※ 작고 얇은 가연물은 입자표면에서 전도율의 방출이 적기 때문에 잘 탄다.

Key Point

※ 석면, 암면
열전도율이 가장 적다.

※ 철근콘크리트
① 철근의 허용응력
  : 600℃
② 콘크리트의 탄성
  : 500℃

※ 목재 건축물
① 화재성상
  : 고온 단기형
② 최고온도
  : 1300℃

목재건축물=목조건축물

※ 내화 건축물
① 화재성상
  : 저온 장기형
② 최고온도
  : 900~1000℃

(6) 목재의 연소과정

| 목재의 가열→
100℃
갈색 | 수분의 증발→
160℃
흑갈색 | 목재의 분해→
220~260℃
분해가 급격히
일어난다. | 탄화 종료→
300~350℃ | 발화→
420~470℃ |

(7) 목재 건축물의 화재 진행과정

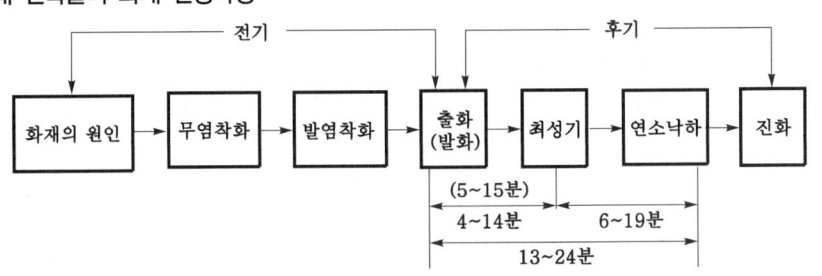

최성기 = 성기 = 맹화

※ **무염착화**
가연물이 재로 덮힌 숯불 모양으로 불꽃없이 착화하는 현상

(8) 출화의 구분

옥내출화	옥외출화
① **천장 속·벽 속** 등에서 **발염착화**한 때 ② 가옥 구조시에는 천장판에 **발염착화**한 때 ③ 불연 벽체나 칸막이의 불연천장인 경우 실내에서는 그 뒤판에 **발염착화**한 때	① **창·출입구** 등에 **발염착화**한 때 ② 목재사용 가옥에서는 **벽·추녀밑**의 판자나 목재에 **발염착화**한 때

※ **발염착화**
가연물이 불꽃이 발생되면서 착화하는 현상

※ **건축물의 화재성상**
① 실(室)의 규모
② 내장재료
③ 공기유입부분의 형태

용어

도괴방향법	탄화심도 비교법
출화가옥의 기둥 등은 발화부를 향하여 파괴하는 경향이 있으므로 이곳을 출화부로 추정하는 원칙	탄소화합물이 분해되어 탄소가 되는 깊이, 즉 나무를 예로 들면 나무가 불에 탄 깊이를 측정하여 출화부를 추정하는 원칙

※ **일반가연물의 연소 생성물**
① 수증기
② 이산화탄소(CO_2)
③ 일산화탄소(CO)

※ **출화**
"화재"를 의미한다.

(9) 목재 건축물의 표준온도곡선

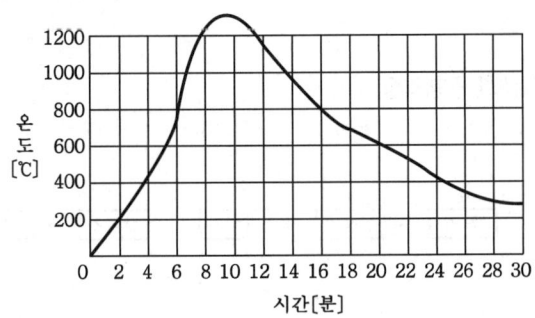

※ **탄화심도**
발화부에 가까울수록 깊어지는 경향이 있다.

※ **목조건축물**
처음에는 백색연기 발생

최성기의 상태
① 온도는 국부적으로 1200~1300℃ 정도가 된다.
② 상층으로 완전히 연소되고 농연은 건물 전체에 충만된다.
③ 유리가 타서 녹아 떨어지는 상태가 목격된다.

문제 목조 건물 화재의 일반현상이 아닌 것은?
① 처음에는 흑색 연기가 창·환기구 등으로 분출된다.
② 차차 연기량이 많아지고 지붕, 처마 등에서 연기가 새어 나온다.
③ 옥내에서 탈 때, 타는 소리가 요란하다.
④ 결국은 화염이 외부에 나타난다.

해설 ① 처음에는 **백색 연기**가 발생하며 차차 **흑색 연기**가 창·환기구 등으로 분출된다.

답 ①

(10) 목재 건축물의 화재원인

구 분	설 명
접염	건축물과 건축물이 연결되어 불이 옮겨 붙는 것
비화	불씨가 날아가서 다른 건축물에 옮겨 붙는 것
복사열	복사파에 의해 열이 높은 온도에서 낮은 온도로 이동하는 것

목재 건축물 = 목조 건축물

※ **접염**
농촌의 목재 건축물에서 주로 발생한다.

※ **복사열**
열이 높은 온도에서 낮은 온도로 이동하는 것

(11) 훈 소

구 분	설 명
훈소	불꽃없이 연기만 내면서 타다가 어느 정도 시간이 경과 후 발열될 때의 연소상태
훈소흔	목재에 남겨진 흔적

2 내화 건축물

(1) 내화 건축물의 내화 진행과정

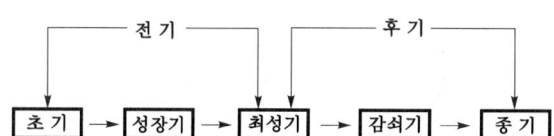

(2) 내화 건축물의 표준온도곡선

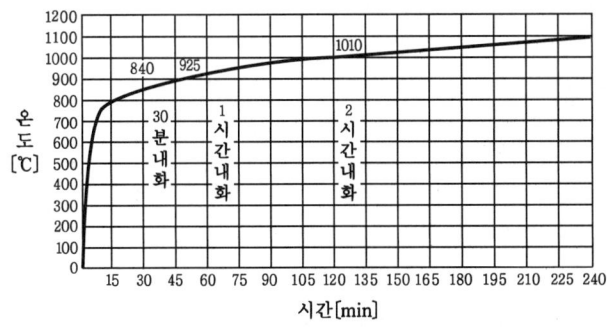

※ 내화 건축물의 화재시 1시간 경과된 후의 화재온도는 약 925~950℃이다.

Key Point

❋ 성장기
공기의 유통구가 생기면 연소속도는 급격히 진행되어 실내는 순간적으로 화염이 가득하게 되는 시기

❋ 건축물의 화재성상
① 내화 건축물
   : 저온 장기형
② 목재 건축물
   : 고온 단기형

❋ 내화건축물의 표준온도
① 30분 후 : 840℃
② 1시간 후
   : 925~950℃
③ 2시간 후 : 1010℃

4 불 및 연기의 이동과 특성

1 불의 성상

(1) 플래시오버(Flash over)

① 정의 : 화재로 인하여 실내의 온도가 급격히 상승하여 화재가 순간적으로 실내 전체에 확산되어 연소되는 현상으로 일반적으로 **순발연소**라고도 한다.

② 발생시간 : 화재 발생후 **5~6분** 경

③ 발생시점 : **성장기~최성기**(성장기에서 최성기로 넘어가는 분기점)

④ 실내온도 : 약 800~900℃

※ 플래시오버 포인트(Flash Over Point) : 내화건축물에서 최성기로 보는 시점

> **문제** 플래시오버(flash-over)를 설명한 것은 어느 것인가?
> ① 도시가스의 폭발적 연소를 말한다.
> ② 휘발유 등 가연성 액체가 넓게 흘러서 발화한 상태를 말한다.
> ③ 옥내화재가 서서히 진행하여 열이 축적되었다가 일시에 화염이 크게 발생하는 상태를 말한다.
> ④ 화재층의 불이 상부층으로 옮아 붙는 현상을 말한다.
>
> **해설** ③ 플래시오버 : 일시에 화염이 크게 발생하는 상태
>
> 답 ③

(2) 플래시오버에 영향을 미치는 것
① 개구율
② 내장재료(내장재료의 제성상, 실내의 내장재료)
③ 화원의 크기
④ 실의 내표면적(실의 넓이 · 모양)

(3) 플래시오버의 발생시간과 내장재의 관계
① 벽보다 천장재가 크게 영향을 받는다.
② 가연재료가 난연재료보다 빨리 발생한다.
③ 열전도율이 적은 내장재가 빨리 발생한다.
④ 내장재의 두께가 얇은 쪽이 빨리 발생한다.

(4) 플래시오버 시간(FOT)
① 열의 **발생속도**가 빠르면 FOT는 짧아진다.
② 개구율이 크면 FOT는 짧아진다.
③ 개구율이 너무 크게 되면 FOT는 길어진다.
④ 실내부의 FOT가 짧은 순서는 **천장, 벽, 바닥**의 순이다.
⑤ 열전도율이 작은 내장재가 발생시각을 빠르게 한다.

※ 플래시오버
① 폭발적인 착화현상
② 순발적인 연소확대 현상
③ 옥내화재가 서서히 진행하여 열이 축적되었다가 일시에 화염이 크게 발생하는 상태
④ 가연성 가스가 동시에 연소되면서 급격한 온도상승 유발
⑤ 가연성가스가 일시에 인화하여 화염이 충만하는 단계

※ 가연재료
불에 잘 타는 성능을 가진 건축재료

※ 난연재료
불에 잘 타지 아니하는 성능을 가진 건축재료

> **중요** 플래시오버(flash over)현상과 관계 있는 것
> ① 복사열
> ② 분해연소
> ③ 화재성장기

(5) 화재의 성장 - 온도곡선

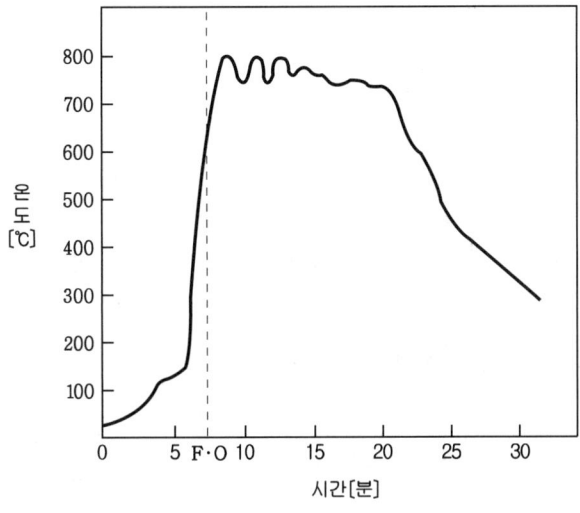

| 화재의 성장과 실내온도 변화 |

2 연기의 성상

(1) 연기
① 정의 : 가연물 중 완전 연소되지 않은 고체 또는 액체의 미립자가 떠돌아 다니는 상태
② 입자크기 : 0.01~99μm

> [μm] = 미크론 = 마이크로 미터

(2) 연기의 이동속도

구 분	이동속도
수평방향	0.5~1m/s
수직방향	2~3m/s
계단실 내의 수직 이동속도	3~5m/s

※ 화재초기의 연소속도는 평균 0.75~1m/min씩 원형의 모양을 그리면서 확대해 나간다.

* F·O
'플래시오버(Flash Over)'를 말한다.

* 연기
탄소 및 타르입자에 의해 연소가스가 눈에 보이는 것

* 연기의 형태
(1) 고체 미립자계
　: 일반적인 연기
(2) 액체 미립자계
　① 담배연기
　② 훈소연기

* 피난한계거리
연기로부터 2~3m 거리 유지

> **문제** 연기가 자기 자신의 열에너지에 의해서 유동할 때 **수직방향**에서의 유동속도는 몇 m/s 정도 되는가?
> ① 2~3 ② 5~6
> ③ 8~9 ④ 11~12
>
> **해설** ① 연기의 **수직방향** 유동속도 : 2~3m/s
>
> **답** ①

(3) 연기의 전달현상
   ① 연기의 유동확산은 **벽** 및 **천장**을 따라서 진행한다.
   ② 연기의 농도는 상층으로부터 점차적으로 하층으로 미친다.
   ③ 연기의 유동은 건물 내외의 **온도차**에 영향을 받는다.
   ④ 연기는 공기보다 고온이므로 **천장**의 **하면**을 따라 이동한다.
   ⑤ 수직공간에서 확산속도가 빠르고 그 흐름에 따라 화재 **최상층**부터 차례로 충만해 간다.

   ※ 화재초기의 연기량은 화재성숙기의 발연량보다 많다.

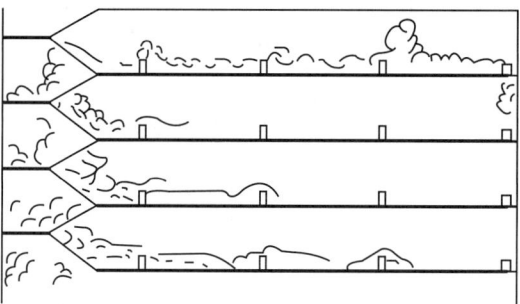

| 연기의 전달현상 |

* **일산화탄소의 증가 와 산소의 감소**
연기가 인체에 영향을 미치는 요인 중 가장 중요한 요인

* **연기의 발생속도**
연소속도×발연계수

* **감광계수**
연기의 농도에 의해 빛이 갈해지는 계수

* **가시거리**
방해를 받지 않고 눈으로 어떤 물체를 볼 수 있는 거리

* **출화실**
화재가 발생한 집 또는 방

(4) 연기의 농도와 가시거리

감광계수[m⁻¹]	가시거리[m]	상 황
0.1	20~30	연기감지기가 작동할 때의 농도
0.3	5	건물 내부에 익숙한 사람이 피난에 지장을 느낄 정도의 농도
0.5	3	어두운 것을 느낄 정도의 농도
1	1~2	거의 앞이 보이지 않을 정도의 농도
10	0.2~0.5	화재 최성기 때의 농도
30	–	출화실에서 연기가 분출할 때의 농도

(5) 연기로 인한 사람의 투시거리에 영향을 주는 요인
   ① 연기농도(주된 요인)
   ② 연기의 흐름속도
   ③ 보는 표시의 휘도, 형상, 색

Chapter_ 01

연기(smoke)
① 연소생성물이 눈에 보이는 것을 **연기**라고 한다.
② 수직으로 연기가 이동하는 속도는 수평으로 이동하는 속도보다 빠르다.
③ 연기 중 **액체미립자계**만 유독성이다.
④ 연기는 **대류**에 의하여 전파된다.

(6) 연기를 이동시키는 요인
① **연돌(굴뚝) 효과**
② 외부에서의 **풍력**의 영향
③ 온도상승에 의한 증기 **팽창**(온도상승에 따른 기체의 팽창)
④ 건물 내에서의 강제적인 공기 이동(공조설비)
⑤ 건물 내외의 **온도차**(기후조건)
⑥ 비중차
⑦ 부력

※ 굴뚝효과와 관계 있는 것
① 화재실의 온도
② 건물의 높이
③ 건물 내외의 온도차

문제 화재시 <u>연기</u>를 <u>이동시키는</u> 추진력으로 옳지 <u>않은</u> 것은?
① 굴뚝효과   ② 팽창
③ 중력   ④ 부력
　연기의 이동과 관계없음
　　　　　　　　　　　　　　　　　　　　　답 ③

연돌(굴뚝) 효과(stack effect)
(1) 건물 내의 연기가 압력차에 의하여 순식간에 이동하여 상층부로 상승하거나 외부로 배출되는 현상
(2) 실내·외 공기사이의 **온도**와 **밀도**의 **차이**에 의해 공기가 건물의 수직방향으로 이동하는 현상
　※ **중성대** : 건물 내의 기류는 중성대의 **하부**에서 **상부** 또는 **상부**에서 **하부**로 이동한다.

※ 드래프트 효과
화재시 열에 의해 공기가 상승하며 연소가스가 건물 외부로 빠져나가고 신선한 공기가 흡입되어 순환하는 것

(7) 연기를 이동시키지 않는 방호조치
① 계단에는 반드시 **전실**을 만든다.
② 고층부의 드래프트 효과(draft effect)를 감소시킨다.
③ 전용실 내에 **에스컬레이터**를 설치한다.
④ 가능한 한 각층의 엘리베이터 홀은 구획한다.

※ 연기의 이동과 관계 있는 것
① 굴뚝효과
② 비중차
③ 공조설비

(8) 연기가 인체에 미치는 영향
① 질식사   ② 시력장애   ③ 인지능력감소
　※ **공기**의 **양**이 **부족**할 경우 짙은 연기가 생성된다.

※ 연기
① 고체미립자계 : 무독성
② 액체미립자계 : 유독성

※ 검은 연기생성
탄소를 많이 함유한 경우

4. 불 및 연기의 이동과 특성 • 1-31

5 물질의 화재위험

1 화재의 발생체계

(1) 화재위험
① 발화위험
② 확대위험
③ 피해의 증가

(2) 화재를 발생시키는 열원

물리적인 열원	화학적인 열원
마찰, 충격, 단열, 압축, 전기, 정전기	화합, 분해, 혼합, 부가

2 위험물의 일반사항

※ 위험물
인화성 또는 발화성 물품

(1) 제1류 위험물

구 분	내 용
성질	**강산화성 물질**(산화성 고체)
종류	① 염소산 염류·아염소산 염류·과염소산 염류 ② 브로민산 염류·아이오딘산 염류·과망가니즈산 염류 ③ 질산 염류·다이크로뮴산 염류·삼산화크로뮴
특성	① 상온에서 **고체상태**이다. ② 반응속도가 대단히 **빠르다**. ③ 가열·충격 및 다른 화학제품과 접촉시 쉽게 분해하여 산소를 방출한다. ④ **조연성·조해성** 물질이다.
저장 및 취급방법	① 산화되기 쉬운 물질과 화재 위험이 있는 것으로부터 멀리 할 것 ② 환기가 잘되는 곳에 저장할 것 ③ 가연물 및 분해성 물질과의 접촉을 피할 것 ④ **습기**에 **주의**하며 **밀폐용기**에 **저장**할 것
소화방법	물에 의한 **냉각소화** (단, **무기과산화물**은 **마른모래** 등에 의한 질식소화)

※ 자체화재시에는 주위의 가연물에 대량의 물을 뿌려 연소확대를 방지한다.

※ 조연성
연소를 돕는 성질

※ 조해성
녹는 성질(질산염류)

※ 무기과산화물
물과 반응시 산소 발생

※ 질산염류
흡습성이 있으므로 습기에 주의할 것

※ 황화인
온도 및 습도가 높은 장소에서 자연발화의 위험이 크다.

(2) 제2류 위험물

구 분	내 용
성질	**환원성 물질**(가연성 고체)
종류	① 황화인·적린·황 ② 철분·마그네슘·금속분 ③ 인화성 고체

구분	내용
특성	① 상온에서 **고체상태**이다. ② 연소속도가 대단히 빠르다. ③ 산화제와 접촉하면 폭발할 수 있다. ④ **금속분**은 물과 접촉시 발열한다. ⑤ 화재시 유독가스를 많이 발생한다. ⑥ 비교적 낮은 온도에서 착화하기 쉬운 가연물이다.
저장 및 취급방법	① 용기가 파손되지 않도록 할 것 ② 점화원의 접촉을 피할 것 ③ 산화제의 접촉을 피할 것 ④ 금속분은 물과의 접촉을 피할 것
소화방법	물에 의한 **냉각소화** (단, **황화인·철분·마그네슘·금속분**은 마른모래 등에 의한 질식소화)

※ **저장물질**
① 황린, 이황화탄소(CS_2)
 : 물속
② 나이트로셀룰로오스
 : 알코올 속
③ 칼륨(K), 나트륨(Na), 리튬(Li) : 석유류
 (등유) 속
④ 아세틸렌(C_2H_2)
 : 디메틸포름아미드(DMF), 아세톤

🌱 용어

질식소화
공기 중의 산소농도를 **16% 이하**로 희박하게 하여 소화하는 방법

(3) 제3류 위험물

구 분	내 용
성질	**금수성 물질** 및 **자연발화성 물질**
종류	① 황린·칼륨·나트륨·생석회 ② 알킬리튬·알킬알루미늄·알칼리 금속류·금속칼슘·탄화칼슘 ③ 금속인화물·금속수소화합물·유기금속화합물
특성	① 상온에서 **고체상태**이다. ② 대부분 불연성 물질이다. (단, 금속칼륨, 금속나트륨은 가연성 물질이다) ③ 물과 접촉시 발열 및 가연성 가스를 발생하며, 급격히 발화한다.
저장 및 취급방법	① 용기가 부식·파손되지 않도록 할 것 ② 보호액 속에 보관하는 경우 위험물이 보호액 표면에 노출되지 않도록 할 것 ③ 화재시 소화가 용이하게 하기 위해 나누어서 보관할 것
소화방법	**마른모래** 등에 의한 질식소화 (단, **칼륨·나트륨**은 주변 인화물질을 제거하여 연소확대를 막는다.)

※ **저장제외 물질**
산화프로필렌, 아세트알데하이드, 아세틸렌(C_2H_2) : 구리(Cu), 마그네슘(Mg), 은(Ag), 수은(Hg)용기에 사용금지

※ 제3류 위험물은 **금수성 물질**이므로 절대로 물로 소화하면 안 된다.

※ **금수성 물질**
① 생석회
② 금속칼슘
③ 탄화칼슘

 ★★
문제 제3류 위험물은 <u>가연성 및 불연성</u> 물질을 포함하고 있다. 이 위험물이 지니는 특수성은 어느 것인가?
① 금수성   ② 자기연소성
③ 강산성   ④ 산화성

해설 ① 제3류 위험물 ② 제5류 위험물 ③ 제1류 위험물 ④ 제6류 위험물

답 ①

중요 물과 반응하여 발화하는 물질

위험물	종 류
제2류 위험물	• 금속분(수소화 마그네슘)
제3류 위험물	• 칼륨 • 나트륨 • 알킬알루미늄

(4) 제4류 위험물

구 분	내 용
성질	**인화성 물질**(인화성 액체)
종류	① 제1~4석유류 ② 특수인화물 · 알코올류 · 동식물유류
특성	① 상온에서 **액체상태**이다(**가연성 액체**). ② 상온에서 **안정**하다. ③ **인화성 증기**를 발생시킨다. ④ 연소범위의 폭발 하한계가 낮다. ⑤ 물보다 가벼우며 물에 잘 녹지 않는다. ⑥ 약간의 자극으로는 쉽게 폭발하지 않는다.
저장 및 취급방법	① 용기가 파손되지 않도록 할 것 ② 불티, 불꽃, 화기 기타 열원의 접촉을 피할 것 ③ 온도를 인화점 이하로 유지할 것 ④ 운반용기에 "**화기엄금**" 등의 표시를 할 것
소화방법	포 · 분말 · CO_2 · 할론소화약제에 의한 질식소화

※ 알코올류는 알코올포 소화약제를 사용하여 소화하여야 한다.

(5) 제5류 위험물

구 분	내 용
성질	**폭발성 물질**(자기 반응성 물질)
종류	① 유기과산화물 · 나이트로화합물 · 나이트로소화합물 ② 질산에스터류(셀룰로이드, 나이트로셀룰로오스) · 하이드라진유도체 ③ 아조화합물 · 다이아조화합물
특성	① 상온에서 **고체** 또는 **액체상태**이다. ② 연소속도가 대단히 빠르다. ③ 불안정하고 분해되기 쉬우므로 폭발성이 강하다. ④ **자기연소** 또는 **내부연소**를 일으키기 쉽다. ⑤ 산화반응에 의한 자연발화를 일으킨다. ⑥ 한번 불이 붙으면 소화가 곤란하다.
저장 및 취급방법	① 용기가 파손되지 않도록 할 것 ② 화재시 소화가 용이하게 하기 위해 나누어서 보관할 것 ③ 점화원 및 분해 촉진 물질과의 접촉을 피할 것 ④ 운반용기에 "**화기엄금**" 등의 표시를 할 것

＊ 가연성 액체
유류화재

＊ 실리콘유
난연성물질

＊ 제5류 위험물
자체에서 산소를 함유하고 있어 공기 중이 산소를 필요로 하지 않고 자기 연소하는 물질

＊ 나이트로셀룰로오스
질화도가 클수록 위험성이 크다.

＊ TNT폭발시 발생 기체
① CO_2
② 질소
③ 수증기

| 소화방법 | 화재 초기에만 대량의 물에 의한 **냉각소화**(단, 화재가 진행되면 자연진화 되도록 기다릴 것) |

자기 반응성 물질 = 자체 반응성 물질 = 자기 연소성 물질

문제 나이트로셀룰로오스에 대하여 잘못된 설명은?
① 질화도가 낮을수록 위험성이 크다. (클수록)
② 알코올, 물 등으로 적신 상태로 보관한다.
③ 화약의 원료로 쓰인다.
④ 충분히 정제되지 않고 산 성분이 남아 있는 것이 더 위험하다.

해설 • **질화도** : 나이트로셀룰로오스의 질소 함유율

답 ①

(6) 제6류 위험물

구 분	내 용
성질	**산화성 물질**(산화성 액체)
종류	① 질산 ② 과염소산 · 과산화수소
특성	① 상온에서 **액체상태**이다. ② 불연성 물질이지만 강산화제이다. ③ 물과 접촉시 발열한다. ④ 유기물과 혼합하면 산화시킨다. ⑤ 부식성이 있다.
저장 및 취급방법	① 용기가 파손되지 않도록 할 것 ② 물과의 접촉을 피할 것 ③ 가연물 및 분해성 물질과의 접촉을 피할 것
소화방법	마른모래 등에 의한 **질식소화** (단, **과산화수소**는 다량의 **물**로 **희석소화**)

※ 산소공급원
① 제1류 위험물
② 제5류 위험물
③ 제6류 위험물

※ 유기물
탄소를 주성분으로 한 물질

※ 과산화물질
용기옮길 때 밀폐용기 사용

※ 주수소화시 위험한 물질
① 무기과산화물
 : 산소 발생
② 금속분 · 마그네슘
 : 수소 발생
③ 가연성 액체의 유류화재 : 연소면(화재면) 확대

 중요

(1) 무기과산화물
① $2K_2O_2 + 2H_2O \rightarrow 4KOH + O_2\uparrow$
② $2Na_2O_2 + 2H_2O \rightarrow 4NaOH + O_2\uparrow$

(2) 금속분
$Al + 2H_2O \rightarrow Al(OH)_2 + H_2\uparrow$

(3) 기타물질
① $2K + 2H_2O \rightarrow 2KOH + H_2\uparrow$
② $2Na + 2H_2O \rightarrow 2NaOH + H_2\uparrow$
③ $2Li + 2H_2O \rightarrow 2LiOH + H_2\uparrow$
④ $Mg + 2H_2O \rightarrow Mg(OH)_2 + H_2\uparrow$

※ **동소체** : 연소생성물을 보면 알 수 있다.

3 특수가연물 (화재예방법 시행령 [별표 2])

품 명		수 량
면화류		200kg 이상
나무껍질 및 대팻밥		400kg 이상
넝마 및 종이부스러기		1000kg 이상
사류(絲類)		
볏짚류		
가연성 고체류		3000kg 이상
석탄·목탄류		10000kg 이상
가연성 액체류		2m³ 이상
목재가공품 및 나무부스러기		10m³ 이상
고무류·플라스틱류	발포시킨 것	20m³ 이상
	그 밖의 것	3000kg 이상

(비고)
1. "**면화류**"란 불연성 또는 난연성이 아닌 **면상** 또는 **팽이모양**의 섬유와 마사(麻絲) 원료를 말한다.
2. 넝마 및 종이부스러기는 불연성 또는 난연성이 아닌 것(동식물유류가 깊이 스며들어 있는 옷감·종이 및 이들의 제품 포함)에 한한다.
3. "**사류**"란 불연성 또는 난연성이 아닌 **실**(실부스러기와 솜털 포함)과 **누에고치**를 말한다.
4. "**볏짚류**"란 마른 볏짚·마른 북더기와 이들의 제품 및 건초를 말한다.

4 위험물질의 화재성상

(1) 합성섬유의 화재성상

종 류	화 재 성 상
모	① 연소시키기가 어렵다. ② 연소속도가 느리지만 면에 비해 소화하기 어렵다.
나일론	① 지속적인 연소가 어렵다. ② 용융하여 망울이 되며 용융점은 160~260℃이다. ③ 착화점은 425℃이다.
폴리에스테르	① 쉽게 연소된다. ② 256~292℃에서 연화하여 망울이 된다. ③ 착화점은 450~485℃이다.
아세테이트	① 불꽃을 일으키기 전에 연소하여 용융한다. ② 착화점은 475℃이다.

※ **동물성 섬유** : 섬유 중 화재위험성이 가장 낮다.

(2) 합성수지의 화재성상

① 열가소성 수지 : 열에 의하여 변형되는 수지로서 PVC 수지, 폴리에틸렌수지, 폴리스틸렌수지 등이 있다.

② 열경화성 수지 : 열에 의하여 변형되지 않는 수지로서 **페놀수지, 요소수지, 멜라민 수지** 등이 있다.

(3) 고분자재료의 난연화방법
① 재료의 표면에 열전달을 제어하는 방법
② 재료의 열분해 속도를 제어하는 방법
③ 재료의 열분해 생성물을 제어하는 방법
④ 재료의 기상반응을 제어하는 방법

(4) 방염섬유의 화재성상
방염섬유는 L.O.I(Limited Oxygen Index)에 의해 결정된다.

방염성능
화재의 발생초기단계에서 화재확대의 매개체를 **단절**시키는 성질

① L.O.I(산소지수) : 가연물을 수직으로 하여 가장 윗부분에 착화하여 연소를 계속 유지시킬 수 있는 최소산소농도

※ L.O.I가 높을수록 연소의 우려가 적다.

② 고분자 물질의 L.O.I

고분자 물질	산소지수
폴리에틸렌	17.4%
폴리스틸렌	18.1%
폴리프로필렌	19%
폴리염화비닐	45%

 잔진시간과 잔염시간

잔진시간(잔신시간)	잔염시간
버너의 불꽃을 제거한 때부터 불꽃을 **올리지 않고** 연소하는 상태가 그칠 때까지의 경과시간	버너의 불꽃을 제거한 때부터 불꽃을 **올리며** 연소하는 상태가 그칠 때까지의 경과시간

(5) 액화석유가스(LPG)의 화재성상
① 주성분은 **프로판**(C_3H_8)과 **부탄**(C_4H_{10})이다.
② 무색, 무취하다.
③ 독성이 없는 가스이다.
④ 액화하면 물보다 가볍고, 기화하면 **공기보다 무겁다**.
⑤ 휘발유 등 **유기용매**에 잘 녹는다.
⑥ 천연고무를 잘 녹인다.

※ **방염**
연소하기 쉬운 건축물의 실내장식물 등 또는 그 재료에 어떤 방법을 가하여 연소하기 어렵게 만든 것

※ **방염제**
세탁하여도 쉽게 씻겨지지 않을 것

※ **방염성능 측정기준**
① 잔진시간(잔신시간)
② 잔염시간
③ 탄화면적
④ 탄화길이
⑤ 불꽃접촉 횟수
⑥ 최대연기밀도

※ **도시가스의 주성분**
메탄(CH_4)

※ **도시가스**
공기보다 가볍다.

※ BTX
① 벤젠
② 톨루엔
③ 키시렌

⑦ 공기 중에서 쉽게 연소, 폭발한다.

※ LPG, CO₂, 할론 저장용기는 40℃ 이하로 유지하여야 한다.

(6) 액화천연가스(LNG)의 화재성상
① 주성분은 **메탄**(CH_4)이다.
② 무색, 무취하다.
③ 액화하면 물보다 가볍고, 기화하면 **공기보다 가볍다**.

중요 가스의 주성분

가 스	주성분	증기비중
도시가스	• 메탄(CH_4)	0.55
액화천연가스(LNG)		
액화석유가스(LPG)	• 프로판(C_3H_8)	1.51
	• 부탄(C_4H_{10})	2

증기비중이 1보다 작으면 공기보다 가볍다.

기억법 도메

※ 최소발화에너지와 같은 의미
① 최소 착화 에너지
② 최소 정전기 점화 에너지

(7) 최소발화에너지(MIE ; Minimum Ignition Energy)

가연성 가스	최소발화에너지	소염거리
2유화염소	1.5×10^{-5}J (0.015mJ)	0.0078cm
수소	2.0×10^{-5}J (0.02mJ)	0.0098cm
아세틸렌	3×10^{-5}J (0.03mJ)	0.011cm
에틸렌	9.6×10^{-5}J (0.096mJ)	0.019cm
메탄올	21×10^{-5}J (0.21mJ)	0.028cm
프로판	30×10^{-5}J (0.3mJ)	0.031cm
메탄	33×10^{-5}J (0.33mJ)	0.039cm
에탄	42×10^{-5}J (0.42mJ)	0.035cm
벤젠	76×10^{-5}J (0.76mJ)	0.043cm
헥산	95×10^{-5}J (0.95mJ)	0.055cm

용어

용 어	설 명
최소발화에너지 (Minimum Ignition Energy)	① 가연성가스 및 공기와의 혼합가스에 착화원으로 점화시에 발화하기 위하여 필요한 착화원이 갖는 최소에너지 ② 국부적으로 온도를 높이는 전기불꽃과 같은 점화원에 의해 점화될 때의 에너지 최소값
소염거리 (Quenching Distance)	인화가 되지 않는 최대거리

당신의 활동지수는?

> 요령 : 번호별 점수를 합산해 맨 아래쪽 판정표로 확인

1. 얼마나 걷나(하루 기준)
- 빠른걸음(시속 6km)으로 걷는 시간은?
  10분 : 50점
  20분 : 100점
  30분 : 150점
  10분 추가 때마다 50점씩 추가
- 느린걸음(시속 3km)으로 걷는 시간은?
  10분 : 30점
  20분 : 60점
  10분 추가 때마다 30점씩 추가

2. 집에서 뭘 하나
- 집안청소·요리·못질 등
  10분 : 30점
  20분 : 60점
  10분 추가 때마다 30점 추가
- 정원 가꾸기
  10분 : 50점
  20분 : 100점
  10분 추가 때마다 50점 추가
- 힘이 많이 드는 집안일(장작패기·삽질·곡괭이질 등)
  10분 : 60점
  20분 : 120점
  10분 추가 때마다 60점 추가

3. 어떻게 움직이나
- 조깅
  10분 : 100점
  20분 : 200점
  10분 추가 때마다 100점 추가
- 자전거 타기
  10분 : 50점
  20분 : 100점
  10분 추가 때마다 50점 추가

- 운전
  10분 : 15점
  20분 : 30점
  10분 추가 때마다 15점 추가

4. 2층 이상 올라가야 할 경우
- 승강기를 탄다 : -100점
- 승강기냐 계단이냐 고민한다 : -50점
- 계단을 이용한다 : +50점

5. 운동유형별
- 골프(캐디 없이)·수영 : 30분당 150점
- 테니스·댄스·농구·롤러 스케이트 : 30분당 180점
- 축구·복싱·격투기 : 30분당 250점

6. 직장 또는 학교에서 돌아와 컴퓨터나 TV 앞에 앉아 있는 시간은?
- 1시간 이하 : 0점
- 1~3시간 이하 : -50점
- 3시간 이상 : -250점

7. 여가시간은
- 쇼핑한다
  10분 : 25점
  20분 : 50점
  10분 추가 때마다 25점씩 추가
- 사랑을 한다.
  10분 : 45점
  20분 : 90점
  10분 추가 때마다 45점씩 추가

> **판정표**
> - 150점 이하 : 정말 움직이지 않는 사람. 건강에 참으로 문제가 많을 것이다.
> - 150~1000점 : 그럭저럭 활동적인 사람. 그럭저럭 건강할 것이다.
> - 1000점 이상 : 매우 활동적인 사람. 건강이 매우 좋을 것이다.
> ※1점은 소비열량 기준 1cal에 해당
> 자료=리베라시옹

출제경향분석

CHAPTER 02 방화론

★ ★ ★ ★ ★ ★ ★ ★ ★ ★

8문제

- ① 건축물의 내화성상 11.4% (2문제)
- ② 건축물의 방화 및 안전계획 5.1% (1문제)
- ③ 방화안전관리 6.4% (1문제)
- ④ 소화 이론 6.4% (1문제)
- ⑤ 소화약제 12.8% (3문제)

CHAPTER 02 방화론

1 건축물의 내화성상

출제확률 11.4% (2문제)

1 건축방재의 기본적인 사항

(1) 공간적 대응

공간적 대응	설 명
대항성	• 내화성능 · 방연성능 · 초기 소화대응 등의 화재사상의 저항능력
회피성	• 불연화 · 난연화 · 내장제한 · 구획의 세분화 · 방화훈련(소방훈련) · 불조심 등 출화유발 · 확대 등을 저감시키는 예방조치 강구
도피성	• 화재가 발생한 경우 안전하게 피난할 수 있는 시스템

문제 건축방재의 계획에 있어서 건축의 설비적 대응과 공간적 대응이 있다. 공간적 대응 중 대항성에 대한 설명으로 맞는 것은 어느 것인가?
① 불연화, 난연화, 내장제한, 구획의 세분화로 예방조치강구 → 회피성
② 방화훈련(소방훈련), 불조심 등 출화유발, 대응을 저감시키는 조치 → 회피성
③ 화재가 발생한 경우보다 안전하게 계단으로부터 피난할 수 있는 공간적 시스템 → 도피성
④ 내화성능, 방연성능, 초기 소화대응 등의 화재사상의 저항능력

답 ④

(2) 설비적 대응
제연설비 · 방화문 · 방화셔터 · 자동화재탐지설비 · 스프링클러설비 등에 의한 대응

2 건축물의 방재기능

(1) 부지선정, 배치계획
소화활동에 지장이 없도록 적합한 건물 배치를 하는 것

(2) 평면계획
방연구획과 제연구획을 설정하여 화재예방 · 소화 · 피난 등을 유효하게 하기 위한 계획

(3) 단면계획
불이나 연기가 다른 층으로 이동하지 않도록 구획하는 계획

Key Point

* 공간적 대응
① 대항성
② 회피성
③ 도피성

* 건축물의 방재기능설정요소
① 부지선정, 배치계획
② 평면계획
③ 단면계획
④ 입면계획
⑤ 재료계획

* 연소확대방지를 위한 방화계획
① 수평구획(면적단위)
② 수직구획(층단위)
③ 용도구획(용도단위)

(4) 입면계획
불이나 연기가 다른 건물로 이동하지 않도록 구획하는 계획으로 입면계획의 가장 큰 요소는 **벽과 개구부**이다.

(5) 재료계획
불연성능·내화성능을 가진 재료를 사용하여 화재를 예방하기 위한 계획

3 건축물의 내화구조와 방화구조

(1) 내화구조의 기준 (피난·방화구조 3조)

내화구분		기 준
벽	모든 벽	① 철골·철근콘크리트조로서 두께가 **10cm** 이상인 것 ② 골구를 철골조로 하고 그 양면을 두께 **4cm** 이상의 철망 모르타르로 덮은 것 ③ 두께 **5cm** 이상의 콘크리트 블록·벽돌 또는 석재로 덮은 것 ④ 석조로서 철재에 덮은 콘크리트 블록의 두께가 **5cm** 이상인 것 ⑤ 벽돌조로서 두께가 **19cm** 이상인 것
	외벽 중 비내력벽	① 철골·철근콘크리트조로서 두께가 **7cm** 이상인 것 ② 골구를 철골조로 하고 그 양면을 두께 **3cm** 이상의 철망 모르타르로 덮은 것 ③ 두께 **4cm** 이상의 콘크리트 블록·벽돌 또는 석재로 덮은 것 ④ 석조로서 두께가 **7cm** 이상인 것
기둥(작은 지름이 **25cm** 이상인 것)		① 철골을 두께 **6cm** 이상의 철망 모르타르로 덮은 것 ② 두께 **7cm** 이상의 콘크리트 블록·벽돌 또는 석재로 덮은 것 ③ 철골을 두께 **5cm** 이상의 콘크리트로 덮은 것
바닥		① 철골·철근콘크리트조로서 두께가 **10cm** 이상인 것 ② 석조로서 철재에 덮은 콘크리트 블록 등의 두께가 **5cm** 이상인 것 ③ 철재의 양면을 두께 **5cm** 이상의 철망 모르타르로 덮은 것
보		① 철골을 두께 **6cm** 이상의 철망 모르타르로 덮은 것 ② 두께 **5cm** 이상의 콘크리트로 덮은 것

※ 공동주택의 각 세대간의 경계벽의 구조는 **내화구조**이다.

Key Point

✱ **내화구조**
(1) 정의
 ① 수리하여 재사용할 수 있는 구조
 ② 화재시 쉽게 연소되지 않는 구조
 ③ 화재에 대하여 상당한 시간동안 구조상 내력이 감소되지 않는 구조
(2) 종류
 ① 철근콘크리트조
 ② 연와조
 ③ 석조

✱ **방화구조**
(1) 정의
 화재시 건축물의 인접부분으로의 연소를 차단할 수 있는 구조
(2) 구조
 ① 철망 모르타르 바르기
 ② 회반죽 바르기

✱ **내화성능이 우수한 순서**
① 내화재료
② 불연재료
③ 준불연재료
④ 난연재료

문제 다음에 열거한 건축재료 중 화재에 대한 <u>내화성능</u>이 가장 <u>우수</u>한 것은 어떤 재료로 시공한 건축물인가?

① 내화재료　　　② 불연재료
③ 난연재료　　　④ 준불연재료

해설 내화성능이 우수한 순서
　　내화재료 > 불연재료 > 준불연재료 > 난연재료

답 ①

(2) 방화구조의 기준(피난·방화구조 4조)

구조내용	기 준
• 철망 모르타르 바르기	바름 두께가 2cm 이상인 것
• 석고판 위에 시멘트 모르타르 또는 회반죽을 바른 것 • 시멘트 모르타르 위에 타일을 붙인 것	두께의 합계가 2.5cm 이상인 것
• 심벽에 흙으로 맞벽치기 한 것	모두 해당

❋ 모르타르
시멘트와 모래를 섞어서 물에 갠 것

❋ 석조
돌로 만든 것

 직통계단의 설치거리(건축령 34조)

구 분	보행거리
일반건축물	30m 이하
16층 이상인 공동주택	40m 이하
내화구조 또는 불연재료로 된 건축물	50m 이하

4 건축물의 방화문과 방화벽

(1) 방화문의 구분(건축령 64조)

60분+방화문	60분 방화문	30분 방화문
연기 및 불꽃을 차단할 수 있는 시간이 60분 이상이고, 열을 차단할 수 있는 시간이 30분 이상인 방화문	연기 및 불꽃을 차단할 수 있는 시간이 60분 이상인 방화문	연기 및 불꽃을 차단할 수 있는 시간이 30분 이상 60분 미만인 방화문

❋ 방화문
① 직접 손으로 열 수 있을 것
② 자동으로 닫히는 구조(자동폐쇄장치)일 것

 용어

방화문
화재시 상당한 시간 동안 연소를 차단할 수 있도록 하기 위하여 방화구획선상 또는 방화벽에 개구부 부분에 설치하는 것

(2) 방화벽의 구조(건축령 57조)

대상 건축물	구획단지	방화벽의 구조
주요 구조부가 내화구조 또는 불연재료가 아닌 연면적 1000m² 이상인 건축물	연면적 1000m² 미만마다 구획	• 내화구조로서 홀로 설 수 있는 구조일 것 • 방화벽의 양쪽끝과 위쪽끝을 건축물의 외벽면 및 지붕면으로부터 0.5m 이상 튀어나오게 할 것 • 방화벽에 설치하는 출입문의 너비 및 높이는 각각 2.5m 이하로 하고 해당 출입문에는 60분+방화문 또는 60분 방화문을 설치할 것

❋ 주요구조부
① 내력벽
② 보(작은 보 제외)
③ 지붕틀(차양 제외)
④ 바닥(최하층 바닥 제외)
⑤ 주계단(옥외계단 제외)
⑥ 기둥(사잇기둥 제외)

불연재료
① 콘크리트
② 석재
③ 벽돌
④ 기와
⑤ 석면판
⑥ 철강
⑦ 알루미늄
⑧ 유리
⑨ 모르타르
⑩ 회

 불연·준불연재료·난연재료(건축령 2조, 피난·방화구조 5~7조)

구 분	불연재료	준불연재료	난연재료
정의	불에 타지 않는 재료	불연재료에 준하는 방화성능을 가진 재료	불에 잘 타지 아니하는 성능을 가진 재료
종류	① 콘크리트 ② 석재 ③ 벽돌 ④ 기와 ⑤ 유리(그라스울) ⑥ 철강 ⑦ 알루미늄 ⑧ 모르타르 ⑨ 회	① 석고보드 ② 목모시멘트판	① 난연 합판 ② 난연 플라스틱판

문제 불연재료가 아닌 것은?
① 기와
② 연와조
　　내화구조
③ 벽돌
④ 콘크리트

답 ②

 용어

간벽
외부에 접하지 아니하는 건물 내부공간을 분할하기 위하여 설치하는 벽

5 건축물의 방화구획

(1) 방화구획의 기준(건축령 46조, 피난·방화구조 14조)

대상건축물	대상규모	층 및 구획방법		구획부분의 구조
주요 구조부가 내화구조 또는 불연재료로 된 건축물	연면적 1000m² 넘는 것	10층 이하	바닥면적 1000m² 이내마다	• 내화구조로 된 바닥·벽 • 60분+방화문, 60분 방화문 • 자동방화셔터
		매 층마다	지하 1층에서 지상으로 직접 연결하는 경사로 부위는 제외	
		11층 이상	바닥면적 200m² 이내마다(실내마감을 불연재료로 한 경우 500m² 이내마다)	

- **스프링클러**, 기타 이와 유사한 **자동식 소화설비**를 설치한 경우 바닥면적은 위의 **3배** 면적으로 산정한다.
- **필로티**나 그 밖의 비슷한 구조의 부분을 주차장으로 사용하는 경우 그 부분은 건축물의 다른 부분과 구획할 것

>  **중요**
>
> **대규모 건축물의 방화벽 등**(건축령 57조 3)
> 연면적이 **1000m²** 이상인 목조의 건축물은 국토교통부령이 정하는 바에 따라 그 구조를 **방화구조**로 하거나 **불연재료**로 하여야 한다.

(2) 연소확대방지를 위한 방화구획
① 층 또는 면적별 구획
② 승강기의 승강로 구획
③ 위험 용도별 구획
④ 방화 댐퍼 설치

(3) 방화구획용 방화 댐퍼의 기준 (피난·방화구조 14조)
화재로 인한 연기 또는 불꽃을 감지하여 자동적으로 닫히는 구조로 할 것(단, 주방 등 연기가 항상 발생하는 부분에는 온도를 감지하여 자동적으로 닫히는 구조로 할 수 있다.)

(4) 개구부에 설치하는 방화설비 (피난·방화구조 23조)
① 60분+방화문 또는 60분 방화문
② 창문 등에 설치하는 **드렌처**(drencher)
③ 환기구멍에 설치하는 불연재료로 된 방화커버 또는 그물눈 **2mm** 이하인 금속망
④ 해당 창문 등과 연소할 우려가 있는 다른 건축물의 부분을 차단하는 내화구조나 불연재료로 된 벽·담장, 기타 이와 유사한 방화설비

(5) 건축물의 방화계획시 피난계획
① 공조설비
② 건물의 층고
③ 옥내소화전의 위치
④ 화재탐지와 통보

(6) 건축물의 방화계획과 직접적인 관계가 있는 것
① 건축물의 층고
② 건물과 소방대와의 거리
③ 계단의 폭

※ 승강기
"엘리베이터"를 말한다.

※ 방화구획의 종류
① 층단위
② 용도단위
③ 면적단위

※ 드렌처
화재발생시 열에 의해 창문의 유리가 깨지지 않도록 창문에 물을 방사하는 장치

※ 공조설비
"공기조화설비"를 말한다.

6 피난계단의 설치기준 (건축령 35조)

층 및 용도	계단의 종류	비 고
• 5~10층 이하 • 지하 2층 이하 판매시설	피난계단 또는 특별피난계단 중 1개소 이상은 특별피난계단	–
• 11층 이상 • 지하 3층 이하	특별피난계단	• 공동주택은 **16층** 이상 • **지하 3층** 이하의 바닥면적이 **400m²** 미만인 층은 제외

중요 피난계단과 특별피난계단

피난계단	특별피난계단
계단의 출입구에 방화문이 설치되어 있는 계단이다.	건물 각 층으로 통하는 문은 방화문이 달리고 내화구조의 벽체나 연소우려가 없는 창문으로 구획된 피난용 계단으로 반드시 부속실을 거쳐서 계단실과 연결된다.

7 건축물의 화재하중

(1) 화재하중
① 가연물 등의 연소시 건축물의 붕괴 등을 고려하여 설계하는 하중
② 화재실 또는 화재구획의 단위면적당 가연물의 양
③ 일반건축물에서 가연성의 건축구조재와 가연성 수용물의 양으로서 건물화재시 **발열량** 및 **화재위험성**을 나타내는 용어
④ 건물화재에서 가열온도의 정도를 의미한다.
⑤ 건물의 내화설계시 고려되어야 할 사항이다.
⑥ 단위면적당 건물의 가연성구조를 포함한 양으로 정한다.

(2) 건축물의 화재하중

건축물의 용도	화재하중 [kg/m²]
호텔	5~15
병원	10~15
사무실	10~20
주택 · 아파트	30~60
점포(백화점)	100~200
도서관	250
창고	200~1000

※ 피난계획
2방향의 통로확보

※ 특별피난계단의 구조
화재발생시 인명피해 방지를 위한 건축물

※ 화재하중

$$q = \frac{\Sigma G_t H_t}{HA} = \frac{\Sigma Q}{4500A}$$

여기서,
q : 화재하중 [kg/m²]
G_t : 가연물의 양 [kg]
H_t : 가연물의 단위중량당 발열량 [kcal/kg]
H : 목재의 단위중량당 발열량 [kcal/kg]
A : 바닥면적 [m²]
ΣQ : 가연물의 전체 발열량 [kcal]

문제 화재하중(fire load)을 나타내는 단위는?
① kcal/kg
② ℃/m²
③ kg/m²
④ kg/kcal

해설 ③ 화재하중 단위 : **kg/m²** 또는 N/m²

답 ③

※ **화재하중의 감소방법** : 내장재의 불연화

(3) 화재강도(Fire intensity)에 영향을 미치는 인자
① 가연물의 비표면적
② 화재실의 구조
③ 가연물의 배열상태

8 개구부와 내화율

개구부의 종류	설치 장소	내화율
A급	건물과 건물 사이	3시간 이상
B급	계단 · 엘리베이터	1시간 30분 이상
C급	복도 · 거실	45분 이상
D급	건물의 외부와 접하는 곳	1시간 30분 이상

※ 화재강도
열의 집중 및 방출량을 상대적으로 나타낸 것 즉, 화재의 온도가 높으면 화재강도는 커진다.

※ 개구부
화재발생시 쉽게 피난할 수 있는 출입문 또는 창문 등을 말한다.

2 건축물의 방화 및 안전계획

1 피난행동의 특성

(1) 재해 발생시의 피난행동
① 비교적 평상상태에서의 행동
② 긴장상태에서의 행동
③ 패닉(Panic) 상태에서의 행동

> **중요** 패닉(Panic)의 발생원인
> ① 연기에 의한 시계제한
> ② 유독가스에 의한 호흡장애
> ③ 외부와 단절되어 고립

(2) 피난행동의 성격
① 계단 보행속도
② 군집 보행속도
　㉮ 자유보행 : 아무런 제약을 받지 않고 걷는 속도로서 보통 0.5~2m/s이다.
　㉯ 군집보행 : 후속 보행자의 제약을 받아 후속 보행속도에 동조하여 걷는 속도로서 보통 1m/s이다.
③ 군집 유동계수 : 협소한 출구에서의 출구를 통과하는 일정한 인원을 단위폭, 단위시간으로 나타낸 것으로 평균적으로 1.33인/m·s이다.

2 건축물의 방화대책

(1) 피난대책의 일반적인 원칙
① 피난경로는 **간단 명료**하게 한다.
② 피난구조설비는 **고정식 설비**를 이주로 설치한다.
③ 피난수단은 **원시적 방법**에 의한 것을 원칙으로 한다.
④ **2방향**의 피난통로를 확보한다.
⑤ 피난통로를 **완전불연화**한다.
⑥ **화재층**의 피난을 **최우선**으로 고려한다.
⑦ 피난시설 중 피난로는 **복도** 및 **거실**을 가리킨다.
⑧ 인간의 **본능적 행동**을 무시하지 않도록 고려한다.
⑨ 계단은 **직통계단**으로 할 것

※ **패닉상태**
인간이 극도로 긴장되어 돌출행동을 할 수 있는 상태

※ **피난행동의 성격**
① 계단 보행속도
② 군집 보행속도
③ 군집 유동계수

※ **군집보행속도**
① 자유보행 : 0.5~2m/s
② 군집보행 : 1.0m/s

> **문제** 피난대책으로 부적합한 것은?
> ① 화재층의 피난을 최우선으로 고려한다.
> ② 피난동선은 2방향 피난을 가장 중시한다.
> ③ 피난시설 중 피난로는 <u>출입구 및 계단</u>을 가리킨다.
>   복도 및 거실
> ④ 인간의 본능적 행동을 무시하지 않도록 고려한다.
>
> 답 ③

(2) 피난동선의 특성
① 가급적 **단순형태**가 좋다.
② **수평동선과 수직동선**으로 구분한다.
③ 가급적 상호 반대방향으로 다수의 출구와 연결되는 것이 좋다.
④ 어느 곳에서도 2개 이상의 방향으로 피난할 수 있으며 그 말단은 화재로부터 안전한 장소이어야 한다.

* **피난동선**
복도·통로·계단과 같은 피난전용의 통행구조로서 '피난경로'라고도 부른다.

(3) 화재발생시 인간의 피난특성

피난특성	설 명
귀소본능	① 피난시 **평소**에 사용하는 **문**, 길, **통로**를 사용하거나 자신이 왔었던 길로 **되돌아가려는** 본능 ② **친숙한 피난경로**를 선택하려는 행동 ③ 무의식 중에 평상시 사용하는 **출입구**나 **통로**를 사용하려는 행동 ④ 화재시 본능적으로 원래 왔던 길 또는 늘 사용하는 경로로 탈출하려고 하는 것
지광본능	① 화재시 연기 및 정전 등으로 시야가 흐려질 때 어두운 곳에서 개구부, 조명부 등의 **밝은 빛**을 따르려는 본능 ② **밝은 쪽**을 지향하는 행동 ③ 화재의 공포감으로 인하여 **빛**을 따라 외부로 달아나려고 하는 행동
퇴피본능	① 반사적으로 **위험**으로부터 **멀리**하려는 본능 ② 화염, 연기에 대한 공포감으로 발화의 **반대방향**으로 이동하려는 행동 ③ 화재가 발생하면 확인하려 하고, 그것이 비상사태로 확인되면 **화재**로부터 **멀어지려고** 하는 본능 ④ 연기, 불의 **차폐물**이 있는 곳으로 도망가거나 숨는다. ⑤ **발화점**으로부터 조금이라도 **먼 곳**으로 피난한다.
추종본능	① 많은 사람이 달아나는 방향으로 쫓아가려는 행동 ② 화재시 **최초**로 **행동**을 개시한 사람을 따라 전체가 움직이려는 행동
좌회본능	**좌측통행**을 하고 **시계반대방향**으로 회전하려는 행동
폐쇄공간 지향본능	가능한 **넓은 공간**을 찾아 **이동**하다가 위험성이 높아지면 의외의 좁은 공간을 찾는 본능
초능력본능	비상시 **상상도 못할 힘**을 내는 본능
공격본능	**이상심리현상**으로서 구조용 헬리콥터를 부수려고 한다든지 무차별적으로 주변 사람과 구조인력 등에게 공격을 가하는 본능
패닉(Panic) 현상	인간의 비이성적인 또는 부적합한 **공포반응행동**으로서 무모하게 높은 곳에서 뛰어내리는 행위라든지, 몸이 굳어서 움직이지 못하는 행동

> ※ **피난로온도의 기준** : 사람의 어깨높이

(4) 방화진단의 중요성
① 화재발생 위험의 배제
② 화재확대 위험의 배제
③ 피난통로의 확보

(5) 제연방식
① **자연제연방식** : 개구부(건물에 설치된 창)를 통하여 연기를 자연적으로 배출하는 방식

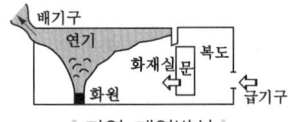

| 자연 제연방식 |

❋ 개구부
화재시 쉽게 피난 할 수 있는 문이나 창문 등을 말한다.

문제 제연방식에는 자연제연과 기계제연 2종류가 있다. 다음 중 <u>자연제연</u>과 관계가 깊은 것은?
① 스모크타워   ② 건물에 설치된 창
③ 배연기, 송풍기 설치   ④ 배연기 설치

해설 ② 자연제연방식 : 건물에 설치된 창을 통한 연기의 자연배출방식

답 ②

② **스모크타워 제연방식** : 루프 모니터를 설치하여 제연하는 방식

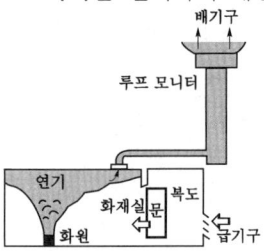

| 스모크타워 제연방식 |

❋ 스모크타워 제연방식
① 고층빌딩에 적당하다.
② 제연 샤프트의 굴뚝효과를 이용한다.
③ 모든 층의 일반 거실화재에 이용할 수 있다.
④ 제연통의 제연구는 바닥에서 윗쪽에 설치하고 급기통의 급기구는 바닥부분에 설치한다.

③ 기계제연방식(강제제연방식)
(가) **제1종 기계제연방식** : **송풍기**와 **배연기**(배풍기)를 설치하여 급기와 배기를 하는 방식으로 **장치**가 **복잡**하다.

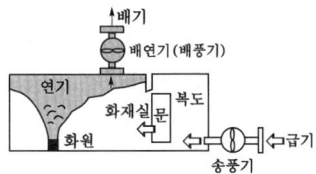

| 제1종 기계제연방식 |

❋ 스모크타워 제연방식
창살이나 넓은 유리창이 달린 지붕 위의 구조물

❋ 기계제연방식
① 제1종 : 송풍기 + 배연기
② 제2종 : 송풍기
③ 제3종 : 배연기

(나) **제2종 기계제연방식** : **송풍기**만 설치하여 급기와 배기를 하는 방식으로 **역류**의 **우려**가 있다.

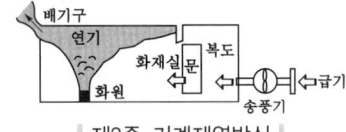

| 제2종 기계제연방식 |

❋ 기계제연방식과 같은 의미
① 강제제연방식
② 기계식 제연방식

㈐ **제3종 기계제연방식** : **배연기**(배풍기)만 설치하여 급기와 배기를 하는 방식으로 가장 많이 사용한다.

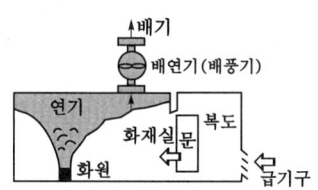

┃제3종 기계제연방식┃

(6) 제연방법

제연방법	설 명
희석(Dilution)	외부로부터 신선한 공기를 대량 불어 넣어 연기의 양을 일정농도 이하로 낮추는 것
배기(Exhaust)	건물 내의 압력차에 의하여 연기를 외부로 배출시키는 것
차단(Confinement)	연기가 일정한 장소 내로 들어오지 못하도록 하는 것

※ 건축물의 제연 방법
① 연기의 희석
② 연기의 배기
③ 연기의 차단

※ 희석
가장 많이 사용된다.

> **문제** 건축물의 제연방법과 가장 관계가 먼 것은?
> ① 연기의 희석 ② 연기의 배기
> ③ 연기의 차단 ④ 연기의 가압
>   건축물의 제연방법과 관계가 없다.
>   **답** ④

※ 수평거리와 같은 의미
① 유효반경
② 직선거리

(7) 제연구획
① 제연경계의 폭 : 0.6m 이상
② 제연경계의 수직거리 : 2m 이내
③ 예상제연구역~배출구의 수평거리 : 10m 이내

※ 제연계획
제연을 위해 승강기용 승강로 이용금지

3 건축물의 안전계획

(1) 피난시설의 안전구획
① 1차 안전구획 : 복도
② 2차 안전구획 : 부실(계단전실)
③ 3차 안전구획 : 계단

※ 부실(계단부속실)
계단으로 들어가는 입구의 부분

(2) 피난형태

형태	피난 방향	상 황
X형	↕↔	확실한 **피난통로**가 보장되어 신속한 피난이 가능하다.
Y형	↖↑↗↓	

※ 패닉현상
① CO형
② H형

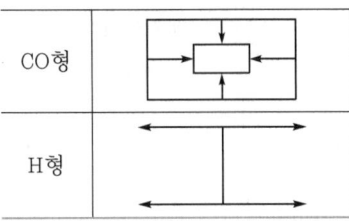

피난자들의 집중으로 **패닉**(Panic) **현상**이 일어날 수가 있다.

(3) 피뢰설비

피뢰설비는 **돌출부**, **피뢰도선**, **접지전극**으로 구성되어 있다.

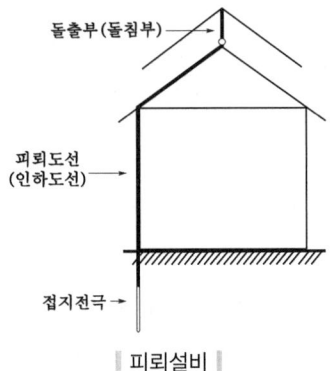

∥ 피뢰설비 ∥

(4) 방폭구조의 종류

① 내압(耐壓) 방폭구조 : d

폭발성 가스가 용기 내부에서 폭발하였을 때 용기가 그 압력에 견디거나 또는 외부의 폭발성 가스에 인화될 우려가 없도록 한 구조

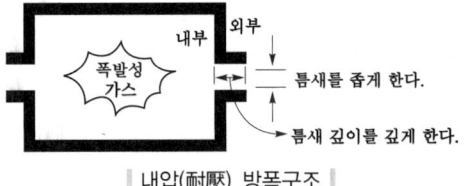

∥ 내압(耐壓) 방폭구조 ∥

※ 방폭구조
폭발성 가스가 있는 장소에서 사용하더라도 주위에 있는 폭발성 가스에 영향을 받지 않는 구조

※ 내압(耐壓) 방폭구조
가장 많이 사용된다.

② 내압(內壓) 방폭구조 : p

용기 내부에 질소 등의 보호용 가스를 충전하여 외부에서 폭발성 가스가 침입하지 못하도록 한 구조

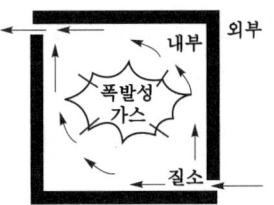

∥ 내압(內壓) 방폭구조 ∥

※ 내압(內壓) 방폭구조
'내부압력 방폭구조'라고도 부른다.

③ 안전증 방폭구조 : e
기기의 정상운전 중에 폭발성 가스에 의해 점화원이 될 수 있는 전기불꽃 또는 고온이 되어서는 안 될 부분에 기계적, 전기적으로 특히 안전도를 증가시킨 구조

∥ 안전증 방폭구조 ∥

※ **안전증 방폭구조**
"안전증가 방폭구조"라고도 부른다.

④ 유입 방폭구조 : o
전기불꽃, 아크 또는 고온이 발생하는 부분을 기름 속에 넣어 폭발성 가스에 의해 인화가 되지 않도록 한 구조

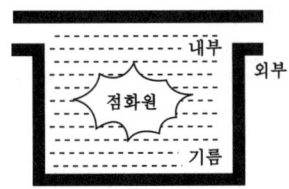

∥ 유입 방폭구조 ∥

※ **유입 방폭구조**
전기불꽃 발생부분을 기름 속에 넣은 것

⑤ 본질안전 방폭구조 : i
폭발성 가스가 단선, 단락, 지락 등에 의해 발생하는 전기불꽃, 아크 또는 고온에 의하여 점화되지 않는 것이 확인된 구조

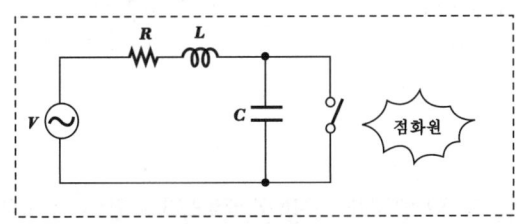

∥ 본질안전 방폭구조 ∥

※ **본질안전 방폭구조**
회로의 전압·전류를 제한하여 폭발성 가스가 점화되지 않도록 만든 구조

⑥ 특수 방폭구조 : s
위에서 설명한 구조 이외의 방폭구조로서 폭발성 가스에 의해 점화되지 않는 것이 시험 등에 의하여 확인된 구조

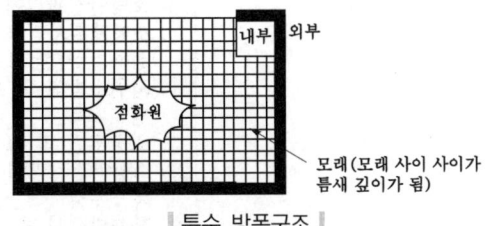

∥ 특수 방폭구조 ∥

※ **특수 방폭구조**
① 사입 방폭구조
② 협극 방폭구조

③ 방화안전관리

1 화점의 관리
① 화기 사용장소의 한정
② 화기 사용책임자의 선정
③ 화기 사용시간의 제한
④ 가연물·위험물의 보관
⑤ 모닥불·흡연 등의 처리

2 연소방지(방배연) 설비
① 방화문, 방화셔터
② 방화댐퍼
③ 방연수직벽
④ 제연설비
⑤ 기타 급기구 등

3 초기소화설비와 본격소화설비

초기 소화설비	본격 소화설비
① 소화기류 ② 물분무소화설비 ③ 옥내소화전설비 ④ 스프링클러설비 ⑤ CO_2 소화설비 ⑥ 할론소화설비 ⑦ 분말소화설비 ⑧ 포소화설비	① 소화용수설비 ② 연결송수관설비 ③ 연결살수설비 ④ 비상용 엘리베이터 ⑤ 비상콘센트 설비 ⑥ 무선통신 보조설비

문제 초기 소화용으로 사용되는 소화설비가 아닌 것은?
① 옥내소화전설비
② 물분무설비
③ 분말소화설비
④ 연결송수관설비

해설 ④ 본격소화설비

답 ④

4 특정소방대상물의 관계인과 소방안전관리대상물의 소방안전관리자의 업무
(화재예방법 24조)

특정소방대상물(관계인)	소방안전관리대상물(소방안전관리자)
① 피난시설·방화구획 및 방화시설의 관리 ② 소방시설, 그 밖의 소방관련시설의 관리 ③ **화기취급**의 감독 ④ 소방안전관리에 필요한 업무 ⑤ 화재발생시 초기대응	① 피난시설·방화구획 및 방화시설의 관리 ② 소방시설, 그 밖의 소방관련시설의 관리 ③ **화기취급**의 감독 ④ 소방안전관리에 필요한 업무 ⑤ **소방계획서**의 작성 및 시행(대통령령으로 정하는 사항 포함) ⑥ **자위소방대** 및 **초기대응체계**의 구성·운영·교육 ⑦ 소방훈련 및 교육 ⑧ 소방안전관리에 관한 업무수행에 관한 기록·유지 ⑨ 화재발생시 초기대응

Key Point

✽ **가정불화**
방화의 동기유형으로 가장 큰 비중 차지

✽ **화점**
화재의 원인이 되는 불이 최초로 존재하고 발생한 곳

✽ **방화문, 방화셔터**
화재시 열, 연기를 차단하여 화재의 연소확대를 방지하기 위한 설비

✽ **방화댐퍼**
화재시 연소를 방지하기 위한 설비

✽ **방연수직벽**
화재시 연기의 유동을 방지하기 위한 설비

✽ **제연설비**
화재시 실내의 연기를 배출하고 신선한 공기를 불어 넣어 피난을 용이하게 하기 위한 설비

5 소방훈련

실시방법에 의한 분류	대상에 의한 분류
① 기초훈련 ② 부분훈련 ③ 종합훈련 ④ 도상훈련 : **화재진압작전도**에 의하여 실시하는 훈련	① 자체훈련 ② 지도훈련 ③ 합동훈련

6 인명구조 활동

인명구조 활동시 주의하여야 할 사항은 다음과 같다.
① 구조대상자 위치확인
② 필요한 장비장착
③ 세심한 주의로 명확한 판단
④ 용기와 정확한 판단

※ 고층건축물 : 11층 이상 또는 높이 31m 초과

7 방재센터

방재센터는 다음의 기능을 갖추고 있어야 한다.
① 방재센터는 피난인원의 유도를 위하여 **피난층**으로부터 가능한 한 **같은 위치**에 설치한다.
② 방재센터는 연소위험이 없도록 **충분한 면적**을 갖도록 한다.
③ 소화설비 등의 기동에 대하여 **감시제어기능**을 갖추어야 한다.

 중요 방재센터 내의 설비, 기기
① C.R.T 표시장치
② 소화펌프의 원격기동장치
③ 비상전원장치

8 안전관리

안전관리에 대한 내용은 다음과 같다.
① 무사고 상태를 유지하기 위한 활동
② 인명 및 재산을 보호하기 위한 활동
③ 손실의 최소화를 위한 활동

Key Point

* **3E**
① 교육·홍보
② 법규의 시행
③ 기술

* **피난교의 폭**
60cm 이상

* **거실**
거주, 집무, 작업, 집회, 오락, 기타 이와 유사한 목적을 위하여 사용하는 것

* **피난을 위한 시설물**
① 객석유도등
② 방연커텐
③ 특별피난계단 전실

* **소방의 주된 목적**
재해방지

* **방재센터**
화재를 사전에 예방하고 초기에 진압하기 위해 모든 소방시설을 제어하고 비상방송 등을 통해 인명을 대피시키는 총체적 지휘본부

* **C.R.T 표시장치**
화재의 발생을 감시하는 모니터

* **비상조명장치**
  조도 1lx 이상

* **화재부위 온도측정**
  ① 열전대
  ② 열반도체

 안전관리 관련색

표시색	안전관리 상황
녹색	• 안전 · 구급
백색	• 안내
황색	• 주의
적색	• 위험방화

9 피난기구

① 완강기
② 피난사다리
③ 구조대(경사강하식 구조대, 수직강하식 구조대)
④ 소방청장이 정하여 고시하는 화재안전기준으로 정하는 것(미끄럼대, 피난교, 공기안전매트, 피난용 트랩, 다수인 피난장비, 승강식 피난기, 간이완강기, 하향식 피난구용 내림식 사다리)

 문제 화재발생시 피난기구로서 직접 활용할 수 없는 것은?
　　① 완강기　　　　　　　　② 무선통신 보조장치
　　③ 수직강하식 구조대　　　④ 구조대

 해설 ② 소화활동설비

답 ②

* **가연성가스 누출시**
  배기팬 작동금지

10 소방용 배관

① 배관용 탄소강관
② 압력배관용 탄소강관
③ 이음매 없는 동 및 동합금관
④ 배관용 스테인리스강관 또는 일반배관용 스테인리스강관
⑤ 덕타일 주철관

4 소화이론

1 소화의 정의
물질이 연소할 때 연소의 3요소 중 일부 또는 전부를 제거하여 연소가 계속될 수 없도록 하는 것을 말한다.

2 소화의 원리

물리적 소화	화학적 소화
① 화재를 **냉각**시켜 소화하는 방법	① **분말소화약제**로 소화하는 방법
② 화재를 **강풍**으로 불어 소화하는 방법	② **할론소화약제**로 소화하는 방법
③ **혼합물성**의 **조성변화**를 시켜 소화하는 방법	③ 할로겐화합물 소화약제

※ 아르곤(Ar) : 불연성 가스이지만 소화효과는 기대할 수 없다.

3 소화의 형태

(1) 냉각소화
① **점화원**을 냉각시켜 소화하는 방법
② **증발잠열**을 이용하여 열을 빼앗아 가연물의 온도를 떨어뜨려 화재를 진압하는 소화
③ 다량의 물을 뿌려 소화하는 방법
④ 가연성물질을 발화점 이하로 냉각

※ 물의 소화효과를 크게 하기 위한 방법 : **무상주수**(분무상 방사)

(2) 질식소화
① 공기 중의 산소농도를 **16%**(10~15% 또는 12~15%) 이하로 희박하게 하여 소화하는 방법
② 산화제의 농도를 낮추어 연소가 지속될 수 없도록 함
③ **산소공급**을 **차단**하는 소화방법

Key Point

＊ **연소의 3요소**
① 가연물질(연료)
② 산소공급원(산소)
③ 점화원(온도)

＊ **가연물이 완전연소시 발생물질**
① 물(H_2O)
② 이산화탄소(CO_2)

＊ **불연성 가스**
① 수증기(H_2O)
② 질소(N_2)
③ 아르곤(Ar)
④ 이산화탄소(CO_2)

＊ **공기 중의 산소농도**
약 21%

＊ **소화약제의 방출 수단**
① 가스압력(CO_2, N_2 등)
② 동력(전동기 등)
③ 사람의 손

중요 공기 중 산소농도

구 분	산소농도
체적비 (부피백분율)	약 21%
중량비 (중량백분율)	약 23%

* **질식소화**
공기 중의 산소농도 16%
(12~15%) 이하

문제 ★★★ 질식소화시 공기 중의 산소농도는 몇 % 이하 정도인가?
① 3~5   ② 5~8
③ 12~15   ④ 15~18

해설 ③ **질식소화** : 공기 중의 산소농도를 **16%**(10~15% 또는 12~15%) 이하로 희박하게 하여 소화하는 방법

답 ③

(3) 제거소화
가연물을 제거하여 소화하는 방법

중요 제거소화의 예
① 산불의 확산방지를 위하여 **산림**의 **일부**를 **벌채**한다.
② 화학반응기의 화재시 원료공급관의 **밸브**를 **잠근다**.
③ 유류탱크 화재시 **옥외소화전**을 사용하여 **탱크외벽**에 **주수**(注水)한다.
④ 금속화재시 불활성물질로 가연물을 덮어 미연소부분과 분리한다.
⑤ 전기화재시 신속히 **전원**을 **차단**한다.
⑥ 목재를 **방염**처리하여 가연성기체의 생성을 억제 · 차단한다.

* **화학소화(억제소화)**
할론소화제의 주요 소화원리

(4) 화학소화(부촉매효과) = 억제소화
① 연쇄반응을 차단하여 소화하는 방법
② 화학적인 방법으로 화재 억제
③ 염(炎) 억제작용

※ **화학소화** : 할로젠화 탄화수소는 원자수의 비율이 클수록 소화효과가 좋다.

문제 ★ 할론소화제의 주요 소화원리는?
① 냉각소화   ② 질식소화
③ 염(炎) 억제작용   ④ 차단소화

해설 ③ 할론소화제의 주요 소화원리는 **염(炎) 억제작용**이다.

답 ③

(5) 희석소화
기체, 고체, 액체에서 나오는 분해가스나 증기의 농도를 낮춰 소화하는 방법

희석소화의 예
① **아세톤**에 **물**을 다량으로 섞는다.
② 폭약 등의 **폭풍**을 이용한다.
③ **불연성 기체**를 화염 속에 투입하여 **산소**의 **농도**를 **감소**시킨다.

※ 희석소화
아세톤, 알코올, 에테르, 에스터, 케톤류

(6) 유화소화
① 물을 무상으로 방사하거나 **포소화약제**를 방사하여 유류 표면에 **유화층**의 막을 형성시켜 공기의 접촉을 막아 소화하는 방법
② 물의 미립자가 기름과 섞여서 기름의 증발능력을 떨어뜨려 연소를 억제하는 것

※ 유화소화
중유

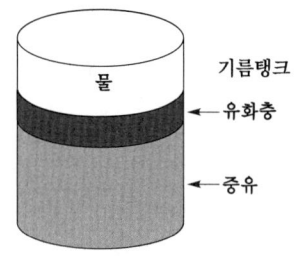

| 유화소화의 예 |

(7) 피복소화
비중이 공기의 1.5배 정도로 무거운 소화약제를 방사하여 가연물의 구석구석까지 침투·피복하여 소화하는 방법

※ 피복소화
이산화탄소 소화약제

| 소화약제의 소화형태 |

소화약제의 종류		냉각소화	질식소화	화학소화 (부촉매효과)	희석소화	유화소화	피복소화
물	봉상	○	—	○	○	—	—
	무상	○	○	○	○	○	—
강화액	봉상	○	—	○	—	—	—
	무상	○	○	○	—	○	—
포	화학포	○	○	—	—	○	—
	기계포	○	○	—	—	○	—
분말		○	○	○	—	—	—
이산화탄소		○	○	—	—	—	○
산·알칼리		○	○	—	—	○	—
할론		○	○	○	—	—	—
간이소화약제	팽창질석·진주암	—	○	—	—	—	—
	마른 모래	—	○	—	—	—	—

4 물의 주수형태

구 분	봉상주수	무상주수
정의	대량의 물을 뿌려 소화하는 것	안개처럼 분무상으로 방사하여 소화하는 것
주된 효과	냉각소화	질식효과

※ 무상주수 : 물의 소화효과를 가장 크게 하기 위한 방법

중요 물의 주수형태

구 분	봉상주수	적상주수	무상주수
방사형태	막대 모양의 굵은 물줄기	물방울 (직경 0.5~6mm)	물방울 (직경 0.1~1mm)
적응화재	• 일반화재	• 일반화재	• 일반화재 • 유류화재 • 전기화재

5 소화방법

(1) 적응화재

화재의 종류	적응 소화기구
A급	• 물 • 산알칼리
AB급	• 포
BC급	• 이산화탄소 • 할론 • 1, 2, 4종 분말
ABC급	• 3종 분말 • 강화액

(2) 소화기구

소화제	소화작용
• 포 • 산알칼리	• 냉각효과 • 질식효과 • 유화효과
• 이산화탄소	• 냉각효과 • 질식효과 • 피복효과

※ 포
AB급

※ CO_2 · 할론
BC급

※ 주된 소화효과
① 이산화탄소 : 질식효과
② 분말 : 질식효과
③ 물 : 냉각효과
④ 할론 : 부촉매효과

• 물	• 냉각효과 • 질식효과 • 희석효과 • 유화효과
• 할론	• 냉각효과 • 질식효과 • 부촉매효과(억제작용)
• 강화액	• 냉각효과 • 질식효과 • 부촉매효과(억제작용) • 유화효과
• 분말	• 냉각효과 • 질식효과 • 부촉매효과(억제작용) • 차단효과(분말운무) • 방진효과

① 산알칼리 소화기

$$2NaHCO_3 + H_2SO_4 \rightarrow Na_2SO_4 + 2CO_2 + 2H_2O$$

② 강화액 소화기

$$K_2CO_3 + H_2SO_4 \rightarrow K_2SO_4 + H_2O + CO_2$$

③ 포소화기

$$\underset{(외통)}{6NaHCO_3} + \underset{(내통)}{AL_2(SO_4)_3} \cdot 18H_2O \rightarrow 3Na_2SO_4 + 2Al(OH)_3 + 6CO_2 + 18H_2O$$

④ 할론소화기 : 연쇄반응억제, 질식효과

할론 1301 농도	증 상
6%	• 현기증 • 맥박수 증가 • 가벼운 지각 이상 • 심전도는 변화 없음
9%	• 불쾌한 현기증 • 맥박수 증가 • 심전도는 변화 없음
10%	• 가벼운 현기증과 지각 이상 • 혈압이 내려간다. • 심전도 파고가 낮아진다.
12~15%	• 심한 현기증과 지각 이상 • 심전도 파고가 낮아진다.

※ 할론 1301 : 소화효과가 가장 좋고 독성이 가장 약하다.

※ **방진효과**
가연물의 표면에 부착되어 차단효과를 나타내는 것

※ **포소화기**
① 내통 : 황산알루미늄 ($Al_2(SO_4)_3$)
② 외통 : 중탄산소다 ($NaHCO_3$)

※ **할론소화약제**
① 부촉매 효과 크기
I>Br>Cl>F
② 전기음성도(친화력) 크기
F>Cl>Br>I

※ **분말약제의 소화효과**
① 냉각효과(흡열반응)
② 질식효과(CO_2, NH_3, H_2O)
③ 부촉매효과(NH_4^+)
④ 차단효과(분말운무)
⑤ 방진효과(HPO_3)

⑤ 분말 소화기 : 질식효과

종별	소화약제	약제의 착색	화학반응식	적응화재
제1종	중탄산나트륨 ($NaHCO_3$)	백색	$2NaHCO_3 \rightarrow Na_2CO_3 + CO_2 + H_2O$	BC급
제2종	중탄산칼륨 ($KHCO_3$)	담자색 (담회색)	$2KHCO_3 \rightarrow K_2CO_3 + CO_2 + H_2O$	BC급
제3종	인산암모늄 ($NH_4H_2PO_4$)	담홍색	$NH_4H_2PO_4 \rightarrow HPO_3 + NH_3 + H_2O$	ABC급
제4종	중탄산칼륨+요소 ($KHCO_3 + (NH_2)_2CO$)	회(백)색	$2KHCO_3 + (NH_2)_2CO \rightarrow K_2CO_3 + 2NH_3 + 2CO_2$	BC급

중요 제3종 분말약제의 열분해 반응식
① 190℃ : $NH_4H_2PO_4 \rightarrow H_3PO_4 + NH_3$
② 215℃ : $2H_3PO_4 \rightarrow H_4P_2O_7 + H_2O$
③ 300℃ : $H_4P_2O_7 \rightarrow 2HPO_3 + H_2O$
④ 250℃ : $2HPO_3 \rightarrow P_2O_5 + H_2O$

(3) 소화기의 설치장소
① 통행 또는 피난에 지장을 주지 않는 장소
② 사용시 방출이 용이한 장소
③ 사람들의 눈에 잘 띄는 장소
④ 바닥으로부터 1.5m 이하의 위치에 설치

※ 지하층 및 무창층에는 **CO_2**와 **할론 1211**의 사용을 제한하고 있다.

6 유기화합물의 성질

① **공유결합**으로 구성되어 있다.
② 연소되어 **물**과 **탄산가스**를 생성한다.
③ 물에 녹는 것보다 **유기용매**에 녹는 것이 많다.
④ 유기화합물 상호간의 반응속도는 비교적 느리다.

※ 무창층
지상층 중 개구부의 면적의 합계가 해당 층의 바닥면적의 1/30 이하가 되는 층

※ 공유결합
전자를 서로 한 개씩 갖는 것

5 소화약제

출제확률 12.8% (3문제)

1 물소화약제

(1) 물이 소화작업에 사용되는 이유
① 가격이 싸다.
② 쉽게 구할 수 있다.
③ 열흡수가 매우 크다.
④ 사용방법이 비교적 간단하다.

※ 물은 **극성공유결합**을 하고 있으므로 다른 소화약제에 비해 비등점(비점)이 높다.

(2) 주수형태
① **봉상주수** : 물이 가늘고 긴 물줄기 모양을 형성하면서 방사되는 형태
② **적상주수** : 물이 물방울 모양을 형성하면서 방사되는 형태
③ **무상주수** : 물이 안개 또는 구름모양을 형성하면서 방사되는 형태

※ 물소화기는 **자동차**에 설치하기에는 **부적합**하다.

(3) 물소화약제의 성질
① 비열이 크다.
② 표면장력이 크다.
③ 열전도계수가 크다.
④ **점도**가 낮다.

※ 물의 기화잠열(증발잠열) : 539cal/g

(4) 물의 동결방지제
① 에틸렌글리콜 : 가장 많이 사용한다.
② 프로필렌글리콜
③ 글리세린

※ 수용액의 소화약제 : 검정의 석출, 용액의 분리 등이 생기지 않을 것

Key Point

✽ 물(H_2O)
① 기화잠열(증발잠열) : 539cal/g
② 융해열 : 80cal/g

✽ 극성공유결합
전자가 이동하지 않고 공유하는 결합 중 이온결합형태를 나타내는 것

✽ 주수형태
① 봉상주수
　옥내·외 소화전
② 적상주수
　스프링클러헤드
③ 무상주수
　물분무 헤드

✽ 물분무설비의 부적합물질
① 마그네슘(Mg)
② 알루미늄(Al)
③ 아연(Zn)
④ 알칼리금속 과산화물

문제 ★★★ 소화용수로 사용되는 물의 동결방지제로 사용하지 <u>않는</u> 것은?
① 에틸렌글리콜　　　② 프로필렌글리콜
③ 질소　　　　　　　④ 글리세린
　물의 동결방지제로 사용하지 않는다.
답 ③

Key Point

※ 부촉매효과 소화약제
① 물
② 강화액
③ 분말
④ 할론

※ 포소화약제
가연성 기체에 화재적응성이 가장 낮다.
① 냉각작용
② 질식작용

※ 알코올포 사용온도
0~40℃(5~30℃) 이하

※ 파포성
포가 파괴되는 성질

(5) Wet Water

물의 침투성을 높여주기 위해 Wetting agent가 첨가된 물로서 이의 특징은 다음과 같다.

① 물의 표면장력을 저하하여 침투력을 좋게 한다.
② 연소열의 흡수를 향상시킨다.
③ 다공질 표면 또는 심부화재에 적합하다.
④ 재연소방지에도 적합하다.

※ Wetting agent : 주수소화시 물의 표면장력에 의해 연소물의 침투속도를 향상시키기 위해 첨가하는 침투제

2 포소화약제

(1) 포소화약제의 구비조건

1. **유동성**이 있어야 한다.
2. **안정성**을 가지고 내열성이 있을 것
3. 독성이 적어야 한다.
4. 화재면에 부착하는 성질이 커야 한다.(응집성과 안정성이 있을 것)
5. 바람에 견디는 힘이 커야 한다.

※ **유동점** : 포소화약제가 액체상태를 유지할 수 있는 최저의 온도

★★
문제 포소화약제가 갖추어야 할 조건이 아닌 것은?
① 부착성이 있을 것
② 유동성을 가지고 내열성이 있을 것
③ 응집성과 안정성이 있을 것
④ 파포성을 가지고 기화가 용이할 것
가지지 않고

답 ④

(2) 포소화약제의 유류화재 적응성

① 유류표면으로부터 **기포**의 **증발**을 **억제** 또는 **차단**한다.
② 포가 유류표면을 덮어 기름과 **공기**와의 **접촉**을 **차단**한다.
③ 수분의 **증발잠열**을 이용한다.

※ 포소화약제 저장조의 약제 충전시는 **밑부분**에서 서서히 주입시킨다.

(3) 화학포 소화약제

① **1약제 건식설비** : 내약제(B제)인 **황산 알루미늄**($Al_2(SO_4)_3$)과 외약제(A제)인 **탄산수소나트륨**($NaHCO_3$)을 **하나**의 **저장탱크**에 저장했다가 물과 혼합해서 방사하는 방식

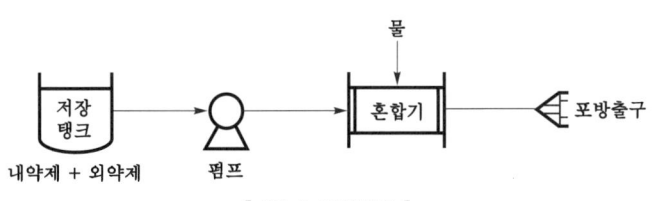

│1약제 건식설비│

② **2약제 건식설비** : 내약제인 **황산알루미늄**($Al_2(SO_4)_3$)과 외약제인 **탄산수소나트륨**($NaHCO_3$)을 각각 **다른 저장탱크**에 저장했다가 물과 혼합해서 방사하는 방식

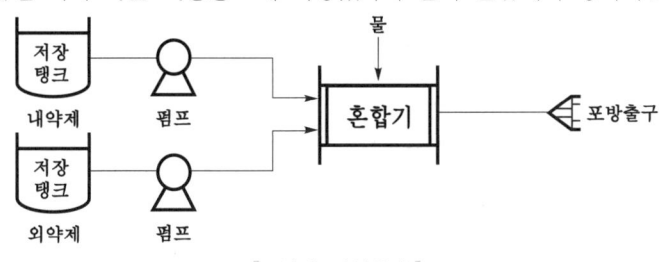

│2약제 건식설비│

※ **화학포** : 침투성이 좋지 않다.

❸ **2약제 습식설비** : 내약제 수용액과 외약제 수용액을 각각 **다른 저장탱크**에 저장했다가 혼합기로 혼합해서 방사하는 방식

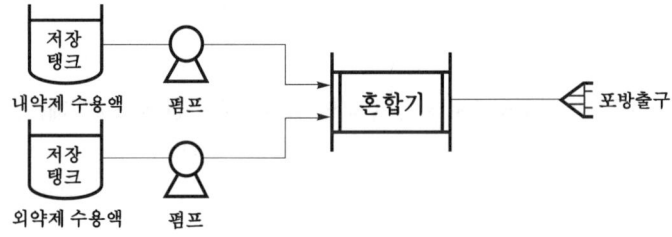

│2약제 습식설비│

※ **2약제 습식설비** : 화학포 소화설비에서 가장 많이 사용된다.

(4) 기계포(공기포) 소화약제
  ① 특징
    ㈎ 유동성이 크다.
    ㈏ 고체표면에 접착성이 우수하다.
    ㈐ 넓은 면적의 **유류화재**에 적합하다.
    ㈑ 약제탱크의 용량이 작아질 수 있다.
    ㈒ **혼합기구**가 **복잡**하다.

Key Point

✻ 화학포 소화약제의
  저장방식
  ① 1약제 건식설비
  ② 2약제 건식설비
  ③ 2약제 습식설비

✻ 황산알루미늄과
  같은 의미
  황산반토

✻ 탄산수소나트륨과
  같은 의미
  ① 중조
  ② 중탄산소다
  ③ 중탄산나트륨

✻ 기포 안정제
  ① 가수분해단백질
  ② 사포닝
  ③ 젤라틴
  ④ 카세인
  ⑤ 소다회
  ⑥ 염화제1철

✻ 2약제 습식의
  혼합비
  물 1ℓ에 분말 120g

✻ 포헤드
  공기포를 형성하는 곳

✻ 포약제의 pH
  6~8

✻ 규정농도
  용액 1ℓ 속에 포함되어
  있는 용질의 g당량수

✻ 몰농도
  용액 1ℓ 속에 포함되
  어 있는 용질의 g수

✻ 비중
  ① 내알코올형포
    : 0.9~1.2 이하
  ② 합성계면활성제포
    : 0.9~1.2 이하
  ③ 수성막포
    : 1.0~1.15 이하
  ④ 단백포
    : 1.1~1.2 이하

소방원론

※ 과포화용액
용질이 용해도 이상으로 불안정한 상태

※ 단백포
옥외저장탱크의 측벽에 설치하는 고정포 방출구용

※ 수성막포
유류화재 진압용으로 가장 뛰어나며 일명 light water라고 부른다.

※ 수성막포 적용대상
① 항공기 격납고
② 유류저장탱크
③ 옥내 주차장의 폼 헤드용

※ 수성막포의 특징
① 점성이 작다.
② 표면장력이 작다.

※ **공기포** : 수용성의 인화성 액체 및 모든 가연성액체의 화재에 탁월한 효과가 있다.

|| 공기포 소화약제의 특징 ||

약제의 종류	특 징
단백포	① **흑갈색**이다. ② **냄새**가 **지독**하다. ③ 포안정제로서 **제 1철염**을 첨가한다. ④ 다른 포약제에 비해 **부식성**이 **크다**.
수성막포	① 안전성이 좋아 장기보관이 가능하다. ② 내약품성이 좋아 **타약제**와 **겸용**사용이 가능하다. ③ 석유류 표면에 신속히 피막을 형성하여 유증증발을 억제한다. ④ 일명 **AFFF**(Aqueous Film Forming Foam)라고 한다. ⑤ 점성 및 표면장력이 작기 때문에 가연성 기름의 표면에서 쉽게 피막을 형성한다.
내알코올형포	① 알코올류 위험물(**메탄올**)의 소화에 사용 ② 수용성 유류화재(**아세트알데히드, 에스터류**)에 사용 ③ **가연성 액체**에 사용
불화단백포	① 소화성능이 가장 우수하다. ② 단백포와 수성막포의 결점인 열안정성을 보완시킴 ③ **표면하 주입방식**에도 적합
합성계면활성제포	① **저발포**와 **고발포**를 임의로 발포할 수 있다. ② **유동성**이 좋다. ③ 카바이트 저장소에는 부적합하다.

문제 유류화재 진압용으로 가장 뛰어난 소화력을 가진 포소화약제는?
① 단백포   ② 수성막포
③ 고팽창포   ④ 웨트 워터(wet water)

해설 ② 수성막포 : 유류화재 진압용

답 ②

 (1) **단백포**의 장단점

장 점	단 점
① **내열성**이 우수하다. ② **유면봉쇄성**이 우수하다.	① 소화기간이 길다. ② 유동성이 좋지 않다. ③ 변질에 의한 저장성 불량 ④ 유류오염

(2) **수성막포**의 장단점

장 점	단 점
① 석유류표면에 신속히 **피막**을 **형성**하여 유류증발을 억제한다.	① 가격이 비싸다. ② 내열성이 좋지 않다.

② **안전성**이 좋아 장기보존이 가능하다. ③ **내약품성**이 좋아 타약제와 겸용 사용도 가능하다. ④ **내유염성**이 우수하다.	③ 부식방지용 저장설비가 요구된다.

(3) **합성계면활성제포**의 장단점

장 점	단 점
① **유동성**이 우수하다. ② **저장성**이 우수하다.	① 적열된 기름탱크 주위에는 효과가 적다. ② 가연물에 양이온이 있을 경우 발포성능이 저하된다. ③ 타약제와 겸용시 소화효과가 좋지 않을 수가 있다.

※ **표면하 주입방식**
① 불화단백포
② 수성막포

※ **내유염성**
포가 기름에 의해 오염되기 어려운 성질

※ **적열**
열에 의해 빨갛게 달구어진 상태

② **저발포용 소화약제(3%, 6%형)**
　㈎ 단백포 소화약제
　㈏ 수성막포 소화약제
　㈐ 내알코올형포 소화약제
　㈑ 불화단백포 소화약제
　㈒ 합성계면활성제포 소화약제

③ **고발포용 소화약제(1%, 1.5%, 2%형)**
　합성계면활성제포 소화약제

※ **포헤드** : 기계포를 형성하는 곳

④ **팽창비**

저발포	고발포
• 20배 이하	• 제1종 기계포 : 80~250배 미만 • 제2종 기계포 : 250~500배 미만 • 제3종 기계포 : 500~1000배 미만

중요

① **팽창비**

$$팽창비 = \frac{방출된\ 포의\ 체적[l]}{방출전\ 포수용액의\ 체적[l]}$$

② **발포배율**

$$발포배율 = \frac{내용적(용량,\ 부피)}{전체중량 - 빈\ 시료용기의\ 중량}$$

※ **포수용액**
포원액 + 물

※ **포혼합장치 설치 목적**
일정한 혼합비를 유지하기 위해서

(5) **포소화약제의 혼합장치**
① **펌프 프로포셔너 방식**(Pump Proportioner; 펌프 혼합 방식) : 펌프의 **토출관**과 **흡입관** 사이의 배관 도중에 설치한 흡입기에 펌프에서 토출된 물의 일부를 보내고 농

※ 비례혼합방식의
유량허용범위
50~200%

도조정밸브에서 조정된 포소화약제의 필요량을 포소화약제 탱크에서 펌프 흡입측으로 보내어 약제를 혼합하는 방식

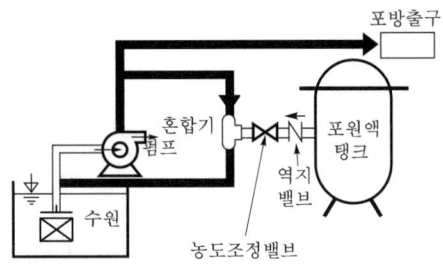

∥펌프 프로포셔너 방식∥

※ 프레져 프로포셔너
방식
① 가압송수관 도중에 공기포소화 원액혼합조(P.P.T)와 혼합기를 접속하여 사용하는 방법
② 격막방식휨탱크를 사용하는 에어휨 혼합방식

② 프레져 프로포셔너 방식(Pressure Proportioner; 차압 혼합 방식) : 펌프와 발포기의 중간에 설치된 벤투리관의 **벤투리 작용**과 펌프 가압수의 **포소화약제 저장탱크**에 대한 압력에 의하여 포소화약제를 흡입·혼합하는 방식

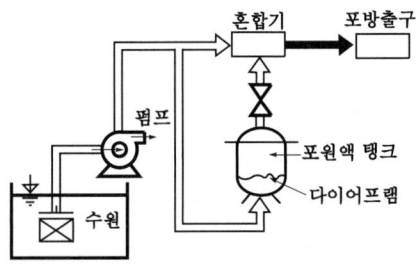

∥프레져 프로포셔너 방식∥

※ 라인 프로포셔너
방식
급수관의 배관 도중에 포소화약제 흡입기를 설치하여 그 흡입관에서 소화약제를 흡입하여 혼합하는 방식

③ 라인 프로포셔너 방식(Line Proportioner; 관로 혼합 방식) : 펌프와 발포기의 중간에 설치된 벤투리관의 **벤투리 작용**에 의하여 포소화약제를 흡입·혼합하는 방식

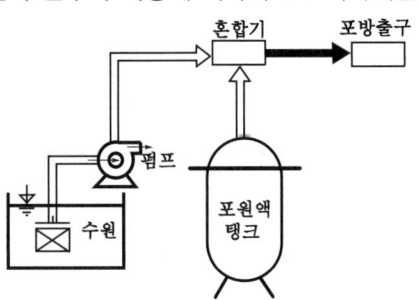

∥라인 프로포셔너 방식∥

※ 프레져 사이드 프로포셔너 방식
소화원액 가압펌프(압입용 펌프)를 별도로 사용하는 방식

④ 프레져 사이드 프로포셔너 방식(Pressure Side Proportioner; 압입 혼합 방식) : 펌프 **토출관**에 압입기를 설치하여 포소화약제 **압입용 펌프**로 포소화약제를 압입시켜 혼합하는 방식

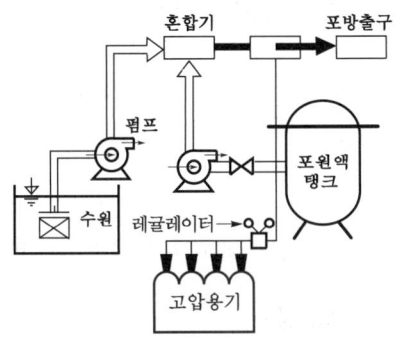

∥ 프레져 사이드 프로포셔너 방식 ∥

⑤ **압축공기포 믹싱챔버방식** : 포수용액에 **공기**를 **강제**로 **주입**시켜 **원거리 방수**가 가능하고 물 사용량을 줄여 **수손피해**를 **최소화**할 수 있는 방식

∥ 압축공기포 믹싱챔버방식 ∥

3 이산화탄소 소화약제

(1) 이산화탄소 소화약제의 성상
① 대기압, 상온에서 **무색**, **무취**의 기체이며 화학적으로 안정되어 있다.
② 기체상태의 가스비중은 **1.51**로 공기보다 무겁다.
③ 31℃에서 액체와 증기가 동일한 밀도를 갖는다.

※ CO_2 소화기는 밀폐된 공간에서 소화효과가 크다.

∥ 이산화탄소의 물성 ∥

구 분	물 성
임계압력	72.75atm
임계온도	31℃
3중점	−56.3℃
승화점(비점)	−78.5℃
허용농도	0.5%
수분	0.05% 이하(함량 99.5% 이상)

※ CO_2의 고체상태 : −80℃, 1기압

※ CO_2 소화작용
산소와 더 이상 반응하지 않는다.
① 질식작용 : 주효과
② 냉각작용
③ 피복작용(비중이 크기 때문)

※ 일산화탄소(CO)
소화약제가 아니다.

※ 임계압력
임계온도에서 액화하는 데 필요한 압력

※ 임계온도
아무리 큰 압력을 가해도 액화하지 않는 최저온도

※ 3중점
고체, 액체, 기체가 공존하는 온도

※ CO_2의 상태도

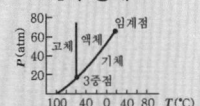

(2) 이산화탄소 소화약제의 충전비

| CO$_2$ 소화약제의 충전비 |

구 분	저장용기
저압식	1.1~1.4 이하
고압식	1.5~1.9 이하

문제 ★★ 이산화탄소 소화약제의 저장용기 충전비로서 적합하게 짝지어져 있는 것은?
① 저압식은 1.1 이상, 고압식은 1.5 이상
② 저압식은 1.4 이상, 고압식은 2.0 이상
③ 저압식은 1.9 이상, 고압식은 2.5 이상
④ 저압식은 2.3 이상, 고압식은 3.0 이상

해설 ① CO$_2$ **저장용기충전비** : 저압식 1.1~1.4 이하, 고압식 1.5~1.9 이하

답 ①

※ 고압가스 용기 : 40℃ 이하의 온도변화가 작은 장소에 설치한다.

(3) 이산화탄소 소화약제의 저장과 방출
① 이산화탄소는 상온에서 용기에 **액체상태**로 저장한 후 방출시에는 기체화된다.
② 이산화탄소의 증기압으로 **완전방출**이 가능하다.
③ 20℃에서의 CO$_2$ 저장용기의 내압력은 충전비와 관계가 있다.
④ 이산화탄소의 방출시 용기 내의 온도는 급강하하지만, 압력은 변하지 않는다.

4 할론소화약제

(1) 할론소화약제의 특성
① 전기의 불량도체이다(**전기절연성**이 크다).
② 금속에 대한 **부식성**이 **적다.**
③ 화학적 **부촉매 효과**에 의한 연소억제작용이 뛰어나 소화능력이 크다.
④ **가연성 액체화재**에 대하여 소화속도가 매우 크다.

(2) 할론소화약제의 구비조건
① 증발잔유물이 없어야 한다.
② 기화되기 쉬워야 한다.
③ **저비점 물질**이어야 한다.
④ 불연성이어야 한다.

(3) 할론소화약제의 성상
① 할론인 F, Cl, Br, I 등은 화학적으로 안정되어 있으며, 소화성능이 우수하여 할론 소화약제로 사용된다.
② 소화약제는 할론 1011, 할론 104, 할론 1211, 할론 1301, 할론 2402 등이 있다.

※ 충전된 질소의 일부가 할론 1301에 용해되어도 액체 할론 1301의 용액은 증가하지 않는다.

Key Point

※ 기체의 용해도
① 온도가 일정할 때 압력이 증가하면 용해도는 증가한다.
② 온도가 낮고 압력이 높을수록(저온·고압) 용해되기 쉽다.

※ 할론소화작용
① 부촉매(억제)효과 : 주효과
② 질식효과

※ 할론소화약제
난연성능 우수

※ 증발성액체 소화약제
인체에 대한 독성이 적은 것도 있고 심한 것도 있다.

※ 저비점 물질
끓는점이 낮은 물질

※ 할로젠 원소
① 불소 : F
② 염소 : Cl
③ 브로민(취소) : Br
④ 아이오딘(옥소) : I

Chapter_ 02

| 할론소화약제의 물성 |

구분 \ 종류	할론 1301	할론 2402
임계압력	39.1atm(3.96MPa)	33.9atm(3.44MPa)
임계온도	67℃	214.5℃
임계밀도	750kg/m³	790kg/m³
증발잠열	119kJ/kg	105kJ/kg
분자량	148.95	259.9

Key Point

※ 상온에서 기체상태
① 할론 1301
② 할론 1211
③ 탄산가스(CO_2)

문제 ★★★ 할론소화약제 중 상온상압에서 액체상태인 것은 다음 중 어느 것인가?
① 할론 2402
② 할론 1301 ─ 기체상태
③ 할론 1211 ─ 기체상태
④ 할론 1400 ─ 이런 약제는 없다.

답 ①

※ 상온에서 액체상태
① 할론 1011
② 할론 104
③ 할론 2402

(4) 할론소화약제의 명명법

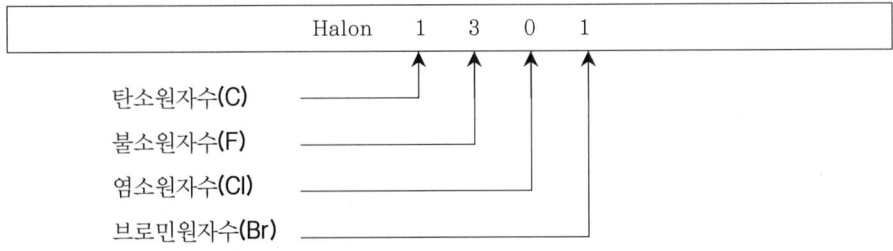

Halon 1 3 0 1
- 탄소원자수(C)
- 불소원자수(F)
- 염소원자수(Cl)
- 브로민원자수(Br)

수소원자의 수 = (첫번째 숫자×2)+2−나머지 숫자의 합

※ 할론소화약제
① 부촉매 효과 크기
 I > Br > Cl > F
② 전기음성도(친화력) 크기
 F > Cl > Br > I

※ 휴대용 소화기
① Halon 1211
② Halon 2402

| 할론소화약제 |

종류	약칭	분자식	충전비
Halon 1011	CB	CH_2ClBr	−
Halon 104	CTC	CCl_4	−
Halon 1211	BCF	CF_2ClBr	0.7~1.4 이하
Halon 1301	BTM	CF_3Br	0.9~1.6 이하
Halon 2402	FB	$C_2F_4Br_2$	0.51~0.67 미만(가압식)
			0.67~2.75 이하(축압식)

※ Halon 1211
① 약간 달콤한 냄새가 있다.
② 전기전도성이 없다.
③ 공기보다 무겁다.
④ 알루미늄(Al)이 부식성이 크다.

중요 액체 할론 1211의 부식성이 큰 순서
알루미늄 > 청동 > 니켈 > 구리

※ 할론 1011 · 104
독성이 강하여 소화약제로 사용하지 않는다.

Key Point

✱ **할론 1301**
① 소화성능이 가장 좋다.
② 독성이 가장 약하다.
③ 오존층 파괴지수가 가장 높다.
④ 비중은 약 5.1배이다.

✱ **증발잠열**
① 할론1301 : 119kJ/kg
② 아르곤 : 156kJ/kg
③ 질소 : 199kJ/kg
④ 이산화탄소 : 574kJ/kg

(5) 할론소화약제의 저장용기(NFPC 107 4조, NFTC 107 2.1.1)
① **방호구역 외**의 장소에 설치할 것
② 온도가 **40℃ 이하**이고, 온도변화가 작은 곳에 설치할 것
③ 직사광선 및 빗물이 침투할 우려가 없는 곳에 설치할 것
④ 방화문 구획된 실에 설치할 것
⑤ 용기의 설치장소에는 해당 용기가 표시된 곳임을 표시하는 표지를 설치할 것
⑥ 용기간의 간격은 점검에 지장이 없도록 **3cm 이상**의 간격을 유지할 것
⑦ 저장용기와 집합관을 연결하는 연결배관에는 **체크 밸브**를 설치할 것

※ 이산화탄소 소화약제 저장용기의 기준과 동일하다.

중요 **할론소화약제의 측정법**
① 압력 측정법
② 비중 측정법
③ 액위 측정법
④ 중량 측정법
⑤ 비파괴 검사법

---

5 분말소화약제

(1) 분말소화약제의 종류
분말약제의 가압용 가스로는 **질소**(N_2)가 사용된다.

종 별	분자식	착 색	적응화재	충전비 [l/kg]	저장량	순도(함량)
제1종	중탄산나트륨 ($NaHCO_3$)	백색	BC급	0.8	50kg	90% 이상
제2종	중탄산칼륨 ($KHCO_3$)	담자색 (담회색)	BC급	1.0	30kg	92% 이상
제3종	제1인산암모늄 ($NH_4H_2PO_4$)	담홍색	ABC급	1.0	30kg	75% 이상
제4종	중탄산칼륨+요소 ($KHCO_3+(NH_2)_2CO$)	회(백)색	BC급	1.25	20kg	—

✱ **제1종 분말**
식용유 및 지방질유의 화재에 적합

✱ **제3종 분말**
차고·주차장에 적합

✱ **제4종 분말**
소화성능이 가장 우수

중요 **충전가스(압력원)**

구 분	내 용
질소(N_2)	• **분**말소화설비(축압식) • **할**론소화설비
이산화탄소(CO_2)	• 기타설비

기억법 질충분할(질소가 충분할 것)

(2) 제2종 분말소화약제의 성상

구 분	설 명
비중	• 2.14
함유수분	• 0.2% 이하
소화효능	• 전기화재, 기름화재
조성	• $KHCO_3$ 97%, 방습가공제 3%

※ 충전비
0.8 이상

(3) 제3종 분말소화약제의 소화작용
① 열분해에 의한 **냉각작용**
② 발생한 불연성 가스에 의한 **질식작용**
③ 메타인산(HPO_3)에 의한 **방진작용**
④ 유리된 NH_4^+의 **부촉매작용**
⑤ 분말운무에 의한 **열방사**의 **차단효과**

※ 제3종 분말소화약제가 A급화재에도 적용되는 이유 : **인산분말 암모늄계**가 열에 의해 분해되면서 생성되는 불연성의 용융물질이 가연물의 표면에 부착되어 **차단효과**를 보여주기 때문이다.

※ 방진작용
가연물의 표면에 부착되어 차단효과를 나타내는 것

(4) 분말소화약제의 미세도
① 20~25μm의 입자로 미세도의 분포가 골고루 되어 있어야 한다.
② 입도가 너무 미세하거나 너무 커도 소화성능이 저하된다.

※ μm : 미크론 또는 마이크로미터라고 읽는다.

※ 미세도
입자크기를 의미하는 것으로서 '입도'라고도 부른다.

문제 분말소화약제 분말입도의 소화성능에 대하여 옳은 것은?
① 미세할수록 소화성능이 우수하다.
② 입도가 클수록 소화성능이 우수하다.
③ 입도와 소화성능과는 관련이 없다.
④ 입도가 너무 미세하거나 너무 커도 소화성능은 저하된다.

해설 ④ 분말소화약제의 분말입도가 너무 미세하거나 너무 커도 소화성능은 저하된다.

답 ④

(5) 수분함유율

$$M = \frac{W_1 - W_2}{W_1} \times 100\%$$

여기서, M : 수분함유율[%]
W_1 : 원시료의 중량[g]
W_2 : 24시간 건조후의 시료중량[g]

※ 원시료
원래상태의 시험재료

기억전략법

읽었을 때 10% 기억
들었을 때 20% 기억
보았을 때 30% 기억
보고 들었을 때 50% 기억
친구(동료)와 이야기를 통해 70% 기억
누군가를 가르쳤을 때 95% 기억

소방관계법규

Chapter 1 소방기본법령

Chapter 2 소방시설 설치 및 관리에 관한 법령

Chapter 3 화재의 예방 및 안전관리에 관한 법령

Chapter 4 소방시설공사업법령

Chapter 5 위험물안전관리법령

출제경향분석

소방기본법령

① 소방기본법 10% (2문제)
② 소방기본법 시행령 5% (1문제)
③ 소방기본법 시행규칙 5% (1문제)
4문제

CHAPTER 01 소방기본법령

1 소방기본법

1 용어(기본법 2조)

소방대상물	소방대
① 건축물 ② 차량 ③ 선박(매어둔 것) ④ 선박건조구조물 ⑤ 인공구조물 ⑥ 물건 ⑦ 산림	① 소방공무원 ② 의무소방원 ③ 의용소방대원

2 소방용수시설(기본법 10조)

① 종류 : **소화전 · 급수탑 · 저수조**
② 기준 : **행정안전부령**
③ 설치 · 유지 · 관리 : **시 · 도**(단, 수도법에 의한 소화전은 일반수도사업자가 관할소방서장과 협의하여 설치)

3 소방활동구역의 설정(기본법 23조)

(1) **설정권자** : 소방대장
(2) **설정구역** ┬ 화재현장
   └ 재난 · 재해 등의 위급한 상황이 발생한 현장

4 의용소방대 및 한국소방안전원

(1) **의용소방대의 설치**(의용소방대법 2~14조)
① **설치권자** : 시 · 도지사, 소방서장
② **설치장소** : 특별시 · 광역시 · 특별자치시 · 도 · 특별자치도 · 시 · 읍 · 면
③ **의용소방대의 임명** : 그 지역의 주민 중 희망하는 사람
④ **의용소방대원의 직무** : 소방업무 보조
⑤ **의용소방대의 경비부담자** : 시 · 도지사

* **관계인**
① 소유자
② 관리자
③ 점유자

* **증표 제시**
위급한 상황에서도 증표는 반드시 내보여야 한다.

* **의용소방대원**
비상근

* **비상근**
평상시 근무하지 않고 필요에 따라 소집되어 근무하는 형태

(2) 한국소방안전원의 업무(기본법 41조)
① 소방기술과 안전관리에 관한 **교육** 및 **조사·연구**
② 소방기술과 안전관리에 관한 각종 **간행물의 발간**
③ 화재예방과 안전관리의식의 고취를 위한 **대국민 홍보**
④ 소방업무에 관하여 **행정기관**이 **위탁**하는 **사업**
⑤ 소방안전에 관한 **국제협력**
⑥ **회원**에 대한 **기술지원** 등 정관이 정하는 사항

5 벌칙

(1) 5년 이하의 징역 또는 5000만원 이하의 벌금(기본법 50조)
① 소방자동차의 출동 방해
② 사람구출 방해
③ 소방용수시설 또는 비상소화장치의 효용방해
④ **위력**을 사용하여 출동한 소방대의 화재진압·인명구조 또는 구급활동을 방해하는 행위를 한 사람
⑤ 소방대가 화재진압·인명구조 또는 구급활동을 위하여 현장에 출동하거나 현장에 출입하는 것을 고의로 **방해**하는 행위를 한 사람
⑥ 출동한 소방대원에게 **폭행** 또는 **협박**을 행사하여 화재진압·인명구조 또는 구급활동을 방해하는 행위를 한 사람
⑦ 출동한 소방대의 **소방장비**를 **파손**하거나 그 **효용**을 해하여 화재진압·인명구조 또는 구급활동을 방해하는 행위를 한 사람

(2) 3년 이하의 징역 또는 3000만원 이하의 벌금(기본법 51조)
소방활동에 필요한 소방대상물 및 토지의 강제처분을 방해한 자

(3) 200만원 이하의 과태료(기본법 56조)
① 한국119청소년단 또는 이와 유사한 명칭을 사용한 자
② 소방활동구역 출입
③ 소방자동차의 출동에 지장을 준 자
④ 한국소방안전원 또는 이와 유사한 명칭을 사용한 자

Key Point

* 한국소방안전원의 정관변경
  소방청장의 인가

* 벌금과 과태료
  ① 벌금
    범죄의 대가로서 부과하는 돈
  ② 과태료
    지정된 기한 내에 어떤 의무를 이행하지 않았을 때 부과하는 돈

* 500만원 이하의 과태료(기본법 56조)
  ① 화재 또는 구조·구급이 필요한 상황을 거짓으로 알린 사람
  ② 정당한 사유없이 화재, 재난·재해, 그 밖의 위급한 상황을 소방본부, 소방서 또는 관계행정기관에 알리지 아니한 관계인

2 소방기본법 시행령

1 국고보조의 대상 및 기준 (기본령 2조)

(1) 국고보조의 대상
  ① 소방활동장비와 설비의 구입 및 설치
    ㈎ 소방자동차
    ㈏ 소방 헬리콥터 · 소방정
    ㈐ 소방전용통신설비 · 전산설비
    ㈑ 방화복
  ② 소방관서용 청사

(2) 소방활동장비 및 설비의 종류와 규격: 행정안전부령

(3) 대상사업의 기준보조율: 「보조금관리에 관한 법률 시행령」에 따름

2 소방활동구역 출입자 (기본령 8조)

① 소유자 · 관리자 또는 점유자
② 전기 · 가스 · 수도 · 통신 · 교통의 업무에 종사하는 자로서 원활한 **소방활동**을 위하여 필요한 자
③ 의사 · 간호사 그 밖의 구조 · 구급업무에 종사하는 자
④ 취재인력 등 보도업무에 종사하는 자
⑤ 수사업무에 종사하는 자
⑥ **소방대장**이 소방활동을 위하여 **출입**을 **허가한 자**

※ 국고보조
국가가 소방장비의 구입 등 시 · 도의 소방업무에 필요한 경비의 일부를 보조

※ 소방활동구역
화재, 재난 · 재해 그 밖의 위급한 상황이 발생한 현장에 정하는 구역

3 소방기본법 시행규칙

※ 종합상황실
화재·재난·재해·구조·구급 등이 필요한 때에 신속한 소방활동을 위한 정보를 수집·분석과 판단·전파, 상황관리, 현장지휘 및 조정·통제 등의 업무수행

1 종합상황실 실장의 보고 화재(기본규칙 3조)

① 사망자 **5명** 이상 화재
② 사상자 **10명** 이상 화재
③ 이재민 **100명** 이상 화재
④ 재산피해액 **50억원** 이상 화재
⑤ **관광호텔**, 층수가 **11층** 이상인 건축물, **지하상가, 시장, 백화점**
⑥ **5층** 이상 또는 객실 **30실** 이상인 **숙박시설**
⑦ **5층** 이상 또는 병상 **30개** 이상인 **종합병원·정신병원·한방병원·요양소**
⑧ **1000t** 이상인 선박(항구에 매어둔 것), **철도차량, 항공기, 발전소** 또는 **변전소**
⑨ 지정수량 **3000배** 이상의 위험물 제조소·저장소·취급소
⑩ 연면적 **15000m²** 이상인 **공장** 또는 **화재예방강화지구**에서 발생한 화재
⑪ **가스** 및 **화약류**의 폭발에 의한 화재
⑫ 관공서·학교·정부미 도정공장·문화재·지하철 또는 지하구의 **화재**
⑬ 다중이용업소의 화재

※ 소방용수시설의 설치·유지·관리
시·도지사

2 소방용수시설

(1) 소방용수시설 및 지리조사(기본규칙 7조)
① 조사자 : 소방본부장·소방서장
② 조사일시 : 월 **1회** 이상
③ 조사내용
 (가) 소방용수시설
 (나) 도로의 폭·교통상황
 (다) 도로주변의 토지 고저
 (라) 건축물의 개황
④ 조사결과 : **2년간** 보관

> **기억법** 월1지(월요일이 **지**났다)

(2) 소방용수시설의 설치기준(기본규칙 〔별표 3〕)

거리기준	지 역
100m 이하	• 공업지역 • 상업지역 • 주거지역
140m 이하	• 기타지역

(3) 소방용수시설의 저수조의 설치기준(기본규칙 〔별표 3〕)
① 낙차 : **4.5m** 이하
② 수심 : **0.5m** 이상

③ 투입구의 길이 또는 지름: **60cm** 이상
④ 소방 펌프 자동차가 **쉽게 접근**할 수 있도록 할 것
⑤ 흡수에 지장이 없도록 **토사** 및 **쓰레기** 등을 제거할 수 있는 설비를 갖출 것
⑥ 저수조에 물을 공급하는 방법은 **상수도**에 연결하여 **자동**으로 **급수**되는 구조일 것

> 기억법 수5(**수호**천사)

* 토사
흙과 모래

3 소방교육 훈련(기본규칙 9조)

실 시	2년마다 1회 이상 실시
기 간	2주 이상
정하는 자	소방청장
종 류	① 화재진압훈련 ② 인명구조훈련 ③ 응급처치훈련 ④ 인명대피훈련 ⑤ 현장지휘훈련

4 소방신호

(1) 소방신호의 종류(기본규칙 10조)

소방신호 종류	설 명
경계신호	화재예방상 필요하다고 인정되거나 화재위험경보시 발령
발화신호	화재가 발생한 경우 발령
해제신호	소화활동이 필요없다고 인정되는 경우 발령
훈련신호	훈련상 필요하다고 인정되는 경우 발령

* 소방신호의 종류
① 경계신호
② 발화신호
③ 해제신호
④ 훈련신호

(2) 소방신호표(기본규칙 〔별표 4〕)

종 별 \ 신호방법	타종신호	사이렌 신호
경계신호	1타와 연 **2타**를 반복	**5초** 간격을 두고 **30초**씩 **3회**
발화신호	난타	**5초** 간격을 두고 **5초**씩 **3회**
해제신호	상당한 간격을 두고 **1타**씩 반복	**1분** 간 **1회**
훈련신호	연 **3타** 반복	**10초** 간격을 두고 **1분**씩 **3회**

출제경향분석

CHAPTER 02 소방시설 설치 및 관리에 관한 법령

① 소방시설 설치 및 관리에 관한 법률
  5% (1문제)

② 소방시설 설치 및 관리에 관한 법률 시행령
  7% (1문제)

③ 소방시설 설치 및 관리에 관한 법률 시행규칙
  2% (1문제)

3문제

CHAPTER 02 소방시설 설치 및 관리에 관한 법령

1 소방시설 설치 및 관리에 관한 법률

1 건축허가 등의 동의(소방시설법 6조)

① 건축허가 등의 동의권자 : **소방본부장 · 소방서장**
② 건축허가 등의 동의대상물의 범위 : **대통령령**

※ **건축물의 동의 범위**
대통령령

2 변경강화기준 적용 설비(소방시설법 13조)

① 소화기구
② 비상경보설비
③ 자동화재탐지설비
④ 자동화재속보설비
⑤ 피난구조설비
⑥ 소방시설(공동구 설치용, 전력 및 통신사업용 지하구)
⑦ **노유자시설, 의료시설**에 설치하여야 하는 소방시설(소방시설법 시행령 13조)

공동구, 전력 및 통신사업용 지하구	노유자시설에 설치하여야 하는 소방시설	의료시설에 설치하여야 하는 소방시설
① 소화기 ② 자동소화장치 ③ 자동화재탐지설비 ④ 통합감시시설 ⑤ 유도등 및 연소방지설비	① 간이스프링클러설비 ② 자동화재탐지설비 ③ 단독경보형 감지기	① 스프링클러설비 ② 간이스프링클러설비 ③ 자동화재탐지설비 ④ 자동화재속보설비

3 방염(소방시설법 20 · 21조)

① 방염성능기준 : **대통령령**
② 방염성능검사 : **소방청장**

※ **방염성능기준**
대통령령

※ **방염성능**
화재의 발생 초기단계에서 화재 확대의 매개체를 **단절**시키는 성질

4 벌칙

(1) 벌칙(소방시설법 56조)

5년 이하의 징역 또는 5천만원 이하의 벌금	7년 이하의 징역 또는 7천만원 이하의 벌금	10년 이하의 징역 또는 1억원 이하의 벌금
소방시설 폐쇄 · 차단 등의 행위를 한 자	소방시설 폐쇄 · 차단 등의 행위를 하여 사람을 **상해**에 이르게 한 자	소방시설 폐쇄 · 차단 등의 행위를 하여 사람을 **사망**에 이르게 한 자

✱ 300만원 이하의 벌금
방염성능검사 합격표시 위조

(2) **3년 이하의 징역 또는 3000만원 이하의 벌금**(소방시설법 57조)
    ① **소방시설관리업** 무등록자
    ② **형식승인**을 받지 않은 소방용품 제조·수입자
    ③ **제품검사**를 받지 않은 자
    ④ 거짓이나 그 밖의 **부정한 방법**으로 제품검사 전문기관의 지정을 받은 자
    ⑤ 소방용품을 판매·진열하거나 소방시설공사에 사용한 자
    ⑥ 구매자에게 명령을 받은 사실을 알리지 아니하거나 필요한 조치를 하지 아니한 자

(3) **1년 이하의 징역 또는 1000만원 이하의 벌금**(소방시설법 58조)
    ① 소방시설의 **자체점검** 미실시자
    ② **소방시설관리사증** 대여
    ③ **소방시설관리업**의 등록증 대여

(4) **300만원 이하의 과태료**(소방시설법 61조)
    ① 소방시설을 화재안전기준에 따라 설치·관리하지 아니한 자
    ② **피난시설·방화구획** 또는 **방화시설**의 **폐쇄·훼손·변경** 등의 행위를 한 자
    ③ 임시소방시설을 설치·관리하지 아니한 자

2 소방시설 설치 및 관리에 관한 법률 시행령

출제확률 7% (1문제)

1 무창층(소방시설법 시행령 2조)

(1) 무창층의 뜻
지상층 중 기준에 의한 개구부의 면적의 합계가 해당 층의 바닥면적의 $\frac{1}{30}$ 이하가 되는 층

(2) 무창층의 개구부의 기준
① 개구부의 크기가 지름 **50cm** 이상의 원이 통과할 수 있을 것
② 해당 층의 바닥면으로부터 개구부 밑부분까지의 높이가 **1.2m** 이내일 것
③ 개구부는 **도로** 또는 **차량**이 진입할 수 있는 **빈터**를 향할 것
④ 화재시 건축물로부터 **쉽게 피난**할 수 있도록 개구부에 창살 그 밖의 장애물이 설치되지 않을 것
⑤ 내부 또는 외부에서 **쉽게 부수**거나 **열** 수 있을 것

※ 피난층
곧바로 지상으로 갈 수 있는 출입구가 있는 층

2 소방용품 제외 대상(소방시설법 시행령 6조)

① 주거용 주방자동소화장치용 소화약제
② 가스자동소화장치용 소화약제
③ 분말자동소화장치용 소화약제
④ 고체에어로졸자동소화장치용 소화약제
⑤ 소화약제 외의 것을 이용한 간이소화용구
⑥ 휴대용 비상조명등
⑦ 유도표지
⑧ 벨용 푸시버튼스위치
⑨ 피난밧줄
⑩ 옥내소화전함
⑪ 방수구
⑫ 안전매트
⑬ 방수복

※ 소방용품
① 소화기
② 소화약제
③ 방염도료

3 건축허가 등의 동의대상물(소방시설법 시행령 7조)

① 연면적 400m²(학교시설 : 100m², 수련시설·노유자시설 : 200m², 정신의료기관·장애인의료재활시설 : 300m²) 이상
② 6층 이상인 건축물

※ 건축허가 등의 동의 대상물
★꼭 기억하세요★

③ 차고·주차장으로서 바닥면적 **200m²** 이상(자동차 **20대** 이상)
④ 항공기격납고, 관망탑, 항공관제탑, 방송용 송수신탑
⑤ 지하층 또는 무창층의 바닥면적 **150m²**(공연장은 **100m²**) 이상
⑥ 위험물저장 및 처리시설
⑦ **결핵환자**나 **한센인**이 24시간 생활하는 **노유자시설**
⑧ 지하구
⑨ 전기저장시설, 풍력발전소
⑩ 공동주택·숙박시설
⑪ 조산원, 산후조리원, 의원(입원실 또는 인공신장실이 있는 것)
⑫ 요양병원(의료재활시설 제외)
⑬ 노인주거복지시설·노인의료복지시설 및 재가노인복지시설, 학대피해노인 전용 쉼터, 아동복지시설, 장애인거주시설
⑭ 정신질환자 관련시설(공동생활가정을 제외한 재활훈련시설과 종합시설 중 24시간 주거를 제공하지 않는 시설 제외)
⑮ 노숙인자활시설, 노숙인재활시설 및 노숙인요양시설
⑯ 공장 또는 창고시설로서 지정하는 수량의 **750배** 이상의 특수가연물을 저장·취급하는 것
⑰ 가스시설로서 지상에 노출된 탱크의 저장용량의 합계가 **100t** 이상인 것

4 방염

(1) **방염성능기준 이상 적용 특정소방대상물**(소방시설법 시행령 30조)
① 체력단련장, 공연장 및 종교집회장
② 문화 및 집회시설
③ 종교시설
④ 운동시설(수영장 제외)
⑤ 의료시설(종합병원, 정신의료기관)
⑥ 의원, 치과의원, 한의원, 조산원, 산후조리원
⑦ 교육연구시설 중 합숙소
⑧ 노유자시설
⑨ 숙박이 가능한 수련시설
⑩ 숙박시설
⑪ 방송국 및 촬영소
⑫ 다중이용업소(단란주점영업, 유흥주점영업, 노래연습장의 영업장 등)
⑬ 층수가 11층 이상인 것(아파트 제외)

※ **11층 이상**: '고층건축물'에 해당된다.

※ **다중이용업**
① 휴게음식점영업·일반음식점영업 100m²(지하층은 66m² 이상)
② 단란주점영업
③ 유흥주점영업
④ 비디오물감상실업
⑤ 비디오물소극장업 및 복합영상물제공업
⑥ 게임제공업
⑦ 노래연습장업
⑧ 복합유통게임 제공업
⑨ 영화상영관
⑩ 학원·목욕장업 수용인원 100명 이상

(2) 방염대상물품(소방시설법 시행령 31조)

제조 또는 가공 공정에서 방염처리를 한 물품	건축물 내부의 천장이나 벽에 부착하거나 설치하는 것
① 창문에 설치하는 **커튼류**(블라인드 포함) ② **카펫** ③ **벽지류**(두께 2mm 미만인 **종이벽지** 제외) ④ **전시용 합판·목재** 또는 **섬유판** ⑤ **무대용 합판·목재** 또는 **섬유판** ⑥ **암막·무대막**(영화상영관·가상체험 체육시설업의 **스크린** 포함) ⑦ 섬유류 또는 합성수지류 등을 원료로 하여 제작된 소파·의자(단란주점영업, 유흥주점영업 및 노래연습장업의 영업장에 설치하는 것만 해당)	① 종이류(두께 **2mm 이상**), **합성수지류** 또는 **섬유류**를 주원료로 한 물품 ② **합판**이나 **목재** ③ 공간을 구획하기 위하여 설치하는 **간이칸막이** ④ **흡음재**(흡음용 커튼 포함) 또는 **방음재**(방음용 커튼 포함) ※ 가구류(옷장, 찬장, 식탁, 식탁용 의자, 사무용 책상, 사무용 의자, 계산대)와 너비 10cm 이하인 반자돌림대, 내부 마감재료 제외

(3) 방염성능기준(소방시설법 시행령 31조)

① 잔염시간 : **20초** 이내
② 잔**진**시간(잔신시간) : **30초** 이내

> 기억법 3진(삼진아웃)

③ 탄화길이 : **20cm** 이내
④ 탄화면적 : **50cm²** 이내
⑤ 불꽃 접촉 횟수 : **3회** 이상
⑥ 최대 연기밀도 : **400** 이하

5 소화활동설비(소방시설법 시행령 〔별표 1〕)

① **연결송수관**설비
② **연결살수**설비
③ **연소방지**설비
④ **무선통신보조**설비
⑤ **제연**설비
⑥ **비상 콘센트** 설비

> 기억법 3연무제비콘

※ 잔염시간과 잔진시간
① 잔염시간
  버너의 불꽃을 제거한 때부터 불꽃을 올리며 연소하는 상태가 그칠 때까지의 시간
② 잔진시간(잔신시간)
  버너의 불꽃을 제거한 때부터 불꽃을 올리지 않고 연소하는 상태가 그칠 때까지의 시간

※ 소화활동설비
화재를 진압하거나 인명구조활동을 위하여 사용하는 설비

* **근린생활시설**
사람이 생활을 하는 데 필요한 여러 가지 시설

6 근린생활시설(소방시설법 시행령 〔별표 2〕)

면 적	적용장소
150m² 미만	• 단란주점
300m² 미만	• **종**교시설　　　• 공연장 • 비디오물 감상실업　• 비디오물 소극장업
500m² 미만	• 탁구장　　　• 서점 • 테니스장　• 볼링장 • 체육도장　• 금융업소 • 사무소　　• 부동산 중개사무소 • 학원　　　• 골프연습장 • 당구장
1000m² 미만	• 자동차영업소　• 슈퍼마켓 • 일용품　　　　• 의료기기 판매소 • 의약품 판매소
전부	• 기원 • 이용원 · 미용원 · 목욕장 및 세탁소 • 휴게음식점 · 일반음식점, 제과점 • 독서실 • 안마원(안마시술소 포함) • 조산원(산후조리원 포함) • 의원, 치과의원, 한의원, 침술원, 접골원

[기억법] 종3(중세시대)

7 스프링클러설비의 설치대상(소방시설법 시행령 〔별표 4〕)

설치대상	조 건
① 문화 및 집회시설, 운동시설 ② 종교시설	• 수용인원 – 100명 이상 • 영화상영관 – 지하층 · 무창층 500m²(기타 1000m²) 이상 • 무대부 　① 지하층 · 무창층 · **4층** 이상 300m² 이상 　② 1~3층 500m² 이상
③ 판매시설 ④ 운수시설 ⑤ 물류터미널	• 수용인원 – 500명 이상 • 바닥면적 합계 5000m² 이상
⑥ 노유자시설 ⑦ 정신의료기관 ⑧ 수련시설(숙박 가능한 것) ⑨ 종합병원, 병원, 치과병원, 한방병원 및 요양병원(정신병원 제외) ⑩ 숙박시설	• 바닥면적 합계 600m² 이상

* **무대부**
노래 · 춤 · 연극 등의 연기를 하기 위해 만들어 놓은 부분

Chapter_ 02

⑪ 지하층·무창층·4층 이상	• 바닥면적 1000m² 이상
⑫ 창고시설(물류터미널 제외)	• 바닥면적 합계 5000m² 이상-전층
⑬ 지하상가	• 연면적 1000m² 이상
⑭ 10m 넘는 랙식 창고	• 연면적 1500m² 이상
⑮ 복합건축물 ⑯ 기숙사	• 연면적 5000m² 이상-전층
⑰ 6층 이상	• 전층
⑱ 보일러실·연결통로	• 전부
⑲ 특수가연물 저장·취급	• 지정수량 1000배 이상
⑳ 발전시설 중 전기저장시설	• 전부

8 인명구조기구의 설치장소(소방시설법 시행령 [별표 4])

① 지하층을 포함한 **7층** 이상의 **관광호텔**[방열복, 방화복(안전모, 보호장갑, 안전화 포함), 인공소생기, 공기호흡기]
② 지하층을 포함한 **5층** 이상의 **병원**[방열복, 방화복(안전모, 보호장갑, 안전화 포함), 공기호흡기]

> 기억법 5병(오병이어의 기적)

* **랙식 창고**
  ① 물품보관용 랙을 설치하는 창고시설
  ② 선반 또는 이와 비슷한 것을 설치하고 승강기에 의하여 수납을 운반하는 장치를 갖춘 것

* **복합건축물**
  하나의 건축물 안에 2 이상의 용도로 사용되는 것

3 소방시설 설치 및 관리에 관한 법률 시행규칙

출제확률 (1문제)

1 건축허가 등의 동의 (소방시설법 시행규칙 3조)

내 용	날 짜	
• 동의요구 서류보완	4일 이내	
• 건축허가 등의 취소통보	7일 이내	
• 동의여부 회신	5일 이내	기타
	10일 이내	① 50층 이상(지하층 제외) 또는 지상으로부터 높이 200m 이상인 아파트 ② 30층 이상(지하층 포함) 또는 높이 120m 이상 (아파트 제외) ③ 연면적 10만m² 이상(아파트 제외)

※ 건축허가 등의 동의 요구
① 소방본부장
② 소방서장

2 소방시설 등의 자체점검 (소방시설법 시행규칙 23조, [별표 3])

(1) 소방시설 등의 자체점검결과

① 점검결과 자체 보관 : 2년
② 자체점검 실시결과 보고서 제출

구 분	제출기간	제출처
관리업자 또는 소방안전관리자로 선임된 소방시설관리사·소방기술사	10일 이내	관계인
관계인	15일 이내	소방본부장·소방서장

(2) 소방시설 등 자체점검의 점검대상, 점검자의 자격, 점검횟수 및 시기

점검구분	정 의	점검대상	점검자의 자격 (주된 인력)	점검횟수 및 점검시기
작동점검	소방시설 등을 인위적으로 조작하여 정상적으로 작동하는지를 점검하는 것	① 간이스프링클러설비 ·자동화재탐지설비	• 관계인 • 소방안전관리자로 선임된 소방시설관리사 또는 소방기술사 • 소방시설관리업에 등록된 기술인력 중 소방시설관리사 또는 「소방시설공사업법 시행규칙」에 따른 특급 점검자	• 작동점검은 연 1회 이상 실시하며, 종합점검대상은 종합점검(최초점검 제외)을 받은 달부터 6개월이 되는 달에 실시 • 종합점검대상 외의 특정소방대상물은 사용승인일이 속하는 달의 말일까지 실시
		② ①에 해당하지 아니하는 특정소방대상물	• 소방시설관리업에 등록된 기술인력 중 소방시설관리사 • 소방안전관리자로 선임된 소방시설관리사 또는 소방기술사	
		③ 작동점검 제외대상 • 특정소방대상물 중 소방안전관리자를 선임하지 않는 대상 • 위험물제조소 등 • 특급 소방안전관리대상물		

※ 작동점검
소방시설 등을 인위적으로 조작하여 정상작동 여부를 점검하는 것

| 종합점검 | 소방시설 등의 작동점검을 포함하여 소방시설 등의 설비별 주요 구성부품의 구조기준이 화재안전기준과 「건축법」 등 관련 법령에서 정하는 기준에 적합한지 여부를 점검하는 것
(1) 최초점검 : 특정소방대상물의 소방시설이 신설된 경우 건축물을 사용할 수 있게 된 날부터 60일 이내에 점검하는 것
(2) 그 밖의 종합점검 : 최초점검을 제외한 종합점검 | ④ 소방시설 등이 신설된 경우에 해당하는 특정소방대상물
⑤ **스프링클러설비**가 설치된 특정소방대상물
⑥ **물분무등소화설비**(호스릴 방식의 물분무등소화설비만을 설치한 경우는 제외)가 설치된 연면적 **5000m²** 이상인 특정소방대상물(위험물제조소 등 제외)
⑦ 다중이용업의 영업장이 설치된 특정소방대상물로서 연면적이 **2000m²** 이상인 것
⑧ **제연설비**가 설치된 터널
⑨ **공공기관** 중 연면적(터널·지하구의 경우 그 길이와 평균폭을 곱하여 계산된 값)이 **1000m²** 이상인 것으로서 옥내소화전설비 또는 자동화재탐지설비가 설치된 것(단, 소방대가 근무하는 공공기관 제외)

중요
종합점검
① 공공기관 : 1000m²
② 다중이용업 : 2000m²
③ 물분무등(호스릴 ×) : 5000m² | • 소방시설관리업에 등록된 기술인력 중 **소방시설관리사**
• 소방안전관리자로 선임된 **소방시설관리사** 또는 **소방기술사** | 〈점검횟수〉
㉠ 연 1회 이상(특급 소방안전관리대상물은 반기에 1회 이상) 실시
㉡ ㉠에도 불구하고 소방본부장 또는 소방서장은 소방청장이 소방안전관리가 우수하다고 인정한 특정소방대상물에 대해서는 3년의 범위 내에서 소방청장이 고시하거나 정한 기간 동안 종합점검을 면제할 수 있다(단, 면제기간 중 화재가 발생한 경우는 제외).
〈점검시기〉
㉠ ④에 해당하는 특정소방대상물은 건축물을 사용할 수 있게 된 날부터 60일 이내 실시
㉡ ㉠을 제외한 특정소방대상물은 건축물의 사용승인일이 속하는 달에 실시(단, 학교의 경우 해당 건축물의 사용승인일이 1월에서 6월 사이에 있는 경우에는 6월 30일까지 실시할 수 있다)
㉢ 건축물 사용승인일 이후 ⑦에 따라 종합점검 대상에 해당하게 된 경우에는 그 다음 해부터 실시
㉣ 하나의 대지경계선 안에 2개 이상의 자체점검대상 건축물 등이 있는 경우 그 건축물 중 사용승인일이 가장 빠른 연도의 건축물의 사용승인일을 기준으로 점검할 수 있다. |

※ **종합점검**
소방시설 등의 작동점검을 포함하여 설비별 주요구성부품의 구조기준이 화재안전기준에 적합한지 여부를 점검하는 것

출제경향분석

CHAPTER 03 화재의 예방 및 안전관리에 관한 법령

- ① 화재의 예방 및 안전관리에 관한 법률
  5% (1문제)
- ② 화재의 예방 및 안전관리에 관한 법률 시행령
  13% (2문제)
- ③ 화재의 예방 및 안전관리에 관한 법률 시행규칙
  3% (1문제)

4문제

CHAPTER 03 화재의 예방 및 안전관리에 관한 법령

1 화재의 예방 및 안전관리에 관한 법률

1 화재안전조사 및 조치명령 등

(1) **화재안전조사**(화재예방법 7조)
   ① 실시자 : **소방청장 · 소방본부장 · 소방서장**(소방관서장)
   ② 관계인의 승낙이 필요한 곳 : **주거**(주택)

(2) **화재안전조사 결과에 따른 조치명령**(화재예방법 14조)
   ① 명령권자 : **소방관서장**(소방청장, 소방본부장, 소방서장)
   ② 명령사항
      ㉮ 화재안전조사 조치명령
      ㉯ **개수**명령
      ㉰ **이전**명령
      ㉱ **제거**명령
      ㉲ **사용**의 **금지** 또는 제한명령, 사용폐쇄
      ㉳ **공사**의 **정지** 또는 중지명령

2 화재예방강화지구(화재예방법 18조)

(1) **지정권자** : 시 · 도지사

(2) 지정지역
   ① **시장**지역
   ② **공장 · 창고** 등이 밀집한 지역
   ③ **목조건물**이 밀집한 지역
   ④ 노후 · 불량 건축물이 밀집한 지역
   ⑤ 위험물의 **저장** 및 **처리시설**이 **밀집**한 지역
   ⑥ **석유화학제품**을 생산하는 공장이 있는 지역
   ⑦ 「산업입지 및 개발에 관한 법률」에 따른 **산업단지**
   ⑧ **소방시설 · 소방용수시설** 또는 **소방출동로**가 **없는** 지역
   ⑨ 「물류시설의 개발 및 운영에 관한 법률」에 따른 물류단지
   ⑩ **소방관서장**이 화재예방강화지구로 지정할 필요가 있다고 인정하는 지역

(3) 화재안전조사
   소방관서장

Key Point

※ **화재안전조사**
소방대상물, 관계지역 또는 관계인에 대하여 소방시설 등이 소방관계법령에 적합하게 설치 · 관리되고 있는지, 소방대상물에 화재의 발생위험이 있는지 등을 확인하기 위하여 실시하는 현장조사 · 문서열람 · 보고요구 등을 하는 활동

※ **화재예방강화지구**
화재발생 우려가 크거나 화재가 발생할 경우 피해가 클 것으로 예상되는 지역에 대하여 화재의 예방 및 안전관리를 강화하기 위해 지정 · 관리하는 지역

※ **소방관서장**
소방청장, 소방본부장 또는 소방서장

3 특정소방대상물의 소방안전관리(화재예방법 24조)

(1) 소방안전관리업무 대행자
　소방시설관리업을 등록한 자(소방시설관리업자)

(2) 소방안전관리자의 선임
　① 선임신고 : 14일 이내
　② 신고대상 : 소방본부장·소방서장

(3) 특정소방대상물의 관계인과 소방안전관리대상물의 소방안전관리자의 업무(화재예방법 24조 ⑤항)

특정소방대상물(관계인)	소방안전관리대상물(소방안전관리자)
① 피난시설·방화구획 및 방화시설의 관리 ② 소방시설, 그 밖의 소방관련시설의 관리 ③ **화기취급**의 감독 ④ 소방안전관리에 필요한 업무 ⑤ 화재발생시 초기대응	① 피난시설·방화구획 및 방화시설의 관리 ② 소방시설, 그 밖의 소방관련시설의 관리 ③ **화기취급**의 감독 ④ 소방안전관리에 필요한 업무 ⑤ **소방계획서**의 작성 및 시행(대통령령으로 정하는 사항 포함) ⑥ **자위소방대** 및 **초기대응체계**의 구성·운영·교육 ⑦ 소방훈련 및 교육 ⑧ 소방안전관리에 관한 업무수행에 관한 기록·유지 ⑨ 화재발생시 초기대응

관리의 권원이 분리된 특정소방대상물의 소방안전관리(화재예방법 35조)
① 복합건축물(지하층을 제외한 11층 이상 또는 연면적 30000m² 이상)
② 지하가
③ 대통령령이 정하는 특정소방대상물

4 특정소방대상물의 소방훈련(화재예방법 37조)

(1) 소방훈련의 종류
　① 소화훈련
　② **통보훈련**
　③ **피난훈련**

(2) 소방훈련의 지도·감독 : 소방본부장·소방서장

* 소방안전관리자
특정소방대상물에서 화재가 발생하지 않도록 관리하는 사람

* 특정소방대상물
건축물 등의 규모·용도 및 수용인원 등을 고려하여 소방시설을 설치하여야 하는 소방대상물로서 대통령령으로 정하는 것

5 벌칙

(1) 3년 이하의 징역 또는 3000만원 이하의 벌금(화재예방법 50조)
① 화재안전조사 결과에 따른 조치명령을 정당한 사유 없이 위반한 자
② **소방안전관리자 선임명령** 등을 정당한 사유 없이 위반한 자
③ 화재예방안전진단 결과에 따라 보수·보강 등의 조치명령을 정당한 사유 없이 위반한 자
④ 거짓이나 그 밖의 부정한 방법으로 진단기관으로 지정을 받은 자

(2) 1년 이하의 징역 또는 1000만원 이하의 벌금(화재예방법 50조)
① **관계인**의 정당한 업무를 방해하거나, 조사업무를 수행하면서 취득한 자료나 알게 된 **비밀**을 다른 사람 또는 기관에게 제공 또는 누설하거나 목적 외의 용도로 사용한 자
② **소방안전관리자 자격증**을 다른 사람에게 빌려 주거나 빌리거나 이를 알선한 자
③ **진단기관**으로부터 화재예방안전진단을 받지 아니한 자

(3) 300만원 이하의 벌금(화재예방법 50조)
① 화재안전조사를 정당한 사유 없이 거부·방해 또는 기피한 자
② 화재발생 위험이 크거나 소화활동에 지장을 줄 수 있다고 인정되는 행위나 물건에 대한 금지 또는 제한 명령을 정당한 사유 없이 따르지 아니하거나 방해한 자
③ 소방안전관리자, 총괄소방안전관리자 또는 소방안전관리보조자를 선임하지 아니한 자
④ 소방시설·피난시설·방화시설 및 방화구획 등이 법령에 위반된 것을 발견하였음에도 필요한 조치를 할 것을 요구하지 아니한 소방안전관리자
⑤ **소방안전관리자**에게 불이익한 처우를 한 관계인
⑥ 업무를 수행하면서 알게 된 비밀을 이 법에서 정한 목적 외의 용도로 사용하거나 다른 사람 또는 기관에 제공하거나 누설한 자

(4) 300만원 이하의 과태료(화재예방법 52조)
① 정당한 사유 없이 **화재예방강화지구** 및 이에 준하는 대통령령으로 정하는 장소에서의 금지 명령에 해당하는 행위를 한 자
② 다른 안전관리자가 소방안전관리자를 겸한 자
③ 소방안전관리업무를 하지 아니한 특정소방대상물의 관계인 또는 소방안전관리대상물의 소방안전관리자
④ 소방안전관리업무의 지도·감독을 하지 아니한 자
⑤ 건설현장 소방안전관리대상물의 소방안전관리자의 업무를 하지 아니한 소방안전관리자
⑥ 피난유도 안내정보를 제공하지 아니한 자
⑦ **소방훈련** 및 **교육**을 하지 아니한 자
⑧ 화재예방안전진단 결과를 제출하지 아니한 자

> ※ 1년 이하의 징역 또는 1000만원 이하의 벌금
> 비밀누설

> ※ 300만원 이하의 벌금
> 화재안전조사 거부·기피

(5) **200만원 이하의 과태료**(화재예방법 52조)
　① 불을 사용할 때 지켜야 하는 사항 및 특수가연물의 저장 및 취급 기준을 위반한 자
　② 소방설비 등의 설치명령을 정당한 사유 없이 따르지 아니한 자
　③ 기간 내에 **선임신고**를 하지 아니하거나 **소방안전관리자**의 **성명** 등을 게시하지 아니한 자
　④ 기간 내에 선임신고를 하지 아니한 자
　⑤ 기간 내에 소방훈련 및 교육 결과를 제출하지 아니한 자

(6) **100만원 이하의 과태료**(화재예방법 52조)
　실무교육을 받지 아니한 **소방안전관리자** 및 **소방안전관리보조자**

* **100만원 이하의 과태료**
  실무교육을 미실시한 소방안전관리자

2 화재의 예방 및 안전관리에 관한 법률 시행령

출제확률 13% (2문제)

1 화재예방강화지구 안의 화재안전조사 · 소방훈련 및 교육(화재예방법 시행령 20조)

① 실시자 : **소방청장 · 소방본부장 · 소방서장**(소방관서장)
② 횟수 : **연 1회** 이상
③ 훈련 · 교육 : **10일** 전 통보

2 관리의 권원이 분리된 특정소방대상물(화재예방법 35조, 화재예방법 시행령 35조)

① 복합건축물(지하층을 제외한 11층 이상 또는 연면적 3만m² 이상인 건축물)
② 지하가
③ 도매시장, 소매시장, 전통시장

3 벽 · 천장 사이의 거리(화재예방법 시행령 〔별표 1〕)

종 류	벽 · 천장 사이의 거리
건조설비	0.5m 이상
보일러	0.6m 이상

4 특수가연물(화재예방법 시행령 〔별표 2〕)

① 면화류
② 나무껍질 및 대팻밥
③ 넝마 및 종이 부스러기
④ 사류
⑤ 볏짚류
⑥ 가연성 고체류
⑦ 석탄 · 목탄류
⑧ 가연성 액체류
⑨ 목재가공품 및 나무 부스러기
⑩ 고무류 · 플라스틱류

※ **화재예방강화지구**
화재발생 우려가 크거나 화재가 발생할 경우 피해가 클 것으로 예상되는 지역에 대하여 화재의 예방 및 안전관리를 강화하기 위해 지정 · 관리하는 지역

※ **지하가**
지하의 인공구조물 안에 설치된 상점 및 사무실, 그 밖에 이와 비슷한 시설이 연속하여 지하도에 접하여 설치된 것과 그 지하도를 합한 것

※ **특수가연물**
화재가 발생하면 불길이 빠르게 번지는 물품

※ **사류**
실과 누에고치

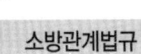

5 소방안전관리자

※ 특급 소방안전관리 대상물
① 50층 이상(지하층 제외) 또는 지상 200m 이상 아파트
② 30층 이상(지하층 포함) 또는 지상 120m 이상(아파트 제외)
③ 연면적 10만m² 이상(아파트 제외)

(1) 소방안전관리자 및 소방안전관리보조자를 선임하는 특정소방대상물(화재예방법 시행령 [별표 4])

소방안전관리대상물	특정소방대상물
특급 소방안전관리대상물 (동식물원, 철강 등 불연성 물품 저장·취급창고, 지하구, 위험물 제조소 등 제외)	• 50층 이상(지하층 제외) 또는 지상 200m 이상 아파트 • 30층 이상(지하층 포함) 또는 지상 120m 이상(아파트 제외) • 연면적 10만m² 이상(아파트 제외)
1급 소방안전관리대상물 (동식물원, 철강 등 불연성 물품 저장·취급창고, 지하구, 위험물 제조소 등 제외)	• 30층 이상(지하층 제외) 또는 지상 120m 이상 아파트 • 연면적 15000m² 이상인 것(아파트 및 연립주택 제외) • 11층 이상(아파트 제외) • 가연성 가스를 1000t 이상 저장·취급하는 시설
2급 소방안전관리대상물	• 지하구 • 가스제조설비를 갖추고 도시가스사업 허가를 받아야 하는 시설 또는 가연성 가스를 100~1000t 미만 저장·취급하는 시설 • **옥내소화전설비·스프링클러설비** 설치대상물 • **물분무등소화설비** 설치대상물(호스릴방식의 물분무등소화설비만을 설치한 경우 제외) • 공동주택(옥내소화전설비 또는 스프링클러설비가 설치된 공동주택 한정) • 목조건축물(국보·보물)
3급 소방안전관리대상물	• **자동화재탐지설비** 설치대상물 • **간이스프링클러설비**(주택 전용 간이스프링클러설비 제외) 설치대상물

(2) 소방안전관리자(화재예방법 시행령 [별표 4])

① 특급 소방안전관리대상물의 소방안전관리자 선임조건

자격	경력	비고
• 소방기술사 • 소방시설관리사	경력 필요 없음	특급 소방안전관리자 자격증을 받은 사람
• 1급 소방안전관리자(소방설비기사)	5년	
• 1급 소방안전관리자(소방설비산업기사)	7년	
• 소방공무원	20년	
• 소방청장이 실시하는 특급 소방안전관리대상물의 소방안전관리에 관한 시험에 합격한 사람	경력 필요 없음	

② 1급 소방안전관리대상물의 소방안전관리자 선임조건

자격	경력	비고
• 소방설비기사·소방설비산업기사	경력 필요 없음	1급 소방안전관리자 자격증을 받은 사람
• 소방공무원	7년	
• 소방청장이 실시하는 1급 소방안전관리대상물의 소방안전관리에 관한 시험에 합격한 사람	경력 필요 없음	
• 특급 소방안전관리대상물의 소방안전관리자 자격이 인정되는 사람		

③ 2급 소방안전관리대상물의 소방안전관리자 선임조건

자 격	경 력	비 고
• 위험물기능장·위험물산업기사·위험물기능사	경력 필요 없음	2급 소방안전관리자 자격증을 받은 사람
• 소방공무원	3년	
• 소방청장이 실시하는 2급 소방안전관리대상물의 소방안전관리에 관한 시험에 합격한 사람	경력 필요 없음	
• 「기업활동 규제완화에 관한 특별조치법」에 따라 소방안전관리자로 선임된 사람(소방안전관리자로 선임된 기간으로 한정)		
• **특급** 또는 **1급** 소방안전관리대상물의 소방안전관리자 자격이 인정되는 사람		

④ 3급 소방안전관리대상물의 소방안전관리자 선임조건

자 격	경 력	비 고
• 소방공무원	1년	3급 소방안전관리자 자격증을 받은 사람
• 소방청장이 실시하는 3급 소방안전관리대상물의 소방안전관리에 관한 시험에 합격한 사람	경력 필요 없음	
• 「기업활동 규제완화에 관한 특별조치법」에 따라 소방안전관리자로 선임된 사람(소방안전관리자로 선임된 기간으로 한정)		
• **특급** 소방안전관리대상물, **1급** 소방안전관리대상물 또는 **2급** 소방안전관리대상물의 소방안전관리자 자격이 인정되는 사람		

* 소방안전관리자 선임조건
① 특급 : 소방공무원 20년
② 1급 : 소방공무원 7년
③ 2급 : 소방공무원 3년
④ 3급 : 소방공무원 1년

소방관계법규

3 화재의 예방 및 안전관리에 관한 법률 시행규칙

출제확률 (1문제)

1 소방훈련·교육 및 강습·실무교육

* 특정소방대상물의 소방훈련·교육
연 1회 이상

(1) 근무자 및 거주자의 소방훈련·교육(화재예방법 시행규칙 36조)
  ① 실시횟수 : 연 1회 이상
  ② 실시결과 기록부 보관 : 2년

  ※ 소방안전관리자의 재선임 : 30일 이내

* 소방안전관리자
특정소방대상물에서 화재가 발생하지 않도록 관리하는 사람

(2) 소방안전관리자의 강습(화재예방법 시행규칙 25조)
  ① 실시자 : **소방청장**(위탁 : 한국소방안전원장)
  ② 실시공고 : 20일 전

(3) 소방안전관리자의 실무교육(화재예방법 시행규칙 29조)
  ① 실시자 : **소방청장**(위탁 : 한국소방안전원장)
  ② 실시 : 2년마다 1회 이상
  ③ 교육통보 : 30일 전

(4) 소방안전관리업무의 강습교육과목 및 교육시간(화재예방법 시행규칙 〔별표 5〕)
  ① 교육과정별 과목 및 시간

구 분	교육과목	교육시간
특급 소방안전 관리자	• 소방안전관리자 제도 • 화재통계 및 피해분석 • 직업윤리 및 리더십 • 소방관계법령 • 건축·전기·가스 관계법령 및 안전관리 • 위험물안전관계법령 및 안전관리 • 재난관리 일반 및 관련법령 • 초고층재난관리법령 • 소방기초이론 • 연소·방화·방폭공학 • 화재예방 사례 및 홍보 • 고층건축물 소방시설 적용기준 • 소방시설의 종류 및 기준 • 소방시설(소화설비, 경보설비, 피난구조설비, 소화용수설비, 소화활동설비)의 구조·점검·실습·평가 • 공사장 안전관리 계획 및 감독 • 화기취급감독 및 화재위험작업 허가·관리 • 종합방재실 운용 • 피난안전구역 운영 • 고층건축물 화재 등 재난사례 및 대응방법 • 화재원인 조사실무	160시간

특급 소방안전 관리자	• 위험성 평가기법 및 성능위주 설계 • 소방계획 수립 이론·실습·평가(피난약자의 피난계획 등 포함) • 자위소방대 및 초기대응체계 구성 등 이론·실습·평가 • 방재계획 수립 이론·실습·평가 • 재난예방 및 피해경감계획 수립 이론·실습·평가 • 자체점검 서식의 작성 실습·평가 • 통합안전점검 실시(가스, 전기, 승강기 등) • 피난시설, 방화구획 및 방화시설의 관리 • 구조 및 응급처치 이론·실습·평가 • 소방안전 교육 및 훈련 이론·실습·평가 • 화재시 초기대응 및 피난 실습·평가 • 업무수행기록의 작성·유지 실습·평가 • 화재피해 복구 • 초고층 건축물 안전관리 우수사례 토의 • 소방신기술 동향 • 시청각 교육	160시간
1급 소방안전 관리자	• 소방안전관리자 제도 • 소방관계법령 • 건축관계법령 • 소방학개론 • 화기취급감독 및 화재위험작업 허가·관리 • 공사장 안전관리 계획 및 감독 • 위험물·전기·가스 안전관리 • 종합방재실 운영 • 소방시설의 종류 및 기준 • 소방시설(소화설비, 경보설비, 피난구조설비, 소화용수설비, 소화활동설비)의 구조·점검·실습·평가 • 소방계획 수립 이론·실습·평가(피난약자의 피난계획 등 포함) • 자위소방대 및 초기대응체계 구성 등 이론·실습·평가 • 작동점검표 작성 실습·평가 • 피난시설, 방화구획 및 방화시설의 관리 • 구조 및 응급처치 이론·실습·평가 • 소방안전 교육 및 훈련 이론·실습·평가 • 화재시 초기대응 및 피난 실습·평가 • 업무수행기록의 작성·유지 실습·평가 • 형성평가(시험)	80시간
공공기관 소방안전 관리자	• 소방안전관리자 제도 • 직업윤리 및 리더십 • 소방관계법령 • 건축관계법령 • 공공기관 소방안전규정의 이해 • 소방학개론 • 소방시설의 종류 및 기준 • 소방시설(소화설비, 경보설비, 피난구조설비, 소화용수설비, 소화활동설비)의 구조·점검·실습·평가 • 소방안전관리 업무대행 감독 • 공사장 안전관리 계획 및 감독 • 화기취급감독 및 화재위험작업 허가·관리 • 위험물·전기·가스 안전관리	40시간

※ 소방안전관리자
   교육시간
① 특급 : 160시간
② 1급 : 80시간
③ 공공기관 : 40시간
④ 2급 : 40시간
⑤ 3급 : 24시간
⑥ 건설현장 : 24시간
⑦ 업무대행감독자 :
    16시간

※ 형성평가(시험)를
보지 않는 것
① 공공기관 소방안전
  관리자
② 업무대행감독자
③ 건설현장 소방안전
  관리자

구분	교육내용	시간
공공기관 소방안전 관리자	• 소방계획 수립 이론·실습·평가(피난약자의 피난계획 등 포함) • 자위소방대 및 초기대응체계 구성 등 이론·실습·평가 • 작동점검표 및 외관점검표 작성 실습·평가 • 피난시설, 방화구획 및 방화시설의 관리 • 응급처치 이론·실습·평가 • 소방안전 교육 및 훈련 이론·실습·평가 • 화재시 초기대응 및 피난 실습·평가 • 업무수행기록의 작성·유지 실습·평가 • 공공기관 소방안전관리 우수사례 토의 • 형성평가(수료)	40시간
2급 소방안전 관리자	• 소방안전관리자 제도 • 소방관계법령(건축관계법령 포함) • 소방학개론 • 화기취급감독 및 화재위험작업 허가·관리 • 위험물·전기·가스 안전관리 • 소방시설의 종류 및 기준 • 소방시설(소화설비, 경보설비, 피난구조설비)의 구조·원리·점검·실습·평가 • 소방계획 수립 이론·실습·평가(피난약자의 피난계획 등 포함) • 자위소방대 및 초기대응체계 구성 등 이론·실습·평가 • 작동점검표 작성 실습·평가 • 피난시설, 방화구획 및 방화시설의 관리 • 응급처치 이론·실습·평가 • 소방안전 교육 및 훈련 이론·실습·평가 • 화재시 초기대응 및 피난 실습·평가 • 업무수행기록의 작성·유지 실습·평가 • 형성평가(시험)	40시간
3급 소방안전 관리자	• 소방관계법령 • 화재일반 • 화기취급감독 및 화재위험작업 허가·관리 • 위험물·전기·가스 안전관리 • 소방시설(소화기, 경보설비, 피난구조설비)의 구조·점검·실습·평가 • 소방계획 수립 이론·실습·평가(업무수행기록의 작성·유지 실습·평가 및 피난약자의 피난계획 등 포함) • 작동점검표 작성 실습·평가 • 응급처치 이론·실습·평가 • 소방안전 교육 및 훈련 이론·실습·평가 • 화재시 초기대응 및 피난 실습·평가 • 형성평가(시험)	24시간
업무대행 감독자	• 소방관계법령 • 소방안전관리 업무대행 감독 • 소방시설 유지·관리 • 화기취급감독 및 위험물·전기·가스 안전관리 • 소방계획 수립 이론·실습·평가(업무수행기록의 작성·유지 및 피난약자의 피난계획 등 포함) • 자위소방대 구성운영 등 이론·실습·평가 • 응급처치 이론·실습·평가 • 소방안전 교육 및 훈련 이론·실습·평가 • 화재시 초기대응 및 피난 실습·평가 • 형성평가(수료)	16시간

건설현장 소방안전 관리자	• 소방관계법령 • 건설현장 관련 법령 • 건설현장 화재일반 • 건설현장 위험물·전기·가스 안전관리 • 임시소방시설의 구조·점검·실습·평가 • 화기취급감독 및 화재위험작업 허가·관리 • 건설현장 소방계획 이론·실습·평가 • 초기대응체계 구성·운영 이론·실습·평가 • 건설현장 피난계획 수립 • 건설현장 작업자 교육훈련 이론·실습·평가 • 응급처치 이론·실습·평가 • 형성평가(수료)	24시간

※ '수료'만 해도 되는 것
① 공공기관
② 업무대행 감독자
③ 건설현장

② 교육과정별 교육시간 운영 편성기준

구 분	시간 합계	이론(30%)	실무(70%)	
			일반(30%)	실습 및 평가(40%)
특급 소방안전관리자	160시간	48시간	48시간	64시간
1급 소방안전관리자	80시간	24시간	24시간	32시간
2급 및 공공기관 소방안전관리자	40시간	12시간	12시간	16시간
3급 소방안전관리자	24시간	7시간	7시간	10시간
업무대행감독자	16시간	5시간	5시간	6시간
건설현장 소방안전관리자	24시간	7시간	7시간	10시간

2 한국소방안전원의 시설기준(화재예방법 시행규칙 [별표 10])

① 사무실 : 60m² 이상
② 강의실 : 100m² 이상
③ 실습·실험실 : 100m² 이상

출제경향분석

CHAPTER 04 소방시설공사업법령

① 소방시설공사업법
15% (3문제)

② 소방시설공사업법 시행령
5% (1문제)

③ 소방시설공사업법 시행규칙
10% (2문제)

6문제

CHAPTER 04 소방시설공사업법령

1 소방시설공사업법

출제확률 15% (3문제)

1 소방시설업의 종류(공사업법 2조)

소방시설설계업	소방시설공사업	소방공사감리업	방염처리업
소방시설공사에 기본이 되는 공사계획·설계도면·설계설명서·기술계산서 등을 작성하는 영업	설계도서에 따라 소방시설을 신설·증설·개설·이전·정비하는 영업	소방시설공사가 설계도서 및 관계법령에 따라 적법하게 시공되는지 여부의 확인과 기술지도를 수행하는 영업	방염대상물품에 대하여 방염처리하는 영업

2 소방시설업(공사업법 2·4·6·7조)

① 등록권자 ┐
② 등록사항변경 ├ 시·도지사
③ 지위승계 ┘
④ 등록기준 ┬ 자본금(개인은 자산평가액)
           └ 기술인력
⑤ 종류 ┬ 소방시설 설계업
       ├ 소방시설 공사업
       ├ 소방공사 감리업
       └ 방염처리업
⑥ 업종별 영업범위: 대통령령

3 등록 결격사유 및 등록취소

(1) 소방시설업의 등록결격사유(공사업법 5조)

① 피성년후견인
② 금고 이상의 실형을 선고받고 그 집행이 끝나거나(집행이 끝난 것으로 보는 경우 포함) 면제된 날부터 **2년**이 지나지 아니한 사람
③ 금고 이상의 형의 집행유예를 선고받고 그 유예기간 중에 있는 사람
④ 시설업의 등록이 취소된 날부터 **2년**이 지나지 아니한 자
⑤ 법인의 **대표자**가 위 ①~④에 해당되는 경우
⑥ 법인의 **임원**이 위 ②~④에 해당되는 경우

Key Point

＊ 소방시설업 등록기준
① 자본금
② 기술인력

＊ 소방시설업의 영업범위
대통령령

(2) **소방시설업의 등록취소**(공사업법 9조)
　① **거짓** 그 밖의 **부정한 방법**으로 등록을 한 경우
　② **등록결격사유**에 해당된 경우
　③ 영업정지 기간 중에 소방시설공사 등을 한 경우

> **착공신고·완공검사 등**(공사업법 13·14·15조)
> ① 소방시설공사의 착공신고 ┐
> ② 소방시설공사의 완공검사 ├ **소방본부장·소방서장**
> ③ 하자보수 기간 : **3일 이내**

4 소방공사감리 및 하도급

(1) **소방공사감리**(공사업법 16·18·20조)
　① 감리의 종류와 방법 : **대통령령**
　② 감리원의 세부적인 배치기준 : **행정안전부령**
　③ 공사감리결과
　　　㈎ 서면통지 ┬ 관계인
　　　　　　　　├ 도급인
　　　　　　　　└ 건축사
　　　㈏ 결과보고서 제출 : **소방본부장·소방서장**

※ **도급인**
공사를 발주하는 사람

※ **도급계약의 해지**
30일 이상

(2) **하도급범위**(공사업법 21·22조)
　① 도급받은 소방시설공사의 일부를 다른 공사업자에게 하도급할 수 있다. 하수급인은 제3자에게 다시 하도급 불가
　② 소방시설공사의 시공을 하도급할 수 있는 경우(공사업령 12조 ①항)
　　　㈎ 주택건설사업
　　　㈏ 건설업
　　　㈐ 전기공사업
　　　㈑ 정보통신공사업

> **소방기술자의 의무**(공사업법 27조)
> 소방기술자는 동시에 **2 이상**의 업체에 **취업**하여서는 **아니 된다**(1개 업체에 취업).

5 권한의 위탁(공사업법 33조)

업무	위탁	권한
• 실무교육	• 한국소방안전원 • 실무교육기관	• 소방청장
• 소방기술과 관련된 자격·학력·경력의 인정 • 소방기술자 양성·인정 교육훈련 업무	• 소방시설업자협회 • 소방기술과 관련된 법인 또는 단체	• 소방청장
• 시공능력평가	• 소방시설업자협회	• 소방청장 • 시·도지사

6 벌칙

(1) 3년 이하의 징역 또는 3000만원 이하의 벌금(공사업법 35조)
① 소방시설업 무등록자
② 부정한 청탁을 받고 재물 또는 재산상의 이익을 취득하거나 부정한 청탁을 하면서 재물 또는 재산상의 이익을 제공한 자

(2) 1년 이하의 징역 또는 1000만원 이하의 벌금(공사업법 36조)
① 영업정지처분 위반자
② 거짓 감리자
③ 공사감리자 미지정자
④ 소방시설 설계·시공·감리 하도급자
⑤ 소방시설공사 재하도급자
⑥ 소방시설업자가 아닌 자에게 소방시설공사 등을 도급한 관계인

(3) 100만원 이하의 벌금(공사업법 38조)
① 거짓보고 또는 자료 미제출자
② 관계공무원의 출입 또는 검사·조사를 거부·방해 또는 기피한 자

✱ **3년 이하의 징역**
소방시설업 미등록자

✱ **300만원 이하의 벌금**
① 등록증·등록수첩 빌려준 자
② 다른 자에게 자기의 성명이나 상호를 사용하여 소방시설공사 등을 수급 또는 시공하게 한 자
③ 감리원 미배치자
④ 소방기술인정 자격수첩 빌려준 자
⑤ 2 이상의 업체 취업한 자
⑥ 소방시설업자나 관계인 감독시 관계인의 업무를 방해하거나 비밀누설

2 소방시설공사업법 시행령

1 소방시설공사의 하자보수보증기간 (공사업령 6조)

보증기간	소방시설
2년	① 유도등·피난기구 ② 비상조명등·비상경보설비·비상방송설비 ③ 무선통신보조설비
3년	① 자동소화장치 ② 옥내·외소화전설비 ③ 스프링클러설비 ④ 물분무등소화설비·소화용수설비 ⑤ 자동화재탐지설비·소화활동설비(무선통신보조설비 제외) ⑥ 화재알림설비

※ 하자보수 보증기간 (2년)
① 유도등
② 비상경보설비·비상조명등·비상방송설비
③ 피난기구
④ 무선통신 보조설비

2 소방시설업

(1) 소방시설설계업 (공사업령 〔별표 1〕)

종류	기술인력	영업범위
전문	• 주된 기술인력 : 1명 이상 • 보조기술인력 : 1명 이상	• 모든 특정소방대상물
일반	• 주된 기술인력 : 1명 이상 • 보조기술인력 : 1명 이상	• 아파트(기계분야 제연설비 제외) • 연면적 30000m²(공장 10000m²) 미만(기계분야 제연설비 제외) • 위험물 제조소 등

※ 소방시설설계업의 보조기술인력

업 종	보조기술인력
전문설계업	1명 이상
일반설계업	1명 이상

(2) 소방시설공사업 (공사업령 〔별표 1〕)

종류	기술인력	자본금	영업범위
전문	• 주된 기술인력 : 1명 이상 • 보조기술인력 : 2명 이상	• 법인 : 1억원 이상 • 개인 : 1억원 이상	• 특정소방대상물
일반	• 주된 기술인력 : 1명 이상 • 보조기술인력 : 1명 이상	• 법인 : 1억원 이상 • 개인 : 1억원 이상	• 연면적 10000m² 미만 • 위험물제조소 등

※ 소방시설공사업의 보조기술인력

업 종	보조기술인력
전문공사업	2명 이상
일반공사업	1명 이상

(3) 소방공사감리업 (공사업령 〔별표 1〕)

종류	기술인력	영업범위
전문	• 소방기술사 1명 이상 • **특급**감리원 1명 이상 • **고급**감리원 1명 이상 • **중급**감리원 1명 이상 • **초급**감리원 1명 이상	• 모든 특정소방대상물
일반	• **특급**감리원 1명 이상 • **고급** 또는 **중급**감리원 1명 이상 • **초급**감리원 1명 이상	• 아파트(기계분야 제연설비 제외) • 연면적 30000m²(공장 10000m²) 미만 (기계분야 제연설비 제외) • 위험물 제조소 등

(4) 방염처리업(공사업령 〔별표 1〕)

업종별 \ 항목	실험실	영업범위
섬유류 방염업	1개 이상 갖출 것	**커튼·카펫** 등 섬유류를 주된 원료로 하는 방염대상물품을 제조 또는 가공 공정에서 방염처리
합성수지류 방염업		**합성수지류**를 주된 원료로 하는 방염대상물품을 제조 또는 가공 공정에서 방염처리
합판·목재류 방염업		**합판** 또는 **목재류**를 제조·가공 공정 또는 설치 현장에서 방염처리

※ 방염처리업 종류
① 섬유류 방염업
② 합성수지류 방염업
③ 합판·목재류 방염업

③ 소방시설공사업법 시행규칙

1 소방시설업(공사업규칙 3·4·6·7조)

내용		날짜
• 등록증 재발급	지위승계·분실 등	3일 이내
	변경 신고 등	5일 이내
• 등록서류보완		10일 이내
• 등록증 발급		15일 이내
• 등록사항 변경신고 • 지위승계 신고시 서류제출		30일 이내

※ 소방시설업
① 소방시설설계업
② 소방시설공사업
③ 소방공사감리업
④ 방염처리업

소방시설업 등록신청 자산평가액·기업진단보고서 : 신청일 90일 이내에 작성한 것

2 공사 및 공사감리자

(1) 소방시설공사(공사업규칙 12조)

내용	날짜
• 착공·변경신고처리	2일 이내
• 중요사항 변경시의 신고	30일 이내

(2) 소방공사감리자(공사업규칙 15조)

내용	날짜
• 지정·변경신고처리	2일 이내
• 변경서류 제출	30일 이내

※ 소방공사감리의 종류
① 상주공사감리 : 연면적 30000m² 이상
② 일반공사감리

3 공사감리원

(1) 소방공사감리원의 세부배치기준(공사업규칙 16조)

감리대상	책임감리원
일반공사감리대상	• 주1회 이상 방문감리 • 담당감리현장 5개 이하로서 연면적 총합계 100000m² 이하

(2) 소방공사 감리원의 배치 통보(공사업규칙 17조)

① 통보대상 : **소방본부장·소방서장**
② 통보일 : 배치일로부터 **7일 이내**

4 소방시설공사 시공능력 평가의 신청·평가(공사업규칙 22·23조)

제출일	내용
① 매년 2월 15일	• 공사실적증명서류 • 소방시설업 등록수첩 사본 • 소방기술자 보유현황 • 신인도 평가신고서

※ 시공능력평가자
시공능력 평가 및 공사에 관한 업무를 위탁받은 법인으로서 소방청장의 허가를 받아 설립된 법인

② 매년 4월 15일(법인) ③ 매년 6월 10일(개인)	• 법인세법 · 소득세법 신고서 • 재무제표 • 회계서류 • 출자, 예치 · 담보 금액확인서
④ 매년 7월 31일	• 시공능력평가의 공시

비교

실무교육기관

보고일	내 용
매년 1월말	• 교육실적보고
다음연도 1월말	• 실무교육대상자 관리 및 교육실적보고
매년 11월 30일	• 다음 연도 교육계획 보고

5 실무교육

(1) 소방기술자의 실무교육(공사업규칙 26조)

① 실무교육실시 : 2년마다 1회 이상
② 실무교육 통지 : 10일 전
③ 실무교육 필요사항 : **소방청장**

※ 소방기술자의 실무교육
① 실무교육실시 : 2년마다 1회 이상
② 실무교육 통지 : 10일 전

(2) 소방기술자 실무교육기관(공사업규칙 31~35조)

내 용	날 짜
• 교육계획의 변경보고 • 지정사항 변경보고	10일 이내
• 휴 · 폐업 신고	14일 전까지
• 신청서류 보완	15일 이내
• 지정서 발급	30일 이내

6 시공능력평가의 산정식(공사업규칙 〔별표 4〕)

① **시공능력평가액**=실적평가액+자본금평가액+기술력평가액+경력평가액±신인도평가액
② **실적평가액**=연평균공사실적액
③ **자본금평가액**=(실질자본금×실질자본금의 평점+소방청장이 지정한 금융회사 또는 소방산업공제 조합에 출자 · 예치 · 담보한 금액)×$\frac{70}{100}$
④ **기술력평가액**=전년도 공사업계의 기술자 1인당 평균생산액×보유기술인력가중치합계 ×$\frac{30}{100}$+전년도 기술개발투자액
⑤ **경력평가액**=실적평가액×공사업경영기간 평점×$\frac{20}{100}$
⑥ **신인도평가액**=(실적평가액+자본금평가액+기술력평가액+경력평가액)×신인도 반영 비율 합계

※ 시공능력 평가 및 공사방법
행정안전부령

출제경향분석

CHAPTER 05 위험물안전관리법령

① 위험물안전관리법
6% (1문제)

3문제

② 위험물안전관리법 시행령
5% (1문제)

③ 위험물안전관리법 시행규칙
4% (1문제)

CHAPTER 05 위험물안전관리법령

1 위험물안전관리법

1 위험물

(1) 위험물의 저장·운반·취급에 대한 적용 제외(위험물법 3조)
① 항공기
② 선박
③ 철도(기차)
④ 궤도

> **비교**
>
> **소방대상물**
> (1) 건축물　　(2) 차량　　(3) 선박(매어둔 것)　　(4) 선박건조구조물
> (5) 인공구조물　　(6) 물건　　(7) 산림

(2) 위험물(위험물법 4·5조)
① 지정수량 미만인 위험물의 저장·취급 : **시·도의 조례**
② 위험물의 임시저장기간 : **90일 이내**

2 제조소

(1) 제조소 등의 설치허가(위험물법 6조)
① 설치허가자 : **시·도지사**
② 설치허가 제외장소
　㈎ **주택**의 난방시설(공동주택의 중앙난방시설은 제외)을 위한 **저장소** 또는 **취급소**
　㈏ 지정수량 **20배** 이하의 **농예용·축산용·수산용** 난방시설 또는 건조시설의 **저장소**
③ 제조소 등의 변경신고 : 변경하고자 하는 날의 **1일 전까지**

(2) 제조소 등의 시설기준(위험물법 6조)
① 제조소 등의 **위치**
② 제조소 등의 **구조**
③ 제조소 등의 **설비**

(3) 제조소 등의 승계 및 용도폐지(위험물법 10·11조)

제조소 등의 승계	제조소 등의 용도폐지
① 신고처 : 시·도지사	① 신고처 : 시·도지사
② 신고기간 : 30일 이내	② 신고일 : 14일 이내

Key Point

❋ 위험물 임시저장 기간
90일 이내

❋ **완공검사**(위험물법 9)
① 제조소 등 : 시·도지사
② 소방시설공사 : 소방본부장·소방서장

❋ 제조소 등의 승계
30일 이내에 시·도지사에게 신고

※ 과징금
위반행위에 대한 제재로서 부과하는 금액

3 과징금(소방시설법 36조 · 공사업법 10조 · 위험물법 13조)

3000만원 이하	2억원 이하
• 소방시설관리업 영업정지 처분 갈음	• 제조소 사용정지 처분 갈음 • 소방시설업(설계업 · 감리업 · 공사업 · 방염업) 영업정지 처분 갈음

4 위험물 안전관리자(위험물법 15조)

(1) 선임신고
  ① 소방안전관리자
  ② 위험물 안전관리자
  → 14일 이내에 소방본부장 · 소방서장에게 신고

(2) 제조소 등의 안전관리자의 자격 : 대통령령

날 짜	내 용
14일 이내	• 위험물 안전관리자의 선임신고
30일 이내	• 위험물 안전관리자의 재선임 • 위험물 안전관리자의 직무대행

> **중요** **예방규정**(위험물법 17조)
> 예방규정의 제출자 : 시 · 도지사

※ 예방규정
제조소 등의 화재예방과 화재 등 재해발생시의 비상조치를 위한 규정

※ 1000만원 이하의 벌금
① 위험물 취급에 관한 안전관리와 감독하지 않은 자
② 위험물 운반에 관한 중요기준 위반
③ 위험물안전관리자 또는 그 대리자가 참여하지 아니한 상태에서 위험물을 취급한 자
④ 변경한 예방규정을 제출하지 아니한 관계인으로서 제조소 등의 설치 허가를 받은 자
⑤ 관계인의 정당업무 방해 또는 출입 · 검사 등의 비밀누설
⑥ 운송규정을 위반한 위험물운송자

5 벌칙

(1) 1년 이하의 징역 또는 1000만원 이하의 벌금(위험물법 35조)
  ① 제조소 등의 정기점검기록 허위 작성
  ② **자체소방대**를 두지 않고 제조소 등의 허가를 받은 자
  ③ **위험물 운반용기**의 검사를 받지 않고 유통시킨 자
  ④ 제조소 등의 긴급 사용정지 위반자

(2) **500만원 이하의 과태료**(위험물법 39조)
  ① 위험물의 임시저장 미승인
  ② 위험물의 운반에 관한 세부기준 위반
  ③ 제조소 등의 지위 승계 허위신고 · 미신고
  ④ 예방규정을 준수하지 아니한 자
  ⑤ 제조소 등의 **점검결과** 기록보존 아니한 자
  ⑥ 위험물의 **운송기준** 미준수자
  ⑦ 제조소 등의 폐지 허위 신고

2 위험물안전관리법 시행령

출제확률 (1문제)

1 예방규정을 정하여야 할 제조소 등 (위험물령 15조)

① 10배 이상의 제조소·일반취급소
② 100배 이상의 옥외저장소
③ 150배 이상의 옥내저장소
④ 200배 이상의 옥외 탱크 저장소
⑤ 이송취급소
⑥ 암반탱크저장소

중요 제조소 등의 재발급 완공검사합격확인증 제출 (위험물령 10조)
① 제출일 : 10일 이내
② 제출대상 : 시·도지사

※ **예방규정**
제조소 등의 화재예방과 화재 등 재해발생 시의 비상조치를 위한 규정

2 위험물

(1) 운송책임자의 감독·지원을 받는 위험물 (위험물령 19조)

① 알킬알루미늄
② 알킬리튬
③ 알킬리튬·알킬알루미늄이 함유된 물질

(2) 위험물 (위험물령 〔별표 1〕)

유 별	성 질	품 명	
제1류	산화성 고체	• 아염소산염류 • 과염소산염류 • 무기과산화물	• 염소산염류 • 질산염류
제2류	가연성 고체	• 황화인 • 황	• 적린 • 마그네슘
제3류	자연발화성 물질 및 금수성 물질	• 황린 • 나트륨	• 칼륨
제4류	인화성 액체	• 특수인화물 • 알코올류	• 석유류 • 동식물유류
제5류	자기반응성 물질	• 셀룰로이드 • 나이트로화합물 • 아조화합물	• 유기과산화물 • 나이트로소화합물
제6류	산화성 액체	• 과염소산 • 질산	• 과산화수소

※ **가연성 고체**
고체로서 화염에 의한 발화의 위험성 또는 인화의 위험성을 판단하기 위하여 고시로 정하는 시험에서 고시로 정하는 성질과 상태를 나타내는 것

※ **자연발화성**
어떤 물질이 외부로부터 열의 공급을 받지 아니하고 온도가 상승하는 성질

※ **금수성**
물의 접촉을 피하여야 하는 것

중요 제4류 위험물(위험물령 〔별표 1〕)

성질	품명		지정수량	대표물질
인화성 액체	특수인화물		50*l*	• 다이에틸에터 • 이황화탄소
	제1석유류	비수용성	200*l*	• 휘발유 • 콜로디온
		수용성	400*l*	• 아세톤
	알코올류		400*l*	• 변성알코올
	제2석유류	비수용성	1000*l*	• 등유 • 경유
		수용성	2000*l*	• 아세트산
	제3석유류	비수용성	2000*l*	• 중유 • 크레오소트유
		수용성	4000*l*	• 글리세린
	제4석유류		6000*l*	• 기어유 • 실린더유
	동식물유류		10000*l*	• 아마인유

(3) **위험물**(위험물령 〔별표 1〕)

① 과산화수소 : 농도 36wt% 이상
② 황 : 순도 60wt% 이상
③ 질산 : 비중 1.49 이상

3 위험물 탱크 안전성능시험자의 기술능력·시설·장비(위험물령 〔별표 7〕)

기술능력(필수인력)	시설	장비(필수장비)
• 위험물기능장·산업기사·기능사 1명 이상 • 비파괴검사기술사 1명 이상·초음파비파괴검사·자기비파괴검사·침투비파괴검사별로 기사 또는 산업기사 각 1명 이상	전용 사무실	• 영상초음파시험기 ㄱ • 방사선투과시험기 ├ 택 1 및 초음파시험기 ┘ • 자기탐상시험기 • 초음파두께측정기

※ **판매취급소**
점포에서 위험물을 용기에 담아 판매하기 위하여 지정수량의 **40배** 이하의 위험물을 취급하는 장소

3 위험물안전관리법 시행규칙

1 자체소방대의 설치제외 대상인 일반 취급소 (위험물 규칙 73조)

① 보일러·버너로 위험물을 소비하는 일반취급소
② 이동저장탱크에 위험물을 주입하는 일반취급소
③ 용기에 위험물을 옮겨담는 일반취급소
④ 유압장치·윤활유순환장치로 위험물을 취급하는 일반취급소
⑤ 광산안전법의 적용을 받는 일반취급소

※ **자체소방대의 설치**
광산안전법의 적용을 받지 않는 일반취급소

2 위험물제조소의 안전거리 (위험물 규칙 [별표 4])

안전 거리	대 상
3m 이상	• 7~35kV 이하의 특고압가공전선
5m 이상	• 35kV를 초과하는 특고압가공전선
10m 이상	• **주거용**으로 사용되는 것
20m 이상	• 고압가스 **제조**시설(용기에 충전하는 것 포함) • 고압가스 **사용**시설(1일 30m³ 이상 용적 취급) • 고압가스 **저장**시설 • 액화산소 **소비**시설 • 액화석유가스 제조·저장시설 • 도시가스 공급시설
30m 이상	• 학교 • 병원급 의료기관 • 공연장 ┐ • 영화상영관 ┘ 300명 이상 수용시설 • 아동복지시설 • 노인복지시설 • 장애인복지시설 • 한부모가족복지시설 ┐ • 어린이집 ├ 20명 이상 수용시설 • 성매매피해자 등을 위한 지원시설 • 정신건강증진시설 • 가정폭력 피해자 보호시설
50m 이상	• 지정문화유산 • 천연기념물 등

※ **안전거리**
건축물의 외벽 또는 이에 상당하는 인공구조물의 외측으로부터 해당 제조소의 외벽 또는 이에 상당하는 인공구조물의 외측까지의 수평거리

3 위험물제조소의 표지 설치기준 (위험물 규칙 [별표 4])

① 한 변의 길이가 **0.3m** 이상, 다른 한 변의 길이가 **0.6m** 이상인 직사각형일 것
② 바탕은 **백색**으로, 문자는 **흑색**일 것

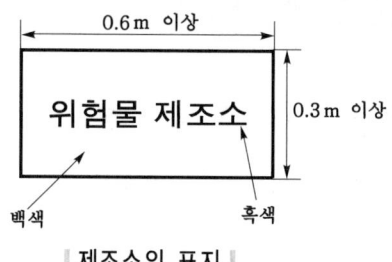

| 제조소의 표지 |

※ 게시판의 기재사항
① 위험물의 유별
② 위험물의 품명
③ 위험물의 저장최대 수량
④ 위험물의 취급최대 수량
⑤ 지정수량의 배수
⑥ 안전관리자의 성명 또는 직명

4 위험물제조소의 게시판 설치기준 (위험물 규칙 〔별표 4〕)

위험물	주의 사항	비 고
• 제1류 위험물(알칼리금속의 과산화물) • 제3류 위험물(금수성 물질)	물기 엄금	**청색**바탕에 **백색**문자
• 제2류 위험물(인화성 고체 제외)	화기 주의	
• 제2류 위험물(인화성 고체) • 제3류 위험물(자연발화성 물질) • 제4류 위험물 • 제5류 위험물	화기 엄금	**적색**바탕에 **백색**문자
• 제6류 위험물	별도의 표시를 하지 않는다.	

비교

※ 위험물 운반용기의 재질
① 강판
② 알루미늄판
③ 양철판
④ 유리
⑤ 금속판
⑥ 종이
⑦ 플라스틱
⑧ 섬유판
⑨ 고무류
⑩ 합성섬유
⑪ 삼
⑫ 짚
⑬ 나무

위험물 운반용기의 주의사항 (위험물 규칙 〔별표 19〕)

위험물		주의사항
제1류 위험물	알칼리금속의 과산화물	• 화기·충격 주의 • 물기 엄금 • 가연물 접촉 주의
	기타	• 화기·충격 주의 • 가연물 접촉 주의
제2류 위험물	철분·금속분·마그네슘	• 화기 주의 • 물기 엄금
	인화성 고체	• 화기 엄금
	기타	• 화기 주의
제3류 위험물	자연발화성 물질	• 화기 엄금 • 공기 접촉 엄금
	금수성 물질	• 물기 엄금
제4류 위험물		• 화기 엄금
제5류 위험물		• 화기 엄금 • 충격 주의
제6류 위험물		• 가연물 접촉 주의

5 주유취급소의 게시판 (위험물 규칙 〔별표 13〕)

주유 중 엔진 정지 : **황색** 바탕에 **흑색** 문자

중요 표시방식

구 분	표시방식
옥외탱크저장소·컨테이너식 이동탱크저장소	**백색** 바탕에 **흑색** 문자
주유취급소	**황색** 바탕에 **흑색** 문자
물기엄금	**청색** 바탕에 **백색** 문자
화기엄금·화기주의	**적색** 바탕에 **백색** 문자

6 위험물제조소 방유제의 용량 (위험물 규칙 〔별표 4〕)

1기의 탱크	방유제용량=탱크용량×0.5
2기 이상의 탱크	방유제용량=최대탱크용량×0.5+기타 탱크용량의 합×0.1

※ 방유제
기름탱크가 흘러넘쳐 화재가 확산되는 것을 방지하기 위해 탱크주위에 설치하는 벽

비교

옥외탱크저장소의 방유제 (위험물 규칙 〔별표 6〕)

구 분	설 명
높이	0.5~3m 이하
탱크	10기(모든 탱크용량이 **20만**l 이하, 인화점이 70~200℃ 미만은 **20기**) 이하
면적	80000m² 이하
용량	• 1기 이상 : **탱크용량**×110% 이상 • 2기 이상 : **최대용량**×110% 이상

※ 지정수량의 **10배** 이상의 위험물을 취급하는 제조소(**제6류 위험물**을 취급하는 위험물제조소 제외)에는 **피뢰침**을 설치하여야 한다.

7 옥내저장소의 보유공지 (위험물 규칙 〔별표 5〕)

위험물의 최대수량	공지너비	
	내화구조	기타구조
지정수량의 5배 이하	-	0.5m 이상
지정수량의 5배 초과 10배 이하	1m 이상	1.5m 이상
지정수량의 10배 초과 20배 이하	2m 이상	3m 이상
지정수량의 20배 초과 50배 이하	3m 이상	5m 이상
지정수량의 50배 초과 200배 이하	5m 이상	10m 이상
지정수량의 200배 초과	10m 이상	15m 이상

※ 보유공지
위험물을 취급하는 건축물, 그 밖의 시설의 주위에 마련해 놓은 안전을 위한 빈터

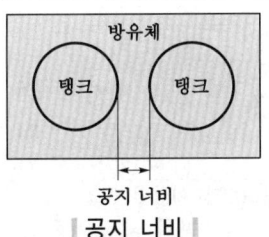

|공지 너비|

※ 보유공지 너비

위험물의 최대수량	공지 너비
지정수량 10배 이하	3m 이상
지정수량 10배 초과	5m 이상

※ 토제
흙으로 만든 방죽

중요

① **옥외저장소의 보유공지**(위험물 규칙 〔별표 11〕)

위험물의 최대수량	공지의 너비
지정수량의 10배 이하	3m 이상
지정수량의 11~20배 이하	5m 이상
지정수량의 21~50배 이하	9m 이상
지정수량의 51~200배 이하	12m 이상
지정수량의 200배 초과	15m 이상

② **옥외탱크저장소의 보유공지**(위험물 규칙 〔별표 6〕)

위험물의 최대수량	공지의 너비
지정수량의 500배 이하	3m 이상
지정수량의 501~1000배 이하	5m 이상
지정수량의 1001~2000배 이하	9m 이상
지정수량의 2001~3000배 이하	12m 이상
지정수량의 3001~4000배 이하	15m 이상
지정수량의 4000배 초과	당해 탱크의 수평단면의 **최대지름**(가로형인 경우에는 긴 변)과 **높이** 중 **큰 것**과 같은 거리 이상(단, 30m 초과의 경우에는 **30m 이상**으로 할 수 있고, 15m 미만의 경우에는 **15m 이상**)

③ **지정과산화물의 옥내저장소의 보유공지**(위험물 규칙 〔별표 5〕)

저장 또는 취급하는 위험물의 최대수량	공지의 너비	
	저장창고의 주위에 담 또는 토제를 설치하는 경우	기타의 경우
5배 이하	3.0m 이상	10m 이상
6~10배 이하	5.0m 이상	15m 이상
11~20배 이하	6.5m 이상	20m 이상
21~40배 이하	8.0m 이상	25m 이상
41~60배 이하	10.0m 이상	30m 이상
61~90배 이하	11.5m 이상	35m 이상
91~150배 이하	13.0m 이상	40m 이상
151~300배 이하	15.0m 이상	45m 이상
300배 초과	16.5m 이상	50m 이상

8 옥외 탱크 저장소의 방유제 (위험물 규칙 〔별표 6〕)

구 분	설 명
높이	0.5~3m 이하
탱크	**10기**(모든 탱크용량이 **20만**l 이하, 인화점이 70~200℃ 미만은 **20기**) 이하
면적	80000m² 이하
용량	• 1기 이상 : **탱크용량**×110% 이상 • 2기 이상 : **최대용량**×110% 이상

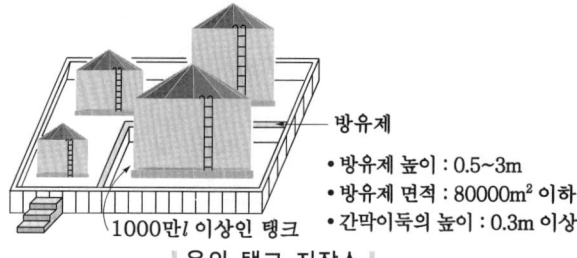

• 방유제 높이 : 0.5~3m
• 방유제 면적 : 80000m² 이하
• 간막이둑의 높이 : 0.3m 이상

│ 옥외 탱크 저장소 │

9 거리

거 리	설 명
0.15m(15cm) 이상	이동저장 탱크 배출밸브 수동폐쇄장치 **레버**의 길이(위험물 규칙 [별표 10]) 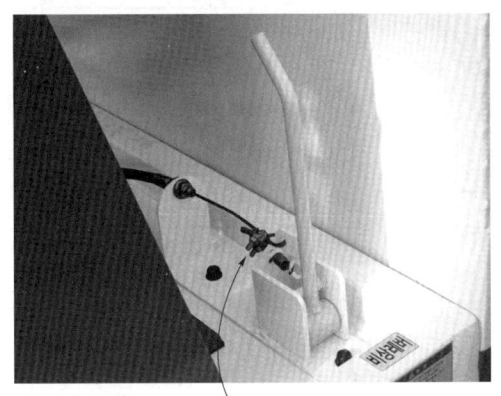 수동폐쇄장치(레버) : 길이 15cm 이상 ∥ 이동저장 탱크 배출밸브 수동폐쇄장치 레버 ∥
0.2m 이상	CS_2 옥외 탱크 저장소의 **두께**(위험물 규칙 [별표 6])
0.3m 이상	지하 탱크 저장소의 철근 콘크리트조 **뚜껑** 두께(위험물 규칙 [별표 8])
0.5m 이상	① **옥내 탱크 저장소**의 탱크 등의 **간격**(위험물 규칙 [별표 7]) ② 지정수량 100배 이하의 지하 탱크 저장소의 상호간격(위험물 규칙 [별표 8])
0.6m 이상	지하 탱크 저장소의 철근 콘크리트 뚜껑 크기(위험물 규칙 [별표 8])
1m 이내	이동 탱크 저장소 측면틀 탱크 상부 **네 모퉁**이에서의 위치(위험물 규칙 [별표 10])
1.5m 이하	황 옥외저장소의 **경계표시** 높이(위험물 규칙 [별표 11])
2m 이상	주유취급소의 **담** 또는 **벽**의 높이(위험물 규칙 [별표 13])
4m 이상	주유취급소의 **고정주유설비**와 **고정급유설비** 사이의 **이격거리**(위험물 규칙 [별표 13])
5m 이내	주유취급소의 주유관의 길이(위험물 규칙 [별표 13])
6m 이하	옥외저장소의 **선반** 높이(위험물 규칙 [별표 11])
50m 이내	이동 탱크 저장소의 **주입설비**의 길이(위험물 규칙 [별표 10])

※ **방유제**
위험물의 유출을 방지하기 위하여 위험물 옥외탱크저장소의 주위에 철근콘크리트 또는 흙으로 둑을 만들어 놓은 것

10 용량

용 량	설 명
100l 이하	① 셀프용 고정주유설비 **휘발유 주유량**의 상한(위험물 규칙 [별표 13]) ② 셀프용 고정주유설비 **급유량**의 상한(위험물 규칙 [별표 13])
400l 이상	이송취급소 **기자재창고 포소화약제** 저장량(위험물 규칙 [별표 15])
600l 이하	① 간이 탱크 저장소의 탱크 용량(위험물 규칙 [별표 9]) ② 셀프용 고정주유설비 **경유** 주유량의 상한(위험물 규칙 [별표 13])
1900l 미만	**알킬알루미늄** 등을 저장·취급하는 이동저장 탱크의 용량(위험물 규칙 [별표 10])
2000l 미만	이동저장 탱크의 방파판 설치제외(위험물 규칙 [별표 10])

※ **고정주유설비와 고정급유설비**
① 고정주유설비 펌프기기 및 호스기기로 되어 위험물을 자동차 등에 직접 주유하기 위한 설비로서 현수식 포함
② 고정급유설비 펌프기기 및 호스기기로 되어 위험물을 용기에 채우거나 이동저장탱크에 주입하기 위한 설비로서 현수식 포함

2000 l 이하	주유취급소의 폐유 탱크 용량(위험물 규칙 [별표 13])
4000 l 이하	이동저장 탱크의 칸막이 설치(위험물 규칙 [별표 10])
40000 l 이하	일반취급소의 지하전용 탱크의 용량(위험물 규칙 [별표 16])
60000 l 이하	**고속국도** 주유취급소의 특례(위험물 규칙 [별표 13])
50만~100만 l 미만	**준특정 옥외 탱크 저장소**의 용량(위험물 규칙 [별표 6])
100만 l 이상	① **특정 옥외 탱크 저장소**의 용량(위험물 규칙 [별표 6]) ② 옥외저장 탱크의 **개폐상황 확인장치** 설치(위험물 규칙 [별표 6])
1000만 l 이상	옥외저장탱크의 **간막이 둑** 설치용량(위험물 규칙 [별표 6])

11 온도

온 도	설 명
15℃ 이하	**압력 탱크 외**의 **아세트알데하이드**의 온도(위험물 규칙 [별표 18])
21℃ 미만	① 옥외저장 탱크의 **주입구 게시판** 설치(위험물 규칙 [별표 6]) ② 옥외저장 탱크의 **펌프 설비 게시판** 설치(위험물 규칙 [별표 6])
30℃ 이하	**압력 탱크 외**의 **다이에틸에터·산화프로필렌**의 온도(위험물 규칙 [별표 18])
38℃ 이상	**보일러** 등으로 위험물을 소비하는 일반취급소(위험물 규칙 [별표 16])
40℃ 미만	이동 탱크저장소의 **원동기** 정지(위험물 규칙 [별표 18])
40℃ 이하	① **압력 탱크**의 다이에틸에터·아세트알데하이드의 온도(위험물 규칙 [별표 18]) ② **보냉장치가 없는** 다이에틸에터·아세트알데하이드의 온도(위험물 규칙 [별표 18])
40℃ 이상	① 지하 탱크 저장소의 배관 윗부분 설치 제외(위험물 규칙 [별표 8]) ② **세정작업**의 일반취급소(위험물 규칙 [별표 16]) ③ 이동저장 탱크의 **주입구 주입호스** 결합 제외(위험물 규칙 [별표 18])
55℃ 이하	옥내저장소의 **용기수납** 저장온도(위험물 규칙 [별표 18])

* 온도

15℃ 이하	30℃ 이하
압력 탱크 외의 아세트알데하이드	압력 탱크 외의 다이에틸에터·산화프로필렌

70℃ 미만	옥내저장소 저장창고의 **배출설비** 구비(위험물 규칙〔별표 5〕) 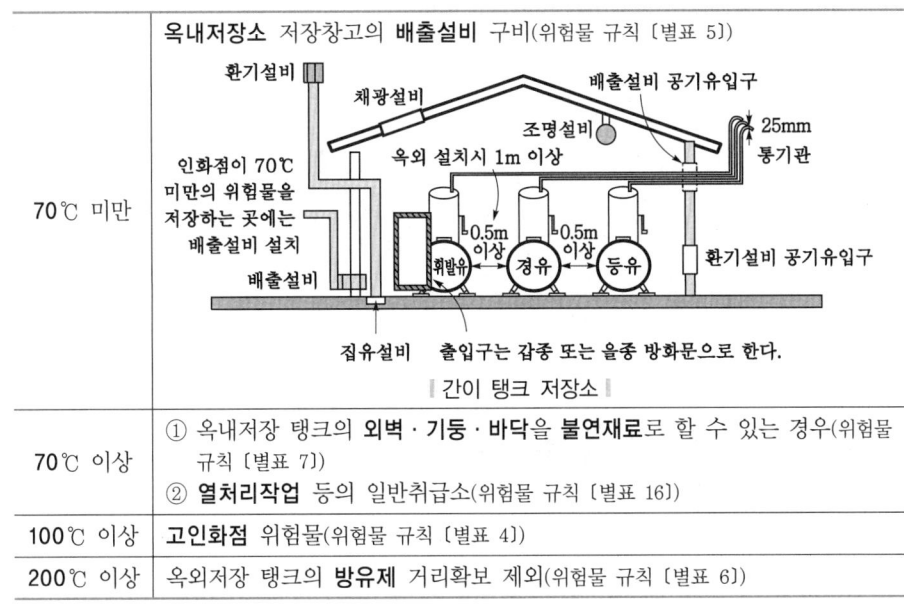 | 간이 탱크 저장소 |
70℃ 이상	① 옥내저장 탱크의 **외벽·기둥·바닥**을 **불연재료**로 할 수 있는 경우(위험물 규칙〔별표 7〕) ② **열처리작업** 등의 일반취급소(위험물 규칙〔별표 16〕)
100℃ 이상	**고인화점** 위험물(위험물 규칙〔별표 4〕)
200℃ 이상	옥외저장 탱크의 **방유제** 거리확보 제외(위험물 규칙〔별표 6〕)

12 위험물의 혼재기준 (위험물 규칙〔별표 19〕)

① 제1류 위험물＋제6류 위험물
② 제2류 위험물＋제4류 위험물
③ 제2류 위험물＋제5류 위험물
④ 제3류 위험물＋제4류 위험물
⑤ 제4류 위험물＋제5류 위험물

※ **제1류 위험물**
① 가연물과의 접촉·혼합·분해를 촉진하는 물품과의 접근 또는 과열·충격·마찰 등을 피할 것
② 알칼리금속의 과산화물 및 이를 함유한 것은 물과의 접촉을 피할 것

※ **제4류 위험물**
① 불티·불꽃·고온체와의 접근 또는 과열을 피할 것
② 함부로 증기를 발생시키지 아니할 것

※ **제5류 위험물**
불티·불꽃·고온체와의 접근이나 과열·충격·마찰을 피할 것

※ **제6류 위험물**
가연물과의 접촉·혼합이나 분해를 촉진하는 물품과 접근·과열을 피할 것

내가 못하면 아무도 못하는 그날까지...

소방전기일반

Chapter 1 직류회로

Chapter 2 정전계

Chapter 3 자 기

Chapter 4 교류회로

Chapter 5 비정현파 교류

Chapter 6 과도현상

Chapter 7 자동제어

Chapter 8 유도전동기

출제경향분석

CHAPTER 01~04 전기회로

* * * * * * * * * *

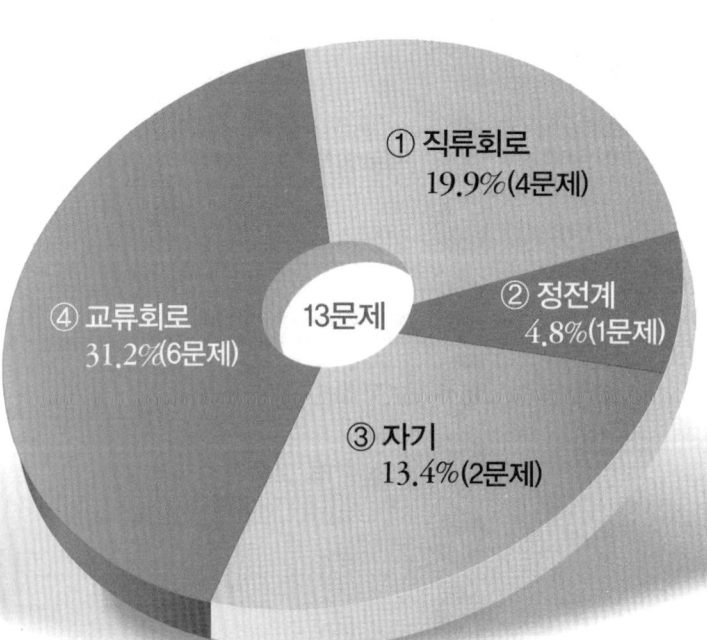

- ① 직류회로 19.9%(4문제)
- ② 정전계 4.8%(1문제)
- ③ 자기 13.4%(2문제)
- ④ 교류회로 31.2%(6문제)

13문제

CHAPTER 01 직류회로

1 전자와 양자

양자는 양전기(+), 전자는 음전기(-)를 가지고 있으며, **같은 종류**의 전기는 **반발**하고 **다른 종류**의 전기는 **흡인**한다.

구 분	설 명
전자의 질량	$m_e = 9.109 \times 10^{-31} \text{kg}$
양자의 질량	$m_p = 1.672 \times 10^{-27} \text{kg}$ (전자의 1840배)
중성자의 질량	$m_p = 1.672 \times 10^{-27} \text{kg}$
전자와 양자의 전기량	$e = 1.602 \times 10^{-19} \text{C}$

$$1\text{eV} = 1.602 \times 10^{-19} \text{J}$$

Key Point

❋ 전자의 질량
  9.109×10^{-31} kg

❋ 양자의 질량
  1.672×10^{-27} kg

❋ 전자·양자의
  전기량
  1.602×10^{-19} C

 문제 1eV는 몇 J인가?
① 1J
② 1.602×10^{-19} J
③ 9.1095×10^{-31} J
④ 1.602×10^{19} J

해설 • 1eV : 전자에 1V의 전위차를 가했을때, 전자에 주어지는 에너지의 단위

답 ②

2 전기회로의 전압과 전류

1 전류와 전압

(1) 전류

① 전류의 방향

전자의 이동과 **반대방향**으로 (+)에서 (-)로 흐른다고 간주한다.

② 전류

$$I = \frac{Q}{t} \text{ [A]}$$

여기서, I : 전류[A]
Q : 전기량[C]
t : 시간[s]

❋ 전류
① 자유전자의 이동
② 단위시간당 전기의 양

❋ 전류
$$I = \frac{Q}{t} \text{ [A]}$$
여기서, I : 전류[A]
Q : 전기량[C]
t : 시간[s]

따라서 1초 동안에 1C의 전기량이 이동하였다면 전류의 세기는 1A가 된다.

문제 단면적이 5cm²인 도체구(전선)가 있다. 이 단면을 $\underset{t}{3s}$ 동안에 $\underset{Q}{30C}$의 전하가 이동하면 $\underset{I}{전류}$는 몇 A가 되는가?

① 20　　　　② 2
③ 90　　　　④ 10

해설 (1) 기호
- t : 3s
- Q : 30C
- I : ?

(2) 전류 $I = \dfrac{Q}{t} = \dfrac{30}{3} = 10\text{A}$

• 단면적은 적용하지 않는 것에 주의할 것

답 ④

(2) 전압

$$V = \dfrac{W}{Q} \text{[V]}, \quad W = QV \text{[J]}$$

여기서, V : 전압[V], W : 일[J], Q : 전기량[C]

중요 기전력과 전압

$E = IR + Ir$
$E = V + Ir$
$E - Ir = V$
$V = E - Ir$

여기서, E : 기전력[V]
V : 전압[V]
r : 전지의 내부저항[Ω]
R : 저항[Ω]

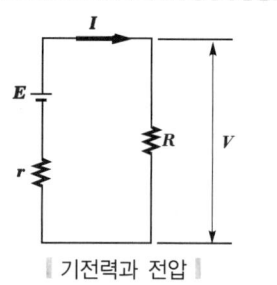

| 기전력과 전압 |

※ 전압과 기전력
(1) 전압
　전기적인 압력
(2) 기전력
　① 전압을 연속적으로 만들어 주는 힘
　② 1C의 전기량이 이동할 때 1J의 일을 하는 두 점간의 전위차

※ 기전력

$E = \dfrac{W}{Q} \text{[V]}$

여기서, E : 기전력[V]
　　　　W : 일[J]
　　　　Q : 전기량[C]

※ 옴의 법칙

$I = \dfrac{V}{R} \text{[A]}$

여기서, I : 전류[A]
　　　　V : 전압[V]
　　　　R : 저항[Ω]

※ 컨덕턴스

$G = \dfrac{1}{R} \text{[℧, S, Ω}^{-1}\text{]}$

여기서,
　G : 컨덕턴스[℧]
　R : 저항[Ω]

2 옴의 법칙

(1) 옴의 법칙

전류는 전압에 비례하고 저항에 반비례한다.

$$I = \dfrac{V}{R} \text{[A]}, \quad I = G \cdot V \text{[A]}$$

여기서, I : 전류[A], V : 전압[V], R : 저항[Ω], G : 컨덕턴스[℧]

$V = I \cdot R \text{[V]}, \quad V = \dfrac{I}{G} \text{[V]}$

$R = \dfrac{V}{I} \text{[Ω]}, \quad G = \dfrac{1}{R} = \dfrac{I}{V} \text{[℧, S, Ω}^{-1}\text{]}$

※ **컨덕턴스(conductance)** : 저항의 역수로 전류의 흐르는 정도를 나타내며 기호는 G, 단위는 ℧(모우 ; mho), S(지멘스 ; siemens), Ω⁻¹로 나타낸다.

Chapter_ 01

> **문제** 옴의 법칙에서 <u>전류</u>는?
> ① 저항에 비례하고 전압에 반비례한다.
> ② 저항에 비례하고 전압에도 비례한다.
> ③ 저항에 반비례하고 전압에 비례한다.
> ④ 저항에 반비례하고 전압에도 반비례한다.
>
> **해설** $I = \dfrac{V}{R}$ [A]에서 전류는 저항에 반비례하고 전압에 비례한다.
>
> • 분모에 있으면 반비례, 분자에 있으면 비례한다고 생각하면 된다.
> • $I = \dfrac{V(비례)}{R(반비례)}$
>
> **답** ③

(2) 전압강하

$$V_2 = V_1 - IR \text{ [V]}$$

여기서, E : 기전력[V]
r : 전지의 내부저항[Ω]
R : 저항[Ω]
R_L : 부하[Ω]

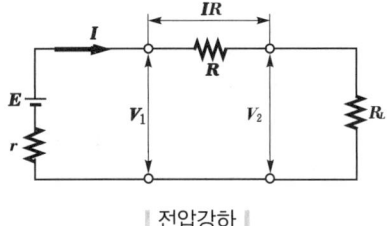

| 전압강하 |

※ **전압강하**
저항에 전류가 흐를 때 저항 양단에 생기는 전위차

중요

$$V = \dfrac{R}{r+R} E$$

$$R = \dfrac{V}{E-V} \cdot r$$

여기서, V : 전압[V]
R : 저항[Ω]
r : 내부저항[Ω]
E : 기전력[V]

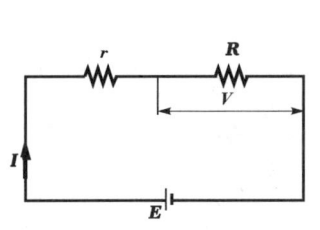

| 단자전압 |

3 저항의 접속

(1) 직렬접속(series connection)

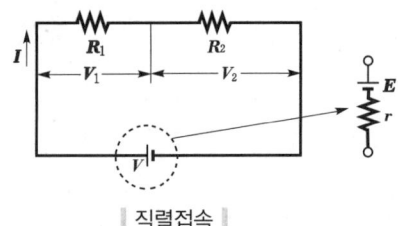

| 직렬접속 |

※ **저항 n개의 직렬 접속**

$$R_0 = nR$$

여기서,
R_0 : 합성저항[Ω]
n : 저항의 개수
R : 1개의 저항[Ω]

※ 직렬접속

$V_1 = \dfrac{R_1}{R_1 + R_2} V \text{[V]}$

$V_2 = \dfrac{R_2}{R_1 + R_2} V \text{[V]}$

① 합성저항

$$R_0 = R_1 + R_2 \,[\Omega]$$

여기서, R_0 : 합성저항[Ω], $R_1 \cdot R_2$: 각각의 저항[Ω]

② $R\,[\Omega]$인 저항 n개를 직렬로 접속한 합성저항

$$R_0 = nR$$

여기서, R_0 : 합성저항[Ω], n : 저항의 개수, R : 1개의 저항[Ω]

③ 각 저항에 걸리는 전압

$$V_1 = \dfrac{R_1}{R_1 + R_2} V \text{[V]}$$

$$V_2 = \dfrac{R_2}{R_1 + R_2} V \text{[V]}$$

여기서, V_1 : R_1에 걸리는 전압[V]
V_2 : R_2에 걸리는 전압[V]
V : 전체전압[V]
$R_1 \cdot R_2$: 각각의 저항[Ω]

컨덕턴스의 직렬접속

$E_1 = \dfrac{G_2}{G_1 + G_2} E$

$E_2 = \dfrac{G_1}{G_1 + G_2} E$

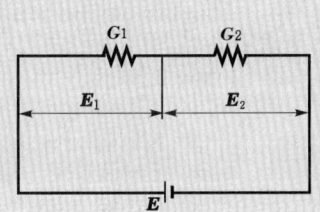

(2) 병렬접속

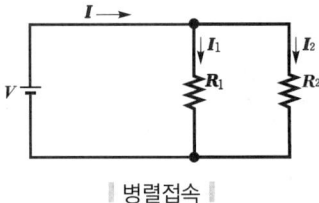

∥ 병렬접속 ∥

※ 저항 n개의 병렬접속

$R_0 = \dfrac{R}{n}$

여기서,
R_0 : 합성저항[Ω]
n : 저항의 개수
R : 1개의 저항[Ω]

① 합성저항

$$R_0 = \dfrac{V}{I} = \dfrac{V}{V\left(\dfrac{1}{R_1} + \dfrac{1}{R_2}\right)} = \dfrac{1}{\dfrac{1}{R_1} + \dfrac{1}{R_2}} \,[\Omega]$$

② R[Ω]인 저항 n개를 병렬로 접속한 합성저항

$$R_0 = \frac{R}{n}$$

여기서, R_0 : 합성저항[Ω], n : 저항의 개수, R : 1개의 저항[Ω]

③ 각 저항에 흐르는 전류

$V = \dfrac{R_1 R_2}{R_1 + R_2} I$ [V]에서

$I_1 = \dfrac{V}{R_1} = \dfrac{R_2}{R_1 + R_2} I$ [A] , $I_2 = \dfrac{V}{R_2} = \dfrac{R_1}{R_1 + R_2} I$ [A]

여기서, I_1 : R_1에 흐르는 전류[A]
I_2 : R_2에 흐르는 전류[A]
I : 전체전류[A]
$R_1 \cdot R_2$: 각각의 저항[Ω]

4 휘트스톤브리지(Wheatstone bridge)

검류계 G의 지시치가 0이면 브리지가 평형되었다고 하며 c, d점 사이의 전위차가 0이다.

$$I_1 P = I_2 Q, \quad I_1 X = I_2 R$$

∴ $PR = QX$ (마주보는 변의 곱은 서로 같다)

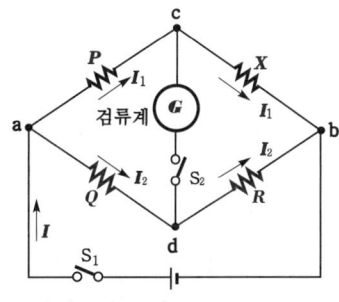

∥ 휘트스톤브리지 ∥

Key Point

❋ 병렬접속
$I_1 = \dfrac{R_2}{R_1 + R_2} I$ [A]
$I_2 = \dfrac{R_1}{R_1 + R_2} I$ [A]

❋ 휘트스톤브리지
0.5~10^5Ω의 중저항 측정

❋ 메거
10^6Ω 이상의 고저항 측정

❋ 휘트스톤브리지 식
$PR = QX$

❋ 등가회로
서로 다른 회로라도 전기적으로는 같은 작용을 하는 회로

❋ 검류계
미약한 전류를 측정하기 위한 계기

❋ 전위차계
0.1Ω 이하의 저저항 측정

중요

전압계	전류계
부하에 **병렬**연결	부하에 **직렬**연결

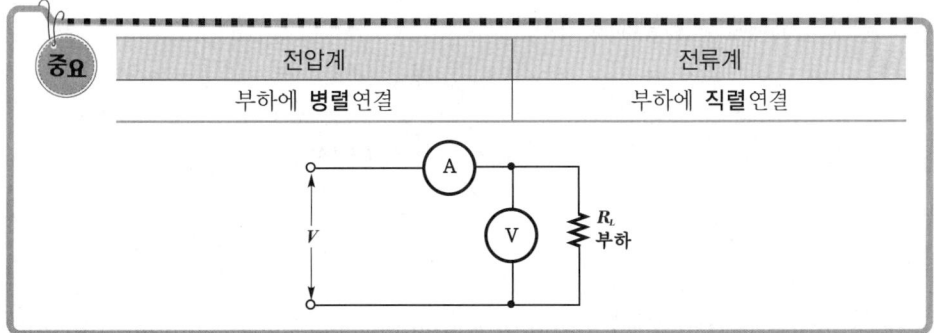

소방전기일반

> **문제** 부하의 전압과 전류를 측정할 때 <u>전압계</u>와 <u>전류계</u>를 연결하는 방법이 옳게 된 것은?
> ① 전압계는 병렬연결, 전류계는 직렬연결한다.
> ② 전압계는 직렬연결, 전류계는 병렬연결한다.
> ③ 전압계와 전류계는 모두 직렬연결한다.
> ④ 전압계와 전류계는 모두 병렬연결한다.
>
> **해설** ① **전압계**는 **병렬연결**, **전류계**는 **직렬연결**한다.
>
> 답 ①

* 키르히호프의 법칙
① 제1법칙(전류법칙)
 $\operatorname{div} I = 0$ 또는
 $\sum I = 0$
② 제2법칙(전압법칙)
 $\sum E = \sum IR$

5 키르히호프의 법칙(Kirchhoff's law)

(1) 제1법칙(전류평형의 법칙 = 전류법칙)
① "회로망 중의 한 점에서 흘러 들어오는 전류의 대수합과 나가는 전류의 대수합은 같다."는 법칙
② "회로망의 임의의 접속점에 유입되는 여러 전류의 총합은 0이다."라는 법칙

$$I_1 + I_2 + I_3 + I_4 + \cdots + I_n = 0 \text{ 또는 } \sum I = 0$$

$I_1 + I_2 = I_3$
이 식을 변형하면
$I_1 + I_2 - I_3 = 0$

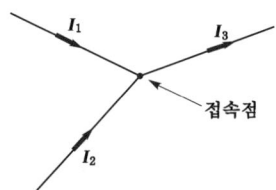

∥ 키르히호프의 제1법칙 ∥

> **문제** 그림에서 i_5 전류의 크기(A)는?
>
>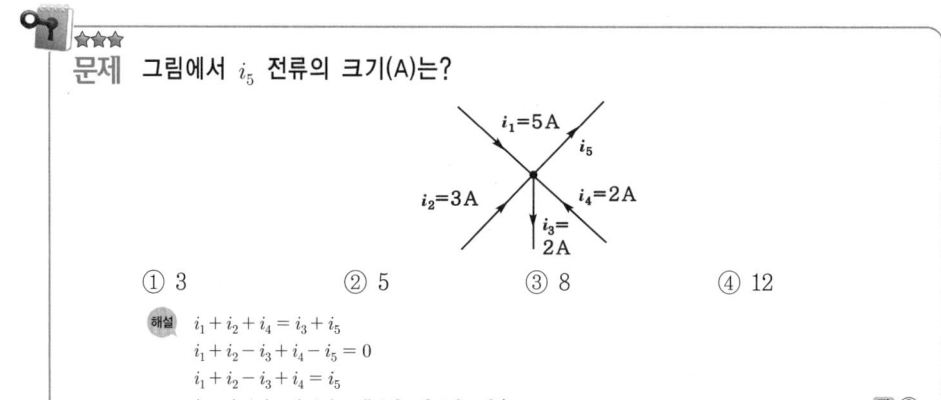
>
> ① 3　　② 5　　③ 8　　④ 12
>
> **해설** $i_1 + i_2 + i_4 = i_3 + i_5$
> $i_1 + i_2 - i_3 + i_4 - i_5 = 0$
> $i_1 + i_2 - i_3 + i_4 = i_5$
> $i_5 = i_1 + i_2 - i_3 + i_4 = 5 + 3 - 2 + 2 = 8A$
>
> 답 ③

Chapter_ 01

(2) 제2법칙(전압평형의 법칙=전압법칙)

"회로망 중의 임의의 폐회로의 기전력의 대수합과 전압강하의 대수합은 같다."는 법칙

$$E_1 + E_2 + E_3 + \ldots + E_n = IR_1 + IR_2 + IR_3 + \ldots + IR_n$$

또는

$$\Sigma E = \Sigma IR$$

$E_1 - E_2 = I_1 R_1 - I_2 R_2$

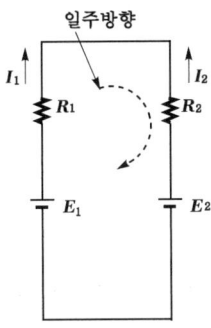

∥ 키르히호프의 제2법칙 ∥

> **중요** 키르히호프의 전압법칙 이용
> ① **집중정수회로**에 적용
> ② 회로소자의 **선형 · 비선형**에 관계없이 적용
> ③ 회로소자의 **시변 · 시불변성**에 적용을 받지 않음

3 전력과 열량

1 전력과 전력량

(1) 전력

옴의 법칙에서

$$V = IR, \quad I = \frac{V}{R} \text{이므로}$$

전력 P 는

$$P = VI = I^2 R = \frac{V^2}{R} \text{[W]}$$

여기서, P : 전력[W], V : 전압[V], I : 전류[A], R : 저항[Ω]

> **중요**
> | 저항이 변할 때 | 저항이 동일할 때 |
> |---|---|
> | $P = VI$ | $P = I^2 R = \dfrac{V^2}{R}$ |

Key Point

※ **회로망**
복잡한 전기회로에서 회로가 구성하는 일정한 망

※ **폐회로**
회로망 중에서 닫혀진 회로

※ **전력**
1초 동안에 전기가 하는 일의 양

※ **전력량**
일정한 시간 동안 전기가 하는 일의 양

※ **전류의 3대 작용**
① 발열작용(열작용)
② 자기작용
③ 화학작용

문제 부하저항 $R[\Omega]$에 5A의 전류가 흐를 때 소비전력이 500W이었다. 부하저항 R은 몇 Ω인가?

① 5
② 10
③ 20
④ 100

해설 (1) 기호
- I : 5A
- P : 500W
- R : ?

(2) $P = I^2 R$에서

저항 $R = \dfrac{P}{I^2} = \dfrac{500}{5^2} = 20\,\Omega$

답 ③

(2) 전력량

옴의 법칙 $V = IR$에서

$$W = VIt = I^2 Rt = Pt \,[\text{J}]$$

여기서, W : 전력량[J], P : 전력[W], V : 전압[V]
I : 전류[A], t : 시간[s], R : 저항[Ω]

2 전류의 발열작용(열작용) – 줄의 법칙

① 열량

$$H = I^2 Rt \,[\text{J}]$$

$$H = 0.24 I^2 Rt \,[\text{cal}]$$ (1J=0.24cal)

가 된다. 이것을 줄의 법칙(Joule's law)이라 한다.

② 전열기의 용량

$$860 P \eta t = M(T_2 - T_1)$$

여기서, P : 용량[kW], η : 효율
t : 소요시간[h], M : 질량[l]
T_2 : 상승후 온도[℃], T_1 : 상승전 온도[℃]

※ 열회로의 **열량**은 전기회로의 **전기량**에 해당된다.

참고

열량

$$H = 0.24 Pt = m(T_2 - T_1)$$

여기서, H : 열량[cal], m : 질량[g]
P : 전력[W], T_2 : 상승후 온도[℃]
t : 시간[s], T_1 : 상승전 온도[℃]

※ 전류의 발열작용
전열기에 전류를 흘리면 열이 발생하는 현상

※ 줄의 법칙
$H = 0.24 I^2 Rt$ [cal]
여기서, H : 발열량[cal]
I : 전류[A]
R : 저항[Ω]
t : 시간[s]

※ 마력과 와트의 관계
1HP = 746W

Chapter_ 01

문제 500W 전열기를 5분간 사용하면 20℃의 물 1kg을 몇 ℃로 올릴 수 있는가?
   $\quad\;\; \underline{}\qquad\quad\underline{}\qquad\underline{20℃}\;\;\underline{1kg}\qquad\underline{℃}$
   $\qquad\;\; P\qquad\qquad\qquad t\qquad\qquad T_1\quad\;\; m\qquad T_2$

   ① 36   ② 46   ③ 56   ④ 66

   해설 (1) 기호
   - P : 500W
   - t : 5분 = 5×60 = 300초 (1분 = 60초이므로)
   - T_1 : 20℃
   - m : 1kg
   - T_2 : ?

   (2) $H = 0.24Pt = m(T_2 - T_1)$ 에서
   $0.24Pt = m(T_2 - T_1)$
   $\dfrac{0.24Pt}{m} = T_2 - T_1$
   $\dfrac{0.24Pt}{m} + T_1 = T_2$
   $\therefore T_2 = \dfrac{0.24Pt}{m} + T_1 = \dfrac{0.24 \times 500 \times 5 \times 60}{1 \times 10^3} + 20 = 56\,℃$

   답 ③

중요 단위

   $1W = 1J/s$
   $1J = 1N \cdot m$
   $1J = 0.24cal = 10^7 erg$
   $1BTU = 0.252kcal = 252cal$

   $1N = 10^5 dyne$
   $1kg = 9.8N$
   $1kWh = 3.6 \times 10^6 J = 860kcal$

4 전기저항

1 고유저항

(1) 고유저항

$$R = \rho \frac{l}{A} = \rho \frac{l}{\pi r^2} \, [\Omega]$$

여기서, R : 저항[Ω], ρ : 고유저항[Ω·m]
A : 도체의 단면적[m²], l : 도체의 길이[m]
r : 도체의 반지름[m]

단위는 [Ω·m], [Ω·cm], [Ω·mm²/m]로 나타낸다.
(1Ω·m = 10²Ω·cm = 10⁶Ω·mm²/m)
위 식에서 고유저항 ρ는

$$\rho = \frac{R[\Omega] \cdot A[m^2]}{l[m]} = \frac{RA}{l} \, [\Omega \cdot m]$$

문제 MKS 단위계로 고유저항의 단위는?
   ① [Ω·m]   ② [Ω·mm²/m]
   ③ [μΩ·cm]   ④ [Ω·cm]

   해설 **고유저항**의 **단위** : [Ω·m], [Ω·cm], [Ω·mm²/m]
   여기서는 MKS 단위계이므로 [Ω·m]가 해당된다.

   답 ①

* **고유저항**
  전류의 흐름을 방해하는 물질의 고유한 성질

* **고유저항의 MKS 단위**
  [Ω·m]

※ 도전율
고유저항의 역수. 단위는 [℧/m], 기호는 σ로 나타낸다.

※ 컨덕턴스
저항의 역수. 단위는 [℧], 기호는 G로 나타낸다.

※ 허용전류
전선에 안전하게 흘릴 수 있는 최대 전류

※ 저항의 온도계수
온도변화에 의한 저항의 변화를 비율로 나타낸 것

(2) 도전율

$$\sigma = \frac{1}{\rho} = \frac{1}{\frac{RA}{l}} = \frac{l}{RA} \left[\frac{\mho}{m}\right]$$

단위는 $\left[\dfrac{\mho}{m}\right] = \left[\dfrac{1}{\Omega \cdot m}\right] = \left[\dfrac{\Omega^{-1}}{m}\right]$로 나타낸다.

※ **도전율**: 전해액의 농도에 비례하고 고유저항에 반비례한다.

2 저항의 온도계수

① 도체의 저항

$$R_2 = R_1[1 + \alpha_{t_1}(t_2 - t_1)] \, [\Omega]$$

여기서, R_1 : t_1 [℃]에 있어서의 도체의 저항[Ω]
R_2 : t_2 [℃]에 있어서의 도체의 저항[Ω]
t_1 : 상승 전의 온도[℃] t_2 : 상승 후의 온도[℃]
α_{t_1} : t_1 [℃]에서의 저항온도계수

문제 ★★★
20℃에서 저항온도계수 α_{20} = 0.004인 저항선의 저항이 100Ω이다. 이 저항선의 온도가 80℃로 상승될 때 저항은 몇 Ω이 되겠는가?
① 24   ② 48   ③ 72   ④ 124

해설 (1) 기호
- t_1 : 20℃
- α_{20} : 0.004
- R_1 : 100Ω
- t_2 : 80℃
- R_2 : ?

(2) $R_2 = R_1[1 + \alpha_{t_1}(t_2 - t_1)] = 100[1 + 0.004(80 - 20)] = 124\,\Omega$

답 ④

② t_1 [℃]에 있어서의 저항 온도계수

$$\alpha_{t_1} = \frac{1}{234.5 + t_1} \, [1/℃]$$

여기서, α_{t_1} : t_1 [℃]에서의 저항온도계수
t_1 : 상승전의 온도[℃]

비교

온도가 올라가면 저항이 감소하는 물질
(1) **반도체**(semiconductor) : 규소, 게르마늄, 탄소, 아산화동 등
(2) **전해질**(electrolyte) : 물에 용해하여 전류를 잘 흐를 수 있게 할 수 있는 물질. 소금, 황산(H_2SO_4)

※ **금속체의 전기저항** : 온도상승에 따라 증가한다.

※ 온도상승시 저항 감소 물질
① 규소
② 게르마늄
③ 탄소
④ 아산화동

3 여러 가지 저항

(1) 여러 가지 물질의 고유저항
① 도체(conductor) : $10^{-4}\Omega \cdot m$ 이하. 구리(Cu), 은(Ag), 백금(Pt), 수은(Hg)
② 반도체(semiconductor) : $10^{-4} \sim 10^{6}\Omega \cdot m$. 게르마늄(Ge), 규소(Si), 탄소(C), 아산화동
③ 절연체(insulator) : $10^{4}\Omega \cdot m$ 이상. 고무, 유리, 페놀수지

(2) 전해질(electrolyte)
소금, 황산(H_2SO_4) 등과 같이 물에 용해되어 전류를 잘 흐르게 할 수 있는 물질을 **전해질**이라 하고, 이 전해질의 용액을 **전해액**이라 한다.

5 여러 가지 효과

1 열전효과(Thermoelectric effect)

효과	설명
제에벡 효과(Seebeck effect) =제벡효과	① 다른 종류의 금속선으로 된 폐회로의 두접합점의 **온도**를 달리하였을 때 전기(**열기전력**)가 발생하는 효과 ② 이종 금속을 접합하여 **폐회로**를 만든 후 두 접합점의 온도를 다르게 하여 **열전류**를 얻는 열전현상
펠티에 효과(Peltier effect)	두 종류의 금속으로 된 회로에 **전류**를 통하면 각 접속점에서 열의 흡수 또는 발생이 일어나는 현상
톰슨 효과(Thomson effect)	① 균질의 철사에 **온도구배**가 있을 때 여기에 전류가 흐르면 열의 흡수 또는 발생이 일어나는 현상 ② 동종 금속도선의 두 점 간에 온도차를 주고 고온쪽에서 저온쪽으로 **전류**를 흘리면, 줄열 이외에 도선 속에서 **열**이 발생하거나 흡수가 일어나는 현상

※ 열전효과
① 제에벡 효과
② 펠티에 효과
③ 톰슨 효과

※ 열기전력에 관한 법칙
① 제에벡 효과
② 중간온도의 법칙
③ 중간금속의 법칙

중요 열전효과를 이용한 것
① 열전대전류계
② 열전온도계
③ 열전발전

2 여러 가지 효과

효과	설명
홀 효과(Hall effect)	전류가 흐르고 있는 도체에 **자계**를 가하면 도체 측면에는 정부의 전하가 나타나 두면 간에 전위차가 발생하는 현상
핀치 효과(Pinch effect)	전류가 **도선 중심**으로 흐르려고 하는 현상
압전기 효과(piezoelectric effect)	**수정, 전기석, 로셀염** 등의 결정에 전압을 가하면 일그러짐이 생기고, 반대로 압력을 가하여 일그러지게 하면 전압을 발생하는 현상

※ 홀 효과
반드시 외부에서 자계를 가할 때만 일어나는 효과

6 전류의 화학작용과 전지

1 패러데이의 법칙(Faraday's law)

① 전기분해에 의해서 석출되는 물질의 양은 전해액을 통과한 총전기량에 비례한다.
② 전기량이 일정할 때 석출되는 물질의 양은 **화학당량**(chemical equivalent)에 비례한다.

※ **화학당량**
어떤 원소의 원자량을 원자가로 나눈 값
(화학당량=$\frac{원자량}{원자가}$)

2 전지

(1) 전지의 종류
① 1차 전지 : 한번 방전하면 재차 사용할 수 없는 전지(건전지)
② 2차 전지 : 방전 방향과 반대 방향으로 충전하여 몇번이고 계속 사용할 수 있는 전지(납·알칼리 축전지)

※ **전지**
화학변화에 의해서 생기는 에너지, 열, 빛 등의 물리적인 에너지를 전기에너지로 변환하는 장치

(2) 망가니즈(르클랑셰) 건전지
① 양극 : 탄소(C)
② 음극 : 아연(Zn)
③ 전해액 : 염화암모늄 용액($NH_4Cl + H_2O$)
④ 감극제 : 이산화망가니즈(MnO_2)

※ **분극(성극)작용**
① 전지에 부하를 걸면 양극 표면에 수소가스가 생겨 전류의 흐름을 방해하는 현상
② 일정한 전압을 가진 전지에 부하를 걸면 단자전압이 저하되는 현상

중요 수은도금과 전기도금

수은도금	전기도금
전지의 **국부작용**을 **방지**하는 방법	황산용액에 **양극**으로 **구리막대**, **음극**으로 **은막대**를 두고 전기를 통하면 은막대가 구리색이 나는 것

(3) 연(납)축전지
2차전지의 대표적인 것이 연축전지(lead storage battery)이다
① 양극 : 이산화납(PbO_2)
② 음극 : 납(Pb)
③ 전해액 : 묽은 황산 ($2H_2SO_4 = H_2SO_4 + H_2O$)
④ 비중 : 1.2~1.3
⑤ 화학반응식

$$PbO_2 + 2H_2SO_4 + Pb \underset{충전}{\overset{방전}{\rightleftarrows}} PbSO_4 + 2H_2O + PbSO_4$$
$$(+) \quad (전해액) \quad (-) \quad\quad (+) \quad\quad (물) \quad (-)$$

※ **감극제**
분극작용을 막기 위해 쓰이는 물질

※ **국부작용**
① 전지의 전극에 사용하고 있는 아연판이 불순물에 의한 전지작용으로 인해 자기방전하는 현상
② 전지를 쓰지 않고 오래두면 못쓰게 되는 현상

연축전지

① 충방전시의 물질

구 분	충전시	방전시
양극물질	과산화연(PbO_2)	황산연($PbSO_4$)
음극물질	연(Pb)	

② 충방전시의 색

구 분	충전시	방전시
양극판	적갈색	회백색
음극판	회백색	

＊ 전리
원자 또는 분자가 에너지를 받아 양이온과 음이온으로 분리되는 현상

＊ 전지의 내부저항
작을수록 좋다.

(4) 표준전지

표준전지로서 현재에 사용되고 있는 것은 **클라크전지, 웨스턴전지** 등이 있다.

① 양극 : 수은(Hg)
② 음극 : Cd아말감
③ 전해액 : 황산카드뮴($CdSO_4$)
④ 기전력 : 20℃에서 1.0183V
⑤ 내부저항 : 500Ω 이내

＊ 표준전지
① 클라크전지
② 웨스턴전지

＊ 공칭용량

연축전지	알칼리 축전지
10Ah	5Ah

 문제 표준전지로서 현재에 사용되고 있는 것은?
① 다니엘전지　　② 클라크전지
③ 카드뮴전지　　④ 태양열전지

 ② **표준전지** : 클라크전지 · 웨스턴전지

답 ②

(5) 전지의 접속

① 직렬접속

기전력이 각각 E_1, E_2, E_3 [V]이고 내부저항이 r_1, r_2, r_3 [Ω]인 전지를 직렬로 연결하고 외부저항 R [Ω]의 저항을 접속할 때 흐르는 전류 I는 키르히호프 제2법칙에 의해

$$E_1 + E_2 + E_3 = Ir_1 + Ir_2 + Ir_3 + IR$$
$$= I(r_1 + r_2 + r_3 + R)$$
$$\therefore I = \frac{E_1 + E_2 + E_3}{r_1 + r_2 + r_3 + R} [A]$$

※ 전지의 접속

① 직렬접속

$$I = \frac{nE}{nr+R} \text{[A]}$$

② 병렬접속

$$I = \frac{E}{\frac{r}{m}+R} \text{[A]}$$

③ 직·병렬접속

$$I = \frac{nE}{\frac{n}{m}r+R} \text{[A]}$$

여기서,
 I : 전류[A]
 n : 직렬연결개수
 m : 병렬연결개수
 r : 내부저항[Ω]
 R : 외부저항[Ω]

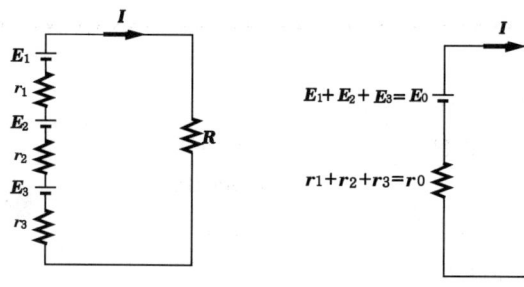

| 전지의 직렬접속과 등가회로 |

그러므로 같은 전지 n 개를 직렬로 접속하면

$E_0 = nE$, $r_0 = nr$ 이므로

$nE = I(nr + R)$

$$\therefore I = \frac{nE}{nr+R} \text{[A]}$$

② 병렬접속

같은 전지 m 개를 병렬로 접속하면 $E_0 = E$, $r_0 = \dfrac{r}{m}$ 이므로

$$E = I\left(\frac{r}{m} + R\right)$$

$$\therefore I = \frac{E}{\frac{r}{m}+R} \text{[A]}$$

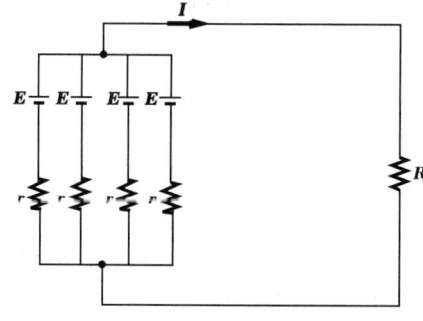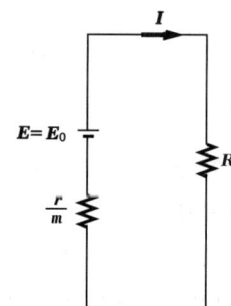

| 전지의 병렬접속과 등가회로 |

③ 직·병렬 접속

같은 전지 n 개를 직렬로 접속한 것을 m 줄 만들어 이 m 줄을 병렬로 접속하면

$E_0 = nE$, $r_0 = \dfrac{n}{m}r$ 이므로

$$nE = I\left(\frac{n}{m}r + R\right)$$

Chapter_ 01

$$\therefore I = \frac{nE}{\frac{n}{m}r + R}$$

| 단위의 배수 |

명 칭	기 호	크 기	명 칭	기 호	크 기
테 라	T	10^{12}	데 시	d	10^{-1}
기 가	G	10^{9}	센 티	c	10^{-2}
메 가	M	10^{6}	밀 리	m	10^{-3}
킬 로	k	10^{3}	마이크로	μ	10^{-6}
헥 토	h	10^{2}	나 노	n	10^{-9}
데 카	D	10^{1}	피 코	p	10^{-12}

※ 단위의 배수
① 메가(M) : 10^6
② 킬로(k) : 10^3
③ 센티(c) : 10^{-2}
④ 밀리(m) : 10^{-3}
⑤ 마이크로(μ) : 10^{-6}
⑥ 피코(p) : 10^{-12}

CHAPTER 02 정전계

1 콘덴서와 정전용량

1 정전계의 발생

(1) 정전력

정(+)전하와 부(-)전하, 두 전하 사이에 작용하는 힘을 **정전력**(electrostatic force)이라 하고, 같은 전하끼리는 반발하고 다른 전하끼리는 흡인한다.

> ※ **톰슨의 정리** : 정전계는 전계에너지가 최소로 되는 전하분포의 전계이다.

(2) 정전유도

대전체 A에 대전되지 않은 도체 B를 가까이 하면 A에 가까운 쪽에는 다른 종류의 전하가, 먼쪽에는 같은 종류의 전하가 나타나는데 이 현상을 **정전유도**(electrostatic induction)라고 한다.

∥ 정전유도 ∥

> ※ 정전유도에 의하여 작용하는 힘 : **흡인력**

2 정전용량 및 콘덴서

(1) 정전용량

콘덴서가 전하를 축적할 수 있는 능력을 **정전용량**(electrostatic capacity)이라 하며, 기호는 C, 단위는 F(farad)로 나타낸다.

$$Q = CV \, [C], \quad C = \frac{Q}{V} = \frac{\varepsilon A}{d} \, [F] \text{ 또는 } C = \frac{\varepsilon S}{d}$$

여기서, Q : 전하(전기량)[C], C : 정전용량[F]
V : 전압[V], A 또는 S : 극판의 면적[m^2]
d : 극판간의 간격[m], ε : 유전율[F/m] $\varepsilon = \varepsilon_0 \cdot \varepsilon_s$
ε_0 : 진공의 유전율[F/m], ε_s : 비유전율[단위없음]

Key Point

※ **정전력**
전하 사이에 작용하는 힘

※ **정전기**
물체 위에 머물고 있는 전하

※ **대전**
어떤 물질이 전기의 성질을 띠는 현상

※ **전하**
물질이 가지고 있는 전기의 양, 자하와 구별

※ **콘덴서**
2개의 도체 사이에 절연물을 넣어서 정전용량을 가지게 한 소자. 커패시터(capacitor)라고도 함

※ **전기량**
전하가 가지고 있는 전기의 양

Chapter_ 02

>
> 문제 정전용량(farad)과 같은 단위는?
> ① V/m ② C/A
> ③ C/V ④ N·m
>
> 해설
> $$C = \frac{Q}{V}$$
> 여기서, C : 정전용량[F]
> V : 전압[V]
> Q : 전기량(전하)[C]
> $C[F] = \frac{Q[C]}{V[V]}$
>
> 답 ③

위 식에서 콘덴서가 큰 정전용량을 얻기 위해서는
① 극판의 면적(A)을 넓게
② 극판 간의 간격(d)을 좁게
③ 비유전율(ε_s)이 큰 절연물을 사용하면 된다.

※ **지구**는 정전용량이 커서 **전위**가 거의 **일정**하다.

 역수관계

구 분	역 수
저항	컨덕턴스
리액턴스	서셉턴스
임피던스	어드미턴스
정전용량	엘라스턴스

(2) 콘덴서의 접속
① 직렬접속
  (개) 각 콘덴서의 전압

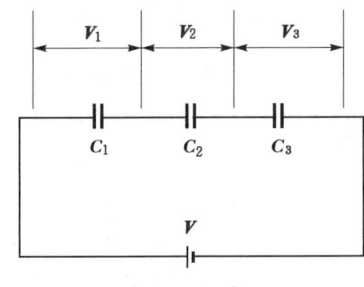

│ 직렬접속 │

$V_1 = \dfrac{Q}{C_1}$ [V], $V_2 = \dfrac{Q}{C_2}$ [V], $V_3 = \dfrac{Q}{C_3}$ [V]

Key Point

※ 유전율
콘덴서에서 유전체를 삽입하였을 때의 정전용량(C)과, 유전체가 없는 진공 중에 있어서의 정전용량(C_0)의 비
$\left(\varepsilon = \dfrac{C}{C_0}\right)$

※ 비유전율
물질의 유전율과 진공의 유전율과의 비(공기 중 또는 진공 중 $\varepsilon_s = 1$)

※ 콘덴서의 접속
① 직렬접속
$C = \dfrac{C_1 C_2}{C_1 + C_2}$ [F]
② 병렬접속
$C = C_1 + C_2$ [F]
여기서,
C : 합성정전용량[F]
C_1, C_2 : 각각의 정전용량[F]

여기서, V_1 : C_1에 걸리는 전압[V]
V_2 : C_2에 걸리는 전압[V]
V_3 : C_3에 걸리는 전압[V]
Q : 전하(전기량)[C]
$C_1 \cdot C_2 \cdot C_3$: 각각의 정전용량[F]

※ 엘라스턴스

$$l = \frac{1}{C} = \frac{V}{Q}$$

여기서,
l : 엘라스턴스 $\left[\frac{1}{F}\right]$
C : 정전용량[F]
V : 전위차(전압)[V]
Q : 전기량(전하)[C]

(나) 합성 정전용량

$$C = \cfrac{1}{\cfrac{1}{C_1} + \cfrac{1}{C_2} + \cfrac{1}{C_3}} \,[F]$$

여기서, C : 합성정전용량[F]
$C_1 \cdot C_2 \cdot C_3$: 각각의 정전용량[F]

② 병렬접속

| 병렬접속 |

(가) 각 콘덴서에 축적되는 전하

$$Q_1 = C_1 V [C], \quad Q_2 = C_2 V [C], \quad Q_3 = C_3 V [C]$$

여기서, $Q_1 \cdot Q_2 \cdot Q_3$: 각 콘덴서에 축적되는 전하[C]
$C_1 \cdot C_2 \cdot C_3$: 각각의 정전용량[F]
V : 전압[V]

(나) 합성정전용량

$$C = C_1 + C_2 + C_3 \,[F]$$

여기서, C : 합성정전용량[F]
$C_1 \cdot C_2 \cdot C_3$: 각각의 정전용량[F]

중요 (1) 각각의 전기량

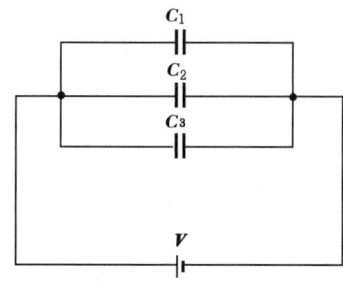

$$Q_1 = \frac{C_1}{C_1 + C_2} Q \qquad Q_2 = \frac{C_2}{C_1 + C_2} Q$$

여기서, Q_1 : C_1의 전기량[C]
Q_2 : C_2의 전기량[C]
$C_1 \cdot C_2$: 각각의 정전용량[F]
Q : 전체 전기량[C]

(2) 각각의 전압

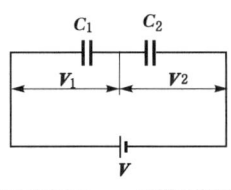

$$V_1 = \frac{C_2}{C_1 + C_2} V$$

$$V_2 = \frac{C_1}{C_1 + C_2} V$$

여기서, V_1 : C_1에 걸리는 전압[V]
V_2 : C_2에 걸리는 전압[V]
$C_1 \cdot C_2$: 각각의 정전용량[F]
V : 전체 전압[V]

2 전 계

1 전계의 세기

(1) 쿨롱의 법칙(Coulom's law)

$$F = \frac{1}{4\pi\varepsilon} \cdot \frac{Q_1 Q_2}{r^2} = 9 \times 10^9 \times \frac{Q_1 Q_2}{\varepsilon_s r^2} \text{[N]}$$

여기서, F : 두 전하 사이에 작용하는 힘[N]
ε : 유전율[F/m] $\varepsilon = \varepsilon_0 \cdot \varepsilon_s$
ε_0 : 진공의 유전율[F/m]
ε_s : 비유전율[단위없음]

위 식에서 ε_0는

$$\varepsilon_0 = \frac{10^7}{4\pi C^2} = 8.855 \times 10^{-12} \text{F/m}$$

여기서, ε_0 : 진공의 유전율[F/m]
C : 광(光)속도 ($C = 3 \times 10^8$ m/s)

※ 쿨롱의 법칙

$$F = \frac{Q_1 Q_2}{4\pi\varepsilon r^2}$$

여기서,
F : 정전력[N]
Q_1, Q_2 : 전하[C]
ε : 유전율[F/m]
r : 거리[m]

※ 진공의 유전율
$\varepsilon_0 = 8.855 \times 10^{-12}$
F/m

문제 진공의 유전율 $10^7/4\pi C^2$ 와 같은 값(F/m)은? (단, C는 광속도라 한다.)

① 8.855×10^{-10}　　② 8.855×10^{-12}
③ 9×10^2　　　　　　 ④ 36×10^9

해설 진공의 유전율 ε_0는

$$\varepsilon_0 = \frac{10^7}{4\pi C^2}$$
$$= \frac{10^7}{4\pi \times (3 \times 10^8)^2}$$
$$= 8.855 \times 10^{-12} \text{F/m}$$

답 ②

(2) 전계와 전기력선

정전력의 영향을 받는 영역을 **전계**(electric field) 또는 **전기장, 전장**이라 하고 전계의 상태를 나타내기 위한 가상의 선을 **전기력선**(line of electric field)이라 한다.

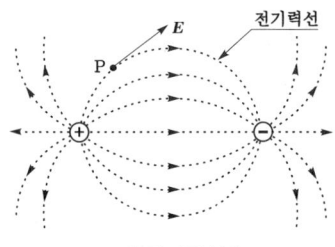

|전기력선|

※ 전기력선의 기본 성질
★꼭 기억하세요★

※ 전기력선의 총수

전기력선의 총수$= \dfrac{Q}{\varepsilon}$

여기서, ε : 유전율
　　　Q : 전하[C]

※ 자기력선의 총수

자기력선의 총수$= \dfrac{m}{\mu}$

여기서, μ : 투자율
　　　m : 자극의 세기
　　　　　〔Wb〕

중요 전기력선의 기본성질
① 정(+)전하에서 **시작**하여 부(−)전하에서 끝난다.
② 전기력선의 접선방향은 그 접점에서의 **전계의 방향과 일치**한다.
③ 전위가 **높은 점에서 낮은 점**으로 향한다.
④ 그 자신만으로 **폐곡선이 안 된다**.
⑤ 전기력선은 서로 **교차하지 않는다**.
⑥ 단위 전하에서는 $1/\varepsilon_0$ 개의 전기력선이 출입한다.
⑦ 전기력선은 도체표면(등전위면)에서 **수직으로 출**입한다.
⑧ 전하가 없는 곳에서는 전기력선의 발생, 소멸이 없고 연속적이다.
⑨ 도체 내부에는 전기력선이 없다.

문제 전기력선의 설명 중 틀리게 설명한 것은?
① 전기력선의 방향은 그 점의 전계의 방향과 일치하여 밀도는 그 점에서의 전계의 세기와 같다.
② 전기력선은 부전하에서 시작하여 정전하에서 그친다.
　　　　　　　정전하　　　　　　　　부전하
③ 단위 전하에서는 $1/\varepsilon_0$개의 전기력선이 출입한다.
④ 전기력선은 전위가 높은 점에서 낮은 점으로 향한다.

답 ②

(3) 전계의 세기

전계 중에 +1C의 전하를 놓을 때 여기에 작용하는 정전력을 그 점의 **전계의 세기**(intensity of electric-field)라고 하고, 기호는 E, 단위는 [V/m 또는 N/C]으로 나타낸다.

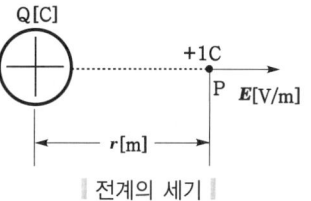

| 전계의 세기 |

※ 전계의 세기 : 가우스(Gauss)의 정리를 이용하여 구할 수 있다.

① 전계의 세기

$$E = \frac{1}{4\pi\varepsilon} \cdot \frac{Q}{r^2} = K\frac{Q}{r^2} = 9 \times 10^9 \times \frac{Q}{\varepsilon_s r^2} \text{[V/m]} \text{ 또는}$$

$$E = \frac{V}{d}$$

여기서, E : 전계의 세기[V/m],
ε_0 : 진공의 유전율[F/m],
Q : 전하[C]
V : 전압[V]
K : 비례상수$\left(\frac{1}{4\pi\varepsilon}\right)$
ε : 유전율[F/m] $\varepsilon = \varepsilon_0 \cdot \varepsilon_s$
ε_s : 비유전율
r : 거리[m]
d : 두께[m]

② 전위

$$V_P = \frac{1}{4\pi\varepsilon} \cdot \frac{Q}{r} = K\frac{Q}{r} = 9 \times 10^9 \times \frac{Q}{\varepsilon_s r} \text{[V]}$$

여기서, V_p : P점에서의 전위[V]
Q : 전하[C]
K : 비례상수$\left(\frac{1}{4\pi\varepsilon}\right)$
ε : 유전율[F/m] $\varepsilon = \varepsilon_0 \cdot \varepsilon_s$
r : 거리[m]

③ 전하 사이에 작용하는 힘

$$F = \frac{1}{4\pi\varepsilon} \cdot \frac{Q_1 Q_2}{r^2} = K\frac{Q_1 Q_2}{r^2} = QE \text{[N]}$$

여기서, F : 두 전하 사이에 작용하는 힘[N]
ε : 유전율[F/m]
$\varepsilon = \varepsilon_0 \cdot \varepsilon_s$ (ε_0 : 진공의 유전율[F/m], ε_s : 비유전율)
$Q_1 Q_2$: 전하[C]
r : 거리[m]
K : 비례상수$\left(\frac{1}{4\pi\varepsilon}\right)$
E : 전계의 세기[V/m]

2 전속과 전속밀도

전계 중에 금속판을 넣으면 금속판 양쪽에 $\pm Q$ [C]의 전하가 유도되는데 이 작용을 나타내기 위한 가상의 선을 **전속**(dielectric flux) 또는 **유전속**이라 하며, 기호는 Q, 단위는 C[coulomb]으로 나타낸다.

또 단위 면적당의 전속을 **전속밀도**(dielectric flux density)라 하며, 기호는 D, 단위는 [C/m^2]으로 나타낸다.

$$D = \frac{Q}{A} = \frac{Q}{4\pi r^2} \text{[}C/m^2\text{]} = \varepsilon_0 \varepsilon_s E$$

Key Point

※ 전계의 세기
전계 중에 단위 전하를 놓았을 때 그것에 작용하는 힘

$$E = \frac{Q}{4\pi\varepsilon r^2} \text{[V/m]}$$

여기서
E : 전계의 세기[V/m]
Q : 전하[C]
ε : 유전율[F/m]
r : 거리[m]

※ 전속
전하의 상태를 나타내기 위한 가상의 선

※ 전기력선
전계의 상태를 나타내기 위한 가상의 선

※ 전속밀도

$$D = \varepsilon_0 \varepsilon_s E \text{[}C/m^2\text{]}$$

여기서,
D : 전속밀도[C/m^2]
ε_0 : 진공의 유전율 [F/m]
ε_s : 비유전율
E : 전계의 세기[V/m]

여기서, D : 전속밀도[C/m²], A : 단면적[m²], Q : 전속[C], r : 거리[m]
ε_0 : 진공의 유전율[F/m], ε_s : 비유전율, E : 전계의 세기[V/m]

위 식에서 분자, 분모에 ε를 곱하면

$$D = \frac{\varepsilon Q}{4\pi \varepsilon r^2} = \varepsilon E = \varepsilon_0 \varepsilon_s E \ [C/m^2]$$

여기서, D : 전속밀도[C/m²]
E : 전계의 세기[V/m]
ε : 유전율[F/m] $\varepsilon = \varepsilon_0 \cdot \varepsilon_s$
Q : 전속[C]
r : 거리[m]

* 유전체 = 절연물

3 유전체 내의 에너지

(1) 정전에너지

* 정전에너지
콘덴서에 충전할 때 발생되는 에너지

$W = \frac{1}{2}QV = \frac{1}{2}CV^2$
$= \frac{Q^2}{2C}$ [J]

여기서,
W_0 : 정전에너지[J]
Q : 전하[C]
V : 전압[V]
C : 정전용량[F]

콘덴서에 축적되는 정전에너지 W 는 $Q = CV$[C]이므로,

$$\therefore W = \frac{1}{2}QV = \frac{1}{2}CV^2 = \frac{Q^2}{2C} \ [J]$$

여기서, W : 정전에너지[J], Q : 전하[C]
V : 전압[V], C : 정전용량[F]

문제 정전용량 C인 콘덴서에 전압 V로 Q의 전하로 충전하였을 때의 에너지는?

① $\frac{1}{2}CQ^2$ ② $\frac{Q^2}{2C}$ ③ $\frac{1}{2}C^2Q$ ④ $\frac{C^2}{2Q}$

해설 ② $W = \frac{Q^2}{2C}$

답 ②

 비교

일

$W = QV$

여기서, W : 일[J]
Q : 전하(전기량)[C]
V : 전압[V]

(2) 에너지밀도

* 에너지밀도

$W_0 = \frac{1}{2}ED = \frac{1}{2}\varepsilon E^2$
$= \frac{D^2}{2\varepsilon}$ [J/m³]

여기서,
W_0 : 에너지밀도[J/m³]
E : 전계의 세기[V/m]
D : 전속밀도[C/m²]
ε : 유전율[F/m]

단위체적당 축적에너지(에너지밀도) W_0 는
$D = \varepsilon E$ [C/m²]이므로

$$\therefore W_0 = \frac{1}{2}ED = \frac{1}{2}\varepsilon E^2 = \frac{D^2}{2\varepsilon} \ [J/m^3]$$

또는 [N/m²] (1J = 1N·m)

여기서, W_0 : 에너지 밀도[J/m³], E : 전계의 세기[V/m]
D : 전속밀도[C/m²], ε : 유전율[F/m]
ε_0 : 진공의 유전율[F/m], ε_s : 비유전율

CHAPTER 03 자 기

1 자기회로

1 자기와 전류

(1) 자극의 세기

자석의 양끝을 **자극**(magnetic pole)이라 하며, 이 자극은 자기가 가장 크게 나타나는 부분이다.

기호는 m, 단위는 Wb(weber)로 나타낸다.

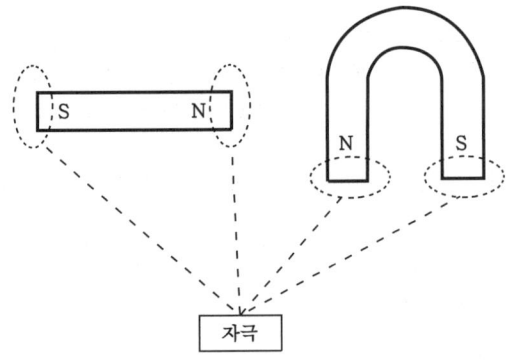

∥ 자극의 세기 ∥

(2) 쿨롱의 법칙(Coulom's law)

두 자극 사이에 작용하는 힘은 두 자극의 세기의 곱에 비례하고, 두 자극 사이의 거리의 제곱에 반비례한다.

$$F = \frac{1}{4\pi\mu} \cdot \frac{m_1 m_2}{r^2} = 6.33 \times 10^4 \times \frac{m_1 m_2}{\mu_s r^2} \text{ [N]}$$

여기서, F : 두 자극 사이에 작용하는 힘[N]
μ : 투자율[H/m] $\mu = \mu_0 \cdot \mu_s$
μ_0 : 진공의 투자율[H/m]
μ_s : 비투자율[단위없음]
m_1, m_2 : 자극의 세기[Wb]

위 식에서 μ_0는 진공의 투자율(permeability)이라 하며, 그 크기는

$$\mu_0 = 4\pi \times 10^{-7} \text{ H/m}$$

Key Point

※ **자기**
자석이 금속을 끌어당기는 성질

※ **자극**
자석의 양끝을 말하는 것으로 이 부분이 자기가 가장 크다.

※ **자력**
자석이 금속을 끌어당기는 힘

※ **쿨롱의 법칙**

$$F = \frac{m_1 m_2}{4\pi\mu r^2} \text{ [N]}$$

여기서
 F : 자기력[N]
 m_1, m_2 : 자하[Wb]
 μ : 투자율[H/m]
 r : 거리[m]

※ **진공의 투자율**
$\mu_0 = 4\pi \times 10^{-7}$ H/m

Key Point

문제 공기 중에서 자극 1.6×10^{-4}Wb(m_1)와 2×10^{-3}Wb(m_2)의 사이에 작용하는 힘이 12.66N(F)이었다면 두 자극 사이의 거리(r)[cm]는?

① 7 ② 6
③ 5 ④ 4

해설 (1) 기호
- m_1 : 1.6×10^{-4}Wb
- m_2 : 2×10^{-3}Wb
- F : 12.66N
- r : ?

(2) $F = \dfrac{m_1 m_2}{4\pi \mu_o r^2} = 6.33 \times 10^4 \dfrac{m_1 m_2}{r^2}$ 이므로

$\therefore r = \sqrt{\dfrac{6.33 \times 10^4 \times m_1 m_2}{F}}$

$= \sqrt{\dfrac{6.33 \times 10^4 \times 1.6 \times 10^{-4} \times 2 \times 10^{-3}}{12.66}} = 0.04\text{m} = 4\text{cm}$

답 ④

(3) 자계

자력이 작용하는 장소를 **자계**(magnetic field), 또는 **자기장, 자장**이라 한다. 또 자계 중에 1Wb의 자하를 놓을 때 여기에 작용하는 힘을 **자계의 세기**(magnetic field intensity)라 하고 기호는 H, 단위는 [AT/m 또는 N/Wb]로 나타낸다.

① 자계의 세기

m[Wb]의 자극에서 r[m] 떨어진 점 P의 자계의 세기 H[AT/m]는

$$H = \dfrac{1}{4\pi\mu} \cdot \dfrac{m}{r^2} = 6.33 \times 10^4 \times \dfrac{m}{\mu_s r^2} \text{[AT/m]}$$

여기서, H : 자계의 세기[AT/m], μ : 투자율[H/m] ($\mu = \mu_0 \cdot \mu_s$)
μ_0 : 진공의 투자율[H/m], μ_s : 비투자율
r : 거리[m], m : 자극의 세기[Wb]

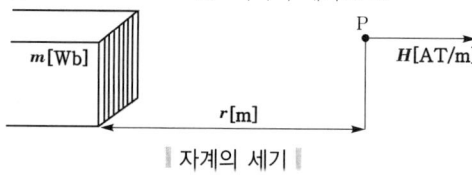

| 자계의 세기 |

② 자위

$$U_m = \dfrac{1}{4\pi\mu} \cdot \dfrac{m}{r} = 6.33 \times 10^4 \times \dfrac{m}{\mu_s r} \text{[AT] 또는 [A], [J/Wb]}$$

여기서, U_m : P점에서의 자위[AT], μ : 투자율[H/m] ($\mu = \mu_0 \cdot \mu_s$)
m : 자극의 세기[Wb], r : 거리[m]

문제 m[Wb]의 점 자극에 의한 자계 중에서 r[m] 거리에 있는 점의 자위는?

① r에 비례한다. ② r^2에 비례한다.
③ r에 반비례한다. ④ r^2에 반비례한다.

해설 P점의 자위 $U_m = \dfrac{m}{4\pi\mu r} \alpha \dfrac{1}{r}$ (반비례)

- **분모** : 반비례, **분자** : 비례

답 ③

※ **자하**
물질이 가지고 있는 자기의 양. 자극의 세기와 자하는 같은 의미로 본다. 전하와 구별

※ **자계의 세기**

$H = \dfrac{m}{4\pi\mu r^2}$ [AT/m]

여기서,
H : 자계의 세기[AT/m]
m : 자하[Wb]
μ : 투자율[H/m]
r : 거리[m]

③ 힘

$$F = mH \text{ (N)}$$

여기서, F : 힘(N), m : 자극의 세기(Wb), H : 자계의 세기(AT/m)

④ 자기모멘트

자극의 세기 m(Wb)와 자석의 길이 l(m)와의 곱을 **자기모멘트**(magnetic moment)라 한다.

$$M = ml \text{ (Wb·m)}$$

여기서, M : 자기모멘트(Wb·m), m : 자극의 세기(Wb), l : 자석의 길이(m)

⑤ 자석이 받는 회전력

$$T = MH \sin\theta = mHl \sin\theta \text{ (N·m)}$$

여기서, T : 회전력(N·m), M : 자기모멘트(Wb·m)
H : 자계의 세기(AT/m), m : 자극의 세기(Wb)
l : 자석의 길이(m)

※ **회전력**
$T = mHl \sin\theta$ (N·m)
여기서,
T : 회전력(N·m)
m : 자하(Wb)
H : 자계의 세기(AT/m)
l : 자석의 길이(m)
θ : 이루는 각(rad)

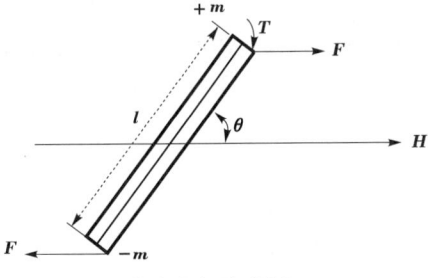

∥ 자석의 회전력 ∥

(4) 자기유도

① 자기유도와 자성체

철편 등을 자극에 가까이 하면 자기가 나타나는 현상을 **자기유도**(magenetic induction)라 하며, 이때 철편은 **자화**(magnetization)되었다고 한다.

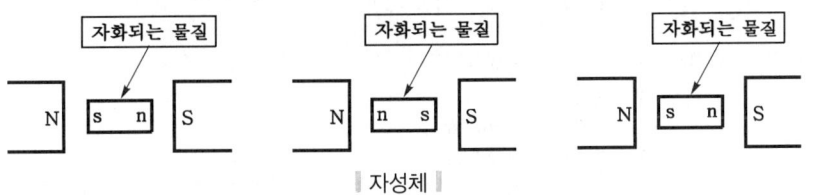

∥ 자성체 ∥

※ **자성체**
자기장 중에 놓으면 자화되는 물질

㉮ **상자성체**(paramagnetic material) : 자석의 N극에 s극이, S극에 n극이 자화되는 물질. **알루미늄**(Al), **백금**(Pt)

㉯ **반자성체**(diamagnetic material) : 자석의 N극에 n극이, S극에 s극이 자화되는 물질. **금**(Au), **은**(Ag), **구리**(Cu), **아연**(Zn), **탄소**(C)

㉰ **강자성체**(ferromagnetic material) : 자석의 N극에 s극이, S극에 n극이 강하게 자화되는 물질. **니켈**(Ni), **코발트**(Co), **망가니즈**(Mn), **철**(Fe)

※ **상자성체**
Al, Pt

※ **반자성체**
Au, Ag, Cu, Zn, C

※ **강자성체**
Ni, Co, Mn, Fe

② 자속과 자속밀도

자계의 상태를 나타내기 위한 가상의 선을 **자력선**(line of magnetic force)이라 하고 자극에서 나오는 전체의 자력선수를 **자속**(magnetic flux)이라 하며, 기호는 ϕ, 단위는 [Wb]로 나타낸다.

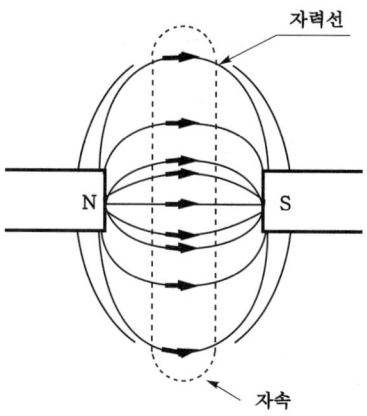

| 자속과 자력선 |

또한, 단위면적을 통과하는 자속의 수를 **자속밀도**(magnetic flux density)라 하고, 기호는 B, 단위는 [Wb/m²] 또는 T(tesla)로 나타낸다.

$$B = \frac{\phi}{A} \ [\text{Wb/m}^2]$$

$$B = \mu H = \mu_0 \mu_s H \ [\text{Wb/m}^2]$$

여기서, B : 자속밀도[Wb/m²]
  ϕ : 자속[Wb]
  A : 단면적[m²]
  H : 자계의 세기[AT/m]

또한 **자화의 세기** J는 단위체적당 자기모멘트이므로

$$J = \frac{M}{V} = \mu_0 (\mu_s - 1) H \ [\text{Wb/m}^2]$$

여기서, J : 자화의 세기[Wb/m²]
  V : 체적[m³]
  M : 자기모멘트[Wb·m]
  H : 자계의 세기[AT/m]

$$1\text{Wb/m}^2 = 10^8 \text{maxwell/m}^2 = 10^4 \text{gauss}$$

※ 자속밀도

$B = \mu_0 \mu_s H$ [Wb/m²]

여기서,
B : 자속밀도[Wb/m²]
μ_0 : 진공의 투자율 [H/m]
μ_s : 비투자율
H : 자계의 세기[AT/m]

문제 1Wb는 몇 맥스웰인가?

① 3×10^9 ② 10^8 ③ 4π ④ $\frac{4\pi}{10}$

해설 ② 1Wb = 10^8 maxwell

답 ②

(5) 전류에 의한 자계

① 암페어의 오른나사법칙

전류에 의한 자계의 방향을 결정하는 법칙을 **암페어의 오른나사법칙**(Ampere's right handed screw rule)이라 한다.

㉮ **전류의 방향** : 오른나사의 **진행**방향

㉯ **자계의 방향** : 오른나사의 **회전**방향

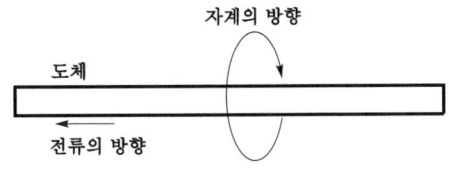

∥오른나사의 법칙∥

② 비오-사바르의 법칙

직선전류에 의한 자계의 세기를 나타내는 법칙을 **비오-사바르의 법칙**(Biot-Savart's law)이라 한다.

$$dH = \frac{Idl \sin\theta}{4\pi r^2} [\text{AT/m}]$$

여기서, dH : P점의 자계의 세기[AT/m]
  I : 도체의 전류[A]
  dl : 도체의 미소부분[m]
  r : 거리[m]

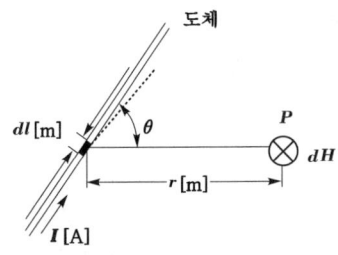

∥비오-사바르의 법칙∥

2 자기회로

(1) 기자력과 자기저항

철심에 코일을 N회 감고 전류 I를 흘리면 철심에 생기는 자속 ϕ는 NI에 비례한다. 이 NI를 **기자력**(magnetive force)이라 한다.

$$F = NI = Hl [\text{AT}]$$

여기서, F : 기자력[AT] N : 코일 권수
  I : 전류[A] H : 자계의 세기[AT/m]
  l : 자로(자기회로)의 길이[m]

Key Point

※ 암페어의 오른나사 법칙
① 전류의 방향 : 오른나사의 진행방향
② 자계의 방향 : 오른나사의 회전방향

※ 비오-사바르의 법칙
직선(또는 곡선·원·면·체적)전류에 의한 자계의 세기를 나타내는 법칙

※ 자기회로
자속의 통로

※ 기자력
$F = NI = Hl$
$= R_m \phi [\text{AT}]$

여기서,
F : 기자력[AT]
N : 코일 권수
I : 전류[A]
H : 자계의 세기[AT/m]
l : 자로의 길이[m]
R_m : 자기저항[AT/Wb]
ϕ : 자속[Wb]

Key Point

문제 코일의 감긴 수와 전류와의 곱을 무엇이라 하는가?

① 기전력 ② 전자력
③ 보자력 ④ 기자력

해설 N = 코일의 감긴 수, I : 전류라 하면
기자력 $F = NI$ [AT]

답 ④

※ 자기저항
기자력과 자속의 비

$$R_m = \frac{l}{\mu A} = \frac{F}{\phi}$$

여기서,
R_m : 자기저항[AT/Wb]
l : 자로의 길이[m]
μ : 투자율[H/m]
A : 단면적[m²]
F : 기자력[AT]
ϕ : 자속[Wb]

$$R_m = \frac{l}{\mu A} \text{[AT/Wb]}$$

여기서, R_m : 자기저항[AT/Wb] l : 자로의 길이[m]
μ : 투자율[H/m] A : 단면적[m²]

$$\phi = BA = \mu HA = \frac{\mu ANI}{l} = \frac{NI}{\frac{l}{\mu A}} = \frac{NI}{R_m} = \frac{F}{R_m} \text{[Wb]}$$

여기서, ϕ : 자속[Wb] B : 자속밀도[Wb/m²]
H : 자계의 세기[AT/m] F : 기자력[AT]

위 식에서 자기회로를 통하는 자속 ϕ 는 기자력 F 에 비례하고 자기저항 R_m 에 반비례한다. 이 관계를 **자기회로의 옴의 법칙**이라 한다.

3 자계의 세기

(1) 암페어의 주회적분 법칙

"자계의 세기와 전류 I 주위를 일주하는 거리의 곱의 합은 전류와 코일 권수를 곱한 것과 같다."는 법칙

$\sum Hl = NI$

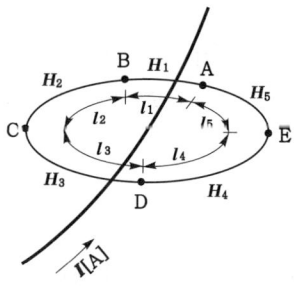

∥ 암페어의 주회적분 법칙 ∥

(2) 자계의 세기 계산 예

① 유한장 직선전류

$$H = \frac{I}{4\pi\alpha}(\sin\beta_1 + \sin\beta_2) = \frac{I}{4\pi\alpha}(\cos\theta_1 + \cos\theta_2) \text{ [AT/m]}$$

여기서, H : 자계의 세기[AT/m]
I : 전류[A], α : 도체의 수직거리[m]

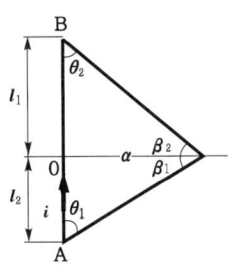

∥ 유한장 직선전류 ∥

② 무한장 직선전류

$$H = \frac{I}{2\pi r} \text{[AT/m]}$$

여기서, H : 자계의 세기[AT/m] I : 전류[A]
r : 거리[m]

※ 무한장 직선전류

$H = \dfrac{I}{2\pi r}$ [AT/m]

여기서,
H : 자계의 세기[AT/m]
I : 전류[A]
r : 거리[m]

문제 10A의 무한장 직선전류로부터 10cm 떨어진 곳의 자계의 세기(AT/m)는?

① 1.59   ② 15.0   ③ 15.9   ④ 159

해설 (1) 기호
- I : 10A
- r : 10cm=0.1m(1m=100cm이므로)
- H : ?

(2) $H = \dfrac{I}{2\pi r} = \dfrac{10}{2\pi \times 0.1} \fallingdotseq 15.9 \text{AT/m}$

답 ③

③ 원형 전류(코일 중심)

$$H = \frac{NI}{2a} \text{[AT/m]} \quad (\text{반원형 전류 } H = \frac{NI}{4a})$$

여기서, H : 자계의 세기[AT/m] N : 코일 권수
a : 반지름[m]

※ 원형 전류

$H = \dfrac{NI}{2a}$ [AT/m]

여기서,
H : 자계의 세기[AT/m]
N : 코일 권수
I : 전류[A]
a : 반지름[m]

④ 무한장 솔레노이드

내부 자계 : $H_i = nI \text{[AT/m]}$

외부 자계 : $H_e = 0$

여기서, H_i : 내부자계의 세기[AT/m] H_e : 외부자계의 세기[AT/m]
n : 단위길이당 권수 I : 전류[A]

※ 솔레노이드
도체에 코일을 일정하게 감아놓은 것

⑤ 환상 솔레노이드

내부 자계 : $H_i = \dfrac{NI}{2\pi a} \text{[AT/m]}$

외부 자계 : $H_e = 0$

여기서, H_i : 내부자계의 세기[AT/m] H_e : 외부자계의 세기[AT/m]
N : 코일권수 I : 전류[A]
a : 반지름[m]

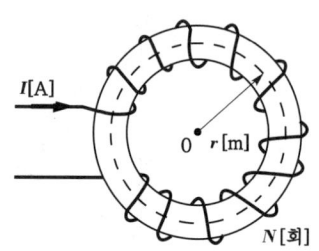

| 환상 솔레노이드 |

4 자화곡선

자속밀도 B와 자계의 세기 H와의 관계를 나타내는 곡선을 **자화곡선**(magnetization curve) 또는 $B-H$**곡선**이라 한다.

이 곡선에서 H가 증가함에 따라 B가 더 이상 증가하지 않는 현상을 **자기포화**(magnetic saturation)라 한다.

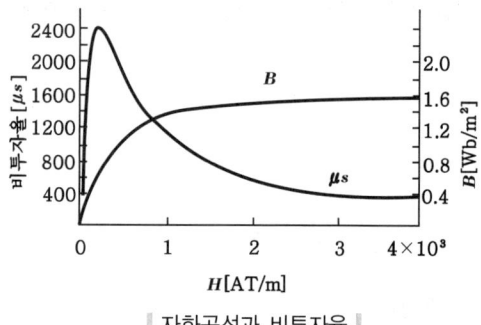

| 자화곡선과 비투자율 |

※ 투자율 곡선

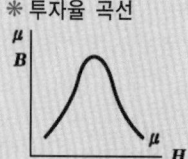

2 전자력

1 전자력의 방향

자계 내에 있는 도체에 전류를 흘리면 힘이 작용한다. 이와 같은 힘을 **전자력**(electromagnetic force)이라 한다. 방향은 플레밍의 왼손법칙에 따른다.

(1) 플레밍의 왼손법칙

자계와 전류가 직각을 이루고 있을 때 왼손의 세손가락을 서로 직각이 되도록 하면
① **중지** : 전류의 방향
② **검지** : 자계의 방향
③ **엄지** : 힘의 방향

※ 플레밍의 왼손법칙
전동기에 관한 법칙
(1) 중지 : 전류의 방향
(2) 검지 : 자계의 방향
(3) 엄지 : 힘의 방향

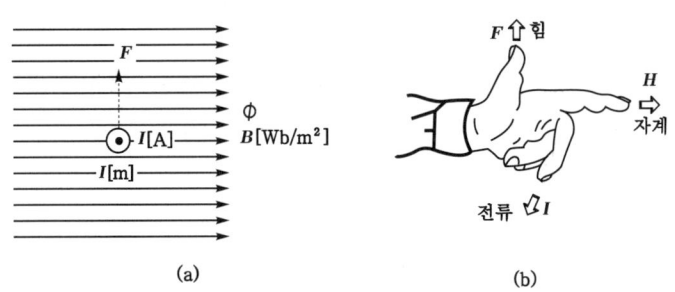

| 플레밍의 왼손법칙 |

문제 플레밍의 왼손법칙에서 엄지손가락의 방향은 무엇의 방향인가?
① 전류의 반대방향 ② 자력선의 방향
③ 전류의 방향 ④ 힘의 방향

해설 플레밍의 왼손법칙
① 중지 : 전류의 방향
② 검지 : 자계의 방향
③ 엄지 : 힘의 방향

답 ④

(2) 전자력의 크기(직선전류에 작용하는 힘)

직선전류에 작용하는 힘 F 는
$B = \mu H = \mu_0 \mu_s H\,[\text{Wb/m}^2]$ 에서

$$F = BIl \sin\theta = \mu HIl \sin\theta\,[\text{N}]$$

여기서, F : 직선전류의 힘[N]
B : 자속밀도[Wb/m²]
l : 도체의 길이[m]

※ 직선전류의 힘
$F = BIl \sin\theta\,[\text{N}]$
여기서,
F : 직선전류의 힘[N]
B : 자속밀도[Wb/m²]
I : 전류[A]
l : 도체의 길이[m]

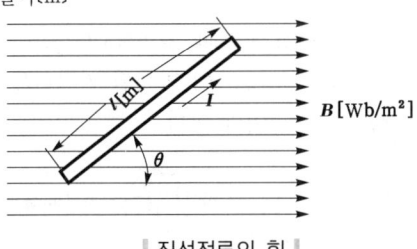

| 직선전류의 힘 |

2 평행도체 사이에 작용하는 힘

두 평행 도선에 작용하는 힘 F 는

$$F = \frac{\mu_0 I_1 I_2}{2\pi r} = \frac{2I_1 I_2}{r} \times 10^{-7}\,\text{N/m}$$

여기서, F : 평행도체의 힘[N/m]
μ_0 : 진공의 투자율[H/m]
r : 두 평행 도선의 거리[m]

※ 평행도체의 힘
$F = \dfrac{\mu_0 I_1 I_2}{2\pi r}\,[\text{N/m}]$
여기서,
F : 평행전류의 힘[N/m]
μ_0 : 진공의 투자율[H/m]
I_1, I_2 : 전류[A]
r : 거리[m]

* **도선**
전기가 통하는 물체.
전선(電線)

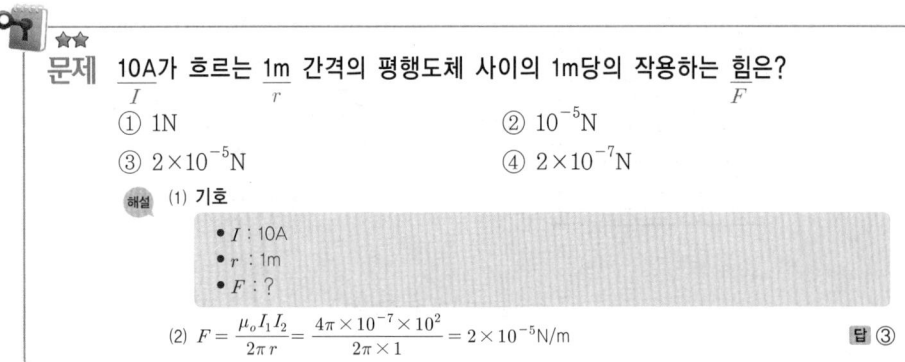

문제 10A가 흐르는 1m 간격의 평행도체 사이의 1m당의 작용하는 힘은?
① 1N
② 10^{-5}N
③ 2×10^{-5}N
④ 2×10^{-7}N

해설 (1) 기호
- I : 10A
- r : 1m
- F : ?

(2) $F = \dfrac{\mu_o I_1 I_2}{2\pi r} = \dfrac{4\pi \times 10^{-7} \times 10^2}{2\pi \times 1} = 2 \times 10^{-5}$N/m

답 ③

힘의 방향은 전류가 **같은 방향**이면 **흡인력**, **다른 방향**이면 **반발력**이 작용한다.

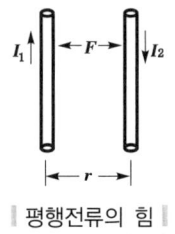

∥ 평행전류의 힘 ∥

3 전자유도

1 자속변화에 의한 유기기전력

(1) 전자유도

코일 속을 통과하는 자속을 변화시킬 때 코일에 기전력이 발생되는 현상을 **전자유도**(electromagnetic induction)라 하고, 이 발생된 기전력을 **유기기전력** 또는 **유도기전력**(induced electromotive force)이라 한다.

* **유기기전력**
유도기전력

* **검류계**
미세한 전류를 측정하기 위한 계기

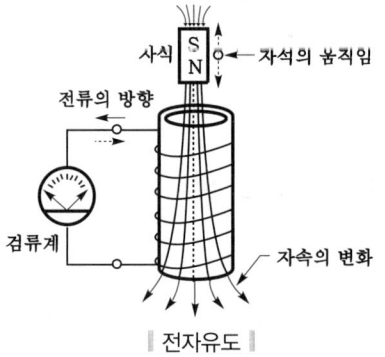

∥ 전자유도 ∥

(2) 유기기전력의 방향 - 렌츠의 법칙

유기기전력의 방향은 자속의 변화를 방해하려는 방향으로 발생한다.
이것을 유도 기전력에 관한 **렌츠의 법칙**(Lenz's law)이라 한다.

* **렌츠의 법칙**
자속변화에 의한 유기기전력의 방향 결정

(3) 유기기전력의 크기 - 패러데이의 법칙

유기기전력의 크기는 코일을 지나는 자속의 매초 변화량과 코일의 권수에 비례한다. 이것을 전자유도에 관한 **패러데이의 법칙**(Faraday's law)이라 한다.

$$e = -N\frac{d\phi}{dt} \text{[V]} \quad (-\text{부호는 방향을 나타냄})$$

여기서, e : 유기기전력[V] N : 코일 권수
$d\phi$: 자속의 변화량[Wb] dt : 시간의 변화량[s]

2 도체운동에 의한 유기기전력

(1) 유기기전력의 크기

균등자계 내에서 도체가 자계와 θ의 각을 이루어 속도 v [m/s]로 이동할 때 유기기전력 e [V]는

$$e = Blv\sin\theta \text{[V]}$$

여기서, e : 유기기전력[V] B : 자속밀도[Wb/m²]
l : 도체의 길이[m] v : 도체의 이동속도[m/s]
θ : 자계와 도체의 각도

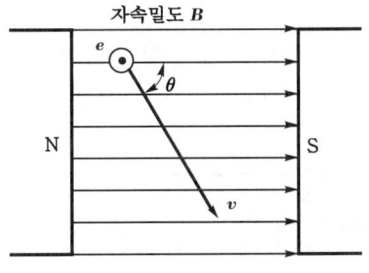

∥도체에 의한 유기기전력∥

(2) 유기기전력의 방향 - 플레밍의 오른손법칙

도체의 운동에 의한 유기기전력의 방향은 플레밍의 오른손법칙(Fleming's right-hand rule)에 따른다.

① **중지** : 유기기전력의 방향
② **검지** : 자속의 방향
③ **엄지** : 운동의 방향

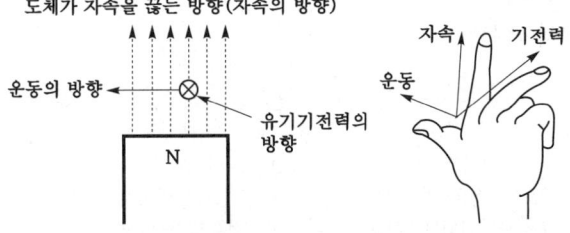

∥플레밍의 오른손 법칙∥

---

* 플레밍의 오른손 법칙
도체운동에 의한 유기기전력의 방향 결정

* 패러데이의 법칙
유기기전력의 크기 결정

* 플레밍의 오른손 법칙
발전기에 관한 법칙
① 중지 : 유기기전력의 방향
② 검지 : 지속의 방향
③ 엄지 : 운동의 방향

Key Point

※ 와전류손과 히스테리시스손
① 와전류손
$P_e \propto B_m^2$
② 히스테리시스손
$P_h \propto B_m^{1.6}$
여기서,
B_m : 최대자속밀도 [Wb/m²]

※ 도전율
고유저항의 역수. 단위는 [℧/m], 기호는 σ로 나타낸다.

※ 히스테리시스손
철심에 가해지는 자화력의 방향을 주기적으로 변화시킬 때 철심에 열이 생겨 발생하는 손실

※ 자기인덕턴스
코일의 권수, 형태 및 철심의 재질 등에 의해 결정되는 상수, 단위는 H(henry)로 나타낸다.

※ 유기기전력
$e = -N \dfrac{d\phi}{dt}$
$= -L \dfrac{di}{dt}$
$= Blv\sin\theta$ [V]

여기서,
e : 유기기전력[V]
N : 코일 권수
$d\phi$: 자속의 변화량[Wb]
dt : 시간의 변화량[s]
L : 자기인덕턴스[H]
di : 전류의 변화량[A]
B : 자속밀도[Wb/m²]
l : 도체의 길이[m]
v : 이동속도[m/s]
θ : 이루는 각[rad]

---

3 와전류(맴돌이 전류)

금속 내부를 지나는 자속이 변화하면 철 내부에서는 자속의 변화를 방해하려는 방향으로 유기기전력이 발생하여 전류가 흐른다.

이 전류를 **와전류**(eddy current)라 하며 이 와전류에 의해 주울열이 생겨 발생하는 손실을 **와전류손**(eddy current loss)이라 한다.

$$P_e = A\sigma f^2 B_m^2 \text{ [W/m}^3\text{]}$$

여기서, P_e : 와류손[W/m³], A : 상수, σ : 도전율[℧/m],
f : 주파수[Hz], B_m : 최대자속밀도[Wb/m²]

비교

히스테리시스손

$$P_h = \eta f B_m^{1.6} \text{ [W/m}^3\text{]}$$

여기서, P_h : 히스테리시스손[W/m³], η : 히스테리시스 계수
f : 주파수[Hz], B_m : 최대자속밀도[Wb/m²]

문제 히스테리시스손은 최대자속밀도의 몇 승에 비례하는가?
① 1 ② 1.6 ③ 2 ④ 2.6

해설 $P_h = \eta f B_m^{1.6}$ [W/m³]
여기서, P_h = 히스테리시스손[W/m³]
η : 히스테리시스 계수
f : 주파수[Hz]
B_m : 최대자속밀도[Wb/m²]

답 ②

4 인덕턴스

(1) 자기유도와 자기인덕턴스

① 자기유도

코일에 흐르는 전류가 변화하면 코일 중의 자속이 변화되어 코일에 기전력이 유도되는 현상을 **자기유도**(self induction)라 한다.

② 자기인덕턴스

유기기전력 e 는

$$e = -N\dfrac{d\phi}{dt} = -L\dfrac{di}{dt} = Blv\sin\theta \text{ [V]}$$

에서

여기서, e : 유기기전력[V], N : 코일 권수
$d\phi$: 자속의 변화량[Wb], dt : 시간의 변화량[s]
L : 자기인덕턴스[H], di : 전류의 변화량[A]
B : 자속밀도[Wb/m²], l : 도체의 길이[m]
v : 도체의 이동속도[m/s]

$$N\phi = LI \qquad \therefore L = \frac{N\phi}{I} \text{ (H)}$$

③ 환상코일의 자기인덕턴스

$$\phi = \frac{F}{R_m} \text{ (Wb)}, \quad F = NI \text{ (AT)}, \quad R_m = \frac{l}{\mu A} \text{ (AT/Wb)} 에서$$

$$L = \frac{N\phi}{I} = \frac{N \cdot \frac{F}{R_m}}{I} = \frac{NF}{R_m I} = \frac{NNI}{\frac{l}{\mu A} I} = \frac{\mu A N^2}{l} \text{ (H)}$$

여기서, L : 자기인덕턴스(H)
μ : 투자율(H/m)
A : 단면적(m^2)
N : 코일 권수
l : 평균 자로의 길이(m)

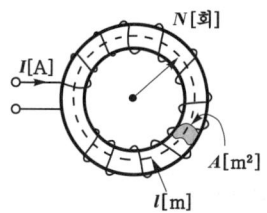

∥ 환상 코일의 자기인덕턴스 ∥

(2) 상호유도와 상호인덕턴스

① 상호유도

한 코일의 전류가 변화할 때 다른 코일에 기전력이 유도되는 현상을 **상호유도**(mutual induction)라고 한다.

② 상호인덕턴스

상호 유도작용에서 1차측 전류의 시간 변화량과 2차측에 유도되는 전압의 비례상수를 **상호인덕턴스**(mutual inductance)라고 한다.

$$e_{21} = -N_2 \frac{d\phi_{21}}{dt} = -M_{21} \frac{di_1}{dt} \text{ (V)}, \quad e_{12} = -N_1 \frac{d\phi_{12}}{dt} = -M_{12} \frac{di_2}{dt} \text{ (V)}$$

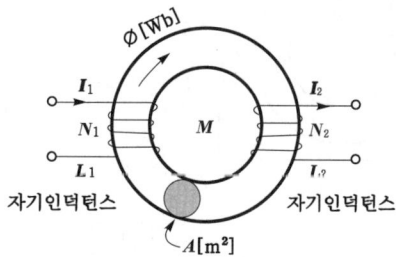

∥ 환상 코일의 상호인덕턴스 ∥

여기서, e_{21} : 2차 코일에 의해 1차 코일에 유도되는 기전력(V)
$d\phi_{21}$: 2차 코일에 의해 1차 코일에 쇄교되는 자속의 변화량(Wb)
dt : 시간의 변화량(s)
M_{21} : 2차 코일에 의해 1차 코일에 유도되는 상호인덕턴스(H)

※ **쇄교**
전류의 통로인 폐곡선이 서로 교차되는 것

※ **누설자속**
자기회로 이외의 부분을 통과하는 자속

※ **자기회로**
자속의 통로

Key Point

❋ 상호인덕턴스

$M = K\sqrt{L_1 L_2}$ [H]

여기서,
M : 상호인덕턴스[H]
K : 결합계수
L_1, L_2 : 자기인덕턴스[H]

❋ 결합계수

누설자속에 의한 상호 인덕턴스의 감소비율
($0 < K \leqq 1$)

❋ 합성인덕턴스

$L = L_1 + L_2 \pm 2M$ [H]

여기서,
L : 합성인덕턴스[H]
L_1, L_2 : 자기인덕턴스[H]
M : 상호인덕턴스[H]

❋ 자속

자극에서 나오는 전체의 자력선 수

❋ 결합접속

1·2차 코일이 만드는 자속의 방향이 정방향이 되는 접속

❋ 차동접속

1·2차 코일이 만드는 자속의 방향이 역방향이 되는 접속

③ 자기인덕턴스와 상호인덕턴스의 관계

누설자속에 의해 자기인덕턴스와 상호인덕턴스 사이에는 다음과 같은 관계가 성립한다.

$$M = K\sqrt{L_1 L_2} \text{ [H]}$$ (이상 결합시 $K=1$)

여기서, M : 상호인덕턴스[H]
K : 결합계수
L_1, L_2 : 자기인덕턴스[H]

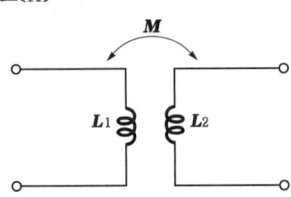

| 자기인덕턴스와 상호인덕턴스 |

(3) 인덕턴스 접속

두 개의 코일을 같은 방향으로 또는 반대방향으로 접속하면 합성인덕턴스 L은

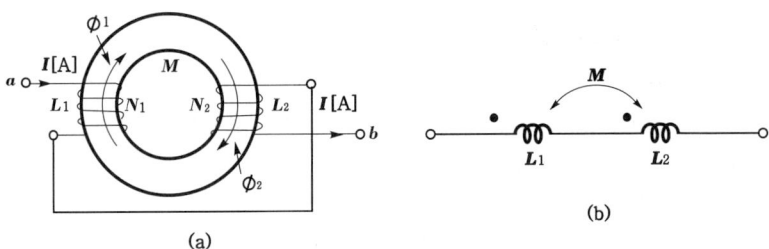

| 결합접속 |

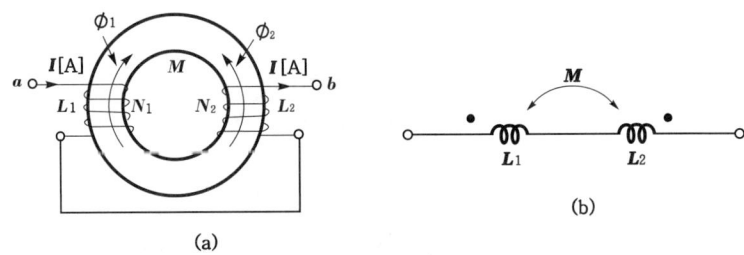

| 차동접속 |

문제 그림과 같은 결합회로의 합성인덕턴스는 몇 H인가?

① 4   ② 6
③ 10 ④ 13

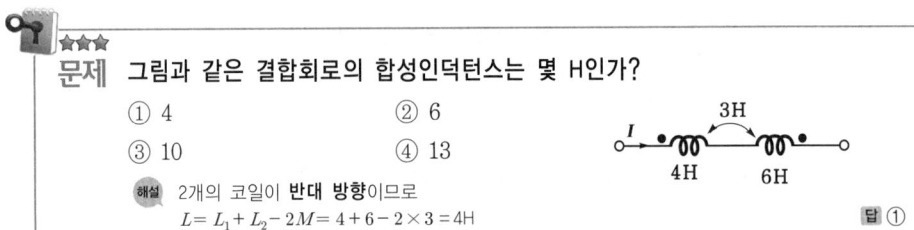

해설 2개의 코일이 **반대 방향**이므로
$L = L_1 + L_2 - 2M = 4 + 6 - 2 \times 3 = 4H$

답 ①

4 전자에너지

1 코일에 축적되는 에너지

자기인덕턴스가 L[H]인 회로에 전류 I[A]가 흐르고 있을 때 이 회로에 축적되는 에너지 W는

$$L = \frac{N\phi}{I} \text{[H]에서}$$

$$W = \frac{1}{2}LI^2 = \frac{1}{2}IN\phi \text{ [J]}$$

여기서, L : 자기인덕턴스[H]
  N : 코일 권수
  ϕ : 자속[Wb]
  I : 전류[A]
  W : 코일의 축적에너지[J]

※ 코일의 축적에너지

$$W = \frac{1}{2}LI^2$$
$$= \frac{1}{2}IN\phi \text{ [J]}$$

여기서,
W : 코일의 축적에너지[J]
L : 자기인덕턴스[H]
N : 코일 권수
ϕ : 자속[Wb]
I : 전류[A]

문제 어떤 자기회로에 $\underset{F}{3000\text{AT}}$의 기자력을 줄 때 $\underset{\phi}{2\times 10^{-3}\text{Wb}}$의 자속이 통하였다. 이 자기회로의 자화에 필요한 $\underset{W}{\text{에너지(J)}}$는?

① 3×10 ② 3
③ 1.5×10 ④ 1.5

해설 (1) 기호
  - F : 3000AT
  - ϕ : 2×10^{-3}Wb
  - W : ?

(2) $W = \frac{1}{2}IN\phi = \frac{1}{2}F\phi = \frac{1}{2} \times 3000 \times (2 \times 10^{-3}) = 3\text{J}$

답 ②

2 단위체적당 축적되는 에너지

자계에 저장되는 단위체적당 축적되는 에너지 W_m은

$$B = \mu H = \mu_0 \mu_s H \text{[Wb/m}^2\text{]에서}$$

$$W_m = \frac{1}{2}BH = \frac{1}{2}\mu H^2 = \frac{B^2}{2\mu} \text{ [J/m}^3\text{]}$$

또는 [N/m²] (1J=1N·m)
여기서, B : 자속밀도[Wb/m²]
  μ : 투자율[H/m]
  H : 자계의 세기[AT/m]
  W_m : 단위체적당 축적에너지[J/m³]

※ 단위체적당 축적 에너지

$$W_m = \frac{1}{2}BH$$
$$= \frac{1}{2}\mu H^2$$
$$= \frac{B^2}{2\mu} \text{ [J/m}^3\text{]}$$

여기서,
W_m : 단위체적당 축적에너지[J/m³]
B : 자속밀도[Wb/m²]
μ : 투자율[H/m]
H : 자계의 세기[AT/m]

Key Point

* **흡인력**

$$F = \frac{B^2 A}{2\mu_0} \text{ (N)}$$

여기서,
 F : 흡인력(N)
 μ_0 : 진공의 투자율(H/m)
 B : 자속밀도(Wb/m²)
 A : 단면적(m²)

* **흡인력**
 끌어당기는 힘

3 전자석의 흡인력

단면적 A (m²)인 전자석에 자속밀도 B (Wb/m²)인 자속이 발생했을 때 철편을 흡인하는 힘 F는

$$F = \frac{B^2 A}{2\mu_0} \text{ (N)} \quad \text{또는} \quad F = \frac{B^2 S}{2\mu_0} \text{ (N)}$$

여기서, F : 전자석의 흡인력(N)
    μ_0 : 진공의 투자율(H/m)
    A 또는 S : 단면적(m²)

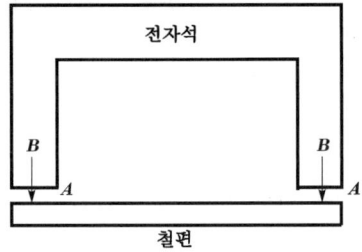

∥ 전자석의 흡인력 ∥

CHAPTER 04 교류회로

1 교류회로의 기초

출제확률 31.2% (6문제)

1 정현파 교류

(1) 파형과 정현파 교류

전압, 전류 등이 시간의 흐름에 따라 변화하는 모양을 **파형**(wave form)이라 하고, 시간의 변화에 따라 크기와 방향이 주기적으로 변화하는 전압, 전류를 **정현파 교류**(sinusoidal wave A·C)라 한다.

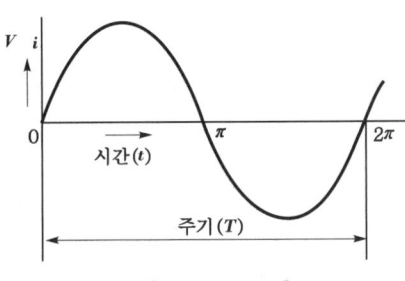

∥ 정현파 교류 ∥

(2) 주기와 주파수

0에서 2π 까지 1회의 변화를 **1사이클**(cycle)이라 한다.

① 주 기

1사이클의 변화에 요하는 시간을 **주기**(period)라 한다. 기호는 T, 단위는 s[s]로 나타낸다.

$$T = \frac{1}{f} \text{ [s]}$$

여기서, T : 주기[s], f : 주파수[Hz]

> **문제** 주기 0.002초인 교류의 주파수는?
> ① 50Hz   ② 500Hz
> ③ 1000Hz   ④ 2000Hz
>
> **해설** 주파수 $f = \frac{1}{T} = \frac{1}{0.002} = 500 \text{Hz}$
>
> 답 ②

② 주파수

1초 동안에 반복되는 사이클의 수를 **주파수**(frequency)라 한다.

Key Point

* 정현파 교류
 사인파 교류

* 교류
 시간의 변화에 따라 크기와 방향이 주기적으로 변하는 전압·전류

* 직류
 시간의 변화에 따라 크기와 방향이 일정한 전압·전류

* 주기
$$T = \frac{1}{f} \text{ [s]}$$
여기서, T : 주기[s]
f : 주파수[Hz]

(3) 각속도(각주파수)

① 각속도

어떤 물체가 1초 동안 회전한 각도를 **각속도**(angular velocity)라 하고 ω[rad/s]로 나타낸다.

② 각주파수

어떤 한 점이 1초 동안 몇 회전하였는가를 나타내는 것이 **각주파수**(angular frequency)이며 ω[rad/s]로 나타낸다.

$T = \dfrac{1}{f}$ [s]에서

$$\omega = \dfrac{2\pi}{T} = 2\pi f \text{ [rad/s]}$$

여기서, ω : 각주파수[rad/s], f : 주파수[Hz]

2 교류의 표시

(1) 순시값

교류의 임의의 시간에 있어서 전압 또는 전류의 값을 **순시값**(instantaneous value)이라 한다.

$$v = V_m \sin \omega t = \sqrt{2}\, V \sin \omega t \text{ [V]} \quad (V_m = \sqrt{2}\, V)$$

$$i = I_m \sin \omega t = \sqrt{2}\, I \sin \omega t \text{ [A]} \quad (I_m = \sqrt{2}\, I)$$

여기서, v : 전압의 순시값[V], V_m : 전압의 최대값[V]
ω : 각주파수[rad/s], t : 주기[s]
V : 전압의 실효값[V], i : 전류의 순시값[A]
I_m : 전류의 최대값[A], I : 전류의 실효값[A]

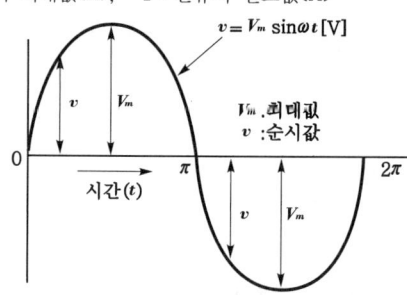

∥ 순시값과 최대값 ∥

(2) 평균값

순시값의 반주기에 대하여 평균한 값을 **평균값**(average value)이라 한다.

$$V_{av} = \dfrac{2}{\pi} V_m = 0.637 V_m \text{ [V]}$$

$$I_{av} = \frac{2}{\pi} I_m = 0.637 I_m \text{ [A]}$$

여기서, V_{av} : 전압의 평균값[V], I_{av} : 전류의 평균값[A]

※ **평균값**은 전파정류에서의 **직류값**과 같다.

문제 어떤 정현파 전압의 평균값이 191V(V_{av})이면 최대값(V)(V_m)은?

① 약 150   ② 약 250
③ 약 300   ④ 약 400

해설 (1) 기호
- V_{av} : 191V
- V_m : ?

(2) **정현파** $V_{av} = 0.637 V_m$ 에서
$$V_m = \frac{V_{av}}{0.637} = \frac{191}{0.637} ≒ 300 \text{ V}$$

답 ③

(3) 실효값

일반적으로 사용되는 값으로 교류의 각 순시값의 제곱에 대한 1주기의 평균의 제곱근을 **실효값**(effective value)이라 한다.

$$I = \sqrt{i^2 \text{의 1주기간의 평균값}}$$

여기서, I : 전류의 실효값[A], i : 전류의 순시값[A]

정현파 교류에서 실효값은

$$V = \sqrt{\frac{V_m^2}{2}} = \frac{V_m}{\sqrt{2}} = 0.707 V_m \text{ [V]}$$

$$I = \sqrt{\frac{I_m^2}{2}} = \frac{I_m}{\sqrt{2}} = 0.707 I_m \text{ [A]}$$

여기서, V : 전압의 실효값[V], I : 전류의 실효값[A]

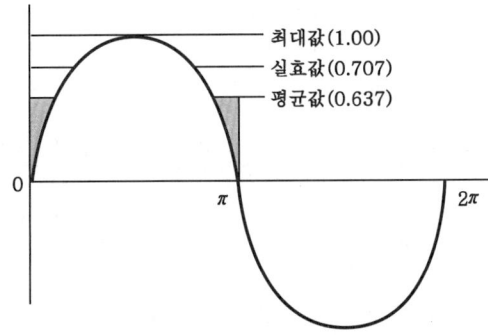

| 최대값, 실효값, 평균값 |

※ 실효값
$$V = 0.707 V_m \text{ [V]}$$
여기서, V : 실효값[V]
V_m : 최대값[V]

※ 반파정류정현파의 실효값
$$E = \frac{E_m}{2} \text{ 또는 } V = \frac{V_m}{2}$$
여기서,
E, V : 실효값[V]
E_m, V_m : 최대값[V]

2 교류전류에 대한 RLC 작용

* R
  저항

* L
  코일(인덕턴스)

* C
  콘덴서(정전용량)

회로의 종류		위상차	전류와 전압 관계	역률 및 무효율
단독회로	R	0	$I = \dfrac{V}{R}$	$\cos\theta = 1$ $\sin\theta = 0$
	L	$\dfrac{\pi}{2}$	$I = \dfrac{V}{X_L} = \dfrac{V}{\omega L}$	$\cos\theta = 0$ $\sin\theta = 1$
	C	$\dfrac{\pi}{2}$	$I = \dfrac{V}{X_C} = \omega CV$	$\cos\theta = 0$ $\sin\theta = 1$
직렬회로	R-L	$\tan^{-1}\dfrac{\omega L}{R}$	$I = \dfrac{V}{Z} = \dfrac{V}{\sqrt{R^2 + X_L^2}}$	$\cos\theta = \dfrac{R}{\sqrt{R^2 + X_L^2}}$ $\sin\theta = \dfrac{X_L}{\sqrt{R^2 + X_L^2}}$
	R-C	$\tan^{-1}\dfrac{1}{\omega CR}$	$I = \dfrac{V}{Z} = \dfrac{V}{\sqrt{R^2 + X_C^2}}$	$\cos\theta = \dfrac{R}{\sqrt{R^2 + X_C^2}}$ $\sin\theta = \dfrac{X_C}{\sqrt{R^2 + X_C^2}}$
	R-L-C	$\tan^{-1}\dfrac{X_L - X_C}{R}$	$I = \dfrac{V}{Z} = \dfrac{V}{\sqrt{R^2 + (X_L - X_C)^2}}$	$\cos\theta = \dfrac{R}{Z}$ $\sin\theta = \dfrac{X_L - X_C}{Z}$
병렬회로	R-L	$\tan^{-1}\dfrac{R}{\omega L}$	$I = YV = \sqrt{\left(\dfrac{1}{R}\right)^2 + \left(\dfrac{1}{X_L}\right)^2} \cdot V$	$\cos\theta = \dfrac{X_L}{\sqrt{R^2 + X_L^2}}$ $\sin\theta = \dfrac{R}{\sqrt{R^2 + X_L^2}}$
	R-C	$\tan^{-1}\omega CR$	$I = YV = \sqrt{\left(\dfrac{1}{R}\right)^2 + \left(\dfrac{1}{X_C}\right)^2} \cdot V$	$\cos\theta = \dfrac{X_c}{\sqrt{R^2 + X_C^2}}$ $\sin\theta = \dfrac{R}{\sqrt{R^2 + X_C^2}}$
	R-L-C	$\tan^{-1}R\left(\dfrac{1}{X_C} - \dfrac{1}{X_L}\right)$	$I = YV = \sqrt{\left(\dfrac{1}{R}\right)^2 + \left(\dfrac{1}{X_C} - \dfrac{1}{X_L}\right)^2} \cdot V$	$\cos\theta = \dfrac{\dfrac{1}{R}}{Y}$ $\sin\theta = \dfrac{\dfrac{1}{X_C} - \dfrac{1}{X_L}}{Y}$

Chapter_ 04

문제 그림과 같은 회로에서 전류 I는 몇 A인가?

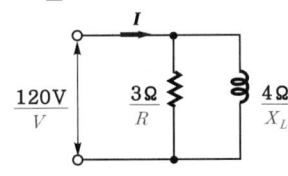

① 40　　　② 50　　　③ 80　　　④ 90

해설 (1) 기호

- I : ?
- V : 120V
- R : 3Ω
- X_L : 4Ω

(2) $R-L$ 병렬회로에서 I는

$$I = \sqrt{\left(\frac{1}{R}\right)^2 + \left(\frac{1}{X_L}\right)^2} \cdot V = \sqrt{\left(\frac{1}{3}\right)^2 + \left(\frac{1}{4}\right)^2} \times 120 = 50\,A$$

답 ②

1 R만의 회로

전류는

$i = I_m \sin\omega t$ [A]

　여기서, i : 전류의 순시값[A]

$$I = \frac{V}{R}\,[A]$$

　여기서, I : 전류의 실효값[A]
　　　　　V : 전압의 실효값[V]
　　　　　R : 저항[Ω]

전압과 전류는 동상(in-phase)이다.

$$\theta = 0°\,(동상)$$

　여기서, θ : 위상차

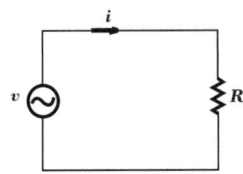

┃R만의 회로┃

2 L만의 회로

전류는

$$i = \frac{1}{L}\int v \cdot dt = I_m \sin\left(\omega t - \frac{\pi}{2}\right)$$

　여기서, i : 전류의 순시값[A]
　　　　　v : 전압의 순시값[V]
　　　　　L : 인덕턴스[H]
　　　　　I_m : 전류의 최대값[A]
　　　　　ω : 각 주파수[rad/s]

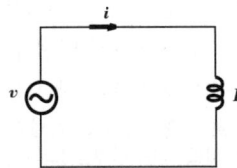

┃L만의 회로┃

＊ R만의 회로

$$I = \frac{V}{R}\,[A]$$

여기서, I : 전류[A]
　　　　V : 전압[V]
　　　　R : 저항[Ω]

＊ 동상
동일한 주파수에서 위상차가 없는 경우를 말함

＊ 위상
주파수가 동일한 2개 이상의 교류가 동시에 존재할 때, 상호간의 시간적인 차이

＊ 위상차
2개 이상의 동일한 교류의 위상의 차

Key Point

※ 유도 리액턴스
인덕턴스의 유도작용에 의한 리액턴스

※ 인덕턴스
코일의 권수, 형태 및 철심의 재질 등에 의해 결정되는 상수, 단위는 H(henry)로 나타낸다.

※ 리액턴스
교류에서 저항 이외에 전류의 흐름을 방해하는 작용을 하는 성분

$$X_L = \omega L = 2\pi f L [\Omega]$$ 에서

$$I = \frac{V}{X_L} = \frac{V}{\omega L} [A]$$

여기서, X_L : 유도 리액턴스[Ω]
ω : 각주파수[rad/s]
L : 인덕턴스[H]
I : 전류의 실효값[A]
V : 전압의 실효값[V]

전류는 전압보다 90° 뒤진다.

$$\theta = -\frac{\pi}{2} [\text{rad}] \text{ (뒤짐)}$$

여기서, θ : 위상차

3 C만의 회로

전류 i는

$$i = C\frac{dv}{dt} = I_m \sin\left(\omega t + \frac{\pi}{2}\right)$$

여기서, i : 전류의 순시값[A]
v : 전압의 순시값[V]

| C만의 회로 |

※ 용량 리액턴스
콘덴서의 충전작용에 의한 리액턴스

※ 콘덴서
2개의 도체사이에 절연물을 넣어서 정전용량을 가지게 한 소자

※ 정전용량
콘덴서가 전하를 축적할 수 있는 능력

$$X_C = \frac{1}{\omega C} = \frac{1}{2\pi f C} [\Omega]$$ 에서

$$I = \frac{V}{X_C} = \omega C V [A]$$

여기서, X_C : 용량 리액턴스[Ω]
C : 정전용량[F]
I : 전류의 실효값[A]
V : 전압의 실효값[V]

전류는 전압보다 90° 앞선다.

$$\theta = \frac{\pi}{2} [\text{rad}] \text{ (앞섬)}$$

여기서, θ : 위상차

★★★
문제 콘덴서만의 회로에서 전압과 전류 사이의 위상관계는?

① 전압이 전류보다 180° 앞선다.
② 전압이 전류보다 180° 뒤진다.
③ 전압이 전류보다 90° 앞선다.
④ 전압이 전류보다 90° 뒤진다.

해설 L만의 회로 : 전압이 전류보다 90° 앞선다.
C만의 회로 : 전압이 전류보다 90° 뒤진다.

답 ④

3 RLC 직병렬 회로

1 RL 직렬회로

전류 I는

$$I = \frac{V}{Z} = \frac{V}{\sqrt{R^2 + X_L^2}} \text{[A]}$$

임피던스 Z는

$$Z = \sqrt{R^2 + X_L^2} = \sqrt{R^2 + (\omega L)^2} \text{[Ω]}$$

여기서, Z : 임피던스[Ω]
X_L : 유도 리액턴스[Ω]
L : 인덕턴스[H]

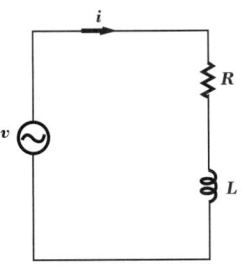

∥ RL 직렬회로 ∥

① **위상차** : $\theta = \tan^{-1}\frac{X_L}{R} = \tan^{-1}\frac{\omega L}{R}$ [rad]

② **역률** : $\cos\theta = \frac{R}{Z} = \frac{R}{\sqrt{R^2 + X_L^2}}$

③ **무효율** : $\sin\theta = \frac{X_L}{Z} = \frac{X_L}{\sqrt{R^2 + X_L^2}}$

2 RC 직렬회로

전류 I는

$$I = \frac{V}{Z} = \frac{V}{\sqrt{R^2 + X_C^2}} \text{[A]}$$

여기서 임피던스 Z는

$$Z = \sqrt{R^2 + X_C^2} = \sqrt{R^2 + \left(\frac{1}{\omega C}\right)^2} \text{[Ω]}$$

여기서, Z : 임피던스[Ω]
X_C : 용량 리액턴스[Ω]
C : 정전용량[F]

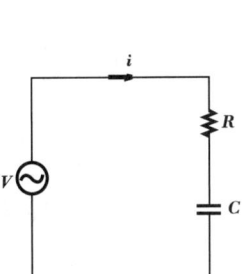

∥ RC 직렬회로 ∥

① **위상차** : $\theta = \tan^{-1}\frac{X_C}{R} = \tan^{-1}\frac{1}{\omega CR}$ [rad]

② **역률** : $\cos\theta = \frac{R}{Z} = \frac{R}{\sqrt{R^2 + X_C^2}}$

※ RL 직렬회로

$$I = \frac{V}{\sqrt{R^2 + X_L^2}} \text{[A]}$$

여기서,
I : 전류[A]
V : 전압[V]
R : 저항[Ω]
X_L : 유도 리액턴스[Ω]

※ 임피던스
교류에서 전류가 흐를 때의 전류의 흐름을 방해하는 R, L, C의 벡터적인 합

※ 역률
전압과 전류의 위상차의 코사인(cos) 값

※ 무효율
전압과 전류의 위상차의 사인(sin) 값

※ RC 직렬회로

$$I = \frac{V}{\sqrt{R^2 + X_C^2}} \text{[A]}$$

여기서,
I : 전류[A]
V : 전압[V]
R : 저항[Ω]
X_C : 용량 리액턴스[Ω]

> **문제** ★★
> 저항 R과 리액턴스 X의 직렬회로에서 $\dfrac{X}{R}=\dfrac{1}{\sqrt{2}}$일 경우 회로의 역률은?
>
> ① $\dfrac{1}{2}$ ② $\dfrac{1}{\sqrt{3}}$ ③ $\dfrac{\sqrt{2}}{\sqrt{3}}$ ④ $\dfrac{\sqrt{3}}{2}$
>
> **해설** $\dfrac{X}{R}=\dfrac{1}{\sqrt{2}}$에서
> $R=\sqrt{2}$, $X=1$이므로
> 역률 $\cos\theta = \dfrac{R}{Z} = \dfrac{R}{\sqrt{R^2+X^2}} = \dfrac{\sqrt{2}}{\sqrt{(\sqrt{2})^2+1^2}} = \dfrac{\sqrt{2}}{\sqrt{3}}$
>
> **답** ③

③ 무효율 : $\sin\theta = \dfrac{X_C}{Z} = \dfrac{X_C}{\sqrt{R^2+X_C^{\,2}}}$

3 RLC 직렬회로

※ RLC 직렬회로

$I = \dfrac{V}{\sqrt{R^2+(X_L-X_C)^2}}$

여기서,
I : 전류[A]
V : 전압[V]
R : 저항[Ω]
X_L : 유도리액턴스[Ω]
X_C : 용량리액턴스[Ω]

전류 I는

$$I = \dfrac{V}{Z} = \dfrac{V}{\sqrt{R^2+(X_L-X_C)^2}}\,[A]$$

여기서 임피던스 Z는

$$Z = \sqrt{R^2+(X_L-X_C)^2} = \sqrt{R^2+\left(\omega L-\dfrac{1}{\omega C}\right)^2}\,[\Omega]$$

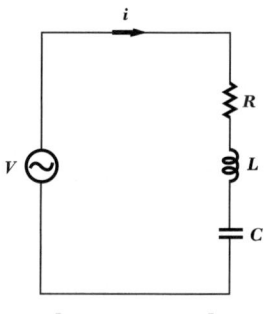

| RLC 직렬회로 |

공진조건 $\omega L = \dfrac{1}{\omega C}$ 이므로

$$\omega L - \dfrac{1}{\omega C} = 0$$

위 식에서 $Z=R$(**임피던스 최소**) 이와 같은 상태를 **직렬공진**(series resonance)이라 한다.

※ 공진주파수

RLC 직렬 공진회로에서 정전용량 C가 일정해도 주파수에 따라 인덕턴스 $L=\dfrac{1}{\omega C}$로 되는 주파수

① 공진주파수 : $f_0 = \dfrac{1}{2\pi\sqrt{LC}}\,[Hz]$

여기서, L : 인덕턴스[H]
C : 정전용량[F]

※ 선택도
공진곡선의 첨예도 및 공진시의 전압확대비를 나타낸다.

② 선택도 : $Q = \dfrac{V_L}{V} = \dfrac{V_C}{V} = \dfrac{\omega L}{R} = \dfrac{1}{\omega CR} = \dfrac{1}{R}\sqrt{\dfrac{L}{C}}$

여기서, V : 전원전압[V]
V_L : L에 걸리는 전압[V]
V_C : C에 걸리는 전압[V]
ω : 각주파수[rad/s]

③ 위상차 : $\theta = \tan^{-1} \dfrac{X_L - X_C}{R}$ [rad]

- $X_L > X_C$: **유도성**회로(전류는 전압보다 θ만큼 뒤진다)
- $X_L < X_C$: **용량성**회로(전류는 전압보다 θ만큼 앞선다)
- $X_L = X_C$: **직렬공진**회로(전압과 전류는 동상이다)

④ 역률 : $\cos \theta = \dfrac{R}{Z} = \dfrac{R}{\sqrt{R^2 + (X_L - X_C)^2}}$

⑤ 무효율 : $\sin \theta = \dfrac{X_L - X_C}{Z} = \dfrac{X_L - X_C}{\sqrt{R^2 + (X_L - X_C)^2}}$

4 RL 병렬회로

전류 I는

$$I = YV = \sqrt{\left(\dfrac{1}{R}\right)^2 + \left(\dfrac{1}{X_L}\right)^2} \cdot V \text{ [A]}$$

여기에 어드미턴스 Y는

$$Y = \dfrac{1}{Z} = \sqrt{\left(\dfrac{1}{R}\right)^2 + \left(\dfrac{1}{X_L}\right)^2} \text{ [℧]}$$

여기서, Y : 어드미턴스[℧], Z : 임피던스[Ω]

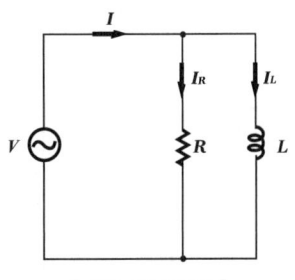

| RL 병렬회로 |

① 위상차 : $\theta = \tan^{-1} \dfrac{R}{X_L} = \tan^{-1} \dfrac{R}{\omega L}$ [rad]

② 역률 : $\cos \theta = \dfrac{X_L}{Z} = \dfrac{X_L}{\sqrt{R^2 + X_L^2}}$

★★ 문제

그림과 같은 병렬회로에서 저항 $\underset{R}{8Ω}$, 유도 리액턴스 $\underset{X_L}{6Ω}$일 때 이 회로의 역률 $\cos\theta$는?

① 0.4
② 0.5
③ 0.6
④ 0.8

해설 (1) 기호
- R : 8Ω
- X_L : 6Ω
- $\cos\theta$: ?

(2) $\cos \theta = \dfrac{X_L}{\sqrt{R^2 + X_L^2}} = \dfrac{6}{\sqrt{8^2 + 6^2}} = 0.6$

여기서, R : 저항[Ω] X_L : 유도리액턴스[Ω]

답 ③

③ 무효율 : $\sin \theta = \dfrac{R}{Z} = \dfrac{R}{\sqrt{R^2 + X_L^2}}$

※ 어드미턴스
임피던스의 역수, Y[℧]로 표시한다.

※ 임피던스
교류에서 전류가 흐를 때의 전류의 흐름을 방해하는 R, L, C의 벡터적인 합

※ 위상차
2개 이상의 동일한 교류의 위상의 차

※ 역률
전압과 전류의 위상차의 코사인(cos) 값

※ 무효율
전압과 전류의 위상차의 사인(sin) 값

※ RC 병렬회로

$I = \sqrt{\left(\dfrac{1}{R}\right)^2 + \left(\dfrac{1}{X_C}\right)^2} \cdot V\text{[A]}$

여기서,
I : 전류[A]
R : 저항[Ω]
X_c : 용량 리액턴스[Ω]
V : 전압[V]

5 RC 병렬회로

전류 I 는

$$I = YV = \sqrt{\left(\dfrac{1}{R}\right)^2 + \left(\dfrac{1}{X_C}\right)^2} \cdot V\text{[A]}$$

여기에 어드미턴스 Y 는

$$Y = \dfrac{1}{Z} = \sqrt{\left(\dfrac{1}{R}\right)^2 + \left(\dfrac{1}{X_C}\right)^2}\ [\mho]$$

① 위상차 : $\theta = \tan^{-1}\dfrac{R}{X_C} = \tan^{-1}\omega CR\text{[rad]}$

② 역률 : $\cos\theta = \dfrac{X_C}{Z} = \dfrac{X_C}{\sqrt{R^2 + X_C^2}}$

③ 무효율 : $\sin\theta = \dfrac{R}{Z} = \dfrac{R}{\sqrt{R^2 + X_C^2}}$

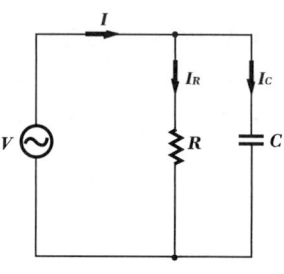

∥ RC 병렬회로 ∥

6 RLC 병렬회로

전류 I 는

$$I = YV = \sqrt{\left(\dfrac{1}{R}\right)^2 + \left(\dfrac{1}{X_C} - \dfrac{1}{X_L}\right)^2} \cdot V\text{[A]}$$

여기서 어드미턴스 Y 는

$$Y = \dfrac{1}{Z} = \sqrt{\left(\dfrac{1}{R}\right)^2 + \left(\dfrac{1}{X_C} - \dfrac{1}{X_L}\right)^2}$$

$$= \sqrt{\left(\dfrac{1}{R}\right)^2 + \left(\omega C - \dfrac{1}{\omega L}\right)^2}\ [\mho]$$

$\omega C - \dfrac{1}{\omega L} = 0$ 이면

위 식에서 $Y = \dfrac{1}{R}$ (**임피던스 최대**) 이와 같은 상태를 **병렬공진**(parallel resonance)이라 한다.

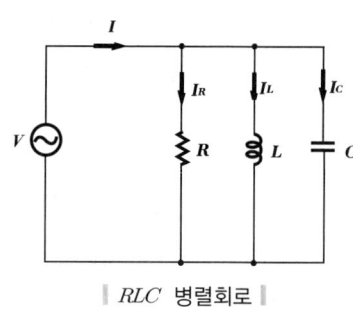

∥ RLC 병렬회로 ∥

※ 직렬공진
① 임피던스 최소
② 전류 최대

※ 병렬공진
① 임피던스 최대
② 전류 최소

① 위상차 : $\theta = \tan^{-1} R\left(\dfrac{1}{X_C} - \dfrac{1}{X_L}\right)$

- $X_L > X_C$: 용량성회로
- $X_L < X_C$: 유도성회로
- $X_L = X_C$: 병렬공진회로

Chapter_ 04

4 교류전력

1 교류전력

① 유효전력(평균전력, 소비전력)
$$P = VI\cos\theta = I^2R \text{[W]}$$

② 무효전력 : $P_r = VI\sin\theta = I^2X$ [Var]

여기서, X : 리액턴스[Ω]

③ 피상전력 : $P_a = VI = \sqrt{P^2 + P_r^2} = I^2Z$ [VA]

여기서, Z : 임피던스[Ω]

2 역률과 무효율

① 역률
$$\cos\theta = \frac{P}{P_a} = \frac{P}{VI} = \frac{R}{Z}$$

② 무효율
$$\sin\theta = \frac{P_r}{P_a} = \frac{P_r}{VI} = \frac{X}{Z}$$

※ RL 직렬회로
$$\cos\theta = \frac{R}{Z} = \frac{R}{\sqrt{R^2 + X_L^2}}, \quad \sin\theta = \frac{X_L}{Z} = \frac{X_L}{\sqrt{R^2 + X_L^2}}$$

3 복소 전력

$V = V_1 + jV_2$ [V], $I = I_1 + jI_2$ [A] 라 하면

$P_a = V\overline{I} = (V_1 + jV_2)(I_1 - jI_2) = (V_1I_1 + V_2I_2) + j(V_2I_1 - V_1I_2) = P + jP_r$ [VA]

$P_r > 0$: 유도성 회로

$P_r < 0$: 용량성 회로

① 유효전력 : $P = V_1I_1 + V_2I_2$ [W]

② 무효전력 : $P_r = V_2I_1 - V_1I_2$ [Var]

③ 피상전력 : $P_a = \sqrt{P^2 + P_r^2}$ [VA]

※ **유효전력**
전원에서 부하로 실제 소비되는 전력

※ **무효전력**
실제로 아무런 일도 할 수 없는 전력

※ **피상전력**
전원에서 공급되는 전력

※ **역률과 무효율**
① 역률
$$\cos\theta = \frac{R}{\sqrt{R^2 + X_L^2}}$$

② 무효율
$$\sin\theta = \frac{X_L}{\sqrt{R^2 + X_L^2}}$$

여기서,
$\cos\theta$: 역률
$\sin\theta$: 무효율
R : 저항[Ω]
X_L : 유도 리액턴스[Ω]

※ **복소 전력**
실수와 허수로 구성되는 전력

※ 최대 전력

$$P_{\max} = \frac{V_g^2}{4R_g}$$

여기서,
$P_{\max}$: 최대 전력(W)
V_g : 전압(V)
R_g : 저항(Ω)

4 최대 전력

그림에서 $Z_g = R_g$, $Z_L = R_L$인 경우

① 최대 전력전달 조건 : $R_g = R_L$

② 최대 전력 : $P_{\max} = \dfrac{V_g^2}{4R_g}$

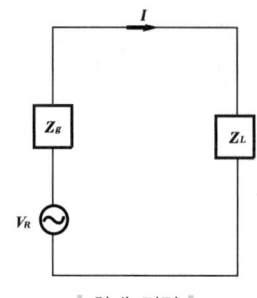

∥ 최대 전력 ∥

문제 그림과 같은 회로에서 부하 R_L에서 소비되는 최대전력(W)은?

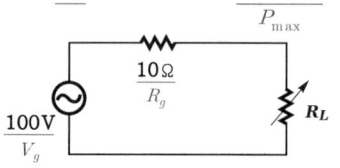

① 50   ② 125   ③ 250   ④ 500

해설 (1) 기호
- $P_{\max}$: ?
- R_g : 10Ω
- V_g : 100V

(2) 최대전력 전달조건에 의해

$$P_{\max} = \frac{V_g^2}{4R_g} = \frac{100^2}{4 \times 10} = 250\,\text{W}$$

답 ③

5 콘덴서의 용량

역률개선용 병렬콘덴서의 용량 Q_c는

$$Q_c = P(\tan\theta_1 - \tan\theta_2) = P\left(\frac{\sin\theta_1}{\cos\theta_1} - \frac{\sin\theta_2}{\cos\theta_2}\right)[\text{kVA}]$$

여기서, Q_c : 콘덴서의 용량[kVA], P : 유효전력[kW]
$\cos\theta_1$: 개선전 역률, $\cos\theta_2$: 개선후 역률
$\sin\theta_1$: 개선전 무효율 $\left(\sin\theta_1 = \sqrt{1-\cos\theta_1^2}\right)$
$\sin\theta_2$: 개선후 무효율 $\left(\sin\theta_2 = \sqrt{1-\cos\theta_2^2}\right)$

※ 임피던스

$Z = R + jX$ [Ω]

여기서, Z : 임피던스[Ω]
R : 저항[Ω]
X : 리액턴스[Ω]

6 임피던스

그림에서 $j(X_L - X_C) = jX$라 하면

① 임피던스 : $Z = R + j(X_L - X_C) = R + jX$ [Ω]

여기서, R : 저항[Ω], X : 리액턴스[Ω]

② 전류 : $I = \dfrac{V}{Z} = \dfrac{V}{R+jX} = \dfrac{V}{\sqrt{R^2+X^2}}$ [A]

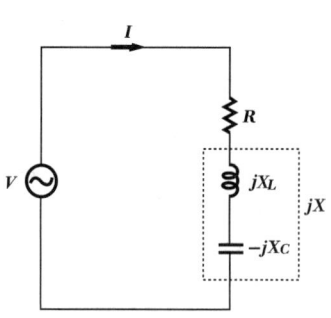

∥ 임피던스, 어드미턴스 ∥

7 어드미턴스

① 어드미턴스

$$Y = \frac{1}{Z} = \frac{1}{R+jX} = \frac{R}{R^2+X^2} + j\frac{-X}{R^2+X^2} = G+jB \,[\mho]$$

여기서, G : 컨덕턴스 $[\mho]$
B : 서셉턴스 $[\mho]$

② 전류 : $I = \dfrac{V}{Z} = YV \,[\text{A}]$

8 병렬공진회로

① 공진 주파수

$$f_0 = \frac{1}{2\pi\sqrt{LC}} \quad \text{또는,} \quad f_0 = \frac{1}{2\pi}\sqrt{\frac{1}{LC} - \frac{R^2}{L^2}} \,[\text{Hz}]$$

② 공진 임피던스

$$Z_0 = \frac{L}{CR} \,[\Omega] \quad \text{(임피던스 최대)}$$

③ 공진 어드미턴스

$$Y_0 = \frac{1}{Z_0} = \frac{CR}{L} \,[\mho] \quad \text{(어드미턴스 최소)}$$

문제 그림과 같은 회로의 공진시의 어드미턴스는?

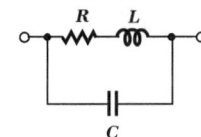

① $\dfrac{CR}{L}$ ② $\dfrac{L}{CR}$ ③ $\dfrac{CL}{R}$ ④ $\dfrac{LR}{C}$

해설 병렬 공진회로

① 공진 임피던스 : $Z_o = \dfrac{L}{CR} \,[\Omega]$

② 공진 어드미턴스 : $Y_o = \dfrac{1}{Z_o} = \dfrac{CR}{L} \,[\mho]$

답 ①

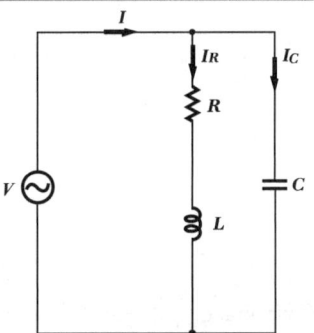

| 인덕턴스와 정전용량의 병렬회로 |

Key Point

❋ 어드미턴스

$Y = G + jB \,[\mho]$

여기서,
Y : 어드미턴스 $[\mho]$
G : 컨덕턴스 $[\mho]$
B : 서셉턴스 $[\mho]$

❋ 서셉턴스
어드미턴스의 허수부를 말한다.

❋ 공진 임피던스

$Z_0 = \dfrac{L}{CR} \,[\Omega]$

여기서,
Z_0 : 공진 임피던스 $[\Omega]$
L : 인덕턴스 $[\text{H}]$
C : 정전용량 $[\text{F}]$
R : 저항 $[\Omega]$

❋ 인덕턴스
코일의 권수·형태 및 철심의 재질 등에 의해 결정되는 상수

Key Point

* **정전용량**
  콘덴서가 전하를 축적하는 능력의 정도를 나타내는 상수

9 교류브리지

교류검출기(detector)에 전압이 검출되지 않으면 브리지가 평형되었다고 하고 c, d점 사이의 전위차가 0이다.
이때 평형 조건은
- $I_1 Z_1 = I_2 Z_2$
- $I_1 Z_3 = I_2 Z_4$

$$\therefore Z_1 Z_4 = Z_2 Z_3$$

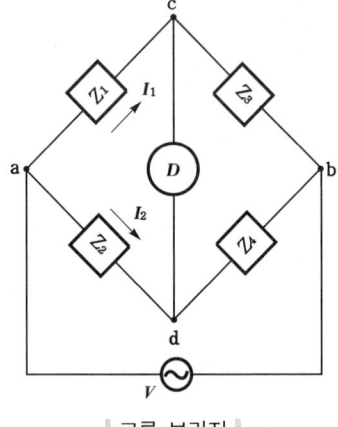

| 교류 브리지 |

5 3상교류

1 대칭3상교류

* **대칭3상교류**
  크기가 같고 서로 $\frac{2}{3}\pi$ [rad]만큼의 위상차를 가지는 3상교류

대칭3상교류 기전력을 순시치로 표시하면

$$e_a = \sqrt{2}\, E \sin \omega t \;[V]$$

$$e_b = \sqrt{2}\, E \sin \left(\omega t - \frac{2\pi}{3}\right)[V]$$

$$e_c = \sqrt{2}\, E \sin \left(\omega t - \frac{4\pi}{3}\right)[V]$$

여기서, E : 기전력의 실효값
이때, 각 순시 기전력의 합은
$$e_a + e_b + e_c = 0$$

a, b, c 상의 3상 기전력 E_a, E_b, E_c를 기호법으로 표시하면

$$E_a = E$$

* **기호법**
  정현파 교류의 전압, 전류 등의 벡터량을 복소수로 표현하는 방법

$$E_b = E_e^{-j\frac{2\pi}{3}} = E \underline{/-\frac{2\pi}{3}} = E\left(-\frac{1}{2} - j\frac{\sqrt{3}}{2}\right)[V]$$

* **벡터량**
  크기와 방향의 2개의 요소로 표시되는 양 (힘과 속도)

$$E_c = E_e^{-j\frac{4\pi}{3}} = E \underline{/-\frac{4\pi}{3}} = E\left(-\frac{1}{2} + j\frac{\sqrt{3}}{2}\right)[V]$$

$$\therefore \; \boldsymbol{E_a + E_b + E_c = 0}$$

2 3상교류의 결선법

(1) Y 결선과 전압

* **상전압**
  다상교류회로에서 각 상에 걸리는 전압

V_a, V_b, V_c를 각각 **상전압**(phase voltage)이라 하고 V_{ab}, V_{bc}, V_{ca}를 **선간전압**(line voltage)이라 한다.

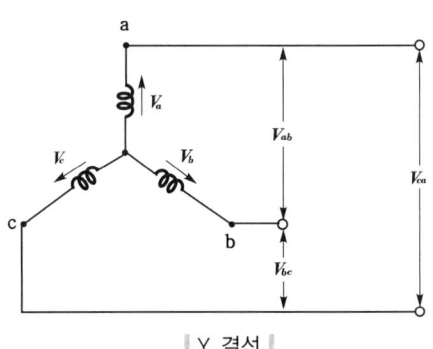

| Y 결선 |

선간전압

$V_{ab} = \sqrt{3}\, V_a \underline{/\frac{\pi}{6}}$ [V], $V_{bc} = \sqrt{3}\, V_b \underline{/\frac{\pi}{6}}$ [V], $V_{ca} = \sqrt{3}\, V_c \underline{/\frac{\pi}{6}}$ [V]

일반적으로 $V_l = \sqrt{3}\, V_P$, 즉 선간전압=$\sqrt{3}$×상전압

※ **선간전압**
다상교류회로에서 단자간에 걸리는 전압

※ **다상교류**
3개 이상의 상을 가진 교류

문제 대칭 3상 Y 부하에서 각 상의 임피던스가 $Z = 3 + j4$ [Ω]이고, 부하전류가 20A (I_p) 일 때 이 부하의 선간전압 (V_l) [V]은?

① 226 ② 173 ③ 192 ④ 164

해설

(1) 기호
- Z : $3 + j4$ [Ω]
- I_p : 20A
- V_l : ?

(2) 임피던스 $Z = \sqrt{3^2 + 4^2} = 5\,\Omega$
상전압 $V_p = I_p Z = 20 \times 5 = 100\,V$
∴ 선간전압 $V_l = \sqrt{3}\, V_p = \sqrt{3} \times 100 \fallingdotseq 173\,V$

답 ②

(2) △결선과 전압

선간전압 : $V_{ab} = V_a$ [V]
$V_{bc} = V_b$ [V]
$V_{ca} = V_c$ [V]

일반적으로 $V_l = V_P$
즉 선간전압=상전압

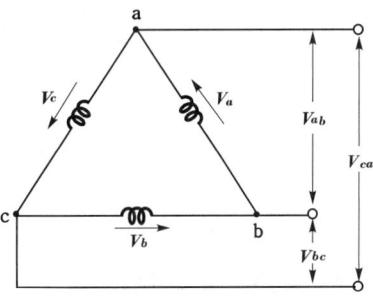

| △결선 |

※ **Y결선과 △결선**
① Y결선
$I_l = I_P$ [A]
② △결선
$I_l = \sqrt{3}\, I_P$ [A]
여기서, I_l : 선전류[A]
I_P : 상전류[A]

※ **상전류**
다상교류회로에서 각 상에 흐르는 전류

(3) Y결선과 전류

선전류 : $I_a = I_a$ [A], $I_b = I_b$ [A], $I_c = I_c$ [A]
일반적으로 $I_l = I_p$ 즉 선전류=상전류

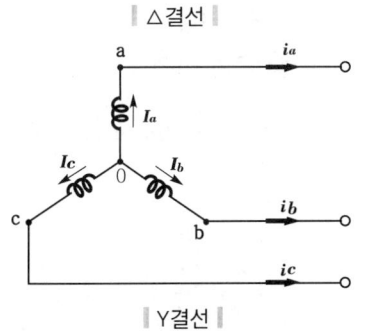

| Y결선 |

※ **선전류**
다상교류회로에서 단자로부터 유입 또는 유출되는 전류

(4) △결선과 전류

I_{ab}, I_{bc}, I_{ca}를 각각 **상전류**(phase current)라 하고 I_a, I_b, I_c를 **선전류**(line current)라 한다.

선전류

$$I_a = \sqrt{3}\, I_{ab} \underline{/-\frac{\pi}{6}}\ \text{[A]}$$

$$I_b = \sqrt{3}\, I_{bc} \underline{/-\frac{\pi}{6}}\ \text{[A]}$$

$$I_c = \sqrt{3}\, I_{ca} \underline{/-\frac{\pi}{6}}\ \text{[A]}$$

일반적으로 $I_l = \sqrt{3}\, I_P$ 즉 선전류 $= \sqrt{3} \times$ 상전류

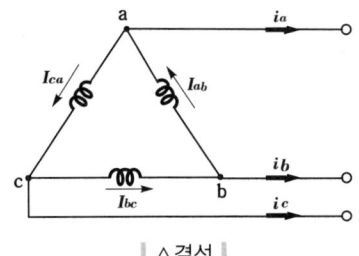

| △결선 |

3 평형 3상회로

(1) 평형 Y-Y결선

① 선간전압과 상전압

$$V_l = \sqrt{3}\, V_P,\ V_l \text{은 } V_P \text{보다 } \frac{\pi}{6}\ \text{[rad] 앞선다.}$$

② 선전류와 상전류

$$I_l = I_P$$

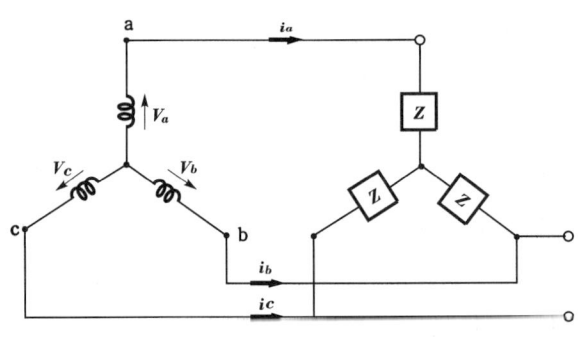

| 평형 Y-Y결선 |

(2) 평형 △-△결선

① 선간전압과 상전압

$$V_l = V_P$$

② 선전류와 상전류

$$I_l = \sqrt{3}\, I_P,\ I_l \text{은 } I_P \text{보다 } \frac{\pi}{6}\ \text{[rad] 뒤진다.}$$

Key Point

∗ 평형 3상회로
전원이 대칭이고 부하가 평형을 이루고 있는 회로

∗ 상전압
각 상에 걸리는 전압

∗ 선간전압
선과 선 사이에 걸리는 전압

∗ 선전류
각 선에 흐르는 전류

∗ 상전류
각 상에 흐르는 전류

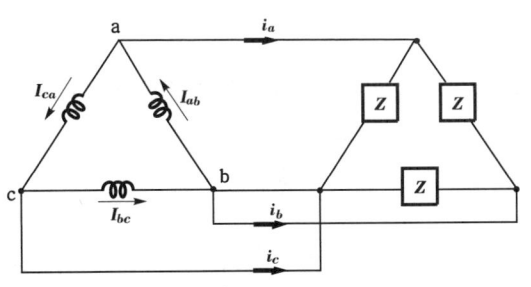

∥ 평형 △-△결선 ∥

4 Y-△회로의 변환

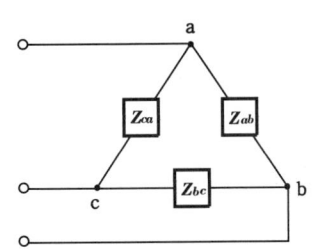 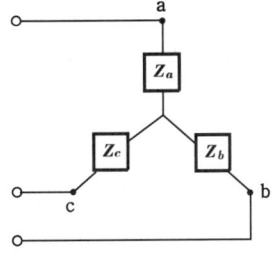

∥ Y-△변환 ∥

(1) △→Y변환

$$Z_a = \frac{Z_{ab} \cdot Z_{ca}}{Z_{ab}+Z_{bc}+Z_{ca}} \, [\Omega]$$

$$Z_b = \frac{Z_{ab} \cdot Z_{bc}}{Z_{ab}+Z_{bc}+Z_{ca}} \, [\Omega]$$

$$Z_c = \frac{Z_{bc} \cdot Z_{ca}}{Z_{ab}+Z_{bc}+Z_{ca}} \, [\Omega]$$

평형부하인 경우에는 $Z_Y = \dfrac{Z_\triangle}{3} \, [\Omega]$

(2) Y→△변환

$$Z_{ab} = \frac{Z_a Z_b + Z_b Z_c + Z_c Z_a}{Z_c} \, [\Omega]$$

$$Z_{bc} = \frac{Z_a Z_b + Z_b Z_c + Z_c Z_a}{Z_a} \, [\Omega]$$

$$Z_{ca} = \frac{Z_a Z_b + Z_b Z_c + Z_c Z_a}{Z_b} \, [\Omega]$$

평형부하인 경우에는 $Z_\triangle = 3Z_Y \, [\Omega]$

※ △→Y변환
$Z_Y = \dfrac{Z_\triangle}{3}$

※ Y→△변환
$Z_\triangle = 3Z_Y$

Key Point

문제 그림과 같은 Y결선 회로와 등가인 △결선 회로의 A, B, C 값은?

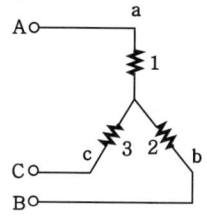 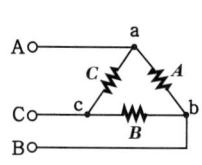

① $A = \dfrac{11}{3}$, $B = 11$, $C = \dfrac{11}{2}$ ② $A = \dfrac{7}{3}$, $B = 7$, $C = \dfrac{7}{2}$

③ $A = 11$, $B = \dfrac{11}{2}$, $C = \dfrac{11}{3}$ ④ $A = 7$, $B = \dfrac{7}{2}$, $C = \dfrac{7}{3}$

해설
$A = Z_{ab} = \dfrac{Z_a Z_b + Z_b Z_c + Z_c Z_a}{Z_c} = \dfrac{1 \times 2 + 2 \times 3 + 3 \times 1}{3} = \dfrac{11}{3}$

$B = Z_{bc} = \dfrac{Z_a Z_b + Z_b Z_c + Z_c Z_a}{Z_a} = \dfrac{1 \times 2 + 2 \times 3 + 3 \times 1}{1} = 11$

$C = Z_{ca} = \dfrac{Z_a Z_b + Z_b Z_c + Z_c Z_a}{Z_b} = \dfrac{1 \times 2 + 2 \times 3 + 3 \times 1}{2} = \dfrac{11}{2}$

답 ①

※ **3상전력**
① 유효전력
  $P = 3I_p^2 R$ [W]
② 무효전력
  $P_r = 3I_p^2 X$ [Var]
③ 피상전력
  $P_a = 3I_p^2 Z$ [VA]
여기서,
  P : 유효전력[W]
  P_r : 무효전력[Var]
  P_a : 피상전력[VA]
  I_P : 상전류[A]
  R : 저항[Ω]
  X : 리액턴스[Ω]
  Z : 임피던스[Ω]

5 3상전력

① 유효전력 : $P = 3V_p I_p \cos\theta = \sqrt{3} V_l I_l \cos\theta = 3I_p^2 R$ [W]

② 무효전력 : $P_r = 3V_p I_p \sin\theta = \sqrt{3} V_l I_l \sin\theta = 3I_p^2 X$ [Var]

③ 피상전력 : $P_a = 3V_p I_p = \sqrt{3} V_l I_l = \sqrt{P^2 + P_r^2} = 3I_p^2 Z$ [VA]

여기서, V_p : 상전압[V], I_p : 상전류[A], V_l : 선간전압[V], I_l : 선전류[A]

$$R = Z\cos\theta, \quad X = Z\sin\theta$$

※ **V결선**
△결선된 전원 중 1상을 제거하여 결선한 방식. V결선은 변압기 사고시 응급조치 등의 용도로 사용된다.

6 V결선

① 출력
  $P = \sqrt{3} V_p I_p \cos\theta$ [W]

② 변압기 1대의 이용률
  $U = \dfrac{\sqrt{3} V_p I_p \cos\theta}{2 V_p I_p \cos\theta} = \dfrac{\sqrt{3}}{2} = 0.866$

문제 V결선 변압기 이용률[%]은?

① 57.7   ② 86.6   ③ 80   ④ 100

해설 V결선 변압기 1대의 이용률
$U = \dfrac{\sqrt{3} VI\cos\theta}{2 VI\cos\theta} = \dfrac{\sqrt{3}}{2} = 0.866$

답 ②

③ 출력비

$$\frac{P_\mathrm{V}}{P_{\triangle \cdot \mathrm{Y}}} = \frac{\sqrt{3}\, V_p I_p \cos\theta}{3\, V_p I_p \cos\theta} = \frac{\sqrt{3}}{3} = 0.577$$

7 3상전력의 측정

(1) 2전력계법

단상전력계 2개로 측정하는 경우

① 유효전력 : $P = P_1 + P_2$ [W]

여기서, P_1, P_2 : 전력계의 지시값

② 무효전력 : $P_r = \sqrt{3}\,(P_1 - P_2)$ [Var]

③ 역률 : $\cos\theta = \dfrac{P_1 + P_2}{2\sqrt{P_1^{\,2} + P_2^{\,2} - P_1 P_2}}$

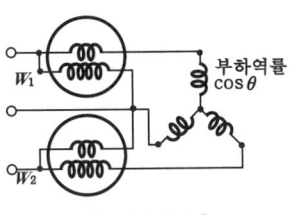

∥2전력계법∥

> **※ 2전력계법**
> 단상전력계 2개로 3상전력을 측정하기 위한 방법

(2) 3전력계법

단상전력계 3개로 측정하는 경우

① 유효전력 : $P = P_1 + P_2 + P_3$ [W]

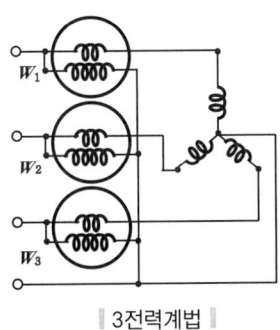

∥3전력계법∥

> **※ 3전력계법**
> 단상전력계 3개로 3상전력을 측정하기 위한 방법

8 전기계기의 오차

① 오차 = $M - T$

백분율 오차(오차율) = $\dfrac{M - T}{T} \times 100$ [%]

② 보정 = $T - M$

백분율 보정(보정률) = $\dfrac{T - M}{M} \times 100$ [%]

여기서, T : 참값, M : 측정값

> **※ M**
> 'measure(측정하다)'의 약자이다.
>
> **※ T**
> 'true(참되다)'의 약자이다.

9 분류기와 배율기

(1) 분류기(shunt)

전류계의 측정범위를 확대하기 위해 전류계와 병렬로 접속하는 저항

Key Point

※ 분류기

$I_0 = I\left(1 + \dfrac{R_A}{R_S}\right)$ [A]

여기서,
- I_0 : 측정하고자 하는 전류[A]
- I : 전류계의 최대눈금 [A]
- R_A : 전류계 내부저항 [Ω]
- R_S : 분류기 저항[Ω]

$$I_0 = I\left(1 + \dfrac{R_A}{R_S}\right) [A]$$

여기서, I_0 : 측정하고자 하는 전류[A] I : 전류계의 최대 눈금[A]
R_A : 전류계 내부저항[Ω] R_S : 분류기 저항[Ω]

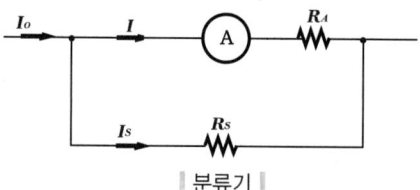

‖ 분류기 ‖

위 식에서 분류기 배율 M은

$$M = \dfrac{I_0}{I} = 1 + \dfrac{R_A}{R_S}$$

문제 ★★ 어떤 전류계의 측정범위를 10배로 하자면 분류기의 저항은 전류계 내부저항의 몇 배로 하여야 하는가?

① 99 ② 9 ③ $\dfrac{1}{99}$ ④ $\dfrac{1}{9}$

해설 (1) 기호
- M : 10배
- R_S : ?

(2) 배율 $M = \dfrac{I_o}{I} = \left(1 + \dfrac{R_A}{R_S}\right)$ 에서

∴ $R_S = \dfrac{R_A}{M-1} = \dfrac{R_A}{10-1} = \dfrac{1}{9}R_A$

답 ④

(2) 배율기(multiplier)

전압계의 측정범위를 확대하기 위해 전압계와 직렬로 접속하는 저항

$$V_0 = V\left(1 + \dfrac{R_m}{R_v}\right) [V]$$

※ 배율기

$V_0 = V\left(1 + \dfrac{R_m}{R_v}\right)$ [V]

여기서,
- V_0 : 측정하고자 하는 전압[V]
- V : 전압계의 최대눈금 [V]
- R_v : 전압계의 내부저항 [Ω]
- R_m : 배율기 저항[Ω]

여기서, V_0 : 측정하고자 하는 전압[V]
 V : 전압계의 최대 눈금[A]
 R_v : 전압계 내부저항[Ω]
 R_m : 배율기 저항[Ω]

위 식에서 배율기 배율 M은

$$M = \dfrac{V_0}{V} = 1 + \dfrac{R_m}{R_v}$$

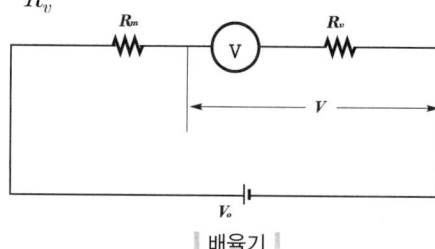

‖ 배율기 ‖

Chapter_ 04

10 지시 전기계기의 종류

계기의 종류	기 호	사용회로
가동코일형		직류
가동철편형		교류
정류형		교류
유도형		교류
전류력계형		교직양용
열선형		교직양용
정전형		교직양용

※ 직류전용계기
가동코일형

※ 교류전용계기
① 가동철편형
② 정류형
③ 유도형

6 회로망에 대한 정리

1 정전압원, 정전류원

(1) 정전압원
내부저항은 0이다. ($r = 0$)
정전압원을 **단락**시키면 전류는 무한대가 된다.

(2) 정전류원
내부저항은 ∞이다. ($r = \infty$)
정전류원을 **개방**하면 단자전압은 무한대가 된다.

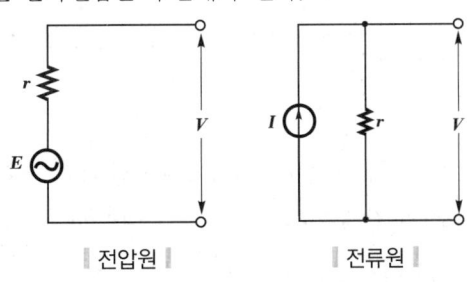

∥ 전압원 ∥　　∥ 전류원 ∥

※ 회로망
저항, 코일, 콘덴서, 트랜지스터 등을 임의로 조합하여 구성시킨 시스템

※ 정전압원
부하의 크기에 관계없이 단자전압의 크기가 일정한 전원

※ 정전류원
부하의 크기에 관계없이 출력전류의 크기가 일정한 전원

제3편 소방전기일반 · **3-61**

2 중첩의 원리

2개 이상의 기전력을 포함한 회로망 중의 어떤 점의 전위 또는 전류는 각 기전력이 각 각 단독으로 존재한다고 할 때, 그 점의 전위 또는 전류의 합과 같다.

이를 **중첩의 원리**(principle of superposition)이라 하며, 이 원리는 **선형소자**로만 이루어진 회로에 적용된다.

※ 선형소자
전압과 전류특성이 직선적으로 비례하는 소자로 R, L, C가 이에 해당된다.

※ 테브낭의 정리
2개의 독립된 회로망을 접속하였을 때의 전압·전류 및 임피던스의 관계를 나타내는 정리

※ 등가회로
서로 다른 회로라도 전기적으로는 같은 작용을 하는 회로

3 테브낭의 정리

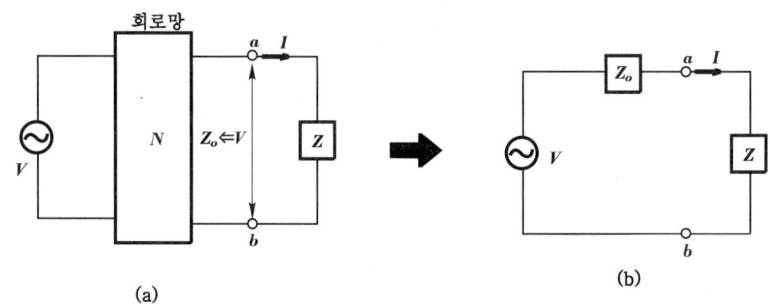

| 등가회로

회로망에서 단자 a, b 간의 전압을 V, ab간의 **전압원**을 **단락**시키고 회로망에서 본 임피던스를 Z_0라고 하면, ab간에 임피던스 Z를 접속하는 경우 Z에 흐르는 전류 I는

$$I = \frac{V}{Z_0 + Z} \,[\text{A}]$$

여기서, Z_0 : 합성 임피던스[Ω], Z : 회로의 임피던스[Ω]

위 식을 **테브낭의 정리**(Thevenin's theorem)라 한다.

※ 노튼의 정리
테브낭의 정리와 서로 상대적인 관계에 있다.

4 노튼의 정리

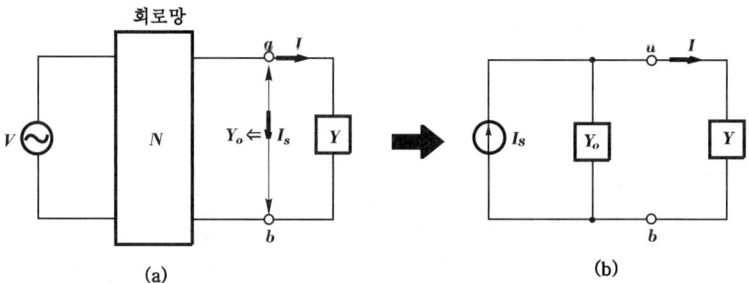

| 등가회로

회로망에서 단락전류를 I_s, 단자 a, b에서 **전류원**을 **개방**시키고 회로망에서 본 어드미턴스를 Y_0라고 하면, ab간에 어드미턴스 Y를 접속하는 경우 Y에 흐르는 전류 I는

$$I = \frac{Y}{Y_0 + Y} I_s \,[\text{A}]$$

여기서, Y_0 : 합성 어드미턴스[℧], Y : 회로의 어드미턴스[℧],
I_s : 단락전류[A]

위 식을 **노튼의 정리**(Norton's theorem)라 한다.

※ 테브낭의 정리와 노튼의 정리는 서로 쌍대의 관계에 있다.

문제 테브낭의 정리와 쌍대의 관계가 있는 것은 다음 중 어느 것인가?
① 밀만의 정리　　　　② 중첩의 원리
③ 노오튼의 원리　　　④ 보상의 원리

해설　① **테브낭의 정리** : 임피던스에 관한 정리
　　　② **노오튼의 정리** : 어드미턴스에 관한 정리
　　　• 테브낭의 정리와 노오튼의 정리는 서로 쌍대의 관계에 있다.

답 ③

※ **쌍대의 관계**
'상대적인 관계'를 말한다.

5 밀만의 정리

임피던스를 가진 전압원이 n 개 병렬로 연결되어 있을 때 단자 a, b에 나타나는 전압 V_{ab} 는

$$V_{ab} = \cfrac{\cfrac{E_1}{Z_1} + \cfrac{E_2}{Z_2} + \cdots + \cfrac{E_n}{Z_n}}{\cfrac{1}{Z_1} + \cfrac{1}{Z_2} + \cdots + \cfrac{1}{Z_n}}$$

$$= \frac{I_1 + I_2 + \cdots + I_n}{Y_1 + Y_2 + \cdots + Y_n} \text{[V]}$$

위 식을 **밀만의 정리**(Millman's theorem)라 한다.

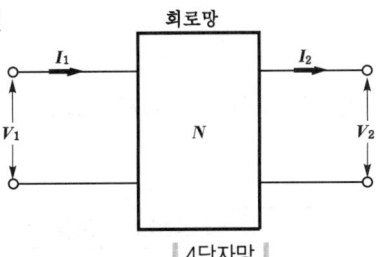

| 밀만의 정리 |

※ **밀만의 정리**

$$V_{ab} = \cfrac{\cfrac{E_1}{Z_1} + \cfrac{E_2}{Z_2}}{\cfrac{1}{Z_1} + \cfrac{1}{Z_2}} \text{[V]}$$

여기서,
V_{ab} : 단자전압[V]
$E_1 \cdot E_2$: 각각의 전압[V]
$Z_1 \cdot Z_2$: 각각의 임피던스 [Ω]

7 4단자망

※ **4단자망**
입력과 출력에 각각 2개의 단자를 가진 회로

1 4단자 정수

전압 V_1, V_2 와 전류 I_1, I_2 의 관계를 나타내면

$\begin{bmatrix} V_1 \\ I_1 \end{bmatrix} = \begin{bmatrix} A & B \\ C & D \end{bmatrix} \begin{bmatrix} V_2 \\ I_2 \end{bmatrix}$ 에서

$V_1 = AV_2 + BI_2, \quad I_1 = CV_2 + DI_2$

여기서, V_1 : 입력전압[V], I_1 : 입력전류[A]
　　　　V_2 : 출력전압[V], I_2 : 출력전류[A]

| 4단자망 |

위 식을 4단자망의 기본식이라 하며, A, B, C, D를 4단자 정수(four teminal constants)라 한다.

※ **4단자 정수**
4단자망의 전기적인 성질을 나타내는 정수

Key Point

※ 4단자 정수
① A : 입출력 전압비
② B : 전달임피던스
③ C : 전달어드미턴스
④ D : 입출력 전류비

① 출력단을 개방할 때 $I_2 = 0$이므로

$$A = \left.\frac{V_1}{V_2}\right|_{I_2=0} \quad : \text{입·출력 전압비(출력개방)}$$

$$C = \left.\frac{I_1}{V_2}\right|_{I_2=0} \quad : \text{전달 어드미턴스(출력개방)}$$

② 출력단을 단락할 때 $V_2 = 0$이므로

$$B = \left.\frac{V_1}{I_2}\right|_{V_2=0} \quad : \text{전달 임피던스(출력단락)}$$

$$D = \left.\frac{I_1}{I_2}\right|_{V_2=0} \quad : \text{입·출력 전류비(출력단락)}$$

③ $AD - BC = 1$이 되어야 한다.

> **문제** 4단자 정수를 구하는 식 중 옳지 않은 것은?
> ① $A = \left(\frac{V_1}{V_2}\right)_{I_2=0}$ ② $B = \left(\frac{V_2}{I_2}\right)_{V_2=0}$ ③ $C = \left(\frac{I_1}{V_2}\right)_{I_2=0}$ ④ $D = \left(\frac{I_1}{I_2}\right)_{V_2=0}$
>
> **해설** $B = \left(\frac{V_1}{I_2}\right)_{V_2=0}$
>
> **답** ②

※ 이상변압기
손실이 전혀없는 변압기

2 이상 변압기의 4단자 정수

$$\begin{bmatrix} n & 0 \\ 0 & \frac{1}{n} \end{bmatrix}$$

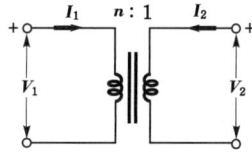

| 이상 변압기 |

※ 자이레이터
초고주파 회로소자

3 자이레이터의 4단자 정수

$$\begin{bmatrix} 0 & r \\ \frac{1}{r} & 0 \end{bmatrix}$$

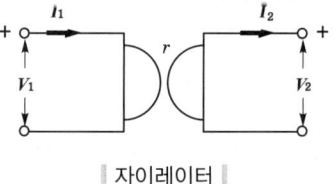

| 자이레이터 |

※ 4단자 정수
4단자망의 전기적인 성질을 나타내는 정수

4 기본적인 4단자 정수

| 기본적인 4단자 정수 |

회로의 종류	4단자 정수
─[Z]─	$\begin{bmatrix} 1 & Z \\ 0 & 1 \end{bmatrix}$

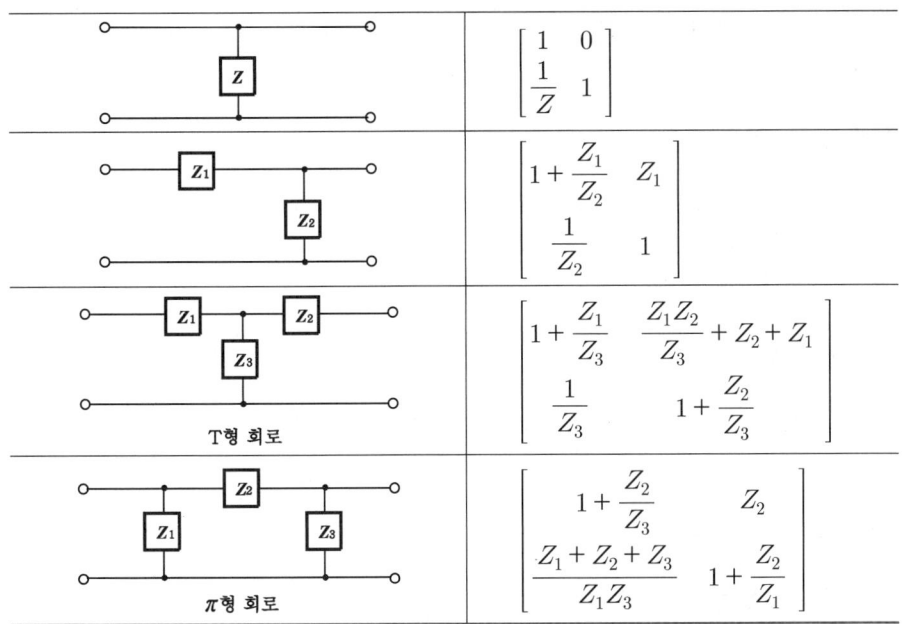

5 영상 임피던스

4단자망에서 입력단에서 본 임피던스가 Z_{01}이고, 출력단에서 본 임피던스가 Z_{02}일 때 입·출력은 임피던스의 정합이 되는데, 이 정합 임피던스 Z_{01}, Z_{02}를 **영상 임피던스**(image impedance)라고 한다.

$$Z_{01} = \sqrt{\frac{AB}{CD}}\ [\Omega],\quad Z_{02} = \sqrt{\frac{BD}{AC}}\ [\Omega]$$

> ★★
> **문제** 4단자 회로에서 4단자 정수를 A, B, C, D라 하면 영상 임피던스 Z_{01}, Z_{02}는?
> ① $Z_{01} = \sqrt{\dfrac{AB}{CD}}$, $Z_{02} = \sqrt{\dfrac{BD}{AC}}$ ② $Z_{01} = \sqrt{AB}$, $Z_{02} = \sqrt{CD}$
> ③ $Z_{01} = \sqrt{\dfrac{CD}{AB}}$, $Z_{02} = \sqrt{\dfrac{BD}{AC}}$ ④ $Z_{01} = \sqrt{\dfrac{BD}{AC}}$, $Z_{02} = \sqrt{ABCD}$
>
> **해설** 영상 임피던스
> $Z_{01} = \sqrt{\dfrac{AB}{CD}}\ [\Omega]$, $Z_{02} = \sqrt{\dfrac{BD}{AC}}\ [\Omega]$
> 답 ①

대칭 4단자망의 경우에는 $A = D$ 이므로

$$Z_{01} = Z_{02} = \sqrt{\frac{B}{C}}\ [\Omega]$$

6 영상 전달정수

$$\theta = \log_e\left(\sqrt{AD} + \sqrt{BC}\right) = \cosh^{-1}\sqrt{AD} = \sinh^{-1}\sqrt{BC}$$

※ **임피던스 정합**
회로망의 접속점에서 좌우를 본 입력 임피던스와 출력 임피던스의 크기를 같게 하는 것

※ **영상 임피던스**
4단자망의 입·출력 단자에 임피던스를 접속하는 경우 좌우에서 본 임피던스 값이 거울의 영상과 같은 관계에 있는 임피던스

※ **영상 전달정수**
전력비의 제곱근에 자연대수를 취한 값으로 입력과 출력의 전력전달 효율을 나타내는 정수

8 분포정수회로

1 특성 임피던스

$$Z_0 = \sqrt{\frac{Z}{Y}} = \sqrt{\frac{R+j\omega L}{G+j\omega C}} \; [\Omega]$$

여기서, G : 컨덕턴스[℧]

2 전파정수

$$\gamma = \alpha + j\beta = \sqrt{ZY} = \sqrt{(R+j\omega L)(G+j\omega C)}$$

여기서, α : 감쇠정수[dB/m], β : 위상정수[rad/m]

3 무손실 선로

① 무손실선로의 조건 : $R=0$, $G=0$

② 특성 임피던스 : $Z_0 = \sqrt{\dfrac{Z}{Y}} = \sqrt{\dfrac{R+j\omega L}{G+j\omega C}} = \sqrt{\dfrac{L}{C}}\;[\Omega]$

③ 전파정수 : $\gamma = \alpha + j\beta = j\omega\sqrt{LC}$ ($\alpha = 0, \beta = \omega\sqrt{LC}$)

④ 파장 : $\lambda = \dfrac{2\pi}{\beta} = \dfrac{2\pi}{\omega\sqrt{LC}} = \dfrac{1}{f\sqrt{LC}}\;[\text{m}]$

⑤ 전파속도 : $v = \lambda f = \dfrac{2\pi f}{\beta} = \dfrac{\omega}{\beta} = \dfrac{1}{\sqrt{LC}}\;[\text{m/s}]$

4 무왜선로의 조건

$$\frac{R}{L} = \frac{G}{C}$$

$$\therefore RC = LG$$

Key Point

✱ **분포정수회로**
선로정수 R, L, C, G가 균등하게 분포되어 있는 회로

✱ **선로정수**
선로에서 발생하는 저항, 인덕턴스, 정전용량, 누설 컨덕턴스 등을 말한다.

✱ **특성 임피던스**
선로에서 전압과 전류가 일정한 비

✱ **전파정수**
선로에서 전파되는 정도를 나타내는 정수

✱ **감쇠정수**
선로에서 단위길이당 감쇠의 정도를 나타내는 정수

✱ **위상정수**
선로에서 단위길이당 위상의 변화정도를 나타내는 정수

✱ **파장**
1주기(周期)에 대한 거리 간격

문제 분포정수회로가 무왜선로로 되는 조건은?(단, 선로의 단위길이당 저항을 R, 인덕턴스를 L, 정전용량을 C, 누설 컨덕턴스를 G라 한다.)

① $RC = LG$ ② $RL = CG$ ③ $R = \sqrt{\dfrac{L}{C}}$ ④ $R = \sqrt{LC}$

해설 무왜선로의 조건 : $\dfrac{R}{L} = \dfrac{G}{C}$ $\therefore RC = LG$

답 ①

면면이 이어져 오는 개성상인 5대 경영철학

1. 남의 돈으로 사업하지 않는다.
2. 한 가지 업종을 선택해 그 분야 최고 기업으로 키운다.
3. 장사꾼은 목에 칼이 들어와도 신용을 지킨다.
4. 자식이라도 능력이 모자라면 회사를 물려주지 않는다.
5. 기업은 국가경제발전에 기여해야 한다.

출제경향분석

CHAPTER 05~08 제어회로 및 전기기기

* * * * * * * * * * *

- ⑤ 비정형파 교류 1.1%(1문제)
- ⑥ 과도현상 1.1%(1문제)
- ⑦ 자동제어 10.8%(2문제)
- ⑧ 유도전동기 17.7%(3문제)

7문제

CHAPTER 05 비정현파 교류

1 비정현파의 해석

1 비정현파=(직류분)+(기본파)+(고조파)

2 비정현파의 푸리에 급수에 의한 전개

$$v = V_o + V_{m_1}\sin(\omega t + \theta_1) + V_{m_2}\sin(2\omega t + \theta_2) + \cdots + V_{mn}\sin(n\omega t + \theta_n)$$

$$= V_o + \sum_{n=1}^{\infty} V_{mn}\sin(n\omega t + \theta_n)\,[\text{V}]$$

여기서, v : 비정현파 교류전압[V], V_m : 전압의 최대값[V],
ω : 각주파수[rad/s], θ : 위상차

3 파형률과 파고율

① 파형률 = $\dfrac{\text{실효값}}{\text{평균값}}$

② 파고율 = $\dfrac{\text{최대값}}{\text{실효값}}$

문제 교류의 파형률이란?

① $\dfrac{\text{실효값}}{\text{평균값}}$ ② $\dfrac{\text{평균값}}{\text{실효값}}$ ③ $\dfrac{\text{실효값}}{\text{최대값}}$ ④ $\dfrac{\text{최대값}}{\text{실효값}}$

해설 파형률 = $\dfrac{\text{실효값}}{\text{평균값}}$, 파고율 = $\dfrac{\text{최대값}}{\text{실효값}}$ 답 ①

Key Point

* **비정현파 교류**
파형이 일그러져 정현파가 되지 않는 교류

* **고조파**
기본파보다 높은 주파수, 고주파와 구별

* **푸리에 급수**
주기적인 비정현파를 해석하기 위한 급수

* **파형률**
실효값을 평균값으로 나눈 값으로 파의 기울기 정도를 나타낸다.

* **파고율**
최대값을 실효값으로 나눈 값으로 파두(wave front)의 날카로운 정도를 나타낸다.

파 형	최대값	실효값	평균값	파형률	파고율
• 정현파 • 전파정류파	V_m	$\dfrac{V_m}{\sqrt{2}}$	$\dfrac{2V_m}{\pi}$	1.11	1.414 ($\sqrt{2}$)
• 반구형파	V_m	$\dfrac{V_m}{\sqrt{2}}$	$\dfrac{V_m}{2}$	1.414	1.414
• 삼각파(3각파) • 톱니파	V_m	$\dfrac{V_m}{\sqrt{3}}$	$\dfrac{V_m}{2}$	1.155	1.732 ($\sqrt{3}$)
• 구형파	V_m	V_m	V_m	1	1
• 반파정류파	V_m	$\dfrac{V_m}{2}$	$\dfrac{V_m}{\pi}$	1.571	2

파형률과 파고율

문제 파형률 및 파고율이 모두 1.0인 파형은?

① 구형파　　② 3각파　　③ 정현파　　④ 반원파

해설 파형률, 파고율이 모두 1.0인 것은 **구형파**이다.　　**답** ①

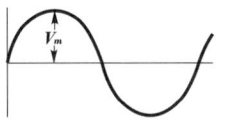
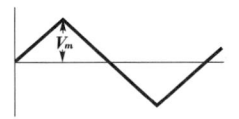
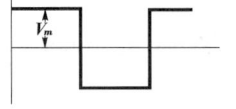

| 여러 가지 파형 |

4 실효값과 왜형률

① 실효값

$$V = \sqrt{V_0^2 + \left(\frac{V_{m1}}{\sqrt{2}}\right)^2 + \left(\frac{V_{m2}}{\sqrt{2}}\right)^2 + \cdots + \left(\frac{V_{mn}}{\sqrt{2}}\right)^2}$$

$$= \sqrt{V_0^2 + V_1^2 + V_2^2 + \cdots + V_n^2} \ \text{[V]}$$

$$I = \sqrt{I_0^2 + \left(\frac{I_{m1}}{\sqrt{2}}\right)^2 + \left(\frac{I_{m2}}{\sqrt{2}}\right)^2 + \cdots + \left(\frac{I_{mn}}{\sqrt{2}}\right)^2}$$

$$= \sqrt{I_0^2 + I_1^2 + I_2^2 + \cdots + I_n^2} \ \text{[A]}$$

여기서, V_{m1}, V_{m2}, V_{mn} : 각 고조파의 전압의 최대값[V]
　　　　I_{m1}, I_{m2}, I_{mn} : 각 고조파의 전류의 최대값[A]

② 왜형률

$$D = \frac{\text{전고조파의 실효값}}{\text{기본파의 실효값}} = \frac{\sqrt{I_2^2 + I_3^2 + \cdots + I_n^2}}{I_1}$$

5 비정현파의 전력

① 유효전력(평균전력)

$$P = V_0 I_0 + \frac{V_{m_1}}{\sqrt{2}} \cdot \frac{I_{m_1}}{\sqrt{2}} \cos\theta_1 + \frac{V_{m_2}}{\sqrt{2}} \cdot \frac{I_{m_2}}{\sqrt{2}} \cos\theta_2 +$$

$$\cdots + \frac{V_{mn}}{\sqrt{2}} \cdot \frac{I_{mn}}{\sqrt{2}} \cos\theta_n$$

$$= V_0 I_0 + V_1 I_1 \cos\theta_1 + V_2 I_2 \cos\theta_2 + \cdots + V_n I_n \cos\theta_n$$

❋ 왜형률
전고조파의 실효값을 기본파의 실효값으로 나눈 값으로 파형의 일그러짐 정도를 나타낸다.

❋ 기본파
비정현파에서 기본이 되는 파형

❋ 고조파
기본파보다 높은 주파수

❋ 고주파
3~30MHz의 높은 주파수

Chapter_ 05

문제 $\underbrace{v(t) = 150\sin\omega t}_{V_m}$ [V]이고, $\underbrace{i(t) = 6\sin\omega t}_{I_m}$ [A]일 때 $\underbrace{평균전력}_{P}$[W]은?

① 400
② 450
③ 500
④ 550

해설 (1) 기호
- V_m : $150\sin\omega t$
- I_m : $6\sin\omega t$
- P : ?

(2) $P = \dfrac{V_m}{\sqrt{2}} \cdot \dfrac{I_m}{\sqrt{2}} \cos\theta = \dfrac{150}{\sqrt{2}} \times \dfrac{6}{\sqrt{2}} \times \cos 0° = 450\,W$

답 ②

② 피상전력

$$P_a = V \cdot I = \sqrt{V_0^2 + \left(\dfrac{V_{m1}}{\sqrt{2}}\right)^2 + \left(\dfrac{V_{m2}}{\sqrt{2}}\right)^2 + \cdots}$$

$$\sqrt{I_0^2 + \left(\dfrac{I_{m1}}{\sqrt{2}}\right)^2 + \left(\dfrac{I_{m2}}{\sqrt{2}}\right)^2 + \cdots}$$

$$= \sqrt{V_0^2 + V_1^2 + V_2^2 + \cdots} \cdot \sqrt{I_0^2 + I_1^2 + I_2^2 + \cdots} \;[\text{VA}]$$

여기서, P_a : 피상전력[VA]
  V : 전압의 실효값[V]
  I : 전류의 실효값[A]
  V_0 : 직류분전압[V]
  V_{m_1} : 제1고조파의 전압의 최대값[V]
  V_{m_2} : 제2고조파의 전압의 최대값[V]
  I_0 : 직류분전류[A]
  I_{m_1} : 제1고조파의 전류의 최대값[A]
  I_{m_2} : 제2고조파의 전류의 최대값[A]
  V_1 : 제1고조파의 전압의 실효값[V]
  V_2 : 제2고조파의 전압의 실효값[V]
  I_1 : 제1고조파의 전류의 실효값[A]
  I_2 : 제2고조파의 전류의 실효값[A]

③ 역률

$$\cos\theta = \dfrac{P}{P_a} = \dfrac{P}{VI}$$

여기서, $\cos\theta$: 역률
  P : 유효전력[W]
  P_a : 피상전력[VA]
  V : 전압[V]
  Z : 전류[A]

✱ 역률
전압과 전류의 위상차의 코사인(cos) 값

CHAPTER 06 과도현상

1 RL 직렬회로

1 스위치 S를 닫을 때

① 평형방정식 : $R_i + L\dfrac{di}{dt} = E$

② 전류 : $i = \dfrac{E}{R}(1 - e^{-\frac{R}{L}t})$ [A] (초기조건 $t=0$일 때 $i=0$)

문제 그림에서 $t=0$일 때 S를 닫았다. 전류 $i(t)$ [A]를 구하면?

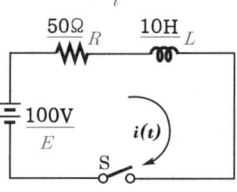

① $2(1+e^{-5t})$ ② $2(1-e^{5t})$ ③ $2(1-e^{-5t})$ ④ $2(1+e^{5t})$

해설 (1) 기호
- i : ?
- R : 50Ω
- E : 100V
- L : 10H

(2) 스위치를 닫을 때

$i(t) = \dfrac{E}{R}\left(1 - e^{-\frac{R}{L}t}\right) = \dfrac{100}{50}\left(1 - e^{-\frac{50}{10}t}\right) = 2(1 - e^{-5t})$ [A] **답** ③

③ 시정수 : $\tau = \dfrac{L}{R}$ [S]

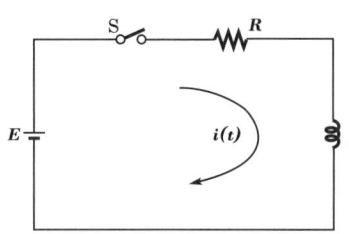 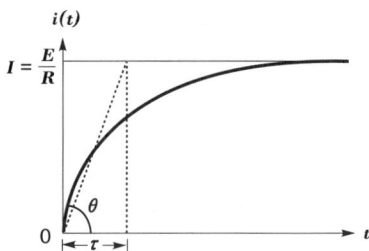

│ RL 직렬회로

※ 과도현상
회로에서 스위치를 닫은 후 정상상태에 이르는 사이에 나타나는 여러 가지 현상

※ 정상상태
회로에서 전류가 일정한 값에 도달한 상태

※ 과도상태
회로에서 스위치를 닫은 후 정상상태에 이르는 사이의 상태

※ 시정수
과도상태에 대한 변화의 속도를 나타내는 척도가 되는 정수

2 스위치 S를 열 때

① 평형방정식 : $R_i + L\dfrac{di}{dt} = 0$

② 전류 : $i = \dfrac{E}{R}e^{-\frac{R}{L}t}$ [A]

(초기조건 $t=0$일 때 $i = \dfrac{E}{R}$)

③ 시정수 : $\tau = \dfrac{L}{R}$ [s]

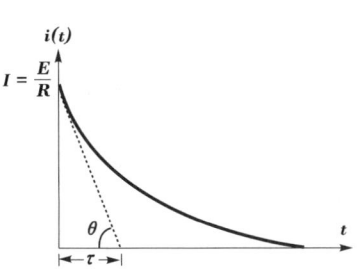

2 RC 직렬회로

1 스위치 S를 닫을 때

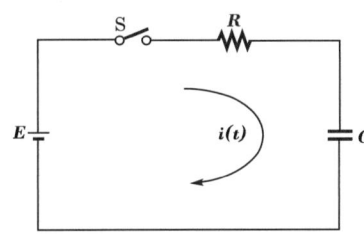
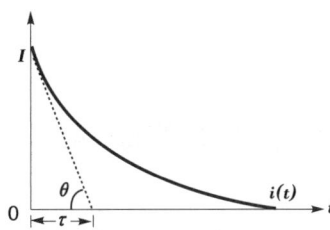

| RC 직렬회로 |

① 평형방정식 : $R_i + \dfrac{1}{C}\displaystyle\int i\,dt = E$

② 전류 : $i = \dfrac{E}{R}e^{-\frac{1}{RC}t}$ [A] (초기조건 $t=0$일 때 $i = \dfrac{E}{R}$)

※ RC 직렬회로
(1) 스위치를 닫을 때
① 전류

$i = \dfrac{E}{R}e^{-\frac{1}{RC}t}$ [A]

② 시정수

$\tau = RC$ [s]

(2) 스위치를 열 때
① 전류

$i = -\dfrac{E}{R}e^{-\frac{1}{RC}t}$ [A]

② 시정수

$\tau = RC$ [s]

여기서,
i : 전류[A]
E : 전압[V]
R : 저항[Ω]
C : 정전용량[F]
τ : 시정수[s]

문제 $t=0$에서 스위치 S를 닫았다. 초기값이 0일 때 $i(t)$는 어느 것인가?

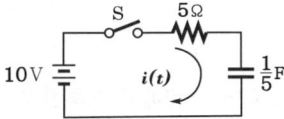

① $-2e^{-t}$
② $2e^{-t}$
③ $2(1-e^{-t})$
④ $2(1+e^{-t})$

해설 스위치 S를 닫을 때

$i(t) = \dfrac{E}{R}e^{-\frac{1}{RC}t} = \dfrac{10}{5}e^{-\frac{1}{5\times\frac{1}{5}}t} = 2e^{-t}$ [A]

답 ②

③ 시정수 : $\tau = RC$ [s]

2 스위치 S를 열 때

① 평형방정식 : $R_i + \dfrac{1}{C}\int i\,dt = 0$

② 전류 : $i = -\dfrac{E}{R} e^{-\frac{1}{RC}t}$ [A]

(초기조건 $t=0$ 일 때 $i = -\dfrac{E}{R}$)

③ 시정수 : $\tau = RC$ [s]

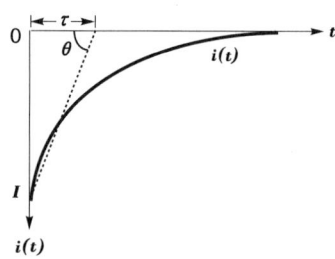

| $i(t)$의 특성 |

3 RLC 직렬회로

1 스위치 S를 닫을 때

① 평형방정식 : $R_i + L\dfrac{di}{dt} + \dfrac{1}{C}\int i\,dt = E$

② 초기조건 : $i = 0$ 일 때 $I = 0$

③ 비진동상태 : $R^2 > 4\dfrac{L}{C}$

④ 임계상태 : $R^2 = 4\dfrac{L}{C}$

⑤ 진동상태 : $R^2 < 4\dfrac{L}{C}$

문제 ★★
$R-L-C$ 직렬회로에 $t=0$에서 교류전압 $v(t) = V_m \sin(\omega t + \theta)$를 가할 때 $R^2 - 4\dfrac{L}{C} < 0$ 이면 이 회로는?
① 비진동적이다. ② 임계적이다. ③ 진동적이다. ④ 비감쇠 진동이다.

해설 진동상태 : $R^2 < 4\dfrac{L}{C}$ 이므로
$R^2 - 4\dfrac{L}{C} < 0$

답 ③

Key Point

※ **스위치**
전기 또는 전자회로를 이었다 또는 끊었다 하는 기구. 개폐기라 고도 한다.

※ **비진동상태**
전류가 시간에 따라 증가하다가 점차 감소하는 상태

※ **임계상태**
전류가 시간에 따라 증가하다가 어느 시각에 최대값으로 되고 점차 감소하는 상태

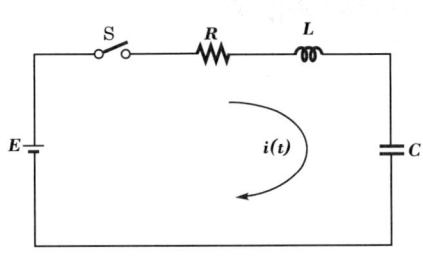

| RLC 직렬회로 |

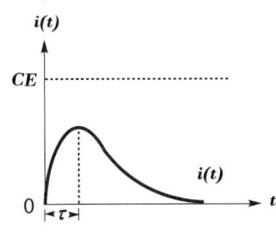
(a) 비진동상태

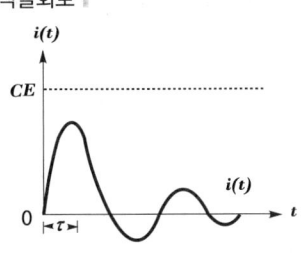
(b) 진동상태

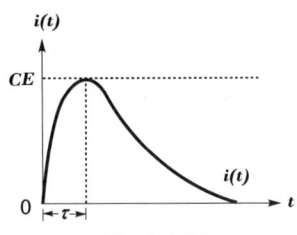
(c) 임계상태

| RLC 직렬회로의 특성 |

※ 진동상태
전류가 시간에 따라 (+)값으로 증가하다가 어느 시각에 (−)값으로 감소하며 감쇠진동 특성을 갖는 상태

CHAPTER 07 자동제어

1 자동제어계의 구성요소

※ **자동제어**
제어장치에 의해 자동적으로 행해지는 제어

※ **제어**
기계나 설비 등을 사용목적에 알맞도록 조절하는 것

1 제어계의 특징

① 장점
  ㉮ **정확도, 정밀도**가 높아진다.
  ㉯ **대량 생산**으로 생산성이 향상된다.
  ㉰ **신뢰성**이 향상된다.
② 단점
  ㉮ 공장자동화로 인한 **실업률이 증가**된다.
  ㉯ **시설투자비**가 많이 든다.
  ㉰ 설비의 일부가 고장시 **전 line에 영향**을 미친다.

2 제어계의 종류

① 개-루프 제어계
제어동작이 출력과 관계없이 순차적으로 진행되는 것으로 **구조가 간단**하고 경제적인 제어계를 개-루프 제어계(open loop system)라 한다.

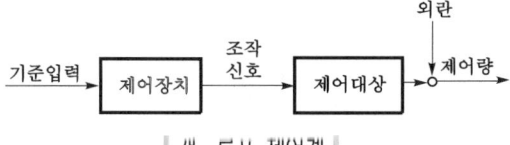

‖ 개-루프 제어계 ‖

※ **피드백 제어계**
① 폐-루프 제어계
② 기억과 판단기구 및 검출기를 가진 제어방식

② 피드백 제어계
출력신호를 입력신호로 되돌려서 제어량의 **목표값과 비교**하여 **정확**한 제어가 가능하도록 한 제어계를 **피드백 제어계**(feedback system) 또는 **폐-루프 제어계**(closed loop system)라 한다.

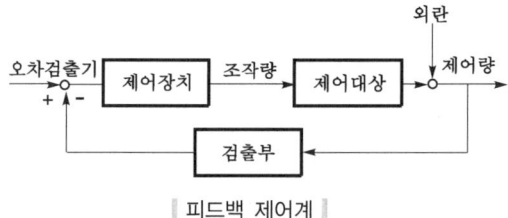

‖ 피드백 제어계 ‖

3 피드백 제어계의 특징

① **정확성**이 증가한다.
② **대역폭**이 증가한다.
③ **구조**가 복잡하고 **설치비**가 많이 든다.
④ 계의 특성변화에 대한 **입력 대 출력비의 감도가 감소**한다.

> 전기다리미 = 피드백제어

※ 대역폭
증폭기에서 고역차단 주파수와 저역차단 주파수사이의 주파수 폭

문제 피드백 제어계의 특징이 아닌 것은?
① 정확성이 증가한다.
② 대역폭이 증가한다.
③ 구조가 간단하고 설치비가 저렴하다. (복잡)
④ 계의 특성 변화에 대한 입력대 출력비의 감도가 감소한다.

답 ③

---

4 피드백 제어계의 구성과 용어의 해설

① **제어대상**(controlled system)
제어의 대상으로 제어하려고 하는 기계의 전체 또는 그 일부분

② **제어장치**(control device)
제어를 하기 위해 제어대상에 부착되는 장치이고, **조절부**, **설정부**, **검출부** 등이 이에 해당된다.

③ **제어요소**(control element)
동작신호를 조작량으로 변환하는 요소이고, **조절부**와 **조작부**로 이루어진다.

④ **제어량**(controlled value)
제어대상에 속하는 양으로, 제어대상을 제어하는 것을 목적으로 하는 물리적인 양

⑤ **목표값**(desired value)
제어량이 어떤 값을 취하도록 목표로서 외부에서 주어지는 값

⑥ **기준입력**(reference input)
제어계를 동작시키는 기준으로 직접 제어계에 가해지는 신호를 말한다.

⑦ **기준입력장치**
목표값을 제어할 수 있는 신호로 변환하는 장치

⑧ **외란**(disturbance)
제어량의 변화를 일으키는 신호로서 제어계의 상태를 교란하는 외적 요인

※ 제어장치
① 조절부
② 설정부
③ 검출부

⑨ 검출부(detecting element)
제어대상으로부터 제어에 필요한 신호를 인출하는 부분

⑩ 조절기(blind type controller)
설정부, 조절부 및 비교부를 합친 것

⑪ 설정부(set point unit)
제어하려는 목표값을 지정하는 부분

⑫ 조절부(controlling units)
제어계가 작용을 하는 데 필요한 신호를 만들어 조작부에 보내는 부분

⑬ 조작부
제어명령을 증폭시켜 직접 제어대상을 제어시키는 부분

⑭ 비교부(comparator)
목표값과 제어량의 신호를 비교하여 제어동작에 필요한 신호를 만들어 내는 부분

⑮ 조작량(manipulated value)
제어요소가 제어대상에 주는 양

⑯ 오차검출기
제어량을 설정값과 비교하여 오차를 계산하는 장치

5 제어량에 의한 분류

① 프로세스제어(process control)
제어량이 온도, 압력, 유량 및 액면 등과 같은 일반 공업량일 때의 제어(예 : **석유공업, 화학공업**)

② 서보 기구(servo mechanism)
물체의 **위치, 방위, 자세** 등 기계적 변위를 제어량으로 한다.

③ 자동조정(automatic regulation)
전압, 전류, 주파수, 회전속도, 장력 등을 제어량으로 한다.

6 목표값에 의한 분류

① 정치제어(fixed value control)
일정한 목표값을 유지하는 것으로 **프로세스 제어, 자동조정**이 이에 해당된다.
(예 : **연속식 압연기**)

② 추종제어(follow-up control)
미지의 시간적 변화를 하는 목표값에 제어량을 추종시키기 위한 제어로 **서어보 기구**가 이에 해당된다.(예 : **대공포의 포신**)

※ 조절기
① 설정부
② 조절부
③ 비교부

※ 조작량
제어요소가 제어 대상에 주는 양

※ 프로세스제어
① 온도
② 압력
③ 유량
④ 액면

※ 서보 기구
① 위치
② 방위
③ 자세

※ 정치제어
목표치가 일정하고 제어량을 그것과 같게 유지하기 위한 제어

문제 대공포의 포신제어는?
① 정치제어   ② 추종제어
③ 비율제어   ④ 프로그램제어

해설 ② 추종제어 : 대공포의 포신

답 ②

③ **비율제어**(ratio control)
  둘 이상의 제어량을 소정의 비율로 제어하는 것
④ **프로그램 제어**(program control)=프로그래밍제어
  목표값이 **미리 정해진 시간적 변화**를 하는 경우 제어량을 그것에 추종시키기 위한 제어(예 : **열차·산업로보트의 무인운전, 무조종사의 엘리베이터**)

> ※ **시퀀스 제어**(sequence control) : 미리 정해진 순서에 따라 각 단계가 순차적으로 진행되는 제어(예 : 무인 커피판매기)

7 제어동작에 의한 분류

① 연속제어
  ㉮ 비례제어(P동작) : **잔류편차**(off-set)가 있는 제어
  ㉯ 미분제어(D동작) : 오차가 커지는 것을 **미연에 방지**하고 **진동을 억제**하는 제어로 rate동작이라고도 한다.
  ㉰ 적분제어(I동작) : **잔류편차**를 **제거**하기 위한 제어
  ㉱ 비례적분제어(PI동작) : **간헐현상**이 있는 제어
  ㉲ 비례적분미분제어(PID동작)
② 불연속제어
  ㉮ 2위치 제어(on-off control)
  ㉯ 샘플값 제어(sampled date control)

2 블록선도

제어계에서 신호가 전달되는 모양을 표시하는 선도를 **블록선도**(block diagram)라 한다.

| 블록선도 |

블록선도	전달함수
$R(S) \longrightarrow \boxed{G_1} \longrightarrow \boxed{G_2} \longrightarrow C(S)$	$G = \dfrac{C}{R} = G_1 G_2$
$R(S) \longrightarrow \overset{+}{\underset{-}{\bigcirc}} \longrightarrow \boxed{G} \longrightarrow C(S)$ (피드백)	$G = \dfrac{C}{R} = \dfrac{G}{1+G}$

* **잔류편차**
비례제어에서 급격한 목표값의 변화 또는 외란이 있는 경우 제어계가 정상상태로 된 후에도 제어량이 목표값과 차이가 난채로 있는 것

* **간헐현상**
제어계에서 동작신호가 연속적으로 변하여도 조작량이 일정한 시간을 두고 간헐적으로 변하는 현상

* **블록선도**
제어계의 신호전송상태를 나타내는 계통도

* **전달함수**
모든 초기값을 0으로 하였을 때 출력신호의 라플라스 변환과 입력신호의 라플라스 변환의 비

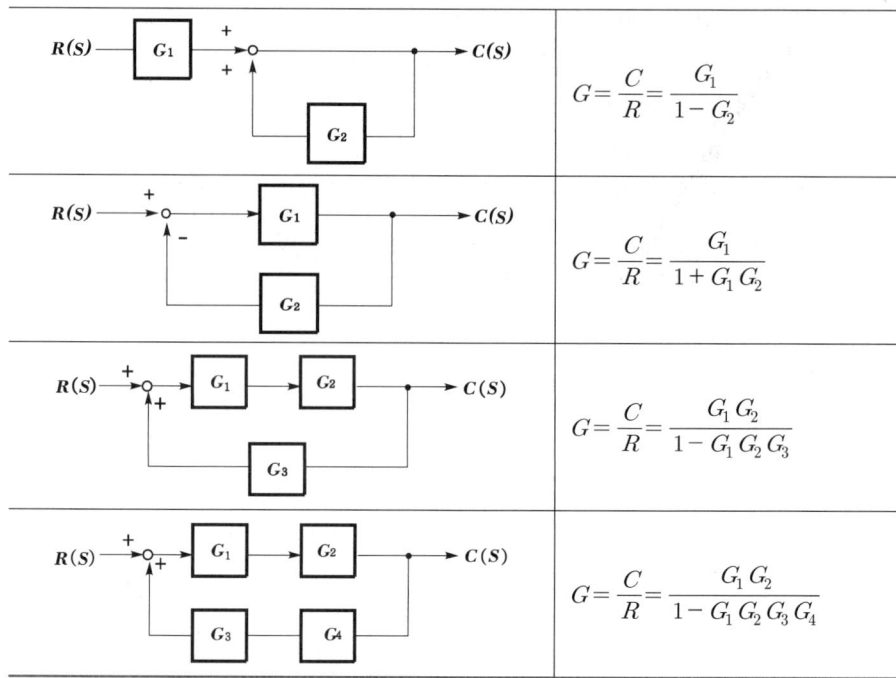

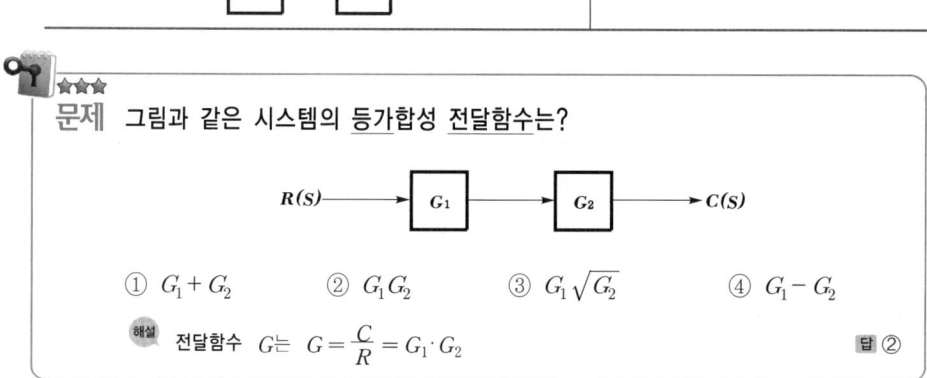

3 시퀀스 제어의 기본 심벌

* **a접점**
평상시 열려 있는 접점으로, 일명 make접점이라고도 부른다.

* **b접점**
평상시 닫혀 있는 접점

* **토글스위치**
손으로 좌우 또는 상하로 움직여 전기회로를 개폐하는 레버형태의 스위치

번호	명 칭	심 벌 a 접점	심 벌 b 접점	적 요
1	접점(일반) 혹은 수동접점			**텀블러스위치, 토글스위치**와 같이 조작을 가하면 그 상태를 그대로 유지하는 접점
2	수동조작 자동복귀접점			**푸시버튼스위치**와 같이 손을 떼면 복귀하는 접점

3	기계적 접점			리미트스위치와 같이 접점의 개폐가 전기적 이외의 원인에 의해서 이루어지는 것에 쓰인다.
4	조작스위치 잔류접점			–
5	계전기접점 혹은 보조 스위치접점			–
6	한시(限時)동작 접점			타이머와 같이 일정시간 후 동작하는 접점
7	한시복귀접점			
8	수동복귀접점 (열동계전기 접점)			열동계전기와 같이 인위적으로 복귀시키는 것으로 전자석으로 복귀시키는 것도 포함된다.
9	전자접촉기 접점			혼동될 우려가 없는 경우에는 5와 같은 심벌을 쓸 수 있다.
10	제어기접점 (드럼형 혹은 캠형)			그림은 한 접점을 나타낸다.

Key Point

* 계전기의 전자코일 심벌

* 타이머
  미리 설정한 시간에 따라 회로를 개폐하는 동작을 하는 기기

* 열동계전기
  전동기의 과부하 보호용계전기

문제 다음 중 **계전기접점**의 심벌은?

① ─○┴○─
② ─○╱○─
③ ─○┬○─
④ ─○▭○─

해설
① 계전기접점
② 수동접점(토글 스위치)
③ 수동조작 자동복귀접점(푸시버튼 스위치)
④ 기계적접점(리미트 스위치)

답 ①

4 불대수와 논리회로

1 불대수

불대수

여러 가지 조건의 논리적 관계를 논리기호로 나타내고 이것을 수식적으로 표현하는 방법. 논리대수라고도 한다.

임의의 회로에서 일련의 기능을 수행하기 위한 가장 최적의 방법을 결정하기 위하여 이를 수식적으로 표현하는 방법을 **불대수**(Boolean algebra)라 한다.

(1) 불대수의 정리

(정리 1) $X + 0 = X$ $\qquad X \cdot 0 = 0$
(정리 2) $X + 1 = 1$ $\qquad X \cdot 1 = X$
(정리 3) $X + X = X$ $\qquad X \cdot X = X$
(정리 4) $X + \overline{X} = 1$ $\qquad X \cdot \overline{X} = 0$
(정리 5) $X + Y = Y + X$ $\qquad X \cdot Y = Y \cdot X$: 교환법칙
(정리 6) $X + (Y + Z) = (X + Y) + Z$
$\qquad\qquad\qquad X(YZ) = (XY)Z$: 결합법칙
(정리 7) $X(Y + Z) = XY + XZ$
$\qquad\qquad (X + Y)(Z + W) = XZ + XW + YZ + YW$: 분배법칙
(정리 8) $X + XY = X$ $\qquad X + \overline{X}Y = X + Y$: 흡수법칙

> ★★★
> **문제** 다음 불대수의 정리는?
> $$A + A \cdot B = A$$
> ① 교환법칙 ② 분배법칙 ③ 흡수법칙 ④ 결합법칙
> **해설** $A + A \cdot B = A$는 **흡수법칙**에 해당된다. 답 ③

흡수법칙
★ 꼭 기억하세요 ★

(2) 드모르간의 정리

(정리 9) $\overline{(X + Y)} = \overline{X} \cdot \overline{Y}$ $\qquad \overline{(X \cdot Y)} = \overline{X} + \overline{Y}$

논리회로

집적회로를 논리기호를 사용하여 알기 쉽도록 표현해 놓은 회로

2 논리회로

진리표

논리대수에 있어서 ON, OFF 또는 동작, 부동작의 상태를 1과 0으로 나타낸 표

∥시퀀스회로와 논리회로∥

명 칭	시퀀스회로	논리회로	진리표			
				A	B	X
AND 회로 (직렬회로)		$X = A \cdot B$ 입력신호 A, B가 동시에 1일 때만 출력 신호 X가 1이 된다.	0	0	0
			0	1	0
			1	0	0
			1	1	1

회로	시퀀스회로	논리회로	진리표
OR 회로 (병렬회로)	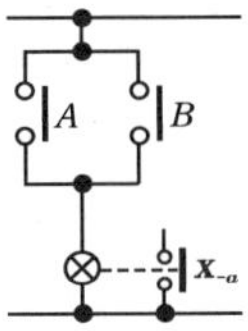 (회로도)	 (OR 게이트) $X = A + B$ 입력신호 A, B 중 어느 하나라도 1이면 출력신호 X가 1이 된다.	A B X 0 0 0 0 1 1 1 0 1 1 1 1
NOT 회로 (b접점)	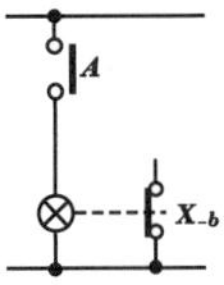 (회로도)	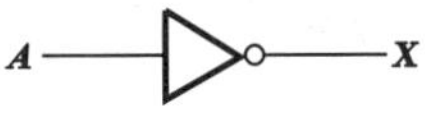 (NOT 게이트) $X = \overline{A}$ 입력신호 A가 0일 때만 출력신호 X가 1이 된다.	A X 0 1 1 0
NAND 회로	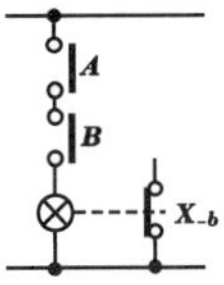 (회로도)	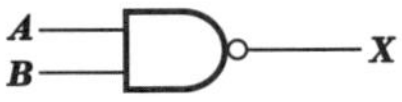 (NAND 게이트) $X = \overline{A \cdot B}$ 입력신호 A, B가 동시에 1일 때만 출력신호 X가 0이 된다.(AND회로의 부정)	A B X 0 0 1 0 1 1 1 0 1 1 1 0
NOR 회로	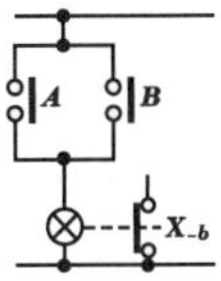 (회로도)	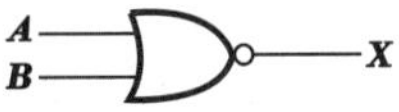 (NOR 게이트) $X = \overline{A + B}$ 입력신호 A, B가 동시에 0일 때만 출력신호 X가 1이 된다.(OR회로의 부정)	A B X 0 0 1 0 1 0 1 0 0 1 1 0
EXCLUSIVE OR 회로	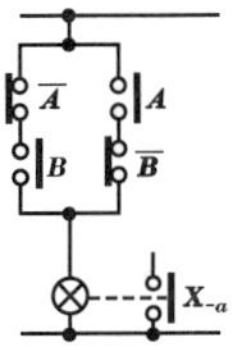 (회로도)	 (XOR 게이트) $X = A \oplus B = \overline{A}B + A\overline{B}$ 입력신호 A, B 중 어느 한쪽만이 1이면 출력신호 X가 1이 된다.	A B X 0 0 0 0 1 1 1 0 1 1 1 0
EXCLUSIVE NOR 회로	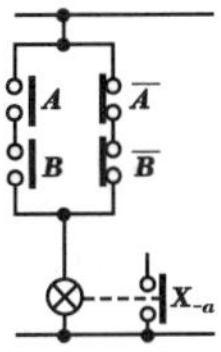 (회로도)	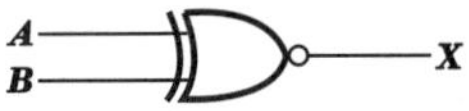 (XNOR 게이트) $X = \overline{A \oplus B} = AB + \overline{A}\,\overline{B}$ 입력신호 A, B가 동시에 0이거나 1일 때만 출력신호 X가 1이 된다.	A B X 0 0 1 0 1 0 1 0 0 1 1 1

Key Point

* OR 회로

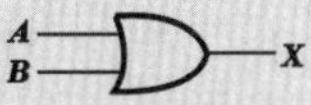

  또는

* NAND 회로
  AND 회로의 부정

* NOR 회로
  OR 회로의 부정

중요

치환법

① AND 회로 → OR 회로, OR 회로 → AND 회로로 바꾼다.

② 버블(Bubble)이 있는 것은 없애고, 버블이 없는 것은 버블을 붙인다.
   (버블(Bubble)이란 작은 동그라미를 말한다.)

논리회로	치환	명칭
(버블)		NOR 회로
		OR 회로
		NAND 회로
		AND 회로

5 제어장치에 필요한 기초전자회로

1 정류회로의 용어

① 전압변동률

$$\delta = \frac{V_{R0} - V_R}{V_R} \times 100 \,[\%]$$

여기서, V_{R0} : 무부하시 수전단 전압[V], V_R : 부하시 수전단 전압[V]

② 정류효율

$$\eta = \frac{P_{DC}}{P_{AC}} \times 100 \,[\%]$$

여기서, P_{DC} : 직류출력 전력의 평균값[W], P_{AC} : 교류입력 전력의 실효값[W]

③ 맥동률

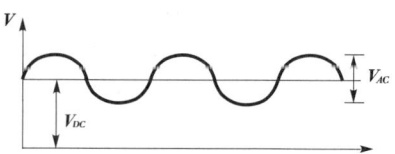

$$\gamma = \frac{V_{AC}}{V_{DC}} \times 100 \,[\%]$$

여기서, V_{AC} : 직류출력 전압의 교류분[V], V_{DC} : 직류출력 전압[V]

④ 단상 반파·전파 정류회로의 비교

┃단상 반파·전파 정류회로┃

구 분	단상 반파 정류회로	단상 전파 정류회로
정류효율	40.6%	81.2%
맥동률	1.21	0.482

※ 정류회로
교류를 직류로 변환하는 회로

※ 전압변동률
출력측에서 부하시와 무부하시의 전압의 차를 비율로 나타낸 것

※ 맥동률
교류분을 포함한 직류에 있어서 직류분에 대한 교류분의 비, '리플백분율'이라고도 한다.

※ 브리지 정류회로 첨두역전압

$PIV = \sqrt{2}\,V$

여기서,
PIV : 첨두역전압[V]
V : 교류전압[V]

문제 ★★ 단상 전파 정류회로에서 순저항 부하시의 이론적 최대정류효율은?

① 12.1% ② 40.6% ③ 48.2% ④ 81.2%

해설

구 분	단상 반파	단상 전파
정류효율	40.6%	81.2%
맥동률	1.21	0.482

답 ④

중요 정류회로

① 단상 전파정류회로 1

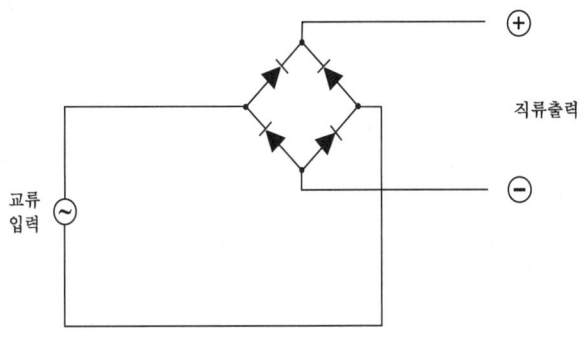

② 단상 전파정류회로 2

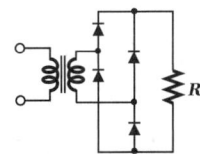

단상 전파정류회로 = 단상 전파회로

③ 배전압 정류회로

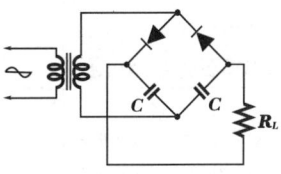

⑤ 맥동주파수(입력 전원주파수가 60Hz인 경우)

㉮ **단상 반파** 정류 : 60Hz(f_0)

㉯ **단상 전파** 정류 : 120Hz($2f_0$)

㉰ **3상 반파** 정류 : 180Hz($3f_0$)

㉱ **3상 전파** 정류 : 360Hz($6f_0$)

※ 맥동주파수가 높을수록 맥동률이 작아진다.

※ **맥동주파수**
'리플주파수'라고도 부른다.

중요 컨버터와 인버터

컨버터(converter)	인버터(inverter)
AC → DC 변환회로	DC → AC 변환회로

2 반도체 소자의 심벌

여러가지 심벌

명 칭	심 벌
① **정류용 다이오드** 주로 실리콘 다이오드가 사용된다.	혼동할 우려가 없을 때는 원을 생략해도 된다.
② **제너 다이오드**(Zener Diode) 주로 정전압 전원회로에 사용된다.(**전원전압 일정**하게 **유지**)	
③ **발광 다이오드**(LED) 화합물 반도체로 만든 다이오드로 응답속도가 빠르고 정류에 대한 광출력이 직선성을 가진다.	
④ **CDS** 광-저항 변환소자로서 감도가 특히 높고 값이 싸며 취급이 용이하다.	
⑤ **서미스터** 부온도특성을 가진 저항기의 일종으로서 주로 **온도보상용**으로 쓰인다.(**온도제어회로용**)	
⑥ **SCR** **단방향 대전류 스위칭 소자**로서 제어를 할 수 있는 정류소자이다.(**DC전력**의 **제어용**)	
⑦ **PUT** SCR과 유사한 특성으로 게이트(G)레벨보다 애노드(A) 레벨이 높아지면 스위칭하는 기능을 지닌 소자이다.	
⑧ **TRIAC** 양방향성 스위칭 소자로서 SCR 2개를 역병렬로 접속한 것과 같다.(**AC전력**의 **제어용**, 쌍방향성 사이리스터)	
⑨ **DIAC** 네온관과 같은 성질을 가진 것으로서 주로 SCR, TRIAC 등의 **트리거소자**로 이용된다.	

* **CMOS**
전력소모가 가장 적은 게이트 회로

* **서미스터**
온도보상용(온도제어회로용)

* **사이리스터**
① SCR
② TRIAC
③ SSS
④ SCS

* **SCR의 등가회로**

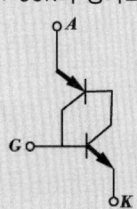

⑩ 바리스터
주로 서지 전압에 대한 **회로보호용**으로 사용된다.

⑪ UJT(단일 접합 트랜지스터)
증폭기로는 사용이 불가능하며 톱니파나 펄스발생기로 작용하며 **SCR의 트리거 소자로** 쓰인다.

Key Point

✽ 바리스터
서지전압에 대한 회로보호용

✽ UJT
SCR의 트리거소자

※ SCS(silicon controlled S.W) : 단방향성 소자

중요 V-I 특성곡선

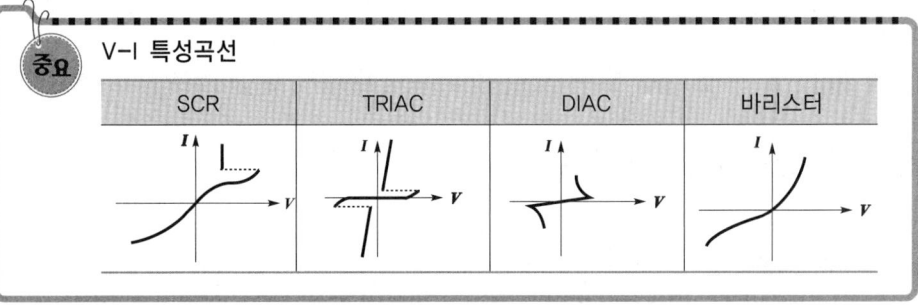

SCR	TRIAC	DIAC	바리스터

CHAPTER 08 유도전동기

1 단상유도전동기·직류전동기

1 기동토크가 큰 순서

반발기동형 > 반발유도형 > 콘덴서기동형 > 분상기동형 > 세이딩 코일형

2 직류전동기의 속도제어

① 저항제어
② 전압제어 : 정토크제어
③ 계자제어 : 정출력제어

> **중요** 출력
>
> $$P = 9.8\omega\tau = 9.8 \times 2\pi \frac{N}{60} \times \tau \text{[W]}$$
>
> 여기서, P : 출력[W]
> ω : 각속도[rad/s]
> N : 회전수[rpm]
> τ : 토크[kg·m]

2 3상유도 전동기

1 유도전동기의 기동법

① 전전압 기동법 : 전동기 용량이 5.5kW 미만에 적용
② Y-△기동법 : 전동기 용량이 5.5~15kW 미만에 적용
③ 기동 보상기법 : 전동기 용량이 15kW 이상에 적용
④ 기동저항기법
⑤ 콘도르퍼 기동법
⑥ 게르게스법

※ 15kW 이상에 Y-△ 기동법을 사용하기도 한다.

Key Point

✽ 직류직권전동기
기동토크가 큰 특성을 가짐

✽ 직류전동기의 회전수
① 자속감소 → 속도 상승
② 자속증가 → 속도 감소

2 역회전 방법

전동기 종류	역회전 방법
3상 유도전동기	3상 중 2상을 바꿈
단상 유도전동기	주권선이나 보조권선 중 한 권선을 바꿈
직류전동기	전기자권선이나 계자권선 중 한권선을 바꿈

3 서보전동기

1 AC 서보전동기의 일반사항

① 큰 회전력이 요구되지 않는 계에 사용되는 전동기이다.
② 고정자의 **기준 권선**에는 **정전압**을 인가하며, **제어권선**에는 **제어용 전압**을 인가한다.
③ 기준권선과 제어권선의 두 고정자 권선이 있으며, **90도**의 **위상차**가 있는 **2상 전압**을 인가하여 회전자계를 만든다.

2 서보전동기의 특징

① **직류전동기**와 **교류전동기**가 있다.
② **정·역회전**이 가능하다.
③ **급가속, 급감속**이 가능하다.
④ **저속운전**이 용이하다.

※ 서보전동기
(servo motor)
서보기구의 최종단에 설치되는 조작기기로, **직선운동** 또는 **회전운동**을 하며 정확한 제어가 가능하다.

> **중요** 절연물의 허용온도
>
> | 절연의 종류 | Y | A | E | B | F | H | C |
> |---|---|---|---|---|---|---|---|
> | 최고 허용 온도[℃] | 90 | 105 | 120 | 130 | 155 | 180 | 180℃ 초과 |

에디슨의 한마디

어느 날, 연구에 몰입해 있는 에디슨에게 한 방문객이 아들을 데리고 찾아와서 말했습니다.
"선생님, 이 아이에게 평생의 좌우명이 될 만한 말씀 한마디만 해 주십시오."
그러나 연구에 몰두해 있던 에디슨은 입을 열 줄 몰랐고, 초조해진 방문객은 자꾸 시계를 들여다보았습니다.
유학을 떠나는 아들의 비행기 탑승시간이 가까웠기 때문입니다.
그때, 에디슨이 말했습니다.
"시계를 보지 말라."

시계를 보지 않는다는 데는 많은 의미가 있습니다. 자신의 일에 즐겨 몰두해 있는 사람이라면 결코 시계를 보지 않을 것입니다.
허리를 펴며 "벌써 시간이 이렇게 됐나?"라고, 아무렇지 않은 듯 말하지 않을까요?

•「지하철 사랑의 편지」중에서•

Part 4

소방전기시설의 구조 및 원리

Chapter 1 경보설비의 구조 및 원리

Chapter 2 피난구조설비 및 소화활동설비

Chapter 3 기타 소방전기시설

출제경향분석

CHAPTER 01 경보설비의 구조 및 원리

- 1-1 자동화재탐지설비 22% (5문제)
- 1-2 자동화재속보설비 6% (1문제)
- 1-3 비상경보설비 및 비상방송설비 15% (3문제)
- 1-4 누전경보기 8% (2문제)
- 1-5 가스누설경보기 3% (1문제)

12문제

CHAPTER 01 경보설비의 구조 및 원리

1-1 자동화재탐지설비

1 경보설비 및 감지기

1 경보설비의 종류

① 자동화재탐지설비 · 시각경보기
② 자동화재속보설비
③ 누전경보기
④ 비상방송설비
⑤ 비상경보설비(비상벨설비, 자동식 사이렌설비)
⑥ 가스누설경보기
⑦ 단독경보형 감지기
⑧ 통합감시시설
⑨ 화재알림설비

※ 음향장치는 주위의 소음 및 다른 용도의 경보와 **구별**이 가능한 **음색**으로 하여야 한다. (NFPC 103 9조, NFTC 103 2.6.1.4)

2 자동화재탐지설비

(1) 구성요소

① 감지기   ② 수신기
③ 발신기   ④ 중계기
⑤ 음향장치   ⑥ 표시등
⑦ 전원   ⑧ 배선

> **문제** 다음 중 자동화재탐지설비의 구성요소가 아닌 것은?
> ① 음향장치   ② 비상조명등
> ③ 발신기   ④ 감지기
>
> **해설** 자동화재탐지설비의 구성요소
> (1) 감지기   (2) 수신기   (3) 발신기
> (4) 중계기 (5) 음향장치 (6) 표시등
> (7) 전원   (8) 배선
>
> ② 비상조명등은 자동화재 탐지설비의 구성요소가 아니다.
>
> 답 ②

Key Point

※ 경보설비
화재발생 사실을 통보하는 기계 · 기구 또는 설비

※ 방재센터에 대한 위치, 구조
① 소방대의 출입이 쉬운 장소일 것
② 직접 지상으로 통하는 출입구가 1개소 이상 있을 것
③ 다른 방(실)과는 독립된 방화구획의 구조일 것

※ 자동화재탐지설비
건물 내에 발생한 화재를 초기단계에서 자동적으로 발견하여 관계인에게 통보하는 설비

(2) 구성도

* 차동식 분포형 감지기
  ① 공기관식
  ② 열전대식
  ③ 열반도체식

* P형 수신기
  소방대상물에 설치되는 수신기

* 600m² 이상 설치 대상
  ① 근린생활시설
  ② 위락시설

* 1000m² 이상 설치 대상
  ① 목욕장
  ② 문화 및 집회시설
  ③ 운동시설
  ④ 방송통신시설
  ⑤ 지하가

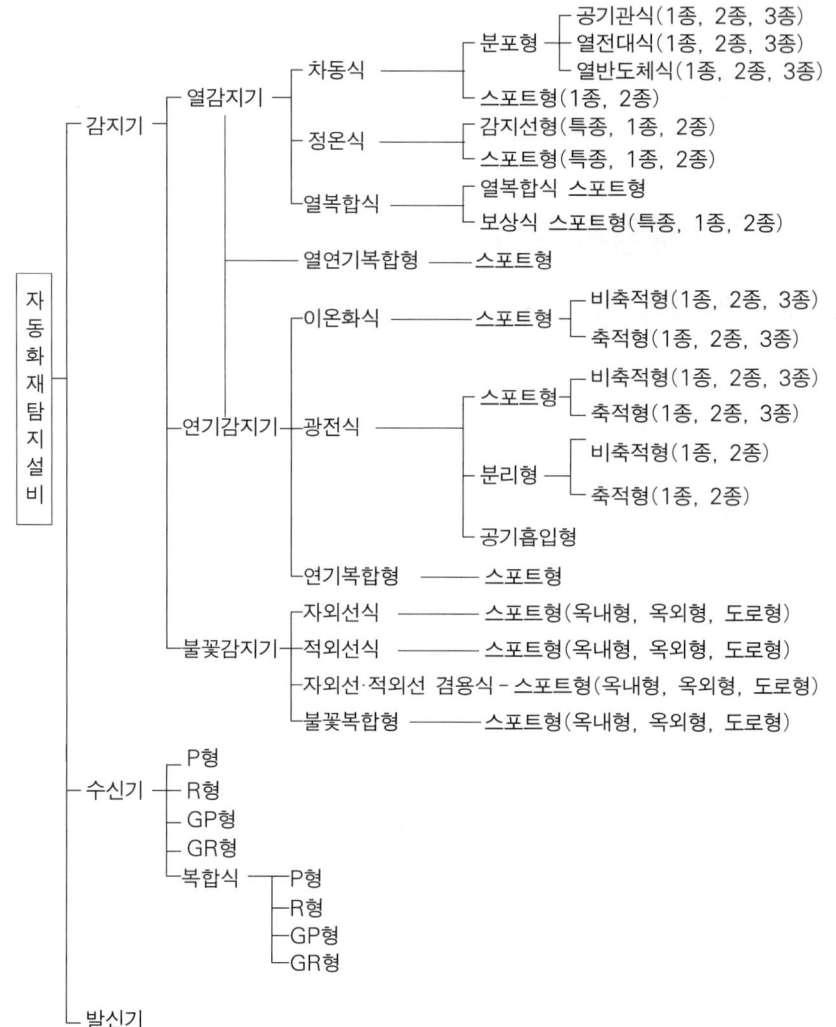

자동화재탐지설비
- 감지기
  - 열감지기
    - 차동식
      - 분포형
        - 공기관식(1종, 2종, 3종)
        - 열전대식(1종, 2종, 3종)
        - 열반도체식(1종, 2종, 3종)
      - 스포트형(1종, 2종)
    - 정온식
      - 감지선형(특종, 1종, 2종)
      - 스포트형(특종, 1종, 2종)
    - 열복합식
      - 열복합식 스포트형
      - 보상식 스포트형(특종, 1종, 2종)
  - 열연기복합형 ── 스포트형
  - 연기감지기
    - 이온화식 ── 스포트형
      - 비축적형(1종, 2종, 3종)
      - 축적형(1종, 2종, 3종)
    - 광전식
      - 스포트형
        - 비축적형(1종, 2종, 3종)
        - 축적형(1종, 2종, 3종)
      - 분리형
        - 비축적형(1종, 2종)
        - 축적형(1종, 2종)
      - 공기흡입형
  - 연기복합형 ── 스포트형
  - 불꽃감지기
    - 자외선식 ── 스포트형(옥내형, 옥외형, 도로형)
    - 적외선식 ── 스포트형(옥내형, 옥외형, 도로형)
    - 자외선·적외선 겸용식 ── 스포트형(옥내형, 옥외형, 도로형)
    - 불꽃복합형 ── 스포트형(옥내형, 옥외형, 도로형)
- 수신기
  - P형
  - R형
  - GP형
  - GR형
  - 복합식
    - P형
    - R형
    - GP형
    - GR형
- 발신기

(3) 설치대상(소방시설법 시행령 [별표 4])

설치대상	조 건
① 정신의료기관 · 의료재활시설	• 창살설치 : 바닥면적 300m² 미만 • 기타 : 바닥면적 300m² 이상
② 노유자시설	• 연면적 400m² 이상
③ **근**린생활시설 · **위**락시설 ④ **의**료시설(정신의료기관, 요양병원 제외) ⑤ **복**합건축물 · **장**례시설	• 연면적 600m² 이상
⑥ 목욕장 · 문화 및 집회시설, 운동시설 ⑦ 종교시설 ⑧ 방송통신시설 · 관광휴게시설 ⑨ 업무시설 · 판매시설 ⑩ 항공기 및 자동차관련시설 · 공장 · 창고시설 ⑪ 지하상가 · 운수시설 · 발전시설 · 위험물 저장 및 처리시설 ⑫ 교정 및 군사시설 중 국방 · 군사시설	• 연면적 1000m² 이상

⑬ **교**육연구시설 · **동**식물관련시설 ⑭ **자**원순환관련시설 · **교**정 및 군사시설(국방 · 군사시설 제외) ⑮ **수**련시설(숙박시설이 있는 것 제외) ⑯ 묘지관련시설	● 연면적 2000m² 이상
⑰ 터널	● 길이 1000m 이상
⑱ 지하구 ⑲ 노유자생활시설 ⑳ 아파트 등 기숙사 ㉑ 숙박시설 ㉒ **6층** 이상인 건축물 ㉓ 조산원 및 산후조리원 ㉔ 전통시장 ㉕ 요양병원(정신병원, 의료재활시설 제외)	● 전부
㉖ 특수가연물 저장 · 취급	● 지정수량 500배 이상
㉗ 수련시설(숙박시설이 있는 것)	● 수용인원 100명 이상
㉘ 발전시설	● 전기저장시설

기억법 근위의복 6, 교동자교수 2

★★★
문제 자동화재탐지설비를 설치하여야 할 소방 대상물 중 연면적 2000m² 이상에 해당되는 것은?
① 판매시설
   연면적 1000m² 이상
② 교정 및 군사시설(국방 · 군사시설 제외)
   연면적 2000m² 이상
③ 업무시설
   연면적 1000m² 이상
④ 위락시설
   연면적 600m² 이상

답 ②

3 감지기

(1) 종별
① 차동식 분포형 감지기 : **넓은 범위**에서의 **열효과**의 누적에 의하여 작동한다.
② 차동식 스포트형 감지기 : **일국소**에서의 **열효과**에 의하여 작동한다.
③ 이온화식 연기감지기 : **이온전류**가 **변화**하여 작동한다.
④ 광전식 연기감지기 : **광량**의 **변화**로 작동한다.
⑤ 보상식 스포트형 감지기 : **차동식+정온식**을 겸용한 것으로 한 가지 기능이 작동되면 신호를 발한다.
⑥ 열복합형 감지기 : **차동식+정온식**을 겸용한 것으로 두 가지 기능이 동시에 작동되면 신호를 발한다.
⑦ 정온식 감지선형 감지기 : 외관이 **전선**으로 되어 있는 것

(2) 형식
① 다신호식 감지기
   ㉠ 각 서로 다른 종별 또는 감도 등의 기능을 갖춘 것으로서 일정 시간 간격을 두고 각각 다른 2개 이상의 화재신호를 발하는 감지기
   ㉡ 동일 종별 또는 감도를 갖는 2개 이상의 센서를 통해 감지하여 화재신호를 각각 발신하는 감지기
② 아날로그식 감지기 : 주위의 **온도** 또는 **연기** 양의 변화에 따른 화재정보신호값을 출력하는 감지기

※ **감지기**
화재시 발생하는 열, 연기, 불꽃 또는 연소생성물을 자동적으로 감지하여 수신기에 발신하는 장치

※ **정온식 감지선형 감지기**
일국소의 주위온도가 일정한 온도 이상이 되는 경우에 작동하는 것

Key Point

* **차동식 분포형 감지기**
  넓은 범위(전구역)의 열효과에 의하여 작동하는 것

* **차동식 스포트형 감지기**
  일국소의 열효과에 의하여 작동하는 것

* **공기관식의 구성요소**
  ① 공기관
  ② 다이어프램
  ③ 리크구멍
  ④ 접점
  ⑤ 시험장치

* **리크구멍**
  감지기의 오동작(비화재보) 방지

* **리크밸브의 기능**
  ① 비화재보(오동작) 방지
  ② 작동속도조정
  ③ 공기유통에 대한 저항을 가짐

* **공기관의 상호접속**
  슬리브에 삽입 후 납땜

* **검출부와 공기관의 접속**
  공기관 접속단자에 삽입 후 납땜

* **공기관의 지지금속기구**
  ① 스테플
  ② 스티커

4 차동식 분포형 감지기

(1) 공기관식

① 구성요소 : 공기관(두께 0.3mm 이상, 바깥지름(외경) 1.9mm 이상) 다이어프램, 리크구멍, 시험장치, 접점

> 리크구멍 = 리크공 = 리크홀 = 리크밸브

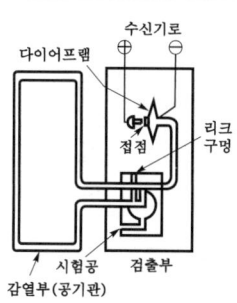

| 공기관식 감지기 |

※ **공기관식 감지기** : 전구역 열효과에 의한 동관 내의 **공기팽창**으로 동작하는 감지기

문제 공기관식 감지기의 주된 부분이 아닌 것은?

① 다이어프램
② 리크공
③ 공기관
④ 감지선
　정온식 감지선형 감지기의 구성요소

해설 공기관식 감지기의 **구성요소**
　(1) 다이어프램
　(2) 리크공(리크구멍)
　(3) 공기관
　(4) 접점
　(5) 시험장치

답 ④

---

② 동작원리 : 화재발생시 공기관 내의 공기가 팽창하여 **다이어프램**을 밀어 올려 접점을 붙게 함으로써 수신기에 신호를 보낸다.
③ 공기관 상호간의 접속 : **슬리브**에 삽입한 후 **납땜**한다.
④ 검출부와 공기관의 접속 : **공기관 접속단자**에 삽입한 후 납땜한다.

Chapter_ 01

(2) 열전대식
① 구성요소 : 열전대, 미터릴레이(가동선륜, 스프링, 접점), 접속전선

※ **미터릴레이** : 전압계가 부착되어 있는 릴레이

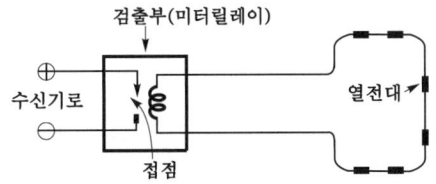

| 열전대식 감지기의 구조 |

② 동작원리 : 화재발생시 열전대부가 가열되면 **열기전력**이 발생하여 **미터릴레이**에 전류가 흘러 접점을 붙게 함으로써 수신기에 신호를 보낸다.
③ 열전대부의 접속 : **슬리브**에 삽입한 후 **압착**한다.
④ 고정방법 : 메신저와이어(messenger wire) 사용시 **30cm** 이내

※ **메신저와이어** : 열전대가 늘어지지 않도록 고정시키기 위한 철선

(3) 열반도체식
① 구성요소 : 열반도체소자, 수열판, 미터릴레이

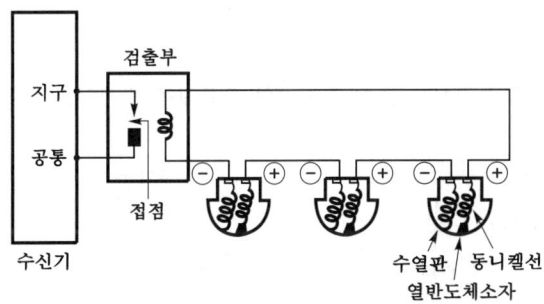

| 열반도체식 감지기의 구조 |

용어

(1) **수열판** : 열을 유효하게 받는 부분
(2) **열반도체소자** : 열기전력을 발생하는 부분
(3) **동니켈선** : 열반도체소자와 역방향의 열기전력을 발생하는 부분
   (차동식 스포트형 감지기의 리크공과 같은 역할을 한다.)

② 동작원리 : 화재발생시 수열판이 가열되면 열반도체소자에 **열기전력**이 발생하여 **미터릴레이**를 작동시켜 수신기에 신호를 보낸다.

중요 공기관식 차동식 분포형 감지기
(1) **작동개시시간**이 허용범위보다 **늦게 되는 경우**
   ① 감지기의 **리크저항**(leak resistance)이 **기준치 이하**일 때
   ② 검출부 내의 **다이어프램**이 부식되어 표면에 구멍(leak)이 발생하였을 때

Key Point

※ **미터릴레이**
전압계가 부착되어 있는 릴레이

※ **극성이 있는 감지기**
① 열전대식
② 열반도체식

※ **열반도체소자의 구성요소**
① 비스무스(Bi)
② 안티몬(Sb)
③ 텔루륨(Te)

※ **동니켈선**
감지기의 오동작 방지

※ **열반도체식의 동작원리**
화재발생시 열반도체소자가 제베크효과에 의해 열기전력이 발생하여 미터릴레이를 작동시켜 수신기에 신호를 보낸다.

(2) **작동개시시간**이 허용범위보다 **빨리 되는 경우**
① 감지기의 **리크저항**(leak resistance)이 **기준치 이상**일 때
② 감지기의 **리크구멍**이 이물질 등에 의해 막히게 되었을 때

※ 차동식 스포트형 감지기
(1) 공기의 팽창이용
① 감열실
② 다이어프램
③ 리크구멍
④ 접점
⑤ 작동표시장치
(2) 열기전력 이용
① 감열실
② 반도체열전대
③ 고감도릴레이
(3) 반도체 이용

5 차동식 스포트형 감지기

(1) 공기의 팽창을 이용한 것

① 구성요소 : 감열실, 다이어프램, 리크구멍, 접점, 작동표시장치

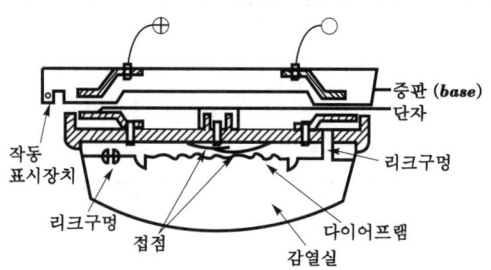

| 공기의 팽창을 이용한 것 |

※ **리크구멍** : 감지기의 오동작을 방지하며, 리크구멍이 이물질 등에 의해 막히게 되면 오동작이 발생하여 비화재보의 원인이 된다.

※ 리크구멍과 같은 의미
① 리크공
② 리크홀
③ 리크밸브

★★★
문제 공기관식 차동식 분포형 감지기의 <u>오동작</u>을 <u>방지</u>하는 안전장치에 해당하는 것은?
① 다이아프램　　　　② 공기관
③ 시험홀　　　　　　④ 리크구멍

해설 ④ 리크구멍(Leak hole) : 감지기의 오동작(비화재보)방지
리크구멍＝리크공＝리크홀＝리크밸브　　　　　답 ④

② 동작원리 : 화재발생시 감열부의 공기가 팽창하여 **다이어프램**을 밀어 올려 접점을 붙게 함으로써 수신기에 신호를 보낸다.

(2) 열기전력을 이용한 것

① 구성요소 : 감열실, 반도체열전대, 고감도릴레이

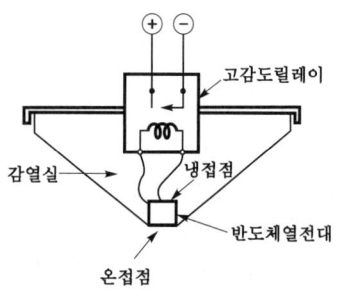

| 열기전력을 이용한 것 |

② **동작원리** : 화재발생시 반도체열전대가 가열되면 열기전력이 발생하여 **고감도릴레이**를 작동시켜 수신기에 신호를 보낸다.

※ **고감도릴레이** : 미소한 전압으로도 동작하는 계전기

* 고감도릴레이
미소한 전압으로도 동작하는 계전기

6 정온식 스포트형 감지기

① **바이메탈**의 활곡·반전을 이용한 것
② 금속의 팽창계수차를 이용한 것
③ **액체(기체)**의 팽창을 이용한 것
④ 가용절연물을 이용한 것
⑤ 감열반도체 소자를 이용한 것

※ **바이메탈** : 팽창계수가 다른 금속을 서로 붙여서 열에 의해 어느 한쪽으로 휘어지게 만든 것

* 바이메탈
팽창계수가 다른 금속을 서로 붙여서 열에 의해 어느 한쪽으로 휘어지게 만든 것

7 정온식 감지선형 감지기

(1) 종류
① 선 전체가 감열부분으로 되어 있는 것
② 감열부가 띄엄띄엄 존재해 있는 것

(2) 고정방법
① 단자부와 마감고정금구 : 10cm 이내
② 굴곡반경 : 5cm 이상

(3) 감지선의 접속
단자를 사용하여 접속한다.

※ 정온식 감지선형 감지기 : **비재용형**

* 비재용형 감지기
① 정온식 스포트형 감지기(가용절연물 이용)
② 정온식 감지선형 감지기

* 비재용형
한 번 동작하면 재차 사용이 불가능한 것

중요 접속방법
(1) 공기관식 감지기
① 공기관의 상호접속 : **슬리브**를 이용하여 접속한 후 **납땜**한다.
② 검출부와 공기관의 접속 : **공기관 접속단자**에 공기관을 삽입하고 **납땜**한다.
(2) 열전대식·열반도체식 감지기
슬리브에 삽입한 후 **압착**한다.
(3) 정온식 감지선형 감지기
단자를 이용하여 **접속**한다.

8 보상식 스포트형 감지기의 동작원리

Key Point

* 보상식 스포트형 감지기의 구성요소
① 감열실
② 다이어프램
③ 리크구멍
④ 고팽창금속
⑤ 저팽창금속

차동식으로 동작	정온식으로 동작
화재발생시 주위의 온도가 급격히 상승하면 **다이어프램**을 밀어 올려 수신기에 신호를 보낸다.	화재발생시 일정 온도상승률 이상이 되면 팽창률이 큰 금속이 **활곡** 또는 **반전**하여 수신기에 신호를 보낸다.

중요 스포트형 감지기의 종류
① 차동식 스포트형 감지기
② 정온식 스포트형 감지기
③ 보상식 스포트형 감지기

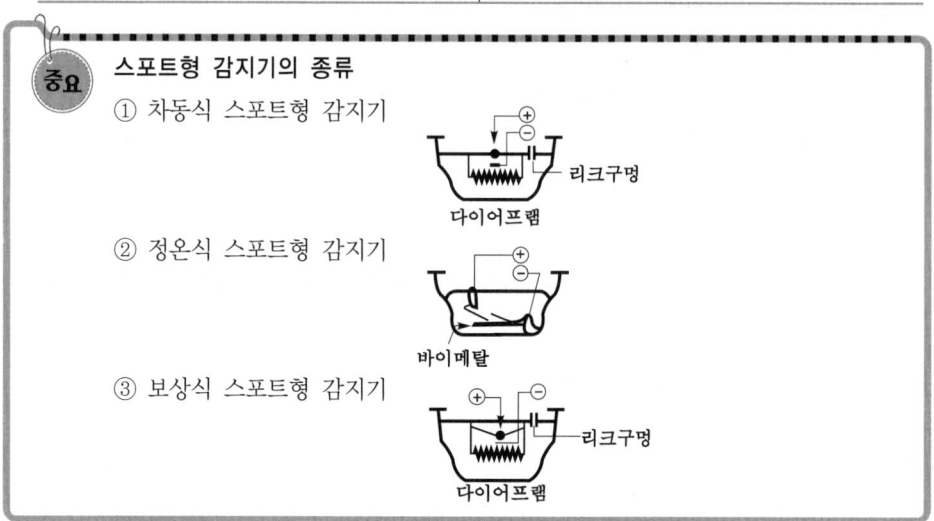

9 이온화식 연기감지기

(1) 구성요소

이온실, 신호증폭회로, 스위칭회로, 작동표시장치

* 이온화식 감지기의 구성요소
① 이온실
② 신호증폭회로
③ 스위칭회로
④ 작동표시장치

* 이온화식 연기감지기
① 내부이온실: ⊕극전류, 밀폐
② 외부이온실: ⊖극전류, 개방

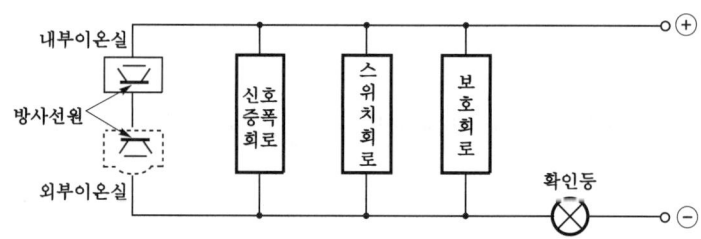

∥이온화식 감지기의 구조∥

(2) 동작원리

화재발생시 연기입자의 침입으로 **이온전류**의 흐름이 저항을 받아 이온전류가 작아지면 이것을 검출부, 증폭부, 스위칭회로에 전달하여 수신기에 신호를 보낸다.

Chapter_ 01

중요

이온화식 연기감지기
① 방사선 동위원소 ─ 아메리슘 241(Am^{241})
　　　　　　　　　├ 아메리슘 95(Am^{95})
　　　　　　　　　└ 라듐(Ra)
② 방사선 : α선

문제 ★★★ 이온화식 연기감지기에 이용되는 아메리슘, 라듐의 방사선은?
① α선　　　　　　② β선
③ γ선　　　　　　④ x선

해설 ① 방사선 : α선

답 ①

10 광전식 스포트형 감지기

(1) 구성요소
발광부, 수광부, 차광판, 신호증폭회로, 스위칭회로, 작동표시장치

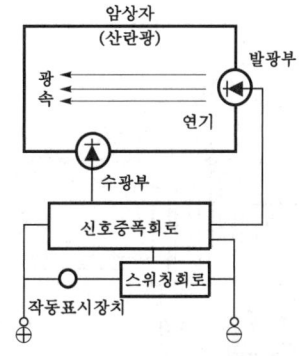

| 광전식 스포트형 감지기 |

(2) 동작원리
화재발생시 연기입자의 침입으로 광반사가 일어나 광전소자의 저항이 변화하면 이것을 수신기에 전달하여 신호를 보낸다.

11 광전식 분리형 감지기

(1) 구성요소
발광부, 수광부, 신호증폭회로, 스위칭회로, 작동표시장치

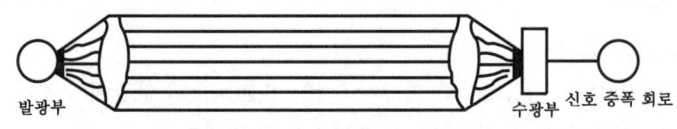

| 광전식 분리형 감지기 |

Key Point

* 광전식 스포트형 감지기
① 산란광식
② 감광식

* 이온화식 감지기의 특징
① 화재의 조기발견
② 연기의 색에 영향을 받지 않음
③ 외부의 빛에 의해서는 동작하지 않음
④ 접점과 같은 가동부분이 없어 재조정 불필요

* 산란광식 감지기의 동작원리
연기가 암상자 내로 유입되면 빛이 산란현상을 일으켜 광전소자의 저항이 변화하여 수신기에 신호를 보낸다.

* 감광식 감지기의 동작원리
연기가 암상자 내로 유입되면 수광소자로 들어오는 빛의 양이 감소하여 광전소자저항의 변화로 수신기에 신호를 보낸다.

* 광전식 감지기의 광원
  광속변화가 적을 것

(2) 동작원리

발광부에서 상시 수광부로 빛을 보내고 있어 그 사이에 연기가 광도의 축을 방해하는 경우, 광량이 감소되면서 일정량을 초과하면 화재 신호를 발한다.

> **문제** 광전식 감지기에 대한 설명으로 옳지 않은 것은?
> ① 광원이 끊어진 경우 이를 자동적으로 수신기에 송신할 수 있어야 한다.
> ② 광전소자는 감도의 저하 및 피로현상이 적어야 한다.
> ③ 광원의 등이 켜지는 것을 쉽게 확인할 수 있는 것이어야 한다.
> ④ 광원은 광속변화가 커야 한다.
>   적어야
>
> **해설** 광전식 감지기의 기준
>
> | 발광소자 | 수광소자 |
> |---|---|
> | 광속변화가 적고 장기간 사용에 충분히 견딜 수 있는 것이어야 한다. | 감도의 저하 및 피로현상이 적고 장기간 사용에 충분히 견딜 수 있는 것이어야 한다. |
>
> 답 ④

12 공기흡입형 감지기(Air Sampling Smoke Detector)

(1) 구성요소

흡입배관, 공기흡입펌프(Aspirator), 감지부, 계측제어부, 필터

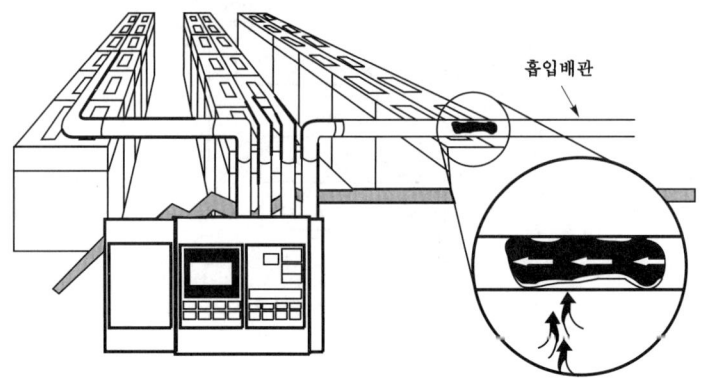

| 공기흡입형 감지기의 구성 |

(2) 동작원리

흡입용 팬 또는 펌프가 흡입배관을 통하여 경계구역 내의 공기를 흡입하고 흡입한 공기 중에 함유된 연소생성물을 분석하여 화재를 감지한다.

13 불꽃감지기

(1) 자외선식(UV) 감지기

자외선 영역($0.1 \sim 0.35 \mu m$) 중 화재시 $0.18 \sim 0.26 \mu m$의 파장에서 강한 에너지 레벨이 되며 이를 검출하여 그 검출신호를 화재신호로 발한다.

* 검출파장
  ① 자외선식: $0.18 \sim 0.26 \mu m$
  ② 적외선식: $4.35 \mu m$

(2) 적외선식(IR) 감지기

적외선 영역(0.76~220μm) 중 화재시에는 4.35μm에서 강한 에너지 레벨이 되며 이 파장을 검출하여 이를 화재신호로 발한다.

14 감지기의 설치기준

(1) 부착높이(NFPC 203 7조, NFTC 203 2.4.1)

부착높이	감지기의 종류
4m 미만	• 차동식(스포트형, 분포형) • 보상식 스포트형 • 정온식(스포트형, 감지선형) • 이온화식 또는 광전식(스포트형, 분리형, 공기흡입형) • 열복합형 • 연기복합형 • 열연기복합형 • 불꽃감지기
4~8m 미만	• 차동식(스포트형, 분포형) • 보상식 스포트형 • 정온식(스포트형, 감지선형) 특종 또는 1종 • 이온화식 1종 또는 2종 • 광전식(스포트형, 분리형, 공기흡입형) 1종 또는 2종 • 열복합형 • 연기복합형 • 열연기복합형 • 불꽃감지기
8~15m 미만	• 차동식 분포형 • 이온화식 1종 또는 2종 • 광전식(스포트형, 분리형, 공기흡입형) 1종 또는 2종 • 연기복합형 • 불꽃감지기
15~20m 미만	• 이온화식 1종 • 광전식(스포트형, 분리형, 공기흡입형) 1종 • 연기복합형 • 불꽃감지기
20m 이상	• 불꽃감지기 • 광전식(분리형, 공기흡입형) 중 아날로그 방식

※ 광전식 감지기
① 스포트형
② 분리형
③ 공기흡입형

※ 8~15m 미만 설치 가능한 감지기
① 차동식 분포형
② 이온화식 1·2종
③ 광전식 1·2종
④ 연기복합형

※ 부착높이 20m 이상에 설치되는 광전식 중 아날로그 방식의 감지기
공칭감지농도 하한값이 감광률 5%/m 미만

문제 자동화재탐지설비의 감지기의 높이가 10m인 장소에 설치할 수 있는 감지기의 종류는 다음 중 어느 것인가?

① 차동식 스포트형
   4~8m 미만
② 보상식 스포트형
   4~8m 미만
③ 차동식 분포형
   8~15m 미만
④ 정온식 스포트형
   4~8m 미만

답 ③

지하층·무창층 등으로서 환기가 잘되지 아니하거나 실내면적이 **40m² 미만**인 장소, 감지기의 부착면과 실내바닥과의 거리가 **2.3m 이하**인 곳으로서 일시적으로 발생한 열·연기 또는 먼지 등으로 인하여 화재신호를 발신할 우려가 있는 장소의 적응감지기
① 불꽃감지기
② 정온식 감지선형 감지기
③ 분포형 감지기
④ 복합형 감지기
⑤ 광전식 분리형 감지기
⑥ 아날로그 방식의 감지기
⑦ 다신호 방식의 감지기
⑧ 축적 방식의 감지기

(2) 연기감지기의 설치장소(NFPC 203 7조, NFTC 203 2.4.2)
① 계단 및 경사로·에스컬레이터 경사로
② 복도(30m 미만 제외)
③ 엘리베이터 승강로(권상기실이 있는 것은 권상기실)·린넨슈트·파이프피트 및 덕트 기타 이와 유사한 장소
④ 천장 또는 반자의 높이가 15~20m 미만의 장소
⑤ 공동주택·오피스텔·숙박시설·노유자시설·수련시설 ─┐
⑥ 합숙소   │ 취침·숙박·입원 등
⑦ 의료시설, 입원실이 있는 의원·조산원   ├─ 이와 유사한 용도로
⑧ 교정 및 군사시설   │ 사용되는 거실
⑨ 고시원   ─┘

(3) 감지기 설치기준(NFPC 203 7조, NFTC 203 2.4.3)
① 감지기(**차동식 분포형** 제외)는 실내로의 공기유입구로부터 **1.5m 이상** 떨어진 위치에 설치할 것
② 감지기는 천장 또는 반자의 옥내의 면하는 부분에 설치할 것
③ **보상식 스포트형 감지기**는 정온점이 감지기 주위의 평상시 최고온도보다 **20℃** 이상 높은 것으로 설치하여야 한다.
④ **정온식 감지기**는 **주방·보일러실** 등으로 다량의 화기를 단속적으로 취급하는 장소에 설치한다.
⑤ 스포트형 감지기는 **45° 이상** 경사되지 아니하도록 부착할 것
⑥ 바닥면적

(단위 : (m²))

부착높이 및 소방대상물의 구분		감지기의 종류				
		차동식·보상식 스포트형		정온식 스포트형		
		1종	2종	특종	1종	2종
4m 미만	내화구조	90	70	70	60	20
	기타구조	50	40	40	30	15

※ 린넨슈트
병원, 호텔 등에서 세탁물을 구분하여 실로 유도하는 통로

※ 정온식 감지기의 설치장소
① 주방
② 조리실
③ 용접작업장
④ 건조실
⑤ 살균실
⑥ 보일러실
⑦ 주조실
⑧ 영사실
⑨ 스튜디오

※ 정온식 감지기의 공칭작동온도범위
60~150℃
① 60~80℃ → 5℃ 눈금
② 80~150℃ → 10℃ 눈금

4m 이상 8m 미만	내화구조	45	35	35	30	설치 불가능
	기타구조	30	25	25	15	

 축적기능이 없는 감지기의 설치
① **교차회로 방식**에 사용되는 감지기
② **급속**한 **연소확대**가 우려되는 장소에 사용되는 감지기
③ **축적기능**이 있는 **수신기**에 연결하여 사용하는 감지기

(4) 공기관식 차동식 분포형 감지기의 설치기준(NFPC 203 7조, NFTC 203 2.4.3.7)
① 공기관의 노출부분은 감지구역마다 **20m** 이상이 되도록 설치한다.
② 공기관과 감지구역의 각 변과의 수평거리는 **1.5m** 이하가 되도록 한다.
③ 공기관 상호간의 거리는 **6m**(내화구조는 **9m**) 이하가 되도록 한다.
④ 하나의 검출부에 접속하는 공기관의 길이는 **100m** 이하가 되도록 한다.
⑤ 검출부는 **5°** 이상 경사되지 않도록 한다.
⑥ 검출부는 바닥으로부터 **0.8~1.5m** 이하의 위치에 설치한다.
⑦ 공기관은 도중에서 **분기**하지 않도록 한다.

※ 경사제한각도

5° 이상	45° 이상
차동식 분포형 감지기	스포트형 감지기

문제 차동식 분포형 감지기의 검출부에 연결하는 공기관의 길이는 몇 m 이하로 하여야 하는가?
① 50
② 100
③ 150
④ 200

해설 ② 하나의 검출부분에 접속하는 공기관의 길이 : **100m 이하**

답 ②

(5) 열전대식 감지기의 설치기준(NFPC 203 7조, NFTC 203 2.4.3.8)
① 하나의 검출부에 접속하는 열전대부는 **4~20개** 이하로 할 것(단, **주소형 열전대식 감지기**는 제외)
② 바닥면적

분류	바닥면적	설치개수
내화구조	22m²마다 1개 이상	4개 이상
기타구조	18m²마다 1개 이상	4개 이상

(6) 열반도체식 감지기의 설치기준(NFPC 203 7조, NFTC 203 2.4.3.9)
① 하나의 검출기에 접속하는 감지부는 **2~15개** 이하가 되도록 할 것

※ **공기관의 길이**
20~100m 이하

※ **각 부분과의 수평거리**
(1) 공기관식 : 1.5m 이하
(2) 정온식 감지선형
① 1종 : 3m 이하
(내화구조 4.5m 이하)
② 2종 : 1m 이하
(내화구조 3m 이하)

※ **주소형 열전대식 감지기**
각각의 열전대부에 대한 작동여부를 검출부에서 표시할 수 있는 감지기

※ **열전대식 감지기**
4~20개 이하

※ **열반도체식 감지기**
2~15개 이하
(부착 높이가 8m 미만이고 바닥면적이 기준면적 이하인 경우 1개로 할 수 있다.)

② 바닥면적

(단위 : m²)

부착높이 및 소방대상물의 구분		감지기의 종류	
		1종	2종
8m 미만	내화구조	65	36
	기타구조	40	23
8~15m 미만	내화구조	50	36
	기타구조	30	23

(7) 연기감지기의 설치기준(NFPC 203 7조, NFTC 203 2.4.3.10)

① 복도 및 통로는 보행거리 **30m**(3종은 **20m**)마다 1개 이상으로 할 것

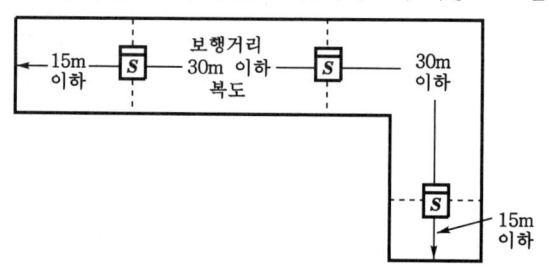

| 연기감지기의 설치 |

② 계단 및 경사로는 수직거리 **15m**(3종은 **10m**)마다 1개 이상으로 할 것
③ 천장 또는 반자가 낮은 실내 또는 좁은 실내는 **출입구**의 가까운 부분에 설치할 것
④ 천장 또는 반자 부근에 **배기구**가 있는 경우에는 그 부근에 설치할 것
⑤ 감지기는 벽 또는 보로부터 **0.6m** 이상 떨어진 곳에 설치할 것
⑥ 바닥면적

(단위 : m²)

부착높이	감지기의 종류	
	1종 및 2종	3종
4m 미만	150	50
4~20m 미만	75	설치불가능

문제 연기감지기를 다음과 같이 설치하였을 때 기준에 적합하지 <u>않은</u> 것은?
① 좁은 실내에 있어서는 출입구 부근에 설치하였다.
② 천장 또는 반자부근에 배기구가 있어서 그 부근에 설치하였다.
③ 벽으로부터 0.6m 떨어진 곳에 설치하였다.
④ 복도 및 통로에는 보행거리에 관계없이 1개만 설치하였다.

해설 복도 · 통로

1 · 2종	3종
보행거리 30m마다 설치	보행거리 20m마다 설치

답 ④

Key Point

※ **연기농도의 단위**
[%/m]

※ **연기**
완전 연소되지 않은 가연물이 고체 또는 액체의 미립자로 떠돌아 다니는 상태

※ **벽 또는 보의 설치 거리**
① 스포트형 감지기
  : 0.3m 이상
② 연기감지기
  : 0.6m 이상

Chapter_ 01

(8) 정온식 감지선형 감지기의 설치기준(NFPC 203 7조, NFTC 203 2.4.3.12)

① 정온식 감지선형 감지기의 거리기준

수평거리 \ 종별	1종 내화구조	1종 기타구조	2종 내화구조	2종 기타구조
감지기와 감지구역의 각 부분과의 수평거리	4.5m 이하	3m 이하	3m 이하	1m 이하

② 감지선형 감지기의 굴곡반경 : **5cm 이상**
③ 단자부와 마감 고정금구와의 설치간격 : **10cm 이내**
④ 보조선이나 고정금구를 사용하여 감지선이 늘어지지 않도록 설치할 것
⑤ 케이블트레이에 감지기를 설치하는 경우에는 **케이블트레이 받침대**에 **마감금구**를 사용하여 설치할 것
⑥ **창고**의 **천장** 등에 지지물이 적당하지 않는 장소에서는 **보조선**을 설치하고 그 보조선에 설치할 것
⑦ 분전반 내부에 설치하는 경우 **접착제**를 이용하여 **돌기**를 바닥에 고정시키고 그 곳에 감지기를 설치할 것

(9) 불꽃감지기의 설치기준(NFPC 203 7조, NFTC 203 2.4.3.13)

① 공칭감시거리·공칭시야각(감지기 형식 19조 2)

조 건	공칭감시거리	공칭시야각
20m 미만의 장소에 적합한 것	1m 간격	5° 간격
20m 이상의 장소에 적합한 것	5m 간격	

② 감지기는 **공칭감시거리**와 **공칭시야각**을 기준으로 감시구역이 모두 포용될 수 있도록 설치할 것
③ 감지기는 화재감지를 유효하게 감지할 수 있는 **모서리** 또는 **벽** 등에 설치할 것
④ 감지기를 **천장**에 설치하는 경우에는 감지기는 **바닥**을 향하여 설치할 것
⑤ **수분**이 많이 발생할 우려가 있는 장소에는 **방수형**으로 설치할 것

(10) 아날로그 방식의 감지기 설치기준(NFPC 203 7조, NFTC 203 2.4.3.14)
공칭감지온도범위 및 **공칭감지농도범위**에 적합한 장소에 설치할 것

(11) 다신호 방식의 감지기 설치기준(NFPC 203 7조, NFTC 203 2.4.3.14)
화재신호를 발신하는 **감도**에 적합한 장소에 설치할 것

(12) 광전식 분리형 감지기의 설치기준(NFPC 203 7조, NFTC 203 2.4.3.15)

① 감지기의 수광면은 햇빛을 직접 받지 않도록 설치할 것
② 광축은 나란한 벽으로부터 **0.6m 이상** 이격하여 설치할 것
③ 감지기의 송광부와 수광부는 설치된 뒷벽으로부터 **1m 이내** 위치에 설치할 것
④ 광축의 높이는 천장 등 높이의 **80% 이상**일 것
⑤ 감지기의 광축의 길이는 **공칭감시거리** 범위 이내일 것

※ 도로형의 최대시야각
180° 이상

※ 광축
송광면과 수광면의 중심을 연결한 선

> **중요** 아날로그식 분리형 광전식 감지기의 공칭감시거리(감지기 형식 19조)
> 5~100m 이하로 하여 5m 간격으로 한다.

(13) 특수한 장소에 설치하는 감지기(NFPC 203 7조, NFTC 203 2.4.4)

장소	적응감지기
• 화학공장 • 격납고 • 제련소	• 광전식 분리형 감지기 • 불꽃감지기
• 전산실 • 반도체 공장	• 광전식 공기흡입형 감지기

(14) 감지기의 설치제외 장소(NFPC 203 7조, NFTC 203 2.4.5)

① 천장 또는 반자의 높이가 **20m** 이상인 장소. (단, 부착높이에 따라 적응성이 있는 장소 제외)
② 헛간 등 외부와 기류가 통하는 장소로서 감지기에 의하여 **화재발생**을 유효하게 감지할 수 없는 장소
③ **부식성** 가스가 체류하는 장소
④ **고온도** 및 **저온도**로서 감지기의 기능이 정지되기 쉽거나 감지기의 **유지관리**가 어려운 장소
⑤ **목욕실**·욕조나 샤워시설이 있는 **화장실**, 기타 이와 유사한 장소
⑥ **파이프덕트** 등 그 밖의 이와 비슷한 것으로서 2개층마다 방화구획된 것이나 수평단면적이 **5m²** 이하인 것
⑦ 먼지·가루 또는 **수증기**가 다량으로 체류하는 장소 또는 주방 등 평상시에 연기가 발생하는 장소(단, **연기감지기**만 적용)
⑧ 삭제 〈2015.1.23〉
⑨ 프레스공장·주조공장 등 화재발생의 위험이 적은 장소로서 감지기의 유지관리가 어려운 장소

* **방화구획**
화재시 불이 번지지 않도록 내화구조로 구획해 놓은 것

> **문제** 소방대상물에 자동화재탐지설비의 감지기를 설치하지 <u>않아도</u> 되는 곳은?
> ① 목욕실·욕조나 샤워시설이 있는 화장실, 기타 이와 유사한 장소
>   → 감지기 설치제외 장소
> ② 습기가 별로 없는 건조한 장소 ⎫
> ③ 사람의 왕래가 별로 없는 장소 ⎬ 감지기 설치장소
> ④ 천장 또는 반자의 높이가 15m 이상 20m 미만인 장소 ⎭
>
> 답 ①

15 감지기의 기능시험

(1) 차동식 분포형 감지기

① 화재작동시험

㉠ 공기관식 : 펌프시험, 작동계속시험, 유통시험, 접점수고시험

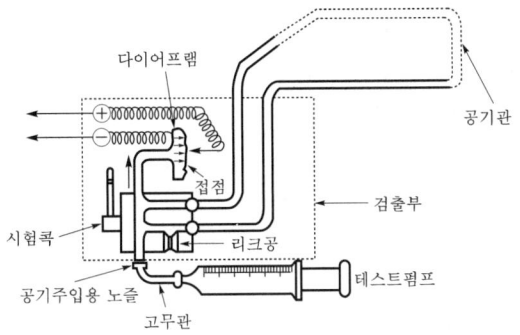

| 펌프시험 |

 공기관식의 화재작동시험

(1) **펌프시험** : 감지기의 작동공기압에 상당하는 공기량을 테스트펌프에 의해 불어넣어 작동할 때까지의 시간이 지정치인가를 확인하기 위한 시험
(2) **작동계속시험** : 감지기가 작동을 개시한 때부터 작동정지할 때까지의 시간을 측정하여 감지기의 작동의 계속이 정상인가를 확인하기 위한 시험
(3) **유통시험** : 공기관이 새거나, 깨지거나, 줄어들었는지의 여부 및 공기관의 길이를 확인하기 위한 시험
　① 검출부의 시험공 또는 공기관의 한쪽 끝에 테스트펌프를, 다른 한쪽 끝에 마노미터를 접속한다.
　② 테스트펌프로 공기를 불어넣어 마노미터의 수위를 **100mm**까지 상승시켜 수위를 정지시킨다.(정지하지 않으면 공기관에 누설이 있는 것이다.)
　③ 시험콕을 이동시켜 송기구를 열고 수위가 **50mm**까지 내려가는 시간(**유통시간**)을 측정하여 공기관의 길이를 산출한다.

　※ 공기관의 두께는 0.3mm 이상, 외경은 1.9mm 이상이며, 공기관의 길이는 20~100m 이하이어야 한다.

(4) **접점수고시험** : 접점수고치가 적정치를 보유하고 있는지를 확인하기 위한 시험(접점수고치가 규정치 이상이면 감지기의 작동이 늦어진다.)

Key Point

* **펌프시험**
테스트펌프로 감지기에 공기를 불어넣어 작동할 때까지의 시간이 지정치인가를 확인하기 위한 시험

* **유통시험**
확인할 수 있는 것
① 공기관의 길이
② 공기관의 누설
③ 공기관의 찌그러짐

* **공기관식의 화재 작동시험**
① 펌프시험
② 작동계속시험
③ 유통시험
④ 접점수고시험: 감지기의 접점간격 확인

* **테스트펌프와 같은 의미**
공기주입기

* **유통시험시 사용 기구**
① 공기주입기
② 고무관
③ 유리관
④ 마노미터

* **마노미터**
공기관의 누설측정

> **문제** 공기관식 차동식 분포형 감지기의 기능시험을 하였더니 검출기의 접점수고치가 규정 이상으로 되어 있다. 이때 발생되는 장애로 볼 수 있는 것은?
> ① 동작이 전혀 되지 않는다.
> ② 화재도 아닌데 작동하는 일이 있다.
> ③ 작동이 늦어진다.
> ④ 장애는 발생되지 않는다.
>
> **해설** 접점수고시험의 접점수고치
>
> | 규정치 이상 | 규정치 이하 |
> |---|---|
> | 감도가 저하하여 **지연동작**의 원인 | 감도가 과민하게 되어 **비화재보**의 원인 |
>
> ③ 접점수고치 규정 이상 : 작동이 늦어진다.
>
> **답** ③

ⓒ 열전대식 : 화재작동시험, 합성저항시험

② 연소시험

㉠ 감지기를 작동시키지 않고 행하는 시험

ⓒ 감지기를 작동시키고 행하는 시험

(2) 스포트형 감지기

　가열시험 : 감지기를 가열한 경우 감지기가 정상적으로 작동하는가를 확인

(3) 정온식 감지선형 감지기

　합성저항시험 : 감지기의 **단선 유무** 확인

(4) 연기감지기

　가연시험 : 가연시험기에 의해 가연한 경우 **동작 유무** 확인

16 측정기기

(1) 마노미터(mano meter)

① 정의 : 공기관의 누설을 측정하기 위한 기구

② 적응시험 : 유통시험, 접점수고시험, 연소시험

(2) 테스트펌프(test pump)

① 정의 : 공기관에 공기를 주입하기 위한 기구

② 적응시험 : 유통시험, 접점수고시험

(3) 초시계(stop watch)

① 정의 : 공기관의 유통시간을 측정하기 위한 기구

② 적응시험 : 유통시험

---

* 마노미터의 수위가 불안정한 경우의 원인
공기관 접속부분의 불량 또는 물방울 등의 침입

* 접점수고시험
① 접점수고치가 낮은 경우 : 비화재보의 원인
② 접점수고치가 높은 경우 : 지연동작의 원인

17 절연저항시험

절연저항계	절연저항	대상
직류 250V	0.1MΩ 이상	• 1경계구역의 절연저항
직류 500V	5MΩ 이상	• 누전경보기 • 가스누설경보기 • 수신기(10회로 미만, 절연된 충전부와 외함간) • 자동화재속보설비 • 비상경보설비 • 유도등(교류입력측과 외함간 포함) • 비상조명등(교류입력측과 외함간 포함)
	20MΩ 이상	• 경종 • 발신기 • 중계기 • 비상콘센트 • 기기의 절연된 선로간 • 기기의 충전부와 비충전부간 • 기기의 교류입력측과 외함간(유도등·비상조명등 제외)
	50MΩ 이상	• 감지기(정온식 감지선형 감지기 제외) • 가스누설경보기(10회로 이상) • 수신기(10회로 이상, 교류입력측과 외함간 제외)
	1000MΩ 이상	• 정온식 감지선형 감지기

Key Point

※ **절연저항시험**
★ 꼭 기억하세요 ★

※ **이온화식 감지기**
① 축적시간 : **5~60초**
② 공칭축적시간 : **10~60초**

※ **감지기의 충격시험**
① 최대가속도 : **50g**
② 시험횟수 : **5회**

18 감지기의 적응성

(1) 연기감지기를 설치할 수 없는 경우 (NFTC 203 2.4.6(1))

설치장소		적응열감지기									
환경 상태	적응 장소	차동식 스포트형		차동식 분포형		보상식 스포트형		정온식		열 아날로 그식	불꽃 감지기
		1종	2종	1종	2종	1종	2종	특종	1종		
먼지 또는 미분 등이 다량으로체류하는장소	• 쓰레기장 • 하역장 • 도장실 • 섬유·목재·석재 등 가공공장	○	○	○	○	○	○	○	×	○	○

〔비고〕 1. **불꽃감지기**에 따라 감시가 곤란한 장소는 적응성이 있는 열감지기를 설치할 것
2. **차동식 분포형 감지기**를 설치하는 경우에는 검출부에 먼지, 미분 등이 침입하지 않도록 조치할 것
3. **차동식 스포트형 감지기** 또는 **보상식 스포트형 감지기**를 설치하는 경우에는 검출부에 먼지, 미분 등이 침입하지 않도록 조치할 것
4. **정온식 감지기**를 설치하는 경우에는 **특종**으로 설치할 것
5. 섬유, 목재가공 공장 등 화재확대가 급속하게 진행될 우려가 있는 장소에 설치하는 경우 **정온식 감지기**는 **특종**으로 설치할 것, 공칭작동 온도 75℃ 이하, 열아날로그식 스포트형 감지기는 화재표시 설정은 80℃ 이하가 되도록 할 것

※ **정온식 감지기의 시험**
① 작동시험
공칭작동온도의 125%가 되는 온도이고 풍속이 1m/s인 수직기류에 투입하는 경우 정하는 시간 이내에 작동
② 부작동시험
공칭작동온도보다 10℃ 낮은 풍속 1m/s의 기류에 투입한 경우 10분 이내로 작동하지 않을 것

문제 정온식 감지기의 부작동시험은 공칭작동온도보다 10℃ 낮은 온도이고 풍속이 1m/s인 수직기류에 투입하는 경우 몇 분 이내에 작동하지 아니하여야 하는가?
① 5
② 10
③ 15
④ 20

해설 ② 정온식 감지기의 부작동시험(감지기 형식 30조)
공칭작동온도보다 10℃ 낮은 온도이고 풍속이 1m/s인 수직기류에 투입하는 경우 **10분** 이내에 작동하지 않을 것

답 ②

설치장소		적응열감지기								
환경 상태	적응 장소	차동식 스포트형		차동식 분포형		보상식 스포트형		정온식		열아날로그식	불꽃 감지기
		1종	2종	1종	2종	1종	2종	특종	1종		
수증기가 다량으로 머무는 장소	• 증기 세정실 • 탕비실 • 소독실	×	×	×	○	×	○	○	○	○	○

〔비고〕 1. **차동식 분포형 감지기** 또는 **보상식 스포트형 감지기**는 급격한 온도변화가 없는 장소에 한하여 사용할 것
2. **차동식 분포형 감지기**를 설치하는 경우에는 검출부에 수증기가 침입하지 않도록 조치할 것
3. **보상식 스포트형 감지기, 정온식 감지기** 또는 **열아날로그식 감지기**를 설치하는 경우에는 **방수형**으로 설치할 것
4. **불꽃감지기**를 설치할 경우 **방수형**으로 할 것

※ 공기관식 감지기의 가열시험시 작동하지 않는 경우의 원인
① 접점간격이 너무 넓다.
② 공기관이 막혔다.
③ 다이아프램이 부식되었다.
④ 공기관이 부식되었다.

설치장소		적응열감지기								
환경 상태	적응 장소	차동식 스포트형		차동식 분포형		보상식 스포트형		정온식		열아날로그식	불꽃 감지기
		1종	2종	1종	2종	1종	2종	특종	1종		
부식성 가스가 발생할 우려가 있는 장소	• 도금공장 • 축전지실 • 오수처리장	×	×	○	○	○	○	○	×	○	○

〔비고〕 1. **차동식 분포형 감지기**를 설치하는 경우에는 감지부가 피복되어 있고 검출부가 부식성 가스에 영향을 받지 않는 것 또는 검출부에 부식성가스가 침입하지 않도록 조치할 것
2. **보상식 스포트형 감지기, 정온식 감지기** 또는 **열아날로그식 스포트형 감지기**를 설치하는 경우에는 부식성가스의 성상에 반응하지 않는 **내산형** 또는 **내알칼리형**으로 설치할 것
3. **정온식 감지기**를 설치하는 경우에는 **특종**으로 설치할 것

설치장소		적응열감지기								열아날로그식	불꽃감지기
환경 상태	적응 장소	차동식 스포트형		차동식 분포형		보상식 스포트형		정온식			
		1종	2종	1종	2종	1종	2종	특종	1종		
주방, 기타 평상시에 연기가 체류하는 장소	• 주방 • 조리실 • 용접작업장	×	×	×	×	×	×	○	○	○	○
현저하게 고온으로 되는 장소	• 건조실 • 살균실 • 보일러실 • 주조실 • 영사실 • 스튜디오	×	×	×	×	×	×	○	○	○	×

〔비고〕 1. **주방, 조리실** 등 습도가 많은 장소에는 **방수형** 감지기를 설치할 것
       2. **불꽃감지기**는 UV/IR형을 설치할 것

설치장소		적응열감지기								열아날로그식	불꽃감지기
환경 상태	적응 장소	차동식 스포트형		차동식 분포형		보상식 스포트형		정온식			
		1종	2종	1종	2종	1종	2종	특종	1종		
배기가스가 다량으로 체류하는 장소	• 주차장, 차고 • 화물취급소 차로 • 자가발전실 • 트럭 터미널 • 엔진 시험실	○	○	○	○	○	○	×	×	○	○

〔비고〕 1. **불꽃감지기**에 따라 감시가 곤란한 장소는 적응성이 있는 열감지기를 설치할 것
       2. **열아날로그식 스포트형 감지기**는 화재표시 설정이 60℃ 이하가 바람직하다.

설치장소		적응열감지기								열아날로그식	불꽃감지기
환경 상태	적응 장소	차동식 스포트형		차동식 분포형		보상식 스포트형		정온식			
		1종	2종	1종	2종	1종	2종	특종	1종		
연기가 다량으로 유입할 우려가 있는 장소	• 음식물배급실 • 주방전실 • 주방 내 식품저장실 • 음식물 운반용 엘리베이터 • 주방주변의 복도 및 통로 • 식당	○	○	○	○	○	○	○	○	○	×

〔비고〕 1. 고체연료 등 가연물이 수납되어 있는 **음식물배급실, 주방전실**에 설치하는 **정온식** 감지기는 **특종**으로 설치할 것
       2. **주방주변의 복도 및 통로, 식당** 등에는 **정온식 감지기**를 설치하지 말 것
       3. **열아날로그식 스포트형 감지기**를 설치하는 경우에는 화재표시 설정을 60℃ 이하로 할 것

※ 정온식 감지기(특종)
① 음식물배급실
② 주방전실

설치장소		적응열감지기								불꽃 감지기
환경 상태	적응 장소	차동식 스포트형		차동식 분포형		보상식 스포트형		정온식	열 아날로 그식	
		1종	2종	1종	2종	1종	2종	특종	1종		
물방울이 발생하는 장소	• 스레트 또는 철판으로 설치한 지붕 창고·공장 • 패키지형 냉각기전용수납실 • 밀폐된 지하창고 • 냉동실 주변	×	×	○	○	○	○	○	○	○	○
불을 사용하는 설비로서 불꽃이 노출되는 장소	• 유리공장 • 용선로가 있는 장소 • 용접실 • 작업장 • 주방 • 주조실	×	×	×	×	×	×	○	○	○	×

* **보상식 스포트형 감지기**
급격한 온도변화가 없는 장소에 설치

〔비고〕 1. **보상식 스포트형 감지기, 정온식 감지기** 또는 **열아날로그식 스포트형 감지기**를 설치하는 경우에는 **방수형**으로 설치할 것
2. **보상식 스포트형 감지기**는 급격한 온도변화가 없는 장소에 한하여 설치할 것
3. 불꽃감지기를 설치하는 경우에는 방수형으로 설치할 것

주) 1. "○"는 해당 설치장소에 적응하는 것을 표시, "×"는 해당 설치장소에 적응하지 않는 것을 표시
2. 차동식 스포트형, 차동식 분포형 및 보상식 스포트형 1종은 감도가 예민하기 때문에 비화재보 발생은 2종에 비해 불리한 조건이라는 것을 유의할 것
3. 차동식 분포형 3종 및 정온식 2종은 소화설비와 연동하는 경우에 한해서 사용할 것
4. 다신호식 감지기는 그 감지기가 가지고 있는 종별, 공칭작동 온도별로 따르지 말고 상기 표에 따른 적응성이 있는 감지기로 할 것

(2) **연기감지기를 설치할 수 있는 경우**(NFTC 203 2.4.6(2))

설치장소		적응열감지기					적응연기감지기					
환경 상태	적응 장소	차동식 스포트형	차동식 분포형	보상식 스포트형	정온식	열아날로그식	이온화식 스포트형	광전식 스포트형	이온아날로그식 스포트형	광전아날로그식 스포트형	광전식 분리형	광전아날로그식 분리형	불꽃감지기
1. 흡연에 의해 연기가 체류하며 환기가 되지 않는 장소	• 회의실 • 응접실 • 휴게실 • 노래연습실 • 오락실 • 다방 • 음식점 • 대합실 • 카바레 등의 객실 • 집회장 • 연회장	○	○	○			◎		◎	○	○		

설치장소										
환경상태	적응장소									
2. 취침시설로 사용하는 장소	• 호텔객실 • 여관 • 수면실				◎	◎	◎	◎	○	○
3. 연기 이외의 미분이 떠다니는 장소	• 복도 • 통로				◎	◎	◎	◎	○	○
4. 바람에 영향을 받기 쉬운 장소	• 로비 • 교회 • 관람장 • 옥탑에 있는 기계실		○			◎		◎	○	○
5. 연기가 멀리 이동해서 감지기에 도달하는 장소	• 계단 • 경사로					○		○	○	○
6. 훈소화재의 우려가 있는 장소	• 전화기기실 • 통신기기실 • 전산실 • 기계제어실					○		○	○	○
7. 넓은 공간으로 천장이 높아 열 및 연기가 확산하는 장소	• 체육관 • 항공기격납고 • 높은 천장의 창고·공장 • 관람석 상부 등 감지기 부착높이가 8m 이상의 장소		○						○	○

〔비고〕 **광전식 스포트형 감지기** 또는 **광전아날로그식 스포트형 감지기**를 설치하는 경우에는 해당 감지기회로에 **축적기능**을 갖지 않는 것으로 할 것

주) 1. "○"는 해당 설치장소에 적응하는 것을 표시
2. "◎"는 해당 설치장소에 **연기감지기**를 설치하는 경우에는 해당 감지회로에 **축적기능**을 갖는 것을 표시
3. 차동식 스포트형, 차동식 분포형, 보상식 스포트형 및 연기식(해당 감지기회로에 축적기능을 갖지 않는 것) 1종은 감도가 예민하기 때문에 비화재보 발생은 2종에 비해 불리한 조건이라는 것을 유의하여 따를 것
4. 차동식 분포형 3종 및 정온식 2종은 소화설비와 연동하는 경우에 한해서 사용할 것
5. **광전식 분리형 감지기**는 평상시 연기가 발생하는 장소 또는 공간이 협소한 경우에는 적응성이 없음
6. 넓은 공간으로 천장이 높아 열 및 연기가 확산하는 장소로서 차동식 분포형 또는 광전식 분리형 2종을 설치하는 경우에는 제조사의 사양에 따를 것
7. **다신호식 감지기**는 그 감지기가 가지고 있는 종별, 공칭작동 온도별로 따르고 표에 따른 적응성이 있는 감지기로 할 것

※ **훈소**
① 불꽃없이 연기만 내면서 타다가 어느 정도 시간이 경과 후 발열될 때의 연소상태
② 화염이 발생되지 않은 채 가연성 증기가 외부로 방출되는 현상

19 옥내배선기호

감지기의 종류	그림기호	비 고
정온식 스포트형 감지기	◠	• 방수형 : ◯ • 내산형 : ◯ • 내알칼리형 : ◯ • 방폭형 : ◠EX
차동식 스포트형 감지기	◠	—
보상식 스포트형 감지기	◡	—

* **다신호식 감지기**
① 각 서로 다른 종별 또는 감도 등의 기능을 갖춘 것으로서 일정 시간 간격을 두고 각각 다른 2개 이상의 화재신호를 발하는 감지기
② 동일 종별 또는 감도를 갖는 2개 이상의 센서를 통해 감지하여 화재신호를 각각 발신하는 감지기

* **EX**
'Explosion'의 약자로서 방폭을 의미한다.

문제 자동화재탐지설비 도면에 "◡" 표식이 있다. 이 표식은 무엇을 나타낸 것인가?

① 정온식 스포트(spot)형 감지기
② 보상식 스포트(spot)형 감지기
③ 차동식 스포트(spot)형 감지기
④ 광전식 스포트(spot)형 감지기

해설 ② ◡ : 보상식 스포트형 감지기

답 ②

2 수신기

출제확률 6% (1문제)

1 P형 수신기

(1) P형 수신기의 기능
① 화재표시작동시험장치
② 수신기와 감지기 사이의 도통시험장치
③ 상용전원과 예비전원의 자동절환장치
④ 예비전원 양부시험장치
⑤ 기록장치

2 R형 수신기

(1) 기능
① 화재표시작동시험장치
② 수신기와 중계기 사이의 단선·단락·도통시험장치
③ 상용전원과 예비전원의 자동절환장치
④ 예비전원 양부시험장치
⑤ 기록장치
⑥ 지구등 또는 적당한 표시장치

(2) 특징
① 선로수가 적어 경제적이다.
② 선로길이를 길게 할 수 있다.
③ 증설 또는 이설이 비교적 쉽다.
④ 화재발생지구를 선명하게 숫자로 표시할 수 있다.
⑤ 신호의 전달이 확실하다.

중요 P형 수신기와 R형 수신기의 비교

구 분	P형 수신기	R형 수신기
시스템의 구성	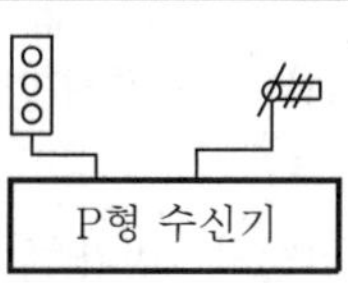 P형 수신기	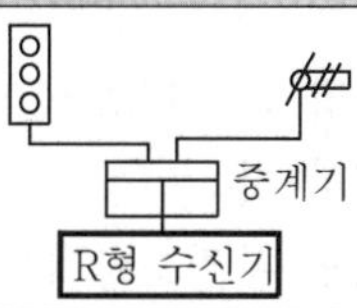 중계기 / R형 수신기
신호전송방식	1:1 접점방식	다중전송방식
신호의 종류	공통신호	고유신호

Key Point

※ 수신기
감지기나 발신기에서 발하는 화재신호를 직접 수신하거나 중계기를 통하여 수신하여 화재의 발생을 표시 및 경보하여 주는 장치

※ P형 수신기
① 화재표시작동시험장치
② 도통시험장치
③ 자동절환장치
④ 예비전원 양부시험장치
⑤ 기록장치

※ P형 수신기의 정상작동
① 지구벨
② 지구램프 ┐ 점등
③ 화재램프 ┘

※ P형 수신기의 신호방식
① 공통신호방식
② 1:1 접점방식

※ R형 수신기의 신호방식
① 개별신호방식
② 다중전송방식

※ R형 수신기
각종 계기에 이르는 외부 신호선의 단선 및 단락시험을 할 수 있는 장치가 있어야 하는 수신기

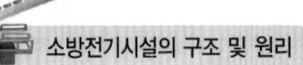

화재표시기구	램프(Lamp)	액정표시장치(LCD)
자기진단기능	없음	있음
선로수	많이 필요하다.	적게 필요하다.
기기비용	적게 소요	많이 소요
배관배선공사	선로수가 많이 소요되므로 복잡하다.	선로수가 적게 소요되므로 간단하다.
유지관리	선로수가 많고 수신기에 자기진단기능이 없으므로 어렵다.	선로수가 적고 자기진단기능에 의해 고장발생을 자동으로 경보·표시하므로 쉽다.
수신반가격	기능이 단순하므로 가격이 싸다.	효율적인 감지·제어를 위해 여러 기능이 추가되어 있어 가격이 비싸다.
화재표시방식	창구식, 지도식	창구식, 지도식, CRT식, 디지털식

* 수신기의 분류
(1) P형
(2) R형
(3) GP형
(4) GR형
(5) 복합식
  ① P형
  ② R형
  ③ GP형
  ④ GR형

* GP형 수신기
P형 수신기의 기능과 가스누설경보기의 수신부 기능을 겸한 수신기

문제 P형 수신기의 화재표시방식을 모두 고른 것은?

㉠ 창구식
㉡ 지도식
㉢ CRT식
㉣ 디지털식

① ㉠
② ㉠, ㉡
③ ㉠, ㉡, ㉢
④ ㉠, ㉡, ㉢, ㉣

해설

구 분	P형 수신기	R형 수신기
화재표시방식	창구식, 지도식	창구식, 지도식, CRT식, 디지털식

답 ②

3 수신기의 적합기준(NFPC 203 5조, NFTC 203 2.2.1)

① 해당 특정소방대상물의 경계구역을 각각 표시할 수 있는 회선수 이상의 수신기를 설치할 것
② 해당 특정소방대상물에 가스누설탐지설비가 설치된 경우에는 가스누설탐지설비로부터 가스누설신호를 수신하여 가스누설경보를 할 수 있는 수신기를 설치할 것(가스누설탐지설비의 수신부를 별도로 설치한 경우는 제외)

 축적형 수신기의 설치
① **지하층·무창층**으로 환기가 잘 되지 않는 장소
② 실내면적이 **40m² 미만**인 장소
③ 감지기의 부착면과 실내바닥의 사이가 **2.3m 이하**인 장소

4 자동화재탐지설비의 수신기의 설치기준(NFPC 203 5조, NFTC 203 2.2.3)

① 수위실 등 상시 사람이 근무하는 장소에 설치할 것(단, 사람이 상시 근무하는 장소가 없는 경우에는 관계인이 쉽게 접근할 수 있고 관리가 용이한 장소에 설치할 수 있다.)
② 수신기가 설치된 장소에는 **경계구역일람도**를 비치할 것(단, **주수신기**를 설치하는 경우에는 **주수신기**를 제외한 기타 수신기는 제외)
③ 수신기의 음향기구는 그 음량 및 음색이 다른 기기의 소음 등과 명확히 구별될 수 있는 것으로 할 것
④ 수신기는 **감지기·중계기** 또는 **발신기**가 작동하는 경계구역을 표시할 수 있는 것으로 할 것
⑤ 화재·가스 전기 등에 대한 **종합방재반**을 설치한 경우에는 해당 조작반에 수신기의 작동과 연동하여 감지기·중계기 또는 발신기가 작동하는 경계구역을 표시할 수 있는 것으로 할 것
⑥ 하나의 경계구역은 하나의 **표시등** 또는 하나의 **문자**로 표시되도록 할 것
⑦ 수신기의 조작스위치는 바닥으로부터의 높이가 **0.8~1.5m 이하**인 장소에 설치할 것
⑧ 하나의 특정소방대상물에 2 이상의 수신기를 설치하는 경우에는 수신기를 **상호**간 연동하여 화재발생**상황**을 각 수신기마다 **확인**할 수 있도록 할 것
⑨ 화재로 인하여 하나의 층의 지구음향장치 또는 배선이 단락되어도 다른 층의 화재통보에 지장이 없도록 각 층 배선상에 유효한 조치를 할 것

Key Point

* **경계구역일람도**
회로배선이 각 구역별로 어떻게 결선되어 있는지 나타낸 도면

* **주수신기**
모든 수신기와 연결되어 각 수신기의 상황을 감시하고 제어할 수 있는 수신기

* **설치높이**
① 기타 기기
　0.8~1.5m 이하
② 시각경보장치
　2~2.5m 이하(단, 천장의 높이가 2m 이하인 경우에는 천장으로부터 0.15m 이내의 장소에 설치)

* **상시개로방식**
자동화재탐지설비에 사용해도 좋은 회로방식

 문제 수신기의 설치기준으로 옳지 않은 것은?
① 수위실 등 상시 사람이 근무하고 있는 장소에 설치하고 그 장소에는 경계구역일람도를 설치할 것
② 수신기의 음향기구는 그 음량 및 음색이 다른 기기의 소음 등과 명확히 구별될 수 있는 것으로 할 것
③ 하나의 표시등에는 두 개 이상의 경계구역이 표시되도록 할 것
　또는 하나의 문자로 하나
④ 화재·가스전기 등에 대한 종합방재반을 설치할 경우에는 해당 조작반에 수신기의 작동과 연동하여 감지기·중계기 또는 발신기가 작동하는 경계구역을 표시할 수 있는 것으로 할 것

답 ③

소방전기시설의 구조 및 원리

※ 스위치 주의등
각 스위치가 정상위치에 있지 않을 때 점등된다.

중요

(1) 수신기의 **스위치**의 주의등 점멸시의 원인
  ① 지구경종정지 스위치 ON시
  ② 주경종정지 스위치 ON시
  ③ 자동복구 스위치 ON시
  ④ 도통시험 스위치 ON시
  등으로 각 스위치가 ON상태에서 점멸한다.

(2) 수신기의 **19번째 회로 이상**시의 **원인**
  ① 19번째 전선접속부의 접속불량
  ② 19번째 종단저항의 단선
  ③ 19번째 종단저항의 누락
  ④ 19번째 지구선의 단선
  ⑤ 19번째 지구선의 누락

5 P형 수신기의 고장진단

※ 상용전원 감시등 소등 원인
① 정전
② Fuse 단선
③ 입력전원 전원선 불량
④ 전원회로부 훼손

※ 예비전원 감시등 소등 원인
① Fuse 단선
② 충전불량
③ 배터리 소켓 접속 불량
④ 배터리 완전방전

고장증상	예상원인	점검방법
상용전원 감시등 소등	① 정전	상용전원 확인
	② Fuse 단선	전원스위치를 끄고 Fuse 교체
	③ 입력전원 전원선 불량	외부전원선 점검
	④ 전원회로부 훼손	트랜스 2차측 24V AC 및 다이오드 출력 24V DC 확인
예비전원 감시등 소등	① Fuse 단선	확인교체
	② 충전불량	충전 전압확인
	③ 배터리소켓 접속불량	배터리 감시 표시등의 점등확인
	④ 장기간 정전으로 인한 배터리의 완전방전	소켓단자 확인

6 수신기의 시험(성능시험)

※ 화재표시작동시험 불량시의 점검부분
① 릴레이의 작동
② 램프의 단선
③ 회로의 단선
④ 회로선택스위치

(1) 화재표시작동시험
  ① 시험방법
    ㉠ 회로선택스위치로서 실행하는 시험 : 동작시험 스위치를 눌러서 스위치 주의등의 점등을 확인한 후 회로선택스위치를 차례로 회전시켜 1회로마다 화재시의 작동시험을 행할 것
    ㉡ 감지기 또는 발신기의 작동시험과 함께 행하는 방법 : 감지기 또는 발신기를 차례로 작동시켜 경계구역과 지구표시등과의 접속상태를 확인할 것
  ② 가부판정의 기준 : 각 **릴레이**(relay)의 작동, **화재표시등**, **지구표시등** 그 밖의 표시장치의 점등(램프의 단선도 함께 확인할 것), **음향장치** 작동확인, **감지기회로** 또는 **부속기기회로**와의 연결접속이 정상일 것

(2) 회로도통시험

① 시험방법 : **감지기회로**의 **단선**의 **유무**와 기기 등의 접속상황을 확인하기 위해서 다음과 같은 시험을 행할 것
  ㉠ 도통시험스위치를 누른다.
  ㉡ 회로선택스위치를 차례로 회전시킨다.
  ㉢ 각 회선별로 전압계의 전압을 확인한다.(단, 발광다이오드로 그 정상유무를 표시하는 것은 발광다이오드의 점등유무를 확인한다.)
  ㉣ 종단저항 등의 접속상황을 조사한다.

② 가부판정의 기준 : 각 회선의 **전압계**의 **지시치** 또는 발광다이오드(LED)의 점등유무 상황이 정상일 것

> 회로도통시험 = 도통시험

★★ 문제
P형 수신기의 시험 중 감지기선로의 **단락** 또는 **단선**을 시험하는 것은 어느 것인가?
① 작동시험　　　　　　② 도통시험
③ 유통시험　　　　　　④ 절연내력시험

해설

시 험	설 명
작동시험	수신기 자체에서 그리고 감지기 또는 발신기를 작동시켜 표시등의 점등 및 경계구역의 접속상태를 확인하는 것
도통시험	감지기회로의 단락 또는 단선유무와 기기 등의 접속상태를 확인하기 위한 것
유통시험	감지기에 관한 시험으로 공기관의 누설 등의 이상 유무를 확인하기 위한 것
절연내력시험	수신기가 어느 정도의 전압에 견딜 수 있는가를 확인하기 위한 것

② **도통시험** : 감지기선로의 단락 또는 단선 시험

답 ②

(3) 공통선시험(단, 7회선 이하는 제외)

① 시험방법 : 공통선이 담당하고 있는 경계구역의 적정여부를 다음에 따라 확인할 것
  ㉠ 수신기 내 접속단자의 회로공통선을 1선 제거한다.
  ㉡ 회로도통시험의 예에 따라 도통시험스위치를 누르고, 회로선택스위치를 차례로 회전시킨다.
  ㉢ 전압계 또는 발광다이오드를 확인하여「**단선**」을 지시한 경계구역의 회선수를 조사한다.

② 가부판정의 기준 : 공통선이 담당하고 있는 경계구역수가 7 이하일 것

(4) 예비전원시험

① 시험방법 : 상용전원 및 비상전원이 사고 등으로 정전된 경우, 자동적으로 예비전원으로 절환되며, 또한 정전복구시에 자동적으로 상용전원으로 절환되는지의 여부를 다음에 따라 확인할 것
  ㉠ 예비전원시험스위치를 누른다.

※ 회로도통시험
① 정상상태 : 2~6V
② 단선상태 : 0V
③ 단락상태 : 22~26V

※ 수신기의 기능검사
① 화재표시작동시험
② 회로도통시험
③ 공통선시험
④ 예비전원시험
⑤ 동시작동시험
⑥ 저전압시험
⑦ 회로저항시험
⑧ 지구음향장치의 작동시험
⑨ 비상전원시험

※ 수신기 이상시 전압계가 0을 가리키는 시험
① 자동복구시험
② 복구시험
③ 도통시험
④ 예비전원시험
⑤ 공통선시험

ⓛ 전압계의 지시치가 지정치의 범위 내에 있을 것(단, 발광다이오드로 그 정상유무를 표시하는 것은 발광다이오드의 정상 점등유무를 확인한다.)
ⓒ 교류전원을 개로하고 자동절환릴레이의 작동상황을 조사한다.
② 가부판정의 기준 : 예비전원의 **전압**, **용량**, **절환상황** 및 **복구작동**이 정상일 것

※ **동시작동시험**
5회선을 동시에 작동시켜 수신기의 기능에 이상여부 확인

(5) 동시작동시험(단, 1회선은 제외)
① 시험방법 : 감지기가 동시에 수회선 작동하더라도 수신기의 기능에 이상이 없는가의 여부를 다음에 따라 확인할 것
  ㉠ 주전원에 의해 행한다.
  ㉡ 각 회선의 화재작동을 복구시키는 일이 없이 **5회선**(5회선 미만은 전회선)을 동시에 작동시킨다.
  ㉢ ㉡의 경우 주음향장치 및 지구음향장치를 작동시킨다.
  ㉣ 부수신기와 표시기를 함께 하는 것에 있어서는 이 모두를 작동상태로 하고 행한다.
② 가부판정의 기준 : 각 회선을 동시작동시켰을 때 **수신기**, **부수신기**, **표시기**, **음향장치** 등의 기능에 이상이 없고, 또한 **화재시 작동**을 정확하게 계속하는 것일 것

※ **감지기회로의 단선 시험방법**
① 회로도통시험
② 회로저항시험

(6) 회로저항시험
감지기회로의 선로저항치가 수신기의 기능에 이상을 가져오는지 여부확인

(7) 저전압시험
정격전압의 **80%** 이하로 하여 행한다.

※ 수신기에 내장하는 음향장치는 사용전압의 최소 **80%**인 전압에서 소리를 내어야 한다.

문제   수신기에 내장하는 <u>음향장치</u>는 사용전압의 최소 몇 %인 전압에서 소리를 내어야 하는가?
① 65   ② 70
③ 75   ④ 80

해설   ④ 수신기에 내장하는 음향장치는 사용전압의 최소 **80%**인 전압에서 소리를 낼 것

답 ④

(8) 비상전원시험
비상전원으로 **축전지설비**를 사용하는 것에 대해 행한다.

7 수신기의 절연저항시험

(1) 사용기기
직류 250V급 메거(Megger)

※ **메거**
'절연저항계'를 말한다.

(2) 측정방법
① 기기 부착 전 : 배선 상호간
② 기기 부착 후 : 배선과 대지 사이

(3) 판정기준
1경계구역마다 **0.1M**Ω 이상일 것

비교

수신기의 절연저항시험

측정대상		절연저항
절연된 충전부와 외함간	10회로 미만	직류 500V의 절연저항계, 5MΩ 이상
	10회로 이상	직류 500V의 절연저항계, 50MΩ 이상
교류입력측과 외함간		직류 500V의 절연저항계, 20MΩ 이상
절연된 선로간		직류 500V의 절연저항계, 20MΩ 이상

※ 접점
① 전자계전기 : GS합금
② 감지기 : PGS합금

※ 수신기의 일반기능
① 정격전압이 60V를 넘는 기구의 금속 제외함에는 접지단자 설치
② 공통신호용 단자는 7개 회로마다 1개씩 설치

8 옥내배선기호

명 칭	그림기호	적 요
수신기	⊠	• 가스누설경보설비와 일체인 것 ⊠△ • 가스누설경보설비 및 방배연 연동과 일체인 것 ⊠△▽
부수신기 (표시기)	⊟	—
중계기	⊟	—
배전반, 분전반 및 제어반	▭	• 배전반 : ⊠ • 분전반 : ◩ • 제어반 : ⊠

3 발신기·중계기·시각경보장치 등 출제확률 6% (1문제)

1 발신기

구성요소 : 보호판, 스위치, 응답램프(응답확인램프), 외함, 명판

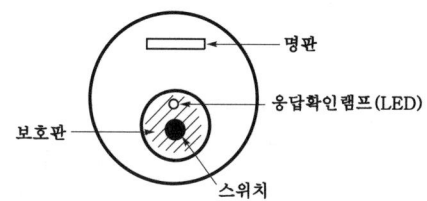

∥발신기∥

* 발신기의 구성
  ① 응답확인램프(LED)
  ② 스위치

 문제 다음 중 발신기의 **구조**나 **기능**이 **아닌** 것은?
① 응답확인램프   ② 스위치
③ 회로시험   ④ 명판
　수신기의 시험

답 ③

* 발신기
  ① 공통신호
  ② 발신과 동시에 통화 불가능

중요

(1) 발신기의 외형
① **응답램프** : 발신기의 신호가 수신기에 전달되었는가를 확인하여 주는 램프
② **발신기스위치** : 수동조작에 의하여 수신기에 화재신호를 발신하는 장치
③ **투명플라스틱 보호판** : 스위치를 보호하기 위한 것

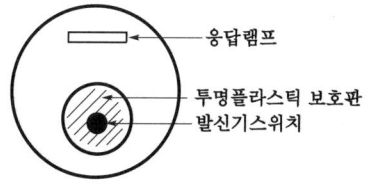

∥발신기(구형)∥

(2) 발신기와 수신기간의 결선

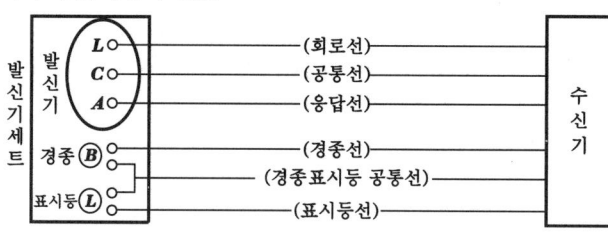

* 경종표시등 공통선
  과 같은 의미
  벨표시등 공통선

2 발신기의 설명

① P형 수신기 또는 R형 수신기에 연결하여 사용한다.
② 스위치, 응답램프가 있다.

3 수신기·발신기·감지기의 배선기호의 의미

명 칭	기 호	원 어	동일한 명칭
회로선	L	Line	• 지구선 • 신호선 • 표시선 • 감지기선
	N	Number	
공통선	C	Common	• 지구공통선 • 신호공통선 • 회로공통선 • 감지기공통선 • 발신기공통선
응답선	A	Answer	• 발신기선 • 발신기응답선 • 응답확인선 • 확인선
경종선	B	Bell	• 벨선
표시등선	PL	Pilot Lamp	—
경종공통선	BC	Bell Common	• 벨공통선
경종표시등 공통선	특별한 기호가 없음		

※ 응답램프와 같은
  의미
① 확인램프
② 응답확인램프

※ 표시등의 색
① 기타 : 적색
② 가스누설표시등 :
  황색

> **중요** 반복시험 횟수
>
> | 횟 수 | 대 상 |
> |---|---|
> | 1000회 | 속보기 |
> | 2000회 | 중계기 |
> | 2500회 | 유도등 |
> | 5000회 | 전원스위치, 발신기 |
> | 6000회 | 감지기 |
> | 10000회 | 비상조명등, 스위치접점, 기타의 설비 및 기기(수신기) |

※ 발신기
화재발생신호를 수신
기에 수동으로 발신하
는 장치

4 자동화재탐지설비의 발신기 설치기준(NFPC 203 9조, NFTC 203 2.6.1)

① **조작**이 쉬운 장소에 설치하고 스위치는 바닥으로부터 **0.8~1.5m** 이하의 높이에 설치할 것

※ 발신기 설치제외 장소
지하구

※ 주위온도시험
① 옥내·외형 발신기
　−35±2~70±2℃
② 옥내형 발신기
　−10±2~50±2℃

② 특정소방대상물의 **층**마다 설치하되, 해당 특정소방대상물의 각 부분으로부터 하나의 발신기까지의 **수평거리**가 25m 이하가 되도록 할 것. 다만, 복도 또는 별도로 구획된 실로서 **보행거리**가 40m 이상일 경우에는 추가로 설치하여야 한다.

 수평거리와 보행거리

① 수평거리

수평거리	적용대상
수평거리 25m 이하	• 발신기 • 음향장치(확성기) • 비상콘센트(지하상가·지하층 바닥면적 합계 3000m² 이상)
수평거리 50m 이하	• 비상콘센트(기타)

② 보행거리

보행거리	적용대상
보행거리 15m 이하	• 유도표지
보행거리 20m 이하	• 복도통로유도등 • 거실통로유도등 • 3종 연기감지기
보행거리 30m 이하	• 1·2종 연기감지기

※ 중계기
감지기·발신기 또는 전기적 접점 등의 작동에 따른 신호를 받아 이를 수신기의 제어반에 전송하는 장치

※ 중계기의 설치위치
수신기와 감지기 사이에 설치

※ 중계기의 시험
① 상용전원시험
② 예비전원시험

※ 일제경보방식
층별 구분 없이 동시에 경보하는 방식

5 자동화재탐지설비의 중계기 설치기준(NFPC 203 6조, NFTC 203 2.3.1)

① 수신기에서 직접 감지기회로의 **도통시험**을 행하지 아니하는 것에 있어서는 **수신기**와 **감지기** 사이에 설치할 것
② **조작** 및 **점검**에 편리하고 화재 및 침수 등의 **재해**로 인한 피해를 받을 우려가 없는 장소에 설치할 것
③ 수신기에 따라 감시되지 아니하는 배선을 통하여 전력을 공급받는 것에 있어서는 **전원입력측**의 배선에 **과전류차단기**를 설치하고 해당 전원의 정전시 즉시 수신기에 표시되는 것으로 하며, **상용전원** 및 **예비전원**의 시험을 할 수 있도록 할 것

6 자동화재탐지설비의 음향장치 설치기준(NFPC 203 8조, NFTC 203 2.5.1)

① 주음향장치는 수신기의 내부 또는 그 직근에 설치할 것
② **11층**(공동주택은 16층) 이상의 특정소방대상물의 경보

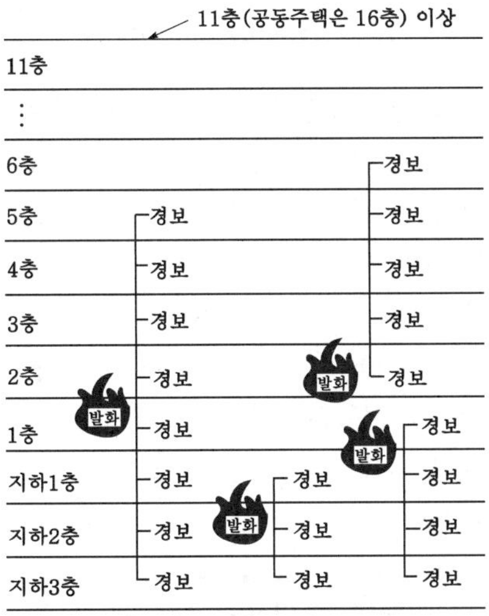

Chapter_ 01

	경보층	
발화층	11층(공동주택은 16층) 미만	11층(공동주택은 16층) 이상
2층 이상 발화	전층 일제경보	• 발화층 • 직상 4개층
1층 발화	전층 일제경보	• 발화층 • 직상 4개층 • 지하층
지하층 발화	전층 일제경보	• 발화층 • 직상층 • 기타의 지하층

음향장치의 경보

★★★
문제 11층 이상의 건물에서 1층에서 발화한 경우 우선적으로 경보를 발하지 않아도 되는 층은? (단, 자동화재탐지설비의 경우이다.)
① 6   ② 5
③ 4   ④ 3

해설 1층 발화시 경보층 : 1~5층·지하

답 ①

③ 지구음향장치는 특정소방대상물의 층마다 설치하되, 해당 특정소방대상물의 각 부분으로부터 하나의 음향장치까지의 **수평거리**가 **25m** 이하가 되도록 하고, 해당 층의 각 부분에 유효하게 경보를 발할 수 있도록 설치할 것(단, **비상방송설비**를 자동화재탐지설비의 **감지기**와 연동하여 작동하도록 설치한 경우에는 지구음향장치를 설치하지 아니할 수 있다.)

중요

자동화재탐지설비의 음향장치의 구조 및 성능기준
① 정격전압의 **80%** 전압에서 음향을 발할 수 있는 것으로 할 것(단, 건전지를 주전원으로 사용하는 음향장치는 제외)
② 음량은 부착된 음향장치의 중심으로부터 1m 떨어진 위치에서 **90dB** 이상이 되는 것으로 할 것
③ **감지기** 및 **발신기**의 작동과 연동하여 작동할 수 있는 것으로 할 것

Key Point

❋ **우선경보방식**
화재시 안전하고 신속한 인명의 대피를 위하여 화재가 발생한 층과 인근 층부터 우선하여 별도로 경보하는 방식

❋ **자동화재탐지설비의 직상 4개층 우선경보방식**
11층(공동주택 16층) 이상인 특정소방대상물

❋ **경보기구의 반도체**
최대사용전압 및 최대사용전류에 견딜 수 있을 것

❋ **시각경보장치**
자동화재탐지설비에서 발하는 화재신호를 시각경보기에 전달하여 청각장애인에게 점멸형태의 시각경보를 하는 것

Key Point

※ 거실의 기준
① 로비
② 회의실
③ 강의실
④ 식당
⑤ 휴게실

※ 거실
거주·집무·작업·집회·오락, 그 밖에 이와 유사한 목적을 위하여 사용하는 방

※ 경계구역
소방대상물 중 화재신호를 발신하고 그 신호를 수신 및 유효하게 제어할 수 있는 구역

※ 경계구역을 1000m²로 할 수 없는 장소
① 사무실
② 창고
③ 공장

※ 계단의 1경계구역
높이 45m 이하

※ 린넨슈트
병원, 호텔 등에서 세탁물을 구분하여 실로 유도하는 통로

7 청각장애인용 시각경보장치의 설치기준 (NFPC 203 8조, NFTC 203 2.5.2)

① 복도·통로·청각장애인용 객실 및 공용으로 사용하는 거실에 설치하며, 각 부분으로부터 유효하게 경보를 발할 수 있는 위치에 설치할 것
② 공연장·집회장·관람장 또는 이와 유사한 장소에 설치하는 경우에는 시선이 집중되는 무대부 부분 등에 설치할 것
③ 바닥으로부터 2~2.5m 이하의 장소에 설치할 것(단, 천장의 높이가 2m 이하인 경우에는 천장으로부터 0.15m 이내의 장소)
④ 시각경보장치의 광원은 전용의 축전지설비 또는 전기저장장치에 의하여 점등되도록 할 것(단, 시각경보기에 작동전원을 공급할 수 있도록 형식승인을 얻은 수신기를 설치한 경우는 제외)

> **중요** 하나의 특정소방대상물에 2 이상의 수신기가 설치된 경우
> 어느 수신기에서도 지구음향장치 및 시각경보장치를 작동할 수 있도록 할 것

8 자동화재탐지설비의 경계구역 (NFPC 203 4조, NFTC 203 2.1.1)

(1) 경계구역 설정기준

① 하나의 경계구역이 2개 이상의 건축물에 미치지 아니하도록 할 것
② 하나의 경계구역이 2개 이상의 층에 미치지 아니하도록 할 것(단, 500m² 이하의 범위 안에서는 2개 층을 하나의 경계구역으로 할 수 있다.)
③ 하나의 경계구역의 면적은 600m²(내부 전체가 보이면 1000m²) 이하로 하고, 한 변의 길이는 50m 이하로 할 것

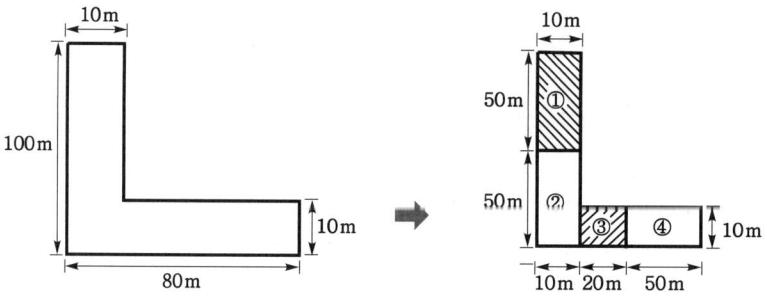

| 4경계구역 |

(2) 별도의 경계구역

계단·경사로(에스컬레이터 경사로 포함)·엘리베이터 승강로(권상기실이 있는 경우 권상기실)·린넨슈트·파이프피트 및 덕트, 기타 이와 유사한 부분에 대하여는 별도로 경계구역을 설정하되, 하나의 경계구역은 높이 45m 이하로 하고, 지하층의 계단 및 경사로(지하층의 층수가 1일 경우는 제외)는 별도로 하나의 경계구역으로 하여야 한다.

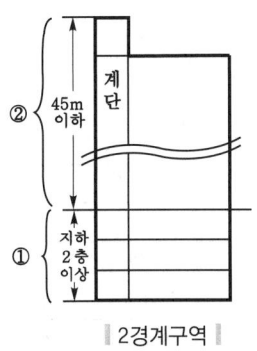
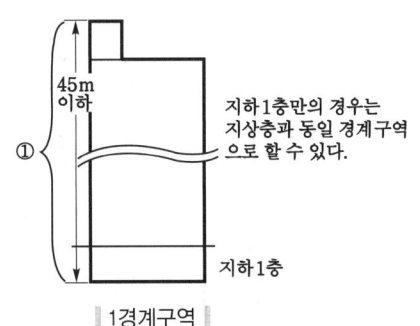

| 2경계구역 | 1경계구역 |

※ 스프링클러설비 또는 물분무 등 소화설비 또는 제연설비의 화재감지장치로서 화재감지기를 설치한 경우의 경계구역은 해당 소화설비의 **방사구역** 또는 **제연구역**과 동일하게 설정할 수 있다.

Key Point

* 5m 미만 경계구역 면적 산입제외
  ① 차고
  ② 주차장
  ③ 창고

* 불연성 구조의 자동 화재탐지설비
  스포트형 감지기가 적당

* 제연설비 적응감지기
  연기감지기

문제

계단, 경사로에 자동화재탐지설비를 설치했을 경우 별도로 경계구역을 설정하는데 하나의 경계구역의 높이는 몇 m 이하로 하는가?
① 45
② 50
③ 55
④ 60

해설 ① 계단 등의 1경계구역의 높이 : **45m** 이하

답 ①

9 자동화재탐지설비의 상용전원 설치기준(NFPC 203 10조, NFTC 203 2.7.1)

① 전원은 전기가 정상적으로 공급되는 **축전지**, 전기저장장치 또는 **교류전압**의 옥내간선으로 하고, 전원까지의 배선은 **전용**으로 할 것
② 개폐기에는 '**자동화재탐지설비용**'이라고 표시한 표지를 할 것

중요 ① 비상전원용량

설비의 종류	비상전원용량
자동화재탐지설비, 비상경보설비, 자동화재속보설비	10분 이상
유도등, 비상콘센트설비, 제연설비, 물분무소화설비, 옥내소화전설비(30층 미만), 특별피난계단의 계단실 및 부속실 제연설비(30층 미만), 스프링클러설비(30층 미만), 연결송수관설비(30층 미만)	20분 이상
무선통신보조설비의 증폭기	30분 이상
옥내소화전설비(30~49층 이하), 특별피난계단의 계단실 및 부속실 제연설비(30~49층 이하), 연결송수관설비(30~49층 이하), 스프링클러설비(30~49층 이하)	40분 이상
유도등·비상조명등(지하상가 및 11층 이상), 옥내소화전설비(50층 이상), 특별피난계단의 계단실 및 부속실 제연설비(50층 이상), 연결송수관설비(50층 이상), 스프링클러설비(50층 이상)	60분 이상

* 전기저장장치
  외부 전기에너지를 저장해 두었다가 필요한 때 전기를 공급하는 장치

* 축전지설비
  ① 감시상태 : 60분
  ② 경보시간 : 10분(30층 이상은 30분) 이상

* 자동화재탐지설비의 비상전원
  축전지(원통밀폐형 니켈카드뮴 축전지 또는 무보수 밀폐형 축전지)

② 축전지의 비교

구 분	연축전지	알칼리축전지
기전력	2.05~2.08V	1.32V
공칭전압	2.0V	1.2V
공칭용량	10Ah	5Ah
충전시간	길다	짧다
수명	5~15년	15~20년
종류	클래드식, 페이스트식	소결식, 포켓식
기계적 강도	약하다	강하다

10 배선의 설치기준 (NFPC 203 11조, NFTC 203 2.8.1.1~2.8.1.3)

(1) 전원회로의 배선
전원회로의 배선은 **내화배선**에 따르고, 그 밖의 배선(감지기 상호간 또는 감지기로부터 수신기에 이르는 감지기회로의 배선 제외)은 **내화배선** 또는 **내열배선**에 따라 설치할 것

(2) 감지기 상호간 또는 감지기로부터 수신기에 이르는 감지기회로의 배선 설치기준
① **아날로그식, 다신호식 감지기나 R형 수신기용**으로 사용되는 것은 전자파 방해를 받지 아니하는 **쉴드선** 등을 사용해야 하며, **광케이블**의 경우에는 전자파 방해를 받지 아니하고 내열성능이 있는 경우 사용 가능(단, 전자파 방해를 받지 아니하는 방식의 경우는 제외)
② 일반배선을 사용할 때는 **내화배선** 또는 **내열배선**으로 사용할 것

(3) 감지기회로의 도통시험을 위한 종단저항의 기준
① **점검** 및 **관리**가 쉬운 장소에 설치할 것
② 전용함을 설치하는 경우 그 설치높이는 바닥으로부터 **1.5m** 이내로 할 것
③ 감지기회로의 **끝부분**에 설치하며, 종단감지기에 설치할 경우에는 구별이 쉽도록 해당감지기의 **기판** 및 감지기 외부 등에 별도의 표시를 할 것

> ※ 감지기회로의 상시개로식의 배선은 용이하게 **회로도통시험**을 할 수 있도록 그 말단에 **발신기, 스위치**(푸시버튼스위치) 또는 **종단저항** 등을 설치할 것

※ 감지기 상호간의 배선
450/750V 저독성 난연 가교 폴리올레핀 절연 전선(HFIX)

※ 종단저항
① 설치목적: 도통시험
② 설치장소: 수신기함 또는 발신기함 내부

11 배선시공의 일반사항 (NFPC 203 11조, NFTC 203 2.8.1.4~2.8.1.8)
① 감지기 사이의 회로의 배선은 **송배선식**으로 할 것
② 감지기회로 및 부속회로의 전로와 대지 사이 및 배선 상호간의 절연저항은 1경계구역마다 **직류 250V**의 절연저항측정기를 사용하여 측정한 절연저항이 **0.1MΩ** 이상이 되도록 할 것
③ 자동화재탐지설비의 배선은 다른 전선과 별도의 관·덕트·몰드 또는 풀박스 등에 설치할 것(단, **60V** 미만의 **약** 전류회로에 사용하는 전선으로서 각각의 전압이 같을 때에는 제외)

Chapter_ 01

④ P형 수신기 및 GP형 수신기의 감지기회로의 배선에 있어서 하나의 공통선에 접속할 수 있는 경계구역은 **7개 이하**로 할 것

⑤ 자동화재탐지설비의 감지기회로의 전로저항은 **50Ω** 이하가 되도록 하여야 하며, 수신기의 각 회로별 종단에 설치되는 감지기에 접속되는 배선의 전압은 감지기 정격전압의 **80%** 이상이어야 할 것

12 내화배선·내열배선(NFTC 102 2.7.2)

(1) 내화배선

사용전선의 종류	공사방법
① 450/750V 저독성 난연 가교 폴리올레핀 절연전선 ② 0.6/1kV 가교 폴리에틸렌 절연 저독성 난연 폴리올레핀 시스 전력 케이블 ③ 6/10kV 가교 폴리에틸렌 절연 저독성 난연 폴리올레핀 시스 전력용 케이블 ④ 가교 폴리에틸렌 절연 비닐시스 트레이용 난연 전력 케이블 ⑤ 0.6/1kV EP 고무절연 클로로프랜 시스 케이블 ⑥ 300/500V 내열성 실리콘 고무 절연전선 (180℃) ⑦ 내열성 에틸렌-비닐 아세테이트 고무 절연 케이블 ⑧ 버스덕트(Bus Duct)	• 금속관공사 • 2종 금속제 가요전선관공사 • 합성수지관공사 ※ 내화구조로 된 벽 또는 바닥 등에 벽 또는 바닥의 표면으로부터 **25mm** 이상의 깊이로 매설할 것
• 내화전선	• 케이블공사

내화전선의 내화성능
KS C IEC 60331-1과 2(온도 830℃/가열시간 120분) 표준 이상을 충족하고, 난연성능 확보를 위해 KS C IEC 60332-3-24 성능 이상을 충족할 것

문제 내화배선에 사용할 수 없는 전선은?
① 내화전선
② 버스덕트
③ 600V 비닐절연전선 → 사용불가
④ 내열성 에틸렌-비닐 아세테이트 고무 절연 케이블

답 ③

Key Point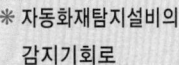

❋ 자동화재탐지설비의 감지기회로
① 전로저항
 50Ω 이하
② 절연저항
 0.1MΩ 이상

❋ 내화배선 공사방법
① 금속관공사
② 2종 금속제 가요전선관공사
③ 합성수지관공사

❋ FP
내화전선으로 'FR-8'이라는 기호로 사용되기도 한다.

❋ 내열배선 공사방법
① 금속관공사
② 금속제 가요전선관공사
③ 금속덕트공사
④ 케이블공사

❋ 자동화재탐지설비의 배선공사
① 가요전선공사(가요전선관공사)
② 합성수지관공사
③ 금속관공사
④ 금속덕트공사
⑤ 케이블공사

(2) 내열배선

사용전선의 종류	공사방법
① 450/750V 저독성 난연 가교 폴리올레핀 절연 전선 ② 0.6/1kV 가교 폴리에틸렌 절연 저독성 난연 폴리올레핀 시스 전력 케이블 ③ 6/10kV 가교 폴리에틸렌 절연 저독성 난연 폴리올레핀 시스 전력용 케이블 ④ 가교 폴리에틸렌 절연 비닐시스 트레이용 난연 전력 케이블 ⑤ 0.6/1kV EP 고무절연 클로로프랜 시스 케이블 ⑥ 300/500V 내열성 실리콘 고무 절연전선(180℃) ⑦ 내열성 에틸렌-비닐 아세테이트 고무 절연 케이블 ⑧ 버스덕트(Bus Duct)	• 금속관공사 • 금속제 가요전선관공사 • 금속덕트공사 • 케이블공사
• 내화전선	• 케이블공사

13 축전지 · 전동기 · 발전기

(1) 축전지의 용량(C)

$$C = \frac{1}{L} KI \text{[Ah]}$$

여기서, C : 25℃에서의 정격방전율 환산용량[Ah]
L : 용량저하율(보수율)
K : 용량환산시간(방전시간)[h]
I : 방전전류[A]

(2) 2차 충전전류

$$= \frac{축전지의\ 정격용량[\text{Ah}]}{축전지의\ 공칭용량[\text{Ah}]} + \frac{상시부하[\text{W}]}{표준전압[\text{V}]}$$

(3) 유도전동기의 기동법

① 전전압기동법(직입기동) : 전동기 용량이 5.5kW 미만에 적용(소형 전동기용)
② Y-△기동법 : 전동기 용량이 5.5~15kW 미만에 적용
③ 기동보상기법 : 전동기 용량이 15kW 이상에 적용
④ 기동저항기법

※ 15kW 이상에 Y-△ 기동법을 사용하기도 한다.

(4) 전동기의 용량

$$P\eta t = 9.8 KHQ$$

※ 분극(성극)작용
전지에 부하를 걸면 양극표면에 수소가스가 생겨 전류의 흐름을 방해하므로 단자전압이 저하되는 현상

※ 국부작용
전지를 사용하지 않고 오래두면 전지의 전극에 사용하고 있는 아연판이 불순물에 의한 전지작용으로 인해 장기방전하는 현상

여기서, P : 전동기의 용량[kW]
η : 효율
t : 시간[s]
K : 여유계수
H : 전양정[m]
Q : 양수량(유량)[m³]

(5) 비상전원용 디젤발전기가 기동하지 못하는 원인
① 점화계통의 불량
② 냉각장치의 고장
③ 연료공급장치의 고장
④ 축전지의 충전불량

14 자동화재탐지설비의 고장원인

(1) 비화재보가 발생할 수 있는 원인
① 표시회로의 절연불량
② 감지기의 기능불량
③ 수신기의 기능불량
④ 감지기가 설치되어 있는 장소의 온도변화가 급격한 것에 의한 것

※ 엔진출력

엔진의 출력
$\geq \dfrac{P}{0.736\eta}$ [PS]

여기서,
P : 발전기 용량[kW]
η : 발전기 효율

※ 비화재보가 빈번할 때의 조치사항
① 감지기 설치장소에 이상온도 반입체가 있는가 조사
② 수신기 내부의 계전기 기능 조사
③ 감지기회로 배선의 절연상태 확인
④ 표시회로의 절연상태 확인

문제 자동화재탐지설비에서 비화재보가 계속되는 경우의 조치로서 적당하지 않는 것은?
① 감지기회로의 배선의 절연상태 조사
② 수신기 내부의 계전기 기능 조사
③ 전원회로의 전압계의 지시 확인
　　　해당없음
④ 감지기 설치장소에 이상온도 반입체가 있는가 조사

답 ③

(2) 동작하지 않는 경우의 원인
① 전원의 고장
② 전기회로의 접촉불량
③ 전기회로의 단선
④ 릴레이·감지기 등의 접점불량
⑤ 감지기의 기능불량

15 자동화재탐지설비의 유지관리 사항

① 수신기가 있는 장소에는 **경계구역일람도**를 비치하였는가
② 수신기 부근에 조작상 지장을 주는 **장애물**은 없는가
③ 수신기 **조작부의 스위치**는 **정상위치**에 있는가
④ 감지기는 유효하게 화재발생을 **감지**할 수 있도록 설치되었는가
⑤ 연기감지기는 출입구 부분이나 흡입구가 있는 실내에는 그 부근에 설치되어 있는가
⑥ 발신기의 상단에 **표시등**은 점등되어 있는가
⑦ **비상전원**이 방전되고 있지 않는가

* **경계구역일람도**
  회로 배선이 각 구역별로 어떻게 결선되어 있는지 나타낸 도면

Chapter_ 01

1-2 자동화재속보설비

 (1문제)

1 자동화재속보설비의 설치기준(NFPC 204 4조, NFTC 204 2.1.1)

① **자동화재탐지설비**와 연동으로 작동하여 자동적으로 화재신호를 **소방관서**에 전달되는 것으로 할 것
② 조작스위치는 바닥으로부터 **0.8~1.5m** 이하의 높이에 설치하고, 그 보기 쉬운 곳에 스위치임을 표시한 표지를 할 것
③ 속보기는 소방관서에 통신망으로 통보하도록 하며, **데이터** 또는 **코드전송방식**을 부가적으로 설치할 수 있다.
④ 문화재에 설치하는 자동화재속보설비는 **속보기**에 **감지기**를 **직접 연결**하는 방식으로 할 수 있다.

> **★★★**
> **문제** 자동화재속보설비는 어떤 설비와 <u>연동</u>으로 작동하여 소방관서에 전달되는 것으로 하여야 하는가?
> ① 누전경보설비
> ② 자동화재탐지설비
> ③ 비상경보설비
> ④ 피난구조설비
>
> **해설** ② 자동화재속보설비 : **자동화재탐지설비**와 연동
>
> 답 ②

2 속보기의 성능시험 기술기준

(1) 구조

① 부식에 의하여 기계적 기능에 영향을 초래할 우려가 있는 부분은 철, 도금 등으로 기계적 내식가공을 하거나 방청가공을 하여야 하며, 전기적기능에 영향이 있는 단자 등은 동합금이나 이와 동등이상의 내식성능이 있는 재질 사용
② 외부에서 쉽게 사람이 접촉할 우려가 있는 충전부는 충분히 보호 되어야 하며 정격전압이 60V를 넘고 금속제 외함을 사용하는 경우에는 외함에 **접지단자** 설치
③ 극성이 있는 배선을 접속하는 경우에는 오접속 방지를 위한 필요한 조치를 하여야 하며, 커넥터로 접속하는 방식은 구조적으로 오접속이 되지 않는 형태일 것
④ 내부에는 예비전원(알칼리계 또는 **리튬계 2차 축전지, 무보수밀폐형축전지**)을 설치하여야 하며 예비전원의 인출선 또는 접속단자는 오접속을 방지하기 위하여 적당한 색상에 의하여 극성을 구분할 수 있도록 할 것
⑤ 예비전원회로에는 **단락사고** 등을 방지하기 위한 **퓨즈, 차단기** 등과 같은 보호장치를 할 것

Key Point

* 자동화재탐지설비의 구성요소
① 감지기
② 수신기
③ 발신기
④ 중계기
⑤ 음향장치
⑥ 표시등
⑦ 전원
⑧ 배선

* 설치높이
① 기타기기
   0.8~1.5m 이하
② 시각경보장치
   2~2.5m 이하(단, 천장의 높이가 2m 이하인 경우에는 천장으로부터 0.15m 이내의 장소에 설치)

* 속보기 외함 두께

재질	두께
강판	1.2mm 이상
합성수지	3mm 이상

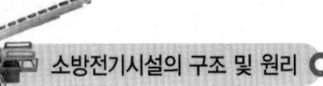

Key Point

* 퓨즈·차단기
단락사고 방지

⑥ 전면에는 주전원 및 예비전원의 상태를 표시할 수 있는 장치와 작동시 작동여부를 표시하는 장치를 할 것
⑦ 화재표시 복구스위치 및 음향장치의 울림을 정지시킬 수 있는 스위치 설치
⑧ 작동시 그 **작동시간**과 **작동회수**를 표시할 수 있는 장치를 할 것
⑨ **수동통화용 송수화기** 설치
⑩ 표시등에 전구를 사용하는 경우에는 **2개**를 **병렬**로 설치

(2) 기능

① 작동신호를 수신하거나 수동으로 동작 시키는 경우 **20초** 이내에 소방관서에 자동적으로 신호를 발하여 통보하되, **3회** 이상 속보

* 자동화재속보설비
20초 이내에 3회 이상 통보

② 주전원이 정지한 경우에는 자동적으로 예비전원으로 전환되고, 주전원이 정상상태로 복귀한 경우에는 자동적으로 예비전원에서 주전원으로 전환
③ 예비전원은 자동적으로 충전되어야 하며 자동과충전방지장치가 있을 것
④ 화재신호를 수신하거나 속보기를 수동으로 동작시키는 경우 자동적으로 **적색 화재표시등**이 점등되고 **음향장치**로 화재를 **경보**하여야 하며 화재표시 및 경보는 **수동**으로 **복구** 및 정지시키지 않는 한 지속

* 표시등의 전구
2개 이상 병렬 설치

⑤ 연동 또는 수동으로 소방관서에 화재발생 음성정보를 속보 중인 경우에도 송수화장치를 이용한 통화가 우선적으로 가능할 것
⑥ 예비전원을 **병렬**로 접속하는 경우에는 **역충전 방지** 등의 조치
⑦ 예비전원은 **감시상태**를 60분간 지속한 후 **10분** 이상 동작(화재속보 후 화재표시 및 경보를 10분간 유지하는 것)이 지속될 수 있는 용량

문제 자동화재속보설비의 속보기의 예비전원 용량은 감시상태를 몇 분간 계속할 수 있는 것이어야 하는가?
① 20 ② 30
③ 40 ④ 60

해설 속보기의 예비전원

감시시간	동작시간
60분 보기 ④	10분 이상

답 ④

* 속보기
① 예비전원 : 원통밀폐형 니켈카드뮴축전지
② 예비전원용량 : 60분간 감시 후 10분 이상 통보

⑧ 속보기는 연동 또는 수동 작동에 의한 다이얼링 후 소방관서와 전화접속이 이루어지지 않는 경우에는 최초 다이얼링을 포함하여 **10회** 이상 반복적으로 접속을 위한 다이얼링이 이루어질 것(매회 다이얼링 완료 후 호출은 **30초** 이상 지속)
⑨ 속보기의 송수화장치가 정상위치가 아닌 경우에도 연동 또는 수동으로 속보 가능
⑩ 음성으로 통보되는 속보내용을 통하여 해당 소방대상물의 위치, 관계인 2명 이상의 연락처, 화재발생 및 속보기에 의한 신고임을 확인
⑪ 속보기는 음성속보방식 외에 데이터 또는 코드전송방식 등을 이용한 속보기능 설치

(3) 주위온도시험
속보기는 -10±2℃ 및 50±2℃에서 각각 12시간 이상 방치한 후 1시간 이상 실온에서 방치한 다음 기능시험을 실시하는 경우 기능에 이상이 없을 것

(4) 반복시험
속보기는 정격전압에서 1000회의 화재작동을 반복실시하는 경우 그 구조 또는 기능에 이상이 생기지 아니하여야 한다.

(5) 절연저항시험
① 절연된 충전부와 외함간 : **직류 500V** 절연저항계로 5MΩ 이상
② 교류입력측과 외함간 : **직류 500V** 절연저항계로 20MΩ 이상
③ 절연된 선로간 : **직류 500V** 절연저항계로 20MΩ 이상

> **중요** 보안기
> **옥외선**(가공선)과 **옥내선**의 **접속점**에 설치한다.
>
>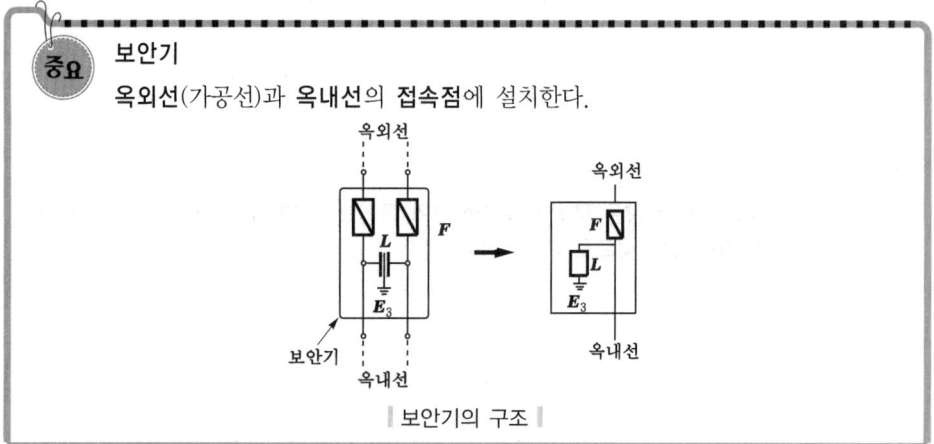
>
> ∥보안기의 구조∥

※ 피뢰기(Lightning Arrester) : 화재속보설비에 침입한 **과전압**을 적절히 **방전**시키기 위해서 사용한다.

2 자동화재속보설비의 설치대상

설치대상	조건
① **수**련시설(숙박시설이 있는 것) ② **노**유자시설 ③ 정신병원, 의료재활시설 **기억법** 5수노속	• 바닥면적 500m² 이상
④ 목조건축물	• 국보 · 보물
⑤ 노유자생활시설	• 전부
⑥ 전통시장	
⑦ 의원, 치과의원 및 한의원(입원실이 있는 시설) ⑧ 조산원 및 산후조리원 ⑨ 종합병원, 병원, 치과병원, 한방병원 및 요양병원(의료재활시설 제외)	

Key Point

∗ 속보기의 주위온도 시험
-10±2~50±2℃

∗ 속보기의 반복시험
1000회

∗ 절연저항시험
① 절연된 충전부와 외함간 : 5MΩ 이상
② 교류입력측과 외함간 : 20MΩ 이상
③ 절연된 선로간 : 20MΩ 이상

∗ 피뢰기
과전압 방전

1-3 비상경보설비 및 비상방송설비

1 비상경보설비 및 단독경보형 감지기

※ **비상벨설비**
화재발생 상황을 경종으로 경보하는 설비

※ **자동식 사이렌 설비**
화재발생 상황을 사이렌으로 경보하는 설비

※ **비상벨설비·자동식 사이렌 설비**
부식성 가스 또는 습기 등으로 인하여 부식의 우려가 없는 장소에 설치할 것

※ **발신기의 설치제외**
지하구

1 비상벨 또는 자동식 사이렌 설비의 설치기준(NFPC 201 4조, NFTC 201 2.1)

(1) 음향장치
 ① 지구음향장치는 특정소방대상물의 **층**마다 설치하되, 해당 특정소방대상물의 각 부분으로부터 하나의 음향장치까지의 **수평거리**가 **25m** 이하가 되도록 하고, 해당 층의 각 부분에 유효하게 경보를 발할 수 있도록 설치할 것
 ② 정격전압의 **80%** 전압에서 음향을 발할 수 있도록 할 것(단, **건전지**를 **주전원**으로 사용하는 음향장치는 제외)
 ③ 음량은 부착된 음향장치의 중심으로부터 1m 떨어진 위치에서 **90dB** 이상이 되는 것으로 할 것

문제 음향장치에서 음량은 부착된 음향장치의 중심으로부터 <u>1m</u> 떨어진 위치에서 몇 dB 이상이 되는 것으로 하여야 하는가?
 ① 60   ② 70
 ③ 80   ④ 90

해설 ④ 음향장치에서 음량은 1m 떨어진 곳에서 90dB 이상일 것

답 ④

---

(2) 발신기
 ① 조작이 **쉬운 장소**에 설치하고, 조작스위치는 바닥으로부터 **0.8~1.5m** 이하의 높이에 설치할 것
 ② 특정소방대상물의 **층**마다 설치하되, 해당 특정소방대상물의 각 부분으로부터 하나의 발신기까지의 **수평거리**가 **25m** 이하가 되도록 할 것. (단, 복도 또는 별도로 구획된 실로서 보행거리가 **40m** 이상일 경우에는 추가로 설치)
 ③ 발신기의 **위치표시등**은 함의 **상부**에 설치하되, 그 불빛은 부착면으로부터 **15°** 이상의 범위 안에서 부착지점으로부터 **10m** 이내의 어느 곳에서도 쉽게 식별할 수 있는 **적색등**으로 할 것

(3) 상용전원
 ① 전원은 전기가 정상적으로 공급되는 **축전지설비**, 전기저장장치 또는 **교류전압**의 옥내 간선으로 하고, 전원까지의 배선은 **전용**으로 할 것
 ② 개폐기에는 "비상벨설비 또는 자동식 사이렌 설비용"이라고 표시한 표지를 할 것

2 단독경보형 감지기의 설치기준(NFPC 201 5조, NFTC 201 2.2.1)

 ① 각 실(이웃하는 실내의 바닥면적이 각각 **30m²** 미만이고 벽체의 상부의 전부 또는 일부가 개방되어 이웃하는 실내와 공기가 상호 유통되는 경우에는 이를 1개의 실로

본다)마다 설치하되, 바닥면적이 150m²를 초과하는 경우에는 150m²마다 1개 이상 설치할 것
② 최상층의 계단실의 **천장**(외기가 상통하는 계단실의 경우 제외)에 설치할 것
③ 건전지를 주전원으로 사용하는 단독경보형 감지기는 정상적인 작동상태를 유지할 수 있도록 건전지를 교환할 것
④ 상용전원을 주전원으로 사용하는 단독경보형 감지기의 **2차 전지**는 제품검사에 합격한 것을 사용할 것

※ **단독경보형 감지기**
화재발생 상황을 단독으로 감지하여 자체에 내장된 음향장치로 경보하는 감지기

2 비상방송설비

1 비상방송설비의 계통도

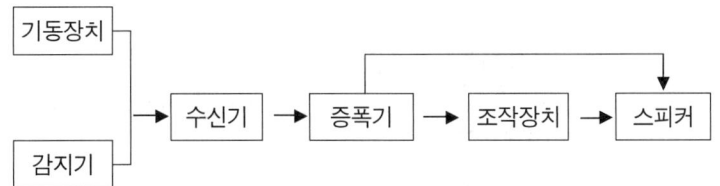

| 비상방송설비의 계통도 |

※ **비상방송설비**
업무용 방송설비와 겸용 가능

2 비상방송설비의 설치기준(NFPC 202 4조, NFTC 202 2.1.1)

① 발화층 및 직상 4개층 우선경보방식 적용대상물
11층(공동주택 **16층**) 이상의 특정소방대상물의 경보

| 비상방송설비 음향장치의 경보 |

발화층	경보층	
	11층(공동주택 16층) 미만	11층(공동주택 16층) 이상
2층 이상 발화	전층 일제경보	• 발화층 • 직상 4개층
1층 발화		• 발화층 • 직상 4개층 • 지하층
지하층 발화		• 발화층 • 직상층 • 기타의 지하층

② 확성기의 음성입력은 실내 1W, 실외 3W 이상일 것
③ 확성기는 **각 층**마다 설치하되, 각 부분으로부터의 **수평거리**는 25m 이하일 것
④ 음량조절기는 **3선식** 배선일 것
⑤ 조작스위치는 바닥으로부터 **0.8~1.5m** 이하의 높이에 설치할 것
⑥ 다른 전기회로에 의하여 **유도장애**가 생기지 않을 것
⑦ 비상방송 개시시간은 **10초** 이하일 것

※ **확성기**
소리를 크게 하여 멀리까지 전달될 수 있도록 하는 장치로서 일명 '스피커'를 말한다.

※ **음량조절기**
가변저항을 이용하여 전류를 변화시켜 음량을 크게 하거나 작게 조절할 수 있는 장치

 문제 비상방송설비의 확성기 음성입력은 실내에 설치하는 것에 있어서는 최소 몇 W 이상이어야 하는가?
① 1 ② 2
③ 3 ④ 5

해설 확성기 음성입력

실외	실내
3W 이상	1W 이상 보기①

답 ①

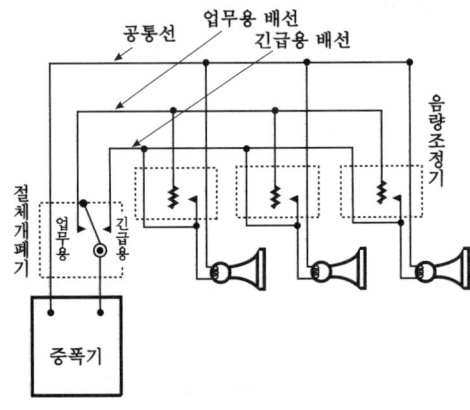

| 3선식 배선 |

✻ 증폭기
전압전류의 진폭을 늘려 감도를 좋게 하고 미약한 음성전류를 커다란 음성전류로 변화시켜 소리를 크게 하는 장치

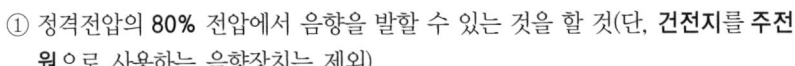

중요 음향장치의 구조 및 성능기준
① 정격전압의 **80%** 전압에서 음향을 발할 수 있는 것을 할 것(단, **건전지**를 **주전원**으로 사용하는 음향장치는 제외)
② **자동화재탐지설비**의 작동과 연동하여 작동할 수 있는 것으로 할 것

✻ 메거(megger)
'절연저항계' 또는 '절연저항측정기'라고도 부른다.

3 비상방송설비의 절연저항

DC 250V 메거 사용 : 0.1MΩ 이상

1-4 누전경보기

1 누전경보기

(1) 구성요소

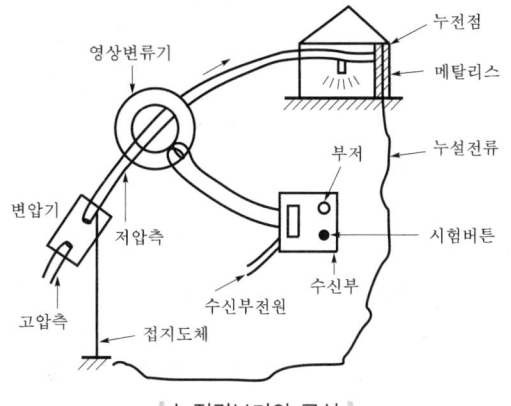

| 누전경보기의 구성 |

① 영상변류기 : **누설전류**를 검출한다.
② 수신기(차단기구 포함) : **누설전류**를 증폭한다.
③ 음향장치 : 경보를 발한다.

※ 누전경보기의 **증폭기** : **수신기**에 내장

문제 누전경보기의 증폭기는 어느 부분에 내장되어 있는가?
① 변류기   ② 수신기
③ 경보기   ④ 계전기

해설 ② 누전경보기의 **증폭기** : **수신기**에 내장

답 ②

중요 변류기와 영상변류기

명 칭	기 능	그림기호
변류기(CT)	일반전류검출	
영상변류기(ZCT)	누설전류검출	

(2) 수신기 증폭부의 방식
① **매칭트랜스**나 **트랜지스터**를 조합하여 계전기를 동작시키는 방식
② **트랜지스터**나 I.C로 증폭하여 계전기를 동작시키는 방식
③ **트랜지스터** 또는 I.C와 **미터릴레이**를 증폭하여 계전기를 동작시키는 방식

Key Point

※ 누전경보기
내화구조가 아닌 건축물로서 벽, 바닥 또는 천장의 전부나 일부를 불연재료 또는 준불연재료가 아닌 재료에 철망을 넣어 만든 건물의 전기설비로부터 누설전류를 탐지하여 경보를 발하는 것

※ 누전경보기의 개괄적인 구성
① 변류기
② 수신부

※ 수신부
변류기로부터 검출된 신호를 수신하여 누전의 발생을 해당 특정소방대상물의 관계인에게 경보하여 주는 것 (차단기구를 갖는 것 포함)

※ 트랜지스터
PNP 또는 NPN 접합으로 이루어진 3단자 반도체 소자로서, 주로 증폭용으로 사용된다.

Key Point

❈ 누전경보기의 기능시험
① 누설전류 측정시험
② 동작시험
③ 도통시험

❈ 검출시험
누설전류를 변류기에 흘려서 실시

2 누전경보기의 시험

① **동작시험** : 스위치를 시험위치에 두고 회로시험스위치로 각 구역을 선택하여 **누전시와 같은 작동**이 행하여지는지를 확인한다.
② **도통시험** : 스위치를 시험위치에 두고 회로시험스위치로 각 구역을 선택하여 **변류기**와의 **접속**이상 유무를 점검한다. 이상시에는 **도통감시등**이 점등된다.
③ **누설전류 측정시험** : 평상시 누설되어지고 있는 **누전량**을 **점검**할 때 사용한다. 이 스위치를 누르고 회로시험 스위치 해당구역을 선택하면 누전되고 있는 전류량이 누설전류 표시부에 숫자로 나타난다.

> **참고**
>
> 누전경보기와 누전차단기
>
> | 누전경보기
(Earthed Leakage Detector) | 누전차단기
(Earth Leakage Breaker) |
> |---|---|
> | 누설전류를 검출하여 소방대상물의 관계인에게 경보를 발하는 장치 | 누설전류를 검출하여 회로를 차단시키는 기기 |

❈ 누전경보기
600V 이하의 누설전류 검출

3 누전경보기의 수신부 (NFPC 205 5조, NFTC 205 2.2)

(1) 수신부의 설치장소
옥내의 점검에 편리한 장소(옥내 건조한 장소)

> 문제 누전경보기의 설치장소로 적당한 곳은?
> ① 가연성 가스, 증기 등이 체류하는 장소
> ② 습도가 높은 장소
> ③ 대전류회로가 있는 장소
> ④ 옥내 건조한 장소
>
> 해설 ④ 누전경보기의 수신부 설치장소 : 옥내의 점검에 편리한 장소(**옥내 건조한 장소**)
>
> 답 ④

❈ 누전경보기
(방수유무에 따른)의 분류
① 옥내형
② 옥외형

(2) 수신부의 설치 제외장소
① 습도가 높은 장소
② 온도의 변화가 급격한 장소
③ 화약류제조 · 저장 · 취급장소
④ **대전류회로** · **고주파** 발생회로 등의 영향을 받을 우려가 있는 장소
⑤ 가연성의 증기 · 먼지 · 가스 · 부식성의 증기 · 가스 다량 체류장소

Chapter_ 01

4 누전경보기의 미작동 원인

① 접속단자의 접속불량
② 푸시버튼스위치의 접촉불량
③ 회로의 단선
④ 수신기 자체의 고장
⑤ 수신기 전원 Fuse 단선

※ 푸시버튼스위치와 같은 의미
누름버튼스위치

5 3상 3선식 전기회로

(1) 누설전류가 없을 때

$\dot{I}_1 = \dot{I}_b - \dot{I}_a$
$\dot{I}_2 = \dot{I}_c - \dot{I}_b$
$\dot{I}_3 = \dot{I}_a - \dot{I}_c$
$\dot{I}_1 + \dot{I}_2 + \dot{I}_3 = \dot{I}_b - \dot{I}_a + \dot{I}_c - \dot{I}_b + \dot{I}_a - \dot{I}_c = 0$

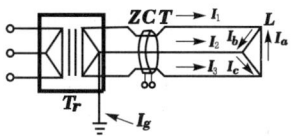

※ 누설전류와 같은 의미
① 누전전류
② 영상전류

※ 바리스터
과대교류 입력전압 억제

(2) 누설전류가 있을 때

$\dot{I}_1 = \dot{I}_b - \dot{I}_a$
$\dot{I}_2 = \dot{I}_c - \dot{I}_b$
$\dot{I}_3 = \dot{I}_a - \dot{I}_c + \dot{I}_g$
$\dot{I}_1 + \dot{I}_2 + \dot{I}_3 = \dot{I}_b - \dot{I}_a + \dot{I}_c - \dot{I}_b + \dot{I}_a - \dot{I}_c + \dot{I}_g = \dot{I}_g$

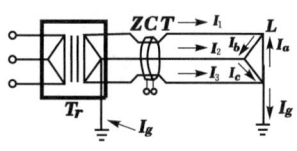

※ 변류기
경계전로의 누설전류를 자동적으로 검출하여 이를 누전경보기의 수신부에 송신하는 것

※ 전류의 흐름이 **같은 방향**은 "+", **반대 방향**은 "-"로 표시하면 된다.

6 누전경보기의 설치방법 (NFPC 205 4·6조, NFTC 205 2.1.1, 2.3.1.1)

정격전류	종 별
60A 초과	1급
60A 이하	1급 또는 2급

※ 누전경보기 설치
① 60A 초과 : 1급
② 60A 이하 : 1급 또는 2급

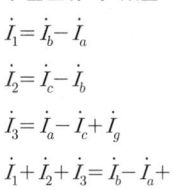

문제 2급 누전경보기는 경계전로의 정격전로의 몇 A 이하에서 사용하는가?
① 50 ② 80
③ 60 ④ 100

해설 ③ 1급 또는 2급 누전경보기 : 정격전류 **60A** 이하

답 ③

① 변류기는 옥외인입선의 **제1지점**의 **부하측** 또는 **제2종**의 **접지선측**의 점검이 쉬운 위치에 설치할 것
② 옥외전로에 설치하는 변류기는 **옥외형**으로 설치할 것

※ 변류기의 설치
① 옥외 인입선의 제1지점의 부하측
② 제2종의 접지선측
③ 전선 모두를 변류기에 관통시킬 것

※ **누전경보기의 설치**
① 개폐기 및 15A 이하의 과전류차단기 설치
② 20A 이하의 배선용 차단기 설치

③ 각 극에 **개폐기** 및 15A 이하의 **과전류차단기**를 설치할 것(**배선용 차단기**는 20A 이하)
④ 분전반으로부터 **전용회로**로 할 것

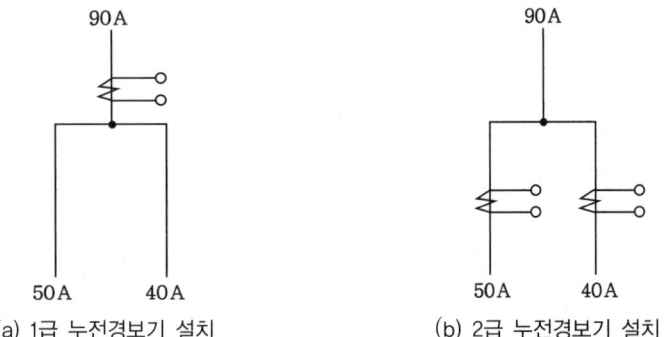

(a) 1급 누전경보기 설치   (b) 2급 누전경보기 설치

|1급 누전경보기로 보는 경우|

※ **1급 누전경보기로 보는 경우**
정격전류가 60A를 초과하는 경계전로가 분기되어 각 분기회로의 정격전류가 60A 이하로 되는 경우 해당 분기회로마다 2급 누전경보기를 설치한 때

※ **유기전압식**

$$E = 4.44 f N_2 \phi_g \text{[V]}$$

여기서, ϕ_g : 누설전류에 의한 자속
N_2 : 변류기 2차 권선수
f : 주파수
E : 유기전압

7 누전경보기의 형식승인 및 제품검사기술기준

(1) 용어의 정의
① 누전경보기 : 변류기+수신부(600V 이하)
② 집합형 누전경보기의 수신부 : 전원장치+음향장치
  (2개 이상의 변류기 사용)

※ **집합형 누전경보기의 수신부**
2개 이상의 변류기를 연결하여 사용하는 수신부

중요 대상에 따른 전압

전 압	대 상
0.5V	누전**경**보기의 **전**압강하 최대치
0.6V 이하	완전방전
60V 이하	약전류회로
60V 초과	접지단자 설치
300V 이하	• 전원**변**압기의 1차 전압 • 유도등·비상조명등의 사용전압
600V 이하	**누**전경보기의 경계전로전압

기억법 도05경전(공오경전), 변3(변상해), 누6(누룩)

Chapter_ 01

(2) 부품의 구조 및 기능
① 음향장치
  ㉠ 사용전압의 **80%**에서 경보할 것
  ㉡ 주음향 장치용 : **70dB** 이상
  ㉢ 고장표시 장치용 : **60dB** 이상
② 반도체
  최대사용전압 및 **최대사용전류**에 견딜 수 있을 것
③ 단자 외의 부분 : 견고한 **상자**에 넣을 것

> **용어**
>
> dB : 음향의 국제표준단위

> **Key Point**
>
> ※ 음향측정
> ① 사용기기 : 음량계
> ② 판정기준 : 1m 위치에서 70dB 이상
>   (고장표시 장치용은 60dB 이상)

(3) 변류기와 수신부
① 변류기 ─ 구조에 따른 분류(옥내형, 옥외형)
         └ 수신부와의 상호호환성 유무에 따른 분류(호환형, 비호환형)
② 수신부 ─ 정격전류에 따른 분류(1급, 2급)
         └ 변류기와의 호환성 유무에 따른 분류(호환형, 비호환형)

(4) 공칭작동전류치와 감도조정장치
① 공칭작동전류치 : **200mA** 이하
② 감도조정장치 : **1A(1000mA)** 이하

> **Key Point**
>
> ※ 공칭작동전류치
> 누전경보기를 작동시키기 위하여 필요한 누설전류의 값으로서 제조자에 의하여 표시된 값

문제 누전경보기에서 <u>감도조정장치</u>의 조정범위는 <u>최대</u> 몇 mA이어야 하는가?
  ① 200   ② 500
  ③ 1000   ④ 2000

해설 ③ 감도조정장치의 최대치 : **1A(1000mA)**

답 ③

(5) 누전경보기의 절연저항시험

구 분	수신부	변류기
측정개소	① 절연된 충전부와 외함간 ② 차단기구의 개폐부 (열린 상태에서는 같은 극의 전원단자와 부하측 단자와의 사이, 닫힌 상태에서는 충전부와 손잡이 사이)	① 절연된 1차 권선과 2차 권선간의 절연저항 ② 절연된 1차 권선과 외부금속부간의 절연저항 ③ 절연된 2차 권선과 외부금속부간의 절연저항
측정계기	직류 500V 절연저항계	직류 500V 절연저항계
절연저항의 적정성 판단의 정도	5MΩ 이상	5MΩ 이상

> **Key Point**
>
> ※ 절연저항시험
> ① 변류기 : 직류 500V 메거로 5MΩ 이상
> ② 수신부 : 직류 500V 메거로 5MΩ 이상
>
> ※ 절연내력시험
> ① 250V 이하 1500V
> ② 250V 초과 2V+1000V

1-5 가스누설경보기

1 가스누설경보기의 형식승인 및 제품검사기술기준

(1) 경보기의 분류
① 단독형 : 가정용
② 분리형 ┬ 영업용 : 1회로용
         └ 공업용 : 1회로 이상용

(2) 음향장치
① 주음향 장치용(공업용) : 90dB 이상
② 주음향 장치용(단독형, 영업용) : 70dB 이상
③ 고장표시장치용 : 60dB 이상
④ 충전부와 비충전부 사이의 절연저항 : 직류 500V 절연저항계, 20MΩ 이상

> **문제** 가스누설경보기에서 주음향장치용의 사용전압에서의 음압은 영업용인 경우 몇 dB 이상이 되어야 하는가?
> ① 50   ② 60
> ③ 70   ④ 90
>
> **해설** 가스누설경보기
>
> | 단독형 | 분리형 ||
> |---|---|---|
> | | 영업용 | 공업용 |
> | 70dB 이상 | 70dB 이상 〈보기 ③〉 | 90dB 이상 |
>
> **답** ③

(3) 절연저항시험
① 절연된 충전부와 외함간 : 직류 500V 절연저항계, 5MΩ 이상
② 입력측과 외함간 : 직류 500V 절연저항계, 20MΩ 이상
③ 절연된 선로간 : 직류 500V 절연저항계, 20MΩ 이상

(4) 예비전원
경보기의 예비전원은 **알칼리계 2차 축전지, 리튬계 2차 축전지** 또는 **무보수밀폐형 연축전지**이어야 한다.

(5) 축전지의 방전종지전압

축전지 종류	방전종지전압
알칼리계 2차축전지	1.0V/셀
무보수밀폐형 연축전지	1.75V/셀
리튬계 2차축전지	2.75V/셀

Key Point

* 가스누설경보기
  가스로 인한 사고를 미연에 방지하여 주는 경보장치

* 가스누설경보기의 음향장치
  (1) 단독형 : 70dB 이상
  (2) 분리형
    ① 영업용 : 70dB 이상
    ② 공업용 : 90dB 이상

* 가스누설경보기의 검사방식
  ① 반도체식
  ② 접촉연소식
  ③ 기체열전도식

* 경보기의 예비전원
  ① 알칼리계 2차 축전지
  ② 리튬계 2차 축전지
  ③ 무보수밀폐형 연축전지

* 가스누설경보기의 감지소자
  산화주석

(6) 가스누설경보기의 설치시 주의사항
① 수분·증기와 접촉할 우려가 없는 곳에 설치
② 가스가 체류하기 쉬운 장소에 설치
③ 분리형 경보기는 사람이 상주하는 곳에 설치
④ 주위온도가 40℃ 이상될 우려가 없는 곳에 설치
⑤ 공기보다 무거운 연소기가 설치되어 있는 곳은 연소기로부터 4m 이내에 설치하고 바닥으로부터 30cm 정도 떨어져 설치하여야 한다(청소시 **수분접촉** 우려).

2 수신기의 형식승인 및 제품검사기술기준

(1) 화재 및 가스누설표시
① 화재등, 화재지구등 : 적색
② 누설등, 누설지구등 : 황색

※ **누설등**
가스의 누설을 표시하는 표시등

(2) 표시등
① 전구는 **2개 이상**을 **병렬**로 접속하여야 한다(단, **방전등** 또는 **발광다이오드**는 제외).
② 주위의 밝기가 300lx인 장소에서 측정하여 앞면으로부터 3m 떨어진 곳에서 켜진 등이 확실히 식별되어야 한다.

※ **누설지구등**
가스가 누설할 경계구역의 위치를 표시하는 표시등

(3) 절연저항시험
① 절연된 충전부와 외함간 : 직류 500V 절연저항계, 5MΩ 이상
② 교류입력측과 외함간 : 직류 500V 절연저항계, 20MΩ 이상

※ **발광다이오드**
간단히 'LED'라고도 부른다.

문제 가스누설경보기의 절연된 충전부와 외함간의 절연저항은 직류 500V의 절연저항계로 측정한 값이 몇 MΩ 이상이어야 하는가?
① 1　　　　　　　　　② 3
③ 5　　　　　　　　　④ 10

해설　③ 가스누설경보기의 절연된 충전부와 외함간의 절연저항 : 5MΩ 이상

답 ③

※ **60V 초과**
접지단자 설치

출제경향분석

피난구조설비 및 소화활동설비

* * * * * * * * * * *

①② 유도등·유도표지·비상조명등
18% (4문제)

③ 비상콘센트설비
6% (1문제)

④ 무선통신보조설비
10% (2문제)

⑤ 피난기구
6% (1문제)

8문제

CHAPTER 02 피난구조설비 및 소화활동설비

1 유도등 · 유도표지

1 종 류

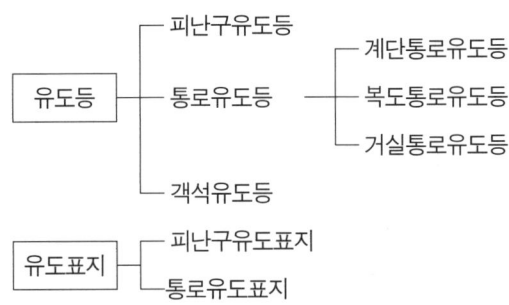

2 유도등 및 유도표지의 종류 (NFPC 303 4조, NFTC 303 2.1.1)

설치장소	유도등 및 유도표지의 종류
• 공연장 · 집회장 · 관람장 · **운동시설** • 유흥주점 영업시설(카바레 · 나이트클럽)	• 대형피난구유도등 • 통로유도등 • 객석유도등
• 위락시설 · 판매시설 • 관광숙박업 · 의료시설 · 방송통신시설 • 전시장 · 지하상가 · 지하철역사 • 운수시설 · 장례식장	• 대형피난구유도등 • 통로유도등
• 숙박시설 · 오피스텔 • 지하층 · 무창층 및 11층 이상의 부분	• 중형피난구유도등 • 통로유도등
• 근린생활시설 · 노유자시설 · 업무시설 • 종교시설 · 교육연구시설 · 공장 • 교정 및 군사시설 • 자동차정비공장 · 운전학원 및 정비학원 • 다중이용업소 • 수련시설 · 발전시설 • 복합건축물	• 소형피난구유도등 • 통로유도등
• 그 밖의 것	• 피난구유도표지 • 통로유도표지

Key Point

* **유도등**
화재시에 피난을 유도하기 위한 등으로서 정상 상태에서는 상용전원에 따라 켜지고 상용전원이 정전되는 경우에는 비상전원으로 자동전환되어 켜지는 등

* **오피스텔**
중형 피난구유도등

* **다중이용업소**
소형 피난구유도등

* **객석유도등의 설치장소**
① 공연장
② 집회장
③ 관람장
④ 운동시설

* **중형유도등설치장소**
① 숙박시설
② 오피스텔
③ 지하층 · 무창층 및 11층 이상의 부분

1. 유도등 · 유도표지 • **4-59**

> **문제** 운동시설에 설치하지 않아도 되는 것은?
> ① 객석유도등   ② 통로유도등
> ③ 중형피난구유도등   ④ 대형피난구유도등
>
> **해설** ③ 중형 피난구 유도등 : 숙박시설·오피스텔·지하층·무창층 및 11층 이상의 부분
>
> 답 ③

* **피난구유도등**
피난구 또는 피난경로로 사용되는 출입구를 표시하여 피난을 유도하는 등

3 피난구유도등의 설치장소

① **옥내**로부터 직접 지상으로 통하는 출입구 및 그 부속실의 출입구

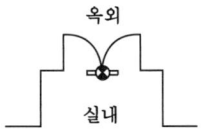

② 직통계단·직통계단의 **계단실** 및 그 부속실의 출입구

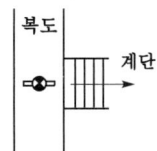

* **유도등**
전원이 필요하다.

③ 출입구에 이르는 **복도** 또는 **통로**로 통하는 출입구

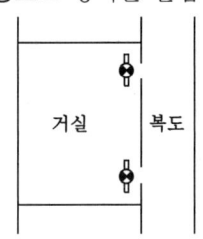

* **유도표지**
전원이 필요없다.

④ 안전구획된 거실로 통하는 출입구

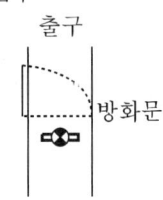

4 복도통로유도등의 설치기준

① 복도에 설치하되 피난구유도등이 설치된 출입구의 맞은편 **복도**에는 **입체형**으로 설치하거나 바닥에 설치할 것
② 구부러진 모퉁이 및 피난구유도등이 설치된 출입구의 맞은편 복도에 입체형 또는 바닥에 설치된 **보행거리 20m**마다 설치할 것
③ 바닥으로부터 높이 **1m 이하**의 위치에 설치할 것(단, 지하층 또는 무창층의 용도가 **도매시장·소매시장·여객자동차터미널·지하역사** 또는 **지하상가**인 경우에는 복도·통로 중앙부분의 **바닥**에 설치할 것)

* **복도통로유도등**
피난통로가 되는 복도에 설치하는 통로유도등으로서 피난구의 방향을 명시하는 것

Chapter_ 02

④ 바닥에 설치하는 통로유도등은 하중에 따라 파괴되지 아니하는 강도의 것으로 할 것

> **문제** 복도통로유도등은 구부러진 모퉁이 및 보행거리 몇 m마다 설치하는가?
> ① 20 ② 30
> ③ 35 ④ 40
>
> **해설** 수평거리와 보행거리
> (1) 수평거리
>
> | 수평거리 | 적용대상 |
> |---|---|
> | 수평거리 25m 이하 | • 발신기
• 음향장치(확성기)
• 비상콘센트(**지하상가** 또는 **지하층** 바닥면적 합계 3000m² 이상) |
> | 수평거리 50m 이하 | • 비상콘센트(기타) |
>
> (2) 보행거리
>
> | 보행거리 | 적용대상 |
> |---|---|
> | 보행거리 15m 이하 | • 유도표지 |
> | 보행거리 20m 이하 | • 복도통로유도등 보기 ①
• 거실통로유도등
• 3종 연기감지기 |
> | 보행거리 30m 이하 | • 1·2종 연기감지기 |
>
> 답 ①

5 거실통로유도등의 설치기준

① 거실의 통로에 설치할 것(단, 거실의 통로가 **벽체** 등으로 **구획**된 경우에는 **복도통로유도등**을 설치할 것)
② 구부러진 모퉁이 및 **보행거리 20m**마다 설치할 것
③ 바닥으로부터 높이 **1.5m 이상**의 위치에 설치할 것(단, **거실통로**에 **기둥**이 설치된 경우에는 기둥부분의 바닥으로부터 높이 **1.5m 이하**의 위치에 설치 가능)

6 계단통로유도등의 설치기준

① 각 층의 **경사로참** 또는 **계단참**마다(1개층에 경사로참 또는 계단참이 2 이상 있는 경우에는 2개의 계단참마다) 설치할 것
② 바닥으로부터 높이 **1m 이하**의 위치에 설치할 것

 조명도
① 통로유도등 : 1 lx 이상
② 비상조명등 : 1 lx 이상
③ 객석유도등 : 0.2 lx 이상

※ 거실통로유도등
거주, 집무, 작업, 집회, 오락 그 밖에 이와 유사한 목적을 위하여 계속적으로 사용하는 거실, 주차장 등 개방된 통로에 설치하는 유도등으로 피난의 방향을 명시하는 것

※ 계단통로유도등
피난통로가 되는 계단이나 경사로에 설치하는 통로유도등으로 바닥면 및 디딤 바닥면을 비추는 것

※ 조명도
① 통로유도등
바로 밑의 바닥으로부터 수평으로 0.5m 떨어진 곳에서 측정하여(바닥매설시 직상부 1m 높이에서 측정) 1 lx 이상
② 객석유도등
통로바닥의 중심선 0.5m 높이에서 측정하여 0.2 lx 이상

* **통로유도등**
피난통로를 안내하기 위한 유도등으로 복도통로유도등, 거실통로유도등, 계단통로유도등이 있다.

7 통로유도등의 조도

지상노출시	바닥매설시
통로유도등의 바로 밑의 바닥으로부터 수평으로 0.5m 떨어진 지점에서 1lx 이상	통로유도등의 직상부 1m의 높이에서 측정하여 1lx 이상

8 유도등의 색깔표시 방법

① 복도통로유도등 : 백색바탕에 녹색문자
② 피난구유도등 : 녹색바탕에 백색문자

|복도통로유도등|

|피난구유도등|

* **설치높이**
(1) 1m 이하
  ① 복도통로유도등
  ② 계단통로유도등
  ③ 통로유도표지
(2) 1.5m 이상
  ① 거실통로유도등
  ② 피난구유도등

9 객석유도등의 설치기준 (NFPC 303 7조, NFTC 303 2.4, 유도등의 형식승인 및 제품검사의 기술기준 23조)

① 객석유도등은 객석의 **통로, 바닥** 또는 **벽**에 설치하여야 한다.
② 객석유도등은 바닥면 또는 디딤 바닥면에서 높이 **0.5m**의 위치에 설치하고 유도등의 바로 밑에서 0.3m 떨어진 위치에서의 수평조도가 **0.2lx** 이상일 것

* **통로유도등**

10 유도표지의 설치기준 (NFPC 303 8조, NFTC 303 2.5)

피난구유도표지	통로유도표지
출입구 상단에 설치	바닥에서 **1m 이하**의 높이에 설치

* **피난구유도표지**
피난구 또는 피난경로로 사용되는 출입구를 표시하여 피난을 유도하는 표지

11 유도표지의 적합기준 (축광표지 성능인증 ⑥~⑨)

① 축광유도표지 및 축광위치표지는 200 lx 밝기의 광원으로 20분간 조사시킨 상태에서 다시 주위조도를 0 lx로 하여 60분간 발광시킨 후 직선거리 20m(축광위치표지의 경우 10m) 떨어진 위치에서 유도표지 또는 위치표지가 있다는 것이 식별되어야 하고, 유도표지는 직선거리 3m의 거리에서 표시면의 표시 중 주체가 되는 문자 또는 주체가 되는 화살표 등이 쉽게 식별되어야 한다.
② 축광보조표지는 200 lx 밝기의 광원으로 20분간 조사시킨 상태에서 다시 주위조도를 0 lx로 하여 60분간 발광시킨 후 직선거리 10m 떨어진 위치에서 축광보조표지가 있다는 것이 식별되어야 한다. 이 경우 측정자의 조건은 위 ①의 조건을 적용한다.
③ 축광유도표지 및 축광위치표지의 표시면을 0 lx 상태에서 1시간 이상 방치한 후 200 lx 밝기의 광원으로 20분간 조사시킨 상태에서 다시 주위조도를 0 lx로 하여 휘도시험을 실시하는 경우

* **통로유도표지**
피난통로가 되는 복도, 계단 등에 설치하는 것으로서 피난구의 방향을 표시하는 유도표지

* **유도표지의 설치 제외**
피난방향을 표시하는 통로유도등을 설치한 부분

발광시간	휘도
5분간	110mcd/m² 이상
10분간	50mcd/m² 이상
20분간	24mcd/m² 이상
60분간	7mcd/m² 이상

④ 축광표지의 표시면 두께는 **1.0mm 이상**(금속재질인 경우 **0.5mm 이상**)이어야 한다. 축광유도표지 및 축광위치표지의 표시면의 크기, 표시면이 사각형이 아닌 경우에는 표시면에 내접하는 사각형의 크기는 표에 적합하여야 한다.

표시면의 두께 및 크기	긴 변의 길이	짧은 변의 길이
피난구축광유도표지	360mm 이상	120mm 이상
통로축광유도표지	250mm 이상	85mm 이상
축광위치표지	200mm 이상	70mm 이상
축광보조표지	–	20mm 이상 (면적 2500mm² 이상)

12 전 원

(1) 유도등의 전원

① 상용전원 : 전기저장장치, 교류전압 옥내간선
② 비상전원 : 축전지
③ 유도등의 인입선과 옥내배선은 **직접 연결**할 것
④ 유도등은 전기회로에 점멸기를 설치하지 않고 항상 점등상태를 유지할 것
⑤ 3선식 배선은 내화배선 또는 내열배선으로 사용할 것

> **예외규정**
>
> 다음의 장소로서 3선식 배선에 따라 상시 충전되는 구조인 경우
> (1) 외부의 빛에 따라 피난구 또는 피난방향을 쉽게 식별할 수 있는 장소
> (2) 공연장, 암실 등으로서 어두워야 할 필요가 있는 장소
> (3) 특정소방대상물의 관계인 또는 종사원이 주로 사용하는 장소

(2) 각 설비의 비상전원 종류

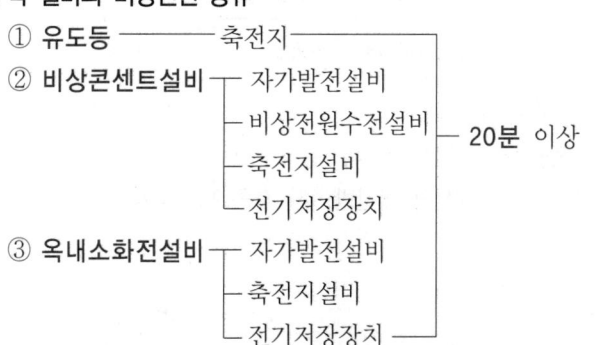

※ **상용전원**
평상시에 사용하기 위한 전원

※ **비상전원**
상용전원 정전시에 사용하기 위한 전원

※ **표준광속비**
표준광속비
$= \dfrac{E_{37}}{E_0} \times 100\%$
여기서,
E_0 : 정격전압[V]
E_{37} : 점등후 37분 후의 전압[V]

※ **전기저장장치**
외부 전기에너지를 저장해 두었다가 필요할 때 공급하는 장치

문제 유도등의 비상전원을 축전지로 할 때 <u>축전지용량</u>은 해당 <u>유도등</u>을 몇 분 이상 작동시킬 수 있어야 하는가?
① 5   ② 10
③ 15   ④ 20

해설

설비의 종류	비상전원용량
자동화재탐지설비, 비상경보설비, 자동화재속보설비	10분 이상
유도등 보기 ④, 비상콘센트설비, 제연설비, 물분무소화설비, 옥내소화전설비(30층 미만), 특별피난계단의 계단실 및 부속실 제연설비(30층 미만)	20분 이상
무선통신보조설비의 증폭기	30분 이상
옥내소화전설비(30~49층 이하), 특별피난계단의 계단실 및 부속실 제연설비(30~49층 이하), 연결송수관설비(30~49층 이하), 스프링클러설비(30~49층 이하)	40분 이상
유도등 · 비상조명등(지하상가 및 11층 이상), 옥내소화전설비(50층 이상), 특별피난계단의 계단실 및 부속실 제연설비(50층 이상), 연결송수관설비(50층 이상), 스프링클러설비(50층 이상)	60분 이상

답 ④

! 예외규정

유도등의 60분 이상 작동용량
(1) 11층 이상(지하층 제외)
(2) 지하층 · 무창층으로서 도매시장 · 소매시장 · 여객자동차터미널 · 지하역사 · 지하상가

※ 3선식 배선시 점등되어야 하는 경우
① 자동화재탐지설비의 감지기 또는 발신기가 작동되는 때
② 비상경보설비의 발신기가 작동되는 때
③ 상용전원이 정전되거나 전원선이 단선되는 때
④ 방재업무를 통제하는 곳 또는 전기실의 배전반에서 수동적으로 점등하는 때
⑤ 자동소화설비가 작동되는 때

13 유도등의 3선식 배선시 반드시 점등되어야 하는 경우

① 자동화재탐지설비의 감지기 또는 발신기가 작동되는 때

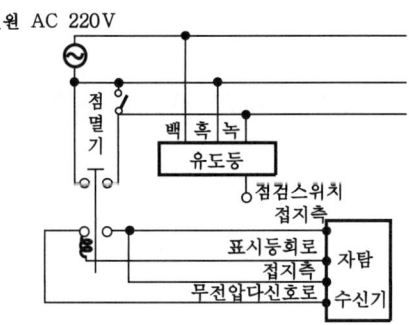

| 자동화재탐지설비와 연동 |

② 비상경보설비의 발신기가 작동되는 때
③ 상용전원이 정전되거나 전원선이 단선되는 때
④ 방재업무를 통제하는 곳 또는 전기실의 배전반에서 수동으로 점등하는 때

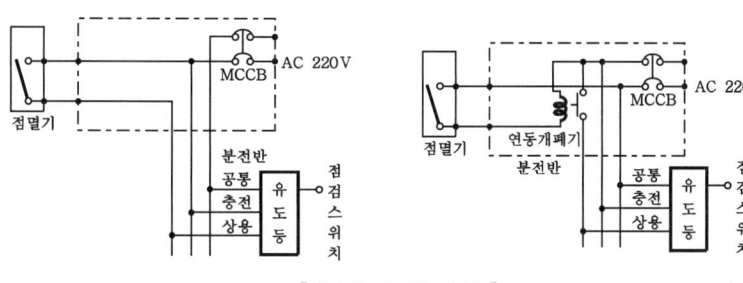

| 유도등의 원격점멸 |

⑤ **자동소화설비**가 작동되는 때

14 최소 설치개수 산정식

설치개수 산정시 소수가 발생하면 반드시 **절상**한다.
① 객석유도등

$$\text{설치개수} = \frac{\text{객석통로의 직선부분의 길이[m]}}{4} - 1$$

기억법 객4

② 유도표지

$$\text{설치개수} = \frac{\text{구부러진 곳이 없는 부분의 보행거리[m]}}{15} - 1$$

기억법 유15

③ 복도통로유도등, 거실통로유도등

$$\text{설치개수} = \frac{\text{구부러진 곳이 없는 부분의 보행거리[m]}}{20} - 1$$

기억법 통20

★★★
문제 직선거리가 24m인 통로가 있다. 최소 몇 개의 객석유도등을 시설하여야 하는가?
① 4
② 5
③ 6
④ 7

해설 설치개수
$$= \frac{\text{객석의 통로의 직선부분의 길이[m]}}{4} - 1$$
$$= \frac{24}{4} - 1$$
$$= 5$$

답 ②

※ MCCB
배선용 차단기

※ 점멸기
점등 또는 소등시에 사용하는 스위치

※ 전선의 굵기
① 인출선 굵기
 0.75mm² 이상
② 인출선 길이
 150mm 이상

15 유도등의 제외 (NFPC 303 11조, NFTC 303 2.8)

(1) 피난구유도등의 설치제외장소
① 바닥면적이 1000m² 미만인 층으로서 옥내로부터 지상으로 직접 통하는 출입구
② 대각선 길이가 15m 이내인 구획된 실의 출입구
③ 거실 각 부분으로부터 하나의 출입구에 이르는 보행거리가 20m 이하이고 비상조명등과 유도표지가 설치된 거실의 출입구
④ 출입구가 **3 이상** 있는 거실로서 그 거실 각 부분으로부터 하나의 출입구에 이르는 보행거리가 30m 이하인 경우에는 주된 출입구 **2개소 외**의 출입구(단, **공연장·집회장·관람장·전시장·운수시설·판매시설·숙박시설·노유자시설·의료시설·장례식장** 제외)

(2) 통로유도등의 설치제외장소
① 구부러지지 아니한 복도 또는 통로로서 길이가 30m 미만인 복도 또는 통로
② 복도 또는 통로로서 보행거리가 20m 미만이고 그 복도 또는 통로와 연결된 출입구 또는 그 부속실의 출입구에 **피난구유도등**이 설치된 복도 또는 통로

(3) 객석유도등의 설치제외장소
① **주간**에만 사용하는 장소로서 **채광**이 충분한 객석
② 거실 등의 각 부분으로부터 하나의 거실 출입구에 이르는 **보행거리**가 **20m 이하**인 객석의 통로로서 그 통로에 통로유도등이 설치된 객석

Key Point

※ 표시등의 전구
 2개 이상 병렬접속

※ 유도등의 반복시험 횟수
 2500회

※ 유도등 외함의 재질
 ① 3mm 이상의 내열성 강화유리
 ② 합성수지로서 80℃에서 변형되지 않을 것

2 비상조명등

1 종류

비상조명등 ─ 전용형
         └ 겸용형

2 비상조명등의 설치기준 (NFPC 304 4조, NFTC 304 2.1.1)

① 특정소방대상물의 각 거실과 그로부터 지상에 이르는 **복도·계단** 및 그 밖의 **통로**에 설치하여야 한다.
② 조도는 비상조명등이 설치된 장소의 각 부분의 바닥에서 1 lx 이상이 되도록 할 것
③ 예비전원을 내장하는 비상조명등에는 평상시 점등여부를 확인할 수 있는 **점검스위치**를 설치하고 해당 조명등을 유효하게 작동시킬 수 있는 용량의 **축전지**와 **예비전원 충전장치**를 내장할 것
④ 비상전원은 비상조명등을 **20분** 이상 유효하게 작동시킬 수 있는 용량으로 할 것

> **⚠ 예외규정**
>
> **비상조명등의 60분 이상 작동용량**
> (1) **11층** 이상(지하층 제외)
> (2) 지하층·무창층으로서 도매시장·소매시장·여객자동차터미널·지하역사·지하상가

⑤ 예비전원을 내장하지 아니하는 비상조명등의 비상전원은 **자가발전설비, 축전지설비** 또는 **전기저장장치**를 설치할 것

> **문제** 예비전원을 내장하는 비상조명등에는 평상시 점등여부를 확인할 수 있는 것으로 무엇을 설치하여야 하는가?
> ① 배선용 차단기   ② 충전장치
> ③ 인버터 및 컨버터   ④ 점검스위치
>
> **해설** ④ 비상조명등에는 **점검스위치**를 설치할 것
>
> 답 ④

> **중요** **비상전원의 설치기준**
> ① 점검에 편리하고 **화재** 및 **침수** 등의 재해로 인한 피해를 받을 우려가 없는 곳에 설치할 것
> ② 상용전원으로부터 전력의 공급이 중단된 때에는 자동으로 비상전원으로부터 전력을 공급받을 수 있도록 할 것

※ 비상조명등의 설치 제외 장소
① 의원
② 경기장
③ 공동주택
④ 의료시설
⑤ 학교의 거실

※ 휴대용 비상조명등
화재발생 등으로 정전시 안전하고 원활한 피난을 위하여 피난자가 휴대할 수 있는 조명등

※ 비상조명등 스위치의 반복시험
10000회

③ 비상전원의 설치장소는 다른 장소와 **방화구획**할 것. 이 경우 그 장소에는 비상전원의 공급에 필요한 기구나 설비 외의 것(**열병합발전설비**에 필요한 기구·설비 제외)을 두어서는 아니된다.
④ 비상전원을 실내에 설치하는 때에는 그 **실내**에 **비상조명등**을 설치할 것

* 비상조명등
화재발생 등에 따른 정전시에 안전하고 원활한 피난활동을 할 수 있도록 거실 및 피난통로 등에 설치되어 자동 점등되는 조명등

3 비상조명등의 설치제외 장소 (NFPC 304 5조, NFTC 304 2.2)

① 거실의 각 부분으로부터 하나의 출입구에 이르는 **보행거리**가 **15m** 이내인 부분
② 의원·경기장·공동주택·의료시설·학교의 거실

4 휴대용 비상조명등의 적합기준 (NFPC 304 4조, NFTC 304 2.1.2)

설치개수	설치장소
1개 이상	• **숙박시설** 또는 **다중이용업소**에는 객실 또는 영업장 안의 구획된 실마다 잘 보이는 곳(외부에 설치시 출입문 손잡이로부터 **1m 이내** 부분)
3개 이상	• **지하상가** 및 **지하역사**의 보행거리 **25m** 이내마다 • **대규모점포**(백화점·대형점·쇼핑센터) 및 **영화상영관**의 보행거리 **50m** 이내마다

① 바닥으로부터 **0.8~1.5m** 이하의 높이에 설치할 것
② 어둠속에서 **위치**를 **확인**할 수 있도록 할 것
③ 사용시 **자동**으로 **점등**되는 구조일 것
④ 외함은 **난연성능**이 있을 것
⑤ 건전지를 사용하는 경우에는 **방전방지조치**를 하여야 하고, **충전식 배터리**의 경우에는 **상시 충전**되도록 할 것
⑥ 건전지 및 충전식 배터리의 용량은 **20분** 이상 유효하게 사용할 수 있는 것으로 할 것

5 휴대용 비상조명등의 설치제외 장소 (NFPC 304 5조, NFTC 304 2.2.2)

① **지상 1층** 또는 **피난층**으로서 복도·통로 또는 창문 등의 개구부를 통하여 피난이 용이한 경우
② **숙박시설**로서 복도에 비상조명등을 설치한 경우

Chapter_ 02

3 비상콘센트설비

출제확률 6% (1문제)

1 비상콘센트설비의 구성도

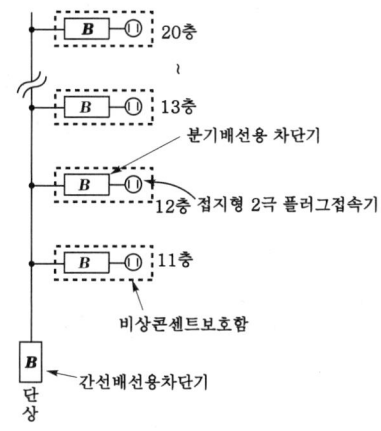

* **비상콘센트설비**
소방대의 조명용 또는 소화활동상 필요한 장비의 전원설비

2 비상콘센트설비(NFPC 504 4조, NFTC 504 2.1.2)

구 분	전 압	공급용량	플러그접속기
단상 교류	220V	1.5kVA 이상	접지형 2극

* **비상콘센트의 심벌**

문제 비상콘센트설비의 전원회로로 옳은 것은?
① 단상교류 220V, 공급용량 1.5kVA 이상
② 단상교류 110V, 공급용량 3kVA 이상
③ 단상교류 380V, 공급용량 3kVA 이상
④ 단상교류 200V, 공급용량 1.5kVA 이상

해설 ① 단상교류 : 전압 **220V**, 공급용량 **1.5kVA** 이상

답 ①

∥ 접지형 2극 플러그접속기 ∥

① 하나의 전용회로에 설치하는 비상콘센트는 **10개** 이하로 할 것(전선의 용량은 최대 **3개**)

설치하는 비상콘센트 수량	전선의 용량산정시 적용하는 비상콘센트 수량	전선의 용량
1	1개 이상	1.5[kVA] 이상
2	2개 이상	3.0[kVA] 이상
3~10	3개 이상	4.5[kVA] 이상

* **플러그접속기**
'콘센트'를 의미한다.

② 전원회로는 각 층에 있어서 **2 이상**이 되도록 설치할 것(단, 설치하여야 할 층의 콘센트가 **1개**인 때에는 하나의 회로로 할 수 있다.)
③ 플러그접속기의 칼받이 접지극에는 **접지공사**를 하여야 한다.

④ 풀박스는 **1.6mm** 이상의 철판을 사용할 것
⑤ 절연저항은 **전원부**와 **외함** 사이를 **직류 500V 절연저항계**로 측정하여 20MΩ 이상일 것
⑥ 전원으로부터 각 층의 비상콘센트에 분기되는 경우에는 **분기배선용 차단기**를 보호함 안에 설치할 것
⑦ 바닥으로부터 **0.8~1.5m** 이하의 높이에 설치할 것
⑧ 전원회로는 주배전반에서 **전용회로**로 하며, 배선의 종류는 **내화배선**이어야 한다.

> **참고**
>
> 접지시스템(KEC 140)
> ① 접지시스템 구분
>
> | 접지 대상 | 접지시스템 구분 | 접지시스템 시설 종류 | 접지도체의 단면적 및 종류 |
> |---|---|---|---|
> | 특고압·고압 설비 | • 계통접지 : 전력계통의 이상현상에 대비하여 대지와 계통을 접지하는 것 | • 단독접지
• 공통접지
• 통합접지 | 6mm² 이상 연동선 |
> | 일반적인 경우 | • 보호접지 : 감전보호를 목적으로 기기의 한 점 이상을 접지하는 것 | • **변압기 중성점 접지** | 구리 6mm²
(철제 50mm²) 이상 |
> | 변압기 | • 피뢰시스템 접지 : 뇌격전류를 안전하게 대지로 방류하기 위해 접지하는 것 | | 16mm² 이상 연동선 |
>
> ② 접지도체에 피뢰시스템이 접속되는 경우 접지도체의 단면적(KEC 142.3.1)
>
> | 구 리 | 철 제 |
> |---|---|
> | 16mm² 이상 | 50mm² 이상 |
>
> ③ 큰 고장전류가 접지도체를 통하여 흐르지 않을 경우 접지도체의 최소 단면적(KEC 142.3.1)
>
> | 구 리 | 철 제 |
> |---|---|
> | 6mm² 이상 | 50mm² 이상 |

3 비상콘센트설비의 설치대상(소방시설법 시행령 [별표 4])

① 11층 이상의 층
② **지하 3층** 이상이고, 지하층의 바닥면적의 합계가 1000m² 이상인 것은 지하전층
③ 터널길이 **500m** 이상

4 절연내력시험(NFPC 504 4조, NFTC 504 2.1.6.2)

① 150V 이하 : 1000V의 실효전압을 가하여 1분 이상 견딜 것
② 150V 초과 : (정격전압×2) +1000V의 실효전압을 가하여 **1분** 이상 견딜 것

5 설치거리(NFPC 504 4조, NFTC 504 2.1.5.2.1, 2.1.5.2.2)

조 건	설치거리
지하상가 또는 **지하층**의 바닥면적의 합계가 3000m² 이상	수평거리 25m 이하
기 타	수평거리 50m 이하

6 비상콘센트의 배치(NFPC 504 4조, NFTC 504 2.1.5.2)

조 건	배 치
• 바닥면적 1000m² 미만 층	• 계단의 출입구로부터 5m 이내
• 바닥면적 1000m² 이상 층	• 각 계단의 출입구로부터 5m 이내 • 계단부속실의 출입구로부터 5m 이내

※ 접지
회로의 일부분을 대지에 도선 등의 도체로 접속하여 영전위가 되도록 하는 것

※ 풀박스(pull box)
배관이 긴 곳 또는 굴곡부분이 많은 곳에서 시공을 용이하게 하기 위하여 배선 도중에 사용하여 전선을 끌어들이기 위한 박스

※ 절연저항시험
DC 500V 절연저항계로 20MΩ 이상

※ 절연저항시험 정의
전원부와 외함 등의 절연이 얼마나 잘 되어 있는가를 확인하는 시험

※ 절연내력시험
평상시보다 높은 전압을 인가하여 절연이 파괴되는지의 여부를 확인하는 시험

※ 설치높이
① 시각경보장치
  2~2.5m 이하단, 천장의 높이가 2m 이하인 경우에는 천장으로부터 0.15m 이내의 장소에 설치)
② 기타 기기
  0.8~1.5m 이하

Chapter_ 02

7 비상콘센트 보호함의 시설기준 (NFPC 504 5조, NFTC 504 2.2.1)

① 보호함에는 쉽게 개폐할 수 있는 **문**을 설치하여야 한다.
② 보호함 표면에 "**비상콘센트**"라고 표시한 표지를 하여야 한다.
③ 보호함 상부에 적색의 표시등을 설치하여야 한다(단, 비상콘센트의 보호함을 **옥내소화전함** 등과 접속하여 설치하는 경우에는 **옥내소화전함** 등의 표시등과 겸용할 수 있다.)

문제 비상콘센트를 보호하기 위한 <u>비상콘센트보호함</u>의 설치 중 옳지 <u>않은</u> 것은?
① 비상콘센트 보호함에는 쉽게 개폐할 수 있는 문을 설치하여야 한다.
② 비상콘센트 보호함 <u>내부</u>에 "비상콘센트" 라고 표시한 표식을 하여야 한다. 표면
③ 비상콘센트 보호함 상부에 적색의 표시등을 설치하여야 한다.
④ 비상콘센트 보호함을 옥내소화전함등과 접속하여 설치하는 경우에는 옥내소화전함 등의 표시등과 겸용할 수 있다.

답 ②

∥비상콘센트 보호함∥

8 비상콘센트설비의 비상전원 (NFPC 504 4조, NFTC 504 2.1.1.2)

지하층을 제외한 층수가 **7층** 이상으로서 연면적이 **2000m²** 이상이거나 지하층의 바닥면적의 합계가 **3000m²** 이상인 소방대상물의 비상콘센트설비에는 **자가발전설비, 비상전원수전설비**, 축전지설비 또는 **전기저장장치**를 비상전원으로 설치하여야 한다(단, 둘 이상의 변전소에서 전력을 동시에 공급받을 수 있거나 하나의 변전소로부터 전력의 공급이 중단되는 때에는 자동으로 다른 변전소로부터 전력을 공급받을 수 있도록 **상용전원**을 설치한 경우에는 비상전원을 설치하지 아니할 수 있다.)

※ 비상콘센트설비의 비상전원용량 : **20분** 이상

9 비상콘센트설비의 상용전원회로의 배선 (NFPC 504 4조, NFTC 504 2.1.1.1)

① **저압수전**인 경우에는 인입개폐기의 직후에서 분기하여 **전용 배선**으로 하여야 한다.

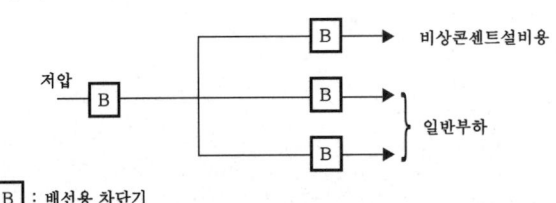

* 비상콘센트설비의 비상전원 설치대상
① 지하층을 제외한 7층 이상으로 연면적 2000m² 이상
② 지하층의 바닥면적 합계 3000m² 이상

* 비상전원
(1) 유도등 : 축전지
(2) 비상콘센트설비
① 자가발전설비
② 비상전원수전설비
③ 축전지설비
④ 전기저장장치
(3) 옥내소화전설비
① 자가발전설비
② 축전지설비
③ 전기저장장치

※ 특고압
7000V를 초과

※ 상용전원회로의 배선
① 저압수전 : 인입개폐기의 직후에서 분기
② 특·고압수전 : 전력용 변압기 2차측의 주차단기 1차측 또는 2차측에서 분기

② 고압수전 또는 특고압수전인 경우에는 전력용 변압기 2차측의 주차단기 1차측 또는 2차측에서 분기하여 **전용 배선**으로 하여야 한다.

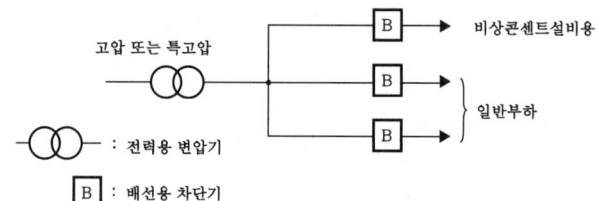

10 전선의 종류

약 호	명 칭	최고허용온도
OW	옥외용 비닐절연전선	60℃
DV	인입용 비닐절연전선	
HFIX	450/750V 저독성 난연 가교 폴리올레핀 절연전선	
CV	가교폴리에틸렌 절연비닐 외장케이블	90℃
MI	미네랄 인슐레이션 케이블	
IH	하이퍼론 절연전선	95℃

※ 전선관
'금속관'이라고도 부른다.

> **참고**
>
> **전선관의 종류**
> (1) 후강전선관 : 표시된 규격은 **내경**을 의미하며, **짝수**로 표시된다.
>   **폭발성 가스** 저장장소에 사용된다.
>   ※ 규격 : 16mm, 22mm, 28mm, 36mm, 42mm, 54mm, 70mm, 82mm, 92mm, 104mm
> (2) 박강전선관 : 표시된 규격은 **외경**을 의미하며, **홀수**로 표시된다.
>   ※ 규격 : 19mm, 25mm, 31mm, 39mm, 51mm, 63mm, 75mm

11 전선의 단면적 계산

전기방식	전선단면적
단상 2선식	$A = \dfrac{35.6LI}{1000e}$
3상 3선식	$A = \dfrac{30.8LI}{1000e}$

※ 도면표기 방법
① 단상 2선식 : $1\phi 2W$
② 3상 3선식 : $3\phi 3W$

여기서, A : 선선의 단면적[mm²], L : 선로길이[m], I : 전부하전류[A], e : 각 선간의 전압강하[V]

※ 전기방식의 구분
① 소방펌프 : 3상 3선식
② 기타 : 단상 2선식

문제 수신기에서 200m(L) 떨어진 곳에 지구경종이 설치되어 있다. 흐르는 전류가 1A(I)이고, 전선의 단면적이 4mm²(A)이라 할 때 **전압강하**(e)는 약 몇 V인가?

① 1.3   ② 1.8   ③ 2.3   ④ 3.5

해설
• 소방펌프 : 3상 3선식, 기타 : 단상 2선식
(1) 기호
 • L : 200m
 • I : 1A
 • A : 4mm²
 • e : ?
(2) **전압강하** e는 $e = \dfrac{35.6LI}{1000A} = \dfrac{35.6 \times 200 \times 1}{1000 \times 4} ≒ 1.8V$

답 ②

Chapter_ 02

4 무선통신보조설비

출제확률 10% (2문제)

1 무선통신보조설비의 설치기준(NFPC 505 5~7조, NFTC 505 2.2~2.4)

① 누설동축케이블 및 안테나는 **금속판** 등에 의하여 **전파의 복사** 또는 **특성**이 현저하게 저하되지 아니하는 위치에 설치할 것
② **누설동축케이블**과 이에 접속하는 **안테나** 또는 **동축케이블**과 이에 접속하는 **안테나**일 것
③ 누설동축케이블 및 동축케이블은 화재에 따라 해당 케이블의 피복이 소실된 경우에 케이블 본체가 떨어지지 아니하도록 4m 이내마다 금속제 또는 자기제 등의 지지금구로 벽·천장·기둥 등에 견고하게 고정시킬 것(단, 불연재료로 구획된 반자 안에 설치하는 경우 제외)
④ 누설동축케이블 및 안테나는 고압전로로부터 1.5m 이상 떨어진 위치에 설치할 것 (해당 전로에 **정전기차폐장치**를 유효하게 설치한 경우에는 제외)

> **문제** 무선통신보조설비의 안테나는 고압의 전로로부터 몇 m 이상 떨어진 위치에 설치하는가? (단, 해당 전로에 정전기차폐장치를 유효하게 설치하지 않았다고 한다.)
> ① 0.8   ② 1.0   ③ 1.2   ④ 1.5
>
> **해설** ④ 누설동축케이블 및 안테나는 고압의 전로로부터 1.5m 이상 떨어진 위치에 설치할 것
>
> 답 ④

⑤ 누설동축케이블의 끝부분에는 **무반사종단저항**을 설치할 것
⑥ 누설동축케이블, 동축케이블, 분배기, 분파기, 혼합기 등의 임피던스는 50Ω으로 할 것
⑦ 증폭기의 전면에는 **표시등** 및 **전압계**를 설치할 것
⑧ **건축물**, **지하가**, 터널 또는 **공동구**의 출입구 및 출입구 인근에서 통신이 가능한 장소에 설치할 것
⑨ 다른 용도로 사용되는 안테나로 인한 **통신장애**가 발생하지 않도록 설치할 것
⑩ 옥외안테나는 견고하게 설치하며 파손의 우려가 없는 곳에 설치하고 그 가까운 곳의 보기 쉬운 곳에 "**무선통신보조설비 안테나**"라는 표시와 함께 통신가능거리를 표시한 표지를 설치할 것
⑪ 수신기가 설치된 장소 등 사람이 상시 근무하는 장소에는 옥외안테나의 위치가 모두 표시된 옥외안테나 위치표시도를 비치할 것
⑫ 소방전용 주파수대에 **전파의 전송** 또는 **복사**에 적합한 것으로서 **소방전용**의 것으로 할 것(단, 소방대 상호간의 **무선연락**에 지장이 없는 경우에는 다른 용도와 겸용할 수 있다.)
⑬ 비상전원용량

설비의 종류	비상전원 용량
• **자**동화재탐지설비, 비상**경**보설비, **자**동화재속보설비	**10분** 이상
• 유도등, 비상콘센트설비, 제연설비, 물분무소화설비, 옥내소화전설비(30층 미만), 특별피난계단의 계단실 및 부속실 제연설비(30층 미만)	**20분** 이상
• 무선통신보조설비의 **증**폭기	**30분** 이상

Key Point

※ **무선통신보조설비**
화재시 소방관 상호간의 원활한 무선통화를 위해 사용하는 설비

※ **안테나**
예전에는 '공중선'이라고 했다.

※ **무선통신보조설비의 구성요소**
① 누설동축케이블, 동축케이블
② 분배기
③ 증폭기
④ 옥외안테나
⑤ 혼합기
⑥ 분파기

※ **각 저항의 사용설비**
(1) 무반사 종단저항
  무선통신보조설비
(2) 종단저항
  ① 자동화재탐지설비
  ② 제연설비
  ③ 이산화탄소 소화설비
  ④ 할론소화설비
  ⑤ 분말소화설비
  ⑥ 포소화설비
  ⑦ 준비작동식 스프링클러설비

• 옥내소화전설비(30~49층 이하), 특별피난계단의 계단실 및 부속실 제연설비(30~49층 이하), 연결송수관설비(30~49층 이하) • 스프링클러설비(30~49층 이하)	40분 이상
• 유도등·비상조명등(지하상가 및 11층 이상), 옥내소화전설비(50층 이상), 특별피난계단의 계단실 및 부속실 제연설비(50층 이상) • 연결송수관설비(50층 이상), 스프링클러설비(50층 이상)	60분 이상

기억법 경자비1(**경자**라는 이름은 **비일**비재하게 많다).
3증(**3중**고)

용어

(1) 누설동축케이블과 동축케이블

누설동축케이블	동축케이블
동축케이블의 외부도체에 가느다란 홈을 만들어서 전파가 외부로 새어나갈 수 있도록 한 케이블. **정합손실**이 **큰** 것을 사용	유도장애를 방지하기 위해 전파가 누설되지 않도록 만든 케이블. **정합손실**이 **작은** 것을 사용

(2) 종단저항과 무반사 종단저항

종단저항	무반사 종단저항
감지기회로의 도통시험을 용이하게 하기 위하여 **감지기회로**의 **끝부분**에 설치하는 저항	전송로로 전송되는 전자파가 전송로의 종단에서 반사되어 교신을 방해하는 것을 막기 위해 **누설동축케이블**의 **끝부분**에 설치하는 저항

※ 누설동축케이블의 임피던스
50Ω

2 무선통신보조설비의 증폭기 및 무선중계기의 설치기준(NFPC 505 8조, NFTC 505 2.5)

① 전원은 **축전지설비, 전기저장장치** 또는 **교류전압 옥내간선**으로 하고, 전원까지의 배선은 **전용**으로 할 것
② 증폭기의 전면에는 전원확인 **표시등** 및 **전압계**를 설치할 것
③ 증폭기의 비상전원용량은 **30분** 이상일 것
④ **증폭기** 및 **무선중계기**를 설치하는 경우 전파법 규정에 따른 적합성평가를 받은 제품으로 설치할 것
⑤ 디지털방식의 무전기를 사용하는 데 지장이 없도록 설치할 것

※ 전기저장장치
외부 전기에너지를 저장해 두었다가 필요한 때 전기를 공급하는 장치

※ 증폭기
신호 전송시 신호가 약해져 수신이 불가능해지는 것을 방지하기 위해서 증폭하는 장치

3 무선통신보조설비의 설치제외(NFPC 505 4조, NFTC 505 2.1.1)

① 지하층으로서 특정소방대상물의 바닥부분 **2면** 이상이 지표면과 동일한 경우의 해당층
② 지하층으로서 지표면으로부터의 깊이가 **1m** 이하인 경우의 해당층

문제 지하층으로서 소방대상물의 바닥부분 몇 면 이상이 지표면과 동일한 경우의 해당층에는 무선통신보조설비의 설치를 **제외**할 수 있는가?
① 1　　② 2　　③ 3　　④ 4

해설 ② **지하층**으로서 소방대상물의 바닥부분 **2면 이상**이 지표면과 동일한 경우의 해당층

답 ②

4 누설동축케이블의 결합손실

① $LC = -20\log\dfrac{V_R}{V_r}$ dB

② $LC = -20\log\dfrac{I_R}{I_r}$ dB

③ $LC = -10\log\dfrac{P_R}{P_r}$ dB

여기서, V_R : 수신전압[V]
V_r : 송신전압[V]
I_R : 수신전류[A]
I_r : 송신전류[A]
P_R : 수신전력[W]
P_r : 송신전력[W]

※ 수식에서 "−"는 손실을 의미한다.

5 옥내배선기호

명 칭	그림기호	비 고
누설동축케이블	———	• 천장에 은폐하는 경우 : — - —
안테나	 △	• 내열형  : △H
분배기	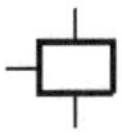	−
무선기기접속단자	 ◉	• 소방용  : ◉F • 경찰용  : ◉P • 자위용  : ◉G
혼합기		−
분파기 (필터 포함)	 F	−

※ **분배기**
신호의 전송로가 분기되는 장소에 설치하는 것으로 임피던스 매칭(Matching)과 신호 균등분배를 위해 사용하는 장치

※ **분파기**
서로 다른 주파수의 합성된 신호를 분리하기 위해서 사용하는 장치

※ **혼합기**
두 개 이상의 입력신호를 원하는 비율로 조합한 출력이 발생하도록 하는 장치

5 피난기구

1 개요

화재가 발생할 경우 피난하기 위하여 사용하는 기구를 말한다.

피난기구의 적응성

설치 장소별 구분	1층	2층	3층	4~10층 이하
노유자시설	• 미끄럼대 • 구조대 • 피난교 • 다수인 피난장비 • 승강식 피난기	• 미끄럼대 • 구조대 • 피난교 • 다수인 피난장비 • 승강식 피난기	• 미끄럼대 • 구조대 • 피난교 • 다수인 피난장비 • 승강식 피난기	• 구조대[1] • 피난교 • 다수인 피난장비 • 승강식 피난기
의료시설· 입원실이 있는 의원·접골원· 조산원	—	—	• 미끄럼대 • 구조대 • 피난교 • 피난용 트랩 • 다수인 피난장비 • 승강식 피난기	• 구조대 • 피난교 • 피난용 트랩 • 다수인 피난장비 • 승강식 피난기
영업장의 위치가 **4층** 이하인 다중이용업소	—	• 미끄럼대 • 피난사다리 • 구조대 • 완강기 • 다수인 피난장비 • 승강식 피난기	• 미끄럼대 • 피난사다리 • 구조대 • 완강기 • 다수인 피난장비 • 승강식 피난기	• 미끄럼대 • 피난사다리 • 구조대 • 완강기 • 다수인 피난장비 • 승강식 피난기
그 밖의 것	—	—	• 미끄럼대 • 피난사다리 • 구조대 • 완강기 • 피난교 • 피난용 트랩 • 간이완강기[2] • 공기안전매트 • 다수인 피난장비 • 승강식 피난기	• 피난사다리 • 구조대 • 완강기 • 피난교 • 간이완강기[2] • 공기안전매트 • 다수인 피난장비 • 승강식 피난기

[비고] 1) **구조대**의 적응성은 **장애인관련시설**로서 주된 사용자 중 **스스로 피난**이 **불가**한 자가 있는 경우 추가로 설치하는 경우에 한한다.
2) 간이완강기의 적응성은 **숙박시설**의 **3층 이상**에 있는 객실에 추가로 설치하는 경우에 한한다.

※ **피난사다리**
화재시 긴급대피를 위해 사용하는 사다리

※ **완강기와 간이완강기**
① 완강기
사용자의 몸무게에 따라 자동적으로 내려올 수 있는 기구 중 사용자가 교대하여 연속적으로 사용할 수 있는 것
② 간이완강기
사용자의 몸무게에 따라 자동적으로 내려올 수 있는 기구 중 사용자가 연속적으로 사용할 수 없는 것

의무관리대상 공동주택(NFPC 608 13조, NFTC 608 2.9.1.3)
공동주택 구역마다 공기안전매트 1개 이상 추가 설치

문제 간이완강기의 적응성은 숙박시설의 몇 층 이상에 있는 객실에 추가로 설치하는 경우인가?
① 1층 이상 ② 2층 이상
③ 3층 이상 ④ 4층 이상

  ③ 간이완강기 : 3층 이상에 있는 객실

답 ③

2 종류

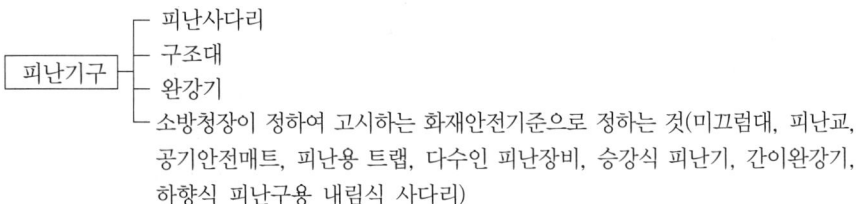

피난기구
- 피난사다리
- 구조대
- 완강기
- 소방청장이 정하여 고시하는 화재안전기준으로 정하는 것(미끄럼대, 피난교, 공기안전매트, 피난용 트랩, 다수인 피난장비, 승강식 피난기, 간이완강기, 하향식 피난구용 내림식 사다리)

3 피난기구의 설치개수 등 (NFPC 301 5조, NFTC 301 2.1.2~2.1.3)

(1) 피난기구의 설치개수

① 층마다 설치할 것

시 설	설치기준
① 숙박시설 · 노유자시설 · 의료시설	바닥면적 500m²마다(층마다 설치)
② 위락시설 · 문화 및 집회시설, 운동시설 ③ 판매시설 · 복합용도의 층	바닥면적 800m²마다(층마다 설치)
④ 그 밖의 용도의 층	바닥면적 1000m²마다(층마다 설치)
⑤ 아파트 등(계단실형 아파트)	각 세대마다

② 피난기구 외에 **숙박시설**(휴양콘도미니엄 제외)의 경우에는 추가로 객실마다 **완강기** 또는 둘 이상의 간이완강기를 설치할 것

③ 피난기구 외에 4층 이상의 층에 설치된 노유자시설 중 장애인 관련시설로서 주된 사용자 중 스스로 피난이 불가한 자가 있는 경우에는 층마다 구조대를 1개 이상 추가로 설치할 것

(2) 피난기구의 설치기준

① 피난기구는 **계단 · 피난구** 기타 피난시설로부터 적당한 거리에 있는 안전한 구조로 된 피난 또는 소화활동상 유효한 **개구부**에 고정하여 설치하거나 필요한 때에 신속하고 유효하게 설치할 수 있는 상태에 둘 것

② 피난기구를 설치하는 **개구부**는 서로 **동일직선상**이 **아닌 위치**에 있을 것(단, 피난교 · 피난용트랩 · 간이완강기 · 아파트에 설치되는 피난기구 기타 피난상 지장이 없는 것은 제외)

③ 피난기구는 소방대상물의 **기둥 · 바닥 · 보** 기타 구조상 견고한 부분에 **볼트조임 · 매입 · 용접** 기타의 방법으로 견고하게 부착할 것

④ **4층** 이상의 층에 피난사다리를 설치하는 경우에는 **금속성 고정사다리**를 설치하고, 해당 고정사다리에는 쉽게 피난할 수 있는 구조의 **노대**를 설치할 것

⑤ 완강기는 강하시 로프가 소방대상물과 접촉하여 손상되지 아니하도록 할 것

⑥ **완강기 로프**의 길이는 부착위치에서 지면 기타 피난상 유효한 **착지면**까지의 길이로 할 것

⑦ 미끄럼대는 안전한 강하속도를 유지하도록 하고, 전락방지를 위한 안전조치를 할 것

⑧ 구조대의 길이는 피난상 지장이 없고 안전한 강하속도를 유지할 수 있는 길이로 할 것

※ 구조대
포지 등을 사용하여 자루형태로 만든 것으로서 화재시 사용자가 그 내부에 들어가서 내려옴으로써 대피할 수 있는 것

※ 공기안전매트
화재발생시 사람이 건축물내에서 외부로 긴급히 뛰어내릴 때 충격을 흡수하여 안전하게 지상에 도달할 수 있도록 포지에 공기 등을 주입하는 구조로 되어 있는 것

※ 노대
'발코니'를 의미하며, 직접 옥외에 연결되어 있는 공간을 말한다.

(3) 축광식 표지의 적합기준

① 방사성물질을 사용하는 위치표지는 쉽게 파괴되지 아니하는 재질로 처리할 것
② 위치표지는 주위 조도 0 lx에서 60분간 발광 후 직선거리가 축광유도표지는 20m, 축광위치표지는 10m 떨어진 위치에서 보통시력으로 표시면의 **문자** 또는 **화살표** 등을 쉽게 식별할 수 있는 것으로 할 것
③ 위치표지의 표시면은 쉽게 변형·변질 또는 변색되지 아니할 것
④ 위치표지의 표지면의 휘도는 주위 조도 0 lx에서 60분간 발광 후 7mcd/m² 이상으로 할 것

※ 피난기구를 설치한 장소에는 가까운 곳의 보기 쉬운 곳에 피난기구의 위치를 표시하는 **발광식** 또는 **축광식표지**와 그 사용방법을 표시한 표지를 부착할 것

4 피난기구의 설치제외 (NFPC 301 6조, NFTC 301 2.2)

(1) 기준에 적합한 층

① 주요구조부가 **내화구조**로 되어 있어야 한다.
② 실내의 면하는 부분의 마감이 **불연재료·준불연재료** 또는 **난연재료**로 되어 있고 방화구획이 규정에 적합하게 구획되어 있어야 한다.
③ 거실의 각 부분으로부터 직접 **복도**로 쉽게 통할 수 있어야 한다.
④ 복도에 2 이상의 **특별피난계단** 또는 **피난계단**이 규정에 적합하게 설치되어 있어야 한다.
⑤ 복도의 어느 부분에서도 2 이상의 방향으로 각각 다른 **계단**에 도달할 수 있어야 한다.

> **문제** 복도에 몇 개 이상의 특별피난계단 또는 피난계단이 설치되어 있는 경우 피난기구의 설치를 제외할 수 있는가?
> ① 1 ② 2
> ③ 3 ④ 4
>
> **해설** ② 복도에 **2개** 이상의 **특별피난계단** 또는 **피난계단**이 설치되어 있는 경우 피난기구의 설치를 제외할 수 있다.
>
> **답** ②

(2) 옥상의 지하층 또는 최상층

① 주요구조부가 **내화구조**로 되어 있어야 한다.
② 옥상의 면적이 1500m² 이상이어야 한다.
③ 옥상으로 쉽게 통할 수 있는 **창** 또는 **출입구**가 설치되어 있어야 한다.
④ 옥상이 소방사다리차가 쉽게 통행할 수 있는 **도로**(폭 6m 이상) 또는 **공지**에 면하여 설치되어 있거나 옥상으로부터 피난층 또는 지상으로 통하는 2 이상의 피난계단 또는 특별피난계단이 규정에 적합하게 설치되어 있어야 한다.

※ 불연재료
불에 타지 않는 재료

※ 준불연재료
불연재료에 준하는 성능을 가진 재료

※ 난연재료
불에 잘 타지 않는 재료

※ 공지
대지내의 건물에 의해 점유되지 않은 부분

(3) 주요구조부가 **내화구조**이고 지하층을 제외한 층수가 **4층 이하**이며 소방사다리차가 쉽게 통행할 수 있는 도로 또는 공지에 면하는 부분에 기준에 적합한 개구부가 2 이상 설치되어 있는 층(문화 및 집회시설, 운동시설·제품검사 전문기관·노유자시설의 용도로 사용되는 층으로서 그 층의 바닥면적이 $1000m^2$ 이상은 제외)

(4) **갓복도식 아파트** 또는 아파트의 4층 이상의 층에서 발코니에 해당하는 구조 또는 시설을 설치하여 인접세대로 피난할 수 있는 아파트

(5) 주요구조부가 **내화구조**로서 거실의 각 부분으로부터 직접 복도로 피난할 수 있는 **학교** (**강의실** 용도로 사용되는 층)

(6) **무인공장** 또는 **자동창고**로서 사람의 출입이 금지된 장소

5 피난기구 설치의 감소 (NFPC 301 7조, NFTC 301 2.3.1)

(1) **피난기구의 $\frac{1}{2}$ 감소**
  ① 주요구조부가 **내화구조**로 되어 있을 것
  ② 직통계단인 피난계단 또는 특별피난계단이 2 이상 설치되어 있을 것

  ※ 피난기구 수의 산정에 있어서 **소수점 이하는 절상**한다.

> **문제** 피난기구를 설치하여야 할 소방대상물 중 직통계단인 피난계단 또는 특별피난계단이 몇 이상 설치되어 있을 경우 피난기구의 $\frac{1}{2}$ 을 감소할 수 있는가?
> ① 1   ② 2
> ③ 3   ④ 4
> **해설** ② 직통계단인 피난계단 또는 특별피난계단이 2 이상일 때 피난기구 $\frac{1}{2}$ 감소
> **답** ②

(2) **내화구조이고 건널복도가 설치된 층**
  피난기구의 수에서 건널복도 수의 **2배**의 수를 **뺀** 수로 한다.
  ① **내화구조** 또는 **철골구조**로 되어 있을 것
  ② 건널복도 양단의 출입구에 자동폐쇄장치를 한 60분+방화문 또는 60분 방화문 (방화셔터 제외)이 설치되어 있을 것
  ③ **피난·통행** 또는 **운반**의 전용 용도일 것

(3) **노대가 설치된 거실의 바닥면적**
  피난기구의 설치개수 산정을 위한 바닥면적에서 제외한다.

Key Point

※ **주요구조부**
건물의 골격을 이루는 중요한 부분

※ **노유자시설**
① 아동관련시설
② 노인관련시설
③ 장애인관련시설
④ 사회복지시설

※ **피난계단**
화재발생시 건물내에서 대피하기 위하여 옥외 또는 옥내에서 피난층까지 연결되어 있는 직통계단

※ **특별피난계단**
건물 각 층으로 통하는 문에 방화문이 설치되어 있고 내화구조의 벽체나 연소우려가 없는 창문으로 구획된 피난용 계단

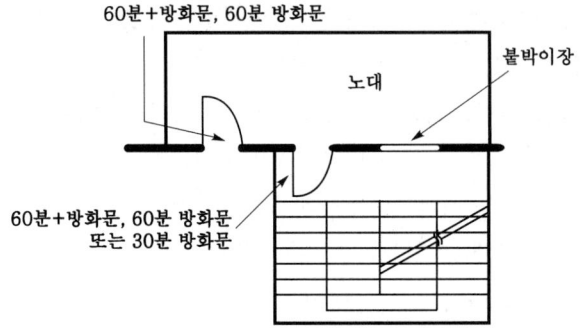

| 노대를 설치한 경우 |

❋ 노대
'발코니'를 의미하며, 직접 옥외에 연결되어 있는 공간을 말한다.

① 노대를 포함한 소방대상물의 주요구조부가 **내화구조**이어야 한다.
② 노대가 거실의 외기에 면하는 부분에 피난상 유효하게 설치되어 있어야 한다.
③ 노대가 소방사다리차가 쉽게 통행할 수 있는 도로 또는 공지에 면하여 설치되어 있거나, 거실부분과 방화구획되어 있거나 또는 노대에 지상으로 통하는 계단 그 밖의 피난기구가 설치되어 있어야 한다.

외국계 기업 취업전략 5계명

① **취업 정보를 발 빠르게 얻어라**
 −결원이 생길 때 수시채용하는 곳이 많으므로 재빨리 지원하는 것이 중요하다.

② **인맥 네트워크를 적극 활용하라**
 −신뢰를 중시하는 만큼 그 기업 임직원의 추천은 큰 도움이 된다.

③ **학력보다 경력이 중요하다.**
 −아르바이트나 이전 직장 경력을 통해 그 업무에 적합한 인재임을 증명하라

④ **겸손은 미덕이 아니다**
 −자신을 잘 홍보하는 것도 능력이다. 얼마나 열정이 있는지 적극적으로 알린다.

⑤ **지원할 기업을 잘 파악하라**
 −무작정 지원하지 말고 그 회사의 문화까지도 잘 살펴라.

▼ 외국계 기업 채용 정보 얻을 수 있는 사이트

−한국외국기업협회 (www.peoplenjob.com)
−주한미국상공회의소 (www.amchamkorea.org)
−주한유럽연합상공회의소 (www.eucck.org)

〈자료=잡링크〉

출제경향분석

CHAPTER 03 기타 소방전기시설

✱ ✱ ✱ ✱ ✱ ✱ ✱ ✱ ✱ ✱ ✱

①② 간선설비 · 예비전원설비
6% (1문제)

1문제

CHAPTER 03 기타 소방전기시설

1 간선설비

출제확률 6% (1문제)

1 전선의 굵기를 결정하는 3요소

① 허용전류
② 전압강하
③ 기계적 강도

문제 옥내 배선의 지름을 결정하는 가장 중요한 요소는?
① 허용전류   ② 전압강하
③ 기계적 강도   ④ 옥내구조

해설 전선굵기의 선정조건 중 가장 중요한 것은 **허용전류**이다.   답 ①

2 전선 단면적의 계산

전기방식	전선 단면적
단상 2선식	$A = \dfrac{35.6LI}{1000e}$
3상 3선식	$A = \dfrac{30.8LI}{1000e}$
단상 3선식 3상 4선식	$A = \dfrac{17.8LI}{1000e'}$

여기서, A : 전선의 단면적[mm²]
  L : 선로길이[m]
  I : 전부하 전류[A]
  e : 각 선간의 전압강하[V]
  e' : 각 선간의 1선과 중성선 사이의 전압강하[V]

3 전선의 종류

① 절연 전선
  - HFIX 전선 : 450/750V 저독성 난연 가교 폴리올레핀 절연전선
  - RB 전선 : 600V 고무절연전선
  - DV 전선 : 인입용 비닐절연전선
  - OW 전선 : 옥외용 비닐절연전선

Key Point

* **허용전류**
전선의 성능을 손상시키지 않고 연속하여 흘릴 수 있는 전류의 한도

* **전압강하**
입력전압과 출력전압의 차

* **전압강하율**
전압강하를 출력전압으로 나누어 %로 표시한 것.

$$\epsilon = \dfrac{V_S - V_R}{V_R} \times 100 \, [\%]$$

여기서, V_S : 입력전압[V]
  V_R : 출력전압[V]

* **최고허용온도**
HFIX 전선 : 90℃

② 전력용 케이블
- CV 케이블 : 가교 폴리에틸렌 절연비닐 외장케이블
- EV 케이블 : 폴리에틸렌 절연비닐 외장케이블
- BN 케이블 : 부틸 고무 절연클로로프렌 외장케이블
- RN 케이블 : 고무 절연클로로프렌 외장케이블
- VV 케이블 : 비닐 절연비닐 외장케이블

③ 특수 케이블
- HFIX 전선 : 450/750V 저독성 난연 가교 폴리올레핀 절연전선
- GV 전선 : 접지용 비닐전선

4 접지시스템(KEC 140)

(1) 접지시스템 구분

접지 대상	접지시스템 구분	접지시스템 시설 종류	접지도체의 단면적 및 종류
특고압·고압 설비	• 계통접지 : 전력계통의 이상현상에 대비하여 대지와 계통을 접지하는 것	• 단독접지 • 공통접지 • 통합접지	6mm² 이상 연동선
일반적인 경우	• 보호접지 : 감전보호를 목적으로 기기의 한 점 이상을 접지하는 것	**• 변압기 중성점 접지**	구리 6mm² (철제 50mm²) 이상
변압기	• 피뢰시스템 접지 : 뇌격전류를 안전하게 대지로 방류하기 위해 접지하는 것		16mm² 이상 연동선

※ 접지
선로나 전기기기와 대지 사이에 회로를 만드는 것

※ 수도관의 접지저항
3Ω 이하

(2) 접지도체에 피뢰시스템이 접속되는 경우 접지도체의 단면적(KEC 142.3.1)

구 리	철 제
16mm² 이상	50mm² 이상

(3) 큰 고장전류가 접지도체를 통하여 흐르지 않을 경우 접지도체의 최소 단면적(KEC 142.3.1)

구 리	철 제
6mm² 이상	50mm² 이상

문제 접지시스템의 구분방법으로 옳지 않은 것은?
① 계통접지   ② 보호접지
③ 피뢰시스템 접지   ④ 이상접지

해설

접지 대상	접지시스템 구분	접지시스템 시설 종류	접지도체의 단면적 및 종류
특고압·고압 설비	• 계통접지 : 전력계통의 이상현상에 대비하여 대지와 계통을 접지하는 것 • 보호접지 : 감전보호를 목적으로 기기의 한 점 이상을 접지하는 것 • 피뢰시스템 접지 : 뇌격전류를 안전하게 대지로 방류하기 위해 접지하는 것	• 단독접지 • 공통접지 • 통합접지	6mm² 이상 연동선
일반적인 경우		**• 변압기 중성점 접지**	구리 6mm² (철제 50mm²) 이상
변압기			16mm² 이상 연동선

답 ④

※ 접지공사의 노출시공

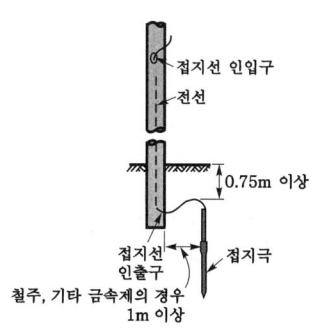

┃접지극의 매설(KEC 142.2.3)┃

5 전선관의 산정(KEC 핸드북 p.301, 306, 313)

케이블 또는 절연도체의 내부 단면적이 휨(가요) 전선관 단면적의 $\frac{1}{3}$을 초과하지 않도록 하는 것이 바람직하다.

※ 전선관과 같은 의미
금속관

6 전동기 용량의 산정

$$P\eta t = 9.8KHQ$$

여기서, P : 전동기 용량[kW]　　η : 효율
　　　　t : 시간[s]　　　　　　K : 여유계수
　　　　H : 전양정[m]　　　　　Q : 양수량[m³]

문제 펌프의 분당 토출량 700l/min, 양정 72m인 소화전펌프에 사용되는 전동기의 용량은 최소 몇 kW가 필요한가? (단, 펌프효율 0.6이고, 전달계수는 1.1이다.)

① 12　　　　　　　　② 15
③ 18　　　　　　　　④ 21

해설 (1) 기호
- Q : 700l/min
- H : 72m
- P : ?
- η : 0.6
- K : 1.1

(2) $P\eta t = 9.8KHQ$

$1l$/min = 10^{-3}m³/min

$P = \dfrac{9.8KHQ}{\eta t} = \dfrac{9.8 \times 1.1 \times 72 \times 700 \times 10^{-3}}{0.6 \times 60} = 15.09 ≒ 15$kW

답 ②

7 동기속도

$$N_s = \frac{120f}{P} \text{[rpm]}$$

여기서, N_s : 동기속도[rpm], 　f : 주파수[Hz], 　P : 극수

※ **예비전원**
상용전원 고장시 또는 용량 부족시 최소한의 기능을 유지하기 위한 전원

※ **비상전원**
상용전원 정전시에 사용되는 전원

2 예비전원 설비

1 자가발전기 용량의 산정

$$P_n > \left(\frac{1}{e} - 1\right) X_L P \text{[kVA]}$$

여기서, P_n : 발전기 정격 용량[kVA]
e : 허용전압강하, X_L : 과도 리액턴스
P : 기동용량[kVA]($P = \sqrt{3} \times$정격전압$\times$기동전류)

2 발전기용 차단기의 용량

$$P_s > \frac{1.25 P_n}{X_L} \text{[kVA]}$$

여기서, P_n : 발전기 정격용량[kVA]
X_L : 과도 리액턴스

3 축전지 설비

(1) 충전방식

충전방식	설 명
보통충전	필요할 때마다 표준시간율로 충전하는 방식
급속충전	보통 충전전류의 **2배**의 **전류**로 충전하는 방식
부동충전	전지의 자기방전을 보충함과 동시에 상용부하에 대한 전력공급은 충전기가 부담하되 부담하기 어려운 일시적인 대전류부하는 축전지가 부담하도록 하는 방식으로 **가장 많이 사용**된다.
균등충전	각 축전지의 **전위차를 보정**하기 위해 1~3개월마다 10~12시간 1회 충전하는 방식
세류충전(트리클 충전)	자기 **방전량**만 항상 **충전**하는 방식

※ **부동충전방식**
축전지와 부하를 정류기에 병렬로 접속하여 충전과 방전을 동시에 행하는 방식

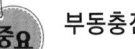 **부동충전방식의 장점**
① 축전지의 수명이 연장된다.
② 축전지 용량이 작아도 된다.
③ 부하변동에 대한 방전 전압을 일정하게 유지할 수 있다.
④ 보수가 용이하다.

4 2차 충전전류 및 출력

① 2차 충전전류 = $\dfrac{축전지의\ 정격용량}{축전지의\ 공칭용량} + \dfrac{상시부하}{표준전압}$ [A]

② 충전기 2차출력 = 표준전압 × 2차 충전전류 [kVA]

5 용량 산정

① 시간에 따라 방전전류가 일정한 경우

$$C = \dfrac{1}{L} KI \text{ [Ah]}$$

② 시간에 따라 방전전류가 변하는 경우

$$C = \dfrac{1}{L}[K_1 I_1 + K_2(I_2 - I_1) + K_3(I_3 - I_2) + \cdots + K_n(I_N - I_{n-1})] \text{ [Ah]}$$

여기서, C : 25℃에서의 정격방전율 환산 용량[Ah]
L : 용량저하율(보수율)
K : 용량환산시간[h]
I : 방전전류[A]

6 축전지 1개의 허용 최저전압

$$V = \dfrac{V_a + V_b}{n} \text{ [V/cell]}$$

여기서, V_a : 부하의 허용 최저전압[V/cell]
V_b : 축전지와 부하간의 접속선의 전압강하[V]
n : 직렬로 접속한 축전지 개수

7 연축전지와 알칼리축전지의 비교

| 축전지의 비교 |

구 분	연축전지	알칼리축전지
기전력	2.05~2.08V	1.32V
공칭전압	2.0V	1.2V
공칭용량	10Ah	5Ah
충전시간	길다	짧다.
수명	5~15년	15~20년
종류	클래드식, 페이스트식	소결식, 포케트식

※ 공칭용량

알칼리축전지	연축전지
5Ah	10Ah

※ 축전지의 용량

$$C = \dfrac{1}{L} KI \text{[Ah]}$$

여기서,
C : 축전지의 용량 [Ah]
L : 용량저하율
K : 용량환산시간 [h]
I : 방전전류[A]

※ 기전력
전류를 연속해서 흘리기 위해 전압을 연속적으로 만들어 주는 힘

당신도 해낼 수 있습니다.

CBT 기출복원문제

2025년
소방설비산업기사 필기(전기분야)

- 2025. 2. 7 시행 ·················· 25- 2
- 2025. 5. 21 시행 ·················· 25-27
- 2025. 9. 1 시행 ·················· 25-54

** 수험자 유의사항 **

1. 문제지를 받는 즉시 **본인**이 **응시한 종목**이 맞는지 확인하시기 바랍니다.
2. 문제지 표지에 본인의 **수험번호**와 **성명**을 기재하여야 합니다.
3. 문제지의 **총면수, 문제번호 일련순서, 인쇄상태, 중복 및 누락** 페이지 유무를 확인하시기 바랍니다.
4. 답안은 각 문제마다 요구하는 가장 적합하거나 가까운 답 1개만을 선택하여야 합니다.
5. 답안카드는 뒷면의「수험자 유의사항」에 따라 작성하시고, 답안카드 작성 시 형별누락, 마킹착오로 인한 불이익은 전적으로 수험자에게 책임이 있음을 알려드립니다.
6. 문제지는 시험 종료 후 본인이 가져갈 수 있습니다.

** 안내사항 **

- 가답안/최종정답은 큐넷(www.q-net.or.kr)에서 확인하실 수 있습니다. 가답안에 대한 의견은 큐넷의 [가답안 의견 제시]를 통해 제시할 수 있으며, 확정된 답안은 최종정답으로 갈음합니다.
- 공단에서 제공하는 자격검정서비스에 대해 개선할 점이 있으시면 고객참여(http://hrdkorea.or.kr/7/1/1)를 통해 건의하여 주시기 바랍니다.

2025. 2. 7 시행

2025년 산업기사 제1회 필기시험 CBT 기출복원문제

자격종목	종목코드	시험시간	형별	수험번호	성명
소방설비산업기사(전기분야)		2시간			

※ 각 문항은 4지택일형으로 질문에 가장 적합한 보기 항을 선택하여 체크하여야 합니다.

제1과목 소방원론

01 다음 중 할로젠족 원소에 해당하는 것은?
① F, Cl, I, Ar
② F, I, Ar, Br
③ F, Cl, Br, I
④ F, Cl, Br, Ar

해설 할로젠족 원소
(1) 불소 : F
(2) 염소 : Cl
(3) 브로민(취소) : Br
(4) 아이오딘(옥소) : I

기억법 FClBrI

답 ③

02 화재발생시 물을 사용하여 소화하면 더 위험해지는 것은?
① 적린
② 질산암모늄
③ 나트륨
④ 황린

해설 주수소화(물소화)시 위험한 물질

위험물	발생물질
• 무기과산화물	산소(O_2) 발생
• 금속분 • 마그네슘 • 알루미늄 • 칼륨 • 나트륨 보기 ③ • 수소화리튬	수소(H_2) 발생
• 가연성 액체의 유류화재	연소면(화재면) 확대

답 ③

03 열원으로서 화학적 에너지에 해당되지 않는 것은?
① 분해열
② 연소열
③ 중합열
④ 마찰열

해설 ④ 마찰열 : 기계적 에너지

열에너지원의 종류

기계열 (기계적 점화원)	전기열 (전기적 점화원)	화학열 (화학적 점화원)
• **압**축열 • **마**찰열 보기 ④ • **마**찰스파크(스파크열)	• 유도열 • 유전열 • 저항열 • 아크열 • 정전기열 • 낙뢰에 의한 열	• **연**소열 보기 ② • **용**해열 • **분**해열 보기 ① • **생**성열 • **자**연발화열 • **중**합열 보기 ③

기억법 기압마

기억법 화연용분생자

• 기계적 점화원=기계적 에너지
• 전기적 점화원=전기적 에너지
• 화학적 점화원=화학적 에너지

답 ④

04 다음 중 인화점이 가장 낮은 물질은?
① 에틸렌글리콜
② 아세톤
③ 등유
④ 경유

해설
① 에틸렌글리콜 : 111℃
② 아세톤 : -18℃
③ 등유 : 43~72℃
④ 경유 : 50~70℃

인화점 vs 착화점

물질	인화점	착화점
• 프로필렌	-107℃	497℃
• 에틸에터 • 다이에틸에터	-45℃	180℃
• 가솔린(휘발유)	-43℃	300℃
• 산화프로필렌	-37℃	465℃
• 이황화탄소	-30℃	100℃
• 아세틸렌	-18℃	335℃
• 아세톤 보기 ②	-18℃	538℃
• 벤젠	-11℃	562℃
• 톨루엔	4.4℃	480℃

• 메틸알코올	11℃	464℃
• 에틸알코올	13℃	423℃
• 아세트산	40℃	-
• 등유 보기 ③	43~72℃	210℃
• 경유 보기 ④	50~70℃	200℃
• 적린	-	260℃
• 에틸렌글리콜 보기 ①	111℃	413℃

| 기억법 | 인산 이메등경 |

- 착화점=발화점=착화온도=발화온도
- 인화점=인화온도

답 ②

05 B급 화재에 해당하지 않는 것은?

① 목탄
② 등유
③ 아세톤
④ 이황화탄소

해설 ① 목탄: A급 화재

화재의 분류

화재 종류	표시색	적응물질
일반화재(A급)	백색	① 일반가연물(목탄) 보기 ① ② 종이류 화재 ③ **목재·섬유화재**
유류화재(B급)	황색	① 가연성 액체(등유, 경유, 아세톤 등) 보기 ②③ ② 가연성 가스(이황화탄소) 보기 ④ ③ 액화가스화재 ④ 석유화재 ⑤ 알코올류
전기화재(C급)	청색	전기설비
금속화재(D급)	무색	가연성 금속
주방화재(K급)	-	식용유화재

| 기억법 | 백황청무 |

※ 요즘은 표시색의 의무규정은 없음

답 ①

06 동식물유류에서 "아이오딘값이 크다."라는 의미로 옳은 것은?

① 불포화도가 높다.
② 불건성유이다.
③ 자연발화성이 낮다.
④ 산소와의 결합이 어렵다.

해설 "아이오딘값이 크다."라는 의미
(1) **불포화도**가 높다. 보기 ①

(2) **건성유**이다. 보기 ②
(3) 자연발화성이 높다. 보기 ③
(4) 산소와 결합이 쉽다. 보기 ④

※ **아이오딘값** : 기름 100g에 첨가되는 아이오딘의 g수

| 기억법 | 아불포 |

답 ①

07 화씨온도 122°F는 섭씨온도로 몇 ℃인가?

① 40
② 50
③ 60
④ 70

해설 (1) 기호
- °F : 122°F
- ℃ : ?

(2) 섭씨온도

$$℃ = \frac{5}{9}(°F - 32)$$

여기서, ℃ : 섭씨온도[℃]
°F : 화씨온도[°F]

섭씨온도 $℃ = \frac{5}{9}(°F - 32) = \frac{5}{9}(122 - 32) = 50℃$

섭씨온도와 켈빈온도

섭씨온도	켈빈온도
$℃ = \frac{5}{9}(°F - 32)$	$K = 273 + ℃$
여기서, ℃ : 섭씨온도[℃] °F : 화씨온도[°F]	여기서, K : 켈빈온도[K] ℃ : 섭씨온도[℃]

화씨온도와 랭킨온도

화씨온도	랭킨온도
$°F = \frac{9}{5}℃ + 32$	$°R = 460 + °F$
여기서, °F : 화씨온도[°F] ℃ : 섭씨온도[℃]	여기서, °R : 랭킨온도[R] °F : 화씨온도[°F]

답 ②

08 분말소화약제 중 A, B, C급의 화재에 모두 사용할 수 있는 것은?

① 제1종 분말소화약제
② 제2종 분말소화약제
③ 제3종 분말소화약제
④ 제4종 분말소화약제

해설 분말소화약제(질식효과)

종별	주성분	약제의 착색	적응 화재	비고
제1종	중탄산나트륨 ($NaHCO_3$)	백색	BC급	식용유 및 지방질유의 화재에 적합
제2종	중탄산칼륨 ($KHCO_3$)	담자색 (담회색)		–
제3종	인산암모늄 ($NH_4H_2PO_4$)	담홍색	ABC급 보기 ③	차고·주차장에 적합
제4종	중탄산칼륨+요소 ($KHCO_3+(NH_2)_2CO$)	회(백)색	BC급	–

기억법 3ABC(3종이니까 3가지 ABC급)

- 중탄산나트륨=탄산수소나트륨
- 중탄산칼륨=탄산수소칼륨
- 제1인산암모늄=인산암모늄=인산염
- 중탄산칼륨+요소=탄산수소칼륨+요소

답 ③

09 건축물 내부 화재시 연기의 평균 수직이동속도는 약 몇 m/s인가?

① 0.01~0.05
② 0.5~1
③ 2~3
④ 20~30

해설 연기의 이동속도

방향 또는 장소	이동속도
수평방향(수평이동속도)	0.5~1m/s
수직방향(수직이동속도)	2~3m/s 보기 ③
계단실 내의 수직이동속도	3~5m/s

기억법 3계5(삼계탕 드시러 오세요.)

답 ③

10 건축법상 건축물의 주요 구조부에 해당되지 않는 것은?

① 지붕틀
② 내력벽
③ 주계단
④ 최하층 바닥

해설 주요 구조부
(1) 내력**벽**
(2) **보**(작은 보 제외)
(3) **지**붕틀(차양 제외)
(4) **바**닥(최하층 바닥 제외) 보기 ④
(5) **주**계단(옥외계단 제외)
(6) **기**둥(사이기둥 제외)

※ **주요 구조부**: 건물의 구조 내력상 주요한 부분

기억법 벽보지 바주기

답 ④

11 물과 반응하여 가연성인 아세틸렌가스를 발생하는 것은?

① 나트륨
② 아세톤
③ 마그네슘
④ 탄화칼슘

해설 (1) **탄화칼슘**과 물의 반응식

$CaC_2 + 2H_2O \rightarrow Ca(OH)_2 + C_2H_2 \uparrow$ 보기 ④
탄화칼슘   물   수산화칼슘   아세틸렌

(2) **탄화알루미늄**과 물의 반응식

$Al_4C_3 + 12H_2O \rightarrow 4Al(OH)_3 + 3CH_4 \uparrow$
탄화알루미늄   물   수산화알루미늄   메탄

(3) **인화칼슘**과 물의 반응식

$Ca_3P_2 + 6H_2O \rightarrow 3Ca(OH)_2 + 2PH_3 \uparrow$
인화칼슘   물   수산화칼슘   포스핀

(4) **수소화리튬**과 물의 반응식

$LiH + H_2O \rightarrow LiOH + H_2$
수소화리튬   물   수산화리튬   수소

답 ④

12 열의 전달형태가 아닌 것은?

① 대류
② 산화
③ 전도
④ 복사

해설 열전달(열의 전달방법)의 종류

종류	설명
전도 보기 ③ (conduction)	하나의 물체가 다른 물체와 직접 접촉하여 열이 이동하는 현상
대류 보기 ① (convection)	유체의 흐름에 의하여 열이 이동하는 현상
복사 보기 ④ (radiation)	• 화재시 화원과 격리된 인접 가연물에 불이 옮겨 붙는 현상 • 열전달 매질이 없이 열이 전달되는 형태 • 열에너지가 전자파의 형태로 옮겨지는 현상으로, 가장 크게 작용한다.

기억법 전대복

용어 산화
가연물이 산소와 화합하는 것

비교 목조건축물의 화재원인

종류	설명
접염 (화염의 접촉)	화염 또는 열의 **접촉**에 의하여 불이 다른 곳으로 옮겨 붙는 것
비화	불티가 **바람**에 날리거나 화재현장에서 상승하는 **열기류** 중심에 휩쓸려 원거리 가연물에 착화하는 현상
복사열	복사파에 의하여 열이 **고온**에서 **저온**으로 이동하는 것

답 ②

13. 단백포 소화약제의 안정제로 철염을 첨가하였을 때 나타나는 현상이 아닌 것은?

① 포의 유면봉쇄성 저하
② 포의 유동성 저하
③ 포의 내화성 향상
④ 포의 내유성 향상

해설 ① 저하 → 향상(우수)

단백포의 장단점

장점	단점
① 내열성 우수	① 소화기간이 길다.
② 유면봉쇄성 우수 보기①	② 유동성이 좋지 않다. 보기②
③ 내화성 향상(우수) 보기③	③ 변질에 의한 저장성 불량
④ 내유성 향상(우수) 보기④	④ 유류오염

답 ①

14. 부피비가 메탄 80%, 에탄 15%, 프로판 4%, 부탄 1%인 혼합기체가 있다. 이 기체의 공기 중 폭발하한계는 약 몇 vol%인가? (단, 공기 중 단일 가스의 폭발하한계는 메탄 5vol%, 에탄 2vol%, 프로판 2vol%, 부탄 1.8vol%이다.)

① 2.2
② 3.8
③ 4.9
④ 6.2

해설 **혼합가스의 폭발하한계**

$$\frac{100}{L} = \frac{V_1}{L_1} + \frac{V_2}{L_2} + \frac{V_3}{L_3} + \cdots + \frac{V_n}{L_n}$$

여기서, L : 혼합가스의 폭발하한계(vol%)
L_1, L_2, L_3, L_n : 가연성 가스의 폭발하한계(vol%)
V_1, V_2, V_3, V_n : 가연성 가스의 용량(vol%)

$$\frac{100}{L} = \frac{V_1}{L_1} + \frac{V_2}{L_2} + \frac{V_3}{L_3} + \frac{V_4}{L_4}$$

$$\frac{100}{L} = \frac{80}{5} + \frac{15}{2} + \frac{4}{2} + \frac{1}{1.8}$$

$$\frac{100}{\frac{80}{5} + \frac{15}{2} + \frac{4}{2} + \frac{1}{1.8}} = L$$

$$L = \frac{100}{\frac{80}{5} + \frac{15}{2} + \frac{4}{2} + \frac{1}{1.8}} = 3.8\text{vol}\%$$

• 폭발하한계=연소하한계

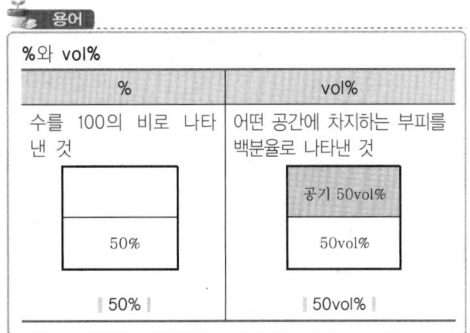

용어 **%와 vol%**

%	vol%
수를 100의 비로 나타낸 것	어떤 공간에 차지하는 부피를 백분율로 나타낸 것
50%	공기 50vol% / 50vol%
50%	50vol%

답 ②

15. 스테판-볼츠만(Stefan-Boltzmann)의 법칙에서 복사체의 단위표면적에서 단위시간당 방출되는 복사에너지는 절대온도의 얼마에 비례하는가?

① 제곱근
② 제곱
③ 3제곱
④ 4제곱

해설 **스테판-볼츠만의 법칙**

$$Q = aAF(T_1^4 - T_2^4)$$

여기서, Q : 복사열(W)
a : 스테판-볼츠만 상수(W/m²·K⁴)
A : 단면적(m²)
T_1 : 고온(273+℃)(K)
T_2 : 저온(273+℃)(K)

※ **스**테판-**볼**츠만의 법칙 : 복사체에서 발산되는 복사열은 복사체의 절대온도의 **4**제곱에 비례한다. 보기④

기억법 스볼4

• 4제곱=4승

답 ④

16. 가연물의 종류에 따른 화재의 분류로 틀린 것은?

① 일반화재 : A급
② 유류화재 : B급
③ 전기화재 : C급
④ 주방화재 : D급

해설 ④ D급 → K급

화재의 분류

화재 종류	표시색	적응물질
일반화재(A급) 보기 ①	백색	① 일반가연물(목탄) ② 종이류 화재 ③ 목재·섬유화재
유류화재(B급) 보기 ②	황색	① 가연성 액체(등유·아마인유 등) ② 가연성 가스 ③ 액화가스화재 ④ 석유화재 ⑤ 알코올류
전기화재(C급) 보기 ③	청색	전기설비
금속화재(D급)	무색	가연성 금속
주방화재(K급) 보기 ④	–	식용유화재

※ 요즘은 표시색의 의무규정은 없음

답 ④

17 가연물이 되기 위한 조건이 아닌 것은?
24.05.문06 / 20.08.문02 / 20.06.문04 / 18.03.문12 / 17.05.문18 / 15.03.문12 / 10.09.문08 / 09.08.문10 / 08.05.문02 / 08.03.문18 / 05.03.문01 / 04.03.문14

① 산화되기 쉬울 것
② 산소와의 친화력이 클 것
③ 활성화에너지가 클 것
④ 열전도도가 작을 것

해설 ③ 클 것 → 작을 것

가연물이 **연소**하기 쉬운 **조건**(가연물이 되기 위한 조건)
(1) 산소와 **친화력**이 클 것(산화되기 쉬울 것) 보기 ①②
(2) **발열량**이 클 것(연소열이 많을 것)
(3) **표면적**이 넓을 것(공기와 접촉면이 클 것)
(4) **열전도율**이 작을 것(열전도도가 작을 것) 보기 ④
(5) **활성화에너지**가 작을 것 보기 ③
(6) **연쇄반응**을 일으킬 수 있을 것

 용어

활성화에너지
가연물이 처음 연소하는 데 필요한 열

답 ③

18 감광계수에 따른 가시거리 및 상황에 대한 설명으로 틀린 것은?
24.07.문13 / 23.05.문02 / 21.03.문02 / 17.05.문10

① 감광계수 $0.1m^{-1}$는 연기감지기가 작동할 정도의 연기농도이고, 가시거리는 20~30m이다.
② 감광계수 $0.5m^{-1}$는 거의 앞이 보이지 않을 정도의 농도이고, 가시거리는 1~2m이다.
③ 감광계수 $10m^{-1}$는 화재 최성기 때의 연기농도를 나타낸다.

④ 감광계수 $30m^{-1}$는 출화실에서 연기가 분출할 때의 농도이다.

해설 ② $0.5m^{-1}$ → $1m^{-1}$

감광계수에 따른 **가시거리** 및 **상황**

감광계수 $[m^{-1}]$	가시거리 $[m]$	상 황
0.1	20~30	연기감지기가 작동할 때의 농도 보기 ①
0.3	5	건물 내부에 익숙한 사람이 피난에 지장을 느낄 정도의 농도
0.5	3	어두운 것을 느낄 정도의 농도
1	1~2	거의 앞이 보이지 않을 정도의 농도 보기 ②
10	0.2~0.5	화재 최성기 때의 농도 보기 ③
30	–	출화실에서 연기가 분출할 때의 농도 보기 ④

답 ②

19 안전을 위해서 물속에 저장하는 물질은?
18.04.문12 / 12.09.문16 / 09.08.문01

① 나트륨 ② 칼륨
③ 이황화탄소 ④ 과산화나트륨

해설 **저장물질**

위험물	저장장소
황린, 이황화탄소(CS_2) 보기 ③	물속
나이트로셀룰로오스	알코올 속
칼륨(K), 나트륨(Na), 리튬(Li)	석유류(등유) 속
아세틸렌(C_2H_2)	• 디메틸포름아미드(DMF) • 아세톤

답 ③

20 자연발화를 방지하는 방법이 아닌 것은?
24.07.문11 / 22.09.문18 / 15.09.문15 / 14.05.문15 / 08.05.문06

① 저장실의 온도를 높인다.
② 통풍을 잘 시킨다.
③ 열이 쌓이지 않게 퇴적방법에 주의한다.
④ 습도가 높은 곳을 피한다.

해설 ① 높인다. → 낮춘다.

자연발화의 방지법
(1) **습도**가 높은 곳을 **피할** 것(건조하게 유지할 것) 보기 ④
(2) 저장실의 온도를 낮출 것(주위온도를 낮게 유지) 보기 ①
(3) 통풍이 잘 되게 할 것 보기 ②
(4) 퇴적 및 수납시 열이 쌓이지 않게 할 것(**열축적방지**) 보기 ③
(5) 발열반응에 정촉매작용을 하는 물질을 피할 것

기억법 자습피

답 ①

제2과목 소방전기일반

21. 목표값이 시간에 관계없이 항상 일정한 값을 가지는 제어는?

① 정치제어
② 추종제어
③ 비율제어
④ 프로그램제어

해설 제어의 종류

제어 종류	설 명
정치제어 (fixed value control)	① 일정한 **목표값**을 **유지**하는 것으로 **프로세스제어, 자동조정**이 이에 해당된다. 예 연속식 압연기 ② 목표값이 시간에 관계 없이 항상 일정한 값을 가지는 제어 보기 ①
추종제어 (follow-up control)	① 목표치가 임의로 변화하는 제어 ② 미지의 시간적 변화를 하는 목표값에 제어량을 추종시키기 위한 제어로 **서보기구**가 이에 해당된다. 예 대공포의 포신
비율제어 (ratio control)	① 둘 이상의 제어량을 소정의 비율로 제어하는 것 ② 연료의 유량과 공기의 유량과의 사이의 비율을 연소에 적합한 것으로 유지하고자 하는 제어방식
프로그램제어 =프로그래밍제어 (program control)	목표값이 **미리 정해진 시간적 변화**를 하는 경우 제어량을 그것에 추종시키기 위한 제어 예 **열차·산업로봇의 무인운전**, 엘리베이터

중요

제어량에 의한 **분류**

분류방법	제어량
프로세스제어	•**온**도 •**압**력 •**유**량 •**액**면 기억법 프온압유액
서보기구	•**위**치 •**방**위 •**자**세 기억법 서위방자(스위스 방자하나)
자동조정	•**전**압 •**전**류 •**주**파수 •**회**전속도 •**장**력 기억법 자전주회장

• 프로세스제어 = 공정제어

답 ①

22. 간선의 굵기를 결정하는 데 고려하지 않아도 되는 것은?

① 허용전류
② 전압강하
③ 전선관의 굵기
④ 기계적 강도

해설 전선의 굵기를 결정하는 요소

(1) **허**용전류 보기 ① ┐
(2) **전**압강하 보기 ② ├ 3요소
(3) **기**계적 강도 보기 ④ ┘
(4) 역률
(5) 수용률
(6) 부하용량

기억법 허전기

답 ③

23. 5Ω, 10Ω, 25Ω의 저항 3개를 직렬로 접속하고 80V의 전압을 인가하였을 때, 이 회로에 흐르는 전류 I[A]와 각 저항에 걸리는 전압 V_5[V], V_{10}[V], V_{25}[V]는 각각 얼마인가?

① $I=1A$, $V_5=10V$, $V_{10}=20V$, $V_{25}=50V$
② $I=2A$, $V_5=10V$, $V_{10}=20V$, $V_{25}=50V$
③ $I=1A$, $V_5=15V$, $V_{10}=25V$, $V_{25}=40V$
④ $I=2A$, $V_5=15V$, $V_{10}=25V$, $V_{25}=40V$

해설 (1) 기호

- $R_1 : 5Ω$
- $R_2 : 10Ω$
- $R_3 : 25Ω$
- $V : 80V$
- $V_5 : ?$
- $V_{10} : ?$
- $V_{25} : ?$

문제를 회로로 표현하면

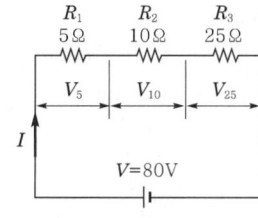

(2) 전체 전류

$$I = \frac{V}{R_1 + R_2 + R_3}$$

여기서, I : 전체 전류[A]
R_1, R_2, R_3 : 각각의 저항[Ω]
V : 전체 전압[V]

전체 전류 I는

$$I = \frac{V}{R_1+R_2+R_3} = \frac{80}{5+10+25} = 2A$$

(3) 전압

$$V = IR$$

여기서, V : 전압[V]
I : 전류[A]
R : 저항[Ω]

R_1의 전압 V_5는
$V_5 = IR_1 = 2 \times 5 = 10V$

R_2의 전압 V_{10}은
$V_{10} = IR_2 = 2 \times 10 = 20V$

R_3의 전압 V_{25}는
$V_{25} = IR_3 = 2 \times 25 = 50V$

답 ②

24 100V, 800W, 역률 80%인 회로의 리액턴스[Ω]는?

23.05.문40
19.04.문24
18.04.문33
16.05.문36
05.09.문32
04.03.문36

① 4
② 6
③ 8
④ 10

해설 (1) 기호
- V : 100V
- P : 800W
- $\cos\theta$: 80%=0.8
- X : ?

(2) 무효율

$$\sin\theta = \sqrt{1-\cos\theta^2}$$

여기서, $\sin\theta$: 무효율
$\cos\theta$: 역률

무효율 $\sin\theta$는
$\sin\theta = \sqrt{1-\cos\theta^2} = \sqrt{1-0.8^2} = 0.6$

(3) 유효전력

$$P = VI\cos\theta = I^2 R$$

여기서, P : 유효전력[W]
V : 전압[V]
I : 전류[A]
$\cos\theta$: 역률
R : 저항[Ω]

전류 I는
$I = \frac{P}{V\cos\theta} = \frac{800}{100 \times 0.8} = 10A$

(4) 무효전력

$$P_r = VI\sin\theta = I^2 X$$

여기서, P_r : 무효전력[Var]
V : 전압[V]
I : 전류[A]
$\sin\theta$: 무효율
X : 리액턴스[Ω]

$\boxed{VI\sin\theta = I^2 X}$ 에서

$$X = \frac{VI\sin\theta}{I^2} = \frac{V\sin\theta}{I} = \frac{100 \times 0.6}{10} = 6Ω$$

답 ②

25 PID 동작에 해당되는 것은?

23.03.문32
19.04.문27
18.09.문34
15.03.문34
14.05.문26
11.03.문29
10.05.문33

① 응답속도를 빨리할 수 있으나 오프셋은 제거되지 않는다.
② 사이클링을 제거할 수 있으나 오프셋이 생긴다.
③ 사이클링과 오프셋이 제거되고 응답속도가 빠르며, 안정성이 있다.
④ 오프셋은 제거되나 제어동작에 큰 부동작시간이 있으면 응답이 늦어진다.

해설 연속제어

구 분	설 명
비례제어(P동작)	**잔류편차**가 있는 제어
적분제어(I동작)	**잔류편차**를 제거하기 위한 제어
비례**적**분제어(PI동작)	**간헐현상**이 있는 제어 **기억법** 비적간
비례적분미분제어(PID동작)	• **간**헐현상을 **제거**하기 위한 제어 • **사**이클링과 **오**프셋이 제거되는 제어 **보기 ③** • 응답속도가 빠르고 안정성이 있음 **보기 ③** • 정상 특성과 응답의 속응성을 동시에 개선시키기 위한 제어 **기억법** PID 사오

중요

제어동작에 의한 분류

연속제어(연속동작)	불연속제어(불연속동작)
• 비례제어(P동작) • 미분제어(D동작) • 적분제어(I동작) • 비례적분제어(PI동작) • 비례적분미분제어(PID동작)	• 2위치제어(ON-OFF동작) • 샘플값제어

답 ③

26 다음 그림과 같은 브리지회로에서 흐르는 전류는 몇 A인가?

24.03.문28
23.05.문23
18.03.문31
14.05.문30
14.03.문28
12.03.문33
08.09.문22

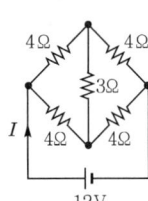

① 3
② 4
③ 4.5
④ 5

 (1) **휘트스톤브리지**(Wheatstone bridge)의 원리에 의해 3Ω에는 전류가 흐르지 않으므로 등가회로로 나타내면 다음과 같다.

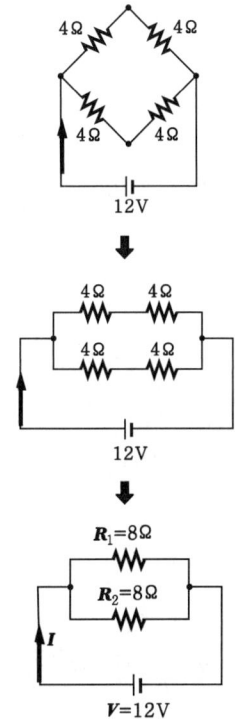

합성저항 R은
$$R = \frac{R_1 \times R_2}{R_1 + R_2} = \frac{8 \times 8}{8+8} = 4\Omega$$

(2) **전류**
$$I = \frac{V}{R}$$

여기서, I : 전류[A]
V : 전압[V]
R : 저항[Ω]

전류 I는
$$I = \frac{V}{R} = \frac{12}{4} = 3A$$

답 ①

중요

휘트스톤브리지
(1) $I_1 P = I_2 Q$
(2) $I_1 X = I_2 R$
∴ $PR = QX$ (마주 보는 변의 곱은 서로 같다.)

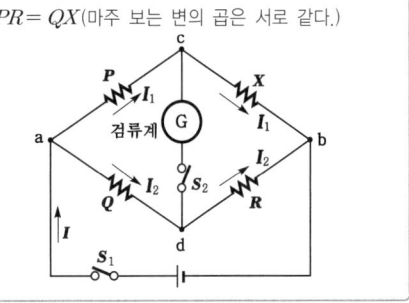

27 논리식 $(X + \overline{X+Y})$를 간단히 정리한 것은?

24.07.문26
24.05.문21
24.03.문27
23.09.문26
23.05.문27
22.04.문40
22.03.문22
21.05.문31
21.03.문21
21.03.문32
20.09.문28
20.06.문33
19.09.문24

① $\overline{X}$
② $X + \overline{Y}$
③ X
④ $\overline{X} + Y$

 $(X + \overline{X+Y}) = X + \overline{X} \cdot \overline{Y} = X + \overline{Y}$ ← 흡수법칙

불대수의 정리

논리합	논리곱	비 고
$X + 0 = X$	$X \cdot 0 = 0$	–
$X + 1 = 1$	$X \cdot 1 = X$	–
$X + X = X$	$X \cdot X = X$	–
$X + \overline{X} = 1$	$X \cdot \overline{X} = 0$	–
$X + Y = Y + X$	$X \cdot Y = Y \cdot X$	교환법칙
$X + (Y+Z)$ $= (X+Y) + Z$	$X(YZ) = (XY)Z$	결합법칙
$X(Y+Z)$ $= XY + XZ$	$(X+Y)(Z+W)$ $= XZ + XW + YZ + YW$	분배법칙
$X + XY = X$	$\overline{X} + XY = \overline{X} + Y$ $X + \overline{X}Y = X + Y$ $X + \overline{X}\overline{Y} = X + \overline{Y}$ 보기 ②	흡수법칙
$\overline{(X+Y)}$ $= \overline{X} \cdot \overline{Y}$ 보기 ②	$\overline{(X \cdot Y)} = \overline{X} + \overline{Y}$	드모르간의 정리

답 ②

28. 열팽창식 온도계의 종류가 아닌 것은?

① 유리 온도계
② 압력식 온도계
③ 열전대 온도계
④ 바이메탈 온도계

해설 ③ 열전대 온도계 : 전기신호식 온도계

열팽창식 온도계	전기신호식 온도계
① **유**리 온도계 [보기 ①] ② **압**력식 온도계 [보기 ②] ③ **바**이메탈 온도계 [보기 ④] ④ 알코올 온도계 ⑤ 수은 온도계	열전대 온도계 [보기 ③]

기억법 유압바

답 ③

29. 그림의 블록선도에서 $\dfrac{C(s)}{D(s)}$ 는?

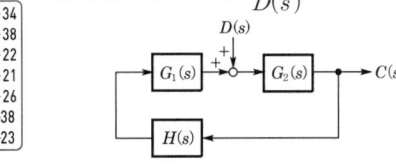

① $\dfrac{G_2(s)}{1 - G_1(s)G_2(s)H(s)}$

② $\dfrac{G_1(s)G_2(s)}{H(s)}$

③ $\dfrac{H(s)}{G_1(s)G_2(s)}$

④ $\dfrac{G_1(s)}{1 - G_1(s)G_2(s)H(s)}$

해설

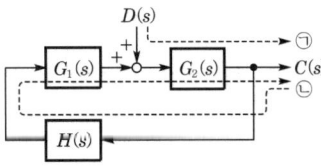

$D(s)G_2(s) + CG_1(s)G_2(s)H(s) = C(s)$
$DG_2 + CG_1G_2H = C$ ← 계산편의를 위해 (s) 생략
$DG_2 = C - CG_1G_2H$
$DG_2 = C(1 - G_1G_2H)$
$\dfrac{G_2}{1 - G_1G_2H} = \dfrac{C}{D}$
$\dfrac{C}{D} = \dfrac{G_2}{1 - G_1G_2H}$
$\dfrac{C(s)}{D(s)} = \dfrac{G_2(s)}{1 - G_1(s)G_2(s)H(s)}$ ← (s) 다시 붙임

용어

블록선도
제어계에서 신호전송상태를 나타내는 계통도

답 ①

30. 그림과 같이 전류계 A_1, A_2를 접속하였더니 A_1에는 30A, A_2에는 10A를 지시하였다. 전류계 A_2의 내부저항은 몇 Ω인가?

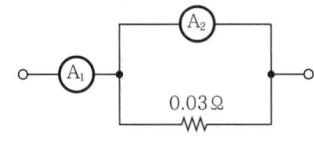

① 0.01
② 0.03
③ 0.06
④ 0.09

해설 (1) 기호
- I_0 : 30A
- I : 10A
- R_S : 0.03Ω
- R_A : ?

(2) 분류기

$$I_0 = I\left(1 + \dfrac{R_A}{R_S}\right) [A]$$

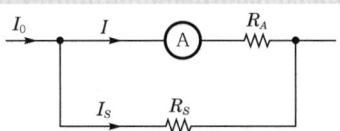

여기서, I_0 : 측정하고자 하는 전류[A]
I : 전류계의 최대눈금[A]
R_A : 전류계의 내부저항[Ω]
R_S : 분류기 저항[Ω]

$I_0 = I\left(1 + \dfrac{R_A}{R_S}\right)$
$\dfrac{I_0}{I} = 1 + \dfrac{R_A}{R_S}$
$\dfrac{I_0}{I} - 1 = \dfrac{R_A}{R_S}$
$R_S\left(\dfrac{I_0}{I} - 1\right) = R_A$
$R_A = R_S\left(\dfrac{I_0}{I} - I\right) = 0.03\left(\dfrac{30}{10} - 1\right) = 0.06$Ω

용어

분류기(shunt)
전류계의 측정범위를 확대하기 위해 **전류계**와 **병렬**로 접속하는 저항

비교

배율기

$$V_0 = V\left(1 + \dfrac{R_m}{R_v}\right) [V]$$

여기서, V_0 : 측정하고자 하는 전압[V]
V : 전압계의 최대눈금[V]
R_v : 전압계의 내부저항[Ω]
R_m : 배율기 저항[Ω]

답 ③

31
전압계와 전류계를 사용하여 전압 및 전류를 측정하려는 경우의 연결방법으로 옳은 것은?

① 전압계 : 직렬, 전류계 : 병렬
② 전압계 : 직렬, 전류계 : 직렬
③ 전압계 : 병렬, 전류계 : 병렬
④ 전압계 : 병렬, 전류계 : 직렬

해설 전압계와 전류계

전압계	전류계
부하에 **병렬**연결	부하에 **직렬**연결
기억법 압병(합병)	

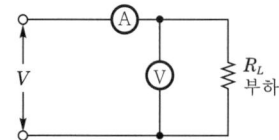

비교 배율기와 분류기

배율기(multiplier)	분류기(shunt)
전압계와 **직렬**연결	전류계와 **병렬**연결
여기서, V_0 : 측정하고자 하는 전압[V] V : 전압계의 최대 눈금[V] R_v : 전압계의 내부저항[Ω] R_m : 배율기[Ω]	여기서, I_0 : 측정하고자 하는 전류[A] I : 전류계의 최대 눈금[A] R_A : 전류계의 내부저항[Ω] I_S : 분류기에 흐르는 전류[A] R_S : 분류기[Ω]

답 ④

32
두 코일이 결합계수 1로 인접해 있다. 코일 1의 자기인덕턴스가 10μH이고, 코일 2의 자기인덕턴스가 5μH일 때 이 코일의 상호인덕턴스는 약 몇 μH인가?

① 3 ② 5
③ 7 ④ 10

해설 (1) 기호
- L_1 : 10μH
- L_2 : 5μH
- k : 1
- M : ?

(2) **상호인덕턴스**(mutual inductance)

$$M = k\sqrt{L_1 L_2}$$

여기서, M : 상호인덕턴스[μH]
k : 결합계수
L_1, L_2 : 자기인덕턴스[μH]

• 상호인덕턴스=상호유도계수

상호인덕턴스 M 은
$M = k\sqrt{L_1 L_2} = 1\sqrt{10 \times 5} = 7.07 \fallingdotseq 7\mu H$

중요 결합계수

$k=0$	$k=1$
두 코일 직교시	이상결합·완전결합시

답 ③

33
다음 중 강자성체에 속하지 않는 것은?

① Fe
② Ni
③ Cu
④ Co

해설 ③ 구리(Cu) : 반자성체

자성체의 종류

자성체	종류
상자성체 (paramagnetic material)	**알**루미늄(Al), **백**금(Pt) 기억법 상알백
반자성체 (diamagnetic material)	금(Au), 은(Ag), **구리(Cu)**, 아연(Zn), 탄소(C)
강자성체 (ferromagnetic material)	**니**켈(Ni), **코**발트(Co), **망**가니즈(Mn), **철**(Fe) 기억법 강니코망철

답 ③

34
테브난의 정리를 이용하여 그림 (a)의 회로를 그림 (b)와 같은 등가회로로 만들고자 할 때 E[V]와 R[Ω]은?

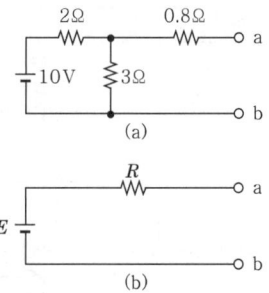

① 5, 2 ② 5, 3
③ 6, 2 ④ 6, 3

[해설] 테브난의 정리에 의해 0.8Ω에는 전압이 가해지지 않으므로

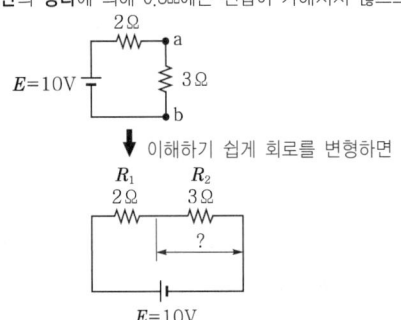

$$E_{ab} = \frac{R_2}{R_1 + R_2} E = \frac{3}{2+3} \times 10 = 6V$$

전압원을 단락하고 회로망에서 본 저항 R은

$$R = \frac{2 \times 3}{2 + 3} + 0.8 = 2Ω$$

[용어]
테브난의 정리(테브냉의 정리)
2개의 독립된 회로망을 접속하였을 때의 전압·전류 및 임피던스의 관계를 나타내는 정리

답 ③

35 ★★★
23.03.문26
17.09.문24
14.03.문35
11.03.문37

다음 그림과 같은 다이오드 게이트회로에서 출력전압은 약 몇 V인가? (단, 다이오드 내의 전압강하는 무시한다.)

① 0
② 5
③ 10
④ 20

[해설] OR gate이므로 3개의 입력신호 중 어느 하나라도 1(5V)이면 출력신호가 1(5V)이 된다.

명 칭	회 로
OR 게이트 보기 ②	+5V, +5V, 0V 입력 → 출력, 전압 0
AND 게이트	+5V, +5V, 0V 입력 → 출력

[중요]
논리회로

명 칭	회 로
AND 게이트	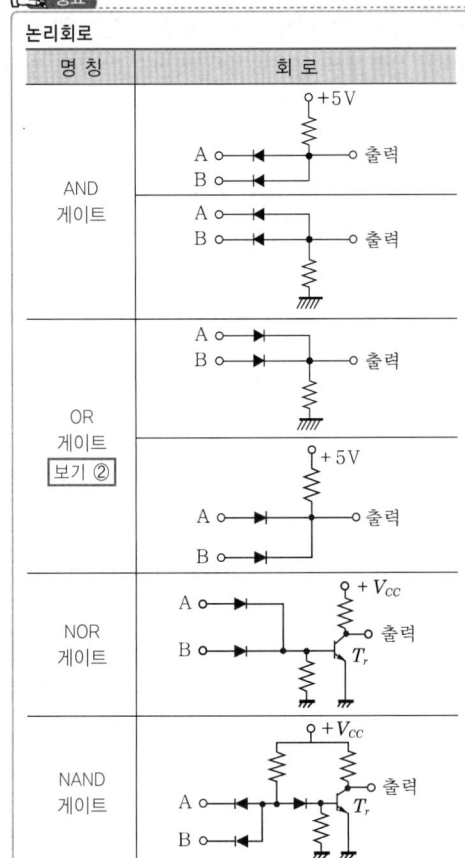
OR 게이트 보기 ②	
NOR 게이트	
NAND 게이트	

답 ②

36 ★★★
23.09.문33
19.09.문25
10.09.문27

회로에서 저항 20Ω에 흐르는 전류[A]는?

① 0.8
② 1.0
③ 1.8
④ 2.8

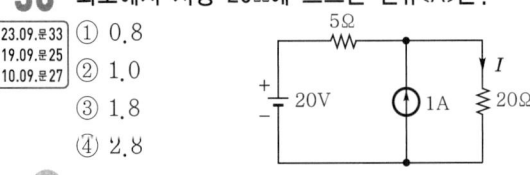

[해설] 중첩의 원리
(1) 전압원 단락시

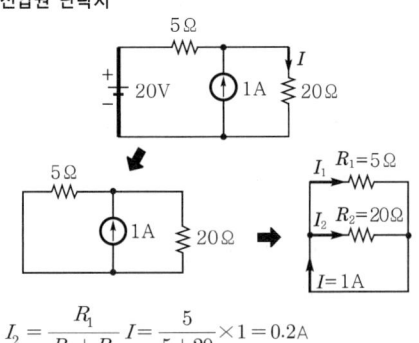

$$I_2 = \frac{R_1}{R_1 + R_2} I = \frac{5}{5 + 20} \times 1 = 0.2A$$

(2) **전류원 개방시**

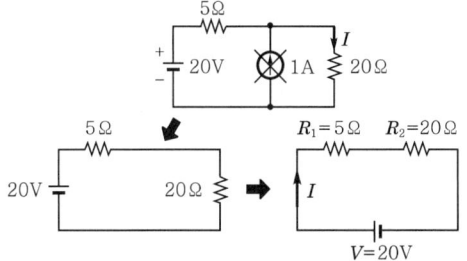

$$I = \frac{V}{R_1 + R_2} = \frac{20}{5+20} = 0.8\text{A}$$

∴ 20Ω에 흐르는 전류 = $I_2 + I = 0.2 + 0.8 = 1\text{A}$

- 중첩의 원리 = 전압원 단락시 값 + 전류원 개방시 값

용어

중첩의 원리
여러 개의 기전력을 포함하는 선형회로망 내의 **전류분포**는 각 기전력이 단독으로 그 위치에 있을 때 흐르는 **전류분포**의 합과 같다.

답 ②

37
저항 R과 커패시턴스 C의 직렬회로에서 시정수 [s]는?

① RC ② $\dfrac{C}{R}$
③ $\dfrac{1}{RC}$ ④ $\dfrac{R}{C}$

해설 시정수

명 칭	회 로	시정수
RL 직렬회로	R L	$\tau = \dfrac{L}{R}$ [s]
	R_1 R_2 L	$\tau = \dfrac{L}{R_1 + R_2}$ [s]
RC 직렬회로	R C	$\tau = RC$ [s]
LC 직렬회로	L C	$\tau = \sqrt{LC}$ [s]

답 ①

38
직류 전용으로 눈금이 균등하고 감도가 높으며, 정밀용으로 적합한 계기는?

① 열전대형
② 가동철편형
③ 가동코일형
④ 전류력계형

해설 가동코일형
직류 전용으로 눈금이 균등하고 감도가 높으며, **정밀용**으로 적합한 계기

중요

지시전기계기의 종류

종류	특징	사용회로	사용계기
가동철편형	• 구조가 간단하다. • 튼튼하게 만들 수 있다. • 가격이 저렴하다.	교류	• 전압계 • 전류계 • 저항계
정전형	• 눈금이 균일하다. • 계기내부의 전력손실이 없다. • 고전압 계기로 적합하다. • 외부정전장의 영향을 받는다.	교직양용	• 전압계
가동코일형	• 확도(accuracy)가 높다. • 사용범위가 넓다. • 외부자장의 영향이 적다.	직류	• 전압계 • 전류계 • 저항계
열전대형	• 주파수의 변화에 의한 오차가 극히 작다. • 과전류에 약하다. • 지시에 시간적 늦음이 있다.	교직양용	• 전압계 • 전류계 • 전력계

답 ③

39
6F와 4F의 커패시터가 직렬로 접속된 회로에 전압 30V를 가했을 때, 6F의 커패시터 단자전압 V_1은 몇 V인가?

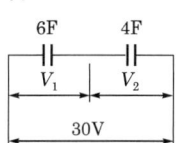

① 10 ② 12
③ 15 ④ 18

해설 각각의 전압

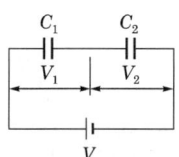

$$V_1 = \frac{C_2}{C_1 + C_2} V, \quad V_2 = \frac{C_1}{C_1 + C_2} V$$

여기서, V_1 : C_1에 걸리는 전압[V]
V_2 : C_2에 걸리는 전압[V]
C_1, C_2 : 각각의 정전용량[F]
V : 전체 전압[V]

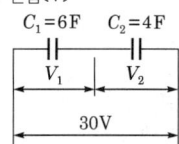

$$V_1 = \frac{C_2}{C_1 + C_2} V = \frac{4}{6+4} \times 30 = 12\text{V}$$

답 ②

40 급수펌프가 교류 3상 평형 Y결선으로 운전되고 있다. 상전압의 크기는 220V, 선전류는 $8+j6$A 일 때, 유효전력 P(W)와 무효전력 Q(Var)는?

24.05.문21
19.09.문32
14.05.문36

① 2488W, 1866Var
② 3048W, 2286Var
③ 4310W, 3233Var
④ 5280W, 3960Var

해설 Y결선

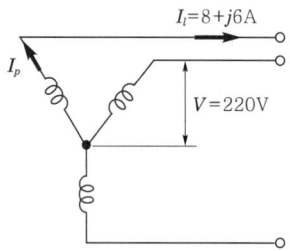

(1) 기호
- V_p : 220V
- I_l : $8+j6$A
- P : ?
- $P_r(Q)$: ?

(2) 상전류
$$I_p = I_l$$
여기서, I_p : 상전류(A)
I_l : 선전류(A)
상전류 I_p는
$I_p = I_l = 8+j6 = \sqrt{8^2+6^2} = 10$A

(3) 임피던스
$$Z = R+jX$$
여기서, Z : 임피던스(Ω)
R : 저항(Ω)
X : 리액턴스(Ω)
임피던스 Z는
$Z = R+jX$
   ↓   ↓
$= 8+j6 = \sqrt{8^2+6^2} = 10$Ω

- R : 8Ω
- X : 6Ω

(4) 저항
$$R = Z\cos\theta$$
여기서, R : 저항(Ω)
Z : 임피던스(Ω)
$\cos\theta$: 역률
역률 $\cos\theta$는
$\cos\theta = \dfrac{R}{Z} = \dfrac{8}{10} = 0.8$

(5) 리액턴스
$$X = Z\sin\theta$$
여기서, X : 리액턴스(Ω)
Z : 임피던스(Ω)
$\sin\theta$: 무효율
무효율 $\sin\theta$는
$\sin\theta = \dfrac{X}{Z} = \dfrac{6}{10} = 0.6$

(6) 3상 유효전력
$$P = 3V_pI_p\cos\theta = \sqrt{3}V_lI_l\cos\theta$$
여기서, P : 3상 유효전력(W), V_p : 상전압(V)
I_p : 상전류(A), $\cos\theta$: 역률
V_l : 선간전압(V), I_l : 선전류(A)
3상 유효전력 P는
$P = 3V_pI_p\cos\theta$
$= 3 \times 220 \times 10 \times 0.8 = $ **5280W**

(7) 3상 무효전력
$$P_r = 3V_pI_p\sin\theta = \sqrt{3}V_lI_l\sin\theta$$
여기서, P_r : 3상 무효전력(Var), V_p : 상전압(V)
I_p : 상전류(A), $\sin\theta$: 무효율
V_l : 선간전압(V), I_l : 선전류(A)
3상 무효전력 $P_r(Q)$는
$P_r(Q) = 3V_pI_p\sin\theta$
$= 3 \times 220 \times 10 \times 0.6 = $ **3960Var**

답 ④

제 3 과목 소방관계법규

41 위험물제조소에 환기설비를 설치할 경우 바닥면적이 100m²이면 급기구의 면적은 몇 cm² 이상이어야 하는가?

19.04.문55
16.10.문51

① 150 ② 300
③ 450 ④ 600

해설 위험물규칙 [별표 4]
위험물제조소의 환기설비
(1) 환기는 **자연배기방식**으로 할 것
(2) 급기구는 바닥면적 **150m²**마다 1개 이상으로 하되, 그 크기는 **800cm²** 이상일 것

바닥면적	급기구의 면적
60m² 미만	150cm² 이상
60~90m² 미만	300cm² 이상
90~120m² 미만 →	450cm² 이상
120~150m² 미만	600cm² 이상

(3) 급기구는 **낮은 곳**에 설치하고, 가는 눈의 구리망 등으로 **인화방지망**을 설치할 것
(4) 환기구는 지붕 위 또는 지상 **2m** 이상의 높이에 **회전식 고정벤티레이터** 또는 **루프팬방식**으로 설치할 것

답 ③

42 소방시설공사업법상 소방시설업자가 등록을 한 후 정당한 사유없이 1년이 지날 때까지 영업을 개시하지 아니하거나 계속하여 1년 이상 휴업한 때는 몇 개월 이내의 영업정지를 당할 수 있나?

① 1개월 이내 ② 2개월 이내
③ 3개월 이내 ④ 6개월 이내

해설 공사업법 9조
소방시설업 등록의 취소와 6개월 이내 영업정지
(1) **등록의 취소 또는 6개월 이내 영업정지**
 ㉠ 등록기준에 미달하게 된 후 30일 경과
 ㉡ 등록의 결격사유에 해당하는 경우
 ㉢ **거짓**, 그 밖의 **부정한 방법**으로 등록을 한 경우
 ㉣ 계속하여 **1년** 이상 휴업한 때
 ㉤ 등록을 한 후 정당한 사유없이 **1년**이 지날 경우
 ㉥ 등록증 또는 등록수첩을 빌려준 경우
(2) **등록 취소**
 ㉠ 거짓, 그 밖의 **부정한 방법**으로 등록을 한 경우
 ㉡ 등록 **결격사유**에 해당한 경우
 ㉢ 영업정지기간 중에 소방시설공사 등을 한 경우

답 ④

43 소방기본법령상 소방신호의 종류가 아닌 것은?

① 발화신호 ② 해제신호
③ 훈련신호 ④ 소화신호

해설 기본규칙 10조
소방신호의 종류

소방신호	설 명
경계신호	• 화재예방상 필요하다고 인정되거나 **화재위험경보**시 발령
발화신호 보기 ①	• **화재**가 **발생**한 때 발령
해제신호 보기 ②	• 소화활동이 필요없다고 인정되는 때 발령
훈련신호 보기 ③	• **훈련**상 필요하다고 인정되는 때 발령

기억법 경발해훈

중요

기본규칙 〔별표 4〕
소방신호표

신호방법 종별	타종 신호	사이렌 신호
경계신호	1타와 연 2타를 반복	5초 간격을 두고 30초씩 3회
발화신호	난타	5초 간격을 두고 5초씩 3회
해제신호	상당한 간격을 두고 1타씩 반복	1분간 1회
훈련신호	연 3타 반복	10초 간격을 두고 1분씩 3회

답 ④

44 국가가 시·도의 소방업무에 필요한 경비의 일부를 보조하는 국고보조대상이 아닌 것은?

① 사무용 기기
② 소방전용통신설비
③ 소방자동차
④ 소방관서용 청사의 건축

해설 ① 국고보조대상이 아님

기본령 2조
국고보조의 대상 및 기준
(1) **국고보조의 대상**
 ㉠ 소방활동장비와 설비의 구입 및 설치
 • 소방**자**동차 보기 ③
 • 소방**헬**리콥터·소방정
 • 소방**전**용통신설비·전산설비 보기 ②
 • 방**화**복
 ㉡ 소방관서용 **청**사 보기 ④
(2) **소방활동장비 및 설비의 종류와 규격** : 행정안전부령
(3) **대상사업의 기준보조율** : 「보조금관리에 관한 법률 시행령」에 따름

기억법 국화복 활자 전헬청

답 ①

45 소방기본법령상 소방대상물에 해당하지 않는 것은?

① 차량
② 건축물
③ 운항 중인 선박
④ 선박건조구조물

해설 ③ 운항 중인 → 매어 둔

기본법 2조 1호
소방대상물
(1) **건**축물 보기 ②
(2) **차**량 보기 ①
(3) **선**박(매어둔 것) 보기 ③
(4) **선**박건조구조물 보기 ④
(5) **인**공구조물
(6) **물**건
(7) **산**림

기억법 건차선 인물산

비교

위험물법 3조
위험물의 저장·운반·취급에 대한 적용 제외
(1) 항공기
(2) 선박
(3) 철도(기차)
(4) 궤도

답 ③

46. 소방시설공사의 하자보수기간으로 옳은 것은?

① 유도등 : 1년
② 자동소화장치 : 3년
③ 자동화재탐지설비 : 2년
④ 소화용수설비 : 2년

해설 공사업령 6조
소방시설공사의 하자보수 보증기간

보증기간	소방시설
2년	• **유**도등 · **피**난기구 • **비상조**명등 · 비상**경**보설비 · 비상**방**송설비 • **무**선통신보조설비
3년	• 자동소화장치 [보기 ②] • 옥내·외 소화전설비 • 스프링클러설비 • 물분무등소화설비 · 소화용수설비 • 자동화재탐지설비 · 소화활동설비(무선통신보조설비 제외) • 화재알림설비

기억법 유비조경방무피2(유비조경방무피투)

답 ②

47. 위험물안전관리법령에 따라 위험물안전관리자를 해임하거나 퇴직한 때에는 해임하거나 퇴직한 날부터 며칠 이내에 다시 안전관리자를 선임하여야 하는가?

① 30일
② 35일
③ 40일
④ 55일

해설 30일
(1) 소방시설업 등록사항 변경신고(공사업규칙 6조)
(2) **위험물안전관리자의 재선임**(위험물안전관리법 15조) [보기 ①]
(3) 소방안전관리자의 재선임(화재예방법 시행규칙 14조)
(4) 도급계약 해지(공사업법 23조)
(5) 소방시설공사 중요사항 변경시의 신고일(공사업규칙 12조)
(6) 소방기술자 실무교육기관 지정서 발급(공사업규칙 32조)
(7) 소방공사감리자 변경서류 제출(공사업규칙 15조)
(8) 승계(위험물법 10조)
(9) 위험물안전관리자의 직무대행(위험물법 15조)
⑩ 탱크시험자의 변경신고일(위험물법 16조)

답 ①

48. 제조소 등의 설치허가 등에 있어서 최저의 기준이 되는 위험물의 지정수량이 100kg인 위험물의 품명이 바르게 연결된 것은?

① 브로민산염류 - 질산염류 - 아이오딘산염류
② 칼륨 - 나트륨 - 알킬알루미늄
③ 황화인 - 적린 - 황
④ 과염소산 - 과산화수소 - 질산

해설 위험물령 [별표 1]
제2류 위험물

성질	품명	지정수량
가연성 고체	황화인	100kg
	적린	
	황	
	철분	500kg
	금속분	
	마그네슘	
	인화성 고체	1000kg

중요
위험물령 [별표 1]
제1류 위험물

성질	품명	지정수량
산화성 고체	아염소산염류	50kg
	염소산염류	
	과염소산염류	
	무기과산화물	
	브로민산염류	300kg
	질산염류	
	아이오딘산염류	
	과망가니즈산염류	1000kg
	다이크로뮴산염류	

답 ③

49. 특정소방대상물에 사용하는 물품으로 방염대상물품에 해당하지 않는 것은? (단, 제조 또는 가공 공정에서 방염처리한 물품이다.)

① 가구류
② 창문에 설치하는 커튼류
③ 무대용 합판
④ 두께가 2mm 미만인 종이벽지를 제외한 벽지류

해설 소방시설법 시행령 31조
방염대상물품

제조 또는 가공 공정에서 방염처리를 한 물품	건축물 내부의 천장이나 벽에 부착하거나 설치하는 것
① 창문에 설치하는 **커튼류**(블라인드 포함) [보기 ②] ② 카펫 ③ **벽지류**(두께 2mm 미만 종이벽지 제외) [보기 ④] ④ 전시용 합판·목재 또는 섬유판 ⑤ 무대용 합판·목재 또는 섬유판 [보기 ③] ⑥ 암막·무대막(영화상영관·가상체험 체육시설업의 스크린 포함) ⑦ 섬유류 또는 합성수지류 등을 원료로 하여 제작된 소파·의자(단란주점영업, 유흥주점영업 및 노래연습장업의 영업장에 설치하는 것만 해당)	① 종이류(두께 2mm 이상), 합성수지류 또는 섬유류를 주원료로 한 물품 ② 합판이나 목재 ③ 공간을 구획하기 위하여 설치하는 간이칸막이 ④ 흡음재(흡음용 커튼 포함) 또는 방음재(방음용 커튼 포함) ※ 가구류(옷장, 찬장, 식탁, 식탁용 의자, 사무용 책상, 사무용 의자, 계산대)와 너비 10cm 이하인 반자돌림대, 내부 마감재료 제외

답 ①

50 다음 중 위험물안전관리법령상 제3류 위험물이 아닌 것은?

① 칼륨
② 황린
③ 나트륨
④ 마그네슘

해설 ④ 제2류 위험물

위험물령 〔별표 1〕
위험물

유별	성질	품명
제1류	산화성 고체	• 아염소산염류 • 염소산염류 • 과염소산염류 • 질산염류(질산칼륨) • 무기과산화물(과산화바륨) 기억법 1산고(일산GO)
제2류	가연성 고체	• 황화인 • 적린 • 황 • 마그네슘 보기 ④ 기억법 황화적황마
제3류	자연발화성 물질 금수성 물질	• 황린(P_4) 보기 ② • 칼륨(K) 보기 ① • 나트륨(Na) 보기 ③ • 알킬알루미늄 • 알킬리튬 • 칼슘 또는 알루미늄의 탄화물류 (**탄화칼슘**=CaC_2) 기억법 황칼나알칼
제4류	인화성 액체	• 특수인화물(이황화탄소) • 알코올류 • 석유류 • 동식물유류
제5류	자기반응성 물질	• 나이트로화합물 • 유기과산화물 • 나이트로소화합물 • 아조화합물 • 질산에스터류(셀룰로이드)
제6류	산화성 액체	• 과염소산 • 과산화수소 • 질산

답 ④

51 화재예방강화지구의 지정대상지역에 해당되지 않는 곳은?

① 시장지역
② 공장·창고가 밀집한 지역
③ 소방용수시설 또는 소방출동로가 있는 지역
④ 석유화학제품을 생산하는 공장이 있는 지역

해설 ③ 있는 → 없는

화재예방법 18조
화재예방강화지구의 지정
(1) 지정권자 : **시·도지사**
(2) 지정지역
 ㉠ **시장**지역 보기 ①
 ㉡ **공장·창고** 등이 밀집한 지역 보기 ②
 ㉢ **목조건물**이 밀집한 지역
 ㉣ 노후·불량 건축물이 밀집한 지역
 ㉤ **위험물**의 **저장** 및 **처리시설**이 밀집한 지역
 ㉥ **석유화학제품**을 생산하는 공장이 있는 지역 보기 ④
 ㉦ **소방시설·소방용수시설** 또는 소방출동로가 **없는** 지역 보기 ③
 ㉧ 「산업입지 및 개발에 관한 법률」에 따른 산업단지
 ㉨ 「물류시설의 개발 및 운영에 관한 법률」에 따른 물류단지
 ㉩ **소방청장, 소방본부장** 또는 **소방서장(소방관서장)**이 화재예방강화지구로 지정할 필요가 있다고 인정하는 지역

※ **화재예방강화지구** : 화재발생 우려가 크거나 화재가 발생할 경우 피해가 클 것으로 예상되는 지역에 대하여 화재의 예방 및 안전관리를 강화하기 위해 지정·관리하는 지역

비교

기본법 19조
화재로 오인할 만한 불을 피우거나 연막소독시 신고지역
(1) **시장**지역
(2) **공장·창고**가 밀집한 지역
(3) **목조건물**이 밀집한 지역
(4) **위험물**의 **저장** 및 **처리시설**이 밀집한 지역
(5) **석유화학제품**을 생산하는 공장이 있는 지역
(6) 그 밖에 **시·도**의 **조례**로 정하는 지역 또는 장소

답 ③

52 소방기본법령상 소방용수시설인 저수조의 설치기준으로 맞는 것은?

① 흡수부분의 수심이 0.5m 이하일 것
② 지면으로부터의 낙차가 4.5m 이하일 것
③ 흡수관의 투입구가 사각형의 경우에는 한 변의 길이가 60cm 이하일 것
④ 저수조에 물을 공급하는 방법은 상수도에 연결하여 수동으로 급수되는 구조일 것

해설 ① 0.5m 이하 → 0.5m 이상
③ 60cm 이하 → 60cm 이상
④ 수동으로 → 자동으로

기본규칙〔별표 3〕
소방용수시설의 저수조의 설치기준

구 분	기 준
낙차	4.5m 이하 보기 ②
수심	0.5m 이상 보기 ①
투입구의 길이 또는 지름	60cm 이상 보기 ③

(1) 소방펌프자동차가 **쉽게 접근**할 수 있도록 할 것
(2) 흡수에 지장이 없도록 **토사 및 쓰레기** 등을 제거할 수 있는 설비를 갖출 것
(3) 저수조에 물을 공급하는 방법은 **상수도**에 연결하여 **자동**으로 **급수**되는 구조일 것 보기 ④

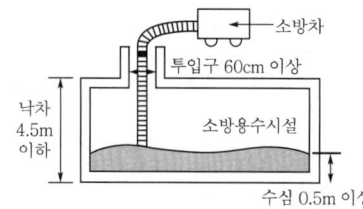

비교

개구부	흡수관 투입구
지름 50cm(0.5m) 이상	지름 60cm(0.6m) 이상

답 ②

53 소방시설 설치 및 관리에 관한 법령상 간이스프링클러설비를 설치하여야 하는 특정소방대상물의 기준으로 옳은 것은?

① 근린생활시설로 사용하는 부분의 바닥면적 합계가 1000m² 이상인 것은 모든 층
② 교육연구시설 내에 있는 합숙소로서 연면적 500m² 이상인 것
③ 의료재활시설을 제외한 요양병원으로 사용되는 바닥면적의 합계가 300m² 이상 600m² 미만인 시설
④ 정신의료기관 또는 의료재활시설로 사용되는 바닥면적의 합계가 600m² 미만인 시설

해설
② 500m² 이상 → 100m² 이상
③ 300m² 이상 600m² 미만 → 600m² 미만
④ 600m² 미만 → 300m² 이상 600m² 미만

소방시설법 시행령〔별표 4〕
간이스프링클러설비의 설치대상

설치대상	조 건
교육연구시설 내 합숙소	• 연면적 100m² 이상
노유자시설·정신의료기관·의료재활시설	• 창살설치 : 300m² 미만 • 기타 : 300m² 이상 600m² 미만

숙박시설	• 바닥면적 합계 300m² 이상 600m² 미만
종합병원, 병원, 치과병원, 한방병원 및 요양병원(의료재활시설 제외)	• 바닥면적 합계 600m² 미만
근린생활시설	• 바닥면적 합계 1000m² 이상은 **전층** • **의원**, 치과의원 및 한의원으로서 **입원실** 또는 인공신장실이 있는 시설
• 연립주택 • 다세대주택	• 주택전용 간이스프링클러설비 설치

답 ①

54 위험물안전관리법령상 인화성 액체위험물(이황화탄소를 제외)의 옥외탱크저장소의 탱크주위에 설치하여야 하는 방유제의 기준 중 틀린 것은?

① 방유제의 유량은 방유제 안에 설치된 탱크가 하나인 때에는 그 탱크용량의 110% 이상으로 할 것
② 방유제의 용량은 방유제 안에 설치된 탱크가 2기 이상인 때에는 그 탱크 중 용량이 최대인 것의 용량의 110% 이상으로 할 것
③ 방유제의 높이가 1m 이상 3m 이하, 두께 0.2m 이상, 지하매설깊이 0.5m 이상으로 할 것
④ 방유제 내의 면적은 80000m² 이하로 할 것

해설
③ 방유제의 높이는 **0.5m 이상 3m 이하**

위험물규칙〔별표 6〕
옥외탱크저장소의 방유제
(1) 높이 : 0.5m 이상 3m 이하 보기 ③
(2) 탱크 : 10기(모든 탱크용량이 **20만L** 이하, 인화점이 70℃ 이상 200℃ 미만은 **20기**) 이하
(3) 면적 : 80000m² 이하 보기 ④
(4) 용량

1기 이상 보기 ①	2기 이상 보기 ②
탱크용량×110% 이상	탱크최대용량×110% 이상

답 ③

55 소방기본법령상 소방안전교육사의 배치대상별 배치기준에서 소방본부의 배치기준은 몇 명 이상인가?

① 1
② 2
③ 3
④ 4

[해설] 기본령 〔별표 2의 3〕
소방안전교육사의 배치대상별 배치기준

배치대상	배치기준
소방서	• 1명 이상
한국소방안전원	• 시·도지부 : 1명 이상 • 본회 : 2명 이상
소방본부	• 2명 이상 보기 ②
소방청	• 2명 이상
한국소방산업기술원	• 2명 이상

답 ②

56 소방기본법령상 최대 200만원 이하의 과태료 처분 대상이 아닌 것은?
23.03.문53
19.03.문42
19.03.문44
17.03.문47
15.09.문57

① 한국소방안전원 또는 이와 유사한 명칭을 사용한 자
② 소방활동구역을 대통령령으로 정하는 사람 외에 출입한 사람
③ 화재진압 구조·구급 활동을 위해 사이렌을 사용하여 출동하는 소방자동차에 진로를 양보하지 아니하여 출동에 지장을 준 자
④ 화재, 재난·재해, 그 밖의 위급한 상황이 발생한 구역에 소방본부장의 피난명령을 위반한 사람

[해설] ④ 100만원 이하의 벌금

200만원 이하의 과태료
(1) 소방용수시설·소화기구 및 설비 등의 설치명령 위반(화재예방법 52조)
(2) **특수가연물**의 저장·취급 기준 위반(화재예방법 52조)
(3) 한국119청소년단 또는 이와 유사한 명칭을 사용한 자(기본법 56조)
(4) 한국소방안전원 또는 이와 유사한 명칭을 사용하는 것 보기 ①
(5) **소방활동구역** 출입(기본법 56조) 보기 ②
(6) 소방자동차의 출동에 지장을 준 자(기본법 56조) 보기 ③
(7) 관계서류 미보관자(공사업법 40조)
(8) 소방기술자 미배치자(공사업법 40조)
(9) 하도급 미통지자(공사업법 40조)

비교
100만원 이하의 벌금
(1) 관계인의 소방활동 미수행(기본법 20조)
(2) **피난명령** 위반(기본법 54조) 보기 ④
(3) 위험시설 등에 대한 긴급조치 방해(기본법 54조)
(4) 거짓보고 또는 자료 미제출자(공사업법 38조)
(5) 관계공무원의 출입·조사·검사 방해(공사업법 38조)

기억법 피1(차일피일)

답 ④

57 위험물안전관리법령상 관계인이 예방규정을 정하여야 하는 위험물을 취급하는 제조소의 지정수량 기준으로 옳은 것은?

23.09.문45
23.05.문49
23.03.문42
21.03.문50
17.09.문41
15.03.문58

① 지정수량의 10배 이상
② 지정수량의 100배 이상
③ 지정수량의 150배 이상
④ 지정수량의 200배 이상

[해설] 위험물령 15조
예방규정을 정하여야 할 제조소 등

배 수	제조소 등
10배 이상	• 제조소 • 일반취급소
100배 이상	• 옥외저장소
150배 이상	• 옥내저장소
200배 이상	• 옥외탱크저장소
모두 해당	• 이송취급소 • 암반탱크저장소

기억법 0 제일
         0 외
         5 내
         2 탱

답 ①

58 소방안전관리자의 업무라고 볼 수 없는 것은?
24.05.문57
23.03.문41
21.09.문43
21.05.문58
19.09.문53
18.04.문45
16.05.문46
11.03.문44
10.05.문55
06.05.문55

① 소방계획서의 작성 및 시행
② 화재예방강화지구의 지정
③ 자위소방대의 구성·운영·교육
④ 피난시설, 방화구획 및 방화시설의 관리

[해설] ② 시·도지사의 업무

화재예방법 24조
관계인 및 소방안전관리자의 업무

특정소방대상물 (관계인)	소방안전관리대상물 (소방안전관리자)
① **피**난시설·방화구획 및 방화시설의 관리	① **피**난시설·방화구획 및 방화시설의 관리 보기 ④
② **소**방시설, 그 밖의 소방관련시설의 관리	② **소**방시설, 그 밖의 소방관련시설의 관리
③ **화**기취급의 감독	③ **화**기취급의 감독
④ 소방안전관리에 필요한 업무	④ 소방안전관리에 필요한 업무
⑤ 화재발생시 초기대응	⑤ **소방계획서**의 작성 및 시행(대통령령으로 정하는 사항 포함) 보기 ①
	⑥ **자위소방대** 및 **초기대응체계**의 구성·운영·교육 보기 ③
	⑦ 소방**훈련** 및 교육
	⑧ 소방안전관리에 관한 업무 수행에 관한 기록·유지
	⑨ 화재발생시 초기대응

	침대가 있는 경우	종사자수+침대수 보기①
• 숙박시설	침대가 없는 경우	종사자수+$\dfrac{\text{바닥면적 합계}}{3\text{m}^2}$
• 기타		$\dfrac{\text{바닥면적 합계}}{3\text{m}^2}$
• 강당 • 문화 및 집회시설, 운동시설 • 종교시설		$\dfrac{\text{바닥면적의 합계}}{4.6\text{m}^2}$

답 ①

기억법 계위 훈피소화

용어

특정소방대상물	소방안전관리대상물
건축물 등의 규모·용도 및 수용인원 등을 고려하여 소방시설을 설치하여야 하는 소방대상물로서 대통령령으로 정하는 것	대통령령으로 정하는 특정소방대상물

중요

화재예방법 18조
화재예방강화지구의 지정
(1) 지정권자 : 시·도지사 보기②
(2) 지정지역
 ① 시장지역
 ② 공장·창고 등이 밀집한 지역
 ③ 목조건물이 밀집한 지역
 ④ 노후·불량 건축물이 밀집한 지역
 ⑤ 위험물의 저장 및 처리시설이 밀집한 지역
 ⑥ 석유화학제품을 생산하는 공장이 있는 지역
 ⑦ 소방시설·소방용수시설 또는 소방출동로가 없는 지역
 ⑧ 「산업입지 및 개발에 관한 법률」에 따른 산업단지
 ⑨ 「물류시설의 개발 및 운영에 관한 법률」에 따른 물류단지
 ⑩ 소방청장·소방본부장 또는 소방서장(소방관서장)이 화재예방강화지구로 지정할 필요가 있다고 인정하는 지역

답 ②

59 ★★★
24.05.문59
23.05.문35
18.04.문43
17.03.문48
15.05.문41

특정소방대상물 중 침대가 있는 숙박시설의 수용인원을 산정하는 방법으로 옳은 것은?

① 해당 특정소방대상물의 종사자수에 침대의 수 (2인용 침대는 2인으로 산정한다)를 합한 수
② 해당 특정소방대상물의 종사자의 수에 객실수를 합한 수
③ 해당 특정소방대상물의 종사자의 수의 3배수
④ 해당 특정소방대상물의 종사자의 수에 숙박시설 바닥면적의 합계를 3m²로 나누어 얻은 수를 합한 수

해설

① **침대**가 있는 **숙박시설** : 해당 특정소방대상물의 **종사자수**에 **침대의 수**(2인용 침대는 2인으로 산정한다)를 **합한 수**

소방시설법 시행령 [별표 7]
수용인원의 산정방법

특정소방대상물	산정방법
• 강의실 • 상담실 • 휴게실 • 교무실 • 실습실	$\dfrac{\text{바닥면적 합계}}{1.9\text{m}^2}$

60 ★
22.04.문49

소방시설공사업법령상 공사감리자 지정대상 특정소방대상물의 범위가 아닌 것은?

① 물분무등소화설비(호스릴방식의 소화설비는 제외)를 신설·개설하거나 방호·방수구역을 증설할 때
② 제연설비를 신설·개설하거나 제연구역을 증설할 때
③ 연소방지설비를 신설·개설하거나 살수구역을 증설할 때
④ 캐비닛형 간이스프링클러설비를 신설·개설하거나 방호·방수구역을 증설할 때

해설

④ 캐비닛형 간이스프링클러설비를 → 스프링클러설비(캐비닛형 간이스프링클러설비 제외)를

공사업령 10조
소방공사감리자 지정대상 특정소방대상물의 범위
(1) **옥내소화전설비**를 신설·개설 또는 **증설**할 때
(2) **스프링클러설비** 등(캐비닛형 간이스프링클러설비 제외)을 신설·개설하거나 방호·**방수구역**을 **증설**할 때 보기④
(3) **물분무등소화설비**(호스릴방식의 소화설비 제외)를 신설·개설하거나 방호·방수구역을 **증설**할 때 보기①
(4) **옥외소화전설비**를 신설·개설 또는 **증설**할 때
(5) ~~자동화재탐지설비~~를 신설·개설할 때
(6) **화재알림설비**를 신설 또는 개설할 때
(7) **비상방송설비**를 신설 또는 개설할 때
(8) **통합감시시설**을 신설 또는 **개설**할 때
(9) **소화용수설비**를 신설 또는 **개설**할 때
(10) 다음의 **소화활동설비**에 대하여 시공할 때
 ㉠ **제연설비**를 신설·개설하거나 제연구역을 증설할 때 보기②
 ㉡ 연결송수관설비를 신설 또는 개설할 때
 ㉢ 연결살수설비를 신설·개설하거나 송수구역을 증설할 때
 ㉣ 비상콘센트설비를 신설·개설하거나 전용회로를 증설할 때
 ㉤ 무선통신보조설비를 신설 또는 개설할 때
 ㉥ **연소방지설비**를 신설·개설하거나 살수구역을 증설할 때 보기③

답 ④

제 4 과목 소방전기시설의 구조 및 원리

61 비상콘센트설비의 전원에 대하여 ( ) 안의 ㉠, ㉡, ㉢에 들어갈 내용으로 옳은 것은?

> 지하층을 (㉠)한 층수가 7층 이상으로서 연면적이 (㉡)m² 이상이거나 지하층의 바닥면적의 합계가 (㉢)m² 이상인 특정소방대상물의 비상콘센트설비에는 자가발전설비, 비상전원수전설비, 축전지설비 또는 전기저장장치(외부 전기에너지를 저장해두었다가 필요한 때 전기를 공급하는 장치)를 비상전원으로 설치할 것

① ㉠ 포함, ㉡ 1000, ㉢ 2000
② ㉠ 포함, ㉡ 2000, ㉢ 3000
③ ㉠ 제외, ㉡ 1000, ㉢ 2000
④ ㉠ 제외, ㉡ 2000, ㉢ 3000

해설 비상콘센트설비의 비상전원 설치대상 (NFPC 504 4조, NFTC 504 2.1.1.2)
(1) 지하층을 제외한 7층 이상으로 연면적 2000m² 이상
(2) 지하층의 바닥면적합계 3000m² 이상

기억법 지7콘2

답 ④

62 비상콘센트설비의 비상전원 중 자가발전설비는 비상콘센트설비를 몇 분 이상 유효하게 작동시킬 수 있는 용량으로 설치해야 하는가?

① 10
② 20
③ 30
④ 60

해설 비상전원용량

설비의 종류	비상전원용량
• **자**동화재탐지설비 • 비상**경**보설비 • **자**동화재속보설비	**10분** 이상
• 유도등 • **비상콘센트설비** 보기 ② • 제연설비 • 물분무소화설비 • 옥내소화전설비(30층 미만) • 특별피난계단의 계단실 및 부속실 제연설비(30층 미만)	**20분** 이상
• 무선통신보조설비의 증폭기	**30분** 이상
• 옥내소화전설비(30~49층 이하) • 특별피난계단의 계단실 및 부속실 제연설비(30~49층 이하) • 연결송수관설비(30~49층 이하) • 스프링클러설비(30~49층 이하)	**40분** 이상
• 유도등·비상조명등(지하상가 및 11층 이상) • 옥내소화전설비(50층 이상) • 특별피난계단의 계단실 및 부속실 제연설비(50층 이상) • 연결송수관설비(50층 이상) • 스프링클러설비(50층 이상)	**60분** 이상

기억법 경자비1(경자라는 이름은 비일비재하게 많다.)
3증(3중고)

답 ②

63 자동화재탐지설비 및 시각경보장치의 화재안전 기준에 따른 자동화재탐지설비의 발신기 스위치의 설치높이로 옳은 것은?

① 바닥으로부터 0.6m 이상 1.2m 이하
② 바닥으로부터 0.8m 이상 1.5m 이하
③ 바닥으로부터 1.0m 이상 1.8m 이하
④ 바닥으로부터 1.2m 이상 2.0m 이하

해설 설치높이

기타 기기(발신기 등)	시각경보장치
0.8~1.5m 이하 보기 ②	2~2.5m 이하 (천장높이가 2m 이하는 천장으로부터 0.15m 이내)

답 ②

64 비상경보설비 및 단독경보형 감지기의 화재안전 기준에 따른 비상경보설비 중 비상벨설비에 대한 설명으로 옳은 것은?

① 화재발생 상황을 경종으로 경보하는 설비
② 화재발생 상황을 사이렌으로 경보하는 설비
③ 화재발생 신호를 수신기에 수동으로 발신하는 설비
④ 화재발생 상황을 단독으로 감지하여 자체에 내장된 음향장치로 경보하는 설비

해설 감지기

용어	설명
비상**벨**설비	화재발생 상황을 **경종**으로 경보하는 설비 보기 ① 기억법 경벨(경배한다.)
자동식 사이렌설비	화재발생 상황을 **사이렌**으로 경보하는 설비
단독경보형 감지기	화재발생 상황을 **단독**으로 감지하여 자체에 **내장**된 **음향**장치로 경보하는 감지기 기억법 단경음

답 ①

65. 무선통신보조설비에서 신호의 전송로가 분기되는 장소에 설치하는 것으로 임피던스 매칭과 신호균등분배를 위해 사용하는 장치는?

① 분파기
② 혼합기
③ 증폭기
④ 분배기

해설 무선통신보조설비의 구성부품

용어	설명
누설동축케이블	동축케이블의 외부도체에 가느다란 홈을 만들어서 전파가 외부로 새어나갈 수 있도록 한 케이블
분배기 〈보기 ④〉	신호의 전송로가 분기되는 장소에 설치하는 것으로 **임피던스 매칭**(matching)과 **신호균등분배**를 위해 사용하는 장치 〈기억법〉 분배분배
분파기 〈보기 ①〉	서로 다른 **주파**수의 합성된 **신호**를 **분리**하기 위해서 사용하는 장치 〈기억법〉 파파
혼합기 〈보기 ②〉	두 개 이상의 **입력신호**를 원하는 비율로 조합한 **출력**이 발생하도록 하는 장치
증폭기 〈보기 ③〉	신호전송시 신호가 약해져 수신이 불가능해지는 것을 방지하기 위해서 **증폭**하는 장치
무선중계기	안테나를 통하여 수신된 무전기 신호를 증폭한 후 음영지역에 재방사하여 무전기 상호간 송수신이 가능하도록 하는 장치
옥외안테나	감시제어반 등에 설치된 무선중계기의 입력과 출력포트에 연결되어 송수신 신호를 원활하게 방사·수신하기 위해 옥외에 설치하는 장치

〈기억법〉 무분배파혼

답 ④

66. 비상벨설비 또는 자동식 사이렌설비 발신기의 위치표시등 설치기준 중 다음 ( ) 안에 알맞은 것은?

발신기의 위치표시등은 함의 상부에 설치하되, 그 불빛은 부착면으로부터 (㉠)° 이상의 범위 안에서 부착지점으로부터 (㉡)m 이내의 어느 곳에서도 쉽게 식별할 수 있는 적색등으로 할 것

① ㉠ 10, ㉡ 10
② ㉠ 15, ㉡ 10
③ ㉠ 10, ㉡ 15
④ ㉠ 15, ㉡ 15

해설 **비상경보설비**(비상벨설비 또는 자동식 사이렌설비)의 **발신기 설치기준**(NFPC 201 4조, NFTC 201 2.1)
(1) 조작이 **쉬운 장소**에 설치하고, 조작스위치는 바닥으로부터 **0.8~1.5m** 이하의 높이에 설치할 것
(2) 특정소방대상물의 **층**마다 설치하되, 해당 특정소방대상물의 각 부분으로부터 하나의 발신기까지의 **수평거리**가 **25m** 이하가 되도록 할 것(단, 복도 또는 별도로 구획된 실로서 **보행거리**가 **40m** 이상일 경우에는 추가로 설치할 것)
(3) 발신기의 **위치표시등**은 함의 **상부**에 설치하되, 그 불빛은 부착면으로부터 **15°** 이상의 범위 안에서 부착지점으로부터 **10m** 이내의 어느 곳에서도 쉽게 식별할 수 있는 **적색등**으로 할 것 〈보기 ②〉

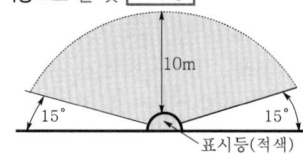

| 위치표시등의 식별 |

답 ②

67. 자동화재탐지설비 및 시각경보장치의 화재안전기준에 따라 자동화재탐지설비의 감지기회로에 종단저항을 설치하는 주된 목적은?

① 도통시험을 하기 위하여
② 작동시험을 하기 위하여
③ 전원상태를 확인하기 위하여
④ 작동 중인 감지기를 쉽게 확인하기 위하여

해설 종단저항

설치목적	설치장소
도통시험 〈보기 ①〉	**수신기함** 또는 **발신기함** 내부

〈기억법〉 종도(좀도둑!)

중요

감지기회로의 **도통시험**을 위한 **종단저항**의 **기준**(NFPC 203 11조, NFTC 203 2.8.1.3)
(1) **점검** 및 **관리**가 쉬운 장소에 설치
(2) 전용함 설치시 바닥에서 **1.5m** 이내의 높이에 설치
(3) 감지기회로의 **끝부분**에 설치하며, 종단감지기에 설치할 경우 구별이 쉽도록 해당 감지기의 기판 및 감지기 외부 등에 별도의 표시를 할 것

답 ①

68. 무선통신보조설비를 설치하여야 하는 특정소방대상물의 기준 중 옳은 것은? (단, 위험물 저장 및 처리 시설 중 가스시설은 제외한다.)

① 터널로서 길이가 1000m 이상인 것
② 지하상가로서 연면적 500m² 이상인 것
③ 층수가 30층 이상인 것으로서 16층 이상 부분의 모든 층
④ 지하층의 바닥면적의 합계가 1000m² 이상인 것 또는 지하층의 층수가 3층 이상이고 지하층의 바닥면적의 합계가 3000m² 이상인 것은 지하층의 모든 층

해설
① 1000m → 500m
② 500m² → 1000m²
④ 1000m² → 3000m², 3000m² → 1000m²

무선통신보조설비의 **설치대상**(소방시설법 시행령 〔별표 4〕)

설치대상	조 건
지하상가	연면적 1000m² 이상 보기 ②
지하층	바닥면적 합계 3000m² 이상 보기 ④
전층	지하 3층 이상이고 지하층 바닥면적의 합계 1000m² 이상 보기 ④
터널	길이 500m 이상 보기 ①
공동구	전부
30층 이상	16층 이상 모든 층 보기 ③

답 ③

69 유도등의 우수품질인증 기술기준에 따른 유도등의 일반구조에 대한 내용이다. 다음 (   )에 들어갈 내용으로 옳은 것은?

21.05.문67
18.04.문66

전선의 굵기는 인출선인 경우에는 단면적이 (   )mm² 이상이어야 한다.

① 0.5 ② 0.75
③ 1.5 ④ 2.5

해설 유도등의 **일반구조**(유도등의 우수품질인증 기술기준 2조)

전선의 굵기 및 길이

인출선 굵기	인출선 길이
0.75mm² 이상 보기 ② 기억법 인75(인(사람) 치료)	150mm 이상

답 ②

70 누전경보기의 화재안전기준에 따른 누전경보기 전원의 시설기준으로 틀린 것은?

24.05.문72
23.03.문67
22.09.문64
20.06.문64
19.04.문75
18.09.문62
17.05.문66
17.04.문67
16.10.문69
16.03.문70
15.09.문76
15.05.문73
15.03.문76
14.09.문70
14.09.문76
14.03.문63
14.03.문69
13.06.문70

① 전원은 분전반으로부터 전용회로로 하여야 한다.
② 각 극에 개폐기 및 15A 이하의 과전류차단기를 설치하여야 한다.
③ 전원의 개폐기에는 누전경보기용임을 표시한 표지를 하여야 한다.
④ 전원을 분기할 때에는 다른 차단기에 따라 동시에 전원이 차단되도록 하여야 한다.

해설 ④ 차단되도록 하여야 한다. → 차단되지 아니하도록 한다.

(1) 누전경보기

60A 이하	60A 초과
• 1급 누전경보기 • 2급 누전경보기	• 1급 누전경보기

(2) 누전경보기의 설치기준

과전류차단기	배선용 차단기
15A 이하	20A 이하

㉠ 각 극에 개폐기 및 15A 이하의 **과전류차단기**를 설치할 것(**배선용 차단기**는 **20A** 이하) 보기 ②
㉡ 분전반으로부터 **전용회로**로 할 것 보기 ①
㉢ 개폐기에는 누전경보기임을 표시할 것 보기 ③
㉣ 전원을 분기할 때에는 다른 차단기에 따라 전원이 차단되지 아니하도록 할 것 보기 ④

기억법 배2(배이다.)

답 ④

71 무선통신보조설비의 누설동축케이블 및 안테나 설치기준 중 다음 (   ) 안에 알맞은 것은?

24.05.문80
23.09.문66
23.05.문73
22.09.문73
21.05.문75
20.08.문72
20.06.문72
18.03.문78
17.05.문65

누설동축케이블 및 안테나는 고압의 전로로부터 (   )m 이상 떨어진 위치에 설치할 것. 다만, 해당 전로에 정전기 차폐장치를 유효하게 설치한 경우에는 그러하지 아니하다.

① 1.5 ② 3
③ 4   ④ 5

해설 **누설동축케이블**의 설치기준
(1) 소방전용 주파수대에서 전파의 **전송** 또는 **복사**에 적합한 것으로서 소방전용의 것
(2) 누설동축케이블과 이에 접속하는 안테나 또는 동축케이블과 이에 접속하는 안테나
(3) 누설동축케이블 및 동축케이블은 화재에 따라 해당 케이블의 피복이 소실된 경우에 케이블 본체가 떨어지지 아니하도록 **4m** 이내마다 금속제 또는 자기제 등의 지지금구로 벽·천장·기둥 등에 견고하게 고정시킬 것 (단, **불연재료**로 구획된 반자 안에 설치하는 경우 제외)
(4) **누설동축케이블** 및 **안테나**는 고압전로로부터 **1.5m** 이상 떨어진 위치에 설치(단, 해당 전로에 **정전기 차폐장치**를 유효하게 설치한 경우에는 제외) 보기 ①
(5) 누설동축케이블의 끝부분에는 **무반사종단저항**을 설치

용어
무반사종단저항
전송로 전송되는 전자파가 전송로의 종단에서 반사되어 **교신**을 **방해**하는 것을 막기 위한 저항

답 ①

72
비상방송설비는 기동장치에 따른 화재신고를 수신한 후 필요한 음량으로 화재발생 상황 및 피난에 유효한 방송이 자동으로 개시될 때까지의 소요시간은 최대 몇 초 이하로 하여야 하는가?

① 5
② 10
③ 20
④ 30

해설 소요시간

기 기	시 간
• P형・P형 복합식・R형・R형 복합식・GP형・GP형 복합식・GR형・GR형 복합식 수신기 • 중계기	5초 이내
비상방송설비 →	10초 이하 보기 ②
가스누설경보기	60초 이내
축적형 수신기	• 축적시간 : 30~60초 이하 • 화재표시감지시간 : 60초

중요

비상방송설비의 설치기준(NFPC 202 4조, NFTC 202 2.1)
(1) 확성기의 음성입력은 실내 1W, 실외 3W 이상일 것
(2) 확성기는 각 층마다 설치하되, 각 부분으로부터의 수평거리는 25m 이하일 것
(3) 음량조정기는 3선식 배선일 것
(4) 조작부위치는 바닥으로부터 0.8~1.5m 이하의 높이에 설치할 것
(5) 다른 전기회로에 의하여 유도장애가 생기지 않을 것
(6) 비상방송 개시시간은 10초 이하일 것
(7) 엘리베이터 내부에는 별도의 음향장치를 설치할 수 있다.
(8) 2 이상의 조작부가 설치된 경우 동시통화가 가능하고 전 구역에 방송할 수 있을 것

답 ②

73
자동화재탐지설비 및 시각경보장치의 화재안전기준에 따라 주요구조부가 내화구조로 된 바닥면적 70m²인 특정소방대상물에 설치하는 열전대식 차동식 분포형 감지기의 열전대부는 몇 개 이상이어야 하는가?

① 2
② 3
③ 4
④ 5

해설 열전대식 감지기의 설치기준(NFPC 203 7조, NFTC 203 2.4.3.8)
(1) 하나의 검출부에 접속하는 열전대부는 4~20개 이하로 할 것(단, 주소형 열전대식 감지기는 제외)

(2) 바닥면적

분 류	열전대식 1개 바닥면적	바닥면적	설치 개수
내화구조	22m²	88m² (22m²×4개=88m²)	4개 이상
기타구조 (내화구조로 된 특정소방대상물이 아닌 경우)	18m²	72m² (18m²×4개=72m²)	4개 이상

열전대식 감지기로서 내화구조이므로

열전대식 감지기 열전대부 개수 = $\dfrac{바닥면적}{22m^2}$

$= \dfrac{70m^2}{22m^2}$

$= 3.18 ≒ 4개$

중요

하나의 검출부에 접속하는 개수

열반도체식 감지기	열전대식 감지기
2~15개 이하	4~20개 이하

기억법 2반(이반), 전2(전이되다.), 전4(전사)

답 ③

74
자동화재탐지설비의 감지기에 관한 내용 중 틀린 것은?

① 정온식 감지기는 주방・보일러실 등으로서 다량의 화기를 취급하는 장소에 설치하되, 공칭작동온도가 최고주위온도보다 10℃ 이상 높은 것으로 설치할 것
② 보상식 스포트형 감지기는 정온점이 감지기 주위의 평상시 최고온도보다 20℃ 이상 높은 것으로 설치할 것
③ 감지기(차동식 분포형은 제외)는 실내로의 공기유입구로부터 1.5m 이상 떨어진 위치에 설치할 것
④ 감지기는 천장 또는 반자의 옥내에 면하는 부분에 설치할 것

해설 ① 10℃ 이상 → 20℃ 이상

감지기의 설치기준(NFPC 203 7조, NFTC 203 2.4.3)
(1) 감지기(차동식 분포형 제외)는 실내의 공기유입구로부터 1.5m 이상 떨어진 위치에 설치 보기 ③
(2) 감지기는 천장 또는 반자의 옥내에 면하는 부분에 설치 보기 ④
(3) 보상식 스포트형 감지기는 정온점이 감지기 주위의 평상시 최고온도보다 20℃ 이상 높은 것으로 설치 보기 ②
(4) 정온식 감지기는 주방・보일러실 등으로서 다량의 화기를 단속적으로 취급하는 장소에 설치하되, 공칭작동온도가 최고주위온도보다 20℃ 이상 높은 것으로 설치 보기 ①

답 ①

75
무선통신보조설비의 화재안전기준에 따른 무선통신보조설비의 시설기준으로 틀린 것은?

① 분배기·분파기 및 혼합기 등의 임피던스는 100Ω의 것으로 할 것
② 누설동축케이블 및 안테나는 고압의 전로로부터 1.5m 이상 떨어진 위치에 설치할 것
③ 옥외안테나는 다른 용도로 사용되는 안테나로 인한 통신장애가 발생하지 않도록 설치할 것
④ 증폭기에는 비상전원이 부착된 것으로 하고 해당 비상전원용량은 무선통신보조설비를 유효하게 30분 이상 작동시킬 수 있는 것으로 할 것

해설
① 100Ω → 50Ω

분배기·분파기·혼합기의 임피던스
50Ω

참고

(1) **누설동축케이블의 설치기준**
① 소방전용 주파수대에서 전파의 **전송** 또는 **복사**에 적합한 것으로서 소방전용의 것일 것
② 누설동축케이블과 이에 접속하는 안테나 또는 동축케이블과 이에 접속하는 안테나일 것
③ 누설동축케이블 및 동축케이블은 화재에 따라 해당 케이블의 피복이 소실된 경우에 케이블 본체가 떨어지지 아니하도록 4m 이내마다 금속제 또는 자기제 등의 지지금구로 벽·천장·기둥 등에 견고하게 고정시킬 것(단, 불연재료로 구획된 반자 안에 설치하는 경우 제외)
④ 누설동축케이블 및 안테나는 고압전로로부터 1.5m 이상 떨어진 위치에 설치할 것(해당 전로에 **정전기 차폐장치**를 유효하게 설치한 경우에는 제외)
⑤ 누설동축케이블의 끝부분에는 **무반사종단저항**을 설치할 것

※ **무반사종단저항**: 전송로로 전송되는 전자파가 전송로의 종단에서 반사되어 송신을 방해하는 것을 막기 위한 저항이다.

(2) **무선통신보조설비 옥외안테나 설치기준**(NFPC 505 6조, NFTC 505 2.3)
① 건축물, 지하가, 터널 또는 공동구의 출입구 및 출입구 인근에서 통신이 가능한 장소에 설치할 것
② 다른 용도로 사용되는 안테나로 인한 **통신장애**가 발생하지 않도록 설치할 것 보기 ③
③ 옥외안테나는 견고하게 설치하며 파손의 우려가 없는 곳에 설치하고 그 가까운 곳의 보기 쉬운 곳에 "**무선통신보조설비 안테나**"라는 표시와 함께 통신가능거리를 표시한 표지를 설치할 것
④ 수신기가 설치된 장소 등 사람이 상시 근무하는 장소에는 옥외안테나의 위치가 모두 표시된 옥외안테나 **위치표시도**를 비치할 것

(3) **비상전원용량**

설비의 종류	비상전원용량
• **자**동화재탐지설비 • 비상**경**보설비 • **자**동화재속보설비 기억법 경자비1(경자라는 이름은 비일비재하게 많다.)	10분 이상
• 유도등 • 비상콘센트설비 • 제연설비 • 물분무소화설비 • 옥내소화전설비(30층 미만) • 특별피난계단의 계단실 및 부속실 제연설비(30층 미만)	20분 이상
무선통신보조설비의 **증**폭기 보기 ④ 기억법 3증(3중고)	30분 이상
• 옥내소화전설비(30~49층 이하) • 특별피난계단의 계단실 및 부속실 제연설비(30~49층 이하) • 연결송수관설비(30~49층 이하) • 스프링클러설비(30~49층 이하)	40분 이상
• 유도등·비상조명등(지하상가 및 11층 이상) • 옥내소화전설비(50층 이상) • 특별피난계단의 계단실 및 부속실 제연설비(50층 이상) • 연결송수관설비(50층 이상) • 스프링클러설비(50층 이상)	60분 이상

답 ①

76
비상방송설비의 화재안전기준에 따라 비상방송설비에는 그 설비에 대한 감시상태를 60분간 지속한 후 유효하게 몇 분 이상 경보할 수 있는 축전지설비를 설치하여야 하는가?

① 5
② 10
③ 30
④ 60

해설
② 감시상태를 60분간 지속한 후 10분 이상 경보할 수 있는 축전지설비

자동화재탐지설비·비상방송설비·비상경보설비(비상벨설비·자동식 사이렌설비)

감시시간	경보시간
60분 기억법 6감(육감)	10분(30층 이상 : 30분) 이상

답 ②

77. 누전경보기의 수신부를 설치할 수 있는 장소는?

① 부식성 가스가 다량으로 체류하는 장소
② 습도가 낮은 장소
③ 화약류를 제조 또는 취급하는 장소
④ 온도의 변화가 급격한 장소

해설 ①·③·④ 누전경보기 수신부의 설치제외장소

누전경보기의 수신부

설치장소	설치제외장소
옥내의 점검에 편리한 장소 (옥내 건조한 장소)	(1) **온**도변화가 급격한 장소 보기 ④ (2) **습**도가 높은 장소 보기 ② (3) **가**연성의 증기, 가스 등 또는 부식성의 증기, 가스 등의 다량 체류장소 보기 ① (4) **대**전류회로, 고주파발생회로 등의 영향을 받을 우려가 있는 장소 (5) **화**약류 제조, 저장, 취급 장소 보기 ③

기억법 온습누가대화(**온도**·**습도**가 높으면 **누가 대화**하나?)

답 ②

78. 중계기의 시험항목으로 틀린 것은?

① 주위온도시험
② 비화재의 방지시험
③ 절연저항시험
④ 충격전압시험

해설 시험항목

중계기	속보기의 예비전원	누전경보기의 수신부
• 주위온도시험 보기 ① • 반복시험 • 방수시험 • 절연저항시험 보기 ③ • 절연내력시험 • 충격전압시험 보기 ④ • 충격시험 • 진동시험 • 습도시험 • 전자파 내성시험	• 충·방전시험 • 안전장치시험	• 전원전압변동시험 • 온도특성시험 • 과입력 전압시험 • 개폐기의 조작시험 • 반복시험 • 진동시험 • **충**격시험 • 방**수**시험 • **절**연저항시험 • 절연내력시험 • 충격파 내전압시험

기억법 누수 충수 절충

답 ②

79. 자동화재탐지설비의 발신기 설치기준에 대한 설명으로 틀린 것은?

① 조작스위치는 바닥으로부터 0.8m 이상 1.5m 이하의 높이에 설치하여야 한다.
② 복도 또는 별도로 구획된 실로서 보행거리가 40m 이상일 경우에는 발신기를 추가로 설치하여야 한다.
③ 특정소방대상물의 각 부분으로부터 하나의 발신기까지의 수평거리가 30m 이하가 되도록 하여야 한다.
④ 위치표시등의 불빛은 부착면으로부터 15° 이상의 범위 안에서 부착지점으로부터 10m 이내의 어느 곳에서도 쉽게 식별 할 수 있는 적색등으로 하여야 한다.

해설 ③ 30m 이하 → 25m 이하

자동화재탐지설비의 발신기 설치기준(NFPC 203 9조, NFTC 203 2.6)
(1) 조작이 **쉬운 장소**에 설치하고, 조작스위치는 바닥으로부터 **0.8~1.5m** 이하의 높이에 설치할 것 보기 ①
(2) 특정소방대상물의 **층**마다 설치하되, 해당 특정소방대상물의 각 부분으로부터 하나의 발신기까지의 **수평거리**가 **25m** 이하가 되도록 할 것. 다만, 복도 또는 별도로 구획된 실로서 **보행거리**가 **40m** 이상일 경우에는 추가로 설치할 것 보기 ② ③
(3) 발신기의 **위치표시등**은 함의 **상부**에 설치하되, 그 불빛은 부착면으로부터 **15°** 이상의 범위 안에서 부착지점으로부터 **10m** 이내의 어느 곳에서도 쉽게 식별할 수 있는 **적색등**으로 할 것 보기 ④

답 ③

80. 자동화재탐지설비의 경계구역 설정 기준 중 다음 ( ) 안에 알맞은 것은?

하나의 경계구역이 2개 이상의 층에 미치지 아니하도록 할 것. 다만, ( )m² 이하의 범위 안에서는 2개의 층을 하나의 경계구역으로 할 수 있다.

① 500   ② 600
③ 700   ④ 1000

해설 경계구역
(1) 정의: 소방대상물 중 **화재신호**를 **발신**하고 그 **신호**를 수신 및 유효하게 **제어**할 수 있는 구역
(2) 경계구역의 설정기준
  ㉠ 1경계구역이 2개 이상의 **건축물**에 미치지 않을 것
  ㉡ 1경계구역이 2개 이상의 **층**에 미치지 않을 것(**500m²** 이하는 2개 층을 1경계구역으로 할 수 있음) 보기 ①
  ㉢ 1경계구역의 면적은 **600m²** 이하로 하고, 1변의 길이는 **50m** 이하로 할 것(내부 전체가 보이면 50m 범위에서 **1000m²** 이하)
(3) 1경계구역의 높이: **45m** 이하

기억법 경500, 경600

답 ①

2025. 5. 21 시행

2025년 산업기사 제2회 필기시험 CBT 기출복원문제

수험번호	성명

자격종목	종목코드	시험시간	형별
소방설비산업기사(전기분야)		2시간	

※ 각 문항은 4지택일형으로 질문에 가장 적합한 보기 항을 선택하여 체크하여야 합니다.

제1과목 소방원론

01 분말소화약제의 주성분 중에서 A, B, C급 화재 모두에 적응성이 있는 것은?

① KHCO₃   ② NaHCO₃
③ Al₂(SO₄)₃   ④ NH₄H₂PO₄

해설 **분말소화약제**

종 별	분자식	착 색	적응 화재	비 고
제1종	탄산수소나트륨 (NaHCO₃) 보기 ②	백색	BC급	식용유 및 지방질유의 화재에 적합
제2종	탄산수소칼륨 (KHCO₃) 보기 ①	담자색 (담회색)	BC급	–
제3종	제1인산암모늄 (NH₄H₂PO₄) 보기 ④	담홍색	ABC급	차고·주차장 에 적합
제4종	탄산수소칼륨 + 요소 (KHCO₃ + (NH₂)₂CO)	회(백)색	BC급	–

- 탄산수소나트륨 = 중탄산나트륨
- 탄산수소칼륨 = 중탄산칼륨
- 제1인산암모늄 = 인산암모늄 = 인산염
- 탄산수소칼륨 + 요소 = 중탄산칼륨 + 요소

답 ④

02 피난계획의 일반원칙 중 Fool proof 원칙에 대한 설명으로 옳은 것은?

① 한 가지가 고장이 나도 다른 수단을 이용할 수 있도록 하는 원칙
② 두 방향의 피난동선을 항상 확보하는 원칙
③ 피난수단을 이동식 시설로 하는 원칙
④ 피난수단을 조작이 간편한 원시적 방법으로 하는 원칙

해설 ①, ② Fail safe
③ 이동식 시설 → 고정식 시설(설비)

용어	설명
페일 세이프 (fail safe)	① 한 가지 피난기구가 고장이 나도 다른 수단을 이용할 수 있도록 고려하는 것 ② 한 가지가 고장이 나도 다른 수단을 이용하는 원칙 보기 ① ③ 두 방향의 피난동선을 항상 확보하는 원칙 보기 ②
풀 프루프 (fool proof)	① 피난경로는 **간단 명료**하게 한다. ② 피난구조설비는 **고정식 설비**를 위주로 설치한다. 보기 ③ ③ 피난수단은 **원시적 방법**에 의한 것을 원칙으로 한다. 보기 ④ ④ 피난통로를 **완전불연화**한다. ⑤ 막다른 복도가 없도록 계획한다. ⑥ **간단한 그림**이나 **색채**를 이용하여 표시한다.

답 ④

03 화재하중에 주된 영향을 주는 것은?

① 가연물의 온도   ② 가연물의 색상
③ 가연물의 양   ④ 가연물의 융점

해설 **화재하중**과 관계있는 것
(1) 단위면적
(2) 발열량
(3) 가연물의 중량(가연물의 양)

중요

화재하중(kg/m² 또는 N/m²)
(1) 일반건축물에서 가연성의 건축구조재와 가연성 수용물의 양으로서 건물화재시 **발열량** 및 **화재위험성**을 나타내는 용어
(2) 가연물 등의 연소시 건축물의 붕괴 등을 고려하여 설계하는 하중
(3) 화재실 또는 화재구역의 단위면적당 **가연물의 양**
(4) 건물화재에서 가열온도의 정도를 의미
(5) 건물의 내화설계시 고려되어야 할 사항
(6) 화재하중의 식

$$q = \frac{\Sigma GH_1}{H_0 A} = \frac{\Sigma Q}{4500 A}$$

여기서, q : 화재하중[kg/m²]
G : 가연물의 양[kg]
H_1 : 가연물의 단위중량당 발열량[kcal/kg]
H_0 : 목재의 단위중량당 발열량[kcal/kg]
A : 바닥면적[m²]
ΣQ : 가연물의 전체 발열량[kcal]

답 ③

25. 05. 시행 / 산업(전기)

04 화재시 이산화탄소를 사용하여 질식소화하는 경우, 산소의 농도를 14vol%까지 낮추려면 공기 중의 이산화탄소 농도는 약 몇 vol%가 되어야 하는가?

24.05.문12
22.04.문17
19.04.문03
17.09.문12

① 22.3vol% ② 33.3vol%
③ 44.3vol% ④ 55.3vol%

해설 (1) 기호
- O_2 : 14vol%
- CO_2 : ?

(2) CO_2 농도

$$CO_2 = \frac{방출가스량}{방호구역체적+방출가스량} \times 100$$
$$= \frac{21-O_2}{21} \times 100$$

여기서, CO_2 : CO_2의 농도[%], O_2 : O_2의 농도[%]
이산화탄소의 농도 CO_2는

$$CO_2 = \frac{21-O_2}{21} \times 100 = \frac{21-14}{21} \times 100$$
$$= 33.3\text{vol}\% \quad 보기 ②$$

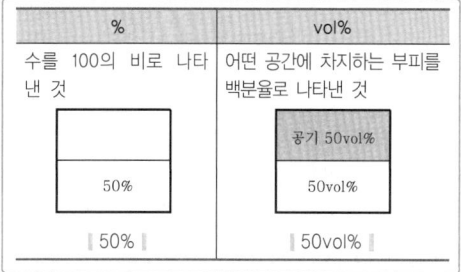

%	vol%
수를 100의 비로 나타낸 것	어떤 공간에 차지하는 부피를 백분율로 나타낸 것
50%	공기 50vol% / 50vol%
50%	50vol%

답 ②

05 포소화약제의 포가 갖추어야 할 조건으로 적합하지 않은 것은?

24.03.문18
20.06.문08
13.03.문01

① 화재면과의 부착성이 좋을 것
② 응집성과 안정성이 우수할 것
③ 환원시간(drainage time)이 짧을 것
④ 약제는 독성이 없고 변질되지 말 것

해설 ③ 짧을 것 → 길 것

포소화약제의 **구비조건**
(1) **유동성**이 좋아야 한다.
(2) **안정성**을 가지고 내열성이 있어야 한다.
(3) 독성이 적어야 한다(독성이 없고 변질되지 말 것). 보기 ④
(4) 화재면에 부착하는 성질이 커야 한다(**응집성**과 **안정성**이 있을 것). 보기 ①②
(5) 바람에 견디는 힘이 커야 한다.
(6) **유면봉쇄성**이 좋아야 한다.
(7) **내유성**이 좋아야 한다.
(8) **환원시간**이 **길** 것 보기 ③

용어
25% 환원시간(drainage time)
발포된 포중량의 25%가 원래의 포수용액으로 되돌아가는 데 걸리는 시간

답 ③

06 동식물유류에서 "아이오딘값이 크다."라는 의미로 옳은 것은?

24.07.문06
22.03.문19
17.03.문19
11.06.문16

① 불포화도가 높다.
② 불건성유이다.
③ 자연발화성이 낮다.
④ 산소와의 결합이 어렵다.

해설 "아이오딘값이 크다."라는 의미
(1) **불포화도**가 높다. 보기 ①
(2) **건성유**이다. 보기 ②
(3) 자연발화성이 높다. 보기 ③
(4) 산소와 결합이 쉽다. 보기 ④

※ **아이오딘값** : 기름 100g에 첨가되는 아이오딘의 g수

기억법 아불포

답 ①

07 다음 중 인화점이 낮은 것부터 높은 순서로 옳게 나열된 것은?

23.03.문16
19.04.문06
17.09.문11
17.03.문02
14.03.문02
08.09.문06

① 에틸알코올 < 이황화탄소 < 아세톤
② 이황화탄소 < 에틸알코올 < 아세톤
③ 에틸알코올 < 아세톤 < 이황화탄소
④ 이황화탄소 < 아세톤 < 에틸알코올

해설 **인화점** vs **착화점**

물 질	인화점	착화점
● 프로필렌	−107℃	497℃
● 에틸에터 ● 디이에틸에티	−45℃	180℃
● 가솔린(휘발유)	−43℃	300℃
● 산화프로필렌	−37℃	465℃
● **이황화탄소**	**−30℃**	100℃
● 아세틸렌	−18℃	335℃
● **아세톤**	**−18℃**	538℃
● 벤젠	−11℃	562℃
● 톨루엔	4.4℃	480℃
● 메틸알코올	11℃	464℃
● **에틸알코올**	**13℃**	423℃
● 아세트산	40℃	−
● **등**유	43~72℃	210℃
● **경**유	50~70℃	200℃
● 적린	−	260℃
● 에틸렌글리콜	111℃	413℃

기억법 인산 이메등경

- 착화점=발화점=착화온도=발화온도
- 인화점=인화온도

답 ④

08 오존파괴지수(ODP)가 가장 큰 것은?

23.05.문18
18.04.문20
17.09.문06
16.05.문10
11.03.문09
06.03.문18

① Halon 104
② CFC 11
③ Halon 1301
④ CFC 113

해설 할론 1301(Halon 1301)
(1) 할론소화약제 중 **소화효과**가 가장 좋다.
(2) 할론소화약제 중 **독성**이 가장 약하다.
(3) 할론소화약제 중 **오존파괴지수**가 가장 높다.

비교

ODP=0인 할로겐화합물 및 불활성기체 소화약제
(1) FC-3-1-10
(2) HFC-125
(3) HFC-227ea
(4) HFC-23
(5) IG-541

용어

오존파괴지수(ODP ; Ozone Depletion Potential)
어떤 물질의 오존파괴능력을 상대적으로 나타내는 지표

$$ODP = \frac{어떤 물질 1kg이 파괴하는 오존량}{CFC 11의 1kg이 파괴하는 오존량}$$

답 ③

09 분진폭발의 발생 위험성이 가장 낮은 물질은?

23.03.문12
22.03.문20
16.10.문16
16.03.문20
11.10.문13

① 시멘트
② 밀가루
③ 금속분류
④ 석탄가루

해설
분진폭발을 일으키지 않는 물질	물과 반응하여 가연성 기체를 발생시키지 않는 것
① **시**멘트	① 시멘트
② **석**회석(소석회)	② 석회석(소석회)
③ **탄**산칼슘(CaCO₃)	③ 탄산칼슘(CaCO₃)
④ **생**석회(CaO)=산화칼슘	

기억법 분시석탄생

중요

분진폭발
공기 중에 분산된 **밀가루**, **알루미늄가루** 등이 에너지를 받아 폭발하는 현상

답 ①

10 자연발화를 일으키는 원인이 아닌 것은?

24.05.문17
20.06.문10
18.04.문10
17.05.문07
17.03.문09
15.05.문05
15.03.문08
12.09.문12
11.06.문12
08.09.문01

① 산화열
② 분해열
③ 흡착열
④ 기화열

해설 ④ 해당없음

자연발화의 형태

구 분	종 류
분해열 보기 ②	• 셀룰로이드 • 나이트로셀룰로오스 기억법 분셀나
산화열 보기 ①	• 건성유(정어리유, 아마인유, 해바라기유) • 석탄 • 원면 • 고무분말
발효열	• 퇴비 • 먼지 • 곡물 기억법 발퇴먼곡
흡착열 보기 ③	• 목탄 • 활성탄 기억법 흡목탄활

 중요

(1) 산화열

산화열이 축적되는 경우	산화열이 축적되지 않는 경우
햇빛에 방치한 기름걸레는 산화열이 축적되어 자연발화를 일으킬 수 있다.	기름걸레를 빨랫줄에 걸어 놓으면 산화열이 축적되지 않아 자연발화는 일어나지 않는다.

(2) 발화원이 아닌 것
① 기화열
② 융해열

답 ④

11 유류화재시 분말소화약제와 병용이 가능하여 빠른 소화효과와 재착화방지효과를 기대할 수 있는 소화약제로 옳은 것은?

23.03.문02
17.09.문07
16.03.문03
15.05.문17
13.06.문01
05.05.문06

① 단백포 소화약제
② 수성막포 소화약제
③ 알코올형포 소화약제
④ 합성계면활성제포 소화약제

해설 수성막포의 장단점

장 점	단 점
• 석유류 표면에 신속히 **피막**을 **형성**하여 유류증발을 억제한다. • **안전성**이 좋아 장기보존이 가능하다. • **내약품성**이 좋아 **분말소화약제**와 **겸용 사용**도 가능하다. 보기 ② • **내유염성**이 우수하다. 기억법 **수분**	• 가격이 비싸다. • 내열성이 좋지 않다. • 부식방지용 저장설비가 요구된다.

※ **내유염성** : 포가 기름에 의해 오염되기 어려운 성질

답 ②

12 다음 중 독성이 가장 강한 가스는?

24.03.문20
20.06.문17
18.04.문09
17.09.문13
16.10.문12
14.09.문13
14.05.문07
14.05.문18
13.09.문19
08.05.문20

① C_3H_8
② O_2
③ CO_2
④ $COCl_2$

해설 연소가스

구 분	설 명
일산화탄소 (CO)	• 화재시 흡입된 일산화탄소(CO)의 화학적 작용에 의해 **헤모글로빈**(Hb)이 혈액의 산소운반작용을 저해하여 사람을 **질식·사망**하게 한다. • 목재류의 화재시 인명피해를 가장 많이 주며, 연기로 인한 의식불명 또는 질식을 가져온다. • 인체의 **폐**에 큰 자극을 준다. • **산**소와의 **결**합력이 극히 강하여 질식작용에 의한 독성을 나타낸다. 기억법 일헤인 폐산결
이산화탄소 (CO_2)	연소가스 중 **가장 많은 양**을 차지하고 있으며 가스 그 자체의 독성은 거의 없으나 나량이 존재할 경우 호흡속도를 증가시키고, 이로 인하여 화재가스에 혼합된 유해가스의 혼입을 증가시켜 위험을 가중시키는 가스이다. 기억법 이많(이만큼)
암모니아 (NH_3)	• 나무, 페놀수지, 멜라민수지 등의 **질소함유물**이 연소할 때 발생하며, 냉동시설의 **냉매**로 쓰인다. • **눈·코·폐** 등에 매우 **자극성**이 큰 가연성 가스이다. 기억법 암페 멜냉자
포스겐 ($COCl_2$) 보기 ④	매우 **독성**이 **강**한 가스로서 **소화제**인 **사염화탄소**(CCl_4)를 화재시에 사용할 때도 발생한다. 기억법 독강 소사포

황화수소 (H_2S)	• **달걀 썩는 냄새**가 나는 특성이 있다. • **황**분이 포함되어 있는 물질의 불완전 연소에 의하여 발생하는 가스이다. • **자극성**이 있다. 기억법 황달자
아크롤레인 ($CH_2=CHCHO$)	독성이 매우 높은 가스로서 **석유제품, 유지** 등이 연소할 때 생성되는 가스이다. 기억법 아석유
시안화수소 (HCN, 청산가스)	**질소**성분을 가지고 있는 **합성수지, 동물의 털, 인조견** 등의 섬유가 불완전연소할 때 발생하는 맹독성 가스로 0.3%의 농도에서 즉시 사망할 수 있다.
아황산가스 (SO_2, 이산화황)	• **황**이 함유된 물질인 **동물의 털, 고무** 등이 연소하는 화재시에 발생되며 **무색**의 자극성 냄새를 가진 유독성 기체 • 눈 및 호흡기 등에 점막을 상하게 하고 질식사할 우려가 있다.
프로판 (C_3H_8)	• LPG의 주성분 • 물보다 가볍다.

답 ④

13 공기 중의 산소농도는 약 몇 vol%인가?

23.03.문09
22.09.문06
21.09.문12
20.06.문04
14.05.문19
12.09.문08

① 15
② 18
③ 21
④ 25

해설 공기 중 산소농도

구 분	산소농도
체적비(부피백분율)	약 21vol% 보기 ③
중량비(중량백분율)	약 23wt%

중요

공기 중 구성물질

구성물질	비 율
아르곤(Ar)	1vol%
산소(O_2)	21vol%
질소(N_2)	78vol%

• 문제 단위 **vol%**를 보고 **체적비**라는 것을 알 수 있다.

용어

%	vol%
수를 100의 비로 나타낸 것	어떤 공간에 차지하는 부피를 백분율로 나타낸 것
공기 50% 50%	공기 50vol% 50vol%

답 ③

14. 메탄의 공기 중 연소범위[vol.%]로 옳은 것은?

① 2.1~9.5
② 5~15
③ 2.5~81
④ 4~75

해설 (1) 공기 중의 **폭발한계**(일사천리로 나와야 한다.)

가 스	하한계[vol%]	상한계[vol%]
아세틸렌(C_2H_2)	2.5	81
수소(H_2)	4	75
일산화탄소(CO)	12	75
에틸렌(C_2H_4)	2.7	36
암모니아(NH_3)	15	25
메탄(CH_4) 보기 ②	5	15
에탄(C_2H_6)	3	12.4
프로판(C_3H_8)	2.1	9.5
부탄(C_4H_{10})	1.8	8.4

기억법
아 25 81
수 4 75
일 12 75
에 27 36
암 15 25
메 5 15
에 3 124
프 21 95 (둘하나 **구오**)
부 18 84

(2) **폭발한계**와 같은 의미
  ㉠ 폭발범위
  ㉡ 연소한계
  ㉢ 연소범위
  ㉣ 가연한계
  ㉤ 가연범위

답 ②

15. 대체 소화약제의 물리적 특성을 나타내는 용어 중 지구온난화지수를 나타내는 약어는?

① ODP
② GWP
③ LOAEL
④ NOAEL

해설

용 어	설 명
오존파괴지수 (**ODP** : Ozone Depletion Potential)	오존파괴지수는 어떤 물질의 **오존파괴능력**을 상대적으로 나타내는 지표
지구**온**난화지수 보기 ② (**GWP** : Global Warming Potential)	지구온난화지수는 **지구온난화**에 기여하는 정도를 나타내는 지표
LOAEL (Least Observable Adverse Effect Level)	인체에 독성을 주는 **최소 농도**
NOAEL (No Observable Adverse Effect Level)	인체에 **독성을 주지 않는 최대농도**

기억법 G온O오(**지온!오온!**)

중요

공식

오존파괴지수(ODP)	지구온난화지수(GWP)
ODP = $\dfrac{\text{어떤 물질 1kg이 파괴하는 오존량}}{\text{CFC 11의 1kg이 파괴하는 오존량}}$	GWP = $\dfrac{\text{어떤 물질 1kg이 기여하는 온난화 정도}}{CO_2 \text{ 1kg이 기여하는 온난화 정도}}$

답 ②

16. 물리적 폭발에 해당하는 것은?

① 분해폭발
② 분진폭발
③ 중합폭발
④ 수증기폭발

해설 폭발의 종류

화학적 폭발	물리적 폭발
• 가스폭발 • 유증기폭발 • 분진폭발 • 화약류의 폭발 • 산화폭발 • 분해폭발 • 중합폭발 • 증기운폭발	• 증기폭발(수증기폭발) 보기 ④ • 전선폭발 • 상전이폭발 • 압력방출에 의한 폭발

답 ④

17. 다음 중 인화점이 가장 낮은 물질은?

① 산화프로필렌
② 이황화탄소
③ 메틸알코올
④ 등유

해설 인화점 vs 착화점(발화점)

물 질	인화점	착화점
• 프로필렌	-107℃	497℃
• 에틸에터 • 다이에틸에터	-45℃	180℃
• 가솔린(휘발유)	-43℃	300℃
• **산**화프로필렌 →	-37℃	465℃
• **이**황화탄소 →	-30℃	100℃
• 아세틸렌	-18℃	335℃
• 아세톤	-18℃	538℃
• 벤젠	-11℃	562℃
• 톨루엔	4.4℃	480℃
• **메**틸알코올 →	11℃	464℃
• 에틸알코올	13℃	423℃
• 아세트산	40℃	-
• **등**유 →	43~72℃	210℃
• **경**유	50~70℃	200℃
• 적린	-	260℃

기억법 인산 이메등경

- 착화점=발화점=착화온도=발화온도
- 인화점=인화온도

답 ①

18 표준상태에서 메탄가스의 밀도는 몇 g/L인가?
22.03.문06
20.08.문14
① 0.21
② 0.41
③ 0.71
④ 0.91

해설 (1) 원자량

원 소	원자량
H	1
C	12
N	14
O	16

메탄(CH_4)분자량 = 12 + 1×4 = 16

(2) 증기밀도

$$증기밀도[g/L] = \frac{분자량}{22.4}$$

여기서, 22.4 : 공기의 부피[L]

$$증기밀도[g/L] = \frac{분자량}{22.4} = \frac{16}{22.4} ≒ 0.71 g/L$$

- 단위를 보고 계산하면 쉽다.

비교

증기비중

$$증기비중 = \frac{분자량}{29}$$

여기서, 29 : 공기의 평균 분자량[g/mol]

답 ③

19 이산화탄소의 증기비중은 약 얼마인가? (단, 공기의 분자량은 29이다.)
19.09.문07
17.05.문03
16.03.문02
① 0.81
② 1.52
③ 2.02
④ 2.51

해설 (1) 증기비중

$$증기비중 = \frac{분자량}{29}$$

여기서, 29 : 공기의 평균 분자량

(2) 분자량

원 소	원자량
H	1
C	12
N	14
O	16

이산화탄소(CO_2) 분자량 = 12 + 16×2 = 44

$$증기비중 = \frac{44}{29} ≒ 1.52$$

- 증기비중 = 가스비중

중요

이산화탄소의 물성

구 분	물 성
임계압력	72.75atm
임계온도	31.35℃(약 31.1℃)
3중점	-**56**.3℃(약 -56℃)
승화점(**비**점)	-**78**.5℃
허용농도	0.5%
증기비중	1.**5**29
수분	0.05% 이하(함량 99.5% 이상)

기억법 이356, 이비78, 이증15

답 ②

20 다음 중 연기에 의한 감광계수가 $0.1m^{-1}$, 가시거리가 20~30m일 때의 상황으로 옳은 것은?
24.07.문13
23.05.문02
23.03.문20
21.09.문07
21.03.문02
① 건물 내부에 익숙한 사람이 피난에 지장을 느낄 정도
② 연기감지기가 작동할 정도
③ 어두운 것을 느낄 정도
④ 앞이 거의 보이지 않을 정도

해설 감광계수와 가시거리

감광계수 $[m^{-1}]$	가시거리 [m]	상 황
0.1	20~30	연기**감**지기가 작동할 때의 농도(연기감지기가 작동하기 직전의 농도) 보기 ②
0.3	5	건물 내부에 **익**숙한 사람이 피난에 지장을 느낄 정도의 농도 보기 ①
0.5	3	**어**두운 것을 느낄 정도의 농도 보기 ③
1	1~2	앞이 거의 **보**이지 않을 정도의 농도 보기 ④
10	0.2~0.5	화재 **최**성기 때의 농도
30	-	출화실에서 연기가 **분**출할 때의 농도

기억법
0123 감
035   익
053   어
112   보
100205 최
30   분

답 ②

제2과목 소방전기일반

21 유량, 압력, 액위, 농도 등의 공업 프로세스의 상태량을 제어량으로 하는 제어는?

① 프로그램제어
② 프로세스제어
③ 비율제어
④ 자동조정

해설 제어량에 의한 분류

분류방법	제어량
프로세스제어 보기 ②	• **온**도 • **압**력 • **유**량 • **액**면(레벨) • **농**도 • **습**도 • **비**중 • pH(수소이온농도지수) 기억법 프온압유액
서보기구	• **위**치 • **방**위 • **자**세 기억법 서위방자(스위스 방자하나)
자동조정	• **전**압 • **전**류 • **주**파수 • **회**전속도 • **장**력 기억법 자전주회장

• 프로세스제어 = 공정제어

답 ②

22 다음 중 강자성체에 속하지 않는 것은?

① Fe
② Ni
③ Cu
④ Co

해설 ③ 구리(Cu) : 반자성체

자성체의 종류

자성체	종류
상자성체 (paramagnetic material)	알루미늄(Al), 백금(Pt) 기억법 상알백
반자성체 (diamagnetic material)	금(Au), 은(Ag), 구리(Cu), 아연(Zn), 탄소(C) 보기 ③
강자성체 (ferromagnetic material)	니켈(Ni), 코발트(Co), 망간니즈(Mn), 철(Fe) 보기 ①②④ 기억법 강니코망철

답 ③

23 $0.1\mu F$인 콘덴서에 $v = 2\sin(2\pi 100 t)$의 전압을 인가했을 때 $t = 0$에서의 전류는 몇 A인가?

① 0
② 0.1
③ 0.125
④ 1.25

해설 (1) 기호

• $v = V_m \sin(2\pi f t) = 2\sin(2\pi 100 t)$
• C : $0.1\mu F = 0.1 \times 10^{-6} F (1\mu F = 10^{-6} F)$
• V_m : 2V
• f : 100Hz
• I : ?

(2) 순시값

$$v = V_m \sin\omega t = V_m \sin 2\pi f t$$

여기서, v : 전압의 순시값(V), V_m : 전압의 최대값(V)
ω : 각주파수(rad/s), t : 주기(s), f : 주파수(Hz)

(3) 용량리액턴스

$$X_C = \frac{1}{\omega C} = \frac{1}{2\pi f C}$$

여기서, X_C : 용량리액턴스(Ω)
ω : 각주파수(rad/s)
C : 정전용량(F)
f : 주파수(Hz)

용량리액턴스 X_C는

$$X_C = \frac{1}{2\pi f C} = \frac{1}{2\pi \times 100 \times 0.1 \times 10^{-6}} \fallingdotseq 15915\Omega$$

$$I = \frac{v}{X_C}$$

여기서, I : 전류(A)
X_C : 용량리액턴스(Ω)
v : 전압(V)

$v = 2\sin(2\pi 100 t)$에서 $t = 0$이면 $v = 2\sin 0°$
$t = 0$에서의 **전류** I는

$$I = \frac{v}{X_C} = \frac{2\sin 0°}{15915} = 0A \quad 보기 ①$$

답 ①

24 정전압계와 콘덴서를 직렬로 접속하고 그 양단에 2000V를 가할 때 정전압계에 인가되는 전압은 몇 V인가? (단, 정전전압계의 정전용량은 C_1(F), 콘덴서의 정전용량은 C_2(F)이며 $C_1 = 4C_2$ 관계에 있다.)

① 200
② 400
③ 600
④ 800

해설 (1) 기호
- V : 2000V
- V_1 : ?
- $C_1 = 4C_2$

(2) 문제를 회로로 변환하여 구성

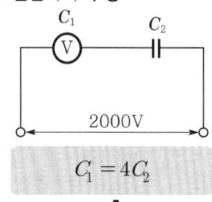

V_1에 인가되는 전압

$$V_1 = \frac{C_2}{C_1 + C_2} V$$

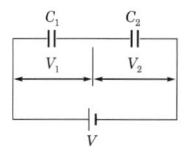

$$V_1 = \frac{C_2}{C_1 + C_2} V = \frac{C_2}{4C_2 + C_2} \times 2000$$
$$= \frac{C_2}{5C_2} \times 2000 = 400V$$

중요

각각의 전압

$$V_1 = \frac{C_2}{C_1 + C_2} V, \quad V_2 = \frac{C_1}{C_1 + C_2} V$$

여기서, V_1 : C_1에 걸리는 전압[V]
V_2 : C_2에 걸리는 전압[V]
C_1, C_2 : 각각의 정전용량[F]
V : 전체 전압[V]

답 ②

25
★★★
24.07.문26
19.03.문31
10.09.문35
10.03.문30

다음 논리회로의 명칭은?

A ○──┐
      ├──○ X
B ○──┘

① AND
② OR
③ NOT
④ NAND

명칭	논리회로	진리표(진가표)
AND 게이트	$X = A \cdot B$	A B X / 0 0 0 / 0 1 0 / 1 0 0 / 1 1 1
OR 게이트	$X = A + B$	A B X / 0 0 0 / 0 1 1 / 1 0 1 / 1 1 1
NOT 게이트	$X = \overline{A}$	A X / 0 1 / 1 0
NAND 게이트	$X = \overline{A \cdot B}$	A B X / 0 0 1 / 0 1 1 / 1 0 1 / 1 1 0
NOR 게이트	$X = \overline{A + B}$	A B X / 0 0 1 / 0 1 0 / 1 0 0 / 1 1 0
EXCUSIVE OR 게이트	$X = A \oplus B = \overline{A}B + A\overline{B}$	A B X / 0 0 0 / 0 1 1 / 1 0 1 / 1 1 0
EXCUSIVE NOR 게이트	$X = \overline{A \oplus B} = AB + \overline{A}\,\overline{B}$	A B X / 0 0 1 / 0 1 0 / 1 0 0 / 1 1 1

답 ①

26
★★
24.07.문30
23.09.문23
20.08.문33

회로에시 전류 I는 약 몇 A인가?

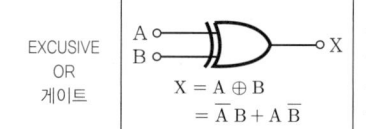

① $7.69 + j11.5$
② $7.69 - j11.5$
③ $11.5 + j7.69$
④ $11.5 - j7.69$

해설 (1) 기호
- V : $100\angle 0°$V
- $R + jX$: $2\Omega + 3\Omega + 1\Omega + j8\Omega + (-j4\Omega)$
  $= 6 + j4\Omega$
- I : ?

(2) 벡터로 복소수 표시하는 방법
$$v = V(실효값)\underline{/\theta}$$
$$= V(실효값)(\cos\theta + j\sin\theta)$$

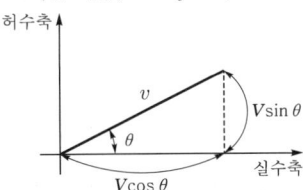

$$v = 100\underline{/0°}$$
$$= 100(\cos 0° + j\sin 0°) = 100\text{V}$$

(3) 전류
$$I = \frac{V}{Z} = \frac{V}{R+jX}$$

여기서, I : 전류[A], V : 전압[V]
Z : 임피던스[Ω], X : 리액턴스[Ω]

전류 I는
$$I = \frac{V}{R+jX}$$
$$= \frac{100}{6+j4}$$
$$= \frac{100(6-j4)}{(6+j4)(6-j4)}$$ ← 분모의 허수를 없애기 위해 분자, 분모에 허수부호를 반대로 하여 $(6-j4)$ 곱함
$$= \frac{600-j400}{36-j24+j24-(j\times j)16}$$ ← $-j\times j = -1$
$$= \frac{600-j400}{36-(-1)16} = \frac{600-j400}{36+16}$$
$$= \frac{600-j400}{52} ≒ 11.5 - j7.69\text{A}$$

답 ④

27 ★★★
23.09.문38
22.09.문22
21.05.문21
18.09.문26
10.09.문38
09.05.문23

그림의 블록선도에서 $\dfrac{C(s)}{D(s)}$는?

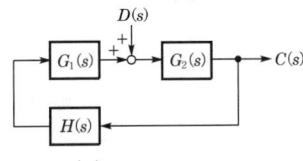

① $\dfrac{G_2(s)}{1-G_1(s)G_2(s)H(s)}$

② $\dfrac{G_1(s)G_2(s)}{H(s)}$

③ $\dfrac{H(s)}{G_1(s)G_2(s)}$

④ $\dfrac{G_1(s)}{1-G_1(s)G_2(s)H(s)}$

해설

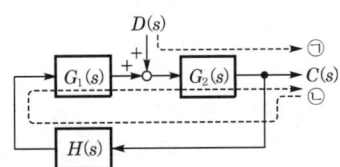

$D(s)G_2(s) + CG_1(s)G_2(s)H(s) = C(s)$
$DG_2 + CG_1G_2H = C$ ← 계산편의를 위해 (s) 생략
$DG_2 = C - CG_1G_2H$
$DG_2 = C(1 - G_1G_2H)$
$\dfrac{G_2}{1-G_1G_2H} = \dfrac{C}{D}$
$\dfrac{C}{D} = \dfrac{G_2}{1-G_1G_2H}$
$\dfrac{C(s)}{D(s)} = \dfrac{G_2(s)}{1-G_1(s)G_2(s)H(s)}$ ← (s) 다시 붙임

용어

블록선도
제어계에서 신호전송상태를 나타내는 계통도

답 ①

28 ★★
23.09.문25
14.05.문23
03.08.문34

평균 반지름 5cm의 원형 코일(권수 $N=800$)에 전류가 1.6A가 흐를 때 코일 내부의 자계의 세기는 몇 A/m인가?

① 6400
② 12800
③ 19200
④ 25600

해설 (1) 기호
- a : 5cm
- N : 800
- I : 1.6A
- H : ?

(2) 원형 전류
$$H = \frac{NI}{2a}\text{[AT/m]}$$

여기서, H : 자계의 세기[AT/m]
N : 코일권수
I : 전류[A]
a : 반지름[m]

원형 코일 중심에서 H는
$$H = \frac{NI}{2a} = \frac{800 \times 1.6}{2 \times (5 \times 10^{-2})} = 12800\text{AT/m} = 12800\text{A/m}$$

- 원래 자계의 세기 단위는 **AT/m**이지만 T를 생략하고 **A/m**로 쓰기도 한다.

답 ②

29 ★★★
24.07.문33
22.09.문37
19.06.문25
18.04.문36
10.03.문30

그림과 같은 시퀀스회로의 논리식은?

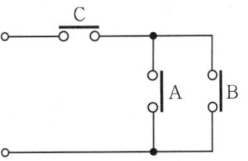

① $A + B \cdot C$
② $(A+B) \cdot C$
③ $A \cdot B \cdot C$
④ $A \cdot B + C$

해설 시퀀스회로에서 직렬은 (·), 병렬은 (+)로 나타내므로 논리식은 (A+B)·C이다.

시퀀스회로와 논리회로

명 칭	시퀀스회로	논리식
AND회로 (직렬회로)		$X = A \cdot B$
OR회로 (병렬회로)		$X = A + B$
NOT회로		$X = \overline{A}$
NAND회로		$X = \overline{A \cdot B}$
NOR회로		$X = \overline{A + B}$

답 ②

30 정격 500W 전열기에 정격전압의 80%를 인가하면 진력은 몇 W인가?

23.05.문37
22.09.문39
18.09.문28
14.03.문34
11.10.문37
09.03.문34

① 620　　② 560
③ 320　　④ 400

해설 (1) 기호
- P : 500W
- V' : 80%
- P' : ?

(2) 전력

$$P = VI = I^2 R = \frac{V^2}{R}$$

여기서, P : 전력[W]
V : 전압[V]
I : 전류[A]
R : 저항[Ω]

정격전압을 100V라고 가정하면
저항 R은

$$R = \frac{V^2}{P} = \frac{100^2}{500} = 20Ω$$

80%의 전압사용시 소비전력 P'는

$$P' = \frac{V'^2}{R} = \frac{80^2}{20} = 320W$$

답 ③

31 다음 그림과 같은 교류회로의 역률은?

22.03.문36
18.09.문37
17.09.문28
12.03.문34
10.05.문28
05.03.문37
04.03.문27

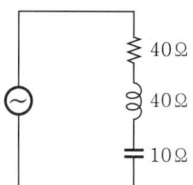

① 0.6　　② 0.7
③ 0.8　　④ 1.0

해설 (1) 기호
- R : 40Ω
- X_L : 40Ω
- X_C : 10Ω
- $\cos\theta$: ?

(2) RLC 직렬회로

$$\cos\theta = \frac{R}{Z} = \frac{R}{\sqrt{R^2 + (X_L - X_C)^2}}$$

여기서, $\cos\theta$: 역률, R : 저항[Ω], Z : 임피던스[Ω]
X_L : 유도리액턴스[Ω], X_C : 용량리액턴스[Ω]

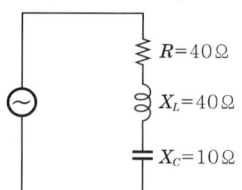

역률 $\cos\theta$는

$$\cos\theta = \frac{R}{\sqrt{R^2 + (X_L - X_C)^2}}$$

$$= \frac{40}{\sqrt{40^2 + (40-10)^2}} = 0.8$$

비교
RLC 직렬회로의 무효율

$$\sin\theta = \frac{X_L - X_C}{Z} = \frac{X_L - X_C}{\sqrt{R^2 + (X_L - X_C)^2}}$$

여기서, $\sin\theta$: 무효율
X_L : 유도리액턴스[Ω]
X_C : 용량리액턴스[Ω]
Z : 임피던스[Ω]
R : 저항[Ω]

답 ③

32. 회로에서 a-b간의 전압 V_{ab}는 약 몇 V인가?

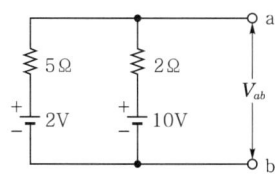

① 6.6 ② 7.7
③ 4.4 ④ 5.5

해설

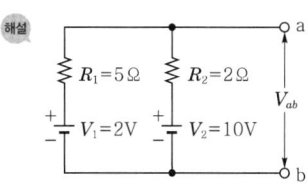

(1) 기호
- R_1 : 5Ω
- R_2 : 2Ω
- V_1 : 2V
- V_2 : 10V
- V_{ab} : ?

(2) 밀만의 정리

$$V_{ab} = \dfrac{\dfrac{V_1}{R_1} + \dfrac{V_2}{R_2}}{\dfrac{1}{R_1} + \dfrac{1}{R_2}} [V]$$

여기서, V_{ab} : 단자전압[V]
V_1, V_2 : 각각의 전압[V]
R_1, R_2 : 각각의 저항[Ω]

밀만의 정리에 의해

$$V_{ab} = \dfrac{\dfrac{V_1}{R_1} + \dfrac{V_2}{R_2}}{\dfrac{1}{R_1} + \dfrac{1}{R_2}} = \dfrac{\dfrac{2}{5} + \dfrac{10}{2}}{\dfrac{1}{5} + \dfrac{1}{2}} ≒ 7.7V$$

답 ②

33. 200μF의 콘덴서에 220V의 전압을 가하여 충전한 에너지로 저항을 모두 방전시켰다면 발열량은 약 몇 cal인가?

① 2.32 ② 0.56
③ 1.16 ④ 0.28

해설

(1) 기호
- C : 200μF = 200×10^{-6}F (1μF = 10^{-6}F)
- V : 220V
- Q : ?

(2) 축적에너지

$$W = \dfrac{1}{2} CV^2$$

여기서, W : 축적에너지[J], C : 정전용량[F], V : 전압[V]
축적에너지 W는

$$W = \dfrac{1}{2} CV^2 = \dfrac{1}{2} \times (200 \times 10^{-6}) \times 220^2 = 4.84J$$

(3) J → cal 변환

1J = 0.24cal

$Q = 4.84J \times 0.24 ≒ 1.16$cal

답 ③

34. 인버터(inverter)에 대한 설명 중 옳은 것은?

① 교류를 직류로 변환시켜 준다.
② 직류를 교류로 변환시켜 준다.
③ 저전압을 고전압으로 높이기 위한 장치이다.
④ 교류의 주파수를 낮추어 주기 위한 장치이다.

해설

컨버터(converter)	인버터(inverter)
교류를 직류로 변환시켜 준다.	직류를 교류로 변환시켜 준다. 보기 ②

기억법 직인

용어

인버터(inverter)
직류전력을 교류전력으로 변환하는 장치로서, 인버터의 부하장치에는 **교류직권전동기**를 사용하여야 한다.

답 ②

35. 3상 교류 전원과 부하가 모두 △결선된 3상 평형 회로에서 전원전압이 200V, 부하 임피던스가 $6 + j8$Ω인 경우 선전류[A]는?

① 10 ② $\dfrac{20}{\sqrt{3}}$
③ 20 ④ $20\sqrt{3}$

해설

(1) 기호
- V_l : 200V
- Z : $6+j8$Ω
- I_l : ?

(2) △결선

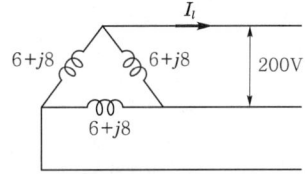

Y결선 : 선전류 $I_Y = \dfrac{V_l}{\sqrt{3} \, Z}$ [A]

△결선 : 선전류 $I_\triangle = \dfrac{\sqrt{3}\,V_l}{Z}$ [A]

여기서, V_l : 선간전압[V]
Z : 임피던스[Ω]

△결선이므로

선전류 $I_\triangle = \dfrac{\sqrt{3}\,V_l}{Z} = \dfrac{\sqrt{3}\times 200}{6+j8}$
$= \dfrac{\sqrt{3}\times 200}{\sqrt{6^2+8^2}} = 20\sqrt{3}$ A

답 ④

36 ★★★
분류기를 사용하여 내부저항이 R_A인 전류계의 배율을 9로 하기 위한 분류기의 저항 R_S[Ω]은?

① $R_S = \dfrac{1}{8}R_A$

② $R_S = \dfrac{1}{9}R_A$

③ $R_S = 8R_A$

④ $R_S = 9R_A$

해설 (1) 기호
- M : 9
- R_S : ?

(2) 분류기 배율

$$M = \dfrac{I_0}{I} = 1 + \dfrac{R_A}{R_S}$$

여기서, M : 분류기 배율
I_0 : 측정하고자 하는 전류[A]
I : 전류계 최대눈금[A]
R_A : 전류계 내부저항[Ω]
R_S : 분류기 저항[Ω]

$M = 1 + \dfrac{R_A}{R_S}$

$M - 1 = \dfrac{R_A}{R_S}$

$R_S = \dfrac{R_A}{M-1} = \dfrac{R_A}{9-1} = \dfrac{R_A}{8} = \dfrac{1}{8}R_A$ [Ω]

비교

배율기 배율

$$M = \dfrac{V_0}{V} = 1 + \dfrac{R_m}{R_v}$$

여기서, M : 배율기 배율
V_0 : 측정하고자 하는 전압[V]
V : 전압계의 최대눈금[A]
R_m : 배율기 저항[Ω]
R_v : 전압계 내부저항[Ω]

답 ①

37 ★
200V의 교류전압에서 30A의 전류가 흐르는 부하가 4.8kW의 유효전력을 소비하고 있을 때 이 부하의 리액턴스[Ω]는?

① 6.6 ② 5.3
③ 4.0 ④ 3.3

해설 (1) 기호
- V : 200V
- I : 30A
- P : 4.8kW = 4.8×10^3W(1kW = 1×10^3W)
- X : ?

(2) 피상전력

$$P_a = VI = \sqrt{P^2 + P_r^{\,2}} = I^2 Z \text{[VA]}$$

여기서, P_a : 피상전력[VA]
V : 전압[V]
I : 전류[A]
P : 유효전력[W]
P_r : 무효전력[Var]
Z : 임피던스[Ω]

피상전력 $P_a = VI = 200\times 30 = 6000$VA

$P_a = \sqrt{P^2 + P_r^{\,2}}$
$P_a^{\,2} = (\sqrt{P^2 + P_r^{\,2}})^2$
$P_a^{\,2} = P^2 + P_r^{\,2}$
$P_a^{\,2} - P^2 = P_r^{\,2}$
$P_r^{\,2} = P_a^{\,2} - P^2$ ← 좌우항 위치 바꿈
$\sqrt{P_r^{\,2}} = \sqrt{P_a^{\,2} - P^2}$
$P_r = \sqrt{P_a^{\,2} - P^2}$
$= \sqrt{6000^2 - (4.8\times 10^3)^2} = 3600$Var

(3) 무효전력

$$P_r = VI\sin\theta = I^2 X \text{[Var]}$$

여기서, P_r : 무효전력[Var]
V : 전압[V]
I : 전류[A]
$\sin\theta$: 무효율
X : 리액턴스[Ω]

$P_r = I^2 X$

$\dfrac{P_r}{I^2} = X$

$X = \dfrac{P_r}{I^2} = \dfrac{3600}{30^2} = 4$Ω

답 ③

38 ★★★
빛이 닿으면 전류가 흐르는 다이오드로서 들어온 빛에 대해 직선적으로 전류가 증가하는 다이오드는?

① 제너다이오드 ② 터널다이오드
③ 발광다이오드 ④ 포토다이오드

해설 다이오드의 종류
(1) **제너다이오드**(Zener diode) : **정전압 회로용**으로 사용되는 소자로서, "**정전압다이오드**"라고도 한다. 보기 ①

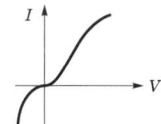

∥ 제너다이오드의 특성 ∥

기억법 정제

(2) **터널다이오드**(Tunnel diode) : **부성저항 특성**을 나타내며, **증폭 · 발진 · 개폐작용**에 응용한다. 보기 ②

∥ 터널다이오드의 특성 ∥

기억법 터부

(3) **발광다이오드**(LED ; Light Emitting Diode) : **전류**가 통과하면 **빛**을 **발산**하는 다이오드이다. 보기 ③

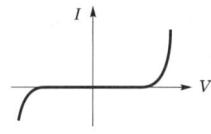

∥ 발광다이오드의 특성 ∥

기억법 발전빛

● 포토 다이오드와 발광 다이오드는 서로 반대 개념

(4) **포토다이오드**(Photo diode) : **빛**이 닿으면 **전류**가 흐르는 다이오드로서 광량의 변화를 전류값으로 대치하므로 광센서에 주로 사용하는 다이오드이다. 보기 ④

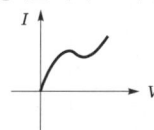

∥ 포토다이오드의 특성 ∥

기억법 포빛전

답 ④

★★
39 1cm의 간격을 둔 평행 왕복전선에 25A의 전류
15.03.문33 가 흐른다면 전선 사이에 작용하는 단위길이당 힘(N/m)은?

① 2.5×10^{-2} N/m(반발력)
② 1.25×10^{-2} N/m(반발력)
③ 2.5×10^{-2} N/m(흡인력)
④ 1.25×10^{-2} N/m(흡인력)

해설 (1) 기호

● r : 0.1cm=0.01m(100cm=1m)
● I_1, I_2 : 25A
● F : ?

(2) 평행도체 사이에 작용하는 힘

$$F = \frac{\mu_0 I_1 I_2}{2\pi r} \text{[N/m]}$$

여기서, F : 평행전류의 힘(N/m)
μ_0 : 진공의 투자율($4\pi \times 10^{-7}$)(H/m)
I_1, I_2 : 전류(A)
r : 거리(m)

평행도체 사이에 작용하는 힘 F는

$$F = \frac{\mu_0 I_1 I_2}{2\pi r}$$
$$= \frac{(4\pi \times 10^{-7}) \times 25 \times 25}{2\pi \times 0.01} = 0.0125$$
$$= 1.25 \times 10^{-2} \text{N/m}$$

힘의 방향은 전류가 **같은 방향**이면 **흡인력**, **다른 방향**이면 **반발력**이 작용한다.

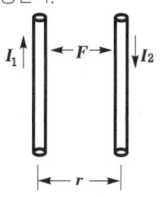

∥ 평행전류의 힘 ∥

평행 왕복전선은 전류가 갔다가 다시 돌아오므로 두 전선의 전류방향이 다른 방향이 되어 **반발력**이 작용한다.

답 ②

★★
40 두 개의 코일 L_1과 L_2를 동일방향으로 직렬 접
20.06.문31 속하였을 때 합성인덕턴스가 140mH이고, 반대
17.05.문34 방향으로 접속하였더니 합성인덕턴스가 20mH 이었다. 이때, $L_1 = 40$mH이면 결합계수 K는?

① 0.38 ② 0.5
③ 0.75 ④ 1.3

해설 (1) 기호

● L(동일방향) : 140mH
● L(반대방향) : 20mH
● L_1 : 40mH
● K : ?

(2) 가극성(코일이 동일방향)

$$L = L_1 + L_2 + 2M$$

여기서, L : 합성인덕턴스(H)
L_1, L_2 : 자기인덕턴스(H)
M : 상호인덕턴스(H)

(3) 감극성(코일이 반대방향)

$$L = L_1 + L_2 - 2M$$

여기서, L : 합성인덕턴스[H]
L_1, L_2 : 자기인덕턴스[H]
M : 상호인덕턴스[H]

동일방향 합성인덕턴스 : 140mH
반대방향 합성인덕턴스 : 20mH이므로

$$\begin{array}{r}140 = L_1 + L_2 + 2M \\ -\underline{20 = L_1 + L_2 - 2M} \\ 120 = 4M \\ \dfrac{120}{4} = M \\ 30\text{mH} = M \\ \therefore M = 30\text{mH}\end{array}$$

(4) 가극성(코일이 동일방향) 식에서

$$L = L_1 + L_2 + 2M$$

$140 = 40 + L_2 + (2 \times 30)$
$140 - 40 - (2 \times 30) = L_2$
$40 = L_2$
$\therefore L_2 = 40\text{mH}$

- L_1 : 40mH(문제에서 주어짐)

(5) 상호인덕턴스(mutual inductance)

$$M = K\sqrt{L_1 L_2} \text{[H]}$$

여기서, M : 상호인덕턴스[H]
K : 결합계수
L_1, L_2 : 자기인덕턴스[H]

결합계수 K는

$$K = \dfrac{M}{\sqrt{L_1 L_2}} = \dfrac{30}{\sqrt{40 \times 40}} = 0.75$$

답 ③

제3과목 소방관계법규

41 제조 또는 가공 공정에서 방염처리를 하는 방염 대상물품으로 틀린 것은? (단, 합판·목재류의 경우에는 설치현장에서 방염처리를 한 것을 포함한다.)

24.03.문43
23.05.문52
21.09.문41
19.04.문42
17.03.문59
15.03.문51
13.06.문44

① 카펫
② 창문에 설치하는 커튼류
③ 두께가 2mm 미만인 종이벽지
④ 전시용 합판 또는 섬유판

③ 두께 2mm 미만인 종이벽지 → 두께 2mm 미만인 종이벽지 제외

소방시설법 시행령 31조
방염대상물품

제조 또는 가공 공정에서 방염처리를 한 물품	건축물 내부의 천장이나 벽에 부착하거나 설치하는 것
① 창문에 설치하는 **커튼류**(블라인드 포함) 보기 ② ② 카펫 보기 ① ③ 벽지류(두께 2mm 미만인 종이벽지 제외) 보기 ③ ④ 전시용 합판·목재 또는 섬유판 보기 ④ ⑤ 무대용 합판·목재 또는 섬유판 ⑥ 암막·무대막(영화상영관·가상체험 체육시설업의 스크린 포함) ⑦ 섬유류 또는 합성수지류 등을 원료로 하여 제작된 소파·의자(단란주점영업, 유흥주점영업 및 노래연습장업의 영업장에 설치하는 것만 해당)	① 종이류(두께 2mm 이상), **합성수지류** 또는 **섬유류**를 주원료로 한 물품 ② **합판**이나 **목재** ③ 공간을 구획하기 위하여 설치하는 **간이칸막이** ④ **흡음재**(흡음용 커튼 포함) 또는 **방음재**(방음용 커튼 포함) ※ 가구류(옷장, 찬장, 식탁, 식탁용 의자, 사무용 책상, 사무용 의자, 계산대)와 너비 10cm 이하인 반자돌림대, 내부 마감재료 제외

답 ③

42 화재예방강화지구의 지정대상지역에 해당되지 않는 곳은?

24.03.문47
23.03.문52
19.09.문55
16.03.문41
15.09.문55
14.05.문52
12.09.문46

① 시장지역
② 공장·창고가 밀집한 지역
③ 소방용수시설 또는 소방출동로가 있는 지역
④ 석유화학제품을 생산하는 공장이 있는 지역

③ 있는 → 없는

화재예방법 18조
화재예방강화지구의 지정
(1) **지정권자** : **시·도지사**
(2) **지정지역**
 ㉠ **시장지역** 보기 ①
 ㉡ **공장·창고** 등이 밀집한 지역 보기 ②
 ㉢ **목조건물**이 밀집한 지역
 ㉣ 노후·불량 건축물이 밀집한 지역
 ㉤ 위험물의 **저장** 및 **처리시설**이 **밀집**한 지역
 ㉥ **석유화학제품**을 생산하는 공장이 있는 지역 보기 ④
 ㉦ **소방시설·소방용수시설** 또는 **소방출동로**가 **없는** 지역 보기 ③
 ㉧ 「산업입지 및 개발에 관한 법률」에 따른 산업단지
 ㉨ 「물류시설의 개발 및 운영에 관한 법률」에 따른 물류단지
 ㉩ **소방청장, 소방본부장** 또는 **소방서장(소방관서장)**이 화재예방강화지구로 지정할 필요가 있다고 인정하는 지역

※ **화재예방강화지구** : 화재발생 우려가 크거나 화재가 발생할 경우 피해가 클 것으로 예상되는 지역에 대하여 화재의 예방 및 안전관리를 강화하기 위해 지정·관리하는 지역

비교
기본법 19조
화재로 오인할 만한 불을 피우거나 연막소독시 신고지역
(1) 시장지역
(2) 공장·창고가 밀집한 지역
(3) 목조건물이 밀집한 지역
(4) 위험물의 저장 및 처리시설이 밀집한 지역
(5) 석유화학제품을 생산하는 공장이 있는 지역
(6) 그 밖에 시·도의 조례로 정하는 지역 또는 장소

④ 노후·불량 건축물이 밀집한 지역
⑤ 위험물의 저장 및 처리시설이 밀집한 지역
⑥ 석유화학제품을 생산하는 공장이 있는 지역
⑦ 소방시설·소방용수시설 또는 소방출동로가 없는 지역
⑧ 「산업입지 및 개발에 관한 법률」에 따른 산업단지
⑨ 「물류시설의 개발 및 운영에 관한 법률」에 따른 물류단지
⑩ 소방청장·소방본부장 또는 소방서장(소방관서장)이 화재예방강화지구로 지정할 필요가 있다고 인정하는 지역

답 ③

답 ②

43. 소방안전관리자의 업무라고 볼 수 없는 것은?

24.05.문57
23.03.문41
21.05.문58
19.09.문53
16.05.문44
11.03.문44
10.05.문55
06.05.문55

① 소방계획서의 작성 및 시행
② 화재예방강화지구의 지정
③ 자위소방대의 구성·운영·교육
④ 피난시설, 방화구획 및 방화시설의 관리

해설 ② 시·도지사의 업무

화재예방법 24조
관계인 및 소방안전관리자의 업무

특정소방대상물 (관계인)	소방안전관리대상물 (소방안전관리자)
① **피**난시설·방화구획 및 방화시설의 관리	① **피**난시설·방화구획 및 방화시설의 관리 [보기 ④]
② **소**방시설, 그 밖의 소방 관련시설의 관리	② **소**방시설, 그 밖의 소방 관련시설의 관리
③ **화**기취급의 감독	③ **화**기취급의 감독
④ 소방안전관리에 필요한 업무	④ 소방안전관리에 필요한 업무
⑤ 화재발생시 초기대응	⑤ **소**방계획서의 작성 및 시행(대통령령으로 정하는 사항 포함) [보기 ①]
	⑥ **자**위소방대 및 **초**기대응체계의 구성·운영·교육 [보기 ③]
	⑦ 소방**훈**련 및 교육
	⑧ 소방안전관리에 관한 업무 수행에 관한 기록·유지
	⑨ 화재발생시 **초**기대응

기억법 계위 훈피소화

용어

특정소방대상물	소방안전관리대상물
건물 등의 규모·용도 및 수용인원 등을 고려하여 소방시설을 설치하여야 하는 소방대상물로서 대통령령으로 정하는 것	대통령령으로 정하는 특정소방대상물

중요

화재예방법 18조
화재예방강화지구의 지정
(1) 지정권자 : **시·도지사** [보기 ②]
(2) 지정지역
 ① 시장지역
 ② 공장·창고 등이 밀집한 지역
 ③ 목조건물이 밀집한 지역

44. 위험물안전관리법상 위험물의 정의 중 다음 ( ) 안에 알맞은 것은?

17.03.문52
07.03.문44

위험물이라 함은 (㉠) 또는 발화성 등의 성질을 가지는 것으로서 (㉡)이/가 정하는 물품을 말한다.

① ㉠ 인화성, ㉡ 대통령령
② ㉠ 휘발성, ㉡ 국무총리령
③ ㉠ 인화성, ㉡ 국무총리령
④ ㉠ 휘발성, ㉡ 대통령령

해설 **위험물법 2조**
용어의 정의

용어	뜻
위험물	**인화성** 또는 **발화성** 등의 성질을 가지는 것으로서 **대통령령**이 정하는 물품
지정수량	위험물의 종류별로 위험성을 고려하여 대통령령이 정하는 수량으로서 제조소 등의 설치허가 등에 있어서 **최저**의 기준이 되는 **수량**
제조소	위험물을 제조할 목적으로 **지정수량 이상**의 위험물을 취급하기 위하여 허가를 받은 장소
저장소	지정수량 이상의 위험물을 저장하기 위한 **대통령령**이 정하는 장소
취급소	지정수량 이상의 위험물을 제조 외의 목적으로 취급하기 위한 대통령령이 정하는 장소
제조소 등	제조소·저장소·취급소

답 ①

45. 화재의 예방 및 안전관리에 관한 법률상 소방안전관리대상물의 관계인이 소방안전관리자를 선임할 경우에는 선임한 날부터 며칠 이내에 소방본부장 또는 소방서장에게 신고하여야 하는가?

20.06.문45
17.03.문43

① 7
② 14
③ 21
④ 30

해설 **14일**
(1) 소방기술자 실무교육기관 휴폐업신고일(공사업규칙 34조)
(2) **제**조소 등의 용도**폐**지 신고일(위험물법 11조)
(3) 위험물안전관리자의 **선**임신고일(위험물법 15조)
(4) 소방안전관리자의 **선**임신고일(화재예방법 26조)

기억법 14제폐선(**일**사천리로 **제패**하여 **성**공하라.)

비교
30일
(1) 소방시설업 등록사항 변경신고(공사업규칙 6조)
(2) 위험물안전관리자의 **재**임(위험물법 15조)
(3) 소방안전관리자의 **재**선임(화재예방법 시행규칙 14조)
(4) **도급계약** 해지(공사업법 23조)
(5) 소방시설공사 중요사항 변경시의 신고일(공사업규칙 12조)
(6) 소방기술자 실무교육기관 지정서 발급(공사업규칙 32조)
(7) 소방공사감리자 변경서류제출(공사업규칙 15조)
(8) **승계**(위험물법 10조)

답 ②

46 화재의 예방 및 안전관리에 관한 법령상 대통령령으로 정하는 특수가연물의 품명별 수량의 기준으로 옳은 것은?
24.05.문52
19.09.문50
16.10.문53
13.03.문51
08.05.문55

① 가연성 고체류 : 2m³ 이상
② 목재가공품 및 나무부스러기 : 5m³ 이상
③ 석탄·목탄류 : 3000kg 이상
④ 면화류 : 200kg 이상

해설
① 2m³ 이상 → 3000kg 이상
② 5m³ 이상 → 10m³ 이상
③ 3000kg 이상 → 10000kg 이상

화재예방법 시행령 〔별표 2〕
특수가연물

품 명		수 량
가연성 **액**체류		**2**m³ 이상
목재가공품 및 나무부스러기 보기②		**10**m³ 이상
면화류 보기④		**2**00kg 이상
나무껍질 및 대팻밥		400kg 이상
넝마 및 종이부스러기		
사류(絲類)		**1**000kg 이상
볏짚류		
가연성 **고**체류 보기①		**3**000kg 이상
고무류·플라스틱류	발포시킨 것	20m³ 이상
	그 밖의 것	3000kg 이상
석탄·목탄류 보기③		**1**0000kg 이상

기억법 가액목면나 넝사볏가고 고석
      2 1 2 4   1 3 3 1

※ **특수가연물** : 화재가 발생하면 그 확대가 빠른 물품

답 ④

47 대통령령 또는 화재안전기준이 변경되어 그 기준이 강화되는 경우 기존의 특정소방대상물의 소방시설 중 대통령령으로 정하는 것으로 변경으로 강화된 기준을 적용하여야 하는 소방시설은? (단, 건축물의 신축·개축·재축·이전 및 대수선 중인 특정소방대상물을 포함한다.)
22.03.문49
18.03.문43
08.05.문59

① 비상경보설비
② 화재조기진압용 스프링클러설비
③ 옥내소화전설비
④ 제연설비

해설 소방시설법 13조, 소방시설법 시행령 13조
변경강화기준 적용설비
(1) 소화기구
(2) 비상경보설비 보기①
(3) 자동화재탐지설비
(4) 자동화재속보설비
(5) 피난구조설비
(6) 소방시설(**공동구** 설치용, 전력 및 통신사업용 지하구)
(7) 노유자시설, 의료시설

공동구, 전력 및 통신사업용 지하구	노유자시설에 설치하여야 하는 소방시설	의료시설에 설치하여야 하는 소방시설
① 소화기	① 간이스프링클러설비	① 스프링클러설비
② 자동소화장치	② 자동화재탐지설비	② 간이스프링클러설비
③ 자동화재탐지설비	③ 단독경보형 감지기	③ 자동화재탐지설비
④ 통합감시시설		④ 자동화재속보설비
⑤ 유도등		
⑥ 연소방지설비		

답 ①

48 소방시설의 설치 및 관리에 관한 법령상 특정소방대상물의 피난시설, 방화구획 또는 방화시설의 폐쇄·훼손·변경 등의 행위를 한 자에 대한 과태료 기준으로 옳은 것은?
19.03.문44
18.03.문52
17.03.문47
16.03.문52
14.05.문43

① 200만원 이하의 과태료
② 300만원 이하의 과태료
③ 500만원 이하의 과태료
④ 600만원 이하의 과태료

해설 소방시설법 61조
300만원 이하의 과태료
(1) 소방시설을 화재안전기준에 따라 설치·관리하지 아니한 자
(2) 피난시설, 방화구획 또는 방화시설의 **폐쇄·훼손·변경** 등의 행위를 한 자
(3) 임시소방시설을 설치·관리하지 아니한 자

비교

(1) 300만원 이하의 벌금
① 화재안전조사를 정당한 사유없이 거부·방해·기피(화재예방법 50조)
② 위탁받은 업무종사자의 **비밀누설**(소방시설법 59조)
③ 방염성능검사 합격표시 위조(소방시설법 59조)
④ **소**방안전관리자, 총괄소방안전관리자 또는 소방안전관리보조자 **미**선임(화재예방법 50조)
⑤ 다른 자에게 자기의 성명이나 상호를 사용하여 소방시설공사 등을 수급 또는 시공하게 하거나 소방시설업의 등록증·등록수첩을 빌려준 자(공사업법 37조)
⑥ 감리원 미배치자(공사업법 37조)
⑦ 소방기술인정 자격수첩을 빌려준 자(공사업법 37조)
⑧ 2 이상의 업체에 취업한 자(공사업법 37조)
⑨ 소방시설업자나 관계인 감독시 관계인의 업무를 방해하거나 비밀누설(공사업법 37조)

기억법 비3미소(비상미소)

(2) 200만원 이하의 과태료
① 소방용수시설·소화기구 및 설비 등의 설치명령 위반(화재예방법 52조)
② **특수가연물**의 저장·취급 기준 위반(화재예방법 52조)
③ 한국119청소년단 또는 이와 유사한 명칭을 사용한 자(기본법 56조)
④ 소방활동구역 출입(기본법 56조)
⑤ 소방자동차의 출동에 지장을 준 자(기본법 56조)
⑥ 관계서류 미보관자(공사업법 40조)
⑦ 소방기술자 미배치자(공사업법 40조)
⑧ 하도급 미통지자(공사업법 40조)

답 ②

49 ★★★

20.08.문47
19.03.문50
15.09.문45
15.03.문49
13.06.문41
13.03.문45

소방시설 설치 및 관리에 관한 법령상 건축허가 등을 할 때 미리 소방본부장 또는 소방서장의 동의를 받아야 하는 건축물의 범위에 해당하는 것은?

① 연면적이 200m²인 노유자시설 및 수련시설
② 연면적이 300m²인 업무시설로 사용되는 건축물
③ 승강기 등 기계장치에 의한 주차시설로서 자동차 10대를 주차할 수 있는 시설
④ 차고·주차장으로 사용되는 층 중 바닥면적이 150m²인 층이 있는 건축물

해설
② 300m² → 400m² 이상
③ 10대 → 20대 이상
④ 150m² → 200m² 이상

소방시설법 시행령 7조
건축허가 등의 동의대상물
(1) 연면적 400m²(학교시설 : 100m², 수련시설·노유자시설 : 200m², 정신의료기관·장애인의료재활시설 : 300m²) 이상
　보기 ①②
(2) 6층 이상인 건축물
(3) 차고·주차장으로서 바닥면적 200m² 이상(자동차 20대 이상)
　보기 ③④
(4) 항공기격납고, 관망탑, 항공관제탑, 방송용 송수신탑

(5) 지하층 또는 무창층의 바닥면적 150m²(공연장은 100m²) 이상
(6) **위험물저장 및 처리시설**
(7) 전기저장시설, 풍력발전소
(8) **공동주택, 숙박시설**
(9) 조산원, 산후조리원, 의원(입원실 또는 인공신장실이 있는 것)
(10) **결핵환자**나 **한센인**이 24시간 생활하는 **노유자시설**
(11) 지하구
(12) 노인주거복지시설·노인의료복지시설 및 재가노인복지시설, 학대피해노인 전용쉼터, 아동복지시설, 장애인거주시설
(13) 정신질환자 관련시설(공동생활가정을 제외한 재활훈련시설과 종합시설 중 24시간 주거를 제공하지 않는 시설 제외)
(14) 노숙인자활시설, 노숙인재활시설 및 노인 요양시설
(15) **요양병원**(의료재활시설 제외)
(16) 공장 또는 창고시설로서 지정수량의 **750배** 이상의 특수가연물을 저장·취급하는 것
(17) 가스시설로서 지상에 노출된 탱크의 저장용량의 합계가 100t 이상인 것

답 ①

50 ★★★

20.08.문56
19.03.문62
14.03.문44
12.03.문58

소방시설 설치 및 관리에 관한 법령상 자동화재속보설비를 설치하여야 하는 특정소방대상물의 기준으로 틀린 것은? (단, 사람이 24시간 상시 근무하고 있는 경우는 제외한다.)

① 정신병원으로서 바닥면적이 500m² 이상인 층이 있는 것
② 문화유산의 보존 및 활용에 관한 법률에 따라 보물 또는 국보로 지정된 목조건축물
③ 노유자 생활시설에 해당하지 않는 노유자시설로서 바닥면적이 300m² 이상인 층이 있는 것
④ 수련시설(숙박시설이 있는 건축물만 해당)로서 바닥면적이 500m² 이상인 층이 있는 것

해설
③ 300m² → 500m²

소방시설법 시행령〔별표 4〕
자동화재속보설비의 설치대상

설치대상	조 건
① **수**련시설(숙박시설이 있는 것) ② **노**유자시설 ③ 정신병원 및 의료재활시설	바닥면적 500m² 이상
④ 목조건축물	국보·보물
⑤ 노유자 생활시설 ⑥ 종합병원, 병원, 치과병원, 한방병원 및 요양병원(의료재활시설 제외) ⑦ 의원, 치과의원 및 한의원(입원실이 있는 시설) ⑧ 조산원 및 산후조리원 ⑨ 전통시장	전부

기억법 5수노속

답 ③

51. 화재안전조사 결과에 따른 조치명령으로 인하여 손실을 입은 자에 대한 손실보상에 관한 설명으로 틀린 것은?

① 손실보상에 관하여는 소방청장, 시·도지사와 손실을 입은 자가 협의하여야 한다.
② 보상금액에 관한 협의가 성립되지 아니한 경우에는 소방청장 또는 시·도지사는 그 보상금액을 지급하거나 공탁하고 이를 상대방에게 알려야 한다.
③ 소방청장 또는 시·도지사가 손실을 보상하는 경우에는 공시지가로 보상하여야 한다.
④ 보상금의 지급 또는 공탁의 통지에 불복이 있는 자는 지급 또는 공탁의 통지를 받은 날부터 30일 이내에 관할토지수용위원회에 재결을 신청할 수 있다.

해설
③ 소방청장 또는 시·도지사가 손실을 보상하는 경우에는 **시가**로 보상하여야 한다.

화재예방법 시행령 14조
(1) 손실보상권자 : **소방청장** 또는 **시·도지사**
(2) 손실보상방법 : **시가 보상**

답 ③

52. 소방기본법령상 소방용수시설 및 지리조사의 기준 중 ㉠, ㉡에 알맞은 것은?

소방본부장 또는 소방서장은 원활한 소방활동을 위하여 설치된 소방용수시설에 대한 조사를 (㉠)회 이상 실시하여야 하며 그 조사결과를 (㉡)년간 보관하여야 한다.

① ㉠ 월 1, ㉡ 1
② ㉠ 월 1, ㉡ 2
③ ㉠ 연 1, ㉡ 1
④ ㉠ 연 1, ㉡ 2

해설 기본규칙 7조
소방용수시설 및 지리조사
(1) 조사자 : 소방본부장·소방서장
(2) 조사일시 : 월 1회 이상
(3) 조사내용
  ㉠ 소방용수시설
  ㉡ 도로의 폭·교통상황
  ㉢ 도로 주변의 토지 고저
  ㉣ 건축물의 개황
(4) 조사결과 : 2년간 보관

답 ②

53. 위험물안전관리법령상 점포에서 위험물을 용기에 담아 판매하기 위하여 지정수량의 40배 이하의 위험물을 취급하는 장소의 취급소 구분으로 옳은 것은? (단, 위험물을 제조 외의 목적으로 취급하기 위한 장소이다.)

① 이송취급소   ② 일반취급소
③ 주유취급소   ④ 판매취급소

해설 위험물령 [별표 3]
위험물 취급소의 구분

구분	설명
주유취급소	고정된 주유설비에 의하여 **자동차·항공기** 또는 **선박** 등의 연료탱크에 직접 주유하기 위하여 위험물을 취급하는 장소
판매취급소	**점포**에서 위험물을 용기에 담아 판매하기 위하여 지정수량의 **40배** 이하의 위험물을 취급하는 장소 **기억법** 점포4판(점포에서 사고 판다.)
이송취급소	배관 및 이에 부속된 설비에 의하여 위험물을 이송하는 장소
일반취급소	주유취급소·판매취급소·이송취급소 이외의 장소

중요

위험물규칙 [별표 14]

제1종 판매취급소	제2종 판매취급소
저장·취급하는 위험물의 수량이 지정수량의 20배 이하인 판매취급소	저장·취급하는 위험물의 수량이 지정수량의 40배 이하인 판매취급소

답 ④

54. 1급 소방안전관리대상물에 대한 기준으로 옳지 않은 것은?

① 특정소방대상물로서 층수가 11층 이상인 것
② 국보 또는 보물로 지정된 목조건축물
③ 연면적 15000m² 이상인 것
④ 가연성 가스를 1천톤 이상 저장·취급하는 시설

해설 ② 2급 소방안전관리대상물

화재예방법 시행령 [별표 4]
소방안전관리자를 두어야 할 특정소방대상물

소방안전관리대상물	특정소방대상물
특급 소방안전관리대상물 (동식물원, 철강 등 불연성 물품 저장·취급창고, 지하구, 위험물제조소 등 제외)	• 50층 이상(지하층 제외) 또는 지상 200m 이상 아파트 • 30층 이상(지하층 포함) 또는 지상 120m 이상(아파트 제외) • 연면적 10만m² 이상(아파트 제외)

1급 소방안전관리대상물 (동식물원, 철강 등 불연성 물품 저장·취급창고, 지하구, 위험물제조소 등 제외)	• 30층 이상(지하층 제외) 또는 지상 120m 이상 아파트 • 연면적 15000m² 이상인 것(아파트 및 연립주택 제외) 보기 ③ • 11층 이상(아파트 제외) 보기 ① • 가연성 가스를 1000t 이상 저장·취급하는 시설 보기 ④
2급 소방안전관리대상물	• 지하구 • 가스제조설비를 갖추고 도시가스사업 허가를 받아야 하는 시설 또는 가연성 가스를 100~1000t 미만 저장·취급하는 시설 • 옥내소화전설비·스프링클러설비 설치대상물 • 물분무등소화설비(호스릴방식의 물분무등소화설비만을 설치한 경우 제외) 설치대상물 • 공동주택(옥내소화전설비 또는 스프링클러설비가 설치된 공동주택 한정) • 목조건축물(국보·보물) 보기 ②
3급 소방안전관리대상물	• 간이스프링클러설비(주택전용 간이스프링클러설비 제외) 설치대상물 • 자동화재탐지설비 설치대상물

답 ②

55 소방기본법령에 따른 급수탑 및 지상에 설치하는 소화전·저수조의 경우 소방용수표지 기준 중 다음 ( ) 안에 알맞은 것은?

23.05.문57
22.03.문60
21.03.문49
18.09.문58
05.03.문54

안쪽 문자는 (㉠), 안쪽 바탕은 (㉡), 바깥쪽 바탕은 (㉢)으로 하고 반사재료를 사용하여야 한다.

① ㉠ 검은색, ㉡ 파란색, ㉢ 붉은색
② ㉠ 검은색, ㉡ 붉은색, ㉢ 파란색
③ ㉠ 흰색, ㉡ 파란색, ㉢ 붉은색
④ ㉠ 흰색, ㉡ 붉은색, ㉢ 파란색

해설
• 안쪽 문자는 **흰색**, 바깥쪽 문자는 **노란색**, 안쪽 바탕은 **붉은색**, 바깥쪽 바탕은 **파란색**으로 하고 **반사재료** 사용 보기 ④

기본규칙 [별표 2]
소방용수표지
(1) **지하**에 설치하는 소화전·저수조의 소방용수표지
  ㉠ 맨홀뚜껑은 지름 648mm 이상의 것으로 할 것
  ㉡ 맨홀뚜껑에는 "**소화전·주정차금지**" 또는 "**저수조·주정차금지**"의 표시를 할 것
  ㉢ 맨홀뚜껑 부근에는 **노란색 반사도료**로 폭 15cm의 선을 그 둘레를 따라 칠할 것

(2) **지상**에 설치하는 소화전·저수조 및 **급수탑**의 소방용수표지

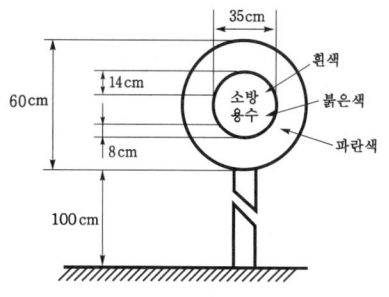

답 ④

56 위험물안전관리법령상 인화성 액체 위험물(이황화탄소를 제외)의 옥외탱크저장소의 탱크 주위에 설치하여야 하는 방유제의 기준 중 틀린 것은?

19.03.문43
18.04.문48

① 방유제의 용량은 방유제 안에 설치된 탱크가 하나인 때에는 그 탱크용량의 110% 이상으로 할 것
② 방유제의 용량은 방유제 안에 설치된 탱크가 2기 이상인 때에는 그 탱크 중 용량이 최대인 것의 용량의 110% 이상으로 할 것
③ 방유제는 높이 1m 이상 2m 이하, 두께 0.2m 이상, 지하매설깊이 0.5m 이상으로 할 것
④ 방유제 내의 면적은 80000m² 이하로 할 것

해설
③ 1m 이상 2m 이하 → 0.5m 이상 3m 이하, 0.5m → 1m

위험물규칙 [별표 6]
(1) **옥외탱크저장소의 방유제**

구 분	설 명
높이	0.5~3m 이하(두께 0.2m 이상, 지하매설깊이 1m 이상) 보기 ③
탱크	10기(모든 탱크용량이 20만L 이하, 인화점이 70~200℃ 미만은 20기) 이하
면적	80000m² 이하 보기 ④
용량	① 1기 이상: **탱크용량**×110% 이상 보기 ① ② 2기 이상: **최대탱크용량**×110% 이상 보기 ②

(2) 높이가 1m를 넘는 방유제 및 간막이 둑의 안팎에는 방유제 내에 출입하기 위한 계단 또는 경사로를 약 50m마다 설치할 것

답 ③

57 화재의 예방 및 안전관리에 관한 법령상 특정소방대상물 중 1급 소방안전관리대상물의 해당기준이 아닌 것은?

24.03.문58
23.05.문54
21.03.문54

① 연면적이 1만 5천m² 이상인 것(아파트 및 연립주택 제외)
② 층수가 11층 이상인 것(아파트는 제외)
③ 가연성 가스를 1천톤 이상 저장·취급하는 시설
④ 80m 높이의 21층 이상의 아파트

해설
④ 80m 높이의 21층 이상의 아파트 → 30층 이상(지하층 제외) 또는 120m 이상 아파트

화재예방법 시행령 [별표 4]
소방안전관리자를 두어야 할 특정소방대상물
(1) **특급 소방안전관리대상물** : 동식물원, 철강 등 불연성 물품 저장·취급창고, 지하구, 위험물제조소 등 제외
 ㉠ 50층 이상(지하층 제외) 또는 지상 **200m** 이상 **아파트**
 ㉡ 30층 이상(지하층 포함) 또는 지상 120m 이상(아파트 제외)
 ㉢ 연면적 10만m² 이상(아파트 제외)
(2) **1급 소방안전관리대상물** : 동식물원, 철강 등 불연성 물품 저장·취급창고, 지하구, 위험물제조소 등 제외
 ㉠ 30층 이상(지하층 제외) 또는 지상 120m 이상 아파트
 ㉡ 연면적 15000m² 이상인 것(아파트 및 연립주택 제외) 보기 ①
 ㉢ 11층 이상(아파트 제외) 보기 ②
 ㉣ 가연성 가스를 1000t 이상 저장·취급하는 시설 보기 ③
(3) **2급 소방안전관리대상물**
 ㉠ 지하구
 ㉡ 가스제조설비를 갖추고 도시가스사업 허가를 받아야 하는 시설 또는 가연성 가스를 100~1000t 미만 저장·취급하는 시설
 ㉢ 옥내소화전설비·스프링클러설비 설치대상물
 ㉣ 물분무등소화설비(호스릴방식의 물분무등소화설비만을 설치한 경우 제외) 설치대상물
 ㉤ **공동주택**(옥내소화전설비 또는 스프링클러설비가 설치된 공동주택 한정)
 ㉥ **목조건축물**(국보·보물)
(4) **3급 소방안전관리대상물**
 ㉠ **자동화재탐지설비** 설치대상물
 ㉡ 간이스프링클러설비(주택전용 간이스프링클러설비 제외) 설치대상물

답 ④

58 하자보수대상 소방시설 중 하자보수 보증기간이 3년인 것은?

24.07.문50
24.03.문46
23.05.문53

① 유도등
② 피난기구
③ 비상방송설비
④ 스프링클러설비

해설
①, ②, ③ 2년
④ 3년

공사업령 6조
소방시설공사의 하자보수 보증기간

보증기간	소방시설
2년	① **유**도등·**피**난기구 ② **비**상**조**명등·비상**경**보설비·비상**방**송설비 ③ **무**선통신보조설비 기억법 유비조경방무피2
3년	① 자동소화장치 ② 옥내·외소화전설비 ③ **스프링클러설비** 보기 ④ ④ 물분무등소화설비·소화용수설비 ⑤ 자동화재탐지설비·소화활동설비(무선통신보조설비 제외) ⑥ 화재알림설비

답 ④

59 소방시설 설치 및 관리에 관한 법령상 무창층으로 판정하기 위한 개구부가 갖추어야 할 요건으로 틀린 것은?

20.06.문50
19.09.문43

① 크기는 반지름 30cm 이상의 원이 통과할 수 있을 것
② 해당 층의 바닥면으로부터 개구부 밑부분까지 높이가 1.2m 이내일 것
③ 도로 또는 차량이 진입할 수 있는 빈터를 향할 것
④ 화재시 건축물로부터 쉽게 피난할 수 있도록 창살이나 그 밖의 장애물이 설치되지 않을 것

해설
① 반지름 → 지름, 30cm 이상 → 50cm 이상

소방시설법 시행령 2조
무창층의 개구부의 기준
(1) 개구부의 크기는 지름 **50cm 이상**의 원이 통과할 수 있을 것 보기 ①
(2) 해당 층의 바닥면으로부터 개구부 밑부분까지의 높이가 **1.2m 이내**일 것 보기 ②
(3) 개구부는 **도로** 또는 **차량**이 진입할 수 있는 **빈터**를 향할 것 보기 ③
(4) 화재시 건축물로부터 **쉽게 피난**할 수 있도록 개구부에 창살, 그 밖의 장애물이 설치되지 않을 것 보기 ④
(5) 내부 또는 외부에서 쉽게 **부수거나 열 수** 있을 것

용어
소방시설법 시행령 2조
무창층
지상층 중 기준에 의해 개구부의 면적의 합계가 해당 층의 바닥면적의 $\frac{1}{30}$ 이하가 되는 층

답 ①

60. 위험물안전관리법상 시·도지사의 허가를 받지 아니하고 당해 제조소 등을 설치할 수 있는 기준 중 다음 ( ) 안에 알맞은 것은?

> 농예용·축산용 또는 수산용으로 필요한 난방시설 또는 건조시설을 위한 지정수량 ( )배 이하의 저장소

① 20 ② 30
③ 40 ④ 50

해설 위험물법 6조
제조소 등의 설치허가
(1) 설치허가자 : 시·도지사
(2) 설치허가 제외장소
 ㉠ 주택의 난방시설(공동주택의 중앙난방시설은 제외)을 위한 저장소 또는 취급소
 ㉡ 지정수량 **20배** 이하의 **농예용·축산용·수산용** 난방시설 또는 건조시설의 저장소 〈보기 ①〉
(3) 제조소 등의 변경신고 : 변경하고자 하는 날의 **1일** 전까지

기억법 농축수2

참고
시·도지사
(1) 특별시장
(2) 광역시장
(3) 특별자치시장
(4) 도지사
(5) 특별자치도지사

답 ①

제4과목 : 소방전기시설의 구조 및 원리

61. 자동화재탐지설비의 경계구역 설정 기준 중 다음 ( ) 안에 알맞은 것은?

> 하나의 경계구역이 2개 이상의 층에 미치지 아니하도록 할 것. 다만, ( )m² 이하의 범위 안에서는 2개의 층을 하나의 경계구역으로 할 수 있다.

① 500 ② 600
③ 700 ④ 1000

해설 경계구역
(1) 정의 : 소방대상물 중 **화재신호**를 **발신**하고 그 신호를 **수신** 및 유효하게 **제어**할 수 있는 구역
(2) 경계구역의 설정기준
 ㉠ 1경계구역이 2개 이상의 **건축물**에 미치지 않을 것
 ㉡ 1경계구역이 2개 이상의 **층**에 미치지 않을 것(**500m²** 이하는 2개 층을 1경계구역으로 할 수 있음) 〈보기 ①〉
 ㉢ 1경계구역의 면적은 **600m²** 이하로 하고, 1변의 길이는 **50m** 이하로 할 것(내부 전체가 보이면 50m 범위 내에서 1000m² 이하)
(3) 1경계구역의 높이 : **45m** 이하

기억법 경500, 경600

답 ①

---

62. 누전경보기의 구성요소로 옳은 것은?

① 변류기, 감지기, 수신부, 차단기구
② 발신기, 변류기, 수신부, 음향장치
③ 수신부, 변류기, 중계기, 음향장치
④ 음향장치, 수신부, 변류기, 차단기구

해설 누전경보기의 세부구성요소 〈보기 ④〉

구성요소	설 명
변류기	누설전류를 **검**출한다.
수신기(=수신부)	누설전류를 **증**폭한다.
음향장치	-
차단기(=차단기구)	차단릴레이를 포함한다.

기억법 누수변음차

중요

누전경보기의 일반구성요소

용 어	설 명
수신부	변류기로부터 검출된 **신호**를 **수신**하여 누전의 발생을 해당 소방대상물의 **관계인**에게 **경보**하여 주는 것(**차단기구**를 갖는 것 포함)
변류기	경계전로의 **누설전류**를 자동적으로 **검출**하여 이를 누전경보기의 수신부에 송신하는 것

답 ④

---

63. 누전경보기의 화재안전기준 중 누전경보기의 설치방법 및 전원 기준으로 틀린 것은?

① 경계전로의 정격전류가 60A를 초과하는 전로에 있어서는 1급 누전경보기를 설치할 것
② 경계전로의 정격전류가 60A 이하의 전로에 있어서는 1급 또는 2급 누전경보기를 설치할 것
③ 전원은 분전반으로부터 전용회로로 하고, 각 극에 개폐기 및 15A 이하의 과전류차단기를 설치할 것
④ 전원을 분기할 때에는 다른 차단기에 따라 전원이 차단되도록 할 것

해설 ④ 차단되도록 할 것 → 차단되지 않도록 할 것

(1) **누전경보기** (NFPC 205 4조, NFTC 205 2.1.1)

60A 이하 〈보기 ②〉	60A 초과 〈보기 ①〉
• 1급 누전경보기 • 2급 누전경보기	• 1급 누전경보기

(2) 누전경보기의 설치기준(NFPC 205 6조, NFTC 205 2.3)

과전류차단기	배선용 차단기
15A 이하	20A 이하

㉠ 각 극에 개폐기 및 15A 이하의 **과전류차단기**를 설치할 것(**배선용 차단기**는 20A 이하) 보기 ③
㉡ 분전반으로부터 **전용회로**로 할 것 보기 ③
㉢ 개폐기에는 누전경보기임을 표시할 것
㉣ 전원을 분기할 때에는 다른 차단기에 따라 전원이 차단되지 아니하도록 할 것 보기 ④

기억법 배2(배이다.)

답 ④

64. 비상경보설비의 축전지 외함이 강판인 경우의 두께는 최소 몇 mm 이상이어야 하는가?

① 1.0
② 1.2
③ 2.5
④ 3.0

해설 축전지 외함·속보기의 외함두께(자동화재속보설비의 속보기의 성능인증 및 제품검사의 기술기준 4조)

강 판	합성수지
1.2mm 이상 보기 ②	3mm 이상

비교

발신기의 형식승인 및 제품검사의 기술기준 4조
발신기의 외함두께

강 판		합성수지	
외함	외함(벽 속 매립)	외함	외함(벽 속 매립)
1.2mm 이상	1.6mm 이상	3mm 이상	4mm 이상

답 ②

65. 비상경보설비 및 단독경보형 감지기의 화재안전기준에 따른 비상벨설비 또는 자동식 사이렌설비 음향장치의 설치기준이다. 다음 (   )에 들어갈 내용으로 옳은 것은? (단, 건전지를 주전원으로 사용하지 않는다.)

음향장치는 정격전압의 (㉠)% 전압에서 음향을 발할 수 있도록 해야 하며, 음량은 부착된 음향장치의 중심으로부터 (㉡)m 떨어진 위치에서 (㉢)dB 이상이 되는 것으로 한다.

① ㉠ 80, ㉡ 1, ㉢ 90
② ㉠ 110, ㉡ 3, ㉢ 120
③ ㉠ 140, ㉡ 1, ㉢ 120
④ ㉠ 150, ㉡ 3, ㉢ 90

해설 비상벨 또는 자동식 사이렌설비의 설치기준(NFPC 201 4조, NFTC 201 2.1)
(1) 수평거리

구 분	적용대상
수평거리 25m 이하	• 발신기(보행거리 40m 이상일 경우 추가 설치) • 음향장치(확성기) • 비상콘센트(지하상가·지하층 바닥면적 합계 3000m² 이상)
수평거리 50m 이하	비상콘센트(기타)

(2) **음향장치**: 1m 떨어진 곳에서 90dB 이상 보기 ①
(3) **정격전압**: 80% 전압에서 음향을 발할 수 있도록 할 것(단, 건전지를 주전원으로 사용하는 음향장치는 제외) 보기 ①
(4) **위치표시등**: 15° 이상의 각도로 10m의 거리에서 쉽게 식별할 수 있어야 한다.

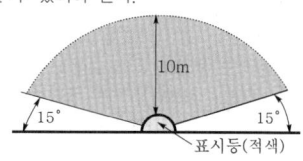

| 위치표시등의 식별 |

답 ①

66. 무선통신보조설비를 설치하여야 하는 특정소방대상물의 기준 중 옳은 것은? (단, 위험물 저장 및 처리 시설 중 가스시설은 제외한다.)

① 터널로서 길이가 1000m 이상인 것
② 지하상가로서 연면적 500m² 이상인 것
③ 층수가 30층 이상인 것으로서 16층 이상 부분의 모든 층
④ 지하층의 바닥면적의 합계가 1000m² 이상인 것 또는 지하층의 층수가 3층 이상이고 지하층의 바닥면적의 합계가 3000m² 이상인 것은 지하층의 모든 층

해설
① 1000m → 500m
② 500m² → 1000m²
④ 1000m² → 3000m², 3000m² → 1000m²

무선통신보조설비의 설치대상(소방시설법 시행령 [별표 4])

설치대상	조 건
지하상가	연면적 1000m² 이상
지하층	바닥면적 합계 3000m² 이상
전층	지하 3층 이상이고 지하층 바닥면적의 합계 1000m² 이상
터널	길이 500m 이상
공동구	전부
30층 이상	16층 이상 모든 층 보기 ③

답 ③

67. 피난구유도등을 설치하지 아니하는 경우의 기준으로 틀린 것은?

① 대각선 길이가 15m 이내인 구획된 실의 출입구
② 거실 각 부분으로부터 하나의 출입구에 이르는 보행거리가 20m 이하이고 비상조명등과 유도표지가 설치된 거실의 출입구
③ 바닥면적이 1000m² 미만인 층으로서 옥내로부터 직접 지상으로 통하는 출입구(외부의 식별이 용이한 경우)
④ 노유자시설·의료시설·장례시설의 경우 출입구가 3 이상 있는 거실로서 그 거실 각 부분으로부터 하나의 출입구에 이르는 보행거리가 30m 이하인 경우에는 주된 출입구 2개소 외의 출입구(유도표지가 부착된 출입구)

해설 ④ 노유자시설·의료시설·장례시설은 제외

피난구유도등의 설치제외장소(NFPC 303 11조, NFTC 303 2.8)
(1) 대각선 길이가 15m 이내인 구획된 실의 출입구 보기 ①
(2) 비상조명등·유도표지가 설치된 거실 출입구(거실 각 부분에서 출입구까지의 **보행거리 20m** 이하) 보기 ②
(3) 옥내에서 직접 지상으로 통하는 출입구(바닥면적 1000m² 미만 층) 보기 ③
(4) 출입구가 3 이상인 거실(거실 각 부분에서 출입구까지의 **보행거리 30m** 이하는 주된 출입구 2개소 외의 출입구) (단, 노유자시설·의료시설·장례시설 제외) 보기 ④

답 ④

68. 비상방송설비의 화재안전기준에 따른 음향장치의 구조 및 성능에 대한 기준이다. 다음 ( )에 들어갈 내용으로 옳은 것은?

- 정격전압의 (㉠)% 전압에서 음향을 발할 수 있는 것을 할 것
- (㉡)의 작동과 연동하여 작동할 수 있는 것으로 할 것

① ㉠ 65, ㉡ 자동화재탐지설비
② ㉠ 80, ㉡ 자동화재탐지설비
③ ㉠ 65, ㉡ 단독경보형 감지기
④ ㉠ 80, ㉡ 단독경보형 감지기

해설 비상방송설비 음향장치의 **구조** 및 **성능기준**(NFPC 202 4조, NFTC 202 2.1.1.2)
(1) 정격전압의 **80%** 전압에서 음향을 발할 것 보기 ㉠
(2) **자동화재탐지설비**의 작동과 연동하여 작동할 것 보기 ㉡

비교
자동화재탐지설비 음향장치의 **구조** 및 **성능기준**
(1) 정격전압의 **80%** 전압에서 음향을 발할 것
(2) 음량은 1m 떨어진 곳에서 **90dB** 이상일 것
(3) 감지기·발신기의 작동과 **연동**하여 작동할 것

답 ②

69. 자동화재탐지설비 및 시각경보장치의 화재안전기준에 따라 부착높이가 15m 이상 20m 미만에 설치할 수 없는 감지기는?

① 연기복합형   ② 불꽃감지기
③ 이온화식 1종   ④ 보상식 스포트형

해설 감지기의 부착높이

부착높이	감지기의 종류
4m 미만	• 차동식(스포트형, 분포형) • 보상식 스포트형 • 정온식(스포트형, 감지선형) ┐ 열감지기 • 이온화식 또는 광전식(스포트형, 분리형, 공기흡입형) : 연기감지기 • 열복합형 • 연기복합형 ┐ 복합형 감지기 • 열연기복합형 ┘ • 불꽃감지기 **기억법** 열연불복 4미
4~8m 미만	• 차동식(스포트형, 분포형) ┐ • **보상식 스포트형** 보기 ④ • **정**온식(스포트형, 감지선형) ┘ 열감지기 **특**종 또는 **1**종 • **이**온화식 **1**종 또는 **2**종 ┐ • **광**전식(스포트형, 분리형, 공기흡입형) **1**종 또는 **2**종 ┘ 연기감지기 • 열복합형 • 연기복합형 ┐ **복**합형 감지기 • 열연기복합형 ┘ • 불꽃감지기 **기억법** 8미열 정특1 이광12 복불
8~15m 미만	• 차동식 **분**포형 • **이**온화식 **1**종 또는 **2**종 • **광**전식(스포트형, 분리형, 공기흡입형) **1**종 또는 2종 • **연**기**복**합형 • 불꽃감지기 **기억법** 15분 이광12 연복불
15~20m 미만	• **이**온화식 1종 보기 ③ • **광**전식(스포트형, 분리형, 공기흡입형) 1종 • **연**기**복**합형 보기 ① • **불**꽃감지기 보기 ② **기억법** 이광불연복2
20m 이상	• 불꽃감지기 • 광전식(분리형, 공기흡입형) 중 **아**날로그방식 **기억법** 불광아

답 ④

70
비상경보설비 및 단독경보형 감지기의 화재안전 기준에 따라 비상벨설비 또는 자동식 사이렌설비 부속회로의 전로와 대지 사이 및 배선 상호간의 절연저항은 1경계구역마다 직류 250V의 절연저항측정기를 사용하여 측정한 절연저항이 몇 MΩ 이상이 되도록 하여야 하는가?

① 0.1 ② 0.2
③ 0.3 ④ 0.5

해설 절연저항시험

절연저항계	절연저항	대상
직류 250V	0.1MΩ 이상 보기①	• 1경계구역의 절연저항
직류 500V	5MΩ 이상	• 누전경보기 • 가스누설경보기 • 수신기(10회로 미만, 절연된 충전부와 외함 간) • 자동화재속보설비 • 비상경보설비 • 유도등(교류입력측과 외함 간 포함) • 비상조명등(교류입력측과 외함 간 포함)
	20MΩ 이상	• 경종 • 발신기 • 중계기 • 비상**콘**센트 • 기기의 절연된 선로 간 • 기기의 충전부와 비충전부 간 • 기기의 교류입력측과 외함 간(유도등·비상조명등 제외)
	50MΩ 이상	• 감지기(정온식 감지선형 감지기 제외) • 가스누설경보기(10회로 이상) • 수신기(10회로 이상, 교류입력측과 외함 간 제외)
	1000MΩ 이상	• 정온식 감지선형 감지기

기억법 콘2(콘이 맛있다!)

답 ①

71
유도등 및 유도표지의 화재안전기준에 따른 통로유도등의 시설기준으로 옳은 것은?

① 계단통로유도등은 바닥으로부터 높이 1m 이하의 위치에 설치하여야 한다.
② 복도통로유도등은 바닥으로부터 높이 1.5m 이하의 위치에 설치하여야 한다.
③ 거실통로유도등은 바닥으로부터 높이 1m 이상의 위치에 설치하여야 한다.
④ 거실통로유도등은 거실통로에 기둥이 설치된 경우에는 기둥부분의 바닥으로부터 높이 1m 이하의 위치에 설치할 수 있다.

해설
② 1.5m 이하 → 1m 이하
③ 1m 이상 → 1.5m 이상
④ 1m 이하 → 1.5m 이상

(1) 설치높이

구분	설치높이
계단통로유도등·복도통로유도등·통로유도표지	바닥으로부터 높이 1m 이하 보기①②
피난구유도등	피난구의 바닥으로부터 높이 1.5m 이상
거실통로유도등	바닥으로부터 높이 1.5m 이상(단, 거실통로의 기둥은 1.5m 이하) 보기③④
피난구유도표지	출입구 상단

기억법 계복통1, 피유거15상

(2) 설치거리(NFPC 303 6조, NFTC 303 2.3)

구분	설치거리
복도통로유도등	구부러진 모퉁이 및 피난구유도등이 설치된 출입구의 맞은편 복도에 입체형 또는 바닥에 설치한 통로유도등을 기점으로 보행거리 20m마다 설치
거실통로유도등	구부러진 모퉁이 및 **보행거리 20m**마다 설치
계단통로유도등	각 층의 **경사로참** 또는 **계단참**마다 설치

기억법 복거2

중요
거실통로유도등의 설치기준(NFPC 303 6조, NFTC 303 2.3.1.2)
(1) **거실**의 **통로**에 설치할 것(단, 거실의 통로가 **벽체** 등으로 **구획**된 경우에는 **복도통로유도등** 설치)
(2) 구부러진 **모퉁이** 및 **보행거리** 20m마다 설치할 것
(3) 바닥으로부터 **높이** 1.5m 이상의 위치에 설치할 것(단, **거실통로**에 **기둥**이 설치된 경우에는 기둥부분의 바닥으로부터 높이 1.5m 이하의 위치에 설치 가능)

기억법 거통 모거높

답 ①

72
누전경보기의 공칭작동 전류값으로 옳은 것은?

① 100mA 이하 ② 200mA 이하
③ 300mA 이하 ④ 400mA 이하

해설 누전경보기

공칭작동 전류값	감도조정장치의 조정범위
200mA 이하 보기②	1A(1000mA) 이하

기억법 공2(공이 굴러간다!)

참고

검출누설전류 설정값 범위

경계전로	제2종 접지선
100~400mA	400~700mA

답 ②

73 소방시설 설치 및 관리에 관한 법령상 자동화재속보설비를 설치하여야 하는 특정소방대상물의 기준으로 틀린 것은? (단, 사람이 24시간 상시 근무하고 있는 경우는 제외한다.)

① 정신병원으로서 바닥면적이 500m² 이상인 층이 있는 것
② 문화유산의 보존 및 활용에 관한 법률에 따라 보물 또는 국보로 지정된 목조건축물
③ 노유자 생활시설에 해당하지 않는 노유자시설로서 바닥면적이 300m² 이상인 층이 있는 것
④ 수련시설(숙박시설이 있는 건축물만 해당)로서 바닥면적이 500m² 이상인 층이 있는 것

해설

③ 300m² → 500m²

자동화재속보설비의 **설치대상**(소방시설법 시행령 [별표 4])

설치대상	조건
• 수련시설(숙박시설이 있는 것) 보기 ④ • 노유자시설(노유자 생활시설 제외) 보기 ③ • 정신병원 및 의료재활시설 보기 ①	• 바닥면적 500m² 이상
• 목조건축물 보기 ②	• 국보·보물
• 노유자 생활시설 • 종합병원, 병원, 치과병원, 한방병원 및 요양병원(의료재활시설 제외) • 의원, 치과의원 및 한의원(입원실이 있는 시설) • 조산원 및 산후조리원 • 전통시장	• 전부

답 ③

74 비상콘센트설비의 화재안전기준에 따른 비상콘센트설비의 전원회로(비상콘센트에 전력을 공급하는 회로를 말한다.)의 설치기준으로 틀린 것은?

① 전원회로는 주배전반에서 전용회로로 할 것
② 전원회로는 각 층에 1 이상이 되도록 설치할 것
③ 콘센트마다 배선용 차단기(KS C 8321)를 설치하여야 하며, 충전부가 노출되지 아니하도록 할 것
④ 비상콘센트설비의 전원회로는 단상 교류 220V인 것으로서, 그 공급용량은 1.5kVA 이상인 것으로 할 것

해설

② 1 이상 → 2 이상

비상콘센트 전원회로의 설치기준(NFPC 504 4조, NFTC 504 2.1)

구분	전압	용량	플러그접속기
단상 교류 보기 ④	220V	1.5kVA 이상	접지형 2극

기억법 단2(단위), 접2(접이식)

(1) 1전용회로에 설치하는 비상콘센트는 **10**개 이하로 할 것
(2) 풀박스는 **1.6**mm 이상의 **철**판을 사용할 것

기억법 10콘(시큰둥!), 16철콘

(3) 콘센트마다 배선용 차단기를 설치하여야 하며, 충전부는 **노출되지 않도록** 할 것 보기 ③
(4) 각 층에 있어서 **2** 이상이 되도록 설치하되 설치하여야 할 층의 비상콘센트가 1개인 때에는 하나의 회로로 할 것 보기 ②
(5) 전원으로부터 각 층의 비상콘센트에 분기되는 경우에는 **분기배선용** 차단기를 보호함 안에 설치할 것
(6) 개폐기에는 "**비상콘센트**"라고 표시한 표지를 할 것
(7) 전원회로는 **주배전반**에서 **전용회로** 보기 ①

답 ②

75 공기관식 차동식 분포형 감지기 설치기준으로 옳은 것은?

① 검출부는 5° 이상 경사되지 아니하도록 부착할 것
② 공기관의 노출부분은 감지구역마다 15m 이상이 되도록 할 것
③ 검출부는 바닥으로부터 0.5m 이상 1.5m 이하의 위치에 설치할 것
④ 하나의 검출부분에 접속하는 공기관의 길이는 150m 이하로 할 것

해설

② 15m 이상 → 20m 이상
③ 0.5m 이상 → 0.8m 이상
④ 150m 이하 → 100m 이하

공기관식 감지기의 **설치기준**(NFPC 203 7조, NFTC 203 2.4.3.7)

(1) 노출부분은 감지구역마다 **20m** 이상이 되도록 할 것 보기 ②
(2) 각 변과의 수평거리는 **1.5m** 이하가 되도록 하고, 공기관 상호간의 거리는 **6m**(내화구조는 **9m**) 이하가 되도록 할 것
(3) 공기관은 **도중**에서 분기하지 아니하도록 할 것
(4) 하나의 검출부분에 접속하는 공기관의 길이는 **100m** 이하로 할 것 보기 ④
(5) 검출부는 5° 이상 경사되지 아니하도록 부착할 것 보기 ①
(6) 검출부는 바닥으로부터 **0.8~1.5m** 이하의 위치에 설치할 것 보기 ③

• 경사제한각도

차동식 분포형 감지기	스포트형 감지기
5° 이상	45° 이상

답 ①

76 비상경보설비 및 단독경보형 감지기의 화재안전 기준에 따른 발신기의 시설기준으로 틀린 것은?

21.09.문75
20.06.문69
18.03.문77

① 발신기의 위치표시등은 함의 하부에 설치한다.
② 조작스위치는 바닥으로부터 0.8m 이상 1.5m 이하의 높이에 설치할 것
③ 복도 또는 별도로 구획된 실로서 보행거리가 40m 이상일 경우에는 추가로 설치하여야 한다.
④ 특정소방대상물의 층마다 설치하되, 해당 특정소방대상물의 각 부분으로부터 하나의 발신기까지의 수평거리가 25m 이하가 되도록 할 것

해설 ① 하부 → 상부

비상경보설비의 **발신기 설치기준**(NFPC 201 4조, NFTC 201 2.1.5)
(1) 전원 : **축전지, 전기저장장치**, **교류전압**의 **옥내 간선**으로 하고 배선은 **전용**
(2) 감시상태 : **60분**, 경보시간 : **10분**
(3) 조작이 **쉬운 장소**에 설치하고, 조작스위치는 바닥으로부터 **0.8~1.5m** 이하의 높이에 설치할 것 보기 ②
(4) 특정소방대상물의 **층**마다 설치하되, 해당 소방대상물의 각 부분으로부터 하나의 발신기까지의 **수평거리** **25m** 이하가 되도록 할 것(단, 복도 또는 별도로 구획된 실로서 **보행거리**가 **40m** 이상일 경우에는 추가로 설치할 것) 보기 ③, ④
(5) 발신기의 **위치표시등**은 **함**의 **상부**에 설치하되, 그 불빛은 부착면으로부터 **15°** 이상의 범위 안에서 부착지점으로부터 **10m** 이내의 어느 곳에서도 쉽게 식별할 수 있는 **적색등**으로 할 것 보기 ①

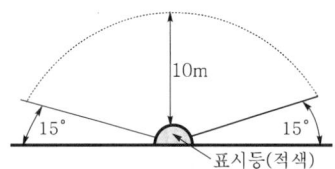

| 위치표시등의 식별 |

용어

전기저장장치
외부 전기에너지를 저장해 두었다가 필요할 때 전기를 공급하는 장치

답 ①

77 유도등의 형식승인 및 제품검사의 기술기준에 따른 유도등의 일반구조에 대한 설명으로 틀린 것은?

① 축전지에 배선 등을 직접 납땜하지 아니하여야 한다.
② 충전부가 노출되지 아니한 것은 300V를 초과할 수 있다.
③ 예비전원을 직렬로 접속하는 경우는 역충전방지 등의 조치를 강구하여야 한다.
④ 유도등에는 점멸, 음성 또는 이와 유사한 방식 등에 의한 유도장치를 설치할 수 있다.

해설 ③ 직렬 → 병렬

유도등의 **일반구조**(유도등의 형식승인 및 제품검사의 기술기준 3조)
(1) 축전지에 배선 등을 직접 납땜하지 아니할 것 보기 ①
(2) 사용전압은 **300V 이하**이어야 한다(단, 충전부가 노출되지 아니한 것은 **300V** 초과 가능) 보기 ②
(3) 예비전원을 **병렬**로 접속하는 경우는 **역충전방지** 등의 조치를 강구할 것 보기 ③
(4) 유도등에는 **점멸**, **음성** 또는 이와 유사한 방식 등에 의한 **유도장치** 설치 가능 보기 ④

답 ③

78 비상조명등의 화재안전기준에 따른 휴대용 비상조명등의 설치기준이다. 다음 ( )에 들어갈 내용으로 옳은 것은?

19.09.문68
17.03.문79
16.05.문74

지하상가 및 지하역사에는 보행거리 (㉠)m 이내마다 (㉡)개 이상 설치할 것

① ㉠ 25, ㉡ 1   ② ㉠ 25, ㉡ 3
③ ㉠ 50, ㉡ 1   ④ ㉠ 50, ㉡ 3

해설 **휴대용 비상조명등**의 **설치기준**

설치개수	설치장소
1개 이상	• **숙박시설** 또는 **다중이용업소**에는 객실 또는 영업장 안의 구획된 실마다 잘 보이는 곳(외부에 설치시 출입문 손잡이로부터 **1m 이내** 부분)
3개 이상 보기 ㉡	• **지하상가** 및 **지하역사**의 **보행거리 25m** 이내마다 보기 ㉠ • **대규모점포**(백화점·대형점·쇼핑센터) 및 영화상영관의 **보행거리 50m** 이내마다

(1) 바닥으로부터 **0.8~1.5m** 이하의 높이에 설치할 것
(2) 어둠 속에서 **위치**를 확인할 수 있도록 할 것
(3) 사용시 **자동**으로 **점등**되는 구조일 것
(4) 외함은 **난연성능**이 있을 것
(5) 건전지를 사용하는 경우에는 **방전방지조치**를 하여야 하고, **충전식 배터리**의 경우에는 **상시 충전**되도록 할 것
(6) 건전지 및 충전식 배터리의 용량은 **20분** 이상 유효하게 사용할 수 있는 것으로 할 것

답 ②

★★★
79 무선통신보조설비의 화재안전기준에 따른 설치 제외에 대한 내용이다. 다음 ( )에 들어갈 내용으로 옳은 것은?

24.05.문70
21.09.문65
19.09.문67

> (㉠)으로서 특정소방대상물의 바닥부분 2면 이상이 지표면과 동일하거나 지표면으로부터의 깊이가 (㉡)m 이하인 경우에는 해당층에 한하여 무선통신보조설비를 설치하지 아니할 수 있다.

① ㉠ 지하층, ㉡ 1　② ㉠ 지하층, ㉡ 2
③ ㉠ 무창층, ㉡ 1　④ ㉠ 무창층, ㉡ 2

해설 **무선통신보조설비**의 **설치 제외**(NFPC 505 4조, NFTC 505 2.1)

(1) **지하층**으로서 특정소방대상물의 바닥부분 **2면 이상**이 지표면과 동일한 경우의 해당층 보기 ㉠
(2) 지하층으로서 지표면으로부터의 깊이가 **1m 이하**인 경우의 해당층 보기 ㉡

기억법 2면무지(이면 계약의 무지)

답 ①

★
80 예비전원의 성능인증 및 제품검사의 기술기준에 따라 다음의 ( )에 들어갈 내용으로 옳은 것은?

> 예비전원은 $\frac{1}{5}$C 이상 1C 이하의 전류로 역충전하는 경우 ( )시간 이내에 안전장치가 작동하여야 하며, 외관이 부풀어 오르거나 누액 등이 없어야 한다.

① 1　② 3
③ 5　④ 10

해설 **안전장치시험**(자동화재속보설비의 속보기의 성능인증 및 제품검사의 기술기준 6조)

예비전원은 $\frac{1}{5}$~1C 이하의 전류로 역충전하는 경우 **5시간** 이내에 안전장치가 작동하여야 하며, 외관이 부풀어 오르거나 누액 등이 생기지 않을 것

답 ③

2025. 9. 1 시행

2025년 산업기사 제3회 필기시험 CBT 기출복원문제

자격종목	종목코드	시험시간	형별	수험번호	성명
소방설비산업기사(전기분야)		2시간			

※ 각 문항은 4지택일형으로 질문에 가장 적합한 보기 항을 선택하여 체크하여야 합니다.

제 1 과목 소방원론

01 다음 불꽃의 색상 중 가장 온도가 높은 것은?
23.05.문20
17.09.문04
17.03.문01
① 암적색   ② 적색
③ 휘백색   ④ 휘적색

해설 연소의 색과 온도

색	온도[℃]
암적색(진홍색) 보기 ①	700~750
적색 보기 ②	850
휘적색(주황색) 보기 ④	925~950
황적색	1100
백적색(백색)	1200~1300
휘백색 보기 ③	1500

※ 불꽃의 색상 중 낮은 온도에서 높은 온도의 순서 :
암적색<**황**적색<**백**적색<**휘**백색

기억법 암황백휘

답 ③

02 질소(N₂)의 증기비중은 약 얼마인가? (단, 공기분자량은 29이다.)
20.08.문08
19.09.문07
17.05.문03
16.03.문02
14.03.문14
07.09.문05
① 0.8   ② 0.97
③ 1.5   ④ 1.8

해설 (1) 원자량

원 소	원자량
H	1
C	12
N	14
O	16

질소(N₂) : 14×2 = 28

(2) 증기비중

$$증기비중 = \frac{분자량}{29}$$

여기서, 29 : 공기의 평균분자량

질소의 증기비중 = $\frac{분자량}{29} = \frac{28}{29} ≒ 0.97$

비교
증기밀도

$$증기밀도[g/L] = \frac{분자량}{22.4}$$

여기서, 22.4 : 기체 1몰의 부피[L]

답 ②

03 산소의 공급이 원활하지 못한 화재실에 급격히 산소가 공급이 될 경우 순간적으로 연소하여 화재가 폭풍을 동반하여 실외로 분출하는 현상은?
22.09.문13
20.06.문02
14.09.문12
12.09.문15
① 백드래프트   ② 플래시오버
③ 보일오버   ④ 슬롭오버

해설 백드래프트(back draft)
(1) **산소**의 공급이 원활하지 못한 화재실에 급격히 **산소**가 공급이 될 경우 순간적으로 연소하여 화재가 폭풍을 동반하여 **실외**로 **분출**하는 현상 보기 ①
(2) 소방대가 소화활동을 위하여 화재실의 문을 개방할 때 신선한 공기가 유입되어 실내에 축적되었던 가연성 가스가 **단시간**에 **폭발적**으로 **연소**함으로써 화재가 폭풍을 동반하며 **실외**로 분출되는 현상으로 **감쇠기**에 나타난다.
(3) 화재로 인하여 **산소**가 **부족**한 건물 내에 산소가 새로 유입된 때 **고열가스**의 **폭발** 또는 급속한 **연소**가 발생하는 현상
(4) 통기력이 좋지 않은 상태에서 연소가 계속되어 산소가 심히 부족한 상태가 되었을 때 **개구부**를 통하여 산소가 공급되면 실내의 가연성 혼합기가 공급되는 **산소**의 **방향**과 **반대**로 흐르며 급격히 연소하는 현상으로서 "**역화현상**"이라고 하며 이때에는 **화염**이 산소의 공급통로로 분출되는 현상을 눈으로 확인할 수 있다.

기억법 백감

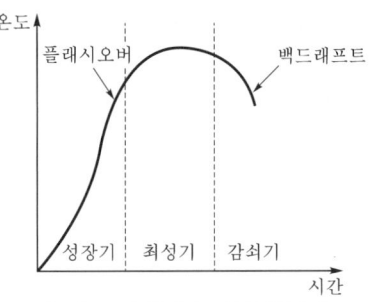

‖ 백드래프트와 플래시오버의 발생시기 ‖

용어	설명
플래시오버 (flash over)	화재로 인하여 **실내**의 온도가 **급격히 상승**하여 화재가 순간적으로 실내 전체에 **확산**되어 연소되는 현상
보일오버 (boil over)	**중질유**가 탱크에서 조용히 연소하다 열유층에 의해 가열된 하부의 물이 폭발적으로 끓어 올라와 상부의 뜨거운 기름과 함께 분출하는 현상
백드래프트 (back draft)	화재로 인해 **산소**가 **고갈**된 건물 안으로 외부의 **산소**가 유입될 경우 발생하는 현상
롤오버 (roll over)	플래시오버가 발생하기 직전에 작은 불들이 연기 속에서 산재해 있는 상태
슬롭오버 (slop over)	• **물**이 연소유의 **뜨거운 표면**에 들어갈 **때** 기름표면에서 화재가 발생하는 현상 • 유화제로 소화하기 위한 **물**이 수분의 급격한 증발에 의하여 액면이 거품을 일으키면서 **열유층 밑**의 **냉유**가 급히 열팽창하여 **기름**의 **일부**가 불이 붙은 채 탱크벽을 넘어서 일출하는 현상

답 ①

04 건축법상 건축물의 주요구조부에 해당되지 않는 것은?

24.05.문03
23.05.문10
22.04.문03
16.10.문09
16.05.문06
13.06.문12

① 차양
② 주계단
③ 내력벽
④ 기둥

해설 주요구조부
(1) 내력**벽** 보기 ③
(2) **보**(작은 보 제외)
(3) **지**붕틀(차양 제외) 보기 ①
(4) **바**닥(최하층 바닥 제외)
(5) **주**계단(옥외계단 제외) 보기 ②
(6) **기**둥(사잇기둥 제외) 보기 ④

기억법 벽보지 바주기

답 ①

05 물의 비열과 증발잠열을 이용한 소화효과는?

23.03.문05
18.03.문10
17.09.문10
16.10.문03
14.09.문05
14.03.문03
13.06.문16
09.03.문18

① 희석효과
② 억제효과
③ 냉각효과
④ 질식효과

해설 ③ **냉각효과**(냉각소화) : 물의 **증발잠열** 이용

소화형태

구분	설명
냉각소화	① 물의 비열과 증발잠열을 이용한 소화효과 보기 ③ ② **점**화원을 냉각하여 소화하는 방법 ③ **증**발잠열을 이용하여 열을 빼앗아 가연물의 온도를 떨어뜨려 화재를 진압하는 소화방법 ④ **다**량의 **물**을 뿌려 소화하는 방법 ⑤ 가연성 물질을 **발화점 이하**로 **냉각** 기억법 냉점증발 ⑥ 주방에서 신속히 할 수 있는 방법으로, 신선한 **야채**를 넣어 **식용유**의 온도를 발화점 이하로 낮추어 소화하는 방법(**식용유** 화재에 신선한 **야채**를 넣어 소화) 기억법 야식냉(야식이 차다.)
질식소화	① 공기 중의 **산소농도**를 16%(10~15%) 이하로 희박하게 하여 소화하는 방법 ② 산화제의 농도를 낮추어 연소가 지속될 수 없도록 함 ③ 산소공급을 차단하는 소화방법(공기공급을 **차단**하여 소화하는 방법) 기억법 질산
제거소화	**가연물**을 **제거**하여 소화하는 방법
부촉매소화 (화학소화)	① **연쇄반응**을 **차단**하여 소화하는 방법 ② 화학적인 방법으로 화재 억제
희석소화	기체·고체·액체에서 나오는 분해가스나 증기의 농도를 낮춰 소화하는 방법

답 ③

06 다음 중 인화점이 가장 낮은 물질은?

23.05.문17
23.03.문16
22.04.문12
19.04.문06
17.09.문11

① 산화프로필렌
② 이황화탄소
③ 메틸알코올
④ 등유

해설 인화점 vs 착화점(발화점)

물질	인화점	착화점
• 프로필렌	-107℃	497℃
• 에틸에터 • 다이에틸에터	-45℃	180℃
• 가솔린(휘발유)	-43℃	300℃
• **산화프로필렌**	-37℃	465℃
• **이황화탄소**	-30℃	100℃
• 아세틸렌	-18℃	335℃
• 아세톤	-18℃	538℃
• 벤젠	-11℃	562℃
• 톨루엔	4.4℃	480℃
• **메틸알코올**	11℃	464℃
• 에틸알코올	13℃	423℃
• 아세트산	40℃	-
• **등유**	43~72℃	210℃
• **경유**	50~70℃	200℃
• 적린	-	260℃

기억법 인산 이메등경

• 착화점=발화점=착화온도=발화온도
• 인화점=인화온도

답 ①

07 연소의 3요소에 해당하지 않는 것은?

① 점화원 ② 가연물
③ 산소 ④ 촉매

해설 연소의 3요소와 4요소

연소의 3요소	연소의 4요소
• 가연물(연료) 보기 ② • 산소공급원(산소, 공기) 보기 ③ • 점화원(점화에너지) 보기 ①	• 가연물(연료) • 산소공급원(산소, 공기) • 점화원(점화에너지) • 연쇄반응

기억법 연4(연사)

답 ④

08 건축물 내부 화재시 연기의 평균 수평이동속도는 약 몇 m/s인가?

① 0.01~0.05 ② 0.5~1
③ 2~3 ④ 20~30

해설 연기의 이동속도

방향 또는 장소	이동속도
수평방향(수평이동속도)	0.5~1m/s 보기 ②
수직방향(수직이동속도)	2~3m/s
계단실 내의 수직이동속도	3~5m/s

기억법 3계5(삼계탕 드시러 오세요.)

답 ②

09 제1종 분말소화약제의 주성분으로 옳은 것은?

① 탄산수소칼륨
② 탄산수소나트륨
③ 탄산수소칼륨과 요소
④ 제1인산암모늄

해설 (1) 분말소화약제

종 별	주성분	약제의 착색	적응 화재	비 고
제**1**종	중탄산나트륨 (NaHCO₃) 보기 ②	백색	BC급	**식**용유 및 **지**방질유의 화재에 적합
제2종	중탄산칼륨 (KHCO₃)	담자색 (담회색)		-
제**3**종	제**1**인산암모늄 (NH₄H₂PO₄)	담홍색	ABC급	**차**고・**주차**장에 적합
제4종	중탄산칼륨+ 요소 (KHCO₃+ (NH₂)₂CO)	회(백)색	BC급	-

기억법 1식분(일식 분식)
3분 차주(삼보컴퓨터 차주), 인3(인삼)

(2) 이산화탄소소화약제

주성분	적응화재
이산화탄소(CO₂)	BC급

• 탄산수소나트륨=중탄산나트륨

답 ②

10 다음 중 할로젠족 원소에 해당하는 것은?

① F, Cl, I, Ar
② F, I, Ar, Br
③ F, Cl, Br, I
④ F, Cl, Br, Ar

해설 할로젠족 원소
(1) 불소 : F
(2) 염소 : Cl
(3) 브로민(취소) : Br
(4) 아이오딘(옥소) : I

기억법 FClBrI

답 ③

11 칼륨이 물과 반응하면 위험한 이유는?

① 수소가 발생하기 때문에
② 산소가 발생하기 때문에
③ 이산화탄소가 발생하기 때문에
④ 아세틸렌이 발생하기 때문에

해설 주수소화(물소화)시 위험한 물질

위험물	발생물질
무기과산화물	산소(O₂) 발생
① 금속분 ② 마그네슘 ③ 알루미늄 ④ 칼륨 보기 ① ⑤ 나트륨 ⑥ 수소화리튬	→ 수소(H₂) 발생
가연성 액체의 유류화재(경유)	연소면(화재면) 확대

중요

경유화재시 주수소화가 **부적당**한 이유
물보다 비중이 가벼워 물 위에 떠서 **화재 확대**의 우려가 있기 때문이다.

답 ①

12 촛불(양초)의 연소형태로 옳은 것은?

① 증발연소
② 액적연소
③ 표면연소
④ 자기연소

해설 연소의 형태

연소형태	종류
표면연소	• **숯**, **코**크스 • **목**탄, 금속분 기억법 표숯코 목탄금
분해연소	• **석**탄, **종**이 • **플**라스틱, **목**재 • **고**무, **중**유, **아**스팔트, **면**직물 기억법 분석종플 목고중아면
증발연소	• 황, 왁스 • **파**라핀(양초), 나프탈렌 보기① • 가솔린, 등유 • 경유, 알코올, 아세톤 기억법 양파증(양파증가)
자기연소	• **나**이트로글리세린, 나이트로셀룰로오스(질화면) • **T**NT, 피크린산 기억법 자T나
액적연소	• 벙커C유
확산연소	• 메탄(CH_4), 암모니아(NH_3) • 아세틸렌(C_2H_2), 일산화탄소(CO) • 수소(H_2)

답 ①

13 연기의 물리·화학적인 설명으로 틀린 것은?
19.09.문12
① 화재시 발생하는 연소생성물을 의미한다.
② 연기의 색상은 연소물질에 따라 다양하다.
③ 연기는 기체로만 이루어진다.
④ 연기의 감광계수가 크면 피난장애를 일으킨다.

해설 ③ 기체로만 → 고체 또는 액체로

연기의 물리·화학적인 설명
(1) 화재시 발생하는 **연소생성물**을 의미한다. 보기①
(2) 연기의 **색상**은 연소물질에 따라 **다양**하다. 보기②
(3) 연기는 **고체** 또는 **액체**로 이루어진다. 보기③
(4) 연기의 **감광계수**가 **크**면 **피난장애**를 일으킨다. 보기④

답 ③

14 화재하중 계산시 목재의 단위 발열량은 약 몇
18.09.문07 [kcal/kg]인가?
09.08.문03
09.05.문17 ① 3000   ② 4500
01.06.문04
③ 6000   ④ 9000

해설 **화재하중**(kg/m^2 또는 N/m^2)
(1) 일반건축물에서 가연성의 건축구조재와 가연성 수용물의 양으로서 건물화재시 **발열량** 및 **화재위험성**을 나타내는 용어
(2) 가연물 등의 연소시 건축물의 붕괴 등을 고려하여 설계하는 하중
(3) 화재실 또는 화재구역의 단위면적당 **가연물의 양**
(4) 건물화재에서 가열온도의 정도를 의미
(5) 건물의 내화설계시 고려되어야 할 사항

(6) 화재하중의 식

$$q = \frac{\Sigma GH_1}{H_0 A} = \frac{\Sigma Q}{4500A}$$

여기서, q : 화재하중[kg/m^2], G : 가연물의 양[kg]
H_1 : 가연물의 단위중량당 발열량[kcal/kg]
H_0 : 목재의 단위중량당 발열량[kcal/kg](4500kcal/kg)
A : 바닥면적[m^2]
ΣQ : 가연물의 전체발열량[kcal]

답 ②

15 자연발화가 일어나기 쉬운 조건이 아닌 것은?
24.07.문11
22.09.문18 ① 열전도율이 클 것
19.09.문09
15.09.문15 ② 적당량의 수분이 존재할 것
14.05.문05 ③ 주위의 온도가 높을 것
④ 표면적이 넓을 것

해설 ① 클 것 → 작을 것

자연발화 조건
(1) 열전도율이 작을 것 보기①
(2) 발열량이 클 것
(3) 주위의 온도가 높을 것 보기③
(4) 표면적이 넓을 것 보기④
(5) 적당량의 수분이 존재할 것 보기②

비교
자연발화의 방지법
(1) 습도가 높은 곳을 피할 것(건조하게 유지할 것)
(2) 저장실의 온도를 낮출 것
(3) 통풍이 잘 되게 할 것
(4) 퇴적 및 수납시 열이 쌓이지 않게 할 것(**열 축적 방지**)
(5) 산소와의 접촉을 차단할 것
(6) **열전도성을 좋게 할 것**

답 ①

16 대체 소화약제의 물리적 특성을 나타내는 용어
23.03.문03 중 지구온난화지수를 나타내는 약어는?
16.10.문07
14.03.문04 ① ODP   ② GWP
③ LOAEL ④ NOAEL

해설

용어	설명
오존파괴지수 (**O**DP ; Ozone Depletion Potential)	오존파괴지수는 어떤 물질의 **오존파괴능력**을 상대적으로 나타내는 지표
지구**온**난화지수 보기② (G**W**P ; Global Warming Potential)	지구온난화지수는 **지구온난화**에 기여하는 정도를 나타내는 지표
LOAEL (Least Observable Adverse Effect Level)	인체에 **독성**을 주는 **최소 농도**
NOAEL (No Observable Adverse Effect Level)	인체에 **독성**을 주지 않는 **최대농도**

기억법 G온오오(지온!오온!)

답 ②

25. 09. 시행 / 산업(전기)

중요

공식	
오존파괴지수(ODP)	지구온난화지수(GWP)
ODP = (어떤 물질 1kg이 파괴하는 오존량) / (CFC 11의 1kg이 파괴하는 오존량)	GWP = (어떤 물질 1kg이 기여하는 온난화 정도) / (CO_2 1kg이 기여하는 온난화 정도)

답 ②

17 동식물유류에서 "아이오딘값이 크다."라는 의미로 옳은 것은?
24.07.문06
22.03.문19
17.03.문19
11.06.문16

① 불포화도가 높다.
② 불건성유이다.
③ 자연발화성이 낮다.
④ 산소와의 결합이 어렵다.

해설 "아이오딘값이 크다."라는 의미
(1) **불포**화도가 높다. 보기 ①
(2) **건성유**이다. 보기 ②
(3) 자연발화성이 높다. 보기 ③
(4) 산소와 결합이 쉽다. 보기 ④

※ 아이오딘값: 기름 100g에 첨가되는 아이오딘의 g수

기억법 아불포

답 ①

18 감광계수에 따른 가시거리 및 상황에 대한 설명으로 틀린 것은?
24.07.문13
23.05.문02
21.03.문02
17.05.문10
01.06.문17

① 감광계수 $0.1m^{-1}$는 연기감지기가 작동할 정도의 연기농도이고, 가시거리는 20~30m이다.
② 감광계수 $0.5m^{-1}$는 거의 앞이 보이지 않을 정도의 농도이고, 가시거리는 1~2m이다.
③ 감광계수 $10m^{-1}$는 화재 최성기 때의 연기농도를 나타낸다.
④ 감광계수 $30m^{-1}$는 출화실에서 연기가 분출할 때의 농노이나.

해설 ② $0.5m^{-1}$ → $1m^{-1}$

감광계수에 따른 가시거리 및 상황

감광계수 [m^{-1}]	가시거리 [m]	상황
0.1	20~30	연기감지기가 작동할 때의 농도 보기 ①
0.3	5	건물 내부에 익숙한 사람이 피난에 지장을 느낄 정도의 농도
0.5	3	어두운 것을 느낄 정도의 농도
1	1~2	거의 앞이 보이지 않을 정도의 농도 보기 ②
10	0.2~0.5	화재 최성기 때의 농도 보기 ③
30	–	출화실에서 연기가 분출할 때의 농도 보기 ④

답 ②

19 할론소화약제의 특징으로 옳지 않은 것은?
15.09.문06

① 부식성이 크다.
② 소화속도가 빠르다.
③ 전기절연성이 높다.
④ 가연물과 산소의 화학반응을 억제한다.

해설 할론소화설비의 특징
(1) 오존층을 파괴한다.
(2) 연소 억제작용이 크다(가연물과 산소의 화학반응을 억제한다). 보기 ④
(3) 소화능력이 크다(소화속도가 빠르다). 보기 ②
(4) 금속에 대한 부식성이 작다. 보기 ①
(5) 변질, 분해 등이 적다.
(6) 전기절연성이 높다. 보기 ③

답 ①

20 정전기 발생 방지대책 중 틀린 것은?
18.04.문20
15.03.문20
13.03.문14
13.03.문41
12.05.문02
08.05.문09

① 상대습도를 높인다.
② 공기를 이온화시킨다.
③ 접지시설을 한다.
④ 가능한 한 부도체를 사용한다.

해설 정전기 방지대책
(1) **접지**(접지시설)를 한다. 보기 ③
(2) 공기의 **상대습도**를 **70%** 이상으로 한다.(상대습도를 높임) 보기 ①
(3) 공기를 **이온화**한다. 보기 ②
(4) 가능한 한 **도체**를 사용한다. 보기 ④
(5) 제전기를 사용한다.

기억법 정습7 접이도

답 ④

제 2 과목 　소방전기일반

21 전류의 열작용과 관계가 있는 법칙은?
24.07.문35
16.05.문35
15.09.문32
15.03.문35
12.09.문25

① 키르히호프의 법칙　② 줄의 법칙
③ 플레밍의 법칙　　　④ 옴의 법칙

해설 여러 가지 법칙

법 칙	설 명
플레밍의 오른손 법칙	**도체**운동에 의한 유기기전력의 **방**향 결정 기억법 방유도오(**방**에 **우유**를 **도로** 갖다 놓게!)
플레밍의 왼손 법칙	**전**자력의 방향 결정 기억법 왼전(**왠 전**쟁이냐?)
렌츠의 법칙	자속변화에 의한 **유**도기전력의 **방**향 결정 기억법 렌유방(**오렌**지가 **유**일한 **방**법이다.)

패러데이의 전자유도법칙	자속변화에 의한 **유**기기전력의 **크**기 결정 기억법 패유크(**패유**를 버리면 **큰**일 난다.)
앙페르의 오른나사법칙	**전**류에 의한 **자**기장의 방향을 결정하는 법칙 기억법 앙전자(**양전자**)
비오-사바르 의 법칙	**전**류에 의해 발생되는 **자**기장의 크기 기억법 비전자(비전**공자**)
키르히호프의 법칙	옴의 법칙을 응용한 것으로 복잡한 회로의 전류와 전압계산에 사용
줄의 법칙	• 어떤 도체에 일정 시간 동안 전류를 흘리면 도체에는 열이 발생되는데 이에 관한 법칙 • **전**류의 **열**작용과 관계있는 법칙 보기 ②
쿨롱의 법칙	'두 자극 사이에 작용하는 힘은 두 **자극**의 **세**기의 **곱**에 **비례**하고, 두 자극 사이의 **거리**의 **제곱**에 **반비례**한다'는 법칙

답 ②

22. 100V의 전위차가 있는 곳에 50A의 전류가 6분간 흘렀을 때 전력량은 몇 J인가?

① 18×10^5
② 18×10^4
③ 18×10^3
④ 18×10^2

해설 (1) 기호
- V : 100V
- I : 50A
- t : 6×60s(1m=60s이므로)
- W : ?

(2) 전력량

$$W = VIt = I^2Rt = Pt \text{ (J)}$$

여기서, W : 전력량(J)
V : 전압(V)
I : 전류(A)
t : 시간(s)
R : 저항(Ω)
P : 전력(W)

전력량 W는
$W = VIt$
$= 100 \times 50 \times (6 \times 60) = 1800000\text{J} = 18 \times 10^5 \text{J}$

※ **전력량** : 일정한 시간 동안 전기가 하는 일의 양

답 ①

23. 그림과 같은 다이오드 게이트 회로에서 출력전압은? (단, 다이오드 내의 전압강하는 무시한다.)

① 10V
② 5V
③ 1V
④ 0V

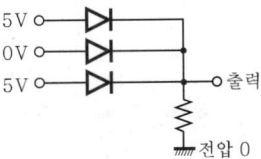

해설 OR 게이트이므로 입력신호 중 5V, 0V, 5V 중 **어느 하나**라도 **5V**이면 출력신호 X가 5가 된다.

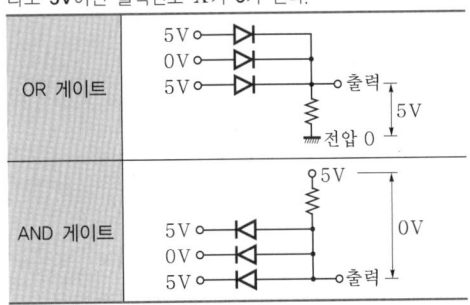

중요

논리회로

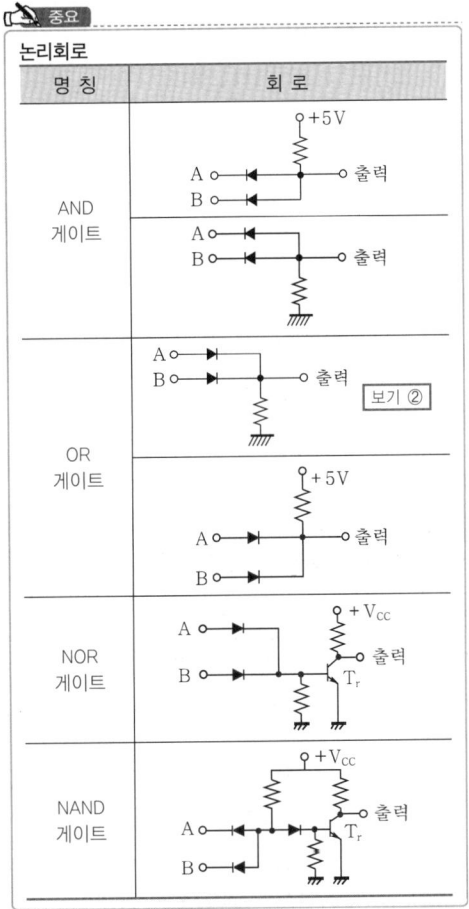

답 ②

24. 공기 중의 한 점에 양의 점전하 4nC이 놓여 있다. 이 점으로부터 3m 떨어진 곳의 전기장의 세기는 몇 V/m인가?

① 4
② 8
③ 12
④ 16

해설 (1) 기호
- ε_s : 1(공기 중이므로)
- Q : 4nC=4×10^{-9}
- r : 3m
- E : ?

(2) 전계의 세기(intensity of electric field)

$$E=\frac{Q}{4\pi\varepsilon r^2} \text{ [V/m]}$$

여기서, E : 전계의 세기[V/m]
Q : 전하[C]
ε : 유전율[F/m] ($\varepsilon=\varepsilon_0\cdot\varepsilon_s$)
r : 거리[m]

전계의 세기(전장의 세기) E 는

$$E=\frac{Q}{4\pi\varepsilon r^2}=\frac{Q}{4\pi\varepsilon_0\varepsilon_s r^2}$$

$$=\frac{4\times10^{-9}}{4\pi\times(8.855\times10^{-12})\times1\times3^2}\fallingdotseq 4\text{V/m}$$

- 진공의 유전율 $\varepsilon_0=8.855\times10^{-12}$ [F/m]

중요 단위환산

명칭	기호	크기
피코(pico)	p	10^{-12}
나노(nano)	n	10^{-9}
마이크로(micro)	μ	10^{-6}
메가(mega)	M	10^{6}

답 ①

25 그림의 블록선도에서 $\dfrac{C(s)}{D(s)}$ 는?

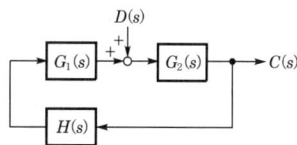

① $\dfrac{G_2(s)}{1-G_1(s)G_2(s)H(s)}$

② $\dfrac{G_1(s)G_2(s)}{H(s)}$

③ $\dfrac{H(s)}{G_1(s)G_2(s)}$

④ $\dfrac{G_1(s)}{1-G_1(s)G_2(s)H(s)}$

해설

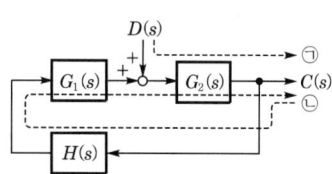

$D(s)G_2(s)+CG_1(s)G_2(s)H(s)=C(s)$
$DG_2+CG_1G_2H=C$ ← 계산편의를 위해 (s) 생략
$DG_2=C-CG_1G_2H$
$DG_2=C(1-G_1G_2H)$
$\dfrac{G_2}{1-G_1G_2H}=\dfrac{C}{D}$
$\dfrac{C}{D}=\dfrac{G_2}{1-G_1G_2H}$
$\dfrac{C(s)}{D(s)}=\dfrac{G_2(s)}{1-G_1(s)G_2(s)H(s)}$ ← (s) 다시 붙임

용어
블록선도
제어계에서 신호전송상태를 나타내는 계통도

답 ①

26 회로에서 저항 5Ω의 양단전압 V_R[V]은?

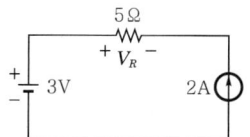

① -10 ② -7
③ 7 ④ 10

해설 중첩의 원리
(1) 전압원 단락시

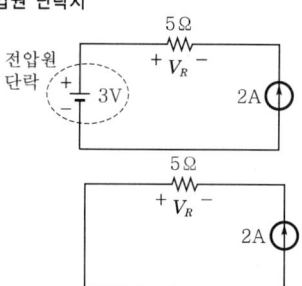

$V=IR=2\times5=10$V (전류와 전압 V_R의 방향이 반대이므로 -10V)

(2) 전류원 개방시

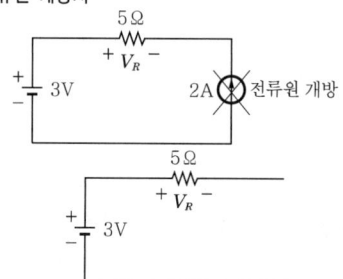

회로가 개방되어 있으므로 5Ω에는 전압이 인가되지 않음
∴ 5Ω 양단전압은 -10V

- 중첩의 원리=전압원 단락시 값+전류원 개방시 값

답 ①

27. 임피던스 $16+j12Ω$에 $26+j40V$의 전압을 인가할 때 유효전력은 몇 W인가?

① 58
② 91
③ 114
④ 228

해설

(1) 기호
- $Z : 16+j12Ω$
- $V : 26+j40V$
- $P : ?$

(2) 임피던스
$$Z = R+jX = \sqrt{R^2+X^2}$$

여기서, Z : 임피던스[Ω]
R : 저항[Ω]
X : 리액턴스[Ω]

임피던스 Z는
$$Z = R+jX = \sqrt{R^2+X^2}$$
$$= 16+j12 = \sqrt{16^2+12^2} = 20Ω$$

(3) 전류
$$I = \frac{V}{Z}$$

여기서, I : 전류[A]
V : 전압[V]
Z : 임피던스[Ω]

전류 I는
$$I = \frac{V}{Z} = \frac{\sqrt{26^2+40^2}}{20} ≒ 2.385A$$

(4) 유효전력(소비전력)
$$P = I^2R$$

여기서, P : 유효전력[W]
I : 전류[A]
R : 저항[Ω]

유효전력 P는
$P = I^2R = 2.385^2 \times 16 ≒ 91.04 ≒ 91W$

비교

무효전력
$$P_r = I^2X$$

여기서, P_r : 무효전력[Var]
I : 전류[A]
X : 리액턴스[Ω]

무효전력 P_r는
$P_r = I^2X = 2.385^2 \times 12 ≒ 68.3Var$

답 ②

28. 3상 유도전동기의 출력이 7.5kW, 전압 200V, 효율 88%, 역률 87%일 때 이 전동기에 유입되는 선전류는 약 몇 A인가?

① 11
② 28
③ 49
④ 56

해설

(1) 기호
- P : 7.5kW=7500W(1kW=1000W)
- V_l : 200V
- η : 88%=0.88
- $\cos\theta$: 87%=0.87
- I_l : ?

(2) 3상 유효전력
$$P = 3V_pI_p\cos\theta\eta = \sqrt{3}\,V_lI_l\cos\theta\eta$$

여기서, P : 3상 유효전력[W]
V_p : 상전압[V]
I_p : 상전류[A]
$\cos\theta$: 역률
η : 효율
V_l : 선간전압[V]
I_l : 선전류[A]

선전류 I_l는
$$I_l = \frac{P}{\sqrt{3}\,V_l\cos\theta\eta}$$
$$= \frac{7500}{\sqrt{3} \times 200 \times 0.87 \times 0.88} ≒ 28A$$

답 ②

29. 유도전동기의 기동시 관계로 옳은 것은? (단, T_1 : $Y-\triangle$ 기동시 토크, T_2 : 전전압 기동시 토크, I_1 : $Y-\triangle$ 기동시 전류, I_2 : 전전압 기동시 전류)

① $T_1 = \frac{1}{3}T_2,\ I_1 = \frac{1}{3}I_2$

② $T_1 = \frac{1}{\sqrt{3}}T_2,\ I_1 = \frac{1}{\sqrt{3}}I_2$

③ $T_1 = \sqrt{3}\,T_2,\ I_1 = \sqrt{3}\,I_2$

④ $T_1 = 3T_2,\ I_1 = 3I_2$

해설

출력
$$P = 9.8\omega\tau = 9.8 \times 2\pi\frac{N}{60} \times \tau[W]$$

여기서, P : 출력[W]
ω : 각속도[rad/s]
N : 회전수[rpm]
τ : 토크[kg·m]

$P = 9.8\omega\tau \propto \tau$이므로 출력 P에 대해서 계산하면

$$P = \sqrt{3}\,VI\cos\theta$$

여기서, P : 3상 전력[W]
V : 3상 전압[V]
I : 3상 전류[A]
$\cos\theta$: 역률

$$P = \sqrt{3}\,VI\cos\theta \propto I$$

$$\frac{P_{Y-\Delta}}{P_{전}} \propto \frac{I_{Y-\Delta}}{I_{전}} = \frac{\dfrac{V}{\sqrt{3}Z}}{\dfrac{\sqrt{3}V}{Z}}$$

여기서, $P_{Y-\Delta}$: Y-△ 결선시의 전력[W]
$P_{전}$: 전전압 기동시의 전력[W]
$I_{Y-\Delta}$: Y-△ 결선시의 전류[A]
$I_{전}$: 전전압 기동시의 전류[A]
V : 전압[V]
Z : 임피던스[Ω]

$$\frac{P_{Y-\Delta}}{P_{전}} \propto \frac{I_{Y-\Delta}}{I_{전}} = \frac{\dfrac{V}{\sqrt{3}Z}}{\dfrac{\sqrt{3}V}{Z}} = \frac{1}{3}\text{배}$$

$$\therefore\; T_1 = \frac{1}{3}T_2,\; I_1 = \frac{1}{3}I_2$$

답 ①

30 계전기 접점의 불꽃을 소거할 목적으로 사용하는 것은?

22.09.문32
16.05.문21
15.09.문22
15.05.문24
12.05.문24

① 터널다이오드
② 바랙터다이오드
③ 바리스터
④ 서미스터

해설 반도체소자

명 칭	심 벌
제너다이오드(Zener Diode) : 주로 정전압 전원회로에 사용된다. '**정전압다이오드**'라고도 부른다.	▶｜
서미스터(thermistor) 보기 ④ • 부온도 특성을 가진 저항기의 일종으로서 주로 **온도보정용**으로 쓰인다. • 온도에 따라 저항값이 변환하는 소자이다.	Th
SCR(Silicon Controlled Rectifier) : **단방향 대전류 스위칭소자**로서 제어를 할 수 있는 정류소자이다.	A K G
바리스터(varistor) : 주로 **서**지전압에 대한 **회로보호용**으로 사용된다(**계**전기 접점의 **불**꽃 제거). 보기 ③	▶◀

기억법 바서보계

UJT(UniJunction Transistor) : 단일접합 트랜지스터로서 증폭기로는 사용이 불가능하며 톱니파 펄스발생기로 작용하고 **SCR의 트리거소자**로 쓰인다.

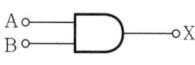

바랙터(varactor) : 제너현상을 이용한 다이오드이다. 보기 ②

• 바랙터=바랙터다이오드

답 ③

31 다음 논리회로의 명칭은?

24.07.문26
19.03.문31
10.09.문35
10.03.문30

① AND
② OR
③ NOT
④ NAND

해설

명 칭	논리회로	진리표(진가표)
AND 게이트	$X = A \cdot B$	A B X 0 0 0 0 1 0 1 0 0 1 1 1
OR 게이트	$X = A + B$	A B X 0 0 0 0 1 1 1 0 1 1 1 1
NOT 게이트	$X = \overline{A}$	A X 0 1 1 0
NAND 게이트	$X = \overline{A \cdot B}$	A B X 0 0 1 0 1 1 1 0 1 1 1 0
NOR 게이트	$X = \overline{A + B}$	A B X 0 0 1 0 1 0 1 0 0 1 1 0
EXCUSIVE OR 게이트	$X = A \oplus B$ $= \overline{A}B + A\overline{B}$	A B X 0 0 0 0 1 1 1 0 1 1 1 0
EXCUSIVE NOR 게이트	$X = \overline{A \oplus B}$ $= AB + \overline{A}\,\overline{B}$	A B X 0 0 1 0 1 0 1 0 0 1 1 1

답 ①

32. 다음 그림기호의 명칭으로 옳은 것은?

① 계전기 접점 ② 수동접점
③ 시간지연접점 ④ 기계적 접점

해설 시퀀스제어의 기본심벌

명칭	심벌 a접점	심벌 b접점	적용
접점(일반) 혹은 수동접점			• 텀블러스위치 • 토글스위치
수동조작 자동복귀 접점			• 푸시버튼스위치
기계적 접점			• 리밋스위치
조작스위치 잔류접점			—
계전기 접점 혹은 보조스위치 접점 [보기 ①]			—
한시(限時) 동작접점			• 타이머
한시복귀 접점			
수동복귀 접점			• 열동계전기
전자접촉기 접점			—

답 ①

33. 저항 R과 커패시턴스 C의 직렬회로에서 시정수 [s]는?

① RC ② $\dfrac{C}{R}$

③ $\dfrac{1}{RC}$ ④ $\dfrac{R}{C}$

해설 시정수

명칭	회로	시정수
RL 직렬회로	R L	$\tau = \dfrac{L}{R}$ [s]
	R_1 R_2 L	$\tau = \dfrac{L}{R_1 + R_2}$ [s]
RC 직렬회로	R C	$\tau = RC$ [s] 보기 ①
LC 직렬회로	L C	$\tau = \sqrt{LC}$ [s]

답 ①

34. 다음 그림과 같은 브리지회로에서 흐르는 전류는 몇 A인가?

① 3
② 4
③ 4.5
④ 5

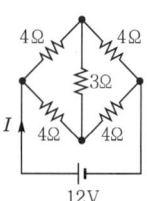

해설 (1) **휘트스톤브리지**(Wheatstone bridge)의 원리에 의해 3Ω에는 전류가 흐르지 않으므로 등가회로로 나타내면 다음과 같다.

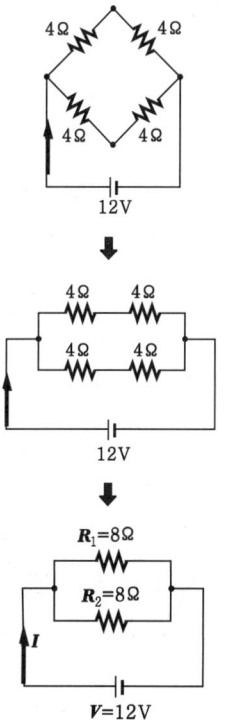

합성저항 R은
$$R = \dfrac{R_1 \times R_2}{R_1 + R_2} = \dfrac{8 \times 8}{8 + 8} = 4Ω$$

(2) 전류

$$I = \frac{V}{R}$$

여기서, I : 전류[A]
V : 전압[V]
R : 저항[Ω]

전류 I 는

$I = \dfrac{V}{R} = \dfrac{12}{4} = 3A$

중요

휘트스톤브리지
(1) $I_1 P = I_2 Q$
(2) $I_1 X = I_2 R$
∴ $PR = QX$ (마주 보는 변의 곱은 서로 같다.)

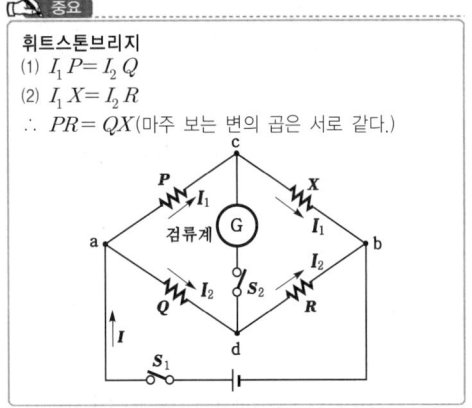

답 ①

★★★ 35. 그림의 회로에서 a와 c 사이의 합성저항은?

17.09.문21

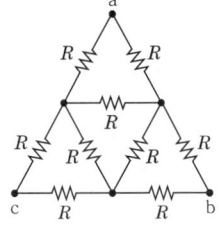

① $\dfrac{9}{10}R$ ② $\dfrac{10}{9}R$

③ $\dfrac{7}{10}R$ ④ $\dfrac{10}{7}R$

해설

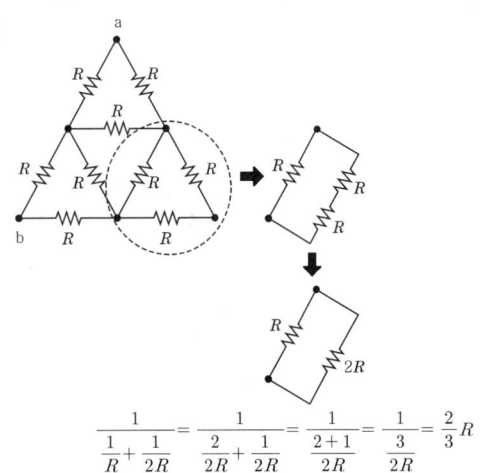

$\dfrac{1}{\dfrac{1}{R}+\dfrac{1}{2R}} = \dfrac{1}{\dfrac{2}{2R}+\dfrac{1}{2R}} = \dfrac{1}{\dfrac{2+1}{2R}} = \dfrac{1}{\dfrac{3}{2R}} = \dfrac{2}{3}R$

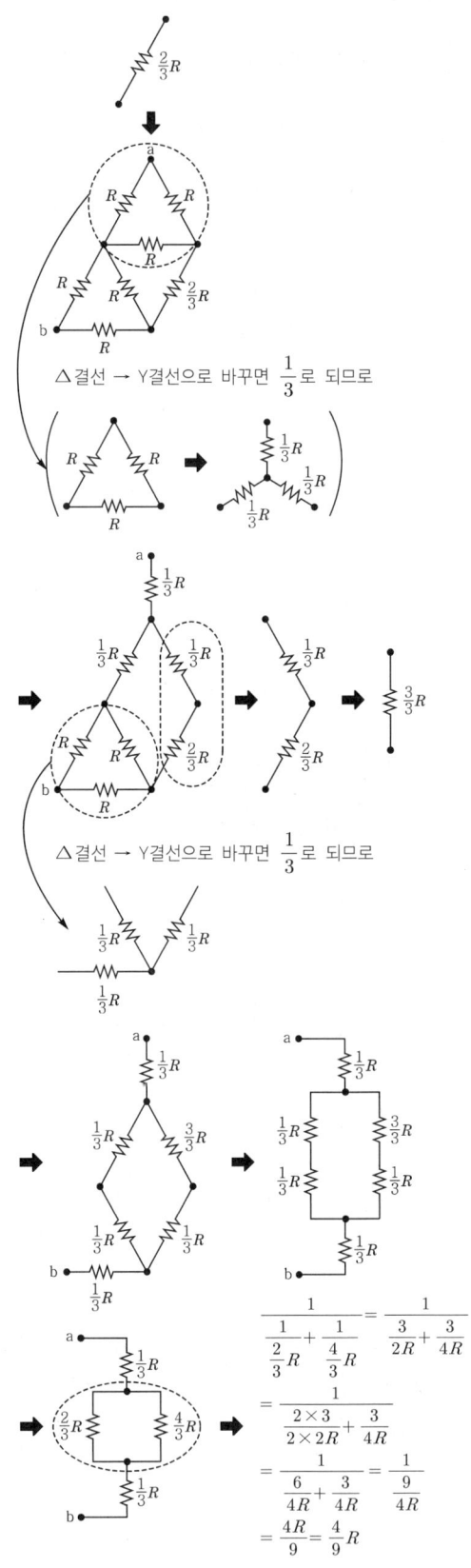

△결선 → Y결선으로 바꾸면 $\dfrac{1}{3}$로 되므로

△결선 → Y결선으로 바꾸면 $\dfrac{1}{3}$로 되므로

$\dfrac{1}{\dfrac{1}{\dfrac{2}{3}R}+\dfrac{1}{\dfrac{4}{3}R}} = \dfrac{1}{\dfrac{3}{2R}+\dfrac{3}{4R}}$

$= \dfrac{1}{\dfrac{2\times3}{2\times2R}+\dfrac{3}{4R}}$

$= \dfrac{1}{\dfrac{6}{4R}+\dfrac{3}{4R}} = \dfrac{1}{\dfrac{9}{4R}}$

$= \dfrac{4R}{9} = \dfrac{4}{9}R$

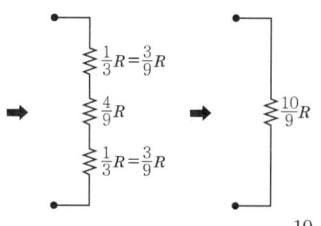

그러므로 a와 c 사이의 합성저항은 $\dfrac{10}{9}R$이 된다.

답 ②

36
$R=8Ω$, $X_L=10Ω$, $X_C=4Ω$인 직렬회로에 220V의 교류전압을 가하는 경우 회로의 역률은 약 얼마인가?

22.09.문24
21.09.문22
19.03.문40
16.03.문40
13.06.문40

① 0.7
② 0.9
③ 0.8
④ 1

해설 (1) 기호
- R : 8Ω
- X_L : 10Ω
- X_C : 4Ω
- V : 220V
- $\cos\theta$: ?

(2) 역률(RLC 직렬회로)

$$\cos\theta = \dfrac{R}{\sqrt{R^2+(X_L-X_C)^2}}$$

여기서, $\cos\theta$: 역률
X_L : 유도리액턴스[Ω]
R : 저항[Ω]

역률 $\cos\theta$는

$\cos\theta = \dfrac{R}{\sqrt{R^2+(X_L-X_C)^2}}$

$= \dfrac{8}{\sqrt{8^2+(10-4)^2}}$

$= 0.8$

답 ③

37
논리식 $(X+Y)(X+\overline{Y})$을 간단히 하면?

24.05.문38
23.05.문27
21.03.문32
20.06.문33
19.09.문24
16.03.문34

① 1
② XY
③ X
④ Y

해설 $(X+Y)(X+\overline{Y}) = \underbrace{XX}_{X\cdot X=X}+X\overline{Y}+XY+\underbrace{Y\overline{Y}}_{X\cdot \overline{X}=0}$

$= X+X\overline{Y}+XY$

$= X\underbrace{(1+\overline{Y}+Y)}_{X+1=1}$

$= \underbrace{X\cdot 1}_{X\cdot 1=X}=X$

중요
불대수의 정리

논리합	논리곱	비고
$X+0=X$	$X\cdot 0=0$	-
$X+1=1$	$X\cdot 1=X$	-
$X+X=X$	$X\cdot X=X$	-
$X+\overline{X}=1$	$X\cdot \overline{X}=0$	-
$X+Y=Y+X$	$X\cdot Y=Y\cdot X$	교환법칙
$X+(Y+Z)$ $=(X+Y)+Z$	$X(YZ)=(XY)Z$	결합법칙
$X(Y+Z)$ $=XY+XZ$	$(X+Y)(Z+W)$ $=XZ+XW+YZ+YW$	분배법칙
$X+XY=X$	$\overline{X}+XY=\overline{X}+Y$ $X+\overline{X}Y=X+Y$ $X+\overline{X}\overline{Y}=X+\overline{Y}$	흡수법칙
$\overline{(X+Y)}$ $=\overline{X}\cdot\overline{Y}$	$\overline{(X\cdot Y)}=\overline{X}+\overline{Y}$	드모르간의 정리

답 ③

38
동선의 길이는 2배로, 전선의 단면적은 $\dfrac{1}{2}$로 되었다. 이때 저항은 처음의 몇 배가 되는가? (단, 체적은 일정하다.)

23.05.문32
19.09.문35
16.05.문26
10.03.문26

① 2배
② 4배
③ 8배
④ 16배

해설
$$R=\rho\dfrac{l}{A}$$

여기서, R : 저항[Ω], ρ : 고유저항[Ω·mm²/m]
A : 전선의 단면적[mm²], l : 전선의 길이[m]

저항 R은

$R=\rho\dfrac{l}{A}\propto\dfrac{l}{A}$

길이 **2배**($2l$), 단면적 $\dfrac{1}{2}$배$\left(\dfrac{1}{2}A\right)$로 할 때 저항 R'는

$R'=\rho\dfrac{l'}{A'}=\dfrac{2l}{\dfrac{1}{2}A}=4\dfrac{l}{A}=$**4배** 보기 ②

중요
전선의 고유저항

전선의 종류	고유저항[Ω·mm²/m]
알루미늄선	$\dfrac{1}{35}$
경동선	$\dfrac{1}{55}$
연동선	$\dfrac{1}{58}$

답 ②

39.
0.1μF인 콘덴서에 $v = 2\sin(2\pi 100 t)$의 전압을 인가했을 때 $t=0$에서의 전류는 몇 A인가?

① 0 ② 0.1
③ 0.125 ④ 1.25

해설 (1) 기호
- C : 0.1μF = 0.1×10^{-6}F (1μF = 10^{-6}F)
- V_m : 2V
- f : 100Hz
- I : ?

(2) 순시값
$$v = V_m \sin\omega t = V_m \sin 2\pi f t$$

여기서, v : 전압의 순시값[V]
V_m : 전압의 최대값[V]
ω : 각주파수[rad/s]
t : 주기[s]
f : 주파수[Hz]

(3) 용량리액턴스
$$X_C = \frac{1}{\omega C} = \frac{1}{2\pi f C}$$

여기서, X_C : 용량리액턴스[Ω]
ω : 각주파수[rad/s]
C : 정전용량[F]
f : 주파수[Hz]

용량리액턴스 X_C는
$$X_C = \frac{1}{2\pi f C} = \frac{1}{2\pi \times 100 \times 0.1 \times 10^{-6}} \fallingdotseq 15915\,\Omega$$

$$I = \frac{v}{X_C}$$

여기서, I : 전류[A], X_C : 용량리액턴스[Ω], v : 전압[V]
$v = 2\sin(2\pi 100t)$에서 $t=0$이면 $v=2\sin 0°$
$t=0$에서의 전류 I는
$$I = \frac{v}{X_C} = \frac{2\sin 0°}{15915} = 0\text{A}$$

답 ①

40.
인버터(inverter)에 대한 설명 중 옳은 것은?
① 교류를 직류로 변환시켜 준다.
② 직류를 교류로 변환시켜 준다.
③ 저전압을 고전압으로 높이기 위한 장치이다.
④ 교류의 주파수를 낮추어 주기 위한 장치이다.

해설

컨버터(converter)	인버터(inverter)
교류를 직류로 변환시켜 준다.	직류를 교류로 변환시켜 준다. 보기 ②

기억법 직인

용어
인버터(inverter)
직류전력을 교류전력으로 변환하는 장치로서, 인버터의 부하장치에는 **교류직권전동기**를 사용하여야 한다.

답 ②

제 3 과목 소방관계법규

41.
소방시설 설치 및 관리에 관한 법령상 다음 소방시설 중 경보설비에 속하지 않는 것은?
① 자동화재속보설비 ② 자동화재탐지설비
③ 무선통신보조설비 ④ 통합감시시설

해설 ③ 무선통신보조설비 : 소화활동설비

소방시설법 시행령 [별표 1]
경보설비
(1) 비상경보설비 ─ 비상벨설비
 └ 자동식 사이렌설비
(2) 단독경보형 감지기
(3) 비상방송설비
(4) 누전경보기
(5) 자동화재탐지설비 및 시각경보기 보기 ②
(6) 자동화재속보설비 보기 ①
(7) 가스누설경보기
(8) 통합감시시설 보기 ④
(9) 화재알림설비

※ **경보설비** : 화재발생 사실을 통보하는 기계·기구 또는 설비

답 ③

42.
소방시설공사의 하자보수기간으로 옳은 것은?
① 유도등 : 1년
② 자동소화장치 : 3년
③ 자동화재탐지설비 : 2년
④ 소화용수설비 : 2년

해설 공사업령 6조
소방시설공사의 하자보수 보증기간

보증기간	소방시설
2년	• **유**도등 · **피**난기구 • **비**상**조**명등 · 비상**경**보설비 · 비상**방**송설비 • **무**선통신보조설비
3년	• 자동소화장치 보기 ② • 옥내·외 소화전설비 • 스프링클러설비 • 물분무등소화설비 · 소화용수설비 • 자동화재탐지설비 · 소화활동설비(무선통신보조설비 제외) • 화재알림설비

기억법 유비조경방무피2(유비조경방무피투)

답 ②

43. 화재예방강화지구의 지정대상지역에 해당되지 않는 곳은?

① 시장지역
② 공장·창고가 밀집한 지역
③ 콘크리트건물이 밀집한 지역
④ 석유화학제품을 생산하는 공장이 있는 지역

해설 ③ 해당없음

화재예방법 18조
화재예방강화지구의 지정
(1) 지정권자 : 시·도지사
(2) 지정지역
 ㉠ **시**장지역 보기 ①
 ㉡ **공**장·**창**고 등이 밀집한 지역 보기 ②
 ㉢ **목**조건물이 밀집한 지역
 ㉣ 노후·불량 건축물이 밀집한 지역
 ㉤ **위**험물의 **저**장 및 **처**리시설이 **밀**집한 지역
 ㉥ **석**유화학제품을 생산하는 공장이 있는 지역 보기 ④
 ㉦ **소**방시설·**소**방용수시설 또는 **소**방출동로가 **없**는 지역
 ㉧ 「**산**업입지 및 **개**발에 관한 법률」에 따른 산업단지
 ㉨ 「**물**류시설의 개발 및 운영에 관한 법률」에 따른 물류단지
 ㉩ **소**방청장, **소**방본부장 또는 **소**방서장(소방관서장)이 화재예방강화지구로 지정할 필요가 있다고 인정하는 지역

※ **화재예방강화지구** : 화재발생 우려가 크거나 화재가 발생할 경우 피해가 클 것으로 예상되는 지역에 대하여 화재의 예방 및 안전관리를 강화하기 위해 지정·관리하는 지역

비교

기본법 19조
화재로 오인할 만한 불을 피우거나 연막소독시 신고지역
(1) **시**장지역
(2) **공**장·창고가 밀집한 지역
(3) **목**조건물이 밀집한 지역
(4) **위**험물의 저장 및 **처**리시설이 **밀**집한 지역
(5) **석**유화학제품을 생산하는 공장이 있는 지역
(6) 그 밖에 **시**·**도**의 **조**례로 정하는 지역 또는 장소

답 ③

44. 소방기본법령상 소방신호의 종류가 아닌 것은?

① 발화신호
② 해제신호
③ 훈련신호
④ 소화신호

해설 기본규칙 10조
소방신호의 종류

소방신호	설명
경계신호	• 화재예방상 필요하다고 인정되거나 화재위험경보시 발령
발화신호 보기 ①	• 화재가 **발생**한 때 발령
해제신호 보기 ②	• 소화활동이 필요없다고 인정되는 때 발령
훈련신호 보기 ③	• **훈련**상 필요하다고 인정되는 때 발령

기억법 경발해훈

중요

기본규칙 [별표 4]
소방신호표

종별 \ 신호방법	타종 신호	사이렌 신호
경계신호	1타와 연 2타를 반복	5초 간격을 두고 30초씩 3회
발화신호	난타	5초 간격을 두고 5초씩 3회
해제신호	상당한 간격을 두고 1타씩 반복	1분간 1회
훈련신호	연 3타 반복	10초 간격을 두고 1분씩 3회

답 ④

45. 위험물안전관리법령상 관계인이 예방규정을 정하여야 하는 제조소 등의 기준이 아닌 것은?

① 지정수량의 10배 이상의 위험물을 취급하는 제조소
② 지정수량의 200배 이상의 위험물을 저장하는 옥외탱크저장소
③ 지정수량의 50배 이상의 위험물을 저장하는 옥외저장소
④ 지정수량의 150배 이상의 위험물을 저장하는 옥내저장소

해설 ③ 50배 이상 → 100배 이상

위험물령 15조
예방규정을 정하여야 할 제조소 등

배 수	제조소 등
10배 이상	• **제**조소 보기 ① • **일**반취급소
100배 이상	• **옥외**저장소 보기 ③
150배 이상	• **옥내**저장소 보기 ④
200배 이상	• 옥외**탱**크저장소 보기 ②
모두 해당	• 이송취급소 • 암반탱크저장소

기억법 0 제일
0 외
5 내
2 탱

※ **예방규정** : 제조소 등의 화재예방과 화재 등 재해발생시의 비상조치를 위한 규정

답 ③

25. 09. 시행 / 산업(전기)

46 소방대상물이 있는 장소 및 그 이웃지역으로서 화재의 예방·경계·진압, 구조·구급 등의 활동에 필요한 지역으로 정의되는 것은?

23.09.문50
14.09.문54

① 방화지역 ② 밀집지역
③ 소방지역 ④ 관계지역

해설 기본법 2조
관계지역
소방대상물이 있는 **장소** 및 그 **이웃지역**으로서 화재의 예방·경계·진압, 구조·구급 등의 활동에 필요한 지역

중요
기본법 2조
관계인
(1) 소유자
(2) 관리자
(3) 점유자

답 ④

47 소방기본법령상 소방용수시설인 저수조의 설치기준으로 맞는 것은?

24.03.문41
22.03.문42
20.06.문55
19.04.문60
16.05.문47
15.05.문50
15.05.문57
11.03.문42
10.05.문46

① 흡수부분의 수심이 0.5m 이하일 것
② 지면으로부터의 낙차가 4.5m 이하일 것
③ 흡수관의 투입구가 사각형의 경우에는 한 변의 길이가 60cm 이하일 것
④ 저수조에 물을 공급하는 방법은 상수도에 연결하여 수동으로 급수되는 구조일 것

해설
① 0.5m 이하 → 0.5m 이상
③ 60cm 이하 → 60cm 이상
④ 수동으로 → 자동으로

기본규칙 [별표 3]
소방용수시설의 저수조의 설치기준

구 분	기 준
낙차	4.5m 이하 보기 ②
수심	0.5m 이상 보기 ①
투입구의 길이 또는 지름	60cm 이상 보기 ③

(1) 소방펌프자동차가 **쉽게 접근**할 수 있도록 할 것
(2) 흡수에 지장이 없도록 **토사** 및 **쓰레기** 등을 제거할 수 있는 설비를 갖출 것
(3) 저수조에 물을 공급하는 방법은 **상수도**에 연결하여 **자동**으로 **급수**되는 구조일 것 보기 ④

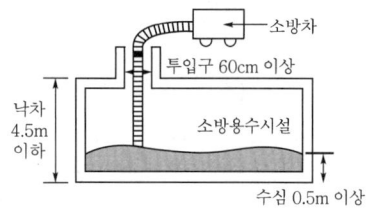

비교
개구부	흡수관 투입구
지름 50cm(0.5m) 이상	지름 60cm(0.6m) 이상

답 ②

48 소방시설공사업법령상 소방공사감리를 실시함에 있어 용도와 구조에서 특별히 안전성과 보안성이 요구되는 소방대상물로서 소방시설물에 대한 감리는 감리업자 아닌 자가 감리를 할 수 있는 장소는?

17.03.문56

① 교도소 등 교정관련시설
② 국방 관계시설 설치장소
③ 정보기관의 청사
④ 「원자력안전법」상 관계시설이 설치되는 장소

해설 공사업령 8조
감리업자가 아닌 자가 감리할 수 있는 보안성 등이 요구되는 소방대상물의 감리장소
「**원자력안전법**」에 따른 관계시설이 설치되는 장소

답 ④

49 위험물안전관리법령에 따라 위험물안전관리자를 해임하거나 퇴직한 때에는 해임하거나 퇴직한 날부터 며칠 이내에 다시 안전관리자를 선임하여야 하는가?

23.03.문48
19.03.문59
18.03.문56
16.10.문54
16.03.문55
11.03.문56

① 30일 ② 35일
③ 40일 ④ 55일

해설 30일
(1) 소방시설업 등록사항 변경신고(공사업규칙 6조)
(2) **위험물안전관리자의 재선임**(위험물안전관리법 15조) 보기 ①
(3) 소방안전관리자의 재선임(화재예방법 시행규칙 14조)
(4) 도급계약 해지(공사업법 23조)
(5) 소방시설공사 중요사항 변경시 신고일(공사업규칙 12조)
(6) 소방기술자 실무교육기관 지정서 발급(공사업규칙 32조)
(7) 소방공사감리자 변경서류 제출(공사업규칙 15조)
(8) 승계(위험물법 10조)
(9) 위험물안전관리자의 직무대행(위험물법 15조)
(10) 탱크시험자의 변경신고일(위험물법 16조)

답 ①

50 화재의 예방 및 안전관리에 관한 법령상 정당한 사유 없이 화재안전조사 결과에 따른 조치명령을 위반한 자에 대한 최대 벌칙으로 옳은 것은?

20.06.문48
17.09.문53

① 300만원 이하의 벌금
② 100만원 이하의 벌금
③ 1년 이하의 징역 또는 1천만원 이하의 벌금
④ 3년 이하의 징역 또는 3천만원 이하의 벌금

해설
3년 이하의 징역 또는 3000만원 이하의 벌금
(1) 화재안전조사 결과에 따른 조치명령(화재예방법 50조) 보기 ④
(2) 소방시설업 무등록자(공사업법 35조)
(3) 부정한 청탁을 받고 재물 또는 재산상의 이익을 취득하거나 부정한 청탁을 하면서 재물 또는 재산상의 이익을 제공한 자(공사업법 35조)
(4) 소방시설관리업 무등록자(소방시설법 57조)
(5) 형식승인을 얻지 않은 소방용품 제조·수입자(소방시설법 57조)
(6) 제품검사를 받지 않은 사람(소방시설법 57조)
(7) 거짓이나 그 밖의 부정한 방법으로 제품검사 전문기관의 지정을 받은 사람(소방시설법 57조)

기억법 33형관(삼삼하게 형처럼 관리하기!)

답 ④

51 ★★★
소방기본법령상 소방용수시설을 주거지역·상업지역 및 공업지역에 설치하는 경우 소방대상물과의 수평거리는 몇 m 이하가 되도록 하여야 하는가?

19.03.문47
17.09.문47
14.05.문42
11.03.문59

① 100
② 140
③ 150
④ 200

해설 기본규칙 〔별표 3〕
소방용수시설의 설치기준

거리기준	지 역
100m 이하	• 주거지역 • 공업지역 • 상업지역
140m 이하	• 기타지역

기억법 주공 100상(주공아파트에 백상어가 그려져 있다.)

비교
기본규칙 〔별표 3〕
소방용수시설별 설치기준

구 분	소화전	급수탑
구경	65mm	100mm
개폐밸브 높이	-	지상 1.5~1.7m 이하

답 ①

52 ★★★
소방안전관리자의 업무라고 볼 수 없는 것은?

24.05.문57
23.03.문41
21.05.문58
19.09.문53
16.05.문46
11.03.문44
10.05.문55
06.05.문55

① 소방계획서의 작성 및 시행
② 화재예방강화지구의 지정
③ 자위소방대의 구성·운영·교육
④ 피난시설, 방화구획 및 방화시설의 관리

해설 ② 시·도지사의 업무

화재예방법 24조
관계인 및 소방안전관리자의 업무

특정소방대상물 (관계인)	소방안전관리대상물 (소방안전관리자)
① 피난시설·방화구획 및 방화시설의 관리 ② 소방시설, 그 밖의 소방 관련시설의 관리 ③ 화기취급의 감독 ④ 소방안전관리에 필요한 업무 ⑤ 화재발생시 초기대응	① 피난시설·방화구획 및 방화시설의 관리 보기 ④ ② 소방시설, 그 밖의 소방 관련시설의 관리 ③ 화기취급의 감독 ④ 소방안전관리에 필요한 업무 ⑤ 소방계획서의 작성 및 시행(대통령령으로 정하는 사항 포함) 보기 ① ⑥ 자위소방대 및 초기대응체계의 구성·운영·교육 보기 ③ ⑦ 소방훈련 및 교육 ⑧ 소방안전관리에 관한 업무수행에 관한 기록·유지 ⑨ 화재발생시 초기대응

기억법 계위 훈피소화

용어

특정소방대상물	소방안전관리대상물
건축물 등의 규모·용도 및 수용인원 등을 고려하여 소방시설을 설치하여야 하는 소방대상물로서 대통령령으로 정하는 것	대통령령으로 정하는 특정소방대상물

중요

화재예방법 18조
화재예방강화지구의 지정
(1) 지정권자 : 시·도지사 보기 ②
(2) 지정지역
 ① 시장지역
 ② 공장·창고 등이 밀집한 지역
 ③ 목조건물이 밀집한 지역
 ④ 노후·불량 건축물이 밀집한 지역
 ⑤ 위험물의 저장 및 처리시설이 밀집한 지역
 ⑥ 석유화학제품을 생산하는 공장이 있는 지역
 ⑦ 소방시설·소방용수시설 또는 소방출동로가 없는 지역
 ⑧ 「산업입지 및 개발에 관한 법률」에 따른 산업단지
 ⑨ 「물류시설의 개발 및 운영에 관한 법률」에 따른 물류단지
 ⑩ 소방청장·소방본부장 또는 소방서장(소방관서장)이 화재예방강화지구로 지정할 필요가 있다고 인정하는 지역

답 ②

53. 소방시설 설치 및 관리에 관한 법령상 소방시설 관리사의 결격사유가 아닌 것은?

① 피성년후견인
② 소방기본법령에 따른 금고 이상의 실형을 선고받고 그 집행이 면제된 날부터 2년이 지나지 아니한 사람
③ 소방시설공사업법령에 따른 금고 이상의 형의 집행유예를 선고받고 그 유예기간이 지난 후 2년이 지나지 아니한 사람
④ 거짓이나 그 밖의 부정한 방법으로 관리사 시험에 합격하여 자격이 취소된 날부터 2년이 지나지 아니한 사람

해설
③ 그 유예기간이 지난 후 2년이 지나지 아니한 사람 → 금고 이상의 형의 집행유예를 선고받고 그 유예기간 중에 있는 사람

소방시설법 27조
소방시설관리사의 결격사유
(1) 피성년후견인 〈보기 ①〉
(2) 금고 이상의 실형을 선고받고 그 집행이 끝나거나 집행이 면제된 날부터 **2년**이 지나지 아니한 사람 〈보기 ②〉
(3) 금고 이상의 형의 집행유예를 선고받고 그 유예기간 중에 있는 사람 〈보기 ③〉
(4) 자격취소 후 **2년**이 지나지 아니한 사람 〈보기 ④〉

용어
피성년후견인
질병, 장애, 노령, 그 밖의 사유로 인한 정신적 제약으로 사무를 처리할 능력이 없어서 가정법원에서 판정을 받은 사람

답 ③

54. 화재안전조사 결과에 따른 조치명령으로 인하여 손실을 입은 자에 대한 손실보상에 관한 설명으로 틀린 것은?

① 손실보상에 관하여는 소방청장, 시·도지사와 손실을 입은 자가 협의하여야 한다.
② 보상금액에 관한 협의가 성립되지 아니한 경우에는 소방청장 또는 시·도지사는 그 보상금액을 지급하거나 공탁하고 이를 상대방에게 알려야 한다.
③ 소방청장 또는 시·도지사가 손실을 보상하는 경우에는 공시지가로 보상하여야 한다.
④ 보상금의 지급 또는 공탁의 통지에 불복이 있는 자는 지급 또는 공탁의 통지를 받은 날부터 30일 이내에 관할토지수용위원회에 재결을 신청할 수 있다.

해설
③ 소방청장 또는 시·도지사가 손실을 보상하는 경우에는 **시가**로 보상하여야 한다.

화재예방법 시행령 14조
(1) 손실보상권자 : **소방청장** 또는 **시·도지사**
(2) 손실보상방법 : **시가** 보상

답 ③

55. 화재의 예방 및 안전관리에 관한 법령상 소방안전관리대상물의 소방계획서에 포함되어야 하는 사항이 아닌 것은?

① 예방규정을 정하는 제조소 등의 위험물 저장·취급에 관한 사항
② 소방시설·피난시설 및 방화시설의 점검·정비계획
③ 특정소방대상물의 근무자 및 거주자의 자위소방대 조직과 대원의 임무에 관한 사항
④ 방화구획, 제연구획, 건축물의 내부 마감재료(불연재료·준불연재료 또는 난연재료로 사용된 것) 및 방염대상물품의 사용현황과 그 밖의 방화구조 및 설비의 유지·관리계획

해설
화재예방법 시행령 27조
소방안전관리대상물의 소방계획서 작성
(1) 소방안전관리대상물의 위치·구조·연면적·용도 및 수용인원 등의 **일반현황**
(2) 화재예방을 위한 **자체점검계획** 및 **대응대책**
(3) 특정소방대상물의 **근무자** 및 거주자의 **자위소방대** 조직과 대원의 임무에 관한 사항
(4) **소방시설·피난시설** 및 **방화시설**의 점검·정비계획
(5) 방화구획, 제연구획, 건축물의 **내부 마감재료**(불연재료·준불연재료 또는 난연재료로 사용된 것) 및 방염대상물품의 사용현황과 그 밖의 방화구조 및 설비의 유지·관리계획

답 ①

56. 제조 또는 가공 공정에서 방염처리를 한 물품으로서 방염대상물품이 아닌 것은? (단, 합판·목재류의 경우에는 설치현장에서 방염처리를 한 것을 포함한다.)

① 카펫
② 창문에 설치하는 커튼류
③ 두께가 2mm 미만인 종이벽지
④ 전시용 합판 또는 섬유판

해설
③ 두께 2mm 미만인 종이벽지 → 두께 2mm 미만인 종이벽지 제외

소방시설법 시행령 31조
방염대상물품

제조 또는 가공 공정에서 방염처리를 한 물품	건축물 내부의 천장이나 벽에 부착하거나 설치하는 것
① 창문에 설치하는 **커튼류**(블라인드 포함) ② 카펫 ③ **벽지류**(두께 2mm 미만인 종이벽지 제외) ④ 전시용 **합판·목재** 또는 섬유판 ⑤ 무대용 **합판·목재** 또는 섬유판 ⑥ **암막·무대막**(영화상영관·가상체험 체육시설업의 **스크린** 포함) ⑦ 섬유류 또는 합성수지류 등을 원료로 하여 제작된 소파·의자(단란주점영업, 유흥주점영업 및 노래연습장업의 영업장에 설치하는 것만 해당)	① 종이류(두께 2mm 이상), **합성수지류** 또는 **섬유류**를 주원료로 한 물품 ② **합판**이나 **목재** ③ 공간을 구획하기 위하여 설치하는 **간이칸막이** ④ **흡음재**(흡음용 커튼 포함) 또는 **방음재**(방음용 커튼 포함) ※ 가구류(옷장, 찬장, 식탁, 식탁용 의자, 사무용 책상, 사무용 의자, 계산대)와 너비 10cm 이하인 반자돌림대, 내부 마감재료 제외

답 ③

57
위험물을 취급하는 건축물 그 밖의 시설 주위에 보유해야 하는 공지의 너비를 정하는 기준이 되는 것은? (단, 위험물을 이송하기 위한 배관 그 밖에 이와 유사한 시설을 제외한다.)

① 위험물안전관리자의 보유 기술자격
② 위험물의 품명
③ 취급하는 위험물의 최대수량
④ 위험물의 성질

해설 **위험물규칙〔별표 4〕**
위험물을 취급하는 건축물 그 밖의 시설(위험물을 이송하기 위한 배관 그 밖에 이와 유사한 시설 제외)의 주위에는 그 **취급하는 위험물의 최대수량**에 따라 다음 표에 의한 **너비의 공지**를 보유할 것

취급하는 위험물의 최대수량	공지의 너비
지정수량의 10배 이하	3m 이상
지정수량의 10배 초과	5m 이상

답 ③

58
소방기본법령상 소방대장은 화재, 재난·재해 그 밖의 위급한 상황이 발생한 현장에 소방활동구역을 정하여 소방활동에 필요한 자로서 대통령령으로 정하는 사람 외에는 그 구역에의 출입을 제한할 수 있다. 다음 중 소방활동구역에 출입할 수 없는 사람은?

① 소방활동구역 안에 있는 소방대상물의 소유자·관리자 또는 점유자
② 전기·가스·수도·통신·교통의 업무에 종사하는 사람으로서 원활한 소방활동을 위하여 필요한 사람
③ 시·도지사가 소방활동을 위하여 출입을 허가한 사람
④ 의사·간호사 그 밖에 구조·구급업무에 종사하는 사람

해설
③ 시·도지사 → 소방대장

기본령 8조
소방활동구역 출입자
(1) **소방활동구역** 안에 있는 **소유자·관리자** 또는 **점유자** 보기 ①
(2) **전기·가스·수도·통신·교통**의 업무에 종사하는 자로서 원활한 **소방활동**을 위하여 필요한 자 보기 ②
(3) **의사·간호사**, 그 밖에 구조·구급업무에 종사하는 자 보기 ④
(4) **취재인력** 등 보도업무에 종사하는 자
(5) **수사업무**에 종사하는 자
(6) **소방대장**이 소방활동을 위하여 **출입을 허가한 자** 보기 ③

용어
소방활동구역
화재, 재난·재해 그 밖의 위급한 상황이 발생한 현장에 정하는 구역

답 ③

59
위험물안전관리법령상 제조소와 사용전압이 35000V를 초과하는 특고압가공전선에 있어서 안전거리는 몇 m 이상을 두어야 하는가? (단, 제6류 위험물을 취급하는 제조소는 제외한다.)

① 3   ② 5
③ 20 ④ 30

해설 **위험물규칙〔별표 4〕**
위험물제조소의 안전거리

안전거리	대상
3m 이상	7000~35000V 이하의 특고압가공전선
5m 이상 보기 ②	35000V를 초과하는 특고압가공전선
10m 이상	**주거용**으로 사용되는 것
20m 이상	• 고압가스 **제조**시설(용기에 충전하는 것 포함) • 고압가스 **사용**시설(1일 30m³ 이상 용적 취급) • 고압가스 **저장**시설 • 액화산소 **소비**시설 • 액화석유가스 제조·저장시설 • 도시가스 공급시설
30m 이상	• 학교 • 병원급 의료기관 • 공연장 ┐ 300명 이상 수용시설 • 영화상영관 ┘

30m 이상	• 아동복지시설 • 노인복지시설 • 장애인복지시설 • 한부모가족복지시설 • 어린이집 • 성매매피해자 등을 위한 지원시설 • 정신건강증진시설 • 가정폭력피해자 보호시설	20명 이상 수용시설
50m 이상	• 지정문화유산 • 천연기념물 등	

답 ②

60 소방시설 설치 및 관리에 관한 법령상 자동화재탐지설비를 설치하여야 하는 특정소방대상물의 기준으로 틀린 것은?

21.05.문62
15.09.문63
12.05.문47

① 공장 및 창고시설로서 「소방기본법 시행령」에서 정하는 수량의 500배 이상의 특수가연물을 저장·취급하는 것
② 지하상가로서 연면적 600m² 이상인 것
③ 숙박시설이 있는 수련시설로서 수용인원 100명 이상인 것
④ 장례시설 및 복합건축물로서 연면적 600m² 이상인 것

② 600m² 이상 → 1000m² 이상

소방시설법 시행령 [별표 4]
자동화재탐지설비의 설치대상

설치대상	조건
① 정신의료기관·의료재활시설	• 창살설치 : 바닥면적 300m² 미만 • 기타 : 바닥면적 300m² 이상
② 노유자시설	• 연면적 400m² 이상
③ <U>근</U>린생활시설·<U>위</U>락시설 ④ <U>의</U>료시설(정신의료기관, 요양병원 제외) ⑤ <U>복</U>합건축물·장례시설 　보기 ④	• 연면적 600m² 이상

기억법 근위의복6

⑥ 목욕장·문화 및 집회시설, 운동시설 ⑦ 종교시설 ⑧ 방송통신시설·관광휴게시설 ⑨ 업무시설·판매시설 ⑩ 항공기 및 자동차 관련시설·공장·창고시설 ⑪ 지하상가·운수시설·발전시설·위험물 저장 및 처리시설 　보기 ② ⑫ 교정 및 군사시설 중 국방·군사시설	• 연면적 1000m² 이상
⑬ <U>교</U>육연구시설·<U>동</U>식물관련시설 ⑭ <U>자</U>원순환관련시설·<U>교</U>정 및 군사시설(국방·군사시설 제외) ⑮ <U>수</U>련시설(숙박시설이 있는 것 제외) ⑯ 묘지관련시설	• 연면적 2000m² 이상

기억법 교동자교수2

⑰ 지하가 중 터널	• 길이 1000m 이상
⑱ 지하구 ⑲ 노유자생활시설 ⑳ 아파트 등 기숙사 ㉑ 숙박시설 ㉒ **6층** 이상인 건축물 ㉓ 조산원 및 산후조리원 ㉔ 전통시장 ㉕ 요양병원(정신병원, 의료재활시설 제외)	• 전부
㉖ 특수가연물 저장·취급 　보기 ①	• 지정수량 500배 이상
㉗ 수련시설(숙박시설이 있는 것) 　보기 ③	• 수용인원 100명 이상
㉘ 발전시설	• 전기저장시설

답 ②

제4과목　소방전기시설의 구조 및 원리

61 무선통신보조설비의 화재안전기준에 따른 옥외안테나의 설치기준으로 옳지 않은 것은?

23.03.문64
18.03.문80
15.03.문74
13.03.문66
12.03.문74
09.05.문69

① 건축물, 지하가, 터널 또는 공동구의 출입구 및 출입구 인근에서 통신이 가능한 장소에 설치할 것
② 다른 용도로 사용되는 안테나로 인한 통신장애가 발생하지 않도록 설치할 것
③ 옥외안테나는 견고하게 설치하며 파손의 우려가 없는 곳에 설치하고 그 가까운 곳의 보기 쉬운 곳에 "옥외안테나"라는 표시와 함께 통신가능거리를 표시한 표지를 설치할 것
④ 수신기가 설치된 장소 등 사람이 상시 근무하는 장소에는 옥외안테나의 위치가 모두 표시된 옥외안테나 위치표시도를 비치할 것

③ "옥외안테나" → "무선통신보조설비 안테나"

무선통신보조설비 옥외안테나 설치기준(NFPC 505 6조, NFTC 505 2.3)
(1) **건축물**, **지하가**, **터널** 또는 공동구의 출입구 및 출입구 인근에서 통신이 가능한 장소에 설치할 것　보기 ①

(2) 다른 용도로 사용되는 안테나로 인한 **통신장애**가 발생하지 않도록 설치할 것 보기 ②
(3) 옥외안테나는 견고하게 설치하며 파손의 우려가 없는 곳에 설치하고 그 가까운 곳의 보기 쉬운 곳에 "**무선통신보조설비 안테나**"라는 표시와 함께 통신가능거리를 표시한 표지를 설치할 것 보기 ③
(4) 수신기가 설치된 장소 등 사람이 상시 근무하는 장소에는 옥외안테나의 위치가 모두 표시된 옥외안테나 **위치표시도**를 비치할 것 보기 ④

답 ③

62 자동화재탐지설비의 경계구역 설정기준으로 옳은 것은?

19.03.문65
11.06.문72
10.05.문63
10.03.문73

① 하나의 경계구역이 1개 이상의 층에 미치지 아니하도록 할 것
② 특정소방대상물의 주된 출입구에서 그 내부 전체가 보이는 것에 있어서는 한변의 길이가 50m의 범위 내에서 $1000m^2$ 이하로 할 것
③ 하나의 경계구역이 1개 이상의 건축물에 미치지 아니하도록 할 것
④ 하나의 경계구역의 면적은 $500m^2$ 이하로 하고 한 변의 길이는 50m 이하로 할 것

해설
① 1개 이상 → 2개 이상
③ 1개 이상 → 2개 이상
④ $500m^2$ 이하 → $600m^2$ 이하

경계구역(NFPC 203 3·4조, NFTC 203 1.7, 2.1)

구분	설명
정의	소방대상물 중 **화재신호**를 발신하고 그 **신호를 수신** 및 유효하게 **제어**할 수 있는 구역
설정기준	① 1경계구역이 **2개** 이상의 **건축물**에 미치지 않을 것 보기 ③ ② 1경계구역이 **2개** 이상의 **층**에 미치지 않을 것 보기 ① ③ 1경계구역의 면적은 **600m²** 이하로 하고, 1변의 길이는 **50m** 이하로 할 것 (내부 전체가 보이면 **1000m²** 이하) 보기 ②④
1경계구역 높이	**45m** 이하

답 ②

63 자동화재속보설비 전원전압변동시의 기능 기준 중 다음 ( ) 안에 알맞은 것은?

24.03.문69
17.09.문63

속보기는 전원에 정격전압의 (㉠)% 및 (㉡)%의 전압을 인가하는 경우 정상적인 기능을 발휘하여야 한다.

① ㉠ 80, ㉡ 120
② ㉠ 85, ㉡ 115
③ ㉠ 90, ㉡ 110
④ ㉠ 95, ㉡ 105

해설 **속보기**의 **전압변동 기준**(자동화재속보설비의 속보기의 성능인증 및 제품검사의 기술기준 7조)
80% 및 **120%** 전압을 인가하는 경우 정상일 것 보기 ①

비교
비상조명등
상용전원전압의 **110%** 범위 안에서는 비상조명등 내부의 온도상승이 그 기능에 지장을 주거나 위해를 발생시킬 염려가 없을 것

답 ①

64 자동화재탐지설비 및 시각경보장치의 화재안전기준에 따라 부착높이 8m 이상 15m 미만에 설치되는 감지기의 종류로 틀린 것은?

24.03.문63
23.05.문62
19.09.문71

① 불꽃감지기
② 이온화식 2종
③ 차동식 분포형
④ 보상식 스포트형

해설 ④ 4m 이상 8m 미만

감지기의 부착높이(NFPC 203 7조, NFTC 203 2.4.1)

부착높이	감지기의 종류
4m 미만	• 차동식(스포트형, 분포형) • 보상식 스포트형 ┐ **열**감지기 • 정온식(스포트형, 감지선형) ┘ • 이온화식 또는 광전식(스포트형, 분리형, 공기흡입형) : **연**기감지기 • 열복합형 • 연기복합형 ┐ **복**합형 감지기 • 열연기복합형 ┘ • 불꽃감지기 기억법 열연불복 4미
4~8m 미만	• 차동식(스포트형, 분포형) • **보상식 스포트형** 보기 ④ • **정**온식(스포트형, 감지선형) ┐ **열**감지기 　**특**종 또는 **1**종 ┘ • **이**온화식 **1**종 또는 **2**종 • **광**전식(스포트형, 분리형, 공기흡입형) 1종 또는 2종 : 연기감지기 • 열복합형 • 연기복합형 ┐ **복**합형 감지기 • 열연기복합형 ┘ • 불꽃감지기 기억법 8미열 정특1 이광12 복불
8~15m 미만	• 차동식 분포형 보기 ③ • 이온화식 1종 또는 2종 보기 ② • 광전식(스포트형, 분리형, 공기흡입형) 1종 또는 2종 • 연기복합형 • 불꽃감지기 보기 ① 기억법 15분 이광12 연복불

15~20m 미만	• 이온화식 1종 • 광전식(스포트형, 분리형, 공기흡입형) 1종 • 연기복합형 • 불꽃감지기 기억법 이광불연복2
20m 이상	• 불꽃감지기 • 광전식(분리형, 공기흡입형) 중 아날로그방식 기억법 불광아

답 ④

65 일시적으로 발생한 열·연기 또는 먼지 등으로 인하여 화재신호를 발신할 우려가 있는 장소의 설치장소별 감지기 적응성 기준 중 회의실, 노래연습실 등 장소에 적응성을 갖는 감지기가 아닌 것은? (단, 연기감지기를 설치할 수 있는 장소이며, 흡연에 의해 연기가 체류하며 환기가 되지 않는 환경상태이다.)

18.04.문72
17.05.문68
09.03.문69

① 차동식 스포트형 감지기
② 차동식 분포형 감지기
③ 광전식 분리형 감지기
④ 이온화식 스포트형 감지기

해설 **설치장소별 감지기의 적응성**[NFTC 203 2.4.6(2)]
회의실, 응접실, 휴게실, **노**래연습실, 오락실, 다방, 음식점, 대합실, 카바레 등의 객실, 집회장, 연회장 등
(1) **차**동식 스포트형 감지기 보기 ①
(2) 차동식 분포형 감지기 보기 ②
(3) **보**상식 스포트형 감지기
(4) **광**전식 스포트형 감지기(축적기능이 있는 것)
(5) 광전아날로그식 스포트형 감지기(축적기능이 있는 것)
(6) 광전아날로그식 분리형 감지기(광전식 분리형 감지기)
보기 ③

기억법 차광보노(차광내는 것 보노)

답 ④

66 비상방송설비의 화재안전기준에 따라 비상방송설비에는 그 설비에 대한 감시상태를 60분간 지속한 후 유효하게 몇 분 이상 경보할 수 있는 축전지설비를 설치하여야 하는가?

23.09.문70
19.09.문80
18.03.문77
17.09.문62
15.05.문76
15.03.문80
14.09.문68
13.06.문78
12.09.문65
09.05.문65

① 5   ② 10
③ 30   ④ 60

해설 ② 감시상태를 60분간 지속한 후 10분 이상 경보할 수 있는 축전지설비
자동화재탐지설비·비상방송설비·비상경보설비(비상벨설비·자동식 사이렌설비)

감시시간	경보시간
60분	**10**분(30층 이상 : 30분) 이상 보기 ②

기억법 6감(육감)

답 ②

67 비상경보설비 및 단독경보형 감지기의 화재안전기준에 따라 비상벨설비 또는 자동식 사이렌설비 부속회로의 전로와 대지 사이 및 배선 상호간의 절연저항은 1경계구역마다 직류 250V의 절연저항측정기를 사용하여 측정한 절연저항이 몇 MΩ 이상이 되도록 하여야 하는가?

24.05.문78
22.04.문68
21.03.문71
20.06.문79
19.03.문66
16.03.문80
14.05.문70
13.06.문77
10.05.문64

① 0.1
② 0.2
③ 0.3
④ 0.5

해설 절연저항시험

절연저항계	절연저항	대상
직류 250V	0.1MΩ 이상 보기 ①	←1경계구역의 절연저항
	5MΩ 이상	• 누전경보기 • 가스누설경보기 • 수신기(10회로 미만, 절연된 충전부와 외함 간) • 자동화재속보설비 • 비상경보설비 • 유도등(교류입력측과 외함 간 포함) • 비상조명등(교류입력측과 외함 간 포함)
직류 500V	20MΩ 이상	• 경종 • 발신기 • 중계기 • 비상**콘**센트 • 기기의 절연된 선로 간 • 기기의 충전부와 비충전부 간 • 기기의 교류입력측과 외함 간(유도등·비상조명등 제외)
	50MΩ 이상	• 감지기(정온식 감지선형 감지기 제외) • 가스누설경보기(10회로 이상) • 수신기(10회로 이상, 교류입력측과 외함 간 제외)
	1000MΩ 이상	• 정온식 감지선형 감지기

기억법 콘2(콘이 맛있다!)

답 ①

68 비상방송설비의 화재안전기준에 따라 기동장치에 따른 화재신고를 수신한 후 필요한 음량으로 화재발생 상황 및 피난에 유효한 방송이 자동으로 개시될 때까지의 소요시간은 몇 초 이하로 하여야 하는가?

24.05.문74
21.03.문68
19.04.문71
16.03.문70
15.09.문65
15.05.문75

① 3   ② 5
③ 7   ④ 10

해설 소요시간

기기	시간
• P형·P형 복합식·R형·R형 복합식·GP형·GP형 복합식·GR형·GR형 복합식 수신기 • 중계기	5초 이내
비상방송설비	10초 이하 보기 ④
가스누설경보기	60초 이내

기억법 시중5(시중을 드시오!)
6가(육체미가 뛰어나다.)

중요

축적형 수신기

전원차단시간	축적시간	화재표시감지시간
1~3초 이하	30~60초 이하	60초(1회 이상 반복)

답 ④

69 감지기의 형식승인 및 제품검사의 기술기준에 따른 감지기의 구조 및 기능으로 틀린 것은?
20.06.문67

① 작동이 확실하고, 취급·점검이 쉬워야 한다.
② 기기 내의 배선은 충분한 전류용량을 갖는 것으로 하여야 한다.
③ 극성이 있는 경우에는 오접속을 방지하기 위하여 필요한 조치를 하여야 한다.
④ 방수형 및 방폭형은 보수 및 부속품의 교체가 용이하도록 개방하기 쉬운 구조이어야 한다.

해설 ④ 보수 및 부속품의 교체가 쉬울 것(단, **방수형** 및 **방폭형**은 제외)

감지기의 **구조** 및 **기능**(감지기의 형식승인 및 제품검사의 기술기준 5조)
(1) 작동이 확실하고, 취급·점검이 쉬워야 하며, 현저한 잡음이나 장해전파를 발하지 아니하여야 한다. 또한, 먼지·습기·곤충 등에 의하여 기능에 영향을 받지 아니할 것 보기 ①
(2) 보수 및 부속품의 교체가 쉬워야 한다(단, **방수형** 및 **방폭형**은 제외). 보기 ④
(3) 부식에 의하여 기계적 기능에 영향을 초래할 우려가 있는 부분은 칠, 도금 등으로 유효하게 내식가공을 하거나 방청가공을 하여야 하며, 전기적 기능에 영향이 있는 단자, 나사 및 와셔 등은 **동합금**이나 이와 동등 이상의 내식성이 있는 재질을 사용
(4) 기기 내의 배선은 충분한 **전류용량**을 갖는 것으로 하여야 하며, 배선의 접속이 정확하고 확실할 것 보기 ②
(5) 극성이 있는 경우에는 **오접속**을 방지하기 위하여 필요한 조치할 것 보기 ③

답 ④

70 누전경보기 수신부는 그 정격전압에서 몇 회의 누전작동시험을 실시하는 경우 그 구조 또는 기능에 이상이 생기지 않아야 하는가?
23.09.문62
21.03.문63
17.05.문61

① 1000회 ② 5000회
③ 10000회 ④ 20000회

해설 반복시험 횟수

횟수	기기
1000회	속보기 **기억법** 속1
2000회	중계기 **기억법** 중2(중이염)
2500회	유도등
5000회	**전원스위치·발신기** **기억법** 5발전(5개 발에 전을 부치자.)
6000회	감지기
10000회	비상조명등, 스위치접점, 기타의 설비 및 기기(누전경보기) 보기 ③

답 ③

71 무선통신보조설비 중 서로 다른 주파수의 합성된 신호를 분리하기 위해서 사용하는 장치는?
24.03.문68
21.03.문64
19.03.문80
17.09.문72
16.10.문73
14.05.문62
14.05.문71
13.09.문76

① 혼합기 ② 분파기
③ 증폭기 ④ 분배기

해설 **무선통신보조설비**의 **구성부품**

용어	설명
누설동축 케이블	동축케이블의 외부도체에 가느다란 홈을 만들어서 **전파**가 외부로 새어나갈 수 있도록 한 케이블
분배기 **기억법** 분배분배	신호의 전송로가 분기되는 장소에 설치하는 것으로 **임피던스 매칭**(matching)과 **신호균등분배**를 위해 사용하는 장치
분파기 **기억법** 파파	서로 다른 **주파**수의 합성된 **신호**를 **분리**하기 위해서 사용하는 장치 보기 ②
혼합기	두 개 이상의 **입력신호**를 원하는 비율로 **조합**한 **출력**이 발생하도록 하는 장치
증폭기	신호전송시 신호가 약해져 수신이 불가능해지는 것을 방지하기 위해서 **증폭**하는 장치
무선중계기	안테나를 통하여 수신된 무전기 신호를 증폭한 후 음영지역에 재방사하여 무전기 상호간 송수신이 가능하도록 하는 장치
옥외안테나	감시제어반 등에 설치된 무선중계기의 입력과 출력포트에 연결되어 송수신 신호를 원활하게 방사·수신하기 위해 옥외에 설치하는 장치

기억법 무분배파혼

답 ②

72
소방시설용 비상전원수전설비의 화재안전기준에 따른 특고압 또는 고압으로 수전하는 비상전원수전설비의 종류가 아닌 것은?

① 큐비클형
② 옥외개방형
③ 내화구조형
④ 방화구획형

해설 비상전원(수전)설비(NFPC 602 5·6조, NFTC 602 2.2.1, 2.3)

저압수전	특고압 또는 고압수전
• 전용배전반(1·2종) • 전용분전반(1·2종) • 공용분전반(1·2종)	• **방**화구획형 보기 ④ • **옥**외개방형 보기 ② • **큐**비클(cubicle)형 보기 ①

기억법 방옥큐

답 ③

73
비상조명등의 화재안전기준에 따라 비상조명등의 비상전원을 설치하는 데 있어서 어떤 특정소방대상물의 경우에는 그 부분에서 피난층에 이르는 부분의 비상조명등을 60분 이상 유효하게 작동시킬 수 있는 용량으로 하여야 한다. 이 특정소방대상물에 해당하지 않는 것은?

① 무창층인 지하역사
② 무창층인 소매시장
③ 지하층인 관람시설
④ 지하층을 제외한 층수가 11층 이상의 층

해설 ③ 해당없음

비상조명등의 60분 이상 작동용량(NFPC 304 4조, NFTC 304 2.1.1.5)
(1) **11층 이상**(지하층 제외) 보기 ④
(2) 지하층·무창층으로서 도매시장·소매시장·여객자동차터미널·지하역사·지하상가 보기 ①②

 중요

비상전원 용량	
설비의 종류	비상전원 용량
• **자**동화재탐지설비 • 비상**경**보설비 • **자**동화재속보설비	10분 이상
• 유도등 • 비상콘센트설비 • 제연설비 • 물분무소화설비 • 옥내소화전설비(30층 미만) • 특별피난계단의 계단실 및 부속실 제연설비(30층 미만)	20분 이상
• 무선통신보조설비의 **증**폭기	30분 이상
• 옥내소화전설비(30~49층 이하) • 특별피난계단의 계단실 및 부속실 제연설비(30~49층 이하) • 연결송수관설비(30~49층 이하) • 스프링클러설비(30~49층 이하)	40분 이상
• 유도등·비상조명등(지하상가 및 11층 이상) • 옥내소화전설비(50층 이상) • 특별피난계단의 계단실 및 부속실 제연설비(50층 이상) • 연결송수관설비(50층 이상) • 스프링클러설비(50층 이상)	60분 이상

기억법 경자비1(경자라는 이름은 비일비재하게 많다.) 3증(3중고)

답 ③

74
비상조명등의 설치제외 기준 중 다음 ( ) 안에 알맞은 것은?

거실의 각 부분으로부터 하나의 출입구에 이르는 보행거리가 ( )m 이내인 부분

① 2
② 5
③ 15
④ 25

해설 비상조명등의 설치제외 장소
(1) 거실 각 부분에서 출입구까지의 **보행거리 15m** 이내 보기 ③
(2) **공**동주택·**경**기장·**의**원·**의**료시설·**학**교·**거**실

기억법 조공 경의학

비교

(1) 휴대용 비상조명등의 설치제외 장소
① 복도·통로·창문 등을 통해 **피**난이 용이한 경우(지상 1층·피난층)
② **숙**박시설로서 **복**도에 비상조명등을 설치한 경우

기억법 휴피(휴지로 피닦아!), 휴숙복

(2) 통로유도등의 설치제외 장소
① 길이 30m 미만의 복도·통로(구부러지지 않은 복도·통로)
② 보행거리 20m 미만의 복도·통로(출입구에 피난구유도등이 설치된 복도·통로)
(3) 객석유도등의 설치제외 장소
① 채광이 충분한 객석(주간에만 사용)
② 통로유도등이 설치된 객석(거실 각 부분에서 거실 출입구까지의 보행거리 20m 이하)

기억법 채객보통(채소는 객관적으로 보통이다.)

답 ③

75
주방, 보일러실 등 다량의 화기를 취급하는 장소에 설치하는 정온식 감지기는 공칭작동온도가 최고주위온도보다 몇 ℃ 이상 높은 것을 설치하여야 하는가?

① 10 ② 20
③ 30 ④ 40

해설 감지기의 설치기준(NFPC 203 7조, NFTC 203 2.4.3)
(1) 감지기(차동식 분포형 제외)는 실내의 **공기유입구**로부터 **1.5m** 이상 떨어진 위치에 설치
(2) 감지기는 천장 또는 반자의 옥내에 면하는 부분에 설치
(3) **보상식 스포트형 감지기**는 정온점이 감지기 주위의 평상 시 최고온도보다 **20℃** 이상 높은 것으로 설치
(4) **정온식 감지기**는 **주방·보일러실** 등으로서 다량의 화기를 단속적으로 취급하는 장소에 설치하되, 공칭작동온도가 최고주위온도보다 **20℃** 이상 높은 것으로 설치 보기 ②

기억법 2정(이정표)

답 ②

76
유도등의 형식승인 및 제품검사의 기술기준에 따라 (㉠), (㉡), (㉢)에 들어갈 내용으로 옳은 것은?

> 객석유도등은 바닥면 또는 디딤바닥면에서 높이 (㉠)m의 위치에 설치하고 그 유도등의 바로 밑에서 (㉡)m 떨어진 위치에서의 수평조도가 (㉢)lx 이상이어야 한다.

① ㉠ 0.3, ㉡ 0.1, ㉢ 0.2
② ㉠ 0.5, ㉡ 0.1, ㉢ 0.3
③ ㉠ 0.5, ㉡ 0.3, ㉢ 0.2
④ ㉠ 1.0, ㉡ 0.3, ㉢ 0.3

해설 조도시험(유도등의 형식승인 및 제품검사의 기술기준 23조)

유도등의 종류	시험방법
계단통로유도등	바닥면에서 **2.5m** 높이에 유도등을 설치하고 수평거리 10m 위치에서 법선조도 **0.5lx** 이상 **기억법** 계2505
복도통로유도등	바닥면에서 1m 높이에 유도등을 설치하고 중앙으로부터 0.5m 위치에서 조도 1lx 이상
거실통로유도등	바닥면에서 2m 높이에 유도등을 설치하고 중앙으로부터 0.5m 위치에서 조도 1lx 이상
객석유도등	바닥면에서 **0.5m** 높이에 유도등을 설치하고 바로 밑에서 **0.3m** 위치에서 수평조도 **0.2lx** 이상 보기 ③ **기억법** 객532

비교

유도등의 형식승인 및 제품검사의 기술기준 16조 식별도시험

유도등의 종류	상용전원	비상전원
피난구유도등, 거실통로유도등	10~30lx의 주위 조도로 30m에서 식별	0~1lx의 주위 조도로 20m에서 식별
복도통로유도등	직선거리 20m에서 식별	직선거리 15m에서 식별

답 ③

77
광전식 분리형 감지기의 설치기준 중 광축은 나란한 벽으로부터 몇 m 이상 이격하여 설치하여야 하는가?

① 0.6 ② 0.8
③ 1   ④ 1.5

해설 광전식 분리형 감지기의 설치기준(NFPC 203 7조, NFTC 203 2.4.3.15)
(1) 감지기의 광축의 길이는 공칭감시거리 범위 이내여야 한다.
(2) 감지기의 송광부와 수광부는 설치된 뒷벽으로부터 **1m 이내**의 위치에 설치해야 한다.
(3) 감지기의 수광면은 햇빛을 직접 받지 않도록 설치해야 한다.
(4) **광축**은 나란한 벽으로부터 **0.6m 이상** 이격하여야 한다. 보기 ①
(5) 광축의 높이는 천장 등 높이의 80% 이상일 것

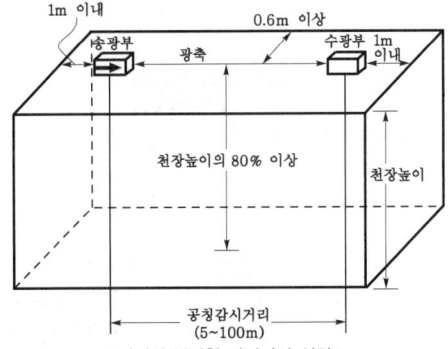

광전식 분리형 감지기의 설치

중요

광전식 분리형 감지기의 동작원리

(1) 화재발생시 연기확산
(2) 연기에 의해 수광부로 유입되는 **적외선**의 **진로방해**
(3) 수광부의 **수광량** 감소
(4) **제어부**에서 검출
(5) **수신기**에 화재신호 발생

답 ①

78. 자동화재탐지설비 및 시각경보장치의 화재안전기준에 따른 정온식 감지선형 감지기의 시설기준으로 옳은 것은?

① 감지기와 감지구역의 각 부분과의 수평거리가 내화구조의 경우 1종은 3.5m 이하, 2종은 3m 이하로 한다.
② 감지선형 감지기의 굴곡반경은 10cm 이상으로 한다.
③ 단자부와 마감 고정금구와의 설치간격은 5cm 이내로 설치한다.
④ 분전반 내부에 설치하는 경우 접착제를 이용하여 돌기를 바닥에 고정시키고 그곳에 감지기를 설치한다.

해설
① 3.5m 이하 → 4.5m 이하
② 10cm 이상 → 5cm 이상
③ 5cm 이내 → 10cm 이내

정온식 감지선형 감지기의 설치기준 (NFPC 203 7조, NFTC 203 2.4.3.12)
(1) 단자부와 마감 고정금구와의 설치간격은 **10cm** 이내로 설치한다. 보기 ③
(2) 감지선형 감지기의 굴곡반경은 **5cm** 이상으로 한다. 보기 ②

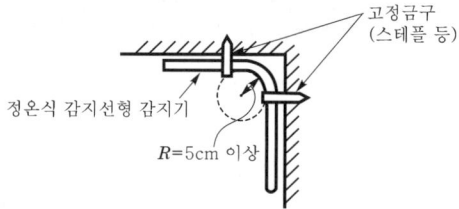

정온식 감지선형 감지기의 굴곡반경

(3) 감지기와 감지구역 각 부분과의 수평거리가 내화구조의 경우 **1종**은 **4.5m** 이하, **2종**은 **3m** 이하로 한다. 보기 ①
(4) 분전반 내부에 설치하는 경우 **접착제**를 이용하여 돌기를 바닥에 고정시키고 그곳에 감지기를 설치한다. 보기 ④

중요

정온식 감지선형 감지기의 수평거리

종별 수평거리	1종 내화구조	1종 기타구조	2종 내화구조	2종 기타구조
감지기와 감지구역의 각 부분과의 수평거리	4.5m 이하	3m 이하	3m 이하	1m 이하

기억법 1내4 1기3, 2내3 2기1

답 ④

79. 비상콘센트용의 풀박스 등은 방청도장을 한 것으로서, 두께 몇 mm 이상의 철판으로 해야 하는가?

① 1.6   ② 1.7
③ 1.8   ④ 1.9

해설 **비상콘센트 전원회로의 설치기준**

구 분	전 압	용 량	플러그 접속기
단상교류	220V	1.5kVA 이상	접지형 2극

(1) 1전용회로에 설치하는 비상콘센트는 **10개** 이하로 할 것
(2) 풀박스는 **1.6mm** 이상의 **철판**을 사용할 것

기억법 단2(단위), 10콘(시큰둥!), 16철콘, 접2(접이식)

답 ①

80. 비상콘센트설비의 전원부와 외함 사이의 절연내력 기준 중 다음 ( ) 안에 알맞은 것은?

절연내력은 전원부와 외함 사이에 정격전압이 150V 이하인 경우에는 (㉠)V의 실효전압을, 정격전압이 150V 초과인 경우에는 그 정격전압에 (㉡)를 곱하여 1000을 더한 실효전압을 가하는 시험에서 (㉢)분 이상 견디는 것으로 할 것

① ㉠ 500, ㉡ 1.5, ㉢ 2
② ㉠ 500, ㉡ 2, ㉢ 1
③ ㉠ 1000, ㉡ 1.5, ㉢ 2
④ ㉠ 1000, ㉡ 2, ㉢ 1

해설 비상콘센트설비의 절연내력은 전원부와 외함 사이에 정격전압이 **150V 이하**인 경우에는 **1000V**의 실효전압을, 정격전압이 **150V 초과**인 경우에는 그 정격전압에 **2**를 곱하여 **1000**을 더한 실효전압을 가하는 시험에서 **1분** 이상 견디는 것으로 할 것 보기 ④

중요

절연내력시험 (NFPC 504 4조, NFTC 504 2.1.6.2)

구 분	150V 이하	150V 초과
실효전압	1000V	(정격전압×2)+1000V 예 220V인 경우 (220×2)+1000=1440V
견디는 시간	1분 이상	1분 이상

답 ④

CBT 기출복원문제

2024년
소방설비산업기사 필기(전기분야)

■ 2024. 3. 1 시행 ·················· 24- 2
■ 2024. 5. 9 시행 ·················· 24-27
■ 2024. 7. 5 시행 ·················· 24-52

** 수험자 유의사항 **

1. 문제지를 받는 즉시 **본인**이 **응시한 종목**이 맞는지 확인하시기 바랍니다.
2. 문제지 표지에 본인의 **수험번호**와 **성명**을 기재하여야 합니다.
3. 문제지의 **총면수, 문제번호 일련순서, 인쇄상태, 중복 및 누락 페이지 유무**를 확인하시기 바랍니다.
4. 답안은 각 문제마다 요구하는 가장 적합하거나 가까운 답 1개만을 선택하여야 합니다.
5. 답안카드는 뒷면의「수험자 유의사항」에 따라 작성하시고, 답안카드 작성 시 형별누락, 마킹착오로 인한 불이익은 전적으로 수험자에게 책임이 있음을 알려드립니다.
6. 문제지는 시험 종료 후 본인이 가져갈 수 있습니다.

** 안내사항 **

• 가답안/최종정답은 큐넷(www.q-net.or.kr)에서 확인하실 수 있습니다. 가답안에 대한 의견은 큐넷의 [가답안 의견 제시]를 통해 제시할 수 있으며, 확정된 답안은 최종정답으로 갈음합니다.
• 공단에서 제공하는 자격검정서비스에 대해 개선할 점이 있으시면 고객참여(http://hrdkorea.or.kr/7/1/1)를 통해 건의하여 주시기 바랍니다.

2024. 3. 1 시행

2024년 산업기사 제1회 필기시험 CBT 기출복원문제

수험번호	성명

자격종목	종목코드	시험시간	형별
소방설비산업기사(전기분야)		2시간	

※ 각 문항은 4지택일형으로 질문에 가장 적합한 보기 항을 선택하여 체크하여야 합니다.

제1과목 소방원론

---

01 연소의 3요소에 해당하지 않는 것은?

22.03.문02
14.09.문10
13.06.문19

① 점화원 ② 가연물
③ 산소   ④ 촉매

해설 연소의 3요소와 4요소

연소의 3요소	연소의 4요소
• 가연물(연료) 보기 ② • 산소공급원(산소, 공기) 보기 ③ • 점화원(점화에너지) 보기 ①	• 가연물(연료) • 산소공급원(산소, 공기) • 점화원(점화에너지) • 연쇄반응

기억법 연4(연사)

답 ④

---

02 표준상태에서 44.8m³의 용적을 가진 이산화탄소가스를 모두 액화하면 몇 kg인가? (단, 이산화탄소의 분자량은 44이다.)

22.03.문06
20.08.문14
12.09.문03

① 88   ② 44
③ 22   ④ 11

해설 (1) 주어진 값
- 용적 : 44.8m³=44800L(1m³=1000L)
- 질량 : ?
- 분자량 : 44

(2) 증기밀도

$$증기밀도[g/L] = \frac{분자량}{22.4}$$

여기서, 22.4 : 공기의 부피[L]

$$증기밀도[g/L] = \frac{분자량}{22.4}$$

$$\frac{g(질량)}{44800L} = \frac{44}{22.4}$$

$$g(질량) = \frac{44}{22.4} \times 44800L = 88000g = 88kg$$

• 단위를 보고 계산하면 쉽다.

답 ①

---

03 제2종 분말소화약제의 주성분은?

22.03.문07
19.04.문17
19.03.문07
15.05.문20
15.03.문16
13.09.문11

① 탄산수소칼륨
② 탄산수소나트륨
③ 제1인산암모늄
④ 탄산수소칼륨＋요소

해설 분말소화약제

종별	분자식	착색	적응화재	비고
제1종	탄산수소나트륨 (NaHCO₃)	백색	BC급	**식용유** 및 **지방질유**의 화재에 적합
제**2**종	탄산수소칼륨 (KHCO₃) 보기 ①	담자색 (담회색)	BC급	―
제3종	제1인산암모늄 (NH₄H₂PO₄)	담홍색	ABC급	차고·주차장에 적합
제4종	탄산수소칼륨 ＋요소 (KHCO₃＋ (NH₂)₂CO)	회(백)색	BC급	

- 탄산수소나트륨＝중탄산나트륨
- 탄산**수소칼륨**＝중탄산칼륨 보기 ①
- 제1인산암모늄＝인산암모늄＝인산염
- 탄산수소칼륨＋요소＝중탄산칼륨＋요소

기억법 2수칼(이수역에 칼이 있다.)

답 ①

---

04 물질의 연소범위에 대한 설명 중 옳은 것은?

22.04.문18
16.03.문08
12.09.문10

① 연소범위의 상한이 높을수록 발화위험이 낮다.
② 연소범위의 상한과 하한 사이의 폭은 발화위험과 무관하다.
③ 연소범위의 하한이 낮은 물질을 취급시 주의를 요한다.
④ 연소범위의 하한이 낮은 물질은 발열량이 크다.

[해설]
① 낮다. → 높다.
② 무관하다. → 관계가 있다.
④ 연소범위의 하한과 발열량과는 무관하다.

연소범위와 발화위험
(1) 연소하한과 연소상한의 범위를 나타낸다.
(2) **연소하한**이 **낮을수록** 발화위험이 높다. 보기 ③
(3) **연소범위**가 **넓을수록** 발화위험이 높다.
(4) 연소범위는 주위온도와 관계가 있다.
(5) 연소범위의 하한은 그 물질의 **인화점**에 해당된다.
(6) 압력상승시 **연소하한**은 **불변**, **연소상한**만 **상승**한다.

- 연소한계=연소범위=폭발한계=폭발범위=가연한계=가연범위
- 연소하한=하한계
- 연소상한=상한계

답 ③

05 분말소화약제의 주성분 중에서 A, B, C급 화재 모두에 적응성이 있는 것은?
① $KHCO_3$
② $NaHCO_3$
③ $Al_2(SO_4)_3$
④ $NH_4H_2PO_4$

[해설] 분말소화약제

종별	분자식	착색	적응화재	비고
제1종	탄산수소나트륨 ($NaHCO_3$) 보기 ②	백색	BC급	식용유 및 지방질유의 화재에 적합
제2종	탄산수소칼륨 ($KHCO_3$) 보기 ①	담자색 (담회색)	BC급	–
제3종	제1인산암모늄 ($NH_4H_2PO_4$) 보기 ④	담홍색	ABC급	차고·주차장에 적합
제4종	탄산수소칼륨 + 요소 ($KHCO_3$ + $(NH_2)_2CO$)	회(백)색	BC급	–

- 탄산수소나트륨=중탄산나트륨
- 탄산수소칼륨=중탄산칼륨
- 제1인산암모늄=인산암모늄=인산염
- 탄산수소칼륨+요소=중탄산칼륨+요소

답 ④

06 기름탱크에서 화재가 발생하였을 때 탱크 하부에 있는 물 또는 물-기름 에멀션이 뜨거운 열유층에 의해서 가열되어 유류가 탱크 밖으로 갑자기 분출하는 현상은?
① 플래시오버(flash over)
② 보일오버(boil over)
③ 리프트(lift)
④ 백파이어(back-fire)

[해설] 보일오버(boil over)
(1) 중질유의 탱크에서 장시간 조용히 연소하다 탱크 내의 잔존기름이 갑자기 분출하는 현상
(2) 유류탱크에서 탱크바닥에 물과 기름의 **에멀션**이 섞여 있을 때 이로 인하여 화재가 발생하는 현상
(3) 연소유면으로부터 100℃ 이상의 열파가 **탱크 저부**에 고여 있는 물을 비등하게 하면서 연소유를 탱크 밖으로 비산시키며 연소하는 현상
(4) 기름탱크에서 화재가 발생하였을 때 **탱크 하부**에 있는 물 또는 물-기름 에멀션이 뜨거운 열유층에 의해서 가열되어 유류가 탱크 밖으로 갑자기 분출하는 현상 보기 ②

용어

구분	설명
리프트(lift)	버너 내압이 높아져서 **분출속도**가 **빨**라지는 현상 보기 ③
백파이어 (backfire, 역화)	가스가 노즐에서 나가는 속도가 연소속도보다 느리게 되어 **버너 내부**에서 **연소**하게 되는 현상 보기 ④
플래시오버 (flashover)	화재로 인하여 실내의 온도가 급격히 상승하여 화재가 순간적으로 실내 전체에 **확산**되어 연소되는 현상 보기 ①

답 ②

07 건축법상 건축물의 주요 구조부에 해당되지 않는 것은?
① 지붕틀
② 내력벽
③ 주계단
④ 최하층 바닥

[해설] 주요 구조부
(1) 내력**벽**
(2) **보**(작은 보 제외)
(3) **지**붕틀(차양 제외)
(4) **바**닥(최하층 바닥 제외) 보기 ④
(5) **주**계단(옥외계단 제외)
(6) **기**둥(사이기둥 제외)

※ **주요 구조부** : 건물의 구조 내력상 주요한 부분

기억법 벽보지 바주기

답 ④

08 햇빛에 방치한 기름걸레가 자연발화를 일으켰다. 다음 중 이때의 원인에 가장 가까운 것은?
① 광합성 작용
② 산화열 축적
③ 흡열반응
④ 단열압축

[해설] 산화열

산화열이 축적되는 경우	산화열이 축적되지 않는 경우
햇빛에 방치한 기름걸레는 **산화열**이 **축적**되어 자연발화를 일으킬 수 있다. 보기 ②	기름걸레를 빨랫줄에 걸어 놓으면 산화열이 축적되지 않아 자연발화는 일어나지 않는다.

답 ②

09. Halon 1211의 화학식으로 옳은 것은?

① CF_2BrCl
② $CFBrCl_2$
③ $C_2F_2Br_2$
④ CH_2BrCl

[해설]

종 류	약 칭	분자식
Halon 1011	CB	CH_2ClBr
Halon 104	CTC	CCl_4
Halon 1211	BCF	$CF_2ClBr(CBrClF_2, CF_2BrCl)$ 보기 ①
Halon 1301	BTM	$CF_3Br(CBrF_3)$
Halon 2402	FB	$C_2F_4Br_2(C_2Br_2F_4)$

중요

할론소화약제의 명명법

```
            C F Cl Br
      Halon 1 3 0 1
```
탄소원자수(C)
불소원자수(F)
염소원자수(Cl)
브로민원자수(Br)

※ 수소원자의 수=(첫 번째 숫자×2)+2-나머지 숫자의 합

답 ①

10. 열에너지원 중 화학적 열에너지가 아닌 것은?

① 분해열
② 용해열
③ 유도열
④ 생성열

[해설] ③ 전기적 열에너지

열에너지원의 종류

기계열 (기계적 열에너지)	전기열 (전기적 열에너지)	화학열 (화학적 열에너지)
• **압**축열 • **마**찰열 • **마**찰스파크(스파 크열)	• 유도열 보기 ③ • 유전열 • 저항열 • 아크열 • 정전기열 • 낙뢰에 의한 열	• **연**소열 • **용**해열 보기 ② • **분**해열 보기 ① • **생**성열 보기 ④ • **자**연발화열

기억법 기압마

기억법 화연용분생자

• 기계열=기계적 점화원=기계적 열에너지
• 전기열=전기적 점화원=전기적 열에너지
• 화학열=화학적 점화원=화학적 열에너지

답 ③

11. 피난계획의 일반원칙 중 Fool proof 원칙에 대한 설명으로 옳은 것은?

① 한 가지가 고장이 나도 다른 수단을 이용할 수 있도록 하는 원칙
② 두 방향의 피난동선을 항상 확보하는 원칙
③ 피난수단을 이동식 시설로 하는 원칙
④ 피난수단을 조작이 간편한 원시적 방법으로 하는 원칙

[해설]
①, ② Fail safe
③ 이동식 시설 → 고정식 시설(설비)

페일 세이프(fail safe)**와 풀 프루프**(fool proof)

용 어	설 명
페일 세이프 (fail safe)	① 한 가지 피난기구가 고장이 나도 다른 수단을 이용할 수 있도록 고려하는 것 ② 한 가지가 고장이 나도 다른 이용하는 원칙 보기 ① ③ **두 방향**의 피난동선을 항상 확보하는 원칙 보기 ②
풀 프루프 (fool proof)	① 피난경로는 간단 **명료**하게 한다. ② 피난구조설비는 **고정식** 설비를 위주로 설치한다. 보기 ③ ③ 피난수단은 **원시적 방법**에 의한 것을 원칙으로 한다. 보기 ④ ④ 피난통로를 **완전불연화**한다. ⑤ 막다른 복도가 없도록 계획한다. ⑥ **간단한** 그림이나 **색채**를 이용하여 표시한다.

답 ④

12. 칼륨이 물과 반응하면 위험한 이유는?

① 수소가 발생하기 때문에
② 산소가 발생하기 때문에
③ 이산화탄소가 발생하기 때문에
④ 아세틸렌이 발생하기 때문에

[해설] 주수소화(물소화)시 위험한 물질

위험물	발생물질
무기과산화물	산소(O_2) 발생
① 금속분 ② 마그네슘 ③ 알루미늄 ④ 칼륨 보기 ① ⑤ 나트륨 ⑥ 수소화리튬	수소(H_2) 발생
가연성 액체의 유류화재(경유)	연소면(화재면) 확대

중요

경유화재시 주수소화가 부적당한 이유
물보다 비중이 가벼워 물 위에 떠서 **화재 확대**의 우려가 있기 때문이다.

답 ①

13. 0℃의 얼음 1g이 100℃의 수증기가 되려면 약 몇 cal의 열량이 필요한가? (단, 0℃ 얼음의 융해열은 80cal/g이고, 100℃ 물의 증발잠열은 539cal/g이다.)

① 539
② 719
③ 939
④ 1119

해설 물의 잠열

잠열 및 열량	설명
80cal/g	융해잠열
539cal/g	기화(증발)잠열
639cal	0℃의 물 1g이 100℃의 수증기가 되는 데 필요한 열량
719cal	0℃의 얼음 1g이 100℃의 수증기가 되는 데 필요한 열량 보기②

답 ②

14. 상온 · 상압 상태에서 액체로 존재하는 할론으로만 연결된 것은?

① Halon 2402, Halon 1211
② Halon 1211, Halon 1011
③ Halon 1301, Halon 1011
④ Halon 1011, Halon 2402

해설 상온 · 상압에서의 상태

기체상태	액체상태
① Halon **13**01	① Halon 1011 보기④
② Halon **12**11	② Halon 104
③ **탄**산가스(CO_2)	③ Halon 2402 보기④

기억법 132탄기

답 ④

15. 내화건축물과 비교한 목조건축물 화재의 일반적인 특징은?

① 고온 단기형
② 저온 단기형
③ 고온 장기형
④ 저온 장기형

해설

목조건축물의 화재온도 표준곡선	내화건축물의 화재온도 표준곡선
① 화재성상 : **고온** 단기형 보기①	① 화재성상 : 저온 장기형
② 최고온도(최성기 온도) : 1300℃	② 최고온도(최성기 온도) : 900~1000℃

기억법 목고단 13

- 목조건축물=목재건축물

답 ①

16. 적린의 착화온도는 약 몇 ℃인가?

① 34
② 157
③ 180
④ 260

해설

물질	인화점	발화점
프로필렌	-107℃	497℃
에틸에터, 다이에틸에터	-45℃	180℃
가솔린(휘발유)	-43℃	300℃
이황화탄소	-30℃	100℃
아세틸렌	-18℃	335℃
아세톤	-18℃	538℃
에틸알코올	13℃	423℃
적린	-	260℃ 보기④

기억법 적26(**적이 육**지에 있다.)

- 발화점=발화온도=착화온도=착화점

답 ④

17. 물을 이용한 대표적인 소화효과로만 나열된 것은?

① 냉각효과, 부촉매효과
② 냉각효과, 질식효과
③ 질식효과, 부촉매효과
④ 제거효과, 냉각효과, 부촉매효과

해설 소화약제의 소화작용

소화약제	소화작용	주된 소화작용
물 (스프링클러)	• 냉각작용 • 희석작용	냉각작용 (냉각소화)
물(무상)	• **냉**각작용(증발잠열 이용) 보기② • **질**식작용 보기② • **유**화작용(에멀션 효과) • **희**석작용	
포	• 냉각작용 • 질식작용	질식작용 (질식소화)
분말	• 질식작용 • 부촉매작용 (억제작용) • 방사열 차단작용	
이산화탄소	• 냉각작용 • 질식작용 • 피복작용	

| 할론 | • 질식작용
• 부촉매작용
(억제작용) | 부촉매작용
(연쇄반응 억제)
기억법 할부(**할**아**버**지) |

기억법 물냉질유회

• CO_2 소화기=이산화탄소소화기
• 에멀션효과=에멀전효과
• 물은 부촉매효과는 없으므로 부촉매효과가 없는 ②번이 정답

중요

부촉매효과
(1) 분말소화약제
(2) 할론소화약제
(3) 할로젠화합물소화약제

답 ②

18 ★★
포소화약제의 포가 갖추어야 할 조건으로 적합하지 않은 것은?
20.06.문08
13.03.문01

① 화재면과의 부착성이 좋을 것
② 응집성과 안정성이 우수할 것
③ 환원시간(drainage time)이 짧을 것
④ 약제는 독성이 없고 변질되지 말 것

해설 ③ 짧을 것 → 길 것

포소화약제의 **구비조건**
(1) **유동성**이 좋아야 한다.
(2) **안정성**을 가지고 내열성이 있어야 한다.
(3) **독성**이 적어야 한다(독성이 없고 변질되지 말 것). 보기 ④
(4) 화재면에 부착하는 성질이 커야 한다(**응집성**과 **안정성**이 있을 것). 보기 ①②
(5) 바람에 견디는 힘이 커야 한다.
(6) **유면봉쇄성**이 좋아야 한다.
(7) **내유성**이 좋아야 한다.
(8) 환원시간이 **길 것** 보기 ③

 용어

25% 환원시간(drainage time)
발포된 포중량의 25%가 원래의 포수용액으로 되돌아가는 데 걸리는 시간

답 ③

19 ★★★
공기 중 산소의 농도를 낮추어 화재를 진압하는 소화방법에 해당하는 것은?
21.05.문06
19.03.문20
16.10.문03
14.09.문05
14.03.문03
13.06.문16
05.09.문09

① 부촉매소화
② 냉각소화
③ 제거소화
④ 질식소화

해설 **소화방법**

소화방법	설명
냉각소화	• **점**화원을 냉각하여 소화하는 방법 • **증**발잠열을 이용하여 열을 빼앗아 가연물의 온도를 떨어뜨려 화재를 진압하는 소화방법 • 다량의 **물**을 뿌려 소화하는 방법 • 가연성 물질을 **발**화점 이하로 냉각 • 식용유화재에 신선한 **야**채를 넣어 소화 기억법 냉점증발
질식소화	• 공기 중의 **산**소농도를 15~16%(16%, 10~15%) 이하로 희박하게 하여 소화하는 방법 보기 ④ • **산**화제의 농도를 낮추어 연소가 지속될 수 없도록 함(산소의 농도를 낮추어 소화하는 방법) • **산**소공급을 차단하는 소화방법 기억법 질산
제거소화	• **가**연물을 **제**거하여 소화하는 방법
부촉매소화 (= 화학소화)	• **연쇄반응**을 **차단**하여 소화하는 방법 • 화학적인 방법으로 화재 억제
희석소화	• 기체·고체·액체에서 나오는 분해가스나 증기의 농도를 낮춰 소화하는 방법
유화소화	• 물을 무상으로 방사하여 유류표면에 **유화층**의 **막**을 형성시켜 공기의 접촉을 막아 소화하는 방법
피복소화	• 비중이 공기의 **1.5배** 정도로 무거운 소화약제를 방사하여 가연물의 구석구석까지 침투·피복하여 소화하는 방법

답 ④

20 ★★★
다음 중 독성이 가장 강한 가스는?
20.06.문17
18.04.문09
17.09.문13
16.10.문12
14.09.문13
14.05.문07
14.05.문18
13.09.문19
08.05.문20

① C_3H_8
② O_2
③ CO_2
④ $COCl_2$

해설 **연소가스**

구 분	설 명
일산화탄소 (CO)	• 화재시 흡입된 일산화탄소(CO)의 화학적 작용에 의해 **헤모글로빈**(Hb)이 혈액의 산소 운반작용을 저해하여 사람을 **질식·사망**하게 한다. • 목재류의 화재시 **인**명피해를 가장 많이 주며, 연기로 인한 의식불명 또는 질식을 가져온다. • 인체의 **폐**에 큰 자극을 준다. • **산**소와의 **결**합력이 극히 강하여 질식작용에 의한 독성을 나타낸다. 기억법 일헤인 폐산결

가스	설명
이산화탄소 (CO_2)	연소가스 중 **가장 많은 양**을 차지하고 있으며 가스 그 자체의 독성은 거의 없으나 다량이 존재할 경우 호흡속도를 증가시키고, 이로 인하여 화재가스에 혼합된 유해가스의 혼입을 증가시켜 위험을 가중시키는 가스이다. 기억법 이많(이만큼)
암모니아 (NH_3)	• 나무, **페**놀수지, **멜**라민수지 등의 **질소함유물**이 연소할 때 발생하며, 냉동시설의 **냉**매로 쓰인다. • 눈·코·폐 등에 매우 **자**극성이 큰 가연성 가스이다. 기억법 암페 멜냉자
포스겐 ($COCl_2$) 보기 ④	매우 **독**성이 **강**한 가스로서 **소**화제인 **사**염화탄소(CCl_4)를 화재시에 사용할 때도 발생한다. 기억법 독강 소사포
황화수소 (H_2S)	• **달**걀 썩는 냄새가 나는 특성이 있다. • **황**분이 포함되어 있는 물질의 불완전 연소에 의하여 발생하는 가스이다. • **자**극성이 있다. 기억법 황달자
아크롤레인 ($CH_2=CHCHO$)	독성이 매우 높은 가스로서 **석**유제품, **유**지 등이 연소할 때 생성되는 가스이다. 기억법 아석유
시안화수소 (HCN, 청산가스)	**질소**성분을 가지고 있는 **합성수지, 동물**의 **털, 인조견** 등의 섬유가 불완전연소할 때 발생하는 맹독성 가스로 0.3%의 농도에서 즉시 사망할 수 있다.
아황산가스 (SO_2, 이산화황)	• **황**이 함유된 물질인 **동물**의 **털, 고무** 등이 연소하는 화재시에 발생되며 **무색**의 자극성 냄새를 가진 유독성 기체 • 눈 및 호흡기 등에 점막을 상하게 하고 질식사할 우려가 있다.
프로판 (C_3H_8)	• LPG의 주성분 • 물보다 가볍다.

답 ④

제 2 과목 소방전기일반

21 열팽창식 온도계의 종류가 아닌 것은?

17.05.문31

① 유리 온도계
② 압력식 온도계
③ 열전대 온도계
④ 바이메탈 온도계

해설 ③ 열전대 온도계 : 전기신호식 온도계

열팽창식 온도계	전기신호식 온도계
① **유**리 온도계 보기 ① ② **압**력식 온도계 보기 ② ③ **바**이메탈 온도계 보기 ④ ④ 알코올 온도계 ⑤ 수은 온도계 기억법 유압바	열전대 온도계 보기 ③

답 ③

22 목표값이 시간에 관계없이 항상 일정한 값을 가지는 제어는?

20.06.문37
19.03.문25
17.05.문39
16.10.문27
16.03.문36
15.09.문23
14.09.문30
14.05.문24
12.05.문31

① 정치제어
② 추종제어
③ 비율제어
④ 프로그램제어

해설 제어의 종류

제어 종류	설명
정치제어 (fixed value control)	① 일정한 **목표값**을 **유지**하는 것으로 **프로세스제어, 자동조정**이 이에 해당된다. 예 연속식 압연기 ② **목표값**이 시간에 관계 없이 항상 **일정**한 값을 가지는 제어 보기 ①
추종제어 (follow-up control)	① 목표치가 임의로 변화하는 제어 ② 미지의 시간적 변화를 하는 목표값에 제어량을 추종시키기 위한 제어로 **서보기구**가 이에 해당된다. 예 대공포의 포신
비율제어 (ratio control)	① 둘 이상의 제어량을 소정의 비율로 제어하는 것 ② 연료의 유량과 공기의 유량과의 사이의 비율을 연소에 적합한 것으로 유지하고자 하는 제어방식
프로그램제어 =프로그래밍제어 (program control)	목표값이 미리 정해진 시간적 변화를 하는 경우 제어량을 그것에 추종시키기 위한 제어 예 열차·산업로봇의 무인운전, 엘리베이터

중요

제어량에 의한 분류

분류방법	제어량
프로세스제어	• **온**도 • **압**력 • **유**량 • **액**면 기억법 프온압유액
서보기구	• **위**치 • **방**위 • **자**세 기억법 서위방자(스위스 방자하나)

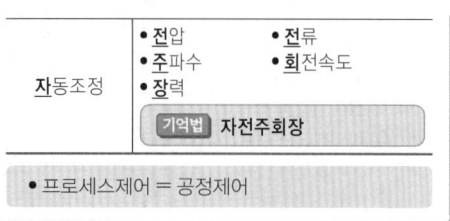

자동조정	• **자**압 • **전**류 • **주**파수 • **회**전속도 • **장**력

기억법 자전주회장

• 프로세스제어 = 공정제어

답 ①

23 ★★★
21.09.문37
17.09.문26
13.09.문29

자기인덕턴스 L_1, L_2가 각각 4mH, 9mH인 코일이 이상적인 결합이 되었다면 상호인덕턴스 M은 몇 mH인가? (단, 결합계수 $k=1$이다.)

① 0.1
② 6
③ 0.9
④ 36

해설 (1) 기호

• L_1 : 4mH
• L_2 : 9mH
• k : 1
• M : ?

(2) **상호인덕턴스**(mutual inductance)

$$M = k\sqrt{L_1 L_2}\,\text{(H)}$$

여기서, M : 상호인덕턴스(H)
k : 결합계수
L_1, L_2 : 자기인덕턴스(H)

• 상호인덕턴스=상호유도계수

상호인덕턴스 M은
$M = k\sqrt{L_1 L_2} = 1\sqrt{4 \times 9} = 6\text{mH}$ 보기 ②

중요
결합계수

$k=0$	$k=1$
두 코일 직교시	이상결합 · 완전결합시

답 ②

24 ★★★
19.03.문21
16.03.문27
13.06.문39
11.03.문23

소형이면서 고압의 대전류용 정류기로 사용되는 것은?

① 게르마늄 정류기
② 사이리스터 정류기
③ 수은 정류기
④ 셀렌 정류기

해설 **사이리스터 정류기**

구 분	설 명
특징	① **소형**이면서 **고압**의 **대전류용** 정류기로 사용 보기 ② ② OFF 상태에서 ON 상태로, 또는 ON 상태에서 OFF 상태로 스위칭할 수 있는 3개 또는 그 이상의 접합을 갖는 PNPN 구조로 된 반도체
종류	① SCR ② TRIAC ③ GTO ④ SSS ⑤ SCS

답 ②

25 ★★★
19.03.문39
13.06.문36
08.03.문38

그림과 같은 무접점회로는 어떤 논리회로를 나타낸 것인가? (단, A는 입력단자이며, X는 출력단자이다.)

① AND
② OR
③ NOT
④ NAND

해설 **논리회로**

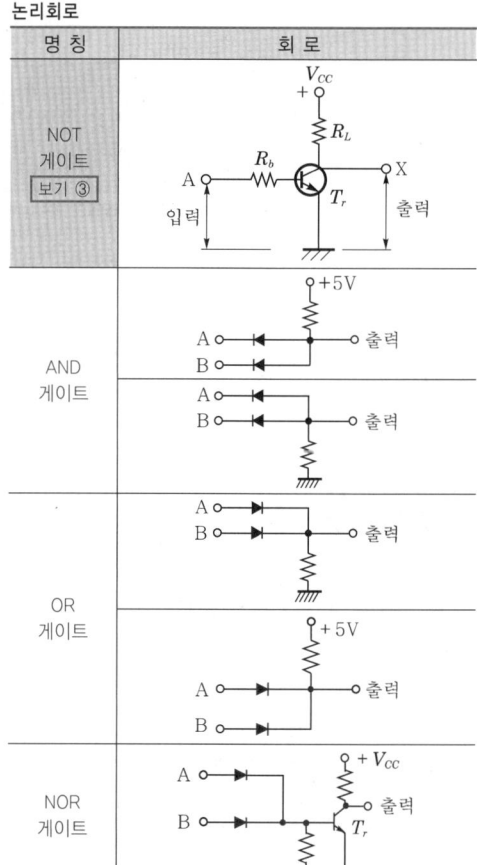

NAND 게이트	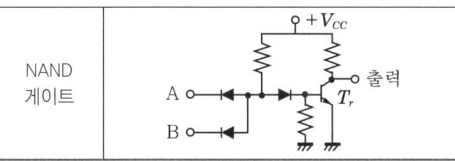

답 ③

$X+XY=X$	$\overline{X}+XY=\overline{X}+Y$	흡수법칙
	$X+\overline{X}Y=X+Y$	
	$\boxed{X+\overline{X}\ \overline{Y}=X+\overline{Y}}$ 보기 ②	
$\overline{(X+Y)}$ $=\overline{X}\cdot\overline{Y}$ 보기 ②	$\overline{(X\cdot Y)}=\overline{X}+\overline{Y}$	드모르간의 정리

답 ②

26. 교류전압계에서 지시되는 값은 어떤 값인가?

19.04.문29
15.05.문22
14.09.문31

① 최대값   ② 평균값
③ 실효값   ④ 순시값

해설 **교류의 표시**

구 분	설 명
순시값	• 교류의 임의의 시간에 있어서 전압 또는 전류의 값
최대값	• 교류의 순시값 중에서 가장 큰 값
평균값	• 순시값의 반주기에 대하여 평균한 값
실효값	① 일반적으로 사용되는 값으로 교류의 각 순시값의 제곱에 대한 1주기의 평균의 제곱근 ② 일반적인 **교류전류계·교류전압계**의 지시값 보기 ③

기억법 교실

답 ③

27. 논리식 $(X+\overline{X+Y})$를 간단히 정리한 것은?

23.05.문27
21.03.문32
20.06.문33
19.09.문24
16.03.문34
15.05.문38
12.03.문21

① $\overline{X}$
② $X+\overline{Y}$
③ X
④ $\overline{X}+Y$

해설 $(X+\overline{X+Y})=X+\overline{X}\cdot\overline{Y}$
$=X+\overline{Y}$ ← 흡수법칙

불대수의 정리

논리합	논리곱	비 고
$X+0=X$	$X\cdot 0=0$	-
$X+1=1$	$X\cdot 1=X$	-
$X+X=X$	$X\cdot X=X$	-
$X+\overline{X}=1$	$X\cdot\overline{X}=0$	-
$X+Y=Y+X$	$X\cdot Y=Y\cdot X$	교환법칙
$X+(Y+Z)$ $=(X+Y)+Z$	$X(YZ)=(XY)Z$	결합법칙
$X(Y+Z)$ $=XY+XZ$	$(X+Y)(Z+W)$ $=XZ+XW+YZ+YW$	분배법칙

28. 다음 그림과 같은 브리지회로에서 흐르는 전류는 몇 A인가?

23.05.문23
18.03.문31
14.05.문30
14.03.문28
12.03.문33
08.09.문22

① 3
② 4
③ 4.5
④ 5

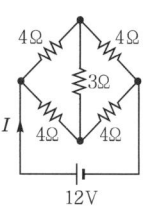

해설 (1) **휘트스톤브리지**(Wheatstone bridge)의 원리에 의해 3Ω에는 전류가 흐르지 않으므로 등가회로로 나타내면 다음과 같다.

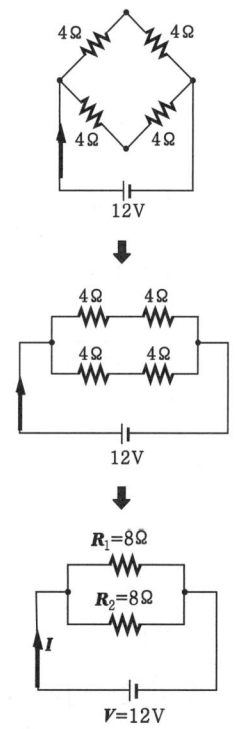

합성저항 R은
$$R=\frac{R_1\times R_2}{R_1+R_2}=\frac{8\times 8}{8+8}=4\Omega$$

(2) 전류

$$I = \frac{V}{R}$$

여기서, I : 전류[A]
V : 전압[V]
R : 저항[Ω]

전류 I 는
$I = \frac{V}{R} = \frac{12}{4} = 3A$

중요

휘트스톤브리지
(1) $I_1 P = I_2 Q$
(2) $I_1 X = I_2 R$
∴ $PR = QX$ (마주 보는 변의 곱은 서로 같다.)

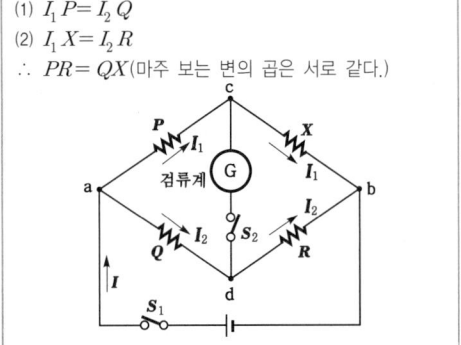

답 ①

★★★
29 그림의 블록선도에서 $\dfrac{C(s)}{D(s)}$ 는?

23.09.문38
22.09.문22
21.05.문21
18.09.문26
10.09.문38
09.05.문23

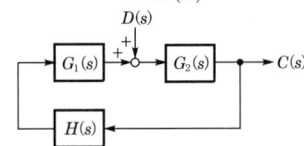

① $\dfrac{G_2(s)}{1-G_1(s)G_2(s)H(s)}$

② $\dfrac{G_1(s)G_2(s)}{H(s)}$

③ $\dfrac{H(s)}{G_1(s)G_2(s)}$

④ $\dfrac{G_1(s)}{1-G_1(s)G_2(s)H(s)}$

해설

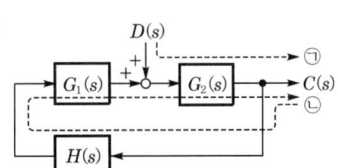

$D(s)G_2(s) + CG_1(s)G_2(s)H(s) = C(s)$
$DG_2 + CG_1 G_2 H = C$ ← 계산편의를 위해 (s) 생략
$DG_2 = C - CG_1 G_2 H$
$DG_2 = C(1 - G_1 G_2 H)$

$\dfrac{G_2}{1-G_1 G_2 H} = \dfrac{C}{D}$

$\dfrac{C}{D} = \dfrac{G_2}{1-G_1 G_2 H}$

$\dfrac{C(s)}{D(s)} = \dfrac{G_2(s)}{1-G_1(s)G_2(s)H(s)}$ ← (s) 다시 붙임

용어

블록선도
제어계에서 신호전송상태를 나타내는 계통도

답 ①

★★★
30 다음 그림과 같은 교류회로의 역률은?

18.04.문37
17.09.문28
12.03.문34
10.05.문28
05.03.문37
04.03.문27

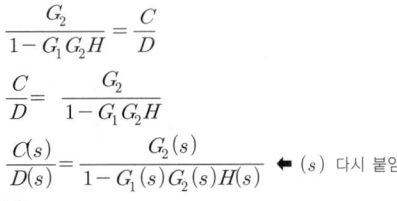

① 0.6   ② 0.7
③ 0.8   ④ 1.0

해설 (1) 기호

- R : 40Ω
- X_L : 40Ω
- X_C : 10Ω
- $\cos\theta$: ?

(2) RLC 직렬회로

$$\cos\theta = \frac{R}{Z} = \frac{R}{\sqrt{R^2+(X_L-X_C)^2}}$$

여기서, $\cos\theta$: 역률 R : 저항[Ω]
Z : 임피던스[Ω] X_L : 유도리액턴스[Ω]
X_C : 용량리액턴스[Ω]

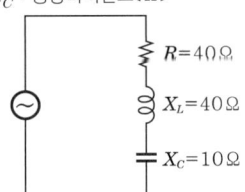

역률 $\cos\theta$ 는
$\cos\theta = \dfrac{R}{\sqrt{R^2+(X_L-X_C)^2}}$
$= \dfrac{40}{\sqrt{40^2+(40-10)^2}} = 0.8$

비교

RLC 직렬회로의 무효율

$$\sin\theta = \frac{X_L-X_C}{Z} = \frac{X_L-X_C}{\sqrt{R^2+(X_L-X_C)^2}}$$

여기서, $\sin\theta$: 무효율
X_L : 유도리액턴스[Ω]
X_C : 용량리액턴스[Ω]
Z : 임피던스[Ω]
R : 저항[Ω]

답 ③

31. ★★★

전압 $v = 5\sin 5t + 10\sin 10t$ [V]이고, 전류 $i = 10\sin 5t + 5\sin 10t$ [A]일 때 소비전력은 몇 W인가?

① 125 ② 50
③ 12.9 ④ 78.2

해설

(1) 기호
- V_{m1} : 5V
- V_{m2} : 10V
- I_{m1} : 10A
- I_{m2} : 5A
- P : ?

(2) 순시값

$$v = V_m \sin\omega t, \quad i = I_m \sin\omega t$$

여기서, v : 전압의 순시값[V]
V_m : 전압의 최대값[V]
ω : 각주파수[rad/s]
t : 주기[s]
i : 전류의 순시값[A]
I_m : 전류의 최대값[A]

전압의 순시값 v는
$v_1 = V_{m1}\sin\omega t = 5\cos 5t$, $v_2 = V_{m2}\sin\omega t = 10\cos 10t$

전류의 순시값 i는
$i_1 = I_{m1}\sin\omega t = 10\cos 5t$, $i_2 = I_{m2}\sin\omega t = 5\cos 10t$

(3) 유효전력(소비전력)

$$P = V_1 I_1 \cos\theta_1 + V_2 I_2 \cos\theta_2 \cdots$$
$$= \frac{V_{m1}}{\sqrt{2}} \cdot \frac{I_{m1}}{\sqrt{2}} \cos\theta_1 + \frac{V_{m2}}{\sqrt{2}} \cdot \frac{I_{m2}}{\sqrt{2}} \cos\theta_2 \cdots$$

여기서, P : 유효전력[W]
V : 전압의 실효값[V]
I : 전류의 실효값[A]
$\cos\theta$: 역률
V_m : 전압의 최대값[A]
I_m : 전류의 최대값[A]

소비전력 P는
$P = \frac{V_{m1}}{\sqrt{2}} \cdot \frac{I_{m1}}{\sqrt{2}} + \frac{V_{m2}}{\sqrt{2}} \cdot \frac{I_{m2}}{\sqrt{2}}$
$= \frac{5}{\sqrt{2}} \cdot \frac{10}{\sqrt{2}} + \frac{10}{\sqrt{2}} \cdot \frac{5}{\sqrt{2}}$
$= 50$W

- V가 $5t$일 때 I도 $5t$, V가 $10t$일 때 I도 $10t$이므로 위상차는 없다. 그러므로 $\cos\theta$는 무시

답 ②

32. ★★★

다음 중 강자성체에 속하지 않는 것은?

① Fe
② Ni
③ Cu
④ Co

해설

③ 구리(Cu) : 반자성체

자성체의 종류

자성체	종 류
상자성체 (paramagnetic material)	알루미늄(Al), 백금(Pt) [기억법] 상알백
반자성체 (diamagnetic material)	금(Au), 은(Ag), 구리(Cu), 아연(Zn), 탄소(C) 보기 ③
강자성체 (ferromagnetic material)	니켈(Ni), 코발트(Co), 망가니즈(Mn), 철(Fe) 보기 ①②④ [기억법] 강니코망철

답 ③

33. ★

200μF의 콘덴서에 220V의 전압을 가하여 충전한 에너지로 저항을 모두 방전시켰다면 발열량은 약 몇 cal인가?

① 2.32 ② 0.56
③ 1.16 ④ 0.28

해설

(1) 기호
- C : $200\mu F = 200 \times 10^{-6}$F $(1\mu F = 10^{-6} F)$
- V : 220V
- Q : ?

(2) 축적에너지

$$W = \frac{1}{2}CV^2$$

여기서, W : 축적에너지[J]
C : 정전용량[F]
V : 전압[V]

축적에너지 W는
$W = \frac{1}{2}CV^2 = \frac{1}{2} \times (200 \times 10^{-6}) \times 220^2 = 4.84$J

(3) J → cal 변환

1J = 0.24cal

$Q = 4.84J \times 0.24 ≒ 1.16$cal

답 ③

34 테브난의 정리를 이용하여 그림 (a)의 회로를 그림 (b)와 같은 등가회로로 만들고자 할 때 E[V]와 R[Ω]은?

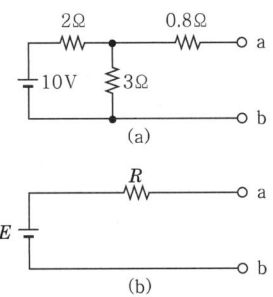

① 5, 2   ② 5, 3
③ 6, 2   ④ 6, 3

해설 테브난의 정리에 의해 0.8Ω에는 전압이 가해지지 않으므로

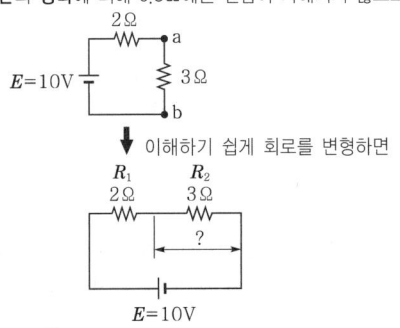

$$E_{ab} = \frac{R_2}{R_1+R_2}E = \frac{3}{2+3} \times 10 = 6V$$

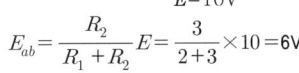

전압원을 단락하고 회로망에서 본 저항 R은

$$R = \frac{2 \times 3}{2+3} + 0.8 = 2Ω$$

용어
테브난의 정리(테브낭의 정리)
2개의 독립된 회로망을 접속하였을 때의 전압·전류 및 임피던스의 관계를 나타내는 정리

답 ③

35 전압계와 전류계를 사용하여 전압 및 전류를 측정하려는 경우의 연결방법으로 옳은 것은?

① 전압계 : 직렬, 전류계 : 병렬
② 전압계 : 직렬, 전류계 : 직렬
③ 전압계 : 병렬, 전류계 : 병렬
④ 전압계 : 병렬, 전류계 : 직렬

해설 전압계와 전류계

전압계	전류계
부하에 **병렬**연결	부하에 **직렬**연결
기억법 압병(합병)	

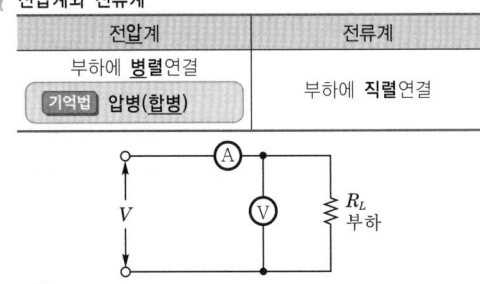

비교
배율기와 분류기

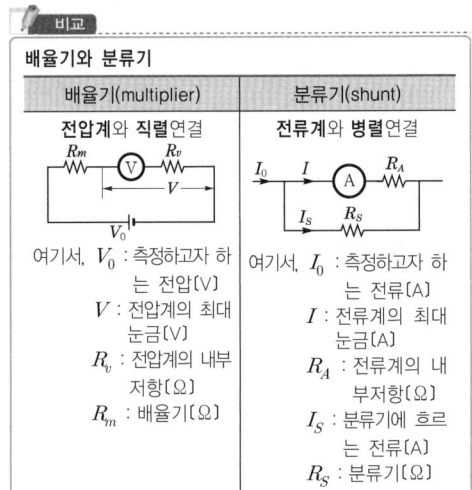

여기서, V_0 : 측정하고자 하는 전압[V]
V : 전압계의 최대 눈금[V]
R_v : 전압계의 내부 저항[Ω]
R_m : 배율기[Ω]

여기서, I_0 : 측정하고자 하는 전류[A]
I : 전류계의 최대 눈금[A]
R_A : 전류계의 내부저항[Ω]
I_S : 분류기에 흐르는 전류[A]
R_S : 분류기[Ω]

답 ④

36 전원전압을 일정전압으로 유지하기 위하여 사용되는 다이오드는?

① 발광다이오드
② 제너다이오드
③ 바랙터다이오드
④ 터널다이오드

해설 다이오드의 종류

종류	심벌	설명
정류 다이오드	▶│	• 교류를 직류로 변환할 때 이용
스위칭 다이오드	—	• 고속 ON/OFF 특성을 스위칭에 이용
제너 다이오드 (정전압 다이오드)	▶│	• 정전압 특성을 전압 안정화에 이용 • 출력전압을 일정하게 유지(전원전압을 일정하게 유지) 보기 ②

기억법 일제압

가변용량 다이오드 (바랙터 다이오드)		• 가변용량 특성을 FM 변조 AFC 동조에 이용
터널 다이오드		• 음저항 특성을 마이크로파 발진에 이용
발광 다이오드		• 발광 특성을 응용하여 광센서에 이용

답 ②

37 자기력선의 성질에 대한 설명으로 틀린 것은?

22.03.문24
20.08.문40

① 자기력선은 상호간에 교차한다.
② 자석의 N극에서 시작하여 S극에서 끝난다.
③ 자기력선의 밀도는 자계의 세기와 같다.
④ 자계의 방향은 자기력선 위의 한 점에서의 접선방향이다.

해설 ① 교차한다 → 교차할 수 없다.

자기력선의 성질
(1) 자기력선은 **N극**에서 시작해서 **S극**에서 끝난다. 보기 ②
(2) 자기력선은 서로 **반발**하여 **교차할 수 없다**. 보기 ①
(3) 자기장의 방향은 그 점을 통과하는 **자력선**의 **방향**으로 표시한다.
(4) 자기력선의 밀도는 **자계의 세기**와 **같다**. 보기 ③
(5) 자기력선은 **등자위면**에 수직한다.
(6) 자기 스스로 **폐곡선**을 이룰 수 있다.
(7) 자기력선은 고무줄과 같이 **응축력**이 있다.
(8) **자계의 방향**은 자기력선 위의 한 점에서의 **접선방향**이다. 보기 ④

• 자기력선=자력선

비교

전기력선의 성질
(1) **정(+)전하**에서 **시작**하여 **부(-)전하**에서 끝난다.
(2) 전기력선의 접선방향은 그 접점에서의 **전계의 방향**과 일치한다.
(3) 전위가 **높은 점**에서 **낮은 점**으로 향한다.
(4) 그 자신만으로 **폐곡선**이 안 된다.
(5) 전기력선은 서로 **교차하지 않는다**.
(6) 단위전하에서는 $\dfrac{1}{\varepsilon_0}$ 개의 전기력선이 출입한다.
(7) 전기력선은 도체 표면(동전위면)에서 **수직으로 출입**한다.
(8) 전하가 없는 곳에서는 전기력선의 발생, 소멸이 없고 연속적이다.
(9) **도체 내부**에는 **전기력선이 없다**.

답 ①

38 전자회로에서 온도에 의해 저장값이 변화하는

23.03.문31
19.04.문32
13.09.문33

반도체로서 온도보상용, 온도계측용으로 사용되고 있는 소자는?

① 저항
② 리액터
③ 콘덴서
④ 서미스터

해설 ④ **서미스터** : 온도에 따라 저항값이 변환하는 소자로서 **온도보상용**으로 쓰인다.

서미스터
(1) 온도보상용 보기 ④
(2) 열을 감지하는 **감열 저항체** 소자이다.
(3) 일반적으로 온도상승에 따라 저항값이 **감소**한다.
(4) 구성은 **망가니즈**, **코발트**, **니켈**, **철** 등을 혼합한 것이다.
(5) 화학적으로는 **금속산화물**에 해당된다.

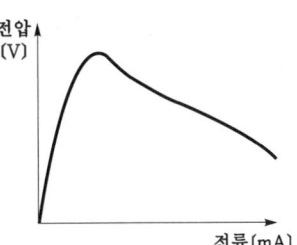

| 서미스터의 전압-전류 특성 |

답 ④

39 회로의 유효전력이 3000W, 무효전력이 4000Var

22.04.문23
20.08.문31
19.04.문24
18.04.문33
05.09.문32
04.03.문36

이면 피상전력[VA]은?

① 3000
② 4000
③ 5000
④ 6000

해설 (1) 기호
- P : 3000W
- P_r : 4000Var
- P_a : ?

(2) 피상전력
$$P_a = \sqrt{P^2 + P_r^{\,2}}$$

여기서, P_a : 피상전력[VA]
P : 유효전력[W]
P_r : 무효전력[Var]

피상전력 P_a 는
$$P_a = \sqrt{P^2 + P_r^{\,2}} = \sqrt{3000^2 + 4000^2} = 5000\text{VA}$$

답 ③

40. 0.1H인 코일의 리액턴스가 377Ω일 때 주파수 [Hz]는?

① 100 ② 200
③ 400 ④ 600

해설 (1) 기호
- L : 0.1H
- X_L : 377Ω
- f : ?

(2) 유도리액턴스
$$X_L = \omega L = 2\pi f L$$

여기서, X_L : 유도리액턴스[Ω]
ω : 각주파수[rad/s]
L : 인덕턴스[H]
f : 주파수[Hz]

주파수 f 는
$$f = \frac{X_L}{2\pi L} = \frac{377}{2\pi \times 0.1} \fallingdotseq 600\text{Hz}$$

비교

용량리액턴스
$$X_C = \frac{1}{\omega C} = \frac{1}{2\pi f C}$$

여기서, X_C : 용량리액턴스[Ω]
ω : 각주파수[rad/s]
C : 정전용량(커패시턴스)[F]
f : 주파수[Hz]

답 ④

제3과목 소방관계법규

41. 소방기본법령상 소방용수시설인 저수조의 설치기준으로 맞는 것은?

① 흡수부분의 수심이 0.5m 이하일 것
② 지면으로부터의 낙차가 4.5m 이하일 것
③ 흡수관의 투입구가 사각형의 경우에는 한 변의 길이가 60cm 이하일 것
④ 저수조에 물을 공급하는 방법은 상수도에 연결하여 수동으로 급수되는 구조일 것

해설
① 0.5m 이하 → 0.5m 이상
③ 60cm 이하 → 60cm 이상
④ 수동으로 → 자동으로

기본규칙 [별표 3]
소방용수시설의 저수조의 설치기준

구 분	기 준
낙차	4.5m 이하 보기②
수심	0.5m 이상 보기①
투입구의 길이 또는 지름	60cm 이상 보기③

(1) 소방펌프자동차가 **쉽게 접근**할 수 있도록 할 것
(2) 흡수에 지장이 없도록 **토사** 및 **쓰레기** 등을 제거할 수 있는 설비를 갖출 것
(3) 저수조에 물을 공급하는 방법은 **상수도**에 연결하여 **자동**으로 **급수**되는 구조일 것 보기④

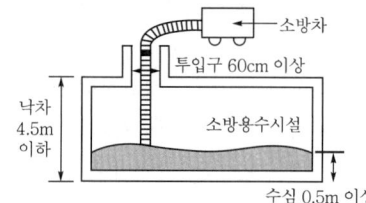

비교

개구부 vs 흡수관 투입구

개구부	흡수관 투입구
지름 50cm(0.5m) 이상	지름 60cm(0.6m) 이상

답 ②

42. 소방시설 설치 및 관리에 관한 법령상 특정소방대상물에 설치되어 소방본부장 또는 소방서장의 건축허가 등의 동의대상에서 제외되게 하는 소방시설이 아닌 것은? (단, 설치되는 소방시설은 화재안전기준에 적합하다.)

① 유도표지   ② 누전경보기
③ 비상조명등   ④ 인공소생기

해설 소방시설법 시행령 7조 [별표 1]
건축허가 등의 동의대상 제외
(1) **소**화기구
(2) 자동소화장치
(3) **누**전경보기 보기②
(4) 단독경보형 감지기
(5) 시각경보기
(6) 가스누설경보기
(7) **피**난구조설비(비상조명등 제외)
(8) **인**명구조기구 ─ **방열**복
            ├ 방**화**복(안전모, 보호장갑, 안전화 포함)
            ├ **공**기호흡기
            └ **인**공소생기 보기④

기억법 방화열공인

(9) **유**도등
(10) **유**도표지 보기①
(11) 건축물의 증축 또는 용도변경으로 인하여 해당 특정소방대상물에 추가로 소방시설이 설치되지 않는 경우 해당 특정소방대상물

기억법 소누피 유인(스누피를 유인하다.)

답 ③

43. 제조 또는 가공 공정에서 방염처리를 하는 방염대상물품으로 틀린 것은? (단, 합판·목재류의 경우에는 설치현장에서 방염처리를 한 것을 포함한다.)

① 카펫
② 창문에 설치하는 커튼류
③ 두께가 2mm 미만인 종이벽지
④ 전시용 합판 또는 섬유판

해설 ③ 두께 2mm 미만인 종이벽지 → 두께 2mm 미만인 종이벽지 제외

소방시설법 시행령 31조
방염대상물품

제조 또는 가공 공정에서 방염처리를 한 물품	건축물 내부의 천장이나 벽에 부착하거나 설치하는 것
① 창문에 설치하는 **커튼류**(블라인드 포함) 보기② ② 카펫 보기① ③ 벽지류(두께 2mm 미만인 종이벽지 제외) 보기③ ④ 전시용 합판·목재 또는 섬유판 보기④ ⑤ 무대용 합판·목재 또는 섬유판 ⑥ 암막·무대막(영화상영관·가상체험 체육시설업의 스크린 포함) ⑦ 섬유류 또는 합성수지류 등을 원료로 하여 제작된 소파·의자(단란주점영업, 유흥주점영업 및 노래연습장업의 영업장에 설치하는 것만 해당)	① 종이류(두께 2mm 이상), 합성수지류 또는 섬유류를 주원료로 한 물품 ② 합판이나 목재 ③ 공간을 구획하기 위하여 설치하는 간이칸막이 ④ 흡음재(흡음용 커튼 포함) 또는 방음재(방음용 커튼 포함) ※ 가구류(옷장, 찬장, 식탁, 식탁용 의자, 사무용 책상, 사무용 의자, 계산대)와 너비 10cm 이하인 반자돌림대, 내부 마감재료 제외

답 ③

44. 소방시설 설치 및 관리에 관한 법령상 소방시설관리사의 결격사유가 아닌 것은?

① 피성년후견인
② 소방기본법령에 따른 금고 이상의 실형을 선고받고 그 집행이 면제된 날부터 2년이 지나지 아니한 사람
③ 소방시설공사업법령에 따른 금고 이상의 형의 집행유예를 선고받고 그 유예기간이 지난 후 2년이 지나지 아니한 사람
④ 거짓이나 그 밖의 부정한 방법으로 관리사 시험에 합격하여 자격이 취소된 날부터 2년이 지나지 아니한 사람

해설 ③ 그 유예기간이 지난 후 2년이 지나지 아니한 사람 → 금고 이상의 형의 집행유예를 선고받고 그 유예기간 중에 있는 사람

소방시설법 27조
소방시설관리사의 결격사유
(1) 피성년후견인 보기①
(2) 금고 이상의 실형을 선고받고 그 집행이 끝나거나 집행이 면제된 날부터 **2년**이 지나지 아니한 사람 보기②
(3) 금고 이상의 형의 집행유예를 선고받고 그 유예기간 중에 있는 사람 보기③
(4) 자격취소 후 **2년**이 지나지 아니한 사람 보기④

용어
피성년후견인: 질병, 장애, 노령, 그 밖의 사유로 인한 정신적 제약으로 사무를 처리할 능력이 없어서 가정법원에서 판정을 받은 사람

답 ③

45. 국가가 시·도의 소방업무에 필요한 경비의 일부를 보조하는 국고보조대상이 아닌 것은?

① 사무용 기기
② 소방전용통신설비
③ 소방자동차
④ 소방관서용 청사의 건축

해설 ① 국고보조대상이 아님

기본령 2조
국고보조의 대상 및 기준
(1) 국고보조의 대상
  ㉠ 소방활동장비와 설비의 구입 및 설치
    • 소방**자**동차 보기③
    • 소방**헬**리콥터·소방정
    • 소방**전**용통신설비·전산설비 보기②
    • 방**화**복
  ㉡ 소방관서용 **청**사 보기④
(2) 소방활동장비 및 설비의 종류와 규격: 행정안전부령
(3) 대상사업의 기준보조율: 「보조금관리에 관한 법률 시행령」에 따름

기억법 국화복 활자 전헬청

답 ①

46. 하자보수대상 소방시설 중 하자보수 보증기간이 3년인 것은?

① 유도등
② 피난기구
③ 비상방송설비
④ 스프링클러설비

해설 ①, ②, ③ 2년
④ 3년

24. 03. 시행 / 산업(전기)

공사업령 6조
소방시설공사의 하자보수 보증기간

보증기간	소방시설
2년	① <u>유</u>도등 · <u>피</u>난기구 보기 ①② ② <u>비</u>상<u>조</u>명등 · 비상<u>경</u>보설비 · 비상<u>방</u>송설비 보기 ③ ③ <u>무</u>선통신보조설비
	기억법 유비조경방무피2
3년	① 자동소화장치 ② 옥내 · 외소화전설비 ③ 스프링클러설비 보기 ④ ④ 물분무등소화설비 · 소화용수설비 ⑤ 자동화재탐지설비 · 소화활동설비(무선통신보조설비 제외) ⑥ 화재알림설비

답 ④

47 화재예방강화지구의 지정대상지역에 해당되지 않는 곳은?

23.03.문52
19.09.문55
16.03.문41
15.09.문55
14.05.문53
12.09.문46

① 시장지역
② 공장 · 창고가 밀집한 지역
③ 소방용수시설 또는 소방출동로가 있는 지역
④ 석유화학제품을 생산하는 공장이 있는 지역

③ 있는 → 없는

화재예방법 18조
화재예방강화지구의 지정
(1) 지정권자 : 시 · 도지사
(2) 지정지역
  ㉠ **시장**지역 보기 ①
  ㉡ **공장 · 창고** 등이 밀집한 지역 보기 ②
  ㉢ **목조건물**이 밀집한 지역
  ㉣ 노후 · 불량 건축물이 밀집한 지역
  ㉤ **위험물**의 **저장** 및 **처리시설**이 밀집한 지역
  ㉥ **석유화학제품**을 생산하는 공장이 있는 지역 보기 ④
  ㉦ **소방시설 · 소방용수시설** 또는 **소방출동로**가 **없는** 지역 보기 ③
  ㉧ 「**산업입지 및 개발에 관한 법률**」에 따른 산업단지
  ㉨ 「**물류시설의 개발 및 운영에 관한 법률**」에 따른 물류단지
  ㉩ **소방청장, 소방본부장** 또는 **소방서장(소방관서장)**이 화재예방강화지구로 지정할 필요가 있다고 인정하는 지역

※ **화재예방강화지구** : 화재발생 우려가 크거나 화재가 발생할 경우 피해가 클 것으로 예상되는 지역에 대하여 화재의 예방 및 안전관리를 강화하기 위해 지정 · 관리하는 지역

비교

기본법 19조
화재로 오인할 만한 불을 피우거나 연막소독시 신고지역
(1) 시장지역
(2) 공장 · 창고가 밀집한 지역
(3) 목조건물이 밀집한 지역
(4) 위험물의 저장 및 처리시설이 밀집한 지역
(5) 석유화학제품을 생산하는 공장이 있는 지역
(6) 그 밖에 시 · 도의 조례로 정하는 지역 또는 장소

답 ③

48 위험물안전관리법령상 제조소와 사용전압이 35000V를 초과하는 특고압가공전선에 있어서 안전거리는 몇 m 이상을 두어야 하는가? (단, 제6류 위험물을 취급하는 제조소는 제외한다.)

22.04.문43
18.03.문49
15.03.문56
09.05.문51

① 3
② 5
③ 20
④ 30

위험물규칙〔별표 4〕
위험물제조소의 안전거리

안전거리	대상
3m 이상	7000~35000V 이하의 특고압가공전선
5m 이상	35000V를 초과하는 특고압가공전선 보기 ②
10m 이상	**주거용**으로 사용되는 것
20m 이상	• 고압가스 **제조**시설(용기에 충전하는 것 포함) • 고압가스 **사용**시설(1일 30m³ 이상 용적 취급) • 고압가스 **저장**시설 • 액화산소 **소비**시설 • 액화석유가스 제조 · 저장시설 • 도시가스 공급시설
30m 이상	• 학교 • 병원급 의료기관 • 공연장 ┐ • 영화상영관 ┘ 300명 이상 수용시설 • 아동복지시설 • 노인복지시설 • 장애인복지시설 • 한부모가족복지시설 ┐ 20명 이상 • 어린이집 │ 수용시설 • 성매매피해자 등을 위한 지원시설 • 정신건강증진시설 • 가정폭력피해자 보호시설
50m 이상	• 지정**문**화유산 • 천연기념물 등

기억법 문5(문어)

답 ②

49 위험물안전관리법상 제조소 등을 설치하고자 하는 자는 누구의 허가를 받아 설치할 수 있는가?

23.05.문45
20.06.문56
19.04.문47
14.03.문58

① 소방서장
② 소방청장
③ 시 · 도지사
④ 안전관리자

위험물법 6조
제조소 등의 설치허가
(1) **설치허가자** : **시 · 도지사** 보기 ③
(2) 설치허가 제외장소
  ㉠ **주택**의 난방시설(공동주택의 중앙난방시설은 제외)을 위한 **저장소** 또는 **취급소**
  ㉡ 지정수량 **20배** 이하의 **농예용 · 축산용 · 수산용** 난방시설 또는 건조시설의 **저장소**
(3) 제조소 등의 변경신고 : 변경하고자 하는 날의 1일 전까지

답 ③

참고

시 · 도지사
(1) 특별시장
(2) 광역시장
(3) 특별자치시장
(4) 도지사
(5) 특별자치도지사

답 ③

50
소방시설 설치 및 관리에 관한 법령상 스프링클러설비를 설치하여야 하는 특정소방대상물의 기준으로 틀린 것은? (단, 위험물 저장 및 처리 시설 중 가스시설 또는 지하구를 제외한다.)

23.09.문41
21.05.문60
18.03.문44
15.03.문41
05.09.문52

① 물류터미널로서 바닥면적 합계가 $2000m^2$ 이상인 경우에는 모든 층
② 숙박이 가능한 수련시설에 해당하는 용도로 사용되는 시설의 바닥면적의 합계가 $600m^2$ 이상인 것은 모든 층
③ 종교시설(주요구조부가 목조인 것은 제외)로서 수용인원이 100명 이상인 것에 해당하는 경우에는 모든 층
④ 지하상가로서 연면적 $1000m^2$ 이상인 것

해설
① $2000m^2$ → $5000m^2$

소방시설법 시행령 〔별표 4〕
스프링클러설비의 설치대상

설치대상	조 건
• 문화 및 집회시설, 운동시설 • 종교시설 보기 ③	• 수용인원 : 100명 이상 • 영화상영관 : 지하층 · 무창층 $500m^2$(기타 $1000m^2$) 이상 • 무대부 　- 지하층 · 무창층 · 4층 이상 : $300m^2$ 이상 　- 1~3층 : $500m^2$ 이상
• 판매시설 • 운수시설 • 물류터미널 보기 ①	• 수용인원 : 500명 이상 • 바닥면적 합계 $5000m^2$ 이상
창고시설(물류터미널 제외)	바닥면적 합계 $5000m^2$ 이상 : 전층
• 노유자시설 • 정신의료기관 • 수련시설(숙박 가능한 곳) 보기 ② • 종합병원, 병원, 치과병원, 한방병원 및 요양병원(정신병원 제외) • 숙박시설	바닥면적 합계 $600m^2$ 이상
지하상가 보기 ④	연면적 $1000m^2$ 이상
지하층 · 무창층 · 4층 이상	바닥면적 $1000m^2$ 이상

10m 넘는 랙식 창고	연면적 $1500m^2$ 이상
• 복합건축물 • 기숙사	연면적 $5000m^2$ 이상 : 전층
6층 이상	

중요

6층 이상
① 건축허가 동의
② 자동화재탐지설비
③ 스프링클러설비

전층

보일러실 · 연결통로	전부
특수가연물 저장 · 취급	지정수량 1000배 이상
발전시설	전기저장시설 : 전층

중요

지정수량 500배 이상	지정수량 750배 이상	지정수량 1000배 이상
① 자동화재탐지설비 ② 스프링클러설비 (지붕 또는 외벽이 불연재료가 아니거나 내화구조가 아닌 공장 또는 창고시설)	① 옥내 · 외 소화전설비 ② 물분무등소화설비 ③ 건축허가 동의	스프링클러설비 (공장 또는 창고시설)

답 ①

51
소방시설 설치 및 관리에 관한 법령상 단독경보형 감지기를 설치하여야 하는 특정소방대상물로 틀린 것은?

22.09.문41
21.09.문72
18.09.문71
17.03.문41
07.05.문45

① 연면적 $600m^2$의 유치원
② 연면적 $300m^2$의 유치원
③ 100명 미만의 숙박시설이 있는 수련시설
④ 교육연구시설 또는 수련시설 내에 있는 합숙소 또는 기숙사로서 연면적 $2000m^2$ 미만인 것

해설
① $600m^2$ → $400m^2$ 미만
② 유치원은 $400m^2$ 미만이므로 $300m^2$는 옳은 답
③ 100명 미만의 수련시설(숙박시설이 있는 것)은 옳은 답

소방시설법 시행령 〔별표 4〕
단독경보형 감지기의 설치대상

연면적	설치대상
$400m^2$ 미만	유치원 보기 ①②
$2000m^2$ 미만 보기 ④	• 교육연구시설 · 수련시설 내의 합숙소 • 교육연구시설 · 수련시설 내의 기숙사
모두 적용 보기 ③	• 100명 미만의 수련시설(숙박시설이 있는 것) • 연립주택 • 다세대주택

답 ①

52. 위험물안전관리법령상 제4류 위험물 중 경유의 지정수량은 몇 리터인가?

① 1500
② 2000
③ 500
④ 1000

해설 위험물령 〔별표 1〕
제4류 위험물

성질	품명		지정수량	대표물질
인화성액체	특수인화물		50L	• 다이에틸에터 • 이황화탄소
	제1석유류	비수용성	200L	• 휘발유 • 콜로디온
		수용성	400L	• 아세톤
	알코올류		400L	• 변성알코올
	제2석유류	비수용성	1000L	• 등유 • 경유 보기 ④
		수용성	2000L	• 아세트산
	제3석유류	비수용성	2000L	• 중유 • 크레오소트유
		수용성	4000L	• 글리세린
	제4석유류		6000L	• 기어유 • 실린더유
	동식물유류		10000L	• 아마인유

답 ④

53. 소방시설 설치 및 관리에 관한 법령상 건축허가 등의 동의요구시 동의요구서에 첨부하여야 할 서류가 아닌 것은?

① 소방시설공사업 등록증
② 소방시설설계업 등록증
③ 소방시설 설치계획표
④ 건축허가신청서 및 건축허가서

해설 공사업은 건축허가 동의에 해당없음

소방시설법 시행규칙 3조
건축허가 동의시 첨부서류
(1) 건축허가신청서 및 건축허가서 사본 보기 ④
(2) 설계도서 및 소방시설 설치계획표 보기 ③
(3) **임시소방시설** 설치계획서(설치시기·위치·종류·방법 등 임시소방시설의 설치와 관련한 세부사항 포함)
(4) **소방시설설계업 등록증**과 소방시설을 설계한 기술인력의 기술자격증 사본 보기 ②
(5) 건축·대수선·용도변경신고서 사본
(6) 주단면도 및 입면도
(7) 소방시설별 층별 평면도
(8) 방화구획도(창호도 포함)

※ 건축허가 등의 동의권자 : **소방본부장·소방서장**

답 ①

54. 위험물안전관리법령상 제조소 등에 전기설비(전기배선, 조명기구 등은 제외)가 설치된 장소의 면적이 300m²일 경우, 소형 수동식 소화기는 최소 몇 개 설치하여야 하는가?

① 2개
② 4개
③ 3개
④ 1개

해설 위험물규칙 〔별표 17〕
전기설비의 소화설비
제조소 등에 전기설비(전기배선, 조명기구 등 제외)가 설치된 경우에는 당해 장소의 면적 100m²마다 **소형 수동식 소화기**를 1개 이상 설치할 것

제조소 등의 전기설비 소형 수동식 소화기 개수

$$\frac{바닥면적}{100m^2}(절상) = \frac{300m^2}{100m^2} = 3개$$

중요
절상 : '소수점 이하는 무조건 올린다.'는 뜻

답 ③

55. 소방시설 설치 및 관리에 관한 법령상 다음 소방시설 중 경보설비에 속하지 않는 것은?

① 자동화재속보설비
② 자동화재탐지설비
③ 무선통신보조설비
④ 통합감시시설

해설 ③ 무선통신보조설비 : 소화활동설비

소방시설법 시행령 〔별표 1〕
경보설비
(1) 비상경보설비 ┬ 비상벨설비
              └ 자동식 사이렌설비
(2) 단독경보형 감지기
(3) 비상방송설비
(4) 누전경보기
(5) 자동화재탐지설비 및 시각경보기 보기 ②
(6) 자동화재속보설비 보기 ①
(7) 가스누설경보기
(8) 통합감시시설 보기 ④
(9) 화재알림설비

※ **경보설비** : 화재발생 사실을 통보하는 기계·기구 또는 설비

답 ③

56. 소방활동구역의 출입자로서 대통령령이 정하는 자에 속하는 사람은?

① 의사·간호사 그 밖의 구조·구급업무에 종사하지 않는 자
② 소방활동구역 밖에 있는 소방대상물의 소유자·관리자 또는 점유자
③ 취재인력 등 보도업무에 종사하지 않는 자
④ 수사업무에 종사하는 자

해설
① 종사하지 않는 자 → 종사하는 자
② 밖에 → 안에
③ 종사하지 않는 자 → 종사하는 자

기본령 8조
소방활동구역 출입자(대통령령이 정하는 사람)
(1) 소방활동구역 안에 있는 **소유자·관리자** 또는 **점유자** 보기 ②
(2) 전기·가스·수도·통신·교통의 업무에 종사하는 자로서 원활한 **소방활동**을 위하여 필요한 자
(3) 의사·간호사 그 밖의 구조·구급업무에 종사하는 자 보기 ①
(4) 취재인력 등 보도업무에 종사하는 자 보기 ③
(5) 수사업무에 종사하는 자 보기 ④
(6) 소방대장이 소방활동을 위하여 **출입**을 허가한 **자**

※ **소방활동구역** : 화재, 재난·재해 그 밖의 위급한 상황이 발생한 현장에 정하는 구역

답 ④

---

57 ★★★
소방기본법령에 따른 급수탑 및 지상에 설치하는 소화전·저수조의 경우 소방용수표지 기준 중 다음 (　) 안에 알맞은 것은?

23.05.문57
18.09.문58
05.03.문54

안쪽 문자는 (㉠), 안쪽 바탕은 (㉡), 바깥쪽 바탕은 (㉢)으로 하고 반사재료를 사용하여야 한다.

① ㉠ 검은색, ㉡ 파란색, ㉢ 붉은색
② ㉠ 검은색, ㉡ 붉은색, ㉢ 파란색
③ ㉠ 흰색, ㉡ 파란색, ㉢ 붉은색
④ ㉠ 흰색, ㉡ 붉은색, ㉢ 파란색

해설 **기본규칙〔별표 2〕**
소방용수표지
(1) **지하**에 설치하는 소화전·저수조의 소방용수표지
　㉠ 맨홀뚜껑은 지름 **648mm** 이상의 것으로 할 것
　㉡ 맨홀뚜껑에는 "소화전·주정차금지" 또는 "저수조·주정차금지"의 표시를 할 것
　㉢ 맨홀뚜껑 부근에는 **노란색** 반사도료로 폭 **15cm**의 선을 그 둘레를 따라 칠할 것
(2) **지상**에 설치하는 소화전·저수조 및 **급수탑**의 소방용수표지

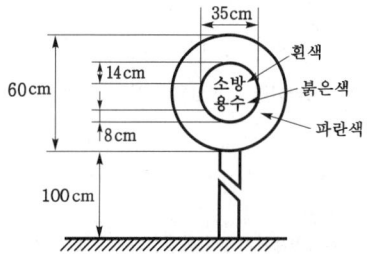

※ 안쪽 문자는 **흰색**, 바깥쪽 문자는 **노란색**, 안쪽 바탕은 **붉은색**, 바깥쪽 바탕은 **파란색**으로 하고 **반사재료** 사용 보기 ④

답 ④

---

58 ★★★
1급 소방안전관리대상물에 대한 기준으로 옳지 않은 것은?

23.05.문54
21.03.문54
19.09.문51
12.05.문49

① 특정소방대상물로서 층수가 11층 이상인 것
② 국보 또는 보물로 지정된 목조건축물
③ 연면적 15000m² 이상인 것
④ 가연성 가스를 1천톤 이상 저장·취급하는 시설

해설 ② 2급 소방안전관리대상물

화재예방법 시행령〔별표 4〕
소방안전관리자를 두어야 할 특정소방대상물

소방안전관리대상물	특정소방대상물
특급 소방안전관리대상물 (동식물원, 철강 등 불연성 물품 저장·취급창고, 지하구, 위험물제조소 등 제외)	• 50층 이상(지하층 제외) 또는 지상 200m 이상 아파트 • 30층 이상(지하층 포함) 또는 지상 120m 이상(아파트 제외) • 연면적 10만m² 이상(아파트 제외)
1급 소방안전관리대상물 (동식물원, 철강 등 불연성 물품 저장·취급창고, 지하구, 위험물제조소 등 제외)	• 30층 이상(지하층 제외) 또는 지상 120m 이상 아파트 • 연면적 15000m² 이상인 것(아파트 및 연립주택 제외) 보기 ③ • 11층 이상(아파트 제외) 보기 ① • 가연성 가스를 1000t 이상 저장·취급하는 시설 보기 ④
2급 소방안전관리대상물	• 지하구 • 가스제조설비를 갖추고 도시가스사업 허가를 받아야 하는 시설 또는 가연성 가스를 100~1000t 미만 저장·취급하는 시설 • **옥내소화전설비·스프링클러설비** 설치대상물 • **물분무등소화설비**(호스릴방식의 물분무등소화설비만을 설치한 경우 제외) 설치대상물 • 공동주택(옥내소화전설비 또는 스프링클러설비가 설치된 공동주택 한정) • 목조건축물(국보·보물) 보기 ②
3급 소방안전관리대상물	• **간이스프링클러설비**(주택전용 간이스프링클러설비 제외) 설치대상물 • **자동화재탐지설비** 설치대상물

 중요

연결살수설비	건축허가동의	2급 소방안전관리대상물	• 1급 소방안전관리대상물 • 종합상황실 • 현장확인대상
30톤 이상	100톤 이상	100~1000톤 미만	1000톤 이상

답 ②

59
소방본부장 또는 소방서장은 화재예방강화지구 안의 관계인에 대하여 소방상 필요한 훈련 또는 교육을 실시할 경우 관계인에게 훈련 또는 교육 며칠 전까지 그 사실을 통보해야 하는가?

① 3일　　② 5일
③ 7일　　④ 10일

해설 10일
(1) 화재예방강화지구 안의 소방훈련·교육 통보일(화재예방법 시행령 20조) 보기 ④
(2) 건축허가 등의 동의 여부 회신(소방시설법 시행규칙 3조)
　㉠ **50층** 이상(지하층 제외) 또는 지상으로부터 높이 **200m** 이상인 **아파트**의 건축허가 등의 동의 여부 회신(소방시설법 시행규칙 3조)
　㉡ **30층** 이상(지하층 포함) 또는 지상 **120m** 이상(아파트 제외)의 건축허가 등의 동의 여부 회신(소방시설법 시행규칙 3조)
　㉢ 연면적 **10만m²** 이상의 건축허가 등의 동의 여부 회신(소방시설법 시행규칙 3조)
(3) 소방기술자의 **실무교육** 통지일(공사규칙 26조)
(4) **실무교육** 교육계획의 변경보고일(공사업규칙 35조)
(5) 소방기술자 **실무교육기관** 지정사항 변경보고일(공사업규칙 33조)
(6) 소방시설업의 등록신청서류 보완일(공사업규칙 2조 2)
(7) 제조소 등의 재발급 완공검사합격확인증 제출일(위험물령 10조)

답 ④

60
소방기본법령상 이웃하는 다른 시·도지사와 소방업무에 관하여 시·도지사가 체결할 상호응원협정 사항이 아닌 것은?

① 화재조사활동
② 응원출동의 요청방법
③ 소방교육 및 응원출동훈련
④ 응원출동 대상지역 및 규모

해설 ③ 소방교육은 해당없음

기본규칙 8조
소방업무의 상호응원협정
(1) 다음의 **소방활동**에 관한 사항
　㉠ 화재의 경계·진압활동
　㉡ 구조·구급업무의 지원
　㉢ 화재**조**사활동 보기 ①
(2) **응원출동** 대상지역 및 규모 보기 ④
(3) **소요경비**의 부담에 관한 사항
　㉠ 출동대원의 수당·식사 및 의복의 수선
　㉡ 소방장비 및 기구의 정비와 연료의 보급
(4) **응원출동**의 요청방법 보기 ②
(5) 응원출동 훈련 및 평가

 조응(조아?)

답 ③

제4과목　소방전기시설의 구조 및 원리

61
자동화재속보설비의 속보기의 성능인증 및 제품검사의 기술기준에 따라 속보기의 정격전압이 몇 V를 넘고 금속제 외함을 사용하는 경우에는 외함에 접지단자를 설치하여야 하는가?

① 30　　② 60
③ 15　　④ 100

해설 대상에 따른 전압

전압	대상
0.5V 이하	누전경보기 **경**계전로의 **전**압강하 기억법 05경전(공오경전)
0.6V 이하	완전방전
60V 이하	약전류회로
60V 초과 보기 ②	접지단자 설치
300V 이하	• 전원**변**압기의 1차 전압 • 유도등·비상조명등의 사용전압 기억법 변3(변상해.)
600V 이하	**누**전경보기의 경계전로전압 기억법 누6(누룩)

답 ②

62
비상방송설비의 화재안전기준에 따른 음향장치의 구조 및 성능에 대한 기준이다. 다음 (　)에 들어갈 내용으로 옳은 것은?

• 정격전압의 (㉠)% 전압에서 음향을 발할 수 있는 것을 할 것
• (㉡)의 작동과 연동하여 작동할 수 있는 것으로 할 것

① ㉠ 65, ㉡ 자동화재탐지설비
② ㉠ 80, ㉡ 자동화재탐지설비
③ ㉠ 65, ㉡ 단독경보형 감지기
④ ㉠ 80, ㉡ 단독경보형 감지기

해설 비상방송설비 음향장치의 **구조** 및 **성능기준**(NFPC 202 4조, NFTC 202 2.1.1.12)
(1) 정격전압의 **80%** 전압에서 음향을 발할 것 보기 ㉠
(2) **자동화재탐지설비**의 작동과 연동하여 작동할 것 보기 ㉡

비교
자동화재탐지설비 음향장치의 **구조** 및 **성능기준**(NFPC 203 8조, NFTC 203 2.5)
(1) 정격전압의 **80%** 전압에서 음향을 발할 것
(2) 음량은 **1m** 떨어진 곳에서 **90dB** 이상일 것
(3) **감지기**·**발신기**의 작동과 **연동**하여 작동할 것

답 ②

63. 자동화재탐지설비 및 시각경보장치의 화재안전기준에 따라 부착높이가 15m 이상 20m 미만에 설치할 수 없는 감지기는?

① 연기복합형 ② 불꽃감지기
③ 이온화식 1종 ④ 보상식 스포트형

해설 감지기의 부착높이 (NFPC 203 7조, NFTC 203 2.4.1)

부착높이	감지기의 종류
4m 미만	• 차동식(스포트형, 분포형) • 보상식 스포트형 • 정온식(스포트형, 감지선형) ─ **열**감지기 • 이온화식 또는 광전식(스포트형, 분리형, 공기흡입형) : **연**기감지기 • 열복합형 • 연기복합형 ─ **복**합형 감지기 • 열연기복합형 • 불꽃감지기 기억법 **열연불복 4미**
4~8m 미만	• 차동식(스포트형, 분포형) • **보**상식 **스포트형** 보기 ④ • **정**온식(스포트형, 감지선형) **특**종 또는 **1**종 ─ **열**감지기 • **이**온화식 **1**종 또는 **2**종 • **광**전식(스포트형, 분리형, 공기흡입형) **1**종 또는 **2**종 ─ 연기감지기 • 열복합형 • 연기복합형 ─ **복**합형 감지기 • 열연기복합형 • **불**꽃감지기 기억법 **8미열 정특1 이광12 복불**
8~15m 미만	• 차동식 **분**포형 • **이**온화식 **1**종 또는 **2**종 • **광**전식(스포트형, 분리형, 공기흡입형) 1종 또는 2종 • **연**기**복**합형 • **불**꽃감지기 기억법 **15분 이광12 연복불**
15~20m 미만	• **이**온화식 1종 보기 ③ • **광**전식(스포트형, 분리형, 공기흡입형) 1종 • **연**기**복**합형 보기 ① • **불**꽃감지기 보기 ② 기억법 **이광불연복2**
20m 이상	• **불**꽃감지기 • **광**전식(분리형, 공기흡입형) 중 **아**날로그방식 기억법 **불광아**

답 ④

64. 제연설비의 설치장소에 있어서 제연구역 구획기준으로 옳은 것은?

① 하나의 제연구역의 면적은 600m² 이내로 할 것
② 거실과 통로는 각각 제연구획할 것
③ 통로상의 제연구획은 보행중심선의 길이가 50m를 초과하지 않도록 할 것
④ 하나의 제연구역은 직경 50m 원내로 들어갈 수 있을 것

해설
① 600m² 이내 → 1000m² 이내
③ 50m → 60m
④ 50m 원내 → 60m 원내

제연구역의 구획
(1) 1제연구역의 면적은 **1000m²** 이내로 할 것
(2) 거실과 통로는 각각 제연구획할 것
(3) 통로상의 제연구역은 보행중심선의 길이가 **60m**를 초과하지 않을 것

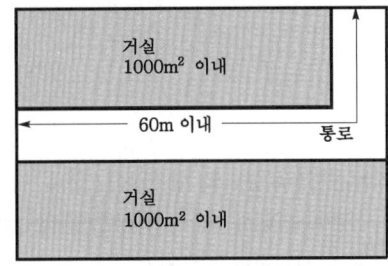

∥제연구역의 구획(길이)∥

(4) 1제연구역은 직경 **60m** 원내에 들어갈 것

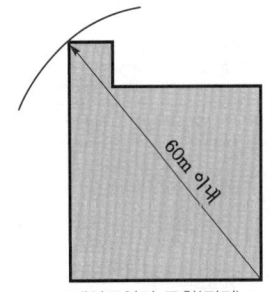

∥제연구역의 구획(직경)∥

(5) 1제연구역은 **2개** 이상의 층에 미치지 않을 것

답 ②

65. 다음 ( )에 알맞은 것으로 연결된 것은?

비상벨설비 또는 자동식 사이렌설비의 음향장치는 정격전압의 80%에서 음향을 발할 수 있도록 하여야 하며, 음량은 부착된 음향장치의 중심으로부터 (㉠)m 떨어진 위치에서 (㉡)dB 이상이 되는 것으로 하여야 한다.

① ㉠ 0.1, ㉡ 80 ② ㉠ 1, ㉡ 90
③ ㉠ 0.2, ㉡ 80 ④ ㉠ 2, ㉡ 90

해설 음향장치
(1) 지구음향장치는 특정소방대상물의 **층**마다 설치할 것
(2) 특정소방대상물의 각 부분으로부터 하나의 음향장치까지의 **수평거리**가 **25m** 이하가 되도록 할 것
(3) 정격전압의 **80%** 전압에서 음향을 발할 수 있도록 할 것
(4) 음량은 부착된 음향장치의 중심으로부터 **1m** 떨어진 위치에서 90dB 이상이 되는 것으로 할 것 보기②

중요

• 자동화재탐지설비 • 비상벨설비 • 자동식 사이렌설비	누전경보기
1m, 90dB	1m, 70dB

답 ②

66. 비상콘센트설비의 화재안전기준에 따라 하나의 전용회로에 설치하는 비상콘센트는 몇 개 이하로 설치되어야 하는가?

① 5   ② 10
③ 15 ④ 20

해설 비상콘센트 전원회로의 설치기준(NFPC 504 4조, NFTC 504 2.1)

구 분	전 압	용 량	플러그접속기
단상 교류	220V	1.5kVA 이상	접지형 2극

기억법 단2(단위), 접2(접이식)

(1) 1전용회로에 설치하는 비상콘센트는 **10**개 이하로 할 것 보기②

기억법 10콘(시큰둥!)

(2) 풀박스는 **1.6mm** 이상의 **철**판을 사용할 것

기억법 16철콘

(3) 콘센트마다 배선용 차단기를 설치하여야 하며, 충전부는 **노출되지 않도록 할 것**
(4) 각 층에 있어서 **2** 이상이 되도록 설치하되, 설치하여야 할 층의 비상콘센트가 1개인 때에는 하나의 회로로 할 것
(5) 전원으로부터 각 층의 비상콘센트에 분기되는 경우에는 **분기배선용 차단기**를 보호함 안에 설치할 것
(6) 개폐기에는 "**비상콘센트**"라고 표시한 표지를 할 것

답 ②

67. 자동화재탐지설비 및 시각경보장치의 화재안전기준에 따라 자동화재탐지설비의 감지기회로에 종단저항을 설치하는 주된 목적은?

① 도통시험을 하기 위하여
② 작동시험을 하기 위하여
③ 전원상태를 확인하기 위하여
④ 작동 중인 감지기를 쉽게 확인하기 위하여

해설 종단저항

설치목적	설치장소
도통시험 보기①	**수신기함** 또는 **발신기함** 내부

기억법 종도(좀도둑!)

중요

감지기회로의 **도통시험**을 위한 **종단저항**의 **기준**(NFPC 203 11조, NFTC 203 2.8.1.3)
(1) **점검** 및 **관리**가 쉬운 장소에 설치
(2) 전용함 설치시 바닥에서 **1.5m** 이내의 높이에 설치
(3) 감지기회로의 **끝부분**에 설치하며, 종단감지기에 설치할 경우 구별이 쉽도록 해당 감지기의 기판 및 감지기 외부 등에 별도의 표시를 할 것

답 ①

68. 무선통신보조설비 중 서로 다른 주파수의 합성된 신호를 분리하기 위해서 사용하는 장치는?

① 혼합기 ② 분파기
③ 증폭기 ④ 분배기

해설 무선통신보조설비의 구성부품

용 어	설 명
누설동축 케이블	동축케이블의 외부도체에 가느다란 홈을 만들어서 **전파**가 **외부**로 **새어나갈 수 있도록** 한 케이블
분배기 **기억법** 분배분배	신호의 전송로가 분기되는 장소에 설치하는 것으로 **임피던스 매칭**(matching)과 **신호균등분배**를 위해 사용하는 장치
분파기 **기억법** 파파	서로 다른 **주파**수의 합성된 **신호**를 **분리**하기 위해서 사용하는 장치 보기②
혼합기	**두 개 이상**의 **입력신호**를 원하는 비율로 **조합**한 **출력**이 발생하도록 하는 장치
증폭기	신호전송시 신호가 약해져 수신이 불가능해지는 것을 방지하기 위해서 **증폭**하는 장치
무선중계기	안테나를 통하여 수신된 무전기 신호를 증폭한 후 음영지역에 재방사하여 무전기 상호간 송수신이 가능하도록 하는 장치
옥외안테나	감시제어반 등에 설치된 무선중계기의 입력과 출력포트에 연결되어 송수신 신호를 원활하게 방사·수신하기 위해 옥외에 설치하는 장치

기억법 무분배파혼

답 ②

69. 자동화재속보설비 전원전압변동시의 기능 기준 중 다음 ( ) 안에 알맞은 것은?

속보기는 전원에 정격전압의 (㉠)% 및 (㉡)%의 전압을 인가하는 경우 정상적인 기능을 발휘하여야 한다.

① ㉠ 80, ㉡ 120
② ㉠ 85, ㉡ 115
③ ㉠ 90, ㉡ 110
④ ㉠ 95, ㉡ 105

해설 속보기의 전압변동 기준(자동화재탐지설비의 속보기의 성능인증 및 제품검사의 기술기준 7조)
80% 및 **120%** 전압을 인가하는 경우 정상일 것 보기 ①

비상조명등
상용전원전압의 110% 범위 안에서는 비상조명등 내부의 온도상승이 그 기능에 지장을 주거나 위해를 발생시킬 염려가 없을 것

답 ①

70. 객석 내의 통로의 직선부분의 길이가 22m이다. 객석유도등을 몇 개 설치하여야 하는가?

① 3개
② 4개
③ 5개
④ 6개

해설 최소 설치개수 산정식(NFPC 303 7조, NFTC 303 2.4.2)
설치개수 산정시 소수가 발생하면 반드시 **절상**한다.
(1) 객석유도등

설치개수 = $\dfrac{객석통로의 직선부분의 길이[m]}{4} - 1$

$= \dfrac{22}{4} - 1 = 4.5 ≒ 5개$ 보기 ③

 객4

(2) 유도표지

설치개수 = $\dfrac{구부러진 곳이 없는 부분의 보행거리[m]}{15} - 1$

유15

(3) 복도통로유도등, 거실통로유도등

설치개수 = $\dfrac{구부러진 곳이 없는 부분의 보행거리[m]}{20} - 1$

통2

용어 절상
'소수점 이하는 무조건 올린다.'는 뜻

답 ③

71. 비상벨설비 또는 자동식 사이렌설비 발신기의 위치표시등 설치기준 중 다음 ( ) 안에 알맞은 것은?

발신기의 위치표시등은 함의 상부에 설치하되, 그 불빛은 부착면으로부터 (㉠)° 이상의 범위 안에서 부착지점으로부터 (㉡)m 이내의 어느 곳에서도 쉽게 식별할 수 있는 적색등으로 할 것

① ㉠ 10, ㉡ 10
② ㉠ 15, ㉡ 10
③ ㉠ 10, ㉡ 15
④ ㉠ 15, ㉡ 15

해설 **비상경보설비**(비상벨설비 또는 자동식 사이렌설비)의 **발신기 설치기준**(NFPC 201 4조, NFTC 201 2.1)
(1) 조작이 **쉬운 장소**에 설치하고, 조작스위치는 바닥으로부터 **0.8~1.5m** 이하의 높이에 설치할 것
(2) 특정소방대상물의 **층**마다 설치하되, 해당 특정소방대상물의 각 부분으로부터 하나의 발신기까지의 **수평거리**가 **25m** 이하가 되도록 할 것(단, 복도 또는 별도로 구획된 실로서 **보행거리**가 **40m** 이상일 경우에는 추가로 설치할 것)
(3) 발신기의 **위치표시등**은 함의 **상부**에 설치하되, 그 불빛은 부착면으로부터 15° 이상의 범위 안에서 부착지점으로부터 **10m** 이내의 어느 곳에서도 쉽게 식별할 수 있는 **적색등**으로 할 것 보기 ②

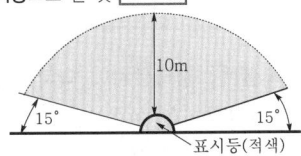

| 위치표시등의 식별 |

답 ②

72. 무선통신보조설비의 화재안전기준에 따라 무선통신보조설비에서 임피던스값이 일정하지 않을 경우 반사가 발생하여 노이즈에 의한 통신감도가 떨어지므로 특성임피던스값을 몇 Ω으로 정합(matching)시켜 주어야 하는가?

① 30
② 50
③ 75
④ 100

해설 **무선통신보조설비**의 **분배기·분파기·혼합기** 설치기준
(1) 먼지·습기·부식 등에 이상이 없을 것
(2) 임피던스(특성임피던스) **50Ω**의 것 보기 ②
(3) 점검이 편리하고 화재 등의 피해 우려가 없는 장소

무선통신보조설비의 구성부품

용어	설명
누설동축케이블	동축케이블의 외부도체에 가느다란 홈을 만들어서 전파가 외부로 새어나갈 수 있도록 한 케이블
분배기 [기억법: 분배분배]	신호의 전송로가 분기되는 장소에 설치하는 것으로 **임피던스 매칭**(matching)과 **신호균등분배**를 위해 사용하는 장치
분파기 [기억법: 파파]	서로 다른 주**파**수의 합성된 **신호**를 **분리**하기 위해서 사용하는 장치
혼합기	두 개 이상의 **입력신호**를 원하는 비율로 **조합**된 **출력**이 발생하도록 하는 장치
증폭기	신호전송시 신호가 약해져 수신이 불가능해지는 것을 방지하기 위해서 **증폭**하는 장치
무선중계기	안테나를 통하여 수신된 무전기 신호를 증폭한 후 음영지역에 재방사하여 무전기 상호간 송수신이 가능하도록 하는 장치
옥외안테나	감시제어반 등에 설치된 무선중계기의 입력과 출력포트에 연결되어 송수신 신호를 원활하게 방사·수신하기 위해 옥외에 설치하는 장치

기억법: 무분배파혼

답 ②

73. 소방시설 중 경보설비에 속하지 않는 것은?

① 통합감시시설
② 자동화재탐지설비
③ 자동화재속보설비
④ 무선통신보조설비

해설 ④ 무선통신보조설비: 소화활동설비

경보설비(소방시설법 시행령 [별표 1])
(1) 비상**경**보설비 ┬ 비상벨설비
                  └ 자동식 사이렌설비
(2) **단**독경보형 감지기
(3) 비상**방**송설비
(4) **누**전경보기
(5) 자동화재**탐**지설비 및 시각경보기 [보기 ②]
(6) 자동화재**속**보설비 [보기 ③]
(7) **가**스누설경보기
(8) **통**합감시시설 [보기 ①]
(9) 화재알림설비

기억법: 경단방 누탐속가통

※ **경보설비**: 화재발생 사실을 통보하는 기계·기구 또는 설비

소방시설법 시행령 [별표 1]
소화활동설비
(1) **연**결송수관설비
(2) **연**결살수설비
(3) **연**소방지설비
(4) **무선통신보조**설비 [보기 ④]
(5) **제연**설비
(6) **비상콘센트**설비

기억법: 3연무제비콘

소화활동설비
화재를 진압하거나 인명구조활동을 위하여 사용하는 설비

답 ④

74. 비상경보설비 및 단독경보형 감지기의 화재안전기준에 따라 비상벨설비 또는 자동식 사이렌설비 부속회로의 전로와 대지 사이 및 배선 상호간의 절연저항은 1경계구역마다 직류 250V의 절연저항측정기를 사용하여 측정한 절연저항이 몇 MΩ 이상이 되도록 하여야 하는가?

① 0.1
② 0.2
③ 0.3
④ 0.5

해설 절연저항시험

절연 저항계	절연저항	대상
직류 250V	0.1MΩ 이상	• 1경계구역의 절연저항 [보기 ①]
직류 500V	5MΩ 이상	• 누전경보기 • 가스누설경보기 • 수신기(10회로 미만, 절연된 충전부와 외함 간) • 자동화재속보설비 • 비상경보설비 • 유도등(교류입력측과 외함 간 포함) • 비상조명등(교류입력측과 외함 간 포함)
	20MΩ 이상	• 경종 • 발신기 • 중계기 • **비상콘센트** • 기기의 절연된 선로 간 • 기기의 충전부와 비충전부 간 • 기기의 교류입력측과 외함 간(유도등·비상조명등 제외)
	50MΩ 이상	• 감지기(정온식 감지선형 감지기 제외) • 가스누설경보기(10회로 이상) • 수신기(10회로 이상, 교류입력측과 외함 간 제외)
	1000MΩ 이상	• 정온식 감지선형 감지기

기억법 콘2(콘이 맞있다!)

답 ①

75
동축케이블 신호는 케이블을 따라 전파되면서 전송거리에 따라 신호가 약해지는데 이러한 손실에 대한 보상이 필요하다. 누설동축케이블은 중계기나 증폭기를 설치하는 대신 신호레벨이 낮은 곳에 결합손실이 작은 케이블을 접속하여 원하는 전송거리를 얻을 수 있는데 이러한 신호레벨을 평준화하는 것은?

① 그레이딩
② 매칭
③ 특성임피던스
④ 전계강도

해설 그레이딩(Grading)
(1) 케이블의 전송손실에 의한 **수신레벨**의 **저하폭**을 적게 하기 위하여 결합손실이 **다른** 누설동축케이블을 **단계적**으로 접속하는 것
(2) 동축케이블 신호는 케이블을 따라 전파되면서 전송거리에 따라 신호가 약해지는데 이러한 손실에 대한 보상이 필요하다. 누설동축케이블은 중계기나 증폭기를 설치하는 대신 신호레벨이 낮은 곳에 **결합손실**이 **작은 케이블**을 접속하여 원하는 전송거리를 얻을 수 있는데 이러한 신호레벨을 평준화하는 것 보기 ①

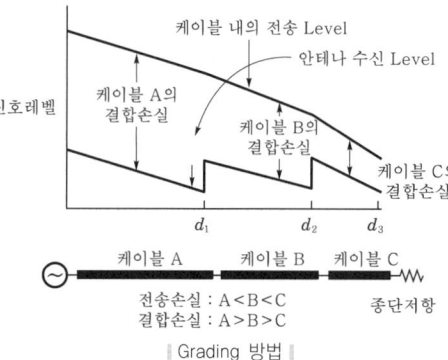

| Grading 방법 |

답 ①

76
휴대용 비상조명등을 영화상영관에 설치하고자 한다. 영화상영관의 보행거리 몇 m마다 3개 이상 설치하여야 하는가?

① 10
② 25
③ 45
④ 50

해설 휴대용 비상조명등의 적합기준(NFPC 304 4조, NFTC 304 2.1.2)

설치개수	설치장소
1개 이상	• **숙박시설** 또는 **다중이용업소**에는 객실 또는 영업장 안의 구획된 실마다 잘 보이는 곳(외부에 설치시 출입문 손잡이로부터 **1m 이내** 부분)
3개 이상	• **지하상가** 및 **지하역사**의 보행거리 **25m** 이내마다 • **대규모 점포** 및 **영화상영관**의 보행거리 **50m** 이내마다 보기 ④

(1) 바닥으로부터 0.8~1.5m 이하의 높이에 설치할 것
(2) 어둠 속에서 위치를 확인할 수 있도록 할 것
(3) 사용시 자동으로 점등되는 구조일 것
(4) 외함은 난연성능이 있을 것
(5) 건전지를 사용하는 경우에는 방전방지조치를 하여야 하고, 충전식 배터리의 경우에는 상시 충전되도록 할 것
(6) 건전지 및 충전식 배터리의 용량은 20분 이상 유효하게 사용할 수 있는 것으로 할 것

용어 휴대용 비상조명등
화재발생 등으로 정전시 안전하고 원활한 피난을 위하여 피난자가 휴대할 수 있는 조명등

답 ④

77
비상콘센트설비의 화재안전기준에 따라 비상콘센트의 플러그접속기는 어떤 것을 사용하여야 하는가?

① 접지형 2극 플러그접속기
② 접지형 4극 플러그접속기
③ 비접지형 2극 플러그접속기
④ 비접지형 4극 플러그접속기

해설 비상콘센트 전원회로의 설치기준(NFPC 504 4조, NFTC 504 2.1)

구 분	전 압	용 량	플러그접속기
단상 교류	**2**20V	1.5kVA 이상	**접**지형 **2**극 보기 ①

| 접지형 2극 플러그접속기 |

(1) 1전용회로에 설치하는 비상콘센트는 **10**개 이하로 할 것
(2) 풀박스는 **1.6**mm 이상의 **철**판을 사용할 것

기억법 단2(단위), 10콘(시큰둥!), 16철콘, 접2(접이식)

(3) 콘센트마다 배선용 차단기를 설치하여야 하며, 충전부는 노출되지 않도록 할 것
(4) 각 층에 있어서 2 이상이 되도록 설치하되 설치하여야 할 층의 비상콘센트가 1개인 때에는 하나의 회로로 할 것
(5) 전원으로부터 각 층의 비상콘센트에 분기되는 경우에는 분기배선용 차단기를 보호함 안에 설치할 것
(6) 개폐기에는 "비상콘센트"라고 표시한 표지를 할 것

답 ①

78
누전경보기의 수신부를 설치할 수 있는 장소는?

① 부식성 가스가 다량으로 체류하는 장소
② 습도가 낮은 장소
③ 화약류를 제조 또는 취급하는 장소
④ 온도의 변화가 급격한 장소

24. 03. 시행 / 산업(전기)

해설 ①·③·④ 누전경보기 수신부의 설치제외장소

누전경보기의 수신부(NFPC 205 5조, NFTC 205 2.2.1, 2.2.2)

설치장소	설치제외장소
옥내의 점검에 편리한 장소 (옥내 건조한 장소)	(1) **온**도변화가 급격한 장소 보기 ④ (2) **습**도가 높은 장소 보기 ② (3) **가**연성의 증기, 가스 등 또는 부식성의 증기, 가스 등의 다량 체류장소 보기 ① (4) **대**전류회로, **고**주파발생회로 등의 영향을 받을 우려가 있는 장소 (5) **화**약류 제조, 저장, 취급 장소 보기 ③

 온습누가대화(**온**도·**습**도가 높으면 **누가 대화**하냐?)

답 ②

★★★
79 비상조명등의 형식승인 및 제품검사의 기술기준에 따라 상용전원전압의 몇 % 범위 안에서는 비상조명등 내부의 온도상승이 그 기능에 지장을 주거나 위해를 발생시킬 염려가 없어야 하는가?

23.05.문80
20.08.문62
18.04.문66
18.03.문61
02.09.문80
01.06.문61

① 80　　② 110
③ 125　　④ 140

해설 **비상조명등**의 **일반구조**(비상조명등의 형식승인 및 제품검사의 기술기준 3조)

(1) **전선**의 **굵기** 및 **길이**

인출선 굵기	인출선 길이
0.75mm² 이상	150mm 이상

 인75(**인**(사람) **치료**)

(2) 상용전원전압의 **110%** 범위 안에서는 비상조명등 내부의 온도상승이 그 기능에 지장을 주거나 위해를 발생시킬 염려가 없을 것 보기 ②

비교

속보기의 **전압변동 기준**(자동화재속보설비의 속보기의 성능인증 및 제품검사의 기술기준 7조)
80% 및 120% 전압을 인가하는 경우 정상일 것

답 ②

★★
80 실내의 바닥면적이 900m²인 경우 단독경보형 감지기의 최소설치수량은?

19.03.문79
15.09.문69
04.03.문70

① 3개
② 6개
③ 9개
④ 12개

해설 단독경보형 감지기는 바닥면적 150m²마다 1개 이상 설치하여야 하므로

설치개수 = $\dfrac{바닥면적}{150\text{m}^2} = \dfrac{900\text{m}^2}{150\text{m}^2} = 6$개(소수발생시 반드시 절상)

답 ②

2024. 5. 9 시행

2024년 산업기사 제2회 필기시험 CBT 기출복원문제

자격종목	종목코드	시험시간	형별
소방설비산업기사(전기분야)		2시간	

수험번호	성명

※ 각 문항은 4지택일형으로 질문에 가장 적합한 보기 항을 선택하여 체크하여야 합니다.

제1과목 소방원론

01 상온, 상압에서 액체상태인 할론소화약제는?
① 할론 2402
② 할론 1301
③ 할론 1211
④ 할론 1400

19.04.문15
17.03.문15
16.10.문10

해설 ④ 할론 1400 : 이런 소화약제는 없음

상온에서의 상태

기체상태	액체상태
① 할론 13 01 보기 ②	① 할론 1011
② 할론 12 11 보기 ③	② 할론 104
③ **탄**산가스(CO₂)	③ 할론 2402 보기 ①

기억법 132탄기

답 ①

02 피난계획의 일반원칙 중 페일 세이프(fail safe)에 대한 설명으로 옳은 것은?
① 한 가지 피난기구가 고장이 나도 다른 수단을 이용할 수 있도록 고려하는 것
② 피난구조설비를 반드시 이동식으로 하는 것
③ 본능적 상태에서도 쉽게 식별이 가능하도록 그림이나 색채를 이용하는 것
④ 피난수단을 조작이 간편한 원시적인 방법으로 설계하는 것

23.03.문18
17.09.문02
15.05.문03
13.03.문05

해설 ② 풀 프루프(fool proof) : 이동식 → 고정식

페일 세이프(fail safe)와 **풀 프루프**(fool proof)

용어	설명
페일 세이프 (fail safe)	① 한 가지 피난기구가 고장이 나도 다른 수단을 이용할 수 있도록 고려하는 것 보기 ① ② 한 가지가 고장이 나도 다른 수단을 이용하는 원칙 ③ 두 **방향**의 피난동선을 항상 확보하는 원칙
풀 프루프 (fool proof)	① 피난경로는 **간단 명료**하게 한다. ② 피난구조설비는 **고정식 설비**를 위주로 설치한다. 보기 ② ③ 피난수단은 **원시적 방법**에 의한 것을 원칙으로 한다. 보기 ④ ④ 피난통로를 **완전불연화**한다. ⑤ 막다른 복도가 없도록 계획한다. ⑥ **간단한 그림**이나 **색채**를 이용하여 표시한다. 보기 ③

답 ①

03 건축법상 건축물의 주요구조부에 해당되지 않는 것은?
① 차양
② 주계단
③ 내력벽
④ 기둥

23.05.문10
22.04.문03
16.10.문09
16.05.문06
13.06.문12

해설 **주요구조부**
(1) 내력**벽** 보기 ③
(2) **보**(작은 보 제외)
(3) **지**붕틀(차양 제외) 보기 ①
(4) **바**닥(최하층 바닥 제외)
(5) **주**계단(옥외계단 제외) 보기 ②
(6) **기**둥(사잇기둥 제외) 보기 ④

기억법 벽보지 바주기

답 ①

04 다음 중 독성이 가장 강한 가스는?
① C₃H₈
② O₂
③ CO₂
④ COCl₂

20.06.문17
18.04.문09
17.09.문13
16.10.문12
14.09.문13
14.05.문07
14.05.문18
13.09.문19
08.05.문20

해설 연소가스

구 분	설 명
일산화탄소 (CO)	• 화재시 흡입된 일산화탄소(CO)의 화학적 작용에 의해 **헤모글로빈**(Hb)이 혈액의 산소운반작용을 저해하여 사람을 **질식·사망**하게 한다. • 목재류의 화재시 **인**명피해를 가장 많이 주며, 연기로 인한 의식불명 또는 질식을 가져온다. • 인체의 **폐**에 큰 자극을 준다. • **산**소와의 **결**합력이 극히 강하여 질식작용에 의한 독성을 나타낸다. 기억법 일헤인 폐산결
이산화탄소 (CO₂) 보기 ③	연소가스 중 **가장 많은 양**을 차지하고 있으며 가스 그 자체의 독성은 거의 없으나 다량이 존재할 경우 호흡속도를 증가시키고, 이로 인하여 화재가스에 혼입된 유해가스의 혼입을 증가시켜 위험을 가중시키는 가스이다. 기억법 이많(이만큼)
암모니아 (NH₃)	• 나무, 페놀수지, 멜라민수지 등의 **질소함유물**이 연소할 때 발생하며, 냉동시설의 **냉**매로 쓰인다. • 눈·코·폐 등에 매우 **자극성**이 큰 가연성 가스이다. 기억법 암페 멜냉자
포스겐 (COCl₂) 보기 ④	매우 **독성**이 **강**한 가스로서 **소**화제인 **사**염화**탄**소(CCl₄)를 화재시에 사용할 때도 발생한다. 기억법 독강 소사포
황화수소 (H₂S)	• 달걀 썩는 냄새가 나는 특성이 있다. • **황**분이 포함되어 있는 물질의 불완전 연소에 의하여 발생하는 가스이다. • **자**극성이 있다. 기억법 황달자
아크롤레인 (CH₂=CHCHO)	독성이 매우 높은 가스로서 **석유제품, 유지** 등이 연소할 때 생성되는 가스이다. 기억법 아석유
시안화수소 (HCN, 청산가스)	**질소**성분을 가지고 있는 **합성수지, 동물의 털, 인조견** 등의 섬유가 불완전연소할 때 발생하는 맹독성 가스로 **0.3%**의 농도에서 즉시 사망할 수 있다.
아황산가스 (SO₂, 이산화황)	• **황**이 함유된 물질인 **동물의 털, 고무** 등이 연소하는 화재시에 발생되며 **무색**의 자극성 냄새를 가진 유독성 기체 • 눈 및 호흡기 등에 점막을 상하게 하고 질식사할 우려가 있다.
프로판 (C₃H₈) 보기 ①	• LPG의 주성분 • 물보다 가볍다.

답 ④

05 다음 중 물과 반응하여 수소가 발생하지 않는 것은?

14.05.문12
10.03.문02

① Na ② K
③ S   ④ Li

해설 황(S)은 물과 **반응**하여 **수소**가 발생하지 않는다.
2S + 2H₂O → 2H₂S + O₂ 보기 ③
(황) (물) (황화수소) (산소)

중요

(1) 무기과산화물
2K₂O₂ + 2H₂O → 4KOH + O₂↑
2Na₂O₂ + 2H₂O → 4NaOH + O₂↑

(2) 금속분
Al + 2H₂O → Al(OH)₃ + H₂↑

(3) 기타물질
2K + 2H₂O → 2KOH + H₂↑ 보기 ②
2Na + 2H₂O → 2NaOH + H₂↑ 보기 ①
2Li + 2H₂O → 2LiOH + H₂↑ 보기 ④
Mg + 2H₂O → Mg(OH)₂ + H₂↑

• H₂(수소)

답 ③

06 정전기 화재사고의 예방대책으로 틀린 것은?

15.03.문20
08.05.문09

① 제전기를 설치한다.
② 공기를 되도록 건조하게 유지시킨다.
③ 접지를 한다.
④ 공기를 이온화한다.

해설 ② 건조하게 → 상대습도 70% 이상

정전기 방지대책
(1) **접지** 보기 ③
(2) 공기의 상대습도 **70%** 이상 보기 ②
(3) 공기 **이온화** 보기 ④
(4) **제전기** 설치 보기 ①

기억법 정7(정치)

중요

제전기	
구 분	설 명
세진기	징진기를 제거하는 징지
제전기의 종류	• **전압인가식** 제전기 • **자기방전식** 제전기 • **방사선식** 제전기

답 ②

07 스테판-볼츠만(Stefan-Boltzmann)의 법칙에서 복사체의 단위표면적에서 단위시간당 방출되는 복사에너지는 절대온도의 얼마에 비례하는가?

22.03.문08
19.03.문08
14.05.문08
13.06.문11
13.03.문06

① 제곱근   ② 제곱
③ 3제곱   ④ 4제곱

해설 스테판-볼츠만의 법칙
$$Q = aAF(T_1^4 - T_2^4)$$

여기서, Q : 복사열[W]
a : 스테판–볼츠만 상수[W/m²·K⁴]
A : 단면적[m²]
T_1 : 고온(273+℃)[K]
T_2 : 저온(273+℃)[K]

※ **스**테판–**볼**츠만의 법칙 : 복사체에서 발산되는 복사열은 복사체의 절대온도의 **4**제곱에 비례한다.
보기 ④

기억법 스볼4

- 4제곱=4승

답 ④

08 표준상태에서 44.8m³의 용적을 가진 이산화탄소가스를 모두 액화하면 몇 kg인가? (단, 이산화탄소의 분자량은 44이다.)

22.03.문06
20.08.문14
12.09.문03

① 88   ② 44
③ 22   ④ 11

해설 (1) 분자량

원소	원자량
H	1
C	12
N	14
O	16

이산화탄소(CO_2)의 분자량 = $12+16\times2=44$ g/mol

(2) 증기밀도

$$\text{증기밀도[g/L]}=\frac{\text{분자량}}{22.4}$$

여기서, 22.4 : 공기의 부피[L]

증기밀도[g/L] = $\frac{\text{분자량}}{22.4}$

$\frac{g(\text{질량})}{44800L} = \frac{44}{22.4}$

$g(\text{질량}) = \frac{44}{22.4} \times 44800L = 88000g = 88kg$ 보기 ①

- 1m³=1000L이므로 44.8m³=44800L
- 단위를 보고 계산하면 쉽다.

답 ①

09 건축물 내부 화재시 연기의 평균 수직이동속도는 약 몇 m/s인가?

23.05.문06
22.04.문15
21.03.문09
20.08.문07
17.03.문06
16.10.문19
06.03.문16

① 0.01~0.05   ② 0.5~1
③ 2~3   ④ 20~30

해설 연기의 이동속도

방향 또는 장소	이동속도
수평방향(수평이동속도)	0.5~1m/s
수직방향(수직이동속도)	2~3m/s 보기 ③
계단실 내의 수직이동속도	3~5m/s

기억법 3계5(삼계탕 드시러 오세요.)

답 ③

10 건축물에서 방화구획의 구획기준이 아닌 것은?

18.03.문07

① 피난구획   ② 수평구획
③ 층간구획   ④ 용도구획

해설 ① 해당없음

방화구획의 종류
(1) 층간구획(층단위) 보기 ③
(2) 용도구획(용도단위) 보기 ④
(3) 수평구획(면적단위) 보기 ②

중요

연소확대방지를 위한 **방화구획**
(1) 층 또는 면적별 구획
(2) 승강기의 승강로구획
(3) 위험용도별 구획
(4) 방화댐퍼 설치

답 ①

11 분말소화약제 중 A, B, C급의 화재에 모두 사용할 수 있는 것은?

22.03.문10
18.03.문02
17.03.문14
16.03.문10
15.09.문07
15.03.문03
14.05.문14
14.03.문07
13.03.문18
12.05.문20
12.03.문09
11.03.문08
06.05.문10
04.09.문15

① 제1종 분말소화약제
② 제2종 분말소화약제
③ 제3종 분말소화약제
④ 제4종 분말소화약제

해설 분말소화약제(질식효과)

종별	주성분	약제의 착색	적응화재	비고
제1종	중탄산나트륨 ($NaHCO_3$)	백색	BC급	**식용유** 및 **지방질유**의 화재에 적합
제2종	중탄산칼륨 ($KHCO_3$)	담자색 (담회색)		—
제**3**종	인산암모늄 ($NH_4H_2PO_4$)	담홍색	ABC급 보기 ③	차고·주차장에 적합
제4종	중탄산칼륨+요소 ($KHCO_3+(NH_2)_2CO$)	회(백)색	BC급	—

기억법 3ABC(3종이니까 3가지 ABC급)

- 중탄산나트륨=탄산수소나트륨
- 중탄산칼륨=탄산수소칼륨
- 제1인산암모늄=인산암모늄=인산염
- 중탄산칼륨+요소=탄산수소칼륨+요소

답 ③

12. 화재시 이산화탄소를 사용하여 질식소화하는 경우, 산소의 농도를 14vol%까지 낮추려면 공기 중의 이산화탄소 농도는 약 몇 vol%가 되어야 하는가?

① 22.3vol% ② 33.3vol%
③ 44.3vol% ④ 55.3vol%

해설

(1) 기호
- O_2 : 14vol%
- CO_2 : ?

(2) CO_2 농도

$$CO_2 = \frac{방출가스량}{방호구역체적 + 방출가스량} \times 100$$
$$= \frac{21 - O_2}{21} \times 100$$

여기서, CO_2 : CO_2의 농도[%], O_2 : O_2의 농도[%]

이산화탄소의 농도 CO_2는

$$CO_2 = \frac{21 - O_2}{21} \times 100 = \frac{21 - 14}{21} \times 100$$
$$\fallingdotseq 33.3\text{vol\%} \quad \boxed{보기 ②}$$

용어

%	vol%
수를 100의 비로 나타낸 것	어떤 공간에 차지하는 부피를 백분율로 나타낸 것
50%	공기 50vol%
|50%|	|50vol%|

답 ②

13. 열의 전달형태가 아닌 것은?

① 대류 ② 산화
③ 전도 ④ 복사

해설 열전달(열의 전달방법)의 **종류**

종류	설명
전도 보기③ (conduction)	하나의 물체가 다른 물체와 직접 접촉하여 열이 이동하는 현상
대류 보기① (convection)	유체의 흐름에 의하여 열이 이동하는 현상
복사 보기④ (radiation)	• 화재시 화원과 격리된 인접 가연물에 불이 옮겨 붙는 현상 • 열전달 매질이 없이 열이 전달되는 형태 • 열에너지가 전자파의 형태로 옮겨지는 현상으로, 가장 크게 작용한다.

기억법 전대복

용어 산화
가연물이 산소와 화합하는 것

비교 목조건축물의 화재원인

종류	설명
접염 (화염의 접촉)	화염 또는 열의 **접촉**에 의하여 불이 다른 곳으로 옮겨 붙는 것
비화	불티가 **바람**에 날리거나 화재현장에서 상승하는 **열기류** 중심에 휩쓸려 원거리 가연물에 착화하는 현상
복사열	복사파에 의하여 열이 **고온**에서 **저온**으로 이동하는 것

답 ②

14. 화씨온도 122°F는 섭씨온도로 몇 ℃인가?

① 40 ② 50
③ 60 ④ 70

해설

(1) 기호
- °F : 122°F
- ℃ : ?

(2) 섭씨온도

$$℃ = \frac{5}{9}(°F - 32)$$

여기서, ℃ : 섭씨온도[℃]
°F : 화씨온도[°F]

섭씨온도 $℃ = \frac{5}{9}(°F - 32) = \frac{5}{9}(122 - 32) = 50℃$

중요 섭씨온도와 켈빈온도

섭씨온도	켈빈온도
$℃ = \frac{5}{9}(°F - 32)$	$K = 273 + ℃$
여기서, ℃ : 섭씨온도[℃] °F : 화씨온도[°F]	여기서, K : 켈빈온도[K] ℃ : 섭씨온도[℃]

비교 화씨온도와 랭킨온도

화씨온도	랭킨온도
$°F = \frac{9}{5}℃ + 32$	$°R = 460 + °F$
여기서, °F : 화씨온도[°F] ℃ : 섭씨온도[℃]	여기서, °R : 랭킨온도[R] °F : 화씨온도[°F]

답 ②

15. Halon 1301의 화학식에 포함되지 않는 원소는?

① C
② Cl
③ F
④ Br

해설 ② Halon 1301 : Cl의 개수는 0이므로 포함되지 않음

할론소화약제

종류	약칭	분자식
Halon 1011	CB	CH_2ClBr
Halon 104	CTC	CCl_4
Halon 1211	BCF	$CF_2ClBr(CBrClF_2)$
Halon 1301	BTM	$CF_3Br(CBrF_3)$ 보기 ①③④
Halon 2402	FB	$C_2F_4Br_2(C_2Br_2F_4)$

중요

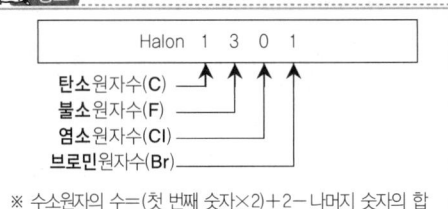

Halon 1 3 0 1
- 탄소원자수(C)
- 불소원자수(F)
- 염소원자수(Cl)
- 브로민원자수(Br)

※ 수소원자의 수=(첫 번째 숫자×2)+2−나머지 숫자의 합

답 ②

16. 다음 중 발화점[℃]이 가장 낮은 물질은?

① 아세틸렌   ② 메탄
③ 프로판   ④ 이황화탄소

해설

물질	인화점	착화점
• 메탄 보기 ②	−188℃	540℃
• 프로필렌	−107℃	497℃
• 프로판 보기 ③	−104℃	470℃
• 에틸에터 • 다이에틸에터	−45℃	180℃
• 가솔린(휘발유)	−43℃	300℃
• 산화프로필렌	−37℃	465℃
• 이황화탄소 보기 ④	−30℃	**100℃**
• 아세틸렌 보기 ①	−18℃	335℃
• 아세톤	−18℃	538℃
• 벤젠	−11℃	562℃
• 톨루엔	4.4℃	480℃
• 메틸알코올	11℃	464℃
• 에틸알코올	13℃	423℃
• 아세트산	40℃	−
• 등유	43~72℃	210℃
• 경유	50~70℃	200℃
• 적린	−	260℃

기억법 인산 이메등
- 착화점=발화점=착화온도=발화온도
- 인화점=인화온도

답 ④

17. 자연발화를 일으키는 원인이 아닌 것은?

① 산화열
② 분해열
③ 흡착열
④ 기화열

해설 ④ 해당없음

자연발화의 형태

구분	종류
분해열 보기 ②	• 셀룰로이드 • 나이트로셀룰로오스 **기억법** 분셀나
산화열 보기 ①	• 건성유(정어리유, 아마인유, 해바라기유) • 석탄 • 원면 • 고무분말
발효열	• 퇴비 • 먼지 • 곡물 **기억법** 발퇴먼곡
흡착열 보기 ③	• 목탄 • 활성탄 **기억법** 흡목탄활

중요

(1) 산화열

산화열이 축적되는 경우	산화열이 축적되지 않는 경우
햇빛에 방치한 기름걸레는 산화열이 축적되어 자연발화를 일으킬 수 있다.	기름걸레를 빨랫줄에 걸어 놓으면 산화열이 축적되지 않아 자연발화는 일어나지 않는다.

(2) **발화원**이 아닌 것
① 기화열
② 융해열

답 ④

18. 실 상부에 배연기를 설치하여 연기를 옥외로 배출하고 급기는 자연적으로 하는 제연방식은?

① 제2종 기계제연방식
② 제3종 기계제연방식
③ 스모크타워 제연방식
④ 제1종 기계제연방식

해설 제연방식의 종류
(1) 자연제연방식 : 건물에 설치된 창
(2) 스모크타워 제연방식
(3) 기계제연방식
   ㉠ 제1종 : 송풍기+배연기
   ㉡ 제2종 : 송풍기
   ㉢ 제3종 : 배연기 보기 ②

• 기계제연방식=강제제연방식=기계식 제연방식

용어

제3종 기계제연방식
실 상부에 배연기를 설치하여 연기를 옥외로 배출하고 급기는 자연적으로 하는 제연방식

답 ②

19 ★★ 기체연료의 연소형태로서 연료와 공기를 인접한 2개의 분출구에서 각각 분출시켜 계면에서 연소를 일으키게 하는 것은?
16.03.문07
09.03.문12
① 증발연소
② 자기연소
③ 확산연소
④ 분해연소

해설

연소의 형태	설 명
증발연소 보기 ①	• 가열하면 고체에서 액체로 액체에서 기체로 상태가 변하여 그 기체가 연소하는 현상 • 액체가 열에 의해 **증기**가 되어 그 증기가 연소하는 현상
자기연소 보기 ②	열분해에 의해 **산소**를 **발생**하면서 연소하는 현상
확산연소	• **기체연료**가 공기 중의 **산소**와 **혼합**하면서 연소하는 현상 • **기체연료**의 연소형태로서 **연료**와 **공기**를 인접한 2개의 분출구에서 각각 분출시켜 계면에서 연소를 일으키는 것 보기 ③
분해연소 보기 ④	• 연소시 열분해에 의해 발생된 **가스**와 **산소**가 혼합하여 연소하는 현상 • 점도가 높고 비휘발성인 액체가 고온에서 열분해에 의해 **가스**로 **분해**되어 연소하는 현상
표면연소	열분해에 의해 가연성 가스를 발생하지 않고 그 **물질 자체**가 **연소**하는 현상
액적연소	가열하고 점도를 낮추어 버너 등을 사용하여 **액체**의 **입자**를 **안개형태**로 분출하여 연소하는 현상
예혼합기연소 (예혼합연소)	기체연료에 공기 중의 **산소**를 **미리 혼합**한 상태에서 연소하는 현상

기억법 예미(예민해)

답 ③

20 ★★★ 물이 소화약제로서 널리 사용되고 있는 이유에 대한 설명으로 틀린 것은?
22.04.문07
21.09.문04
18.04.문13
15.05.문04
14.05.문02
13.03.문08
11.10.문01
① 다른 약제에 비해 쉽게 구할 수 있다.
② 비열이 크다.
③ 증발잠열이 크다.
④ 점도가 크다.

해설 ④ 크다. → 작다.

물이 소화작업에 사용되는 이유
(1) 가격이 싸다.(가격이 저렴하다.)
(2) 쉽게 구할 수 있다.(많은 양을 구할 수 있다.) 보기 ①
(3) 열흡수가 매우 크다.(**증발잠열**이 크다.) 보기 ③
(4) 사용방법이 비교적 간단하다.
(5) **비열**이 크다. 보기 ②
(6) 밀폐된 장소에서 증발가열하면 수증기에 의해서 **산소희석작용** 또는 **질식소화작용**을 한다.
(7) **무상**으로 주수하면 **중질유화재**에도 사용할 수 있다.

• 증발잠열=기화잠열

참고

물이 소화약제로 많이 쓰이는 이유

장 점	단 점
① 쉽게 구할 수 있다. ② 증발잠열(기화잠열)이 크다. ③ 취급이 간편하다.	① 가스계 소화약제에 비해 사용 후 **오염**이 크다. ② 일반적으로 **전기화재**에는 **사용**이 **불가**하다.

답 ④

제2과목 소방전기일반

21 ★★ 급수펌프가 교류 3상 평형 Y결선으로 운전되고 있다. 상전압의 크기는 220V, 선전류는 $8+j6$A일 때, 유효전력 P[W]와 무효전력 Q[Var]는?
19.09.문32
14.05.문36
① 2488W, 1866Var
② 3048W, 2286Var
③ 4310W, 3233Var
④ 5280W, 3960Var

해설 Y결선

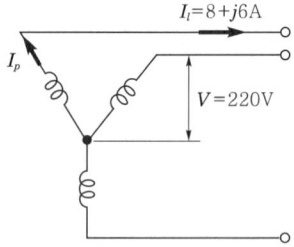

(1) 기호
- V_p : 220V
- I_l : 8+j6A
- P : ?
- $P_r(Q)$: ?

(2) 상전류
$$I_p = I_l$$

여기서, I_p : 상전류[A]
I_l : 선전류[A]

상전류 I_p 는
$I_p = I_l = 8+j6 = \sqrt{8^2+6^2} = 10\text{A}$

(3) 임피던스
$$Z = R+jX$$

여기서, Z : 임피던스[Ω]
R : 저항[Ω]
X : 리액턴스[Ω]

임피던스 Z 는
$Z = R+jX$
$= 8+j6 = \sqrt{8^2+6^2} = 10\,Ω$

- R : 8Ω
- X : 6Ω

(4) 저항
$$R = Z\cos\theta$$

여기서, R : 저항[Ω]
Z : 임피던스[Ω]
$\cos\theta$: 역률

역률 $\cos\theta$ 는
$\cos\theta = \dfrac{R}{Z} = \dfrac{8}{10} = 0.8$

(5) 리액턴스
$$X = Z\sin\theta$$

여기서, X : 리액턴스[Ω]
Z : 임피던스[Ω]
$\sin\theta$: 무효율

무효율 $\sin\theta$ 는
$\sin\theta = \dfrac{X}{Z} = \dfrac{6}{10} = 0.6$

(6) 3상 유효전력
$$P = 3V_p I_p \cos\theta = \sqrt{3}\,V_l I_l \cos\theta$$

여기서, P : 3상 유효전력[W]
V_p : 상전압[V]
I_p : 상전류[A]
$\cos\theta$: 역률
V_l : 선간전압[V]
I_l : 선전류[A]

3상 유효전력 P 는
$P = 3V_p I_p \cos\theta = 3\times 220\times 10\times 0.8 = 5280\text{W}$

(7) 3상 무효전력
$$P_r = 3V_p I_p \sin\theta = \sqrt{3}\,V_l I_l \sin\theta$$

여기서, P_r : 3상 무효전력[Var]
V_p : 상전압[V]
I_p : 상전류[A]
$\sin\theta$: 무효율
V_l : 선간전압[V]
I_l : 선전류[A]

3상 무효전력 $P_r(Q)$ 는
$P_r(Q) = 3V_p I_p \sin\theta$
$= 3\times 220\times 10\times 0.6 = 3960\text{Var}$

답 ④

22. 회로의 유효전력이 3000W, 무효전력이 4000Var이면 피상전력[VA]은?

① 3000 ② 4000
③ 5000 ④ 6000

해설

(1) 기호
- P : 3000W
- P_r : 4000Var
- P_a : ?

(2) 피상전력
$$P_a = \sqrt{P^2 + P_r^{\,2}}$$

여기서, P_a : 피상전력[VA]
P : 유효전력[W]
P_r : 무효전력[Var]

피상전력 P_a 는
$P_a = \sqrt{P^2 + P_r^{\,2}} = \sqrt{3000^2 + 4000^2} = 5000\text{VA}$

답 ③

23. 6F와 4F의 커패시터가 직렬로 접속된 회로에 전압 30V를 가했을 때, 6F의 커패시터 단자전압 V_1 은 몇 V인가?

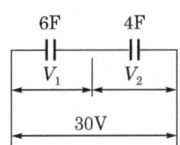

① 10 ② 12
③ 15 ④ 18

해설 각각의 전압

$$V_1 = \dfrac{C_2}{C_1+C_2}V,\quad V_2 = \dfrac{C_1}{C_1+C_2}V$$

여기서, V_1 : C_1에 걸리는 전압[V]
V_2 : C_2에 걸리는 전압[V]
C_1, C_2 : 각각의 정전용량[F]
V : 전체 전압[V]

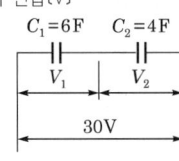

$$V_1 = \frac{C_2}{C_1+C_2}V = \frac{4}{6+4} \times 30 = 12V$$

답 ②

24 간선의 굵기를 결정하는 데 고려하지 않아도 되는 것은?

① 허용전류
② 전압강하
③ 전선관의 굵기
④ 기계적 강도

해설 전선의 굵기를 결정하는 요소
(1) 허용전류   보기 ①
(2) 전압강하   보기 ②   — 3요소
(3) 기계적 강도 보기 ④
(4) 역률
(5) 수용률
(6) 부하용량

기억법 허전기

답 ③

25 부저항 특성을 갖는 서미스터의 저항값은 온도가 증가함에 따라 어떻게 변하는가?

① 감소
② 증가
③ 증가하다가 감소
④ 감소하다가 증가

해설 부저항 특성을 갖는 소자
(1) 트라이액(TRIAC)
(2) UJT(UniJunction Transistor)=단일접합 트랜지스터
(3) 사이리스터(thyristor)
(4) 터널다이오드(tunnel diode)
(5) 서미스터(thermistor) 보기 ①

중요

부저항 특성(부성저항 특성)
(1) 전압이 증가하면 전류가 감소하는 특성
(2) 온도가 증가하면 저항이 감소하는 특성 보기 ①

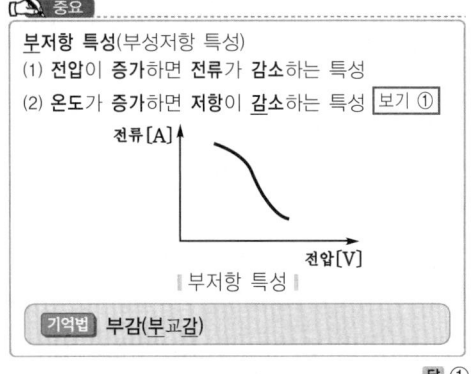

| 부저항 특성 |

기억법 부감(부교감)

답 ①

26 전선에 전류가 흐를 때 생기는 자기장의 방향은 전류의 방향을 오른나사의 진행방향과 같게 할 때의 오른나사의 회전방향과 같다. 이런 관계를 무엇이라고 하나?

① 키르히호프의 법칙
② 암페어의 오른나사법칙
③ 줄의 법칙
④ 패러데이의 법칙

해설 여러 가지 법칙

법 칙	설 명
렌츠의 법칙	자속변화에 의한 유기기전력의 방향결정 기억법 렌유방
비오-사바르의 법칙	직선전류에 의한 자계의 세기(크기)를 나타내는 방법 기억법 비전자크
암페어의 오른나사법칙	① 전류에 의한 자계의 방향 결정 ② "전선에 전류가 흐를 때 생기는 자기장의 방향은 전류의 방향을 오른나사의 진행방향과 같게 할 때의 오른나사의 회전방향과 같다"는 법칙 보기 ② 기억법 암전자방
플레밍의 오른손법칙	도체운동에 의한 유기기전력의 방향 결정 기억법 플오도유방

• 앙페르의 오른손나사법칙 = 암페어의 오른나사법칙
• 자계=자장
• 줄의 법칙=주울의 법칙

답 ②

27 연속형 조절기가 아닌 것은?

① 비례 동작조절기
② 비례미분 동작조절기
③ 비례적분 동작조절기
④ 2위치 동작조절기

해설 **조절기**

연속형 조절기	불연속형 조절기
① 비례 동작조절기 보기①	① 2위치 동작조절기 보기④
② 미분 동작조절기	② 샘플값 동작조절기
③ 비례미분 동작조절기 보기②	
④ 비례적분 동작조절기 보기③	
⑤ 적분 동작조절기	
⑥ 비례적분 동작조절기	
⑦ 비례적분미분 동작조절기	

답 ④

28 ★★★
그림에서 스위치 S를 개폐하여도 검류계 G의 지침이 흔들리지 않았을 때, 저항 X의 값은 얼마인가? (단, 그림에서 저항의 단위는 모두 Ω이다.)

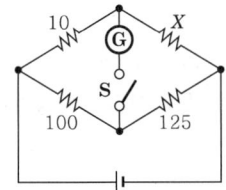

① 1.3Ω ② 8.0Ω
③ 12.5Ω ④ 22.5Ω

해설 **휘트스톤브리지**

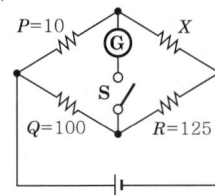

$PR = QX$
$10 \times 125 = 100X$
$100X = 10 \times 125$
$\therefore X = \dfrac{10 \times 125}{100} = 12.5\ \Omega$

중요

휘트스톤브리지
- $I_1 P = I_2 Q$
- $I_1 X = I_2 R$
$\therefore PR = QX$ (마주보는 변의 곱은 서로 같다.)

답 ③

29 ★★★
다음 그림과 같은 교류회로의 역률은?

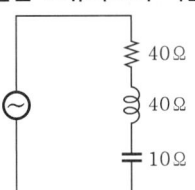

① 0.6 ② 0.7
③ 0.8 ④ 1.0

해설 (1) 기호
- R : 40Ω
- X_L : 40Ω
- X_C : 10Ω
- $\cos\theta$: ?

(2) RLC 직렬회로

$$\cos\theta = \dfrac{R}{Z} = \dfrac{R}{\sqrt{R^2 + (X_L - X_C)^2}}$$

여기서, $\cos\theta$: 역률
R : 저항[Ω]
Z : 임피던스[Ω]
X_L : 유도리액턴스[Ω]
X_C : 용량리액턴스[Ω]

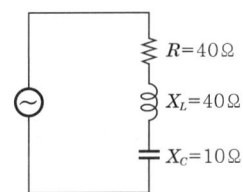

역률 $\cos\theta$는
$$\cos\theta = \dfrac{R}{\sqrt{R^2 + (X_L - X_C)^2}}$$
$$= \dfrac{40}{\sqrt{40^2 + (40-10)^2}} = 0.8$$ 보기 ③

비교

RLC 직렬회로의 무효율

$$\sin\theta = \dfrac{X_L - X_C}{Z} = \dfrac{X_L - X_C}{\sqrt{R^2 + (X_L - X_C)^2}}$$

여기서, $\sin\theta$: 무효율
X_L : 유도리액턴스[Ω]
X_C : 용량리액턴스[Ω]
Z : 임피던스[Ω]
R : 저항[Ω]

답 ③

30. $0.1\mu F$인 콘덴서에 $v=2\sin(2\pi 100t)$의 전압을 인가했을 때 $t=0$에서의 전류는 몇 A인가?

① 0
② 0.1
③ 0.125
④ 1.25

해설

(1) 기호
- $v = V_m \sin(2\pi ft) = 2\sin(2\pi 100t)$
- $C : 0.1\mu F = 0.1 \times 10^{-6} F (1\mu F = 10^{-6} F)$
- $V_m : 2V$
- $f : 100Hz$
- $I : ?$

(2) 순시값
$$v = V_m \sin\omega t = V_m \sin 2\pi ft$$

여기서, v : 전압의 순시값[V], V_m : 전압의 최대값[V]
ω : 각주파수[rad/s], t : 주기[s], f : 주파수[Hz]

(3) 용량리액턴스
$$X_C = \frac{1}{\omega C} = \frac{1}{2\pi fC}$$

여기서, X_C : 용량리액턴스[Ω]
ω : 각주파수[rad/s]
C : 정전용량[F]
f : 주파수[Hz]

용량리액턴스 X_C는
$$X_C = \frac{1}{2\pi fC} = \frac{1}{2\pi \times 100 \times 0.1 \times 10^{-6}} \fallingdotseq 15915\,\Omega$$

$$I = \frac{v}{X_C}$$

여기서, I : 전류[A]
X_C : 용량리액턴스[Ω]
v : 전압[V]

$v=2\sin(2\pi 100t)$에서 $t=0$이면 $v=2\sin 0°$
$t=0$에서의 전류 I는
$$I = \frac{v}{X_C} = \frac{2\sin 0°}{15915} = 0A \quad \boxed{보기 ①}$$

답 ①

31. 다음 그림의 블록선도에서 전달함수 $\frac{C}{R}$는?

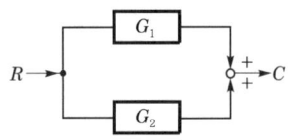

① $\frac{G_1}{G_2}$
② $G_1 + G_2$
③ $G_1 \cdot G_2$
④ $G_1 - G_2$

해설

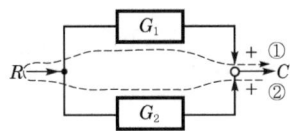

$RG_1 + RG_2 = C$
$R(G_1 + G_2) = C$
$G_1 + G_2 = \frac{C}{R}$
$\frac{C}{R} = G_1 + G_2$

용어

전달함수
모든 초기값을 0으로 하였을 때 출력신호의 라플라스 변환과 입력신호의 라플라스변환의 비

답 ②

32. 2차 전압이 220V인 옥내 변전소에서 스프링클러 설비의 수신반에 전기를 공급하고 있다. 스프링클러 수신반의 수전전압이 216V인 경우 변전소에서 수신반까지의 전압강하율은 약 몇 %인가?

① 1.74
② 1.79
③ 1.82
④ 1.85

해설

(1) 기호
- $V_S : 220V$
- $V_R : 216V$
- $\varepsilon : ?$

(2) 전압강하율
$$\varepsilon = \frac{V_S - V_R}{V_R} \times 100\%$$

여기서, V_S : 입력전압(송전전압)[V]
V_R : 출력전압(수전전압)[V]

전압강하율 $\varepsilon = \frac{V_S - V_R}{V_R} \times 100$
$$= \frac{220 - 216}{216} \times 100$$
$$\fallingdotseq 1.85\% \quad \boxed{보기 ④}$$

- 입력전압=송전전압
- 출력전압=수전전압=단자전압

비교

전압변동률
$$\delta = \frac{V_{Ro} - V_R}{V_R} \times 100\%$$

여기서, V_{Ro} : 무부하시 단자전압(출력전압)[V]
V_R : (전)부하시 단자전압(출력전압)[V]

답 ④

33. $i_1(t) = I_m \sin\omega t$ [A]와 $i_2(t) = I_m \cos\omega t$ [A]가 있다. 두 전류의 위상차는 몇 도인가?

① 0° ② 30° ③ 60° ④ 90°

해설
$i_1(t) = I_m \sin\omega t$
$i_2(t) = I_m \cos\omega t = I_m \sin(\omega t + 90°)$

중요

cos → sin 변경	sin → cos 변경
+90° 붙임	-90° 붙임

위상차 $\theta = \theta_1 - \theta_2 = 0° - (+90°) = -90°$ 보기 ④

- 위상차만 물어보았으므로 "-" 부호는 무시
- "-"는 "뒤진다"는 의미

용어
위상차
2개 이상의 교류 사이에서 발생하는 위상의 차

답 ④

34. 저항 R과 유도리액턴스 X_L이 직렬로 접속된 회로의 역률은?

① $\dfrac{R}{\sqrt{R^2+X_L^2}}$ ② $\dfrac{\sqrt{R^2+X_L^2}}{R}$

③ $\dfrac{X_L}{\sqrt{R^2+X_L^2}}$ ④ $\sqrt{\dfrac{R^2+X_L^2}{X_L}}$

해설 역률

RL 직렬회로	RL 병렬회로
$\cos\theta = \dfrac{R}{\sqrt{R^2+X_L^2}}$ 보기 ①	$\cos\theta = \dfrac{X_L}{\sqrt{R^2+X_L^2}}$
여기서, $\cos\theta$: 역률 X_L : 유도리액턴스(Ω) R : 저항(Ω)	여기서, $\cos\theta$: 역률 X_L : 유도리액턴스(Ω) R : 저항(Ω)

비교 무효율

RL 직렬회로	RL 병렬회로
$\sin\theta = \dfrac{X_L}{\sqrt{R^2+X_L^2}}$	$\sin\theta = \dfrac{R}{\sqrt{R^2+X_L^2}}$
여기서, $\sin\theta$: 무효율 R : 저항(Ω) X_L : 유도리액턴스(Ω)	여기서, $\sin\theta$: 무효율 R : 저항(Ω) X_L : 유도리액턴스(Ω)

답 ①

35. 조종하는 사람이 없는 엘리베이터의 자동제어가 해당하는 것은?

① 프로그램제어
② 추종제어
③ 비율제어
④ 정치제어

해설 제어의 종류

제어 종류	설명
정치제어 (fixed value control)	• 일정한 목표값을 유지하는 것으로 **프로세스제어, 자동조정**이 이에 해당된다. 예 연속식 압연기 • **목표값**이 시간에 관계없이 항상 일정한 값을 가지는 제어
추종제어 (follow-up control)	미지의 시간적 변화를 하는 목표값에 제어량을 추종시키기 위한 제어로 **서보기구**가 이에 해당된다. 예 대공포의 포신
비율제어 (ratio control)	• 둘 이상의 제어량을 소정의 비율로 제어하는 것 • 연료의 유량과 공기의 유량과의 사이의 비율을 연소에 적합한 것으로 유지하고자 하는 제어방식
프로그램제어 (program control)	목표값이 미리 정해진 시간적 변화를 하는 경우 제어량을 그것에 추종시키기 위한 제어 예 **열차·산업로봇의 무인운전, 엘리베이터** 보기 ①

답 ①

36. 유량, 압력, 액위, 농도 등의 공업 프로세스의 상태량을 제어량으로 하는 제어는?

① 프로그램제어
② 프로세스제어
③ 비율제어
④ 자동조정

해설 제어량에 의한 분류

분류방법	제어량
프로세스제어 보기 ②	• <u>온</u>도 • <u>압</u>력 • <u>유</u>량 • <u>액</u>면(레벨) • <u>농</u>도 • 습도 • 비중 • pH(수소이온농도지수) **기억법** 프온압유액
서보기구	• <u>위</u>치 • <u>방</u>위 • <u>자</u>세 **기억법** 서위방자(스위스 방자하나)

자동조정
- **전**압
- **주**파수
- **장**력
- **전**류
- **회**전속도

[기억법] 자전주회장

• 프로세스제어=공정제어

답 ②

37 그림과 같은 논리기호는?

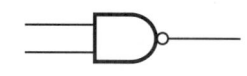

① OR 게이트   ② AND 게이트
③ NAND 게이트   ④ NOR 게이트

해설 논리회로

명칭	논리회로	진리표		
		A	B	C
AND 게이트	$C = A \cdot B$	0	0	0
		0	1	0
		1	0	0
		1	1	1
OR 게이트	$C = A + B$	0	0	0
		0	1	1
		1	0	1
		1	1	1
NOT 게이트	$C = \overline{A}$	A		C
		0		1
		1		0
NAND 게이트 (보기 ③)	$C = \overline{A \cdot B}$	0	0	1
		0	1	1
		1	0	1
		1	1	0
NOR 게이트	$C = \overline{A + B}$	0	0	1
		0	1	0
		1	0	0
		1	1	0
EXCLUSIVE OR 게이트	$C = A \oplus B$ $= \overline{A}B + A\overline{B}$	0	0	0
		0	1	1
		1	0	1
		1	1	0

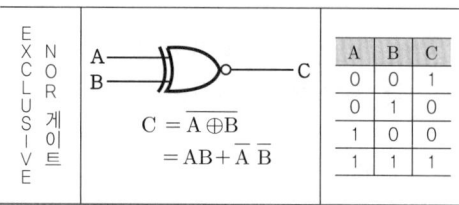

$C = \overline{A \oplus B}$
$= AB + \overline{A}\,\overline{B}$

A	B	C
0	0	1
0	1	0
1	0	0
1	1	1

답 ③

38 논리식 $(X + \overline{X + Y})$를 간단히 정리한 것은?

① $\overline{X}$
② $X + \overline{Y}$
③ X
④ $\overline{X} + Y$

해설
$(X + \overline{X+Y}) = X + \overline{X} \cdot \overline{Y}$
$\phantom{(X + \overline{X+Y})} = X + \overline{X}\,\overline{Y}$
$\phantom{(X + \overline{X+Y})} = X + \overline{Y}$ ← 흡수법칙

불대수의 정리

논리합	논리곱	비고
$X + 0 = X$	$X \cdot 0 = 0$	–
$X + 1 = 1$	$X \cdot 1 = X$	–
$X + X = X$	$X \cdot X = X$	–
$X + \overline{X} = 1$	$X \cdot \overline{X} = 0$	–
$X + Y = Y + X$	$X \cdot Y = Y \cdot X$	교환법칙
$X + (Y+Z)$ $= (X+Y)+Z$	$X(YZ) = (XY)Z$	결합법칙
$X(Y+Z)$ $= XY + XZ$	$(X+Y)(Z+W)$ $= XZ + XW + YZ + YW$	분배법칙
$X + XY = X$	$\overline{X} + XY = \overline{X} + Y$ $X + \overline{X}Y = X + Y$ $X + \overline{X}\overline{Y} = X + \overline{Y}$ (보기 ②)	흡수법칙
$\overline{(X+Y)}$ $= \overline{X} \cdot \overline{Y}$	$\overline{(X \cdot Y)} = \overline{X} + \overline{Y}$	드모르간의 정리

답 ②

39 서보전동기는 서보기구에서 주로 어떤 곳의 기능을 담당하는가?

① 제어부
② 검출부
③ 조작부
④ 비교부

해설 **서보전동기**(servo motor)
서보기구의 최종단에 설치되는 **조작기기(조작부)** 보기 ③ 로서, **직선운동** 또는 **회전운동**을 하며 **정확한 제어**가 가능하다.

> 참고
> 서보전동기의 특징
> (1) 직류전동기와 교류전동기가 있다.
> (2) 정·역회전이 가능하다.
> (3) 급가속, 급감속이 가능하다.
> (4) 저속운전이 용이하다.

답 ③

40 ★★★
23.09.문21
22.03.문29
19.04.문23
16.10.문21
11.03.문38

원자 하나에 최외각 전자가 4개인 4가의 전자로서 가전자대의 4개의 전자가 안정화를 위해 원자끼리 결합한 구조로 일반적인 반도체 재료로 쓰고 있는 것은?

① Si
② P
③ As
④ Ga

해설 **반도체 재료**
(1) **규소**(Si)=**실리콘** 보기 ①
(2) 게르마늄(Ge)
(3) 탄소(C)
(4) 아산화동(Cu_2O)

※ **반도체 재료** : 온도가 올라가면 저항이 감소하는 물질

답 ①

제3과목 소방관계법규

41 ★★★
21.03.문57
20.06.문51
13.09.문47
11.06.문50

소방시설 설치 및 관리에 관한 법률상 소방시설관리업 등록의 결격사유에 해당하지 않는 사람은?

① 피성년후견인
② 소방시설관리업의 등록이 취소된 날로부터 2년이 지난 자
③ 금고 이상의 형의 집행유예를 선고받고 그 유예기간 중에 있는 자
④ 금고 이상의 실형을 선고받고 그 집행이 면제된 날부터 2년이 지나지 아니한 자

해설 ② 지난 자 → 지나지 아니한 자

소방시설법 30조
소방시설관리업의 등록결격사유
(1) 피성년후견인 보기 ①
(2) 금고 이상의 선고를 받고 끝난 후 **2년**이 지나지 아니한 사람 보기 ④
(3) 집행유예기간 중에 있는 사람 보기 ③
(4) 등록취소 후 **2년**이 지나지 아니한 사람 보기 ②

> 비교
> **소방시설법 27조**
> 소방시설관리사의 결격사유
> (1) 피성년후견인
> (2) 금고 이상의 실형을 선고받고 그 집행이 끝나거나(집행이 끝난 것으로 보는 경우 포함) 집행이 면제된 날부터 **2년**이 지나지 아니한 사람
> (3) 금고 이상의 형의 집행유예를 선고받고 그 유예기간 중에 있는 사람
> (4) 자격취소 후 **2년**이 지나지 아니한 사람

답 ②

42 ★★★
22.04.문43
18.03.문49
15.03.문56
09.05.문51

위험물안전관리법령상 제조소와 사용전압이 35000V를 초과하는 특고압가공전선에 있어서 안전거리는 몇 m 이상을 두어야 하는가? (단, 제6류 위험물을 취급하는 제조소는 제외한다.)

① 3
② 5
③ 20
④ 30

해설 **위험물규칙** 〔별표 4〕
위험물제조소의 안전거리

안전거리	대상
3m 이상	7000~35000V 이하의 특고압가공전선
5m 이상	35000V를 초과하는 특고압가공전선 보기 ②
10m 이상	주거용으로 사용되는 것
20m 이상	• 고압가스 **제**조시설(용기에 충전하는 것 포함) • 고압가스 **사**용시설(1일 30m³ 이상 용적 취급) • 고압가스 **저**장시설 • 액화산소 **소**비시설 • 액화석유가스 제조·저장시설 • 도시가스 공급시설
30m 이상	• 학교 • 병원급 의료기관 • 공연장 ┐ • 영화상영관 ┘ 300명 이상 수용시설 • 아동복지시설 • 노인복지시설 • 장애인복지시설 • 한부모가족복지시설 ┐ 20명 이상 • 어린이집 │ 수용시설 • 성매매피해자 등을 위한 지원시설 • 정신건강증진시설 • 가정폭력피해자 보호시설 ┘
50m 이상	• 지정**문**화유산 • 천연기념물 등

기억법 문5(문어)

답 ②

43. 다음 중 화재예방강화지구의 지정대상 지역과 가장 거리가 먼 것은?

① 공장지역
② 시장지역
③ 목조건물이 밀집한 지역
④ 소방용수시설이 없는 지역

해설

① 공장지역 → 공장 등이 밀집한 지역

화재예방법 18조
화재예방강화지구의 지정
(1) 지정권자 : 시·도지사
(2) 지정지역
 ㉠ 시장지역 보기②
 ㉡ 공장·창고 등이 밀집한 지역 보기①
 ㉢ 목조건물이 밀집한 지역 보기③
 ㉣ 노후·불량 건축물이 밀집한 지역
 ㉤ 위험물의 저장 및 처리시설이 밀집한 지역
 ㉥ 석유화학제품을 생산하는 공장이 있는 지역
 ㉦ 소방시설·소방용수시설 또는 소방출동로가 없는 지역 보기④
 ㉧ 「산업입지 및 개발에 관한 법률」에 따른 산업단지
 ㉨ 「물류시설의 개발 및 운영에 관한 법률」에 따른 물류단지
 ㉩ 소방청장·소방본부장 또는 소방서장(소방관서장)이 화재예방강화지구로 지정할 필요가 있다고 인정하는 지역

기억법 화강시

※ 화재예방강화지구 : 화재발생 우려가 크거나 화재가 발생할 경우 피해가 클 것으로 예상되는 지역에 대하여 화재의 예방 및 안전관리를 강화하기 위해 지정·관리하는 지역

비교

기본법 19조
화재로 오인할 만한 불을 피우거나 연막소독시 신고지역
(1) 시장지역
(2) 공장·창고가 밀집한 지역
(3) 목조건물이 밀집한 지역
(4) 위험물의 저장 및 처리시설이 밀집한 지역
(5) 석유화학제품을 생산하는 공장이 있는 지역
(6) 그 밖에 시·도의 조례로 정하는 지역 또는 장소

답 ①

44. 소방시설 설치 및 관리에 관한 법령상 스프링클러설비를 설치하여야 하는 특정소방대상물의 기준으로 틀린 것은? (단, 위험물 저장 및 처리 시설 중 가스시설 또는 지하구를 제외한다.)

① 물류터미널로서 바닥면적 합계가 2000m² 이상인 경우에는 모든 층
② 숙박이 가능한 수련시설에 해당하는 용도로 사용되는 시설의 바닥면적의 합계가 600m² 이상인 것은 모든 층
③ 종교시설(주요구조부가 목조인 것은 제외)로서 수용인원이 100명 이상인 것에 해당하는 경우에는 모든 층
④ 지하상가로서 연면적 1000m² 이상인 것

해설

① 2000m² → 5000m²

소방시설법 시행령〔별표 4〕
스프링클러설비의 설치대상

설치대상	조 건
① 문화 및 집회시설, 운동시설 ② 종교시설(주요구조부가 목조인 것은 제외) 보기③	• 수용인원 : 100명 이상 • 영화상영관 : 지하층·무창층 500m²(기타 1000m²) 이상 • 무대부 – 지하층·무창층·4층 이상 : 300m² 이상 – 1~3층 : 500m² 이상
③ 판매시설 ④ 운수시설 ⑤ 물류터미널 보기①	• 수용인원 : 500명 이상 • 바닥면적 합계 5000m² 이상
⑥ 창고시설(물류터미널 제외)	바닥면적 합계 5000m² 이상 : 전층
⑦ 노유자시설 ⑧ 정신의료기관 ⑨ 수련시설(숙박 가능한 것) 보기② ⑩ 종합병원, 병원, 치과병원, 한방병원 및 요양병원(정신병원 제외) ⑪ 숙박시설	바닥면적 합계 600m² 이상
⑫ 지하상가 보기④	연면적 1000m² 이상
⑬ 지하층·무창층·4층 이상	바닥면적 1000m² 이상
⑭ 10m 넘는 랙식 창고	연면적 1500m² 이상
⑮ 복합건축물 ⑯ 기숙사	연면적 5000m² 이상 : 전층
⑰ 6층 이상	전층
⑱ 보일러실·연결통로	전부
⑲ 특수가연물 저장·취급	지정수량 1000배 이상
⑳ 발전시설	전기저장시설 : 전부

답 ①

45. 소방기본법상 정당한 사유없이 물의 사용이나 수도의 개폐장치의 사용 또는 조작을 하지 못하게 하거나 방해한 자에 대한 벌칙기준으로 옳은 것은?

① 400만원 이하의 벌금
② 300만원 이하의 벌금
③ 200만원 이하의 벌금
④ 100만원 이하의 벌금

해설 100만원 이하의 벌금
(1) 관계인의 **소방활동 미수행**(기본법 54조)
(2) **피난명령** 위반(기본법 54조)
(3) 위험시설 등에 대한 긴급조치 방해(기본법 54조)
(4) 거짓보고 또는 자료 미제출자(공사업법 38조)
(5) **관계공무원**의 출입·조사·**검사 방해**(공사업법 38조)
(6) 정당한 사유없이 **물**의 **사용**이나 **수도**의 **개폐장치**의 사용 또는 조작을 하지 못하게 하거나 **방해**한 자(기본법 54조) 보기 ④
(7) 소방대의 생활안전활동을 방해한 자(기본법 54조)

기억법 피1(차일**피일**)

답 ④

46
위험물안전관리법령상 위험물의 안전관리와 관련된 업무를 시행하는 자로서 소방청장이 실시하는 안전교육대상자가 아닌 사람은?

① 제조소 등의 관계인
② 안전관리자로 선임된 자
③ 위험물운송자로 종사하는 자
④ 탱크시험자의 기술인력으로 종사하는 자

해설 위험물안전관리법 28조
위험물 안전교육대상자
(1) 안전관리자 보기 ②
(2) 탱크시험자 보기 ④
(3) 위험물운반자
(4) 위험물운송자 보기 ③

답 ①

47
소방시설 중 경보설비에 해당하지 않는 것은?

① 비상벨설비
② 단독경보형 감지기
③ 비상방송설비
④ 비상콘센트설비

해설 ④ 비상콘센트설비 : 소화활동설비

소방시설법 시행령 〔별표 1〕
경보설비
(1) 비상**경보**설비 ┬ 비상벨설비 보기 ①
              └ 자동식 사이렌설비
(2) **단**독경보형 감지기 보기 ②
(3) 비상**방**송설비 보기 ③
(4) **누**전경보기
(5) 자동화재**탐**지설비 및 시각경보기
(6) 자동화재**속**보설비
(7) **가**스누설경보기
(8) **통**합감시시설
(9) 화재알림설비

기억법 경단방 누탐속가통

※ **경보설비** : 화재발생 사실을 통보하는 기계·기구 또는 설비

비교

소방시설법 시행령 〔별표 1〕
소화활동설비
(1) **연**결송수관설비
(2) **연**결살수설비
(3) **연**소방지설비
(4) **무**선통신보조설비
(5) **제**연설비
(6) **비**상**콘**센트설비

기억법 3연무제비콘

용어

소화활동설비
화재를 진압하거나 인명구조활동을 위하여 사용하는 설비

답 ④

48
다음 중 위험물안전관리법령상 제3류 위험물이 아닌 것은?

① 칼륨
② 황린
③ 나트륨
④ 마그네슘

해설 ④ 제2류 위험물

위험물령 〔별표 1〕
위험물

유별	성질	품명
제1류	**산**화성 **고**체	• 아염소산염류 • 염소산염류 • 과염소산염류 • 질산염류(질산칼륨) • 무기과산화물(과산화바륨) **기억법** 1산고(일산GO)
제2류	가연성 고체	• 황화인 • **적**린 • **황** • 마그네슘 보기 ④ **기억법** 황화적황마
제3류	자연발화성 물질	• **황**린(P_4) 보기 ②
	금수성 물질	• **칼**륨(K) 보기 ① • **나**트륨(Na) 보기 ③ • **알**킬알루미늄 • **알**킬리튬 • **칼**슘 또는 알루미늄의 탄화물류 (탄화칼슘=CaC_2) **기억법** 황칼나알칼

제4류	인화성 액체	• 특수인화물(이황화탄소) • 알코올류 • 석유류 • 동식물유류
제5류	자기반응성 물질	• 나이트로화합물 • 유기과산화물 • 나이트로소화합물 • 아조화합물 • 질산에스터류(셀룰로이드)
제6류	산화성 액체	• 과염소산 • 과산화수소 • 질산

답 ④

49. 소방시설 설치 및 관리에 관한 법령상 방염성능기준 이상의 실내장식물 등을 설치하여야 하는 특정소방대상물의 기준으로 틀린 것은?

① 층수가 11층 이상인 아파트
② 건축물의 옥내에 있는 시설로서 종교시설
③ 의료시설 중 종합병원
④ 노유자시설

해설
① 아파트 제외

소방시설법 시행령 30조
방염성능기준 이상 적용 특정소방대상물
(1) 체력단련장, 공연장 및 종교집회장
(2) 문화 및 집회시설
(3) **종**교시설 「보기 ②」
(4) 운동시설(수영장은 제외)
(5) 의료시설(종합병원, 정신의료기관) 「보기 ③」
(6) 의원, 치과의원, 한의원, 조산원, 산후조리원
(7) 교육연구시설 중 **합**숙소
(8) **노**유자시설 「보기 ④」
(9) 숙박이 가능한 **수**련시설
(10) **숙**박시설
(11) 방송국 및 촬영소
(12) 다중이용업소(단란주점영업, 유흥주점영업, 노래연습장업의 연습장 등)
(13) 층수가 11층 이상인 것(아파트는 제외 : 2026. 12. 1. 삭제)

기억법 방숙 노종수

답 ①

50. 소방기본법에 규정된 내용에 관한 설명으로 옳은 것은?

① 소방대상물에는 항해 중인 선박도 포함된다.
② 관계인이란 소방대상물의 관리자와 점유자를 제외한 실제 소유자를 말한다.
③ 소방대의 임무는 구조와 구급활동을 제외한 화재현장에서의 화재진압활동이다.
④ 의용소방대원과 의무소방원도 소방대의 구성원이다.

해설 기본법 2조
소방대
(1) 소방**공**무원
(2) **의**무소방원 「보기 ④」
(3) **의**용소방대원 「보기 ④」

기억법 공의

답 ④

51. 건축허가 등의 동의를 요구한 기관이 그 건축허가 등을 취소하였을 때에는 취소한 날부터 며칠 이내에 건축물 등의 시공지 또는 소재지를 관할하는 소방본부장 또는 소방서장에게 그 사실을 통보하여야 하는가?

① 3   ② 7
③ 10 ④ 14

해설 7일
(1) 옮긴 물건 등의 **보**관기간(화재예방법 시행령 17조)
(2) 건축허가 등의 취소통보(소방시설법 시행규칙 3조) 「보기 ②」
(3) 소방공사 감리원의 배치통보일(공사업규칙 17조)
(4) 소방공사 감리결과 통보 · 보고일(공사업규칙 19조)

기억법 보7(보칙)

답 ②

52. 화재의 예방 및 안전관리에 관한 법령상 대통령령으로 정하는 특수가연물의 품명별 수량의 기준으로 옳은 것은?

① 가연성 고체류 : $2m^3$ 이상
② 목재가공품 및 나무부스러기 : $5m^3$ 이상
③ 석탄·목탄류 : 3000kg 이상
④ 면화류 : 200kg 이상

해설
① $2m^3$ 이상 → 3000kg 이상
② $5m^3$ 이상 → $10m^3$ 이상
③ 3000kg 이상 → 10000kg 이상

화재예방법 시행령〔별표 2〕
특수가연물

품 명		수 량
가연성 **액**체류		$2m^3$ 이상
목재가공품 및 나무부스러기 「보기 ②」		$10m^3$ 이상
면화류		200kg 이상 「보기 ④」
나무껍질 및 대팻밥		**4**00kg 이상
넝마 및 종이부스러기		1000kg 이상
사류(絲類)		
볏짚류		
가연성 **고**체류 「보기 ①」		3000kg 이상
고무류 · 플라스틱류	발포시킨 것	$20m^3$ 이상
	그 밖의 것	**3**000kg 이상
석탄·목탄류 「보기 ③」		10000kg 이상

기억법 가액목면나 넝사볏가고 고석
       2 1 2 4 1   3 3 1

※ **특수가연물**: 화재가 발생하면 그 확대가 빠른 물품

답 ④

53. 소방안전교육사를 배치하지 않아도 되는 곳은 어느 것인가?

① 소방청
② 한국소방안전원
③ 소방체험관
④ 한국소방산업기술원

해설 기본령 〔별표 2의 3〕
소방안전교육사의 배치대상별 배치기준

배치대상	배치기준
소방**서**	• 1명 이상
한국소방안전원 보기 ②	• 시·도지부: 1명 이상 • 본회: 2명 이상
소방**본**부	• 2명 이상
소방청 보기 ①	• 2명 이상
한국소방산업**기**술원 보기 ④	• 2명 이상

기억법 서본기안

답 ③

54. 화재의 예방 및 안전관리에 관한 법률상 2급 소방안전관리대상물의 소방안전관리자로 선임될 수 없는 사람은? (단, 2급 소방안전관리자 자격증을 받은 사람이다.)

① 위험물기능사 자격을 가진 사람
② 소방공무원으로 2년 이상 근무한 경력이 있는 사람
③ 위험물산업기사 자격을 가진 사람
④ 소방청장이 실시하는 2급 소방안전관리대상물의 소방안전관리에 관한 시험에 합격한 사람

해설 ② 2년 → 3년

화재예방법 시행령 〔별표 4〕
(1) **특급** 소방안전관리대상물의 소방안전관리자 선임조건

자격	경력	비고
• 소방기술사 • 소방시설관리사	경력 필요 없음	특급 소방안전관리자 자격증을 받은 사람
• 1급 소방안전관리자(소방설비기사)	5년	
• 1급 소방안전관리자(소방설비산업기사)	7년	
• 소방공무원	20년	
• 소방청장이 실시하는 특급 소방안전관리대상물의 소방안전관리에 관한 시험에 합격한 사람	경력 필요 없음	

(2) **1급** 소방안전관리대상물의 소방안전관리자 선임조건

자격	경력	비고
• 소방설비기사·소방설비산업기사	경력 필요 없음	1급 소방안전관리자 자격증을 받은 사람
• 소방공무원	7년	
• 소방청장이 실시하는 1급 소방안전관리대상물의 소방안전관리에 관한 시험에 합격한 사람	경력 필요 없음	
• 특급 소방안전관리대상물의 소방안전관리자 자격이 인정되는 사람		

(3) **2급** 소방안전관리대상물의 소방안전관리자 선임조건

자격	경력	비고
• 위험물기능장·위험물산업기사·위험물기능사	경력 필요 없음	2급 소방안전관리자 자격증을 받은 사람
• 소방공무원	3년	
• 소방청장이 실시하는 2급 소방안전관리대상물의 소방안전관리에 관한 시험에 합격한 사람	경력 필요 없음	
•「기업활동 규제완화에 관한 특별조치법」에 따라 소방안전관리자로 선임된 사람(소방안전관리자로 선임된 기간으로 한정)	경력 필요 없음	
• 특급 또는 1급 소방안전관리대상물의 소방안전관리자 자격이 인정되는 사람		

(4) **3급** 소방안전관리대상물의 소방안전관리자 선임조건

자격	경력	비고
• 소방공무원	1년	3급 소방안전관리자 자격증을 받은 사람
• 소방청장이 실시하는 3급 소방안전관리대상물의 소방안전관리에 관한 시험에 합격한 사람		
•「기업활동 규제완화에 관한 특별조치법」에 따라 소방안전관리자로 선임된 사람(소방안전관리자로 선임된 기간으로 한정)	경력 필요 없음	
• 특급 소방안전관리대상물, 1급 소방안전관리대상물 또는 2급 소방안전관리대상물의 소방안전관리자 자격이 인정되는 사람		

답 ②

55. 위험물의 저장 또는 취급에 세부기준을 위반한 자에 대한 과태료 금액으로 옳은 것은?

① 1차 위반시 : 250만원
② 2차 위반시 : 300만원
③ 3차 위반시 : 350만원
④ 4차 위반시 : 400만원

해설 위험물령 〔별표 9〕
위험물의 저장 또는 취급에 관한 세부기준을 위반한 자

1차 위반시	2차 위반시	3차 이상 위반시
250만원 보기①	400만원	500만원

답 ①

56. 소방시설공사업법령상 감리원의 세부배치기준 중 일반공사감리 대상인 경우 다음 (   ) 안에 알맞은 것은? (단, 일반공사감리 대상인 아파트의 경우는 제외한다.)

18.04.문56
11.03.문56
10.05.문52

1명의 감리원이 담당하는 소방공사감리 현장은 (㉠)개 이하로서 감리현장 연면적의 총 합계가 (㉡)m² 이하일 것

① ㉠ 5, ㉡ 50000
② ㉠ 5, ㉡ 100000
③ ㉠ 7, ㉡ 50000
④ ㉠ 7, ㉡ 100000

해설 공사업규칙 16조
소방공사감리원의 세부배치기준

감리대상	책임감리원
일반공사감리 대상	• 주 1회 이상 방문감리 • 담당감리현장 **5개** 이하로서 연면적 총 합계 **100000m²** 이하 보기②

답 ②

57. 소방안전관리자의 업무라고 볼 수 없는 것은?

23.03.문41
21.05.문58
19.09.문53
16.05.문46
11.03.문44
10.05.문55
06.05.문55

① 소방계획서의 작성 및 시행
② 화재예방강화지구의 지정
③ 자위소방대의 구성·운영·교육
④ 피난시설, 방화구획 및 방화시설의 관리

해설 ② 시·도지사의 업무

화재예방법 24조
관계인 및 소방안전관리자의 업무

특정소방대상물 (관계인)	소방안전관리대상물 (소방안전관리자)
① **피**난시설·방화구획 및 방화시설의 관리 ② **소**방시설, 그 밖의 소방 관련시설의 관리 ③ **화**기취급의 감독 ④ 소방안전관리에 필요한 업무 ⑤ 화재발생시 초기대응	① **피**난시설·방화구획 및 방화시설의 관리 보기④ ② **소**방시설, 그 밖의 소방 관련시설의 관리 ③ **화**기취급의 감독 ④ 소방안전관리에 필요한 업무 ⑤ **소방계획**서의 작성 및 시행(대통령령으로 정하는 사항 포함) 보기① ⑥ 자위소방대 및 초기대응체계의 구성·운영·교육 보기③ ⑦ 소방**훈**련 및 교육 ⑧ 소방안전관리에 관한 업무수행에 관한 기록·유지 ⑨ 화재발생시 초기대응

기억법 계위 훈피소화

용어

특정소방대상물	소방안전관리대상물
건축물 등의 규모·용도 및 수용인원 등을 고려하여 소방시설을 설치하여야 하는 소방대상물로서 대통령령으로 정하는 것	대통령령으로 정하는 특정 소방대상물

중요

화재예방법 18조
화재예방강화지구의 지정
(1) 지정권자 : **시·도지사** 보기②
(2) 지정지역
 ① **시장**지역
 ② **공장·창고** 등이 밀집한 지역
 ③ **목조건물**이 밀집한 지역
 ④ **노후·불량** 건축물이 밀집한 지역
 ⑤ **위험물**의 **저장** 및 **처리시설**이 밀집한 지역
 ⑥ **석유화학제품**을 생산하는 공장이 있는 지역
 ⑦ 소방시설·소방용수시설 또는 소방출동로가 **없는** 지역
 ⑧ 「산업입지 및 개발에 관한 법률」에 따른 산업단지
 ⑨ 「물류시설의 개발 및 운영에 관한 법률」에 따른 물류단지
 ⑩ 소방청장·소방본부장 또는 소방서장(소방관서장)이 화재예방강화지구로 지정할 필요가 있다고 인정하는 지역

답 ②

58. 소방시설 설치 및 관리에 관한 법률상 건축물의 신축·증축·용도변경 등의 허가 권한이 있는 행정기관은 건축허가를 할 때 미리 그 건축물 등의 시공지 또는 소재지를 관할하는 소방본부장이나 소방서장의 동의를 받아야 한다. 다음 중 건축허가 등의 동의대상물의 범위가 아닌 것은?

22.03.문44
21.03.문51
20.06.문59
19.03.문50
15.09.문45
15.03.문49
13.06.문41
13.03.문45

① 수련시설로서 연면적 200m² 이상인 건축물
② 지하층 또는 무창층이 있는 건축물로서 바닥면적이 150m² 이상인 층이 있는 것
③ 승강기 등 기계장치에 의한 주차시설로서 자동차 10대 이상을 주차할 수 있는 시설
④ 차고·주차장으로 사용되는 바닥면적이 200m² 이상인 층이 있는 건축물이나 주차시설

해설 ③ 10대 이상 → 20대 이상

소방시설법 시행령 7조
건축허가 등의 동의대상물
(1) 연면적 **400m²**(학교시설 : 100m², 수련시설·노유자시설 : 200m², 정신의료기관·장애인의료재활시설 : 300m²) 이상 보기①
(2) **6층** 이상인 건축물
(3) 차고·주차장으로서 바닥면적 **200m²** 이상(자동차 **20대** 이상) 보기④
(4) 항공기격납고, 관망탑, 항공관제탑, 방송용 송수신탑

(5) 지하층 또는 무창층의 바닥면적 150m²(공연장은 100m²) 이상 보기 ②
(6) **위험물저장 및 처리시설, 지하구**
(7) **결핵환자**나 **한센인**이 24시간 생활하는 **노유자시설**
(8) 전기저장시설, 풍력발전소
(9) **공동주택, 숙박시설**
(10) 요양병원(의료재활시설 제외)
(11) 노인주거복지시설·노인의료복지시설 및 재가노인복지시설, 학대피해노인 전용쉼터, 아동복지시설, 장애인거주시설
(12) 정신질환자 관련시설(공동생활가정을 제외한 재활훈련시설과 종합시설 중 24시간 주거를 제공하지 않는 시설 제외)
(13) 노숙인자활시설, 노숙인재활시설 및 노숙인요양시설
(14) 조산원, 산후조리원, 의원(입원실 또는 인공신장실이 있는 것)
(15) 공장 또는 창고시설로서 지정수량의 **750배** 이상의 특수가연물을 저장·취급하는 것
(16) 가스시설로서 지상에 노출된 탱크의 저장용량의 합계가 100t 이상인 것

답 ③

59
특정소방대상물 중 침대가 있는 숙박시설의 수용인원을 산정하는 방법으로 옳은 것은?

23.05.문35
18.04.문43
17.03.문48
15.05.문41
13.06.문42

① 해당 특정소방대상물의 종사자수에 침대의 수(2인용 침대는 2인으로 산정한다)를 합한 수
② 해당 특정소방대상물의 종사자의 수에 객실수를 합한 수
③ 해당 특정소방대상물의 종사자의 수의 3배수
④ 해당 특정소방대상물의 종사자의 수에 숙박시설 바닥면적의 합계를 3m²로 나누어 얻은 수를 합한 수

해설 ① **침대**가 있는 **숙박시설** : 해당 특정소방대상물의 종사자수에 **침대의 수**(2인용 침대는 2인으로 산정한다)를 **합**한 수

소방시설법 시행령 〔별표 7〕
수용인원의 산정방법

특정소방대상물		산정방법
• 강의실 • 상담실 • 휴게실	• 교무실 • 실습실	바닥면적 합계 / 1.9m²
• 숙박시설	침대가 있는 경우	종사자수+침대수 보기 ①
	침대가 없는 경우	종사자수+ 바닥면적 합계 / 3m²
• 기타		바닥면적 합계 / 3m²
• 강당 • 문화 및 집회시설, 운동시설 • 종교시설		바닥면적의 합계 / 4.6m²

답 ①

60
특정소방대상물에 사용하는 물품으로 방염대상물품에 해당하지 않는 것은? (단, 제조 또는 가공 공정에서 방염처리한 물품이다.)

23.05.문52
22.03.문51
21.09.문41
21.03.문59
19.04.문42
17.03.문59
11.10.문47

① 가구류
② 창문에 설치하는 커튼류
③ 무대용 합판
④ 두께가 2mm 미만인 종이벽지를 제외한 벽지류

해설 소방시설법 시행령 31조
방염대상물품

제조 또는 가공 공정에서 방염처리를 한 물품	건축물 내부의 천장이나 벽에 부착하거나 설치하는 것
① 창문에 설치하는 **커튼류** (블라인드 포함) 보기 ② ② 카펫 ③ **벽지류**(두께 2mm 미만인 종이벽지 제외) 보기 ④ ④ 전시용 합판·목재 또는 섬유판 ⑤ **무대용 합판·목재** 또는 섬유판 보기 ③ ⑥ 암막·무대막(영화상영관·가상체험 체육시설업의 스크린 포함) ⑦ 섬유류 또는 합성수지류 등을 원료로 하여 제작된 소파·의자(단란주점영업, 유흥주점영업 및 노래연습장업의 영업장에 설치하는 것만 해당)	① 종이류(두께 2mm 이상), 합성수지류 또는 섬유류를 주원료로 한 물품 ② **합판**이나 **목재** ③ 공간을 구획하기 위하여 설치하는 **간이칸막이** ④ **흡음재**(흡음용 커튼 포함) 또는 **방음재**(방음용 커튼 포함) ※ 가구류(옷장, 찬장, 식탁, 식탁용 의자, 사무용 책상, 사무용 의자, 계산대)와 너비 10cm 이하인 반자돌림대, 내부 마감재료 제외

답 ①

제 4 과목   소방전기시설의 구조 및 원리

61
누전경보기 수신부의 기능검사항목이 아닌 것은?

23.09.문65
18.03.문63
16.10.문65
15.05.문64
14.05.문69
06.09.문80

① 방수시험
② 방폭시험
③ 절연내력시험
④ 충격시험

해설 시험항목

중계기	속보기의 예비전원	누전경보기의 수신부
• 주위온도시험 • 반복시험 • 방수시험 • 절연저항시험 • 절연내력시험 • 충격전압시험 • 충격시험 • 진동시험 • 습도시험 • 전자파 내성 시험	• 충·방전시험 • 안전장치시험	• 전원전압 변동시험 • 온도특성시험 • 과입력 전압시험 • 개폐기의 조작시험 • 반복시험 • 진동시험 • **충**격시험 보기 ④ • **방수**시험 보기 ① • **절**연저항시험 • **절**연내력시험 보기 ③ • **충**격파 내전압시험
		기억법 누수 충수 절충

답 ②

62. 공연장 및 집회장에 설치해야 할 유도등 및 유도표지의 종류에 해당하지 않는 것은?

① 객석유도등
② 통로유도등
③ 피난구유도표지
④ 대형 피난구유도등

해설 유도등 및 유도표지의 종류(NFPC 303 4조, NFTC 303 2.1.1)

설치장소	유도등 및 유도표지의 종류
• 공연장 · 집회장 · 관람장 · 운동시설 • 유흥주점 영업시설(카바레, 나이트클럽)	• 대형 피난구유도등 보기 ④ • 통로유도등 보기 ② • 객석유도등 보기 ①
• 위락시설 · 판매시설 • 관광숙박업 · 의료시설 · 방송통신시설 • 전시장 · 지하상가 · 지하철역사 • 운수시설 · 장례식장	• 대형 피난구유도등 • 통로유도등
• 숙박시설 · 오피스텔 • 지하층 · 무창층 및 11층 이상의 부분	• 중형 피난구유도등 • 통로유도등
• 근린생활시설 · 노유자시설 · 업무시설 • 종교시설 · 교육연구시설 · 공장 • 교정 및 군사시설 • 자동차정비공장 · 운전학원 및 정비학원 • 다중이용업소 • 수련시설 · 발전시설 • 복합건축물	• 소형 피난구유도등 • 통로유도등
• 그 밖의 것	• 피난구유도표지 • 통로유도표지

기억법 공집관운 대통객

답 ③

63. 완강기 및 간이완강기의 강도에 관한 기준 중 다음 ( ) 안에 알맞은 것은?

벨트의 강도는 늘어뜨린 방향으로 1개에 대하여 ( )N의 인장하중을 가하는 시험에서 끊어지거나 현저한 변형이 생기지 아니하여야 한다.

① 1500
② 3900
③ 5900
④ 6500

해설 완강기 및 간이완강기의 강도에 관한 기준(완강기의 우수품질 인증 기술기준 5조)

(1) 완강기의 강도(벨트의 강도 제외)는 **12000N**의 정하중을 **3분** 동안 가하는 시험에서 다음에 적합할 것
  ㉠ 속도조절기, 속도조절기의 **연결부** 및 **연결금속구**는 분해 · 파손 또는 현저한 변형이 생기지 아니할 것
  ㉡ 로프는 파단 또는 현저한 변형이 생기지 아니할 것
(2) 벨트의 강도는 늘어뜨린 방향으로 1개에 대하여 **6500N**의 인장하중을 가하는 시험에서 끊어지거나 현저한 변형이 생기지 아니할 것 보기 ④

답 ④

64. 공칭작동온도가 80℃ 이상 120℃ 이하인 정온식 기능을 가진 감지기의 외피에 표시하는 색상은?

① 백색
② 황색
③ 적색
④ 청색

해설 정온식 감지선형 감지기의 공칭작동온도의 색상

온 도	색 상
80℃ 이하	백색
80℃ 이상 120℃ 이하	청색 보기 ④
120℃ 초과	적색

용어

정온식 감지선형 감지기
일국소의 주위온도가 일정한 온도 이상이 되는 경우에 작동하는 것으로서 외관이 전선으로 되어 있는 것

정온식 감지선형

답 ④

65. 보상식 스포트형 감지기는 정온점이 감지기 주위의 평상시 최고온도보다 몇 ℃ 이상 높은 것으로 설치하여야 하는가?

① 10℃
② 15℃
③ 20℃
④ 25℃

해설 감지기의 설치기준(NFPC 203 7조, NFTC 203 2.4.3)
(1) 감지기(차동식 분포형 제외)는 실내로 **공기유입구**로부터 **1.5m** 이상 떨어진 위치에 설치
(2) 감지기는 천장 또는 반자의 옥내에 면하는 부분에 설치

(3) **보상식 스포트형 감지기**는 정온점이 감지기 주위의 평상 시 최고온도보다 **20℃** 이상 높은 것으로 설치 보기 ③
(4) **정온식** 감지기는 **주방·보일러실** 등으로서 다량의 화기를 단속적으로 취급하는 장소에 설치하되, 공칭작동온도가 최고주위온도보다 **20℃** 이상 높은 것으로 설치

기억법 2정(이정표)

답 ③

66
층수가 11층 이상으로서 연면적이 3000m²를 초과하는 특정소방대상물의 지하층에서 발화한 때에 비상방송설비의 음향장치의 경보기준으로 옳은 것은?

17.03.문61
15.05.문65
13.06.문66

① 발화층
② 발화층 및 그 직상층
③ 발화층·그 직상층 및 지하층
④ 발화층·그 직상층 및 기타의 지하층

해설 비상방송설비의 우선경보방식(NFPC 202 4조, NFTC 202 2.1.1.7)

‖11층(공동주택 16층) 이상의 특정소방대상물의 경보‖

발화층	경보층	
	11층(공동주택 16층) 미만	11층(공동주택 16층) 이상
2층 이상 발화	전층 일제경보	• 발화층 • 직상 4개층
1층 발화		• 발화층 • 직상 4개층 • 지하층
지하층 발화 보기 ④		• 발화층 • 직상층 • 기타의 지하층

답 ④

67
비상전원수전설비 중 옥외에 설치하는 큐비클형의 경우 외함에 노출하여 설치할 수 없는 것은?

22.03.문79
18.09.문62
17.09.문78
16.03.문79

① 환기장치
② 전선의 인입구 및 인출구
③ 퓨즈 등으로 보호한 전압계
④ 불연성 재료로 덮개를 설치한 표시등

해설 옥외용 큐비클형의 설치기준(NFPC 602 5조, NFTC 602 2.2.3.3)

옥외함함에 노출 설치 가능한 것	옥외함함에 노출 설치 불가능한 것
① 환기장치 보기 ① ② 전선의 인입구 및 인출구 보기 ② ③ 표시등(**불연성** 또는 **난연성** 재료로 덮개를 설치한 것) 보기 ④	① **전압계**(퓨즈 등으로 보호한 것) 보기 ③ ② 전류계(변류기의 2차측에 접속된 것) ③ 계기용 전환스위치(불연성 또는 난연성 재료로 제작된 것)

답 ③

68
자동화재탐지설비의 경계구역 설정 기준 중 다음 ( ) 안에 알맞은 것은?

18.04.문78
17.03.문62
17.03.문75
14.03.문72
09.03.문74

하나의 경계구역이 2개 이상의 층에 미치지 아니하도록 할 것. 다만, ( )m² 이하의 범위 안에서는 2개의 층을 하나의 경계구역으로 할 수 있다.

① 500   ② 600
③ 700   ④ 1000

해설 경계구역
(1) **정의**(NFPC 203 3조, NFTC 203 1.7)
　소방대상물 중 **화재신호**를 발신하고 그 **신호**를 수신 및 유효하게 **제어**할 수 있는 구역
(2) **경계구역의 설정기준**(NFPC 203 4조, NFTC 203 2.1)
　㉠ 1경계구역이 2개 이상의 **건축물**에 미치지 않을 것
　㉡ 1경계구역이 2개 이상의 **층**에 미치지 않을 것(**500m²** 이하는 2개 층을 1경계구역으로 할 수 있음) 보기 ①
　㉢ 1경계구역의 면적은 **600m²** 이하로 하고, 1변의 길이는 **50m** 이하로 할 것(내부 전체가 보이면 50m 범위 내에서 1000m² 이하)
(3) 1경계구역의 높이 : **45m** 이하

기억법 경500, 경600

답 ①

69
비상방송설비의 구성 요소 중 전압전류의 진폭을 늘려 감도를 좋게 하고 미약한 음성전류를 커다란 음성전류로 변화시켜 소리를 크게 하는 장치는?

23.03.문72
22.09.문68
22.04.문62
20.08.문74
18.03.문66
16.03.문67
08.05.문69
07.03.문66

① 확성기
② 음량조절기
③ 증폭기
④ 변조기

해설 비상방송설비의 구성요소

용어	설명
확성기	소리를 크게 하여 멀리까지 전달될 수 있도록 하는 장치로서 일명 '**스피커**'를 말한다.
음량 조절기	가변저항을 이용하여 **전류**를 **변화**시켜 음량을 크게 하거나 작게 조절할 수 있는 장치
증폭기 보기 ③	전압전류의 진폭을 늘려 감도를 좋게 하고 미약한 음성전류를 커다란 **음성전류**로 변화시켜 소리를 크게 하는 장치

• 비상방송설비에는 변조기가 사용되지 않음

답 ③

70. 무선통신보조설비의 화재안전기준에 따른 무선통신보조설비의 설치제외기준이다. 다음 ( )에 들어갈 내용으로 옳은 것은?

지하층으로서 특정소방대상물의 바닥부분 (㉠)면 이상이 지표면과 동일하거나 지표면으로부터의 깊이가 (㉡)m 이하인 경우에는 해당 층에 한하여 무선통신보조설비를 설치하지 아니할 수 있다.

① ㉠ 2, ㉡ 1 ② ㉠ 2, ㉡ 2
③ ㉠ 3, ㉡ 2 ④ ㉠ 3, ㉡ 3

해설 무선통신보조설비의 설치제외(NFPC 505 4조, NFTC 505 2.1)
(1) **지하층**으로서 **특정소방대상물**의 바닥부분 **2면 이상**이 지표면과 동일한 경우의 해당층
(2) **지하층**으로서 **지**표면으로부터의 깊이가 **1m** 이하인 경우의 해당층

기억법 지특2(쥐가 특이하다.), 지지1

답 ①

71. 소방시설용 비상전원수전설비의 화재안전기준에 따른 특고압 또는 고압으로 수전하는 비상전원수전설비의 종류가 아닌 것은?

① 큐비클형 ② 옥외개방형
③ 내화구조형 ④ 방화구획형

해설 비상전원(수전)설비 보기① (NFPC 602 5·6조, NFTC 602 2.2.1, 2.3)

저압수전	특고압 또는 고압수전
• 전용배전반(1·2종)	• **방**화구획형 보기④
• 전용분전반(1·2종)	• **옥**외개방형 보기②
• 공용분전반(1·2종)	• **큐**비클(cubicle)형 보기①

기억법 방옥큐

답 ③

72. 누전경보기의 화재안전기준에 따른 누전경보기 전원의 시설기준으로 틀린 것은?

① 전원은 분전반으로부터 전용회로로 하여야 한다.
② 각 극에 개폐기 및 15A 이하의 과전류차단기를 설치하여야 한다.
③ 전원의 개폐기에는 누전경보기용임을 표시한 표지를 하여야 한다.
④ 전원을 분기할 때에는 다른 차단기에 따라 동시에 전원이 차단되도록 하여야 한다.

해설 ④ 차단되도록 하여야 한다. → 차단되지 아니하도록 한다.

(1) 누전경보기

60A 이하	60A 초과
• 1급 누전경보기 • 2급 누전경보기	• 1급 누전경보기

(2) 누전경보기의 설치기준

과전류차단기	배선용 차단기
15A 이하	20A 이하

㉠ 각 극에 개폐기 및 15A 이하의 **과전류차단기**를 설치할 것(**배선용 차단기는 20A 이하**) 보기②
㉡ 분전반으로부터 **전용회로**로 할 것 보기①
㉢ 개폐기에는 누전경보기임을 표시할 것 보기③
㉣ 전원을 분기할 때에는 다른 차단기에 따라 전원이 차단되지 아니하도록 할 것 보기④

기억법 배2(배이다.)

답 ④

73. 소방시설용 비상전원수전설비에서 소방회로전용의 것으로서 분기개폐기, 분기과전류차단기, 그 밖의 배선용 기기 및 배선을 금속제 외함에 수납한 것은?

① 전용분전반 ② 전용배전반
③ 공용배전반 ④ 전용수전반

해설 소방시설용 비상전원수전설비

용어	설명
수전설비	전력수급용 계기용 변성기·주차단장치 및 그 **부속기기**
변전설비	전력용 변압기 및 그 부속장치
전용 큐비클식	**소방회로용**의 것으로 **수전설비**, 변전설비, 그 밖의 기기 및 배선을 금속제 외함에 수납한 것 **기억법** 전큐소수
공용 큐비클식	**소방회로** 및 **일반회로 겸용**의 것으로서 수전설비, 변전설비, 그 밖의 기기 및 배선을 금속제 외함에 수납한 것
소방회로	소방부하에 전원을 공급하는 전기회로
일반회로	소방회로 이외의 전기회로
전용배전반 보기②	**소방회로 전용**의 것으로서 **개폐기, 과전류차단기, 계기**, 그 밖의 배선용 기기 및 배선을 금속제 외함에 수납한 것
공용배전반 보기③	**소방회로** 및 **일반회로 겸용**의 것으로서 개폐기, 과전류차단기, 계기, 그 밖의 배선용 기기 및 배선을 금속제 외함에 수납한 것

전용분전반 보기 ①	소방회로 전용의 것으로서 분기개폐기, 분기과전류차단기, 그 밖의 배선용 기기 및 배선을 금속제 외함에 수납한 것 기억법 전전분분
공용분전반	소방회로 및 일반회로 겸용의 것으로서 분기개폐기, 분기과전류차단기, 그 밖의 배선용 기기 및 배선을 금속제 외함에 수납한 것

답 ①

74

비상방송설비의 설치기준에 관한 다음 ( ) 안에 알맞은 것은?

21.03.문68
19.04.문71
16.03.문71
16.03.문71
15.09.문65
15.05.문75
14.05.문80
14.03.문74
13.03.문63

기동장치에 따른 화재신고를 수신한 후 필요한 음량으로 화재발생 상황 및 피난에 유효한 방송이 자동으로 개시될 때까지의 소요시간은 ( )초 이하로 할 것

① 5
② 10
③ 20
④ 30

해설 **소요시간**

기 기	시 간
• P형·P형 복합식·R형·R형 복합식·GP형·GP형 복합식·GR형·GR형 복합식 수신기 • 중계기	5초 이내
비상방송설비 →	10초 이하 보기 ②
가스누설경보기	60초 이내
축적형 수신기	• 축적시간 : 30~60초 이하 • 화재표시감지시간 : 60초

 중요

비상방송설비의 설치기준(NFPC 202 4조, NFTC 202 2.1.1)
(1) 확성기의 음성입력은 실내 1W, 실외 3W 이상일 것
(2) 확성기는 각 층마다 설치하되, 각 부분으로부터의 수평거리는 25m 이하일 것
(3) 음량조정기는 3선식 배선일 것
(4) 조작스위치는 바닥으로부터 0.8~1.5m 이하의 높이에 설치할 것
(5) 다른 전기회로에 의하여 유도장애가 생기지 않을 것
(6) 비상방송 개시시간은 10초 이하일 것
(7) 엘리베이터 내부에는 별도의 음향장치를 설치할 수 있다.
(8) 2 이상의 조작부가 설치된 경우 동시통화가 가능하고 전 구역에 방송할 수 있을 것

답 ②

75

소방대상물의 설치장소별 피난기구의 적응성 기준 중 노유자시설의 4층 이상 10층 이하에 적응성을 가진 피난기구가 아닌 것은?

21.05.문79
18.03.문70
17.09.문67
16.05.문69
15.05.문61
06.09.문70
05.03.문72

① 피난교
② 다수인 피난장비

③ 피난용 트랩
④ 승강식 피난기

해설 ③ 해당없음

피난기구의 적응성(NFTC 301 2.1.1)

설치장소별 구분 \ 층별	1층	2층	3층	4층 이상 10층 이하
노유자시설	• 미끄럼대 • 구조대 • 피난교 • 다수인 피난장비 • 승강식 피난기	• 미끄럼대 • 구조대 • 피난교 • 다수인 피난장비 • 승강식 피난기	• 미끄럼대 • 구조대 • 피난교 • 다수인 피난장비 • 승강식 피난기	• 구조대[1] • 피난교 • 다수인 피난장비 • 승강식 피난기
의료시설·입원실이 있는 의원·접골원·조산원	–	–	• 미끄럼대 • 구조대 • 피난교 • 피난용 트랩 • 다수인 피난장비 • 승강식 피난기	• 구조대 • 피난교 • 피난용 트랩 • 다수인 피난장비 • 승강식 피난기
영업장의 위치가 4층 이하인 다중이용업소	–	• 미끄럼대 • 피난사다리 • 구조대 • 완강기 • 다수인 피난장비 • 승강식 피난기	• 미끄럼대 • 피난사다리 • 구조대 • 완강기 • 다수인 피난장비 • 승강식 피난기	• 미끄럼대 • 피난사다리 • 구조대 • 완강기 • 다수인 피난장비 • 승강식 피난기
그 밖의 것	–	–	• 미끄럼대 • 피난사다리 • 구조대 • 완강기 • 피난교 • 피난용 트랩 • 간이완강기[2] • 공기안전매트 • 다수인 피난장비 • 승강식 피난기	• 피난사다리 • 구조대 • 완강기 • 피난교 • 간이완강기[2] • 공기안전매트 • 다수인 피난장비 • 승강식 피난기

[비고] 1) **구조대**의 적응성은 **장애인관련시설**로서 주된 사용자 중 **스스로 피난**이 **불가**한 자가 있는 경우 추가로 설치하는 경우에 한한다.
2) **간이완강기**의 적응성은 **숙박시설**의 **3층 이상**에 있는 객실에 추가로 설치하는 경우에 한한다.

 중요

의무관리대상 공동주택(NFPC 608 13조, NFTC 608 2.9.1.3)
공동주택 구역마다 공기안전매트 1개 이상을 추가로 설치할 것

비교

피난기구 적응성

간이완강기	공기안전매트	구조대
숙박시설의 3층 이상에 있는 객실	공동주택	장애인관련시설

답 ③

24. 05. 시행 / 산업(전기)

76 ★★★
23.05.문78
21.05.문72
19.03.문80
17.09.문72
16.10.문73
14.09.문75
14.05.문62
14.05.문71
13.09.문76
10.05.문67

무선통신보조설비에서 신호의 전송로가 분기되는 장소에 설치하는 것으로 임피던스 매칭과 신호등균분배를 위해 사용하는 장치는?

① 분파기
② 혼합기
③ 증폭기
④ 분배기

해설 무선통신보조설비의 구성부품

용어	설명
누설동축 케이블	동축케이블의 외부도체에 가느다란 홈을 만들어서 **전파**가 **외부**로 새어나갈 수 있도록 한 케이블
분배기 보기 ④	신호의 전송로가 분기되는 장소에 설치하는 것으로 **임피던스 매칭**(matching)과 **신호등균분배**를 위해 사용하는 장치 기억법 분배분배
분파기 보기 ①	서로 다른 **주파**수의 합성된 **신호**를 **분리**하기 위해서 사용하는 장치 기억법 파파
혼합기 보기 ②	두 개 이상의 **입력신호**를 원하는 비율로 조합한 **출력**이 발생하도록 하는 장치
증폭기 보기 ③	신호전송시 신호가 약해져 수신이 불가능해지는 것을 방지하기 위해서 **증폭**하는 장치
무선중계기	안테나를 통하여 수신된 무전기 신호를 증폭한 후 음영지역에 재방사하여 무전기 상호간 송수신이 가능하도록 하는 장치
옥외안테나	감시제어반 등에 설치된 무선중계기의 입력과 출력포트에 연결되어 송수신 신호를 원활하게 방사·수신하기 위해 옥외에 설치하는 장치

기억법 무분배파혼

답 ④

77 ★★★
22.03.문63
19.03.문79
15.09.문69
08.09.문71
04.03.문70

실내의 바닥면적이 900m²인 경우 단독경보형 감지기의 최소설치수량은?

① 3개　　② 6개
③ 9개　　④ 12개

해설 **단독경보형 감지기**는 바닥면적 150m²마다 1개 이상 설치하므로

$$\text{단독경보형 감지기수} = \frac{\text{바닥면적}}{150\text{m}^2}$$

$$= \frac{900\text{m}^2}{150\text{m}^2} = 6 \text{개}$$

중요

단독경보형 감지기의 설치기준(NFPC 201 5조, NFTC 201 2.2)
(1) 각 실(이웃하는 실내의 바닥면적이 각각 30m² 미만이고 벽체의 상부의 전부 또는 일부가 개방되어 이웃하는 실내와 공기가 상호 유통되는 경우에는 이를 1개의 실로 본다)마다 설치하되, 바닥면적이 150m²를 초과하는 경우에는 150m²마다 1개 이상 설치할 것

(2) 최상층의 계단실의 **천장**(외기가 상통하는 계단실의 경우 외)에 설치할 것
(3) 건전지를 주전원으로 사용하는 단독경보형 감지기는 정상적인 작동상태를 유지할 수 있도록 건전지를 교환할 것
(4) 상용전원을 주전원으로 사용하는 단독경보형 감지기의 **2차 전지**는 제품검사에 합격한 것을 사용할 것

답 ②

78 ★★★
22.04.문68
21.03.문71
20.06.문79
19.03.문66
16.03.문80
14.05.문70
13.06.문77
10.05.문64

비상경보설비 및 단독경보형 감지기의 화재안전기준에 따라 비상벨설비 또는 자동식사이렌설비 부속회로의 전로와 대지 사이 및 배선 상호간의 절연저항은 1경계구역마다 직류 250V의 절연저항측정기를 사용하여 측정한 절연저항이 몇 MΩ 이상이 되도록 하여야 하는가?

① 0.1
② 0.2
③ 0.3
④ 0.5

해설 절연저항시험

절연 저항계	절연저항	대상
직류 250V	0.1MΩ 이상 보기 ①	• 1경계구역의 절연저항
직류 500V	5MΩ 이상	• 누전경보기 • 가스누설경보기 • 수신기(10회로 미만, 절연된 충전부와 외함 간) • 자동화재속보설비 • 비상경보설비 • 유도등(교류입력측과 외함 간 포함) • 비상조명등(교류입력측과 외함 간 포함)
	20MΩ 이상	• 경종 • 발신기 • 중계기 • **비상콘센트** • 기기의 절연된 선로 간 • 기기의 충전부와 비충전부 간 • 기기의 교류입력측과 외함 간(유도등·비상조명등 제외)
	50MΩ 이상	• 감지기(정온식 감지선형 감지기 제외) • 가스누설경보기(10회로 이상) • 수신기(10회로 이상, 교류입력측과 외함 간 제외)
	1000MΩ 이상	• 정온식 감지선형 감지기

기억법 콘2(콘이 맛있다!)

답 ①

79 누전경보기 수신부는 그 정격전압에서 몇 회의 누전작동시험을 실시하는 경우 그 구조 또는 기능에 이상이 생기지 않아야 하는가?

① 1000회 ② 5000회
③ 10000회 ④ 20000회

해설 반복시험 횟수

횟 수	기 기
1000회	속보기 *기억법* 속1
2000회	중계기 *기억법* 중2(중이염)
2500회	유도등
5000회	전원스위치・발신기 *기억법* 5발전(5개 발에 전을 부치자.)
6000회	감지기
10000회	비상조명등, 스위치접점, 기타의 설비 및 기기(누전경보기) 보기 ③

답 ③

80 무선통신보조설비의 화재안전기준에 따른 무선통신보조설비의 시설기준으로 틀린 것은?

① 분배기・분파기 및 혼합기 등의 임피던스는 100Ω의 것으로 할 것
② 누설동축케이블 및 안테나는 고압의 전로로부터 1.5m 이상 떨어진 위치에 설치할 것
③ 옥외안테나는 다른 용도로 사용되는 안테나로 인한 통신장애가 발생하지 않도록 설치할 것
④ 증폭기에는 비상전원이 부착된 것으로 하고 해당 비상전원용량은 무선통신보조설비를 유효하게 30분 이상 작동시킬 수 있는 것으로 할 것

해설 ① 100Ω → 50Ω

분배기・분파기・혼합기의 임피던스(NFPC 505 7조, NFTC 505 2.4) 50Ω 보기 ①

참고

(1) 누설동축케이블의 설치기준(NFPC 505 5조, NFTC 505 2.2)
 ① 소방전용 주파수대에서 전파의 **전송** 또는 **복사**에 적합한 것으로서 소방전용의 것일 것
 ② 누설동축케이블과 이에 접속하는 안테나 또는 동축케이블과 이에 접속하는 안테나일 것
 ③ 누설동축케이블 및 동축케이블은 화재에 따라 해당 케이블의 피복이 소실된 경우에 케이블 본체가 떨어지지 아니하도록 4m 이내마다 금속제 또는 자기제 등의 지지금구로 벽・천장・기둥 등에 견고하게 고정시킬 것(단, 불연재료로 구획된 반자 안에 설치하는 경우 제외)
 ④ 누설동축케이블 및 안테나는 고압전로로부터 1.5m 이상 떨어진 위치에 설치할 것(해당 전로에 **정전기** 차폐장치를 유효하게 설치한 경우에는 제외) 보기 ②
 ⑤ 누설동축케이블의 끝부분에는 **무반사종단저항**을 설치할 것

 ※ **무반사종단저항**: 전송로로 전송되는 전자파가 전송로의 종단에서 반사되어 교신을 방해하는 것을 막기 위한 저항이다.

(2) 무선통신보조설비 옥외안테나 설치기준(NFPC 505 6조, NFTC 505 2.3)
 ① 건축물, 지하가, 터널 또는 공동구의 출입구 및 출입구 인근에서 통신이 가능한 장소에 설치할 것
 ② 다른 용도로 사용되는 안테나로 인한 **통신장애**가 발생하지 않도록 설치할 것 보기 ③
 ③ 옥외안테나는 견고하게 설치하며 파손의 우려가 없는 곳에 설치하고 그 가까운 곳의 보기 쉬운 곳에 "**무선통신보조설비 안테나**"라는 표시와 함께 통신가능거리를 표시한 표지를 설치할 것
 ④ 수신기가 설치된 장소 등 사람이 상시 근무하는 장소에는 옥외안테나의 위치가 모두 표시된 옥외안테나 **위치표시도**를 비치할 것

(3) 비상전원용량

설비의 종류	비상전원 용량
• **자**동화재탐지설비 • 비상**경**보설비 • **자**동화재속보설비 *기억법* 경자비1(경자라는 이름은 비일비재하게 많다.)	10분 이상
• 유도등 • 비상콘센트설비 • 제연설비 • 물분무소화설비 • 옥내소화전설비(30층 미만) • 특별피난계단의 계단실 및 부속실 제연설비(30층 미만)	20분 이상
무선통신보조설비의 **증폭기** 보기 ④ *기억법* 3증(3중고)	30분 이상
• 옥내소화전설비(30~49층 이하) • 특별피난계단의 계단실 및 부속실 제연설비(30~49층 이하) • 연결송수관설비(30~49층 이하) • 스프링클러설비(30~49층 이하)	40분 이상
• 유도등・비상조명등(지하상가 및 11층 이상) • 옥내소화전설비(50층 이상) • 특별피난계단의 계단실 및 부속실 제연설비(50층 이상) • 연결송수관설비(50층 이상) • 스프링클러설비(50층 이상)	60분 이상

답 ①

2024. 7. 5 시행

2024년 산업기사 제3회 필기시험 CBT 기출복원문제

수험번호	성명

자격종목	종목코드	시험시간	형별
소방설비산업기사(전기분야)		2시간	

※ 각 문항은 4지택일형으로 질문에 가장 적합한 보기 항을 선택하여 체크하여야 합니다.

제1과목 소방원론

01 폭발에 대한 설명으로 틀린 것은?
22.03.문01
19.09.문20
16.03.문05
① 보일러폭발은 화학적 폭발이라 할 수 없다.
② 분무폭발은 기상폭발에 속하지 않는다.
③ 수증기폭발은 기상폭발에 속하지 않는다.
④ 화약류 폭발은 화학적 폭발이라 할 수 있다.

 ② 분무폭발은 **기상폭발**에 속한다.

기상폭발
(1) 가스폭발(혼합가스폭발)
(2) 분무폭발 보기 ②
(3) 분진폭발

답 ②

02 적린의 착화온도는 약 몇 ℃인가?
22.03.문04
18.03.문06
14.09.문14
14.05.문04
12.03.문04
07.05.문03
① 34
② 157
③ 180
④ 260

물 질	인화점	발화점
프로픽렌	-107℃	497℃
에틸에터, 다이에틸에터	-45℃	180℃
가솔린(휘발유)	-43℃	300℃
이황화탄소	-30℃	100℃
아세틸렌	-18℃	335℃
아세톤	-18℃	538℃
에틸알코올	13℃	423℃
적린	-	260℃ 보기 ④

기억법 적26(적이 육지에 있다.)

● 발화점=발화온도=착화온도=착점

답 ④

03 표준상태에서 44.8m³의 용적을 가진 이산화탄
22.03.문06
20.08.문14
12.09.문03
소가스를 모두 액화하면 몇 kg인가? (단, 이산화
탄소의 분자량은 44이다.)
① 88   ② 44
③ 22   ④ 11

(1) 분자량

원 소	원자량
H	1
C	12
N	14
O	16

이산화탄소(CO_2)의 분자량 = $12+16×2 = 44$g/mol

(2) 증기밀도

$$증기밀도[g/L] = \frac{분자량}{22.4}$$

여기서, 22.4 : 공기의 부피[L]

증기밀도[g/L] = $\frac{분자량}{22.4}$

$\frac{g(질량)}{44800L} = \frac{44}{22.4}$

$g(질량) = \frac{44}{22.4} × 44800L = 88000g = 88kg$

● 1m³=1000L이므로 44.8m³=44800L
● 단위를 보고 계산하면 쉽다.

답 ①

04 스테판-볼츠만(Stefan-Boltzmann)의 법칙에서
22.03.문08
19.03.문08
14.05.문08
13.06.문11
13.03.문06
복사체의 단위표면적에서 단위시간당 방출되는
복사에너지는 절대온도의 얼마에 비례하는가?
① 제곱근
② 제곱
③ 3제곱
④ 4제곱

해설 스테판-볼츠만의 법칙

$$Q = aAF(T_1^4 - T_2^4)$$

여기서, Q: 복사열[W]
a: 스테판-볼츠만 상수[W/m²·K⁴]
A: 단면적[m²]
T_1: 고온(273+℃)[K]
T_2: 저온(273+℃)[K]

※ **스**테판-**볼**츠만의 법칙: 복사체에서 발산되는 복사열은 복사체의 절대온도의 **4**제곱에 비례한다. 보기 ④

기억법 스볼4

• 4제곱 = 4승

답 ④

05 목조건축물의 온도와 시간에 따른 화재특성으로 옳은 것은?

22.03.문18
18.03.문16
17.03.문13
14.05.문09
13.09.문09
10.09.문08

① 저온단기형
② 저온장기형
③ 고온단기형
④ 고온장기형

해설
목조건물의 화재온도 표준곡선	내화건물의 화재온도 표준곡선
• 화재성상: **고온단**기형 보기 ③ • 최고온도(최성기온도): 1300℃	• 화재성상: 저온장기형 • 최고온도(최성기온도): 900~1000℃

기억법 목고단 13

• 목조건물 = 목재건물

답 ③

06 동식물유류에서 "아이오딘값이 크다."라는 의미로 옳은 것은?

22.03.문19
17.03.문19
11.06.문16

① 불포화도가 높다.
② 불건성유이다.
③ 자연발화성이 낮다.
④ 산소와의 결합이 어렵다.

해설 "아이오딘값이 크다."라는 의미
(1) **불포**화도가 높다. 보기 ①
(2) 건성유이다. 보기 ②
(3) 자연발화성이 높다. 보기 ③

(4) 산소와 결합이 쉽다. 보기 ④

※ 아이오딘값: 기름 100g에 첨가되는 아이오딘의 g수

기억법 아불포

답 ①

07 공기 중에 분산된 밀가루, 알루미늄가루 등이 에너지를 받아 폭발하는 현상은?

22.03.문20
16.03.문20
16.10.문16
11.10.문13

① 분진폭발
② 분무폭발
③ 충격폭발
④ 단열압축폭발

해설 분진폭발 보기 ①
공기 중에 분산된 **밀가루**, **알루미늄가루** 등이 에너지를 받아 폭발하는 현상

중요

분진폭발을 일으키지 않는 물질
(1) **시**멘트
(2) **석**회석(소석회)
(3) **탄**산칼슘(CaCO₃)
(4) **생**석회(CaO) = 산화칼슘

• 분진폭발을 일으키지 않는 물질 = 물과 반응하여 가연성 기체를 발생시키지 않는 것

기억법 분시석탄생

답 ①

08 다음 중 제3류 위험물로 금수성 물질에 해당하는 것은?

22.09.문03
21.03.문44
20.08.문41
19.09.문60
19.03.문01
18.09.문20
15.05.문43
15.03.문18
14.09.문04
14.03.문05
14.03.문16
13.09.문07

① 황
② 황린
③ 이황화탄소
④ 탄화칼슘

해설 위험물령 〔별표 1〕
위험물

유 별	성 질	품 명
제1류	산화성 고체	• 아염소산염류 • 염소산염류 • 과염소산염류 • 질산염류(질산칼륨) • 무기과산화물(과산화바륨) 기억법 1산고(일산GO)
제2류	가연성 고체	• 황화인 • 적린 • 황 보기 ① • 마그네슘 기억법 황화적황마

제3류	자연발화성 물질	• 황린(P_4) 보기 ②
	금수성 물질	• 칼륨(K) • 나트륨(Na) • 알킬알루미늄 • 알킬리튬 • 칼슘 또는 알루미늄의 탄화물류 (**탄화칼슘**=CaC_2) 보기 ④ 기억법 황칼나알칼
제4류	인화성 액체	• 특수인화물(이황화탄소) 보기 ③ • 알코올류 • 석유류 • 동식물유류
제5류	자기반응성 물질	• 나이트로화합물 • 유기과산화물 • 나이트로소화합물 • 아조화합물 • 질산에스터류(셀룰로이드)
제6류	산화성 액체	• 과염소산 • 과산화수소 • 질산

답 ④

09 산소와 질소의 혼합물인 공기의 평균분자량은? (단, 공기는 산소 21vol%, 질소 79vol%로 구성되어 있다고 가정한다.)

① 30.84 ② 29.84
③ 28.84 ④ 27.84

해설 원자량

원소	원자량
H	1
C	12
N	14
O	16

$O_2 : 16 \times 2 \times 0.21 = 6.72$
$N_2 : 14 \times 2 \times 0.79 = 22.12$
$\therefore 6.72 + 22.12 = 28.84$

답 ③

10 피난대책의 일반적 원칙이 아닌 것은?

① 피난경로는 가능한 한 길어야 한다.
② 피난대책은 비상시 본능상태에서도 혼돈이 없도록 한다.
③ 피난시설은 가급적 고정식 시설이 바람직하다.
④ 피난수단은 원시적인 방법으로 하는 것이 바람직하다.

해설 ① 길어야 한다. → 짧아야 한다.

피난대책의 일반적인 원칙
(1) 피난경로는 **간단명료**하게 한다(단순한 형태).
(2) 피난설비는 **고정식 설비**를 위주로 설치한다. 보기 ③
(3) 피난수단은 **원시적 방법**에 의한 것을 원칙으로 한다. 보기 ④
(4) **2방향**의 피난통로를 확보한다
(5) 피난통로를 **완전불연화** 한다.
(6) **화재층**의 **피난**을 **최우선**으로 고려한다.
(7) 피난시설 중 피난로는 **복도** 및 **거실**을 가리킨다.
(8) 인간의 **본능적 행동**을 무시하지 않도록 고려한다(본능상태에서도 혼돈이 없도록 한다). 보기 ②
(9) 계단은 **직통계단**으로 한다.
(10) **정전시**에도 **피난방향**을 알 수 있는 표시를 한다.
(11) 모든 피난동선은 건물 중심부 한 곳으로 향해서는 안 된다.
(12) 피난동선은 그 말단이 짧을수록 좋다. 보기 ①

• 피난동선=피난경로

답 ①

11 자연발화를 방지하는 방법이 아닌 것은?

① 저장실의 온도를 높인다.
② 통풍을 잘 시킨다.
③ 열이 쌓이지 않게 퇴적방법에 주의한다.
④ 습도가 높은 곳을 피한다.

해설 ① 높인다. → 낮춘다.

자연발화의 방지법
(1) **습**도가 높은 곳을 **피**할 것(건조하게 유지할 것) 보기 ④
(2) 저**장**실의 온도를 낮출 것(주위온도를 낮게 유지) 보기 ①
(3) 통풍이 잘 되게 할 것 보기 ②
(4) 퇴적 및 수납시 열이 쌓이지 않게 할 것(**열축적방지**) 보기 ③
(5) 발열반응에 정촉매작용을 하는 물질을 피할 것

기억법 자습피

답 ①

12 다음 중 제3류 위험물인 나트륨 화재시의 소화방법으로 가장 적합한 것은?

① 이산화탄소 소화약제를 분사한다.
② 할론 1301을 분사한다.
③ 물을 뿌린다.
④ 건조사를 뿌린다.

해설 소화방법

구 분	소화방법
제1류	물에 의한 **냉각소화**(단, **무기과산화물**은 마른모래 등에 의한 질식소화)
제2류	물에 의한 **냉각소화**(단, **황화인·철분·마그네슘·금속분**은 **마른모래** 등에 의한 질식소화)

제3류	**마른모래** 등에 의한 질식소화 보기 ④
제4류	포·분말·CO_2·할론소화약제에 의한 **질식소화**
제5류	화재 초기에만 대량의 물에 의한 **냉각소화**(단, 화재가 진행되면 자연진화 되도록 기다릴 것)
제6류	마른모래 등에 의한 **질식소화**(단, **과산화수소**는 다량의 **물**로 **희석소화**)

기억법 마3(마산)

- 건조사=마른모래

답 ④

13 감광계수에 따른 가시거리 및 상황에 대한 설명으로 틀린 것은?

23.05.문02
21.03.문02
17.05.문10
01.06.문17

① 감광계수 $0.1m^{-1}$는 연기감지기가 작동할 정도의 연기농도이고, 가시거리는 20~30m이다.
② 감광계수 $0.5m^{-1}$는 거의 앞이 보이지 않을 정도의 농도이고, 가시거리는 1~2m이다.
③ 감광계수 $10m^{-1}$는 화재 최성기 때의 연기농도를 나타낸다.
④ 감광계수 $30m^{-1}$는 출화실에서 연기가 분출할 때의 농도이다.

해설 ② $0.5m^{-1}$ → $1m^{-1}$

감광계수에 따른 가시거리 및 상황

감광계수 [m^{-1}]	가시거리 [m]	상 황
0.1	20~30	연기감지기가 작동할 때의 농도 보기 ①
0.3	5	건물 내부에 익숙한 사람이 피난에 지장을 느낄 정도의 농도
0.5	3	어두운 것을 느낄 정도의 농도
1	1~2	거의 앞이 보이지 않을 정도의 농도 보기 ②
10	0.2~0.5	화재 최성기 때의 농도 보기 ③
30	-	출화실에서 연기가 분출할 때의 농도 보기 ④

답 ②

14 다음 중 착화점이 가장 낮은 물질은?

21.03.문06
19.04.문06
17.09.문11
17.03.문02
14.03.문02
08.09.문06

① 등유
② 아세톤
③ 경유
④ 톨루엔

해설
① 210℃ ② 538℃
③ 200℃ ④ 480℃

물 질	인화점	착화점
• 프로필렌	-107℃	497℃
• 에틸에터 • 다이에틸에터	-45℃	180℃
• **가**솔린(휘발유)	-43℃	300℃
• **산**화프로필렌	-37℃	465℃
• **이**황화탄소	-30℃	100℃
• 아세틸렌	-18℃	335℃
• 아세톤 보기 ②	-18℃	538℃
• 벤젠	-11℃	562℃
• 톨루엔 보기 ④	4.4℃	480℃
• **메**틸알코올	11℃	464℃
• **에**틸알코올	13℃	423℃
• 아세트산	40℃	-
• **등**유 보기 ①	43~72℃	210℃
• **경**유 보기 ③	50~70℃	200℃
• 적린	-	260℃

기억법 인산 이메등경

- 착화점=발화점=착화온도=발화온도
- 인화점=인화온도

답 ③

15 건축법상 건축물의 주요 구조부에 해당되지 않는 것은?

21.03.문10
20.08.문01
17.03.문16
12.09.문19

① 지붕틀
② 내력벽
③ 주계단
④ 최하층 바닥

해설 주요 구조부
(1) 내력**벽**
(2) **보**(작은 보 제외)
(3) **지**붕틀(차양 제외)
(4) **바**닥(최하층 바닥 제외) 보기 ④
(5) **주**계단(옥외계단 제외)
(6) **기**둥(사이기둥 제외)

※ **주요 구조부**: 건물의 구조 내력상 주요한 부분

기억법 벽보지 바주기

답 ④

16 Halon 1211의 화학식으로 옳은 것은?

21.03.문12
19.03.문06
16.03.문09
15.03.문02
14.03.문06

① CF_2BrCl
② $CFBrCl_2$
③ $C_2F_2Br_2$
④ CH_2BrCl

24. 07. 시행 / 산업(전기)

해설

종 류	약 칭	분자식
Halon 1011	CB	CH_2ClBr
Halon 104	CTC	CCl_4
Halon 1211	BCF	$CF_2ClBr(CBrClF_2, CF_2BrCl)$
Halon 1301	BTM	$CF_3Br(CBrF_3)$
Halon 2402	FB	$C_2F_4Br_2(C_2Br_2F_4)$

답 ①

17 ★★★
21.03.문13
16.03.문12
15.03.문08
12.09.문12

장기간 방치하면 습기, 고온 등에 의해 분해가 촉진되고 분해열이 축적되면 자연발화 위험성이 있는 것은?

① 셀룰로이드   ② 질산나트륨
③ 과망가니즈산칼륨   ④ 과염소산

해설 **자연발화**의 형태

자연발화형태	종 류
분해열	• 셀룰로이드 보기 ① • 나이트로셀룰로오스 기억법 분셀나
산화열	• 건성유(정어리유, 아마인유, 해바라기유) • 석탄 • 원면 • 고무분말
발효열	• 퇴비 • 먼지 • 곡물 기억법 발퇴먼곡
흡착열	• 목탄 • 활성탄 기억법 흡목탄활

답 ①

18 ★★★
21.03.문18
19.03.문07
13.06.문18

제1종 분말소화약제의 주성분은?

① 탄산수소나트륨
② 탄산수소칼슘
③ 요소
④ 황산알루미늄

해설 **분말소화약제**

종 별	분자식	착색	적응 화재	비 고
제1종	중탄산나트륨 ($NaHCO_3$) 보기 ①	백색	BC급	**식용유** 및 **지방질유**의 화재에 적합
제2종	중탄산칼륨 ($KHCO_3$)	담자색 (담회색)	BC급	-
제3종	제1인산암모늄 ($NH_4H_2PO_4$)	담홍색	ABC급	**차고·주차장**에 적합
제4종	중탄산칼륨 +요소 ($KHCO_3+$ $(NH_2)_2CO$)	회(백)색	BC급	-

• 중탄산나트륨＝탄산수소나트륨 보기 ①
• 중탄산칼륨＝탄산수소칼륨
• 제1인산암모늄＝인산암모늄＝인산염
• 중탄산칼륨＋요소＝탄산수소칼륨＋요소

답 ①

19 ★★★
21.03.문19
15.03.문09
13.06.문15

경유화재시 주수(물)에 의한 소화가 부적당한 이유는?

① 물보다 비중이 가벼워 물 위에 떠서 화재 확대의 우려가 있으므로
② 물과 반응하여 유독가스를 발생하므로
③ 경유의 연소열로 산소가 방출되어 연소를 돕기 때문에
④ 경유가 연소할 때 수소가스가 발생하여 연소를 돕기 때문에

해설 **경유화재시 주수소화가 부적당한 이유**
물보다 비중이 가벼워 물 위에 떠서 **화재 확대**의 우려가 있기 때문이다. 보기 ①

중요

주수소화(물소화)시 위험한 물질

위험물	발생물질
• 무기과산화물	**산소**(O_2) 발생
• 금속분 • 마그네슘 • 알루미늄 • 칼륨 • 나트륨 • 수소화리튬	**수소**(H_2) 발생
• 가연성 액체의 유류화재(경유)	**연소면**(화재면) 확대

답 ①

20 ★★★
22.09.문15
20.06.문17
18.04.문09
17.09.문13
16.10.문12
14.10.문13
14.09.문11
14.05.문07
14.05.문18
13.09.문19
08.05.문20

불완전연소 시 발생되는 가스로서 헤모글로빈과 결합하여 인체에 유해한 영향을 주는 것은?

① CO
② CO_2
③ O_2
④ N_2

구 분	설 명
일산화탄소 (CO)	• 화재시 흡입된 일산화탄소(CO)의 화학적 작용에 의해 **헤모글로빈**(Hb)이 혈액의 산소 운반작용을 저해하여 사람을 **질식·사망**하게 한다. **보기 ①** • 목재류의 화재시 **인**명피해를 가장 많이 주며, 연기로 인한 의식불명 또는 질식을 가져온다. • 인체의 **폐**에 큰 자극을 준다. • 산소와의 **결**합력이 극히 강하여 질식작용에 의한 독성을 나타낸다. **기억법** 일헤인 폐산결
이산화탄소 (CO_2)	연소가스 중 **가장 많은 양**을 차지하고 있으며 가스 그 자체의 독성은 거의 없으나 다량이 존재할 경우 호흡속도를 증가시키고, 이로 인하여 화재가스에 혼합된 유해가스의 혼입을 증가시켜 위험을 가중시키는 가스이다. **기억법** 이많(이만큼)
암모니아 (NH_3)	• 나무, 페놀수지, 멜라민수지 등의 **질소함유**물이 연소할 때 발생하며, 냉동시설의 **냉**매로 쓰인다. • 눈·코·폐 등에 매우 **자극**성이 큰 가연성 가스이다. **기억법** 암페 멜냉자
포스겐 ($COCl_2$)	매우 **독**성이 **강**한 가스로서 **소**화제인 **사**염화탄소(CCl_4)를 화재시에 사용할 때도 발생한다. **기억법** 독강 소사포
황화수소 (H_2S)	• 달걀 썩는 냄새가 나는 특성이 있다. • **황**분이 포함되어 있는 물질의 불완전 연소에 의하여 발생하는 가스이다. • **자**극성이 있다. **기억법** 황달자
아크롤레인 ($CH_2=CHCHO$)	독성이 매우 높은 가스로서 **석**유제품, **유**지 등이 연소할 때 생성되는 가스이다. **기억법** 아석유
시안화수소 (HCN, 청산가스)	**질소**성분을 가지고 있는 **합성수지, 동물**의 **털, 인조견** 등의 섬유가 불완전연소할 때 발생하는 맹독성 가스로 0.3%의 농도에서 즉시 사망할 수 있다.
아황산가스 (SO_2, 이산화황)	• **황**이 함유된 물질인 **동물**의 **털**, 고무 등이 연소하는 화재시에 발생되며 **무색**의 자극성 냄새를 가진 유독성 기체 • 눈 및 호흡기 등에 점막을 상하게 하고 질식 사할 우려가 있다.
프로판 (C_3H_8)	• LPG의 주성분 • 물보다 가볍다.

답 ①

제2과목 소방전기일반

21 ★★
16.05.문23

$i = I_m \sin(\omega t - 15°)$A인 정현파에서 ωt가 어느 값일 때 순시값이 실효값과 같게 되는가?

① 30° ② 45°
③ 60° ④ 90°

해설 **순시값**

$v = V_m \sin\omega t = \sqrt{2}\,V\sin\omega t\,[V]\,(V_m = \sqrt{2}\,V)$
$i = I_m \sin\omega t = \sqrt{2}\,I\sin\omega t\,[A]\,(I_m = \sqrt{2}\,I)$

여기서, v : 전압의 순시값[V]
V_m : 전압의 최대값[V]
ω : 각주파수[rad/s]
t : 주기[s]
V : 실효값[V]
i : 전류의 순시값[A]
I : 전류의 실효값[A]
I_m : 전류의 최대값[A]

순시값과 실효값이 같은 경우

$I_m \sin(\omega t - 15°) = I$

$\sin(\omega t - 15°) = \dfrac{I}{I_m}$

$\sin(\omega t - 15°) = \dfrac{I}{\sqrt{2}\,I}$

$\sin(\omega t - 15°) = \dfrac{1}{\sqrt{2}}$

$\sin(60° - 15°) = \dfrac{1}{\sqrt{2}}$

∴ $\omega t = 60°$

답 ③

22 ★★★
21.03.문24
20.06.문38
18.09.문39
16.03.문24
13.06.문23

그림과 같은 브리지 회로의 평형 조건은? (단, 전원 주파수는 일정하다.)

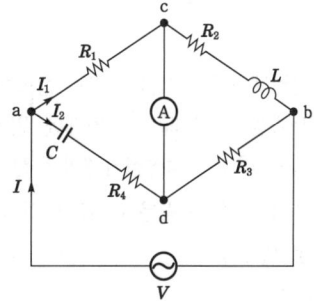

① $R_1 R_3 + R_2 R_4 = \dfrac{L}{C}$, $\dfrac{R_4}{R_2} = \dfrac{L}{C}$

② $R_1 R_3 + R_2 R_4 = \dfrac{L}{C}$, $\dfrac{R_4}{R_2} = \dfrac{1}{\omega^2 LC}$

③ $R_1 R_3 - R_2 R_4 = \dfrac{L}{C}$, $\dfrac{R_4}{R_2} = \dfrac{L}{C}$

④ $R_1 R_3 - R_2 R_4 = \dfrac{L}{C}$, $\dfrac{R_4}{R_2} = \dfrac{1}{\omega^2 LC}$

해설
$Z_1 = R_1$

$Z_2 = R_4 + \dfrac{1}{j\omega C} = \dfrac{j\omega CR_4}{j\omega C} + \dfrac{1}{j\omega C} = \dfrac{j\omega CR_4 + 1}{j\omega C}$

$Z_3 = R_2 + j\omega L$

$Z_4 = R_3$

$\boxed{Z_1 Z_4 = Z_2 Z_3}$

$R_1 R_3 = \left(\dfrac{j\omega CR_4 + 1}{j\omega C}\right) \times (R_2 + j\omega L)$

$R_1 R_3 = \dfrac{j\omega CR_2 R_4 + R_2 + j\omega L + (j \times j)\omega^2 LCR_4}{j\omega C}$

(여기서, $j \times j = -1$)

$R_1 R_3 = \dfrac{j\omega CR_2 R_4 + R_2 + j\omega L - \omega^2 LCR_4}{j\omega C}$

$R_1 R_3 = \dfrac{j\omega CR_2 R_4}{j\omega C} + \dfrac{R_2}{j\omega C} + \dfrac{j\omega L}{j\omega C} - \dfrac{\omega^2 LCR_4}{j\omega C}$

(1) $R_1 R_3 = \dfrac{j\omega CR_2 R_4}{j\omega C} + \dfrac{j\omega L}{j\omega C}$ 만 고려하면

$R_1 R_3 - \dfrac{j\omega CR_2 R_4}{j\omega C} = \dfrac{j\omega L}{j\omega C}$

$\boxed{R_1 R_3 - R_2 R_4 = \dfrac{L}{C}}$

(2) $\dfrac{R_2}{j\omega C} - \dfrac{\omega^2 LCR_4}{j\omega C} = 0$만 고려하면

$\dfrac{\omega^2 LCR_4}{j\omega C} = \dfrac{R_2}{j\omega C}$

$\dfrac{\omega^2 LCR_4}{R^2} = 1$

$\boxed{\dfrac{R_4}{R_2} = \dfrac{1}{\omega^2 LC}}$

답 ④

23 ★★★
23.09.문30
22.04.문28
19.03.문35

정전압계와 콘덴서를 직렬로 접속하고 그 양단에 2000V를 가할 때 전전압계에 인가되는 전압은 몇 V인가? (단, 정전전압계의 정전용량은 C_1[F], 콘덴서의 정전용량은 C_2[F]이며 $C_1 = 4C_2$ 관계에 있다.)

① 200　　② 400
③ 600　　⑤ 800

해설 (1) 기호
- V : 2000V
- V_1 : ?
- $C_1 = 4C_2$

(2) 문제를 회로로 변환하여 구성

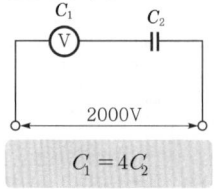

$C_1 = 4C_2$

V_1에 인가되는 전압

$V_1 = \dfrac{C_2}{C_1 + C_2} V$

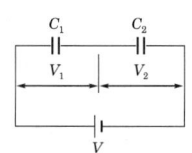

$V_1 = \dfrac{C_2}{C_1 + C_2} V = \dfrac{C_2}{4C_2 + C_2} \times 2000 = \dfrac{C_2}{5C_2} \times 2000 = 400V$

중요

각각의 전압

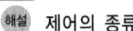

$$V_1 = \dfrac{C_2}{C_1 + C_2} V, \quad V_2 = \dfrac{C_1}{C_1 + C_2} V$$

여기서, V_1 : C_1에 걸리는 전압[V]
V_2 : C_2에 걸리는 전압[V]
C_1, C_2 : 각각의 정전용량[F]
V : 전체 전압[V]

답 ②

24 ★★★
15.09.문23
19.03.문25
19.03.문38
16.10.문27
16.03.문36
14.09.문30
14.05.문24
12.05.문31

제어량을 어떤 일정한 목표값으로 유지하는 것을 목적으로 하는 제어법은?

① 추종제어　　② 비례제어
③ 정치제어　　④ 프로그램제어

해설 제어의 종류

제어 종류	설 명
정치제어 (fixed value control)	① 일정한 **목표값**을 유지하는 것으로 **프로세스제어**, **자동조정**이 이에 해당된다. 예 연속식 압연기 ② 목표값이 시간에 관계없이 항상 일정한 값을 가지는 제어
추종제어 (follow-up control)	① 미지의 시간적 변화를 하는 목표값에 제어량을 추종시키기 위한 제어로 서보기구가 이에 해당된다. 예 대공포의 포신

비율제어 (ratio control)	① 둘 이상의 제어량을 소정의 비율로 제어하는 것 ② 연료의 유량과 공기의 유량과의 사이의 **비율**을 연소에 적합한 것으로 유지하고자 하는 제어방식
프로그램제어 (program control)	① 목표값이 **미리 정해진 시간적 변화**를 하는 경우 제어량을 그것에 추종시키기 위한 제어 예 열차·산업로봇의 무인운전

기억법 비율비율

중요

제어량에 의한 분류

분류방법	제어량
프로세스제어	• 온도 • 압력 • 유량 • 액면
서보기구	• 위치 • 방위 • 자세
자동조정	• 전압 • 전류 • 주파수 • 회전속도 • 장력

• 프로세스제어 = 공정제어

답 ③

25 논리식 $\overline{(\overline{X+Y}+X)}$를 간단히 정리한 것은?

23.09.문26
22.04.문24
20.06.문33
19.09.문24
16.03.문34
15.05.문38
12.03.문21

① $\overline{X}$
② $X + \overline{Y}$
③ X
④ $\overline{X} + Y$

 해설

② $\overline{(\overline{X+Y}+X)} = \overline{X} \cdot \overline{Y} + X$
$= X + \overline{Y}$ ← 흡수법칙

불대수의 정리

논리합	논리곱	비고
$X + 0 = X$	$X \cdot 0 = 0$	–
$X + 1 = 1$	$X \cdot 1 = X$	–
$X + X = X$	$X \cdot X = X$	–
$X + \overline{X} = 1$	$X \cdot \overline{X} = 0$	–
$X + Y = Y + X$	$X \cdot Y = Y \cdot X$	교환법칙
$X + (Y + Z)$ $= (X + Y) + Z$	$X(YZ) = (XY)Z$	결합법칙
$X(Y + Z)$ $= XY + XZ$	$(X + Y)(Z + W)$ $= XZ + XW + YZ + YW$	분배법칙

$X + XY = X$	$\overline{X} + XY = \overline{X} + Y$ $X + \overline{X}Y = X + Y$ $\boxed{X + \overline{X}\overline{Y} = X + \overline{Y}}$ 보기②	흡수법칙
$\overline{(X + Y)}$ $= \overline{X} \cdot \overline{Y}$ 보기②	$\overline{(X \cdot Y)} = \overline{X} + \overline{Y}$	드모르간의 정리

답 ②

26 다음 논리회로의 명칭은?

19.03.문31
10.09.문35
10.03.문30

① AND ② OR
③ NOT ④ NAND

해설

명칭	논리회로	진리표(진가표)
AND 게이트	$X = A \cdot B$	A B X 0 0 0 0 1 0 1 0 0 1 1 1
OR 게이트	$X = A + B$	A B X 0 0 0 0 1 1 1 0 1 1 1 1
NOT 게이트	$X = \overline{A}$	A X 0 1 1 0
NAND 게이트	$X = \overline{A \cdot B}$	A B X 0 0 1 0 1 1 1 0 1 1 1 0
NOR 게이트	$X = \overline{A + B}$	A B X 0 0 1 0 1 0 1 0 0 1 1 0
EXCUSIVE OR 게이트	$X = A \oplus B$ $= \overline{A}B + A\overline{B}$	A B X 0 0 0 0 1 1 1 0 1 1 1 0
EXCUSIVE NOR 게이트	$X = \overline{A \oplus B}$ $= AB + \overline{A}\,\overline{B}$	A B X 0 0 1 0 1 0 1 0 0 1 1 1

답 ①

27
다이오드를 사용한 정류회로에서 과대한 부하전류에 의하여 다이오드가 파손될 우려가 있을 경우 적당한 대책은?

① 다이오드를 직렬로 추가한다.
② 다이오드를 병렬로 추가한다.
③ 다이오드의 양단에 적당한 값의 저항을 추가한다.
④ 다이오드의 양단에 적당한 값의 콘덴서를 추가한다.

해설 다이오드 접속
(1) **직렬**접속 : **과전압**으로부터 보호

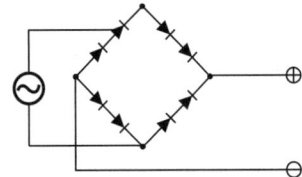

(2) **병렬**접속 : **과전류**로부터 보호

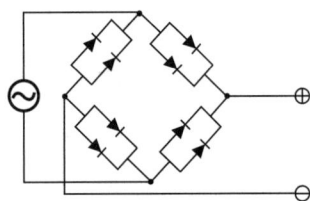

> 기억법 직압(지갑)

답 ②

28
열팽창식 온도계의 종류가 아닌 것은?

① 유리 온도계   ② 압력식 온도계
③ 열전대 온도계 ④ 바이메탈 온도계

해설

열팽창식 온도계	전기신호식 온도계
① 유리 온도계 ② 압력식 온도계 ③ 바이메탈 온도계 ④ 알코올 온도계 ⑤ 수은 온도계	열전대 온도계

> 기억법 유압바

답 ③

29
어떤 측정계기의 지시값을 M, 참값을 T라 할 때 보정률은?

① $\dfrac{T-M}{M} \times 100\%$ ② $\dfrac{M}{M-T} \times 100\%$

③ $\dfrac{T-M}{T} \times 100\%$ ④ $\dfrac{T}{M-T} \times 100\%$

해설 전기계기의 오차

오차율	보정률
오차율 $= \dfrac{M-T}{T} \times 100\%$	보정률 $= \dfrac{T-M}{M} \times 100\%$ ← 보기①

여기서, T : 참값
M : 측정값(지시값)

답 ①

30
회로에서 전류 I는 약 몇 A인가?

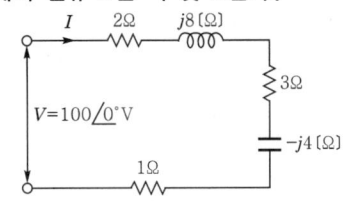

① $7.69 + j11.5$ ② $7.69 - j11.5$
③ $11.5 + j7.69$ ④ $11.5 - j7.69$

해설 (1) 기호
- V : $100\underline{/0°}$V
- $R + jX$: $2\Omega + 3\Omega + 1\Omega + j8\Omega + (-j4\Omega)$ $= 6 + j4\Omega$
- I : ?

(2) 벡터로 복소수 표시하는 방법
$v = V(실효값)\underline{/\theta}$
$= V(실효값)(\cos\theta + j\sin\theta)$

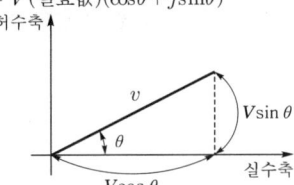

$v = 100\underline{/0°}$
$= 100(\cos 0° + j\sin 0°) = 100V$

(3) 전류

$$I = \dfrac{V}{Z} = \dfrac{V}{R+jX}$$

여기서, I : 전류[A], V : 전압[V]
Z : 임피던스[Ω], X : 리액턴스[Ω]

전류 I는
$I = \dfrac{V}{R+jX}$
$= \dfrac{100}{6+j4}$
$= \dfrac{100(6-j4)}{(6+j4)(6-j4)}$ ← 분모의 허수를 없애기 위해 분자, 분모에 허수부호를 반대로 하여 $(6-j4)$ 곱함 $-j \times j = -1$
$= \dfrac{600 - j400}{36 - j24 + j24 - (j \times j)16}$
$= \dfrac{600 - j400}{36 - (-1)16} = \dfrac{600 - j400}{36 + 16}$
$= \dfrac{600 - j400}{52} ≒ 11.5 - j7.69 A$

답 ④

31 전압 200V, 주파수 60Hz, 4극, 10HP인 3상 유도전동기의 동기속도는 몇 rpm인가? (단, 이때 전동기의 역률은 0.85라고 한다.)

① 1200 ② 1800
③ 2400 ④ 3600

해설 (1) 기호
- V : 200V
- f : 60Hz
- P : 4극
- N_s : ?

(2) 동기속도

$$N_s = \frac{120f}{P}$$

여기서, N_s : 동기속도[rpm]
  f : 주파수[Hz]
  P : 극수

동기속도 N_s 는

$$N_s = \frac{120f}{P} = \frac{120 \times 60}{4} = 1800\text{rpm}$$

- 전압 200V, 10HP, 역률 0.85는 이 문제에서는 필요 없다.

답 ②

 32 어떤 계를 표시하는 미분방정식이 $\dfrac{d^2c(t)}{dt^2} + 5\dfrac{dc(t)}{dt} + 2c(t) = 2r(t)$ 이다. 입력이 $r(t)$, 출력이 $c(t)$라고 하면 이 계의 전달함수 $G(s)$는?

① $\dfrac{2}{2s^2 + 5s + 1}$ ② $\dfrac{2s^2 + 5s + 1}{2}$

③ $\dfrac{2}{s^2 + 5s + 2}$ ④ $\dfrac{s^2 + 5s + 2}{2}$

해설
- $\dfrac{d^2}{dt^2} \to s^2$, $5\dfrac{d}{dt} \to 5s$, $2 \to 2$
- $2 \to 2$

라플라스 변환하면
$(s^2 + 5s + 2)c(s) = 2r(s)$
전달함수
$G(s) = \dfrac{c(s)}{r(s)} = \dfrac{2}{(s^2 + 5s + 2)} = \dfrac{2}{s^2 + 5s + 2}$

용어

전달함수
모든 초기값을 0으로 하였을 때 출력신호의 라플라스 변환과 입력신호의 라플라스 변환의 비

답 ③

 33 그림과 같은 시퀀스회로의 논리식은?

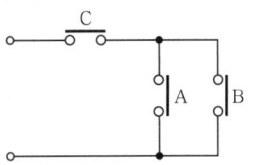

① $A + B - C$
② $(A + B) \cdot C$
③ $A \cdot B \cdot C$
④ $A \cdot B + C$

해설 시퀀스회로에서 직렬은 (·), 병렬은 (+)로 나타내므로 논리식은 $(A+B) \cdot C$이다.

중요

명 칭	시퀀스회로	논리식
AND회로 (직렬회로)		$X = A \cdot B$
OR회로 (병렬회로)		$X = A + B$
NOT회로		$X = \overline{A}$
NAND회로		$X = \overline{A \cdot B}$
NOR회로		$X = \overline{A + B}$

답 ②

34 그림의 블록선도에서 $\dfrac{C(s)}{D(s)}$는?

23.09.문38
22.09.문22
21.05.문21
18.09.문26
10.09.문38
09.05.문23

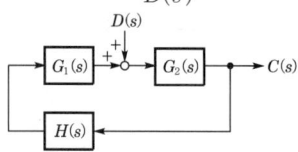

① $\dfrac{G_2(s)}{1-G_1(s)G_2(s)H(s)}$

② $\dfrac{G_1(s)G_2(s)}{H(s)}$

③ $\dfrac{H(s)}{G_1(s)G_2(s)}$

④ $\dfrac{G_1(s)}{1-G_1(s)G_2(s)H(s)}$

해설

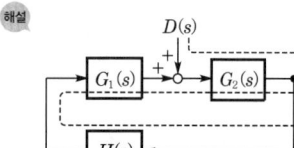

$D(s)G_2(s) + CG_1(s)G_2(s)H(s) = C(s)$

$DG_2 + CG_1G_2H = C$ ← 계산편의를 위해 (s) 생략

$DG_2 = C - CG_1G_2H$

$DG_2 = C(1 - G_1G_2H)$

$\dfrac{G_2}{1 - G_1G_2H} = \dfrac{C}{D}$

$\dfrac{C}{D} = \dfrac{G_2}{1 - G_1G_2H}$

$\dfrac{C(s)}{D(s)} = \dfrac{G_2(s)}{1 - G_1(s)G_2(s)H(s)}$ ← (s) 다시 붙임

용어

블록선도
제어계에서 신호전송상태를 나타내는 계통도

답 ①

35 전류의 열작용과 관계가 있는 법칙은?

16.05.문35
15.09.문32
15.03.문35
12.09.문25

① 키르히호프의 법칙
② 줄의 법칙
③ 플레밍의 법칙
④ 옴의 법칙

해설 여러 가지 법칙

법칙	설명
플레밍의 오른손 법칙	**도**체운동에 의한 **유**기기전력의 **방**향 결정 기억법 방유도오(방에 우유를 도로 갖다 놓게!)
플레밍의 왼손 법칙	전자력의 방향 결정 기억법 왼전(왠 전쟁이냐?)
렌츠의 법칙	자속변화에 의한 **유**도기전력의 **방**향 결정 기억법 렌유방(오렌지가 유일한 방법이다.)
패러데이의 전자유도법칙	자속변화에 의한 **유**기기전력의 **크**기 결정 기억법 패유크(패유를 버리면 큰일난다.)
앙페르의 오른나사법칙	**전**류에 의한 **자**기장의 방향을 결정하는 법칙 기억법 앙전자(양전자)
비오-사바르의 법칙	**전**류에 의해 발생되는 **자**기장의 크기 기억법 비전자(비전공자)
키르히호프의 법칙	옴의 법칙을 응용한 것으로 복잡한 회로의 전류와 전압계산에 사용
줄의 법칙	• 어떤 도체에 일정 시간 동안 전류를 흘리면 도체에는 열이 발생되는데 이에 관한 법칙 • **전류의 열작용**과 관계있는 법칙
쿨롱의 법칙	'두 자극 사이에 작용하는 힘은 두 자극의 세기의 **곱**에 **비례**하고, 두 자극 사이의 **거리의 제곱**에 **반비례**한다'는 법칙

답 ②

36 220V의 전원에 접속하였을 때 2kW의 전력을 소비하는 저항이 있다. 이 저항을 100V의 전원에 접속하면 저항에서 소비되는 전력은 약 몇 W인가?

20.06.문21
18.09.문28
14.03.문34
11.10.문37
09.03.문34

① 206
② 413
③ 826
④ 1652

해설

(1) 기호
- V : 220V
- P : 2kW=2000W(1kW=1000W)
- V' : 100V
- P' : ?

(2) 전력

$$P = VI = I^2R = \dfrac{V^2}{R}$$

여기서, P : 전력[W]
V : 전압[V]
I : 전류[A]
R : 저항[Ω]

저항 R은

$R = \dfrac{V^2}{P} = \dfrac{220^2}{2000} = 24.2\,\Omega$

100V의 전압사용시 **소비전력** P'는

$P' = \dfrac{V'^2}{R} = \dfrac{100^2}{24.2} ≒ 413\text{W}$

답 ②

37. 공기 중의 한 점에 양의 점전하 4nC이 놓여 있다. 이 점으로부터 3m 떨어진 곳의 전기장의 세기는 몇 V/m인가?

① 4
② 8
③ 12
④ 16

 (1) 기호
- ε_s : 1(공기 중이므로)
- Q : $4nC = 4 \times 10^{-9}$
- r : 3m
- E : ?

(2) 전계의 세기(intensity of electric field)

$$E = \frac{Q}{4\pi \varepsilon r^2} \text{[V/m]}$$

여기서, E : 전계의 세기[V/m]
Q : 전하[C]
ε : 유전율[F/m] ($\varepsilon = \varepsilon_0 \cdot \varepsilon_s$)
r : 거리[m]

전계의 세기(전장의 세기) E는

$$E = \frac{Q}{4\pi \varepsilon r^2} = \frac{Q}{4\pi \varepsilon_0 \varepsilon_s r^2}$$

$$= \frac{4 \times 10^{-9}}{4\pi \times (8.855 \times 10^{-12}) \times 1 \times 3^2} ≒ 4\text{V/m}$$

- 진공의 유전율 : $\varepsilon_0 = 8.855 \times 10^{-12}$ [F/m]

중요

단위환산

명칭	기호	크기
피코(pico)	p	10^{-12}
나노(nano)	n	10^{-9}
마이크로(micro)	μ	10^{-6}
메가(mega)	M	10^6

답 ①

38. 선간전압이 220V인 3상 전원에 임피던스가 $Z = 8 + j6\,\Omega$인 3상 Y부하를 연결할 경우 상전류는 몇 A인가?

① 7.3
② 12.7
③ 18.4
④ 22.0

(1) 기호
- V_l : 220V
- Z : $8 + j6\,\Omega$
- I_Y : ?

(2) 그림

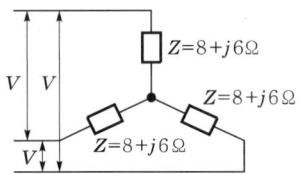

Y결선 : 선전류 $I_Y = \dfrac{V_l}{\sqrt{3}\,Z}$ [A]

△결선 : 선전류 $I_\triangle = \dfrac{\sqrt{3}\,V_l}{Z}$ [A]

여기서, V_l : 선간전압[V]
Z : 임피던스[Ω]

Y결선에서는 **선전류=상전류**이므로

상전류 $I_Y = \dfrac{V_l}{\sqrt{3}\,Z} = \dfrac{220}{\sqrt{3}\,(8+j6)}$

$= \dfrac{220}{10\sqrt{3}} = 12.071 ≒ 12.7\text{A}$

답 ②

39. 트랜지스터의 특성에 대한 설명으로 틀린 것은?

① 소형이다.
② 수명이 길다.
③ 저전압, 소전력으로 동작한다.
④ 고온에 잘 견디며 온도 특성이 양호하다.

 ④ 잘 견디며 → 약하며, 양호 → 불량

트랜지스터(transistor)의 특성
(1) 실리콘 또는 게르마늄 **반도체**를 이용한 소자이다.
(2) **증폭용**으로 사용한다.
(3) PNP 또는 NPN 접합으로 이루어진 3단자 반도체소자이다.
(4) **소형**이다.
(5) **수명**이 **길다**.
(6) **저전압**, **소전력**으로 동작한다.
(7) 고온에 약하다.

‖트랜지스터‖

답 ④

40 3상 회로를 2전력계 방법으로 측정하였더니 각각 3kW, 1kW를 지시하였다. 이 회로의 3상 유효전력은 몇 kW인가?

① 1 ② 2
③ 3 ④ 4

해설 (1) 기호
- P_1 : 3kW
- P_2 : 1kW
- P : ?

(2) 2전력계법
$$P = P_1 + P_2$$
여기서, P : 전전력[kW]
P_1, P_2 : 전력계의 지시값[kW]
전전력 $P = P_1 + P_2 = 3 + 1 = 4$kW

비교
3전력계법
$$P = P_1 + P_2 + P_3$$
여기서, P : 전전력[kW]
P_1, P_2, P_3 : 전력계의 지시값[kW]

답 ④

제3과목 소방관계법규

41 소방시설 설치 및 관리에 관한 법령상 단독경보형 감지기를 설치하여야 하는 특정소방대상물의 기준 중 틀린 것은?

① 연면적 400m² 미만의 유치원
② 교육연구시설 내에 있는 연면적 2000m² 미만의 합숙소
③ 수련시설 내에 있는 연면적 2000m² 미만의 기숙사
④ 연면적 2000m² 미만의 아파트

해설 ④ 아파트는 해당없음

소방시설법 시행령 [별표 4]
단독경보형 감지기의 설치대상

연면적	설치대상
400m² 미만	• 유치원 보기①
2000m² 미만	• 교육연구시설·수련시설 내에 있는 **합숙소** 또는 **기숙사** 보기②③
모두 적용	• 100명 미만의 수련시설(숙박시설이 있는 것) • 연립주택 • 다세대주택

답 ④

42 위험물을 취급하는 건축물 그 밖의 시설 주위에 보유해야 하는 공지의 너비를 정하는 기준이 되는 것은? (단, 위험물을 이송하기 위한 배관 그 밖에 이와 유사한 시설을 제외한다.)

① 위험물안전관리자의 보유 기술자격
② 위험물의 품명
③ 취급하는 위험물의 최대수량
④ 위험물의 성질

해설 위험물규칙 [별표 4]
위험물을 취급하는 건축물 그 밖의 시설(위험물을 이송하기 위한 배관 그 밖에 이와 유사한 시설 제외)의 주위에는 그 **취급하는 위험물의 최대수량**에 따라 다음 표에 의한 너비의 공지를 보유할 것

취급하는 위험물의 최대수량	공지의 너비
지정수량의 10배 이하	3m 이상
지정수량의 10배 초과	5m 이상

답 ③

43 특정소방대상물의 의료시설 중 병원에 해당하는 것은?

① 마약진료소 ② 장례시설
③ 전염병원 ④ 요양병원

해설 소방시설법 시행령 [별표 2]
의료시설

구 분	종 류
병원	• 종합병원 • 병원 • 치과병원 • 한방병원 • **요양병원**
격리병원	• 전염병원 • 마약진료소
정신의료기관	–
장애인 의료재활시설	–

※ 장례시설은 장례시설 단독으로 분류한다.

답 ④

44 소방시설공사업법상 소방시설공사 결과 소방시설의 하자발생시 통보를 받은 공사업자는 며칠 이내에 하자를 보수해야 하는가?

① 3 ② 5
③ 7 ④ 10

해설 공사업법 15조
소방시설공사의 하자보수기간 : **3일** 이내

중요
3일
(1) **하**자보수기간(공사업법 15조)
(2) 소방시설업 **등**록증 **분**실 등의 **재**발급(공사업규칙 4조)
(3) 소방시설 등의 자체점검 면제 또는 연기신청(소방시설법 시행령 22조)

답 ①

(4) 소방안전관리자 선임연기신청서 관계인 통보(화재예방법 시행규칙 14조)

기억법 3하등분재(상하이에서 동생이 분재를 가져왔다.)

답 ①

45 소방시설 중 경보설비에 해당하지 않는 것은?
17.03.문53
12.03.문47
(기사)
① 비상벨설비 ② 단독경보형 감지기
③ 비상방송설비 ④ 비상콘센트설비

해설 ④ 비상콘센트설비 : 소화활동설비

소방시설법 시행령 [별표 1]
경보설비
(1) 비상경보설비 ─ 비상벨설비
              └ 자동식 사이렌설비
(2) 단독경보형 감지기
(3) 비상방송설비
(4) 누전경보기
(5) 자동화재탐지설비 및 시각경보기
(6) 자동화재속보설비
(7) 가스누설경보기
(8) 통합감시시설
(9) 화재알림설비

※ **경보설비** : 화재발생 사실을 통보하는 기계·기구 또는 설비

답 ④

46 국가가 시·도의 소방업무에 필요한 경비의 일부를 보조하는 국고보조 대상이 아닌 것은?
17.03.문54
06.05.문60
(기사)
① 소방용수시설
② 소방전용통신설비
③ 소방자동차
④ 소방관서용 청사의 건축

해설 ① 국고보조대상이 아님

기본령 2조
국고보조의 대상 및 기준
(1) 국고보조의 대상
 ㉠ 소방활동장비와 설비의 구입 및 설치
  • 소방**자**동차
  • 소방**헬**리콥터·소방정
  • 소방**전**용통신설비·전산설비
  • 방**화**복
 ㉡ 소방관서용 **청**사
(2) 소방활동장비 및 설비의 종류와 규격 : 행정안전부령
(3) 대상사업의 기준보조율 : 「보조금관리에 관한 법률 시행령」에 따름

기억법 국화복 활자 전헬청

답 ①

47 제조 또는 가공 공정에서 방염처리를 한 물품으로서 방염대상물품이 아닌 것은? (단, 합판·목재류의 경우에는 설치현장에서 방염처리를 한 것을 포함한다.)
19.04.문42
17.03.문59
06.03.문42
(기사)

① 카펫
② 창문에 설치하는 커튼류
③ 두께가 2mm 미만인 종이벽지
④ 전시용 합판 또는 섬유판

해설 ③ 두께 2mm 미만인 종이벽지 → 두께 2mm 미만인 종이벽지 제외

소방시설법 시행령 31조
방염대상물품

제조 또는 가공 공정에서 방염처리를 한 물품	건축물 내부의 천장이나 벽에 부착하거나 설치하는 것
① 창문에 설치하는 **커튼류**(블라인드 포함) ② **카펫** ③ **벽지류**(두께 2mm 미만인 종이벽지 제외) ④ 전시용 합판·목재 또는 섬유판 ⑤ 무대용 합판·목재 또는 섬유판 ⑥ 암막·무대막(영화상영관·가상체험 체육시설업의 스크린 포함) ⑦ 섬유류 또는 합성수지류 등을 원료로 하여 제작된 소파·의자(단란주점영업, 유흥주점영업 및 노래연습장업의 영업장에 설치하는 것만 해당)	① 종이류(두께 2mm 이상), 합성수지류 또는 섬유류를 주원료로 한 물품 ② 합판이나 목재 ③ 공간을 구획하기 위하여 설치하는 간이칸막이 ④ 흡음재(흡음용 커튼 포함) 또는 방음재(방음용 커튼 포함) ※ 가구류(옷장, 찬장, 식탁, 식탁용 의자, 사무용 책상, 사무용 의자, 계산대)와 너비 10cm 이하인 반자돌림대, 내부 마감재료 제외

답 ③

48 위험물안전관리법령상 제조소 또는 일반취급소에서 취급하는 제4류 위험물의 최대수량의 합이 지정수량의 24만배 이상 48만배 미만인 사업소의 관계인이 두어야 하는 화학소방자동차와 자체소방대원의 수의 기준으로 옳은 것은? (단, 화재, 그 밖의 재난발생시 다른 사업소 등과 상호응원에 관한 협정을 체결하고 있는 사업소는 제외한다.)
23.03.문54
17.05.문43

① 화학소방자동차 : 2대, 자체소방대원의 수 : 10인
② 화학소방자동차 : 3대, 자체소방대원의 수 : 10인
③ 화학소방자동차 : 3대, 자체소방대원의 수 : 15인
④ 화학소방자동차 : 4대, 자체소방대원의 수 : 20인

해설 위험물령 [별표 8]
자체소방대에 두는 화학소방자동차 및 인원

구 분	화학소방자동차	자체소방대원의 수
지정수량 3천~12만배 미만	1대	5인
지정수량 12~24만배 미만	2대	10인
지정수량 24~48만배 미만 **보기 ③**	3대	15인
지정수량 48만배 이상	4대	20인
옥외탱크저장소에 저장하는 제4류 위험물의 최대수량이 지정수량의 50만배 이상	2대	10인

답 ③

49 분말형태의 소화약제를 사용하는 소화기의 내용연수로 옳은 것은? (단, 소방용품의 성능을 확인받아 그 사용기한을 연장하는 경우는 제외한다.)
① 10년 ② 7년
③ 5년   ④ 3년

해설 소방시설법 시행령 19조
분말형태의 소화약제를 사용하는 소화기 : 내용연수 10년
답 ①

50 하자를 보수하여야 하는 소방시설과 소방시설별 하자보수보증기간이 틀린 것은?
① 자동소화장치 : 3년
② 자동화재탐지설비 : 2년
③ 무선통신보조설비 : 2년
④ 스프링클러설비 : 3년

해설 ② 자동화재탐지설비 : 3년
공사업령 6조
소방시설공사의 하자보수보증기간

보증 기간	소방시설
2년	• **유**도등 • **피**난기구 • 비상**조**명등 • 비상**경**보설비 • 비상**방**송설비 • **무**선통신보조설비 **기억법** 유피조경방무2
3년	• 자동소화장치 • 옥내·외소화전설비 • 스프링클러설비 • 물분무등소화설비 • 소화용수설비 • 자동화재탐지설비 • 소화활동설비(무선통신보조설비 제외) • 화재알림설비

답 ②

51 위험물안전관리법령상 위험물 및 지정수량에 대한 기준 중 다음 ( ) 안에 알맞은 것은?

금속분이라 함은 알칼리금속·알칼리토류 금속·철 및 마그네슘 외의 금속의 분말을 말하고, 구리분·니켈분 및 (㉠)마이크로미터의 체를 통과하는 것이 (㉡)중량퍼센트 미만인 것은 제외한다.

① ㉠ 150, ㉡ 50   ② ㉠ 53, ㉡ 50
③ ㉠ 50, ㉡ 150   ④ ㉠ 50, ㉡ 53

해설 위험물령 [별표 1]
금속분
알칼리금속·알칼리토류 금속·철 및 마그네슘 외의 금속의 분말을 말하고, **구리분·니켈분** 및 **150마이크로미터**의 체를 통과하는 것이 **50중량퍼센트** 미만인 것은 제외한다.
답 ①

52 제조소 등의 설치허가 등에 있어서 최저의 기준이 되는 위험물의 지정수량이 100kg인 위험물의 품명이 바르게 연결된 것은?
① 브로민산염류 - 질산염류 - 아이오딘산염류
② 칼륨 - 나트륨 - 알킬알루미늄
③ 황화인 - 적린 - 황
④ 과염소산 - 과산화수소 - 질산

해설 위험물령 [별표 1]
제2류 위험물

성 질	품 명	지정수량
가연성 고체	황화인	100kg
	적린	
	황	
	철분	500kg
	금속분	
	마그네슘	
	인화성 고체	1000kg

중요
위험물령 [별표 1]
제1류 위험물

성 질	품 명	지정수량
산화성 고체	아염소산염류	50kg
	염소산염류	
	과염소산염류	
	무기과산화물	
	브로민산염류	300kg
	질산염류	
	아이오딘산염류	
	과망가니즈산염류	1000kg
	다이크로뮴산염류	

답 ③

53. 화재의 예방 및 안전관리에 관한 법령상 대통령령으로 정하는 특수가연물의 품명별 수량기준이 옳은 것은?

① 가연성 고체류 - 1000kg 이상
② 목재가공품 및 나무 부스러기 - 20m³ 이상
③ 석탄·목탄류 - 3000kg 이상
④ 면화류 - 200kg 이상

해설
① 1000kg → 3000kg
② 20m³ → 10m³
③ 3000kg → 10000kg

화재예방법 시행령 [별표 2]
특수가연물

품 명		수 량
가연성 **액**체류		2m³ 이상
목재가공품 및 나무부스러기		10m³ 이상
면화류		200kg 이상
나무껍질 및 대팻밥		400kg 이상
넝마 및 종이부스러기		1000kg 이상
사류(絲類)		
볏짚류		
가연성 **고**체류		3000kg 이상
고무류·플라스틱류	발포시킨 것	20m³ 이상
	그 밖의 것	3000kg 이상
석탄·목탄류		10000kg 이상

기억법 가액목면나 넝사볏가고 고석
          2 1 2 4 1 3 3 1

※ 특수가연물: 화재가 발생하면 그 확대가 빠른 물품

답 ④

54. 대통령령으로 정하는 화재예방강화지구의 지정 대상지역이 아닌 것은?

① 시장지역
② 목조건물이 밀집한 지역
③ 위험물의 저장 및 처리시설이 밀집한 지역
④ 석유화학제품을 판매하는 시설이 있는 지역

해설
④ 판매하는 시설이 있는 지역 → 생산하는 공장이 있는 지역

화재예방법 18조
화재예방강화지구의 지정
(1) 지정권자: **시**·도지사
(2) 지정지역
  ㉠ **시장**지역
  ㉡ **공장·창고** 등이 밀집한 지역
  ㉢ **목조건물**이 밀집한 지역
  ㉣ **노후·불량** 건축물이 밀집한 지역
  ㉤ **위험물**의 저장 및 **처리시설**이 밀집한 지역
  ㉥ **석유화학제품**을 생산하는 공장이 있는 지역
  ㉦ **소방시설·소방용수시설** 또는 **소방출동로**가 **없는** 지역
  ㉧ 「**산업입지** 및 **개발**에 관한 **법률**」에 따른 산업단지
  ㉨ 「**물류시설**의 개발 및 **운영**에 관한 법률」에 따른 물류단지
  ㉩ **소방청장·소방본부장** 또는 **소방서장**(소방관서장)이 화재예방강화지구로 지정할 필요가 있다고 인정하는 지역

기억법 화강시

※ 화재예방강화지구: 화재발생 우려가 크거나 화재가 발생할 경우 피해가 클 것으로 예상되는 지역에 대하여 화재의 예방 및 안전관리를 강화하기 위해 지정·관리하는 지역

답 ④

55. 연소 우려가 있는 건축물의 구조에 대한 기준으로 다음 ( ) 안에 알맞은 것은?

건축물대장의 건축물 현황도에 표시된 대지경계선 안에 둘 이상의 건축물이 있는 경우, 각각의 건축물이 다른 건축물의 외벽으로부터 수평거리가 1층에 있어서는 (㉠)m 이하, 2층 이상의 층의 경우에는 (㉡)m 이하인 경우, 개구부가 다른 건축물을 향하여 설치되어 있는 경우 모두 해당하는 구조이다.

① ㉠ 6, ㉡ 10
② ㉠ 10, ㉡ 6
③ ㉠ 3, ㉡ 5
④ ㉠ 5, ㉡ 3

해설 소방시설법 시행규칙 17조
연소 우려가 있는 건축물의 구조
(1) **1층**: 타건축물 외벽으로부터 **6m** 이하
(2) **2층 이상**: 타건축물 외벽으로부터 **10m** 이하
(3) 대지경계선 안에 2 이상의 건축물이 있는 경우
(4) 개구부가 다른 건축물을 향하여 설치된 구조

답 ①

56. 소방시설 설치 및 관리에 관한 법령상 특정소방대상물에 설치되는 소방시설 중 소방본부장 또는 소방서장의 건축허가 등의 동의대상에서 제외되는 것이 아닌 것은? (단, 설치되는 소방시설이 화재안전기준에 적합한 경우 그 특정소방대상물이다.)

① 인공소생기
② 유도표지
③ 누전경보기
④ 비상조명등

해설 **소방시설법 시행령 7조**
건축허가 등의 동의대상 제외
(1) 소화기구
(2) 자동소화장치
(3) 누전경보기
(4) 단독경보형감지기
(5) 시각경보기
(6) 가스누설경보기
(7) 피난구조설비(비상조명등 제외)
(8) 건축물의 증축 또는 용도변경으로 인하여 해당 특정소방대상물에 추가로 소방시설이 설치되지 않는 경우 해당 특정소방대상물

용어
피난구조설비
(1) 유도등
(2) 유도표지
(3) 인명구조기구 ─ **방열**복
　　　　　　　　├ **방화**복(안전모, 보호장갑, 안전화 포함)
　　　　　　　　├ **공**기호흡기
　　　　　　　　└ **인**공소생기

기억법 방열화공인

답 ④

57 ★★★
소방시설 설치 및 관리에 관한 법령상 소방용품으로 틀린 것은?

21.09.문60
19.04.문54
15.05.문47
11.06.문52
10.03.문57

① 시각경보기　　② 자동소화장치
③ 가스누설경보기　④ 방염제

해설 **소방시설법 시행령 6조**
소방용품 제외대상
(1) 주거용 주방자동소화장치용 소화약제
(2) 가스자동소화장치용 소화약제
(3) 분말자동소화장치용 소화약제
(4) 고체에어로졸 자동소화장치용 소화약제
(5) 소화약제 외의 것을 이용한 간이소화용구
(6) 휴대용 비상조명등
(7) 유도표지
(8) 벨용 푸시버튼스위치
(9) 피난밧줄
(10) 옥내소화전함
(11) 방수구
(12) 안전매트
(13) 방수복
(14) 시각경보기 보기 ①

답 ①

58 ★
위험물안전관리법령상 정밀정기검사를 받아야 하는 특정옥외탱크저장소의 관계인은 특정옥외탱크저장소의 설치허가에 따른 완공검사합격확인증을 발급받은 날부터 몇 년 이내에 정밀정기검사를 받아야 하는가?

17.09.문48

① 12　　② 11
③ 10　　④ 9

해설 **위험물규칙 65조**
특정옥외탱크저장소의 구조안전점검기간

점검기간	조건
● 11년 이내	최근의 정밀정기검사를 받은 날부터
● **12**년 이내	**완공검사합격확인증**을 발급받은 날부터
● 13년 이내	최근의 정밀정기검사를 받은 날부터(연장신청을 한 경우)

기억법 12완(연필은 **12**개가 **완**전 1타스)

비교

위험물규칙 68조 ②항
정기점검기록

특정옥외탱크저장소의 구조안전점검	기타
25년	3년

답 ①

59 ★★
화재의 예방 및 안전관리에 관한 법령상 특정소방대상물의 관계인이 소방안전관리자를 30일 이내에 선임하여야 하는 기준일 중 틀린 것은?

17.09.문49

① 신축으로 해당 특정소방대상물의 소방안전관리자를 신규로 선임하여야 하는 경우 : 해당 특정소방대상물의 완공일
② 특정소방대상물을 양수하여 관계인의 권리를 취득한 경우 : 해당 권리를 취득한 날
③ 증축으로 인하여 특정소방대상물의 소방안전관리대상물로 된 경우 : 증축공사의 개시일
④ 소방안전관리자를 해임한 경우 : 소방안전관리자를 해임한 날

해설 ③ 개시일 → 완공일

화재예방법 시행규칙 14조
소방안전관리자를 30일 이내에 선임하여야 하는 기준일

내용	선임기준
신축·증축·개축·재축·대수선 또는 용도변경으로 해당 특정소방대상물의 소방안전관리자를 신규로 선임하여야 하는 경우	해당 특정소방대상물의 **완공일**
특정소방대상물을 양수하여 관계인의 권리를 취득한 경우	해당 권리를 취득한 날
증축 또는 용도변경으로 인하여 특정소방대상물이 소방안전관리대상물로 된 경우	증축공사의 완공일 또는 용도변경 사실을 건축물관리대장에 기재한 날
소방안전관리자를 해임한 경우	소방안전관리자를 해임한 날

답 ③

60. 특정소방대상물의 소방시설 설치의 면제기준 중 다음 ( ) 안에 알맞은 것은?

> 물분무등소화설비를 설치하여야 하는 차고·주차장에 ( )를 화재안전기준에 적합하게 설치한 경우에는 그 설비의 유효범위에서 설치가 면제된다.

① 옥내소화전설비
② 스프링클러설비
③ 간이스프링클러설비
④ 할로겐화합물 및 불활성기체 소화설비

해설 소방시설법 시행령 〔별표 5〕
소방시설 면제기준

면제대상	대체설비
스프링클러설비	• 물분무등소화설비
물분무등소화설비	• 스프링클러설비 기억법 스물(스물스물 하다.)
간이스프링클러설비	• 스프링클러설비 • 물분무소화설비·미분무소화설비
비상경보설비 또는 단독경보형감지기	• 자동화재탐지설비
비상경보설비	• 2개 이상 단독경보형 감지기 연동
비상방송설비	• 자동화재탐지설비 • 비상경보설비
연결살수설비	• 스프링클러설비 • 간이스프링클러설비·미분무소화설비 • 물분무소화설비·미분무소화설비
제연설비	• 공기조화설비
연소방지설비	• 스프링클러설비 • 물분무소화설비·미분무소화설비
연결송수관설비	• 옥내소화전설비 • 스프링클러설비 • 간이스프링클러설비 • 연결살수설비
자동화재탐지설비	• 자동화재**탐**지설비의 기능을 가진 **스**프링클러설비 • **물**분무등소화설비 기억법 탐탐스물
옥내소화전설비	• 옥외소화전설비 • 미분무소화설비(호스릴방식)

답 ②

제4과목 소방전기시설의 구조 및 원리

61. 누전경보기의 형식승인 및 제품검사의 기술기준에 따라 변류기(경계전로의 전선을 그 변류기에 관통시키는 것은 제외한다)는 경계전로에 정격전류를 흘리는 경우, 그 경계전로의 전압강하는 몇 V 이하이어야 하는가?

① 0.3 ② 0.5
③ 1   ④ 2

해설 대상에 따른 전압

전압	대상
0.5V 이하	누전경보기 경계전로의 전압강하 기억법 05경전(공오경전)
0.6V 이하	완전방전
60V 이하	약전류회로
60V 초과	접지단자 설치
300V 이하	• 전원변압기의 1차 전압 • 유도등·비상조명등의 사용전압 기억법 변3(변상해.)
600V 이하	누전경보기의 경계전로전압 기억법 누6(누룩)

답 ②

62. 대형피난구유도등을 설치하지 않아도 되는 설치장소는 다음 중 어느 곳인가?

① 공연장
② 집회장
③ 오피스텔
④ 운동시설

해설 유도등 및 유도표지의 종류(NFPC 303 4조, NFTC 303 2.1.1)

설치장소	유도등 및 유도표지의 종류
• 공연장·집회장·관람장·운동시설	• 대형피난구유도등 • 통로유도등 • 객석유도등
• 위락시설·판매시설 및 영업시설 • 관광숙박업·의료시설·방송통신시설 • 전시장·지하상가·지하철역사 • 운수시설·장례식장	• 대형피난구유도등 • 통로유도등
• 숙박시설·오피스텔 • 지하층·무창층 및 11층 이상의 부분	• 중형피난구유도등 • 통로유도등

24. 07. 시행 / 산업(전기)

• 근린생활시설 · 노유자시설 · 업무시설 • 종교시설 · 교육연구시설 · 공장 • 교정 및 군사시설 • 자동차정비공장 · 운전학원 및 정비학원 • 다중이용업소 • 수련시설 · 발전시설 • 복합건축물	• 소형피난구유도등 • 통로유도등	
• 그 밖의 것	• 피난구유도표지 • 통로유도표지	

기억법 공집관운 대통객

답 ③

63 무선통신보조설비를 구성하는 기기에 해당하지 않는 것은?

19.04.문69
16.10.문61
15.09.문77
15.05.문69
12.05.문67

① 혼합기
② 중계기
③ 분파기
④ 분배기

해설 ② 자동화재탐지설비의 구성기기

무선통신보조설비 구성기기

분배기	분파기	혼합기
신호의 전송로가 분기되는 장소에 설치하는 것으로 **임피던스 매칭**(matching)과 **신호균등분배**를 위해 사용하는 장치	서로 다른 **주파수의 합성**된 신호를 분리하기 위해서 사용하는 장치	**두 개 이상의 입력신호**를 원하는 비율로 조합한 출력이 발생하도록 하는 장치

답 ②

64 비상경보설비 및 단독경보형 감지기의 화재안전기준에 따라 비상벨설비 또는 자동식사이렌설비 부속회로의 전로와 대지 사이 및 배선 상호간의 절연저항은 1경계구역마다 직류 250V의 절연저항측정기를 사용하여 측정한 절연저항이 몇 MΩ 이상이 되도록 하여야 하는가?

20.06.문74
19.03.문66
16.03.문80
14.05.문70
13.06.문77
10.05.문74

① 0.1
② 0.2
③ 0.3
④ 0.5

해설 절연저항시험

절연저항계	절연저항	대상
직류 250V	0.1MΩ 이상	• 1경계구역의 절연저항
직류 500V	5MΩ 이상	• 누전경보기 • 가스누설경보기 • 수신기(10회로 미만, 절연된 충전부와 외함 간) • 자동화재속보설비 • 비상경보설비 • 유도등(교류입력측과 외함 간 포함) • 비상조명등(교류입력측과 외함 간 포함)
직류 500V	20MΩ 이상	• 경종 • 발신기 • 중계기 • **비상콘센트** • 기기의 절연된 선로 간 • 기기의 충전부와 비충전부 간 • 기기의 교류입력측과 외함 간(유도등 · 비상조명등 제외)
	50MΩ 이상	• 감지기(정온식 감지선형 감지기 제외) • 가스누설경보기(10회로 이상) • 수신기(10회로 이상, 교류입력측과 외함 간 제외)
	1000MΩ 이상	• 정온식 감지선형 감지기

기억법 콘2(콘이 맛있다!)

답 ①

65 주요구조부를 내화구조로 한 특정소방대상물의 정온식 스포트형 감지기 특종을 설치하는 경우 최소 몇 개 이상을 설치해야 하는가? (단, 부착높이는 5m이고 특정소방대상물의 바닥면적은 250m²이다.)

23.05.문73
17.03.문58
12.09.문63

① 9개
② 8개
③ 5개
④ 3개

해설 바닥면적(NFPC 203 7조, NFTC 203 2.4.3.5)

(단위 : m²)

부착높이 및 특정소방대상물의 구분		감지기의 종류				
		차동식 · 보상식 스포트형		정온식 스포트형		
		1종	2종	특종	1종	2종
4m 미만	내화구조	90	70	70	60	20
	기타구조	50	40	40	30	15
4m 이상 8m 미만	내화구조	45	35	35	30	–
	기타구조	30	25	25	15	–

기억법
차 보 정
9 7 7 6 2
5 4 4 3 ①
④ ③ ③ 3 ×
3 ② ② ① ×
※ 동그라미(○) 친 부분은 뒤에 5가 붙음

내화구조이므로 **정온식 스포트형 감지기(특종)** 1개가 담당하는 바닥면적은 **35m²**이다.

정온식 스포트형(특종) 감지기 개수 = $\dfrac{\text{바닥면적}}{35\text{m}^2}$(절상)

$= \dfrac{250\text{m}^2}{35\text{m}^2} = 7.1$

≒ 8개(절상)

> **용어**
> **절상**
> '소수점 이하는 무조건 올린다.'는 뜻

답 ②

66 비상콘센트설비의 화재안전기준에 따른 비상콘센트의 시설기준에 적합하지 않은 것은?

① 바닥으로부터 높이 1.45m에 움직이지 않게 고정시켜 설치된 경우
② 바닥면적이 800m²인 층의 계단의 출입구로부터 4m에 설치된 경우
③ 바닥면적의 합계가 12000m²인 지하상가의 수평거리 30m마다 추가로 설치한 경우
④ 바닥면적의 합계가 2500m²인 지하층의 수평거리 40m마다 추가로 설치한 경우

> **해설**
> ① 0.8~1.5m 이하이므로 1.45m는 **적합**
> ② 1000m² 미만은 계단 출입구로부터 5m 이내에 설치하므로 800m²에 4m 설치는 **적합**
> ③ 3000m² 이상의 지하상가는 수평거리 25m 이하에 설치하므로 30m는 **부적합**
> ④ 3000m² 미만의 지하층은 수평거리 50m 이하에 설치하므로 40m는 **적합**

비상콘센트의 설치기준(NFPC 504 4조, NFTC 504 2.1.5)
(1) 바닥으로부터 높이 **0.8~1.5m** 이하의 위치에 설치할 것 보기 ①
(2) 비상콘센트의 배치는 바닥면적이 **1000m² 미만**인 층은 계단의 출입구(계단의 부속실을 포함하며 계단이 2 이상 있는 경우에는 그 중 1개의 계단을 말한다)로부터 **5m** 이내에, 바닥면적 **1000m² 이상**인 층은 각 계단의 출입구 또는 계단부속실의 출입구(계단의 부속실을 포함하며 계단이 3 이상 있는 층의 경우에는 그 중 2개의 계단을 말한다)로부터 **5m** 이내에 설치하되, 그 비상콘센트로부터 그 층의 각 부분까지의 거리가 다음의 기준을 초과하는 경우에는 그 기준 이하가 되도록 비상콘센트를 추가하여 설치할 것 보기 ②
    ㉠ **지하상가** 또는 **지하층**의 바닥면적의 합계가 3000m² 이상인 것은 **수평거리 25m** 이하 보기 ③
    ㉡ ㉠에 해당하지 아니하는 것은 **수평거리 50m** 이하 보기 ④

답 ③

67 자동화재탐지설비 및 시각경보장치의 화재안전기준에 따라 부착높이 8m 이상 15m 미만에 설치되는 감지기의 종류로 틀린 것은?

① 불꽃감지기
② 이온화식 2종
③ 차동식 분포형
④ 보상식 스포트형

> **해설** 감지기의 부착높이(NFPC 203 7조, NFTC 203 2.4.1)

부착높이	감지기의 종류
4m 미만	• 차동식(스포트, 분포형) • 보상식 스포트형 • 정온식(스포트, 감지선형) — **열**감지기 • 이온화식 또는 광전식(스포트형, 분리형, 공기흡입형) : 연기감지기 • **열**복합형 • **연**기복합형 — **복**합형 감지기 • **열**연기복합형 • **불**꽃감지기 기억법 열연불복 4미

4~8m 미만	• 차동식(스포트형, 분포형)
	• **보상식 스포트형**
	• **정**온식(스포트형, 감지선형) — **열**감지기
	  특종 또는 1종
	• **이**온화식 1종 또는 **2**종
	• **광**전식(스포트형, 분리형, — 연기감지기
	  공기흡입형) 1종 또는 2종
	• 열복합형
	• 연기복합형 — **복**합형 감지기
	• 열연기복합형
	• 불꽃감지기
	
	기억법 8미열 정특1 이광12 복불

8~15m 미만	• 차동식 **분**포형 • **이**온화식 1종 또는 **2**종 • **광**전식(스포트형, 분리형, 공기흡입형) 1종 또는 2종 • **연**기**복**합형 • **불**꽃감지기 기억법 15분 이광12 연복불
15~20m 미만	• **이**온화식 1종 • **광**전식(스포트형, 분리형, 공기흡입형) 1종 • 연기**복**합형 • **불**꽃감지기 기억법 이광불연복2
20m 이상	• **불**꽃감지기 • **광**전식(분리형, 공기흡입형) 중 **아**날로그방식 기억법 불광아

답 ④

68 비상방송설비를 설치함에 있어서 기동장치에 따른 화재신고를 수신한 후 필요한 음량으로 화재발생상황 및 피난에 유효한 방송이 자동으로 개시될 때까지의 소요시간은 얼마 이하로 하여야 하는가?

① 10초 이하 ② 20초 이하
③ 30초 이하 ④ 60초 이하

해설 (1) **비상방송설비**의 설치기준
　㉠ 확성기의 음성입력은 실내 **1W**, 실외 **3W** 이상일 것
　㉡ 확성기는 각 **층**마다 설치하되, 각 부분으로부터의 수평거리는 **25m** 이하일 것
　㉢ 음량조정기는 **3선식 배선**일 것
　㉣ 조작스위치는 바닥으로부터 **0.8~1.5m** 이하의 높이에 설치할 것
　㉤ 다른 전기회로에 의하여 **유도장애**가 생기지 않을 것
　㉥ 비상방송 개시시간은 **10초** 이하일 것
　㉦ **엘리베이터** 내부에는 별도의 **음향장치**를 설치할 수 있다.

(2) **소요시간**

기 기	시 간
• P형·P형 복합식·R형·R형 복합식·GP형·GP형 복합식·GR형·GR형 복합식 수신기 • 중계기	**5초** 이내
비상방송설비	**10초** 이하
가스누설경보기	**60초** 이내
축적형 수신기	• 축적시간 : 30~60초 이하 • 화재표시감지시간 : 60초

> 기억법 시중5(시중을 드시오!)
> 　　　　6가(육체미가 뛰어나다.)

답 ①

★★★
69
19.09.문71
14.03.문76
13.03.문53
12.05.문52
08.05.문47

소방시설 설치 및 관리에 관한 법령상 단독경보형 감지기를 설치하여야 하는 특정소방대상물의 기준 중 틀린 것은?

① 연면적 400m² 미만의 유치원
② 교육연구시설 내에 있는 연면적 2000m² 미만의 합숙소
③ 수련시설 내에 있는 연면적 2000m² 미만의 기숙사
④ 연면적 2000m² 미만의 아파트

해설 ④ 아파트는 해당없음

단독경보형 감지기의 설치대상(소방시설법 시행령 [별표 4])

연면적	설치대상
400m² 미만	• 유치원 [보기 ①]
2000m² 미만	• 교육연구시설·수련시설 내에 있는 **합숙소** 또는 **기숙사** [보기 ②③]
모두 적용	• 100명 미만의 수련시설(숙박시설이 있는 것) • 연립주택 • 다세대주택

답 ④

★★★
70
19.09.문67
18.09.문73
16.10.문66
16.05.문62
14.03.문72
09.03.문79

무선통신보조설비의 화재안전기준에 따른 무선통신보조설비의 설치제외기준이다. 다음 ( )에 들어갈 내용으로 옳은 것은?

> 지하층으로서 특정소방대상물의 바닥부분 (㉠)면 이상이 지표면과 동일하거나 지표면으로부터의 깊이가 (㉡)m 이하인 경우에는 해당 층에 한하여 무선통신보조설비를 설치하지 아니할 수 있다.

① ㉠ 2, ㉡ 1　② ㉠ 2, ㉡ 2
③ ㉠ 3, ㉡ 2　④ ㉠ 3, ㉡ 3

해설 **무선통신보조설비**의 설치제외(NFPC 505 4조, NFTC 505 2.1)
(1) **지하층**으로서 특정소방대상물의 바닥부분 **2면** 이상이 지표면과 동일한 경우의 해당층
(2) **지하층**으로서 **지**표면으로부터의 깊이가 **1m** 이하인 경우의 해당층

> 기억법 지특2(**쥐** 특**이**하다.), 지지1

답 ①

★★★
71
19.09.문69
17.05.문76
05.05.문68

비상벨설비 또는 자동식 사이렌설비 발신기의 설치기준 중 다음 ( ) 안에 알맞은 것은? (단, 지하구의 경우는 제외한다.)

> 특정소방대상물의 층마다 설치하되, 해당 특정소방대상물의 각 부분으로부터 하나의 발신기까지의 수평거리가 (㉠)m 이하가 되도록 할 것. 다만, 복도 또는 별도로 구획된 실로서 보행거리가 (㉡)m 이상일 경우에는 추가로 설치하여야 한다.

① ㉠ 10, ㉡ 15　② ㉠ 15, ㉡ 10
③ ㉠ 25, ㉡ 40　④ ㉠ 40, ㉡ 25

해설 **발신기** 설치기준
(1) 조작이 **쉬운 장소**에 설치
(2) 스위치는 바닥에서 **0.8~1.5m** 이하의 높이에 설치
(3) 특정소방대상물의 **층**마다 설치
(4) 발신기까지의 **수평거리 25m 이하**
(5) 복도 또는 별도로 구획된 실로서 **보행거리**가 **40m** 이상일 경우 추가 설치

 중요

(1) **수평거리**

수평거리	적용대상
수평거리 25m 이하	• 발신기 • 음향장치(확성기) • 비상콘센트(지하상가 또는 지하층 바닥면적합계 3000m² 이상)

수평거리	적용대상
수평거리 50m 이하	• 비상콘센트(기타)

(2) 보행거리

보행거리	적용대상
보행거리 15m 이하	• 유도표지
보행거리 20m 이하	• 복도통로유도등 • 거실통로유도등 • 3종 연기감지기
보행거리 30m 이하	• 1·2종 연기감지기

답 ③

72 ★★★

비상조명등의 화재안전기준에 따라 비상조명등의 비상전원을 설치하는 데 있어서 어떤 특정소방대상물의 경우에는 그 부분에서 피난층에 이르는 부분의 비상조명등을 60분 이상 유효하게 작동시킬 수 있는 용량으로 하여야 한다. 이 특정소방대상물에 해당하지 않는 것은?

① 무창층인 지하역사
② 무창층인 소매시장
③ 지하층인 관람시설
④ 지하층을 제외한 층수가 11층 이상의 층

해설 ③ 해당없음

비상조명등의 60분 이상 작동용량 (NFPC 304 4조, NFTC 304 2.1.5)
(1) 11층 이상(지하층 제외) 보기 ④
(2) 지하층·무창층으로서 도매시장·소매시장·여객자동차터미널·지하역사·지하상가 보기 ①②

중요

비상전원 용량

설비의 종류	비상전원 용량
• 자동화재탐지설비 • 비상경보설비 • 자동화재속보설비	10분 이상
• 유도등 • 비상콘센트설비 • 제연설비 • 물분무소화설비 • 옥내소화전설비(30층 미만) • 특별피난계단의 계단실 및 부속실 제연설비(30층 미만)	20분 이상
• 무선통신보조설비의 증폭기	30분 이상
• 옥내소화전설비(30~49층 이하) • 특별피난계단의 계단실 및 부속실 제연설비(30~49층 이하) • 연결송수관설비(30~49층 이하) • 스프링클러설비(30~49층 이하)	40분 이상
• 유도등·비상조명등(지하상가 및 11층 이상) • 옥내소화전설비(50층 이상) • 특별피난계단의 계단실 및 부속실 제연설비(50층 이상) • 연결송수관설비(50층 이상) • 스프링클러설비(50층 이상)	60분 이상

기억법 경자비1(경자라는 이름은 비일비재하게 많다.) 3증(3중고)

답 ③

73 ★★★

비상조명등의 설치제외 기준 중 다음 (   ) 안에 알맞은 것은?

거실의 각 부분으로부터 하나의 출입구에 이르는 보행거리가 (   )m 이내인 부분

① 2   ② 5
③ 15   ④ 25

해설 비상조명등의 설치제외 장소 (NFPC 304 5조, NFTC 304 2.2.1)
(1) 거실 각 부분에서 출입구까지의 보행거리 15m 이내
(2) 공동주택·경기장·의원·의료시설·학교·거실

기억법 조공 경의학

비교

(1) 휴대용 비상조명등의 설치제외 장소 (NFPC 304 5조, NFTC 304 2.2.2)
 ① 복도·통로·창문 등을 통해 피난이 용이한 경우 (지상 1층·피난층)
 ② 숙박시설로서 복도에 비상조명등을 설치한 경우

기억법 휴피(휴지로 피닦아!), 휴숙복

(2) 통로유도등의 설치제외 장소 (NFPC 303 11조, NFTC 303 2.8.2)
 ① 길이 30m 미만의 복도·통로(구부러지지 않은 복도·통로)
 ② 보행거리 20m 미만의 복도·통로(출입구에 피난구유도등이 설치된 복도·통로)

(3) 객석유도등의 설치제외 장소 (NFPC 303 11조, NFTC 303 2.8.3)
 ① 채광이 충분한 객석(주간에만 사용)
 ② 통로유도등이 설치된 객석(거실 각 부분에서 거실 출입구까지의 보행거리 20m 이하)

기억법 채객보통(채소는 객관적으로 보통이다.)

답 ③

74 ★★★

비상경보설비 및 단독경보형 감지기의 화재안전기준에 따른 비상경보설비 중 비상벨설비에 대한 설명으로 옳은 것은?

① 화재발생 상황을 경종으로 경보하는 설비
② 화재발생 상황을 사이렌으로 경보하는 설비
③ 화재발생 신호를 수신기에 수동으로 발신하는 설비
④ 화재발생 상황을 단독으로 감지하여 자체에 내장된 음향장치로 경보하는 설비

24. 07. 시행 / 산업(전기)

해설 감지기

용어	설명
비상**벨**설비	화재발생 상황을 **경종**으로 경보하는 설비 보기 ① 기억법: 경벨(**경배**한다.)
자동식 사이렌설비	화재발생 상황을 **사이렌**으로 경보하는 설비
단독경보형 감지기	화재발생 상황을 **단독**으로 감지하여 자체에 내장된 **음향장치**로 경보하는 감지기 기억법: **단경음**

답 ①

---

75 비상콘센트용의 풀박스 등은 방청도장을 한 것으로서, 두께 몇 mm 이상의 철판으로 해야 하는가?

15.05.문63
15.05.문79
14.03.문61
13.09.문65

① 1.6   ② 1.7
③ 1.8   ④ 1.9

해설 비상콘센트 전원회로의 설치기준(NFPC 504 4조, NFTC 504 2.1)

구분	전압	용량	플러그 접속기
단상교류	**2**20V	1.5kVA 이상	접지형 **2**극

(1) 1전용회로에 설치하는 비상콘센트는 **10**개 이하로 할 것
(2) 풀박스는 **1.6**mm 이상의 **철**판을 사용할 것

기억법: 단2(**단위**), 10콘(**시큰**둥!), 16철콘, 접2(**접이**식)

답 ①

---

76 누전경보기의 구성요소로 옳은 것은?

23.05.문79
20.08.문80
15.05.문66
15.05.문77
15.03.문72
13.06.문71
13.03.문73
12.05.문78

① 변류기, 감지기, 수신부, 차단기구
② 발신기, 변류기, 수신부, 음향장치
③ 수신부, 변류기, 중계기, 음향장치
④ 음향장치, 수신부, 변류기, 차단기구

해설 누전경보기의 세부구성요소 보기 ④

구성요소	설명
변류기	누설전류를 **검출**한다.
수신기(=수신부)	누설전류를 **증폭**한다.
음향장치	-
차단기(=차단기구)	차단릴레이를 포함한다.

기억법: 누수변음차

중요

누전경보기의 일반구성요소

용어	설명
수신부	변류기로부터 검출된 **신호**를 **수신**하여 누전의 발생을 해당 소방대상물의 **관계인**에게 **경보**하여 주는 것(**차단기구**를 갖는 것 포함)
변류기	경계전로의 **누설전류**를 자동적으로 **검출**하여 이를 누전경보기의 수신부에 송신하는 것

답 ④

---

77 누전경보기 수신부의 기능검사 항목이 아닌 것은?

16.10.문65
16.10.문71
(기사)
15.09.문72
(기사)
15.05.문64
14.05.문69
06.09.문80

① 방폭시험
② 방수시험
③ 충격시험
④ 절연내력시험

해설 시험항목

중계기	속보기의 예비전원	누전경보기의 수신부
● 주위온도시험 ● 반복시험 ● 방수시험 ● 절연저항시험 ● 절연내력시험 ● 충격전압시험 ● 충격시험 ● 진동시험 ● 습도시험 ● 전자파 내성시험	● 충·방전시험 ● 안전장치시험	● 전원전압 변동시험 ● 온도특성시험 ● 과입력 전압시험 ● 개폐기의 조작시험 ● 반복시험 ● 진동시험 ● **충**격시험 ● **방수**시험 ● **절**연저항시험 ● **절**연내력시험 ● **충**격파 내전압시험

기억법: 누수 충수 절충

답 ①

---

78 다음 중 경계전로의 누설전류를 자동적으로 검출하여 이를 누전경보기의 수신부에 송신하는 것은?

16.05.문66
15.05.문77
13.06.문71
13.03.문73
12.05.문78

① 발신기
② 변류기
③ 중계기
④ 검출기

해설 누전경보기

변류기	수신부
경계전로의 **누설전류**를 자동적으로 **검출**하여 이를 누전경보기의 수신부에 송신하는 것	변류기로부터 검출된 **신호**를 **수신**하여 누전의 발생을 해당 소방대상물의 **관계인**에게 **경보**하여 주는 것(**차단기구**를 갖는 것 포함)

중요

누전경보기의 세부 구성요소

구성요소	설명
변류기	누설전류를 **검출**한다.
수신기(수신부)	누설전류를 **증폭**한다.
음향장치	경보를 발한다.
차단기	차단릴레이 포함

기억법: 누수변음차

답 ②

79
비상경보설비 및 단독경보형 감지기의 화재안전기준에 따른 비상벨설비 또는 자동식 사이렌설비 음향장치의 설치기준이다. 다음 ( )에 들어갈 내용으로 옳은 것은? (단, 건전지를 주전원으로 사용하지 않는다.)

음향장치는 정격전압의 (㉠)% 전압에서 음향을 발할 수 있도록 해야 하며, 음량은 부착된 음향장치의 중심으로부터 (㉡)m 떨어진 위치에서 (㉢)dB 이상이 되는 것으로 한다.

① ㉠ 80, ㉡ 1, ㉢ 90
② ㉠ 110, ㉡ 3, ㉢ 120
③ ㉠ 140, ㉡ 1, ㉢ 120
④ ㉠ 150, ㉡ 3, ㉢ 90

해설 비상벨 또는 자동식 사이렌설비의 설치기준
(1) 수평거리

구 분	적용대상
수평거리 25m 이하	• 발신기(보행거리 40m 이상일 경우 추가 설치) • 음향장치(확성기) • 비상콘센트(지하가·지하층 바닥면적 합계 3000m² 이상)
수평거리 50m 이하	비상콘센트(기타)

(2) **음향장치** : 1m 떨어진 곳에서 **90dB** 이상 보기 ①
(3) **정격전압** : **80%** 전압에서 음향을 발할 수 있도록 할 것(단, 건전지를 주전원으로 사용하는 음향장치는 제외) 보기 ①
(4) **위치표시등** : **15°** 이상의 각도로 **10m**의 거리에서 쉽게 식별할 수 있어야 한다.

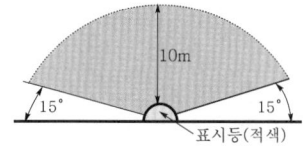

| 위치표시등의 식별 |

답 ①

80
자동화재탐지설비 및 시각경보장치의 화재안전기준에 따른 정온식 감지선형 감지기의 시설기준으로 옳은 것은?

① 감지기와 감지구역의 각 부분과의 수평거리가 내화구조의 경우 1종은 3.5m 이하, 2종은 3m 이하로 한다.
② 감지선형 감지기의 굴곡반경은 10cm 이상으로 한다.
③ 단자부와 마감 고정금구와의 설치간격은 5cm 이내로 설치한다.
④ 분전반 내부에 설치하는 경우 접착제를 이용하여 돌기를 바닥에 고정시키고 그곳에 감지기를 설치한다.

해설
① 3.5m 이하 → 4.5m 이하
② 10cm 이상 → 5cm 이상
③ 5cm 이내 → 10cm 이내

정온식 감지선형 감지기의 설치기준
(1) 단자부와 마감 고정금구와의 설치간격은 **10cm** 이내로 설치한다. 보기 ③
(2) 감지선형 감지기의 굴곡반경은 **5cm** 이상으로 한다. 보기 ②

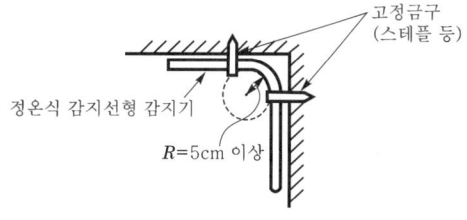

| 정온식 감지선형 감지기의 굴곡반경 |

(3) 감지기와 감지구역 각 부분과의 수평거리가 내화구조의 경우 **1종은 4.5m 이하, 2종은 3m** 이하로 한다. 보기 ①
(4) 분전반 내부에 설치하는 경우 **접착제**를 이용하여 돌기를 바닥에 고정시키고 그곳에 감지기를 설치한다. 보기 ④

중요
정온식 감지선형 감지기의 수평거리

수평거리\종별	1종		2종	
	내화구조	기타구조	내화구조	기타구조
감지기와 감지구역의 각 부분과의 수평거리	4.5m 이하	3m 이하	3m 이하	1m 이하

기억법 1내4 1기3, 2내3 2기1

용어
정온식 감지선형 감지기
일국소의 주위온도가 일정한 온도 이상이 되는 경우에 작동하는 것으로서 외관이 전선으로 되어 있는 것

| 정온식 감지선형 감지기 |

답 ④

바르게 앉는 자세

1. 엉덩이를 등받이까지 바짝 붙이고 상체를 편다.
2. 몸통과 허벅지, 허벅지와 종아리, 종아리와 발이 옆에서 볼 때 직각이 되어야 한다.
3. 등이 등받이에서 떨어지지 않는다(바닥과 90도 각도인 등받이가 좋다).
4. 발바닥이 편하게 바닥에 닿는다.
5. 되도록 책상 가까이 앉는다.
6. 시선은 정면을 유지해 고개나 가슴이 앞으로 수그러지지 않게 한다.

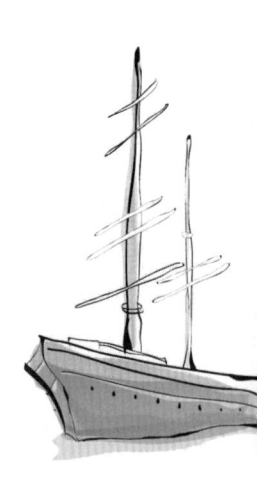

CBT 기출복원문제
2023년
소방설비산업기사 필기(전기분야)

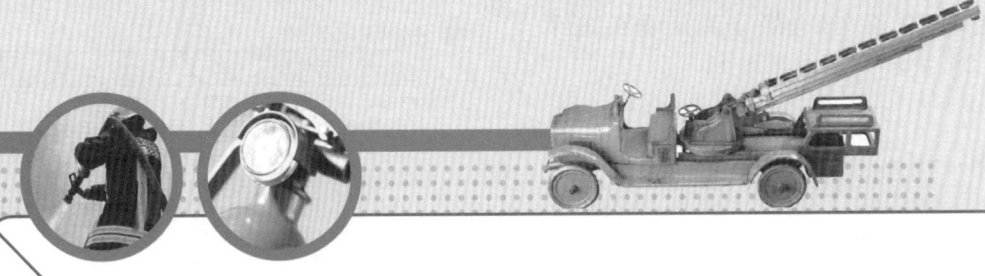

- 2023. 3. 1 시행 ·················· 23- 2
- 2023. 5. 13 시행 ·················· 23-26
- 2023. 9. 2 시행 ·················· 23-52

** 수험자 유의사항 **

1. 문제지를 받는 즉시 본인이 응시한 종목이 맞는지 확인하시기 바랍니다.
2. 문제지 표지에 본인의 수험번호와 성명을 기재하여야 합니다.
3. 문제지의 총면수, 문제번호 일련순서, 인쇄상태, 중복 및 누락 페이지 유무를 확인하시기 바랍니다.
4. 답안은 각 문제마다 요구하는 가장 적합하거나 가까운 답 1개만을 선택하여야 합니다.
5. 답안카드는 뒷면의 「수험자 유의사항」에 따라 작성하시고, 답안카드 작성 시 형별누락, 마킹착오로 인한 불이익은 전적으로 수험자에게 책임이 있음을 알려드립니다.
6. 문제지는 시험 종료 후 본인이 가져갈 수 있습니다.

** 안내사항 **

- 가답안/최종정답은 큐넷(www.q-net.or.kr)에서 확인하실 수 있습니다. 가답안에 대한 의견은 큐넷의 [가답안 의견 제시]를 통해 제시할 수 있으며, 확정된 답안은 최종정답으로 갈음합니다.
- 공단에서 제공하는 자격검정서비스에 대해 개선할 점이 있으시면 고객참여(http://hrdkorea.or.kr/7/1/1)를 통해 건의하여 주시기 바랍니다.

2023. 3. 1 시행

2023년 산업기사 제1회 필기시험 CBT 기출복원문제

자격종목	종목코드	시험시간	형별
소방설비산업기사(전기분야)		2시간	

수험번호	성명

※ 각 문항은 4지택일형으로 질문에 가장 적합한 보기 항을 선택하여 체크하여야 합니다.

제1과목 소방원론

01 메탄의 공기 중 연소범위[vol.%]로 옳은 것은?
17.05.문01
17.05.문20
15.03.문15
09.08.문11
① 2.1~9.5 ② 5~15
③ 2.5~81 ④ 4~75

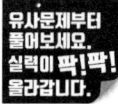
유사문제부터
풀어보세요.
실력이 팍!팍!
올라갑니다.

해설 (1) 공기 중의 폭발한계(잊사천이로 나와야 한다.)

가 스	하한계[vol%]	상한계[vol%]
아세틸렌(C_2H_2)	2.5	81
수소(H_2)	4	75
일산화탄소(CO)	12	75
에틸렌(C_2H_4)	2.7	36
암모니아(NH_3)	15	25
메탄(CH_4) 보기 ②	5	15
에탄(C_2H_6)	3	12.4
프로판(C_3H_8)	2.1	9.5
부탄(C_4H_{10})	1.8	8.4

기억법
아 25 81
수 4 75
일 12 75
에 27 36
암 15 25
메 5 15
에 3 124
프 21 95 (둘하나 구오)
부 18 84

(2) 폭발한계와 같은 의미
㉠ 폭발범위
㉡ 연소한계
㉢ 연소범위
㉣ 가연한계
㉤ 가연범위

답 ②

02 유류화재시 분말소화약제와 병용이 가능하여 빠
17.09.문07
16.03.문03
15.05.문17
13.06.문01
05.05.문06
른 소화효과와 재착화방지효과를 기대할 수 있
는 소화약제로 옳은 것은?
① 단백포 소화약제

② 수성막포 소화약제
③ 알코올형포 소화약제
④ 합성계면활성제포 소화약제

해설 수성막포의 장단점

장 점	단 점
• 석유류 표면에 신속히 **피막**을 **형성**하여 유류증발을 억제한다. • **안전성**이 좋아 장기보존이 가능하다. • **내약품성**이 좋아 **분말소화약제**와 **겸용 사용**도 가능하다. 보기 ② • **내유염성**이 우수하다.	• 가격이 비싸다. • 내열성이 좋지 않다. • 부식방지용 저장설비가 요구된다.

기억법 수분

※ **내유염성** : 포가 기름에 의해 오염되기 어려운 성질

답 ②

03 대체 소화약제의 물리적 특성을 나타내는 용어
16.10.문07
14.03.문04
10.09.문05
중 지구온난화지수를 나타내는 약어는?
① ODP
② GWP
③ LOAEL
④ NOAEL

해설
용어	설명
오존파괴지수 (**ODP** : Ozone Depletion Potential)	오존파괴지수는 어떤 물질의 **오존파괴능력**을 상대적으로 나타내는 지표
지구**온**난화지수 보기 ② (**GWP** : Global Warming Potential)	지구온난화지수는 **지구온난화**에 기여하는 정도를 나타내는 지표
LOAEL (Least Observable Adverse Effect Level)	인체에 **독성**을 주는 **최소농도**
NOAEL (No Observable Adverse Effect Level)	인체에 독성을 주지 않는 **최대농도**

기억법 G온O오(지온!오온!)

중요

공식

오존파괴지수(ODP)	지구온난화지수(GWP)
$ODP = \dfrac{\text{어떤 물질 1kg이 파괴하는 오존량}}{\text{CFC 11의 1kg이 파괴하는 오존량}}$	$GWP = \dfrac{\text{어떤 물질 1kg이 기여하는 온난화 정도}}{CO_2\ 1kg\text{이 기여하는 온난화 정도}}$

답 ②

04 연소의 3요소가 모두 포함된 것은?

22.09.문08
22.03.문02
20.08.문17
14.09.문10
14.03.문08
13.06.문19

① 산화열, 산소, 점화에너지
② 나무, 산소, 불꽃
③ 질소, 가연물, 산소
④ 가연물, 헬륨, 공기

해설 연소의 3요소와 4요소

연소의 **3**요소	연소의 **4**요소
• 가연물(연료, **나무**) 보기 ② • 산소공급원(**산소**, 공기) 보기 ② • 점화원(점화에너지, **불꽃**, 산화열) 보기 ②	• 가연물(연료, 나무) • 산소공급원(산소, 공기) • 점화원(점화에너지, 불꽃, 산화열) • **연쇄반응**

기억법 연4(연사)

• **산화열** : 연소과정에서 발생하는 열을 의미하므로 열은 **점화원**이다.

답 ②

05 물의 비열과 증발잠열을 이용한 소화효과는?

18.03.문10
17.09.문10
16.10.문03
14.09.문05
14.03.문03
13.06.문16
09.03.문18

① 희석효과
② 억제효과
③ 냉각효과
④ 질식효과

해설 ③ **냉각효과**(냉각소화) : 물의 **증발잠열** 이용

소화형태

구분	설명
냉각소화	① 물의 비열과 증발잠열을 이용한 소화효과 보기 ③ ② **점화원**을 냉각하여 소화하는 방법 ③ 증발잠열을 이용하여 열을 빼앗아 가연물의 온도를 떨어뜨려 화재를 진압하는 소화방법 ④ **다량의 물**을 뿌려 소화하는 방법 ⑤ 가연성 물질을 **발화점 이하로 냉각** 기억법 냉점증발 ⑥ 주방에서 신속히 할 수 있는 방법으로, 신선한 **야채**를 넣어 **식용유**의 온도를 발화점 이하로 낮추어 소화하는 방법(**식용유화재**에 신선한 **야채**를 넣어 소화) 기억법 야식냉(야식이 **차**다.)

질식소화	① 공기 중의 **산소농도**를 **16%**(10~15%) 이하로 희박하게 하여 소화하는 방법 ② 산화제의 농도를 낮추어 연소가 지속될 수 없도록 함 ③ 산소공급을 차단하는 소화방법(**공기공급을 차단**하여 소화하는 방법) 기억법 질산
제거소화	**가연물**을 **제거**하여 소화하는 방법
부촉매소화 (화학소화)	① **연쇄반응**을 **차단**하여 소화하는 방법 ② 화학적인 방법으로 화재 억제
희석소화	기체·고체·액체에서 나오는 분해가스나 증기의 농도를 낮춰 소화하는 방법

답 ③

06 B급 화재에 해당하지 않는 것은?

18.04.문08
17.05.문19
16.10.문20
16.05.문09
14.09.문01
14.09.문15
14.05.문05
14.05.문20
14.03.문19
13.06.문09

① 목탄
② 등유
③ 아세톤
④ 이황화탄소

해설 ① 목탄 : A급 화재

화재의 분류

화재 종류	표시색	적응물질
일반화재(A급)	백색	① 일반가연물(목탄) 보기 ① ② 종이류 화재 ③ **목재·섬유**화재
유류화재(B급)	황색	① 가연성 액체(등유, 경유, 아세톤 등) 보기 ②③ ② 가연성 가스(이황화탄소) 보기 ④ ③ 액화가스화재 ④ 석유화재 ⑤ 알코올류
전기화재(C급)	**청**색	전기설비
금속화재(D급)	**무**색	가연성 금속
주방화재(K급)	—	식용유화재

기억법 백황청무

※ 요즘은 표시색의 의무규정은 없음

답 ①

07 공기와 접촉되었을 때 위험도(H)가 가장 큰 것은?

14.03.문12

① 에터
② 수소
③ 에틸렌
④ 부탄

해설 위험도

$$H = \dfrac{U-L}{L}$$

여기서, H : 위험도
U : 연소상한계
L : 연소하한계

① 에터 = $\frac{48-1.7}{1.7}$ = 27.23 (가장 크다.)

② 수소 = $\frac{75-4}{4}$ = 17.75

③ 에틸렌 = $\frac{36-2.7}{2.7}$ = 12.33

④ 부탄 = $\frac{8.4-1.8}{1.8}$ = 3.67

(1) **공기 중의 폭발한계**(익사천러로 나와야 한다.)

가 스	하한계[vol%]	상한계[vol%]
아세틸렌(C_2H_2)	2.5	81
수소(H_2) 〈보기 ②〉	4	75
일산화탄소(CO)	12	75
에터(($C_2H_5)_2O$) 〈보기 ①〉	1.7	48
에틸렌(C_2H_4) 〈보기 ③〉	2.7	36
암모니아(NH_3)	15	28
메탄(CH_4)	5	15
에탄(C_2H_6)	3	12.4
프로판(C_3H_8)	2.1	9.5
부탄(C_4H_{10}) 〈보기 ④〉	1.8	8.4

기억법		
아	25	81
수	4	75
일	12	75
에터	17	48
에틸	27	36
암	15	25
메	5	15
에	3	124
프	21	95(둘하나 **구오**)
부	18	84

• 에터=다이에틸에터

(2) **폭발한계**와 같은 의미
  ㉠ 폭발범위
  ㉡ 연소한계
  ㉢ 연소범위
  ㉣ 가연한계
  ㉤ 가연범위

답 ①

08 다음 중 포소화약제에 대한 설명으로 옳은 것은?

① 포소화약제의 주된 소화효과는 질식과 냉각이다.
② 포소화약제는 모든 화재에 효과가 있다.
③ 포소화약제는 저장기간이 영구적이다.
④ 포소화약제의 사용온도는 제한이 없다.

해설
② 모든 화재 → AB급 화재
③ 영구적 → 제한적
④ 제한이 없다. → 0~40℃ 이하이다.

주된 소화효과

소화약제	주된 소화효과
• **할**론	**억**제소화(화학소화, 부촉매효과)
• **이**산화탄소	**질**식소화
• **포** 〈보기 ①〉	• **질**식소화 • **냉**각소화
• **물**	**냉**각소화

기억법 할억이질, 포질냉

중요

(1) 주된 소화효과

할론 1301	이산화탄소
억제소화	질식소화

(2) 소화기의 사용온도(소화기의 형식승인 및 제품검사의 기술기준 36조)

소화기의 종류	사용온도
• **분**말 • **강**화액	−**20**~40℃ 이하
• 그 밖의 소화기(포) 〈보기 ④〉	0~40℃ 이하

기억법 분강-2(분강마이)

• 포 : 주된 소화효과가 '**질식소화**'라는 이론도 있다.

답 ①

09 공기 중의 산소농도는 약 몇 vol%인가?

① 15 ② 18
③ 21 ④ 25

해설 공기 중 산소농도

구 분	산소농도
체적비(부피백분율)	약 21vol% 〈보기 ③〉
중량비(중량백분율)	약 23wt%

중요

공기 중 구성물질

구성물질	비 율
아르곤(Ar)	1vol%
산소(O_2)	21vol%
질소(N_2)	78vol%

• 문제 단위 **vol%**를 보고 **체적비**라는 것을 알 수 있다.

용어

%	vol%
수를 100의 비로 나타낸 것	어떤 공간에 차지하는 부피를 백분율로 나타낸 것
50%	공기 50vol% 50vol%
50%	50vol%

답 ③

10. 위험물안전관리법령상 지정수량이 나머지 셋과 다른 하나는?

① 질산
② 과염소산염류
③ 과염소산
④ 과산화수소

해설
①, ③, ④ 300kg
② 50kg

위험물령 〔별표 1〕
제6류 위험물

성 질	품 명	지정수량
산화성 액체	과염소산 보기 ③	300kg
	과산화수소 보기 ④	
	질산 보기 ①	

중요

위험물령 〔별표 1〕
제1류 위험물

성 질	품 명	지정수량
산화성 고체	아염소산염류	50kg
	염소산염류	
	과염소산염류 보기 ②	
	무기과산화물	
	브로민산염류	300kg
	질산염류	
	아이오딘산염류	
	과망가니즈산염류	1000kg
	다이크로뮴산염류	

답 ②

11. 화재이론에 따르면 일반적으로 연기의 수평방향 이동속도는 몇 m/s 정도인가?

① 0.1~0.2
② 0.5~1
③ 3~5
④ 5~10

해설 연기의 이동속도

방향 또는 장소	이동속도
수평방향(수평이동속도)	0.5~1m/s 보기 ②
수직방향(수직이동속도)	2~3m/s
계단실 내의 수직이동속도	**3~5**m/s

기억법 3계5(삼계탕 드시러 오세요.)

답 ②

12. 분진폭발의 발생 위험성이 가장 낮은 물질은?

① 시멘트
② 밀가루
③ 금속분류
④ 석탄가루

해설

분진폭발을 일으키지 않는 물질	물과 반응하여 가연성 기체를 발생시키지 않는 것
① **시**멘트 보기 ①	① 시멘트
② **석**회석(소석회)	② 석회석(소석회)
③ **탄**산칼슘(CaCO₃)	③ 탄산칼슘(CaCO₃)
④ **생**석회(CaO)=산화칼슘	

기억법 분시석탄생

중요

분진폭발
공기 중에 분산된 **밀가루, 알루미늄가루** 등이 에너지를 받아 폭발하는 현상

답 ①

13. 연소에 관한 설명으로 틀린 것은?

① 황, 나프탈렌이 연소하는 현상을 작열연소라 한다.
② 나이트로화합물류가 연소하는 현상을 자기연소라 한다.
③ 목탄, 금속분, 코크스가 연소하는 현상을 표면연소라 한다.
④ 목재가 연소하는 현상을 분해연소라 한다.

해설 ① 작열연소 → 증발연소

연소의 형태

연소형태	종 류
표면연소 보기 ③	• 숯, 코크스 • **목탄, 금속분**
	기억법 표숯코 목탄금
분해연소 보기 ④	• 석탄, 종이 • 플라스틱, 목재 • 고무, 중유 • 아스팔트
	기억법 분석종플 목고중아팔
증발연소 보기 ①	• **황, 왁**스 • **파**라핀, **나**프탈렌 • **가**솔린, **등**유 • **경**유, **알**코올 • **아**세톤
	기억법 증황왁파나가 등경알아

자기연소 보기 ②	• 나이트로글리세린, 나이트로셀룰로오스(질화면) • TNT, 피크린산 기억법 자나T피
액적연소	• 벙커C유
확산연소	• 메탄(CH₄), 암모니아(NH₃) • 아세틸렌(C₂H₂), 일산화탄소(CO) • 수소(H₂) 기억법 확메암 아틸일수

답 ①

14 ★★★

화재시 흡입된 일산화탄소는 혈액 내의 어떠한 물질과 작용하여 사람이 사망에 이르게 할 수 있는가?

22.09.문15
20.06.문17
18.04.문09
17.09.문13
16.10.문12
14.09.문13
14.05.문07
14.05.문18
13.09.문19
08.05.문20

① 백혈구
② 혈소판
③ 헤모글로빈
④ 수분

해설 연소가스

구 분	설 명
일산화탄소 (CO)	• 화재시 흡입된 일산화탄소(CO)의 화학적 작용에 의해 **헤모글로빈**(Hb)이 혈액의 산소운반작용을 저해하여 사람을 **질식·사망**하게 한다. 보기 ③ • 목재류의 화재시 **인**명피해를 가장 많이 주며, 연기로 인한 의식불명 또는 질식을 가져온다. • 인체의 **폐**에 큰 자극을 준다. • **산**소와의 **결**합력이 극히 강하여 질식작용에 의한 독성을 나타낸다. 기억법 일헤인 폐산결
이산화탄소 (CO₂)	연소가스 중 가장 많은 양을 차지하고 있으며 가스 그 자체의 독성은 거의 없으나 다량이 존재할 경우 호흡속도를 증가시키고, 이로 인하여 화재가스에 흡입된 유해가스의 혼입을 증가시켜 위험을 가중시키는 가스이다. 기억법 이많(이만큼)
암모니아 (NH₃)	• 나무, 페놀수지, 멜라민수지 등의 **질소함유물**이 연소할 때 발생하며, 냉동시설의 **냉매**로 쓰인다. • 눈·코·폐 등에 매우 **자극성**이 큰 가연성 가스이다. 기억법 암페 멜냉자
포스겐 (COCl₂)	매우 **독성**이 **강**한 가스로서 **소**화제인 **사염화탄소**(CCl₄)를 화재시에 사용할 때도 발생한다. 기억법 독강 소사포

황화수소 (H₂S)	• 달걀 썩는 냄새가 나는 특성이 있다. • 황분이 포함되어 있는 물질의 불완전 연소에 의하여 발생하는 가스이다. • **자극성**이 있다. 기억법 황달자
아크롤레인 (CH₂=CHCHO)	독성이 매우 높은 가스로서 **석유제품**, **유지** 등이 연소할 때 생성되는 가스이다. 기억법 아석유
시안화수소 (HCN, 청산가스)	**질소**성분을 가지고 있는 **합성수지**, **동물의 털**, **인조견** 등의 섬유가 불완전연소할 때 발생하는 맹독성 가스로 0.3%의 농도에서 즉시 사망할 수 있다.
아황산가스 (SO₂, 이산화황)	• **황**이 함유된 물질인 **동물의 털**, **고무** 등이 연소하는 화재시에 발생되며 **무색**의 자극성 냄새를 가진 유독성 기체 • 눈 및 호흡기 등에 점막을 상하게 하고 질식사할 우려가 있다.
프로판 (C₃H₈)	• LPG의 주성분 • 물보다 가볍다.

답 ③

15 ★★★

다음 중 화재시 방사한 탄산수소나트륨 소화약제의 열분해 생성물에 속하지 않는 물질은?

19.03.문14
17.03.문18
16.05.문08
14.09.문18
13.09.문17

① H_2O
② Na_2CO_3
③ CO_2
④ NaCl

해설 ④ $2NaHCO_3 \rightarrow Na_2CO_3 + H_2O + CO_2$

분말소화기(질식효과)

종 별	소화약제	약제의 착색	화학반응식	적응 화재
제1종	탄산수소 나트륨 (NaHCO₃)	백색	$2NaHCO_3 \rightarrow$ $Na_2CO_3+H_2O+CO_2$ 보기 ①~③	BC급
제2종	탄산수소 칼륨 (KHCO₃)	담자색 (담회색)	$2KHCO_3 \rightarrow$ $K_2CO_3+CO_2+H_2O$	BC급
제3종	인산암모늄 (NH₄H₂PO₄)	담홍색	$NH_4H_2PO_4 \rightarrow$ $HPO_3+NH_3+H_2O$	AB C급
제4종	탄산수소 칼륨+요소 (KHCO₃+ (NH₂)₂CO)	회(백)색	$2KHCO_3+$ $(NH_2)_2CO \rightarrow$ K_2CO_3+ $2NH_3+2CO_2$	BC급

• 탄산수소나트륨=중탄산나트륨
• 탄산수소칼륨=중탄산칼륨
• 제1인산암모늄=인산암모늄=인산염
• 탄산수소칼륨+요소=중탄산칼륨+요소

답 ④

16. 다음 중 인화점이 가장 낮은 물질은?

① 에틸렌글리콜
② 아세톤
③ 등유
④ 경유

해설
① 에틸렌글리콜: 111℃
② 아세톤: -18℃
③ 등유: 43~72℃
④ 경유: 50~70℃

인화점 vs 착화점

물질	인화점	착화점
• 프로필렌	-107℃	497℃
• 에틸에터 다이에틸에터	-45℃	180℃
• 가솔린(휘발유)	-43℃	300℃
• **산**화프로필렌	-37℃	465℃
• **이**황화탄소	-30℃	100℃
• 아세틸렌	-18℃	335℃
• 아세톤 [보기 ②]	-18℃	538℃
• 벤젠	-11℃	562℃
• 톨루엔	4.4℃	480℃
• **메**틸알코올	11℃	464℃
• **에**틸알코올	13℃	423℃
• 아세트산	40℃	-
• **등**유 [보기 ③]	43~72℃	210℃
• **경**유 [보기 ④]	50~70℃	200℃
• 적린	-	260℃
• 에틸렌글리콜 [보기 ①]	111℃	413℃

[기억법] 인산 이메등경

• 착화점=발화점=착화온도=발화온도
• 인화점=인화온도

답 ②

17. 열원으로서 화학적 에너지에 해당되지 않는 것은?

① 분해열
② 연소열
③ 중합열
④ 마찰열

해설
④ 마찰: 기계적 에너지

열에너지원의 종류

기계열 (기계적 점화원)	전기열 (전기적 점화원)	화학열 (화학적 점화원)
• **압**축열 • **마**찰열 [보기 ④] • **마**찰스파크(스파크열)	• 유도열 • 유전열 • 저항열 • 아크열 • 정전기열 • 낙뢰에 의한 열	• **연**소열 [보기 ②] • **용**해열 • **분**해열 [보기 ①] • **생**성열 • **자**연발화열 • 중합열 [보기 ③]

[기억법] 기압마

[기억법] 화연용분생자

• 기계적 점화원=기계적 에너지
• 전기적 점화원=전기적 에너지
• 화학적 점화원=화학적 에너지

답 ④

18. 피난계획의 일반원칙 중 페일 세이프(fail safe)에 대한 설명으로 옳은 것은?

① 한 가지 피난기구가 고장이 나도 다른 수단을 이용할 수 있도록 고려하는 것
② 피난구조설비를 반드시 이동식으로 하는 것
③ 본능적 상태에서도 쉽게 식별이 가능하도록 그림이나 색채를 이용하는 것
④ 피난수단을 조작이 간편한 원시적인 방법으로 설계하는 것

해설
② 풀 프루프(fool proof): 이동식 → 고정식

페일 세이프(fail safe)와 풀 프루프(fool proof)

용어	설명
페일 세이프 (fail safe)	① 한 가지 피난기구가 고장이 나도 다른 수단을 이용할 수 있도록 고려하는 것 [보기 ①] ② 한 가지가 고장이 나도 다른 수단을 이용하는 원칙 ③ **두 방향**의 피난동선을 항상 확보하는 원칙
풀 프루프 (fool proof)	① 피난경로는 **간단 명료**하게 한다. ② 피난구조설비는 **고정식 설비**를 위주로 설치한다. [보기 ②] ③ 피난수단은 **원시적 방법**에 의한 것을 원칙으로 한다. [보기 ④] ④ 피난통로를 **완전불연화**한다. ⑤ 막다른 복도가 없도록 계획한다. ⑥ **간단한 그림**이나 **색채**를 이용하여 표시한다. [보기 ③]

답 ①

19. A, B, C급의 화재에 사용할 수 있기 때문에 일명 ABC 분말소화약제로 불리는 소화약제의 주성분은?

① 탄산수소나트륨
② 탄산수소칼륨
③ 제1인산암모늄
④ 황산알루미늄

해설 분말소화약제(질식효과)

종별	주성분	약제의 착색	적응 화재	비고
제1종	중탄산나트륨 ($NaHCO_3$)	백색	BC급	식용유 및 지방질유의 화재에 적합
제2종	중탄산칼륨 ($KHCO_3$)	담자색 (담회색)		-
제3종	인산암모늄 ($NH_4H_2PO_4$) 보기 ③	담홍색	ABC급	차고·주차장에 적합
제4종	중탄산칼륨+요소 ($KHCO_3+(NH_2)_2CO$)	회(백)색	BC급	-

기억법 3ABC(3종이니까 3가지 ABC급)

- 중탄산나트륨=탄산수소나트륨
- 중탄산칼륨=탄산수소칼륨
- 제1인산암모늄=인산암모늄=인산염
- 중탄산칼륨+요소=탄산수소칼륨+요소

답 ③

20. 연기농도에서 감광계수 $0.1m^{-1}$은 어떤 현상을 의미하는가?

① 화재 최성기의 연기농도
② 연기감지기가 작동하는 정도의 농도
③ 거의 앞이 보이지 않을 정도의 농도
④ 출화실에서 연기가 분출될 때의 연기농도

해설 감광계수에 따른 가시거리 및 상황

감광계수 [m^{-1}]	가시거리 [m]	상황
0.1	20~30	연기감지기가 작동할 때의 농도 보기 ②
0.3	5	건물 내부에 익숙한 사람이 피난에 지장을 느낄 정도의 농도
0.5	3	어두운 것을 느낄 정도의 농도
1	1~2	거의 앞이 보이지 않을 정도의 농도
10	0.2~0.5	화재 최성기 때의 농도 **기억법** 십25최
30	-	출화실에서 연기가 분출할 때의 농도

답 ②

제 2 과목 소방전기일반

21. 테브난의 정리를 이용하여 그림 (a)의 회로를 그림 (b)와 같은 등가회로로 만들고자 할 때 V_{th}[V]와 R_{th}[Ω]은?

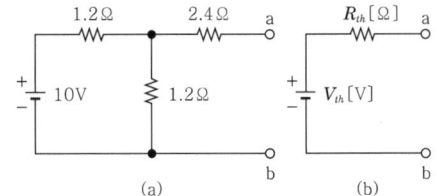

① 5V, 2Ω
② 5V, 3Ω
③ 6V, 2Ω
④ 6V, 3Ω

해설 테브난의 정리에 의해 2.4Ω에는 전압이 가해지지 않으므로

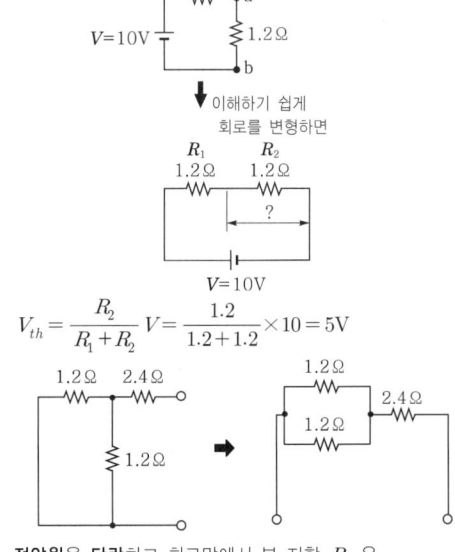

이해하기 쉽게 회로를 변형하면

$$V_{th} = \frac{R_2}{R_1+R_2}V = \frac{1.2}{1.2+1.2} \times 10 = 5V$$

전압원을 단락하고 회로망에서 본 저항 R_{th}은

$$R_{th} = \frac{1.2 \times 1.2}{1.2+1.2} + 2.4 = 3Ω$$

용어
테브난의 정리(테브냉의 정리)
2개의 독립된 회로망을 접속하였을 때의 전압·전류 및 임피던스의 관계를 나타내는 정리

답 ②

22. 공기 중에 1×10^{-7}C의 (+)전하가 있을 때, 이 전하로부터 15cm의 거리에 있는 점의 전장의 세기는 몇 V/m인가?

① 1×10^4
② 2×10^4
③ 3×10^4
④ 4×10^4

해설 (1) 기호
- ε_s : 공기 중이므로 1
- Q : 1×10^{-7} C
- r : 15cm=0.15m (100cm=1m)
- E : ?

(2) 전계의 세기(intensity of electric field)

$$E = \frac{Q}{4\pi \varepsilon r^2}$$

여기서, E : 전계의 세기[V/m]
Q : 전하[C]
ε : 유전율[F/m]($\varepsilon = \varepsilon_0 \cdot \varepsilon_s$)
r : 거리[m]

전계의 세기(전장의 세기) E는

$$E = \frac{Q}{4\pi \varepsilon r^2}$$
$$= \frac{Q}{4\pi \varepsilon_0 \varepsilon_s r^2}$$
$$= \frac{Q}{4\pi \varepsilon_0 r^2}$$
$$= \frac{(1 \times 10^{-7})}{4\pi \times (8.855 \times 10^{-12}) \times 0.15^2}$$
$$\approx 40000 = 4 \times 10^4 \text{V/m}$$

- **진공의 유전율** : $\varepsilon_0 = 8.855 \times 10^{-12}$ F/m
- ε_s(비유전율) : 진공 중 또는 공기 중 $\varepsilon_s \approx 1$이 므로 생략

답 ④

23
직류전압계와 전류계를 사용하여 부하전압과 전류를 측정하고자 할 때 연결 방법으로 옳은 것은?

19.09.문31
16.10.문25
15.05.문30
15.03.문40
11.10.문28
10.03.문35
08.03.문35

① 전압계는 부하와 직렬, 전류계는 부하와 병렬
② 전압계는 부하와 병렬, 전류계는 부하와 직렬
③ 전압계, 전류계 모두 부하와 병렬
④ 전압계, 전류계 모두 부하와 직렬

해설 **전압계**와 **전류계**의 **결선** 보기 ②

전압계	전류계
부하와 **병렬**연결	부하와 **직렬**연결

기억법 압병(압병!합병!)

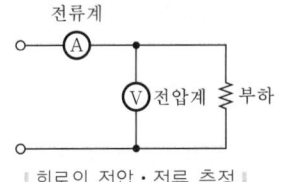

| 회로의 전압·전류 측정 |

비교

배율기 vs 분류기	
배율기	분류기
전압계에 **직렬**연결	전류계에 **병렬**연결

답 ②

24
3상 교류 전원과 부하가 모두 △결선된 3상 평형 회로에서 전원전압이 200V, 부하 임피던스가 $6+j8\Omega$인 경우 선전류[A]는?

21.05.문26
17.05.문36
15.09.문35
06.09.문37

① 10
② $\dfrac{20}{\sqrt{3}}$
③ 20
④ $20\sqrt{3}$

해설 (1) 기호
- V_l : 200V
- Z : $6+j8\Omega$
- I_l : ?

(2) △결선

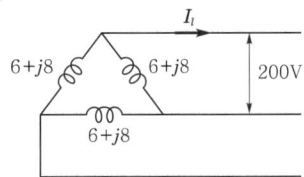

Y결선 : 선전류 $I_Y = \dfrac{V_l}{\sqrt{3}\, Z}$ [A]

△결선 : 선전류 $I_\triangle = \dfrac{\sqrt{3}\, V_l}{Z}$ [A]

여기서, V_l : 선간전압[V], Z : 임피던스[Ω]

△**결선**이므로

선전류 $I_\triangle = \dfrac{\sqrt{3}\, V_l}{Z}$
$= \dfrac{\sqrt{3} \times 200}{6+j8}$
$= \dfrac{\sqrt{3} \times 200}{\sqrt{6^2+8^2}} = 20\sqrt{3}\, \text{A}$

답 ④

25
다음 중 강자성체에 속하지 않는 것은?

19.03.문26
18.04.문25
12.09.문30
09.05.문24

① Fe
② Ni
③ Cu
④ Co

③ 구리(Cu) : 반자성체

자성체의 종류

자성체	종류
상자성체 (paramagnetic material)	알루미늄(Al), 백금(Pt) 기억법 상알백
반자성체 (diamagnetic material)	금(Au), 은(Ag), 구리(Cu), 아연(Zn), 탄소(C)
강자성체 (ferromagnetic material)	니켈(Ni), 코발트(Co), 망가니즈(Mn), 철(Fe) 기억법 강니코망철

답 ③

26 다음 그림과 같은 다이오드 게이트회로에서 출력전압은 약 몇 V인가? (단, 다이오드 내의 전압강하는 무시한다.)

17.09.문24
14.03.문35
11.03.문37

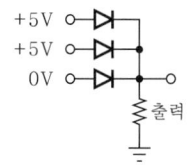

① 0   ② 5
③ 10 ④ 20

해설 OR gate이므로 3개의 입력신호 중 **어느 하나라도 1(5V)**이면 출력신호가 **1(5V)**이 된다.

명칭	회로
OR 게이트 보기 ②	+5V, +5V, 0V → 출력, 5V, 전압 0
AND 게이트	5V, +5V, +5V, 0V → 출력, 0V

중요

논리회로

명칭	회로
AND 게이트	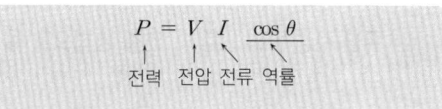

OR 게이트 보기 ②	A, B → 출력 / +5V / A, B → 출력
NOR 게이트	A, B → 출력 (+V_{cc}, T_r)
NAND 게이트	A, B → 출력 (+V_{cc}, T_r)

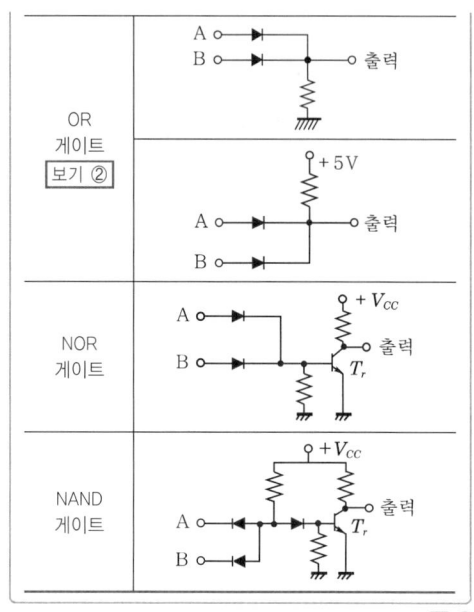

답 ②

27 단상회로의 전력을 측정하고자 할 때 필요하지 않은 것은?

13.09.문23

① 저항계
② 전압계
③ 전류계
④ 역률계

해설
$$P = V \, I \, \cos\theta$$
전력 전압 전류 역률

위 식에서 **전력측정계기**는 다음과 같다.
(1) 전**압**계 보기 ②
(2) 전**류**계 보기 ③
(3) **역**률계 보기 ④

기억법 압류역

답 ①

28 맥동률이 가장 작은 방식은?

16.05.문37
13.09.문25

① 단상 반파정류
② 단상 전파정류
③ 3상 반파정류
④ 3상 전파정류

해설 ④ **3상 전파정류**는 맥동률이 가장 적다.

맥동주파수가 높을수록 맥동률이 적어진다.

참고

맥동주파수(60Hz일 때)

정류방식	맥동주파수	맥동률
단상 반파정류	60Hz(f_0)	121%(1.21)
단상 전파정류	120Hz($2f_0$)	48%(0.48)
3상 반파정류	180Hz($3f_0$)	17%(0.17)
3상 전파정류 보기 ④	360Hz($6f_0$)	4%(0.04)

답 ④

29 ★
13.09.문27

용량 180Ah의 납축전지를 10시간 동안 방전시켜 사용하면 방전전류는 몇 A인가?

① 18A
② 180A
③ 1800A
④ 3600A

해설 (1) 기호
- Q : 180Ah
- t : 10h
- I : ?

(2) 축전지의 용량

$$Q = It$$

여기서, Q : 축전지의 용량[Ah]
I : 방전전류[A]
t : 시간[h]

방전전류 I는

$$I = \frac{Q}{t} = \frac{180\text{Ah}}{10\text{h}} = 18\text{A}$$

답 ①

30 ★★★
15.05.문29
14.09.문34
13.09.문32

그림과 같은 논리회로의 명칭은?

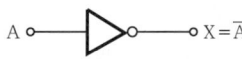 $X = \overline{A}$

① AND
② NOT
③ NOR
④ NAND

해설 논리회로

명칭	논리회로	진리표
AND 게이트	$X = A \cdot B$	A B X 0 0 0 0 1 0 1 0 0 1 1 1
OR 게이트	$X = A + B$	A B X 0 0 0 0 1 1 1 0 1 1 1 1
NOT 게이트 보기 ②	$X = \overline{A}$	A X 0 1 1 0
NAND 게이트	$X = \overline{A \cdot B}$	A B X 0 0 1 0 1 1 1 0 1 1 1 0
NOR 게이트	$X = \overline{A + B}$	A B X 0 0 1 0 1 0 1 0 0 1 1 0
EXCUSIVE OR 게이트	$X = A \oplus B$ $= \overline{A}B + A\overline{B}$	A B X 0 0 0 0 1 1 1 0 1 1 1 0
EXCUSIVE NOR 게이트	$X = \overline{A \oplus B}$ $= AB + \overline{A}\,\overline{B}$	A B X 0 0 1 0 1 0 1 0 0 1 1 1

답 ②

31 ★★
19.04.문32
13.09.문33

전자회로에서 온도에 의해 저장값이 변화하는 반도체로서 온도보상용, 온도계측용으로 사용되고 있는 소자는?

① 저항
② 리액터
③ 콘덴서
④ 서미스터

해설 ④ 서미스터 : 온도에 따라 저항값이 변환하는 소자로서 **온도보상용**으로 쓰인다.

서미스터
(1) 열을 감지하는 **감열 저항체** 소자이다.
(2) 일반적으로 온도상승에 따라 저항값이 **감소**한다.
(3) 구성은 **망가니즈, 코발트, 니켈, 철** 등을 혼합한 것이다.
(4) 화학적으로는 **금속산화물**에 해당된다.

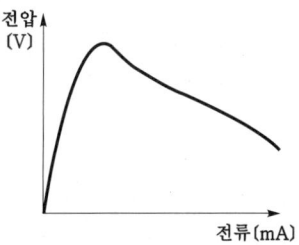

∥서미스터의 전압-전류 특성∥

답 ④

32 PID 동작에 해당되는 것은?

① 응답속도를 빨리할 수 있으나 오프셋은 제거되지 않는다.
② 사이클링을 제거할 수 있으나 오프셋이 생긴다.
③ 사이클링과 오프셋이 제거되고 응답속도가 빠르며, 안정성이 있다.
④ 오프셋은 제거되나 제어동작에 큰 부동작시간이 있으면 응답이 늦어진다.

해설 연속제어

구 분	설 명
비례제어(P동작)	잔류편차가 있는 제어
적분제어(I동작)	잔류편차를 제거하기 위한 제어
비례적분제어(PI동작)	간헐현상이 있는 제어 **기억법** 비적간
비례적분미분제어(PID동작)	• 간헐현상을 제거하기 위한 제어 • 사이클링과 오프셋이 제거되는 제어 보기 ③ • 응답속도가 빠르고 안정성이 있음 보기 ③ • 정상 특성과 응답의 속응성을 동시에 개선시키기 위한 제어 **기억법** PID 사오

중요

제어동작에 의한 분류

연속제어(연속동작)	불연속제어(불연속동작)
• 비례제어(P동작) • 미분제어(D동작) • 적분제어(I동작) • 비례적분제어(PI동작) • 비례적분미분제어(PID동작)	• 2위치제어 (ON-OFF동작) • 샘플값제어

답 ③

33 터널다이오드를 사용하는 목적이 아닌 것은?

① 스위칭 작용
② 증폭작용
③ 발진작용
④ 정전압 정류작용

해설 ④ 정전압 정류작용 : 제너다이오드

터널다이오드(Tunnel Diode)의 작용
(1) **발**진작용
(2) **증**폭작용
(3) **스**위칭 작용(개폐작용)

기억법 터발증스

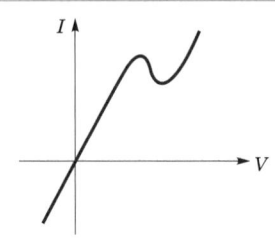

| 터널다이오드의 $V-I$ 특성곡선 |

답 ④

34 바리스터(varistor)의 용도는?

① 정전류제어용
② 정전압제어용
③ 과도한 전류로부터 회로보호
④ 과도한 전압으로부터 회로보호

해설 반도체소자

명 칭	심 벌
제너다이오드(Zener Diode) : 주로 정전압 전원회로에 사용된다. '**정전압다이오드**'라고도 부른다.	▶┤
서미스터(Thermistor) • 부온도 특성을 가진 저항기의 일종으로서 주로 **온도보정용**으로 쓰인다. • 온도에 따라 저항값이 변환하는 소자이다.	─(W)─ Th
SCR(Silicon Controlled Rectifier) : **단방향 대전류 스위칭소자**로서 제어를 할 수 있는 정류소자이다.	A ▶┤ K G
바리스터(Varistor) : 주로 **서**지전압(과전압)에 대한 **회로보호용**으로 사용된다.(**계**전기 접점의 불꽃 제거) 보기 ④ **기억법** 바서보계	▶◀
UJT(UniJunction Transistor) : 단일접합 트랜지스터로서 증폭기로는 사용이 불가능하며 **톱**니파나 **펄**스발생기로 작용하고 **SCR**의 **트**리거소자로 쓰인다.	B_1 E ┤├ B_2
바랙터(Varactor) : 제너현상을 이용한 다이오드이다. • 바랙터=바랙터다이오드	

답 ④

35. 잔류편차가 있는 제어계로 P제어라고 하는 것은?

① 비례제어
② 미분제어
③ 적분제어
④ 비례적분미분제어

해설

비례제어(P동작)	비례적분제어(PI동작)
잔류편**차**(off-set)가 있는 제어 보기 ①	**간**헐현상이 있는 제어

기억법 비잔적간

답 ①

36. "회로망의 임의의 접속점에 유입하는 여러 전류의 총합은 0이다."라고 하는 법칙은?

① 쿨롱의 법칙
② 옴의 법칙
③ 패러데이의 법칙
④ 키르히호프의 법칙

해설 여러 가지 법칙

법칙	설명
플레밍의 오른손 법칙	• 도체운동에 의한 유기기전력의 방향 결정 기억법 방유도오(방에 우유를 도로 갖다 놓게!)
플레밍의 왼손 법칙	• 전자력의 방향 결정 기억법 왼전(왠 전쟁이냐?)
렌츠의 법칙	• 자속변화에 의한 유도기전력의 방향 결정 기억법 렌유방(오렌지가 유일한 방법이다.)
패러데이의 전자유도 법칙	• 자속변화에 의한 유기기전력의 크기 결정 기억법 패유크(패유를 버리면 큰일난다.)
앙페르의 오른나사 법칙	• 전류에 의한 자기장의 방향을 결정하는 법칙 기억법 앙전자(양전자)
비오-사바르의 법칙	• 전류에 의해 발생되는 자기장의 크기 기억법 비전자(비전공자)

키르히호프의 법칙	• 옴의 법칙을 응용한 것으로 복잡한 회로의 전류와 전압계산에 사용 • 회로망의 임의의 접속점에 유입하는 여러 전류의 총합은 0이라고 하는 법칙 기억법 키총
줄의 법칙	• 어떤 도체에 일정시간 동안 전류를 흘리면 도체에는 열이 발생되는데 이에 관한 법칙 • 전류의 열작용과 관계있는 법칙
쿨롱의 법칙	• 두 자극 사이에 작용하는 힘은 두 자극의 세기의 곱에 비례하고, 두 자극 사이의 거리의 제곱에 반비례한다는 법칙

답 ④

37. 제어장치가 제어대상에 가하는 제어신호로 제어장치의 출력인 동시에 제어대상의 입력인 신호는?

① 목표값
② 조작량
③ 제어량
④ 동작신호

해설 피드백제어의 용어

용어	설명
제어량 (controlled value)	• 제어대상에 속하는 양으로, 제어대상을 제어하는 것을 목적으로 하는 물리적인 양이다.
조작량 (manipulated value)	• **제어장치**의 **출력**인 **동시**에 **제어대상**의 **입력**으로 제어장치가 제어대상에 가해지는 제어신호 보기 ② 기억법 조출동 • 제어요소가 제어대상에 주는 양 기억법 조요대(조용하대)
제어요소 (control element)	• 동작신호를 조작량으로 변환하는 요소이고, 조절부와 조작부로 이루어진다.
제어장치 (control device)	• 제어를 하기 위해 제어대상에 부착되는 장치이고, 조절부, 설정부, 검출부 등이 이에 해당된다.
오차검출기	• 제어량을 설정값과 비교하여 오차를 계산하는 장치이다.

답 ②

38 두 코일이 있다. 한 코일의 전류가 매초 20A의 비율로 변화할 때 다른 코일에서는 1V의 기전력이 발생하였다면 두 코일의 상호인덕턴스는?

① 0.05H ② 0.25H
③ 0.50H ④ 1.25H

해설 (1) 기호
- $\dfrac{di}{dt} : \dfrac{20}{1} \left(\therefore \dfrac{dt}{di} = \dfrac{1}{20}\right)$
- $e : 1V$
- $M : ?$

(2) 유도기전력
$$e = M\dfrac{di}{dt} \text{[V]}$$

여기서, e : 유도기전력[V]
M : 상호인덕턴스[H]
di : 전류의 변화량[A]
dt : 시간의 변화량[s]

상호인덕턴스 M은
$$M = e\dfrac{dt}{di} = 1 \times \dfrac{1}{20} = 0.05\text{H}$$

답 ①

39 조작기기는 직접 제어대상에 작용하는 장치이고 빠른 응답이 요구된다. 다음 중 전기식 조작기기가 아닌 것은?

① 서보전동기
② 전동밸브
③ 다이어프램밸브
④ 전자밸브

해설 조작기기

전기식 조작기기	기계식 조작기기
㉠ 전동밸브 보기 ② ㉡ 전자밸브 보기 ④ ㉢ 서보전동기 보기 ①	다이어프램밸브 보기 ③

답 ③

40 정전압소자로 사용되는 다이오드는?

① 제너다이오드 ② 터널다이오드
③ 포토다이오드 ④ 발광다이오드

해설 다이오드의 종류

종류	심벌	설명
정류 다이오드	▶│	• 교류를 직류로 변환할 때 이용
스위칭 다이오드	—	• 고속 ON/OFF 특성을 스위칭에 이용
제너 다이오드 (정전압 다이오드)	▶│	• 정전압 특성을 전압 안정화에 이용 • 출력전압을 일정하게 유지(전원전압을 일정하게 유지) • 정전압소자 보기 ①
가변용량 다이오드 (버랙터 다이오드)	▶│	• 가변용량 특성을 FM 변조 AFC 동조에 이용
터널 다이오드	▶│	• 음저항 특성을 마이크로파 발진에 이용
발광 다이오드	▶│	• 발광특성을 응용하여 광센서에 이용

기억법 제정

답 ①

제3과목 소방관계법규

41 화재의 예방 및 안전관리에 관한 법률상 소방안전관리대상물의 소방안전관리자의 업무가 아닌 것은?

① 소방시설공사
② 소방훈련 및 교육
③ 소방계획서의 작성 및 시행
④ 자위소방대의 구성·운영·교육

해설 ① 소방시설공사업자의 업무

화재예방법 24조
관계인 및 소방안전관리자의 업무

특정소방대상물 (관계인)	소방안전관리대상물 (소방안전관리자)
① **피**난시설·방화구획 및 방화시설의 관리 ② **소**방시설, 그 밖의 소방관련시설의 관리 ③ **화**기취급의 감독 ④ 소방안전관리에 필요한 업무 ⑤ 화재발생시 초기대응	① **피**난시설·방화구획 및 방화시설의 관리 ② **소**방시설, 그 밖의 소방관련시설의 관리 ③ **화**기취급의 감독 ④ 소방안전관리에 필요한 업무 ⑤ **소**방계획서의 작성 및 시행(대통령령으로 정하는 사항 포함) 보기 ③ ⑥ **자**위소방대 및 **초**기대응체계의 구성·운영·교육 보기 ④ ⑦ 소방**훈**련 및 교육 보기 ② ⑧ 소방안전관리에 관한 업무수행에 관한 기록·유지 ⑨ 화재발생시 초기대응

기억법 계위 훈피소화

답 ①

42 위험물안전관리법령상 관계인이 예방규정을 정하여야 하는 제조소 등의 기준이 아닌 것은?

① 지정수량의 10배 이상의 위험물을 취급하는 제조소
② 지정수량의 200배 이상의 위험물을 저장하는 옥외탱크저장소
③ 지정수량의 50배 이상의 위험물을 저장하는 옥외저장소
④ 지정수량의 150배 이상의 위험물을 저장하는 옥내저장소

해설 ③ 50배 이상 → 100배 이상

위험물령 15조
예방규정을 정하여야 할 제조소 등

배수	제조소 등
10배 이상	• 제조소 보기 ① • 일반취급소
100배 이상	• 옥외저장소 보기 ③
150배 이상	• 옥내저장소 보기 ④
200배 이상	• 옥외탱크저장소 보기 ②
모두 해당	• 이송취급소 • 암반탱크저장소

기억법 0 제일
       0 외
       5 내
       2 탱

※ **예방규정**: 제조소 등의 화재예방과 화재 등 재해발생시의 비상조치를 위한 규정

답 ③

43 소방기본법령상 소방기관이 소방업무를 수행하는 데에 필요한 인력과 장비 등에 관한 기준은 어느 것으로 정하는가?

① 대통령령
② 시·도의 조례
③ 행정안전부령
④ 국토교통부령

해설 기본법 8·9조
(1) 소방력의 기준: **행정안전부령** 보기 ③
(2) 소방장비 등에 대한 국고보조 기준: **대통령령**

※ **소방력**: 소방기관이 소방업무를 수행하는 데 필요한 **인력**과 **장비**

답 ③

44 위험물안전관리법령상 점포에서 위험물을 용기에 담아 판매하기 위하여 지정수량의 40배 이하의 위험물을 취급하는 장소의 취급소 구분으로 옳은 것은? (단, 위험물을 제조 외의 목적으로 취급하기 위한 장소이다.)

① 이송취급소 ② 일반취급소
③ 주유취급소 ④ 판매취급소

해설 위험물령〔별표 3〕
위험물 취급소의 구분

구분	설명
주유취급소	고정된 주유설비에 의하여 **자동차·항공기** 또는 **선박** 등의 연료탱크에 직접 주유하기 위하여 위험물을 취급하는 장소
판매취급소	**점포**에서 위험물을 용기에 담아 판매하기 위하여 지정수량의 **40배** 이하의 위험물을 취급하는 장소 보기 ④
이송취급소	배관 및 이에 부속된 설비에 의하여 위험물을 **이송**하는 장소
일반취급소	주유취급소·판매취급소·이송취급소 이외의 장소

기억법 점포4판(점포에서 사고 판다.)

중요

위험물규칙〔별표 14〕

제1종 판매취급소	제2종 판매취급소
저장·취급하는 위험물의 수량이 지정수량의 **20배** 이하인 판매취급소	저장·취급하는 위험물의 수량이 지정수량의 **40배** 이하인 판매취급소

답 ④

45 소방시설 설치 및 관리에 관한 법령상 시·도지사는 관리업자에게 영업정지를 명하는 경우로서 그 영업정지가 국민에게 심한 불편을 주거나 그 밖에 공익을 해칠 우려가 있을 때에는 영업정지처분을 갈음하여 최대 얼마 이하의 과징금을 부과할 수 있는가?

① 1000만원 ② 2000만원
③ 3000만원 ④ 5000만원

해설 소방시설법 36조, 위험물법 13조, 공사업법 10조
과징금

3000만원 이하	2억원 이하
• **소방시설관리업** 영업정지처분 갈음 보기 ③	• **제조소** 사용정지처분 갈음 • **소방시설업** 영업정지처분 갈음

기억법 제2과

답 ③

46 소방기본법의 목적과 거리가 먼 것은?
① 화재를 예방·경계하고 진압하는 것
② 건축물의 안전한 사용을 통하여 안락한 국민생활을 보장해 주는 것
③ 화재, 재난·재해로부터 구조·구급활동을 하는 것
④ 공공의 안녕 및 질서유지와 복리증진에 기여하는 것

해설 기본법 1조
소방기본법의 목적
(1) 화재의 예방·경계·진압 보기 ①
(2) 국민의 생명·신체 및 재산보호
(3) 공공의 안녕 및 질서유지와 복리증진 보기 ④
(4) 구조·구급활동 보기 ③

답 ②

47 소방기본법령상 소방용수시설별 설치기준 중 옳은 것은?
① 저수조는 지면으로부터의 낙차가 4.5m 이상일 것
② 소화전은 상수도와 연결하여 지하식 또는 지상식의 구조로 하고, 소방용 호스와 연결하는 소화전의 연결금속구의 구경은 50mm로 할 것
③ 저수조 흡수관의 투입구가 사각형의 경우에는 한 변의 길이가 60cm 이상일 것
④ 급수탑 급수배관의 구경은 65mm 이상으로 하고, 개폐밸브는 지상에서 0.8m 이상 1.5m 이하의 위치에 설치하도록 할 것

해설 ① 4.5m 이상 → 4.5m 이하
② 50mm → 65mm
④ 0.8m 이상 1.5m 이하 → 1.5m 이상 1.7m 이하

기본규칙〔별표 3〕
소방용수시설별 설치기준

구 분	소화전	급수탑
구경	65mm 보기 ②	100mm
개폐밸브 높이	–	지상 1.5~1.7m 이하 보기 ④

흡수관 투입구는 한 변이 0.6m 이상이거나 직경이 0.6m 이상인 것 보기 ③

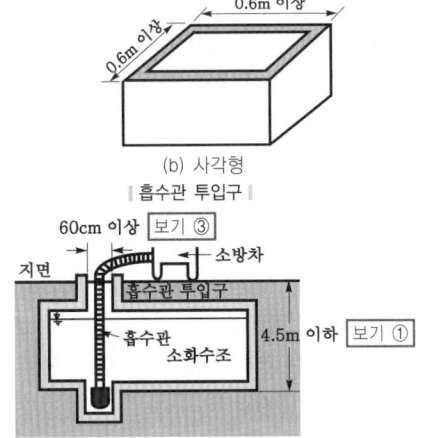
(b) 사각형
흡수관 투입구
60cm 이상 보기 ③
지면 소방차
흡수관 투입구
흡수관
소화수조
4.5m 이하 보기 ①
저수조의 깊이

중요
기본규칙〔별표 3〕
소방용수시설의 설치기준

거리기준	지 역
100m 이하	• 주거지역 • 공업지역 • 상업지역
140m 이하	• 기타지역

기억법 주공 100상(주공아파트에 백상어가 그려져 있다.)

답 ③

48 위험물안전관리법령에 따라 위험물안전관리자를 해임하거나 퇴직한 때에는 해임하거나 퇴직한 날부터 며칠 이내에 다시 안전관리자를 선임하여야 하는가?
① 30일   ② 35일
③ 40일   ④ 55일

해설 30일
(1) 소방시설업 등록사항 변경신고(공사업규칙 6조)
(2) **위험물안전관리자의 재선임**(위험물안전관리법 15조) 보기 ①
(3) 소방안전관리자의 재선임(화재예방법 시행규칙 14조)
(4) 도급계약 해지(공사업법 23조)
(5) 소방시설공사 중요사항 변경시의 신고(공사업규칙 12조)
(6) 소방기술자 실무교육기관 지정서 발급(공사업규칙 32조)
(7) 소방공사감리자 변경서류 제출(공사업규칙 15조)
(8) 승계(위험물법 10조)
(9) 위험물안전관리자의 직무대행(위험물법 15조)
(10) 탱크시험자의 변경신고일(위험물법 16조)

답 ①

49 위험물안전관리법령상 제조소 또는 일반취급소의 위험물취급탱크 노즐 또는 맨홀을 신설하는 경우, 노즐 또는 맨홀의 직경이 몇 mm를 초과하는 경우에 변경허가를 받아야 하는가?
① 250   ② 300
③ 450   ④ 600

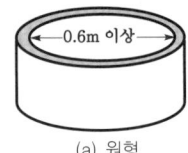
(a) 원형

해설 위험물규칙 〔별표 1의 2〕
제조소 또는 일반취급소의 변경허가
(1) 제조소 또는 **일반취급소의 위치를 이전**하는 경우
(2) 건축물의 벽·기둥·바닥·보 또는 지붕을 **증설** 또는 **철거**하는 경우
(3) **배출설비를 신설**하는 경우
(4) 위험물취급탱크를 신설·교체·철거 또는 보수(탱크의 본체를 절개)하는 경우
(5) 위험물취급탱크의 **노즐** 또는 **맨홀**을 신설하는 경우(노즐 또는 맨홀의 직경이 **250mm**를 초과하는 경우) 보기 ①
(6) 위험물취급탱크의 **방유제**의 높이 또는 방유제 내의 **면적**을 **변경**하는 경우
(7) 위험물취급탱크의 탱크전용실을 **증설** 또는 **교체**하는 경우
(8) 300m(지상에 설치하지 아니하는 배관은 30m)를 초과하는 위험물배관을 신설·교체·철거 또는 보수(배관 절개)하는 경우
(9) 불활성기체의 봉입장치를 **신설**하는 경우

기억법 노맨 250mm

답 ①

50 화재의 예방 및 안전관리에 관한 법령에 따라 소방안전관리대상물의 관계인이 소방안전관리업무에서 소방안전관리자를 선임하지 아니하였을 때 벌금기준은?

① 100만원 이하
② 200만원 이하
③ 300만원 이하
④ 1천만원 이하

해설 **300만원 이하의 벌금**
(1) 화재안전조사를 정당한 사유없이 거부·방해·기피(화재예방법 50조)
(2) 위탁받은 업무종사자의 **비밀누설**(소방시설법 59조)
(3) 방염성능검사 합격표시 위조(소방시설법 59조)
(4) **소**방안전관리자, 총괄소방안전관리자 또는 소방안전관리보조자 **미**선임(화재예방법 50조) 보기 ③
(5) 다른 자에게 자기의 성명이나 상호를 사용하여 소방시설공사 등을 수급 또는 시공하게 하거나 소방시설업의 등록증·등록수첩을 빌려준 자(공사업법 37조)
(6) 감리원 미배치자(공사업법 37조)
(7) 소방기술인정 자격수첩을 빌려준 자(공사업법 37조)
(8) 2 이상의 업체에 취업한 자(공사업법 37조)
(9) 소방시설업자나 관계인 감독시 관계인의 업무를 방해하거나 비밀누설(공사업법 37조)

기억법 비3미소(비상미소)

답 ③

51 소방기본법령상 소방안전교육사의 배치대상별 배치기준에서 소방본부의 배치기준은 몇 명 이상인가?

① 1
② 2
③ 3
④ 4

해설 기본령 〔별표 2의 3〕
소방안전교육사의 배치대상별 배치기준

배치대상	배치기준
소방서	● 1명 이상
한국소방안전원	● 시·도지부 : 1명 이상 ● 본회 : 2명 이상
소방본부	● 2명 이상 보기 ②
소방청	● 2명 이상
한국소방산업기술원	● 2명 이상

답 ②

52 화재예방강화지구의 지정대상지역에 해당되지 않는 곳은?

① 시장지역
② 공장·창고가 밀집한 지역
③ 콘크리트건물이 밀집한 지역
④ 석유화학제품을 생산하는 공장이 있는 지역

해설 ③ 해당없음

화재예방법 18조
화재예방강화지구의 지정
(1) **지정권자** : 시·도지사
(2) 지정지역
  ㉠ **시장지역** 보기 ①
  ㉡ **공장·창고** 등이 밀집한 지역 보기 ②
  ㉢ **목조건물**이 밀집한 지역
  ㉣ 노후·불량 건축물이 밀집한 지역
  ㉤ **위험물**의 **저장** 및 **처리시설**이 **밀집**한 지역
  ㉥ **석유화학제품**을 생산하는 공장이 있는 지역 보기 ④
  ㉦ **소방시설·소방용수시설** 또는 **소방출동로**가 **없는** 지역
  ㉧ 「산업입지 및 개발에 관한 법률」에 따른 산업단지
  ㉨ 「물류시설의 개발 및 운영에 관한 법률」에 따른 물류단지
  ㉩ **소방청장, 소방본부장** 또는 **소방서장**(소방관서장)이 화재예방강화지구로 지정할 필요가 있다고 인정하는 지역

※ **화재예방강화지구** : 화재발생 우려가 크거나 화재가 발생할 경우 피해가 클 것으로 예상되는 지역에 대하여 화재의 예방 및 안전관리를 강화하기 위해 지정·관리하는 지역

비교

기본법 19조
화재로 오인할 만한 불을 피우거나 연막소독시 신고지역
(1) **시장지역**
(2) **공장·창고**가 밀집한 지역
(3) **목조건물**이 밀집한 지역
(4) **위험물**의 **저장** 및 **처리시설**이 **밀집**한 지역
(5) **석유화학제품**을 생산하는 공장이 있는 지역
(6) 그 밖에 **시·도**의 **조례**로 정하는 지역 또는 장소

답 ③

53. 소방기본법령상 최대 200만원 이하의 과태료 처분 대상이 아닌 것은?

① 한국소방안전원 또는 이와 유사한 명칭을 사용한 자
② 소방활동구역을 대통령령으로 정하는 사람 외에 출입한 사람
③ 화재진압 구조·구급 활동을 위해 사이렌을 사용하여 출동하는 소방자동차에 진로를 양보하지 아니하여 출동에 지장을 준 자
④ 화재, 재난·재해, 그 밖의 위급한 상황이 발생한 구역에 소방본부장의 피난명령을 위반한 사람

해설
④ 100만원 이하의 벌금

200만원 이하의 과태료
(1) 소방용수시설·소화기구 및 설비 등의 설치명령 위반(화재예방법 52조)
(2) **특수가연물**의 저장·취급 기준 위반(화재예방법 52조)
(3) 한국119청소년단 또는 이와 유사한 명칭을 사용한 자(기본법 56조)
(4) 한국소방안전원 또는 이와 유사한 명칭을 사용하는 것 보기 ①
(5) **소방활동구역 출입**(기본법 56조) 보기 ②
(6) 소방자동차의 출동에 지장을 준 자(기본법 56조) 보기 ③
(7) 관계서류 미보관자(공사업법 40조)
(8) 소방기술자 미배치자(공사업법 40조)
(9) 하도급 미통지자(공사업법 40조)

비교
100만원 이하의 벌금
(1) 관계인의 소방활동 미수행(기본법 20조)
(2) **피난명령** 위반(기본법 54조) 보기 ④
(3) 위험시설 등에 대한 긴급조치 방해(기본법 54조)
(4) 거짓보고 또는 자료 미제출자(공사업법 38조)
(5) 관계공무원의 출입·조사·검사 방해(공사업법 38조)

기억법 피1(차일피일)

답 ④

54. 위험물안전관리법령상 제조소 또는 일반취급소에서 취급하는 제4류 위험물의 최대수량의 합이 지정수량의 24만배 이상 48만배 미만인 사업소의 관계인이 두어야 하는 화학소방자동차와 자체소방대원의 수의 기준으로 옳은 것은? (단, 화재, 그 밖의 재난발생시 다른 사업소 등과 상호응원에 관한 협정을 체결하고 있는 사업소는 제외한다.)

① 화학소방자동차 : 2대, 자체소방대원의 수 : 10인
② 화학소방자동차 : 3대, 자체소방대원의 수 : 10인
③ 화학소방자동차 : 3대, 자체소방대원의 수 : 15인
④ 화학소방자동차 : 4대, 자체소방대원의 수 : 20인

해설 위험물령 [별표 8]
자체소방대에 두는 화학소방자동차 및 인원

구 분	화학소방자동차	자체소방대원의 수
지정수량 3천~12만배 미만	1대	5인
지정수량 12~24만배 미만	2대	10인
지정수량 24~48만배 미만 보기 ③	3대	15인
지정수량 48만배 이상	4대	20인
옥외탱크저장소에 저장하는 제4류 위험물의 최대수량이 지정수량의 50만배 이상	2대	10인

답 ③

55. 위험물안전관리법령상 산화성 고체인 제1류 위험물에 해당되는 것은?

① 질산염류
② 과염소산
③ 특수인화물
④ 유기과산화물

해설
② 과염소산 : 제6류
③ 특수인화물 : 제4류
④ 유기과산화물 : 제5류

위험물령 [별표 1]
위험물

유 별	성 질	품 명
제1류	**산**화성 **고**체	• 아염소산염류 • 염소산염류 • 과염소산염류 • 질산염류(질산칼륨) 보기 ① • 무기과산화물(과산화바륨) **기억법** 1산고(일산GO)
제2류	가연성 고체	• 황화인 • 적린 • 황 • 마그네슘 **기억법** 황화적황마

제3류	자연발화성 물질	• 황린(P₄)
	금수성 물질	• 칼륨(K) • 나트륨(Na) • 알킬알루미늄 • 알킬리튬 • 칼슘 또는 알루미늄의 탄화물류 (탄화칼슘=CaC₂) 기억법 황칼나알칼
제4류	인화성 액체	• 특수인화물(이황화탄소) 보기 ③ • 알코올류 • 석유류 • 동식물유류
제5류	자기반응성 물질	• 나이트로화합물 • 유기과산화물 보기 ④ • 나이트로소화합물 • 아조화합물 • 질산에스터류(셀룰로이드)
제6류	산화성 액체	• 과염소산 보기 ② • 과산화수소 • 질산

답 ①

56
소방기본법령상 특정 지역에 화재로 오인할 만한 우려가 있는 불을 피우거나 연막소독을 하려는 자는 관할 소방본부장 또는 소방서장에게 신고하여야 한다. 이 지역이 아닌 것은?

19.09.문47
16.05.문42
12.05.문56

① 공장·창고가 밀집한 지역
② 시장지역
③ 목조건물이 밀집한 지역
④ 시·군의 조례로 정하는 지역

해설 ④ 시·군의 조례 → 시·도의 조례

(1) 화재로 오인할 만한 불을 피우거나 연막소독시 신고지역
(기본법 19조)
① **시장**지역 보기 ②
② **공장·창고**가 밀집한 지역 보기 ①
③ **목조건물**이 밀집한 지역 보기 ③
④ **위험물**의 **저장** 및 **처리시설**이 밀집한 지역
⑤ **석유화학제품**을 생산하는 공장이 있는 지역
⑥ 그 밖에 **시·도**의 **조례**로 정하는 지역 또는 장소 보기 ④

(2) **과태료 20만원 이하**(기본법 57조)
연막소독 신고를 하지 아니하여 소방자동차를 출동하게 한 자

답 ④

57

소방기본법령상 소방박물관을 설립·운영할 수 있는 자는?

19.09.문56
12.03.문48
08.03.문54

① 제주특별자치도지사
② 시장
③ 소방청장
④ 행정안전부장관

해설 기본법 5조
설립과 운영

구 분	소방박물관	소방체험관
설립·운영자	소방청장 보기 ③	시·도지사
설립·운영사항	행정안전부령	시·도의 조례

기억법 시체

답 ③

58
화재의 예방 및 안전관리에 관한 법령상 화재예방을 위하여 불의 사용에 있어서 지켜야 하는 사항에 따라 이동식 난로를 사용하여서는 안 되는 장소로 틀린 것은? (단, 난로를 받침대로 고정시키거나 즉시 소화되고 연료 누출 차단이 가능한 경우는 제외한다.)

13.09.문48

① 역·터미널
② 슈퍼마켓
③ 가설건축물
④ 한의원

해설 화재예방법 시행령〔별표 1〕
이동식 난로를 설치할 수 없는 장소
(1) 학원
(2) 종합병원
(3) 역·터미널
(4) 가설건축물
(5) 한의원

답 ②

59
( ) 안의 내용으로 알맞은 것은?

22.09.문44
19.03.문54
15.09.문57
13.06.문53
11.10.문49

다량의 위험물을 저장·취급하는 제조소 등으로서 ( ) 위험물을 취급하는 제조소 또는 일반취급소가 있는 동일한 사업소에서 지정수량의 3천배 이상의 위험물을 저장 또는 취급하는 경우 해당 사업소의 관계인은 대통령령이 정하는 바에 따라 해당 사업소에 자체소방대를 설치하여야 한다.

① 제1류
② 제2류
③ 제3류
④ 제4류

해설 위험물령 18조
자체소방대를 설치하여야 하는 사업소
(1) **제4류** 위험물을 취급하는 **제조소** 또는 **일반취급소**(대통령령이 정하는 제조소 등) : 제조소 또는 일반취급소에서 취급하는 제4류 위험물의 최대수량의 합이 지정수량의 **3천배** 이상 보기 ④
(2) 제4류 위험물을 저장하는 **옥외탱크저장소** : 옥외탱크저장소에 저장하는 제4류 위험물의 최대수량이 지정수량의 **50만배** 이상

답 ④

60. 소방시설 설치 및 관리에 관한 법령에 따라 소방시설관리업자가 사망한 경우 소방시설관리업자의 지위를 승계한 그 상속인은 누구에게 신고하여야 하는가?

① 소방본부장
② 시·도지사
③ 소방청장
④ 소방서장

해설 소방시설법 32조
소방시설관리업자 지위승계 : **시·도지사**

중요

시·도지사
(1) 제조소 등의 설치**허**가(위험물법 6조)
(2) 소방업무의 지휘·감독(기본법 3조)
(3) 소방체험관의 설립·운영(기본법 5조)
(4) 소방업무에 관한 세부적인 종합계획수립 및 소방업무 수행(기본법 6조)
(5) 소방시설업자의 지위**승**계(공사업법 7조)
(6) 제조소 등의 **승**계(위험물법 10조)
(7) 소방력의 기준에 따른 계획 수립(기본법 8조)
(8) **화**재예방강화지구의 지정(화재예방법 18조)
(9) 소방시설관리업의 **등**록(소방시설법 29조)
(10) 탱크시험자의 **등**록(위험물법 16조)
(11) 소방시설관리업자 지위승계(소방시설법 32조) 〈보기 ②〉
(12) 소방시설관리업의 과징금 부과(소방시설법 36조)
(13) 탱크안전성능검사(위험물법 8조)
(14) 제조소 등의 **완**공검사(위험물법 9조)
(15) 제조소 등의 용도 폐지(위험물법 11조)
(16) **예**방규정의 제출(위험물법 17조)

기억법 허시승화예(농구선수 허재가 차 시승장에서 나와 화해했다.)

답 ②

제 4 과목 소방전기시설의 구조 및 원리

61. 비상콘센트설비의 화재안전기준에 따라 비상콘센트의 플러그접속기는 어떤 것을 사용하여야 하는가?

① 접지형 2극 플러그접속기
② 접지형 4극 플러그접속기
③ 비접지형 2극 플러그접속기
④ 비접지형 4극 플러그접속기

해설 비상콘센트 전원회로의 설치기준(NFPC 504 4조, NFTC 504 2.1)

구 분	전 압	용 량	플러그접속기
단상 교류	220V	1.5kVA 이상	접지형 2극 〈보기 ①〉

기억법 단2(단위), 접2(접이식)

(1) 1전용회로에 설치하는 비상콘센트는 **10**개 이하로 할 것
(2) 풀박스는 **1.6mm** 이상의 **철**판을 사용할 것

기억법 10콘(시큰둥!), 16철콘

(3) 콘센트마다 배선용 차단기를 설치하여야 하며, 충전부는 **노출되지 않도록 할 것**
(4) 각 층에 있어서 2 이상이 되도록 설치하되 설치하여야 할 층의 비상콘센트가 1개인 때에는 하나의 회로로 할 것
(5) 전원으로부터 각 층의 비상콘센트에 분기되는 경우에는 **분기배선용** 차단기를 보호함 안에 설치할 것
(6) 개폐기에는 "**비상콘센트**"라고 표시한 표지를 할 것

답 ①

62. 피난구유도등을 설치하지 아니하는 경우의 기준으로 틀린 것은?

① 대각선 길이가 15m 이내인 구획된 실의 출입구
② 거실 각 부분으로부터 하나의 출입구에 이르는 보행거리가 20m 이하이고 비상조명등과 유도표지가 설치된 거실의 출입구
③ 바닥면적이 1000m² 미만인 층으로서 옥내로부터 직접 지상으로 통하는 출입구(외부의 식별이 용이한 경우)
④ 노유자시설·의료시설·장례시설의 경우 출입구가 3 이상 있는 거실로서 그 거실 각 부분으로부터 하나의 출입구에 이르는 보행거리가 30m 이하인 경우에는 주된 출입구 2개소 외의 출입구(유도표지가 부착된 출입구)

해설 ④ 노유자시설·의료시설·장례시설은 제외

피난구유도등의 설치제외장소(NFPC 303 11조, NFTC 303 2.8)
(1) 대각선 길이가 15m 이내인 구획된 실의 출입구
(2) 비상조명등·유도표지가 설치된 거실 출입구(거실 각 부분에서 출입구까지의 **보행거리 20m** 이하)
(3) 옥내에서 직접 지상으로 통하는 출입구(바닥면적 1000m² 미만 층)
(4) 출입구가 **3 이상**인 거실(거실 각 부분에서 출입구까지의 **보행거리 30m** 이하는 주된 출입구 **2개소** 외의 출입구)
(단, 노유자시설·의료시설·장례시설 제외)

답 ④

63. 누전경보기의 형식승인 및 제품검사의 기술기준에 따라 변류기(경계전로의 전선을 그 변류기에 관통시키는 것은 제외한다.)는 경계전로에 정격전류를 흘리는 경우, 그 경계전로의 전압강하는 몇 V 이하이어야 하는가?

① 0.3
② 0.5
③ 1
④ 2

해설 대상에 따른 **전**압

전압	대상
0.5V 이하	누전경보기 **경**계전로의 **전**압강하 기억법 05경전(공오경전)
0.6V 이하	완전방전
60V 이하	약전류회로
60V 초과	접지단자 설치
300V 이하	• 전원**변**압기의 1차 전압 • 유도등·비상조명등의 사용전압 기억법 변3(변상해.)
600V 이하	**누**전경보기의 경계전로전압 기억법 누6(누룩)

답 ②

64 무선통신보조설비의 화재안전기준에 따른 옥외안테나의 설치기준으로 옳지 않은 것은?

18.03.문80
15.03.문74
13.03.문66
12.03.문74
09.05.문69

① 건축물, 지하가, 터널 또는 공동구의 출입구 및 출입구 인근에서 통신이 가능한 장소에 설치할 것
② 다른 용도로 사용되는 안테나로 인한 통신장애가 발생하지 않도록 설치할 것
③ 옥외안테나는 견고하게 설치하며 파손의 우려가 없는 곳에 설치하고 그 가까운 곳의 보기 쉬운 곳에 "옥외안테나"라는 표시와 함께 통신가능거리를 표시한 표지를 설치할 것
④ 수신기가 설치된 장소 등 사람이 상시 근무하는 장소에는 옥외안테나의 위치가 모두 표시된 옥외안테나 위치표시도를 비치할 것

해설 ③ "옥외안테나" → "무선통신보조설비 안테나"

무선통신보조설비 옥외안테나 설치기준(NFPC 505 6조, NFTC 505 2.3)
(1) **건축물, 지하가, 터널** 또는 공동구의 출입구 및 출입구 인근에서 통신이 가능한 장소에 설치할 것
(2) 다른 용도로 사용되는 안테나로 인한 **통신장애**가 발생하지 않도록 설치할 것
(3) 옥외안테나는 견고하게 설치하며 파손의 우려가 없는 곳에 설치하고 그 가까운 곳의 보기 쉬운 곳에 "**무선통신보조설비 안테나**"라는 표시와 함께 통신가능거리를 표시한 표지를 설치할 것
(4) 수신기가 설치된 장소 등 사람이 상시 근무하는 장소에는 옥외안테나의 위치가 모두 표시된 옥외안테나 **위치표시도**를 비치할 것

답 ③

 65 통로유도등의 설치기준으로 옳지 않은 것은?

19.09.문62
17.03.문63
11.10.문63

① 복도통로유도등은 구부러진 모퉁이 및 보행거리 20m마다 설치한다.
② 복도통로유도등을 지하상가에 설치하는 경우에는 복도·통로 중앙부분의 바닥에 설치한다.
③ 계단통로유도등은 바닥으로부터 높이 1.5m 이하의 위치에 설치한다.
④ 계단통로유도등은 각 층의 경사로참 또는 계단참마다 설치한다.

해설 ③ 1.5m 이하 → 1m 이하

(1) **설치높이**

구 분	설치높이
계단통로유도등· 복도통로유도등· 통로유도표지	바닥으로부터 높이 **1m** 이하 보기 ③
피난구유도등	피난구의 바닥으로부터 높이 **1.5m 이상**
거실통로유도등	바닥으로부터 높이 1.5m 이상 (단, 거실통로의 기둥은 1.5m 이하)
피난구유도표지	출입구 상단

기억법 계복1, 피유15상

(2) **설치거리**(NFPC 303 6조, NFTC 303 2.3)

구 분	설치거리
복도통로유도등	① 구부러진 모퉁이 및 피난구유도등이 설치된 출입구의 맞은편 복도에 입체형 또는 바닥에 설치한 통로유도등을 기점으로 보행거리 20m마다 설치 보기 ① ② 지하상가에 설치하는 경우 **복도·통로·중앙부분의 바닥**에 설치 보기 ②
거실통로유도등	구부러진 모퉁이 및 **보행거리 20m**마다 설치
계단통로유도등	각 층의 **경사로참** 또는 **계단참**마다 설치 보기 ④

기억법 복거2

답 ③

66 누전경보기의 수신부의 설치장소로 적합한 것은? (단, 누전경보기에 대하여 방호조치를 하지 않은 경우이다.)

19.03.문72
13.06.문74
12.05.문73
11.03.문76

① 옥내 건조한 장소
② 습도가 높고 온도의 변화가 급격한 장소
③ 대전류회로·고주파 발생회로 등에 따른 영향을 받을 우려가 있는 장소
④ 가연성의 증기·먼지·가스 등이나 부식성의 증기·가스 등이 다량으로 체류하는 장소

해설 **누전경보기**의 **수신부**(NFPC 205 5조, NFTC 205 2.2.1, 2.2.2)

설치장소	설치제외장소
옥내의 점검에 편리한 장소 (옥내 건조한 장소) 보기 ①	① **온**도변화가 급격한 장소 ② **습**도가 높은 장소 ③ **가**연성의 증기, 가스 등 또는 부식성의 증기, 가스 등의 다량 체류장소 ④ **대**전류회로, 고주파발생회로 등의 영향을 받을 우려가 있는 장소 ⑤ **화**약류 제조, 저장, 취급 장소

기억법 온습누가대화(**온**도·**습**도가 높으면 **누가 대화**하냐?)

답 ①

67 ★★★

누전경보기의 화재안전기준 중 누전경보기의 설치방법 및 전원 기준으로 틀린 것은?

① 경계전로의 정격전류가 60A를 초과하는 전로에 있어서는 1급 누전경보기를 설치할 것
② 경계전로의 정격전류가 60A 이하의 전로에 있어서는 1급 또는 2급 누전경보기를 설치할 것
③ 전원은 분전반으로부터 전용회로로 하고, 각 극에 개폐기 및 15A 이하의 과전류차단기를 설치할 것
④ 전원을 분기할 때에는 다른 차단기에 따라 전원이 차단되도록 할 것

해설 ④ 차단되도록 할 것 → 차단되지 않도록 할 것

(1) **누전경보기**(NFPC 205 4조, NFTC 205 2.1.1.1)

60A 이하 보기 ②	60A 초과 보기 ①
• 1급 누전경보기 • 2급 누전경보기	• 1급 누전경보기

(2) **누전경보기**의 **설치기준**(NFPC 205 6조, NFTC 205 2.3)

과전류차단기	배선용 차단기
15A 이하	20A 이하

㉠ 각 극에 개폐기 및 **15A** 이하의 **과전류차단기**를 설치할 것(**배선용 차단기**는 **20A** 이하) 보기 ③
㉡ 분전반으로부터 **전용회로**로 할 것 보기 ③
㉢ 개폐기에는 누전경보기임을 표시할 것
㉣ 전원을 분기할 때에는 다른 차단기에 따라 전원이 차단되지 아니하도록 할 것 보기 ④

기억법 배2(배이다.)

답 ④

68 ★★★

비상방송설비의 확성기의 음성입력은 실외의 경우 몇 W 이상이어야 하는가?

① 1
② 2
③ 3
④ 4

해설 **비상방송설비**의 **설치기준**(NFPC 202 4조, NFTC 202 2.1)

(1) 확성기의 음성입력은 실외 **3W**(**실내 1W**) 이상일 것 보기 ③
(2) 확성기는 **각 층**마다 설치하되, 각 부분으로부터의 수평거리는 **25m** 이하일 것
(3) **음**량조정기는 **3선식** 배선일 것
(4) 조작스위치는 바닥으로부터 **0.8~1.5m** 이하의 높이에 설치할 것
(5) 다른 전기회로에 의하여 **유도장애**가 생기지 아니하도록 할 것
(6) 비상방송 **개**시시간은 **10초** 이하일 것
(7) 다른 방송설비와 공용할 경우 화재시 비상경보 외의 방송을 차단할 수 있을 것

기억법 방3실1, 3음방(**삼엄**한 **방송실**), 개10

 중요

소요시간

기 기	시 간
• P형 · P형 복합식 · R형 · R형 복합식 · GP형 · GP형 복합식 · GR형 · GR형 복합식 수신기 • 중계기	5초 이내
비상방송설비	10초 이하
가스누설경보기	60초 이내
축적형 수신기	• 축적시간 : 30~60초 이하 • 화재표시감지시간 : 60초

답 ③

69 ★★★

누전경보기의 전원은 분전반으로부터 전용회로로 하고, 각 극에 개폐기와 몇 A 이하의 과전류차단기를 설치해야 하는가?

① 10
② 15
③ 20
④ 30

해설 **누전경보기**의 **설치기준**(NFPC 205 6조, NFTC 205 2.3.1.1)

(1) 각 극에 개폐기 및 **15A** 이하의 **과전류차단기**를 설치할 것(배선용 차단기는 20A 이하)
(2) 분전반으로부터 **전용회로**로 할 것
(3) 개폐기에는 누전경보기임을 표시할 것

60A 이하	60A 초과
1급 또는 2급	1급

답 ②

70 ★★★

누전경보기의 화재안전기준에 따라 누전경보기 설치시 경계전로의 정격전류가 60A를 초과하는 전로에 있어서는 몇 급 누전경보기를 설치하는가? (단, 경계전로는 분기되어 있지 않은 경우이다.)

① 1급 누전경보기
② 2급 누전경보기
③ 4급 누전경보기
④ 3급 누전경보기

해설 **(1) 누전경보기**(NFPC 205 4조, NFTC 205 2.1.1.1)

60A 이하	60A 초과
• 1급 누전경보기 • 2급 누전경보기	• 1급 누전경보기 보기 ①

(2) 누전경보기의 설치기준(NFPC 205 6조, NFTC 205 2.3)

과전류차단기	배선용 차단기
15A 이하	20A 이하

㉠ 각 극에 개폐기 및 **15A 이하**의 **과전류차단기**를 설치할 것(**배선용 차단기**는 20A 이하)
㉡ 분전반으로부터 **전용회로**로 할 것
㉢ 개폐기에는 누전경보기임을 표시할 것

기억법 배2(배이다.)

답 ①

71
자동화재탐지설비 및 시각경보장치의 화재안전기준에 따라 자동화재탐지설비의 감지기회로의 전로저항은 몇 Ω 이하가 되도록 하여야 하는가?

① 10 ② 20
③ 50 ④ 100

해설 **자동화재탐지설비의 배선**(NFPC 203 11조, NFTC 203 2.8)
(1) P형 수신기 및 GP형 수신기의 감지기회로의 배선에 있어서 하나의 공통선에 접속할 수 있는 경계구역은 **7개** 이하로 할 것
(2) 자동화재탐지설비의 감지기회로의 전로저항은 **50Ω** 이하가 되도록 하여야 하며, 수신기의 각 회로별 종단에 설치되는 감지기에 접속되는 배선의 전압은 감지기 정격전압의 **80%** 이상이어야 할 것 보기 ③

중요

자동화재탐지설비

전로저항	감지기 접속 배선전압
50Ω 이하 보기 ③	정격전압의 **80%** 이상

기억법 5전(오전)

답 ③

72
무선통신보소설비에서 송신기와 송신 안테나 또는 수신 안테나에서 수신기 사이를 연결하여 고주파전력을 전송하기 위하여 사용되는 전송선로를 말하며, 전파를 누설동축케이블이나 무선접속단자까지 이송하는 역할을 수행하는 것은?

① 무선중계기
② 종단저항기
③ 증폭기
④ 급전선

해설 **무선통신보조설비 용어**(NFPC 505 3조, NFTC 505 1.7)

용 어	설 명
무선중계기	안테나를 통하여 수신된 무전기 **신호**를 **증폭**한 후 음영지역에 재방사하여 무전기 상호간 **송수신**이 가능하도록 하는 장치
무반사종단저항 (종단저항기)	전송로로 전송되는 전자파가 전송로의 **종단**에서 **반사**되어 **교신**을 방해하는 것을 막기 위한 저항
증폭기	전압전류의 **진폭**을 늘려 감도를 좋게 하고 미약한 **음성전류**를 커다란 음성전류로 변화시켜 **소리**를 **크게** 하는 장치
급전선	송신기에서 송 안테나까지 또는 수신 안테나에서 수신기까지 연결된 **고주파 전송선로**

답 ④

73
자동화재탐지설비 및 시각경보장치의 화재안전기준에 따라 3종 연기감지기의 부착높이가 4m 미만인 경우 바닥면적 몇 m² 마다 1개 이상으로 설치하여야 하는가?

① 25 ② 50
③ 75 ④ 150

해설 **연기감지기**

부착높이	연기감지기의 종류	
	1종 및 2종	3종
4m 미만	150m²	50m² 보기 ②
4~20m 미만	75m²	설치할 수 없다.

답 ②

74
비상방송설비의 화재안전기준에 따라 음량조정기를 설치하는 경우 음량조정기의 배선은 몇 선식으로 하여야 하는가?

① 2
② 3
③ 4
④ 5

해설 **비상방송설비의 설치기준**(NFPC 202 4조, NFTC 202 2.1)
(1) 확성기의 음성입력은 실외 **3W**, 실내 **1W** 이상일 것
(2) 확성기는 각 **층**마다 설치하되, 각 부분으로부터의 수평거리는 **25m** 이하일 것
(3) **음**량조정기는 **3선식** 배선일 것 보기 ②
(4) 조작스위치는 바닥으로부터 **0.8~1.5m** 이하의 높이에 설치할 것
(5) 다른 전기회로에 의하여 **유도장애**가 생기지 않을 것
(6) 비상방송 개시시간은 **10초** 이하일 것
(7) 엘리베이터 내부에는 **별도**의 **음향장치**를 설치할 수 있다.

(8) 2 이상의 조작부가 설치된 경우 동시통화가 가능하고 전 구역에 방송할 수 있을 것
(9) 음향장치는 정격전압의 80% 전압에서 음향을 발할 수 있는 것으로 할 것

기억법 방음3(방음삼아)

| 3선식 배선 |

답 ②

75

비상조명등의 화재안전기준에 따라 비상조명등의 조도는 비상조명등이 설치된 장소의 각 부분의 바닥에서 몇 lx 이상이 되도록 하여야 하는가?

① 1   ② 3
③ 5   ④ 10

해설 비상조명등의 설치기준(NFPC 304 4조, NFTC 304 2.1)
(1) 소방대상물의 각 거실과 지상에 이르는 복도·계단·통로에 설치할 것
(2) 조도는 각 부분의 바닥에서 **1 lx** 이상일 것
(3) **점검스위치**를 설치하고 **20분** 이상 작동시킬 수 있는 용량의 **축전지**와 **예비전원 충전장치**를 내장할 것

비교

유도등의 형식승인 및 제품검사의 기술기준 23조 조도시험

유도등의 종류	시험방법
계단 통로 유도등	바닥면에시 **2.5m** 높이에 유도등을 설치하고 수평거리 10m 위치에서 법선조도 **0.5lx** 이상 **기억법** 계2505
복도 통로 유도등	바닥면에서 1m 높이에 유도등을 설치하고 중앙으로부터 **0.5m** 위치에서 조도 1lx 이상 | 복도통로유도등 |

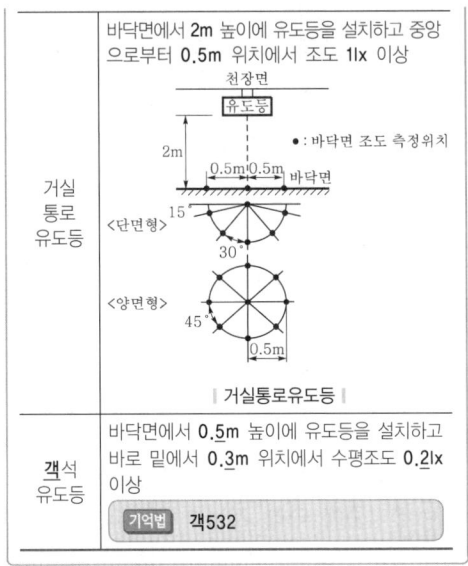

| 거실 통로 유도등 | 바닥면에서 **2m** 높이에 유도등을 설치하고 중앙으로부터 **0.5m** 위치에서 조도 **1lx** 이상
 \| 거실통로유도등 \| |
| 객석 유도등 | 바닥면에서 **0.5m** 높이에 유도등을 설치하고 바로 밑에서 **0.3m** 위치에서 수평조도 **0.2lx** 이상
 기억법 객532 |

답 ①

76

자동화재탐지설비 및 시각경보장치의 화재안전기준에 따른 자동화재탐지설비의 발신기 스위치의 설치높이로 옳은 것은?

① 바닥으로부터 0.6m 이상 1.2m 이하
② 바닥으로부터 0.8m 이상 1.5m 이하
③ 바닥으로부터 1.0m 이상 1.8m 이하
④ 바닥으로부터 1.2m 이상 2.0m 이하

해설 설치높이

기타 기기(발신기 등)	시각경보장치
0.8~1.5m 이하 보기 ②	2~2.5m 이하 (천장높이가 2m 이하는 천장으로부터 0.15m 이내)

답 ②

77

비상콘센트설비의 화재안전기준에 따른 비상콘센트설비의 전원회로(비상콘센트에 전력을 공급하는 회로를 말한다.)의 설치기준으로 틀린 것은?

① 전원회로는 주배전반에서 전용회로로 할 것
② 전원회로는 각 층에 1 이상이 되도록 설치할 것
③ 콘센트마다 배선용 차단기(KS C 8321)를 설치하여야 하며, 충전부가 노출되지 아니하도록 할 것
④ 비상콘센트설비의 전원회로는 단상교류 220V인 것으로서, 그 공급용량은 1.5kVA 이상인 것으로 할 것

해설

② 1 이상 → 2 이상

비상콘센트 전원회로의 **설치기준**(NFPC 504 4조, NFTC 504 2.1)

구 분	전 압	용 량	플러그접속기
단상 교류 보기 ④	**2**20V	1.5kVA 이상	**접**지형 **2**극

[기억법] 단2(단위), 접2(접이식)

(1) 1전용회로에 설치하는 비상콘센트는 **10**개 이하로 할 것
(2) 풀박스는 1.6mm 이상의 **철**판을 사용할 것

[기억법] 10콘(시큰둥!), 16철

(3) 콘센트마다 배선용 차단기를 설치하여야 하며, 충전부는 노출되지 않도록 할 것 보기 ③
(4) 각 층에 있어서 2 이상이 되도록 설치하되 설치하여야 할 층의 비상콘센트가 1개인 때에는 하나의 회로로 할 것 보기 ②
(5) 전원으로부터 각 층의 비상콘센트에 분기되는 경우에는 **분기배선용** 차단기를 보호함 안에 설치할 것
(6) 개폐기에는 "**비상콘센트**"라고 표시한 표지를 할 것
(7) 전원회로는 **주배전반**에서 **전용회로** 보기 ①

답 ②

78 ★★★

소방관계법에 의한 비상경보설비의 설치대상이 아닌 특정소방대상물은?

21.03.문53
19.04.문62
15.05.문46
13.09.문64

① 지하층을 제외한 층수가 5층 이상인 소방대상물
② 50인 이상의 근로자가 작업하는 옥내작업장
③ 바닥면적 150m² 이상인 지하층・무창층의 소방대상물
④ 터널로서 길이가 500m 이상인 것

해설

① 해당없음

비상경보설비의 **설치대상**(소방시설법 시행령 〔별표 4〕)

설치대상	조 건
지하층・무창층	• 바닥면적 150m²(공연장 100m²) 이상 보기 ③
전부	• 연면적 400m² 이상
터널	• 길이 500m 이상 보기 ④
옥내작업장	• 50명 이상 작업 보기 ②

답 ①

79 ★★★

비상방송설비의 화재안전기준에 따라 비상방송설비가 기동장치에 따른 화재신고를 수신한 후 필요한 음량으로 화재발생 상황 및 피난에 유효한 방송이 자동으로 개시될 때까지의 소요시간은 몇 초 이하로 하여야 하는가?

21.03.문68
19.04.문71
16.03.문70
16.03.문71
15.09.문65
15.05.문75
14.05.문80
14.03.문74
13.03.문63

① 5
② 10
③ 20
④ 30

해설

소요시간

기 기	시 간
• P형・P형 복합식・R형・R형 복합식・GP형・GP형 복합식・GR형・GR형 복합식 수신기 • 중계기	5초 이내
비상방송설비 →	10초 이하 보기 ②
가스누설경보기	60초 이내
축적형 수신기	• 축적시간: 30~60초 이하 • 화재표시감지시간: 60초

 중요

비상방송설비의 **설치기준**(NFPC 202 4조, NFTC 202 2.1.1)
(1) 확성기의 음성입력은 실내 1W, 실외 3W 이상일 것
(2) 확성기는 각 **층**마다 설치하되, 각 부분으로부터의 수평거리는 25m 이하일 것
(3) 음량조정기는 3선식 배선일 것
(4) 조작스위치는 바닥으로부터 0.8~1.5m 이하의 높이에 설치할 것
(5) 다른 전기회로에 의하여 유도장애가 생기지 않을 것
(6) 비상방송 개시시간은 10초 이하일 것
(7) **엘리베이터** 내부에는 **별도**의 **음향장치**를 설치할 수 있을 것
(8) 2 이상의 조작부가 설치된 경우 동시통화가 가능하고 전 구역에 방송할 수 있을 것

답 ②

80 ★

누전경보기의 형식승인 및 제품검사의 기술기준에 따라 비호환형 수신부는 신호입력회로에 공칭작동전류치의 42%에 대응하는 변류기의 설계출력전압을 가하는 경우 몇 초 이내에 작동하지 아니하여야 하는가?

19.09.문73

① 10초
② 20초
③ 30초
④ 60초

해설

수신부의 **기능**(누전경보기의 형식승인 및 제품검사의 기술기준 26조)

구 분	호환형 수신부	비호환형 수신부
부작동시험	신호입력회로에 공칭작동전류치에 대응하는 변류기의 설계출력전압의 52%인 전압을 가하는 경우 30초 이내에 작동하지 아니할 것	신호입력회로에 공칭작동전류치의 **42%**에 대응하는 변류기의 설계출력전압을 가하는 경우 **30초** 이내에 작동하지 아니할 것 보기 ③
작동시험	공칭작동전류치에 대응하는 변류기의 설계출력전압의 75%인 전압을 가하는 경우 1초(차단기구가 있는 것은 0.2초) 이내에 작동할 것	공칭작동전류치에 대응하는 변류기의 설계출력전압을 가하는 경우 1초(차단기구가 있는 것은 0.2초) 이내에 작동할 것

답 ③

2023. 5. 13 시행

■ 2023년 산업기사 제2회 필기시험 CBT 기출복원문제 ■

수험번호	성명

자격종목	종목코드	시험시간	형별
소방설비산업기사(전기분야)		2시간	

※ 각 문항은 4지택일형으로 질문에 가장 적합한 보기 항을 선택하여 체크하여야 합니다.

제 1 과목   소방원론

01 열에너지원 중 화학적 열에너지가 아닌 것은?

18.03.문05
16.05.문14
16.03.문17
15.03.문04
09.05.문06
05.09.문12

① 분해열
② 용해열
③ 유도열
④ 생성열

해설 ③ 전기적 열에너지

열에너지원의 종류

기계열 (기계적 열에너지)	전기열 (전기적 열에너지)	화학열 (화학적 열에너지)
• **압**축열 • **마**찰열 • **마**찰스파크(스파크열)	• 유도열 보기 ③ • 유전열 • 저항열 • 아크열 • 정전기열 • 낙뢰에 의한 열	• **연**소열 • **용**해열 보기 ② • **분**해열 보기 ① • **생**성열 보기 ④ • **자**연발화열
기억법 기압마		기억법 화연용분생자

• 기계열=기계적 점화원=기계적 열에너지
• 전기열=전기적 점화원=전기적 열에너지
• 화학열=화학적 점화원=화학적 열에너지

답 ③

02 감광계수에 따른 가시거리 및 상황에 대한 설명으로 틀린 것은?

21.03.문02
17.05.문10
01.06.문17

① 감광계수 $0.1m^{-1}$는 연기감지기가 작동할 정도의 연기농도이고, 가시거리는 20~30m이다.
② 감광계수 $0.5m^{-1}$는 거의 앞이 보이지 않을 정도의 농도이고, 가시거리는 1~2m이다.
③ 감광계수 $10m^{-1}$는 화재 최성기 때의 연기 농도를 나타낸다.
④ 감광계수 $30m^{-1}$는 출화실에서 연기가 분출할 때의 농도이다.

해설 ② $0.5m^{-1}$ → $1m^{-1}$

감광계수에 따른 가시거리 및 상황

감광계수 [m^{-1}]	가시거리 [m]	상 황
0.1	20~30	연기감지기가 작동할 때의 농도 보기 ①
0.3	5	건물 내부에 익숙한 사람이 피난에 지장을 느낄 정도의 농도
0.5	3	어두운 것을 느낄 정도의 농도
1	1~2	거의 앞이 보이지 않을 정도의 농도 보기 ②
10	0.2~0.5	화재 최성기 때의 농도 보기 ③
30	-	출화실에서 연기가 분출할 때의 농도 보기 ④

답 ②

03 실내 화재 발생시 순간적으로 실 전체로 화염이 확산되면서 온도가 급격히 상승하는 현상은?

21.05.문05
17.03.문10
12.03.문15
11.06.문06
09.08.문04
09.03.문13

① 제트 파이어(jet fire)
② 파이어볼(fireball)
③ 플래시오버(flashover)
④ 리프트(lift)

해설 화재현상

용어	설명
제트 파이어 (jet fire)	압축 또는 액화상태의 가스가 **저장탱크**나 **배관**에서 **누출**되어 분출하면서 주위 공기와 혼합되어 점화원을 만나 발생하는 화재
파이어볼 (fireball, 화구)	**인화성 액체**가 **대량**으로 **기화**되어 갑자기 발화될 때 발생하는 **공모양의 화염**
플래시오버 (flashover)	화재로 인하여 실내의 온도가 급격히 상승하여 화재가 **순간적**으로 **실내 전체**에 **확산**되어 연소되는 현상 보기 ③
리프트 (lift)	버너 내압이 높아져서 **분출속도가 빨라지는** 현상
백파이어 (backfire, 역화)	가스가 노즐에서 나가는 속도가 연소속도보다 느리게 되어 **버너 내부**에서 **연소**하게 되는 현상

답 ③

04. 피난대책의 일반적인 원칙으로 틀린 것은?

① 피난경로는 간단 명료하게 한다.
② 피난구조설비는 고정식 설비보다 이동식 설비를 위주로 설치한다.
③ 피난수단은 원시적 방법에 의한 것을 원칙으로 한다.
④ 2방향 피난통로를 확보한다.

해설
② 고정식 설비위주 설치

피난대책의 일반적인 **원칙**(피난안전계획)
(1) 피난경로는 **간단 명료**하게 한다.(피난경로는 가능한 한 짧게 한다.) 보기 ①
(2) 피난구조설비는 **고정식 설비**를 위주로 설치한다. 보기 ②
(3) 피난수단은 **원시적 방법**에 의한 것을 원칙으로 한다. 보기 ③
(4) **2방향**의 피난통로를 확보한다. 보기 ④
(5) 피난통로를 **완전불연화**한다.
(6) 막다른 복도가 없도록 계획한다.
(7) 피난구조설비는 Fool proof와 Fail safe의 원칙을 중시한다.
(8) 비상시 **본능상태**에서도 혼돈이 없도록 한다.
(9) 건축물의 용도를 고려한 피난계획을 수립한다.

답 ②

05. 목조건축물의 온도와 시간에 따른 화재특성으로 옳은 것은?

① 저온단기형
② 저온장기형
③ 고온단기형
④ 고온장기형

해설

목조건물의 화재온도 표준곡선	내화건물의 화재온도 표준곡선
• 화재성상 : **고온단**기형 보기 ③	• 화재성상 : 저온장기형
• 최고온도(최성기온도) : **1300℃**	• 최고온도(최성기온도) : 900~1000℃

기억법 목고단 13

• 목조건물=목재건물

답 ③

06. 건축물 내부 화재시 연기의 평균 수직이동속도는 약 몇 m/s인가?

① 0.01~0.05   ② 0.5~1
③ 2~3   ④ 20~30

해설 연기의 이동속도

방향 또는 장소	이동속도
수평방향(수평이동속도)	0.5~1m/s
수직방향(수직이동속도)	2~3m/s 보기 ③
계단실 내의 수직이동속도	3~5m/s

기억법 3계5(삼계탕 드시러 오세요.)

답 ③

07. 적린의 착화온도는 약 몇 ℃인가?

① 34
② 157
③ 180
④ 260

해설

물 질	인화점	발화점
프로필렌	-107℃	497℃
에틸에터, 다이에틸에터	-45℃	180℃
가솔린(휘발유)	-43℃	300℃
이황화탄소	-30℃	100℃
아세틸렌	-18℃	335℃
아세톤	-18℃	538℃
에틸알코올	13℃	423℃
적린	-	260℃ 보기 ④

기억법 적26(적이 육지에 있다.)

• 발화점=발화온도=착화온도=착화점

답 ④

08. 햇볕에 장시간 노출된 기름걸레가 자연발화한 경우 그 원인으로 옳은 것은?

① 산소의 결핍
② 산화열 축적
③ 단열 압축
④ 정전기 발생

해설 산화열

산화열이 축적되는 경우	산화열이 축적되지 않는 경우
햇빛에 방치한 기름걸레는 산화열이 축적되어 자연발화를 일으킬 수 있다. 보기 ②	기름걸레를 빨랫줄에 걸어놓으면 산화열이 축적되지 않아 자연발화는 일어나지 않는다.

중요
자연발화의 형태

자연발화 형태	종 류
분해열	• 셀룰로이드 • 나이트로셀룰로오스 [기억법] 분셀나
산화열	• 건성유(정어리유, 아마인유, 해바라기유) • 석탄 • 원면 • 고무분말
발효열	• 퇴비 • 먼지 • 곡물 [기억법] 발퇴먼곡
흡착열	• 목탄 • 활성탄 [기억법] 흡목탄활

[기억법] 자분산발흡

답 ②

---

09 기름탱크에서 화재가 발생하였을 때 탱크 하부에 있는 물 또는 물-기름 에멀션이 뜨거운 열유층에 의해서 가열되어 유류가 탱크 밖으로 갑자기 분출하는 현상은?

22.03.문17
18.03.문03
12.03.문08
11.06.문20
10.03.문14
09.08.문04
04.09.문05

① 리프트(lift)
② 백파이어(backfire)
③ 플래시오버(flashover)
④ 보일오버(boilover)

해설 보일오버(boilover)
(1) 중질유의 탱크에서 장시간 조용히 연소하다 탱크 내의 잔존기름이 갑자기 분출하는 현상
(2) 유류탱크에서 탱크바닥에 물과 기름의 **에멀션**이 섞여 있을 때 이로 인하여 화재가 발생하는 현상 [보기 ④]
(3) 연소유면으로부터 100℃ 이상의 열파가 탱크 저부에 고여 있는 물을 비등하게 하면서 연소유를 탱크 밖으로 비산시키며 연소하는 현상

용어

구 분	설 명
리프트 (lift)	버너 내압이 높아져서 **분출속도**가 **빨라지는** 현상
백파이어 (backfire, 역화)	가스가 노즐에서 나가는 속도가 연소속도보다 느리게 되어 **버너 내부**에서 **연소**하게 되는 현상
플래시오버 (flashover)	화재로 인하여 실내의 온도가 급격히 상승하여 화재가 **순간적**으로 **실내 전체**에 **확산**되어 연소되는 현상

답 ④

---

10 건축법상 건축물의 주요구조부에 해당되지 않는 것은?

22.04.문03
16.10.문09
16.05.문06
13.06.문12

① 지붕틀   ② 내력벽
③ 주계단   ④ 최하층 바닥

해설 ④ 최하층 바닥 : 주요구조부에서 제외

주요구조부
(1) 내력**벽** [보기 ②]
(2) **보**(작은 보 제외)
(3) **지**붕틀(차양 제외) [보기 ①]
(4) **바**닥(최하층 바닥 제외) [보기 ④]
(5) **주**계단(옥외계단 제외) [보기 ③]
(6) **기**둥(사잇기둥 제외)

[기억법] 벽보지 바주기

답 ④

---

11 실험군 쥐를 15분 동안 노출시켰을 때 실험군의 절반이 사망하는 치사농도는?

18.08.문03
16.05.문07

① ODP   ② GWP
③ NOAEL   ④ ALC

해설 ALC(Approximate Lethal Concentration, **치사농도**)
(1) 실험쥐의 **50%**를 15분 이내에 사망시킬 수 있는 허용농도
(2) 실험쥐를 15분 동안 노출시켰을 때 실험쥐의 **절반**이 사망하는 치사농도

중요
독성학의 허용농도
(1) LD₅₀과 LC₅₀

LD_{50}(Lethal Dose, 반수치사량)	LC_{50}(Lethal Concentration, 반수치사농도)
실험쥐의 50%를 사망시킬 수 있는 물질의 양	실험쥐의 50%를 사망시킬 수 있는 물질의 농도

(2) LOAEL과 NOAEL

LOAEL(Lowest Observed Adverse Effect Level)	NOAEL(No Observed Adverse Effect Level)
인간의 심장에 영향을 주는 최소농도	인간의 심장에 영향을 주지 않는 최대농도

(3) TLV(Threshold Limit Values, 허용한계농도)
독성 물질의 섭취량과 인간에 대한 그 반응 정도를 나타내는 관계에서 손상을 입지 않는 농도 중 가장 큰 값

TLV 농도표시법	정 의
TLV-TWA (시간가중 평균농도)	매일 일하는 근로자가 하루에 8시간씩 근무할 경우 근로자에게 노출되어도 아무런 영향을 주지 않는 최고평균농도
TLV-STEL (단시간 노출허용농도)	단시간 동안 노출되어도 유해한 증상이 나타나지 않는 최고 허용농도
TLV-C (최고 허용한계농도)	단 한순간이라도 초과하지 않아야 하는 농도

답 ④

12. 단백포 소화약제의 안정제로 철염을 첨가하였을 때 나타나는 현상이 아닌 것은?

① 포의 유면봉쇄성 저하
② 포의 유동성 저하
③ 포의 내화성 향상
④ 포의 내유성 향상

해설
① 저하 → 향상(우수)

단백포의 장·단점

장 점	단 점
① **내열성** 우수	① 소화기간이 길다.
② **유면봉쇄성** 우수	② 유동성이 좋지 않다.
③ 내화성 향상(우수)	③ 변질에 의한 저장성 불량
④ 내유성 향상(우수)	④ 유류오염

답 ①

13. 칼륨이 물과 반응하면 위험한 이유는?

① 수소가 발생하기 때문에
② 산소가 발생하기 때문에
③ 이산화탄소가 발생하기 때문에
④ 아세틸렌이 발생하기 때문에

해설 주수소화(물소화)시 위험한 물질

위험물	발생물질
무기과산화물	**산소**(O_2) 발생
① 금속분 ② 마그네슘 ③ 알루미늄 ④ 칼륨 ⑤ 나트륨 ⑥ 수소화리튬	**수소**(H_2) 발생
가연성 액체의 유류화재(경유)	**연소면**(화재면) 확대

중요
경유화재시 주수소화가 **부적당**한 이유
물보다 비중이 가벼워 물 위에 떠서 **화재 확대**의 우려가 있기 때문이다.

답 ①

14. 가연물의 종류에 따른 화재의 분류로 틀린 것은?

① 일반화재 : A급
② 유류화재 : B급
③ 전기화재 : C급
④ 주방화재 : D급

해설 ④ D급 → K급

화재의 **분류**

화재 종류	표시색	적응물질
일반화재(A급) 보기 ①	백색	① 일반가연물(목탄) ② 종이류 화재 ③ 목재·섬유화재
유류화재(B급) 보기 ②	황색	① 가연성 액체(등유·아마인유 등) ② 가연성 가스 ③ 액화가스화재 ④ 석유화재 ⑤ 알코올류
전기화재(C급) 보기 ③	청색	전기설비
금속화재(D급)	무색	가연성 금속
주방화재(K급) 보기 ④	−	식용유화재

※ 요즘은 표시색의 의무규정은 없음

답 ④

15. 제4류 위험물을 취급하는 위험물제조소에 설치하는 게시판의 주의사항으로 옳은 것은?

① 화기엄금
② 물기주의
③ 화기주의
④ 충격주의

해설 위험물규칙〔별표 4〕
위험물제조소의 게시판 설치기준

위험물	주의 사항	비 고
• 제1류 위험물(알칼리금속의 과산화물) • 제3류 위험물(금수성 물질)	물기 엄금	**청색**바탕에 **백색**문자
• 제2류 위험물(인화성 고체 제외)	화기 주의	
• 제2류 위험물(인화성 고체) • 제3류 위험물(자연발화성 물질) • 제**4**류 위험물 • 제5류 위험물	**화기** **엄**금 보기 ①	**적색**바탕에 **백색**문자
제6류 위험물	별도의 표시를 하지 않는다.	

기억법 화4엄(화사함), 화엄적백

답 ①

16. 화재의 분류방법 중 전기화재의 표시색은?

① 무색
② 청색
③ 황색
④ 백색

23. 05. 시행 / 산업(전기)

해설

화재 종류	표시색	적응물질
일반화재(A급)	백색	• 일반가연물 • 종이류 화재 • 목재, 섬유화재
유류화재(B급)	황색	• 가연성 액체 • 가연성 가스 • 액화가스화재 • 석유화재
전기화재(C급)	청색 보기②	• 전기설비
금속화재(D급)	무색	• 가연성 금속
주방화재(K급)	–	• 식용유화재

기억법 백황청무

※ 요즘은 표시색의 의무규정은 없음

답 ②

★★★
17 다음 중 인화점이 가장 낮은 물질은?
22.04.문12
19.04.문06
17.09.문11
17.03.문02
14.03.문02
08.09.문16
① 산화프로필렌
② 이황화탄소
③ 아세틸렌
④ 다이에틸에터

해설
① -37℃   ② -30℃
③ -18℃   ④ -45℃

인화점 vs 착화점

물 질	인화점	착화점
• 프로필렌	-107℃	497℃
• 에틸에터 • 다이에틸에터 보기④	-45℃	180℃
• 가솔린(휘발유)	-43℃	300℃
• **산**화프로필렌 보기①	-37℃	465℃
• **이**황화탄소 보기②	-30℃	100℃
• 아세틸렌 보기③	-18℃	335℃
• 아세톤	-18℃	538℃
• 벤젠	-11℃	562℃
• 톨루엔	4.4℃	480℃
• **메**틸알코올	11℃	464℃
• 에틸알코올	13℃	423℃
• 아세트산	40℃	–
• **등**유	43~72℃	210℃
• **경**유	50~70℃	200℃
• 적린	–	260℃

기억법 인산 이메등경

• 착화점=발화점=착화온도=발화온도
• 인화점=인화온도

답 ④

★★★
18 오존파괴지수(ODP)가 가장 큰 것은?
18.04.문20
17.09.문06
16.05.문10
11.03.문09
06.03.문18
① Halon 104
② CFC 11
③ Halon 1301
④ CFC 113

해설 할론 1301(Halon 1301)
(1) 할론소화약제 중 소화효과가 가장 좋다.
(2) 할론소화약제 중 독성이 가장 약하다.
(3) 할론소화약제 중 오존파괴지수가 가장 높다. 보기①

비교

ODP=0인 할로겐화합물 및 불활성기체 소화약제
(1) FC-3-1-10
(2) HFC-125
(3) HFC-227ea
(4) HFC-23
(5) IG-541

용어

오존파괴지수(ODP ; Ozone Depletion Potential)
어떤 물질의 오존파괴능력을 상대적으로 나타내는 지표

$$ODP = \frac{어떤 물질 1kg이 파괴하는 오존량}{CFC 11의 1kg이 파괴하는 오존량}$$

답 ③

★★★
19 건축물 화재시 계단실 내 연기의 수직이동속도는 약 몇 m/s인가?
17.03.문06
16.10.문10
06.03.문16
① 0.5~1
② 1~2
③ 3~5
④ 10~15

해설 연기의 이동속도

방향 또는 장소	이동속도
수평방향	0.5~1m/s
수직방향	2~3m/s
계단실 내의 수직이동속도	3~5m/s 보기③

기억법 3계5(삼계탕 드시러 오세요.)

답 ③

★★★
20 다음 불꽃의 색상 중 가장 온도가 높은 것은?
17.09.문04
17.03.문01
14.03.문17
13.06.문17
① 암적색
② 적색
③ 휘백색
④ 휘적색

해설 연소의 색과 온도

색	온도[℃]
암적색(진홍색)	700~750
적색	850
휘적색(주황색)	925~950
황적색	1100
백적색(백색)	1200~1300
휘백색 보기③	1500

23. 05. 시행 / 산업(전기)

※ 불꽃의 색상 중 낮은 온도에서 높은 온도의 순서
암적색 < **황**적색 < **백**적색 < **휘**백색

기억법 **암황백휘**

답 ③

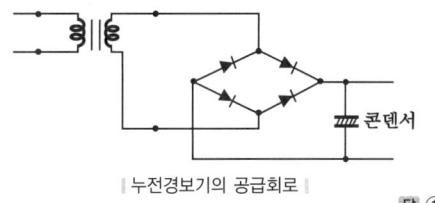

| 누전경보기의 공급회로 |

답 ①

제 2 과목 — 소방전기일반

21 0.1H인 코일의 리액턴스가 377Ω일 때 주파수 [Hz]는?

① 100 ② 200
③ 400 ④ 600

해설 (1) 기호
- L : 0.1H
- X_L : 377Ω
- f : ?

(2) 유도리액턴스
$$X_L = \omega L = 2\pi f L$$

여기서, X_L : 유도리액턴스[Ω]
ω : 각주파수[rad/s]
L : 인덕턴스[H]
f : 주파수[Hz]

주파수 f 는
$$f = \frac{X_L}{2\pi L} = \frac{377}{2\pi \times 0.1} \fallingdotseq 600\text{Hz}$$

비교

용량리액턴스
$$X_C = \frac{1}{\omega C} = \frac{1}{2\pi f C}$$

여기서, X_C : 용량리액턴스[Ω]
ω : 각주파수[rad/s]
C : 정전용량(커패시턴스)[F]
f : 주파수[Hz]

답 ④

22 누전경보기의 전원전압 정류회로에서 병렬로 연결되는 콘덴서의 용도로서 가장 적합한 것은?
① 직류전압을 평활하게 하기 위한 것이다.
② 직류전압의 온도보정용이다.
③ 교류전압을 저지하기 위한 것이다.
④ 정류기의 절연저항을 증가시키기 위한 것이다.

해설 **콘덴서**(condenser)
직류전압을 **평활**(일정하게 유지)하게 하기 위하여 정류회로의 **출력단**에 설치하여야 한다. 보기 ①

23 다음 그림과 같은 브리지회로에서 흐르는 전류는 몇 A인가?
① 3
② 4
③ 4.5
④ 5

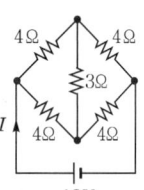

해설 (1) **휘트스톤브리지**(Wheatstone bridge)의 원리에 의해 3Ω에는 전류가 흐르지 않으므로 등가회로로 나타내면 다음과 같다.

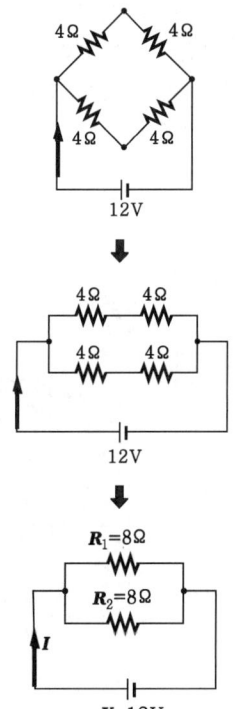

합성저항 R은
$$R = \frac{R_1 \times R_2}{R_1 + R_2} = \frac{8 \times 8}{8 + 8} = 4\Omega$$

(2) 전류
$$I = \frac{V}{R}$$

여기서, I : 전류[A]
V : 전압[V]
R : 저항[Ω]

전류 I 는
$$I = \frac{V}{R} = \frac{12}{4} = 3A$$

중요

휘트스톤브리지
(1) $I_1 P = I_2 Q$
(2) $I_1 X = I_2 R$
∴ $PR = QX$ (마주 보는 변의 곱은 서로 같다.)

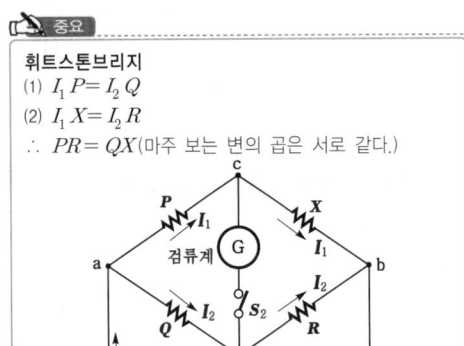

답 ①

24 두 전하 사이에 작용하는 힘을 정전력이라고 한다. 이 정전력이 두 전하(전기량)의 곱에 비례하고 거리의 제곱에 반비례하는 성질을 무슨 법칙이라고 하는가?
① 패러데이의 법칙 ② 키르히호프의 법칙
③ 쿨롱의 법칙 ④ 가우스 법칙

해설 여러 가지 법칙

법칙	설명
플레밍의 오른손법칙	• 도체운동에 의한 유기기전력의 방향 결정 기억법 방유도오(방에 우유를 도로 갖다 놓게!)
플레밍의 왼손법칙	• 전자력의 방향 결정 기억법 왼전(왠 전쟁이냐?)
렌츠의 법칙	• 자속변화에 의한 유도기전력의 방향 결정 기억법 렌유방(오렌지가 유일한 방법이다.)
패러데이의 전자유도법칙	• 자속변화에 의한 유기기전력의 크기 결정 기억법 패유크(패유를 버리면 큰 일난다.)
암페어의 오른나사법칙	• 전류에 의한 자기장의 방향을 결정하는 법칙 기억법 앙전자(앙전자)
비오-사바르의 법칙	• 전류에 의해 발생되는 자기장의 크기(전류에 의한 자계의 세기) 기억법 비전자(비전공자)

키르히호프의 법칙	• 옴의 법칙을 응용한 것으로 복잡한 회로의 전류와 전압계산에 사용 • 회로망의 임의의 접속점에 유입하는 여러 전류의 총합은 0이라고 하는 법칙 기억법 키총
줄의 법칙	• 어떤 도체에 일정 시간 동안 전류를 흘리면 도체에는 열이 발생되는데 이에 관한 법칙 • 전류의 열작용과 관계있는 법칙 기억법 줄열
가우스 법칙	• 폐곡면을 통과하는 전기선 속이 폐곡면 속의 알짜 전하량과 동일하다는 법칙
쿨롱의 법칙	• 두 자극 사이에 작용하는 힘은 두 자극의 세기의 곱에 비례하고, 두 자극 사이의 거리의 제곱에 반비례한다는 법칙 • 정전력이 두 전하(전기량)의 곱에 비례하고 거리의 제곱에 반비례하는 성질 보기 ③

중요

쿨롱의 법칙
$$F = \frac{Q_1 Q_2}{4\pi \varepsilon r^2}$$

여기서, F : 두 전하 사이에 작용하는 힘(정전력)[N]
ε : 유전율[F/m]($\varepsilon = \varepsilon_0 \cdot \varepsilon_s$)
ε_0 : 진공의 유전율($= 8.855 \times 10^{-12}$F/m)
ε_s : 비유전율[단위없음]

답 ③

25 서보전동기는 서보기구에서 주로 어떤 곳의 기능을 담당하는가?
① 제어부
② 검출부
③ 조작부
④ 비교부

해설 서보전동기(servo motor)
서보기구의 최종단에 설치되는 조작기기(조작부)로서, 보기 ③ 직선운동 또는 회전운동을 하며 정확한 제어가 가능하다.

참고

서보전동기의 특징
(1) 직류전동기와 교류전동기가 있다.
(2) 정·역회전이 가능하다.
(3) 급가속, 급감속이 가능하다.
(4) 저속운전이 용이하다.

답 ③

26 유도전동기의 기동시 관계로 옳은 것은? (단, T_1: Y-△ 기동시 토크, T_2: 전전압 기동시 토크, I_1: Y-△ 기동시 전류, I_2: 전전압 기동시 전류)

① $T_1 = \dfrac{1}{3} T_2,\ I_1 = \dfrac{1}{3} I_2$

② $T_1 = \dfrac{1}{\sqrt{3}} T_2,\ I_1 = \dfrac{1}{\sqrt{3}} I_2$

③ $T_1 = \sqrt{3} T_2,\ I_1 = \sqrt{3} I_2$

④ $T_1 = 3 T_2,\ I_1 = 3 I_2$

해설 출력

$$P = 9.8\omega\tau = 9.8 \times 2\pi \dfrac{N}{60} \times \tau [\text{W}]$$

여기서, P: 출력[W]
ω: 각속도[rad/s]
N: 회전수[rpm]
τ: 토크[kg·m]

$P = 9.8\omega\tau \propto \tau$이므로 출력 P에 대해서 계산하면

$$P = \sqrt{3}\,VI\cos\theta$$

여기서, P: 3상 전력[W]
V: 3상 전압[V]
I: 3상 전류[A]
$\cos\theta$: 역률

$$P = \sqrt{3}\,VI\cos\theta \propto I$$

$$\dfrac{P_{Y-\triangle}}{P_{\text{전}}} \propto \dfrac{I_{Y-\triangle}}{I_{\text{전}}} = \dfrac{\dfrac{V}{\sqrt{3}\,Z}}{\dfrac{\sqrt{3}\,V}{Z}}$$

여기서, $P_{Y-\triangle}$: Y-△ 결선시의 전력[W]
$P_{\text{전}}$: 전전압 기동시의 전력[W]
$I_{Y-\triangle}$: Y-△ 결선시의 전류[A]
$I_{\text{전}}$: 전전압 기동시의 전류[A]
V: 전압[V]
Z: 임피던스[Ω]

$$\dfrac{P_{Y-\triangle}}{P_{\text{전}}} \propto \dfrac{I_{Y-\triangle}}{I_{\text{전}}} = \dfrac{\dfrac{V}{\sqrt{3}\,Z}}{\dfrac{\sqrt{3}\,V}{Z}} = \dfrac{1}{3}\,\text{배}$$

$\therefore\ T_1 = \dfrac{1}{3}T_2,\ I_1 = \dfrac{1}{3}I_2$

답 ①

27 논리식 $(X + \overline{X + Y})$를 간단히 정리한 것은?

① $\overline{X}$
② $X + \overline{Y}$
③ X
④ $\overline{X} + Y$

해설
$(X + \overline{X+Y}) = X + \overline{X} \cdot \overline{Y}$
$\qquad\qquad = X + \overline{Y}$ ← 흡수법칙

불대수의 정리

논리합	논리곱	비고
$X + 0 = X$	$X \cdot 0 = 0$	-
$X + 1 = 1$	$X \cdot 1 = X$	-
$X + X = X$	$X \cdot X = X$	-
$X + \overline{X} = 1$	$X \cdot \overline{X} = 0$	-
$X + Y = Y + X$	$X \cdot Y = Y \cdot X$	교환법칙
$X + (Y + Z)$ $= (X+Y) + Z$	$X(YZ) = (XY)Z$	결합법칙
$X(Y+Z)$ $= XY + XZ$	$(X+Y)(Z+W)$ $= XZ + XW + YZ + YW$	분배법칙
$X + XY = X$	$\overline{X} + XY = \overline{X} + Y$ $X + \overline{X}Y = X + Y$ $X + \overline{X}\,\overline{Y} = X + \overline{Y}$ 보기 ②	흡수법칙
$\overline{(X+Y)}$ $= \overline{X} \cdot \overline{Y}$ 보기 ②	$\overline{(X \cdot Y)} = \overline{X} + \overline{Y}$	드모르간의 정리

답 ②

28 전기기기의 철심을 규소강판으로 성층하는 가장 주된 이유는?

① 히스테리시스손의 감소
② 와류손의 감소
③ 동손의 감소
④ 철손의 감소

해설 철심의 손실

이유	설명
규소강판 사용 이유	히스테리시스손의 감소
성층 이유	와류손의 감소
규소강판 성층 이유	**철손**의 감소 보기 ④

● **철손** = 히스테리시스손 + 와류손

용어

철손과 동손

철 손	동 손
철심 속에서 생기는 손실	권선의 저항에 의하여 생기는 손실

답 ④

29. 실효전압 $E_1 = 5V$인 전압보다 위상이 30° 앞선 실효전압 $E_2 = 4V$와의 합성전압의 실효값[V]은?

① $\dfrac{\sqrt{5^2+4^2}}{\sqrt{2}}$ ② $\sqrt{5^2+4^2}$

③ $\sqrt{5^2-4^2}$ ④ $\dfrac{\sqrt{2}}{\sqrt{5^2+4^2}}$

해설 합성전압의 실효값

위상차가 있는 경우	위상차가 없는 경우
$E = \sqrt{E_1^2 + E_2^2}$ 보기 ②	$E = E_1 + E_2$
여기서, E: 합성전압의 실효값[V] E_1, E_2: 실효전압[V]	여기서, E: 합성전압의 실효값[V] E_1, E_2: 실효전압[V]

위상차가 있으므로 합성전압의 실효값 E는

$E = \sqrt{E_1^2 + E_2^2} = \sqrt{5^2+4^2}$

답 ②

30. 어떤 전압계의 측정 범위를 19배로 하려면 배율기의 저항 R_M과 전압계의 내부저항 R_V의 관계는?

① $R_M = \dfrac{1}{20} R_V$ ② $R_M = \dfrac{1}{18} R_V$

③ $R_M = 18 R_V$ ④ $R_M = 20 R_V$

해설 (1) 기호
- M : 19
- R_M : ?

(2) 배율기 배율

$M = \dfrac{V_0}{V} = 1 + \dfrac{R_M}{R_V}$

여기서, M: 배율기 배율
V_0: 측정하고자 하는 전압[V]
V: 전압계의 최대눈금[A]
R_M: 배율기 저항[Ω]
R_V: 전압계 내부저항[Ω]

$M = 1 + \dfrac{R_M}{R_V}$

$M - 1 = \dfrac{R_M}{R_V}$ ← 좌우 이항

$\dfrac{R_M}{R_V} = M - 1$

$R_M = R_V(M-1) = R_V(19-1) = R_V \cdot 18 = 18 R_V$

별해 배율기, 분류기의 내부저항

배율기	분류기
$M-1$	$\dfrac{1}{M-1}$

비교 분류기 배율

$M = \dfrac{I_0}{I} = 1 + \dfrac{R_A}{R_S}$

여기서, M: 분류기 배율
I_0: 측정하고자 하는 전류[A]
I: 전류계 최대눈금[A]
R_A: 전류계 내부저항[Ω]
R_S: 분류기 저항[Ω]

답 ③

31. 전원전압을 일정전압으로 유지하기 위하여 사용되는 다이오드는?

① 발광다이오드
② 제너다이오드
③ 바랙터다이오드
④ 터널다이오드

해설 다이오드의 종류

종류	심벌	설명
정류 다이오드	▶⊢	**교류**를 **직류**로 변환할 때 이용
스위칭 다이오드	—	고속 ON/OFF 특성을 스위칭에 이용
제너 다이오드 (정전압 다이오드) 보기 ②	▶⊢	• **정전압** 특성을 전압 안정화에 이용 • **출력전압을 일정**하게 **유지**(저원전압을 일정하게 유지) **기억법** 일제압
가변용량 다이오드 (바랙터 다이오드)	▶⊢	• 가변용량 특성을 FM 변조 AFC 동조에 이용
터널 다이오드	▶⊢	• 음저항 특성을 마이크로파 발진에 이용
발광 다이오드	▶⊢	• 발광 특성을 응용하여 광센서에 이용

답 ②

32. 동선의 길이는 2배로, 전선의 단면적은 $\frac{1}{2}$로 되었다. 이때 저항은 처음의 몇 배가 되는가? (단, 체적은 일정하다.)

① 2배 ② 4배
③ 8배 ④ 16배

해설

$$R = \rho \frac{l}{A}$$

여기서, R : 저항[Ω]
ρ : 고유저항[Ω·mm²/m]
A : 전선의 단면적[mm²]
l : 전선의 길이[m]

저항 R은

$$R = \rho \frac{l}{A} \propto \frac{l}{A}$$

길이 2배($2l$), 단면적 $\frac{1}{2}$배 $\left(\frac{1}{2}A\right)$로 할 때 저항 R'는

$$R' = \rho \frac{l'}{A'} = \frac{2l}{\frac{1}{2}A'} = 4\frac{l}{A} = 4배 \quad 보기 ②$$

중요

전선의 고유저항

전선의 종류	고유저항[Ω·mm²/m]
알루미늄선	$\frac{1}{35}$
경동선	$\frac{1}{55}$
연동선	$\frac{1}{58}$

답 ②

33. 제어시스템의 구성에서 제어요소가 제어대상에게 주는 것은?

① 기준입력
② 동작신호
③ 제어량
④ 조작량

해설 용어

용어	설명
제어량 (controlled value)	제어대상에 속하는 양으로, 제어대상을 제어하는 것을 목적으로 하는 물리적인 양
조작량 (manipulated value) 보기 ④	① 제어장치의 출력인 동시에 제어대상의 입력으로 제어장치가 제어대상에 가해지는 제어신호 ② 제어요소가 제어대상에게 주는 것 **기억법** 조출동(조중동 신문) 조요대(조용하대)
제어요소 (control element)	동작신호를 조작량으로 변환하는 요소이고, 조절부와 조작부로 이루어진다. **기억법** 조제요(조제요구)
제어장치 (control device)	제어를 하기 위해 제어대상에 부착되는 장치이고, 조절부, 설정부, 검출부 등이 이에 해당된다.
오차검출기	제어량을 설정값과 비교하여 오차를 계산하는 장치이다.

중요

피드백제어의 용어

제어요소	제어장치	조절기
① 조절부 ② 조작부	① 조절부 ② 설정부 ③ 검출부	① 조절부 ② 설정부 ③ 비교부
기억법 조제요 (조제요구)		**기억법** 조설비

답 ④

34. 자동화재탐지설비 수신기 내에서 교류전원을 직류전원으로 변환하는 데 사용되는 소자는?

① 트랜지스터
② 다이오드
③ 커패시터
④ 인덕터

해설 다이오드의 종류

종류	설명
다이오드 (diode) 보기 ②	교류전원을 직류전원으로 변환하는 데 사용되는 소자
터널다이오드 (tunnel diode)	부성저항특성을 나타내며, 증폭·발진·개폐작용에 응용한다.
포토다이오드 (photo diode)	빛이 닿으면 전류가 흐르는 다이오드로 광량의 변화를 전류값으로 대치하므로 광선서에 주로 사용하는 다이오드이다.
제너다이오드 (zener diode)	정전압회로용으로 사용되는 소자로서, "정전압다이오드"라고도 한다.
발광다이오드 (LED ; Light Emitting Diode)	전류가 통과하면 빛을 발산하는 다이오드이다.

23. 05. 시행 / 산업(전기)

용어	설 명
트랜지스터 (transistor)	증폭작용과 스위칭 역할을 하는 반도체 소자
커패시터 (capacitor)	회로에서 전기용량을 저장하는 장치
인덕터 (inductor)	전류의 자기작용을 하는 소자

답 ②

35 열동계전기(thermal relay)의 설치 목적은?

16.10.문31
16.03.문37
12.05.문27
10.05.문29

① 전동기의 과부하 보호
② 감전사고 예방
③ 자기유지
④ 인터록유지

계전기	설 명
• 접지계전기	• 지락전류 검출
• 거리계전기	• 계전기 입력전압과 전류의 비에 따라 작동하는 계전기
• 비율차동계전기 • 브흐홀츠계전기	• 발전기나 변압기의 내부고장 보호용
• 열동계전기	• **전**동기의 **과**부하 보호용 보기 ① 기억법 열전과

답 ①

36 공기 중의 한 점에 양의 점전하 4nC이 놓여 있다. 이 점으로부터 3m 떨어진 곳의 전기장의 세기는 몇 V/m인가?

21.03.문28
14.09.문29

① 4
② 8
③ 12
④ 16

(1) 기호

- ε_s : 1(공기 중이므로)
- Q : $4\text{nC} = 4 \times 10^{-9}\text{C}(1\text{nC} = 10^{-9}\text{C})$
- r : 3m
- E : ?

(2) 전계의 세기(intensity of electric field)

$$E = \frac{Q}{4\pi\varepsilon r^2} \text{[V/m]}$$

여기서, E : 전계의 세기[V/m]
Q : 전하[C]
ε : 유전율[F/m]($\varepsilon = \varepsilon_0 \cdot \varepsilon_s$)
r : 거리[m]

전계의 세기(전장의 세기) E는

$$E = \frac{Q}{4\pi\varepsilon r^2} = \frac{Q}{4\pi\varepsilon_0\varepsilon_s r^2}$$

$$= \frac{4 \times 10^{-9}}{4\pi \times (8.855 \times 10^{-12}) \times 1 \times 3^2} \fallingdotseq 4\text{V/m}$$

- 진공의 유전율 : $\varepsilon_0 = 8.855 \times 10^{-12}$ [F/m]

단위환산

명칭	기호	크기
피코(pico)	p	10^{-12}
나노(nano)	n	10^{-9}
마이크로(micro)	μ	10^{-6}
메가(mega)	M	10^6

답 ①

37 정격 500W 전열기에 정격전압의 80%를 인가하면 전력은 몇 W인가?

22.09.문39
18.09.문28
14.03.문34
11.10.문37
09.03.문34

① 620
② 560
③ 320
④ 400

(1) 기호

- P : 500W
- V' : 80%
- P' : ?

(2) 전력

$$P = VI = I^2R = \frac{V^2}{R}$$

여기서, P : 전력[W]
V : 전압[V]
I : 전류[A]
R : 저항[Ω]

정격전압을 100V라고 가정하면,
저항 R은

$$R = \frac{V^2}{P} = \frac{100^2}{500} = 20\,\Omega$$

80%의 전압사용시 **소**비전력 P'는

$$P' = \frac{V'^2}{R} = \frac{80^2}{20} = 320\text{W}$$

답 ③

38 다음 그림기호의 명칭으로 옳은 것은?

15.03.문23
11.10.문26

① 계전기 접점
② 수동접점
③ 시간지연접점
④ 기계적 접점

해설 시퀀스제어의 기본심벌

명 칭	심 벌		적 용
	a접점	b접점	
접점(일반) 혹은 수동접점			• 텀블러스위치 • 토글스위치
수동조작 자동복귀 접점			• 푸시버튼스위치
기계적 접점			• 리밋스위치
조작스위치 잔류접점			—
계전기 접점 혹은 보조 스위치 접점 보기 ①			—
한시(限時) 동작접점			
한시복귀 접점			• 타이머
수동복귀 접점			• 열동계전기
전자접촉기 접점			—

답 ①

39. 소형이면서 고압의 대전류용 정류기로 사용되는 것은?

① 게르마늄 정류기
② 사이리스터 정류기
③ 수은 정류기
④ 셀렌 정류기

해설 사이리스터 정류기 보기 ②

구 분	설 명
특징	① **소형**이면서 **고압**의 **대전류**용 정류기로 사용 ② OFF 상태에서 ON 상태로, 또는 ON 상태에서 OFF 상태로 스위칭할 수 있는 **3개** 또는 그 이상의 접합을 갖는 PNPN 구조로 된 반도체
종류	① SCR ② TRIAC ③ GTO ④ SSS ⑤ SCS

답 ②

40. 100V, 800W, 역률 80%인 회로의 리액턴스 [Ω]는?

① 4
② 6
③ 8
④ 10

해설 (1) 기호

- V : 100V
- P : 800W
- $\cos\theta$: 80%=0.8
- X : ?

(2) 무효율

$$\sin\theta = \sqrt{1-\cos\theta^2}$$

여기서, $\sin\theta$: 무효율
$\cos\theta$: 역률
무효율 $\sin\theta$는
$\sin\theta = \sqrt{1-\cos\theta^2} = \sqrt{1-0.8^2} = 0.6$

(3) 유효전력

$$P = VI\cos\theta = I^2R$$

여기서, P : 유효전력[W]
V : 전압[V]
I : 전류[A]
$\cos\theta$: 역률
R : 저항[Ω]
전류 I는
$I = \dfrac{P}{V\cos\theta} = \dfrac{800}{100\times 0.8} = 10\text{A}$

(4) 무효전력

$$P_r = VI\sin\theta = I^2X$$

여기서, P_r : 무효전력[Var]
V : 전압[V]
I : 전류[A]
$\sin\theta$: 무효율
X : 리액턴스[Ω]

$VI\sin\theta = I^2X$ 에서

$$X = \frac{VI\sin\theta}{I^2} = \frac{V\sin\theta}{I} = \frac{100 \times 0.6}{10} = 6\,\Omega$$

답 ②

제3과목 소방관계법규

41 소방기본법령상 소방용수시설 및 지리조사의 기준 중 ㉠, ㉡에 알맞은 것은?

22.09.문50
21.05.문49
19.04.문50
17.09.문59
16.03.문57
09.08.문51

소방본부장 또는 소방서장은 원활한 소방활동을 위하여 설치된 소방용수시설에 대한 조사를 (㉠)회 이상 실시하여야 하며 그 조사 결과를 (㉡)년간 보관하여야 한다.

① ㉠ 월 1, ㉡ 1
② ㉠ 월 1, ㉡ 2
③ ㉠ 연 1, ㉡ 1
④ ㉠ 연 1, ㉡ 2

해설 기본규칙 7조
소방용수시설 및 지리조사
(1) 조사자: 소방본부장·소방서장
(2) 조사일시: 월 1회 이상 보기 ②
(3) 조사내용
  ㉠ 소방용수시설
  ㉡ 도로의 폭·교통상황
  ㉢ 도로 주변의 토지 고저
  ㉣ 건축물의 개황
(4) 조사결과: 2년간 보관 보기 ②

중요

횟수
(1) 월 1회 이상: 소방용수시설 및 지리조사(기본규칙 7조)

  기억법 월1지 (월요일이 지났다.)

(2) 연 1회 이상
  ㉠ 화재예방강화지구 안의 화재안전조사·훈련·교육 (화재예방법 시행령 20조)
  ㉡ 특정소방대상물의 소방훈련·교육(화재예방법 시행규칙 36조)
  ㉢ 제조소 등의 정기점검(위험물규칙 64조)
  ㉣ 종합점검(소방시설법 시행규칙 [별표 3])
  ㉤ 작동점검(소방시설법 시행규칙 [별표 3])

  기억법 연1정종 (연일 정종술을 마셨다.)

(3) 2년마다 1회 이상
  ㉠ 소방대원의 소방교육·훈련(기본규칙 9조)
  ㉡ 실무교육(화재예방법 시행규칙 29조)

  기억법 실2 (실리)

답 ②

42 화재의 예방 및 안전관리에 관한 법령상 특수가연물 중 품명과 지정수량의 연결이 틀린 것은?

21.05.문51
18.03.문50
17.05.문56
16.10.문53
13.03.문51
10.09.문46
10.05.문48
08.09.문46

① 사류-1000kg 이상
② 볏집류-3000kg 이상
③ 석탄·목탄류-10000kg 이상
④ 고무류·플라스틱류 발포시킨 것-20m³ 이상

해설 3000kg → 1000kg

화재예방법 시행령 [별표 2]
특수가연물

품 명		수량(지정수량)
가연성 **액**체류		**2**m³ 이상
목재가공품 및 나무부스러기		**10**m³ 이상
면화류		**2**00kg 이상
나무껍질 및 대팻밥		**4**00kg 이상
넝마 및 종이부스러기		1000kg 이상
사류(絲類) 보기 ①		
볏짚류 보기 ②		
가연성 **고**체류		3000kg 이상
고무류·플라스틱류	발포시킨 것 보기 ④	20m³ 이상
	그 밖의 것	3000kg 이상
석탄·목탄류 보기 ③		10000kg 이상

기억법 가액목면나 넝사볏가고 고석
         2 1 2 4   1   3 3 1

※ **특수가연물**: 화재가 발생하면 그 확대가 빠른 물품

답 ②

43 소방기본법령상 인접하고 있는 시·도간 소방업무의 상호응원협정을 체결하고자 하는 때에 포함되도록 하여야 하는 사항이 아닌 것은?

22.09.문60
21.05.문56
18.04.문46
17.09.문57
15.05.문44
14.05.문41

① 소방교육·훈련의 종류 및 대상자에 관한 사항
② 출동대원의 수당·식사 및 의복의 수선 등 소요경비의 부담에 관한 사항
③ 화재의 경계·진압활동에 관한 사항
④ 화재조사활동에 관한 사항

해설 ① 상호응원협정은 실제상황이므로 소방교육·훈련은 해당되지 않음

기본규칙 8조
소방업무의 상호응원협정
(1) 다음의 **소방활동**에 관한 사항
  ㉠ 화재의 **경계**·진압활동 보기 ③
  ㉡ **구조**·**구급**업무의 지원
  ㉢ 화재조사활동 보기 ④
(2) 응원출동 대상지역 및 **규모**
(3) 소요경비의 **부담**에 관한 사항
  ㉠ **출동**대원의 수당·식사 및 의복의 수선 보기 ②
  ㉡ 소방장비 및 기구의 정비와 연료의 보급
(4) 응원출동의 **요청**방법
(5) 응원출동훈련 및 **평가**

기억법 경응출

답 ①

44
★★★
소방기본법에 따른 출동한 소방대의 소방장비를 파손하거나 그 효용을 해하여 화재진압·인명구조 또는 구급활동을 방해하는 행위를 한 사람에 대한 벌칙기준은?

18.09.문44
16.05.문43
15.09.문43
14.03.문42

① 5년 이하의 징역 또는 5000만원 이하의 벌금
② 5년 이하의 징역 또는 3000만원 이하의 벌금
③ 3년 이하의 징역 또는 3000만원 이하의 벌금
④ 3년 이하의 징역 또는 1500만원 이하의 벌금

해설 기본법 50조
5년 이하의 징역 또는 5000만원 이하의 벌금
(1) 소방자동차의 **출동** 방해
(2) 사람**구출** 방해(화재진압, 구급활동 방해)
(3) **소방용수시설** 또는 **비상소화장치**의 효용 방해

기억법 출구용5

답 ①

45
★★★
위험물안전관리법상 제조소 등을 설치하고자 하는 자는 누구의 허가를 받아 설치할 수 있는가?

22.03.문53
21.03.문46
20.06.문56
19.04.문47
14.03.문58

① 소방서장
② 소방청장
③ 시·도지사
④ 안전관리자

해설 위험물법 6조
제조소 등의 설치허가
(1) 설치허가자 : **시·도지사** 보기 ③
(2) 설치허가 제외장소
  ㉠ 주택의 난방시설(공동주택의 중앙난방시설은 제외)을 위한 **저장소** 또는 **취급소**

㉡ **지정수량 20배** 이하의 **농예용**·**축산용**·**수산용** 난방시설 또는 건조시설의 **저장소**
(3) 제조소 등의 변경신고 : 변경하고자 하는 날의 **1일** 전까지

참고

시·도지사
(1) 특별시장
(2) 광역시장
(3) 특별자치시장
(4) 도지사
(5) 특별자치도지사

답 ③

46
★★★
화재예방강화지구의 지정대상지역에 해당되지 않는 곳은?

22.04.문46
19.09.문55
16.03.문41
15.09.문55
14.05.문53
12.09.문46

① 시장지역
② 공장·창고가 밀집한 지역
③ 소방용수시설 또는 소방출동로가 있는 지역
④ 석유화학제품을 생산하는 공장이 있는 지역

해설 ③ 있는 → 없는

화재예방법 18조
화재예방강화지구의 지정
(1) 지정권자 : **시·도지사**
(2) 지정지역
  ㉠ **시장지역** 보기 ①
  ㉡ **공장·창고** 등이 밀집한 지역 보기 ②
  ㉢ **목조건물**이 밀집한 지역
  ㉣ 노후·불량 건축물이 밀집한 지역
  ㉤ **위험물**의 저장 및 **처리시설**이 **밀집**한 지역
  ㉥ **석유화학제품**을 생산하는 공장이 있는 지역 보기 ④
  ㉦ **소방시설**·**소방용수시설** 또는 **소방출동로**가 **없는** 지역 보기 ③
  ㉧ 「산업입지 및 개발에 관한 법률」에 따른 산업단지
  ㉨ 「물류시설의 개발 및 운영에 관한 법률」에 따른 물류단지
  ㉩ **소방청장**, **소방본부장** 또는 **소방서장**(소방관서장)이 화재예방강화지구로 지정할 필요가 있다고 인정하는 지역

※ **화재예방강화지구** : 화재발생 우려가 크거나 화재가 발생할 경우 피해가 클 것으로 예상되는 지역에 대하여 화재의 예방 및 안전관리를 강화하기 위해 지정·관리하는 지역

답 ③

47
★★★
소방본부장 또는 소방서장은 건축허가 등의 동의 요구서류를 접수한 날부터 며칠 이내에 건축허가 등의 동의 여부를 회신하여야 하는가? (단, 지하층을 포함한 30층 이상의 사무실 건축물이다.)

21.09.문45
10.05.문60
09.05.문59
09.03.문53

① 5일
② 7일
③ 10일
④ 30일

해설 소방시설법 시행규칙 3조
건축허가 등의 동의

내용	기간
동의요구서류 보완	4일 이내
건축허가 등의 취소통보	7일 이내
동의 여부 회신	5일 이내 — 기타
	10일 이내 — • 50층 이상(지하층 제외) 또는 높이 200m 이상인 아파트 • 30층 이상(지하층 포함) 또는 높이 120m 이상(아파트 제외) 보기 ③ • 연면적 10만m² 이상(아파트 제외)

답 ③

48 ★★★
소방시설 설치 및 관리에 관한 법률에 따른 소방시설관리업자가 사망한 경우 그 상속인이 소방시설관리업자의 지위를 승계한 자는 누구에게 신고하여야 하는가?

18.09.문57
13.06.문51
11.03.문52
09.05.문45

① 소방청장 ② 시·도지사
③ 소방본부장 ④ 소방서장

해설 시·도지사
(1) 제조소 등의 설치허가(위험물법 6조)
(2) 소방업무의 지휘·감독(기본법 3조)
(3) 소방체험관의 설립·운영(기본법 5조)
(4) 소방업무에 관한 세부적인 종합계획 수립 및 소방업무 수행(기본법 6조)
(5) 소방시설업자의 지위승계(공사업법 7조)
(6) **소방시설관리업자**의 **지위승계**(소방시설법 32조)
(7) 제조소 등의 승계(위험물법 10조)

용어
소방시설업자
(1) 소방시설설계업자
(2) 소방시설공사업자
(3) 소방공사감리업자
(4) 방염처리업자

중요
공사업법 2~7조
소방시설업
(1) 등록권자
(2) 등록사항변경 ─ 시·도지사 신고
(3) 지위승계
(4) 등록기준 ─ 자본금 / 기술인력
(5) 종류 ─ 소방시설설계업 / 소방시설공사업 / 소방공사감리업 / 방염처리업
(6) 업종별 영업범위: 대통령령

답 ②

49 ★★★
화재예방과 화재 등 재해발생시 비상조치를 위하여 관계인에 예방규정을 정하여야 하는 제조소 등의 기준으로 틀린 것은?

21.03.문50
17.09.문41
15.03.문58
14.05.문57
11.06.문55

① 이송취급소
② 지정수량 10배 이상의 위험물을 취급하는 제조소
③ 지정수량 100배 이상의 위험물을 저장하는 옥외저장소
④ 지정수량 150배 이상의 위험물을 저장하는 옥외탱크저장소

해설 ④ 150배 이상 → 200배 이상

위험물령 15조
예방규정을 정하여야 할 제조소 등

배수	제조소 등
10배 이상	• 제조소 보기 ② • 일반취급소
1**0**0배 이상	• 옥**외**저장소 보기 ③
1**5**0배 이상	• 옥**내**저장소
200배 이상	• 옥외**탱**크저장소 보기 ④
모두 해당	• 이송취급소 보기 ① • 암반탱크저장소

기억법 052
외내탱

※ **예방규정**: 제조소 등의 화재예방과 화재 등 재해발생시의 비상조치를 위한 규정

답 ④

50 ★★★
소방활동구역의 출입자로서 대통령령이 정하는 자에 속하는 사람은?

21.03.문42
19.03.문60
11.10.문57

① 의사·간호사 그 밖의 구조·구급업무에 종사하지 않는 자
② 소방활동구역 밖에 있는 소방대상물의 소유자·관리자 또는 점유자
③ 취재인력 등 보도업무에 종사하지 않는 자
④ 수사업무에 종사하는 자

해설
① 종사하지 않는 자 → 종사하는 자
② 밖에 → 안에
③ 종사하지 않는 자 → 종사하는 자

기본령 8조
소방활동구역 출입자(대통령령이 정하는 사람)

(1) 소방활동구역 안에 있는 **소유자·관리자** 또는 **점유자**
(2) **전기·가스·수도·통신·교통**의 업무에 종사하는 자로서 원활한 **소방활동**을 위하여 필요한 자
(3) **의사·간호사** 그 밖의 구조·구급업무에 종사하는 자
(4) **취재인력** 등 보도업무에 종사하는 자
(5) **수사업무**에 종사하는 자
(6) 소방대장이 소방활동을 위하여 **출입**을 **허가**한 **자**

※ **소방활동구역**: 화재, 재난·재해 그 밖의 위급한 상황이 발생한 현장에 정하는 구역

답 ④

51. 화재의 예방 및 안전관리에 관한 법령상 특수가연물의 저장기준 중 ㉠, ㉡, ㉢에 알맞은 것은? (단, 석탄·목탄류를 발전용으로 저장하는 경우는 제외한다.)

쌓는 높이는 10m 이하가 되도록 하고, 쌓는 부분의 바닥면적은 (㉠)m² 이하가 되도록 할 것. 다만, 살수설비를 설치하거나, 방사능력 범위에 해당 특수가연물이 포함되도록 대형 수동식 소화기를 설치하는 경우에는 쌓는 높이를 (㉡)m 이하, 쌓는 부분의 바닥면적을 (㉢)m² 이하로 할 수 있다.

① ㉠ 200, ㉡ 20, ㉢ 400
② ㉠ 200, ㉡ 15, ㉢ 300
③ ㉠ 50, ㉡ 20, ㉢ 100
④ ㉠ 50, ㉡ 15, ㉢ 200

해설 화재예방법 시행령 [별표 3]
특수가연물의 저장 및 취급의 기준
(1) 특수가연물을 저장 또는 취급하는 장소에는 품명, 최대저장수량, 단위부피당 질량 또는 단위체적당 질량, 관리책임자 성명·직책·연락처 및 화기취급의 금지표지가 포함된 특수가연물 표지를 설치할 것
(2) 쌓아 저장하는 기준(단, 석탄·목탄류를 발전용으로 저장하는 것 제외)
  ㉠ 품명별로 구분하여 쌓을 것
  ㉡ 쌓는 높이는 **10m** 이하가 되도록 하고, 쌓는 부분의 바닥면적은 **50m²**(석탄·목탄류는 **200m²**) 이하가 되도록 할 것(단, 살수설비를 설치하거나, 방사능력 범위에 해당 특수가연물이 포함되도록 대형 수동식 소화기를 설치하는 경우에는 쌓는 높이를 **15m** 이하, 쌓는 부분의 바닥면적을 **200m²**(석탄·목탄류는 **300m²**) 이하로 할 수 있다) 보기 ④
  ㉢ 쌓는 부분 바닥면적의 사이는 실내의 경우 **1.2m** 또는 쌓는 높이의 $\frac{1}{2}$ 중 **큰 값** 이상으로 간격을 두어야 하며, **실외**의 경우 **3m** 또는 쌓는 높이 중 큰 값 이상으로 간격을 둘 것

답 ④

52. 제조 또는 가공 공정에서 방염처리를 하는 방염대상물품으로 틀린 것은? (단, 합판·목재류의 경우에는 설치현장에서 방염처리를 한 것을 포함한다.)

① 카펫
② 창문에 설치하는 커튼류
③ 두께가 2mm 미만인 종이벽지
④ 전시용 합판 또는 섬유판

해설 ③ 벽지류(두께 2mm 미만인 종이벽지 제외)

소방시설법 시행령 31조
방염대상물품

제조 또는 가공 공정에서 방염처리를 한 물품	건축물 내부의 천장이나 벽에 부착하거나 설치하는 것
① 창문에 설치하는 **커튼류**(블라인드 포함) ② 카펫 ③ **벽지류**(두께가 2mm 미만인 **종이벽지**는 제외) ④ **전시용 합판·목재** 또는 섬유판 ⑤ **무대용 합판·목재** 또는 섬유판 ⑥ **암막·무대막**(영화상영관·가상체험 체육시설업의 **스크린** 포함) ⑦ 섬유류 또는 합성수지류 등을 원료로 하여 제작된 소파·의자(단란주점영업, 유흥주점영업 및 노래연습장업의 영업장에 설치하는 것만 해당)	① 종이류(두께 **2mm 이상**), **합성수지류** 또는 섬유류를 주원료로 한 물품 ② **합판**이나 **목재** ③ 공간을 구획하기 위하여 설치하는 **간이칸막이** ④ **흡음재**(흡음용 커튼 포함) 또는 **방음재**(방음용 커튼 포함) ※ 가구류(옷장, 찬장, 식탁, 식탁용 의자, 사무용 책상, 사무용 의자, 계산대)와 너비 10cm 이하인 반자돌림대, 내부 마감재료 제외

답 ③

53. 소방시설공사의 하자보수기간으로 옳은 것은?

① 유도등 : 1년
② 자동소화장치 : 3년
③ 자동화재탐지설비 : 2년
④ 소화용수설비 : 2년

해설 공사업령 6조
소방시설공사의 하자보수 보증기간

보증기간	소방시설
2년	• **유**도등·**피**난기구 • 비상**조**명등·비상**경**보설비·비상**방**송설비 • **무**선통신보조설비
3년	• 자동소화장치 보기 ② • 옥내·외 소화전설비 • 스프링클러설비 • 물분무등소화설비·소화용수설비 • 자동화재탐지설비·소화활동설비(무선통신보조설비 제외) • 화재알림설비

기억법 유비조경방무피2(유비조경방무피투)

답 ②

54. 1급 소방안전관리대상물에 대한 기준으로 옳지 않은 것은?

① 특정소방대상물로서 층수가 11층 이상인 것
② 국보 또는 보물로 지정된 목조건축물
③ 연면적 15000m² 이상인 것
④ 가연성 가스를 1천톤 이상 저장·취급하는 시설

해설 ② 2급 소방안전관리대상물

화재예방법 시행령 〔별표 4〕
소방안전관리자를 두어야 할 특정소방대상물

소방안전관리대상물	특정소방대상물
특급 소방안전관리대상물 (동식물원, 철강 등 불연성 물품 저장·취급창고, 지하구, 위험물제조소 등 제외)	• 50층 이상(지하층 제외) 또는 지상 200m 이상 아파트 • 30층 이상(지하층 포함) 또는 지상 120m 이상(아파트 제외) • 연면적 10만m² 이상(아파트 제외)
1급 소방안전관리대상물 (동식물원, 철강 등 불연성 물품 저장·취급창고, 지하구, 위험물제조소 등 제외)	• 30층 이상(지하층 제외) 또는 지상 120m 이상 아파트 • 연면적 15000m² 이상인 것(아파트 및 연립주택 제외) 보기 ③ • 11층 이상(아파트 제외) 보기 ① • 가연성 가스를 1000t 이상 저장·취급하는 시설 보기 ④
2급 소방안전관리대상물	• 지하구 • 가스제조설비를 갖추고 도시가스사업 허가를 받아야 하는 시설 또는 가연성 가스를 100~1000t 미만 저장·취급하는 시설 • 옥내소화전설비·스프링클러설비 설치대상물 • 물분무등소화설비(호스릴방식의 물분무등소화설비만을 설치한 경우 제외) 설치대상물 • 공동주택(옥내소화전설비 또는 스프링클러설비가 설치된 공동주택 한정) • 목조건축물(국보·보물) 보기 ②
3급 소방안전관리대상물	• 간이스프링클러설비(주택전용 간이스프링클러설비 제외) 설치대상물 • 자동화재탐지설비 설치대상물

답 ②

55. 소방시설 설치 및 관리에 관한 법령상 수용인원 산정 방법 중 다음의 수련시설의 수용인원은 몇 명인가?

수련시설의 종사자수는 5명, 숙박시설은 모두 2인용 침대이며 침대수량은 50개이다.

① 55 ② 75
③ 85 ④ 105

해설 **소방시설법 시행령 〔별표 7〕**
수용인원의 산정방법

특정소방대상물		산정방법
• 강의실 • 상담실 • 휴게실	• 교무실 • 실습실	바닥면적 합계 1.9m²
숙박시설	침대가 있는 경우	종사자수+침대수(2인용 침대는 2인으로 산정)
	침대가 없는 경우	종사자수+ 바닥면적 합계 3m²
기타		바닥면적 합계 3m²
• 강당 • 문화 및 집회시설, 운동시설 • 종교시설		바닥면적 합계 4.6m²

숙박시설(침대가 있는 경우)=종사자수+침대수
=5명+50개×2인
=105명

※ 수용인원 산정시 **소수점 이하는 반올림**한다. 특히 주의!

중요

기타 개수 산정 (감지기·유도등 개수)	수용인원 산정
소수점 이하는 **절상**	소수점 이하는 **반올림** [기억법] 수반(수반! 동반)

용어

절상	반올림
소수점 다음의 수가 1~90면 올림 예 5.5 → 6개	소수점 다음의 수가 0~4이면 버림, 5~90면 올림 예 5.5 → 6개 5.4 → 5개

답 ④

56. 과태료의 부과기준 중 특수가연물의 저장 및 취급 기준을 위반한 경우의 과태료 금액으로 옳은 것은?

① 50만원 ② 100만원
③ 150만원 ④ 200만원

해설 **화재예방법 시행령 〔별표 9〕**
과태료의 부과기준

위반사항	과태료 금액
① 소방용수시설·소화기구 및 설비 등의 설치명령을 위반한 자	200
② 불의 사용에 있어서 지켜야 하는 사항을 위반한 자	
③ 특수가연물의 저장 및 취급의 기준을 위반한 자	

비교

기본령〔별표 3〕	
위반사항	과태료 금액
① 화재 또는 구조·구급이 필요한 상황을 거짓으로 알린 자	• 1회 위반시 : 200 • 2회 위반시 : 400 • 3회 이상 위반시 : 500
② 소방활동구역 출입제한을 위반한 자	100
③ 한국소방안전원 또는 이와 유사한 명칭을 사용한 경우	200

답 ④

57 소방기본법령에 따른 급수탑 및 지상에 설치하는 소화전·저수조의 경우 소방용수표지 기준 중 다음 ( ) 안에 알맞은 것은?

안쪽 문자는 (㉠), 안쪽 바탕은 (㉡), 바깥쪽 바탕은 (㉢)으로 하고 반사재료를 사용하여야 한다.

① ㉠ 검은색, ㉡ 파란색, ㉢ 붉은색
② ㉠ 검은색, ㉡ 붉은색, ㉢ 파란색
③ ㉠ 흰색, ㉡ 파란색, ㉢ 붉은색
④ ㉠ 흰색, ㉡ 붉은색, ㉢ 파란색

해설
• 안쪽 문자는 **흰색**, 바깥쪽 문자는 **노란색**, 안쪽 바탕은 **붉은색**, 바깥쪽 바탕은 **파란색**으로 하고 **반사재료** 사용 보기 ④

기본규칙〔별표 2〕
소방용수표지
(1) **지하**에 설치하는 소화전·저수조의 소방용수표지
  ㉠ 맨홀뚜껑은 지름 **648mm** 이상의 것으로 할 것
  ㉡ 맨홀뚜껑에는 "소화전·주정차금지" 또는 "저수조·주정차금지"의 표시를 할 것
  ㉢ 맨홀뚜껑 부근에는 **노란색** 반사도료로 폭 **15cm**의 선을 그 둘레를 따라 칠할 것
(2) **지상**에 설치하는 소화전·저수조 및 **급수탑**의 소방용수표지

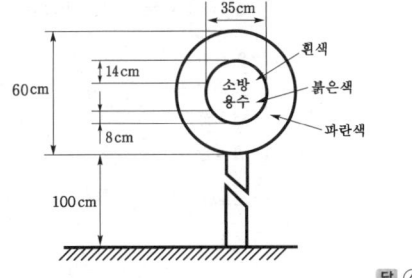

답 ④

58 비상경보설비를 설치하여야 할 특정소방대상물이 아닌 것은?
① 연면적 400m² 이상이거나 지하층 또는 무창층의 바닥면적이 150m² 이상인 것

② 지하층에 위치한 바닥면적 100m²인 공연장
③ 터널로서 길이가 500m 이상인 것
④ 30명 이상의 근로자가 작업하는 옥내작업장

해설 ④ 30명 이상 → 50명 이상

소방시설법 시행령〔별표 4〕
비상경보설비의 설치대상

설치대상	조 건
지하층·무창층	• 바닥면적 150m²(공연장 100m²) 이상 보기 ① ②
전부	• 연면적 400m² 이상 보기 ①
터널	• 길이 500m 이상 보기 ③
옥내작업장	• 50명 이상 작업 보기 ④

답 ④

59 소방본부장 또는 소방서장은 화재예방강화지구 안의 관계인에 대하여 소방상 필요한 훈련 또는 교육을 실시할 경우 관계인에게 훈련 또는 교육 며칠 전까지 그 사실을 통보해야 하는가?

① 3일 ② 5일
③ 7일 ④ 10일

해설 10일
(1) 화재예방강화지구 안의 소방훈련·교육 통보일(화재예방법 시행령 20조) 보기 ④
(2) 건축허가 등의 동의 여부 회신(소방시설법 시행규칙 3조)
  ㉠ **50층** 이상(지하층 제외) 또는 지상으로부터 높이 **200m** 이상인 **아파트**의 건축허가 등의 동의 여부 회신(소방시설법 시행규칙 3조)
  ㉡ **30층** 이상(지하층 포함) 또는 지상 **120m** 이상(아파트 제외)의 건축허가 등의 동의 여부 회신(소방시설법 시행규칙 3조)
  ㉢ 연면적 10만m² 이상의 건축허가 등의 동의 여부 회신 (소방시설법 시행규칙 3조)
(3) 소방기술자의 **실무교육** 통지일(공사규칙 26조)
(4) **실무교육** 교육계획의 변경보고일(공사규칙 35조)
(5) 소방기술자 실무교육기관 지정사항 변경보고일(공사규칙 33조)
(6) 소방시설업의 등록신청서류 보완일(공사규칙 2조 2)
(7) 제조소 등의 재발급 완공검사합격확인증 제출일(위험물령 10조)

답 ④

60 제조소 등의 지위승계 및 폐지에 관한 설명 중 다음 ( ) 안에 알맞은 것은?

제조소 등의 설치자가 사망하거나 그 제조소 등을 양도·인도한 때 또는 합병이 있는 때에는 그 설치자의 지위를 승계한 자는 승계한 날부터 (㉠)일 이내에 그리고 제조소 등의 관계인은 당해 제조소 등의 용도를 폐지한 때에는 용도를 폐지한 날부터 (㉡)일 이내에 시·도지사에게 신고하여야 한다.

① ㉠ 14, ㉡ 14 ② ㉠ 14, ㉡ 30
③ ㉠ 30, ㉡ 14 ④ ㉠ 30, ㉡ 30

해설 **30일 vs 14일**
(1) **30일**
  ㉠ 소방시설업 등록사항 변경신고(공사업규칙 6조)
  ㉡ 위험물안전관리자의 **재**선임(위험물법 15조)
  ㉢ 소방안전관리자의 **재**선임(화재예방법 시행규칙 14조)
  ㉣ **도급계약** 해지(공사업법 23조)
  ㉤ 소방시설공사 중요사항 변경시의 신고일(공사업규칙 12조)
  ㉥ 소방기술자 실무교육기관 지정서 발급(공사업규칙 32조)
  ㉦ 소방공사감리자 변경서류제출(공사업규칙 15조)
  ㉧ **승계**(위험물법 10조)

(2) **14일**
  ㉠ 소방기술자 실무교육기관 휴폐업신고일(공사업규칙 34조)
  ㉡ **제**조소 등의 용도**폐**지 신고일(위험물법 11조)
  ㉢ 위험물안전관리자의 **선**임신고일(위험물법 15조)
  ㉣ 소방안전관리자의 **선**임신고일(화재예방법 26조)

  기억법 14제폐선(**일사**천리로 **제패**하여 **성**공하라.)

답 ③

제 4 과목 소방전기시설의 구조 및 원리

61 ★★★
21.05.문78

비상방송설비의 화재안전기준에 따른 음향장치의 구조 및 성능에 대한 기준이다. 다음 ( )에 들어갈 내용으로 옳은 것은?

- 정격전압의 (㉠)% 전압에서 음향을 발할 수 있는 것을 할 것
- (㉡)의 작동과 연동하여 작동할 수 있는 것으로 할 것

① ㉠ 65, ㉡ 자동화재탐지설비
② ㉠ 80, ㉡ 자동화재탐지설비
③ ㉠ 65, ㉡ 단독경보형 감지기
④ ㉠ 80, ㉡ 단독경보형 감지기

해설 **비상방송설비 음향장치**의 **구조** 및 **성능기준**(NFPC 202 4조, NFTC 202 2.1.1.12)
(1) **정격전압**의 **80%** 전압에서 음향을 발할 것 보기 ㉠
(2) **자동화재탐지설비**의 작동과 연동하여 작동할 것 보기 ㉡

비교

자동화재탐지설비 음향장치의 구조 및 성능기준(NFPC 203 8조, NFTC 203 2.5)
(1) 정격전압의 **80%** 전압에서 음향을 발할 것
(2) 음량은 1m 떨어진 곳에서 **90dB** 이상일 것
(3) **감지기 · 발신기**의 작동과 **연동**하여 작동할 것

답 ②

62 ★★
19.09.문71
14.03.문79
12.03.문66

자동화재탐지설비 및 시각경보장치의 화재안전기준에 따라 부착높이가 15m 이상 20m 미만에 설치할 수 없는 감지기는?

① 연기복합형   ② 불꽃감지기
③ 이온화식 1종   ④ 보상식 스포트형

해설 **감지기**의 **부착높이**(NFPC 203 7조, NFTC 203 2.4.1)

부착높이	감지기의 종류
4m 미만	• 차동식(스포트형, 분포형) • 보상식 스포트형 • 정온식(스포트형, 감지선형) ┐ **열**감지기 • 이온화식 또는 광전식(스포트형, 분리형, 공기흡입형) : **연기**감지기 • 열복합형 • 연기복합형 ┐ **복**합형 감지기 • 열연기복합형 • 불꽃감지기 기억법 열연불복 4미
4~8m 미만	• 차동식(스포트형, 분포형) • **보상식 스포트형** 보기 ④ ┐ **열**감지기 • **정**온식(스포트형, 감지선형) **특종** 또는 **1종** • **이**온화식 **1종** 또는 **2종** ┐ 연기감지기 • 광전식(스포트형, 분리형, 공기흡입형) 1종 또는 2종 • 열복합형 • 연기복합형 ┐ **복**합형 감지기 • 열연기복합형 • 불꽃감지기 기억법 8미열 정특1 이광12 복불
8~15m 미만	• 차동식 **분**포형 • **이**온화식 1종 또는 **2**종 • **광**전식(스포트형, 분리형, 공기흡입형) 1종 또는 2종 • **연**기**복**합형 • **불**꽃감지기 기억법 15분 이광12 연복불
15~20m 미만	• 이온화식 1종 보기 ③ • 광전식(스포트형, 분리형, 공기흡입형) 1종 • 연기복합형 보기 ① • 불꽃감지기 보기 ② 기억법 이광불연복2
20m 이상	• 불꽃감지기 • 광전식(분리형, 공기흡입형) 중 **아**날로그방식 기억법 불광아

답 ④

63
자동화재탐지설비 배선의 설치기준 중 다음 ( ) 안에 알맞은 것은?

> 자동화재탐지설비의 감지기회로의 전로저항은 (㉠)Ω 이하가 되도록 하여야 하며, 수신기의 각 회로별 종단에 설치되는 감지기에 접속되는 배선의 전압은 감지기 정격전압의 (㉡)% 이상이어야 할 것

① ㉠ 5, ㉡ 60
② ㉠ 5, ㉡ 80
③ ㉠ 50, ㉡ 60
④ ㉠ 50, ㉡ 80

해설 **자동화재탐지설비**의 **배선**(NFPC 203 11조, NFTC 203 2.8)
(1) P형 수신기 및 GP형 수신기의 감지기회로의 배선에 있어서 하나의 공통선에 접속할 수 있는 경계구역은 **7개** 이하로 할 것
(2) 자동화재탐지설비의 감지기회로의 전로저항은 **50Ω** 이하가 되도록 하여야 하며, 수신기의 각 회로별 종단에 설치되는 감지기에 접속되는 배선의 전압은 감지기 정격전압의 **80%** 이상이어야 할 것 보기 ④

중요

자동화재탐지설비

전로저항	감지기 접속 배선전압
50Ω 이하	정격전압의 80% 이상

기억법 5전(오전)

비교

속보기의 전압변동기준(속보기 성능 7조)
80% 및 120% 전압을 인가하는 경우 정상일 것

답 ④

64
비상콘센트설비의 화재안전기준에 따라 비상콘센트설비의 전원부와 외함 사이의 절연저항은 몇 MΩ 이상이어야 하는가? (단, 직류 500V 절연저항계로 측정하는 경우이다.)

① 0.2
② 2
③ 20
④ 200

해설 절연저항시험

절연저항계	절연저항	대 상
직류 250V	0.1MΩ 이상	1**경**계구역의 절연저항 기억법 경2501
직류 500V	5MΩ 이상	• 누전경보기 • 가스누설경보기 • 수신기(10회로 미만, 절연된 충전부와 외함 간) • 자동화재속보설비 • 비상경보설비 • 유도등(교류입력측과 외함 간 포함) • 비상조명등(교류입력측과 외함 간 포함)
직류 500V	20MΩ 이상	• 경종 • 발신기 • 중계기 • 비상**콘**센트 보기 ③ • 기기의 절연된 선로 간 • 기기의 충전부와 비충전부 간 • 기기의 교류입력측과 외함 간 (유도등·비상조명등 제외) 기억법 콘2(콘이 맞있다!)
	50MΩ 이상	• 감지기(정온식 감지선형 감지기 제외) • 가스누설경보기(10회로 이상) • 수신기(10회로 이상, 교류입력측과 외함 간 제외)
	1000MΩ 이상	정온식 감지선형 감지기

답 ③

65
유도등의 형식승인 및 제품검사의 기술기준에 따라 (㉠), (㉡), (㉢)에 들어갈 내용으로 옳은 것은?

> 객석유도등은 바닥면 또는 디딤바닥면에서 높이 (㉠)m의 위치에 설치하고 그 유도등의 바로 밑에서 (㉡)m 떨어진 위치에서의 수평조도가 (㉢)lx 이상이어야 한다.

① ㉠ 0.3, ㉡ 0.1, ㉢ 0.2
② ㉠ 0.5, ㉡ 0.1, ㉢ 0.3
③ ㉠ 0.5, ㉡ 0.3, ㉢ 0.2
④ ㉠ 1.0, ㉡ 0.3, ㉢ 0.3

해설 **조도시험**(유도등의 형식승인 및 제품검사의 기술기준 23조)

유도등의 종류	시험방법
계단통로유도등	바닥면에서 **2.5m** 높이에 유도등을 설치하고 수평거리 10m 위치에서 법선조도 **0.5**lx 이상 기억법 계2505
복도통로유도등	바닥면에서 **1m** 높이에 유도등을 설치하고 중앙으로부터 0.5m 위치에서 조도 1lx 이상
거실통로유도등	바닥면에서 **2m** 높이에 유도등을 설치하고 중앙으로부터 0.5m 위치에서 조도 1lx 이상
객석유도등	바닥면에서 **0.5m** 높이에 유도등을 설치하고 바로 밑에서 **0.3m** 위치에서 수평조도 **0.2**lx 이상 보기 ③ 기억법 객532

| 비교 |

유도등의 형식승인 및 제품검사의 기술기준 16조 식별도시험

유도등의 종류	상용전원	비상전원
피난구유도등, 거실통로유도등	10~30lx의 주위조도로 30m에서 식별	0~1lx의 주위조도로 20m에서 식별
복도통로유도등	직선거리 20m에서 식별	직선거리 15m에서 식별

답 ③

66 비상콘센트설비의 전원부와 외함 사이의 절연내력 기준 중 다음 ( ) 안에 알맞은 것은?

17.03.문69
16.05.문78
11.10.문75

절연내력은 전원부와 외함 사이에 정격전압이 150V 이하인 경우에는 (㉠)V의 실효전압을, 정격전압이 150V 초과인 경우에는 그 정격전압에 (㉡)를 곱하여 1000을 더한 실효전압을 가하는 시험에서 (㉢)분 이상 견디는 것으로 할 것

① ㉠ 500, ㉡ 1.5, ㉢ 2
② ㉠ 500, ㉡ 2, ㉢ 1
③ ㉠ 1000, ㉡ 1.5, ㉢ 2
④ ㉠ 1000, ㉡ 2, ㉢ 1

해설 비상콘센트설비의 절연내력은 전원부와 외함 사이에 정격전압이 150V 이하인 경우에는 1000V의 실효전압을, 정격전압이 150V 초과인 경우에는 그 정격전압에 2를 곱하여 1000을 더한 실효전압을 가하는 시험에서 1분 이상 견디는 것으로 할 것 보기 ④

| 중요 |

절연내력시험(NFPC 504 4조, NFTC 504 2.1.6.2)

구분	150V 이하	150V 초과
실효전압	1000V	(정격전압×2)+1000V 예) 220V인 경우 (220×2)+1000=1440V
견디는 시간	1분 이상	1분 이상

답 ④

67 비상방송설비의 화재안전기준에 따라 확성기는 각 층마다 설치하되, 그 층의 각 부분으로부터 하나의 확성기까지의 수평거리가 몇 m 이하가 되도록 하여야 하는가?

22.09.문61
19.04.문63
17.09.문69
12.03.문65
11.03.문61

① 15 ② 30
③ 25 ④ 20

해설 (1) 수평거리

수평거리	적용대상
수평거리 25m 이하	• 발신기 • 음향장치(확성기) 보기 ③ • 비상콘센트(지하상가·지하층 바닥면적 합계 3000m² 이상)
수평거리 50m 이하	• 비상콘센트(기타)

(2) 보행거리

보행거리	적용대상
보행거리 15m 이하	• 유도표지
보행거리 20m 이하	• **복도통로유도등** • 거실통로유도등 • 3종 연기감지기
보행거리 30m 이하	• 1·2종 연기감지기

(3) 수직거리

수직거리	적용대상
수직거리 10m 이하	• 3종 연기감지기
수직거리 15m 이하	• 1·2종 연기감지기

| 중요 |

비상방송설비의 **설치기준**(NFPC 202 4조, NFTC 202 2.1)
(1) 확성기의 음성입력은 실내 1W 이상, 실외 3W 이상일 것
(2) 확성기는 **각 층**마다 설치하되, 각 부분으로부터의 **수평거리**는 25m 이하일 것 보기 ③
(3) 음량조정기는 3선식 배선일 것
(4) 조작스위치는 바닥으로부터 0.8~1.5m 이하의 높이에 설치할 것
(5) 다른 전기회로에 의하여 **유도장애**가 생기지 않을 것
(6) 비상방송 개시시간은 **10초** 이하일 것
(7) 엘리베이터 내부에는 별도의 음향장치를 설치할 수 있다.

답 ③

68 누전경보기의 전원은 분전반으로부터 전용회로로 하고, 각 극에 개폐기와 몇 A 이하의 과전류차단기를 설치해야 하는가?

16.10.문69
16.03.문76
15.05.문73
15.03.문76
14.09.문70
14.09.문76
14.03.문63
14.03.문69
13.06.문70

① 10 ② 15
③ 20 ④ 30

해설 **누전경보기**의 **설치기준**(NFPC 205 6조, NFTC 205 2.3)

과전류차단기	배선용 차단기
15A 이하 보기 ②	20A 이하 기억법 2배(이 배에 탈 사람!)

(1) 각 극에 개폐기 및 **15A** 이하의 **과전류차단기**를 설치할 것 (**배선용 차단기**는 **20A** 이하) 보기 ②
(2) 분전반으로부터 **전용 회로**로 할 것
(3) 개폐기에는 누전경보기임을 표시할 것
(4) 계약전류용량이 **100A**를 초과할 것

중요

누전경보기 (NFPC 205 4조, NFTC 205 2.1.1.1)

60A 이하	60A 초과
• 1급 누전경보기 • 2급 누전경보기	• 1급 누전경보기

답 ②

69

비상경보설비 및 단독경보형 감지기의 화재안전기준에 따른 비상경보설비 중 비상벨설비에 대한 설명으로 옳은 것은?

① 화재발생 상황을 경종으로 경보하는 설비
② 화재발생 상황을 사이렌으로 경보하는 설비
③ 화재발생 신호를 수신기에 수동으로 발신하는 설비
④ 화재발생 상황을 단독으로 감지하여 자체에 내장된 음향장치로 경보하는 설비

해설 감지기 (NFPC 201 3조, NFTC 201 1.7)

용어	설명
비상**벨**설비	화재발생 상황을 **경종**으로 경보하는 설비 보기 ① **기억법** 경벨(경배한다.)
자동식 사이렌설비	화재발생 상황을 **사이렌**으로 경보하는 설비
단독경보형 감지기	화재발생 상황을 **단독**으로 감지하여 자체에 내**장**된 **음**향장치로 경보하는 감지기 **기억법** 단경음

답 ①

70

비상경보설비의 축전지 외함이 강판인 경우의 두께는 최소 몇 mm 이상이어야 하는가?

① 1.0
② 1.2
③ 2.5
④ 3.0

해설 자동화재속보설비의 속보기의 성능인증 및 제품검사의 기술기준 4조

축전지 외함·속보기의 외함두께

강판	합성수지
1.2mm 이상 보기 ②	3mm 이상

비교

발신기의 형식승인 및 제품검사의 기술기준 4조
발신기의 외함두께

강판		합성수지	
외함	외함 (벽 속 매립)	외함	외함 (벽 속 매립)
1.2mm 이상	1.6mm 이상	3mm 이상	4mm 이상

답 ②

71

휴대용 비상조명등을 영화상영관에 설치하고자 한다. 영화상영관의 보행거리 몇 m마다 3개 이상 설치하여야 하는가?

① 10
② 25
③ 45
④ 50

해설 휴대용 비상조명등의 적합기준 (NFPC 304 4조, NFTC 304 2.1.2)

설치 개수	설치장소
1개 이상	• **숙**박시설 또는 **다**중이용업소에는 객실 또는 영업장 안의 구획된 실마다 잘 보이는 곳(외부에 설치 시 출입문 손잡이로부터 1m 이내 부분)
3개 이상	• **지**하상가 및 **지**하역사의 보행거리 **25m** 이내마다 • **대**규모 점포 및 **영**화상영관의 보행거리 **50m** 이내마다 보기 ④

(1) 바닥으로부터 0.8~1.5m 이하의 높이에 설치할 것
(2) 어둠 속에서 **위치**를 확인할 수 있도록 할 것
(3) 사용시 **자동**으로 **점등**되는 구조일 것
(4) 외함은 **난연성능**이 있을 것
(5) 건전지를 사용하는 경우에는 **방전방지조치**를 하여야 하고, **충전식 배터리**의 경우에는 **상시 충전**되도록 할 것
(6) 건전지 및 충전식 배터리의 용량은 **20분 이상** 유효하게 사용할 수 있는 것으로 할 것

용어

휴대용 비상조명등
화재발생 등으로 정전시 안전하고 원활한 피난을 위하여 피난자가 휴대할 수 있는 조명등

답 ④

72

피난구유도등을 설치하지 아니하는 경우의 기준으로 틀린 것은?

① 대각선 길이가 15m 이내인 구획된 실의 출입구
② 거실 각 부분으로부터 하나의 출입구에 이르는 보행거리가 20m 이하이고 비상조명등과 유도표지가 설치된 거실의 출입구
③ 바닥면적이 1000m² 미만인 층으로서 옥내로부터 직접 지상으로 통하는 출입구(외부의 식별이 용이한 경우)
④ 노유자시설·의료시설·장례시설의 경우 출입구가 3 이상 있는 거실로서 그 거실 각 부분으로부터 하나의 출입구에 이르는 보행거리가 30m 이하인 경우에는 주된 출입구 2개소 외의 출입구(유도표지가 부착된 출입구)

해설

④ 노유자시설·의료시설·장례시설은 제외

피난유도등의 설치제외 장소(NFPC 303 11조, NFTC 303 2.8)

(1) 대각선 길이가 **15m** 이내인 구획된 실의 출입구 보기 ①

(2) 비상조명등·유도표지가 설치된 거실 출입구(거실 각 부분에서 출입구까지의 **보행거리 20m** 이하) 보기 ②

(3) 옥내에서 직접 지상으로 통하는 출입구(바닥면적 **1000m²** 미만 층) 보기 ③

(4) 출입구가 **3** 이상인 거실(거실 각 부분에서 출입구까지의 보행거리 **30m** 이하인 주된 출입구 **2개소** 외의 출입구)(단, 노유자시설·의료시설·장례시설 제외) 보기 ④

▮비교▮

피난구유도등의 설치장소(NFPC 303 5조, NFTC 303 2.2)

(1) **옥**내로부터 **직**접 **지**상으로 통하는 출입구 및 그 부속실의 출입구

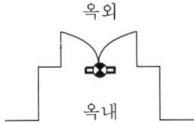

▮옥내로부터 직접 지상으로 통하는 출입구 및 그 부속실의 출입구▮

(2) **직**통계단·직통계단의 계단실 및 그 부속실의 출입구

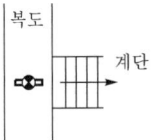

▮직통계단·직통계단의 계단실 및 그 부속실의 출입구▮

(3) 출입구에 이르는 **복**도 또는 **통**로로 통하는 출입구

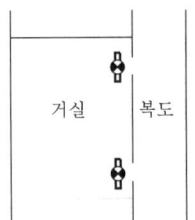

▮출입구에 이르는 복도 또는 통로로 통하는 출입구▮

(4) **안**전구획된 거실로 통하는 출입구

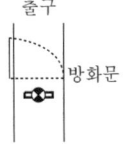

▮안전구획된 거실로 통하는 출입구▮

기억법 직옥피 복통안

답 ④

---

73 주요구조부를 내화구조로 한 특정소방대상물의 정온식 스포트형 감지기 특종을 설치하는 경우 최소 몇 개 이상을 설치해야 하는가? (단, 부착높이는 5m이고 특정소방대상물의 바닥면적은 250m²이다.)

① 9개 ② 8개
③ 5개 ④ 3개

해설

바닥면적(NFPC 203 7조, NFTC 203 2.4.3.5)

(단위 : m²)

부착높이 및 특정소방대상물의 구분		감지기의 종류				
		차동식·보상식 스포트형		정온식 스포트형		
		1종	2종	특종	1종	2종
4m 미만	내화구조	90	70	70	60	20
	기타구조	50	40	40	30	15
4m 이상 8m 미만	내화구조	45	35	35	30	–
	기타구조	30	25	25	15	–

기억법
차	보		정	
9	7		7 6	2
5	4		4 3	①
④	③		③ 3	×
3	②		② ①	×

※ 동그라미(○) 친 부분은 뒤에 5가 붙음

내화구조이므로 **정온식 스포트형 감지기(특종)** 1개가 담당하는 바닥면적은 **35m²**이다.

정온식 스포트형(특종) 감지기 개수 = $\dfrac{바닥면적}{35m^2}$(절상)

$= \dfrac{250m^2}{35m^2} = 7.1$

≒ 8개(절상)

▮용어▮

절상
'소수점 이하는 무조건 올린다.'는 뜻

답 ②

---

74 소방시설용 비상전원수전설비에서 소방회로전용의 것으로서 분기개폐기, 분기과전류차단기, 그 밖의 배선용 기기 및 배선을 금속제 외함에 수납한 것은?

① 전용분전반
② 전용배전반
③ 공용배전반
④ 전용수전반

해설 소방시설용 비상전원수전설비 (NFPC 602 3조, NFTC 602 1.7)

용어	설명
수전설비	전력수급용 계기용 변성기·주차단장치 및 그 부속기기
변전설비	전력용 변압기 및 그 부속장치
전용 큐비클식	소방회로용의 것으로 수전설비, 변전설비, 그 밖의 기기 및 배선을 금속제 외함에 수납한 것 기억법 전큐소수
공용 큐비클식	소방회로 및 일반회로 겸용의 것으로서 수전설비, 변전설비, 그 밖의 기기 및 배선을 금속제 외함에 수납한 것
소방회로	소방부하에 전원을 공급하는 전기회로
일반회로	소방회로 이외의 전기회로
전용배전반	소방회로 전용의 것으로서 개폐기, 과전류차단기, 계기, 그 밖의 배선용 기기 및 배선을 금속제 외함에 수납한 것
공용배전반	소방회로 및 일반회로 겸용의 것으로서 개폐기, 과전류차단기, 계기, 그 밖의 배선용 기기 및 배선을 금속제 외함에 수납한 것
전용분전반	소방회로 전용의 것으로서 분기개폐기, 분기과전류차단기, 그 밖의 배선용 기기 및 배선을 금속제 외함에 수납한 것 기억법 전전분분
공용분전반	소방회로 및 일반회로 겸용의 것으로서 분기개폐기, 분기과전류차단기, 그 밖의 배선용 기기 및 배선을 금속제 외함에 수납한 것

답 ①

75 무선통신보조설비의 누설동축케이블 및 안테나 설치기준 중 다음 ( ) 안에 알맞은 것은?

18.03.문78
17.05.문65
16.03.문77
15.09.문70
14.05.문77
12.05.문65
12.03.문72
10.03.문68
02.05.문68

누설동축케이블 및 안테나는 고압의 전로로부터 ( )m 이상 떨어진 위치에 설치할 것. 다만, 해당 전로에 정전기 차폐장치를 유효하게 설치한 경우에는 그러하지 아니하다.

① 1.5　② 3
③ 4　④ 5

해설 누설동축케이블의 설치기준 (NFPC 505 5조, NFTC 505 2.2)
(1) 소방전용 주파수대에서 전파의 **전송** 또는 **복사**에 적합한 것으로서 소방전용의 것
(2) 누설동축케이블과 이에 접속하는 안테나 또는 동축케이블과 이에 접속하는 안테나
(3) 누설동축케이블 및 동축케이블은 화재에 따라 해당 케이블의 피복이 소실된 경우에 케이블 본체가 떨어지지 아니하도록 **4m** 이내마다 금속제 또는 자기제 등의 지지금구로 벽·천장·기둥 등에 견고하게 고정시킬 것 (단, **불연재료**로 구획된 반자 안에 설치하는 경우 제외)

(4) **누설동축케이블** 및 **안테나**는 고압전로로부터 **1.5m** 이상 떨어진 위치에 설치(단, 해당 전로에 **정전기 차폐장치**를 유효하게 설치한 경우에는 제외) 보기 ①
(5) 누설동축케이블의 끝부분에는 **무반사종단저항**을 설치

용어
무반사종단저항
전송로로 전송되는 전자파가 전송로의 종단에서 반사되어 **교신**을 **방해**하는 것을 막기 위한 저항

답 ①

76 비상경보설비의 화재안전기준에서 자동식 사이렌설비에 대한 설명으로 옳은 것은?

21.03.문66
19.04.문67
16.05.문77
10.09.문70
10.03.문62

① 주음향장치는 특정소방대상물의 층마다 설치한다.
② 음향장치는 정격전압의 80% 전압에서 음향을 발할 수 있도록 하여야 한다.
③ 자동식 사이렌설비는 화재발생 상황을 사이렌 또는 경종으로 경보하는 설비이다.
④ 음향장치의 음량은 부착된 음향장치의 중심으로부터 1m 떨어진 위치에서 80dB 이상이 되는 것으로 하여야 한다.

해설
① 주음향장치 → 지구음향장치
③ 사이렌 또는 경종으로 → 사이렌으로
④ 80dB → 90dB

(1) **음향장치** (NFPC 201 4조, NFTC 201 2.1)
㉠ 지구음향장치는 특정소방대상물의 **층**마다 설치할 것 보기 ①
㉡ 특정소방대상물의 각 부분으로부터 하나의 음향장치까지의 **수평거리**가 **25m** 이하가 되도록 할 것
㉢ 정격전압의 **80%** 전압에서 음향을 발할 수 있도록 할 것 (단, 건전지를 주전원으로 사용하는 음향장치는 제외) 보기 ②
㉣ 음량은 부착된 음향장치의 중심으로부터 1m 떨어진 위치에서 **90dB** 이상이 되는 것으로 할 것 보기 ④

(2) 용어 (NFPC 201 3조, NFTC 201 1.7)

용어	설명
비상벨설비	화재발생 상황을 **경종**으로 경보하는 설비
자동식 사이렌설비	화재발생 상황을 **사이렌**으로 경보하는 설비 보기 ③
단독경보형 감지기	화재발생 상황을 **단독**으로 감지하여 자체에 **내장**된 **음향장치**로 경보하는 감지기 기억법 단경음

답 ②

77

자동화재탐지설비 및 시각경보장치의 화재안전기준에 따라 주요구조부가 내화구조로 된 바닥면적 70m²인 특정소방대상물에 설치하는 열전대식 차동식 분포형 감지기의 열전대부는 몇 개 이상이어야 하는가?

① 2 ② 3
③ 4 ④ 5

해설 열전대식 감지기의 설치기준(NFPC 203 7조, NFTC 203 2.4.3.8)
(1) 하나의 검출부에 접속하는 열전대부는 4~20개 이하로 할 것(단, 주소형 열전대식 감지기는 제외)
(2) 바닥면적

분류	열전대식 1개 바닥면적	바닥면적	설치개수
내화구조	22m²	88m² (22m²×4개=88m²)	4개 이상
기타구조 (내화구조로 된 특정소방대상물이 아닌 경우)	18m²	72m² (18m²×4개=72m²)	4개 이상

열전대식 감지기로서 내화구조이므로

$$\text{열전대식 감지기 열전대부 개수} = \frac{\text{바닥면적}}{22\text{m}^2}$$

$$= \frac{70\text{m}^2}{22\text{m}^2}$$

$$= 3.18 ≒ 4\text{개}$$

[중요] 하나의 검출부에 접속하는 개수

열반도체식 감지기	열전대식 감지기
2~15개 이하	4~20개 이하

기억법 2반(이반), 전2(전이되다.), 전4(전사)

답 ③

78

무선통신보조설비에서 신호의 전송로가 분기되는 장소에 설치하는 것으로 임피던스 매칭과 신호균등분배를 위해 사용하는 장치는?

① 분파기
② 혼합기
③ 증폭기
④ 분배기

해설 무선통신보조설비의 구성부품

용어	설 명
누설동축 케이블	동축케이블의 외부도체에 가느다란 홈을 만들어서 전파가 외부로 새어나갈 수 있도록 한 케이블
분배기 **보기 ④**	신호의 전송로가 분기되는 장소에 설치하는 것으로 **임피던스 매칭**(matching)과 **신호균등분배**를 위해 사용하는 장치 **기억법** 분배분배
분파기	서로 다른 주**파**수의 합성된 **신호**를 **분리**하기 위해서 사용하는 장치 **기억법** 파파
혼합기	두 개 이상의 입력신호를 원하는 비율로 조합한 출력이 발생하도록 하는 장치
증폭기	신호전송시 신호가 약해져 수신이 불가능해지는 것을 방지하기 위해서 증폭하는 장치
무선중계기	안테나를 통하여 수신된 무전기 신호를 증폭한 후 음영지역에 재방사하여 무전기 상호간 송수신이 가능하도록 하는 장치
옥외안테나	감시제어반 등에 설치된 무선중계기의 입력과 출력포트에 연결되어 송수신 신호를 원활하게 방사·수신하기 위해 옥외에 설치하는 장치

기억법 무분배파혼

답 ④

79

누전경보기의 구성요소로 옳은 것은?

① 변류기, 감지기, 수신부, 차단기구
② 발신기, 변류기, 수신부, 음향장치
③ 수신부, 변류기, 중계기, 음향장치
④ 음향장치, 수신부, 변류기, 차단기구

해설 누전경보기의 세부구성요소 **보기 ④**

구성요소	설 명
변류기	누설전류를 검출한다.
수신기(=수신부)	누설전류를 증폭한다.
음향장치	-
차단기(=차단기구)	차단릴레이를 포함한다.

기억법 누수변음차

[중요] 누전경보기의 일반구성요소

용어	설 명
수신부	변류기로부터 검출된 신호를 수신하여 누전의 발생을 해당 소방대상물의 관계인에게 경보하여 주는 것(차단기구를 갖는 것 포함)
변류기	경계전로의 누설전류를 자동적으로 검출하여 이를 누전경보기의 수신부에 송신하는 것

답 ④

★★★
80 비상조명등의 형식승인 및 제품검사의 기술기준에 따라 상용전원전압의 몇 % 범위 안에서는 비상조명등 내부의 온도상승이 그 기능에 지장을 주거나 위해를 발생시킬 염려가 없어야 하는가?

20.08.문62
18.04.문66
18.03.문61
02.09.문80
01.06.문61

① 80
② 110
③ 125
④ 140

해설 **비상조명등**의 **일반구조**(비상조명등의 형식승인 및 제품검사의 기술기준 3조)

(1) **전선**의 **굵기** 및 **길이**

인출선 굵기	인출선 길이
0.75mm^2 이상 기억법 인75(인(사람) 치료)	150mm 이상

(2) 상용전원전압의 **110%** 범위 안에서는 비상조명등 내부의 온도상승이 그 기능에 지장을 주거나 위해를 발생시킬 염려가 없을 것 보기 ②

답 ②

2023. 9. 2 시행

2023년 산업기사 제4회 필기시험 CBT 기출복원문제

자격종목	종목코드	시험시간	형별
소방설비산업기사(전기분야)		2시간	

수험번호	성명

※ 각 문항은 4지택일형으로 질문에 가장 적합한 보기 항을 선택하여 체크하여야 합니다.

제1과목 소방원론

01 공기 중의 산소농도는 약 몇 vol%인가?
① 15
② 28
③ 21
④ 32

[22.09.문06 / 21.09.문12 / 20.06.문04 / 14.05.문19 / 12.09.문08]

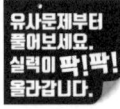

해설 공기 중 구성물질

구성물질	비율
아르곤(Ar)	1vol%
산소(O_2) →	21vol% 보기 ③
질소(N_2)	78vol%

중요

공기 중 산소농도

구 분	산소농도
체적비(부피백분율)	약 21vol%
중량비(중량백분율)	약 23wt%

• 문제 단위 **vol%**를 보고 **체적비**라는 것을 알 수 있다.

답 ③

02 적린의 착화온도는 약 몇 ℃인가?
① 34
② 157
③ 180
④ 260

[21.09.문20 / 18.03.문06 / 14.09.문14 / 14.05.문04 / 12.03.문04 / 07.05.문03]

해설

물 질	인화점	발화점
프로필렌	-107℃	497℃
에틸에터, 다이에틸에터	-45℃	180℃
가솔린(휘발유)	-43℃	300℃
이황화탄소	-30℃	100℃
아세틸렌	-18℃	335℃
아세톤	-18℃	538℃
에틸알코올	13℃	423℃
적린	-	260℃ 보기 ④

기억법 적26(적이 육지에 있다.)

• 발화점 = 발화온도 = 착화온도 = 착화점

답 ④

03 상온·상압 상태에서 기체로 존재하는 할론으로만 연결된 것은?
① Halon 2402, Halon 1211
② Halon 1211, Halon 1011
③ Halon 1301, Halon 1011
④ Halon 1301, Halon 1211

[22.03.문05 / 19.04.문15 / 17.03.문15 / 16.10.문10]

해설 상온에서의 상태

기체상태	액체상태
① Halon 13 01 보기 ④	① Halon 1011
② Halon 12 11 보기 ④	② Halon 104
③ 탄산가스(CO_2)	③ Halon 2402

기억법 132탄기

답 ④

04 다음 물질 중 자연발화의 위험성이 가장 낮은 것은?
① 석탄
② 팽창질석
③ 셀룰로이드
④ 퇴비

[21.05.문09 / 17.03.문09 / 08.09.문01]

해설 ② 소화약제로서 자연발화의 위험성이 낮다.

자연발화의 형태

구 분	종 류
분해열	셀룰로이드, 나이트로셀룰로오스 보기 ③
산화열	건성유(정어리유, 아마인유, 해바라기유), 석탄, 원면, 고무분말 보기 ①
발효열	퇴비, 먼지, 곡물 보기 ④
흡착열	목탄, 활성탄

답 ②

05 피난계획의 일반원칙 중 Fool proof 원칙에 대한 설명으로 옳은 것은?

① 한 가지가 고장이 나도 다른 수단을 이용할 수 있도록 하는 원칙
② 두 방향의 피난동선을 항상 확보하는 원칙
③ 피난수단을 이동식 시설로 하는 원칙
④ 피난수단을 조작이 간편한 원시적 방법으로 하는 원칙

해설
①, ② Fail safe
③ 이동식 시설 → 고정식 시설(설비)

페일 세이프(fail safe)와 풀 프루프(fool proof)

용어	설명
페일 세이프 (fail safe)	① 한 가지 피난기구가 고장이 나도 다른 수단을 이용할 수 있도록 고려하는 것 ② 한 가지가 고장이 나도 다른 이용하는 원칙 보기 ① ③ 두 방향의 피난동선을 항상 확보하는 원칙
풀 프루프 (fool proof)	① 피난경로는 **간단 명료**하게 한다. ② 피난구조설비는 **고정식 설비**를 위주로 설치한다. 보기 ③ ③ 피난수단은 **원시적 방법**에 의한 것을 원칙으로 한다. 보기 ④ ④ 피난통로를 **완전불연화**한다. ⑤ 막다른 복도가 없도록 계획한다. ⑥ 간단한 그림이나 색채를 이용하여 표시한다.

답 ④

06 이산화탄소소화기가 갖는 주된 소화효과는?

① 유화소화
② 질식소화
③ 제거소화
④ 부촉매소화

해설 주된 소화효과

할론 1301	이산화탄소
억제소화	질식소화 보기 ②

중요
주된 소화효과

소화약제	주된 소화효과
• **할**론	**억**제소화(화학소화, 부촉매소화)
• 포 • **이**산화탄소	**질**식소화
• 물	냉각소화

기억법 할억이질

답 ②

07 특별피난계단을 설치하여야 하는 층에 관한 기술로서 적당하지 않은 것은?

① 위락시설로서 5층 이상의 층
② 공동주택으로서 16층 이상의 층
③ 지하 3층 이하의 층(바닥면적 400m² 미만인 층은 제외)
④ 병원으로서의 11층 이상의 층

해설
① 위락시설 → 판매시설

건축령 35조
피난계단의 설치기준

층 및 용도	계단의 종류	비 고
• 5~10층 이하 • 지하 2층 이하	판매시설 보기 ①	피난계단 또는 특별피난계단 중 1개소 이상은 특별피난계단
• 11층 이상 보기 ④ • 지하 3층 이하 보기 ③	특별피난계단	• 공동주택은 16층 이상 보기 ② • 지하 3층 이하의 바닥면적이 400m² 미만인 층은 제외 보기 ③

중요
피난계단과 특별피난계단

피난계단	특별피난계단
계단의 출입구에 방화문이 설치되어 있는 계단이다.	건물 각 층으로 통하는 문은 방화문이 달리고 내화구조의 벽체나 연소우려가 없는 창문으로 구획된 피난용 계단으로 반드시 부속실을 거쳐서 계단실과 연결된다.

답 ①

08 산소의 공급이 원활하지 못한 화재실에 급격히 산소가 공급이 될 경우 순간적으로 연소하여 화재가 폭풍을 동반하여 실외로 분출하는 현상은?

① 백파이어(backfire)
② 플래시오버(flashover)
③ 보일오버(boil over)
④ 백드래프트(back draft)

해설 **백드래프트**(back draft)
(1) **산소**의 **공급**이 **원활하지 못한** 화재실에 급격히 **산소가 공급**이 될 경우 순간적으로 연소하여 화재가 폭풍을 동반하여 **실외로 분출**하는 현상 보기 ④
(2) 소방대가 소화활동을 위하여 화재실의 문을 개방할 때 신선한 공기가 유입되어 실내에 축적되었던 가연성 가스가 **단시간에 폭발적으로 연소**함으로써 화재가 폭풍을 동반하며 **실외로 분출**되는 현상으로 **감쇠기**에 나타난다.

(3) 화재로 인하여 **산소**가 **부족**한 건물 내에 산소가 새로 유입된 때 **고열가스**의 **폭발** 또는 급속한 **연소**가 발생하는 현상
(4) **통기력**이 좋지 않은 상태에서 연소가 계속되어 산소가 심히 부족한 상태가 되었을 때 **개구부**를 통하여 산소가 공급되면 실내의 가연성 혼합가스가 공급되는 **산소**의 **방향**과 **반대**로 흐르며 급격히 연소하는 현상으로서 "**역화현상**"이라고 하며 이때에는 **화염**이 산소의 공급통로로 분출되는 현상을 눈으로 확인할 수 있다.

기억법 백감

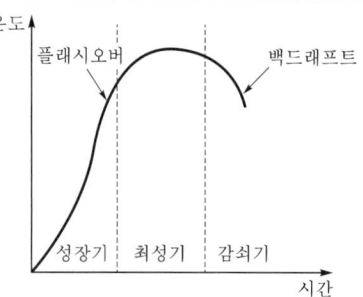

| 백드래프트와 플래시오버의 발생시기 |

중요

용어	설명
플래시오버 (flashover) 보기 ②	화재로 인하여 **실내**의 **온도**가 **급격히 상승**하여 화재가 순간적으로 실내 전체에 **확산**되어 연소되는 현상
보일오버 (boil over) 보기 ③	**중질유**가 탱크에서 조용히 연소하다 열유층에 의해 가열된 하부의 물이 폭발적으로 끓어 올라와 상부의 뜨거운 기름과 함께 분출하는 현상
백드래프트 (back draft)	화재로 인해 **산소**가 **고갈**된 건물 안으로 외부의 **산소**가 **유입**될 경우 발생하는 현상
롤오버 (roll over)	플래시오버가 발생하기 직전에 작은 불들이 연기 속에서 산재해 있는 상태
슬롭오버 (slop over)	• 물이 연소유의 **뜨거운 표면**에 들어갈 때 기름표면에서 화재가 발생하는 현상 • 유화제로 소화하기 위한 **물**이 수분의 급격한 증발에 의하여 액면이 거품을 일으키면서 **열유층 밑**의 **냉유**가 급히 열팽창하여 **기름**의 **일부**가 불이 붙은 채 탱크벽을 넘어서 일출하는 현상

| 연소상의 문제점 |

구분	설명
백파이어 (Backfire, 역화) 보기 ①	가스가 노즐에서 분출되는 속도가 연소속도보다 느려져 버너 내부에서 연소하게 되는 현상 | 백파이어 | 혼합가스의 유출속도<연소속도
리프트 (Lift, 불꽃뜨임)	가스가 노즐에서 나가는 속도가 연소속도보다 빠르게 되어 불꽃이 버너의 노즐에서 떨어져서 연소하게 되는 현상 | 리프트 | 혼합가스의 유출속도>연소속도
블로오프 (Blowoff)	리프트 상태에서 불이 꺼지는 현상 | 블로오프 |

답 ④

★★★
09 건축물의 주요구조부에서 제외되는 것은?
22.04.문03
17.03.문16
16.05.문06
13.06.문12
① 지붕틀
② 내력벽
③ 바닥
④ 사잇기둥

해설 ④ 사잇기둥 : 주요구조부에서 **제외**

주요구조부
(1) 내력**벽** 보기 ②
(2) **보**(작은 보 제외)
(3) **지**붕틀(차양 제외) 보기 ①
(4) **바**닥(최하층 바닥 제외) 보기 ③
(5) **주**계단(옥외계단 제외)
(6) **기**둥(사잇기둥 제외) 보기 ④

기억법 벽보지 바주기

답 ④

★★★
10 정전기 발생 방지대책 중 틀린 것은?
18.04.문06
15.03.문20
13.03.문14
13.03.문41
12.05.문02
08.05.문09
① 상대습도를 70% 이상으로 한다.
② 공기를 이온화시킨다.
③ 접지시설을 한다.
④ 가능한 한 부도체를 사용한다.

해설 ④ 부도체 → 도체

정전기 방지대책
(1) **접지**(접지시설)를 한다. 보기 ③
(2) 공기의 **상대습도**를 **70%** 이상으로 한다.(상대습도를 높임) 보기 ①
(3) 공기를 **이온화**한다. 보기 ②
(4) 가능한 한 **도체**를 사용한다. 보기 ④
(5) **제전기**를 사용한다.

기억법 정습7 접이도

답 ④

11. 실내에 화재가 발생하였을 때 그 실내의 환경변화에 대한 설명 중 틀린 것은?

① 압력이 내려간다.
② 산소의 농도가 감소한다.
③ 일산화탄소가 증가한다.
④ 이산화탄소가 증가한다.

해설
① 밀폐된 내화건물의 실내에 화재가 발생하면 **압력**(기압)이 **상승**한다.

답 ①

12. 소화약제의 화학식에 대한 표기가 틀린 것은?

① C_3F_8 : FC-3-1-10
② N_2 : IG-100
③ CF_3CHFCF_3 : HFC-227ea
④ Ar : IG-01

해설
① C_3F_8 → C_4F_{10}

할로겐화합물 및 불활성기체 소화약제의 종류(NFPC 107A 4조, NFTC 107A 2.1.1)

소화약제	화학식
퍼플루오로부탄 (FC-3-1-10) 기억법 FC31(FC 서울의 3.1절)	C_4F_{10} 보기 ①
하이드로클로로플루오로카본혼화제(HCFC BLEND A)	HCFC-22($CHClF_2$) : **82%** HCFC-123($CHCl_2CF_3$) : **4.75%** HCFC-124($CHClFCF_3$) : **9.5%** $C_{10}H_{16}$: **3.75%** 기억법 475 82 95 375 (사시오 빨리 그래서 구어 삼키시오!)
클로로테트라플루오로에탄 (HCFC-124)	$CHClFCF_3$
펜타플루오로에탄 (HFC-125) 기억법 125(이리온)	CHF_2CF_3
헵타플루오로프로판 (HFC-227ea) 기억법 227e(둘둘치킨이 맛있다.)	CF_3CHFCF_3 보기 ③
트리플루오로메탄(HFC-23)	CHF_3
헥사플루오로프로판 (HFC-236fa)	$CF_3CH_2CF_3$
트리플루오로이오다이드 (FIC-13I1)	CF_3I
불연성·불활성기체혼합가스 (IG-01)	Ar 보기 ④
불연성·불활성기체혼합가스 (IG-100)	N_2 보기 ②
불연성·불활성기체혼합가스 (IG-541)	N_2 : 52%, Ar : 40%, CO_2 : 8% 기억법 NACO(내코) 52408
불연성·불활성기체혼합가스 (IG-55)	N_2 : 50%, Ar : 50%
도데카플루오로-2-메틸펜탄-3원(FK-5-1-12)	$CF_3CF_2C(O)CF(CF_3)_2$

답 ①

13. 내화구조의 기준에서 바닥의 경우 철근콘크리트조로서 두께가 몇 cm 이상인 것이 내화구조에 해당하는가?

① 3   ② 5
③ 10   ④ 15

해설 피난·방화구조 3조
내화구조의 기준

내화 구분	기 준
벽·바닥	철골·철근콘크리트조로서 두께가 **10cm** 이상인 것 보기 ③
기둥	철골을 두께 **5cm** 이상의 콘크리트로 덮은 것
보	두께 **5cm** 이상의 콘크리트로 덮은 것

기억법 벽바내1(**벽**을 **바**라보면 **내일**이 보인다.)

답 ③

14. 산소와 질소의 혼합물인 공기의 평균분자량은? (단, 공기는 산소 21vol%, 질소 79vol%로 구성되어 있다고 가정한다.)

① 30.84   ② 29.84
③ 28.84   ④ 27.84

해설 원자량

원 소	원자량
H	1
C	12
N	14
O	16

O_2 : $16 \times 2 \times 0.21 = 6.72$
N_2 : $14 \times 2 \times 0.79 = 22.12$
∴ $6.72 + 22.12 = 28.84$

답 ③

15 산화성 고체와 관계가 없는 것은?

22.09.문03
21.09.문15
21.05.문07
20.08.문43
20.06.문20
19.09.문01
19.03.문51
17.03.문17
15.05.문43
15.03.문18
14.09.문04

① 과염소산
② 질산염류
③ 아염소산염류
④ 무기과산화물류

해설 ① 산화성 액체

위험물령 〔별표 1〕
위험물

유별	성질	품명
제1류	산화성 고체	• 아염소산염류 보기 ③ • 염소산염류 • 과염소산염류 • 질산염류(질산칼륨) 보기 ② • 무기과산화물(과산화바륨) 보기 ④ 기억법 1산고(일산GO)
제2류	가연성 고체	• 황화인 • 적린 • 황 • 마그네슘 기억법 황화적황마
제3류	자연발화성 물질 금수성 물질	• 황린(P_4) • 칼륨(K) • 나트륨(Na) • 알킬알루미늄 • 알킬리튬 • 칼슘 또는 알루미늄의 탄화물류 (탄화칼슘=CaC_2) 기억법 황칼나알칼
제4류	인화성 액체	• 특수인화물(이황화탄소) • 알코올류 • 석유류 • 동식물유류
제5류	자기반응성 물질	• 나이트로화합물 • 유기과산화물 • 나이트로소화합물 • 아조화합물 • 질산에스터류(셀룰로이드)
제6류	산화성 액체	• 과염소산 보기 ① • 과산화수소 • 질산

답 ①

16 화재발생시 물을 사용하여 소화하면 더 위험해지는 것은?

19.04.문14
12.03.문03
06.09.문08

① 적린
② 질산암모늄
③ 나트륨
④ 황린

해설 주수소화(물소화)시 위험한 물질

위험물	발생물질
• 무기과산화물	산소(O_2) 발생
• 금속분 • 마그네슘 • 알루미늄 • 칼륨 • 나트륨 보기 ③ • 수소화리튬	수소(H_2) 발생
• 가연성 액체의 유류화재	연소면(화재면) 확대

답 ③

17 지하 주차장에 사용할 수 있는 법정 분말소화약제는?

04.09.문14

① 인산염계
② 탄화수소나트륨계
③ 탄화수소칼륨계
④ 탄화수소칼륨과 요소계

해설 분말소화약제

종 별	주성분	착 색	적응 화재	비 고
제1종	중탄산나트륨 (NaHCO₃)	백색	BC급	식용유 및 지방질유의 화재에 적합
제2종	중탄산칼륨 (KHCO₃)	담자색 (담회색)	BC급	–
제3종	제1인산암모늄 (NH₄H₂PO₄)	담홍색	ABC급	차고·주차장에 적합 보기 ①
제4종	중탄산칼륨 +요소 (KHCO₃+ (NH₂)₂CO)	회(백)색	BC급	–

기억법 1식분(원식 분식)
3분 차주(삼보컴퓨터 차주)
백자홍회

∴ 차고는 제3종 분말소화설비 설치

답 ①

18 피난대책의 일반적 원칙이 아닌 것은?

22.09.문16
20.06.문13
19.04.문04
13.09.문02
11.10.문07

① 피난경로는 가능한 한 길어야 한다.
② 피난대책은 비상시 본능상태에서도 혼돈이 없도록 한다.
③ 피난시설은 가급적 고정식 시설이 바람직하다.
④ 피난수단은 원시적인 방법으로 하는 것이 바람직하다.

해설 ① 길어야 한다. → 짧아야 한다.

피난대책의 일반적인 원칙
(1) 피난경로는 **간단명료**하게 한다(단순한 형태).
(2) 피난설비는 **고정식** 설비를 위주로 설치한다. 보기 ③
(3) 피난수단은 **원시적 방법**에 의한 것을 원칙으로 한다. 보기 ④
(4) **2방향**의 피난통로를 확보한다
(5) 피난통로를 **완전불연화** 한다.
(6) **화재층**의 피난을 **최우선**으로 고려한다.
(7) 피난시설 중 피난로는 **복도 및 거실**을 가리킨다.
(8) 인간의 **본능적 행동**을 무시하지 않도록 고려한다(본능상태에서도 혼동이 없도록 한다). 보기 ②
(9) 계단은 **직통계단**으로 한다.
(10) **정전시**에도 **피난방향**을 알 수 있는 표시를 한다.
(11) 모든 피난동선은 건물 중심부 한 곳으로 향해서는 안 된다.
(12) 피난동선은 그 말단이 짧을수록 좋다. 보기 ①

• 피난동선=피난경로

답 ①

19 ★★★ 물을 이용한 대표적인 소화효과로만 나열된 것은?
22.04.문11
20.06.문07
19.03.문18
15.09.문10
15.03.문05
14.09.문11

① 냉각효과, 부촉매효과
② 냉각효과, 질식효과
③ 질식효과, 부촉매효과
④ 제거효과, 냉각효과, 부촉매효과

해설 **소화약제**의 소화작용

소화약제	소화작용	주된 소화작용
물(스프링클러)	• 냉각작용 • 희석작용	냉각작용 (냉각소화)
물(무상)	• **냉**각작용(증발잠열 이용) 보기 ② • **질**식작용 보기 ② • **유**화작용(에멀션 효과) • **희**석작용	질식작용 (질식소화)
포	• 냉각작용 • 질식작용	
분말	• 질식작용 • 부촉매작용(억제작용) • 방사열 차단작용	
이산화탄소	• 냉각작용 • 질식작용 • 피복작용	
할론	• 질식작용 • 부촉매작용(억제작용)	**부**촉매작용 (연쇄반응 억제)

기억법 할부(할아버지)

기억법 물냉질유희

• CO_2 소화기=이산화탄소소화기
• 에멀션효과=에멀전효과
• 작용=효과
• 물은 부촉매효과는 없으므로 부촉매효과가 없는 ②번이 정답

중요

부촉매효과
(1) 분말소화약제
(2) 할론소화약제
(3) 할로겐화합물소화약제

답 ②

20 ★★ 건물화재에서의 사망원인 중 가장 큰 비중을 차지하는 것은?
20.06.문15
11.10.문03

① 연소가스에 의한 질식
② 화상
③ 열충격
④ 기계적 상해

해설 ① 건물화재에서의 사망원인 중 가장 큰 비중을 차지하는 것 : **연소가스**에 의한 **질식사**이다.

답 ①

제 2 과목 　 소방전기일반

21 ★★ 원자 하나에 최외각 전자가 4개인 4가의 전자로서 가전자대의 4개의 전자가 안정화를 위해 원자끼리 결합한 구조로 일반적인 반도체 재료로 쓰고 있는 것은?
22.03.문29
19.04.문23
16.10.문21
11.03.문38

① Si
② P
③ As
④ Ga

해설 **반도체 재료**
(1) 규소(Si)=실리콘 보기 ①
(2) 게르마늄(Ge)
(3) 탄소(C)
(4) 아산화동(Cu_2O)

※ **반도체 재료** : 온도가 올라가면 저항이 감소하는 물질

답 ①

22 $i_1(t) = I_m \sin\omega t$[A]와 $i_2(t) = I_m \cos\omega t$[A]가 있다. 두 전류의 위상차는 몇 도인가?

① 0° ② 30°
③ 60° ④ 90°

해설
$i_1(t) = I_m \sin\omega t$
$i_2(t) = I_m \cos\omega t$
$= I_m \sin(\omega t + 90°)$

중요

cos → sin 변경	sin → cos 변경
+90° 붙임	-90° 붙임

위상차 $\theta = \theta_1 - \theta_2 = 0° - (+90°) = -90°$

- 위상차만 물어보았으므로 "-" 부호는 무시
- "-"는 "뒤진다"는 의미

용어
위상차
2개 이상의 교류 사이에서 발생하는 위상의 차

답 ④

23 회로에서 전류 I는 약 몇 A인가?

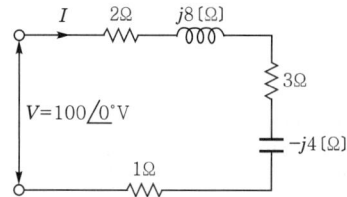

① $7.69 + j11.5$ ② $7.69 - j11.5$
③ $11.5 + j7.69$ ④ $11.5 - j7.69$

해설 (1) 기호
- $V : 100\angle 0°$V
- $R + jX : 2\Omega + 3\Omega + 1\Omega + j8\Omega + (-j4\Omega)$
  $= 6 + j4\Omega$
- $I : ?$

(2) 벡터로 복소수 표시하는 방법
$v = V(실효값)\angle \theta$
$= V(실효값)(\cos\theta + j\sin\theta)$

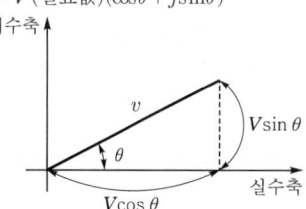

$v = 100\angle 0°$
$= 100(\cos 0° + j\sin 0°) = 100$V

(3) 전류
$$I = \frac{V}{Z} = \frac{V}{R+jX}$$

여기서, I : 전류[A], V : 전압[V]
Z : 임피던스[Ω], X : 리액턴스[Ω]

전류 I는
$I = \frac{V}{R+jX}$
$= \frac{100}{6+j4}$
$= \frac{100(6-j4)}{(6+j4)(6-j4)}$ ← 분모의 허수를 없애기 위해 분자, 분모에 허수부호를 반대로 하여 $(6-j4)$ 곱함
$= \frac{600-j400}{36-j24+j24-(j\times j)16}$ ← $-j\times j = -1$
$= \frac{600-j400}{36-(-1)16}$
$= \frac{600-j400}{36+16}$
$= \frac{600-j400}{52} ≒ 11.5 - j7.69$A

답 ④

24 적분시간이 5초이고, 비례감도가 2인 PI제어기의 전달함수는?

① $\frac{10s+2}{5s}$ ② $\frac{10s-2}{5s}$
③ $1 + \frac{1}{2s}$ ④ $1 - \frac{1}{2s}$

해설 비례적분(PI)제어 전달함수
$$G(s) = k\left(1 + \frac{1}{Ts}\right)$$

여기서, $G(s)$: 비례적분(PI)제어 전달함수
k : 비례감도
T : 적분시간[s]

PI제어 전달함수 $G(s)$는
$G(s) = k\left(1 + \frac{1}{Ts}\right)$
$= 2\left(1 + \frac{1}{5s}\right)$
$= 2\left(\frac{5s}{5s} + \frac{1}{5s}\right)$
$= 2\left(\frac{5s+1}{5s}\right)$
$= \frac{10s+2}{5s}$

답 ①

25 평균 반지름 5cm의 원형 코일(권수 $N=800$)에 전류가 1.6A가 흐를 때 코일 내부의 자계의 세기는 몇 A/m인가?

① 6400 ② 12800
③ 19200 ④ 25600

해설 원형 전류

$$H = \frac{NI}{2a} [\text{AT/m}]$$

여기서, H : 자계의 세기[AT/m]
N : 코일권수
I : 전류[A]
a : 반지름[m]

원형 코일 중심에서 H 는

$$H = \frac{NI}{2a} = \frac{800 \times 1.6}{2 \times (5 \times 10^{-2})} = 12800 \, \text{AT/m} = 12800 \, \text{A/m}$$

• 원래 자계의 세기 단위는 **AT/m**이지만 T를 생략하고 A/m로 쓰기도 한다.

답 ②

26 논리식 $(\overline{X+Y}+X)$를 간단히 정리한 것은?

22.04.문24
20.06.문33
19.09.문24
16.03.문34
15.05.문38
12.03.문21

① $\overline{X}$
② $X + \overline{Y}$
③ X
④ $\overline{X} + Y$

해설
② $(\overline{X+Y}+X) = \overline{X} \cdot \overline{Y} + X$
$= X + \overline{Y}$ ← 흡수법칙

불대수의 정리

논리합	논리곱	비고
$X + 0 = X$	$X \cdot 0 = 0$	-
$X + 1 = 1$	$X \cdot 1 = X$	-
$X + X = X$	$X \cdot X = X$	-
$X + \overline{X} = 1$	$X \cdot \overline{X} = 0$	-
$X + Y = Y + X$	$X \cdot Y = Y \cdot X$	교환법칙
$X + (Y+Z)$ $= (X+Y)+Z$	$X(YZ) = (XY)Z$	결합법칙
$X(Y+Z)$ $= XY + XZ$	$(X+Y)(Z+W)$ $= XZ+XW+YZ+YW$	분배법칙
$X + XY = X$	$\overline{X} + XY = \overline{X} + Y$ $X + \overline{X}Y = X + Y$ $X + \overline{X}\,\overline{Y} = X + \overline{Y}$ 보기 ②	흡수법칙
$\overline{(X+Y)}$ $= \overline{X} \cdot \overline{Y}$ 보기 ②	$\overline{(X \cdot Y)} = \overline{X} + \overline{Y}$	드모르간의 정리

답 ②

27 다음 그림과 같은 유접점회로의 논리식은?

22.04.문35
19.09.문39
17.09.문35
15.09.문31
11.06.문40

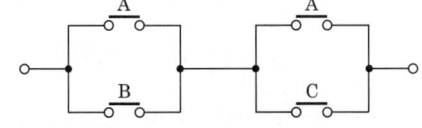

① $A + BC$
② $B + AC$
③ $AB + B$
④ $AB + BC$

해설 $(A+B) \cdot (A+C) = AA + AC + AB + BC$
 $X \cdot X = X$
$= A + AC + AB + BC$
$= A\underbrace{(1+C+B)}_{X+1=1} + BC$
$= \underbrace{A \cdot 1}_{X \cdot 1 = X} + BC$
$= A + BC$

• 논리식 산정시 **직렬**은 " · 또는 생략", **병렬**은 " + "로 표시하는 것을 기억하라.

중요

(1) 불대수의 정리

논리합	논리곱	비고
$X + 0 = X$	$X \cdot 0 = 0$	-
$X + 1 = 1$	$X \cdot 1 = X$	-
$X + X = X$	$X \cdot X = X$	-
$X + \overline{X} = 1$	$X \cdot \overline{X} = 0$	-
$X + Y = Y + X$	$X \cdot Y = Y \cdot X$	교환법칙
$X + (Y+Z)$ $= (X+Y)+Z$	$X(YZ) = (XY)Z$	결합법칙
$X(Y+Z)$ $= XY + XZ$	$(X+Y)(Z+W)$ $= XZ+XW+YZ+YW$	분배법칙
$X + XY = X$	$\overline{X} + XY = \overline{X} + Y$ $X + \overline{X}Y = X + Y$ $X + \overline{X}\,\overline{Y} = X + \overline{Y}$	흡수법칙
$\overline{(X+Y)}$ $= \overline{X} \cdot \overline{Y}$	$\overline{(X \cdot Y)} = \overline{X} + \overline{Y}$	드모르간의 정리

(2) 무접점 논리회로

시퀀스	논리식	논리회로
직렬회로	$Z = A \cdot B$ $Z = AB$	AND
병렬회로	$Z = A + B$	OR
a접점	$Z = A$	
b접점	$Z = \overline{A}$	

답 ①

23. 09. 시행 / 산업(전기)

28
18.03.문26
16.05.문36
10.09.문24

어느 전동기가 회전하고 있을 때 전압 및 전류의 실효값이 각각 50V, 3A이고 역률이 0.6이라면 무효전력은 몇 Var인가?

① 18   ② 90
③ 120   ④ 210

 (1) 무효율

$$\sin\theta = \sqrt{1-\cos\theta^2}$$

여기서, $\sin\theta$: 무효율
$\cos\theta$: 역률

무효율 $\sin\theta$는
$\sin\theta = \sqrt{1-\cos\theta^2} = \sqrt{1-0.6^2} = 0.8$

(2) 무효전력

$$P_r = VI\sin\theta = I^2 X$$

여기서, P_r : 무효전력(Var)
V : 전압(V)
I : 전류(A)
θ : 이루는 각(rad)
X : 리액턴스(Ω)

무효전력 P_r는
$P_r = VI\sin\theta = 50 \times 3 \times 0.8 = 120\text{Var}$

답 ③

29
19.04.문24
18.04.문33
16.05.문36
05.09.문32
04.03.문36

100V, 800W, 역률 80%인 회로의 리액턴스 [Ω]는?

① 4   ② 6
③ 8   ④ 10

 (1) 기호
- V : 100V
- P : 800W
- $\cos\theta$: 80%=0.8
- X : ?

(2) 무효율

$$\sin\theta = \sqrt{1-\cos\theta^2}$$

여기서, $\sin\theta$: 무효율
$\cos\theta$: 역률

무효율 $\sin\theta$는
$\sin\theta = \sqrt{1-\cos\theta^2} = \sqrt{1-0.8^2} = 0.6$

(3) 유효전력

$$P = VI\cos\theta = I^2 R$$

여기서, P : 유효전력(W)
V : 전압(V)
I : 전류(A)
$\cos\theta$: 역률
R : 저항(Ω)

전류 I는
$I = \dfrac{P}{V\cos\theta} = \dfrac{800}{100 \times 0.8} = 10\text{A}$

(4) 무효전력

$$P_r = VI\sin\theta = I^2 X$$

여기서, P_r : 무효전력(Var)
V : 전압(V)
I : 전류(A)
$\sin\theta$: 무효율
X : 리액턴스(Ω)

$\boxed{VI\sin\theta = I^2 X}$ 에서

$X = \dfrac{VI\sin\theta}{I^2} = \dfrac{V\sin\theta}{I} = \dfrac{100 \times 0.6}{10} = 6\text{Ω}$

답 ②

30
22.04.문28
19.03.문35

정전압계와 콘덴서를 직렬로 접속하고 그 양단에 2000V를 가할 때 정전압계에 인가되는 전압은 몇 V인가? (단, 정전압계의 정전용량은 C_1[F], 콘덴서의 정전용량은 C_2[F]이며 $C_1 = 4C_2$ 관계에 있다.)

① 200   ② 400
③ 600   ⑤ 800

(1) 기호
- V : 2000V
- V_1 : ?
- $C_1 = 4C_2$

(2) 문제를 회로로 변환하여 구성

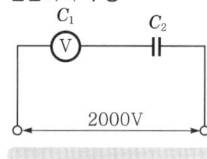

$C_1 = 4C_2$

↓

V_1에 인가되는 전압

$$V_1 = \dfrac{C_2}{C_1 + C_2} V$$

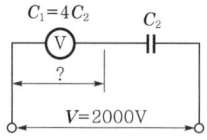

$V_1 = \dfrac{C_2}{C_1 + C_2} V = \dfrac{C_2}{4C_2 + C_2} \times 2000$
$= \dfrac{\cancel{C_2}}{5\cancel{C_2}} \times 2000 = 400\text{V}$

중요
각각의 전압

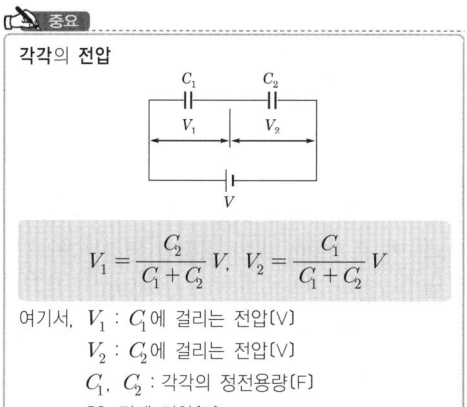

$$V_1 = \frac{C_2}{C_1+C_2}V, \quad V_2 = \frac{C_1}{C_1+C_2}V$$

여기서, V_1 : C_1에 걸리는 전압[V]
V_2 : C_2에 걸리는 전압[V]
C_1, C_2 : 각각의 정전용량[F]
V : 전체 전압[V]

답 ②

31
두 코일이 결합계수 0.3으로 인접해 있다. 코일 1의 자기인덕턴스가 $10\mu H$이고, 코일 2의 자기인덕턴스가 $5\mu H$일 때 이 코일의 상호인덕턴스는 약 몇 μH인가?

18.03.문29
17.09.문26
17.05.문34
13.09.문29

① 0.04
② 2.12
③ 3.12
④ 5

해설 (1) 기호
- L_1 : $10\mu H$
- L_2 : $5\mu H$
- k : 0.3
- M : ?

(2) **상호인덕턴스**(mutual inductance)

$$M = k\sqrt{L_1 L_2}$$

여기서, M : 상호인덕턴스[μH]
k : 결합계수
L_1, L_2 : 자기인덕턴스[μH]

• 상호인덕턴스=상호유도계수

상호인덕턴스 M은
$M = k\sqrt{L_1 L_2} = 0.3\sqrt{10 \times 5} \fallingdotseq 2.12\mu H$

중요
결합계수

$k=0$	$k=1$
두 코일 직교시	이상결합·완전결합시

답 ②

32
유량, 압력, 액위, 농도 등의 공업 프로세스의 상태량을 제어량으로 하는 제어는?

21.03.문33
20.06.문39
19.03.문25
17.05.문39
16.10.문27
16.03.문36
15.09.문23
14.09.문30
14.05.문24
12.05.문31

① 프로그램제어
② 프로세스제어
③ 비율제어
④ 자동조정

해설 제어량에 의한 분류

분류방법	제어량
프로세스제어 보기 ②	• **온**도 • **압**력 • **유**량 • **액**면(레벨) • 농도 • 습도 • 비중 • pH(수소이온농도지수)
	프온**압**유**액**
서보기구	• **위**치 • **방**위 • **자**세
	서위방자(스위스 방자하나)
자동조정	• **전**압 • **전**류 • **주**파수 • **회**전속도 • **장**력
	자전주회장

• 프로세스제어=공정제어

답 ②

33
회로에서 저항 20Ω에 흐르는 전류[A]는?

19.09.문25
10.09.문27

① 0.8
② 1.0
③ 1.8
④ 2.8

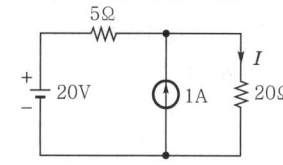

해설 중첩의 원리
(1) 전압원 단락시

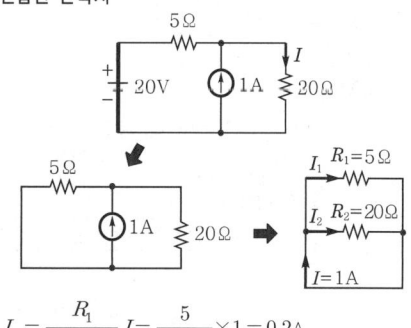

$I_2 = \frac{R_1}{R_1+R_2}I = \frac{5}{5+20} \times 1 = 0.2\text{A}$

(2) 전류원 개방시

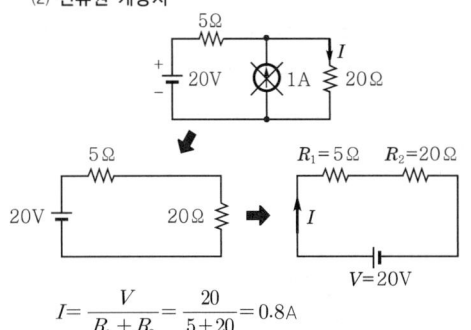

$$I = \frac{V}{R_1 + R_2} = \frac{20}{5+20} = 0.8A$$

∴ 20Ω에 흐르는 전류= $I_2 + I = 0.2 + 0.8 = 1A$

- 중첩의 원리=전압원 단락시 값+전류원 개방시 값

용어

중첩의 원리
여러 개의 기전력을 포함하는 선형회로망 내의 전류분포는 각 기전력이 단독으로 그 위치에 있을 때 흐르는 **전류분포**의 **합**과 같다.

답 ②

34 유도전동기의 종류 중 단상 유도전동기가 아닌 것은?

19.04.문39
18.09.문40
17.03.문29
10.09.문39

① 분상기동형
② 콘덴서기동형
③ 셰이딩코일형
④ 권선형 유도전동기

해설 ④ 3상 유도전동기의 기동방식

기동방식

단상 유도전동기	3상 유도전동기
① 분상기동 보기 ① ② 반발기동 ③ 콘덴서기동 보기 ② ④ 반발유도기동 ⑤ 셰이딩코일기동 보기 ③	① 농형 유도전동기 ② 권선형 유도전동기 보기 ④

중요

(1) 기동토크가 큰 순서(단상 유도전동기)
반발기동형 > 반발유도형 > 콘덴서기동형 > 분상기동형 > 셰이딩코일형

(2) 3상 유도전동기

3상 농형 유도전동기	3상 권선형 유도전동기
① 1차 저항기동법 ② 리액터기동법 ③ Y-△기동법 ④ 콘도르파기동법(콘돌파기동법)	① 2차 저항기동법(2차 저항법) ② 게르게스법

용어

콘도르파기동법
V결선의 단권변압기를 사용하여 전동기의 인가전압을 저하시켜 기동하는 방식

답 ④

35 부저항 특성을 갖는 서미스터의 저항값은 온도가 증가함에 따라 어떻게 변하는가?

19.09.문21
14.05.문39
11.06.문24

① 감소
② 증가
③ 증가하다가 감소
④ 감소하다가 증가

해설 부저항 특성을 갖는 소자
(1) 트라이액(TRIAC)
(2) UJT(UniJunction Transistor)=단일접합 트랜지스터
(3) 사이리스터(thyristor)
(4) 터널다이오드(tunnel diode)
(5) 서미스터(thermistor) 보기 ①

중요

부저항 특성(부성저항 특성)
(1) 전압이 증가하면 전류가 감소하는 특성
(2) 온도가 증가하면 저항이 감소하는 특성 보기 ①

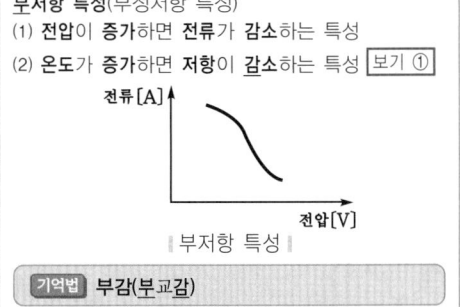
|부저항 특성|

기억법 부감(부교감)

답 ①

36 실효전압 E_1=5V인 전압보다 위상이 30° 앞선 실효전압 E_2=4V와의 합성전압의 실효값[V]은?

14.05.문21

① $\dfrac{\sqrt{5^2+4^2}}{\sqrt{2}}$
② $\sqrt{5^2+4^2}$
③ $\sqrt{5^2-4^2}$
④ $\dfrac{\sqrt{2}}{\sqrt{5^2+4^2}}$

해설 합성전압의 실효값

위상차가 있는 경우	위상차가 없는 경우
$E = \sqrt{E_1^2 + E_2^2}$ 보기 ② 여기서, E : 합성전압의 실효값[V] E_1, E_2 : 실효전압[V]	$E = E_1 + E_2$ 여기서, E : 합성전압의 실효값[V] E_1, E_2 : 실효전압[V]

위상차가 있으므로 합성전압의 실효값 E는
$E = \sqrt{E_1^2 + E_2^2} = \sqrt{5^2 + 4^2}$

답 ②

37. 다음 정의에 대한 설명 중 틀린 것은?

① 전자유도란 대전체의 접근으로 물질 내의 전하분포가 변화하는 현상이다.
② 정전용량이란 콘덴서가 전하를 축적하는 능력이다.
③ 전계란 전기력이 작용하는 공간이다.
④ 정전력이란 전하와 전하 사이에 작용하는 힘이다.

해설 ① 전자유도 → 정전유도

용어	설명
정전유도 보기①	대전체의 접근으로 물질 내의 전하분포가 변화하는 현상
정전용량 보기②	콘덴서가 **전하**를 축적하는 능력
전계 보기③	**전기력**이 작용하는 공간
정전력 보기④	**전하**와 **전하** 사이에 작용하는 힘

용어

전자유도(electromagnetic induction)
코일 속을 통과하는 **자속**을 변화시킬 때 코일에 **기전력**이 발생되는 현상

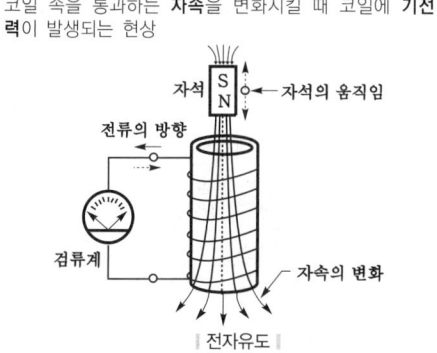

답 ①

38. 그림의 블록선도에서 $\dfrac{C(s)}{D(s)}$는?

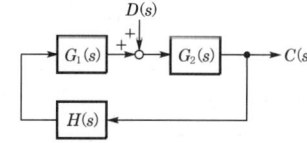

① $\dfrac{G_2(s)}{1-G_1(s)G_2(s)H(s)}$
② $\dfrac{G_1(s)G_2(s)}{H(s)}$
③ $\dfrac{H(s)}{G_1(s)G_2(s)}$
④ $\dfrac{G_1(s)}{1-G_1(s)G_2(s)H(s)}$

해설

[블록선도 그림]

$D(s)G_2(s) + CG_1(s)G_2(s)H(s) = C(s)$
$DG_2 + CG_1G_2H = C$ ← 계산편의를 위해 (s) 생략
$DG_2 = C - CG_1G_2H$
$DG_2 = C(1 - G_1G_2H)$
$\dfrac{G_2}{1-G_1G_2H} = \dfrac{C}{D}$
$\dfrac{C}{D} = \dfrac{G_2}{1-G_1G_2H}$
$\dfrac{C(s)}{D(s)} = \dfrac{G_2(s)}{1-G_1(s)G_2(s)H(s)}$ ← (s) 다시 붙임

용어

블록선도
제어계에서 신호전송상태를 나타내는 계통도

답 ①

39. 두 전하 사이에 작용하는 힘을 정전력이라고 한다. 이 정전력이 두 전하(전기량)의 곱에 비례하고 거리의 제곱에 반비례하는 성질을 무슨 법칙이라고 하는가?

① 패러데이의 법칙 ② 키르히호프의 법칙
③ 쿨롱의 법칙   ④ 가우스 법칙

해설 여러 가지 법칙

법칙	설명
플레밍의 오른손법칙	• 도체운동에 의한 **유**기기전력의 **방**향 결정 **기억법** 방유도오(방에 우유를 도로 갖다 놓게!)
플레밍의 왼손법칙	• **전**자력의 방향 결정 **기억법** 왼전(왠 전쟁이냐?)
렌츠의 법칙	• 자속변화에 의한 **유**도기전력의 **방**향 결정 **기억법** 렌유방(오렌지가 유일한 방법이다.)
패러데이의 전자유도법칙	• 자속변화에 의한 **유**기기전력의 **크**기 결정 **기억법** 패유크(패유를 버리면 **큰** 일난다.)
앙페르의 오른나사법칙	• **전**류에 의한 **자**기장의 방향을 결정하는 법칙 **기억법** 앙전자(양전자)

비오-사바르의 법칙	• **전**류에 의해 발생되는 **자**기장의 크기(전류에 의한 자계의 세기) 기억법 비전자(**비전**공**자**)
키르히호프의 법칙	• 옴의 법칙을 응용한 것으로 복잡한 회로의 전류와 전압계산에 사용 • 회로망의 임의의 접속점에 유입하는 여러 전류의 **총**합은 0이라고 하는 법칙 기억법 키총
줄의 법칙	• 어떤 도체에 일정 시간 동안 전류를 흘리면 도체에는 **열**이 발생되는데 이에 관한 법칙 • 전류의 **열**작용과 관계있는 법칙 기억법 **줄열**
가우스 법칙	• 폐곡면을 통과하는 전기선 속이 폐곡면 속의 알짜 전하량과 동일하다는 법칙
쿨롱의 법칙	• 두 자극 사이에 작용하는 힘은 두 **자**극의 세기의 **곱**에 **비례**하고, 두 자극 사이의 **거리**의 **제곱**에 **반비례**한다는 법칙 • 정전력이 두 전하(전기량)의 곱에 비례하고 거리의 제곱에 반비례하는 성질 보기 ③

중요

쿨롱의 법칙

$$F = \frac{Q_1 Q_2}{4\pi\varepsilon r^2}$$

여기서, F : 두 전하 사이에 작용하는 힘(정전력)[N]
ε : 유전율[F/m]($\varepsilon = \varepsilon_0 \cdot \varepsilon_s$)
ε_0 : 진공의 유전율(=8.855×10^{-12}F/m)
ε_s : 비유전율[단위없음]

답 ③

40 정전용량 $2\mu F$의 콘덴서를 직류 3000V로 축전
22.03.문39
16.03.문25
06.05.문39
① 6　　　　② 9
③ 12　　　　④ 18

해설 (1) 기호
• $C : 2\mu F = 2 \times 10^{-6} F (1\mu F = 10^{-6} F)$
• $V : 3000V$
• $W : ?$

(2) 축적에너지

$$W = \frac{1}{2}CV^2$$

여기서, W : 축적에너지[J]
C : 정전용량[F]
V : 전압[V]

축적에너지 W는

$$W = \frac{1}{2}CV^2 = \frac{1}{2} \times (2 \times 10^{-6}) \times 3000^2 = 9J$$

답 ②

제3과목　소방관계법규

41 소방시설 설치 및 관리에 관한 법령상 스프링클
22.04.문41 러설비를 설치하여야 하는 특정소방대상물의 기
21.05.문60
18.03.문44 준으로 틀린 것은? (단, 위험물 저장 및 처리 시
15.03.문41 설 중 가스시설 또는 지하구를 제외한다.)
05.09.문52

① 물류터미널로서 바닥면적 합계가 2000m² 이상인 경우에는 모든 층
② 숙박이 가능한 수련시설에 해당하는 용도로 사용되는 시설의 바닥면적의 합계가 600m² 이상인 것은 모든 층
③ 종교시설(주요구조부가 목조인 것은 제외)로서 수용인원이 100명 이상인 것에 해당하는 경우에는 모든 층
④ 지하상가로서 연면적 1000m² 이상인 것

해설 ① 2000m² → 5000m²

소방시설법 시행령 〔별표 4〕
스프링클러설비의 설치대상

설치대상	조 건
• 문화 및 집회시설, 운동시설 • 종교시설 보기 ③	• 수용인원 : 100명 이상 • 영화상영관 : 지하층・무창층 500m²(기타 1000m²) 이상 • 무대부 　- 지하층・무창층・**4층** 이상 : 300m² 이상 　- 1~3층 : 500m² 이상
• 판매시설 • 운수시설 • 물류터미널 보기 ①	• 수용인원 : 500명 이상 • 바닥면적 합계 5000m² 이상
창고시설(물류터미널 제외)	바닥면적 합계 5000m² 이상 : 전층
• 노유자시설 • 정신의료기관 • 수련시설(숙박 가능한 곳) 보기 ② • 종합병원, 병원, 치과병원, 한방병원 및 요양병원(정신병원 제외) • 숙박시설	바닥면적 합계 600m² 이상
지하상가 보기 ④	연면적 1000m² 이상

지하층·무창층·4층 이상	바닥면적 1000m² 이상
10m 넘는 랙식 창고	연면적 1500m² 이상
• 복합건축물 • 기숙사	연면적 5000m² 이상 : 전층
6층 이상	전층
보일러실·연결통로	전부
특수가연물 저장·취급	지정수량 1000배 이상
발전시설	전기저장시설 : 전층

답 ①

42

위험물안전관리법상 업무상 과실로 제조소 등에서 위험물을 유출·방출 또는 확산시켜 사람의 생명·신체 또는 재산에 대하여 위험을 발생시킨 자에 대한 벌칙으로 옳은 것은?

① 5년 이하의 금고 또는 5천만원 이하의 벌금
② 5년 이하의 금고 또는 7천만원 이하의 벌금
③ 7년 이하의 금고 또는 5천만원 이하의 벌금
④ 7년 이하의 금고 또는 7천만원 이하의 벌금

해설 위험물법 34조
위험물 유출·방출·확산

위험 발생	사람 사상
7년 이하의 금고 또는 7000만원 이하의 벌금 [보기 ④]	10년 이하의 징역 또는 금고나 1억원 이하의 벌금

답 ④

43

위험물안전관리법상 제조소 등을 설치하고자 하는 자는 누구의 허가를 받아 설치할 수 있는가?

① 소방서장   ② 소방청장
③ 시·도지사   ④ 안전관리자

해설 위험물법 6조
제조소 등의 설치허가
(1) 설치허가자 : **시·도지사** [보기 ③]
(2) 설치허가 제외장소
  ㉠ **주택**의 **난방시설**(공동주택의 중앙난방시설은 제외)을 위한 **저장소** 또는 **취급소**
  ㉡ 지정수량 **20배** 이하의 **농예용·축산용·수산용** 난방시설 또는 건조시설의 **저장소**
(3) 제조소 등의 변경신고 : 변경하고자 하는 날의 **1일** 전까지

참고
시·도지사
(1) 특별시장   (2) 광역시장
(3) 특별자치시장 (4) 도지사
(5) 특별자치도지사

답 ③

44

위험물안전관리법령상 위험물 및 지정수량에 대한 기준 중 다음 ( ) 안에 알맞은 것은?

> 금속분이라 함은 알칼리금속·알칼리토류 금속·철 및 마그네슘 외의 금속의 분말을 말하고, 구리분·니켈분 및 (㉠)마이크로미터의 체를 통과하는 것이 (㉡)중량퍼센트 미만인 것은 제외한다.

① ㉠ 150, ㉡ 50   ② ㉠ 53, ㉡ 50
③ ㉠ 50, ㉡ 150   ④ ㉠ 50, ㉡ 53

해설 위험물령 [별표 1]
금속분
알칼리금속·알칼리토류 금속·철 및 마그네슘 외의 금속의 분말을 말하고, **구리분·니켈분** 및 **150**마이크로미터의 체를 통과하는 것이 **50**중량퍼센트 미만인 것은 제외한다.

답 ①

45

화재예방과 화재 등 재해발생시 비상조치를 위하여 관계인에 예방규정을 정하여야 하는 제조소 등의 기준으로 틀린 것은?

① 이송취급소
② 지정수량 10배 이상의 위험물을 취급하는 제조소
③ 지정수량 100배 이상의 위험물을 저장하는 옥외저장소
④ 지정수량 150배 이상의 위험물을 저장하는 옥외탱크저장소

해설 ④ 150배 이상 → 200배 이상

위험물령 15조
예방규정을 정하여야 할 제조소 등

배 수	제조소 등
10배 이상	• 제조소 [보기 ②] • 일반취급소
100배 이상	• 옥**외**저장소 [보기 ③]
150배 이상	• 옥**내**저장소
200배 이상	• 옥외**탱**크저장소 [보기 ④]
모두 해당	• 이송취급소 [보기 ①] • 암반탱크저장소

기억법 052
외내탱

※ **예방규정**: 제조소 등의 화재예방과 화재 등 재해발생시의 비상조치를 위한 규정

답 ④

46. 기상법에 따른 이상기상의 예보 또는 특보가 있을 때 화재에 관한 경보를 발령하고 그에 따른 조치를 할 수 있는 자는?

① 기상청장
② 행정안전부장관
③ 소방본부장
④ 시·도지사

해설 화재예방법 17·20조
화재
(1) 화재위험경보 발령권자 ┐ 소방청장, 소방본부장, 소방서장
(2) 화재의 예방조치권자 ┘

답 ③

47. 다음 중 소방신호의 종류별 방법에 해당하지 않는 것은?

① 타종신호
② 사이렌신호
③ 게시판
④ 스트로보신호

해설 기본규칙 [별표 4]
소방신호표

신호방법 종별	타종신호	사이렌신호	기타신호
경계신호	1타와 연2타를 반복	5초 간격을 두고 30초씩 3회	• 통풍대 • 게시판
발화신호	난타	5초 간격을 두고 5초씩 3회	
해제신호	상당한 간격을 두고 1타씩 반복	1분간 1회	
훈련신호	연3타 반복	10초 간격을 두고 1분씩 3회	

기억법 타사통계(타사통계)

답 ④

48. 제4류 위험물의 적응소화설비와 가장 거리가 먼 것은?

① 옥내소화전설비
② 물분무소화설비
③ 포소화설비
④ 할론소화설비

해설 제4류 위험물의 적응소화설비
(1) 물분무소화설비
(2) 미분무소화설비
(3) 포소화설비
(4) 할론소화설비
(5) 할로겐화합물 및 불활성기체 소화설비
(6) 이산화탄소소화설비
(7) 분말소화설비
(8) 강화액소화설비

중요

위험물별 적응소화약제

위험물	적응소화약제
제1류 위험물	• 물소화약제(단, 무기과산화물은 마른 모래)
제2류 위험물	• 물소화약제(단, 금속분은 마른 모래)
제3류 위험물	• 마른 모래
제4류 위험물	• 포소화약제 • 물분무·미분무소화설비 • 제1~4종 분말소화약제 • CO_2 소화약제 • 할론소화약제 • 할로겐화합물 및 불활성기체 소화설비
제5류 위험물	• 물소화약제
제6류 위험물	• 마른 모래(단, 과산화수소는 물소화약제)
특수가연물	• 제3종 분말소화약제 • 포소화약제

답 ①

49. 1급 소방안전관리대상물에 대한 기준으로 옳은 것은?

① 스프링클러설비 또는 물분무등소화설비를 설치하는 연면적 3000m²인 소방대상물
② 자동화재탐지설비를 설치한 연면적 3000m²인 소방대상물
③ 전력용 또는 통신용 지하구
④ 가연성 가스를 1천톤 이상 저장·취급하는 시설

해설 화재예방법 시행령 [별표 4]
소방안전관리자를 두어야 할 특정소방대상물

소방안전관리대상물	특정소방대상물
특급 소방안전관리대상물 (동식물원, 철강 등 불연성 물품 저장·취급창고, 지하구, 위험물제조소 등 제외)	• 50층 이상(지하층 제외) 또는 지상 200m 이상 아파트 • 30층 이상(지하층 포함) 또는 지상 120m 이상(아파트 제외) • 연면적 10만m² 이상(아파트 제외)
1급 소방안전관리대상물 (동식물원, 철강 등 불연성 물품 저장·취급창고, 지하구, 위험물제조소 등 제외)	• 30층 이상(지하층 제외) 또는 지상 120m 이상 아파트 • 연면적 15000m² 이상인 것(아파트 및 연립주택 제외) • 11층 이상(아파트 제외) • 가연성 가스를 1000t 이상 저장·취급하는 시설 보기 ④

2급 소방안전관리대상물	• 지하구 보기 ③ • 가스제조설비를 갖추고 도시가스사업 허가를 받아야 하는 시설 또는 가연성 가스를 100~1000t 미만 저장·취급하는 시설 • **옥내소화전설비·스프링클러설비** 설치대상물 보기 ① • **물분무등소화설비**(호스릴방식의 물분무등소화설비만을 설치한 경우 제외) 설치대상물 보기 ① • 공동주택(옥내소화전설비 또는 스프링클러설비가 설치된 공동주택 한정) • 목조건축물(국보·보물)
3급 소방안전관리대상물	• **간이스프링클러설비**(주택전용 간이스프링클러설비 제외) 설치대상물 • **자동화재탐지설비** 설치대상물 보기 ②

답 ④

50 소방대상물이 있는 장소 및 그 이웃지역으로서 화재의 예방·경계·진압, 구조·구급 등의 활동에 필요한 지역으로 정의되는 것은?
14.09.문54

① 방화지역 ② 밀집지역
③ 소방지역 ④ 관계지역

해설 기본법 2조
관계지역
소방대상물이 있는 **장소** 및 그 **이웃지역**으로서 화재의 예방·경계·진압, 구조·구급 등의 활동에 필요한 지역

> **중요**
> 기본법 2조
> 관계인
> (1) 소유자
> (2) 관리자
> (3) 점유자

답 ④

51 일반음식점에서 조리를 위하여 불을 사용하는 설비를 설치할 경우 화재예방을 위하여 지켜야 할 사항 중 틀린 것은?
16.05.문53
14.09.문45
08.05.문51

① 주방설비에 부속된 배출덕트(공기배출통로)는 0.5mm 이상의 아연도금강판 또는 이와 동등 이상의 내식성 불연재료로 설치할 것
② 주방시설에는 동물 또는 식물의 기름을 제거할 수 있는 필터 등을 설치할 것
③ 열을 발생하는 조리기구는 반자 또는 선반으로부터 0.5m 이상 떨어지게 할 것
④ 열을 발생하는 조리기구로부터 0.15m 이내의 거리에 있는 가연성 주요구조부는 단열성이 있는 불연재로 덮어씌울 것

해설 ③ 0.5m 이상 → 0.6m 이상

화재예방법 시행령〔별표 1〕
음식조리를 위하여 설치하는 설비
(1) 주방설비에 부속된 배출덕트(공기배출통로)는 0.5mm 이상의 **아연도금강판** 또는 이와 동등 이상의 내식성 **불연재료**로 설치 보기 ①
(2) 주방시설에는 동물 또는 식물의 기름을 제거할 수 있는 **필터** 등을 설치 보기 ②
(3) 열을 발생하는 조리기구는 반자 또는 선반으로부터 **0.6m** 이상 떨어지게 할 것 보기 ③
(4) 열을 발생하는 조리기구로부터 0.15m 이내의 거리에 있는 가연성 주요구조부는 **단열성**이 있는 불연재료로 덮어씌울 것 보기 ④

답 ③

52 화재의 예방 및 안전관리에 관한 법령상 정당한 사유 없이 화재안전조사 결과에 따른 조치명령을 위반한 자에 대한 최대 벌칙으로 옳은 것은?
22.09.문48
20.06.문48
17.09.문53

① 300만원 이하의 벌금
② 100만원 이하의 벌금
③ 1년 이하의 징역 또는 1천만원 이하의 벌금
④ 3년 이하의 징역 또는 3천만원 이하의 벌금

해설 **3년** 이하의 **징역** 또는 **3000만원** 이하의 **벌금**
(1) 화재안전조사 결과에 따른 조치명령(화재예방법 50조) 보기 ④
(2) **소방시설업** 무등록자(공사업법 35조)
(3) **부정**한 **청탁**을 받고 재물 또는 재산상의 **이익**을 취득하거나 부정한 청탁을 하면서 재물 또는 재산상의 이익을 제공한 자(공사업법 35조)
(4) **소방시설관리업** 무등록자(소방시설법 57조)
(5) **형식승인**을 얻지 않은 소방용품 제조·수입자(소방시설법 57조)
(6) **제품검사**를 받지 않은 사람(소방시설법 57조)
(7) 거짓이나 그 밖의 **부정**한 **방법**으로 제품검사 전문기관의 지정을 받은 사람(소방시설법 57조)

기억법 33형관(삼삼하게 형처럼 관리하기!)

답 ④

53 소화기구를 분류할 때 간이소화용구에 해당하지 않는 것은?
14.09.문70
09.03.문79

① 소화약제에 의한 간이소화용구
② 팽창질석 또는 팽창진주암
③ 수동식 소화기
④ 마른모래

해설 간이소화용구
(1) 소화약제를 이용한 간이소화용구
(2) 팽창질석 또는 팽창진주암
(3) 마른모래

비교

(1) 소화약제를 이용한 간이소화용구
 ① 투척식 간이소화용구
 ② 수동펌프식 간이소화용구
 ③ 에어졸식 간이소화용구
 ④ 자동확산소화기

(2) 간이소화용구의 능력단위 (NFPC 101 3조, NFTC 101 1.7.1.6)

간이소화용구		능력단위
마른모래	삽을 상비한 50L 이상의 것 1포	0.5단위
팽창질석 또는 진주암	삽을 상비한 80L 이상의 것 1포	

기억법 마 5

(3) 능력단위 (위험물규칙 [별표 17])

소화설비	용량	능력단위
소화전용 물통	8L	0.3
수조(소화전용 물통 3개 포함)	80L	1.5
수조(소화전용 물통 6개 포함)	190L	2.5

답 ③

---

54 ★★
지정수량의 몇 배 이상의 위험물을 취급하는 제조소에는 피뢰침을 설치해야 하는가? (단, 제6류 위험물을 취급하는 위험물제조소는 제외한다.)

① 5배 ② 10배
③ 50배 ④ 100배

해설 위험물규칙 [별표 4]
지정수량의 **10배** 이상의 위험물을 취급하는 제조소(제6류 위험물을 취급하는 위험물제조소 제외)에는 **피뢰침**을 설치하여야 한다. (단, 제조소 주위의 상황에 따라 안전상 지장이 없는 경우에는 피뢰침을 설치하지 아니할 수 있다.)

기억법 피10 (피식 웃다.)

답 ②

---

55 ★★★
소방기본법령상 인접하고 있는 시·도간 소방업무의 상호응원협정을 체결하고자 하는 때에 포함되도록 하여야 하는 사항이 아닌 것은?

① 응원출동 대상지역 및 규모에 관한 사항
② 출동대원의 수당·식사 및 의복의 수선 등 소요경비의 부담에 관한 사항
③ 화재의 경계·진압활동에 관한 사항
④ 지휘권의 범위에 관한 사항

해설 기본규칙 8조
소방업무의 상호응원협정
(1) 다음의 **소방활동**에 관한 사항
 ① 화재의 **경**계·진압활동 [보기 ③]
 ② 구조·구급업무의 지원
 ③ 화재조사활동
(2) **응**원출동 대상지역 및 **규**모 [보기 ①]
(3) 소요경비의 **부담**에 관한 사항
 ① **출**동대원의 수당·식사 및 의복의 수선 [보기 ②]
 ② 소방장비 및 기구의 정비와 연료의 보급
(4) **응**원출동의 요청방법
(5) **응**원출동훈련 및 평가

기억법 경응출

답 ④

---

56 ★★★
화재의 예방 및 안전관리에 관한 법률상 소방안전관리대상물의 관계인이 소방안전관리자를 선임할 경우에는 선임한 날부터 며칠 이내에 소방본부장 또는 소방서장에게 신고하여야 하는가?

① 7 ② 14
③ 21 ④ 30

해설 **14일**
(1) 소방기술자 실무교육기관 휴폐업신고일 (공사업규칙 34조)
(2) **제**조소 등의 용도**폐**지 신고일 (위험물법 11조)
(3) 위험물안전관리자의 **선**임신고일 (위험물법 15조)
(4) 소방안전관리자의 **선**임신고일 (화재예방법 26조) [보기 ②]

기억법 14제폐선 (천사로 제패하여 성공하라.)

비교

30일
(1) 소방시설업 등록사항 변경신고 (공사업규칙 6조)
(2) 위험물안전관리자의 **재**선임 (위험물법 15조)
(3) 소방안전관리자의 **재**선임 (화재예방법 시행규칙 14조)
(4) **도**급계약 해지 (공사업법 23조)
(5) 소방시설공사 중요사항 변경시의 신고일 (공사업규칙 12조)
(6) 소방기술자 실무교육기간 지정서 발급 (공사업규칙 32조)
(7) 소방공사감리자 변경서류제출 (공사업규칙 15조)
(8) **승**계 (위험물법 10조)

답 ②

---

57 ★★★
하자보수대상 소방시설 중 하자보수 보증기간이 3년이 아닌 것은?

① 옥내소화전설비
② 자동화재탐지설비
③ 비상방송설비
④ 물분무등소화설비

해설
①, ②, ④ : 3년
③ : 2년

공사업령 6조
소방시설공사의 하자보수 보증기간

보증 기간	소방시설
2년	① **유**도등·**피**난기구 ② **비**상**조**명등·비상**경**보설비·비상**방**송설비 [보기 ③] ③ **무**선통신보조설비 기억법 유비조경방무피2
3년	① 자동소화장치 ② 옥내·외소화전설비 [보기 ①] ③ 스프링클러설비 ④ 물분무등소화설비·소화용수설비 [보기 ④] ⑤ 자동화재탐지설비·소화활동설비(무선통신보조설비 제외) [보기 ②] ⑥ 화재알림설비

답 ③

58
화재의 예방 및 안전관리에 관한 법률상 2급 소방안전관리대상물의 소방안전관리자로 선임될 수 없는 사람은? (단, 2급 소방안전관리자 자격증을 받은 사람이다.)

20.06.문44
15.03.문54
14.09.문60
14.03.문47
12.03.문55

① 위험물기능사 자격을 가진 사람
② 소방공무원으로 3년 이상 근무한 경력이 있는 사람
③ 의용소방대원으로 3년 이상 근무한 경력이 있는 사람
④ 소방청장이 실시하는 2급 소방안전관리대상물의 소방안전관리에 관한 시험에 합격한 사람

해설 ③ 해당 없음

화재예방법 시행령〔별표 4〕
(1) **특급 소방안전관리대상물**의 소방안전관리자 선임조건

자 격	경 력	비 고
• 소방기술사 • 소방시설관리사	경력 필요 없음	특급 소방안전관리자 자격증을 받은 사람
• 1급 소방안전관리자(소방설비기사)	5년	
• 1급 소방안전관리자(소방설비산업기사)	7년	
• 소방공무원	20년	
• 소방청장이 실시하는 특급 소방안전관리대상물의 소방안전관리에 관한 시험에 합격한 사람	경력 필요 없음	

(2) **1급 소방안전관리대상물**의 소방안전관리자 선임조건

자 격	경 력	비 고
• 소방설비기사·소방설비산업기사	경력 필요 없음	1급 소방안전관리자 자격증을 받은 사람
• 소방공무원	7년	
• 소방청장이 실시하는 1급 소방안전관리대상물의 소방안전관리에 관한 시험에 합격한 사람	경력 필요 없음	
• 특급 소방안전관리대상물의 소방안전관리자 자격이 인정되는 사람		

(3) **2급 소방안전관리대상물**의 소방안전관리자 선임조건

자 격	경 력	비 고
• 위험물기능장·위험물산업기사·위험물기능사 [보기 ①]	경력 필요 없음	2급 소방안전관리자 자격증을 받은 사람
• 소방공무원 [보기 ②]	3년	
• 소방청장이 실시하는 2급 소방안전관리대상물의 소방안전관리에 관한 시험에 합격한 사람 [보기 ④]	경력 필요 없음	
• 「기업활동 규제완화에 관한 특별조치법」에 따라 소방안전관리자로 선임된 사람(소방안전관리자로 선임된 기간으로 한정)	경력 필요 없음	
• 특급 또는 1급 소방안전관리대상물의 소방안전관리자 자격이 인정되는 사람		

(4) **3급 소방안전관리대상물**의 소방안전관리자 선임조건

자 격	경 력	비 고
• 소방공무원	1년	3급 소방안전관리자 자격증을 받은 사람
• 소방청장이 실시하는 3급 소방안전관리대상물의 소방안전관리에 관한 시험에 합격한 사람		
• 「기업활동 규제완화에 관한 특별조치법」에 따라 소방안전관리자로 선임된 사람(소방안전관리자로 선임된 기간으로 한정)	경력 필요 없음	
• 특급 소방안전관리대상물, 1급 소방안전관리대상물 또는 2급 소방안전관리대상물의 소방안전관리자 자격이 인정되는 사람		

답 ③

59
소방시설공사업법상 소방시설업의 등록을 하지 아니하고 영업을 한 사람에 대한 벌칙은?

20.06.문48
17.09.문53
16.05.문59
15.09.문59

① 500만원 이하의 벌금
② 1년 이하의 징역 또는 2천만원 이하의 벌금
③ 3년 이하의 징역 또는 3천만원 이하의 벌금
④ 5년 이하의 징역 또는 5천만원 이하의 벌금

해설
3년 이하의 **징**역 또는 **3000**만원 이하의 벌**금**
(1) 화재안전조사 결과에 따른 조치명령(화재예방법 50조)
(2) 소방시설업 무등록자(공사업법 35조) 보기 ③
(3) **부정**한 **청**탁을 받고 재물 또는 재산상의 **이익**을 취득하거나 부정한 청탁을 하면서 재물 또는 재산상의 이익을 제공한 자(공사업법 35조)
(4) 소방시설**관**리업 무등록자(소방시설법 57조)
(5) **형**식승인을 얻지 않은 소방용품 제조·수입자(소방시설법 57조)
(6) **제품**검사를 받지 않은 사람(소방시설법 57조)
(7) 거짓이나 그 밖의 **부정**한 **방법**으로 제품검사 전문기관의 지정을 받은 사람(소방시설법 57조)

기억법 33형관(**삼삼**하게 **형**처럼 관리하기!)

답 ③

60 소방기본법령상 소방활동구역에 출입할 수 있는 자는?
20.06.문60
19.03.문60
11.10.문57
① 한국소방안전원에 종사하는 자
② 수사업무에 종사하지 않는 검찰청 소속 공무원
③ 의사·간호사 그 밖의 구조·구급업무에 종사하는 사람
④ 소방활동구역 밖에 있는 소방대상물의 소유자·관리자 또는 점유자

해설
① 한국소방안전원은 해당사항 없음
② 종사하지 않는 → 종사하는
④ 소방활동구역 밖 → 소방활동구역 안

기본령 8조
소방활동구역 출입자
(1) 소방활동구역 안에 있는 **소유자·관리자** 또는 **점유자** 보기 ④
(2) **전기·가스·수도·통신·교통**의 업무에 종사하는 자로서 원활한 **소방활동**을 위하여 필요한 자
(3) **의사·간호사**, 그 밖의 구조·구급업무에 종사하는 자 보기 ③
(4) **취재인력** 등 보도업무에 종사하는 자
(5) **수**사업무에 종사하는 자 보기 ②
(6) **소방대장**이 소방활동을 위하여 **출입**을 허가한 자

※ **소방활동구역**: 화재, 재난·재해 그 밖의 위급한 상황이 발생한 현장에 정하는 구역

답 ③

제4과목 소방전기시설의 구조 및 원리

61 부착높이가 4m 미만으로 연기감지기 2종을 설치하는 경우 바닥면적 몇 m²마다 1개 이상을 설치하여야 하는가?
22.03.문67
14.09.문73
13.06.문76

① 50m² ② 150m²
③ 75m² ④ 100m²

해설 **연기감지기의 설치기준**(NFPC 203 7조, NFTC 203 2.4.3.10.1)

부착높이	감지기의 종류	
	1종 및 2종	3종
4m 미만	150m² 보기 ②	50m²
4~20m 미만	75m²	−

답 ②

62 누전경보기 수신부는 그 정격전압에서 몇 회의 누전작동시험을 실시하는 경우 그 구조 또는 기능에 이상이 생기지 않아야 하는가?
21.03.문63
17.05.문61

① 1000회 ② 5000회
③ 10000회 ④ 20000회

해설 **반복시험 횟수**

횟수	기기
1000회	**속**보기 기억법 **속**1
2000회	**중**계기 기억법 중2(중이염)
2500회	유도등
5000회	**전**원스위치·**발**신기 기억법 5발전(5개 발에 전을 부치자.)
6000회	감지기
10000회	비상조명등, 스위치접점, 기타의 설비 및 기기(누전경보기) 보기 ③

답 ③

63 비상경보설비 및 단독경보형 감지기의 화재안전기준에 따른 비상벨설비 또는 자동식 사이렌설비 음향장치의 설치기준이다. 다음 ( )에 들어갈 내용으로 옳은 것은? (단, 건전지를 주전원으로 사용하지 않는다.)
22.03.문65
19.09.문69
18.09.문74
18.04.문71
17.05.문76
17.03.문65
17.03.문67
15.09.문78
12.09.문74

음향장치는 정격전압의 (㉠)% 전압에서 음향을 발할 수 있도록 해야 하며, 음량은 부착된 음향장치의 중심으로부터 (㉡)m 떨어진 위치에서 (㉢)dB 이상이 되는 것으로 한다.

① ㉠ 80, ㉡ 1, ㉢ 90
② ㉠ 110, ㉡ 3, ㉢ 120
③ ㉠ 140, ㉡ 1, ㉢ 120
④ ㉠ 150, ㉡ 3, ㉢ 90

해설 **비상벨** 또는 **자동식 사이렌설비**의 **설치기준**(NFPC 201 4조, NFTC 201 2.1)

(1) **수평거리**

구 분	적용대상
수평거리 25m 이하	• 발신기(보행거리 40m 이상일 경우 추가 설치) • 음향장치(확성기) • 비상콘센트(지하상가 · 지하층 바닥면적 합계 3000m² 이상)
수평거리 50m 이하	비상콘센트(기타)

(2) **음향장치** : **1m** 떨어진 곳에서 **90dB** 이상 보기 ①
(3) **정격전압** : **80%** 전압에서 음향을 발할 수 있도록 할 것(단, 건전지를 주전원으로 사용하는 음향장치는 제외) 보기 ①
(4) **위치표시등** : **15°** 이상의 각도로 **10m**의 거리에서 쉽게 식별할 수 있어야 한다.

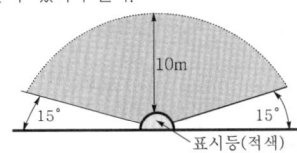

∥위치표시등의 식별∥

답 ①

64 특정소방대상물의 자동화재탐지설비 설치면제기준 중 다음 (   ) 안에 알맞은 것은? (단, 자동화재탐지설비의 기능은 감지·수신·경보기능을 말한다.)

18.03.문45
17.09.문51
14.09.문59

자동화재탐지설비의 기능과 성능을 가진 (   ) 또는 물분무등소화설비를 화재안전기준에 적합하게 설치한 경우에는 그 설비의 유효범위에서 설치가 면제된다.

① 비상경보설비 ② 연소방지설비
③ 연결살수설비 ④ 스프링클러설비

해설 **소방시설 면제기준**(소방시설법 시행령 [별표 5])

면제대상	대체설비
스프링클러설비	**물분무등소화설비**
물분무등소화설비	**스프링클러설비**
간이스프링클러설비	• 스프링클러설비 • 물분무소화설비 · 미분무소화설비
비상경보설비 또는 단독경보형 감지기	**자동화재탐지설비**
비상경보설비	**2개** 이상 **단독경보형 감지기** 연동
비상방송설비	• 자동화재탐지설비 • 비상경보설비
연결살수설비	• 스프링클러설비 • 간이스프링클러설비 · 미분무소화설비 • 물분무소화설비 · 미분무소화설비

제연설비	공기조화설비
연소방지설비	• 스프링클러설비 • 물분무소화설비 · 미분무소화설비
연결송수관설비	• 옥내소화전설비 • 스프링클러설비 • 간이스프링클러설비 • 연결살수설비
자동화재**탐**지설비	• 자동화재**탐**지설비의 기능을 가진 → **스**프링클러설비 • **물**분무등소화설비
옥내소화전설비	• 옥외소화전설비 • 미분무소화설비(호스릴방식)

기억법 탐탐스물

답 ④

65 누전경보기 수신부의 기능검사항목이 아닌 것은?

18.03.문63
16.10.문65
15.05.문64
14.05.문69
06.09.문80

① 충격시험   ② 절연저항시험
③ 내식성 시험   ④ 절연내력시험

해설 **시험항목**

중계기	속보기의 예비전원	누전경보기의 수신부
• 주위온도시험 • 반복시험 • 방수시험 • 절연저항시험 • 절연내력시험 • 충격전압시험 • 충격시험 • 진동시험 • 습도시험 • 전자파 내성 시험	• 충 · 방전시험 • 안전장치시험	• 전원전압 변동시험 • 온도특성시험 • 과입력 전압시험 • 개폐기의 조작시험 • 반복시험 • 진동시험 • **충**격시험 보기 ① • 방**수**시험 • **절**연저항시험 보기 ② • **절**연내력시험 보기 ④ • **충**격파 내전압시험

기억법 누수 충수 절충

답 ③

66 무선통신보조설비의 화재안전기준에 따른 무선통신보조설비의 시설기준으로 틀린 것은?

20.06.문73
18.04.문74
16.10.문61
15.09.문77
15.05.문69
12.05.문67
10.09.문73

① 분배기 · 분파기 및 혼합기 등의 임피던스는 100Ω의 것으로 할 것
② 누설동축케이블 및 안테나는 고압의 전로로부터 1.5m 이상 떨어진 위치에 설치할 것
③ 옥외안테나는 다른 용도로 사용되는 안테나로 인한 통신장애가 발생하지 않도록 설치할 것
④ 증폭기에는 비상전원이 부착된 것으로 하고 해당 비상전원용량은 무선통신보조설비를 유효하게 30분 이상 작동시킬 수 있는 것으로 할 것

해설 ① 100Ω → 50Ω

분배기·분파기·혼합기의 **임피던스**(NFPC 505 7조, NFTC 505 2.4)
50Ω 보기 ①

용어

용어	설명
누설동축 케이블	동축케이블의 외부도체에 가느다란 홈을 만들어서 **전파**가 **외부**로 **새어나갈 수 있도록** 한 케이블
분배기	신호의 전송로가 분기되는 장소에 설치하는 것으로 **임피던스 매칭**(matching)과 **신호균등분배**를 위해 사용하는 장치 **기억법** 분배분배
분파기	서로 다른 주**파**수의 합성된 **신호**를 **분리**하기 위해서 사용하는 장치 **기억법** 파파
혼합기	두 개 이상의 **입력신호**를 원하는 비율로 조합한 **출력**이 발생하도록 하는 장치
증폭기	신호전송시 신호가 약해져 수신이 불가능해지는 것을 방지하기 위해서 **증폭**하는 장치
무선중계기	안테나를 통하여 수신된 무전기 신호를 증폭한 후 음영지역에 재방사하여 무전기 상호간 송수신이 가능하도록 하는 장치
옥외안테나	감시제어반 등에 설치된 무선중계기의 입력과 출력포트에 연결되어 송수신 신호를 원활하게 방사·수신하기 위해 옥외에 설치하는 장치

기억법 무분배파혼

답 ①

★★★
67 자동화재탐지설비 및 시각경보장치의 화재안전기준에 따른 배선의 설치기준이다. 다음 ( )에 들어갈 내용으로 옳은 것은?

20.08.문63
18.09.문65
17.09.문67
16.03.문62
13.03.문75
11.10.문80

자동화재탐지설비의 감지기회로의 전로저항은 (㉠)Ω 이하가 되도록 하여야 하며, 수신기의 각 회로별 종단에 설치되는 감지기에 접속되는 배선의 전압은 감지기 정격전압의 (㉡)% 이상이어야 한다.

① ㉠ 50, ㉡ 85
② ㉠ 40, ㉡ 80
③ ㉠ 40, ㉡ 85
④ ㉠ 50, ㉡ 80

해설 **자동화재탐지설비**의 **배선**(NFPC 203 11조, NFTC 203 2.8)
(1) P형 수신기 및 GP형 수신기의 감지기회로의 배선에 있어서 하나의 공통선에 접속할 수 있는 **경**계구역은 **7**개 이하로 할 것
(2) 자동화재탐지설비의 감지기회로의 전로저항은 **50**Ω 이하가 되도록 하여야 하며, 수신기의 각 회로별 종단에 설

치되는 감지기에 접속되는 배선의 전압은 감지기 정격전압의 **80%** 이상이어야 할 것 보기 ④

기억법 경750

답 ④

★★★
68 유도등 비상전원의 용량을 60분 이상의 것으로 설치하여야 하는 특정소방대상물로 틀린 것은?

19.04.문68
16.10.문75
14.05.문61
12.03.문63

① 층수가 10층 이하의 층
② 지하층으로서 도매시장
③ 무창층으로서 여객자동차터미널
④ 지하층을 제외한 층수가 11층 이상의 층

해설 ① 10층 이하 → 11층 이상

유도등의 **60분** 이상 작동용량(NFPC 303 10조, NFTC 303 2.7.2.2)
(1) **11층** 이상 보기 ①
(2) **지하층·무창층**으로서 **도매시장·소매시장·여객자동차터미널·지하역사·지하상가**

중요

비상전원용량	
설비의 종류	비상전원용량
• **자**동화재탐지설비 • 비상**경**보설비 • **자**동화재속보설비	10분 이상 **기억법** 경자비1(경자라는 이름은 비일비재하게 많다.)
• 유도등 • 비상콘센트설비 • 제연설비 • 물분무소화설비 • 옥내소화전설비(30층 미만) • 특별피난계단의 계단실 및 부속실 제연설비(30층 미만)	20분 이상
• 무선통신보조설비의 증폭기	30분 이상 **기억법** 3증(3중고)
• 옥내소화전설비(30~49층 이하) • 특별피난계단의 계단실 및 부속실 제연설비(30~49층 이하) • 연결송수관설비(30~49층 이하) • 스프링클러설비(30~49층 이하)	40분 이상
• 유도등·비상조명등(지하상가 및 11층 이상) • 옥내소화전설비(50층 이상) • 특별피난계단의 계단실 및 부속실 제연설비(50층 이상) • 연결송수관설비(50층 이상) • 스프링클러설비(50층 이상)	60분 이상

답 ①

69. 무선통신보조설비를 설치하여야 하는 특정소방대상물의 기준 중 옳은 것은? (단, 위험물 저장 및 처리 시설 중 가스시설은 제외한다.)

① 터널로서 길이가 1000m 이상인 것
② 지하상가로서 연면적 500m² 이상인 것
③ 층수가 30층 이상인 것으로서 16층 이상 부분의 모든 층
④ 지하층의 바닥면적의 합계가 1000m² 이상인 것 또는 지하층의 층수가 3층 이상이고 지하층의 바닥면적의 합계가 3000m² 이상인 것은 지하층의 모든 층

해설
① 1000m → 500m
② 500m² → 1000m²
④ 1000m² → 3000m², 3000m² → 1000m²

무선통신보조설비의 설치대상(소방시설법 시행령 [별표 4])

설치대상	조 건
지하상가	연면적 1000m² 이상 보기 ②
지하층	바닥면적 합계 3000m² 이상 보기 ④
전층	지하 3층 이상이고 지하층 바닥면적의 합계 1000m² 이상 보기 ④
터널	길이 500m 이상 보기 ①
공동구	전부
30층 이상	16층 이상 모든 층 보기 ③

답 ③

70. 비상방송설비의 화재안전기준에 따라 비상방송설비에는 그 설비에 대한 감시상태를 60분간 지속한 후 유효하게 몇 분 이상 경보할 수 있는 축전지설비를 설치하여야 하는가?

① 5
② 10
③ 30
④ 60

해설
② 감시상태를 60분간 지속한 후 10분 이상 경보할 수 있는 축전지설비

자동화재탐지설비ㆍ비상방송설비ㆍ비상경보설비(비상벨설비ㆍ자동식 사이렌설비)(NFPC 201 4조, NFTC 201 2.1.7)

감시시간	경보시간
60분	10분(30층 이상 : 30분) 이상 보기 ②

기억법 6감(육감)

답 ②

71. 소방시설용 비상전원수전설비의 화재안전기준에 따른 특고압 또는 고압으로 수전하는 비상전원수전설비의 종류가 아닌 것은?

① 큐비클형
② 옥외개방형
③ 내화구조형
④ 방화구획형

해설 비상전원(수전)설비(NFPC 602 5ㆍ6조, NFTC 602 2.2.1, 2.3)

저압수전	특고압 또는 고압수전
• 전용배전반(1ㆍ2종) • 전용분전반(1ㆍ2종) • 공용분전반(1ㆍ2종)	• **방**화구획형 보기 ④ • **옥**외개방형 보기 ② • **큐**비클(cubicle)형 보기 ①

기억법 방옥큐

답 ③

72. 비상콘센트설비의 전원부와 외함 사이의 절연저항에 대한 기준으로 옳은 것은?

① 500V 절연저항계로 측정하여 5MΩ 이상일 것
② 500V 절연저항계로 측정하여 10MΩ 이상일 것
③ 500V 절연저항계로 측정하여 15MΩ 이상일 것
④ 500V 절연저항계로 측정하여 20MΩ 이상일 것

해설 절연저항시험

절연저항계	절연저항	대 상
직류 250V	0.1MΩ 이상	• 1경계구역의 절연저항
직류 500V	5MΩ 이상	• 누전경보기 • 가스누설경보기 • 수신기(10회로 미만, 절연된 충전부와 외함 간) • 자동화재속보설비 • 비상경보설비 • 유도등(교류입력측과 외함 간 포함) • 비상조명등(교류입력측과 외함 간 포함)
직류 500V	20MΩ 이상	• 경종 • 발신기 • 중계기 • **비상콘센트** 보기 ④ • 기기의 절연된 선로 간 • 기기의 충전부와 비충전부 간 • 기기의 교류입력측과 외함 간(유도등ㆍ비상조명등 제외)
직류 500V	50MΩ 이상	• 감지기(정온식 감지선형 감지기 제외) • 가스누설경보기(10회로 이상) • 수신기(10회로 이상, 교류입력측과 외함 간 제외)
직류 500V	1000MΩ 이상	• 정온식 감지선형 감지기

기억법 콘2(콘이 맛있다!)

답 ④

73 수신기 형식승인 및 제품검사의 기술기준에 따른 수신기의 종별에 해당하지 않는 것은?
① R형 ② M형
③ P형 ④ GP형

해설 **수신기의 종류**(수신기의 형식승인 및 제품검사의 기술기준 2조)

구분	설명
P형 수신기 보기 ③	감지기 또는 발신기로부터 발하여지는 신호를 직접 또는 중계기를 통하여 **공통신호**로서 수신하여 화재의 발생을 당해 소방대상물의 관계자에게 경보하여 주는 것
R형 수신기 보기 ①	• 감지기 또는 발신기로부터 발하여진 신호를 직접 또는 중계기를 통하여 **고유신호**로써 수신하여 관계인에게 경보하여 주는 것 • 각종 계기에 이르는 **외부신호선**의 **단선** 및 **단락시험**을 할 수 있는 장치가 있다.
GP형 수신기 보기 ④	**P형** 수신기의 기능과 **가스누설경보기**의 수신부 기능을 겸한 것
GR형 수신기	**R형** 수신기의 기능과 **가스누설경보기**의 수신부 기능을 겸한 것

기억법 R고신

답 ②

74 자동화재속보설비의 속보기의 성능인증 및 제품검사의 기술기준에 따른 속보기의 기능으로 틀린 것은?
① 예비전원은 자동적으로 충전되어야 하며, 자동과충전방지장치가 있어야 한다.
② 예비전원을 병렬로 접속하는 경우에는 역충전 방지 등의 조치를 하여야 한다.
③ 화재신호를 수신하거나 속보기를 수동으로 동작시키는 경우 자동적으로 녹색 화재표시등이 점등되어야 한다.
④ 연동 또는 수동으로 소방관서에 화재발생 음성정보를 속보 중인 경우에도 송수화장치를 이용한 통화가 우선적으로 가능하여야 한다.

해설 ③ 녹색 화재표시등 → 적색 화재표시등
자동화재속보설비의 속보기의 성능인증 및 제품검사의 기술기준 5조
(1) **자동화재속보설비의 기능**

구분	설명
연동설비	자동화재탐지설비
속보대상	소방관서
속보방법	20초 이내에 3회 이상
다이얼링	10회 이상, 30초 이상 지속

(2) 예비전원을 **병렬**로 접속하는 경우에는 **역충전 방지** 등의 조치 보기 ②
(3) 속보기의 송수화장치가 정상위치가 아닌 경우에도 **연동** 또는 **수동**으로 속보가 가능할 것
(4) 예비전원은 자동적으로 충전되어야 하며 **자동과충전방지장치**가 있어야 한다. 보기 ①
(5) 화재신호를 수신하거나 속보기를 **수동**으로 동작시키는 경우 자동적으로 **적색** 화재표시등이 점등되고 음향장치로 화재를 경보하여야 하며 화재표시 및 경보는 **수동**으로 **복구** 및 **정지**시키지 않는 한 **지속**되어야 한다. 보기 ③
(6) **연동** 또는 **수동**으로 **소방관서**에 화재발생 음성정보를 속보 중인 경우에도 **송수화장치**를 이용한 **통화**가 **우선**적으로 **가능**하여야 한다. 보기 ④

답 ③

75 유도등 및 유도표지의 화재안전기준에 따라 피난구유도등을 설치해야 하는 경우는?
① 대각선 길이가 15m 이내인 구획된 실의 출입구
② 바닥면적이 800m²인 층으로서 옥내로부터 직접 지상으로 통하는 출입구(외부의 식별이 용이한 경우에 한한다.)
③ 거실 각 부분에서 하나의 출입구에 이르는 보행거리가 15m이고 비상조명등과 유도표지가 설치된 거실의 출입구
④ 출입구가 4개 있는 거실 각 부분에서 하나의 출입구에 이르는 보행거리가 25m인 주된 출입구 2개소 외의 출입구를 가진 노유자시설

해설 **피난구유도등**의 **설치제외장소**(NFPC 303 11조, NFTC 303 2.8.1)
(1) 대각선 길이가 **15m** 이내인 구획된 실의 출입구 보기 ①
(2) 비상조명등 · 유도표지가 설치된 거실 출입구(거실 각 부분에서 출입구까지의 **보행거리 20m** 이하) 보기 ③
(3) 옥내에서 직접 지상으로 통하는 출입구(바닥면적 1000m² 미만 층) 보기 ②
(4) 출입구가 **3 이상**인 거실(거실 각 부분에서 출입구까지의 **보행거리 30m** 이하는 주된 출입구 **2개소 외**의 출입구)(단, 노유자시설 · 의료시설 · 장례시설 제외) 보기 ④

답 ④

76 비상콘센트설비의 화재안전기준에 따른 비상콘센트설비의 전원회로의 설치기준에 대한 내용이다. 다음 ( )에 들어갈 내용으로 옳은 것은?

> 비상콘센트의 플러그접속기는 ( ) 플러그접속기(KS C 8305)를 사용하여야 한다.

① 접지형 1극 ② 접지형 2극
③ 접지형 3극 ④ 접지형 4극

해설 비상콘센트 전원회로의 설치기준(NFPC 504 4조, NFTC 504 2.1)

구 분	전 압	용 량	플러그접속기
단상 교류	220V	1.5kVA 이상	접지형 2극 보기 ②

기억법 단2(단위), 접2(접이식)

(1) 1전용회로에 설치하는 비상콘센트는 **10**개 이하로 할 것
(2) 풀박스는 **1.6**mm 이상의 **철**판을 사용할 것

기억법 10콘(시큰둥!), 16철콘

(3) 콘센트마다 배선용 차단기를 설치하여야 하며, 충전부는 **노출되지 않도록** 할 것
(4) 각 층에 있어서 2 이상이 되도록 설치하되, 설치하여야 할 층의 비상콘센트가 1개인 때에는 하나의 회로로 할 것
(5) 전원으로부터 각 층의 비상콘센트에 분기되는 경우에는 **분기배선용 차단기**를 보호함 안에 설치할 것
(6) 개폐기에는 "비상콘센트"라고 표시한 표지를 할 것

답 ②

77 ★★★

21.03.문78
20.06.문61
19.09.문71
14.03.문79
12.03.문66

자동화재탐지설비 및 시각경보장치의 화재안전기준에 따라 부착높이 8m 이상 15m 미만에 설치되는 감지기의 종류로 틀린 것은?

① 불꽃감지기
② 이온화식 2종
③ 차동식 분포형
④ 보상식 스포트형

해설 ④ 4m 이상 8m 미만

감지기의 **부착높이**(NFPC 203 7조, NFTC 203 2.4.1)

부착높이	감지기의 종류
4m 미만	• 차동식(스포트형, 분포형) ─┐ • 보상식 스포트형 ├ **열**감지기 • 정온식(스포트형, 감지선형)┘ • 이온화식 또는 광전식(스포트형, 분리형, 공기흡입형) : **연**기감지기 • 열복합형 ─┐ • 연기복합형 ├ **복**합형 감지기 • 열연기복합형 ┘ • 불꽃감지기 기억법 열연불복 4미

4~8m 미만	• 차동식(스포트형, 분포형) ─┐
	• **보상식 스포트형** 보기 ④ ├ **열**감지기
	• **정**온식(스포트형, 감지선형)
	  특종 또는 **1**종 ┘
	• **이**온화식 **1**종 또는 **2**종 ─┐
	• **광**전식(스포트형, 분리형, ├ 연기감지기
	  공기흡입형) 1종 또는 2종 ┘
	• 열복합형 ─┐
	• 연기복합형 ├ **복**합형 감지기
	• 열연기복합형 ┘
	• 불꽃감지기
	
	기억법 8미열 정특1 이광12 복불

8~15m 미만	• 차동식 **분포**형 보기 ③ • **이**온화식 **1**종 또는 **2**종 보기 ② • **광**전식(스포트형, 분리형, 공기흡입형) 1종 또는 2종 • **연**기**복**합형 • **불**꽃감지기 보기 ① 기억법 15분 이광12 연복불
15~20m 미만	• 이온화식 1종 • 광전식(스포트형, 분리형, 공기흡입형) 1종 • 연기**복**합형 • **불**꽃감지기 기억법 이광불연복2
20m 이상	• **불**꽃감지기 • **광**전식(분리형, 공기흡입형) 중 **아**날로그방식 기억법 불광아

답 ④

78 ★★★

19.04.문71
16.03.문70
16.03.문71
15.09.문65
15.05.문75
14.05.문80
14.03.문74
13.03.문63

비상방송설비는 기동장치에 따른 화재신고를 수신한 후 필요한 음량으로 화재발생 상황 및 피난에 유효한 방송이 자동으로 개시될 때까지의 소요시간은 최대 몇 초 이하로 하여야 하는가?

① 5   ② 10
③ 20   ④ 30

해설 소요시간

기 기	시 간
• P형 · P형 복합식 · R형 · R형 복합식 · GP형 · GP형 복합식 · GR형 · GR형 복합식 수신기 • 중계기	5초 이내
비상방송설비	10초 이하 보기 ②
가스누설경보기	60초 이내
축적형 수신기	• 축적시간 : 30~60초 이하 • 화재표시감지시간 : 60초

중요

비상방송설비의 설치기준(NFPC 202 4조, NFTC 202 2.1)
(1) 확성기의 음성입력은 실내 **1W**, 실외 **3W** 이상일 것
(2) 확성기는 각 **층**마다 설치하되, 각 부분으로부터의 수평거리는 **25m** 이하일 것
(3) 음량조정기는 **3선식** 배선일 것
(4) 조작위치는 바닥으로부터 **0.8~1.5m** 이하의 높이에 설치할 것
(5) 다른 전기회로에 의하여 **유도장애**가 생기지 않을 것
(6) 비상방송 개시시간은 **10초** 이하일 것
(7) **엘리베이터** 내부에는 **별도**의 **음향장치**를 설치할 수 있다.
(8) 2 이상의 조작부가 설치된 경우 동시통화가 가능하고 전 구역에 방송할 수 있을 것

답 ②

79. 다음의 소방설비 중 비상전원의 용량이 최소 10분 이상이 아닌 것은?

19.04.문62
18.04.문65
15.09.문76
13.09.문64
12.09.문72
06.03.문76

① 비상경보설비
② 무선통신보조설비
③ 자동화재속보설비
④ 자동화재탐지설비

해설 ② 무선통신보조설비 : 30분 이상

비상전원용량

설비의 종류	비상전원 용량
• **자**동화재탐지설비 • 비상**경**보설비 • **자**동화재속보설비 기억법 경자비1(경자라는 이름은 비일비재하게 많다.)	10분 이상
• 유도등 • 비상콘센트설비 • 제연설비 • 물분무소화설비 • 옥내소화전설비(30층 미만) • 특별피난계단의 계단실 및 부속실 제연설비(30층 미만)	20분 이상
무선통신보조설비의 **증**폭기 보기 ② 기억법 3증(3중고)	30분 이상
• 옥내소화전설비(30~49층 이하) • 특별피난계단의 계단실 및 부속실 제연설비(30~49층 이하) • 연결송수관설비(30~49층 이하) • 스프링클러설비(30~49층 이하)	40분 이상
• 유도등·비상조명등(지하상가 및 11층 이상) • 옥내소화전설비(50층 이상) • 특별피난계단의 계단실 및 부속실 제연설비(50층 이상) • 연결송수관설비(50층 이상) • 스프링클러설비(50층 이상)	60분 이상

답 ②

80. 비상경보설비를 설치하여야 할 특정소방대상물의 기준 중 다음 (   ) 안에 알맞은 것은? (단, 지하구, 모래·석재 등 불연재료 창고 및 위험물 저장·처리 시설 중 가스시설은 제외한다.)

18.09.문68
15.05.문46
13.09.문64
11.06.문76

• 터널로서 길이가 (㉠)m 이상인 것
• (㉡)명 이상의 근로자가 작업하는 옥내작업장

① ㉠ 500, ㉡ 50
② ㉠ 500, ㉡ 60
③ ㉠ 600, ㉡ 50
④ ㉠ 600, ㉡ 60

해설 비상경보설비의 설치대상(소방시설법 시행령 [별표 4])

설치대상	조 건
지하층·무창층	바닥면적 150m² (공연장 100m²) 이상
전부	연면적 400m² 이상
터널	길이 500m 이상 보기 ㉠
옥내작업장	50명 이상 작업 보기 ㉡

답 ①

CBT 기출복원문제
2022년
소방설비산업기사 필기(전기분야)

■ 2022. 3. 2 시행 ·················· 22- 2
■ 2022. 4. 17 시행 ·················· 22-24
■ 2022. 9. 27 시행 ·················· 22-48

** 수험자 유의사항 **

1. 문제지를 받는 즉시 본인이 응시한 종목이 맞는지 확인하시기 바랍니다.
2. 문제지 표지에 본인의 수험번호와 성명을 기재하여야 합니다.
3. 문제지의 총면수, 문제번호 일련순서, 인쇄상태, 중복 및 누락 페이지 유무를 확인하시기 바랍니다.
4. 답안은 각 문제마다 요구하는 가장 적합하거나 가까운 답 1개만을 선택하여야 합니다.
5. 답안카드는 뒷면의 「수험자 유의사항」에 따라 작성하시고, 답안카드 작성 시 형별누락, 마킹착오로 인한 불이익은 전적으로 수험자에게 책임이 있음을 알려드립니다.
6. 문제지는 시험 종료 후 본인이 가져갈 수 있습니다.

** 안내사항 **

• 가답안/최종정답은 큐넷(www.q-net.or.kr)에서 확인하실 수 있습니다. 가답안에 대한 의견은 큐넷의 [가답안 의견 제시]를 통해 제시할 수 있으며, 확정된 답안은 최종정답으로 갈음합니다.
• 공단에서 제공하는 자격검정서비스에 대해 개선할 점이 있으시면 고객참여(http://hrdkorea.or.kr/7/1/1)를 통해 건의하여 주시기 바랍니다.

2022. 3. 2 시행

■ 2022년 산업기사 제1회 필기시험 CBT 기출복원문제 ■

자격종목	종목코드	시험시간	형별	수험번호	성명
소방설비산업기사(전기분야)		2시간			

※ 각 문항은 4지택일형으로 질문에 가장 적합한 보기 항을 선택하여 체크하여야 합니다.

제1과목 소방원론

01 폭발에 대한 설명으로 틀린 것은?
19.09.문20
16.03.문05
① 보일러폭발은 화학적 폭발이라 할 수 없다.
② 분무폭발은 기상폭발에 속하지 않는다.
③ 수증기폭발은 기상폭발에 속하지 않는다.
④ 화약류 폭발은 화학적 폭발이라 할 수 있다.

해설 ② 분무폭발은 기상폭발에 속한다.

기상폭발
(1) 가스폭발(혼합가스폭발)
(2) 분무폭발 보기 ②
(3) 분진폭발

답 ②

02 연소의 3요소에 해당하지 않는 것은?
14.09.문10
13.06.문19
① 점화원
② 가연물
③ 산소
④ 촉매

해설 연소의 3요소와 4요소

연소의 3요소	연소의 4요소
• 가연물(연료) 보기 ②	• 가연물(연료)
• 산소공급원(산소, 공기) 보기 ③	• 산소공급원(산소, 공기)
• 점화원(점화에너지) 보기 ①	• 점화원(점화에너지)
	• 연쇄반응

기억법 연4(연사)

답 ④

03 다음의 위험물 중 위험물안전관리법령상 지정수량이 나머지 셋과 다른 것은?
20.08.문10
① 적린
② 황화인
③ 유기과산화물(제2종)
④ 질산에스터류(제1종)

해설 위험물의 지정수량

위험물	지정수량
• 질산에스터류(제1종) 보기 ④ • 알킬알루미늄	10kg
• 황린	20kg
• 무기과산화물 • 과산화나트륨	50kg
• 황화인 보기 ② • 적린 보기 ① • 유기과산화물(제2종) 보기 ③	100kg
• 트리나이트로톨루엔	제1종 : 10kg, 제2종 : 100kg
• 탄화알루미늄	300kg

답 ④

04 적린의 착화온도는 약 몇 ℃인가?
18.03.문06
14.09.문14
14.05.문04
12.03.문04
07.05.문03
① 34
② 157
③ 180
④ 260

해설

물질	인화점	발화점
프로필렌	-107℃	497℃
에틸에터, 다이에틸에터	-45℃	180℃
가솔린(휘발유)	-43℃	300℃
이황화탄소	-30℃	100℃
아세틸렌	-18℃	335℃
아세톤	-18℃	538℃
에틸알코올	13℃	423℃
적린	-	260℃ 보기 ④

기억법 적26(적이 육지에 있다.)

• 발화점=발화온도=착화온도=착화점

답 ④

05. 상온·상압 상태에서 기체로 존재하는 할론으로만 연결된 것은?

① Halon 2402, Halon 1211
② Halon 1211, Halon 1011
③ Halon 1301, Halon 1011
④ Halon 1301, Halon 1211

해설 상온에서의 상태

기체상태	액체상태
① Halon 1301 보기 ④ ② Halon 1211 보기 ④ ③ 탄산가스(CO_2)	① Halon 1011 ② Halon 104 ③ Halon 2402

기억법 132탄기

답 ④

06. 표준상태에서 44.8m³의 용적을 가진 이산화탄소가스를 모두 액화하면 몇 kg인가? (단, 이산화탄소의 분자량은 44이다.)

① 88
② 44
③ 22
④ 11

해설 (1) 분자량

원소	원자량
H	1
C	12
N	14
O	16

이산화탄소(CO_2)의 분자량 = 12 + 16×2 = 44g/mol

(2) 증기밀도

$$증기밀도[g/L] = \frac{분자량}{22.4}$$

여기서, 22.4 : 공기의 부피[L]

증기밀도[g/L] = $\frac{분자량}{22.4}$

$\frac{g(질량)}{44800L} = \frac{44}{22.4}$

g(질량) = $\frac{44}{22.4}$ × 44800L = 88000g = 88kg

• 1m³ = 1000L이므로 44.8m³ = 44800L
• 단위를 보고 계산하면 쉽다.

답 ①

07. 제2종 분말소화약제의 주성분은?

① 탄산수소칼륨
② 탄산수소나트륨
③ 제1인산암모늄
④ 탄산수소칼륨 + 요소

해설 분말소화약제

종별	분자식	착색	적응화재	비고
제1종	중탄산나트륨 ($NaHCO_3$)	백색	BC급	식용유 및 지방질유의 화재에 적합
제2종	중탄산칼륨 ($KHCO_3$) 보기 ①	담자색 (담회색)	BC급	—
제3종	제1인산암모늄 ($NH_4H_2PO_4$)	담홍색	ABC급	차고·주차장에 적합
제4종	중탄산칼륨 + 요소 ($KHCO_3$ + $(NH_2)_2CO$)	회(백)색	BC급	—

• 중탄산나트륨 = 탄산수소나트륨
• 중탄산칼륨 = 탄산**수**소**칼**륨 보기 ①
• 제1인산암모늄 = 인산암모늄 = 인산염
• 중탄산칼륨 + 요소 = 탄산수소칼륨 + 요소

기억법 2수칼(이수역에 칼이 있다.)

답 ①

08. 스테판-볼츠만(Stefan-Boltzmann)의 법칙에서 복사체의 단위표면적에서 단위시간당 방출되는 복사에너지는 절대온도의 얼마에 비례하는가?

① 제곱근
② 제곱
③ 3제곱
④ 4제곱

해설 스테판-볼츠만의 법칙

$$Q = aAF(T_1^4 - T_2^4)$$

여기서, Q : 복사열[W]
a : 스테판-볼츠만 상수[W/m²·K⁴]
A : 단면적[m²]
T_1 : 고온(273+℃)[K]
T_2 : 저온(273+℃)[K]

※ **스**테판-**볼**츠만의 법칙 : 복사체에서 발산되는 복사열은 복사체의 절대온도의 **4**제곱에 비례한다.
보기 ④

기억법 스볼4

• 4제곱 = 4승

답 ④

09 나이트로셀룰로오스의 용도, 성상 및 위험성과 저장·취급에 대한 설명 중 틀린 것은?

① 질화도가 낮을수록 위험성이 크다.
② 운반시 물, 알코올을 첨가하여 습윤시킨다.
③ 무연화약의 원료로 사용된다.
④ 햇빛에서 황갈색으로 변하고 물에 녹지 않지만 아세톤, 초산에스터, 나이트로벤젠에 녹는다.

해설 ① 질화도가 클수록 위험성이 크다.

중요

질화도

구분	설명
정의	나이트로셀룰로오스의 질소 함유율이다.
특징	질화도가 높을수록 위험하다.

답 ①

10 분말소화약제 중 A, B, C급의 화재에 모두 사용할 수 있는 것은?

① 제1종 분말소화약제
② 제2종 분말소화약제
③ 제3종 분말소화약제
④ 제4종 분말소화약제

해설 **분말소화약제(질식효과)**

종별	주성분	약제의 착색	적응 화재	비고
제1종	중탄산나트륨 (NaHCO₃)	백색	BC급	식용유 및 지방질유의 화재에 적합
제2종	중탄산칼륨 (KHCO₃)	담자색 (담회색)	–	–
제3종	인산암모늄 (NH₄H₂PO₄)	담홍색	ABC급 보기 ③	차고·주차장에 적합
제4종	중탄산칼륨+요소 (KHCO₃+(NH₂)₂CO)	회(백)색	BC급	–

기억법 3ABC(3종이니까 3가지 ABC급)

- 중탄산나트륨 = 탄산수소나트륨
- 중탄산칼륨 = 탄산수소칼륨
- 제1인산암모늄 = 인산암모늄 = 인산염
- 중탄산칼륨+요소 = 탄산수소칼륨+요소

답 ③

11 가연물의 종류 및 성상에 따른 화재의 분류 중 A급 화재에 해당하는 것은?

① 통전 중인 전기설비 및 전기기기의 화재
② 마그네슘, 칼륨 등의 화재
③ 목재, 섬유화재
④ 도시가스 화재

해설 ③ 목재, 섬유화재 : A급 화재

화재 종류	표시색	적응물질
일반화재(A급)	백색	• 일반가연물(목탄) • 종이류 화재 • 목재, 섬유화재 보기 ③
유류화재(B급)	황색	• 가연성 액체(등유·아마인유) • 가연성 가스(도시가스) 보기 ④ • 액화가스화재 • 석유화재 • 알코올류
전기화재(C급)	청색	• 전기설비 보기 ①
금속화재(D급)	무색	• 가연성 금속(마그네슘, 칼륨) 보기 ②
주방화재(K급)	–	• 식용유화재

※ 요즘은 표시색의 의무규정은 없음

답 ③

12 다음 중 할로젠족 원소에 해당하는 것은?

① F, Cl, I, Ar
② F, I, Ar, Br
③ F, Cl, Br, I
④ F, Cl, Br, Ar

해설 **할로젠족 원소**
(1) 불소 : F
(2) 염소 : Cl
(3) 브로민(취소) : Br
(4) 아이오딘(옥소) : I

기억법 FClBrI

답 ③

13 이산화탄소소화기가 갖는 주된 소화효과는?

① 유화소화
② 질식소화
③ 제거소화
④ 부촉매소화

해설 **주된 소화효과**

할론 1301	이산화탄소
억제소화	질식소화 보기 ②

중요

주된 소화효과

소화약제	주된 소화효과
• **할**론	**억**제소화(화학소화, 부촉매효과)
• 포 • **이**산화탄소	**질**식소화
• 물	냉각소화

기억법 할억이질

답 ②

14. 고비점 유류의 화재에 적응성이 있는 소화설비는?

① 옥내소화전설비
② 옥외소화전설비
③ 미분무설비
④ 연결송수관설비

해설 고비점 유류화재의 적응성
(1) 미분무소화설비(미분무설비) 보기 ③
(2) 물분무소화설비
(3) 포소화설비

답 ③

15. 피난계획의 일반원칙 중 Fool proof 원칙에 대한 설명으로 옳은 것은?

① 한 가지가 고장이 나도 다른 수단을 이용할 수 있도록 하는 원칙
② 두 방향의 피난동선을 항상 확보하는 원칙
③ 피난수단을 이동식 시설로 하는 원칙
④ 피난수단을 조작이 간편한 원시적 방법으로 하는 원칙

해설
①, ② Fail safe
③ 이동식 시설 → 고정식 시설(설비)

페일 세이프(fail safe)와 풀 프루프(fool proof)

용어	설명
페일 세이프 (fail safe)	① 한 가지 피난기구가 고장이 나도 다른 수단을 이용할 수 있도록 고려하는 것 보기 ① ② 한 가지가 고장이 나도 다른 수단을 이용하는 원칙 ③ 두 방향의 피난동선을 항상 확보하는 원칙 보기 ②
풀 프루프 (fool proof)	① 피난경로는 간단 명료하게 한다. ② 피난구조설비는 고정식 설비를 위주로 설치한다. 보기 ③ ③ 피난수단은 원시적 방법에 의한 것을 원칙으로 한다. 보기 ④ ④ 피난통로를 완전불연화한다. ⑤ 막다른 복도가 없도록 계획한다. ⑥ 간단한 그림이나 색채를 이용하여 표시한다.

답 ④

16. 15℃의 물 1g을 1℃ 상승시키는 데 필요한 열량은 몇 cal인가?

① 1
② 15
③ 1000
④ 15000

해설
- 15℃ 물 → 16℃ 물로 변화
- 15℃를 1℃ 상승시키므로 16℃가 됨

열량

$$Q = r_1 m + mC\Delta T + r_2 m$$

여기서, Q : 열량[cal]
r_1 : 융해열[cal/g]
r_2 : 기화열[cal/g]
m : 질량[g]
C : 비열[cal/g·℃]
ΔT : 온도차[℃]

(1) 기호
- m : 1g
- C : 1cal/g·℃
- ΔT : (16-15)℃

(2) 15℃ 물 → 16℃ 물(1℃ 상승시키므로)
열량 $Q = mC\Delta T$
$= 1\text{g} \times 1\text{cal/g·℃} \times (16-15)\text{℃}$
$= 1\text{cal}$

- '융해열'과 '기화열'은 없으므로 이 문제에서는 $r_1 m$, $r_2 m$ 식은 제외

중요

비열(specific heat)

단위	정의
1cal	1g의 물체를 1℃만큼 온도 상승시키는 데 필요한 열량
1BTU	1 lb의 물체를 1℉만큼 온도 상승시키는 데 필요한 열량
1chu	1 lb의 물체를 1℃만큼 온도 상승시키는 데 필요한 열량

답 ①

17. 기름탱크에서 화재가 발생하였을 때 탱크 하부에 있는 물 또는 물-기름 에멀션이 뜨거운 열유층에 의해서 가열되어 유류가 탱크 밖으로 갑자기 분출하는 현상은?

① 리프트(lift)
② 백파이어(backfire)
③ 플래시오버(flashover)
④ 보일오버(boil over)

해설 보일오버(boil over)
(1) 중질유의 탱크에서 장시간 조용히 연소하다 탱크 내의 잔존기름이 갑자기 분출하는 현상
(2) 유류탱크에서 탱크바닥에 물과 기름의 에멀션이 섞여 있을 때 이로 인하여 화재가 발생하는 현상 보기 ④
(3) 연소유면으로부터 100℃ 이상의 열파가 탱크 저부에 고여 있는 물을 비등하게 하면서 연소유를 탱크 밖으로 비산시키며 연소하는 현상

구 분	설 명
리프트 (lift)	버너 내압이 높아져서 **분출속도가 빨라지는** 현상
백파이어 (backfire, 역화)	가스가 노즐에서 나가는 속도가 연소속도보다 느리게 되어 **버너 내부**에서 **연소**하게 되는 현상
플래시오버 (flashover)	화재로 인하여 실내의 온도가 급격히 상승하여 화재가 **순간적**으로 **실내 전체**에 **확산**되어 연소되는 현상

답 ④

18 목조건축물의 온도와 시간에 따른 화재특성으로 옳은 것은?

① 저온단기형 ② 저온장기형
③ 고온단기형 ④ 고온장기형

해설

목조건물의 화재온도 표준곡선	내화건물의 화재온도 표준곡선
• 화재성상 : **고온단**기형 보기 ③ • 최고온도(최성기온도) : **1300℃**	• 화재성상 : 저온장기형 • 최고온도(최성기온도) : 900~1000℃

기억법 목고단 13

• 목조건물=목재건물

답 ③

19 동식물유류에서 "아이오딘값이 크다."라는 의미로 옳은 것은?

① 불포화도가 높다.
② 불건성유이다.
③ 자연발화성이 낮다.
④ 산소와의 결합이 어렵다.

해설 "아이오딘값이 크다."라는 의미
(1) **불포**화도가 높다. 보기 ①
(2) **건성유**이다. 보기 ②
(3) 자연발화성이 높다. 보기 ③
(4) 산소와 결합이 쉽다. 보기 ④

※ 아이오딘값 : 기름 100g에 첨가되는 아이오딘의 g수

기억법 아불포

답 ①

20 공기 중에 분산된 밀가루, 알루미늄가루 등이 에너지를 받아 폭발하는 현상은?

① 분진폭발
② 분무폭발
③ 충격폭발
④ 단열압축폭발

해설 **분진폭발** 보기 ①
공기 중에 분산된 **밀가루**, **알루미늄가루** 등이 에너지를 받아 폭발하는 현상

중요

분진폭발을 일으키지 않는 물질
(1) **시**멘트
(2) **석**회석(소석회)
(3) **탄**산칼슘(CaCO₃)
(4) **생**석회(CaO)=산화칼슘

• 분진폭발을 일으키지 않는 물질 = 물과 반응하여 가연성 기체를 발생시키지 않는 것

기억법 분시석탄생

답 ①

제 2 과목 소방전기일반

21 DC 전압을 일정하게 유지하기 위해서 주로 사용되는 다이오드는?

① 쇼트키다이오드
② 터널다이오드
③ 제너다이오드
④ 버랙터다이오드

해설 다이오드의 종류

종 류	심 벌	설 명
정류 다이오드	▶│	• **교류**를 **직류**로 변환할 때 이용
스위칭 다이오드	—	• 고속 ON/OFF 특성을 스위칭에 이용
제너 다이오드 (정전압 다이오드)	▶│	• **정전압** 특성을 전압 안정화에 이용 • **출력전압**을 일정하게 유지(전원전압을 일정하게 유지) 보기 ③ 기억법 일제압
가변용량 다이오드 (바랙터다이오드 =버렉터다이오드)	▶│	• **가변용량** 특성을 FM 변조 AFC 동조에 이용

터널 다이오드	▶	• 음저항 특성을 마이크로 파 발진에 이용
발광 다이오드	▶	• 발광 특성을 응용하여 광 센서에 이용
쇼트키 다이오드	▶	• N형 반도체와 금속을 접 합하여 금속부분이 반도 체와 같은 기능을 하도록 만들어진 다이오드

답 ③

22 논리식 $A(A+B)$를 간단히 하면?

19.09.문24
16.03.문34
15.05.문38
12.03.문21

① A
② B
③ AB
④ A+B

해설 $A \cdot (A+B) = \underline{AA} + AB = A + AB$
　　　　　　　　$X \cdot X = X$
　　　　　$= A(1+B) = \underline{A \cdot 1} = A$
　　　　　　$X+1=1$　$X \cdot 1 = X$

불대수의 정리 중 **흡수법칙**에 해당된다.

용어

불대수의 정리

논리합	논리곱	비 고
$X + 0 = X$	$X \cdot 0 = 0$	—
$X + 1 = 1$	$X \cdot 1 = X$	—
$X + X = X$	$X \cdot X = X$	—
$X + \overline{X} = 1$	$X \cdot \overline{X} = 0$	—
$X + Y = Y + X$	$X \cdot Y = Y \cdot X$	교환 법칙
$X + (Y + Z)$ $= (X+Y) + Z$	$X(YZ) = (XY)Z$	결합 법칙
$X(Y+Z)$ $= XY + XZ$	$(X+Y)(Z+W)$ $= XZ + XW + YZ + YW$	분배 법칙
$X + XY = X$	$\overline{X} + XY = \overline{X} + Y$ $X + \overline{X}Y = X + Y$ $X + \overline{X}\overline{Y} = X + \overline{Y}$	흡수 법칙
$\overline{(X+Y)}$ $= \overline{X} \cdot \overline{Y}$	$\overline{(X \cdot Y)} = \overline{X} + \overline{Y}$	드모르 간의 정리

답 ①

23 제어시스템의 구성에서 제어요소가 제어대상에 게 주는 것은?

20.06.문35
19.09.문29
17.09.문29
16.10.문37
15.05.문31
15.03.문25
14.09.문37
14.05.문29
13.09.문40
13.03.문25

① 기준입력
② 동작신호
③ 제어량
④ 조작량

해설 용어

용어	설 명
제어량 (controlled value)	제어대상에 속하는 양으로, 제어 대상을 제어하는 것을 목적으로 하는 물리적인 양
조작량 (manipulated value)	① 제어장치의 **출력**인 **동**시에 제 어대상의 **입**력으로 제어장치가 제어대상에 가해지는 제어신호 ② 제어**요**소가 제어**대**상에게 주는 것 보기 ④ 기억법 조출동(조중동 신문), 　　　 조요대(조용하대)
제어요소 (control element)	동작신호를 조작량으로 변환하는 요소이고, **조절부**와 **조작부**로 이 루어진다. 기억법 조제요(조제요구)
제어장치 (control device)	제어를 하기 위해 제어대상에 부착 되는 장치이고, **조절부, 설정부, 검 출부** 등이 이에 해당된다.
오차검출기	제어량을 설정값과 비교하여 오 차를 계산하는 장치이다.

중요

피드백제어의 용어

제어요소	제어장치	조절기
① **조**절부 ② **조**작부	① 조절부 ② 설정부 ③ 검출부	① **조**절부 ② **설**정부 ③ **비**교부
기억법 조제요 　　　 (조제요구)		기억법 조설비

답 ④

24 자기력선의 성질에 대한 설명으로 틀린 것은?

20.08.문40

① 자기력선은 상호간에 교차한다.
② 자석의 N극에서 시작하여 S극에서 끝난다.
③ 자기력선의 밀도는 자계의 세기와 같다.
④ 자계의 방향은 자기력선 위의 한 점에서의
　접선방향이다.

해설 ① 교차한다 → 교차할 수 없다.

자기력선의 성질

(1) 자기력선은 **N**극에서 시작해서 **S**극에서 끝난다. 보기 ②
(2) 자기력선은 서로 **반발**하여 **교차**할 수 **없다.** 보기 ①
(3) 자기장의 방향은 그 점을 통과하는 **자력선의 방향**으로 표시한다.
(4) 자기력선의 밀도는 **자계의 세기**와 **같다.** 보기 ③

(5) 자기력선은 **등자위면**에 수직한다.
(6) 자기 스스로 **폐곡선**을 이룰 수 있다.
(7) 자기력선은 고무줄과 같이 **응축력**이 있다.
(8) **자계의 방향**은 자기력선 위의 한 점에서의 **접선방향**이다.
보기 ④

• 자기력선=자력선

비교

전기력선의 성질
(1) **정(+)전하**에서 **시작**하여 **부(-)전하**에서 끝난다.
(2) 전기력선의 접선방향은 그 접점에서의 **전계의 방향**과 일치한다.
(3) 전위가 높은 점에서 낮은 점으로 향한다.
(4) 그 자신만으로 **폐곡선**이 안 된다.
(5) 전기력선은 서로 **교차하지 않는다**.
(6) 단위전하에서는 $\dfrac{1}{\varepsilon_0}$ 개의 전기력선이 출입한다.
(7) 전기력선은 도체 표면(동전위면)에서 **수직으로 출입**한다.
(8) 전하가 없는 곳에서는 전기력선의 발생, 소멸이 없고 연속적이다.
(9) 도체 내부에는 전기력선이 없다.

답 ①

25 ★★★ 인버터(inverter)에 대한 설명 중 옳은 것은?
19.04.문21
17.03.문40
14.09.문28
08.05.문25
① 교류를 직류로 변환시켜 준다.
② 직류를 교류로 변환시켜 준다.
③ 저전압을 고전압으로 높이기 위한 장치이다.
④ 교류의 주파수를 낮추어 주기 위한 장치이다.

해설

컨버터(converter)	인버터(inverter)
교류를 **직류**로 변환시켜 준다.	**직류**를 **교류**로 변환시켜 준다. 보기 ②

기억법 직인

용어

인버터(inverter)
직류전력을 교류전력으로 변환하는 장치로서, 인버터의 부하장치에는 **교류직권전동기**를 사용하여야 한다.

답 ②

26 ★★★ 소방설비의 표시등에 사용되는 발광다이오드(LED)에 대한 설명으로 틀린 것은?
19.04.문38
17.03.문39
04.09.문37
① 전구에 비해 수명이 길고 진동에 강하다.
② PN 접합에 순방향 전류를 흘림으로써 발광시킨다.
③ 표시등 중에서 응답속도가 가장 느리다.
④ 발광 다이오드의 재료로 GaAs, GaP 등이 사용된다.

 해설 ③ 가장 느리다. → 매우 빠르다.

발광다이오드(LED)의 특징
(1) 응답속도가 **매우 빠르다**. 보기 ③
(2) PN 접합에 **순방향 전류**를 흘려서 발광시킨다. 보기 ②
(3) 전구에 비해 수명이 길고 진동에 강하다. 보기 ①
(4) 발광다이오드의 재료는 **비소화칼륨**(GaAs), **인화칼륨**(GaP) 등이 사용된다. 보기 ④

답 ③

27 ★★★ 0.1H인 코일의 리액턴스가 377Ω일 때 주파수(Hz)는?
19.09.문27
18.09.문22
18.04.문40
10.09.문31
09.08.문32
08.05.문28
① 100   ② 200
③ 400   ④ 600

해설 (1) 기호
• L : 0.1H
• X_L : 377Ω
• f : ?

(2) 유도리액턴스
$$X_L = \omega L = 2\pi f L$$

여기서, X_L : 유도리액턴스(Ω)
ω : 각주파수(rad/s)
L : 인덕턴스(H)
f : 주파수(Hz)

주파수 f 는
$$f = \dfrac{X_L}{2\pi L} = \dfrac{377}{2\pi \times 0.1} \fallingdotseq 600 \text{Hz}$$

비교

용량리액턴스
$$X_C = \dfrac{1}{\omega C} = \dfrac{1}{2\pi f C}$$

여기서, X_C : 용량리액턴스(Ω)
ω : 각주파수(rad/s)
C : 정전용량(커패시턴스)(F)
f : 주파수(Hz)

답 ④

28 ★ 내부저항 0.2Ω인 건전지 5개를 직렬로 접속하고, 이것을 한 조로 하여 5조 병렬로 접속하면 합성내부저항은?
14.03.문25
07.09.문38
① 0.1Ω   ② 0.2Ω
③ 1Ω   ④ 2Ω

 해설 (1) 기호
• R : 0.2Ω
• n : 5
• n' : 5

(2) 전체저항

직렬접속	병렬접속
$R_0 = nR$	$R_0 = \dfrac{R}{n}$
여기서, R_0 : 전체저항[Ω] n : 전지개수 R : 전지 1개의 저항	여기서, R_0 : 전체저항[Ω] n : 전지개수 R : 전지 1개의 저항

직렬접속시의 전체저항 R_0는

$R_0 = nR = 5 \times 0.2 = 1\,\Omega$

병렬접속시의 전체저항 R_0는

$R_0 = \dfrac{R}{n'} = \dfrac{1}{5} = 0.2\,\Omega$

비교

전전압

직렬접속	병렬접속
$V_0 = nV$	$V_0 = V$
여기서, V_0 : 전전압[V] n : 전지개수 V : 전지 1개의 전압[V]	여기서, V_0 : 전전압[V] V : 전지 1개의 전압[V]

답 ②

29 원자 하나에 최외각 전자가 4개인 4가의 전자로서 가전자대의 4개의 전자가 안정화를 위해 원자끼리 결합된 구조로 일반적인 반도체 재료로 쓰고 있는 것은?

19.04.문23
16.10.문21
11.03.문38

① Si ② P
③ As ④ Ga

해설 반도체 재료
(1) 규소(Si)=실리콘 보기 ①
(2) 게르마늄(Ge)
(3) 탄소(C)
(4) 아산화동(Cu_2O)

※ 반도체 재료 : 온도가 올라가면 저항이 감소하는 물질

답 ①

30 잔류편차가 있는 제어계로 P제어라고 하는 것은?

21.03.문34
19.04.문27
15.03.문39
07.03.문25

① 비례제어
② 미분제어
③ 적분제어
④ 비례적분미분제어

해설

비례제어(P동작)	비례적분제어(PI동작)
잔류편차(off-set)가 있는 제어 보기 ①	간헐현상이 있는 제어

기억법 비잔적간

답 ①

31 용량 1kVA, 3000/200V의 단상변압기를 단권변압기로 결선해서 3000/200V의 승압기로 사용할 때 부하용량 kVA는?

17.09.문36

① 1
② 2
③ 15
④ 16

해설 (1) 기호
- P : 1kVA=1000VA
- V_1 : 3000V
- V_2 : 200V
- P_2 : ?

(2) 2차 전류

$$I_2 = \dfrac{P}{V_2}$$

여기서, I_2 : 2차 전류[A]
P : 용량[VA]
V_2 : 2차 전압[V]

2차 전류 $I_2 = \dfrac{P}{V_2} = \dfrac{1000}{200} = 5\text{A}$

(3) 2차 전압
3000V 입력시 2차측이 200V까지 승압 가능한 승압변압기이므로
2차 전압=1차 전압+200V=3000+200=3200V

(4) 부하용량

$$P_2 = V_2 I_2$$

여기서, P_2 : 부하용량[VA]
V_2 : 2차 전압[V]
I_2 : 2차 전류[A]

부하용량 $P_2 = V_2 I_2$
$= 3200 \times 5 = 16000\text{VA} = 16\text{kVA}$

답 ④

32 내압과 용량이 각각 300V 4μF, 400V 5μF, 500V 6μF인 3개의 콘덴서를 직렬 연결하였을 때 전체 내압은 몇 V인가? (단, 3개의 콘덴서의 재질이나 형태는 동일한 것으로 간주한다.)

① 300
② 620
③ 740
④ 1200

해설 (1) 기호

- C_1 : $4\mu F = 4 \times 10^{-6} F (1\mu F = 10^{-6} F)$
- V_1 : 300V
- C_2 : $5\mu F = 5 \times 10^{-6} F (1\mu F = 10^{-6} F)$
- V_2 : 400V
- C_3 : $6\mu F = 6 \times 10^{-6} F (1\mu F = 10^{-6} F)$
- V_3 : 500V

(2) 전기량

$$Q = CV$$

여기서, Q : 전기량(전하)[C]
C : 정전용량[F]
V : 전압[V]

$Q_1 = C_1 V_1 = 4 \times 10^{-6} \times 300 = 1.2 \times 10^{-3}$C
$Q_2 = C_2 V_2 = 5 \times 10^{-6} \times 400 = 2.0 \times 10^{-3}$C
$Q_3 = C_3 V_3 = 6 \times 10^{-6} \times 500 = 3.0 \times 10^{-3}$C

Q_1이 제일 작으므로 C_1 콘덴서가 제일 먼저 파괴된다. C_1의 전압이 **300V**이므로 이때의 전체 내압을 구하면 된다.

- $V_1 = \dfrac{\dfrac{1}{C_1}}{\dfrac{1}{C_1}+\dfrac{1}{C_2}+\dfrac{1}{C_3}} \times V$

- $V_2 = \dfrac{\dfrac{1}{C_2}}{\dfrac{1}{C_1}+\dfrac{1}{C_2}+\dfrac{1}{C_3}} \times V$

- $V_3 = \dfrac{\dfrac{1}{C_3}}{\dfrac{1}{C_1}+\dfrac{1}{C_2}+\dfrac{1}{C_3}} \times V$

$V_1 = \dfrac{\dfrac{1}{C_1}}{\dfrac{1}{C_1}+\dfrac{1}{C_2}+\dfrac{1}{C_3}} \times V$

$300 = \dfrac{\dfrac{1}{4}}{\dfrac{1}{4}+\dfrac{1}{5}+\dfrac{1}{6}} \times V$

$V = \dfrac{300}{\dfrac{\dfrac{1}{4}}{\dfrac{1}{4}+\dfrac{1}{5}+\dfrac{1}{6}}} = \dfrac{300 \times \left(\dfrac{1}{4}+\dfrac{1}{5}+\dfrac{1}{6}\right)}{\dfrac{1}{4}} = 740$V

- 정전용량의 단위가 모두 μF이므로 $\mu = 10^{-6}$은 모두 생략되어 따로 적용할 필요는 없다.

답 ③

33 어떤 측정계기의 지시값을 M, 참값을 T라 할 때 보정률은?

① $\dfrac{T-M}{M} \times 100\%$
② $\dfrac{M}{M-T} \times 100\%$
③ $\dfrac{T-M}{T} \times 100\%$
④ $\dfrac{T}{M-T} \times 100\%$

해설 전기계기의 오차

오차율	보정률
오차율 = $\dfrac{M-T}{T} \times 100\%$	보정률 = $\dfrac{T-M}{M} \times 100\%$
	보기 ①

여기서, T : 참값
M : 측정값(지시값)

답 ①

34 100V의 전위차가 있는 곳에 50A의 전류가 6분간 흘렀을 때 전력량은 몇 J인가?

① 18×10^5
② 18×10^4
③ 18×10^3
④ 18×10^2

해설 (1) 기호

- V : 100V
- I : 50A
- t : 6min = (6×60)s(1min=60s)
- W : ?

(2) 전력량

$$W = VIt = I^2Rt = Pt \text{ [J]}$$

여기서, W : 전력량[J]
V : 전압[V]
I : 전류[A]
t : 시간[s]
R : 저항[Ω]
P : 전력[W]

전력량 W는
$W = VIt$
$= 100 \times 50 \times (6 \times 60) = 1800000\text{J} = 18 \times 10^5 \text{J}$

- 6분 : 1분=60초이므로 6분=6×60초

※ **전력량** : 일정한 시간 동안 전기가 하는 일의 양

답 ①

35 ★★★ 전기식 조작기의 종류가 아닌 것은?

17.03.문23
① 조작용 전동기
② 솔레노이드밸브
③ 전동밸브
④ 다이어프램밸브

해설 조작기

전기식 조작기	기계식 조작기
• 전동밸브 보기 ③ • 전자밸브(솔레노이드밸브) 보기 ② • 서보전동기(조작용 전동기) 보기 ①	다이어프램밸브

④ 기계식 조작기

비교

증폭기기

구 분	종 류
전기식	• SCR • 앰플리다인 • 다이라트론 • 트랜지스터 • 자기증폭기
공기식	• **벨**로스 • **노**즐플래퍼 • **파**일럿밸브
유압식	• 분사관 • 안내밸브

기억법 공벨노파

답 ④

36 ★★★ 다음 그림과 같은 교류회로의 역률은?

18.09.문37
17.09.문28
12.03.문34
10.05.문28
05.03.문37
04.03.문27

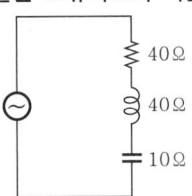

① 0.6 ② 0.7
③ 0.8 ④ 1.0

해설 (1) 기호

- R : 40Ω
- X_L : 40Ω
- X_C : 10Ω
- $\cos\theta$: ?

(2) RLC 직렬회로

$$\cos\theta = \frac{R}{Z} = \frac{R}{\sqrt{R^2 + (X_L - X_C)^2}}$$

여기서, $\cos\theta$: 역률
R : 저항[Ω]
Z : 임피던스[Ω]
X_L : 유도리액턴스[Ω]
X_C : 용량리액턴스[Ω]

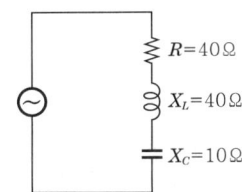

역률 $\cos\theta$는
$$\cos\theta = \frac{R}{\sqrt{R^2 + (X_L - X_C)^2}}$$
$$= \frac{40}{\sqrt{40^2 + (40-10)^2}} = 0.8$$

비교

RLC 직렬회로의 **무효율**

$$\sin\theta = \frac{X_L - X_C}{Z} = \frac{X_L - X_C}{\sqrt{R^2 + (X_L - X_C)^2}}$$

여기서, $\sin\theta$: 무효율
X_L : 유도리액턴스[Ω]
X_C : 용량리액턴스[Ω]
Z : 임피던스[Ω]
R : 저항[Ω]

답 ③

37. 다음 진리표의 논리게이트는? (단, A와 B는 입력이고 X는 출력이다.)

A	B	X
0	0	1
0	1	0
1	0	0
1	1	0

① AND ② OR
③ NOT ④ NOR

해설 시퀀스회로와 논리회로

명칭	논리회로	진리표
AND 회로 (직렬회로)	$X = A \cdot B$ 입력신호 A, B가 동시에 1일 때만 출력신호 X가 1이 된다.	A B X / 0 0 0 / 0 1 0 / 1 0 0 / 1 1 1
OR 회로 (병렬회로)	$X = A + B$ 입력신호 A, B 중 어느 하나라도 1이면 출력신호 X가 1이 된다.	A B X / 0 0 0 / 0 1 1 / 1 0 1 / 1 1 1
NOR 회로 **보기 ④**	$X = \overline{A+B}$ 입력신호 A, B가 동시에 0일 때만 출력신호 X가 1이 된다. (OR회로의 부정)	A B X / 0 0 1 / 0 1 0 / 1 0 0 / 1 1 0
EXCLUSIVE OR 회로	$X = A \oplus B = \overline{A}B + A\overline{B}$ 입력신호 A, B 중 어느 한쪽만이 1이면 출력신호 X가 1이 된다.	A B X / 0 0 0 / 0 1 1 / 1 0 1 / 1 1 0
NAND 회로	$X = \overline{A \cdot B}$ 입력신호 A, B가 동시에 1일 때만 출력신호 X가 0이 된다. (AND회로의 부정)	A B X / 0 0 1 / 0 1 1 / 1 0 1 / 1 1 0

※ NOR게이트 : 입력 A, B가 모두 0일 때만 출력 X가 1이 된다.

답 ④

38. 전류가 22A로서 2.6kW의 전력을 소비하는 직류부하의 저항은 약 몇 Ω인가?

① 3.27 ② 5.37
③ 7.27 ④ 9.37

해설 (1) 기호
- I : 22A
- P : 2.6kW = 2.6×10^3W (1kW = 10^3W)
- R : ?

(2) 전력
$$P = \frac{V^2}{R} = I^2 R$$

여기서, P : 전력[W]
V : 전압[V]
R : 저항[Ω]
I : 전류[A]

저항 R은
$$R = \frac{P}{I^2} = \frac{(2.6 \times 10^3)}{22^2} \fallingdotseq 5.37\,\Omega$$

답 ②

39. 정전용량 2μF의 콘덴서를 직류 3000V로 충전할 때 이것에 축적되는 에너지는 몇 J인가?

① 6   ② 9
③ 12 ④ 18

해설 (1) 기호
- C : 2μF = 2×10^{-6}F (1μF = 10^{-6}F)
- V : 3000V
- W : ?

(2) 축적에너지
$$W = \frac{1}{2} CV^2$$

여기서, W : 축적에너지[J]
C : 정전용량[F]
V : 전압[V]

축적에너지 W는
$$W = \frac{1}{2} CV^2 = \frac{1}{2} \times (2 \times 10^{-6}) \times 3000^2 = 9\text{J}$$

답 ②

40. 발전기 권선의 층간단락보호에 가장 적합한 계전기는?

① 과부하계전기 ② 접지계전기
③ 차동계전기   ④ 온도계전기

해설

계전기	설명
접지계전기	지락전류 검출
거리계전기	계전기 입력전압과 전류의 비에 따라 작동하는 계전기
(비율)차동계전기	발전기나 변압기의 내부고장 보호용
브흐홀츠계전기	발전기 권선의 층간단락보호 **보기 ③**
열동계전기	전동기의 과부하 보호용

기억법 차발변, 열전

답 ③

제3과목 소방관계법규

41 소방기본법의 목적과 거리가 먼 것은?
① 화재를 예방·경계하고 진압하는 것
② 건축물의 안전한 사용을 통하여 안락한 국민생활을 보장해 주는 것
③ 화재, 재난·재해로부터 구조·구급활동을 하는 것
④ 공공의 안녕 및 질서유지와 복리증진에 기여하는 것

해설 기본법 1조
소방기본법의 목적
(1) 화재의 예방·경계·진압 보기 ①
(2) 국민의 생명·신체 및 재산보호
(3) 공공의 안녕 및 질서유지와 복리증진 보기 ④
(4) 구조·구급활동 보기 ③

답 ②

42 소방기본법령상 소방용수시설인 저수조의 설치기준으로 맞는 것은?
① 흡수부분의 수심이 0.5m 이하일 것
② 지면으로부터의 낙차가 4.5m 이하일 것
③ 흡수관의 투입구가 사각형의 경우에는 한 변의 길이가 60cm 이하일 것
④ 저수조에 물을 공급하는 방법은 상수도에 연결하여 수동으로 급수되는 구조일 것

해설
① 0.5m 이하 → 0.5m 이상
③ 60cm 이하 → 60cm 이상
④ 수동으로 → 자동으로

기본규칙 [별표 3]
소방용수시설의 저수조의 설치기준

구 분	기 준
낙차	4.5m 이하 보기 ②
수심	0.5m 이상 보기 ①
투입구의 길이 또는 지름	60cm 이상 보기 ③

(1) 소방펌프자동차가 **쉽게 접근**할 수 있도록 할 것
(2) 흡수에 지장이 없도록 **토사** 및 **쓰레기** 등을 제거할 수 있는 설비를 갖출 것
(3) 저수조에 물을 공급하는 방법은 **상수도**에 연결하여 **자동**으로 **급수**되는 구조일 것 보기 ④

답 ②

43 소방기본법령상 소방서 종합상황실의 실장이 서면·모사전송 또는 컴퓨터통신 등으로 소방본부의 종합상황실에 지체 없이 보고하여야 하는 화재의 기준으로 틀린 것은?
① 이재민이 50인 이상 발생한 화재
② 재산피해액이 50억원 이상 발생한 화재
③ 층수가 11층 이상인 건축물에서 발생한 화재
④ 사망자가 5인 이상 발생하거나 사상자가 10인 이상 발생한 화재

해설 ① 50인 → 100인

기본규칙 3조
종합상황실 실장의 보고화재
(1) 사망자 **5인** 이상 화재 보기 ④
(2) 사상자 **10인** 이상 화재 보기 ④
(3) 이재민 **100인** 이상 화재 보기 ①
(4) 재산피해액 **50억원** 이상 화재 보기 ②
(5) 관광호텔, 층수가 **11층 이상**인 건축물, 지하상가, 시장, 백화점 보기 ③
(6) 5층 이상 또는 객실 30실 이상인 **숙박시설**
(7) 5층 이상 또는 병상 30개 이상인 **종합병원·정신병원·한방병원·요양소**
(8) 1000t 이상인 선박(항구에 매어둔 것)
(9) 지정수량 3000배 이상의 위험물 제조소·저장소·취급소
(10) 연면적 15000m² 이상인 **공장** 또는 화재예방강화지구에서 발생한 화재
(11) 가스 및 **화학류**의 폭발에 의한 화재
(12) **관공서·학교·정부미 도정공장·문화재·지하철** 또는 지하구의 **화재**
(13) 철도차량, 항공기, 발전소 또는 변전소에서 발생한 화재
(14) 다중이용업소의 화재

※ **종합상황실** : 화재·재난·재해·구조·구급 등이 필요한 때에 신속한 소방활동을 위한 정보를 수집·전파하는 소방서 또는 소방본부의 지령관제실

답 ①

44 소방시설 설치 및 관리에 관한 법령상 건축허가 등을 할 때 미리 소방본부장 또는 소방서장의 동의를 받아야 하는 건축물의 범위에 해당하는 것은?
① 연면적이 200m²인 노유자시설 및 수련시설
② 연면적이 300m²인 업무시설로 사용되는 건축물
③ 승강기 등 기계장치에 의한 주차시설로서 자동차 10대를 주차할 수 있는 시설
④ 차고·주차장으로 사용되는 층 중 바닥면적이 150m²인 층이 있는 건축물

해설
② 300m² → 400m² 이상
③ 10대 → 20대 이상
④ 150m² → 200m² 이상

소방시설법 시행령 7조
건축허가 등의 동의대상물
(1) 연면적 400m²(학교시설 : 100m², 수련시설·노유자시설 : 200m², 정신의료기관·장애인의료재활시설 : 300m²) 이상
　　보기 ①②
(2) 6층 이상인 건축물
(3) 차고·주차장으로서 바닥면적 200m² 이상(자동차 20대 이상)
　　보기 ③④
(4) 항공기격납고, 관망탑, 항공관제탑, 방송용 송수신탑
(5) 지하층 또는 무창층의 바닥면적 150m²(공연장은 100m²) 이상
(6) 위험물저장 및 처리시설, 지하구
(7) 전기저장시설, 풍력발전소
(8) 공동주택, 숙박시설
(9) 조산원, 산후조리원, 의원(입원실 또는 인공신석실이 있는 것)
(10) **결핵환자**나 **한센인**이 24시간 생활하는 **노유자시설**
(11) 노인주거복지시설·노인의료복지시설 및 재가노인복지시설, 학대피해노인 전용쉼터, 아동복지시설, 장애인거주시설
(12) 정신질환자 관련시설(공동생활가정을 제외한 재활훈련시설과 종합시설 중 24시간 주거를 제공하지 않는 시설 제외)
(13) 노숙인자활시설, 노숙인재활시설 및 노숙인 요양시설
(14) 요양병원(의료재활시설 제외)
(15) 공장 또는 창고시설로서 지정수량의 **750배** 이상의 특수가연물을 저장·취급하는 것
(16) 가스시설로서 지상에 노출된 탱크의 저장용량의 합계가 100t 이상인 것

답 ①

45 소방시설 설치 및 관리에 관한 법령에서 정하는 소방시설이 아닌 것은?
19.09.문52
① 캐비닛형 자동소화장치
② 이산화탄소소화설비
③ 가스누설경보기
④ 방염성 물질

④ 해당없음

소방시설법 2조
소방시설

소방시설	세부 종류
소화설비	① 캐비닛형 자동소화장치 보기 ① ② 이산화탄소소화설비 등 보기 ②
경보설비	• 가스누설경보기 등 보기 ③
피난구조설비	• 완강기 등
소화용수설비	① 상수도 소화용수설비 ② 소화수조 및 저수조
소화활동설비	• 비상콘센트설비 등

답 ④

46 소방시설 설치 및 관리에 관한 법령상 소화설비를 구성하는 제품 또는 기기에 해당하지 않는 것은?
12.09.문56
① 가스누설경보기　② 소방호스
③ 스프링클러헤드　④ 분말자동소화장치

해설 **소방시설법 시행령〔별표 3〕**
소방용품

구 분	설 명
소화설비를 구성하는 제품 또는 기기	• 소화기구(소화약제 외의 것을 이용한 간이소화용구 제외) 보기 ④ • 소화전 • 자동소화장치 • 관창(菅槍) • 소방호스 보기 ② • 스프링클러헤드 보기 ③ • 기동용 수압개폐장치 • 유수제어밸브 • 가스관선택밸브
경보설비를 구성하는 제품 또는 기기	• 누전경보기 • 가스누설경보기 • 발신기 • 수신기 • 중계기 • 감지기 및 음향장치(경종만 해당)
피난구조설비를 구성하는 제품 또는 기기	• 피난사다리 • 구조대 • 완강기(간이완강기 및 지지대 포함) • 공기호흡기(충전기 포함) • 유도등 • 예비전원이 내장된 비상조명등
소화용으로 사용하는 제품 또는 기기	• 소화약제 • 방염제

① 가스누설경보기는 소화설비가 아니고 **경보설비**

답 ①

47 소방시설 설치 및 관리에 관한 법령상 특정소방대상물에 설치되어 소방본부장 또는 소방서장의 건축허가 등의 동의대상에서 제외되게 하는 소방시설이 아닌 것은? (단, 설치되는 소방시설은 화재안전기준에 적합하다.)
20.08.문59
17.09.문43
① 유도표지　② 누전경보기
③ 비상조명등　④ 인공소생기

해설 **소방시설법 시행령 7조〔별표 1〕**
건축허가 등의 동의대상 제외
(1) **소**화기구
(2) 자동소화장치
(3) **누**전경보기 보기 ②
(4) 단독경보형 감지기
(5) 시각경보기
(6) 가스누설경보기
(7) **피**난구조설비(비상조명등 제외)
(8) **인**명구조기구 ─ **방열**복
　　　　　　　　　├ 방화복(안전모, 보호장갑, 안전화 포함)
　　　　　　　　　├ **공**기호흡기
　　　　　　　　　└ **인**공소생기 보기 ④

 방화열공인

답 ①

(9) 유도등
(10) 유도표지 보기 ①
(11) 건축물의 증축 또는 용도변경으로 인하여 해당 특정소방대상물에 추가로 소방시설이 설치되지 않는 경우 해당 특정소방대상물

기억법 소누피 유인(스누피를 유인하다.)

답 ③

공동구, 전력 및 통신사업용 지하구	노유자시설에 설치하여야 하는 소방시설	의료시설에 설치하여야 하는 소방시설
① 소화기 ② 자동소화장치 ③ 자동화재탐지설비 ④ 통합감시시설 ⑤ 유도등 ⑥ 연소방지설비	① 간이스프링클러설비 ② 자동화재탐지설비 ③ 단독경보형 감지기	① 스프링클러설비 ② 간이스프링클러설비 ③ 자동화재탐지설비 ④ 자동화재속보설비

답 ①

48 소방시설 설치 및 관리에 관한 법령상 소방용품으로 틀린 것은?
① 시각경보기
② 자동소화장치
③ 가스누설경보기
④ 방염제

해설 소방시설법 시행령 6조
소방용품 제외대상
(1) 주거용 주방자동소화장치용 소화약제
(2) 가스자동소화장치용 소화약제
(3) 분말자동소화장치용 소화약제
(4) 고체에어로졸 자동소화장치용 소화약제
(5) 소화약제 외의 것을 이용한 간이소화용구
(6) 휴대용 비상조명등
(7) 유도표지
(8) 벨용 푸시버튼스위치
(9) 피난밧줄
(10) 옥내소화전함
(11) 방수구
(12) 안전매트
(13) 방수복
(14) 시각경보기 보기 ①

답 ①

49 대통령령 또는 화재안전기준이 변경되어 그 기준이 강화되는 경우 기존의 특정소방대상물의 소방시설 중 대통령령으로 정하는 것으로 변경으로 강화된 기준을 적용하여야 하는 소방시설은? (단, 건축물의 신축·개축·재축·이전 및 대수선 중인 특정소방대상물을 포함한다.)
① 비상경보설비
② 화재조기진압용 스프링클러설비
③ 옥내소화전설비
④ 제연설비

해설 소방시설법 13조, 소방시설법 시행령 13조
변경강화기준 적용설비
(1) 소화기구
(2) 비상경보설비 보기 ①
(3) 자동화재탐지설비
(4) 자동화재속보설비
(5) 피난구조설비
(6) 소방시설 공동구 설치용, 전력 및 통신사업용 지하구
(7) 노유자시설, 의료시설

50 소방기본법령상 소방대상물에 해당하지 않는 것은?
① 차량
② 건축물
③ 운항 중인 선박
④ 선박건조구조물

해설 ③ 운항 중인 → 매어 둔

기본법 2조 1호
소방대상물
(1) 건축물 보기 ②
(2) 차량 보기 ①
(3) 선박(매어둔 것) 보기 ③
(4) 선박건조구조물 보기 ④
(5) 인공구조물
(6) 물건
(7) 산림

기억법 건차선 인물산

 비교

위험물법 3조
위험물의 저장·운반·취급에 대한 적용 제외
(1) 항공기
(2) 선박
(3) 철도(기차)
(4) 궤도

답 ③

51 제조 또는 가공 공정에서 방염처리를 하는 방염대상물품으로 틀린 것은? (단, 합판·목재류의 경우에는 설치현장에서 방염처리를 한 것을 포함한다.)
① 카펫
② 창문에 설치하는 커튼류
③ 두께가 2mm 미만인 종이벽지
④ 전시용 합판 또는 섬유판

해설 ③ 두께가 2mm 미만인 종이벽지 → 두께가 2mm 미만인 종이벽지 제외

소방시설법 시행령 31조
방염대상물품

제조 또는 가공 공정에서 방염처리를 한 물품	건축물 내부의 천장이나 벽에 부착하거나 설치하는 것
① 창문에 설치하는 **커튼류** (블라인드 포함) ② 카펫 ③ **벽지류**(두께 2mm 미만인 종이벽지 제외) ④ 전시용 **합판·목재** 또는 **섬유판** ⑤ 무대용 **합판·목재** 또는 **섬유판** ⑥ **암막·무대막**(영화상영관·가상체험 체육시설업의 **스크린** 포함) ⑦ 섬유류 또는 합성수지류 등을 원료로 하여 제작된 **소파·의자**(단란주점영업, 유흥주점영업 및 노래연습장업의 영업장에 설치하는 것만 해당)	① 종이류(두께 **2mm 이상**), **합성수지류** 또는 **섬유류**를 주원료로 한 물품 ② **합판**이나 **목재** ③ 공간을 구획하기 위하여 설치하는 **간이칸막이** ④ **흡음재**(흡음용 커튼 포함) 또는 **방음재**(방음용 커튼 포함) ※ 가구류(옷장, 찬장, 식탁, 식탁용 의자, 사무용 책상, 사무용 의자, 계산대)와 너비 10cm 이하인 반자돌림대, 내부 마감재료 제외

답 ③

52 ★★
21.05.문50
19.09.문44
17.05.문41

특정소방대상물의 건축·대수선·용도변경 또는 설치 등을 위한 공사를 시공하는 자가 공사현장에서 인화성 물품을 취급하는 작업 등 대통령령으로 정하는 작업을 하기 전에 설치하고 유지·관리하는 임시소방시설의 종류가 아닌 것은? (단, 용접·용단 등 불꽃을 발생시키거나 화기를 취급하는 작업이다.)

① 간이소화장치   ② 비상경보장치
③ 자동확산소화기 ④ 간이피난유도선

해설 **소방시설법 시행령 [별표 8]**
임시소방시설의 종류

종류	설명
소화기	–
간이소화장치 보기 ①	물을 방사하여 **화재**를 **진화**할 수 있는 장치로서 **소방청장**이 정하는 성능을 갖추고 있을 것
비상경보장치 보기 ②	화재가 발생한 경우 주변에 있는 작업자에게 **화재사실**을 **알릴** 수 있는 장치로서 **소방청장**이 정하는 성능을 갖추고 있을 것
간이피난유도선 보기 ④	화재가 발생한 경우 **피난구** 방향을 안내할 수 있는 장치로서 **소방청장**이 정하는 성능을 갖추고 있을 것
가스누설경보기	**가연성 가스**가 **누설** 또는 발생된 경우 **탐지**하여 경보하는 장치로서 **소방청장**이 실시하는 형식승인 및 제품검사를 받은 것
비상조명등	화재발생시 안전하고 원활한 피난활동을 할 수 있도록 **자동점등**되는 조명장치로서 **소방청장**이 정하는 성능을 갖추고 있을 것

방화포	**용접·용단** 등 작업시 발생하는 **불티**로부터 가연물이 점화되는 것을 방지해주는 **천** 또는 **불연성 물품**으로서 **소방청장**이 정하는 성능을 갖추고 있을 것

답 ③

53 ★★
21.03.문46
20.06.문56
19.04.문47
14.03.문58

위험물안전관리법상 제조소 등을 설치하고자 하는 자는 누구의 허가를 받아 설치할 수 있는가?

① 소방서장   ② 소방청장
③ 시·도지사   ④ 안전관리자

해설 **위험물법 6조**
제조소 등의 설치허가

(1) 설치허가자 : **시·도지사** 보기 ③
(2) 설치허가 제외장소
  ㉠ 주택의 난방시설(공동주택의 중앙난방시설은 제외)을 위한 **저장소** 또는 **취급소**
  ㉡ 지정수량 **20배** 이하의 **농예용·축산용·수산용** 난방시설 또는 건조시설의 **저장소**
(3) 제조소 등의 변경신고 : 변경하고자 하는 날의 **1일** 전까지

🔖 참고

시·도지사
(1) 특별시장
(2) 광역시장
(3) 특별자치시장
(4) 도지사
(5) 특별자치도지사

답 ③

54 ★★
20.06.문53
18.09.문53
15.09.문53

소방기본법령상 소방대원에게 실시할 교육·훈련의 횟수 및 기간으로 옳은 것은?

① 1년마다 1회, 2주 이상
② 2년마다 1회, 2주 이상
③ 3년마다 1회, 2주 이상
④ 3년마다 1회, 4주 이상

해설 (1) **2년마다 1회 이상** 보기 ②
  ㉠ 소방대원의 소방교육·훈련(기본규칙 9조)
  ㉡ **실무교육**(화재예방법 시행규칙 29조)

🔖 기억법 실2(실리)

(2) **소방기본법 시행규칙 [별표 3의 2]**
  소방대원의 소방 교육·훈련

구 분	설 명
전문교육기간	**2주** 이상 보기 ②

🔖 비교

화재예방법 시행규칙 29조
소방안전관리자의 실무교육
(1) 실시자 : **소방청장**(위탁 : 한국소방안전원장)
(2) 실시 : **2년마다 1회** 이상
(3) 교육통보 : **30일** 전

답 ②

55 소방시설 설치 및 관리에 관한 법령상 소방시설관리사의 결격사유가 아닌 것은?

① 피성년후견인
② 소방기본법령에 따른 금고 이상의 실형을 선고받고 그 집행이 면제된 날부터 2년이 지나지 아니한 사람
③ 소방시설공사업법령에 따른 금고 이상의 형의 집행유예를 선고받고 그 유예기간이 지난 후 2년이 지나지 아니한 사람
④ 거짓이나 그 밖의 부정한 방법으로 관리사 시험에 합격하여 자격이 취소된 날부터 2년이 지나지 아니한 사람

해설
③ 그 유예기간이 지난 후 2년이 지나지 아니한 사람 → 금고 이상의 형의 집행유예를 선고받고 그 유예기간 중에 있는 사람

소방시설법 27조
소방시설관리사의 결격사유
(1) 피성년후견인 보기 ①
(2) 금고 이상의 실형을 선고받고 그 집행이 끝나거나 집행이 면제된 날부터 **2년**이 지나지 아니한 사람 보기 ②
(3) 금고 이상의 형의 집행유예를 선고받고 그 유예기간 중에 있는 사람 보기 ③
(4) 자격취소 후 **2년**이 지나지 아니한 사람 보기 ④

용어
피성년후견인
질병, 장애, 노령, 그 밖의 사유로 인한 정신적 제약으로 사무를 처리할 능력이 없어서 가정법원에서 판정을 받은 사람

답 ③

56 다음 위험물 중 위험물안전관리법령에서 정하고 있는 지정수량이 가장 적은 것은?

① 브로민산염류
② 황
③ 알칼리토금속
④ 과염소산

해설 **위험물령 [별표 1]**
지정수량

위험물	지정수량
• **알칼리토**금속	50kg 보기 ③ 기억법 알토(소프라노, 알토)
• 황	100kg
• 브로민산염류 • 과염소산	300kg

답 ③

57 특정소방대상물이 증축되는 경우 기존부분에 대해서 증축 당시의 소방시설의 설치에 관한 대통령령 또는 화재안전기준을 적용하지 않는 경우로 틀린 것은?

① 증축으로 인하여 천장·바닥·벽 등에 고정되어 있는 가연성 물질의 양이 줄어드는 경우
② 자동차 생산공장 등 화재위험이 낮은 특정소방대상물 내부에 연면적 $33m^2$ 이하의 직원 휴게실을 증축하는 경우
③ 기존부분과 증축부분이 자동방화셔터 또는 60분＋방화문으로 구획되어 있는 경우
④ 자동차 생산공장 등 화재위험이 낮은 특정소방대상물에 캐노피(3면 이상에 벽이 없는 구조의 캐노피)를 설치하는 경우

해설 ① 해당사항 없음

소방시설법 시행령 15조
화재안전기준 적용제외
(1) 기존부분과 증축부분이 **내화구조**로 된 **바닥**과 **벽**으로 구획된 경우
(2) 기존부분과 증축부분이 **자동방화셔터** 또는 **60분＋방화문**으로 구획되어 있는 경우
(3) 자동차 생산공장 등 화재위험이 낮은 특정소방대상물 내부에 연면적 $33m^2$ 이하의 직원 휴게실을 증축하는 경우
(4) 자동차 생산공장 등 화재위험이 낮은 특정소방대상물에 **캐노피**(3면 이상에 벽이 없는 구조의 것)를 설치하는 경우

비교
소방시설법 시행령 15조
용도변경 전의 대통령령 또는 화재안전기준을 적용하는 경우
(1) 특정소방대상물의 구조·설비가 **화재연소 확대요인**이 **적어지거나 피난** 또는 **화재진압활동**이 **쉬워지도록** 변경되는 경우
(2) 용도변경으로 인하여 천장·바닥·벽 등에 고정되어 있는 가연성 **물질**의 **양**이 **줄어드는** 경우

답 ①

58 화재의 예방 및 안전관리에 관한 법률상 소방안전특별관리시설물의 대상기준 중 틀린 것은?

① 수련시설
② 항만시설
③ 전력용 및 통신용 지하구
④ 지정문화유산인 시설(시설이 아닌 지정문화유산을 보호하거나 소장하고 있는 시설을 포함)

해설 ① 해당없음

22. 03. 시행 / 산업(전기)

해설 화재예방법 40조
소방안전특별관리시설물의 안전관리
(1) 공항시설
(2) 철도시설
(3) 도시철도시설
(4) 항만시설 보기 ②
(5) 지정문화유산 및 천연기념물 등인 시설(시설이 아닌 지정문화유산 및 천연기념물 등을 보호하거나 소장하고 있는 시설 포함) 보기 ④
(6) 산업기술단지
(7) 산업단지
(8) 초고층 건축물 및 지하연계 복합건축물
(9) 영화상영관 중 수용인원 1000명 이상인 영화상영관
(10) 전력용 및 통신용 지하구 보기 ③
(11) 석유비축시설
(12) 천연가스 인수기지 및 공급망
(13) 전통시장(**대통령령**으로 정하는 전통시장)

답 ①

59
21.09.문50
20.06.문57
15.03.문50

위험물안전관리법상 업무상 과실로 제조소 등에서 위험물을 유출·방출 또는 확산시켜 사람의 생명·신체 또는 재산에 대하여 위험을 발생시킨 자에 대한 벌칙으로 옳은 것은?

① 5년 이하의 금고 또는 5천만원 이하의 벌금
② 5년 이하의 금고 또는 7천만원 이하의 벌금
③ 7년 이하의 금고 또는 5천만원 이하의 벌금
④ 7년 이하의 금고 또는 7천만원 이하의 벌금

해설 위험물법 34조
위험물 유출·방출·확산

위험 발생	사람 사상
7년 이하의 금고 또는 7000만원 이하의 벌금 보기 ④	10년 이하의 징역 또는 금고나 1억원 이하의 벌금

답 ④

60
21.03.문49
18.09.문58
05.03.문54

소방기본법령에 따른 급수탑 및 지상에 설치하는 소화전·저수조의 경우 소방용수표지 기준 중 다음 ( ) 안에 알맞은 것은?

안쪽 문자는 (㉠), 안쪽 바탕은 (㉡), 바깥쪽 바탕은 (㉢)으로 하고 반사재료를 사용하여야 한다.

① ㉠ 검은색, ㉡ 파란색, ㉢ 붉은색
② ㉠ 검은색, ㉡ 붉은색, ㉢ 파란색
③ ㉠ 흰색, ㉡ 파란색, ㉢ 붉은색
④ ㉠ 흰색, ㉡ 붉은색, ㉢ 파란색

해설 기본규칙 〔별표 2〕
소방용수표지
(1) **지하**에 설치하는 소화전·저수조의 소방용수표지
  ㉠ 맨홀뚜껑은 지름 648mm 이상의 것으로 할 것
  ㉡ 맨홀뚜껑에는 "소화전·주정차금지" 또는 "저수조·주정차금지"의 표시를 할 것
  ㉢ 맨홀뚜껑 부근에는 노란색 반사도료로 폭 15cm의 선을 그 둘레를 따라 칠할 것
(2) **지상**에 설치하는 소화전·저수조 및 **급수탑**의 소방용수표지

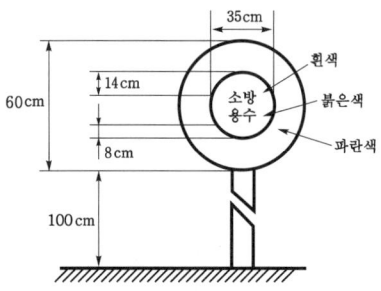

- 안쪽 문자는 **흰색**, 바깥쪽 문자는 **노란색**, 안쪽 바탕은 **붉은색**, 바깥쪽 바탕은 **파란색**으로 하고 **반사재료** 사용 보기 ④

답 ④

제4과목 소방전기시설의 구조 및 원리

61
21.03.문62
20.08.문61
19.04.문77
14.03.문78
13.03.문79
12.05.문63
10.09.문76

자동화재탐지설비 및 시각경보장치의 화재안전기준에 따라 자동화재탐지설비의 감지기회로에 종단저항을 설치하는 주된 목적은?

① 도통시험을 하기 위하여
② 작동시험을 하기 위하여
③ 전원상태를 확인하기 위하여
④ 작동 중인 감지기를 쉽게 확인하기 위하여

해설 종단저항(NFPC 203 11조, NFTC 203 2.8.1.3)

설치목적	설치장소
도통시험	수신기함 또는 발신기함 내부

기억법 종도(좀도둑!)

중요

감지기회로의 **도통시험**을 위한 **종단저항**의 **기준**(NFPC 203 11조, NFTC 203 2.8.1.3) 보기 ①
(1) **점검** 및 **관리**가 쉬운 장소에 설치
(2) 전용함 설치시 바닥에서 **1.5m** 이내의 높이에 설치
(3) 감지기회로의 **끝부분**에 설치하며, 종단감지기에 설치할 경우 구별이 쉽도록 해당 감지기의 기판 및 감지기 외부 등에 별도의 표시를 할 것

답 ①

62
유도등 및 유도표지의 화재안전기준에 따른 통로유도등의 시설기준으로 옳은 것은?

① 계단통로유도등은 바닥으로부터 높이 1m 이하의 위치에 설치하여야 한다.
② 복도통로유도등은 바닥으로부터 높이 1.5m 이하의 위치에 설치하여야 한다.
③ 거실통로유도등은 바닥으로부터 높이 1m 이상의 위치에 설치하여야 한다.
④ 거실통로유도등은 거실통로에 기둥이 설치된 경우에는 기둥부분의 바닥으로부터 높이 1m 이하의 위치에 설치할 수 있다.

해설
② 1.5m 이하 → 1m 이하
③ 1m 이상 → 1.5m 이상
④ 1m 이하 → 1.5m 이하

(1) **설치높이**

구 분	설치높이
계단통로유도등 · 복도통로유도등 · 통로유도표지	바닥으로부터 높이 1m 이하 보기 ①
피난구유도등	피난구의 바닥으로부터 높이 1.5m 이상
거실통로유도등	바닥으로부터 높이 1.5m 이상(단, 거실통로의 기둥은 1.5m 이하)
피난구유도표지	출입구 상단

기억법 계복통1, 피유거15상

(2) **설치거리**(NFPC 303 6조, NFTC 303 2.3)

구 분	설치거리
복도통로유도등	구부러진 모퉁이 및 피난구유도등이 설치된 출입구의 맞은편 복도에 입체형 또는 바닥에 설치한 통로유도등을 기점으로 보행거리 20m마다 설치
거실통로유도등	구부러진 모퉁이 및 보행거리 20m마다 설치
계단통로유도등	각 층의 경사로참 또는 계단참마다 설치

기억법 복거2

중요
거실통로유도등의 **설치기준**(NFPC 303 6조, NFTC 303 2.3.1.2)
(1) **거실**의 **통로**에 설치할 것(단, 거실의 통로가 **벽체** 등으로 **구획**된 경우에는 **복도통로유도등** 설치)
(2) 구부러진 **모퉁이** 및 **보행거리 20m**마다 설치할 것
(3) 바닥으로부터 **높이 1.5m** 이상의 위치에 설치할 것(단, **거실통로**에 **기둥**이 설치된 경우에는 기둥부분의 바닥으로부터 높이 1.5m 이하의 위치에 설치 가능)

기억법 거통 모거높

답 ①

63
실내의 바닥면적이 900m²인 경우 단독경보형 감지기의 최소설치수량은?

① 3개 ② 6개
③ 9개 ④ 12개

해설 단독경보형 감지기는 바닥면적 150m²마다 1개 이상 설치하므로

$$단독경보형\ 감지기수 = \frac{바닥면적}{150m^2}$$
$$= \frac{900m^2}{150m^2} = 6개$$

중요
단독경보형 감지기의 설치기준(NFPC 201 5조, NFTC 201 2.2)
(1) 각 실(이웃하는 실내의 바닥면적이 각각 **30m²** 미만이고 벽체의 상부의 전부 또는 일부가 개방되어 이웃하는 실내와 공기가 상호 유통되는 경우에는 이를 1개의 실로 본다)마다 설치하되, 바닥면적이 **150m²**를 초과하는 경우에는 **150m²**마다 1개 이상 설치할 것
(2) 최상층의 계단실의 **천장**(외기가 상통하는 계단실의 경우 제외)에 설치할 것
(3) 건전지를 주전원으로 사용하는 단독경보형 감지기는 정상적인 작동상태를 유지할 수 있도록 건전지를 교환할 것
(4) 상용전원을 주전원으로 사용하는 단독경보형 감지기의 **2차 전지**는 제품검사에 합격한 것을 사용할 것

답 ②

64
유도등 비상전원의 용량을 60분 이상의 것으로 설치하여야 하는 특정소방대상물로 틀린 것은?

① 층수가 10층 이하의 층
② 지하층으로서 도매시장
③ 무창층으로서 여객자동차터미널
④ 지하층을 제외한 층수가 11층 이상의 층

해설
① 10층 이하 → 11층 이상(지하층 제외)

유도등의 60분 이상 작동용량(NFPC 303 10조, NFTC 303 2.7.2.2)
(1) **11층** 이상(지하층 제외) 보기 ①
(2) **지하층·무창층**으로서 **도매시장·소매시장·여객자동차터미널·지하역사·지하상가** 보기 ②~④

중요

비상전원용량	
설비의 종류	비상전원용량
• **자**동화재탐지설비 • 비상**경**보설비 • **자**동화재속보설비	10분 이상 **기억법** 경자비1(**경자**라는 이름은 **비**일비재하게 많다).
• 유도등 • 비상콘센트설비 • 제연설비 • 물분무소화설비 • 옥내소화전설비(30층 미만) • 특별피난계단의 계단실 및 부속실 제연설비(30층 미만)	20분 이상

• 무선통신보조설비의 증폭기	30분 이상 기억법 3증(3중고)
• 옥내소화전설비(30~49층 이하) • 특별피난계단의 계단실 및 부속실 제연설비(30~49층 이하) • 연결송수관설비(30~49층 이하) • 스프링클러설비(30~49층 이하)	40분 이상
• 유도등·비상조명등(지하상가 및 11층 이상) • 옥내소화전설비(50층 이상) • 특별피난계단의 계단실 및 부속실 제연설비(50층 이상) • 연결송수관설비(50층 이상) • 스프링클러설비(50층 이상)	60분 이상

답 ①

65 ★★★

19.09.문69
18.09.문74
18.04.문71
17.05.문76
17.03.문65
17.03.문67
15.09.문78
12.09.문74

비상경보설비 및 단독경보형 감지기의 화재안전기준에 따른 비상벨설비 또는 자동식 사이렌설비 음향장치의 설치기준이다. 다음 (   )에 들어갈 내용으로 옳은 것은? (단, 건전지를 주전원으로 사용하지 않는다.)

음향장치는 정격전압의 (㉠)% 전압에서 음향을 발할 수 있도록 해야 하며, 음량은 부착된 음향장치의 중심으로부터 (㉡)m 떨어진 위치에서 (㉢)dB 이상이 되는 것으로 한다.

① ㉠ 80, ㉡ 1, ㉢ 90
② ㉠ 110, ㉡ 3, ㉢ 120
③ ㉠ 140, ㉡ 1, ㉢ 120
④ ㉠ 150, ㉡ 3, ㉢ 90

해설 **비상벨** 또는 **자동식 사이렌설비**의 **설치기준**(NFPC 201 4조, NFTC 201 2.1)
(1) **수평거리**

구 분	적용대상
수평거리 25m 이하	• 발신기(보행거리 40m 이상일 경우 추가 설치) • 음향장치(확성기) • 비상콘센트(지하상가·지하층 바닥면적 합계 3000m² 이상)
수평거리 50m 이하	비상콘센트(기타)

(2) **음향장치**: **1m** 떨어진 곳에서 **90dB** 이상 보기 ①
(3) **정격전압**: **80%** 전압에서 음향을 발할 수 있도록 할 것(단, 건전지를 주전원으로 사용하는 음향장치는 제외) 보기 ①
(4) **위치표시등**: **15°** 이상의 각도로 **10m**의 거리에서 쉽게 식별할 수 있어야 한다.

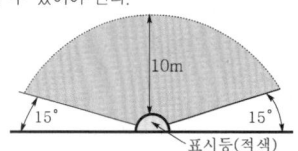

|위치표시등의 식별|

답 ①

66 ★★★

15.09.문61
14.05.문65
13.03.문67

누전경보기의 공칭작동 전류값으로 옳은 것은?

① 100mA 이하 ② 200mA 이하
③ 300mA 이하 ④ 400mA 이하

해설 **누전경보기**(누전경보기의 형식승인 및 제품검사의 기술기준 7·8조)

공칭작동 전류값	감도조정장치의 조정범위
200mA 이하 보기 ②	1A(1000mA) 이하

기억법 공2(공이 굴러간다!)

참고

검출누설전류 설정값 범위

경계전로	제2종 접지선
100~400mA	400~700mA

답 ②

67 ★★

14.09.문73
13.06.문76

부착높이가 4m 미만으로 연기감지기 2종을 설치하는 경우 바닥면적 몇 m²마다 1개 이상을 설치하여야 하는가?

① 50m² ② 150m²
③ 75m² ④ 100m²

해설 **연기감지기**의 **설치기준**(NFPC 203 7조, NFTC 203 2.4.3.10.1)

부착높이	감지기의 종류	
	1종 및 2종	3종
4m 미만	150m² ↓ 보기 ②	50m²
4~20m 미만	75m²	—

답 ②

68 ★★

14.05.문68
10.05.문70

햇빛이나 전등불에 따라 축광하거나 전류에 따라 빛을 발하는 유도체로서 어두운 상태에서 피난을 유도할 수 있도록 띠 형태로 설치되는 피난유도시설을 무엇이라 하는가?

① 피난구유도표지
② 피난유도선
③ 축광식 유도표지
④ 발광식 피난로프

해설 **피난유도선**(NFPC 303 3조, NFTC 303 1.7)
(1) 어두운 상태에서 피난을 유도할 수 있도록 띠 형태로 설치되는 피난유도시설로 햇빛이나 전등불에 따라 **축광**하거나 전류에 따라 **빛**을 발하는 유도체
(2) **햇빛**이나 **전등불**에 따라 **축광**하거나 **전류**에 따라 **빛**을 발하는 유도체로서 유사시 어두운 상태에서 피난을 유도할 수 있는 시설 보기 ②

기억법 피선 축전

축광유도표지
화재발생시 **피난방향**을 **안내**하기 위하여 사용되는 표지로서 외부의 전원을 공급받지 아니한 상태에서 **축광**에 의하여 어두운 곳에서도 도안·문자 등이 쉽게 식별될 수 있도록 된 것
(1) **피난구** 축광유도표지
(2) **통로** 축광유도표지
(3) **보조** 축광유도표지

답 ②

69. 연기가 다량으로 유입할 우려가 있는 장소에 적합하지 않은 감지기는?
① 광전식 아날로그식 스포트형 감지기
② 열아날로그식 감지기
③ 보상식 스포트형 감지기
④ 차동식 스포트형 감지기

해설 **연기**가 **다량**으로 유입할 우려가 있는 장소의 **적응감지기** (NFTC 203 2.4.6 (1))
(1) **차**동식 스포트형(1·2종) 보기 ④
(2) **차**동식 분포형(1·2종)
(3) **보**상식 스포트형(1·2종) 보기 ③
(4) **정**온식(특·1종)
(5) **열아**날로그식 보기 ②

기억법 연다차보정 열아

답 ①

70. 비상콘센트의 배치기준 중 바닥면적이 1000㎡ 미만인 층은 계단의 출입구로부터 몇 m 이내에 설치하여야 하는가?
① 1.5
② 5
③ 7
④ 10

해설 **비상콘센트 설치기준**(NFPC 504 4조, NFTC 504 2.1)
(1) **11층** 이상의 각 층마다 설치
(2) 바닥으로부터 **0.8m** 이상 **1.5m** 이하의 위치에 설치
(3) **수평거리** 기준

수평거리 25m 이하	수평거리 50m 이하
지하상가 또는 **지하층**의 바닥면적의 합계가 **3000㎡** 이상	기타

(4) **바닥면적** 기준

바닥면적 1000㎡ 미만	바닥면적 1000㎡ 이상
계단의 출입구로부터 **5m** 이내 설치	각 계단의 출입구 또는 계단 **부속실**의 출입구로부터 **5m** 이내 설치

답 ②

71. 소화설비 중에서 화재감지기의 설치를 교차회로방식으로 적용하는 설비가 아닌 것은?
① CO₂ 소화설비
② 분말소화설비
③ 할론소화설비
④ 습식 스프링클러설비

해설 **교차회로방식 적용설비**
(1) **할**로겐화합물 및 불활성기체 소화설비
(2) **이**산화탄소소화설비(CO₂ 소화설비) 보기 ①
(3) **할**론소화설비 보기 ③
(4) **분**말소화설비 보기 ②
(5) 스프링클러설비(**준**비작동식)
(6) 스프링클러설비(**일**제살수식)
(7) **부**압식 스프링클러설비

기억법 교할이 할분준일부

용어
교차회로방식
하나의 담당구역 내에 2 이상의 감지기 회로를 설치하고 2 이상의 감지기가 동시에 감지되는 때에 설비가 기동되도록 하는 방식

답 ④

72. 주방, 보일러실 등 다량의 화기를 취급하는 장소에 설치하는 정온식 감지기는 공칭작동온도가 최고주위온도보다 몇 ℃ 이상 높은 것을 설치하여야 하는가?
① 10
② 20
③ 30
④ 40

해설 **감지기의 설치기준**(NFPC 203 7조, NFTC 203 2.4.3)
(1) 감지기(차동식 분포형 제외)는 실내의 **공기유입구**로부터 **1.5m** 이상 떨어진 위치에 설치
(2) 감지기는 천장 또는 반자의 옥내에 면하는 부분에 설치
(3) **보상식 스포트형 감지기**는 정온점이 감지기 주위의 평상시 최고온도보다 **20℃** 이상 높은 것으로 설치
(4) **정온식** 감지기는 **주방·보일러실** 등으로서 다량의 화기를 단속적으로 취급하는 장소에 설치하되, 공칭작동온도가 최고주위온도보다 **20℃** 이상 높은 것으로 설치 보기 ②

기억법 2정(이정표)

답 ②

73. 광전식 분리형 감지기의 설치기준 중 광축의 높이는 천장 등 높이의 몇 % 이상이어야 하는가? (단, 천장 등이란 천장의 실내에 면한 부분 또는 상층의 바닥하부면을 말한다.)
① 60
② 80
③ 120
④ 140

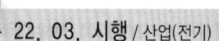

해설 **광전식 분리형 감지기의 설치기준**(NFPC 203 7조, NFTC 203 2.4.3.15)
(1) 감지기의 송광부와 수광부는 설치된 뒷벽으로부터 **1m 이내** 위치에 설치할 것
(2) 감지기의 광축의 길이는 **공칭감시거리** 범위 이내일 것
(3) 광축의 높이는 천장 등 높이의 **80%** 이상일 것 보기 ②
(4) 광축은 나란한 벽으로부터 **0.6m** 이상 이격하여 설치할 것
(5) 감지기의 수광면은 **햇빛**을 직접 받지 않도록 설치할 것

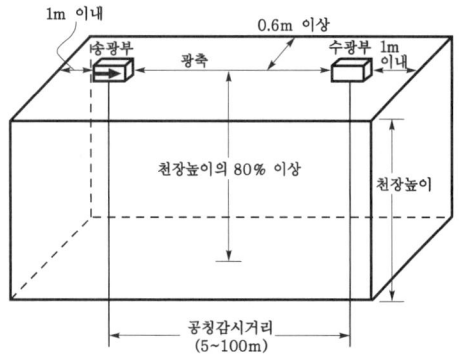

| 광전식 분리형 감지기의 설치 |

답 ②

74 가스누설경보기의 가스의 누설을 표시하는 표시등은 점등시 어떤 색으로 표시되어야 하는가?
16.05.문68
12.03.문79
① 황색　② 적색
③ 녹색　④ 청색

해설
발신기 · 옥내소화전 표시등	가스누설경보기
적색등	황색등 보기 ①

답 ①

75 케이블트레이에 정온식 감지선형 감지기를 설치하는 경우 케이블트레이 받침대에 무엇을 이용하여 감지선을 설치해야 하는가?
16.03.문64
12.09.문80
① 보조선　② 접착제
③ 마감금구　④ 단자부

해설 **정온식 감지선형 감지기의 설치기준**(NFPC 203 7조, NFTC 203 2.4.3.12)
(1) 정온식 감지선형 감지기의 거리기준

종 별	1종		2종	
수평거리	내화구조	기타구조	내화구조	기타구조
감지기와 감지구역의 각 부분과의 수평거리	4.5m 이하	3m 이하	3m 이하	1m 이하

(2) 감지선형 감지기의 굴곡반경 : **5cm** 이상
(3) 단자부와 마감 고정금구와의 설치간격 : **10cm** 이내
(4) 보조선이나 고정금구를 사용하여 감지선이 늘어지지 않도록 설치할 것
(5) 케이블트레이에 감지기를 설치하는 경우에는 **케이블트레이 받침대**에 **마감금구**를 사용하여 설치할 것 보기 ③

(6) 창고의 **천장** 등에 지지물이 적당하지 않은 장소에서는 **보조선**을 설치하고 그 보조선에 설치할 것
(7) 분전반 내부에 설치하는 경우 **접착제**를 이용하여 돌기를 바닥에 고정시키고 그곳에 감지기를 설치할 것

답 ③

76 비상콘센트의 설치기준 중 다음 ( ) 안에 알맞은 것은?
19.09.문63
17.09.문70
13.03.문74

바닥으로부터 높이 (㉠)m 이상 (㉡)m 이하의 위치에 설치할 것

① ㉠ 0.5, ㉡ 1.0
② ㉠ 0.8, ㉡ 1.5
③ ㉠ 1.5, ㉡ 2.0
④ ㉠ 2.0, ㉡ 2.5

해설 **설치높이**(NFPC 504 4조, NFTC 504 2.1.5.1)

기타 기기 (비상콘센트설비 등)	시각경보장치
0.8~1.5m 이하 보기 ②	2~2.5m 이하 (천장높이가 2m 이하는 천장으로부터 0.15m 이내)

● 설치기준을 질문하였으므로 정확히 0.8~1.5m 이하이어야 한다.

답 ②

77 자동화재속보설비 속보기의 기능에 대한 기준으로 틀린 것은?
17.05.문64
① 예비전원은 자동적으로 충전되어야 하며 자동과충전방지장치가 있어야 한다.
② 작동신호를 수신하거나 수동으로 동작시키는 경우 60초 이내에 소방관서에 자동적으로 신호를 발하여 통보하되, 3회 이상 속보할 수 있어야 한다.
③ 예비전원은 감시상태를 60분간 지속한 후 10분 이상 동작(화재속보 후 화재표시 및 경보를 10분간 유지하는 것)이 지속될 수 있는 용량이어야 한다.
④ 속보기는 연동 또는 수동 작동에 의한 다이얼링 후 소방관서와 전화접속이 이루어지지 않는 경우에는 최초 다이얼링을 포함하여 10회 이상 반복적으로 접속을 위한 다이얼링이 이루어져야 한다. 이 경우 매회 다이얼링 완료 후 호출은 30초 이상 지속되어야 한다.

해설 ② 60초 → 20초

자동화재속보설비의 **기능**(자동화재속보설비의 속보기의 성능인증 및 제품검사의 기술기준 5조)

구 분	설 명
연동설비	자동화재탐지설비
속보대상	소방관서
속보방법	20초 이내에 3회 이상 보기 ②
다이얼링	10회 이상 보기 ④

• 수동으로 동작시키는 경우 **20초** 이내에 소방관서에 자동적으로 신호를 발하여 통보하되, **3회** 이상 속보할 수 있어야 한다. 보기 ②

답 ②

78 누전경보기 표시등의 구조 및 기능에 대한 기준으로 틀린 것은?

17.03.문66

① 누전등이 설치된 수신부의 지구등은 적색 외의 색으로도 표시할 수 있다.
② 전구는 2개 이상을 병렬로 접속하여야 한다. 다만, 방전등 또는 발광다이오드의 경우에는 그러하지 아니한다.
③ 주위의 밝기가 300 lx인 장소에서 측정하여 앞면으로부터 3m 떨어진 곳에서 켜진 등이 확실히 식별되어야 한다.
④ 전구에는 적당한 보호커버를 설치하여야 한다. 다만, 방전등의 경우에는 그러하지 아니한다.

해설 ④ 방전등 → 발광다이오드

부품의 **구조** 및 **기능**(누전경보기의 형식승인 및 제품검사의 기술기준 4조)
(1) 전구는 **2개** 이상을 **병렬**로 접속하여야 한다(단, **방전등** 또는 **발광다이오드**는 제외). 보기 ②
(2) 전구에는 적당한 **보호덮개**를 설치하여야 한다(단, **발광다이오드**는 제외). 보기 ④
(3) 누전화재의 발생을 표시하는 표시등(누전등)이 설치된 것은 등이 켜질 때 적색으로 표시되어야 하며, 누전화재가 발생한 경계전로의 위치를 표시하는 표시등(지구등)과 기타의 표시등은 다음과 같아야 한다.
  ㉠ 지구등은 적색으로 표시(이 경우 누전등이 설치된 수신부의 지구등은 적색 외의 색으로도 표시) 보기 ①
  ㉡ 기타의 표시등은 적색 외의 색으로 표시(단, 누전등 및 지구등과 쉽게 구별할 수 있도록 부착된 기타의 표시등은 적색으로도 표시)
(4) 주위의 밝기가 300lx인 장소에서 측정하여 앞면으로부터 3m 떨어진 곳에서 켜진 등이 확실히 식별될 것 보기 ③

답 ④

79 비상전원수전설비 중 옥외에 설치하는 큐비클형의 경우 외함에 노출하여 설치할 수 없는 것은?

18.09.문62
17.09.문78
16.03.문79

① 환기장치
② 전선의 인입구 및 인출구
③ 퓨즈 등으로 보호한 전압계
④ 불연성 재료로 덮개를 설치한 표시등

해설 **옥외용 큐비클형**의 **설치기준**(NFPC 602 5조, NFTC 602 2.2.3.3)

옥외외함에 노출 설치 가능한 것	옥외외함에 노출 설치 불가능한 것
① 환기장치 보기 ① ② 전선의 인입구 및 인출구 보기 ② ③ 표시등(**불연성** 또는 **난연성** 재료로 덮개를 설치한 것) 보기 ④	① 전압계(퓨즈 등으로 보호한 것) 보기 ③ ② 전류계(변류기의 2차측에 접속된 것) ③ 계기용 전환스위치(불연성 또는 난연성 재료로 제작된 것)

답 ③

80 무선통신보조설비를 설치하여야 하는 특정소방대상물의 기준 중 옳은 것은? (단, 위험물 저장 및 처리 시설 중 가스시설은 제외한다.)

18.04.문69
15.03.문58
14.05.문57
11.06.문54

① 터널로서 길이가 1000m 이상인 것
② 지하상가로서 연면적 500m² 이상인 것
③ 층수가 30층 이상인 것으로서 16층 이상 부분의 모든 층
④ 지하층의 바닥면적의 합계가 1000m² 이상인 것 또는 지하층의 층수가 3층 이상이고 지하층의 바닥면적의 합계가 3000m² 이상인 것은 지하층의 모든 층

해설 ① 1000m → 500m
② 500m² → 1000m²
④ 1000m² → 3000m², 3000m² → 1000m²

무선통신보조설비의 **설치대상**(소방시설법 시행령 [별표 4])

설치대상	조 건
지하상가	연면적 1000m² 이상
지하층	바닥면적 합계 3000m² 이상
전층	지하 3층 이상이고 지하층 바닥면적의 합계 1000m² 이상
터널	길이 500m 이상
공동구	전부
30층 이상	16층 이상 모든 층 보기 ③

답 ③

2022. 4. 17 시행

■ 2022년 산업기사 제2회 필기시험 CBT 기출복원문제 ■

자격종목	종목코드	시험시간	형별
소방설비산업기사(전기분야)		2시간	

수험번호	성명

※ 각 문항은 4지택일형으로 질문에 가장 적합한 보기 항을 선택하여 체크하여야 합니다.

제 1 과목 소방원론

01 목조건축물의 온도와 시간에 따른 화재특성으로 옳은 것은?
① 저온단기형
② 저온장기형
③ 고온단기형
④ 고온장기형

18.03.문16
17.03.문13
14.05.문09
13.09.문09
10.09.문08

해설
유사문제부터 풀어보세요.
실력이 팍!팍! 올라갑니다.

목조건물의 화재온도 표준곡선	내화건물의 화재온도 표준곡선
• 화재성상 : **고온단**기형 보기 ③ • 최고온도(최성기온도) : **1300℃**	• 화재성상 : 저온장기형 • 최고온도(최성기온도) : 900~1000℃

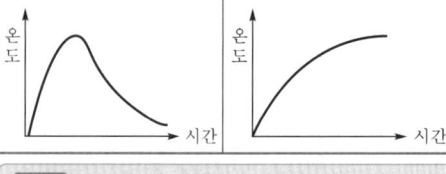

기억법 목고단 13

• 목조건물=목재건물

답 ③

02 폭발에 대한 설명으로 틀린 것은?
① 보일러 폭발은 화학적 폭발이라 할 수 없다.
② 분무폭발은 기상폭발에 속하지 않는다.
③ 수증기 폭발은 기상폭발에 속하지 않는다.
④ 화약류 폭발은 화학적 폭발이라 할 수 있다.

19.09.문20
16.03.문05

해설
② 속하지 않는다. → 속한다.

기상폭발
(1) 가스폭발(혼합가스폭발)
(2) 분무폭발 보기 ②
(3) 분진폭발

중요

폭발의 종류	
화학적 폭발	물리적 폭발
• 가스폭발 • 유증기폭발 • 분진폭발 • 화약류의 폭발 보기 ④ • 산화폭발 • 분해폭발 • 중합폭발 • 증기운폭발	• 증기폭발(수증기폭발) 보기 ③ • 전선폭발 • 상전이폭발 • 압력방출에 의한 폭발

답 ②

03 건축법상 건축물의 주요구조부에 해당되지 않는 것은?
① 지붕틀
② 내력벽
③ 주계단
④ 최하층 바닥

16.10.문09
16.05.문06
13.06.문12

해설
④ 최하층 바닥: 주요구조부에서 제외

주요구조부
(1) 내력**벽** 보기 ②
(2) **보**(작은 보 제외)
(3) **지**붕틀(차양 제외) 보기 ①
(4) **바**닥(최하층 바닥 제외) 보기 ④
(5) **주**계단(옥외계단 제외) 보기 ③
(6) **기**둥(사잇기둥 제외)

기억법 벽보지 바주기

답 ④

04 기름탱크에서 화재가 발생하였을 때 탱크 하부에 있는 물 또는 물-기름 에멀션이 뜨거운 열유층에 의해서 가열되어 유류가 탱크 밖으로 갑자기 분출하는 현상은?
① 리프트(lift)
② 백파이어(backfire)
③ 플래시오버(flashover)
④ 보일오버(boil over)

21.03.문03
18.03.문03
12.03.문08
11.06.문20
10.03.문14
09.08.문04
04.09.문05

해설 **보일오버**(boil over)
(1) 중질유의 탱크에서 장시간 조용히 연소하다 탱크 내의 잔존기름이 갑자기 분출하는 현상
(2) 유류탱크에서 탱크바닥에 물과 기름의 **에멀션**이 섞여 있을 때 이로 인하여 화재가 발생하는 현상 보기 ④
(3) 연소유면으로부터 100℃ 이상의 열파가 탱크 저부에 고여 있는 물을 비등하게 하면서 연소유를 탱크 밖으로 비산시키며 연소하는 현상

용어

구분	설명
리프트(lift) 보기 ①	버너 내압이 높아져서 **분출속도가 빨**라지는 현상
백파이어 (backfire, 역화) 보기 ②	가스가 노즐에서 나가는 속도가 연소속도보다 느리게 되어 **버너 내부**에서 **연소**하게 되는 현상
플래시오버 (flashover) 보기 ③	화재로 인하여 실내의 온도가 급격히 상승하여 화재가 순간적으로 **실내 전체**에 **확산**되어 연소되는 현상

답 ④

05 소화약제로 사용되는 물에 대한 설명 중 틀린 것은?
20.08.문19
11.06.문16
① 극성 분자이다.
② 수소결합을 하고 있다.
③ 아세톤, 벤젠보다 증발잠열이 크다.
④ 아세톤, 구리보다 비열이 작다.

해설 **물**(H_2O)
(1) **극성 분자**이다. 보기 ①
(2) **수소결합**을 하고 있다. 보기 ②
(3) 아세톤, 벤젠보다 증발잠열이 크다. 보기 ③
(4) 아세톤, 구리보다 비열이 매우 **크**다. 보기 ④

중요

물의 비열	물의 증발잠열
1cal/g·℃	539cal/g

답 ④

06 고체연료의 연소형태를 구분할 때 해당하지 않는 것은?
17.09.문09
11.06.문11
① 증발연소 ② 분해연소
③ 표면연소 ④ 예혼합연소

해설 ④ 기체의 연소형태

연소의 형태

연소형태	종류
기체 연소형태	• **예**혼합연소 보기 ④ • **확**산연소 기억법 확예기(우리 확률 얘기 좀 할까?)
액체 연소형태	• 증발연소 • 분해연소 • 액적연소
고체 연소형태	• 표면연소 보기 ③ • 분해연소 보기 ② • 증발연소 보기 ① • 자기연소

답 ④

07 물이 소화약제로서 널리 사용되고 있는 이유에 대한 설명으로 틀린 것은?
21.09.문04
18.04.문13
15.05.문04
14.05.문02
13.03.문08
11.10.문01
① 다른 약제에 비해 쉽게 구할 수 있다.
② 비열이 크다.
③ 증발잠열이 크다.
④ 점도가 크다.

해설 ④ 크다. → 크지 않다.

물이 소화작업에 사용되는 이유
(1) 가격이 싸다.(가격이 저렴하다.)
(2) 쉽게 구할 수 있다.(많은 양을 구할 수 있다.) 보기 ①
(3) 열흡수가 매우 크다.(**증발잠열**이 크다.) 보기 ③
(4) 사용방법이 비교적 간단하다.
(5) **비열**이 크다. 보기 ②
(6) 밀폐된 장소에서 증발가열하면 수증기에 의해서 **산소희석작용** 또는 **질식소화작용**을 한다.
(7) **무상**으로 주수하면 **중질유화재**에도 사용할 수 있다.

• 증발잠열=기화잠열

참고

물이 소화약제로 많이 쓰이는 이유

장점	단점
① 쉽게 구할 수 있다. ② 증발잠열(기화잠열)이 크다. ③ 취급이 간편하다.	① 가스계 소화약제에 비해 사용 후 **오염**이 크다. ② 일반적으로 **전기화재**에는 **사용**이 **불가**하다.

답 ④

08 동식물유류에서 "아이오딘값이 크다."라는 의미로 옳은 것은?
17.03.문19
11.06.문16
① 불포화도가 높다.
② 불건성유이다.
③ 자연발화성이 낮다.
④ 산소와의 결합이 어렵다.

해설 "**아이오딘값이 크다.**"라는 의미
(1) **불포화도**가 높다. 보기 ①
(2) **건성유**이다. 보기 ②
(3) **자연발화성**이 높다. 보기 ③
(4) 산소와 결합이 쉽다. 보기 ④

※ 아이오딘값 : 기름 100g에 첨가되는 아이오딘의 g수

기억법 아불포

답 ①

09 다음 중 전기화재에 해당하는 것은?

① A급 화재
② B급 화재
③ C급 화재
④ D급 화재

해설

화재 종류	표시색	적응물질
일반화재(A급)	백색	• 일반 가연물 • 종이류 화재 • 목재, 섬유화재
유류화재(B급)	황색	• 가연성 액체(등유·경유) • 가연성 가스 • 액화가스화재 • 석유화재
전기화재(C급) 보기 ③	청색	• 전기설비
금속화재(D급)	무색	• 가연성 금속
주방화재(K급)	–	• 식용유화재

기억법 백황청무

※ 요즘은 표시색의 의무규정은 없음

답 ③

10 할론 1301의 화학식으로 옳은 것은?

① CBr_3Cl
② $CBrCl_3$
③ CF_3Br
④ $CFBr_3$

해설

종류	약칭	분자식
Halon 1011	CB	CH_2ClBr
Halon 104	CTC	CCl_4
Halon 1211	BCF	$CF_2ClBr(CBrClF_2)$
Halon 1301	BTM	$CF_3Br(CBrF_3)$ 보기 ③
Halon 2402	FB	$C_2F_4Br_2(C_2Br_2F_4)$

중요

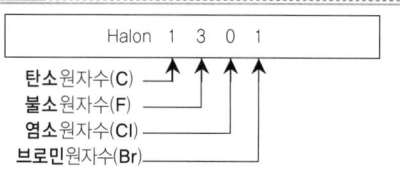

Halon 1 3 0 1
탄소원자수(C)
불소원자수(F)
염소원자수(Cl)
브로민원자수(Br)

※ 수소원자의 수=(첫 번째 숫자×2)+2− 나머지 숫자의 합

답 ③

11 물을 이용한 대표적인 소화효과로만 나열된 것은?

① 냉각효과, 부촉매효과
② 냉각효과, 질식효과
③ 질식효과, 부촉매효과
④ 제거효과, 냉각효과, 부촉매효과

해설 소화약제의 소화작용

소화약제	소화작용	주된 소화작용
물 (스프링클러)	• 냉각작용 • 희석작용	냉각작용 (냉각소화)
물(무상)	• 냉각작용(증발잠열 이용) 보기 ② • 질식작용 보기 ② • 유화작용(에멀션 효과) • 희석작용	질식작용 (질식소화)
포	• 냉각작용 • 질식작용	
분말	• 질식작용 • 부촉매작용 (억제작용) • 방사열 차단작용	
이산화탄소	• 냉각작용 • 질식작용 • 피복작용	
할론	• 질식작용 • 부촉매작용 (억제작용)	부촉매작용 (연쇄반응 억제) 기억법 할부(할아버지)

기억법 물냉질유희

• CO_2 소화기＝이산화탄소소화기
• 에멀션효과＝에멀전효과
• 작용＝효과
• 물은 부촉매효과는 없으므로 부촉매효과가 없는 ②번이 정답

중요

부촉매효과
(1) 분말소화약제
(2) 할론소화약제
(3) 할로겐화합물소화약제

답 ②

12. 다음 중 인화점이 가장 낮은 물질은?

① 등유
② 아세톤
③ 경유
④ 아세트산

해설
① 43~72℃   ② -18℃
③ 50~70℃   ④ 40℃

인화점 vs 착화점

물 질	인화점	착화점
• 프로필렌	-107℃	497℃
• 에틸에터 • 다이에틸에터	-45℃	180℃
• 가솔린(휘발유)	-43℃	300℃
• 산화프로필렌	-37℃	465℃
• 이황화탄소	-30℃	100℃
• 아세틸렌	-18℃	335℃
• 아세톤 보기②	-18℃	538℃
• 벤젠	-11℃	562℃
• 톨루엔	4.4℃	480℃
• 메틸알코올	11℃	464℃
• 에틸알코올	13℃	423℃
• 아세트산 보기④	40℃	-
• 등유 보기①	43~72℃	210℃
• 경유 보기③	50~70℃	200℃
• 적린	-	260℃

기억법 인산 이메등경

• 착화점=발화점=착화온도=발화온도
• 인화점=인화온도

답 ②

13. 분말소화약제의 주성분 중에서 A, B, C급 화재 모두에 적응성이 있는 것은?

① KHCO₃   ② NaHCO₃
③ Al₂(SO₄)₃   ④ NH₄H₂PO₄

해설 분말소화약제

종 별	분자식	착 색	적응 화재	비 고
제1종	중탄산나트륨 (NaHCO₃) 보기②	백색	BC급	**식용유** 및 **지방질유**의 화재에 적합
제2종	중탄산칼륨 (KHCO₃) 보기①	담자색 (담회색)	BC급	-
제3종	제1인산암모늄 (NH₄H₂PO₄) 보기④	담홍색	ABC급	차고·주차장에 적합
제4종	중탄산칼륨 +요소 (KHCO₃+ (NH₂)₂CO)	회(백)색	BC급	-

• 중탄산나트륨=탄산수소나트륨
• 중탄산칼륨=탄산수소칼륨
• 제1인산암모늄=인산암모늄=인산염
• 중탄산칼륨+요소=탄산수소칼륨+요소

답 ④

14. 위험물안전관리법령상 품명이 특수인화물에 해당하는 것은?

① 등유   ② 경유
③ 다이에틸에터 ④ 휘발유

해설 제4류 위험물

품 명	대표물질
특수인화물	• 다이에틸에터 보기③ • 이황화탄소 **기억법** 에이특(에이특시럽)
제1석유류	• 아세톤 • 휘발유(가솔린) 보기④ • 콜로디온 **기억법** 아가콜1(아가의 콜로일기)
제2석유류	• 등유 보기① • 경유 보기②
제3석유류	• 중유 • 크레오소트유
제4석유류	• 기어유 • 실린더유

답 ③

15. 건축물 내부 화재시 연기의 평균 수직이동속도는 약 몇 m/s인가?

① 0.01~0.05
② 0.5~1
③ 2~3
④ 20~30

해설 연기의 이동속도

방향 또는 장소	이동속도
수평방향(수평이동속도)	0.5~1m/s
수직방향(수직이동속도)	2~3m/s 보기③
계단실 내의 수직이동속도	3~5m/s

기억법 3계5(삼계탕 드시러 오세요.)

답 ③

16. 물질의 연소범위에 대한 설명 중 옳은 것은?

① 연소범위의 상한이 높을수록 발화위험이 낮다.
② 연소범위의 상한과 하한 사이의 폭은 발화위험과 무관하다.
③ 연소범위의 하한이 낮은 물질을 취급시 주의를 요한다.
④ 연소범위의 하한이 낮은 물질은 발열량이 크다.

① 낮다. → 높다.
② 무관하다. → 관계가 있다.
④ 연소범위의 하한과 발열량과는 무관하다.

연소범위와 발화위험
(1) 연소하한과 연소상한의 범위를 나타낸다.
(2) **연소하한**이 **낮을수록** 발화위험이 높다. 보기 ③
(3) **연소범위**가 **넓을수록** 발화위험이 높다.
(4) 연소범위는 주위온도와 관계가 있다.
(5) 연소범위의 하한은 그 물질의 **인화점**에 해당된다.
(6) 압력상시 **연소하한**은 **불변**, **연소상한**만 **상승**한다.

- 연소한계 = 연소범위 = 폭발한계 = 폭발범위 = 가연한계 = 가연범위
- 연소하한 = 하한계
- 연소상한 = 상한계

답 ③

17. 화재시 이산화탄소를 사용하여 질식소화 하는 경우, 산소의 농도를 14vol%까지 낮추려면 공기 중의 이산화탄소 농도는 약 몇 vol%가 되어야 하는가?

① 22.3vol% ② 33.3vol%
③ 44.3vol% ④ 55.3vol%

$$CO_2 = \frac{방출가스량}{방호구역체적 + 방출가스량} \times 100$$

$$= \frac{21 - O_2}{21} \times 100$$

여기서, CO_2 : CO_2의 농도[%], O_2 : O_2의 농도[%]
이산화탄소의 농도 CO_2는

$$CO_2 = \frac{21 - O_2}{21} \times 100 = \frac{21 - 14}{21} \times 100 ≒ 33.3vol\%$$

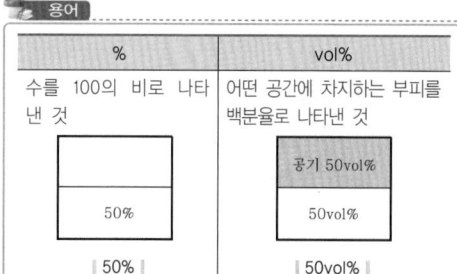

답 ②

18. 대형 소화기에 충전하는 소화약제 양의 기준으로 틀린 것은?

① 할로겐화합물소화기 : 20kg 이상
② 강화액소화기 : 60L 이상
③ 분말소화기 : 20kg 이상
④ 이산화탄소소화기 : 50kg 이상

① 20kg → 30kg

소화기의 형식승인 및 제품검사의 기술기준 10조
대형 소화기의 소화약제 충전량

종 별	충전량
포(기계포)	**2**0L 이상
분말	**2**0kg 이상 보기 ③
할로겐화합물	**3**0kg 이상 보기 ①
이산화탄소(CO_2)	**5**0kg 이상 보기 ④
강화액	**6**0L 이상 보기 ②
물	**8**0L 이상

기억법
포 2
분 2
할 3
이 5
강 6
물 8

답 ①

19. 화학적 점화원의 종류가 아닌 것은?

① 연소열
② 중합열
③ 분해열
④ 아크열

④ 아크열 : 전기적 점화원

열에너지원의 종류

기계열 (기계적 점화원)	전기열 (전기적 점화원)	화학열 (화학적 점화원)
• **압**축열 • **마**찰열 • **마**찰스파크(스파크열) 기억법 기압마	• 유도열 • 유전열 • 저항열 • 아크열 보기 ④ • 정전기열 • 낙뢰에 의한 열	• **연**소열 보기 ① • **용**해열 • **분**해열 보기 ③ • **생**성열 • **자**연발화열 • **중**합열 보기 ② 기억법 화연용분생자

답 ④

20. 열의 전달형태가 아닌 것은?

① 대류
② 산화
③ 전도
④ 복사

해설 **열전달**(열의 전달방법)의 **종류**

종류	설명
전도 보기③ (conduction)	하나의 물체가 다른 물체와 직접 접촉하여 열이 이동하는 현상
대류 보기① (convection)	유체의 흐름에 의하여 열이 이동하는 현상
복사 보기④ (radiation)	• 화재시 화원과 격리된 인접 가연물에 불이 옮겨 붙는 현상 • 열전달 매질이 없이 열이 전달되는 형태 • 열에너지가 전자파의 형태로 옮겨지는 현상으로, 가장 크게 작용한다.

기억법 전대복

용어 산화
가연물이 산소와 화합하는 것

비교 목조건축물의 화재원인

종류	설명
접염 (화염의 접촉)	화염 또는 열의 **접촉**에 의하여 불이 다른 곳으로 옮겨 붙는 것
비화	불티가 **바람**에 날리거나 화재현장에서 상승하는 **열기류** 중심에 휩쓸려 원거리 가연물에 착화하는 현상
복사열	복사파에 의하여 **고온**에서 **저온**으로 이동하는 것

답 ②

제 2 과목   소방전기일반

21. 평균 반지름 10cm의 환상 솔레노이드에 5A의 전류가 흐를 때, 내부자계가 1600AT/m이다. 권수는 약 얼마인가?

① 180회
② 190회
③ 200회
④ 210회

해설 (1) 기호

- a : 10cm=0.1m(100cm=1m)
- I : 5A
- H_i : 1600AT/m

- N : ?

(2) 환상 솔레노이드에 의한 자계
⊙ 내부자계

$$H_i = \frac{NI}{2\pi r} \text{ 또는 } H_i = \frac{NI}{2\pi a}$$

ⓒ 외부자계

$$H_e = 0$$

여기서, H_i : 내부자계[AT/m]
H_e : 외부자계[AT/m]
N : 코일의 권수
I : 전류[A]
$r(a)$: 반지름[m]

환상 솔레노이드에 의한 자계 H_i는

$$H_i = \frac{NI}{2\pi a}$$에서 **코일권수** N은

$$N = \frac{2\pi a H_i}{I} = \frac{2\pi \times 0.1 \times 1600}{5} \fallingdotseq 200회$$

답 ③

22. 0.1μF인 콘덴서에 $v = 2\sin(2\pi 100t)$의 전압을 인가했을 때 $t=0$에서의 전류는 몇 A인가?

① 0
② 0.1
③ 0.125
④ 1.25

해설 (1) 기호

- $v = V_m \sin(2\pi f t) = 2\sin(2\pi 100 t)$
- C : $0.1\mu F = 0.1 \times 10^{-6} F (1\mu F = 10^{-6} F)$
- V_m : 2V
- f : 100Hz
- I : ?

(2) 순시값

$$v = V_m \sin \omega t = V_m \sin 2\pi f t$$

여기서, v : 전압의 순시값[V]
V_m : 전압의 최대값[V]
ω : 각주파수[rad/s]
t : 주기[s]
f : 주파수[Hz]

(3) 용량리액턴스

$$X_C = \frac{1}{\omega C} = \frac{1}{2\pi f C}$$

여기서, X_C : 용량리액턴스[Ω]
ω : 각주파수[rad/s]
C : 정전용량[F]
f : 주파수[Hz]

용량리액턴스 X_C는

$$X_C = \frac{1}{2\pi f C} = \frac{1}{2\pi \times 100 \times 0.1 \times 10^{-6}} \fallingdotseq 15915 \Omega$$

$$I = \frac{v}{X_C}$$

여기서, I : 전류[A]
X_C : 용량리액턴스[Ω]
v : 전압[V]

$v = 2\sin(2\pi 100t)$에서 $t=0$이면 $v=2\sin 0°$
$t=0$에서의 **전류** I 는

$I = \dfrac{v}{X_C} = \dfrac{2\sin 0°}{15915} = 0\text{A}$

답 ①

23 ★★★
20.08.문31
19.04.문24
18.04.문33
05.09.문32
04.03.문36

회로의 유효전력이 3000W, 무효전력이 4000Var 이면 피상전력[VA]은?

① 3000
② 4000
③ 5000
④ 6000

해설 (1) 기호
- P : 3000W
- P_r : 4000Var
- P_a : ?

(2) 피상전력

$P_a = \sqrt{P^2 + P_r^{\,2}}$

여기서, P_a : 피상전력[VA]
P : 유효전력[W]
P_r : 무효전력[Var]

피상전력 P_a 는

$P_a = \sqrt{P^2 + P_r^{\,2}} = \sqrt{3000^2 + 4000^2} = 5000\text{VA}$

답 ③

24 ★★★
20.06.문33
19.09.문24
16.03.문34
15.05.문38
12.03.문21

논리식 $(\overline{X+Y}+X)$ 를 간단히 정리한 것은?

① $\overline{X}$
② $X + \overline{Y}$
③ X
④ $\overline{X} + Y$

해설 ② $(\overline{X+Y}+X) = \overline{X} \cdot \overline{Y} + X$
$\qquad = X + \overline{Y}$ ← 흡수법칙

불대수의 정리

논리합	논리곱	비 고
$X+0=X$	$X \cdot 0 = 0$	-
$X+1=1$	$X \cdot 1 = X$	-
$X+X=X$	$X \cdot X = X$	-
$X+\overline{X}=1$	$X \cdot \overline{X} = 0$	-
$X+Y=Y+X$	$X \cdot Y = Y \cdot X$	교환법칙
$X+(Y+Z)$ $=(X+Y)+Z$	$X(YZ)=(XY)Z$	결합법칙
$X(Y+Z)$ $=XY+XZ$	$(X+Y)(Z+W)$ $=XZ+XW+YZ+YW$	분배법칙
$X+XY=X$	$\overline{X}+XY = \overline{X}+Y$ $X+\overline{X}Y=X+Y$ $X+\overline{X}\,\overline{Y}=X+\overline{Y}$ 보기②	흡수법칙
$\overline{(X+Y)}$ $=\overline{X} \cdot \overline{Y}$	$\overline{(X \cdot Y)} = \overline{X}+\overline{Y}$	드모르간의 정리

답 ②

25 ★★★
21.09.문38
20.06.문39
19.03.문25
17.05.문39
16.10.문27
16.03.문36
15.09.문23
14.09.문30
14.05.문24
12.05.문31

유량, 압력, 액위, 농도 등의 공업 프로세스의 상태량을 제어량으로 하는 제어는?

① 프로그램제어
② 프로세스제어
③ 비율제어
④ 자동조정

해설 **제어량**에 의한 **분류**

분류방법	제어량	
프로세스제어 보기②	• **온**도 • **유**량 • 농도	• **압**력 • **액**면(액위)
서보기구	• **위**치 • **자**세	• **방**위
	기억법 서위방자(스위스 방자하나)	
자동조정	• **전**압 • **주**파수 • 장력	• **전**류 • **회**전속도
	기억법 자전주회장	

기억법 프온압유액

• 프로세스제어 = 공정제어

답 ②

26 ★★
19.03.문34
17.05.문23
15.09.문29
14.09.문22
10.05.문23
08.05.문32

4Ω의 저항을 가진 100mA의 전류계에 2Ω의 분류기를 접속한 경우 최대 몇 mA까지 측정이 가능한가?

① 200mA
② 300mA
③ 400mA
④ 600mA

해설 (1) 기호
- R_A : 4Ω
- I : 100mA = 100×10^{-3}A (1mA = 10^{-3}A)
- R_S : 2Ω
- I_0 : ?

(2) 분류기

$$I_0 = I\left(1+\dfrac{R_A}{R_S}\right)[A]$$

여기서, I_0 : 측정하고자 하는 전류[A]
I : 전류계의 최대눈금[A]
R_A : 전류계의 내부저항[Ω]
R_S : 분류기저항[Ω]

측정하고자 하는 전류 I_0 는

$$\begin{aligned}I_0 &= I\left(1+\dfrac{R_A}{R_S}\right)\\ &= 100\times 10^{-3}\left(1+\dfrac{4}{2}\right)\\ &= 0.3\text{A}\\ &= 300\times 10^{-3}\text{A}\\ &= 300\text{mA}\end{aligned}$$

※ **분류기** : 전류계와 **병렬접속**

답 ②

27 ★
18.04.문21
12.09.문40

전원에 저항이 각각 $R[\Omega]$인 저항을 △결선으로 접속시킬 때와 Y결선으로 접속시킬 때, 선전류의 비는?

① $\dfrac{I_\triangle}{I_Y}=\dfrac{1}{3}$ ② $\dfrac{I_\triangle}{I_Y}=\sqrt{\dfrac{1}{3}}$

③ $\dfrac{I_\triangle}{I_Y}=3$ ④ $\dfrac{I_\triangle}{I_Y}=\sqrt{3}$

해설 Y결선 → △결선

$$I_\triangle = 3I_Y$$

여기서, $I_\triangle$: △결선의 선전류[A]
I_Y : Y결선의 선전류[A]

$I_\triangle = 3I_Y$

$\dfrac{I_\triangle}{I_Y}=3$

[별해]

Y결선 선전류	△결선 선전류
$I_Y = \dfrac{V_l}{\sqrt{3}\,Z}$	$I_\triangle = \dfrac{\sqrt{3}\,V_l}{Z}$
여기서, I_Y : 선전류[A] V_l : 선간전압[V] Z : 임피던스[Ω]	여기서, $I_\triangle$: 선전류[A] V_l : 선간전압[V] Z : 임피던스[Ω]

$$\dfrac{\triangle결선\ 선전류}{Y결선\ 선전류}=\dfrac{I_\triangle}{I_Y}=\dfrac{\dfrac{\sqrt{3}\,V_l}{Z}}{\dfrac{V_l}{\sqrt{3}\,Z}}=3$$

답 ③

28 ★★
19.03.문35

정전압계와 콘덴서를 직렬로 접속하고 그 양단에 2000V를 가할 때 정전압계에 인가되는 전압은 몇 V인가? (단, 정전전압계의 정전용량은 C_1[F], 콘덴서의 정전용량은 C_2[F]이며 $C_1 = 4C_2$ 관계에 있다.)

① 200   ② 400
③ 600   ⑤ 800

해설 (1) 기호

- V : 2000V
- V_1 : ?
- $C_1 = 4C_2$

(2) 문제를 회로로 변환하여 구성

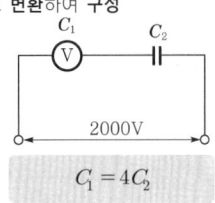

$C_1 = 4C_2$

↓

V_1에 인가되는 전압

$$V_1 = \dfrac{C_2}{C_1+C_2}V$$

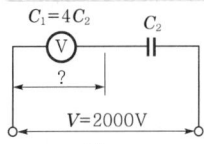

$$V_1 = \dfrac{C_2}{C_1+C_2}V = \dfrac{C_2}{4C_2+C_2}\times 2000$$
$$= \dfrac{\cancel{C_2}}{5\cancel{C_2}}\times 2000 = 400\text{V}$$

중요

각각의 전압

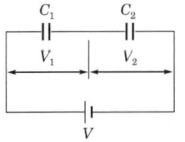

$$V_1 = \dfrac{C_2}{C_1+C_2}V,\ V_2 = \dfrac{C_1}{C_1+C_2}V$$

여기서, V_1 : C_1에 걸리는 전압[V]
V_2 : C_2에 걸리는 전압[V]
C_1, C_2 : 각각의 정전용량[F]
V : 전체 전압[V]

답 ②

29 다음 그림의 블록선도에서 전달함수 $\dfrac{C}{R}$는?

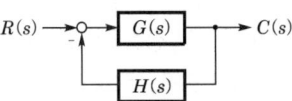

① $1+G(s)$
② $\dfrac{1}{1+G(s)}$
③ $\dfrac{1}{1+G(s)H(s)}$
④ $\dfrac{G(s)}{1+G(s)H(s)}$

해설

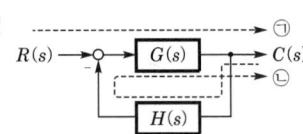

계산편의를 위해 (s)를 잠시 떼어 놓으면
$RG - CGH = C$
$RG = C + CGH$
$RG = C(1+GH)$
$\dfrac{G}{1+GH} = \dfrac{C}{R}$
$\therefore \dfrac{G(s)}{1+G(s)H(s)} = \dfrac{C}{R}$ ← 떼어 놓았던 (s)를 다시 붙임

용어

전달함수
모든 초기값을 0으로 하였을 때 출력신호의 라플라스변환과 입력신호의 라플라스변환의 비

답 ④

30 임피던스 $16+j12\,\Omega$에 $26+j40\mathrm{V}$의 전압을 인가할 때 유효전력은 몇 W인가?

① 58
② 91
③ 114
④ 228

해설
(1) 기호
- $Z : 16+j12\,\Omega$
- $V : 26+j40\mathrm{V}$
- $P : ?$

(2) 임피던스
$$Z = R+jX = \sqrt{R^2+X^2}$$
여기서, Z : 임피던스[Ω]
R : 저항[Ω]
X : 리액턴스[Ω]

임피던스 Z는
$Z = R+jX = \sqrt{R^2+X^2}$
   $= 16+j12 = \sqrt{16^2+12^2} = 20\,\Omega$

(3) 전류
$$I = \dfrac{V}{Z}$$
여기서, I : 전류[A]
V : 전압[V]
Z : 임피던스[Ω]

전류 I는
$I = \dfrac{V}{Z} = \dfrac{\sqrt{26^2+40^2}}{20} \fallingdotseq 2.385\mathrm{A}$

(4) 유효전력(소비전력)
$$P = I^2 R$$
여기서, P : 유효전력[W]
I : 전류[A]
R : 저항[Ω]

유효전력 P는
$P = I^2 R = 2.385^2 \times 16 \fallingdotseq 91.04 \fallingdotseq 91\mathrm{W}$

비교

무효전력
$$P_r = I^2 X$$
여기서, P_r : 무효전력[Var]
I : 전류[A]
X : 리액턴스[Ω]

무효전력 P_r는
$P_r = I^2 X = 2.385^2 \times 12 = 68.3\mathrm{Var}$

답 ②

31 다음 논리회로의 명칭은?

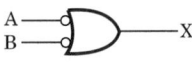

① NOR 회로
② NAND 회로
③ OR 회로
④ AND 회로

해설 치환법

- AND 회로 · OR 회로, OR 회로 → AND 회로도 바꾼다.
- 버블(bubble)이 있는 것은 버블을 없애고, 버블이 없는 것은 버블을 붙인다[버블(bubble)이란 작은 동그라미를 말함].

논리회로	치환	명칭
		NOR 회로
		OR 회로

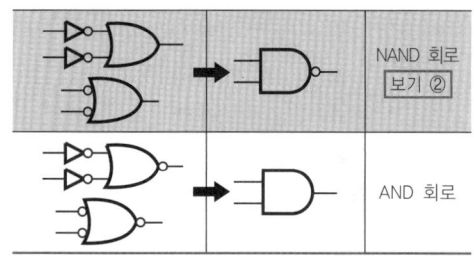

	NAND 회로 보기 ②
	AND 회로

답 ②

32 제어요소의 동작 중 연속동작이 아닌 것은?

① P동작
② PD동작
③ PI동작
④ ON−OFF동작

 ④ 불연속동작

제어동작에 의한 분류	
연속제어(연속동작)	불연속제어 (불연속동작)
• 비례제어(P동작) 보기 ① • 미분제어(D동작) • 적분제어(I동작) • 비례미분제어(PD동작) 보기 ② • 비례적분제어(PI동작) 보기 ③ • 비례적분미분제어(PID동작)	• 2위치제어(ON−OFF 　동작) 보기 ④ • 샘플값제어

답 ④

33 반지름이 1m인 도체구에 전하 $Q[C]$을 줄 때, 도체구 1개의 정전용량은 몇 μF인가?

① 9×10^{-3}
② 9×10^{-4}
③ $\frac{1}{9} \times 10^{-3}$
④ $\frac{1}{9} \times 10^{-4}$

 (1) 기호

- r : 1m
- C : ?

(2) 전압

$$V = \frac{Q}{4\pi\varepsilon_0 r}$$

여기서, V : 전압[V]
Q : 전하(전하량)[C]
ε_0 : 진공의 유전율(8.855×10^{-12}F/m)
r : 반지름[m]

(3) 전하(전하량)

$$Q = CV$$

여기서, Q : 전하(전하량)[C]
C : 정전용량[F]
V : 전압[V]

정전용량 C는

$$C = \frac{Q}{V} = \frac{\cancel{Q}}{\frac{\cancel{Q}}{4\pi\varepsilon_0 r}} = 4\pi\varepsilon_0 r$$

$$= 4\pi \times (8.855 \times 10^{-12}) \times 1 = 1.1127 \times 10^{-10}$$

$$= \frac{1}{9} \times 10^{-9} F = \frac{1}{9} \times 10^{-3} \mu F$$

답 ③

34 다음 회로에서 스위치를 닫은 후 커패시터에 충전이 완료되었을 경우 a, b 사이의 전압은 몇 V인가?

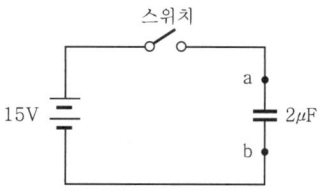

① 2
② 5
③ 10
④ 15

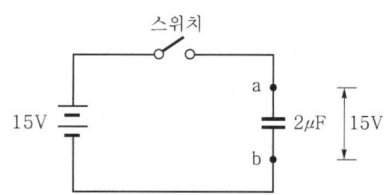

15V 전압을 인가한 후 스위치를 닫으면 커패시터(콘덴서)에는 충전이 시작되어 충전이 완료되면 커패시터 양단 a, b 사이의 전압은 15V가 된다. 보기 ④

답 ④

35 다음 그림과 같은 유접점회로의 논리식은?

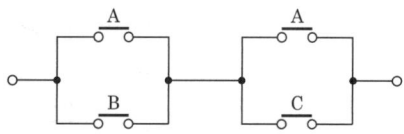

① $A + BC$
② $B + AC$
③ $AB + B$
④ $AB + BC$

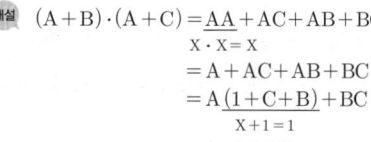

$(A+B) \cdot (A+C) = \underset{X \cdot X = X}{AA} + AC + AB + BC$
$= A + AC + AB + BC$
$= A\underset{X+1=1}{(1+C+B)} + BC$
$= \underset{X \cdot 1 = X}{A \cdot 1} + BC$
$= A + BC$

• 논리식 산정시 직렬은 "· 또는 생략", 병렬은 "+"로 표시하는 것을 기억하라.

(1) 불대수의 정리

논리합	논리곱	비 고
$X + 0 = X$	$X \cdot 0 = 0$	-
$X + 1 = 1$	$X \cdot 1 = X$	-
$X + X = X$	$X \cdot X = X$	-
$X + \overline{X} = 1$	$X \cdot \overline{X} = 0$	-
$X + Y = Y + X$	$X \cdot Y = Y \cdot X$	교환법칙
$X + (Y + Z)$ $= (X + Y) + Z$	$X(YZ) = (XY)Z$	결합법칙
$X(Y + Z)$ $= XY + XZ$	$(X + Y)(Z + W)$ $= XZ + XW + YZ + YW$	분배법칙
$X + XY = X$	$\overline{X} + XY = \overline{X} + Y$ $\overline{X} + \overline{X}Y = X + Y$ $X + \overline{X}\,\overline{Y} = X + \overline{Y}$	흡수법칙
$\overline{(X+Y)}$ $= \overline{X} \cdot \overline{Y}$	$\overline{(X \cdot Y)} = \overline{X} + \overline{Y}$	드모르간의 정리

(2) 무접점 논리회로

시퀀스	논리식	논리회로
직렬회로	$Z = A \cdot B$ $Z = AB$	AND
병렬회로	$Z = A + B$	OR
a접점	$Z = A$	
b접점	$Z = \overline{A}$	

답 ①

36 ★★★

상호유도계수 M을 두 코일의 자기유도계수 L_1, L_2로 표시하면? (단, 결합계수는 k라고 한다.)

17.09.문26
13.09.문29

① $M = k\sqrt{L_1 L_2}$ ② $M = kL_1 L_2$

③ $M = \dfrac{k}{\sqrt{L_1 L_2}}$ ④ $M = \dfrac{\sqrt{L_1 L_2}}{k}$

해설 **상호인덕턴스**(mutual inductance)

$$M = k\sqrt{L_1 L_2} \, [\text{H}] \quad \boxed{보기 \, ①}$$

여기서, M : 상호인덕턴스[H]
k : 결합계수
L_1, L_2 : 자기인덕턴스[H]

• 상호인덕턴스=상호유도계수

결합계수

$k = 0$	$k = 1$
두 코일 직교시	이상결합·완전결합시

답 ①

37 ★★

저항 R과 유도리액턴스 X_L이 직렬로 접속된 회로의 역률은?

21.09.문22
19.03.문40
16.03.문40
13.06.문40

① $\dfrac{R}{\sqrt{R^2 + X_L^2}}$ ② $\dfrac{\sqrt{R^2 + X_L^2}}{R}$

③ $\dfrac{X_L}{\sqrt{R^2 + X_L^2}}$ ④ $\sqrt{\dfrac{R^2 + X_L^2}{X_L}}$

해설 **역률**

RL 직렬회로 보기 ①	RL 병렬회로
$\cos\theta = \dfrac{R}{\sqrt{R^2 + X_L^2}}$	$\cos\theta = \dfrac{X_L}{\sqrt{R^2 + X_L^2}}$
여기서, $\cos\theta$: 역률 X_L : 유도리액턴스[Ω] R : 저항[Ω]	여기서, $\cos\theta$: 역률 X_L : 유도리액턴스[Ω] R : 저항[Ω]

비교

무효율

RL 직렬회로	RL 병렬회로
$\sin\theta = \dfrac{X_L}{\sqrt{R^2 + X_L^2}}$	$\sin\theta = \dfrac{R}{\sqrt{R^2 + X_L^2}}$
여기서, $\sin\theta$: 무효율 R : 저항[Ω] X_L : 유도리액턴스[Ω]	여기서, $\sin\theta$: 무효율 R : 저항[Ω] X_L : 유도리액턴스[Ω]

답 ①

38 ★★★

어떤 측정계기의 지시값을 M, 참값을 T라 할 때 보정률은?

17.03.문37
13.06.문38

① $\dfrac{T - M}{M} \times 100\%$

② $\dfrac{M}{M - T} \times 100\%$

③ $\dfrac{T - M}{T} \times 100\%$

④ $\dfrac{T}{M - T} \times 100\%$

해설 전기계기의 오차

오차율	보정률 보기①
오차율 $=\dfrac{M-T}{T}\times 100\%$	보정률 $=\dfrac{T-M}{M}\times 100\%$

여기서, T(True) : 참값
M(Measure) : 측정값(지시값)

답 ①

39 1대의 용량이 7kVA인 변압기 2대를 가지고 V결선으로 구성하면 3상 평형 부하에 약 몇 kVA의 전력을 공급할 수 있는가?

① 5.77
② 8.66
③ 10
④ 12.12

해설 (1) 기호
- P : 7kVA
- P_V : ?

(2) V결선 출력

$$P_V = \sqrt{3}\,P$$

여기서, P_V : V결선시의 출력[kVA]
P : 단상변압기 1대의 용량[kVA]

$P_V = \sqrt{3}\,P = \sqrt{3}\times 7 ≒ 12.12\text{kVA}$

• 변압기 2대로 3상 전력을 공급하려면 **V결선** 하여야 한다.

답 ④

40 다음 중 원자 하나에 최외각 전자가 4개인 4가의 전자(four valence electrons)로서 가전자대의 4개의 전자가 안정화를 위해 원자끼리 결합한 구조로 일반적인 반도체 재료로 쓰고 있는 것은?

① Si
② P
③ As
④ Ga

해설 반도체 재료
(1) 규소(Si)=실리콘 보기①
(2) 게르마늄(Ge)
(3) 탄소(C)
(4) 아산화동(Cu_2O)

※ **반도체 재료** : 온도가 올라가면 저항이 감소하는 물질

답 ①

제3과목 소방관계법규

41 국가가 시·도의 소방업무에 필요한 경비의 일부를 보조하는 국고보조대상이 아닌 것은?

① 사무용 기기
② 소방전용통신설비
③ 소방자동차
④ 소방관서용 청사의 건축

해설 ① 국고보조대상이 아님

기본령 2조
국고보조의 대상 및 기준
(1) 국고보조의 대상
　㉠ 소방활동장비와 설비의 구입 및 설치
　　• 소방**자**동차 보기③
　　• 소방**헬**리콥터·소방정
　　• 소방**전**용통신설비·전산설비 보기②
　　• 방**화**복
　㉡ 소방관서용 **청**사 보기④
(2) 소방활동장비 및 설비의 종류와 규격 : 행정안전부령
(3) 대상사업의 기준보조율 : 「보조금관리에 관한 법률 시행령」에 따름

기억법 국화복 활자 전헬청

답 ①

42 다음 중 유별을 달리하는 위험물을 혼재하여 저장할 수 있는 것으로 짝지어진 것은?

① 제1류-제2류
② 제2류-제3류
③ 제3류-제4류
④ 제5류-제6류

해설 위험물규칙 [별표 19]
위험물의 혼재기준
(1) 제1류+제**6**류
(2) 제**2**류+제**4**류
(3) 제**2**류+제**5**류
(4) 제**3**류+제**4**류 보기③
(5) 제**4**류+제**5**류

기억법　1-6
　　　　2-4·5
　　　　3-4-5

답 ③

43 위험물안전관리법령상 제조소와 사용전압이 35000V를 초과하는 특고압가공전선에 있어서 안전거리는 몇 m 이상을 두어야 하는가? (단, 제6류 위험물을 취급하는 제조소는 제외한다.)

① 3
② 5
③ 20
④ 30

해설 **위험물규칙〔별표 4〕**
위험물제조소의 안전거리

안전거리	대상
3m 이상	7000~35000V 이하의 특고압가공전선
5m 이상	35000V를 초과하는 특고압가공전선 보기②
10m 이상	**주거용**으로 사용되는 것
20m 이상	• 고압가스 **제조**시설(용기에 충전하는 것 포함) • 고압가스 **사용**시설(1일 30m³ 이상 용적 취급) • 고압가스 **저장**시설 • 액화산소 **소비**시설 • 액화석유가스 제조·저장시설 • 도시가스 공급시설
30m 이상	• 학교 • 병원급 의료기관 • 공연장 ┐ • 영화상영관 ┘ 300명 이상 수용시설 • 아동복지시설 • 노인복지시설 • 장애인복지시설 • 한부모가족복지시설 ┐ 20명 이상 • 어린이집 ┘ 수용시설 • 성매매피해자 등을 위한 지원시설 • 정신건강증진시설 • 가정폭력피해자 보호시설
50m 이상	• 지정**문**화유산 • 천연기념물 등 **기억법** 문5(문어)

답 ②

44
★★★
17.05.문46
10.09.문45
보일러 등의 위치·구조 및 관리와 화재예방을 위하여 불의 사용에 있어서 지켜야 하는 사항 중 난로의 연통은 천장으로부터 최소 몇 m 이상 떨어지게 설치하여야 하는가?
① 0.3   ② 0.6
③ 1   ④ 2

해설 **화재예방법 시행령〔별표 1〕**
벽·천장 사이의 거리

종류	벽·천장 사이의 거리
건조설비	0.5m 이상
보일러	0.6m 이상 보기②

기억법 보6(시설)

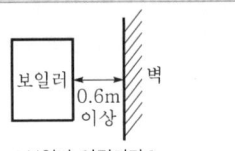
보일러 이격거리

답 ②

45
★★★
21.09.문49
17.03.문57
12.05.문59
하자보수대상 소방시설 중 하자보수 보증기간이 3년인 것은?
① 유도등   ② 피난기구
③ 비상방송설비 ④ 스프링클러설비

해설 ①, ②, ③ 2년
④ 3년

공사업령 6조
소방시설공사의 하자보수 보증기간

보증기간	소방시설
2년	① **유**도등·**피**난기구 보기①② ② **비**상**조**명등·비상**경**보설비·비상**방**송설비 보기③ ③ **무**선통신보조설비 **기억법** 유비조경방무피2
3년	① 자동소화장치 ② 옥내·외소화전설비 ③ 스프링클러설비 보기④ ④ 물분무등소화설비·소화용수설비 ⑤ 자동화재탐지설비·소화활동설비(무선통신보조설비 제외) ⑥ 화재알림설비

답 ④

46
★★★
19.09.문55
16.03.문41
15.09.문55
14.05.문53
12.09.문46
화재예방강화지구의 지정대상지역에 해당되지 않는 곳은?
① 시장지역
② 공장·창고가 밀집한 지역
③ 소방용수시설 또는 소방출동로가 있는 지역
④ 석유화학제품을 생산하는 공장이 있는 지역

해설 ③ 있는 → 없는

화재예방법 18조
화재예방강화지구의 지정
(1) 지정권자: 시·도지사
(2) 지정지역
  ㉠ 시장지역 보기①
  ㉡ 공장·창고 등이 밀집한 지역 보기②
  ㉢ 목조건물이 밀집한 지역
  ㉣ 노후·불량 건축물이 밀집한 지역
  ㉤ 위험물의 **저장** 및 **처리시설**이 **밀집**한 지역
  ㉥ **석유화학제품**을 생산하는 공장이 있는 지역 보기④
  ㉦ **소방시설**·**소방용수시설** 또는 **소방출동로**가 **없는** 지역 보기③
  ㉨ 「산업입지 및 개발에 관한 법률」에 따른 산업단지
  ㉩ 「물류시설의 개발 및 운영에 관한 법률」에 따른 물류단지
  ㉪ **소방청장**, **소방본부장** 또는 **소방서장**(소방관서장)이 화재예방강화지구로 지정할 필요가 있다고 인정하는 지역

※ **화재예방강화지구**: 화재발생 우려가 크거나 화재가 발생할 경우 피해가 클 것으로 예상되는 지역에 대하여 화재의 예방 및 안전관리를 강화하기 위해 지정·관리하는 지역

답 ③

47. 방염성능기준 이상의 실내장식물 등을 설치하여야 하는 특정소방대상물이 아닌 것은?

① 방송국
② 종합병원
③ 11층 이상의 아파트
④ 숙박이 가능한 수련시설

해설 ③ 아파트 → 아파트 제외

소방시설법 시행령 30조
방염성능기준 이상 적용 특정소방대상물
(1) 층수가 **11층** 이상인 것(아파트 제외 : 2026. 12. 1. 삭제) 보기 ③
(2) 체력단련장, 공연장 및 종교집회장
(3) 문화 및 집회시설
(4) 종교시설
(5) 운동시설(수영장은 제외)
(6) 의료시설(종합병원, 정신의료기관) 보기 ②
(7) 의원, 치과의원, 한의원, 조산원, 산후조리원
(8) 교육연구시설 중 합숙소
(9) 노유자시설
(10) 숙박이 가능한 수련시설 보기 ④
(11) 숙박시설
(12) 방송국 및 촬영소 보기 ①
(13) 다중이용업소(단란주점영업, 유흥주점영업, 노래연습장업의 영업장 등)

답 ③

48. 다음 위험물 중 위험물안전관리법령에서 정하고 있는 지정수량이 가장 적은 것은?

① 브로민산염류
② 황
③ 알칼리토금속
④ 과염소산

해설 **위험물령 [별표 1]**
지정수량

위험물	지정수량
• **알칼리토**금속	50kg 보기 ③
	기억법 알토(소프라노, 알토)
• 황	100kg 보기 ②
• 브로민산염류 • 과염소산	300kg 보기 ①④

답 ③

49. 소방시설공사업법령상 공사감리자 지정대상 특정소방대상물의 범위가 아닌 것은?

① 물분무등소화설비(호스릴방식의 소화설비는 제외)를 신설·개설하거나 방호·방수구역을 증설할 때
② 제연설비를 신설·개설하거나 제연구역을 증설할 때
③ 연소방지설비를 신설·개설하거나 살수구역을 증설할 때
④ 캐비닛형 간이스프링클러설비를 신설·개설하거나 방호·방수구역을 증설할 때

해설 ④ 캐비닛형 간이스프링클러설비를 → 스프링클러설비(캐비닛형 간이스프링클러설비 제외)를

공사업령 10조
소방공사감리자 지정대상 특정소방대상물의 범위
(1) **옥내소화전설비**를 신설·개설 또는 **증설**할 때
(2) **스프링클러설비** 등(캐비닛형 간이스프링클러설비 제외)을 신설·개설하거나 방호·**방수구역**을 증설할 때 보기 ④
(3) **물분무등소화설비**(호스릴방식의 소화설비 제외)를 신설·개설하거나 방호·방수구역을 **증설**할 때 보기 ①
(4) **옥외소화전설비**를 신설·개설 또는 **증설**할 때
(5) **자동화재탐지설비**를 신설·개설할 때
(6) **화재알림설비**를 신설 또는 개설할 때
(7) **비상방송설비**를 신설 또는 개설할 때
(8) **통합감시시설**을 신설 또는 **개설**할 때
(9) **소화용수설비**를 신설 또는 **개설**할 때
(10) 다음의 **소화활동설비**에 대하여 시공할 때
 ㉠ **제연설비**를 신설·개설하거나 제연구역을 증설할 때 보기 ②
 ㉡ 연결송수관설비를 신설 또는 개설할 때
 ㉢ 연결살수설비를 신설·개설하거나 송수구역을 증설할 때
 ㉣ 비상콘센트설비를 신설·개설하거나 전용회로를 증설할 때
 ㉤ 무선통신보조설비를 신설 또는 개설할 때
 ㉥ **연소방지설비**를 신설·개설하거나 살수구역을 증설할 때 보기 ③

답 ④

50. 소방기본법령상 소방대상물에 해당하지 않는 것은?

① 차량
② 건축물
③ 운항 중인 선박
④ 선박건조구조물

해설 ③ 운항 중인 → 매어 둔

기본법 2조 1호
소방대상물
(1) **건**축물 보기 ②
(2) **차**량 보기 ①
(3) **선**박(매어둔 것) 보기 ③
(4) **선**박건조구조물 보기 ④
(5) **인**공구조물
(6) **물**건
(7) **산**림

기억법 건차선 인물산

> [비교]
> 위험물법 3조
> 위험물의 저장·운반·취급에 대한 적용 제외
> (1) 항공기
> (2) 선박
> (3) 철도(기차)
> (4) 궤도
>
> [기억법] 항선철궤
>
> 답 ③

51 ★★★ 소방시설 설치 및 관리에 관한 법령상 소방용품으로 틀린 것은?

① 시각경보기 ② 자동소화장치
③ 가스누설경보기 ④ 방염제

해설 소방시설법 시행령 6조
소방용품 제외대상
(1) 주거용 주방자동소화장치용 소화약제
(2) 가스자동소화장치용 소화약제
(3) 분말자동소화장치용 소화약제
(4) 고체에어로졸 자동소화장치용 소화약제
(5) 소화약제 외의 것을 이용한 간이소화용구
(6) 휴대용 비상조명등
(7) 유도표지
(8) 벨용 푸시버튼스위치
(9) 피난밧줄
(10) 옥내소화전함
(11) 방수구
(12) 안전매트
(13) 방수복
(14) 시각경보기 [보기 ①]

답 ①

52 ★★ 위험물안전관리법상 제조소 등을 설치하고자 하는 자는 누구의 허가를 받아 설치할 수 있는가?

① 소방서장 ② 소방청장
③ 시·도지사 ④ 안전관리자

해설 위험물법 6조
제조소 등의 설치허가
(1) 설치허가자 : 시·도지사 [보기 ③]
(2) 설치허가 제외장소
 ㉠ 주택의 난방시설(공동주택의 중앙난방시설은 제외)을 위한 저장소 또는 취급소
 ㉡ 지정수량 20배 이하의 농예용·축산용·수산용 난방시설 또는 건조시설의 저장소
(3) 제조소 등의 변경신고 : 변경하고자 하는 날의 1일 전까지

> [참고]
> 시·도지사
> (1) 특별시장
> (2) 광역시장
> (3) 특별자치시장
> (4) 도지사
> (5) 특별자치도지사

답 ③

53 ★★ 특정소방대상물의 건축·대수선·용도변경 또는 설치 등을 위한 공사를 시공하는 자가 공사현장에서 인화성 물품을 취급하는 작업 등 대통령령으로 정하는 작업을 하기 전에 설치하고 유지·관리해야 하는 임시소방시설의 종류가 아닌 것은? (단, 용접·용단 등 불꽃을 발생시키거나 화기를 취급하는 작업이다.)

① 간이소화장치
② 비상경보장치
③ 자동확산소화기
④ 간이피난유도선

해설 ③ 자동확산소화기는 해당없음

소방시설법 시행령 〔별표 8〕
임시소방시설의 종류

종류	설명
소화기	-
간이소화장치 [보기 ①]	물을 방사하여 **화재**를 **진화**할 수 있는 장치로서 **소방청장**이 정하는 성능을 갖추고 있을 것
비상경보장치 [보기 ②]	화재가 발생한 경우 주변에 있는 작업자에게 **화재사실**을 알릴 수 있는 장치로서 **소방청장**이 정하는 성능을 갖추고 있을 것
간이피난유도선 [보기 ④]	화재가 발생한 경우 **피난구 방향**을 안내할 수 있는 장치로서 **소방청장**이 정하는 성능을 갖추고 있을 것
가스누설경보기	**가연성 가스**가 **누설** 또는 발생된 경우 **탐지**하여 **경보**하는 장치로서 **소방청장**이 실시하는 형식승인 및 제품검사를 받은 것
비상조명등	화재발생시 안전하고 원활한 피난활동을 할 수 있도록 **자동점등**되는 **조명장치**로서 **소방청장**이 정하는 성능을 갖추고 있을 것
방화포	**용접·용단** 등 작업시 발생하는 불티로부터 가연물이 점화되는 것을 방지해주는 **천** 또는 불연성 물품으로서 **소방청장**이 정하는 성능을 갖추고 있을 것

> [비교]
> 소방시설법 시행령 〔별표 8〕
> 임시소방시설을 설치하여야 하는 공사의 종류와 규모
>
> | 공사 종류 | 규모 |
> |---|---|
> | 간이소화장치 | • 연면적 **3천**m² 이상
• 지하층, 무창층 또는 **4층** 이상의 층. 바닥면적이 **600**m² 이상인 경우만 해당 |
> | 비상경보장치 | • 연면적 **400**m² 이상
• 지하층 또는 무창층. 바닥면적이 **150**m² 이상인 경우만 해당 |

답 ③

간이피난유도선	• 바닥면적이 150m² 이상인 지하층 또는 무창층의 화재위험작업현장에 설치
소화기	• 건축허가 등을 할 때 **소방본부장** 또는 **소방서장**의 동의를 받아야 하는 특정소방대상물의 신축·증축·개축·재축·이전·용도변경 또는 대수선 등을 위한 공사 중 화재위험작업현장에 설치
가스누설경보기 비상조명등	• 바닥면적이 150m² 이상인 **지하층** 또는 **무창층**의 화재위험작업현장에 설치
방화포	• **용접·용단** 작업이 진행되는 화재위험작업현장에 설치

답 ③

54 소방시설 설치 및 관리에 관한 법령상 소방청장 또는 시·도지사가 청문을 하여야 하는 처분이 아닌 것은?

① 소방시설관리사 자격의 정지
② 소방안전관리자 자격의 취소
③ 소방시설관리업의 등록취소
④ 소방용품의 형식승인 취소

해설 ② 소방안전관리자는 청문 해당없음

소방시설법 49조
청문실시 대상
(1) 소방시설**관리사** 자격의 **취소** 및 **정지** 보기 ①
(2) 소방시설**관리업**의 **등록취소** 및 영업정지 보기 ③
(3) **소방용품**의 **형식승인취소** 및 제품검사중지 보기 ④
(4) 소방용품의 **제품검사 전문기관**의 **지정취소** 및 업무정지
(5) 우수품질인증의 취소
(6) 소방용품의 성능인증 취소

기억법 청사 용업(청사 용역)

답 ②

55 지정수량 미만인 위험물의 저장 또는 취급기준은 무엇으로 정하는가?

① 시·도의 조례
② 행정안전부령
③ 소방청 고시
④ 대통령령

해설 위험물법 4·5조
위험물
(1) 지정수량 미만인 위험물의 저장·취급 : **시·도의 조례** 보기 ①
(2) 위험물의 **임**시저장기간 : **90**일 이내

기억법 9임(구인)

답 ①

56 소방용수시설 급수탑 개폐밸브의 설치기준으로 옳은 것은?

① 지상에서 1.0m 이상 1.5m 이하
② 지상에서 1.5m 이상 1.7m 이하
③ 지상에서 1.2m 이상 1.8m 이하
④ 지상에서 1.5m 이상 2.0m 이하

해설 기본규칙 [별표 3]
소방용수시설별 설치기준

소화전	급수탑
• 65mm : 연결금속구의 구경	• 100mm : 급수배관의 구경 • 1.5~1.7m 이하 : 개폐밸브 높이

기억법 57탑(57층 탑)

답 ②

57 건축허가 등의 동의요구시 동의요구서에 첨부하여야 할 서류가 아닌 것은?

① 건축허가신청서 및 건축허가서 사본
② 소방시설 설치계획표
③ 임시소방시설 설치계획서
④ 소방시설공사업 등록증

해설 ④ 공사업은 건축허가 동의에 해당없음

소방시설법 시행규칙 3조
건축허가 동의시 첨부서류
(1) 건축허가신청서 및 건축허가서 사본 보기 ①
(2) 설계도서 및 소방시설 설치계획표 보기 ②
(3) 임시소방시설 설치계획서(설치시기·위치·종류·방법 등 임시소방시설의 설치와 관련한 세부사항 포함) 보기 ③
(4) 소방시설설계업 등록증과 소방시설을 설계한 기술인력의 기술자격증 사본
(5) 건축·대수선·용도변경신고서 사본
(6) 주단면도 및 입면도
(7) 소방시설별 층별 평면도
(8) 방화구획도(창호도 포함)

※ 건축허가 등의 동의권자 : **소방본부장·소방서장**

답 ④

58 소방기본법령상 소방대원에게 실시할 교육·훈련의 횟수 및 기간으로 옳은 것은?

① 1년마다 1회, 2주 이상
② 2년마다 1회, 2주 이상
③ 3년마다 1회, 2주 이상
④ 3년마다 1회, 4주 이상

해설 (1) **2년**마다 **1회** 이상
　㉠ 소방대원의 소방교육 · 훈련(기본규칙 9조) 보기 ②
　㉡ **실**무교육(화재예방법 시행규칙 29조)

　기억법　실2(실리)

(2) 소방기본법 시행규칙〔별표 3의 2〕
　소방대원의 소방 교육 · 훈련

구분	설명
전문교육기간	**2주** 이상 보기 ②

비교

화재예방법 시행규칙 29조
소방안전관리자의 실무교육
(1) 실시자 : **소방청장**(위탁 : 한국소방안전원장)
(2) 실시 : **2년**마다 **1회** 이상
(3) 교육통보 : **30일** 전

답 ②

59 소방시설 설치 및 관리에 관한 법령상 소방시설관리사의 결격사유가 아닌 것은?

20.08.문60
13.09.문47

① 피성년후견인
② 소방기본법령에 따른 금고 이상의 실형을 선고받고 그 집행이 면제된 날부터 2년이 지나지 아니한 사람
③ 소방시설공사업법령에 따른 금고 이상의 형의 집행유예를 선고받고 그 유예기간이 지난 후 2년이 지나지 아니한 사람
④ 거짓이나 그 밖의 부정한 방법으로 관리사 시험에 합격하여 자격이 취소된 날부터 2년이 지나지 아니한 사람

해설 ③ 그 유예기간이 지난 후 2년이 지나지 아니한 사람 → 금고 이상의 형의 집행유예를 선고받고 그 유예기간 중에 있는 사람

소방시설법 27조
소방시설관리사의 결격사유
(1) 피성년후견인 보기 ①
(2) 금고 이상의 실형을 선고받고 그 집행이 끝나거나 집행이 면제된 날부터 **2년**이 지나지 아니한 사람 보기 ②
(3) 금고 이상의 형의 집행유예를 선고받고 그 유예기간 중에 있는 사람 보기 ③
(4) 자격취소 후 **2년**이 지나지 아니한 사람 보기 ④

답 ③

60 소방시설 설치 및 관리에 관한 법령상 스프링클러설비를 설치하여야 하는 특정소방대상물의 기준으로 틀린 것은? (단, 위험물 저장 및 처리 시설 중 가스시설 또는 지하구를 제외한다.)

21.05.문60
18.03.문44
15.03.문41
05.09.문52

① 물류터미널로서 바닥면적 합계가 2000m² 이상인 경우에는 모든 층
② 숙박이 가능한 수련시설에 해당하는 용도로 사용되는 시설의 바닥면적의 합계가 600m² 이상인 것은 모든 층
③ 종교시설(주요구조부가 목조인 것은 제외)로서 수용인원이 100명 이상인 것에 해당하는 경우에는 모든 층
④ 지하상가로서 연면적 1000m² 이상인 것

해설 ① 2000m² → 5000m²

소방시설법 시행령〔별표 4〕
스프링클러설비의 설치대상

설치대상	조건
● 문화 및 집회시설, 운동시설 ● 종교시설 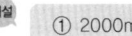	● 수용인원 : **100명** 이상 ● 영화상영관 : 지하층 · 무창층 500m²(기타 1000m²) 이상 ● 무대부 　- 지하층 · 무창층 · 4층 이상 : 300m² 이상 　- 1~3층 : 500m² 이상
● 판매시설 ● 운수시설 ● 물류터미널 보기 ①	● 수용인원 : **500명** 이상 ● 바닥면적 합계 5000m² 이상
창고시설(물류터미널 제외)	바닥면적 합계 5000m² 이상 : 전층
● 노유자시설 ● 정신의료기관 ● 수련시설(숙박 가능한 곳) 보기 ② ● 종합병원, 병원, 치과병원, 한방병원 및 요양병원(정신병원 제외) ● 숙박시설	바닥면적 합계 600m² 이상
지하상가 보기 ④	연면적 1000m² 이상
지하층 · 무창층 · 4층 이상	바닥면적 1000m² 이상
10m 넘는 랙식 창고	연면적 1500m² 이상
● 복합건축물 ● 기숙사	연면적 5000m² 이상 : 전층
6층 이상	전층
보일러실 · 연결통로	전부
특수가연물 저장 · 취급	지정수량 1000배 이상
발전시설	전기저장시설 : 전층

답 ①

제 4 과목 — 소방전기시설의 구조 및 원리

61 다음 ( )에 알맞은 것으로 연결된 것은?

21.05.문61
19.04.문67
16.05.문77
10.03.문62

비상벨설비 또는 자동식 사이렌설비의 음향장치는 정격전압의 80%에서 음향을 발할 수 있도록 하여야 하며, 음량은 부착된 음향장치의 중심으로부터 (㉠)m 떨어진 위치에서 (㉡)dB 이상이 되는 것으로 하여야 한다.

① ㉠ 0.1, ㉡ 80 ② ㉠ 1, ㉡ 90
③ ㉠ 0.2, ㉡ 80 ④ ㉠ 2, ㉡ 90

해설 **음향장치**(NFPC 201 4조, NFTC 201 2.1)
(1) 지구음향장치는 특정소방대상물의 **층**마다 설치할 것
(2) 특정소방대상물의 각 부분으로부터 하나의 음향장치까지의 **수평거리가 25m** 이하가 되도록 할 것
(3) 정격전압의 **80%** 전압에서 음향을 발할 수 있도록 할 것
(4) 음량은 부착된 음향장치의 중심으로부터 **1m** 떨어진 위치에서 **90dB** 이상이 되는 것으로 할 것 보기 ②

답 ②

62 소방시설 설치 및 관리에 관한 법령상 자동화재속보설비를 설치하여야 하는 특정소방대상물의 기준으로 틀린 것은? (단, 사람이 24시간 상시 근무하고 있는 경우는 제외한다.)

20.08.문56
19.03.문62
14.03.문44
12.03.문58

① 정신병원으로서 바닥면적이 500m² 이상인 층이 있는 것
② 문화유산의 보존 및 활용에 관한 법률에 따라 보물 또는 국보로 지정된 목조건축물
③ 노유자 생활시설에 해당하지 않는 노유자시설로서 바닥면적이 300m² 이상인 층이 있는 것
④ 수련시설(숙박시설이 있는 건축물만 해당)로서 바닥면적이 500m² 이상인 층이 있는 것

해설 ③ 300m² → 500m²

자동화재속보설비의 설치대상(소방시설법 시행령 〔별표 4〕)

설치대상	조건
• 수련시설(숙박시설이 있는 것) 보기 ④ • 노유자시설(노유자 생활시설 제외) 보기 ③ • 정신병원 및 의료재활시설 보기 ①	• 바닥면적 500m² 이상
• 목조건축물 보기 ②	• 국보·보물
• 노유자 생활시설 • 종합병원, 병원, 치과병원, 한방병원 및 요양병원(의료재활시설 제외) • 의원, 치과의원 및 한의원(입원실이 있는 시설) • 조산원 및 산후조리원 • 전통시장	• 전부

답 ③

63 비상방송설비의 화재안전기준에 따른 용어의 정의 중 소리를 크게 하여 멀리까지 전달될 수 있도록 하는 장치는?

20.08.문74
18.03.문66
16.03.문67
08.05.문69
07.03.문66

① 확성기 ② 증폭기
③ 변류기 ④ 음량조절기

해설 **비상방송설비**의 **구성요소**(NFPC 202 3조, NFTC 202 1.7)

용어	설명
확성기 보기 ①	**소**리를 크게 하여 멀리까지 전달될 수 있도록 하는 장치로서 일명 **스피커**를 말한다. 기억법 확소(왁스)
음량 조절기	가변저항을 이용하여 **전류**를 **변화**시켜 음량을 크게 하거나 작게 조절할 수 있는 장치
증폭기	전압전류의 진폭을 늘려 감도를 좋게 하고 미약한 음성전류를 커다란 **음성전류**로 변환시켜 소리를 크게 하는 장치

답 ①

64 비상방송설비 음향장치의 설치기준 중 틀린 것은?

19.09.문77
19.03.문71
17.03.문78
16.03.문70
15.09.문65
15.05.문75
14.05.문80
14.03.문74
13.03.문63

① 실외에 설치하는 확성기의 음성입력은 1W 이상일 것
② 확성기는 각 층마다 설치하되 그 층의 각 부분으로부터 하나의 확성기까지의 수평거리가 25m 이하가 되도록 할 것
③ 음량조절기를 설치하는 경우 음량조정기의 배선은 3선식으로 할 것
④ 기동장치에 따른 화재신고를 수신한 후 필요한 음량으로 화재발생상황 및 피난에 유효한 방송이 자동으로 개시될 때까지의 소요시간은 10초 이하로 할 것

해설 ① 1W → 3W

비상방송설비의 **설치기준**(NFPC 202 4조, NFTC 202 2.1)
(1) 확성기의 음성입력은 실내 **1W** 이상, 실외 **3W** 이상일 것 보기 ①
(2) 확성기는 **각 층**마다 설치하되, 각 부분으로부터의 **수평거리는 25m** 이하일 것 보기 ②
(3) 음량조정기는 **3선식** 배선일 것 보기 ③
(4) 조작스위치는 바닥으로부터 **0.8~1.5m** 이하의 높이에 설치할 것
(5) 다른 전기회로에 의하여 **유도장애**가 생기지 않을 것
(6) 비상방송 개시시간은 **10초** 이하일 것 보기 ④

중요
3선식 배선의 종류
(1) 공통선
(2) 업무용 배선
(3) 긴급용 배선

답 ①

65 무선통신보조설비의 증폭기에 관한 설명으로 틀린 것은?

① 상용전원은 전기가 정상적으로 공급되는 축전지설비 또는 교류전압 옥내간선으로 한다.
② 증폭기의 전면에는 주회로의 전원이 정상인지의 여부를 표시할 수 있는 표시등 및 전압계를 설치한다.
③ 증폭기라 함은 2개 이상의 입력신호를 원하는 비율로 조합한 출력이 발생하도록 하는 장치를 말한다.
④ 증폭기에 부착되는 비상전원의 용량은 무선통신보조설비를 유효하게 30분 이상 작동시킬 수 있는 것으로 한다.

해설 ③ 증폭기 → 혼합기

무선통신보조설비

용어	설명
누설동축 케이블	동축케이블의 외부도체에 가느다란 홈을 만들어서 **전파**가 **외부**로 **새어나갈 수 있도록** 한 케이블
분배기	신호의 전송로가 분기되는 장소에 설치하는 것으로 **임피던스 매칭**(matching)과 **신호균등분배**를 위해 사용하는 장치 기억법 배임(배임죄)
분파기	서로 다른 **주**파수의 합성된 **신호**를 **분리**하기 위해서 사용하는 장치 기억법 **파주**
혼합기	두 개 이상의 **입력신호**를 원하는 비율로 **조합**한 **출력**이 발생하도록 하는 장치 보기 ③
증폭기	신호전송시 신호가 약해져 수신이 불가능해지는 것을 방지하기 위해서 **증폭**하는 장치
무선중계기	안테나를 통하여 수신된 무전기 신호를 증폭한 후 음영지역에 재방사하여 무전기 상호간 송수신이 가능하도록 하는 장치
옥외안테나	감시제어반 등에 설치된 무선중계기의 입력과 출력포트에 연결되어 송수신 신호를 원활하게 방사·수신하기 위해 옥외에 설치하는 장치

중요
무선통신보조설비의 **증폭기** 및 **무선중계기**의 **설치기준**
(NFPC 505 8조, NFTC 505 2.5)
(1) 상용전원은 **축전지설비, 전기저장장치**(외부 전기에너지를 저장해 두었다가 필요한 때 전기를 공급하는 장치) 또는 **교류전압 옥내간선**으로 하고, 전원까지의 배선은 **전용**으로 할 것 보기 ①
(2) 증폭기의 전면에는 전원확인 **표시등** 및 **전압계** 설치 보기 ②
(3) 증폭기의 비상전원용량은 30분 이상 보기 ④
(4) **증폭기** 및 **무선중계기**를 설치하는 경우 전파법 규정에 따른 적합성 평가를 받은 제품으로 설치
(5) 디지털방식의 무전기를 사용하는 데 지장이 없도록 설치할 것

답 ③

66 소방시설 중 경보설비에 속하지 않는 것은?

① 통합감시시설
② 자동화재탐지설비
③ 자동화재속보설비
④ 무선통신보조설비

해설 ④ 무선통신보조설비 : 소화활동설비

경보설비(소방시설법 시행령 〔별표 1〕)
(1) 비상**경**보설비 ┬ 비상벨설비
              └ 자동식 사이렌설비
(2) **단**독경보형 감지기
(3) 비상**방**송설비
(4) **누**전경보기
(5) 자동화재**탐**지설비 및 시각경보기 보기 ②
(6) 자동화재**속**보설비 보기 ③
(7) **가**스누설경보기
(8) **통**합감시시설 보기 ①
(9) 화재알림설비

기억법 경단방 누탐속가통

※ **경보설비** : 화재발생 사실을 통보하는 기계·기구 또는 설비

중요
소방시설법 시행령 〔별표 1〕
소화활동설비
(1) **연**결송수관설비
(2) **연**결살수설비
(3) **연**소방지설비
(4) **무선통신보조**설비 보기 ④
(5) **제**연설비
(6) **비상콘센트**설비

기억법 3연무제비콘

용어
소화활동설비
화재를 진압하거나 인명구조활동을 위하여 사용하는 설비

답 ④

67. 무선통신보조설비의 화재안전기준에 따라 무선통신보조설비에서 임피던스값이 일정하지 않을 경우 반사가 발생하여 노이즈에 의한 통신감도가 떨어지므로 특성임피던스값을 몇 Ω으로 정합(matching)시켜 주어야 하는가?

① 30
② 50
③ 75
④ 100

해설 무선통신보조설비의 분배기·분파기·혼합기 설치기준
(1) 먼지·습기·부식 등에 이상이 없을 것
(2) 임피던스(특성임피던스) **50Ω**의 것 보기 ②
(3) 점검이 편리하고 화재 등의 피해 우려가 없는 장소

무선통신보조설비의 구성부품

용어	설명
누설동축케이블	동축케이블의 외부도체에 가느다란 홈을 만들어서 전파가 외부로 새어나갈 수 있도록 한 케이블
분배기 기억법 분배분배	신호의 전송로가 분기되는 장소에 설치하는 것으로 **임피던스 매칭**(matching)과 **신호균등분배**를 위해 사용하는 장치
분파기 기억법 파파	서로 다른 **주파**수의 합성된 **신호**를 **분리**하기 위해서 사용하는 장치
혼합기	두 개 이상의 입력신호를 원하는 비율로 조합한 출력이 발생하도록 하는 장치
증폭기	신호전송시 신호가 약해져 수신이 불가능해지는 것을 방지하기 위해서 **증폭**하는 장치
무선중계기	안테나를 통하여 수신된 무전기 신호를 증폭한 후 음영지역에 재방사하여 무전기 상호간 송수신이 가능하도록 하는 장치
옥외안테나	감시제어반 등에 설치된 무선중계기의 입력과 출력포트에 연결되어 송수신 신호를 원활하게 방사·수신하기 위해 옥외에 설치하는 장치

기억법 무분배파혼

답 ②

68. 비상경보설비 및 단독경보형 감지기의 화재안전기준에 따라 비상벨설비 또는 자동식사이렌설비 부속회로의 전로와 대지 사이 및 배선 상호간의 절연저항은 1경계구역마다 직류 250V의 절연저항측정기를 사용하여 측정한 절연저항이 몇 MΩ 이상이 되도록 하여야 하는가?

① 0.1
② 0.2
③ 0.3
④ 0.5

해설 절연저항시험

절연 저항계	절연저항	대상
직류 250V	0.1MΩ 이상	• 1경계구역의 절연저항 보기 ①
	5MΩ 이상	• 누전경보기 • 가스누설경보기 • 수신기(10회로 미만, 절연된 충전부와 외함 간) • 자동화재속보설비 • 비상경보설비 • 유도등(교류입력측과 외함 간 포함) • 비상조명등(교류입력측과 외함 간 포함)
직류 500V	20MΩ 이상	• 경종 • 발신기 • 중계기 • **비상콘센트** • 기기의 절연된 선로 간 • 기기의 충전부와 비충전부 간 • 기기의 교류입력측과 외함 간(유도등·비상조명등 제외)
	50MΩ 이상	• 감지기(정온식 감지선형 감지기 제외) • 가스누설경보기(10회로 이상) • 수신기(10회로 이상, 교류입력측과 외함 간 제외)
	1000MΩ 이상	• 정온식 감지선형 감지기

기억법 콘2(콘이 맛있다!)

답 ①

69. 주요구조부가 내화구조로 된 바닥면적 70m²인 특정소방대상물에 설치하는 열전대식 차동식 분포형 감지기의 열전대부는 몇 개 이상이어야 하는가?

① 1
② 2
③ 3
④ 4

해설 열전대식 감지기의 설치기준(NFPC 203 7조, NFTC 203 2.4.3.8)
(1) 하나의 검출부에 접속하는 열전대부는 **4~20개** 이하로 할 것(단, **주소형 열전대식 감지기**는 제외)
(2) 바닥면적

분류	열전대식 1개 바닥면적	설치개수
내화구조	22m²	4개 이상
기타구조	18m²	4개 이상

내화구조 = $\dfrac{\text{바닥면적}}{22\text{m}^2} = \dfrac{70\text{m}^2}{22\text{m}^2} = 3.1 ≒ 4$개 (최소 4개)

답 ④

70. 비상방송설비의 음량조정기를 설치하는 경우 음량조정기의 배선방식으로 옳은 것은?

① 2선식
② 3선식
③ 4선식
④ 1선식

해설 비상방송설비의 설치기준(NFPC 202 4조, NFTC 202 2.1)
(1) 확성기의 음성입력은 실내 **1W**, 실외 **3W** 이상일 것
(2) 확성기는 각 **층**마다 설치하되, 각 부분으로부터의 수평거리는 **25m** 이하일 것
(3) **음**량조정기는 **3선식** 배선일 것 [보기 ②]
(4) 조작스위치는 바닥으로부터 **0.8~1.5m** 이하의 높이에 설치할 것
(5) 다른 전기회로에 의하여 유도장애가 생기지 않을 것
(6) 비상방송 개시시간은 **10초** 이하일 것
(7) 엘리베이터 내부에는 별도의 음향장치를 설치할 수 있다.
(8) 2 이상의 조작부가 설치된 경우 동시통화가 가능하고 전 구역에 방송할 수 있을 것

[기억법] 방음3(방음삼아)

답 ②

71
누전경보기의 전원은 분전반으로부터 전용회로로 하고, 각 극에 개폐기 및 몇 A 이하의 과전류차단기를 설치하여야 하는가?

21.03.문72
16.10.문69
16.03.문78
15.05.문73
15.03.문76
14.09.문70
14.09.문76
14.03.문63
14.03.문69
13.06.문70

① 10
② 15
③ 20
④ 30

해설 누전경보기의 설치기준(NFPC 205 6조, NFTC 205 2.3)
(1) 각 극에 개폐기 및 **15A** 이하의 **과전류차단기**를 설치할 것(배선용 차단기는 20A 이하) [보기 ②]

[기억법] 과15(과일 다오)

(2) 분전반으로부터 **전용회로**로 할 것
(3) 개폐기에는 누전경보기임을 표시할 것

60A 이하	60A 초과
1급 또는 2급	1급

답 ②

72
소방시설 설치 및 관리에 관한 법령상 단독경보형 감지기를 설치하여야 하는 특정소방대상물로 틀린 것은?

21.09.문72
18.09.문71
17.03.문41
07.05.문45

① 연면적 600m²의 유치원
② 연면적 300m²의 유치원
③ 100명 미만의 숙박시설이 있는 수련시설
④ 교육연구시설 또는 수련시설 내에 있는 합숙소 또는 기숙사로서 연면적 2000m² 미만인 것

해설 ① 600m² → 400m² 미만
② 유치원은 400m² 미만이므로 300m²는 옳은 답
③ 100명 미만의 수련시설(숙박시설이 있는 것)은 옳은 답

단독경보형 감지기의 설치대상(소방시설법 시행령 [별표 4])

연면적	설치대상
400m² 미만	유치원 [보기 ①②]
2000m² 미만 [보기 ④]	• 교육연구시설·수련시설 내의 합숙소 • 교육연구시설·수련시설 내의 기숙사
모두 적용 [보기 ③]	• 100명 미만의 수련시설(숙박시설이 있는 것) • 연립주택 • 다세대주택

답 ①

73
객석 내의 통로의 직선부분의 길이가 85m이다. 객석유도등을 몇 개 설치하여야 하는가?

21.09.문70
16.10.문72
10.05.문68

① 17개
② 19개
③ 21개
④ 22개

해설 최소 설치개수 산정식(NFPC 303 7조, NFTC 303 2.4.2)
설치개수 산정시 소수가 발생하면 반드시 **절상**한다.
(1) 객석유도등

$$설치개수 = \frac{객석통로의 \ 직선부분의 \ 길이[m]}{4} - 1$$

$$= \frac{85}{4} - 1 = 20.25 ≒ 21개 \ [보기 ③]$$

[기억법] 객4

(2) 유도표지

$$설치개수 = \frac{구부러진 \ 곳이 \ 없는 \ 부분의 \ 보행거리[m]}{15} - 1$$

[기억법] 유15

(3) 복도통로유도등, 거실통로유도등

$$설치개수 = \frac{구부러진 \ 곳이 \ 없는 \ 부분의 \ 보행거리[m]}{20} - 1$$

[기억법] 통2

용어
절상
'소수점 이하는 무조건 올린다.'는 뜻

답 ③

74
비상콘센트설비의 화재안전기준에 따른 비상콘센트의 시설기준에 적합하지 않은 것은?

19.09.문63
17.09.문70
13.03.문74

① 바닥으로부터 높이 1.45m에 움직이지 않게 고정시켜 설치된 경우
② 바닥면적이 800m²인 층의 계단의 출입구로부터 4m에 설치된 경우
③ 바닥면적의 합계가 12000m²인 지하상가의 수평거리 30m마다 추가로 설치한 경우
④ 바닥면적의 합계가 2500m²인 지하층의 수평거리 40m마다 추가로 설치한 경우

해설
① 0.8~1.5m 이하이므로 1.45m는 **적합**
② 1000m² 미만은 계단 출입구로부터 5m 이내에 설치하므로 800m²에 4m 설치는 **적합**
③ 3000m² 이상의 지하상가는 수평거리 25m 이하에 설치하므로 30m는 **부적합**
④ 3000m² 미만의 지하층은 수평거리 50m 이하에 설치하므로 40m는 **적합**

비상콘센트의 설치기준(NFPC 504 4조, NFTC 504 2.1.5)
(1) 바닥으로부터 높이 **0.8~1.5m** 이하의 위치에 설치할 것 보기 ①
(2) 비상콘센트의 배치는 바닥면적이 **1000m² 미만**인 층은 계단의 출입구(계단의 부속실을 포함하며 계단이 2 이상 있는 경우에는 그 중 1개의 계단을 말한다)로부터 **5m** 이내에, 바닥면적 **1000m² 이상**인 층은 각 계단의 출입구 또는 계단 부속실의 출입구(계단의 부속실을 포함하며 계단이 3 이상 있는 층의 경우에는 그 중 2개의 계단을 말한다)로부터 **5m** 이내에 설치하되, 그 비상콘센트로부터 그 층의 각 부분까지의 거리가 다음의 기준을 초과하는 경우에는 그 기준 이하가 되도록 비상콘센트를 추가하여 설치할 것 보기 ②
  ㉠ **지하상가** 또는 **지하층**의 바닥면적의 합계가 **3000m² 이상**인 것은 **수평거리 25m** 보기 ③
  ㉡ ㉠에 해당하지 아니하는 것은 **수평거리 50m** 보기 ④

답 ③

설비	비상전원 용량
• 유도등 • 비상콘센트설비 • 제연설비 • 물분무소화설비 • 옥내소화전설비(**30층** 미만) • 특별피난계단의 계단실 및 부속실 제연설비(**30층** 미만)	**20분** 이상
• 무선통신보조설비의 증폭기	**30분** 이상
• 옥내소화전설비(30~49층 이하) • 특별피난계단의 계단실 및 부속실 제연설비(30~49층 이하) • 연결송수관설비(30~49층 이하) • 스프링클러설비(30~49층 이하)	**40분** 이상
• 유도등·비상조명등(지하상가 및 11층 이상) • 옥내소화전설비(50층 이상) • 특별피난계단의 계단실 및 부속실 제연설비(50층 이상) • 연결송수관설비(50층 이상) • 스프링클러설비(50층 이상)	**60분** 이상

기억법 경자비1(경자라는 이름은 비일비재하게 많다.) 3층(3중고)

답 ③

75
비상조명등의 화재안전기준에 따라 비상조명등의 비상전원을 설치하는 데 있어서 어떤 특정소방대상물의 경우에는 그 부분에서 피난층에 이르는 부분의 비상조명등을 60분 이상 유효하게 작동시킬 수 있는 용량으로 하여야 한다. 이 특정소방대상물에 해당하지 않는 것은?
① 무창층인 지하역사
② 무창층인 소매시장
③ 지하층인 관람시설
④ 지하층을 제외한 층수가 11층 이상의 층

해설 ③ 해당없음

비상조명등의 **60분 이상 자동용량**(NFPC 304 4조, NFTC 304 2.1.1.5)
(1) **11층 이상**(지하층 제외) 보기 ④
(2) 지하층·무창층으로서 **도매시장·소매시장**·여객자동차터미널·**지하역사**·**지하상가** 보기 ①②

중요

비상전원 용량	
설비의 종류	비상전원 용량
• **자**동화재탐지설비 • 비상**경**보설비 • **자**동화재속보설비	**10분** 이상

76
소방대상물의 설치장소별 피난기구의 적응성기준 중 다음 ( ) 안에 알맞은 것은?

간이완강기의 적응성은 숙박시설의 ( )층 이상에 있는 객실에 추가로 설치하는 경우에 한한다.

① 3 ② 4
③ 5 ④ 6

해설 **피난기구**의 **적응성**(NFTC 301 2.1.1)

층별 설치 장소별 구분	1층	2층	3층	4층 이상 10층 이하
노유자 시설	• 미끄럼대 • 구조대 • 피난교 • 다수인 피난장비 • 승강식 피난기	• 미끄럼대 • 구조대 • 피난교 • 다수인 피난장비 • 승강식 피난기	• 미끄럼대 • 구조대 • 피난교 • 다수인 피난장비 • 승강식 피난기	• 구조대¹⁾ • 피난교 • 다수인 피난장비 • 승강식 피난기
의료시설 ·입원실이 있는 의원·접골원·조산원	–	–	• 미끄럼대 • 구조대 • 피난교 • 피난용 트랩 • 다수인 피난장비 • 승강식 피난기	• 구조대 • 피난교 • 피난용 트랩 • 다수인 피난장비 • 승강식 피난기

영업장의 위치가 4층 이하인 다중이용업소	-	• 미끄럼대 • 피난사다리 • 구조대 • 완강기 • 다수인 피난장비 • 승강식 피난기	• 미끄럼대 • 피난사다리 • 구조대 • 완강기 • 다수인 피난장비 • 승강식 피난기	• 미끄럼대 • 피난사다리 • 구조대 • 완강기 • 다수인 피난장비 • 승강식 피난기
그 밖의 것	-	-	• 미끄럼대 • 피난사다리 • 구조대 • 완강기 • 피난교 • 피난용 트랩 • 간이완강기[2] • 공기안전매트 • 다수인 피난장비 • 승강식 피난기	• 피난사다리 • 구조대 • 완강기 • 피난교 • 간이완강기[2] • 공기안전매트 • 다수인 피난장비 • 승강식 피난기

[비고] 1) **구조대**의 적응성은 장애인관련시설로서 주된 사용자 중 스스로 피난이 불가한 자가 있는 경우 추가로 설치하는 경우에 한한다.
2) **간이완강기**의 적응성은 숙박시설의 **3층 이상**에 있는 객실에 추가로 설치하는 경우에 한한다.

중요

의무관리대상 **공동주택**(NFPC 608 13조, NFTC 608 2.9.1.3)
공동주택 구역마다 공기안전매트 1개 이상을 추가로 설치할 것

비교

피난기구 적응성

간이완강기	공기안전매트	구조대
숙박시설의 **3층 이상**에 있는 객실	공동주택	장애인관련시설

답 ①

77 승강식 피난기 및 하향식 피난구용 내림식 사다리의 설치기준 중 틀린 것은?

① 착지점과 하강구는 상호 수평거리 15cm 이상의 간격을 두어야 한다.
② 대피실 출입문이 개방되거나, 피난기구 작동시 해당층 및 직상층 거실에 설치된 표시등 및 경보장치가 작동되고, 감시제어반에서는 피난기구의 작동을 확인할 수 있어야 한다.
③ 하강구 내측에는 기구의 연결금속구 등이 없어야 하며 전개된 피난기구는 하강구 수평투영면적 공간 내의 범위를 침범하지 않는 구조이어야 할 것. 단, 직경 60cm 크기의 범위를 벗어난 경우이거나, 직하층의 바닥면으로부터 높이 50cm 이하의 범위는 제외한다.
④ 대피실 내에는 비상조명등을 설치하여야 한다.

해설

② 직상층 → 직하층

승강식 피난기 및 하향식 피난구용 내림식 사다리의 설치기준(NFPC 301 5조, NFTC 301 2.1.3.9)

(1) 대피실의 면적은 $2m^2$(2세대 이상일 경우에는 $3m^2$) 이상으로 하고, 하강구(개구부) 규격은 직경 60cm 이상일 것
(2) 하강구 내측에는 기구의 **연결금속구** 등이 없어야 하며 전개된 피난기구는 하강구 수평투영면적 공간 내의 범위를 침범하지 않는 구조이어야 할 것(단, 직경 60cm 크기의 범위를 벗어난 경우이거나, 직하층의 바닥면으로부터 높이 50cm 이하의 범위는 제외) 보기 ③
(3) 대피실의 출입문은 60분+방화문 또는 60분 방화문으로 설치하고, 피난방향에서 식별할 수 있는 위치에 "**대피실**" 표지판을 부착할 것(단, 외기와 개방된 장소 제외)
(4) 착지점과 하강구는 상호 **수평거리 15cm** 이상의 간격을 둘 것 보기 ①
(5) 대피실 내에는 **비상조명등**을 설치할 것 보기 ④
(6) 대피실에는 층의 **위치표시**와 **피난기구 사용설명서** 및 주의사항 표지판을 부착할 것
(7) 대피실 출입문이 개방되거나, 피난기구 작동시 해당층 및 **직하층** 거실에 설치된 **표시등** 및 **경보장치**가 작동되고, **감시제어반**에서는 피난기구의 작동을 확인할 수 있어야 할 것 보기 ②
(8) 사용시 기울거나 흔들리지 않도록 설치할 것

비교

다수인 피난장비의 설치기준(NFPC 301 5조, NFTC 301 2.1.3.8)
(1) **피난**에 **용이**하고 안전하게 하강할 수 있는 장소에 적재하중을 충분히 견딜 수 있도록 구조안전의 확인을 받아 견고하게 설치할 것
(2) **보관실**은 건물 외측보다 돌출되지 아니하고, 빗물·먼지 등으로부터 장비를 보호할 수 있는 구조일 것
(3) 사용시 보관실 **외측** 문이 먼저 열리고 **탑승기**가 외측으로 **자동**으로 **전개**될 것
(4) 하강시에 **탑승기**가 건물 외벽이나 돌출물에 충돌하지 않도록 설치할 것
(5) 상·하층에 설치할 경우에는 탑승기의 **하강경로**가 **중첩되지 않도록** 할 것
(6) 하강시에는 안전하고 **일정**한 **속도**를 유지하도록 하고 전복, 흔들림, 경로이탈 방지를 위한 안전조치를 할 것
(7) 보관실의 문에는 **오작동 방지조치**를 하고, 문 개방시에는 해당 소방대상물에 설치된 **경보설비**와 연동하여 유효한 경보음을 발하도록 할 것
(8) 피난층에는 해당층에 설치된 피난기구가 **착**지에 지장이 없도록 충분한 공간을 확보할 것
(9) 한국소방산업기술원 또는 **성**능시험기관으로 지정받은 기관에서 그 성능을 검증받은 것으로 설치할 것

기억법 다피보 외탑중오 속성착

답 ②

78 자동화재탐지설비 및 시각경보장치의 화재안전기준에 따라 자동화재탐지설비의 주음향장치의 설치장소로 옳은 것은?
① 발신기의 내부
② 수신기의 내부
③ 누전경보기의 내부
④ 자동화재속보설비의 내부

해설 자동화재탐지설비의 음향장치(NFPC 203 8조, NFTC 203 2.5.1)

주음향장치	지구음향장치
수신기의 **내부** 또는 그 **직근**에 설치 보기 ②	특정소방대상물의 **층**마다 설치

답 ②

79 발신기의 형식승인 및 제품검사의 기술기준에 따른 발신기의 작동기능에 대한 내용이다. 다음 ( )에 들어갈 내용으로 옳은 것은?

발신기의 조작부는 작동스위치의 동작방향으로 가하는 힘이 (㉠)kg을 초과하고 (㉡)kg 이하인 범위에서 확실하게 동작되어야 하며, (㉠)kg의 힘을 가하는 경우 동작되지 아니하여야 한다. 이 경우 누름판이 있는 구조로서 손끝으로 눌러 작동하는 작동스위치는 누름판을 포함한다.

① ㉠ 2, ㉡ 8
② ㉠ 3, ㉡ 7
③ ㉠ 2, ㉡ 7
④ ㉠ 3, ㉡ 8

해설 발신기의 **작동기능**(발신기의 형식승인 및 제품검사의 기술기준 4조 2)

① 작동스위치의 동작방향으로 가하는 힘이 **2kg**을 초과하고 **8kg** 이하인 범위에서 확실하게 동작 (단, 2kg의 힘을 가하는 경우 동작하지 않을 것)

답 ①

80 가스누설경보기의 예비전원 설치와 관련한 설명으로 옳지 않은 것은?

① 앞면에는 예비전원의 상태를 감시할 수 있는 장치를 하여야 한다.
② 예비전원을 경보기의 주전원으로 사용한다.
③ 축전지를 병렬로 접속하는 경우에는 역충전방지 등의 조치를 강구하여야 한다.
④ 예비전원을 단락사고 등으로부터 보호하기 위한 퓨즈 또는 과전류보호장치를 설치하여야 한다.

해설 ② 사용한다 → 사용금지

가스누설경보기의 **예비전원**(가스누설경보기의 형식승인 및 제품검사의 기술기준 4조)
(1) **앞면**에는 예비전원의 상태를 감시할 수 있는 장치를 할 것 보기 ①
(2) 예비전원을 경보기의 주전원으로 **사용금지** 보기 ②
(3) 축전지를 **병렬**로 접속하는 경우에는 **역충전방지** 등의 조치 강구 보기 ③
(4) 예비전원을 **단락사고** 등으로부터 보호하기 위한 **퓨즈** 또는 **과전류보호장치** 설치 보기 ④

답 ②

2022. 9. 27 시행

2022년 산업기사 제4회 필기시험 CBT 기출복원문제

수험번호	성명

자격종목	종목코드	시험시간	형별
소방설비산업기사(전기분야)		2시간	

※ 각 문항은 4지택일형으로 질문에 가장 적합한 보기 항을 선택하여 체크하여야 합니다.

제1과목 소방원론

01 산소와 질소의 혼합물인 공기의 평균 분자량은? (단, 공기는 산소 21vol%, 질소 79vol% 로 구성되어 있다고 가정한다.)
① 28.84 ② 27.84
③ 30.84 ④ 29.84

해설 원자량

원소	원자량
H	1
C	12
N	14
O	16

(1) 산소(O_2) 21vol% : $16 \times 2 \times 0.21 = 6.72$
(2) 질소(N_2) 79vol% : $14 \times 2 \times 0.79 = 22.12$
∴ $6.72 + 22.12 = 28.84$

답 ①

02 다음 중 착화온도가 가장 높은 물질은?
21.03.문06
19.04.문06
17.09.문11
17.03.문02
14.03.문02
08.09.문06
① 이황화탄소
② 황린
③ 아세트알데하이드
④ 메탄

해설

물질	인화점	착화점
• 황린 보기 ②	20℃ 미만	30~50℃
• 아세트산	40℃	—
• 이황화탄소 보기 ①	−30℃	100℃
• 에틸에터 • 다이에틸에터	−45℃	180℃
• 아세트알데하이드 보기 ③	−37.8℃	185℃
• 경유	50~70℃	200℃
• 등유	43~72℃	210℃
• 적린	—	260℃

• 가솔린(휘발유)	−43℃	300℃
• 아세틸렌	−18℃	335℃
• 에틸알코올	13℃	423℃
• 메틸알코올	11℃	464℃
• 산화프로필렌	−37℃	465℃
• 톨루엔	4.4℃	480℃
• 프로필렌	−107℃	497℃
• 아세톤	−18℃	538℃
• 메탄 보기 ④	−188℃	540℃
• 벤젠	−11℃	562℃

기억법 인산 이메등경

• 착화점=발화점=착화온도=발화온도
• 인화점=인화온도

답 ④

03 다음 중 제3류 위험물로 금수성 물질에 해당하는 것은?
21.03.문44
20.08.문41
19.09.문60
19.03.문01
18.09.문20
15.05.문43
15.03.문18
14.09.문04
14.03.문05
14.03.문16
13.09.문07
① 황
② 황린
③ 이황화탄소
④ 탄화칼슘

해설 위험물령 [별표 1]
위험물

유별	성질	품명
제1류	산화성 고체	• 아염소산염류 • 염소산염류 • 과염소산염류 • 질산염류(질산칼륨) • 무기과산화물(과산화바륨) 기억법 1산고(일산GO)
제2류	가연성 고체	• 황화인 • 적린 • 황 보기 ① • 마그네슘 기억법 황화적황마

제3류	자연발화성 물질	• 황린(P₄) 보기 ②
	금수성 물질	• 칼륨(K) • 나트륨(Na) • 알킬알루미늄 • 알킬리튬 • 칼슘 또는 알루미늄의 탄화물류 (탄화칼슘=CaC₂) 보기 ④
		기억법 황칼나알칼
제4류	인화성 액체	• 특수인화물(이황화탄소) 보기 ③ • 알코올류 • 석유류 • 동식물유류
제5류	자기반응성 물질	• 나이트로화합물 • 유기과산화물 • 나이트로소화합물 • 아조화합물 • 질산에스터류(셀룰로이드)
제6류	산화성 액체	• 과염소산 • 과산화수소 • 질산

답 ④

04 기름탱크에서 화재가 발생하였을 때 탱크 하부에 있는 물 또는 물-기름 에멀션이 뜨거운 열유층에 의해서 가열되어 유류가 탱크 밖으로 갑자기 분출하는 현상은?

① 플래시오버(flash over)
② 보일오버(boil over)
③ 리프트(lift)
④ 백파이어(back-fire)

해설 **보일오버**(boil over)
(1) 중질유의 탱크에서 장시간 조용히 연소하다 탱크 내의 잔존기름이 갑자기 분출하는 현상
(2) 유류탱크에서 탱크바닥에 물과 기름의 **에멀션**이 섞여 있을 때 이로 인하여 화재가 발생하는 현상
(3) 연소유면으로부터 100℃ 이상의 열파가 **탱크 저부**에 고여 있는 물을 비등하게 하면서 연소유를 탱크 밖으로 비산시키며 연소하는 현상
(4) 기름탱크에서 화재가 발생하였을 때 **탱크 하부**에 있는 물 또는 물-기름 **에멀션**이 뜨거운 열유층에 의해서 가열되어 유류가 탱크 밖으로 갑자기 분출하는 현상 보기 ②

용어

구 분	설 명
리프트(lift)	버너 내압이 높아져서 **분출속도**가 빨라지는 현상 보기 ③
백파이어 (backfire, 역화)	가스가 노즐에서 나가는 속도가 연소속도보다 느리게 되어 **버너 내부**에서 **연소**하게 되는 현상 보기 ④
플래시오버 (flashover)	화재로 인하여 실내의 온도가 급격히 상승하여 화재가 **순간적**으로 **실내 전체**에 **확산**되어 연소되는 현상 보기 ①

답 ②

05 소화약제에 관한 설명 중 옳지 않은 것은?

① 소화약제는 현저한 독성이나 부식성이 없어야 한다.
② 수용액 및 액체상태의 소화약제는 침전물이 발생하지 않아야 한다.
③ 수용액 및 액체상태의 소화약제는 결정이 석출되고 용액의 분리가 쉬워야 한다.
④ 소화약제는 열과 접촉할 때 현저한 독성이나 부식성의 가스를 발생하지 않아야 한다.

해설 ③ 쉬워야 한다. → 생기지 않아야 한다.

소화약제의 형식승인 및 제품검사의 기술기준 제3조
소화약제의 공통적 성질
(1) 소화약제는 현저한 **독성**이나 **부식성**이 없어야 한다. 보기 ①
(2) 수용액 및 액체상태의 소화약제는 **침전물**이 발생하지 않아야 한다. 보기 ②
(3) 수용액의 소화약제 및 액체상태의 소화약제는 **결정**의 **석출**, **용액**의 **분리**, **부유물** 또는 **침전물**의 발생 등 그 밖의 이상이 생기지 아니하여야 하며 과불화옥탄술폰산을 함유하지 않아야 한다. 보기 ③
(4) 소화약제는 **열**과 **접촉**할 때 현저한 **독성**이나 **부식성**의 가스를 발생하지 않아야 한다. 보기 ④

답 ③

06 공기 중의 산소농도는 약 몇 vol%인가?

① 15   ② 25
③ 21   ④ 18

해설 공기 중 **구성물질**

구성물질	비 율
아르곤(Ar)	1vol%
산소(O₂)	21vol%
질소(N₂)	78vol%

중요

공기 중 **산소농도**

구 분	산소농도
체적비(부피백분율)	약 21vol%
중량비(중량백분율)	약 23wt%

• 문제 단위 **vol%**를 보고 **체적비**라는 것을 알 수 있다.

답 ③

07 물의 증발잠열은 약 몇 cal/g인가?

① 810
② 79
③ 539
④ 750

해설 물의 잠열

잠열 및 열량	설 명
80cal/g	융해잠열
539cal/g 보기 ③	기화(증발)잠열
639cal	0℃의 물 1g이 100℃의 수증기가 되는 데 필요한 열량
719cal	0℃의 얼음 1g이 100℃의 수증기가 되는 데 필요한 열량

답 ③

08 연소의 3요소가 모두 포함된 것은?

22.03.문02
20.08.문17
14.09.문10
14.03.문08
13.06.문19

① 산화열, 산소, 점화에너지
② 나무, 산소, 불꽃
③ 질소, 가연물, 산소
④ 가연물, 헬륨, 공기

해설 연소의 3요소와 4요소

연소의 3요소	연소의 4요소
• 가연물(연료, **나무**) 보기 ② • 산소공급원(**산소**, 공기) 보기 ② • 점화원(점화에너지, **불꽃**, 산화열) 보기 ②	• 가연물(연료, 나무) • 산소공급원(산소, 공기) • 점화원(점화에너지, 불꽃, 산화열) • 연쇄반응

기억법 연4(연사)

• **산화열** : 연소과정에서 발생하는 열을 의미하므로 열은 **점화원**이다.

답 ②

09 다음 중 가연성 가스가 아닌 것은?

21.09.문13
20.08.문12
16.05.문12
12.05.문15

① 메탄
② 수소
③ 산소
④ 암모니아

해설 가연성 가스와 지연성 가스

가연성 가스(가연성 물질)	지연성 가스(지연성 물질)
• **수소** 보기 ② • 메탄 보기 ① • 암모니아 보기 ④ • 일산화탄소 • 천연가스 • 에탄 • 프로판	• **산소** 보기 ③ • 공기 • 오존 • 불소 • 염소

기억법 지산공 오불염

• 지연성 가스=조연성 가스=지연성 물질=조연성 물질

답 ③

10 폭발에 대한 설명으로 틀린 것은?

19.09.문20
16.03.문05

① 화약류폭발은 화학적 폭발이라 할 수 있다.
② 보일러폭발은 물리적 폭발이라 할 수 있다.
③ 수증기폭발은 기상폭발에 속하지 않는다.
④ 분무폭발은 기상폭발에 속하지 않는다.

해설 ④ 속하지 않는다. → 속한다.

기상폭발
(1) 가스폭발(혼합가스폭발)
(2) 분무폭발 보기 ④
(3) 분진폭발

답 ④

11 물이 소화약제로 사용되는 장점으로 가장 거리가 먼 것은?

21.09.문04
18.04.문13
15.05.문02
14.05.문02
13.03.문08
11.10.문01

① 모든 종류의 화재에 사용할 수 있다.
② 가격이 저렴하다.
③ 많은 양을 구할 수 있다.
④ 기화잠열이 비교적 크다.

해설 물이 소화작업에 사용되는 이유
(1) 가격이 싸다.(가격이 저렴하다.) 보기 ②
(2) 쉽게 구할 수 있다.(많은 양을 구할 수 있다.) 보기 ③
(3) 열흡수가 매우 크다.[**증발잠열**(기화잠열)이 크다.] 보기 ④
(4) 사용방법이 비교적 간단하다.
(5) **비열**이 크다.
(6) 밀폐된 장소에서 증발가열하면 수증기에 의해서 **산소희석작용** 또는 **질식소화작용**을 한다.
(7) **무상**으로 주수하면 **중질유화재**에도 사용할 수 있다.

• 증발잠열=기화잠열

참고

물이 소화약제로 많이 쓰이는 이유

장 점	단 점
① 쉽게 구할 수 있다. ② 증발잠열(기화잠열)이 크다. ③ 취급이 간편하다.	① 가스계 소화약제에 비해 사용 후 **오염**이 크다. ② 일반적으로 **전기화재**에는 **사용**이 **불가**하다.

답 ①

12 공기 중에 분산된 밀가루, 알루미늄가루 등이 에너지를 받아 폭발하는 현상은?

21.09.문10
16.10.문16
16.03.문20
11.10.문13

① 분무폭발
② 충격폭발
③ 분진폭발
④ 단열압축폭발

해설 분진폭발
공기 중에 분산된 **밀가루**, **알루미늄가루** 등이 에너지를 받아 폭발하는 현상 보기 ③

중요

분진폭발을 일으키지 않는 물질
(1) **시**멘트
(2) **석**회석(소석회)
(3) **탄**산칼슘(CaCO₃)
(4) **생**석회(CaO)=산화칼슘

• 분진폭발을 일으키지 않는 물질 = 물과 반응하여 가연성 기체를 발생시키지 않는 것

기억법 분시석탄생

답 ③

13 산소의 공급이 원활하지 못한 화재실에 급격히 산소가 공급이 될 경우 순간적으로 연소하여 화재가 폭풍을 동반하여 실외로 분출하는 현상은?

① 백드래프트
② 플래시오버
③ 보일오버
④ 슬롭오버

해설 백드래프트(back draft)
(1) **산소**의 공급이 원활하지 못한 화재실에 급격히 **산소**가 공급이 될 경우 순간적으로 연소하여 화재가 폭풍을 동반하여 **실외**로 분출하는 현상 |보기 ①|
(2) 소방대가 소화활동을 위하여 화재실의 문을 개방할 때 신선한 공기가 유입되어 실내에 축적되었던 가연성 가스가 **단시간**에 폭발적으로 **연소**함으로써 화재가 폭풍을 동반하며 **실외**로 분출되는 현상으로 **감쇠기**에 나타난다.
(3) 화재로 인하여 **산소**가 **부족**한 건물 내에 산소가 새로 유입된 때 **고열가스의 폭발** 또는 급속한 **연소**가 발생하는 현상
(4) **통기력**이 좋지 않은 상태에서 연소가 계속되어 산소가 심히 부족한 상태가 되었을 때 **개구부**를 통하여 산소가 공급되면 실내의 가연성 혼합기가 공급되는 **산소**의 **방향**과 **반대**로 흐르며 급히 연소하는 현상으로서 "**역화현상**"이라고 하며 이때에는 **화염**이 산소의 공급통로로 분출되는 현상을 눈으로 확인할 수 있다.

기억법 백감

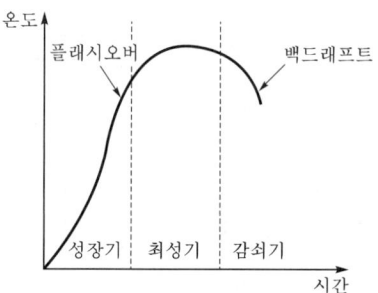

|백드래프트와 플래시오버의 발생시기|

중요

용어	설명
플래시오버 (flash over)	화재로 인하여 **실내**의 온도가 **급격히 상승**하여 화재가 순간적으로 실내 전체에 **확산**되어 연소되는 현상
보일오버 (boil over)	**중질유**가 탱크에서 조용히 연소하다 열유층에 의해 가열된 하부의 물이 폭발적으로 끓어 올라와 상부의 뜨거운 기름과 함께 분출하는 현상
백드래프트 (back draft)	화재로 인해 **산소**가 고갈된 건물 안으로 외부의 **산소**가 유입될 경우 발생하는 현상
롤오버 (roll over)	플래시오버가 발생하기 직전에 작은 불들이 연기 속에서 산재해 있는 상태

| 슬롭오버 (slop over) | • 물이 연소유의 **뜨거운** 표면에 들어갈 때 기름표면에서 화재가 발생하는 현상
• 유화제로 소화하기 위한 **물**이 수분의 급격한 증발에 의하여 액면이 거품을 일으키면서 **열류층** 밑의 냉유가 급히 열팽창하여 **기름**의 **일부**가 불이 붙은 채 탱크벽을 넘어서 일출하는 현상 |

답 ①

14 위험물안전관리법령에 따른 제1류 위험물의 종류에 해당되지 않는 것은?

① 무기과산화물
② 과염소산
③ 과염소산염류
④ 염소산염류

해설 ② 제6류 위험물

위험물령 [별표 1]
위험물

유별	성질	품명
제1류	**산**화성 고체	• 아염소산염류 • 염소산염류 |보기 ④| • 과염소산염류 |보기 ③| • 질산염류(질산칼륨) • 무기과산화물(과산화바륨) |보기 ①| **기억법** 1산고(일산GO)
제2류	가연성 고체	• **황**화인 • **적**린 • **황** • **마**그네슘 **기억법** 황화적황마
제3류	자연발화성 물질 금수성 물질	• **황**린(P_4) • **칼**륨(K) • **나**트륨(Na) • **알**킬알루미늄 • **알**킬리튬 • **칼**슘 또는 알루미늄의 탄화물류 (**탄화칼슘**=CaC_2) **기억법** 황칼나알칼
제4류	인화성 액체	• 특수인화물(이황화탄소) • 알코올류 • 석유류 • 동식물유류
제5류	자기반응성 물질	• 나이트로화합물 • 유기과산화물 • 나이트로소화합물 • 아조화합물 • 질산에스터류(셀룰로이드)
제6류	산화성 액체	• 과염소산 |보기 ②| • 과산화수소 • 질산

답 ②

15. 불완전연소 시 발생되는 가스로서 헤모글로빈과 결합하여 인체에 유해한 영향을 주는 것은?

① CO
② CO_2
③ O_2
④ N_2

해설 연소가스

구분	설명
일산화탄소 (CO)	• 화재시 흡입된 일산화탄소(CO)의 화학적 작용에 의해 **헤모글로빈**(Hb)이 혈액의 산소운반작용을 저해하여 사람을 **질식·사망**하게 한다. 보기 ① • 목재류의 화재시 **인**명피해를 가장 많이 주며, 연기로 인한 의식불명 또는 질식을 가져온다. • 인체의 **폐**에 큰 자극을 준다. • **산**소와의 **결**합력이 극히 강하여 질식작용에 의한 독성을 나타낸다. **기억법** 일헤인 폐산결
이산화탄소 (CO_2)	연소가스 중 **가장 많은 양**을 차지하고 있으며 가스 그 자체의 독성은 거의 없으나 다량이 존재할 경우 호흡속도를 증가시키고, 이로 인하여 화재가스에 혼합된 유해가스의 혼입을 증가시켜 위험을 가중시키는 가스이다. **기억법** 이많(이만큼)
암모니아 (NH_3)	• 나무, 페놀수지, 멜라민수지 등의 **질소함유물**이 연소할 때 발생하며, 냉동시설의 **냉**매로 쓰인다. • 눈·코·폐 등에 매우 **자**극성이 큰 가연성 가스이다. **기억법** 암페 멜냉자
포스겐 ($COCl_2$)	매우 **독**성이 **강**한 가스로서 **소**화제인 **사**염화탄소(CCl_4)를 화재시에 사용할 때도 발생한다. **기억법** 독강 소사포
황화수소 (H_2S)	• 달걀 썩는 냄새가 나는 특성이 있다. • 황분이 포함되어 있는 물질의 불완전 연소에 의하여 발생하는 가스이다. • **자**극성이 있다. **기억법** 황달자
아크롤레인 ($CH_2=CHCHO$)	독성이 매우 높은 가스로서 **석**유제품, **유**지 등이 연소할 때 생성되는 가스이다. **기억법** 아석유
시안화수소 (HCN, 청산가스)	**질소**성분을 가지고 있는 **합성수지**, 동물의 **털**, **인조견** 등의 섬유가 불완전연소할 때 발생하는 맹독성 가스로 **0.3%**의 농도에서 즉시 사망할 수 있다.

아황산가스 (SO_2, 이산화황)	• **황**이 함유된 물질인 **동**물의 **털**, **고**무 등이 연소하는 화재시에 발생되며 **무색**의 자극성 냄새를 가진 유독성 기체 • 눈 및 호흡기 등에 점막을 상하게 하고 질식사할 우려가 있다.
프로판 (C_3H_8)	• LPG의 주성분 • 물보다 가볍다.

답 ①

16. 피난대책의 일반적 원칙이 아닌 것은?

① 피난경로는 가능한 한 길어야 한다.
② 피난대책은 비상시 본능상태에서도 혼돈이 없도록 한다.
③ 피난시설은 가급적 고정식 시설이 바람직하다.
④ 피난수단은 원시적인 방법으로 하는 것이 바람직하다.

해설 ① 길어야 한다. → 짧아야 한다.

피난대책의 일반적인 원칙
(1) 피난경로는 **간단명료**하게 한다(단순한 형태).
(2) 피난설비는 **고정식 설비**를 위주로 설치한다. 보기 ③
(3) 피난수단은 **원시적 방법**에 의한 것을 원칙으로 한다. 보기 ④
(4) **2방향**의 피난통로를 확보한다.
(5) 피난통로를 **완전불연화** 한다.
(6) **화재층**의 **피**난을 **최우선**으로 고려한다.
(7) 피난시설 중 피난로는 **복도** 및 **거실**을 가리킨다.
(8) 인간의 **본능적 행동**을 무시하지 않도록 고려한다(본능상태에서도 혼돈이 없도록 한다). 보기 ②
(9) 계단은 **직통계단**으로 한다.
(10) **정전시**에도 **피난방향**을 알 수 있는 표시를 한다.
(11) 모든 피난동선은 건물 중심부 한 곳으로 향해서는 안 된다.
(12) 피난동선은 그 말단이 짧을수록 좋다. 보기 ①

• 피난동선=피난경로

답 ①

17. 15℃의 물 1g을 1℃ 상승시키는데 필요한 열량은 몇 cal인가?

① 15000
② 1000
③ 15
④ 1

해설 1cal 보기 ④
물 1g을 1℃ 상승시키는 데 필요한 열량

답 ④

18. 자연발화를 방지하는 방법이 아닌 것은?

① 저장실의 온도를 높인다.
② 통풍을 잘 시킨다.
③ 열이 쌓이지 않게 퇴적방법에 주의한다.
④ 습도가 높은 곳을 피한다.

해설

① 높인다. → 낮춘다.

자연발화의 방지법
(1) **습**도가 높은 곳을 **피**할 것(건조하게 유지할 것) 보기 ④
(2) 저장실의 온도를 낮출 것(주위온도를 낮게 유지) 보기 ①
(3) 통풍이 잘 되게 할 것 보기 ②
(4) 퇴적 및 수납시 열이 쌓이지 않게 할 것(**열축적방지**) 보기 ③
(5) 발열반응에 정촉매작용을 하는 물질을 피할 것

기억법 자습피

답 ①

19. 다음 중 제3류 위험물인 나트륨 화재시의 소화 방법으로 가장 적합한 것은?

15.03.문01
14.05.문06
08.05.문13

① 이산화탄소 소화약제를 분사한다.
② 할론 1301을 분사한다.
③ 물을 뿌린다.
④ 건조사를 뿌린다.

해설 소화방법

구 분	소화방법
제1류	물에 의한 **냉각소화**(단, **무기과산화물**은 **마른모래** 등에 의한 질식소화)
제2류	물에 의한 **냉각소화**(단, **황화인·철분·마그네슘·금속분**은 마른모래 등에 의한 질식소화)
제3류	**마른모래** 등에 의한 질식소화 보기 ④
제4류	포·분말·CO_2·할론소화약제에 의한 **질식소화**
제5류	화재 초기에만 대량의 물에 의한 **냉각소화**(단, 화재가 진행되면 자연진화 되도록 기다릴 것)
제6류	마른모래 등에 의한 **질식소화**(단, 과산화수소는 다량의 **물**로 **희석소화**)

기억법 마3(마산)

• 건조사 = 마른모래

답 ④

20. 270°C에서 다음의 열분해 반응식과 관계가 있는 분말소화약제는?

17.03.문18
16.05.문08
14.09.문18
13.09.문17

$$2NaHCO_3 \rightarrow Na_2CO_3 + CO_2 + H_2O$$

① 제1종 분말
② 제3종 분말
③ 제2종 분말
④ 제4종 분말

해설 **분말소화기** : 질식효과

종 별	소화약제	약제의 착색	화학반응식	적응 화재
제1종	중탄산나트륨 ($NaHCO_3$)	백색	$2NaHCO_3 \rightarrow$ $Na_2CO_3 + CO_2 + H_2O$	BC급
제2종	중탄산칼륨 ($KHCO_3$)	담자색 (담회색)	$2KHCO_3 \rightarrow$ $K_2CO_3 + CO_2 + H_2O$	BC급
제3종	인산암모늄 ($NH_4H_2PO_4$)	담홍색	$NH_4H_2PO_4 \rightarrow$ $HPO_3 + NH_3 + H_2O$	ABC급
제4종	중탄산칼륨+요소 ($KHCO_3$ + $(NH_2)_2CO$)	회(백)색	$2KHCO_3 + (NH_2)_2CO$ $\rightarrow K_2CO_3 + 2NH_3$ $+ 2CO_2$	BC급

• 화학반응식 = 열분해반응식

답 ①

제2과목 소방전기일반

21. 비정현파의 실효값은?

20.06.문27
19.04.문29

① 기본파의 실효값과 각 고조파의 실효값을 모두 더하고 제곱근을 취한 것
② 기본파의 실효값과 각 고조파의 실효값을 각각 제곱하고 모두 더한 후 제곱근을 취한 것
③ 기본파의 실효값에서 각 고조파의 실효값을 뺀 것
④ 기본파의 실효값과 각 고조파의 실효값을 모두 더한 것

해설 ② **비정현파**의 **실효값** : 기본파의 실효값과 각 고조파의 실효값을 각각 제곱하고 모두 더한 후 제곱근을 취한 것

공식

비정현파의 실효값

$$V = \sqrt{V_0^2 + \left(\frac{V_{m1}}{\sqrt{2}}\right)^2 + \left(\frac{V_{m2}}{\sqrt{2}}\right)^2 + \cdots + \left(\frac{V_{mn}}{\sqrt{2}}\right)^2}$$

$$= \sqrt{V_0^2 + V_1^2 + V_2^2 + \cdots + V_n^2} \text{[V]}$$

$$I = \sqrt{I_0^2 + \left(\frac{I_{m1}}{\sqrt{2}}\right)^2 + \left(\frac{I_{m2}}{\sqrt{2}}\right)^2 + \cdots + \left(\frac{I_{mn}}{\sqrt{2}}\right)^2}$$

$$= \sqrt{I_0^2 + I_1^2 + I_2^2 + \cdots + I_n^2} \text{[A]}$$

여기서, V_{m1}, V_{m2}, V_{mn} : 각 고조파의 전압의 최대값[V]
I_{m1}, I_{m2}, I_{mn} : 각 고조파의 전류의 최대값[A]
V_0 : 기본파의 실효값 전압[V]
I_0 : 기본파의 실효값 전류[A]
V_1, V_2, V_n : 각 고조파의 전압의 실효값[V]
I_1, I_2, I_n : 각 고조파의 전류의 실효값[A]

답 ②

22

그림의 블록선도에서 $\dfrac{C(s)}{D(s)}$ 는?

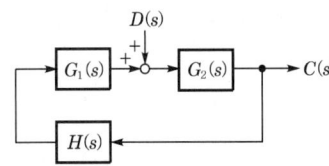

① $\dfrac{G_2(s)}{1-G_1(s)G_2(s)H(s)}$

② $\dfrac{G_1(s)G_2(s)}{H(s)}$

③ $\dfrac{H(s)}{G_1(s)G_2(s)}$

④ $\dfrac{G_1(s)}{1-G_1(s)G_2(s)H(s)}$

해설

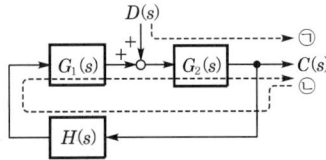

$D(s)G_2(s)+CG_1(s)G_2(s)H(s)=C(s)$

$DG_2+CG_1G_2H=C$ ← 계산편의를 위해 (s) 생략

$DG_2=C-CG_1G_2H$

$DG_2=C(1-G_1G_2H)$

$\dfrac{G_2}{1-G_1G_2H}=\dfrac{C}{D}$

$\dfrac{C}{D}=\dfrac{G_2}{1-G_1G_2H}$

$\dfrac{C(s)}{D(s)}=\dfrac{G_2(s)}{1-G_1(s)G_2(s)H(s)}$ ← (s) 다시 붙임

용어

블록선도
제어계에서 신호전송상태를 나타내는 계통도

답 ①

23 변압기의 온도상승시험방법은?

① 유도시험
② 반환부하법
③ 가압시험
④ 충격전압시험

해설 변압기의 온도상승시험
반환부하법(등가부하법)을 가장 많이 사용 보기 ②

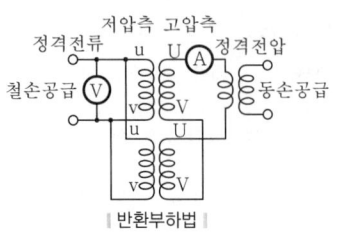

| 반환부하법 |

참고

변압기의 시험
(1) 단락시험
(2) 온도상승시험 - **반환부하법** 사용
(3) 극성시험
(4) 무부하시험
(5) 권선저항 측정시험
(6) 내전압시험 ┬ 가압시험
　　　　　　　├ 유도시험
　　　　　　　├ 충격전압시험
　　　　　　　└ 절연파괴시험

답 ②

24

$R=8\Omega$, $X_L=10\Omega$, $X_C=4\Omega$인 직렬회로에 220V의 교류전압을 가하는 경우 회로의 역률은 약 얼마인가?

① 0.7
② 0.9
③ 0.8
④ 1

해설 (1) 기호
- R : 8Ω
- X_L : 10Ω
- X_C : 4Ω
- V : 220V
- $\cos\theta$: ?

(2) 역률(RLC 직렬회로)

$$\cos\theta=\dfrac{R}{\sqrt{R^2+(X_L-X_C)^2}}$$

여기서, $\cos\theta$: 역률
X_L : 유도리액턴스 [Ω]
R : 저항 [Ω]

역률 $\cos\theta$는

$\cos\theta=\dfrac{R}{\sqrt{R^2+(X_L-X_C)^2}}$

$=\dfrac{8}{\sqrt{8^2+(10-4)^2}}$

$=0.8$

답 ③

25 회로에서 a-b간의 전압 V_{ab}는 약 몇 V인가?

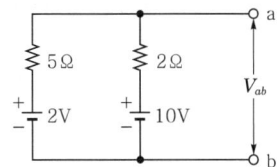

① 6.6   ② 7.7
③ 4.4   ④ 5.5

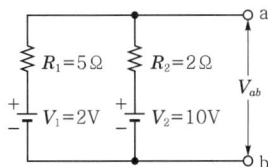

(1) 기호
- R_1 : 5Ω
- R_2 : 2Ω
- V_1 : 2V
- V_2 : 10V
- V_{ab} : ?

(2) 밀만의 정리

$$V_{ab} = \frac{\frac{V_1}{R_1}+\frac{V_2}{R_2}}{\frac{1}{R_1}+\frac{1}{R_2}}[V]$$

여기서, V_{ab} : 단자전압[V]
V_1, V_2 : 각각의 전압[V]
R_1, R_2 : 각각의 저항[Ω]

밀만의 정리에 의해

$$V_{ab} = \frac{\frac{V_1}{R_1}+\frac{V_2}{R_2}}{\frac{1}{R_1}+\frac{1}{R_2}} = \frac{\frac{2}{5}+\frac{10}{2}}{\frac{1}{5}+\frac{1}{2}} ≒ 7.7V$$

답 ②

26 다음 회로에서 전류 I는 몇 A인가?

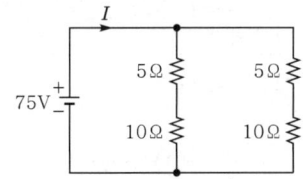

① 10   ② 8
③ 6   ④ 14

해설 (1) 저항 직렬회로계산

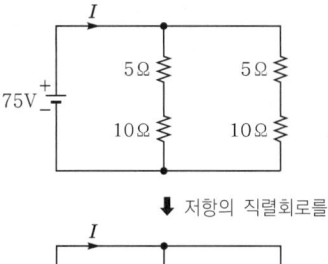

↓ 저항의 직렬회로를 계산하면

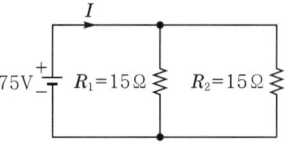

(2) 전류

$$I = \frac{V}{R}$$

여기서, I : 전류[A]
V : 전압[V]
R : 저항[Ω]

전류 I는

$$I = \frac{V}{\frac{R_2 \times R_2}{R_1+R_2}} = \frac{75}{\frac{15\times15}{15+15}} = 10A$$

답 ①

27 200μF의 콘덴서에 220V의 전압을 가하여 충전한 에너지로 저항을 모두 방전시켰다면 발열량은 약 몇 cal인가?

① 2.32   ② 0.56
③ 1.16   ④ 0.28

해설 (1) 기호
- C : $200\mu F = 200 \times 10^{-6}F(1\mu F = 10^{-6}F)$
- V : 220V
- Q : ?

(2) 축적에너지

$$W = \frac{1}{2}CV^2$$

여기서, W : 축적에너지[J]
C : 정전용량[F]
V : 전압[V]

축적에너지 W는
$W = \frac{1}{2}CV^2 = \frac{1}{2} \times (200 \times 10^{-6}) \times 220^2 = 4.84J$

(3) J → cal 변환

$$1J = 0.24cal$$

$Q = 4.84J \times 0.24 ≒ 1.16cal$

답 ③

28. $i(t) = 5t + 2t^2$ [A]인 전류가 어떤 도체에 0초부터 30초까지 흘렀다면 이 도체를 통과한 전체 전기량은 몇 C인가?

① 20250 ② 5062
③ 10125 ④ 40500

해설

(1) 전기량

$$Q = \int_0^t i\,dt$$

여기서, Q: 전기량[C]
i: 전류[A]
dt: 시간의 변화량[s]

(2) 적분식(정적분)

$$\int_a^b x^n dx = \left[\frac{x^{n+1}}{n+1}\right]_a^b = \left[\frac{b^{n+1}}{n+1}\right] - \left[\frac{a^{n+1}}{n+1}\right]$$

전기량 Q는

$$Q = \int_0^t i\,dt = \int_0^{30}(5t + 2t^2)dt = \left[\frac{5}{2}t^2 + \frac{2}{3}t^3\right]_0^{30}$$

$$= \left(\frac{5}{2} \times 30^2 + \frac{2}{3} \times 30^3\right) - \left(\frac{5}{2} \times 0^2 + \frac{2}{3} \times 0^3\right)$$

$$= 20250\,C$$

답 ①

29. 잔류편차가 있는 결점을 가지는 제어계는 어떤 것인가?

① 비례제어계 ② 비례적분제어계
③ 비례적분미분제어계 ④ 적분제어계

해설

비례제어(P동작) 보기 ①	비례적분제어(PI동작)
잔류편차(off-set)가 있는 제어	**간헐현상**이 있는 제어

기억법 비잔적간

 중요

연속제어

구 분	설 명
비례제어(**P**동작)	**잔**류편차가 있는 제어 보기 ①
적분제어(**I**동작)	**잔**류편차를 제거하기 위한 제어
비례**적**분제어 (**PI**동작)	**간**헐현상이 있는 제어 **기억법** 비적간
비례적분 미분제어 (**PID**동작)	• **간**헐현상을 **제거**하기 위한 제어 • **사**이클링과 **오**프셋이 제거되는 제어 • 응답속도가 빠르고 안정성이 있음 • 정상 특성과 응답의 속응성을 동시에 개선시키기 위한 제어 **기억법** PID 사오

답 ①

30. 공기 중에 50A의 전류가 흐르고 있는 무한 직선 도체로부터 2m 떨어진 곳에서의 자기장 세기는 약 몇 AT/m인가?

① 15.92 ② 7.96
③ 3.98 ④ 31.84

해설

(1) 기호
- I: 50A
- r: 2m
- H: ?

(2) 무한장 직선전류

$$H = \frac{I}{2\pi r}[\text{AT/m}]$$

여기서, H: 자계의 세기[AT/m]
I: 전류[A]
r: 거리[m]

무한장 직선전류 H는

$$H = \frac{I}{2\pi r} = \frac{50}{2\pi \times 2} \fallingdotseq 3.98\,\text{AT/m}$$

비교

무한장 솔레노이드

내부자계	외부자계
$H_i = nI$	$H_c = 0$

여기서, H_i: 내부자계의 세기[AT/m]
H_c: 외부자계의 세기[AT/m]
n: 단위길이당 권수(1m당 권수)
I: 전류[A]

답 ③

31. 직류전압계와 전류계를 사용하여 부하전압과 전류를 측정하고자 할 때 연결방법으로 옳은 것은?

① 전압계는 부하와 병렬, 전류계는 부하와 직렬
② 전압계, 전류계 모두 부하와 병렬
③ 전압계는 부하와 직렬, 전류계는 부하와 병렬
④ 전압계, 전류계 모두 부하와 직렬

해설 **전압계**와 **전류계**의 **결선** 보기 ①

전압계	전류계
부하와 **병렬**연결	부하와 **직렬**연결

기억법 압병(압병!합병!)

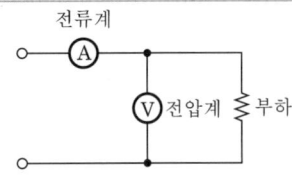

| 회로의 전압·전류 측정 |

답 ①

비교
배율기 vs 분류기

배율기	분류기
전압계에 **직**렬연결	전류계에 **병**렬연결

답 ①

32 계전기 접점의 불꽃을 소거할 목적으로 사용하는 것은?

16.05.문21
15.09.문22
15.05.문24
12.05.문24

① 터널다이오드 ② 바랙터다이오드
③ 바리스터   ④ 서미스터

해설 반도체소자

명칭	심벌
제너다이오드(Zener Diode): 주로 정전압 전원회로에 사용된다. '정전압다이오드'라고도 부른다.	
서미스터(thermistor) 보기 ④ • 부온도 특성을 가진 저항기의 일종으로서 주로 **온도보정용**으로 쓰인다. • 온도에 따라 저항값이 변환하는 소자이다.	Th
SCR(Silicon Controlled Rectifier): 단방향 대전류 스위칭소자로서 제어를 할 수 있는 정류소자이다.	A→K G
바리스터(varistor): 주로 **서**지전압에 대한 **회로보호용**으로 사용된다. (**계**전기 접점의 불꽃 제거) 보기 ③ **기억법** 바서보계	▶◀
UJT(UniJunction Transistor): 단일접합 트랜지스터로서 증폭기로는 사용이 불가능하며 톱니파나 펄스발생기로 작용하고 **SCR의 트리거소자**로 쓰인다.	B₁ E B₂
바랙터(varactor): 제너현상을 이용한 다이오드이다. 보기 ② • 바랙터=바랙터다이오드	—

답 ③

33 동선의 길이는 2배로, 단면적은 절반으로 되었을 때 저항은 처음의 몇 배가 되는가? (단, 체적은 일정하다.)

21.09.문31
19.09.문35
16.05.문26
10.03.문26

① 16   ② 8
③ 4   ④ 2

해설 (1) 기호
- $l' : 2l$
- $A' : \frac{1}{2}A$
- $R' : ?$

(2) 저항
$$R = \rho \frac{l}{A}$$

여기서, R: 저항[Ω]
ρ: 고유저항[Ω·mm²/m]
A: 전선의 단면적[mm²]
l: 전선의 길이[m]

저항 R은
$$R = \rho \frac{l}{A} \propto \frac{l}{A}$$

길이 2배(2l), 단면적 $\frac{1}{2}$배 $\left(\frac{1}{2}A\right)$로 할 때 저항 R'는
$$R' = \rho \frac{l'}{A'} = \frac{2l}{\frac{1}{2}A} = 4\frac{l}{A} = 4배$$

중요
전선의 고유저항

전선의 종류	고유저항[Ω·mm²/m]
알루미늄선	$\frac{1}{35}$
경동선	$\frac{1}{55}$
연동선	$\frac{1}{58}$

답 ③

34 배율기의 저항이 50kΩ이고, 전압계의 내부 저항이 25kΩ일 때 전압계가 100V를 지시하였다. 이때 실제 전압[V]은?

19.03.문34
17.05.문23
15.09.문29
14.09.문22
10.05.문23
08.05.문32

① 100   ② 600
③ 900   ④ 300

해설 (1) 기호
- $R_m : 50kΩ = 50 \times 10^3 (1kΩ=10^3Ω)$
- $R_v : 25kΩ = 25 \times 10^3 (1kΩ=10^3Ω)$
- $V : 100V$
- $V_0 : ?$

(2) 배율기
$$V_0 = V\left(1 + \frac{R_m}{R_v}\right) [V]$$

여기서, V_0: 측정하고자 하는 전압[V]
V: 전압계의 최대눈금[V]
R_v: 전압계의 내부저항[Ω]
R_m: 배율기 저항[Ω]

측정하고자 하는 전압 V_0는
$$V_0 = V\left(1 + \frac{R_m}{R_v}\right)$$
$$= 100 \times \left(1 + \frac{50 \times 10^3}{25 \times 10^3}\right) = 300V$$

비교
분류기

$$I_0 = I\left(1 + \frac{R_A}{R_S}\right) [A]$$

여기서, I_0 : 측정하고자 하는 전류[A]
I : 전류계의 최대눈금[A]
R_A : 전류계 내부저항[Ω]
R_S : 분류기 저항[Ω]

답 ④

35. 다음 진리표의 논리게이트는? (단, A와 B는 입력이고 X는 출력이다.)

A	B	X
0	0	1
0	1	0
1	0	0
1	1	0

① OR   ② NOT
③ AND   ④ NOR

해설 논리회로

명칭	논리회로	진리표
AND 게이트	$X = A \cdot B$ 입력신호 A, B가 동시에 1일 때만 출력신호 X가 1이 된다.	A B X / 0 0 0 / 0 1 0 / 1 0 0 / 1 1 1
OR 게이트	$X = A + B$ 입력신호 A, B 중 어느 하나라도 1이면 출력신호 X가 1이 된다.	A B X / 0 0 0 / 0 1 1 / 1 0 1 / 1 1 1
NOT 게이트	$X = \overline{A}$ 입력신호 A가 0일 때만 출력신호 X가 1이 된다.	A X / 0 1 / 1 0
NAND 게이트	$X = \overline{A \cdot B}$ 입력신호 A, B가 동시에 1일 때만 출력신호 X가 0이 된다(AND 회로의 부정).	A B X / 0 0 1 / 0 1 1 / 1 0 1 / 1 1 0
NOR 게이트	$X = \overline{A + B}$ 입력신호 A, B가 동시에 0일 때만 출력신호 X가 1이 된다(OR 회로의 부정).	A B X / 0 0 1 / 0 1 0 / 1 0 0 / 1 1 0

보기 ④

EXCLUSIVE OR 게이트
$X = A \oplus B = \overline{A}B + A\overline{B}$
입력신호 A, B 중 어느 한쪽만이 1이면 출력신호 X가 1이 된다.

A	B	X
0	0	0
0	1	1
1	0	1
1	1	0

EXCLUSIVE NOR 게이트
$X = \overline{A \oplus B} = AB + \overline{A}\,\overline{B}$
입력신호 A, B가 동시에 0이거나 1일 때만 출력신호 X가 1이 된다.

A	B	X
0	0	1
0	1	0
1	0	0
1	1	1

● 회로 = 게이트(gate)

답 ④

36. 인버터(inverter)에 대한 설명으로 옳은 것은?

① 직류전압을 평활하게 하는 장치이다.
② 직류전압을 교류전압으로 변환시켜 준다.
③ 직류전압을 승압할 수 있는 장치이다.
④ 교류전압을 직류전압으로 변환시켜 준다.

해설 인버터 vs 컨버터

인버터	컨버터
직류를 교류로 변환 보기 ②	교류를 직류로 변환

비교
축전지 vs 콘덴서

축전지	콘덴서(축전기, 커패시터)
화학작용을 이용하여 **직류전압을 발생**시키는 것	① 직류전압을 가하면 각 전극에 **전기(전하)를 축적**하는 역할 ② 교류에서는 직류를 차단하고 **교류성분을 통과**시키는 성질

답 ②

37. 그림과 같은 시퀀스회로의 논리식은?

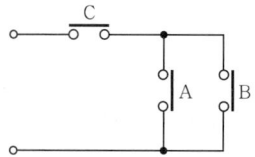

① $A+B-C$
② $(A+B) \cdot C$
③ $A \cdot B \cdot C$
④ $A \cdot B + C$

해설 시퀀스회로에서 직렬은 (·), 병렬은 (+)로 나타내므로 논리식은 $(A+B) \cdot C$이다.

시퀀스회로와 논리회로

명칭	시퀀스회로	논리식
AND회로 (직렬회로)		$X = A \cdot B$
OR회로 (병렬회로)		$X = A + B$
NOT회로		$X = \overline{A}$
NAND회로		$X = \overline{A \cdot B}$
NOR회로		$X = \overline{A + B}$

답 ②

38. 전해액에 전류가 흐름으로써 비자발적으로 산화·환원의 전극반응을 일으켜 전기에너지를 화학에너지로 변환하는 것을 무엇이라 하는가?

① 국부작용
② 성극(분극)작용
③ 감극현상
④ 전기분해

해설 전지에서 일어나는 현상

구분	설명
국부작용 (local action)	① 전극의 **불**순물로 인하여 기전력이 감소하는 현상 ② 전지를 오랫동안 사용하지 않으면 못쓰게 되는 현상 기억법 **불**국(**불**국사)
성극작용(분극작용) (polarization effect)	전지에 부하를 걸면 양극 표면에 **수소가스**가 생겨 전류의 흐름을 방해하는 현상
전기분해 (electrolysis) 보기 ④	① 전해액에 전류가 흘러 **화**학변화를 일으키는 현상 ② 전기에너지 → 화학에너지 기억법 **화분**

답 ④

39. 정격 500W 전열기에 정격전압의 80%를 인가하면 전력은 몇 W인가?

① 620
② 560
③ 320
④ 400

해설 (1) 기호
- P : 500W
- V' : 80%
- P' : ?

(2) 전력

$$P = VI = I^2 R = \frac{V^2}{R}$$

여기서, P : 전력[W]
V : 전압[V]
I : 전류[A]
R : 저항[Ω]

정격전압을 100V라고 가정하면,
저항 R 은

$$R = \frac{V^2}{P} = \frac{100^2}{500} = 20\,\Omega$$

80%의 전압사용시 소비전력 P' 는

$$P' = \frac{V'^2}{R} = \frac{80^2}{20} = 320\text{W}$$

답 ③

40. 액체식 압력계의 종류가 아닌 것은?

① 액주식 압력계
② 환상식 압력계
③ 침종식 압력계
④ 다이어프램식 압력계

해설 ④ 탄성식 압력계

압력계의 종류

액체식 압력계	탄성식 압력계
① 액주식 압력계 보기 ①	① 부르동관 압력계
② 침종식 압력계 보기 ③	② 멤브레인형 압력계
③ 환상식 압력계 보기 ②	③ 벨로즈형 압력계
	④ 다이어프램식 압력계 보기 ④

답 ④

제3과목 소방관계법규

41 소방시설 설치 및 관리에 관한 법령상 단독경보형 감지기를 설치하여야 하는 특정소방대상물로 틀린 것은?

21.09.문72
18.09.문71
17.03.문41
07.05.문45

① 연면적 600m²의 유치원
② 연면적 300m²의 유치원
③ 100명 미만의 숙박시설이 있는 수련시설
④ 교육연구시설 또는 수련시설 내에 있는 합숙소 또는 기숙사로서 연면적 2000m² 미만인 것

① 600m² → 400m² 미만
② 유치원은 400m² 미만이므로 300m²는 옳은 답
③ 100명 미만의 수련시설(숙박시설이 있는 것)은 옳은 답

소방시설법 시행령〔별표 4〕
단독경보형 감지기의 설치대상

연면적	설치대상
400m² 미만	• 유치원 보기 ①②
2000m² 미만 보기 ④	• 교육연구시설·수련시설 내의 합숙소 • 교육연구시설·수련시설 내의 기숙사
모두 적용 보기 ③	• 100명 미만의 수련시설(숙박시설이 있는 것) • 연립주택 • 다세대주택

답 ①

42 소방시설공사업법령상 지하층을 포함한 층수가 16층 이상 40층 미만인 특정소방대상물의 소방시설 공사현장에 배치하여야 할 소방공사 책임감리원의 배치기준에서 ( ) 안에 들어갈 등급으로 옳은 것은?

17.05.문53
13.06.문59

| 행정안전부령으로 정하는 ( )감리원 이상의
소방공사 감리원(기계분야 및 전기분야) |

① 특급 ② 중급
③ 고급 ④ 초급

공사업령〔별표 4〕
소방공사감리원의 배치기준

공사현장	배치기준	
	책임감리원	보조감리원
• 연면적 5천m² 미만 • 지하구	초급감리원 이상 (기계 및 전기)	
• 연면적 5천~3만m² 미만	중급감리원 이상 (기계 및 전기)	
• 물분무등소화설비(호스릴 제외) 설치 • 제연설비 설치 • 연면적 3만~20만m² 미만(아파트)	고급감리원 이상 (기계 및 전기)	초급감리원 이상 (기계 및 전기)
• 연면적 3만~20만m² 미만(아파트 제외) • 16~40층 미만(지하층 포함) 보기 ①	특급감리원 이상 (기계 및 전기)	초급감리원 이상 (기계 및 전기)
• 연면적 20만m² 이상 • 40층 이상(지하층 포함)	특급감리원 중 소방기술사	초급감리원 이상 (기계 및 전기)

비교

공사업령〔별표 2〕
소방기술자의 배치기준

공사현장	배치기준
• 연면적 1천m² 미만	• 소방기술인정자격수첩 발급자
• 연면적 1천~5천m² 미만(아파트 제외) • 연면적 1천~1만m² 미만(아파트) • 지하구	• 초급기술자 이상(기계 및 전기분야)
• 물분무등소화설비(호스릴 제외) 또는 제연설비 설치 • 연면적 5천~3만m² 미만(아파트 제외) • 연면적 1만~20만m² 미만(아파트)	• 중급기술자 이상(기계 및 전기분야)
• 연면적 3만~20만m² 미만(아파트 제외) • 16~40층 미만(지하층 포함)	• 고급기술자 이상(기계 및 전기분야)
• 연면적 20만m² 이상 • 40층 이상(지하층 포함)	• 특급기술자 이상(기계 및 전기분야)

답 ①

43 소방시설공사업법령상 소방시설업의 등록권자는?

① 한국소방안전원장
② 소방서장
③ 시·도지사
④ 국무총리

시·도지사
(1) 제조소 등의 설치**허**가(위험물법 6조)
(2) 소방업무의 지휘·감독(기본법 3조)
(3) 소방체험관의 설립·운영(기본법 5조)
(4) 소방업무에 관한 세부적인 종합계획수립 및 소방업무 수행(기본법 6조)
(5) 소방시설업자의 지위**승**계(공사업법 7조)
(6) 제조소 등의 **승**계(위험물법 10조)
(7) 소방력의 기준에 따른 계획 수립(기본법 8조)
(8) **화**재예방강화지구의 지정(화재예방법 18조)
(9) 소방시설관리업의 **등**록(소방시설법 29조)
(10) 소방시설업 등록(공사업법 4조) 보기 ③

(11) 탱크시험자의 **등록**(위험물법 16조)
(12) 소방시설관리업의 과징금 부과(소방시설법 36조)
(13) 탱크안전성능검사(위험물법 8조)
(14) 제조소 등의 **완공검사**(위험물법 9조)
(15) 제조소 등의 용도 폐지(위험물법 11조)
(16) **예**방규정의 제출(위험물법 17조)

> [기억법] **허시승화예**(농구선수 **허**재가 차 **시승**장에서 나와 **화해**했다.)

답 ③

44. 위험물안전관리법령상 자체소방대를 설치하여야 하는 제조소 등으로 옳은 것은?

① 지정수량 3500배의 칼륨을 취급하는 제조소
② 지정수량 3000배의 아세톤을 취급하는 일반취급소
③ 지정수량 4000배의 등유를 이동저장탱크에 주입하는 일반취급소
④ 지정수량 4500배의 기계유를 유압장치로 취급하는 일반취급소

해설
① 칼륨 : 제3류 위험물
② 아세톤 : 제4류 위험물
③ 등유 : 제4류 위험물
④ 기계유 : 제4류 위험물

위험물령 18조
자체소방대를 설치하여야 하는 사업소
(1) **제4류 위험물**을 취급하는 **제조소** 또는 **일반취급소**(단, 보일러로 위험물을 소비하는 일반취급소 등 행정안전부령으로 정하는 일반취급소는 제외)
• **제조소** 또는 **일반취급소**에서 취급하는 **제4류 위험물**의 최대수량의 합이 지정수량의 **3천배** 이상 [보기 ②]
(2) **제4류 위험물**을 저장하는 **옥외탱크저장소**
• **옥외탱크저장소**에 저장하는 제4류 위험물의 최대수량이 지정수량의 **50만배** 이상

답 ②

45. 소방시설 설치 및 관리에 관한 법령상 소방용품 중 피난구조설비를 구성하는 제품 또는 기기에 속하지 않는 것은?

① 통로유도등
② 소화기구
③ 공기호흡기
④ 피난사다리

해설
② 소화설비

소방시설법 시행령 [별표 3]
소방용품

소방시설	제품 또는 기기
소화용	① 소화약제 ② 방염제(방염액·방염도료·방염성 물질) [기억법] 소약방
피난구조설비	① 피난사다리, 구조대, 완강기(간이완강기 및 지지대 포함) [보기 ④] ② 공기호흡기(충전기를 포함) [보기 ③] ③ 피난구유도등, 통로유도등, 객석유도등 및 예비전원이 내장된 비상조명등 [보기 ①]
소화설비	① 소화기 [보기 ②] ② 자동소화장치 ③ 간이소화용구(소화약제 외의 것을 이용한 간이소화용구 제외) ④ 소화전 ⑤ 송수구 ⑥ 관창 ⑦ 소방호스 ⑧ 스프링클러헤드 ⑨ 기동용 수압개폐장치 ⑩ 유수제어밸브 ⑪ 가스관 선택밸브

답 ②

46. 위험물안전관리법령상 제4류 위험물 중 경유의 지정수량은 몇 리터인가?

① 1500 ② 2000
③ 500   ④ 1000

해설
위험물령 [별표 1]
제4류 위험물

성질	품명		지정수량	대표물질
인화성 액체	특수인화물		50L	• 다이에틸에터 • 이황화탄소
	제1석유류	비수용성	200L	• 휘발유 • 콜로디온
		수용성	400L	• 아세톤
	알코올류		400L	• 변성알코올
	제2석유류	비수용성	1000L	• 등유 • 경유 [보기 ④]
		수용성	2000L	• 아세트산
	제3석유류	비수용성	2000L	• 중유 • 크레오소트유
		수용성	4000L	• 글리세린
	제4석유류		6000L	• 기어유 • 실린더유
	동식물유류		10000L	• 아마인유

답 ④

47. 소방기본법령상 지상에 설치하는 소화전, 저수조 및 급수탑에 대한 소방용수표지기준 중 다음 ( ) 안에 알맞은 것은?

> 안쪽 문자는 (㉠), 바깥쪽 문자는 노란색으로, 안쪽 바탕은 (㉡), 바깥쪽 바탕은 (㉢)으로 하고, 반사재료를 사용해야 한다.

① ㉠ 검은색, ㉡ 파란색, ㉢ 붉은색
② ㉠ 흰색, ㉡ 붉은색, ㉢ 파란색
③ ㉠ 흰색, ㉡ 파란색, ㉢ 붉은색
④ ㉠ 검은색, ㉡ 붉은색, ㉢ 파란색

해설 기본규칙 〔별표 2〕
소방용수표지
(1) **지하**에 설치하는 소화전·저수조의 소방용수표지
  ㉠ 맨홀뚜껑은 지름 **648mm** 이상의 것으로 할 것
  ㉡ 맨홀뚜껑에는 "소화전·주정차금지" 또는 "저수조·주정차금지"의 표시를 할 것
  ㉢ 맨홀뚜껑 부근에는 **노란색 반사도료**로 폭 **15cm**의 선을 그 둘레를 따라 칠할 것
(2) **지상**에 설치하는 소화전·저수조 및 **급수탑**의 소방용수표지

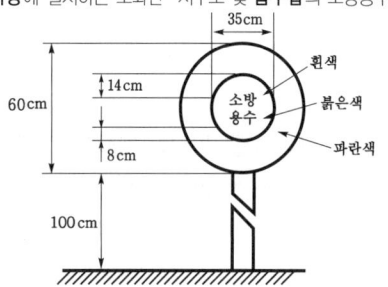

• 안쪽 문자는 **흰색**, 바깥쪽 문자는 **노란색**, 안쪽 바탕은 **붉은색**, 바깥쪽 바탕은 **파란색**으로 하고 **반사재료** 사용 〔보기 ②〕

답 ②

48. 화재이 예방 및 안전관리에 관한 법령상 정당한 사유 없이 화재안전조사 결과에 따른 조치명령을 위반한 자에 대한 최대 벌칙으로 옳은 것은?

① 300만원 이하의 벌금
② 100만원 이하의 벌금
③ 1년 이하의 징역 또는 1천만원 이하의 벌금
④ 3년 이하의 징역 또는 3천만원 이하의 벌금

해설 **3년 이하의 징역 또는 3000만원 이하의 벌금**
(1) 화재안전조사 결과에 따른 조치명령(화재예방법 50조) 〔보기 ④〕
(2) **소방시설업** 무등록자(공사업법 35조)
(3) **부정한 청탁**을 받고 재물 또는 재산상의 **이익**을 취득하거나 부정한 청탁을 하면서 재물 또는 재산상의 이익을 제공한 자(공사업법 35조)
(4) **소방시설관리업** 무등록자(소방시설법 57조)

(5) **형식승인**을 얻지 않은 소방용품 제조·수입자(소방시설법 57조)
(6) **제품검사**를 받지 않은 사람(소방시설법 57조)
(7) 거짓이나 그 밖의 **부정한 방법**으로 제품검사 전문기관의 지정을 받은 사람(소방시설법 57조)

기억법 33형관(삼삼하게 형처럼 관리하기!)

답 ④

49. 소방시설 설치 및 관리에 관한 법령상 모든 층에 스프링클러설비를 설치하여야 하는 특정소방대상물의 기준으로 틀린 것은? (단, 위험물 저장 및 처리시설 중 가스시설 또는 지하구는 제외한다.)

① 바닥면적 합계가 5000m^2 이상인 창고시설 (물류터미널은 제외)
② 바닥면적의 합계가 600m^2 이상인 숙박이 가능한 수련시설
③ 연면적 3500m^2 이상인 복합건축물
④ 바닥면적의 합계가 5000m^2 이상이거나 수용인원이 500명 이상인 판매시설, 운수시설 및 창고시설(물류터미널에 한정)

해설 ③ 3500m^2 이상 → 5000m^2 이상

소방시설법 시행령 〔별표 4〕
스프링클러설비의 설치대상

설치대상	조건
• 문화 및 집회시설, 운동시설 • 종교시설	• 수용인원 : **100명** 이상 • 영화상영관 : 지하층·무창층 500m^2(기타 1000m^2) 이상 • 무대부 – 지하층·무창층·**4층** 이상 : 300m^2 이상 – 1~3층 : 500m^2 이상
• 판매시설 • 운수시설 • 물류터미널 〔보기 ④〕	• 수용인원 : 500명 이상 • 바닥면적 합계 5000m^2 이상
창고시설(물류터미널 제외) 〔보기 ①〕	바닥면적 합계 5000m^2 이상
• 노유자시설 • 정신의료기관 • 수련시설(숙박 가능한 것) 〔보기 ②〕 • 종합병원, 병원, 치과병원, 한방병원 및 요양병원(정신병원 제외)	바닥면적 합계 600m^2 이상
지하상가	연면적 1000m^2 이상
지하층·무창층·4층 이상	바닥면적 1000m^2 이상
10m 넘는 랙식 창고	연면적 1500m^2 이상
• 복합건축물 〔보기 ③〕 • 기숙사	연면적 5000m^2 이상 : 전층
6층 이상	전층
보일러실·연결통로	전부
특수가연물 저장·취급	지정수량 1000배 이상
발전시설	전기저장시설 : 전층

답 ③

50. 소화활동을 위한 소방용수시설 및 지리조사의 실시 횟수는?

① 주 1회 이상 ② 주 2회 이상
③ 월 1회 이상 ④ 분기별 1회 이상

해설 기본규칙 7조
소방용수시설 및 지리조사
(1) 조사자 : **소방본부장·소방서장**
(2) 조사일시 : **월 1회 이상**
(3) 조사내용
  ㉠ 소방용수시설
  ㉡ 도로의 폭·교통상황
  ㉢ 도로주변의 토지고저
  ㉣ 건축물의 개황
(4) 조사결과 : **2년간 보관**

중요

횟수
(1) **월** 1회 이상 : 소방용수시설 및 **지**리조사(기본규칙 7조)
  [기억법] 월1지 (월요일이 지났다.)
(2) **연** 1회 이상
  ㉠ 화재예방강화지구 안의 화재안전조사·훈련·교육(화재예방법 시행령 20조)
  ㉡ 특정소방대상물의 소방훈련·교육(화재예방법 시행규칙 36조)
  ㉢ 제조소 등의 **정**기점검(위험물규칙 64조)
  ㉣ **종**합점검(소방시설법 시행규칙 [별표 3])
  ㉤ **작**동점검(소방시설법 시행규칙 [별표 3])
  [기억법] 연1정종 (연일 정종술을 마셨다.)
(3) **2**년마다 1회 이상
  ㉠ 소방대원의 소방교육·훈련(기본규칙 9조)
  ㉡ **실**무교육(화재예방법 시행규칙 29조)
  [기억법] 실2 (실리)

답 ③

51. 소방시설 설치 및 관리에 관한 법령상 건축허가 등의 동의요구시 동의요구서에 첨부하여야 할 서류가 아닌 것은?

① 소방시설공사업 등록증
② 소방시설설계업 등록증
③ 소방시설 설치계획표
④ 건축허가신청서 및 건축허가서

해설 ① 공사업은 건축허가 동의에 해당없음

소방시설법 시행규칙 3조
건축허가 동의시 첨부서류
(1) 건축허가신청서 및 건축허가서 사본 보기 ④
(2) 설계도서 및 소방시설 설치계획표 보기 ③
(3) 임시소방시설 설치계획서(설치시기·위치·종류·방법 등 임시소방시설의 설치와 관련한 세부사항 포함)
(4) 소방시설설계업 등록증과 소방시설을 설계한 기술인력의 기술자격증 사본 보기 ②

(5) 건축·대수선·용도변경신고서 사본
(6) 주단면도 및 입면도
(7) 소방시설별 층별 평면도
(8) 방화구획도(창호도 포함)

※ **건축허가 등의 동의권자 : 소방본부장·소방서장**

답 ①

52. 위험물안전관리법령상 허가를 받지 아니하고 당해 제조소 등을 설치하거나 그 위치·구조 또는 설비를 변경할 수 있으며, 신고를 하지 아니하고 위험물의 품명·수량 또는 지정수량의 배수를 변경할 수 있는 기준으로 옳은 것은?

① 축산용으로 필요한 건조시설을 위한 지정수량 40배 이하의 저장소
② 농예용으로 필요한 난방시설을 위한 지정수량 40배 이하의 저장소
③ 수산용으로 필요한 건조시설을 위한 지정수량 30배 이하의 저장소
④ 주택의 난방시설(공동주택의 중앙난방시설 제외)을 위한 저장소

해설
① 40배 이하 → 20배 이하
② 40배 이하 → 20배 이하
③ 30배 이하 → 20배 이하

위험물법 6조
제조소 등의 설치허가
(1) 설치허가자 : **시·도지사**
(2) 설치허가 제외장소
  ㉠ **주택**의 **난방시설**(공동주택의 중앙난방시설은 제외)을 위한 **저장소** 또는 **취급소** 보기 ④
  ㉡ 지정수량 **20배** 이하의 **농예용·축산용·수산용** 난방시설 또는 건조시설의 **저장소** 보기 ①②③
(3) 제조소 등의 변경신고 : 변경하고자 하는 날의 **1일 전**까지

참고

시·도지사
(1) 특별시장
(2) 광역시장
(3) 특별자치시장
(4) 도지사
(5) 특별자치도지사

답 ④

53. 위험물안전관리법령상 제조소 등에 전기설비(전기배선, 조명기구 등은 제외)가 설치된 장소의 면적이 300m²일 경우, 소형 수동식 소화기는 최소 몇 개 설치하여야 하는가?

① 2개 ② 4개
③ 3개 ④ 1개

해설 위험물규칙 〔별표 17〕
전기설비의 소화설비
제조소 등에 전기설비(전기배선, 조명기구 등 제외)가 설치된 경우에는 당해 장소의 면적 $100m^2$마다 소형 수동식 소화기를 1개 이상 설치할 것

제조소 등의 전기설비 소형 수동식 소화기 개수
$\dfrac{바닥면적}{100m^2}$(절상)$=\dfrac{300m^2}{100m^2}=3$개

중요
절상 : '소수점 이하는 무조건 올린다.'는 뜻

답 ③

54 소방기본법령상 소방대상물에 해당하지 않는 것은?
21.03.문45
20.08.문45
16.10.문57
16.05.문51
① 차량   ② 운항 중인 선박
③ 선박건조구조물   ④ 건축물

해설 ② 운항 중인 → 매어 둔

기본법 2조 1호
소방대상물
(1) **건**축물 보기 ④
(2) **차**량 보기 ①
(3) **선**박(매어둔 것) 보기 ②
(4) **선**박건조구조물 보기 ③
(5) **인**공구조물
(6) **물**건
(7) **산**림

기억법 건차선 인물산

비교
위험물법 3조
위험물의 저장·운반·취급에 대한 적용 제외
(1) 항공기
(2) 선박
(3) 철도(기차)
(4) 궤도

답 ②

55 소방시설 설치 및 관리에 관한 법령상 방염성능 기준 이상의 실내장식물 등을 설치하여야 하는 특정소방대상물에 속하지 않는 것은?
18.04.문50
16.10.문48
16.03.문58
15.09.문54
15.05.문54
14.05.문48
① 의료시설
② 숙박시설
③ 11층 이상인 아파트
④ 노유자시설

해설 ③ 아파트 → 아파트 제외

소방시설법 시행령 30조
방염성능기준 이상 적용 특정소방대상물
(1) 체력단련장, 공연장 및 종교집회장
(2) 문화 및 집회시설

(3) **종**교시설
(4) 운동시설(수영장은 제외)
(5) 의료시설(종합병원, 정신의료기관) 보기 ①
(6) 의원, 치과의원, 한의원, 조산원, 산후조리원
(7) 합숙소
(8) **노**유자시설 보기 ④
(9) **숙**박이 가능한 **수**련시설
(10) **숙**박시설 보기 ②
(11) 방송국 및 촬영소
(12) 다중이용업소(단란주점영업, 유흥주점영업, 노래연습장업의 연습장 등)
(13) 층수가 **11층** 이상인 것(아파트 제외 : 2026. 12. 1. 삭제)
  보기 ③

기억법 방숙 노종수

답 ③

56 소방시설 설치 및 관리에 관한 법령상 터널로서 길이가 1000m일 때 설치하여야 하는 소방시설이 아닌 것은?
20.08.문46
11.10.문46
① 인명구조기구   ② 연결송수관설비
③ 무선통신보조설비   ④ 옥내소화전설비

해설 소방시설법 시행령 〔별표 4〕
터널길이

터널길이	적용설비
500m 이상	• 비상조명등설비 • 비상경보설비 • 무선통신보조설비 보기 ③ • 비상콘센트설비
1000m 이상	• 옥내소화전설비 보기 ④ • 연결송수관설비 보기 ② • 자동화재탐지설비

• ②·③ 무선통신보조설비·연결송수관설비는 500m 이상에 설치해야 하므로 1000m에도 당연히 설치

중요
소방시설법 시행령 〔별표 4〕
인명구조기구의 설치장소
(1) 지하층을 포함한 **7층** 이상의 **관광호텔**[방열복, 방화복(안전모, 보호장갑, 안전화 포함), 인공소생기, 공기호흡기]
(2) 지하층을 포함한 **5층** 이상의 **병원**[방화복(안전모, 보호장갑, 안전화 포함), 공기호흡기]

기억법 5병(**오병**이어의 기적)

(3) 공기호흡기를 설치하여야 하는 특정소방대상물
  ① 수용인원 **100명** 이상인 **영화상영관**
  ② 대규모점포
  ③ 지하역사
  ④ 지하상가
  ⑤ 이산화탄소 소화설비(호스릴 이산화탄소 소화설비 제외)를 설치하여야 하는 특정소방대상물

답 ①

57. 소방시설 설치 및 관리에 관한 법령상 다음 소방시설 중 경보설비에 속하지 않는 것은?

① 자동화재속보설비 ② 자동화재탐지설비
③ 무선통신보조설비 ④ 통합감시시설

해설
③ 무선통신보조설비 : 소화활동설비

소방시설법 시행령 [별표 1]
경보설비
(1) 비상경보설비 ─ 비상벨설비
             └ 자동식 사이렌설비
(2) 단독경보형 감지기
(3) 비상방송설비
(4) 누전경보기
(5) 자동화재탐지설비 및 시각경보기 [보기 ②]
(6) 자동화재속보설비 [보기 ①]
(7) 가스누설경보기
(8) 통합감시시설 [보기 ④]
(9) 화재알림설비

※ **경보설비** : 화재발생 사실을 통보하는 기계·기구 또는 설비

답 ③

58. 위험물안전관리법령상 위험물의 안전관리와 관련된 업무를 수행하는 자로서 소방청장이 실시하는 안전교육의 대상자가 아닌 자는?

① 탱크시험자의 기술인력으로 종사하는 자
② 위험물운송자로 종사하는 자
③ 제조소 등의 관계인
④ 안전관리자로 선임된 자

해설 위험물법 28조
위험물 안전교육대상자
(1) 안전관리자 [보기 ④]
(2) 탱크시험자 [보기 ①]
(3) 위험물운반자
(4) 위험물운송자 [보기 ②]

답 ③

59. 소방시설 설치 및 관리에 관한 법령상 특정소방대상물에 실내장식 등의 목적으로 설치 또는 부착하는 물품으로서 제조 또는 가공 공정에서 방염처리를 한 방염대상물품이 아닌 것은? (단, 합판·목재류의 경우에는 설치현장에서 방염처리를 한 것을 말한다.)

① 암막·무대막
② 전시용 합판 또는 섬유판
③ 두께가 2mm 미만인 종이벽지
④ 창문에 설치하는 커튼류

해설
③ 두께가 2mm 미만인 종이벽지 → 두께가 2mm 미만인 종이벽지 제외

소방시설법 시행령 31조
방염대상물품

제조 또는 가공 공정에서 방염처리를 한 물품	건축물 내부의 천장이나 벽에 부착하거나 설치하는 것
① 창문에 설치하는 **커튼류**(블라인드 포함) [보기 ④] ② 카펫 ③ **벽지류**(두께 2mm 미만인 **종이벽지 제외**) [보기 ③] ④ **전시용 합판·목재** 또는 **섬유판** [보기 ②] ⑤ **무대용 합판·목재** 또는 **섬유판** ⑥ **암막·무대막**(영화상영관·가상체험 체육시설업의 스크린 포함) [보기 ①] ⑦ 섬유류 또는 합성수지류 등을 원료로 하여 제작된 소파·의자(단란주점영업, 유흥주점영업 및 노래연습장업의 영업장에 설치하는 것만 해당)	① 종이류(두께 **2mm 이상**), **합성수지류** 또는 섬유류를 주원료로 한 물품 ② **합판**이나 **목재** ③ 공간을 구획하기 위하여 설치하는 **간이칸막이** ④ **흡음재**(흡음용 커튼 포함) 또는 **방음재**(방음용 커튼 포함) ※ 가구류(옷장, 찬장, 식탁, 식탁용 의자, 사무용 책상, 사무용 의자, 계산대)와 너비 10cm 이하인 반자돌림대, 내부 마감재료 제외

답 ③

60. 소방기본법령상 인접하고 있는 시·도간 소방업무의 상호응원협정을 체결하고자 하는 때에 포함되도록 하여야 하는 사항이 아닌 것은?

① 소방교육·훈련의 종류 및 대상자에 관한 사항
② 출동대원의 수당·식사 및 의복의 수선 등 소요경비의 부담에 관한 사항
③ 화재의 경계·진압활동에 관한 사항
④ 화재조사활동에 관한 사항

해설
① 상호응원협정은 실제상황이므로 소방교육·훈련은 해당되지 않음

기본규칙 8조
소방업무의 상호응원협정
(1) 다음의 **소방활동**에 관한 사항
  ㉠ 화재의 **경계·진압활동** [보기 ③]
  ㉡ 구조·구급업무의 지원
  ㉢ 화재조사활동 [보기 ④]
(2) 응원출동 **대상지역** 및 **규모**
(3) **소요경비**의 **부담**에 관한 사항
  ㉠ 출동대원의 수당·식사 및 의복의 수선 [보기 ②]
  ㉡ 소방장비 및 기구의 정비와 연료의 보급
(4) 응원출동의 요청방법
(5) 응원출동훈련 및 평가

기억법 경응출

답 ①

제4과목 — 소방전기시설의 구조 및 원리

61 비상방송설비의 화재안전기준에 따라 확성기는 각 층마다 설치하되, 그 층의 각 부분으로부터 하나의 확성기까지의 수평거리가 몇 m 이하가 되도록 하여야 하는가?

① 15
② 30
③ 25
④ 20

해설 (1) 수평거리

수평거리	적용대상
수평거리 25m 이하	• 발신기 • 음향장치(확성기) 보기 ③ • 비상콘센트(지하상가 · 지하층 바닥면적 합계 3000m² 이상)
수평거리 50m 이하	• 비상콘센트(기타)

(2) 보행거리

보행거리	적용대상
보행거리 15m 이하	• 유도표지
보행거리 20m 이하	• **복도통로유도등** • 거실통로유도등 • 3종 연기감지기
보행거리 30m 이하	• 1 · 2종 연기감지기

(3) 수직거리

수직거리	적용대상
수직거리 10m 이하	• 3종 연기감지기
수직거리 15m 이하	• 1 · 2종 연기감지기

중요

비상방송설비의 **설치기준**(NFPC 202 4조, NFTC 202 2.1)
(1) 확성기의 음성입력은 실내 **1W** 이상, 실외 **3W** 이상일 것
(2) 확성기는 **각 층**마다 설치하되, 각 부분으로부터의 **수평거리는 25m** 이하일 것 보기 ③
(3) 음량조정기는 **3선식 배선**일 것
(4) 조작스위치는 바닥으로부터 **0.8~1.5m** 이하의 높이에 설치할 것
(5) 다른 전기회로에 의하여 **유도장애**가 생기지 않을 것
(6) 비상방송 개시시간은 **10초** 이하일 것
(7) 엘리베이터 내부에는 별도의 음향장치를 설치할 수 있다.

답 ③

62 자동화재탐지설비 및 시각경보장치의 화재안전기준에 따른 정온식 감지선형 감지기의 시설기준으로 옳은 것은?

① 감지기와 감지구역의 각 부분과의 수평거리가 내화구조의 경우 1종은 3.5m 이하, 2종은 3m 이하로 한다.
② 감지선형 감지기의 굴곡반경은 10cm 이상으로 한다.
③ 단자부와 마감 고정금구와의 설치간격은 5cm 이내로 설치한다.
④ 분전반 내부에 설치하는 경우 접착제를 이용하여 돌기를 바닥에 고정시키고 그곳에 감지기를 설치한다.

해설
① 3.5m 이하 → 4.5m 이하
② 10cm 이상 → 5cm 이상
③ 5cm 이내 → 10cm 이내

정온식 감지선형 감지기의 설치기준(NFPC 203 7조, NFTC 203 2.4.3.12)
(1) 단자부와 마감 고정금구와의 설치간격은 **10cm** 이내로 설치한다. 보기 ③
(2) 감지선형 감지기의 굴곡반경은 **5cm** 이상으로 한다. 보기 ②

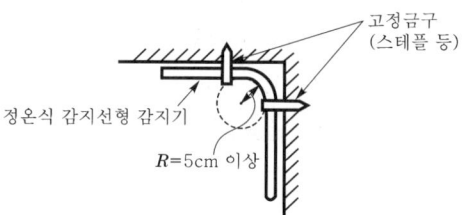

∥정온식 감지선형 감지기의 굴곡반경∥

(3) 감지기와 감지구역 각 부분과의 수평거리가 내화구조의 경우 **1종**은 **4.5m** 이하, **2종**은 **3m** 이하로 한다. 보기 ①
(4) 분전반 내부에 설치하는 경우 **접착제**를 이용하여 돌기를 바닥에 고정시키고 그곳에 감지기를 설치한다. 보기 ④

중요

정온식 감지선형 감지기의 수평거리

수평거리 \ 종별	1종		2종	
	내화구조	기타구조	내화구조	기타구조
감지기와 감지구역의 각 부분과의 수평거리	4.5m 이하	3m 이하	3m 이하	1m 이하

기억법 1내4 1기3, 2내3 2기1

답 ④

용어

정온식 감지선형 감지기
일국소의 주위온도가 일정한 온도 이상이 되는 경우에 작동하는 것으로서 외관이 전선으로 되어 있는 것

정온식 감지선형 감지기

답 ④

63 누전경보기의 화재안전기준에 따른 누전경보기의 전원에 대한 설명으로 틀린 것은?

21.03.문72
16.10.문69
16.03.문78
15.05.문73
15.03.문76
14.09.문70
14.09.문76
14.03.문63
14.03.문69
13.06.문70

① 전원은 분전반으로부터 전용회로로 하고 배선용 차단기에 있어서는 20A 이하의 것으로 각 극을 개폐할 수 있는 것을 설치할 것
② 전원은 분전반으로부터 전용회로로 하고, 각 극에 개폐기 및 15A 이하의 과전류차단기를 설치할 것
③ 전원을 분기할 때에는 다른 차단기에 따라 전원이 동시에 차단되도록 할 것
④ 전원의 개폐기에는 누전경보기용임을 표시한 표지를 할 것

해설 ③ 동시에 차단되도록 → 차단되지 않도록

누전경보기의 **설치기준**(NFPC 205 6조, NFTC 205 2.3)
(1) 각 극에 개폐기 및 **15A** 이하의 **과전류차단기**를 설치할 것 (**배선용 차단기는 20A 이하**) 보기 ①②

기억법 과15(과일 다오)

(2) 분전반으로부터 **전용회로**로 할 것 보기 ①②
(3) 개폐기에는 누전경보기임을 표시할 것 보기 ④
(4) 전원을 분기할 때에는 다른 차단기에 따라 전원이 차단되지 아니하도록 할 것 보기 ③

60A 이하	60A 초과
1급 또는 2급	1급

답 ③

64 누전경보기의 형식승인 및 제품검사의 기술기준에 따라 누전경보기에 사용하는 전자계전기의 구조 및 기능에 대한 설명으로 틀린 것은?

① 접점은 G·S합금 또는 이와 동등 이상이어야 한다.
② 하중에 의하여 영향을 받지 아니하도록 부착하고, 접점밀봉형 외의 것은 접점이나 가동부에 먼지가 들어가지 아니하도록 적당한 방진카바를 설치하여야 한다.
③ 최대사용전압에서 최대사용전류를 저항부하를 통하여 흘려도 그 구조 또는 기능에 현저한 변화가 생기지 아니하여야 한다.
④ 동일접점에서 동시에 내부부하와 외부부하에 직접 전력을 공급할 수 있도록 하여야 한다.

해설 ④ 공급할 수 있도록 → 공급하지 아니하도록

전자계전기의 **구조** 및 **기능**(누전경보기의 형식승인 및 제품검사의 기술기준 4조)
(1) 접점은 **G·S합금** 또는 이와 동등 이상 보기 ①

감지기 접점	전자계전기 접점
P·G·S합금	G·S합금

(2) 하중에 의하여 영향을 받지 아니하도록 부착하고, 접점 **밀봉형 외**의 것은 접점이나 가동부에 먼지가 들어가지 아니하도록 적당한 **방진카바**를 설치 보기 ②
(3) **최대사용전압**에서 **최대사용전류**를 저항부하를 통하여 흘려도 그 구조 또는 기능에 현저한 변화가 생기지 아니하여야 한다. 보기 ③
(4) **동일접점**에서 **동시**에 내부부하와 외부부하에 직접 전력을 공급하지 아니하도록 하여야 한다. 보기 ④

답 ④

65 비상경보설비 및 단독경보형감지기의 화재안전기준에 따라 화재발생 상황을 단독으로 감지하여 자체에 내장된 음향장치로 경보하는 감지기는?

20.06.문62
19.04.문66
10.09.문70
09.08.문78

① 단독경보형 감지기
② 자동식 감지기
③ 비상경보형 감지기
④ 가정용 감지기

해설 **감지기**(NFPC 201 3조, NFTC 201 1.7)

용 어	설 명
비상**벨**설비	화재발생 상황을 **경종**으로 경보하는 설비 **기억법** 경벨(경배한다.)
자동식 사이렌설비	화재발생 상황을 **사이렌**으로 경보하는 설비

| 단독경보형 감지기 보기 ① | 화재발생 상황을 **단독**으로 감지하여 자체에 **내장**된 **음향장치**로 경보하는 감지기 |

기억법 단경음

답 ①

66

비상콘센트설비의 화재안전기준에 따른 비상콘센트설비의 전원부와 외함 사이의 절연저항에 대한 기준으로 옳은 것은?

21.03.문71
20.06.문79
19.03.문66
16.03.문80
14.05.문70
13.06.문77
10.05.문64

① 500V 절연저항계로 측정하여 20MΩ 이상일 것
② 500V 절연저항계로 측정하여 5MΩ 이상일 것
③ 500V 절연저항계로 측정하여 15MΩ 이상일 것
④ 500V 절연저항계로 측정하여 10MΩ 이상일 것

해설 **절연저항시험**

절연저항계	절연저항	대 상
직류 250V	0.1MΩ 이상	• 1경계구역의 절연저항
	5MΩ 이상	• 누전경보기 • 가스누설경보기 • 수신기(10회로 미만, 절연된 충전부와 외함 간) • 자동화재속보설비 • 비상경보설비 • 유도등(교류입력측과 외함 간 포함) • 비상조명등(교류입력측과 외함 간 포함)
직류 500V	**20MΩ** 이상	• 경종 • 발신기 • 중계기 • **비상콘센트** 보기 ① • 기기의 절연된 선로 간 • 기기의 충전부와 비충전부 간 • 기기의 교류입력측과 외함 간(유도등 · 비상조명등 제외)
	50MΩ 이상	• 감지기(정온식 감지선형 감지기 제외) • 가스누설경보기(10회로 이상) • 수신기(10회로 이상, 교류입력측과 외함 간 제외)
	1000MΩ 이상	• 정온식 감지선형 감지기

기억법 콘2(콘이 맞있다!)

답 ①

67

자동화재탐지설비 및 시각경보장치의 화재안전기준에 따라 주방·보일러실 등으로서 다량의 화기를 취급하는 장소에 설치하는 감지기는?

21.05.문80
19.03.문76
16.05.문75
15.03.문77
14.03.문80
13.09.문75

① 연기감지기
② 보상식 감지기
③ 차동식 감지기
④ 정온식 감지기

해설 **감지기**의 **설치기준**(NFPC 203 7조, NFTC 203 2.4.3)
(1) 감지기(차동식 분포형 제외)는 실내의 **공기유입구**로부터 **1.5m** 이상 떨어진 위치에 설치
(2) 감지기는 천장 또는 반자의 옥내에 면하는 부분에 설치
(3) **보상식 스포트형 감지기**는 정온점이 감지기 주위의 평상시 최고온도보다 **20℃** 이상 높은 것으로 설치
(4) **정온식 감지기**는 **주방·보일러실** 등으로서 다량의 화기를 단속적으로 취급하는 장소에 설치하되, 공칭작동온도가 최고주위온도보다 **20℃** 이상 높은 것으로 설치 보기 ④

답 ④

68

비상방송설비의 화재안전기준에 따라 전압전류의 진폭을 늘려 감도를 좋게 하고 미약한 음성전류를 커다란 음성전류로 변화시켜 소리를 크게 하는 장치는?

20.08.문74
18.03.문66
16.03.문67
08.05.문69
07.03.문66

① 증폭기
② 발신기
③ 확성기
④ 음량조절기

해설 **비상방송설비**의 **구성요소**(NFPC 202 3조, NFTC 202 1.7)

용 어	설 명
확성기	**소**리를 크게 하여 멀리까지 전달될 수 있도록 하는 장치로서 일명 '**스피커**'를 말한다. 기억법 확소(왁스)
음량 조절기	가변저항을 이용하여 **전류**를 변화시켜 음량을 크게 하거나 작게 조절할 수 있는 장치
증폭기	전압전류의 진폭을 늘려 감도를 좋게 하고 미약한 음성전류를 커다란 **음성전류**로 변화시켜 소리를 크게 하는 장치 보기 ①

비교

비상경보설비에 **사용**되는 **용어**(NFPC 201 3조, NFTC 201 1.7)

용 어	설 명
비상벨설비	화재발생상황을 **경종**으로 경보하는 설비
자동식 사이렌설비	화재발생상황을 **사이렌**으로 경보하는 설비
발신기 보기 ②	화재발생신호를 수신기에 **수동**으로 **발신**하는 장치
수신기	발신기에서 발하는 **화재신호**를 직접 **수신**하여 화재의 발생을 표시 및 **경보**하여 주는 장치

답 ①

69. 발신기의 형식승인 및 제품검사의 기술기준에 따라 다음 ( )에 들어갈 내용으로 옳은 것은?

> 발신기의 조작부는 작동스위치의 동작방향으로 가하는 힘이 (㉠)kg을 초과하고 (㉡)kg 이하인 범위에서 확실하게 동작되어야 하며, (㉠)kg의 힘을 가하는 경우 동작되지 아니하여야 한다.

① ㉠ 3, ㉡ 8   ② ㉠ 2, ㉡ 5
③ ㉠ 3, ㉡ 5   ④ ㉠ 2, ㉡ 8

해설 발신기의 **작동기능**(발신기의 형식승인 및 제품검사의 기술기준 4조의 2)
작동스위치의 동작방향으로 가하는 힘이 **2kg**을 초과하고 **8kg** 이하인 범위에서 확실하게 동작(단, **2kg**의 힘을 가하는 경우 동작하지 않을 것) 보기 ④

답 ④

70. 유도등의 형식승인 및 제품검사의 기술기준에 따라 유도등의 배선 중 인출선의 굵기는 단면적이 몇 mm² 이상이어야 하는가?

① 0.25   ② 0.5
③ 1.25   ④ 0.75

해설 **유도등**의 **일반구조**(유도등의 형식승인 및 제품검사의 기술기준 3조)
| 전선의 굵기 및 길이 |
인출선 굵기	인출선 길이
0.75mm² 이상 보기 ④ 기억법 인75(인(사람) 치료)	150mm 이상

답 ④

71. 유도등 및 유도표지의 화재안전기준에 따라 유도표지는 계단에 설치하는 것을 제외하고는 각 층마다 복도 및 통로의 각 부분으로부터 하나의 유도표지까지의 보행거리가 몇 m 이하가 되는 곳에 설치하는가?

① 3   ② 30
③ 5   ④ 15

해설 (1) 수평거리

수평거리	적용대상
수평거리 25m 이하	• 발신기 • 음향장치(확성기) • 비상콘센트(지하상가·지하층 바닥면적 합계 3000m² 이상)
수평거리 50m 이하	• 비상콘센트(기타)

(2) 보행거리

보행거리	적용대상
보행거리 15m 이하	• 유도표지 보기 ④
보행거리 20m 이하	• **복도통로유도등** • 거실통로유도등 • 3종 연기감지기
보행거리 30m 이하	• 1·2종 연기감지기

(3) 수직거리

수직거리	적용대상
수직거리 10m 이하	• 3종 연기감지기
수직거리 15m 이하	• 1·2종 연기감지기

답 ④

72. 소방시설용 비상전원수전설비의 화재안전기준에 따라 특별고압 또는 고압으로 수전하는 비상전원 수전설비를 큐비클형으로 하는 경우 환기장치의 시설기준으로 틀린 것은?

① 환기구에는 금속망, 방화댐퍼 등으로 방화조치를 하고, 옥외에 설치하는 것은 빗물 등이 들어가지 않도록 할 것
② 자연환기구에 따라 충분히 환기할 수 없는 경우에는 환기설비를 설치할 것
③ 내부의 온도가 상승하지 않도록 환기장치를 할 것
④ 자연환기구의 개구부 면적의 합계는 외함의 한 면에 대하여 해당 면적의 2분의 1 이하로 할 것

해설 ④ 2분의 1 이하 → 3분의 1 이하

큐비클형의 **설치기준**(NFPC 602 5조, NFTC 602 2.2.3)
(1) **전용큐비클** 또는 **공용큐비클식**으로 설치
(2) 외함은 두께 **2.3mm** 이상의 **강판**과 이와 동등 이상의 강도와 내화성능이 있는 것으로 제작
(3) 개구부에는 60분+방화문 또는 60분 방화문, 30분 방화문 설치
(4) 외함은 **건축물**의 **바닥** 등에 견고하게 고정할 것
(5) 환기장치는 다음에 적합하게 설치할 것
  ㉠ 내부의 **온도**가 상승하지 않도록 **환기장치**를 할 것 보기 ③
  ㉡ 자연환기구의 **개**구부 면적의 합계는 외함의 한 면에 대하여 해당 면적의 $\frac{1}{3}$ 이하로 할 것. 이 경우 하나의 통기구의 크기는 직경 **10mm** 이상의 **둥근 막대**가 들어가서는 아니 된다. 보기 ④
  ㉢ 자연환기구에 따라 충분히 환기할 수 없는 경우에는 **환기설비**를 설치할 것 보기 ②
  ㉣ 환기구에는 **금속망, 방화댐퍼** 등으로 방화조치를 하고, 옥외에 설치하는 것은 **빗물** 등이 들어가지 않도록 할 것 보기 ①

기억법 큐환 온개설 망댐빗

(6) 공용큐비클식의 소방회로와 일반회로에 사용되는 배선 및 배선용 기기는 **불연재료**로 구획할 것

답 ④

73 무선통신보조설비의 화재안전기준에 따른 무선통신보조설비의 시설기준에 대한 내용이다. 다음 ( )에 들어갈 내용으로 옳은 것은?

21.05.문75
16.05.문79
16.03.문77
15.09.문70
14.05.문77
02.05.문68

누설동축케이블 또는 동축케이블과 이에 접속하는 ( )가 설치된 층은 모든 부분(계단실, 승강기, 별도 구획된 실 포함)에서 유효하게 통신이 가능할 것

① 무선중계기 ② 안테나
③ 분배기 ④ 증폭기

해설 누설동축케이블의 설치기준(NFPC 505 5조, NFTC 505 2.2)
(1) 소방전용 주파수대에서 전파의 **전송** 또는 **복사**에 적합한 것으로서 소방전용의 것
(2) 누설동축케이블과 이에 접속하는 안테나 또는 동축케이블과 이에 접속하는 안테나
(3) 누설동축케이블 및 동축케이블은 화재에 따라 해당 케이블의 피복이 소실된 경우에 케이블 본체가 떨어지지 아니하도록 **4m 이내**마다 금속제 또는 자기제 등의 지지금구로 벽·천장·기둥 등에 견고하게 고정시킬 것 (단, **불연재료**로 구획된 반자 안에 설치하는 경우 제외)
(4) **누설동축케이블** 및 **안테나**는 **고**압전로로부터 **1.5m** 이상 떨어진 위치에 설치(단, 해당 전로에 **정전기 차폐장치**를 유효하게 설치한 경우에는 제외)
(5) 누설동축케이블의 **끝부분**에는 **무반사종단저항**을 설치
(6) 누설동축케이블 또는 동축케이블과 이에 접속하는 **안테나**가 설치된 층은 **모든 부분**(계단실, 승강기, 별도 구획된 실 포함)에서 유효하게 **통신**이 가능할 것 보기 ②

기억법 누고15

답 ②

74 비상조명등의 우수품질인증 기술기준에 따른 비상조명등의 일반구조에 대한 설명으로 틀린 것은?

20.06.문63
18.04.문61
16.10.문71
16.05.문65
14.05.문67
10.09.문64

① 축전지에 배선 등을 직접 납땜하지 아니하여야 한다.
② 사용전압은 60V 이하이어야 한다.
③ 설치하고자 하는 부분에 견고하게 설치할 수 있는 구조이어야 한다.
④ 수송 중 진동 또는 충격에 의하여 기능에 장해를 받지 아니하는 구조이어야 한다.

해설 ② 60V 이하 → 300V 이하

대상에 따른 전압

전압	대상
0.5V 이하	누전경보기 경계전로의 전압강하 기억법 05경전(공오경전)
0.6V 이하	완전방전
60V 이하	약전류회로
60V 초과	접지단자 설치
300V 이하	• 전원변압기의 1차 전압 • 유도등·비상조명등의 사용전압 보기 ② 기억법 변3(변상해.)
600V 이하	누전경보기의 경계전로전압 기억법 누6(누룩)

답 ②

75 자동화재탐지설비 및 시각경보장치의 화재안전기준에 따라 화학공장·격납고·제련소 등에 설치할 수 있는 감지기는? (단, 각 감지기의 공칭감시거리 및 공칭시야각 등 감지기의 성능을 고려한 것이다.)

① 광전식 분리형 감지기
② 열반도체식 차동식 분포형 감지기
③ 공기관식 차동식 분포형 감지기
④ 보상식 스포트형 감지기

해설 특수한 장소에 설치하는 감지기(NFPC 203 7조, NFTC 203 2.4.4)

장소	적응감지기
화학공장, 격납고, 제련소	• 광전식 분리형 감지기 보기 ① • 불꽃감지기
전산실, 반도체공장	• 광전식 공기흡입형 감지기

답 ①

76 자동화재속보설비의 속보기의 성능인증 및 제품검사의 기술기준에 따라 속보기의 정격전압이 몇 V를 넘고 금속제 외함을 사용하는 경우에는 외함에 접지단자를 설치하여야 하는가?

20.06.문65
18.04.문61
16.10.문71
16.05.문65
14.05.문67
10.09.문64

① 30 ② 60
③ 15 ④ 100

해설 대상에 따른 전압

전압	대상
0.5V 이하	누전경보기 경계전로의 전압강하 기억법 05경전(공오경전)
0.6V 이하	완전방전

60V 이하	약전류회로
60V 초과	접지단자 설치 보기 ②
300V 이하	• 전원**변**압기의 1차 전압 • 유도등·비상조명등의 사용전압 기억법 **변3**(변상해.)
600V 이하	**누**전경보기의 경계전로전압 기억법 누6(누룩)

답 ②

77
동축케이블 신호는 케이블을 따라 전파되면서 전송거리에 따라 신호가 약해지는데 이러한 손실에 대한 보상이 필요하다. 누설동축케이블은 중계기나 증폭기를 설치하는 대신 신호레벨이 낮은 곳에 결합손실이 작은 케이블을 접속하여 원하는 전송거리를 얻을 수 있는데 이러한 신호레벨을 평준화하는 것은?

① 그레이딩   ② 매칭
③ 특성임피던스 ④ 전계강도

해설 그레이딩(Grading)
(1) 케이블의 전송손실에 의한 **수신레벨**의 **저하폭**을 적게 하기 위하여 결합손실이 **다른** 누설동축케이블을 **단계적**으로 접속하는 것
(2) 동축케이블 신호는 케이블을 따라 전파되면서 전송거리에 따라 신호가 약해지는데 이러한 손실에 대한 보상이 필요하다. 누설동축케이블은 중계기나 증폭기를 설치하는 대신 신호레벨이 낮은 곳에 **결합손실**이 **작은 케이블**을 접속하여 원하는 전송거리를 얻을 수 있는데 이러한 신호레벨을 평준화하는 것 보기 ①

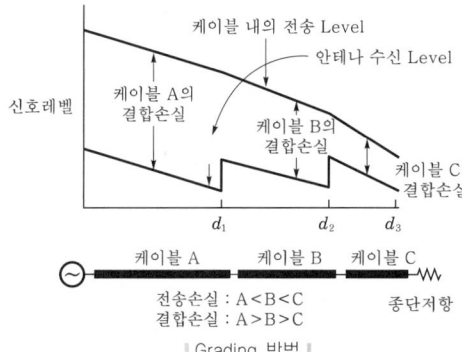

| Grading 방법 |

답 ①

78
비상콘센트설비의 화재안전기준에 따라 하나의 전용회로에 설치하는 비상콘센트는 몇 개 이하로 설치되어야 하는가?

① 20   ② 5
③ 15   ④ 10

해설 비상콘센트 전원회로의 설치기준(NFPC 504 4조, NFTC 504 2.1)

구 분	전 압	용 량	플러그접속기
단상 교류	**220**V	1.5kVA 이상	**접**지형 **2**극

기억법 단2(단위), 접2(접이식)

(1) 1전용회로에 설치하는 비상콘센트는 **10**개 이하로 할 것 보기 ④

기억법 10콘(시큰둥!)

(2) 풀박스는 **1.6**mm 이상의 **철**판을 사용할 것

기억법 16철콘

(3) 콘센트마다 배선용 차단기를 설치하여야 하며, 충전부는 노출되지 않도록 할 것
(4) 각 층에 있어서 2 이상이 되도록 설치하되, 설치하여야 할 층의 비상콘센트가 1개인 때에는 하나의 회로로 할 것
(5) 전원으로부터 각 층의 비상콘센트에 분기되는 경우에는 분기배선용 차단기를 보호함 안에 설치할 것
(6) 개폐기에는 "비상콘센트"라고 표시한 표지를 할 것

답 ④

79
비상방송설비의 화재안전기준에 따른 비상방송설비의 상용전원 시설기준에 적합한 것은?

① 전원은 전기가 정상적으로 공급되는 전기저장장치(외부 전기에너지를 저장해 두었다가 필요한 때 전기를 공급하는 장치)로 하고 전원까지의 배선은 전용으로 한다.
② 전원은 전기가 정상적으로 공급되는 교류전압의 옥외 간선으로 하고, 전원까지의 배선은 전용으로 한다.
③ 전원은 정상적으로 공급되는 축전지설비로 하고 전원까지의 배선은 겸용으로 한다.
④ 개폐기에는 "전용설비용"이라고 표시한 표지를 한다.

해설 ② 옥외 간선 → 옥내 간선
③ 겸용 → 전용
④ 전용설비용 → 비상방송설비용

비상방송설비의 상용전원 설치기준(NFPC 202 6조, NFTC 202 2.3.1)
(1) 전원은 전기가 정상적으로 공급되는 **축전지설비, 전기저장장치**(외부 전기에너지를 저장해 두었다가 필요한 때 전기를 공급하는 장치) 또는 **교류전압**의 **옥내 간선**으로 하고, 전원까지의 배선은 **전용**으로 할 것 보기 ①②③
(2) 개폐기에는 "**비상방송설비용**"이라고 표시한 표지를 할 것 보기 ④

답 ①

80 비상경보설비 및 단독경보형감지기의 화재안전기준에 따른 비상벨설비 또는 자동식 사이렌설비의 시설기준으로 틀린 것은?

① 음향장치의 음량은 부착된 음향장치의 중심으로부터 1m 떨어진 위치에서 90dB 이상이 되는 것으로 하여야 한다.
② 음향장치는 정격전압의 80% 전압에서 음향을 발할 수 있도록 하여야 한다.
③ 발신기의 위치표시등은 함의 상부에 설치하되, 그 불빛은 부착면으로부터 10° 이상의 범위 안에서 부착지점으로부터 15m 이내의 어느 곳에서도 쉽게 식별할 수 있는 적색등으로 하여야 한다.
④ 발신기는 조작이 쉬운 장소에 설치하고, 조작스위치는 바닥으로부터 0.8m 이상 1.5m 이하의 높이에 설치하여야 한다.

해설 ③ 10° 이상 → 15° 이상, 15m 이내 → 10m 이내

표시등	vs	발신기표시등
① 옥내소화전설비의 표시등 (NFPC 102 7조 ③항, NFTC 102 2.4.3) ② 옥외소화전설비의 표시등 (NFPC 109 7조 ④항, NFTC 109 2.4.4) ③ 연결송수관설비의 표시등 (NFPC 502 6조, NFTC 502 2.3.1.6.1)		① 자동화재탐지설비의 발신기표시등(NFPC 203 9조 ②항, NFTC 203 2.6) ② 스프링클러설비의 화재감지기회로의 발신기표시등(NFPC 103 9조 ③항, NFTC 103 2.6.3.5.3) ③ 미분무소화설비의 화재감지기회로의 발신기표시등(NFPC 104A 12조 ①항, NFTC 104A 2.9.1.8.3) ④ 포소화설비의 화재감지기회로의 발신기표시등(NFPC 105 11조 ②항, NFTC 105 2.8.2.2.2) ⑤ 비상경보설비의 화재감지기회로의 발신기표시등(NFPC 201 4조 ⑤항, NFTC 201 2.1.5.3)
부착면과 15° 이하의 각도로도 발산되어야 하며 주위의 밝기가 0lx인 장소에서 측정하여 10m 떨어진 위치에서 켜진 등이 확실히 식별될 것		부착면으로부터 15° 이상의 범위 안에서 10m 거리에서 식별 보기 ③

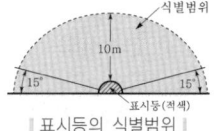

| 표시등의 식별범위 | 발신기표시등의 식별범위 |

• 15° 이하와 15° 이상을 확실히 구분해야 한다.

답 ③

CBT기출복원문제
2021년
소방설비산업기사 필기(전기분야)

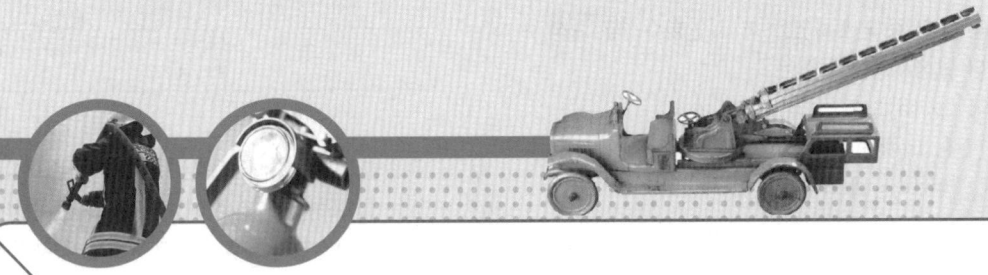

- 2021. 3. 2 시행 ·········· 21-2
- 2021. 5. 9 시행 ·········· 21-26
- 2021. 9. 5 시행 ·········· 21-51

** 수험자 유의사항 **

1. 문제지를 받는 즉시 **본인**이 **응시한 종목**이 맞는지 확인하시기 바랍니다.
2. 문제지 표지에 본인의 **수험번호**와 **성명**을 기재하여야 합니다.
3. 문제지의 **총면수, 문제번호 일련순서, 인쇄상태, 중복 및 누락 페이지 유무**를 확인하시기 바랍니다.
4. 답안은 각 문제마다 요구하는 가장 적합하거나 가까운 답 1개만을 선택하여야 합니다.
5. 답안카드는 뒷면의「수험자 유의사항」에 따라 작성하시고, 답안카드 작성 시 형별누락, 마킹착오로 인한 불이익은 전적으로 수험자에게 책임이 있음을 알려드립니다.
6. 문제지는 시험 종료 후 본인이 가져갈 수 있습니다.

** 안내사항 **

- 가답안/최종정답은 큐넷(www.q-net.or.kr)에서 확인하실 수 있습니다. 가답안에 대한 의견은 큐넷의 [가답안 의견 제시]를 통해 제시할 수 있으며, 확정된 답안은 최종정답으로 갈음합니다.
- 공단에서 제공하는 자격검정서비스에 대해 개선할 점이 있으시면 고객참여(http://hrdkorea.or.kr/7/1/1)를 통해 건의하여 주시기 바랍니다.

2021. 3. 2 시행

2021년 산업기사 제1회 필기시험 CBT 기출복원문제

자격종목	종목코드	시험시간	형별	수험번호	성명
소방설비산업기사(전기분야)		2시간			

※ 각 문항은 4지택일형으로 질문에 가장 적합한 보기 항을 선택하여 체크하여야 합니다.

제1과목 소방원론

01 다음 물질 중 연소하였을 때 시안화수소를 가장 많이 발생시키는 물질은?
20.06.문16
① Polyethylene
② Polyurethane
③ Polyvinyl chloride
④ Polystyrene

해설 연소시 **시안화수소**(HCN) 발생물질
(1) 요소
(2) 멜라민
(3) 아닐린
(4) Polyurethane(**폴리우레탄**) 보기 ②

기억법 시폴우

답 ②

02 감광계수에 따른 가시거리 및 상황에 대한 설명으로 틀린 것은?
17.05.문10
01.06.문17
① 감광계수 $0.1m^{-1}$는 연기감지기가 작동할 정도의 연기농도이고, 가시거리는 20~30m이다.
② 감광계수 $0.5m^{-1}$는 거의 앞이 보이지 않을 정도의 농도이고, 가시거리는 1·2m이다.
③ 감광계수 $10m^{-1}$는 화재 최성기 때의 연기농도를 나타낸다.
④ 감광계수 $30m^{-1}$는 출화실에서 연기가 분출할 때의 농도이다.

해설 ② $0.5m^{-1}$ → $1m^{-1}$

감광계수에 따른 **가시거리** 및 **상황**

감광계수 $[m^{-1}]$	가시거리 $[m]$	상황
0.1	20~30	연기감지기가 작동할 때의 농도 보기 ①
0.3	5	건물 내부에 익숙한 사람이 피난에 지장을 느낄 정도의 농도
0.5	3	어두운 것을 느낄 정도의 농도
1	1~2	거의 앞이 보이지 않을 정도의 농도 보기 ②
10	0.2~0.5	화재 최성기 때의 농도 보기 ③
30	–	출화실에서 연기가 분출할 때의 농도 보기 ④

답 ②

03 기름탱크에서 화재가 발생하였을 때 탱크 하부에 있는 물 또는 물-기름 에멀션이 뜨거운 열유층에 의해서 가열되어 유류가 탱크 밖으로 갑자기 분출하는 현상은?
18.03.문03
12.03.문08
11.06.문20
10.03.문14
09.08.문04
04.09.문05
① 리프트(lift)
② 백파이어(backfire)
③ 플래시오버(flashover)
④ 보일오버(boil over)

해설 **보일오버**(boil over)
(1) **중질유**의 탱크에서 장시간 조용히 연소하다 탱크 내의 잔존기름이 갑자기 분출하는 현상
(2) 유류탱크에서 탱크바닥에 물과 기름의 **에멀션**이 섞여 있을 때 이로 인하여 화재가 발생하는 현상 보기 ④
(3) 연소유면으로부터 100℃ 이상의 열파가 탱크 저부에 고여 있는 물을 비등하게 하면서 연소유를 탱크 밖으로 비산시키며 연소하는 현상

용어

구 분	설 명
리프트 (lift)	버너 내압이 높아져서 **분출속도**가 **빨라지는** 현상
백파이어 (backfire, 역화)	가스가 노즐에서 나가는 속도가 연소속도보다 느리게 되어 **버너 내부에서 연소**하게 되는 현상
플래시오버 (flashover)	화재로 인하여 실내의 온도가 급격히 상승하여 화재가 **순간적**으로 **실내 전체**에 **확산**되어 연소되는 현상

답 ④

04. 15℃의 물 1g을 1℃ 상승시키는 데 필요한 열량은 몇 cal인가?

① 1
② 15
③ 1000
④ 15000

해설
- 15℃ 물 → 16℃ 물로 변화
- 15℃를 1℃ 상승시키므로 16℃가 됨

열량

$$Q = r_1 m + mC\Delta T + r_2 m$$

여기서, Q : 열량[cal]
r_1 : 융해열[cal/g]
r_2 : 기화열[cal/g]
m : 질량[g]
C : 비열[cal/g·℃]
ΔT : 온도차[℃]

(1) 기호
- m : 1g
- C : 1cal/g·℃
- ΔT : (16-15)℃

(2) 15℃ 물 → 16℃ 물(1℃ 상승시키므로)
열량 $Q = mC\Delta T$
$= 1g \times 1cal/g \cdot ℃ \times (16-15)℃$
$= 1cal$

- '융해열'과 '기화열'은 없으므로 이 문제에서는 $r_1 m$, $r_2 m$ 식은 제외

중요
비열(specific heat)

단위	정의
1cal	1g의 물체를 1℃만큼 온도 상승시키는 데 필요한 열량
1BTU	1lb의 물체를 1℉만큼 온도 상승시키는 데 필요한 열량
1chu	1lb의 물체를 1℃만큼 온도 상승시키는 데 필요한 열량

답 ①

05. 열에너지원 중 화학적 열에너지가 아닌 것은?

① 분해열
② 용해열
③ 유도열
④ 생성열

해설
③ 전기적 열에너지

열에너지원의 종류

기계열 (기계적 열에너지)	전기열 (전기적 열에너지)	화학열 (화학적 열에너지)
• **압**축열 • **마**찰열 • **마**찰스파크(스파크열)	• 유도열 • 유전열 • 저항열 • 아크열 • 정전기열 • 낙뢰에 의한 열	• **연**소열 • **용**해열 • **분**해열 • **생**성열 • **자**연발화열
기억법 기압마		기억법 화연용분생자

- 기계열 = 기계적 점화원 = 기계적 열에너지
- 전기열 = 전기적 점화원 = 전기적 열에너지
- 화학열 = 화학적 점화원 = 화학적 열에너지

답 ③

06. 다음 중 착화점이 가장 낮은 물질은?

① 등유
② 아세톤
③ 경유
④ 톨루엔

해설
① 210℃ ② 538℃
③ 200℃ ④ 480℃

물질	인화점	착화점
• 프로필렌	-107℃	497℃
• 에틸에터 • 다이에틸에터	-45℃	180℃
• 가솔린(휘발유)	-43℃	300℃
• 산화프로필렌	-37℃	465℃
• 이황화탄소	-30℃	100℃
• 아세틸렌	-18℃	335℃
• 아세톤 보기 ②	-18℃	538℃
• 벤젠	-11℃	562℃
• 톨루엔 보기 ④	4.4℃	480℃
• 메틸알코올	11℃	464℃
• 에틸알코올	13℃	423℃
• 아세트산	40℃	-
• 등유 보기 ①	43~72℃	210℃
• 경유 보기 ③	50~70℃	200℃
• 적린	-	260℃

기억법 인산 이메등경

- 착화점 = 발화점 = 착화온도 = 발화온도
- 인화점 = 인화온도

답 ③

07. 이산화탄소소화기가 갖는 주된 소화효과는?

① 유화소화
② 질식소화
③ 제거소화
④ 부촉매소화

해설 주된 소화효과

할론 1301	이산화탄소
억제소화	질식소화 보기 ②

중요

주된 소화효과

소화약제	주된 소화효과
• 할론	**억**제소화(화학소화, 부촉매효과)
• 포 • **이**산탄소	**질**식소화
• 물	냉각소화

기억법 할억이질

답 ②

08. Halon 1301의 화학식에 포함되지 않는 원소는?

① C
② Cl
③ F
④ Br

해설 ② Halon 1301 : Cl의 개수는 0이므로 포함되지 않음

할론소화약제

종류	약칭	분자식
Halon 1011	CB	CH_2ClBr
Halon 104	CTC	CCl_4
Halon 1211	BCF	$CF_2ClBr(CBrClF_2)$
Halon 1301	BTM	$CF_3Br(CBrF_3)$
Halon 2402	FB	$C_2F_4Br_2(C_2Br_2F_4)$

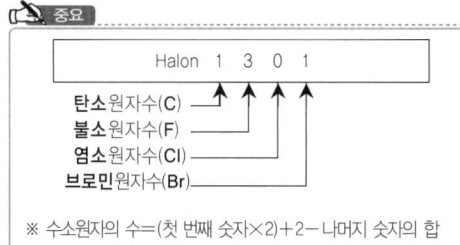

※ 수소원자의 수 = (첫 번째 숫자×2)+2− 나머지 숫자의 합

답 ②

09. 건축물 내부 화재시 연기의 평균 수직이동속도는 약 몇 m/s인가?

① 0.01~0.05
② 0.5~1
③ 2~3
④ 20~30

해설 연기의 이동속도

방향 또는 장소	이동속도
수평방향(수평이동속도)	0.5~1m/s
수직방향(수직이동속도)	2~3m/s 보기 ③
계단실 내의 수직이동속도	3~5m/s

기억법 3계5(**삼계**탕 드시러 **오**세요.)

답 ③

10. 건축법상 건축물의 주요 구조부에 해당되지 않는 것은?

① 지붕틀
② 내력벽
③ 주계단
④ 최하층 바닥

해설 주요 구조부
(1) 내력**벽**
(2) **보**(작은 보 제외)
(3) **지**붕틀(차양 제외)
(4) **바**닥(최하층 바닥 제외) 보기 ④
(5) **주**계단(옥외계단 제외)
(6) **기**둥(사이기둥 제외)

※ **주요 구조부** : 건물의 구조 내력상 주요한 부분

기억법 벽보지 바주기

답 ④

11. 물과 반응하여 가연성인 아세틸렌가스를 발생하는 것은?

① 나트륨
② 아세톤
③ 마그네슘
④ 탄화칼슘

해설 (1) 탄화칼슘과 물의 반응식
$$CaC_2 + 2H_2O \rightarrow Ca(OH)_2 + C_2H_2 \uparrow \text{ 보기 ④}$$
탄화칼슘   물   수산화칼슘   아세틸렌

(2) 탄화알루미늄과 물의 반응식
$$Al_4C_3 + 12H_2O \rightarrow 4Al(OH)_3 + 3CH_4 \uparrow$$
탄화알루미늄   물   수산화알루미늄   메탄

(3) 인화칼슘과 물의 반응식
$$Ca_3P_2 + 6H_2O \rightarrow 3Ca(OH)_2 + 2PH_3 \uparrow$$
인화칼슘   물   수산화칼슘   포스핀

(4) 수소화리튬과 물의 반응식
$$LiH + H_2O \rightarrow LiOH + H_2$$
수소화리튬   물   수산화리튬   수소

답 ④

12. Halon 1211의 화학식으로 옳은 것은?

① CF_2BrCl
② $CFBrCl_2$
③ $C_2F_2Br_2$
④ CH_2BrCl

해설

종류	약칭	분자식
Halon 1011	CB	CH_2ClBr
Halon 104	CTC	CCl_4
Halon 1211	BCF	$CF_2ClBr(CBrClF_2, CF_2BrCl)$
Halon 1301	BTM	$CF_3Br(CBrF_3)$
Halon 2402	FB	$C_2F_4Br_2(C_2Br_2F_4)$

답 ①

13. 장기간 방치하면 습기, 고온 등에 의해 분해가 촉진되고 분해열이 축적되면 자연발화 위험성이 있는 것은?

① 셀룰로이드
② 질산나트륨
③ 과망가니즈산칼륨
④ 과염소산

해설 자연발화의 형태

자연발화형태	종 류
분해열	• **셀**룰로이드 보기 ① • **나**이트로셀룰로오스 [기억법] 분셀나
산화열	• 건성유(정어리유, 아마인유, 해바라기유) • 석탄 • 원면 • 고무분말
발효열	• **퇴**비 • **먼**지 • **곡**물 [기억법] 발퇴먼곡
흡착열	• **목**탄 • **활**성탄 [기억법] 흡목탄활

답 ①

14. 햇빛에 방치한 기름걸레가 자연발화를 일으켰다. 다음 중 이때의 원인에 가장 가까운 것은?

① 광합성 작용
② 산화열 축적
③ 흡열반응
④ 단열압축

해설 산화열

산화열이 축적되는 경우	산화열이 축적되지 않는 경우
햇빛에 방치한 기름걸레는 **산화열**이 **축적**되어 자연발화를 일으킬 수 있다. 보기 ②	기름걸레를 빨랫줄에 걸어 놓으면 산화열이 축적되지 않아 자연발화는 일어나지 않는다.

답 ②

15. 어떤 기체의 확산속도가 이산화탄소의 2배였다면 그 기체의 분자량은 얼마로 예상할 수 있는가?

① 11
② 22
③ 44
④ 88

해설 그레이엄의 법칙

$$\frac{V_B}{V_A} = \sqrt{\frac{M_A}{M_B}} = \sqrt{\frac{d_B}{d_A}}$$

여기서, $V_A \cdot V_B$: 확산속도[m/s]
$M_A \cdot M_B$: 분자량[kg/kmol]
$d_A \cdot d_B$: 밀도[kg/m³]

변형식 $V = \sqrt{\dfrac{1}{M}}$

원자량

원 소	원자량
H	1
C	12
N	14
O	16

이산화탄소의 분자량(CO_2) = 12 + 16×2 = 44
이산화탄소(CO_2)의 확산속도 V는

$$V = \sqrt{\frac{1}{M}} = \sqrt{\frac{1}{44}} ≒ 0.15$$

확산속도가 이산화탄소의 2배가 되는 기체의 분자량 V'는

$$V' = \sqrt{\frac{1}{M'}}$$

$$2V = \sqrt{\frac{1}{M'}}$$

$$2 \times 0.15 = \sqrt{\frac{1}{M'}}$$

$$0.3 = \sqrt{\frac{1}{M'}}$$

$$0.3^2 = \left(\sqrt{\frac{1}{M'}}\right)^2$$

$$0.09 = \frac{1}{M'}$$

$$M' = \frac{1}{0.09} ≒ 11$$

※ **그레이엄**의 **법칙**(Graham's law) : 일정온도, 일정압력에서 기체의 확산속도는 **밀도**의 **제곱근**에 반비례한다.

답 ①

16. 15℃의 물 10kg이 100℃의 수증기가 되기 위해서는 약 몇 kcal의 열량이 필요한가?

① 850
② 1650
③ 5390
④ 6240

해설
열량

$$Q = rm + mC\Delta T$$

여기서, Q : 열량[kcal]
r : 융해열 또는 기화열[kcal/kg]
m : 질량[kg]
C : 비열[kcal/kg·℃]
ΔT : 온도차[℃]

(1) 기호
- m : 10kg
- C : 1kcal/kg·℃
- r : 기화열 539kcal/kg
- Q : ?

(2) 15℃ 물 → 100℃ 물
열량 Q_1 는
$Q_1 = mC\Delta T = 10\text{kg} \times 1\text{kcal/kg}\cdot℃ \times (100-15)℃$
$= 850\text{kcal}$

(3) 100℃ 물 → 100℃ 수증기
열량 Q_2 는
$Q_2 = rm = 539\text{kcal/kg} \times 10\text{kg} = \mathbf{5390\text{kcal}}$

(4) 전체 열량 Q 는
$Q = Q_1 + Q_2 = (850+5390)\text{kcal} = \mathbf{6240\text{kcal}}$

답 ④

17. 다음 중 인화점이 가장 낮은 물질은?

① 등유
② 아세톤
③ 경유
④ 아세트산

해설

① 43~72℃ ② -18℃
③ 50~70℃ ④ 40℃

물 질	인화점	착화점
프로필렌	-107℃	497℃
에틸에터 다이에틸에터	-45℃	180℃
가솔린(휘발유)	-43℃	300℃
산화프로필렌	-37℃	465℃
이황화탄소	-30℃	100℃
아세틸렌	-18℃	335℃
아세톤 보기②	-18℃	538℃
벤젠	-11℃	562℃
톨루엔	4.4℃	480℃
메틸알코올	11℃	464℃
에틸알코올	13℃	423℃
아세트산 보기④	40℃	-
등유 보기①	43~72℃	210℃
경유 보기③	50~70℃	200℃
적린	-	260℃

기억법 인산 이메등경

- 착화점=발화점=착화온도=발화온도
- 인화점=인화온도

답 ②

18. 제1종 분말소화약제의 주성분은?

① 탄산수소나트륨 ② 탄산수소칼슘
③ 요소 ④ 황산알루미늄

해설
분말소화약제

종 별	분자식	착 색	적응 화재	비 고
제1종	중탄산나트륨 (NaHCO₃) 보기 ①	백색	BC급	**식용유** 및 **지방질유**의 화재에 적합
제2종	중탄산칼륨 (KHCO₃)	담자색 (담회색)	BC급	-
제3종	제1인산암모늄 (NH₄H₂PO₄)	담홍색	ABC급	**차고·주차장**에 적합
제4종	중탄산칼륨 +요소 (KHCO₃+ (NH₂)₂CO)	회(백)색	BC급	-

- 중탄산나트륨=탄산수소나트륨 보기①
- 중탄산칼륨=탄산수소칼륨
- 제1인산암모늄=인산암모늄=인산염
- 중탄산칼륨+요소=탄산수소칼륨+요소

답 ①

19. 경유화재시 주수(물)에 의한 소화가 부적당한 이유는?

① 물보다 비중이 가벼워 물 위에 떠서 화재 확대의 우려가 있으므로
② 물과 반응하여 유독가스를 발생하므로
③ 경유의 연소열로 산소가 방출되어 연소를 돕기 때문에
④ 경유가 연소할 때 수소가스가 발생하여 연소를 돕기 때문에

해설 경유화재시 주수소화가 부적당한 이유
물보다 비중이 가벼워 물 위에 떠서 화재 확대의 우려가 있기 때문이다. 보기 ①

중요

주수소화(물소화)시 위험한 물질

위험물	발생물질
• 무기과산화물	**산소**(O_2) 발생
• 금속분 • 마그네슘 • 알루미늄 • 칼륨 • 나트륨 • 수소화리튬	**수소**(H_2) 발생
• 가연성 액체의 유류화재(경유)	**연소면**(화재면) 확대

답 ①

20 복사에 관한 Stefan-Boltzmann의 법칙에서 흑체의 단위표면적에서 단위시간에 내는 에너지의 총량은 절대온도의 얼마에 비례하는가?

① 제곱근 ② 제곱
③ 3제곱 ④ 4제곱

해설 스테판-볼츠만의 법칙
복사체에서 발산되는 복사열은 복사체의 절대온도의 **4제곱**에 비례한다.

답 ④

제2과목 소방전기일반

21 그림과 같은 블록선도에서 $C(s)$는?

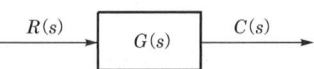

① $\dfrac{R(s)}{G(s)}$ ② $\dfrac{G(s)}{R(s)}$
③ $G(s)$ ④ $G(s)R(s)$

해설 블록선도

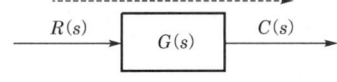

$C(s) = G(s)R(s)$

용어

블록선도
제어계에서 **신호전송상태**를 나타내는 계통도

답 ④

22 다음 그림과 같은 유접점회로의 논리식은?

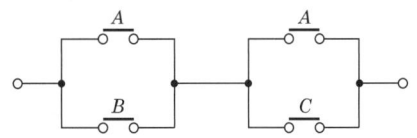

① $A+BC$ ② $B+AC$
③ $AB+B$ ④ $AB+BC$

해설
$(A+B) \cdot (A+C) = \underbrace{AA}_{X \cdot X = X} + AC + AB + BC$
$= A + AC + AB + BC$
$= A(\underbrace{1+C+B}_{X+1=1}) + BC$
$= \underbrace{A \cdot 1}_{X \cdot 1 = X} + BC$
$= A + BC$

※ 논리식 산정시 **직렬**은 "·또는 생략", **병렬**은 "+"로 표시하는 것을 기억하라.

중요

(1) 불대수의 정리

논리합	논리곱	비고
$X+0=X$	$X \cdot 0 = 0$	-
$X+1=1$	$X \cdot 1 = X$	-
$X+X=X$	$X \cdot X = X$	-
$X+\overline{X}=1$	$X \cdot \overline{X}=0$	-
$X+Y=Y+X$	$X \cdot Y = Y \cdot X$	교환법칙
$X+(Y+Z)$ $=(X+Y)+Z$	$X(YZ)=(XY)Z$	결합법칙
$X(Y+Z)$ $=XY+XZ$	$(X+Y)(Z+W)$ $=XZ+XW+YZ+YW$	분배법칙
$X+XY=X$	$\overline{X}+XY=\overline{X}+Y$ $X+\overline{X}Y=X+Y$ $X+\overline{X}\,\overline{Y}=X+\overline{Y}$	흡수법칙
$\overline{(X+Y)}$ $=\overline{X} \cdot \overline{Y}$	$(\overline{X \cdot Y})=\overline{X}+\overline{Y}$	드모르간의정리

(2) 무접점 논리회로

시퀀스	논리식	논리회로
직렬 회로	$Z=A \cdot B$ $Z=AB$	AND gate
병렬 회로	$Z=A+B$	OR gate

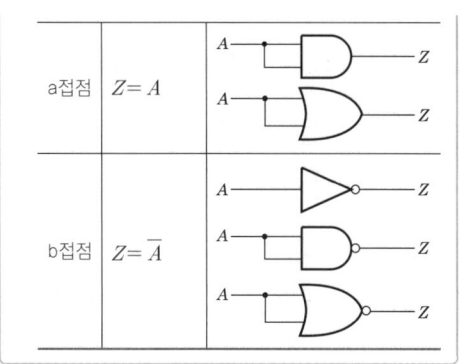

$R = \dfrac{2 \times 3}{2+3} + 0.8 = 2\Omega$

용어
테브난의 **정리**(테브낭의 정리)
2개의 독립된 회로망을 접속하였을 때의 전압·전류 및 임피던스의 관계를 나타내는 정리

답 ③

답 ①

23 테브난의 정리를 이용하여 그림 (a)의 회로를 그림 (b)와 같은 등가회로로 만들고자 할 때 $E[V]$와 $R[\Omega]$은?
19.03.문23

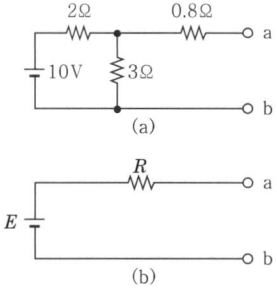

① 5, 2　　② 5, 3
③ 6, 2　　④ 6, 3

해설 테브난의 정리에 의해 0.8Ω에는 전압이 가해지지 않으므로

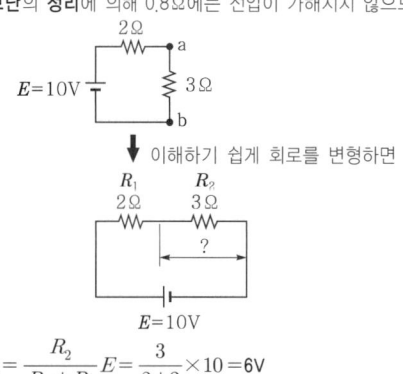

$E_{ab} = \dfrac{R_2}{R_1 + R_2}E = \dfrac{3}{2+3} \times 10 = 6V$

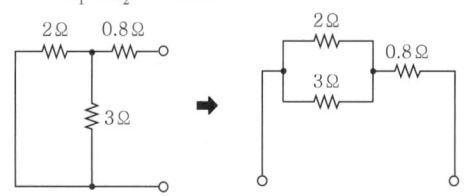

전압원을 **단락**하고 회로망에서 본 저항 R은

24 그림과 같은 브리지 회로의 평형 조건은? (단, 전원 주파수는 일정하다.)
20.06.문38
18.09.문39
16.03.문24
13.06.문23

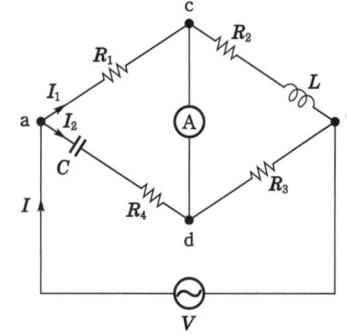

① $R_1R_3 + R_2R_4 = \dfrac{L}{C}$, $\dfrac{R_4}{R_2} = \dfrac{L}{C}$

② $R_1R_3 + R_2R_4 = \dfrac{L}{C}$, $\dfrac{R_4}{R_2} = \dfrac{1}{\omega^2 LC}$

③ $R_1R_3 - R_2R_4 = \dfrac{L}{C}$, $\dfrac{R_4}{R_2} = \dfrac{L}{C}$

④ $R_1R_3 - R_2R_4 = \dfrac{L}{C}$, $\dfrac{R_4}{R_2} = \dfrac{1}{\omega^2 LC}$

해설 $Z_1 = R_1$

$Z_2 = R_4 + \dfrac{1}{j\omega C} = \dfrac{j\omega CR_4}{j\omega C} + \dfrac{1}{j\omega C} = \dfrac{j\omega CR_4 + 1}{j\omega C}$

$Z_3 = R_2 + j\omega L$

$Z_4 = R_3$

$\boxed{Z_1 Z_4 = Z_2 Z_3}$

$R_1 R_3 = \left(\dfrac{j\omega CR_4 + 1}{j\omega C}\right) \times (R_2 + j\omega L)$

$R_1 R_3 = \dfrac{j\omega CR_2 R_4 + R_2 + j\omega L + (j \times j)\omega^2 LCR_4}{j\omega C}$

(여기서, $j \times j = -1$)

$R_1 R_3 = \dfrac{j\omega CR_2 R_4 + R_2 + j\omega L - \omega^2 LCR_4}{j\omega C}$

$R_1 R_3 = \dfrac{j\omega CR_2 R_4}{j\omega C} + \dfrac{R_2}{j\omega C} + \dfrac{j\omega L}{j\omega C} - \dfrac{\omega^2 LCR_4}{j\omega C}$

(1) $R_1R_3 = \dfrac{j\omega CR_2R_4}{j\omega C} + \dfrac{j\omega L}{j\omega C}$ 만 고려하면

$R_1R_3 - \dfrac{j\omega CR_2R_4}{j\omega C} = \dfrac{j\omega L}{j\omega C}$

$\boxed{R_1R_3 - R_2R_4 = \dfrac{L}{C}}$

(2) $\dfrac{R_2}{j\omega C} - \dfrac{\omega^2 LCR_4}{j\omega C} = 0$ 만 고려하면

$\dfrac{\omega^2 LCR_4}{j\omega C} = \dfrac{R_2}{j\omega C}$

$\dfrac{\omega^2 LCR_4}{R_2} = 1$

$\boxed{\dfrac{R_4}{R_2} = \dfrac{1}{\omega^2 LC}}$

답 ④

25 전원전압을 일정전압으로 유지하기 위하여 사용되는 다이오드는?

① 발광다이오드
② 제너다이오드
③ 바랙터다이오드
④ 터널다이오드

해설 다이오드의 종류

종류	심벌	설명
정류 다이오드	▶⊢	• **교류**를 **직류**로 변환할 때 이용
스위칭 다이오드	—	• 고속 ON/OFF 특성을 스위칭에 이용
제너 다이오드 (정전압 다이오드)	▶⊦	• **정전압** 특성을 전압 안정화에 이용 • **출력전압**을 일정하게 유지(전원전압을 일정하게 유지) 보기 ② 기억법 일제압
가변용량 다이오드 (바랙터 다이오드)	▶⊣⊢	• **가변용량** 특성을 FM 변조 AFC 동조에 이용
터널 다이오드	▶⊩	• 음저항 특성을 마이크로파 발진에 이용
발광 다이오드	▶⊢	• 발광 특성을 응용하여 광센서에 이용

답 ②

26 교류를 직류로 변환시켜주는 장치는?

① 인버터
② 컨버터
③ 축전지
④ 콘덴서(축전기)

해설 인버터 vs 컨버터

인버터	컨버터
직류를 교류로 변환	교류를 직류로 변환 보기 ②

비교

축전지 vs 콘덴서

축전지	콘덴서(축전기, 커패시터)
화학작용을 이용하여 **직류전압을 발생**시키는 것	① 직류전압을 가하면 각 전극에 **전기**(전하)를 **축적**하는 역할 ② 교류에서는 직류를 차단하고 **교류성분을 통과**시키는 성질

답 ②

27 직류 출력전압이 무부하일 때 350V, 전부하시 300V인 경우 전압변동률은 약 몇 %인가?

① 10 ② 14
③ 17 ④ 77

해설 (1) 기호
• V_{Ro} : 350V
• V_R : 300V
• δ : ?

(2) 전압변동률

$$\delta = \dfrac{V_{Ro} - V_R}{V_R} \times 100\%$$

여기서, δ : 전압변동률[%]
V_{Ro} : 무부하시 단자전압[V]
V_R : (전)부하시 단자전압[V]

전압변동률 δ는

$\delta = \dfrac{V_{Ro} - V_R}{V_R} \times 100 = \dfrac{350 - 300}{300} \times 100 ≒ 17\%$

• δ : '델타'라고 읽음

비교

전압강하율

$$\varepsilon = \dfrac{V_S - V_R}{V_R} \times 100\%$$

여기서, ε : 전압강하율[%](읽는 법 : ε=입실론)
V_S : 입력전압[V]
V_R : 출력전압[V]

답 ③

28 공기 중의 한 점에 양의 점전하 4nC이 놓여 있다. 이 점으로부터 3m 떨어진 곳의 전기장의 세기는 몇 V/m인가?

① 4 ② 8
③ 12 ④ 16

해설 (1) 기호
- ε_s : 1(공기 중이므로)
- Q : $4nC = 4 \times 10^{-9}C (1nC = 10^{-9}C)$
- r : 3m
- E : ?

(2) 전계의 세기(intensity of electric field)

$$E = \frac{Q}{4\pi\varepsilon r^2} \text{ [V/m]}$$

여기서, E : 전계의 세기[V/m]
Q : 전하[C]
ε : 유전율[F/m]($\varepsilon = \varepsilon_0 \cdot \varepsilon_s$)
r : 거리[m]

전계의 세기(전장의 세기) E 는

$$E = \frac{Q}{4\pi\varepsilon r^2} = \frac{Q}{4\pi\varepsilon_0\varepsilon_s r^2}$$
$$= \frac{4 \times 10^{-9}}{4\pi \times (8.855 \times 10^{-12}) \times 1 \times 3^2} \fallingdotseq 4\text{V/m}$$

- 진공의 유전율 : $\varepsilon_0 = 8.855 \times 10^{-12}$ [F/m]

중요 단위환산

명칭	기호	크기
피코(pico)	p	10^{-12}
나노(nano)	n	10^{-9}
마이크로(micro)	μ	10^{-6}
메가(mega)	M	10^{6}

답 ①

29 맥동률이 가장 적은 정류방식은?

① 단상 반파식
② 단상 전파식
③ 3상 반파식
④ 3상 전파식

해설 맥동주파수가 높을수록 맥동률이 적어진다.
※ 3상 전파정류는 맥동률이 가장 적다.

참고 맥동주파수(60Hz일 때)

정류방식	맥동주파수
단상 반파정류	60Hz(f_0)
단상 전파정류	120Hz($2f_0$)
3상 반파정류	180Hz($3f_0$)
3상 전파정류 보기 ④	360Hz($6f_0$)

답 ④

30 $3\mu F$의 커패시터를 4kV로 충전하였을 때 커패시터에 저장된 에너지는 몇 J인가?

① 4
② 8
③ 16
④ 24

해설 (1) 기호
- C : $3\mu F = 3 \times 10^{-6}F (1\mu F = 10^{-6}F)$
- V : $4kV = 4000V (1kV = 1000V)$
- W : ?

(2) 정전에너지

$$W = \frac{1}{2}QV = \frac{1}{2}CV^2 = \frac{Q^2}{2C}$$

여기서, W : 정전에너지[J]
Q : 전하[C]
V : 전압[V]
C : 정전용량[F]

정전에너지 W 는

$$W = \frac{1}{2}CV^2 = \frac{1}{2} \times (3 \times 10^{-6}) \times 4000^2 \fallingdotseq 24\text{J}$$

답 ④

31 적분시간이 5초이고, 비례감도가 2인 PI제어기의 전달함수는?

① $\dfrac{10s+2}{5s}$
② $\dfrac{10s-2}{5s}$
③ $1 + \dfrac{1}{2s}$
④ $1 - \dfrac{1}{2s}$

해설 비례적분(PI)제어 전달함수

$$G(s) = k\left(1 + \frac{1}{Ts}\right)$$

여기서, $G(s)$: 비례적분(PI)제어 전달함수
k : 비례감도
T : 적분시간[s]

PI제어 전달함수 $G(s)$ 는

$$G(s) = k\left(1 + \frac{1}{Ts}\right)$$
$$= 2\left(1 + \frac{1}{5s}\right)$$
$$= 2\left(\frac{5s}{5s} + \frac{1}{5s}\right)$$
$$= 2\left(\frac{5s+1}{5s}\right)$$
$$= \frac{10s+2}{5s}$$

답 ①

32. 논리식 $(X + \overline{X+Y})$를 간단히 정리한 것은?

① $\overline{X}$
② $X + \overline{Y}$
③ X
④ $\overline{X} + Y$

해설
$(X + \overline{X+Y}) = X + \overline{X} \cdot \overline{Y}$
$= X + \overline{Y}$ ← 흡수법칙

불대수의 정리

논리합	논리곱	비 고
$X+0=X$	$X \cdot 0 = 0$	-
$X+1=1$	$X \cdot 1 = X$	-
$X+X=X$	$X \cdot X = X$	-
$X+\overline{X}=1$	$X \cdot \overline{X}=0$	-
$X+Y=Y+X$	$X \cdot Y = Y \cdot X$	교환법칙
$X+(Y+Z)$ $=(X+Y)+Z$	$X(YZ)=(XY)Z$	결합법칙
$X(Y+Z)$ $=XY+XZ$	$(X+Y)(Z+W)$ $=XZ+XW+YZ+YW$	분배법칙
$X+XY=X$	$\overline{X}+XY=\overline{X}+Y$ $X+\overline{X}Y=X+Y$ $X+\overline{X}\,\overline{Y}=X+\overline{Y}$	흡수법칙
$\overline{(X+Y)}$ $=\overline{X} \cdot \overline{Y}$	$\overline{(X \cdot Y)} = \overline{X}+\overline{Y}$	드모르간의 정리

답 ②

33. 유량, 압력, 액위, 농도 등의 공업 프로세스의 상태량을 제어량으로 하는 제어는?

① 프로그램제어
② 프로세스제어
③ 비율제어
④ 자동조정

해설 **제어량에 의한 분류**

분류방법	제어량	
프로세스제어	•온도 •유량 •농도 •비중	•압력 •액면(레벨) •습도 •pH(수소이온농도지수)
	기억법 프온압유액	
서보기구	•위치 •자세	•방위
	기억법 서위방자(스위스 방자하나)	

자동조정	•전압 •주파수 •장력	•전류 •회전속도
	기억법 자전주회장	

•프로세스제어=공정제어

답 ②

34. 잔류편차가 있는 제어계로 P제어라고 하는 것은?

① 비례제어
② 미분제어
③ 적분제어
④ 비례적분미분제어

해설

비례제어(P동작)	비례적분제어(PI동작)
잔류편차(off-set)가 있는 제어	간헐현상이 있는 제어

기억법 비잔적간

답 ①

35. 제어요소가 제어대상에 주는 양은?

① 조작량
② 동작신호
③ 조작부
④ 비교부

해설 **피드백제어의 용어**

용 어	설 명
제어량 (controlled value)	•제어대상에 속하는 양으로, 제어대상을 제어하는 것을 목적으로 하는 물리적인 양이다.
조작량 (manipulated value)	•제어장치의 출력인 동시에 제어대상의 입력으로 제어장치가 제어대상에 가해지는 제어신호 기억법 조출동 •제어요소가 제어대상에 주는 양 보기 ① 기억법 조요대(조용하대)
제어요소 (control element)	•동작신호를 조작량으로 변환하는 요소이고, 조절부와 조작부로 이루어진다.
제어장치 (control device)	•제어를 하기 위해 제어대상에 부착되는 장치이고, 조절부, 설정부, 검출부 등이 이에 해당된다.
오차검출기	•제어량을 설정값과 비교하여 오차를 계산하는 장치이다.

답 ①

36. 변압비(권수비) 22000/110의 PT를 사용하여 교류전압을 측정한 결과 전압계가 90V를 지시하였다. PT의 1차측 교류회로의 전압[V]은?

① 9900
② 18000
③ 19800
④ 22000

해설

(1) 기호
- $a : 22000/110 = \dfrac{22000}{110}$
- $V_2 : 90V$
- $V_1 : ?$

(2) 권수비

$$a = \dfrac{N_1}{N_2} = \dfrac{V_1}{V_2} = \dfrac{I_2}{I_1} = \sqrt{\dfrac{R_1}{R_2}}$$

여기서, a : 권수비
N_1 : 1차 코일권수
N_2 : 2차 코일권수
V_1 : 1차 교류전압[V]
V_2 : 2차 교류전압[V]
I_1 : 1차 전류[A]
I_2 : 2차 전류[A]
R_1 : 1차 저항[Ω]
R_2 : 2차 저항[Ω]

$$a = \dfrac{V_1}{V_2}$$

1차 교류전압 V_1 은

$$V_1 = aV_2 = \dfrac{22000}{110} \times 90 = 18000V$$

답 ②

37. 논리식 $A \cdot (A+B)$ 를 간단히 하면?

① A
② B
③ $A \cdot B$
④ $A+B$

해설

$A \cdot (A+B) = AA + AB = A + AB$
　　　　　　　$X \cdot X = X$
　　　　　　$= A(1+B) = A \cdot 1 = A$
　　　　　　　　$X+1=1$　$X \cdot 1 = X$

불대수의 정리 중 **흡수법칙**에 해당된다.

중요

불대수의 정리

논리합	논리곱	비 고
$X+0=X$	$X \cdot 0 = 0$	-
$X+1=1$	$X \cdot 1 = X$	-
$X+X=X$	$X \cdot X = X$	-

$X+\overline{X}=1$	$X \cdot \overline{X}=0$	-
$X+Y=Y+X$	$X \cdot Y = Y \cdot X$	교환법칙
$X+(Y+Z)$ $=(X+Y)+Z$	$X(YZ)=(XY)Z$	결합법칙
$X(Y+Z)$ $=XY+XZ$	$(X+Y)(Z+W)$ $=XZ+XW+YZ+YW$	분배법칙
$X+XY=X$	$\overline{X}+XY=\overline{X}+Y$ $X+\overline{X}Y=X+Y$ $X+\overline{X}\ \overline{Y}=X+\overline{Y}$	흡수법칙
$(\overline{X+Y})$ $=\overline{X} \cdot \overline{Y}$	$(\overline{X \cdot Y})=\overline{X}+\overline{Y}$	드모르간의 정리

답 ①

38. 다음 중 원자 하나에 최외각 전자가 4개인 4가의 전자(four valence electrons)로서 가전자대의 4개의 전자가 안정화를 위해 원자끼리 결합한 구조로 일반적인 반도체 재료로 쓰고 있는 것은?

① Si
② P
③ As
④ Ga

해설 반도체 재료

(1) 규소(Si)=실리콘　보기 ①
(2) 게르마늄(Ge)
(3) 탄소(C)
(4) 아산화동(Cu_2O)

※ **반도체 재료** : 온도가 올라가면 저항이 감소하는 물질

답 ①

39. 조종하는 사람이 없는 엘리베이터의 자동제어가 해당하는 것은?

① 프로그램제어
② 추종제어
③ 비율제어
④ 정치제어

해설 제어의 종류

제어 종류	설 명
정치제어 (fixed value control)	● 일정한 목표값을 유지하는 것으로 **프로세스제어, 자동조정**이 이에 해당된다. **예 연속식 압연기** ● 목표값이 시간에 관계없이 항상 일정한 값을 가지는 제어

추종제어 (follow-up control)	미지의 시간적 변화를 하는 목표값에 제어량을 추종시키기 위한 제어로 **서보기구**가 이에 해당된다. 예 대공포의 포신
비율제어 (ratio control)	• 둘 이상의 제어량을 소정의 비율로 제어하는 것 • 연료의 유량과 공기의 유량과의 사이의 비율을 연소에 적합한 것으로 유지하고자 하는 제어방식
프로그램제어 (program control)	목표값이 **미리 정해진 시간적 변화**를 하는 경우 제어량을 그것에 추종시키기 위한 제어 예 **열차·산업로봇의 무인운전, 엘리베이터** 보기①

답 ①

40 다음 그림과 같은 논리회로는?

16.10.문29
15.09.문38
14.05.문32
14.03.문27
13.03.문34

① NOT 회로
② NAND 회로
③ OR 회로
④ AND 회로

해설 **논리회로**

명 칭	논리회로	진리표
AND 회로	$C = A \cdot B$	A B C 0 0 0 0 1 0 1 0 0 1 1 1
OR 회로	$C = A + B$	A B C 0 0 0 0 1 1 1 0 1 1 1 1
NOT 회로	$C = \overline{A}$	A C 0 1 1 0
NAND 회로	$C = \overline{A \cdot B}$	A B C 0 0 1 0 1 1 1 0 1 1 1 0
NOR 회로	$C = \overline{A+B}$	A B C 0 0 1 0 1 0 1 0 0 1 1 0

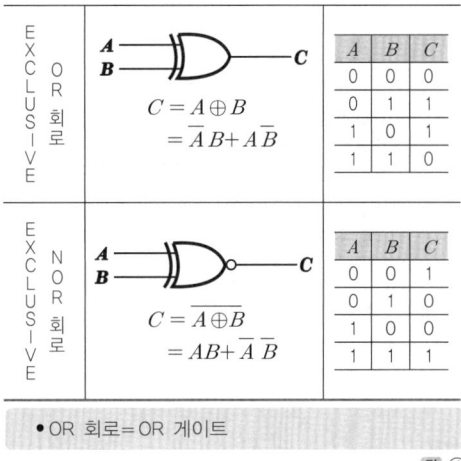

EXCLUSIVE OR 회로	$C = A \oplus B$ $= \overline{A}B + A\overline{B}$	A B C 0 0 0 0 1 1 1 0 1 1 1 0
EXCLUSIVE NOR 회로	$C = \overline{A \oplus B}$ $= AB + \overline{A}\,\overline{B}$	A B C 0 0 1 0 1 0 1 0 0 1 1 1

• OR 회로 = OR 게이트

답 ④

제3과목 소방관계법규

41 소방시설 설치 및 관리에 관한 법령상 소방청장 또는 시·도지사가 청문을 하여야 하는 처분이 아닌 것은?

20.08.문42
17.05.문42
12.05.문55

① 소방시설관리사 자격의 정지
② 소방안전관리자 자격의 취소
③ 소방시설관리업의 등록취소
④ 소방용품의 형식승인 취소

해설 **소방시설법 49조**
청문실시 대상
(1) 소방시설**관리사** 자격의 **취소** 및 정지 보기①
(2) 소방시설**관리업**의 **등록취소** 및 영업정지 보기③
(3) **소방용품**의 **형식승인취소** 및 제품검사중지 보기④
(4) 소방용품의 제품검사 전문기관의 **지정취소** 및 업무정지
(5) 우수품질인증의 취소
(6) 소방용품의 성능인증 취소

기억법 청사 용업(청사 용역)

답 ②

42 소방활동구역의 출입자로서 대통령령이 정하는 자에 속하는 사람은?

19.03.문60
11.10.문57

① 의사·간호사 그 밖의 구조·구급업무에 종사하지 않는 자
② 소방활동구역 밖에 있는 소방대상물의 소유자·관리자 또는 점유자
③ 취재인력 등 보도업무에 종사하지 않는 자
④ 수사업무에 종사하는 자

해설
① 종사하지 않는 자 → 종사하는 자
② 밖에 → 안에
③ 종사하지 않는 자 → 종사하는 자

기본령 8조
소방활동구역 출입자(대통령령이 정하는 사람)
(1) 소방활동구역 안에 있는 **소유자·관리자** 또는 **점유자**
(2) 전기·가스·수도·통신·교통의 업무에 종사하는 자로서 원활한 **소방활동**을 위하여 필요한 자
(3) **의사·간호사** 그 밖의 구조·구급업무에 종사하는 자
(4) **취재인력** 등 보도업무에 종사하는 자
(5) **수사업무**에 종사하는 자
(6) **소방대장**이 소방활동을 위하여 **출입**을 **허가**한 **자**

※ **소방활동구역** : 화재·재난·재해 그 밖의 위급한 상황이 발생한 현장에 정하는 구역

답 ④

43 위험물안전관리법령상 제조소 등에 전기설비(전기배선, 조명기구 등은 제외)가 설치된 장소의 면적이 300m²일 경우, 소형 수동식 소화기는 최소 몇 개 설치하여야 하는가?
20.08.문54
17.03.문55
① 1개 ② 2개
③ 3개 ④ 4개

해설 위험물규칙 〔별표 17〕
전기설비의 소화설비
제조소 등에 전기설비(전기배선, 조명기구 등은 제외)가 설치된 경우에는 당해 장소의 면적 **100m²**마다 **소형 수동식 소화기**를 **1개 이상** 설치할 것

제조소 등의 전기설비 소형 수동식 소화기 개수

$$\frac{바닥면적}{100m^2}(절상) = \frac{300m^2}{100m^2} = 3개$$

중요
절상 : '소수점 이하는 무조건 올린다.'는 뜻

답 ③

44 위험물안전관리법령상 제3류 위험물이 아닌 것은?
20.08.문41
19.09.문60
19.03.문01
18.09.문20
15.05.문43
15.03.문18
14.09.문04
14.03.문05
14.03.문16
13.09.문07
① 칼륨
② 황린
③ 나트륨
④ 마그네슘

해설 ④ 제2류 위험물

위험물령 〔별표 1〕
위험물

유별	성질	품명
제1류	**산**화성 **고**체	• 아염소산염류 • 염소산염류 • 과염소산염류 • 질산염류(질산칼륨) • 무기과산화물(과산화바륨)

기억법 1산고(일산GO)

| 제2류 | 가연성 고체 | • 황화인
• 적린
• 황
• 마그네슘 보기 ④ |

기억법 황화적황마

| 제2류 | 자연발화성 물질 | • 황린(P₄) 보기 ② |
| 제3류 | 금수성 물질 | • 칼륨(K) 보기 ①
• 나트륨(Na) 보기 ③
• 알킬알루미늄
• 알킬리튬
• 칼슘 또는 알루미늄의 탄화물류 (탄화칼슘=CaC₂) |

기억법 황칼나알칼

제4류	인화성 액체	• 특수인화물(이황화탄소) • 알코올류 • 석유류 • 동식물유류
제5류	자기반응성 물질	• 나이트로화합물 • 유기과산화물 • 나이트로소화합물 • 아조화합물 • 질산에스터류(셀룰로이드)
제6류	산화성 액체	• 과염소산 • 과산화수소 • 질산

답 ④

45 소방기본법령상 소방대상물에 해당하지 않는 것은?
20.08.문45
16.10.문57
16.05.문51
① 차량 ② 건축물
③ 운항 중인 선박 ④ 선박건조구조물

해설 ③ 운항 중인 → 매어 둔

기본법 2조 1호
소방대상물
(1) **건**축물
(2) **차**량
(3) **선**박(매어둔 것)
(4) **선**박건조구조물
(5) **인**공구조물
(6) **물**건
(7) **산**림

기억법 건차선 인물산

비교
위험물법 3조
위험물의 저장·운반·취급에 대한 적용 제외
(1) 항공기
(2) 선박
(3) 철도(기차)
(4) 궤도

답 ③

46 위험물안전관리법상 제조소 등을 설치하고자 하는 자는 누구의 허가를 받아 설치할 수 있는가?

① 소방서장
② 소방청장
③ 시·도지사
④ 안전관리자

해설 위험물법 6조
제조소 등의 설치허가
(1) 설치허가자 : **시·도지사** 보기 ③
(2) 설치허가 제외장소
  ㉠ 주택의 난방시설(공동주택의 중앙난방시설은 제외)을 위한 **저장소** 또는 **취급소**
  ㉡ 지정수량 **20배** 이하의 **농예용·축산용·수산용** 난방시설 또는 건조시설의 **저장소**
(3) 제조소 등의 변경신고 : 변경하고자 하는 날의 **1일** 전까지

참고
시·도지사
(1) 특별시장
(2) 광역시장
(3) 특별자치시장
(4) 도지사
(5) 특별자치도지사

답 ③

47 소방기본법령상 소방용수시설의 설치기준 중 급수탑의 급수배관의 구경은 최소 몇 mm 이상이어야 하는가?

① 100
② 150
③ 200
④ 250

해설 기본규칙〔별표 3〕
소방용수시설별 설치기준

소화전	급수탑
• **65mm** : 연결금속구의 구경	• **100mm** : 급수배관의 구경 보기 ① • 1.5~1.7m 이하 : 개폐밸브 높이

기억법 57탑(57층 탑)

답 ①

48 위험물안전관리법령상 위험물의 안전관리와 관련된 업무를 시행하는 자로서 소방청장이 실시하는 안전교육대상자가 아닌 사람은?

① 제조소 등의 관계인
② 안전관리자로 선임된 자
③ 위험물운송자로 종사하는 자
④ 탱크시험자의 기술인력으로 종사하는 자

해설 위험물안전관리법 28조
위험물 안전교육대상자
(1) 안전관리자 보기 ②
(2) 탱크시험자 보기 ④
(3) 위험물운반자
(4) 위험물운송자 보기 ③

답 ①

49 소방기본법령에 따른 급수탑 및 지상에 설치하는 소화전·저수조의 경우 소방용수표지 기준 중 다음 (   ) 안에 알맞은 것은?

안쪽 문자는 (㉠), 안쪽 바탕은 (㉡), 바깥쪽 바탕은 (㉢)으로 하고 반사재료를 사용하여야 한다.

① ㉠ 검은색, ㉡ 파란색, ㉢ 붉은색
② ㉠ 검은색, ㉡ 붉은색, ㉢ 파란색
③ ㉠ 흰색, ㉡ 파란색, ㉢ 붉은색
④ ㉠ 흰색, ㉡ 붉은색, ㉢ 파란색

해설 기본규칙〔별표 2〕
소방용수표지
(1) **지하**에 설치하는 소화전·저수조의 소방용수표지
  ㉠ 맨홀뚜껑은 지름 **648mm** 이상의 것으로 할 것
  ㉡ 맨홀뚜껑에는 "**소화전·주정차금지**" 또는 "**저수조·주정차금지**"의 표시를 할 것
  ㉢ 맨홀뚜껑 부근에는 **노란색 반사도료**로 폭 **15cm**의 선을 그 둘레를 따라 칠할 것
(2) **지상**에 설치하는 소화전·저수조 및 **급수탑**의 소방용수표지

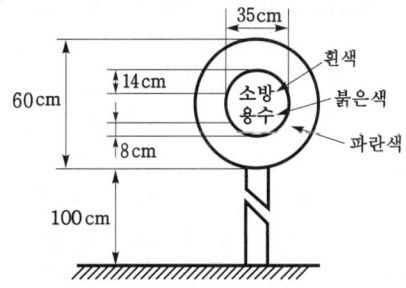

※ 안쪽 문자는 **흰색**, 바깥쪽 문자는 **노란색**, 안쪽 바탕은 **붉은색**, 바깥쪽 바탕은 **파란색**으로 하고 **반사재료** 사용 보기 ④

답 ④

50. 화재예방과 화재 등 재해발생시 비상조치를 위하여 관계인에 예방규정을 정하여야 하는 제조소 등의 기준으로 틀린 것은?

① 이송취급소
② 지정수량 10배 이상의 위험물을 취급하는 제조소
③ 지정수량 100배 이상의 위험물을 저장하는 옥외저장소
④ 지정수량 150배 이상의 위험물을 저장하는 옥외탱크저장소

해설 ④ 150배 이상 → 200배 이상

위험물령 15조
예방규정을 정하여야 할 제조소 등

배수	제조소 등
10배 이상	• 제조소 보기② • 일반취급소
100배 이상	• 옥외저장소 보기③
150배 이상	• 옥내저장소
200배 이상	• 옥외탱크저장소 보기④
모두 해당	• 이송취급소 보기① • 암반탱크저장소

기억법 052 외내탱

※ 예방규정: 제조소 등의 화재예방과 화재 등 재해발생시의 비상조치를 위한 규정

답 ④

51. 건축허가 등을 할 때 소방본부장 또는 소방서장의 동의를 미리 받아야 하는 대상이 아닌 것은?

① 연면적 200m² 이상인 노유자시설 및 수련시설
② 항공기격납고, 관망탑
③ 차고·주차장으로 사용되는 층 중 바닥면적이 100m² 이상인 층이 있는 시설
④ 지하층 또는 무창층이 있는 건축물로서 바닥면적 150m² 이상인 층이 있는 것

해설 ③ 100m² → 200m²

소방시설법 시행령 7조
건축허가 등의 동의대상물
(1) 연면적 400m²(학교시설: 100m², 수련시설·노유자시설: 200m², 정신의료기관·장애인의료재활시설: 300m²) 이상 보기①
(2) 6층 이상인 건축물
(3) 차고·주차장으로서 바닥면적 200m² 이상(자동차 20대 이상) 보기③

(4) 항공기격납고, 관망탑, 항공관제탑, 방송용 송수신탑 보기②
(5) 지하층 또는 무창층의 바닥면적 150m²(공연장은 100m²) 이상 보기④
(6) 위험물저장 및 처리시설, 지하구
(7) 결핵환자나 한센인이 24시간 생활하는 노유자시설
(8) 전기저장시설, 풍력발전소
(9) 공동주택, 숙박시설
(10) 요양병원(의료재활시설 제외)
(11) 노인주거복지시설·노인의료복지시설 및 재가노인복지시설, 학대피해노인 전용쉼터, 아동복지시설, 장애인거주시설
(12) 정신질환자 관련시설(공동생활가정을 제외한 재활훈련시설과 종합시설 중 24시간 주거를 제공하지 않는 시설 제외)
(13) 노숙인자활시설, 노숙인재활시설 및 노숙인요양시설
(14) 조산원, 산후조리원, 의원(입원실 또는 인공신장실이 있는 것)
(15) 공장 또는 창고시설로서 지정수량의 750배 이상의 특수가연물을 저장·취급하는 것
(16) 가스시설로서 지상에 노출된 탱크의 저장용량의 합계가 100t 이상인 것

답 ③

52. 문화유산의 보존 및 활용에 관한 법률의 규정에 의한 지정문화유산, 천연기념물 등에 있어서는 제조소 등과의 수평거리를 몇 m 이상 유지하여야 하는가?

① 20　　② 30
③ 50　　④ 70

해설 위험물규칙 [별표 4]
위험물제조소의 안전거리

안전거리	대상
3m 이상	• 7~35kV 이하의 특고압가공전선
5m 이상	• 35kV를 초과하는 특고압가공전선
10m 이상	• 주거용으로 사용되는 것
20m 이상	• 고압가스 제조시설(용기에 충전하는 것 포함) • 고압가스 사용시설(1일 30m³ 이상 용적 취급) • 고압가스 저장시설 • 액화산소 소비시설 • 액화석유가스 제조·저장시설 • 도시가스 공급시설
30m 이상	• 학교 • 병원급 의료기관 • 공연장 ┐ • 영화상영관 ┘ 300명 이상 수용시설 • 아동복지시설 • 노인복지시설 • 장애인복지시설 • 한부모가족복지시설 • 어린이집 • 성매매피해자 등을 위한 지원시설 • 정신건강증진시설 • 가정폭력 피해자 보호시설 ┘ 20명 이상 수용시설
50m 이상	• 지정문화유산 • 천연기념물 등 보기③

기억법 문5(문어)

답 ③

53. 비상경보설비를 설치하여야 할 특정소방대상물이 아닌 것은?

① 연면적 400m² 이상이거나 지하층 또는 무창층의 바닥면적이 150m² 이상인 것
② 지하층에 위치한 바닥면적 100m²인 공연장
③ 터널로서 길이가 500m 이상인 것
④ 30명 이상의 근로자가 작업하는 옥내작업장

 ④ 30명 이상 → 50명 이상

소방시설법 시행령 〔별표 4〕
비상경보설비의 설치대상

설치대상	조 건
지하층·무창층	• 바닥면적 150m²(공연장 100m²) 이상 보기 ① ②
전부	• 연면적 400m² 이상 보기 ①
터널	• 길이 500m 이상 보기 ③
옥내작업장	• 50명 이상 작업 보기 ④

답 ④

54. 1급 소방안전관리대상물에 대한 기준으로 옳지 않은 것은?

① 특정소방대상물로서 층수가 11층 이상인 것
② 국보 또는 보물로 지정된 목조건축물
③ 연면적 15000m² 이상인 것
④ 가연성 가스를 1천톤 이상 저장·취급하는 시설

 ② 2급 소방안전관리대상물

화재예방법 시행령 〔별표 4〕
소방안전관리자를 두어야 할 특정소방대상물

소방안전관리대상물	특정소방대상물
특급 소방안전관리대상물 (동식물원, 철강 등 불연성 물품 저장·취급창고, 지하구, 위험물제조소 등 제외)	• 50층 이상(지하층 제외) 또는 지상 200m 이상 아파트 • 30층 이상(지하층 포함) 또는 지상 120m 이상(아파트 제외) • 연면적 10만m² 이상(아파트 제외)
1급 소방안전관리대상물 (동식물원, 철강 등 불연성 물품 저장·취급창고, 지하구, 위험물제조소 등 제외)	• 30층 이상(지하층 제외) 또는 지상 120m 이상 아파트 • 연면적 15000m² 이상인 것(아파트 및 연립주택 제외) 보기 ③ • 11층 이상(아파트 제외) 보기 ① • 가연성 가스를 1000t 이상 저장·취급하는 시설 보기 ④
2급 소방안전관리대상물	• 지하구 • 가스제조설비를 갖추고 도시가스사업 허가를 받아야 하는 시설 또는 가연성 가스를 100~1000t 미만 저장·취급하는 시설 • 옥내소화전설비·스프링클러설비 설치대상물 • 물분무등소화설비(호스릴방식의 물분무등소화설비만을 설치한 경우 제외) 설치대상물 • 공동주택(옥내소화전설비 또는 스프링클러설비가 설치된 공동주택 한정) • 목조건축물(국보·보물) 보기 ②
3급 소방안전관리대상물	• 간이스프링클러설비(주택전용 간이스프링클러설비 제외) 설치대상물 • 자동화재탐지설비 설치대상물

답 ②

55. 소방본부장 또는 소방서장은 화재예방강화지구 안의 관계인에 대하여 소방상 필요한 훈련 또는 교육을 실시할 경우 관계인에게 훈련 또는 교육 며칠 전까지 그 사실을 통보해야 하는가?

① 3일   ② 5일
③ 7일   ④ 10일

해설 10일
(1) 화재예방강화지구 안의 소방훈련·교육 통보일(화재예방법 시행령 20조) 보기 ④
(2) 건축허가 등의 동의 여부 회신(소방시설법 시행규칙 3조)
 ㉠ 50층 이상(지하층 제외) 또는 지상으로부터 높이 200m 이상인 아파트의 건축허가 등의 동의 여부 회신(소방시설법 시행규칙 3조)
 ㉡ 30층 이상(지하층 포함) 또는 지상 120m 이상(아파트 제외)의 건축허가 등의 동의 여부 회신(소방시설법 시행규칙 3조)
 ㉢ 연면적 10만m² 이상의 건축허가 등의 동의 여부 회신(소방시설법 시행규칙 3조)
(3) 소방기술자의 실무교육 통지일(공사업규칙 26조)
(4) 실무교육 교육계획의 변경보고일(공사업규칙 35조)
(5) 소방기술자 실무교육기관 지정사항 변경보고일(공사업규칙 33조)
(6) 소방시설업의 등록신청서류 보완일(공사업규칙 2조 2)
(7) 제조소 등의 재발급 완공검사합격확인증 제출일(위험물령 10조)

답 ④

56. 소방용수시설의 저수조 설치기준으로 틀린 것은?

① 흡수에 지장이 없도록 토사 및 쓰레기 등을 제거할 수 있는 설비를 갖출 것
② 흡수부분의 수심이 0.5m 이상일 것
③ 흡수관의 투입구가 사각형의 경우에는 한 변의 길이가 60cm 이상일 것
④ 저수조에 물을 공급하는 방법은 상수도에 연결하여 수동으로 급수되는 구조일 것

21. 03. 시행 / 산업(전기)

> 해설 ④ 수동 → 자동

기본규칙 [별표 3]
소방용수시설의 저수조의 설치기준
(1) 낙차 : 4.5m 이하
(2) 수심 : 0.5m 이상 보기 ②
(3) 투입구의 길이 또는 지름 : 60cm 이상 보기 ③

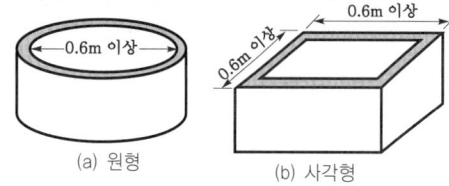
(a) 원형 (b) 사각형
∥흡수관 투입구∥

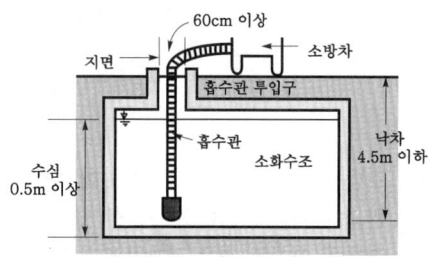
∥저수조의 깊이∥

(4) 소방펌프자동차가 쉽게 **접근**할 수 있도록 할 것
(5) 흡수에 지장이 없도록 **토사** 및 **쓰레기** 등을 제거할 수 있는 설비를 갖출 것 보기 ①
(6) 저수조에 물을 공급하는 방법은 **상수도**에 연결하여 **자동**으로 **급수**되는 구조일 것 보기 ④

답 ④

57 ★★★
소방시설 설치 및 관리에 관한 법률상 소방시설관리업 등록의 결격사유에 해당하지 않는 사람은?
20.06.문51
13.09.문47
11.06.문50

① 피성년후견인
② 소방시설관리업의 등록이 취소된 날로부터 2년이 지난 자
③ 금고 이상의 형의 집행유예를 선고받고 그 유예기간 중에 있는 자
④ 금고 이상의 실형을 선고받고 그 집행이 면제된 날부터 2년이 지나지 아니한 자

> 해설 ② 지난 자 → 지나지 아니한 자

소방시설법 30조
소방시설관리업의 등록결격사유
(1) 피성년후견인 보기 ①
(2) 금고 이상의 선고를 받고 끝난 후 **2년**이 지나지 아니한 사람 보기 ④
(3) 집행유예기간 중에 있는 사람 보기 ③
(4) 등록취소 후 **2년**이 지나지 아니한 사람 보기 ②

> 비교
소방시설법 27조
소방시설관리사의 결격사유
(1) 피성년후견인
(2) 금고 이상의 실형을 선고받고 그 집행이 끝나거나(집행이 끝난 것으로 보는 경우 포함) 집행이 면제된 날부터 **2년**이 지나지 아니한 사람
(3) 금고 이상의 형의 집행유예를 선고받고 그 유예기간 중에 있는 사람
(4) 자격취소 후 **2년**이 지나지 아니한 사람

답 ②

58 ★★★
화재예방강화지구의 지정대상지역에 해당되지 않는 곳은?
19.09.문55
16.03.문41
15.09.문55
14.05.문53
12.09.문46

① 시장지역
② 공장·창고가 밀집한 지역
③ 소방용수시설 또는 소방출동로가 있는 지역
④ 석유화학제품을 생산하는 공장이 있는 지역

> 해설 ③ 소방출동로가 있는 지역 → 소방출동로가 없는 지역

화재예방법 18조
화재예방강화지구의 지정
(1) 지정권자 : **시**·도지사
(2) 지정지역
 ㉠ **시**장지역 보기 ①
 ㉡ **공**장·창고 등이 밀집한 지역 보기 ②
 ㉢ 목조건물이 밀집한 지역
 ㉣ 노후·불량 건축물이 밀집한 지역
 ㉤ 위험물의 저장 및 처리시설이 밀집한 지역
 ㉥ 석유화학제품을 생산하는 공장이 있는 지역 보기 ④
 ㉦ 소방시설·소방용수시설 또는 소방출동로가 **없는** 지역
 ㉧ 「산업입지 및 개발에 관한 법률」에 따른 산업단지
 ㉨ 「물류시설의 개발 및 운영에 관한 법률」에 따른 물류단지
 ㉩ 소방청장·소방본부장 또는 소방서장(소방관서장)이 화재예방강화지구로 지정할 필요가 있다고 인정하는 지역

> 기억법 화강시

※ **화재예방강화지구** : 화재발생 우려가 크거나 화재가 발생할 경우 피해가 클 것으로 예상되는 지역에 대하여 화재의 예방 및 안전관리를 강화하기 위해 지정·관리하는 지역

답 ③

59 ★
특정소방대상물에 사용하는 물품으로 방염대상물품에 해당하지 않는 것은? (단, 제조 또는 가공 공정에서 방염처리한 물품이다.)
11.10.문47

① 가구류
② 창문에 설치하는 커튼류
③ 무대용 합판
④ 두께가 2밀리미터 미만인 종이벽지를 제외한 벽지류

해설 소방시설법 시행령 31조
방염대상물품

제조 또는 가공 공정에서 방염처리를 한 물품	건축물 내부의 천장이나 벽에 부착하거나 설치하는 것
① 창문에 설치하는 **커튼류**(블라인드 포함) 보기② ② 카펫 ③ 벽지류(두께 2mm 미만인 종이벽지 제외) 보기④ ④ 전시용 합판·목재 또는 섬유판 ⑤ 무대용 합판·목재 또는 섬유판 보기③ ⑥ 암막·무대막(영화상영관·가상체험 체육시설업의 스크린 포함) ⑦ 섬유류 또는 합성수지류 등을 원료로 하여 제작된 소파·의자(단란주점영업, 유흥주점영업 및 노래연습장업의 영업장에 설치하는 것만 해당)	① 종이류(두께 2mm 이상), 합성수지류 또는 섬유류를 주원료로 한 물품 ② 합판이나 목재 ③ 공간을 구획하기 위하여 설치하는 간이칸막이 ④ 흡음재(흡음용 커튼 포함) 또는 방음재(방음용 커튼 포함) ※ 가구류(옷장, 찬장, 식탁, 식탁용 의자, 사무용 책상, 사무용 의자, 계산대)와 너비 10cm 이하인 반자돌림대, 내부 마감재료 제외 보기①

답 ①

60. 소방시설공사의 하자보수기간으로 옳은 것은?

① 유도등 : 1년
② 자동소화장치 : 3년
③ 자동화재탐지설비 : 2년
④ 소화용수설비 : 2년

해설 공사업령 6조
소방시설공사의 하자보수 보증기간

보증기간	소방시설
2년	• **유**도등 · **피**난기구 • 비**상조**명등 · 비상**경**보설비 · 비상**방**송설비 • **무**선통신보조설비
3년	• 자동소화장치 보기② • 옥내·외 소화전설비 • 스프링클러설비 • 물분무등소화설비 · 소화용수설비 • 자동화재탐지설비 · 소화활동설비(무선통신보조설비 제외) • 화재알림설비

기억법 유비조경방무피2(유비조경방무피투)

답 ②

제 4 과목 — 소방전기시설의 구조 및 원리

61. 비상방송설비에서 실외에 설치하는 확성기와 음성입력은 최소 몇 W 이상이어야 하는가?

① 0.3
② 0.5
③ 1.5
④ 3

해설 **비상방송설비의** 설치기준(NFPC 202 4조, NFTC 202 2.1.1)
(1) 확성기의 음성입력은 **3W**(**실**내 **1**W) 이상일 것 보기④
(2) 확성기는 **각 층**마다 설치하되, 각 부분으로부터의 수평거리는 **25m** 이하일 것

(3) **음**량조정기는 **3**선식 배선일 것
(4) 조작스위치는 바닥으로부터 **0.8~1.5m** 이하의 높이에 설치할 것
(5) 다른 전기회로에 의하여 유도장애가 생기지 아니하도록 할 것
(6) 비상방송 **개**시시간은 **10초** 이하일 것
(7) 다른 방송설비와 공용할 경우 화재시 비상경보 외의 방송을 차단할 수 있을 것
(8) 엘리베이터 내부에는 **별도**의 음향장치를 설치할 수 있다.
(9) 2 이상의 조작부가 설치된 경우 동시통화가 가능하고 전 구역에 방송할 수 있을 것

기억법 방3실1, 3음방(**삼엄**한 방송실), 개10

답 ④

62. 자동화재탐지설비 및 시각경보장치의 화재안전 기준에 따라 자동화재탐지설비의 감지기회로에 종단저항을 설치하는 주된 목적은?

① 도통시험을 하기 위하여
② 작동시험을 하기 위하여
③ 전원상태를 확인하기 위하여
④ 작동 중인 감지기를 쉽게 확인하기 위하여

해설 종단저항

설치목적	설치장소
도통시험	수신기함 또는 발신기함 내부

기억법 종도(좀도둑!)

중요

감지기회로의 도통시험을 위한 **종단저항의 기준**(NFPC 203 11조, NFTC 203 2.8.1.3)
(1) **점검** 및 **관리**가 쉬운 장소에 설치
(2) 전용함 설치시 바닥에서 **1.5m** 이내의 높이에 설치
(3) 감지기회로의 **끝부분**에 설치하며, 종단감지기에 설치할 경우 구별이 쉽도록 해당 감지기의 기판 및 감지기 외부 등에 별도의 표시를 할 것

답 ①

63. 누전경보기 수신부는 그 정격전압에서 몇 회의 누전작동시험을 실시하는 경우 그 구조 또는 기능에 이상이 생기지 않아야 하는가?

① 1000회
② 5000회
③ 10000회
④ 20000회

해설 반복시험 횟수

횟 수	기 기
1000회	속보기 기억법 속1
2000회	중계기 기억법 중2(중이염)
2500회	유도등
5000회	**전**원스위치 · **발**신기 기억법 5발전(5개 **발**에 **전**을 부치자.)
6000회	감지기
10000회	비상조명등, 스위치접점, 기타의 설비 및 기기(누전경보기) 보기③

답 ③

64. 무선통신보조설비 중 서로 다른 주파수의 합성된 신호를 분리하기 위해서 사용하는 장치는?

① 혼합기 ② 분파기
③ 증폭기 ④ 분배기

해설 무선통신보조설비의 구성부품

용어	설명
누설동축 케이블	동축케이블의 외부도체에 가느다란 홈을 만들어서 **전파**가 외부로 새어나갈 수 있도록 한 케이블
분배기	신호의 전송로가 분기되는 장소에 설치하는 것으로 **임피던스 매칭**(matching)과 **신호균등분배**를 위해 사용하는 장치
분파기	서로 다른 **주**파수의 합성된 **신호**를 **분리**하기 위해서 사용하는 장치 보기②
혼합기	두 개 이상의 **입력신호**를 원하는 비율로 **조합**된 **출력**이 발생하도록 하는 장치
증폭기	신호전송시 신호가 약해져 수신이 불가능해지는 것을 방지하기 위해서 **증폭**하는 장치
무선중계기	안테나를 통하여 수신된 무전기 신호를 증폭한 후 음영지역에 재방사하여 무전기 상호간 송수신이 가능하도록 하는 장치
옥외안테나	감시제어반 등에 설치된 무선중계기의 입력과 출력포트에 연결되어 송수신 신호를 원활하게 방사·수신하기 위해 옥외에 설치하는 장치

기억법 무배파혼, 파파, 분배분배

답 ②

65. 비상콘센트설비의 화재안전기준에 따른 비상콘센트설비의 전원회로의 설치기준에 대한 내용이다. 다음 ( )에 들어갈 내용으로 옳은 것은?

비상콘센트의 플러그접속기는 ( ) 플러그접속기(KS C 8305)를 사용하여야 한다.

① 접지형 1극 ② 접지형 2극
③ 접지형 3극 ④ 접지형 4극

해설 비상콘센트 전원회로의 설치기준(NFPC 504 4조, NFTC 504 2.1)

구분	전압	용량	플러그접속기
단상 교류	220V	1.5kVA 이상	접지형 2극 보기②

(1) 1전용회로에 설치하는 비상콘센트는 **10**개 이하로 할 것
(2) 풀박스는 **1.6mm** 이상의 **철**판을 사용할 것

기억법 단2(단위), 10콘(시큰둥!), 16철콘, 접2(접이식)

(3) 콘센트마다 배선용 차단기를 설치하여야 하며, 충전부는 **노출되지 않도록** 할 것
(4) 각 층에 있어서 2 이상이 되도록 설치하되, 설치하여야 할 층의 비상콘센트가 1개인 때에는 하나의 회로로 할 것
(5) 전원으로부터 각 층의 비상콘센트에 분기되는 경우에는 **분기배선용 차단기**를 보호함 안에 설치할 것
(6) 개폐기에는 "**비상콘센트**"라고 표시한 표지를 할 것

답 ②

66. 비상경보설비의 화재안전기준에서 자동식 사이렌설비에 대한 설명으로 옳은 것은?

① 주음향장치는 특정소방대상물의 층마다 설치한다.
② 음향장치는 정격전압의 80% 전압에서 음향을 발할 수 있도록 하여야 한다.
③ 자동식 사이렌설비는 화재발생 상황을 사이렌 또는 경종으로 경보하는 설비이다.
④ 음향장치의 음량은 부착된 음향장치의 중심으로부터 1m 떨어진 위치에서 80dB 이상이 되는 것으로 하여야 한다.

해설
① 주음향장치 → 지구음향장치
③ 사이렌 또는 경종으로 → 사이렌으로
④ 80dB → 90dB

(1) **음향장치**(NFPC 201 4조, NFTC 201 2.1)
 ㉠ 지구음향장치는 특정소방대상물의 **층**마다 설치할 것 보기①
 ㉡ 특정소방대상물의 각 부분으로부터 하나의 음향장치까지의 **수평거리**가 25m 이하가 되도록 할 것
 ㉢ 정격전압의 **80%** 전압에서 음향을 발할 수 있도록 할 것 (단, 건전지를 주전원으로 사용하는 음향장치는 제외) 보기②
 ㉣ 음량은 부착된 음향장치의 중심으로부터 1m 떨어진 위치에서 **90dB** 이상이 되는 것으로 할 것 보기④

(2) **용어**(NFPC 201 3조, NFTC 201 1.7)

용어	설명
비상벨설비	화재발생 상황을 **경종**으로 경보하는 설비
자동식 사이렌설비	화재발생 상황을 **사이렌**으로 경보하는 설비 보기③
단독경보형 감지기	화재발생 상황을 **단독**으로 감지하여 자체에 **내장**된 **음향장치**로 경보하는 감지기

기억법 단경음

답 ②

67. 무선통신보조설비에서 신호의 전송로가 분기되는 장소에 설치하는 것으로 임피던스 매칭과 신호균등분배를 위해 사용하는 장치는?

① 분파기 ② 혼합기
③ 증폭기 ④ 분배기

해설 무선통신보조설비의 구성부품

용어	설명
누설동축 케이블	동축케이블의 외부도체에 가느다란 홈을 만들어서 **전파**가 외부로 새어나갈 수 있도록 한 케이블

분배기	신호의 전송로가 분기되는 장소에 설치하는 것으로 **임피던스 매칭**(matching)과 **신호균등분배**를 위해 사용하는 장치 보기 ④
	기억법 분배분배
분파기	서로 다른 **주파**수의 합성된 **신호를 분리**하기 위해서 사용하는 장치
	기억법 파파
혼합기	두 개 이상의 **입력신호**를 원하는 비율로 **조합**한 **출력**이 발생하도록 하는 장치
증폭기	신호전송시 신호가 약해져 수신이 불가능해지는 것을 방지하기 위해서 **증폭**하는 장치
무선중계기	안테나를 통하여 수신된 무전기 신호를 증폭한 후 음영지역에 재방사하여 무전기 상호간 송수신이 가능하도록 하는 장치
옥외안테나	감시제어반 등에 설치된 무선중계기의 입력과 출력포트에 연결되어 송수신 신호를 원활하게 방사·수신하기 위해 옥외에 설치하는 장치

기억법 무분배파혼

답 ④

68 비상방송설비의 설치기준에 관한 다음 ( ) 안에 알맞은 것은?

기동장치에 따른 화재신고를 수신한 후 필요한 음량으로 화재발생 상황 및 피난에 유효한 방송이 자동으로 개시될 때까지의 소요시간은 ( )초 이하로 할 것

① 5   ② 10
③ 20   ④ 30

해설 소요시간

기 기	시 간
• P형·P형 복합식·R형·R형 복합식·GP형·GP형 복합식·GR형·GR형 복합식 수신기 • 중계기	5초 이내
비상방송설비 →	10초 이하 보기 ②
가스누설경보기	60초 이내
축적형 수신기	• 축적시간 : 30~60초 이하 • 화재표시감지시간 : 60초

중요

비상방송설비의 **설치기준**(NFPC 202 4조, NFTC 202 2.1.1)
(1) 확성기의 음성입력은 실내 1W, 실외 3W 이상일 것
(2) 확성기는 각 **층**마다 설치하되, 각 부분으로부터의 수평거리는 **25m 이하**일 것
(3) 음량조정기는 **3선식 배선**일 것
(4) 조작스위치는 바닥으로부터 **0.8~1.5m 이하**의 높이에 설치할 것
(5) 다른 전기회로에 의하여 **유도장애**가 생기지 않을 것
(6) 비상방송 개시시간은 **10초 이하**일 것
(7) 엘리베이터 내부에는 **별도**의 **음향장치**를 설치할 수 있다.
(8) 2 이상의 조작부가 설치된 경우 동시통화가 가능하고 전 구역에 방송할 수 있을 것

답 ②

69 유도등 및 유도표지의 화재안전기준에 따른 통로유도등의 시설기준으로 옳은 것은?

① 계단통로유도등은 바닥으로부터 높이 1m 이하의 위치에 설치하여야 한다.
② 복도통로유도등은 바닥으로부터 높이 1.5m 이하의 위치에 설치하여야 한다.
③ 거실통로유도등은 바닥으로부터 높이 1m 이상의 위치에 설치하여야 한다.
④ 거실통로유도등은 거실통로에 기둥이 설치된 경우에는 기둥부분의 바닥으로부터 높이 1m 이하의 위치에 설치할 수 있다.

해설 ② 1.5m 이하 → 1m 이하
③ 1m 이상 → 1.5m 이상
④ 1m 이하 → 1.5m 이하

(1) **설치높이**

구 분	설치높이
계단통로유도등· 복도통로유도등· 통로유도표지	바닥으로부터 높이 **1m 이하** 보기 ①
피난구유도등	피난구의 바닥으로부터 높이 **1.5m 이상**
거실통로유도등	바닥으로부터 높이 **1.5m 이상**(단, 거실통로의 기둥은 1.5m 이하)
피난구유도표지	출입구 상단

기억법 계복1, 피유15상

(2) **설치거리**(NFPC 303 6조, NFTC 303 2.3)

구 분	설치거리
복도통로유도등	구부러진 모퉁이 및 피난구유도등이 설치된 출입구의 맞은편 복도에 입체형 또는 바닥에 설치한 통로유도등을 기점으로 보행거리 20m마다 설치
거실통로유도등	구부러진 모퉁이 및 **보행거리 20m**마다 설치
계단통로유도등	각 층의 **경사로참** 또는 **계단참**마다 설치

기억법 복거2

중요

거실통로유도등의 **설치기준**(NFPC 303 6조, NFTC 303 2.3.1.2)
(1) 거실의 **통로**에 설치할 것(단, 거실의 통로가 **벽체** 등으로 **구획**된 경우에는 **복도통로유도등** 설치)
(2) 구부러진 **모퉁이** 및 **보행거리 20m**마다 설치할 것
(3) 바닥으로부터 **높이 1.5m 이상**의 위치에 설치할 것(단, **거실통로**에 **기둥**이 설치된 경우에는 기둥부분의 바닥으로부터 높이 **1.5m 이하**의 위치에 설치 가능)

기억법 거통 모거높

답 ①

70. 유도등의 형식승인 및 제품검사의 기술기준에 따라 (㉠), (㉡), (㉢)에 들어갈 내용으로 옳은 것은?

> 객석유도등은 바닥면 또는 디딤바닥면에서 높이 (㉠)m의 위치에 설치하고 그 유도등의 바로 밑에서 (㉡)m 떨어진 위치에서의 수평조도가 (㉢)lx 이상이어야 한다.

① ㉠ 0.3, ㉡ 0.1, ㉢ 0.2
② ㉠ 0.5, ㉡ 0.1, ㉢ 0.3
③ ㉠ 0.5, ㉡ 0.3, ㉢ 0.2
④ ㉠ 1.0, ㉡ 0.3, ㉢ 0.3

해설 유도등의 형식승인 및 제품검사의 기술기준 23조 조도시험

유도등의 종류	시험방법
계단통로유도등	바닥면에서 **2.5m** 높이에 유도등을 설치하고 수평거리 10m 위치에서 법선조도 **0.5**lx 이상 **기억법** 계2505
복도통로유도등	바닥면에서 **1m** 높이에 유도등을 설치하고 중앙으로부터 0.5m 위치에서 조도 1lx 이상 ∥복도통로유도등∥
거실통로유도등	바닥면에서 **2m** 높이에 유도등을 설치하고 중앙으로부터 0.5m 위치에서 조도 1lx 이상 ∥거실통로유도등∥
객석유도등	바닥면에서 **0.5m** 높이에 유도등을 설치하고 바로 밑에서 **0.3m** 위치에서 수평조도 **0.2**lx 이상 **보기 ③** **기억법** 객532

비교

유도등의 형식승인 및 제품검사의 기술기준 16조 식별도시험

유도등의 종류	상용전원	비상전원
피난구유도등, 거실통로유도등	10~30lx의 주위조도로 30m에서 식별	0~1lx의 주위조도로 20m에서 식별
복도통로유도등	직선거리 20m에서 식별	직선거리 15m에서 식별

답 ③

71. 비상경보설비 및 단독경보형 감지기의 화재안전기준에 따라 비상벨설비 또는 자동식사이렌설비 부속회로의 전로와 대지 사이 및 배선 상호간의 절연저항은 1경계구역마다 직류 250V의 절연저항측정기를 사용하여 측정한 절연저항이 몇 MΩ 이상이 되도록 하여야 하는가?

① 0.1
② 0.2
③ 0.3
④ 0.5

해설 절연저항시험

절연저항계	절연저항	대상
직류 250V	0.1MΩ 이상	●1경계구역의 절연저항 **보기 ①**
직류 500V	5MΩ 이상	●누전경보기 ●가스누설경보기 ●수신기(10회로 미만, 절연된 충전부와 외함 간) ●자동화재속보설비 ●비상경보설비 ●유도등(교류입력측과 외함 간 포함) ●비상조명등(교류입력측과 외함 간 포함)
	20MΩ 이상	●경종 ●발신기 ●중계기 ●**비상콘센트** ●기기의 절연된 선로 간 ●기기의 충전부와 비충전부 간 ●기기의 교류입력측과 외함 간(유도등・비상조명등 제외)
	50MΩ 이상	●감지기(정온식 감지선형 감지기 제외) ●가스누설경보기(10회로 이상) ●수신기(10회로 이상, 교류입력측과 외함 간 제외)
	1000MΩ 이상	●정온식 감지선형 감지기

기억법 콘2(콘이 맛있다!)

답 ①

72 누전경보기의 전원은 분전반으로부터 전용회로로 하고, 각 극에 개폐기 및 몇 A 이하의 과전류차단기를 설치하여야 하는가?

① 10
② 15
③ 20
④ 30

해설 누전경보기의 설치기준(NFPC 205 6조, NFTC 205 2.3)
(1) 각 극에 개폐기 및 **15A** 이하의 **과전류차단기**를 설치할 것(배선용 차단기는 20A 이하) 보기 ②

기억법 과15(과일 다오)

(2) 분전반으로부터 **전용회로**로 할 것
(3) 개폐기에는 누전경보기임을 표시할 것

60A 이하	60A 초과
1급 또는 2급	1급

답 ②

73 비상콘센트를 보호하기 위한 보호함 설치기준으로 틀린 것은?

① 보호함에는 쉽게 개폐할 수 있는 문을 설치하여야 한다.
② 보호함을 옥내소화전함 등과 접속하여 설치하는 경우에는 옥내소화전함 등의 표시등과 겸용할 수 없다.
③ 보호함 표면에 "비상콘센트"라고 표시한 표지를 설치하여야 한다.
④ 보호함 상부에 적색의 표시등을 설치하여야 한다.

해설 ② 겸용할 수 없다. → 겸용할 수 있다.

비상콘센트설비의 **보호함** 설치기준(NFPC 504 5조, NFTC 504 2.2)
(1) 보호함에는 **쉽게 개폐**할 수 있는 문을 설치할 것 보기 ①
(2) 보호함 표면에 "**비상콘센트**"라고 표시한 표지를 할 것 보기 ③
(3) 보호함 상부에 **적색**의 **표시등**을 설치할 것 보기 ④
(4) 보호함을 옥내소화전함 등과 접속하여 설치시 옥내소화전함 등과 표시등 **겸용** 가능 보기 ②

답 ②

74 비상벨설비 또는 자동식 사이렌설비의 축전지설비로 할 경우, 감시상태를 60분간 지속한 후 유효하게 몇 분 이상 경보할 수 있는 용량이어야 하는가?

① 10분 이상
② 20분 이상
③ 30분 이상
④ 60분 이상

해설 ① 감시상태를 60분간 지속한 후 10분 이상 경보할 수 있는 축전지설비

자동화재탐지설비·비상방송설비·비상경보설비(비상벨설비·자동식 사이렌설비)(NFPC 201 6조, NFTC 201 2.3.2)

감시시간	경보시간
60분	10분 이상 보기 ①

답 ①

75 자동화재탐지설비에는 그 설비에 대한 감시상태를 60분간 지속한 후 유효하게 몇 분 이상 경보할 수 있는 축전지설비를 설치하여야 하는가? (단, 30층 이상의 건물이다.)

① 10분
② 20분
③ 30분
④ 60분

해설 자동화재탐지설비·비상방송설비·비상경보설비(비상벨설비·자동식 사이렌설비)

감시시간	경보시간
60분	10분(30층 이상은 30분) 이상 보기 ③

답 ③

76 지하층 또는 무창층의 소매시장에 설치되는 비상조명등의 비상전원용량은 몇 분 이상 유효하게 작동시킬 수 있어야 하는가?

① 10분
② 20분
③ 30분
④ 60분

해설 **비상조명등**의 **60분** 이상 작동용량(NFPC 304 4조, NFTC 304 2.1.1.5)
(1) **11층** 이상
(2) 지하층·무창층으로서 **도매시장·소매시장·여객자동차터미널·지하역사·지하상가** 보기 ④

중요

설비의 종류	비상전원 용량
• **자**동화재탐지설비 • 비상**경**보설비 • **자**동화재속보설비	**10분** 이상
• 유도등 • 비상콘센트설비 • 제연설비 • 물분무소화설비 • 옥내소화전설비(30층 미만) • 특별피난계단의 계단실 및 부속실 제연설비(30층 미만)	**20분** 이상
• 무선통신보조설비의 **증**폭기	**30분** 이상

• 옥내소화전설비(30~49층 이하) • 특별피난계단의 계단실 및 부속실 제연설비(30~49층 이하) • 연결송수관설비(30~49층 이하) • 스프링클러설비(30~49층 이하)	40분 이상
• 유도등 · 비상조명등(지하상가 및 11층 이상) • 옥내소화전설비(50층 이상) • 특별피난계단의 계단실 및 부속실 제연설비(50층 이상) • 연결송수관설비(50층 이상) • 스프링클러설비(50층 이상)	60분 이상

기억법 경자비1(경자라는 이름은 비일비재하게 많다.)
3증(3중고)

답 ④

77 ★★★
19.03.문71
19.03.문78
15.09.문75
14.09.문63
13.06.문63

휴대용 비상조명등을 영화상영관에 설치하고자 한다. 영화상영관의 보행거리 몇 m마다 3개 이상 설치하여야 하는가?

① 10   ② 25
③ 45   ④ 50

해설 휴대용 비상조명등의 적합기준(NFPC 304 4조, NFTC 304 2.1.2)

설치개수	설치장소
1개 이상	• 숙박시설 또는 다중이용업소에는 객실 또는 영업장 안의 구획된 실마다 잘 보이는 곳(외부에 설치시 출입문 손잡이로부터 1m 이내 부분)
3개 이상	• 지하상가 및 지하역사의 보행거리 25m 이내마다 • 대규모 점포 및 영화상영관의 보행거리 50m 이내마다 보기 ④

(1) 바닥으로부터 0.8~1.5m 이하의 높이에 설치할 것
(2) 어둠 속에서 위치를 확인할 수 있도록 할 것
(3) 사용시 자동으로 점등되는 구조일 것
(4) 외함은 난연성능이 있을 것
(5) 건전지를 사용하는 경우에는 방전방지조치를 하여야 하고, 충전식 배터리의 경우에는 상시 충전되도록 한 것
(6) 건전지 및 충전식 배터리의 용량은 20분 이상 유효하게 사용할 수 있는 것으로 할 것

용어
휴대용 비상조명등
화재발생 등으로 정전시 안전하고 원활한 피난을 위하여 피난자가 휴대할 수 있는 조명등

답 ④

78 ★★★
20.06.문61
19.09.문71
14.03.문79
12.03.문66

자동화재탐지설비 및 시각경보장치의 화재안전기준에 따라 부착높이 8m 이상 15m 미만에 설치되는 감지기의 종류로 틀린 것은?

① 불꽃감지기
② 이온화식 2종
③ 차동식 분포형
④ 보상식 스포트형

해설 ④ 4m 이상 8m 미만

감지기의 부착높이(NFPC 203 7조, NFTC 203 2.4.1)

부착높이	감지기의 종류
4m 미만	• 차동식(스포트형, 분포형) • 보상식 스포트형 • 정온식(스포트형, 감지선형) — **열**감지기 • 이온화식 또는 광전식(스포트형, 분리형, 공기흡입형) : **연**기감지기 • 열복합형 • 연기복합형 — **복**합형 감지기 • 열연기복합형 • 불꽃감지기 **기억법** 열연불복 4미
4~8m 미만	• 차동식(스포트형, 분포형) • **보상식 스포트형** 보기 ④ • **정**온식(스포트형, 감지선형) **특종** 또는 **1종** — **열**감지기 • **이**온화식 **1종** 또는 **2종** • **광**전식(스포트형, 분리형, 공기흡입형) **1종** 또는 **2종** — 연기감지기 • 열복합형 • 연기복합형 — **복**합형 감지기 • 열연기복합형 • 불꽃감지기 **기억법** 8미열 정특1 이광12 복불
8~15m 미만	• 차동식 **분포형** 보기 ③ • **이**온화식 **1종** 또는 **2종** 보기 ② • **광**전식(스포트형, 분리형, 공기흡입형) **1종** 또는 2종 • **연**기**복**합형 • **불**꽃감지기 보기 ① **기억법** 15분 이광12 연복불
15~20m 미만	• **이**온화식 1종 • **광**전식(스포트형, 분리형, 공기흡입형) 1종 • **연**기**복**합형 • **불**꽃감지기 **기억법** 이광불연복2
20m 이상	• 불꽃감지기 • **광**전식(분리형, 공기흡입형) 중 **아**날로그방식 **기억법** 불광아

답 ④

79. 비상방송설비 음향장치의 설치기준 중 틀린 것은?

① 실내에 설치하는 확성기의 음성입력은 1W 이상일 것
② 확성기는 각 층마다 설치하되 그 층의 각 부분으로부터 하나의 확성기까지의 수평거리가 25m 이하가 되도록 할 것
③ 음량조절기를 설치하는 경우 음량조정기의 배선은 2선식으로 할 것
④ 기동장치에 따른 화재신고를 수신한 후 필요한 음량으로 화재발생상황 및 피난에 유효한 방송이 자동으로 개시될 때까지의 소요시간은 10초 이하로 할 것

해설
③ 2선식 → 3선식

비상방송설비의 **설치기준** (NFPC 202 4조, NFTC 202 2.1.1)
(1) 확성기의 음성입력은 실내 **1W** 이상, 실외 **3W** 이상일 것 [보기 ①]
(2) 확성기는 **각 층**마다 설치하되, 각 부분으로부터의 **수평거리**는 **25m** 이하일 것 [보기 ②]
(3) 음량조정기는 **3선식** 배선일 것 [보기 ③]
(4) 조작스위치는 바닥으로부터 **0.8~1.5m** 이하의 높이에 설치할 것
(5) 다른 전기회로에 의하여 **유도장애**가 생기지 않을 것
(6) 비상방송 개시시간은 **10초** 이하일 것 [보기 ④]

중요
3선식 배선의 종류
(1) 공통선
(2) 업무용 배선
(3) 긴급용 배선

답 ③

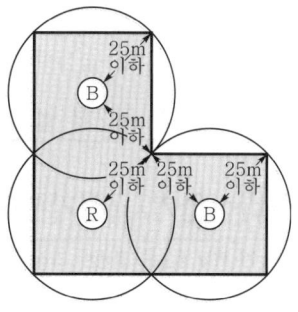

| 지구음향장치의 설치 |

비교

소방시설법 시행령 [별표 5]
소방시설 면제기준

면제대상	대체설비
스프링클러설비	• 물분무등소화설비
물분무등소화설비	• 스프링클러설비
간이스프링클러설비	• 스프링클러설비 • 물분무소화설비·미분무소화설비
비상경보설비 또는 단독경보형 감지기	• 자동화재탐지설비
비상경보설비	• 2개 이상 단독경보형 감지기 연동
비상방송설비	• 자동화재탐지설비 • 비상경보설비
연결살수설비	• 스프링클러설비 • 간이스프링클러설비·미분무소화설비 • 물분무소화설비·미분무소화설비
제연설비	• 공기조화설비
연소방지설비	• 스프링클러설비 • 물분무소화설비·미분무소화설비
연결송수관설비	• 옥내소화전설비 • 스프링클러설비 • 간이스프링클러설비 • 연결살수설비
자동화재탐지설비	• 자동화재탐지설비의 기능을 가진 스프링클러설비 • 물분무소화설비
옥내소화전설비	• 옥외소화전설비 • 미분무소화설비(호스릴방식)

기억법 탐탐스물

답 ④

80. 비상경보설비 및 단독경보형 감지기의 화재안전기준에 따라 비상경보설비를 설치해야 하는 특정소방대상물에 비상벨설비 또는 자동식 사이렌설비와 연동하여 작동하는 비상방송설비를 설치한 경우에 면제할 수 있는 것은?

① 발신기
② 수신기
③ 감지기
④ 지구음향장치

해설
비상경보설비 및 **단독경보형 감지기** (NFPC 201 4조, NFTC 201 2.1)
비상벨설비 또는 **자동식 사이렌설비**
지구음향장치는 특정소방대상물의 **층**마다 설치하되, 해당 특정소방대상물의 각 부분으로부터 하나의 음향장치까지의 **수평거리**가 **25m** 이하가 되도록 하고, 해당 층의 각 부분에 유효하게 경보를 발할 수 있도록 설치하여야 한다(단, 「비상방송설비의 화재안전기준」에 적합한 방송설비를 **비상벨설비** 또는 **자동식 사이렌설비**와 연동하여 작동하도록 설치한 경우에는 **지구음향장치** 설치제외 가능). [보기 ④]

답 ④

2021. 5. 9 시행

▌2021년 산업기사 제2회 필기시험 CBT 기출복원문제▐

자격종목	종목코드	시험시간	형별
소방설비산업기사(전기분야)		2시간	

수험번호	성명

※ 각 문항은 4지택일형으로 질문에 가장 적합한 보기 항을 선택하여 체크하여야 합니다.

제1과목 소방원론

01 목조건축물의 온도와 시간에 따른 화재특성으로 옳은 것은?
① 저온단기형
② 저온장기형
③ 고온단기형
④ 고온장기형

해설

목조건물의 화재온도 표준곡선	내화건물의 화재온도 표준곡선
• 화재성상 : **고온단**기형 보기 ③ • 최고온도(최성기온도) : 1300℃	• 화재성상 : 저온장기형 • 최고온도(최성기온도) : 900~1000℃

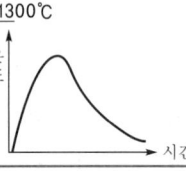
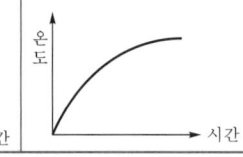

기억법 목고단 13

• 목조건물 = 목재건물

답 ③

02 등유 또는 경유화재에 해당하는 것은?
① A급 화재
② B급 화재
③ C급 화재
④ D급 화재

해설

화재 종류	표시색	적응물질
일반화재(A급)	백색	• 일반 가연물 • 종이류 화재 • **목재, 섬유**화재
유류화재(B급)	황색	• 가연성 액체(**등유·경유**) 보기 ② • 가연성 가스 • 액화가스화재 • 석유화재
전기화재(C급)	청색	• 전기설비
금속화재(D급)	무색	• 가연성 금속
주방화재(K급)	—	• 식용유화재

기억법 백황청무

※ 요즘은 표시색의 의무규정은 없음

답 ②

03 열에너지원 중 화학적 열에너지가 아닌 것은?
① 분해열
② 용해열
③ 유도열
④ 생성열

해설 ③ 전기적 열에너지

열에너지원의 종류

기계열 (기계적 열에너지)	전기열 (전기적 열에너지)	화학열 (화학적 열에너지)
• **압**축열 • **마**찰열 • **마**찰스파크(스파크열)	• 유도열 보기 ③ • 유전열 • 저항열 • 아크열 • 정전기열 • 낙뢰에 의한 열	• 연소열 • **용**해열 보기 ② • **분**해열 보기 ① • **생**성열 보기 ④ • **자**연발화열

기억법 기압마

기억법 화연용분생자

• 기계열 = 기계적 점화원 = 기계적 열에너지
• 전기열 = 전기적 점화원 = 전기적 열에너지
• 화학열 = 화학적 점화원 = 화학적 열에너지

답 ③

04 출화의 시기를 나타낸 것 중 옥외출화에 해당되는 것은?
① 목재사용 가옥에서는 벽, 추녀 밑의 판자나 목재에 발염착화한 때
② 불연벽체나 칸막이 및 불연천장인 경우 실내에서는 그 뒷판에 발염착화한 때
③ 보통 가옥 구조시에는 천장판의 발염착화한 때
④ 천장 속, 벽 속 등에서 발염착화한 때

해설 ②, ③, ④ 옥내출화

옥외출화	옥내출화
① 창·출입구 등에 발염착화한 경우 ② 목재사용 가옥에서는 **벽·추녀 밑**의 판자나 목재에 **발염착화**한 경우 보기 ④	① 천장 속·벽 속 등에서 **발염착화**한 경우 보기 ④ ② 가옥 구조시에는 천장판에 **발염착화**한 경우 보기 ③ ③ 불연벽체나 칸막이의 불연천장인 경우 실내에서는 그 뒤판에 **발염착화**한 경우 보기 ②

기억법 외창출

답 ①

05 실내 화재 발생시 순간적으로 실 전체로 화염이 확산되면서 온도가 급격히 상승하는 현상은?

17.03.문10
12.03.문15
11.06.문06
09.08.문04
09.03.문13

① 제트 파이어(jet fire)
② 파이어볼(fireball)
③ 플래시오버(flashover)
④ 리프트(lift)

해설 **화재현상**

용어	설명
제트 파이어 (jet fire)	압축 또는 액화상태의 가스가 저장탱크나 **배관**에서 **누출**되어 분출하면서 주위 공기와 혼합되어 점화원을 만나 발생하는 화재
파이어볼 (fireball, 화구)	인화성 **액체**가 **대량**으로 **기화**되어 갑자기 발화될 때 발생하는 **공모양**의 화염
플래시오버 (flashover)	화재로 인하여 실내의 온도가 급격히 상승하여 화재가 **순간적**으로 **실내 전체**에 **확산**되어 연소되는 현상 보기 ③
리프트 (lift)	버너 내압이 높아져서 **분출속도**가 **빨라지는** 현상
백파이어 (backfire, 역화)	가스가 노즐에서 나가는 속도가 연소속도보다 느리게 되어 **버너 내부**에서 **연소**하게 되는 현상

답 ③

06 공기 중 산소의 농도를 낮추어 화재를 진압하는 소화방법에 해당하는 것은?

20.03.문16
19.03.문20
16.10.문03
14.09.문05
14.03.문03
13.06.문16
05.09.문09

① 부촉매소화
② 냉각소화
③ 제거소화
④ 질식소화

해설 **소화방법**

소화방법	설명
냉각소화	• **점화원**을 냉각하여 소화하는 방법 • **증**발잠열을 이용하여 열을 빼앗아 가연물의 온도를 떨어뜨려 화재를 진압하는 소화방법
냉각소화	• **다량**의 **물**을 뿌려 소화하는 방법 • 가연성 물질을 **발화점** 이하로 **냉각** • 식용유화재에 신선한 **야채**를 넣어 소화 기억법 냉점증발
질식소화	• 공기 중의 **산소농도**는 15~16%(16%, 10~15%) 이하로 희박하게 하여 소화하는 방법 보기 ④ • **산**화제의 농도를 낮추어 연소가 지속될 수 없도록 함(산소의 농도를 낮추어 소화하는 방법) • **산**소공급을 차단하는 소화방법 기억법 질산
제거소화	• 가연물을 **제거**하여 소화하는 방법
부촉매소화 (=화학소화)	• 연쇄반응을 차단하여 소화하는 방법 • 화학적인 방법으로 화재 억제
희석소화	• 기체·고체·액체에서 나오는 분해가스나 증기의 농도를 낮춰 소화하는 방법
유화소화	• 물을 무상으로 방사하여 유류표면에 유화층의 막을 형성시켜 공기의 접촉을 막아 소화하는 방법
피복소화	• 비중이 공기의 1.5배 정도로 무거운 소화약제를 방사하여 가연물의 구석구석까지 침투·피복하여 소화하는 방법

답 ④

07 제1류 위험물로서 그 성질이 산화성 고체인 것은?

19.09.문01
15.05.문43
15.03.문18
14.09.문04
14.03.문16
13.09.문07

① 셀룰로이드류
② 금속분류
③ 아염소산염류
④ 과염소산

해설
| ① 제5류 | ② 제3류 |
| ③ 제1류 | ④ 제6류 |

위험물령 [별표 1]
위험물

유별	성질	품명
제1류	**산**화성 고체	• 아염소산염류(아염소산나트륨) 보기 ③ • 염소산염류 • 과염소산염류 • 질산염류(질산칼륨) • 무기과산화물(과산화바륨) 기억법 1산고(일산GO)
제2류	가연성 고체	• **황**화인 • **적**린 • **황** • **마**그네슘 기억법 2황적황마
제3류	자연발화성 물질 및 금수성 물질	• **황**린 • **칼**륨 • **나**트륨 • **트**리에틸**알**루미늄 ┐ 금속분 보기 ② 기억법 황칼나트알

제4류	인화성 액체	• 특수인화물 • 석유류(벤젠) • 알코올류 • 동식물유류
제5류	자기반응성 물질	• 질산에스터류(셀룰로이드) 보기 ① • 유기과산화물 • 나이트로화합물 • 나이트로소화합물 • 아조화합물 • 나이트로글리세린
제6류	산화성 액체	• 과염소산 보기 ④ • 과산화수소 • 질산 기억법 6산액과염산질산

답 ③

08 ★★★

피난계획의 일반원칙 중 Fool proof 원칙에 대한 설명으로 옳은 것은?

17.09.문02
15.05.문03
13.03.문05

① 한 가지가 고장이 나도 다른 수단을 이용할 수 있도록 하는 원칙
② 두 방향의 피난동선을 항상 확보하는 원칙
③ 피난수단을 이동식 시설로 하는 원칙
④ 피난수단을 조작이 간편한 원시적 방법으로 하는 원칙

해설
①, ② Fail safe
③ 이동식 시설 → 고정식 시설(설비)

페일 세이프(fail safe)와 **풀 프루프**(fool proof)

용어	설명
페일 세이프 (fail safe)	① 한 가지 피난기구가 고장이 나도 다른 수단을 이용할 수 있도록 고려하는 것 ② 한 가지가 고장이 나도 다른 수단을 이용하는 원칙 보기 ① ③ **두 방향**의 피난동선을 항상 확보하는 원칙 보기 ②
풀 프루프 (fool proof)	① 피난경로는 **간단 명료**하게 한다. ② 피난구조설비는 **고정식 설비**를 위주로 설치한다. 보기 ③ ③ 피난수단은 **원시적 방법**에 의한 것을 원칙으로 한다. 보기 ④ ④ 피난통로를 **완전불연화**한다. ⑤ 막다른 복도가 없도록 계획한다. ⑥ 간단한 그림이나 **색채**를 이용하여 표시한다.

답 ④

09 ★★

다음 물질 중 자연발화의 위험성이 가장 낮은 것은?

17.03.문09
08.09.문01

① 석탄　　　② 팽창질석
③ 셀룰로이드　④ 퇴비

해설
② **소화약제**로서 자연발화의 위험성이 낮다.

자연발화의 **형태**

구 분	종 류
분해열	셀룰로이드, 나이트로셀룰로오스 보기 ③
산화열	건성유(정어리유, 아마인유, 해바라기유), 석탄, 원면, 고무분말 보기 ①
발효열	퇴비, 먼지, 곡물 보기 ④
흡착열	목탄, 활성탄

답 ②

10 ★

식용유화재시 가연물과 결합하여 비누화반응을 일으키는 소화약제는?

19.04.문18

① 물
② Halon 1301
③ 제1종 분말소화약제
④ 이산화탄소소화약제

해설
③ 제1종 분말소화약제 : 식용유화재

(1) **분말소화약제**

종 별	주성분	약제의 착색	적응 화재	비 고
제1종	중탄산나트륨 ($NaHCO_3$)	백색	BC급	**식용유** 및 **지방질유**의 화재에 적합 (**비**누화현상) 기억법 1식분(**일**식분식), 비1(**비일**비재)
제2종	중탄산칼륨 ($KHCO_3$)	담자색 (담회색)		–
제3종	제1인산암모늄 ($NH_4H_2PO_4$)	담홍색	ABC급	**차고·주차장**에 적합 기억법 3분 차주(**삼보**컴퓨터 **차주**), 인3(**인삼**)
제4종	중탄산칼륨+ 요소 ($KHCO_3$+ $(NH_2)_2CO$)	회(백)색	BC급	–

• 중탄산나트륨＝탄산수소나트륨
• 중탄산칼륨＝탄산수소칼륨
• 제1인산암모늄＝인산암모늄＝인산염
• 중탄산칼륨+요소＝탄산수소칼륨+요소

용어

비누화현상 (saponification phenomenon)

구분	설명
정의	**소화약제**가 식용유에서 분리된 **지방산**과 **결합**해 **비누거품**처럼 부풀어 오르는 현상
발생원리	에스테르가 알칼리에 의해 가수분해되어 알코올과 산의 알칼리염이 됨
화재에 미치는 효과	주방의 식용유화재시에 나트륨이 기름을 둘러싸 외부와 분리시켜 **질식소화** 및 **재발화 억제효과**
화학식	RCOOR' + NaOH → RCOONa + R'OH

(2) 이산화탄소소화약제

주성분	적응화재
이산화탄소(CO_2)	BC급

답 ③

11. 상온·상압 상태에서 기체로 존재하는 할론으로만 연결된 것은?

19.04.문15
17.03.문15
16.10.문10

① Halon 2402, Halon 1211
② Halon 1211, Halon 1011
③ Halon 1301, Halon 1011
④ Halon 1301, Halon 1211

해설 상온·상압에서의 상태

기체상태	액체상태
① Halon 1**3**01	① Halon 1011
② Halon 1**2**11	② Halon 104
③ 탄산가스(CO_2)	③ Halon 2402

기억법 132탄기

답 ④

12. 탄화칼슘이 물과 반응할 때 생성되는 가연성가스는?

19.04.문12
10.09.문11

① 메탄
② 에탄
③ 아세틸렌
④ 프로필렌

해설 물과의 반응식
(1) $CaC_2 + 2H_2O → Ca(OH)_2 + C_2H_2↑$ 〈보기 ③〉
  탄화칼슘 물   수산화칼슘 아세틸렌

(2) $AlP + 3H_2O → Al(OH)_3 + PH_3$
  인화알루미늄 물 수산화알루미늄 포스핀=인화수소

(3) $Ca_3P_2 + 6H_2O → 3Ca(OH)_2 + 2PH_3↑$
  인화칼슘 물   수산화칼슘 포스핀

(4) $Al_4C_3 + 12H_2O → 4Al(OH)_3 + 3CH_4↑$
  탄화알루미늄 물 수산화알루미늄 메탄

(5) $2K_2O_2 + 2H_2O → 4KOH + O_2↑$
  과산화칼륨 물 수산화칼륨 산소

답 ③

13. 칼륨이 물과 반응하면 위험한 이유는?

18.04.문17
15.03.문09
13.06.문15
10.05.문07

① 수소가 발생하기 때문에
② 산소가 발생하기 때문에
③ 이산화탄소가 발생하기 때문에
④ 아세틸렌이 발생하기 때문에

해설 주수소화(물소화)시 위험한 물질

위험물	발생물질
무기과산화물	산소(O_2) 발생
① 금속분 ② 마그네슘 ③ 알루미늄 ④ 칼륨 ⑤ 나트륨 ⑥ 수소화리튬	수소(H_2) 발생
가연성 액체의 유류화재(경유)	연소면(화재면) 확대

중요

경유화재시 **주수소화**가 **부적당**한 이유
물보다 비중이 가벼워 물 위에 떠서 **화재 확대**의 우려가 있기 때문이다.

답 ①

14. 다음 중 황린의 완전 연소시에 주로 발생되는 물질은?

19.04.문09
15.09.문18
09.03.문02

① P_2O
② PO_2
③ P_2O_3
④ P_2O_5

해설 ④ 황린의 연소생성물은 P_2O_5(오산화인)이다.

황린의 연소분해반응식

$P_4 + 5O_2 → 2P_2O_5$
 황린 산소 오산화인

답 ④

15. 건축물의 방화계획에서 공간적 대응에 해당되지 않는 것은?

15.09.문04
14.03.문01
06.09.문17

① 대항성
② 회피성
③ 도피성
④ 피난성

해설 건축방재의 계획
(1) 공간적 대응

종류	설명
대항성	내화성능·방연성능·초기 소화대응 등의 화재사상의 저항능력
회피성	불연화·난연화·내장제한·구획의 세분화·방화훈련(소방훈련)·불조심 등 출화유발·확대 등을 저감시키는 예방조치강구
도피성	화재가 발생한 경우 안전하게 피난할 수 있는 시스템

기억법 도대회

(2) 설비적 대응
화재에 대응하여 설치하는 **소화설비, 경보설비, 피난구조설비, 소화활동설비** 등의 제반 소방시설

기억법 설설

답 ④

16 0℃의 얼음 1g이 100℃의 수증기가 되려면 약 몇 cal의 열량이 필요한가? (단, 0℃ 얼음의 융해열은 80cal/g이고, 100℃ 물의 증발잠열은 539cal/g이다.)

① 539
② 719
③ 939
④ 1119

해설 물의 잠열

잠열 및 열량	설명
80cal/g	융해잠열
539cal/g	기화(증발)잠열
639cal	0℃의 물 1g이 100℃의 수증기가 되는 데 필요한 열량
719cal	0℃의 얼음 1g이 100℃의 수증기가 되는 데 필요한 열량 보기 ②

답 ②

17 상태의 변화 없이 물질의 온도를 변화시키기 위해서 가해진 열을 무엇이라 하는가?

① 현열
② 잠열
③ 기화열
④ 융해열

해설 현열과 잠열

현열	잠열
상태의 변화 없이 물질의 **온도**를 **변화시키기** 위해서 가해진 열 보기 ①	온도의 변화 없이 물질의 **상태**를 **변화시키기** 위해서 가해진 열
예 물 0℃ → 물 100℃	예 물 100℃ → 수증기 100℃

용어 기화열 vs 융해열

기화열(증발열)	융해열
액체가 **기체**로 되면서 주위에서 빼앗는 열량	**고체**를 녹여서 **액체**로 바꾸는 데 소요되는 열량

답 ①

18 분말소화약제 중 A, B, C급의 화재에 모두 사용할 수 있는 것은?

① 제1종 분말소화약제
② 제2종 분말소화약제
③ 제3종 분말소화약제
④ 제4종 분말소화약제

해설 분말소화약제(질식효과)

종별	주성분	약제의 착색	적응화재	비고
제1종	중탄산나트륨 ($NaHCO_3$)	백색	BC급	**식용유** 및 **지방질유**의 화재에 적합
제2종	중탄산칼륨 ($KHCO_3$)	담자색 (담회색)		–
제3종	인산암모늄 ($NH_4H_2PO_4$)	담홍색	ABC급	차고·주차장에 적합
제4종	중탄산칼륨+요소 ($KHCO_3+(NH_2)_2CO$)	회(백)색	BC급	–

기억법 3ABC(3종이니까 3가지 ABC급)

- 중탄산나트륨 = 탄산수소나트륨
- 중탄산칼륨 = 탄산수소칼륨
- 제1인산암모늄 = 인산암모늄 = 인산염
- 중탄산칼륨+요소 = 탄산수소칼륨+요소

답 ③

19 기름탱크에서 화재가 발생하였을 때 탱크 하부에 있는 물 또는 물-기름 에멀션이 뜨거운 열유층에 의해서 가열되어 유류가 탱크 밖으로 갑자기 분출하는 현상은?

① 리프트(lift)
② 백파이어(backfire)
③ 플래시오버(flashover)
④ 보일오버(boil over)

해설 보일오버(boil over)
(1) 중질유의 탱크에서 장시간 조용히 연소하다 탱크 내의 잔존기름이 갑자기 분출하는 현상
(2) 유류탱크에서 탱크바닥에 물과 기름의 **에멀션**이 섞여 있을 때 이로 인하여 화재가 발생하는 현상 보기 ④
(3) 연소유면으로부터 100℃ 이상의 열파가 탱크 저부에 고여 있는 물을 비등하게 하면서 연소유를 탱크 밖으로 비산시키며 연소하는 현상

용어

구 분	설 명
리프트 (lift)	버너 내압이 높아져서 **분출속도**가 **빨라지는** 현상
백파이어 (backfire, 역화)	가스가 노즐에서 나가는 속도가 연소속도보다 느리게 되어 **버너 내부**에서 **연소**하게 되는 현상
플래시오버 (flashover)	화재로 인하여 실내의 온도가 급격히 상승하여 화재가 **순간적**으로 **실내 전체**에 **확산**되어 연소되는 현상

답 ④

20 다음 중 인화점이 가장 낮은 물질은?

① 산화프로필렌 ② 이황화탄소
③ 아세틸렌 ④ 다이에틸에터

해설

① −37℃ ② −30℃
③ −18℃ ④ −45℃

물 질	인화점	착화점
• 프로필렌	−107℃	497℃
• 에틸에터 • 다이에틸에터	−45℃ 보기 ④	180℃
• 가솔린(휘발유)	−43℃	300℃
• 이황화탄소	−30℃ 보기 ②	100℃
• 아세틸렌	−18℃ 보기 ③	335℃
• 아세톤	−18℃	538℃
• 산화프로필렌	−37℃ 보기 ①	465℃
• 벤젠	−11℃	562℃
• 톨루엔	4.4℃	480℃
• 에틸알코올	13℃	423℃
• 아세트산	40℃	−
• 등유	43~72℃	210℃
• 경유	50~70℃	200℃
• 적린	−	260℃

• 인화점=인화온도
• 착화점=발화점=착화온도=발화온도

답 ④

제 2 과목 소방전기일반

21 그림과 같은 블록선도에서 C는?

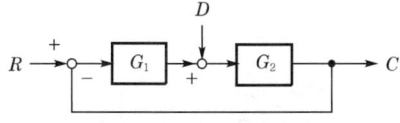

① $C = \dfrac{G_1 G_2}{1+G_1 G_2} R + \dfrac{G_1}{1+G_1 G_2} D$

② $C = \dfrac{G_1 G_2}{1+G_1 G_2} R + \dfrac{G_1 G_2}{1-G_1 G_2} D$

③ $C = \dfrac{G_1 G_2}{1+G_1 G_2} R + \dfrac{G_1 G_2}{1+G_1 G_2} D$

④ $C = \dfrac{G_1 G_2}{1+G_1 G_2} R + \dfrac{G_2}{1+G_1 G_2} D$

해설

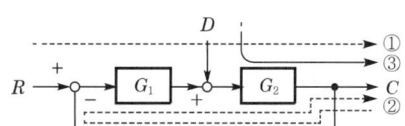

$RG_1 G_2 - CG_1 G_2 + DG_2 = C$
$RG_1 G_2 + DG_2 = C + CG_1 G_2$
$C + CG_1 G_2 = RG_1 G_2 + DG_2$
$C(1+G_1 G_2) = RG_1 G_2 + DG_2$
$C = \dfrac{RG_1 G_2 + DG_2}{1+G_1 G_2} = \dfrac{RG_1 G_2}{1+G_1 G_2} + \dfrac{DG_2}{1+G_1 G_2}$
$= \dfrac{G_1 G_2}{1+G_1 G_2} R + \dfrac{G_2}{1+G_1 G_2} D$

용어

블록선도(block diagram)
(1) 제어계에서 신호가 전달되는 모양을 표시하는 선도
(2) 제어계의 신호전송상태를 나타내는 계통도

답 ④

22 다음 그림과 같은 무접점회로의 논리식은?

① $A+B$ ② $\overline{A \cdot B}$
③ $\overline{A}+\overline{B}$ ④ $\overline{A} \cdot \overline{B}$

해설

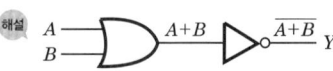

$Y = \overline{A+B} = \overline{A} \cdot \overline{B}$ (드모르간의 정리)

중요

(1) 불대수의 정리

논리합	논리곱	비 고
$X+0=X$	$X \cdot 0=0$	−
$X+1=1$	$X \cdot 1=X$	−
$X+X=X$	$X \cdot X=X$	−
$X+\overline{X}=1$	$X \cdot \overline{X}=0$	−
$X+Y=Y+X$	$X \cdot Y=Y \cdot X$	교환법칙
$X+(Y+Z)$ $=(X+Y)+Z$	$X(YZ)=(XY)Z$	결합법칙

$X(Y+Z)$ $=XY+XZ$	$(X+Y)(Z+W)$ $=XZ+XW+YZ+YW$	분배 법칙
$X+XY=X$	$\overline{X}+XY=\overline{X}+Y$ $X+\overline{X}Y=X+Y$ $X+\overline{X}\ \overline{Y}=X+\overline{Y}$	흡수 법칙
$\overline{(X+Y)}$ $=\overline{X}\cdot\overline{Y}$	$\overline{(X\cdot Y)}=\overline{X}+\overline{Y}$	드모 르간 의정리

(2) 무접점 논리회로

시퀀스	논리식	논리회로
직렬 회로	$Z=A\cdot B$ $Z=AB$	AND 게이트
병렬 회로	$Z=A+B$	OR 게이트
a접점	$Z=A$	버퍼 게이트
b접점	$Z=\overline{A}$	NOT 게이트

23 다른 종류의 금속선으로 된 폐회로의 두 접합점의 온도를 달리하였을 때 열기전력이 발생하는 효과는?

① 홀효과
② 톰슨효과
③ 펠티에효과
④ 제벡효과

해설 여러 가지 효과

효 과	설 명
핀치효과 (Pinch effect)	전류가 **도선 중심**으로 흐르려고 하는 현상
톰슨효과 (Thomson effect)	① 균질의 철사에 **온도구배**(온도차)가 있을 때 여기에 전류가 흐르면 **열의 흡수** 또는 **발생**이 일어나는 현상 ② 동종 금속도선의 두 점 간에 온도차를 주고 고온쪽에서 저온쪽으로 **전류**를 흘리면, 줄열 이외에 도선 속에서 **열**이 발생하거나 흡수가 일어나는 현상
홀효과 (Hall effect)	도체에 **자계**를 가하면 **전위차**가 발생하는 현상

	① 다른 종류의 금속선으로 된 폐회로의 두 접합점의 온도를 달리하였을 때 열기전력이 발생하는 효과로서 **열전대식·열반도체식** 감지기는 이 원리를 이용하여 만들어졌다. 보기 ④
제벡효과 (Seebeck effect)	② 이종 금속을 접합하여 폐회로를 만든 후 두 접합점의 온도를 다르게 하여 **열전류**를 얻는 열전현상
펠티에효과 (Peltier effect)	2종류의 다른 금속을 접합하여 전류를 흐르게 하였을 때 **열**의 발생 또는 **흡수**가 발생하는 현상

답 ④

24 제어장치의 출력인 동시에 제어대상의 입력으로 제어장치가 제어대상에 가하는 제어신호는?

① 제어량
② 조작량
③ 동작신호
④ 궤환신호

해설 피드백제어의 용어

용어	설명
제어량 (controlled value)	• 제어대상에 속하는 양으로, 제어대상을 제어하는 것을 목적으로 하는 물리적인 양이다.
조작량 (manipulated value)	• **제어장치**의 **출력**인 동시에 **제어대상**의 **입력**으로 제어장치가 제어대상에 가해지는 제어신호 보기 ② • 제어요소가 제어대상에게 주는 것
제어요소 (control element)	• 동작신호를 조작량으로 변환하는 요소이고, **조절부**와 **조작부**로 이루어진다.
제어장치 (control device)	• 제어를 하기 위해 제어대상에 부착되는 장치이고, **조절부**, 설정부, 검출부 등이 이에 해당된다.
오차검출기	• 제어량을 설정값과 비교하여 오차를 계산하는 장치이다.

기억법 조출동, 조요대(조용하대)

답 ②

25 원자 하나에 최외각 전자가 4개인 4가의 전자로서 가전자대의 4개의 전자가 안정화를 위해 원자끼리 결합한 구조로 일반적인 반도체 재료로 쓰고 있는 것은?

① Si
② P
③ As
④ Ga

해설 반도체 재료
(1) 규소(Si)=실리콘 보기 ①
(2) 게르마늄(Ge)
(3) 탄소(C)
(4) 아산화동(Cu_2O)

※ **반도체 재료**: 온도가 올라가면 저항이 감소하는 물질

답 ①

26
3상 교류 전원과 부하가 모두 △결선된 3상 평형 회로에서 전원전압이 200V, 부하 임피던스가 $6+j8\,\Omega$인 경우 선전류[A]는?

① 10
② $\dfrac{20}{\sqrt{3}}$
③ 20
④ $20\sqrt{3}$

해설

(1) 기호
- V_l : 200V
- Z : $6+j8\,\Omega$
- I_l : ?

(2) △결선

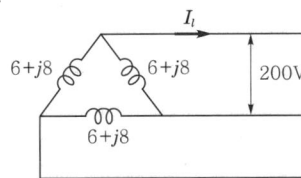

Y결선 : 선전류 $I_Y = \dfrac{V_l}{\sqrt{3}\,Z}$ [A]

△결선 : 선전류 $I_\triangle = \dfrac{\sqrt{3}\,V_l}{Z}$ [A]

여기서, V_l : 선간전압[V], Z : 임피던스[Ω]

△결선이므로

선전류 $I_\triangle = \dfrac{\sqrt{3}\,V_l}{Z} = \dfrac{\sqrt{3}\times 200}{6+j8}$

$= \dfrac{\sqrt{3}\times 200}{\sqrt{6^2+8^2}} = 20\sqrt{3}$ A

답 ④

27
DC 전압을 일정하게 유지하기 위해서 주로 사용되는 다이오드는?

① 쇼트키다이오드
② 터널다이오드
③ 제너다이오드
④ 버랙터다이오드

해설 다이오드의 종류

종류	심벌	설명
정류 다이오드		• 교류를 직류로 변환할 때 이용
스위칭 다이오드	—	• 고속 ON/OFF 특성을 스위칭에 이용
제너 다이오드 (정전압 다이오드)		• 정전압 특성을 전압 안정화에 이용 • 출력전압을 일정하게 유지(전원전압을 일정하게 유지) 보기 ③ 기억법 일제압
가변용량 다이오드 (바랙터다이오드 = 버렉터다이오드)		• 가변용량 특성을 FM 변조 AFC 동조에 이용
터널 다이오드		• 음저항 특성을 마이크로파 발진에 이용
발광 다이오드		• 발광 특성을 응용하여 광센서에 이용
쇼트키 다이오드		• N형 반도체와 금속을 접합하여 금속부분이 반도체와 같은 기능을 하도록 만들어진 다이오드

답 ③

28
압력 → 변위의 변환장치는?

① 다이어프램
② 노즐플래퍼
③ 유압분사관
④ 차동변압기

해설 변환요소

구분	변환
• 측온저항 • 정온식 감지선형 감지기	온도 → 임피던스
• 광전다이오드 • 열전대식 감지기 • 열반도체식 감지기	온도 → 전압
• 광전지	빛 → 전압
• 전자	전압(전류) → 변위
• 유압분사관	변위 → 압력
• 다이어프램 보기 ①	압력 → 변위 기억법 다압변
• 포텐셔미터 • 차동변압기 • 전위차계	변위 → 전압
• 가변저항기 • 가변저항스프링 • 용량형 변환기	변위 → 임피던스

답 ①

29
논리식 $A\cdot(A+B)$를 간단히 하면?

① A
② B
③ $A\cdot B$
④ $A+B$

해설

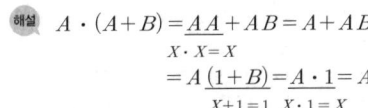

$= A(1+B) = A\cdot 1 = A$
　　　　　　　$X+1=1$　$X\cdot 1 = X$

불대수의 정리 중 **흡수법칙**에 해당된다.

중요

불대수의 정리

논리합	논리곱	비고
$X+0=X$	$X \cdot 0 = 0$	–
$X+1=1$	$X \cdot 1 = X$	–
$X+X=X$	$X \cdot X = X$	–
$X+\overline{X}=1$	$X \cdot \overline{X}=0$	–
$X+Y=Y+X$	$X \cdot Y = Y \cdot X$	교환법칙
$X+(Y+Z)$ $=(X+Y)+Z$	$X(YZ)=(XY)Z$	결합법칙
$X(Y+Z)$ $=XY+XZ$	$(X+Y)(Z+W)$ $=XZ+XW+YZ+YW$	분배법칙
$X+XY=X$	$\overline{X}+XY=\overline{X}+Y$ $X+\overline{X}Y=X+Y$ $X+\overline{X}\ \overline{Y}=X+\overline{Y}$	흡수법칙
$\overline{(X+Y)}$ $=\overline{X} \cdot \overline{Y}$	$\overline{(X \cdot Y)}=\overline{X}+\overline{Y}$	드모르간의 정리

중요

결합계수

$k=0$	$k=1$
두 코일 직교시	이상결합·완전결합시

답 ③

31 ⭐
13.06.문27

서보전동기는 서보기구에서 주로 어떤 곳의 기능을 담당하는가?

① 제어부 ② 검출부
③ 조작부 ④ 비교부

해설 서보전동기(servo motor)
서보기구의 최종단에 설치되는 **조작기기(조작부)**로서, 직선운동 또는 회전운동을 하며 **정확한 제어**가 가능하다.

참고

서보전동기의 특징
(1) 직류전동기와 교류전동기가 있다.
(2) 정·역회전이 가능하다.
(3) 급가속, 급감속이 가능하다.
(4) 저속운전이 용이하다.

답 ③

답 ①

30 ⭐⭐⭐
18.03.문29
17.09.문26
17.05.문34
13.09.문29

두 코일이 결합계수 1로 인접해 있다. 코일 1의 자기인덕턴스가 10μH이고, 코일 2의 자기인덕턴스가 5μH일 때 이 코일의 상호인덕턴스는 약 몇 μH인가?

① 3
② 5
③ 7
④ 10

해설 (1) 기호
- $L_1 : 10\mu H$
- $L_2 : 5\mu H$
- $k : 1$
- $M : ?$

(2) 상호인덕턴스(mutual inductance)

$$M=k\sqrt{L_1 L_2}$$

여기서, M : 상호인덕턴스[μH]
k : 결합계수
L_1, L_2 : 자기인덕턴스[μH]

• 상호인덕턴스=상호유도계수

상호인덕턴스 M은
$M=k\sqrt{L_1 L_2}=1\sqrt{10\times 5}=7.07≒7\mu H$

32 ⭐⭐
19.04.문24
16.05.문29

임피던스 $16+j12\Omega$에 $26+j40V$의 전압을 인가할 때 유효전력은 몇 W인가?

① 58 ② 91
③ 114 ④ 228

해설 (1) 기호
- $Z : 16+j12\Omega$
- $V : 26+j40V$
- $P : ?$

(2) 임피던스

$$Z=R+jX=\sqrt{R^2+X^2}$$

여기서, Z : 임피던스[Ω]
R : 저항[Ω]
X : 리액턴스[Ω]

임피던스 Z는
$Z=R+jX=\sqrt{R^2+X^2}$
$\qquad \downarrow \qquad \downarrow$
$=16+j12=\sqrt{16^2+12^2}=20\Omega$

(3) 전류

$$I=\frac{V}{Z}$$

여기서, I : 전류[A]
V : 전압[V]
Z : 임피던스[Ω]

전류 I는
$I=\frac{V}{Z}=\frac{\sqrt{26^2+40^2}}{20}≒2.385A$

(4) **유효전력**(소비전력)

$$P = I^2 R$$

여기서, P : 유효전력[W]
I : 전류[A]
R : 저항[Ω]

유효전력 P는
$P = I^2 R = 2.385^2 \times 16 ≒ 91.04 ≒ 91W$

비교

무효전력

$$P_r = I^2 X$$

여기서, P_r : 무효전력[Var]
I : 전류[A]
X : 리액턴스[Ω]

무효전력 P_r는
$P_r = I^2 X = 2.385^2 \times 12 = 68.3 Var$

답 ②

33 그림과 같은 논리기호는?

16.10.문29
15.09.문38
14.05.문32
14.03.문27
13.03.문34

① OR 게이트 ② AND 게이트
③ NAND 게이트 ④ NOR 게이트

해설 논리회로

명 칭	논리회로	진리표		
AND 게이트	$C = A \cdot B$	A	B	C
		0	0	0
		0	1	0
		1	0	0
		1	1	1
OR 게이트	$C = A + B$	A	B	C
		0	0	0
		0	1	1
		1	0	1
		1	1	1
NOT 게이트	$C = \overline{A}$	A	C	
		0	1	
		1	0	
NAND 게이트	$C = \overline{A \cdot B}$	A	B	C
		0	0	1
		0	1	1
		1	0	1
		1	1	0
NOR 게이트	$C = \overline{A + B}$	A	B	C
		0	0	1
		0	1	0
		1	0	0
		1	1	0
EXCLUSIVE OR 게이트	$C = A \oplus B$ $= \overline{A}B + A\overline{B}$	A	B	C
		0	0	0
		0	1	1
		1	0	1
		1	1	0
EXCLUSIVE NOR 게이트	$C = \overline{A \oplus B}$ $= AB + \overline{A}\,\overline{B}$	A	B	C
		0	0	1
		0	1	0
		1	0	0
		1	1	1

답 ③

34 그림과 같은 회로에서 전전류 I는 몇 A인가?

11.10.문22
① 4
② 10
③ 12
④ 25

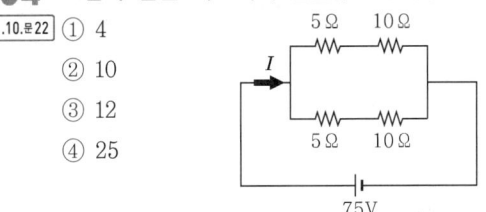

해설 (1) 병렬합성저항

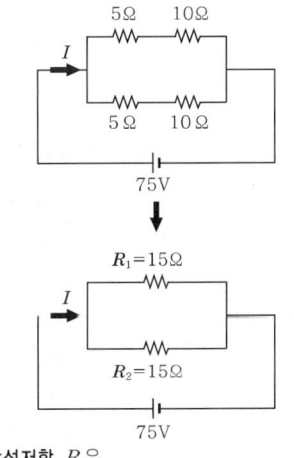

병렬합성저항 R은
$R = \dfrac{R_1 \times R_2}{R_1 + R_2} = \dfrac{15 \times 15}{15 + 15} ≒ 7.5$

(2) 전류

$$I = \frac{V}{R}$$

여기서, I : 전류[A]
V : 전압[V]
R : 저항[Ω]

전류 I 는

$$I = \frac{V}{R} = \frac{75}{7.5} = 10\text{A}$$

답 ②

35 ★★★ 3상 농형 유도전동기의 기동방법으로 틀린 것은?

① 전전압기동법
② Y-△기동법
③ 2차 저항법
④ 기동보상기 기동법

해설 ③ 3상 권선형 유도전동기의 기동방법

3상 농형 유도전동기	3상 권선형 유도전동기
① 전전압기동법 보기① ② 1차 저항기동법 ③ 리액터기동법 ④ Y-△기동법 보기② ⑤ 기동보상기법(기동보상기 기동법) 보기④ ⑥ 콘도르파기동법(콘돌파기동법)	① 2차 저항기동법(2차 저항법) 보기③ ② 게르게스법

용어

콘도르파기동법
V결선의 단권변압기를 사용하여 전동기의 인가전압을 저하시켜 기동하는 방식

답 ③

36 ★★ 그림과 같은 피드백제어계의 폐루프 전달함수는?

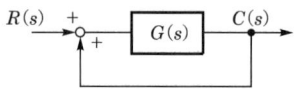

① $\dfrac{G(s)}{1-G(s)}$
② $\dfrac{G(s)}{1-R(s)}$
③ $\dfrac{C(s)}{1+R(s)}$
④ $\dfrac{R(s)C(s)}{1+G(s)}$

해설
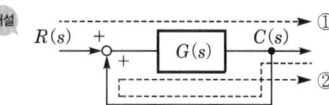

$C(s) = R(s)G(s) + C(s)G(s)$
$C(s) - C(s)G(s) = R(s)G(s)$
$C(s)(1-G(s)) = R(s)G(s)$
$\dfrac{C(s)}{R(s)} = \dfrac{G(s)}{1-G(s)}$

※ **전달함수** : 모든 초기값을 0으로 했을 때 출력신호의 라플라스 변환과 입력신호의 라플라스 변환의 비

답 ①

37 ★★★ 제어시스템에서 제어요소는 다음 중 어느 것으로 구성되는가?

① 검출부와 조작부
② 조작부와 조절부
③ 검출부와 조절부
④ 명령부와 검출부

해설 피드백제어의 용어

제어요소 보기②	제어장치	조절기
① 조절부 ② 조작부	① 조절부 ② 설정부 ③ 검출부	① **조**절부 ② **설**정부 ③ **비**교부
기억법 조제요(조제요구)		기억법 조설비

용어

용어	설명
제어량 (controlled value)	제어대상에 속하는 양으로, 제어대상을 제어하는 것을 목적으로 하는 물리적인 양
조작량 (manipulated value)	①제어장치의 출력인 동시에 제어대상의 입력으로 제어장치가 제어대상에 가해지는 제어신호 ②제어요소가 제어대상에게 주는 것 기억법 조출동(조중동 신문) 조요대(조용하대)
제어요소 (control element)	동작신호를 조작량으로 변환하는 요소이고, 조절부와 조작부로 이루어진다. 기억법 조제요(조제요구)
제어장치 (control device)	제어를 하기 위해 제어대상에 부착되는 장치이고, 조절부, 설정부, 검출부 등이 이에 해당된다.
오차검출기	제어량을 설정값과 비교하여 오차를 계산하는 장치이다.

답 ②

38 ★★★ 다음 그림과 같은 논리회로는?

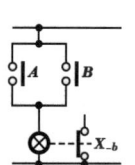

① OR 회로
② AND 회로
③ NOR 회로
④ NAND 회로

해설 논리회로와 시퀀스회로

논리회로	시퀀스회로
AND 회로	
OR 회로	
NOT 회로	
NAND 회로	
NOR 회로	
EXCLUSIVE OR 회로	
EXCLUSIVE NOR 회로	

답 ③

39 그림과 같은 브리지회로의 평형 조건은? (단, 전원주파수가 일정하다.)

17.05.문21
11.03.문31

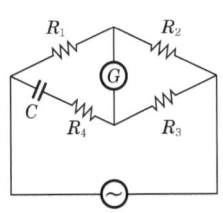

① $R_1 R_3 + R_2 R_4 = \dfrac{L}{C}$,

　　$\dfrac{R_4}{R_2} = \dfrac{L}{C}$

② $R_1 R_3 + R_2 R_4 = \dfrac{L}{C}$,

　　$\dfrac{R_4}{R_2} = \dfrac{1}{\omega^2 LC}$

③ $R_1 R_3 - R_2 R_4 = \dfrac{L}{C}$,

　　$\dfrac{R_4}{R_2} = \dfrac{L}{C}$

④ $R_1 R_3 - R_2 R_4 = \dfrac{L}{C}$,

　　$\dfrac{R_4}{R_2} = \dfrac{1}{\omega^2 LC}$

해설 (1) 유도리액턴스

$$X_L = j\omega L$$

여기서, X_L : 유도리액턴스[Ω]
　　j : 허수($\sqrt{-1}$)
　　ω : 각주파수[rad/s]
　　L : 인덕턴스[H]

(2) 용량리액턴스

$$X_C = \dfrac{1}{j\omega C}$$

여기서, X_C : 용량리액턴스
　　j : 허수($\sqrt{-1}$)
　　ω : 각주파수[rad/s]
　　C : 정전용량[F]

$\dot{V_a} = \dot{E}\left(\dfrac{R_1}{R_1 + R_2 + X_L}\right)$

$\dot{V_b} = \dot{E}\left(\dfrac{R_4 + X_C}{R_4 + X_C + R_3}\right)$

(3) 휘트스톤 브리지

$\dot{V_a} = \dot{E}\left(\dfrac{R_1}{R_1 + R_2 + j\omega L}\right)$

$\dot{V_b} = \dot{E}\left(\dfrac{R_4 + \dfrac{1}{j\omega C}}{R_4 + \dfrac{1}{j\omega C} + R_3}\right)$

$\dot{V}_a = \dot{V}_b$ 이므로

$$\dot{E}\left(\frac{R_1}{R_1+R_2+j\omega L}\right) = \dot{E}\left(\frac{R_4 + \frac{1}{j\omega C}}{R_4 + \frac{1}{j\omega C} + R_3}\right)$$

$$R_1\left(R_4 + \frac{1}{j\omega C} + R_3\right) = \left(R_4 + \frac{1}{j\omega C}\right)(R_1+R_2+j\omega L)$$

$$\cancel{R_1R_4} + \frac{R_1}{\cancel{j\omega C}} + R_1R_3 = \cancel{R_1R_4} + R_2R_4 + j\omega LR_4 + \frac{\cancel{R_1}}{\cancel{j\omega C}}$$
$$+ \frac{R_2}{j\omega C} + \frac{\cancel{j}\omega L}{\cancel{j}\omega C}$$

$$R_1R_3 = R_2R_4 + j\omega LR_4 + \frac{R_2}{j\omega C} + \frac{L}{C}$$

[실수부] $R_1R_3 = R_2R_4 + \frac{L}{C}$

$R_1R_3 - R_2R_4 = \frac{L}{C}$

[허수부] $j\omega LR_4 + \frac{R_2}{j\omega C} = 0$

$j\omega LR_4 = -\frac{R_2}{j\omega C}$

$\frac{R_4}{R_2} = -\frac{1}{j^2\omega^2 LC}$

$\boxed{j^2 = (\sqrt{-1})^2 = -1}$ 이므로

$\frac{R_4}{R_2} = \cancel{-}\frac{1}{\cancel{-}1 \omega^2 LC}$

$\frac{R_4}{R_2} = \frac{1}{\omega^2 LC}$

답 ④

★ 40
19.03.문23

테브난의 정리를 이용하여 그림 (a)의 회로를 그림 (b)와 같은 등가회로로 만들고자 할 때 E[V]와 R[Ω]은?

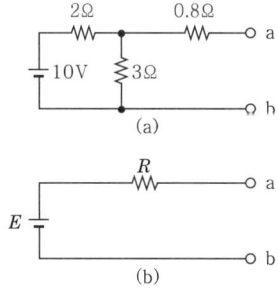

① 5, 2
② 5, 3
③ 6, 2
④ 6, 3

해설 테브난의 정리에 의해 0.8Ω에는 전압이 가해지지 않으므로

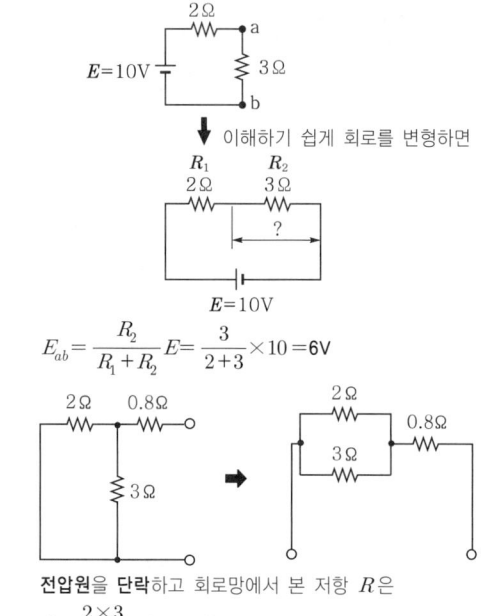

$E_{ab} = \frac{R_2}{R_1+R_2}E = \frac{3}{2+3}\times 10 = 6V$

전압원을 단락하고 회로망에서 본 저항 R은

$R = \frac{2\times 3}{2+3} + 0.8 = 2Ω$

용어
테브난의 정리(테브낭의 정리)
2개의 독립된 회로망을 접속하였을 때의 전압·전류 및 임피던스의 관계를 나타내는 정리

답 ③

제3과목 소방관계법규

★ 41
19.09.문58
17.05.문52

위험물안전관리법령상 위험물 및 지정수량에 대한 기준 중 다음 (　) 안에 알맞은 것은?

> 금속분이라 함은 알칼리금속·알칼리토류금속·철 및 마그네슘 외의 금속의 분말을 말하고, 구리분·니켈분 및 (㉠)마이크로미터의 체를 통과하는 것이 (㉡)중량퍼센트 미만인 것은 제외한다.

① ㉠ 150, ㉡ 50
② ㉠ 53, ㉡ 50
③ ㉠ 50, ㉡ 150
④ ㉠ 50, ㉡ 53

해설 **위험물령〔별표 1〕**
금속분
알칼리금속·알칼리토류 금속·철 및 마그네슘 외의 금속의 분말을 말하고, **구리분·니켈분** 및 **150마이크로미터**의 체를 통과하는 것이 **50중량퍼센트** 미만인 것은 제외한다.

답 ①

42. 위험물안전관리법령상 정기점검의 대상인 제조소 등의 기준으로 틀린 것은?

① 이송취급소
② 위험물을 취급하는 탱크로서 지하에 매설된 탱크가 있는 일반취급소
③ 지정수량의 50배 이상의 위험물을 저장하는 옥외저장소
④ 지정수량의 200배 이상의 위험물을 저장하는 옥외탱크저장소

해설
③ 50배 이상 → 100배 이상

위험물령 16조
정기점검대상인 제조소 등
(1) 예방규정을 정하여야 하는 제조소 등
  ㉠ 지정수량 **10배** 이상의 **제조소 · 일반취급소**
  ㉡ 지정수량 **100배** 이상의 **옥외**저장소
  ㉢ 지정수량 **150배** 이상의 **옥내**저장소
  ㉣ 지정수량 **200배** 이상의 **옥외탱크**저장소

기억법	1	제일
	0	외
	5	내
	2	탱

  ㉤ 암반탱크저장소
  ㉥ 이송취급소
(2) 지하탱크저장소
(3) 이동탱크저장소
(4) **지하**에 매설된 탱크가 있는 **제조소 · 주유취급소** 또는 일반취급소

답 ③

43. 소방기본법령상 이웃하는 다른 시·도지사와 소방업무에 관하여 시·도지사가 체결할 상호응원협정 사항이 아닌 것은?

① 화재조사활동
② 응원출동의 요청방법
③ 소방교육 및 응원출동훈련
④ 응원출동 대상지역 및 규모

해설
③ 소방교육은 해당없음

기본규칙 8조
소방업무의 상호응원협정
(1) 다음의 **소방활동**에 관한 사항
  ㉠ 화재의 경계 · 진압활동
  ㉡ 구조 · 구급업무의 지원
  ㉢ 화재**조**사활동
(2) 응원출동 대상지역 및 규모
(3) 소요경비의 부담에 관한 사항
  ㉠ 출동대원의 수당 · 식사 및 의복의 수선
  ㉡ 소방장비 및 기구의 정비와 연료의 보급
(4) 응원출동의 요청방법
(5) 응원출동 훈련 및 평가

기억법 조응(조아?)

답 ③

44. 다음 중 화재예방강화지구의 지정대상 지역과 가장 거리가 먼 것은?

① 공장지역
② 시장지역
③ 목조건물이 밀집한 지역
④ 소방용수시설이 없는 지역

해설
① 공장지역 → 공장 등이 밀집한 지역

화재예방법 18조
화재예방강화지구의 지정
(1) 지정권자 : **시 · 도지사**
(2) 지정지역
  ㉠ **시장**지역 〈보기 ②〉
  ㉡ **공장 · 창고** 등이 밀집한 지역 〈보기 ①〉
  ㉢ **목조건물**이 밀집한 지역 〈보기 ③〉
  ㉣ **노후 · 불량** 건축물이 밀집한 지역
  ㉤ **위험물**의 **저장** 및 **처리시설**이 **밀집**한 지역
  ㉥ **석유화학제품**을 생산하는 공장이 있는 지역
  ㉦ **소방시설 · 소방용수시설** 또는 **소방출동로**가 **없는** 지역 〈보기 ④〉
  ㉧ 「산업입지 및 개발에 관한 법률」에 따른 산업단지
  ㉨ 「물류시설의 개발 및 운영에 관한 법률」에 따른 물류단지
  ㉩ **소방청장 · 소방본부장** 또는 **소방서장**(소관서장)이 화재예방강화지구로 지정할 필요가 있다고 인정하는 지역

기억법 화강시

※ **화재예방강화지구** : 화재발생 우려가 크거나 화재가 발생할 경우 피해가 클 것으로 예상되는 지역에 대하여 화재의 예방 및 안전관리를 강화하기 위해 지정 · 관리하는 지역

비교

기본법 19조
화재로 오인할 만한 불을 피우거나 연막소독시 신고지역
(1) 시장지역
(2) 공장 · 창고가 밀집한 지역
(3) 목조건물이 밀집한 지역
(4) **위험물**의 **저장** 및 **처리시설**이 **밀집**한 지역
(5) 석유화학제품을 생산하는 공장이 있는 지역
(6) 그 밖에 **시 · 도**의 **조례**로 정하는 지역 또는 장소

답 ①

45 소방시설공사업법상 소방시설공사 결과 소방시설의 하자발생시 통보를 받은 공사업자는 며칠 이내에 하자를 보수해야 하는가?

① 3   ② 5
③ 7   ④ 10

해설 공사업법 15조
소방시설공사의 하자보수기간 : 3일 이내

중요

3일
(1) **하**자보수기간(공사업법 15조)
(2) 소방시설업 **등**록증 **분**실 등의 **재**발급(공사업규칙 4조)
(3) 소방시설 등이 자체점검 면제 또는 연기신청(소방시설법 시행규칙 22조)
(4) 소방안전관리자 선임연기신청서 관계인 통보(화재예방법 시행규칙 14조)

기억법 3하등분재(**상하**에서 **동**생이 **분재**를 가져왔다.)

답 ①

46 다음 위험물 중 위험물안전관리법령에서 정하고 있는 지정수량이 가장 적은 것은?

① 브로민산염류   ② 황
③ 알칼리토금속   ④ 과염소산

해설 위험물령 〔별표 1〕
지정수량

위험물	지정수량
● 알칼리토금속 기억법 알토(소프라노, 알토)	50kg
● 황	100kg
● 브로민산염류 ● 과염소산	300kg

답 ③

47 국가가 시·도의 소방업무에 필요한 경비의 일부를 보조하는 국고보조대상이 아닌 것은?

① 소방용수시설   ② 소방전용통신설비
③ 소방자동차   ④ 소방관서용 청사의 건축

해설 ① 국고보조대상이 아님

기본령 2조
국고보조의 대상 및 기준
(1) **국고보조의 대상**
  ㉠ 소방활동장비와 설비의 구입 및 설치
    ● 소방**자**동차 보기 ③
    ● 소방헬리콥터·소방정
    ● 소방**전**용통신설비·전산설비 보기 ②
    ● 방**화**복
  ㉡ 소방관서용 **청**사 보기 ④

(2) 소방활동장비 및 설비의 종류와 규격 : 행정안전부령
(3) 대상사업의 기준보조율 : 「보조금관리에 관한 법률 시행령」에 따름

기억법 국화복 활자 전헬청

답 ①

48 위험물안전관리법령상 제조소 또는 일반취급소의 위험물취급탱크 노즐 또는 맨홀을 신설하는 경우, 노즐 또는 맨홀의 직경이 몇 mm를 초과하는 경우에 변경허가를 받아야 하는가?

① 250   ② 300
③ 450   ④ 600

해설 위험물규칙〔별표 1의 2〕
제조소 또는 일반취급소의 변경허가
(1) 제조소 또는 일반취급소의 **위치**를 **이전**하는 경우
(2) 건축물의 벽·기둥·바닥·보 또는 지붕을 **증설** 또는 **철거**하는 경우
(3) **배출설비**를 **신설**하는 경우
(4) 위험물취급탱크를 **신설**·**교체**·**철거** 또는 보수(탱크의 본체를 절개)하는 경우
(5) 위험물취급탱크의 **노즐** 또는 **맨홀**을 신설하는 경우(노즐 또는 맨홀의 직경이 **250mm**를 초과하는 경우) 보기 ①
(6) 위험물취급탱크의 **방유제**의 **높이** 또는 방유제 내의 **면적**을 **변경**하는 경우
(7) 위험물취급탱크의 탱크전용실을 **증설** 또는 **교체**하는 경우
(8) 300m(지상에 설치하지 아니하는 배관은 30m)를 초과하는 위험물배관을 **신설**·**교체**·**철거** 또는 보수(배관 절개)하는 경우
(9) 불활성기체의 봉입장치를 **신설**하는 경우

기억법 노맨 250mm

답 ①

49 소방기본법령상 소방용수시설 및 지리조사의 기준 중 ㉠, ㉡에 알맞은 것은?

소방본부장 또는 소방서장은 원활한 소방활동을 위하여 설치된 소방용수시설에 대한 조사를 (㉠)회 이상 실시하여야 하며 그 조사결과를 (㉡)년간 보관하여야 한다.

① ㉠ 월 1, ㉡ 1   ② ㉠ 월 1, ㉡ 2
③ ㉠ 연 1, ㉡ 1   ④ ㉠ 연 1, ㉡ 2

해설 기본규칙 7조
소방용수시설 및 지리조사
(1) 조사자 : 소방본부장·소방서장
(2) 조사일시 : 월 1회 이상 보기 ②
(3) 조사내용
  ㉠ 소방용수시설
  ㉡ 도로의 폭·교통상황
  ㉢ 도로 주변의 토지 고저
  ㉣ 건축물의 개황
(4) 조사결과 : 2년간 보관 보기 ②

답 ②

50. 특정소방대상물의 건축·대수선·용도변경 또는 설치 등을 위한 공사를 시공하는 자가 공사현장에서 인화성 물품을 취급하는 작업 등 대통령령으로 정하는 작업을 하기 전에 설치하고 유지·관리하는 임시소방시설의 종류가 아닌 것은? (단, 용접·용단 등 불꽃을 발생시키거나 화기를 취급하는 작업이다.)

① 간이소화장치
② 비상경보장치
③ 자동확산소화기
④ 간이피난유도선

해설 소방시설법 시행령 〔별표 8〕
임시소방시설의 종류

종류	설명
소화기	-
간이소화장치 보기①	물을 방사하여 화재를 진화할 수 있는 장치로서 소방청장이 정하는 성능을 갖추고 있을 것
비상경보장치 보기②	화재가 발생한 경우 주변에 있는 작업자에게 화재사실을 알릴 수 있는 장치로서 소방청장이 정하는 성능을 갖추고 있을 것
간이피난유도선 보기④	화재가 발생한 경우 피난구 방향을 안내할 수 있는 장치로서 소방청장이 정하는 성능을 갖추고 있을 것
가스누설경보기	가연성 가스가 누설 또는 발생된 경우 탐지하여 경보하는 장치로서 소방청장이 실시하는 형식승인 및 제품검사를 받은 것
비상조명등	화재발생시 안전하고 원활한 피난활동을 할 수 있도록 자동점등되는 조명장치로서 소방청장이 정하는 성능을 갖추고 있을 것
방화포	용접·용단 등 작업시 발생하는 불티로부터 가연물이 점화되는 것을 방지해주는 천 또는 불연성 물품으로서 소방청장이 정하는 성능을 갖추고 있을 것

답 ③

51. 화재의 예방 및 안전관리에 관한 법령상 특수가연물 중 품명과 지정수량의 연결이 틀린 것은?

① 사류 – 1000kg 이상
② 볏짚류 – 3000kg 이상
③ 석탄·목탄류 – 10000kg 이상
④ 고무류·플라스틱류 발포시킨 것 – 20m³ 이상

해설 ② 3000kg → 1000kg

화재예방법 시행령 〔별표 2〕
특수가연물

품명		수량(지정수량)
가연성 액체류		2m³ 이상
목재가공품 및 나무부스러기		10m³ 이상
면화류		200kg 이상
나무껍질 및 대팻밥		400kg 이상
넝마 및 종이부스러기		1000kg 이상
사류(絲類) 보기①		
볏짚류 보기②		
가연성 고체류		3000kg 이상
고무류·플라스틱류	발포시킨 것 보기④	20m³ 이상
	그 밖의 것	3000kg 이상
석탄·목탄류 보기③		10000kg 이상

기억법 가액목면나 넝사볏가고 고석
2 1 2 4 1 3 3 1

※ **특수가연물**: 화재가 발생하면 그 확대가 빠른 물품

답 ②

52. 위험물안전관리법령상 제조소와 사용전압이 35000V를 초과하는 특고압가공전선에 있어서 안전거리는 몇 m 이상을 두어야 하는가? (단, 제6류 위험물을 취급하는 제조소는 제외한다.)

① 3
② 5
③ 20
④ 30

해설 위험물규칙 〔별표 4〕
위험물제조소의 안전거리

안전거리	대상
3m 이상	7000~35000V 이하의 특고압가공전선
5m 이상	35000V를 초과하는 특고압가공전선
10m 이상	주거용으로 사용되는 것
20m 이상	• 고압가스 제조시설(용기에 충전하는 것 포함) • 고압가스 사용시설(1일 30m³ 이상 용적 취급) • 고압가스 저장시설 • 액화산소 소비시설 • 액화석유가스 제조·저장시설 • 도시가스 공급시설

```
                    • 학교
                    • 병원급 의료기관
                    • 공연장         ┐
                    • 영화상영관      ┘ 300명 이상 수용시설
30m      • 아동복지시설
이상      • 노인복지시설
         • 장애인복지시설    ┐
         • 한부모가족복지시설 │ 20명 이상
         • 어린이집         │ 수용시설
         • 성매매피해자 등을 위한 지원시설
         • 정신건강증진시설  │
         • 가정폭력피해자 보호시설 ┘

50m      • 지정문화유산
이상      • 천연기념물 등
         기억법  문5(문어)
```
답 ②

53
화재안전기준을 달리 적용하여야 하는 특수한 용도 또는 구조를 가진 특정소방대상물인 원자력발전소에 설치하지 않을 수 있는 소방시설은?

① 옥내소화전설비 및 소화용수설비
② 연결송수관설비 및 연결살수설비
③ 옥내소화전설비 및 자동화재탐지설비
④ 스프링클러설비 및 물분무등소화설비

해설 소방시설법 시행령 [별표 6]
소방시설을 설치하지 않을 수 있는 특정소방대상물 및 소방시설의 범위

구 분	특정소방대상물	소방시설
화재안전기준을 달리 적용하여야 하는 특수한 용도 또는 구조를 가진 특정소방대상물	• 원자력발전소 • 중·저준위 방사성 폐기물의 저장시설	• **연**결송수관설비 [보기 ②] • **연**결살수설비 기억법 화기연(화기연구)
자체소방대가 설치된 특정소방대상물	자체소방대가 설치된 위험물 제조소 등에 부속된 사무실	• 옥내소화전설비 • 소화용수설비 • 연결살수설비 • 연결송수관설비

답 ②

54
화재의 예방 및 안전관리에 관한 법률상 시·도지사가 화재예방강화지구로 지정할 필요가 있는 지역을 화재예방강화지구로 지정하지 아니하는 경우 해당 시·도지사에게 해당 지역의 화재예방강화지구 지정을 요청할 수 있는 자는?

① 행정안전부장관   ② 소방청장
③ 소방본부장   ④ 소방서장

해설 화재예방법 18조
화재예방강화지구

지 정	지정요청	화재안전조사
시·도지사	소방청장 [보기 ②]	소방청장·소방본부장 또는 소방서장

답 ②

55
소방시설공사업법상 특정소방대상물의 관계인 또는 발주자로부터 소방시설공사 등을 도급받은 소방시설업자가 제3자에게 소방시설공사 시공을 하도급할 수 없다. 이를 위반하는 경우의 벌칙기준은? (단, 대통령령으로 도급받은 소방시설공사의 일부를 한 번만 제3자에게 하도급할 수 있는 경우는 제외한다.)

① 100만원 이하의 벌금
② 300만원 이하의 벌금
③ 1년 이하의 징역 또는 1000만원 이하의 벌금
④ 3년 이하의 징역 또는 1500만원 이하의 벌금

해설 **1년 이하의 징역** 또는 **1000만원 이하의 벌금**
(1) 소방시설의 **자체점검** 미실시자(소방시설법 58조)
(2) **소방시설관리사증** 대여(소방시설법 58조)
(3) **소방시설관리업**의 등록증 또는 등록수첩 대여(소방시설법 58조)
(4) 제조소 등의 정기점검기록 허위 작성(위험물법 35조)
(5) **자체소방대**를 두지 않고 제조소 등의 허가를 받은 자(위험물법 35조)
(6) **위험물 운반용기**의 검사를 받지 않고 유통시킨 자(위험물법 35조)
(7) 제조소 등의 긴급사용정지 위반자(위험물법 35조)
(8) 영업정지처분 위반자(공사업법 36조)
(9) 거짓감리자(공사업법 36조)
(10) 공사감리자 미지정자(공사업법 36조)
(11) 소방시설 설계·시공·감리 **하도급자**(공사업법 36조)
[보기 ③]
(12) 소방시설공사 재하도급자(공사업법 36조)
(13) 소방시설업자가 아닌 자에게 소방시설공사 등을 도급한 관계인(공사업법 36조)

기억법 1 1000하(일천하)

답 ③

56
소방기본법령상 소방업무 상호응원협정 체결시 포함되도록 하여야 하는 사항이 아닌 것은?

① 응원출동의 요청방법
② 응원출동훈련 및 평가
③ 응원출동대상지역 및 규모
④ 응원출동시 현장지휘에 관한 사항

해설 ④ 현장지휘는 응원출동을 요청한 쪽에서 하는 것으로 이미 정해져 있으므로 상호응원협정 체결시 고려할 사항이 아님

기본규칙 8조
소방업무의 상호응원협정
(1) 다음의 **소방활동**에 관한 사항
㉠ 화재의 **경계**·진압활동

ⓒ 구조·구급업무의 지원
ⓒ 화재조사활동
(2) 응원출동 대상지역 및 규모 보기 ③
(3) 소요경비의 부담에 관한 사항
　㉠ 출동대원의 수당·식사 및 의복의 수선
　㉡ 소방장비 및 기구의 정비와 연료의 보급
(4) 응원출동의 요청방법 보기 ①
(5) 응원출동훈련 및 평가 보기 ②

기억법 경응출

답 ④

57. 소방시설 설치 및 관리에 관한 법령상 둘 이상의 특정소방대상물이 내화구조로 된 연결통로가 벽이 없는 구조로서 그 길이가 몇 m 이하인 경우 하나의 소방대상물로 보는가?

① 6
② 9
③ 10
④ 12

해설 소방시설법 시행령 [별표 2]
둘 이상의 특정소방대상물이 내화구조의 복도 또는 통로(연결통로)로 연결된 경우로 하나의 소방대상물로 보는 경우

벽이 없는 경우	벽이 있는 경우
길이 6m 이하 보기 ①	길이 10m 이하

답 ①

58. 소방안전관리자의 업무라고 볼 수 없는 것은?

① 소방계획서의 작성 및 시행
② 화재예방강화지구의 지정
③ 자위소방대의 구성·운영·교육
④ 피난시설, 방화구획 및 방화시설의 관리

해설 ② 시·도지사의 업무

화재예방법 24조
관계인 및 소방안전관리자의 업무

특정소방대상물 (관계인)	소방안전관리대상물 (소방안전관리자)
① **피**난시설·방화구획 및 방화시설의 관리 ② **소**방시설, 그 밖의 소방 관련시설의 관리 ③ **화**기취급의 감독 ④ 소방안전관리에 필요한 업무 ⑤ 화재발생시 초기대응	① **피**난시설·방화구획 및 방화시설의 관리 보기 ④ ② **소**방시설, 그 밖의 소방 관련시설의 관리 ③ **화**기취급의 감독 ④ 소방안전관리에 필요한 업무 ⑤ **소**방계획서의 작성 및 시행(대통령령으로 정하는 사항 포함) 보기 ① ⑥ **자**위소방대 및 **초**기대응체계의 구성·운영·교육 보기 ③ ⑦ 소방**훈**련 및 교육 ⑧ 소방안전관리에 관한 업무수행에 관한 기록·유지 ⑨ 화재발생시 초기대응

기억법 계위 훈피소화

용어

특정소방대상물	소방안전관리대상물
건축물 등의 규모·용도 및 수용인원 등을 고려하여 소방시설을 설치하여야 하는 소방대상물로서 대통령령으로 정하는 것	대통령령으로 정하는 특정소방대상물

중요

화재예방법 18조
화재예방강화지구의 지정
(1) 지정권자 : 시·도지사 보기 ②
(2) 지정지역
　① 시장지역
　② 공장·창고 등이 밀집한 지역
　③ 목조건물이 밀집한 지역
　④ 노후·불량 건축물이 밀집한 지역
　⑤ 위험물의 저장 및 처리시설이 밀집한 지역
　⑥ 석유화학제품을 생산하는 공장이 있는 지역
　⑦ 소방시설·소방용수시설 또는 소방출동로가 없는 지역
　⑧ 「산업입지 및 개발에 관한 법률」에 따른 산업단지
　⑨ 「물류시설의 개발 및 운영에 관한 법률」에 따른 물류단지
　⑩ 소방청장·소방본부장 또는 소방서장(소방관서장)이 화재예방강화지구로 지정할 필요가 있다고 인정하는 지역

답 ②

59. 소방기본법상 정당한 사유없이 물의 사용이나 수도의 개폐장치의 사용 또는 조작을 하지 못하게 하거나 방해한 자에 대한 벌칙기준으로 옳은 것은?

① 400만원 이하의 벌금
② 300만원 이하의 벌금
③ 200만원 이하의 벌금
④ 100만원 이하의 벌금

해설 100만원 이하의 벌금
(1) 관계인의 소방활동 미수행(기본법 54조)
(2) 피난명령 위반(기본법 54조)
(3) 위험시설 등에 대한 긴급조치 방해(기본법 54조)
(4) 거짓보고 또는 자료 미제출자(공사업법 38조)
(5) 관계공무원의 출입·조사·검사 방해(공사업법 38조)
(6) 정당한 사유없이 물의 사용이나 수도의 개폐장치의 사용 또는 조작을 하지 못하게 하거나 방해한 자(기본법 54조)
(7) 소방대의 생활안전활동을 방해한 자(기본법 54조)

기억법 피1(차일피일)

답 ④

60 소방시설 설치 및 관리에 관한 법령상 스프링클러설비를 설치하여야 하는 특정소방대상물의 기준으로 틀린 것은? (단, 위험물 저장 및 처리 시설 중 가스시설 또는 지하구를 제외한다.)

① 물류터미널로서 바닥면적 합계가 2000m² 이상인 경우에는 모든 층
② 숙박이 가능한 수련시설에 해당하는 용도로 사용되는 시설의 바닥면적의 합계가 600m² 이상인 것은 모든 층
③ 종교시설(주요구조부가 목조인 것은 제외)로서 수용인원이 100명 이상인 것에 해당하는 경우에는 모든 층
④ 지하상가로서 연면적 1000m² 이상인 것

해설 ① 2000m² → 5000m²

소방시설법 시행령 〔별표 4〕
스프링클러설비의 설치대상

설치대상	조건

① 문화 및 집회시설, 운동시설	• 수용인원 : 100명 이상
	• 영화상영관 : 지하층·무창층 500m²(기타 1000m²) 이상
	• 무대부
	  - 지하층·무창층·4층 이상 : 300m² 이상
	  - 1~3층 : 500m² 이상

② 종교시설(주요구조부가 목조인 것은 제외) 보기 ③	
③ 판매시설 ④ 운수시설 ⑤ 물류터미널 보기 ①	• 수용인원 : 500명 이상 • 바닥면적 합계 5000m² 이상
⑥ 창고시설(물류터미널 제외)	바닥면적 합계 5000m² 이상 : 전층
⑦ 노유자시설 ⑧ 정신의료기관 ⑨ 수련시설(숙박 가능한 것) 보기 ② ⑩ 종합병원, 병원, 치과병원, 한방병원 및 요양병원(정신병원 제외) ⑪ 숙박시설	바닥면적 합계 600m² 이상
⑫ 지하상가 보기 ④	연면적 1000m² 이상
⑬ 지하층·무창층·4층 이상	바닥면적 1000m² 이상
⑭ 10m 넘는 랙식 창고	연면적 1500m² 이상
⑮ 복합건축물 ⑯ 기숙사	연면적 5000m² 이상 : 전층
⑰ 6층 이상	전층
⑱ 보일러실·연결통로	전부
⑲ 특수가연물 저장·취급	지정수량 1000배 이상
⑳ 발전시설	전기저장시설 : 전부

답 ①

제4과목 소방전기시설의 구조 및 원리

61 다음 (   )에 알맞은 것으로 연결된 것은?

비상벨설비 또는 자동식 사이렌설비의 음향장치는 정격전압의 80%에서 음향을 발할 수 있도록 하여야 하며, 음량은 부착된 음향장치의 중심으로부터 (㉠)m 떨어진 위치에서 (㉡)dB 이상이 되는 것으로 하여야 한다.

① ㉠ 0.1, ㉡ 80
② ㉠ 1, ㉡ 90
③ ㉠ 0.2, ㉡ 80
④ ㉠ 2, ㉡ 90

해설 **음향장치**(NFPC 201 4조, NFTC 201 2.1)
(1) 지구음향장치는 특정소방대상물의 **층**마다 설치할 것
(2) 특정소방대상물의 각 부분으로부터 하나의 음향장치까지의 **수평거리**가 25m 이하가 되도록 할 것
(3) 정격전압의 **80%** 전압에서 음향을 발할 수 있도록 할 것
(4) 음량은 부착된 음향장치의 중심으로부터 **1m** 떨어진 위치에서 **90dB** 이상이 되는 것으로 할 것 보기 ②

답 ②

62 자동화재탐지설비를 설치하여야 하는 특정소방대상물의 기준으로 옳은 것은?

① 위락시설·숙박시설 및 복합건축물로서 연면적 500m² 이상인 것
② 동물 및 식물관련시설 또는 묘지관련시설로서 연면적 1000m² 이상인 것
③ 길이 500m 이상의 터널
④ 연면적 400m² 이상인 노유자시설 및 숙박시설이 있는 수련시설로서 수용인원 100명 이상인 것

해설 **소방시설법 시행령 〔별표 4〕**
자동화재탐지설비의 설치대상

설치대상	조건
① 정신의료기관·의료재활시설	• 창살설치 : 바닥면적 300m² 미만 • 기타 : 바닥면적 300m² 이상
② 노유자시설	• 연면적 400m² 이상 보기 ④
③ 근린생활시설·**위**락시설 ④ **의**료시설(정신의료기관, 요양병원 제외) ⑤ **복**합건축물·장례시설	• 연면적 600m² 이상 보기 ①

기억법 근위의복 6

⑥ 목욕장·문화 및 집회시설, 운동시설 ⑦ 종교시설 ⑧ 방송통신시설·관광휴게시설 ⑨ 업무시설·판매시설 ⑩ 항공기 및 자동차 관련시설·공장·창고시설 ⑪ 지하상가·운수시설·발전시설·위험물 저장 및 처리시설 ⑫ 교정 및 군사시설 중 국방·군사시설		• 연면적 1000m² 이상
⑬ **교**육연구시설·**동**식물관련시설 ⑭ **자**원순환관련시설·**교**정 및 군사시설(국방·군사시설 제외) ⑮ **수**련시설(숙박시설이 있는 것 제외) ⑯ 묘지관련시설		• 연면적 2000m² 이상 보기 ②
기억법 교동자교수 2		
⑰ 터널		• 길이 1000m 이상 보기 ③
⑱ 지하구 ⑲ 노유자생활시설 ⑳ 아파트 등 기숙사 ㉑ 숙박시설 보기 ① ㉒ **6**층 이상인 건축물 ㉓ 조산원 및 산후조리원 ㉔ 전통시장 ㉕ 요양병원(정신병원, 의료재활시설 제외)		• 전부
㉖ 특수가연물 저장·취급		• 지정수량 500배 이상
㉗ 수련시설(숙박시설이 있는 것)		• 수용인원 100명 이상 보기 ④
㉘ 발전시설		• 전기저장시설

① 500m² 이상 → 600m² 이상, 숙박시설 → 숙박시설은 전부
② 1000m² 이상 → 2000m² 이상
③ 500m 이상 → 1000m 이상

답 ④

63 비상콘센트설비의 화재안전기준에 따라 비상콘센트설비의 전원부와 외함 사이의 절연저항은 전원부와 외함 사이를 500V 절연저항계로 측정할 때 몇 MΩ 이상이어야 하는가?

① 20 ② 30
③ 40 ④ 50

해설 절연저항시험

절연저항계	절연저항	대상
직류 250V	0.1MΩ 이상	1경계구역의 절연저항
직류 500V	5MΩ 이상	① **누**전경보기 ② 가스누설경보기 ③ 수신기(10회로 미만, 절연된 충전부와 외함 간) ④ 자동화재속보설비 ⑤ 비상경보설비 ⑥ 유도등(교류입력측과 외함 간 포함) ⑦ 비상조명등(교류입력측과 외함 간 포함)

직류 500V	20MΩ 이상	① 경종 ② 발신기 ③ 중계기 ④ **비**상콘센트 보기 ① ⑤ 기기의 절연된 선로 간 ⑥ 기기의 충전부와 비충전부 간 ⑦ 기기의 교류입력측과 외함 간(유도등·비상조명등 제외)
	50MΩ 이상	① 감지기(정온식 감지선형 감지기 제외) ② 가스누설경보기(10회로 이상) ③ 수신기(10회로 이상, 교류입력측과 외함 간 제외)
	1000MΩ 이상	정온식 감지선형 감지기

기억법 5누(오누이)

답 ①

64 예비전원의 성능인증 및 제품검사의 기술기준에서 정의하는 "예비전원"에 해당하지 않는 것은?

① 리튬계 2차 축전지
② 알칼리계 2차 축전지
③ 용융염 전해질 연료전지
④ 무보수 밀폐형 연축전지

해설 예비전원

기 기	예비전원
• 수신기 • 중계기 • 자동화재속보기	• 원통 밀폐형 니켈카드뮴 축전지 • 무보수 밀폐형 연축전지
• 간이형 수신기	• 원통 밀폐형 니켈카드뮴 축전지 또는 이와 동등 이상의 밀폐형 축전지
• 유도등	• 알칼리계 2차 축전지 • 리튬계 2차 축전지
• 비상조명등	• 알칼리계 2차 축전지 보기 ② • 리튬계 2차 축전지 보기 ① • 무보수 밀폐형 연축전지 보기 ④
• 가스누설경보기	• 알칼리계 2차 축전지 • 리튬계 2차 축전지 • 무보수밀폐형 연축전지

답 ③

65 비상방송설비를 설치함에 있어서 기동장치에 따른 화재신고를 수신한 후 필요한 음량으로 화재발생상황 및 피난에 유효한 방송이 자동으로 개시될 때까지의 소요시간은 얼마 이하로 하여야 하는가?

① 10초 이하 ② 20초 이하
③ 30초 이하 ④ 60초 이하

해설 (1) **비상방송설비**의 **설치기준**(NFPC 202 4조, NFTC 202 2.1.1)
 ㉠ 확성기의 음성입력은 실내 1W, 실외 3W 이상일 것
 ㉡ 확성기는 각 **층**마다 설치하되, 각 부분으로부터의 수평거리는 **25m** 이하일 것
 ㉢ 음량조정기는 3선식 배선일 것

21. 05. 시행 / 산업(전기)

② 조작스위치는 바닥으로부터 0.8~1.5m 이하의 높이에 설치할 것
⑩ 다른 전기회로에 의하여 **유도장애**가 생기지 않을 것
⑪ 비상방송 개시시간은 **10초** 이하일 것 보기 ①
② 엘리베이터 내부에는 **별도**의 **음향장치**를 설치할 수 있다.

(2) 소요**시**간

기 기	시 간
• P형·P형 복합식·R형·R형 복합식·GP형·GP형 복합식·GR형·GR형 복합식 수신기 • 중계기	**5초** 이내
비상방송설비	10초 이하 보기 ①
가스누설경보기	60초 이내
축적형 수신기	• 축적시간 : 30~60초 이하 • 화재표시감지시간 : 60초

기억법 시중5(**시중**을 **드시오**!)
6가(**육**체**미가** 뛰어나다.)

답 ①

66 ★★★
11.10.문70

비상방송설비는 확성기의 음성입력이 실외에서 얼마인가?

① 1W 이상 ② 2W 이상
③ 3W 이상 ④ 4W 이상

해설 비상방송설비의 설치기준(NFPC 202 4조, NFTC 202 2.1.1)
(1) 확성기의 음성입력은 실내 **1W 이상**, 실외 **3W 이상**일 것 보기 ③

실 내	실 외
1W 이상	3W 이상

(2) 확성기는 **각 층**마다 설치하되, 각 부분으로부터의 수평거리는 **25m** 이하일 것
(3) 음량조정기는 **3선식** 배선일 것
(4) 조작스위치는 바닥으로부터 0.8~1.5m 이하의 높이에 설치할 것
(5) 다른 전기회로에 의하여 **유도장애**가 생기지 않을 것
(6) 비상방송 개시시간은 **10초** 이하일 것

중요

비상방송설비 3선식 배선	유도등 3선식 배선
• 공통선 • 업무용 배선 • 긴급용 배선	• 공통선 • 상용선 • 충전선

답 ③

67 ★
18.04.문66
02.09.문80
01.06.문61

유도등의 우수품질인증 기술기준에 따른 유도등의 일반구조에 대한 내용이다. 다음 ( )에 들어갈 내용으로 옳은 것인?

전선의 굵기는 인출선인 경우에는 단면적이 ( )mm² 이상이어야 한다.

① 0.5 ② 0.75
③ 1.5 ④ 2.5

해설 유도등의 **일반구조**(유도등의 우수품질인증 기술기준 2조)

전선의 굵기 및 길이

인출선 굵기	인출선 길이
0.75mm² 이상 보기 ② 기억법 인75(**인**(사람) **치료**)	150mm 이상

답 ②

68 ★★
15.03.문67
08.09.문78

일시적으로 발생한 열, 연기 또는 먼지로 인해 감지기가 화재신호를 발신할 우려가 있는 장소에 대하여 자동화재탐지설비의 수신기는 축적기능이 있는 것으로 설치해야 한다. 설치대상이 아닌 것은?

① 다신호방식의 감지기를 설치한 장소
② 감지기의 부착면과 실내바닥과의 거리가 2.3m 이하인 장소
③ 지하층으로 환기가 잘 되지 아니하는 장소
④ 무창층으로 실내면적이 40m² 미만인 장소

해설 축적기능 수신기(NFPC 203 7조, NFTC 203 2.2.2, 2.4.1)

축적기능 수신기 설치대상	축적기능 수신기 설치제외대상
지하층·무창층 등으로서 환기가 잘 되지 아니하거나 실내적이 **40m² 미만**인 장소, 감지기의 부착면과 실내바닥과의 거리가 **2.3m 이하**인 곳으로서 일시적으로 발생한 열·연기 또는 먼지 등으로 인하여 화재신호를 발신할 우려가 있는 장소의 적응감지기 보기 ②~④	① 불꽃감지기 ② 정온식 감지선형 감지기 ③ 분포형 감지기 ④ 복합형 감지기 ⑤ 광전식 분리형 감지기 ⑥ 아날로그방식의 감지기 ⑦ 다신호방식의 감지기 보기 ① ⑧ 축적방식의 감지기

답 ①

69 ★★★
15.03.문68
11.10.문71

자동화재탐지설비 발신기의 설치기준으로 틀린 것은?

① 스위치는 바닥으로부터 1.2m 이하의 높이에 설치한다.
② 특정소방대상물의 층마다 설치한다.
③ 해당 특정소방대상물의 각 부분으로부터 하나의 발신기까지의 수평거리가 25m 이하가 되도록 한다.
④ 발신기의 위치를 표시하는 표시등은 함의 상부에 설치하며 쉽게 식별할 수 있는 적색등으로 하여야 한다.

21. 05. 시행 / 산업(전기)

해설 설치높이

기타 기기(발신기 등)	시각경보장치
0.8~1.5m 이하 보기 ①	2~2.5m 이하 (천장높이가 2m 이하는 천장으로부터 0.15m 이내)

① 1.2m 이하 → 0.8~1.5m 이하

- **설치기준**을 질문하였으므로 정확히 0.8~1.5m 이하 이어야 한다.

답 ①

70 비상방송설비의 음향장치의 설치기준으로 틀린 것은?

19.09.문77
18.03.문64
17.05.문75
16.10.문62
16.05.문61
16.03.문70
15.09.문65
15.05.문75
14.09.문61
14.09.문65
14.03.문74
13.09.문63
13.09.문71
13.03.문63
09.08.문75

① 하나의 특정소방대상물에 2 이상의 조작부가 설치되어 있는 때에는 각각의 조작부가 있는 장소 상호간에 동시통화가 가능한 설비를 설치하고, 어느 조작부에서도 해당 특정소방대상물의 전 구역에 방송을 할 수 있도록 할 것

② 기동장치에 따른 화재신고를 수신한 후 필요한 음량으로 화재발생상황 및 피난에 유효한 방송이 자동으로 개시될 때까지의 소요시간은 10초 이하로 할 것

③ 확성기는 각 층마다 설치하되, 그 층의 각부분으로부터 하나의 확성기까지의 수평거리가 25m 이하가 되도록 하고, 해당층의 각부분에 유효하게 경보를 발할 수 있도록 설치할 것

④ 층수가 11층 이상으로서 연면적이 3000m²를 초과하는 특정소방대상물은 2층 이상의 층에서 발화한 때에는 발화층·그 직상층 및 지하층에 경보를 발할 것

해설 **비상방송설비**의 **설치기준**(NFPC 202 4조, NFTC 202 2.1.1)
(1) 확성기의 음성입력은 실**외** **3**W, 실내 1W 이상일 것
(2) 확성기는 각 **층**마다 설치하되, 각 부분으로부터의 수평거리는 25m 이하일 것 보기 ③
(3) **음**량조정기는 **3**선식 배선일 것
(4) 조작스위치는 바닥으로부터 0.8~1.5m 이하의 높이에 설치할 것
(5) 다른 전기회로에 의하여 유도장애가 생기지 않을 것
(6) 비상방송 개시시간은 10초 이하일 것 보기 ②
(7) 엘리베이터 내부에는 별도의 음향장치를 설치할 수 있다.
(8) 2 이상의 조작부가 설치된 경우 동시통화가 가능하고 전 구역에 방송할 수 있을 것 보기 ①

기억법 외3(외상), 방음3(방음살아.)

직상 4개층 우선경보방식

직상 4개층 우선경보방식 소방대상물 : 11층(공동주택 16층) 이상의 특정소방대상물의 경보

발화층	경보층	
	11층(공동주택 16층) 미만	11층(공동주택 16층) 이상
2층 이상 발화 보기 ④	전층 일제경보	• 발화층 • 직상 4개층
1층 발화		• 발화층 • 직상 4개층 • 지하층
지하층 발화		• 발화층 • 직상층 • 기타의 지하층

④ 발화층·그 직상층 및 지하층 → 발화층·직상 4개층

답 ④

71 누전경보기의 화재안전기준 중 누전경보기의 설치방법 및 전원기준으로 틀린 것은?

17.05.문66
16.10.문69
16.03.문78
15.05.문73
15.03.문76
14.09.문70
14.09.문76
14.03.문63
14.03.문69
13.06.문70

① 경계전로의 정격전류가 60A를 초과하는 전로에 있어서는 1급 누전경보기를 설치할 것

② 경계전로의 정격전류가 60A 이하의 전로에 있어서는 1급 또는 2급 누전경보기를 설치할 것

③ 전원은 분전반으로부터 전용회로로 하고, 각 극에 개폐기 및 20A 이하의 과전류차단기를 설치할 것

④ 전원을 분기할 때에는 다른 차단기에 따라 전원이 차단되지 아니하도록 할 것

해설 (1) **누전경보기**(NFPC 205 4조, NFTC 205 2.1.1.1)

60A 이하	60A 초과
• 1급 누전경보기 • 2급 누전경보기	• 1급 누전경보기

(2) **누전경보기**의 **설치기준**(NFPC 205 6조, NFTC 205 2.3)

과전류차단기	배선용 차단기
15A 이하	20A 이하

㉠ 각 극에 개폐기 및 **15A 이하**의 **과전류차단기**를 설치할 것(배선용 차단기는 20A 이하) 보기 ③
㉡ 분전반으로부터 **전용회로**로 할 것
㉢ 개폐기에는 누전경보기임을 표시할 것

기억법 배2(배이다.)

③ 20A 이하 → 15A 이하

답 ③

72. 무선통신보조설비에서 신호의 전송로가 분기되는 장소에 설치하는 것으로 임피던스 매칭과 신호균등분배를 위해 사용하는 장치는?

① 분파기
② 혼합기
③ 증폭기
④ 분배기

해설 무선통신보조설비의 구성부품

용어	설명
누설동축케이블	동축케이블의 외부도체에 가느다란 홈을 만들어서 전파가 외부로 새어나갈 수 있도록 한 케이블
분배기	신호의 전송로가 분기되는 장소에 설치하는 것으로 임피던스 매칭(matching)과 신호균등분배를 위해 사용하는 장치 〈보기 ④〉
	기억법 분배분배
분파기	서로 다른 주파수의 합성된 신호를 분리하기 위해서 사용하는 장치
	기억법 파파
혼합기	두 개 이상의 입력신호를 원하는 비율로 조합된 출력이 발생하도록 하는 장치
증폭기	신호전송시 신호가 약해져 수신이 불가능해지는 것을 방지하기 위해서 증폭하는 장치
무선중계기	안테나를 통하여 수신된 무전기 신호를 증폭한 후 음영지역에 재방사하여 무전기 상호간 송수신이 가능하도록 하는 장치
옥외안테나	감시제어반 등에 설치된 무선중계기의 입력과 출력포트에 연결되어 송수신 신호를 원활하게 방사·수신하기 위해 옥외에 설치하는 장치

기억법 무분배파혼

답 ④

73. 자동화재속보설비의 설치기준에 관한 사항이다. ( ) 안의 ㉠, ㉡에 들어갈 내용으로 옳은 것은?

자동화재속보설비는 (㉠)와 연동으로 작동하여 자동적으로 화재신호를 (㉡)에 전달되는 것으로 할 것

① ㉠ 자동소화설비, ㉡ 종합방재센터
② ㉠ 비상방송설비, ㉡ 소방관서
③ ㉠ 비상경보설비, ㉡ 종합방재센터
④ ㉠ 자동화재탐지설비, ㉡ 소방관서

해설 자동화재속보설비의 속보기의 성능인증 및 제품검사의 기술기준 5조, NFPC 204 4조, NFTC 204 2.1.1.1

구분	설명
연동설비	자동화재탐지설비 〈보기 ④〉
속보대상	소방관서 〈보기 ④〉

| 속보방법 | 20초 이내에 3회 이상 |
| 다이얼링 | 10회 이상 |

④ 자동화재속보설비는 자동화재탐지설비와 연동으로 작동하여 소방관서에 전달되는 것으로 할 것

답 ④

74. 비상조명등의 화재안전기준에 따라 보행거리 25m 이내마다 휴대용 비상조명등을 3개 이상 설치하여야 하는 곳은?

① 지하상가
② 대형백화점
③ 영화상영관
④ 대규모점포

해설 휴대용 비상조명등의 적합기준(NFPC 304 4조, NFTC 304 2.1.2)

설치개수	설치장소
1개 이상	• 숙박시설 또는 다중이용업소에는 객실 또는 영업장 안의 구획된 실마다 잘 보이는 곳(외부에 설치시 출입문 손잡이로부터 1m 이내 부분)
3개 이상	• 지하상가 및 지하역사의 보행거리 25m 이내마다 〈보기 ①〉 • 대규모점포(백화점·대형점·쇼핑센터) 및 영화상영관의 보행거리 50m 이내마다

(1) 바닥으로부터 0.8~1.5m 이하의 높이에 설치할 것
(2) 어둠 속에서 위치를 확인할 수 있도록 할 것
(3) 사용시 자동으로 점등되는 구조일 것
(4) 외함은 난연성능이 있을 것
(5) 건전지를 사용하는 경우에는 방전방지조치를 하여야 하고, 충전식 배터리의 경우에는 상시 충전되도록 할 것
(6) 건전지 및 충전식 배터리의 용량은 20분 이상 유효하게 사용할 수 있는 것으로 할 것

용어

휴대용 비상조명등
화재발생 등으로 정전시 안전하고 원활한 피난을 위하여 피난자가 휴대할 수 있는 조명등

답 ①

75. 무선통신보조설비의 누설동축케이블의 설치기준으로 틀린 것은?

① 끝부분에는 반사종단저항을 견고하게 설치할 것
② 고압의 전로로부터 1.5m 이상 떨어진 위치에 설치할 것
③ 금속판 등에 따라 전파의 복사 또는 특성이 현저하게 저하되지 아니하는 위치에 설치할 것
④ 불연 또는 난연성의 것으로서 습기 등의 환경조건에 따라 전기의 특성이 변질되지 아니하는 것으로 설치할 것

해설 ① 반사종단저항 → 무반사종단저항

누설동축케이블의 **설치기준**(NFPC 505 5조, NFTC 505 2.2.1)
(1) 소방전용 주파수대에서 전파의 **전송** 또는 **복사**에 적합한 것으로서 소방전용의 것
(2) 누설동축케이블과 이에 접속하는 안테나 또는 동축케이블과 이에 접속하는 안테나
(3) 누설동축케이블 및 동축케이블은 화재에 따라 해당 케이블의 피복이 소실된 경우에 케이블 본체가 떨어지지 아니하도록 4m 이내마다 금속제 또는 자기제 등의 지지금구로 벽·천장·기둥 등에 견고하게 고정시킬 것 (단, 불연재료로 구획된 반자 안에 설치하는 경우 제외)
(4) **누설동축케이블** 및 **안테나**는 **고압전로**로부터 **1.5m** 이상 떨어진 위치에 설치(단, 해당 전로에 **정전기 차폐장치**를 유효하게 설치한 경우에는 제외)
(5) 누설동축케이블의 끝부분에는 **무반사종단저항**을 설치 보기 ①

기억법 누고15

용어
무반사종단저항
전송로로 전송되는 전자파가 전송로의 종단에서 반사되어 교신을 방해하는 것을 막기 위한 저항

답 ①

76 지하층 또는 무창층의 소매시장에 설치되는 비상조명등의 비상전원용량은 몇 분 이상 유효하게 작동시킬 수 있어야 하는가?

① 10분 ② 20분
③ 30분 ④ 60분

해설 비상조명등의 **60분 이상** 작동용량(NFPC 304 4조, NFTC 304 2.1.1.5)
(1) **11층** 이상
(2) 지하층·무창층으로서 **도매시장·소매시장·여객자동차터미널·지하역사·지하상가** 보기 ④

중요
비상전원 용량

설비의 종류	비상전원용량
• **자**동화재탐지설비 • 비상**경**보설비 • **자**동화재속보설비	**10분 이상**
• 유도등 • 비상콘센트설비 • 제연설비 • 물분무소화설비 • 옥내소화전설비(30층 미만) • 특별피난계단의 계단실 및 부속실 제연설비(30층 미만)	**20분 이상**
• 무선통신보조설비의 **증**폭기	**30분 이상**
• 옥내소화전설비(30~49층 이하) • 특별피난계단의 계단실 및 부속실 제연설비(30~49층 이하) • 연결송수관설비(30~49층 이하) • 스프링클러설비(30~49층 이하)	**40분 이상**
• 유도등·비상조명등(지하가 및 11층 이상) • 옥내소화전설비(50층 이상)	**60분 이상**
• 특별피난계단의 계단실 및 부속실 제연설비(50층 이상) • 연결송수관설비(50층 이상) • 스프링클러설비(50층 이상)	

기억법 경자비1(**경자**라는 이름은 **비일**비재하게 많다.)
3증(3**중**고)

답 ④

77 실내의 바닥면적이 900m²인 경우 단독경보형 감지기의 최소설치수량은?

① 3개 ② 6개
③ 9개 ④ 12개

해설 **단독경보형 감지기**는 바닥면적 150m²마다 1개 이상 설치하므로

$$단독경보형 감지기수 = \frac{바닥면적}{150m^2}$$

$$= \frac{900m^2}{150m^2} = 6개$$

중요
단독경보형 감지기의 **설치기준**(NFPC 201 5조, NFTC 201 2.2)
(1) 각 실(이웃하는 실내의 바닥면적이 각각 30m² 미만이고 벽체의 상부의 전부 또는 일부가 개방되어 이웃하는 실내와 공기가 상호 유통되는 경우에는 이를 1개의 실로 본다)마다 설치하되, 바닥면적이 150m²를 초과하는 경우에는 150m²마다 1개 이상 설치할 것
(2) 최상층의 계단실의 **천장**(외기가 상통하는 계단실의 경우 제외)에 설치할 것
(3) 건전지를 주전원으로 사용하는 단독경보형 감지기는 정상적인 작동상태를 유지할 수 있도록 건전지를 교환할 것
(4) 상용전원을 주전원으로 사용하는 단독경보형 감지기의 **2차 전지**는 제품검사에 합격한 것을 사용할 것

답 ②

78 비상방송설비의 화재안전기준에 따른 음향장치의 구조 및 성능에 대한 기준이다. 다음 ( )에 들어갈 내용으로 옳은 것은?

• 정격전압의 (㉠)% 전압에서 음향을 발할 수 있는 것을 할 것
• (㉡)의 작동과 연동하여 작동할 수 있는 것으로 할 것

① ㉠ 65, ㉡ 자동화재탐지설비
② ㉠ 80, ㉡ 자동화재탐지설비
③ ㉠ 65, ㉡ 단독경보형 감지기
④ ㉠ 80, ㉡ 단독경보형 감지기

해설 비상방송설비 음향장치의 **구조** 및 **성능기준**(NFPC 202 4조, NFTC 202 2.1.1.12)
(1) 정격전압의 **80%** 전압에서 음향을 발할 것
(2) **자동화재탐지설비**의 작동과 연동하여 작동할 것

비교
자동화재탐지설비 음향장치의 **구조** 및 **성능기준**(NFPC 203 8조, NFTC 203 2.5)
(1) 정격전압의 **80%** 전압에서 음향을 발할 것
(2) 음량은 **1m** 떨어진 곳에서 **90dB** 이상일 것
(3) **감지기·발신기**의 작동과 **연동**하여 작동할 것

답 ②

79 ★★★
소방대상물의 설치장소별 피난기구의 적응성 기준 중 노유자시설의 4층 이상 10층 이하에 적응성을 가진 피난기구가 아닌 것은?

18.03.문70
17.09.문77
16.05.문69
15.05.문61
06.09.문70
05.03.문72

① 피난교
② 다수인 피난장비
③ 피난용 트랩
④ 승강식 피난기

해설 피난기구의 **적응성**(NFTC 301 2.1.1)

설치 장소별 구분	1층	2층	3층	4층 이상 10층 이하
노유자시설	• 미끄럼대 • 구조대 • 피난교 • 다수인 피난 장비 • 승강식 피난기	• 미끄럼대 • 구조대 • 피난교 • 다수인 피난 장비 • 승강식 피난기	• 미끄럼대 • 구조대 • 피난교 • 다수인 피난 장비 • 승강식 피난기	• 구조대[1) • 피난교 • 다수인 피난 장비 • 승강식 피난기
의료시설·입원실이 있는 의원·접골원·조산원	–	–	• 미끄럼대 • 구조대 • 피난교 • 피난용 트랩 • 다수인 피난 장비 • 승강식 피난기	• 구조대 • 피난교 • 다수인 피난 장비 • 승강식 피난기
영업장의 위치가 4층 이하인 다중 이용업소	–	• 미끄럼대 • 피난사다리 • 구조대 • 완강기 • 다수인 피난 장비 • 승강식 피난기	• 미끄럼대 • 피난사다리 • 구조대 • 완강기 • 다수인 피난 장비 • 승강식 피난기	• 미끄럼대 • 피난사다리 • 구조대 • 완강기 • 다수인 피난 장비 • 승강식 피난기
그 밖의 것	–	–	• 미끄럼대 • 피난사다리 • 구조대 • 완강기 • 피난교 • 피난용 트랩 • 간이완강기[2) • 공기안전매트 • 다수인 피난 장비 • 승강식 피난기	• 피난사다리 • 구조대 • 완강기 • 피난교 • 간이완강기[2) • 공기안전매트 • 다수인 피난 장비 • 승강식 피난기

[비고] 1) **구조대**의 적응성은 **장애인관련시설**로서 주된 사용자 중 **스스로 피난**이 **불가**한 자가 있는 경우 추가로 설치하는 경우에 한한다.
2) **간이완강기**의 적응성은 **숙박시설의 3층 이상**에 있는 객실에 추가로 설치하는 경우에 한한다.

③ 해당없음

중요
의무관리대상 공동주택(NFPC 608 13조, NFTC 608 2.9.1.3)
공동주택 구역마다 공기안전매트 1개 이상을 추가로 설치할 것

비교

피난기구 적응성		
간이완강기	공기안전매트	구조대
숙박시설의 **3층 이상**에 있는 객실	공동주택	장애인관련시설

답 ③

80 ★
자동화재탐지설비의 감지기에 관한 내용 중 틀린 것은?

19.03.문76
16.05.문75
15.03.문77
14.03.문80
13.09.문75

① 정온식 감지기는 주방·보일러실 등으로서 다량의 화기를 취급하는 장소에 설치하되, 공칭작동온도가 최고주위온도보다 10℃ 이상 높은 것으로 설치할 것
② 보상식 스포트형 감지기는 정온점이 감지기 주위의 평상시 최고온도보다 20℃ 이상 높은 것으로 설치할 것
③ 감지기(차동식 분포형은 제외)는 실내로의 공기유입구로부터 1.5m 이상 떨어진 위치에 설치할 것
④ 감지기는 천장 또는 반자의 옥내에 면하는 부분에 설치할 것

해설 감지기의 **설치기준**(NFPC 203 7조, NFTC 203 2.4.3)
(1) 감지기(차동식 분포형 제외)는 실내의 **공기유입구**로부터 **1.5m** 이상 떨어진 위치에 설치 보기 ③
(2) 감지기는 천장 또는 반자의 옥내에 면하는 부분에 설치 보기 ④
(3) **보상식 스포트형 감지기**는 정온점이 감지기 주위의 평상시 최고온도보다 **20℃** 이상 높은 것으로 설치 보기 ②
(4) 정온식 감지기는 **주방·보일러실** 등으로서 다량의 화기를 단속적으로 취급하는 장소에 설치하되, 공칭작동온도가 최고주위온도보다 **20℃** 이상 높은 것으로 설치 보기 ①

① 10℃ 이상 → 20℃ 이상

답 ①

2021. 9. 5 시행

2021년 산업기사 제4회 필기시험 CBT 기출복원문제

수험번호	성명

자격종목	종목코드	시험시간	형별
소방설비산업기사(전기분야)		2시간	

※ 각 문항은 4지택일형으로 질문에 가장 적합한 보기 항을 선택하여 체크하여야 합니다.

제1과목 소방원론

01 상온·상압 상태에서 액체로 존재하는 할론으로만 연결된 것은?
19.04.문15
17.03.문15
16.10.문10
① Halon 2402, Halon 1211
② Halon 1211, Halon 1011
③ Halon 1301, Halon 1011
④ Halon 1011, Halon 2402

해설 상온·상압에서의 상태

기체상태	액체상태
① Halon 13**0**1	① Halon 1011 보기 ④
② Halon 1**2**11	② Halon 104
③ 탄산가스(CO₂)	③ Halon 2402 보기 ④

기억법 **132**탄기

답 ④

02 0℃, 1기압에서 44.8m³의 용적을 가진 이산화탄소를 액화하여 얻을 수 있는 액화탄산가스의 무게는 약 몇 kg인가?
20.06.문17
18.09.문11
14.09.문07
12.03.문19
06.09.문13
① 88   ② 44
③ 22   ④ 11

해설 (1) 기호

 • T : 0℃=(273+0℃)K
 • P : 1기압=1atm
 • V : 44.8m³
 • m : ?

(2) 이상기체상태 방정식

$$PV = nRT$$

여기서, P : 기압[atm]
V : 부피[m³]
n : 몰수$\left(n = \dfrac{m(질량)[kg]}{M(분자량)[kg/kmol]}\right)$
R : 기체상수(0.082atm·m³/kmol·K)
T : 절대온도(273+℃)[K]

$PV = \dfrac{m}{M} RT$ 에서

$m = \dfrac{PVM}{RT}$

$= \dfrac{1\text{atm} \times 44.8\text{m}^3 \times 44\text{kg/kmol}}{0.082\text{atm}\cdot\text{m}^3/\text{kmol}\cdot\text{K} \times (273+0℃)\text{K}}$

≒ 88kg

 • 이산화탄소 분자량(M)=44kg/kmol

답 ①

03 건축법상 건축물의 주요 구조부에 해당되지 않는 것은?
20.08.문01
17.03.문16
12.09.문19
① 지붕틀   ② 내력벽
③ 주계단   ④ 최하층 바닥

해설 주요 구조부
(1) 내력**벽**
(2) **보**(작은 보 제외)
(3) **지**붕틀(차양 제외)
(4) **바**닥(최하층 바닥 제외) 보기 ④
(5) **주**계단(옥외계단 제외)
(6) **기**둥(사이기둥 제외)

※ 주요 구조부 : 건물의 구조 내력상 주요한 부분

기억법 벽보지 바주기

답 ④

04 물이 소화약제로서 널리 사용되고 있는 이유에 대한 설명으로 틀린 것은?
18.04.문13
15.05.문04
14.05.문02
13.03.문08
11.10.문01
① 다른 약제에 비해 쉽게 구할 수 있다.
② 비열이 크다.
③ 증발잠열이 크다.
④ 점도가 크다.

해설 ④ 점도는 크지 않다.

물이 소화작업에 사용되는 이유
(1) 가격이 싸다.(가격이 저렴하다.)
(2) 쉽게 구할 수 있다.(많은 양을 구할 수 있다.) 보기 ①
(3) 열흡수가 매우 크다.(**증발잠열**이 크다.) 보기 ③
(4) 사용방법이 비교적 간단하다.

(5) 비열이 크다. 보기 ②
(6) 밀폐된 장소에서 증발가열하면 수증기에 의해서 **산소희석작용**을 한다.
(7) **무상**으로 주수하면 **중질유화재**에도 사용할 수 있다.

• 증발잠열=기화잠열

참고

물이 소화약제로 많이 쓰이는 이유

장 점	단 점
① 쉽게 구할 수 있다.	① 가스계 소화약제에 비해 사용 후 **오염**이 **크다**.
② 증발잠열(기화잠열)이 크다.	② 일반적으로 **전기화재**에는 **사용**이 **불가**하다.
③ 취급이 간편하다.	

답 ④

05 물의 증발잠열은 약 몇 kcal/kg인가?

18.04.문15
16.05.문01
15.03.문14
13.06.문04
12.09.문18
10.09.문14
09.08.문19

① 439
② 539
③ 639
④ 739

해설 물의 잠열

잠열 및 열량	설 명
80kcal/kg	융해잠열
539kcal/kg	기화(증발)잠열
639cal	0℃의 **물** 1g이 100℃의 수증기가 되는 데 필요한 열량
719cal	0℃의 **얼음** 1g이 100℃의 수증기가 되는 데 필요한 열량

답 ②

06 내화건축물과 비교한 목조건축물 화재의 일반적인 특징은?

17.03.문13
10.09.문08

① 고온 단기형
② 저온 단기형
③ 고온 장기형
④ 저온 장기형

해설

목조건축물의 화재온도 표준곡선	내화건축물의 화재온도 표준곡선
① 화재성상 : **고온** **단기형**	① 화재성상 : 저온 장기형
② 최고온도(최성기 온도) : 1300℃	② 최고온도(최성기 온도) : 900~1000℃

기억법 목고단 13

• 목조건축물=목재건축물

답 ①

07 감광계수에 따른 가시거리 및 상황에 대한 설명으로 틀린 것은?

17.05.문10
01.06.문17

① 감광계수 $0.1m^{-1}$는 연기감지기가 작동할 정도의 연기농도이고, 가시거리는 20~30m이다.
② 감광계수 $0.5m^{-1}$는 거의 앞이 보이지 않을 정도의 농도이고, 가시거리는 1~2m이다.
③ 감광계수 $10m^{-1}$는 화재 최성기 때의 연기농도를 나타낸다.
④ 감광계수 $30m^{-1}$는 출화실에서 연기가 분출할 때의 농도이다.

해설 ② $0.5m^{-1}$ → $1m^{-1}$

감광계수에 따른 **가시거리** 및 **상황**

감광계수 [m^{-1}]	가시거리 [m]	상 황
0.1	20~30	연기감지기가 작동할 때의 농도 보기 ①
0.3	5	건물 내부에 익숙한 사람이 피난에 지장을 느낄 정도의 농도
0.5	3	어두운 것을 느낄 정도의 농도
1	1~2	거의 앞이 보이지 않을 정도의 농도 보기 ②
10	0.2~0.5	화재 최성기 때의 농도 보기 ③
30	-	출화실에서 연기가 분출할 때의 농도 보기 ④

답 ②

08 고체연료의 연소형태를 구분할 때 해당하지 않는 것은?

17.09.문09
11.06.문11

① 증발연소
② 분해연소
③ 표면연소
④ 예혼합연소

해설 ④ 기체의 연소형태

연소의 형태

연소형태	종 류
기체 연소형태	• **예**혼합연소 보기 ④ • **확**산연소 **기억법** 확예기(우리 확률 얘기 좀 할까?)
액체 연소형태	• 증발연소 • 분해연소 • 액적연소
고체 연소형태 →	• 표면연소 • 분해연소 • 증발연소 • 자기연소

답 ④

09. 위험물안전관리법령상 품명이 특수인화물에 해당하는 것은?

① 등유 ② 경유
③ 다이에틸에터 ④ 휘발유

해설 제4류 위험물

품 명	대표물질
특수인화물	• 다이에틸에터 보기 ③ • 이황화탄소 [기억법] 에이특(에이특시럽)
제1석유류	• 아세톤 • 휘발유(가솔린) 보기 ④ • 콜로디온 [기억법] 아가콜1(아가의 콜일기)
제2석유류	• 등유 보기 ① • 경유 보기 ②
제3석유류	• 중유 • 크레오소트유
제4석유류	• 기어유 • 실린더유

답 ③

10. 공기 중에 분산된 밀가루, 알루미늄가루 등이 에너지를 받아 폭발하는 현상은?

① 분진폭발 ② 분무폭발
③ 충격폭발 ④ 단열압축폭발

해설 분진폭발
공기 중에 분산된 **밀가루, 알루미늄가루** 등이 에너지를 받아 폭발하는 현상

중요
분진폭발을 일으키지 않는 물질
(1) **시**멘트
(2) **석**회석(소석회)
(3) **탄**산칼슘(CaCO₃)
(4) **생**석회(CaO)=산화칼슘

• 분진폭발을 일으키지 않는 물질 = 물과 반응하여 가연성 기체를 발생시키지 않는 것

[기억법] 분시석탄생

답 ①

11. 피난대책의 일반적인 원칙으로 틀린 것은?

① 피난경로는 간단 명료하게 한다.
② 피난구조설비는 고정식 설비보다 이동식 설비를 위주로 설치한다.
③ 피난수단은 원시적 방법에 의한 것을 원칙으로 한다.
④ 2방향 피난통로를 확보한다.

해설 ② 고정식 설비위주 설치

피난대책의 일반적인 원칙(피난안전계획)
(1) 피난경로는 **간단 명료**하게 한다.(피난경로는 가능한 한 짧게 한다.) 보기 ①
(2) 피난구조설비는 **고정식 설비**를 위주로 설치한다. 보기 ②
(3) 피난수단은 **원시적 방법**에 의한 것을 원칙으로 한다. 보기 ③
(4) **2방향**의 피난통로를 확보한다. 보기 ④
(5) 피난통로를 **완전불연화**한다.
(6) 막다른 복도가 없도록 계획한다.
(7) 피난구조설비는 Fool proof와 Fail safe의 원칙을 중시한다.
(8) 비상시 **본능상태**에서도 혼돈이 없도록 한다.
(9) 건축물의 용도를 고려한 피난계획을 수립한다.

답 ②

12. 공기 중의 산소는 약 몇 vol%인가?

① 15 ② 21
③ 28 ④ 32

해설 공기 중 구성물질

구성물질	비 율
아르곤(Ar)	1vol%
산소(O₂)	21vol%
질소(N₂)	78vol%

중요

공기 중 산소농도

구 분	산소농도
체적비(부피백분율)	약 21vol%
중량비(중량백분율)	약 23wt%

• 용적=부피

답 ②

13. 다음 중 가연성 물질이 아닌 것은?

① 프로판 ② 산소
③ 에탄 ④ 암모니아

해설 ② 지연성 물질

가연성 가스와 **지연성 가스**

가연성 가스(가연성 물질)	지연성 가스(지연성 물질)
• 수소 • 메탄 • 암모니아 보기 ④ • 일산화탄소 • 천연가스 • 에탄 보기 ③ • 프로판 보기 ①	• 산소 보기 ② • 공기 • 오존 • 불소 • 염소 [기억법] 지산공 오불염

• 지연성 가스=조연성 가스=지연성 물질=조연성 물질

참고

가연성 가스	지연성 가스
물질 자체가 연소하는 것	자기 자신은 연소하지 않지만 연소를 도와주는 가스

답 ②

14 다음의 위험물 중 위험물안전관리법령상 지정수량이 나머지 셋과 다른 것은?
① 적린 ② 황화인
③ 유기과산화물(제2종) ④ 질산에스터류(제1종)

해설 위험물의 지정수량

위험물	지정수량
• 질산에스터류(제1종) 보기 ④ • 알킬알루미늄	10kg
• 황린	20kg
• 무기과산화물 • 과산화나트륨	50kg
• 황화인 보기 ② • 적린 보기 ① • 유기과산화물(제2종) 보기 ③	100kg
• 트리나이트로톨루엔	제1종 : 10kg, 제2종 : 100kg
• 탄화알루미늄	300kg

답 ④

15 제1류 위험물에 속하지 않는 것은?
① 과염소산염류
② 무기과산화물
③ 아염소산염류
④ 과염소산

해설 ④ 제6류

위험물령 〔별표 1〕
위험물

유별	성질	품명
제1류	산화성 고체	• 아염소산염류(아염소산나트륨) 보기 ③ • 염소산염류 • 과염소산염류 보기 ① • 질산염류(질산칼륨) • 무기과산화물(과산화바륨) 보기 ②

기억법 1산고(일산GO)

제2류	가연성 고체	• 황화인 • 적린 • 황 • 마그네슘

기억법 2황화적황마

제3류	자연발화성 물질 및 금수성 물질	• 황린 • 칼륨 ─┐ • 나트륨 ├─ 금속분 • 트리에틸알루미늄 ─┘

기억법 황칼나트알

제4류	인화성 액체	• 특수인화물 • 석유류(벤젠) • 알코올류 • 동식물유류

제5류	자기반응성 물질	• 질산에스터류(셀룰로이드) • 유기과산화물 • 나이트로화합물 • 나이트로소화합물 • 아조화합물 • 나이트로글리세린

제6류	산화성 액체	• 과염소산 보기 ④ • 과산화수소 • 질산

기억법 6산액과염산질산

답 ④

16 실내 화재 발생시 순간적으로 실 전체로 화염이 확산되면서 온도가 급격히 상승하는 현상은?
① 제트 파이어(jet fire)
② 파이어볼(fireball)
③ 플래시오버(flashover)
④ 리프트(lift)

해설 화재현상

용어	설명
제트 파이어 (jet fire)	압축 또는 액화상태의 가스가 **저장탱크**나 **배관**에서 **누출**되어 문출하면서 주위 공기와 혼합되어 점화원을 만나 발생하는 화재
파이어볼 (fireball, 화구)	**인화성 액체**가 **대량**으로 **기화**되어 갑자기 발화될 때 발생하는 **공모양**의 화염
플래시오버 (flashover)	화재로 인하여 실내의 온도가 급격히 상승하여 화재가 **순간적**으로 **실내 전체**에 **확산**되어 연소되는 현상 보기 ③
리프트 (lift)	버너 내압이 높아져서 **분출속도**가 **빨라지는** 현상
백파이어 (backfire, 역화)	가스가 노즐에서 나가는 속도가 연소속도보다 느리게 되어 **버너 내부**에서 **연소**하게 되는 현상

답 ③

17 화재의 분류에서 A급 화재에 속하는 것은?

① 유류
② 목재
③ 전기
④ 가스

해설

① 유류 : B급
③ 전기 : C급
④ 가스 : B급

화재 종류	표시색	적응물질
일반화재(A급)	백색	• 일반가연물 • 종이류 화재 • 목재, 섬유화재 보기 ②
유류화재(B급)	황색	• 가연성 액체 • 가연성 가스 • 액화가스화재 • 석유화재 • 유류
전기화재(C급)	청색	• 전기설비
금속화재(D급)	무색	• 가연성 금속
주방화재(K급)	–	• 식용유화재

※ 요즘은 표시색의 의무규정은 없음

답 ②

18 제2종 분말소화약제의 주성분은?

① 탄산수소칼륨
② 탄산수소나트륨
③ 제1인산암모늄
④ 탄산수소칼륨+요소

해설 분말소화약제

종별	분자식	착색	적응화재	비고
제1종	중탄산나트륨 (NaHCO₃)	백색	BC급	식용유 및 지방질유의 화재에 적합
제2종	중탄산칼륨 (KHCO₃)	담자색 (담회색)	BC급	–
제3종	제1인산암모늄 (NH₄H₂PO₄)	담홍색	ABC급	차고·주차장에 적합
제4종	중탄산칼륨+요소 (KHCO₃+(NH₂)₂CO)	회(백)색	BC급	–

• 중탄산나트륨 = 탄산수소나트륨
• 중탄산칼륨 = 탄산**수**소**칼**륨 보기 ①
• 제1인산암모늄 = 인산암모늄 = 인산염
• 중탄산칼륨+요소 = 탄산수소칼륨+요소

기억법 2수칼(**이수**역에 **칼**이 있다.)

답 ①

19 다음 중 인화점이 가장 낮은 물질은?

① 산화프로필렌
② 이황화탄소
③ 아세틸렌
④ 다이에틸에터

해설

① -37℃
② -30℃
③ -18℃
④ -45℃

물 질	인화점	착화점
• 프로필렌	-107℃	497℃
• 에틸에터 • 다이에틸에터 보기 ④	-45℃	180℃
• 가솔린(휘발유)	-43℃	300℃
• 이황화탄소 보기 ②	-30℃	100℃
• 아세틸렌 보기 ③	-18℃	335℃
• 아세톤	-18℃	538℃
• 산화프로필렌 보기 ①	-37℃	465℃
• 벤젠	-11℃	562℃
• 톨루엔	4.4℃	480℃
• 에틸알코올	13℃	423℃
• 아세트산	40℃	–
• 등유	43~72℃	210℃
• 경유	50~70℃	200℃
• 적린	–	260℃

• 인화점 = 인화온도
• 착화점 = 발화점 = 착화온도 = 발화온도

답 ④

20 적린의 착화온도는 약 몇 ℃인가?

① 34
② 157
③ 180
④ 260

해설

물 질	인화점	발화점
프로필렌	-107℃	497℃
에틸에터, 다이에틸에터	-45℃	180℃
가솔린(휘발유)	-43℃	300℃
이황화탄소	-30℃	100℃
아세틸렌	-18℃	335℃
아세톤	-18℃	538℃
에틸알코올	13℃	423℃
적린	–	**260**℃

기억법 적26(**적**이 **육**지에 있다.)

• 발화점 = 발화온도 = 착화온도 = 착화점

답 ④

제2과목 소방전기일반

21 제어장치의 출력인 동시에 제어대상의 입력으로 제어장치가 제어대상에 가하는 제어신호는?

① 제어량
② 조작량
③ 동작신호
④ 궤환신호

해설 피드백제어의 용어

용어	설명
제어량 (controlled value)	• 제어대상에 속하는 양으로, 대상을 제어하는 것을 목적으로 하는 물리적인 양이다.
조작량 (manipulated value)	• **제어장치**의 **출력**인 동시에 **제어대상**의 **입력**으로 제어장치가 제어대상에 가해지는 제어신호 보기 ② • 제어**요소**가 제어**대상**에게 주는 것
제어요소 (control element)	• 동작신호를 조작량으로 변환하는 요소이고, **조절부**와 **조작부**로 이루어진다.
제어장치 (control device)	• 제어를 하기 위해 제어대상에 부착되는 장치이고, **조절부, 설정부, 검출부** 등이 이에 해당된다.
오차검출기	• 제어량을 설정값과 비교하여 오차를 계산하는 장치이다.

기억법 조출동, 조요대(**조용하대**)

답 ②

22 저항 R과 유도리액턴스 X_L이 직렬로 접속된 회로의 역률은?

① $\dfrac{R}{\sqrt{R^2+X_L^2}}$
② $\dfrac{\sqrt{R^2+X_L^2}}{R}$
③ $\dfrac{X_L}{\sqrt{R^2+X_L^2}}$
④ $\sqrt{\dfrac{R^2+X_L^2}{X_L}}$

해설 역률

RL 직렬회로	RL 병렬회로
$\cos\theta = \dfrac{R}{\sqrt{R^2+X_L^2}}$	$\cos\theta = \dfrac{X_L}{\sqrt{R^2+X_L^2}}$
여기서, $\cos\theta$: 역률 X_L : 유도리액턴스[Ω] R : 저항[Ω]	여기서, $\cos\theta$: 역률 X_L : 유도리액턴스[Ω] R : 저항[Ω]

비교 무효율

RL 직렬회로	RL 병렬회로
$\sin\theta = \dfrac{X_L}{\sqrt{R^2+X_L^2}}$	$\sin\theta = \dfrac{R}{\sqrt{R^2+X_L^2}}$
여기서, $\sin\theta$: 무효율 R : 저항[Ω] X_L : 유도리액턴스[Ω]	여기서, $\sin\theta$: 무효율 R : 저항[Ω] X_L : 유도리액턴스[Ω]

답 ①

23 고유저항 ρ, 길이 l, 지름 D인 전선의 저항은?

① $\rho \cdot \dfrac{4l}{\pi D^2}$
② $\rho \cdot \dfrac{2l}{\pi D^2}$
③ $\rho \cdot \dfrac{l}{2\pi D^2}$
④ $\rho \cdot \dfrac{l}{\pi D^2}$

해설 고유저항

$$R = \rho\dfrac{l}{A} = \rho\dfrac{l}{\pi r^2} = \rho\dfrac{4l}{\pi D^2}\,[\Omega]$$

여기서, R : 저항[Ω]
ρ : 고유저항[Ω·m]
A : 도체의 단면적[m²]
l : 길이[m]
r : 반지름[m]
D : 지름[m]

단면적 $A = \pi r^2 = \dfrac{\pi D^2}{4}$ 이므로 $\rho\dfrac{l}{\pi r^2} = \rho\dfrac{4l}{\pi D^2}$

답 ①

24 적분시간이 2초이고, 비례감도가 5인 PI제어기의 전달함수는?

① $\dfrac{10s+5}{2s}$
② $\dfrac{10s-5}{2s}$
③ $1+\dfrac{1}{2\theta}$
④ $1-\dfrac{1}{2s}$

해설 비례적분(PI)제어 전달함수

$$G(s) = k\left(1+\dfrac{1}{Ts}\right)$$

여기서, $G(s)$: 비례적분(PI)제어 전달함수
k : 비례감도
T : 적분시간[s]

PI제어 전달함수 $G(s)$는

$G(s) = k\left(1+\dfrac{1}{Ts}\right) = 5\left(1+\dfrac{1}{2s}\right) = 5\left(\dfrac{2s}{2s}+\dfrac{1}{2s}\right)$
$= 5\left(\dfrac{2s+1}{2s}\right) = \dfrac{10s+5}{2s}$

답 ①

25. 다음 논리회로의 명칭은?

① AND
② OR
③ NOT
④ NAND

해설

명 칭	논리회로	진리표(진가표)
AND 게이트	$X = A \cdot B$	A B X / 0 0 0 / 0 1 0 / 1 0 0 / 1 1 1
OR 게이트	$X = A + B$	A B X / 0 0 0 / 0 1 1 / 1 0 1 / 1 1 1
NOT 게이트	$X = \overline{A}$	A X / 0 1 / 1 0
NAND 게이트	$X = \overline{A \cdot B}$	A B X / 0 0 1 / 0 1 1 / 1 0 1 / 1 1 0
NOR 게이트	$X = \overline{A + B}$	A B X / 0 0 1 / 0 1 0 / 1 0 0 / 1 1 0
EXCUSIVE OR 게이트	$X = A \oplus B = \overline{A}B + A\overline{B}$	A B X / 0 0 0 / 0 1 1 / 1 0 1 / 1 1 0
EXCUSIVE NOR 게이트	$X = \overline{A \oplus B} = AB + \overline{A}\,\overline{B}$	A B X / 0 0 1 / 0 1 0 / 1 0 0 / 1 1 1

답 ①

26. 어떤 측정계기의 지시값을 M, 참값을 T라 할 때 보정률은?

① $\dfrac{T-M}{M} \times 100\%$
② $\dfrac{M}{M-T} \times 100\%$
③ $\dfrac{T-M}{T} \times 100\%$
④ $\dfrac{T}{M-T} \times 100\%$

해설 전기계기의 오차

오차율	보정률
오차율 $= \dfrac{M-T}{T} \times 100\%$	보정률 $= \dfrac{T-M}{M} \times 100\%$

여기서, T : 참값
   M : 측정값(지시값)

답 ①

27. 두께 d[m]인 판상 유전체의 양면 사이에 150V의 전압을 가했을 때 내부에서의 전위경도가 3×10^4V/m 이었다. 이 판상 유전체의 두께[mm]는?

① 2
② 5
③ 10
④ 20

해설 (1) 기호
- V : 150V
- E : 3×10^4V/m
- d : ?

(2) 전계의 세기(전위경도)

$$E = \frac{V}{d}$$

여기서, E : 전계의 세기(전위경도)[V/m]
   V : 전압[V]
   d : 두께[m]

두께 d는
$$d = \frac{V}{E} = \frac{150}{(3 \times 10^4)} = 5 \times 10^{-3}\,m = 5\,mm$$

- $1m = 1000mm = 10^3 mm$

답 ②

28. 평균 반지름 10cm의 환상 솔레노이드에 5A의 전류가 흐를 때, 내부자계가 1600AT/m이다. 권수는 약 얼마인가?

① 180회
② 190회
③ 200회
④ 210회

해설 (1) 기호
- a : 10cm = 0.1m (100cm = 1m)
- I : 5A
- H_i : 1600AT/m
- N : ?

(2) 환상 솔레노이드에 의한 자계
㉠ 내부자계
$$H_i = \frac{NI}{2\pi r} \text{ 또는 } H_i = \frac{NI}{2\pi a}$$

㉡ 외부자계
$$H_e = 0$$

여기서, H_i : 내부자계(AT/m)
H_e : 외부자계(AT/m)
N : 코일의 권수
I : 전류(A)
$r(a)$: 반지름(m)

환상 솔레노이드에 의한 자계 H_i는

$$H_i = \frac{NI}{2\pi a}$$ 에서

코일권수 N은

$$N = \frac{2\pi a H_i}{I} = \frac{2\pi \times 0.1 \times 1600}{5} \fallingdotseq 200회$$

답 ③

29 ★★
16.05.문33
02.09.문37

0.1μF인 콘덴서에 $v=2\sin(2\pi 100 t)$의 전압을 인가했을 때 $t=0$에서의 전류는 몇 A인가?

① 0 ② 0.1
③ 0.125 ④ 1.25

해설 (1) 기호
- C : 0.1μF=0.1×10^{-6}F(1μF=10^{-6}F)
- V_m : 2V
- f : 100Hz
- I : ?

(2) 순시값

$$v = V_m \sin\omega t = V_m \sin 2\pi f t$$

여기서, v : 전압의 순시값(V)
V_m : 전압의 최대값(V)
ω : 각주파수(rad/s)
t : 주기(s)
f : 주파수(Hz)

(3) 용량리액턴스

$$X_C = \frac{1}{\omega C} = \frac{1}{2\pi f C}$$

여기서, X_C : 용량리액턴스(Ω)
 : 각주파수(rad/s)
C : 정전용량(F)
f : 주파수(Hz)

용량리액턴스 X_C는

$$X_C = \frac{1}{2\pi f C} = \frac{1}{2\pi \times 100 \times 0.1 \times 10^{-6}} \fallingdotseq 15915 \, \Omega$$

$$I = \frac{v}{X_C}$$

여기서, I : 전류(A)
X_C : 용량리액턴스(Ω)
v : 전압(V)

$v = 2\sin(2\pi 100 t)$에서 $t=0$이면 $v = 2\sin 0°$
$t=0$에서의 전류 I는

$$I = \frac{v}{X_C} = \frac{2\sin 0°}{15915} = 0\text{A}$$

답 ①

30 ★★
13.06.문33

60Hz인 전압을 가하면 3A가 흐르는 코일이 있다. 이 코일에 같은 전압으로 50Hz를 가하면 이 코일에 흐르는 전류는?

① 2.1A ② 2.5A
③ 3.6A ④ 4.3A

해설 (1) 기호
- f_1 : 60Hz
- I_1 : 3A
- f_2 : 50Hz
- I_2 : ?

(2) 유도리액턴스

$$X_L = 2\pi f L$$

여기서, X_L : 유도리액턴스(Ω)
f : 주파수(Hz)
L : 인덕턴스(H)

(3) 전류

$$I = \frac{V}{X_L}$$

여기서, I : 전류(A)
V : 전압(V)
X_L : 유도리액턴스(Ω)

전류 I는

$$I = \frac{V}{X_L} = \frac{V}{2\pi f L} \propto \frac{1}{f}(반비례)$$

$$I_1 : \frac{1}{f_1} = I_2 : \frac{1}{f_2}$$

$$3A : \frac{1}{60Hz} = I_2 : \frac{1}{50Hz}$$

$$\frac{I_2}{60Hz} = \frac{3A}{50Hz}$$

$$I_2 = \frac{3A}{50Hz} \times 60Hz = 3.6A$$

답 ③

31 ★★
19.09.문35
16.05.문26
10.03.문26

동선의 길이는 2배로, 전선의 단면적은 $\frac{1}{2}$로 되었다. 이때 저항은 처음의 몇 배가 되는가? (단, 체적은 일정하다.)

① 2배 ② 4배
③ 8배 ④ 16배

해설 (1) 기호
- l' : $2l$
- A' : $\frac{1}{2}A$
- R' : ?

(2) 저항

$$R = \rho \frac{l}{A}$$

여기서, R : 저항[Ω]
ρ : 고유저항[Ω·mm²/m]
A : 전선의 단면적[mm²]
l : 전선의 길이[m]

저항 R은

$$R = \rho \frac{l}{A} \propto \frac{l}{A}$$

길이 2배(2l), 단면적 $\frac{1}{2}$배$\left(\frac{1}{2}A\right)$로 할 때 저항 R'는

$$R' = \rho \frac{l'}{A'} = \frac{2l}{\frac{1}{2}A} = 4\frac{l}{A} = 4배$$

중요

전선의 고유저항

전선의 종류	고유저항[Ω·mm²/m]
알루미늄선	$\frac{1}{35}$
경동선	$\frac{1}{55}$
연동선	$\frac{1}{58}$

답 ②

32 유량 2400Lpm, 양정 100m인 스프링클러설비 펌프를 구동시킬 전동기의 용량은 몇 HP인가? (단, 이때 펌프의 효율은 0.6, 전달계수는 1.1이라 한다.)

① 75　　　　② 100
③ 125　　　④ 200

해설 (1) 기호
- Q : 2400Lpm=2400L/min
  =2.4m³/min(1000L=1m³)
- t : 1min=60s(2.4m³/min에서 1min)
- H : 100m
- P : ?
- η : 0.6
- K : 1.1

(2) 전동기의 용량

$$P\eta t = 9.8KHQ$$

여기서, P : 전동기의 용량[kW]
η : 효율
t : 시간[s]
K : 여유계수
H : 전양정[m]
Q : 양수량(유량)[m³]

$$P = \frac{9.8KHQ}{\eta t} = \frac{9.8 \times 1.1 \times 100 \times 2.4}{0.6 \times 60} = 71.86 \fallingdotseq 72\text{kW}$$

1HP=0.746kW

이므로

$$P = \frac{72}{0.746} = 96.5 \fallingdotseq 100\text{HP}$$

답 ②

33 다음 중 논리식이 잘못된 것은?

① $X + 1 = 1$
② $X + \overline{X} = 0$
③ $(X + \overline{Y}) \cdot Y = X \cdot Y$
④ $X \cdot \overline{Y} + Y = X + Y$

해설 불대수의 정리

논리합	논리곱	비고
$X + 0 = X$	$X \cdot 0 = 0$	-
$X + 1 = 1$ 보기 ①	$X \cdot 1 = X$	-
$X + X = X$	$X \cdot X = X$	-
$X + \overline{X} = 1$ 보기 ②	$X \cdot \overline{X} = 0$	-
$X + Y = Y + X$	$X \cdot Y = Y \cdot X$	교환법칙
$X + (Y + Z)$ $= (X + Y) + Z$	$X(YZ) = (XY)Z$	결합법칙
$X(Y + Z)$ $= XY + XZ$	$(X + Y)(Z + W)$ $= XZ + XW + YZ + YW$	분배법칙
$X + XY = X$	$\overline{X} + XY = \overline{X} + Y$ $X + \overline{X}Y = X + Y$ 보기 ④ $X + \overline{X}\,\overline{Y} = X + \overline{Y}$	흡수법칙
$\overline{(X + Y)}$ $= \overline{X} \cdot \overline{Y}$	$\overline{(X \cdot Y)} = \overline{X} + \overline{Y}$	드모르간의 정리

② $X + \overline{X} = 1$
③ $(X + \overline{Y}) \cdot Y = XY + \underbrace{\overline{Y}Y}_{X \cdot \overline{X} = 0}$
$= XY = X \cdot Y$

답 ②

34 논리식 $\{(1 + A) + A\} + A$의 값은?

① 0
② 1
③ 2
④ 3

해설 논리식=$\{\underbrace{(1+A)}_{X+1=1}+A\}+A=\{\underbrace{(1+A)}_{X+1=1}+A\}=\underbrace{(1+A)}_{X+1=1}=1$

답 ②

35. 인버터(inverter)에 대한 설명 중 옳은 것은?

① 교류를 직류로 변환시켜 준다.
② 직류를 교류로 변환시켜 준다.
③ 저전압을 고전압으로 높이기 위한 장치이다.
④ 교류의 주파수를 낮추어 주기 위한 장치이다.

해설

컨버터(converter)	인버터(inverter)
교류를 직류로 변환시켜 준다.	직류를 교류로 변환시켜 준다.

기억법 직인

용어
인버터(inverter)
직류전력을 교류전력으로 변환하는 장치로서, 인버터의 부하장치에는 **교류직권전동기**를 사용하여야 한다.

답 ②

36. 다음 그림과 같은 논리회로의 명칭은?

① AND   ② NOR
③ NOT   ④ NAND

해설 문제 25 참조

명칭	논리회로	진리표(진가표)
NOT 게이트	$X = \overline{A}$	A X / 0 1 / 1 0

답 ③

37. 자기인덕턴스 L_1, L_2가 각각 4mH, 9mH인 코일이 이상적인 결합이 되었다면 상호인덕턴스 M은 몇 mH인가? (단, 결합계수 $k=1$이다.)

① 0.1   ② 6
③ 0.9   ④ 36

해설 (1) 기호
- L_1 : 4mH
- L_2 : 9mH
- k : 1
- M : ?

(2) 상호인덕턴스(mutual inductance)
$$M = k\sqrt{L_1 L_2} \text{[H]}$$
여기서, M : 상호인덕턴스[H]
k : 결합계수
L_1, L_2 : 자기인덕턴스[H]

- 상호인덕턴스=상호유도계수

상호인덕턴스 M은
$$M = k\sqrt{L_1 L_2} = 1\sqrt{4 \times 9} = 6\text{mH}$$

중요
결합계수

$k=0$	$k=1$
두 코일 직교시	이상결합·완전결합시

답 ②

38. 유량, 압력, 액위, 농도 등의 공업 프로세스의 상태량을 제어량으로 하는 제어는?

① 프로그램제어
② 프로세스제어
③ 비율제어
④ 자동조정

해설 제어량에 의한 분류

분류방법	제어량
프로세스제어	• **온**도 • **압**력 • **유**량 • **액**면(액위) • **농**도
	기억법 프온압유액
서보기구	• **위**치 • **방**위 • **자**세
	기억법 서위방자(스위스 방자하나)
자동조정	• **전**압 • **전**류 • **주**파수 • **회**전속도 • 장력
	기억법 자전주회장

• 프로세스제어 = 공정제어

답 ②

39. 1대의 용량이 7kVA인 변압기 2대를 가지고 V결선으로 구성하면 3상 평형 부하에 약 몇 kVA의 전력을 공급할 수 있는가?

① 5.77   ② 8.66
③ 10   ④ 12.12

해설 (1) 기호
- P : 7kVA
- P_V : ?

(2) V결선 출력
$$P_V = \sqrt{3}P$$

여기서, P_V : V결선시의 출력(kVA)
P : 단상변압기 1대의 용량(kVA)
$P_V = \sqrt{3}P = \sqrt{3} \times 7 ≒ 12.12\text{kVA}$

- 변압기 2대로 3상 전력을 공급하려면 **V결선** 하여야 한다.

답 ④

40 회로의 전압과 전류를 측정할 때 전압계와 전류계를 부하에 연결하는 방법으로 옳은 것은?
20.06.문30
17.09.문33
16.10.문35
06.03.문25

① 전압계는 병렬, 전류계는 직렬
② 전압계는 직렬, 전류계는 병렬
③ 전압계와 전류계 모두 직렬
④ 전압계와 전류계 모두 병렬

해설 전압계와 전류계

전압계	전류계
부하에 **병렬**연결	부하에 **직렬**연결

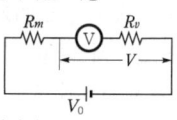

비교

배율기와 분류기

배율기(multiplier)	분류기(shunt)
전압계의 측정범위를 확대하기 위해 **전압계**와 **직렬**로 접속하는 저항	전류계의 측정범위를 확대하기 위해 **전류계**와 **병렬**로 접속하는 저항

여기서,
V_0 : 측정하고자 하는 전압(V)
V : 전압계의 최대눈금(V)
R_v : 전압계의 내부저항(Ω)
R_m : 배율기(Ω)

여기서,
I_0 : 측정하고자 하는 전류(A)
I : 전류계의 최대눈금(A)
R_A : 전류계의 내부저항(Ω)
I_S : 분류기에 흐르는 전류(A)
R_S : 분류기(Ω)

답 ①

제3과목 소방관계법규

41 제조 또는 가공 공정에서 방염처리를 하는 방염대상물품으로 틀린 것은? (단, 합판·목재류의 경우에는 설치현장에서 방염처리를 한 것을 포함한다.)
19.04.문42
17.03.문59
15.03.문51
13.06.문44

① 카펫
② 창문에 설치하는 커튼류
③ 두께가 2mm 미만인 종이벽지
④ 전시용 합판 또는 섬유판

해설 ③ 두께가 2mm 미만인 종이벽지 → 두께가 2mm 미만인 종이벽지 제외

소방시설법 시행령 31조
방염대상물품

제조 또는 가공 공정에서 방염처리를 한 물품	건축물 내부의 천장이나 벽에 부착하거나 설치하는 것
① 창문에 설치하는 **커튼류** (블라인드 포함) 보기 ② ② **카펫** 보기 ① ③ **벽지류**(두께 2mm 미만인 종이벽지 제외) 보기 ③ ④ 전시용 합판·목재 또는 섬유판 보기 ④ ⑤ 무대용 합판·목재 또는 섬유판 ⑥ 암막·무대막(영화상영관·가상체험 체육시설업의 스크린 포함) ⑦ 섬유류 또는 합성수지류 등을 원료로 하여 제작된 소파·의자(단란주점영업, 유흥주점영업 및 노래연습장업의 영업장에 설치하는 것만 해당)	① 종이류(두께 2mm 이상), **합성수지류** 또는 **섬유류**를 주원료로 한 물품 ② **합판**이나 **목재** ③ 공간을 구획하기 위하여 설치하는 간이칸막이 ④ **흡음재**(흡음용 커튼 포함) 또는 **방음재**(방음용 커튼 포함) ※ **가구류**(옷장, 찬장, 식탁, 식탁용 의자, 사무용 책상, 사무용 의자, 계산대)와 너비 10cm 이하인 반자돌림대, 내부 마감재료 제외

답 ③

42 소방안전교육사가 수행하는 소방안전교육의 업무에 직접적으로 해당되지 않는 것은?

① 소방안전교육의 분석
② 소방안전교육의 기획
③ 소방안전관리자 양성교육
④ 소방안전교육의 평가

해설 기본법 17조 2
소방안전교육사의 수행업무
(1) 소방안전교육의 **기획** 보기 ②
(2) 소방안전교육의 **진행**
(3) 소방안전교육의 **분석** 보기 ①
(4) 소방안전교육의 **평가** 보기 ④
(5) 소방안전교육의 **교수**업무

기억법 기진분평교

답 ③

43. 소방안전관리자의 업무라고 볼 수 없는 것은?

① 소방계획서의 작성 및 시행
② 화재예방강화지구의 지정
③ 자위소방대의 구성·운영·교육
④ 피난시설, 방화구획 및 방화시설의 관리

해설 ② 시·도지사의 업무

화재예방법 24조 ⑤항
관계인 및 소방안전관리자의 업무

특정소방대상물 (관계인)	소방안전관리대상물 (소방안전관리자)
① **피**난시설·방화구획 및 방화시설의 관리 ② **소**방시설, 그 밖의 소방 관련시설의 관리 ③ **화**기취급의 감독 ④ 소방안전관리에 필요한 업무 ⑤ 화재발생시 초기대응	① **피**난시설·방화구획 및 방화시설의 관리 보기 ④ ② **소**방시설, 그 밖의 소방 관련시설의 관리 ③ **화**기취급의 감독 ④ 소방안전관리에 필요한 업무 ⑤ **소**방계획서의 작성 및 시행(대통령령으로 정하는 사항 포함) 보기 ① ⑥ **자**위소방대 및 초기대응체계의 구성·운영·교육 보기 ③ ⑦ 소방**훈**련 및 교육 ⑧ 소방안전관리에 관한 업무수행에 관한 기록·유지 ⑨ 화재발생시 초기대응

기억법 계위 훈피소화

용어

특정소방대상물	소방안전관리대상물
건축물 등의 규모·용도 및 수용인원 등을 고려하여 소방시설을 설치하여야 하는 소방대상물로서 대통령령으로 정하는 것	**대통령령**으로 정하는 특정 소방대상물

중요

화재예방법 18조
화재예방강화지구의 지정
(1) **지정권자** : **시·도지사**
(2) 지정지역
  ① **시장**지역
  ② **공장·창고** 등이 밀집한 지역
  ③ **목조건물**이 밀집한 지역
  ④ 노후·불량 건축물이 밀집한 지역
  ⑤ 위험물의 **저장** 및 **처리시설**이 밀집한 지역
  ⑥ 석유화학제품을 생산하는 공장이 있는 지역
  ⑦ **소방시설·소방용수시설** 또는 **소방출동로**가 **없는** 지역
  ⑧ 「산업입지 및 개발에 관한 법률」에 따른 산업단지
  ⑨ 「물류시설의 개발 및 운영에 관한 법률」에 따른 물류단지
  ⑩ **소방청장·소방본부장** 또는 **소방서장**(소방관서장)이 화재예방강화지구로 지정할 필요가 있다고 인정하는 지역

 화재예방강화지구 : 화재발생 우려가 크거나 화재가 발생할 경우 피해가 클 것으로 예상되는 지역에 대하여 화재의 예방 및 안전관리를 강화하기 위해 지정·관리하는 지역

답 ②

44. 국가가 시·도의 소방업무에 필요한 경비의 일부를 보조하는 국고보조대상이 아닌 것은?

① 사무용 기기
② 소방전용통신설비
③ 소방자동차
④ 소방관서용 청사의 건축

해설 ① 국고보조대상이 아님

기본령 2조
국고보조의 대상 및 기준
(1) 국고보조의 대상
  ㉠ 소방**활**동장비와 설비의 구입 및 설치
    • 소방**자**동차 보기 ③
    • 소방**헬**리콥터·소방정
    • 소방**전**용통신설비·전산설비 보기 ②
    • 방**화**복
  ㉡ 소방관서용 **청**사 보기 ④
(2) 소방활동장비 및 설비의 종류와 규격 : 행정안전부령
(3) 대상사업의 기준보조율 : 「보조금관리에 관한 법률 시행령」에 따름

기억법 국화복 활자 전헬청

답 ①

45. 소방본부장 또는 소방서장은 건축허가 등의 동의요구서류를 접수한 날부터 며칠 이내에 건축허가 등의 동의 여부를 회신하여야 하는가? (단, 지하층을 포함한 50층 이상의 건축물이다.)

① 5일   ② 7일
③ 10일   ④ 30일

해설 소방시설법 시행규칙 3조
건축허가 등의 동의

내용	기간	
동의요구서류 보완	4일 이내	
건축허가 등의 취소통보	7일 이내	
동의 여부 회신	5일 이내	기타
	10일 이내	• 50층 이상(지하층 제외) 또는 높이 200m 이상인 아파트 • 30층 이상(지하층 포함) 또는 높이 120m 이상(아파트 제외) 보기 ③ • 연면적 10만m² 이상 (아파트 제외)

답 ③

46. 화재가 발생할 우려가 높거나 화재가 발생하는 경우 그로 인하여 피해가 클 것으로 예상되는 일정한 구역으로서 대통령으로 정하는 지역을 화재예방강화지구로 지정할 수 있는데, 화재예방강화지구의 지정권자는?

① 국무총리
② 행정안전부장관
③ 시 · 도지사
④ 소방청장

해설 화재예방법 18조
화재예방강화지구의 지정
(1) **지정권자** : 시 · 도지사 [보기 ③]
(2) **지정지역**
  ㉠ **시장**지역
  ㉡ **공장 · 창고** 등이 밀집한 지역
  ㉢ **목조건물**이 밀집한 지역
  ㉣ **노후 · 불량** 건축물이 밀집한 지역
  ㉤ **위험물**의 **저장** 및 **처리시설**이 **밀집**한 지역
  ㉥ **석유화학제품**을 생산하는 공장이 있는 지역
  ㉦ **소방시설 · 소방용수시설** 또는 **소방출동로**가 **없는** 지역
  ㉧ 「**산업입지 및 개발에 관한 법률**」에 따른 산업단지
  ㉨ 「**물류시설의 개발 및 운영에 관한 법률**」에 따른 물류단지
  ㉩ **소방청장 · 소방본부장** 또는 **소방서장**(소방관서장)이 화재예방강화지구로 지정할 필요가 있다고 인정하는 지역

  ※ **화재예방강화지구** : 화재발생 우려가 크거나 화재가 발생할 경우 피해가 클 것으로 예상되는 지역에 대하여 화재의 예방 및 안전관리를 강화하기 위해 지정 · 관리하는 지역

답 ③

47. 대통령령 또는 화재안전기준이 변경되어 그 기준이 강화되는 경우 기존의 특정소방대상물의 소방시설 중 대통령령으로 정하는 것으로 변경으로 강화된 기준을 적용하여야 하는 소방시설은? (단, 건축물의 신축 · 개축 · 재축 · 이전 및 대수선 중인 특정소방대상물을 포함한다.)

① 비상경보설비
② 화재조기진압용 스프링클러설비
③ 옥내소화전설비
④ 제연설비

해설 소방시설법 13조, 소방시설법 시행령 13조
변경강화기준 적용설비
(1) 소화기구
(2) 비상경보설비 [보기 ①]
(3) 자동화재탐지설비
(4) 자동화재속보설비
(5) 피난구조설비
(6) 소방시설(**공동구** 설치용, 전력 및 통신사업용 지하구)
(7) **노유자시설, 의료시설**

공동구, 전력 및 통신사업용 지하구	노유자시설에 설치하여야 하는 소방시설	의료시설에 설치하여야 하는 소방시설
① 소화기 ② 자동소화장치 ③ 자동화재탐지설비 ④ 통합감시시설 ⑤ 유도등 및 연소방지설비	① 간이스프링클러설비 ② 자동화재탐지설비 ③ 단독경보형 감지기	① 스프링클러설비 ② 간이스프링클러설비 ③ 자동화재탐지설비 ④ 자동화재속보설비

답 ①

48. 특정소방대상물의 소방시설 설치의 면제기준 중 다음 (　) 안에 알맞은 것은?

> 물분무등소화설비를 설치하여야 하는 차고 · 주차장에 (　)를 화재안전기준에 적합하게 설치한 경우에는 그 설비의 유효범위에서 설치가 면제된다.

① 옥내소화전설비
② 스프링클러설비
③ 간이스프링클러설비
④ 할로겐화합물 및 불활성기체 소화설비

해설 소방시설법 시행령〔별표 5〕
소방시설 면제기준

면제대상	대체설비
스프링클러설비	• 물분무등소화설비
물분무등소화설비	• **스프링클러설비** [기억법] 스물(스물스물 하다.)
간이스프링클러설비	• 스프링클러설비 • 물분무소화설비 · 미분무소화설비
비상경보설비 또는 단독경보형 감지기	• **자동화재탐지설비**
비상경보설비	• 2개 이상 단독경보형 감지기 연동
비상방송설비	• 자동화재탐지설비 • 비상경보설비
연결살수설비	• 스프링클러설비 • 간이스프링클러설비 · 미분무소화설비 • 물분무소화설비 · 미분무소화설비
제연설비	• **공기조화설비**
연소방지설비	• 스프링클러설비 • 물분무소화설비 · 미분무소화설비
연결송수관설비	• 옥내소화전설비 • 스프링클러설비 • 간이스프링클러설비 • 연결살수설비

자동화재**탐**지설비	• 자동화재**탐**지설비의 기능을 가진 **스**프링클러설비 • **물**분등소화설비
	기억법 탐탐스물
옥내소화전설비	• 옥외소화전설비 • 미분무소화설비(호스릴방식)

답 ②

49 ★★★
17.03.문57
12.05.문59

하자보수대상 소방시설 중 하자보수 보증기간이 3년인 것은?

① 유도등
② 피난기구
③ 비상방송설비
④ 스프링클러설비

해설 ①, ②, ③ 2년
④ 3년

공사업령 6조
소방시설공사의 하자보수 보증기간

보증기간	소방시설
2년	① **유**도등 · **피**난기구 ② **비**상**조**명등 · 비상**경**보설비 · 비상**방**송설비 ③ **무**선통신보조설비 기억법 유비조경방무피2
3년	① 자동소화장치 ② 옥내·외소화전설비 ③ 스프링클러설비 보기 ④ ④ 물분등소화설비 · 소화용수설비 ⑤ 자동화재탐지설비 · 소화활동설비(무선통신보조설비 제외) ⑥ 화재알림설비

답 ④

50 ★
20.06.문57
15.03.문57

위험물안전관리법상 업무상 과실로 제조소 등에서 위험물을 유출·방출 또는 확산시켜 사람의 생명·신체 또는 재산에 대하여 위험을 발생시킨 자에 대한 벌칙으로 옳은 것은?

① 5년 이하의 금고 또는 5천만원 이하의 벌금
② 5년 이하의 금고 또는 7천만원 이하의 벌금
③ 7년 이하의 금고 또는 5천만원 이하의 벌금
④ 7년 이하의 금고 또는 7천만원 이하의 벌금

해설 **위험물법 34조**
위험물 유출·방출·확산

위험 발생	사람 사상
7년 이하의 금고 또는 7000만원 이하의 벌금 보기 ④	10년 이하의 징역 또는 금고나 1억원 이하의 벌금

답 ④

51 ★★
20.08.문45
16.10.문57
16.05.문51

소방기본법령상 소방대상물에 해당하지 않는 것은?

① 차량
② 건축물
③ 운항 중인 선박
④ 선박건조구조물

해설 ③ 운항 중인 → 매어 둔

기본법 2조 1호
소방대상물
(1) **건**축물 보기 ②
(2) **차**량 보기 ①
(3) **선**박(매어둔 것) 보기 ③
(4) **선**박건조구조물 보기 ④
(5) **인**공구조물
(6) **물**건
(7) **산**림

기억법 건차선 인물산

비교

위험물법 3조
위험물의 저장·운반·취급에 대한 적용 제외
(1) **항**공기
(2) **선**박
(3) **철**도(기차)
(4) **궤**도

기억법 항선철궤

답 ③

52 ★★★
19.04.문43
17.05.문60
14.05.문56
13.09.문43
13.09.문57

소방시설 중 경보설비에 속하지 않는 것은?

① 통합감시시설
② 자동화재탐지설비
③ 자동화재속보설비
④ 무선통신보조설비

해설 ④ 무선통신보조설비 : 소화활동설비

소방시설법 시행령 [별표 1]
경보설비
(1) 비상**경**보설비 ┬ 비상벨설비
              └ 자동식 사이렌설비
(2) **단**독경보형 감지기
(3) 비상**방**송설비
(4) **누**전경보기
(5) 자동화재**탐**지설비 및 시각경보기 보기 ②
(6) 자동화재**속**보설비 보기 ③
(7) **가**스누설경보기
(8) **통**합감시시설 보기 ①
(9) 화재알림설비

기억법 경단방 누탐속가통

※ **경보설비** : 화재발생 사실을 통보하는 기계·기구 또는 설비

중요
소방시설법 시행령 〔별표 1〕
소화활동설비
(1) **연결송수관**설비
(2) **연결살수**설비
(3) **연소방지**설비
(4) **무선통신보조**설비
(5) **제연**설비
(6) **비상콘센트**설비

기억법 3연무제비콘

용어
소화활동설비
화재를 진압하거나 인명구조활동을 위하여 사용하는 설비

답 ④

53. 소방기본법령상 인접하고 있는 시·도간 소방업무의 상호응원협정을 체결하고자 하는 때에 포함되도록 하여야 하는 사항이 아닌 것은?
① 소방교육·훈련의 종류 및 대상자에 관한 사항
② 화재의 경계·진압활동에 관한 사항
③ 출동대원의 수당·식가 및 의복의 수선 소요 경비의 부담에 관한 사항
④ 화재조사활동에 관한 사항

해설 기본규칙 8조
소방업무의 상호응원협정
(1) 다음의 **소방활동**에 관한 사항
  ㉠ 화재의 **경계·진압활동** 보기 ②
  ㉡ 구조·구급업무의 지원
  ㉢ 화재조사활동 보기 ④
(2) 응원출동 대상지역 및 규모
(3) 소요경비의 부담에 관한 사항
  ㉠ 출동대원의 수당·식사 및 의복의 수선 보기 ③
  ㉡ 소방장비 및 기구의 정비와 연료의 보급
(4) 응원출동의 요청방법
(5) 응원출동훈련 및 평가

기억법 경응출

답 ①

54. 소방기본법에 따른 공동주택에 소방자동차 전용구역에 차를 주차하거나 전용구역에의 진입을 가로막는 등의 방해행위를 한 자에게는 몇 만원 이하의 과태료를 부과하는가?
① 20만원
② 100만원
③ 200만원
④ 300만원

해설 기본법 56조
100만원 이하의 과태료
공동주택에 소방자동차 **전용구역**에 **차**를 **주차**하거나 전용구역에의 진입을 가로막는 등의 방해행위를 한 자

비교
300만원 이하의 과태료
(1) 관계인의 소방안전관리 업무 미수행(화재예방법 52조)
(2) 소방훈련 및 교육 미실시자(화재예방법 52조)
(3) 소방시설의 점검결과 미보고(소방시설법 61조)

기억법 3과관소업

답 ②

55. 소방기본법령에 따른 급수탑 및 지상에 설치하는 소화전·저수조의 경우 소방용수표지 기준 중 다음 ( ) 안에 알맞은 것은?

안쪽 문자는 (㉠), 안쪽 바탕은 (㉡), 바깥쪽 바탕은 (㉢)으로 하고 반사재료를 사용하여야 한다.

① ㉠ 검은색, ㉡ 파란색, ㉢ 붉은색
② ㉠ 검은색, ㉡ 붉은색, ㉢ 파란색
③ ㉠ 흰색, ㉡ 파란색, ㉢ 붉은색
④ ㉠ 흰색, ㉡ 붉은색, ㉢ 파란색

해설 기본규칙 〔별표 2〕
소방용수표지
(1) **지하**에 설치하는 소화전·저수조의 소방용수표지
  ㉠ 맨홀뚜껑은 지름 **648mm 이상**의 것으로 할 것
  ㉡ 맨홀뚜껑에는 "**소화전·주정차금지**" 또는 "**저수조·주정차금지**"의 표시를 할 것
  ㉢ 맨홀뚜껑 부근에는 **노란색 반사도료**로 폭 **15cm**의 선을 그 둘레를 따라 칠할 것
(2) **지상**에 설치하는 소화전·저수조 및 **급수탑**의 소방용수표지

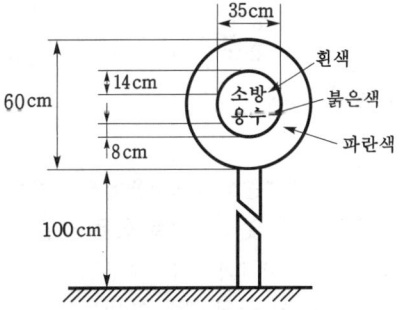

※ 안쪽 문자는 **흰색**, 바깥쪽 문자는 **노란색**, 안쪽 바탕은 **붉은색**, 바깥쪽 바탕은 **파란색**으로 하고 **반사재료** 사용 보기 ④

답 ④

56 위험물안전관리법상 허가를 받지 아니하고 당해 제조소 등을 설치하거나 그 위치·구조 또는 설비를 변경할 수 있으며, 신고를 하지 아니하고 위험물의 품명·수량 또는 지정수량의 배수를 변경할 수 있는 기준으로 틀린 것은?

① 주택의 난방시설을 위한 저장소 또는 취급소
② 공동주택의 중앙난방시설을 위한 저장소 또는 취급소
③ 수산용으로 필요한 건조시설을 위한 지정수량 20배 이하의 저장소
④ 농예용으로 필요한 난방시설을 위한 지정수량 20배 이하의 저장소

해설 위험물법 6조
제조소 등의 설치허가
(1) 설치허가자 : 시·도지사 [문제 57]
(2) 설치허가 제외장소
㉠ **주택**의 난방시설(공동주택의 중앙난방시설 제외)을 위한 **저장소** 또는 **취급소** [보기 ①]
㉡ 지정수량 **20배** 이하의 **농예용·축산용·수산용** 난방시설 또는 건조시설의 **저장소** [보기 ③④]
(3) 제조소 등의 변경신고 : 변경하고자 하는 날의 1일 전까지

참고
시·도지사
(1) 특별시장
(2) 광역시장
(3) 특별자치시장
(4) 도지사
(5) 특별자치도지사

답 ②

57 위험물안전관리법상 제조소 등을 설치하고자 하는 자는 누구의 허가를 받아 설치할 수 있는가?

① 소방서장   ② 소방청장
③ 시·도지사   ④ 안전관리자

해설 문제 56 참조

답 ③

58 소방기본법령상 소방대원에게 실시할 교육·훈련의 횟수 및 기간으로 옳은 것은?

① 1년마다 1회, 2주 이상
② 2년마다 1회, 2주 이상
③ 3년마다 1회, 2주 이상
④ 3년마다 1회, 4주 이상

해설 (1) 2년마다 1회 이상
㉠ 소방대원의 소방교육·훈련(기본규칙 9조) [보기 ②]
㉡ 실무교육(화재예방법 시행규칙 29조)

기억법 실2(실리)

(2) 소방기본법 시행규칙 [별표 3의 2]
소방대원의 소방 교육·훈련

구 분	설 명
전문교육기간	2주 이상

비교
화재예방법 시행규칙 29조
소방안전관리자의 실무교육
(1) 실시자 : **소방청장**(위탁 : 한국소방안전원장)
(2) 실시 : **2년**마다 **1회** 이상
(3) 교육통보 : **30일** 전

답 ②

59 위험물안전관리법령상 제조소 또는 일반취급소에서 취급하는 제4류 위험물의 최대수량의 합이 지정수량의 48만배 이상인 사업소의 자체소방대에 두는 화학소방자동차 및 인원기준으로 다음 (   ) 안에 알맞은 것은?

화학소방자동차	자체소방대원의 수
(㉠)	(㉡)

① ㉠ 1대, ㉡ 5인
② ㉠ 2대, ㉡ 10인
③ ㉠ 3대, ㉡ 15인
④ ㉠ 4대, ㉡ 20인

해설 위험물령 [별표 8]
자체소방대에 두는 화학소방자동차 및 인원

구 분	화학소방자동차	자체소방대원의 수
지정수량 3천~12만배 미만	1대	5인
지정수량 12~24만배 미만	2대	10인
지정수량 24~48만배 미만	3대	15인
지정수량 48만배 이상	4대	20인
옥외탱크저장소에 저장하는 제4류 위험물의 최대수량이 지정수량의 50만배 이상	2대	10인

답 ④

60. 소방시설 설치 및 관리에 관한 법령상 소방용품으로 틀린 것은?

① 시각경보기
② 자동소화장치
③ 가스누설경보기
④ 방염제

해설 소방시설법 시행령 6조
소방용품 제외대상
(1) 주거용 주방자동소화장치용 소화약제
(2) 가스자동소화장치용 소화약제
(3) 분말자동소화장치용 소화약제
(4) 고체에어로졸 자동소화장치용 소화약제
(5) 소화약제 외의 것을 이용한 간이소화용구
(6) 휴대용 비상조명등
(7) 유도표지
(8) 벨용 푸시버튼스위치
(9) 피난밧줄
(10) 옥내소화전함
(11) 방수구
(12) 안전매트
(13) 방수복
(14) 시각경보기 [보기 ①]

답 ①

제 4 과목 — 소방전기시설의 구조 및 원리

61. 비상콘센트설비의 비상전원 중 자가발전설비는 비상콘센트설비를 몇 분 이상 유효하게 작동시킬 수 있는 용량으로 설치해야 하는가?

① 10
② 20
③ 30
④ 60

해설 비상전원용량

설비의 종류	비상전원용량
• 자동화재탐지설비 • 비상경보설비 • 자동화재속보설비	10분 이상
• 유도등 • 비상콘센트설비 [보기 ②] • 제연설비 • 물분무소화설비 • 옥내소화전설비(30층 미만) • 특별피난계단의 계단실 및 부속실 제연설비(30층 미만)	20분 이상
• 무선통신보조설비의 증폭기	30분 이상
• 옥내소화전설비(30~49층 이하) • 특별피난계단의 계단실 및 부속실 제연설비(30~49층 이하) • 연결송수관설비(30~49층 이하) • 스프링클러설비(30~49층 이하)	40분 이상
• 유도등·비상조명등(지하상가 및 11층 이상) • 옥내소화전설비(50층 이상) • 특별피난계단의 계단실 및 부속실 제연설비(50층 이상) • 연결송수관설비(50층 이상) • 스프링클러설비(50층 이상)	60분 이상

기억법 경자비1(경자라는 이름은 비일비재하게 많다.)
3증(3중고)

답 ②

62. 비상경보설비의 축전지 외함이 강판인 경우의 두께는 최소 몇 mm 이상이어야 하는가?

① 1.0
② 1.2
③ 2.5
④ 3.0

해설 축전지 외함·속보기의 외함두께(자동화재속보설비의 속보기의 성능인증 및 제품검사의 기술기준 4조)

강 판	합성수지
1.2mm 이상 [보기 ②]	3mm 이상

답 ②

63. 누전경보기의 수신부를 설치할 수 있는 장소는?

① 부식성 가스가 다량으로 체류하는 장소
② 습도가 낮은 장소
③ 화약류를 제조 또는 취급하는 장소
④ 온도의 변화가 급격한 장소

해설 누전경보기의 수신부(NFPC 205 5조, NFTC 205 2.2.1, 2.2.2)

설치장소	설치제외장소
옥내의 점검에 편리한 장소 (옥내 건조한 장소)	(1) 온도변화가 급격한 장소 [보기 ④] (2) 습도가 높은 장소 [보기 ②] (3) 가연성의 증기, 가스 등 또는 부식성의 증기, 가스 등의 다량 체류장소 [보기 ①] (4) 대전류회로, 고주파발생회로 등의 영향을 받을 우려가 있는 장소 (5) 화약류 제조, 저장, 취급 장소 [보기 ③]

기억법 온습누가대화(온도·습도가 높으면 누가 대화하나?)

② 습도가 높은 장소

답 ②

21. 09. 시행 / 산업(전기)

64 소방시설용 비상전원수전설비에서 소방회로 전용의 것으로서 분기개폐기, 분기과전류차단기, 그 밖의 배선용 기기 및 배선을 금속제 외함에 수납한 것은?

① 전용분전반
② 전용배전반
③ 공용배전반
④ 전용수전반

해설 소방시설용 비상전원수전설비(NFPC 602 3조, NFTC 602 1.7)

용어	설명
수전설비	전력수급용 계기용 변성기 · 주차단장치 및 그 부속기기
변전설비	전력용 변압기 및 그 부속장치
전용 큐비클식	소방회로용의 것으로 수전설비, 변전설비, 그 밖의 기기 및 배선을 금속제 외함에 수납한 것
공용 큐비클식	소방회로 및 일반회로 겸용의 것으로서 수전설비, 변전설비, 그 밖의 기기 및 배선을 금속제 외함에 수납한 것
소방회로	소방부하에 전원을 공급하는 전기회로
일반회로	소방회로 이외의 전기회로
전용배전반	소방회로 전용의 것으로서 개폐기, 과전류차단기, 계기, 그 밖의 배선용 기기 및 배선을 금속제 외함에 수납한 것 보기 ②
공용배전반	소방회로 및 일반회로 겸용의 것으로서 개폐기, 과전류차단기, 계기, 그 밖의 배선용 기기 및 배선을 금속제 외함에 수납한 것 보기 ③
전용분전반	소방회로 전용의 것으로서 분기개폐기, 분기과전류차단기, 그 밖의 배선용 기기 및 배선을 금속제 외함에 수납한 것 보기 ①
공용분전반	소방회로 및 일반회로 겸용의 것으로서 분기개폐기, 분기과전류차단기, 그 밖의 배선용 기기 및 배선을 금속제 외함에 수납한 것

① **전용분전반**: 소방회로 **전용**의 것으로서 **분기개폐기, 분기과전류차단기**, 그 밖의 배선용 기기 및 배선을 금속제 외함 수납

답 ①

65 무선통신보조설비의 설치제외기준 중 다음 ( ) 안에 알맞은 것은?

지하층으로서 특정소방대상물의 바닥부분 (㉠)면 이상이 지표면과 동일하거나 지표면으로부터의 깊이가 (㉡)m 이하인 경우에는 해당층에 한하여 무선통신보조설비를 설치하지 아니할 수 있다.

① ㉠ 1, ㉡ 1
② ㉠ 2, ㉡ 1
③ ㉠ 1, ㉡ 2
④ ㉠ 2, ㉡ 2

해설 **무선통신보조설비**의 **설치제외**(NFPC 505 4조, NFTC 505 2.1)
(1) **지하층**으로서 **특**정소방대상물의 바닥부분 **2면** 이상이 지표면과 동일한 경우의 해당층 보기 ②
(2) **지하층**으로서 **지**표면으로부터의 깊이가 **1m** 이하인 경우의 해당층 보기 ②

기억법 지특2(**쥐**가 **특이**하다.), 지지1

답 ②

66 무선통신보조설비에서 신호의 전송로가 분기되는 장소에 설치하는 것으로 임피던스 매칭과 신호균등분배를 위해 사용하는 장치는?

① 분파기
② 혼합기
③ 증폭기
④ 분배기

해설 **무선통신보조설비**의 **구성부품**

용어	설명
누설동축 케이블	동축케이블의 외부도체에 가느다란 홈을 만들어서 전파가 외부로 새어나갈 수 있도록 한 케이블
분배기	신호의 전송로가 분기되는 장소에 설치하는 것으로 임피던스 매칭(matching)과 신호균등분배를 위해 사용하는 장치 보기 ④ 기억법 분배분배
분파기	서로 다른 주파수의 합성된 신호를 분리하기 위해서 사용하는 장치 기억법 파파
혼합기	두 개 이상의 입력신호를 원하는 비율로 조합한 출력이 발생하도록 하는 장치
증폭기	신호전송시 신호가 약해져 수신이 불가능해지는 것을 방지하기 위해서 증폭하는 장치
무선중계기	안테나를 통하여 수신된 무전기 신호를 증폭한 후 음영지역에 재방사하여 무전기 상호간 송수신이 가능하도록 하는 장치
옥외안테나	감시제어반 등에 설치된 무선중계기의 입력과 출력포트에 연결되어 송수신 신호를 원활하게 방사 · 수신하기 위해 옥외에 설치하는 장치

기억법 무배파혼

답 ④

67 비상콘센트설비의 화재안전기준에 따라 비상콘센트의 플러그접속기는 어떤 것을 사용하여야 하는가?

① 접지형 2극 플러그접속기
② 접지형 4극 플러그접속기
③ 비접지형 2극 플러그접속기
④ 비접지형 4극 플러그접속기

해설 비상콘센트 전원회로의 설치기준(NFPC 504 4조, NFTC 504 2.1)

구분	전압	용량	플러그접속기
단상 교류	220V	1.5kVA 이상	접지형 2극 보기 ①

(1) 1전용회로에 설치하는 비상콘센트는 **10**개 이하로 할 것
(2) 풀박스는 **1.6mm** 이상의 **철**판을 사용할 것

기억법 단2(단위), 10콘(시큰둥!), 16철콘, 접2(접이식)

(3) 콘센트마다 배선용 차단기를 설치하여야 하며, 충전부는 **노출되지 않도록** 할 것
(4) 각 층에 있어서 2 이상이 되도록 설치하되 설치하여야 할 층의 비상콘센트가 1개인 때에는 하나의 회로로 할 것
(5) 전원으로부터 각 층의 비상콘센트에 분기되는 경우에는 **분기배선용 차단기**를 보호함 안에 설치할 것
(6) 개폐기에는 "**비상콘센트**"라고 표시한 표지를 할 것

답 ①

68 일반전기사업자로부터 특고압 또는 고압으로 수전하는 비상전원수전설비의 형태에 속하지 않는 것은?

① 방화구획형
② 옥외개방형
③ 옥내개방형
④ 큐비클(cubicle)형

해설
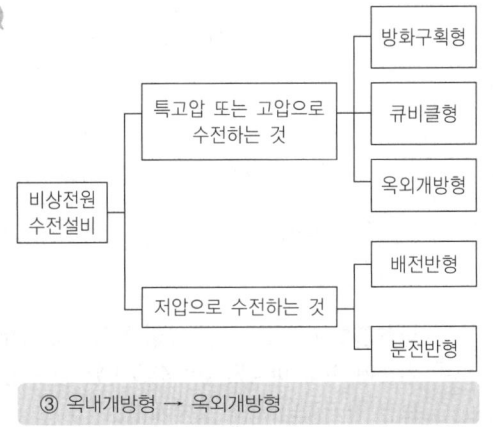

③ 옥내개방형 → 옥외개방형

비상전원(수전)설비(NFPC 602 5·6조, NFTC 602 2.2.1, 2.3.1)

저압수전	특고압 또는 고압수전
• 전용배전반(1·2종) • 전용분전반(1·2종) • 공용분전반(1·2종)	• 방화구획형 • 옥외개방형 • 큐비클(cubicle)형

답 ③

69 비상경보설비 및 단독경보형 감지기의 화재안전기준에 따른 비상벨설비 또는 자동식 사이렌설비에 대한 설명이다. 다음 ( )의 ㉠, ㉡에 들어갈 내용으로 옳은 것은?

비상벨설비 또는 자동식 사이렌설비에는 그 설비에 대한 감시상태를 (㉠)분간 지속한 후 유효하게 (㉡)분 이상 경보할 수 있는 축전지설비(수신기에 내장하는 경우를 포함한다) 또는 전기저장장치(외부 전기에너지를 저장해 두었다가 필요한 때 전기를 공급하는 장치)를 설치하여야 한다.

① ㉠ 30, ㉡ 10
② ㉠ 60, ㉡ 10
③ ㉠ 30, ㉡ 20
④ ㉠ 60, ㉡ 20

해설 축전지설비·자동식 사이렌설비·자동화재탐지설비·비상방송설비·비상벨설비(NFPC 201 6조, NFTC 201 2.3.2)

감시시간	경보시간
60분(1시간) 이상	**10**분 이상(30층 이상 : 30분)

기억법 6감(육감)

• 특별한 조건이 없으면 **30층 미만**으로 본다.

답 ②

70 객석의 통로 직선부분 길이가 32m인 경우 객석유도등은 최소 몇 개 이상 설치해야 하는가?

① 5
② 6
③ 7
④ 8

해설 객석유도등

$$개수 \geq \frac{직선부분\ 길이}{4} - 1$$
$$\geq \frac{32}{4} - 1 = 7개$$

21. 09. 시행 / 산업(전기)

```
중요
설치개수
(1) 복도·거실 통로유도등
    개수 ≥ 보행거리/20 - 1
(2) 유도표지
    개수 ≥ 보행거리/15 - 1
(3) 객석유도등
    개수 ≥ 직선부분 길이/4 - 1
```

답 ③

71 비상벨설비 또는 자동식 사이렌설비 음향장치의 설치기준 중 다음 ( ) 안에 알맞은 것은?

19.09.문69
17.03.문65
14.03.문71

음향장치는 정격전압의 (㉠)% 전압에서 음향을 발할 수 있도록 해야 하며, 음량은 부착된 음향장치의 중심으로부터 (㉡)m 떨어진 위치에서 (㉢)dB 이상이 되는 것으로 해야 한다.

① ㉠ 150, ㉡ 3, ㉢ 90
② ㉠ 140, ㉡ 1, ㉢ 120
③ ㉠ 110, ㉡ 3, ㉢ 120
④ ㉠ 80, ㉡ 1, ㉢ 90

해설 음향장치의 설치기준(NFPC 201 4조, NFTC 201 2.1)

구분	설명
전원	교류전압 옥내간선, 전용
정격전압 →	80% 전압에서 음향을 발할 것 보기 ④
음량 →	1m 위치에서 90dB 이상 보기 ④
지구음향장치	층마다 설치, 수평거리 25m 이하

답 ④

72 소방시설 설치 및 관리에 관한 법령상 단독경보형 감지기를 설치하여야 하는 특정소방대상물의 기준 중 틀린 것은?

14.03.문76
13.03.문53
12.05.문52
08.05.문47

① 연면적 400m² 미만의 유치원
② 교육연구시설 내에 있는 연면적 2000m² 미만의 합숙소
③ 수련시설 내에 있는 연면적 2000m² 미만의 기숙사
④ 연면적 2000m² 미만의 아파트

해설 단독경보형 감지기의 설치대상(소방시설법 시행령 〔별표 4〕)

연면적	설치대상
400m² 미만	• 유치원 보기 ①
2000m² 미만	• 교육연구시설·수련시설 내에 있는 합숙소 또는 기숙사 보기 ②③
모두 적용	• 100명 미만의 수련시설(숙박시설이 있는 것) • 연립주택 • 다세대주택

④ 아파트는 해당없음

답 ④

73 비상경보설비 및 단독경보형 감지기의 화재안전기준에 따라 비상벨설비 또는 자동식사이렌설비 부속회로의 전로와 대지 사이 및 배선 상호간의 절연저항은 1경계구역마다 직류 250V의 절연저항측정기를 사용하여 측정한 절연저항이 몇 MΩ 이상이 되도록 하여야 하는가?

20.06.문79
19.03.문66
16.03.문80
14.05.문70
13.06.문77
10.05.문64

① 0.1
② 0.2
③ 0.3
④ 0.5

해설 절연저항시험

절연저항계	절연저항	대상
직류 250V	0.1MΩ 이상	← 1경계구역의 절연저항 보기 ①
직류 500V	5MΩ 이상	• 누전경보기 • 가스누설경보기 • 수신기(10회로 미만, 절연된 충전부와 외함 간) • 자동화재속보설비 • 비상경보설비 • 유도등(교류입력측과 외함 간 포함) • 비상조명등(교류입력측과 외함 간 포함)
직류 500V	20MΩ 이상	• 경종 • 발신기 • 중계기 • **비상콘센트** • 기기의 절연된 선로 간 • 기기의 충전부와 비충전부 간 • 기기의 교류입력측과 외함 간(유도등·비상조명등 제외)
직류 500V	50MΩ 이상	• 감지기(정온식 감지선형 감지기 제외) • 가스누설경보기(10회로 이상) • 수신기(10회로 이상, 교류입력측과 외함 간 제외)
직류 500V	1000MΩ 이상	• 정온식 감지선형 감지기

기억법 콘2(콘이 맛있다!)

답 ①

74 비상경보설비 및 단독경보형 감지기의 화재안전기준에 따라 바닥면적이 450m²일 경우 단독경보형 감지기의 최소 설치개수는?

20.06.문66
19.03.문75
18.03.문49
17.09.문60
10.03.문55
06.09.문61

① 1개
② 2개
③ 3개
④ 4개

해설 **단독경보형 감지기**의 설치기준(NFPC 201 5조, NFTC 201 2.2)
(1) 각 실(이웃하는 실내의 바닥면적이 각각 $30m^2$ 미만이고 벽체의 상부의 전부 또는 일부가 개방되어 이웃하는 실내와 공기가 상호 유통되는 경우에는 이를 1개의 실로 본다)마다 설치하되, 바닥면적이 $150m^2$를 초과하는 경우에는 $150m^2$마다 1개 이상 설치할 것
(2) 최상층의 계단실의 **천장**(외기가 상통하는 계단실의 경우 제외)에 설치할 것
(3) 건전지를 주전원으로 사용하는 단독경보형 감지기는 정상적인 작동상태를 유지할 수 있도록 건전지를 교환할 것
(4) 상용전원을 주전원으로 사용하는 단독경보형 감지기의 **2차 전지**는 제품검사에 합격한 것을 사용할 것

$$단독경보형\ 감지기수 = \frac{바닥면적}{150m^2}$$

$$= \frac{450m^2}{150m^2} = 3개\ \boxed{보기\ ③}$$

(소수점이 발생하면 절상)

※ **단독경보형 감지기** : 화재발생상황을 단독으로 감지하여 자체에 내장된 음향장치로 경보하는 감지기

답 ③

75 ★★★
비상경보설비 및 단독경보형 감지기의 화재안전기준에 따라 비상경보설비의 발신기 설치시 복도 또는 별도로 구획된 실로서 보행거리가 몇 m 이상일 경우에는 추가로 설치하여야 하는가?

20.06.문69
18.03.문77
17.05.문63
16.05.문63
14.03.문71
12.03.문73
10.03.문68

① 25
② 30
③ 40
④ 50

해설 **비상경보설비**의 **발신기 설치기준**(NFPC 201 4조, NFTC 201 2.1.5)
(1) 전원 : **축전지설비**, **전기저장장치**, **교류전압**의 **옥내간선**으로 하고 배선은 **전용**
(2) 감시상태 : **60분**, 경보시간 : **10분**
(3) 조작이 **쉬운 장소**에 설치하고, 조작스위치는 바닥으로부터 **0.8~1.5m** 이하의 높이에 설치할 것
(4) 특정소방대상물의 **층**마다 설치하되, 해당 특정소방대상물의 각 부분으로부터 하나의 발신기까지의 **수평거리**가 **25m** 이하가 되도록 할 것(단, 복도 또는 별도로 구획된 실로서 **보행거리**가 **40m** 이상일 경우에는 추가로 설치할 것) 보기 ③
(5) 발신기의 **위치표시등**은 함의 **상부**에 설치하되, 그 불빛은 부착면으로부터 **15°** 이상의 범위 안에서 부착지점으로부터 **10m** 이내의 어느 곳에서도 쉽게 식별할 수 있는 **적색등**으로 할 것

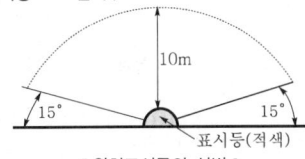

| 위치표시등의 식별 |

용어
전기저장장치
외부 전기에너지를 저장해 두었다가 필요한 때 전기를 공급하는 장치

답 ③

76 ★★★
유도등 및 유도표지의 화재안전기준에 따른 통로유도등의 시설기준으로 옳은 것은?

20.06.문74
19.09.문62
17.03.문63
13.03.문76
11.10.문63

① 계단통로유도등은 바닥으로부터 높이 1m 이하의 위치에 설치하여야 한다.
② 복도통로유도등은 바닥으로부터 높이 1.5m 이하의 위치에 설치하여야 한다.
③ 거실통로유도등은 바닥으로부터 높이 1m 이상의 위치에 설치하여야 한다.
④ 거실통로유도등은 거실통로에 기둥이 설치된 경우에는 기둥부분의 바닥으로부터 높이 1m 이하의 위치에 설치할 수 있다.

해설 (1) **설치높이**

구 분	설치높이
계단통로유도등 · 복도통로유도등 · 통로유도표지	바닥으로부터 높이 **1m** 이하 보기 ①
피난구유도등	피난구의 바닥으로부터 높이 **1.5m** 이상
거실통로유도등	바닥으로부터 높이 **1.5m** 이상(단, 거실통로의 기둥은 1.5m 이하)
피난구유도표지	출입구 상단

기억법 계복1, 피유15상

(2) **설치거리**(NFPC 303 6조, NFTC 303 2.3)

구 분	설치거리
복도통로유도등	구부러진 모퉁이 및 피난구유도등이 설치된 출입구의 맞은편 복도에 입체형 또는 바닥에 설치한 통로유도등을 기점으로 보행거리 **20m**마다 설치
거실통로유도등	구부러진 모퉁이 및 **보행거리 20m**마다 설치
계단통로유도등	각 층의 **경사로참** 또는 **계단참**마다 설치

기억법 복거2

② 1.5m 이하 → 1m 이하
③ 1m 이상 → 1.5m 이상
④ 1m 이하 → 1.5m 이하

중요
거실통로유도등의 **설치기준**(NFPC 303 6조, NFTC 303 2.3.1.2)
(1) **거실**의 **통로**에 설치할 것(단, 거실의 통로가 **벽체** 등으로 **구획**된 경우에는 **복도통로유도등** 설치)
(2) 구부러진 **모퉁이** 및 **보행거리 20m**마다 설치할 것
(3) 바닥으로부터 **높이 1.5m** 이상의 위치에 설치할 것(단, **거실통로**에 **기둥**이 설치된 경우에는 기둥부분의 바닥으로부터 높이 **1.5m 이하**의 위치에 설치 가능)

기억법 거통 모거높

답 ①

21. 09. 시행 / 산업(전기)

77 다음은 누전경보기에 경보기구에 내장하는 음향장치를 사용하는 경우에 대한 구조 및 기능에 관한 내용이다. ( ) 안에 알맞은 것은?

18.03.문79
15.05.문74

사용전압에서의 음압은 무향실 내에서 정위치에 부착된 음향장치의 중심으로부터 1m 떨어진 지점에서 누전경보기는 (㉠)dB 이상이어야 한다. 다만, 고장표시장치용 등의 음압은 (㉡)dB 이상이어야 한다.

① ㉠ 60, ㉡ 70　② ㉠ 70, ㉡ 60
③ ㉠ 80, ㉡ 70　④ ㉠ 70, ㉡ 80

해설 **대상에 따른 음압**

음압	대 상
40dB 이하	유도등 · 비상조명등의 소음 기억법 유비음4(유비는 음식 중 산발면을 좋아한다.)
60dB 이상	• 고장표시장치용 보기 ② • 전화용 부저 • 단독경보형 감지기(건전지 교체 음성안내) 기억법 고전음6(고전음악을 유창하게 해.)
70dB 이상	• 가스누설경보기(단독형 · 영업용) • 누전경보기 보기 ② • 단독경보형 감지기(건전지 교체 음향경보)
85dB 이상	단독경보형 감지기(화재경보음)
90dB 이상	• 가스누설경보기(공업용) • 자동화재탐지설비의 음향장치 기억법 9공자

답 ②

78 자동화재탐지설비 및 시각경보장치의 화재안전기준에 따라 자동화재탐지설비의 감지기회로에 종단저항을 설치하는 주된 목적은?

20.08.문61
19.04.문77
14.03.문78
13.03.문79
12.05.문63
10.09.문76

① 도통시험을 하기 위하여
② 작동시험을 하기 위하여
③ 전원상태를 확인하기 위하여
④ 작동 중인 감지기를 쉽게 확인하기 위하여

해설 **종단저항**(NFPC 203 11조, NFTC 203 2.8.1.3)

설치목적	설치장소
도통시험 보기 ①	수신기함 또는 발신기함 내부

기억법 종도(좀도둑!)

중요

감지회로의 도통시험을 위한 종단저항의 기준(NFPC 203 11조, NFTC 203 2.8.1.3)
(1) 점검 및 관리가 쉬운 장소에 설치
(2) 전용함 설치시 바닥에서 1.5m 이내의 높이에 설치
(3) 감지회로의 끝부분에 설치하며, 종단감지기에 설치할 경우 구별이 쉽도록 해당 감지기의 기판 및 감지기 외부 등에 별도의 표시를 할 것

답 ①

79 비상방송설비에서 기동장치에 따른 화재신호를 수신한 후 음량으로 화재발생상황 및 피난에 유효한 방송이 자동으로 개시될 때까지의 소요시간으로 알맞은 것은?

19.09.문77
19.04.문71
19.03.문71
16.03.문70
15.09.문65
15.05.문75
14.05.문80
14.03.문74
13.03.문63

① 5초 이하　② 10초 이하
③ 20초 이하　④ 30초 이하

해설 **비상방송설비**의 설치기준(NFPC 202 4조, NFTC 202 2.1)
(1) 확성기의 음성입력은 3W(실내 1W) 이상일 것
(2) 확성기는 각 층마다 설치하되, 각 부분으로부터의 수평거리는 25m 이하일 것
(3) 음량조정기는 3선식 배선일 것
(4) 조작스위치는 바닥으로부터 0.8~1.5m 이하의 높이에 설치할 것
(5) 다른 전기회로에 의하여 유도장애가 생기지 아니하도록 할 것
(6) 비상방송 개시시간은 10초 이하일 것 보기 ②
(7) 다른 방송설비와 공용할 경우 화재시 비상경보 외의 방송을 차단할 수 있을 것

기억법 방3실1, 3음방(삼엄한 방송실), 개10

답 ②

80 상용전원을 주전원으로 사용하는 단독경보형 감지기에 내장할 수 있는 전지는?

19.03.문75
15.05.문78
14.03.문76
13.03.문65
07.05.문74

① 1차 전지　② 2차 전지
③ 3차 전지　④ 4차 전지

해설 **단독경보형 감지기의 설치기준**(NFPC 201 5조, NFTC 201 2.2)
(1) 각 실(이웃하는 실내의 바닥면적이 각각 30m² 미만이고 벽체의 상부의 전부 또는 일부가 개방되어 이웃하는 실내와 공기가 상호 유통되는 경우에는 이를 1개의 실로 본다)마다 설치하되, 바닥면적이 150m²를 초과하는 경우에는 150m²마다 1개 이상 설치할 것
(2) 최상층의 계단실의 천장(외기가 상통하는 계단실의 경우 제외)에 설치할 것
(3) 건전지를 주전원으로 사용하는 단독경보형 감지기는 정상적인 작동상태를 유지할 수 있도록 건전지를 교환할 것
(4) 상용전원을 주전원으로 사용하는 단독경보형 감지기의 2차 전지는 제품검사에 합격한 것을 사용할 것 보기 ②

답 ②

과년도 기출문제

2020년
소방설비산업기사 필기(전기분야)

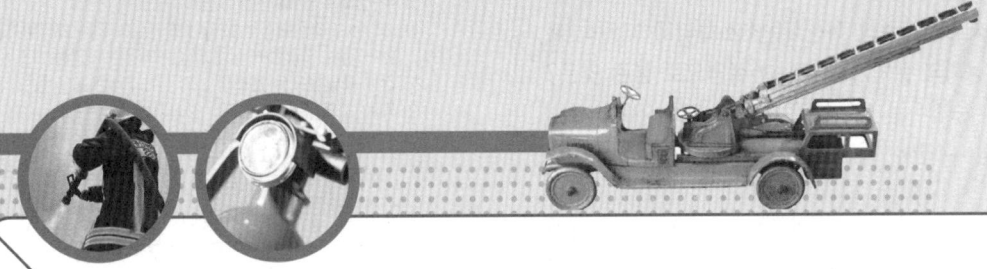

- 2020. 6. 13 시행 ·················· 20-2
- 2020. 8. 23 시행 ·················· 20-28

** 수험자 유의사항 **

1. 문제지를 받는 즉시 **본인**이 **응시한 종목**이 맞는지 확인하시기 바랍니다.
2. 문제지 표지에 본인의 **수험번호**와 **성명**을 기재하여야 합니다.
3. 문제지의 **총면수, 문제번호 일련순서, 인쇄상태, 중복 및 누락 페이지 유무**를 확인하시기 바랍니다.
4. 답안은 각 문제마다 요구하는 가장 적합하거나 가까운 답 1개만을 선택하여야 합니다.
5. 답안카드는 뒷면의 「수험자 유의사항」에 따라 작성하시고, 답안기드 작성 시 형별누락, 마킹착오로 인한 불이익은 전적으로 수험자에게 책임이 있음을 알려드립니다.
6. 문제지는 시험 종료 후 본인이 가져갈 수 있습니다.

** 안내사항 **

- 가답안/최종정답은 큐넷(www.q-net.or.kr)에서 확인하실 수 있습니다. 가답안에 대한 의견은 큐넷의 [가답안 의견 제시]를 통해 제시할 수 있으며, 확정된 답안은 최종정답으로 갈음합니다.
- 공단에서 제공하는 자격검정서비스에 대해 개선할 점이 있으시면 고객참여(http://hrdkorea.or.kr/7/1/1)를 통해 건의하여 주시기 바랍니다.

2020. 6. 13 시행

2020년 산업기사 제1·2회 통합 필기시험

자격종목	종목코드	시험시간	형별	수험번호	성명
소방설비산업기사(전기분야)		2시간			

※ 각 문항은 4지택일형으로 질문에 가장 적합한 보기 항을 선택하여 체크하여야 합니다.

제 1 과목　소방원론

01 화재안전기준상 이산화탄소소화약제 저압식 저장용기의 설치기준에 대한 설명으로 틀린 것은?

① 충전비는 1.1 이상 1.4 이하로 한다.
② 3.5MPa 이상의 내압시험압력에 합격한 것이어야 한다.
③ 용기 내부의 온도가 −18℃ 이하에서 2.1MPa의 압력을 유지할 수 있는 자동냉동장치를 설치해야 한다.
④ 내압시험압력의 0.64~0.8배의 압력에서 작동하는 봉판을 설치해야 한다.

해설 ④ 봉판 → 안전밸브

이산화탄소소화설비의 저장용기(NFTC 106 2.1.1)

자동냉동장치	2.1MPa 유지, −18℃ 이하 보기 ③	
압력경보장치	2.3MPa 이상 1.9MPa 이하	
선택밸브 또는 개폐밸브의 안전장치	배관의 최소사용설계압력과 최대허용압력 사이의 압력	
저장용기	고압식	25MPa 이상
	저압식	3.5MPa 이상 보기 ②

기억법 이고25저35

안전밸브	내압시험압력의 0.64~0.8배	
봉판	내압시험압력의 0.8배~내압시험압력 보기 ④	
충전비	고압식	1.5~1.9 이하
	저압식	1.1~1.4 이하 보기 ①

답 ④

02 화재로 인하여 산소가 부족한 건물 내에 산소가 새로 유입된 때에는 고열가스의 폭발 또는 급속한 연소가 발생하는데 이 현상을 무엇이라고 하는가?

① 파이어볼
② 보일오버
③ 백드래프트
④ 백파이어

해설 백드래프트(back draft)
(1) 산소의 공급이 원활하지 못한 화재실에 급격히 산소가 공급이 될 경우 순간적으로 연소하여 화재가 폭풍을 동반하여 실외로 분출하는 현상
(2) 소방대가 소화활동을 위하여 화재실의 문을 개방할 때 신선한 공기가 유입되어 실내에 축적되었던 가연성 가스가 단시간에 폭발적으로 연소함으로써 화재가 폭풍을 동반하며 실외로 분출되는 현상으로 감쇠기에 나타난다.
(3) 화재로 인하여 산소가 부족한 건물 내에 산소가 새로 유입된 때 고열가스의 폭발 또는 급속한 연소가 발생하는 현상 보기 ③
(4) 통기력이 좋지 않은 상태에서 연소가 계속되어 산소가 심히 부족한 상태가 되었을 때 개구부를 통하여 산소가 공급되면 실내의 가연성 혼합기가 공급되는 산소의 방향과 반대로 흐르며 급격히 연소하는 현상으로서 "역화현상"이라고 하며 이때에는 화염이 산소의 공급통로로 분출되는 현상을 눈으로 확인할 수 있다.

기억법 백감

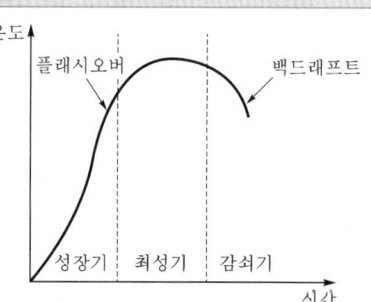

|백드래프트와 플래시오버의 발생시기|

중요

용 어	설 명
플래시오버 (flash over)	화재로 인하여 실내의 온도가 급격히 상승하여 화재가 순간적으로 실내 전체에 확산되어 연소되는 현상
보일오버 (boil over)	중질유가 탱크에서 조용히 연소하다 열유층에 의해 가열된 하부의 물이 폭발적으로 끓어 올라와 상부의 뜨거운 기름과 함께 분출하는 현상
백드래프트 (back draft)	화재로 인해 산소가 고갈된 건물 안으로 외부의 산소가 유입될 경우 발생하는 현상
롤오버 (roll over)	플래시오버가 발생하기 직전에 작은 불들이 연기 속에서 산재해 있는 상태

용어	설명
제트파이어 (jet fire)	압축 또는 액화상태의 가스가 **저장탱크**나 **배관**에서 **누출**되어 분출하면서 주위 공기와 혼합되어 점화원을 만나 발생하는 화재
파이어볼 (fireball, 화구)	**인화성 액체**가 **대량**으로 **기화**되어 갑자기 발화될 때 발생하는 **공모양**의 화염
리프트 (lift)	버너 내압이 높아져서 **분출속도가 빨라지는** 현상
백파이어 (backfire, 역화)	가스가 노즐에서 나가는 속도가 연소속도보다 느리게 되어 **버너 내부**에서 **연소**하게 되는 현상

답 ③

03 0℃의 얼음 1g을 100℃의 수증기로 만드는 데 필요한 열량은 약 몇 cal인가? (단, 물의 융융열은 80cal/g, 증발잠열은 539cal/g이다.)

① 518 ② 539
③ 619 ④ 719

해설 물의 잠열

잠열 및 열량	설 명
80cal/g	융해잠열
539cal/g	기화(증발)잠열
639cal	0℃의 물 1g이 100℃의 수증기가 되는 데 필요한 열량
719cal	0℃의 얼음 1g이 100℃의 수증기가 되는 데 필요한 열량

답 ④

04 공기 중의 산소는 약 몇 vol%인가?

① 15 ② 21
③ 28 ④ 32

해설 공기 중 **구성물질**

구성물질	비 율
아르곤(Ar)	1vol%
산소(O_2)	21vol% 보기②
질소(N_2)	78vol%

중요

공기 중 산소농도

구 분	산소농도
체적비(부피백분율)	약 21vol%
중량비(중량백분율)	약 23wt%

• 용적=부피

답 ②

05 연소 또는 소화약제에 관한 설명으로 틀린 것은?

① 기체의 정압비열은 정적비열보다 크다.
② 프로판가스가 완전연소하면 일산화탄소와 물이 발생한다.
③ 이산화탄소소화약제는 액화할 수 있다.
④ 물의 증발잠열은 아세톤, 벤젠보다 크다.

해설 ② 일산화탄소 → 이산화탄소

완전연소시 발생물질	불완전연소시 발생물질
이산화탄소+물	일산화탄소+물

답 ②

06 다음 중 전기화재에 해당하는 것은?

① A급 화재
② B급 화재
③ C급 화재
④ K급 화재

해설

화재 종류	표시색	적응물질
일반화재(A급)	백색	• 일반 가연물 • **종이류** 화재 • **목재**, 섬유화재
유류화재(B급)	황색	• 가연성 액체(등유·경유) • 가연성 가스 • 액화가스화재 • 석유화재
전기화재(C급) 보기③	청색	• 전기설비
금속화재(D급)	무색	• 가연성 금속
주방화재(K급)	–	• 식용유화재

기억법 백황청무

※ 요즘은 표시색의 의무규정은 없음

답 ③

07 물을 이용한 대표적인 소화효과로만 나열된 것은?

① 냉각효과, 부촉매효과
② 냉각효과, 질식효과
③ 질식효과, 부촉매효과
④ 제거효과, 냉각효과, 부촉매효과

해설 소화약제의 소화작용

소화약제	소화작용	주된 소화작용
물 (스프링클러)	• 냉각작용 • 희석작용	냉각작용 (냉각소화)

물(무상)	• **냉**각작용(증발 잠열 이용) • **질**식작용 • **유**화작용(에멀션 효과) • **희**석작용	
포	• 냉각작용 • 질식작용	질식작용 (질식소화)
분말	• 질식작용 • 부촉매작용 (억제작용) • 방사열 차단작용	
이산화탄소	• 냉각작용 • 질식작용 • 피복작용	
할론	• 질식작용 • 부촉매작용 (억제작용)	부촉매작용 (연쇄반응 억제) 기억법 할부(할아버지)

기억법 물냉질유희

- CO_2 소화기=이산화탄소소화기
- 에멀션효과=에멀전효과
- 물은 부촉매효과는 없으므로 부촉매효과가 없는 ②번이 정답

중요

부촉매효과
(1) 분말소화약제
(2) 할론소화약제
(3) 할로겐화합물소화약제

답 ②

08 포소화약제의 포가 갖추어야 할 조건으로 적합하지 않은 것은?

13.03.문01

① 화재면과의 부착성이 좋을 것
② 응집성과 안정성이 우수할 것
③ 환원시간(drainage time)이 짧을 것
④ 약제는 독성이 없고 변질되지 말 것

 ③ 짧을 것 → 길 것

포소화약제의 구비조건
(1) **유동성**이 좋아야 한다.
(2) **안정성**을 가지고 내열성이 있어야 한다.
(3) 독성이 적어야 한다(독성이 없고 변질되지 말 것). 보기 ④
(4) 화재면에 부착하는 성질이 커야 한다(**응집성**과 **안정성**이 있을 것). 보기 ①②
(5) 바람에 견디는 힘이 커야 한다.
(6) **유면봉쇄성**이 좋아야 한다.
(7) **내유성**이 좋아야 한다.
(8) 환원시간이 **길 것** 보기 ③

용어

25% 환원시간(drainage time)
발포된 포중량의 25%가 원래의 포수용액으로 되돌아가는 데 걸리는 시간

답 ③

09 다음 중 인화점이 가장 낮은 것은?

19.04.문06
17.09.문11
17.03.문02
14.03.문02
08.09.문06

① 경유
② 메틸알코올
③ 이황화탄소
④ 등유

① 경유 : 50~70℃ ② 메틸알코올 : 11℃
③ 이황화탄소 : -30℃ ④ 등유 : 43~72℃

인화점 vs **착화점**

물 질	인화점	착화점
• 프로필렌	-107℃	497℃
• 에틸에터 • 다이에틸에터	-45℃	180℃
• 가솔린(휘발유)	-43℃	300℃
• **산**화프로필렌	-37℃	465℃
• **이**황화탄소	**-30℃**	100℃
• 아세틸렌	-18℃	335℃
• 아세톤	-18℃	538℃
• 벤젠	-11℃	562℃
• 톨루엔	4.4℃	480℃
• **메**틸알코올	**11℃**	464℃
• 에틸알코올	13℃	423℃
• 아세트산	40℃	-
• **등**유	**43~72℃**	210℃
• **경**유	**50~70℃**	200℃
• 적린	-	260℃

기억법 인산 이메등경

- 착화점=발화점=착화온도=발화온도
- 인화점=인화온도

용어

인화점(flash point)
(1) 휘발성 물질에 **불꽃**을 접하여 연소가 가능한 최저온도
(2) 가연성 증기발생시 연소범위의 **하한계**에 이르는 **최저온도**
(3) 가연성 증기를 발생하는 액체가 공기와 혼합하여 기상부에 다른 불꽃이 닿았을 때 연소가 일어나는 **최저온도**
(4) **위험성 기준**의 척도
(5) 가연성 액체의 발화와 깊은 관계가 있다.
(6) 연료의 조성, 점도, 비중에 따라 달라진다.
(7) 인화점은 보통 **연소점 이하, 발화점 이하**의 온도이다.

기억법 인불하저위

답 ③

10. 자연발화를 일으키는 원인이 아닌 것은?

① 산화열
② 분해열
③ 흡착열
④ 기화열

해설 자연발화의 형태

구 분	종 류
분해열	• 셀룰로이드 • 나이트로셀룰로오스 **기억법** 분셀나
산화열	• 건성유(정어리유, 아마인유, 해바라기유) • 석탄 • 원면 • 고무분말
발효열	• **퇴**비 • **먼**지 • **곡**물 **기억법** 발퇴먼곡
흡착열	• **목**탄 • **활**성탄 **기억법** 흡목탄활

중요

(1) 산화열

산화열이 축적되는 경우	산화열이 축적되지 않는 경우
햇빛에 방치한 기름걸레는 산화열이 축적되어 자연발화를 일으킬 수 있다.	기름걸레를 빨랫줄에 걸어 놓으면 산화열이 축적되지 않아 자연발화는 일어나지 않는다.

(2) 발화원이 아닌 것
① 기화열
② 융해열

답 ④

11. 열전달에 대한 설명으로 틀린 것은?

① 전도에 의한 열전달은 물질표면을 보온하여 완전히 막을 수 있다.
② 대류는 밀도 차이에 의해서 열이 전달된다.
③ 진공 속에서도 복사에 의한 열전달이 가능하다.
④ 화재시의 열전달은 전도, 대류, 복사가 모두 관여된다.

① 전도에 의한 열전달은 물질표면을 보온한다 해도 완전히 막을 수는 없다.

중요

열전달의 종류

종 류	설 명
전도(Conduction)	하나의 물체가 다른 물체와 **직접 접촉**하여 열이 이동하는 현상
대류(Convection)	**유체**의 흐름에 의하여 열이 이동하는 현상
복사(Radiation)	열에너지가 **전자파**의 형태로 옮겨지는 현상으로, **가장 크게 작용**한다.

기억법 열전대복

답 ①

12. 불연성 물질로만 이루어진 것은?

① 황린, 나트륨
② 적린, 황
③ 이황화탄소, 나이트로글리세린
④ 과산화나트륨, 질산

해설 불연성 물질

제1류 위험물	제6류 위험물
• 과산화칼륨 • 과산화나트륨 • 과산화바륨	• 과염소산 • 과산화수소 • 질산

중요

(1) 과산화나트륨(Na_2O_2)
① 제1류 위험물(무기과산화물)
② 자신은 **불연성** 물질이지만 **산소공급원** 역할을 하는 물질

기억법 과나불산

(2) 질산
① 제6류 위험물
② **부식성**이 있다.
③ **불연성** 물질이다.
④ **산화제**이다.
⑤ 산화성 물질과의 접속을 피할 것

답 ④

13. 피난대책의 일반적 원칙이 아닌 것은?

① 피난수단은 원시적인 방법으로 하는 것이 바람직하다.
② 피난대책은 비상시 본능상태에서도 혼돈이 없도록 한다.
③ 피난경로는 가능한 한 길어야 한다.
④ 피난시설은 가급적 고정식 시설이 바람직하다.

해설 ③ 길어야 한다. → 짧아야 한다.

피난대책의 일반적인 원칙
(1) 피난경로는 **간단명료**하게 한다(단순한 형태).
(2) 피난설비는 **고정식 설비**를 위주로 설치한다. ← 보기 ④
(3) 피난수단은 **원시적 방법**에 의한 것을 원칙으로 한다.
    ← 보기 ①
(4) **2방향**의 피난통로를 확보한다
(5) 피난통로를 **완전불연화** 한다.
(6) **화재층**의 **피난**을 **최우선**으로 고려한다.
(7) 피난시설 중 피난로는 **복도** 및 **거실**을 가리킨다.
(8) 인간의 **본능적 행동**을 무시하지 않도록 고려한다(본능상태 에서도 혼동이 없도록 한다). ← 보기 ②
(9) 계단은 **직통계단**으로 한다.
(10) **정전시**에도 **피난방향**을 알 수 있는 표시를 한다.
(11) 모든 피난동선은 건물 중심부 한 곳으로 향해서는 안 된다.
(12) 피난동선은 그 말단이 짧을수록 좋다. ← 보기 ③

• 피난동선=피난경로

답 ③

★★★ 14

기체상태의 Halon 1301은 공기보다 약 몇 배 무거운가? (단, 공기의 평균분자량은 28.84이다.)

19.09.문07
17.05.문03
16.03.문02
14.03.문14
07.09.문05

① 4.05배 ② 5.17배
③ 6.12배 ④ 7.01배

해설 (1) 원자량

원소	원자량
H	1
C	12
N	14
O	16
F	19
S	32
Cl	35
Br	80

(2) 분자량
Halon 1301(CF_3Br)=12+19×3+80=149

(3) 증기비중

$$증기비중 = \frac{분자량}{28.84} = \frac{분자량}{29}$$

여기서, 29 : 공기의 평균분자량

$$증기비중 = \frac{분자량}{29} = \frac{149}{28.84} = 5.17$$

 비교

증기밀도

$$증기밀도[g/L] = \frac{분자량}{22.4}$$

여기서, 22.4 : 기체 1몰의 부피[L]

 중요

할론소화약제의 약칭 및 분자식

종류	약칭	분자식
Halon 1011	CB	CH_2ClBr
Halon 104	CTC	CCl_4
Halon 1211	BCF	CF_2ClBr (CF_2BrCl, $CBrClF_2$)
Halon 1301	BTM	CF_3Br
Halon 2402	FB	$C_2F_4Br_2$

답 ②

★ 15

건물화재에서의 사망원인 중 가장 큰 비중을 차지하는 것은?

11.10.문03

① 연소가스에 의한 질식
② 화상
③ 열충격
④ 기계적 상해

해설 ① 건물화재에서의 사망원인 중 가장 큰 비중을 차지하는 것 : **연소가스**에 의한 **질식사**이다.

답 ①

★★★ 16

공기 중 산소의 농도를 낮추어 화재를 진압하는 소화방법에 해당하는 것은?

19.03.문20
16.10.문03
14.09.문05
14.03.문03
13.06.문16
05.09.문09

① 부촉매소화
② 냉각소화
③ 제거소화
④ 질식소화

해설 소화방법

소화방법	설명
냉각소화	• **점**화원을 냉각하여 소화하는 방법 • **증**발잠열을 이용하여 열을 빼앗아 가연물의 온도를 떨어뜨려 화재를 진압하는 소화방법 • **다**량의 **물**을 뿌려 소화하는 방법 • 가연성 물질을 **발**화점 **이하**로 **냉각** • 식용유화재에 신선한 **야**채를 넣어 소화 **기억법** 냉점증발
질식소화	• 공기 중의 **산소농도**를 15~16%(16%, 10~15%) 이하로 희박하게 하여 소화하는 방법 • **산**화제의 농도를 낮추어 연가가 지속될 수 없도록 함(산소의 농도를 낮추어 소화하는 방법) • **산**소공급을 차단하는 소화방법 **기억법** 질산

제거소화	• 가연물을 **제거**하여 소화하는 방법
부촉매소화 (=화학소화)	• **연쇄반응**을 **차단**하여 소화하는 방법 • 화학적인 방법으로 화재 억제
희석소화	• 기체·고체·액체에서 나오는 분해가스나 증기의 농도를 낮춰 소화하는 방법
유화소화	• 물을 무상으로 방사하여 유류표면에 **유화층**의 **막**을 **형성**시켜 공기의 접촉을 막아 소화하는 방법
피복소화	• 비중이 공기의 1.5배 정도로 무거운 소화약제를 방사하여 가연물의 구석구석까지 침투·피복하여 소화하는 방법

답 ④

17 다음 중 독성이 가장 강한 가스는?

18.04.문09
17.09.문13
16.10.문12
14.09.문13
14.05.문07
14.05.문18
13.09.문19
08.05.문20

① C_3H_8
② O_2
③ CO_2
④ $COCl_2$

해설 연소가스

구 분	설 명
일산화탄소 (CO)	• 화재시 흡입된 일산화탄소(CO)의 화학적 작용에 의해 **헤모글로빈**(Hb)이 혈액의 산소 운반작용을 저해하여 사람을 **질식·사망**하게 한다. • 목재류의 화재시 **인명피해**를 가장 많이 주며, 연기로 인한 의식불명 또는 질식을 가져온다. • 인체의 **폐**에 큰 자극을 준다. • 산소와의 **결**합력이 극히 강하여 질식작용에 의한 독성을 나타낸다. **기억법** 일헤인 폐산결
이산화탄소 (CO_2)	연소가스 중 가장 많은 **양**을 차지하고 있으며 가스 그 자체의 독성은 거의 없으나 다량이 존재할 경우 호흡속도를 증가시키고, 이로 인하여 화재가스에 혼합된 유해가스의 혼입을 증가시켜 위험을 가중시키는 가스이다. **기억법** 이많(이만큼)
암모니아 (NH_3)	• 나무, 페놀수지, 멜라민수지 등의 **질소함유물**이 연소할 때 발생하며, 냉동시설의 **냉매**로 쓰인다. • 눈·코·폐 등에 매우 **자극성**이 큰 가연성 가스이다. **기억법** 암페 멜냉자
포스겐 ($COCl_2$)	매우 **독성**이 강한 가스로서 **소화제**인 **사염화탄소**(CCl_4)를 화재시에 사용할 때도 발생한다. **기억법** 독강 소사포

황화수소 (H_2S)	• **달걀 썩는 냄새**가 나는 특성이 있다. • 황분이 포함되어 있는 물질의 불완전 연소에 의하여 발생하는 가스이다. • **자극성**이 있다. **기억법** 황달자
아크롤레인 ($CH_2=CHCHO$)	독성이 매우 높은 가스로서 **석유제품**, **유지** 등이 연소할 때 생성되는 가스이다. **기억법** 아석유
시안화수소 (HCN, 청산가스)	**질소성분**을 가지고 있는 **합성수지**, **동물의 털**, **인조견** 등의 섬유가 불완전연소할 때 발생하는 맹독성 가스로 0.3%의 농도에서 즉시 사망할 수 있다.
아황산가스 (SO_2, 이산화황)	• **황**이 함유된 물질인 **동물의 털**, **고무** 등이 연소하는 화재시에 발생되며 **무색**의 자극성 냄새를 가진 유독성 기체 • 눈 및 호흡기 등에 점막을 상하게 하고 질식사할 우려가 있다.
프로판 (C_3H_8)	• LPG의 주성분 • 물보다 가볍다.

답 ④

18 물과 반응하여 가연성 가스를 발생시키는 물질이 아닌 것은?

12.05.문03

① 탄화알루미늄 ② 칼륨
③ 과산화수소   ④ 트리에틸알루미늄

해설 과산화수소(H_2O_2)
물과 반응하여 가연성 가스를 발생시키지 않으므로 다량의 물로 주수하여 소화한다.

> **중요**
>
> 과산화수소의 일반성질
> (1) 순수한 것은 **무취**하며 옅은 **푸른색**을 띠는 투명한 액체이다.
> (2) 물보다 무겁다.
> (3) 물·알코올·에터에는 잘 녹지만, 석유·벤젠 등에는 녹지 않는다.
> (4) **강산화제**이지만 **환원제**로도 사용된다.
> (5) **표백작용·살균작용**이 있다.

답 ③

19 전기화재의 원인으로 볼 수 없는 것은?

19.09.문19
16.03.문11
15.05.문16
13.09.문01

① 중합반응에 의한 발화
② 과전류에 의한 발화
③ 누전에 의한 발화
④ 단락에 의한 발화

해설 ① 중합반응은 관련이 적다.

전기화재를 일으키는 원인
(1) 단락(**합선**)에 의한 발화(배선의 **단락**)

20. 06. 시행 / 산업(전기)

(2) 과부하(과전류)에 의한 발화(과부하에 의한 발열)
(3) 절연저항 감소(누전)에 의한 발화
(4) 전열기기 과열에 의한 발화
(5) 전기불꽃에 의한 발화
(6) 용접불꽃에 의한 발화
(7) 낙뢰에 의한 발화
(8) 정전기로 인한 스파크 발생

답 ①

20 위험물별 성질의 연결로 틀린 것은?

19.03.문01
15.05.문43
15.03.문18
14.09.문04
14.03.문05
14.03.문16
13.09.문07

① 제2류 위험물－가연성 고체
② 제3류 위험물－자연발화성 물질 및 금수성 물질
③ 제4류 위험물－산화성 고체
④ 제5류 위험물－자기반응성 물질

해설 ③ 산화성 고체 → 인화성 액체

위험물령〔별표 1〕
위험물

유 별	성 질	품 명
제1류	산화성 고체	• 아염소산염류(아염소산나트륨) • 염소산염류 • 과염소산염류 • 질산염류(질산칼륨) • 무기과산화물(과산화바륨) 기억법 1산고(일산GO)
제2류	가연성 고체	• 황화인 • 적린 • 황 • 마그네슘 기억법 2황화적황마
제3류	자연발화성 물질 및 금수성 물질	• 황린 • 칼륨 • 나트륨 • 트리에틸알루미늄 기억법 황칼나알
제4류	인화성 액체	• 특수인화물 • 석유류(벤젠) • 알코올류 • 동식물유류
제5류	자기반응성 물질	• 질산에스터류(셀룰로이드) • 유기과산화물 • 나이트로화합물 • 나이트로소화합물 • 아조화합물 • 나이트로글리세린
제6류	산화성 액체	• 과염소산 • 과산화수소 • 질산 기억법 산액과염산질산

답 ③

제2과목 소방전기일반

21 220V의 전원에 접속하였을 때 2kW의 전력을 소비하는 저항이 있다. 이 저항을 100V의 전원에 접속하면 저항에서 소비되는 전력은 약 몇 W인가?

18.09.문28
14.03.문34
11.10.문37
09.03.문34

① 206
② 413
③ 826
④ 1652

해설 (1) 기호
- V : 220V
- P : 2kW=2000W(1kW=1000W)
- V' : 100V
- P' : ?

(2) 전력

$$P = VI = I^2R = \frac{V^2}{R}$$

여기서, P : 전력〔W〕
V : 전압〔V〕
I : 전류〔A〕
R : 저항〔Ω〕

저항 R은

$R = \dfrac{V^2}{P} = \dfrac{220^2}{2000} = 24.2\,\Omega$

100V의 전압사용시 소비전력 P'는

$P' = \dfrac{V'^2}{R} = \dfrac{100^2}{24.2} \fallingdotseq 413\text{W}$

답 ②

22 그림과 같은 접점기호의 명칭은?

15.03.문23
11.10.문26

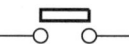

① 수동복귀 접점
② 기계적 접점
③ 한시복귀 접점
④ 한시동작 접점

해설 **시퀀스제어의 기본심벌**

명 칭	심 별		적 용
	a접점	b접점	
접점(일반) 혹은 수동접점	╱	╲	• 텀블러스위치 • 토글스위치
수동조작 자동복귀 접점	╱	╲	• 푸시버튼스위치
기계적 접점	╱	╲	• 리밋스위치

조작스위치 잔류접점			—
계전기 접점 혹은 보조 스위치 접점			—
한시(限時) 동작접점			• 타이머
한시복귀 접점			
수동복귀 접점			• 열동계전기
전자접촉기 접점			—

답 ②

23

3상 교류전원과 부하가 모두 △ 결선된 3상 평형 회로에서 전원전압이 200V, 부하임피던스가 $6+j8\,\Omega$인 경우 선전류의 크기[A]는?

17.05.문36
15.09.문35
06.09.문37

① 10 ② $\dfrac{20}{\sqrt{3}}$

③ 20 ④ $20\sqrt{3}$

해설 (1) 기호

- V_l : 200V
- Z : $6+j8\,\Omega$
- I_l : ?

(2) △결선

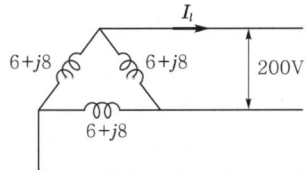

Y결선 : 선전류 $I_Y = \dfrac{V_l}{\sqrt{3}\,Z}$ [A]

△결선 : 선전류 $I_\triangle = \dfrac{\sqrt{3}\,V_l}{Z}$ [A]

여기서, V_l : 선간전압[V]
　　　　Z : 임피던스[Ω]

△결선이므로

선전류 $I_\triangle = \dfrac{\sqrt{3}\,V_l}{Z}$

$= \dfrac{\sqrt{3}\times 200}{6+j8} = \dfrac{\sqrt{3}\times 200}{\sqrt{6^2+8^2}} = 20\sqrt{3}\,\text{A}$

답 ④

24

그림과 같은 회로의 역률은 약 얼마인가?

19.03.문40

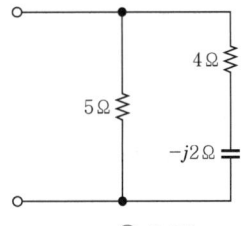

① 0.67 ② 0.76
③ 0.89 ④ 0.97

해설 (1) 어드미턴스 1

- $Y = \dfrac{1}{Z} = \dfrac{1}{R+jX}$
- $Y = \dfrac{1}{R}$

여기서, Y : 어드미턴스[℧]
　　　　Z : 임피던스[Ω]
　　　　R : 저항[Ω]
　　　　X : 리액턴스[Ω]

어드미턴스 Y_1은

$Y_1 = \dfrac{1}{Z_1} = \dfrac{1}{R+jX}$

$= \dfrac{1}{4-j2} = \dfrac{4+j2}{(4-j2)(4+j2)}$ ← 분모의 허수를 없애기 위해 분모·분자에 $4+j2$ 곱함

$= \dfrac{4+j2}{(16+j8-j8-j\times j4)}$ ← $j\times j = -1$ 이므로 $-j\times j = 1$

$= \dfrac{4+j2}{16+4} = \dfrac{4+j2}{20} = \dfrac{2+j}{10}$ [℧]

$Y_2 = \dfrac{1}{R} = \dfrac{1}{5}$ [℧]

합성어드미턴스 $Y = Y_1 + Y_2$

$= \dfrac{2+j}{10} + \dfrac{1}{5} = \dfrac{2+j}{10} + \dfrac{2}{10}$

$= \dfrac{2+2}{10} + \dfrac{j}{10} = \dfrac{4}{10} + \dfrac{j}{10}$

$= \dfrac{4}{10} + j\dfrac{1}{10}$

(2) 어드미턴스 2

$Y = G + jB = \sqrt{G^2 + B^2}$

여기서, Y : 어드미턴스[℧]
　　　　G : 컨덕턴스[℧]
　　　　B : 서셉턴스[℧]

$Y = G + jB = \dfrac{4}{10} + j\dfrac{1}{10}$

∴ $\boxed{G = \dfrac{4}{10}}$

$$Y = \sqrt{G^2 + B^2}$$
$$= \sqrt{\left(\frac{4}{10}\right)^2 + \left(\frac{1}{10}\right)^2}$$
$$Y = \frac{\sqrt{17}}{10}$$

(3) RLC 변형 병렬회로

$$\cos\theta = \frac{\frac{1}{R}}{Y} = \frac{G}{Y}$$

여기서, $\cos\theta$: 역률
  R : 저항[Ω]
  Y : 어드미턴스[℧]
  G : 컨덕턴스[℧]

역률 $\cos\theta$는

$$\cos\theta = \frac{G}{Y} = \frac{\frac{4}{10}}{\frac{\sqrt{17}}{10}} \fallingdotseq 0.97$$

답 ④

25
3상 유도전동기의 출력이 7.5kW, 전압 200V, 효율 88%, 역률 87%일 때 이 전동기에 유입되는 선전류는 약 몇 A인가?

① 11 ② 28
③ 49 ④ 56

해설 (1) 기호
- P : 7.5kW=7500W(1kW=1000W)
- V_l : 200V
- η : 88%=0.88
- $\cos\theta$: 87%=0.87
- I_l : ?

(2) 3상 유효전력

$$P = 3V_p I_p \cos\theta\eta = \sqrt{3}\,V_l I_l \cos\theta\eta$$

여기서, P : 3상 유효전력[W]
  V_p : 상전압[V]
  I_p : 상전류[A]
  $\cos\theta$: 역률
  η : 효율
  V_l : 선간전압[V]
  I_l : 선전류[A]

선전류 I_l는

$$I_l = \frac{P}{\sqrt{3}\,V_l \cos\theta\eta}$$
$$= \frac{7500}{\sqrt{3}\times 200 \times 0.87 \times 0.88} \fallingdotseq 28\text{A}$$

답 ②

26
서지전압에 대한 회로보호를 주목적으로 사용하는 것은?

① 바리스터 ② IGBT
③ 서미스터 ④ SCR

해설 반도체소자

명칭	심벌
제너 다이오드(Zener Diode) : 주로 정전압 전원회로에 사용된다.	
서미스터(Thermistor) : 부온도특성을 가진 저항기의 일종으로서 주로 온도보정용으로 쓰인다.	
SCR(Silicon Controlled Rectifier) : 단방향 대전류 스위칭 소자로서 제어를 할 수 있는 정류소자이다.	
바리스터(Varistor) : 주로 서지전압에 대한 회로보호용으로 사용된다.	
기억법 바리서(바로서!)	
UJT(UniJunction Transistor)=단일 접합 트랜지스터 : 증폭기로는 사용이 불가능하며 톱니파나 펄스발생기로 작용하여 SCR의 트리거 소자로 쓰인다.	
바랙터(Varactor) : 제너현상을 이용한 다이오드	—
TRIAC : 양방향성 스위칭 소자로서 SCR 2개를 역병렬로 접속한 것과 같다(AC전력의 제어용, 쌍방향성 사이리스터).	

답 ①

27
비정현파의 실효값은?

① 기본파의 실효값에서 각 고조파의 실효값을 뺀 것
② 기본파의 실효값과 각 고조파의 실효값을 모두 더한 것
③ 기본파의 실효값과 각 고조파의 실효값을 모두 더하고 제곱근을 취한 것
④ 기본파의 실효값과 각 고조파의 실효값을 각각 제곱하고 모두 더한 후 제곱근을 취한 것

해설 비정현파의 실효값

$$V = \sqrt{V_0^2 + \left(\frac{V_{m1}}{\sqrt{2}}\right)^2 + \left(\frac{V_{m2}}{\sqrt{2}}\right)^2 + \cdots + \left(\frac{V_{mn}}{\sqrt{2}}\right)^2}$$
$$= \sqrt{V_0^2 + V_1^2 + V_2^2 + \cdots + V_n^2}\,[\text{V}]$$

$$I = \sqrt{I_0^2 + \left(\frac{I_{m1}}{\sqrt{2}}\right)^2 + \left(\frac{I_{m2}}{\sqrt{2}}\right)^2 + \cdots + \left(\frac{I_{mn}}{\sqrt{2}}\right)^2}$$
$$= \sqrt{I_0^2 + I_1^2 + I_2^2 + \cdots + I_n^2}\,[\text{A}]$$

여기서, V_{m1}, V_{m2}, V_{mn} : 각 고조파의 전압의 최대값[V]
I_{m1}, I_{m2}, I_{mn} : 각 고조파의 전류의 최대값[A]
V_0 : 기본파의 실효값 전압[V]
I_0 : 기본파의 실효값 전류[A]
V_1, V_2, V_n : 각 고조파의 전압의 실효값[V]
I_1, I_2, I_n : 각 고조파의 전류의 실효값[A]

위 식을 말로 표현하면 다음과 같다.

- **비정현파의 실효값** : 기본파의 실효값과 각 고조파의 실효값을 각각 **제곱**하고 **모두 더한 후 제곱근**을 취한 것

답 ④

28. 적분시간이 2초이고, 비례감도가 5인 PI제어기의 전달함수는?

① $\dfrac{10s+5}{2s}$ ② $\dfrac{10s-5}{2s}$

③ $1+\dfrac{1}{2s}$ ④ $1-\dfrac{1}{2s}$

해설 비례적분(PI)제어 전달함수

$$G(s) = k\left(1+\dfrac{1}{Ts}\right)$$

여기서, $G(s)$: 비례적분(PI)제어 전달함수
k : 비례감도
T : 적분시간[s]

PI제어 전달함수 $G(s)$는

$$\begin{aligned}G(s) &= k\left(1+\dfrac{1}{Ts}\right)\\ &= 5\left(1+\dfrac{1}{2s}\right)\\ &= 5\left(\dfrac{2s}{2s}+\dfrac{1}{2s}\right)\\ &= 5\left(\dfrac{2s+1}{2s}\right)\\ &= \dfrac{10s+5}{2s}\end{aligned}$$

답 ①

29. 저항 R과 커패시턴스 C의 직렬회로에서 시정수 [s]는?

① RC ② $\dfrac{C}{R}$

③ $\dfrac{1}{RC}$ ④ $\dfrac{R}{C}$

해설 시정수

명 칭	회 로	시정수
RL 직렬회로	R L	$\tau=\dfrac{L}{R}$[s]
	$R_1\ R_2\ L$	$\tau=\dfrac{L}{R_1+R_2}$[s]
RC 직렬회로	R C	$\tau=RC$[s]
LC 직렬회로	L C	$\tau=\sqrt{LC}$[s]

답 ①

30. 회로의 전압과 전류를 측정할 때 전압계와 전류계를 부하에 연결하는 방법으로 옳은 것은?

① 전압계는 병렬, 전류계는 직렬
② 전압계는 직렬, 전류계는 병렬
③ 전압계와 전류계 모두 직렬
④ 전압계와 전류계 모두 병렬

해설 전압계와 전류계

전압계	전류계
부하에 **병렬**연결	부하에 **직렬**연결

비교

배율기와 분류기

배율기(multiplier)	분류기(shunt)
전압계의 측정범위를 확대하기 위해 **전압계**와 **직렬**로 접속하는 저항	전류계의 측정범위를 확대하기 위해 **전류계**와 **병렬**로 접속하는 저항

여기서,
V_0 : 측정하고자 하는 전압[V]
V : 전압계의 최대눈금[V]
R_v : 전압계의 내부저항[Ω]
R_m : 배율기[Ω]

여기서,
I_0 : 측정하고자 하는 전류[A]
I : 전류계의 최대눈금[A]
R_A : 전류계의 내부저항[Ω]
I_S : 분류기에 흐르는 전류[A]
R_S : 분류기[Ω]

답 ①

31. 서로 결합하고 있는 두 코일의 자기인덕턴스가 5mH, 8mH이다. 가극성일 때의 합성인덕턴스가 L이고, 감극성일 때의 합성인덕턴스 L'은 L의 30%이었다. 두 코일 간의 결합계수는 약 얼마인가?

① 0.35 ② 0.55
③ 0.75 ④ 0.95

해설

(1) **가극성**(코일이 같은방향)

$$L = L_1 + L_2 + 2M$$

여기서, L : 합성인덕턴스[H]
L_1, L_2 : 자기인덕턴스[H]
M : 상호인덕턴스[H]

(2) **감극성**(코일이 반대방향)

$$L = L_1 + L_2 - 2M$$

여기서, L : 합성인덕턴스[H]
L_1, L_2 : 자기인덕턴스[H]
M : 상호인덕턴스[H]

감극성일 때 합성인덕턴스는 가극성일 때의 30%이므로

$$-\begin{vmatrix} L = L_1 + L_2 + 2M \\ 0.3L = L_1 + L_2 - 2M \end{vmatrix}$$
$$0.7L = 4M$$
$$L = \frac{4}{0.7}M$$

(3) **가극성**(코일이 같은 방향) 식에서

$$L = L_1 + L_2 + 2M$$

$$\frac{4}{0.7}M = 5 + 8 + 2M$$

$$\frac{4}{0.7}M - 2M = 5 + 8$$

$$3.714M = 13$$

$$M = \frac{13}{3.714} ≒ 3.5$$

(4) **상호인덕턴스**(mutual inductance)

$$M = k\sqrt{L_1 L_2}\,[\text{H}]$$

여기서, M : 상호인덕턴스[H]
k : 결합계수
L_1, L_2 : 자기인덕턴스[H]

결합계수 k는

$$k = \frac{M}{\sqrt{L_1 L_2}} = \frac{3.5}{\sqrt{5 \times 8}} ≒ 0.55$$

답 ②

★
32 100V, 60W의 전구와 100V, 30W의 전구를 직렬로 접속하여 100V의 전압을 인가했을 때, 두 전구의 밝기에 대한 설명으로 옳은 것은?

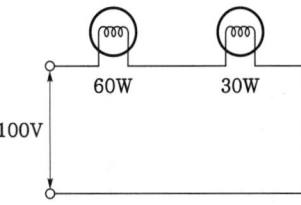

① 100V, 60W 전구가 더 밝다.
② 100V, 30W 전구가 더 밝다.
③ 인가전압이 같으므로 밝기가 똑같다.
④ 직렬접속이므로 수시로 변동한다.

해설

(1) **기호**
- V : 100V
- P_{60} : 60W
- P_{30} : 30W

(2) **전력**

$$P = VI = I^2 R = \frac{V^2}{R}\,[\text{W}]$$

여기서, P : 전력[W]
V : 전압[V]
I : 전류[A]
R : 저항[Ω]

$P = \dfrac{V^2}{R}$ 에서

전력을 저항으로 환산하면 다음 그림과 같다.

㉠ 60W

$$R_{60} = \frac{V^2}{P_{60}} = \frac{100^2}{60} = 167\,\Omega$$

㉡ 30W

$$R_{30} = \frac{V^2}{P_{30}} = \frac{100^2}{30} = 333\,\Omega$$

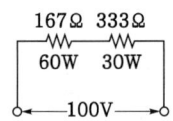

전력을 저항으로 환산한 등가회로에서 **전류**가 **일정**하므로 $P = I^2 R \propto R$이 된다.
그러므로 **30W 전구**가 60W 전구보다 **밝다**.

답 ②

★★★
33 논리식 $\overline{(\overline{X} + Y + X)}$를 간단히 정리한 것은?

19.09.문24
16.03.문34
15.05.문38
12.03.문21

① $\overline{X}$
② $X + \overline{Y}$
③ X
④ $\overline{X} + Y$

해설

$\overline{(\overline{X} + Y + X)} = \overline{\overline{X}} \cdot \overline{Y} + \overline{X}$
$\qquad\qquad\qquad = X \cdot \overline{Y}$ ← 흡수법칙

불대수의 정리

논리합	논리곱	비 고
$X + 0 = X$	$X \cdot 0 = 0$	-
$X + 1 = 1$	$X \cdot 1 = X$	
$X + X = X$	$X \cdot X = X$	
$X + \overline{X} = 1$	$X \cdot \overline{X} = 0$	-
$X + Y = Y + X$	$X \cdot Y = Y \cdot X$	교환법칙
$X + (Y + Z)$ $= (X + Y) + Z$	$X(YZ) = (XY)Z$	결합법칙
$X(Y + Z)$ $= XY + XZ$	$(X + Y)(Z + W)$ $= XZ + XW + YZ + YW$	분배법칙

		흡수법칙
$X+XY=X$	$\overline{X+XY}=\overline{X}+Y$ $X+\overline{X}Y=X+Y$ $X+\overline{X}\,\overline{Y}=X+\overline{Y}$	
$\overline{(X+Y)}$ $=\overline{X}\cdot\overline{Y}$	$\overline{(X\cdot Y)}=\overline{X}+\overline{Y}$	드모르간의 정리

답 ②

34 ★★★

변압비(권수비) 22000/110의 PT를 사용하여 교류전압을 측정한 결과 전압계가 90V를 지시하였다. PT의 1차측 교류회로의 전압[V]은?

① 9900
② 18000
③ 19800
④ 22000

해설 (1) 기호
- $a : 22000/110 = \dfrac{22000}{110}$
- $V_2 : 90V$
- $V_1 : ?$

(2) 권수비

$$a = \dfrac{N_1}{N_2} = \dfrac{V_1}{V_2} = \dfrac{I_2}{I_1} = \sqrt{\dfrac{R_1}{R_2}}$$

여기서, a : 권수비
N_1 : 1차 코일권수
N_2 : 2차 코일권수
V_1 : 1차 교류전압[V]
V_2 : 2차 교류전압[V]
I_1 : 1차 전류[A]
I_2 : 2차 전류[A]
R_1 : 1차 저항[Ω]
R_2 : 2차 저항[Ω]

$$a = \dfrac{V_1}{V_2}$$

1차 교류전압 V_1 는

$$V_1 = aV_2 = \dfrac{22000}{110} \times 90 = 18000V$$

답 ②

35 ★★★

제어시스템의 구성에서 제어요소가 제어대상에게 주는 것은?

① 기준입력
② 동작신호
③ 제어량
④ 조작량

해설 용어

용어	설명
제어량 (controlled value)	제어대상에 속하는 양으로, 제어대상을 제어하는 것을 목적으로 하는 물리적인 양
조작량 (manipulated value)	① 제어장치의 **출력**인 동시에 제어대상의 **입력**으로 제어장치가 제어대상에 가해지는 제어신호 ② 제어**요소**가 제어**대**상에게 주는 것 기억법 조출동(조중동 신문) 조요대(조용하대)
제어요소 (control element)	동작신호를 조작량으로 변환하는 요소이고, **조절부**와 **조작부**로 이루어진다. 기억법 조제요(조제요구)
제어장치 (control device)	제어를 하기 위해 제어대상에 부착되는 장치이고, 조절부, 설정부, 검출부 등이 이에 해당된다.
오차검출기	제어량을 설정값과 비교하여 오차를 계산하는 장치이다.

중요

피드백제어의 용어

제어요소	제어장치	조절기
① 조절부 ② 조작부	① 조절부 ② 설정부 ③ 검출부	① 조절부 ② 설정부 ③ 비교부
기억법 조제요 (조제요구)		기억법 조설비

답 ④

36 ★★

1대의 용량이 7kVA인 변압기 2대를 가지고 V결선으로 구성하면 3상 평형 부하에 약 몇 kVA의 전력을 공급할 수 있는가?

① 5.77
② 8.66
③ 10
④ 12.12

해설 (1) 기호
- $P : 7kVA$
- $P_V : ?$

(2) V결선 출력

$$P_V = \sqrt{3}\,P$$

여기서, P_V : V결선시의 출력[kVA]
P : 단상변압기 1대의 용량[kVA]

$$P_V = \sqrt{3}\,P = \sqrt{3} \times 7 ≒ 12.12kVA$$

- 변압기 2대로 3상 전력을 공급하려면 V결선 하여야 한다.

답 ④

37 목표값이 시간에 관계없이 항상 일정한 값을 가지는 제어는?

19.03.문25
17.05.문39
16.10.문27
16.03.문36
15.09.문23
14.09.문30
14.05.문24
12.05.문31

① 정치제어
② 추종제어
③ 비율제어
④ 프로그램제어

해설 제어의 종류

제어 종류	설 명
정치제어 (fixed value control)	① 일정한 목표값을 유지하는 것으로 **프로세스제어**, **자동조정**이 이에 해당된다. 예 연속식 압연기 ② **목표값**이 시간에 관계 없이 항상 일정한 값을 가지는 제어
추종제어 (follow-up control)	① 목표치가 임의로 변화하는 제어 ② 미지의 시간적 변화를 하는 목표값에 제어량을 추종시키기 위한 제어로 **서보기구**가 이에 해당된다. 예 대공포의 포신
비율제어 (ratio control)	① 둘 이상의 제어량을 소정의 비율로 제어하는 것 ② 연료의 유량과 공기의 유량과의 사이의 비율을 연소에 적합한 것으로 유지하고자 하는 제어방식
프로그램제어 =프로그래밍제어 (program control)	목표값이 **미리 정해진 시간적 변화**를 하는 경우 제어량을 그것에 추종시키기 위한 제어 예 **열차·산업로봇의 무인운전**, **엘리베이터**

중요

제어량에 의한 분류

분류방법	제어량
프로세스제어	• **온**도 • **압**력 • **유**량 • **액**면 기억법 프온압유액
서보기구	• **위**치 • **방**위 • **자**세 기억법 서위방자(스위스 방자하나)
자동조정	• **전**압 • **전**류 • **주**파수 • **회**전속도 • 장력 기억법 자전주회장

- 프로세스제어 = 공정제어

답 ①

38 그림과 같은 브리지 회로의 평형 조건은? (단, 전원 주파수는 일정하다.)

18.09.문39
16.03.문24
13.06.문23

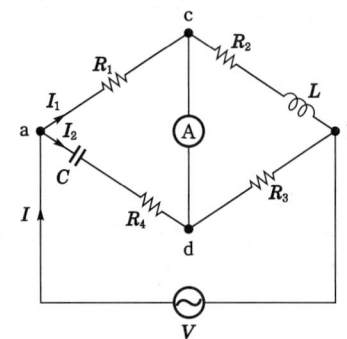

① $R_1R_3 + R_2R_4 = \dfrac{L}{C},\ \dfrac{R_4}{R_2} = \dfrac{L}{C}$

② $R_1R_3 + R_2R_4 = \dfrac{L}{C},\ \dfrac{R_4}{R_2} = \dfrac{1}{\omega^2 LC}$

③ $R_1R_3 - R_2R_4 = \dfrac{L}{C},\ \dfrac{R_4}{R_2} = \dfrac{L}{C}$

④ $R_1R_3 - R_2R_4 = \dfrac{L}{C},\ \dfrac{R_4}{R_2} = \dfrac{1}{\omega^2 LC}$

해설
$Z_1 = R_1$
$Z_2 = R_4 + \dfrac{1}{j\omega C} = \dfrac{j\omega CR_4}{j\omega C} + \dfrac{1}{j\omega C} = \dfrac{j\omega CR_4 + 1}{j\omega C}$
$Z_3 = R_2 + j\omega L$
$Z_4 = R_3$

$$Z_1 Z_4 = Z_2 Z_3$$

$R_1 R_3 = \left(\dfrac{j\omega CR_4 + 1}{j\omega C}\right) \times (R_2 + j\omega L)$

$R_1 R_3 = \dfrac{j\omega CR_2 R_4 + R_2 + j\omega L + (j \times j)\omega^2 LCR_4}{j\omega C}$

(여기서, $j \times j = -1$)

$R_1 R_3 = \dfrac{j\omega CR_2 R_4 + R_2 + j\omega L - \omega^2 LCR_4}{j\omega C}$

$R_1 R_3 = \dfrac{j\omega CR_2 R_4}{j\omega C} + \dfrac{R_2}{j\omega C} + \dfrac{j\omega L}{j\omega C} - \dfrac{\omega^2 LCR_4}{j\omega C}$

(1) $R_1 R_3 = \dfrac{j\omega CR_2 R_4}{j\omega C} + \dfrac{j\omega L}{j\omega C}$ 만 고려하면

$R_1 R_3 - \dfrac{j\omega CR_2 R_4}{j\omega C} = \dfrac{j\omega L}{j\omega C}$

$$R_1 R_3 - R_2 R_4 = \dfrac{L}{C}$$

(2) $\dfrac{R_2}{j\omega C} - \dfrac{\omega^2 LCR_4}{j\omega C} = 0$ 만 고려하면

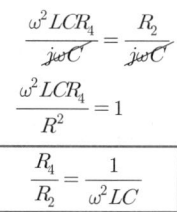

$$\frac{\omega^2 LCR_4}{j\omega C} = \frac{R_2}{j\omega C}$$

$$\frac{\omega^2 LCR_4}{R^2} = 1$$

$$\boxed{\frac{R_4}{R_2} = \frac{1}{\omega^2 LC}}$$

답 ④

★★★ 39
유량, 압력, 액위, 농도 등의 공업 프로세스의 상태량을 제어량으로 하는 제어는?

19.03.문25
17.05.문39
16.10.문27
16.03.문36
15.09.문23
14.09.문30
14.05.문24
12.05.문31

① 프로그램제어
② 프로세스제어
③ 비율제어
④ 자동조정

해설 제어량에 의한 분류

분류방법	제어량
프로세스제어	• **온**도 • **압**력 • **유**량 • **액**면 기억법 프온압유액
서보기구	• **위**치 • **방**위 • **자**세 기억법 서위방자(**스위스 방자**하나)
자동조정	• **전**압 • **전**류 • **주**파수 • **회**전속도 • **장**력 기억법 자전주회장

• 프로세스제어 = 공정제어

답 ②

★★ 40
다이오드를 이용한 정류회로에서 여러 개의 다이오드를 직렬로 연결하여 사용하면?

15.03.문21
11.06.문23

① 다이오드를 높은 수파수에서 사용할 수 있다.
② 부하출력의 맥동률을 감소시킬 수 있다.
③ 다이오드를 과전압으로부터 보호할 수 있다.
④ 다이오드를 과전류로부터 보호할 수 있다.

해설 다이오드 접속
(1) **직**렬접속 : **과전압**으로부터 보호

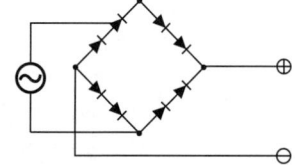

(2) 병렬접속 : **과전류**로부터 보호

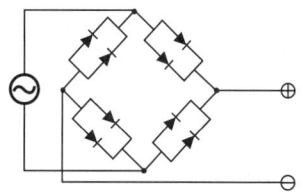

기억법 직압(**지갑**)

답 ③

제 3 과목 소방관계법규

★ 41
소방기본법령상 소방활동에 필요한 소화전·급수탑·저수조를 설치하고 유지·관리하여야 하는 사람은? (단, 수도법에 따라 설치되는 소화전은 제외한다.)

12.05.문57

① 소방서장
② 시·도지사
③ 소방본부장
④ 소방파출소장

해설 기본법 10조
소방용수시설
(1) 종류 : **소화전·급수탑·저수조**
(2) 기준 : **행정안전부령**
(3) 설치·유지·관리 : **시·도지사**(단, 수도법에 의한 소화전은 일반수도사업자가 관할소방서장과 협의하여 설치)

답 ②

★★★ 42
다음 소방시설 중 소방시설공사업법령상 하자보수 보증기간이 3년이 아닌 것은?

17.03.문57
12.05.문59

① 비상방송설비
② 옥내소화전설비
③ 자동화재탐지설비
④ 물분무등소화설비

해설 ① 2년

공사업령 6조
소방시설공사의 하자보수 보증기간

보증 기간	소방시설
2년	① **유**도등·**피**난기구 ② **비**상**조**명등·비상**경**보설비·비상**방**송설비 ③ **무**선통신보조설비 기억법 유비조경방무피2
3년	① 자동소화장치 ② **옥내**·외소화전설비 ③ 스프링클러설비 ④ **물분무등소화설비**·소화용수설비 ⑤ **자동화재탐지설비**·소화활동설비(무선통신보조설비 제외) ⑥ 화재알림설비

답 ①

43 다음 중 위험물안전관리법령상 제6류 위험물은?

19.03.문51
15.05.문43
14.09.문04
14.03.문16
13.09.문07
10.09.문49

① 황
② 칼륨
③ 황린
④ 질산

해설 위험물령 〔별표 1〕
위험물

유 별	성 질	품 명
제1류	산화성 고체	• 아염소산염류(아염소산나트륨) • 염소산염류 • 과염소산염류 • 질산염류(질산칼륨) • 무기과산화물(과산화바륨) [기억법] 1산고(일산GO)
제2류	가연성 고체	• 황화인 • 적린 • 황 • 마그네슘 [기억법] 2황화적황마
제3류	자연발화성 물질 및 금수성 물질	• 황린 • 칼륨 • 나트륨 • 트리에틸알루미늄 [기억법] 황칼나트알
제4류	인화성 액체	• 특수인화물 • 석유류(벤젠) • 알코올류 • 동식물유류
제5류	자기반응성 물질	• 셀룰로이드(질산에스터류) • 유기과산화물 • 나이트로화합물 • 나이트로소화합물 • 아조화합물 • 나이트로글리세린
제6류	산화성 액체	• 과염소산 • 과산화수소 • 질산 [기억법] 산액과염산질산

① 황 : 제2류
② 칼륨 : 제3류
③ 황린 : 제3류

답 ④

44 화재의 예방 및 안전관리에 관한 법률상 2급 소방안전관리대상물의 소방안전관리자로 선임될 수 없는 사람은? (단, 2급 소방안전관리자 자격증을 받은 사람이다.)

15.03.문54
14.09.문60
14.03.문47
12.03.문55

① 위험물기능사 자격을 가진 사람
② 소방공무원으로 2년 이상 근무한 경력이 있는 사람
③ 위험물산업기사 자격을 가진 사람
④ 소방청장이 실시하는 2급 소방안전관리대상물의 소방안전관리에 관한 시험에 합격한 사람

해설 2년 → 3년

화재예방법 시행령 〔별표 4〕
(1) 특급 소방안전관리대상물의 소방안전관리자 선임조건

자 격	경 력	비 고
• 소방기술사 • 소방시설관리사	경력 필요 없음	특급 소방안전관리자 자격증을 받은 사람
• 1급 소방안전관리자(소방설비기사)	5년	
• 1급 소방안전관리자(소방설비산업기사)	7년	
• 소방공무원	20년	
• 소방청장이 실시하는 특급 소방안전관리대상물의 소방안전관리에 관한 시험에 합격한 사람	경력 필요 없음	

(2) 1급 소방안전관리대상물의 소방안전관리자 선임조건

자 격	경 력	비 고
• 소방설비기사·소방설비산업기사	경력 필요 없음	1급 소방안전관리자 자격증을 받은 사람
• 소방공무원	7년	
• 소방청장이 실시하는 1급 소방안전관리대상물의 소방안전관리에 관한 시험에 합격한 사람	경력 필요 없음	
• 특급 소방안전관리대상물의 소방안전관리자 자격이 인정되는 사람		

(3) **2급 소방안전관리대상물**의 소방안전관리자 선임조건

자격	경력	비고
• 위험물기능장·위험물산업기사·위험물기능사	경력 필요 없음	2급 소방안전관리자 자격증을 받은 사람
• 소방공무원 [보기 ②]	3년	
• 소방청장이 실시하는 2급 소방안전관리대상물의 소방안전관리에 관한 시험에 합격한 사람		
• 「기업활동 규제완화에 관한 특별조치법」에 따라 소방안전관리자로 선임된 사람(소방안전관리자로 선임된 기간으로 한정)	경력 필요 없음	
• 특급 또는 1급 소방안전관리대상물의 소방안전관리자 자격이 인정되는 사람		

(4) **3급 소방안전관리대상물**의 소방안전관리자 선임조건

자격	경력	비고
• 소방공무원	1년	3급 소방안전관리자 자격증을 받은 사람
• 소방청장이 실시하는 3급 소방안전관리대상물의 소방안전관리에 관한 시험에 합격한 사람		
• 「기업활동 규제완화에 관한 특별조치법」에 따라 소방안전관리자로 선임된 사람(소방안전관리자로 선임된 기간으로 한정)	경력 필요 없음	
• 특급 소방안전관리대상물, 1급 소방안전관리대상물 또는 2급 소방안전관리대상물의 소방안전관리자 자격이 인정되는 사람		

답 ②

 45 화재의 예방 및 안전관리에 관한 법률상 소방안전관리대상물의 관계인이 소방안전관리자를 선임할 경우에는 선임한 날부터 며칠 이내에 소방본부장 또는 소방서장에게 신고하여야 하는가?
17.03.문43

① 7   ② 14
③ 21   ④ 30

해설 **14일**
(1) 소방기술자 실무교육기관 휴폐업신고일(공사업규칙 34조)
(2) **제조소** 등의 용도**폐**지 신고일(위험물법 11조)
(3) 위험물안전관리자의 **선**임신고일(위험물법 15조)
(4) 소방안전관리자의 **선**임신고일(화재예방법 26조)

기억법 14제폐선(**일사**천리로 **제패**하여 **성공**하라.)

비교

30일
(1) 소방시설업 등록사항 변경신고(공사업규칙 6조)
(2) 위험물안전관리자의 **재선임**(위험물법 15조)
(3) 소방안전관리자의 **재선임**(화재예방법 시행규칙 14조)
(4) **도급계약** 해지(공사업법 23조)
(5) 소방시설공사 중요사항 변경시의 신고일(공사업규칙 12조)
(6) 소방기술자 실무교육기관 지정서 발급(공사업규칙 32조)
(7) 소방공사감리자 변경서류제출(공사업규칙 15조)
(8) **승계**(위험물법 10조)

답 ②

★★★
46 소방기본법령상 이웃하는 다른 시·도지사와 소방업무에 관하여 시·도지사가 체결할 상호응원협정 사항이 아닌 것은?
22.09.문60
21.05.문56
17.09.문57
15.05.문44
① 화재조사활동
② 응원출동의 요청방법
③ 소방교육 및 응원출동훈련
④ 응원출동 대상지역 및 규모

해설 ③ 소방교육은 해당없음

기본규칙 8조
소방업무의 상호응원협정
(1) 다음의 **소방활동**에 관한 사항
  ㉠ 화재의 경계·진압활동
  ㉡ 구조·구급업무의 지원
  ㉢ 화재**조**사활동
(2) **응원출동 대상지역** 및 **규모**
(3) **소요경비**의 **부담**에 관한 사항
  ㉠ 출동대원의 수당·식사 및 의복의 수선
  ㉡ 소방장비 및 기구의 정비와 연료의 보급
(4) **응원출동**의 **요청방법**
(5) **응원출동 훈련** 및 **평가**

기억법 조응(**조아?**)

답 ③

★
47 위험물안전관리법령상 위험물의 안전관리와 관련된 업무를 시행하는 자로서 소방청장이 실시하는 안전교육대상자가 아닌 사람은?
① 제조소 등의 관계인
② 안전관리자로 선임된 자
③ 위험물운송자로 종사하는 자
④ 탱크시험자의 기술인력으로 종사하는 자

해설 **위험물안전관리법 28조**
위험물 안전교육대상자
(1) 안전관리자
(2) 탱크시험자
(3) 위험물운반자
(4) 위험물운송자

답 ①

48 소방시설공사업법상 소방시설업의 등록을 하지 아니하고 영업을 한 사람에 대한 벌칙은?

① 500만원 이하의 벌금
② 1년 이하의 징역 또는 2천만원 이하의 벌금
③ 3년 이하의 징역 또는 3천만원 이하의 벌금
④ 5년 이하의 징역 또는 5천만원 이하의 벌금

해설 3년 이하의 징역 또는 3000만원 이하의 벌금
(1) 화재안전조사 결과에 따른 조치명령(화재예방법 50조)
(2) 소방시설업 무등록자(공사업법 35조)
(3) 부정한 청탁을 받고 재물 또는 재산상의 이익을 취득하거나 부정한 청탁을 하면서 재물 또는 재산상의 이익을 제공한 자(공사업법 35조)
(4) 소방시설관리업 무등록자(소방시설법 57조)
(5) 형식승인을 얻지 않은 소방용품 제조·수입자(소방시설법 57조)
(6) 제품검사를 받지 않은 사람(소방시설법 57조)
(7) 거짓이나 그 밖의 부정한 방법으로 제품검사 전문기관의 지정을 받은 사람(소방시설법 57조)

기억법 33형관(삼삼하게 형처럼 관리하기!)

답 ③

49 소방시설 설치 및 관리에 관한 법률상 건축물대장의 건축물 현황도에 표시된 대지경계선 안에 둘 이상의 건축물이 있는 경우, 연소 우려가 있는 건축물의 구조에 대한 기준으로 맞는 것은?

① 건축물이 다른 건축물의 외벽으로부터 수평거리가 1층의 경우에는 6m 이하인 경우
② 건축물이 다른 건축물의 외벽으로부터 수평거리가 2층의 경우에는 6m 이하인 경우
③ 건축물이 다른 건축물의 외벽으로부터 수평거리가 1층의 경우에는 20m 이상의 경우
④ 건축물이 다른 건축물의 외벽으로부터 수평거리가 2층의 경우에는 20m 이상인 경우

해설 소방시설법 시행규칙 17조
연소 우려가 있는 건축물의 구조
(1) **1층** : 타건축물 외벽으로부터 **6m** 이하
(2) **2층 이상** : 타건축물 외벽으로부터 **10m** 이하
(3) 대지경계선 안에 2 이상의 건축물이 있는 경우
(4) 개구부가 다른 건축물을 향하여 설치된 구조

비교
소방시설법 시행령 [별표 2]
둘 이상의 특정소방대상물이 내화구조의 복도 또는 통로(연결통로)로 연결된 경우로 하나의 소방대상물로 보는 경우

벽이 없는 경우	벽이 있는 경우
길이 6m 이하	길이 10m 이하

답 ①

50 소방시설 설치 및 관리에 관한 법률상 무창층 여부 판단시 개구부 요건에 대한 기준으로 맞는 것은?

① 도로 또는 차량이 진입할 수 없는 빈터를 향할 것
② 내부 또는 외부에서 쉽게 부수거나 열 수 없을 것
③ 크기는 지름 50cm 이상의 원이 통과할 수 있을 것
④ 해당 층의 바닥면으로부터 개구부 밑부분까지의 높이가 1.5m 이내일 것

해설
① 없는 → 있는
② 없을 것 → 있을 것
④ 1.5m 이내 → 1.2m 이내

소방시설법 시행령 2조
무창층의 개구부의 기준
(1) 개구부의 크기는 지름 **50cm** 이상의 원이 통과할 수 있을 것
(2) 해당 층의 바닥면으로부터 개구부 밑부분까지의 높이가 **1.2m** 이내일 것
(3) 개구부는 **도로** 또는 **차량**이 진입할 수 있는 **빈터**를 향할 것
(4) 화재시 건축물로부터 쉽게 피난할 수 있도록 개구부에 창살 그 밖의 장애물이 설치되지 않을 것
(5) 내부 또는 외부에서 **쉽게** 부수거나 열 수 있을 것

기억법 무125

답 ③

51 소방시설 설치 및 관리에 관한 법률상 소방시설관리업 등록의 결격사유에 해당하지 않는 사람은?

① 피성년후견인
② 소방시설관리업의 등록이 취소된 날로부터 2년이 지난 자
③ 금고 이상의 형의 집행유예를 선고받고 그 유예기간 중에 있는 자
④ 금고 이상의 실형을 선고받고 그 집행이 면제된 날부터 2년이 지나지 아니한 자

해설
② 지난 자 → 지나지 아니한 자

소방시설법 30조
소방시설관리업의 등록결격사유
(1) 피성년후견인
(2) 금고 이상의 실형을 선고받고 그 집행이 끝나거나 집행이 면제된 날부터 **2년**이 지나지 아니한 사람
(3) 금고 이상의 형의 집행유예를 선고받고 그 유예기간 중에 있는 사람
(4) 관리업의 등록이 취소된 날부터 **2년**이 지나지 아니한 자

> **비교**
>
> **소방시설법 27조**
> **소방시설관리사의 결격사유**
> (1) 피성년후견인
> (2) 금고 이상의 실형을 선고받고 그 집행이 끝나거나(집행이 끝난 것으로 보는 경우 포함) 집행이 면제된 날부터 **2년**이 지나지 아니한 사람
> (3) 금고 이상의 형의 집행유예를 선고받고 그 유예기간 중에 있는 사람
> (4) 자격취소 후 **2년**이 지나지 아니한 사람

답 ②

52 다음 보기 중 소방시설 설치 및 관리에 관한 법률상 소방용품의 형식승인을 반드시 취소하여야만 하는 경우를 모두 고른 것은?
13.09.문56

> ㉠ 형식승인을 위한 시험시설의 시설기준에 미달되는 경우
> ㉡ 거짓이나 그 밖의 부정한 방법으로 형식승인을 받은 경우
> ㉢ 제품검사시 소방용품의 형식승인 및 제품검사의 기술기준에 미달되는 경우

① ㉡
② ㉢
③ ㉡, ㉢
④ ㉠, ㉡, ㉢

해설 ㉠, ㉢ 제품검사 중지사항

소방시설법 39조
(1) 제품검사의 중지사항
  ㉠ 시험시설이 시설기준에 미달한 경우
  ㉡ 제품검사의 기술기준에 미달한 경우
(2) 형식승인 **취소**사항
  ㉠ 거짓이나 그 밖의 **부정**한 방법으로 형식승인을 받은 경우
  ㉡ 거짓이나 그 밖의 **부정**한 방법으로 제품검사를 받은 경우
  ㉢ 변경승인을 받지 아니하거나 거짓이나 그 밖의 **부정**한 방법으로 변경승인을 얻은 경우

기억법 취부(**치부**하다.)

답 ①

53 소방기본법령상 소방대원에게 실시할 교육·훈련의 횟수 및 기간으로 옳은 것은?
18.09.문53
15.09.문53

① 1년마다 1회, 2주 이상
② 2년마다 1회, 2주 이상
③ 3년마다 1회, 2주 이상
④ 3년마다 1회, 4주 이상

해설 (1) **2년**마다 1회 이상
  ㉠ 소방대원의 소방교육·훈련(기본규칙 9조)
  ㉡ **실**무교육(화재예방법 시행규칙 29조)

기억법 실2(**실리**)

(2) 소방기본법 시행규칙〔별표 3의 2〕
  소방대원의 소방 교육·훈련

구 분	설 명
전문교육기간	2주 이상

> **비교**
>
> **화재예방법 시행규칙 29조**
> **소방안전관리자의 실무교육**
> (1) 실시자 : **소방청장**(위탁 : 한국소방안전원장)
> (2) 실시 : **2년**마다 1회 이상
> (3) 교육통보 : **30일 전**

답 ②

54 소방기본법령상 벌칙이 5년 이하의 징역 또는 5천만원 이하의 벌금에 해당하지 않는 것은?
18.09.문44
16.05.문43
15.09.문44
14.03.문42

① 정당한 사유 없이 소방용수시설의 효용을 해치거나 그 정당한 사용을 방해하는 자
② 소방자동차가 화재진압 및 구조·구급 활동을 위하여 출동할 때 그 출동을 방해한 자
③ 출동한 소방대의 소방장비를 파손하거나 그 효용을 해하여 화재진압·인명구조 또는 구급활동을 방해한 자
④ 사람을 구출하거나 불이 번지는 것을 막기 위하여 불이 번질 우려가 있는 소방대상물 사용제한의 강제처분을 방해한 자

해설 ④ 3년 이하의 징역 또는 3000만원 이하의 벌금

기본법 50조
5년 이하의 징역 또는 5000만원 이하의 벌금
(1) 소방자동차의 **출**동 방해
(2) 사람**구**출 방해(화재진압, 구급활동 방해)
(3) **소방용수시설** 또는 **비상소화장치**의 효용 방해

기억법 출구용5

> **중요**
>
> **3년 이하의 징역 또는 3000만원 이하의 벌금**
> (1) 소방활동에 필요한 소방대상물 및 토지의 강제처분을 방해한 자(기본법 51조)
> (2) 소방시설업 무등록자(공사업법 35조)

답 ④

55 소방기본법령상 소방용수시설인 저수조의 설치기준으로 맞는 것은?
19.04.문46
16.05.문47
15.05.문50
15.05.문57
11.03.문46
10.05.문46

① 흡수부분의 수심이 0.5m 이하일 것
② 지면으로부터의 낙차가 4.5m 이하일 것
③ 흡수관의 투입구가 사각형의 경우에는 한 변의 길이가 60cm 이하일 것
④ 저수조에 물을 공급하는 방법은 상수도에 연결하여 수동으로 급수되는 구조일 것

해설
① 0.5m 이하 → 0.5m 이상
③ 60cm 이하 → 60cm 이상
④ 수동으로 → 자동으로

소방용수시설의 저수조의 설치기준 (기본규칙 〔별표 3〕)

구 분	기 준
낙차	4.5m 이하
수심	0.5m 이상
투입구의 길이 또는 지름	60cm 이상

(1) 소방펌프자동차가 **쉽게 접근**할 수 있도록 할 것
(2) 흡수에 지장이 없도록 **토사** 및 **쓰레기** 등을 제거할 수 있는 설비를 갖출 것
(3) 저수조에 물을 공급하는 방법은 **상수도**에 연결하여 **자동**으로 **급수**되는 구조일 것

답 ②

56 위험물안전관리법상 제조소 등을 설치하고자 하는 자는 누구의 허가를 받아 설치할 수 있는가?
19.04.문47
14.03.문58
① 소방서장
② 소방청장
③ 시·도지사
④ 안전관리자

해설 위험물법 6조
제조소 등의 설치허가
(1) 설치허가자 : **시·도지사**
(2) 설치허가 제외장소
 ㉠ **주택**의 **난방시설**(공동주택의 중앙난방시설은 제외)을 위한 **저장소** 또는 **취급소**
 ㉡ **지정수량 20배** 이하의 **농예용·축산용·수산용** 난방시설 또는 건조시설의 **저장소**
(3) 제조소 등의 **변경신고** : 변경하고자 하는 날의 **1일** 전까지

참고
시·도지사
(1) 특별시장
(2) 광역시장
(3) 특별자치시장
(4) 도지사
(5) 특별자치도지사

답 ③

57 위험물안전관리법상 업무상 과실로 제조소 등에서 위험물을 유출·방출 또는 확산시켜 사람의 생명·신체 또는 재산에 대하여 위험을 발생시킨 자에 대한 벌칙으로 옳은 것은?
15.03.문50
① 5년 이하의 금고 또는 5천만원 이하의 벌금
② 5년 이하의 금고 또는 7천만원 이하의 벌금
③ 7년 이하의 금고 또는 5천만원 이하의 벌금
④ 7년 이하의 금고 또는 7천만원 이하의 벌금

해설 위험물법 34조
위험물 유출·방출·확산

위험 발생	사람 사상
7년 이하의 금고 또는 **7000만원** 이하의 벌금	**10년** 이하의 징역 또는 금고나 **1억원** 이하의 벌금

답 ④

58 소방시설 설치 및 관리에 관한 법률상 특정소방대상물 중 숙박시설에 해당하지 않는 것은?
10.09.문54
① 모텔
② 오피스텔
③ 가족호텔
④ 한국전통호텔

해설 ② 오피스텔 : 업무시설

소방시설법 시행령 〔별표 2〕
숙박시설

구 분	세부종류
일반형 숙박시설 (취사 제외)	• 호텔 • 여관 • 여인숙 • **모텔** 보기 ①
생활형 숙박시설 (취사 포함)	• 관광호텔 • 수상관광호텔 • **한국전통호텔** 보기 ④ • 가족호텔 휴양콘도미니엄 보기 ③
고시원	바닥면적 합계 $500m^2$ 이상으로 근린생활시설에 해당하지 않는 것

답 ②

59 소방시설 설치 및 관리에 관한 법률상 건축물의 신축·증축·용도변경 등의 허가 권한이 있는 행정기관은 건축허가를 할 때 미리 그 건축물 등의 시공지 또는 소재지를 관할하는 소방본부장이나 소방서장의 동의를 받아야 한다. 다음 중 건축허가 등의 동의대상물의 범위가 아닌 것은?
19.03.문50
15.09.문45
15.03.문49
13.06.문41
13.03.문45
① 수련시설로서 연면적 $200m^2$ 이상인 건축물
② 지하층 또는 무창층이 있는 건축물로서 바닥면적이 $150m^2$ 이상인 층이 있는 것
③ 승강기 등 기계장치에 의한 주차시설로서 자동차 10대 이상을 주차할 수 있는 시설
④ 차고·주차장으로 사용되는 바닥면적이 $200m^2$ 이상인 층이 있는 건축물이나 주차시설

③ 10대 이상 → 20대 이상

소방시설법 시행령 7조
건축허가 등의 동의대상물
(1) 연면적 400m²(학교시설 : 100m², 수련시설 · 노유자시설 : 200m², 정신의료기관 · 장애인의료재활시설 : 300m²) 이상 보기 ①
(2) **6층** 이상인 건축물
(3) 차고 · 주차장으로서 바닥면적 200m² 이상(자동차 20대 이상) 보기 ④
(4) 항공기격납고, 관망탑, 항공관제탑, 방송용 송수신탑
(5) 지하층 또는 무창층의 바닥면적 150m²(공연장은 100m²) 이상 보기 ②
(6) 위험물저장 및 처리시설, 지하구
(7) **결핵환자**나 **한센인**이 24시간 생활하는 **노유자시설**
(8) 전기저장시설, 풍력발전소
(9) **공동주택, 숙박시설**
(10) 요양병원(의료재활시설 제외)
(11) 노인주거복지시설 · 노인의료복지시설 및 재가노인복지시설, 학대피해노인 전용쉼터, 아동복지시설, 장애인거주시설
(12) 정신질환자 관련시설(공동생활가정을 제외한 재활훈련시설과 종합시설 중 24시간 주거를 제공하지 않는 시설 제외)
(13) 노숙인자활시설, 노숙인재활시설 및 노숙인요양시설
(14) 조산원, 산후조리원, 의원(입원실 또는 인공신장실이 있는 것)
(15) 공장 또는 창고시설로서 지정수량의 **750배** 이상의 특수가연물을 저장 · 취급하는 것
(16) 가스시설로서 지상에 노출된 탱크의 저장용량의 합계가 100t 이상인 것

답 ③

60 소방기본법령상 소방활동구역에 출입할 수 있는 자는?

19.03.문60
11.10.문57

① 한국소방안전원에 종사하는 자
② 수사업무에 종사하지 않는 검찰청 소속 공무원
③ 의사 · 간호사, 그 밖의 구조 · 구급업무에 종사하는 사람
④ 소방활동구역 밖에 있는 소방대상물의 소유자 · 관리자 또는 점유자

해설
① 한국소방안전원은 해당사항 없음
② 종사하지 않는 → 종사하는
④ 소방활동구역 밖 → 소방활동구역 안

기본령 8조
소방활동구역 출입자
(1) 소방활동구역 안에 있는 **소유자 · 관리자** 또는 **점유자**
(2) **전기 · 가스 · 수도 · 통신 · 교통**의 업무에 종사하는 자로서 원활한 **소방활동**을 위하여 필요한 자

(3) **의사 · 간호사**, 그 밖의 구조 · 구급업무에 종사하는 자 보기 ③
(4) **취재인력** 등 보도업무에 종사하는 자
(5) **수사업무**에 종사하는 자
(6) **소방대장**이 소방활동을 위하여 **출입**을 **허가한 자**

※ **소방활동구역** : 화재, 재난 · 재해 그 밖의 위급한 상황이 발생한 현장에 정하는 구역

답 ③

제4과목 소방전기시설의 구조 및 원리

61 자동화재탐지설비 및 시각경보장치의 화재안전기준에 따라 부착높이가 8m 이상 15m 미만에 설치되는 감지기의 종류로 틀린 것은?

19.09.문71
14.03.문79
12.03.문66

① 불꽃감지기
② 이온화식 2종
③ 차동식 분포형
④ 보상식 스포트형

해설 **감지기**의 **부착높이**(NFPC 203 7조, NFTC 203 2.4.1)

부착높이	감지기의 종류
4m 미만	• 차동식(스포트형, 분포형) • 보상식 스포트형 ─ **열**감지기 • 정온식(스포트형, 감지선형) • 이온화식 또는 광전식(스포트형, 분리형, 공기흡입형) : **연**기감지기 • 열복합형 • 연기복합형 ─ **복**합형 감지기 • 열연기복합형 • 불꽃감지기 기억법 열연불복 4미
4~8m 미만	• 차동식(스포트형, 분포형) • **보상식 스포트형** • **정**온식(스포트형, 감지선형) ─ **열**감지기 **특**종 또는 **1**종 • **이**온화식 **1**종 또는 **2**종 • **광**전식(스포트형, 분리형, 공기흡입형) 1종 또는 2종 ─ 연기감지기 • 열복합형 • 연기복합형 ─ **복**합형 감지기 • 열연기복합형 • 불꽃감지기 기억법 8미열 정특1 이광12 복불

8~15m 미만	• 차동식 **분**포형 • **이**온화식 **1**종 또는 **2**종 • **광**전식(스포트형, 분리형, 공기흡입형) 1종 또는 2종 • **연**기**복**합형 • **불**꽃감지기 기억법 15분 이광12 연복불
15~20m 미만	• **이**온화식 1종 • **광**전식(스포트형, 분리형, 공기흡입형) 1종 • **연**기**복**합형 • **불**꽃감지기 기억법 이광불연복2
20m 이상	• **불**꽃감지기 • **광**전식(분리형, 공기흡입형) 중 **아**날로그방식 기억법 불광아

답 ④

62 비상경보설비 및 단독경보형 감지기의 화재안전 기준에 따른 비상경보설비 중 비상벨설비에 대한 설명으로 옳은 것은?

19.04.문66
10.09.문70
09.08.문78

① 화재발생 상황을 경종으로 경보하는 설비
② 화재발생 상황을 사이렌으로 경보하는 설비
③ 화재발생 신호를 수신기에 수동으로 발신하는 설비
④ 화재발생 상황을 단독으로 감지하여 자체에 내장된 음향장치로 경보하는 설비

해설 감지기(NFPC 201 3조, NFTC 201 1.7)

용어	설명
비상**벨**설비	화재발생 상황을 **경종**으로 경보하는 설비 기억법 **경벨**(**경배**한다.)
자동식 사이렌설비	화재발생 상황을 **사이렌**으로 경보하는 설비
단독경보형 감지기	화재발생 상황을 **단독**으로 감지하여 자체에 **내장**된 **음**향장치로 경보하는 감지기

기억법 단경음

답 ①

63 자동화재탐지설비 및 시각경보장치의 화재안전 기준에 따라 스포트형 감지기를 경사면에 설치할 경우, 몇 도 미만으로 설치하여야 하는가?

17.05.문67
16.03.문61
15.03.문75
13.06.문62
10.09.문74

① 5   ② 15
③ 25 ④ 45

해설 경사제한각도(NFPC 203 7조, NFTC 203 2.4.3.6)

차동식 분포형 감지기	스포트형 감지기
5° 이상(5° 미만 설치)	45° 이상(45° 미만 설치)

중요

공기관식 감지기의 **설치기준**(NFPC 203 7조, NFTC 203 2.4.3.7)
(1) 노출부분은 감지구역마다 **20m** 이상이 되도록 할 것
(2) 각 변과의 수평거리는 **1.5m** 이하가 되도록 하고, 공기관 상호간의 거리는 **6m**(내화구조는 **9m**) 이하가 되도록 할 것
(3) 공기관은 **도중**에서 분기하지 아니하도록 할 것
(4) 하나의 검출부분에 접속하는 공기관의 길이는 **100m** 이하로 할 것
(5) 검출부는 **5°** 이상 경사되지 아니하도록 부착할 것
(6) 검출부는 바닥으로부터 **0.8~1.5m** 이하의 위치에 설치할 것

답 ④

64 자동화재속보설비의 속보기의 성능인증 및 제품 검사의 기술기준에 따른 속보기의 기능으로 틀린 것은?

18.04.문76
17.05.문64

① 예비전원은 자동적으로 충전되어야 하며, 자동과충전방지장치가 있어야 한다.
② 예비전원을 병렬로 접속하는 경우에는 역충전 방지 등의 조치를 하여야 한다.
③ 화재신호를 수신하거나 속보기를 수동으로 동작시키는 경우 자동적으로 녹색 화재표시 등이 점등되어야 한다.
④ 연동 또는 수동으로 소방관서에 화재발생 음성정보를 속보 중인 경우에도 송수화장치를 이용한 통화가 우선적으로 가능하여야 한다.

해설 **자동화재속보설비**의 **속보기**의 **성능인증** 및 **제품검사**의 **기술기준** 5조
(1) **자동화재속보설비**의 **기능**

구분	설명
연동설비	자동화재탐지설비
속보대상	소방관서
속보방법	20초 이내에 3회 이상
다이얼링	10회 이상, 30초 이상 지속

(2) 예비전원을 **병렬**로 접속하는 경우에는 **역충전 방지** 등의 조치 ← 보기 ②
(3) 속보기의 송수화장치가 정상위치가 아닌 경우에도 **연동** 또는 **수동**으로 속보가 가능할 것
(4) 예비전원은 자동적으로 충전되어야 하며 **자동과충전방지장치**가 있어야 한다. ← 보기 ①

(5) 화재신호를 수신하거나 속보기를 **수동**으로 동작시키는 경우 자동적으로 **적색 화재표시등**이 점등되고 음향장치로 화재를 경보하여야 하며 화재표시 및 경보는 **수동**으로 **복구** 및 **정지**시키지 않는 한 **지속**되어야 한다. ← 보기 ③
(6) **연동** 또는 **수동**으로 소방관서에 화재발생 음성정보를 속보 중인 경우에도 **송수화장치**를 이용한 **통화**가 우선적으로 **가능**하여야 한다. ← 보기 ④

③ 녹색 화재표시등 → 적색 화재표시등

답 ③

65 누전경보기의 형식승인 및 제품검사의 기술기준에 따라 변류기(경계전로의 전선을 그 변류기에 관통시키는 것은 제외한다)는 경계전로에 정격전류를 흘리는 경우, 그 경계전로의 전압강하는 몇 V 이하이어야 하는가?

① 0.3
② 0.5
③ 1
④ 2

대상에 따른 **전압**

전압	대상
0.5V 이하	누전경보기 **경**계전로의 **전**압강하 기억법 05경전(공오경전)
0.6V 이하	완전방전
60V 이하	약전류회로
60V 초과	접지단자 설치
300V 이하	• 전원**변**압기의 1차 전압 • 유도등 · 비상조명등의 사용전압 기억법 변3(변상해.)
600V 이하	**누**전경보기의 경계전로전압 기억법 누6(누룩)

답 ②

66 누전경보기의 화재안전기준에 따른 누전경보기 전원의 시설기준으로 틀린 것은?

① 전원은 분전반으로부터 전용회로로 하여야 한다.
② 각 극에 개폐기 및 15A 이하의 과전류차단기를 설치하여야 한다.
③ 전원의 개폐기에는 누전경보기용임을 표시한 표지를 하여야 한다.
④ 전원을 분기할 때에는 다른 차단기에 따라 동시에 전원이 차단되도록 하여야 한다.

(1) **누전경보기**(NFPC 205 4조, NFTC 205 2.1.1.1)

60A 이하	60A 초과
• 1급 누전경보기 • 2급 누전경보기	• 1급 누전경보기

(2) **누전경보기**의 **설치기준**(NFPC 205 6조, NFTC 205 2.3)

과전류차단기	배선용 차단기
15A 이하	**20**A 이하

㉠ 각 극에 개폐기 및 **15A** 이하의 **과전류차단기**를 설치할 것 (**배선용 차단기**는 **20A** 이하)
㉡ 분전반으로부터 **전용회로**로 할 것
㉢ 개폐기에는 누전경보기임을 표시할 것
㉣ 전원을 분기할 때에는 다른 차단기에 따라 전원이 차단되지 아니하도록 할 것

기억법 배2(배이다.)

④ 차단되도록 하여야 한다. → 차단되지 아니하도록 할 것

답 ④

67 감지기의 형식승인 및 제품검사의 기술기준에 따른 감지기의 구조 및 기능으로 틀린 것은?

① 작동이 확실하고, 취급 · 점검이 쉬워야 한다.
② 기기 내의 배선은 충분한 전류용량을 갖는 것으로 하여야 한다.
③ 극성이 있는 경우에는 오접속을 방지하기 위하여 필요한 조치를 하여야 한다.
④ 방수형 및 방폭형은 보수 및 부속품의 교체가 용이하도록 개방하기 쉬운 구조이어야 한다.

감지기의 형식승인 및 제품검사의 기술기준 5조
감지기의 구조 및 기능
(1) 작동이 확실하고, 취급 · 점검이 쉬워야 하며, 현저한 잡음이나 장해전파를 발하지 아니하여야 한다. 또한, 먼지 · 습기 · 곤충 등에 의하여 기능에 영향을 받지 아니할 것 ← 보기 ①
(2) 보수 및 부속품의 교체가 쉬워야 한다(단, **방수형** 및 **방폭형**은 제외). ← 보기 ④
(3) 부식에 의하여 기계적 기능에 영향을 초래할 우려가 있는 부분은 칠, 도금 등으로 유효하게 내식가공을 하거나 방청가공을 하여야 하며, 전기적 기능에 영향이 있는 단자, 나사 및 와셔 등은 **동합금**이나 이와 동등 이상의 내식성이 있는 재질을 사용
(4) 기기 내의 배선은 충분한 **전류용량**을 갖는 것으로 하여야 하며, 배선의 접속이 정확하고 확실할 것 ← 보기 ②
(5) 극성이 있는 경우에는 **오접속**을 방지하기 위하여 필요한 조치할 것 ← 보기 ③

④ 보수 및 부속품의 교체가 쉬울 것(단, **방수형** 및 **방폭형**은 제외)

답 ④

68. 비상콘센트설비의 화재안전기준에 따라 비상콘센트를 보호하기 위한 비상콘센트 보호함의 설치기준으로 틀린 것은?

① 보호함 상부에 적색의 표시등을 설치하여야 한다.
② 보호함 표면에 "비상콘센트"라고 표기한 표지를 하여야 한다.
③ 보호함의 문을 쉽게 개폐할 수 없도록 잠금장치를 하여야 한다.
④ 비상콘센트의 보호함을 옥내소화전함 등과 접속하여 설치하는 경우에는 옥내소화전함 등의 표시등과 겸용할 수 있어야 한다.

해설 비상콘센트설비의 **보호함 설치기준**(NFPC 504 5조, NFTC 504 2.2)
(1) 보호함에는 **쉽게 개폐**할 수 있는 문을 설치할 것
(2) 보호함 표면에 "**비상콘센트**"라고 표시한 표지를 할 것
(3) 보호함 상부에 **적색**의 **표시등**을 설치할 것
(4) 보호함을 옥내소화전함 등과 접속하여 설치시 옥내소화전함 등과 표시등 **겸용** 가능

③ 보호함의 문을 쉽게 개폐할 수 없도록 잠금장치를 하여야 한다. → 보호함에는 쉽게 개폐할 수 있는 **문**을 설치할 것

답 ③

69. 자동화재탐지설비 및 시각경보장치의 화재안전기준에 따른 주요 구성요소에 해당하지 않는 것은?

① 중계기   ② 수신기
③ 변류기   ④ 발신기

해설 자동화재탐지설비 및 시각경보장치의 **주요 구성요소**(NFPC 203 3조, NFTC 203 2.3.1.3)

주요 구성요소	설 명
수신기	감지기나 발신기에서 발하는 **화재신호**를 **직접 수신**하거나 중계기를 통하여 수신하여 화재의 발생을 **표시** 및 **경보**하여 주는 장치
중계기	감지기·발신기 또는 전기적 접점 등의 작동에 따른 **신호**를 받아 이를 수신기의 제어반에 **전송**하는 장치
감지기	화재시 발생하는 열, 연기, 불꽃 또는 연소생성물을 자동적으로 **감지**하여 **수신기**에 **발신**하는 장치
발신기	화재발생신호를 수신기에 **수동**으로 **발신**하는 장치
시각경보장치	자동화재탐지설비에서 발하는 화재신호를 시각경보기에 전달하여 **청각장애인**에게 점멸형태의 **시각경보**를 하는 것

③ 변류기 : 누전경보기의 구성요소

답 ③

70. 비상방송설비의 화재안전기준에 따라 하나의 특정소방대상물에 몇 이상의 조작부가 설치되어 있는 때에는 각각의 조작부가 있는 장소 상호간에 동시통화가 가능한 설비를 설치하고, 어느 조작부에서도 해당 특정소방대상물의 전 구역에 방송을 할 수 있도록 하는가?

① 1
② 2
③ 3
④ 4

해설 **비상방송설비**의 **설치기준**(NFPC 202 4조, NFTC 202 2.1)
(1) 확성기의 음성입력은 실**외** 3W, 실내 1W 이상일 것
(2) 확성기는 각 **층**마다 설치하되, 각 부분으로부터의 수평거리는 25m 이하일 것
(3) **음**량조정기는 **3선식** 배선일 것
(4) 조작스위치는 바닥으로부터 0.8~1.5m 이하의 높이에 설치할 것
(5) 다른 전기회로에 의하여 유도장애가 생기지 않을 것
(6) 비상방송 개시시간은 **10초** 이하일 것
(7) 엘리베이터 내부에는 **별도**의 **음향장치**를 설치할 수 있다.
(8) **2 이상**의 조작부가 설치된 경우 동시통화가 가능하고 전 구역에 방송할 수 있을 것

기억법 외3(외상), 방음3(방음삼아.)

우선경보방식

11층(공동주택 16층) 이상의 특정소방대상물의 경보

발화층	경보층	
	11층(공동주택 16층) 미만	11층(공동주택 16층) 이상
2층 이상 발화	전층 일제경보	• 발화층 • 직상 4개층
1층 발화		• 발화층 • 직상 4개층 • 지하층
지하층 발화		• 발화층 • 직상층 • 기타의 지하층

답 ②

71. 비상조명등의 화재안전기준에 따라 보행거리 25m 이내마다 휴대용 비상조명등을 3개 이상 설치하여야 하는 곳은?

① 호텔   ② 대형백화점
③ 영화상영관   ④ 지하상가 및 지하역사

해설 휴대용 **비상조명등**의 **적합기준**(NFPC 304 4조, NFTC 304 2.1.2)

설치개수	설치장소
1개 이상	• **숙박시설** 또는 **다중이용업소**에는 객실 또는 영업장 안의 구획된 실마다 잘 보이는 곳(외부에 설치시 출입문 손잡이로부터 1m 이내 부분)

3개 이상	• 지하상가 및 지하역사의 보행거리 25m 이내마다 • 대규모점포(백화점·대형점·쇼핑센터) 및 영화상영관의 보행거리 50m 이내마다

(1) 바닥으로부터 0.8~1.5m 이하의 높이에 설치할 것
(2) 어둠 속에서 **위치**를 확인할 수 있도록 할 것
(3) 사용시 **자동**으로 **점등**되는 구조일 것
(4) 외함은 **난연성능**이 있을 것
(5) 건전지를 사용하는 경우에는 **방전방지조치**를 하여야 하고, **충전식 배터리**의 경우에는 **상시 충전**되도록 할 것
(6) 건전지 및 충전식 배터리의 용량은 **20분 이상** 유효하게 사용할 수 있는 것으로 할 것

> **용어**
> 휴대용 비상조명등
> 화재발생 등으로 정전시 안전하고 원활한 피난을 위하여 피난자가 휴대할 수 있는 조명등

답 ④

72 ★★★
비상콘센트설비의 화재안전기준에 따라 비상콘센트의 플러그접속기는 어떤 것을 사용하여야 하는가?

18.09.문63
15.05.문63
14.09.문72
12.03.문76

① 접지형 2극 플러그접속기
② 접지형 4극 플러그접속기
③ 비접지형 2극 플러그접속기
④ 비접지형 4극 플러그접속기

> **해설** 비상콘센트 전원회로의 설치기준(NFPC 504 4조, NFTC 504 2.1)
>
> | 구 분 | 전 압 | 용 량 | 플러그접속기 |
> |---|---|---|---|
> | **단**상 교류 | **2**20V | 1.5kVA 이상 | **접**지형 **2**극 |
>
> (1) 1전용회로에 설치하는 비상콘센트는 **10개 이하**로 할 것
> (2) 풀박스는 **1.6mm 이상**의 **철**판을 사용할 것
>
> 기억법 단2(단위), 10콘(시큰둥!), 16철콘, 접2(접이식)
>
> (3) 콘센트마다 배선용 차단기를 설치하여야 하며, 충전부는 **노출되지 않도록** 할 것
> (4) 각 층에 있어서 2 이상이 되도록 설치하되 설치하여야 할 층의 비상콘센트가 1개인 때에는 하나의 회로로 할 것
> (5) 전원으로부터 각 층의 비상콘센트에 분기되는 경우에는 **분기배선용 차단기**를 보호함 안에 설치할 것
> (6) 개폐기에는 "**비상콘센트**"라고 표시한 표지를 할 것

답 ①

73 ★★★
무선통신보조설비의 화재안전기준에 따른 무선통신보조설비의 시설기준으로 틀린 것은?

18.04.문74
16.10.문61
15.09.문77
15.05.문69
12.05.문67
10.09.문73

① 분배기·분파기 및 혼합기 등의 임피던스는 100Ω의 것으로 할 것
② 누설동축케이블 및 안테나는 고압의 전로로부터 1.5m 이상 떨어진 위치에 설치할 것

③ 옥외안테나는 다른 용도로 사용되는 안테나로 인한 통신장애가 발생하지 않도록 설치할 것
④ 증폭기에는 비상전원이 부착된 것으로 하고 해당 비상전원용량은 무선통신보조설비를 유효하게 30분 이상 작동시킬 수 있는 것으로 할 것

> **해설** 분배기·분파기·혼합기의 임피던스(NFPC 505 7조, NFTC 505 2.4)
> 50Ω

> **용어**
> 무선통신보조설비의 구성부품
>
> | 용 어 | 설 명 |
> |---|---|
> | **누설동축 케이블** | 동축케이블의 외부도체에 가느다란 홈을 만들어서 **전파**가 **외부**로 **새어나갈 수 있도록** 한 케이블 |
> | **분배기** | 신호의 전송로가 분기되는 장소에 설치하는 것으로 **임피던스 매칭**(matching)과 **신호균등분배**를 위해 사용하는 장치 |
> | **분파기** | 서로 다른 **주파수**의 합성된 **신호를 분리**하기 위해서 사용하는 장치 |
> | **혼합기** | **두 개 이상**의 **입력신호**를 원하는 비율로 **조합**한 **출력**이 발생하도록 하는 장치 |
> | **증폭기** | 신호전송시 신호가 약해져 수신이 불가능해지는 것을 방지하기 위해서 **증폭**하는 장치 |
> | **무선중계기** | 안테나를 통하여 수신된 무전기 신호를 증폭한 후 음영지역에 재방사하여 무전기 상호간 송수신이 가능하도록 하는 장치 |
> | **옥외안테나** | 감시제어반 등에 설치된 무선중계기의 입력과 출력포트에 연결되어 송수신 신호를 원활하게 방사·수신하기 위해 옥외에 설치하는 장치 |
>
> 기억법 무분배파혼, 파파, 분배분배

답 ①

74 ★★★
유도등 및 유도표지의 화재안전기준에 따른 통로유도등의 시설기준으로 옳은 것은?

19.09.문62
17.03.문63
13.03.문76
11.10.문63

① 계단통로유도등은 바닥으로부터 높이 1m 이하의 위치에 설치하여야 한다.
② 복도통로유도등은 바닥으로부터 높이 1.5m 이하의 위치에 설치하여야 한다.
③ 거실통로유도등은 바닥으로부터 높이 1m 이상의 위치에 설치하여야 한다.
④ 거실통로유도등은 거실통로에 기둥이 설치된 경우에는 기둥부분의 바닥으로부터 높이 1m 이하의 위치에 설치할 수 있다.

해설 (1) 설치높이

구 분	설치높이
계단통로유도등 · 복도통로유도등 · 통로유도표지	바닥으로부터 높이 1m 이하
피난구유도등	피난구의 바닥으로부터 높이 1.5m 이상
거실통로유도등	바닥으로부터 높이 1.5m 이상 (단, 거실통로의 기둥은 1.5m 이하)
피난구유도표지	출입구 상단

기억법 계복1, 피유15상

(2) 설치거리 (NFPC 303 6조, NFTC 303 2.3)

구 분	설치거리
복도통로유도등	구부러진 모퉁이 및 피난구유도등이 설치된 출입구의 맞은편 복도에 입체형 또는 바닥에 설치한 통로유도등을 기점으로 보행거리 20m마다 설치
거실통로유도등	구부러진 모퉁이 및 보행거리 20m마다 설치
계단통로유도등	각 층의 경사로참 또는 계단참마다 설치

기억법 복거2

② 1.5m 이하 → 1m 이하
③ 1m 이상 → 1.5m 이상
④ 1m 이하 → 1.5m 이하

중요

거실통로유도등의 **설치기준** (NFPC 303 6조, NFTC 303 2.3.1.2)
(1) **거실**의 **통로**에 설치할 것(단, 거실의 통로가 **벽체** 등으로 **구획**된 경우에는 **복도통로유도등** 설치)
(2) 구부러진 **모퉁**이 및 **보행거리** 20m마다 설치할 것
(3) 바닥으로부터 **높**이 1.5m 이상의 위치에 설치할 것(단, **거실통로**에 **기둥**이 설치된 경우에는 기둥부분의 바닥으로부터 높이 1.5m **이하**의 위치에 설치 가능)

기억법 거통 모거높

답 ①

75
★★★
18.03.문66
16.03.문67
08.05.문69
07.03.문66

비상방송설비의 화재안전기준에 따른 비상방송설비의 구성요소로 틀린 것은?

① 확성기
② 감지기
③ 증폭기
④ 음량조절기

해설 비상방송설비의 구성요소 (NFPC 202 3조, NFTC 202 1.7)

용어	설명
확성기	소리를 크게 하여 멀리까지 전달될 수 있도록 하는 장치로서 일명 '스피커'를 말한다.
음량조절기 (음량조정기)	가변저항을 이용하여 **전류**를 **변화**시켜 음량을 크게 하거나 작게 조절할 수 있는 장치
증폭기	전압전류의 진폭을 늘려 감도를 좋게 하고 미약한 음성전류를 커다란 **음성전류**로 변화시켜 소리를 크게 하는 장치

② 비상방송설비에는 **감지기**가 사용되지 않음

답 ②

76
★★★
16.03.문77
16.05.문79
15.09.문70
14.05.문77
12.03.문72
02.05.문68

무선통신보조설비의 화재안전기준에 따라 누설동축케이블은 화재에 따라 해당 케이블의 피복이 소실된 경우에 케이블 본체가 떨어지지 아니하도록 몇 m 이내마다 금속제 또는 자기제 등의 지지금구로 벽·천장·기둥 등에 견고하게 고정시켜야 하는가?

① 2
② 4
③ 6
④ 8

해설 누설동축케이블의 설치기준 (NFPC 505 5조, NFTC 505 2.2)
(1) 소방전용 주파수대에서 전파의 **전송** 또는 **복사**에 적합한 것으로서 소방전용의 것일 것
(2) 누설동축케이블과 이에 접속하는 안테나 또는 동축케이블과 이에 접속하는 안테나일 것
(3) 누설동축케이블 및 동축케이블은 화재에 따라 해당 케이블의 피복이 소실된 경우에 케이블 본체가 떨어지지 아니하도록 **4m** 이내마다 금속제 또는 자기제 등의 지지금구로 벽·천장·기둥 등에 견고하게 고정시킬 것(단, 불연재료로 구획된 반자 안에 설치하는 경우 제외)
(4) 누설동축케이블 및 안테나는 고압전로로부터 1.5m 이상 떨어진 위치에 설치할 것(해당 전로에 **정전기차폐장치**를 유효하게 설치한 경우에는 제외)
(5) 누설동축케이블의 끝부분에는 **무반사종단저항**을 설치할 것

※ **무반사종단저항** : 전송로로 전송되는 전자파가 전송로의 종단에서 반사되어 교신을 방해하는 것을 막기 위한 저항이다.

답 ②

77
★★★
18.09.문62
17.09.문78
16.03.문79

소방시설용 비상전원수전설비의 화재안전기준에 따라 일반전기사업자로부터 특고압 또는 고압으로 수전하는 비상전원수전설비가 큐비클형인 경우 옥외에 설치하는 외함에 노출하여 설치할 수 없는 것은?

① 환기장치
② 전선의 인입구 및 인출구
③ 불연성 또는 난연성 재료로 덮개를 설치한 표시등
④ 불연성 또는 난연성 재료로 제작된 계기용 전환스위치

해설 옥외용 큐비클형의 설치기준(NFPC 602 5조, NFTC 602 2.2.3.3)

옥외외함에 노출 설치 가능한 것	옥외외함에 노출 설치 불가능한 것
① 환기장치 ② 전선의 인입구 및 인출구 ③ 표시등(불연성 또는 난연성 재료로 덮개를 설치한 것)	① 전압계(퓨즈 등으로 보호한 것) ② 전류계(변류기의 2차측에 접속된 것) ③ 계기용 전환스위치(불연성 또는 난연성 재료로 제작된 것)

- ①~③ 노출 설치 가능한 것
- ④ 노출 설치 불가능한 것

답 ④

78 ★ [18.04.문62]
유도등의 형식승인 및 제품검사의 기술기준에 따라 (㉠), (㉡), (㉢)에 들어갈 내용으로 옳은 것은?

객석유도등은 바닥면 또는 디딤바닥면에서 높이 (㉠)m의 위치에 설치하고 그 유도등의 바로 밑에서 (㉡)m 떨어진 위치에서의 수평조도가 (㉢)lx 이상이어야 한다.

① ㉠ 0.3, ㉡ 0.1, ㉢ 0.2
② ㉠ 0.5, ㉡ 0.1, ㉢ 0.3
③ ㉠ 0.5, ㉡ 0.3, ㉢ 0.2
④ ㉠ 1.0, ㉡ 0.3, ㉢ 0.3

해설 조도시험(유도등의 형식승인 및 제품검사의 기술기준 23조)

유도등의 종류	시험방법
계단통로유도등	바닥면에서 **2.5**m 높이에 유도등을 설치하고 수평거리 10m 위치에서 법선조도 **0.5**lx 이상 **기억법** 계2505
복도통로유도등	바닥면에서 1m 높이에 유도등을 설치하고 중앙으로부터 0.5m 위치에서 조도 1lx 이상
거실통로유도등	바닥면에서 2m 높이에 유도등을 설치하고 중앙으로부터 0.5m 위치에서 조도 1lx 이상
객석유도등	바닥면에서 **0.5**m 높이에 유도등을 설치하고 바로 밑에서 **0.3**m 위치에서 수평조도 **0.2**lx 이상 **기억법** 객532

비교
유도등의 형식승인 및 제품검사의 기술기준 16조 식별도시험

유도등의 종류	상용전원	비상전원
피난구유도등, 거실통로유도등	10~30lx의 주위조도로 30m에서 식별	0~11lx의 주위조도로 20m에서 식별
복도통로유도등	직선거리 20m에서 식별	직선거리 15m에서 식별

답 ③

79 ★★★ [19.03.문66 / 16.03.문80 / 14.05.문70 / 13.06.문77 / 10.05.문64]
비상경보설비 및 단독경보형 감지기의 화재안전기준에 따라 비상벨설비 또는 자동식사이렌설비 부속회로의 전로와 대지 사이 및 배선 상호간의 절연저항은 1경계구역마다 직류 250V의 절연저항측정기를 사용하여 측정한 절연저항이 몇 MΩ 이상이 되도록 하여야 하는가?

① 0.1   ② 0.2
③ 0.3   ④ 0.5

해설 절연저항시험

절연저항계	절연저항	대상
직류 250V	0.1MΩ 이상	• 1경계구역의 절연저항
직류 500V	5MΩ 이상	• 누전경보기 • 가스누설경보기 • 수신기(10회로 미만, 절연된 충전부와 외함 간) • 자동화재속보설비 • 비상경보설비 • 유도등(교류입력측과 외함 간 포함) • 비상조명등(교류입력측과 외함 간 포함)
직류 500V	20MΩ 이상	• 경종 • 발신기 • 중계기 • **비상콘센트** • 기기의 절연된 선로 간 • 기기의 충전부와 비충전부 간 • 기기의 교류입력측과 외함 간(유도등·비상조명등 제외)
직류 500V	50MΩ 이상	• 감지기(정온식 감지선형 감지기 제외) • 가스누설경보기(10회로 이상) • 수신기(10회로 이상, 교류입력측과 외함 간 제외)
직류 500V	1000MΩ 이상	• 정온식 감지선형 감지기

기억법 콘2(콘이 맛있다!)

답 ①

80 ★★★ [19.09.문62 / 17.03.문63 / 13.03.문76 / 11.10.문63]
유도등 및 유도표지의 화재안전기준에 따라 시설의 통로가 벽체 등으로 구획된 경우에는 어떤 유도등을 설치해야 하는가?

① 피난구유도등   ② 계단통로유도등
③ 복도통로유도등   ④ 거실통로유도등

해설 거실통로유도등의 설치기준(NFPC 303 6조, NFTC 303 2.3.1.2)
(1) **거실**의 **통로**에 설치할 것(단, 거실의 통로가 **벽체** 등으로 **구획**된 경우에는 **복도통로유도등** 설치)
(2) 구부러진 **모퉁**이 및 보행거리 20m마다 설치할 것
(3) 바닥으로부터 **높이** 1.5m 이상의 위치에 설치할 것(단, 거실통로에 **기둥**이 설치된 경우에는 기둥부분의 바닥으로부터 높이 1.5m 이하의 위치에 설치 가능)

기억법 거통 모거높

답 ③

2020. 8. 23 시행

2020년 산업기사 제3회 필기시험

자격종목	종목코드	시험시간	형별	수험번호	성명
소방설비산업기사(전기분야)		2시간			

※ 각 문항은 4지택일형으로 질문에 가장 적합한 보기 항을 선택하여 체크하여야 합니다.

제1과목 소방원론

01 건축법상 건축물의 주요 구조부에 해당되지 않는 것은?
17.03.문16
12.09.문19
① 지붕틀   ② 내력벽
③ 주계단   ④ 최하층 바닥

해설 주요 구조부
(1) 내력**벽**
(2) **보**(작은 보 제외)
(3) **지**붕틀(차양 제외)
(4) **바**닥(최하층 바닥 제외)
(5) **주**계단(옥외계단 제외)
(6) **기**둥(사이기둥 제외)

※ **주요 구조부**: 건물의 구조 내력상 주요한 부분

기억법 벽보지 바주기

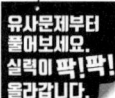

답 ④

02 가연물이 되기 위한 조건이 아닌 것은?
18.03.문12
15.03.문12
10.09.문08
09.03.문10
08.05.문02
08.03.문18
05.03.문01
04.03.문14
02.03.문16
① 산화되기 쉬울 것
② 산소와의 친화력이 클 것
③ 활성화에너지가 클 것
④ 열전도도가 작을 것

해설 ③ 클 것 → 작을 것

가연물이 **연소**하기 쉬운 **조건**(가연물이 되기 위한 조건)
(1) 산소와 **친화력**이 클 것(산화되기 쉬울 것)
(2) 발열량이 클 것(연소열이 많을 것)
(3) 표면적이 넓을 것(공기와 접촉면이 클 것)
(4) 열전도율이 작을 것(열전도가 작을 것)
(5) 활성화에너지가 작을 것
(6) 연쇄반응을 일으킬 수 있을 것

용어
활성화에너지
가연물이 처음 연소하는 데 필요한 열

답 ③

03 위험물안전관리법령상 제1석유류, 제2석유류, 제 3석유류를 구분하는 기준은?
19.09.문16
11.06.문01
① 인화점   ② 발화점
③ 비점   ④ 녹는점

해설 • 제1석유류~제4석유류의 분류기준 : 인화점

 중요

제4류 위험물

구 분	설 명
제1석유류	인화점이 21℃ 미만
제2석유류	인화점이 21~70℃ 미만
제3석유류	인화점이 70~200℃ 미만
제4석유류	인화점이 200~250℃ 미만

답 ①

04 어떤 기체의 확산속도가 이산화탄소의 2배였다면 그 기체의 분자량은 얼마로 예상할 수 있는가?
10.05.문02
① 11   ② 22
③ 44   ④ 88

해설 그레이엄의 법칙

$$\frac{V_B}{V_A} = \sqrt{\frac{M_A}{M_B}} = \sqrt{\frac{d_B}{d_A}}$$

여기서, V_A, V_B : 확산속도[m/s]
M_A, M_B : 분자량[kg/kmol]
d_A, d_B : 밀도[kg/m³]

변형식

$$V = \sqrt{\frac{1}{M}}$$

원자량

원 소	원자량
H	1
C	12
N	14
O	16

이산화탄소의 분자량(CO_2)=12+16×2=44
이산화탄소(CO_2)의 확산속도 V는

$V = \sqrt{\dfrac{1}{M}} = \sqrt{\dfrac{1}{44}} ≒ 0.15$

확산속도가 이산화탄소의 **2배**가 되는 기체의 분자량 V'는

$V' = \sqrt{\dfrac{1}{M'}}$

$2V = \sqrt{\dfrac{1}{M'}}$

$2 \times 0.15 = \sqrt{\dfrac{1}{M'}}$

$0.3 = \sqrt{\dfrac{1}{M'}}$

$0.3^2 = \left(\sqrt{\dfrac{1}{M'}}\right)^2$

$0.09 = \dfrac{1}{M'}$

$M' = \dfrac{1}{0.09} ≒ 11$

※ **그레이엄**의 **법칙**(Graham's law)
"일정온도, 일정압력에서 기체의 확산속도는 밀도의 **제곱근**에 반비례한다"는 법칙

답 ①

05 이산화탄소소화기가 갖는 주된 소화효과는?

19.09.문04
17.05.문15
14.05.문10
14.05.문13
13.03.문10

① 유화소화
② 질식소화
③ 제거소화
④ 부촉매소화

해설 주된 소화효과

할론 1301	이산화탄소
억제소화	질식소화

중요

주된 소화효과

소화약제	주된 소화효과
• **할**론	**억**제소화 (화학소화, 부촉매효과)
• 포 • **이**산화탄소	**질**식소화
• **물**	냉각소화

기억법 할억이질

답 ②

06 물과 접촉하면 발열하면서 수소기체를 발생하는 것은?

19.04.문14
12.03.문03
06.09.문08

① 과산화수소
② 나트륨
③ 황린
④ 아세톤

해설 주수소화(물소화)시 **위험한 물질**

위험물	발생물질
• 무기과산화물	산소(O_2) 발생
• 금속분 • 마그네슘 • 알루미늄 • 칼륨 • **나트륨** • 수소화리튬	**수소**(H_2) 발생
• 가연성 액체의 유류화재	**연소면**(화재면) 확대

답 ②

07 건축물 내부 화재시 연기의 평균 수평이동속도는 약 몇 m/s인가?

17.03.문06
16.10.문19
06.03.문16

① 0.01~0.05
② 0.5~1
③ 10~15
④ 20~30

해설 연기의 이동속도

방향 또는 장소	이동속도
수평방향(수평이동속도)	0.5~1m/s
수직방향(수직이동속도)	2~3m/s
계단실 내의 수직이동속도	**3**~**5**m/s

기억법 3계5(삼계탕 드시러 오세요.)

답 ②

08 질소(N_2)의 증기비중은 약 얼마인가? (단, 공기 분자량은 29이다.)

19.09.문07
17.05.문03
16.03.문02
14.03.문14
07.09.문05

① 0.8
② 0.97
③ 1.5
④ 1.8

해설 (1) 원자량

원소	원자량
H	1
C	12
N	14
O	16

질소(N_2) : 14×2 = 28

(2) 증기비중

$증기비중 = \dfrac{분자량}{29}$

여기서, 29 : 공기의 평균분자량

질소의 증기비중 = $\dfrac{분자량}{29} = \dfrac{28}{29} ≒ 0.97$

비교

증기밀도

$증기밀도[g/L] = \dfrac{분자량}{22.4}$

여기서, 22.4 : 기체 1몰의 부피[L]

답 ②

09. 위험물안전관리법령상 제3류 위험물에 해당되지 않는 것은?

① Ca
② K
③ Na
④ Al

해설 ④ Al : 제2류 위험물

위험물령 [별표 1]
위험물

유별	성질	품명
제1류	산화성 고체	• 아염소산염류(아염소산나트륨) • 염소산염류 • 과염소산염류 • 질산염류(질산칼륨) • 무기과산화물(과산화바륨) **기억법** 1산고(일산GO)
제2류	가연성 고체	• 황화인 • 적린 • 황 • 마그네슘 • 알루미늄분(Al) **기억법** 2황화적황마
제3류	자연발화성 물질 및 금수성 물질	• 황린(P₄) • 칼륨(K) • 나트륨(Na) • 칼슘(Ca) • 트리에틸알루미늄 **기억법** 황칼나알
제4류	인화성 액체	• 특수인화물 • 석유류(벤젠) • 알코올류 • 동식물유류
제5류	자기반응성 물질	• 질산에스터류(셀룰로이드) • 유기과산화물 • 나이트로화합물 • 나이트로소화합물 • 아조화합물 • 나이트로글리세린

답 ④

10. 다음의 위험물 중 위험물안전관리법령상 지정수량이 나머지 셋과 다른 것은?

① 적린
② 황화인
③ 유기과산화물(제2종)
④ 질산에스터류(제1종)

해설 위험물의 지정수량

위험물	지정수량
• 질산에스터류(제1종) • 알킬알루미늄	10kg
• 황린	20kg
• 무기과산화물 • 과산화나트륨	50kg
• 황화인 • 적린 • 유기과산화물(제2종)	100kg
• 트리나이트로톨루엔	제1종 : 10kg, 제2종 : 100kg
• 탄화알루미늄	300kg

답 ④

11. 물과 반응하여 가연성인 아세틸렌가스를 발생하는 것은?

① 나트륨
② 아세톤
③ 마그네슘
④ 탄화칼슘

해설 물과의 반응식

$CaC_2 + 2H_2O \rightarrow Ca(OH)_2 + C_2H_2 \uparrow$
(탄화칼슘) (물)   (수산화칼슘) (아세틸렌)

답 ④

12. 다음 중 가연성 물질이 아닌 것은?

① 프로판
② 산소
③ 에탄
④ 암모니아

해설 ② 지연성 가스

가연성 가스와 지연성 가스

가연성 가스(가연성 물질)	지연성 가스(지연성 물질)
• 수소 • 메탄 • 암모니아 • 일산화탄소 • 천연가스 • 에탄 • 프로판	• 산소 • 공기 • 오존 • 불소 • 염소

• 지연성 가스 = 조연성 가스 = 지연성 물질 = 조연성 물질

참고

가연성 가스와 지연성 가스

가연성 가스	지연성 가스
물질 자체가 연소하는 것	자기 자신은 연소하지 않지만 연소를 도와주는 가스

답 ②

13. 칼륨 화재시 주수소화가 적응성이 없는 이유는?

① 수소가 발생되기 때문
② 아세틸렌이 발생되기 때문
③ 산소가 발생되기 때문
④ 메탄가스가 발생하기 때문

해설 주수소화(물소화)시 위험한 물질

위험물	발생물질
• 무기과산화물	산소(O_2) 발생
• 금속분 • 마그네슘 • 알루미늄 • **칼륨** • 나트륨 • 수소화리튬	수소(H_2) 발생
• 가연성 액체의 유류화재	연소면(화재면) 확대

답 ①

14. 표준상태에서 44.8m³의 용적을 가진 이산화탄소가스를 모두 액화하면 몇 kg인가? (단, 이산화탄소의 분자량은 44이다.)

① 88
② 44
③ 22
④ 11

해설 (1) 분자량

원소	원자량
H	1
C	12
N	14
O	16

이산화탄소(CO_2)의 분자량 = $12 + 16 \times 2 = 44$g/mol

(2) 증기밀도

$$\text{증기밀도}[g/L] = \frac{\text{분자량}}{22.4}$$

여기서, 22.4는 공기의 부피[L]

증기밀도[g/L] = $\frac{\text{분자량}}{22.4}$

$\frac{g(\text{질량})}{44800L} = \frac{44}{22.4}$

$g(\text{질량}) = \frac{44}{22.4} \times 44800L = 88000g = 88kg$

• 1m³=1000L이므로 44.8m³=44800L
• 단위를 보고 계산하면 쉽다.

답 ①

15. 가연성 기체의 일반적인 연소범위에 관한 설명으로 옳지 못한 것은?

① 연소범위에는 상한과 하한이 있다.
② 연소범위의 값은 공기와 혼합된 가연성 기체의 체적농도로 표시된다.
③ 연소범위의 값은 압력과 무관하다.
④ 연소범위는 가연성 기체의 종류에 따라 다른 값을 갖는다.

해설 ③ 무관하다. → 관계있다.

연소범위
(1) 연소하한과 연소상한의 범위를 나타낸다(상한과 하한의 값을 가지고 있다).
(2) **연소하한**이 **낮을수록** 발화위험이 높다.
(3) **연소범위**가 **넓을수록** 발화위험이 높다(연소범위가 넓을수록 연소위험성은 높아진다).
(4) 연소범위는 주위온도와 관계가 있다(동일 물질이라도 환경에 따라 연소범위가 달라질 수 있다).
(5) 연소범위의 하한은 그 물질의 **인화점**에 해당된다.
(6) **연소범위**는 **압력상승**시 **연소하한**은 **불변**, **연소상한**만 **상승**한다.
(7) 연소에 필요한 혼합가스의 농도를 말한다.
(8) 연소범위의 값은 공기와 혼합된 가연성 기체의 체적농도로 표시된다.
(9) 연소범위는 가연성 기체의 종류에 따라 다른 값을 갖는다.

• 연소한계=연소범위=폭발한계=폭발범위=가연한계=가연범위
• 연소하한=하한계
• 연소상한=상한계

답 ③

16. A급 화재에 해당하는 가연물이 아닌 것은?

① 섬유
② 목재
③ 종이
④ 유류

해설 ④ B급 화재

화재 종류	표시색	적응물질
일반화재(A급)	백색	• 일반 가연물 • **종이류** 화재 • **목재, 섬유**화재
유류화재(B급)	황색	• 가연성 액체(등유·경유) • 가연성 가스 • 액화가스화재 • 석유화재
전기화재(C급)	청색	• 전기설비
금속화재(D급)	무색	• 가연성 금속
주방화재(K급)	–	• 식용유화재

기억법 백황청무

※ 요즘은 표시색의 의무규정은 없음

답 ④

17 연소의 3요소에 해당하지 않는 것은?
① 점화원
② 연쇄반응
③ 가연물질
④ 산소공급원

해설 연소의 3요소와 4요소

연소의 3요소	연소의 4요소
• 가연물(연료)	• 가연물(연료)
• 산소공급원(산소, 공기)	• 산소공급원(산소, 공기)
• 점화원(점화에너지)	• 점화원(점화에너지)
	• 연쇄반응

기억법 연4(연사)

답 ②

18 기계적 열에너지에 의한 점화원에 해당되는 것은?
① 충격, 기화, 산화
② 촉매, 열방사선, 중합
③ 충격, 마찰, 압축
④ 응축, 증발, 촉매

해설 열에너지원의 종류

기계열 (기계적 열에너지)	전기열 (전기적 열에너지)	화학열 (화학적 열에너지)
• **압**축열	• 유도열	• **연**소열
• **마**찰열	• 유전열	• **용**해열
• **마**찰스파크(스파크열)	• 저항열	• **분**해열
	• 아크열	• **생**성열
• 충격열	• 정전기열	• **자**연발화열
	• 낙뢰에 의한 열	

기억법 ㅋ입마

기억법 화연봉문생자

• 기계열 = 기계적 점화원 = 기계적 열에너지
• 전기열 = 전기적 점화원 = 전기적 열에너지
• 화학열 = 화학적 점화원 = 화학적 열에너지

답 ③

19 소화약제로 사용되는 물에 대한 설명 중 틀린 것은?
① 극성 분자이다.
② 수소결합을 하고 있다.
③ 아세톤, 벤젠보다 증발잠열이 크다.
④ 아세톤, 구리보다 비열이 작다.

해설 물(H_2O)
(1) **극성 분자**이다.
(2) **수소결합**을 하고 있다.
(3) 아세톤, 벤젠보다 증발잠열이 크다.
(4) 아세톤, 구리보다 비열이 매우 **크다**.

중요

물의 비열	물의 증발잠열
1cal/g·℃	539cal/g

답 ④

20 Halon 1301의 화학식에 포함되지 않는 원소는?
① C
② Cl
③ F
④ Br

해설 ② Halon 1301 : Cl의 개수는 0이므로 포함되지 않음

할론소화약제

종류	약칭	분자식
Halon 1011	CB	CH_2ClBr
Halon 104	CTC	CCl_4
Halon 1211	BCF	$CF_2ClBr(CBrClF_2)$
Halon 1301	BTM	$CF_3Br(CBrF_3)$
Halon 2402	FB	$C_2F_4Br_2(C_2Br_2F_4)$

중요

Halon 1 3 0 1
탄소원자수(C)
불소원자수(F)
염소원자수(Cl)
브로민원자수(Br)

※ 수소원자의 수 = (첫 번째 숫자×2)+2 - 나머지 숫자의 합

답 ②

제 2 과목   소방전기일반

21 다이오드를 사용한 정류회로에서 과대한 부하전류에 의하여 다이오드가 파손될 우려가 있을 경우 적당한 대책은?
① 다이오드를 직렬로 추가한다.
② 다이오드를 병렬로 추가한다.
③ 다이오드의 양단에 적당한 값의 저항을 추가한다.
④ 다이오드의 양단에 적당한 값의 콘덴서를 추가한다.

해설 다이오드 접속
(1) **직렬**접속 : **과전압**으로부터 보호

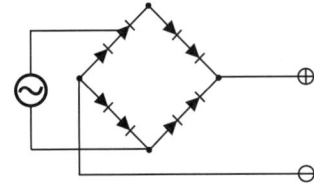

(2) 병렬접속 : **과전류**로부터 보호

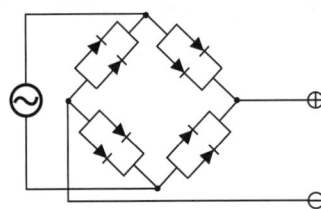

기억법 직압(지갑)

답 ②

22
[17.03.문22]

5Ω, 10Ω, 25Ω의 저항 3개를 직렬로 접속하고 80V의 전압을 인가하였을 때, 이 회로에 흐르는 전류 I[A]와 각 저항에 걸리는 전압 V_5[V], V_{10}[V], V_{25}[V]는 각각 얼마인가?

① I=1A, V_5=10V, V_{10}=20V, V_{25}=50V
② I=2A, V_5=10V, V_{10}=20V, V_{25}=50V
③ I=1A, V_5=15V, V_{10}=25V, V_{25}=40V
④ I=2A, V_5=15V, V_{10}=25V, V_{25}=40V

해설 (1) 기호
- R_1 : 5Ω
- R_2 : 10Ω
- R_3 : 25Ω
- V : 80V
- V_5 : ?
- V_{10} : ?
- V_{25} : ?

문제를 회로로 표현하면

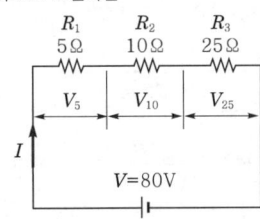

(2) 전체 전류

$$I = \frac{V}{R_1 + R_2 + R_3}$$

여기서, I : 전체 전류[A]
R_1, R_2, R_3 : 각각의 저항[Ω]
V : 전체 전압[V]

전체 전류 I는

$$I = \frac{V}{R_1 + R_2 + R_3} = \frac{80}{5 + 10 + 25} = 2A$$

(3) 전압

$$V = IR$$

여기서, V : 전압[V]
I : 전류[A]
R : 저항[Ω]

R_1의 전압 V_5는
$V_5 = IR_1 = 2 \times 5 = 10V$

R_2의 전압 V_{10}은
$V_{10} = IR_2 = 2 \times 10 = 20V$

R_3의 전압 V_{25}는
$V_{25} = IR_3 = 2 \times 25 = 50V$

답 ②

23
[19.04.문40]
[17.03.문35]
[14.05.문33]

어떤 전압계의 측정 범위를 19배로 하려면 배율기의 저항 R_M과 전압계의 내부저항 R_V의 관계는?

① $R_M = \frac{1}{20} R_V$

② $R_M = \frac{1}{18} R_V$

③ $R_M = 18 R_V$

④ $R_M = 20 R_V$

해설 (1) 기호
- M : 19
- R_M : ?

(2) 배율기 배율

$$M = \frac{V_0}{V} = 1 + \frac{R_M}{R_V}$$

여기서, M : 배율기 배율
V_0 : 측정하고자 하는 전압[V]
V : 전압계의 최대눈금[A]
R_M : 배율기 저항[Ω]
R_V : 전압계 내부저항[Ω]

$M = 1 + \frac{R_M}{R_V}$

$M - 1 = \frac{R_M}{R_V}$ ← 좌우 이항

$\frac{R_M}{R_V} = M - 1$

$R_M = R_V(M-1) = R_V(19-1) = R_V \cdot 18 = 18R_V$

비교
분류기 배율

$$M = \frac{I_0}{I} = 1 + \frac{R_A}{R_S}$$

여기서, M : 분류기 배율
I_0 : 측정하고자 하는 전류[A]
I : 전류계 최대눈금[A]
R_A : 전류계 내부저항[Ω]
R_S : 분류기 저항[Ω]

답 ③

24 공기 중에 50A의 전류가 흐르고 있는 무한 직선 도체로부터 2m 떨어진 곳에서의 자기장 세기는 약 몇 AT/m인가?

① 31.84   ② 15.92
③ 7.96   ④ 3.98

해설 (1) 기호
- I : 50A
- r : 2m
- H : ?

(2) 무한장 직선전류

$$H = \frac{I}{2\pi r} \text{ AT/m}$$

여기서, H : 자계의 세기[AT/m]
I : 전류[A]
r : 거리[m]

무한장 직선전류 H는

$$H = \frac{I}{2\pi r} = \frac{50}{2\pi \times 2} \fallingdotseq 3.98 \text{AT/m}$$

비교
무한장 솔레노이드

내부자계	외부자계
$H_i = nI$	$H_c = 0$

여기서, H_i : 내부자계의 세기[AT/m]
H_c : 외부자계의 세기[AT/m]
n : 단위길이당 권수(1m당 권수)
I : 전류[A]

답 ④

25 $i_1(t) = I_m \sin\omega t$[A]와 $i_2(t) = I_m \cos\omega t$[A]가 있다. 두 전류의 위상차는 몇 도인가?

① 0°   ② 30°
③ 60°   ④ 90°

해설 $i_1(t) = I_m \sin\omega t$
$i_2(t) = I_m \cos\omega t$
$\quad = I_m \sin(\omega t + 90°)$

위상차 $\theta = \theta_1 - \theta_2 = 0° - (+90°) = -90°$
- 위상차만 물어보았으므로 "-" 부호는 무시
- "-"는 "뒤진다"는 의미

용어
위상차
2개 이상의 교류 사이에서 발생하는 위상의 차

답 ④

26 3상 회로를 2전력계 방법으로 측정하였더니 각각 3kW, 1kW를 지시하였다. 이 회로의 3상 유효전력은 몇 kW인가?

① 1   ② 2
③ 3   ④ 4

해설 (1) 기호
- P_1 : 3kW
- P_2 : 1kW

(2) 2전력계법

$$P = P_1 + P_2$$

여기서, P : 전전력[kW]
P_1, P_2 : 전력계의 지시값[kW]

전전력 $P = P_1 + P_2 = 3 + 1 = 4$kW

비교
3전력계법

$$P = P_1 + P_2 + P_3$$

여기서, P : 전전력[kW]
P_1, P_2, P_3 : 전력계의 지시값[kW]

답 ④

27 교류회로에서 8Ω의 저항과 6Ω의 유도리액턴스가 병렬로 연결되었을 때 역률은?

① 0.4   ② 0.5
③ 0.6   ④ 0.8

해설 (1) 기호
- R : 8Ω
- X_L : 6Ω

(2) 역률

RL 직렬회로	RL 병렬회로
$\cos\theta = \dfrac{R}{\sqrt{R^2 + X_L^2}}$	$\cos\theta = \dfrac{X_L}{\sqrt{R^2 + X_L^2}}$

여기서,
$\cos\theta$: 역률
X_L : 유도리액턴스[Ω]
R : 저항[Ω]

여기서,
$\cos\theta$: 역률
X_L : 유도리액턴스[Ω]
R : 저항[Ω]

RL 병렬회로의 역률 $\cos\theta$는

$$\cos\theta = \frac{X_L}{\sqrt{R^2+X_L^2}} = \frac{6}{\sqrt{8^2+6^2}} = 0.6$$

비교

무효율

RL 직렬회로	RL 병렬회로
$\sin\theta = \dfrac{X_L}{\sqrt{R^2+X_L^2}}$	$\sin\theta = \dfrac{R}{\sqrt{R^2+X_L^2}}$
여기서, $\sin\theta$: 무효율 R : 저항(Ω) X_L : 유도리액턴스(Ω)	여기서, $\sin\theta$: 무효율 R : 저항(Ω) X_L : 유도리액턴스(Ω)

답 ③

28 DC 전압을 일정하게 유지하기 위해서 주로 사용되는 다이오드는?

① 쇼트키다이오드
② 터널다이오드
③ 제너다이오드
④ 버랙터다이오드

해설 다이오드의 종류

종류	심벌	설명
정류 다이오드	▶╎	• 교류를 **직류**로 변환할 때 이용
스위칭 다이오드	—	• 고속 ON/OFF 특성을 스위칭에 이용
제너 다이오드 (정전압 다이오드)	▶╎	• **정전압** 특성을 전압 안정화에 이용 • **출력전압**을 일정하게 **유지**(전원전압을 일정하게 유지) **기억법** 일제압
가변용량 다이오드 (바랙터 다이오드 = 버렉터 다이오드)	▶╎	• **가변용량** 특성을 FM 변조 AFC 동조에 이용
터널 다이오드	▶╎	• 음저항 특성을 **마이크로파 발진**에 이용
발광 다이오드	▶╎	• 발광 특성을 응용하여 **광센서**에 이용
쇼트키 다이오드	▶╎	• **N형 반도체**와 **금속**을 접합하여 금속부분이 반도체와 같은 기능을 하도록 만들어진 다이오드

답 ③

29 논리게이트 중 두 입력이 1과 0일 때 출력이 1이 아닌 것은?

① NAND게이트
② OR게이트
③ EXCLUSIVE-OR게이트
④ NOR게이트

해설 논리회로

명칭	논리회로	진리표
AND 게이트	$X = A \cdot B$ 입력신호 A, B가 동시에 1일 때만 출력신호 X가 1이 된다.	$A\ B\ X$ 0 0 0 0 1 0 1 0 0 1 1 1
OR 게이트	$X = A + B$ 입력신호 A, B 중 어느 하나도 1이면 출력신호 X가 1이 된다.	$A\ B\ X$ 0 0 0 0 1 1 1 0 1 1 1 1
NOT 게이트	$X = \overline{A}$ 입력신호 A가 0일 때만 출력신호 X가 1이 된다.	$A\ X$ 0 1 1 0
NAND 게이트	$X = \overline{A \cdot B}$ 입력신호 A, B가 동시에 1일 때만 출력신호 X가 0이 된다(AND 회로의 부정).	$A\ B\ X$ 0 0 1 0 1 1 1 0 1 1 1 0
NOR 게이트	$X = \overline{A + B}$ 입력신호 A, B가 동시에 0일 때만 출력신호 X가 1이 된다(OR 회로의 부정).	$A\ B\ X$ 0 0 1 0 1 0 1 0 0 1 1 0
EXCLUSIVE OR 게이트	$X = A \oplus B = \overline{A}B + A\overline{B}$ 입력신호 A, B 중 어느 한쪽만이 1이면 출력신호 X가 1이 된다.	$A\ B\ X$ 0 0 0 0 1 1 1 0 1 1 1 0
EXCLUSIVE NOR 게이트	$X = \overline{A \oplus B} = AB + \overline{A}\,\overline{B}$ 입력신호 A, B가 동시에 0이거나 1일 때만 출력신호 X가 1이 된다.	$A\ B\ X$ 0 0 1 0 1 0 1 0 0 1 1 1

• 회로 = 게이트(gate)

④ NOR게이트 : 두 입력이 1과 0일 때 출력 0

답 ④

30 동작신호와 조작량 사이에서 연속적인 관계가 아닌 조절(제어)동작은?

① 비례제어
② 비례미분제어
③ 비례적분제어
④ 2위치제어

해설 **제어동작**에 의한 **분류**

연속제어(연속동작)	불연속제어(불연속동작)
• 비례제어(P동작) • 미분제어(D동작) • 적분제어(I동작) • 비례적분제어(PI동작) • 비례적분미분제어(PID동작)	• 2위치제어 (ON-OFF동작) • 샘플값제어

④ 2위치제어 : 불연속적인 관계(불연속제어)

중요

연속제어

구 분	설 명
비례제어(P동작)	잔류편차가 있는 제어
적분제어(I동작)	잔류편차를 제거하기 위한 제어
비례**적**분제어 (PI동작)	**간**헐현상이 있는 제어 기억법 비적간
비례적분 미분제어 (PID동작)	• **간**헐현상을 **제거**하기 위한 제어 • **사**이클링과 **오**프셋이 제거되는 제어 • 응답속도가 빠르고 안정성이 있음 • 정상 특성과 응답의 속응성을 동시에 개선시키기 위한 제어 기억법 PID 사오

답 ④

31 회로의 유효전력이 3000W, 무효전력이 4000Var이면 피상전력[VA]은?

① 3000
② 4000
③ 5000
④ 6000

해설 (1) 기호
• P : 3000W
• P_r : 4000Var
• P_a : ?

(2) 피상전력

$$P_a = \sqrt{P^2 + P_r^{\,2}}$$

여기서, P_a : 피상전력[VA]
P : 유효전력[W]
P_r : 무효전력[Var]

피상전력 P_a는
$P_a = \sqrt{P^2 + P_r^{\,2}} = \sqrt{3000^2 + 4000^2} = 5000\text{VA}$

답 ③

32 교류를 직류로 바꿔주는 변환장치는?

① 정류기
② 변압기
③ 유도기
④ 전동기

해설 **컨버터** vs **인버터**

컨버터(converter)=정류기	인버터(inverter)
교류를 **직류**로 바꿔주는 장치	**직류**를 **교류**로 바꿔주는 장치

기억법 직인

용어

인버터(inverter)
직류전력을 교류전력으로 변환하는 장치로서, 인버터의 부하장치에는 **교류직권전동기**를 사용하여야 한다.

용어

장 치	설 명
변압기	**유도성** 전기전도체를 통해 두 개 이상의 회로 사이에서 전기에너지를 전달하는 정적 유형장치
유도기	**고정자**에만 전류를 인가하여 **회전자계**를 발생시키고 그 회전자계가 회전자에 **유도전류**를 유도시켜 회전자계와 회전자의 전류의 상호 작용에 의해 회전하는 원리
전동기	① **전력**을 이용하는 원동기 ② **전기에너지**를 **회전운동에너지**로 전환하는 기계

답 ①

33 회로에서 전류 I는 약 몇 A인가?

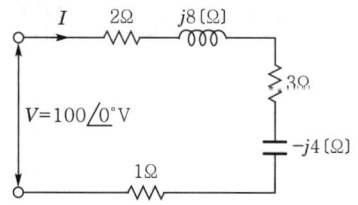

① $7.69 + j11.5$
② $7.69 - j11.5$
③ $11.5 + j7.69$
④ $11.5 - j7.69$

해설 (1) 기호
• V : $100\angle 0°\text{V}$
• $R+jX$: $2\Omega + 3\Omega + 1\Omega + j8\Omega + (-j4\Omega)$
  $= 6 + j4\Omega$
• I : ?

(2) 벡터로 복소수 표시하는 방법
$v = V(\text{실효값})\angle \theta$
$= V(\text{실효값})(\cos\theta + j\sin\theta)$

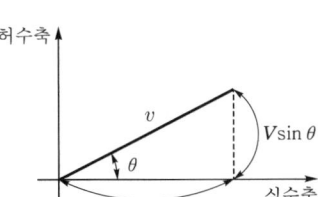

$v = 100\angle 0°$
$= 100(\cos 0° + j\sin 0°) = 100\text{V}$

(3) 전류

$$I = \frac{V}{Z} = \frac{V}{R+jX}$$

여기서, I : 전류[A], V : 전압[V]
Z : 임피던스[Ω], X : 리액턴스[Ω]

전류 I는

$I = \frac{V}{R+jX}$
$= \frac{100}{6+j4}$
$= \frac{100(6-j4)}{(6+j4)(6-j4)}$ ← 분모의 허수를 없애기 위해 분자, 분모에 허수부호를 반대로 하여 $(6-j4)$ 곱함
$= \frac{600-j400}{36-j24+j24-(j\times j)16}$ ← $-j\times j = -1$
$= \frac{600-j400}{36-(-1)16}$
$= \frac{600-j400}{36+16}$
$= \frac{600-j400}{52} ≒ 11.5 - j7.69\text{A}$

답 ④

34
10.03.문37 저항이 0.1Ω인 도체에 220V의 전압이 가해졌다면, 이 도체에 흐르는 전류는 몇 kA인가?

① 1.1 ② 2.2
③ 11   ④ 22

해설 (1) 기호
- R : 0.1Ω
- V : 220V
- I : ?

(2) 옴의 법칙(Ohm's law)

$$I = \frac{V}{R}\text{[A]}$$

여기서, I : 전류[A]
V : 전압[V]
R : 저항[Ω]

전류 I는
$I = \frac{V}{R} = \frac{220}{0.1} = 2200\text{A} = 2.2\text{kA}$

• 1000A=1kA이므로 2200A=2.2kA

답 ②

35 ★★★
온도, 유량, 압력 등의 공업공정의 상태량을 제어량으로 하는 제어시스템으로서 공업공정에 가해지는 외란의 억제를 주목적으로 하는 제어는?

19.03.문25
17.05.문39
16.10.문27
16.03.문36
15.09.문23
14.09.문30
14.05.문24
12.05.문31
10.03.문40

① 프로세스제어
② 프로그램제어
③ 서보기구
④ 추치제어

해설 **제어량**에 의한 **분류**

분류	종 류
프로세스 제어	① **온**도 ② **압**력 ③ **유**량 ④ **액**면 [기억법] 프온압유액
서보기구	① **위**치(스테핑모터) ② **방**위(추적용 레이더장치) ③ **자**세 [기억법] 서위방자추(**스위스 방자**하고 **추잡**하다)
자동조정	① **전**압 ② **전**류 ③ **주**파수 ④ **회**전속도 ⑤ **장**력 [기억법] 자전주회장

프로세스제어=공정제어

🔧 중요

제어의 종류

제어 종류	설 명
정치제어 (fixed value control)	① 일정한 목표값을 유지하는 것으로 **프로세스제어, 자동조정**이 이에 해당된다. 예 **연속식 압연기** ② **목표값**이 시간에 관계 없이 항상 일정한 값을 가지는 제어
추종제어 (follow-up control)	① 목표치가 임의로 변화하는 제어 ② 미지의 시간적 변화를 하는 목표값에 제어량을 추종시키기 위한 제어로 **서보기구**가 이에 해당된다. 예 **대공포의 포신**
비율제어 (ratio control)	① 둘 이상의 제어량을 소정의 비율로 제어하는 것 ② 연료의 유량과 공기의 유량과의 사이의 비율을 연소에 적합한 것으로 유지하고자 하는 제어방식
프로그램제어 =프로그래밍제어 (program control)	목표값이 미리 정해진 시간적 변화를 하는 경우 제어량을 그것에 추종시키기 위한 제어 예 **열차·산업로봇의 무인운전, 엘리베이터**

답 ①

36. 그림과 같은 블록선도의 전달함수 $\left(\dfrac{C(s)}{R(s)}\right)$는?

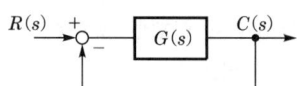

① $1 + \dfrac{1}{G(s)}$ ② $\dfrac{G(s)}{1+G(s)}$

③ $\dfrac{G(s)}{1-G(s)}$ ④ $G(s)$

해설
$C(s) = R(s)G(s) - C(s)G(s)$
$C(s) + C(s)G(s) = R(s)G(s)$
$C(s)(1+G(s)) = R(s)G(s)$
$\dfrac{C(s)}{R(s)} = \dfrac{G(s)}{1+G(s)}$

※ **전달함수**: 모든 초기값을 0으로 했을 때 출력신호의 라플라스 변환과 입력신호의 라플라스 변환의 비

답 ②

37. 변압기의 1차측 전압이 3000V, 1차측 권선수가 995회인 변압기의 2차측 전압이 약 380V인 경우 2차측 권선수는 몇 회인가?

① 126   ② 285
③ 570   ④ 1140

해설
(1) 기호
- V_1 : 3000V
- N_1 : 995회
- V_2 : 380V
- N_2 : ?

(2) 권수비
$$a = \dfrac{N_1}{N_2} = \dfrac{V_1}{V_2} = \dfrac{I_2}{I_1} = \sqrt{\dfrac{R_1}{R_2}}$$

여기서, a : 권수비
N_1 : 1차 코일권수
N_2 : 2차 코일권수
V_1 : 1차 교류전압[V]
V_2 : 2차 교류전압[V]
I_1 : 1차 전류[A]
I_2 : 2차 전류[A]
R_1 : 1차 저항[Ω]
R_2 : 2차 저항[Ω]

$\dfrac{N_1}{N_2} = \dfrac{V_1}{V_2}$
$\dfrac{V_2}{V_1} = \dfrac{N_2}{N_1}$
$\dfrac{V_2}{V_1} \times N_1 = N_2$

$N_2 = \dfrac{V_2}{V_1} \times N_1$
$= \dfrac{380}{3000} \times 995 ≒ 126$회

답 ①

38. $3\mu F$의 커패시터를 4kV로 충전하였을 때 커패시터에 저장된 에너지는 몇 J인가?

① 4
② 8
③ 16
④ 24

해설
(1) 기호
- C : $3\mu F = 3 \times 10^{-6} F$ ($1\mu F = 10^{-6} F$)
- V : $4kV = 4000V$ ($1kV = 1000V$)
- W : ?

(2) 정전에너지
$$W = \dfrac{1}{2}QV = \dfrac{1}{2}CV^2 = \dfrac{Q^2}{2C}$$

여기서, W : 정전에너지[J]
Q : 전하[C]
V : 전압[V]
C : 정전용량[F]

정전에너지 W은
$W = \dfrac{1}{2}CV^2 = \dfrac{1}{2} \times (3 \times 10^{-6}) \times 4000^2 ≒ 24J$

답 ④

39. 논리식 $A \cdot (A+B)$를 간단히 하면?

① A
② B
③ $A \cdot B$
④ $A+B$

해설
$A \cdot (A+B) = \underline{AA} + AB = A + AB$
$\quad\quad\quad\quad\quad\quad X \cdot X = X$
$= A\underline{(1+B)} = A \cdot 1 = A$
$\quad\quad X+1=1 \quad X \cdot 1 = X$

불대수의 정리 중 **흡수법칙**에 해당된다.

용어

불대수의 정리		
논리합	논리곱	비 고
$X+0=X$	$X \cdot 0 = 0$	-
$X+1=1$	$X \cdot 1 = X$	-
$X+X=X$	$X \cdot X = X$	-
$X+\overline{X}=1$	$X \cdot \overline{X}=0$	-
$X+Y=Y+X$	$X \cdot Y = Y \cdot X$	교환법칙

$X+(Y+Z)$ $=(X+Y)+Z$	$X(YZ)=(XY)Z$	결합법칙
$X(Y+Z)$ $=XY+XZ$	$(X+Y)(Z+W)$ $=XZ+XW+YZ+YW$	분배법칙
$X+XY=X$	$\overline{X}+XY=\overline{X}+Y$ $X+\overline{X}Y=X+Y$ $X+\overline{X}\ \overline{Y}=X+\overline{Y}$	흡수법칙
$\overline{(X+Y)}$ $=\overline{X}\cdot\overline{Y}$	$\overline{(X\cdot Y)}=\overline{X}+\overline{Y}$	드모르간의 정리

답 ①

40 자기력선의 성질에 대한 설명으로 틀린 것은?
① 자기력선은 상호간에 교차한다.
② 자석의 N극에서 시작하여 S극에서 끝난다.
③ 자기력선의 밀도는 자계의 세기와 같다.
④ 자계의 방향은 자기력선 위의 한 점에서의 접선방향이다.

해설 자기력선의 성질
(1) 자기력선은 N극에서 시작해서 S극에서 끝난다. ← 보기 ②
(2) 자기력선은 서로 반발하여 교차할 수 없다. ← 보기 ①
(3) 자기장의 방향은 그 점을 통과하는 자력선의 방향으로 표시한다.
(4) 자기력선의 밀도는 자계의 세기와 같다. ← 보기 ③
(5) 자기력선은 등자위면에 수직한다.
(6) 자기 스스로 폐곡선을 이룰 수 있다.
(7) 자기력선은 고무줄과 같이 응축력이 있다.
(8) 자계의 방향은 자기력선 위의 한 점에서의 접선방향이다. ← 보기 ④

● 자기력선=자력선

① 교차한다 → 교차할 수 없다.

비교
전기력선의 성질
(1) 정(+)전하에서 시작하여 부(−)전하에서 끝난다.
(2) 전기력선의 접선방향은 그 접점에서의 전계의 방향과 일치한다.
(3) 전위가 높은 점에서 낮은 점으로 향한다.
(4) 그 자신만으로 폐곡선이 안 된다.
(5) 전기력선은 서로 교차하지 않는다.
(6) 단위전하에서는 $\dfrac{1}{\varepsilon_0}$ 개의 전기력선이 출입한다.
(7) 전기력선은 도체 표면(동전위면)에서 수직으로 출입한다.
(8) 전하가 없는 곳에서는 전기력선의 발생, 소멸이 없고 연속적이다.
(9) 도체 내부에는 전기력선이 없다.

답 ①

제3과목 소방관계법규

41 위험물안전관리법령상 제3류 위험물이 아닌 것은?
① 칼륨
② 황린
③ 나트륨
④ 마그네슘

해설 ④ 제2류 위험물

위험물령〔별표 1〕
위험물

유별	성질	품명
제1류	산화성 고체	● 아염소산염류 ● 염소산염류 ● 과염소산염류 ● 질산염류(질산칼륨) ● 무기과산화물(과산화바륨) **기억법** 1산고(일산GO)
제2류	가연성 고체	● 황화인 ● 적린 ● 황 ● 마그네슘 **기억법** 황화적황마
제3류	자연발화성 물질 금수성 물질	● 황린(P₄) ● 칼륨(K) ● 나트륨(Na) ● 알킬알루미늄 ● 알킬리튬 ● 칼슘 또는 알루미늄의 탄화물류(탄화칼슘=CaC₂) **기억법** 황칼나알칼
제4류	인화성 액체	● 특수인화물(이황화탄소) ● 알코올류 ● 석유류 ● 동식물유류
제5류	자기반응성 물질	● 나이트로화합물 ● 유기과산화물 ● 나이트로소화합물 ● 아조화합물 ● 질산에스터류(셀룰로이드)
제6류	산화성 액체	● 과염소산 ● 과산화수소 ● 질산

답 ④

42. 소방시설 설치 및 관리에 관한 법령상 소방청장 또는 시·도지사가 청문을 하여야 하는 처분이 아닌 것은?

① 소방시설관리사 자격의 정지
② 소방안전관리자 자격의 취소
③ 소방시설관리업의 등록취소
④ 소방용품의 형식승인 취소

해설 소방시설법 49조
청문실시 대상
(1) 소방시설**관리사** 자격의 **취소** 및 정지
(2) 소방시설**관리업**의 **등록취소** 및 영업정지
(3) **소방용품**의 **형식승인취소** 및 제품검사중지
(4) 소방용품의 **제품검사 전문기관**의 **지정취소** 및 업무정지
(5) 우수품질인증의 취소
(6) 소방용품의 성능인증 취소

기억법 청사 용업(청사 용역)

답 ②

43. 위험물안전관리법령상 산화성 고체이며 제1류 위험물에 해당하는 것은?

① 칼륨
② 황화인
③ 염소산염류
④ 유기과산화물

해설 문제 41 참조
① 칼륨 : 제3류
② 황화인 : 제2류
④ 유기과산화물 : 제5류

답 ③

44. 소방시설 설치 및 관리에 관한 법령상 특정소방대상물 중 교육연구시설에 포함되지 않은 것은?

① 도서관
② 초등학교
③ 직업훈련소
④ 자동차운전학원

해설 ④ 자동차운전학원 제외
소방시설법 시행령 [별표 2]
교육연구시설
(1) 학교
  ㉠ 초등학교, 중학교, 고등학교, 특수학교
  ㉡ 대학, 대학교
(2) 교육원(연수원 포함)
(3) 직업훈련소
(4) 학원(근린생활시설에 해당하는 것과 자동차운전학원, 정비학원 및 무도학원은 제외)
(5) 연구소(연구소에 준하는 시험소와 계량계측소 포함)
(6) 도서관

답 ④

45. 소방기본법령상 소방대상물에 해당하지 않는 것은?

① 차량
② 건축물
③ 운항 중인 선박
④ 선박건조구조물

해설 ③ 운항 중인 → 매어 둔
기본법 2조 1호
소방대상물
(1) 건축물
(2) 차량
(3) 선박(매어둔 것)
(4) 선박건조구조물
(5) 인공구조물
(6) 물건
(7) 산림

비교
위험물법 3조
위험물의 저장·운반·취급에 대한 적용 제외
(1) 항공기   (2) 선박
(3) 철도(기차) (4) 궤도

답 ③

46. 소방시설 설치 및 관리에 관한 법령상 시·도지사는 관리업자에게 영업정지를 명하는 경우로서 그 영업정지가 국민에게 심한 불편을 주거나 그 밖에 공익을 해칠 우려가 있을 때에는 영업정지처분을 갈음하여 최대 얼마 이하의 과징금을 부과할 수 있는가?

① 1000만원
② 2000만원
③ 3000만원
④ 5000만원

해설 소방시설법 36조, 위험물법 13조, 공사업법 10조
과징금

3000만원 이하	2억원 이하
• 소방시설관리업 영업정지처분 갈음	• 제조소 사용정지처분 갈음 • 소방시설업 영업정지처분 갈음

기억법 제2과

답 ③

47. 소방시설 설치 및 관리에 관한 법령상 건축허가 등을 할 때 미리 소방본부장 또는 소방서장의 동의를 받아야 하는 건축물의 범위에 해당하는 것은?

① 연면적이 200m²인 노유자시설 및 수련시설
② 연면적이 300m²인 업무시설로 사용되는 건축물
③ 승강기 등 기계장치에 의한 주차시설로서 자동차 10대를 주차할 수 있는 시설
④ 차고·주차장으로 사용되는 층 중 바닥면적이 150m²인 층이 있는 건축물

해설
② 300m² → 400m² 이상
③ 10대 → 20대 이상
④ 150m² → 200m² 이상

소방시설법 시행령 7조
건축허가 등의 동의대상물
(1) 연면적 **400m²**(학교시설 : **100m²**, 수련시설 · 노유자시설 : **200m²**, 정신의료기관 · 장애인의료재활시설 : **300m²**) 이상
(2) **6층** 이상인 건축물
(3) 차고 · 주차장으로서 바닥면적 **200m²** 이상(자동차 **20대** 이상)
(4) 항공기격납고, 관망탑, 항공관제탑, 방송용 송수신탑
(5) 지하층 또는 무창층의 바닥면적 **150m²**(공연장은 **100m²**) 이상
(6) **위험물저장 및 처리시설, 지하구**
(7) 전기저장시설, 풍력발전소
(8) **공동주택, 숙박시설**
(9) 조산원, 산후조리원, 의원(입원실 또는 인공신장실이 있는 것)
(10) **결핵환자**나 **한센인**이 24시간 생활하는 **노유자시설**
(11) 노인주거복지시설 · 노인의료복지시설 및 재가노인복지시설, 학대피해노인 전용쉼터, 아동복지시설, 장애인거주시설
(12) 정신질환자 관련시설(공동생활가정을 제외한 재활훈련시설과 종합시설 중 24시간 주거를 제공하지 않는 시설 제외)
(13) 노숙인자활시설, 노숙인재활시설 및 노숙인 요양시설
(14) **요양병원**(의료재활시설 제외)
(15) 공장 또는 창고시설로서 지정수량의 **750배** 이상의 특수 가연물을 저장 · 취급하는 것
(16) 가스시설로서 지상에 노출된 탱크의 저장용량의 합계가 **100t** 이상인 것

답 ①

---

48 ★★★

19.09.문03
18.03.문42
17.09.문58
16.10.문55

소방시설공사업법령상 소방본부장이나 소방서장이 소방시설공사가 공사감리 결과보고서대로 완공되었는지를 현장에서 확인할 수 있는 특정소방대상물이 아닌 것은?

① 판매시설
② 문화 및 집회시설
③ 11층 이상인 아파트
④ 수련시설 및 노유자시설

해설 ③ 아파트 제외

공사업령 5조
완공검사를 위한 현장확인 대상 특정소방대상물의 범위
(1) **수**련시설
(2) **노**유자시설
(3) **문**화 및 집회시설, **운**동시설
(4) **종**교시설
(5) **판**매시설
(6) **숙**박시설
(7) **창**고시설
(8) 지하**상**가
(9) 다중이용업소
(10) 다음에 해당하는 설비가 설치되는 특정소방대상물
㉠ 스프링클러설비 등
㉡ 물분무등소화설비(호스릴방식 제외)
(11) 연면적 **10000m²** 이상이거나 **11층** 이상인 특정소방대상물(아파트 제외)

---

(12) 가연성 가스를 제조 · 저장 또는 취급하는 시설 중 지상에 노출된 가연성 가스탱크의 저장용량 합계가 1000t 이상인 시설

기억법 문종판 노수운 숙창상현

답 ③

---

49 ★
17.09.문44

소방기본법령상 동원된 소방력의 운용과 관련하여 필요한 사항을 정하는 자는? (단, 동원된 소방력의 소방활동 수행과정에서 발생하는 경비 및 동원된 민간소방인력이 소방활동을 수행하다가 사망하거나 부상을 입은 경우와 관련된 사항은 제외한다.)

① 대통령   ② 소방청장
③ 시 · 도지사   ④ 행정안전부장관

해설 **소방청장**
(1) **방**염성능 **검**사(소방시설법 21조)
(2) 소방박물관의 설립 · 운영(기본법 5조)
(3) 소방**력**의 **동**원 및 운용(기본법 11조 2)
(4) 한국소방안전원의 정관 변경(기본법 43조)
(5) 한국소방안전원의 **감독**(기본법 48조)
(6) 소방대원의 소방교육 · 훈련이 정하는 것(기본규칙 9조)
(7) 소방박물관의 설립 · 운영(기본규칙 4조)
(8) 소방용품의 형식승인(소방시설법 37조)
(9) 우수품질제품 인증(소방시설법 43조)
(10) 화재안전조사에 필요한 사항(화재예방법 시행령 15조)
(11) 시공능력평가의 공시(공사업법 26조)
(12) 실무교육기관의 지정(공사업법 29조)
(13) 소방기술자의 실무교육 필요사항 제정(공사규칙 26조)

기억법 력동 청장 방검(역동적인 청장님이 방금 오셨다.)

답 ②

---

50 ★★★
19.09.문55
16.03.문41
15.09.문53
14.05.문24
12.09.문46
10.05.문55
10.03.문48

화재의 예방 및 안전관리에 관한 법령상 화재예방강화지구로 지정할 수 있는 대상지역이 아닌 것은? (단, 소방청장 · 소방본부장 또는 소방서장이 화재예방강화지구로 지정할 필요가 있다고 별도로 지정한 지역은 제외한다.)

① 시장지역
② 석조건물이 있는 지역
③ 위험물의 저장 및 처리시설이 밀집한 지역
④ 석유화학제품을 생산하는 공장이 있는 지역

해설 **화재예방법 18조**
화재예방강화지구의 지정
(1) **지정권자** : **시** · 도지사
(2) **지정지역**
㉠ **시장**지역
㉡ **공장 · 창고** 등이 밀집한 지역
㉢ **목조건물**이 밀집한 지역
㉣ **노후 · 불량** 건축물이 밀집한 지역

　ⓒ 위험물의 저장 및 처리시설이 밀집한 지역
　ⓑ 석유화학제품을 생산하는 공장이 있는 지역
　ⓐ 소방시설·소방용수시설 또는 소방출동로가 없는 지역
　ⓞ 「산업입지 및 개발에 관한 법률」에 따른 산업단지
　ⓩ 「물류시설의 개발 및 운영에 관한 법률」에 따른 물류단지
　ⓩ 소방청장·소방본부장 또는 소방서장(소방관서장)이 화재예방강화지구로 지정할 필요가 있다고 인정하는 지역

기억법 화강시

※ **화재예방강화지구**: 화재발생 우려가 크거나 화재가 발생할 경우 피해가 클 것으로 예상되는 지역에 대하여 화재의 예방 및 안전관리를 강화하기 위해 지정·관리하는 지역

비교

기본법 19조
화재로 오인할 만한 불을 피우거나 연막소독시 신고지역
(1) 시장지역
(2) 공장·창고가 밀집한 지역
(3) 목조건물이 밀집한 지역
(4) 위험물의 저장 및 처리시설이 밀집한 지역
(5) 석유화학제품을 생산하는 공장이 있는 지역
(6) 그 밖에 **시·도**의 **조례**로 정하는 지역 또는 장소

답 ②

51 소방시설 설치 및 관리에 관한 법령상 특정소방대상물 중 숙박시설의 종류가 아닌 것은?

19.04.문50 (기사)
17.03.문50 (기사)
14.09.문54 (기사)
11.06.문50 (기사)
09.03.문56 (기사)

① 학교 기숙사
② 일반형 숙박시설
③ 생활형 숙박시설
④ 근린생활시설에 해당하지 않는 고시원

해설 ① 공동주택에 해당

숙박시설
(1) 일반형 숙박시설
(2) 생활형 숙박시설
(3) 고시원(근린생활시설에 해당하지 않는 것)

답 ①

52 소방기본법령상 소방서 종합상황실의 실장이 서면·모사전송 또는 컴퓨터통신 등으로 소방본부의 종합상황실에 지체 없이 보고하여야 하는 화재의 기준으로 틀린 것은?

17.05.문44
10.03.문60

① 이재민이 50인 이상 발생한 화재
② 재산피해액이 50억원 이상 발생한 화재
③ 층수가 11층 이상인 건축물에서 발생한 화재
④ 사망자가 5인 이상 발생하거나 사상자가 10인 이상 발생한 화재

해설 ① 50인 → 100인

기본규칙 3조
종합상황실 실장의 보고화재
(1) 사망자 5인 이상 화재
(2) 사상자 10인 이상 화재
(3) 이재민 100인 이상 화재
(4) 재산피해액 50억원 이상 화재
(5) 관광호텔, 층수가 11층 이상인 건축물, 지하상가, 시장, 백화점
(6) 5층 이상 또는 객실 30실 이상인 **숙박시설**
(7) 5층 이상 또는 병상 30개 이상인 **종합병원·정신병원·한방병원·요양소**
(8) 1000t 이상인 선박(항구에 매어둔 것), 철도차량, 항공기, 발전소 또는 변전소
(9) 지정수량 3000배 이상의 위험물 제조소·저장소·취급소
⑽ 연면적 15000㎡ 이상인 **공장** 또는 **화재예방강화지구**에서 발생한 화재
⑾ **가스** 및 **화약류**의 폭발에 의한 화재
⑿ **관공서·학교·정부미 도정공장·문화재·지하철** 또는 지하구의 **화재**
⒀ 다중이용업소의 화재

※ **종합상황실**: 화재·재난·재해·구조·구급 등이 필요한 때에 신속한 소방활동을 위한 정보를 수집·전파하는 소방서 또는 소방본부의 지령관제실

답 ①

53 소방기본법령상 소방신호의 종류가 아닌 것은?

19.03.문45
12.05.문42
12.03.문56

① 발화신호　② 해제신호
③ 훈련신호　④ 소화신호

해설 기본규칙 10조
소방신호의 종류

소방신호	설 명
경계신호	• 화재예방상 필요하다고 인정되거나 **화재위험경보**시 발령
발화신호	• 화재가 **발생**한 때 발령
해제신호	• 소화활동이 필요없다고 인정되는 때 발령
훈련신호	• **훈련**상 필요하다고 인정되는 때 발령

기억법 경발해훈

 중요

기본규칙〔별표 4〕
소방신호표

종 별＼신호방법	타종 신호	사이렌 신호
경계신호	1타와 연 2타를 반복	5초 간격을 두고 30초씩 3회
발화신호	난타	5초 간격을 두고 5초씩 3회
해제신호	상당한 간격을 두고 1타씩 반복	1분간 1회
훈련신호	연 3타 반복	10초 간격을 두고 1분씩 3회

답 ④

54.
위험물안전관리법령상 제조소 등에 전기설비(전기배선, 조명기구 등은 제외)가 설치된 장소의 면적이 300m² 일 경우, 소형 수동식 소화기는 최소 몇 개 설치하여야 하는가?

① 1개 ② 2개
③ 3개 ④ 4개

해설 위험물규칙 〔별표 17〕
전기설비의 소화설비
제조소 등에 전기설비(전기배선, 조명기구 등)가 설치된 경우에는 당해 장소의 면적 100m² 마다 **소형 수동식 소화기를 1개 이상** 설치할 것

제조소 등의 전기설비 소형 수동식 소화기 개수

$$\frac{바닥면적}{100m^2}(절상) = \frac{300m^2}{100m^2} = 3개$$

중요
절상 : '소수점 이하는 무조건 올린다.'는 뜻

답 ③

55.
위험물안전관리법령상 점포에서 위험물을 용기에 담아 판매하기 위하여 지정수량의 40배 이하의 위험물을 취급하는 장소의 취급소 구분으로 옳은 것은? (단, 위험물을 제조 외의 목적으로 취급하기 위한 장소이다.)

① 이송취급소   ② 일반취급소
③ 주유취급소   ④ 판매취급소

해설 위험물령 〔별표 3〕
위험물 취급소의 구분

구 분	설 명
주유취급소	고정된 주유설비에 의하여 **자동차·항공기** 또는 **선박** 등의 연료탱크에 직접 주유하기 위하여 위험물을 취급하는 장소
판매취급소	**점포**에서 위험물을 용기에 담아 판매하기 위하여 지정수량의 **40배 이하**의 위험물을 취급하는 장소 **기억법** 점포4판(점포에서 사고 판다.)
이송취급소	배관 및 이에 부속된 설비에 의하여 위험물을 **이송**하는 장소
일반취급소	주유취급소·판매취급소·이송취급소 이외의 장소

중요

위험물규칙 〔별표 14〕

제1종 판매취급소	제2종 판매취급소
저장·취급하는 위험물의 수량이 지정수량의 **20배 이하**인 판매취급소	저장·취급하는 위험물의 수량이 지정수량의 **40배 이하**인 판매취급소

답 ④

56.
소방시설 설치 및 관리에 관한 법령상 자동화재속보설비를 설치하여야 하는 특정소방대상물의 기준으로 틀린 것은? (단, 사람이 24시간 상시 근무하고 있는 경우는 제외한다.)

① 정신병원으로서 바닥면적이 500m² 이상인 층이 있는 것
② 문화유산의 보존 및 활용에 관한 법률에 따라 보물 또는 국보로 지정된 목조건축물
③ 노유자 생활시설에 해당하지 않는 노유자시설로서 바닥면적이 300m² 이상인 층이 있는 것
④ 수련시설(숙박시설이 있는 건축물만 해당)로서 바닥면적이 500m² 이상인 층이 있는 것

해설 ③ 300m² → 500m²

소방시설법 시행령 〔별표 4〕
자동화재속보설비의 설치대상

설치대상	조 건
① **수**련시설(숙박시설이 있는 것) ② **노**유자시설 ③ 정신병원 및 의료재활시설	→ 바닥면적 **500m² 이상**
④ 목조건축물	국보·보물
⑤ 노유자 생활시설 ⑥ 종합병원, 병원, 치과병원, 한방병원 및 요양병원(의료재활시설 제외) ⑦ 의원, 치과의원 및 한의원(입원실이 있는 시설) ⑧ 조산원 및 산후조리원 ⑨ 전통시장	전부

기억법 5수노속

답 ③

57.
소방시설공사업법령상 상주 공사감리의 대상기준 중 다음 괄호 안에 알맞은 것은?

- 연면적 (㉠)m² 이상의 특정소방대상물(아파트는 제외)에 대한 소방시설의 공사
- 지하층을 포함한 층수가 (㉡)층 이상으로서 (㉢)세대 이상인 아파트에 대한 소방시설의 공사

① ㉠ 30000, ㉡ 16, ㉢ 500
② ㉠ 30000, ㉡ 11, ㉢ 300
③ ㉠ 50000, ㉡ 16, ㉢ 500
④ ㉠ 50000, ㉡ 11, ㉢ 300

해설 공사업령 〔별표 3〕
상주공사감리 대상
(1) 연면적 **30000m² 이상**의 특정소방대상물(**아파트** 제외)
(2) **16층** 이상(**지하층** 포함)으로서 **500세대** 이상인 **아파트**

비교

공사업규칙 16조
소방공사감리원의 세부배치기준

감리대상	책임감리원
일반공사감리대상	• 주1회 이상 방문감리 • 담당감리현장 5개 이하로서 연면적 총합계 100000m² 이하

답 ①

용어

피난구조설비
(1) 유도등
(2) 유도표지
(3) 인명구조기구 ─ **방열**복
　　　　　　　　├ **방화**복(안전모, 보호장갑, 안전화 포함)
　　　　　　　　├ **공**기호흡기
　　　　　　　　└ **인**공소생기

기억법 방열화공인

답 ③

---

58 소방기본법령상 국가가 시·도의 소방업무에 필요한 경비의 일부를 보조하는 국고보조대상이 아닌 것은?
17.03.문54

① 소방자동차 구입
② 소방용수시설 설치
③ 소방전용통신설비 설치
④ 소방관서용 청사의 건축

해설 기본령 2조
국고보조의 대상 및 기준
(1) **국고보조**의 대상
　㉠ 소방활동장비와 설비의 구입 및 설치
　　• 소방**자**동차
　　• 소방**헬**리콥터·소방정
　　• 소방**전**용통신설비·전산설비
　　• **방화**복
　㉡ 소방관서용 **청**사
(2) **소방활동장비 및 설비의 종류와 규격** : 행정안전부령
(3) **대상사업의 기준 보조율** : 「보조금관리에 관한 법률 시행령」에 따름

기억법 국화복 활자 전헬청

답 ②

---

59 소방시설 설치 및 관리에 관한 법령상 특정소방대상물에 설치되어 소방본부장 또는 소방서장의 건축허가 등의 동의대상에서 제외되게 하는 소방시설이 아닌 것은? (단, 설치되는 소방시설은 화재안전기준에 적합하다.)
17.09.문43

① 유도표지　　② 누전경보기
③ 비상조명등　④ 인공소생기

해설 소방시설법 시행령 7조
건축허가 등의 동의대상 제외
(1) 소화기구
(2) 자동소화장치
(3) 누전경보기
(4) 단독경보형감지기
(5) 시각경보기
(6) 가스누설경보기
(7) 피난구조설비(비상조명등 제외)
(8) 건축물의 증축 또는 용도변경으로 인하여 해당 특정소방대상물에 추가로 소방시설이 설치되지 않는 경우 해당 특정소방대상물

---

60 소방시설 설치 및 관리에 관한 법령상 소방시설관리사의 결격사유가 아닌 것은?
13.09.문47

① 피성년후견인
② 소방기본법령에 따른 금고 이상의 실형을 선고받고 그 집행이 면제된 날부터 2년이 지나지 아니한 사람
③ 소방시설공사업법령에 따른 금고 이상의 형의 집행유예를 선고받고 그 유예기간이 지난 후 2년이 지나지 아니한 사람
④ 거짓이나 그 밖의 부정한 방법으로 관리사 시험에 합격하여 자격이 취소된 날부터 2년이 지나지 아니한 사람

해설 ③ 그 유예기간이 지난 후 2년이 지나지 아니한 사람 → 집행유예기간 중에 있는 사람

소방시설법 27조
소방시설관리사의 결격사유
(1) 피성년후견인
(2) 금고 이상의 실형을 선고받고 그 집행이 끝나거나(집행이 끝난 것으로 보는 경우 포함) 집행이 면제된 날부터 **2년**이 지나지 아니한 사람
(3) 금고 이상의 형의 집행유예를 선고받고 그 유예기간 중에 있는 사람
(4) 자격취소 후 **2년**이 지나지 아니한 사람

답 ③

제 4 과목　　소방전기시설의 구조 및 원리

61 자동화재탐지설비 및 시각경보장치의 화재안전기준에 따라 자동화재탐지설비의 감지기회로에 종단저항을 설치하는 주된 목적은?
19.04.문77
14.03.문78
13.03.문79
12.05.문63
10.09.문76

① 도통시험을 하기 위하여
② 작동시험을 하기 위하여
③ 전원상태를 확인하기 위하여
④ 작동 중인 감지기를 쉽게 확인하기 위하여

해설 **종단저항**(NFPC 203 11조, NFTC 203 2.8.1.3)

설치목적	설치장소
도통시험	수신기함 또는 발신기함 내부

기억법 종도(좀도둑!)

중요
감지기회로의 도통시험을 위한 종단저항의 기준(NFPC 203 11조, NFTC 203 2.8.1.3)
(1) 점검 및 관리가 쉬운 장소에 설치
(2) 전용함 설치시 바닥에서 **1.5m** 이내의 높이에 설치
(3) 감지기회로의 **끝부분**에 설치하며, 종단감지기에 설치할 경우 구별이 쉽도록 해당 감지기의 기판 및 감지기 외부 등에 별도의 표시를 할 것

답 ①

62 비상조명등의 형식승인 및 제품검사의 기술기준에 따라 상용전원전압의 몇 % 범위 안에서는 비상조명등 내부의 온도상승이 그 기능에 지장을 주거나 위해를 발생시킬 염려가 없어야 하는가?

① 80   ② 110
③ 125 ④ 140

해설 **비상조명등**의 **일반구조**(비상조명등의 형식승인 및 제품검사의 기술기준 3조)
(1) **전선**의 **굵기** 및 **길이**

인출선 굵기	인출선 길이
0.75mm² 이상	150mm 이상

기억법 인75(인(사람) 치료)

(2) 상용전원전압의 **110%** 범위 안에서는 비상조명등 내부의 온도상승이 그 기능에 지장을 주거나 위해를 발생시킬 염려가 없을 것

답 ②

63 자동화재탐지설비 및 시각경보장치의 화재안전기준에 따른 배선의 설치기준이다. 다음 ( )에 들어갈 내용으로 옳은 것은?

자동화재탐지설비의 감지기회로의 전로저항은 (㉠)Ω 이하가 되도록 하여야 하며, 수신기의 각 회로별 종단에 설치되는 감지기에 접속되는 배선의 전압은 감지기 정격전압의 (㉡)% 이상이어야 한다.

① ㉠ 50, ㉡ 85   ② ㉠ 40, ㉡ 80
③ ㉠ 40, ㉡ 85   ④ ㉠ 50, ㉡ 80

해설 **자동화재탐지설비**의 **배선**(NFPC 203 11조, NFTC 203 2.8)
(1) P형 수신기 및 GP형 수신기의 감지기회로의 배선에 있어서 하나의 공통선에 접속할 수 있는 **경계구역**은 **7개** 이하로 할 것
(2) 자동화재탐지설비의 감지기회로의 전로저항은 **50Ω** 이하가 되도록 하여야 하며, 수신기의 각 회로별 종단에 설치되는 감지기에 접속되는 배선의 전압은 감지기정격전압의 **80%** 이상이어야 할 것

기억법 경750

답 ④

64 소방시설용 비상전원수전설비의 화재안전기준에 따른 특고압 또는 고압으로 수전하는 비상전원수전설비의 종류가 아닌 것은?

① 큐비클형   ② 옥외개방형
③ 내화구조형 ④ 방화구획형

해설 **비상전원(수전)설비**(NFPC 602 5·6조, NFTC 602 2.2.1, 2.3)

저압수전	특고압 또는 고압수전
• 전용배전반(1·2종) • 전용분전반(1·2종) • 공용분전반(1·2종)	• **방**화구획형 • **옥**외개방형 • **큐**비클(cubicle)형

기억법 방옥큐

답 ③

65 자동화재탐지설비 및 시각경보장치의 화재안전기준에 따라 공기관식 차동식 분포형 감지기를 설치시 하나의 검출부분에 접속하는 공기관의 길이는 몇 m 이하로 하여야 하는가?

① 6   ② 20
③ 50   ④ 100

해설 **공기관식 감지기**의 **설치기준**(NFPC 203 7조, NFTC 203 2.4.3.7)
(1) 노출부분은 감지구역마다 20m 이상이 되도록 할 것
(2) 각 변과의 수평거리는 **1.5m** 이하가 되도록 하고, 공기관 상호간의 거리는 **6m**(내화구조는 9m) 이하가 되도록 할 것
(3) 공기관은 **도중**에서 분기하지 아니하도록 할 것
(4) 하나의 검출부분에 접속하는 공기관의 길이는 **100m 이하**로 할 것
(5) 검출부는 5° 이상 경사되지 아니하도록 부착할 것
(6) 검출부는 바닥으로부터 0.8~1.5m 이하의 위치에 설치할 것

중요
경사제한각도

차동식 분포형 감지기	스포트형 감지기
5° 이상	45° 이상

답 ④

66 무선통신보조설비의 화재안전기준에 따라 무선통신보조설비에서 임피던스값이 일정하지 않을 경우 반사가 발생하여 노이즈에 의한 통신감도가 떨어지므로 특성임피던스값을 몇 Ω으로 정합(Matching)시켜 주어야 하는가?

① 30   ② 50
③ 75   ④ 100

해설 **무선통신보조설비**의 분배기·분파기·혼합기 설치기준
(1) 먼지·습기·부식 등에 이상이 없을 것
(2) 임피던스(특성임피던스) **50**Ω의 것
(3) 점검이 편리하고 화재 등의 피해 우려가 없는 장소

용어

무선통신보조설비의 구성부품

용 어	설 명
누설동축케이블	동축케이블의 외부도체에 가느다란 홈을 만들어서 **전파**가 **외부로 새어나 갈 수 있도록** 한 케이블
분배기	신호의 전송로가 분기되는 장소에 설치하는 것으로 **임피던스 매칭**(matching) 과 **신호균등분배**를 위해 사용하는 장치
분파기	서로 다른 주**파**수의 합성된 **신호**를 **분리**하기 위해서 사용하는 장치
혼합기	**두 개 이상**의 **입력신호**를 원하는 비율로 **조합**된 **출력**이 발생하도록 하는 장치
증폭기	신호전송시 신호가 약해져 수신이 불가능해지는 것을 방지하기 위해서 **증폭**하는 장치
무선중계기	안테나를 통하여 수신된 무전기 신호를 증폭한 후 음영지역에 재방사 하여 무전기 상호간 송수신이 가능하도록 하는 장치
옥외안테나	감시제어반 등에 설치된 무선중계기 의 입력과 출력포트에 연결되어 송수 신 신호를 원활하게 방사·수신하기 위해 옥외에 설치하는 장치

기억법 무분배파혼, 파파, 분배분배

답 ②

67 ★★★
18.03.문45
17.09.문51
14.09.문59

비상경보설비 및 단독경보형 감지기의 화재안 전기준에 따라 비상경보설비를 설치해야 하는 특정소방대상물에 비상벨설비 또는 자동식 사이렌설비와 연동하여 작동하는 비상방송설비를 설치한 경우에 면제할 수 있는 것은?

① 발신기
② 수신기
③ 감지기
④ 지구음향장치

해설 **비상경보설비** 및 **단독경보형 감지기**(NFPC 201 4조, NFTC 201 2.1)
비상벨설비 또는 자동식 사이렌설비

지구음향장치는 특정소방대상물의 **층**마다 설치하되, 해당 특정소방대상물의 각 부분으로부터 하나의 음향장치까지의 **수평거리**가 **25m** 이하가 되도록 하고, 해당 층의 각 부분에 유효하게 경보를 발할 수 있도록 설치하여야 한다(단, 「비상방송설비의 화재안전기준」에 적합한 방송설비를 비상벨설비 또는 **자동식 사이렌설비**와 연동하여 작동하도록 설치한 경우에는 **지구음향장치** 설치 제외 가능).

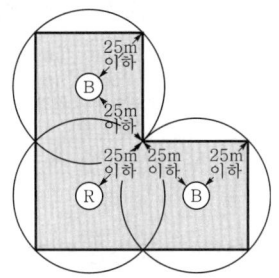

‖지구음향장치의 설치‖

비교

소방시설법 시행령 〔별표 5〕
소방시설 면제기준

면제대상	대체설비
스프링클러설비	• 물분무등소화설비
물분무등소화설비	• 스프링클러설비
간이스프링클러설비	• 스프링클러설비 • 물분무소화설비·미분무소화설비
비상경보설비 또는 단독경보형 감지기	• 자동화재탐지설비
비상경보설비	• **2개 이상 단독경보형 감지기** 연동
비상방송설비	• 자동화재탐지설비 • 비상경보설비
연결살수설비	• 스프링클러설비 • 간이스프링클러설비·미분무소화설비 • 물분무소화설비·미분무소화설비
제연설비	• **공기조화설비**
연소방지설비	• 스프링클러설비 • 물분무소화설비·미분무소화설비
연결송수관설비	• 옥내소화전설비 • 스프링클러설비 • 간이스프링클러설비 • 연결살수설비
자동화재**탐**지설비	• 자동화재**탐**지설비의 기능을 가진 **스**프링클러설비 • **물**분무등소화설비
옥내소화전설비	• 옥외소화전설비 • 미분무소화설비(호스릴방식)

기억법 탐탐스물

답 ④

68. 화재안전기준에 따라 소방설비를 유효하게 작동하게 하는 비상전원의 최소 용량이 20분이 아닌 것은? (단, 감시상태의 시간은 제외하고, 지하층, 무창층 및 지하상가가 아닌 경우이다.)

① 층수가 11층 이상인 특정소방대상물의 비상콘센트설비
② 지하층을 제외한 층수가 11층 미만의 층인 특정소방대상물의 유도등
③ 지하층을 제외한 층수가 11층 미만의 층인 특정소방대상물의 비상조명등
④ 지하층을 제외한 층수가 11층 미만의 층인 특정소방대상물의 비상경보설비

해설 비상전원용량

설비의 종류	비상전원 용량
• **자**동화재탐지설비 • 비상**경**보설비 • **자**동화재속보설비 기억법 경자비1(경자라는 이름은 비일비재하게 많다.)	10분 이상
• 유도등 • 비상조명등 • **비상콘센트설비** • 제연설비 • 물분무소화설비 • 옥내소화전설비(30층 미만) • 특별피난계단의 계단실 및 부속실 제연설비 (30층 미만)	20분 이상
무선통신보조설비의 **증**폭기 기억법 3증(3중고)	30분 이상
• 옥내소화전설비(30~49층 이하) • 특별피난계단의 계단실 및 부속실 제연설비 (30~49층 이하) • 연결송수관설비(30~49층 이하) • 스프링클러설비(30~49층 이하)	40분 이상
• 유도등·비상조명등(지하상가 및 11층 이상) • 옥내소화전설비(50층 이상) • 특별피난계단의 계단실 및 부속실 제연설비 (50층 이상) • 연결송수관설비(50층 이상) • 스프링클러설비(50층 이상)	60분 이상

④ 비상경보설비 : 10분 이상

답 ④

69. 자동화재속보설비의 속보기의 성능인증 및 제품검사의 기술기준에 따른 속보기의 기능에 대한 내용이다. 다음 ( )에 들어갈 내용으로 옳은 것은?

작동신호를 수신하거나 수동으로 동작시키는 경우 (㉠)초 이내에 소방관서에 자동적으로 신호를 발하며 통보하되, (㉡)회 이상 속보할 수 있어야 한다.

① ㉠ 10, ㉡ 2
② ㉠ 20, ㉡ 2
③ ㉠ 10, ㉡ 3
④ ㉠ 20, ㉡ 3

해설 자동화재속보설비의 속보기의 성능인증 및 제품검사의 기술기준 5조

구분	설명
연동설비	자동화재탐지설비
속보대상	소방관서
속보방법	20초 이내에 3회 이상
다이얼링	10회 이상

답 ④

70. 비상콘센트설비의 화재안전기준에 따른 용어의 정의로서 틀린 것은?

① 교류 1200V는 저압이다.
② 교류 440V는 저압이다.
③ 직류 740V는 저압이다.
④ 교류 6600V는 고압이다.

해설 전압 (NFTC 504 1.7)

구분		전압
저압	교류	1000V 이하
	직류	1500V 이하
고압	교류	1000V 초과 7000V 이하
	직류	1500V 초과 7000V 이하
특고압		7000V 초과

① 1200V → 1000V 이하
② 1000V 이하이므로 정답
③ 1500V 이하이므로 정답
④ 1000V 초과 7000V 이하이므로 정답

답 ①

71. 비상방송설비의 화재안전기준에 따른 비상방송설비의 설치기준으로 옳은 것은?

① 음량조정기를 설치하는 경우 음량조정기의 배선은 2선식으로 할 것
② 음향장치는 정격전압의 80% 전압에서 음향을 발할 수 있는 것을 할 것
③ 조작부의 조작스위치는 바닥으로부터 0.5m 이상 1.2m 이하의 높이에 설치할 것
④ 기동장치에 따른 화재신고를 수신한 후 필요한 음량으로 화재발생 상황 및 피난에 유효한 방송이 자동으로 개시될 때까지의 소요시간은 20초 이하로 할 것

해설 비상방송설비의 설치기준(NFPC 202 4조, NFTC 202 2.1)
(1) 확성기의 음성입력은 실외 3W, 실내 1W 이상일 것
(2) 확성기는 각 층마다 설치하되, 각 부분으로부터의 수평거리는 25m 이하일 것
(3) 음량조정기는 3선식 배선일 것 ← 보기 ①
(4) 조작스위치는 바닥으로부터 0.8~1.5m 이하의 높이에 설치할 것 ← 보기 ③
(5) 다른 전기회로에 의하여 유도장애가 생기지 않을 것
(6) 비상방송 개시시간은 10초 이하일 것 ← 보기 ④
(7) 엘리베이터 내부에는 별도의 음향장치를 설치할 수 있다.
(8) 2 이상의 조작부가 설치된 경우 동시통화가 가능하고 전구역에 방송할 수 있을 것
(9) 음향장치는 정격전압의 80% 전압에서 음향을 발할 수 있는 것으로 할 것 ← 보기 ②

기억법 방음3(방음삼아)

① 2선식 → 3선식
③ 0.5m 이상 1.2m 이하 → 0.8m 이상 1.5m 이하
④ 20초 이하 → 10초 이하

답 ②

72. 무선통신보조설비의 화재안전기준에 따른 무선통신보조설비의 누설동축케이블 등의 설치기준으로 틀린 것은?

① 누설동축케이블과 이에 접속하는 안테나 또는 동축케이블과 이에 접속하는 안테나로 구성할 것
② 누설동축케이블은 불연 또는 난연성의 것으로서 온도에 따라 전기의 특성이 변질되지 아니하는 것으로 할 것
③ 누설동축케이블 및 안테나는 금속판 등에 따라 전파의 복사 또는 특성이 현저하게 저하되지 아니하는 위치에 설치할 것
④ 소방전용주파수대에서 전파의 소방대 상호간의 무선연락에 지장이 없는 경우에는 다른 용도와 겸용할 수 있다.

해설 누설동축케이블의 설치기준(NFPC 505 5조, NFTC 505 2.2.1)
(1) 누설동축케이블과 이에 접속하는 안테나 또는 동축케이블과 이에 접속하는 안테나로 구성할 것 ← 보기 ①
(2) 누설동축케이블 및 동축케이블은 불연 또는 난연성의 것으로서 습기 등의 환경조건에 따라 전기의 특성이 변질되지 아니하는 것으로 하고, 노출하여 설치한 경우에는 피난 및 통행에 장애가 없도록 할 것 ← 보기 ②
(3) 누설동축케이블 및 안테나는 금속판 등에 따라 전파의 복사 또는 특성이 현저하게 저하되지 아니하는 위치에 설치할 것 ← 보기 ③
(4) 소방전용주파수대에서 전파의 전송 또는 복사에 적합한 것으로서 소방전용의 것으로 할 것. 다만, 소방대 상호간의 무선연락에 지장이 없는 경우에는 다른 용도와 겸용할 수 있다. ← 보기 ④

② 온도 → 습기

답 ②

73. 유도등 및 유도표지의 화재안전기준에 따른 객석유도등의 설치장소로 틀린 것은?

① 벽　　　② 바닥
③ 천장　　④ 통로

해설 객석유도등의 설치위치(NFPC 303 7조, NFTC 303 2.4.1)
(1) 객석의 통로
(2) 객석의 바닥
(3) 객석의 벽

기억법 통바벽

중요
소방시설법 시행령 [별표 4]
객석유도등의 설치장소
(1) 유흥주점영업시설(카바레, 나이트클럽 등만 해당)
(2) 문화 및 집회시설(집회장)
(3) 운동시설
(4) 종교시설

기억법 유문운종객

답 ③

74. 비상방송설비의 화재안전기준에 따른 용어의 정의 중 소리를 크게 하여 멀리까지 전달될 수 있도록 하는 장치는?

① 확성기　　② 증폭기
③ 변류기　　④ 음량조절기

해설 비상방송설비의 구성요소(NFPC 202 3조, NFTC 202 1.7)

용어	설명
확성기	소리를 크게 하여 멀리까지 전달될 수 있도록 하는 장치로서 일명 '스피커'를 말한다. 기억법 확소(왁스)
음량조절기	가변저항을 이용하여 전류를 변화시켜 음량을 크게 하거나 작게 조절할 수 있는 장치
증폭기	전압전류의 진폭을 늘려 감도를 좋게 하고 미약한 음성전류를 커다란 음성전류로 변화시켜 소리를 크게 하는 장치

답 ①

75. 유도등 및 유도표지의 화재안전기준에 따른 광원점등방식의 피난유도선에 대한 설치기준으로 틀린 것은?

① 부착대에 의하여 견고하게 설치할 것
② 수신기로부터의 화재신호 및 수동조작에 의하여 광원이 점등되도록 설치할 것
③ 피난유도 표시부는 바닥으로부터 높이 1m 이하의 위치 또는 바닥면에 설치할 것
④ 피난유도 표시부는 50cm 이내의 간격으로 연속되도록 설치하되 실내장식물 등으로 설치가 곤란할 경우 1m 이내로 설치할 것

해설 광원점등방식의 피난유도선(NFPC 303 9조, NFTC 303 2.6.2)
(1) 구획된 각 실로부터 주출입구 또는 비상구까지 설치
(2) 피난유도 표시부는 바닥으로부터 높이 1m 이하의 위치 또는 바닥면에 설치 ← 보기 ③
(3) 피난유도 표시부는 50cm 이내의 간격으로 연속되도록 설치하되 실내장식물 등으로 설치가 곤란할 경우 1m 이내로 설치 ← 보기 ④
(4) 수신기로부터의 화재신호 및 수동조작에 의하여 광원이 점등되도록 설치 ← 보기 ②
(5) 비상전원이 상시 충전상태를 유지하도록 설치
(6) 피난유도 제어부는 0.8~1.5m 이하의 높이에 설치

① 축광방식의 피난유도선 설치기준

> **비교**
> 축광방식의 피난유도선 설치기준(NFPC 303 9조, NFTC 303 2.6.1)
> (1) 구획된 각 실로부터 주출입구 또는 비상구까지 설치
> (2) 바닥으로부터 높이 50cm 이하의 위치 또는 바닥면에 설치
> (3) 피난유도 표시부는 50cm 이내의 간격으로 연속되도록 설치
> (4) 부착대에 의하여 견고하게 설치
> (5) 외광 또는 조명장치에 의하여 상시 조명이 제공되거나 비상조명등에 의한 조명이 제공되도록 설치

답 ①

76. 비상경보설비 및 단독경보형 감지기의 화재안전기준에 따른 비상벨설비 또는 자동식 사이렌설비의 발신기의 설치기준으로 옳은 것은? (단, 지하구의 경우는 제외한다.)

① 조작이 쉬운 장소에 설치하고, 조작스위치는 바닥으로부터 0.5m 이상 1.2m 이하의 높이에 설치할 것
② 특정소방대상물의 층마다 설치하되, 복도 또는 별도로 구획된 실로서 보행거리가 25m 이상일 경우에는 추가로 설치할 것
③ 특정소방대상물의 층마다 설치하되, 해당 특정소방대상물의 각 부분으로부터 하나의 발신기까지의 수평거리가 15m 이하가 되도록 할 것
④ 발신기의 위치표시등은 함의 상부에 설치하되, 그 불빛은 부착면으로 부터 15° 이상의 범위 안에서 부착지점으로부터 10m 이내의 어느 곳에서도 쉽게 식별할 수 있는 적색등으로 할 것

해설 비상경보설비의 발신기 설치기준(NFPC 201 4조, NFTC 201 2.1.5)
(1) 조작이 쉬운 장소에 설치하고, 조작스위치는 바닥으로부터 0.8~1.5m 이하의 높이에 설치할 것 ← 보기 ①
(2) 특정소방대상물의 층마다 설치하되, 해당 특정소방대상물의 각 부분으로부터 하나의 발신기까지의 수평거리가 25m 이하가 되도록 할 것(단, 복도 또는 별도로 구획된 실로서 보행거리가 40m 이상일 경우에는 추가로 설치할 것) ← 보기 ②③
(3) 발신기의 위치표시등은 함의 상부에 설치하되, 그 불빛은 부착면으로부터 15° 이상의 범위 안에서 부착지점으로부터 10m 이내의 어느 곳에서도 쉽게 식별할 수 있는 적색등으로 할 것 ← 보기 ④

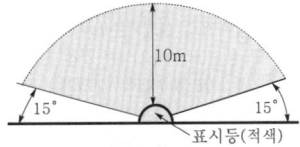

| 위치표시등의 식별 |

① 0.5m 이상 1.2m 이하 → 0.8m 이상 1.5m 이하
② 25m 이상 → 40m 이상
③ 15m 이하 → 25m 이하

답 ④

77. 비상콘센트설비의 화재안전기준에 따른 비상콘센트설비의 전원회로의 설치기준에 대한 내용이다. 다음 ( )에 들어갈 내용으로 옳은 것은?

| 비상콘센트설비의 전원회로는 단상 교류 (㉠)V인 것으로서, 그 공급용량은 (㉡)kVA 이상인 것으로 할 것 |

① ㉠ 110, ㉡ 1.5
② ㉠ 110, ㉡ 3.0
③ ㉠ 220, ㉡ 1.5
④ ㉠ 220, ㉡ 3.0

해설 **비상콘센트 전원회로**의 **설치기준**(NFPC 504 4조, NFTC 504 2.1)

구 분	전 압	용 량	플러그접속기
단상 교류	**220V**	1.5kVA 이상	접지형 **2**극

(1) **1**전용회로에 설치하는 비상콘센트는 **10**개 이하로 할 것
(2) 풀박스는 **1.6**mm 이상의 **철**판을 사용할 것

기억법 단2(단위), 10콘(시큰둥!), 16철콘, 접2(접이식)

(3) 콘센트마다 배선용 차단기를 설치하여야 하며, 충전부는 **노출되지 않도록 할 것**
(4) 각 층에 있어서 **2** 이상이 되도록 설치하되, 설치하여야 할 층의 비상콘센트가 1개인 때에는 하나의 회로로 할 것
(5) 전원으로부터 각 층의 비상콘센트에 분기되는 경우에는 **분기배선용 차단기**를 보호함 안에 설치할 것
(6) 개폐기에는 "**비상콘센트**"라고 표시한 표지를 할 것

답 ③

78 ★★★
16.05.문67
16.05.문70
13.03.문70
10.03.문65

자동화재탐지설비 및 시각경보장치의 화재안전기준에 따라 주요구조부가 내화구조로 된 바닥면적 70m²인 특정소방대상물에 설치하는 열전대식 차동식 분포형 감지기의 열전대부는 몇 개 이상이어야 하는가?

① 2 ② 3
③ 4 ④ 5

해설 **열전대식 감지기**의 **설치기준**(NFPC 203 7조, NFTC 203 2.4.3.8)
(1) 하나의 검출부에 접속하는 열전대부는 **4~20**개 이하로 할 것(단, **주소형 열전대식 감지기**는 제외)
(2) 바닥면적

분 류	열전대식 1개 바닥면적	바닥면적	설치 개수
내화구조	22m²	88m² (22m²×4개=88m²)	4개 이상
기타구조 (내화구조로 된 특정소방대상물이 아닌 경우)	18m²	72m² (18m²×4개=72m²)	4개 이상

열전대식 감지기로서 **내화구조**이므로

열전대식 감지기 열전대부 개수 = $\dfrac{\text{바닥면적}}{22m^2}$

$= \dfrac{70m^2}{22m^2}$

$= 3.18 ≒ 4$개

중요
하나의 검출부에 접속하는 **개수**

열반도체식 감지기	열전대식 감지기
2~15개 이하	**4**~**2**0개 이하

기억법 2반(이반), 전2(전이되다.), 전4(전사)

답 ③

79 ★★★
18.09.문75
11.10.문69
04.05.문80

누전경보기의 화재안전기준에 따라 누전경보기 중 1급 누전경보기는 경계전로의 정격전류가 몇 A를 초과하는 전로에 설치하는가?

① 50 ② 60
③ 100 ④ 120

해설 **누전경보기**(NFPC 205 4조, NFTC 205 2.1.1.1)

60A 이하	60A 초과
● 1급 누전경보기 ● 2급 누전경보기	1급 누전경보기

중요
누전경보기의 **전원**(NFPC 205 6조, NFTC 205 2.3)

과전류차단기	배선용 차단기
15A 이하	20A 이하

● 누전경보기의 **계**약전류용량이 **100**A를 초과하는 곳에 설치

기억법 계100(계백장군)

답 ②

80 ★★★
15.05.문66
15.05.문77
15.03.문72
13.06.문71
13.03.문73
12.05.문78

누전경보기의 구성요소로 옳은 것은?
① 변류기, 감지기, 수신부, 차단기구
② 발신기, 변류기, 수신부, 음향장치
③ 수신부, 변류기, 중계기, 음향장치
④ 음향장치, 수신부, 변류기, 차단기구

해설 **누전경보기**의 **세부구성요소**

구성요소	설 명
변류기	누설전류를 **검**출한다.
수신기(=수신부)	누설전류를 **증**폭한다.
음향장치	-
차단기(=차단기구)	차단릴레이를 포함한다.

기억법 누수변음차

중요
누전경보기의 **일반구성요소**

용 어	설 명
수신부	변류기로부터 검출된 **신호**를 **수신**하여 누전의 발생을 해당 소방대상물의 **관계인**에게 **경보**하여 주는 것(**차단기구**를 갖는 것 포함)
변류기	경계전로의 **누설전류**를 자동적으로 **검출**하여 이를 누전경보기의 수신부에 송신하는 것

답 ④

과년도 기출문제
2019년
소방설비산업기사 필기(전기분야)

■ 2019. 3. 3 시행 ·················· 19- 2
■ 2019. 4. 27 시행 ·················· 19-27
■ 2019. 9. 21 시행 ·················· 19-50

** 수험자 유의사항 **

1. 문제지를 받는 즉시 **본인**이 **응시한 종목**이 맞는지 확인하시기 바랍니다.
2. 문제지 표지에 본인의 **수험번호**와 **성명**을 기재하여야 합니다.
3. 문제지의 **총면수, 문제번호 일련순서, 인쇄상태, 중복 및 누락 페이지 유무**를 확인하시기 바랍니다.
4. 답안은 각 문제마다 요구하는 가장 적합하거나 가까운 답 1개만을 선택하여야 합니다.
5. 답안카드는 뒷면의 「수험자 유의사항」에 따라 작성하시고, 답안카드 작성 시 형별누락, 마킹착오로 인한 불이익은 전적으로 수험자에게 책임이 있음을 알려드립니다.
6. 문제지는 시험 종료 후 본인이 가져갈 수 있습니다.

** 안내사항 **

- 가답안/최종정답은 큐넷(www.q-net.or.kr)에서 확인하실 수 있습니다. 가답안에 대한 의견은 큐넷의 [가답안 의견 제시]를 통해 제시할 수 있으며, 확정된 답안은 최종정답으로 갈음합니다.
- 공단에서 제공하는 자격검정서비스에 대해 개선할 점이 있으시면 고객참여(http://hrdkorea.or.kr/7/1/1)를 통해 건의하여 주시기 바랍니다.

2019. 3. 3 시행

2019년 산업기사 제1회 필기시험

자격종목	종목코드	시험시간	형별	수험번호	성명
소방설비산업기사(전기분야)		2시간			

※ 각 문항은 4지택일형으로 질문에 가장 적합한 보기 항을 선택하여 체크하여야 합니다.

제1과목 소방원론

01 위험물안전관리법령에서 정한 제5류 위험물의 대표적인 성질에 해당하는 것은?
15.05.문43
15.03.문18
14.09.문04
14.03.문05
14.03.문16
13.09.문07
① 산화성
② 자연발화성
③ 자기반응성
④ 가연성

해설 위험물령 [별표 1]
위험물

유 별	성 질	품 명
제1류	산화성 고체	• 아염소산염류(아염소산나트륨) • 염소산염류 • 과염소산염류 • 질산염류(질산칼륨) • 무기과산화물(과산화바륨) 기억법 1산고(일산GO)
제2류	가연성 고체	• 황화인 • 적린 • 황 • 마그네슘 기억법 2황화적황마
제3류	자연발화성 물질 및 금수성 물질	• 황린 • 칼륨 • 나트륨 • 트리에틸알루미늄 기억법 황칼나알
제4류	인화성 액체	• 특수인화물 • 석유류(벤젠) • 알코올류 • 동식물유류
제5류	자기반응성 물질	• 질산에스터류(셀룰로이드) • 유기과산화물 • 나이트로화합물 • 나이트로소화합물 • 아조화합물 • 나이트로글리세린

답 ③

02 등유 또는 경유화재에 해당하는 것은?
16.10.문20
16.05.문09
15.05.문15
15.03.문19
14.09.문01
14.09.문15
14.05.문05
14.05.문20
14.03.문19
13.06.문09
11.06.문13
① A급 화재
② B급 화재
③ C급 화재
④ D급 화재

해설
화재 종류	표시색	적응물질
일반화재(A급)	백색	• 일반 가연물 • 종이류 화재 • 목재, 섬유화재
유류화재(B급)	황색	• 가연성 액체(등유·경유) • 가연성 가스 • 액화가스화재 • 석유화재
전기화재(C급)	청색	• 전기설비
금속화재(D급)	무색	• 가연성 금속
주방화재(K급)	–	• 식용유화재

기억법 백황청무

※ 요즘은 표시색의 의무규정은 없음

답 ②

03 소화기의 소화약제에 관한 공통적 성질에 대한 설명으로 틀린 것은?
① 산알칼리소화약제는 양질의 유기산을 사용한다.
② 소화약제는 현저한 독성 또는 부식성이 없어야 한다.
③ 분말상의 소화약제는 고체화 및 변질 등 이상이 없어야 한다.
④ 액상의 소화약제는 결정의 석출, 용액의 분리, 부유물 또는 침전물 등 기타 이상이 없어야 한다.

해설 ① 유기산 → 무기산
소화약제의 형식승인 및 제품검사의 기술기준 5조
산알칼리소화약제의 적합기준

(1) 산은 양질의 **무기산** 또는 이와 같은 염류일 것
(2) 알칼리는 물에 잘 용해되는 양질의 **알칼리 염류**일 것
(3) 방사액의 수소이온농도는 KS M 0011(수용액의 pH 측정방법)에 따라 측정하는 경우 **5.5 이하**의 산성을 나타내지 않을 것

답 ①

04 질산에 대한 설명으로 틀린 것은?
14.09.문03
11.10.문19
① 산화제이다.
② 부식성이 있다.
③ 불연성 물질이다.
④ 산화되기 쉬운 물질이다.

해설 질산(제6류 위험물)의 특징
(1) **부식성**이 있다.
(2) **불연성** 물질이다.
(3) **산화제**이다.
(4) 산화성 물질과의 접촉을 피할 것

중요
제6류 위험물
(1) 과염소산
(2) 과산화수소
(3) 질산

답 ④

05 15℃의 물 1g을 1℃ 상승시키는 데 필요한 열량은 몇 cal인가?
17.05.문05
15.09.문03
15.05.문19
14.05.문03
11.10.문18
10.05.문03
① 1
② 15
③ 1000
④ 15000

해설
- 15℃ 물 → 16℃ 물로 변화
- 15℃를 1℃ 상승시키므로 16℃가 됨

열량
$$Q = r_1 m + mC\Delta T + r_2 m$$

여기서, Q : 열량[cal]
r_1 : 융해열[cal/g]
r_2 : 기화열[cal/g]
m : 질량[g]
C : 비열[cal/g·℃]
ΔT : 온도차[℃]

(1) 기호
- m : 1g
- C : 1cal/g·℃
- ΔT : (16−15)℃

(2) 15℃ 물 → 16℃ 물(1℃ 상승시키므로)
열량 $Q = mC\Delta T$
$= 1g \times 1cal/g·℃ \times (16-15)℃$
$= 1cal$

- '**융해열**'과 '**기화열**'은 없으므로 이 문제에서는 $r_1 m$, $r_2 m$ 식은 제외

중요

비열(specific heat)

단위	정의
1cal	**1g**의 물체를 **1℃**만큼 온도 상승시키는 데 필요한 열량
1BTU	**1 lb**의 물체를 **1℉**만큼 온도 상승시키는 데 필요한 열량
1chu	**1 lb**의 물체를 **1℃**만큼 온도 상승시키는 데 필요한 열량

답 ①

06 다음 중 부촉매 소화효과로서 가장 적절한 것은?
16.03.문09
15.03.문02
14.03.문06
① CO_2
② $C_2F_4Br_2$
③ 질소
④ 아르곤

해설 ② 할론소화약제(Halon 2402)

부촉매 소화효과
(1) 분말소화약제
(2) 할론소화약제
(3) 할로겐화합물소화약제

- 부촉매 소화효과=부촉매효과

중요

할론소화약제

종류	약칭	분자식
Halon 1011	CB	CH_2ClBr
Halon 104	CTC	CCl_4
Halon 1211	BCF	$CF_2ClBr(CBrClF_2)$
Halon 1301	BTM	$CF_3Br(CBrF_3)$
Halon 2402	FB	$C_2F_4Br_2(C_2Br_2F_4)$

답 ②

07 제2종 분말소화약제의 주성분은?
17.05.문13
16.05.문15
15.05.문20
15.03.문16
13.09.문11
13.06.문18
12.03.문09
11.06.문08
02.09.문12
① 탄산수소칼륨
② 탄산수소나트륨
③ 제1인산암모늄
④ 탄산수소칼륨+요소

해설 분말소화약제

종별	분자식	착색	적응화재	비고
제1종	중탄산나트륨 ($NaHCO_3$)	백색	BC급	**식용유** 및 **지방질유**의 화재에 적합
제**2**종	중탄산칼륨 ($KHCO_3$)	담자색 (담회색)	BC급	−
제3종	제1인산암모늄 ($NH_4H_2PO_4$)	담홍색	ABC급	**차고·주차장**에 적합
제4종	중탄산칼륨 +요소 ($KHCO_3 +$ $(NH_2)_2CO$)	회(백)색	BC급	−

- 중탄산나트륨=탄산수소나트륨
- 중탄산칼륨=탄산수소칼륨
- 제1인산암모늄=인산암모늄=인산염
- 중탄산칼륨+요소=탄산수소칼륨+요소

기억법 2수칼(이수역에서 칼국수 먹자.)

답 ①

08 스테판-볼츠만(Stefan-Boltzmann)의 법칙에서 복사체의 단위표면에서 단위시간당 방출되는 복사에너지는 절대온도의 얼마에 비례하는가?

14.05.문08
13.06.문11
13.03.문06

① 제곱근　　② 제곱
③ 3제곱　　④ 4제곱

해설 스테판-볼츠만의 법칙

$$Q = aAF(T_1^4 - T_2^4)$$

여기서, Q : 복사열 [W]
　　　　a : 스테판-볼츠만 상수 [W/m²·K⁴]
　　　　A : 단면적 [m²]
　　　　T_1 : 고온(273+℃)[K]
　　　　T_2 : 저온(273+℃)[K]

※ **스**테판-**볼**츠만의 법칙 : 복사체에서 발산되는 복사열은 복사체의 절대온도의 **4**제곱에 비례한다.

기억법 스볼4

- 4제곱=4승

답 ④

09 연소시 분해연소의 전형적인 특성을 보여줄 수 있는 것은?

14.03.문15
13.03.문12
11.06.문04

① 나프탈렌　　② 목재
③ 목탄　　　　④ 휘발유

해설 연소의 형태

연소형태	종 류
표면연소	• **숯**, **코**크스 • **목**탄, **금**속분 **기억법** 표숯코목탄금
분해연소	• **석**탄, **종**이 • **플**라스틱, **목**재 • **고**무, **중**유 • **아**스팔트 **기억법** 분석종플목고중아팔

증발연소	• **황**, **왁**스 • **파**라핀, **나**프탈렌 • **가**솔린, **등**유 • **경**유, **알**코올 • **아**세톤 **기억법** 증황왁파 나가등경알아
자기연소	• 나이트로글리세린, 나이트로셀룰로오스(질화면) • TNT, 피크린산
액적연소	• 벙커C유
확산연소	• 메탄(CH_4), 암모니아(NH_3) • 아세틸렌(C_2H_2), 일산화탄소(CO) • 수소(H_2)

답 ②

10 플래시오버(flash-over) 현상과 관련이 없는 것은?

12.03.문15
06.03.문02
01.06.문10

① 화재의 확산
② 다량의 연기방출
③ 파이어볼의 발생
④ 실내온도의 급격한 상승

해설 ③ 파이어볼(fireball) : 증기운 폭발(vapor cloud explosion)에서 발생

플래시오버(flash over)

구 분	설 명
정의	① 폭발적인 착화현상 ② 순발적인 연소확대현상 ③ 화재로 인하여 실내의 온도가 급격히 상승하여 화재가 **순간적**으로 **실내 전체**에 **확산**되어 연소되는 현상 ④ 연소의 급속한 확대현상 ⑤ 건물 화재에서 발생한 가연성 가스가 축적되다가 **일순간**에 화염이 크게 되는 현상 ⑥ 실내의 가연물이 연소됨에 따라 생성되는 가연성 가스가 실내에 누적되어 폭발적으로 연소하여 실 전체가 순간적으로 불길에 쌓이는 현상 ⑦ 옥내화재가 서서히 진행하여 열이 축적되었다가 일시에 화염이 크게 발생하는 상태
발생시점	**성장기~최성기**(성장기에서 최성기로 넘어가는 분기점)
실내온도	800~900℃ **기억법** 내플89(내풀 팔고 네 풀 쓰자.)

- 파이어볼=화이어볼

중요

플래시오버 현상
(1) 화재의 확산
(2) 다량의 연기방출
(3) 실내온도의 급격한 상승

답 ③

11. 포소화약제가 유류화재를 소화시킬 수 있는 능력과 관계가 없는 것은?

① 수분의 증발잠열을 이용한다.
② 유류표면으로부터 기름의 증발을 억제 또는 차단한다.
③ 포의 연쇄반응 차단효과를 이용한다.
④ 포가 유류표면을 덮어 기름과 공기와의 접촉을 차단한다.

해설 연쇄반응 차단효과
(1) **분**말소화약제
(2) **할**론소화약제
(3) **할**로겐화합물소화약제

기억법 연분할

답 ③

12. 나이트로셀룰로오스의 용도, 성상 및 위험성과 저장·취급에 대한 설명 중 틀린 것은?

① 질화도가 낮을수록 위험성이 크다.
② 운반시 물, 알코올을 첨가하여 습윤시킨다.
③ 무연화약의 원료로 사용된다.
④ 햇빛에서 황갈색으로 변하고 물에 녹지 않지만 아세톤, 초산에스터, 나이트로벤젠에 녹는다.

해설 ① 질화도가 클수록 위험성이 크다.

중요

질화도

구 분	설 명
정의	나이트로셀룰로오스의 질소 함유율이다.
특징	질화도가 높을수록 위험하다.

답 ①

13. 화재시 고층건물 내의 연기유동인 굴뚝효과와 관계가 없는 것은?

① 건물 내·외의 온도차
② 건물의 높이
③ 층의 면적
④ 화재실의 온도

해설 연기거동 중 **굴뚝효과**와 관계 있는 것
(1) 건물 내·외의 온도차
(2) 화재실의 온도
(3) 건물의 높이(**고층건물**에서 발생)

용어

굴뚝효과
(1) 건물 내의 연기가 압력차에 의하여 순식간에 상승하여 상층부 또는 외부로 빠르게 이동하는 현상
(2) 실내·외 공기 사이의 **온도**와 **밀도**의 **차이**에 의해 공기가 건물의 수직방향으로 빠르게 이동하는 현상

답 ③

14. 270℃에서 다음의 열분해반응식과 관계가 있는 분말소화약제는?

$$2NaHCO_3 \rightarrow Na_2CO_3 + CO_2 + H_2O$$

① 제1종 분말
② 제2종 분말
③ 제3종 분말
④ 제4종 분말

해설 분말소화기 : 질식효과

종별	소화약제	약제의 착색	화학반응식	적응화재
제1종	중탄산나트륨 ($NaHCO_3$)	백색	$2NaHCO_3 \rightarrow Na_2CO_3+CO_2+H_2O$	BC급
제2종	중탄산칼륨 ($KHCO_3$)	담자색 (담회색)	$2KHCO_3 \rightarrow K_2CO_3+CO_2+H_2O$	BC급
제3종	인산암모늄 ($NH_4H_2PO_4$)	담홍색	$NH_4H_2PO_4 \rightarrow HPO_3+NH_3+H_2O$	ABC급
제4종	중탄산칼륨+요소 ($KHCO_3$+ $(NH_2)_2CO$)	회(백)색	$2KHCO_3+(NH_2)_2CO \rightarrow K_2CO_3+2NH_3+2CO_2$	BC급

● 화학반응식 = 열분해반응식

답 ①

15. 인화점에 대한 설명 중 틀린 것은?

① 인화점은 공기 중에서 액체를 가열하는 경우 액체표면에서 증기가 발생하여 점화원에서 착화하는 최저온도를 말한다.
② 인화점 이하의 온도에서는 성냥불을 접근시켜도 착화하지 않는다.
③ 인화점 이상 가열하면 증기가 발생되어 성냥불이 접근하면 착화한다.
④ 인화점은 보통 연소점 이상, 발화점 이하의 온도이다.

해설 ④ 연소점 이상 → 연소점 이하

인화점(flash point)
(1) 휘발성 물질에 **불꽃**을 접하여 연소가 가능한 최저온도
(2) 가연성 증기발생시 연소범위의 **하한계**에 이르는 **최저온도**
(3) 가연성 증기를 발생하는 액체가 공기와 혼합하여 기상부에 다른 불꽃이 닿았을 때 연소가 일어나는 **최저온도**
(4) **위험성 기준**의 척도
(5) 가연성 액체의 발화와 깊은 관계가 있다.

(6) 연료의 조성, 점도, 비중에 따라 달라진다.
(7) 인화점은 보통 **연소점 이하, 발화점 이하**의 온도이다.

기억법 인불하저위

비교

용어	설명
발화점	가연성 물질에 불꽃을 접하지 아니하였을 때 연소가 가능한 **최저온도**
연소점	어떤 인화성 액체가 공기 중에서 열을 받아 점화원의 존재하에 **지속**적인 연소를 일으킬 수 있는 온도

답 ④

16 건축물의 방재센터에 대한 설명으로 틀린 것은?

05.05.문09
03.08.문09

① 피난층에 두는 것이 가장 바람직하다.
② 화재 및 안전관리의 중추적 기능을 수행한다.
③ 방재센터는 직통계단 위치와 관계없이 안전한 곳에 설치한다.
④ 소방차의 접근이 용이한 곳에 두는 것이 바람직하다.

해설 ③ 직통계단 위치와 관계없이 안전한 곳에 설치
→ 직통계단으로 이동하기 쉬운 곳에 설치

방재센터에 대한 위치, 구조
(1) 소방대의 **출입**이 **쉬운** 장소일 것
(2) 지상으로 직접 통하는 출입구가 **1개소** 이상 있을 것
(3) 다른 방(실)과는 독립된 방화구획의 구조일 것
(4) **피난층**에 두는 것이 가장 바람직
(5) 화재 및 안전관리의 중추적 기능 수행
(6) 소방차의 접근이 용이한 곳에 두는 것이 바람직

용어

방재센터
화재를 사전에 예방하고 초기에 진압하기 위해 모든 소방시설을 제어하고 비상방송 등을 통해 인명을 대피시키는 총체적 지휘본부

답 ③

17 목재가 열분해할 때 발생하는 가스가 아닌 것은?

01.06.문07

① 수증기   ② 염화수소
③ 일산화탄소   ④ 이산화탄소

 목재가 200℃에서 **발생**하는 **가스**
(1) 수증기
(2) 일산화탄소
(3) 이산화탄소
(4) 개미산 가스
(5) 초산

답 ②

18 물의 소화작용과 가장 거리가 먼 것은?

15.09.문10
15.03.문05
14.09.문11

① 증발잠열의 이용   ② 질식효과
③ 에멀션효과   ④ 부촉매효과

해설 **소화약제**의 **소화작용**

소화약제	소화작용	주된 소화작용
물(스프링클러)	• 냉각작용 • 희석작용	냉각작용 (냉각소화)
물(무상)	• **냉**각작용(증발잠열 이용) • **질**식작용 • **유**화작용(에멀션효과) • **희**석작용	
포	• 냉각작용 • 질식작용	질식작용 (질식소화)
분말	• 질식작용 • 부촉매작용(억제작용) • 방사열 차단작용	
이산화탄소	• 냉각작용 • 질식작용 • 피복작용	
할론	• 질식작용 • 부촉매작용(억제작용)	부촉매작용 (연쇄반응 억제) **기억법** 할부(할아버지)

기억법 물냉질유희

• CO_2 소화기 = 이산화탄소소화기
• 에멀션효과 = 에멀젼효과

중요

부촉매효과
(1) 분말소화약제
(2) 할론소화약제
(3) 할로겐화합물소화약제

답 ④

19 소화제의 적응대상에 따라 분류한 화재종류 중 C급 화재에 해당되는 것은?

15.05.문15
14.05.문05
14.05.문20
14.03.문19
13.06.문09
02.03.문03

① 금속분화재   ② 유류화재
③ 일반화재   ④ 전기화재

해설

화재 종류	표시색	적응물질
일반화재(A급)	**백**색	• 일반 가연물 • **종**이류 화재 • **목재, 섬유**화재
유류화재(B급)	**황**색	• 가연성 액체 • 가연성 가스 • 액화가스화재 • 석유화재
전기화재(C급)	**청**색	• 전기설비
금속화재(D급)	**무**색	• 가연성 금속
주방화재(K급)	–	• 식용유화재

기억법 백황청무

※ 요즘은 표시색의 의무규정은 없음

답 ④

20 가연물이 연소할 때 연쇄반응을 차단하기 위해서는 공기 중의 산소량을 일반적으로 약 몇 % 이하로 억제해야 하는가?

① 15
② 17
③ 19
④ 21

해설 소화방법

소화방법	설명
냉각소화	• 점화원을 냉각하여 소화하는 방법 • 증발잠열을 이용하여 열을 빼앗아 가연물의 온도를 떨어뜨려 화재를 진압하는 소화방법 • 다량의 물을 뿌려 소화하는 방법 • 가연성 물질을 발화점 이하로 냉각 • 식용유화재에 신선한 야채를 넣어 소화 **기억법** 냉점증발
질식소화	• 공기 중의 산소농도를 15~16%(16%, 10~15%) 이하로 희박하게 하여 소화하는 방법 • 산화제의 농도를 낮추어 연소가 지속될 수 없도록 함 • 산소공급을 차단하는 소화방법 **기억법** 질산
제거소화	• 가연물을 제거하여 소화하는 방법
부촉매소화 (=화학소화)	• 연쇄반응을 차단하여 소화하는 방법 • 화학적인 방법으로 화재 억제
희석소화	• 기체·고체·액체에서 나오는 분해가스나 증기의 농도를 낮춰 소화하는 방법
유화소화	• 물을 무상으로 방사하여 유류표면에 유화층의 막을 형성시켜 공기의 접촉을 막아 소화하는 방법
피복소화	• 비중이 공기의 1.5배 정도로 무거운 소화약제를 방사하여 가연물의 구석구석까지 침투·피복하여 소화하는 방법

답 ①

제2과목 소방전기일반

21 소형이면서 고압의 대전류용 정류기로 사용되는 것은?

① 게르마늄 정류기
② 사이리스터 정류기
③ 수은 정류기
④ 셀렌 정류기

해설 사이리스터 정류기

구분	설명
특징	① 소형이면서 고압의 대전류용 정류기로 사용 ② OFF 상태에서 ON 상태로, 또는 ON 상태에서 OFF 상태로 스위칭할 수 있는 3개 또는 그 이상의 접합을 갖는 PNPN 구조로 된 반도체
종류	① SCR ② TRIAC ③ GTO ④ SSS ⑤ SCS

답 ②

22 온도가 증가하면 저항값이 감소하는 소자가 아닌 것은?

① 다이오드
② 사이리스터
③ 서미스터
④ 트라이액

해설 온도가 증가하면 저항값이 감소하는 소자
(1) 트라이액(TRIAC)
(2) UJT(UniJunction Transistor)=단일 접합 트랜지스터
(3) 사이리스터(thyristor)
(4) 터널 다이오드(tunnel diode)
(5) 서미스터(thermistor)

중요
부저항 특성(부성저항 특성)
(1) 전압이 증가하면 전류가 감소하는 특성
(2) 온도가 증가하면 저항이 감소하는 특성

|부저항 특성|

답 ①

23 테브난의 정리를 이용하여 그림 (a)의 회로를 그림 (b)와 같은 등가회로로 만들고자 할 때 E(V)와 R(Ω)은?

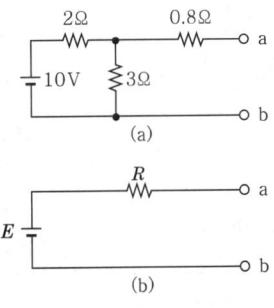

① 5, 2
② 5, 3
③ 6, 2
④ 6, 3

해설 테브난의 정리에 의해
0.8Ω에는 전압이 가해지지 않으므로

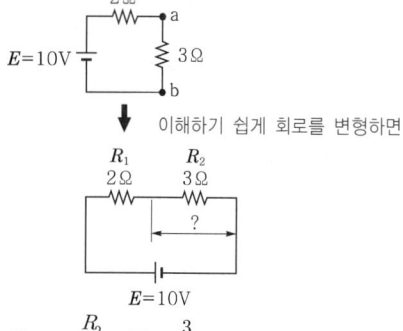

이해하기 쉽게 회로를 변형하면

$$E_{ab} = \frac{R_2}{R_1+R_2}E = \frac{3}{2+3} \times 10 = 6V$$

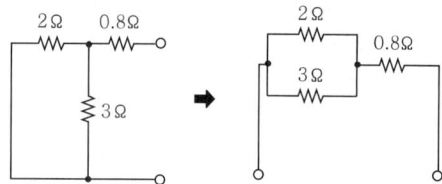

전압원을 단락하고 회로망에서 본 저항 R은

$$R = \frac{2 \times 3}{2+3} + 0.8 = 2\,\Omega$$

용어
테브난의 정리(테브닝의 정리)
2개의 독립된 회로망을 접속하였을 때의 전압·전류 및 임피던스의 관계를 나타내는 정리

답 ③

24 ★★★ 변위를 임피던스로 변환하는 변환요소가 아닌 것은?
17.05.문27
16.03.문31

① 가변저항기 ② 용량형 변환기
③ 가변저항 스프링 ④ 전자 코일

해설 변환요소

구분	변환
• 측온저항 • 정온식 감지선형 감지기	온도 → 임피던스
• 광전다이오드 • 열전대식 감지기 • 열반도체식 감지기	온도 → 전압
• 광전지	빛 → 전압
• 전자	전압(전류) → 변위
• 유압분사관	변위 → 압력
• 다이어프램	압력 → 변위

기억법 다압변

• 포텐셔미터 • 차동변압기 • 전위차계	변위 → 전압
• 가변저항기 • 가변저항 스프링 • 용량형 변환기	변위 → 임피던스

답 ④

25 ★★★ 목표치가 임의로 변화하는 제어는?
17.05.문39
16.10.문27
16.03.문36
15.09.문23
14.09.문30
14.05.문24
12.05.문31

① 정치제어
② 추종제어
③ 프로그램제어
④ 시퀀스제어

해설 제어의 종류

제어 종류	설명
정치제어 (fixed value control)	① 일정한 목표값을 유지하는 것으로 **프로세스제어, 자동조정**이 이에 해당된다. 예 **연속식 압연기** ② 목표값이 시간에 관계 없이 항상 일정한 값을 가지는 제어
추종제어 (follow-up control)	① 목표치가 임의로 변화하는 제어 ② 미지의 시간적 변화를 하는 목표값에 제어량을 추종시키기 위한 제어로 **서보기구**가 이에 해당된다. 예 **대공포의 포신**
비율제어 (ratio control)	① 둘 이상의 제어량을 소정의 비율로 제어하는 것 ② 연료의 유량과 공기의 유량과의 사이의 비율을 연소에 적합한 것으로 유지하고자 하는 제어방식
프로그램제어 =프로그래밍제어 (program control)	목표값이 미리 정해진 시간적 변화를 하는 경우 제어량을 그것에 추종시키기 위한 제어 예 **열차·산업로봇의 무인운전, 엘리베이터**

중요

제어량에 의한 분류

분류방법	제어량
프로세스제어	• <u>온</u>도 • <u>압</u>력 • <u>유</u>량 • <u>액</u>면 기억법 프온압유액
서보기구	• <u>위</u>치 • <u>방</u>위 • <u>자</u>세 기억법 서위방자(<u>스위스 방</u>자하나)
자동조정	• <u>전</u>압 • <u>전</u>류 • <u>주</u>파수 • <u>회</u>전속도 • <u>장</u>력 기억법 자전주회장

• 프로세스제어 = 공정제어

답 ②

26. 다음 중 강자성체인 것은?

① 금
② 니켈
③ 알루미늄
④ 구리

해설 자성체의 종류

자성체	종류
상자성체 (paramagnetic material)	① 알루미늄(Al) ② 백금(Pt) [기억법] 상알백
반자성체 (diamagnetic material)	① 금(Au) ② 은(Ag) ③ 구리(동)(Cu) ④ 아연(Zn) ⑤ 탄소(C)
강자성체 (ferromagnetic material)	① 니켈(Ni) ② 코발트(Co) ③ 망가니즈(Mn) ④ 철(Fe) [기억법] 강니코망철 ※ 자기차폐와 관계 깊음

① 금 : 반자성체
③ 알루미늄 : 상자성체
④ 구리 : 반자성체

답 ②

27. 축전지 내부의 전해액이 부족할 때의 조치사항으로 옳은 것은?

① 황산을 넣는다.
② 염산을 넣는다.
③ (+)극을 바꾸어 준다.
④ 증류수로 채운다.

해설 사용 중 일반적으로 축전지 내부의 전해액이 부족하다면 물(H_2O)만 증발했으므로 **증류수**로 채워져야 비중이 변하지 않는다.

중요

연(납)축전지의 구성
2차 전지의 대표적인 것이 연축전지(lead storage battery)이다.
(1) 양극 : 이산화납(PbO_2)
(2) 음극 : 납(Pb)
(3) 전해액 : 묽은 황산($2H_2SO_4 = H_2SO_4 + H_2O$)
(4) 비중 : 1.2~1.3
(5) 화학반응식

$$PbO_2 + 2H_2SO_4 + Pb \underset{충전}{\overset{방전}{\rightleftarrows}} PbSO_4 + 2H_2O + PbSO_4$$
$$(+) \quad (전해액) \quad (-) \qquad (+) \quad (물) \quad (-)$$

답 ④

28. 유도전동기의 기동시 관계로 옳은 것은? (단, T_1 : Y-△ 기동시 토크, T_2 : 전전압 기동시 토크, I_1 : Y-△ 기동시 전류, I_2 : 전전압 기동시 전류)

① $T_1 = \frac{1}{3} T_2, \ I_1 = \frac{1}{3} I_2$
② $T_1 = \frac{1}{\sqrt{3}} T_2, \ I_1 = \frac{1}{\sqrt{3}} I_2$
③ $T_1 = \sqrt{3} T_2, \ I_1 = \sqrt{3} I_2$
④ $T_1 = 3 T_2, \ I_1 = 3 I_2$

해설 출력

$$P = 9.8\omega\tau = 9.8 \times 2\pi \frac{N}{60} \times \tau [W]$$

여기서, P : 출력[W]
ω : 각속도[rad/s]
N : 회전수[rpm]
τ : 토크[kg·m]

$P = 9.8\omega\tau \propto \tau$이므로 출력 P에 대해서 계산하면

$$P = \sqrt{3} VI\cos\theta$$

여기서, P : 3상 전력[W]
V : 3상 전압[V]
I : 3상 전류[A]
$\cos\theta$: 역률

$$P = \sqrt{3} VI\cos\theta \propto I$$

$$\frac{P_{Y-\triangle}}{P_전} \propto \frac{I_{Y-\triangle}}{I_전} = \frac{\frac{V}{\sqrt{3}Z}}{\frac{\sqrt{3}V}{Z}}$$

여기서, $P_{Y-\triangle}$: Y-△ 결선시의 전력[W]
$P_전$: 전전압 기동시의 전력[W]
$I_{Y-\triangle}$: Y-△ 결선시의 전류[A]
$I_전$: 전전압 기동시의 전류[A]
V : 전압[V]
Z : 임피던스[Ω]

$$\frac{P_{Y-\triangle}}{P_전} \propto \frac{I_{Y-\triangle}}{I_전} = \frac{\frac{V}{\sqrt{3}Z}}{\frac{\sqrt{3}V}{Z}} = \frac{1}{3} 배$$

∴ $T_1 = \frac{1}{3} T_2, \ I_1 = \frac{1}{3} I_2$

답 ①

29. 다음 법칙 중 성격이 다른 하나는?

① 노이만의 법칙
② 패러데이의 법칙
③ 렌츠의 법칙
④ 암페어의 오른나사법칙

해설

전자유도법칙	자기유도법칙
• 패러데이의 법칙 • 노이만의 법칙 • 렌츠의 법칙 • 플레밍의 오른손법칙	• 암페어의 오른나사법칙 • 비오-사바르의 법칙 • 암페어의 주회적분법칙

①~③ 전자유도법칙
④ 자기유도법칙

중요

(1) 전자유도법칙

법 칙	설 명
패러데이의 법칙	전자유도에 관한 유기기전력의 크기 결정
노이만의 법칙	전자유도법칙의 수식화
렌츠의 법칙	유기기전력의 방향 결정
플레밍의 오른손법칙	도체운동에 의한 유기기전력의 방향 결정

(2) 자기유도법칙

법 칙	설 명
암페어의 오른나사법칙	전류에 의한 자계의 방향 결정
비오-사바르의 법칙	• 직선전류에 의한 자계의 세기를 나타내는 법칙 • 도선에 전류가 흐를 때 자장의 크기를 구하는 법칙
암페어의 주회적분법칙	"자계의 세기와 전류 주위를 일주하는 거리의 곱의 합은 전류와 코일권수를 곱한 것과 같다"는 법칙

• 앙페르의 오른손나사법칙 = 암페어의 오른나사법칙
• 자계 = 자장

답 ④

30 ★★★ 다음 회로에서 전전류 I는 몇 A인가?

15.09.문34
12.09.문23

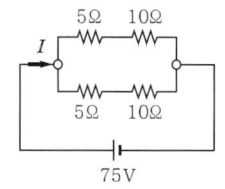

① 6   ② 8
③ 10   ④ 14

해설

(1) 합성저항

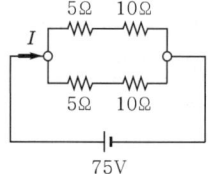

직렬합성저항 $R = 5 + 10 = 15\,\Omega$

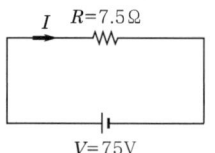

병렬합성저항 $R = \dfrac{R_1 \times R_2}{R_1 + R_2} = \dfrac{15 \times 15}{15 + 15} = 7.5\,\Omega$

(2) 전류

$$I = \dfrac{V}{R}$$

여기서, I : 전류[A]
V : 전압[V]
R : 저항[Ω]

전류 $I = \dfrac{V}{R} = \dfrac{75}{7.5} = 10\text{A}$

답 ③

31 ★★★ 다음 논리회로의 명칭은?

10.09.문35
10.03.문30

① AND   ② OR
③ NOT   ④ NAND

해설

명 칭	논리회로	진리표(진가표)
AND 게이트	$X = A \cdot B$	A B X 0 0 0 0 1 0 1 0 0 1 1 1
OR 게이트	$X = A + B$	A B X 0 0 0 0 1 1 1 0 1 1 1 1
NOT 게이트	$X = \overline{A}$	A X 0 1 1 0
NAND 게이트	$X = \overline{A \cdot B}$	A B X 0 0 1 0 1 1 1 0 1 1 1 0

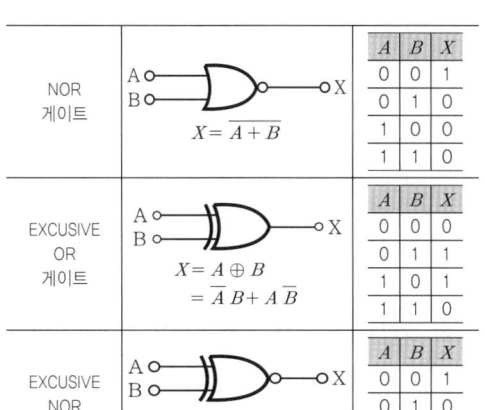

종류			
NOR 게이트	A B → X $X = \overline{A+B}$		A B X / 0 0 1 / 0 1 0 / 1 0 0 / 1 1 0
EXCUSIVE OR 게이트	A B → X $X = A \oplus B$ $= \overline{A}B + A\overline{B}$		A B X / 0 0 0 / 0 1 1 / 1 0 1 / 1 1 0
EXCUSIVE NOR 게이트	A B → X $X = \overline{A \oplus B}$ $= AB + \overline{A}\,\overline{B}$		A B X / 0 0 1 / 0 1 0 / 1 0 0 / 1 1 1

답 ①

32. 전원전압을 일정전압으로 유지하기 위하여 사용되는 다이오드는?

① 발광다이오드
② 제너다이오드
③ 바랙터다이오드
④ 터널다이오드

해설 다이오드의 종류

종류	심벌	설명
정류 다이오드		• **교류**를 **직류**로 변환할 때 이용
스위칭 다이오드	—	• 고속 ON/OFF 특성을 스위칭에 이용
제너 다이오드 (정전압 다이오드)		• **정전압** 특성을 전압 안정화에 이용 • **출력전압**을 일정하게 유지(**전원전압**을 일정하게 유지) **기억법** 일제압
가변용량 다이오드 (바랙터 다이오드)		• **가변용량** 특성을 FM 변조 AFC 동조에 이용
터널 다이오드		• 음저항 특성을 **마이크로파** 발진에 이용
발광 다이오드		• 발광 특성을 응용하여 **광**센서에 이용

답 ②

33. 전해액에 전류가 흐름으로서 화학변화를 일으키는 것을 무엇이라고 하는가?

① 국부작용   ② 감극현상
③ 성극(분극)작용 ④ 전기분해

해설 전지에서 일어나는 현상

구 분	설 명
국부작용 (local action)	① 전극의 **불**순물로 인하여 기전력이 감소하는 현상 ② 전지를 오랫동안 사용하지 않으면 못쓰게 되는 현상 **기억법** 불국(불국사)
성극작용(분극작용) (polarization effect)	전지에 부하를 걸면 양극 표면에 **수소가스**가 생겨 전류의 흐름을 방해하는 현상
전기분해 (electrolysis)	전해액에 전류가 흘러 **화**학변화를 일으키는 현상 **기억법** 화분

답 ④

34. 그림과 같이 전류계 A_1, A_2를 접속하였더니 A_1에는 30A, A_2에는 10A를 지시하였다. 전류계 A_2의 내부저항은 몇 Ω인가?

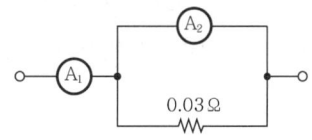

① 0.01   ② 0.03
③ 0.06   ④ 0.09

해설 (1) 기호

• I_0 : 30A
• I : 10A
• R_S : 0.03Ω
• R_A : ?

(2) 분류기

$$I_0 = I\left(1 + \frac{R_A}{R_S}\right) \text{[A]}$$

여기서, I_0 : 측정하고자 하는 전류[A]
I : 전류계의 최대눈금[A]
R_A : 전류계의 내부저항[Ω]
R_S : 분류기 저항[Ω]

$$I_0 = I\left(1 + \frac{R_A}{R_S}\right)$$

$$\frac{I_0}{I} = 1 + \frac{R_A}{R_S}$$

$$\frac{I_0}{I} - 1 = \frac{R_A}{R_S}$$

$$R_S\left(\frac{I_0}{I} - 1\right) = R_A$$

$$R_A = R_S\left(\dfrac{I_0}{I} - I\right) = 0.03\left(\dfrac{30}{10} - 1\right) = 0.06\,\Omega$$

용어

분류기(shunt)
전류계의 측정범위를 확대하기 위해 **전류계**와 **병렬**로 접속하는 저항

비교

배율기

$$V_0 = V\left(1 + \dfrac{R_m}{R_v}\right)\,[\text{V}]$$

여기서, V_0 : 측정하고자 하는 전압[V]
V : 전압계의 최대눈금[V]
R_v : 전압계의 내부저항[Ω]
R_m : 배율기 저항[Ω]

답 ③

★★
35 정전압계와 콘덴서를 직렬로 접속하고 그 양단에 2000V를 가할 때 정전압계에 인가되는 전압은 몇 V인가? (단, 정전압계의 정전용량은 C_1[F], 콘덴서의 정전용량은 C_2[F]이며 $C_1 = 4C_2$ 관계에 있다.)

① 200 ② 400
③ 600 ⑤ 800

해설 문제를 회로로 변환하여 구성하면

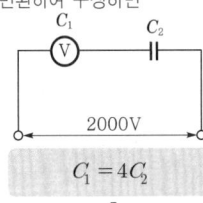

$C_1 = 4C_2$
↓
V_1에 인가되는 전압

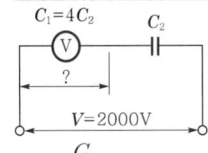

$$V_1 = \dfrac{C_2}{C_1 + C_2}V = \dfrac{C_2}{4C_2 + C_2} \times 2000$$
$$= \dfrac{C_2}{5C_2} \times 2000 = 400\,\text{V}$$

중요

각각의 전압

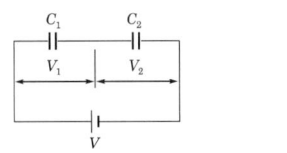

$$V_1 = \dfrac{C_2}{C_1 + C_2}V,\ V_2 = \dfrac{C_1}{C_1 + C_2}V$$

여기서, V_1 : C_1에 걸리는 전압[V]
V_2 : C_2에 걸리는 전압[V]
C_1, C_2 : 각각의 정전용량[F]
V : 전체 전압[V]

답 ②

★★★
36 간선의 굵기를 결정하는 데 고려하지 않아도 되는 것은?

14.05.문35
09.08.문40
05.09.문26
04.05.문37

① 허용전류   ② 전압강하
③ 전선관의 굵기 ④ 기계적 강도

해설 전선의 굵기를 결정하는 요소
(1) **허**용전류 ┐
(2) **전**압강하 ├─ 3요소
(3) **기**계적 강도 ┘
(4) 역률
(5) 수용률
(6) 부하용량

기억법 허전기

답 ③

★★★
37 $f(t) = \sin t \cdot \cos t$의 라플라스 변환은?

09.03.문37

① $\dfrac{1}{s^2 + 2}$ ② $\dfrac{2}{s^2 + 2}$

③ $\dfrac{1}{s^2 + 4}$ ④ $\dfrac{2}{s^2 + 4}$

해설 계의 전달함수

$\sin t$	$\cos t$	$\sin t \cdot \cos t$
$\sin t = \dfrac{1}{s^2 + 1}$	$\cos t = \dfrac{1}{s^2 + 1}$	$\sin t \cdot \cos t = \dfrac{1}{s^2 + 4}$

비교

계의 전달함수	
$\sin\omega t$	$\cos\omega t$
$\sin\omega t = \dfrac{\omega}{s^2 + \omega^2}$	$\cos\omega t = \dfrac{s}{s^2 + \omega^2}$

답 ③

★★★
38 프로세스제어에 이용되는 제어량은?

18.09.문33
18.04.문30
17.05.문38
16.05.문32
16.03.문36
15.09.문23
14.09.문30
14.05.문24
13.06.문38

① 온도
② 전류
③ 전압
④ 장력

해설 **제어량에 의한 분류**

프로세스제어	서보기구	자동조정
• **유**량 • **압**력 • **액**위(액면) • **농**도 • **밀**도 • **온**도 기억법 프온압 유액	• **위**치 • **방**위 • **자**세 기억법 서위 방자	• **전**압 • **전**류 • **주**파수 • **회**전속도 • **장**력 기억법 자전주 회장

• 프로세스제어=공정제어

② ~ ④ 자동조정

참고

사용되는 제어방식의 예

제 어	제어방식의 예
추종제어 (follow-up control)	대공포의 포신
프로세스제어 (process control)	• 석유공업 • 화학공업
프로그램제어 (program control)	• 무인 조종되는 소방용 승강기 • 열차의 무인운전
정치제어 (fixed value control)	• 연속식 압연기 • 항온조의 온도제어
시퀀스제어 (sequence control)	무인커피판매기

※ 프로그램제어(program control) : 목표값이 미리 정해진 시간적 변화를 하는 경우 제어량을 그것에 추종시키기 위한 제어

답 ①

39 그림과 같은 무접점회로는 어떤 논리회로를 나타낸 것인가? (단, A는 입력단자이며, X는 출력단자이다.)

① AND
② OR
③ NOT
④ NAND

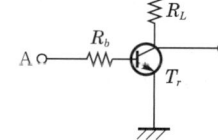

해설 **논리회로**

명 칭	회 로
NOT 게이트	 (회로도: V_{cc}, R_L, R_b, T_r, A 입력, X 출력)

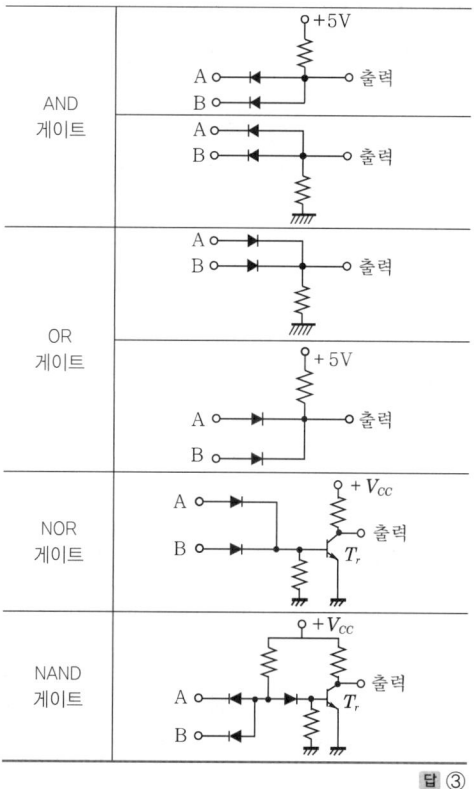

답 ③

40 저항 R과 유도리액턴스 X_L이 직렬로 접속된 회로의 역률은?

① $\dfrac{R}{\sqrt{R^2+X_L^2}}$
② $\dfrac{\sqrt{R^2+X_L^2}}{R}$
③ $\dfrac{X_L}{\sqrt{R^2+X_L^2}}$
④ $\sqrt{\dfrac{R^2+X_L^2}{X_L}}$

해설 **역률**

RL 직렬회로	RL 병렬회로
$\cos\theta = \dfrac{R}{\sqrt{R^2+X_L^2}}$	$\cos\theta = \dfrac{X_L}{\sqrt{R^2+X_L^2}}$
여기서, $\cos\theta$: 역률 X_L : 유도리액턴스[Ω] R : 저항[Ω]	여기서, $\cos\theta$: 역률 X_L : 유도리액턴스[Ω] R : 저항[Ω]

비교

무효율

RL 직렬회로	RL 병렬회로
$\sin\theta = \dfrac{X_L}{\sqrt{R^2+X_L^2}}$	$\sin\theta = \dfrac{R}{\sqrt{R^2+X_L^2}}$
여기서, $\sin\theta$: 무효율 R : 저항[Ω] X_L : 유도리액턴스[Ω]	여기서, $\sin\theta$: 무효율 R : 저항[Ω] X_L : 유도리액턴스[Ω]

답 ①

제3과목 소방관계법규

41 다음 위험물 중 위험물안전관리법령에서 정하고 있는 지정수량이 가장 적은 것은?

① 브로민산염류
② 황
③ 알칼리토금속
④ 과염소산

[해설] 위험물령 [별표 1]
지정수량

위험물	지정수량
• 알칼리토금속	50kg
• 황	100kg
• 브로민산염류 • 과염소산	300kg

[기억법] 알토(소프라노, 알토)

답 ③

42 화재안전조사는 정당한 사유없이 거부·방해 또는 기피한 자에 대한 벌칙은?

18.03.문52
17.03.문47
16.03.문52
14.05.문43
13.03.문57

① 100만원 이하의 벌금
② 150만원 이하의 벌금
③ 200만원 이하의 벌금
④ 300만원 이하의 벌금

[해설] 300만원 이하의 벌금
(1) 화재안전조사를 정당한 사유없이 거부·방해·기피(화재예방법 50조) [보기 ④]
(2) 위탁받은 업무종사자의 **비밀누설**(소방시설법 59조)
(3) **2 이상**의 업체에 취업한 자(공사업법 37조)

[기억법] 비3(비상)

[비교]
소방시설법 61조
300만원 이하의 **과태료**
(1) 소방시설을 화재안전기준에 따라 설치·관리하지 아니한 자
(2) 피난시설, 방화구획 또는 방화시설의 **폐쇄·훼손·변경** 등의 행위를 한 자
(3) 임시소방시설을 설치·관리하지 아니한 자

답 ④

43 위험물안전관리법령상 인화성 액체위험물(이황화탄소를 제외)의 옥외탱크저장소의 탱크주위에 설치하여야 하는 방유제의 기준 중 틀린 것은?

18.04.문48
14.09.문44
08.03.문42
05.05.문50

① 방유제의 유량은 방유제 안에 설치된 탱크가 하나인 때에는 그 탱크용량의 110% 이상으로 할 것
② 방유제의 용량은 방유제 안에 설치된 탱크가 2기 이상인 때에는 그 탱크 중 용량이 최대인 것의 용량의 110% 이상으로 할 것
③ 방유제의 높이 1m 이상 3m 이하, 두께 0.2m 이상, 지하매설깊이 0.5m 이상으로 할 것
④ 방유제 내의 면적은 80000m² 이하로 할 것

[해설] ③ 방유제의 높이는 **0.5m 이상 3m 이하**

위험물규칙 [별표 6]
옥외탱크저장소의 방유제
(1) 높이 : **0.5m 이상 3m 이하** [보기 ③]
(2) 탱크 : 10기(모든 탱크용량이 **20만L** 이하, 인화점이 70℃ 이상 200℃ 미만은 **20기**) 이하
(3) 면적 : **80000m²** 이하
(4) 용량

1기 이상	2기 이상
탱크용량×110% 이상	탱크최대용량×110% 이상

답 ③

44 소방시설의 설치 및 관리에 관한 법령상 특정소방대상물의 피난시설, 방화구획 또는 방화시설의 폐쇄·훼손·변경 등의 행위를 한 자에 대한 과태료 기준으로 옳은 것은?

18.03.문52
17.03.문47
16.03.문52
14.05.문43

① 200만원 이하의 과태료
② 300만원 이하의 과태료
③ 500만원 이하의 과태료
④ 600만원 이하의 과태료

[해설] 소방시설법 61조
300만원 이하의 과태료
(1) 소방시설을 화재안전기준에 따라 설치·관리하지 아니한 자
(2) 피난시설, 방화구획 또는 방화시설의 **폐쇄·훼손·변경** 등의 행위를 한 자 [보기 ②]
(3) 임시소방시설을 설치·관리하지 아니한 자

[비교]
(1) 300만원 이하의 **벌금**
① 화재안전조사를 정당한 사유없이 거부·방해·기피(화재예방법 50조)
② 위탁받은 업무종사자의 **비밀누설**(소방시설법 59조)
③ 방염성능검사 합격표시 위조(소방시설법 59조)
④ **소**방안전관리자, 총괄소방안전관리자 또는 소방안전관리보조자 **미**선임(화재예방법 50조)
⑤ 다른 자에게 자기의 성명이나 상호를 사용하여 소방시설공사 등을 수급 또는 시공하게 하거나 소방시설업의 등록증·등록수첩을 빌려준 자(공사업법 37조)

⑥ 감리원 미배치자(공사업법 37조)
⑦ 소방기술인정 자격수첩을 빌려준 자(공사업법 37조)
⑧ 2 이상의 업체에 취업한 자(공사업법 37조)
⑨ 소방시설업자나 관계인 감독시 관계인의 업무를 방해하거나 비밀누설(공사업법 37조)

> **기억법** 비미소(비상미소)

(2) **200만원 이하의 과태료**
① 소방용수시설·소화기구 및 설비 등의 설치명령 위반(화재예방법 52조)
② **특수가연물의 저장·취급 기준 위반**(화재예방법 52조)
③ 한국119청소년단 또는 이와 유사한 명칭을 사용한 자(기본법 56조)
④ **소방활동구역 출입**(기본법 56조)
⑤ 소방자동차의 출동에 지장을 준 자(기본법 56조)
⑥ 관계서류 미보관자(공사업법 40조)
⑦ 소방기술자 미배치자(공사업법 40조)
⑧ 하도급 미통지자(공사업법 40조)

답 ②

★★★ 45 소방신호의 종류가 아닌 것은?
12.05.문42
12.03.문56
① 진화신호
② 발화신호
③ 경계신호
④ 해제신호

해설 기본규칙 10조
소방신호의 종류

소방신호	설명
경계신호	화재예방상 필요하다고 인정되거나 **화재위험경보시** 발령
발화신호	**화재**가 **발생**한 때 발령
해제신호	소화활동이 필요없다고 인정되는 때 발령
훈련신호	**훈련**상 필요하다고 인정되는 때 발령

중요

기본규칙 〔별표 4〕
소방신호표

신호방법 종별	타종 신호	사이렌 신호
경계신호	1타와 연 2타를 반복	5초 간격을 두고 30초씩 3회
발화신호	난타	5초 간격을 두고 5초씩 3회
해제신호	상당한 간격을 두고 1타씩 반복	1분간 1회
훈련신호	연 3타 반복	10초 간격을 두고 1분씩 3회

답 ①

★ 46 자동화재탐지설비를 설치하여야 하는 특정소방
12.05.문47 대상물의 기준으로 틀린 것은?
① 지하구
② 터널로서 길이 700m 이상인 것
③ 노유자생활시설
④ 복합건축물로서 연면적 600m² 이상인 것

해설 ② 700m 이상 → 1000m 이상

소방시설법 시행령 〔별표 4〕
자동화재탐지설비의 설치대상

설치대상	조건
① 정신의료기관·의료재활시설	• 창살설치 : 바닥면적 300m² 미만 • 기타 : 바닥면적 300m² 이상
② 노유자시설	• 연면적 400m² 이상
③ 근린생활시설·**위**락시설 ④ **의**료시설(정신의료기관, 요양병원 제외) ⑤ **복**합건축물·장례시설	• 연면적 600m² 이상

> **기억법** 근위의복 6

| ⑥ 목욕장·문화 및 집회시설, 운동시설
⑦ 종교시설
⑧ 방송통신시설·관광휴게시설
⑨ 업무시설·판매시설
⑩ 항공기 및 자동차 관련시설·공장·창고시설
⑪ 지하상가·운수시설·발전시설·위험물 저장 및 처리시설
⑫ 교정 및 군사시설 중 국방·군사시설 | • 연면적 1000m² 이상 |
| ⑬ **교**육연구시설·**동**식물관련시설
⑭ **자**원순환관련시설·**교**정 및 군사시설(국방·군사시설 제외)
⑮ **수**련시설(숙박시설이 있는 것 제외)
⑯ 묘지관련시설 | • 연면적 2000m² 이상 |

> **기억법** 교동자교수 2

| ⑰ 터널 | • 길이 1000m 이상 |
| ⑱ 지하구
⑲ 노유자생활시설
⑳ 아파트 등 기숙사
㉑ 숙박시설
㉒ 6층 이상인 건축물
㉓ 조산원 및 산후조리원
㉔ 전통시장
㉕ 요양병원(정신병원, 의료재활시설 제외) | • 전부 |

㉖ 특수가연물 저장·취급	• 지정수량 500배 이상
㉗ 수련시설(숙박시설이 있는 것)	• 수용인원 100명 이상
㉘ 발전시설	• 전기저장시설

답 ②

47 소방기본법령상 소방용수시설별 설치기준 중 틀린 것은?

① 급수탑 개폐밸브는 지상에서 1.5m 이상 1.7m 이하의 위치에 설치하도록 할 것
② 소화전은 상수도와 연결하여 지하식 또는 지상식의 구조로 하고, 소방용 호스와 연결하는 소화전의 연결금속구의 구경은 100mm로 할 것
③ 저수조 흡수관의 투입구가 사각형의 경우에는 한 변의 길이가 60cm 이상, 원형의 경우에는 지름이 60cm 이상일 것
④ 저수조는 지면으로부터의 낙차가 4.5m 이하일 것

해설 기본규칙 [별표 3]
소방용수시설별 설치기준

구 분	소화전	급수탑
구경	65mm	100mm
개폐밸브 높이	–	지상 1.5~1.7m 이하

중요
소방용수시설의 설치기준(기본규칙 [별표 3])

거리기준	지 역
100m 이하	• 주거지역 • 공업지역 • 상업지역
140m 이하	• 기타지역

기억법 주공 100상(주공아파트에 백상어가 그려져 있다.)

답 ②

48 대통령령이 정하는 특정소방대상물에는 관계인이 소방안전관리자를 선임하지 않은 경우의 벌금 규정은?

① 100만원 이하
② 200만원 이하
③ 300만원 이하
④ 1천만원 이하

해설 300만원 이하의 벌금
(1) 화재안전조사를 정당한 사유없이 거부·방해·기피(화재예방법 50조)
(2) 위탁받은 업무종사자의 **비밀누설**(소방시설법 59조)
(3) 방염성능검사 합격표시 위조(소방시설법 59조)
(4) **소**방안전관리자, 총괄소방안전관리자 또는 소방안전관리보조자 **미**선임(화재예방법 50조)
(5) 다른 자에게 자기의 성명이나 상호를 사용하여 소방시설공사 등을 수급 또는 시공하게 하거나 소방시설업의 등록증·등록수첩을 빌려준 자(공사업법 37조)
(6) 감리원 미배치자(공사업법 37조)
(7) 소방기술인정 자격수첩을 빌려준 자(공사업법 37조)
(8) 2 이상의 업체에 취업한 자(공사업법 37조)
(9) 소방시설업자나 관계인 감독시 관계인의 업무를 방해하거나 비밀누설(공사업법 37조)

기억법 비3미소(비상미소)

답 ③

49 소방기본법상 소방활동구역의 설정권자로 옳은 것은?

① 소방본부장
② 소방서장
③ 소방대장
④ 시·도지사

해설 기본법 23
소방활동구역의 설정
(1) 설정권자 : 소방대장
(2) 설정구역 ┌ 화재현장
          └ 재난·재해 등의 위급한 상황이 발생한 현장

비교
화재예방강화지구의 지정 : 시·도지사

답 ③

50
건축허가 등을 함에 있어서 미리 소방본부장 또는 소방서장의 동의를 받아야 하는 건축물 등의 범위로 차고·주차장으로 사용되는 층 중 바닥면적이 몇 제곱미터 이상인 층이 있는 시설에 시설하여야 하는가?

① 50
② 100
③ 200
④ 400

해설 소방시설법 시행령 7조
건축허가 등의 동의대상물
(1) 연면적 400m²(학교시설 : 100m², 수련시설·노유자시설 : 200m², 정신의료기관·장애인의료재활시설 : 300m²) 이상
(2) 6층 이상인 건축물
(3) 차고·주차장으로서 바닥면적 200m² 이상(자동차 20대 이상)
(4) 항공기격납고, 관망탑, 항공관제탑, 방송용 송수신탑
(5) 지하층 또는 무창층의 바닥면적 150m²(공연장은 100m²) 이상
(6) 위험물저장 및 처리시설, 지하구
(7) 전기저장시설, 풍력발전소
(8) 공동주택, 숙박시설
(9) 조산원, 산후조리원, 의원(입원실 또는 인공신장실이 있는 것)
(10) 결핵환자나 한센인이 24시간 생활하는 노유자시설
(11) 노인주거복지시설·노인의료복지시설 및 재가노인복지시설, 학대피해노인 전용쉼터, 아동복지시설, 장애인거주시설
(12) 정신질환자 관련시설(공동생활가정을 제외한 재활훈련시설과 종합시설 중 24시간 주거를 제공하지 않는 시설 제외)
(13) 노숙인자활시설, 노숙인재활시설 및 노숙인 요양시설
(14) 요양병원(의료재활시설 제외)
(15) 공장 또는 창고시설로서 지정수량의 750배 이상의 특수가연물을 저장·취급하는 것
(16) 가스시설로서 지상에 노출된 탱크의 저장용량의 합계가 100t 이상인 것

답 ③

51
위험물안전관리법상 제1류 위험물의 성질은?

① 산화성 액체
② 가연성 고체
③ 금수성 물질
④ 산화성 고체

해설 위험물(위험물령 [별표 1])

유별	성질	품명
제1류	산화성 고체	• 아염소산염류(아염소산나트륨) • 염소산염류 • 과염소산염류 • 질산염류(질산칼륨) • 무기과산화물(과산화바륨) **기억법** 1산고(일산GO)
제2류	가연성 고체	• 황화인 • 적린 • 황 • 마그네슘 **기억법** 2황화적황마
제3류	자연발화성 물질 및 금수성 물질	• 황린 • 칼륨 • 나트륨 • 트리에틸알루미늄 **기억법** 황칼나트알
제4류	인화성 액체	• 특수인화물 • 석유류(벤젠) • 알코올류 • 동식물유류
제5류	자기반응성 물질	• 셀룰로이드(질산에스터류) • 유기과산화물 • 나이트로화합물 • 나이트로소화합물 • 아조화합물 • 나이트로글리세린
제6류	산화성 액체	• 과염소산 • 과산화수소 • 질산 **기억법** 산액과염산질산

답 ④

52
소방시설공사업법상 소방시설업자가 등록을 한 후 정당한 사유없이 1년이 지날 때까지 영업을 개시하지 아니하거나 계속하여 1년 이상 휴업한 때는 몇 개월 이내의 영업정지를 당할 수 있나?

① 1개월 이내
② 2개월 이내
③ 3개월 이내
④ 6개월 이내

해설 공사업법 9조
소방시설업 등록의 취소와 6개월 이내 영업정지
(1) 등록의 취소 또는 6개월 이내 영업정지
 ㉠ 등록기준에 미달하게 된 후 30일 경과
 ㉡ 등록의 결격사유에 해당하는 경우
 ㉢ **거짓**, 그 밖의 **부정한 방법**으로 등록을 한 경우
 ㉣ 계속하여 **1년 이상 휴업**한 때
 ㉤ 등록을 한 후 정당한 사유없이 **1년**이 지날 경우
 ㉥ 등록증 또는 등록수첩을 빌려준 경우
(2) 등록 취소
 ㉠ 거짓, 그 밖의 **부정한 방법**으로 등록을 한 경우
 ㉡ 등록 **결격사유**에 해당된 경우
 ㉢ 영업정지기간 중에 소방시설공사 등을 한 경우

답 ④

19. 03. 시행 / 산업(전기)

53 소방시설 설치 및 관리에 관한 법령상 특정소방대상물의 관계인이 특정소방대상물의 규모·용도 및 수용인원 등을 고려하여 갖추어야 하는 소방시설의 종류 기준 중 ㉠, ㉡에 알맞은 것은?

[18.04.문49]

화재안전기준에 따라 소화기구를 설치하여야 하는 특정소방대상물은 연면적 (㉠)m² 이상인 것. 다만, 노유자시설의 경우에는 투척용 소화용구 등을 화재안전기준에 따라 산정된 소화기수량의 (㉡) 이상으로 설치할 수 있다.

① ㉠ 33, ㉡ $\frac{1}{2}$

② ㉠ 33, ㉡ $\frac{1}{3}$

③ ㉠ 50, ㉡ $\frac{1}{2}$

④ ㉠ 50, ㉡ $\frac{1}{3}$

해설 소방시설법 시행령 [별표 4]
소화설비의 설치대상

종류	설치대상
소화기구	① 연면적 **33m²** 이상(단, **노유자시설**은 **투척용 소화용구** 등을 산정된 소화기 수량의 $\frac{1}{2}$ 이상으로 설치 가능) ② 국가유산 ③ 가스시설, 전기저장시설 ④ 터널 ⑤ 지하구
주거용 주방자동소화장치	① 아파트 등(모든 층) ② **오피스텔**(모든 층)

답 ①

54 자체소방대를 설치하여야 하는 제조소 등으로 옳은 것은?

[15.09.문57]
[13.06.문53]
[11.10.문49]

① 지정수량 3000배의 아세톤을 취급하는 일반취급소

② 지정수량 3500배의 칼륨을 취급하는 제조소

③ 지정수량 4000배의 등유를 이동저장탱크에 주입하는 일반취급소

④ 지정수량 4500배의 기계유를 유압장치로 취급하는 일반취급소

해설

① 아세톤 : 제4류 위험물
② 칼륨 : 제3류 위험물
③ 등유 : 제4류 위험물
④ 기계유 : 제4류 위험물

위험물령 18조
자체소방대를 설치하여야 하는 사업소
(1) 제4류 위험물을 취급하는 제조소 또는 일반취급소(단, 보일러로 위험물을 소비하는 일반취급소 등 행정안전부령으로 정하는 일반취급소는 제외)
(2) 제4류 위험물을 저장하는 옥외탱크저장소
(3) 대통령령이 정하는 수량 이상
 ㉠ 위 (1)에 해당하는 경우 : 제조소 또는 일반취급소에서 취급하는 제4류 위험물의 최대수량의 합이 지정수량의 **3천배** 이상
 ㉡ 위 (2)에 해당하는 경우 : 옥외탱크저장소에 저장하는 제4류 위험물의 최대수량이 지정수량의 **50만배** 이상

답 ①

55 화재의 예방 및 안전관리에 관한 법령상 소방안전관리대상물의 소방계획서에 포함되어야 하는 사항이 아닌 것은?

① 예방규정을 정하는 제조소 등의 위험물 저장·취급에 관한 사항

② 소방시설·피난시설 및 방화시설의 점검·정비계획

③ 특정소방대상물의 근무자 및 거주자의 자위소방대 조직과 대원의 임무에 관한 사항

④ 방화구획, 제연구획, 건축물의 내부 마감재료(불연재료·준불연재료 또는 난연재료로 사용된 것) 및 방염대상물품의 사용현황과 그 밖의 방화구조 및 설비의 유지·관리계획

해설 화재예방법 시행령 27조
소방안전관리대상물의 소방계획서 작성
(1) 소방안전관리대상물의 위치·구조·연면적·용도 및 수용인원 등의 **일반현황**
(2) 화재예방을 위한 **자체점검계획** 및 **대응대책**
(3) 특정소방대상물의 **근무자** 및 거주자의 **자위소방대** 조직과 대원의 임무에 관한 사항
(4) **소방시설**·**피난시설** 및 **방화시설**의 점검·정비계획
(5) 방화구획, 제연구획, 건축물의 **내부 마감재료**(**불연재료**·**준불연재료** 또는 **난연재료**로 사용된 것) 및 **방염대상물품**의 사용현황과 그 밖의 방화구조 및 설비의 유지·관리계획

답 ①

56. 화재의 예방 및 안전관리에 관한 법령상 특수가연물의 저장기준 중 ㉠, ㉡, ㉢에 알맞은 것은? (단, 석탄·목탄류를 발전용으로 저장하는 경우는 제외한다.)

쌓는 높이는 10m 이하가 되도록 하고, 쌓는 부분의 바닥면적은 (㉠)m² 이하가 되도록 할 것. 다만, 살수설비를 설치하거나, 방사능력 범위에 해당 특수가연물이 포함되도록 대형 수동식 소화기를 설치하는 경우에는 쌓는 높이를 (㉡)m 이하, 쌓는 부분의 바닥면적을 (㉢)m² 이하로 할 수 있다.

① ㉠ 200, ㉡ 20, ㉢ 400
② ㉠ 200, ㉡ 15, ㉢ 300
③ ㉠ 50, ㉡ 20, ㉢ 100
④ ㉠ 50, ㉡ 15, ㉢ 200

해설 화재예방법 시행령 [별표 3]
특수가연물의 저장 및 취급의 기준
(1) 특수가연물을 저장 또는 취급하는 장소에는 품명, 최대저장수량, 단위부피당 질량 또는 단위체적당 질량, 관리책임자 성명·직책·연락처 및 화기취급의 금지표지가 포함된 특수가연물 표지를 설치할 것
(2) 쌓아 저장하는 기준(단, 석탄·목탄류를 발전용으로 저장하는 것 제외)
㉠ 품명별로 구분하여 쌓을 것
㉡ 쌓는 높이는 10m 이하가 되도록 하고, 쌓는 부분의 바닥면적은 **50m²**(석탄·목탄류는 **200m²**) 이하가 되도록 할 것(단, 살수설비를 설치하거나, 방사능력 범위에 해당 특수가연물이 포함되도록 대형 수동식 소화기를 설치하는 경우에는 쌓는 높이를 **15m** 이하, 쌓는 부분의 바닥면적을 **200m²**(석탄·목탄류는 **300m²**) 이하로 할 수 있다)
㉢ 쌓는 부분 바닥면적의 사이는 실내의 경우 **1.2m** 또는 쌓는 높이의 $\frac{1}{2}$ 중 **큰 값** 이상으로 간격을 두어야 하며, **실외**의 경우 **3m** 또는 쌓는 높이 중 큰 값 이상으로 간격을 둘 것

답 ④

57. 소방시설 설치 및 관리에 관한 법령상 시·도지사가 소방시설 등의 자체점검을 하지 아니한 관리업자에게 영업정지를 명할 수 있으나, 이로 인해 국민에게 심한 불편을 줄 때에는 영업정지 처분을 갈음하여 과징금 처분을 한다. 과징금의 기준은?

① 1000만원 이하
② 2000만원 이하
③ 3000만원 이하
④ 5000만원 이하

해설 소방시설법 36조, 위험물법 13조, 공사업법 10조
과징금

3000만원 이하	2억원 이하
• 소방시설관리업 영업정지처분 갈음	• 제조소 사용정지처분 갈음 • 소방시설업 영업정지처분 갈음

중요
소방시설업
(1) 소방시설설계업
(2) 소방시설공사업
(3) 소방공사감리업
(4) 방염처리업

답 ③

58. 화재안전조사 결과에 따른 조치명령으로 인하여 손실을 입은 자에 대한 손실보상에 관한 설명으로 틀린 것은?

① 손실보상에 관하여는 소방청장, 시·도지사와 손실을 입은 자가 협의하여야 한다.
② 보상금액에 관한 협의가 성립되지 아니한 경우에는 소방청장 또는 시·도지사는 그 보상금액을 지급하거나 공탁하고 이를 상대방에게 알려야 한다.
③ 소방청장 또는 시·도지사가 손실을 보상하는 경우에는 공시지가로 보상하여야 한다.
④ 보상금의 지급 또는 공탁의 통지에 불복이 있는 자는 지급 또는 공탁의 통지를 받은 날부터 30일 이내에 관할토지수용위원회에 재결을 신청할 수 있다.

해설 ③ 소방청장 또는 시·도지사가 손실을 보상하는 경우에는 **시가**로 보상하여야 한다.

화재예방법 시행령 14조
(1) 손실보상권자 : **소방청장** 또는 **시·도지사**
(2) 손실보상방법 : **시가 보상**

답 ③

59. 소방시설 설치 및 관리에 관한 법령상 소방시설 등에 대한 자체점검 중 종합점검 대상기준으로 틀린 것은?

① 제연설비가 설치된 터널
② 노래연습장으로서 연면적이 2000m² 이상인 것
③ 물분무등소화설비가 설치된 아파트로서 연면적 3000m²이고, 11층 이상인 것
④ 소방대가 근무하지 않는 국공립학교 중 연면적이 1000m² 이상인 것으로서 자동화재탐지설비가 설치된 것

해설 ② 노래연습장은 다중이용업소이므로 연면적 2000m² 이상이 맞음
③ 3000m²이고 11층 이상인 것 → 5000m² 이상인 것

소방시설법 시행규칙 〔별표 3〕
소방시설 등 자체점검의 점검대상, 점검자의 자격, 점검횟수 및 시기

점검 구분	정 의	점검대상	점검자의 자격(주된 인력)	점검횟수 및 점검시기
작동 점검	소방시설 등을 인위적으로 조작하여 정상적으로 작동하는지를 점검하는 것	① 간이스프링클러설비·자동화재탐지설비	• 관계인 • 소방안전관리자로 선임된 소방시설관리사 또는 소방기술사 • 소방시설관리업에 등록된 기술인력 중 소방시설관리사 또는 「소방시설공사업법 시행규칙」에 따른 특급 점검자	• 작동점검은 **연 1회** 이상 실시하며, 종합점검대상은 종합점검(최초점검 제외)을 받은 달부터 **6개월**이 되는 달에 실시 • 종합점검대상 외의 특정소방대상물은 사용승인일이 속하는 달의 말일까지 실시
		② ①에 해당하지 아니하는 특정소방대상물	• 소방시설관리업에 등록된 기술인력 중 소방시설관리사 • 소방안전관리자로 선임된 소방시설관리사 또는 소방기술사	
		③ 작동점검 제외대상 • 특정소방대상물 중 소방안전관리자를 선임하지 않는 대상 • 위험물제조소 등 • 특급 소방안전관리대상물		
종합 점검	소방시설 등의 작동점검을 포함하여 소방시설 등의 설비별 주요 구성부품의 구조기준이 화재안전기준과 「건축법」 등 관련 법령에서 정하는 기준에 적합한지 여부를 점검하는 것 (1) 최초점검: 특정소방대상물의 소방시설이 신설된 경우 건축물을 사용할 수 있게 된 날부터 60일 이내에 점검하는 것 (2) 그 밖의 종합점검: 최초점검을 제외한 종합점검	④ 소방시설 등이 신설된 경우에 해당하는 특정소방대상물 ⑤ **스프링클러설비**가 설치된 특정소방대상물 ⑥ **물분무등소화설비**(호스릴 방식의 물분무등소화설비만을 설치한 경우는 제외)가 설치된 연면적 **5000m²** 이상인 특정소방대상물(위험물제조소 등 제외) ⑦ 다중이용업의 영업장이 설치된 특정소방대상물로서 연면적이 **2000m²** 이상인 것 ⑧ **제연설비**가 설치된 터널 ⑨ **공공기관** 중 연면적(터널·지하구의 경우 그 길이와 평균폭을 곱하여 계산된 값)이 **1000m²** 이상인 것으로서 옥내소화전설비 또는 자동화재탐지설비가 설치된(단, 소방대가 근무하는 공공기관 제외) **중요** **종합점검** ① 공공기관: 1000m² ② 다중이용업: 2000m² ③ 물분무등(호스릴 ×): 5000m²	• 소방시설관리업에 등록된 기술인력 중 **소방시설관리사** • 소방안전관리자로 선임된 **소방시설관리사** 또는 **소방기술사**	〈점검횟수〉 ㉠ 연 1회 이상(특급 소방안전관리대상물은 반기에 1회 이상) 실시 ㉡ ㉠에도 불구하고 소방본부장 또는 소방서장은 소방청장이 소방안전관리가 우수하다고 인정한 특정소방대상물에 대해서는 3년의 범위에서 소방청장이 고시하거나 정한 기간 동안 종합점검을 면제할 수 있다(단, 면제기간 중 화재가 발생한 경우는 제외). 〈점검시기〉 ㉠ ④에 해당하는 특정소방대상물은 건축물을 사용할 수 있게 된 날부터 60일 이내 실시 ㉡ ㉠을 제외한 특정소방대상물은 건축물의 사용승인일이 속하는 달에 실시(단, 학교의 경우 해당 건축물의 사용승인일이 1월에서 6월 사이에 있는 경우에는 6월 30일까지 실시할 수 있다.) ㉢ 건축물 사용승인일 이후 ㉰에 따라 종합점검대상에 해당하게 된 경우에는 그 다음 해부터 실시 ㉣ 하나의 대지경계선 안에 2개 이상의 자체점검대상 건축물 등이 있는 경우 그 건축물 중 사용승인일이 가장 빠른 연도의 건축물의 사용승인일을 기준으로 점검할 수 있다.

답 ③

60 소방활동구역의 출입자로서 대통령령이 정하는 자에 속하지 않는 사람은?

① 의사·간호사 그 밖의 구조·구급업무에 종사하는 자
② 소방활동구역 밖에 있는 소방대상물의 소유자·관리자 또는 점유자
③ 취재인력 등 보도업무에 종사하는 자
④ 수사업무에 종사하는 자

해설 ② 소방활동구역 **안**에 있는 소방대상물의 소유자·관리자 또는 점유자

기본령 8조
소방활동구역 출입자
(1) 소방활동구역 안에 있는 **소유자·관리자** 또는 **점유자**
(2) **전기·가스·수도·통신·교통**의 업무에 종사하는 자로서 원활한 **소방활동**을 위하여 필요한 자
(3) **의사·간호사** 그 밖의 구조·구급업무에 종사하는 자
(4) **취재인력** 등 보도업무에 종사하는 자
(5) **수사업무**에 종사하는 자
(6) **소방대장**이 소방활동을 위하여 **출입**을 **허가**한 자

※ **소방활동구역** : 화재, 재난·재해 그 밖의 위급한 상황이 발생한 현장에 정하는 구역

답 ②

제4과목 소방전기시설의 구조 및 원리

61 화재안전기준에서 비상콘센트의 저압에 관한 기준으로 옳은 것은?

① 직류는 550V 이하, 교류는 400V 이하인 것을 말한다.
② 직류는 650V 이하, 교류는 500V 이하인 것을 말한다.
③ 직류는 1500V 이하, 교류는 1000V 이하인 것을 말한다.
④ 직류는 850V 이하, 교류는 700V 이하인 것을 말한다.

해설 **전압**(NFTC 504 1.7)

구분		전압
저압	교류	1000V 이하
	직류	1500V 이하
고압	교류	1000V 초과 7000V 이하
	직류	1500V 초과 7000V 이하
특고압		7000V 초과

답 ③

---

62 노유자시설로서 바닥면적이 최소 몇 m^2 이상인 층이 있는 경우 자동화재속보설비를 설치해야 하는가?

① 500
② 1000
③ 1500
④ 2000

해설 **자동화재속보설비의 설치대상**(소방시설법 시행령 [별표 4])

설치대상	조건
① **수**련시설(숙박시설이 있는 것)	바닥면적 **500m^2 이상**
② **노**유자시설	
③ 정신병원 및 의료재활시설	
④ 목조건축물	국보·보물
⑤ 노유자 생활시설	전부
⑥ 종합병원, 병원, 치과병원, 한방병원 및 요양병원(의료재활시설 제외)	
⑦ 의원, 치과의원 및 한의원(입원실이 있는 시설)	
⑧ 조산원 및 산후조리원	
⑨ 전통시장	

기억법 5수노속

답 ①

---

63 청각장애인용 시각경보장치에 대한 설치기준으로 틀린 것은?

① 설치높이는 바닥으로부터 2m 이상 2.5m 이하의 장소에 설치할 것
② 천장의 높이가 2m 이하인 경우에는 천장으로부터 0.15m 이내의 장소에 설치하여야 한다.
③ 공연장·집회장·관람장 또는 이와 유사한 장소에 설치하는 경우에는 시선이 분산되는 객석부 부분 등에 설치할 것
④ 시각경보장치의 광원은 전용의 축전지설비 또는 전기저장장치(외부 전기에너지를 저장해두었다가 필요한 때 전기를 공급하는 장치)에 의하여 점등되도록 할 것

해설 청각장애인용 시각경보장치의 **설치기준**(NFPC 203 8조, NFTC 203 2.5.2)

(1) **복**도·**통**로·청각장애인용 객실 및 공용으로 사용하는 **거**실에 설치하며, 각 부분으로부터 유효하게 경보를 발할 수 있는 위치에 설치
(2) 공연장·집회장·관람장 또는 이와 유사한 장소에 설치하는 경우에는 시선이 집중되는 **무대부 부분** 등에 설치
(3) 바닥으로부터 2~2.5m 이하의 장소에 설치(단, 천장의 높이가 2m 이하인 경우에는 천장으로부터 0.15m 이내의 장소에 설치)
(4) 설치높이

기 기	설치높이
기타기기	0.8~1.5m 이하
시각경보장치	2~2.5m 이하(단, 천장의 높이가 2m 이하인 경우에는 천장으로부터 0.15m 이내의 장소에 설치)

기억법 시25(CEO)

③ 분산되는 객석부 부분 → 집중되는 무대부 부분

중요

시각경보장치(NFPC 203 3조, NFTC 203 1.7)
자동화재탐지설비에서 발하는 화재신호를 시각경보기에 전달하여 청각장애인에게 점멸형태의 시각경보를 하는 것

답 ③

---

64 유도등 설치에 관한 설명으로 틀린 것은?

12.09.문76
05.09.문68

① 객석유도등은 객석의 통로, 바닥, 벽, 천장에 설치하여야 한다.
② 계단통로유도등은 바닥으로부터 높이 1m 이하의 위치에 설치하여야 한다.
③ 거실통로유도등은 구부러진 모퉁이 및 보행거리 20m마다 설치하여야 한다.
④ 피난구유도등은 피난구의 바닥으로부터 높이 1.5m 이상으로서 출입구에 인접하도록 설치하여야 한다.

해설 **객석유도등**의 **설치위치**(NFPC 303 6조, NFTC 303 2.4.1)
(1) 객석의 **통**로
(2) 객석의 **바**닥
(3) 객석의 **벽**

기억법 통바벽

① 천장 X

답 ①

---

65 자동화재탐지설비의 경계구역 설정기준으로 옳은 것은?

11.06.문72
10.05.문63
10.03.문73

① 하나의 경계구역이 1개 이상의 층에 미치지 아니하도록 할 것
② 특정소방대상물의 주된 출입구에서 그 내부 전체가 보이는 것에 있어서는 한변의 길이가 50m의 범위 내에서 1000m² 이하로 할 것
③ 하나의 경계구역이 1개 이상의 건축물에 미치지 아니하도록 할 것
④ 하나의 경계구역의 면적은 500m² 이하로 하고 한 변의 길이는 50m 이하로 할 것

해설 **경계구역**(NFPC 203 3·4, NFTC 203 1.7, 2.1)

구 분	설 명
정의	소방대상물 중 **화재신호를 발신**하고 그 **신호를 수신** 및 유효하게 **제어**할 수 있는 구역
설정기준	① 1경계구역이 **2개** 이상의 **건축물**에 미치지 않을 것 ② 1경계구역이 **2개** 이상의 **층**에 미치지 않을 것 ③ 1경계구역의 면적은 **600**m² 이하로 하고, 1변의 길이는 **50**m 이하로 할 것 (내부 전체가 보이면 **1000**m² 이하)
1경계구역 높이	45m 이하

① 1개 이상 → 2개 이상
③ 1개 이상 → 2개 이상
④ 500m² 이하 → 600m² 이하

답 ②

---

66 비상콘센트설비의 전원부와 외함 사이의 절연저항에 대한 기준으로 옳은 것은?

16.03.문80
14.05.문70
13.06.문77
10.05.문64

① 500V 절연저항계로 측정하여 5MΩ 이상일 것
② 500V 절연저항계로 측정하여 10MΩ 이상일 것
③ 500V 절연저항계로 측정하여 15MΩ 이상일 것
④ 500V 절연저항계로 측정하여 20MΩ 이상일 것

해설 절연저항시험

절연저항계	절연저항	대 상
직류 250V	0.1MΩ 이상	● 1경계구역의 절연저항
직류 500V	5MΩ 이상	● 누전경보기 ● 가스누설경보기 ● 수신기(10회로 미만, 절연된 충전부와 외함 간) ● 자동화재속보설비 ● 비상경보설비 ● 유도등(교류입력측과 외함 간 포함) ● 비상조명등(교류입력측과 외함 간 포함)
직류 500V	20MΩ 이상	● 경종 ● 발신기 ● 중계기 ● **비상콘센트** ● 기기의 절연된 선로 간 ● 기기의 충전부와 비충전부 간 ● 기기의 교류입력측과 외함 간(유도등·비상조명등 제외)
직류 500V	50MΩ 이상	● 감지기(정온식 감지선형 감지기 제외) ● 가스누설경보기(10회로 이상) ● 수신기(10회로 이상, 교류입력측과 외함 간 제외)
직류 500V	1000MΩ 이상	● 정온식 감지선형 감지기

67 화재시 발생하는 열, 연기, 불꽃 또는 연소생성물을 자동적으로 감지하여 수신기에 발신하는 장치는?

① 감지기 ② 중계기
③ 발신기 ④ 시각경보장치

해설 자동화재탐지설비의 화재안전기준(NFPC 203 3조, NFTC 203 1.7)

용어	설명
감지기	화재시 발생하는 **열**, **연기**, **불꽃** 또는 **연소생성물**을 자동적으로 **감지**하여 수신기에 **발신**하는 장치
중계기	감지기·발신기 또는 전기적 접점 등의 작동에 따른 **신호**를 받아 이를 수신기의 제어반에 **전송**하는 장치
발신기	화재발생신호를 수신기에 **수동**으로 **발신**하는 장치
시각경보장치	**자동화재탐지설비**에서 발하는 화재신호를 시각경보기에 전달하여 **청각장애인**에게 **점멸형태**의 **시각경보**를 하는 것

답 ①

68 축전지의 자기방전을 보충함과 동시에 상용부하에 대한 전력공급은 충전기가 부담하도록 하되 충전기가 부담하기 어려운 일시적인 대전류 부하는 축전기로 하여금 부담하게 하는 충전방식은?

① 과충전방식 ② 균등충전방식
③ 자가충전방식 ④ 부동충전방식

해설 충전방식

충전방식	설명
보통충전	필요할 때마다 표준시간율로 충전하는 방식
급속충전	보통 충전전류의 **2배**의 **전류**로 충전하는 방식
부동충전	전지의 자기방전을 **보충함**과 **동시**에 상용부하에 대한 전력공급은 충전기가 부담하되 부담하기 어려운 일시적인 대전류부하는 축전지가 부담하도록 하는 방식으로 **가장 많이 사용** [기억법] 부보동
균등충전	각 축전지의 **전위차**를 **보정**하기 위해 1~3개월마다 10~12시간 1회 충전하는 방식
세류충전 (트리클 충전)	자기 방전량만 항상 충전하는 방식 [기억법] 자세

답 ④

69 비상조명등의 설치제외 기준 중 다음 ( )안에 알맞은 것은?

거실의 각 부분으로부터 하나의 출입구에 이르는 보행거리가 ( )m 이내인 부분

① 2 ② 5
③ 15 ④ 25

해설 비상조명등의 설치제외 장소(NFPC 304 5조, NFTC 304 2.2)
(1) 거실 각 부분에서 출입구까지의 **보행거리 15m** 이내
(2) **공동주택·경기장·의원·의료시설·학교·거실**

[기억법] 조공 경의학

비교

(1) 휴대용 비상조명등의 설치제외 장소(NFPC 304 5조, NFTC 304 2.2.2)
  ① 복도·통로·창문 등을 통해 **피난**이 용이한 경우 (**지상 1층·피난층**)
  ② **숙박시설**로서 **복도**에 비상조명등을 설치한 경우
  [기억법] 휴피(휴지로 피닦아!), 휴숙복
(2) 통로유도등의 설치제외 장소(NFPC 303 11조, NFTC 303 2.8.2)
  ① 길이 **30m** 미만의 복도·통로(구부러지지 않은 복도·통로)
  ② 보행거리 **20m** 미만의 복도·통로(출입구에 **피난구유도등**이 설치된 복도·통로)
(3) 객석유도등의 설치제외 장소(NFPC 303 11조, NFTC 303 2.8.3)
  ① **채광**이 충분한 객석(**주간**에만 사용)
  ② **통로유도등**이 설치된 객석(거실 각 부분에서 거실 출입구까지의 **보행거리 20m** 이하)
  [기억법] 채객보통(채소는 객관적으로 보통이다.)

답 ③

70 무선통신보조설비에 증폭기를 설치할 경우 설치기준으로 틀린 것은?

① 증폭기는 비상전원이 부착된 것으로 한다.
② 상용전원은 전기가 정상적으로 공급되는 교류전압 옥내간선으로 한다.
③ 비상전원용량은 무선통신보조설비를 유효하게 20분 이상 작동시킬 수 있는 것으로 한다.
④ 증폭기의 전면에는 주회로의 전원이 정상인지의 여부를 표시할 수 있는 표시등 및 전압계를 설치한다.

해설 무선통신보조설비의 증폭기 및 무선중계기의 설치기준(NFPC 505 8조, NFTC 505 2.5)
(1) 상용전원은 **축전지설비**, **전기저장장치**(외부 전기에너지를 저장해 두었다가 필요한 때 전기를 공급하는 장치) 또는 **교류전압 옥내간선**으로 하고, 전원까지의 배선은 **전용**으로 할 것
(2) 증폭기의 전면에는 전원확인 **표시등** 및 **전압계** 설치
(3) 증폭기의 비상전원용량은 **30분** 이상
(4) **증폭기 및 무선중계기**를 설치하는 경우 전파법 규정에 따른 적합성평가를 받은 제품으로 설치
(5) 디지털방식의 무전기를 사용하는 데 지장이 없도록 설치할 것

③ 20분 이상 → 30분 이상

비상전원용량 [중요]

설비의 종류	비상전원용량
• **자**동화재탐지설비 • 비상**경**보설비 • **자**동화재속보설비	**10**분 이상
• 유도등 • 비상콘센트설비 • 제연설비 • 물분무소화설비 • 옥내소화전설비(30층 미만) • 특별피난계단의 계단실 및 부속실 제연설비(30층 미만)	20분 이상
• 무선통신보조설비의 **증**폭기	**30**분 이상
• 옥내소화전설비(30~49층 이하) • 특별피난계단의 계단실 및 부속실 제연설비(30~49층 이하) • 연결송수관설비(30~49층 이하) • 스프링클러설비(30~49층 이하)	40분 이상
• 유도등·비상조명등(지하상가 및 11층 이상) • 옥내소화전설비(50층 이상) • 특별피난계단의 계단실 및 부속실 제연설비(50층 이상) • 연결송수관설비(50층 이상) • 스프링클러설비(50층 이상)	60분 이상

[기억법] 경자비1(**경자**라는 이름은 **비**일비재하게 많다.)
3증(3**중**고)

답 ③

---

71 비상방송설비의 설치상태가 화재안전기준에 적합하지 않는 것은?

17.03.문78 / 16.10.문62 / 16.03.문70 / 15.09.문65 / 15.05.문75 / 14.09.문61 / 14.05.문80 / 14.03.문74 / 13.09.문71 / 13.03.문63

① 확성기의 음성입력은 3W로 하였다.
② 음량조절기를 설치하고, 음량조정기의 배선은 4선식으로 하였다.
③ 조작부의 조작스위치를 바닥으로부터 1.2m의 높이에 설치하였다.
④ 기동장치에 따른 화재신고를 수신한 후 필요한 음량으로 화재발생 상황 및 피난에 유효한 방송이 자동으로 개시될 때까지의 소요시간을 5초로 하였다.

[해설] 비상방송설비의 설치기준(NFPC 202 4조, NFTC 202 2.1)
(1) 확성기의 음성입력은 실외 3W, 실내 1W 이상일 것
(2) 확성기는 각 **층**마다 설치하되, 각 부분으로부터의 수평거리는 **25m 이하**일 것
(3) **음**량조정기는 **3선식** 배선일 것
(4) 조작스위치는 바닥으로부터 **0.8~1.5m** 이하의 높이에 설치할 것
(5) 다른 전기회로에 의하여 **유도장애**가 생기지 않을 것
(6) 비상방송 개시시간은 **10초** 이하일 것
(7) **엘**리베이터 내부에는 **별**도의 **음**향장치를 설치할 수 있다.
(8) 2 이상의 조작부가 설치된 경우 동시통화가 가능하고 전 구역에 방송할 수 있을 것

[기억법] 방음3(**방음삼**아)

② 4선식 → 3선식

답 ②

---

72 누전경보기의 수신부의 설치장소로 적합한 것은? (단, 누전경보기에 대하여 방호조치를 하지 않은 경우이다.)

13.06.문74 / 12.05.문73 / 11.03.문76

① 옥내 건조한 장소
② 습도가 높고 온도의 변화가 급격한 장소
③ 대전류회로·고주파 발생회로 등에 따른 영향을 받을 우려가 있는 장소
④ 가연성의 증기·먼지·가스 등이나 부식성의 증기·가스 등이 다량으로 체류하는 장소

[해설] **누전경보기**의 **수신부**(NFPC 205 5조, NFTC 205 2.2.1, 2.2.2)

설치장소	설치제외장소
옥내의 점검에 편리한 장소 (옥내 건조한 장소)	① **온**도변화가 급격한 장소 ② **습**도가 높은 장소 ③ **가**연성의 증기, 가스 등 또는 부식성의 증기, 가스 등의 다량 체류장소 ④ **대**전류회로, 고주파발생회로 등의 영향을 받을 우려가 있는 장소 ⑤ **화**약류 제조, 저장, 취급 장소

[기억법] 온습누가대화(**온도·습도**가 높으면 **누가 대화**하냐?)

답 ①

---

73 감지기 또는 발신기로부터 발하여지는 신호를 직접 또는 중계기를 통하여 고유신호로서 수신하여 화재의 발생을 당해 소방대상물의 관계자에게 경보하여 주는 수신기는?

13.09.문74 / 10.05.문75

① R형 수신기   ② P형 수신기
③ G형 수신기   ④ M형 수신기

[해설] **수신기의 종류**(수신기의 형식승인 및 제품검사의 기술기준 2조)

구 분	설 명
P형 수신기	감지기 또는 발신기로부터 발하여지는 신호를 직접 또는 중계기를 통하여 **공통신호**로서 수신하여 화재의 발생을 당해 소방대상물의 관계자에게 경보하여 주는 것
R형 수신기	• 감지기 또는 발신기로부터 발하여진 신호를 직접 또는 중계기를 통하여 **고유신호**로써 수신하여 관계인에게 경보하여 주는 것 • 각종 계기에 이르는 **외부신호선**의 **단선** 및 **단락시험**을 할 수 있는 장치가 있다.
GP형 수신기	P형 수신기의 기능과 **가스누설경보기**의 수신부 기능을 겸한 것
GR형 수신기	R형 수신기의 기능과 **가스누설경보기**의 수신부 기능을 겸한 것

기억법 R고신
③, ④ 존재하지 않는 수신기

답 ①

74
비상방송설비를 설치하여야 하는 특정소방대상물의 기준으로 옳은 것은? (단, 위험물 저장 및 처리시설 중 가스시설, 사람이 거주하지 않는 동물 및 식물 관련시설, 터널, 축사 및 지하구는 제외한다.)

① 연면적 3000m² 이상인 것
② 지하층의 층수가 3층 이상인 것
③ 지하층을 포함한 층수가 11층 이상인 것
④ 50명 이상의 근로자가 작업하는 옥내작업장

해설 비상방송설비의 **설치대상**(소방시설법 시행령 [별표 4])
(1) 연면적 **3500m² 이상**
(2) **11층 이상**(지하층 제외)
(3) **지하 3층 이상**

① 3000m² → 3500m²
③ 포함한 → 제외한
④ 비상경보설비의 설치대상

비교
소방시설법 시행령 [별표 4]
비상경보설비의 설치대상

설치대상	조 건
지하층·무창층	바닥면적 150m²(공연장 100m²) 이상
전부	연면적 400m² 이상
터널	길이 500m 이상
옥내작업장	50명 이상 작업

답 ②

75
상용전원을 주전원으로 사용하는 단독경보형 감지기에 내장할 수 있는 전지는?

① 1차 전지   ② 2차 전지
③ 3차 전지   ④ 4차 전지

해설 단독경보형 감지기의 **설치기준**(NFPC 201 5조, NFTC 201 2.2)
(1) 각 실(이웃하는 실내의 바닥면적이 각각 **30m² 미만**이고 벽체의 상부의 전부 또는 일부가 개방되어 이웃하는 실내와 공기가 상호 유통되는 경우에는 이를 1개의 실로 본다)마다 설치하고, 바닥면적이 **150m²**를 초과하는 경우에는 150m²마다 1개 이상 설치할 것
(2) 최상층의 계단실의 **천장**(외기가 상통하는 계단실의 경우 제외)에 설치할 것
(3) 건전지를 주전원으로 사용하는 단독경보형 감지기는 정상적인 작동상태를 유지할 수 있도록 **건전지**를 교환할 것
(4) 상용전원을 주전원으로 사용하는 단독경보형 감지기의 **2차 전지**는 제품검사에 합격한 것을 사용할 것

답 ②

76
주방·보일러실 등으로서 다량의 화기를 취급하는 장소에 설치하는 감지기는?

① 연기감지기   ② 보상식 감지기
③ 차동식 감지기   ④ 정온식 감지기

해설 감지기 적응장소

정온식 스포트형 감지기 (정온식 감지기)	차동식 스포트형 감지기	연기감지기
• **주방·조리실** • **보일러실** • 건조실 • 살균실 • 영사실 • 스튜디오 • 용접작업장	• 사무실 • 주차장	• 계단·경사로 • 복도·통로 • 엘리베이터 승강로 (권상기실이 있는 경우에는 권상기실) • 린넨슈트 • 파이프덕트 • 전산실 • 통신기기실

중요

감지기의 **설치기준**(NFPC 203 7조, NFTC 203 2.4.3)
(1) 감지기(차동식 분포형 제외)는 실내의 **공기유입구**로부터 **1.5m** 이상 떨어진 위치에 설치
(2) 감지기는 천장 또는 반자의 옥내에 면하는 부분에 설치
(3) **보상식 스포트형 감지기**는 정온점이 감지기 주위의 평상시 최고온도보다 **20℃** 이상 높은 것으로 설치
(4) **정온식 감지기**는 주방·보일러실 등으로서 다량의 화기를 단속적으로 취급하는 장소에 설치하되, 공칭작동온도가 최고주위온도보다 **20℃** 이상 높은 것으로 설치

답 ④

77
일반전기사업자로부터 특고압 또는 고압으로 수전하는 비상전원수전설비의 형태에 속하지 않는 것은?

① 방화구획형   ② 옥외개방형
③ 옥내개방형   ④ 큐비클(cubicle)형

해설
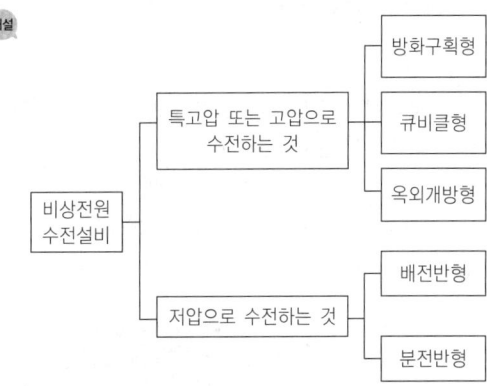

중요
비상전원(수전)설비 (NFPC 602 5·6조, NFTC 602 2.2.1, 2.3.1)

저압수전	특고압 또는 고압수전
• 전용배전반(1·2종) • 전용분전반(1·2종) • 공용분전반(1·2종)	• 방화구획형 • 옥외개방형 • 큐비클(cubicle)형

답 ③

78 ★★★
휴대용 비상조명등은 숙박시설 또는 다중이용업소의 객실 또는 영업장 안의 구획된 실마다 잘 보이는 곳(외부에 설치시 출입문 손잡이로부터 1m 이내 부분)에 최소 몇 개를 설치하여야 하는가?

15.09.문75
14.09.문63
13.06.문63

① 1개 ② 2개
③ 3개 ④ 4개

해설 휴대용 비상조명등의 적합기준(NFPC 304 4조, NFTC 304 2.1.2)

설치개수	설치장소
1개 이상	• 숙박시설 또는 다중이용업소에는 객실 또는 영업장 안의 구획된 실마다 잘 보이는 곳(외부에 설치시 출입문 손잡이로부터 **1m 이내** 부분)
3개 이상	• 지하상가 및 지하역사의 보행거리 25m 이내마다 • 대규모점포(백화점·대형점·쇼핑센터) 및 영화상영관의 보행거리 50m 이내마다

(1) 바닥으로부터 **0.8~1.5m** 이하의 높이에 설치할 것
(2) 어둠 속에서 **위치**를 확인할 수 있도록 할 것
(3) 사용시 **자동**으로 **점등**되는 구조일 것
(4) 외함은 **난연성능**이 있을 것
(5) 건전지를 사용하는 경우에는 **방전방지조치**를 하여야 하고, **충전식 배터리**의 경우에는 **상시 충전**되도록 할 것
(6) 건전지 및 충전식 배터리의 용량은 **20분 이상** 유효하게 사용할 수 있는 것으로 할 것

용어
휴대용 비상조명등
화재발생 등으로 정전시 안전하고 원활한 피난을 위하여 피난자가 휴대할 수 있는 조명등

답 ①

79 ★★
실내의 바닥면적이 900m²인 경우 단독경보형 감지기의 최소설치수량은?

15.09.문69
08.09.문71
04.03.문70

① 3개 ② 6개
③ 9개 ④ 12개

해설 단독경보형 감지기는 바닥면적 150m²마다 1개 이상 설치하므로

$$단독경보형\ 감지기수 = \frac{바닥면적}{150m^2}$$

$$= \frac{900m^2}{150m^2} = 6개$$

중요
단독경보형 감지기의 설치기준 (NFPC 201 5조, NFTC 201 2.2)
(1) 각 실(이웃하는 실내의 바닥면적이 각각 30m² 미만이고 벽체의 상부의 전부 또는 일부가 개방되어 이웃하는 실내와 공기가 상호 유통되는 경우에는 이를 1개의 실로 본다)마다 설치하되, 바닥면적이 150m²를 초과하는 경우에는 150m²마다 1개 이상 설치할 것
(2) 최상층의 계단실의 **천장**(외기가 상통하는 계단실의 경우 제외)에 설치할 것
(3) 건전지를 주전원으로 사용하는 단독경보형 감지기는 정상적인 작동상태를 유지할 수 있도록 건전지를 교환할 것
(4) 상용전원을 주전원으로 사용하는 단독경보형 감지기의 **2차 전지**는 제품검사에 합격한 것을 사용할 것

답 ②

80 ★★★
무선통신보조설비에서 신호의 전송로가 분기되는 장소에 설치하는 것으로 임피던스 매칭과 신호균등분배를 위해 사용하는 장치는?

17.09.문72
16.10.문73
14.09.문75
14.05.문62
14.05.문71
13.09.문76
10.05.문67

① 분파기 ② 혼합기
③ 증폭기 ④ 분배기

해설 무선통신보조설비의 구성부품

용어	설명
누설동축케이블	동축케이블의 외부도체에 가느다란 홈을 만들어서 **전파**가 외부로 **새어나갈 수 있도록** 한 케이블
분배기	신호의 전송로가 분기되는 장소에 설치하는 것으로 **임피던스 매칭**(matching)과 **신호균등분배**를 위해 사용하는 장치 **기억법** 분배분배
분파기	서로 다른 주**파**수의 합성된 **신호**를 **분리**하기 위해서 사용하는 장치 **기억법** 파파
혼합기	두 개 이상의 **입력신호**를 원하는 비율로 조합한 **출력**이 발생하도록 하는 장치
증폭기	신호전송시 신호가 약해져 수신이 불가능해지는 것을 방지하기 위해서 **증폭**하는 장치
무선중계기	안테나를 통하여 수신된 무전기 신호를 증폭한 후 음영지역에 재방사하여 무전기 상호간 송수신이 가능하도록 하는 장치
옥외안테나	감시제어반 등에 설치된 무선중계기의 입력과 출력포트에 연결되어 송수신 신호를 원활하게 방사·수신하기 위해 옥외에 설치하는 장치

기억법 무분배파혼

답 ④

2019. 4. 27 시행

2019년 산업기사 제2회 필기시험

자격종목	종목코드	시험시간	형별
소방설비산업기사(전기분야)		2시간	

※ 각 문항은 4지택일형으로 질문에 가장 적합한 보기 항을 선택하여 체크하여야 합니다.

제1과목 소방원론

01 촛불(양초)의 연소형태로 옳은 것은?

15.09.문09
15.05.문10
14.09.문09
14.09.문20
13.09.문20
11.10.문20

① 증발연소
② 액적연소
③ 표면연소
④ 자기연소

해설 연소의 형태

연소형태	종류
표면연소	• **숯**, 코크스 • **목탄**, **금**속분 기억법 표숯코 목탄금
분해연소	• **석**탄, **종**이 • **플**라스틱, **목**재 • 고무, 중유, 아스팔트, 면직물 기억법 분석종플 목고중아면
증발연소	• 황, 왁스 • **파**라핀(**양**초), 나프탈렌 • 가솔린, 등유 • 경유, 알코올, 아세톤 기억법 양파증(양파증가)
자기연소	• **나**이트로글리세린, 나이트로셀룰로오스(질화면) • **T**NT, 피크린산 기억법 자T나
액적연소	• 벙커C유
확산연소	• 메탄(CH_4), 암모니아(NH_3) • 아세틸렌(C_2H_2), 일산화탄소(CO) • 수소(H_2)

답 ①

02 소방안전관리대상물에서 소방안전관리자가 작성하는 것으로, 소방계획서 내에 포함되지 않는 것은?

① 화재예방을 위한 자체검사계획

② 화재시 화재실 진입에 따른 전술계획
③ 소방시설·피난시설 및 방화시설의 점검·정비계획
④ 소방훈련 및 교육계획

해설 ② 해당 없음

화재예방법 시행령 27조
소방안전관리대상물의 **소방계획서 작성**
(1) 소방안전관리대상물의 위치·구조·연면적·용도 및 수용인원 등의 **일반현황**
(2) 화재예방을 위한 **자체점검계획** 및 **대응대책**
(3) 특정소방대상물의 **근무자** 및 거주자의 **자위소방대** 조직과 대원의 임무에 관한 사항
(4) **소방시설·피난시설** 및 **방화시설**의 점검·정비계획
(5) 방화구획, 제연구획, 건축물의 내부 마감재료(불연재료·준불연재료 또는 난연재료로 사용된 것) 및 방염대상물품의 사용현황과 그 밖의 방화구조 및 설비의 유지·관리계획
(6) 소방훈련 및 교육에 관한 계획

답 ②

03 이산화탄소소화약제가 공기 중에 34vol% 공급되면 산소의 농도는 약 몇 vol%가 되는가?

17.09.문12
16.10.문06

① 12
② 14
③ 16
④ 18

해설 이산화탄소의 농도

$$CO_2 = \frac{21-O_2}{21} \times 100$$

여기서, CO_2 : CO_2의 농도[vol%]
O_2 : O_2의 농도[vol%]

$CO_2 = \frac{21-O_2}{21} \times 100$

$34 = \frac{21-O_2}{21} \times 100$

$\frac{34 \times 21}{100} = 21 - O_2$

$O_2 + \frac{34 \times 21}{100} = 21$

$O_2 = 21 - \frac{34 \times 21}{100} ≒ 14\text{vol}\%$

답 ②

04 건물 내 피난동선의 조건에 대한 설명으로 옳은 것은?

① 피난동선은 그 말단이 길수록 좋다.
② 모든 피난동선은 건물 중심부 한 곳으로 향해야 한다.
③ 피난동선의 한 쪽은 막다른 통로와 연결되어 화재시 연소가 되지 않도록 하여야 한다.
④ 2개 이상의 방향으로 피난할 수 있으며 그 말단은 화재로부터 안전한 장소이어야 한다.

해설
① 길수록 → 짧을수록
② 중심부 한 곳으로 향해야 한다. → 중심부 한 곳으로 향해서는 안 된다.
③ 막다른 통로가 없을 것

피난대책의 일반적인 원칙
(1) 피난경로는 **간단명료**하게 한다. (단순한 형태)
(2) 피난설비는 **고정식 설비**를 위주로 설치한다.
(3) 피난수단은 **원시적 방법**에 의한 것을 원칙으로 한다.
(4) **2방향**의 피난통로를 확보한다. — 보기 ③
(5) 피난통로를 **완전불연화** 한다.
(6) 화재층의 **피난**을 **최우선**으로 고려한다.
(7) 피난시설 중 피난로는 **복도** 및 **거실**을 가리킨다.
(8) 인간의 **본능적 행동**을 무시하지 않도록 고려한다.
(9) 계단은 **직통계단**으로 한다.
(10) **정전시**에도 **피난방향**을 알 수 있는 표시를 한다.
(11) 모든 피난동선은 건물 중심부 한 곳으로 향해서는 안 된다. — 보기 ②
(12) 피난동선은 그 말단이 짧을수록 좋다. — 보기 ①

• 피난동선=피난경로

답 ④

05 분무연소에 대한 설명으로 틀린 것은?

① 휘발성이 낮은 액체연료의 연소가 여기에 해당된다.
② 점도가 높은 중질유의 연소에 많이 이용된다.
③ 액체연료를 수~수백[μm] 크기의 액적으로 미립화시켜 연소시킨다.
④ 미세한 액적으로 분무시키는 이유는 표면적을 작게 하여 공기와의 혼합을 좋게 하기 위함이다.

해설
④ 작게 → 크게

분무연소
(1) 액체연료를 수~수백[μm] 크기의 액적으로 미립화시켜 연소시킨다.
(2) 휘발성이 낮은 **액체**연료의 연소가 여기에 해당한다.

(3) 점도가 높은 중질유의 연소에 많이 이용된다.
(4) 미세한 액적으로 분무시키는 이유는 **표면적을 크게** 하여 공기와의 혼합을 좋게 하기 위함이다.

용어
분무연소
점도가 높고 **비휘발성**인 **액체**를 일단 가열 등의 방법으로 점도를 낮추어 버너 등을 사용하여 액체의 입자를 안개상으로 분출시켜 액체표면적을 넓게 하여 공기와의 접촉면을 많게 하는 연소방법

답 ④

06 다음 중 인화점이 가장 낮은 물질은?

① 등유
② 아세톤
③ 경유
④ 아세트산

해설
① 43~72℃   ② -18℃
③ 50~70℃   ④ 40℃

물 질	인화점	착화점
• 프로필렌	-107℃	497℃
• 에틸에터 • 다이에틸에터	-45℃	180℃
• 가솔린(휘발유)	-43℃	300℃
• 산화프로필렌	-37℃	465℃
• 이황화탄소	-30℃	100℃
• 아세틸렌	-18℃	335℃
• 아세톤	-18℃	538℃
• 벤젠	-11℃	562℃
• 톨루엔	4.4℃	480℃
• 메틸알코올	11℃	464℃
• 에틸알코올	13℃	423℃
• 아세트산	40℃	-
• 등유	43~72℃	210℃
• 경유	50~70℃	200℃
• 적린	-	260℃

기억법 인산 이메등경

• 착화점=발화점=착화온도=발화온도
• 인화점=인화온도

답 ②

07 다음 중 증기밀도가 가장 큰 것은?

① 공기
② 메탄
③ 부탄
④ 에틸렌

해설

① 공기 = $\frac{29}{22.4}$ = 1.29g/L

② 메탄 = $\frac{16}{22.4}$ = 0.71g/L

③ 부탄 = $\frac{58}{22.4}$ = 2.59g/L

④ 에틸렌 = $\frac{28}{22.4}$ = 1.25g/L

(1) 분자량

원소	원자량
H →	1
C →	12
N	14
O	16

㉠ 공기 O_2 21%, N_2 79%
 O_2 : 16×2×0.21 = 6.72
 N_2 : 14×2×0.79 = 22.12
 ────────
 28.84(약 29) : 이것은 암기해도 좋다!

㉡ 메탄 CH_4 = 12+1×4 = **16**
㉢ 부탄 C_4H_{10} = 12×4+1×10 = **58**
㉣ 에틸렌 C_2H_4 = 12×2+1×4 = **28**

(2) 증기밀도

증기밀도[g/L] = $\frac{분자량}{22.4}$

여기서, 22.4 : 기체 1몰의 부피[L]

답 ③

08 건물화재에서 플래시오버(flash over)에 관한 설명으로 옳은 것은?
12.03.문15
11.06.문06

① 가연물이 착화되는 초기 단계에서 발생한다.
② 화재시 발생한 가연성 가스가 축적되다가 일순간에 화염이 실 전체로 확대되는 현상을 말한다.
③ 소화활동이 끝난 단계에서 발생한다.
④ 화재시 모두 연소하여 자연 진화된 상태를 말한다.

해설 플래시오버(flash over)
(1) 정의
 ㉠ 폭발적인 착화현상
 ㉡ 순발적인 연소확대현상
 ㉢ 화재로 인하여 실내의 온도가 급격히 상승하여 화재가 **순간적으로 실내 전체에 확산**되어 연소되는 현상
 ㉣ 연소의 급속한 확대현상
 ㉤ 건물 화재에서 발생한 가연성 가스가 축적되다가 **일순간에 화염**이 크게 되는 현상
(2) 발생시점
 성장기~최성기(성장기에서 최성기로 넘어가는 분기점)

답 ②

 09 다음 중 황린의 완전 연소시에 주로 발생되는 물질은?
15.09.문18
09.03.문02

① P_2O
② PO_2
③ P_2O_3
④ P_2O_5

해설 ④ 황린의 연소생성물은 P_2O_5(오산화인)이다.

황린의 연소분해반응식

$P_4 + 5O_2 \rightarrow 2P_2O_5$
황린   산소   오산화인

답 ④

10 부피비가 메탄 80%, 에탄 15%, 프로판 4%, 부탄 1%인 혼합기체가 있다. 이 기체의 공기 중 폭발하한계는 약 몇 vol%인가? (단, 공기 중 단일 가스의 폭발하한계는 메탄 5vol%, 에탄 2vol%, 프로판 2vol%, 부탄 1.8vol%이다.)
15.09.문14
13.09.문16
10.03.문11
02.03.문06

① 2.2
② 3.8
③ 4.9
④ 6.2

해설 혼합가스의 폭발하한계

$$\frac{100}{L} = \frac{V_1}{L_1} + \frac{V_2}{L_2} + \frac{V_3}{L_3} + \cdots + \frac{V_n}{L_n}$$

여기서, L : 혼합가스의 폭발하한계[vol%]
 L_1, L_2, L_3, L_n : 가연성 가스의 폭발하한계[vol%]
 V_1, V_2, V_3, V_n : 가연성 가스의 용량[vol%]

$$\frac{100}{L} = \frac{V_1}{L_1} + \frac{V_2}{L_2} + \frac{V_3}{L_3} + \frac{V_4}{L_4}$$

$$\frac{100}{L} = \frac{80}{5} + \frac{15}{2} + \frac{4}{2} + \frac{1}{1.8}$$

$$\frac{100}{\frac{80}{5} + \frac{15}{2} + \frac{4}{2} + \frac{1}{1.8}} = L$$

$$L = \frac{100}{\frac{80}{5} + \frac{15}{2} + \frac{4}{2} + \frac{1}{1.8}} ≒ 3.8 vol\%$$

• 폭발하한계 = 연소하한계

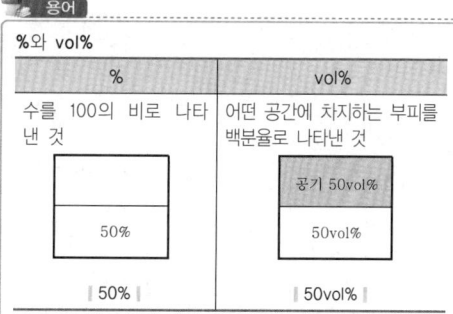

답 ②

11 다음 중 연소시 발생하는 가스로 독성이 가장 강한 것은?
17.09.문13
14.05.문07
14.05.문18
13.09.문19
09.05.문16

① 수소
② 질소
③ 이산화탄소
④ 일산화탄소

19. 04. 시행 / 산업(전기)

해설	수소·질소	이산화탄소	일산화탄소
	비독성 가스	독성이 거의 없음	① 독성이 강하다. ② 인체에 영향을 미치는 농도 : 50ppm

중요

일산화탄소(CO)
(1) 연소시 발생하는 가스로 독성이 강하다.
(2) 화재시 흡입된 일산화탄소(CO)의 화학적 작용에 의해 **헤모글로빈(Hb)**이 혈액의 산소운반작용을 저해하여 사람을 질식·사망하게 한다.
(3) **유독성**이 커서 화재시 인명피해 위험성이 높은 가스이다.
(4) 목재류의 화재시 인명피해를 가장 많이 주며, 연기로 인한 의식불명 또는 질식을 가져온다.
(5) 인체의 폐에 큰 자극을 준다.
(6) 산소와의 결합력이 극히 강하여 질식작용에 의한 독성을 나타낸다.

답 ④

★ 12 탄화칼슘이 물과 반응할 때 생성되는 가연성가스는?
[10.09.문 11]
① 메탄　　　　② 에탄
③ 아세틸렌　　④ 프로필렌

해설 물과의 반응식
　　$CaC_2 + 2H_2O \rightarrow Ca(OH)_2 + C_2H_2 \uparrow$
　　(탄화칼슘) (물) (수산화칼슘) (아세틸렌)

● C_2H_2 : 아세틸렌

답 ③

★★★ 13 화재를 소화시키는 소화작용이 아닌 것은?
[11.06.문 10]
① 냉각작용　　② 질식작용
③ 부촉매작용　④ 활성화작용

해설 ④ '활성화작용'이란 말은 듣보잡!

소화의 형태

소화형태	설명
냉각작용 보기 ①	① **점화원**을 냉각하여 소화하는 방법 ② **증발잠열**을 이용하여 열을 빼앗아 가연물의 온도를 떨어뜨려 화재를 진압하는 소화 방법 ③ **다량의 물**을 뿌려 소화하는 방법
질식작용 보기 ②	① 공기 중의 **산소농도**를 **16%**(또는 15%) 이하로 희박하게 하여 소화하는 방법 ② 공기 중의 **산소**의 **농도**를 낮추어 화재를 진압하는 소화방법
제거작용	● **가연물**을 **제거**하여 소화하는 방법
부촉매작용 (화학작용, 억제작용) 보기 ③	● **연쇄반응**을 **차단**하여 소화하는 방법
희석작용	● 기체·고체·액체에서 나오는 분해가스나 증기의 농도를 낮춰 소화하는 방법

답 ④

★★★ 14 화재발생시 물을 사용하여 소화하면 더 위험해지는 것은?
[12.03.문 03]
[06.09.문 08]
① 적린　　　　② 질산암모늄
③ 나트륨　　　④ 황린

해설 주수소화(물소화)시 위험한 물질

위험물	발생물질
● 무기과산화물	**산소**(O_2) 발생
● 금속분 ● 마그네슘 ● 알루미늄 ● 칼륨 ● **나트륨** ● 수소화리튬	**수소**(H_2) 발생
● 가연성 액체의 유류화재	**연소면**(화재면) 확대

답 ③

★★ 15 소화약제에 대한 설명 중 옳은 것은?
[17.03.문 15]
[16.10.문 10]
[14.05.문 02]
[13.06.문 05]
[11.10.문 01]
① 물이 냉각효과가 가장 큰 이유는 비열과 증발잠열이 크기 때문이다.
② 이산화탄소는 순도가 95.0% 이상인 것을 소화약제로 사용해야 한다.
③ 할론 2402는 상온에서 기체로 존재하므로 저장시에는 액화시켜 저장한다.
④ 이산화탄소는 전기적으로 비전도성이며 공기보다 3배 정도 무거운 기체이다.

해설 ② 95% 이상 → 99.5% 이상
④ 3배 → 1.52배

보기 ①	물이 소화작업에 사용되는 이유

(1) 가격이 싸다.
(2) 쉽게 구할 수 있다.
(3) 열흡수가 매우 크다. (**증발잠열**)
(4) 사용방법이 비교적 간단하다.
(5) 비열이 크다.

보기 ②, ④	이산화탄소의 물성
구분	물성
임계압력	72.75atm
임계온도	31℃
3중점	−**56**.3℃(약 −56℃)
승화점(비점)	−**78**.5℃
허용농도	0.5%
보기 ② 수분	0.05% 이하(함량 99.5% 이상)
보기 ④ 증기비중	1.52

기억법 이356, 이비78, 이증15

답 ④

보기 ③	상온에서의 상태	
	기체상태	액체상태
	① 할론 1301 ② 할론 1211 ③ 탄산가스(CO₂)	① 할론 1011 ② 할론 104 ③ 할론 2402

기억법 132탄기

③ 기체 → 액체

답 ①

16. 다른 곳에서 화원, 전기스파크 등의 착화원을 부여하지 않고 가연성 물질을 공기 또는 산소 중에서 가열함으로써 발화 또는 폭발을 일으키는 최저온도를 나타내는 용어는?

① 인화점 ② 발열점
③ 연소점 ④ 발화점

해설 용어

용어	설명
인화점	① 휘발성 물질에 불꽃을 접하여 연소가 가능한 최저온도 ② 가연물에 점화원을 가했을 때 연소가 일어나는 최저온도
발화점	① 가연성 물질에 불꽃을 접하지 아니하였을 때 연소가 가능한 최저온도 ② 다른 곳에서 화원, 전기스파크 등의 착화원을 부여하지 않고 가연성 물질을 공기 또는 산소 중에서 가열함으로써 발화 또는 폭발을 일으키는 최저온도
연소점	• 어떤 인화성 액체가 공기 중에서 열을 받아 점화원의 존재하에 지속적인 연소를 일으킬 수 있는 온도
자연발열 (자연발화)	• 어떤 물질이 외부로부터 열의 공급을 받지 아니하고 온도가 상승하는 현상

답 ④

17. 제3종 분말소화약제의 주성분은?

① 요소
② 탄산수소나트륨
③ 제1인산암모늄
④ 탄산수소칼륨

해설 (1) 분말소화약제

종별	주성분	약제의 착색	적응 화재	비고
제1종	중탄산나트륨 (NaHCO₃)	백색	BC급	식용유 및 지방질유의 화재에 적합 (비누화현상) **기억법** 1식분(일식분식), 비1(비일비재)
제2종	중탄산칼륨 (KHCO₃)	담자색 (담회색)		-
제3종	제1인산암모늄 (NH₄H₂PO₄) 보기 ③	담홍색	ABC급	차고·주차장에 적합 **기억법** 3분 차주 (삼보컴퓨터 차주), 인3(인삼)
제4종	중탄산칼륨+ 요소 (KHCO₃+ (NH₂)₂CO)	회(백)색	BC급	-

• 중탄산나트륨=탄산수소나트륨
• 중탄산칼륨=탄산수소칼륨
• 제1인산암모늄=인산암모늄=인산염
• 중탄산칼륨+요소=탄산수소칼륨+요소

(2) 이산화탄소소화약제

주성분	적응화재
이산화탄소(CO₂)	BC급

답 ③

18. 식용유화재시 가연물과 결합하여 비누화반응을 일으키는 소화약제는?

① 물
② Halon 1301
③ 제1종 분말소화약제
④ 이산화탄소소화약제

해설 문제 17 참조

③ 제1종 분말소화약제 : 식용유화재

답 ③

19. 0℃의 얼음 1g이 100℃의 수증기가 되려면 약 몇 cal의 열량이 필요한가? (단, 0℃ 얼음의 융해열은 80cal/g이고, 100℃ 물의 증발잠열은 539cal/g이다.)

① 539   ② 719
③ 939   ④ 1119

해설 물의 잠열

잠열 및 열량	설명
80cal/g	융해잠열
539cal/g	기화(증발)잠열
639cal	0℃의 물 1g이 100℃의 수증기가 되는데 필요한 열량
719cal	0℃의 얼음 1g이 100℃의 수증기가 되는데 필요한 열량

답 ②

20. 벤젠화재시 이산화탄소소화약제를 사용하여 소화하는 경우 한계산소량은 약 몇 vol%인가?

① 14   ② 19
③ 24   ④ 28

해설 CO₂ 설계농도는 기본적으로 **34vol%** 이상으로 설계하므로 CO₂의 농도(이론소화농도)

$$CO_2 = \frac{21-O_2}{21} \times 100$$

여기서, CO₂ : CO₂의 이론소화농도[vol%]
　　　　O₂ : 한계산소농도[vol%]

$$CO_2 = \frac{21-O_2}{21} \times 100$$

$$34 = \frac{21-O_2}{21} \times 100, \quad \frac{34}{100} = \frac{21-O_2}{21}$$

$$0.34 = \frac{21-O_2}{21}, \quad 0.34 \times 21 = 21 - O_2$$

$$O_2 + (0.34 \times 21) = 21$$

$$O_2 = 21 - (0.34 \times 21) ≒ 14\text{vol\%}$$

용어 vol%
어떤 공간에 차지하는 부피를 백분율로 나타낸 것

답 ①

제2과목　소방전기일반

21 인버터(inverter)에 대한 설명 중 옳은 것은?
17.03.문40
14.09.문28
08.05.문25
① 교류를 직류로 변환시켜 준다.
② 직류를 교류로 변환시켜 준다.
③ 저전압을 고전압으로 높이기 위한 장치이다.
④ 교류의 주파수를 낮추어 주기 위한 장치이다.

해설

컨버터(converter)	인버터(inverter)
교류를 **직류**로 변환시켜 준다.	**직류**를 **교류**로 변환시켜 준다.

기억법 직인

용어 인버터(inverter)
직류전력을 교류전력으로 변환하는 장치로서, 인버터의 부하장치에는 **교류직권전동기**를 사용하여야 한다.

답 ②

22 간선의 굵기를 결정하는 3요소에 포함되지 않는
14.05.문35
05.09.문26
것은?
① 허용전류
② 전압강하
③ 전선의 기계적 강도
④ 절연내력

해설 전선의 **굵기**를 **결정**하는 요소
(1) 허용전류　　┐
(2) 전압강하　　├ 3요소
(3) 전선의 기계적 강도 ┘

(4) 역률
(5) 수용률
(6) 부하용량

답 ④

23 원자 하나에 최외각 전자가 4개인 4가의 전자로
16.10.문21
13.06.문24
11.03.문38
서 가전자대의 4개의 전자가 안정화를 위해 원자끼리 결합한 구조로 일반적인 반도체 재료로 쓰이고 있는 것은?
① Si
② P
③ As
④ Ga

해설 반도체 재료
(1) 규소(Si)=실리콘
(2) 게르마늄(Ge)
(3) 탄소(C)
(4) 아산화동(Cu₂O)

※ **반도체 재료** : 온도가 올라가면 저항이 감소하는 물질

答 ①

24 100V, 800W, 역률 80%인 회로의 리액턴스
18.04.문33
16.05.문36
05.09.문32
04.03.문36
[Ω]는?
① 4
② 6
③ 8
④ 10

해설 (1) 기호
- V : 100V
- P : 800W
- $\cos\theta$: 80%=0.8
- X : ?

(2) 무효율

$$\sin\theta = \sqrt{1-\cos\theta^2}$$

여기서, $\sin\theta$: 무효율
　　　　$\cos\theta$: 역률
무효율 $\sin\theta$는
$\sin\theta = \sqrt{1-\cos\theta^2} = \sqrt{1-0.8^2} = 0.6$

(3) 유효전력

$$P = VI\cos\theta = I^2R$$

여기서, P : 유효전력[W]
　　　　V : 전압[V]
　　　　I : 전류[A]
　　　　$\cos\theta$: 역률
　　　　R : 저항[Ω]
전류 I는
$I = \dfrac{P}{V\cos\theta} = \dfrac{800}{100 \times 0.8} = 10\text{A}$

(4) 무효전력

$$P_r = VI\sin\theta = I^2X$$

여기서, P_r : 무효전력[Var]
  V : 전압[V]
  I : 전류[A]
  $\sin\theta$: 무효율
  X : 리액턴스[Ω]

$\boxed{VI\sin\theta = I^2X}$ 에서

$X = \dfrac{VI\sin\theta}{I^2} = \dfrac{V\sin\theta}{I} = \dfrac{100 \times 0.6}{10} = 6\,\Omega$

답 ②

25 다음 진리표의 논리회로는?

18.04.문36
10.09.문35

입 력		출 력
A	B	X
0	0	0
0	1	1
1	0	1
1	1	0

① EXCLUSIVE NOR
② EXCLUSIVE OR
③ OR
④ AND

해설 시퀀스회로와 논리회로

명 칭	논리회로	진리표(진가표)
AND 게이트	$X = A \cdot B$	A B X / 0 0 0 / 0 1 0 / 1 0 0 / 1 1 1
OR 게이트	$X = A + B$	A B X / 0 0 0 / 0 1 1 / 1 0 1 / 1 1 1
NOT 게이트	$X = \overline{A}$	A X / 0 1 / 1 0
NAND 게이트	$X = \overline{A \cdot B}$	A B X / 0 0 1 / 0 1 1 / 1 0 1 / 1 1 0
NOR 게이트	$X = \overline{A + B}$	A B X / 0 0 1 / 0 1 0 / 1 0 0 / 1 1 0
EXCUSIVE OR 게이트	$X = A \oplus B$ $= \overline{A}B + A\overline{B}$	A B X / 0 0 0 / 0 1 1 / 1 0 1 / 1 1 0
EXCUSIVE NOR 게이트	$X = \overline{A \oplus B}$ $= AB + \overline{A}\,\overline{B}$	A B X / 0 0 1 / 0 1 0 / 1 0 0 / 1 1 1

답 ②

26 구동점 임피던스에 있어서 영점(zero)은?

① 회로를 개방한 것과 같음
② 회로를 단락한 것과 같음
③ 전류가 흐르지 않는 경우
④ 전압이 가장 큰 상태

해설 구동점 임피던스 $Z(s)$는

$$Z(s) = \dfrac{\text{영점}(zero)}{\text{극점}(pole)}$$

여기서, **영점**(zero) : **단락**회로 상태(회로를 단락한 것과 같음)
  극점(pole) : **개방**회로 상태(회로를 개방한 것과 같음)

답 ②

27 잔류편차가 있는 제어계로 P제어라고 하는 것은?

18.09.문34
15.03.문34
15.03.문39
14.05.문26
11.03.문29
10.05.문33
07.03.문25

① 비례제어
② 미분제어
③ 적분제어
④ 비례적분미분제어

해설

비례제어(P동작)	비례적분제어(PI동작)
잔류편차(off-set)가 있는 제어	**간헐현상**이 있는 제어

기억법 비잔적간

중요

(1) 연속제어

구 분	설 명
비례제어 (P동작)	잔류편차가 있는 제어
적분제어 (I동작)	잔류편차를 **제거**하기 위한 제어
비례적분제어 (PI동작)	간헐현상이 있는 제어 기억법 비적간
비례적분 미분제어 (PID동작)	• 간헐현상을 **제거**하기 위한 제어 • **사**이클링과 **오**프셋이 제거되는 제어 • **응**답속도가 빠르고 안정성이 있음 • **정**상 특성과 응답의 **속**응성을 동시에 개선시키기 위한 제어 기억법 PID 사오

(2) 제어동작에 의한 분류

연속제어(연속동작)	불연속제어(불연속동작)
• 비례제어(P동작) • 미분제어(D동작) • 적분제어(I동작) • 비례적분제어(PI동작) • 비례적분미분제어(PID동작)	• 2위치제어 　(on-off동작) • 샘플값제어

답 ①

28 유전체손이 가장 많은 전선은?
① 고무절연전선　② 케이블
③ 석도금절연전선　④ 나전선

해설 케이블
유전체손이 많아 **고전압, 고주파용 전선으로 부적합**

용어
유전체손(유전손)
전선의 절연물에 교류전압이 가해질 때 절연물의 내부에서 소비되는 전력

답 ②

29 교류전압계에서 지시되는 값은 어떤 값인가?
① 최대값　② 평균값
③ 실효값　④ 순시값

해설 교류의 표시

구 분	설 명
순시값	• 교류의 임의의 시간에 있어서 전압 또는 전류의 값
최대값	• 교류의 순시값 중에서 가장 큰 값
평균값	• 순시값의 반주기에 대하여 평균한 값
실효값	① 일반적으로 사용되는 값으로 교류의 각 순시값의 제곱에 대한 1주기의 평균의 제곱근 ② 일반적인 **교**류전류계·**교**류전압계의 지시값 기억법　교실

답 ③

30 저항 R인 검류계 G에 그림과 같이 r_1인 저항을 병렬로, r_2인 저항을 직렬로 접속하고 A, B 단자 사이의 저항을 R과 같게 하고 또한 G에 흐르는 전류를 전전류의 $\frac{1}{n}$로 하기 위한 r_1의 값은 얼마인가?

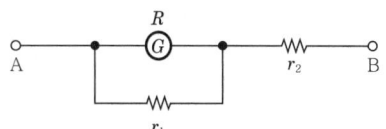

① $R\left(1-\dfrac{1}{n}\right)$　② $\dfrac{n-1}{R}$
③ $\dfrac{R}{n-1}$　④ $R\left(1+\dfrac{1}{n}\right)$

해설
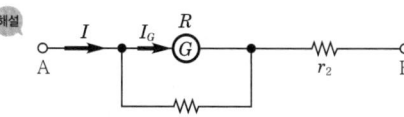

(1) G에 흐르는 전류
$$I_G = \frac{r_1}{R+r_1}I$$

여기서, I_G : G에 흐르는 전류[A]
　　　　r_1, R : 저항[Ω]
　　　　I : 전류(전체전류)[A]

(2) 문제의 조건대로 G에 흐르는 전류를 전전류 $\dfrac{1}{n}$로 하는 것을 수식으로 표현하면
$$I_G = \frac{1}{n}I$$

(3) (1)과 (2)를 대입하면
$$\frac{r_1}{R+r_1}\cancel{I} = \frac{1}{n}\cancel{I}$$

$nr_1 = R+r_1$
$nr_1 - r_1 = R$
$r_1(n-1) = R$
$r_1 = \dfrac{R}{n-1}$

답 ③

31 전선에 전류가 흐를 때 생기는 자기장의 방향은 전류의 방향을 오른나사의 진행방향과 같게 할 때의 오른나사의 회전방향과 같다. 이런 관계를 무엇이라고 하나?
① 키르히호프의 법칙
② 암페어의 오른나사법칙
③ 줄의 법칙
④ 패러데이의 법칙

해설 여러 가지 법칙

법 칙	설 명
렌츠의 법칙	**자**속변화에 의한 **유**기기전력의 **방**향결정 기억법　렌유방
비오-사바르의 법칙	직선**전**류에 의한 **자**계의 세기(**크**기)를 나타내는 방법 기억법　비전자크

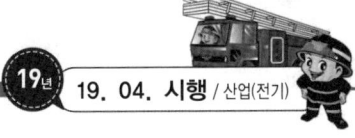

암페어의 오른나사법칙	① **전류**에 의한 **자**계의 **방**향 결정 ② '전선에 전류가 흐를 때 생기는 자기장의 방향은 전류의 방향을 오른나사의 진행방향과 같게 할 때의 오른나사의 회전방향과 같다'는 법칙 기억법 암전자방
플레밍의 오른손법칙	**도체운동**에 의한 **유**기기전**력**의 **방**향 결정 기억법 플오도유방

- 앙페르의 오른손나사법칙 = 암페어의 오른나사법칙
- 자계 = 자장
- 줄의 법칙 = 주울의 법칙

답 ②

★★★ 32 서미스터에 대한 설명으로 옳은 것은?

13.09.문33
10.03.문32

① 열을 감지하는 감열 저항체 소자이다.
② 온도상승에 따라 저항값이 증가한다.
③ 구성은 규소, 아연, 납 등을 혼합한 것이다.
④ 화학적으로는 수소화물에 해당된다.

해설 **서미스터**
(1) 열을 감지하는 **감열 저항체** 소자이다.
(2) 일반적으로 온도상승에 따라 저항값이 **감소**한다.
(3) 구성은 **망가니즈**, **코발트**, **니켈**, **철** 등을 혼합한 것이다.
(4) 화학적으로는 **금속산화물**에 해당된다.

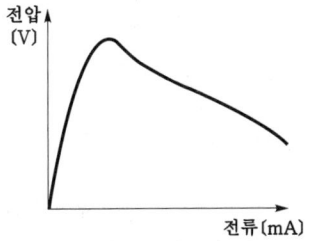

| 서미스터의 전압-전류 특성 |

② 증가 → 감소
③ 규소, 아연, 납 → 망가니즈, 코발트, 니켈, 철
④ 수소화물 → 금속산화물

중요

반도체소자

명 칭	심 벌
제너 다이오드(Zener Diode) : 주로 **정전압 전원회로**에 사용된다.	▷|─
서미스터(Thermistor) : 부온도특성을 가진 저항기의 일종으로서 주로 **온도보정용**으로 쓰인다.	─⏦─ Th

SCR(Silicon Controlled Rectifier) : 단방향 대전류 스위칭 소자로서 제어를 할 수 있는 정류소자이다.	A─▷|─K / G
바리스터(Varistor) : 주로 서지 전압에 대한 회로보호용으로 사용된다.	─▷|◁─
UJT(UniJunction Transistor) = 단일접합 트랜지스터 : 증폭기로는 사용이 불가능하며 톱니파나 펄스발생기로 작용하여 SCR의 트리거 소자로 쓰인다.	B_1 / E─⊕ / B_2
바랙터(Varactor) : 제너현상을 이용한 다이오드	─
TRIAC : 양방향성 스위칭 소자로서 SCR 2개를 역병렬로 접속한 것과 같다. (AC전력의 제어용, 쌍방향성 사이리스터)	T_1─▷|◁─T_2 / G

답 ①

★★★ 33 변류기의 2차 전류는 일반적으로 몇 A인가?

18.09.문29
16.10.문35
06.03.문25

① 2   ② 3
③ 5   ④ 8

해설 **변류기**

구 분	설 명
2차 부담의 단위	VA
2차 전류의 표준	5A

※ 전류계 교환시에는 변류기 2차측을 반드시 **단락**하여야 한다. 만약, 개방할 경우 2차측에 **고압**이 유발되어 변류기의 소손우려가 있다.

답 ③

★★★ 34 $A + \overline{AB}$를 간단히 계산한 결과는?

16.03.문34
15.05.문38
12.05.문39

① 1   ② A
③ B ④ $\overline{B}$

해설 $A + \overline{AB} = A + (\overline{A} + \overline{B})$
$\phantom{A + \overline{AB}} = \underline{A + \overline{A}} + \overline{B}$
$ X + \overline{X} = 1$
$\phantom{A + \overline{AB}} = \underline{1 + \overline{B}}$
$ X + 1 = 1$
$\phantom{A + \overline{AB}} = 1$

중요

불대수의 정리

논리합	논리곱	비 고
$X + 0 = X$	$X \cdot 0 = 0$	─
$X + 1 = 1$	$X \cdot 1 = X$	─
$X + X = X$	$X \cdot X = X$	─
$X + \overline{X} = 1$	$X \cdot \overline{X} = 0$	─

$X+Y=Y+X$	$X \cdot Y = Y \cdot X$	교환법칙
$X+(Y+Z)$ $=(X+Y)+Z$	$X(YZ)=(XY)Z$	결합법칙
$X(Y+Z)$ $=XY+XZ$	$(X+Y)(Z+W)$ $=XZ+XW+YZ+YW$	분배법칙
$X+XY=X$	$\overline{X}+XY=\overline{X}+Y$ $X+\overline{X}Y=X+Y$ $X+\overline{X}\,\overline{Y}=X+\overline{Y}$	흡수법칙
$\overline{(X+Y)}$ $=\overline{X}\cdot\overline{Y}$	$\overline{(X\cdot Y)}=\overline{X}+\overline{Y}$	드모르간의 정리

답 ①

35 어느 빌딩에서 형광등 32W 125개를 8시간씩 매일 사용한다면 30일 동안 소비한 전력량 [kWh]은?

① 960 ② 9600
③ 96000 ④ 960000

해설 (1) 기호
- P : 32W×125개
- t : 8시간×30일
- W : ?

(2) 전력
$$P=VI\cos\theta$$
여기서, P : 전력[W]
V : 전압[V]
I : 전류[A]
$\cos\theta$: 역률

(3) 전력량
$$W=VIt\cos\theta=Pt$$
여기서, W : 전력량[Wh]
V : 전압[V]
I : 전류[A]
t : 시간[h]
$\cos\theta$: 역률
P : 전력[W]

전력량 W 는
$W=Pt$
$=(32\times125)\times(8\times30)=960000\text{Wh}=960\text{kWh}$

답 ①

36 다음 중 피드백 제어장치에 속하지 않는 요소는?

① 조작부 ② 검출부
③ 조절부 ④ 전달부

해설 피드백 제어장치
(1) 조작부
(2) 검출부
(3) 조절부

중요

피드백 제어		
제어요소	제어장치	조절기
① 조절부 ② 조작부	① 조절부 ② 설정부 ③ 검출부	① 조절부 ② 설정부 ③ 비교부

답 ④

37 RC 직렬회로에서 $R=100\Omega$, $C=4\mu\text{F}$일 때, $e=220\sqrt{2}\sin377t\text{[V]}$인 전압이 인가되면 합성 임피던스는 약 몇 Ω인가?

① 0.3 ② 1.8
③ 66 ④ 670

해설 (1) 순시값(instantaneous value)
$$v=V_m\sin\omega t=\sqrt{2}\,V\sin\omega t\text{[V]}$$
여기서, v : 전압의 순시값[V]
V_m : 전압의 최대값[V]
ω : 각주파수[rad/s]
t : 주기[s]
V : 실효값[V]

(2) 각주파수(angular frequency)
$$\omega=\frac{2\pi}{T}=2\pi f\text{[rad/s]}$$
여기서, ω : 각주파수[rad/s]
T : 주기[s]
f : 주파수[Hz]

주파수 f 는
$f=\frac{\omega}{2\pi}=\frac{377}{2\pi}≒60\text{Hz}$

- e 또는 $v=V_m\sin\omega t=220\sqrt{2}\sin377t$에서 $\omega=377$이다.

(3) 용량리액턴스
$$X_C=\frac{1}{\omega C}=\frac{1}{2\pi fC}$$
여기서, X_C : 용량리액턴스[Ω]
ω : 각주파수[rad/s]
C : 정전용량[F]
f : 주파수[Hz]

용량리액턴스 $X_C=\frac{1}{\omega C}$
$=\frac{1}{2\pi fC}$
$=\frac{1}{2\pi\times60\times(4\times10^{-6})}$
$≒663\Omega$

(4) 임피던스
$$Z=R+jX\text{[Ω]}$$
여기서, Z : 임피던스[Ω]
R : 저항[Ω]
X : 리액턴스[Ω]

임피던스 Z는
$$Z = R + jX = 100 + j663 = \sqrt{100^2 + 663^2} \approx 670\,\Omega$$

답 ④

38 소방설비의 표시등에 사용되는 발광다이오드(LED)에 대한 설명으로 틀린 것은?

① 전구에 비해 수명이 길고 진동에 강하다.
② PN 접합에 순방향 전류를 흘림으로써 발광시킨다.
③ 표시등 중에서 응답속도가 가장 느리다.
④ 발광 다이오드의 재료로 GaAs, GaP 등이 사용된다.

해설 발광다이오드(LED)의 특징
(1) 응답속도가 **매우 빠르다**.
(2) **PN 접합**에 **순방향전류**를 흘려서 발광시킨다.
(3) 전구에 비해 수명이 길고 진동에 강하다.
(4) 발광다이오드의 재료로는 **비소화칼륨**(GaAs), **인화칼륨**(GaP) 등이 사용된다.

③ 가장 느리다. → 매우 빠르다.

답 ③

39 3상 농형 유도전동기의 기동방법으로 틀린 것은?

① 전전압기동법
② Y-△기동법
③ 2차 저항법
④ 기동보상기 기동법

해설

3상 농형 유도전동기	3상 권선형 유도전동기
① 1차 저항기동법 ② 리액터기동법 ③ Y-△기동법 ④ 콘도르파기동법(콘돌파기동법)	① 2차 저항기동법(2차 저항법) ② 게르게스법

③ 3상 권선형 유도전동기의 기동방법

용어 콘도르파기동법
V결선의 단권변압기를 사용하여 전동기의 인가전압을 저하시켜 기동하는 방식

답 ③

40 전압계의 측정범위를 7배로 하려면 배율기 저항은 전압계 내부저항의 몇 배로 하면 되는가?

① 5   ② 6
③ 7   ④ 8

해설 배율기 배율

$$M = \frac{V_o}{V} = 1 + \frac{R_m}{R_v}$$

여기서, M : 배율기 배율
V_o : 측정하고자 하는 전압[V]
V : 전압계의 최대 눈금[V]
R_v : 전압계 내부저항[Ω]
R_m : 배율기 저항[Ω]

배율기 저항 R_m은
$R_m = (M-1)R_v = (7-1)R_v = 6R_v$

중요 배율기

$$V_o = V\left(1 + \frac{R_m}{R_v}\right)[V]$$

여기서, V_o : 측정하고자 하는 전압[V]
V : 전압계의 최대눈금[V]
R_v : 전압계의 내부저항[Ω]
R_m : 배율기 저항[Ω]

※ **배율기** : 전압계와 **직렬**접속

답 ②

제3과목 소방관계법규

41 제4류 위험물에 속하지 않는 것은?

① 아염소산염류   ② 특수인화물
③ 알코올류   ④ 동식물유류

해설 ① 아염소산염류 : 제1류 위험물

위험물령 [별표 1]
위험물

유별	성질	품명
제**1**류	**산**화성 **고체**	• 아염소산염류 보기 ① • 염소산염류 • 과염소산염류 • 질산염류(질산칼륨) • 무기과산화물 **기억법** 1산고(일산GO)
제**2**류	가연성 고체	• 황화인 • 적린 • 황 • 마그네슘 • 금속분 **기억법** 2황화적황마
제3류	자연발화성 물질 및 금수성 물질	• 황린 • 칼륨 • 나트륨 • 트리에틸알루미늄 • 금속의 수소화물 **기억법** 황칼나트알
제4류	인화성 액체	• 특수인화물 보기 ② • 석유류(벤젠)(제1석유류 : 톨루엔) • 알코올류 보기 ③ • 동식물유류 보기 ④
제5류	자기반응성 물질	• 유기과산화물 • 나이트로화합물 • 나이트로소화합물 • 아조화합물 • 질산에스터류(셀룰로이드)

| 제6류 | 산화성 액체 | • 과염소산
• 과산화수소
• 질산 |

답 ①

42

제조 또는 가공 공정에서 방염처리를 하는 방염대상물품으로 틀린 것은? (단, 합판·목재류의 경우에는 설치현장에서 방염처리를 한 것을 포함한다.)

① 카펫
② 창문에 설치하는 커튼류
③ 두께가 2mm 미만인 종이벽지
④ 전시용 합판 또는 섬유판

해설

③ 두께가 2mm 미만인 종이벽지 → 두께가 2mm 미만인 종이벽지 제외

소방시설법 시행령 31조
방염대상물품

제조 또는 가공 공정에서 방염처리를 한 물품	건축물 내부의 천장이나 벽에 부착하거나 설치하는 것
① 창문에 설치하는 **커튼류** (블라인드 포함) [보기 ②]	① 종이류(두께 **2mm 이상**), **합성수지류** 또는 **섬유류** 를 주원료로 한 물품
② 카펫 [보기 ①]	② 합판이나 목재
③ 벽지류(두께 2mm 미만인 종이벽지 제외) [보기 ③]	③ 공간을 구획하기 위하여 설치하는 간이칸막이
④ 전시용 합판·목재 또는 섬유판 [보기 ④]	④ 흡음재(흡음용 커튼 포함) 또는 방음재(방음용 커튼 포함)
⑤ 무대용 합판·목재 또는 섬유판	※ **가구류**(옷장, 찬장, 식탁, 식탁용 의자, 사무용 책상, 사무용 의자, 계산대)와 너 비 **10cm 이하**인 **반 자돌림대, 내부 마 감재료** 제외
⑥ 암막·무대막(영화상영관 ·가상체험 체육시설업의 **스크린** 포함)	
⑦ 섬유류 또는 합성수지류 등을 원료로 하여 제작된 소파·의자(단란주점영업, 유흥주점영업 및 노래연 습장업의 영업장에 설치 하는 것만 해당)	

답 ③

43

소방시설 중 경보설비에 속하지 않는 것은?

① 통합감시시설
② 자동화재탐지설비
③ 자동화재속보설비
④ 무선통신보조설비

해설

④ 무선통신보조설비 : 소화활동설비

소방시설법 시행령 [별표 1]
경보설비
(1) 비상경보설비 ┬ 비상벨설비
            └ 자동식 사이렌설비
(2) 단독경보형 감지기
(3) 비상방송설비
(4) 누전경보기
(5) 자동화재탐지설비 및 시각경보기
(6) 자동화재속보설비
(7) 가스누설경보기
(8) 통합감시시설
(9) 화재알림설비

※ **경보설비** : 화재발생 사실을 통보하는 기계·기구 또는 설비

중요

소방시설법 시행령 [별표 1]
소화활동설비
(1) **연결송수관**설비
(2) **연결살수**설비
(3) **연소방지**설비
(4) **무선통신보조**설비
(5) **제연**설비
(6) **비상콘센트**설비

기억법 3연무제비콘

용어

소화활동설비
화재를 진압하거나 인명구조활동을 위하여 사용하는 설비

답 ④

44

소방시설 설치 및 관리에 관한 법령상 방염성능 기준으로 틀린 것은?

① 버너의 불꽃을 제거한 때부터 불꽃을 올리며 연소하는 상태가 그칠 때까지 시간은 20초 이내
② 버너의 불꽃을 제거한 때부터 불꽃을 올리지 않고 연소하는 상태가 그칠 때까지 시간은 30초 이내
③ 탄화한 면적은 50cm 이내, 탄화한 길이는 20cm 이내
④ 불꽃에 의하여 완전히 녹을 때까지 불꽃의 접촉횟수는 2회 이상

해설

④ 2회 이상 → 3회 이상

소방시설법 시행령 31조
방염성능기준
(1) 잔염시간 : **20초** 이내
(2) 잔진시간 : **30초** 이내
(3) 탄화길이 : **20cm** 이내
(4) 탄화면적 : **50cm²** 이내
(5) 불꽃 접촉횟수 : **3회** 이상
(6) 최대연기밀도 : **400** 이하

용어	
잔염시간	잔진시간(잔신시간)
버너의 불꽃을 제거한 때부터 불꽃을 올리며 연소하는 상태가 그칠 때까지의 시간	버너의 불꽃을 제거한 때부터 불꽃을 올리지 않고 연소하는 상태가 그칠 때까지의 시간

답 ④

 45 소방시설 설치 및 관리에 관한 법률상 지방소방기술심의위원회의 심의사항은?

① 화재안전기준에 관한 사항
② 소방시설의 성능위주설계에 관한 사항
③ 소방시설에 하자가 있는지의 판단에 관한 사항
④ 소방시설의 설계 및 공사감리의 방법에 관한 사항

해설 ③ 지방소방기술심의위원회의 심의사항

소방시설법 18조
소방기술심의위원회의 심의사항

중앙소방기술심의위원회	지방소방기술심의위원회
① 화재안전기준에 관한 사항 ② 소방시설의 구조 및 원리 등에서 공법이 특수한 설계 및 시공에 관한 사항 ③ 소방시설의 설계 및 공사감리의 방법에 관한 사항 ④ **소방시설공사**의 하자를 판단하는 기준에 관한 사항 ⑤ 신기술·신공법 등 검토평가에 고도의 기술이 필요한 경우로서 중앙위원회에 심의를 요청한 상태	**소방시설**에 하자가 있는지의 판단에 관한 사항

답 ③

★★★
46 소방용수시설 저수조의 설치기준으로 틀린 것은?
16.05.문47
15.05.문50
15.05.문57
11.03.문42
10.05.문46

① 지면으로부터의 낙차가 4.5m 이하일 것
② 흡수부분의 수심이 0.3m 이상일 것
③ 흡수관의 투입구가 사각형의 경우에는 한 변의 길이가 60cm 이상일 것
④ 흡수관의 투입구가 원형의 경우에는 지름이 60cm 이상일 것

해설 ② 0.3m 이상 → 0.5m 이상

기본규칙 [별표 3]
소방용수시설의 저수조의 설치기준

구분	기준
낙차	4.5m 이하 보기 ①
수심	**0.5m** 이상
투입구의 길이 또는 지름	60cm 이상 보기 ③

흡수관 투입구는 한 변이 0.6m 이상이거나 직경이 0.6m 이상인 것 보기 ③

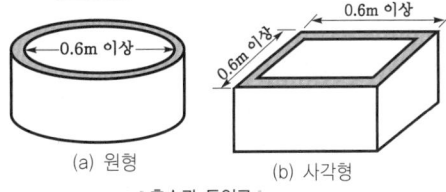

(a) 원형　　(b) 사각형

‖흡수관 투입구‖

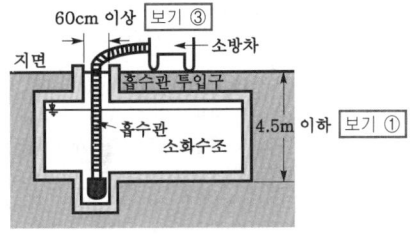

‖저수조의 깊이‖

(1) 소방펌프자동차가 **쉽게 접근**할 수 있도록 할 것
(2) 흡수에 지장이 없도록 **토사** 및 **쓰레기** 등을 제거할 수 있는 설비를 갖출 것
(3) 저수조에 물을 공급하는 방법은 **상수도**에 연결하여 **자동**으로 **급수**되는 구조일 것

답 ②

★
47 다음 ( ) 안에 들어갈 말로 옳은 것은?
14.03.문58

위험물의 제조소 등을 설치하고자 할 때 설치장소를 관할하는 ( )의 허가를 받아야 한다.

① 행정안전부장관
② 소방청장
③ 경찰청장
④ 시·도지사

해설 **위험물법 6조**
제조소 등의 설치허가
(1) **설치허가자** : **시·도지사**
(2) **설치허가 제외장소**
　㉠ 주택의 난방시설(공동주택의 중앙난방시설은 제외)을 위한 **저장소** 또는 **취급소**
　㉡ 지정수량 **20배** 이하의 **농예용·축산용·수산용** 난방시설 또는 건조시설의 **저장소**
(3) **제조소 등의 변경신고** : 변경하고자 하는 날의 **1일** 전까지

참고

시·도지사
(1) 특별시장
(2) 광역시장
(3) 특별자치시장
(4) 도지사
(5) 특별자치도지사

답 ④

19. 04. 시행 / 산업(전기)

48 ★★★ 소방안전관리자를 선임하지 아니한 경우의 벌칙 기준은?
① 100만원 이하 과태료
② 200만원 이하 벌금
③ 200만원 이하 과태료
④ 300만원 이하 벌금

해설 300만원 이하의 벌금
(1) 화재안전조사를 정당한 사유없이 거부·방해·기피(화재예방법 50조)
(2) 위탁받은 업무종사자의 **비**밀누설(소방시설법 59조)
(3) 방염성능검사 합격표시 위조(소방시설법 59조)
(4) **소**방안전관리자, 총괄소방안전관리자 또는 소방안전관리보조자 **미**선임(화재예방법 50조) **보기 ④**
(5) 다른 자에게 자기의 성명이나 상호를 사용하여 소방시설공사 등을 수급 또는 시공하게 하거나 소방시설업의 등록증·등록수첩을 빌려준 자(공사업법 37조)
(6) 감리원 미배치자(공사업법 37조)
(7) 소방기술인정 자격수첩을 빌려준 자(공사업법 37조)
(8) 2 이상의 업체에 취업한 자(공사업법 37조)
(9) 소방시설업자나 관계인 감독시 관계인의 업무를 방해하거나 비밀누설(공사업법 37조)

기억법 비3미소(비상미소)

답 ④

49 ★★★ 위험물안전관리법상 지정수량 미만인 위험물의 저장 또는 취급에 관한 기술상의 기준은 무엇으로 정하는가?
① 대통령령
② 국무총리령
③ 시·도의 조례
④ 행정안전부령

해설 **시**·도의 조례
(1) 소방**체**험관(기본법 5조)
(2) 지정수량 **미**만인 위험물의 취급(위험물법 4조) **보기 ③**
(3) 위험물의 임시저장 취급기준(위험물법 5조)

기억법 시체미(시체는 미(美)가 없다.)

답 ③

50 ★★★ 소방기본법령상 소방용수시설 및 지리조사의 기준 중 ㉠, ㉡에 알맞은 것은?

소방본부장 또는 소방서장은 원활한 소방활동을 위하여 설치된 소방용수시설에 대한 조사를 (㉠)회 이상 실시하여야 하며 그 조사결과를 (㉡)년간 보관하여야 한다.

① ㉠ 월 1, ㉡ 1
② ㉠ 월 1, ㉡ 2
③ ㉠ 연 1, ㉡ 1
④ ㉠ 연 1, ㉡ 2

해설 기본규칙 7조
소방용수시설 및 지리조사
(1) 조사자 : 소방본부장·소방서장
(2) 조사일시 : 월 1회 이상
(3) 조사내용
 ㉠ 소방용수시설
 ㉡ 도로의 **폭**·**교통상황**
 ㉢ 도로 주변의 **토지 고저**
 ㉣ 건축물의 **개황**
(4) 조사결과 : 2년간 보관

답 ②

51 ★★★ 화재의 예방 및 안전관리에 관한 법률상 화재의 예방조치 명령이 아닌 것은?
① 모닥불·흡연 및 화기취급 제한
② 풍등 등 소형 열기구 날리기 제한
③ 용접·용단 등 불꽃을 발생시키는 행위 제한
④ 불이 번지는 것을 막기 위하여 불이 번질 우려가 있는 소방대상물의 사용 제한

해설 화재예방법 17조
누구든지 화재예방강화지구 및 이에 준하는 대통령령으로 정하는 장소에서는 다음의 어느 하나에 해당하는 행위를 하여서는 아니 된다. (단, 행정안전부령으로 정하는 바에 따라 안전조치를 한 경우는 제외)
(1) 모닥불, 흡연 등 화기의 취급
(2) 풍등 등 소형 열기구 날리기
(3) 용접·용단 등 불꽃을 발생시키는 행위
(4) 그 밖에 **대통령령**으로 정하는 화재발생위험이 있는 행위

답 ④

52 ★★★ 화재를 진압하고 화재, 재난·재해, 그 밖의 위급한 상황에서 구조·구급 활동 등을 하기 위하여 소방공무원, 의무소방원, 의용소방대원으로 구성된 조직체는?
① 구조구급대
② 소방대
③ 의무소방대
④ 의용소방대

해설 기본법 2조 ⑤항
소방대
(1) 소방**공**무원
(2) **의**무소방원
(3) **의**용소방대원

기억법 공의(공의가 살아 있다!)

용어

소방대
화재를 진압하고 화재, 재난·재해 그 밖의 위급한 상황에서의 구조·구급활동 등을 하기 위하여 **소방공무원·의무소방원·의용소방대원**으로 구성된 조직체

답 ②

53. 소방시설공사업법상 특정소방대상물의 관계인 또는 발주자로부터 소방시설공사 등을 도급받은 소방시설업자가 제3자에게 소방시설공사 시공을 하도급할 수 없다. 이를 위반하는 경우의 벌칙기준은? (단, 대통령령으로 도급받은 소방시설공사의 일부를 한 번만 제3자에게 하도급할 수 있는 경우는 제외한다.)

① 100만원 이하의 벌금
② 300만원 이하의 벌금
③ 1년 이하의 징역 또는 1000만원 이하의 벌금
④ 3년 이하의 징역 또는 1500만원 이하의 벌금

해설 1년 이하의 징역 또는 1000만원 이하의 벌금
(1) 소방시설의 **자체점검** 미실시자(소방시설법 58조)
(2) **소방시설관리사증** 대여(소방시설법 58조)
(3) **소방시설관리업**의 등록증 또는 등록수첩 대여(소방시설법 58조)
(4) 제조소 등의 정기점검기록 허위 작성(위험물법 35조)
(5) **자체소방대**를 두지 않고 제조소 등의 허가를 받은 자(위험물법 35조)
(6) **위험물 운반용기**의 검사를 받지 않고 유통시킨 자(위험물법 35조)
(7) 제조소 등의 긴급사용정지 위반자(위험물법 35조)
(8) 영업정지처분 위반자(공사업법 36조)
(9) 거짓감리자(공사업법 36조)
(10) 공사감리자 미지정자(공사업법 36조)
(11) 소방시설 설계·시공·감리 **하도급자**(공사업법 36조)
(12) 소방시설공사 재하도급자(공사업법 36조)
(13) 소방시설업자가 아닌 자에게 소방시설공사 등을 도급한 관계인(공사업법 36조)

기억법 1 1000하(일천하)

답 ③

54. 소방시설 설치 및 관리에 관한 법령상 소방용품으로 틀린 것은?

① 시각경보기
② 자동소화장치
③ 가스누설경보기
④ 방염제

해설 소방시설법 시행령 6조
소방용품 제외 대상
(1) 주거용 주방자동소화장치용 소화약제
(2) 가스자동소화장치용 소화약제
(3) 분말자동소화장치용 소화약제
(4) 고체에어로졸자동소화장치용 소화약제
(5) 소화약제 외의 것을 이용한 간이소화용구

(6) 휴대용 비상조명등
(7) 유도표지
(8) 벨용 푸시버튼스위치
(9) 피난밧줄
(10) 옥내소화전함
(11) 방수구
(12) 안전매트
(13) 방수복
(14) 시각경보기

답 ①

55. 위험물제조소에 환기설비를 설치할 경우 바닥면적이 $100m^2$이면 급기구의 면적은 몇 cm^2 이상이어야 하는가?

① 150
② 300
③ 450
④ 600

해설 위험물규칙 [별표 4]
위험물제조소의 환기설비
(1) 환기는 **자연배기방식**으로 할 것
(2) 급기구는 바닥면적 $150m^2$마다 1개 이상으로 하되, 그 크기는 $800cm^2$ 이상일 것

바닥면적	급기구의 면적
$60m^2$ 미만	$150cm^2$ 이상
$60 \sim 90m^2$ 미만	$300cm^2$ 이상
$90 \sim 120m^2$ 미만	$450cm^2$ 이상
$120 \sim 150m^2$ 미만	$600cm^2$ 이상

(3) 급기구는 **낮은 곳**에 설치하고, 가는 눈의 구리망 등으로 **인화방지망**을 설치할 것
(4) 환기구는 지붕 위 또는 지상 2m 이상의 높이에 **회전식 고정벤틸레이터** 또는 **루프팬방식**으로 설치할 것

답 ③

56. 화재안전조사를 실시할 수 있는 경우가 아닌 것은?

① 화재가 자주 발생하였거나 발생할 우려가 뚜렷한 곳에 대한 조사가 필요한 경우
② 재난예측정보, 기상예보 등을 분석한 결과 소방대상물에 화재의 발생 위험이 크다고 판단되는 경우
③ 화재 등이 발생할 경우 인명 또는 재산피해의 우려가 낮다고 판단되는 경우
④ 관계인이 실시하는 소방시설 등에 대한 자체점검이 불성실하거나 불완전하다고 인정되는 경우

해설
③ 낮다고 판단되는 경우 → 현저하다고 판단되는 경우

화재예방법 7조
화재안전조사의 실시
(1) 관계인이 이 법 또는 다른 법령에 따라 실시하는 소방시설 등, 방화시설, 피난시설 등에 대한 자체점검이 **불성실**하거나 불완전하다고 인정되는 경우
(2) 화재예방강화지구 등 법령에서 화재안전조사를 하도록 규정되어 있는 경우
(3) 화재예방안전진단이 불성실하거나 불완전하다고 인정되는 경우
(4) **국가적 행사** 등 주요 행사가 개최되는 장소 및 그 주변의 관계지역에 대하여 소방안전관리 실태를 조사할 필요가 있는 경우
(5) **화재**가 **자주 발생**하였거나 발생할 우려가 뚜렷한 곳에 대한 조사가 필요한 경우
(6) **재난예측정보**, 기상예보 등을 분석한 결과 소방대상물에 화재의 발생 위험이 크다고 판단되는 경우
(7) 화재, 그 밖의 긴급한 상황이 발생할 경우 인명 또는 재산피해의 우려가 **현저하다**고 판단되는 경우

중요

화재예방법 7·8조
화재안전조사
(1) 실시자 : 소방청장·소방본부장·소방서장
(2) 관계인의 승낙이 필요한 곳 : **주거**(주택)

용어

화재안전조사
소방대상물, 관계지역 또는 관계인에 대하여 소방시설 등이 소방관계법령에 적합하게 설치·관리되고 있는지, 소방대상물에 화재의 발생위험이 있는지 등을 확인하기 위하여 실시하는 현장조사·문서열람·보고요구 등을 하는 활동

답 ③

57. 피난시설, 방화구획 및 방화시설에서 해서는 안 될 사항으로 틀린 것은?

① 피난시설, 방화구획 및 방화시설을 폐쇄하거나 훼손하는 등의 행위
② 피난시설, 방화구획 및 방화시설을 유지·관리하는 행위
③ 피난시설, 방화구획 및 방화시설의 주위에 물건을 쌓는 행위
④ 피난시설, 방화구획 및 방화시설의 용도에 장애를 주는 행위

해설
② 유지·관리하는 행위 → 변경하는 행위

소방시설법 16조
피난시설, 방화구획 및 방화시설의 관리에 대한 관계인의 잘못된 행위
(1) 피난시설, 방화구획 및 방화시설을 **폐쇄**하거나 **훼손**하는 등의 행위
(2) 피난시설, 방화구획 및 방화시설의 주위에 물건을 쌓아두거나 **장애물**을 설치하는 행위

(3) 피난시설, 방화구획 및 방화시설의 용도에 장애를 주거나 **소방활동**에 **지장**을 주는 행위
(4) 피난시설, 방화구획 및 방화시설을 **변경**하는 행위

답 ②

58. 공사업자가 소방시설공사를 마친 때에는 누구에게 완공검사를 받는가?

① 소방본부장 또는 소방서장
② 군수
③ 시·도지사
④ 소방청장

해설 착공신고·완공검사 등 (공사업법 13~15조)
(1) 소방시설공사의 착공신고 ┐ 소방본부장·소방서장
(2) 소방시설공사의 완공검사 ┘
(3) 하자보수기간 : 3일 이내

답 ①

59. 화재예방상 필요하다고 인정되거나 화재위험경보시 발령하는 소방신호는?

① 경계신호
② 발화신호
③ 해제신호
④ 훈련신호

해설 기본규칙 10조
소방신호의 종류

소방신호	설 명
경계신호	• 화재예방상 필요하다고 인정되거나 **화재위험경보시** 발령
발화신호	• 화재가 **발생**한 때 발령
해제신호	• 소화활동이 필요없다고 인정되는 때 발령
훈련신호	• **훈련**상 필요하다고 인정되는 때 발령

중요

기본규칙 〔별표 4〕
소방신호표

신호방법 종별	타종신호	사이렌 신호
경계신호	1타와 연 2타를 반복	5초 간격을 두고 30초씩 3회
발화신호	난타	5초 간격을 두고 5초씩 3회
해제신호	상당한 간격을 두고 1타씩 반복	1분간 1회
훈련신호	연 3타 반복	10초 간격을 두고 1분씩 3회

답 ①

60 소방시설 설치 및 관리에 관한 법령상 종합점검을 실시하여야 하는 특정소방대상물의 기준 중 틀린 것은?

① 물분무등소화설비(호스릴방식의 물분무등소화설비만을 설치한 경우는 제외)가 설치된 연면적 5000m² 이상인 아파트

② 물분무등소화설비(호스릴방식의 물분무등소화설비만을 설치한 경우는 제외)가 설치된 연면적 5000m² 이상인 특정소방대상물(위험물제조소 등은 제외)

③ 공공기관 중 연면적이 1000m² 이상인 것으로서 옥내소화전설비 또는 자동화재탐지설비가 설치된 것(소방대가 근무하는 공공기관은 제외)

④ 노래연습장업이 설치된 특정소방대상물로서 연면적이 1500m² 이상인 것

해설 소방시설법 시행규칙 〔별표 3〕
소방시설 등 자체점검의 구분과 대상, 점검자의 자격

점검구분	정의	점검대상	점검자의 자격 (주된 인력)
작동점검	소방시설 등을 인위적으로 조작하여 정상적으로 작동하는지를 점검하는 것	① 간이스프링클러설비 ② 자동화재탐지설비	① 관계인 ② 소방안전관리자로 선임된 **소방시설관리사** 또는 **소방기술사** ③ 소방시설관리업에 등록된 소방시설관리사 또는 **특급점검자**
		③ 간이스프링클러설비 또는 자동화재탐지설비가 미설치된 특정소방대상물	① 소방시설관리업에 등록된 기술인력 중 소방시설관리사 ② 소방안전관리자로 선임된 소방시설관리사 또는 소방기술사
	④ **작동점검**대상 제외 ㉠ 특정소방대상물 중 소방안전관리자를 선임하지 않는 대상 ㉡ **위험물제조소** 등 ㉢ **특급소방안전관리대상물**		
종합점검	소방시설 등의 작동점검을 포함하여 소방시설 등의 설비별 주요구성부품의 구조 기준이 관련 법령에서 정하는 기준에 적합한지 여부를 점검하는 것 (1) 최초점검: 특정소방대상물의 소방시설이 새로 설치되는 경우 건축물을 사용할 수 있게 된 날부터 60일 이내 점검하는 것 (2) 그 밖의 종합점검: 최초점검을 제외한 종합점검	① 소방시설 등이 신설된 경우에 해당하는 특정소방대상물 ② **스프링클러설비**가 설치된 특정소방대상물 ③ **물분무등소화설비**(호스릴방식의 물분무등소화설비만을 설치한 경우는 제외)가 설치된 연면적 5000m² 이상인 특정소방대상물(위험물제조소 등 제외) ④ 다중이용업의 영업장이 설치된 특정소방대상물로서 연면적이 2000m² 이상인 것 ⑤ 제연설비가 설치된 터널 ⑥ 공공기관 중 연면적(터널·지하구의 경우 그 길이와 평균 폭을 곱하여 계산된 값을 말한다)이 1000m² 이상인 것으로서 옥내소화전설비 또는 자동화재탐지설비가 설치된 것(단, 소방대가 근무하는 공공기관 제외)	① 소방시설관리업에 등록된 기술인력 중 소방시설관리사 ② 소방안전관리자로 선임된 소방시설관리사 또는 소방기술사

② 노래방은 다중이용업소로서 연면적 2000m² 이상

답 ④

제4과목 소방전기시설의 구조 및 원리

61 자동화재속보설비의 설치기준에 관한 사항이다. ( ) 안의 ㉠, ㉡에 들어갈 내용으로 옳은 것은?

자동화재속보설비는 (㉠)와 연동으로 작동하여 자동적으로 화재신호를 (㉡)에 전달되는 것으로 할 것

① ㉠ 자동소화설비, ㉡ 종합방재센터
② ㉠ 비상방송설비, ㉡ 소방관서
③ ㉠ 비상경보설비, ㉡ 종합방재센터
④ ㉠ 자동화재탐지설비, ㉡ 소방관서

해설 자동화재속보설비의 속보기의 성능인증 및 제품검사의 기술기준 5조, NFPC 204 4조, NFTC 204 2.1.1.1

구 분	설 명
연동설비	자동화재탐지설비
속보대상	소방관서
속보방법	20초 이내에 3회 이상
다이얼링	10회 이상

④ 자동화재속보설비는 **자동화재탐지설비**와 연동으로 작동하여 **소방관서**에 전달되는 것으로 할 것

답 ④

★★★ 62

18.04.문65
15.09.문76
13.09.문64
12.09.문72
06.03.문76

다음의 소방설비 중 비상전원의 용량이 최소 10분 이상이 아닌 것은?

① 비상경보설비
② 무선통신보조설비
③ 자동화재속보설비
④ 자동화재탐지설비

해설 **비상전원용량**

설비의 종류	비상전원 용량
• **자**동화재탐지설비 • 비상**경**보설비 • **자**동화재속보설비 기억법 경자비1(경자라는 이름은 비일비재하게 많다.)	10분 이상
• 유도등 • 비상콘센트설비 • 제연설비 • 물분무소화설비 • 옥내소화전설비(30층 미만) • 특별피난계단의 계단실 및 부속실 제연설비 (30층 미만)	20분 이상
• 무선통신보조설비의 **증**폭기 기억법 3증(3중고)	30분 이상
• 옥내소화전설비(30~49층 이하) • 특별피난계단의 계단실 및 부속실 제연설비 (30~49층 이하) • 연결송수관설비(30~49층 이하) • 스프링클러설비(30~49층 이하)	40분 이상
• 유도등·비상조명등(지하상가 및 11층 이상) • 옥내소화전설비(50층 이상) • 특별피난계단의 계단실 및 부속실 제연설비 (50층 이상) • 연결송수관설비(50층 이상) • 스프링클러설비(50층 이상)	60분 이상

② 무선통신보조설비 : 30분 이상

답 ②

★★★ 63

17.09.문69
12.03.문65
11.03.문61

복도에 설치하는 복도통로유도등의 설치기준으로 옳은 것은?

① 보행거리 15m마다 설치
② 보행거리 20m마다 설치
③ 수평거리 15m마다 설치
④ 수평거리 20m마다 설치

해설 (1) 수평거리

수평거리	적용대상
수평거리 25m 이하	• 발신기 • 음향장치(확성기) • 비상콘센트(지하상가·지하층 바닥면적 합계 3000m² 이상)
수평거리 50m 이하	• 비상콘센트(기타)

(2) 보행거리

보행거리	적용대상
보행거리 15m 이하	• 유도표지
보행거리 20m 이하	• **복도통로유도등** • 거실통로유도등 • 3종 연기감지기
보행거리 30m 이하	• 1·2종 연기감지기

(3) 수직거리

수직거리	적용대상
수직거리 10m 이하	• 3종 연기감지기
수직거리 15m 이하	• 1·2종 연기감지기

답 ②

★★★ 64

18.09.문80
17.05.문63
16.03.문73

휴대용 비상조명등을 비치하지 않아도 되는 대상물은?

① 숙박시설
② 의료시설
③ 영화상영관
④ 다중이용업소

해설 **휴대용 비상조명등**의 **설치제외장소**(NFPC 304 5조, NFTC 304 2.2.2)
(1) **지상 1층** 또는 **피난층**으로서 복도·통로 또는 창문 등의 개구부를 통하여 피난이 용이한 경우
(2) **숙박시설**로서 복도에 비상조명등을 설치한 경우 보기 ①

> 비교
> **비상조명등**의 **설치제외장소**(NFPC 304 5조, NFTC 304 2.2.1)
> (1) **거실**의 각 부분으로부터 하나의 출입구에 이르는 **보행거리**가 15m 이내인 부분
> (2) **의**원·**경**기장·**공**동주택·**의**료시설·**학**교의 거실
>
> 기억법 공주학교의 의경

답 ①

65. 비상콘센트설비의 전원에 대하여 ( ) 안의 ㉠, ㉡, ㉢에 들어갈 내용으로 옳은 것은?

지하층을 (㉠)한 층수가 7층 이상으로서 연면적이 (㉡)m² 이상이거나 지하층의 바닥면적의 합계가 (㉢)m² 이상인 특정소방대상물의 비상콘센트설비에는 자가발전설비, 비상전원수전설비, 축전지설비 또는 전기저장장치(외부 전기에너지를 저장해두었다가 필요한 때 전기를 공급하는 장치)를 비상전원으로 설치할 것

① ㉠ 포함, ㉡ 1000, ㉢ 2000
② ㉠ 포함, ㉡ 2000, ㉢ 3000
③ ㉠ 제외, ㉡ 1000, ㉢ 2000
④ ㉠ 제외, ㉡ 2000, ㉢ 3000

해설 비상콘센트설비의 비상전원 설치대상(NFPC 504 4조, NFTC 504 2.1.1.2)
(1) **지**하층을 제외한 **7**층 이상으로 연면적 **2000**m² 이상
(2) 지하층의 바닥면적합계 **3000**m² 이상

기억법 지7콘2

답 ④

66. 비상경보설비의 화재안전기준에서 화재발생 상황을 단독으로 감지하여 자체에 내장된 음향장치로 경보하는 감지기로 정의되는 것은?

① 자동식 감지기
② 가정용 감지기
③ 단독경보형 감지기
④ 비상경보형 감지기

해설 감지기(NFPC 201 3조, NFTC 201 1.7)

용어	설명
비상벨설비	화재발생 상황을 **경종**으로 경보하는 설비
자동식 사이렌설비	화재발생 상황을 **사이렌**으로 경보하는 설비
단독**경**보형 감지기	화재발생 상황을 **단**독으로 감지하여 자체에 **내**장된 **음**향장치로 경보하는 감지기

기억법 단경음

답 ③

67. 비상경보설비의 화재안전기준에서 자동식 사이렌설비에 대한 설명으로 틀린 것은?

① 지구음향장치는 특정소방대상물의 층마다 설치한다.
② 음향장치는 정격전압의 80% 전압에서 음향을 발할 수 있도록 하여야 한다.
③ 자동식 사이렌설비는 화재발생 상황을 사이렌 또는 경종으로 경보하는 설비이다.
④ 음향장치의 음량은 부착된 음향장치의 중심으로부터 1m 떨어진 위치에서 90dB 이상이 되는 것으로 하여야 한다.

해설 문제 66 참조

③ 사이렌 또는 경종으로 → 사이렌으로

중요

음향장치
(1) 지구음향장치는 특정소방대상물의 **층**마다 설치할 것
(2) 특정소방대상물의 각 부분으로부터 하나의 음향장치까지의 **수평거리가 25m** 이하가 되도록 할 것
(3) 정격전압의 80% 전압에서 음향을 발할 수 있도록 할 것(단, 건전지를 주전원으로 사용하는 음향장치는 제외)
(4) 음량은 부착된 음향장치의 중심으로부터 1m 떨어진 위치에서 90dB 이상이 되는 것으로 할 것

답 ③

68. 유도등 비상전원의 용량을 60분 이상의 것으로 설치하여야 하는 특정소방대상물로 틀린 것은?

① 층수가 10층 이하의 층
② 지하층으로서 도매시장
③ 무창층으로서 여객자동차터미널
④ 지하층을 제외한 층수가 11층 이상의 층

해설 유도등의 60분 이상 작동용량(NFPC 303 10조, NFTC 303 2.7.2.2)
(1) **11층 이상**
(2) 지하층·무창층으로서 **도매시장·소매시장·여객자동차터미널·지하역사·지하상가**

중요

비상전원용량

설비의 종류	비상전원용량
• **자**동화재탐지설비 • 비상**경**보설비 • **자**동화재속보설비	10분 이상 **기억법** 경자비1(경자라는 이름은 비일비재하게 많다)
• 유도등 • 비상콘센트설비 • 제연설비 • 물분무소화설비 • 옥내소화전설비(30층 미만) • 특별피난계단의 계단실 및 부속실 제연설비(30층 미만)	20분 이상

• 무선통신보조설비의 증폭기	30분 이상 **기억법** 3증(3중고)	
• 옥내소화전설비(30~49층 이하) • 특별피난계단의 계단실 및 부속실 제연설비(30~49층 이하) • 연결송수관설비(30~49층 이하) • 스프링클러설비(30~49층 이하)	40분 이상	
• 유도등·비상조명등(지하상가 및 11층 이상) • 옥내소화전설비(50층 이상) • 특별피난계단의 계단실 및 부속실 제연설비(50층 이상) • 연결송수관설비(50층 이상) • 스프링클러설비(50층 이상)	60분 이상	

답 ①

69 ★★★ 무선통신보조설비를 구성하는 기기에 해당하지 않는 것은?

① 혼합기　　② 중계기
③ 분파기　　④ 분배기

해설 **무선통신보조설비 구성기기**

분배기	분파기	혼합기
신호의 전송로가 분기되는 장소에 설치하는 것으로 **임피던스 매칭**(matching)과 **신호균등분배**를 위해 사용하는 장치	서로 다른 **주파수의 합성**된 신호를 분리하기 위해서 사용하는 장치	두 개 이상의 **입력신호**를 원하는 비율로 조합한 출력이 발생하도록 하는 장치

② 자동화재탐지설비의 구성기기

답 ②

70 ★★★ 공기관식 차동식 분포형 감지기의 공기관의 노출부분은 감지구역마다 최소 몇 m 이상 되도록 설치하여야 하는가?

① 10　　② 20
③ 30　　④ 40

해설 **공기관식 감지기**의 **설치기준**(NFPC 203 7조, NFTC 203 2.4.3.7)
(1) 노출부분은 감지구역마다 **20m** 이상이 되도록 할 것
(2) 각 변과의 수평거리는 **1.5m** 이하가 되도록 하고, 공기관 상호간의 거리는 **6m**(내화구조는 **9m**) 이하가 되도록 할 것
(3) 공기관은 **도중**에서 분기하지 아니하도록 할 것
(4) 하나의 검출부분에 접속하는 공기관의 길이는 **100m** 이하로 할 것
(5) 검출부는 5° 이상 경사되지 아니하도록 부착할 것
(6) 검출부는 바닥으로부터 **0.8~1.5m** 이하의 위치에 설치할 것

중요

경사제한각도

차동식 분포형 감지기	스포트형 감지기
5° 이상	45° 이상

답 ②

71 ★★★ 비상방송설비는 기동장치에 따른 화재신고를 수신한 후 필요한 음량으로 화재발생 상황 및 피난에 유효한 방송이 자동으로 개시될 때까지의 소요시간은 최대 몇 초 이하로 하여야 하는가?

① 5
② 10
③ 20
④ 30

해설 **소요시간**

기기	시간
• P형·P형 복합식·R형·R형 복합식·GP형·GP형 복합식·GR형·GR형 복합식 수신기 • 중계기	**5초** 이내
비상방송설비	**10초** 이하
가스누설경보기	**60초** 이내
축적형 수신기	• 축적시간 : 30~60초 이하 • 화재표시감지시간 : 60초

중요

비상방송설비의 **설치기준**(NFPC 202 4조, NFTC 202 2.1)
(1) 확성기의 음성입력은 실내 **1W**, 실외 **3W** 이상일 것
(2) 확성기는 각 **층**마다 설치하되, 각 부분으로부터의 수평거리는 **25m** 이하일 것
(3) 음량조정기는 **3선식** 배선일 것
(4) 조작스위치는 바닥으로부터 **0.8~1.5m** 이하의 높이에 설치할 것
(5) 다른 전기회로에 의하여 **유도장애**가 생기지 않을 것
(6) 비상방송 개시시간은 **10초** 이하일 것
(7) 엘리베이터 내부에는 **별도**의 **음향장치**를 설치할 수 있다.
(8) 2 이상의 조작부가 설치된 경우 동시통화가 가능하고 전 구역에 방송할 수 있을 것

답 ②

72 ★ 시각경보장치의 매초당 점멸주기는? (단, 시각경보장치의 전원입력단자에서 사용정격전압을 인가한 뒤, 신호장치에서 작동신호를 보내어 약 1분간 점멸횟수를 측정하는 경우이다.)

① 1회 이상 3회 이내
② 2회 이상 5회 이내
③ 3회 이상 10회 이내
④ 5회 이상 15회 이내

해설 ① 시각경보장치의 점멸주기 : 1회 이상 3회/초 이내
답 ①

73 누전경보기에 차단기구를 설치하는 경우 개폐부에 대한 설명으로 틀린 것은?

① 개폐부는 정지점이 명확하여야 한다.
② 개폐부는 원활하고 확실하게 작동하여야 한다.
③ 개폐부는 자동으로 개폐되어야 하며 수동으로 복귀되지 아니하여야 한다.
④ 개폐부는 수동으로 개폐되어야 하며 자동적으로 복귀하지 아니하여야 한다.

해설 누전경보기에 차단기구를 설치하는 경우 적합기준(누전경보기의 형식승인 및 제품검사의 기술기준 4조 9호)
(1) 개폐부는 원활하고 확실하게 작동하여야 하며 정지점이 명확하여야 한다. 보기 ①②
(2) 개폐부는 수동으로 개폐되어야 하며 자동적으로 복귀하지 아니하여야 한다. 보기 ③④
(3) 개폐부는 KS C 4613(누전차단기)에 적합한 것이어야 한다.

③ 자동 → 수동, 수동 → 자동적
답 ③

74 비상콘센트를 보호하기 위한 보호함의 설치기준으로 틀린 것은?

① 보호함 상부에 적색의 표시등을 설치하여야 한다.
② 보호함에는 쉽게 개폐할 수 있는 문을 설치하여야 한다.
③ 보호함 표면에 "비상콘센트"라고 표시한 표지를 설치하여야 한다.
④ 보호함을 옥내소화전함 등과 접속하여 설치하는 경우에는 옥내소화전함 등의 표시등과 겸용할 수 없다.

해설 비상콘센트설비의 보호함 설치기준(NFPC 504 5조, NFTC 504 2.2)
(1) 보호함에는 쉽게 개폐할 수 있는 문을 설치할 것 보기 ②
(2) 보호함 표면에 "비상콘센트"라고 표시한 표지를 할 것 보기 ③
(3) 보호함 상부에 적색의 표시등을 설치할 것 보기 ①
(4) 보호함을 옥내소화전함 등과 접속하여 설치시 옥내소화전함 등과 표시등 겸용 가능 보기 ④

④ 겸용할 수 없다. → 겸용할 수 있다.
답 ④

75 자동화재탐지설비의 발신기 설치기준에 대한 설명으로 틀린 것은?

① 조작스위치는 바닥으로부터 0.8m 이상 1.5m 이하의 높이에 설치하여야 한다.
② 복도 또는 별도로 구획된 실로서 보행거리가 40m 이상일 경우에는 발신기를 추가로 설치하여야 한다.
③ 특정소방대상물의 각 부분으로부터 하나의 발신기까지의 수평거리가 30m 이하가 되도록 하여야 한다.
④ 위치표시등의 불빛은 부착면으로부터 15° 이상의 범위 안에서 부착지점으로부터 10m 이내의 어느 곳에서도 쉽게 식별할 수 있는 적색등으로 하여야 한다.

해설 자동화재탐지설비의 발신기 설치기준(NFPC 203 9조, NFTC 203 2.6)
(1) 조작이 쉬운 장소에 설치하고, 조작스위치는 바닥으로부터 0.8~1.5m 이하의 높이에 설치할 것 보기 ①
(2) 특정소방대상물의 층마다 설치하되, 해당 특정소방대상물의 각 부분으로부터 하나의 발신기까지의 수평거리가 25m 이하가 되도록 할 것. 다만, 복도 또는 별도로 구획된 실로서 보행거리가 40m 이상일 경우에는 추가로 설치할 것 보기 ②③
(3) 발신기의 위치표시등은 함의 상부에 설치하되, 그 불빛은 부착면으로부터 15° 이상의 범위 안에서 부착지점으로부터 10m 이내의 어느 곳에서도 쉽게 식별할 수 있는 적색등으로 할 것 보기 ④

③ 30m 이하 → 25m 이하
답 ③

76 비상방송설비에서 실외에 설치하는 확성기와 음성입력은 최소 몇 W 이상이어야 하는가?

① 0.3
② 0.5
③ 1.5
④ 3

해설 비상방송설비의 설치기준(NFPC 202 4조, NFTC 202 2.1)
(1) 확성기의 음성입력은 3W(실내 1W) 이상일 것 보기 ④
(2) 확성기는 각 층마다 설치하되, 각 부분으로부터의 수평거리는 25m 이하일 것
(3) 음량조정기는 3선식 배선일 것
(4) 조작스위치는 바닥으로부터 0.8~1.5m 이하의 높이에 설치할 것
(5) 다른 전기회로에 의하여 유도장애가 생기지 아니하도록 할 것
(6) 비상방송 개시시간은 10초 이하일 것
(7) 다른 방송설비와 공용할 경우 화재시 비상경보 외의 방송을 차단할 수 있을 것
(8) 엘리베이터 내부에는 별도의 음향장치를 설치할 수 있다.
(9) 2 이상의 조작부가 설치된 경우 동시통화가 가능하고 전 구역에 방송할 수 있을 것

19. 04. 시행 / 산업(전기)

기억법 방3실1, 3음방(삼엄한 방송실), 개10

답 ④

77 자동화재탐지설비에서 감지기 사이의 회로의 배선을 송배전식으로 하고, 감지기회로 말단에 종단저항을 설치하는 이유는?

① 도통시험을 하기 위해서
② 동작시험을 하기 위해서
③ 저전압시험을 하기 위해서
④ 공통선시험을 하기 위해서

해설 **종단저항**(NFPC 203 11조, NFTC 203 2.8.1.3)

설치목적	설치장소
도통시험	**수신기함** 또는 **발신기함** 내부

중요

감지기회로의 **도통시험**을 위한 **종단저항**의 **기준**(NFPC 203 11조, NFTC 203 2.8.1.3)
(1) **점검** 및 **관리**가 쉬운 장소에 설치
(2) 전용함 설치시 바닥에서 **1.5m** 이내의 높이에 설치
(3) 감지기회로의 **끝부분**에 설치하며, 종단감지기에 설치할 경우 구별이 쉽도록 해당 감지기의 기판 및 감지기 외부 등에 별도의 표시를 할 것

답 ①

78 누전경보기의 수신부를 설치할 수 있는 장소로 옳은 것은? (단, 누전경보기에 대하여 방호조치를 하지 않은 경우이다.)

① 온도의 변화가 완만한 장소
② 화약류를 제조하거나 저장 또는 취급하는 장소
③ 대전류회로・고주파발생회로 등에 따른 영향을 받을 우려가 있는 장소
④ 가연성의 증기・먼지・가스 등이나 부식성의 증기・가스 등이 다량으로 체류하는 장소

해설 **누전경보기**의 **수신부**(NFPC 205 5조, NFTC 205 2.2.1, 2.2.2)

설치장소	설치제외장소
① 옥내의 점검에 편리한 장소(옥내 건조한 장소) ② 온도변화가 완만한 장소	① **온도**변화가 급격한 장소 ② **습도**가 높은 장소 ③ **가연성**의 증기, 가스 등 또는 부식성의 증기, 가스 등의 다량 체류장소 ④ **대전류회로, 고주파발생회로** 등의 영향을 받을 우려가 있는 장소 ⑤ **화약류** 제조, 저장, 취급 장소

기억법 온습누가대화(온도・습도가 높으면 누가 대화하나?)

답 ①

79 무선통신보조설비의 증폭기에 관한 설명으로 틀린 것은?

① 상용전원은 전기가 정상적으로 공급되는 축전지설비 또는 교류전압 옥내간선으로 한다.
② 증폭기의 전면에는 주회로의 전원이 정상인지의 여부를 표시할 수 있는 표시등 및 전압계를 설치한다.
③ 증폭기라 함은 2개 이상의 입력신호를 원하는 비율로 조합한 출력이 발생하도록 하는 장치를 말한다.
④ 증폭기에 부착되는 비상전원의 용량은 무선통신보조설비를 유효하게 30분 이상 작동시킬 수 있는 것으로 한다.

해설 **무선통신보조설비**

용어	설명
누설동축케이블	동축케이블의 외부도체에 가느다란 홈을 만들어서 **전파**가 **외부로 새어나갈 수 있도록** 한 케이블
분배기	신호의 전송로가 분기되는 장소에 설치하는 것으로 **임피던스 매칭**(matching)과 **신호균등분배**를 위해 사용하는 장치 기억법 배임(배임죄)
분파기	서로 다른 **주**파수의 합성된 **신호**를 **분리**하기 위해서 사용하는 장치 기억법 파주
혼합기	**두 개 이상**의 **입력신호**를 원하는 비율로 **조합**한 **출력**이 발생하도록 하는 장치
증폭기	신호전송시 신호가 약해져 수신이 불가능해지는 것을 방지하기 위해서 **증폭**하는 장치
무선중계기	안테나를 통하여 수신된 무전기 신호를 증폭한 후 음영지역에 재방사하여 무전기 상호간 송수신이 가능하도록 하는 장치
옥외안테나	감시제어반 등에 설치된 무선중계기의 입력과 출력포트에 연결되어 송수신 신호를 원활하게 방사・수신하기 위해 옥외에 설치하는 장치

중요

무선통신보조설비의 **증폭기** 및 **무선중계기**의 **설치기준** (NFPC 505 8조, NFTC 505 2.5)
(1) 상용전원은 **축전지설비, 전기저장장치**(외부 전기에너지를 저장해두었다가 필요한 때 전기를 공급하는 장치) 또는 **교류전압 옥내간선**으로 하고, 전원까지의 배선은 **전용**으로 할 것
(2) 증폭기의 전면에는 전원확인 **표시등** 및 **전압계** 설치
(3) 증폭기의 비상전원용량은 30분 이상
(4) **증폭기** 및 **무선중계기**를 설치하는 경우 전파법 규정에 따른 적합성 평가를 받은 제품으로 설치
(5) 디지털방식의 무전기를 사용하는 데 지장이 없도록 설치할 것

③ 증폭기 → 혼합기

답 ③

80 ★★
소방시설용 비상전원수전설비에서 소방회로전용의 것으로서 분기개폐기, 분기과전류차단기, 그 밖의 배선용 기기 및 배선을 금속제 외함에 수납한 것은?

13.03.문62
12.09.문75

① 전용분전반 ② 전용배전반
③ 공용배전반 ④ 전용수전반

해설 **소방시설용 비상전원수전설비** (NFPC 602 3조, NFTC 602 1.7)

용어	설명
수전설비	전력수급용 계기용 변성기·주차단장치 및 그 부속기기
변전설비	전력용 변압기 및 그 부속장치
전용 큐비클식	**소방회로**용의 것으로 **수**전설비, 변전설비, 그 밖의 기기 및 배선을 금속제 외함에 수납한 것 기억법 전큐소수
공용 큐비클식	**소방회로** 및 **일반회로 겸용**의 것으로서 수전설비, 변전설비, 그 밖의 기기 및 배선을 금속제 외함에 수납한 것
소방회로	소방부하에 전원을 공급하는 전기회로
일반회로	소방회로 이외의 전기회로
전용배전반	**소방회로 전용**의 것으로서 **개폐기, 과전류차단기, 계기**, 그 밖의 배선용 기기 및 배선을 금속제 외함에 수납한 것
공용배전반	**소방회로** 및 **일반회로 겸용**의 것으로서 개폐기, 과전류차단기, 계기, 그 밖의 배선용 기기 및 배선을 금속제 외함에 수납한 것
전용분전반	**소방회로 전용**의 것으로서 **분기개폐기, 분기과전류차단기**, 그 밖의 배선용 기기 및 배선을 금속제 외함에 수납한 것 기억법 전전분분
공용분전반	**소방회로** 및 **일반회로 겸용**의 것으로서 분기개폐기, 분기과전류차단기, 그 밖의 배선용 기기 및 배선을 금속제 외함에 수납한 것

답 ①

2019. 9. 21 시행

2019년 산업기사 제4회 필기시험

자격종목	종목코드	시험시간	형별	수험번호	성명
소방설비산업기사(전기분야)		2시간			

※ 각 문항은 4지택일형으로 질문에 가장 적합한 보기 항을 선택하여 체크하여야 합니다.

제1과목　소방원론

01 제1류 위험물로서 그 성질이 산화성 고체인 것은?
① 셀룰로이드류
② 금속분류
③ 아염소산염류
④ 과염소산

해설
① 제5류　② 제3류
③ 제1류　④ 제6류

위험물령 〔별표 1〕
위험물

유별	성질	품명
제1류	산화성 고체	• 아염소산염류(아염소산나트륨) • 염소산염류 • 과염소산염류 • 질산염류(질산칼륨) • 무기과산화물(과산화바륨) 기억법 1산고(일산GO)
제2류	가연성 고체	• 황화인 • 적린 • 황 • 마그네슘 기억법 2황화적황마
제3류	자연발화성 물질 및 금수성 물질	• 황린 • 칼륨 • 나트륨 ┐ 금속분 • 트리에틸알루미늄 ┘ 기억법 황칼나트알
제4류	인화성 액체	• 특수인화물 • 석유류(벤젠) • 알코올류 • 동식물유류
제5류	자기반응성 물질	• 질산에스터류(셀룰로이드) • 유기과산화물 • 나이트로화합물 • 나이트로소화합물 • 아조화합물 • 나이트로글리세린
제6류	산화성 액체	• 과염소산 • 과산화수소 • 질산 기억법 6산액과염산질산

답 ③

02 건축물 화재시 플래시오버(flash over)에 영향을 주는 요소가 아닌 것은?
① 내장재료
② 개구율
③ 화원의 크기
④ 건물의 층수

해설　플래시오버(flash over)에 영향을 미치는 것
(1) 개구율(벽면적에 대한 개구부면적의 비)
(2) 내장재료(내장재료의 제성상)
(3) 화원의 크기

※ 화원(source of fire) : 불이 난 근원

중요
플래시오버(flash over)의 지연대책
(1) 두께가 두꺼운 가연성 내장재료 사용
(2) 열전도율이 큰 내장재료 사용
(3) 주요구조부를 내화구조로 하고 개구부를 적게 설치
(4) 실내에 저장하는 가연물의 양을 줄임

답 ④

03 다음 중 가스계 소화약제가 아닌 것은?
① 포소화약제
② 할로겐화합물 및 불활성기체 소화약제
③ 이산화탄소소화약제
④ 할론소화약제

해설　① 수계 소화약제

가스계 소화약제
(1) 할로겐화합물 및 불활성기체 소화약제
(2) 이산화탄소소화약제
(3) 할론소화약제

답 ①

04 할론소화약제로부터 기대할 수 있는 소화작용으로 틀린 것은?

① 부촉매작용
② 냉각작용
③ 유화작용
④ 질식작용

해설

③ 유화작용 : 물분무소화약제

소화약제의 소화작용

소화약제	소화작용	주된 소화작용
물(스프링클러)	• 냉각작용 • 희석작용	냉각작용 (냉각소화)
물분무, 미분무	• **냉**각작용(증발잠열 이용) • **질**식작용 • **유**화작용(에멀션효과) • **희**석작용 기억법 물냉질유희	
포	• 냉각작용 • 질식작용	질식작용 (질식소화)
분말	• 질식작용 • 부촉매작용(억제작용) • 방사열 차단작용	
이산화탄소	• 냉각작용 • 질식작용 • 피복작용	
할론	• 질식작용 • 부촉매작용(억제작용)	부촉매작용 (연쇄반응 차단소화)

• **할론소화약제** : 주로 **질식작용, 부촉매작용**을 나타내지만 일부 **냉각작용**도 나타낼 수 있음

중요

부촉매효과
(1) 분말소화약제
(2) 할론소화약제
(3) 할로겐화합물소화약제

답 ③

05 제1석유류는 어떤 위험물에 속하는가?

① 산화성 액체
② 인화성 액체
③ 자기반응성 물질
④ 금수성 물질

해설 위험물령 〔별표 1〕
제4류 위험물

성질	품명		지정수량	대표물질
인화성 액체	특수인화물		50L	• 다이에틸에터 • 이황화탄소
	제1석유류	비수용성	200L	• 휘발유 • 콜로디온
		수용성	400L	• 아세톤
	알코올류		400L	• 변성알코올
	제2석유류	비수용성	1000L	• 등유 • 경유
		수용성	2000L	• 아세트산
	제3석유류	비수용성	2000L	• 중유 • 크레오소트유
		수용성	4000L	• 글리세린
	제4석유류		6000L	• 기어유 • 실린더유
	동식물유류		10000L	• 아마인유

답 ②

06 질식소화방법에 대한 예를 설명한 것으로 옳은 것은?

① 열을 흡수할 수 있는 매체를 화염 속에 투입한다.
② 열용량이 큰 고체물질을 이용하여 소화한다.
③ 중질유 화재시 물을 무상으로 분무한다.
④ 가연성 기체의 분출화재시 주밸브를 닫아서 연료공급을 차단한다.

해설

① 냉각소화
② 냉각소화
③ 질식소화
④ 제거소화

중요

소화의 형태

소화형태	설명
냉각소화	• **점**화원을 냉각시켜 소화하는 방법 • **증**발잠열을 이용하여 열을 빼앗아 가연물의 온도를 떨어뜨려 화재를 진압하는 소화 • 다량의 물을 뿌려 소화하는 방법 • 가연성 물질을 **발**화점 이하로 **냉**각 기억법 냉점증발
질식소화	• 공기 중의 **산소농도를 16%**(10~15%) 이하로 희박하게 하여 소화 • 산화제의 농도를 낮추어 연소가 지속될 수 없도록 함 • **산소공급**을 **차단**하는 소화방법 기억법 질산

19. 09. 시행 / 산업(전기)

제거소화	• **가연물**을 **제거**하여 소화하는 방법
부촉매소화 (=화학소화, 억제소화)	• **연쇄반응**을 **차단**하여 소화하는 방법 • 화학적인 방법으로 화재 억제
희석소화	• 기체·고체·액체에서 나오는 분해가스 나 증기의 농도를 낮춰 소화하는 방법

• 부촉매소화=연쇄반응 차단소화

답 ③

07 ★★★
17.05.문03
16.03.문02
14.03.문14
07.09.문05

증기비중을 구하는 식은 다음과 같다. ( ) 안에 들어갈 알맞은 값은?

$$증기비중 = \frac{분자량}{(\quad)}$$

① 15 ② 21
③ 22.4 ④ 29

해설 증기비중

$$증기비중 = \frac{분자량}{29}$$

여기서, 29 : 공기의 평균분자량

비교

증기밀도

$$증기밀도[g/L] = \frac{분자량}{22.4}$$

여기서, 22.4 : 기체 1몰의 부피[L]

답 ④

08 ★★★
16.05.문01
16.03.문18
15.03.문14
13.06.문04

물의 물리·화학적 성질에 대한 설명으로 틀린 것은?

① 수소결합성 물질로서 비점이 높고 비열이 크다.
② 100℃의 액체물이 100℃의 수증기로 변하면 체적이 약 1600배 증가한다.
③ 유류화재에 물을 무상으로 주수하면 질식효과 이외에 유탁액에 생성되어 유화효과가 나타난다.
④ 비극성 공유결합성 물질로 비점이 높다.

해설 ④ 비극성 → 극성

물의 물리·화학적 성질
(1) 물의 비열은 1cal/g·℃이다.
(2) 100℃, 1기압에서 증발잠열은 약 **539cal/g**이다.
(3) 물의 비중은 4℃에서 가장 크다.
(4) 액체상태에서 수증기로 바뀌면 체적이 1600배(또는 1650~1700배) 증가한다.
(5) 물 분자 간 결합은 분자 간 인력인 **수소결합**이다.

(6) 물 분자 내의 결합은 수소원자와 산소원자 사이의 결합인 **극성 공유결합**이다.
(7) **공유결합**은 수소결합보다 **강한 결합**이다.
(8) 비점이 높고 비열이 크다.
(9) 무상주수하면 **질식효과, 유화효과** 등도 나타난다.

답 ④

09 ★★
18.04.문04
05.05.문18

자연발화의 조건으로 틀린 것은?

① 열전도율이 낮을 것
② 발열량이 클 것
③ 주위의 온도가 높을 것
④ 표면적이 작을 것

해설 ④ 작을 것 → 넓을 것

자연발화 조건
(1) 열전도율이 작을 것
(2) 발열량이 클 것
(3) 주위의 온도가 높을 것
(4) 표면적이 넓을 것

비교

자연발화의 방지법
(1) 습도가 높은 곳을 피할 것(건조하게 유지할 것)
(2) 저장실의 온도를 낮출 것
(3) 통풍이 잘 되게 할 것
(4) 퇴적 및 수납시 열이 쌓이지 않게 할 것

답 ④

10 ★
08.09.문11

부피비로 질소가 65%, 수소가 15%, 이산화탄소가 20%로 혼합된 전압이 760mmHg인 기체가 있다. 이때 질소의 분압은 약 몇 mmHg인가? (단, 모두 이상기체로 간주한다.)

① 152 ② 252
③ 394 ④ 494

해설 (1) 기호
• 혼합된 기체의 합 : 760mmHg
• 질소 : 65%=0.65
• 질소분압 : ?

(2) 달톤의 분압법칙

질소분압=혼합된 기체의 합×질소부피비
=760mmHg×0.65=494mmHg

중요

법칙	설 명
달톤의 분압법칙 (Dalton's law of portial pressure)	① 일정온도, 일정압력에서 여러 가지 **이상기체**를 **혼합**하여 하나의 혼합기체를 만들 때 혼합기체가 차지하는 체적은 혼합 전에 각 기체가 차지했던 **체적의 합**과 같고, 혼합기체의 압력은 각 기체에서 분압의 합과 같다. ② 혼합가스의 전압력은 각 가스의 분압의 합과 같다.

그레이엄의 법칙 (Graham's law)	일정온도, 일정압력에서 기체의 확산 속도는 **밀도의 제곱근**에 반비례한다.
아보가드로의 법칙 (Avogadro's law)	일정온도, 일정압력하에 있는 모든 기체는 단위체적 속에 같은 수의 분자를 갖는다.
헨리의 법칙 (Henry's law)	일정한 온도에서 일정량의 **용매**에 녹는 **기체**의 **양**은 용액과 평형에 있는 기체의 분압에 비례한다.

답 ④

11. 화씨온도 122°F는 섭씨온도로 몇 °C인가?
① 40   ② 50
③ 60   ④ 70

해설 섭씨온도

$$℃ = \frac{5}{9}(°F - 32)$$

여기서, ℃ : 섭씨온도[℃]
°F : 화씨온도[°F]

섭씨온도 $℃ = \frac{5}{9}(°F - 32) = \frac{5}{9}(122 - 32) = 50℃$

중요
섭씨온도와 켈빈온도
(1) 섭씨온도

$$℃ = \frac{5}{9}(°F - 32)$$

여기서, ℃ : 섭씨온도[℃]
°F : 화씨온도[°F]

(2) 켈빈온도

$$K = 273 + ℃$$

여기서, K : 켈빈온도[K]
℃ : 섭씨온도[℃]

비교
화씨온도와 랭킨온도
(1) 화씨온도

$$°F = \frac{9}{5}℃ + 32$$

여기서, °F : 화씨온도[°F]
℃ : 섭씨온도[℃]

(2) 랭킨온도

$$°R = 460 + °F$$

여기서, °R : 랭킨온도[R]
°F : 화씨온도[°F]

답 ②

12. 연기의 물리·화학적인 설명으로 틀린 것은?
① 화재시 발생하는 연소생성물을 의미한다.
② 연기의 색상은 연소물질에 따라 다양하다.
③ 연기는 기체로만 이루어진다.
④ 연기의 감광계수가 크면 피난장애를 일으킨다.

해설 ③ 기체로만 → 고체 또는 액체로

연기의 물리·화학적인 설명
(1) 화재시 발생하는 **연소생성물**을 의미한다.
(2) 연기의 **색상**은 연소물질에 따라 **다양**하다.
(3) 연기는 **고체** 또는 **액체**로 이루어진다.
(4) 연기의 감광계수가 **크면 피난장애**를 일으킨다.

답 ③

13. 건축물에 화재가 발생할 때 연소확대를 방지하기 위한 계획에 해당되지 않는 것은?
① 수직계획   ② 입면계획
③ 수평계획   ④ 용도계획

해설 건축물 내부의 연소확대 방지를 위한 방화계획
(1) 수평계획(면적단위)
(2) 수직계획(층단위)
(3) 용도계획(용도단위)

답 ②

14. 화재발생시 물을 소화약제로 사용할 수 있는 것은?
① 칼슘카바이드   ② 무기과산화물류
③ 마그네슘분말   ④ 염소산염류

해설 ④ 제1류 위험물 : 주수소화

주수소화시 위험한 물질

위험물	발생물질
• 무기과산화물(류) 보기②	산소 발생
• 금속분	
• 마그네슘(분말) 보기③	
• 알루미늄	수소 발생
• 칼륨(금속칼륨)	
• 나트륨	
• 수소화리튬	
• 칼슘카바이드(탄화칼슘) 보기①	아세틸렌 발생
• 가연성 액체의 유류화재	연소면(화재면) 확대

용어
주수소화
물을 뿌려 소화하는 방법

답 ④

15. 알루미늄분말 화재시 적응성이 있는 소화약제는?
① 물   ② 마른모래
③ 포말   ④ 강화액

해설 알킬알루미늄 : 제3류 위험물

중요
위험물의 소화방법

종류	소화방법
제1류	물에 의한 **냉각소화**(단, 무기과산화물은 마른모래 등에 의한 **질식소화**)
제2류	물에 의한 **냉각소화**(단, 황화인·철분·마그네슘·금속분은 마른모래 등에 의한 **질식소화**)
제3류	**마른모래**, 팽창질석, 팽창진주암에 의한 **질식소화**(마른모래보다 **팽창질석** 또는 **팽창진주암**이 더 효과적)
제4류	포·분말·CO_2·할론소화약제에 의한 **질식소화**
제5류	화재 초기에만 대량의 물에 의한 **냉각소화**(단, 화재가 진행되면 자연진화되도록 기다릴 것)
제6류	마른모래 등에 의한 **질식소화**(단, 과산화수소는 다량의 물로 희석소화)

답 ②

16 제4류 위험물 중 제1석유류, 제2석유류, 제3석유류, 제4석유류를 각 품명별로 구분하는 분류의 기준은?

① 발화점 ② 인화점
③ 비중   ④ 연소범위

해설 ② 제1석유류~제4석유류의 분류기준 : 인화점

중요
제4류 위험물

구 분	설 명
제1석유류	인화점이 21℃ 미만
제2석유류	인화점이 21~70℃ 미만
제3석유류	인화점이 70~200℃ 미만
제4석유류	인화점이 200~250℃ 미만

답 ②

17 산소와 질소의 혼합물인 공기의 평균분자량은? (단, 공기는 산소 21vol%, 질소 79vol%로 구성되어 있다고 가정한다.)

① 30.84 ② 29.84
③ 28.84 ④ 27.84

해설 원자량

원 소	원자량
H	1
C	12
N	14
O	16

$O_2 : 16 \times 2 \times 0.21 = 6.72$
$N_2 : 14 \times 2 \times 0.79 = 22.12$
28.84

답 ③

18 고가의 압력탱크가 필요하지 않아서 대용량의 포소화설비에 채용되는 것으로 펌프의 토출관에 압입기를 설치하여 포소화약제 압입용 펌프로 포소화약제를 압입시켜 혼합하는 방식은?

① 프레져 프로포셔너 방식(pressure proportioner type)
② 프레져 사이드 프로포셔너 방식(pressure side proportioner type)
③ 펌프 프로포셔너 방식(pump proportioner type)
④ 라인 프로포셔너 방식(line proportioner type)

해설 포소화약제의 **혼합장치**(NFPC 105 3조, NFTC 105 1.7)
(1) 펌프 프로포셔너 방식(펌프 혼합방식)
  ㉠ 펌프 토출측과 흡입측에 바이패스를 설치하고, 그 바이패스의 도중에 설치한 어댑터(Adaptor)로 펌프 토출측 수량의 일부를 통과시켜 공기포 용액을 만드는 방식
  ㉡ 펌프의 **토출관**과 **흡입관** 사이의 배관 도중에 설치한 흡입기에 펌프에서 토출된 물의 일부를 보내고 **농도조정밸브**에서 조정된 포소화약제의 필요량을 포소화약제 탱크에서 펌프 흡입측으로 보내어 약제를 혼합하는 방식

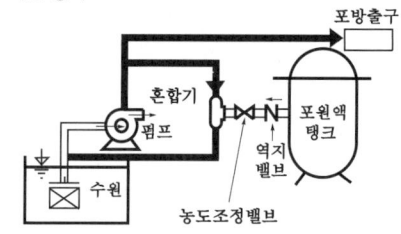

∥펌프 프로포셔너 방식∥

(2) 프레져 프로포셔너 방식(차압 혼합방식)
  ㉠ 가압송수관 도중에 공기포 소화원액 혼합조(P.P.T)와 혼합기를 접속하여 사용하는 방법
  ㉡ **격막방식 휨탱크**를 사용하는 에어휨 혼합방식
  ㉢ 펌프와 발포기의 중간에 설치된 벤투리관의 **벤투리작용**과 펌프 가압수의 **포소화약제 저장탱크**에 대한 압력에 의하여 포소화약제를 흡입·혼합하는 방식

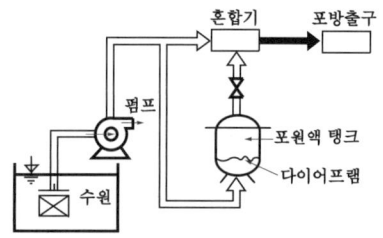

∥프레져 프로포셔너 방식∥

(3) **라인 프로포셔너 방식**(관로 혼합방식)
  ㉠ 급수관의 배관 도중에 포소화약제 흡입기를 설치하여 그 흡입관에서 소화약제를 흡입하여 혼합하는 방식
  ㉡ 펌프와 발포기의 중간에 설치된 벤투리관의 **벤투리작용**에 의하여 포소화약제를 흡입·혼합하는 방식

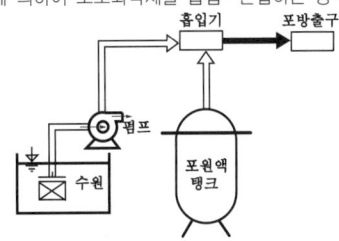

| 라인 프로포셔너 방식 |

(4) **프레져 사이드 프로포셔너 방식**(압입 혼합방식)
  ㉠ 소화원액 가압펌프(압입용 펌프)를 별도로 사용하는 방식
  ㉡ 펌프 **토출관**에 압입기를 설치하여 포소화약제 **압입용 펌프**로 포소화약제를 압입시켜 혼합하는 방식

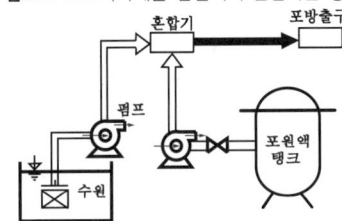

| 프레져 사이드 프로포셔너 방식 |

[기억법] 프사압

- 프레져 사이드 프로포셔너 방식=프레셔 사이드 프로포셔너 방식

(5) **압축공기포 믹싱챔버방식**
  포수용액에 공기를 강제로 주입시켜 **원거리 방수**가 가능하고 물 사용량을 줄여 **수손피해**를 **최소화**할 수 있는 방식

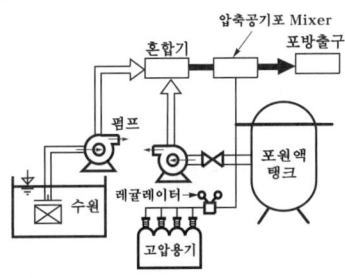

| 압축공기포 믹싱챔버방식 |

답 ②

19 전기화재가 발생되는 발화요인으로 틀린 것은?

18.09.문09
16.03.문11
15.05.문16
13.09.문01

① 역률
② 합선
③ 누전
④ 과전류

해설 ① 해당 없음

전기화재를 일으키는 **원인**
(1) 단락(**합선**)에 의한 발화(배선의 **단락**)
(2) 과부하(**과전류**)에 의한 발화(**과부하**에 의한 발열)
(3) 절연저항 감소(**누전**)에 의한 발화
(4) 전열기 과열에 의한 발화
(5) 전기불꽃에 의한 발화
(6) 용접불꽃에 의한 발화
(7) 낙뢰에 의한 발화
(8) **정전기**로 인한 스파크 발생

답 ①

20 폭발에 대한 설명으로 틀린 것은?

16.03.문05

① 보일러 폭발은 화학적 폭발이라 할 수 없다.
② 분무폭발은 기상폭발에 속하지 않는다.
③ 수증기 폭발은 기상폭발에 속하지 않는다.
④ 화약류 폭발은 화학적 폭발이라 할 수 있다.

해설 ② 분무폭발은 **기상폭발**에 속한다.

기상폭발
(1) 가스폭발(혼합가스폭발)
(2) 분무폭발
(3) 분진폭발

답 ②

제 2 과목   소방전기일반

21 부저항 특성을 갖는 서미스터의 저항값은 온도가 증가함에 따라 어떻게 변하는가?

14.05.문39
11.06.문24

① 감소
② 증가
③ 증가하다가 감소
④ 감소하다가 증가

해설 **부저항 특성**을 갖는 **소자**
(1) 트라이액(TRIAC)
(2) UJT(UniJunction Transistor)=단일접합 트랜지스터
(3) 사이리스터(thyristor)
(4) 터널다이오드(tunnel diode)
(5) **서미스터**(thermistor)

중요

부저항 특성(부성저항 특성)
(1) **전압**이 **증가**하면 **전류**가 **감소**하는 특성
(2) **온도**가 **증가**하면 **저항**이 **감소**하는 특성

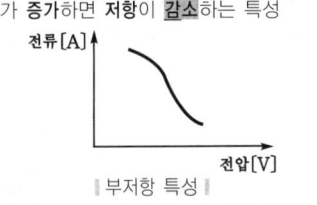

| 부저항 특성 |

[기억법] 부감(부교감)

답 ①

22
목표값이 시간적으로 변화하지 않고 일정한 값을 유지하는 경우의 제어를 무슨 제어라고 하는가?

① 추종제어 ② 정치제어
③ 비율제어 ④ 시퀀스제어

해설 제어의 종류

제어종류	설명
정치제어 (fixed value control)	① 일정한 목표값을 유지하는 것으로 **프로세스제어, 자동조정**이 이에 해당된다. 예 **연속식 압연기** ② 목표값이 시간에 관계없이 **항상 일정**한 값을 가지는 제어
추종제어 (follow-up control)	미지의 시간적 변화를 하는 목표값에 제어량을 추종시키기 위한 제어로 **서보기구**가 이에 해당된다. 예 **대공포의 포신**
비율제어 (ratio control)	둘 이상의 제어량을 소정의 비율로 제어하는 것
프로그램제어 (program control)	목표값이 **미리 정해진 시간적 변화**를 하는 경우 제어량을 그것에 추종시키기 위한 제어 예 **열차·산업로보트의 무인운전**

중요 제어량에 의한 분류

분류방법	제어량
프로세스제어	• 온도 • 압력 • 유량 • 액면
서보기구	• 위치 • 방위 • 자세
자동조정	• 전압 • 전류 • 주파수 • 회전속도 • 장력

• 프로세스제어 = 공정제어

답 ②

23
다음 회로에서 저항 R에 흐르는 전류[A]는? (단, 저항의 단위는 모두 Ω이다.)

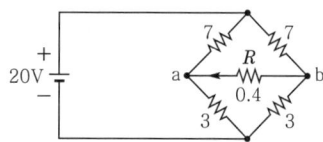

① 2.15 ② 1.42
③ 0.7   ④ 0

해설 휘트스톤브리지(Wheatstone bridge)의 원리에 의해 저항 $R[\Omega]$에는 전류가 흐르지 않으므로 0A가 흐른다.

중요 휘트스톤브리지
• $I_1 P = I_2 Q$
• $I_1 X = I_2 R$
∴ $PR = QX$ (마주보는 변의 곱은 서로 같다.)

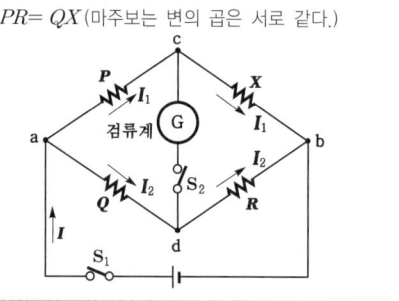

답 ④

24
논리식 $A(A+B)$를 간단히 하면?

① A ② B
③ AB ④ $A+B$

해설
$A \cdot (A+B) = \underline{AA} + AB = A + AB$
$ X \cdot X = X$
$= A\underline{(1+B)} = \underline{A \cdot 1} = A$
$ X+1=1 \quad X \cdot 1 = X$

불대수의 정리 중 **흡수법칙**에 해당된다.

용어 불대수의 정리

논리합	논리곱	비고
$X+0=X$	$X \cdot 0 = 0$	-
$X+1=1$	$X \cdot 1 = X$	-
$X+X=X$	$X \cdot X = X$	-
$X+\overline{X}=1$	$X \cdot \overline{X} = 0$	-
$X+Y=Y+X$	$X \cdot Y = Y \cdot X$	교환법칙
$X+(Y+Z)$ $=(X+Y)+Z$	$X(YZ)=(XY)Z$	결합법칙
$X(Y+Z)$ $=XY+XZ$	$(X+Y)(Z+W)$ $=XZ+XW+YZ+YW$	분배법칙
$X+XY=X$	$\overline{X}+XY=\overline{X}+Y$ $X+\overline{X}Y=X+Y$ $X+\overline{X}\,\overline{Y}=X+\overline{Y}$	흡수법칙
$\overline{(X+Y)}$ $=\overline{X} \cdot \overline{Y}$	$\overline{(X \cdot Y)} = \overline{X}+\overline{Y}$	드모르간의 정리

답 ①

25 그림의 회로에서 저항 20Ω에 흐르는 전류는 몇 A인가?

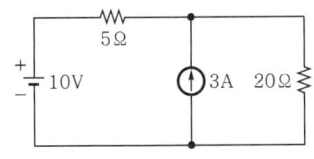

① 0.5　　② 1.0
③ 1.5　　④ 2.0

해설 중첩의 원리
(1) 전류원 개방시

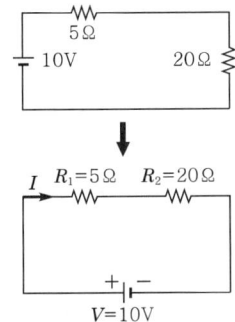

전류
$$I = \frac{V}{R}$$

여기서, I : 전류[A]
　　　　V : 전압[V]
　　　　R : 저항[Ω]

전류 I 는
$$I = \frac{V}{R} = \frac{V}{R_1 + R_2} = \frac{10}{5+20} = 0.4\text{A}$$

(2) 전압원 단락시

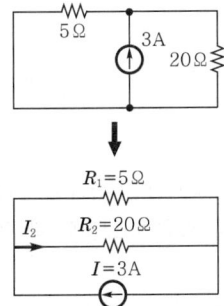

$$I_2 = \frac{R_1}{R_1 + R_2}I = \frac{5}{5+20} \times 3 = 0.6\text{A}$$

20Ω에 흐르는 전류
0.4 + 0.6 = 1.0A

답 ②

※ **중첩의 원리** : '2개 이상의 기전력을 포함한 회로망 중의 어떤 점의 전위 또는 전류는 각 기전력이 각각 **단독**으로 존재한다고 할 때, 그 점 위의 전위 또는 전류의 합과 같다'는 원리

26 전달함수 $G(s) = \dfrac{s+3}{(s^2 - 5s + 4)}$ 에 대한 특성방정식의 근은?

① 1, 4　　② −1, −4
③ 1, 5　　④ −1, −5

해설 전달함수 $G(s)$의 특성방정식은 $G(s)$의 **분모**에 해당한다.
방정식으로 쓰면
$s^2 - 5s + 4 = 0$
$(s-1)(s-4) = 0$
$s = 1, 4$
∴ 특성방정식의 근은 1, 4이다.

답 ①

27 0.1H인 코일의 리액턴스가 377Ω일 때 주파수[Hz]는?

① 100　　② 200
③ 400　　④ 600

해설 (1) 기호
　・ L : 0.1H
　・ X_L : 377Ω
　・ f : ?

(2) 유도리액턴스
$$X_L = \omega L = 2\pi f L$$

여기서, X_L : 유도리액턴스[Ω]
　　　　ω : 각주파수[rad/s]
　　　　L : 인덕턴스[H]
　　　　f : 주파수[Hz]

주파수 f 는
$$f = \frac{X_L}{2\pi L} = \frac{377}{2\pi \times 0.1} ≒ 600\text{Hz}$$

비교

용량리액턴스
$$X_C = \frac{1}{\omega C} = \frac{1}{2\pi f C}$$

여기서, X_C : 용량리액턴스[Ω]
　　　　ω : 각주파수[rad/s]
　　　　C : 정전용량(커패시턴스)[F]
　　　　f : 주파수[Hz]

답 ④

28 그림과 같은 피드백제어계의 폐루프 전달함수는?

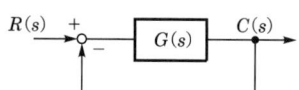

① $\dfrac{G(s)}{1+G(s)}$ ② $\dfrac{G(s)}{1+R(s)}$

③ $\dfrac{C(s)}{1+R(s)}$ ④ $\dfrac{R(s)C(s)}{1+G(s)}$

해설
$C(s) = R(s)G(s) - C(s)G(s)$
$C(s) + C(s)G(s) = R(s)G(s)$
$C(s)(1+G(s)) = R(s)G(s)$
$\dfrac{C(s)}{R(s)} = \dfrac{G(s)}{1+G(s)}$

※ **전달함수**: 모든 초기값을 0으로 했을 때 출력신호의 라플라스 변환과 입력신호의 라플라스 변환의 비

답 ①

29 제어시스템에서 제어요소는 다음 중 어느 것으로 구성되는가?

① 검출부와 조작부
② 조작부와 조절부
③ 검출부와 조절부
④ 명령부와 검출부

해설 피드백제어의 용어

제어요소	제어장치	조절기
① **조**절부 ② **조**작부	① 조절부 ② 설정부 ③ 검출부	① **조**절부 ② **설**정부 ③ **비**교부
기억법 조제요 (조제요구)		기억법 조설비

중요

용어	설명
제어량 (controlled value)	제어대상에 속하는 양으로, 제어대상을 제어하는 것을 목적으로 하는 물리적인 양
조작량 (manipulated value)	① 제어장치의 **출**력인 동시에 제어대상의 **입**력으로 제어장치가 제어대상에 가해지는 제어신호 ② 제어요소가 제어**대**상에게 주는 것 기억법 조출동(조중동 신문) 조요대(조용하대)
제어요소 (control element)	동작신호를 조작량으로 변환하는 요소이고, **조**절부와 **조**작부로 이루어진다. 기억법 조제요(조제요구)

제어장치 (control device)	제어를 하기 위해 제어대상에 부착되는 장치이고, **조**절부, **설**정부, **검**출부 등이 이에 해당된다.
오차검출기	제어량을 설정값과 비교하여 오차를 계산하는 장치이다.

답 ②

30 6F와 4F의 커패시터가 직렬로 접속된 회로에 전압 30V를 가했을 때, 6F의 커패시터 단자전압 V_1은 몇 V인가?

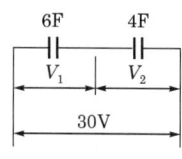

① 10 ② 12
③ 15 ④ 18

해설 각각의 전압

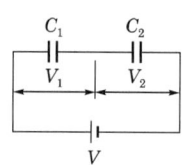

$$V_1 = \dfrac{C_2}{C_1+C_2}V, \quad V_2 = \dfrac{C_1}{C_1+C_2}V$$

여기서, V_1 : C_1에 걸리는 전압[V]
V_2 : C_2에 걸리는 전압[V]
C_1, C_2 : 각각의 정전용량[F]
V : 전체 전압[V]

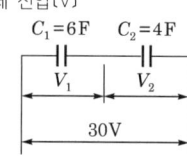

$V_1 = \dfrac{C_2}{C_1+C_2}V = \dfrac{4}{6+4}\times 30 = 12\text{V}$

답 ②

31 직류전압계와 전류계를 사용하여 부하전압과 전류를 측정하고자 할 때 연결 방법으로 옳은 것은?

① 전압계는 부하와 직렬, 전류계는 부하와 병렬
② 전압계는 부하와 병렬, 전류계는 부하와 직렬
③ 전압계, 전류계 모두 부하와 병렬
④ 전압계, 전류계 모두 부하와 직렬

해설 **전압계**와 **전류계**의 결선

전압계	전류계
부하와 **병**렬연결	부하와 **직**렬연결

기억법 압병(압병!합병!)

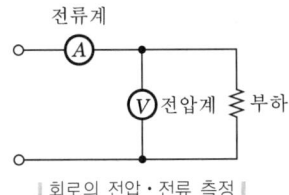

|회로의 전압·전류 측정|

비교

배율기 vs 분류기

배율기	분류기
전압계에 **직**렬연결	전류계에 **병**렬연결

답 ②

32

14.05.문36

급수펌프가 교류 3상 평형 Y결선으로 운전되고 있다. 상전압의 크기는 220V, 선전류는 $8+j6$A 일 때, 유효전력 P(W)와 무효전력 Q(Var)는?

① 2488W, 1866Var
② 3048W, 2286Var
③ 4310W, 3233Var
④ 5280W, 3960Var

해설

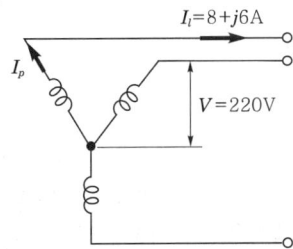

(1) 기호
- V_p : 220V
- I_l : $8+j6$(A)
- P : ?
- $P_r(Q)$: ?

(2) 상전류

$$I_p = I_l$$

여기서, I_p : 상전류[A]
I_l : 선전류[A]

상전류 I_p는
$I_p = I_l = 8+j6 = \sqrt{8^2+6^2} = 10$A

(3) 임피던스

$$Z = R+jX$$

여기서, Z : 임피던스[Ω]
R : 저항[Ω]
X : 리액턴스[Ω]

임피던스 Z는
$Z = R+jX$
$\quad\;\downarrow\;\;\;\downarrow$
$= 8 + j6 = \sqrt{8^2+6^2} = 10$Ω

- R : 8Ω
- X : 6Ω

(4) 저항

$$R = Z\cos\theta$$

여기서, R : 저항[Ω]
Z : 임피던스[Ω]
$\cos\theta$: 역률

역률 $\cos\theta$는
$\cos\theta = \dfrac{R}{Z} = \dfrac{8}{10} = 0.8$

(5) 리액턴스

$$X = Z\sin\theta$$

여기서, X : 리액턴스[Ω]
Z : 임피던스[Ω]
$\sin\theta$: 무효율

무효율 $\sin\theta$는
$\sin\theta = \dfrac{X}{Z} = \dfrac{6}{10} = 0.6$

(6) 3상 유효전력

$$P = 3V_p I_p \cos\theta = \sqrt{3}\,V_l I_l \cos\theta$$

여기서, P : 3상 유효전력[W]
V_p : 상전압[V]
I_p : 상전류[A]
$\cos\theta$: 역률
V_l : 선간전압[V]
I_l : 선전류[A]

3상 유효전력 P는
$P = 3V_p I_p \cos\theta = 3 \times 220 \times 10 \times 0.8 = 5280$W

(7) 3상 무효전력

$$P_r = 3V_p I_p \sin\theta = \sqrt{3}\,V_l I_l \sin\theta$$

여기서, P_r : 3상 무효전력[Var]
V_p : 상전압[V]
I_p : 상전류[A]
$\sin\theta$: 무효율
V_l : 선간전압[V]
I_l : 선전류[A]

3상 무효전력 P_r는
$P_r = 3V_p I_p \sin\theta$
$\quad = 3 \times 220 \times 10 \times 0.6 = 3960$Var

답 ④

33.
2차 전압이 220V인 옥내 변전소에서 스프링클러설비의 수신반에 전기를 공급하고 있다. 스프링클러 수신반의 수전전압이 216V인 경우 변전소에서 수신반까지의 전압강하율은 약 몇 %인가?

① 1.74 ② 1.79
③ 1.82 ④ 1.85

해설 전압강하율

$$\varepsilon = \frac{V_S - V_R}{V_R} \times 100\%$$

여기서, V_S : 입력전압(송전전압)[V]
V_R : 출력전압(수전전압)[V]

전압강하율 $\varepsilon = \frac{V_S - V_R}{V_R} \times 100$
$= \frac{220 - 216}{216} \times 100$
$≒ 1.85\%$

- 입력전압=송전전압
- 출력전압=수전전압=단자전압

비교

전압변동률

$$\delta = \frac{V_{Ro} - V_R}{V_R} \times 100\%$$

여기서, V_{Ro} : 무부하시 단자전압(출력전압)[V]
V_R : (전)부하시 단자전압(출력전압)[V]

답 ④

34.
전류에 의한 자계의 방향을 결정하는 법칙은?

① 암페어의 오른나사법칙
② 플레밍의 오른손의 법칙
③ 비오-사바르 법칙
④ 렌츠이 법칙

해설 여러 가지 법칙

법칙	설명
암페어의 오른나사법칙	**전류**에 의한 **자**계의 방향을 결정하는 법칙
플레밍의 오른손법칙	도체운동에 의한 유기기전력의 **방**향을 결정하는 법칙
플레밍의 왼손법칙	**전자**력의 **방**향을 결정하는 법칙 **기억법** 플원전방
패러데이의 법칙	자속변화에 의한 **유**기기전력의 **크**기를 결정하는 법칙
렌츠의 법칙	유기전력의 **방**향결정 **기억법** 렌유방

답 ①

35.
동선의 길이는 2배로, 전선의 단면적은 $\frac{1}{2}$로 되었다. 이때 저항은 처음의 몇 배가 되는가? (단, 체적은 일정하다.)

① 2배 ② 4배
③ 8배 ④ 16배

해설

$$R = \rho \frac{l}{A}$$

여기서, R : 저항[Ω]
ρ : 고유저항[Ω·mm²/m]
A : 전선의 단면적[mm²]
l : 전선의 길이[m]

저항 R은
$R = \rho \frac{l}{A} \propto \frac{l}{A}$

길이 **2배**(2l), 단면적 $\frac{1}{2}$배$\left(\frac{1}{2}A\right)$로 할 때 저항 R'는

$R' = \rho \frac{l'}{A'} = \frac{2l}{\frac{1}{2}A'} = 4\frac{l}{A} = 4$배

중요

전선의 고유저항

전선의 종류	고유저항[Ω·mm²/m]
알루미늄선	$\frac{1}{35}$
경동선	$\frac{1}{55}$
연동선	$\frac{1}{58}$

답 ②

36.
BJT(Bipolar Junction Transistor)의 베이스에 대한 컬렉터 전류이득 β가 80일 때 이미터에 대한 컬렉터 전류이득 α는 약 얼마인가?

① 0.99 ② 0.92
③ 0.90 ④ 1

해설 베이스접지 전류증폭정수

$$\alpha = \frac{\beta}{1+\beta}$$

여기서, α : 베이스접지 전류증폭정수
β : 이미터접지 전류증폭정수

베이스접지 전류증폭정수 α는
$\alpha = \frac{\beta}{1+\beta} = \frac{80}{1+80} ≒ 0.99$

중요
이미터접지 전류증폭정수

$$\beta = \frac{I_C}{I_B} = \frac{I_C}{I_E - I_C}$$

여기서, β : 이미터접지 전류증폭정수
   (이미터접지 전류증폭률)
I_C : 컬렉터 전류[mA]
I_B : 베이스 전류[mA]
I_E : 이미터 전류[mA]

답 ①

37 ★★★
[12.09.문33, 10.09.문33]

두 전하 사이에 작용하는 힘을 정전력이라고 한다. 이 정전력이 두 전하(전기량)의 곱에 비례하고 거리의 제곱에 반비례하는 성질을 무슨 법칙이라고 하는가?

① 패러데이의 법칙
② 키르히호프의 법칙
③ 쿨롱의 법칙
④ 가우스 법칙

해설 여러 가지 법칙

법칙	설명
플레밍의 오른손법칙	• **도**체운동에 의한 **유**기기전력의 **방**향 결정 [기억법] 방유도오(방에 우유를 도로 갖다 놓게!)
플레밍의 왼손법칙	• **전**자력의 방향 결정 [기억법] 왼전(왠 전쟁이냐?)
렌츠의 법칙	• 자속변화에 의한 **유**도기전력의 **방**향 결정 [기억법] 렌유방(오렌지가 유일한 방법이다.)
패러데이의 전자유도법칙	• 자속변화에 의한 **유**기기전력의 **크**기 결정 [기억법] 패유크(패유를 버리면 큰일난다.)
앙페르의 오른나사법칙	• **전**류에 의한 **자**기장의 방향을 결정하는 법칙 [기억법] 앙전자(양전자)
비오-사바르의 법칙	• **전**류에 의해 발생되는 **자**기장의 크기(전류에 의한 자계의 세기) [기억법] 비전자(비전공자)
키르히호프의 법칙	• 옴의 법칙을 응용한 것으로 복잡한 회로의 전류와 전압계산에 사용 • 회로망의 임의의 접속점에 유입하는 여러 전류의 **총**합은 0이라고 하는 법칙 [기억법] 키총

줄의 법칙	• 어떤 도체에 일정 시간 동안 전류를 흘리면 도체에는 **열**이 발생되는데 이에 관한 법칙 • 전류의 **열작용**과 관계있는 법칙 [기억법] 줄열
가우스 법칙	• 폐곡면을 통과하는 전기선 속이 폐곡면 속의 알짜 전하량과 동일하다는 법칙
쿨롱의 법칙	• 두 자극 사이에 작용하는 힘은 두 **자극의 세기의 곱**에 **비례**하고, 두 자극 사이의 **거리의 제곱**에 **반비례**한다는 법칙

중요
쿨롱의 법칙

$$F = \frac{Q_1 Q_2}{4\pi\varepsilon r^2}$$

여기서, F : 두 전하 사이에 작용하는 힘(정전력)[N]
ε : 유전율[F/m]($\varepsilon = \varepsilon_0 \cdot \varepsilon_s$)
ε_0 : 진공의 유전율(=8.855×10^{-12}F/m)
ε_s : 비유전율[단위없음]

답 ③

38 ★★
[14.09.문27, 11.10.문21]

문자기호와 명칭이 틀린 것은?

① CB : 단로기
② ZCT : 영상변류기
③ MC : 전자접촉기
④ THR : 열동계전기

해설 시퀀스제어의 문자기호와 용어

문자기호	용어
ZCT(Zero-phase-sequence Current Transformer)	영상변류기
CT(Current Transformer)	변류기
DS(Disconnecting Switch)	단로기
PF(Power-Factor)	역률계
THR(THermal Relay)	열동계전기
MC(Magnetic Contactor)	전자접촉기
MS(Magnetic Switch)	전자개폐기
CB(Circuit Breaker)	차단기

① DS : 단로기

답 ①

39 ★★★
[17.09.문35, 16.03.문34, 15.09.문31, 15.05.문38, 15.03.문37, 12.05.문39, 12.03.문21, 11.06.문40]

다음 논리식 중 성립하지 않는 것은?

① $A + A = A$
② $A \cdot A = A$
③ $A \cdot \overline{A} = 1$
④ $A + 1 = 1$

해설 불대수의 정리

논리합	논리곱	비고
$X+0=X$	$X \cdot 0 = 0$	-
$X+1=1$	$X \cdot 1 = X$	-
$X+X=X$	$X \cdot X = X$	-
$X+\overline{X}=1$	$X \cdot \overline{X}=0$	-
$X+Y=Y+X$	$X \cdot Y = Y \cdot X$	교환법칙
$X+(Y+Z)$ $=(X+Y)+Z$	$X(YZ)=(XY)Z$	결합법칙
$X(Y+Z)$ $=XY+XZ$	$(X+Y)(Z+W)$ $=XZ+XW+YZ+YW$	분배법칙
$X+XY=X$	$\overline{X}+XY=\overline{X}+Y$ $X+\overline{X}Y=X+Y$ $X+\overline{X}\,\overline{Y}=X+\overline{Y}$	흡수법칙
$\overline{(X+Y)}$ $=\overline{X} \cdot \overline{Y}$	$\overline{(X \cdot Y)}=\overline{X}+\overline{Y}$	드모르간의 정리

③ $A \cdot \overline{A}=1 \rightarrow A \cdot \overline{A}=0$
$X \cdot \overline{X}=0$

답 ③

40 ★★★

17.03.문28
17.09.문30
16.05.문30
15.05.문33
14.03.문31
09.05.문35
03.05.문32

정전용량이 500μF인 콘덴서에 220V의 전압을 인가한 경우, 정전에너지는 약 몇 J인가?

① 12
② 24
③ 36
④ 48

해설 (1) 기호
- V : 220V
- C : $500\mu F = 500 \times 10^{-6}F (\mu = 10^{-6})$
- W : ?

(2) 정전에너지

$$W = \frac{1}{2}QV = \frac{1}{2}CV^2 = \frac{Q^2}{2C}$$

여기서, W : 정전에너지[J]
Q : 전하[C]
V : 전압[V]
C : 정전용량[F]

정전에너지 W은

$W = \frac{1}{2}CV^2 = \frac{1}{2} \times (500 \times 10^{-6}) \times 220^2 ≒ 12J$

답 ①

제3과목 소방관계법규

41

11.10.문52

소방시설 설치 및 관리에 관한 법령에서 정하는 특정소방대상물의 분류로 틀린 것은?

① 카지노영업소 - 위락시설
② 박물관 - 문화 및 집회시설
③ 물류터미널 - 운수시설
④ 변전소 - 업무시설

해설 ③ 물류터미널 : 창고시설

소방시설법 시행령〔별표 2〕
운수시설
(1) 여객자동차터미널
(2) 철도 및 도시철도 시설(정비창 등 관련시설 포함)
(3) 공항시설(항공관제탑 포함)
(4) 항만시설 및 종합여객시설

소방시설법 시행령〔별표 2〕
창고시설
(1) 창고(물품저장시설로서 냉장·냉동 창고 포함)
(2) 하역장
(3) 물류터미널
(4) 집배송시설

답 ③

42 ★★★

18.04.문51
17.05.문55
16.10.문59
16.03.문42
07.03.문45

소방기본법상 관계인의 소방활동을 위반하여 정당한 사유없이 소방대가 현장에 도착할 때까지 사람을 구출하는 조치 또는 불을 끄거나 불이 번지지 아니하도록 하는 조치를 하지 아니한 자에 대한 벌칙으로 옳은 것은?

① 100만원 이하의 벌금
② 200만원 이하의 벌금
③ 300만원 이하의 벌금
④ 1000만원 이하의 벌금

해설 100만원 이하의 벌금
(1) 관계인의 **소방활동 미수행**(기본법 54조)
(2) **피난명령** 위반(기본법 54조)
(3) 위험시설 등에 대한 긴급조치 방해(기본법 54조)
(4) 거짓보고 또는 자료 미제출자(공사업법 38조)
(5) **관계공무원**의 출입·조사·**검사 방해**(공사업법 38조)
(6) 정당한 사유없이 물의 **사용**이나 **수도**의 **개폐장치**의 사용 또는 조작을 하지 못하게 하거나 **방해**한 자(기본법 54조)
(7) 소방대의 생활안전활동을 방해한 자(기본법 54조)

기억법 피1(차일피일)

답 ①

43. 소방시설 설치 및 관리에 관한 법령상 무창층으로 판정하기 위한 개구부가 갖추어야 할 요건으로 틀린 것은?

① 크기는 반지름 30cm 이상의 원이 통과할 수 있을 것
② 해당 층의 바닥면으로부터 개구부 밑부분까지 높이가 1.2m 이내일 것
③ 도로 또는 차량이 진입할 수 있는 빈터를 향할 것
④ 화재시 건축물로부터 쉽게 피난할 수 있도록 창살이나 그 밖의 장애물이 설치되지 않을 것

해설
① 30cm 이상 → 50cm 이상

소방시설법 시행령 2조
무창층의 개구부의 기준
(1) 개구부의 크기는 지름 **50cm** 이상의 원이 통과할 수 있을 것
(2) 해당 층의 바닥면으로부터 개구부 밑부분까지의 높이가 **1.2m** 이내일 것
(3) 개구부는 **도로** 또는 **차량**이 진입할 수 있는 **빈터**를 향할 것
(4) 화재시 건축물로부터 **쉽게 피난**할 수 있도록 개구부에 창살 그 밖의 장애물이 설치되지 않을 것
(5) 내부 또는 외부에서 **쉽게** 부수거나 열 수 있을 것

기억법 무125

답 ①

44. 특정소방대상물의 건축·대수선·용도변경 또는 설치 등을 위한 공사를 시공하는 자가 공사현장에서 인화성 물품을 취급하는 작업 등 대통령령으로 정하는 작업을 하기 전에 설치하고 유지·관리해야 하는 임시소방시설의 종류가 아닌 것은? (단, 용접·용단 등 불꽃을 발생시키거나 화기를 취급하는 작업이다.)

① 간이소화장치
② 비상경보장치
③ 자동확산소화기
④ 간이피난유도선

소방시설법 시행령〔별표 8〕
임시소방시설의 종류

종류	설명
소화기	-
간이소화장치	물을 방사하여 **화재**를 **진화**할 수 있는 장치로서 **소방청장**이 정하는 성능을 갖추고 있을 것
비상경보장치	화재가 발생한 경우 주변에 있는 작업자에게 **화재사실**을 **알릴** 수 있는 장치로서 **소방청장**이 정하는 성능을 갖추고 있을 것
간이피난유도선	화재가 발생한 경우 피난구 방향을 안내할 수 있는 장치로서 **소방청장**이 정하는 성능을 갖추고 있을 것
가스누설경보기	**가연성 가스**가 누설 또는 발생된 경우 **탐지**하여 **경보**하는 장치로서 소방청장이 실시하는 형식승인 및 제품검사를 받은 것
비상조명등	**화재발생시** 안전하고 원활한 피난활동을 할 수 있도록 **자동점등**되는 조명장치로서 **소방청장**이 정하는 성능을 갖추고 있을 것
방화포	**용접·용단** 등 **작업**시 발생하는 불티로부터 가연물이 점화되는 것을 방지해주는 **천** 또는 **불연성 물품**으로서 **소방청장**이 정하는 성능을 갖추고 있을 것

비교

소방시설법 시행령〔별표 8〕
임시소방시설을 설치하여야 하는 공사의 종류와 규모

공사 종류	규모
간이소화장치	• 연면적 3000m² 이상 • 지하층, 무창층 또는 4층 이상의 층. 바닥면적이 600m² 이상인 경우만 해당
비상경보장치	• 연면적 400m² 이상 • 지하층 또는 무창층. 바닥면적이 150m² 이상인 경우만 해당
간이피난유도선	바닥면적이 150m² 이상인 지하층 또는 무창층의 화재위험작업현장에 설치
소화기	건축허가 등을 할 때 소방본부장 또는 소방서장의 동의를 받아야 하는 특정소방대상물의 신축·증축·개축·재축·이전·용도변경 또는 대수선 등을 위한 공사 중 화재위험작업현장에 설치
가스누설경보기 비상조명등	바닥면적이 150m² 이상인 지하층 또는 무창층의 화재위험작업현장에 설치
방화포	용접·용단 작업이 진행되는 화재위험작업현장에 설치

답 ③

45. 보일러, 난로, 건조설비, 가스·전기시설, 그 밖에 화재발생 우려가 있는 설비 또는 기구 등의 위치·구조 및 관리와 화재예방을 위하여 불을 사용할 때 지켜야 하는 사항은 다음 중 어느 것으로 정하는가?

① 대통령령
② 총리령
③ 행정안전부령
④ 소방청훈령

해설 **대통령령**
(1) 소방**장**비 등에 대한 **국**고보조기준(기본법 9조)
(2) **불을 사용**하는 설비의 관리사항을 정하는 기준(화재예방법 17조)
(3) **특**수가연물 저장·취급(화재예방법 17조)
(4) **방**염성능기준(소방시설법 20조)
(5) 건축허가 등의 동의대상물의 범위(소방시설법 6조)
(6) 소방시설관리업의 등록기준(소방시설법 29조)
(7) 소방시설업의 업종별 영업범위(공사업법 4조)
(8) 소방공사감리의 종류 및 대상에 따른 감리원 배치, 감리의 방법(공사업법 16조)
(9) 위험물의 정의(위험물법 2조)
(10) 탱크안전성능검사의 내용(위험물법 8조)
(11) 제조소 등의 안전관리자의 자격(위험물법 15조)

기억법 대국장 특방(대구 시장에서 특수 방한복 지급)

답 ①

46 소방시설공사업자는 소방시설착공신고서의 중요한 사항이 변경된 경우에는 해당서류를 첨부하여 변경일로부터 며칠 이내에 소방본부장 또는 소방서장에게 신고하여야 하는가?
14.03.문45
12.09.문42
① 7일 ② 15일
③ 21일 ④ 30일

해설 30일
(1) 소방시설 착공신고서의 중요사항 변경신고(공사업규칙 12조)
(2) **소방시설업** 등록사항 **변경신고**(공사업규칙 6조)
(3) 위험물안전관리자의 **재선임**(위험물법 15조)
(4) 소방안전관리자의 **재선임**(소방시설법 시행규칙 14조)
(5) **도급계약** 해지(공사업법 23조)
(6) 소방기술자 실무교육기관 지정서 발급(공사업규칙 32조)
(7) 소방공사감리자 변경서류제출(공사업규칙 15조)
(8) **승계**(위험물법 10조)
(9) 위험물안전관리자의 직무대행(위험물법 15조)
(10) 탱크시험자의 변경신고일(위험물법 16조)

답 ④

47 시장지역에서 화재로 오인할 만한 우려가 있는 불을 피우거나 연막소독을 한 자가 소방본부장 또는 소방서장에게 신고를 하지 아니하여 소방자동차를 출동하게 한 때에 과태료 부과 금액 기준으로 옳은 것은?
16.05.문42
12.05.문56
① 20만원 이하
② 50만원 이하
③ 100만원 이하
④ 200만원 이하

해설 기본법 57조
과태료 20만원 이하
연막소독 신고를 하지 아니하여 소방자동차를 출동하게 한 자

중요
기본법 19조
화재로 오인할 만한 불을 피우거나 연막소독시 신고지역
(1) **시장**지역
(2) **공장**·**창고**가 밀집한 지역
(3) **목조건물**이 밀집한 지역
(4) **위험물**의 저장 및 **처리시설**이 **밀집**한 지역
(5) **석유화학제품**을 생산하는 공장이 있는 지역
(6) 그 밖에 **시**·**도**의 **조례**로 정하는 지역 또는 장소

답 ①

48 특정소방대상물의 소방시설 등에 대한 자체점검 기술자격자의 범위에서 '행정안전부령으로 정하는 기술자격자'는?
① 소방안전관리자로 선임된 소방설비산업기사
② 소방안전관리자로 선임된 소방설비기사
③ 소방안전관리자로 선임된 전기기사
④ 소방안전관리자로 선임된 소방시설관리사 및 소방기술사

해설 소방시설법 시행규칙 19조
소방시설 등 자체점검 기술자격자
(1) 소방안전관리자로 선임된 **소방시설관리사**
(2) 소방안전관리자로 선임된 **소방기술사**

답 ④

49 제조소 등의 설치허가 또는 변경허가를 받고자 하는 자는 설치허가 또는 변경허가신청서에 행정안전부령으로 정하는 서류를 첨부하여 누구에게 제출하여야 하는가?
18.04.문60
11.03.문52
① 소방본부장 ② 소방서장
③ 소방청장 ④ 시·도지사

해설 시·도지사
(1) **제조소 등의 설치허가**(위험물법 6조)
(2) 소방업무의 지휘·감독(기본법 3조)
(3) 소방체험관의 설립·운영(기본법 5조)
(4) 소방업무에 관한 세부적인 종합계획수립 및 소방업무수행(기본법 6조)
(5) 소방시설업자의 지위승계(공사업법 7조)
(6) 제조소 등의 승계(위험물법 10조)

중요
소방시설업(공사업법 2~7조)
(1) 등록권자
(2) 등록사항변경 ┐
(3) 지위승계   ├ 시·도지사
(4) 등록기준 ┬ 자본금
            └ 기술인력
(5) 종류 ┬ 소방시설 설계업
         ├ 소방시설 공사업
         ├ 소방공사 감리업
         └ 방염처리업
(6) 업종별 영업범위 : 대통령령

답 ④

50. 화재의 예방 및 안전관리에 관한 법령상 대통령령으로 정하는 특수가연물의 품명별 수량의 기준으로 옳은 것은?

① 가연성 고체류 : $2m^3$ 이상
② 목재가공품 및 나무부스러기 : $5m^3$ 이상
③ 석탄·목탄류 : 3000kg 이상
④ 면화류 : 200kg 이상

해설
① $2m^3$ 이상 → 3000kg 이상
② $5m^3$ 이상 → $10m^3$ 이상
③ 3000kg 이상 → 10000kg 이상

화재예방법 시행령 〔별표 2〕
특수가연물

품 명		수 량
가연성 **액**체류		$2m^3$ 이상
목재가공품 및 나무부스러기		$10m^3$ 이상
면화류		200kg 이상
나무껍질 및 대팻밥		400kg 이상
넝마 및 종이부스러기		1000kg 이상
사류(絲類)		
볏짚류		
가연성 **고**체류		3000kg 이상
고무류· 플라스틱류	발포시킨 것	$20m^3$ 이상
	그 밖의 것	3000kg 이상
석탄·**목**탄류		10000kg 이상

기억법 가액목면나 넝사볏가고 고석
　　　　　2 124　1　3　3 1

※ **특수가연물** : 화재가 발생하면 그 확대가 빠른 물품

답 ④

51. 다음 중 1급 소방안전관리대상물이 아닌 것은?

① 연면적 $15000m^2$ 이상인 공장
② 층수가 11층 이상인 업무시설
③ 지하구
④ 가연성 가스를 1000톤 이상 저장·취급하는 시설

해설 ③ 2급 소방안전관리대상물

화재예방법 시행령 〔별표 4〕
소방안전관리자를 두어야 할 특정소방대상물

소방안전관리대상물	특정소방대상물
특급 소방안전관리대상물 (동식물원, 철강 등 불연성 물품 저장·취급창고, 지하구, 위험물제조소 등 제외)	• 50층 이상(지하층 제외) 또는 지상 200m 이상 아파트 • 30층 이상(지하층 포함) 또는 지상 120m 이상(아파트 제외) • 연면적 10만m^2 이상(아파트 제외)
1급 소방안전관리대상물 (동식물원, 철강 등 불연성 물품 저장·취급창고, 지하구, 위험물제조소 등 제외)	• 30층 이상(지하층 제외) 또는 지상 120m 이상 아파트 • 연면적 $15000m^2$ 이상인 것 (아파트 및 연립주택 제외) • 11층 이상(아파트 제외) • 가연성 가스를 1000t 이상 저장·취급하는 시설
2급 소방안전관리대상물	• 지하구 〔보기 ③〕 • 가스제조설비를 갖추고 도시가스사업 허가를 받아야 하는 시설 또는 가연성 가스를 100~1000t 미만 저장·취급하는 시설 • 옥내소화전설비·스프링클러설비 설치대상물 • 물분무등소화설비(호스릴방식의 물분무등소화설비만을 설치한 경우 제외) 설치대상물 • 공동주택(옥내소화전설비 또는 스프링클러설비가 설치된 공동주택 한정) • 목조건축물(국보·보물)
3급 소방안전관리대상물	• 간이스프링클러설비(주택전용 간이스프링클러설비 제외) 설치대상물 • 자동화재탐지설비 설치대상물

답 ③

52. 소방시설 설치 및 관리에 관한 법령에서 정하는 소방시설이 아닌 것은?

① 캐비닛형 자동소화장치
② 이산화탄소소화설비
③ 가스누설경보기
④ 방염성 물질

해설 ④ 해당 없음

소방시설법 2조
소방시설

소방시설	세부 종류
소화설비	① 캐비닛형 자동소화장치 ② 이산화탄소소화설비 등
경보설비	• 가스누설경보기 등
피난구조설비	• 완강기 등
소화용수설비	① 상수도 소화용수설비 ② 소화수조 및 저수조
소화활동설비	• 비상콘센트설비 등

답 ④

53. 소방안전관리자의 업무라고 볼 수 없는 것은?

① 소방계획서의 작성 및 시행
② 화재예방강화지구의 지정
③ 자위소방대의 구성·운영·교육
④ 피난시설, 방화구획 및 방화시설의 관리

해설 ② 시·도지사의 업무

화재예방법 24조 ⑤항
관계인 및 소방안전관리자의 업무

특정소방대상물 (관계인)	소방안전관리대상물 (소방안전관리자)
① **피**난시설·방화구획 및 방화시설의 관리 ② **소**방시설, 그 밖의 소방관련시설의 관리 ③ **화**기취급의 감독 ④ 소방안전관리에 필요한 업무 ⑤ 화재발생시 초기대응	① **피**난시설·방화구획 및 방화시설의 관리 ② **소**방시설, 그 밖의 소방관련시설의 관리 ③ **화**기취급의 감독 ④ 소방안전관리에 필요한 업무 ⑤ **소**방계획서의 작성 및 시행(대통령령으로 정하는 사항 포함) ⑥ **자**위소방대 및 **초**기대응체계의 구성·운영·교육 ⑦ 소방**훈**련 및 교육 ⑧ 소방안전관리에 관한 업무 수행에 관한 기록·유지 ⑨ 화재발생시 초기대응

기억법 계위 훈피소화

용어

특정소방대상물	소방안전관리대상물
건축물 등의 규모·용도 및 수용인원 등을 고려하여 소방시설을 설치하여야 하는 소방대상물로서 대통령령으로 정하는 것	대통령령으로 정하는 특정 소방대상물

중요

화재예방법 18조
화재예방강화지구의 지정
(1) **지정권자**: **시**·도지사
(2) 지정지역
  ① 시장지역
  ② 공장·창고 등이 밀집한 지역
  ③ 목조건물이 밀집한 지역
  ④ 노후·불량 건축물이 밀집한 지역
  ⑤ 위험물의 저장 및 **처**리시설이 밀집한 지역
  ⑥ 석유화학제품을 생산하는 공장이 있는 지역
  ⑦ **소**방시설·**소**방용수시설 또는 **소**방출로가 **없는** 지역
  ⑧ 「**산**업입지 및 개발에 관한 법률」에 따른 산업단지
  ⑨ 「**물**류시설의 개발 및 운영에 관한 법률」에 따른 물류단지
  ⑩ **소**방청장·**소**방본부장 또는 **소**방서장(소방관서장)이 화재예방강화지구로 지정할 필요가 있다고 인정하는 지역

※ **화재예방강화지구**: 화재발생 우려가 크거나 화재가 발생할 경우 피해가 클 것으로 예상되는 지역에 대하여 화재의 예방 및 안전관리를 강화하기 위해 지정·관리하는 지역

해설 **공사업령** [별표 1의 2]
성능위주설계를 할 수 있는 자의 자격·기술인력 및 자격에 따른 설계범위

성능위주설계자의 자격	기술인력	설계범위
① 전문 소방시설설계업을 등록한 자 ② 전문 소방시설설계업 등록기준에 따른 기술인력을 갖춘 자로서 **소방청장**이 정하여 고시하는 연구기관 또는 단체	**소방기술사 2명** 이상	성능위주설계를 하여야 하는 특정 소방대상물

비교

소방시설법 시행령 9조
성능위주설계를 해야 할 특정소방대상물의 범위
(1) 연면적 **20만㎡** 이상인 특정소방대상물(아파트 등 제외)
(2) **50층** 이상(지하층 제외)이거나 지상으로부터 높이가 **200m** 이상인 아파트
(3) **30층** 이상(지하층 포함)이거나 지상으로부터 높이가 **120m** 이상인 특정소방대상물(아파트 등 제외)
(4) 연면적 **3만㎡** 이상인 철도 및 도시철도 시설, **공항시설**
(5) 하나의 건축물에 관련법에 따른 **영화상영관**이 10개 이상인 특정소방대상물
(6) 연면적 **10만㎡** 이상이거나 **지하 2층** 이하이고 지하층의 바닥면적의 합이 **3만㎡** 이상인 창고시설
(7) 지하연계 복합건축물에 해당하는 특정소방대상물
(8) 터널 중 수저터널 또는 길이가 **5000m** 이상인 것

답 ②

---

55 다음 중 화재예방강화지구의 지정대상 지역과 가장 거리가 먼 것은?

16.03.문41
15.09.문55
14.05.문53
12.09.문46
10.05.문55
10.03.문48

① 공장지역
② 시장지역
③ 목조건물이 밀집한 지역
④ 소방용수시설이 없는 지역

해설 ① 공장지역 → 공장 등이 밀집한 지역

화재예방법 18조
화재예방강화지구의 지정
(1) **지정권자**: **시**·도지사
(2) 지정지역
  ㉠ 시장지역
  ㉡ 공장·창고 등이 밀집한 지역
  ㉢ 목조건물이 밀집한 지역
  ㉣ 노후·불량 건축물이 밀집한 지역
  ㉤ 위험물의 저장 및 **처**리시설이 밀집한 지역
  ㉥ 석유화학제품을 생산하는 공장이 있는 지역
  ㉦ 소방시설·소방용수시설 또는 소방출로가 **없는** 지역
  ㉧ 「산업입지 및 개발에 관한 법률」에 따른 산업단지
  ㉨ 「물류시설의 개발 및 운영에 관한 법률」에 따른 물류단지
  ㉩ **소방청장, 소방본부장** 또는 **소방서장**(소방관서장)이 화재예방강화지구로 지정할 필요가 있다고 인정하는 지역

기억법 화강시

---

54 성능위주설계를 할 수 있는 자의 기술인력에 대한 기준으로 옳은 것은?

18.03.문58
10.03.문54
09.03.문45

① 소방기술사 1명 이상
② 소방기술사 2명 이상
③ 소방기술사 3명 이상
④ 소방기술사 4명 이상

※ **화재예방강화지구**: 화재발생 우려가 크거나 화재가 발생할 경우 피해가 클 것으로 예상되는 지역에 대하여 화재의 예방 및 안전관리를 강화하기 위해 지정·관리하는 지역

비교

기본법 19조
화재로 오인할 만한 불을 피우거나 연막소독시 신고지역
(1) **시**장지역
(2) **공**장·**창**가가 밀집한 지역
(3) **목**조건물이 밀집한 지역
(4) **위**험물의 **저**장 및 **처**리시설이 **밀**집한 지역
(5) **석**유화학제품을 생산하는 공장이 있는 지역
(6) 그 밖에 **시**·**도**의 **조**례로 정하는 지역 또는 장소

답 ①

56
소방기본법상 소방의 역사와 안전문화를 발전시키고 국민의 안전의식을 높이기 위하여 소방체험관을 설립하여 운영할 수 있는 자는? (단, 소방체험관은 화재현장에서의 피난 등을 체험할 수 있는 체험관을 말한다.)

① 행정안전부장관   ② 소방청장
③ 시·도지사   ④ 소방본부장

해설 기본법 5조
설립과 운영

구 분	소방박물관	소방체험관
설립·운영자	소방청장	**시**·도지사
설립·운영사항	행정안전부령	**시**·도의 조례

기억법 시체

답 ③

57
위험물안전관리법령상 제조소 또는 일반취급소의 위험물취급탱크 노즐 또는 맨홀을 신설하는 경우, 노즐 또는 맨홀의 직경이 몇 mm를 초과하는 경우에 변경허가를 받아야 하는가?

① 250   ② 300
③ 450   ④ 600

해설 위험물규칙〔별표 1의 2〕
제조소 또는 일반취급소의 변경허가
(1) 제조소 또는 **일**반취급소의 **위**치를 **이**전하는 경우
(2) 건축물의 벽·기둥·바닥·보 또는 지붕을 **증**설 또는 **철**거하는 경우
(3) **배**출설비를 **신**설하는 경우
(4) 위험물취급탱크를 신설·교체·철거 또는 보수(탱크의 본체를 절개)하는 경우
(5) 위험물취급탱크의 **노즐** 또는 **맨홀**을 신설하는 경우(노즐 또는 맨홀의 직경이 **250mm**를 초과하는 경우)
(6) 위험물취급탱크의 **방**유제의 **높**이 또는 방유제 내의 **면적**을 **변**경하는 경우
(7) 위험물취급탱크의 탱크전용실을 **증**설 또는 **교**체하는 경우

(8) 300m(지상에 설치하지 아니하는 배관은 30m)를 초과하는 위험물배관을 신설·교체·철거 또는 보수(배관절개)하는 경우
(9) 불활성기체의 봉입장치를 **신**설하는 경우

기억법 250mm

답 ①

58
위험물안전관리법령상 위험물 및 지정수량에 대한 기준 중 다음 ( ) 안에 알맞은 것은?

금속분이라 함은 알칼리금속·알칼리토류금속·철 및 마그네슘 외의 금속의 분말을 말하고, 구리분·니켈분 및 (㉠)마이크로미터의 체를 통과하는 것이 (㉡)중량퍼센트 미만인 것은 제외한다.

① ㉠ 150, ㉡ 50   ② ㉠ 53, ㉡ 50
③ ㉠ 50, ㉡ 150   ④ ㉠ 50, ㉡ 53

해설 위험물령〔별표 1〕
금속분
알칼리금속·알칼리토류 금속·철 및 마그네슘 외의 금속의 분말을 말하고, **구리분·니켈분** 및 **150**마이크로미터의 체를 통과하는 것이 **50중량퍼센트** 미만인 것은 제외한다.

답 ①

59
화재안전기준을 달리 적용하여야 하는 특수한 용도 또는 구조를 가진 특정소방대상물인 원자력발전소에 설치하지 않을 수 있는 소방시설은?

① 옥내소화전설비 및 소화용수설비
② 연결송수관설비 및 연결살수설비
③ 옥내소화전설비 및 자동화재탐지설비
④ 스프링클러설비 및 물분무등소화설비

해설 소방시설법 시행령〔별표 6〕
소방시설을 설치하지 않을 수 있는 특정소방대상물 및 소방시설의 범위

구 분	특정소방대상물	소방시설
화재안전**기**준을 달리 적용하여야 하는 특수한 용도 또는 구조를 가진 특정소방대상물	• 원자력발전소 • 중·저준위 방사성 폐기물의 저장시설	• **연**결송수관설비 • **연**결살수설비 기억법 화기연(화기연구)
자체 소방대가 설치된 특정소방대상물	자체소방대가 설치된 위험물 제조소 등에 부속된 사무실	• 옥내소화전설비 • 소화용수설비 • 연결살수설비 • 연결송수관설비

답 ②

60. 위험물안전관리법령에서 정하는 제3류 위험물에 해당하는 것은?

① 나트륨
② 염소산염류
③ 무기과산화물
④ 유기과산화물

해설 위험물령 〔별표 1〕
위험물

유별	성질	품명
제1류	산화성 고체	• 아염소산염류 • 염소산염류(**염소산나트륨**) • 과염소산염류 • 질산염류 • 무기과산화물 기억법 1산고염나
제2류	가연성 고체	• 황화인 • 적린 • 황 • 마그네슘 기억법 황화적황마
제3류	자연발화성 물질 및 금수성 물질	• 황린 • 칼륨 • **나트륨** • 알칼리토금속 • 트리에틸알루미늄 기억법 황칼나알트
제4류	인화성 액체	• 특수인화물 • 석유류(벤젠) • 알코올류 • 동식물유류
제5류	**자**기반응성 물질	• 유기과산화물 • 나이트로화합물 • 나이트로소화합물 • 아조화합물 • 질산에스터류(셀룰로이드) 기억법 5**자**(**오자**탈**자**)
제6류	산화성 액체	• 과염소산 • 과산화수소 • 질산

답 ①

제4과목 소방전기시설의 구조 및 원리

61. 무선통신보조설비의 화재안전기준에 따른 증폭기의 설치기준으로 틀린 것은?

① 전원까지의 배선은 전용으로 하여야 한다.
② 상용전원은 전기가 정상적으로 공급되는 축전지설비 또는 교류전압 옥내간선으로 하여야 한다.
③ 증폭기의 비상전원용량은 무선통신보조설비를 유효하게 20분 이상 작동시킬 수 있는 것으로 하여야 한다.
④ 증폭기의 전면에는 주회로의 전원이 정상인지의 여부를 표시할 수 있는 표시등 및 전압계를 설치하여야 한다.

해설 비상전원용량

설비의 종류	비상전원용량
• **자**동화재탐지설비 • 비상**경**보설비 • **자**동화재속보설비	10분 이상 기억법 경자비1(**경자**라는 이름은 **비일**비재하게 많다.)
• 유도등 • 비상콘센트설비 • 제연설비 • 물분무소화설비 • 옥내소화전설비(30층 미만) • 특별피난계단의 계단실 및 부속실 제연설비(30층 미만)	20분 이상
• 무선통신보조설비의 **증**폭기	30분 이상 기억법 3증(3중고)
• 옥내소화전설비(30~49층 이하) • 특별피난계단의 계단실 및 부속실 제연설비(30~49층 이하) • 연결송수관설비(30~49층 이하) • 스프링클러설비(30~49층 이하)	40분 이상
• 유도등·비상조명등(지하상가 및 11층 이상) • 옥내소화전설비(50층 이상) • 특별피난계단의 계단실 및 부속실 제연설비(50층 이상) • 연결송수관설비(50층 이상) • 스프링클러설비(50층 이상)	60분 이상

③ 20분 → 30분

중요

무선통신보조설비의 증폭기 및 무선중계기의 설치기준
(NFPC 505 8조, NFTC 505 2.5)
(1) **상용전원**은 **축전지설비**, **전기저장장치**(외부 전기에너지를 저장해두었다가 필요한 때 전기를 공급하는 장치) 또는 **교류전압 옥내간선**으로 하고, 전원까지의 배선은 **전용**으로 할 것
(2) 증폭기의 전면에는 전원확인 **표시등** 및 **전압계** 설치
(3) 증폭기의 비상전원용량은 30분 이상
(4) **증폭기 및 무선중계기**를 설치하는 경우 「전파법」 규정에 따른 적합성 평가를 받은 제품으로 설치
(5) 디지털방식의 무전기를 사용하는 데 지장이 없도록 설치할 것

답 ③

62 유도등 및 유도표지의 화재안전기준에 따른 거실통로유도등의 설치기준으로 옳은 것은?

① 거실의 출입구에 설치할 것
② 바닥으로부터 높이 1.5m 이상의 위치에 설치할 것
③ 구부러진 모퉁이 및 수평거리 10m마다 설치할 것
④ 거실의 통로가 벽체 등으로 구획된 경우에는 비상구유도등을 설치할 것

해설 (1) 설치높이

구 분	설치높이
계단통로유도등·복도통로유도등·통로유도표지	바닥으로부터 높이 1m 이하
피난구유도등	피난구의 바닥으로부터 높이 1.5m 이상
거실통로유도등	바닥으로부터 높이 1.5m 이상 (단, 거실통로의 기둥은 1.5m 이하)
피난구유도표지	출입구 상단

기억법 계복통1, 피유거15상

(2) 설치거리 (NFPC 303 6조, NFTC 303 2.3)

구 분	설치거리
복도통로유도등	구부러진 모퉁이 및 피난구유도등이 설치된 출입구의 맞은편 복도에 입체형 또는 바닥에 설치한 통로유도등을 기점으로 보행거리 20m마다 설치
거실통로유도등	구부러진 모퉁이 및 **보행거리 20m**마다 설치
계단통로유도등	각 층의 **경사로참** 또는 **계단참**마다 설치

① 거실의 출입구 → 거실의 통로
③ 수평거리 10m → 보행거리 20m
④ 비상구유도등 → 복도통로유도등

중요
거실통로유도등의 설치기준(NFPC 303 6조, NFTC 303 2.3.1.2)
(1) 거실의 **통로**에 설치할 것(단, 거실의 통로가 벽체 등으로 **구획**된 경우에는 **복도통로유도등** 설치)
(2) 구부러진 **모퉁이** 및 **보행거리** 20m마다 설치할 것
(3) 바닥으로부터 **높이** 1.5m 이상의 위치에 설치할 것 (단, **거실통로**에 기둥이 설치된 경우에는 기둥부분의 바닥으로부터 높이 1.5m **이하**의 위치에 설치 가능)

기억법 거통 모거높

답 ②

63 자동화재탐지설비 및 시각경보장치의 화재안전기준에 따른 청각장애인용 시각경보장치의 설치높이는? (단, 천장의 높이가 2m 초과인 경우이다.)

① 바닥으로부터 0.8m 이상 1.5m 이하
② 바닥으로부터 1.0m 이상 1.5m 이하
③ 바닥으로부터 1.5m 이상 2.0m 이하
④ 바닥으로부터 2.0m 이상 2.5m 이하

해설 설치높이

기타기기 (비상콘센트설비 등)	시각경보장치
0.8~1.5m 이하	2~2.5m 이하 (단, 천장높이가 2m 이하는 천장으로부터 0.15m 이내)

중요
청각장애인용 시각경보장치의 설치기준(NFPC 203 8조, NFTC 203 2.5.2.1)
(1) **복도·통로·청각장애인용 객실** 및 공용으로 사용하는 **거실**에 설치하며, 각 부분으로부터 유효하게 경보를 발할 수 있는 위치에 설치
(2) **공연장·집회장·관람장** 또는 이와 유사한 장소에 설치하는 경우에는 시선이 집중되는 **무대부 부분** 등에 설치
(3) 바닥으로부터 2~2.5m 이하의 장소에 설치(단, 천장의 높이가 2m 이하인 경우에는 천장으로부터 0.15m 이내의 장소에 설치)

답 ④

64 유도등의 형식승인 및 제품검사의 기술기준에 따라 비상전원의 상태를 감시할 수 있는 장치가 없어도 되는 유도등은?

① 객석유도등
② 계단통로유도등
③ 거실통로유도등
④ 없어도 되는 유도등은 없다.

해설 비상전원의 **상태**를 **감시**할 수 있는 **장치**가 있어야 하는 것 (유도등의 형식승인 및 제품검사의 기술기준 5조)
(1) 피난구유도등
(2) 통로유도등 ┬ 계단통로유도등
              ├ 거실통로유도등
              └ 복도통로유도등
(3) 객석유도등

답

65 누전경보기의 화재안전기준에 따른 누전경보기의 전원과 관련된 내용으로 틀린 것은?

① 전원은 분전반으로부터 전용회로로 하여야 한다.
② 각 극에 개폐기 및 15A 이하의 과전류차단기를 설치하여야 한다.
③ 배선용 차단기에 있어서는 20A 이하의 것으로 각 극을 개폐할 수 있어야 한다.
④ 전원을 분기할 때에는 다른 차단기에 따라 전원이 동시에 차단되어야 한다.

해설 **누전경보기의 설치기준**(NFPC 205 6조, NFTC 205 2.3)

과전류차단기	배선용 차단기
15A 이하	20A 이하

(1) 각 극에 개폐기 및 **15A** 이하의 **과전류차단기**를 설치할 것(**배선용 차단기**는 **20A** 이하)
(2) 분전반으로부터 **전용회로**로 할 것
(3) 개폐기에는 누전경보기임을 표시할 것
(4) 전원을 분기할 때에는 다른 차단기에 따라 전원이 차단되지 아니하도록 할 것

④ 동시에 차단되어야 한다. → 차단되지 아니하도록 할 것

답 ④

66 자동화재탐지설비 및 시각경보장치의 화재안전기준에 따른 수신기 설치기준에 대한 설명으로 틀린 것은?

14.09.문77
13.03.문64
12.05.문66

① 하나의 경계구역은 하나의 표시등 또는 하나의 문자로 표시되도록 할 것
② 감지기·중계기 또는 발신기가 작동하는 경계구역을 표시할 수 있는 것으로 할 것
③ 음향기구는 그 음량 및 음색이 다른 기기의 소음 등과 명확히 구별될 수 있는 것으로 할 것
④ 사람이 상시 근무하는 장소가 없는 경우에는 관계인이 쉽게 접근할 수 없는 장소에 설치할 것

해설 **자동화재탐지설비 수신기의 설치기준**(NFPC 203 5조, NFTC 203 2.2)
(1) **감지기·중계기** 또는 **발신기**가 작동하는 경계구역을 표시할 수 있는 것으로 할 것
(2) 조작스위치는 바닥으로부터의 높이가 **0.8m** 이상 **1.5m** 이하인 장소에 설치할 것
(3) 하나의 소방대상물에 **2** 이상의 수신기를 설치하는 경우에는 수신기 상호간 연동하여 화재발생상황을 각 수신기마다 확인할 수 있도록 할 것
(4) 수신기가 설치된 장소에는 **경계구역 일람도**를 비치할 것
(5) **수위실** 등 상시 사람이 근무하는 **장소**에 설치할 것(단, 사람이 상시 근무하는 장소가 없는 경우에는 **관계인**이 쉽게 접근할 수 있고 관리가 용이한 장소에 설치 가능)

④ 없는 → 있고 관리가 용이한

답 ④

67 무선통신보조설비의 화재안전기준에 따른 무선통신보조설비의 설치제외기준이다. 다음 ( )에 들어갈 내용으로 옳은 것은?

18.09.문73
16.10.문66
16.05.문62
14.03.문72
09.03.문79

지하층으로서 특정소방대상물의 바닥부분 (㉠)면 이상이 지표면과 동일하거나 지표면으로부터의 깊이가 (㉡)m 이하인 경우에는 해당층에 한하여 무선통신보조설비를 설치하지 아니할 수 있다.

① ㉠ 2, ㉡ 1
② ㉠ 2, ㉡ 2
③ ㉠ 3, ㉡ 2
④ ㉠ 3, ㉡ 3

해설 **무선통신보조설비의 설치제외**(NFPC 505 4조, NFTC 505 2.1)
(1) **지하층**으로서 **특정소방대상물**의 바닥부분 **2면** 이상이 지표면과 동일한 경우의 해당층
(2) **지하층**으로서 **지표면**으로부터의 깊이가 **1m** 이하인 경우의 해당층

기억법 지특2(**쥐**가 **특이**하다.), 지지1

답 ①

68 비상조명등의 화재안전기준에 따른 휴대용 비상조명등의 설치기준에 적합하지 않은 것은?

17.03.문79
16.05.문74
15.05.문71
14.03.문77
09.03.문68

① 외함은 난연성능이 있을 것
② 사용시 자동으로 점등되는 구조일 것
③ 어둠 속에서 위치를 확인할 수 있도록 할 것
④ 설치높이는 바닥으로부터 0.5m 이상 1.2m 이하의 높이에 설치할 것

해설 **휴대용 비상조명등**의 **설치기준**(NFPC 304 4조, NFTC 304 2.1.2)

설치 개수	설치장소
1개 이상	• **숙박시설** 또는 **다중이용업소**에는 객실 또는 영업장 안의 구획된 실마다 잘 보이는 곳(외부에 설치시 출입문 손잡이로부터 **1m 이내** 부분)
3개 이상	• **지하상가** 및 **지하역사**의 보행거리 **25m** 이내마다 • **대규모점포**(백화점·대형점·쇼핑센터) 및 영화상영관의 보행거리 **50m** 이내마다

(1) 바닥으로부터 **0.8~1.5m** 이하의 높이에 설치할 것
(2) 어둠 속에서 **위치**를 확인할 수 있도록 할 것
(3) 사용시 **자동**으로 **점등**되는 구조일 것
(4) 외함은 **난연성능**이 있을 것
(5) 건전지를 사용하는 경우에는 **방전방지조치**를 하여야 하고, **충전식 배터리**의 경우에는 **상시 충전**되도록 할 것
(6) 건전지 및 충전식 배터리의 용량은 **20분 이상** 유효하게 사용할 수 있는 것으로 할 것

④ 0.5m 이상 1.2m 이하 → 0.8m 이상 1.5m 이하

답 ④

69 비상경보설비 및 단독경보형 감지기의 화재안전기준에 따른 비상벨설비 또는 자동식 사이렌설비 음향장치의 설치기준이다. 다음 ( )에 들어갈 내용으로 옳은 것은? (단, 건전지를 주전원으로 사용하지 않는다.)

18.09.문74
18.04.문71
17.05.문76
17.03.문65
17.03.문67
15.09.문78
12.09.문74

음향장치는 정격전압의 (㉠)% 전압에서 음향을 발할 수 있도록 해야 하며, 음량은 부착된 음향장치의 중심으로부터 (㉡)m 떨어진 위치에서 (㉢)dB 이상이 되는 것으로 한다.

① ㉠ 80, ㉡ 1, ㉢ 90
② ㉠ 110, ㉡ 3, ㉢ 120
③ ㉠ 140, ㉡ 1, ㉢ 120
④ ㉠ 150, ㉡ 3, ㉢ 90

해설 비상벨 또는 자동식 사이렌설비의 설치기준(NFPC 201 4조, NFTC 201 2.1)

(1) 수평거리

구 분	적용대상
수평거리 25m 이하	• 발신기(보행거리 40m 이상일 경우 추가 설치) • 음향장치(확성기) • 비상콘센트(지하상가·지하층 바닥면적 합계 3000m² 이상)
수평거리 50m 이하	비상콘센트(기타)

(2) **음**향장치 : 1m 떨어진 곳에서 **90dB** 이상
(3) **정**격전압 : **80%** 전압에서 음향을 발할 수 있도록 할 것 (단, 건전지를 주전원으로 사용하는 음향장치는 제외)
(4) **위**치표시등 : **15°** 이상의 각도로 **10m**의 거리에서 쉽게 식별할 수 있어야 한다.

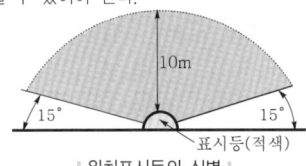
∥위치표시등의 식별∥

답 ①

70
★★★ 물분무소화설비의 화재안전기준에 따른 물분무소화설비의 비상전원을 자가발전설비 또는 축전지설비로 설치하고자 할 때 그 설치 기준으로 틀린 것은?

16.10.문70
15.03.문61
15.03.문79
14.03.문68
13.09.문71
12.03.문63

① 물분무소화설비를 유효하게 30분 이상 작동할 수 있도록 할 것
② 점검에 편리하고 화재 및 침수 등의 재해로 인한 피해를 받을 우려가 없는 곳에 설치할 것
③ 비상전원(내연기관의 기동 및 제어용 축전기를 제외)의 설치장소는 다른 장소와 방화구획할 것
④ 상용전원으로부터 전력의 공급이 중단된 때에는 자동으로 비상전원으로부터 전력을 공급받을 수 있도록 할 것

해설 비상전원용량

설비의 종류	비상전원용량
• **자**동화재탐지설비 • 비상**경**보설비 • **자**동화재속보설비	10분 이상 **기억법** 경자비1(경자라는 이름은 비일비재하게 많다.)
• 유도등 • 비상콘센트설비 • 제연설비 • **물분무소화설비** → • 옥내소화전설비(30층 미만) • 특별피난계단의 계단실 및 부속실 제연설비(30층 미만)	20분 이상

• 무선통신보조설비의 **증**폭기	30분 이상 **기억법** 3증(3중고)
• 옥내소화전설비(30~49층 이하) • 특별피난계단의 계단실 및 부속실 제연설비(30~49층 이하) • 연결송수관설비(30~49층 이하) • 스프링클러설비(30~49층 이하)	40분 이상
• 유도등·비상조명등(지하상가 및 11층 이상) • 옥내소화전설비(50층 이상) • 특별피난계단의 계단실 및 부속실 제연설비(50층 이상) • 연결송수관설비(50층 이상) • 스프링클러설비(50층 이상)	60분 이상

① 30분 → 20분

비교

무선통신보조설비의 증폭기 및 무선중계기의 설치기준 (NFPC 505 8조, NFTC 505 2.5)
(1) 상용전원은 축전지설비, 전기저장장치(외부 전기에너지를 저장해두었다가 필요한 때 전기를 공급하는 장치) 또는 교류전압 옥내간선으로 하고, 전원까지의 배선은 전용으로 할 것
(2) 증폭기의 전면에는 전원확인 표시등 및 전압계 설치
(3) 증폭기의 비상전원용량은 30분 이상
(4) 증폭기 및 무선중계기를 설치하는 경우 「전파법」 규정에 따른 적합성 평가를 받은 제품으로 설치
(5) 디지털방식의 무전기를 사용하는 데 지장이 없도록 설치할 것

답 ①

71
★★ 자동화재탐지설비 및 시각경보장치의 화재안전기준에 따라 부착높이가 15m 이상 20m 미만에 설치할 수 없는 감지기는?

14.03.문79
12.03.문66

① 연기복합형 ② 불꽃감지기
③ 이온화식 1종 ④ 보상식 스포트형

해설 감지기의 **부**착높이(NFPC 203 7조, NFTC 203 2.4.1)

부착높이	감지기의 종류
4m 미만	• 차동식(스포트형, 분포형) • 보상식 스포트형 • 정온식(스포트형, 감지선형) ┐ **열**감지기 • 이온화식 또는 광전식(스포트형, 분리형, 공기흡입형) : **연**기감지기 • 열복합형 • 연기복합형 ┐ **복**합형 감지기 • 열연기복합형 • **불**꽃감지기 **기억법** 열연불복 4미

높이	감지기 종류
4~8m 미만	• 차동식(스포트형, 분포형) • **보**상식 **스포트형** • **정**온식(스포트형, 감지선형) **특**종 또는 **1**종 ┐ **열**감지기 • **이**온화식 1종 또는 **2**종 ┐ • **광**전식(스포트형, 분리형, 공기흡입형) 1종 또는 2종 ┘ 연기감지기 • 열복합형 • 연기복합형 ┐ **복**합형 감지기 • 열연기복합형 ┘ • **불**꽃감지기 **기억법** 8미열 정특1 이광12 복불
8~15m 미만	• 차동식 **분**포형 • **이**온화식 **1**종 또는 **2**종 • **광**전식(스포트형, 분리형, 공기흡입) 1종 또는 2종 • **연**기복합형 • **불**꽃감지기 **기억법** 15분 이광12 연복불
15~20m 미만	• **이**온화식 1종 • **광**전식(스포트형, 분리형, 공기흡입형) 1종 • **연**기복합형 • **불**꽃감지기 **기억법** 이광불연복2
20m 이상	• 불꽃감지기 • **광**전식(분리형, 공기흡입형) 중 **아**날로그방식 **기억법** 불광아

답 ④

72 유도등 및 유도표지의 화재안전기준에 따라 피난구유도등을 설치해야 하는 경우는?

17.09.문75

① 대각선 길이가 15m 이내인 구획된 실의 출입구
② 바닥면적이 800m²인 층으로서 옥내로부터 직접 지상으로 통하는 출입구(외부의 식별이 용이한 경우에 한한다.)
③ 거실 각 부분에서 하나의 출입구에 이르는 보행거리가 15m이고 비상조명등과 유도표지가 설치된 거실의 출입구
④ 출입구가 4개 있는 거실 각 부분에서 하나의 출입구에 이르는 보행거리가 25m인 주된 출입구 2개소 외의 출입구를 가진 숙박시설

해설 피난구유도등의 **설치제외장소**(NFPC 303 11조, NFTC 303 2.8.1)
(1) 대각선 길이가 15m 이내인 구획된 실의 출입구
(2) 비상조명등・유도표지가 설치된 거실 출입구(거실 각 부분에서 출입구까지의 **보행거리 20m** 이하)
(3) 옥내에서 직접 지상으로 통하는 출입구(바닥면적 1000m² 미만 층)
(4) 출입구가 **3 이상**인 거실(거실 각 부분에서 출입구까지의 **보행거리 30m** 이하인 주된 출입구 **2개소 외**의 출입구)(단, 노유자시설・의료시설・장례시설 제외)

답 ④

73 누전경보기의 형식승인 및 제품검사의 기술기준에 따라 비호환형 수신부는 신호입력회로에 공칭작동전류치의 42%에 대응하는 변류기의 설계출력전압을 가하는 경우 몇 초 이내에 동작하지 아니해야 하는가?

① 0.2초
② 1초
③ 30초
④ 60초

해설 **수신부**의 **기능**(누전경보기의 형식승인 및 제품검사의 기술기준 26조)

구 분	호환형 수신부	비호환형 수신부
부작동시험	신호입력회로에 공칭작동전류치에 대응하는 변류기의 설계출력전압의 **52%**인 전압을 가하는 경우 **30초** 이내에 작동하지 아니할 것	신호입력회로에 공칭작동전류치의 **42%**에 대응하는 변류기의 설계출력전압을 가하는 경우 **30초** 이내에 작동하지 아니할 것
작동시험	공칭작동전류치에 대응하는 변류기의 설계출력전압의 **75%**인 전압을 가하는 경우 **1초**(차단기구가 있는 것은 **0.2초**) 이내에 작동할 것	공칭작동 전류치에 대응하는 변류기의 설계출력전압을 가하는 경우 **1초**(차단기구가 있는 것은 **0.2초**) 이내에 작동할 것

답 ③

74 자동화재속보설비의 화재안전기준에 따라 자동화재속보설비는 어떤 설비와 연동으로 작동하여 자동적으로 화재신호를 소방관서에 전달하는가?

13.06.문65
10.05.문76
08.03.문73

① 비상경보설비
② 비상방송설비
③ 무선통신보조설비
④ 자동화재탐지설비

해설 **자동화재속보설비**의 속보기의 성능인증 및 제품검사의 기술기준 5조, NFPC 204 4조, NFTC 204 2.1.1.1

구 분	설 명
연동설비	자동화재탐지설비
속보대상	소방관서
속보방법	20초 이내에 3회 이상
다이얼링	10회 이상

답 ④

75

비상콘센트설비의 화재안전기준에 따라 비상콘센트설비의 전원부와 외함 사이의 절연저항은 몇 MΩ 이상이어야 하는가? (단, 직류 500V 절연저항계로 측정하는 경우이다.)

① 0.2
② 2
③ 20
④ 200

해설 절연저항시험

절연저항계	절연저항	대상
직류 250V	0.1MΩ 이상	1**경**계구역의 절연저항 기억법 **경**2501
직류 500V	5MΩ 이상	• 누전경보기 • 가스누설경보기 • 수신기(10회로 미만, 절연된 충전부와 외함 간) • 자동화재속보설비 • 비상경보설비 • 유도등(교류입력측과 외함 간 포함) • 비상조명등(교류입력측과 외함 간 포함)
	20MΩ 이상	• 경종 • 발신기 • 중계기 • 비상**콘**센트 • 기기의 절연된 선로 간 • 기기의 충전부와 비충전부 간 • 기기의 교류입력측과 외함 간 (유도등·비상조명등 제외) 기억법 **콘**2(**콘이** 맛있다!)
	50MΩ 이상	• 감지기(정온식 감지선형 감지기 제외) • 가스누설경보기(10회로 이상) • 수신기(10회로 이상, 교류입력측과 외함 간 제외)
	1000MΩ 이상	정온식 감지선형 감지기

답 ③

76

비상경보설비 및 단독경보형 감지기의 화재안전기준에 따라 가로 28m 세로 16m인 어느 특정소방대상물의 구획된 공간에는 단독경보형 감지기를 몇 개 설치하여야 하는가? (단, 내부 구획된 공간은 없으며 벽체의 상부 또는 일부가 개방된 곳이 없는 공간이다.)

① 3개
② 5개
③ 7개
④ 11개

해설 단독경보형 감지기의 설치개수

$$단독경보형\ 감지기 = \frac{바닥면적}{150m^2}$$

$$= \frac{28m \times 16m}{150m^2}$$

$$= 2.98 ≒ 3개(절상)$$

중요

단독경보형 감지기의 설치기준(NFPC 201 5조, NFTC 201 2.2)
(1) 각 실(이웃하는 실내의 바닥면적이 각각 30m² 미만이고 벽체의 상부 전부 또는 일부가 개방되어 이웃하는 실내와 공기가 상호 유통되는 경우에는 이를 1개의 실로 본다)마다 설치하되, 바닥면적이 150m²를 초과하는 경우에는 150m²마다 1개 이상 설치할 것
(2) 최상층의 계단실의 **천**장(외기가 상통하는 계단실의 경우 제외)에 설치할 것
(3) 건전지를 주전원으로 사용하는 단독경보형 감지기는 정상적인 작동상태를 유지할 수 있도록 **건전지**를 **교환**할 것
(4) 상용전원을 주전원으로 사용하는 단독경보형 감지기의 **2차 전지**는 제품검사에 합격한 것을 사용할 것

답 ①

77

비상방송설비의 화재안전기준에 따른 비상방송설비의 설치기준에 적합하지 않은 것은?

① 비상방송용 확성기를 각 층마다 설치하였다.
② 엘리베이터 내부에는 별도의 음향장치를 설치하였다.
③ 음량조정기를 설치하므로 음량조정기의 배선은 2선식으로 하였다.
④ 실내에 설치된 비상방송용 확성기의 음성입력을 확인해보니 2W이었다.

해설 비상방송설비의 설치기준(NFPC 202 4조, NFTC 202 2.1)
(1) 확성기의 음성입력은 실**외** **3W**, 실내 **1W** 이상일 것
(2) 확성기는 각 **층**마다 설치하되, 각 부분으로부터의 수평거리는 **25m** 이하일 것
(3) **음**량조정기는 **3선식** 배선일 것
(4) 조작스위치는 바닥으로부터 0.8~1.5m 이하의 높이에 설치할 것
(5) 다른 전기회로에 의하여 유도장애가 생기지 않을 것
(6) 비상방송 개시시간은 **10초** 이하일 것
(7) 엘리베이터 내부에는 **별도**의 음향장치를 설치할 수 있다.
(8) 2 이상의 조작부가 설치된 경우 동시통화가 가능하고 전 구역에 방송할 수 있을 것

기억법 외3(외상), 방음3(방음삼아.)

③ 2선식 → 3선식

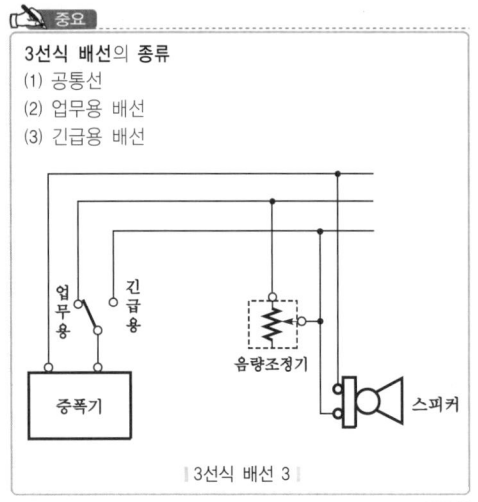

중요
3선식 배선의 종류
(1) 공통선
(2) 업무용 배선
(3) 긴급용 배선

|3선식 배선 3|

답 ③

78 비상경보설비 및 단독경보형 감지기의 화재안전기준에 따른 발신기에 대한 용어의 정의이다. 다음 ( )에 들어갈 내용으로 옳은 것은?

07.09.문64
07.05.문66

"발신기"란 화재발생신호를 수신기에 ( )으로 발신하는 장치를 말한다.

① 수동　　② 자동
③ 전기적　④ 기계적

해설 비상경보설비(NFPC 201 3조, NFTC 201 1.7)

용어	설명
비상벨설비	화재발생 상황을 **경종**으로 경보하는 설비
자동식 사이렌설비	화재발생 상황을 **사이렌**으로 경보하는 설비
단독경보형 감지기	화재발생 상황을 **단독**으로 감지하여 자체에 **내장**된 **음향장치**로 경보하는 감지기
발신기	화재발생 신호를 수신기에 **수동**으로 **발신**하는 장치　**기억법** 수발(수발을 드시오!)
수신기	발신기에서 발하는 **화재신호**를 **직접 수신**하여 화재의 발생을 **표시** 및 **경보**하여 주는 장치

답 ①

79 비상콘센트설비의 화재안전기준에 따라 비상콘센트설비의 비상전원을 실내에 설치할 경우 그 실내에 설치해야 하는 것은?

17.09.문61
16.10.문78
15.03.문71
11.10.문72
11.03.문70

① 유도등　　② 실내조명등
③ 비상조명등　④ 휴대용 비상조명등

해설 비상콘센트설비의 비상전원 중 **자가발전설비**의 설치기준(NFPC 504 4조, NFTC 504 2.1.1.3)
(1) 점검에 편리하고 화재 및 침수 등의 재해로 인한 피해를 받을 우려가 없는 곳에 설치할 것
(2) 비상콘센트설비를 유효하게 **20분** 이상 작동시킬 수 있는 용량으로 할 것
(3) 상용전원으로부터 전력의 공급이 중단된 때에는 자동으로 **비상전원**으로부터 전력을 공급받을 수 있도록 할 것
(4) 비상전원의 설치장소는 다른 장소와 **방화구획**할 것. 이 경우 그 장소에는 비상전원의 공급에 필요한 기구나 설비 외의 것(**열병합발전설비**에 필요한 기구나 설비는 제외)을 두지 말 것
(5) 비상전원을 실내에 설치하는 때에는 그 실내에 **비상조명등**을 설치할 것

비교
비상조명등의 **비상전원**(예비전원 미내장)(NFPC 304 4조, NFTC 304 2.1.1.4)
(1) 설치장소는 다른 장소와 **방화구획**할 것
(2) 실내에 설치한 때에는 그 실내에 비상조명등 설치
(3) 상용전원의 전력공급이 중단된 때에는 자동으로 비상전원을 공급받을 수 있도록 할 것
(4) 점검에 편리하고 재해로 인한 피해를 받을 우려가 없는 곳에 설치

답 ③

80 비상방송설비의 화재안전기준에 따라 비상방송설비에는 그 설비에 대한 감시상태를 60분간 지속한 후 유효하게 몇 분 이상 경보할 수 있는 축전지설비를 설치하여야 하는가?

18.03.문77
17.09.문62
15.05.문76
15.03.문80
14.09.문68
13.06.문78
12.09.문65
09.05.문65

① 5　　② 10
③ 30　④ 60

해설 자동화재탐지설비·비상방송설비·비상경보설비(비상벨설비·자동식 사이렌설비)(NFPC 201 4조, NFTC 201 2.1.7)

감시시간	경보시간
60분　**기억법** 6감(육감)	10분(30층 이상 : 30분) 이상

② 감시상태를 60분간 지속한 후 10분 이상 경보할 수 있는 축전지설비

답 ②

과년도 기출문제

2018년
소방설비산업기사 필기(전기분야)

■ 2018. 3. 4 시행 ················· 18- 2
■ 2018. 4. 28 시행 ················· 18-26
■ 2018. 9. 15 시행 ················· 18-50

** 수험자 유의사항 **

1. 문제지를 받는 즉시 **본인**이 **응시한 종목**이 맞는지 확인하시기 바랍니다.
2. 문제지 표지에 본인의 **수험번호**와 **성명**을 기재하여야 합니다.
3. 문제지의 **총면수, 문제번호 일련순서, 인쇄상태, 중복 및 누락 페이지 유무**를 확인하시기 바랍니다.
4. 답안은 각 문제마다 요구하는 가장 적합하거나 가까운 답 1개만을 선택하여야 합니다.
5. 답안카드는 뒷면의「수험자 유의사항」에 따라 작성하시고, 답안카드 작성 시 형별누락, 마킹착오로 인한 불이익은 전적으로 수험자에게 책임이 있음을 알려드립니다.
6. 문제지는 시험 종료 후 본인이 가져갈 수 있습니다.

** 안내사항 **

• 가답안/최종정답은 큐넷(www.q-net.or.kr)에서 확인하실 수 있습니다. 가답안에 대한 의견은 큐넷의 [가답안 의견제시]를 통해 제시할 수 있으며, 확정된 답안은 최종정답으로 갈음합니다.
• 공단에서 제공하는 자격검정서비스에 대해 개선할 점이 있으시면 고객참여(http://hrdkorea.or.kr/7/1/1)를 통해 건의하여 주시기 바랍니다.

2018. 3. 4 시행

2018년 산업기사 제1회 필기시험

자격종목	종목코드	시험시간	형별	수험번호	성명
소방설비산업기사(전기분야)		2시간			

※ 각 문항은 4지택일형으로 질문에 가장 적합한 보기 항을 선택하여 체크하여야 합니다.

제1과목 소방원론

01 ★★★ 20℃의 물 400g을 사용하여 화재를 소화하였다. 물 400g이 모두 100℃로 기화하였다면 물이 흡수한 열량은 몇 kcal인가? (단, 물의 비열은 1cal/g·℃이고, 증발잠열은 539cal/g이다.)

① 215.6　　② 223.6
③ 247.6　　④ 255.6

17.05.문05
16.10.문17
15.09.문03
15.05.문19
15.03.문14
14.05.문03
13.09.문07
11.10.문18

해설 열량

$$Q = rm + mC\Delta T$$

여기서, Q : 열량[cal]
r : 융해열 또는 기화열[cal/g]
m : 질량[g]
C : 비열[cal/g·℃]
ΔT : 온도차[℃]

(1) 기호
- m : 400g
- C : 1cal/g·℃
- r : 539cal/g

(2) 20℃ 물 → 100℃ 물
열량 $Q_1 = mC\Delta T = 400g \times 1cal/g\cdot℃ \times (100-20)℃$
$= 32000cal = 32kcal$

(3) 100℃ 물 → 100℃ 수증기
열량 $Q_2 = rm = 539cal/g \times 400g$
$= 215600cal = 215.6kcal$

(4) 전체열량 Q는
$Q = Q_1 + Q_2 = (32+215.6)kcal = 247.6kcal$

답 ③

02 ★★★ 분말소화약제 중 A, B, C급의 화재에 모두 사용할 수 있는 것은?

① 제1종 분말소화약제
② 제2종 분말소화약제
③ 제3종 분말소화약제
④ 제4종 분말소화약제

17.03.문14
16.03.문10
15.09.문07
15.03.문03
14.05.문14
14.03.문07
13.03.문18
12.05.문20
12.03.문09
11.03.문08
06.05.문14
04.09.문15

해설 분말소화약제(질식효과)

종별	주성분	약제의 착색	적응화재	비고
제1종	중탄산나트륨 (NaHCO₃)	백색	BC급	식용유 및 지방질유의 화재에 적합
제2종	중탄산칼륨 (KHCO₃)	담자색 (담회색)		—
제3종	인산암모늄 (NH₄H₂PO₄)	담홍색	ABC급	차고·주차장에 적합
제4종	중탄산칼륨+요소 (KHCO₃+(NH₂)₂CO)	회(백)색	BC급	—

기억법 3ABC(3종이니까 3가지 ABC급)

- 중탄산나트륨 = 탄산수소나트륨
- 중탄산칼륨 = 탄산수소칼륨
- 제1인산암모늄 = 인산암모늄 = 인산염
- 중탄산칼륨+요소 = 탄산수소칼륨+요소

답 ③

03 ★★★ 기름탱크에서 화재가 발생하였을 때 탱크 하부에 있는 물 또는 물-기름 에멀션이 뜨거운 열유층에 의해서 가열되어 유류가 탱크 밖으로 갑자기 분출하는 현상은?

12.03.문08
11.06.문20
10.03.문14
09.08.문04
04.09.문05

① 리프트(lift)
② 백파이어(backfire)
③ 플래시오버(flashover)
④ 보일오버(Boil over)

해설 **보일오버**(Boil over)
(1) 중질유의 탱크에서 장시간 조용히 연소하다 탱크 내의 잔존기름이 갑자기 분출하는 현상
(2) 유류탱크에서 탱크바닥에 물과 기름의 **에멀션**이 섞여 있을 때 이로 인하여 화재가 발생하는 현상
(3) 연소유면으로부터 100℃ 이상의 열파가 탱크 저부에 고여 있는 물을 비등하게 하면서 연소유를 탱크 밖으로 비산시키며 연소하는 현상

용어

구분	설명
리프트 (lift)	버너 내압이 높아져서 **분출속도가** 빨라지는 현상

백파이어 (backfire, 역화)	가스가 노즐에서 나가는 속도가 연소속도보다 느리게 되어 **버너 내부**에서 **연소**하게 되는 현상	
플래시오버 (flashover)	화재로 인하여 실내의 온도가 급격히 상승하여 화재가 **순간적**으로 **실내 전체**에 **확산**되어 연소되는 현상	

답 ④

04 소화방법 중 질식소화에 해당하지 않는 것은?

17.09.문10
14.09.문05
14.03.문03
13.06.문16
12.09.문05
12.05.문23
12.05.문18
11.10.문17
11.03.문14

① 이산화탄소소화기로 소화
② 포소화기로 소화
③ 마른모래로 소화
④ Halon-1301 소화기로 소화

해설 질식소화
(1) 이산화탄소소화기
(2) 물분무소화설비
(3) 포소화기
(4) 마른모래

④ 부촉매소화

중요

소화형태	
구 분	설 명
냉각소화	• **점화원**을 **냉각**하여 소화하는 방법 • **증발잠열**을 이용하여 열을 빼앗아 가연물의 온도를 떨어뜨려 화재를 진압하는 소화방법 • **다량**의 **물**을 뿌려 소화하는 방법 • 가연성 물질을 **발화점 이하**로 **냉각** • 주방에서 신속히 할 수 있는 방법으로, 신선한 **야채**를 넣어 **식용유**의 온도를 발화점 이하로 낮추어 소화하는 방법 (식용유화재에 신선한 야채를 넣어 소화)
질식소화	• 공기 중의 **산소농도**를 **16%(10~15%)** 이하로 희박하게 하여 소화하는 방법 • 산화제의 농도를 낮추어 연소가 지속될 수 없도록 함 • **산소공급**을 차단하는 소화방법(**공기공급**을 **차단**하여 소화하는 방법)
제거소화	**가연물**을 **제거**하여 소화하는 방법
부촉매소화 (화학소화)	• **연쇄반응**을 **차단**하여 소화하는 방법 • 화학적인 방법으로 화재억제
희석소화	기체·고체·액체에서 나오는 분해가스나 증기의 농도를 낮춰 소화하는 방법

기억법 냉점증발, 질산

답 ④

05 열에너지원 중 화학적 열에너지가 아닌 것은?

16.05.문14
16.03.문17
15.03.문04
09.05.문06
05.09.문12

① 분해열
② 용해열
③ 유도열
④ 생성열

해설 열에너지원의 종류

기계열 (기계적 열에너지)	전기열 (전기적 열에너지)	화학열 (화학적 열에너지)
• **압**축열 • **마**찰열 • **마**찰스파크(스파크열)	• **유**도열 • **유**전열 • **저**항열 • **아**크열 • **정**전기열 • **낙**뢰에 의한 열	• **연**소열 • **용**해열 • **분**해열 • **생**성열 • **자**연발화열
기억법 기압마		기억법 화연용분생자

③ 전기적 열에너지

• 기계열=기계적 점화원=기계적 열에너지
• 전기열=전기적 점화원=전기적 열에너지
• 화학열=화학적 점화원=화학적 열에너지

답 ③

06 적린의 착화온도는 약 몇 ℃인가?

14.09.문14
14.05.문04
12.03.문04
07.05.문03

① 34
② 157
③ 180
④ 260

해설

물 질	인화점	발화점
프로필렌	-107℃	497℃
에틸에터, 다이에틸에터	-45℃	180℃
가솔린(휘발유)	-43℃	300℃
이황화탄소	-30℃	100℃
아세틸렌	-18℃	335℃
아세톤	-18℃	538℃
에틸알코올	13℃	423℃
적린	-	**260**℃

기억법 적26(**적이** 육지에 있다.)

• 발화점=발화온도=착화온도=착점

답 ④

07 건축물에서 방화구획의 구획기준이 아닌 것은?

① 피난구획
② 수평구획
③ 층간구획
④ 용도구획

해설 방화구획의 종류
(1) 층단위(층간구획)
(2) 용도단위(용도구획)
(3) 면적단위(수평구획)

18. 03. 시행 / 산업(전기)

> **중요**
> **연소확대방지**를 위한 **방화구획**
> (1) 층 또는 면적별 구획
> (2) 승강기의 승강로구획
> (3) 위험용도별 구획
> (4) 방화댐퍼 설치

답 ①

08 제3종 분말소화약제의 주성분으로 옳은 것은?

19.04.문17
17.03.문14
16.03.문10
12.09.문04
11.03.문08
08.05.문18

① 탄산수소칼륨
② 탄산수소나트륨
③ 탄산수소칼륨과 요소
④ 제1인산암모늄

해설 (1) **분말소화약제**

종별	주성분	약제의 착색	적응 화재	비고
제**1**종	중탄산나트륨 ($NaHCO_3$)	백색	BC급	**식용유** 및 **지방질유**의 화재에 적합
제2종	중탄산칼륨 ($KHCO_3$)	담자색 (담회색)		-
제**3**종	제**1**인산암모늄 ($NH_4H_2PO_4$)	담홍색	ABC급	**차고·주차장**에 적합
제4종	중탄산칼륨+ 요소 ($KHCO_3$+ $(NH_2)_2CO$)	회(백)색	BC급	-

> **기억법** 1식분(일식 분식)
> 3분 차주(삼보컴퓨터 차주), 인3(인삼)

(2) **이산화탄소소화약제**

주성분	적응화재
이산화탄소(CO_2)	BC급

답 ④

09 내화구조의 지붕에 해당하지 않는 구조는?

09.03.문16
06.05.문12
03.08.문07

① 철근콘크리트조
② 철골철근콘크리트조
③ 철재로 보강된 유리블록
④ 무근콘크리트조

해설 내화구조의 **지붕**
(1) **철근**콘크리트조 또는 **철골철근**콘크리트조
(2) 철재로 보강된 **콘크리트블록조·벽돌조** 또는 **석조**
(3) 철재로 보강된 **유리블록** 또는 **망입유리**로 된 것

> **중요**
> 피난·방화구조 3조
> 내화구조의 기준
>
> | 내화구분 | 기 준 |
> |---|---|
> | 벽·바닥 | 철골철근콘크리트조로서 두께 **10cm** 이상인 것 |

기둥	철골을 두께 **5cm** 이상의 콘크리트로 덮은 것
보	두께 **5cm** 이상의 콘크리트로 덮은 것

답 ④

10 물의 비열과 증발잠열을 이용한 소화효과는?

17.09.문10
16.10.문03
14.09.문05
14.03.문03
13.06.문16
09.03.문18

① 희석효과
② 억제효과
③ 냉각효과
④ 질식효과

해설 소화형태

구 분	설 명
냉각소화	① 물의 비열과 증발잠열을 이용한 소화효과 ② **점화원**을 냉각하여 소화하는 방법 ③ **증발잠열**을 이용하여 열을 빼앗아 가연물의 온도를 떨어뜨려 화재를 진압하는 소화방법 ④ **다량**의 **물**을 뿌려 소화하는 방법 ⑤ 가연성 물질을 **발화점** 이하로 **냉각** **기억법** 냉점증발 ⑥ 주방에서 신속히 할 수 있는 방법으로, 신선한 **야채**를 넣어 **식용유**의 온도를 발화점 이하로 낮추어 소화하는 방법(**식용유 화재**에 신선한 **야채**를 넣어 소화) **기억법** 야식냉(야식이 차다.)
질식소화	① 공기 중의 **산소농도**를 16%(10~15%) 이하로 희박하게 하여 소화하는 방법 ② 산화제의 농도를 낮추어 연소가 지속될 수 없도록 함 ③ 산소공급을 차단하는 소화방법(**공기공급**을 **차단**하여 소화하는 방법) **기억법** 질산
제거소화	**가연물**을 **제거**하여 소화하는 방법
부촉매소화 (화학소화)	① **연쇄반응**을 **차단**하여 소화하는 방법 ② 화학적인 방법으로 화재 억제
희석소화	기체·고체·액체에서 나오는 분해가스나 증기의 농도를 낮춰 소화하는 방법

③ **냉각효과**(냉각소화) : **물**의 **증발잠열** 이용

답 ③

11 메탄가스 1mol을 완전연소시키기 위해서 필요한 이론적 최소산소요구량은 몇 mol인가?

15.05.문07
11.06.문09

① 1
② 2
③ 3
④ 4

해설 **메탄**의 연소반응식

메탄   산소   이산화탄소   물
$CH_4 + 2O_2 \rightarrow CO_2 + 2H_2O$

① CH_4 + ② O_2 → CO_2 + $2H_2O$
↑   ↑
1mol   2mol

② 메탄 1mol이 완전연소하는 데 필요한 **산소**는 2mol이다.

답 ②

12 가연물이 되기 위한 조건이 아닌 것은?

① 산화되기 쉬울 것
② 산소와의 친화력이 클 것
③ 활성화에너지가 클 것
④ 열전도도가 작을 것

해설 가연물이 연소하기 쉬운 조건(가연물이 되기 위한 조건)
(1) 산소와 친화력이 클 것(산화되기 쉬울 것)
(2) 발열량이 클 것(연소열이 많을 것)
(3) 표면적이 넓을 것(공기와 접촉면이 클 것)
(4) 열전도율이 작을 것(열전도도가 작을 것)
(5) 활성화에너지가 작을 것
(6) 연쇄반응을 일으킬 수 있을 것

③ 클 것 → 작을 것

용어
활성화에너지
가연물이 처음 연소하는 데 필요한 열

답 ③

13 조리를 하던 중 식용유화재가 발생하면 신선한 야채를 넣어 소화할 수 있다. 이때의 소화방법에 해당하는 것은?

① 희석소화
② 냉각소화
③ 부촉매소화
④ 질식소화

해설 **냉각소화**
주방에서 신속히 할 수 있는 방법으로, 신선한 **야채**를 넣어 **식용유**의 온도를 발화점 이하로 낮추어 소화하는 방법

기억법 야식냉(야식이 **차**다.)

중요

소화형태

구분	설명
냉각소화	• **점화원**을 냉각하여 소화하는 방법 • **증**발잠열을 이용하여 열을 빼앗아 가연물의 온도를 떨어뜨려 화재를 진압하는 소화방법 • 다량의 **물**을 뿌려 소화하는 방법 • 가연성 물질을 **발**화점 이하로 냉각 • 식용유화재에 신선한 **야**채를 넣어 소화

기억법 냉점증발

질식소화	• 공기 중의 **산**소농도를 16%(10~15%) 이하로 희박하게 하여 소화하는 방법 • 산화제의 농도를 낮추어 연소가 지속될 수 없도록 함 • 산소공급을 차단하는 소화방법 **기억법** 질산
제거소화	가연물을 **제거**하여 소화하는 방법
부촉매소화 (화학소화)	• **연쇄반응**을 차단하여 소화하는 방법 • 화학적인 방법으로 화재 억제
희석소화	기체・고체・액체에서 나오는 분해가스나 증기의 농도를 낮춰 소화하는 방법

답 ②

14 25°C에서 증기압이 100mmHg이고 증기밀도(비중)가 2인 인화성 액체의 증기-공기밀도는 약 얼마인가? (단, 전압은 760mmHg으로 한다.)

① 1.13
② 2.13
③ 3.13
④ 4.13

해설 증기-공기밀도

$$증기-공기밀도 = \frac{P_2 d}{P_1} + \frac{P_1 - P_2}{P_1}$$

여기서, P_1 : 대기압(전압)[mmHg]
P_2 : 주변온도에서의 증기압[mmHg]
d : 증기밀도

증기-공기밀도
$= \frac{P_2 d}{P_1} + \frac{P_1 - P_2}{P_1}$
$= \frac{100\text{mmHg} \times 2}{760\text{mmHg}} + \frac{760\text{mmHg} - 100\text{mmHg}}{760\text{mmHg}} ≒ 1.13$

답 ①

15 전기부도체이며 소화 후 장비의 오손 우려가 낮기 때문에 전기실이나 통신실 등의 소화설비로 적합한 것은?

① 스프링클러소화설비
② 옥내소화전설비
③ 포소화설비
④ 이산화탄소소화설비

해설 **이산화탄소・할로겐화합물소화기**(소화설비) **적응대상**
(1) 주차장
(2) 전기실
(3) 통신기기실(통신실)
(4) 박물관
(5) 석탄창고
(6) 면화류창고

• CO_2소화설비 = 이산화탄소소화설비

답 ④

16 목조건축물의 온도와 시간에 따른 화재특성으로 옳은 것은?

① 저온단기형
② 저온장기형
③ 고온단기형
④ 고온장기형

해설

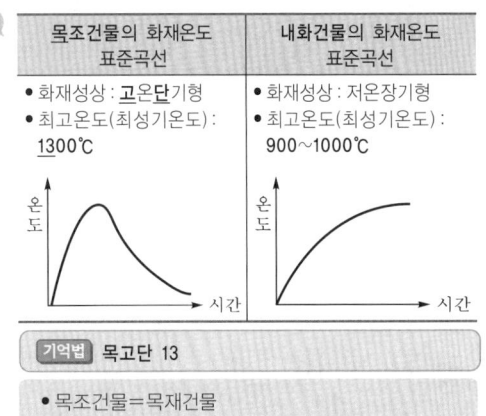

목조건물의 화재온도 표준곡선	내화건물의 화재온도 표준곡선
• 화재성상 : **고온단**기형 • 최고온도(최성기온도) : 1300℃	• 화재성상 : 저온장기형 • 최고온도(최성기온도) : 900~1000℃

기억법 목고단 13

• 목조건물=목재건물

답 ③

17 할로겐화합물 및 불활성기체 소화약제 중 최대 허용설계농도가 가장 낮은 것은?

① FC-3-1-10
② FIC-13I1
③ FK-5-1-12
④ IG-541

해설 할로겐화합물 및 불활성기체 소화약제 최대허용설계농도
(NFTC 107A 2.4.2)

소화약제	최대허용설계농도〔%〕
FIC-13I1	0.3
HCFC-124	1.0
FK-5-1-12	10
HCFC BLEND A	
HFC-227ea	10.5
HFC-125	11.5
HFC-236fa	12.5
HFC-23	30
FC-3-1-10	40
IG-01	43
IG-100	
IG-541	
IG-55	

답 ②

18 플래시오버(flashover)의 지연대책으로 틀린 것은?

① 두께가 얇은 가연성 내장재료를 사용한다.
② 열전도율이 큰 내장재료를 사용한다.
③ 주요구조부를 내화구조로 하고 개구부를 적게 설치한다.
④ 실내에 저장하는 가연물의 양을 줄인다.

해설 플래시오버(flashover)의 지연대책
(1) **두께가 두꺼운** 가연성 내장재료 사용
(2) **열전도율이 큰** 내장재료 사용
(3) 주요구조부를 **내화구조**로 하고 개구부를 **적게** 설치
(4) 실내에 저장하는 **가연물의 양을 줄임**

중요

플래시오버(flashover)에 **영향**을 미치는 것
(1) 개구율(벽면적에 대한 개구부면적의 비)
(2) 내장재료(내장재료의 제성상)
(3) 화원의 크기
※ 화원(source of fire) : 불이 난 근원

답 ①

19 미분무소화설비의 소화효과 중 틀린 것은?

① 질식
② 부촉매
③ 냉각
④ 유화

해설 소화약제의 소화작용

소화약제	소화작용	주된 소화작용
물(스프링클러)	• 냉각작용 • 희석작용	냉각작용 (냉각소화)
물(무상), 미분무	• **냉**각작용(증발잠열 이용) • **질**식작용 • **유**화작용(에멀션효과) • **희**석작용 기억법 물냉질유희	
포	• 냉각작용 • 질식작용	질식작용 (질식소화)
분말	• 질식작용 • 부촉매작용(억제작용) • 방사열 차단작용	
이산화탄소	• 냉각작용 • 질식작용 • 피복작용	
할론	• 질식작용 • 부촉매작용(억제작용)	부촉매작용 (연쇄반응 차단소화)

- CO_2 소화기 = 이산화탄소소화기

중요

부촉매효과
(1) 분말소화약제
(2) 할론소화약제
(3) 할로겐화합물소화약제

답 ②

20 자연발화성 물질은?

19.09.문60
15.09.문19
15.03.문46
14.05.문59
13.03.문59
10.09.문10

① 황린
② 나트륨
③ 칼륨
④ 황

해설 위험물령〔별표 1〕
위험물

유별	성질	품명
제1류	**산**화성 **고**체	• 아염소산염류(아염소산나트륨) • 염소산염류 • 과염소산염류 • 질산염류(질산칼륨) • 무기과산화물(과산화바륨) [기억법] **1산고(일산GO)**
제2류	가연성 고체	• **황**화인 • **적**린 • **황** • **마**그네슘 [기억법] **2황화적황마**
제3류	자연발화성 물질 금수성 물질	**황**린 • **칼**륨 • **나**트륨 • **알**킬알루미늄 • 트리에틸알루미늄 [기억법] **황칼나알**
제4류	인화성 액체	• 특수인화물 • 석유류(벤젠) • 알코올류 • 동식물유류
제5류	자기반응성 물질	• 질산에스터류(셀룰로이드) • 유기과산화물 • 나이트로화합물 • 나이트로소화합물 • 아조화합물 • 나이트로글리세린
제6류	산화성 액체	• 과염소산 • 과산화수소 • 질산

②, ③ 금수성 물질
④ 가연성 고체

답 ①

제2과목 소방전기일반

21
분전반에서 25m의 거리에 교류 단상 100V, 20A 전열기를 설치하였다. 전압강하를 2V 이하로 하기 위한 전선의 최소굵기는 몇 mm^2인가?

① 4.5
② 7.7
③ 8.9
④ 10.1

해설 전선의 단면적 계산

전기방식	전선단면적
단상 2선식 →	$A = \dfrac{35.6LI}{1000e}$
3상 3선식	$A = \dfrac{30.8LI}{1000e}$

여기서, L : 선로길이[m]
I : 전부하전류(정격전류)[A]
e : 각 선간의 전압강하[V]
A : 전선의 단면적(전선의 굵기)[mm^2]

• 소방펌프 · 제연팬 : **3상 3선식**, 기타 : **단상 2선식**

전선의 굵기 A는
$$A = \frac{35.6LI}{1000e} = \frac{35.6 \times 25 \times 20}{1000 \times 2} ≒ 8.9mm^2$$

답 ③

22 직선전류에 의해서 그 주위에 생기는 환상의 자계방향은?

16.05.문32
15.05.문35
14.03.문22
03.05.문33

① 전류의 반대방향
② 전류의 방향
③ 오른나사의 진행방향
④ 오른나사의 회전방향

해설 **앙페르의 오른나사법칙**
전류에 의한 **자**기장(자계)의 방향을 결정하는 법칙

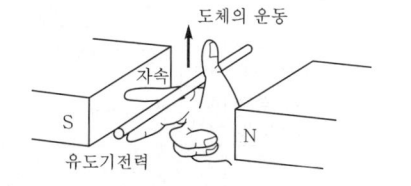

[기억법] **앙전자(양전자), 회자, 진전**

비교

(1) 플레밍의 **오른손법칙**(Fleming's right-hand rule)
도체운동에 의한 유도기전력의 방향을 결정하는 법칙

∥플레밍의 오른손법칙∥

(2) 플레밍의 왼손법칙(Fleming's left-hand rule)
전자력의 방향을 결정하는 법칙

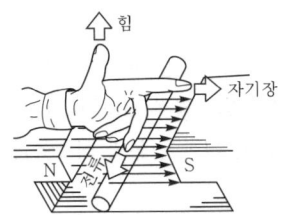

플레밍의 오른손법칙	플레밍의 왼손법칙
발전기	전동기
기억법 오발(오발탄)	기억법 왼전(운전)

답 ④

23
자동제어에서 ON-OFF 제어방식으로 미리 정해 놓은 순서에 따라 각 단계가 순차적으로 진행되는 제어방식은?

① 프로세스제어
② 서보제어
③ 프로그램제어
④ 시퀀스제어

해설 시퀀스제어(sequence control)
미리 정해진 순서에 따라 각 단계가 순차적으로 진행되는 제어 예 무인커피판매기

참고
시퀀스제어의 특징
(1) **원인**과 **결과**가 확실한 제어
(2) 미리 정해진 **순서**에 따라 제어
(3) **제어결과**에 따라 조작이 **자동적**

중요
사용되는 제어방식

제 어	제어 예
추종제어 (follow-up control)	대공포의 포신
프로세스제어 (공정제어, process control)	• 석유**공**업 • 화학공업 기억법 프스공
프로그램제어 (program control)	• 무인 조정되는 소방용 승강기 • 열차의 무인운전 • 엘리베이터
정치제어 (fixed value control)	• 연속식 압연기 • 항온조의 온도제어
시퀀스제어 (sequence control)	무인커피판매기
피드백제어 (feedback control)	전기다리미

답 ④

24
$R-L-C$ 직렬회로에서 C 및 L의 값은 고정시켜 놓고 저항 R의 값을 변화시킬 때 옳은 것은?

① 공진주파수가 작아짐
② 공진주파수는 변하지 않음
③ 공진주파수가 약간 커짐
④ 공진주파수가 매우 커짐

해설 LC 직렬공진조건
$X_L = X_C$
$2\pi fL = \dfrac{1}{2\pi fC}$
$f^2 = \dfrac{1}{(2\pi)^2 LC}$

$$f = \dfrac{1}{2\pi\sqrt{LC}}$$

여기서, f : 공진주파수[Hz]
L : 인덕턴스[H]
C : 커패시턴스[F]

• 커패시턴스 = 정전용량

② 저항 R과는 무관하므로 공진주파수는 변하지 않음

답 ②

25
전류가 22A로서 2.6kW의 전력을 소비하는 직류부하의 저항은 약 몇 Ω인가?

① 3.27
② 5.37
③ 7.27
④ 9.37

해설 전력
$$P = \dfrac{V^2}{R} = I^2 R$$

여기서, P : 전력[W]
V : 전압[V]
R : 저항[Ω]
I : 전류[A]

저항 R은
$R = \dfrac{P}{I^2} = \dfrac{(2.6 \times 10^3)}{22^2} ≒ 5.37 \, \Omega$

답 ②

26
어느 전동기가 회전하고 있을 때 전압 및 전류의 실효값이 각각 50V, 3A이고 역률이 0.6이라면 무효전력은 몇 Var인가?

① 18
② 90
③ 120
④ 210

해설 (1) 무효율

$$\sin\theta = \sqrt{1-\cos\theta^2}$$

여기서, $\sin\theta$: 무효율
$\cos\theta$: 역률
무효율 $\sin\theta$ 는
$\sin\theta = \sqrt{1-\cos\theta^2} = \sqrt{1-0.6^2} = 0.8$

(2) 무효전력

$$P_r = VI\sin\theta = I^2 X$$

여기서, P_r : 무효전력[Var]
V : 전압[V]
I : 전류[A]
θ : 이루는 각[rad]
X : 리액턴스[Ω]
무효전력 P_r 는
$P_r = VI\sin\theta = 50 \times 3 \times 0.8 = 120\text{Var}$

답 ③

27 다음 그림과 같은 유접점회로의 논리식은?

17.09.문35
15.09.문31
11.06.문40
04.03.문40
01.09.문38

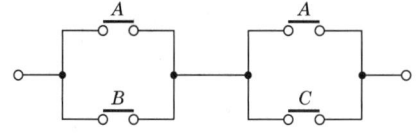

① $A+BC$ ② $B+AC$
③ $AB+B$ ④ $AB+BC$

해설 $(A+B) \cdot (A+C) = \underline{AA} + AC + AB + BC$
　　　　　　　　　　　　$X \cdot X = X$
$= A + AC + AB + BC$
$= A\underline{(1+C+B)} + BC$
　　　　　$X+1=1$
$= \underline{A \cdot 1} + BC$
　$X \cdot 1 = X$
$= A + BC$

※ 논리식 산정시 **직렬**은 "·또는 **생략**", **병렬**은 "+"로 표시하는 것을 기억하라.

 중요

(1) 불대수의 정리

논리합	논리곱	비고
$X+0=X$	$X \cdot 0 = 0$	-
$X+1=1$	$X \cdot 1 = X$	-
$X+X=X$	$X \cdot X = X$	-
$X+\overline{X}=1$	$X \cdot \overline{X}=0$	-
$X+Y=Y+X$	$X \cdot Y = Y \cdot X$	교환법칙
$X+(Y+Z)$ $=(X+Y)+Z$	$X(YZ)=(XY)Z$	결합법칙
$X(Y+Z)$ $=XY+XZ$	$(X+Y)(Z+W)$ $=XZ+XW+YZ+YW$	분배법칙
$X+XY=X$	$\overline{X}+XY=\overline{X}+Y$ $X+\overline{X}Y=X+Y$ $X+\overline{X}\overline{Y}=X+\overline{Y}$	흡수법칙
$\overline{(X+Y)}$ $=\overline{X}\cdot\overline{Y}$	$\overline{(X\cdot Y)}=\overline{X}+\overline{Y}$	드모르간의 정리

(2) 무접점 논리회로

시퀀스	논리식	논리회로
직렬회로	$Z=A \cdot B$ $Z=AB$	
병렬회로	$Z=A+B$	
a접점	$Z=A$	
b접점	$Z=\overline{A}$	

답 ①

28 그림과 같은 블록선도에서 $C(s)$는?

10.09.문38

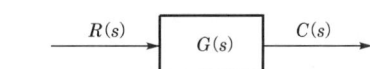

① $\dfrac{R(s)}{G(s)}$ ② $\dfrac{G(s)}{R(s)}$
③ $G(s)$ ④ $G(s)R(s)$

해설 블록선도
$C(s) = G(s)R(s)$

용어
블록선도
제어계에서 **신호전송상태**를 나타내는 계통도

답 ④

29 두 코일이 결합계수 0.3으로 인접해 있다. 코일 1의 자기인덕턴스가 10μH이고, 코일 2의 자기인덕턴스가 5μH일 때 이 코일의 상호인덕턴스는 약 몇 μH인가?

17.09.문26
17.05.문34
13.09.문29

① 0.04 ② 2.12
③ 3.12 ④ 5

해설 (1) 기호
- $L_1 : 10\mu H$
- $L_2 : 5\mu H$
- $k : 0.3$
- $M : ?$

(2) 상호인덕턴스(mutual inductance)

$$M = k\sqrt{L_1 L_2}$$

여기서, M : 상호인덕턴스[μH]
k : 결합계수
L_1, L_2 : 자기인덕턴스[μH]

- 상호인덕턴스=상호유도계수

상호인덕턴스 M은
$M = k\sqrt{L_1 L_2} = 0.3\sqrt{10 \times 5} ≒ 2.12\mu H$

중요 **결합계수**

$k=0$	$k=1$
두 코일 직교시	이상결합·완전결합시

답 ②

30 전기식 온도계의 종류로 옳은 것은?

17.05.문31
① 유리온도계 ② 바이메탈온도계
③ 압력식 온도계 ④ 열전대온도계

해설
열팽창식 온도계	전기식 온도계
• **유**리온도계 • **압**력식 온도계 • **바**이메탈온도계 • 알코올온도계 • 수은온도계	열전대온도계

기억법 유압바

중요 **전기식 온도계**(전기저항온도계)
(1) 전기적 성질을 이용한 온도계
(2) 금속의 저항이 온도에 따라 변하는 원리를 이용한 것
(3) 온도에 따른 저항변화가 큰 **백금·니켈·동** 등을 사용
(4) 정밀도가 매우 높음

답 ④

31 다음 그림과 같은 브리지회로에서 흐르는 전류는 몇 A인가?

14.05.문30
14.03.문28
12.03.문33
08.09.문22

① 3
② 4
③ 4.5
④ 5

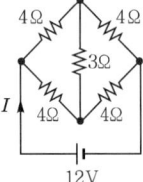

해설 (1) **휘트스톤브리지**(Wheatstone bridge)의 원리에 의해 3Ω에는 전류가 흐르지 않으므로 등가회로로 나타내면 다음과 같다.

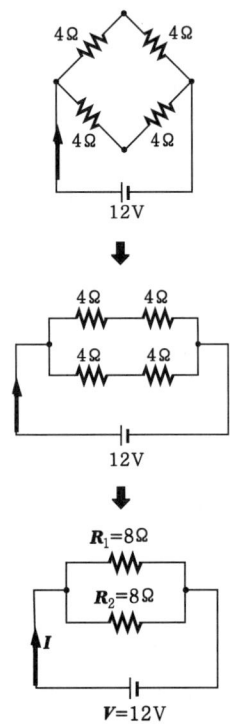

합성저항 R은
$R = \dfrac{R_1 \times R_2}{R_1 + R_2} = \dfrac{8 \times 8}{8+8} = 4\Omega$

(2) 전류

$$I = \dfrac{V}{R}$$

여기서, I : 전류[A]
V : 전압[V]
R : 저항[Ω]

전류 I는
$I = \dfrac{V}{R} = \dfrac{12}{4} = 3A$

중요 **휘트스톤브리지**
(1) $I_1 P = I_2 Q$
(2) $I_1 X = I_2 R$
∴ $PR = QX$ (마주 보는 변의 곱은 서로 같다.)

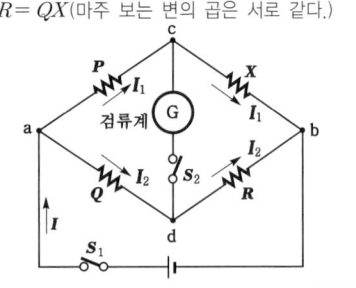

답 ①

32

60Hz, 120V 정격의 단상유도전동기가 있다. 이 전동기의 출력은 5HP, 효율은 88%, 역률이 60%라면 이 역률을 100%로 개선하기 위한 병렬콘덴서의 용량은 약 몇 kVA인가?

① 3.6　② 4.7
③ 5.7　④ 6.1

해설 병렬콘덴서의 용량 Q_c는

$$Q_c = P\left(\frac{\sqrt{1-\cos\theta_1^2}}{\cos\theta_1} - \frac{\sqrt{1-\cos\theta_2^2}}{\cos\theta_2}\right)$$

여기서, Q_c : 콘덴서의 용량[kVA]
P : 유효전력[kW]
$\cos\theta_1$: 개선 전 역률
$\cos\theta_2$: 개선 후 역률

1HP=0.746kW이므로 5HP=3.73kW

1HP : 0.746kW=5HP : x
$1x = 0.746 \times 5$
$x = 3.73$kW

$$Q_c = P\left(\frac{\sqrt{1-0.6^2}}{0.6} - \frac{\sqrt{1-1^2}}{1}\right)$$
$$= 3.73\left(\frac{0.8}{0.6} - \frac{0}{1}\right) \fallingdotseq 4.97\text{kVA}$$

- 4.97kVA보다 큰 값은 지문에서 5.7kVA가 있으므로 5.7kVA 선정(답이 없는 것이 아니다. 거듭 주의! 답이 안 보일 때에는 구한 답보다 큰 값을 선정하면 된다.)
- 1HP=0.746kW
- 1PS=0.735kW

답 ③

33

적산전력계의 시험방법이 아닌 것은?

① 무부하시험　② 기동전류시험
③ 잠동(크리핑)시험　④ 오차시험

해설 적산전력계의 시험
(1) **잠**동(creeping)시험
(2) **오**차시험
(3) **시**동(기동)전류시험
(4) **계**량장치시험

기억법 잠오시계

답 ①

34

비상축전지의 정격용량이 50Ah, 상시부하는 2kW, 표준전압이 100V인 부동충전방식의 충전기의 2차 전류(충전전류)는 몇 A인가? (단, 상용전원 정전시의 비상부하용량은 1kW이다.)

① 5　② 15
③ 25　④ 35

해설
2차 충전전류 = 축전지의 정격용량/축전지의 공칭용량 + 상시부하/표준전압
$$= \frac{50}{10} + \frac{2000}{100} = 25\text{A} \text{ 또는}$$
$$= \frac{50}{5} + \frac{2000}{100} = 30\text{A}$$

∴ 답란에 25A만 있으므로 25A가 정답

- 이 문제에서는 알칼리축전지인지, 연축전지인지 알 수 없으므로 25A 또는 30A가 정답이다.

비교

2차 출력 = 표준전압 × 2차 충전전류

중요

공칭용량

알칼리축전지	연축전지
5Ah	10Ah

답 ③

35

제어장치가 제어대상에 가하는 제어신호로 제어장치의 출력인 동시에 제어대상의 입력인 신호는?

① 조작량　② 제어량
③ 목표값　④ 동작신호

해설 피드백제어의 용어

용어	설 명
제어량 (controlled value)	제어대상에 속하는 양으로, 제어대상을 제어하는 것을 목적으로 하는 물리적인 양이다.
조작량 (manipulated value)	• **제**어장치의 **출**력인 동시에 제어**대**상의 입력으로 제어장치가 제어대상에 가해지는 제어신호이다. • 제어요소가 제어대상에게 주는 것이다. **기억법** 조출동, 조요대(조용하대.)
제어요소 (control element)	동작신호를 조작량으로 변환하는 요소이고, **조절부**와 **조작부**로 이루어진다.
제어장치 (control device)	제어를 하기 위해 제어대상에 부착되는 장치이고, **조절부, 설정부, 검출부** 등이 이에 해당된다.
오차검출기	제어량을 설정값과 비교하여 오차를 계산하는 장치이다.

답 ①

36

전기회로의 전압 E, 전류 I일 때 $P_a = \overline{E}I = P + jP_r$에서 무효전력 $P_r < 0$이다. 이 회로는 어떤 부하인가?

① 유도성　② 용량성
③ 저항성　④ 공진성

해설 유도성 회로와 용량성 회로

$P_a = \overline{E}I = P + jP_r$	$P_a = E\overline{I} = P - jP_r$
• $P_r < 0$: 유도성 회로	• $P_r > 0$: 유도성 회로
• $P_r > 0$: 용량성 회로	• $P_r < 0$: 용량성 회로

답 ①

37. 전계효과 트랜지스터(FET)의 특징이 아닌 것은?

① 동작은 다수 캐리어만의 이동에 의존한다.
② 제조과정이 간단하여 회로에서 차지하는 공간이 작다.
③ 입력저항이 대단히 적어 다른 트랜지스터보다 잡음이 적다.
④ 집적도가 높다.

해설 FET(전계효과 트랜지스터)의 특성
(1) **집**적도가 **높**다.
(2) **입**력저항이 매우 **크**다.
(3) 이득대역폭이 작다.
(4) 소비전력이 작다.
(5) 동작속도가 느리다.
(6) 소자특성이 단극성 소자이다.
(7) 동작은 다수 캐리어만의 이동에 의존한다.
(8) 제조과정이 간단하여 회로에서 차지하는 공간이 작다.

기억법 전집 높입크

③ 입력저항이 대단히 크다.

비교
MOSFET(금속산화막 반도체 전계효과 트랜지스터)의 특성
(1) 산화절연막을 가지고 있어서 **큰 입력저항**으로 게이트전류가 거의 흐르지 않는다.
(2) **2차 항복**이 없다.
(3) **안정적**이다.
(4) 열폭주현상을 보이지 않는다.
(5) **소전력**으로 작동한다.

답 ③

38. 단상변압기 권수비 $a=8$이고, 1차 교류전압은 220V이다. 변압기 2차 전압을 단상반파 정류회로를 이용하여 정류했을 때 발생하는 직류전압의 평균치는 약 몇 V인가?

① 11.38   ② 12.38
③ 13.38   ④ 13.75

해설 (1) 권수비

$$a = \frac{N_1}{N_2} = \frac{V_1}{V_2} = \frac{I_2}{I_1} = \sqrt{\frac{R_1}{R_2}}$$

여기서, a : 권수비, N_1 : 1차 코일권수
N_2 : 2차 코일권수, V_1 : 1차 교류전압[V]
V_2 : 2차 교류전압[V], I_1 : 1차 전류[A]
I_2 : 2차 전류[A], R_1 : 1차 저항[Ω]
R_2 : 2차 저항[Ω]

$$a = \frac{V_1}{V_2}$$

2차 교류전압 V_2는

$$V_2 = \frac{V_1}{a} = \frac{220}{8} = 27.5V$$

(2) 단상반파 정류회로

$$E_{av} = 0.45E$$

여기서, E_{av} : 직류 평균전압[V]
E : 교류 실효값[V]
$E_{av} = 0.45E = 0.45 \times 27.5 ≒ 12.38V$

• 2차 교류전압(V_2)=교류 실효값(E)

비교
단상전파 정류회로

$$E_{av} = 0.9E$$

여기서, E_{av} : 직류 평균전압[V]
E : 교류 실효값[V]

답 ②

39. 비정현파에 대한 설명으로 옳은 것은?

① 비정현파=직류분+기본파+고조파
② 비정현파=교류분+기본파+고조파
③ 비정현파=직류분+고조파-기본파
④ 비정현파=교류분+고조파-기본파

해설 비정현파의 구성요소
비정현파=직류분+기본파+고조파

• 비정현파=비사인파

용어
고조파
기본파보다 높은 주파수

답 ①

40. 내부저항 0.2Ω인 건전지 5개를 직렬로 접속하고, 이것을 한 조로 하여 5조 병렬로 접속하면 합성 내부저항은 몇 Ω인가?

① 0.1   ② 0.2
③ 1   ④ 2

해설 전체저항

직렬접속	병렬접속
$R_0 = nR$	$R_0 = \dfrac{R}{n}$
여기서, R_0 : 전체저항[Ω] n : 전지개수 R : 전지 1개의 저항	여기서, R_0 : 전체저항[Ω] n : 전지개수 R : 전지 1개의 저항

직렬접속시의 전체저항 R_0는
$$R_0 = nR = 5 \times 0.2 = 1\Omega$$

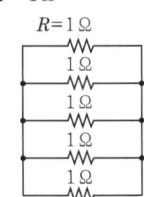

병렬접속시의 전체저항 R_0는
$$R_0 = \frac{R}{n} = \frac{1}{5} = 0.2\Omega$$

비교

전전압(전체전압)

직렬접속	병렬접속
$V_0 = nV$	$V_0 = V$
여기서, V_0 : 전전압[V] n : 전지개수 V : 전지 1개의 전압[V]	여기서, V_0 : 전전압[V] V : 전지 1개의 전압[V]

답 ②

제3과목 소방관계법규

41 제조소 또는 일반취급소에서 변경허가를 받아야 하는 경우가 아닌 것은?
07.05.문60
① 배출설비를 신설하는 경우
② 불활성기체의 봉입장치를 신설하는 경우
③ 위험물의 펌프설비를 증설하는 경우
④ 위험물취급탱크의 탱크전용실을 증설하는 경우

해설 위험물규칙 〔별표 1의 2〕
위험물제조소의 변경허가를 받아야 하는 경우
(1) 제조소의 위치를 이전하는 경우
(2) **배출**설비를 신설하는 경우
(3) 위험물취급탱크의 **탱크전용실**을 증설하는 경우
(4) 위험물취급탱크의 **방유제**의 **높이** 또는 방유제 내의 **면적**을 변경하는 경우
(5) **불활성기체**의 봉입장치를 신설하는 경우
(6) 300m(지상에 설치하지 아니하는 배관의 경우는 30m)를 초과하는 **위험물배관**을 **신설·교체·철거** 또는 보수하는 경우

기억법 배불탱방

답 ③

42 소방시설공사업법령상 완공검사를 위한 현장 확인
19.09.문03 대상 특정소방대상물의 범위기준으로 틀린 것은?
17.09.문58
16.10.문55 ① 운동시설
② 호스릴 이산화탄소소화설비가 설치되는 것

③ 연면적 10000m² 이상이거나 11층 이상인 특정소방대상물(아파트는 제외)
④ 가연성 가스를 제조·저장 또는 취급하는 시설 중 지상에 노출된 가연성 가스탱크의 저장용량 합계가 1000톤 이상인 시설

해설 ② 호스릴 → 호스릴 제외

공사업령 5조
완공검사를 위한 현장확인 대상 특정소방대상물의 범위
(1) **수**련시설
(2) **노**유자시설
(3) **문**화 및 집회시설, **운**동시설
(4) **종**교시설
(5) **판**매시설
(6) **숙**박시설
(7) **창**고시설
(8) 지하**상**가
(9) 다중이용업소
(10) 다음에 해당하는 설비가 설치되는 특정소방대상물
 ㉠ **스**프링클러설비 등
 ㉡ **물**분무등소화설비(호스릴방식 제외)
(11) 연면적 **10000m²** 이상이거나 **11층** 이상인 특정소방대상물(아파트 제외)
(12) 가연성 가스를 제조·저장 또는 취급하는 시설 중 지상에 노출된 가연성 가스탱크의 저장용량 합계가 **1000t** 이상인 시설

기억법 문종판 노수운 숙창상현

중요

물분무등소화설비
(1) **분**말소화설비
(2) **포**소화설비
(3) **할**론소화설비
(4) **이**산화탄소 소화설비
(5) 할로겐화합물 및 불활성기체 소화설비
(6) **강**화액소화설비
(7) **미**분무소화설비
(8) 물분무소화설비
(9) **고**체에어로졸 소화설비

기억법 분포할이할강미고

답 ②

43 대통령령 또는 화재안전기준이 변경되어 그 기준이 강화되는 경우 기존의 특정소방대상물의 소방시설 중 대통령령으로 정하는 것으로 변경으로 강화된 기준을 적용하여야 하는 소방시설은? (단, 건축물의 신축·개축·재축·이전 및 대수선 중인 특정소방대상물을 포함한다.)
① 비상경보설비
② 화재조기진압용 스프링클러설비
③ 옥내소화전설비
④ 제연설비

18. 03. 시행 / 산업(전기)

해설 소방시설법 13조, 소방시설법 시행령 13조
변경강화기준 적용설비
(1) 소화기구
(2) 비상경보설비
(3) 자동화재탐지설비
(4) 자동화재속보설비
(5) 피난구조설비
(6) 소방시설(**공동구** 설치용, 전력 및 통신사업용 지하구)
(7) **노유자시설, 의료시설**

공동구, 전력 및 통신사업용 지하구	노유자시설에 설치하여야 하는 소방시설	의료시설에 설치하여야 하는 소방시설
① 소화기 ② 자동소화장치 ③ 자동화재탐지설비 ④ 통합감시시설 ⑤ 유도등 및 연소방지설비	① 간이스프링클러설비 ② 자동화재탐지설비 ③ 단독경보형 감지기	① 스프링클러설비 ② 간이스프링클러설비 ③ 자동화재탐지설비 ④ 자동화재속보설비

답 ①

44 ★★
소방시설 설치 및 관리에 관한 법령상 스프링클러설비를 설치하여야 하는 특정소방대상물의 기준으로 틀린 것은? (단, 위험물 저장 및 처리 시설 중 가스시설 또는 지하구를 제외한다.)

15.03.문41
05.09.문52

① 물류터미널로서 바닥면적 합계가 2000m² 이상인 경우에는 모든 층
② 숙박이 가능한 수련시설에 해당하는 용도로 사용되는 시설의 바닥면적의 합계가 600m² 이상인 것은 모든 층
③ 종교시설(주요구조부가 목조인 것은 제외)로서 수용인원이 100명 이상인 것에 해당하는 경우에는 모든 층
④ 지하상가로서 연면적 1000m² 이상인 것

해설
 ① 2000m² → 5000m²

소방시설법 시행령 〔별표 4〕
스프링클러설비의 설치대상

설치대상	조건
① 문화 및 집회시설, 운동시설 ② 종교시설(주요구조부가 목조인 것은 제외)	• 수용인원 : 100명 이상 • 영화상영관 : 지하층·무창층 500m²(기타 1000m²) 이상 • 무대부 - 지하층·무창층·4층 이상 : 300m² 이상 - 1~3층 : 500m² 이상
③ 판매시설 ④ 운수시설 ⑤ 물류터미널	• 수용인원 : 500명 이상 • 바닥면적 합계 5000m² 이상

⑥ 창고시설(물류터미널 제외)	바닥면적 합계 5000m² 이상 : 전층
⑦ 노유자시설 ⑧ 정신의료기관 ⑨ 수련시설(숙박 가능한 것) ⑩ 종합병원, 병원, 치과병원, 한방병원 및 요양병원(정신병원 제외) ⑪ 숙박시설	바닥면적 합계 600m² 이상
⑫ 지하상가	연면적 1000m² 이상
⑬ 지하층·무창층·4층 이상	바닥면적 1000m² 이상
⑭ 10m 넘는 랙식 창고	연면적 1500m² 이상
⑮ 복합건축물 ⑯ 기숙사	연면적 5000m² 이상 : 전층
⑰ 6층 이상	전층
⑱ 보일러실·연결통로	전부
⑲ 특수가연물 저장·취급	지정수량 1000배 이상
⑳ 발전시설	전기저장시설 : 전부

답 ①

45 ★★★
특정소방대상물의 자동화재탐지설비 설치면제기준 중 다음 ( ) 안에 알맞은 것은? (단, 자동화재탐지설비의 기능은 감지·수신·경보기능을 말한다.)

17.09.문51
14.09.문59

> 자동화재탐지설비의 기능과 성능을 가진 ( ) 또는 물분무등소화설비를 화재안전기준에 적합하게 설치한 경우에는 그 설비의 유효범위에서 설치가 면제된다.

① 비상경보설비   ② 연소방지설비
③ 연결살수설비   ④ 스프링클러설비

해설 소방시설법 시행령 〔별표 5〕
소방시설 면제기준

면제대상	대체설비
스프링클러설비	물분무등소화설비
물분무등소화설비	스프링클러설비
간이스프링클러설비	• 스프링클러설비 • 물분무소화설비·미분무소화설비
비상경보설비 또는 단독경보형 감지기	자동화재탐지설비
비상경보설비	2개 이상 단독경보형 감지기 연동
비상방송설비	• 자동화재탐지설비 • 비상경보설비
연결살수설비	• 스프링클러설비 • 간이스프링클러설비·미분무소화설비 • 물분무소화설비·미분무소화설비
제연설비	공기조화설비

연소방지설비	• 스프링클러설비 • 물분무소화설비 · 미분무소화설비
연결송수관설비	• 옥내소화전설비 • 스프링클러설비 • 간이스프링클러설비 • 연결살수설비
자동화재탐지설비	• **자동화재탐**지설비의 기능을 가진 **스**프링클러설비 • **물**분무등소화설비
옥내소화전설비	• 옥내소화전설비 • 미분무소화설비(호스릴방식)

기억법 탐탐스물

답 ④

46 화재의 예방 및 안전관리에 관한 법령상 소방안전관리자를 두어야 하는 1급 소방안전관리대상물의 기준으로 틀린 것은?

① 30층 이상(지하층은 제외한다)이거나 지상으로부터 높이가 120m 이상인 아파트
② 가연성 가스를 1000톤 이상 저장·취급하는 시설
③ 연면적 15000m^2 이상인 특정소방대상물(아파트 및 연립주택 제외)
④ 지하구

 해설

④ 2급 소방안전관리대상물

화재예방법 시행령 [별표 4]
소방안전관리자를 두어야 할 특정소방대상물

소방안전관리대상물	특정소방대상물
특급 소방안전관리대상물 (동식물원, 철강 등 불연성 물품 저장·취급창고, 지하구, 위험물제조소 등 제외)	• 50층 이상(지하층 제외) 또는 지상 200m 이상 아파트 • 30층 이상(지하층 포함) 또는 지상 120m 이상(아파트 제외) • 연면적 10만m^2 이상(아파트 제외)
1급 소방안전관리대상물 (동식물원, 철강 등 불연성 물품 저장·취급창고, 지하구, 위험물제조소 등 제외)	• 30층 이상(지하층 제외) 또는 지상 120m 이상 아파트 • 연면적 15000m^2 이상인 것(아파트 및 연립주택 제외) • 11층 이상(아파트 제외) • 가연성 가스를 1000t 이상 저장·취급하는 시설
2급 소방안전관리대상물	• 지하구 • 가스제조설비를 갖추고 도시가스사업 허가를 받아야 하는 시설 또는 가연성 가스를 100~1000t 미만 저장·취급하는 시설 • 옥내소화전설비·스프링클러설비 설치대상물 • 물분무등소화설비(호스릴방식의 물분무등소화설비만을 설치한 경우 제외) 설치대상물 • 공동주택(옥내소화전설비 또는 스프링클러설비가 설치된 공동주택 한정) • 목조건축물(국보·보물)

3급 소방안전관리대상물	• 간이스프링클러설비(주택전용 간이스프링클러설비 제외) 설치대상물 • 자동화재탐지설비 설치대상물

답 ④

47 소방본부장 또는 소방서장은 건축허가 등의 동의요구서류를 접수한 날부터 며칠 이내에 건축허가 등의 동의 여부를 회신하여야 하는가? (단, 허가를 신청한 건축물은 특급 소방안전관리대상물이다.)

① 5일   ② 7일
③ 10일   ④ 30일

해설 소방시설법 시행규칙 3조
건축허가 등의 동의

내용	기간	
동의요구서류 보완	4일 이내	
건축허가 등의 취소통보	7일 이내	
동의 여부 회신	5일 이내	기타
	10일 이내	특급 소방안전관리대상물

 중요

건축허가 등의 동의 여부 회신	
10일 이내	• 50층 이상(지하층 제외) 또는 지상으로부터 높이 200m 이상 아파트 • 30층 이상(지하층 포함) 또는 지상 120m 이상(아파트 제외) • 연면적 10만m^2 이상(아파트 제외)

답 ③

48 위험물안전관리법령상 정기점검의 대상인 제조소 등의 기준으로 틀린 것은?

① 이송취급소
② 위험물을 취급하는 탱크로서 지하에 매설된 탱크가 있는 일반취급소
③ 지정수량의 100배 이상의 위험물을 저장하는 옥외저장소
④ 지정수량의 150배 이상의 위험물을 저장하는 옥외탱크저장소

해설 ④ 150배 이상 → 200배 이상

위험물령 16조
정기점검대상인 제조소 등
(1) 지정수량 **10배** 이상의 **제조소·일반취급소**
(2) 지정수량 **100배** 이상의 **옥외저장소**

(3) 지정수량 150배 이상의 옥내저장소
(4) 지정수량 200배 이상의 옥외탱크저장소
(5) 암반탱크저장소
(6) 이송취급소
(7) 지하탱크저장소
(8) 이동탱크저장소
(9) **지하**에 매설된 탱크가 있는 **제조소·주유취급소** 또는 **일반취급소**

비교
관계인이 예방규정을 정하여야 하는 제조소 등
(1) 지정수량 10배 이상의 위험물을 취급하는 **제조소·일반취급소**
(2) 지정수량 100배 이상의 위험물을 저장하는 **옥외저장소**
(3) 지정수량 150배 이상의 위험물을 저장하는 **옥내저장소**
(4) 지정수량 200배 이상의 위험물을 저장하는 **옥외탱크저장소**
(5) 암반탱크저장소
(6) 이송취급소

답 ④

---

49 ★
15.03.문56
09.05.문51

위험물안전관리법령상 제조소와 사용전압이 35000V를 초과하는 특고압가공전선에 있어서 안전거리는 몇 m 이상을 두어야 하는가? (단, 제6류 위험물을 취급하는 제조소는 제외한다.)

① 3   ② 5
③ 20 ④ 30

해설 위험물규칙 〔별표 4〕
위험물제조소의 안전거리

안전거리	대 상
3m 이상	7000~35000V 이하의 특고압가공전선
5m 이상	35000V를 초과하는 특고압가공전선
10m 이상	**주거용**으로 사용되는 것
20m 이상	• 고압가스 **제조시설**(용기에 충전하는 것 포함) • 고압가스 **사용시설**(1일 30m³ 이상 용적 취급) • 고압가스 **저장시설** • 액화산소 **소비시설** • 액화석유가스 제조·저장시설 • 도시가스 공급시설
30m 이상	• 학교 • 병원급 의료기관 • 공연장 ─┐ • 영화상영관 ─┤ 300명 이상 수용시설 • 아동복지시설 • 노인복지시설 • 장애인복지시설 • 한부모가족복지시설 ─┐ • 어린이집 ─┤ 20명 이상 수용시설 • 성매매피해자 등을 위한 지원시설 • 정신건강증진시설 • 가정폭력피해자 보호시설

50m 이상
• 지정**문**화유산
• 천연기념물 등

기억법 문5(문어)

답 ②

50 ★★★
17.05.문56
16.10.문53
13.03.문51
10.09.문46
10.05.문48
08.09.문46

화재의 예방 및 안전관리에 관한 법령상 특수가연물 중 품명과 지정수량의 연결이 틀린 것은?

① 사류-1000kg 이상
② 볏집류-3000kg 이상
③ 석탄·목탄류-10000kg 이상
④ 고무류·플라스틱류 발포시킨 것-20m³ 이상

해설
② 3000kg → 1000kg

화재예방법 시행령 〔별표 2〕
특수가연물

품 명		수량(지정수량)
가연성 **액**체류		**2**m³ 이상
목재가공품 및 나무부스러기		**10**m³ 이상
면화류		**2**00kg 이상
나무껍질 및 대팻밥		**4**00kg 이상
넝마 및 종이부스러기		1000kg 이상
사류(絲類)		
볏짚류		
가연성 **고**체류		**3**000kg 이상
고무류·플라스틱류	발포시킨 것	20m³ 이상
	그 밖의 것	**3**000kg 이상
석탄·목탄류		**1**0000kg 이상

기억법
가액목면나 넝사볏가고 고석
2 124   1 3 31

※ **특수가연물**: 화재가 발생하면 그 확대가 빠른 물품

답 ②

51 ★★★
17.05.문51
11.03.문49
06.03.문55

소방시설업의 영업정지처분을 받고 그 영업정지기간에 영업을 한 자에 대한 벌칙기준으로 옳은 것은?

① 1년 이하의 징역 또는 1000만원 이하의 벌금
② 2년 이하의 징역 또는 1200만원 이하의 벌금
③ 3년 이하의 징역 또는 1500만원 이하의 벌금
④ 5년 이하의 징역 또는 3000만원 이하의 벌금

해설 1년 이하의 징역 또는 1000만원 이하의 벌금
(1) **소방시설의 자체점검** 미실시자(소방시설법 58조)
(2) **소방시설관리사증** 대여(소방시설법 58조)
(3) **소방시설관리업의** 등록증 대여(소방시설법 58조)
(4) 제조소 등의 정기점검 기록 허위 작성(위험물법 35조)

(5) **자체소방대**를 두지 않고 제조소 등의 허가를 받은 자(위험물법 35조)
(6) **위험물 운반용기**의 검사를 받지 않고 유통시킨 자(위험물법 35조)
(7) **제조소 등의 긴급 사용정지 위반자**(위험물법 35조)
(8) **영업정지처분 위반자**(공사업법 36조)
(9) 거짓감리자(공사업법 36조)
(10) 공사감리자 미지정자(공사업법 36조)
(11) 소방시설 설계·시공·감리 하도급자(공사업법 36조)
(12) 소방시설공사 재하도급자(공사업법 36조)
(13) 소방시설업자가 아닌 자에게 소방시설공사 등을 도급한 관계인(공사업법 36조)
(14) 형식승인의 변경승인을 받지 아니한 자(소방시설 58조)

중요

3년 이하의 징역 또는 3000만원 이하의 벌금
(1) **소방시설관리업** 무등록자(소방시설법 57조)
(2) **형식승인**을 받지 않은 소방용품 제조·수입자(소방시설법 57조)
(3) **제품검사**를 받지 않은 자(소방시설법 57조)
(4) **피난조치명령** 위반(소방시설법 57조)
(5) 거짓이나 그 밖의 **부정한 방법**으로 제품검사 전문기관의 지정을 받은 자(소방시설법 57조)
(6) 소방활동에 필요한 소방대상물 및 **토지**의 **강제처분**을 방해한 자(기본법 51조)

답 ①

52 소방시설 설치 및 관리에 관한 법률상 피난시설, 방화구획 또는 방화시설의 폐쇄·훼손·변경 등의 행위를 한 자에 대한 과태료 부과기준으로 옳은 것은?

19.03.문42
19.03.문44
17.03.문47
16.03.문52
14.05.문43

① 500만원 이하
② 300만원 이하
③ 200만원 이하
④ 100만원 이하

해설 소방시설법 61조
300만원 이하의 과태료
(1) 소방시설을 화재안전기준에 따라 설치·관리하지 아니한 자
(2) 피난시설, 방화구획 또는 방화시설의 **폐쇄·훼손·변경** 등의 행위를 한 자
(3) 임시소방시설을 설치·관리하지 아니한 자

비교

(1) **300만원 이하의 벌금**
① 화재안전조사를 정당한 사유없이 거부·방해·기피 (화재예방법 50조)
② 위탁받은 업무종사자의 **비밀누설**(소방시설법 59조)
③ 방염성능검사 합격표시 위조(소방시설법 59조)
④ **소**방안전관리자, 총괄소방안전관리자 또는 소방안전관리보조자 **미**선임(화재예방법 50조)
⑤ 다른 자에게 자기의 성명이나 상호를 사용하여 소방시설공사 등을 수급 또는 시공하게 하거나 소방시설업의 등록증·등록수첩을 빌려준 자(공사업법 37조)

⑥ 감리원 미배치자(공사업법 37조)
⑦ 소방기술인정 자격수첩을 빌려준 자(공사업법 37조)
⑧ 2 이상의 업체에 취업한 자(공사업법 37조)
⑨ 소방시설업자나 관계인 감독시 관계인의 업무를 방해하거나 비밀누설(공사업법 37조)

기억법 비3미소(비상미소)

(2) **200만원 이하의 과태료**
① **소방용수시설·소화기구 및 설비 등의 설치명령** 위반(화재예방법 52조)
② **특수가연물의 저장·취급 기준 위반**(화재예방법 52조)
③ 한국119청소년단 또는 이와 유사한 명칭을 사용한 자 (기본법 56조)
④ **소방활동구역 출입**(기본법 56조)
⑤ 소방자동차의 출동에 지장을 준 자(기본법 56조)
⑥ 관계서류 미보관자(공사업법 40조)
⑦ 소방기술자 미배치자(공사업법 40조)
⑧ 하도급 미통지자(공사업법 40조)

답 ②

 53 관리의 권원이 분리된 특정소방대상물의 기준이 아닌 것은?

16.05.문56
12.05.문51

① 판매시설 중 도매시장 및 소매시장
② 복합건축물로서 층수가 11층 이상인 것(단, 지하층 제외)
③ 지하층을 제외한 층수가 7층 이상인 고층건축물
④ 복합건축물로서 연면적이 30000m² 이상인 것

해설 ③ 7층 이상 고층건축물 → 11층 이상 복합건축물

화재예방법 35조, 화재예방법 시행령 35조
관리의 권원이 분리된 특정소방대상물의 소방안전관리
(1) **복합건축물**(지하층을 제외한 11층 이상, 또는 연면적 30000m² 이상인 건축물)
(2) 지하가
(3) **도매시장, 소매시장, 전통시장**

답 ③

54 소방기본법령상 시·도지사가 이웃하는 다른 시·도지사와 소방업무에 관하여 상호응원협정을 체결하고자 하는 때에 포함되어야 할 사항이 아닌 것은?

17.09.문57
15.05.문44
14.05.문41

① 소방신호방법의 통일
② 화재조사활동에 관한 사항
③ 응원출동 대상지역 및 규모
④ 출동대원 수당·식사 및 의복의 수선 소요경비의 부담에 관한 사항

① 소방신호방법은 이미 통일되어 있다.

기본규칙 8조
소방업무의 상호응원협정
(1) 다음의 **소방활동**에 관한 사항
  ㉠ 화재의 **경계**·진압활동
  ㉡ 구조·구급업무의 지원
  ㉢ 화재**조**사활동
(2) **응**원출동 대상지역 및 규모
(3) 소요경비의 **부담**에 관한 사항
  ㉠ **출**동대원의 수당·식사 및 의복의 수선
  ㉡ 소방장비 및 기구의 정비와 연료의 보급
(4) **응**원출동의 요청방법
(5) **응**원출동훈련 및 평가

기억법 경응출조

답 ①

55. 소방시설 설치 및 관리에 관한 법령상 분말형태의 소화약제는 사용하는 소화기의 내용연수로 옳은 것은?
① 10년 ② 7년
③ 3년   ④ 5년

소방시설법 시행령 19조
분말형태의 소화약제를 사용하는 소화기: 내용연수 10년

답 ①

56. 소방활동 종사명령으로 소방활동에 종사한 사람이 그로 인하여 사망하거나 부상을 입은 경우 보상하여야 하는 자는?
① 국무총리 ② 행정안전부장관
③ 시·도지사 ④ 소방본부장

소방기본법 49조의 2
손실보상권자: **소방청장** 또는 **시**·도지사

기억법 손시(손실)

답 ③

57. 위험물안전관리법령상 제조소 또는 일반취급소에서 취급하는 제4류 위험물의 최대수량의 합이 지정수량의 48만배 이상인 사업소의 자체소방대에 두는 화학소방자동차 및 인원기준으로 다음 (   ) 안에 알맞은 것은?

화학소방자동차	자체소방대원의 수
(㉠)대	(㉡)인

① ㉠ 1대, ㉡ 5인 ② ㉠ 2대, ㉡ 10인
③ ㉠ 3대, ㉡ 15인 ④ ㉠ 4대, ㉡ 20인

위험물령〔별표 8〕
자체소방대에 두는 화학소방자동차 및 인원

구 분	화학소방자동차	자체소방대원의 수
지정수량 3천~12만배 미만	1대	5인
지정수량 12~24만배 미만	2대	10인
지정수량 24~48만배 미만	3대	15인
지정수량 48만배 이상	4대	20인
옥외탱크저장소에 저장하는 제4류 위험물의 최대수량이 지정수량의 50만배 이상	2대	10인

중요

위험물령 18조
자체소방대를 설치하여야 하는 사업소
(1) 제4류 위험물을 취급하는 제조소 또는 일반취급소(단, 보일러로 위험물을 소비하는 일반취급소 등 행정안전부령으로 정하는 일반취급소는 제외)
(2) 제4류 위험물을 저장하는 옥외탱크저장소
(3) 대통령령이 정하는 수량 이상
  ㉠ 위 (1)에 해당하는 경우: 제조소 또는 일반취급소에서 취급하는 제4류 위험물의 최대수량의 합이 지정수량의 3천배 이상
  ㉡ 위 (2)에 해당하는 경우: 옥외탱크저장소에 저장하는 제4류 위험물의 최대수량이 지정수량의 50만배 이상

답 ④

58. 소방시설 설치 및 관리에 관한 법령상 성능위주설계를 하여야 하는 특정소방대상물(신축하는 것만 해당)의 기준으로 옳은 것은?
① 건축물의 높이가 100m 이상인 아파트 등
② 연면적 100000m² 이상인 특정소방대상물
③ 연면적 15000m² 이상인 특정소방대상물로서 철도 및 도시철도 시설
④ 하나의 건축물에 영화상영관이 10개 이상인 특정소방대상물

소방시설법 시행령 9조
성능위주설계를 해야 할 특정소방대상물의 범위
(1) 연면적 **20만m²** 이상인 특정소방대상물(아파트 등 제외)
(2) **50층** 이상(지하층 제외)이거나 지상으로부터 높이가 **200m** 이상인 아파트
(3) **30층** 이상(지하층 포함)이거나 지상으로부터 높이가 **120m** 이상인 특정소방대상물(아파트 등 제외)
(4) 연면적 3만m² 이상인 철도 및 도시철도 시설, **공항시설**
(5) 하나의 건축물에 관련법에 따른 **영화상영관**이 10개 이상인 특정소방대상물 보기 ④
(6) 연면적 **10만m²** 이상이거나 **지하 2층** 이하이고 지하층의 바닥면적의 합이 **3만m²** 이상인 창고시설
(7) 지하연계 복합건축물에 해당하는 특정소방대상물
(8) 터널 중 수저터널 또는 길이가 5000m 이상인 것

답 ④

59. 특수가연물의 저장 및 취급기준 중 다음 ( ) 안에 알맞은 것은? (단, 석탄·목탄류의 경우는 제외한다.)

> 살수설비를 설치하거나, 방사능력범위에 해당 특수가연물이 포함되도록 대형 수동식 소화기를 설치하는 경우에는 쌓는 높이를 (㉠)m 이하, 쌓는 부분의 바닥면적을 (㉡)m² 이하로 할 수 있다.

① ㉠ 15, ㉡ 200
② ㉠ 15, ㉡ 300
③ ㉠ 10, ㉡ 50
④ ㉠ 10, ㉡ 200

해설 화재예방법 시행령 [별표 3]
특수가연물의 저장 및 취급의 기준
(1) 특수가연물을 저장 또는 취급하는 장소에는 품명, 최대저장수량, 단위부피당 질량 또는 단위체적당 질량, 관리책임자 성명·직책·연락처 및 화기취급의 금지표지가 포함된 특수가연물 표지를 설치할 것
(2) 쌓아 저장하는 기준(단, 석탄·목탄류를 발전용으로 저장하는 것 제외)
  ㉠ 품명별로 구분하여 쌓을 것
  ㉡ 쌓는 높이는 10m 이하가 되도록 하고, 쌓는 부분의 바닥면적은 50m²(석탄·목탄류는 200m²) 이하가 되도록 할 것(단, 살수설비를 설치하거나, 방사능력 범위에 해당 특수가연물이 포함되도록 대형 수동식 소화기를 설치하는 경우에는 쌓는 높이를 15m 이하, 쌓는 부분의 바닥면적을 200m²(석탄·목탄류는 300m²) 이하로 할 수 있다.)
  ㉢ 쌓는 부분 바닥면적의 사이는 실내의 경우 1.2m 또는 쌓는 높이의 $\frac{1}{2}$ 중 큰 값 이상으로 간격을 두어야 하며, 실외의 경우 3m 또는 쌓는 높이 중 큰 값 이상으로 간격을 둘 것

답 ①

60. 기상법에 따른 이상기상의 예보 또는 특보가 있을 때 화재에 관한 경보를 발령하고 그에 따른 조치를 할 수 있는 자는?

① 기상청장
② 행정안전부장관
③ 소방본부장
④ 시·도지사

해설 화재예방법 17·20조
화재
(1) 화재위험경보 발령권자 ┐
(2) 화재의 예방조치권자 ┴ 소방청장, 소방본부장, 소방서장

답 ③

제4과목 소방전기시설의 구조 및 원리

61. 비상조명등의 일반구조기준으로 틀린 것은?

① 상용전원전압의 110% 범위 안에서는 비상조명등 내부의 온도상승이 그 기능에 지장을 주거나 위해를 발생시킬 염려가 없어야 한다.
② 인출선의 길이는 전선인출부분으로부터 200mm 이상이어야 한다. 다만, 인출선으로 하지 아니할 경우에는 풀어지지 아니하는 방법으로 전선을 쉽고 확실하게 부착할 수 있도록 접속단자를 설치하여야 한다.
③ 전선의 굵기가 인출선인 경우에는 단면적이 0.75mm² 이상이어야 한다.
④ 사용전압은 300V 이하이어야 한다. 다만, 충전부가 노출되지 아니한 것은 300V를 초과할 수 있다.

해설 비상조명등·유도등의 일반구조(비상조명등의 우수품질인증 기술기준 2조)

전선의 굵기 및 길이	
인출선 굵기	인출선 길이
0.75mm² 이상	150mm 이상

기억법 인75(인(사람) 치료)

답 ②

62. 광원점등방식의 피난유도선의 설치기준 중 틀린 것은?

① 피난유도 표시부는 바닥으로부터 높이 1m 이하의 위치 또는 바닥면에 설치할 것
② 피난유도 표시부는 50cm 이내의 간격으로 연속되도록 설치하되 실내장식물 등으로 설치가 곤란할 경우 1m 이내로 설치할 것
③ 피난유도 제어부는 조작 및 관리가 용이하도록 바닥으로부터 0.8m 이상 1.5m 이하의 높이에 설치할 것
④ 부착대에 의하여 견고하게 설치할 것

해설 광원점등방식의 피난유도선(NFPC 303 9조, NFTC 303 2.6.2)
(1) 구획된 각 실로부터 **주출입구** 또는 **비상구**까지 설치
(2) 피난유도 표시부는 바닥으로부터 높이 **1m 이하**의 위치 또는 바닥면에 설치
(3) 피난유도 표시부는 **50cm 이내**의 간격으로 연속되도록 설치하되 실내장식물로 설치가 곤란할 경우 **1m 이내**로 설치
(4) 수신기로부터의 **화재신호** 및 **수동조작**에 의하여 광원이 점등되도록 설치
(5) 비상전원이 **상시 충전상태**를 유지하도록 설치
(6) 피난유도 제어부는 **0.8~1.5m** 이하의 높이에 설치

④ 축광방식의 피난유도선 설치기준

18. 03. 시행 / 산업(전기)

비교
축광방식의 피난유도선 설치기준(NFPC 303 9조, NFTC 303 2.6.1)
(1) 구획된 각 실로부터 **주출입구** 또는 **비상구**까지 설치
(2) 바닥으로부터 높이 **50cm** 이하의 위치 또는 바닥면에 설치
(3) 피난유도 표시부는 **50cm** 이내의 간격으로 연속되도록 설치
(4) 부착대에 의하여 견고하게 설치
(5) **외광** 또는 **조명장치**에 의하여 상시 조명이 제공되거나 비상조명등에 의한 조명이 제공되도록 설치

답 ④

63 누전경보기 수신부의 기능검사항목이 아닌 것은?
16.10.문65
15.05.문64
14.05.문69
06.09.문80

① 충격시험   ② 절연저항시험
③ 내식성 시험   ④ 절연내력시험

해설 시험항목

중계기	속보기의 예비전원	누전경보기의 수신부
• 주위온도시험 • 반복시험 • 방수시험 • 절연저항시험 • 절연내력시험 • 충격전압시험 • 충격시험 • 진동시험 • 습도시험 • 전자파 내성 시험	• 충·방전시험 • 안전장치시험	• 전원전압 변동시험 • 온도특성시험 • 과입력 전압시험 • 개폐기의 조작시험 • 반복시험 • 진동시험 • **충**격시험 • 방**수**시험 • **절**연저항시험 • **절**연내력시험 • **충**격파 내전압시험

기억법 누수 충수 절충

답 ③

64 비상방송설비의 음향장치의 설치기준으로 틀린 것은?
19.09.문77
17.05.문75
16.10.문62
16.05.문61
16.03.문70
15.09.문65
15.05.문75
14.09.문61
14.09.문65
14.03.문74
13.09.문63
13.09.문71
13.03.문63
09.08.문75

① 하나의 특정소방대상물에 2 이상의 조작부가 설치되어 있는 때에는 각각의 조작부가 있는 장소 상호간에 동시통화가 가능한 설비를 설치하고, 어느 조작부에서도 해당 특정소방대상물의 전 구역에 방송을 할 수 있도록 할 것

② 기동장치에 따른 화재신고를 수신한 후 필요한 음량으로 화재발생상황 및 피난에 유효한 방송이 자동으로 개시될 때까지의 소요시간은 10초 이하로 할 것

③ 확성기는 각 층마다 설치하되, 그 층의 각 부분으로부터 하나의 확성기까지의 수평거리가 25m 이하가 되도록 하고, 해당층의 각 부분에 유효하게 경보를 발할 수 있도록 설치할 것

④ 층수가 11층 이상으로서 연면적이 3000m²를 초과하는 특정소방대상물은 2층 이상의 층에서 발화한 때에는 발화층·그 직상층 및 지하층에 경보를 발할 것

해설 비상방송설비의 설치기준(NFPC 202 4조, NFTC 202 2.1)
(1) 확성기의 음성입력은 실**외** **3W**, 실내 **1W** 이상일 것
(2) 확성기는 각 **층**마다 설치하되, 각 부분으로부터의 수평거리는 **25m** 이하일 것
(3) **음**량조정기는 **3**선식 배선일 것
(4) 조작스위치는 바닥으로부터 **0.8~1.5m** 이하의 높이에 설치할 것
(5) 다른 전기회로에 의하여 **유도장애**가 생기지 않을 것
(6) 비상방송 개시시간은 **10초** 이하일 것
(7) **엘리베이터** 내부에는 **별도**의 **음향장치**를 설치할 수 있다.
(8) 2 이상의 조작부가 설치된 경우 동시통화가 가능하고 전 구역에 방송할 수 있을 것

기억법 외3(**외**상), 방음3(**방음삼**아.)

비상방송설비 음향장치의 경보
비상방송설비 우선경보방식 소방대상물 : 11층(공동주택 16층) 이상의 특정소방대상물의 경보

발화층	경보층	
	11층(공동주택 16층) 미만	11층(공동주택 16층) 이상
2층 이상 발화	전층 일제경보	• 발화층 • 직상 4개층
1층 발화		• 발화층 • 직상 4개층 • 지하층
지하층 발화		• 발화층 • 직상층 • 기타의 지하층

④ 발화층·그 직상층 및 지하층 → 발화층·직상 4개층

답 ④

65 비상벨설비 또는 자동식 사이렌설비의 배선 설치기준 중 다음 ( ) 안에 알맞은 것은?
17.09.문60
16.05.문73
15.03.문69
10.09.문78

전원회로의 전로와 대지 사이 및 배선 상호간의 절연저항은 전기사업법 제67조에 따른 기술기준이 정하는 바에 의하고, 부속회로의 전로와 대지 사이 및 배선 상호간의 절연저항은 1경계구역마다 직류 (㉠)V의 절연저항측정기를 사용하여 측정한 절연저항이 (㉡)MΩ 이상이 되도록 할 것

① ㉠ 250, ㉡ 0.1
② ㉠ 250, ㉡ 0.5
③ ㉠ 500, ㉡ 0.1
④ ㉠ 500, ㉡ 0.5

해설 절연저항시험

절연저항계	절연저항	대상
직류 250V	0.1MΩ 이상	1경계구역의 절연저항 기억법 경2501
직류 500V	5MΩ 이상	• 누전경보기 • 가스누설경보기 • 수신기(10회로 미만, 절연된 충전부와 외함 간) • 자동화재속보설비 • 비상경보설비 • 유도등(교류입력측과 외함 간 포함) • 비상조명등(교류입력측과 외함 간 포함)
	20MΩ 이상	• 경종 • 발신기 • 중계기 • 비상콘센트 • 기기의 절연된 선로 간 • 기기의 충전부와 비충전부 간 • 기기의 교류입력측과 외함 간(유도등·비상조명등 제외)
	50MΩ 이상	• 감지기(정온식 감지선형 감지기 제외) • 가스누설경보기(10회로 이상) • 수신기(10회로 이상, 교류입력측과 외함 간 제외)
	1000MΩ 이상	정온식 감지선형 감지기

답 ①

66 ★★★
16.03.문67
08.05.문69
07.03.문66

비상방송설비의 구성 요소 중 전압전류의 진폭을 늘려 감도를 좋게 하고 미약한 음성전류를 커다란 음성전류로 변화시켜 소리를 크게 하는 장치는?

① 확성기
② 음량조절기
③ 증폭기
④ 변조기

해설 비상방송설비의 구성요소 (NFPC 202 3조, NFTC 202 1.7)

용어	설명
확성기	소리를 크게 하여 멀리까지 전달될 수 있도록 하는 장치로서 일명 '스피커'를 말한다.
음량조절기	가변저항을 이용하여 전류를 변화시켜 음량을 크게 하거나 작게 조절할 수 있는 장치
증폭기	전압전류의 진폭을 늘려 감도를 좋게 하고 미약한 음성전류를 커다란 음성전류로 변화시켜 소리를 크게 하는 장치

• 비상방송설비에는 변조기가 사용되지 않음

답 ③

67 ★★
10.09.문61
05.03.문66

비상콘센트설비의 화재안전기준에 따른 교류에서의 저압의 기준은 몇 V 이하인 것을 말하는가?

① 220
② 380
③ 1000
④ 1500

해설 전압 (NFTC 504 1.7)

구분		전압
저압	교류	1000V 이하
	직류	1500V 이하
고압	교류	1000V 초과 7000V 이하
	직류	1500V 초과 7000V 이하
특고압		7000V 초과

답 ③

68 ★★★
17.09.문80
16.10.문80
12.05.문76

정온식 감지선형 감지기의 설치기준으로 옳은 것은?

① 감지선형 감지기의 굴곡반경은 10cm 이상으로 할 것
② 단자부와 마감 고정금구와의 설치간격은 5cm 이내로 설치할 것
③ 감지기와 감지구역의 각 부분과의 수평거리가 내화구조의 경우 1종 4.5m 이하, 2종 3m 이하로 할 것
④ 감지기와 감지구역의 각 부분과의 수평거리가 기타 구조의 경우 1종 1m 이하, 2종 3m 이하로 할 것

해설 정온식 감지선형 감지기의 설치기준 (NFPC 203 7조, NFTC 203 2.4.3.12)
(1) 단자부와 마감 고정금구와의 설치간격은 **10cm** 이내로 설치한다.
(2) 감지선형 감지기의 굴곡반경은 **5cm** 이상으로 한다.
(3) 감지기와 감지구역 각 부분과의 수평거리가 내화구조의 경우 **1종**은 **4.5m** 이하, **2종**은 **3m** 이하로 한다.
(4) 분전반 내부에 설치하는 경우 접착제를 이용하여 돌기를 바닥에 고정시키고 그곳에 감지기를 설치한다.

① 10cm 이상 → 5cm 이상
③ 5cm 이내 → 10cm 이내
④ 1종 1m 이하, 2종 3m 이하 → 1종 3m 이하, 2종 1m 이하

중요
정온식 감지선형 감지기의 수평거리

수평거리	종별	1종		2종	
		내화구조	기타구조	내화구조	기타구조
감지기와 감지구역의 각 부분과의 수평거리		4.5m 이하	3m 이하	3m 이하	1m 이하

기억법 1내4 1기3, 2내3 2기1

용어

정온식 감지선형 감지기
일국소의 주위온도가 일정한 온도 이상이 되는 경우에 작동하는 것으로서 외관이 전선으로 되어 있는 것

정온식 감지선형 감지기

답 ③

69 사용자의 몸무게에 따라 자동적으로 내려올 수 있는 기구 중 사용자가 연속적으로 사용할 수 없는 피난기구는?

① 간이완강기
② 다수인 피난장비
③ 승강식 피난기
④ 완강기

해설 완강기와 간이완강기(NFPC 301 4조, NFTC 301 1.8)

완강기	간이완강기
사용자의 몸무게에 따라 자동적으로 내려올 수 있는 기구 중 사용자가 **연속적**으로 **사용할 수 있는** 피난기구	사용자의 몸무게에 따라 자동적으로 내려올 수 있는 기구 중 사용자가 **연속적**으로 **사용할 수 없는** 피난기구

답 ①

70 소방대상물의 설치장소별 피난기구의 적응성 기준 중 노유자시설의 4층 이상 10층 이하에 적응성을 가진 피난기구가 아닌 것은?

① 피난교
② 다수인 피난장비
③ 피난용 트랩
④ 승강식 피난기

해설 피난기구의 적응성(NFTC 301 2.1.1)

설치장소별 구분	1층	2층	3층	4층 이상 10층 이하
노유자시설	• 미끄럼대 • 구조대 • 피난교	• 미끄럼대 • 구조대 • 피난교	• 미끄럼대 • 구조대 • 피난교 • 다수인 피난장비 • 승강식 피난기	• 구조대[1] • 피난교 • 다수인 피난장비 • 승강식 피난기
의료시설·입원실이 있는 의원·접골원·조산원	–	–	• 미끄럼대 • 구조대 • 피난교 • 피난용 트랩 • 다수인 피난장비 • 승강식 피난기	• 구조대 • 피난교 • 피난용 트랩 • 다수인 피난장비 • 승강식 피난기
영업장의 위치가 4층 이하인 다중이용업소	–	• 미끄럼대 • 피난사다리 • 구조대 • 완강기 • 다수인 피난장비 • 승강식 피난기	• 미끄럼대 • 피난사다리 • 구조대 • 완강기 • 다수인 피난장비 • 승강식 피난기	• 미끄럼대 • 피난사다리 • 구조대 • 완강기 • 다수인 피난장비 • 승강식 피난기
그 밖의 것	–	–	• 미끄럼대 • 피난사다리 • 구조대 • 완강기 • 피난교 • 피난용 트랩 • 간이완강기 • 공기안전매트 • 다수인 피난장비 • 승강식 피난기	• 피난사다리 • 구조대 • 완강기 • 피난교 • 간이완강기[2] • 공기안전매트 • 다수인 피난장비 • 승강식 피난기

[비고] 1) **구조대**의 적응성은 **장애인관련시설**로서 주된 사용자 중 **스스로 피난**이 **불가**한 자가 있는 경우 추가로 설치하는 경우에 한한다.
2) 간이완강기의 적응성은 **숙박시설**의 **3층 이상**에 있는 객실에 추가로 설치하는 경우에 한한다.

③ 해당없음

중요

의무관리대상 공동주택(NFPC 608 13조, NFTC 608 2.9.1.3)
공동주택 구역마다 공기안전매트 1개 이상을 추가로 설치할 것

비교

피난기구 적응성

간이완강기	공기안전매트	구조대
숙박시설의 3층 이상에 있는 객실	공동주택	장애인관련시설

답 ③

71 비상콘센트설비 표시등의 기능 기준 중 다음 ( ) 안에 알맞은 것은?

> 적색으로 표시되어야 하며 주위의 밝기가 (㉠)lx인 장소에서 측정하여 앞면으로부터 (㉡)m 떨어진 곳에서 켜진 등이 확실히 식별되어야 한다.

① ㉠ 100, ㉡ 1
② ㉠ 100, ㉡ 3
③ ㉠ 300, ㉡ 1
④ ㉠ 300, ㉡ 3

해설 부품의 **구조** 및 **기능**(누전경보기의 형식승인 및 제품검사의 기술기준 4조)
(1) 전구는 **2개** 이상을 **병렬**로 접속하여야 한다(단, **방전등** 또는 **발광다이오드**는 제외).
(2) 전구에는 적당한 **보호덮개**를 설치하여야 한다(단, **발광다이오드**는 제외).
(3) 주위의 밝기가 **300lx**인 장소에서 측정하여 앞면으로부터 **3m** 떨어진 곳에서 켜진 등이 확실히 식별될 것

답 ④

72. 자동화재속보설비 속보기의 구조기준 중 틀린 것은?

① 접지전극에 직류전류를 통하는 회로방식을 사용하여야 한다.
② 외부에서 쉽게 사람이 접촉할 우려가 있는 충전부는 충분히 보호되어야 하며 정격전압이 60V를 넘고 금속제 외함을 사용하는 경우에는 외함에 접지단자를 설치하여야 한다.
③ 극성이 있는 배선을 접속하는 경우에는 오접속 방지를 위한 필요한 조치를 하여야 하며, 커넥터로 접속하는 방식은 구조적으로 오접속이 되지 않는 형태이어야 한다.
④ 표시등에 전구를 사용하는 경우에는 2개를 병렬로 설치하여야 한다. 다만, 발광다이오드의 경우에는 그러하지 아니하다.

해설 **속보기**에서 **사용**하지 않는 **회로방식**(자동화재속보설비의 속보기의 성능인증 및 제품검사의 기술기준 3조)
(1) **접지전극**에 **직류전류**를 통하는 회로방식
(2) **수신기**에 접속되는 **외부배선**과 다른 설비(화재신호의 전달에 영향을 미치지 않는 것 제외)의 외부배선을 **공용**으로 하는 회로방식

답 ①

73. 주요구조부를 내화구조로 한 특정소방대상물 또는 그 부분에 정온식 스포트형 1종 감지기를 설치하려는 경우의 최소설치개수는? (단, 부착높이는 2.7m이고, 바닥면적은 600m²이다.)

① 7   ② 9
③ 10   ④ 12

해설 **바닥면적**(NFPC 203 7조, NFTC 203 2.4.3.5) (단위 : m²)

부착높이 및 특정소방대상물의 구분		감지기의 종류				
		차동식·보상식 스포트형		정온식 스포트형		
		1종	2종	특종	1종	2종
4m 미만	내화구조	90	70	70	60	20
	기타구조	50	40	40	30	15
4m 이상 8m 미만	내화구조	45	35	35	30	—
	기타구조	30	25	25	15	—

내화구조이므로 **정온식 스포트형 감지기(1종)** 1개가 담당하는 바닥면적은 **60m²**이다.

정온식 스포트형(1종) 감지기 개수 = $\dfrac{바닥면적}{60m^2}$ (절상)

$= \dfrac{600m^2}{60m^2} = 10$개

답 ③

74. 비상경보설비의 축전지 외함이 강판인 경우의 두께는 최소 몇 mm 이상이어야 하는가?

① 1.0   ② 1.2
③ 2.5   ④ 3.0

해설 **축전지 외함·속보기**의 **외함두께**(자동화재속보설비의 속보기의 성능인증 및 제품검사의 기술기준 4조)

강판	합성수지
1.2mm 이상	3mm 이상

답 ②

75. 비상벨설비 또는 자동식 사이렌설비 발신기의 위치표시등 설치기준 중 다음 ( ) 안에 알맞은 것은?

발신기의 위치표시등은 함의 상부에 설치하되, 그 불빛은 부착면으로부터 (㉠)° 이상의 범위 안에서 부착지점으로부터 (㉡)m 이내의 어느 곳에서도 쉽게 식별할 수 있는 적색등으로 할 것

① ㉠ 10, ㉡ 10   ② ㉠ 15, ㉡ 10
③ ㉠ 10, ㉡ 15   ④ ㉠ 15, ㉡ 15

해설 **비상경보설비**(비상벨설비 또는 자동식 사이렌설비)의 **발신기 설치기준**(NFPC 201 4조, NFTC 201 2.1)
(1) 조작이 **쉬운 장소**에 설치하고, 조작스위치는 바닥으로부터 0.8~1.5m 이하의 높이에 설치할 것
(2) 특정소방대상물의 **층**마다 설치하되, 해당 특정소방대상물의 각 부분으로부터 하나의 발신기까지의 **수평거리**가 25m 이하가 되도록 할 것(단, 복도 또는 별도로 구획된 실로서 **보행거리**가 40m 이상일 경우에는 추가로 설치할 것)
(3) 발신기의 **위치표시등**은 함의 상부에 설치하되, 그 불빛은 부착면으로부터 **15°** 이상의 범위 안에서 부착지점으로부터 **10m** 이내의 어느 곳에서도 쉽게 식별할 수 있는 **적색등**으로 할 것

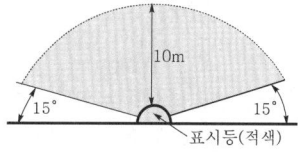

∥위치표시등의 식별∥

답 ②

76. 감지기의 구조 및 기능에 따른 분류 중 다음에서 설명하는 것은?

일국소의 주위온도가 일정한 온도 이상이 되는 경우에 작동하는 것으로서 외관이 전선으로 되어 있지 아니한 것을 말한다.

① 차동식 스포트형   ② 이온화식 스포트형
③ 정온식 스포트형   ④ 광전식 스포트형

해설 감지기의 종별(감지기의 형식승인 및 제품검사의 기술기준 3조)

감지기	설 명
정온식 감지선형 감지기	일국소의 주위온도가 **일정한 온도** 이상이 되는 경우에 작동하는 것으로서 **외관이 전선으로 되어 있는 것**
정온식 스포트형 감지기	일국소의 주위온도가 **일정한 온도** 이상이 되는 경우에 작동하는 것으로서 **외관이 전선으로 되어 있지 않는 것**
차동식 스포트형 감지기	주위온도가 **일정 상승률** 이상이 되는 경우에 작동하는 것으로서 **일국소**에서의 **열효과**에 의하여 작동하는 것
차동식 분포형 감지기	주위온도가 **일정 상승률** 이상이 되는 경우에 작동하는 것으로서 **넓은 범위**에서의 **열효과**의 누적에 의하여 작동하는 것
연기감지기 (이온화식)	주위의 공기가 **일정한 농도**의 연기를 포함하게 되는 경우에 작동하는 것으로서 일국소의 연기에 의하여 **이온전류**가 변화하여 작동하는 것

답 ③

77 비상벨설비 또는 자동식 사이렌설비에는 그 설비에 대한 감시상태를 몇 분간 지속한 후 유효하게 10분 이상 경보할 수 있는 축전지설비 또는 전기저장장치를 설치하여야 하는가?

① 10분 ② 20분
③ 30분 ④ 60분

해설 자동화재탐지설비 · 비상방송설비 · 비상경보설비(비상벨설비 · 자동식 사이렌설비)(NFPC 201 6조, NFTC 201 2,3,2)

감시시간	경보시간
60분 기억법 6감(육감)	10분(30층 이상 : 30분) 이상

④ 감시상태를 60분간 지속한 후 10분 이상 경보할 수 있는 축전지설비

답 ④

78 무선통신보조설비의 누설동축케이블 및 안테나 설치기준 중 다음 ( ) 안에 알맞은 것은?

누설동축케이블 및 안테나는 고압의 전로로부터 ( )m 이상 떨어진 위치에 설치할 것. 다만, 해당 전로에 정전기 차폐장치를 유효하게 설치한 경우에는 그러하지 아니하다.

① 1.5 ② 3
③ 4 ④ 5

해설 누설동축케이블의 설치기준(NFPC 505 5조, NFTC 505 2,2)
(1) 소방전용 주파수대에서 전파의 **전송** 또는 **복사**에 적합한 것으로서 소방전용의 것

(2) 누설동축케이블과 이에 접속하는 안테나 또는 동축케이블과 이에 접속하는 안테나
(3) 누설동축케이블 및 동축케이블은 화재에 따라 해당 케이블의 피복이 소실된 경우에 케이블 본체가 떨어지지 아니하도록 4m 이내마다 금속제 또는 자기제 등의 지지금구로 벽·천장·기둥 등에 견고하게 고정시킬 것(단, 불연재료로 구획된 반자 안에 설치하는 경우 제외)
(4) **누설동축케이블** 및 **안테나**는 고압전로로부터 **1.5m** 이상 떨어진 위치에 설치(단, 해당 전로에 **정전기 차폐장치**를 유효하게 설치한 경우에는 제외)
(5) 누설동축케이블의 끝부분에는 **무반사종단저항**을 설치

용어
무반사종단저항
전송로로 전송되는 전자파가 전송로의 종단에서 반사되어 **교신**을 **방해**하는 것을 막기 위한 저항

답 ①

79 다음은 누전경보기에 경보기구에 내장하는 음향장치를 사용하는 경우에 대한 구조 및 기능에 관한 내용이다. ( ) 안에 알맞은 것은?

사용전압에서의 음압은 무향실 내에서 정위치에 부착된 음향장치의 중심으로부터 1m 떨어진 지점에서 누전경보기는 (㉠)dB 이상이어야 한다. 다만, 고장표시장치용 등의 음압은 (㉡)dB 이상이어야 한다.

① ㉠ 60, ㉡ 70 ② ㉠ 70, ㉡ 60
③ ㉠ 80, ㉡ 70 ④ ㉠ 70, ㉡ 80

해설 대상에 따른 음압

음압	대상
40dB 이하	• **유**도등·**비**상조명등의 소음 기억법 유비4(유비는 음식 중 산발면을 좋아한다.)
60dB 이상	• **고**장표시장치용 • **전**화용 부저 • 단독경보형 감지기(건전지 교체 **음성안내**) 기억법 고전음6(고전음악을 유창하게 해.)
70dB 이상	• 가스누설경보기(단독형·영업용) • 누전경보기 • 단독경보형 감지기(건전지 교체 **음향경보**)
85dB 이상	단독경보형 감지기(화재경보음)
90dB 이상	• 가스누설경보기(**공**업용) • **자**동화재탐지설비의 음향장치 기억법 9공자

답 ②

★★★
80 **무선통신보조설비의 화재안전기준에 따른 옥외 안테나의 설치기준으로 옳지 않은 것은?**

15.03.문74
13.03.문66
12.03.문74
09.05.문69

① 건축물, 지하가, 터널 또는 공동구의 출입구 및 출입구 인근에서 통신이 가능한 장소에 설치할 것
② 다른 용도로 사용되는 안테나로 인한 통신장애가 발생하지 않도록 설치할 것
③ 옥외안테나는 견고하게 설치하며 파손의 우려가 없는 곳에 설치하고 그 가까운 곳의 보기 쉬운 곳에 "옥외안테나"라는 표시와 함께 통신가능거리를 표시한 표지를 설치할 것
④ 수신기가 설치된 장소 등 사람이 상시 근무하는 장소에는 옥외안테나의 위치가 모두 표시된 옥외안테나 위치표시도를 비치할 것

해설 **무선통신보조설비 옥외안테나 설치기준**(NFPC 505 6조, NFTC 505 2.3)

(1) **건축물**, **지하가**, **터널** 또는 공동구의 출입구 및 출입구 인근에서 통신이 가능한 장소에 설치할 것
(2) 다른 용도로 사용되는 안테나로 인한 **통신장애**가 발생하지 않도록 설치할 것
(3) 옥외안테나는 견고하게 설치하며 파손의 우려가 없는 곳에 설치하고 그 가까운 곳의 보기 쉬운 곳에 "**무선통신보조설비 안테나**"라는 표시와 함께 통신가능거리를 표시한 표지를 설치할 것
(4) 수신기가 설치된 장소 등 사람이 상시 근무하는 장소에는 옥외안테나의 위치가 모두 표시된 옥외안테나 **위치표시도**를 비치할 것

③ 옥외안테나 → 무선통신보조설비 안테나

답 ③

2018. 4. 28 시행

■ 2018년 산업기사 제2회 필기시험 ■

자격종목	종목코드	시험시간	형별
소방설비산업기사(전기분야)		2시간	

수험번호	성명

※ 각 문항은 4지택일형으로 질문에 가장 적합한 보기 항을 선택하여 체크하여야 합니다.

제1과목 소방원론

01 소화약제로서의 물의 단점을 개선하기 위하여 사용하는 첨가제가 아닌 것은?
① 부동액 ② 침투제
③ 증점제 ④ 방식제

해설 물의 첨가제

첨가제	설 명
강화액	알칼리금속염을 주성분으로 한 것으로 **황색** 또는 **무색**의 점성이 있는 수용액
침투제	① 침투성을 높여 주기 위해서 첨가하는 **계면활성제**의 총칭 ② 물의 소화력을 보강하기 위해 첨가하는 약제로서 물의 **표면장력**을 **낮추어** 침투효과를 높이기 위한 첨가제
유화제	고비점 **유류**에 사용을 가능하게 하기 위한 것 [기억법] 유유
증점제	물의 **점도**를 높여 줌
부동제 (부동액)	물이 저온에서 **동결**되는 단점을 보완하기 위해 첨가하는 액체

용어

물의 첨가제와 관련된 용어

Wet water	Wetting agent
물의 침투성을 높여 주기 위해 Wetting agent가 첨가된 물	주수소화시 물의 표면장력에 의해 연소물의 침투속도를 향상시키기 위해 첨가하는 침투제

답 ④

02 방폭구조 중 전기불꽃이 발생하는 부분을 기름 속에 잠기게 함으로써 기름면 위 또는 용기 외부에 존재하는 가연성 증기에 착화할 우려가 없도록 한 구조는?
① 내압방폭구조 ② 안전증방폭구조
③ 유입방폭구조 ④ 본질안전 방폭구조

해설 방폭구조의 종류
(1) **내압**(內壓)**방폭구조**(P) : 용기 내부에 질소 등의 보호용 가스를 충전하여 외부에서 폭발성 가스가 침입하지 못하도록 한 구조

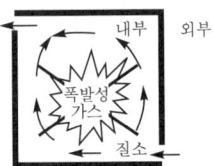

(2) **유입방폭구조**(o)
  ㉠ 전기불꽃, 아크 또는 고온이 발생하는 부분을 **기름** 속에 넣어 폭발성 가스에 의해 인화가 되지 않도록 한 구조
  ㉡ 전기불꽃이 발생하는 부분을 기름 속에 잠기게 함으로써 **기름면** 위 또는 용기 외부에 존재하는 가연성 증기에 착화할 우려가 없도록 한 구조

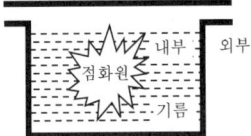

[기억법] 유기(유기그릇)

(3) **안전증방폭구조**(e) : 기기의 정상운전 중에 폭발성 가스에 의해 점화원이 될 수 있는 전기불꽃 또는 고온이 되어서는 안 될 부분에 기계적, 전기적으로 특히 안전도를 증가시킨 구조

(4) **본질안전 방폭구조**(i) : 폭발성 가스가 단선, 단락, 지락 등에 의해 발생하는 전기불꽃, 아크 또는 고온에 의하여 점화되지 않는 것이 확인된 구조

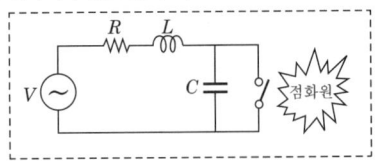

답 ③

03 포소화약제에 대한 설명으로 옳은 것은?

① 수성막포는 단백포소화약제보다 유출유화재에 소화성능이 떨어진다.
② 수용성 유류화재에는 알코올형포 소화약제가 적합하다.
③ 알코올형포 소화약제의 주성분은 제2철염이다.
④ 불화단백포는 단백포에 비하여 유동성이 떨어진다.

 해설

① 떨어진다. → 우수하다.
③ 제2철염 → 단백질의 가수분해 생성물과 합성세제
④ 떨어진다. → 우수하다.

포소화약제의 특징

약제의 종류	특 징
단백포	① 흑갈색이다. ② 냄새가 지독하다. ③ 포안정제로서 **제1철염**을 첨가한다. ④ 다른 포약제에 비해 **부식성**이 **크다**.
수성막포	① 안전성이 좋아 장기보관이 가능하다. ② 내약품성이 좋아 **타약제**와 **겸용**사용이 가능하다. ③ 석유류 표면에 신속히 피막을 형성하여 유류증발을 억제한다.(유류화재시 소화성능이 가장 우수) ④ 일명 **AFFF**(Aqueous Film Forming Foam)라고 한다. ⑤ 점성이 작기 때문에 가연성 기름의 표면에서 쉽게 피막을 형성한다. ⑥ **내한용**, **초내한용**으로 적합하다. 기억법 **한수**(**한수** 배웁시다.)
내알코올형포 (내알코올포)	① 알코올류 위험물(**메탄올**)의 소화에 사용한다. ② **수용성** 유류화재(**아세트알데하이드, 에스터**)에 사용한다. ③ 가연성 액체에 사용한다. ④ 주성분 : 단백질의 가수분해 생성물과 합성세제
불화단백포	① 소화성능이 가장 우수하다. ② 단백포와 수성막포의 결점인 열안정성을 보완시킨다. ③ **표면하 주입방식**에도 적합하다. ④ 포의 **유동성**이 우수하여 **소화속도**가 빠르다. ⑤ **내화성**이 우수하여 **대형**의 **유류저장탱크 시설**에 적합하다.
합성계면 활성제포	① **저발포**와 **고발포**를 임의로 발포할 수 있다. ② 유동성이 좋다. ③ 카바이드 저장소에는 부적합하다.

답 ②

04 자연발화에 대한 설명으로 틀린 것은?

① 외부로부터 열의 공급을 받지 않고 온도가 상승하는 현상이다.
② 물질의 온도가 발화점 이상이면 자연발화 한다.
③ 다공질이고 열전도가 작은 물질일수록 자연발화가 일어나기 어렵다.
④ 건성유가 묻어있는 기름걸레가 적층되어 있으면 자연발화가 일어나기 쉽다.

 해설

③ 어렵다. → 쉽다.

자연발화
(1) 외부로부터 열의 공급을 받지 않고 온도가 상승하는 현상이다.
(2) 물질의 온도가 발화점 이상이면 자연발화 한다.
(3) 건성유가 묻어있는 기름걸레가 적층되어 있으면 자연발화가 일어나기 쉽다.

중요

자연발화의 조건	자연발화의 방지법
① 열전도율이 작을 것 ② 발열량이 클 것 ③ 주위의 온도가 높을 것 ④ 표면적이 넓을 것 ⑤ 적당량의 수분이 존재할 것	① 습도가 높은 곳을 피할 것(건조하게 유지할 것) ② 저장실의 온도를 낮출 것 ③ 통풍이 잘 되게 할 것 ④ 퇴적 및 수납시 열이 쌓이지 않게 할 것(**열축적 방지**) ⑤ 산소와의 접촉을 차단할 것 ⑥ **열전도성을 좋게 할 것**

답 ③

05 가연물의 종류에 따른 화재의 분류로 틀린 것은?

① 일반화재 : A급
② 유류화재 : B급
③ 전기화재 : C급
④ 주방화재 : D급

 해설

④ D급 → K급

화재의 분류

화재 종류	표시색	적응물질
일반화재(A급)	백색	① 일반가연물(목탄) ② 종이류 화재 ③ 목재·섬유재화재
유류화재(B급)	황색	① 가연성 액체(등유·아마인유 등) ② 가연성 가스 ③ 액화가스화재 ④ 석유화재 ⑤ 알코올류
전기화재(C급)	청색	전기설비
금속화재(D급)	무색	가연성 금속
주방화재(K급)	–	식용유화재

※ 요즘은 표시색의 의무규정은 없음

답 ④

06 정전기 발생 방지대책 중 틀린 것은?

15.03.문20
13.03.문14
13.03.문41
12.05.문02
08.05.문09

① 상대습도를 높인다.
② 공기를 이온화시킨다.
③ 접지시설을 한다.
④ 가능한 한 부도체를 사용한다.

해설 정전기 방지대책
(1) **접지**(접지시설)를 한다.
(2) 공기의 **상대습도**를 **70%** 이상으로 한다.(상대습도를 높임)
(3) 공기를 **이온화**한다.
(4) 가능한 한 **도체**를 사용한다.
(5) 제전기를 사용한다.

기억법 정습7 접이도

답 ④

07 할론소화약제가 아닌 것은?

16.03.문09
15.03.문02
14.03.문06

① CF_3Br
② $C_2F_4Br_2$
③ CF_2ClBr
④ $KHCO_3$

해설 ④ 제2종 분말소화약제

할론소화약제

종류	약칭	분자식
Halon 1011	CB	CH_2ClBr
Halon 104	CTC	CCl_4
Halon 1211	BCF	$CF_2ClBr(CBrClF_2)$
Halon 1301	BTM	$CF_3Br(CBrF_3)$
Halon 2402	FB	$C_2F_4Br_2(C_2Br_2F_4)$

중요

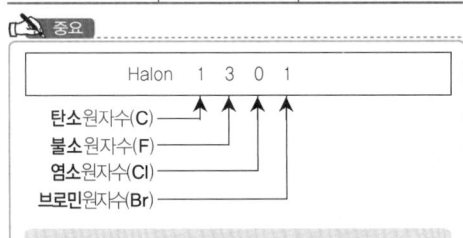

• 수소원자의 수=(첫 번째 숫자×2)+2-나머지 숫자의 합

비교

분말소화기(질식효과)

종별	소화약제	약제의 착색	화학반응식	적응 화재
제1종	탄산수소나트륨 ($NaHCO_3$)	백색	$2NaHCO_3 \to Na_2CO_3+CO_2+H_2O$	BC급
제2종	탄산수소칼륨 ($KHCO_3$)	담자색 (담회색)	$2KHCO_3 \to K_2CO_3+CO_2+H_2O$	BC급
제3종	인산암모늄 ($NH_4H_2PO_4$)	담홍색	$NH_4H_2PO_4 \to HPO_3+NH_3+H_2O$	AB C급
제4종	탄산수소칼륨 +요소 [$KHCO_3$+ $(NH_2)_2CO$]	회(백)색	$2KHCO_3+ (NH_2)_2CO \to K_2CO_3+ 2NH_3+2CO_2$	BC급

• 탄산수소나트륨=중탄산나트륨
• 탄산수소칼륨=중탄산칼륨
• 제1인산암모늄=인산암모늄=인산염
• 탄산수소칼륨+요소=중탄산칼륨+요소

답 ④

08 B급 화재에 해당하지 않는 것은?

17.05.문19
16.10.문20
16.05.문09
14.09.문01
14.09.문15
14.05.문05
14.05.문20
14.03.문19
13.06.문09

① 목탄
② 등유
③ 아세톤
④ 이황화탄소

해설 ① 목탄 : A급 화재

화재의 분류

화재 종류	표시색	적응물질
일반화재(A급)	백색	① 일반가연물(목탄) ② 종이류 화재 ③ **목재·섬유**화재
유류화재(B급)	황색	① 가연성 액체(등유·경유 등) ② 가연성 가스 ③ 액화가스화재 ④ 석유화재 ⑤ 알코올류
전기화재(C급)	청색	**전기**설비
금속화재(D급)	무색	가연성 금속
주방화재(K급)	–	식용유화재

기억법 백황청무

※ 요즘은 표시색의 의무규정은 없음

답 ①

09 일산화탄소에 관한 설명으로 틀린 것은?

17.09.문13
16.10.문12
14.09.문13
14.05.문07
14.05.문18
13.09.문19
08.05.문20

① 일산화탄소의 증기비중은 약 0.97로 공기보다 약간 가볍다.
② 인체의 혈액 속에서 헤모글로빈(Hb)과 산소의 결합을 방해한다.
③ 질식작용은 없다.
④ 불완전연소 시 주로 발생한다.

해설 ③ 질식작용은 없다. → 질식작용도 있다.

연소가스

구분	설명
일산화탄소 (CO)	• 화재시 흡입된 일산화탄소(CO)의 화학적 작용에 의해 **헤모글로빈**(Hb)이 혈액의 산소운반작용을 저해하여 사람을 **질식·사망**하게 한다. • 목재류의 화재시 **인명**피해를 가장 많이 주며, 연기로 인한 의식불명 또는 질식을 가져온다. • 인체의 **폐**에 큰 자극을 준다. • **산소**와의 **결**합력이 극히 강하여 질식작용에 의한 독성을 나타낸다.

기억법 일헤인 폐산결

18. 04. 시행 / 산업(전기)

이산화탄소 (CO₂)	연소가스 중 **가장 많은 양**을 차지하고 있으며 가스 그 자체의 독성은 거의 없으나 다량이 존재할 경우 호흡속도를 증가시키고, 이로 인하여 화재가스에 혼합된 유해가스의 혼입을 증가시켜 위험을 가중시키는 가스이다. **기억법** 이많(이만큼)
암모니아 (NH₃)	• 나무, **페**놀수지, **멜**라민수지 등의 **질소함유물**이 연소할 때 발생하며, **냉**동시설의 **냉**매로 쓰인다. • **눈·코·폐** 등에 매우 **자**극성이 큰 가연성 가스이다. **기억법** 암페 멜냉자
포스겐 (COCl₂)	매우 **독**성이 **강**한 가스로서 **소**화제인 **사염화탄소**(CCl₄)를 화재시에 사용할 때도 발생한다. **기억법** 독강 소사포
황화수소 (H₂S)	• **달걀 썩는 냄새**가 나는 특성이 있다. • 황분이 포함되어 있는 물질의 불완전 연소에 의하여 발생하는 가스이다. • **자**극성이 있다. **기억법** 황달자
아크롤레인 (CH₂=CHCHO)	독성이 매우 높은 가스로서 **석유제품**, 유지 등이 연소할 때 생성되는 가스이다. **기억법** 아석유
시안화수소 (HCN, 청산가스)	**질소**성분을 가지고 있는 **합성수지**, 동물의 **털**, **인조견** 등의 섬유가 불완전연소 할 때 발생하는 맹독성 가스로 **0.3%**의 농도에서 즉시 사망할 수 있다.
아황산가스 (SO₂, 이산화황)	• **황**이 함유된 물질인 **동물**의 **털**, 고무 등이 연소하는 화재시에 발생되며 **무색**의 자극성 냄새를 가진 유독성 기체 • 눈 및 호흡기 등에 점막을 상하게 하고 질식사할 우려가 있다.

답 ③

10 자연발화의 발화원이 아닌 것은?

17.05.문07
17.03.문09
15.05.문05
15.03.문08
12.09.문12
11.06.문12
08.09.문01

① 분해열
② 흡착열
③ 발효열
④ 기화열

해설 자연발화의 형태

구 분	종 류
분해열	• 셀룰로이드 • 나이트로셀룰로오스 **기억법** 분셀나
산화열	• 건성유(정어리유, 아마인유, 해바라기유) • 석탄 • 원면 • 고무분말
발효열	• 퇴비 • 먼지 • 곡물 **기억법** 발퇴먼곡
흡착열	• 목탄 • 활성탄 **기억법** 흡목탄활

중요

(1) 산화열

산화열이 축적되는 경우	산화열이 축적되지 않는 경우
햇빛에 방치한 기름걸레는 산화열이 축적되어 자연발화를 일으킬 수 있다.	기름걸레를 빨랫줄에 걸어 놓으면 산화열이 축적되지 않아 자연발화는 일어나지 않는다.

(2) 발화원이 아닌 것
① 기화열
② 융해열

답 ④

11 실내 화재 발생시 순간적으로 실 전체로 화염이 확산되면서 온도가 급격히 상승하는 현상은?

17.03.문10
12.03.문15
11.06.문06
09.08.문04
09.03.문13

① 제트 파이어(jet fire)
② 파이어볼(fireball)
③ 플래시오버(flashover)
④ 리프트(lift)

해설 화재현상

용 어	설 명
제트 파이어 (jet fire)	압축 또는 액화상태의 가스가 **저장탱크**나 **배관**에서 **누출**되어 분출하면서 주위 공기와 혼합되어 점화원을 만나 발생하는 화재
파이어볼 (fireball, 화구)	인화성 액체가 **대량**으로 기화되어 갑자기 발화될 때 발생하는 **공모양**의 화염
플래시오버 (flashover)	화재로 인하여 실내의 온도가 급격히 상승하여 화재가 **순간적**으로 **실내 전체**에 **확산**되어 연소되는 현상
리프트 (lift)	버너 내압이 높아져서 **분출속도**가 **빨라지는** 현상
백파이어 (backfire, 역화)	가스가 노즐에서 나가는 속도가 연소속도보다 느리게 되어 **버너 내부에서 연소**하게 되는 현상

답 ③

12 안전을 위해서 물속에 저장하는 물질은?

12.09.문16
09.08.문01

① 나트륨
② 칼륨
③ 이황화탄소
④ 과산화나트륨

18. 04. 시행 / 산업(전기) • **18-29**

해설 **저장물질**

위험물	저장장소
황린, 이황화탄소(CS_2)	물속
나이트로셀룰로오스	알코올 속
칼륨(K), 나트륨(Na), 리튬(Li)	석유류(등유) 속
아세틸렌(C_2H_2)	• 디메틸포름아미드(DMF) • 아세톤

답 ③

13. 물이 소화약제로서 널리 사용되고 있는 이유에 대한 설명으로 틀린 것은?

① 다른 약제에 비해 쉽게 구할 수 있다.
② 비열이 크다.
③ 증발잠열이 크다.
④ 점도가 크다.

 ④ 점도는 그리 크지 않다.

물이 소화작업에 사용되는 이유
(1) 가격이 싸다.(가격이 저렴하다.)
(2) 쉽게 구할 수 있다.(많은 양을 구할 수 있다.)
(3) 열흡수가 매우 크다.(**증발잠열**이 크다.)
(4) 사용방법이 비교적 간단하다.
(5) 비열이 크다.
(6) 밀폐된 장소에서 증발가열하면 수증기에 의해서 **산소희석작용**을 한다.
(7) **무상**으로 주수하면 **중질유화재**에도 사용할 수 있다.

• 증발잠열=기화잠열

참고

물이 소화약제로 많이 쓰이는 이유

장 점	단 점
① 쉽게 구할 수 있다. ② 증발잠열(기화잠열)이 크다. ③ 취급이 간편하다.	① 가스계 소화약제에 비해 사용 후 **오염**이 **크다**. ② 일반적으로 **전기화재**에는 **사용**이 불가하다.

답 ④

14. 화학적 점화원의 종류가 아닌 것은?

① 연소열   ② 중합열
③ 분해열   ④ 아크열

해설 ④ 아크열 : 전기적 점화원

열에너지원의 종류

기계열 (기계적 점화원)	전기열 (전기적 점화원)	화학열 (화학적 점화원)
• **압**축열 • **마**찰열 • **마**찰스파크(스파크열)	• 유도열 • 유전열 • 저항열 • 아크열 • 정전기열 • 낙뢰에 의한 열	• **연**소열 • **용**해열 • **분**해열 • **자**연발화열 • **중**합열
기억법 기압마		기억법 화연용분생자

답 ④

15. 물의 증발잠열은 약 몇 kcal/kg인가?

① 439
② 539
③ 639
④ 739

해설 **물의 잠열**

잠열 및 열량	설 명
80kcal/g	융해잠열
539kcal/g	기화(증발)잠열
639cal	0℃의 **물** 1g이 100℃의 수증기가 되는 데 필요한 열량
719cal	0℃의 **얼음** 1g이 100℃의 수증기가 되는 데 필요한 열량

답 ②

16. 공기 1kg 중에는 산소가 약 몇 mol이 들어 있는가? (단, 산소, 질소 1mol의 분자량은 각각 32g, 28g이고, 공기 중 산소의 농도는 23wt%이다.)

① 5.65
② 6.53
③ 7.19
④ 7.91

해설
(1) 산소질량 = 공기질량[g] × 산소농도
   = 1000g × 0.23
   = 230g

• 공기 1kg=1000g
• 23wt%=0.23

(2) 산소몰수 = $\dfrac{산소질량[g]}{산소분자량[g/mol]}$

   = $\dfrac{230g}{32g/mol}$

   ≒ 7.19mol

• 230g : 바로 위에서 주어진 값
• 32g/mol : 단서에서 1mol의 분자량이 32g이므로 32g/mol

답 ③

17. 칼륨이 물과 반응하면 위험한 이유는?

① 수소가 발생하기 때문에
② 산소가 발생하기 때문에
③ 이산화탄소가 발생하기 때문에
④ 아세틸렌이 발생하기 때문에

해설 주수소화(물소화)시 위험한 물질

위험물	발생물질
무기과산화물	산소(O_2) 발생
① 금속분 ② 마그네슘 ③ 알루미늄 ④ 칼륨 ⑤ 나트륨 ⑥ 수소화리튬	수소(H_2) 발생
가연성 액체의 유류화재(경유)	연소면(화재면) 확대

중요
경유화재시 주수소화가 **부적당**한 이유
물보다 비중이 가벼워 물 위에 떠서 **화재 확대**의 우려가 있기 때문이다.

답 ①

18
기름의 표면에 거품과 얇은 막을 형성하여 유류화재 진압에 뛰어난 소화효과를 갖는 포소화약제는?

17.09.문07
16.03.문03
15.05.문17
13.06.문01
05.05.문06

① 수성막포
② 합성계면활성제포
③ 단백포
④ 알코올형포

해설 **수성막포**의 장단점

장 점	단 점
• 석유류(기름) 표면에 신속히 피막을 형성하여 유류증발을 억제한다. • 안전성이 좋아 장기보존이 가능하다. • 내약품성이 좋아 분말소화약제와 겸용 사용도 가능하다. • 내유염성이 우수하다.	• 가격이 비싸다. • 내열성이 좋지 않다. • 부식방지용 저장설비가 요구된다.

기억법 수분, 기수

※ **내유염성** : 포가 기름에 의해 오염되기 어려운 성질

답 ①

19
분해폭발을 일으키지 않는 물질은?

① 아세틸렌 ② 프로판
③ 산화질소 ④ 산화에틸렌

해설 폭발의 종류

구 분	물 질
분해폭발	• 과산화물 · 아세틸렌 • 다이너마이트 • 산화질소 · 산화에틸렌 기억법 분해과아다산질

분진폭발	• 밀가루 · 담뱃가루 • 석탄가루 · 먼지 • 전분 · 금속분
중합폭발	• 염화비닐 • 시안화수소 기억법 중염시
분해 · 중합폭발	산화에틸렌 기억법 분중산
산화폭발	압축가스, 액화가스 기억법 산압액

답 ②

20
오존파괴지수(ODP)가 가장 큰 것은?

17.09.문06
16.05.문10
11.03.문09
06.03.문18

① Halon 104
② CFC 11
③ Halon 1301
④ CFC 113

해설 **할론 1301**(Halon 1301)
(1) 할론소화약제 중 **소화효과**가 가장 좋다.
(2) 할론소화약제 중 **독성**이 가장 약하다.
(3) 할론소화약제 중 **오존파괴지수**가 가장 높다.

비교

ODP=0인 할로겐화합물 및 불활성기체 소화약제
(1) FC-3-1-10
(2) HFC-125
(3) HFC-227ea
(4) HFC-23
(5) IG-541

용어

오존파괴지수(ODP ; Ozone Depletion Potential)
어떤 물질의 오존파괴능력을 상대적으로 나타내는 지표
$$ODP = \frac{어떤\ 물질\ 1kg이\ 파괴하는\ 오존량}{CFC\ 11의\ 1kg이\ 파괴하는\ 오존량}$$

답 ③

제 2 과목 소방전기일반

21
전원에 저항이 각각 $R[\Omega]$인 저항을 △결선으로 접속시킬 때와 Y결선으로 접속시킬 때, 선전류의 비는?

12.09.문40

① $\dfrac{I_\triangle}{I_Y} = \dfrac{1}{3}$
② $\dfrac{I_\triangle}{I_Y} = \sqrt{\dfrac{1}{3}}$
③ $\dfrac{I_\triangle}{I_Y} = 3$
④ $\dfrac{I_\triangle}{I_Y} = \sqrt{3}$

해설 Y결선 → △결선

$$I_\Delta = 3I_Y$$

여기서, I_Δ : △결선의 선전류[A]
I_Y : Y결선의 선전류[A]

$I_\Delta = 3I_Y$

$\dfrac{I_\Delta}{I_Y} = 3$

[별해]

Y결선 선전류	△결선 선전류
$I_Y = \dfrac{V_l}{\sqrt{3}\,Z}$	$I_\Delta = \dfrac{\sqrt{3}\,V_l}{Z}$
여기서, I_Y : 선전류[A] V_l : 선간전압[V] Z : 임피던스[Ω]	여기서, I_Δ : 선전류[A] V_l : 선간전압[V] Z : 임피던스[Ω]

$\dfrac{\triangle\text{결선 선전류}}{Y\text{결선 선전류}} = \dfrac{I_\Delta}{I_Y} = \dfrac{\dfrac{\sqrt{3}\,V_l}{Z}}{\dfrac{V_l}{\sqrt{3}\,Z}} = 3$

답 ③

22 ★★★
서보전동기의 특징에 대한 설명 중 틀린 것은?
① 저속이며, 원활한 운전이 가능하다.
② 급가속 및 급감속이 용이한 것이어야 한다.
③ 원칙적으로 정·역전이 가능해야 한다.
④ 직류용은 없고, 교류용만 있다.

해설 서보전동기의 특징
(1) **직류전동기(직류용)**와 **교류전동기(교류용)**가 있다.
(2) **정·역회전**이 가능하다.
(3) **급가속, 급감속**이 가능하다.
(4) **저속운전**이 용이하다.

용어
서보전동기(servo motor)
서보기구의 최종단에 설치되는 조작기기로서, **직선운동** 또는 **회전운동**을 하며 **정확한 제어**가 가능하다.
● 조작부=조작기기

답 ④

23 ★★★
60mH의 코일에 전류가 10초간 5A 변화되었다면 유도되는 기전력은 몇 mV인가?
① 30 ② 50
③ 300 ④ 500

해설 (1) 기호
● L : 60mH = 60×10^{-3}H (m=10^{-3})
● $\dfrac{di}{dt}$: $\dfrac{5A}{10s}$
● e : ?

(2) 유기기전력

$$e = -N\dfrac{d\phi}{dt} = -L\dfrac{di}{dt} = Blv\sin\theta$$

여기서, e : 유기기전력[V]
N : 코일권수
$d\phi$: 자속의 변화량[Wb]
dt : 시간의 변화량[s]
L : 자기인덕턴스[H]
di : 전류의 변화량[A]
B : 자속밀도[Wb/m²]
l : 도체의 길이[m]
v : 도체의 이동속도[m/s]

유기기전력 e 는
$e = -L\dfrac{di}{dt} = -60 \times 10^{-3} \times \dfrac{5}{10}$
$= -0.03\text{V} = -30\text{mV}$

● "$-$"는 **유기기전력**이 **전류와 반대방향**으로 유도된다는 뜻이다.
● 유기기전력=유도기전력

답 ①

24 ★
5Ω의 저항회로에 220V, 60Hz의 교류 정현파 전압을 인가할 때 이 회로에 흐르는 전류의 순시값은 몇 A인가?
① $440\sqrt{2}\sin 377t$
② $220\sqrt{2}\sin 377t$
③ $44\sqrt{2}\sin 377t$
④ $110\sqrt{2}\sin 377t$

해설 (1) 전류의 실효값

$$I = \dfrac{V}{R}$$

여기서, I : 전류의 실효값[A]
V : 전압의 실효값[V]
R : 저항[Ω]

전류의 실효값 I 는
$I = \dfrac{V}{R} = \dfrac{220}{5} = 44\text{A}$

(2) 전류의 순시값

$$i = \sqrt{2}\,I\sin\omega t = \sqrt{2}\,I\sin 2\pi ft$$

여기서, i : 전류의 순시값[A]
I : 전류의 실효값[A]
ω : 각주파수[rad/s]
t : 주기[s]
f : 주파수[Hz]

전류의 순시값 i 는
$i = \sqrt{2}\,I\sin 2\pi ft$
$= \sqrt{2} \times 44\sin 2\pi \times 60t$
$= 44\sqrt{2}\sin 377t$ [A]

답 ③

25. 다음 중 강자성체에 속하지 않는 것은?

① Fe   ② Ni
③ Cu   ④ Co

해설 자성체의 종류

자성체	종류
상자성체 (paramagnetic material)	**알**루미늄(Al), **백**금(Pt) 기억법 상알백
반자성체 (diamagnetic material)	금(Au), 은(Ag), 구리(Cu), 아연(Zn), 탄소(C)
강자성체 (ferromagnetic material)	**니**켈(Ni), **코**발트(Co), **망**가니즈(Mn), **철**(Fe) 기억법 강니코망철

③ 구리(Cu) : 반자성체

답 ③

26. 정현파 교류가 공급되는 RLC 직렬회로에서 용량성 회로가 되는 경우는?

① $R=50\Omega$, $X_L=10\Omega$, $X_C=40\Omega$
② $R=40\Omega$, $X_L=30\Omega$, $X_C=20\Omega$
③ $R=30\Omega$, $X_L=30\Omega$, $X_C=20\Omega$
④ $R=20\Omega$, $X_L=40\Omega$, $X_C=10\Omega$

해설

RLC 직렬회로	RLC 병렬회로
$X_L < X_C$: 용량성 회로	$X_L > X_C$: 용량성 회로
여기서, X_L : 유도리액턴스[Ω] X_C : 용량리액턴스[Ω]	여기서, X_L : 유도리액턴스[Ω] X_C : 용량리액턴스[Ω]

• ①~④번 중에 X_L보다 X_C가 큰 것이 용량성 회로이므로 $X_L=10\Omega$, $X_C=40\Omega$이 있는 ①번이 답이 된다.

답 ①

27. 매분 500rpm, 주파수 60Hz의 기전력을 유기하고 있는 교류발전기가 있다. 전기각속도는 몇 rad/s인가?

① 314   ② 337
③ 357   ④ 377

해설 (1) 기호
• f : 60Hz
• ω : ?

(2) 각속도(전기각속도)
$$\omega = 2\pi f$$
여기서, ω : 각속도[rad/s]
f : 주파수[Hz]

전기각속도 ω는
$\omega = 2\pi f = 2\pi \times 60 ≒ 377\text{rad/s}$

• s=sec

용어 각속도(angular velocity)
어떤 물체가 1초 동안 회전한 각도

답 ④

28. 다음 반도체소자 중 부성저항 특성을 갖지 않는 것은?

① 정류다이오드   ② 트라이악(TRIAC)
③ UJT   ④ 사이리스터

해설 **부**저항 특성(부성저항 특성)을 갖는 소자
(1) **트**라이악(TRIAC)
(2) **U**JT(Uni-Junction Transistor)=단일 접합 트랜지스터
(3) **사**이리스터(thyristor)
(4) **터**널다이오드(tunnel diode)
(5) **서**미스터(thermistor)

기억법 부트유사서터

용어 부저항 특성
전압이 증가하면 전류가 감소하는 특성으로 '**부성저항 특성**'이라고도 부른다.

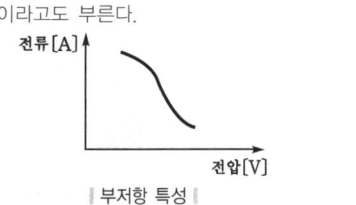
| 부저항 특성 |

답 ①

29. 브리지 정류회로에서 다이오드 1개가 개방되었을 때 출력전압은?

① 출력전압은 0이다.
② 입력전압의 $\frac{1}{4}$ 크기이다.
③ 입력전압의 $\frac{1}{\sqrt{3}}$ 크기이다.
④ 반파정류전압이다.

해설 브리지 정류회로
(1) 일반적인 경우(**전파정류전압**)
$$E = 0.9E_1 = 0.9 \times 10 = 9\text{V}$$

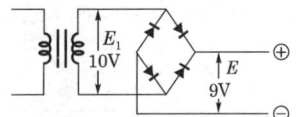

(2) 다이오드 1개 단락 또는 개방시(**반파정류전압**)

$$E = 0.45E_1 = 0.45 \times 10 = 4.5\text{V}$$

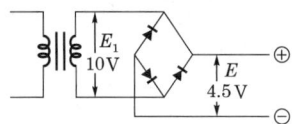

③ 다이오드 1개가 개방되었을 때의 출력전압은 **반파정류전압**이다.

중요

정류방식
(1) 단상 반파정류 : $E = 0.45 E_1$
(2) 단상 전파정류 : $E = 0.9 E_1$
(3) 3상 반파정류 : $E = 1.17 E_1$
(4) 3상 전파정류 : $E = 1.35 E_1$
여기서, E : 직류 출력전압[V]
E_1 : 교류 입력전압[V]

답 ④

30 ★★★ 자동제어의 분류에서 제어량에 의한 분류가 아닌 것은?

① 정치제어   ② 서보기구
③ 프로세스제어   ④ 자동조정

해설 제어량에 의한 분류

분류방법	제어량
프로세스제어	• **온**도 • **압**력 • **유**량 • **액**면 [기억법] 프온압유액
서보기구	• **위**치 • **방**위 • **자**세 [기억법] 서위방자
자동조정	• 전압 • 전류 • 주파수 • 회전속도 • 장력

• 프로세스제어 = 공정제어

[기억법] 프서자(부수자.)

중요

제어의 종류

구 분	설 명
정치제어 (fixed value control)	• 일정한 목표값을 유지하는 것으로 **프로세스제어, 자동조정**이 이에 해당된다. 예 **연속식 압연기** • **목표값**이 시간에 관계없이 항상 일정한 값을 가지는 제어

추종제어 (follow-up control)	미지의 시간적 변화를 하는 목표값에 제어량을 추종시키기 위한 제어로 **서보기구**가 이에 해당된다. 예 **대공포의 포신**
비율제어 (ratio control)	• 둘 이상의 제어량을 소정의 비율로 제어하는 것 • 연료의 유량과 공기의 유량과의 사이의 **비율**을 연소에 적합한 것으로 유지하고자 하는 제어방식
프로그램제어 (program control)	목표값이 미리 정해진 시간적 변화를 하는 경우 제어량을 그것에 추종시키기 위한 제어 예 **열차·산업로봇의 무인운전**

[기억법] 비율비율

답 ①

31 ★★★ 다음의 논리식 중 틀린 것은?

① $X + \overline{X} = 0$
② $X + 1 = 1$
③ $X \cdot \overline{Y} + Y = X + Y$
④ $(X + \overline{Y}) \cdot Y = X \cdot Y$

해설 불대수의 정리

논리합	논리곱	비 고
$X + 0 = X$	$X \cdot 0 = 0$	-
$X + 1 = 1$	$X \cdot 1 = X$	-
$X + X = X$	$X \cdot X = X$	-
$X + \overline{X} = 1$	$X \cdot \overline{X} = 0$	-
$X + Y = Y + X$	$X \cdot Y = Y \cdot X$	교환법칙
$X + (Y + Z)$ $= (X + Y) + Z$	$X(YZ) = (XY)Z$	결합법칙
$X(Y + Z)$ $= XY + XZ$	$(X + Y)(Z + W)$ $= XZ + XW + YZ + YW$	분배법칙
$X + XY = X$	$\overline{X} + XY = \overline{X} + Y$ $X + \overline{X}Y = X + Y$ $X + \overline{X}\,\overline{Y} = X + \overline{Y}$	흡수법칙
$\overline{(X + Y)}$ $= \overline{X} \cdot \overline{Y}$	$\overline{(X \cdot Y)} = \overline{X} + \overline{Y}$	드모르간 의 정리

① $X + \overline{X} = 0 \rightarrow X + \overline{X} = 1$

답 ①

32 ★★★ 선간전압이 220V인 3상 전원에 임피던스가 $Z = 8 + j6\,\Omega$인 3상 Y부하를 연결할 경우 상전류는 몇 A인가?

① 7.3   ② 12.7
③ 18.4   ④ 22.0

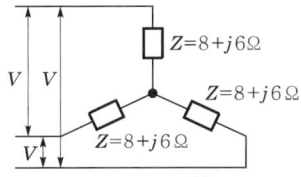

Y결선 : 선전류 $I_Y = \dfrac{V_l}{\sqrt{3}\,Z}$ [A]

△결선 : 선전류 $I_\triangle = \dfrac{\sqrt{3}\,V_l}{Z}$ [A]

여기서, I_Y : Y결선 선전류[A]
V_l : 선간전압[V]
Z : 임피던스[Ω]
$I_\triangle$: △결선 선전류[A]

Y결선에서는 선전류=상전류 이므로

상전류 $I_Y = \dfrac{V_l}{\sqrt{3}\,Z} = \dfrac{220}{\sqrt{3}\,(8+j6)}$
$= \dfrac{220}{\sqrt{3} \times \sqrt{8^2+6^2}}$
$= \dfrac{220}{10\sqrt{3}}$
$= 12.701$
$≒ 12.7\text{A}$

Y결선	△결선
선전류(I_l)=상전류(I_P)	선간전압(V_l)=상전압(V_P)

답 ②

33 어느 회로의 유효전력은 80W이고, 무효전력은 60Var이다. 이때의 역률 $\cos\theta$의 값은?

① 0.8
② 0.85
③ 0.9
④ 0.95

해설 (1) 기호
- P : 80W
- P_r : 60Var
- $\cos\theta$: ?

(2) 피상전력
$$P_a = \sqrt{P^2 + P_r^{\,2}}$$

여기서, P_a : 피상전력[VA]
P : 유효전력[W]
P_r : 무효전력[Var]

피상전력 P_a는
$P_a = \sqrt{P^2 + P_r^{\,2}} = \sqrt{80^2+60^2} = 100\text{VA}$

(3) 역률
$$\cos\theta = \dfrac{P}{P_a}$$

여기서, $\cos\theta$: 역률
P : 유효전력[W]
P_a : 피상전력[VA]

역률 $\cos\theta$는
$\cos\theta = \dfrac{P}{P_a} = \dfrac{80}{100} = 0.8$

답 ①

34 $R-L-C$ 병렬회로가 병렬공진되었을 때 합성전류는?

① 전류는 무한대가 됨
② 전류는 흐르지 않음
③ 최대가 됨
④ 최소가 됨

해설 공진

직렬공진	병렬공진
① 전류 : **최대**	① 전류 : **최소**
② 임피던스 : **최소**	② 임피던스 : **최대**

답 ④

35 전압계의 측정 범위를 10배로 하면 내부저항은 배율기저항의 몇 배가 되는가?

① $\dfrac{1}{10}$
② $\dfrac{1}{9}$
③ 9
④ 10

해설 배율기배율

$$M = \dfrac{V_0}{V} = 1 + \dfrac{R_m}{R_v}$$

여기서, M : 배율기배율
V_0 : 측정하고자 하는 전압[V]
V : 전압계의 최대눈금[V]
R_m : 배율기저항[Ω]
R_v : 전압계 내부저항[Ω]

$M = 1 + \dfrac{R_m}{R_v}$

$M - 1 = \dfrac{R_m}{R_v}$

$R_v = \dfrac{R_m}{M-1} = \dfrac{R_m}{10-1} = \dfrac{R_m}{9} = \dfrac{1}{9}R_m$

배율기(multiplier)
전압계의 측정범위를 확대하기 위해 전압계와 **직렬**로 접속하는 저항

답 ②

비교
분류기배율
$$M = \frac{I_0}{I} = 1 + \frac{R_A}{R_S}$$

여기서, M : 분류기배율
I_0 : 측정하고자 하는 전류[A]
I : 전류계의 최대눈금[A]
R_A : 전류계 내부저항[Ω]
R_S : 분류기저항[Ω]

답 ②

36. 다음 진리표의 논리게이트는? (단, A와 B는 입력이고 X는 출력이다.)

A	B	X
0	0	1
0	1	0
1	0	0
1	1	0

① AND
② OR
③ NOT
④ NOR

해설 시퀀스회로와 논리회로

명칭	논리회로	진리표
AND 회로 (직렬회로)	$X = A \cdot B$ 입력신호 A, B가 동시에 1일 때만 출력신호 X가 1이 된다.	A B X 0 0 0 0 1 0 1 0 0 1 1 1
OR 회로 (병렬회로)	$X = A + B$ 입력신호 A, B 중 어느 하나라도 1이면 출력신호 X가 1이 된다.	A B X 0 0 0 0 1 1 1 0 1 1 1 1
NOR 회로	$X = \overline{A + B}$ 입력신호 A, B가 동시에 0일 때만 출력신호 X가 1이 된다. (OR회로의 부정)	A B X 0 0 1 0 1 0 1 0 0 1 1 0
EXCL-USIVE OR 회로	$X = A \oplus B = \overline{A}B + A\overline{B}$ 입력신호 A, B 중 어느 한쪽만이 1이면 출력신호 X가 1이 된다.	A B X 0 0 0 0 1 1 1 0 1 1 1 0

NAND 회로	$X = \overline{A \cdot B}$ 입력신호 A, B가 동시에 1일 때만 출력신호 X가 0이 된다. (AND회로의 부정)	A B X 0 0 1 0 1 1 1 0 1 1 1 0

※ **NOR게이트** : 입력 A, B가 모두 0일 때만 출력 X가 1이 된다.

답 ④

37. 전압 $v = 5\sin 5t + 10\sin 10t$[V]이고, 전류 $i = 10\sin 5t + 5\sin 10t$[A]일 때 소비전력은 몇 W인가?

① 125
② 50
③ 12.9
④ 78.2

해설 (1) 기호
- V_{m1} : 5V
- V_{m2} : 10V
- I_{m1} : 10A
- I_{m2} : 5A
- P : ?

(2) 순시값
$$v = V_m \sin\omega t, \quad i = I_m \sin\omega t$$

여기서, v : 전압의 순시값[V]
V_m : 전압의 최대값[V]
ω : 각주파수[rad/s]
t : 주기[s]
i : 전류의 순시값[A]
I_m : 전류의 최대값[A]

전압의 순시값 v는
$v_1 = V_{m1}\sin\omega t = 5\cos 5t$, $v_2 = V_{m2}\sin\omega t = 10\cos 10t$

전류의 순시값 i는
$i_1 = I_{m1}\sin\omega t = 10\cos 5t$, $i_2 = I_{m2}\sin\omega t = 5\cos 10t$

(3) 유효전력(소비전력)
$$P = V_1 I_1 \cos\theta_1 + V_2 I_2 \cos\theta_2 \cdots$$
$$= \frac{V_{m1}}{\sqrt{2}} \cdot \frac{I_{m1}}{\sqrt{2}} \cos\theta_1 + \frac{V_{m2}}{\sqrt{2}} \cdot \frac{I_{m2}}{\sqrt{2}} \cos\theta_2 \cdots$$

여기서, P : 유효전력[W]
V : 전압의 실효값[V]
I : 전류의 실효값[A]
$\cos\theta$: 역률
V_m : 전압의 최대값[V]
I_m : 전류의 최대값[A]

소비전력 P는

$$P = \frac{V_{m1}}{\sqrt{2}} \cdot \frac{I_{m1}}{\sqrt{2}} + \frac{V_{m2}}{\sqrt{2}} \cdot \frac{I_{m2}}{\sqrt{2}}$$

$$= \frac{5}{\sqrt{2}} \cdot \frac{10}{\sqrt{2}} + \frac{10}{\sqrt{2}} \cdot \frac{5}{\sqrt{2}}$$

$$= 50W$$

• V가 $5t$일 때 I도 $5t$, V가 $10t$일 때 I도 $10t$이므로 **위상차는 없다**. 그러므로 $\cos\theta$는 무시

답 ②

38

내부저항이 117Ω인 직류전류계의 최대측정범위는 150mA이다. 분류기를 접속하여 전류계를 6A까지 확대하여 사용하고자 하는 경우 분류기의 저항은 몇 Ω인가?

① 2.9
② 3.0
③ 5.8
④ 6.0

해설 분류기

$$I_0 = I\left(1 + \frac{R_A}{R_S}\right)$$

여기서, I_0 : 측정하고자 하는 전류[A]
I : 전류계의 최대눈금[A]
R_A : 전류계의 내부저항[Ω]
R_S : 분류기저항[Ω]

$I_0 = I\left(1 + \frac{R_A}{R_S}\right)$ 에서

$\frac{I_0}{I} = 1 + \frac{R_A}{R_S}$

$\frac{I_0}{I} - 1 = \frac{R_A}{R_S}$

$R_S = \frac{R_A}{\frac{I_0}{I} - 1} = \frac{117}{\frac{6}{(150 \times 10^{-3})} - 1} = 3\Omega$

• 150mA = 150×10^{-3}A

비교

배율기

$$V_0 = V\left(1 + \frac{R_m}{R_v}\right)$$

여기서, V_0 : 측정하고자 하는 전압[V]
V : 전압계의 최대눈금[V]
R_v : 전압계의 내부저항[Ω]
R_m : 배율기저항[Ω]

답 ②

39

전압계와 전류계를 사용하여 전압 및 전류를 측정하려는 경우의 연결방법으로 옳은 것은?

① 전압계 : 직렬, 전류계 : 병렬
② 전압계 : 직렬, 전류계 : 직렬
③ 전압계 : 병렬, 전류계 : 병렬
④ 전압계 : 병렬, 전류계 : 직렬

해설 전압계와 전류계

전압계	전류계
부하에 **병렬**연결	부하에 **직렬**연결
기억법 압병(합병)	

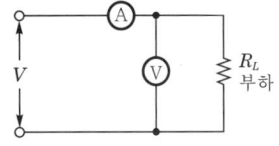

비교

배율기와 분류기

배율기(multiplier)	분류기(shunt)
전압계와 **직렬**연결	전류계와 **병렬**연결

여기서, V_0 : 측정하고자 하는 전압[V]
V : 전압계의 최대눈금[V]
R_v : 전압계의 내부저항[Ω]
R_m : 배율기[Ω]

여기서, I_0 : 측정하고자 하는 전류[A]
I : 전류계의 최대눈금[A]
R_A : 전류계의 내부저항[Ω]
I_S : 분류기에 흐르는 전류[A]
R_S : 분류기[Ω]

답 ④

40

0.5H인 코일의 리액턴스가 753.6Ω일 때 주파수는 약 몇 Hz인가?

① 60
② 120
③ 240
④ 360

해설 (1) 기호
• L : 0.5H
• X_L : 753.6Ω

(2) 유도리액턴스

$$X_L = \omega L = 2\pi f L$$

여기서, X_L : 유도리액턴스[Ω]
ω : 각주파수[rad/s]
L : 인덕턴스[H]
f : 주파수[Hz]

주파수 $f = \dfrac{X_L}{2\pi L} = \dfrac{753.6}{2\pi \times 0.5} = 240\text{Hz}$

비교

용량리액턴스

$$X_C = \dfrac{1}{\omega C} = \dfrac{1}{2\pi f C}$$

여기서, X_C : 용량리액턴스[Ω]
　　　　ω : 각주파수[rad/s]
　　　　C : 정전용량(커패시턴스)[F]
　　　　f : 주파수[Hz]

답 ③

제3과목 소방관계법규

41
화재의 예방 및 안전관리에 관한 법령상 특수가연물의 저장기준 중 다음 (　) 안에 알맞은 것은? (단, 석탄·목탄류를 발전용으로 저장하는 경우는 제외한다.)

> 쌓는 높이는 10m 이하가 되도록 하고, 쌓는 부분의 바닥면적은 (㉠)m² 이하가 되도록 할 것. 다만, 살수설비를 설치하거나, 방사능력범위에 해당 특수가연물이 포함되도록 대형 수동식 소화기를 설치하는 경우에는 쌓는 높이를 (㉡)m 이하, 쌓는 부분의 바닥면적을 (㉢)m² 이하로 할 수 있다.

① ㉠ 20, ㉡ 50, ㉢ 100
② ㉠ 15, ㉡ 50, ㉢ 200
③ ㉠ 50, ㉡ 20, ㉢ 100
④ ㉠ 50, ㉡ 15, ㉢ 200

해설 화재예방법 시행령 [별표 3]
특수가연물의 저장 및 취급의 기준
(1) 특수가연물을 저장 또는 취급하는 장소에는 품명, 최대 저장수량, 단위부피당 질량 또는 단위체적당 질량, 관리 책임자 성명·직책·연락처 및 화기취급의 금지표지가 포함된 특수가연물 표지를 설치할 것
(2) 쌓아 저장하는 기준(단, 석탄·목탄류를 발전용으로 저장하는 것 제외)
　㉠ 품명별로 구분하여 쌓을 것
　㉡ 쌓는 높이는 10m 이하가 되도록 하고, 쌓는 부분의 바닥면적은 50m²(석탄·목탄류는 200m²) 이하가 되도록 할 것. 단, 살수설비를 설치하거나, 방사능력 범위에 해당 특수가연물이 포함되도록 대형 수동식 소화기를 설치하는 경우에는 쌓는 높이는 15m 이하, 쌓는 부분의 바닥면적을 200m²(석탄·목탄류는 300m²) 이하로 할 수 있다.
　㉢ 쌓는 부분 바닥면적의 사이는 실내의 경우 1.2m 또는 쌓는 높이의 $\dfrac{1}{2}$ 중 **큰 값** 이상으로 간격을 두어야 하며, **실외**의 경우 3m 또는 쌓는 높이 중 큰 값 이상으로 간격을 둘 것

답 ④

42
소방시설 설치 및 관리에 관한 법령상 둘 이상의 특정소방대상물이 내화구조로 된 연결통로가 벽이 없는 구조로서 그 길이가 몇 m 이하인 경우 하나의 소방대상물로 보는가?

① 6　　② 9
③ 10　④ 12

해설 소방시설법 시행령 [별표 2]
둘 이상의 특정소방대상물이 내화구조의 복도 또는 통로(연결통로)로 연결된 경우로 하나의 소방대상물로 보는 경우

벽이 없는 경우	벽이 있는 경우
길이 **6m** 이하	길이 **10m** 이하

답 ①

43
소방시설 설치 및 관리에 관한 법령상 수용인원 산정 방법 중 다음의 수련시설의 수용인원은 몇 명인가?

> 수련시설의 종사자수는 5명, 숙박시설은 모두 2인용 침대이며 침대수량은 50개이다.

① 55　　② 75
③ 85　④ 105

해설 소방시설법 시행령 [별표 7]
수용인원의 산정방법

특정소방대상물		산정방법
• 강의실 • 상담실 • 휴게실	• 교무실 • 실습실	바닥면적 합계 1.9m²
숙박시설	침대가 있는 경우	종사자수＋침대수(2인용 침대는 2인으로 산정)
	침대가 없는 경우	종사자수＋ 바닥면적 합계 3m²
기타		바닥면적 합계 3m²
• 강당 • 문화 및 집회시설, 운동시설 • 종교시설		바닥면적 합계 4.6m²

숙박시설(침대가 있는 경우)=종사자수＋침대수
　　　　　　　　　　　　=5명＋50개×2인
　　　　　　　　　　　　=105명

※ 수용인원 산정시 **소수점 이하**는 **반올림**한다. 특히 주의!

중요

기타 개수 산정 (감지기·유도등 개수)	수용인원 산정
소수점 이하는 **절상**	소수점 이하는 **반올림** **기억법** 수반(수반! 동반)

답 ④

44
위험물안전관리법령상 제조소 등이 아닌 장소에서 지정수량 이상의 위험물을 취급할 수 있는 기준 중 다음 ( ) 안에 알맞은 것은?

> 시·도의 조례가 정하는 바에 따라 관할소방서장의 승인을 받아 지정수량 이상의 위험물을 ( )일 이내의 기간 동안 임시로 저장 또는 취급하는 경우

① 15
② 30
③ 60
④ 90

해설 **90일**
(1) 위험물 **임시저장**·취급기준(위험물법 5조)
(2) 소방시설업 등록신청 **자산평가액**·**기업진단보고서** 유효기간(공사업규칙 2조)

※ 위험물 임시저장 승인권자 : 관할소방서장

기억법 임9(인구)

답 ④

45
화재안전조사 결과 소방대상물의 위치·구조·설비 또는 관리의 상황이 화재나 재난·재해 예방을 위하여 보완될 필요가 있거나 화재가 발생하면 인명 또는 재산의 피해가 클 것으로 예상되는 때 관계인에게 그 소방대상물의 개수·이전·제거, 사용의 금지 또는 제한, 사용폐쇄, 공사의 정지 또는 중지, 그 밖의 필요할 조치를 명할 수 있는 자가 아닌 것은?

① 소방서장
② 소방본부장
③ 소방청장
④ 시·도지사

해설 **소방청장·소방본부장·소방서장**
(1) **119종합상황실**의 설치·운영(기본법 4조)
(2) **소방활동**(기본법 16조)
(3) **소방대원**의 소방**교육·훈련** 실시(기본법 17조)
(4) **화재안전조사** 결과에 따른 **조**치명령(화재예방법 14조)
보기 ④

기억법 청본서조

답 ④

46
소방기본법령상 인접하고 있는 시·도간 소방업무의 상호응원협정을 체결하고자 하는 때에 포함되도록 하여야 하는 사항이 아닌 것은?

① 소방교육·훈련의 종류 및 대상자에 관한 사항
② 화재의 경계·진압활동에 관한 사항
③ 출동대원의 수당·식가 및 의복의 수선 소요경비의 부담에 관한 사항
④ 화재조사활동에 관한 사항

해설 기본규칙 8조
소방업무의 상호응원협정
(1) 다음의 **소방활동**에 관한 사항
  ㉠ 화재의 **경**계·진압활동
  ㉡ 구조·구급업무의 지원
  ㉢ 화재조사활동
(2) **응원출동** 대상지역 및 **규**모
(3) **소요경비**의 부담에 관한 사항
  ㉠ **출**동대원의 수당·식사 및 의복의 수선
  ㉡ 소방장비 및 기구의 정비와 연료의 보급
(4) **응원출동**의 요청방법
(5) **응원출동훈련** 및 평가

기억법 경응출

답 ①

47
소방시설 설치 및 관리에 관한 법령상 단독경보형 감지기를 설치하여야 하는 특정소방대상물의 기준 중 틀린 것은?

① 연면적 400m² 미만의 유치원
② 교육연구시설 내에 있는 연면적 2000m² 미만의 합숙소
③ 수련시설 내에 있는 연면적 2000m² 미만의 기숙사
④ 연면적 2000m² 미만의 아파트

해설 ④ 아파트는 해당없음

소방시설법 시행령〔별표 4〕
단독경보형 감지기의 설치대상

연면적	설치대상
400m² 미만	• 유치원 보기 ①
2000m² 미만	• 교육연구시설·수련시설 내에 있는 **합숙소** 또는 **기숙사** 보기 ②③
모두 적용	• 100명 미만의 수련시설(숙박시설이 있는 것) • 연립주택 • 다세대주택

답 ④

48 위험물안전관리법령상 인화성 액체위험물(이황화탄소를 제외)의 옥외탱크저장소의 탱크 주위에 설치하여야 하는 방유제의 기준 중 틀린 것은?

① 방유제의 용량은 방유제 안에 설치된 탱크가 하나인 때에는 그 탱크용량의 110% 이상으로 할 것
② 방유제의 용량은 방유제 안에 설치된 탱크가 2기 이상인 때에는 그 탱크 중 용량이 최대인 것의 용량의 110% 이상으로 할 것
③ 방유제의 높이는 1m 이상 3m 이하, 두께 0.2m 이상, 지하매설깊이 0.5m 이상으로 할 것
④ 방유제 내의 면적은 80000m² 이하로 할 것

③ 방유제의 높이는 0.5m 이상 3m 이하

위험물규칙 〔별표 6〕
옥외탱크저장소의 방유제
(1) 높이 : 0.5m 이상 3m 이하
(2) 탱크 : 10기(모든 탱크용량이 20만L 이하, 인화점이 70℃ 이상 200℃ 미만은 20기) 이하
(3) 면적 : 80000m² 이하
(4) 용량

	1기 이상	2기 이상
	탱크용량×110% 이상	최대용량×110% 이상

답 ③

49 소방시설 설치 및 관리에 관한 법령상 특정소방대상물의 관계인이 특정소방대상물의 규모·용도 및 수용인원 등을 고려하여 갖추어야 하는 소방시설의 종류 기준 중 다음 ( ) 안에 알맞은 것은?

> 화재안전기준에 따라 소화기구를 설치하여야 하는 특정소방대상물은 연면적 (㉠)m² 이상인 것. 다만, 노유자시설의 경우에는 투척용 소화용구 등을 화재안전기준에 따라 산정된 소화기수량의 (㉡) 이상으로 설치할 수 있다.

① ㉠ 33, ㉡ $\frac{1}{2}$
② ㉠ 33, ㉡ $\frac{1}{5}$
③ ㉠ 50, ㉡ $\frac{1}{2}$
④ ㉠ 50, ㉡ $\frac{1}{5}$

 소방시설법 시행령 〔별표 4〕
소화설비의 설치대상

종류	설치대상
소화기구	① 연면적 33m² 이상(단, 노유자시설은 투척용 소화용구 등을 산정된 소화기 수량의 $\frac{1}{2}$ 이상으로 설치 가능) ② 국가유산 ③ 가스시설, 전기저장시설 ④ 터널 ⑤ 지하구
주거용 주방자동소화장치	① 아파트 등(모든 층) ② 오피스텔(모든 층)

답 ①

50 소방시설 설치 및 관리에 관한 법령상 방염성능기준 이상의 실내장식물 등을 설치하여야 하는 특정소방대상물의 기준으로 틀린 것은?

① 층수가 11층 이상인 아파트
② 건축물의 옥내에 있는 시설로서 종교시설
③ 의료시설 중 종합병원
④ 노유자시설

소방시설법 시행령 30조
방염성능기준 이상 적용 특정소방대상물
(1) 체력단련장, 공연장 및 종교집회장
(2) 문화 및 집회시설
(3) **종**교시설
(4) 운동시설(수영장은 제외)
(5) 의료시설(종합병원, 정신의료기관)
(6) 의원, 치과의원, 한의원, 조산원, 산후조리원
(7) 교육연구시설 중 합숙소
(8) **노**유자시설
(9) **숙**박이 가능한 **수**련시설
(10) **숙**박시설
(11) 방송국 및 촬영소
(12) 다중이용업소(단란주점영업, 유흥주점영업, 노래연습장업의 연습장 등)
(13) 층수가 11층 이상인 것(아파트는 제외 : 2026. 12. 1. 삭제)

기억법 방숙 노종수

① 아파트 제외

답 ①

51 소방기본법상 위험시설 등에 대한 긴급조치를 정당한 사유없이 방해한 자에 대한 벌칙기준으로 옳은 것은?

① 400만원 이하의 벌금
② 300만원 이하의 벌금
③ 200만원 이하의 벌금
④ 100만원 이하의 벌금

해설 **100만원 이하의 벌금**
(1) 관계인의 **소방활동** 미수행(기본법 54조)
(2) **피난명령** 위반(기본법 54조)
(3) 위험시설 등에 대한 긴급조치 방해(기본법 54조) 〔보기 ④〕
(4) 거짓보고 또는 자료 미제출자(공사업법 38조)
(5) **관계공무원**의 **출입·조사·검사 방해**(공사업법 38조)
(6) 정당한 사유없이 **물**의 **사용**이나 **수도**의 개폐장치의 사용 또는 조작을 하지 못하게 하거나 **방해**한 자(기본법 54조)
(7) 소방대의 생활안전활동을 방해한 자(기본법 54조)

기억법 피1(차일피일)

답 ④

52. 소방기본법상 명령권자가 소방본부장, 소방서장, 소방대장에게 있는 사항은?

① 소방활동을 할 때에 긴급한 경우에는 이웃한 소방본부장 또는 소방서장에게 소방업무의 응원 요청할 수 있다.
② 화재, 재난·재해, 그 밖의 위급한 상황이 발생한 현장에서 소방활동을 위하여 필요할 때에는 그 관할구역에 사는 사람 또는 그 현장에 있는 사람으로 하여금 사람을 구출하는 일 또는 불을 끄거나 불이 번지지 아니하도록 하는 일을 하게 할 수 있다.
③ 화재, 재난·재해, 그 밖의 위급한 상황으로부터 국민의 생명·신체 및 재산을 보호하기 위하여 소방업무에 관한 종합계획을 5년마다 수립·시행하여야 한다.
④ 화재, 재난·재해, 그 밖의 위급한 상황이 발생하였을 때에는 소방대를 현장에 신속하게 출동시켜 화재진압과 인명구조·구급 등 소방에 필요한 활동을 하게 하여야 한다.

해설
① 소방본부장·소방서장(기본법 11조)
③ 소방청장(기본법 6조)
④ 소방청장·소방본부장 또는 소방서장(기본법 16조)

소방본부장·소방서장·소방대장
(1) 소방활동 **종**사명령(기본법 24조) ← 〔보기 ②〕
(2) **강**제 처분·제거(기본법 25조)
(3) **피**난명령(기본법 26조)
(4) 댐·저수지 사용 등 위험시설 등에 대한 긴급조치(기본법 27조)

 기억법 소대종강피(소방대의 종강파티)

답 ②

53. 소방기본법령상 소방용수시설 및 지리조사의 기준 중 다음 ( ) 안에 알맞은 것은?

17.09.문59
16.03.문57
09.08.문51

소방본부장 또는 소방서장은 원활한 소방활동을 위하여 설치된 소방용수시설에 대한 조사를 (㉠)회 이상 실시하여야 하며 그 조사결과를 (㉡)년간 보관하여야 한다.

① ㉠ 월 1, ㉡ 1
② ㉠ 월 1, ㉡ 2
③ ㉠ 연 1, ㉡ 1
④ ㉠ 연 1, ㉡ 2

해설 **기본규칙 7조**
소방용수시설 및 지리조사
(1) 조사자 : **소방본부장·소방서장**
(2) 조사일시 : **월 1회** 이상
(3) 조사내용
 ㉠ 소방용수시설
 ㉡ 도로의 폭·교통상황
 ㉢ 도로 주변의 토지 고저
 ㉣ 건축물의 개황
(4) 조사결과 : **2년간** 보관

답 ②

54. 화재의 예방 및 안전관리에 관한 법령상 소방안전관리대상물의 관계인은 소방안전관리대상물 근무자 및 거주자 등에 대한 소방훈련 등을 실시하여야 한다. 다음 ( ) 안에 알맞은 것은?

소방안전관리대상물의 관계인은 그 장소에 근무하거나 거주하는 사람 등에게 소화·( )·피난 등의 훈련과 소방안전관리에 필요한 교육을 하여야 한다.

① 진입
② 예방
③ 통보
④ 복구

해설 **화재예방법 37조**
근무자 및 거주자 등에 대한 소방훈련
소방안전관리대상물의 관계인은 그 장소에 근무하거나 거주하는 사람 등에게 소화·통보·피난 등의 훈련과 소방안전관리에 필요한 교육을 하여야 한다.

답 ③

55. 소방시설 설치 및 관리에 관한 법령상 소방시설 등의 자체점검시 점검인력 배치기준 중 점검인력 1단위가 하루 동안 점검할 수 있는 특정소방대상물의 종합점검 연면적 기준으로 옳은 것은? (단, 보조인력을 추가하는 경우를 제외한다.)

16.03.문43
(가사)

① 3500m²
② 7000m²
③ 8000m²
④ 12000m²

해설 소방시설법 시행규칙 [별표 4]
점검한도면적

종합점검	작동점검
8000m²	10000m²

용어
점검한도면적
점검인력 1단위가 하루 동안 점검할 수 있는 특정소방대상물의 연면적

답 ③

56 소방시설공사업법령상 감리원의 세부배치기준 중 일반공사감리 대상인 경우 다음 (   ) 안에 알맞은 것은? (단, 일반공사감리 대상인 아파트의 경우는 제외한다.)

11.03.문56
10.05.문52

1명의 감리원이 담당하는 소방공사감리 현장은 (㉠)개 이하로서 감리현장 연면적의 총 합계가 (㉡)m² 이하일 것

① ㉠ 5, ㉡ 50000   ② ㉠ 5, ㉡ 100000
③ ㉠ 7, ㉡ 50000   ④ ㉠ 7, ㉡ 100000

해설 공사업규칙 16조
소방공사감리원의 세부배치기준

감리대상	책임감리원
일반공사감리 대상	• 주 1회 이상 방문감리 • 담당감리현장 5개 이하로서 연면적 총 합계 100000m² 이하

답 ②

57 소방시설공사업법상 제3자에게 소방시설공사 시공을 하도급한 자에 대한 벌칙기준으로 옳은 것은? (단, 대통령령으로 정하는 경우는 제외한다.)

19.04.문53

① 100만원 이하의 벌금
② 300만원 이하의 벌금
③ 1년 이하의 징역 또는 1000만원 이하의 벌금
④ 3년 이하의 징역 또는 1500만원 이하의 벌금

해설 1년 이하의 징역 또는 1000만원 이하의 벌금
(1) 소방시설의 **자체점검** 미실시자(소방시설법 58조)
(2) **소방시설관리사증** 대여(소방시설법 58조)
(3) **소방시설관리업**의 등록증 대여(소방시설법 58조)
(4) 제조소 등의 정기점검기록 허위 작성(위험물법 35조)
(5) **자체소방대**를 두지 않고 제조소 등의 허가를 받은 자(위험물법 35조)
(6) **위험물 운반용기**의 검사를 받지 않고 유통시킨 자(위험물법 35조)
(7) 제조소 등의 긴급사용정지 위반자(위험물법 35조)
(8) 영업정지처분 위반자(공사업법 36조)
(9) 거짓감리자(공사업법 36조)
(10) 공사감리자 미지정자(공사업법 36조)
(11) 소방시설 설계·시공·감리 **하도급자**(공사업법 36조)
(12) 소방시설공사 재하도급자(공사업법 36조)
(13) 소방시설업자가 아닌 자에게 소방시설공사 등을 도급한 관계인(공사업법 36조)

기억법 1 1000하(일천하)

답 ③

58 위험물안전관리법령상 제조소 또는 일반취급소의 위험물취급탱크 노즐 또는 맨홀을 신설시 노즐 또는 맨홀의 직경이 몇 mm를 초과하는 경우에 변경허가를 받아야 하는가?

19.09.문57

① 250   ② 300
③ 450   ④ 600

해설 위험물규칙 [별표 1의 2]
제조소 또는 일반취급소의 변경허가
(1) 제조소 또는 **일반취급소의 위치**를 **이전**하는 경우
(2) 건축물의 벽·기둥·바닥·보 또는 지붕을 **증설** 또는 **철거**하는 경우
(3) **배출설비**를 **신설**하는 경우
(4) 위험물취급탱크를 **신설·교체·철거** 또는 **보수**(탱크의 본체를 절개)하는 경우
(5) 위험물취급탱크의 **노즐** 또는 **맨홀**을 신설하는 경우(노즐 또는 맨홀의 직경이 **250mm**를 초과하는 경우)
(6) 위험물취급탱크의 **방유제**의 **높이** 또는 방유제 내의 **면적**을 **변경**하는 경우
(7) 위험물취급탱크의 탱크전용실을 **증설** 또는 **교체**하는 경우
(8) **300m**(지상에 설치하지 아니하는 배관은 **30m**)를 초과하는 위험물배관을 **신설·교체·철거** 또는 **보수**(배관절개)하는 경우
(9) 불활성기체의 봉입장치를 **신설**하는 경우

기억법 250mm

답 ①

59 화재의 예방 및 안전관리에 관한 법률상 소방본부장 또는 소방서장은 화재예방강화지구 안의 관계인에 대하여 소방상 필요한 훈련 및 교육을 실시하고자 하는 때에는 관계인에게 훈련 또는 교육 며칠 전까지 그 사실을 통보하여야 하는가?

15.09.문58
09.08.문58

① 5   ② 7
③ 10   ④ 14

해설 10일
(1) 화재예방강화지구 안의 소방훈련·교육 통보일(화재예방법 시행령 20조)
(2) 건축허가 등의 동의 여부 회신(소방시설법 시행규칙 3조)
  ㉠ **50층** 이상(지하층 제외) 또는 지상으로부터 높이 **200m** 이상인 **아파트**의 건축허가 등의 동의 여부 회신(소방시설법 시행규칙 3조)
  ㉡ **30층** 이상(지하층 포함) 또는 지상 **120m** 이상(아파트 제외)의 건축허가 등의 동의 여부 회신(소방시설법 시행규칙 3조)
  ㉢ 연면적 **10만m²** 이상의 건축허가 등의 동의 여부 회신(소방시설법 시행규칙 3조)
(3) 소방기술자의 **실무교육** 통지일(공사업규칙 26조)
(4) **실무교육** 교육계획의 변경보고일(공사업규칙 35조)
(5) 소방기술자 **실무교육기관** 지정사항 변경보고일(공사업규칙 33조)
(6) 소방시설업의 등록신청서류 보완일(공사업규칙 2조 2)
(7) 제조소 등의 재발급 완공검사합격확인증 제출일(위험물령 10조)

답 ③

60. 위험물안전관리법상 허가를 받지 아니하고 당해 제조소 등을 설치하거나 그 위치·구조 또는 설비를 변경할 수 있으며, 신고를 하지 아니하고 위험물의 품명·수량 또는 지정수량의 배수를 변경할 수 있는 기준으로 틀린 것은?

① 주택의 난방시설을 위한 저장소 또는 취급소
② 공동주택의 중앙난방시설을 위한 저장소 또는 취급소
③ 수산용으로 필요한 건조시설을 위한 지정수량 20배 이하의 저장소
④ 농예용으로 필요한 난방시설을 위한 지정수량 20배 이하의 저장소

해설 위험물법 6조
제조소 등의 설치허가
(1) 설치허가자 : 시·도지사
(2) 설치허가 제외장소
  ㉠ 주택의 난방시설(공동주택의 중앙난방시설 제외)을 위한 저장소 또는 취급소
  ㉡ 지정수량 **20배** 이하의 **농예용·축산용·수산용** 난방시설 또는 건조시설의 **저장소**
(3) 제조소 등의 변경신고 : 변경하고자 하는 날의 **1일** 전까지

참고
시·도지사
(1) 특별시장
(2) 광역시장
(3) 특별자치시장
(4) 도지사
(5) 특별자치도지사

답 ②

제 4 과목 : 소방전기시설의 구조 및 원리

61. 누전경보기 용어의 정의 중 다음 ( ) 안에 알맞은 것은?

누전경보기란 사용전압 ( )V 이하인 경계전로의 누설전류를 검출하여 당해 소방대상물의 관계자에게 경보를 발하는 설비로서 변류기와 수신부로 구성된 것을 말한다.

① 20 ② 60
③ 300 ④ 600

해설 대상에 따른 전압

전압	대상
0.5V 이하	누전경보기 경계전로의 전압강하 **기억법** 05경전(공오경전)
0.6V 이하	완전방전
60V 이하	약전류회로
60V 초과	접지단자 설치
300V 이하	• 전원변압기의 1차 전압 • 유도등·비상조명등의 사용전압 **기억법** 변3(변상해.)
600V 이하	누전경보기의 경계전로전압 **기억법** 누6(누룩)

답 ④

---

62. 계단통로유도등의 조도시험기준 중 다음 ( ) 안에 알맞은 것은?

계단통로유도등은 바닥면 또는 디딤바닥면으로부터 높이 (㉠)m의 위치에 그 유도등을 설치하고 그 유도등의 바로 밑으로부터 수평거리로 (㉡)m 떨어진 위치에서의 법선조도가 (㉢)lx 이상이어야 한다.

① ㉠ 2.5, ㉡ 10, ㉢ 0.5
② ㉠ 2.5, ㉡ 5, ㉢ 0.5
③ ㉠ 2.0, ㉡ 10, ㉢ 1
④ ㉠ 2.0, ㉡ 5, ㉢ 1

해설 조도시험(유도등의 형식승인 및 제품검사의 기술기준 23조)

유도등의 종류	시험방법
계단통로유도등	바닥면에서 **2.5m** 높이에 유도등을 설치하고 수평거리 10m 위치에서 법선조도 **0.5lx** 이상 **기억법** 계2505
복도통로유도등	바닥면에서 1m 높이에 유도등을 설치하고 중앙으로부터 0.5m 위치에서 조도 1lx 이상
거실통로유도등	바닥면에서 2m 높이에 유도등을 설치하고 중앙으로부터 0.5m 위치에서 조도 1lx 이상
객석유도등	바닥면에서 0.5m 높이에 유도등을 설치하고 바로 밑에서 0.3m 위치에서 수평조도 0.2lx 이상

비교

유도등의 형식승인 및 제품검사의 기술기준 16조 식별도시험

유도등의 종류	상용전원	비상전원
피난구유도등, 거실통로유도등	10~30lx의 주위조도로 30m에서 식별	0~1lx의 주위조도로 20m에서 식별
복도통로유도등	직선거리 20m에서 식별	직선거리 15m에서 식별

답 ①

63 열전대식 차동식 분포형 감지기의 설치기준 중 다음 ( ) 안에 알맞은 것은? (단, 주요구조부가 내화구조로 된 특정소방대상물이 아닌 경우이다.)

> 열전대부는 감지구역의 바닥면적 (㉠)m² 마다 1개 이상으로 할 것. 다만, 바닥면적이 (㉡)m² 이하인 특정소방대상물에 있어서는 (㉢)개 이상으로 하여야 한다.

① ㉠ 18, ㉡ 72, ㉢ 4
② ㉠ 22, ㉡ 88, ㉢ 4
③ ㉠ 18, ㉡ 72, ㉢ 20
④ ㉠ 22, ㉡ 88, ㉢ 20

해설 열전대식 감지기의 설치기준(NFPC 203 제7조, NFTC 203 2.4.3.8)
(1) 하나의 검출부에 접속하는 열전대부는 **4~20개** 이하로 할 것(단, **주소형 열전대식 감지기**는 제외)
(2) 바닥면적

분류	열전대식 1개 바닥면적	바닥면적	설치 개수
내화구조	22m²	88m² (22m²×4개=88m²)	4개 이상
기타구조 (내화구조로 된 특정소방대상물이 아닌 경우)	18m²	72m² (18m²×4개=72m²)	4개 이상

답 ①

64 유도표지의 설치기준 중 다음 ( ) 안에 알맞은 것은?

> • 계단에 설치하는 것을 제외하고는 각 층마다 복도 및 통로의 각 부분으로부터 하나의 유도표지까지의 보행거리가 (㉠)m 이하가 되는 곳과 구부러진 모퉁이의 벽에 설치할 것
> • 피난구유도표지는 출입구 상단에 설치하고, 통로유도표지는 바닥으로부터 높이 (㉡)m 이하의 위치에 설치할 것

① ㉠ 15, ㉡ 1.0 ② ㉠ 15, ㉡ 1.5
③ ㉠ 20, ㉡ 1.0 ④ ㉠ 20, ㉡ 1.5

해설 유도표지의 설치기준(NFPC 303 8조, NFTC 303 2.5)
(1) 복도 및 통로의 구부러진 모퉁이의 벽에 설치할 것
(2) 피난구유도표지는 **출입구 상단**에 설치할 것
(3) 통로유도표지는 바닥으로부터 높이 **1m 이하**의 위치에 설치할 것

(4) 복도 및 통로의 각 부분으로부터 하나의 유도표지까지의 **보행거리**가 **15m** 이하가 되는 곳에 설치할 것

중요

(1) 유도표지

피난구유도표지	통로유도표지
출입구 상단에 설치	바닥에서 1m 이하의 높이에 설치

(2) 수평거리, 보행거리, 수직거리
① 수평거리

구 분	기 기
25m 이하	• **발**신기 • **음**향장치(확성기) • **비**상콘센트(**지**하상가 또는 **지**하층 바닥면적 합계 3000m² 이상)
50m 이하	비상콘센트(기타)

② 보행거리

구 분	기 기
15m 이하	유도표지
20m 이하	• 복도**통**로유도등 • 거실**통**로유도등 • 3종 연기감지기
30m 이하	1·2종 연기감지기

③ 수직거리

구 분	기 기
15m 이하	1·2종 연기감지기
10m 이하	3종 연기감지기

답 ①

65 소방설비 비상전원의 최소용량이 20분이 아닌 것은?
① 유도등
② 제연설비
③ 비상콘센트설비
④ 비상경보설비

해설 비상전원 용량

설비의 종류	비상전원 용량
• **자**동화재탐지설비 • 비상**경**보설비 • **자**동화재속보설비	10분 이상

• 유도등 • 비상콘센트설비 • 제연설비 • 물분무소화설비 • 옥내소화전설비(30층 미만) • 특별피난계단의 계단실 및 부속실 제연설비 (30층 미만)		20분 이상
무선통신보조설비의 증폭기 기억법 3증(3중고)		30분 이상
• 옥내소화전설비(30~49층 이하) • 특별피난계단의 계단실 및 부속실 제연설비 (30~49층 이하) • 연결송수관설비(30~49층 이하) • 스프링클러설비(30~49층 이하)		40분 이상
• 유도등·비상조명등(지하상가 및 11층 이상) • 옥내소화전설비(50층 이상) • 특별피난계단의 계단실 및 부속실 제연설비 (50층 이상) • 연결송수관설비(50층 이상) • 스프링클러설비(50층 이상)		60분 이상

④ 비상경보설비 : 10분 이상

답 ④

66 유도등의 일반구조에 대한 기준 중 틀린 것은?

02.09.문80
01.06.문61
① 전선의 굵기는 인출선인 경우에는 단면적이 0.5mm² 이상이어야 한다.
② 상용전원전압의 110% 범위 안에서는 유도등 내부의 온도상승이 그 기능에 지장을 주거나 위해를 발생시킬 염려가 없어야 한다.
③ 인출선의 길이는 전선인출부분으로부터 150mm 이상이어야 한다. 다만, 인출선으로 하지 아니할 경우에는 풀어지지 아니하는 방법으로 전선을 쉽고 확실하게 부착할 수 있도록 접속단자를 설치하여야 한다.
④ 사용전압은 300V 이하이어야 한다. 다만, 충전부가 노출되지 아니한 것은 300V를 초과할 수 있다.

해설 유도등의 **일반구조**(유도등의 형식승인 및 제품검사의 기술기준 3조)

전선의 굵기 및 길이

인출선 굵기	인출선 길이
0.75mm² 이상 보기 ④ 기억법 인75(인(사람) 치료)	150mm 이상

① 0.5mm² → 0.75mm²

답 ①

67 소방대상물 중 그 옥상의 직하층 또는 최상층(관람집회 및 운동시설 또는 판매시설을 제외)에 피난기구를 설치하지 아니할 수 있는 기준 중 다음 ( ) 안에 알맞은 것은? (단, 휴양콘도미니엄을 제외한 숙박시설에 설치되는 완강기 및 간이완강기의 경우는 제외한다.)

• 옥상의 면적이 (㉠)m² 이상이어야 할 것
• 옥상이 소방사다리차가 쉽게 통행할 수 있는 도로 또는 공지에 면하여 설치되어 있거나 옥상으로부터 피난층 또는 지상으로 통하는 (㉡) 이상의 피난계단 또는 특별피난계단이 건축법 시행령 제35조의 규정에 적합하게 설치되어 있어야 할 것

① ㉠ 1500, ㉡ 2
② ㉠ 1500, ㉡ 3
③ ㉠ 1000, ㉡ 2
④ ㉠ 1000, ㉡ 3

해설 **피난기구 설치제외**(NFPC 301 6조, NFTC 301 2.2)
소방대상물 중 그 옥상의 직하층 또는 최상층(관람집회 및 운동시설 또는 판매시설 제외)
(1) 주요구조부가 **내화구조**로 되어 있어야 할 것
(2) 옥상의 면적이 **1500m² 이상**이어야 할 것
(3) 옥상으로 쉽게 통할 수 있는 창 또는 출입구가 설치되어 있어야 할 것
(4) 옥상이 소방사다리차가 쉽게 통행할 수 있는 도로(폭 **6m 이상**의 것) 또는 공지(공원 또는 광장)에 면하여 설치되어 있거나 옥상으로부터 피난층 또는 지상으로 통하는 **2 이상**의 **피난계단** 또는 **특별피난계단**이 건축법 시행령 규정에 적합하게 설치되어 있어야 할 것

답 ①

68 비상경보설비를 설치하여야 할 특정소방대상물의 기준 중 옳은 것은? (단, 지하구, 모래·석재 등 불연재료 창고 및 위험물 저장·처리 시설 중 가스시설은 제외한다.)

15.05.문46
13.09.문64
11.06.문76

① 연면적 500m²로서 사람이 거주하지 않거나 벽이 없는 축사 등 동식물 관련시설은 제외) 이상인 것
② 30명 이상의 근로자가 작업하는 옥내작업장
③ 터널로서 길이가 1000m 이상인 것
④ 지하층 또는 무창층의 바닥면적이 150m²(공연장의 경우 100m²) 이상인 것

해설 비상경보설비의 설치대상(소방시설법 시행령 〔별표 4〕)

설치대상	조 건
지하층·무창층	바닥면적 150m²(공연장 100m²) 이상
전부	연면적 400m² 이상
터널	길이 500m 이상
옥내작업장	50명 이상 작업

① 500m² → 400m²
② 30명 이상 → 50명 이상
③ 1000m → 500m

답 ④

69 무선통신보조설비를 설치하여야 하는 특정소방대상물의 기준 중 옳은 것은? (단, 위험물 저장 및 처리 시설 중 가스시설은 제외한다.)

15.03.문58
14.05.문57
11.06.문54

① 터널로서 길이가 1000m 이상인 것
② 지하상가로서 연면적 500m² 이상인 것
③ 층수가 30층 이상인 것으로서 16층 이상 부분의 모든 층
④ 지하층의 바닥면적의 합계가 1000m² 이상인 것 또는 지하층의 층수가 3층 이상이고 지하층의 바닥면적의 합계가 3000m² 이상인 것은 지하층의 모든 층

해설 무선통신보조설비의 설치대상(소방시설법 시행령 〔별표 4〕)

설치대상	조 건
지하상가	연면적 1000m² 이상
지하층	바닥면적 합계 3000m² 이상
전층	지하 3층 이상이고 지하층 바닥면적의 합계 1000m² 이상
터널	길이 500m 이상
공동구	전부
30층 이상	16층 이상 모든 층

① 1000m → 500m
② 500m² → 1000m²
④ 1000m² → 3000m², 3000m² → 1000m²

답 ③

70 휴대용 비상조명등의 설치기준 중 틀린 것은?

16.05.문74
15.09.문75
15.05.문71
14.09.문63
14.03.문77
13.06.문63
13.03.문61
09.03.문68

① 지하상가 및 지하역사에는 보행거리 25m 이내마다 3개 이상 설치할 것
② 건전지 및 충전식 배터리의 용량은 10분 이상 유효하게 사용할 수 있는 것으로 할 것
③ 숙박시설 또는 다중이용업소에는 객실 또는 영업장 안의 구획된 실마다 잘 보이는 곳(외부에 설치시 출입문 손잡이로부터 1m 이내 부분)에 1개 이상 설치할 것
④ 설치높이는 바닥으로부터 0.8m 이상 1.5m 이하의 높이에 설치할 것

해설 휴대용 비상조명등의 적합기준(NFPC 304 제4조, NFTC 304 2.1.2)

설치개수	설치장소
1개 이상	숙박시설 또는 다중이용업소에는 객실 또는 영업장 안의 구획된 실마다 잘 보이는 곳(외부에 설치시 출입문 손잡이로부터 **1m 이내** 부분)
3개 이상	• **지하상가** 및 **지하역사**의 보행거리 **25m** 이내마다 • 대규모점포(백화점·대형점·쇼핑센터) 및 영화상영관의 보행거리 50m 이내마다

기억법 25지3

(1) 바닥으로부터 0.8~1.5m 이하의 높이에 설치할 것
(2) 어둠 속에서 위치를 확인할 수 있도록 할 것
(3) 사용시 **자동**으로 **점등**되는 구조일 것
(4) 외함은 **난연성능**이 있을 것
(5) 건전지를 사용하는 경우에는 **방전방지조치**를 하여야 하고, **충전식 배터리**의 경우에는 **상시 충전**되도록 할 것
(6) 건전지 및 충전식 배터리의 용량은 **20분 이상** 유효하게 사용할 수 있는 것으로 할 것

② 10분 이상 → 20분 이상

답 ②

71 비상벨설비 또는 자동식 사이렌설비의 설치기준 중 틀린 것은?

19.09.문69
05.05.문67
05.05.문68

① 발신기는 특정소방대상물의 층마다 설치하되, 해당 특정소방대상물의 각 부분으로부터 하나의 발신기까지의 수평거리가 25m 이하가 되도록 할 것. 다만, 복도 또는 별도로 구획된 실로서 보행거리가 40m 이상일 경우에는 추가로 설치하여야 한다.
② 음향장치의 음량은 부착된 음향장치의 중심으로부터 1m 떨어진 위치에서 90dB 이상이 되는 것으로 하여야 한다.
③ 음향장치는 정격전압의 60% 전압에서 음향을 발할 수 있도록 하여야 한다.
④ 발신기의 위치표시등은 함의 상부에 설치하되, 그 불빛은 부착면으로부터 15° 이상의 범위 안에서 부착지점으로부터 10m 이내의 어느 곳에서도 쉽게 식별할 수 있는 적색등으로 하여야 한다.

해설 **비상벨** 또는 **자동식 사이렌설비**의 **설치기준**(NFPC 201 4조, NFTC 201 2.1)
(1) **수평거리**

구 분	적용대상
수평거리 25m 이하	• 발신기(보행거리 40m 이상일 경우 추가 설치) • 음향장치(확성기) • 비상콘센트(지하상가 또는 지하층 바닥면적 합계 3000m² 이상)
수평거리 50m 이하	비상콘센트(기타)

(2) **음향장치** : 1m 떨어진 곳에서 **90dB** 이상
(3) **정격전압** : **80%** 전압에서 음향을 발할 것(단, **건전지**를 **주전원**으로 사용한 음향장치는 제외)
(4) **위치표시등** : **15°** 이상의 각도로 **10m**의 거리에서 쉽게 식별할 수 있어야 한다.

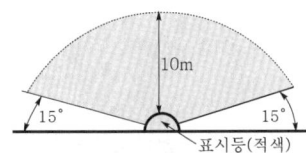
| 위치표시등의 식별 |

③ 60% → 80%

답 ③

72 일시적으로 발생한 열·연기 또는 먼지 등으로 인하여 화재신호를 발신할 우려가 있는 장소의 설치장소별 감지기 적응성 기준 중 회의실, 노래연습실 등 장소에 적응성을 갖는 감지기가 아닌 것은? (단, 연기감지기를 설치할 수 있는 장소이며, 흡연에 의해 연기가 체류하며 환기가 되지 않는 환경상태이다.)
① 차동식 스포트형 감지기
② 차동식 분포형 감지기
③ 광전식 분리형 감지기
④ 이온화식 스포트형 감지기

해설 **설치장소별 감지기의 적응성**[NFTC 203 2.4.6(2)]
회의실, 응접실, 휴게실, **노래연습실**, 오락실, 다방, 음식점, 대합실, 카바레 등의 객실, 집회장, 연회장 등
(1) **차**동식 스포트형 감지기
(2) 차동식 분포형 감지기
(3) **보**상식 스포트형 감지기
(4) **광**전식 스포트형 감지기(축적기능이 있는 것)
(5) 광전아날로그식 스포트형 감지기(축적기능이 있는 것)
(6) 광전아날로그식 분리형 감지기(광전식 분리형 감지기)

기억법 **차광보노**(**차광**내는 것 **보노**)

답 ④

73 비상방송설비를 설치하여야 하는 특정소방대상물의 기준 중 옳은 것은? (단, 위험물 저장 및 처리 시설 중 가스시설, 사람이 거주하지 않는 동물 및 식물 관련시설, 터널, 축사 및 지하구는 제외한다.)
① 지하층을 제외한 층수가 7층 이상인 것
② 지하층의 층수가 3층 이상인 것
③ 연면적 3000m² 이상인 것
④ 50명 이상의 근로자가 작업하는 옥내작업장

해설 **비상방송설비**의 **설치대상**(소방시설법 시행령 [별표 4])
(1) 연면적 **3500m²** 이상
(2) **11층** 이상(지하층 제외)
(3) **지하 3층** 이상

① 7층 → 11층
③ 3000m² → 3500m²
④ 비상경보설비의 설치대상

답 ②

74 무선통신보조설비 분배기·분파기 및 혼합기 등의 임피던스는 몇 Ω의 것으로 설치하여야 하는가?
① 25   ② 50
③ 70   ④ 100

해설 **분배기·분파기·혼합기**의 **임피던스**(NFPC 505 7조, NFTC 505 2.4)
50Ω

용어

무선통신보조설비	
용어	설명
누설동축 케이블	동축케이블의 외부도체에 가느다란 홈을 만들어서 **전파**가 **외부**로 **새어나갈** 수 있도록 한 케이블
분배기	신호의 전송로가 분기되는 장소에 설치하는 것으로 **임피던스 매칭**(matching)과 **신호균등분배**를 위해 사용하는 장치 기억법 배임(배임죄)
분파기	서로 다른 **주파**수의 합성된 **신호**를 **분리**하기 위해서 사용하는 장치 기억법 파주
혼합기	**두 개 이상**의 **입력신호**를 원하는 비율로 **조합**한 **출력**이 발생하도록 하는 장치
증폭기	신호전송시 신호가 약해져 수신이 불가능해지는 것을 방지하기 위해서 **증폭**하는 장치

무선중계기	안테나를 통하여 수신된 무전기 신호를 증폭한 후 음영지역에 재방사하여 무전기 상호간 송수신이 가능하도록 하는 장치
옥외안테나	감시제어반 등에 설치된 무선중계기의 입력과 출력포트에 연결되어 송수신 신호를 원활하게 방사·수신하기 위해 옥외에 설치하는 장치

답 ②

75 ★★★
20.06.문62 / 19.04.문66 / 10.09.문70 / 09.08.문78

비상경보설비 및 단독경보형 감지기의 화재안전기준에 따른 비상경보설비 중 비상벨설비에 대한 설명으로 옳은 것은?

① 화재발생 상황을 경종으로 경보하는 설비
② 화재발생 상황을 사이렌으로 경보하는 설비
③ 화재발생 신호를 수신기에 수동으로 발신하는 설비
④ 화재발생 상황을 단독으로 감지하여 자체에 내장된 음향장치로 경보하는 설비

해설 **감지기**(NFPC 201 3조, NFTC 201 1.7)

용 어	설 명
비상**벨**설비	화재발생 상황을 **경종**으로 경보하는 설비 [기억법] 경벨(**경배**한다.)
자동식 사이렌설비	화재발생 상황을 **사이렌**으로 경보하는 설비
단독경보형 감지기	화재발생 상황을 **단독**으로 감지하여 자체에 **내장**된 **음향장치**로 경보하는 감지기 [기억법] 단경음

답 ①

76 ★
17.05.문64

자동화재속보설비 속보기 기능에 대한 기준 중 옳은 것은?

① 작동신호를 수신하거나 수동으로 동작시키는 경우 10초 이내에 소방관서에 자동적으로 신호를 발하여 통보하되, 3회 이상 속보할 수 있어야 한다.
② 예비전원을 직렬로 접속하는 경우에는 역충전 방지 등의 조치를 하여야 한다.
③ 속보기는 연동 또는 수동 작동에 의한 다이얼링 후 소방관서와 전화접속이 이루어지지 않는 경우에는 최초 다이얼링을 포함하여 10회 이상 반복적으로 접속을 위한 다이얼링이 이루어져야 한다. 이 경우 매회 다이얼링 완료 후 호출은 60초 이상 지속되어야 한다.

④ 속보기의 송수화장치가 정상위치가 아닌 경우에도 연동 또는 수동으로 속보가 가능하여야 한다.

해설 **자동화재속보설비**의 속보기의 **성능인증** 및 **제품검사**의 **기술기준 5조**
(1) **자동화재속보설비**의 기능

구 분	설 명
연동설비	자동화재탐지설비
속보대상	소방관서
속보방법	20초 이내에 3회 이상
다이얼링	10회 이상, 30초 이상 지속

(2) 예비전원을 **병렬**로 접속하는 경우에는 **역충전 방지** 등의 조치
(3) 속보기의 송수화장치가 정상위치가 아닌 경우에도 **연동** 또는 **수동**으로 속보가 가능할 것

① 10초 → 20초
② 직렬 → 병렬
③ 60초 이상 → 30초 이상

답 ④

77 ★★★
17.05.문75 / 17.03.문78 / 16.10.문69 / 16.10.문54 / 16.05.문67 / 16.03.문68 / 15.05.문73 / 15.05.문76 / 15.03.문62 / 14.05.문63 / 14.05.문75 / 13.06.문62 / 13.06.문80

비상방송설비 음향장치의 설치기준 중 다음 ( ) 안에 알맞은 것은?

음향장치의 구조 및 성능은 ( )의 작동과 연동하여 작동할 수 있는 것으로 할 것

① 제연설비
② 단독경보형 감지기
③ 자동화재탐지설비
④ 자동화재속보설비

해설 **비상방송설비**의 **설치기준**(NFPC 202 4조, NFTC 202 2.1)
(1) 확성기의 음성입력은 **3W**(**실내 1W**) 이상일 것
(2) 확성기는 **각 층**마다 설치하되, 각 부분으로부터의 수평거리 **25m** 이하일 것
(3) 음량조정기는 **3선식** 배선일 것
(4) 조작스위치는 바닥으로부터 **0.8~1.5m** 이하의 높이에 설치할 것
(5) 다른 전기회로에 의하여 유도장애가 생기지 아니하도록 할 것
(6) 비상방송 개시시간은 **10초** 이하일 것
(7) 다른 방송설비와 공용할 경우 화재시 비상경보 외의 방송을 차단할 수 있을 것
(8) 음향장치는 **자동화재탐지설비**의 작동과 연동하여 작동할 수 있는 것으로 할 것

답 ③

78 ★★★
17.03.문62 / 17.03.문75 / 14.03.문62 / 09.03.문74

자동화재탐지설비의 경계구역 설정 기준 중 다음 ( ) 안에 알맞은 것은?

하나의 경계구역이 2개 이상의 층에 미치지 아니하도록 할 것. 다만, ( )m² 이하의 범위 안에서는 2개의 층을 하나의 경계구역으로 할 수 있다.

① 500
② 600
③ 700
④ 1000

해설 **경계구역**(NFPC 203 3·4조, NFTC 203 1.7, 2.1)
(1) **정의** : 소방대상물 중 **화재신호**를 **발신**하고 그 **신호**를 **수신** 및 유효하게 **제어**할 수 있는 구역
(2) **경계구역의 설정기준**
  ㉠ 1경계구역이 2개 이상의 **건축물**에 미치지 않을 것
  ㉡ 1경계구역이 2개 이상의 **층**에 미치지 않을 것(**500m²** 이하는 2개 층을 1경계구역으로 할 수 있음)
  ㉢ 1경계구역의 면적은 **600m²** 이하로 하고, 1변의 길이는 **50m** 이하로 할 것(내부 전체가 보이면 50m 범위 내에서 **1000m²** 이하)
(3) 1경계구역의 높이 : **45m** 이하

기억법 경500, 경600

답 ①

79 ★
[17.03.문66]
누전경보기에 표시등을 사용하는 경우의 구조 및 기능 기준으로 옳은 것은?

① 누전등이 설치된 수신부의 지구등은 적색 외의 색으로 표시할 수 없다.
② 전구는 2개 이상을 직렬로 접속하여야 한다. 다만, 방전등 또는 발광다이오드의 경우에는 그러하지 아니한다.
③ 전구에는 적당한 보호덮개를 설치하여야 한다. 다만, 발광다이오드의 경우에는 그러하지 아니하다.
④ 주위의 밝기가 300lx인 장소에서 측정하여 앞면으로부터 1.5m 떨어진 곳에서 켜진 등이 확실히 식별되어야 한다.

해설 **누전경보기**의 **형식승인** 및 **제품검사**의 **기술기준** 4조 부품의 구조 및 기능
(1) 전구는 **2개** 이상을 **병렬**로 접속하여야 한다(단, **방전등** 또는 **발광다이오드**는 제외).
(2) 전구에는 적당한 **보호덮개**를 설치하여야 한다(단, **발광다이오드**는 제외).
(3) 누전화재의 발생을 표시하는 표시등(누전등)이 설치된 것은 등이 켜질 때 적색으로 표시되어야 하며, 누전화재가 발생한 경계전로의 위치를 표시하는 표시등(지구등)과 기타의 표시등은 다음과 같아야 한다.
  ㉠ 지구등은 적색으로 표시(이 경우 누전등이 설치된 수신부의 지구등은 적색 외의 색으로도 표시)
  ㉡ 기타의 표시등은 적색 외의 색으로 표시(단, 누전등 및 지구등과 쉽게 구별할 수 있도록 부착된 기타의 표시등은 적색으로도 표시)
(4) 주위의 밝기가 300lx인 장소에서 측정하여 앞면으로부터 3m 떨어진 곳에서 켜진 등이 확실히 식별될 것

① 110% → 130%
② 직렬 → 병렬
④ 1.5m → 3m

비교

유도등·비상조명등	전 구
상용전원전압의 110%	사용전압의 130%

답 ③

80 ★★★
[17.05.문73]
[16.10.문74]
[14.05.문79]
비상콘센트설비 전원의 설치기준 중 다음 (   ) 안에 알맞은 것은?

지하층을 (㉠)한 층수가 7층 이상으로서 연면적이 (㉡)m² 이상이거나 지하층의 바닥면적의 합계가 (㉢)m² 이상인 특정소방대상물의 비상콘센트설비에는 자가발전설비, 비상전원수전설비, 축전지설비 또는 전기저장장치를 비상전원으로 설치할 것

① ㉠ 포함, ㉡ 1000, ㉢ 2000
② ㉠ 포함, ㉡ 2000, ㉢ 3000
③ ㉠ 제외, ㉡ 1000, ㉢ 2000
④ ㉠ 제외, ㉡ 2000, ㉢ 3000

해설 **비상콘센트설비의 비상전원 설치대상**(NFPC 504 4조, NFTC 504 2.1.1.2)
(1) **지**하층을 제외한 **7**층 이상으로 연면적 **2000m²** 이상
(2) 지하층의 바닥면적 합계 **3000m²** 이상

기억법 지7콘2

답 ④

2018. 9. 15 시행

2018년 산업기사 제4회 필기시험

자격종목	종목코드	시험시간	형별
소방설비산업기사(전기분야)		2시간	

※ 각 문항은 4지택일형으로 질문에 가장 적합한 보기 항을 선택하여 체크하여야 합니다.

제1과목 소방원론

01 사염화탄소를 소화약제로 사용하지 않는 이유에 대한 설명 중 옳은 것은?
① 폭발의 위험성이 있기 때문에
② 유독가스의 발생위험이 있기 때문에
③ 전기전도성이 있기 때문에
④ 공기보다 비중이 작기 때문에

해설 Halon 104인 **사염화탄소**(CCl_4)를 화재시에 사용하면 **유독가스**인 **포스겐**($COCl_2$)이 발생한다.

※ 연소생성물 중 가장 독성이 큰 것은 **포스겐**($COCl_2$)이다.

기억법 유사

중요

물질의 특성

물 질	설 명
포스겐($COCl_2$)	독성이 매우 강한 가스로서 소화제인 **사염화탄소**(CCl_4)를 화재시에 사용할 때도 발생한다.
황화수소(H_2S)	**달걀 썩는 냄새**가 나는 특성이 있다.
일산화탄소(CO)	화재시 흡입된 일산화탄소(CO)의 화학적 작용에 의해 **헤모글로빈**(Hb)이 혈액의 산소운반작용을 저해하여 사람을 질식·사망하게 한다.
이산화탄소(CO_2)	연소가스 중 **가장 많은 양**을 차지한다.

답 ②

02 연소범위에 대한 설명으로 틀린 것은?
① 연소범위에는 상한과 하한이 있다.
② 연소범위의 값은 공기와 혼합된 가연성 기체의 체적농도로 표시된다.
③ 연소범위의 값은 압력과 무관하다.
④ 연소범위는 가연성 기체의 종류에 따라 다른 값을 갖는다.

해설 ③ 무관하다. → 관계있다.

연소범위
(1) 연소하한과 연소상한의 범위를 나타낸다.(상한과 하한의 값을 가지고 있다.)
(2) **연소하한**이 **낮을수록** 발화위험이 높다.
(3) **연소범위**가 **넓을수록** 발화위험이 높다.(연소범위가 넓을수록 연소위험성은 높아진다.)
(4) 연소범위는 주위온도와 관계가 있다.(동일 물질이라도 환경에 따라 연소범위가 달라질 수 있다.)
(5) 연소범위의 하한은 그 물질의 **인화점**에 해당된다.
(6) **압력상승**시 **연소하한**은 **불변**, **연소상한**만 **상승**한다.
(7) 연소에 필요한 혼합가스의 농도를 말한다.
(8) 연소범위의 값은 공기와 혼합된 가연성 기체의 체적농도로 표시된다.
(9) 연소범위는 가연성 기체의 종류에 따라 다른 값을 갖는다.

- 연소한계=연소범위=폭발한계=폭발범위=가연한계=가연범위
- 연소하한=하한계
- 연소상한=상한계

답 ③

03 실험군 쥐를 15분 동안 노출시켰을 때 실험군의 절반이 사망하는 치사농도는?
① ODP
② GWP
③ NOAEL
④ ALC

해설 ALC(Approximate Lethal Concentration, **치사농도**)
(1) 실험쥐의 **50%**를 15분 이내에 사망시킬 수 있는 허용농도
(2) 실험쥐를 15분 동안 노출시켰을 때 실험쥐의 **절반**이 사망하는 치사농도

중요

독성학의 허용농도
(1) LD_{50}과 LC_{50}

LD_{50}(Lethal Dose, 반수치사량)	LC_{50}(Lethal Concentration, 반수치사농도)
실험쥐의 50%를 사망시킬 수 있는 물질의 양	실험쥐의 50%를 사망시킬 수 있는 물질의 농도

(2) LOAEL과 NOAEL

LOAEL(Lowest Observed Adverse Effect Level)	NOAEL(No Observed Adverse Effect Level)
인간의 심장에 영향을 주는 최소농도	인간의 심장에 영향을 주지 않는 최대농도

(3) TLV(Threshold Limit Values, 허용한계농도)
독성 물질의 섭취량과 인간에 대한 그 반응 정도를 나타내는 관계에서 손상을 입지 않는 농도 중 가장 큰 값

TLV 농도표시법	정의
TLV-TWA (시간가중 평균농도)	매일 일하는 근로자가 하루에 8시간씩 근무할 경우 근로자에게 노출되어도 아무런 영향을 주지 않는 최고평균농도
TLV-STEL (단시간 노출허용농도)	단시간 동안 노출되어도 유해한 증상이 나타나지 않는 최고허용농도
TLV-C (최고 허용한계농도)	단 한순간이라도 초과하지 않아야 하는 농도

답 ④

04 다음 중에서 전기음성도가 가장 큰 원소는?
① B ② Na
③ O ④ Cl

해설 전기음성도

원소	전기음성도
Na(나트륨)	0.9
B(붕소)	2
Cl(염소)	3
O(산소)	3.5

중요 할론소화약제

부촉매효과(소화능력) 크기	전기음성도(친화력) 크기
I > Br > Cl > F	F > Cl > Br > I

여기서, I : 아이오딘, Br : 브로민, Cl : 염소, F : 불소

답 ③

05 프로판가스의 공기 중 폭발범위는 약 몇 vol%인가?
① 2.1~9.5 ② 15~25.5
③ 20.5~32.1 ④ 33.1~63.5

해설 (1) 공기 중의 폭발범위(상온 1atm)

가스	하한계 [vol%]	상한계 [vol%]
아세틸렌(C_2H_2)	2.5	81
수소(H_2)	4	75
일산화탄소(CO)	12	75
에틸렌(C_2H_4)	2.7	36
암모니아(NH_3)	15	25
메탄(CH_4)	5	15
에탄(C_2H_6)	3	12.4
프로판(C_3H_8)	2.1	9.5
부탄(C_4H_{10})	1.8	8.4

기억법
아 25 81(이오 팔 하나)
수 4 75(수사 후 치료하세요.)
일 12 75
에 27 36
암 15 25
메 5 15
에 3 124
프 21 95(둘 하나 구오)
부 18 84(부자의 일반적인 팔자)

(2) 폭발한계와 같은 의미
㉠ 폭발범위
㉡ 연소한계
㉢ 연소범위
㉣ 가연한계
㉤ 가연범위

답 ①

06 실 상부에 배연기를 설치하여 연기를 옥외로 배출하고 급기는 자연적으로 하는 제연방식은?
① 제2종 기계제연방식
② 제3종 기계제연방식
③ 스모크타워 제연방식
④ 제1종 기계제연방식

해설 제연방식의 종류
(1) 자연제연방식 : 건물에 설치된 창
(2) 스모크타워 제연방식
(3) 기계제연방식
 ㉠ 제1종 : 송풍기+배연기
 ㉡ 제2종 : 송풍기
 ㉢ 제3종 : 배연기

• 기계제연방식=강제제연방식=기계식 제연방식

용어 제3종 기계제연방식
실 상부에 배연기를 설치하여 연기를 옥외로 배출하고 급기는 자연적으로 하는 제연방식

답 ②

07 화재하중에 주된 영향을 주는 것은?
① 가연물의 온도 ② 가연물의 색상
③ 가연물의 양 ④ 가연물의 융점

해설 화재하중과 관계있는 것
(1) 단위면적
(2) 발열량
(3) 가연물의 중량(가연물의 양)

중요

화재하중(kg/m² 또는 N/m²)
(1) 일반건축물에서 가연성의 건축구조와 가연성 수용물의 양으로서 건물화재시 **발열량** 및 **화재위험성**을 나타내는 용어
(2) 가연물 등의 연소시 건축물의 붕괴 등을 고려하여 설계하는 하중
(3) 화재실 또는 화재구역의 단위면적당 **가연물의 양**
(4) 건물화재에서 가열온도의 정도를 의미
(5) 건물의 내화설계시 고려되어야 할 사항
(6) 화재하중의 식

$$q = \frac{\Sigma G H_1}{H_0 A} = \frac{\Sigma Q}{4500 A}$$

여기서, q : 화재하중(kg/m²)
G : 가연물의 양(kg)
H_1 : 가연물의 단위중량당 발열량(kcal/kg)
H_0 : 목재의 단위중량당 발열량(kcal/kg)
A : 바닥면적(m²)
ΣQ : 가연물의 전체발열량(kcal)

답 ③

08 출화의 시기를 나타낸 것 중 옥외출화에 해당되는 것은?
① 목재사용 가옥에서는 벽, 추녀 밑의 판자나 목재에 발염착화한 때
② 불연벽체나 칸막이 및 불연천장인 경우 실내에서는 그 뒤판에 발염착화한 때
③ 보통가옥 구조시에는 천장판의 발염착화한 때
④ 천장 속, 벽 속 등에서 발염착화한 때

해설 ②, ③, ④ 옥내출화

옥외출화	옥내출화
① **창·출입구** 등에 **발염착화**한 경우 ② 목재사용 가옥에서는 **벽·추녀 밑**의 판자나 목재에 **발염착화**한 경우	① **천장 속·벽 속** 등에서 **발염착화**한 경우 ② 가옥 구조시에는 천장판에 **발염착화**한 경우 ③ 불연벽체나 칸막이의 불연천장인 경우 실내에서는 그 뒤판에 **발염착화**한 경우

기억법 외창출

답 ①

09 전기화재의 발생원인이 아닌 것은?
① 누전　② 합선
③ 과전류　④ 마찰

해설 ④ 마찰 : 기계적 원인

전기화재를 일으키는 원인
(1) 단락(**합선**)에 의한 발화(배선의 **단락**)
(2) 과부하(**과전류**)에 의한 발화(**과부하**에 의한 발열)
(3) 절연저항 감소(**누전**)에 의한 발화
(4) 전열기기 과열에 의한 발화
(5) 전기불꽃에 의한 발화
(6) 용접불꽃에 의한 발화
(7) 낙뢰에 의한 발화
(8) **정전기**로 인한 스파크 발생

답 ④

10 위험물의 종류에 따른 저장방법 설명 중 틀린 것은?
① 칼륨 - 경유 속에 저장
② 아세트알데하이드 - 구리용기에 저장
③ 이황화탄소 - 물속에 저장
④ 황린 - 물속에 저장

해설 사용금지

물질	사용금지
• 산화프로필렌(CH₃CHCH₂O) • 아세트알데하이드(CH₃CHO) • 아세틸렌(C₂H₂)	• 구리(Cu) • 마그네슘(Mg) • 은(Ag) • 수은(Hg) — 사용금지

비교

저장물질	
위험물	저장장소
황린, 이황화탄소(CS₂)	• 물속
나이트로셀룰로오스	• 알코올 속
칼륨(K), 나트륨(Na), 리튬(Li)	• 석유류(등유·경유) 속
아세틸렌(C₂H₂)	• 디메틸포름아미드(DMF) • 아세톤

답 ②

11 소화에 대한 설명 중 틀린 것은?
① 질식소화에 필요한 산소농도는 가연물과 소화약제의 종류에 따라 다르다.
② 억제소화는 자유활성기(free radical)에 의한 연쇄반응을 차단하는 물리적인 소화방법이다.
③ 액체 이산화탄소나 할론의 냉각소화효과는 물보다 아주 작다.
④ 화염을 금속망이나 소결금속 등의 미세한 구멍으로 통과시켜 소화하는 화염방지기(flame arrester)는 냉각소화를 이용한 안전장치이다.

해설 ② 물리적인 → 화학적인

물리적 소화와 화학적 소화

물리적 작용에 의한 소화	화학적 작용에 의한 소화
• 냉각소화 • 질식소화 • 제거소화 • 희석소화	억제소화 기억법 억화(억화 감정)

중요

소화의 형태

구 분	설 명
냉각소화	• 다량의 물 등을 이용하여 **점화원**을 냉각시켜 소화하는 방법 • **물**의 **증발잠열**을 이용한 주요 소화작용
질식소화	공기 중의 **산소농도**를 **16%**(10~15%) 이하로 희박하게 하여 소화하는 방법
제거소화	가연물을 제거하여 소화하는 방법
억제소화 (화학소화, 부촉매효과)	• **연쇄반응**을 차단하여 소화하는 방법, **억제작용**이라고도 함 • **자유활성기**(free radical)에 의한 연쇄반응을 차단하는 화학적인 소화방법
희석소화	고체 · 기체 · 액체에서 나오는 **분해가스**나 증기의 농도를 낮추어 연소를 중지시키는 방법
유화소화	물을 무상으로 방사하여 유류표면에 **유화층**의 **막**을 형성시켜 공기의 접촉을 막아 소화하는 방법
피복소화	비중이 공기의 **1.5배** 정도로 무거운 소화약제를 방사하여 가연물의 구석구석까지 침투 · 피복하여 소화하는 방법

답 ②

12 제4류 위험물을 취급하는 위험물제조소에 설치하는 게시판의 주의사항으로 옳은 것은?

16.03.문46
14.09.문57
13.03.문09
13.03.문20

① 화기엄금
② 물기주의
③ 화기주의
④ 충격주의

해설 **위험물규칙〔별표 4〕**
위험물제조소의 게시판 설치기준

위험물	주의 사항	비 고
• 제1류 위험물(알칼리금속의 과산화물) • 제3류 위험물(금수성 물질)	물기 엄금	**청색**바탕에 **백색**문자
• 제2류 위험물(인화성 고체 제외)	화기 주의	**적색**바탕에 **백색**문자
• 제2류 위험물(인화성 고체) • 제3류 위험물(자연발화성 물질) • 제**4**류 위험물 • 제**5**류 위험물	화기 엄금	
제6류 위험물		별도의 표시를 하지 않는다.

기억법 화4엄(화사함), 화엄적백

답 ①

13 가연성 물질 종류에 따른 연소생성 가스의 연결이 틀린 것은?

17.09.문20
10.05.문16

① 탄화수소류 - 이산화탄소
② 셀룰로이드 - 질소산화물
③ PVC - 암모니아
④ 레이온 - 아크롤레인

해설 **PVC 연소시 생성 가스**
(1) HCl(염화수소, 부식성 가스)
(2) CO_2(이산화탄소)
(3) CO(일산화탄소)

기억법 PHCC

답 ③

14 실내에 화재가 발생하였을 때 그 실내의 환경변화에 대한 설명 중 틀린 것은?

16.10.문17
01.03.문03

① 압력이 내려간다.
② 산소의 농도가 감소한다.
③ 일산화탄소가 증가한다.
④ 이산화탄소가 증가한다.

해설 ① 밀폐된 내화건물의 실내에 화재가 발생하면 **압력**(기압)이 **상승**한다.

답 ①

15 이산화탄소소화약제를 방출하였을 때 방호구역 내에서 산소농도가 18vol%가 되기 위한 이산화탄소의 농도는 약 몇 vol%인가?

17.09.문12
16.10.문06

① 3
② 7
③ 6
④ 14

해설 **이산화탄소의 농도**

$$CO_2 = \frac{21-O_2}{21} \times 100$$

여기서, CO_2 : CO_2의 농도〔vol%〕
O_2 : O_2의 농도〔vol%〕

$$CO_2 = \frac{21-O_2}{21}\times 100$$
$$= \frac{21-18}{21}\times 100 = 14.28 ≒ 14\text{vol}\%$$

중요
이산화탄소소화설비와 관련된 식

$$CO_2 = \frac{방출가스량}{방호구역체적+방출가스량}\times 100$$
$$= \frac{21-O_2}{21}\times 100$$

여기서, CO_2 : CO_2의 농도[vol%]
O_2 : O_2의 농도[vol%]

$$방출가스량 = \frac{21-O_2}{O_2}\times 방호구역체적$$

여기서, O_2 : O_2의 농도[vol%]

- 단위가 원래는 vol% 또는 vol.%인데 줄여서 %로 쓰기도 한다.

용어

%	vol%(vol.%, v%)
수를 100의 비로 나타낸 것	어떤 공간에 차지하는 부피를 백분율로 나타낸 것
50%	공기 50vol% / 50vol%
50%	50vol%

답 ④

16 제1류 위험물 중 과산화나트륨의 화재에 가장 적합한 소화방법은?
08.09.문10
① 다량의 물에 의한 소화
② 마른모래에 의한 소화
③ 포소화기에 의한 소화
④ 분무상의 주수소화

해설 ② 무기과산화물(과산화나트륨) : **마른모래**에 의한 소화

소화방법

구 분	소화방법
제1류	물에 의한 **냉각소화**(단, 무기과산화물은 마른모래 등에 의한 질식소화)
제2류	물에 의한 **냉각소화**(단, **황화인·철분·마그네슘·금속분**은 마른모래 등에 의한 질식소화)
제3류	**마른모래** 등에 의한 질식소화
제4류	포·분말·CO_2·할론소화약제에 의한 **질식소화**
제5류	화재 초기에만 대량의 물에 의한 **냉각소화**(단, 화재가 진행되면 자연진화 되도록 기다릴 것)
제6류	마른모래 등에 의한 **질식소화**(단, 과산화수소는 다량의 **물**로 **희석소화**)

답 ②

17 고비점 유류의 화재에 적응성이 있는 소화설비는?
① 옥내소화전설비
② 옥외소화전설비
③ 미분무설비
④ 연결송수관설비

해설 **고비점 유류화재**의 적응성
(1) 미분무소화설비(미분무설비)
(2) 물분무소화설비
(3) 포소화설비

답 ③

18 분말소화약제 원시료의 중량 50g을 12시간 건조한 후 중량을 측정하였더니 49.95g이고, 24시간 건조한 후 중량을 측정하였더니 49.90g이었다. 수분함수율은 몇 %인가?
① 0.1
② 0.15
③ 0.2
④ 0.25

해설 (1) 기호
- W_1 : 50g
- W_2 : 49.90g
- M : ?

(2) 분말소화약제 수분함수율

$$M = \frac{W_1-W_2}{W_1}\times 100$$

여기서, M : 수분함유율[%]
W_1 : 원시료의 중량[g]
W_2 : 24시간 건조 후의 시료중량[g]

수분함수율 M은
$$M = \frac{W_1-W_2}{W_1}\times 100$$
$$= \frac{50\text{g}-49.90\text{g}}{50\text{g}}\times 100$$
$$= 0.2\%$$

중요
분말소화약제 수분함수율
상대습도가 **50%** 이하인 대기 중에서 시료를 칭량하여 농도가 **95~98%**인 진한 황산을 건조제로 사용하고 내부온도가 **18~24℃**인 데시케이터에 24시간 놓아둔 후 칭량하여 계산한 수분함유율이 **0.2wt%** 이하일 것

비교

흡습률
온도가 30±2°C이고 상대습도가 60%인 항온항습조 등에 48시간 놓아둔 후 칭량하고, 다시 온도가 30±2°C이고 상대습도가 80%인 항온항습조 등에 48시간 놓아둔 후 칭량하여 다음 수식으로 계산한 흡습률이 **중탄산나트륨**이 주성분인 것은 0.2wt%, **중탄산칼륨**이 주성분인 것은 **2wt%**, **인산염류** 등이 주성분인 것은 **1.5wt%** 이하일 것

$$M = \frac{100(W_2 - W_1)}{W_1}$$

여기서, M : 흡습률[%]
  W_1 : 온도 30±2°C, 상대습도 60%인 항온항습조 등에 48시간 놓아둔 후의 시료의 중량[g]
  W_2 : 온도 30±2°C, 상대습도 80%인 항온항습조 등에 48시간 놓아둔 후의 시료의 중량[g]

답 ③

19 실내화재시 연기의 이동과 관련이 없는 것은?

① 건물 내·외부의 온도차
② 공기의 팽창
③ 공기의 밀도차
④ 공기의 모세관현상

해설 ④ 관계없음

연기를 **이동**시키는 요인
(1) **연돌**(굴뚝)**효과**(공기의 밀도차)
(2) 외부에서의 **풍력**의 영향
(3) 온도상승에 의한 증기 **팽창**[온도상승에 따른 기체(공기)의 팽창]
(4) 건물 내에서의 강제적인 공기이동(공조설비)
(5) 건물 내외의 **온도차**(기후조건)
(6) 비중차
(7) **부력**

용어

굴뚝효과
건물 내의 연기가 압력차 또는 밀도차에 의하여 순식간에 이동하여 상층부로 상승하거나 외부로 배출되는 현상

답 ④

20 제3류 위험물로 금수성 물질에 해당하는 것은?

① 탄화칼슘   ② 황
③ 황린   ④ 이황화탄소

해설 ② 제2류 위험물
③ 제3류 위험물(자연발화성 물질)
④ 제4류 위험물(특수인화물)

위험물령 〔별표 1〕
위험물

유별	성질	품명
제1류	산화성 고체	• 아염소산염류 • 염소산염류 • 과염소산염류 • 질산염류 • 무기과산화물
제2류	가연성 고체	• **황**화인 • **적**린 • **황** • **마**그네슘 기억법 황화적황마
제3류	자연발화성 물질	**황**린(P_4)
제3류	금수성 물질	• **칼**륨(K) • **나**트륨(Na) • **알**킬알루미늄 • 알킬리튬 • **칼**슘 또는 알루미늄의 탄화물류(**탄화칼슘**=CaC_2) 기억법 황칼나알칼
제4류	인화성 액체	• 특수인화물(이황화탄소) • 알코올류 • 석유류 • 동식물유류
제5류	자기반응성 물질	• 나이트로화합물 • 유기과산화물 • 나이트로소화합물 • 아조화합물 • 질산에스터류(셀룰로이드)
제6류	산화성 액체	• 과염소산 • 과산화수소 • 질산

답 ①

제2과목 소방전기일반

21 평행판콘덴서에서 판 사이의 거리를 $\frac{1}{2}$로 하고 판의 면적을 2배로 하면 그 정전용량은 몇 배인가?

① $\frac{1}{2}$ ② 2
③ 3   ④ 4

해설 정전용량(electrostatic capacity)

$$C = \frac{\varepsilon A}{d}$$

여기서, C : 정전용량[F]
  A : 극판의 면적[m^2]
  d : 극판간의 간격(거리)[m]
  ε : 유전율($\varepsilon = \varepsilon_0 \cdot \varepsilon_s$)[F/m]

판 사이의 **거리**를 $\frac{1}{2}$로, **면적**을 2배로 하면

정전용량 C'는
$$C' = \frac{\varepsilon A'}{d'} = \frac{\varepsilon 2A}{\frac{1}{2}d} = 4\frac{\varepsilon A}{d} \text{(4배)}$$

• 정전용량=커패시턴스(capacitance)

답 ④

22
60Hz에서 3Ω의 리액턴스를 갖는 자기인덕턴스 값은 약 몇 mH인가?

① 8   ② 10
③ 12   ④ 14

해설 유도리액턴스
$$X_L = \omega L = 2\pi f L$$

여기서, X_L : 유도리액턴스[Ω]
  ω : 각주파수[rad/s]
  L : 인덕턴스[H]
  f : 주파수[Hz]

인덕턴스 L은
$$L = \frac{X_L}{2\pi f} = \frac{3}{2\pi \times 60} \approx 8 \times 10^{-3}\text{H} = 8\text{mH}$$

• $1 \times 10^{-3}\text{H} = 1\text{mH}$이므로 $8 \times 10^{-3}\text{H} = 8\text{mH}$

비교

용량리액턴스
$$X_C = \frac{1}{\omega C} = \frac{1}{2\pi f C}$$

여기서, X_C : 용량리액턴스[Ω]
  ω : 각주파수[rad/s]
  C : 정전용량(커패시턴스)[F]
  f : 주파수[Hz]

답 ①

23
임피던스 $16+j12$Ω에 $26+j40$V의 전압을 인가할 때 유효전력은 몇 W인가?

① 58.26   ② 91.04
③ 113.8   ④ 227.6

해설 (1) 임피던스
$$Z = R + jX = \sqrt{R^2 + X^2}$$

여기서, Z : 임피던스[Ω]
  R : 저항[Ω]
  X : 리액턴스[Ω]

임피던스 Z는
$$Z = R + jX = \sqrt{R^2 + X^2}$$
$$= 16 + j12 = \sqrt{16^2 + 12^2} = 20\text{Ω}$$

(2) 전류
$$I = \frac{V}{Z}$$

여기서, I : 전류[A]
  V : 전압[V]
  Z : 임피던스[Ω]

전류 I는
$$I = \frac{V}{Z} = \frac{\sqrt{26^2 + 40^2}}{20} \approx 2.385\text{A}$$

(3) 유효전력(소비전력)
$$P = I^2 R$$

여기서, P : 유효전력[W]
  I : 전류[A]
  R : 저항[Ω]

유효전력 P는
$$P = I^2 R = 2.385^2 \times 16 \approx 91.04\text{W}$$

비교

무효전력
$$P_r = I^2 X$$

여기서, P_r : 무효전력[Var]
  I : 전류[A]
  X : 리액턴스[Ω]

무효전력 P_r는
$$P_r = I^2 X = 2.385^2 \times 12 \approx 68.3\text{Var}$$

답 ②

24
3상 유도전동기의 동기속도와 관련 있는 사항은?

① 전동기의 용량   ② 전동기의 극수
③ 전원전압   ④ 부하전류

해설 동기속도
$$N_s = \frac{120f}{P}$$

여기서, N_s : 동기속도[rpm]
  f : 주파수[Hz]
  P : 극수

※ 동기속도(N_s)는 극수(P)·주파수(f)와 관련이 있다.

비교

회전속도
$$N = \frac{120f}{P}(1-S)$$

여기서, N : 회전속도[rpm]
  f : 주파수[Hz]
  P : 극수
  S : 슬립(Slip)

※ **슬립(Slip)** : 유도전동기의 **회전자속도**에 대한 **고정자**가 만든 **회전자계**의 **늦음**의 정도를 말하며, 평상운전에서 슬립은 4~8% 정도가 되며 슬립이 클수록 회전속도는 느려진다.

답 ②

25 변압기 결선시 제3고조파가 발생하는 것은?
① △ - Y
② △ - △
③ Y - Y
④ Y - △

해설 제3고조파
(1) 변압기 **여자전류**에 가장 많이 포함된 고조파이다.
(2) 변압기 1, 2차 결선 중 **△결선**이 없는 경우에만 발생한다.
(3) **Y-Y결선**에서 발생한다.

답 ③

26 다음 그림의 블록선도에서 전달함수 $\frac{C}{R}$는?

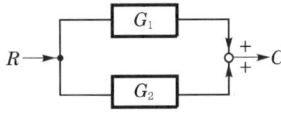

① $\frac{G_1}{G_2}$
② $G_1 + G_2$
③ $G_1 \cdot G_2$
④ $G_1 - G_2$

해설
$RG_1 + RG_2 = C$
$R(G_1 + G_2) = C$
$G_1 + G_2 = \frac{C}{R}$
$\frac{C}{R} = G_1 + G_2$

용어
전달함수
모든 초기값을 0으로 하였을 때 출력신호의 라플라스 변환과 입력신호의 라플라스변환의 비

답 ②

27 트랜지스터의 특성에 대한 설명으로 틀린 것은?
① 소형이다.
② 수명이 길다.
③ 저전압, 소전력으로 동작한다.
④ 고온에 잘 견디며 온도 특성이 양호하다.

해설 트랜지스터(transistor)의 특성
(1) 실리콘 또는 게르마늄 **반도체**를 이용한 소자이다.
(2) **증폭용**으로 사용한다.
(3) PNP 또는 NPN 접합으로 이루어진 3단자 반도체소자이다.
(4) **소형**이다.
(5) **수명**이 **길다**.
(6) **저전압, 소전력**으로 동작한다.
(7) 고온에 약하다.

④ 잘 견디며 → 약하며, 양호 → 불량

｜트랜지스터

답 ④

28 정격 500W 전열기에 정격전압의 80%를 인가하면 전력은 몇 W인가?
① 320
② 400
③ 560
④ 620

해설 전력

$$P = VI = I^2 R = \frac{V^2}{R}$$

여기서, P : 전력(W)
V : 전압(V)
I : 전류(A)
R : 저항(Ω)

정격전압을 100V라고 가정하면,
저항 R은
$R = \frac{V^2}{P} = \frac{100^2}{500} = 20 \, \Omega$

80%의 전압사용시 **소비전력** P'는
$P' = \frac{V^2}{R} = \frac{80^2}{20} = 320W$

답 ①

29 계기용 변류기의 2차측 표준전류는 일반적으로 몇 A인가?
① 1
② 2
③ 3
④ 5

해설 변류기

구 분	설 명
2차 부담의 단위	VA
2차 전류의 표준	5A

※ 전류계 교환시에는 변류기 2차측을 반드시 **단락**하여야 한다. 만약, 개방할 경우 2차측에 **고압**이 **유발**되어 변류기의 소손우려가 있다.

답 ④

30. 다음 그림과 같은 논리회로의 명칭은?

A ─▷○─ X

① AND ② NOR
③ NOT ④ NAND

해설 논리회로

명칭	논리회로	진리표(진가표)
AND 게이트	$X = A \cdot B$	A B X / 0 0 0 / 0 1 0 / 1 0 0 / 1 1 1
OR 게이트	$X = A + B$	A B X / 0 0 0 / 0 1 1 / 1 0 1 / 1 1 1
NOT 게이트	$X = \overline{A}$	A X / 0 1 / 1 0
NAND 게이트	$X = \overline{A \cdot B}$	A B X / 0 0 1 / 0 1 1 / 1 0 1 / 1 1 0
NOR 게이트	$X = \overline{A + B}$	A B X / 0 0 1 / 0 1 0 / 1 0 0 / 1 1 0
EXCLUSIVE OR 게이트	$X = A \oplus B = \overline{A}B + A\overline{B}$	A B X / 0 0 0 / 0 1 1 / 1 0 1 / 1 1 0
EXCLUSIVE NOR 게이트	$X = \overline{A \oplus B} = AB + \overline{A}\,\overline{B}$	A B X / 0 0 1 / 0 1 0 / 1 0 0 / 1 1 1

답 ③

31. RLC 병렬회로에서 인가된 전압이 E[V]이고, 회로에 흐르는 전류가 I[A]일 때 틀린 것은?

① 유도성 회로는 I가 E보다 위상이 앞선다.
② 용량성 회로는 I가 E보다 위상이 앞선다.
③ 용량성 회로는 $X_L > X_C$인 경우이다.
④ 유도성 회로는 $X_L < X_C$인 경우이다.

해설

RLC 병렬회로	RLC 직렬회로
① 용량성 회로: I는 E보다 위상이 앞선다.	① 용량성 회로: I는 E보다 위상이 앞선다.
② 유도성 회로: I는 E보다 위상이 뒤진다.	② 유도성 회로: I는 E보다 위상이 뒤진다.
③ 용량성 회로: $X_L > X_C$	③ 용량성 회로: $X_L < X_C$
④ 유도성 회로: $X_L < X_C$	④ 유도성 회로: $X_L > X_C$

답 ①

32. 다음 그림과 같은 회로에서 다이오드 양단의 전압 V_D는 몇 V인가? (단, 이상적인 다이오드이다.)

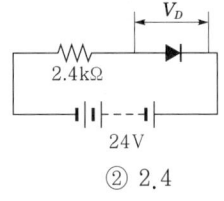

① 0 ② 2.4
③ 10 ④ 24

해설 건전지의 극성과 다이오드(diode)의 극성이 서로 반대로 연결되어 있으므로 다이오드 양단에는 거의 24V가 인가된다.

참고 다이오드 양단의 전압

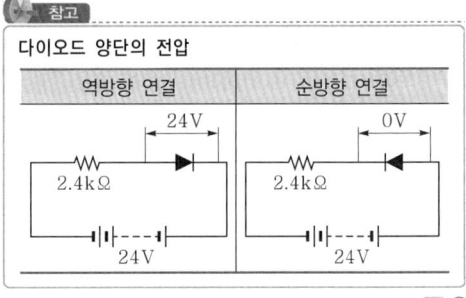

역방향 연결	순방향 연결
24V	0V

답 ④

33. 온도, 유량, 압력 등의 공업프로세스의 상태를 제어량으로 하는 제어는?

① 서보기구 ② 프로그램제어
③ 정치제어 ④ 프로세스제어

해설 제어량에 의한 분류

프로세스제어	서보기구	자동조정
• 유량 • 압력 • 액위(액면) • 농도 • 밀도 • 온도	• 위치 • 방위 • 자세	• 전압 • 전류 • 주파수 • 회전속도 • 장력
기억법 프온압유액	기억법 서위방자	기억법 자전주회장

답 ④

- 프로세스제어＝공정제어

참고

사용되는 제어방식의 예

제어	제어방식의 예
추종제어 (follow-up control)	대공포의 포신
프로세스제어 (process control)	• 석유공업 • 화학공업
프로그램제어 (program control)	• 무인 조종되는 소방용 승강기 • 열차의 무인운전
정치제어 (fixed value control)	• 연속식 압연기 • 항온조의 온도제어
시퀀스제어 (sequence control)	무인커피판매기

※ **프로그램제어**(program control) : 목표값이 **미리 정해진 시간적 변화**를 하는 경우 제어량을 그것에 추종시키기 위한 제어

답 ④

34 PID 동작에 해당되는 것은?

19.04.문27
15.03.문34
14.05.문26
11.03.문29
10.05.문33

① 응답속도를 빨리할 수 있으나 오프셋은 제거되지 않는다.
② 사이클링을 제거할 수 있으나 오프셋이 생긴다.
③ 사이클링과 오프셋이 제거되고 응답속도가 빠르며, 안정성이 있다.
④ 오프셋은 제거되나 제어동작에 큰 부동작시간이 있으면 응답이 늦어진다.

해설 연속제어

구분	설명
비례제어(P동작)	잔류편차가 있는 제어
적분제어(I동작)	잔류편차를 제거하기 위한 제어
비례적분제어(PI동작)	간헐현상이 있는 제어 기억법 비적간
비례적분미분제어(PID동작)	• 간헐현상을 제거하기 위한 제어 • 사이클링과 오프셋이 제거되는 제어 • 응답속도가 빠르고 안정성이 있음 • 정상 특성과 응답의 속응성을 동시에 개선시키기 위한 제어 기억법 PID 사오

중요

제어동작에 의한 분류

연속제어(연속동작)	불연속제어 (불연속동작)
• 비례제어(P동작) • 미분제어(D동작) • 적분제어(I동작) • 비례적분제어(PI동작) • 비례적분미분제어(PID동작)	• 2위치제어 (ON-OFF동작) • 샘플값제어

답 ③

35 저항 1Ω, 자기인덕턴스 10H의 코일에 10V의 직류전압을 인가하는 순간전류 증가율은 몇 A/s 인가?

11.06.문32

① 1
② 10
③ 100
④ 1000

해설 RL 직렬회로(스위치 S를 닫을 때)

$$i = \frac{E}{R}\left(1 - e^{-\frac{R}{L}t}\right)$$

여기서, i : 전류[A]
E : 전압[V]
R : 저항[Ω]
e : 자연대수
t : 시간[s]
L : 인덕턴스[H]

순간전류 증가율 $\frac{di}{dt}$ 는

$$\frac{di}{dt} = \frac{E}{\cancel{R}} \cdot \frac{\cancel{R}}{L} e^{-\frac{R}{L}t} \leftarrow 미분$$

$$= \frac{E}{L} e^{-\frac{R}{L}t} = \frac{10}{10} e^{-\frac{1}{10} \times 0} = 1 \text{A/sec}$$

• 직류전압을 인가하는 순간은 $t=0$인 상태

중요

RL 직렬회로

스위치 S를 닫을 때	스위치 S를 열 때
• 전류 $i = \frac{E}{R}\left(1 - e^{-\frac{R}{L}t}\right)$[A] • 시정수 : $\tau = \frac{L}{R}$[S]	• 전류 $i = -\frac{E}{R} e^{-\frac{R}{L}t}$[A] • 시정수 : $\tau = \frac{L}{R}$[S]

여기서, E : 전압[V], R : 저항[Ω]
e : 자연대수, L : 인덕턴스[H]
t : 시간[s]

※ **자연대수** : $e = 2.718281$을 밑으로 하는 대수

답 ①

36 ★★★ 실리콘제어 정류소자(SCR)의 성질로 틀린 것은?

① P-N-P-N의 구조로 되어 있다.
② 소용량 정류기에 적합하다.
③ 특성곡선에 부저항부분이 있다.
④ 조명제어, 전동기제어 등의 스위칭소자로 사용된다.

해설 실리콘제어 정류소자(SCR)의 성질
(1) P-N-P-N의 **4층 구조**로 되어 있다.
(2) OFF 상태의 저항은 매우 **높다**.
(3) 특성곡선에 **부저항**부분이 있다.
(4) **게이트전류**를 바꿈으로써 **출력전압**을 조정할 수 있다.
(5) 스위칭소자로 사용된다.
(6) **직류** 및 **교류**의 전력제어용이다.
(7) **단방향성** 사이리스터이다.

② 대용량 정류기에도 적합하다.

답 ②

37 ★★★ 다음 그림과 같은 교류회로의 역률은?

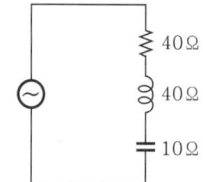

① 0.6 ② 0.7
③ 0.8 ④ 1.0

해설 RLC 직렬회로

$$\cos\theta = \frac{R}{Z} = \frac{R}{\sqrt{R^2+(X_L-X_C)^2}}$$

여기서, $\cos\theta$: 역률 R : 저항[Ω]
Z : 임피던스[Ω] X_L : 유도리액턴스[Ω]
X_C : 용량리액턴스[Ω]

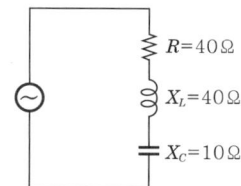

역률 $\cos\theta$는

$$\cos\theta = \frac{R}{\sqrt{R^2+(X_L-X_C)^2}}$$
$$= \frac{40}{\sqrt{40^2+(40-10)^2}} = 0.8$$

비교 RLC 직렬회로의 무효율

$$\sin\theta = \frac{X_L-X_C}{Z} = \frac{X_L-X_C}{\sqrt{R^2+(X_L-X_C)^2}}$$

여기서, $\sin\theta$: 무효율
X_L : 유도리액턴스[Ω]
X_C : 용량리액턴스[Ω]
Z : 임피던스[Ω]
R : 저항[Ω]

답 ③

38 ★★★ 특고압·고압 설비에서 접지도체로 연동선을 사용할 때 공칭단면은 몇 mm² 이상 사용하여야 하는가?

① 2.5 ② 6
③ 10   ④ 16

해설 (1) 접지시스템(KEC 140)

접지 대상	접지시스템 구분	접지시스템 시설 종류	접지도체의 단면적 및 종류
특고압·고압 설비	• 계통접지 : 전력계통의 이상현상에 대비하여 대지와 계통을 접지하는 것	• 단독접지 • 공통접지 • 통합접지	6mm² 이상 연동선
일반적인 경우		**변압기 중성점 접지**	구리 6mm² (철제 50mm²) 이상
변압기	• 보호접지 : 감전보호를 목적으로 기기의 한 점 이상을 접지하는 것 • 피뢰시스템 접지 : 뇌격전류를 안전하게 대지로 방류하기 위해 접지하는 것		16mm² 이상 연동선

(2) 접지도체에 피뢰시스템이 접속되는 경우 접지도체의 단면적(KEC 142.3.1)

구리	철제
16mm² 이상	50mm² 이상

(3) 큰 고장전류가 접지도체를 통하여 흐르지 않을 경우 접지도체의 최소 단면적(KEC 142.3.1)

구리	철제
6mm² 이상	50mm² 이상

답 ②

39 ★ 다음 그림과 같은 교류브리지회로가 평형 상태에 있으려면 L의 값은?

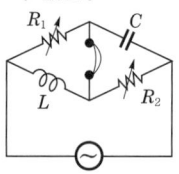

① $\dfrac{R_1+R_2}{C}$ ② $\dfrac{C}{R_1+R_2}$

③ $\dfrac{R_1R_2}{C}$ ④ R_1R_2C

해설 (1) 유도리액턴스

$$X_L = \omega L = 2\pi f L$$

여기서, X_L : 유도리액턴스[Ω]
ω : 각주파수[rad/s]
L : 인덕턴스[H]
f : 주파수[Hz]

(2) 용량리액턴스

$$X_C = \frac{1}{\omega C} = \frac{1}{2\pi f C}$$

여기서, X_C : 용량리액턴스[Ω]
ω : 각주파수[rad/s]
C : 정전용량[F]
f : 주파수[Hz]

(3) 휘트스톤브리지

$$R_1 R_2 = X_L X_C$$

$R_1 R_2 = \omega L \cdot \dfrac{1}{\omega C}$
$R_1 R_2 = L \cdot \dfrac{1}{C}$
$R_1 R_2 C = L$
$L = R_1 R_2 C$

답 ④

40 유도전동기의 종류 중 단상 유도전동기가 아닌 것은?

19.04.문39
17.03.문29
10.09.문39

① 분상기동형 ② 콘덴서기동형
③ 셰이딩코일형 ④ 권선형 유도전동기

해설 기동방식

단상 유도전동기	3상 유도전동기
① 분상기동 보기 ① ② 반발기동 ③ 콘덴서기동 보기 ② ④ 반발유도기동 ⑤ 셰이딩코일기동 보기 ③	① 농형 유도전동기 ② 권선형 유도전동기 보기 ④

④ 3상 유도전동기의 기동방식

중요

(1) 기동토크가 큰 순서(단상 유도전동기)
반발기동형 > 반발유도형 > 콘덴서기동형 > 분상기동형 > 셰이딩코일형

(2) 3상 유도전동기

3상 농형 유도전동기	3상 권선형 유도전동기
① 1차 저항기동법 ② 리액터기동법 ③ Y-△기동법 ④ 콘도르파기동법(콘돌파기동법)	① 2차 저항기동법(2차 저항법) ② 게르게스법

용어

콘도르파기동법
V결선의 단권변압기를 사용하여 전동기의 인가전압을 저하시켜 기동하는 방식

답 ④

제3과목 소방관계법규

41 소방시설 설치 및 관리에 관한 법령에 따른 임시소방시설 중 비상경보장치를 설치하여야 하는 공사의 작업현장의 규모의 기준 중 다음 ( ) 안에 알맞은 것은?

17.09.문54

- 연면적 (㉠)m² 이상
- 지하층 또는 무창층, 이 경우 해당층의 바닥면적이 (㉡)m² 이상인 경우만 해당

① ㉠ 400, ㉡ 150 ② ㉠ 400, ㉡ 600
③ ㉠ 600, ㉡ 150 ④ ㉠ 600, ㉡ 600

해설 소방시설법 시행령〔별표 8〕
임시소방시설을 설치하여야 하는 공사의 종류와 규모

공사 종류	규모
간이소화장치	• 연면적 3000m² 이상 • 지하층, 무창층 또는 **4층** 이상의 층. 바닥면적이 600m² 이상인 경우만 해당
비상경보장치	• 연면적 **400m²** 이상 보기 ㉠ • 지하층 또는 무창층. 바닥면적이 150m² 이상인 경우만 해당 보기 ㉡
간이피난유도선	바닥면적이 150m² 이상인 지하층 또는 무창층의 화재위험작업현장에 설치
소화기	건축허가 등을 할 때 소방본부장 또는 소방서장의 동의를 받아야 하는 특정소방대상물의 신축·증축·개축·재축·이전·용도변경 또는 대수선 등을 위한 공사 중 화재위험작업현장에 설치
가스누설경보기 비상조명등	바닥면적이 150m² 이상인 지하층 또는 무창층의 화재위험작업현장에 설치
방화포	용접·용단 작업이 진행되는 화재위험작업현장에 설치

답 ①

42 소방시설 설치 및 관리에 관한 법령에 따른 비상방송설비를 설치하여야 하는 특정소방대상물의 기준 중 틀린 것은? (단, 위험물 저장 및 처리 시설 중 가스시설, 사람이 거주하지 않는 동물 및 식물 관련 시설, 터널, 축사 및 지하구는 제외한다.)

19.03.문74
15.05.문42
11.10.문55

① 연면적 3500m² 이상인 것
② 연면적 1000m² 미만의 기숙사
③ 지하층의 층수가 3층 이상인 것
④ 지하층을 제외한 층수가 11층 이상인 것

해설 ② 해당 없음

소방시설법 시행령〔별표 4〕
비상방송설비의 설치대상
(1) 연면적 3500m² 이상

(2) **11층** 이상(지하층 제외)
(3) **지하 3층** 이상

답 ②

43 위험물안전관리법령에 따른 소방청장, 시·도지사, 소방본부장 또는 소방서장이 한국소방산업기술원에 위탁할 수 있는 업무의 기준 중 틀린 것은?

① 시·도지사의 탱크안전성능검사 중 암반탱크에 대한 탱크안전성능검사
② 시·도지사의 탱크안전성능검사 중 용량이 100만L 이상인 액체위험물을 저장하는 탱크에 대한 탱크안전성능검사
③ 시·도지사의 완공검사에 관한 권한 중 저장용량이 30만L 이상인 옥외탱크저장소 또는 암반탱크저장소의 설치 또는 변경에 따른 완공검사
④ 시·도지사의 완공검사에 관한 권한 중 지정수량 1000배 이상의 위험물을 취급하는 제조소 또는 일반취급소의 설치 또는 변경(사용 중인 제조소 또는 일반취급소의 보수 또는 부분적인 증설은 제외)에 따른 완공검사

해설 ③ 30만L → 50만L

소방시설법 50조, 화재예방법 48조, 위험물령 22조
권한의 위탁

구분	설명
한국소방산업기술원	① 용량이 **100만L** 이상인 액체위험물을 저장하는 탱크의 탱크안전성능검사 ② 암반탱크의 탱크안전성능검사 ③ 지하탱크저장소의 액체위험물탱크 탱크안전성능검사 ④ 지정수량 **1000배** 이상의 위험물을 취급하는 제조소 또는 일반취급소의 설치 또는 변경(사용 중인 제조소 또는 일반취급소의 보수 또는 부분적인 증설 제외)에 따른 완공검사 ⑤ **옥외탱크저장소**(저장용량이 **50만L** 이상인 것만 해당) 또는 암반탱크저장소의 설치 또는 변경에 따른 완공검사 ⑥ 소방본부장 또는 소방서장의 제조소 등 정기검사 ⑦ 시·도지사의 위험물 운반용기검사 ⑧ 탱크시험자의 기술인력으로 종사하는 자의 안전교육 ⑨ 대통령령이 정하는 **방**염성능검사 업무(합판·목재를 설치하는 현장에서 방염처리한 경우의 방염성능검사는 제외) ⑩ 소방용품의 **형**식승인 및 취소 ⑪ 소방용품 형식승인의 변경승인 ⑫ 소방용품의 **성**능인증 및 취소
	⑬ 소방용품의 **우**수품질 인증 및 취소 ⑭ 소방용품의 성능인증 변경인증

기억법 기방 우성형

한국소방안전원	① 소방안전관리자 또는 소방안전관리보조자 선임신고의 접수 ② 소방안전관리자 또는 소방안전관리보조자 해임 사실의 확인 ③ 건설현장 소방안전관리자 선임신고의 접수 ④ 소방안전관리자 자격시험 ⑤ 소방안전관리자 자격증의 발급 및 재발급 ⑥ 소방안전관리 등에 관한 종합정보망의 구축·운영 ⑦ 강습교육 및 실무교육

답 ③

44 소방기본법에 따른 출동한 소방대의 소방장비를 파손하거나 그 효용을 해하여 화재진압·인명구조 또는 구급활동을 방해하는 행위를 한 사람에 대한 벌칙기준은?

① 5년 이하의 징역 또는 5000만원 이하의 벌금
② 5년 이하의 징역 또는 3000만원 이하의 벌금
③ 3년 이하의 징역 또는 3000만원 이하의 벌금
④ 3년 이하의 징역 또는 1500만원 이하의 벌금

해설 기본법 50조
5년 이하의 징역 또는 **5000**만원 이하의 벌금
(1) 소방자동차의 **출**동 방해
(2) 사람**구**출 방해(화재진압, 구급활동 방해)
(3) **소방용수시설** 또는 **비상소화장치**의 효용 방해

기억법 출구용5

답 ①

45 소방시설 설치 및 관리에 관한 법령에 따른 소방시설 등의 자체점검시 점검인력 1단위가 하루 동안 점검할 수 있는 특정소방대상물의 연면적 기준 중 다음 ( ) 안에 알맞은 것은? (단, 점검인력 1단위에 보조인력 1명을 추가하는 경우는 제외한다.)

• 종합점검 : (㉠)m²
• 작동점검 : (㉡)m²

① ㉠ 8000, ㉡ 10000
② ㉠ 13000, ㉡ 15500
③ ㉠ 12000, ㉡ 10000
④ ㉠ 15500, ㉡ 13000

해설 소방시설법 시행규칙 [별표 4]
점검한도면적

종합점검	작동점검
8000m²	10000m²

용어
점검한도면적
점검인력 1단위가 하루 동안 점검할 수 있는 특정소방대상물의 연면적

답 ①

46
소방시설 설치 및 관리에 관한 법령에 따른 펄프공장의 작업장, 음료수공장의 충전을 하는 작업장 등과 같이 화재안전기준을 적용하기 어려운 특정소방대상물에 설치하지 않을 수 있는 소방시설의 종류가 아닌 것은?

① 상수도소화용수설비
② 스프링클러설비
③ 연결살수설비
④ 연결송수관설비

해설 소방시설법 시행령 [별표 6]
소방시설을 설치하지 않을 수 있는 특정소방대상물 및 소방시설의 범위

구 분	특정소방대상물	소방시설
화재위험도가 낮은 특정소방대상물	석재, 불연성 금속, 불연성 건축재료 등의 가공공장·기계조립공장 또는 불연성 물품을 저장하는 창고	① 옥외소화전설비 ② 연결살수설비 **기억법** 석불금외
화재안전기준을 적용하기 어려운 특정소방대상물	펄프공장의 작업장, 음료수 공장의 세정 또는 충전을 하는 작업장, 그 밖에 이와 비슷한 용도로 사용하는 것	① 스프링클러설비 ② 상수도소화용수설비 ③ 연결살수설비
	정수장, 수영장, 목욕장, 어류양식용 시설, 그 밖에 이와 비슷한 용도로 사용되는 것	① 자동화재탐지설비 ② 상수도소화용수설비 ③ 연결살수설비
화재안전기준을 달리 적용해야 하는 특수한 용도 또는 구조를 가진 특정소방대상물	원자력발전소, 중·저준위 방사성 폐기물의 저장시설	① 연결송수관설비 ② 연결살수설비
자체소방대가 설치된 특정소방대상물	자체소방대가 설치된 위험물제조소 등에 부속된 사무실	• 옥내소화전설비 • 소화용수설비 • 연결살수설비 • 연결송수관설비

답 ④

47
소방시설공사업법령에 따른 완공검사를 위한 현장확인 대상 특정소방대상물의 범위 기준 중 틀린 것은?

① 연면적 10000m² 이상이거나 11층 이상인 특정소방대상물(아파트는 제외)
② 가연성 가스를 제조·저장 또는 취급하는 시설 중 지상에 노출된 가연성 가스탱크의 저장용량 합계가 1000톤 이상인 시설
③ 물분무등소화설비(호스릴소화설비는 포함)가 설치되는 것
④ 문화 및 집회시설, 종교시설, 판매시설, 노유자시설, 수련시설, 운동시설, 숙박시설, 창고시설, 지하상가

해설 ③ 호스릴소화설비는 포함 → 호스릴소화설비는 제외

공사업령 5조
완공검사를 위한 현장확인 대상 특정소방대상물의 범위
(1) 수련시설
(2) 노유자시설
(3) 문화 및 집회시설, 운동시설
(4) 종교시설
(5) 판매시설
(6) 숙박시설
(7) 창고시설
(8) 지하상가
(9) 다중이용업소
(10) 다음에 해당하는 설비가 설치되는 특정소방대상물
  ㉠ 스프링클러설비 등
  ㉡ 물분무등소화설비(호스릴방식 제외)
(11) 연면적 10000m² 이상이거나 11층 이상인 특정소방대상물(아파트 제외)
(12) 가연성 가스를 제조·저장 또는 취급하는 시설 중 지상에 노출된 가연성 가스탱크의 저장용량 합계가 1000t 이상인 시설

기억법 문종판 노수운 숙창상현

답 ③

48
소방기본법에 따른 공동주택에 소방자동차 전용구역에 차를 주차하거나 전용구역에의 진입을 가로막는 등의 방해행위를 한 자에게는 몇 만원 이하의 과태료를 부과하는가?

① 20만원
② 100만원
③ 200만원
④ 300만원

해설 **기본법 56조**
100만원 이하의 과태료
공동주택에 소방자동차 전용구역에 차를 주차하거나 전용구역에의 진입을 가로막는 등의 방해행위를 한 자

비교
300만원 이하의 과태료
(1) 관계인의 소방안전관리 업무 미수행(화재예방법 52조)
(2) 소방훈련 및 교육 미실시자(화재예방법 52조)
(3) 소방시설의 점검결과 미보고(소방시설법 61조)

기억법 3과관소업

답 ②

49 위험물안전관리법령에 따른 지정수량의 10배 이상의 위험물을 저장 또는 취급하는 제조소 등(이동탱크저장소를 제외)에 화재발생시 이를 알릴 수 있는 경보설비의 종류가 아닌 것은?
① 확성장치(휴대용 확성기 포함)
② 비상방송설비
③ 자동화재속보설비
④ 자동화재탐지설비

해설 위험물규칙 [별표 17]
제조소 등별로 설치하여야 하는 경보설비의 종류

구 분	경보설비
• 연면적 500m² 이상인 것 • 옥내에서 지정수량의 100배 이상을 취급하는 것	자동화재탐지설비
지정수량의 10배 이상을 저장 또는 취급하는 것	• 자동화재탐지설비 • 비상경보설비 • 확성장치 • 비상방송설비 1종 이상

답 ③

50 화재의 예방 및 안전관리에 관한 법령에 따른 특수가연물의 기준 중 다음 ( ) 안에 알맞은 것은?

품 명	수 량
나무껍질 및 대팻밥	(㉠)kg 이상
면화류	(㉡)kg 이상

① ㉠ 200, ㉡ 400
② ㉠ 200, ㉡ 1000
③ ㉠ 400, ㉡ 200
④ ㉠ 400, ㉡ 1000

해설 화재예방법 시행령 [별표 2]
특수가연물

품 명	수 량
가연성 **액**체류	**2**m³ 이상
목재가공품 및 나무부스러기	**10**m³ 이상
면화류	**200**kg 이상
나무껍질 및 대팻밥	**400**kg 이상
넝마 및 종이부스러기	1000kg 이상
사류(絲類)	
볏짚류	
가연성 **고**체류	3000kg 이상
고무류·플라스틱류 발포시킨 것	20m³ 이상
그 밖의 것	3000kg 이상
석탄·**목**탄류	10000kg 이상

기억법 가액목면나 넝사볏가고 고석
        2 1 2 4   1   3   3 1

용어
특수가연물
화재가 발생하면 그 확대가 빠른 물품

답 ③

51 소방시설공사업법에 따른 소방기술인정 자격수첩 또는 소방기술자 경력수첩의 기준 중 다음 ( ) 안에 알맞은 것은? (단, 소방기술자 업무에 영향을 미치지 아니하는 범위에서 근무시간 외에 소방시설업이 아닌 다른 업종에 종사하는 경우는 제외한다.)

• 소방기술인정 자격수첩 또는 소방기술자 경력수첩을 발급받은 사람이 동시에 둘 이상의 업체에 취업한 경우는 (㉠)의 기간을 정하여 그 자격을 정지시킬 수 있다.
• 소방기술인정 자격수첩 또는 소방기술자 경력수첩을 다른 사람에게 빌려준 경우에는 그 자격을 취소하여야 하며 빌려준 사람은 (㉡) 이하의 벌금에 처한다.

① ㉠ 6개월 이상 1년 이하, ㉡ 200만원
② ㉠ 6개월 이상 1년 이하, ㉡ 300만원
③ ㉠ 6개월 이상 2년 이하, ㉡ 200만원
④ ㉠ 6개월 이상 2년 이하, ㉡ 300만원

해설 (1) 공사업법 28·37조
소방기술경력 등의 인정자

구 분	설 명
자격정지기간	6개월 이상 2년 이하
자격정지사항	동시에 둘 이상의 업체에 취업한 경우

(2) **300만원 이하의 벌금**
 ㉠ 화재안전조사를 정당한 사유없이 거부·방해·기피(화재예방법 50조)
 ㉡ **방**염성능검사 합격표시 위조(소방시설법 59조)
 ㉢ **소**방안전관리자, 총괄소방안전관리자 또는 소방안전관리보조자 **미**선임(화재예방법 50조)
 ㉣ 위탁받은 업무종사자의 **비**밀누설(소방시설법 59조)
 ㉤ 다른 자에게 자기의 성명이나 상호를 사용하여 소방시설공사 등을 수급 또는 시공하게 하거나 소방시설업의 등록증·등록수첩을 빌려준 자(공사업법 37조)
 ㉥ 감리원 미배치자(공사업법 37조)
 ㉦ 소방기술인정 자격수첩을 빌려준 자(공사업법 37조)
 ㉧ 2 이상의 업체에 취업한 자(공사업법 37조)
 ㉨ 소방시설업자나 관계인 감독시 관계인의 업무를 방해하거나 비밀누설(공사업법 37조)

기억법 비3미소(비상미소)

답 ④

52
소방시설 설치 및 관리에 관한 법령에 따른 특정소방대상물 중 운동시설의 용도로 사용하는 바닥면적의 합계가 50m²일 때 수용인원은? (단, 관람석이 없으며 복도, 계단 및 화장실의 바닥면적은 포함하지 않은 경우이다.)

① 8명 ② 11명
③ 17명 ④ 26명

해설 소방시설법 시행령 [별표 7]
수용인원의 산정방법

특정소방대상물		산정방법
• 강의실 • 상담실 • 휴게실	• 교무실 • 실습실	$\dfrac{\text{바닥면적 합계}}{1.9m^2}$
숙박 시설	침대가 있는 경우	종사자수 + 침대수
	침대가 없는 경우	종사자수 + $\dfrac{\text{바닥면적 합계}}{3m^2}$
기타		$\dfrac{\text{바닥면적 합계}}{3m^2}$
• 강당 • 문화 및 집회시설, 운동시설 • 종교시설		$\dfrac{\text{바닥면적 합계}}{4.6m^2}$

운동시설 = $\dfrac{\text{바닥면적 합계}}{4.6m^2} = \dfrac{50m^2}{4.6m^2}$
= 10.8 ≒ 11명(반올림)

※ **소수점 이하는 반올림**한다.

답 ②

53
위험물안전관리법령상 소화난이도 등급 Ⅰ의 옥내탱크저장소에서 황만을 저장·취급할 경우 설치하여야 하는 소화설비로 옳은 것은?

① 물분무소화설비
② 스프링클러설비
③ 포소화설비
④ 옥내소화전설비

해설 **위험물규칙** [별표 17]
황만을 저장·취급하는 옥내·외탱크저장소·암반탱크저장소에 설치해야 하는 소화설비
물분무소화설비

기억법 황물

답 ①

54
소방시설 설치 및 관리에 관한 법령에 따른 특정소방대상물의 연소방지설비 설치면제기준 중 다음 ( ) 안에 해당하지 않는 소방시설은?

연소방지설비를 설치하여야 하는 특정소방대상물에 ( )를 화재안전기준에 적합하게 설치한 경우에는 그 설비의 유효범위에서 설치가 면제된다.

① 스프링클러설비 ② 강화액소화설비
③ 물분무소화설비 ④ 미분무소화설비

해설 소방시설법 시행령 [별표 5]
소방시설 면제기준

면제대상	대체설비
스프링클러설비	물분무등소화설비
물분무등소화설비	스프링클러설비 기억법 스물(스물스물하다.)
간이스프링클러설비	• 스프링클러설비 • 물분무소화설비·미분무소화설비
비상경보설비 또는 단독경보형 감지기	자동화재탐지설비
비상경보설비	2개 이상 **단독경보형 감지기** 연동
비상방송설비	• 자동화재탐지설비 • 비상경보설비
연결살수설비	• 스프링클러설비 • 간이스프링클러설비·미분무소화설비 • 물분무소화설비·미분무소화설비
제연설비	공기조화설비

연소방지설비 →	• 스프링클러설비 • 물분무소화설비 • 미분무소화설비
연결송수관설비	• 옥내소화전설비 • 스프링클러설비 • 간이스프링클러설비 • 연결살수설비
자동화재**탐**지설비	• 자동화재**탐**지설비의 기능을 가진 **스**프링클러설비 • **물**분무등소화설비 [기억법] 탐탐스물
옥내소화전설비	• 옥외소화전설비 • 미분무소화설비(호스릴방식)

답 ②

★★★
55 소방시설 설치 및 관리에 관한 법령에 따른 건축허가 등의 동의대상물의 범위기준 중 틀린 것은?

16.05.문54
15.09.문45
15.03.문49
13.06.문41
10.09.문48

① 건축 등을 하려는 학교시설 : 연면적 200m² 이상
② 노유자시설 : 연면적 200m² 이상
③ 정신의료기관(입원실이 없는 정신건강의학과 의원은 제외) : 연면적 300m² 이상
④ 장애인 의료재활시설 : 연면적 300m² 이상

해설 ① 200m² → 100m²

소방시설법 시행령 7조
건축허가 등의 동의대상물
(1) 연면적 **400m²**(학교시설 : **100m²**, 수련시설·노유자시설 : **200m²**, 정신의료기관·장애인의료재활시설 : **300m²**) 이상
(2) **6층** 이상인 건축물
(3) 차고·주차장으로서 바닥면적 **200m²** 이상(자동차 **20대** 이상)
(4) **항**공기격납고, **관**망탑, 방**송**용 송**수**신탑
(5) 지하층 또는 무창층의 바닥면적 **150m²**(공연장은 **100m²**) 이상
(6) **위**험물저장 및 처리시설, **지**하구
(7) 전기저장시설, 풍력발전소
(8) **공**동주택, **숙**박시설
(9) 조산원, 산후조리원, 의원(입원실 또는 인공신장실이 있는 것)
(10) **결**핵환자나 **한**센인이 24시간 생활하는 **노**유자시설
(11) 노인주거복지시설·노인의료복지시설 및 재가노인복지시설, 학대피해노인 전용쉼터, 아동복지시설, 장애인거주시설
(12) 정신질환자 관련시설(공동생활가정을 제외한 재활훈련시설과 종합시설 중 24시간 주거를 제공하지 않는 시설 제외)
(13) 노숙인자활시설, 노숙인재활시설 및 노숙인 요양시설
(14) **요**양병원(의료재활시설 제외)
(15) 공장 또는 창고시설로서 지정수량의 **750배** 이상의 특수가연물을 저장·취급하는 것
(16) 가스시설로서 지상에 노출된 탱크의 저장용량의 합계가 **100t** 이상인 것

답 ①

★
56 위험물안전관리법령에 따른 위험물의 유별 저장·취급의 공통기준 중 다음 (   ) 안에 알맞은 것은?

(   ) 위험물은 산화제와의 접촉·혼합이나 불티·불꽃·고온체와의 접근 또는 과열을 피하는 한편, 철분·금속분·마그네슘 및 이를 함유한 것에 있어서는 물이나 산과의 접촉을 피하고 인화성 고체에 있어서는 함부로 증기를 발생시키지 아니하여야 한다.

① 제1류 ② 제2류
③ 제3류 ④ 제4류

해설 **위험물규칙 [별표 18] Ⅱ**
위험물의 유별 저장·취급의 공통기준(중요기준)

위험물	공통기준
제1류 위험물	**가연물**과의 접촉·혼합이나 분해를 촉진하는 물품과의 접근 또는 과열·충격·마찰 등을 피하는 한편, 알칼리금속의 과산화물 및 이를 함유한 것에 있어서는 물과의 접촉을 피할 것
제2류 위험물	**산화제**와의 접촉·혼합이나 불티·불꽃·고온체와의 접근 또는 과열을 피하는 한편, 철분·금속분·마그네슘 및 이를 함유한 것에 있어서는 물이나 산과의 접촉을 피하고 인화성 고체에 있어서는 함부로 증기를 발생시키지 않을 것
제3류 위험물	**자연발화성** 물질에 있어서는 불티·불꽃 또는 고온체와의 접근·과열 또는 공기와의 접촉을 피하고, 금수성 물질에 있어서는 물과의 접촉을 피할 것
제4류 위험물	불티·불꽃·고온체와의 접근 또는 과열을 피하고, 함부로 **증기**를 발생시키지 않을 것
제5류 위험물	불티·불꽃·고온체와의 접근이나 과열·충격 또는 **마찰**을 피할 것
제6류 위험물	가연물과의 접촉·혼합이나 분해를 촉진하는 물품과의 접근 또는 과열을 피할 것

답 ②

★★★
57 소방시설 설치 및 관리에 관한 법률에 따른 소방시설관리업자가 사망한 경우 그 상속인이 소방시설관리업자의 지위를 승계한 자는 누구에게 신고하여야 하는가?

13.06.문51
11.03.문52
09.05.문45

① 소방청장 ② 시·도지사
③ 소방본부장 ④ 소방서장

해설 **시·도지사**
(1) 제조소 등의 설치허가(위험물법 6조)
(2) 소방업무의 지휘·감독(기본법 3조)
(3) 소방체험관의 설립·운영(기본법 5조)
(4) 소방업무에 관한 세부적인 종합계획 수립 및 소방업무 수행(기본법 6조)
(5) 소방시설업자의 지위승계(공사업법 7조)
(6) **소방시설관리업자**의 **지위승계**(소방시설법 32조)
(7) 제조소 등의 승계(위험물법 10조)

용어
소방시설업자
(1) 소방시설설계업자
(2) 소방시설공사업자
(3) 소방공사감리업자
(4) 방염처리업자

> **중요**
> 공사업법 2~7조
> 소방시설업
> (1) 등록권자 ┐
> (2) 등록사항변경 ├ 시·도지사 신고
> (3) 지위승계 ┘
> (4) 등록기준 ┬ 자본금
> 　　　　　　 └ 기술인력
> (5) 종류 ┬ 소방시설설계업
> 　　　　 ├ 소방시설공사업
> 　　　　 ├ 소방공사감리업
> 　　　　 └ 방염처리업
> (6) 업종별 영업범위 : 대통령령

답 ②

58 소방기본법령에 따른 급수탑 및 지상에 설치하는 소화전·저수조의 경우 소방용수표지 기준 중 다음 ( ) 안에 알맞은 것은?
05.03.문54

> 안쪽 문자는 (㉠), 안쪽 바탕은 (㉡), 바깥쪽 바탕은 (㉢)으로 하고 반사재료를 사용하여야 한다.

① ㉠ 검은색, ㉡ 파란색, ㉢ 붉은색
② ㉠ 검은색, ㉡ 붉은색, ㉢ 파란색
③ ㉠ 흰색, ㉡ 파란색, ㉢ 붉은색
④ ㉠ 흰색, ㉡ 붉은색, ㉢ 파란색

해설 기본규칙〔별표 2〕
소방용수표지
(1) **지하**에 설치하는 소화전·저수조의 소방용수표지
　㉠ 맨홀뚜껑은 지름 **648mm** 이상의 것으로 할 것
　㉡ 맨홀뚜껑에는 "**소화전·주정차금지**" 또는 "**저수조·주정차금지**"의 표시를 할 것
　㉢ 맨홀뚜껑 부근에는 **노란색** 반사도료로 폭 **15cm**의 선을 그 둘레를 따라 칠할 것
(2) **지상**에 설치하는 소화전·저수조 및 **급수탑**의 소방용수표지

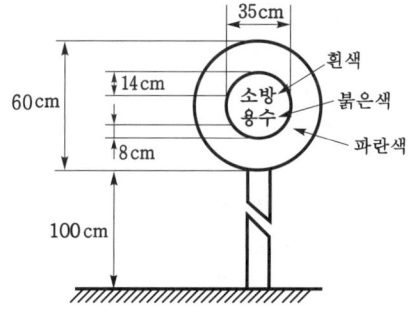

※ 안쪽 문자는 **흰색**, 바깥쪽 문자는 **노란색**, 안쪽 바탕은 **붉은색**, 바깥쪽 바탕은 **파란색**으로 하고 **반사재료** 사용

답 ④

59 위험물안전관리법령에 따른 다수의 제조소 등을 설치한 자가 1인의 안전관리자를 중복하여 선임할 수 있는 경우의 기준 중 다음 ( ) 안에 알맞은 것은? (단, 아래의 기준에 모두 적합한 5개 이하의 제조소 등을 동일인이 설치한 경우이다.)
17.09.문56

> • 각 제조소 등이 동일구 내에 위치하거나 상호 (㉠)m 이내의 거리에 있을 것
> • 각 제조소 등에서 저장 또는 취급하는 위험물의 최대수량이 지정수량의 (㉡)배 미만일 것. 다만, 저장소의 경우에는 그러하지 아니하다.

① ㉠ 100, ㉡ 3000　② ㉠ 300, ㉡ 3000
③ ㉠ 100, ㉡ 1000　④ ㉠ 300, ㉡ 1000

해설 위험물령 12조
1인의 안전관리자를 중복하여 선임할 수 있는 경우
(1) 다음의 기준에 모두 적합한 **5개** 이하의 제조소 등을 동일인이 설치한 경우
　㉠ 각 제조소 등이 동일구 내에 위치하거나 상호 **100m** 이내의 거리에 있을 것
　㉡ 각 제조소 등에서 저장 또는 취급하는 위험물의 최대수량이 지정수량의 **3000배** 미만일 것(단, 저장소는 제외)
(2) 위험물을 차량에 고정된 탱크 또는 운반용기에 옮겨 담기 위한 **5개** 이하의 일반취급소(일반취급소 간의 거리가 **300m** 이내인 경우)와 그 일반취급소에 공급하기 위한 위험물을 저장하는 저장소를 동일인이 설치한 경우
(3) 동일구 내에 있거나 상호 **100m** 이내의 거리에 있는 저장소로서 저장소의 규모, 저장하는 위험물의 종류 등을 고려하여 행정안전부령이 정하는 저장소를 동일인이 설치한 경우
(4) 보일러·버너 또는 이와 비슷한 것으로서 위험물을 소비하는 장치로 이루어진 **7개** 이하의 일반취급소와 그 일반취급소에 공급하기 위한 위험물을 저장하는 저장소를 동일인이 설치한 경우

답 ①

60 위험물안전관리법에 따른 정기검사의 대상인 제조소 등의 기준 중 다음 ( ) 안에 알맞은 것은?

> 정기점검의 대상이 되는 제조소 등의 관계인 가운데 액체위험물을 저장 또는 취급하는 ( )L 이상의 옥외탱크저장소의 관계인은 행정안전부령이 정하는 바에 따라 소방본부장 또는 소방서장으로부터 당해 제조소 등이 규정에 따른 기술기준에 적합하게 유지되고 있는지의 여부에 대하여 정기적으로 검사를 받아야 한다.

① 50만　② 100만
③ 150만　④ 200만

50만L 이상	100만L 이상
액체위험물을 저장 또는 취급하는 옥외탱크저장소 (위험물법 18조) ← 보기 ①	• **특정 옥외탱크저장소**의 **용량**(위험물규칙 [별표 6]) • 옥외저장탱크의 **개폐상황 확인장치** 설치(위험물규칙 [별표 6])

비교

정기검사의 대상인 제조소 등	한국소방산업기술원에 위탁하는 탱크안전성능검사
액체위험물을 저장 또는 취급하는 **50만L 이상의 옥외탱크저장소**	• 100만L 이상인 액체위험물을 저장하는 탱크 • 암반탱크 • 지하탱크저장소의 액체위험물탱크

답 ①

[비고] 1) **구조대**의 적응성은 **장애인관련시설**로서 주된 사용자 중 **스스로 피난**이 **불가**한 자가 있는 경우 추가로 설치하는 경우에 한한다.
2) 간이완강기의 적응성은 **숙박시설**의 **3층 이상**에 있는 객실에 추가로 설치하는 경우에 한한다.

중요

의무관리대상 공동주택(NFPC 608 13조, NFTC 608 2.9.1.3)
공동주택 구역마다 공기안전매트 1개 이상을 추가로 설치할 것

비교

피난기구 적응성		
간이완강기	공기안전매트	구조대
숙박시설의 3층 이상에 있는 객실	공동주택	장애인관련시설

답 ②

제 4 과목 소방전기시설의 구조 및 원리

61 노유자시설 지상 3층에 적응성이 아닌 피난기구는?
17.09.문77
17.03.문72
16.05.문69
15.05.문61
06.09.문70
05.03.문72
① 피난교
② 피난용 트랩
③ 다수인 피난장비
④ 승강식 피난기

해설 피난기구의 **적응성**(NFTC 301 2.1.1)

층별 설치장소별구분	1층	2층	3층	4층 이상 10층 이하
노유자시설	• 미끄럼대 • 구조대 • 피난교 • 다수인 피난장비 • 승강식 피난기	• 미끄럼대 • 구조대 • 피난교 • 다수인 피난장비 • 승강식 피난기	• 미끄럼대 • 구조대 • 피난교 • 다수인 피난장비 • 승강식 피난기	• 구조대[1] • 피난교 • 다수인 피난장비 • 승강식 피난기
의료시설·입원실이 있는 의원·접골원·조산원	–	–	• 미끄럼대 • 구조대 • 피난교 • 피난용 트랩 • 다수인 피난장비 • 승강식 피난기	• 구조대 • 피난교 • 피난용 트랩 • 다수인 피난장비 • 승강식 피난기
영업장의 위치가 4층 이하인 다중이용업소	–	• 미끄럼대 • 피난사다리 • 구조대 • 완강기 • 다수인 피난장비 • 승강식 피난기	• 미끄럼대 • 피난사다리 • 구조대 • 완강기 • 다수인 피난장비 • 승강식 피난기	• 미끄럼대 • 피난사다리 • 구조대 • 완강기 • 다수인 피난장비 • 승강식 피난기
그 밖의 것	–	–	• 미끄럼대 • 피난사다리 • 구조대 • 완강기 • 피난교 • 피난용 트랩 • 간이완강기[2] • 공기안전매트 • 다수인 피난장비 • 승강식 피난기	• 피난사다리 • 구조대 • 완강기 • 피난교 • 간이완강기[2] • 공기안전매트 • 다수인 피난장비 • 승강식 피난기

62 비상전원수전설비 중 옥외에 설치하는 큐비클형의 경우 외함에 노출하여 설치할 수 없는 것은?
17.09.문78
16.03.문79
① 환기장치
② 전선의 인입구 및 인출구
③ 퓨즈 등으로 보호한 전압계
④ 불연성 재료로 덮개를 설치한 표시등

해설 옥외용 큐비클형의 설치기준(NFPC 602 5조, NFTC 602 2.2.3.3)

옥외외함에 노출 설치 가능한 것	옥외외함에 노출 설치 불가능한 것
① 환기장치 ② 전선의 인입구 및 인출구 ③ 표시등(불연성 또는 난연성 재료로 덮개를 설치한 것)	① **전압계**(퓨즈 등으로 보호한 것) ② 전류계(변류기의 2차측에 접속된 것) ③ 계기용 전환스위치(불연성 또는 난연성 재료로 제작된 것)

답 ③

63 비상콘센트설비 전원회로의 설치기준 중 틀린 것은?
15.05.문63
14.09.문72
12.03.문76
① 전원으로부터 각 층의 비상콘센트에 분기되는 경우에는 분기배선용 차단기를 보호함 안에 설치할 것
② 비상콘센트용의 풀박스 등은 방청도장을 한 것으로서, 두께 1.6mm 이상의 철판으로 할 것
③ 비상콘센트설비의 전원회로는 단상 교류 220V인 것으로서, 그 공급용량은 1.5kVA 이상인 것으로 할 것
④ 콘센트마다 배선용 차단기(KS C 8321)를 설치하여야 하며, 충전부가 노출되도록 할 것

해설 **비상콘센트 전원회로**의 설치기준(NFPC 504 4조, NFTC 504 2.1)

구 분	전 압	용 량	플러그접속기
단상 교류	**220**V	1.5kVA 이상	**접**지형 **2**극

(1) 1전용회로에 설치하는 비상콘센트는 **10**개 이하로 할 것
(2) 풀박스는 **1.6**mm 이상의 **철**판을 사용할 것

기억법 단2(**단위**), 10콘(**시콘**등!), 16철콘, 접2(**접이**식)

(3) 콘센트마다 배선용 차단기를 설치하여야 하며, 충전부는 **노출되지 않도록 할 것**
(4) 각 층에 있어서 2 이상이 되도록 설치하되 설치하여야 할 층의 비상콘센트가 1개인 때에는 하나의 회로로 할 것
(5) 전원으로부터 각 층의 비상콘센트에 분기되는 경우에는 **분기배선용 차단기**를 보호함 안에 설치할 것
(6) 개폐기에는 "**비상콘센트**"라고 표시한 표지를 할 것

④ 노출되도록 할 것 → 노출되지 않도록 할 것

답 ④

64 피난기구 용어의 정의 중 다음 ( ) 안에 알맞은 것은?
06.03.문78
05.09.문79

( )란 사용자의 몸무게에 따라 자동적으로 내려올 수 있는 기구 중 사용자가 교대하여 연속적으로 사용할 수 있는 것을 말한다.

① 다수인 피난장비 ② 승강식 피난기
③ 완강기   ④ 간이완강기

해설 완강기와 간이완강기(NFPC 301 4조, NFTC 301 1.8)

완강기	간이완강기
사용자의 몸무게에 따라 자동적으로 내려올 수 있는 기구 중 사용자가 **연속적으로 사용**할 수 있는 피난기구	사용자의 몸무게에 따라 자동적으로 내려올 수 있는 기구 중 사용자가 **연속적으로 사용**할 수 **없는** 피난기구

답 ③

65 자동화재탐지설비 배선의 기준 중 감지기회로의 전로저항은 몇 Ω 이하가 되도록 하여야 하는가?
17.09.문67
16.03.문62
13.03.문75
11.10.문80

① 30   ② 50
③ 70   ④ 90

해설 **자동화재탐지설비**의 **배선**(NFPC 203 11조, NFTC 203 2.8)
(1) P형 수신기 및 GP형 수신기의 감지기회로의 배선에 있어서 하나의 공통선에 접속할 수 있는 **경계구역**은 **7**개 이하로 할 것
(2) 자동화재탐지설비의 감지기회로의 전로저항은 **50**Ω 이하가 되도록 하여야 하며, 수신기의 각 회로별 종단에 설치되는 감지기에 접속되는 배선의 전압은 감지기정격전압의 **80%** 이상이어야 할 것

기억법 경750

답 ②

66 자동화재탐지설비의 경계구역 설정기준 중 특정소방대상물의 주된 출입구에서 그 내부 전체가 보이는 것에 있어서 한변의 길이는 몇 m 이하로 하여야 하는가? (단, 감지기의 형식승인시 감지거리, 감지면적 등에 대한 성능을 별도로 인정받은 경우는 제외한다.)
17.09.문73
10.05.문63
10.03.문73

① 50   ② 60
③ 600   ④ 1000

해설 **경계구역**(NFPC 203 3·4조, NFTC 203 1.7, 2.1)
(1) 정의 : 소방대상물 중 **화재신호**를 **발신**하고 그 신호를 수신 및 유효하게 **제어**할 수 있는 구역
(2) 경계구역의 설정기준
  ㉠ 1경계구역이 2개 이상의 **건축물**에 미치지 않을 것
  ㉡ 1경계구역이 2개 이상의 **층**에 미치지 않을 것(500m² 이하의 2개 층을 1경계구역으로 할 수 있음)
  ㉢ 1경계구역의 면적은 **600**m² 이하로 하고, 1변의 길이는 **50**m 이하로 할 것(내부 전체가 보이면 50m 범위 내에서 1000m² 이하)
(3) 1경계구역의 높이 : 45m 이하

기억법 경600

답 ①

67 비상방송설비 부속회로의 전로와 대지 사이 및 배선 상호간의 절연저항은 1경계구역마다 직류 250V의 절연저항측정기를 사용하여 측정한 절연저항이 몇 MΩ 이상이 되도록 하여야 하는가?
19.09.문75
17.09.문68
16.05.문73
16.03.문80
15.03.문69
14.05.문70
13.06.문77
10.09.문78

① 20   ② 10
③ 5   ④ 0.1

해설 절연저항시험

절연저항계	절연저항	대 상
직류 250V	0.1MΩ 이상	1경계구역의 절연저항 **기억법** 경2501
직류 500V	5MΩ 이상	• 누전경보기 • 가스누설경보기 • 수신기(10회로 미만, 절연된 충전부와 외함 간) • 자동화재속보설비 • 비상경보설비 • 유도등(교류입력측과 외함 간 포함) • 비상조명등(교류입력측과 외함 간 포함)
	20MΩ 이상	• 경종 • 발신기 • 중계기 • 비상**콘**센트 • 기기의 절연된 선로 간 • 기기의 충전부와 비충전부 간 • 기기의 교류입력측과 외함 간(유도등·비상조명등 제외) **기억법** 콘2(**콘**이 맞았다!)
	50MΩ 이상	• 감지기(정온식 감지선형 감지기 제외) • 가스누설경보기(10회로 이상) • 수신기(10회로 이상, 교류입력측과 외함 간 제외)
	1000MΩ 이상	정온식 감지선형 감지기

답 ④

68 비상경보설비를 설치하여야 할 특정소방대상물의 기준 중 다음 ( ) 안에 알맞은 것은? (단, 지하구, 모래·석재 등 불연재료 창고 및 위험물 저장·처리 시설 중 가스시설은 제외한다.)

- 터널로서 길이가 (㉠)m 이상인 것
- (㉡)명 이상의 근로자가 작업하는 옥내작업장

① ㉠ 500, ㉡ 50
② ㉠ 500, ㉡ 60
③ ㉠ 600, ㉡ 50
④ ㉠ 600, ㉡ 60

해설 비상경보설비의 설치대상 (소방시설법 시행령 〔별표 4〕)

설치대상	조 건
지하층·무창층	바닥면적 150m² (공연장 100m²) 이상
전부	연면적 400m² 이상
터널	길이 500m 이상
옥내작업장	50명 이상 작업

답 ①

69 누전경보기 부품의 구조 및 기능기준 중 다음 ( ) 안에 알맞은 것은?

전압지시전기계기의 최대눈금은 사용하는 회로의 정격전압의 (㉠)% 이상 (㉡)% 이하이어야 한다.

① ㉠ 110, ㉡ 125
② ㉠ 120, ㉡ 140
③ ㉠ 130, ㉡ 150
④ ㉠ 140, ㉡ 200

해설 누전경보기의 형식승인 및 제품검사의 기술기준 4조
전압지시전기계기의 최대눈금은 정격전압의 140~200%이다.

답 ④

70 비상콘센트설비를 설치하여야 하는 특정소방대상물의 기준 중 다음 ( ) 안에 알맞은 것은?

지하층의 층수가 (㉠)층 이상이고 지하층의 바닥면적의 합계가 (㉡)m² 이상인 것은 지하층의 모든 층

① ㉠ 3, ㉡ 1000
② ㉠ 3, ㉡ 500
③ ㉠ 5, ㉡ 1000
④ ㉠ 5, ㉡ 500

해설 비상콘센트설비
(1) 설치대상
  ㉠ 11층 이상의 층
  ㉡ 지하 3층 이상이고, 지하층의 바닥면적 합계가 1000m² 이상은 지하층의 전층
  ㉢ 터널길이 500m 이상

(2) 전원회로의 설치기준 (NFPC 504 4조, NFTC 504 2.1)

구 분	전 압	용 량	플러그접속기
단상 교류	220V	1.5kVA 이상	접지형 2극

㉠ 1전용회로에 설치하는 비상콘센트는 **10개** 이하로 할 것(전선의 용량은 **최대 3개**)
㉡ 풀박스는 **1.6mm** 이상의 철판을 사용할 것
㉢ 비상콘센트는 보호함 안에 설치
㉣ 전원회로의 배선은 **내화배선**
㉤ 비상콘센트의 보호함 상부에 **적색등** 설치
㉥ 전원회로는 각 층에 **2 이상** 설치(단, 1개인 경우 하나의 회로 가능)

답 ①

71 소방시설 설치 및 관리에 관한 법령상 단독경보형 감지기를 설치하여야 하는 특정소방대상물의 기준 중 틀린 것은?

① 연면적 400m² 미만의 유치원
② 교육연구시설 내에 있는 연면적 2000m² 미만의 합숙소
③ 수련시설 내에 있는 연면적 2000m² 미만의 기숙사
④ 연면적 2000m² 미만의 아파트

해설 단독경보형 감지기의 설치대상 (소방시설법 시행령 〔별표 4〕)

연면적	설치대상
400m² 미만	• 유치원 보기 ①
2000m² 미만	• 교육연구시설·수련시설 내에 있는 **합숙소** 또는 **기숙사** 보기 ②③
모두 적용	• 100명 미만의 수련시설(숙박시설이 있는 것) • 연립주택 • 다세대주택

④ 아파트는 해당없음

답 ④

72 복도통로유도등의 설치기준 중 다음 ( ) 안에 알맞은 것은?

바닥으로부터 높이 ( )m 이하의 위치에 설치할 것. 다만, 지하층 또는 무창층의 용도가 도매시장·소매시장·여객자동차터미널·지하역사 또는 지하상가인 경우에는 복도·통로 중앙부분의 바닥에 설치해야 한다.

① 0.8
② 1
③ 1.2
④ 1.5

해설 (1) 설치높이

구 분	설치높이
계단통로유도등·복도통로유도등·통로유도표지	바닥으로부터 높이 1m 이하
피난구유도등	피난구의 바닥으로부터 높이 1.5m 이상
거실통로유도등	바닥으로부터 높이 1.5m 이상 (단, 거실통로의 기둥은 1.5m 이하)
피난구유도표지	출입구 상단

기억법 계복1, 피유15상

(2) 설치거리 (NFPC 303 6조, NFTC 303 2.3)

구 분	설치거리
복도통로유도등	구부러진 모퉁이 및 피난구유도등이 설치된 출입구의 맞은편 복도에 입체형 또는 바닥에 설치한 통로유도등을 기점으로 보행거리 20m마다 설치
거실통로유도등	구부러진 모퉁이 및 보행거리 20m마다 설치
계단통로유도등	각 층의 경사로참 또는 계단참마다 설치

기억법 복거2

중요

복도통로유도등의 설치기준 (NFPC 303 6조, NFTC 303 2.3.1.1)
(1) 복도에 설치할 것
(2) 구부러진 모퉁이 및 **보행거리 20m**마다 설치할 것
(3) 바닥으로부터 높이 **1m 이하**의 위치에 설치할 것(단, 지하층 또는 무창층의 용도가 **도매시장·소매시장·여객자동차터미널·지하역사** 또는 지하상가인 경우에는 복도·통로 중앙부분의 바닥에 설치할 것)
(4) 바닥에 설치하는 통로유도등은 하중에 따라 파괴되지 않는 강도의 것으로 할 것

용어

복도통로유도등
피난통로가 되는 복도에 설치하는 통로유도등으로서 **피난구**의 **방향**을 명시하는 것

답 ②

★★★
73 무선통신보조설비의 설치제외기준 중 다음 ( ) 안에 알맞은 것은?

19.09.문67
16.10.문66
16.05.문62
14.03.문72
09.03.문79

지하층으로서 특정소방대상물의 바닥부분 (㉠)면 이상이 지표면과 동일하거나 지표면으로부터의 깊이가 (㉡)m 이하인 경우에는 해당층에 한하여 무선통신보조설비를 설치하지 아니할 수 있다.

① ㉠ 1, ㉡ 1   ② ㉠ 2, ㉡ 1
③ ㉠ 1, ㉡ 2   ④ ㉠ 2, ㉡ 2

해설 **무선통신보조설비**의 **설치제외** (NFPC 505 4조, NFTC 505 2.1)
(1) **지하층**으로서 **특정소방대상물**의 바닥부분 **2면 이상**이 지표면과 동일한 경우의 해당층
(2) **지하층**으로서 **지표면**으로부터의 깊이가 **1m 이하**인 경우의 해당층

기억법 지특2(쥐가 특이하다.), 지지1

답 ②

★★★
74 비상벨설비 또는 자동식 사이렌설비의 설치기준 중 틀린 것은?

19.09.문69
17.05.문76
17.03.문67
15.09.문78
12.09.문74

① 발신기의 위치표시등은 함의 상부에 설치하되, 그 불빛은 부착면으로부터 10° 이상의 범위 안에서 부착지점으로부터 15m 이내의 어느 곳에서도 쉽게 식별할 수 있는 적색등으로 하여야 한다.
② 발신기는 특정소방대상물의 층마다 설치하되, 해당 특정소방대상물의 각 부분으로부터 하나의 발신기까지의 수평거리가 25m 이하가 되도록 할 것. 다만, 복도 또는 별도로 구획된 실로서 보행거리가 40m 이상일 경우에는 추가로 설치하여야 한다.
③ 음향장치는 정격전압의 80% 전압에서 음향을 발할 수 있도록 하여야 한다.
④ 음향장치의 음량은 부착된 음향장치의 중심으로부터 1m 떨어진 위치에서 90dB 이상이 되는 것으로 하여야 한다.

해설 **비상경보설비**의 **발신기 설치기준** (NFPC 201 4조, NFTC 201 2.1.5)
(1) 조작이 **쉬운 장소**에 설치하고, 조작스위치는 바닥으로부터 **0.8~1.5m**의 높이에 설치할 것
(2) 특정소방대상물의 **층**마다 설치하되, 해당 특정소방대상물의 각 부분으로부터 하나의 발신기까지의 **수평거리**가 **25m** 이하가 되도록 할 것(단, 복도 또는 별도로 구획된 실로서 **보행거리**가 **40m** 이상일 경우에는 추가로 설치할 것)
(3) 발신기의 **위치표시등**은 함의 **상부**에 설치하되, 그 불빛은 부착면으로부터 **15°** 이상의 범위 안에서 부착지점으로부터 **10m** 이내의 어느 곳에서도 쉽게 식별할 수 있는 **적색등**으로 할 것

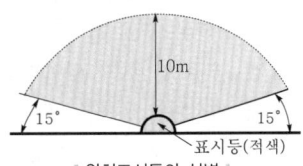

| 위치표시등의 식별 |

① 10° 이상 → 15° 이상, 15m 이내 → 10m 이내

답 ①

75. 누전경보기를 설치하여야 하는 특정소방대상물의 설치기준 중 다음 ( ) 안에 알맞은 것은? (단, 위험물 저장 및 처리 시설 중 가스시설, 지하가 중 터널 또는 지하구의 경우는 제외한다.)

누전경보기는 계약전류용량이 ( )A를 초과하는 특정소방대상물(내화구조가 아닌 건축물로서 벽·바닥 또는 반자의 전부나 일부를 불연재료 또는 준불연재료가 아닌 재료에 철망을 넣어 만든 것만 해당)에 설치하여야 한다.

① 15 ② 20
③ 60 ④ 100

해설 누전경보기의 전원(NFPC 205 6조, NFTC 205 2.3)

과전류차단기	배선용 차단기
15A 이하	20A 이하

※ 누전경보기의 **계약전류용량**이 **100A**를 초과하는 곳에 설치

[기억법] 계100(계백장군)

중요

누전경보기(NFPC 205 4조, NFTC 205 2.1.1.1)

60A 이하	60A 초과
• 1급 누전경보기 • 2급 누전경보기	1급 누전경보기

답 ④

76. 무선통신보조설비의 화재안전기준에 따른 옥외안테나의 설치기준으로 옳지 않은 것은?

① 건축물, 지하가, 터널 또는 공동구의 출입구 및 출입구 인근에서 통신이 가능한 장소에 설치할 것
② 다른 용도로 사용되는 안테나로 인한 통신장애가 발생하지 않도록 설치할 것
③ 옥외안테나는 견고하게 설치하며 파손의 우려가 없는 곳에 설치하고 그 가까운 곳의 보기 쉬운 곳에 "옥외안테나"라는 표시와 함께 통신가능거리를 표시한 표지를 설치할 것
④ 수신기가 설치된 장소 등 사람이 상시 근무하는 장소에는 옥외안테나의 위치가 모두 표시된 옥외안테나 위치표시도를 비치할 것

해설 무선통신보조설비 옥외안테나 설치기준(NFPC 505 6조, NFTC 505 2.3)
(1) **건축물, 지하가, 터널** 또는 공동구의 출입구 및 출입구 인근에서 통신이 가능한 장소에 설치할 것
(2) 다른 용도로 사용되는 안테나로 인한 **통신장애**가 발생하지 않도록 설치할 것
(3) 옥외안테나는 견고하게 설치하며 파손의 우려가 없는 곳에 설치하고 그 가까운 곳의 보기 쉬운 곳에 "**무선통신보조설비 안테나**"라는 표시와 함께 통신 가능거리를 표시한 표지를 설치할 것
(4) 수신기가 설치된 장소 등 사람이 상시 근무하는 장소에는 옥외안테나의 위치가 모두 표시된 옥외안테나 **위치표시도**를 비치할 것

③ 옥외안테나 → 무선통신보조설비 안테나

답 ③

77. 정온식 감지선형 감지기의 설치기준 중 옳은 것은?

① 단자부와 마감 고정금구와의 설치간격은 5cm 이내로 할 것
② 감지선형 감지기의 굴곡반경은 10cm 이상으로 할 것
③ 감지기와 감지구역의 각 부분과의 수평거리가 내화구조의 경우 1종은 3m 이하로 할 것
④ 창고의 천장 등에 지지물이 적당하지 않는 장소에서는 보조선을 설치하고 그 보조선에 설치할 것

해설 정온식 감지선형 감지기
(1) 단자부와 마감 고정금구와의 설치간격은 **10cm** 이내로 한다.
(2) 감지선형 감지기의 굴곡반경은 **5cm** 이상으로 한다.
(3) 감지기와 감지구역 각 부분과의 수평거리가 내화구조의 경우 **1종**은 **4.5m** 이하로 한다.
(4) 보조선이나 고정금구를 사용하여 감지선이 늘어지지 않도록 한다.

중요

정온식 감지선형 감지기의 설치기준(NFPC 203 7조, NFTC 203 2.4.3)
(1) 정온식 감지선형 감지기의 거리기준

종별 수평거리	1종		2종	
	내화구조	기타구조	내화구조	기타구조
감지기와 감지구역의 각 부분과의 수평거리	4.5m 이하	3m 이하	3m 이하	1m 이하

(2) 감지선형 감지기의 굴곡반경 : **5cm** 이상
(3) 단자부와 마감 고정금구와의 설치간격 : **10cm** 이내
(4) 보조선이나 고정금구를 사용하여 감지선이 늘어지지 않도록 설치할 것
(5) 케이블트레이에 감지기를 설치하는 경우에는 케이블트레이 받침대에 **마감금구**를 사용하여 설치할 것
(6) **창고**의 **천장** 등에 지지물이 적당하지 않는 장소에서는 **보조선**을 설치하고 그 보조선에 설치할 것
(7) 분전반 내부에 설치하는 경우 **접착제**를 이용하여 돌기를 바닥에 고정시키고 그곳에 감지기를 설치할 것

① 5cm 이내 → 10cm 이내
② 10cm 이상 → 5cm 이상
③ 3m 이하 → 4.5m 이하

답 ④

78 비상방송설비 전원의 설치기준 중 다음 ( ) 안에 알맞은 것은?

17.09.문62
15.05.문76
15.03.문80
14.09.문68
13.06.문78
09.08.문73

비상방송설비에는 그 설비에 대한 감시상태를 (㉠)분간 지속한 후 유효하게 (㉡)분 이상 경보할 수 있는 축전지설비 또는 전기저장장치를 설치하여야 한다.

① ㉠ 60, ㉡ 10 ② ㉠ 60, ㉡ 5
③ ㉠ 30, ㉡ 10 ④ ㉠ 30, ㉡ 30

해설 자동화재탐지설비·비상방송설비·비상경보설비(비상벨설비·자동식 사이렌설비)

감시시간	경보시간
60분 기억법 6감(육감)	10분(30층 이상은 **30분**) 이상

① 감시상태를 60분간 지속한 후 유효하게 10분 이상 경보할 수 있는 축전지설비 또는 전기저장장치를 설치

용어
전기저장장치
외부 전기에너지를 저장해 두었다가 필요한 때 전기를 공급하는 장치

답 ①

79 자동화재속보설비 속보기의 기능기준 중 다음 ( ) 안에 알맞은 것은?

17.05.문64
07.05.문80

작동신호를 수신하거나 수동으로 동작시키는 경우 (㉠)초 이내에 소방관서에 자동적으로 신호를 발하여 통보하되, (㉡)회 이상 속보할 수 있어야 한다.

① ㉠ 10, ㉡ 3 ② ㉠ 10, ㉡ 5
③ ㉠ 20, ㉡ 3 ④ ㉠ 20, ㉡ 5

해설 자동화재속보설비의 속보기의 성능인증 및 제품검사의 기술기준 5조

구 분	설 명
연동설비	자동화재탐지설비
속보대상	소방관서
속보방법	**20초** 이내에 **3회** 이상
다이얼링	**10회** 이상

③ 수동으로 동작시키는 경우 **20초** 이내에 소방관서에 자동적으로 신호를 발하여 통보하되, **3회** 이상 속보할 수 있어야 한다.

답 ③

80 비상조명등의 설치제외기준 중 다음 ( ) 안에 알맞은 것은?

19.04.문64
17.05.문63
16.03.문73

( )로서 복도에 비상조명등을 설치한 경우에는 휴대용 비상조명등을 설치하지 아니할 수 있다.

① 숙박시설   ② 아파트
③ 근린생활시설   ④ 다중이용업소

해설 휴대용 비상조명등의 설치제외장소(NFPC 304 5조, NFTC 304 2.2.2)
(1) **지상 1층** 또는 **피난층**으로서 복도·통로 또는 창문 등의 개구부를 통하여 피난이 용이한 경우
(2) **숙박시설**로서 복도에 비상조명등을 설치한 경우

비교
비상조명등의 설치제외장소(NFPC 304 5조, NFTC 304 2.2.1)
(1) **거실**의 각 부분으로부터 하나의 출입구에 이르는 **보행거리**가 **15m** 이내인 부분
(2) **의원**·**경기장**·**공동주택**·**의료시설**·**학교**의 거실

기억법 공주학교의 의경

답 ①

장수를 위한 10가지 비결

1. 고기는 적게 먹고 야채를 많이 먹으라.
2. 술은 적게 마시고 과일을 많이 먹으라.
3. 차는 적게 타고 걸음을 많이 걸으라.
4. 욕심은 적게 선행을 많이 베풀라.
5. 옷은 얇게 입고 목욕을 자주 하라.
6. 번민은 적게 하고 잠은 충분히 자라.
7. 말은 적게 하고 실행은 많이 하라.
8. 싱겁게 먹고 식초는 많이 먹으라.
9. 적게 먹고 많이 씹으라.
10. 분한 것을 참고 많이 웃으라.

•김형모의 「마음의 고통을 돕기 위한 10가지 충고 1」 중에서•

과년도 기출문제

2017년
소방설비산업기사 필기(전기분야)

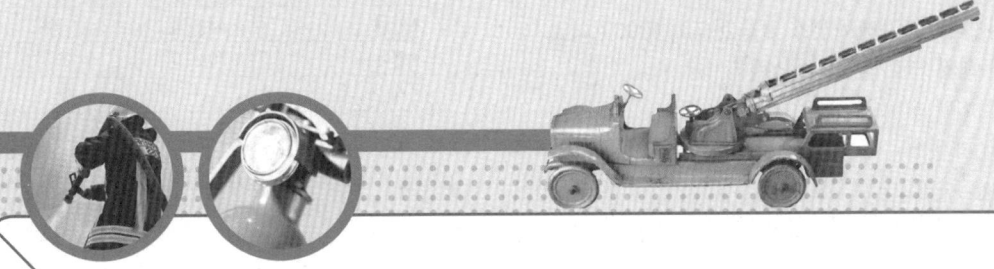

- 2017. 3. 5 시행 ·················· 17- 2
- 2017. 5. 7 시행 ·················· 17-24
- 2017. 9. 23 시행 ·················· 17-48

** 수험자 유의사항 **

1. 문제지를 받는 즉시 **본인**이 **응시한 종목**이 맞는지 확인하시기 바랍니다.
2. 문제지 표지에 본인의 **수험번호**와 **성명**을 기재하여야 합니다.
3. 문제지의 **총면수, 문제번호 일련순서, 인쇄상태, 중복 및 누락 페이지 유무**를 확인하시기 바랍니다.
4. 답안은 각 문제마다 요구하는 가장 적합하거나 가까운 답 1개만을 선택하여야 합니다.
5. 답안카드는 뒷면의 「수험자 유의사항」에 따라 작성하시고, 답안카드 작성 시 형별누락, 마킹착오로 인한 불이익은 전적으로 수험자에게 책임이 있음을 알려드립니다.
6. 문제지는 시험 종료 후 본인이 가져갈 수 있습니다.

** 안내사항 **

- 가답안/최종정답은 큐넷(www.q-net.or.kr)에서 확인하실 수 있습니다. 가답안에 대한 의견은 큐넷의 [가답안 의견 제시]를 통해 제시할 수 있으며, 확정된 답안은 최종정답으로 갈음합니다.
- 공단에서 제공하는 자격검정서비스에 대해 개선할 점이 있으시면 고객참여(http://hrdkorea.or.kr/7/1/1)를 통해 건의하여 주시기 바랍니다.

2017. 3. 5 시행

■ 2017년 산업기사 제1회 필기시험 ■

자격종목	종목코드	시험시간	형별	수험번호	성명
소방설비산업기사(전기분야)		2시간			

※ 각 문항은 4지택일형으로 질문에 가장 적합한 보기 항을 선택하여 체크하여야 합니다.

제1과목   소방원론

01 일반적인 화재에서 연소 불꽃 온도가 1500℃이었을 때의 연소 불꽃의 색상은?

① 휘백색   ② 적색
③ 휘적색   ④ 암적색

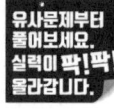

해설 연소의 색과 온도

색	온도[℃]
암적색(진홍색)	700~750
적색	850
휘적색(주황색)	925~950
황적색	1100
백적색(백색)	1200~1300
휘백색	1**5**00

※ 불꽃의 색상 중 낮은 온도에서 높은 온도의 순서
암적색<**황**적색<**백**적색<**휘**백색

기억법 휘백5, 암황백휘

답 ①

02 인화점이 가장 낮은 것은?

① 경유   ② 메틸알코올
③ 이황화탄소   ④ 등유

해설

물 질	인화점	착화점
• 프로필렌	-107℃	497℃
• 에틸에터 • 다이에틸에터	-45℃	180℃
• 가솔린(휘발유)	-43℃	300℃
• **산**화프로필렌	-37℃	465℃
• **이**황화탄소	-30℃	100℃
• 아세틸렌	-18℃	335℃
• 아세톤	-18℃	538℃
• 벤젠	-11℃	562℃
• 톨루엔	4.4℃	480℃
• 메틸알코올	11℃	464℃
• 에틸알코올	13℃	423℃
• 아세트산	40℃	-
• **등**유	43~72℃	210℃
• **경**유	50~70℃	200℃
• 적린	-	260℃

기억법 인산 이메등경

• 착화점=발화점=착화온도=발화온도
• 인화점=인화온도

답 ③

03 실내온도 15℃에서 화재가 발생하여 900℃가 되었다면 기체의 부피는 약 몇 배로 팽창되는가?

① 2.23   ② 4.07
③ 6.45   ④ 8.05

해설 샤를의 법칙(Charl's law)

$$\frac{V_1}{T_1} = \frac{V_2}{T_2}$$

여기서, V_1, V_2 : 부피[m³]
         T_1, T_2 : 절대온도[K]

기체의 부피 V_2 는

$$V_2 = V_1 \times \frac{T_2}{T_1} = 1 \times \frac{(273+900)\text{K}}{(273+15)\text{K}} = 4.07 \text{ 배}$$

답 ②

04 숯, 코크스가 연소하는 형태에 해당하는 것은?

① 분무연소   ② 예혼합연소
③ 표면연소   ④ 분해연소

해설 연소의 형태

연소 형태	종 류
표면연소	• **숯**, **코**크스 • **목**탄, **금**속분

기억법 표숯코 목탄금

답 ③

분해연소	• 석탄, 종이 • 플라스틱, 목재 • 고무, 중유, 아스팔트, 면직물 기억법 분석종플 목고중아면
증발연소	• 황, 왁스 • 파라핀(양초), 나프탈렌 • 가솔린, 등유 • 경유, 알코올, 아세톤 기억법 양파증(양파증가)
자기연소	• 나이트로글리세린, 나이트로셀룰로오스(질화면) • TNT, 피크린산 기억법 자T나
액적연소	• 벙커C유
확산연소	• 메탄(CH_4), 암모니아(NH_3) • 아세틸렌(C_2H_2), 일산화탄소(CO) • 수소(H_2)

※ 파라핀 : 양초(초)의 주성분

답 ③

05 열의 전달형태가 아닌 것은?

① 대류   ② 산화
③ 전도   ④ 복사

해설 열전달(열의 전달방법)의 종류

종류	설명
전도 (conduction)	하나의 물체가 다른 물체와 직접 접촉하여 열이 이동하는 현상
대류 (convection)	유체의 흐름에 의하여 열이 이동하는 현상
복사 (radiation)	• 화재시 화원과 격리된 인접 가연물에 불이 옮겨 붙는 현상 • 열전달 매질이 없이 열이 전달되는 형태 • 열에너지가 전자파의 형태로 옮겨지는 현상으로, 가장 크게 작용한다.

기억법 전대복

 용어

산화
가연물이 산소와 화합하는 것

비교

목조건축물의 화재원인

종류	설명
접염 (화염의 접촉)	화염 또는 열의 접촉에 의하여 불이 다른 곳으로 옮겨 붙는 것
비화	불티가 바람에 날리거나 화재현장에서 상승하는 열기류 중심에 휩쓸려 원거리 가연물에 착화하는 현상
복사열	복사파에 의하여 열이 고온에서 저온으로 이동하는 것

답 ②

06 건축물 화재시 계단실 내 연기의 수직이동속도는 약 몇 m/s인가?

① 0.5~1   ② 1~2
③ 3~5   ④ 10~15

해설 연기의 이동속도

방향 또는 장소	이동속도
수평방향	0.5~1m/s
수직방향	2~3m/s
계단실 내의 수직이동속도	3~5m/s

기억법 3계5(삼계탕 드시러 오세요.)

답 ③

07 수소의 공기 중 폭발한계는 약 몇 vol.%인가?

① 12.5~74   ② 4~75
③ 3~12.4   ④ 2.5~81

해설 (1) 공기 중의 폭발한계(익사천러로 나와야 한다.)

가스	하한계[vol%]	상한계[vol%]
아세틸렌(C_2H_2)	2.5	81
수소(H_2)	4	75
일산화탄소(CO)	12	75
암모니아(NH_3)	15	25
메탄(CH_4)	5	15
에탄(C_2H_6)	3	12.4
프로판(C_3H_8)	2.1	9.5
부탄(C_4H_{10})	1.8	8.4

vol%=vol.%

기억법 수475(수사 후 치료하세요.)
     부18(부자의 일반적인 팔자)

(2) 폭발한계와 같은 의미
  ㉠ 폭발범위   ㉡ 연소한계
  ㉢ 연소범위   ㉣ 가연한계
  ㉤ 가연범위

답 ②

08 피난대책의 일반적인 원칙으로 틀린 것은?

① 피난경로는 간단 명료하게 한다.
② 피난구조설비는 고정식 설비보다 이동식 설비를 위주로 설치한다.
③ 피난수단은 원시적 방법에 의한 것을 원칙으로 한다.
④ 2방향 피난통로를 확보한다.

해설 ② 고정식 설비 위주설치

 피난대책의 일반적인 **원칙**(피난안전계획)
(1) 피난경로는 **간단 명료**하게 한다.(피난경로는 가능한 한 짧게 한다.)

   (2) 피난구조설비는 **고정식 설비**를 위주로 설치한다.
   (3) 피난수단은 **원시적 방법**에 의한 것을 원칙으로 한다.
   (4) **2방향**의 피난통로를 확보한다.
   (5) 피난통로를 **완전불연화**한다.
   (6) 막다른 복도가 없도록 계획한다.
   (7) 피난구조설비는 Fool proof와 Fail safe의 원칙을 중시한다.
   (8) 비상시 **본능상태**에서도 혼돈이 없도록 한다.
   (9) 건축물의 용도를 고려한 피난계획을 수립한다.

답 ②

09 다음 물질 중 자연발화의 위험성이 가장 낮은 것은?

① 석탄　　　　② 팽창질석
③ 셀룰로이드　④ 퇴비

해설 ② 소화약제로서 자연발화의 위험성이 낮다.

자연발화의 형태

구 분	종 류
분해열	셀룰로이드, 나이트로셀룰로오스
산화열	건성유(정어리유, 아마인유, 해바라기유), 석탄, 원면, 고무분말
발효열	퇴비, 먼지, 곡물
흡착열	목탄, 활성탄

답 ②

10 액체위험물 화재시 물을 방사하게 되면 열유를 교란시켜 탱크 밖으로 밀어 올리거나 비산시키는 현상은?

① 열파(thermal wave)현상
② 슬롭 오버(slop over)현상
③ 파이어 볼(fire ball)현상
④ 보일 오버(boil over)현상

해설 유류탱크, 가스탱크에서 발생하는 현상

여러 가지 현상	정 의
보일 오버 (boil over)	① 중질유의 석유탱크에서 장시간 조용히 연소하다 탱크 내의 잔존기름이 갑자기 분출하는 현상 ② 유류탱크에서 탱크 바닥에 물과 기름의 에멀전이 섞여 있을 때 이로 인하여 화재가 발생하는 현상 ③ 연소 유면으로부터 100℃ 이상의 열파가 탱크 저부에 고여 있는 물을 비등하게 하면서 연소유를 탱크 밖으로 비산시키며 연소하는 현상
슬롭 오버 (slop over)	① 물이 연소유의 뜨거운 표면에 들어갈 때 기름표면에서 화재가 발생하는 현상 ② 유화제로 소화하기 위한 물이 수분의 급격한 증발에 의하여 액면이 거품을 일으키면서 열유층 밑의 냉유가 급히 열팽창하여 기름의 일부가 불이 붙은 채 탱크벽을 넘어서 일출하는 현상 ③ 액체위험물 화재시 물을 방사하게 되면 열유를 교란시켜 탱크 밖으로 밀어 올리거나 비산시키는 현상

| 파이어 볼
(fire ball)
=화구 | 인화성 액체가 대량으로 기화되어 갑자기 발화될 때 발생하는 공 모양의 화염 |

답 ②

11 수소 1kg이 완전연소할 때 필요한 산소량은 몇 kg인가?

① 4　　　　② 8
③ 16　　　④ 32

해설 (1) 분자량

원소	원자량
H	1
C	12
N	14
O	16

(2) 수소와 산소의 화학반응식

$$2H_2 + O_2 \rightarrow 2H_2O$$

$2H_2 = 2 \times 1 \times 2 = 4\text{kg/kmol}$
$O_2 = 16 \times 2 = 32\text{kg/kmol}$

  수소   산소   수소 산소
4kg/kmol : 32kg/kmol = 1kg : x
$4\text{kg/kmol} \times x = 32\text{kg/kmol} \times 1\text{kg}$

$$x = \frac{32\text{kg/kmol} \times 1\text{kg}}{4\text{kg/kmol}} = 8\text{kg}$$

답 ②

12 다음 중 발화점(℃)이 가장 낮은 물질은?

① 아세틸렌　② 메탄
③ 프로판　　④ 이황화탄소

해설

물 질	인화점	착화점
● 프로필렌	-107℃	497℃
● 에틸에터 ● 다이에틸에터	-45℃	180℃
● 가솔린(휘발유)	-43℃	300℃
● **산**화프로필렌	-37℃	465℃
● **이**황화탄소	-30℃	**100℃**
● 아세틸렌	-18℃	335℃
● 아세톤	-18℃	538℃
● 벤젠	-11℃	562℃
● 톨루엔	4.4℃	480℃
● **메**틸알코올	11℃	464℃
● 에틸알코올	13℃	423℃
● 아세트산	40℃	-
● **등**유	43~72℃	210℃
● 경유	50~70℃	200℃
● 적린	-	260℃

기억법 인산 이메등

- 착화점=발화점=착화온도=발화온도
- 인화점=인화온도

답 ④

13 내화건축물과 비교한 목조건축물 화재의 일반적인 특징은?

① 고온 단기형 ② 저온 단기형
③ 고온 장기형 ④ 저온 장기형

해설

목조건물의 화재온도 표준곡선
① 화재성상 : **고온 단기형**
② 최고온도(최성기 온도) : **1300℃**

내화건물의 화재온도 표준곡선
① 화재성상 : 저온 장기형
② 최고온도(최성기 온도) : 900~1000℃

기억법 목고단 13

- 목조건물=목재건물

답 ①

14 제3종 분말소화약제의 주성분으로 옳은 것은?

① 탄산수소나트륨
② 제1인산암모늄
③ 탄산수소칼륨
④ 탄산수소칼륨과 요소

해설 (1) **분말소화약제**

종 별	주성분	착 색	적응화재	비 고
제**1**종	중탄산나트륨 (NaHCO₃)	백색	BC급	**식용유** 및 **지방질유**의 화재에 적합
제2종	중탄산칼륨 (KHCO₃)	담자색 (담회색)	BC급	-
제**3**종	제**1인**산암모늄 (NH₄H₂PO₄)	담홍색	ABC급	**차고·주차장**에 적합
제4종	중탄산칼륨+요소 (KHCO₃+ (NH₂)₂CO)	회(백)색	BC급	-

기억법 1식분(일식 분식)
3분 차주(삼보컴퓨터 차주), 인3(인삼)

(2) **이산화탄소소화약제**

주성분	적응화재
이산화탄소(CO₂)	BC급

답 ②

15 상온·상압 상태에서 기체로 존재하는 할론으로만 연결된 것은?

① Halon 2402, Halon 1211
② Halon 1211, Halon 1011
③ Halon 1301, Halon 1011
④ Halon 1301, Halon 1211

해설 **상온**에서의 **상태**

기체상태	액체상태
① Halon 1**3**01	① Halon 1011
② Halon 1**2**11	② Halon 104
③ **탄**산가스(CO₂)	③ Halon 2402

기억법 132탄기

답 ④

16 건축물의 주요구조부에 해당하는 것은?

① 내력벽   ② 작은 보
③ 옥외 계단 ④ 사이 기둥

해설 **주요 구조부**
(1) 내력**벽**
(2) **보**(작은 보 제외)
(3) 지**붕**틀(차양 제외)
(4) **바**닥(최하층 바닥 제외)
(5) **주**계단(옥외계단 제외)
(6) **기**둥(사이 기둥 제외)

※ **주요 구조부** : 건물의 구조 내력상 주요한 부분

기억법 벽보지 바주기

답 ①

17 위험물의 유별에 따른 대표적인 성질의 연결이 틀린 것은?

① 제1류 - 산화성 고체
② 제2류 - 가연성 고체
③ 제4류 - 인화성 액체
④ 제5류 - 산화성 액체

해설 ④ 제6류 : 산화성 액체

위험물령〔별표 1〕
위험물

유 별	성 질	품 명
제1류	**산**화성 **고**체	● 아염소산염류 ● 염소산염류(**염소산나트륨**) ● 과염소산염류 ● 질산염류 ● 무기과산화물

기억법 1산고염나

제2류	가연성 고체	• 황화인 • 적린 • 황 • 마그네슘 기억법 황화적황마
제3류	자연발화성 물질 및 금수성 물질	• 황린 • 칼륨 • 나트륨 • 알칼리토금속 • 트리에틸알루미늄 기억법 황칼나알트
제4류	인화성 액체	• 특수인화물 • 석유류(벤젠) • 알코올류 • 동식물유류
제5류	자기반응성 물질	• 유기과산화물 • 나이트로화합물 • 나이트로소화합물 • 아조화합물 • 질산에스터류(셀룰로이드) 기억법 5자(오자탈자)
제6류	산화성 액체	• 과염소산 • 과산화수소 • 질산

답 ④

18 분말소화약제의 열분해반응식 중 다음 ( ) 안에 알맞은 것은?

19.03.문14
16.05.문08
14.09.문18
13.09.문17

$$2NaHCO_3 \rightarrow Na_2CO_3 + H_2O + (\quad)$$

① Na ② Na_2
③ CO ④ CO_2

해설 ④ $2NaHCO_3 \rightarrow Na_2CO_3 + H_2O + CO_2$

분말소화기(질식효과)

종별	소화약제	약제의 착색	화학반응식	적응화재
제1종	탄산수소 나트륨 ($NaHCO_3$)	백색	$2NaHCO_3 \rightarrow$ $Na_2CO_3+H_2O+CO_2$	BC급
제2종	탄산수소 칼륨 ($KHCO_3$)	담자색 (담회색)	$2KHCO_3 \rightarrow$ $K_2CO_3+CO_2+H_2O$	BC급
제3종	인산암모늄 ($NH_4H_2PO_4$)	담홍색	$NH_4H_2PO_4 \rightarrow$ $HPO_3+NH_3+H_2O$	AB C급
제4종	탄산수소 칼륨+요소 ($KHCO_3+$ $(NH_2)_2CO$)	회(백)색	$2KHCO_3+$ $(NH_2)_2CO \rightarrow$ K_2CO_3+ $2NH_3+2CO_2$	BC급

• 탄산수소나트륨 = 중탄산나트륨
• 탄산수소칼륨 = 중탄산칼륨
• 제1인산암모늄 = 인산암모늄 = 인산염
• 탄산수소칼륨+요소 = 중탄산칼륨+요소

답 ④

19 동식물유류에서 "아이오딘값이 크다."라는 의미로 옳은 것은?

11.06.문16

① 불포화도가 높다.
② 불건성유이다.
③ 자연발화성이 낮다.
④ 산소와의 결합이 어렵다.

해설 "아이오딘값이 크다."라는 의미
(1) **불포**화도가 높다.
(2) **건성유**이다.
(3) 자연발화성이 높다.
(4) 산소와 결합이 쉽다.

※ **아이오딘값** : 기름 100g에 첨가되는 아이오딘의 g수

기억법 아불포

답 ①

20 황린과 적린이 서로 동소체라는 것을 증명하는 가장 효과적인 실험은?

11.06.문17 (기사)

① 비중을 비교한다.
② 착화점을 비교한다.
③ 유기용제에 대한 용해도를 비교한다.
④ 연소생성물을 확인한다.

해설 동소체는 **연소생성물**을 확인해보면 알 수 있다.

※ **동소체** : 같은 원소로 구성되어 있으면서 모양과 성질이 다른 단체

용어
연소생성물
불이 탈 때 나오는 물질

답 ④

제 2 과목 　　소방전기일반

21 다음 중 PID제어에 해당되는 것은?

08.09.문22

① 비례미분제어
② 비례적분제어
③ 비례적분미분제어
④ 비율제어

해설 연속제어

제어 종류	설 명
비례제어(P동작)	• **잔류편차**(off-set)가 있는 제어
미분제어(D동작)	• 오차가 커지는 것을 **미연**에 **방지**하고 **진동**을 **억제**하는 제어로 rate동작이라고도 한다.
적분제어(I동작)	• **잔류편차**를 **제거**하기 위한 제어
비례**적**분제어 (PI동작)	• **간헐현상**이 있는 제어, 잔류편차가 없는 제어 **기억법** 간비적
비례적분미분제어 (PID동작)	• 적분제어로 **잔류편차**를 **제거**하고, 미분제어로 **응답**을 **빠르게** 하는 제어

용어

용 어	설 명
간헐현상	제어계에서 동작신호가 연속적으로 변하여도 조작량이 **일정**한 시간을 두고 **간헐**적으로 변하는 현상
잔류편차	비례제어에서 급격한 목표값의 변화 또는 외란이 있는 경우 제어계가 정상상태로 된 후에도 **제어량**이 **목표값**과 **차이**가 난 채로 있는 것

답 ③

22
11.06.문39
(기사)

$i = I_m \sin\left(\omega t - \dfrac{\pi}{4}\right)$와 $v = V_m \sin\left(\omega t - \dfrac{\pi}{6}\right)$

와의 위상차는 얼마인가?

① $\dfrac{1}{3}\pi$ ② $\dfrac{1}{6}\pi$

③ $\dfrac{1}{12}\pi$ ④ $\dfrac{7}{12}\pi$

해설 **전류**(i)와 **전압**(v)의 위상차는
$\dfrac{\pi}{4} - \dfrac{\pi}{6} = \dfrac{3\pi}{12} - \dfrac{2\pi}{12} = \dfrac{\pi}{12} = \dfrac{1}{12}\pi$

용어

위상차
2개 이상의 교류 사이에서 발생하는 위상의 차

답 ③

23 전기식 조작기의 종류가 아닌 것은?
13.06.문36
(기사)
① 조작용 전동기
② 솔레노이드밸브
③ 전동밸브
④ 다이어프램밸브

해설 조작기

전기식 조작기	기계식 조작기
• 전동밸브 • 전자밸브(솔레노이드밸브) • 서보전동기	다이어프램밸브

④ 기계식 조작기

비교

증폭기기

구 분	종 류
전기식	• SCR • 앰플리다인 • 다이라트론 • 트랜지스터 • 자기증폭기
공기식	• **벨**로스 • **노**즐플래퍼 • **파**일럿밸브
유압식	• 분사관 • 안내밸브

기억법 공벨노파

답 ④

24 PI제어동작은 정상특성 즉, 제어의 정도를 개선
16.10.문22
14.05.문28
11.06.문22
하는 지상요소인데 이것을 보상하는 지상보상의 특성으로 옳은 것은?

① 주어진 안정도에 대하여 속도편차상수가 감소한다.
② 시간응답이 비교적 빠르다.
③ 이득여유가 감소하고 공진값이 증가한다.
④ 이득교점 주파수가 낮아지며, 대역폭이 감소한다.

해설

PI동작 (비례적분동작)	D동작 (미분동작)
이득교점 주파수가 낮아지며, 대역폭은 감소한다.	지연특성이 제어에 주는 악영향을 감소한다.

답 ④

25 다음 논리회로의 명칭은?
17.09.문34
13.06.문35
(기사)

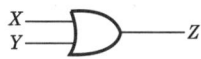

① NOT 회로   ② NAND 회로
③ OR 회로   ④ AND 회로

시퀀스회로와 논리회로

명 칭	시퀀스회로	논리회로
AND 회로 (직렬회로)		$X = A \cdot B$ 입력신호 A, B가 동시에 1일 때만 출력신호 X가 1이 된다.
OR 회로 (병렬회로)		$X = A + B$ 입력신호 A, B 중 어느 하나라도 1이면 출력신호 X가 1이 된다.
NOT 회로 (b접점)		$X = \overline{A}$ 입력신호 A가 0일 때만 출력신호 X가 1이 된다.
NAND 회로		$X = \overline{A \cdot B}$ 입력신호 A, B가 동시에 1일 때만 출력신호 X가 0이 된다.(AND회로의 부정)
NOR 회로		$X = \overline{A + B}$ 입력신호 A, B가 동시에 0일 때만 출력신호 X가 1이 된다.(OR회로의 부정)
EXCL-USIVE OR 회로		$X = A \oplus B = \overline{A}B + A\overline{B}$ 입력신호 A, B 중 어느 한쪽만이 1이면 출력신호 X가 1이 된다.
EXCL-USIVE NOR 회로		$X = \overline{A \oplus B} = AB + \overline{A}\,\overline{B}$ 입력신호 A, B가 동시에 0이거나 1일 때만 출력신호 X가 1이 된다.

답 ③

26. 다음 정의에 대한 설명 중 틀린 것은?

① 전자유도란 대전체의 접근으로 물질 내의 전하분포가 변화하는 현상이다.
② 정전용량이란 콘덴서가 전하를 축적하는 능력이다.
③ 전계란 전기력이 작용하는 공간이다.
④ 정전력이란 전하와 전하 사이에 작용하는 힘이다.

해설

용 어	설 명
정전유도	대전체의 접근으로 물질 내의 전하분포가 변화하는 현상
정전용량	콘덴서가 전하를 축적하는 능력
전계	전기력이 작용하는 공간
정전력	전하와 전하 사이에 작용하는 힘

용어

전자유도(electromagnetic induction)
코일 속을 통과하는 **자속**을 변화시킬 때 코일에 **기전력**이 발생되는 현상

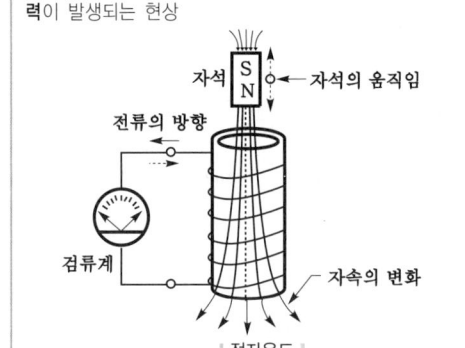

① 전자유도 → 정전유도

답 ①

27. 5Ω, 10Ω, 25Ω의 저항 3개를 직렬로 접속하고, 이것에 80V의 전압을 인가하였을 때, 회로에 흐르는 전류 I와 각 저항에 걸리는 전압(V_5, V_{10}, V_{25})으로 옳은 것은?

① $I = 1A$, $V_5 = 10V$, $V_{10} = 20V$, $V_{25} = 50V$
② $I = 2A$, $V_5 = 10V$, $V_{10} = 20V$, $V_{25} = 50V$
③ $I = 1A$, $V_5 = 15V$, $V_{10} = 25V$, $V_{25} = 40V$
④ $I = 2A$, $V_5 = 15V$, $V_{10} = 25V$, $V_{25} = 40V$

해설

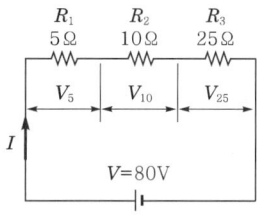

(1) 전체전류

$$I = \frac{V}{R_1 + R_2 + R_3}$$

여기서, I : 전체전류[A]
R_1, R_2, R_3 : 각각의 저항[Ω]
V : 전체전압[V]

전체전류 I는

$$I = \frac{V}{R_1 + R_2 + R_3} = \frac{80}{5+10+25} = 2A$$

(2) 전압

$$V = IR$$

여기서, V : 전압[V]
I : 전류[A]
R : 저항[Ω]

R_1의 전압 V_5는
$V_5 = IR_1 = 2 \times 5 = 10V$
R_2의 전압 V_{10}은
$V_{10} = IR_2 = 2 \times 10 = 20V$
R_3의 전압 V_{25}는
$V_{25} = IR_3 = 2 \times 25 = 50V$

답 ②

28
★★★
19.09.문40
09.05.문35

3μF의 콘덴서를 4kV로 충전하면 저장되는 에너지는 몇 J인가?

① 4
② 8
③ 16
④ 24

해설 정전에너지

$$W = \frac{1}{2}CV^2$$

여기서, W : 정전에너지[J]
C : 정전용량[F]
V : 전압[V]

저장되는 정전에너지 W는

$$W = \frac{1}{2}CV^2 = \frac{1}{2} \times (3 \times 10^{-6}) \times (4 \times 10^3)^2 = 24J$$

- 3μF : μ=10^{-6}이므로 3μF=3×10^{-6}F
- 4kV : k=10^3이므로 4kV=4×10^3V

답 ④

29
★★
19.04.문39
09.08.문27
(기사)

3상 농형 유도전동기의 기동방법으로 틀린 것은?

① 전전압 기동법
② Y−△ 기동법
③ 2차 저항법
④ 기동보상기 기동법

해설

3상 농형 유도전동기	3상 권선형 유도전동기
① 1차 저항 기동법 ② 리액터 기동법 ③ Y−△ 기동법 ④ 콘도르파 기동법(콘돌파 기동법)	① 2차 저항 기동법(2차 저항법) ② 게르게스법

③ 3상 권선형 유도전동기의 기동방법

용어

콘도르파 기동법
V결선의 단권변압기를 사용하여 전동기의 인가전압을 저하시켜 기동하는 방식

답 ③

30
★★
19.04.문37
07.09.문25

RC 직렬회로에서 $R=100Ω$, $C=4μF$일 때, $e=220\sqrt{2}\sin 377t$[V]인 전압이 인가되면 합성 임피던스는 약 몇 Ω인가?

① 0.3
② 1.8
③ 66
④ 670

해설 (1) 순시값(instantaneous value)

$$v = V_m \sin\omega t = \sqrt{2}\,V\sin\omega t \,[V]$$

여기서, v : 전압의 순시값[V]
V_m : 전압의 최대값[V]
ω : 각주파수[rad/s]
t : 주기[s]
V : 실효값[V]

(2) 각주파수(angular frequency)

$$\omega = \frac{2\pi}{T} = 2\pi f \,[rad/s]$$

여기서, ω : 각주파수[rad/s]
T : 주기[s]
f : 주파수[Hz]

주파수 f는

$$f = \frac{\omega}{2\pi} = \frac{377}{2\pi} \fallingdotseq 60Hz$$

17. 03. 시행 / 산업(전기)

- e 또는 $v = V_m \sin\omega t = 220\sqrt{2}\sin 377t$ 에서 $\omega = 377$이다.

(3) 용량리액턴스

$$X_C = \frac{1}{\omega C} = \frac{1}{2\pi f C}$$

여기서, X_C : 용량리액턴스[Ω]
　　　　ω : 각주파수[rad/s]
　　　　C : 정전용량[F]
　　　　f : 주파수[Hz]

용량리액턴스 $X_C = \dfrac{1}{\omega C}$
$= \dfrac{1}{2\pi f C}$
$= \dfrac{1}{2\pi \times 60 \times (4 \times 10^{-6})}$
$\fallingdotseq 663\,\Omega$

(4) 임피던스

$$Z = R + jX\,[\Omega]$$

여기서, Z : 임피던스[Ω]
　　　　R : 저항[Ω]
　　　　X : 리액턴스[Ω]

임피던스 Z는
$Z = R + jX = 100 + j663 = \sqrt{100^2 + 663^2} \fallingdotseq 670\,\Omega$

답 ④

31 ★★★ 자동화재탐지설비 수신기 내에서 교류전원을 직류전원으로 변환하는 데 사용되는 소자는?
[15.05.문39 (기사)]

① 트랜지스터
② 다이오드
③ 커패시터
④ 인덕터

해설 다이오드의 종류

종류	설명
다이오드 (diode)	교류전원을 직류전원으로 변환하는 데 사용되는 소자
터널다이오드 (tunnel diode)	**부성저항특성**을 나타내며, **증폭·발진·개폐작용**에 응용한다.
포토다이오드 (photo diode)	**빛**이 닿으면 **전류**가 흐르는 다이오드로 광량의 변화를 전류값으로 대치하므로 광센서에 주로 사용하는 다이오드이다.
제너다이오드 (zener diode)	**정전압회로용**으로 사용되는 소자로서, "**정전압다이오드**"라고도 한다.
발광다이오드 (LED ; Light Emitting Diode)	**전류**가 통과하면 **빛**을 발산하는 다이오드이다.

용어

용어	설명
트랜지스터 (transistor)	증폭작용과 스위칭 역할을 하는 반도체 소자
커패시터 (capacitor)	회로에서 전기용량을 저장하는 장치
인덕터 (inductor)	전류의 자기작용을 하는 소자

답 ②

32 ★★★ SCR에 관한 설명 중 틀린 것은?

① PNPN소자이다.
② 쌍방향성 사이리스터이다.
③ 교류의 위상제어용으로 사용된다.
④ 스위칭 소자이다.

해설 SCR(실리콘제어정류 소자)의 **특징**
(1) **과전압**에 비교적 **약하다**.
(2) 게이트에 신호를 인가한 때부터 도통시까지 시간이 짧다.
(3) **순방향** 전압강하는 **작게** 발생한다.
(4) **역방향** 전압강하는 **크게** 발생한다.
(5) **열**의 발생이 **적은** 편이다.
(6) **pnpn**의 구조를 하고 있다.(PNPN 소자)
(7) 특성곡선에 **부저항부분**이 있다.
(8) **게이트전류**에 의하여 방전개시전압을 제어할 수 있다.
(9) 단방향성 사이리스터
(10) 교류의 위상제어용으로 사용
(11) 스위칭 소자

기억법 실순작

② 쌍방향성 → 단방향성

답 ②

33 ★★ 역률에 대한 설명으로 옳은 것은?
[11.03.문35]

① 저항과 인덕턴스의 비
② 저항과 커패시턴스의 비
③ 임피던스와 저항의 비
④ 임피던스와 리액턴스의 비

해설

구분	역률	무효율
의미	임피던스와 저항의 비	임피던스와 리액턴스의 비
공식	$\cos\theta = \dfrac{R}{Z}$ 여기서, $\cos\theta$: 역률 R : 저항[Ω] Z : 임피던스[Ω]	$\sin\theta = \dfrac{X}{Z}$ 여기서, $\sin\theta$: 무효율 X : 리액턴스[Ω] Z : 임피던스[Ω]

답 ③

34. 서보기구에서 직접 제어되는 제어량으로만 구성된 것은?

① 압력, 유량
② 회전속도, 회전력
③ 전압, 전류
④ 위치, 각도

해설 제어량에 의한 **분류**

분류방법	제어량
프로세스제어	• **온**도 • **압**력 • **유**량 • **액**면 기억법 프온압유액
서보기구	• **위**치 • **방**위(각도) • **자**세 기억법 서위방자
자동조정	• **전**압 • **전**류 • **주**파수 • **회**전속도(**발**전기의 **속**도조절기) • 장력 기억법 자발속

• 프로세스제어 = 공정제어

답 ④

35. 전류계의 측정범위를 10배로 늘리기 위한 분류기의 저항은 전류계 내부저항의 몇 배인가?

① 10
② 9
③ $\dfrac{1}{9}$
④ $\dfrac{1}{10}$

해설 분류기 배율

$$M = \dfrac{I_0}{I} = 1 + \dfrac{R_A}{R_S}$$

여기서, M : 분류기 배율
I_0 : 측정하고자 하는 전류(A)
I : 전류계 최대 눈금(A)
R_A : 전류계 내부저항(Ω)
R_S : 분류기 저항(Ω)

$M = 1 + \dfrac{R_A}{R_S}$

$M - 1 = \dfrac{R_A}{R_S}$

$R_S = \dfrac{R_A}{M-1} = \dfrac{R_A}{10-1} = \dfrac{R_A}{9} = \dfrac{1}{9}R_A \left(\dfrac{1}{9}\text{배}\right)$

비교
배율기 배율

$$M = \dfrac{V_0}{V} = 1 + \dfrac{R_m}{R_v}$$

여기서, M : 배율기 배율
V_0 : 측정하고자 하는 전압(V)
V : 전압계의 최대 눈금(A)
R_m : 배율기 저항(Ω)
R_v : 전압계 내부저항(Ω)

답 ③

36. 변압기의 온도상승시험방법으로 옳은 것은?

① 충격전압시험
② 가압시험
③ 유도시험
④ 반환부하법

해설 변압기의 **온도상승시험**에는 **반환부하법**(등가부하법)을 가장 많이 사용한다.

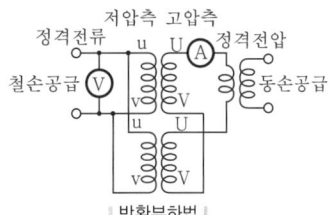

반환부하법

참고
변압기의 시험
(1) 단락시험
(2) 온도상승시험 - **반환부하법** 사용
(3) 극성시험
(4) 무부하시험
(5) 권선저항 측정시험
(6) 내전압시험 ┬ 가압시험
         ├ 유도시험
         ├ 충격전압시험
         └ 절연파괴시험

답 ④

37. 어떤 측정계기의 지시값을 M, 참값을 T라 할 때 보정률은?

① $\dfrac{T-M}{M} \times 100\%$

② $\dfrac{M}{M-T} \times 100\%$

③ $\dfrac{T-M}{T} \times 100\%$

④ $\dfrac{T}{M-T} \times 100\%$

해설 전기계기의 오차

오차율	보정률
오차율 = $\frac{M-T}{T} \times 100\%$	보정률 = $\frac{T-M}{M} \times 100\%$

여기서, T : 참값
M : 측정값(지시값)

답 ①

38 100V의 전위차가 있는 곳에 50A의 전류가 6분 간 흘렀을 때 전력량은 몇 J인가?

① 18×10^5
② 18×10^4
③ 18×10^3
④ 18×10^2

해설 전력량

$$W = VIt = I^2Rt = Pt \,[J]$$

여기서, W : 전력량[J]
V : 전압[V]
I : 전류[A]
t : 시간[s]
R : 저항[Ω]
P : 전력[W]

전력량 W는
$W = VIt$
$= 100 \times 50 \times (6 \times 60) = 1800000\,J = 18 \times 10^5\,J$

• 6분 : 1분=60초이므로 6분=6×60초

※ 전력량 : 일정한 시간 동안 전기가 하는 일의 양

답 ①

39 소방설비의 표시등에 사용되는 발광다이오드(LED)에 대한 설명으로 틀린 것은?

① 전구에 비해 수명이 길고 진동에 강하다.
② PN 접합에 순방향전류를 흘림으로써 발광시킨다.
③ 표시등 중에서 응답속도가 가장 느리다.
④ 발광다이오드의 재료로 GaAs, GaP 등이 사용된다.

해설 발광다이오드(LED)의 특징
(1) 응답속도가 매우 빠르다.
(2) **PN접합**에 **순방향전류**를 흘려서 발광시킨다.
(3) 전구에 비해 수명이 길고 진동에 강하다.
(4) 발광다이오드의 재료로는 **비소화칼륨**(GaAs), **인화칼륨**(GaP) 등이 사용된다.

③ 가장 느리다. → 매우 빠르다.

답 ③

40 인버터(inverter)에 대한 설명 중 옳은 것은?

① 교류를 직류로 변환시켜 준다.
② 직류를 교류로 변환시켜 준다.
③ 저전압을 고전압으로 높이기 위한 장치이다.
④ 교류의 주파수를 낮추어 주기 위한 장치이다.

해설

컨버터(converter)	인버터(inverter)
교류를 **직류**로 변환시켜 준다.	**직류**를 **교류**로 변환시켜 준다.

기억법 직인

 용어

인버터(inverter)
직류전력을 교류전력으로 변환하는 장치로서, 인버터의 부하장치에는 **교류직권전동기**를 사용하여야 한다.

답 ②

제3과목 소방관계법규

41 소방시설 설치 및 관리에 관한 법령상 단독경보형 감지기를 설치하여야 하는 특정소방대상물의 기준 중 틀린 것은?

① 연면적 400m² 미만의 유치원
② 교육연구시설 내에 있는 연면적 2000m² 미만의 합숙소
③ 수련시설 내에 있는 연면적 2000m² 미만의 기숙사
④ 연면적 2000m² 미만의 아파트

해설 ④ 아파트는 해당없음

소방시설법 시행령 [별표 4]
단독경보형 감지기의 설치대상

연면적	설치대상
400m² 미만	• 유치원 보기①
2000m² 미만	• 교육연구시설 · 수련시설 내에 있는 **합숙소** 또는 **기숙사** 보기②③
모두 적용	• 100명 미만의 수련시설(숙박시설이 있는 것) • 연립주택 • 다세대주택

답 ④

42. 화재안전기준을 달리 적용하여야 하는 특수한 용도 또는 구조를 가진 특정소방대상물 중 원자력발전소에 설치하지 않을 수 있는 소방시설로 옳은 것은?

① 옥내소화전설비 및 소화용수설비
② 연결송수관설비 및 연결살수설비
③ 옥내소화전설비 및 옥외소화전설비
④ 스프링클러설비 및 물분무등소화설비

해설 소방시설법 시행령 〔별표 6〕
소방시설을 설치하지 않을 수 있는 특정소방대상물 및 소방시설의 범위

구 분	특정소방대상물	소방시설
화재안전**기**준을 달리 적용하여야 하는 특수한 용도 또는 구조를 가진 특정소방대상물	• 원자력발전소 • 중·저준위 방사성 폐기물의 저장시설	• **연**결송수관설비 • **연**결살수설비 기억법 화기연(화기연구)
자체소방대가 설치된 특정소방대상물	자체소방대가 설치된 위험물제조소 등에 부속된 사무실	• 옥내소화전설비 • 소화용수설비 • 연결살수설비 • 연결송수관설비

답 ②

43. 제조소 등의 지위승계 및 폐지에 관한 설명 중 다음 ( ) 안에 알맞은 것은?

제조소 등의 설치자가 사망하거나 그 제조소 등을 양도·인도한 때 또는 합병이 있는 때에는 그 설치자의 지위를 승계한 자는 승계한 날부터 (㉠)일 이내에 그리고 제조소 등의 관계인은 당해 제조소 등의 용도를 폐지한 때에는 용도를 폐지한 날부터 (㉡)일 이내에 시·도지사에게 신고하여야 한다.

① ㉠ 14, ㉡ 14
② ㉠ 14, ㉡ 30
③ ㉠ 30, ㉡ 14
④ ㉠ 30, ㉡ 30

해설 위험물법 10·11조
(1) 30일
 ㉠ 소방시설업 등록사항 변경신고(공사업규칙 6조)
 ㉡ 위험물안전관리자의 **재선임**(위험물법 15조)
 ㉢ 소방안전관리자의 **재선임**(화재예방법 시행규칙 14조)
 ㉣ **도급계약** 해지(공사업법 23조)
 ㉤ 소방시설공사 중요사항 변경시의 신고일(공사업규칙 12조)
 ㉥ 소방기술자 실무교육기관 지정서 발급(공사업규칙 32조)
 ㉦ 소방공사감리자 변경서류제출(공사업규칙 15조)
 ㉧ **승계**(위험물법 10조)
(2) 14일
 ㉠ 소방기술자 실무교육기관 휴폐업신고일(공사업규칙 34조)
 ㉡ **제**조소 등의 용도**폐**지 신고일(위험물법 11조)
 ㉢ 위험물안전관리자의 **선**임신고일(위험물법 15조)
 ㉣ 소방안전관리자의 **선**임신고일(화재예방법 26조)

기억법 14제폐선(**일사천리**로 **제패**하여 **성**공하라.)

답 ③

44. 위험물을 취급하는 건축물 그 밖의 시설 주위에 보유해야 하는 공지의 너비를 정하는 기준이 되는 것은? (단, 위험물을 이송하기 위한 배관 그 밖에 이와 유사한 시설을 제외한다.)

① 위험물안전관리자의 보유 기술자격
② 위험물의 품명
③ 취급하는 위험물의 최대수량
④ 위험물의 성질

해설 위험물규칙 〔별표 4〕
위험물을 취급하는 건축물 그 밖의 시설(위험물을 이송하기 위한 배관 그 밖에 이와 유사한 시설 제외)의 주위에는 그 **취급하는 위험물의 최대수량**에 따라 다음 표에 의한 **너비의 공지**를 보유할 것

취급하는 위험물의 최대수량	공지의 너비
지정수량의 10배 이하	3m 이상
지정수량의 10배 초과	5m 이상

답 ③

45. 소방시설공사업법령상 전문 소방시설공사업의 등록기준 및 영업범위의 기준에 대한 설명으로 틀린 것은?

① 법인인 경우 자본금은 최소 1억원 이상이다.
② 개인인 경우 자산평가액은 최소 1억원 이상이다.
③ 주된 기술인력 최소 1명 이상, 보조기술인력 최소 3명 이상을 둔다.
④ 영업범위는 특정소방대상물에 설치되는 기계분야 및 전기분야 소방시설의 공사·개설·이전 및 정비이다.

③ 3명 이상 → 2명 이상

공사업령〔별표 1〕
소방시설공사업

종류	기술인력	자본금	영업범위
전문	• 주된 기술인력 : 1명 이상 • 보조기술인력 : 2명 이상	• 법인 : 1억원 이상 • 개인 : 1억원 이상	• 특정소방대상물
일반	• 주된 기술인력 : 1명 이상 • 보조기술인력 : 1명 이상	• 법인 : 1억원 이상 • 개인 : 1억원 이상	• 연면적 10000m² 미만 • 위험물제조소 등

답 ③

46 소방시설공사 현장에 감리원을 배치하지 아니한 자의 벌칙기준은?
① 100만원 이하의 벌금
② 300만원 이하의 벌금
③ 500만원 이하의 벌금
④ 1000만원 이하의 벌금

300만원 이하의 벌금
(1) 화재안전조사를 정당한 사유없이 거부·방해·기피(화재예방법 50조)
(2) 방염성능검사 합격표시 위조(소방시설법 59조)
(3) **소**방안전관리자, 총괄소방안전관리자 또는 소방안전관리 보조자 **미**선임(화재예방법 50조)
(4) 위탁받은 업무종사자의 **비**밀누설(소방시설법 59조)
(5) 다른 자에게 자기의 성명이나 상호를 사용하여 소방시설 공사 등을 수급 또는 시공하게 하거나 소방시설업의 등록증·등록수첩을 빌려준 자(공사업법 37조)
(6) **감**리원 **미**배치자(공사업법 37조)
(7) 소방기술인정 자격수첩을 빌려준 자(공사업법 37조)
(8) 2 이상의 업체에 취업한 자(공사업법 37조)
(9) 소방시설업자나 관계인 감독시 관계인의 업무를 방해하 거나 **비**밀누설(공사업법 37조)

기억법 비3미소 감미(비상미소가 감미롭다.)

답 ②

47 소방기본법상 최대 200만원 이하의 과태료 처분대상이 아닌 것은?
① 화재, 재난·재해, 그 밖의 위급한 상황이 발생한 구역에 소방본부장의 피난명령을 위반한 사람
② 소방활동구역을 대통령령으로 정하는 사람 외에 출입한 사람
③ 한국119청소년단 또는 이와 유사한 명칭을 사용한 자
④ 대통령령으로 정하는 특수가연물의 저장 및 취급 기준을 위반한 자

① 100만원 이하의 벌금

200만원 이하의 과태료
(1) 소방용수시설·소화기구 및 설비 등의 설치명령 위반(화재예방법 52조)
(2) **특수가연물의 저장·취급** 기준 위반(화재예방법 52조)
(3) 한국119청소년단 또는 이와 유사한 명칭을 사용한 자(기본법 56조)
(4) **소방활동구역 출입**(기본법 56조)
(5) 소방자동차의 출동에 지장을 준 자(기본법 56조)
(6) 관계서류 미보관자(공사업법 40조)
(7) 소방기술자 미배치자(공사업법 40조)
(8) 하도급 미통지자(공사업법 40조)

비교

100만원 이하의 벌금
(1) 관계인의 소방활동 미수행(기본법 20조)
(2) **피난명령** 위반(기본법 54조)
(3) 위험시설 등에 대한 긴급조치 방해(기본법 54조)
(4) 거짓보고 또는 자료 미제출자(공사업법 38조)
(5) 관계공무원의 출입·조사·검사 방해(공사업법 38조)

기억법 피1(차일**피일**)

답 ①

48 수용인원 산정방법 중 침대가 없는 숙박시설로서 해당 특정소방대상물의 종사자의 수는 5명, 복도, 계단 및 화장실의 바닥면적을 제외한 바닥면적이 158m²인 경우의 수용인원은?
① 84명
② 58명
③ 45명
④ 37명

소방시설법 시행령〔별표 7〕
수용인원의 산정방법

특정소방대상물		산정방법
• 강의실 • 상담실 • 휴게실	• 교무실 • 실습실	바닥면적합계 / 1.9m²
숙박 시설	침대가 있는 경우	종사자수+침대수
	침대가 없는 경우	종사자수+ 바닥면적합계 / 3m²
• 기타		바닥면적합계 / 3m²

- 강당
- 문화 및 집회시설, 운동시설
- 종교시설

바닥면적합계 4.6m²

숙박시설(침대가 없는 경우) = 종사자수 + $\frac{\text{바닥면적합계}}{3\text{m}^2}$

$= 5명 + \frac{158\text{m}^2}{3\text{m}^2}$

$= 57.6 ≒ 58명$

※ 수용인원 산정시 **소수점 이하는 반올림**한다. 특히 주의!

중요

기타 개수 산정 (감지기·유도등 개수)	수용인원 산정
소수점 이하는 **절상**	소수점 이하는 **반올림** 기억법 **수반**(**수반**! 동반)

답 ②

제3류	자연발화성 물질 및 금수성 물질	• **황**린 • **칼**륨 • **나**트륨 • **알**칼리토금속 • **트**리에틸알루미늄 기억법 **황칼나알트**
제4류	인화성 액체	• 특수인화물 • 석유류(벤젠) • 알코올류 • 동식물유류
제5류	자기반응성 물질	• 유기과산화물 • 나이트로화합물 • 나이트로소화합물 • 아조화합물 • **질산에스터류**(셀룰로이드)
제6류	산화성 액체	• 과염소산 • 과산화수소 • 질산

답 ④

49 특정소방대상물의 의료시설 중 병원에 해당하는 것은?
13.06.문45
(기사)
① 마약진료소   ② 장례시설
③ 전염병원   ④ 요양병원

해설 소방시설법 시행령 [별표 2]
의료시설

구 분	종 류
병원	• 종합병원 • 병원 • 치과병원 • 한방병원 • **요양병원**
격리병원	• 전염병원 • 마약진료소
정신의료기관	—
장애인 의료재활시설	—

※ 장례시설은 장례시설 단독으로 분류한다.

답 ④

50 위험물안전관리법령상 위험물 유별에 따른 성질의 분류 중 자기반응성 물질은?
11.10.문03
① 황린   ② 염소산염류
③ 알칼리토금속   ④ 질산에스터류

해설 위험물령 [별표 1]
위험물

유별	성 질	품 명
제1류	**산**화성 **고**체	• 아염소산염류 • 염소산염류(**염소산나트륨**) • 과염소산염류 • 질산염류 • 무기과산화물 기억법 **1산고염나**
제2류	가연성 고체	• 황화인 • 적린 • 황 • 마그네슘 기억법 **황화적황마**

51 소방시설공사업법상 소방시설공사 결과 소방시설의 하자발생시 통보를 받은 공사업자는 며칠 이내에 하자를 보수해야 하는가?
11.06.문59
① 3   ② 5
③ 7   ④ 10

해설 공사업법 15조
소방시설공사의 하자보수기간 : 3일 이내

중요

3일
(1) **하**자보수기간(공사업법 15조)
(2) 소방시설업 **등**록증 **분**실 등의 **재**발급(공사업규칙 4조)
(3) 소방시설 등의 자체점검 면제 또는 연기신청(소방시설법 시행규칙 22조)
(4) 소방안전관리자 선임연기신청서 관계인 통보(화재예방법 시행규칙 14조)

기억법 **3하등분재**(상하이에서 **동**생이 **분재**를 가져왔다.)

답 ①

52 위험물안전관리법상 위험물의 정의 중 다음 ( ) 안에 알맞은 것은?
07.03.문44

위험물이라 함은 (㉠) 또는 발화성 등의 성질을 가지는 것으로서 (㉡)이/가 정하는 물품을 말한다.

① ㉠ 인화성, ㉡ 대통령령
② ㉠ 휘발성, ㉡ 국무총리령
③ ㉠ 인화성, ㉡ 국무총리령
④ ㉠ 휘발성, ㉡ 대통령령

해설 위험물법 2조
용어의 정의

용어	뜻
위험물	**인화성** 또는 **발화성** 등의 성질을 가지는 것으로서 **대통령령**이 정하는 물품
지정수량	위험물의 종류별로 위험성을 고려하여 대통령령이 정하는 수량으로서 제조소 등의 설치허가 등에 있어서 **최저**의 기준이 되는 **수량**
제조소	위험물을 제조할 목적으로 **지정수량 이상**의 위험물을 취급하기 위하여 허가를 받은 장소
저장소	지정수량 이상의 위험물을 저장하기 위한 **대통령령**이 정하는 장소
취급소	지정수량 이상의 위험물을 제조 외의 목적으로 취급하기 위한 대통령령이 정하는 장소
제조소 등	제조소 · 저장소 · 취급소

답 ①

53 소방시설 중 경보설비에 해당하지 않는 것은?

12.03.문47 (기사)
① 비상벨설비
② 단독경보형 감지기
③ 비상방송설비
④ 비상콘센트설비

해설 ④ 비상콘센트설비 : 소화활동설비

소방시설법 시행령 〔별표 1〕
경보설비
(1) 비상경보설비 ┬ 비상벨설비
                └ 자동식 사이렌설비
(2) 단독경보형 감지기
(3) 비상방송설비
(4) 누전경보기
(5) 자동화재탐지설비 및 시각경보기
(6) 자동화재속보설비
(7) 가스누설경보기
(8) 통합감시시설
(9) 화재알림설비

※ **경보설비** : 화재발생 사실을 통보하는 기계 · 기구 또는 설비

답 ④

54 국가가 시·도의 소방업무에 필요한 경비의 일부를 보조하는 국고보조 대상이 아닌 것은?

06.05.문60 (기사)
① 소방용수시설
② 소방전용통신설비
③ 소방자동차
④ 소방관서용 청사의 건축

해설 ① 국고보조대상이 아님

기본령 2조
국고보조의 대상 및 기준
(1) **국고보조의 대상**
  ㉠ 소방**활**동장비와 설비의 구입 및 설치
    • 소방**자**동차
    • 소방**헬**리콥터 · 소방정
    • 소방**전**용통신설비 · 전산설비
    • **방화**복
  ㉡ 소방관서용 **청**사
(2) 소방활동장비 및 설비의 종류와 규격 : 행정안전부령
(3) 대상사업의 기준보조율 : 「보조금관리에 관한 법률 시행령」에 따름

기억법 국화복 활자 전헬청

답 ①

55 제조소 등에 전기설비(전기배선, 조명기구 등은 제외)가 설치된 장소의 면적이 250m²라면, 설치해야 할 소형 수동식소화기의 최소개수는?
① 1개
② 2개
③ 3개
④ 4개

해설 위험물규칙 〔별표 17〕
전기설비의 소화설비
제조소 등에 전기설비(전기배선, 조명기구 등 제외)가 설치된 경우에는 당해 장소의 면적 **100m²마다 소형 수동식소화기를 1개 이상 설치**할 것
〈제조소 등의 전기설비 소형 수동식소화기 개수〉

$$\frac{바닥면적}{100m^2}(절상) = \frac{250m^2}{100m^2} = 2.5 ≒ 3개(절상)$$

 중요

절상 : '소수점 이하는 무조건 올린다.'는 뜻

답 ③

56 소방시설공사업법령상 소방공사감리를 실시함에 있어 용도와 구조에서 특별히 안전성과 보안성이 요구되는 소방대상물로서 소방시설물에 대한 감리는 감리업자 아닌 자가 감리를 할 수 있는 장소는?
① 교도소 등 교정관련시설
② 국방 관계시설 설치장소
③ 정보기관의 청사
④ 「원자력안전법」상 관계시설이 설치되는 장소

해설 공사업령 8조
감리업자가 아닌 자가 감리할 수 있는 보안성 등이 요구되는 소방대상물의 감리장소
「원자력안전법」에 따른 관계시설이 설치되는 장소

답 ④

57. 하자보수대상 소방시설 중 하자보수 보증기간이 3년인 것은?

① 유도등 ② 피난기구
③ 비상방송설비 ④ 스프링클러설비

해설
①, ②, ③ 2년
④ 3년

공사업령 6조
소방시설공사의 하자보수 보증기간

보증 기간	소방시설
2년	① **유**도등·**피**난기구 ② **비**상**조**명등·비상**경**보설비·비상**방**송설비 ③ **무**선통신보조설비 **기억법** 유비조경방무피2
3년	① 자동소화장치 ② 옥내·외소화전설비 ③ 스프링클러설비 ④ 물분무등소화설비·소화용수설비 ⑤ 자동화재탐지설비·소화활동설비(무선통신보조설비 제외) ⑥ 화재알림설비

답 ④

58. 소방시설관리업자가 기술인력을 변경시 시·도지사에게 첨부하여 제출하는 서류가 아닌 것은?

① 소방시설관리업 등록수첩
② 변경된 기술인력의 기술자격증(경력수첩 포함)
③ 소방기술인력대장
④ 사업자등록증 사본

해설 소방시설법 시행규칙 34조
소방시설관리업의 기술인력을 변경하는 경우의 서류
(1) 소방시설관리업 등록수첩
(2) 변경된 기술인력의 기술자격증(경력수첩 포함)
(3) 소방기술인력대장

답 ④

59. 제조 또는 가공 공정에서 방염처리를 한 물품으로서 방염대상물품이 아닌 것은? (단, 합판·목재류의 경우에는 설치현장에서 방염처리를 한 것을 포함한다.)

① 카펫
② 창문에 설치하는 커튼류
③ 두께가 2mm 미만인 종이벽지
④ 전시용 합판 또는 섬유판

해설
③ 두께가 2mm 미만인 종이벽지 → 두께가 2mm 미만인 종이벽지 제외

소방시설법 시행령 31조
방염대상물품

제조 또는 가공 공정에서 방염처리를 한 물품	건축물 내부의 천장이나 벽에 부착하거나 설치하는 것
① 창문에 설치하는 **커튼류**(블라인드 포함) ② **카펫** ③ **벽지류**(두께 2mm 미만인 종이벽지 제외) ④ **전시용 합판·목재** 또는 섬유판 ⑤ **무대용 합판·목재** 또는 섬유판 ⑥ **암막·무대막**(영화상영관·가상체험 체육시설업의 스크린 포함) ⑦ 섬유류 또는 합성수지류 등을 원료로 하여 제작된 소파·의자(단란주점영업, 유흥주점영업 및 노래연습장업의 영업장에 설치하는 것만 해당)	① 종이류(두께 2mm 이상), 합성수지류 또는 섬유류를 주원료로 한 물품 ② 합판이나 목재 ③ 공간을 구획하기 위하여 설치하는 간이칸막이 ④ 흡음재(흡음용 커튼 포함) 또는 방음재(방음용 커튼 포함) ※ **가구류**(옷장, 찬장, 식탁, 식탁용 의자, 사무용 책상, 사무용 의자, 계산대)와 너비 10cm 이하인 반자돌림대, 내부 마감재료 제외

답 ③

60. 특정소방대상물 중 근린생활시설에 해당되는 것은? (단, 같은 건축물에 해당 용도로 쓰는 바닥면적의 합계이다.)

① 바닥면적의 합계가 1500m²인 슈퍼마켓
② 바닥면적의 합계가 1200m²인 자동차영업소
③ 바닥면적의 합계가 450m²인 골프연습장
④ 바닥면적의 합계가 400m²인 영화상영관

해설
③ 골프연습장은 500m² 미만이므로 근린생활시설이다.

소방시설법 시행령〔별표 2〕
근린생활시설

면 적	적용장소	
150m² 미만	• 단란주점	
300m² 미만	• 종교시설 • 공연장 • 비디오물 감상실업 • 비디오물 소극장업	
500m² 미만	• 탁구장 • 테니스장 • 체육도장 • 사무소 • 학원 • 당구장	• 서점 • 볼링장 • 금융업소 • 부동산 중개사무소 • 골프연습장
1000m² 미만	• 자동차영업소 • 일용품 • 의약품 판매소	• 슈퍼마켓 • 의료기기 판매소
전부	• 기원 • 이용원·미용원·목욕장 및 세탁소 • 휴게음식점·일반음식점, 제과점 • 독서실 • 안마원(안마시술소 포함) • 조산원(산후조리원 포함) • 의원, 치과의원, 한의원, 침술원, 접골원	

면적	적용장소
① 1000m² 미만	슈퍼마켓
② 1000m² 미만	자동차영업소
③ 500m² 미만	골프연습장
④ 300m² 미만	영화상영관

답 ③

제 4 과목 소방전기시설의 구조 및 원리

61 층수가 11층 이상으로서 연면적이 3000m²를 초과하는 특정소방대상물의 지하층에서 발화한 때에 비상방송설비의 음향장치의 경보기준으로 옳은 것은?

① 발화층
② 발화층 및 그 직상층
③ 발화층·그 직상층 및 지하층
④ 발화층·그 직상층 및 기타의 지하층

해설 비상방송설비의 **우선경보방식** (NFPC 202 4조, NFTC 202 2.1)
11층(공동주택 16층) 이상의 특정소방대상물의 경보

발화층	경보층	
	11층(공동주택 16층) 미만	11층(공동주택 16층) 이상
2층 이상 발화	전층 일제경보	• 발화층 • 직상 4개층
1층 발화		• 발화층 • 직상 4개층 • 지하층
지하층 발화		• 발화층 • 직상층 • 기타의 지하층

답 ④

62 자동화재탐지설비 경계구역의 설정기준 중 다음 ( ) 안에 알맞은 것은?

하나의 경계구역의 면적은 (㉠)m² 이하로 하고 한 변의 길이는 (㉡)m 이하로 할 것. 다만, 해당 특정소방대상물의 주된 출입구에서 그 내부 전체가 보이는 것에 있어서는 한 변의 길이가 (㉡)m의 범위 내에서 (㉢)m² 이하로 할 수 있다.

① ㉠ 600, ㉡ 50, ㉢ 1000
② ㉠ 600, ㉡ 30, ㉢ 1500
③ ㉠ 1000, ㉡ 50, ㉢ 1000
④ ㉠ 1000, ㉡ 30, ㉢ 1500

해설 경계구역(NFPC 203 3·4조, NFTC 203 1.7, 2.1)
(1) 정의
소방대상물 중 **화재신호**를 **발신**하고 그 **신호**를 **수신** 및 유효하게 **제어**할 수 있는 구역
(2) 경계구역의 설정기준
㉠ 1경계구역이 2개 이상의 **건축물**에 미치지 않을 것
㉡ 1경계구역이 2개 이상의 **층**에 미치지 않을 것(**500m²** 이하는 2개 층을 1경계구역으로 할 수 있음)
㉢ 1경계구역의 면적은 **600m²** 이하로 하고, 1변의 길이는 **50m** 이하로 할 것(내부 전체가 보이면 50m 범위 내에서 **1000m²** 이하)
(3) 1경계구역의 높이 : **45m** 이하

기억법 경600

답 ①

63 통로유도등의 설치기준 중 옳은 것은?

① 계단통로유도등은 바닥으로부터 높이 1m 이하의 위치에 설치하여야 한다.
② 복도통로유도등은 바닥으로부터 높이 1.5m 이하의 위치에 설치하여야 한다.
③ 거실통로유도등은 바닥으로부터 높이 1m 이상의 위치에 설치하여야 한다.
④ 거실통로유도등은 거실통로에 기둥이 설치된 경우에는 기둥부분의 바닥으로부터 높이 1m 이하의 위치에 설치할 수 있다.

해설 (1) 설치높이

구 분	설치높이
계단통로유도등· 복도통로유도등· 통로유도표지	바닥으로부터 높이 **1m** 이하
피난구유도등	피난구의 바닥으로부터 높이 **1.5m** 이상
거실통로유도등	바닥으로부터 높이 **1.5m** 이상 (단, 거실통로의 기둥은 1.5m 이하)
피난구유도표지	출입구 상단

기억법 계복1, 피유15상

(2) 설치거리 (NFPC 303 6조, NFTC 303 2.3)

구 분	설치거리
복도통로유도등	구부러진 모퉁이 및 피난구유도등이 설치된 출입구의 맞은편 복도에 입체형 또는 바닥에 설치한 통로유도등을 기점으로 보행거리 20m마다 설치
거실통로유도등	구부러진 모퉁이 및 **보행거리 20m**마다 설치
계단통로유도등	각 층의 **경사로참** 또는 **계단참**마다 설치

기억법 복거2

② 1.5m 이하 → 1m 이하
③ 1m 이상 → 1.5m 이상
④ 1m 이하 → 1.5m 이하

답 ①

64 보상식 스포트형 감지기는 정온점이 감지기 주위의 평상시 최고온도보다 몇 ℃ 이상 높은 것으로 설치하여야 하는가?

① 10℃
② 15℃
③ 20℃
④ 25℃

해설 감지기의 설치기준(NFPC 203 7조, NFTC 203 2.4.3)
(1) 감지기(차동식 분포형 제외)는 실내의 **공기유입구**로부터 **1.5m** 이상 떨어진 위치에 설치
(2) 감지기는 천장 또는 반자의 옥내에 면하는 부분에 설치
(3) **보상식 스포트형 감지기**는 정온점이 감지기 주위의 평상시 최고온도보다 **20℃** 이상 높은 것으로 설치
(4) **정온식** 감지기는 **주방·보일러실** 등으로서 다량의 화기를 단속적으로 취급하는 장소에 설치하되, 공칭작동온도가 최고주위온도보다 **20℃** 이상 높은 것으로 설치

기억법 2정(이정표)

답 ③

65 비상벨설비 또는 자동식 사이렌설비 음향장치의 설치기준 중 다음 ( ) 안에 알맞은 것은?

음향장치는 정격전압의 (㉠)% 전압에서 음향을 발할 수 있도록 해야 하며, 음량은 부착된 음향장치의 중심으로부터 (㉡)m 떨어진 위치에서 (㉢)dB 이상이 되는 것으로 해야 한다.

① ㉠ 150, ㉡ 3, ㉢ 90
② ㉠ 140, ㉡ 1, ㉢ 120
③ ㉠ 110, ㉡ 3, ㉢ 120
④ ㉠ 80, ㉡ 1, ㉢ 90

해설 음향장치의 설치기준(NFPC 201 4조, NFTC 201 2.1)

구 분	설 명
전 원	교류전압 옥내간선, **전용**
정격전압 →	**80%** 전압에서 음향을 발할 것
음 량 →	**1m** 위치에서 **90dB** 이상
지구음향장치	**층**마다 설치, 수평거리 **25m** 이하

답 ④

66 누전경보기 표시등의 구조 및 기능에 대한 기준으로 틀린 것은?

① 누전등이 설치된 수신부의 지구등은 적색 외의 색으로도 표시할 수 있다.
② 전구는 2개 이상을 병렬로 접속하여야 한다. 다만, 방전등 또는 발광다이오드의 경우에는 그러하지 아니하다.
③ 주위의 밝기가 300lx인 장소에서 측정하여 앞면으로부터 3m 떨어진 곳에서 켜진 등이 확실히 식별되어야 한다.
④ 전구에는 적당한 보호덮개를 설치하여야 한다. 다만, 방전등의 경우에는 그러하지 아니한다.

해설 **부품**의 **구조** 및 **기능**(누전경보기의 형식승인 및 제품검사의 기술기준 4조)
(1) 전구는 2개 이상을 **병렬**로 접속하여야 한다(단, **방전등** 또는 **발광다이오드**는 제외).
(2) 전구에는 적당한 보호덮개를 설치하여야 한다(단, **발광다이오드**는 제외).
(3) 누전화재의 발생을 표시하는 표시등(누전등)이 설치된 것은 등이 켜질 때 적색으로 표시되어야 하며, 누전화재가 발생한 경계전로의 위치를 표시하는 표시등(지구등)과 기타의 표시등은 다음과 같아야 한다.
 ㉠ 지구등은 적색으로 표시(이 경우 누전등이 설치된 수신부의 지구등은 적색 외의 색으로도 표시)
 ㉡ 기타의 표시등은 적색 외의 색으로도 표시(단, 누전등 및 지구등과 쉽게 구별할 수 있도록 부착된 기타의 표시등은 적색으로도 표시)
(4) 주위의 밝기가 300lx인 장소에서 측정하여 앞면으로부터 3m 떨어진 곳에서 켜진 등이 확실히 식별될 것

④ 방전등 → 발광다이오드

답 ④

67 비상벨설비 또는 자동식 사이렌설비 발신기의 설치기준으로 옳은 것은? (단, 지하구의 경우는 제외한다.)

① 조작이 쉬운 장소에 설치하고, 조작스위치는 바닥으로부터 0.5m 이상 1m 이하의 높이에 설치할 것
② 특정소방대상물의 층마다 설치하되, 해당 특정소방대상물의 각 부분으로부터 하나의 발신기까지의 수평거리가 15m 이하가 되도록 할 것
③ 특정소방대상물의 층마다 설치하되, 복도 또는 별도로 구획된 실로서 보행거리가 25m 이상일 경우에는 추가로 설치할 것
④ 발신기의 위치표시등은 함의 상부에 설치하되, 그 불빛은 부착면으로부터 15° 이상의 범위 안에서 부착지점으로부터 10m 이내의 어느 곳에서도 쉽게 식별할 수 있는 적색등으로 할 것

해설 **비상경보설비**의 **발신기 설치기준**(NFPC 201 4조, NFTC 201 2.1.5)
(1) 조작이 **쉬운 장소**에 설치하고, 조작스위치는 바닥으로부터 **0.8~1.5m** 이하의 높이에 설치할 것
(2) 특정소방대상물의 **층**마다 설치하되, 해당 특정소방대상물의 각 부분으로부터 하나의 발신기까지의 **수평거리**가 **25m** 이하가 되도록 할 것(단, 복도 또는 별도로 구획된 실로서 **보행거리**가 **40m** 이상일 경우에는 추가로 설치할 것)
(3) 발신기의 **위치표시등**은 함의 **상부**에 설치하되, 그 불빛은 부착면으로부터 **15°** 이상의 범위 안에서 부착지점으로부터 **10m** 이내의 어느 곳에서도 쉽게 식별할 수 있는 **적색등**으로 할 것

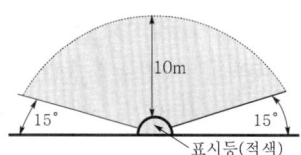

위치표시등의 식별
① 0.5m 이상 1m 이하 → 0.8m 이상 1.5m 이하
② 15m 이하 → 25m 이하
③ 25m 이상 → 40m 이상

답 ④

68 주요구조부를 내화구조로 한 특정소방대상물의 정온식 스포트형 감지기 특종을 설치하는 경우 최소 몇 개 이상을 설치해야 하는가? (단, 부착높이는 5m이고 특정소방대상물의 바닥면적은 250m²이다.)

① 9개   ② 8개
③ 5개   ④ 3개

해설 **바닥면적**(NFPC 203 7조, NFTC 203 2.4.3.5)

(단위 : m²)

부착높이 및 특정소방대상물의 구분		감지기의 종류				
		차동식·보상식 스포트형		정온식 스포트형		
		1종	2종	특종	1종	2종
4m 미만	내화구조	90	70	70	60	20
	기타구조	50	40	40	30	15
4m 이상 8m 미만	내화구조	45	35	↓35	30	-
	기타구조	30	25	25	15	-

내화구조이므로 **정온식 스포트형 감지기(특종)** 1개가 담당하는 바닥면적은 **35m²**이다.

정온식 스포트형(특종) 감지기 개수 = $\dfrac{바닥면적}{35m^2}$ (절상)

= $\dfrac{250m^2}{35m^2}$ = 7.1

≒ 8개(절상)

용어
절상
'소수점 이하는 무조건 올린다.'는 뜻

답 ②

69 비상콘센트설비의 전원부와 외함 사이의 절연내력 기준 중 다음 ( ) 안에 알맞은 것은?

절연내력은 전원부와 외함 사이에 정격전압이 150V 이하인 경우에는 (㉠)V의 실효전압을, 정격전압이 150V 초과인 경우에는 그 정격전압에 (㉡)를 곱하여 1000을 더한 실효전압을 가하는 시험에서 (㉢)분 이상 견디는 것으로 할 것

① ㉠ 500, ㉡ 1.5, ㉢ 2
② ㉠ 500, ㉡ 2, ㉢ 1
③ ㉠ 1000, ㉡ 1.5, ㉢ 2
④ ㉠ 1000, ㉡ 2, ㉢ 1

해설 비상콘센트설비의 절연내력은 전원부와 외함 사이에 정격전압이 150V 이하인 경우에는 1000V의 실효전압을, 정격전압이 150V 초과인 경우에는 그 정격전압에 2를 곱하여 1000을 더한 실효전압을 가하는 시험에서 1분 이상 견디는 것으로 할 것

중요
절연내력시험(NFPC 504 4조, NFTC 504 2.1.6.2)

구분	150V 이하	150V 초과
실효전압	1000V	(정격전압×2)+1000V 예 220V인 경우 (220×2)+1000=1440V
견디는 시간	1분 이상	1분 이상

답 ④

70 무선통신보조설비 증폭기의 설치기준 중 틀린 것은?

① 상용전원은 전기가 정상적으로 공급되는 축전지설비, 전기저장장치 또는 교류전압 옥내간선으로 하고 전원까지의 배선은 전용으로 할 것
② 증폭기의 전면에는 주 회로의 전원이 정상인지의 여부를 표시할 수 있는 표시등 및 전압계를 설치할 것
③ 증폭기에는 비상전원이 부착된 것으로 하고 해당 비상전원용량은 무선통신보조설비를 유효하게 20분 이상 작동시킬 수 있는 것으로 할 것
④ 무선중계기를 설치하는 경우에는 전파법에 따른 적합성 평가를 받은 제품으로 설치할 것

해설 **무선통신보조설비의 증폭기** 및 **무선중계기의 설치기준**(NFPC 505 8조, NFTC 505 2.5)
(1) 상용전원은 **축전지설비**, **전기저장장치** 또는 **교류전압 옥내간선**으로 하고, 전원까지의 배선은 **전용**으로 할 것
(2) 증폭기의 전면에는 전원확인 **표시등** 및 **전압계** 설치
(3) 증폭기의 비상전원용량은 30분 이상
(4) **증폭기** 및 **무선중계기**를 설치하는 경우 「전파법」 규정에 따른 적합성 평가를 받은 제품으로 설치
(5) 디지털방식의 무전기를 사용하는 데 지장이 없도록 설치할 것

③ 20분 → 30분

용어
전기저장장치
외부 전기에너지를 저장해 두었다가 필요할 때 전기를 공급하는 장치

답 ③

71. 자동화재속보설비 속보기 외함의 최소두께 기준으로 다음 ( ) 안에 알맞은 것은?

- 강판 외함 : (㉠)mm 이상
- 합성수지 외함 : (㉡)mm 이상

① ㉠ 1.0, ㉡ 2.5   ② ㉠ 1.2, ㉡ 3
③ ㉠ 1.6, ㉡ 4   ④ ㉠ 2.0, ㉡ 3

해설 외함의 두께(자동화재속보설비의 속보기의 성능인증 및 제품검사의 기술기준 4조)

강판 외함	합성수지 외함
1.2mm 이상	3mm 이상

답 ②

72. 의료시설의 4층 이상 10층 이하에 적응성이 있는 피난기구는?

① 승강식 피난기   ② 완강기
③ 공기안전매트   ④ 미끄럼대

해설 피난기구의 적응성(NFTC 301 2.1.1)

층별 설치 장소별 구분	1층	2층	3층	4층 이상 10층 이하

노유자시설	• 미끄럼대
	• 구조대
	• 피난교
	• 다수인 피난
	  장비
	• 승강식 피난기
		• 미끄럼대
		• 구조대
		• 피난교
		• 다수인 피난
		  장비
		• 승강식 피난기
			• 미끄럼대
			• 구조대
			• 피난교
			• 다수인 피난
			  장비
			• 승강식 피난기
				• 구조대[1]
				• 피난교
				• 다수인 피난
				  장비
				• 승강식 피난기

의료시설 ·
입원실이
있는
의원 · 접골
원 · 조산원
	–	–	• 미끄럼대
			• 구조대
			• 피난교
			• 피난용 트랩
			• 다수인 피난
			  장비
			• 승강식 피난기
				• 구조대
				• 피난교
				• 피난용 트랩
				• 다수인 피난
				  장비
				• 승강식 피난기

영업장의
위치가
4층 이하인
다중
이용업소
	–	• 미끄럼대
		• 피난사다리
		• 구조대
		• 완강기
		• 다수인 피난
		  장비
		• 승강식 피난기
			• 미끄럼대
			• 피난사다리
			• 구조대
			• 완강기
			• 다수인 피난
			  장비
			• 승강식 피난기
				• 미끄럼대
				• 피난사다리
				• 구조대
				• 완강기
				• 다수인 피난
				  장비
				• 승강식 피난기

그 밖의 것	–	–	• 미끄럼대
			• 피난사다리
			• 구조대
			• 완강기
			• 피난교
			• 피난용 트랩
			• 간이완강기[2]
			• 공기안전매트
			• 다수인 피난
			  장비
			• 승강식 피난기
				• 피난사다리
				• 구조대
				• 완강기
				• 피난교
				• 간이완강기[2]
				• 공기안전매트
				• 다수인 피난
				  장비
				• 승강식 피난기

[비고] 1) **구조대**의 **적응성은 장애인관련시설**로서 주된 사용자 중 **스스로 피난**이 **불가**한 자가 있는 경우 추가로 설치하는 경우에 한한다.
2) 간이완강기의 적응성은 **숙박시설**의 **3층 이상**에 있는 객실에 추가로 설치하는 경우에 한한다.

중요
의무관리대상 공동주택(NFPC 608 13조, NFTC 608 2.9.1.3)
공동주택 구역마다 공기안전매트 1개 이상을 추가로 설치할 것

비교
피난기구 적응성

간이완강기	공기안전매트	구조대
숙박시설의 3층 이상에 있는 객실	공동주택	장애인관련시설

답 ①

73. 비상콘센트설비에 자가발전설비를 비상전원으로 설치할 경우 그 설치기준으로 틀린 것은?

① 비상전원의 설치장소는 다른 장소와 방화구획할 것
② 비상콘센트설비를 유효하게 20분 이상 작동시킬 수 있는 용량으로 할 것
③ 비상전원을 실내에 설치하는 때에는 그 실내에 비상조명등을 설치할 것
④ 상용전원으로부터 전력의 공급이 중단된 때에는 자동 또는 수동으로 비상전원으로부터 전력을 공급받을 수 있도록 할 것

해설 ④ 자동 또는 수동으로 → 자동으로

중요
여러 가지 설비의 비상전원용량

설비의 종류	비상전원용량
• **자**동화재탐지설비 • 비상**경**보설비 • **자**동화재속보설비	10분 이상
• 유도등 • 비상콘센트설비 • 제연설비 • 물분무소화설비 • 옥내소화전설비(30층 미만) • 특별피난계단의 계단실 및 부속실 제연설비(30층 미만)	20분 이상
• 무선통신보조설비의 **증**폭기	**30**분 이상
• 옥내소화전설비(30~49층 이하) • 특별피난계단의 계단실 및 부속실 제연설비(30~49층 이하) • 연결송수관설비(30~49층 이하) • 스프링클러설비(30~49층 이하)	40분 이상

• 유도등 · 비상조명등(지하상가 및 11층
  이상)
• 옥내소화전설비(50층 이상)
• 특별피난계단의 계단실 및 부속실
  제연설비(50층 이상)
• 연결송수관설비(50층 이상)
• 스프링클러설비(50층 이상)
	60분 이상

기억법 경자비1(경자라는 이름은 비일비재하게 많다.)
3증(3중고)

답 ④

74. 무선통신보조설비의 설치 제외 기준 중 다음 ( ) 안에 알맞은 것은?

지하층으로서 특정소방대상물의 바닥부분 (㉠)면 이상이 지표면과 동일하거나 지표면으로부터의 깊이가 (㉡)m 이하인 경우에는 해당층에 한하여 무선통신보조설비를 설치하지 아니할 수 있다.

① ㉠ 2, ㉡ 1
② ㉠ 3, ㉡ 2
③ ㉠ 2, ㉡ 2
④ ㉠ 3, ㉡ 3

해설 무선통신보조설비의 설치 제외(NFPC 505 4조, NFTC 505 2.1)
(1) **지하층**으로서 특정소방대상물의 바닥부분 **2면** 이상이 지표면과 동일한 경우의 해당층
(2) **지하층**으로서 **지표면**으로부터의 깊이가 **1m** 이하인 경우의 해당층

기억법 2면무지(이면 계약의 무지)

답 ①

75. 광원점등방식 피난유도선의 설치기준 중 틀린 것은?

① 바닥으로부터 높이 50cm 이하의 위치 또는 바닥면에 설치할 것
② 피난유도 표시부는 50cm 이내의 간격으로 연속되도록 설치하되 실내장식물 등으로 설치가 곤란할 경우 1m 이내로 설치할 것
③ 비상전원이 상시 충전상태를 유지하도록 설치할 것
④ 피난유도 제어부는 조작 및 관리가 용이하도록 바닥으로부터 0.8m 이상 1.5m 이하의 높이에 설치할 것

해설 광원점등방식의 피난유도선(NFPC 303 9조, NFTC 303 2.6.2)
(1) 구획된 각 실로부터 **주출입구** 또는 **비상구**까지 설치
(2) 피난유도 표시부는 바닥으로부터 높이 **1m 이하**의 위치 또는 바닥면에 설치
(3) 피난유도 표시부는 **50cm 이내**의 간격으로 연속되도록 설치하되 실내장식물 등으로 설치가 곤란할 경우 **1m 이내**로 설치
(4) 수신기로부터의 **화재신호** 및 **수동조작**에 의하여 광원이 점등되도록 설치
(5) 비상전원이 **상시 충전상태**를 유지하도록 설치

④ 50cm 이하 → 1m 이하

비교
축광방식의 피난유도선 설치기준(NFPC 303 9조, NFTC 303 2.6.1)
(1) 구획된 각 실로부터 **주출입구** 또는 **비상구**까지 설치
(2) 바닥으로부터 높이 50cm 이하의 위치 또는 바닥면에 설치
(3) 피난유도 표시부는 50cm 이내의 간격으로 연속되도록 설치
(4) 부착대에 의하여 견고하게 설치
(5) **외광** 또는 **조명장치**에 의하여 상시 조명이 제공되거나 비상조명등에 의한 조명이 제공되도록 설치

답 ④

76. 광전식 분리형 감지기의 설치기준 중 광축의 높이는 천장 등(천장의 실내에 면한 부분 또는 상층의 바닥하부면을 말한다.) 높이의 몇 % 이상이어야 하는가?

① 70
② 80
③ 90
④ 100

해설 광전식 분리형 감지기의 설치기준(NFPC 203 7조, NFTC 203 2.4.3.15)
(1) 감지기의 송광부와 수광부는 설치된 뒷벽으로부터 1m 이내 위치에 설치할 것
(2) 감지기의 광축의 길이는 **공칭감시거리** 범위 이내일 것
(3) 광축의 높이는 천장 등 높이의 **80%** 이상일 것
(4) 광축은 나란한 벽으로부터 0.6m 이상 이격하여 설치할 것
(5) 감지기의 수광면은 **햇빛**을 직접 받지 않도록 설치할 것

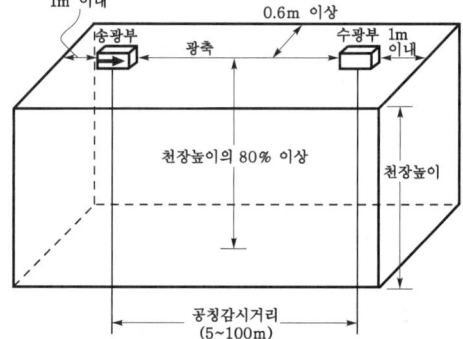

| 광전식 분리형 감지기의 설치 |

답 ②

77. 거실통로유도등의 설치기준 중 다음 ( ) 안에 알맞은 것은? (단, 거실통로에 기둥이 설치되지 않은 경우이다.)

거실통로유도등은 구부러진 모퉁이 및 보행거리 (㉠)m마다 설치하며, 바닥으로부터 높이 (㉡)m 이상의 위치에 설치할 것

① ㉠ 20, ㉡ 1.0
② ㉠ 15, ㉡ 1.0
③ ㉠ 20, ㉡ 1.5
④ ㉠ 15, ㉡ 1.5

해설 (1) 설치높이

구 분	설치높이
계단통로유도등 · 복도통로유도등 · 통로유도표지	바닥으로부터 높이 1m 이하
피난구유도등	피난구의 바닥으로부터 높이 1.5m 이상
거실통로유도등	바닥으로부터 높이 1.5m 이상 (단, 거실통로의 기둥이 1.5m 이하)
피난구유도표지	출입구 상단

기억법 계복1, 피유15상

답 ①

(2) **설치거리**(NFPC 303 6조, NFTC 303 2.3)

구 분	설치거리
복도통로유도등	구부러진 모퉁이 및 피난구유도등이 설치된 출입구의 맞은편 복도에 입체형 또는 바닥에 설치한 통로유도등을 기점으로 보행거리 20m마다 설치
거실통로유도등	구부러진 모퉁이 및 **보행거리 20m**마다 설치
계단통로유도등	각 층의 **경사로참** 또는 **계단참**마다 설치

기억법 복거2

답 ③

78 비상방송설비 음향장치의 설치기준 중 틀린 것은?

① 실내에 설치하는 확성기의 음성입력은 1W 이상일 것
② 확성기는 각 층마다 설치하되 그 층의 각 부분으로부터 하나의 확성기까지의 수평거리가 25m 이하가 되도록 할 것
③ 음량조절기를 설치하는 경우 음량조정기의 배선은 2선식으로 할 것
④ 기동장치에 따른 화재신고를 수신한 후 필요한 음량으로 화재발생상황 및 피난에 유효한 방송이 자동으로 개시될 때까지의 소요시간은 10초 이하로 할 것

해설 **비상방송설비**의 **설치기준**(NFPC 202 4조, NFTC 202 2.1)
(1) 확성기의 음성입력은 실내 1W 이상, 실외 3W 이상일 것
(2) 확성기는 **각 층**마다 설치하되, 각 부분으로부터의 **수평거리**는 25m 이하일 것
(3) 음량조정기는 3선식 배선일 것
(4) 조작스위치는 바닥으로부터 0.8~1.5m 이하의 높이에 설치할 것
(5) 다른 전기회로에 의하여 유도장애가 생기지 않을 것
(6) 비상방송 개시시간은 10초 이하일 것

③ 2선식 → 3선식

중요
3선식 배선의 종류
(1) 공통선
(2) 업무용 배선
(3) 긴급용 배선

답 ③

79 휴대용 비상조명등의 설치기준 중 틀린 것은?

① 숙박시설 또는 다중이용업소에는 객실 또는 영업장 안의 구획된 실마다 잘 보이는 곳에 1개 이상 설치
② 숙박시설 또는 다중이용업소에는 외부에 설치시 출입문 손잡이로부터 2m 이내 부분에 1개 이상 설치
③ 지하상가 및 지하역사에는 보행거리 25m 이내마다 3개 이상 설치
④ 영화상영관에는 보행거리 50m 이내마다 3개 이상 설치

해설 **휴대용 비상조명등**의 설치기준(NFPC 304 4조, NFTC 304 2.1.2)

설치개수	설치장소
1개 이상	• **숙박시설** 또는 다중이용업소에는 객실 또는 영업장 안의 구획된 실마다 잘 보이는 곳(외부에 설치시 출입문 손잡이로부터 **1m 이내** 부분)
3개 이상	• **지하상가** 및 **지하역사의 보행거리 25m** 이내마다 • **대규모점포**(백화점·대형점·쇼핑센터) 및 **영화상영관의 보행거리 50m** 이내마다

(1) 바닥으로부터 0.8~1.5m 이하의 높이에 설치할 것
(2) 어둠 속에서 **위치**를 **확인**할 수 있도록 할 것
(3) 사용시 **자동**으로 **점등**되는 구조일 것
(4) 외함은 난연성능이 있을 것
(5) 건전지를 사용하는 경우에는 **방전방지조치**를 하여야 하고, **충전식 배터리**의 경우에는 **상시 충전**되도록 할 것
(6) 건전지 및 충전식 배터리의 용량은 **20분 이상** 유효하게 사용할 수 있는 것으로 할 것

② 2m 이내 → 1m 이내

답 ②

80 누전경보기 전원의 설치기준 중 다음 ( ) 안에 알맞은 것은?

누전경보기의 전원은 분전반으로부터 전용회로로 하고, 각 극에 개폐기 및 ( )A 이하의 과전류차단기를 설치할 것

① 15 ② 20
③ 30 ④ 60

해설 **누전경보기**의 **전원기준**(NFPC 205 6조, NFTC 205 2.3)
(1) 각 극에 **개폐기** 및 **15A** 이하의 **과전류차단기**를 설치할 것(배선용 차단기는 20A 이하)
(2) 분전반으로부터 전용회로로 할 것
(3) 개폐기에는 누전경보기임을 표시할 것

과전류차단기	배선용차단기
15A 이하	20A 이하

답 ①

2017. 5. 7 시행

2017년 산업기사 제2회 필기시험

자격종목	종목코드	시험시간	형별	수험번호	성명
소방설비산업기사(전기분야)		2시간			

※ 각 문항은 4지택일형으로 질문에 가장 적합한 보기 항을 선택하여 체크하여야 합니다.

제 1 과목 　 소방원론

01 다음 물질 중 연소범위가 가장 넓은 것은?

15.03.문15
09.08.문11

① 아세틸렌　② 메탄
③ 프로판　④ 에탄

해설 연소범위가 넓은 순서
아세틸렌 > 메탄 > 에탄 > 프로판

연소범위 = 폭발한계

중요

공기 중의 폭발한계(상온 1atm)

가 스	하한계 [vol%]	상한계 [vol%]
아세틸렌(C_2H_2)	2.5	81
수소(H_2)	4	75
일산화탄소(CO)	12	75
에틸렌(C_2H_4)	2.7	36
암모니아(NH_3)	15	25
메탄(CH_4)	5	15
에탄(C_2H_6)	3	12.4
프로판(C_3H_8)	2.1	9.5
부탄(C_4H_{10})	1.8	8.4

기억법		
아	25	81
수	4	75
일	12	75
에	27	36
암	15	25
메	5	15
에	3	124
프	21	95 (둘하나 구오)
부	18	84

답 ①

02 물이 다른 액상의 소화약제에 비해 비점이 높은 이유로 옳은 것은?

① 물은 배위결합을 하고 있다.
② 물은 이온결합을 하고 있다.
③ 물은 극성 공유결합을 하고 있다.
④ 물은 비극성 공유결합을 하고 있다.

해설 ③ 물 = 극성 공유결합

물 분자의 결합
(1) 물 분자 간 결합은 분자 간 인력인 **수소결합**이다.
(2) 물 분자 내의 결합은 수소원자와 산소원자 사이의 결합인 **극성 공유결합**이다.
(3) **공유결합**은 수소결합보다 **강한 결합**이다.

답 ③

03 다음 중 증기비중이 가장 큰 물질은?

19.09.문07
16.03.문02
14.03.문14

① CH_4　② CO
③ C_6H_6　④ SO_2

해설 (1) 원자량

원 소	원자량
H	1
C	12
N	14
O	16
F	19
S	32

(2) 분자량
① 메탄(CH_4) = 12 + (1×4) = 16
② 일산화탄소(CO) = 12 + 16 = 28
③ 벤젠(C_6H_6) = (12×6) + (1×6) = 78
④ 이산화황(SO_2) = 32 + (16×2) = 64

(3) 증기비중

$$증기비중 = \frac{분자량}{29}$$

여기서, 29 : 공기의 평균분자량

① 메탄(CH_4) = $\frac{16}{29}$ ≒ 0.55
② 일산화탄소(CO) = $\frac{28}{29}$ ≒ 0.96
③ 벤젠(C_6H_6) = $\frac{78}{29}$ ≒ 2.69
④ 이산화황(SO_2) = $\frac{64}{29}$ ≒ 2.2

※ 일반적으로 첨자의 숫자가 큰 물질이 증기비중도 크다. 증기비중을 잘 모를 경우 숫자가 큰 물질을 찾아라!

답 ③

04 피난시설의 안전구획 중 2차 안전구획으로 옳은 것은?
16.03.문19
06.05.문14

① 거실 ② 복도
③ 계단전실 ④ 계단

해설 피난시설의 안전구획

구 분	명 칭
1차 안전구획	복도
2차 안전구획	부실(계단전실), 계단부속실
3차 안전구획	계단

답 ③

05 20℃의 물 1g을 100℃의 수증기로 변화시키는데 필요한 열량은 몇 cal인가?
19.03.문05
15.09.문03
15.05.문19
14.05.문03
11.10.문18
10.05.문03

① 699 ② 619
③ 539 ④ 80

해설 20℃ 물 → 100℃ 수증기로 변화

열량
$$Q = rm + mC\Delta T$$

여기서, Q : 열량(cal)
r : 융해열 또는 기화열(cal/g)
m : 질량(g)
C : 비열(cal/g·℃)
ΔT : 온도차(℃)

(1) 기호
- m : 1g
- C : 1cal/g·℃
- r : 539cal/g

(2) 20℃ 물 → 100℃ 물
열량 Q_1 는
$Q_1 = mC\Delta T = 1\text{g} \times 1\text{cal/g·℃} \times (100-20)\text{℃} = 80\text{cal}$

(3) 100℃ 물 → 100℃ 수증기
열량 Q_2
$Q_2 = rm = 539\text{cal/g} \times 1\text{g} = 539\text{cal}$

(4) 전체열량 Q 는
$Q = Q_1 + Q_2 = (80+539)\text{cal} = 619\text{cal}$

답 ②

06 제3류 위험물의 물리·화학적 성질에 대한 설명으로 옳은 것은?
① 화재시 황린을 제외하고 물로 소화하면 위험성이 증가한다.
② 황린을 제외한 모든 물질들은 물과 반응하여 가연성의 수소기체를 발생한다.
③ 모두 분자 내부에 산소를 갖고 있다.
④ 모두 액체상태의 화합물이다.

해설
② 가연성의 수소기체 → 가연성 가스 또는 부식성 물질(반드시 수소기체만 발생하는 것은 아님)
③ 갖고 있다. → 갖고 있지 않다.
④ 액체상태 → 고체 또는 액체상태

답 ①

07 햇볕에 장시간 노출된 기름걸레가 자연발화한 경우 그 원인으로 옳은 것은?
15.05.문05
11.06.문12

① 산소의 결핍 ② 산화열 축적
③ 단열 압축 ④ 정전기 발생

해설 산화열

산화열이 축적되는 경우	산화열이 축적되지 않는 경우
햇빛에 방치한 기름걸레는 산화열이 축적되어 자연발화를 일으킬 수 있다.	기름걸레를 빨랫줄에 걸어 놓으면 산화열이 축적되지 않아 자연발화는 일어나지 않는다.

중요

자연발화의 형태

자연발화형태	종 류
분해열	• 셀룰로이드 • 나이트로셀룰로오스 기억법 분셀나
산화열	• 건성유(정어리유, 아마인유, 해바라기유) • 석탄 • 원면 • 고무분말
발효열	• 퇴비 • 먼지 • 곡물 기억법 발퇴먼곡
흡착열	• 목탄 • 활성탄 기억법 흡목탄활

기억법 자분산발흡

답 ②

08 단백포 소화약제의 안정제로 철염을 첨가하였을 때 나타나는 현상이 아닌 것은?
① 포의 유면봉쇄성 저하
② 포의 유동성 저하
③ 포의 내화성 향상
④ 포의 내유성 향상

17. 05. 시행 / 산업(전기)

해설 ① 저하 → 향상(우수)

단백포의 장·단점

장 점	단 점
① 내열성 우수	① 소화기간이 길다.
② 유면봉쇄성 우수	② 유동성이 좋지 않다.
③ 내화성 향상(우수)	③ 변질에 의한 저장성 불량
④ 내유성 향상(우수)	④ 유류오염

답 ①

09 연료설비의 착화방지대책 중 틀린 것은?
01.03.문13
① 누설연료의 확산방지 및 제한 - 방유제
② 가연성 혼합기체의 형성 방지 - 환기
③ 착화원 배제 - 연료 가열시 간접가열
④ 정전기 발생 억제 - 비금속 배관 사용

해설 ④ 정전기 발생 억제 - **금속배관** 사용

용어
정전기
전기가 어느 한 곳에 머물러 있는 것

답 ④

10 감광계수에 따른 가시거리 및 상황에 대한 설명
01.06.문17 으로 틀린 것은?
① 감광계수 $0.1m^{-1}$는 연기감지기가 작동할 정도의 연기농도이고, 가시거리는 20~30m이다.
② 감광계수 $0.5m^{-1}$는 거의 앞이 보이지 않을 정도의 농도이고, 가시거리는 1~2m이다.
③ 감광계수 $10m^{-1}$는 화재 최성기 때의 연기농도를 나타낸다.
④ 감광계수 $30m^{-1}$는 출화실에서 연기가 분출할 때의 농도이다.

해설 ② $0.5m^{-1}$ → $1m^{-1}$

감광계수에 따른 가시거리 및 상황

감광계수 $[m^{-1}]$	가시거리 $[m]$	상 황
0.1	20~30	연기감지기가 작동할 때의 농도
0.3	5	건물 내부에 익숙한 사람이 피난에 지장을 느낄 정도의 농도
0.5	3	어두운 것을 느낄 정도의 농도
1	1~2	거의 앞이 보이지 않을 정도의 농도
10	0.2~0.5	화재 최성기 때의 농도
30	-	출화실에서 연기가 분출할 때의 농도

답 ②

11 내화구조의 기준 중 바닥의 경우 철근 콘크리트
07.05.문05 조로서 두께가 몇 cm 이상인 것이 내화구조에
04.09.문12 해당하는가?
① 3 ② 5
③ 10 ④ 15

해설 피난·방화구조 3조
내화구조의 기준

내화 구분	기 준
벽·바닥	철골·철근 콘크리트조로서 두께가 **10cm** 이상인 것
기둥	철골을 두께 **5cm** 이상의 콘크리트로 덮은 것
보	두께 **5cm** 이상의 콘크리트로 덮은 것

기억법 벽바내1(**벽**을 **바**라보면 **내일**이 보인다.)

답 ③

12 화재를 발생시키는 열원 중 물리적인 열원이 아닌 것은?
① 마찰 ② 단열
③ 압축 ④ 분해

해설 ④ 분해 → 화학적인 열원

화재를 발생시키는 열원

물리적인 열원	화학적인 열원
마찰, 충격, 단열, 압축, 전기, 정전기	**화**합, **분**해, **혼**합, **부**가
	기억법 화 부분혼

답 ④

13 분말소화설비의 소화약제 중 차고 또는 주차장
19.03.문07 에 사용할 수 있는 것은?
16.05.문15
15.05.문20 ① 탄산수소나트륨을 주성분으로 한 분말
15.03.문16
13.09.문11 ② 탄산수소칼륨을 주성분으로 한 분말
13.06.문18
12.03.문09 ③ 탄산수소칼륨과 요소가 화합된 분말
11.06.문08
02.09.문12 ④ 인산염을 주성분으로 한 분말

해설 ④ 인산염=제1인산암모늄

분말소화약제

종별	분자식	착색	적응 화재	비 고
제1종	중탄산나트륨 $(NaHCO_3)$	백색	BC급	**식용유** 및 **지방질유**의 화재에 적합

제2종	중탄산칼륨 (KHCO₃)	담자색 (담회색)	BC급	–
제3종	제1인산암모늄 (NH₄H₂PO₄)	담홍색	ABC급	차고·주차장 에 적합
제4종	중탄산칼륨 +요소 (KHCO₃+ (NH₂)₂CO)	회(백)색	BC급	–

답 ④

14 상태의 변화 없이 물질의 온도를 변화시키기 위해서 가해진 열을 무엇이라 하는가?
10.05.문16
05.09.문20
① 현열
② 잠열
③ 기화열
④ 융해열

해설 현열과 잠열

현 열	잠 열
상태의 변화 없이 물질의 **온도**를 **변화**시키기 위해서 가해진 열 예) 물 0℃ → 물 100℃	온도의 변화 없이 물질의 **상태**를 **변화**시키기 위해서 가해진 열 예) 물 100℃ → 수증기 100℃

용어

구 분	설 명
현열	상태의 변화 없이 물질의 온도변화에 필요한 열
잠열	온도의 변화 없이 물질의 상태변화에 필요한 열
기화열	**액체**가 **기체**로 되면서 주위에서 빼앗는 열량
융해열	**고체**를 녹여서 **액체**로 바꾸는 데 소요되는 열량

답 ①

15 할론 1301 소화약제와 이산화탄소 소화약제의 각 주된 소화효과가 순서대로 올바르게 나열된 것은?
19.09.문04
14.05.문10
14.05.문13
13.03.문10
① 억제소화 – 질식소화
② 억제소화 – 부촉매소화
③ 냉각소화 – 억제소화
④ 질식소화 – 부촉매소화

해설 주된 소화효과

할론 1301	이산화탄소
억제소화	질식소화

중요

주된 소화효과

소화약제	주된 소화효과
● **할**론	**억**제소화 (화학소화, 부촉매효과)
● 포 ● **이**산화탄소	**질**식소화
● 물	냉각소화

기억법 할억이질

답 ①

16 할로겐화합물 및 불활성기체 소화약제 중 HCFC BLEND A를 구성하는 성분이 아닌 것은?
16.05.문10
15.05.문02
10.09.문13
① HCFC-22
② HCFC-124
③ HCFC-123
④ Ar

해설 할로겐화합물 및 불활성기체 소화약제의 종류(NFPC 107A 4조, NFTC 107A 2.1.1)

소화약제	화학식
퍼플루오로부탄 (FC-3-1-10) **기억법** FC31(FC 서울의 3.1절)	C_4F_{10}
하이드로클로로플루오로카본혼화제(HCFC BLEND A) **기억법** 475 82 95 375 (사시오 빨리 그래서 구어 삼키시오!)	HCFC-22(CHClF₂) : **82**% HCFC-123(CHCl₂CF₃) : **4.75**% HCFC-124(CHClFCF₃) : **9.5**% $C_{10}H_{16}$: **3.75**%
클로로테트라플루오로에탄 (HCFC-124)	CHClFCF₃
펜타플루오로에탄 (HFC-125) **기억법** 125(이리온)	CHF₂CF₃
헵타플루오로프로판 (HFC-227ea) **기억법** 227e(둘둘치킨이 맛있다.)	CF₃CHFCF₃
트리플루오로메탄(HFC-23)	CHF₃
헥사플루오로프로판 (HFC-236fa)	CF₃CH₂CF₃
트리플루오로이오다이드 (FIC-13I1)	CF₃I
불연성·불활성기체혼합가스 (IG-01)	Ar

17. 05. 시행 / 산업(전기)

불연성·불활성기체혼합가스 (IG-100)	N_2
불연성·불활성기체혼합가스 (IG-541)	N_2 : 52%, Ar : 40%, CO_2 : 8% 기억법 NACO(내코) 52408
불연성·불활성기체혼합가스 (IG-55)	N_2 : 50%, Ar : 50%
도데카플루오로-2-메틸펜탄-3원(FK-5-1-12)	$CF_3CF_2C(O)CF(CF_3)_2$

답 ④

17 자신은 불연성 물질이지만 산소공급원 역할을 하는 물질은?
13.09.문13
① 과산화나트륨　② 나트륨
③ 트리나이트로톨루엔　④ 적린

해설 **과산화나트륨**(Na_2O_2)
자신은 **불연성** 물질이지만 **산소공급원** 역할을 하는 물질
기억법 과나불산

답 ①

18 물의 주수형태에 대한 설명으로 틀린 것은?
① 일반적으로 적상은 고압으로, 무상은 저압으로 방수할 때 나타난다.
② 물을 무상으로 분무하면 비점이 높은 중질유 화재에도 사용할 수 있다.
③ 스프링클러설비 헤드의 주수형태를 적상이라 하며 일반적으로 실내 고체 가연물의 화재에 사용한다.
④ 막대 모양 굵은 물줄기의 소방용 방수노즐을 이용한 주수형태를 봉상이라고 하며 일반 고체 가연물의 화재에 주로 사용한다.

해설 ① 일반적으로 **적상**은 **저압**, **무상**은 **고압**으로 방수할 때 나타난다.

 중요

물의 주수형태

구 분	봉상주수	적상주수	무상주수
방사형태	막대 모양 굵은 물줄기	물방울 (직경 0.5~6mm)	물방울 (직경 0.1~1mm)
적응화재	일반화재	일반화재	•일반화재 •유류화재 •전기화재
소방시설	옥내·외 소화전설비	스프링클러 소화설비	물분무 소화설비

답 ①

19 화재의 분류방법 중 전기화재의 표시색은?
16.10.문20
16.05.문09
15.05.문15
15.03.문19
14.09.문01
14.09.문15
14.05.문05
14.05.문20
14.03.문19
13.06.문09
① 무색
② 청색
③ 황색
④ 백색

해설
화재 종류	표시색	적응물질
일반화재(A급)	**백**색	•일반가연물 •**종**이류 화재 •**목**재, **섬유**화재
유류화재(B급)	**황**색	•가연성 액체 •가연성 가스 •액화가스화재 •석유화재
전기화재(C급)	**청**색	•**전기설비**
금속화재(D급)	**무**색	•가연성 금속
주방화재(K급)	-	•식용유화재

기억법 백황청무

※ 요즘은 표시색의 의무규정은 없음

답 ②

20 메탄의 공기 중 연소범위[vol.%]로 옳은 것은?
17.05.문01
15.03.문15
09.08.문11
① 2.1~9.5　② 5~15
③ 2.5~81　④ 4~75

해설 (1) **공기** 중의 **폭발한계**(이 사천리로 나와야 한다.)

가스	하한계[vol%]	상한계[vol%]
아세틸렌(C_2H_2)	2.5	81
수소(H_2)	4	75
일산화탄소(CO)	12	75
에틸렌(C_2H_4)	2.7	36
암모니아(NH_3)	15	25
메탄(CH_4)	5	15
에탄(C_2H_6)	3	12.4
프로판(C_3H_8)	2.1	9.5
부탄(C_4H_{10})	1.8	8.4

기억법
아 25 81
수 4 75
일 12 75
에 27 36
암 15 25
메 5 15
에 3 124
프 21 95(둘하나 구오)
부 18 84

(2) **폭발한계**와 같은 의미
㉠ 폭발범위　㉡ 연소한계
㉢ 연소범위　㉣ 가연한계
㉤ 가연범위

답 ②

제2과목 소방전기일반

21 그림과 같은 브리지 회로의 평형 조건은? (단, 전원 주파수는 일정하다.)

20.06.문38
18.09.문39
16.03.문24
13.06.문23

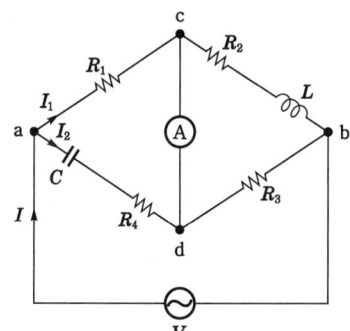

① $R_1R_3 + R_2R_4 = \dfrac{L}{C}, \quad \dfrac{R_4}{R_2} = \dfrac{L}{C}$

② $R_1R_3 + R_2R_4 = \dfrac{L}{C}, \quad \dfrac{R_4}{R_2} = \dfrac{1}{\omega^2 LC}$

③ $R_1R_3 - R_2R_4 = \dfrac{L}{C}, \quad \dfrac{R_4}{R_2} = \dfrac{L}{C}$

④ $R_1R_3 - R_2R_4 = \dfrac{L}{C}, \quad \dfrac{R_4}{R_2} = \dfrac{1}{\omega^2 LC}$

해설
$Z_1 = R_1$
$Z_2 = R_4 + \dfrac{1}{j\omega C} = \dfrac{j\omega CR_4}{j\omega C} + \dfrac{1}{j\omega C} = \dfrac{j\omega CR_4 + 1}{j\omega C}$
$Z_3 = R_2 + j\omega L$
$Z_4 = R_3$

$\boxed{Z_1 Z_4 = Z_2 Z_3}$

$R_1 R_3 = \left(\dfrac{j\omega CR_4 + 1}{j\omega C}\right) \times (R_2 + j\omega L)$

$R_1 R_3 = \dfrac{j\omega CR_2R_4 + R_2 + j\omega L + (j \times j)\omega^2 LCR_4}{j\omega C}$

(여기서, $j \times j = -1$)

$R_1 R_3 = \dfrac{j\omega CR_2R_4 + R_2 + j\omega L - \omega^2 LCR_4}{j\omega C}$

$R_1 R_3 = \dfrac{j\omega CR_2R_4}{j\omega C} + \dfrac{R_2}{j\omega C} + \dfrac{j\omega L}{j\omega C} - \dfrac{\omega^2 LCR_4}{j\omega C}$

(1) $R_1 R_3 = \dfrac{j\omega CR_2R_4}{j\omega C} + \dfrac{j\omega L}{j\omega C}$ 만 고려하면

$R_1 R_3 - \dfrac{j\omega CR_2R_4}{j\omega C} = \dfrac{j\omega L}{j\omega C}$

$\boxed{R_1 R_3 - R_2 R_4 = \dfrac{L}{C}}$

(2) $\dfrac{R_2}{j\omega C} - \dfrac{\omega^2 LCR_4}{j\omega C} = 0$ 만 고려하면

$\dfrac{\omega^2 LCR_4}{j\omega C} = \dfrac{R_2}{j\omega C}$

$\dfrac{\omega^2 LCR_4}{R_2} = 1$

$\boxed{\dfrac{R_4}{R_2} = \dfrac{1}{\omega^2 LC}}$

답 ④

22 내압과 용량이 각각 300V 4μF, 400V 5μF, 500V 6μF인 3개의 콘덴서를 직렬 연결하였을 때 전체 내압은 몇 V인가? (단, 3개의 콘덴서의 재질이나 형태는 동일한 것으로 간주한다.)

① 300 ② 620
③ 740 ④ 1200

해설 전기량

$$Q = CV$$

여기서, Q : 전기량(전하)[C]
C : 정전용량[F]
V : 전압[V]

$Q_1 = C_1 V_1 = 4 \times 10^{-6} \times 300 = 1.2 \times 10^{-3}$ C

• 4μF : $\mu = 10^{-6}$ 이므로 4μF = 4×10^{-6} F

$Q_2 = C_2 V_2 = 5 \times 10^{-6} \times 400 = 2.0 \times 10^{-3}$ C

• 5μF : $\mu = 10^{-6}$ 이므로 5μF = 5×10^{-6} F

$Q_3 = C_3 V_3 = 6 \times 10^{-6} \times 500 = 3.0 \times 10^{-3}$ C

• 6μF : $\mu = 10^{-6}$ 이므로 6μF = 6×10^{-6} F

Q_1이 제일 작으므로 C_1 콘덴서가 제일 먼저 파괴된다. C_1의 전압이 300V이므로 이때의 전체내압을 구하면 된다.

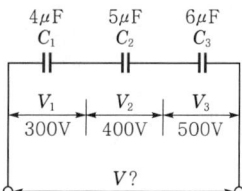

- $V_1 = \dfrac{\dfrac{1}{C_1}}{\dfrac{1}{C_1}+\dfrac{1}{C_2}+\dfrac{1}{C_3}} \times V$

- $V_2 = \dfrac{\dfrac{1}{C_2}}{\dfrac{1}{C_1}+\dfrac{1}{C_2}+\dfrac{1}{C_3}} \times V$

- $V_3 = \dfrac{\dfrac{1}{C_3}}{\dfrac{1}{C_1}+\dfrac{1}{C_2}+\dfrac{1}{C_3}} \times V$

$V_1 = \dfrac{\dfrac{1}{C_1}}{\dfrac{1}{C_1}+\dfrac{1}{C_2}+\dfrac{1}{C_3}} \times V$

$300 = \dfrac{\dfrac{1}{4}}{\dfrac{1}{4}+\dfrac{1}{5}+\dfrac{1}{6}} \times V$

$V = \dfrac{300}{\dfrac{\frac{1}{4}}{\frac{1}{4}+\frac{1}{5}+\frac{1}{6}}} = \dfrac{300 \times \left(\dfrac{1}{4}+\dfrac{1}{5}+\dfrac{1}{6}\right)}{\dfrac{1}{4}} = 740\text{V}$

- 정전용량의 단위가 모두 μF이므로 $\mu = 10^{-6}$은 모두 생략되어 따로 적용할 필요는 없다.

답 ③

23
19.03.문34
15.09.문29
14.09.문22
10.05.문23
08.05.문32

최대눈금 200mA, 내부저항 0.8Ω인 전류계가 있다. 8mΩ의 분류기를 사용하여 전류계의 측정범위를 넓히면 몇 A까지 측정할 수 있는가?

① 19.6
② 20.2
③ 21.4
④ 22.8

해설 분류기

$I_0 = I\left(1 + \dfrac{R_A}{R_S}\right)$ [A]

여기서, I_0 : 측정하고자 하는 전류[A]
 I : 전류계의 최대눈금[A]
 R_A : 전류계 내부저항[Ω]
 R_S : 분류기 저항[Ω]

측정하고자 하는 전류 I_0는

$I_0 = I\left(1 + \dfrac{R_A}{R_S}\right)$
$= 200 \times 10^{-3}\left(1 + \dfrac{0.8}{8 \times 10^{-3}}\right)$
$= 20.2\text{A}$

- I(200mA) : m = 10^{-3}이므로 200mA = 200×10^{-3}A
- R_S(8mΩ) : m = 10^{-3}이므로 8mΩ = 8×10^{-3}Ω

비교

배율기

$V_0 = V\left(1 + \dfrac{R_m}{R_v}\right)$ [V]

여기서, V_0 : 측정하고자 하는 전압[V]
 V : 전압계의 최대눈금[V]
 R_v : 전압계의 내부저항[Ω]
 R_m : 배율기 저항[Ω]

답 ②

24
04.09.문24

전압 200V, 주파수 60Hz, 4극, 10HP인 3상 유도전동기의 동기속도는 몇 rpm인가? (단, 이때 전동기의 역률은 0.85라고 한다.)

① 1200
② 1800
③ 2400
④ 3600

해설 동기속도

$N_s = \dfrac{120f}{P}$

여기서, N_s : 동기속도[rpm]
 f : 주파수[Hz]
 P : 극수

동기속도 N_s는

$N_s = \dfrac{120f}{P} = \dfrac{120 \times 60}{4} = 1800\text{rpm}$

- 전압 200V, 10HP, 역률 0.85는 이 문제에서는 필요 없다.

답 ②

25. 다음 그림과 같은 논리회로는?

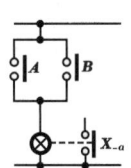

① OR 회로 ② AND 회로
③ NOT 회로 ④ NAND 회로

해설 논리회로와 시퀀스회로

논리회로	시퀀스회로
AND 회로	
OR 회로	
NOT 회로	
NAND 회로	
NOR 회로	
EXCLUSIVE OR 회로	

26. 단상 유도전동기의 기동방식으로 틀린 것은?

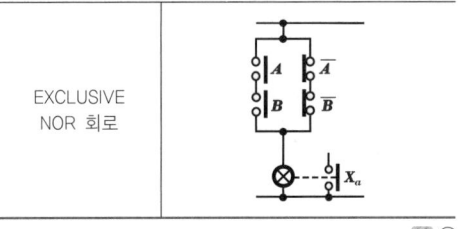

EXCLUSIVE NOR 회로

답 ①

① 분상기동 ② 반발기동
③ Y−△기동 ④ 콘덴서기동

해설 기동방식

단상 유도전동기	3상 유도전동기
① 분상기동	① Y−△기동(스타델타기동)
② 반발기동	② 리액터기동
③ 콘덴서기동	③ 기동보상기에 의한 기동
④ 반발유도기동	④ 게르게스법
⑤ 셰이딩코일기동	

기억법 3Y리기계(3와이리기계)

중요

기동토크가 큰 순서(단상 유도전동기)
반발기동형 > 반발유도형 > 콘덴서기동형 > 분상기동형 > 셰이딩코일형

③ 3상 유도전동기의 기동방식

답 ③

27. 압력 → 변위의 변환장치는?

① 다이어프램
② 노즐플래퍼
③ 유압분사관
④ 차동변압기

해설 변환요소

구 분	변 환
• 측온저항 • 정온식 감지선형 감지기	온도 → 임피던스
• 광전다이오드 • 열전대식 감지기 • 열반도체식 감지기	온도 → 전압
• 광전지	빛 → 전압
• 전자	전압(전류) → 변위
• 유압분사관	변위 → 압력
• **다**이어프램	압력 → 변위 **기억법** 다압변

• 포텐셔미터 • 차동변압기 • 전위차계	변위 → 전압
• 가변저항기 • 가변저항 스프링 • 용량형 변환기	변위 → 임피던스

답 ①

28 그림과 같은 논리회로의 명칭은?

① OR ② NOT
③ NOR ④ NAND

해설 논리회로

명칭	논리회로	진리표
AND 게이트	$X = A \cdot B$ 입력신호 A, B가 동시에 1일 때만 출력 신호 X가 1이 된다.	A B X 0 0 0 0 1 0 1 0 0 1 1 1
OR 게이트	$X = A + B$ 입력신호 A, B 중 어느 하나라도 1이면 출력신호 X가 1이 된다.	A B X 0 0 0 0 1 1 1 0 1 1 1 1
NOT 게이트	$X = \overline{A}$ 입력신호 A가 0일 때만 출력신호 X가 1이 된다.	A X 0 1 1 0
NAND 게이트	$X = \overline{A \cdot B}$ 입력신호 A, B가 동시에 1일 때만 출력신호 X가 0이 된다.(AND 회로의 부정)	A B X 0 0 1 0 1 1 1 0 1 1 1 0
NOR 게이트	$X = \overline{A + B}$ 입력신호 A, B가 동시에 0일 때만 출력신호 X가 1이 된다.(OR 회로의 부정)	A B X 0 0 1 0 1 0 1 0 0 1 1 0
EXCLUSIVE OR 게이트	$X = A \oplus B$ $= \overline{A}B + A\overline{B}$ 입력신호 A, B 중 어느 한쪽만이 1이면 출력신호 X가 1이 된다.	A B X 0 0 0 0 1 1 1 0 1 1 1 0

EXCLUSIVE NOR 게이트	$X = \overline{A \oplus B}$ $= AB + \overline{A}\,\overline{B}$ 입력신호 A, B가 동시에 0이거나 1일 때만 출력신호 X가 1이 된다.	A B X 0 0 1 0 1 0 1 0 0 1 1 1

회로 = 게이트(gate)

답 ④

29 직류 전용으로 눈금이 균등하고 감도가 높으며, 정밀용으로 적합한 계기는?

① 열전대형 ② 가동철편형
③ 가동코일형 ④ 전류력계형

해설 가동코일형
직류 전용으로 눈금이 균등하고 감도가 높으며, **정밀용**으로 적합한 계기

중요

지시전기계기의 종류

종류	특징	사용회로	사용계기
가동 철편형	• 구조가 간단하다. • 튼튼하게 만들 수 있다. • 가격이 저렴하다.	교류	• 전압계 • 전류계 • 저항계
정전형	• 눈금이 균일하다. • 계기내부의 전력손실이 없다. • 고전압 계기로 적합하다. • 외부정전장의 영향을 받는다.	교직 양용	• 전압계
가동 코일형	• 확도(accuracy)가 높다. • 사용범위가 넓다. • 외부자장의 영향이 적다.	직류	• 전압계 • 전류계 • 저항계
열전 대형	• 주파수의 변화에 의한 오차가 극히 작다. • 과전류에 약하다. • 지시에 시간적 늦음이 있다.	교직 양용	• 전압계 • 전류계 • 전력계

답 ③

30 N형 반도체에 첨가한 불순물이 아닌 것은?

① 인 ② 비소
③ 인듐 ④ 안티몬

해설

N형 반도체 불순물	P형 반도체 불순물
① **인** ② **비소** ③ **안티**몬	① 인듐 ② 붕소 ③ 알루미늄

기억법 인비안(인비안 인디안)

③ 인듐 : P형 반도체 불순물

답 ③

17. 05. 시행 / 산업(전기)

31. 열팽창식 온도계의 종류가 아닌 것은?
① 유리 온도계   ② 압력식 온도계
③ 열전대 온도계 ④ 바이메탈 온도계

해설

열팽창식 온도계	전기신호식 온도계
① 유리 온도계 ② 압력식 온도계 ③ 바이메탈 온도계 ④ 알코올 온도계 ⑤ 수은 온도계	열전대 온도계

기억법 유압바

답 ③

32. 3상 불평형전압에서 불평형률이란 무엇인가?
① $\dfrac{정상전압}{역상전압}$ ② $\dfrac{영상전압}{정상전압}$
③ $\dfrac{역상전압}{영상전압}$ ④ $\dfrac{역상전압}{정상전압}$

해설 3상 불평형전압

$$불평형률 = \dfrac{역상전압}{정상전압}$$

기억법 역정(역정을 내다.)

답 ④

33. DC 출력전압을 일정하게 유지하기 위해서 주로 사용되는 다이오드는?
① 바리스터   ② 터널다이오드
③ 제너다이오드 ④ 바랙터다이오드

해설 다이오드의 종류

종류	심벌	설명
정류 다이오드		**교류**를 **직류**로 변환할 때 이용
스위칭 다이오드	—	고속 ON/OFF 특성을 스위칭에 이용
제너 다이오드 (정전압 다이오드)		• **정전압** 특성을 전압 안정화에 이용 • **출력전압**을 일정하게 유지 **기억법** 제일(제일 좋다.)
가변용량 다이오드 (바랙터 다이오드)		**가변용량** 특성을 FM 변조 AFC 동조에 이용
터널 다이오드		음저항 특성을 마이크로파 발진에 이용
발광 다이오드		• 발광특성을 응용하여 광센서에 이용
바리스터		• 주로 서지전압에 대한 **회로보호용**으로 사용된다.(계전기 접점의 불꽃 제거)

답 ③

34. 서로 결합하고 있는 두 코일의 자기인덕턴스가 5mH, 8mH이다. 가극성일 때의 합성인덕턴스가 L이고, 감극성일 때의 합성인덕턴스 L'은 L의 30%였다. 두 코일 간의 결합계수는 약 얼마인가?
① 0.35   ② 0.55
③ 0.75   ④ 0.95

해설 (1) **가극성**(코일이 같은방향)

$$L = L_1 + L_2 + 2M$$

여기서, L : 합성인덕턴스[H]
L_1, L_2 : 자기인덕턴스[H]
M : 상호인덕턴스[H]

(2) **감극성**(코일이 반대방향)

$$L = L_1 + L_2 - 2M$$

여기서, L : 합성인덕턴스[H]
L_1, L_2 : 자기인덕턴스[H]
M : 상호인덕턴스[H]

감극성일 때 합성인덕턴스는 가극성일 때의 30%이므로

$$\begin{aligned} L &= L_1 + L_2 + 2M \\ 0.3L &= L_1 + L_2 - 2M \\ 0.7L &= 4M \\ L &= \dfrac{4}{0.7}M \end{aligned}$$

(3) **가극성**(코일이 같은 방향) 식에서

$$L = L_1 + L_2 + 2M$$

$$\dfrac{4}{0.7}M = 5 + 8 + 2M$$

$$\dfrac{4}{0.7}M - 2M = 5 + 8$$

$$3.714M = 13$$

$$M = \dfrac{13}{3.714} ≒ 3.5$$

(4) **상호인덕턴스**(mutual inductance)

$$M = K\sqrt{L_1 L_2}\,[H]$$

여기서, M : 상호인덕턴스[H]
K : 결합계수
L_1, L_2 : 자기인덕턴스[H]

결합계수 K는

$$K = \dfrac{M}{\sqrt{L_1 L_2}} = \dfrac{3.5}{\sqrt{5 \times 8}} ≒ 0.55$$

중요
합성인덕턴스

코일이 같은 방향	코일이 반대 방향

$L = L_1 + L_2 + 2M$	$L = L_1 + L_2 - 2M$
여기서, L : 합성인덕턴스[H] L_1, L_2 : 자기인덕턴스[H] M : 상호인덕턴스[H]	여기서, L : 합성인덕턴스[H] L_1, L_2 : 자기인덕턴스[H] M : 상호인덕턴스[H]

답 ②

35 100W의 전구에 대지 간의 전압 100V를 가했을 때 선로의 절연 불량으로 0.2A가 누설되었다. 이때 전구에서 소비되는 전력은 몇 W인가?

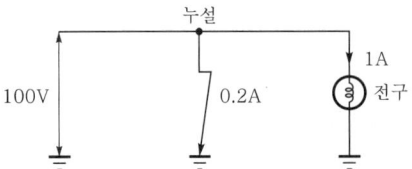

① 30   ② 64
③ 80   ④ 100

해설 계산이 쉽도록 변형하면

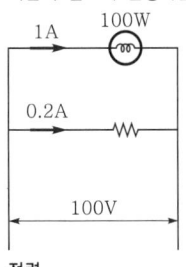

전력
$$P = \frac{V^2}{R} = I^2 R$$

여기서, P : 전력[W]
V : 전압[V]
R : 저항[Ω]
I : 전류[A]

전구의 저항 R은
$R = \frac{V^2}{P} = \frac{100^2}{100} = 100\,\Omega$

전구에서 소비되는 전력 P는
$P = I^2 R = 1^2 \times 100 = 100\text{W}$

답 ④

36 3상 교류 전원과 부하가 모두 △결선된 3상 평형 회로에서 전원 전압이 200V, 부하 임피던스가 $6 + j8\,\Omega$인 경우 선전류[A]는?

15.09.문35
06.09.문37

① 10   ② $\dfrac{20}{\sqrt{3}}$
③ 20   ④ $20\sqrt{3}$

해설 △ 결선

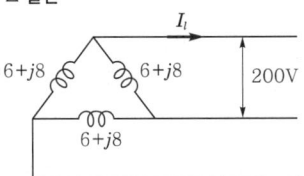

Y결선 : 선전류 $I_Y = \dfrac{V_l}{\sqrt{3}\,Z}$ [A]

△ 결선 : 선전류 $I_\triangle = \dfrac{\sqrt{3}\,V_l}{Z}$ [A]

여기서, V_l : 선간전압[V]
Z : 임피던스[Ω]

△ 결선이므로
선전류 $I_\triangle = \dfrac{\sqrt{3}\,V_l}{Z}$
$= \dfrac{\sqrt{3} \times 200}{6 + j8} = \dfrac{\sqrt{3} \times 200}{\sqrt{6^2 + 8^2}} = 20\sqrt{3}\,\text{A}$

답 ④

37 증폭기기의 종류 중 정지기에 쓸 수 있는 요소가 아닌 것은?

① 사이리스터   ② 자기증폭기
③ 트랜지스터   ④ 앰플리다인

해설 증폭기기의 종류

구 분	전기계	기계계
정지기	① 진공관 ② 트랜지스터 ③ 사이리스터(SCR) ④ 사이러트론 ⑤ 자기증폭기	① 공기식 : 노즐, 플래퍼, 벨로스 ② 유압식 : 안내밸브 ③ 지렛대
회전기	① 앰플리다인 ② 로트트롤	—

기억법 사자트정(사자의 트림을 정지시켜라.)

④ 앰플리다인 : 회전기

답 ④

38. 자동제어의 추치제어의 종류가 아닌 것은?

① 추종제어
② 비율제어
③ 시퀀스제어
④ 프로그램제어

해설 목표값에 의한 분류

정치제어	추치제어
목표값이 시간적으로 변화하지 않는 일정한 제어	정치제어의 반대로, 목표값이 시간에 따라 변화하는 것을 목표값에 제어량을 추종하도록 하는 제어 ① **추**종제어 ② **프**로그램제어 ③ **비**율제어

기억법 추프비(추풍령에 비가 온다.)

답 ③

39. 목표값이 시간에 대하여 변화하지 않는 제어는?

① 정치제어
② 추종제어
③ 비율제어
④ 프로그래밍제어

해설 제어의 종류

제어 종류	설 명
정치제어 (fixed value control)	• 일정한 목표값을 유지하는 것으로 **프로세스제어, 자동조정**이 이에 해당된다. 예 연속식 압연기 • **목표값**이 시간에 관계 없이 항상 일정한 값을 가지는 제어
추종제어 (follow-up control)	미지의 시간적 변화를 하는 목표값에 제어량을 추종시키기 위한 제어로 **서보기구**가 이에 해당된다. 예 대공포의 포신
비율제어 (ratio control)	• 둘 이상의 제어량을 소정의 비율로 제어하는 것 • 연료의 유량과 공기의 유량과의 사이의 비율을 연소에 적합한 것으로 유지하고자 하는 제어방식
프로그램제어 =프로그래밍제어 (program control)	목표값이 미리 정해진 시간적 변화를 하는 경우 제어량을 그것에 추종시키기 위한 제어 예 열차·산업로봇의 무인운전, 엘리베이터

중요 제어량에 의한 분류

분류방법	제어량	
프로세스제어	• 온도 • 유량	• 압력 • 액면
서보기구	• 위치 • 자세	• 방위
자동조정	• 전압 • 주파수 • 장력	• 전류 • 회전속도

• 프로세스제어 = 공정제어

답 ①

40. 전기계측기의 지시계기의 구비조건이 아닌 것은?

① 내구성이 좋고 취급이 용이할 것
② 균등눈금이나 대수눈금일 것
③ 지시가 측정값의 변화에 신속히 응답할 것
④ 정확도가 낮고 외부의 영향을 받지 않을 것

해설 지시계기의 구비조건
(1) **정확도**가 높고, 측정회로에 영향이 적을 것(정확도가 높고 외부의 영향을 적게 받을 것)
(2) **과부하**에 견디는 양이 클 것
(3) **응답도**가 좋을 것(지시가 측정값의 변화에 신속히 응답할 것)
(4) **구조**가 간단하고 취급이 쉬울 것(내구성이 좋고 취급이 용이할 것)
(5) **균등눈금**이나 대수눈금일 것

④ 낮고 → 높고, 받지 않을 것 → 적게 받을 것

답 ④

제 3 과목 — 소방관계법규

41. 특정소방대상물의 건축·대수선·용도변경 또는 설치 등을 위한 공사를 시공하는 자가 공사현장에서 인화성 물품을 취급하는 작업 등 대통령령으로 정하는 작업을 하기 전에 설치하고 유지·관리하는 임시소방시설의 종류가 아닌 것은? (단, 용접·용단 등 불꽃을 발생시키거나 화기를 취급하는 작업이다.)

① 간이소화장치
② 비상경보장치
③ 자동확산소화기
④ 간이피난유도선

해설 소방시설법 시행령 [별표 8]
임시소방시설의 종류

종류	설명
소화기	
간이소화장치	물을 방사하여 **화재**를 **진화**할 수 있는 장치로서 **소방청장**이 정하는 성능을 갖추고 있을 것
비상경보장치	화재가 발생한 경우 주변에 있는 작업자에게 **화재사실**을 **알릴** 수 있는 장치로서 **소방청장**이 정하는 성능을 갖추고 있을 것
간이피난유도선	화재가 발생한 경우 **피난구 방향**을 **안내**할 수 있는 장치로서 **소방청장**이 정하는 성능을 갖추고 있을 것
가스누설경보기	**가연성 가스**가 누설 또는 발생된 경우 **탐지**하여 **경보**하는 장치로서 **소방청장**이 실시하는 형식승인 및 제품검사를 받은 것
비상조명등	**화재발생시** 안전하고 원활한 피난활동을 할 수 있도록 **자동점등**되는 조명장치로서 **소방청장**이 정하는 성능을 갖추고 있을 것
방화포	**용접·용단** 등 **작업**시 발생하는 불티로부터 가연물이 점화되는 것을 방지해 주는 **천** 또는 **불연성 물품**으로서 **소방청장**이 정하는 성능을 갖추고 있을 것

답 ③

42 소방청장 또는 시·도지사가 처분을 실시하기 위한 청문대상이 아닌 것은?
12.05.문55
① 소방시설관리사 자격의 정지
② 소방안전관리자 자격의 취소
③ 소방시설관리업의 등록취소
④ 소방용품의 형식승인취소

해설 소방시설법 49조
청문실시 대상
(1) 소방시설**관리사** 자격의 **취소** 및 정지
(2) 소방시설**관리업**의 **등록취소** 및 영업정지
(3) **소방용품**의 **형식승인취소** 및 제품검사중지
(4) 소방용품의 **제품검사 전문기관**의 **지정취소** 및 업무정지
(5) 우수품질인증의 취소
(6) 소방용품의 성능인증 취소

기억법 청사 용업(청사 용역)

답 ②

43 위험물안전관리법령상 자체소방대를 설치하는 제조소 또는 일반취급소에서 취급하는 제4류 위험물의 최대수량의 합이 지정수량의 24만배 이상 48만배 미만인 사업소의 관계인이 두어야 하는
11.10.문56
(기사)

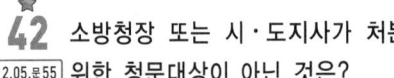

화학소방자동차와 자체소방대원의 수의 기준으로 옳은 것은? (단, 화재, 그 밖의 재난발생시 다른 사업소 등과 상호응원에 관한 협정을 체결하고 있는 사업소는 제외한다.)
① 화학소방자동차 - 2대, 자체소방대원의 수 - 10인
② 화학소방자동차 - 3대, 자체소방대원의 수 - 10인
③ 화학소방자동차 - 3대, 자체소방대원의 수 - 15인
④ 화학소방자동차 - 4대, 자체소방대원의 수 - 20인

해설 위험물령 [별표 8]
자체소방대에 두는 화학소방자동차 및 인원

구 분	화학소방자동차	자체소방대원의 수
지정수량 3천~12만배 미만	1대	5인
지정수량 12~24만배 미만	2대	10인
지정수량 24~48만배 미만	3대	15인
지정수량 48만배 이상	4대	20인
옥외탱크저장소에 저장하는 제4류 위험물의 최대수량이 지정수량의 50만배 이상	2대	10인

답 ③

44 소방본부 종합상황실의 실장이 서면·모사전송 또는 컴퓨터통신 등으로 소방청 종합상황실에 보고하여야 하는 화재의 기준이 아닌 것은?
10.03.문60
① 이재민이 100인 이상 발생한 화재
② 사망자가 3인 이상 발생하거나 사상자가 5인 이상 발생한 화재
③ 재산피해액이 50억원 이상 발생한 화재
④ 층수가 5층 이상이거나 병상이 30개 이상인 요양소에서 발생한 화재

해설
② 사망자가 3인 → 사망자가 5인
  사상자가 5인 → 사상자가 10인

기본규칙 3조
종합상황실 실장의 보고화재
(1) 사망자 **5명** 이상 화재
(2) 사상자 **10명** 이상 화재
(3) 이재민 **100명** 이상 화재

(4) 재산피해액 **50억원** 이상 화재
(5) **관**광호텔, **층**수가 11층 이상인 건축물, 지하상가, 시장, 백화점
(6) **5**층 이상 또는 객실 **30**실 이상인 **숙**박시설
(7) **5**층 이상 또는 병상 **30**개 이상인 **종**합병원·**정**신병원·**한**방병원·**요**양소
(8) **1000t** 이상인 **선**박(항구에 매어둔 것), **철**도차량, **항**공기, **발**전소 또는 **변**전소
(9) 지정수량 **3000배** 이상의 위험물 **제조소·저장소·취급소**
(10) 연면적 **15000m²** 이상인 **공**장 또는 화재예방강화지구에서 발생한 화재
(11) **가**스 및 **화**약류의 폭발에 의한 화재
(12) **관**공서·**학**교·**정**부미 **도**정공장·**문**화재·**지**하철 또는 지하구의 화재
(13) 다중이용업소의 화재

※ **종**합**상**황**실**: 화재·재난·재해·구조·구급 등이 필요한 때에 신속한 소방활동을 위한 정보를 수집·전파하는 소방서 또는 소방본부의 지령관제실

답 ②

45 지진이 발생할 경우 소방시설이 정상적으로 작동할 수 있도록 대통령령으로 정하는 소방시설의 내진설계 대상이 아닌 것은?

① 옥내소화전설비
② 스프링클러설비
③ 물분무등소화설비
④ 제연설비

해설 소방시설법 시행령 8조
소방시설의 내진설계 대상
(1) 옥**내**소화전설비
(2) **스**프링클러설비
(3) **물**분무등소화설비

기억법 스물내(스물네살)

답 ④

46 보일러 등의 위치·구조 및 관리와 화재예방을 위하여 불의 사용에 있어서 지켜야 하는 사항 중 난로의 연통은 천장으로부터 최소 몇 m 이상 떨어지게 설치하여야 하는가?

① 0.3
② 0.6
③ 1
④ 2

해설 화재예방법 시행령 〔별표 1〕
벽·천장 사이의 거리

종류	벽·천장 사이의 거리
건조설비	0.5m 이상
보일러	0.6m 이상

기억법 보6(보육시설)

답 ②

47 위험물안전관리법상 위험물 제조소 등의 관계인은 당해 제조소 등의 용도를 폐지한 때에는 용도를 폐지한 날부터 며칠 이내에 시·도지사에게 신고하여야 하는가?

① 7일
② 14일
③ 21일
④ 30일

해설 ② 제조소 등의 용도를 폐지한 때에는 폐지한 날부터 **14일** 이내에 **시·도지사**에게 **신고**하여야 한다.

14일
(1) 옮긴 물건 등을 보관하는 경우 공고기간(화재예방법 시행령 17조)
(2) **제**조소 등의 용도**폐**지 신고일(위험물법 11조)
(3) 위험안전관리자의 **선**임신고일(위험물법 15조)
(4) 소방안전관리자의 **선**임신고일(화재예방법 26조)

기억법 14제폐선(**일사**천리로 **제패**하여 **성공**하라.)

답 ②

48 화재안전조사 결과 소방대상물의 개수·이전·제거 명령으로 인하여 손실을 입은 자가 있는 경우, 손실을 보상하여야 하는 자는?

① 소방청장
② 대통령
③ 소방본부장
④ 소방서장

해설 화재예방법 시행령 14조
손실보상
(1) 소방**청**장
(2) **시**·도지사

기억법 손시청(연예인 **손지창**)

답 ①

49 분말형태의 소화약제를 사용하는 소화기의 내용연수로 옳은 것은? (단, 소방용품의 성능을 확인 받아 그 사용기한을 연장하는 경우는 제외한다.)

① 10년
② 7년
③ 5년
④ 3년

해설 소방시설법 시행령 19조
분말형태의 소화약제를 사용하는 소화기: 내용연수 **10년**

답 ①

50 하자를 보수하여야 하는 소방시설과 소방시설별 하자보수보증기간이 틀린 것은?

① 자동소화장치: 3년
② 자동화재탐지설비: 2년
③ 무선통신보조설비: 2년
④ 스프링클러설비: 3년

해설 ② 자동화재탐지설비 : 3년

공사업령 6조
소방시설공사의 하자보수보증기간

보증기간	소방시설
2년	• **유**도등 · **피**난기구 • 비상**조**명등 · 비상**경**보설비 · 비상**방**송설비 • **무**선통신보조설비 기억법 유피조경방무2
3년	• 자동소화장치 • 옥내 · 외소화전설비 • 스프링클러설비 • 물분무등소화설비 · 소화용수설비 • 자동화재탐지설비 · 소화활동설비(무선통신보조설비 제외) • 화재알림설비

답 ②

51 소방시설 설치 및 관리에 관한 법률상 1년 이하의 징역 또는 1000만원 이하의 벌금에 처하는 경우는?
11.03.문49
06.03.문55
① 소방용품의 형식승인을 받지 아니하고 소방용품을 제조하거나 수입한 자
② 형식승인을 받은 그 소방용품에 대하여 제품검사를 받지 아니한 자
③ 거짓이나 그 밖의 부정한 방법으로 제품검사 전문기관으로 지정을 받은 자
④ 형식승인의 변경승인을 받지 아니한 자

해설 ①~③ 3년 이하의 징역 또는 3000만원 이하의 벌금

1년 이하의 징역 또는 1000만원 이하의 벌금
(1) 소방시설의 **자체점검** 미실시자(소방시설법 58조)
(2) **소방시설관리사증** 대여(소방시설법 58조)
(3) **소방시설관리업**의 등록증 대여(소방시설법 58조)
(4) 제조소 등의 정기점검 기록 허위 작성(위험물법 35조)
(5) **자체소방대**를 두지 않고 제조소 등의 허가를 받은 자(위험물법 35조)
(6) **위험물 운반용기**의 검사를 받지 않고 유통시킨 자(위험물법 35조)
(7) 제조소 등의 긴급 사용정지 위반자(위험물법 35조)
(8) 영업정지처분 위반자(공사업법 36조)
(9) 거짓 감리자(공사업법 36조)
(10) 공사감리자 미지정자(공사업법 36조)
(11) 소방시설 설계 · 시공 · 감리 하도급자(공사업법 36조)
(12) 소방시설공사 재하도급자(공사업법 36조)
(13) 소방시설업자가 아닌 자에게 소방시설공사 등을 도급한 관계인(공사업법 36조)
(14) 형식승인의 변경승인을 받지 아니한 자(소방시설법 37조 ①항)

중요

3년 이하의 징역 또는 3000만원 이하의 벌금(소방시설법 57조)
(1) **소방시설관리업** 무등록자
(2) **형식승인**을 받지 않은 소방용품 제조·수입자
(3) **제품검사**를 받지 않은 자
(4) 피난 조치명령 위반
(5) 거짓이나 그 밖의 **부정한 방법**으로 제품검사 전문기관의 지정을 받은 자

답 ④

52 위험물안전관리법령상 위험물 및 지정수량에 대한 기준 중 다음 ( ) 안에 알맞은 것은?
19.09.문58

금속분이라 함은 알칼리금속·알칼리토류 금속·철 및 마그네슘 외의 금속의 분말을 말하고, 구리분·니켈분 및 (㉠)마이크로미터의 체를 통과하는 것이 (㉡)중량퍼센트 미만인 것은 제외한다.

① ㉠ 150, ㉡ 50
② ㉠ 53, ㉡ 50
③ ㉠ 50, ㉡ 150
④ ㉠ 50, ㉡ 53

해설 위험물령〔별표 1〕
금속분
알칼리금속·알칼리토류 금속·철 및 마그네슘 외의 금속의 분말을 말하고, **구리분·니켈분** 및 **150마이크로미터**의 체를 통과하는 것이 **50중량퍼센트** 미만인 것은 제외한다.

답 ①

53 소방기술자의 배치기준 중 중급기술자 이상의 소방기술자(기계분야 및 전기분야) 소방시설공사현장의 기준으로 틀린 것은?
13.06.문59
① 지하층을 포함한 층수가 16층 이상 40층 미만인 특정소방대상물의 공사현장
② 연면적 5000m² 이상 30000m² 미만인 특정소방대상물(아파트는 제외)의 공사현장
③ 연면적 10000m² 이상 200000m² 미만인 아파트의 공사현장
④ 물분무등소화설비(호스릴방식의 소화설비는 제외) 또는 제연설비가 설치되는 특정소방대상물의 공사현장

해설 ① 고급기술자에 대한 설명

공사업령 [별표 2]
소방기술자의 배치기준

공사현장	배치기준
• 연면적 1천m² 미만	• 소방기술인정자격수첩 발급자
• 연면적 1천~5천m² 미만(아파트 제외) • 연면적 1천~1만m² 미만(아파트) • 지하구	• 초급기술자 이상(기계 및 전기분야)
• 물분무등소화설비(호스릴 제외) 또는 제연설비 설치 • 연면적 5천~3만m² 미만(아파트 제외) • 연면적 1만~20만m² 미만(아파트)	• 중급기술자 이상(기계 및 전기분야)
• 연면적 3만~20만m² 미만(아파트 제외) • 16~40층 미만(지하층 포함)	• 고급기술자 이상(기계 및 전기분야)
• 연면적 20만m² 이상 • 40층 이상(지하층 포함)	• 특급기술자 이상(기계 및 전기분야)

비교

공사업령 [별표 4]
소방공사감리원의 배치기준

공사현장	배치기준	
	책임감리원	보조감리원
• 연면적 5천m² 미만 • 지하구	초급감리원 이상 (기계 및 전기)	
• 연면적 5천~3만m² 미만	중급감리원 이상 (기계 및 전기)	
• 물분무등소화설비(호스릴 제외) 설치 • 제연설비 설치 • 연면적 3만~20만m² 미만(아파트)	고급감리원 이상 (기계 및 전기)	초급감리원 이상 (기계 및 전기)
• 연면적 3만~20만m² 미만(아파트 제외) • 16~40층 미만(지하층 포함)	특급감리원 이상 (기계 및 전기)	초급감리원 이상 (기계 및 전기)
• 연면적 20만m² 이상 • 40층 이상(지하층 포함)	특급감리원 중 소방기술사	초급감리원 이상 (기계 및 전기)

답 ①

54 제조소 등의 설치허가 등에 있어서 최저의 기준이 되는 위험물의 지정수량이 100kg인 위험물의 품명이 바르게 연결된 것은?
16.10.문51 (기사)

① 브로민산염류 - 질산염류 - 아이오딘산염류
② 칼륨 - 나트륨 - 알킬알루미늄
③ 황화인 - 적린 - 황
④ 과염소산 - 과산화수소 - 질산

해설 **위험물령 [별표 1]**
제2류 위험물

성질	품명	지정수량
가연성 고체	황화인	100kg
	적린	
	황	
	철분	500kg
	금속분	
	마그네슘	
	인화성 고체	1000kg

중요

위험물령 [별표 1]
제1류 위험물

성질	품명	지정수량
산화성 고체	아염소산염류	50kg
	염소산염류	
	과염소산염류	
	무기과산화물	
	브로민산염류	300kg
	질산염류	
	아이오딘산염류	
	과망가니즈산염류	1000kg
	다이크로뮴산염류	

답 ③

55 소방기본법상 벌칙 기준 중 100만원 이하의 벌금에 해당하는 자가 아닌 것은?
19.09.문42
07.03.문45
① 위험시설 등에 대한 긴급조치를 방해한 자
② 정당한 사유 없이 소방대의 생활안전활동을 방해한 자
③ 피난명령을 위반한 사람
④ 불을 사용할 때 지켜야 하는 사항 및 특수가연물의 저장 및 취급기준을 위반한 자

해설 ④ 200만원 이하의 과태료(화재예방법 52조)

기본법 54조
100만원 이하의 벌금
(1) **피난명령** 위반 보기 ③
(2) 위험시설 등에 대한 긴급조치 방해 보기 ①
(3) 소방활동을 하지 않은 관계인
(4) 정당한 사유없이 물의 **사용**이나 **수도**의 **개폐장치**의 사용 또는 조작을 하지 못하게 하거나 **방해**한 자
(5) 소방대의 **생활안전활동**을 방해한 자 보기 ②

기억법 피1(차일피일)

답 ④

56. 화재의 예방 및 안전관리에 관한 법령상 대통령령으로 정하는 특수가연물의 품명별 수량기준이 옳은 것은?

① 가연성 고체류 - 1000kg 이상
② 목재가공품 및 나무 부스러기 - 20m³ 이상
③ 석탄·목탄류 - 3000kg 이상
④ 면화류 - 200kg 이상

해설
① 1000kg → 3000kg
② 20m³ → 10m³
③ 3000kg → 10000kg

화재예방법 시행령 [별표 2]
특수가연물

품 명		수 량
가연성 **액**체류		**2**m³ 이상
목재가공품 및 나무부스러기		**10**m³ 이상
면화류		**2**00kg 이상
나무껍질 및 대팻밥		**4**00kg 이상
넝마 및 종이부스러기		
사류(絲類)		1000kg 이상
볏짚류		
가연성 **고**체류		**3**000kg 이상
고무류·플라스틱류	발포시킨 것	20m³ 이상
	그 밖의 것	**3**000kg 이상
석탄·목탄류		10000kg 이상

기억법 가액목면나 넝사볏가고 고석
　　　　　 2 1 2 4　 1　 3　 3 1

※ **특수가연물**: 화재가 발생하면 그 확대가 빠른 물품

답 ④

57. 과태료의 부과기준 중 특수가연물의 저장 및 취급 기준을 위반한 경우의 과태료 금액으로 옳은 것은?

① 50만원　　② 100만원
③ 150만원　　④ 200만원

해설 화재예방법 시행령 [별표 9]
과태료의 부과기준

위반사항	과태료 금액
① 소방용수시설·소화기구 및 설비 등의 설치명령을 위반한 자	200
② 불의 사용에 있어서 지켜야 하는 사항을 위반한 자	
③ 특수가연물의 저장 및 취급의 기준을 위반한 자	200

비교
기본령 [별표 3]

위반사항	과태료 금액
① 화재 또는 구조·구급이 필요한 상황을 거짓으로 알린 자	• 1회 위반시: 200 • 2회 위반시: 400 • 3회 이상 위반시: 500
② 소방활동구역 출입제한을 위반한 자	100
③ 한국소방안전원 또는 이와 유사한 명칭을 사용한 경우	200

답 ④

58. 대통령령으로 정하는 화재예방강화지구의 지정대상지역이 아닌 것은?

① 시장지역
② 목조건물이 밀집한 지역
③ 위험물의 저장 및 처리시설이 밀집한 지역
④ 석유화학제품을 판매하는 시설이 있는 지역

해설
④ 판매하는 시설이 있는 지역 → 생산하는 공장이 있는 지역

화재예방법 18조
화재예방강화지구의 지정
(1) 지정권자: **시**·도지사
(2) 지정지역
　㉠ **시**장지역
　㉡ **공**장·창고 등이 밀집한 지역
　㉢ **목**조건물이 밀집한 지역
　㉣ 노후·불량 건축물이 밀집한 지역
　㉤ **위**험물의 **저**장 및 **처**리시설이 **밀**집한 지역
　㉥ **석**유화학제품을 **생**산하는 공장이 있는 지역
　㉦ **소**방시설·**소**방용수시설 또는 **소**방출동로가 **없**는 지역
　㉧ 「산업입지 및 개발에 관한 법률」에 따른 산업단지
　㉨ 「물류시설의 개발 및 운영에 관한 법률」에 따른 물류단지
　㉩ **소**방청장·**소**방본부장 또는 **소**방서장(소방관서장)이 화재예방강화지구로 지정할 필요가 있다고 인정하는 지역

기억법 화강시

※ **화재예방강화지구**: 화재발생 우려가 크거나 화재가 발생할 경우 피해가 클 것으로 예상되는 지역에 대하여 화재의 예방 및 안전관리를 강화하기 위해 지정·관리하는 지역

답 ④

59. 연소 우려가 있는 건축물의 구조에 대한 기준으로 다음 ( ) 안에 알맞은 것은?

건축물대장의 건축물 현황도에 표시된 대지 경계선 안에 둘 이상의 건축물이 있는 경우, 각각의 건축물이 다른 건축물의 외벽으로부터 수평거리가 1층에 있어서는 (㉠)m 이하, 2층 이상의 층의 경우에는 (㉡)m 이하인 경우, 개구부가 다른 건축물을 향하여 설치되어 있는 경우 모두 해당하는 구조이다.

① ㉠ 6, ㉡ 10
② ㉠ 10, ㉡ 6
③ ㉠ 3, ㉡ 5
④ ㉠ 5, ㉡ 3

해설 소방시설법 시행규칙 17조
연소 우려가 있는 건축물의 구조
(1) 1층: 타건축물 외벽으로부터 6m 이하
(2) 2층 이상: 타건축물 외벽으로부터 10m 이하
(3) 대지경계선 안에 2 이상의 건축물이 있는 경우
(4) 개구부가 다른 건축물을 향하여 설치된 구조

답 ①

60. 소방시설 중 경보설비가 아닌 것은?

① 통합감시시설
② 가스누설경보기
③ 자동화재속보설비
④ 비상콘센트설비

해설 ④ 비상콘센트설비 → 소화활동설비

소방시설법 시행령〔별표 1〕
경보설비
(1) 비상**경**보설비 ─ 비상벨설비
  └ 자동식 사이렌설비
(2) **단**독경보형 감지기
(3) 비상**방**송설비
(4) 누전**경**보기
(5) **자**동화재탐지설비 및 시각경보기
(6) **자**동화재속보설비
(7) 가스**누**설경보기
(8) **통**합감시시설
(9) 화재알림설비

기억법 경자가 누가단통 방경

※ **경보설비**: 화재발생 사실을 통보하는 기계·기구 또는 설비

답 ④

제4과목 소방전기시설의 구조 및 원리

61. 누전경보기 수신부는 그 정격전압에서 몇 회의 누전작동시험을 실시하는 경우 그 구조 또는 기능에 이상이 생기지 않아야 하는가?

① 1000회
② 5000회
③ 10000회
④ 20000회

해설 반복시험 횟수

횟수	기기
1000회	**속**보기
2000회	**중**계기
2500회	유도등
5000회	**전**원스위치·**발**신기
6000회	감지기
10000회	비상조명등, 스위치접점, 기타의 설비 및 기기 (누전경보기)

기억법 속1
중2(중이염)
5발전(5개 발에 전을 부치자.)

답 ③

62. 비상콘센트설비의 전원회로의 설치기준 중 틀린 것은?

① 하나의 전용회로에 설치하는 비상콘센트는 7개 이하로 할 것
② 비상콘센트설비의 전원회로는 단상교류 220V인 것으로서, 그 공급용량은 1.5kVA 이상인 것으로 할 것
③ 전원회로는 각 층에 2 이상이 되도록 설치할 것. 다만, 설치하여야 할 층의 비상콘센트가 1개인 때에는 하나의 회로로 할 수 있다.
④ 비상콘센트용의 풀박스 등은 방청도장을 한 것으로서, 두께 1.6mm 이상의 철판으로 할 것

해설 비상콘센트설비(NFPC 504 4조, NFTC 504 2.1)
(1) 전원회로의 설치기준

구분	전압	용량	플러그접속기
단상교류	220V	1.5kVA 이상	접지형 2극

㉠ 1전용회로에 설치하는 비상콘센트는 10개 이하로 할 것(전선의 용량은 최대 3개)
㉡ 풀박스는 1.6mm 이상의 철판을 사용할 것
㉢ 비상콘센트는 보호함 안에 설치
㉣ 전원회로의 배선은 **내화배선**
㉤ 비상콘센트의 보호함 상부에 **적색등** 설치

ⓗ 전원회로는 각 층에 **2** 이상 설치(단, 1개인 경우 하나의 회로 가능)
(2) **설치대상**
 ㉠ **11층** 이상의 층
 ㉡ **지하 3층** 이상이고, 지하층의 바닥면적합계가 **1000㎡** 이상은 지하층의 전층
 ㉢ 터널길이 **500m** 이상

① 7개 → 10개

답 ①

63 휴대용 비상조명등을 설치하지 아니할 수 있는 경우는?
19.04.문64

① 공동주택·학교의 거실
② 의원·경기장·의료시설의 거실
③ 거실의 각 부분으로부터 하나의 출입구에 이르는 보행거리가 15m 이내인 부분
④ 지상 1층 또는 피난층으로서 복도·통로 또는 창문 등의 개구부로 피난이 용이한 경우

해설 **휴대용 비상조명등의 설치제외장소**(NFPC 304 5조, NFTC 304 2.2.2)
(1) **지상 1층** 또는 **피난층**으로서 복도·통로 또는 창문 등의 개구부를 통하여 피난이 용이한 경우
(2) **숙박시설**로서 복도에 비상조명등을 설치한 경우

비교
비상조명등의 설치제외장소(NFPC 304 5조, NFTC 304 2.2.1)
(1) **거실**의 각 부분으로부터 하나의 출입구에 이르는 **보행거리 15m** 이내인 부분
(2) **의원**·**경기장**·**공동주택**·**의료시설**·**학교**의 거실

기억법 공주학교의 의경

①∼③ 비상조명등의 설치제외장소

답 ④

64 자동화재속보설비 속보기의 기능에 대한 기준으로 틀린 것은?

① 예비전원은 자동적으로 충전되어야 하며 자동과충전방지장치가 있어야 한다.
② 작동신호를 수신하거나 수동으로 동작시키는 경우 60초 이내에 소방관서에 자동적으로 신호를 발하여 통보하되, 3회 이상 속보할 수 있어야 한다.
③ 예비전원은 감시상태를 60분간 지속한 후 10분 이상 동작(화재속보 후 화재표시 및 경보를 10분간 유지하는 것)이 지속될 수 있는 용량이어야 한다.

④ 속보기는 연동 또는 수동 작동에 의한 다이얼링 후 소방관서와 전화접속이 이루어지지 않는 경우에는 최초 다이얼링을 포함하여 10회 이상 반복적으로 접속을 위한 다이얼링이 이루어져야 한다. 이 경우 매회 다이얼링 완료 후 호출은 30초 이상 지속되어야 한다.

해설 **자동화재속보설비**의 속보기의 **성능인증** 및 **제품검사**의 **기술기준 5조**

구 분	설 명
연동설비	자동화재탐지설비
속보대상	소방관서
속보방법	20초 이내에 3회 이상
다이얼링	10회 이상

② 수동으로 동작시키는 경우 **20초** 이내에 소방관서에 자동적으로 신호를 발하여 통보하되, **3회** 이상 속보할 수 있어야 한다.

② 60초 → 20초

답 ②

65 무선통신보조설비의 누설동축케이블 설치기준 중 다음 ( ) 안에 알맞은 것은?
10.03.문69

누설동축케이블 및 안테나는 고압의 전로로부터 1.5m 이상 떨어진 위치에 설치할 것. 다만, 해당 전로에 ( )(을)를 유효하게 설치한 경우에는 그러하지 아니하다.

① 누전차단장치
② 무반사종단저항
③ 정전기 차폐장치
④ 전자파 방지장치

해설 **누설동축케이블**의 **설치기준**(NFPC 505 5조, NFTC 505 2.2)
(1) 소방전용 주파수대에서 전파의 **전송** 또는 **복사**에 적합한 것으로서 소방전용의 것
(2) 누설동축케이블과 이에 접속하는 안테나 또는 동축케이블과 이에 접속하는 안테나
(3) 누설동축케이블 및 동축케이블은 화재에 따라 해당 케이블의 피복이 소실된 경우에 케이블 본체가 떨어지지 아니하도록 4m 이내마다 금속제 또는 자기제 등의 지지금구로 벽·천장·기둥 등에 견고하게 고정시킬 것 (단, 불연재료로 구획된 반자 안에 설치하는 경우 제외)
(4) **누설동축케이블** 및 **안테나**는 고압전로로부터 **1.5m** 이상 떨어진 위치에 설치(해당 전로에 **정전기 차폐장치**를 유효하게 설치한 경우에는 제외)
(5) 누설동축케이블의 끝부분에는 **무반사종단저항**을 설치

※ **무반사종단저항**: 전송로로 전송되는 전자파가 전송로의 종단에서 반사되어 **교신**을 **방해**하는 것을 막기 위한 저항

답 ③

66 누전경보기의 화재안전기준 중 누전경보기의 설치방법 및 전원기준으로 틀린 것은?

① 경계전로의 정격전류가 60A를 초과하는 전로에 있어서는 1급 누전경보기를 설치할 것
② 경계전로의 정격전류가 60A 이하의 전로에 있어서는 1급 또는 2급 누전경보기를 설치할 것
③ 전원은 분전반으로부터 전용회로로 하고, 각 극에 개폐기 및 20A 이하의 과전류차단기를 설치할 것
④ 전원을 분기할 때에는 다른 차단기에 따라 전원이 차단되지 아니하도록 할 것

해설 (1) **누전경보기**(NFPC 205 4조, NFTC 205 2.1.1.1)

60A 이하	60A 초과
• 1급 누전경보기 • 2급 누전경보기	• 1급 누전경보기

(2) **누전경보기**의 **설치기준**(NFPC 205 6조, NFTC 205 2.3)

과전류차단기	배선용 차단기
15A 이하	20A 이하

㉠ 각 극에 개폐기 및 **15A** 이하의 **과전류차단기**를 설치할 것(**배선용 차단기**는 **20A** 이하)
㉡ 분전반으로부터 **전용회로**로 할 것
㉢ 개폐기에는 누전경보기임을 표시할 것

기억법 배2(배이다.)

③ 20A 이하 → 15A 이하

답 ③

67 공기관식 차동식 분포형 감지기의 설치기준 중 틀린 것은?

① 검출부는 45° 이상 경사되지 아니하도록 부착할 것
② 공기관의 노출부분은 감지구역마다 20m 이상이 되도록 할 것
③ 하나의 검출부분에 접속하는 공기관의 길이는 100m 이하로 할 것
④ 공기관과 감지구역의 각 변과의 수평거리는 1.5m 이하가 되도록 할 것

해설 **공기관식 감지기**의 **설치기준**(NFPC 203 7조, NFTC 203 2.4.3.7)
(1) 노출부분은 감지구역마다 **20m** 이상이 되도록 할 것
(2) 각 변과의 수평거리는 **1.5m** 이하가 되도록 하고, 공기관 상호간의 거리는 **6m**(내화구조는 **9m**) 이하가 되도록 할 것
(3) 공기관은 **도중**에서 분기하지 아니하도록 할 것
(4) 하나의 검출부분에 접속하는 공기관의 길이는 **100m** 이하로 할 것
(5) 검출부는 **5°** 이상 경사되지 아니하도록 부착할 것
(6) 검출부는 바닥으로부터 **0.8~1.5m** 이하의 위치에 설치할 것

중요 **경사제한각도**

차동식 분포형 감지기	스포트형 감지기
5° 이상	45° 이상

① 45° 이상 → 5° 이상

답 ①

68 연기가 다량으로 유입할 우려가 있는 환경의 음식물 배급실에 적응성이 없는 감지기는? (단, 연기감지기를 설치할 수 없는 경우이다.)

① 불꽃 감지기
② 열아날로그식 감지기
③ 보상식 스포트형 2종 감지기
④ 차동식 스포트형 1종 감지기

해설 **설치장소별 감지기 적응성**(연기감지기를 설치할 수 없는 경우)(NFTC 203 2.4.6(1))
연기가 다량으로 유입할 우려가 있는 장소(음식물 배급실, 주방전실, 주방 내 식품저장실, 음식물운반용 엘리베이터, 주방 주변의 복도 및 통로, 식당 등)
(1) **차**동식 스포트형 1종, 2종
(2) **차**동식 분포형 1종, 2종
(3) **보**상식 스포트형 1종, 2종
(4) **정**온식 특종, 1종
(5) **열**아날로그식 감지기

기억법 차보 정열 연(차보 정열 연인)

답 ①

69 축광유도표지 및 축광위치표지의 표시면의 두께는 최소 몇 mm 이상이어야 하는가? (단, 금속재질인 경우는 제외한다.)

① 0.3
② 0.5
③ 1.0
④ 1.5

해설 **축광유도표지** 및 **축광위치표지**의 **표시면 두께**(축광표지의 성능인증 및 제품검사의 기술기준 6조)
축광유도표지 및 축광위치표지의 **표시면의 두께**는 **1.0mm 이상**(금속재질인 경우 **0.5mm 이상**)일 것

표시면의 두께	
일반재질	금속재질
1.0mm 이상	0.5mm 이상

17. 05. 시행 / 산업(전기)

중요

(1) 식별도 시험(유도등의 형식승인 및 제품검사의 기술기준 16조)
① 축광유도표지 및 축광위치표지는 200 lx 밝기의 광원으로 20분간 조사시킨 상태에서 다시 주위조도를 0 lx로 하여 60분간 발광시킨 후 직선거리 20m (축광위치표지의 경우 10m) 떨어진 위치에서 유도표지 또는 위치표지가 있다는 것이 식별되어야 하고, 유도표지는 직선거리 3m의 거리에서 표시면의 표시 중 주체가 되는 문자 또는 주체가 되는 화살표 등이 쉽게 식별되어야 한다. 이 경우 측정자는 보통 시력(시력 1.0에서 1.2의 범위)을 가진 자로서 시험실시 20분전까지 암실에 들어가 있어야 한다.
② 축광보조표지는 200 lx 밝기의 광원으로 20분간 조사시킨 상태에서 다시 주위조도를 0 lx로 하여 60분간 발광시킨 후 직선거리 10m 떨어진 위치에서 축광보조표지가 있다는 것이 식별되어야 한다. 이 경우 측정자의 조건은 제1항의 조건을 적용한다.

(2) 휘도시험
축광표지의 표시면을 0 lx 상태에서 1시간 이상 방치한 후 200 lx 밝기의 광원으로 20분간 조사시킨 상태에서 다시 주위조도를 0 lx로 하여 휘도시험을 실시하는 경우 다음에 적합하여야 한다.

발광시간	휘 도
5분간	110mcd/m² 이상
10분간	50mcd/m² 이상
20분간	24mcd/m² 이상
60분간	7mcd/m² 이상

답 ③

---

70 ★★★ (06.05.문71)

무선통신보조설비 증폭기의 전면에 주회로의 전원이 정상인지의 여부를 확인하기 위하여 설치하여야 하는 것으로 옳은 것은?

① 표시등 및 전압계
② 전압계 및 전류계
③ 표시등 및 전류계
④ 전류계 및 역률계

해설 증폭기 및 무선중계기의 설치기준(NFPC 505 8조, NFTC 505 2.5)
(1) 상용전원은 **축전지설비, 전기저장장치** 또는 **교류전압 옥내간선**으로 하고, 전원까지의 배선은 **전용**으로 할 것
(2) 증폭기의 전면에는 전원확인 **표시등** 및 **전압계**를 설치할 것

기억법 압표(압도적인 표차로 당선!)

(3) 증폭기의 비상전원용량은 **30분** 이상일 것

용어
전기저장장치
외부 전기에너지를 저장해 두었다가 필요할 때 전기를 공급하는 장치

답 ①

---

71 ★★ (10.09.문71)

공칭작동온도가 80℃ 이상 120℃ 이하인 정온식 기능을 가진 감지기의 외피에 표시하는 색상은?

① 백색
② 황색
③ 적색
④ 청색

해설 **정온식 감지선형 감지기**의 공칭작동온도의 **색상**(감지기의 형식승인 및 제품검사의 기술기준 37조)

온 도	색 상
80℃ 이하	백색
80℃ 이상 120℃ 이하	청색
120℃ 초과	적색

용어
정온식 감지선형 감지기
일국소의 주위온도가 일정한 온도 이상이 되는 경우에 작동하는 것으로서 외관이 전선으로 되어 있는 것

| 정온식 감지선형 |

답 ④

---

72 ★★★ (10.03.문67)

외기에 면하여 상시 개방된 부분이 있는 차고·주차장·창고 등에 있어서는 외기에 면하는 각 부분으로부터 몇 m 미만의 범위 안에 있는 부분은 경계구역의 면적에 산입하지 아니하는가?

① 3
② 5
③ 7
④ 10

해설 **5m 미만 경계구역 면적 산입 제외**(NFPC 203 4조, NFTC 203 2.1.3)
(1) 차고
(2) 주차장
(3) 창고

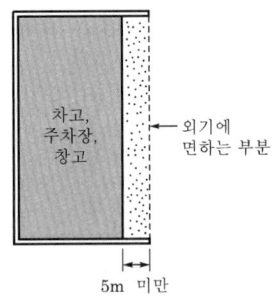

| 외기에 면하는 경우 |

답 ②

73
비상콘센트설비의 비상전원 설치기준 중 다음 ( ) 안에 알맞은 것은? (단, 둘 이상의 변전소에서 전력을 동시에 공급받을 수 있거나 하나의 변전소로부터 전력의 공급이 중단되는 때에는 자동으로 다른 변전소로부터 전력을 공급받을 수 있도록 상용전원을 설치한 경우는 제외한다.)

> 지하층을 제외한 층수가 (㉠)층 이상으로서 연면적이 (㉡)m² 이상이거나 지하층의 바닥면적의 합계가 (㉢)m² 이상인 특정소방대상물의 비상콘센트설비에는 자가발전설비, 비상전원수전설비, 축전지설비 또는 전기저장장치를 비상전원으로 설치할 것

① ㉠ 3, ㉡ 1000, ㉢ 1000
② ㉠ 7, ㉡ 2000, ㉢ 3000
③ ㉠ 3, ㉡ 3000, ㉢ 2000
④ ㉠ 7, ㉡ 1000, ㉢ 1000

해설 비상콘센트설비의 비상전원 설치대상 (NFPC 504 4조, NFTC 504 2.1.1.2)
(1) **지**하층을 제외한 **7**층 이상으로 연면적 **2000**m² 이상
(2) 지하층의 바닥면적합계 **3000**m² 이상

기억법 지7콘2

답 ②

74
비상조명등 표시등의 구조에 대한 기준 중 다음 ( ) 안에 알맞은 것은?

> 비상조명등 표시등의 전구는 2개 이상을 (㉠)로 접속하여야 한다. 다만, (㉡) 또는 발광다이오드의 경우에는 그러하지 아니하다.

① ㉠ 직렬, ㉡ HID램프
② ㉠ 직렬, ㉡ 백열전구
③ ㉠ 병렬, ㉡ 콘덴서
④ ㉠ 병렬, ㉡ 방전등

해설 **비상조명등**의 **형식승인** 및 **제품검사**의 **기술기준** 4조
유도등에 사용되는 전구는 **2개** 이상 **병렬**로 접속하여야 한다.(단, **방전등** 또는 **발광다이오드** 제외)

기억법 병방 발광(변방에 있던 사람이 빛을 발하다.)

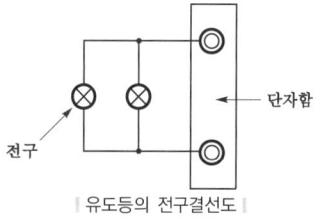

|유도등의 전구결선도|

답 ④

75
비상방송설비 음향장치의 설치기준 중 확성기 음성입력의 기준으로 옳은 것은?

① 실외 – 1W 이상, 실내 – 0.5W 이상
② 실외 – 3W 이상, 실내 – 1W 이상
③ 실외 – 5W 이상, 실내 – 3W 이상
④ 실외 – 7W 이상, 실내 – 5W 이상

해설 **비상방송설비**의 **설치기준**(NFPC 202 4조, NFTC 202 2.1)
(1) 확성기의 음성입력은 **실외 3W**, 실내 **1W** 이상일 것
(2) 확성기는 각 **층**마다 설치하되, 각 부분으로부터의 수평거리는 **25m** 이하일 것
(3) **음**량조정기는 **3선식** 배선일 것
(4) 조작스위치는 바닥으로부터 **0.8~1.5m** 이하의 높이에 설치할 것
(5) 다른 전기회로에 의하여 유도장애가 생기지 않을 것
(6) 비상방송 개시시간은 **10초** 이하일 것
(7) 엘리베이터 내부에는 **별도**의 음향장치를 설치할 수 있다.
(8) 2 이상의 조작부가 설치된 경우 동시통화가 가능하고 전 구역에 방송할 수 있을 것

기억법 외3(외상), 방음3(방음삼아)

답 ②

76
비상벨설비 또는 자동식 사이렌설비 발신기의 설치기준 중 다음 ( ) 안에 알맞은 것은? (단, 지하구의 경우는 제외한다.)

> 특정소방대상물의 층마다 설치하되, 해당 특정소방대상물의 각 부분으로부터 하나의 발신기까지의 수평거리가 (㉠)m 이하가 되도록 할 것. 다만, 복도 또는 별도로 구획된 실로서 보행거리가 (㉡)m 이상일 경우에는 추가로 설치하여야 한다.

① ㉠ 10, ㉡ 15
② ㉠ 15, ㉡ 10
③ ㉠ 25, ㉡ 40
④ ㉠ 40, ㉡ 25

17. 05. 시행 / 산업(전기)

해설 발신기 설치기준(NFPC 201 4조, NFTC 201 2.1)
(1) 조작이 **쉬운 장소**에 설치
(2) 스위치는 바닥에서 **0.8~1.5m** 이하의 높이에 설치
(3) 특정소방대상물의 **층**마다 설치
(4) 발신기까지의 **수평거리 25m** 이하
(5) 복도 또는 별도로 구획된 실로서 **보행거리가 40m** 이상일 경우 추가 설치

중요

(1) 수평거리

수평거리	적용대상
수평거리 25m 이하	• 발신기 • 음향장치(확성기) • 비상콘센트(지하상가 또는 지하층 바닥면적합계 3000m² 이상)
수평거리 50m 이하	• 비상콘센트(기타)

(2) 보행거리

보행거리	적용대상
보행거리 15m 이하	• 유도표지
보행거리 20m 이하	• 복도통로유도등 • 거실통로유도등 • 3종 연기감지기
보행거리 30m 이하	• 1·2종 연기감지기

답 ③

77 완강기 및 간이완강기의 강도에 관한 기준 중 다음 ( ) 안에 알맞은 것은?

> 벨트의 강도는 늘어뜨린 방향으로 1개에 대하여 ( )N의 인장하중을 가하는 시험에서 끊어지거나 현저한 변형이 생기지 아니하여야 한다.

① 1500
② 3900
③ 5900
④ 6500

해설 완강기 및 간이완강기의 강도에 관한 기준(완강기의 우수품질 인증 기술기준 5조)
(1) 완강기의 강도(벨트의 강도 제외)는 **12000N**의 정하중을 **3분** 동안 가하는 시험에서 다음에 적합할 것
  ㉠ **속도조절기, 속도조절기의 연결부** 및 **연결금속구**는 분해·파손 또는 현저한 변형이 생기지 아니할 것
  ㉡ 로프는 파단 또는 현저한 변형이 생기지 아니할 것
(2) 벨트의 강도는 늘어뜨린 방향으로 1개에 대하여 **6500N**의 인장하중을 가하는 시험에서 끊어지거나 현저한 변형이 생기지 아니할 것

답 ④

78 피난사다리의 형식승인 및 제품검사의 기술기준에 따른 피난사다리의 구조 중 틀린 것은?

① 피난사다리는 2개 이상의 종봉 및 횡봉으로 구성되어야 한다. 다만, 고정식 사다리인 경우에는 종봉의 수를 1개로 할 수 있다.
② 피난사다리(종봉이 1개인 고정식 사다리는 제외)의 종봉의 간격은 최외각 종봉 사이의 안치수가 15cm 이상이어야 한다.
③ 피난사다리의 횡봉은 지름 14mm 이상 35mm 이하의 원형인 단면이거나 또는 이와 비슷한 손으로 잡을 수 있는 형태의 단면이 있는 것이어야 한다.
④ 피난사다리의 횡봉은 종봉에 동일한 간격으로 부착한 것이어야 하며, 그 간격은 25cm 이상 35cm 이하이어야 한다.

해설 피난사다리의 형식승인 및 제품검사 기술기준 3조
피난사다리의 구조
(1) 안전하고 확실하며 **쉽게 사용**할 수 있는 구조이어야 한다.
(2) 피난사다리는 **2개 이상**의 종봉 및 횡봉으로 구성되어야 한다.(단, **고정식 사다리**인 경우에는 **종봉의 수**를 **1개**로 할 수 있다.)
(3) 피난사다리(종봉이 1개인 고정식 사다리는 제외)의 종봉의 간격은 최외각 종봉 사이의 안치수가 **30cm 이상**이어야 한다.
(4) 피난사다리의 횡봉은 지름 **14~35mm** 이하의 원형인 단면이거나 또는 이와 비슷한 손으로 잡을 수 있는 형태의 단면이 있는 것
(5) 피난사다리의 횡봉은 종봉에 동일한 간격으로 부착한 것이어야 하며, 그 간격은 **25~35cm 이하**일 것
(6) 피난사다리 횡봉의 디딤면은 미끄러지지 아니하는 구조일 것
(7) 절단 또는 용접 등으로 인한 모서리부분은 사람에게 해를 끼치지 않도록 조치되어 있어야 한다.

② 15cm → 30cm

답 ②

79 단독경보형 감지기의 설치기준 중 다음 ( ) 안에 알맞은 것은?

> 각 실[이웃하는 실내의 바닥면적이 각각 (㉠)m² 미만이고 벽체의 상부의 전부 또는 일부가 개방되어 이웃하는 실내와 공기가 상호유통되는 경우에는 이를 1개의 실로 본다.]마다 설치하되, 바닥면적이 (㉡)m²를 초과하는 경우에는 (㉡)m²마다 1개 이상 설치할 것

① ㉠ 30, ㉡ 100   ② ㉠ 30, ㉡ 150
③ ㉠ 50, ㉡ 100   ④ ㉠ 50, ㉡ 150

해설 **단독경보형 감지기의 설치기준**(NFPC 201 5조, NFTC 201 2.2)
(1) 각 실(이웃하는 실내의 바닥면적이 각각 **30m²** 미만이고 벽체의 상부의 전부 또는 일부가 개방되어 이웃하는 실내와 공기가 상호유통되는 경우에는 이를 1개의 실로 본다.)마다 설치하되, 바닥면적이 **150m²**를 초과하는 경우에는 **150m²**마다 1개 이상 설치할 것
(2) 최상층의 계단실의 **천장**(외기가 상통하는 계단실의 경우 제외)에 설치할 것
(3) 건전지를 주전원으로 사용하는 단독경보형 감지기는 정상적인 작동상태를 유지할 수 있도록 **건전지**를 **교환**할 것
(4) 상용전원을 주전원으로 사용하는 단독경보형 감지기의 **2차 전지**는 제품검사에 합격한 것을 사용할 것

∥ 단독경보형 감지기 ∥

답 ②

80 청각장애인용 시각경보장치의 설치높이 기준으로 옳은 것은? (단, 천장의 높이가 2m를 초과하는 장소이다.)

19.09.문63
06.03.문76

① 바닥으로부터 0.8m 이상 1.5m 이하
② 바닥으로부터 1.0m 이상 1.5m 이하
③ 바닥으로부터 1.5m 이상 2.0m 이하
④ 바닥으로부터 2.0m 이상 2.5m 이하

해설 **설치높이**

기 기	설치높이
기타 기기	0.8~1.5m 이하
시각경보장치	**2~2.5m** 이하(단, 천장의 높이가 **2m** 이하인 경우에는 천장으로부터 **0.15m** 이내의 장소에 설치)

기억법 시25(CEO)

답 ④

2017. 9. 23 시행

■ 2017년 산업기사 제4회 필기시험 ■

자격종목	종목코드	시험시간	형별	수험번호	성명
소방설비산업기사(전기분야)		2시간			

※ 각 문항은 4지택일형으로 질문에 가장 적합한 보기 항을 선택하여 체크하여야 합니다.

제 1 과목 소방원론

01 가압식 분말소화기 가압용 가스의 역할로 옳은 것은?

① 분말소화약제의 유동방지
② 분말소화기에 부착된 압력계 작동
③ 분말소화약제의 혼화 및 방출
④ 분말소화약제의 응고방지

해설 ③ 가압용 가스는 분말소화약제의 **방출**이 주목적이다.

가압방식에 따른 분류

축압식 소화기	가압식 소화기
소화기의 용기 내부에 소화약제와 함께 압축공기 또는 불연성 가스(N₂, CO₂)를 축압시켜 그 압력에 의해 방출되는 방식으로 소화기 상부에 **압력계**가 **부착**되어 있다.	소화약제의 **방출**원이 되는 압축가스를 압력 봄베 등의 별도의 용기에 저장했다가 가스의 압력에 의해 방출시키는 방식으로 **수동펌프식, 화학반응식, 가스가압식**으로 분류된다.

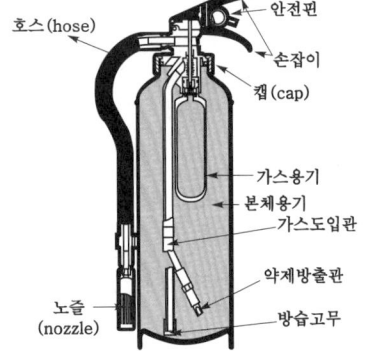

답 ③

02 피난계획의 일반원칙 중 Fool proof 원칙에 대한 설명으로 옳은 것은?

① 한 가지가 고장이 나도 다른 수단을 이용할 수 있도록 하는 원칙
② 두 방향의 피난동선을 항상 확보하는 원칙
③ 피난수단을 이동식 시설로 하는 원칙
④ 피난수단을 조작이 간편한 원시적 방법으로 하는 원칙

해설 ①, ② Fail Safe
③ 이동식 시설 → 고정식 시설(설비)

페일 세이프(fail safe)와 풀 프루프(fool proof)

용 어	설 명
페일 세이프 (Fail Safe)	① 한 가지 피난기구가 고장이 나도 다른 수단을 이용할 수 있도록 고려하는 것 ② 한 가지가 고장이 나도 다른 수단을 이용하는 원칙 ③ 두 **방향**의 피난동선을 항상 확보하는 원칙
풀 프루프 (Fool Proof)	① 피난경로는 **간단 명료**하게 한다. ② 피난구조설비는 **고정식 설비**를 위주로 설치한다. ③ 피난수단은 **원시적 방법**에 의한 것을 원칙으로 한다. ④ 피난통로를 **완전불연화**한다. ⑤ 막다른 복도가 없도록 계획한다. ⑥ **간단한 그림**이나 **색채**를 이용하여 표시한다.

답 ④

03 수분과 접촉하면 위험하며 경유, 유동파라핀 등과 같은 보호액에 보관하여야 하는 위험물은?

① 과산화수소
② 이황화탄소
③ 황
④ 칼륨

해설 **저장물질**

위험물	저장장소
황린, 이황화탄소(CS₂)	• 물속 기억법 황물(황토식물)
나이트로셀룰로오스	• 알코올 속
칼륨(K), **나**트륨(Na), 리튬(Li)	• 석유류(등유) 속 • 경유, 유동파라핀 속 기억법 경유칼나(경유는 칼라가 있다)
아세틸렌(C₂H₂)	• 디메틸포름아미드(DMF), 아세톤

답 ④

17-48 · 17. 09. 시행 / 산업(전기)

04. 다음 불꽃의 색상 중 가장 온도가 높은 것은?

① 암적색   ② 적색
③ 휘백색   ④ 휘적색

해설 연소의 색과 온도

색	온도(℃)
암적색(진홍색)	700~750
적색	850
휘적색(주황색)	925~950
황적색	1100
백적색(백색)	1200~1300
휘백색	1500

※ 불꽃의 색상 중 낮은 온도에서 높은 온도의 순서
암적색 < **황**적색 < **백**적색 < **휘**백색

기억법 암황백휘

답 ③

05. 장기간 방치하면 습기, 고온 등에 의해 분해가 촉진되고, 분해열이 축적되면 자연발화 위험성이 있는 것은?

① 셀룰로이드
② 질산나트륨
③ 과망가니즈산칼륨
④ 과염소산

해설 자연발화의 형태

구분	종류
분해열	• 셀룰로이드 • 나이트로셀룰로오스
산화열	• 건성유(정어리유, 아마인유, 해바라기유) • 석탄 • 원면 • 고무분말
발효열	• 퇴비 • 먼지 • 곡물
흡착열	• 목탄 • 활성탄

기억법 자분산 발흡
분셀나
발퇴먼곡
흡목활

※ 분해열을 일으키는 물질을 찾는 **문제**이다.

답 ①

06. 다음 중 오존파괴지수(ODP)가 가장 큰 할론소화약제는?

① Halon 1211
② Halon 1301
③ Halon 2402
④ Halon 104

해설 할론 1301(Halon 1301)
(1) 할론약제 중 **소화효과**가 가장 좋다.
(2) 할론약제 중 **독성**이 가장 약하다.
(3) 할론약제 중 **오존파괴지수**가 가장 높다.

용어
오존파괴지수(ODP ; Ozone Depletion Potential)
어떤 물질의 오존파괴능력을 상대적으로 나타내는 지표

$$ODP = \frac{어떤\ 물질\ 1kg이\ 파괴하는\ 오존량}{CFC\ 11의\ 1kg이\ 파괴하는\ 오존량}$$

답 ②

07. 유류화재시 분말소화약제와 병용이 가능하여 빠른 소화효과와 재착화방지효과를 기대할 수 있는 소화약제로 옳은 것은?

① 단백포 소화약제
② 수성막포 소화약제
③ 알코올형포 소화약제
④ 합성계면활성제포 소화약제

해설 수성막포의 장·단점

장점	단점
• 석유류 표면에 신속히 **피막**을 형성하여 유류증발을 억제한다. • **안전성**이 좋아 장기보존이 가능하다. • **내약품성**이 좋아 **분말소화제**와 **겸용 사용**도 가능하다. • 내유염성이 우수하다.	• 가격이 비싸다. • 내열성이 좋지 않다. • 부식방지용 저장설비가 요구된다.

기억법 수분

※ **내유염성** : 포가 기름에 의해 오염되기 어려운 성질

답 ②

08. 다음 중 연소할 수 있는 가연물로 볼 수 있는 것은?

① C
② N_2
③ Ar
④ CO_2

17. 09. 시행 / 산업(전기)

해설

① 탄소(C)는 가연물이다.

가연물이 될 수 없는 물질(산소공급원이 될 수 없는 것)

구분	종류
주기율표의 0족 원소	헬륨(He), 네온(Ne), 아르곤(Ar), 크립톤(Kr), 크세논(Xe), 라돈(Rn)
산소와 더 이상 반응하지 않는 물질	물(H_2O), 이산화탄소(CO_2), 산화알루미늄(Al_2O_3), 오산화인(P_2O_5)
흡열반응 물질	질소(N_2)

답 ①

09 고체연료의 연소형태를 구분할 때 해당하지 않는 것은?

11.06.문11

① 증발연소　② 분해연소
③ 표면연소　④ 예혼합연소

해설 ④ 기체의 연소형태

연소의 형태

연소형태	종류
기체 연소형태	• 예혼합연소 • 확산연소 기억법 확예가(우리 확률 얘기 좀 할까?)
액체 연소형태	• 증발연소 • 분해연소 • 액적연소
고체 연소형태	• 표면연소 • 분해연소 • 증발연소 • 자기연소

답 ④

10 화재시 연소물에 대한 공기공급을 차단하여 소화하는 방법은?

08.09.문03

① 냉각소화　② 부촉매소화
③ 제거소화　④ 질식소화

해설 소화의 형태

소화형태	설명
냉각소화	• **점화원**을 냉각하여 소화하는 방법 • **증**발잠열을 이용하여 열을 빼앗아 가연물의 온도를 떨어뜨려 화재를 진압하는 소화방법 • **다**량의 물을 뿌려 소화하는 방법 • 가연성 물질을 **발**화점 이하로 **냉**각 기억법 냉점증발 • 주방에서 신속히 할 수 있는 방법으로, 신선한 **야**채를 넣어 **식**용유의 온도를 발화점 이하로 낮추어 소화하는 방법(식용유 화재에 신선한 야채를 넣어 소화) 기억법 야식냉(야식이 차다.)

질식소화	• 공기 중의 **산소농도**를 16%(10~15%) 이하로 희박하게 하여 소화하는 방법 • 산화제의 농도를 낮추어 연소가 지속될 수 없도록 함 • 산소공급을 차단하는 소화방법(공기공급을 차단하여 소화하는 방법) 기억법 질산
제거소화	• **가연물**을 **제거**하여 소화하는 방법
부촉매소화 (=화학소화)	• **연쇄반응**을 **차단**하여 소화하는 방법 • 화학적인 방법으로 화재 억제
희석소화	• 기체·고체·액체에서 나오는 분해가스나 증기의 농도를 낮춰 소화하는 방법

답 ④

11 다음 중 인화점이 가장 낮은 물질은?

19.04.문06
14.03.문02

① 산화프로필렌
② 이황화탄소
③ 아세틸렌
④ 다이에틸에터

해설

① -37℃　② -30℃
③ -18℃　④ -45℃

물질	인화점	착화점
• 프로필렌	-107℃	497℃
• 에틸에터 • **다이에틸에터**	**-45℃**	180℃
• 가솔린(휘발유)	-43℃	300℃
• 이황화탄소	-30℃	100℃
• 아세틸렌	-18℃	335℃
• 아세톤	-18℃	538℃
• 산화프로필렌	-37℃	465℃
• 벤젠	-11℃	562℃
• 톨루엔	4.4℃	480℃
• 에틸알코올	13℃	423℃
• 아세트산	40℃	-
• 등유	43~72℃	210℃
• 경유	50~70℃	200℃
• 적린	-	260℃

• 인화점=인화온도
• 착화점=발화점=착화온도=발화온도

답 ④

12 화재시 이산화탄소를 사용하여 질식소화 하는 경우, 산소의 농도를 14vol.%까지 낮추려면 공기 중의 이산화탄소 농도는 약 몇 vol.%가 되어야 하는가?

19.04.문03

① 22.3vol.%　② 33.3vol.%
③ 44.3vol.%　④ 55.3vol.%

해설

$$CO_2 = \frac{방출가스량}{방호구역체적 + 방출가스량} \times 100$$
$$= \frac{21 - O_2}{21} \times 100$$

여기서, CO_2 : CO_2의 농도[%]
　　　　O_2 : O_2의 농도[%]
이산화탄소의 농도 CO_2는
$$CO_2 = \frac{21 - O_2}{21} \times 100 = \frac{21 - 14}{21} \times 100 ≒ 33.3\text{vol.\%}$$

답 ②

13 ★★★
독성이 매우 강한 가스로서 석유제품이나 유지 등이 연소할 때 발생되는 것은?

19.04.문11
14.05.문07
14.05.문18
13.09.문19

① 포스겐
② 시안화수소
③ 아크롤레인
④ 아황산가스

해설 연소가스

연소가스	설 명
일산화탄소 (CO)	• 화재시 흡입된 일산화탄소(CO)의 화학적 작용에 의해 **헤모글로빈**(Hb)이 혈액의 산소운반작용을 저해하여 사람을 질식·사망하게 한다. • 목재류의 화재시 **인**명피해를 가장 많이 주며, 연기로 인한 의식불명 또는 질식을 가져온다. • 인체의 **폐**에 큰 자극을 준다. • **산**소와의 **결**합력이 극히 강하여 질식작용에 의한 독성을 나타낸다.
이산화탄소 (CO_2)	연소가스 중 **가장 많은 양**을 차지하고 있으며 가스 그 자체의 독성은 거의 없으나 다량이 존재할 경우 호흡속도를 증가시키고, 이로 인하여 화재가스에 혼합된 유해가스의 혼입을 증가시켜 위험을 가중시키는 가스이다.
암모니아 (NH_3)	• 나무, 페놀수지, 멜라민수지 등의 **질**소 함유물이 연소할 때 발생하며, 냉동시설의 **냉**매로 쓰인다. • **눈·코·폐** 등에 매우 **자**극성이 큰 가연성 가스이다.
포스겐 ($COCl_2$)	매우 **독**성이 **강**한 가스로서 **소**화제인 **사**염화탄소(CCl_4)를 화재시에 사용할 때도 발생한다.
황화수소 (H_2S)	• **달**걀 썩는 냄새가 나는 특성이 있다. • 황분이 포함되어 있는 물질의 불완전연소에 의하여 발생하는 가스이다. • **자**극성이 있다.
아크롤레인 ($CH_2=CHCHO$)	독성이 매우 높은 가스로서 **석**유제품, **유**지 등이 연소할 때 생성되는 가스이다.

시안화수소 (HCN) (청산가스)	**질소**성분을 가지고 있는 **합성수지**, 동물의 **털**, **인조견** 등의 섬유가 불완전연소할 때 발생하는 맹독성 가스로 0.3%의 농도에서 즉시 사망할 수 있다.
아황산가스 (SO_2) (이산화황)	• **황**이 함유된 물질인 **동**물의 **털**, **고**무 등이 연소하는 화재시에 발생되며 **무**색의 자극성 냄새를 가진 유독성 기체 • 눈 및 호흡기 등에 점막을 상하게 하고 질식사 할 우려가 있다.

기억법	일헤인 폐산결
	이많(이만큼)
	암페 멜냉자
	독강 소사포
	황달자
	아석유

답 ③

14 ★★
물과 반응하여 가연성인 아세틸렌가스를 발생시키는 것은?

12.09.문17

① 칼슘
② 아세톤
③ 마그네슘
④ 탄화칼슘

해설 물과의 반응식
　　CaC_2 + $2H_2O$ → $Ca(OH)_2$ + C_2H_2↑
　(탄화칼슘)　(물)　　(수산화칼슘)　(아세틸렌)

비교

마그네슘(Mg) · 칼슘(Ca)
물과 반응시 가연성인 **수소**(H_2) 가스 발생

답 ④

15 ★★★
100℃를 기준으로 액체상태의 물이 기화할 경우 체적이 약 1700배 정도 늘어난다. 이러한 체적팽창으로 인하여 기대할 수 있는 가장 큰 소화효과는?

11.10.문15

① 촉매효과
② 질식효과
③ 제거효과
④ 억제효과

해설 물

냉각효과	질식효과
물은 불에 닿을 때 증발하면서 **다량**의 **열**을 흡수하여 냉각소화한다.	100℃를 기준으로 액체상태의 물이 기화할 경우 체적이 약 **1700배** 정도 늘어난다. 이러한 체적팽창으로 인하여 **질식효과**를 기대할 수 있다.

답 ②

16
프로판가스 44g을 공기 중에 완전연소시킬 때 표준상태를 기준으로 약 몇 L의 공기가 필요한가? (단, 가연가스를 이상기체로 보며, 공기는 질소 80%와 산소 20%로 구성되어 있다.)

① 112
② 224
③ 448
④ 560

해설 (1) 분자량

원 소	원자량
H →	1
C →	12
N	14
O	16

프로판(C_3H_8) 분자량 $= 12 \times 3 + 1 \times 8 = 44$

(2) 프로판 완전연소 반응식

$C_3H_8 + 5 O_2 = 3CO_2 + 4H_2O$
 1mol   5mol

프로판 1mol당 산소 5mol이 소모된다.
아보가드로수하에서 기체 1mol의 부피는 22.4L이므로
22.4L/mol × 5mol = 112L
〈단서〉에서 산소가 20%(0.2)로 구성되므로

$\dfrac{112L}{0.2} = 560L$

답 ④

17
할로겐화합물 및 불활성기체 소화약제인 HCFC-124의 화학식은?

① CHF_3
② CF_3CHFCF_3
③ $CHClFCF_3$
④ C_4H_{10}

해설 할로겐화합물 및 불활성기체 소화약제의 종류(NFPC 107A 4조, NFTC 107A 2.1.1)

소화약제	화학식	비 고
퍼플루오로부탄 (FC-3-1-10) 기억법 FC31(FC 서울의 3.1절)	C_4F_{10}	할로겐 화합물 소화 약제
하이드로클로로플루오로카본혼화제 (HCFC BLEND A)	HCFC-123($CHCl_2CF_3$) : 4.75% HCFC-22($CHClF_2$) : 82% HCFC-124($CHClFCF_3$) : 9.5% $C_{10}H_{16}$: 3.75% 기억법 475 82 95 3 75(사시오 빨리 그래서 구어 삼키시오!)	
클로로테트라플루오로에탄 (HCFC-124)	$CHClFCF_3$	
펜타플루오로에탄 (HFC-125) 기억법 125(이리온)	CHF_2CF_3	
헵타플루오로프로판 (HFC-227ea) 기억법 227e(둘둘치킨이 맛있다.)	CF_3CHFCF_3	
트리플루오로메탄 (HFC-23)	CHF_3	
헥사플루오로프로판 (HFC-236fa)	$CF_3CH_2CF_3$	
트리플루오로이오다이드 (FIC-13I1)	CF_3I	
불연성·불활성 기체혼합가스(IG-01)	Ar	불활성 기체 소화 약제
불연성·불활성 기체혼합가스(IG-100)	N_2	
불연성·불활성 기체혼합가스(IG-541)	N_2 : 52%, Ar : 40%, CO_2 : 8% 기억법 NACO(내코) 52408	
불연성·불활성 기체혼합가스(IG-55)	N_2 : 50%, Ar : 50%	
도데카플루오로-2-메틸펜탄-3원(FK-5-1-12)	$CF_3CF_2C(O)CF(CF_3)_2$	

답 ③

18
벤젠에 대한 설명으로 옳은 것은?

① 방향족 화합물로 적색 액체이다.
② 고체상태에서도 가연성 증기를 발생할 수 있다.
③ 인화점은 약 14℃이다.
④ 화재시 CO_2는 사용불가이며 주수에 의한 소화가 효과적이다.

해설
① 적색 → 무색
③ 14℃ → -11℃
④ 주수에 의한 소화가 효과적 → 분말, 포 등에 의한 소화가 효과적

벤젠
(1) 방향족 냄새의 **무색 액체**이다.
(2) **고체**상태에서도 **가연성 증기**를 발생할 수 있다.

(3) 인화점은 -11℃ 정도이다.
(4) **분말, 포** 등의 소화가 **효과**적이다.
(5) **증기**는 공기와 **폭발성 혼합물**을 형성한다.

답 ②

19. 분말소화약제에 사용되는 제1인산암모늄의 열분해시 생성되지 않는 것은?

① CO_2 ② H_2O
③ NH_3 ④ HPO_3

해설
① 이산화탄소(CO_2)는 제1종, 제2종, 제4종 분말소화약제에서 생성

제3종 분말의 열분해 생성물
(1) H_2O(물)
(2) NH_3(암모니아)
(3) HPO_3(메타인산)

중요

분말소화기 : 질식효과

종 별	소화약제	약제의 착색	화학반응식	적응 화재
제1종	중탄산나트륨 ($NaHCO_3$)	백색	$2NaHCO_3+$열$\rightarrow Na_2CO_3+CO_2+H_2O$	BC급
제2종	중탄산칼륨 ($KHCO_3$)	담자색 (담회색)	$2KHCO_3+$열$\rightarrow K_2CO_3+CO_2+H_2O$	BC급
제3종	인산암모늄 ($NH_4H_2PO_4$)	담홍색	$NH_4H_2PO_4+$열$\rightarrow HPO_3+NH_3+H_2O$	ABC급
제4종	중탄산칼륨 +요소 ($KHCO_3+$ $(NH_2)_2CO$)	회(백)색	$2KHCO_3+$ $(NH_2)_2CO+$열$\rightarrow K_2CO_3+$ $2NH_3+2CO_2$	BC급

• 중탄산나트륨=탄산수소나트륨
• 중탄산칼륨=탄산수소칼륨
• 제1인산암모늄=인산암모늄=인산염
• 중탄산칼륨+요소=탄산수소칼륨+요소

기억법 3ABC(3종이니까 3가지 ABC급)

답 ①

20. PVC가 공기 중에서 연소할 때 발생되는 자극성의 유독성 가스는?

① 염화수소 ② 아황산가스
③ 질소가스 ④ 암모니아

해설 PVC 연소시 생성가스
(1) **H**Cl(염화수소) : 부식성 가스
(2) **C**O_2(이산화탄소)
(3) **C**O(일산화탄소)

기억법 PHCC

답 ①

제2과목 소방전기일반

21. 그림과 같은 회로에서 a-b간의 합성저항은 몇 Ω인가?

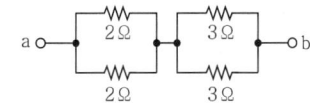

① 2.5 ② 5
③ 7.5 ④ 10

해설

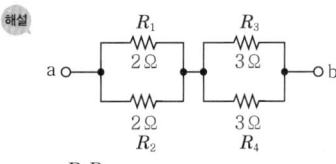

$$\frac{R_1 R_2}{R_1+R_2} = \frac{2\times 2}{2+2} = 1\,\Omega$$

↓

a o—[1Ω]—•—[R_3 3Ω / R_4 3Ω]—o b

$$\frac{R_3 R_4}{R_3+R_4} = \frac{3\times 3}{3+3} = 1.5\,\Omega$$

↓

a o—[1Ω]—[1.5Ω]—o b

∴ $1+1.5 = 2.5\,\Omega$

답 ①

22. 어떤 계를 표시하는 미분방정식이 $\dfrac{d^2c(t)}{dt^2}+5\dfrac{dc(t)}{dt}+2c(t)=2r(t)$ 이다. 입력이 $r(t)$, 출력이 $c(t)$라고 하면 이 계의 전달함수 $G(s)$는?

① $\dfrac{2}{2s^2+5s+1}$ ② $\dfrac{2s^2+5s+1}{2}$
③ $\dfrac{2}{s^2+5s+2}$ ④ $\dfrac{s^2+5s+2}{2}$

해설 라플라스 변환하면
$(s^2+5s+2)X(s)=2Y(s)$
전달함수
$$G(s)=\frac{Y(s)}{X(s)}=\frac{2}{(s^2+5s+2)}=\frac{2}{s^2+5s+2}$$

17. 09. 시행 / 산업(전기)

용어

전달함수
모든 초기값을 0으로 하였을 때 출력신호의 라플라스 변환과 입력신호의 라플라스 변환의 비

답 ③

23 연속형 조절기가 아닌 것은?
① 비례 동작조절기
② 비례미분 동작조절기
③ 비례적분 동작조절기
④ 2위치 동작조절기

해설 조절기

연속형 조절기	불연속형 조절기
① 비례 동작조절기 ② 미분 동작조절기 ③ 비례미분 동작조절기 ④ 비례적분 동작조절기 ⑤ 적분 동작조절기 ⑥ 비례적분 동작조절기 ⑦ 비례적분미분 동작조절기	① 2위치 동작조절기 ② 샘플값 동작조절기

답 ④

24 다음 그림과 같은 다이오드 게이트회로에서 출력전압은 약 몇 V인가? (단, 다이오드 내의 전압강하는 무시한다.)

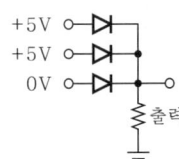

① 0   ② 5
③ 10 ④ 20

해설 OR gate이므로 3개의 입력신호 중 어느 하나라도 1(5V)이면 출력신호가 1(5V)이 된다.

중요

논리회로

명칭	회로
AND 게이트	
OR 게이트	
NOR 게이트	
NAND 게이트	

답 ②

25 다음 회로에서 스위치를 닫은 후 커패시터에 충전이 완료되었을 경우 a, b 사이의 전압은 몇 V인가?

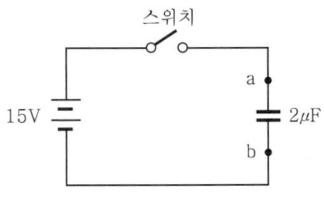

① 2   ② 5
③ 10 ④ 15

해설

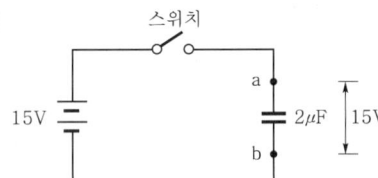

15V 전압을 인가한 후 **스위치를 닫으면 커패시터**(콘덴서)에는 충전이 시작되어 충전이 완료되면 커패시터 양단 a, b 사이의 전압은 **15V**가 된다.

답 ④

26. 자기인덕턴스 L_1, L_2가 각각 4mH, 9mH인 코일이 이상적인 결합이 되었다면 상호인덕턴스 M은 몇 mH인가? (단, 결합계수 $k=1$이다.)

① 0.1
② 6
③ 0.9
④ 36

해설

(1) 기호
- L_1 : 4mH
- L_2 : 9mH
- k : 1
- M : ?

(2) 상호인덕턴스(mutual inductance)

$$M = k\sqrt{L_1 L_2}\,[\text{H}]$$

여기서, M : 상호인덕턴스[H]
k : 결합계수
L_1, L_2 : 자기인덕턴스[H]

상호인덕턴스=상호유도계수

상호인덕턴스 M은
$M = k\sqrt{L_1 L_2} = 1\sqrt{4 \times 9} = 6\text{mH}$

중요 결합계수

$k=0$	$k=1$
두 코일 직교시	이상결합·완전결합시

답 ②

27. 변압기 병렬운전조건이 아닌 것은?

① 각 변압기의 극성이 일치되어야 한다.
② 각 변압기의 용량이 일치되어야 한다.
③ 각 변압기의 권수비가 일치되어야 한다.
④ 각 변압기의 1·2차 정격전압이 일치되어야 한다.

해설 병렬운전조건

동기발전기의 병렬운전조건	변압기의 병렬운전조건
• 기전력의 **크**기가 같을 것 • 기전력의 **위**상이 같을 것 • 기전력의 **주**파수가 같을 것 • 기전력의 **파**형이 같을 것	• **권**수비가 같을 것 • **극**성이 같을 것 • 1·2차 정격전**압**이 같을 것 • %**임**피던스 강하가 같을 것
기억법 주파위크	기억법 압임권극

답 ②

28. 교류회로에서 8Ω의 저항과 6Ω의 유도리액턴스가 병렬로 연결되었다. 이 경우 역률은?

① 0.4
② 0.5
③ 0.6
④ 0.8

해설 RL 병렬회로

(1) 회로도

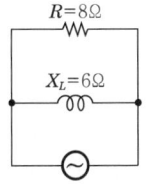

(2) 역률

$$\cos\theta = \frac{X_L}{\sqrt{R^2 + X_L^2}}$$

여기서, $\cos\theta$: 역률
X_L : 유도리액턴스[Ω]
R : 저항[Ω]

역률 $\cos\theta$는
$\cos\theta = \dfrac{X_L}{\sqrt{R^2+X_L^2}} = \dfrac{6}{\sqrt{8^2+6^2}} = 0.6$

비교

RL 직렬회로(역률)

$$\cos\theta = \frac{R}{\sqrt{R^2 + X_L^2}}$$

여기서, $\cos\theta$: 역률
R : 저항[Ω]
X_L : 유도리액턴스[Ω]

답 ③

29. 조작량은 제어요소가 무엇에 주는 양을 말하는가?

① 조작대상
② 제어대상
③ 측정대상
④ 입력대상

해설 피드백제어의 용어

용어	설명
제어량 (controlled value)	• 제어대상에 속하는 양으로, 제어대상을 제어하는 것을 목적으로 하는 물리적인 양이다.

17. 09. 시행 / 산업(전기)

조작량 (manipulated value)	• 제어장치의 출력인 동시에 제어대상의 입력으로 제어장치가 제어대상에 가해지는 제어신호 • 제어요소가 제어대상에게 주는 것
제어요소 (control element)	• 동작신호를 조작량으로 변환하는 요소이고, 조절부와 조작부로 이루어진다.
제어장치 (control device)	• 제어를 하기 위해 제어대상에 부착되는 장치이고, 조절부, 설정부, 검출부 등이 이에 해당된다.
오차검출기	• 제어량을 설정값과 비교하여 오차를 계산하는 장치이다.

기억법 조출동, 조요대(<u>조용</u>하<u>대</u>)

답 ②

30 ★★★
3kV로 충전된 $2\mu F$의 콘덴서와 같은 에너지를 2kV로 얻으려면 몇 μF의 정전용량이 필요한가?

19.09.문40
16.05.문30
14.03.문31
03.05.문32

① 2.5
② 3.5
③ 4.5
④ 6.5

해설 (1) 기호
- V_1 : 3kV = 3×10^3V (k = 10^3)
- C_1 : $2\mu F = 2 \times 10^{-6}$F ($\mu = 10^{-6}$)
- V_2 : 2kV = 2×10^3V (k = 10^3)
- C_2 : ?

(2) 정전에너지

$$W = \frac{1}{2}QV = \frac{1}{2}CV^2 = \frac{Q^2}{2C}$$

여기서, W : 정전에너지[J]
Q : 전하[C]
V : 전압[V]
C : 정전용량[F]

정전에너지 W은
$$W = \frac{1}{2}C_1V_1^2 = \frac{1}{2} \times (2 \times 10^{-6}) \times (3 \times 10^3)^2 = 9J$$

'같은 에너지를 얻는다.'고 하였으므로
$$\frac{1}{2}C_1V_1^2 = \frac{1}{2}C_2V_2^2$$

$$9 = \frac{1}{2}C_2V_2^2$$

$$\frac{9 \times 2}{V_2^2} = C_2$$

좌우를 이항하면
$$C_2 = \frac{9 \times 2}{V_2^2} = \frac{9 \times 2}{(2 \times 10^3)^2} = 4.5 \times 10^{-6}F = 4.5\mu F$$

답 ③

31 ★
그림과 같은 캠벨브리지 회로에서 전류 I_2가 0이 되기 위한 C의 값은?

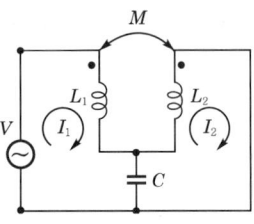

① ωL
② $\omega^2 L$
③ $\dfrac{1}{\omega M}$
④ $\dfrac{1}{\omega^2 M}$

해설 캠벨브리지에서 전류 $I_2 = 0$이 되기 위한 값

$$\omega M = \frac{1}{\omega C}$$

여기서, ω : 각주파수[rad/s]
M : 상호인덕턴스[H]
C : 정전용량[F]

$$\omega M = \frac{1}{\omega C}$$

$$\omega C = \frac{1}{\omega M}$$

$$C = \frac{1}{\omega^2 M}$$

용어
캠벨브리지
상호인덕턴스와 커패시턴스를 비교하는 데 사용되는 회로

답 ④

32 ★★★
250mH의 코일에 전류가 매초 3A 변화했을 때 이 코일에 유도되는 기전력은 몇 V인가?

08.03.문25

① 0.75
② 0.50
③ 0.25
④ 0.15

해설 (1) 기호
- L : 250mH = 250×10^{-3}H (m = 10^{-3})
- $\dfrac{di}{dt}$: 3A/s
- e : ?

(2) 유도기전력
$$e = -L\frac{di}{dt}$$

여기서, e : 유도기전력[V]
L : 자기인덕턴스[H]
di : 전류의 변화량[A]
dt : 시간의 변화량[s]

유도기전력 e는

$e = -(250 \times 10^{-3}) \times 3 = -0.75V$

- " $-$ "는 유도기전력의 **방향**을 말하는 것으로 특별한 의미는 없다.
- 유도기전력=유기기전력

답 ①

33. 부하의 전압과 전류를 측정할 때 부하에 대하여 전압계와 전류계를 연결하는 방법으로 옳은 것은?

① 전압계는 병렬연결, 전류계는 직렬연결한다.
② 전압계는 직렬연결, 전류계는 병렬연결한다.
③ 전압계와 전류계는 모두 직렬연결한다.
④ 전압계와 전류계는 모두 병렬연결한다.

해설 전압계와 전류계

전압계	전류계
부하에 **병렬**연결	부하에 **직렬**연결

비교

배율기와 분류기

배율기(multiplier)	분류기(shunt)
전압계의 측정범위를 확대하기 위해 **전압계**와 **직렬**로 접속하는 저항	전류계의 측정범위를 확대하기 위해 **전류계**와 **병렬**로 접속하는 저항

여기서,
V_0 : 측정하고자 하는 전압[V]
V : 전압계의 최대눈금[V]
R_v : 전압계의 내부저항[Ω]
R_m : 배율기[Ω]

여기서,
I_0 : 측정하고자 하는 전류[A]
I : 전류계의 최대눈금[A]
R_A : 전류계의 내부저항[Ω]
I_S : 분류기에 흐르는 전류[A]
R_S : 분류기[Ω]

답 ①

34. 다음 논리회로의 명칭은?

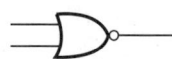

① OR 게이트
② AND 게이트
③ NOR 게이트
④ NOT 게이트

해설 시퀀스회로와 논리회로

명 칭	시퀀스회로	논리회로
AND 회로 (직렬회로)		$X = A \cdot B$ 입력신호 A, B가 동시에 1일 때만 출력신호 X가 1이 된다.
OR 회로 (병렬회로)		$X = A + B$ 입력신호 A, B 중 어느 하나라도 1이면 출력신호 X가 1이 된다.
NOT 회로 (b접점)		$X = \overline{A}$ 입력신호 A가 0일 때만 출력신호 X가 1이 된다.
NAND 회로		$X = \overline{A \cdot B}$ 입력신호 A, B가 동시에 1일 때만 출력신호 X가 0이 된다. (AND회로의 부정)
NOR 회로		$X = \overline{A + B}$ 입력신호 A, B가 동시에 0일 때만 출력신호 X가 1이 된다. (OR회로의 부정)
EXCL-USIVE OR 회로		$X = A \oplus B = \overline{A}B + A\overline{B}$ 입력신호 A, B 중 어느 한쪽만이 1이면 출력신호 X가 1이 된다.
EXCL-USIVE NOR 회로		$X = \overline{A \oplus B} = AB + \overline{A}\,\overline{B}$ 입력신호 A, B가 동시에 0이거나 1일 때만 출력신호 X가 1이 된다.

NOR 회로=NOR 게이트

답 ③

35 그림과 같은 유접점회로의 논리식은?

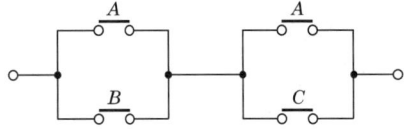

① $AB+BC$
② $AB+C$
③ $A+BC$
④ $B+AC$

해설
$(A+B) \cdot (A+C) = \underbrace{AA}_{X \cdot X = X} + AC + AB + BC$
$= A + AC + AB + BC$
$= A\underbrace{(1+C+B)}_{X+1=1} + BC$
$= \underbrace{A \cdot 1}_{X \cdot 1 = X} + BC$
$= A + BC$

※ 논리식 산정시 **직렬**은 "· 또는 **생략**", **병렬**은 "+"로 표시하는 것을 기억하라.

(1) 불대수의 정리

논리합	논리곱	비 고
$X+0=X$	$X \cdot 0 = 0$	-
$X+1=1$	$X \cdot 1 = X$	-
$X+X=X$	$X \cdot X = X$	-
$X+\overline{X}=1$	$X \cdot \overline{X}=0$	-
$X+Y=Y+X$	$X \cdot Y = Y \cdot X$	교환법칙
$X+(Y+Z)$ $=(X+Y)+Z$	$X(YZ)=(XY)Z$	결합법칙
$X(Y+Z)$ $=XY+XZ$	$(X+Y)(Z+W)$ $=XZ+XW+YZ+YW$	분배법칙
$X+XY=X$	$\overline{X}+XY=\overline{X}+Y$ $X+\overline{X}Y=X+Y$ $X+\overline{X}\;\overline{Y}=X+\overline{Y}$	흡수법칙
$\overline{(X+Y)}$ $=\overline{X} \cdot \overline{Y}$	$\overline{(X \cdot Y)} = \overline{X}+\overline{Y}$	드모르간의 정리

(2) 무접점 논리회로

시퀀스	논리식	논리회로
직렬회로	$Z=A \cdot B$ $Z=AB$	A,B → Z (AND)
병렬회로	$Z=A+B$	A,B → Z (OR)

a접점	$Z=A$	(AND, OR gates)
b접점	$Z=\overline{A}$	(NOT, NAND, NOR gates)

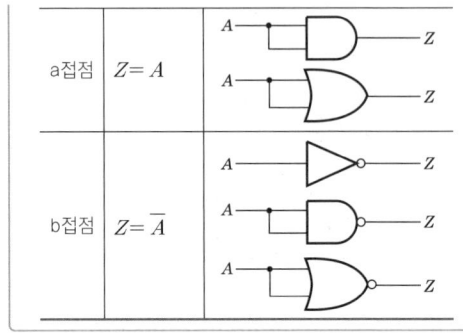

답 ③

36 용량 1kVA, 3000/200V의 단상변압기를 단권변압기로 결선해서 3000/200V의 승압기로 사용할 때 부하용량 kVA는?

① 1
② 2
③ 15
④ 16

해설
(1) 2차 전류
• 용량 1kVA
• 3000/200V 단상변압기

$$I_2 = \frac{P}{V_2}$$

여기서, I_2 : 2차전류[A]
P : 용량[VA]
V_2 : 2차전압[V]

2차전류 $I_2 = \frac{P}{V_2} = \frac{1000}{200} = 5A$

• P : 1kVA=1000VA

(2) 2차전압
3000V 입력시 2차측이 200V까지 승압가능한 승압변압기이므로
2차전압=1차전압+200V=3000+200=3200V

(3) 부하용량
$$P_2 = V_2 I_2$$

여기서, P_2 : 부하용량[VA]
V_2 : 2차전압[V]
I_2 : 2차전류[A]

부하용량 $P_2 = V_2 I_2 = 3200 \times 5 = 16000VA = 16kVA$

답 ④

37 액체식 압력계의 종류가 아닌 것은?

① 액주식 압력계
② 침종식 압력계
③ 환상식 압력계
④ 다이어프램식 압력계

해설 압력계의 종류

액체식 압력계	탄성식 압력계
① 액주식 압력계 ② 침종식 압력계 ③ 환상식 압력계	① 부르동관 압력계 ② 멤브레인형 압력계 ③ 벨로즈형 압력계 ④ 다이어프램식 압력계

④ 탄성식 압력계

답 ④

38 트랜지스터를 증폭작용에 이용할 때 베이스 - 이미터 간의 바이어스 전압은?
[03.05.문37]
① 순방향 전압을 인가한다.
② 역방향 전압을 인가한다.
③ 순방향, 역방향 어느 것이나 관계 없다.
④ 이미터와 컬렉터를 단락시킨다.

해설 트랜지스터의 작용

작용방식	베이스- 이미터 간	컬렉터- 베이스 간
증폭작용 →	순방향 전압	역방향 전압
스위칭작용	순방향 전압	순방향 전압

※ **바이어스 전압** : 원하는 동작을 설정하기 위해 사용되는 전압

답 ①

39 실리콘 정류기의 특징으로 틀린 것은?
[14.03.문38]
① 역방향 전압이 크다.
② 허용온도가 높다.
③ 전류밀도가 크다.
④ 전압강하가 크다.

해설 실리콘 정류기의 특징
(1) 역내전압이 크다.
(2) 허용온도가 높다.
(3) 정류비가 크다.
(4) 전류밀도가 크다.
(5) 전압**강**하가 **작**다.

기억법 실강작

답 ④

40 전기식 조작기기의 특징으로 틀린 것은?
[13.03.문29]
① 속응성이 빠르다.
② 장거리 전송이 가능하다.
③ 부피, 무게에 대한 출력이 작다.
④ 적응성이 넓고, 특성의 변경이 쉽다.

해설 전기식 조작기기의 특성
(1) **적응성**이 대단히 **넓고** 특성의 변경이 쉽다.
(2) **장거리**의 **전송**이 가능하고 늦음이 적다.
(3) **출력**은 작고 안전성을 위해 **방폭형**이 필요하다.

① 해당없음

답 ①

제3과목 소방관계법규

41 위험물안전관리법령상 관계인이 예방규정을 정하여야 하는 위험물을 취급하는 제조소의 지정수량 기준으로 옳은 것은?
[15.03.문58]
[14.05.문57]
[11.06.문55]
① 지정수량의 10배 이상
② 지정수량의 100배 이상
③ 지정수량의 150배 이상
④ 지정수량의 200배 이상

해설 위험물령 15조
예방규정을 정하여야 할 제조소 등

배 수	제조소 등
10배 이상	•**제조소** •**일**반취급소
100배 이상	•옥**외**저장소
150배 이상	•옥**내**저장소
200배 이상	•옥외**탱**크저장소
모두 해당	•이송취급소 •암반탱크저장소

| 기억법 | 0 제일
0 외
5 내
2 탱 |

답 ①

42 소방시설공사업법령상 하자보수 대상 소방시설과 하자보수 보증기간 중 옳은 것은?
[19.03.문47]
[16.05.문60]
[16.03.문53]
[15.05.문52]
[14.05.문52]
[13.03.문55]
① 유도등 : 1년
② 자동화재탐지설비 : 2년
③ 물분무등소화설비 : 2년
④ 자동소화장치 : 3년

해설
① 1년 → 2년
② 2년 → 3년
③ 2년 → 3년

공사업령 6조
소방시설공사의 하자보수 보증기간

보증기간	소방시설
2년	① **유**도등·**피**난기구 ② **비**상**조**명등·비상**경**보설비·비상**방**송설비 ③ **무**선통신보조설비 기억법 유비조경방무피2
3년	① 자동소화장치 ② 옥내·외소화전설비 ③ 스프링클러설비 ④ 물분무등소화설비·소화용수설비 ⑤ 자동화재탐지설비·소화활동설비(무선통신보조설비 제외) ⑥ 화재알림설비

답 ④

43 소방시설 설치 및 관리에 관한 법령상 특정소방대상물에 설치되는 소방시설 중 소방본부장 또는 소방서장의 건축허가 등의 동의대상에서 제외되는 것이 아닌 것은? (단, 설치되는 소방시설이 화재안전기준에 적합한 경우 그 특정소방대상물이다.)

① 인공소생기 ② 유도표지
③ 누전경보기 ④ 비상조명등

해설 소방시설법 시행령 7조
건축허가 등의 동의대상 제외
(1) 소화기구
(2) 자동소화장치
(3) 누전경보기
(4) 단독경보형감지기
(5) 시각경보기
(6) 가스누설경보기
(7) 피난구조설비(비상조명등 제외)
(8) 건축물의 증축 또는 용도변경으로 인하여 해당 특정소방대상물에 추가로 소방시설이 설치되지 않는 경우 해당 특정소방대상물

용어
피난구조설비
(1) 유도등
(2) 유도표지
(3) 인명구조기구 ─ **방열**복
　　　　　　　　　├ 방화복(안전모, 보호장갑, 안전화 포함)
　　　　　　　　　├ **공**기호흡기
　　　　　　　　　└ **인**공소생기

기억법 방열화공인

답 ④

44 소방기본법령상 동원된 소방력의 운용과 관련하여 필요한 사항을 정하는 자는? (단, 동원된 소방력의 소방활동 수행과정에서 발생하는 경비 및 동원된 민간 소방인력이 소방활동을 수행하다가 사망하거나 부상을 입은 경우의 사항은 제외한다.)

① 대통령 ② 시·도지사
③ 소방청장 ④ 행정안전부장관

해설 **소방청장**
(1) 방염성능 **검**사(소방시설법 21조)
(2) 소방박물관의 설립·운영(기본법 5조)
(3) 소방**력**의 **동**원 및 운용(기본법 11조 2)
(4) 한국소방안전원의 정관 변경(기본법 43조)
(5) 한국소방안전원의 **감**독(기본법 48조)
(6) 소방대원의 소방교육·훈련이 정하는 것(기본규칙 9조)
(7) 소방박물관의 설립·운영(기본규칙 4조)
(8) 소방용품의 형식승인(소방시설법 37조)
(9) 우수품질제품 인증(소방시설법 43조)
(10) 화재안전조사에 필요한 사항(화재예방법 시행령 15조)
(11) 시공능력평가의 공시(공사업법 26조)
(12) 실무교육기관의 지정(공사업법 29조)
(13) 소방기술자의 실무교육 필요사항 제정(공사업규칙 26조)

기억법 력동 청장 방검(역동적인 청장님이 방금 오셨다.)

답 ③

45 소방시설 설치 및 관리에 관한 법률상 주택의 소유자가 설치하여야 하는 소방시설의 설치대상으로 틀린 것은?

① 다세대주택 ② 다가구주택
③ 아파트 ④ 연립주택

해설 소방시설법 10조
주택의 소유자가 설치하는 소방시설의 설치대상
(1) **단**독주택
(2) **공**동주택(아파트 및 기숙사 제외) : 연립주택, 다세대주택, 다가구주택

답 ③

46 화재의 예방 및 안전관리에 관한 법령상 정당한 사유 없이 화재의 예방소치에 관한 명령을 따르지 아니하거나 이를 방해한 자에 대한 벌칙기준으로 옳은 것은?

① 300만원 이하의 벌금
② 200만원 이하의 벌금
③ 100만원 이하의 벌금
④ 50만원 이하의 벌금

해설 화재예방법 50조
300만원 이하의 벌금
화재의 **예**방조치명령 위반

기억법 예3

답 ①

47 소방기본법령상 소방용수시설을 주거지역·상업지역 및 공업지역에 설치하는 경우 소방대상물과의 수평거리는 몇 m 이하가 되도록 하여야 하는가?

① 100 ② 140
③ 150 ④ 200

해설 기본규칙 〔별표 3〕
소방용수시설의 설치기준

거리기준	지 역
100m 이하	• 주거지역 • 공업지역 • 상업지역
140m 이하	• 기타지역

기억법 주공 100상(주공아파트에 백상어가 그려져 있다.)

비교
기본규칙 〔별표 3〕
소방용수시설별 설치기준

구 분	소화전	급수탑
구경	65mm	100mm
개폐밸브 높이	—	지상 1.5~1.7m 이하

답 ①

48 위험물안전관리법령상 정밀정기검사를 받아야 하는 특정옥외탱크저장소의 관계인은 특정옥외탱크저장소의 설치허가에 따른 완공검사합격확인증을 발급받은 날부터 몇 년 이내에 정밀정기검사를 받아야 하는가?

① 12 ② 11
③ 10 ④ 9

해설 위험물규칙 65조
특정옥외탱크저장소의 구조안전점검기간

점검기간	조 건
• 11년 이내	최근의 정밀정기검사를 받은 날부터
• 12년 이내	완공검사합격확인증을 발급받은 날부터
• 13년 이내	최근의 정밀정기검사를 받은 날부터(연장신청을 한 경우)

기억법 12완(연필은 12개가 완전 1타스)

비교
위험물규칙 68조 ②항
정기점검기록

특정옥외탱크저장소의 구조안전점검	기 타
25년	3년

답 ①

49 화재의 예방 및 안전관리에 관한 법령상 특정소방대상물의 관계인이 소방안전관리자를 30일 이내에 선임하여야 하는 기준일 중 틀린 것은?

① 신축으로 해당 특정소방대상물의 소방안전관리자를 신규로 선임하여야 하는 경우 : 해당 특정소방대상물의 완공일
② 특정소방대상물을 양수하여 관계인의 권리를 취득한 경우 : 해당 권리를 취득한 날
③ 증축으로 인하여 특정소방대상물의 소방안전관리대상물로 된 경우 : 증축공사의 개시일
④ 소방안전관리자를 해임한 경우 : 소방안전관리자를 해임한 날

해설 ③ 개시일 → 완공일

화재예방법 시행규칙 14조
소방안전관리자를 30일 이내에 선임하여야 하는 기준일

내 용	선임기준
신축·증축·개축·재축·대수선 또는 용도변경으로 해당 특정소방대상물의 소방안전관리자를 신규로 선임하여야 하는 경우	해당 특정소방대상물의 완공일
특정소방대상물을 양수하여 관계인의 권리를 취득한 경우	해당 권리를 취득한 날
증축 또는 용도변경으로 인하여 특정소방대상물이 소방안전관리대상물로 된 경우	증축공사의 완공일 또는 용도변경 사실을 건축물관리대장에 기재한 날
소방안전관리자를 해임한 경우	소방안전관리자를 해임한 날

답 ③

50 화재의 예방 및 안전관리에 관한 법령상 특수가연물의 저장 및 취급의 기준 중 옳은 것은? (단, 석탄·목탄류를 발전용으로 저장하는 경우는 제외한다.)

쌓는 높이는 (㉠)m 이하가 되도록 하고, 쌓는 부분의 바닥면적은 (㉡)m² 이하가 되도록 할 것

① ㉠ 15, ㉡ 200 ② ㉠ 15, ㉡ 300
③ ㉠ 10, ㉡ 30   ④ ㉠ 10, ㉡ 50

해설 화재예방법 시행령 〔별표 3〕
특수가연물의 저장 및 취급의 기준
(1) 특수가연물을 저장 또는 취급하는 장소에는 품명, 최대저장수량, 단위부피당 질량 또는 단위체적당 질량, 관리책임자 성명·직책·연락처 및 화기취급의 금지표지가 포함된 특수가연물 표지를 설치할 것
(2) 쌓아 저장하는 기준(단, 석탄·목탄류를 발전용으로 저장하는 것 제외)
  ㉠ 품명별로 구분하여 쌓을 것
  ㉡ 쌓는 높이는 **10m** 이하가 되도록 하고, 쌓는 부분의 바닥면적은 **50m²**(석탄·목탄류는 **200m²**) 이하가 되도록 할 것(단, 살수설비를 설치하거나, 방사능력 범위에 해당 특수가연물이 포함되도록 대형 수동식 소화기

를 설치하는 경우에는 쌓는 높이를 15m 이하, 쌓는 부분의 바닥면적을 200m² (석탄·목탄류는 300m²) 이하로 할 수 있다)

ⓒ 쌓는 부분 바닥면적의 사이는 실내의 경우 1.2m 또는 쌓는 높이의 $\frac{1}{2}$ 중 **큰 값** 이상으로 간격을 두어야 하며, **실외**의 경우 **3m** 또는 쌓는 높이 중 큰 값 이상으로 간격을 둘 것

답 ④

51 ★★★ (14.09.문59)
특정소방대상물의 소방시설 설치의 면제기준 중 다음 (   ) 안에 알맞은 것은?

> 물분무등소화설비를 설치하여야 하는 차고·주차장에 (   )를 화재안전기준에 적합하게 설치한 경우에는 그 설비의 유효범위에서 설치가 면제된다.

① 옥내소화전설비
② 스프링클러설비
③ 간이스프링클러설비
④ 할로겐화합물 및 불활성기체 소화설비

해설 소방시설법 시행령 〔별표 5〕
소방시설 면제기준

면제대상	대체설비
스프링클러설비	●물분무등소화설비
물분무등소화설비 →	●스프링클러설비 〔기억법〕 스물(스물스물 하다.)
간이스프링클러설비	●스프링클러설비 ●물분무소화설비 · 미분무소화설비
비상경보설비 또는 단독 경보형감지기	●자동화재탐지설비
비상경보설비	●2개 이상 단독경보형 감지기 연동
비상방송설비	●자동화재탐지설비 ●비상경보설비
연결살수설비	●스프링클러설비 ●간이스프링클러설비 · 미분무소화설비 ●물분무소화설비 · 미분무소화설비
제연설비	●공기조화설비
연소방지설비	●스프링클러설비 ●물분무소화설비 · 미분무소화설비
연결송수관설비	●옥내소화전설비 ●스프링클러설비 ●간이스프링클러설비 ●연결살수설비
자동화재탐지설비	●자동화재탐지설비의 기능을 가진 스프링클러설비 ●물분무등소화설비 〔기억법〕 탐탐스물
옥내소화전설비	●옥외소화전설비 ●미분무소화설비(호스릴방식)

답 ②

52 ★★★ (14.03.문56 / 11.06.문57)
점포에서 위험물을 용기에 담아 판매하기 위하여 지정수량 40배 이하의 위험물을 취급하는 장소의 취급소 구분으로 옳은 것은? (단, 위험물을 제조 외의 목적으로 취급하기 위한 장소이다.)

① 이송취급소   ② 일반취급소
③ 주유취급소   ④ 판매취급소

해설 위험물령 〔별표 3〕
위험물 취급소의 구분

구 분	설 명
주유취급소	고정된 주유설비에 의하여 **자동차·항공기** 또는 **선박** 등의 연료탱크에 직접 주유하기 위하여 위험물을 취급하는 장소
판매취급소	**점포**에서 위험물을 용기에 담아 판매하기 위하여 지정수량의 **40배** 이하의 위험물을 취급하는 장소 〔기억법〕 점포4판(**점포**에서 **사**고 **판**다.)
이송취급소	배관 및 이에 부속된 설비에 의하여 위험물을 **이송**하는 장소
일반취급소	주유취급소·판매취급소·이송취급소 이외의 장소

중요

위험물규칙 〔별표 14〕

제1종 판매취급소	제2종 판매취급소
저장·취급하는 위험물의 수량이 지정수량의 **20배** 이하인 판매취급소	저장·취급하는 위험물의 수량이 지정수량의 **40배** 이하인 판매취급소

답 ④

53 ★★★
소방용품의 형식승인을 받지 아니하고 소방용품을 제조하거나 수입한 자에 대한 벌칙 기준으로 옳은 것은?

① 3년 이하의 징역 또는 3천만원 이하의 벌금
② 1년 이하의 징역 또는 1천만원 이하의 벌금
③ 300만원 이하의 벌금
④ 100만원 이하의 벌금

해설 **3년** 이하의 **징역** 또는 **3000만원** 이하의 **벌금**
(1) 화재안전조사 결과에 따른 조치명령(화재예방법 50조)
(2) **소방시설관리업** 무등록자(소방시설법 57조)
(3) **형식승인**을 얻지 않은 소방용품 제조·수입자(소방시설법 57조)
(4) **제품검사**를 받지 않은 사람(소방시설법 57조)
(5) 거짓이나 그 밖의 **부정한 방법**으로 제품검사 전문기관의 지정을 받은 사람(소방시설법 57조)

〔기억법〕 33형관(**삼삼**하게 **형**처럼 **관**리하기!)

답 ①

54. 소방시설 설치 및 관리에 관한 법령상 임시소방시설을 설치하여야 하는 공사의 종류와 규모 기준 중 틀린 것은?

① 간이소화장치 : 연면적 3000m² 이상 공사의 화재위험작업현장에 설치
② 비상경보장치 : 연면적 400m² 이상 공사의 화재위험작업현장에 설치
③ 간이피난유도선 : 바닥면적이 100m² 이상인 지하층 또는 무창층의 화재위험작업현장에 설치
④ 간이소화장치 : 지하층, 무창층 또는 4층 이상의 층 공사의 화재위험작업현장에 설치. 이 경우 해당 층의 바닥면적이 600m² 이상인 경우만 해당

해설
③ 100m² → 150m²

소방시설법 시행령 〔별표 8〕
임시소방시설을 설치하여야 하는 공사의 종류와 규모

공사 종류	규모
간이소화장치	• 연면적 3000m² 이상 • 지하층, 무창층 또는 4층 이상의 층. 바닥면적이 600m² 이상인 경우만 해당
비상경보장치	• 연면적 400m² 이상 • 지하층 또는 무창층. 바닥면적이 150m² 이상인 경우만 해당
간이피난유도선	바닥면적이 150m² 이상인 지하층 또는 무창층의 화재위험작업현장에 설치
소화기	건축허가 등을 할 때 소방본부장 또는 소방서장의 동의를 받아야 하는 특정소방대상물의 신축·증축·개축·재축·이전·용도변경 또는 대수선 등을 위한 공사 중 화재위험작업현장에 설치
가스누설경보기 비상조명등	바닥면적이 150m² 이상인 지하층 또는 무창층의 화재위험작업현장에 설치
방화포	용접·용단 작업이 진행되는 화재위험작업현장에 설치

답 ③

55. 옮긴 물건 등의 보관기간은 해당 소방관서의 인터넷 홈페이지에 공고하는 기간의 종료일 다음 날부터 며칠로 하여야 하는가?

① 7   ② 10
③ 12 ④ 14

해설 7일
(1) 옮긴 물건 등의 **보관기간**(화재예방법 시행령 17조) 〔보기 ①〕
(2) 건축허가 등의 취소통보(소방시설법 시행규칙 3조)
(3) 소방공사 감리원의 배치통보일(공사규칙 17조)
(4) 소방공사 감리결과 통보·보고일(공사규칙 19조)

기억법 보7(보칙)

용어
화재안전조사
소방대상물, 관계지역 또는 관계인에 대하여 소방시설 등이 소방관계법령에 적합하게 설치·관리되고 있는지, 소방대상물에 화재의 발생위험이 있는지 등을 확인하기 위하여 실시하는 현장조사·문서열람·보고요구 등을 하는 활동

답 ①

56. 위험물안전관리법령상 다수의 제조소 등을 설치한 자가 1인의 안전관리자를 중복하여 선임할 수 있는 경우 중 다음 ( ) 안에 알맞은 것은?

동일구 내에 있거나 상호 ( )m 이내의 거리에 있는 저장소로서 저장소의 규모, 저장하는 위험물의 종류 등을 고려하여 행정안전부령이 정하는 저장소를 동일인이 설치한 경우

① 50   ② 100
③ 150   ④ 200

해설 위험물령 12조
1인의 안전관리자를 중복하여 선임할 수 있는 경우
(1) 다음의 기준에 모두 적합한 5개 이하의 제조소 등을 동일인이 설치한 경우
  ㉠ 각 제조소 등이 동일구 내에 위치하거나 상호 **100m** 이내의 거리에 있을 것
  ㉡ 각 제조소 등에서 저장 또는 취급하는 위험물의 최대수량이 지정수량의 **3천배** 미만일 것(단, 저장소는 제외)
(2) 위험물을 차량에 고정된 탱크 또는 운반용기에 옮겨 담기 위한 5개 이하의 일반취급소(일반취급소 간의 거리가 300m 이내인 경우)와 그 일반취급소에 공급하기 위한 위험물을 저장하는 저장소를 동일인이 설치한 경우
(3) 동일구 내에 있거나 상호 100m 이내의 거리에 있는 저장소로서 저장소의 규모, 저장하는 위험물의 종류 등을 고려하여 행정안전부령이 정하는 저장소를 동일인이 설치한 경우
(4) 보일러·버너 또는 이와 비슷한 것으로서 위험물을 소비하는 장치로 이루어진 7개 이하의 일반취급소와 그 일반취급소에 공급하기 위한 위험물을 저장하는 저장소를 동일인이 설치한 경우

답 ②

57. 소방기본법령상 소방업무 상호응원협정 체결시 포함되도록 하여야 하는 사항이 아닌 것은?

① 응원출동의 요청방법
② 응원출동훈련 및 평가
③ 응원출동대상지역 및 규모
④ 응원출동시 현장지휘에 관한 사항

해설 ④ 현장지휘는 응원출동을 요청한 쪽에서 하는 것으로 이미 정해져 있으므로 상호응원협정 체결시 고려할 사항이 아님

기본규칙 8조
소방업무의 상호응원협정
(1) 다음의 **소방활동**에 관한 사항
  ㉠ 화재의 **경**계·**진**압활동
  ㉡ 구조·구급업무의 지원
  ㉢ 화재조사활동
(2) **응**원출동 대상지역 및 **규**모
(3) **소**요경비의 부담에 관한 사항
  ㉠ **출**동대원의 수당·식사 및 의복의 수선
  ㉡ 소방장비 및 기구의 정비와 연료의 보급
(4) **응**원출동의 요청방법
(5) **응**원출동훈련 및 평가

기억법 경응출

답 ④

58 소방시설공사업법령상 완공검사를 위한 현장확인 대상 특정소방대상물의 범위 기준 중 틀린 것은?

① 문화 및 집회시설
② 물분무등소화설비(호스릴소화설비는 제외)가 설치되는 것
③ 가연성 가스를 제조·저장 또는 취급하는 시설 중 지상에 노출된 가연성 가스탱크의 저장용량 합계가 1000톤 이상인 시설
④ 연면적 10000m² 이상이거나 11층 이상인 특정소방대상물 아파트

해설 ④ 아파트 → 아파트 제외

공사업령 5조
완공검사를 위한 현장확인 대상 특정소방대상물의 범위
(1) **수**련시설
(2) **노**유자시설
(3) **문**화 및 집회시설, **운**동시설
(4) **종**교시설
(5) **판**매시설
(6) **숙**박시설
(7) **창**고시설
(8) 지하**상**가
(9) 다중이용업소
(10) 다음에 해당하는 설비가 설치되는 특정소방대상물
  ㉠ 스프링클러설비 등
  ㉡ 물분무등소화설비(호스릴방식 제외)
(11) 연면적 10000m² 이상이거나 11층 이상인 특정소방대상물(아파트 제외)
(12) 가연성 가스를 제조·저장 또는 취급하는 시설 중 지상에 노출된 가연성 가스탱크의 저장용량 합계가 1000t 이상인 시설

기억법 문종판 노수운 숙창상현

답 ④

59 소방용수시설 및 지리조사에 대한 기준으로 다음 ( ) 안에 알맞은 것은?

19.04.문50
16.03.문57
09.08.문51

소방본부장 또는 소방서장은 소방용수시설 및 지리조사를 월 (㉠)회 이상 실시해야 하며, 그 조사결과를 (㉡)년간 보관해야 한다.

① ㉠ 1, ㉡ 1 ② ㉠ 1, ㉡ 2
③ ㉠ 2, ㉡ 1 ④ ㉠ 2, ㉡ 2

해설 기본규칙 7조
소방용수시설 및 지리조사
(1) 조사자 : 소방본부장·소방서장
(2) 조사일시 : 월 1회 이상
(3) 조사내용
  ㉠ 소방용수시설
  ㉡ 도로의 폭·교통상황
  ㉢ 도로 주변의 토지 고저
  ㉣ 건축물의 개황
(4) 조사결과 : 2년간 보관

답 ②

60 화재안전조사의 세부 항목에 대한 사항으로 옳지 않은 것은?

14.09.문55

① 소방대상물 및 관계지역에 대한 강제처분·피난명령에 관한 사항
② 소방안전관리 업무수행에 관한 사항
③ 소방시설 등의 자체점검에 관한 사항
④ 소방자동차 전용구역 등에 관한 사항

해설 화재예방법 시행령 7조
화재예방조사의 항목
(1) 화재의 예방조치 등에 관한 사항
(2) 소방안전관리 업무수행에 관한 사항 ← 보기 ②
(3) 피난계획의 수립 및 시행에 관한 사항
(4) 소방 훈련 및 교육에 관한 사항
(5) 소방자동차 전용구역 등에 관한 사항 ← 보기 ④
(6) 소방기술자 및 감리원 배치 등에 관한 사항
(7) 소방시설의 설치 및 관리 등에 관한 사항
(8) 건설현장의 임시소방시설의 설치 및 관리에 관한 사항
(9) 피난시설, 방화구획 및 방화시설의 관리에 관한 사항
(10) 방염에 관한 사항
(11) 소방시설 등의 자체점검에 관한 사항 ← 보기 ③
(12) 다중이용업소의 안전관리에 관한 사항
(13) 위험물 안전관리에 관한 사항
(14) 초고층 및 지하연계 복합건축물의 안전관리에 관한 사항
(15) 그 밖에 소방대상물에 화재의 발생위험이 있는지 등을 확인하기 위해 소방관서장이 화재안전조사가 필요하다고 인정하는 사항

답 ①

제 4 과목 소방전기시설의 구조 및 원리

61 예비전원을 내장하지 아니하는 비상조명등의 비상전원 종류가 아닌 것은?

19.09.문79
16.10.문78
15.03.문71
11.10.문72
11.03.문70

① 축전지설비
② 자가발전설비
③ 비상전원수전설비
④ 전기저장장치

해설 **비상조명등**의 **비상전원**(예비전원 미내장)(NFPC 304 4조, NFTC 304 2.1.1.4)
(1) 설치장소는 다른 장소와 **방화구획**할 것
(2) 실내에 설치한 때에는 그 실내에 비상조명등 설치
(3) 상용전원의 전력공급이 중단된 때에는 자동으로 비상전원을 공급받을 수 있도록 한다.
(4) 점검에 편리하고 재해로 인한 피해를 받을 우려가 없는 곳에 설치
(5) 비상전원은 **자가발전설비, 축전지설비** 또는 **전기저장장치**를 설치할 것

용어

전기저장장치
외부 전기에너지를 저장해 두었다가 필요한 때 전기를 공급하는 장치

중요

각 설비의 비상전원 종류

설비	비상전원
• 자동화재탐지설비	• 축전지
• 비상경보설비	• 축전지
• 비상방송설비	• 축전지
• 유도등	• 축전지
• 무선통신보조설비	• 축전지
• 비상콘센트설비	• 자가발전설비 • 비상전원수전설비 • 축전지설비 • 전기저장장치
• 스프링클러설비	• 자가발전설비 • 축전지설비 • 전기저장장치 • 비상전원수전설비(차고·주차장으로서 스프링클러설비가 설치된 부분의 바닥면적 합계가 1000m² 미만인 경우)
• 간이스프링클러설비	• 비상전원수전설비
• 옥내소화전설비 • 제연설비 • 연결송수관설비 • 분말소화설비 • 포소화설비 • 이산화탄소소화설비 • 물분무소화설비 • 할론소화설비 • 할로겐화합물 및 불활성기체 소화설비 • 화재조기진압용 스프링클러설비 • 비상조명등	• 자가발전설비 • 축전지설비 • 전기저장장치

답 ③

★★★
62 비상방송설비의 축전지설비 설치기준 중 다음 ( ) 안에 알맞은 것은?

19.09.문80
15.05.문76
15.03.문80
14.09.문68
13.06.문78

비상방송설비에는 그 설비에 대한 감시상태를 (㉠)분간 지속한 후 유효하게 (㉡)분 이상 경보할 수 있는 축전지설비(수신기에 내장하는 경우를 포함)를 설치하여야 한다.

① ㉠ 20, ㉡ 60
② ㉠ 60, ㉡ 20
③ ㉠ 10, ㉡ 60
④ ㉠ 60, ㉡ 10

해설 **자동화재탐지설비·비상방송설비·비상경보설비**(비상벨설비·자동식 사이렌설비)

감시시간	경보시간
60분	10분(30층 이상은 30분) 이상

④ 감시상태를 60분간 지속한 후 10분 이상 경보할 수 있는 **축전지설비** 설치

답 ④

★★
63 자동화재속보설비 전원전압변동시의 기능 기준 중 다음 ( ) 안에 알맞은 것은?

속보기는 전원에 정격전압의 (㉠)% 및 (㉡)%의 전압을 인가하는 경우 정상적인 기능을 발휘하여야 한다.

① ㉠ 80, ㉡ 120
② ㉠ 85, ㉡ 115
③ ㉠ 90, ㉡ 110
④ ㉠ 95, ㉡ 105

해설 **속보기**의 **전압변동 기준**(자동화재속보설비의 속보기의 성능인증 및 제품검사의 기술기준 7조)
80% 및 120% 전압을 인가하는 경우 정상일 것

답 ①

★★
64 비상콘센트설비 전원회로 배선인 내화배선의 공사방법 중 다음 ( ) 안에 알맞은 것은?

14.09.문79
08.03.문68
06.05.문78

금속관·2종 금속제 가요전선관 또는 (㉠)에 수납하여 내화구조로 된 벽 또는 바닥 등에 벽 또는 바닥의 표면으로부터 (㉡)mm 이상의 깊이로 매설하여야 한다.

① ㉠ 합성수지관, ㉡ 15
② ㉠ 합성수지관, ㉡ 25
③ ㉠ 금속덕트, ㉡ 15
④ ㉠ 금속덕트, ㉡ 25

해설 **공사방법**

내화배선	내열배선
• 금속관공사 • 2종 금속제 가요전선관공사 • **합성수지관공사** 내화구조로 된 벽 또는 바닥 등에 벽 또는 바닥의 표면으로부터 **25mm** 이상의 깊이로 매설할 것	• 금속관공사 • 금속제 가요전선관공사 • 금속덕트공사 • 케이블공사

답 ②

65 비상경보설비의 축전지의 구조 중 틀린 것은?

① 접지전극에 직류전류를 통하는 회로방식을 사용하여야 한다.
② 예비전원을 병렬로 접속하는 경우에는 역충전방지 등의 조치를 하여야 한다.
③ 예비전원은 축전지설비용 예비전원과 외부부하 공급용 예비전원을 별도로 설치하여야 한다.
④ 외부에서 쉽게 사람이 접촉할 우려가 있는 충전부는 충분히 보호되어야 하며 정격전압이 60V를 넘고 금속제 외함을 사용하는 경우에는 외함에 접지단자를 설치하여야 한다.

해설 **비상경보설비**의 **축전지 구조**(비상경보설비의 축전지의 성능인증 및 제품검사의 기술기준 3조)
(1) 접지전극에 **직류전류**를 통하는 회로방식 사용 금지
(2) 예비전원을 **병렬**로 접속하는 경우에는 **역충전방지** 등의 조치를 할 것
(3) 예비전원은 축전지설비용 예비전원과 **외부부하 공급용 예비전원** 별도 설치
(4) 외부에서 쉽게 사람이 접촉할 우려가 있는 충전부는 충분히 보호되어야 하며 정격전압이 **60V**를 넘고 금속제 외함을 사용하는 경우에는 외함에 **접지단자** 설치

① 사용하여야 한다. → 사용하여서는 아니된다.

답 ①

66 승강식피난기 및 하향식 피난구용 내림식 사다리의 설치기준 중 틀린 것은?

① 대피실의 출입문은 60분+방화문 또는 60분 방화문으로 설치하고 피난방향에서 식별할 수 있는 위치에 "대피실" 표지판을 부착할 것. 단, 외기와 개방된 장소에는 그러하지 아니한다.
② 설치경로가 설치층에서 피난층까지 연계될 수 있는 구조로 설치할 것. 단, 건축물 규모가 지상 5층 이하로서 구조 및 설치여건상 불가피한 경우는 그러하지 아니한다.
③ 대피실의 면적은 2세대 이상일 경우 3m² 이상으로 하고, 건축법 시행령 규정에 적합하여야 하며 하강구(개구부) 규격은 직경 60cm 이상일 것. 단, 외기와 개방된 장소에는 그러하지 아니한다.
④ 하강구 내측에는 기구의 연결 금속구 등이 있어야 하며 전개된 피난기구는 하강구 수평투영면적 공간 내의 범위를 침범하지 않는 구조이어야 할 것. 단, 직경 60cm 크기의 범위를 벗어난 경우이거나, 직하층의 바닥면으로부터 높이 50cm 이하의 범위는 제외한다.

해설 **승강식피난기 및 하향식 피난구용 내림식 사다리**의 설치기준 (NFPC 301 5조, NFTC 301 2.1.3.9)
(1) 대피실의 출입문은 60분+방화문 또는 60분 방화문으로 설치하고, 피난방향에서 식별할 수 있는 위치에 "**대피실**" 표지판을 부착할 것(단, 외기와 개방된 장소는 제외)
(2) 설치경로가 설치층에서 **피난층**까지 연계될 수 있는 구조로 설치할 것(단, 건축물 규모가 **지상 5층** 이하로서 구조 및 설치여건상 불가피한 경우는 제외)
(3) 대피실의 면적은 2m²(2세대 이상일 경우에는 3m²) 이상으로 하고, 건축법 시행령 제46조 제4항의 규정에 적합하여야 하며 하강구(개구부) 규격은 직경 **60cm** 이상일 것(단, 외기와 개방된 장소는 제외)
(4) 하강구 내측에는 기구의 **연결 금속구** 등이 **없어야** 하며 전개된 피난기구는 하강구 수평투영면적 공간 내의 범위를 침범하지 않는 구조이어야 할 것(단, 직경 **60cm** 크기의 범위를 벗어난 경우이거나, 직하층의 바닥면으로부터 높이 **50cm** 이하의 범위는 제외)

④ 있어야 하며 → 없어야 하며

답 ④

67 자동화재탐지설비 배선의 설치기준 중 다음 ( ) 안에 알맞은 것은?

16.03.문62
11.10.문80

자동화재탐지설비의 감지기회로의 전로저항은 (㉠)Ω 이하가 되도록 하여야 하며, 수신기의 각 회로별 종단에 설치되는 감지기에 접속되는 배선의 전압은 감지기 정격전압의 (㉡)% 이상이어야 할 것

① ㉠ 5, ㉡ 60   ② ㉠ 5, ㉡ 80
③ ㉠ 50, ㉡ 60   ④ ㉠ 50, ㉡ 80

해설 **자동화재탐지설비**의 **배선**(NFPC 203 11조, NFTC 203 2.8)
(1) P형 수신기 및 GP형 수신기의 감지기회로의 배선에 있어서 하나의 공통선에 접속할 수 있는 경계구역은 **7개** 이하로 할 것
(2) 자동화재탐지설비의 감지기회로의 전로저항은 **50Ω** 이하가 되도록 하여야 하며, 수신기의 각 회로별 종단에 설치되는 감지기에 접속되는 배선의 전압은 감지기 정격전압의 **80%** 이상이어야 할 것

중요

자동화재탐지설비	
전로저항	감지기 접속 배선전압
50Ω 이하	정격전압의 80% 이상

기억법 5전(오전)

> **비교**
> **속보기의 전압변동기준**(속보기 성능 7조)
> 80% 및 120% 전압을 인가하는 경우 정상일 것

답 ④

68
비상벨설비 또는 자동식사이렌설비의 배선설치기준 중 부속회로의 전로와 대지 사이 및 배선 상호간의 절연저항은 1경계구역마다 직류 250V의 절연저항측정기를 사용하여 측정한 절연저항이 몇 MΩ 이상이 되도록 하여야 하는가?

① 0.1 ② 0.5
③ 1   ④ 2

해설 절연저항시험

절연저항계	절연저항	대상
직류 250V	0.1MΩ 이상	• 1경계구역의 절연저항 기억법 경2501
직류 500V	5MΩ 이상	• 누전경보기 • 가스누설경보기 • 수신기(10회로 미만, 절연된 충전부와 외함 간) • 자동화재속보설비 • 비상경보설비 • 유도등(교류입력측과 외함 간 포함) • 비상조명등(교류입력측과 외함 간 포함)
	20MΩ 이상	• 경종 • 발신기 • 중계기 • 비상콘센트 • 기기의 절연된 선로 간 • 기기의 충전부와 비충전부 간 • 기기의 교류입력측과 외함 간(유도등・비상조명등 제외)
	50MΩ 이상	• 감지기(정온식 감지선형 감지기 제외) • 가스누설경보기(10회로 이상) • 수신기(10회로 이상, 교류입력측과 외함 간 제외)
	1000MΩ 이상	• 정온식 감지선형 감지기

답 ①

69
복도통로유도등의 식별도 기준 중 다음 ( ) 안에 알맞은 것은?

> 복도통로유도등에 있어서 상용전원으로 등을 켜는 경우에는 직선거리 (㉠)m의 위치에서, 비상전원으로 등을 켜는 경우에는 직선거리 (㉡)m의 위치에서 보통시력에 의하여 표시면의 화살표가 쉽게 식별되어야 한다.

① ㉠ 30, ㉡ 15   ② ㉠ 30, ㉡ 10
③ ㉠ 20, ㉡ 15   ④ ㉠ 20, ㉡ 10

해설 식별도 시험(유도등의 형식승인 및 제품검사의 기술기준 16조)

유도등의 종류	시험방법
• 피난구유도등 • 거실통로유도등	• 상용전원 : 10~30 lx의 주위조도로 30m에서 식별 • 비상전원 : 0~1 lx의 주위조도로 20m에서 식별
• 복도통로유도등	• 상용전원 : 직선거리 20m에서 식별 • 비상전원 : 직선거리 15m에서 식별
• 유도표지	0 lx에서 60분간 발광 후 직선거리 20m에서 식별

답 ③

70
비상콘센트의 설치기준 중 다음 ( ) 안에 알맞은 것은?

> 바닥으로부터 높이 (㉠)m 이상 (㉡)m 이하의 위치에 설치할 것

① ㉠ 0.5, ㉡ 1.0   ② ㉠ 0.8, ㉡ 1.5
③ ㉠ 1.5, ㉡ 2.0   ④ ㉠ 2.0, ㉡ 2.5

해설 설치높이(NFPC 504 4조, NFTC 504 2.1.5)

기타 기기 (비상콘센트설비 등)	시각경보장치
0.8~1.5m 이하	2~2.5m 이하 (천장높이가 2m 이하는 천장으로부터 0.15m 이내)

• **설치기준**을 질문하였으므로 정확히 0.8~1.5m 이하이어야 한다.

답 ②

71
설치장소별 감지기 적응성 기준 중 부식성 가스가 발생할 우려가 있는 장소인 축전지실에 적응성이 없는 감지기는? (단, 연기감지기를 설치할 수 없는 경우이다.)

① 불꽃감지기
② 정온식 특종(내산형) 감지기
③ 차동식 스포트형 1종 감지기
④ 보상식 스포트형 1종(내산형) 감지기

해설 설치장소별 감지기의 적응성[NFTC 203 2.4.6(1)]

설치장소		적응열감지기							
환경 상태	적응 장소	차동식 스포트형		차동식 분포형		보상식 스포트형		정온식		열아 날로 그식	불꽃 감지기
		1종	2종	1종	2종	1종	2종	특종	1종		
부식성 가스가 발생할 우려가 있는 장소	• 도금공장 • **축전지실** • 오수처리장 등	×	×	○	○	○	○	○	×	○	○

※ 보상식, 정온식, 열아날로그식을 **내산형** 또는 **내알칼리형**으로 설치

답 ③

72 무선통신보조설비 중 서로 다른 주파수의 합성된 신호를 분리하기 위해서 사용하는 장치는?

① 혼합기   ② 분파기
③ 증폭기   ④ 분배기

해설 무선통신보조설비의 구성부품

용어	설명
누설동축 케이블	동축케이블의 외부도체에 가느다란 홈을 만들어서 **전파**가 외부로 **새어나갈 수 있도록** 한 케이블
분배기	신호의 전송로가 분기되는 장소에 설치하는 것으로 **임피던스 매칭**(matching)과 **신호균등분배**를 위해 사용하는 장치
분파기	서로 다른 **주파**수의 합성된 **신호**를 **분리**하기 위해서 사용하는 장치
혼합기	두 개 이상의 **입력신호**를 원하는 비율로 **조합**한 **출력**이 발생하도록 하는 장치
증폭기	신호전송시 신호가 약해져 수신이 불가능해지는 것을 방지하기 위해서 **증폭**하는 장치
무선중계기	안테나를 통하여 수신된 무전기 신호를 증폭한 후 음영지역에 재방사하여 무전기 상호간 송수신이 가능하도록 하는 장치
옥외안테나	감시제어반 등에 설치된 무선중계기의 입력과 출력포트에 연결되어 송수신 신호를 원활하게 방사·수신하기 위해 옥외에 설치하는 장치

기억법 무분배파혼, 파파, 분배분배

답 ②

73 자동화재탐지설비의 경계구역 설정기준 중 특정소방대상물의 주된 출입구에서 그 내부 전체가 보이는 것에 있어서 한변의 길이는 몇 m 이하로 하여야 하는가? (단, 감지기의 형식승인시 감지거리, 감지면적 등에 대한 성능을 별도로 인정받은 경우는 제외한다.)

① 50   ② 60
③ 600 ④ 1000

해설 **경계구역**(NFPC 203 3·4조, NFTC 203 1.7, 2.1)
(1) 정의 : 소방대상물 중 **화재신호**를 **발신**하고 그 **신호**를 **수신** 및 유효하게 **제어**할 수 있는 구역
(2) 경계구역의 설정기준
 ㉠ 1경계구역이 2개 이상의 **건축물**에 미치지 않을 것
 ㉡ 1경계구역이 2개 이상의 **층**에 미치지 않을 것(500m² 이하는 2개 층을 1경계구역으로 할 수 있음)
 ㉢ 1경계구역의 면적은 **600m²** 이하로 하고, 1변의 길이는 **50m** 이하로 할 것(내부 전체가 보이면 50m 범위 내에서 1000m² 이하)
(3) 1경계구역의 높이 : 45m 이하

기억법 경600

답 ①

74 발신기는 정격전압에서 정격전류를 흘려 몇 회의 작동 반복시험을 하는 경우 그 구조기능에 이상이 생기지 아니하여야 하는가?

① 1000   ② 1500
③ 3000   ④ 5000

해설 반복시험 횟수

횟수	기기
<u>1</u>000회	<u>속</u>보기
<u>2</u>000회	<u>중</u>계기
2500회	유도등
<u>5</u>000회	<u>전</u>원스위치·<u>발</u>신기
6000회	감지기
10000회	비상조명등, 스위치접점, 기타의 설비 및 기기(누전경보기)

기억법 속1
중2(중이염)
5발전(5개 발에 전을 부치자.)

답 ④

75 피난구유도등을 설치하지 아니하는 경우의 기준으로 틀린 것은?

① 대각선 길이가 15m 이내인 구획된 실의 출입구
② 거실 각 부분으로부터 하나의 출입구에 이르는 보행거리가 20m 이하이고 비상조명등과 유도표지가 설치된 거실의 출입구
③ 바닥면적이 1000m² 미만인 층으로서 옥내로부터 직접 지상으로 통하는 출입구(외부의 식별이 용이한 경우)
④ 노유자시설·의료시설·장례시설의 경우 출입구가 3 이상 있는 거실로서 그 거실 각 부분으로부터 하나의 출입구에 이르는 보행거리가 30m 이하인 경우에는 주된 출입구 2개소 외의 출입구(유도표지가 부착된 출입구)

해설 **피난구유도등의 설치제외 장소**(NFTC 303 2.8.1)
(1) 대각선 길이가 15m 이내인 구획된 실의 출입구
(2) 비상조명등·유도표지가 설치된 거실 출입구(거실 각 부분에서 출입구까지의 **보행거리 20m** 이하)
(3) 옥내에서 직접 지상으로 통하는 출입구(바닥면적 1000m² 미만 층)
(4) 출입구가 **3 이상**인 거실(거실 각 부분에서 출입구까지의 **보행거리 30m** 이하는 주된 출입구 **2개소 외**의 출입구) (단, 노유자시설·의료시설·장례시설 제외)

④ 노유자시설·의료시설·장례시설은 제외

비교

피난구유도등의 설치장소

(1) **옥**내로부터 **직**접 지상으로 통하는 출입구 및 그 부속실의 출입구

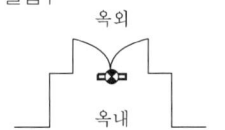

| 옥내로부터 직접 지상으로 통하는 출입구 및 그 부속실의 출입구 |

(2) **직**통계단·직통계단의 계단실 및 그 부속실의 출입구

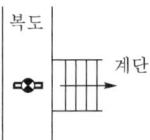

| 직통계단·직통계단의 계단실 및 그 부속실의 출입구 |

(3) 출입구에 이르는 **복**도 또는 **통**로로 통하는 출입구

| 출입구에 이르는 복도 또는 통로로 통하는 출입구 |

(4) **안**전구획된 거실로 통하는 출입구

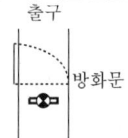

| 안전구획된 거실로 통하는 출입구 |

기억법 직옥피 복통안

답 ④

76 ★★★
[15.03.문63] [12.03.문61]

감도조정장치를 갖는 누전경보기에 있어서 감도조정장치의 조정범위는 최대치가 몇 A이어야 하는가?

① 1   ② 2
③ 15   ④ 20

해설 누전경보기(누전경보기의 형식승인 및 제품검사의 기술기준 7·8조)

공칭작동전류값	감도조정장치의 조정범위
200mA 이하	1A(1000mA) 이하

참고

검출누설전류 설정치 범위

경계전로	제2종 접지선
100~400mA	400~700mA

답 ①

77 ★★★
[05.03.문72]

근린생활시설 중 입원실이 있는 의원의 지상 3층에 적응성을 갖지 않는 피난기구는?

① 피난교   ② 구조대
③ 완강기   ④ 다수인 피난장비

해설 피난기구의 적응성(NFTC 301 2.1.1)

층별 설치 장소별 구분	1층	2층	3층	4층 이상 10층 이하
노유자시설	• 미끄럼대 • 구조대 • 피난교 • 다수인 피난 장비 • 승강식 피난기	• 미끄럼대 • 구조대 • 피난교 • 다수인 피난 장비 • 승강식 피난기	• 미끄럼대 • 구조대 • 피난교 • 다수인 피난 장비 • 승강식 피난기	• 구조대[1] • 피난교 • 다수인 피난 장비 • 승강식 피난기
의료시설· 입원실이 있는 의원·접골 원·조산원	–	–	• 미끄럼대 • 구조대 • 피난교 • 피난용 트랩 • 다수인 피난 장비 • 승강식 피난기	• 구조대 • 피난교 • 피난용 트랩 • 다수인 피난 장비 • 승강식 피난기
영업장의 위치가 4층 이하인 다중 이용업소	–	• 미끄럼대 • 피난사다리 • 구조대 • 완강기 • 다수인 피난 장비 • 승강식 피난기	• 미끄럼대 • 피난사다리 • 구조대 • 완강기 • 다수인 피난 장비 • 승강식 피난기	• 미끄럼대 • 피난사다리 • 구조대 • 완강기 • 다수인 피난 장비 • 승강식 피난기
그 밖의 것	–	–	• 미끄럼대 • 피난사다리 • 구조대 • 완강기 • 피난교 • 피난용 트랩 • 간이완강기[2] • 공기안전매트 • 다수인 피난 장비 • 승강식 피난기	• 피난사다리 • 구조대 • 완강기 • 피난교 • 간이완강기[2] • 공기안전매트 • 다수인 피난 장비 • 승강식 피난기

[비고] 1) **구조대**의 적응성은 **장애인관련시설**로서 주된 사용자 중 **스스로 피난**이 **불가**한 자가 있는 경우 추가로 설치하는 경우에 한한다.
2) 간이완강기의 적응성은 **숙박시설**의 **3층 이상**에 있는 객실에 추가로 설치하는 경우에 한한다.

중요

의무관리대상 공동주택(NFPC 608 13조, NFTC 608 2.9.1.3)
공동주택 구역마다 공기안전매트 1개 이상을 추가로 설치할 것

비교

피난기구 적응성

간이완강기	공기안전매트	구조대
숙박시설의 3층 이상에 있는 객실	공동주택	장애인관련시설

답 ③

78. 소방시설용 비상전원수전설비 큐비클형의 설치기준 중 옥외에 설치된 큐비클형 외함에 노출하여 설치할 수 없는 것은?

① 환기장치
② 전선의 인입구 및 인출구
③ 표시등(불연성 또는 난연성 재료로 덮개를 설치한 것)
④ 계기용 전환스위치(불연성 또는 난연성 재료로 제작된 것)

해설 옥외용 큐비클형의 설치기준(NFPC 602 5조, NFTC 602 2.2.3.3)

옥외외함에 노출 설치 가능한 것	옥외외함에 노출 설치 불가능한 것
① 환기장치 ② 전선의 인입구 및 인출구 ③ 표시등(불연성 또는 난연성 재료로 덮개를 설치한 것)	① 전압계(퓨즈 등으로 보호한 것) ② 전류계(변류기의 2차측에 접속된 것) ③ **계기용 전환스위치**(불연성 또는 난연성 재료로 제작된 것)

답 ④

79. 무선통신보조설비 설치 제외 기준 중 다음 ( ) 안에 알맞은 것은?

(㉠)으로서 특정소방대상물의 바닥부분 2면 이상이 지표면과 동일하거나 지표면으로부터의 깊이가 (㉡)m 이하인 경우에는 해당층에 한하여 무선통신보조설비를 설치하지 아니할 수 있다.

① ㉠ 지하층, ㉡ 1
② ㉠ 지하층, ㉡ 2
③ ㉠ 지상층, ㉡ 1
④ ㉠ 지상층, ㉡ 2

해설 무선통신보조설비의 **설치 제외**(NFPC 505 4조, NFTC 505 2.1)
(1) **지하층**으로서 **특**정소방대상물의 바닥부분 **2면 이상**이 지표면과 동일한 경우의 해당층
(2) **지하층**으로서 지표면으로부터의 깊이가 **1m** 이하인 경우의 해당층

기억법 지하특2(**지하**가 **특히** 지저분), 지지1

답 ①

80. 정온식 감지선형 감지기의 설치기준으로 옳은 것은?

① 단자부와 마감 고정금구와의 설치간격은 15cm 이내로 설치할 것
② 감지선형 감지기의 굴곡반경은 5cm 이상으로 할 것
③ 감지기와 감지구역 각 부분과의 수평거리가 내화구조의 경우 1종은 3m 이하로 할 것
④ 감지기와 감지구역의 각 부분과의 수평거리가 내화구조의 경우 2종은 4.5m 이하로 할 것

해설 정온식 감지선형 감지기의 설치기준(NFPC 203 7조, NFTC 203 2.4.3.12)
(1) 단자부와 마감 고정금구와의 설치간격은 **10cm** 이내로 설치한다.
(2) 감지선형 감지기의 굴곡반경은 **5cm** 이상으로 한다.
(3) 감지기와 감지구역 각 부분과의 수평거리가 내화구조의 경우 **1종**은 **4.5m** 이하, **2종**은 **3m** 이하로 한다.
(4) 분전반 내부에 설치하는 경우 접착제를 이용하여 돌기를 바닥에 고정시키고 그곳에 감지기를 설치한다.

① 15cm → 10cm
③ 3m → 4.5m
④ 4.5m → 3m

중요

정온식 감지선형 감지기의 설치기준

수평거리	종별	1종		2종	
		내화구조	기타구조	내화구조	기타구조
감지기와 감지구역의 각 부분과의 수평거리		4.5m 이하	3m 이하	3m 이하	1m 이하

기억법 1내4 1기3, 2내3 2기1

용어

정온식 감지선형 감지기
일국소의 주위온도가 일정한 온도 이상이 되는 경우에 작동하는 것으로서 외관이 전선으로 되어 있는 것

| 정온식 감지선형 감지기 |

답 ②

과년도 기출문제

2016년
소방설비산업기사 필기(전기분야)

- 2016. 3. 6 시행 ········· 16- 2
- 2016. 5. 8 시행 ········· 16-21
- 2016. 10. 1 시행 ········· 16-40

** 수험자 유의사항 **

1. 문제지를 받는 즉시 **본인이 응시한 종목**이 맞는지 확인하시기 바랍니다.
2. 문제지 표지에 본인의 **수험번호**와 **성명**을 기재하여야 합니다.
3. 문제지의 **총면수, 문제번호 일련순서, 인쇄상태, 중복 및 누락 페이지 유무**를 확인하시기 바랍니다.
4. 답안은 각 문제마다 요구하는 가장 적합하거나 가까운 답 1개만을 선택하여야 합니다.
5. 답안카드는 뒷면의「수험자 유의사항」에 따라 작성하시고, 답안카드 작성 시 형별누락, 마킹착오로 인한 불이익은 전적으로 수험자에게 책임이 있음을 알려드립니다.
6. 문제지는 시험 종료 후 본인이 가져갈 수 있습니다.

** 안내사항 **

- 가답안/최종정답은 큐넷(www.q-net.or.kr)에서 확인하실 수 있습니다. 가답안에 대한 의견은 큐넷의 [가답안 의견 제시]를 통해 제시할 수 있으며, 확정된 답안은 최종정답으로 갈음합니다.
- 공단에서 제공하는 자격검정서비스에 대해 개선할 점이 있으시면 고객참여(http://hrdkorea.or.kr/7/1/1)를 통해 건의하여 주시기 바랍니다.

2016. 3. 6 시행

2016년 산업기사 제1회 필기시험

자격종목	종목코드	시험시간	형별	수험번호	성명
소방설비산업기사(전기분야)		2시간			

※ 각 문항은 4지택일형으로 질문에 가장 적합한 보기 항을 선택하여 체크하여야 합니다.

제1과목 소방원론

01 동일 장소에서 취급이 가능한 위험물들끼리 옳게 짝지어진 것은?
① 과염소산칼륨과 톨루엔
② 과염소산과 황린
③ 마그네슘과 유기과산화물
④ 가솔린과 과산화수소

해설
① 제1류＋제4류
② 제6류＋제3류
③ 제2류＋제5류
④ 제4류＋제6류

동일 장소에 취급이 가능한 위험물
(1) 제1류＋제6류
(2) 제2류＋제4류
(3) 제2류＋제5류
(4) 제3류＋제4류

답 ③

02 질소(N_2)의 증기비중은 약 얼마인가?
① 0.8
② 0.97
③ 1.5
④ 1.8

해설 (1) 원자량

원소	원자량
H	1
C	12
N	14
O	16
F	19
S	32

(2) 분자량
질소(N_2)=14×2=28

(3) 증기비중

$$증기비중 = \frac{분자량}{29}$$

여기서, 29 : 공기의 평균분자량

$$질소(N_2) = \frac{분자량}{29}$$

$$= \frac{28}{29}$$

$$≒ 0.97$$

답 ②

03 포소화약제 중 유류화재의 소화시 성능이 가장 우수한 것은?
① 단백포
② 수성막포
③ 합성계면활성제포
④ 내알코올포

해설 **포소화약제의 특징**

약제의 종류	특 징
단백포	• 흑갈색이다. • 냄새가 지독하다. • 포안정제로서 **제1철염**을 첨가한다. • 다른 포약제에 비해 **부식성**이 **크다**.
수성막포	• 안전성이 좋아 장기보관이 가능하다. • 내약품성이 좋아 **타약제**와 **겸용**사용이 가능하다. • 석유류 표면에 신속히 피막을 형성하여 유류증발을 억제한다.(유류화재시 소화성능이 가장 우수) • 일명 **AFFF**(Aqueous Film Forming Foam)라고 한다. • 점성이 작기 때문에 가연성 기름의 표면에서 쉽게 피막을 형성한다. • **내한용, 초내한용**으로 적합하다. 기억법 한수(한수 배웁시다.)
내알코올형포 (내알코올포)	• 알코올류 위험물(**메탄올**)의 소화에 사용한다. • 수용성 유류화재(**아세트알데하이드, 에스터류**)에 사용한다. • 가연성 액체에 사용한다.

불화단백포	• 소화성능이 가장 우수하다. • 단백포와 수성막포의 결점인 열안정성을 보완시킨다. • **표면하 주입방식**에도 적합하다. • 포의 **유동성**이 우수하여 **소화속도**가 빠르다. • **내화성**이 우수하여 **대형**의 **유류저장탱크시설**에 적합하다.
합성계면 활성제포	• **저발포**와 **고발포**를 임의로 발포할 수 있다. • 유동성이 좋다. • 카바이트 저장소에는 부적합하다.

답 ②

04 ★★★ (19.09.문13 / 04.05.문06)
건축물에 화재가 발생할 때 연소확대를 방지하기 위한 계획에 해당되지 않는 것은?

① 수직계획 ② 입면계획
③ 수평계획 ④ 용도계획

해설 연소확대 방지를 위한 방화계획
(1) 수평계획(면적단위)
(2) 수직계획(층단위)
(3) 용도계획(용도단위)

답 ②

05 ★ (19.09.문20)
폭발에 대한 설명으로 틀린 것은?

① 보일러폭발은 화학적 폭발이라 할 수 없다.
② 분무폭발은 기상폭발에 속하지 않는다.
③ 수증기폭발은 기상폭발에 속하지 않는다.
④ 화약류 폭발은 화학적 폭발이라 할 수 있다.

해설 ② 분무폭발은 기상폭발에 속한다.

기상폭발
(1) 가스폭발(혼합가스폭발)
(2) 분무폭발
(3) 분진폭발

답 ②

06 ★★ (17.03.문11 / 12.05.문06)
수소 4kg이 완전연소할 때 생성되는 수증기는 몇 kmol인가?

① 1 ② 2
③ 4 ④ 8

해설 수소와 산소의 화학반응식
$$2H_2 + O_2 \rightarrow 2H_2O$$
$2 \times 2\text{kg} : 2\text{kmol} = 4\text{kg} : X[\text{kmol}]$
$4X = 8$
$X = \dfrac{8}{4} = 2\text{kmol}$

$H_2 = 2\text{kg}$

수소(H)의 원자량이 1이므로
$H_2 = 1 \times 2 = 2\text{kg}$

답 ②

07 ★★★ (09.03.문12)
기체연료의 연소형태로서 연료와 공기를 인접한 2개의 분출구에서 각각 분출시켜 계면에서 연소를 일으키게 하는 것은?

① 증발연소 ② 자기연소
③ 확산연소 ④ 분해연소

해설

연소의 형태	설 명
증발연소	• 가열하면 고체에서 액체로, 액체에서 기체로 상태가 변하여 그 기체가 연소하는 현상 • 액체가 열에 의해 **증기**가 되어 그 증기가 연소하는 현상
자기연소	열분해에 의해 **산소**를 발생하면서 연소하는 현상
확산연소	• **기체연료**가 공기 중의 **산소**와 **혼합**하면서 연소하는 현상 • **기체연료**의 연소형태로서 **연료**와 **공기**를 인접한 2개의 분출구에서 각각 분출시켜 계면에서 연소를 일으키는 것
분해연소	• 연소시 열분해에 의해 발생된 **가스**와 **산소**가 혼합하여 연소하는 현상 • 점도가 높고 비휘발성인 액체가 고온에서 열분해에 의해 **가스**로 **분해**되어 연소하는 현상
표면연소	열분해에 의해 가연성 가스를 발생하지 않고 그 물질 **자체**가 **연소**하는 현상
액적연소	가열하고 점도를 낮추어 버너 등을 사용하여 **액체**의 **입자**를 안개형태로 분출하여 연소하는 현상
예혼합기연소 (예혼합연소)	기체연료에 공기 중의 **산소**를 **미리 혼합**한 상태에서 연소하는 현상

기억법 예미(예민해)

답 ③

08 ★★ (12.09.문10)
물질의 연소범위에 대한 설명 중 옳은 것은?

① 연소범위의 상한이 높을수록 발화위험이 낮다.
② 연소범위의 상한과 하한 사이의 폭은 발화위험과 무관하다.
③ 연소범위의 하한이 낮은 물질을 취급시 주의를 요한다.
④ 연소범위의 하한이 낮은 물질은 발열량이 크다.

해설
① 낮다. → 높다.
② 무관하다. → 관계가 있다.
④ 연소범위의 하한과 발열량과는 무관하다.

연소범위와 발화위험
(1) 연소하한과 연소상한의 범위를 나타낸다.
(2) **연소하한**이 **낮을수록** 발화위험이 높다.
(3) **연소범위**가 **넓을수록** 발화위험이 높다.

(4) 연소범위는 주위온도와 관계가 있다.
(5) 연소범위의 하한은 그 물질의 **인화점**에 해당된다.
(6) 압력상승시 **연소하한**은 **불변**, **연소상한**만 **상승**한다.

- 연소한계= 연소범위= 폭발한계= 폭발범위= 가연한계= 가연범위
- 연소하한= 하한계
- 연소상한= 상한계

답 ③

09 할론 1301의 화학식으로 옳은 것은?

① CBr_3Cl
② $CBrCl_3$
③ CF_3Br
④ $CFBr_3$

해설

종류	약칭	분자식
Halon 1011	CB	CH_2ClBr
Halon 104	CTC	CCl_4
Halon 1211	BCF	$CF_2ClBr(CBrClF_2)$
Halon 1301	BTM	$CF_3Br(CBrF_3)$
Halon 2402	FB	$C_2F_4Br_2(C_2Br_2F_4)$

중요

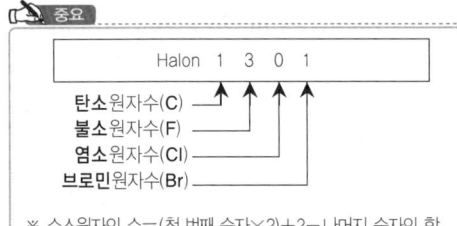

※ 수소원자의 수=(첫 번째 숫자×2)+2-나머지 숫자의 합

답 ③

10 분말소화약제의 주성분 중에서 A, B, C급 화재 모두에 적응성이 있는 것은?

① $KHCO_3$
② $NaHCO_3$
③ $Al_2(SO_4)_3$
④ $NH_4H_2PO_4$

해설 분말소화약제

종별	분자식	착색	적응화재	비고
제1종	중탄산나트륨 ($NaHCO_3$)	백색	BC급	**식용유** 및 **지방질유**의 화재에 적합
제2종	중탄산칼륨 ($KHCO_3$)	담자색 (담회색)	BC급	-
제3종	제1인산암모늄 ($NH_4H_2PO_4$)	담홍색	ABC급	차고·주차장에 적합
제4종	중탄산칼륨 + 요소 ($KHCO_3$ + $(NH_2)_2CO$)	회(백)색	BC급	-

- 중탄산나트륨= 탄산수소나트륨
- 중탄산칼륨= 탄산수소칼륨
- 제1인산암모늄= 인산암모늄= 인산염
- 중탄산칼륨+ 요소= 탄산수소칼륨+ 요소

답 ④

11 전기화재의 원인으로 볼 수 없는 것은?

① 승압에 의한 발화
② 과전류에 의한 발화
③ 누전에 의한 발화
④ 단락에 의한 발화

해설

① 승압, 고압전류와는 관련이 적다.

전기화재를 일으키는 원인
(1) 단락(**합선**)에 의한 발화(배선의 **단락**)
(2) 과부하(**과전류**)에 의한 과부하에 의한 발열
(3) 절연저항 감소(**누전**)에 의한 발화
(4) 전열기기 과열에 의한 발화
(5) 전기불꽃에 의한 발화
(6) 용접불꽃에 의한 발화
(7) 낙뢰에 의한 발화
(8) **정전기**로 인한 스파크 발생

답 ①

12 산화열에 의해 자연발화될 수 있는 물질이 아닌 것은?

① 석탄
② 건성유
③ 고무분말
④ 퇴비

해설

④ 퇴비 : 발효열

자연발화의 형태

구분	종류
분해열	• 셀룰로이드 • 나이트로셀룰로오스 기억법 분셀나
산화열	• 건성유(정어리유, 아마인유, 해바라기유) • 석탄 • 원면 • 고무분말
발효열	• 퇴비 • 먼지 • 곡물 기억법 발퇴먼곡
흡착열	• 목탄 • 활성탄 기억법 흡목탄활

답 ④

13. 건축물 화재의 가혹도에 영향을 주는 주요소로 적합하지 않은 것은?

① 공기의 공급량
② 가연물질의 연소열
③ 가연물질의 비표면적
④ 화재시의 기상

해설 화재가혹도에 영향을 주는 요인
(1) 화재하중
(2) 창문 등 개구부의 크기
(3) 가연물의 배열상태
(4) 가연물의 연소열
(5) 공기의 공급량
(6) 가연물질의 연소열
(7) 가연물질의 비표면적

- **화재가혹도**(fire severity) : 화재로 인하여 건물 내에 수납되어 있는 재산 및 건물 자체에 손상을 주는 능력의 정도

답 ④

14. 화재시 연소의 연쇄반응을 차단하는 소화방식은?

① 냉각소화
② 화학소화
③ 질식소화
④ 가스제거

해설 소화의 형태

구 분	설 명
냉각소화	• **점**화원을 냉각하여 소화하는 방법 • **증**발잠열을 이용하여 열을 빼앗아 가연물의 온도를 떨어뜨려 화재를 진압하는 소화방법 • **다**량의 물을 뿌려 소화하는 방법 • 가연성 물질을 발화점 이하로 냉각 • 식용유 화재에 신선한 **야**채를 넣어 소화 **기억법** 냉점증발
질식소화	• 공기 중의 **산소농도**를 16%(10~15%) 이하로 희박하게 하여 소화하는 방법 • 산화제의 농도를 낮추어 연소가 지속될 수 없도록 함 • 산소공급을 차단하는 소화방법 **기억법** 질산
제거소화	• **가연물**을 **제거**하여 소화하는 방법
부촉매소화 (=화학소화)	• **연쇄반응**을 **차단**하여 소화하는 방법 • 화학적인 방법으로 화재 억제
희석소화	• 기체·고체·액체에서 나오는 분해가스나 증기의 농도를 낮춰 소화하는 방법

답 ②

15. 가연물의 종류 및 성상에 따른 화재의 분류 중 A급 화재에 해당하는 것은?

① 통전 중인 전기설비 및 전기기기의 화재
② 마그네슘, 칼륨 등의 화재
③ 목재, 섬유화재
④ 도시가스 화재

해설 ③ 목재, 섬유화재 : A급 화재

화재 종류	표시색	적응물질
일반화재(A급)	백색	• 일반가연물(목탄) • 종이류 화재 • 목재, 섬유화재
유류화재(B급)	황색	• 가연성 액체(등유·아마인유) • 가연성 가스 • 액화가스화재 • 석유화재 • 알코올류
전기화재(C급)	청색	• 전기설비
금속화재(D급)	무색	• 가연성 금속
주방화재(K급)	—	• 식용유화재

※ 요즘은 표시색의 의무규정은 없음

답 ③

16. 대형 소화기에 충전하는 소화약제 양의 기준으로 틀린 것은?

① 할로겐화합물소화기 : 20kg 이상
② 강화액소화기 : 60L 이상
③ 분말소화기 : 20kg 이상
④ 이산화탄소소화기 : 50kg 이상

해설 ① 20kg → 30kg

소화기의 형식승인 및 제품검사의 기술기준 10조
대형 소화기의 소화약제 충전량

종 별	충전량
포(기계포)	**2**0L 이상
분말	**2**0kg 이상
할로겐화합물	**3**0kg 이상
이산화탄소(CO_2)	**5**0kg 이상
강화액	**6**0L 이상
물	**8**0L 이상

기억법 포 2
분 2
할 3
이 5
강 6
물 8

답 ①

17. 열에너지원 중 화학열의 종류별 설명으로 옳지 않은 것은?

① 자연발열이라 함은 어떤 물질이 외부로부터 열의 공급을 받지 아니하고 온도가 상승하는 현상이다.
② 분해열이라 함은 화합물이 분해할 때 발생하는 열을 말한다.
③ 용해열이라 함은 어떤 물질이 분해될 때 발생하는 열을 말한다.
④ 연소열은 어떤 물질이 완전히 산화되는 과정에서 발생하는 열을 말한다.

해설 ③ 용해열 : 어떤 물질이 액체에 용해될 때 발생하는 열(농황산, 묽은 황산)

답 ③

18. 소화약제로 널리 사용되는 물의 물리적 성질로 틀린 것은?

① 대기압하에서 융융열은 약 80cal/g이다.
② 대기압하에서 증발잠열은 약 539cal/g이다.
③ 대기압하에서 액체상의 비열은 1cal/g·℃이다.
④ 대기압하에서 액체에서 수증기로 상변화가 일어나면 체적은 500배 증가한다.

해설 ④ 500배 → 1650~1700배

물의 물리적 성질
(1) 물의 비열은 1cal/g·℃이다.
(2) 100℃, 1기압에서 증발잠열은 약 539cal/g이다.
(3) 물의 비중은 4℃에서 가장 크다.
(4) 액체상태에서 수증기로 바뀌면 체적이 1650~1700배 증가한다.

답 ④

19. 피난시설의 안전구획 중 1차 안전구획에 속하는 것은?

① 계단
② 복도
③ 계단 부속실
④ 피난층에서 외부와 직면한 현관

해설 피난시설의 안전구획

구 분	명 칭
1차 안전구획	복도
2차 안전구획	부실(계단전실)
3차 안전구획	계단

답 ②

20. 공기 중에 분산된 밀가루, 알루미늄가루 등이 에너지를 받아 폭발하는 현상은?

① 분진폭발
② 분무폭발
③ 충격폭발
④ 단열압축폭발

해설 분진폭발
공기 중에 분산된 **밀가루, 알루미늄가루** 등이 에너지를 받아 폭발하는 현상

중요
분진폭발을 일으키지 않는 물질
(1) 시멘트
(2) 석회석(소석회)
(3) 탄산칼슘($CaCO_3$)
(4) 생석회(CaO)=산화칼슘

※ 분진폭발을 일으키지 않는 물질 = 물과 반응하여 가연성 기체를 발생시키지 않는 것

기억법 분시석탄생

답 ①

제 2 과목 소방전기일반

21. 그림과 같은 회로에서 소비전력은 몇 W인가?

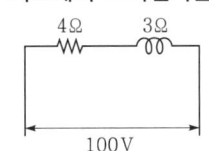

① 500
② 1200
③ 1600
④ 2000

해설 RL 직렬회로

$$I = \frac{V}{Z} = \frac{V}{\sqrt{R^2 + X_L^2}}$$

여기서, I : 전류[A]
V : 전압[V]
Z : 임피던스[Ω]
R : 저항[Ω]
X_L : 유도리액턴스[Ω]

전류 I 는
$$I = \frac{V}{\sqrt{R^2 + X_L^2}} = \frac{100}{\sqrt{4^2 + 3^2}} = 20A$$

$$P = I^2 R$$

여기서, P : 전력(소비전력)[W]
I : 전류[A]
R : 저항[Ω]

소비전력 P는
$P = I^2 R = 20^2 \times 4 = 1600 \text{W}$

답 ③

22 지시전기계기의 일반적인 구성요소가 아닌 것은?

① 가열장치
② 구동장치
③ 제어장치
④ 제동장치

해설 지시전기계기의 구성요소

구성요소	종 류
구동장치 (Driving Device)	—
제어장치 (Controlling Device)	• 스프링제어 • 중력제어 • 전자제어
제동장치 (Damping Device)	• 공기제동 • 와전류제동 • 액체제동

기억법 구어동

※ **구동장치**: 측정하려는 전기적인 양에 비례하는 구동토크를 일으키는 장치로서 가동부분을 동작시키는 장치

답 ①

23 전기기기의 철심을 규소강판으로 성층하는 가장 주된 이유는?

① 히스테리시스손의 감소
② 와류손의 감소
③ 동손의 감소
④ 철손의 감소

해설 철심의 손실

이 유	설 명
규소강판 사용 이유	히스테리시스손의 감소
성층 이유	와류손의 감소
규소강판 성층 이유	**철손**의 감소

• 철손 = 히스테리시스손 + 와류손

용어 철손과 동손

철 손	동 손
철심 속에서 생기는 손실	권선의 저항에 의하여 생기는 손실

답 ④

24 저항 R, 인덕턴스 L, 정전용량 C인 직렬회로의 공진주파수를 표시하는 식은?

① $\dfrac{1}{2\pi\sqrt{LC}}$
② $2\pi\sqrt{LC}$
③ $\dfrac{1}{2\pi LC}$
④ $2\pi LC$

해설 LC 직렬공진조건
$X_L = X_C$
$2\pi fL = \dfrac{1}{2\pi fC}$
$f^2 = \dfrac{1}{(2\pi)^2 LC}$

$$f = \dfrac{1}{2\pi\sqrt{LC}}$$

여기서, f : 공진주파수[Hz]
L : 인덕턴스[H]
C : 커패시턴스[F]

• 커패시턴스 = 정전용량

답 ①

25 정전용량 $2\mu\text{F}$의 콘덴서를 직류 3000V로 충전할 때 이것에 축적되는 에너지는 몇 J인가?

① 6
② 9
③ 12
④ 18

해설 축적에너지

$$W = \dfrac{1}{2}CV^2$$

여기서, W : 축적에너지[J]
C : 정전용량[F]
V : 전압[V]

축적에너지 W는
$W = \dfrac{1}{2}CV^2 = \dfrac{1}{2} \times (2 \times 10^{-6}) \times 3000^2 = 9\text{J}$

• $1\mu\text{F} = 10^{-6}\text{F}$

답 ②

26 실리콘 다이오드를 쓰는 정류기의 특성이 아닌 것은?

① 전류밀도가 크다.
② 온도에 의한 영향이 작다.
③ 효율이 높다.
④ 소용량 정류기로만 쓸 수 있다.

게르마늄 정류기	실리콘 정류기
80℃	약 140~200℃

※ **실리콘 정류기** : 고전압 대전류용, 소용량·대용량 정류기로 모두 사용 가능

답 ④

27. OFF 상태에서 ON 상태로, 또는 ON 상태에서 OFF 상태로 스위칭할 수 있는 3개 또는 그 이상의 접합을 갖는 PNPN 구조로 된 반도체는?

① 전계효과 트랜지스터
② 사이리스터
③ 터널다이오드
④ 트랜지스터

사이리스터
OFF 상태에서 ON 상태로, 또는 ON 상태에서 OFF 상태로 스위칭할 수 있는 **3개** 또는 그 이상의 접합을 갖는 **PNPN** 구조로 된 반도체
(1) SCR
(2) TRIAC
(3) GTO

중요

PN 2층 구조	PNP 또는 NPN 3층 구조	PNPN 4층 구조
• Diode (다이오드)	• 트랜지스터 (Transistor)	• SCR • TRIAC (트라이액) • GTO

답 ②

28. 변압기 결선에서 제3고조파의 영향을 가장 많이 받는 것은?

① Y-△ 결선
② △-Y 결선
③ Y-Y 결선
④ △-△ 결선

제3고조파
(1) 변압기 **여자전류**에 가장 많이 포함된 고조파
(2) 변압기 1, 2차 결선 중 △**결선**이 없는 경우에만 발생(Y-Y 결선에서 발생)

중요

△-△결선의 장점
(1) 변압기 외부에 제3고조파가 발생하지 않아 **통신장애**가 없다.
(2) 제3고조파 여자전류 통로를 가지므로 **정현파 전압**을 유기
(3) 변압기 1대가 고장나면 **V-V결선**으로 운전하여 3상 전력을 공급

답 ③

29. 다음과 같은 변압기의 유도결합회로에서 발생되는 2차측 유도전압 방정식은?

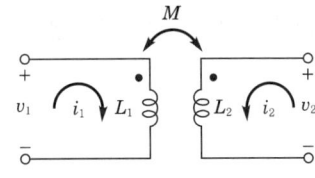

① $v_2 = L_1 \dfrac{di_1}{dt} + M \dfrac{di_2}{dt}$

② $v_2 = L_2 \dfrac{di_2}{dt} + M \dfrac{di_1}{dt}$

③ $v_2 = L_1 \dfrac{di_1}{dt} - M \dfrac{di_2}{dt}$

④ $v_2 = L_2 \dfrac{di_2}{dt} - M \dfrac{di_1}{dt}$

유도전압 방정식	공식
1차측 유도전압 방정식	$v_1 = L_1 \dfrac{di_1}{dt} + M \dfrac{di_2}{dt}$ 여기서, v_1 : 1차측 유도전압[V] L_1 : 1차측 자기인덕턴스[H] $\dfrac{di_1}{dt}$: 시간에 따른 1차측 전류변화율[A/s] M : 상호인덕턴스[H] $\dfrac{di_2}{dt}$: 시간에 따른 2차측 전류변화율[A/s]
2차측 유도전압 방정식	$v_2 = L_2 \dfrac{di_2}{dt} + M \dfrac{di_1}{dt}$ 여기서, v_2 : 2차측 유도전압[V] L_2 : 1차측 자기인덕턴스[H] $\dfrac{di_1}{dt}$: 시간에 따른 1차측 전류변화율[A/s] M : 상호인덕턴스[H] $\dfrac{di_2}{dt}$: 시간에 따른 2차측 전류변화율[A/s]

답 ②

30. 교류발전기의 병렬운전조건에 해당되지 않는 것은?

① 기전력의 크기(전압)가 일치하는 것
② 기전력의 주파수가 일치하는 것
③ 기전력의 위상이 일치하는 것
④ 발전기의 용량이 일치하는 것

해설 병렬운전조건

동기발전기의 병렬운전조건	변압기의 병렬운전조건
• 기전력의 **크**기가 같을 것 • 기전력의 **위**상이 같을 것 • 기전력의 **주**파수가 같을 것 • 기전력의 **파**형이 같을 것	• **권**수비가 같을 것 • **극**성이 같을 것 • 1·2차 정격전**압**이 같을 것 • %**임**피던스 강하가 같을 것
기억법 주파위크	기억법 압임권극

답 ④

31
변위를 임피던스로 변환하는 변환요소가 아닌 것은?

① 가변저항기   ② 용량형 변환기
③ 가변저항 스프링   ④ 전자코일

해설 변환요소

구 분	변 환
• 측온저항 • 정온식 감지선형 감지기	온도 → 임피던스
• 광전다이오드 • 열전대식 감지기 • 열반도체식 감지기	온도 → 전압
• 광전지	빛 → 전압
• 전자	전압(전류) → 변위
• 유압분사관	변위 → 압력
• 포텐셔미터 • 차동변압기 • 전위차계	변위 → 전압
• 가변저항기 • 가변저항 스프링 • 용량형 변환기	변위 → 임피던스

답 ④

32
그림에서 전류 i_5는? (단, $i_1=10A$, $i_2=20A$, $i_3=10A$, $i_4=10A$)

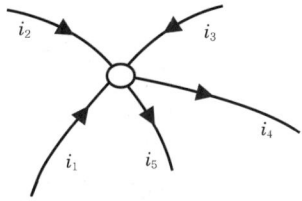

① 30   ② 40
③ 50   ④ 60

해설 키르히호프의 제1법칙(전류평형의 법칙)

$$\Sigma I = 0$$

들어오는 전류와 나가는 전류의 합은 같다.
$i_1 + i_2 + i_3 = i_4 + i_5$

$i_1 + i_2 + i_3 - i_4 = i_5$

좌우를 바꾸면
$i_5 = i_1 + i_2 + i_3 - i_4$
$\quad = 10 + 20 + 10 - 10 = 30A$

답 ①

33
저항 R인 검류계 G에 그림과 같이 r_1인 저항을 병렬로, r_2인 저항을 직렬로 접속하고 A, B 단자 사이의 저항을 R과 같게 하고 또한 G에 흐르는 전류를 전전류의 $\dfrac{1}{n}$로 하기 위한 r_1의 값은?

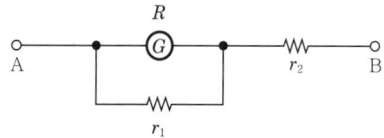

① $R\left(1 - \dfrac{1}{n}\right)$ ② $\dfrac{n-1}{R}$

③ $\dfrac{R}{n-1}$ ④ $R\left(1 + \dfrac{1}{n}\right)$

해설

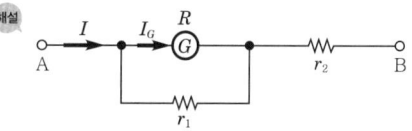

(1) G에 흐르는 전류

$$I_G = \dfrac{r_1}{R + r_1} I$$

여기서, I_G : G에 흐르는 전류[A]
r_1, R : 저항[Ω]
I : 전전류(전체 전류)[A]

(2) 문제의 조건대로 G에 흐르는 전류를 전전류 $\dfrac{1}{n}$로 하는 것을 수식으로 표현하면

$$I_G = \dfrac{1}{n} I$$

(3) (1)과 (2)를 대입하면

$$\dfrac{r_1}{R + r_1} I = \dfrac{1}{n} I$$

$nr_1 = R + r_1$
$nr_1 - r_1 = R$
$r_1(n-1) = R$
$r_1 = \dfrac{R}{n-1}$

답 ③

34. 논리식 $((1+A)+A)+A$의 값은?

① 0
② 1
③ 2
④ 3

해설 논리식 $=((1+A)+A)+A$
$\quad\quad\underbrace{\quad}_{X+1=1}$
$=((1+A)+A)$
$\quad\underbrace{\quad}_{X+1=1}$
$=(1+A)$
$\quad\underbrace{\quad}_{X+1=1}$
$=1$

중요

불대수의 정리

논리합	논리곱	비고
$X+0=X$	$X \cdot 0=0$	–
$X+1=1$	$X \cdot 1=X$	–
$X+X=X$	$X \cdot X=X$	–
$X+\overline{X}=1$	$X \cdot \overline{X}=0$	–
$X+Y=Y+X$	$X \cdot Y=Y \cdot X$	교환법칙
$X+(Y+Z)$ $=(X+Y)+Z$	$X(YZ)=(XY)Z$	결합법칙
$X(Y+Z)$ $=XY+XZ$	$(X+Y)(Z+W)$ $=XZ+XW+YZ+YW$	분배법칙
$X+XY=X$	$\overline{X}+XY=\overline{X}+Y$ $X+\overline{X}Y=X+Y$ $X+\overline{X}\overline{Y}=X+\overline{Y}$	흡수법칙
$\overline{(X+Y)}$ $=\overline{X} \cdot \overline{Y}$	$\overline{(X \cdot Y)}=\overline{X}+\overline{Y}$	드모르간의 정리

답 ②

35. 디지털제어의 이점이 아닌 것은?

① 프로그램의 단일성
② 잡음 및 외란의 영향의 감소
③ 신뢰도의 향상
④ 감도의 개선

해설 디지털제어의 이점
(1) 감도의 개선
(2) 신뢰도 향상
(3) 드리프트(drift)의 제거
(4) 잡음 및 외란영향의 감소
(5) 보다 간결하고 경량
(6) 비용 절감
(7) 프로그램의 **융통성**

※ 드리프트(drift) : 전기장의 영향하에 전자들이 이동하는 것

답 ①

36. 목표값이 시간에 관계없이 항상 일정한 값을 가지는 제어는?

① 정치제어
② 추종제어
③ 비율제어
④ 프로그램제어

해설 제어의 종류

구분	설명
정치제어 (fixed value control)	① 일정한 **목표값**을 유지하는 것으로 프로세스제어, 자동조정이 이에 해당된다. **예** 연속식 압연기 ② **목표값**이 시간에 관계없이 항상 일정한 값을 가지는 제어
추종제어 (follow-up control)	미지의 시간적 변화를 하는 목표값에 제어량을 추종시키기 위한 제어로 **서보기구**가 이에 해당된다. **예** 대공포의 포신
비율제어 (ratio control)	① 둘 이상의 제어량을 소정의 비율로 제어하는 것 ② 연료의 유량과 공기의 유량과의 사이의 **비율**을 연소에 적합한 것으로 유지하고자 하는 제어방식
프로그램제어 (program control)	목표값이 **미리 정해진 시간적 변화**를 하는 경우 제어량을 그것에 추종시키기 위한 제어 **예** 열차·산업로봇의 무인운전

기억법 비율비율

중요

제어량에 의한 분류

분류방법	제어량
프로세스제어	• 온도 • 압력 • 유량 • 액면 **기억법** 프온압유액
서보기구	• 위치 • 방위 • 자세 **기억법** 서위방자
자동조정	• 전압 • 전류 • 주파수 • 회전속도 • 장력

• 프로세스제어 = 공정제어

답 ①

37 열동계전기(thermal relay)의 설치 목적은?

① 전동기의 과부하 보호
② 감전사고 예방
③ 자기유지
④ 인터록유지

해설

계전기	설 명
• 접지계전기	• 지락전류 검출
• 거리계전기	• 계전기 입력전압과 전류의 비에 따라 작동하는 계전기
• 비율차동계전기 • 브흐홀츠계전기	• 발전기나 변압기의 내부고장 보호용
• 열동계전기	• <u>전</u>동기의 <u>과</u>부하 보호용 기억법 열전과

답 ①

38 직류 출력전압이 무부하일 때 350V, 전부하시 300V인 경우 전압변동률은 약 몇 %인가?

① 10   ② 14
③ 17   ④ 77

해설 전압변동률

$$\delta = \frac{V_{Ro} - V_R}{V_R} \times 100\%$$

여기서, δ : 전압변동률[%]
V_{Ro} : 무부하시 단자전압[V]
V_R : (전)부하시 단자전압[V]

전압변동률 δ는

$\delta = \frac{V_{Ro} - V_R}{V_R} \times 100 = \frac{350 - 300}{300} \times 100 ≒ 17\%$

비교

전압강하율

$$\varepsilon = \frac{V_S - V_R}{V_R} \times 100\%$$

여기서, ε : 전압강하율[%]
V_S : 입력전압[V]
V_R : 출력전압[V]

답 ③

39 무선주파증폭에 복동조회로를 사용할 경우 옳은 것은?

① 증폭도를 크게 높일 수가 있다.
② 왜곡을 줄일 수 있다.
③ 전력효율을 높일 수 있다.
④ 선택도를 해치지 않고 대역폭을 넓게 할 수 있다.

해설 복동조회로의 특징
(1) <u>선</u>택도를 해치지 않고 <u>대역폭</u>을 <u>넓</u>게 할 수 있다.
(2) 중심주파수를 일정하게 할 수 있다.

※ 복동조회로 : 2개의 LC 동조회로를 갖는 회로

기억법 복선

답 ④

40 저항 R과 유도리액턴스 X_L이 병렬로 접속된 회로의 역률은?

① $\frac{R}{\sqrt{R^2 + X_L^2}}$ ② $\frac{\sqrt{R^2 + X_L^2}}{R}$

③ $\frac{X_L}{\sqrt{R^2 + X_L^2}}$ ④ $\sqrt{\frac{R^2 + X_L^2}{X_L}}$

해설 RL 병렬회로

$$\cos\theta = \frac{X_L}{\sqrt{R^2 + X_L^2}}$$

여기서, $\cos\theta$: 역률
X_L : 유도리액턴스[Ω]
R : 저항[Ω]

비교

RL 병렬회로

$$\sin\theta = \frac{R}{\sqrt{R^2 + X_L^2}}$$

여기서, $\sin\theta$: 무효율
R : 저항[Ω]
X_L : 유도리액턴스[Ω]

답 ③

제3과목 소방관계법규

41 화재예방강화지구로 지정할 수 있는 대상이 아닌 것은?

① 시장지역
② 소방출동로가 없는 지역
③ 공장·창고가 밀집한 지역
④ 콘크리트 건물이 밀집한 지역

해설 화재예방법 18조
화재예방강화지구의 지정
(1) 지정권자 : **시**·도지사
(2) 지정지역
  ㉠ **시**장지역
  ㉡ 공장·창고 등이 밀집한 지역
  ㉢ 목조건물이 밀집한 지역
  ㉣ 노후·불량 건축물이 밀집한 지역
  ㉤ 위험물의 저장 및 **처리시설**이 밀집한 지역
  ㉥ 석유화학제품을 생산하는 공장이 있는 지역
  ㉦ 소방시설·소방용수시설 또는 소방출동로가 없는 지역
  ㉧ 「산업입지 및 개발에 관한 법률」에 따른 산업단지
  ㉨ 「물류시설의 개발 및 운영에 관한 법률」에 따른 물류단지
  ㉩ 소방청장·소방본부장 또는 소방서장(소방관서장)이 화재예방강화지구로 지정할 필요가 있다고 인정하는 지역

기억법 화강시

※ **화재예방강화지구** : 화재발생 우려가 크거나 화재가 발생할 경우 피해가 클 것으로 예상되는 지역에 대하여 화재의 예방 및 안전관리를 강화하기 위해 지정·관리하는 지역

답 ④

42 정당한 사유없이 소방대의 생활안전활동에 방해한 자에 대한 벌칙 기준으로 옳은 것은?
19.04.문42
① 100만원 이하의 벌금
② 200만원 이하의 벌금
③ 300만원 이하의 벌금
④ 400만원 이하의 벌금

해설 100만원 이하의 벌금
(1) 관계인의 **소방활동 미수행**(기본법 54조)
(2) **피난명령** 위반(기본법 54조)
(3) 위험시설 등에 대한 긴급조치 방해(기본법 54조)
(4) 거짓보고 또는 자료 미제출(공사업법 38조)
(5) **관계공무원**의 출입·조사·**검사 방해**(공사업법 38조)
(6) 정당한 사유없이 물의 **사용**이나 **수도**의 **개폐장치**의 사용 또는 조작을 하지 못하게 하거나 **방해**한 자(기본법 54조)
(7) 소방대의 생활안전활동을 방해한 자(기본법 54조) 보기 ①

기억법 피1(차일피일)

답 ①

43 음료수 공장의 충전을 하는 작업장 등과 같이 화재안전기준을 적용하기 어려운 특정소방대상물에 설치하지 않을 수 있는 소방시설이 아닌 것은?
① 연결송수관설비
② 스프링클러설비
③ 상수도소화용수설비
④ 연결살수설비

해설 소방시설법 시행령 [별표 6]
소방시설을 설치하지 않을 수 있는 특정소방대상물 및 소방시설의 범위

구 분	특정소방대상물	소방시설
화재위험도가 낮은 특정소방대상물	**석재, 불연성 금속, 불연성 건축재료** 등의 가공공장·기계조립공장 또는 불연성 물품을 저장하는 창고	① **옥외**소화전설비 ② 연결살수설비 기억법 석불금외
화재안전기준을 적용하기 어려운 특정소방대상물	펄프공장의 작업장, **음료수 공장**의 세정 또는 충전을 하는 작업장, 그 밖에 이와 비슷한 용도로 사용하는 것	① 스프링클러설비 ② 상수도소화용수설비 ③ 연결살수설비
	정수장, 수영장, 목욕장, 어류양식용 시설, 그 밖에 이와 비슷한 용도로 사용되는 것	① 자동화재탐지설비 ② 상수도소화용수설비 ③ 연결살수설비
화재안전기준을 달리 적용하여야 하는 특수한 용도 또는 구조를 가진 특정소방대상물	원자력발전소, 중·저준위 방사성 폐기물의 저장시설	① 연결송수관설비 ② 연결살수설비
자체소방대가 설치된 특정소방대상물	자체소방대가 설치된 위험물제조소 등에 부속된 사무실	• 옥내소화전설비 • 소화용수설비 • 연결살수설비 • 연결송수관설비

답 ①

44 지정수량 미만인 위험물의 저장 또는 취급기준은 무엇으로 정하는가?
19.04.문49
06.03.문42
① 시·도의 조례
② 행정안전부령
③ 소방청 고시
④ 대통령령

해설 위험물법 5조
위험물
(1) 지정수량 미만인 위험물의 저장·취급 : **시·도의 조례**
(2) 위험물의 **임**시저장기간 : **90**일 이내

기억법 9임(구인)

답 ①

45 위험물안전관리법령상 제4류 위험물 인화성 액체의 품명 및 지정수량으로 옳은 것은?
19.09.문05
05.03.문41
① 제1석유류(수용성 액체) : 100리터
② 제2석유류(수용성 액체) : 500리터
③ 제3석유류(수용성 액체) : 1000리터
④ 제4석유류 : 6000리터

해설
① 100리터 → 400리터
② 500리터 → 2000리터
③ 1000리터 → 4000리터

위험물령 [별표 1]
제4류 위험물

성질	품명		지정수량	대표물질
인화성액체	특수인화물		50L	• 다이에틸에터 • 이황화탄소
	제1석유류	비수용성	200L	• 휘발유 • 콜로디온
		수용성	400L	• 아세톤
	알코올류		400L	• 변성알코올
	제2석유류	비수용성	1000L	• 등유 • 경유
		수용성	2000L	• 아세트산
	제3석유류	비수용성	2000L	• 중유 • 크레오소트유
		수용성	4000L	• 글리세린
	제4석유류		6000L	• 기어유 • 실린더유
	동식물유류		10000L	• 아마인유

답 ④

46 제조소에서 저장 또는 취급하는 위험물별 주의사항을 표시한 게시판으로 옳지 않은 것은?
① 제4류 위험물 : 화기주의
② 제5류 위험물 : 화기엄금
③ 제2류 위험물(인화성 고체 제외) : 화기주의
④ 제3류 위험물 중 자연발화성 물질 : 화기엄금

해설
① 화기주의 → 화기엄금

위험물규칙 [별표 4]
위험물제조소의 게시판 설치기준

위험물	주의사항	비고
• 제1류 위험물(알칼리금속의 과산화물) • 제3류 위험물(금수성 물질)	물기엄금	**청색**바탕에 **백색**문자
• 제2류 위험물(인화성 고체 제외)	화기주의	
• 제2류 위험물(인화성 고체) • 제3류 위험물(자연발화성 물질) • 제**4**류 위험물 • 제**5**류 위험물	**화기엄금**	**적색**바탕에 **백색**문자
• 제6류 위험물		별도의 표시를 하지 않는다.

기억법 화4엄(화사함), 화엄적백

답 ①

47 전문 소방시설공사업의 등록기준 중 보조기술인력은 최소 몇 명 이상 있어야 하는가?
① 1
② 2
③ 3
④ 4

해설 공사업령 [별표 1]
소방시설공사업

종류	기술인력	자본금	영업범위
전문	• 주된 기술인력 : 1명 이상 • 보조기술인력 : 2명 이상	• **법인 : 1억원** 이상 • 개인 : 1억원 이상	특정소방대상물
일반	• 주된 기술인력 : 1명 이상 • 보조기술인력 : 1명 이상	• 법인 : 1억원 이상 • 개인 : 1억원 이상	• 연면적 10000m² 미만 • 위험물제조소 등

기억법 법전1억

답 ②

48 소방시설 설치 및 관리에 관한 법령상 간이스프링클러설비를 설치하여야 하는 특정소방대상물의 기준으로 옳은 것은?
① 근린생활시설로 사용하는 부분의 바닥면적 합계가 1000m² 이상인 것은 모든 층
② 교육연구시설 내에 있는 합숙소로서 연면적 500m² 이상인 것
③ 의료재활시설을 제외한 요양병원으로 사용되는 바닥면적의 합계가 300m² 이상 600m² 미만인 시설
④ 정신의료기관 또는 의료재활시설로 사용되는 바닥면적의 합계가 600m² 미만인 시설

해설
② 500m² 이상 → 100m² 이상
③ 300m² 이상 600m² 미만 → 600m² 미만
④ 600m² 미만 → 300m² 이상 600m² 미만

소방시설법 시행령 [별표 4]
간이스프링클러설비의 설치대상

설치대상	조건
교육연구시설 내 합숙소	• 연면적 100m² 이상
노유자시설 · 정신의료기관 · 의료재활시설	• 창살설치 : 300m² 미만 • 기타 : 300m² 이상 600m² 미만
숙박시설	• 바닥면적 합계 300m² 이상 600m² 미만
종합병원, 병원, 치과병원, 한방병원 및 요양병원(의료재활시설 제외)	• 바닥면적 합계 600m² 미만

근린생활시설	• 바닥면적 합계 1000m² 이상은 전층 • 의원, 치과의원 및 한의원으로서 입원실 또는 인공신장실이 있는 시설 • 조산원 및 산후조리원으로서 연면적 600m² 미만
• 연립주택 • 다세대주택	• 주택전용 간이스프링클러설비 설치

답 ①

49 ★★★ 소방기본법에 규정된 내용에 관한 설명으로 옳은 것은?

① 소방대상물에는 항해 중인 선박도 포함된다.
② 관계인이란 소방대상물의 관리자와 점유자를 제외한 실제 소유자를 말한다.
③ 소방대의 임무는 구조와 구급활동을 제외한 화재현장에서의 화재진압활동이다.
④ 의용소방대원과 의무소방원도 소방대의 구성원이다.

해설 기본법 2조
소방대
(1) 소방**공**무원
(2) **의**무소방원
(3) **의**용소방대원

기억법 공의

답 ④

50 ★ 소방시설 중 소화기구 및 단독경보형 감지기를 설치하여야 하는 대상으로 옳은 것은?

① 아파트   ② 기숙사
③ 오피스텔   ④ 단독주택

해설 소방시설법 시행령 10조
주택용 소방시설
소화기 및 단독경보형 감지기

답 ④

51 ★★ 감리업자가 소방공사의 감리를 완료할 때 그 감리결과를 통보해야 하는 대상자가 아닌 것은?

① 시·도지사
② 소방시설공사의 도급인
③ 특정소방대상물의 관계인
④ 특정소방대상물의 공사를 감리한 건축사

해설 공사업규칙 19조
소방공사감리결과 통보·보고
(1) 통보대상 ─ 관계인
          ├ 도급인
          └ 건축사
(2) 보고대상: 소방본부장·소방서장
(3) 통보·보고일: 7일 이내

답 ①

52 ★★ 위험물운송자 자격을 취득하지 아니한 자가 위험물 이동탱크저장소 운전시의 벌칙으로 옳은 것은?

① 50만원 이하의 벌금
② 100만원 이하의 벌금
③ 200만원 이하의 벌금
④ 1000만원 이하의 벌금

해설 위험물법 37조
1000만원 이하의 벌금
(1) 위험물 **취급**에 관한 안전관리와 감독하지 않은 자
(2) 위험물 **운반**에 관한 중요기준 위반
(3) 위험물 운반자 요건을 갖추지 아니한 위험물 운반자
(4) 위험물 저장·취급장소의 출입·검사시 관계인이 정당 업무 방해 또는 비밀누설
(5) 위험물 운송규정을 위반한 위험물**운**송자(무면허 위험물 운송자)

기억법 천운

답 ④

53 ★★★ 하자보수 보증기간이 2년인 소방시설은?

15.05.문52
14.05.문52
13.03.문55

① 옥내소화전설비   ② 무선통신보조설비
③ 자동화재탐지설비   ④ 물분무등소화설비

해설 ①, ③, ④ 3년

공사업령 6조
소방시설공사의 하자보수 보증기간

보증기간	소방시설
2년	• **유**도등·**피**난기구 • **비**상**조**명등·비상**경**보설비·비상**방**송설비 • **무**선통신보조설비
3년	• 자동소화장치 • 옥내·외소화전설비 • 스프링클러설비 • 물분무등소화설비·소화용수설비 • 자동화재탐지설비·소화활동설비(무선통신보조설비 제외) • 화재알림설비

기억법 유비조경방무피2 (유비조경방무피투)

답 ②

54 ★ 소방대상물의 건축허가 등의 동의요구를 할 때 제출해야 할 서류로 틀린 것은?

14.09.문46
05.03.문53

① 소방시설 설치계획표
② 소방시설공사업 등록증
③ 건축물의 주단면도
④ 소방시설별 층별 평면도

해설 ② 소방시설공사업 등록증 → 소방시설설계업 등록증

소방시설법 시행규칙 3조
건축허가 동의시 첨부서류
(1) 건축허가신청서 및 건축허가서 사본
(2) 설계도서 및 소방시설 설치계획표 [보기 ①]
(3) 임시소방시설 설치계획서(설치시기·위치·종류·방법 등 임시소방시설의 설치와 관련한 세부사항 포함)
(4) 소방시설설계업 등록증과 소방시설을 설계한 기술인력의 기술자격증 사본
(5) 건축·대수선·용도변경신고서 사본
(6) 주단면도 및 입면도 [보기 ③]
(7) 소방시설별 층별 평면도 [보기 ④]
(8) 방화구획도(창호도 포함)

※ 건축허가 등의 동의권자 : **소방본부장·소방서장**

답 ②

55 형식승인을 받지 아니한 소방용품을 소방시설공사에 사용한 자에 대한 벌칙기준으로 옳은 것은?

① 7년 이하의 징역 또는 5000만원 이하의 벌금
② 5년 이하의 징역 또는 3000만원 이하의 벌금
③ 3년 이하의 징역 또는 3000만원 이하의 벌금
④ 1년 이하의 징역 또는 1000만원 이하의 벌금

해설 **3년 이하의 징역** 또는 **3000만원 이하의 벌금**
(1) 화재안전조사 결과에 따른 조치명령(화재예방법 50조)
(2) **소방시설관리업** 무등록자(소방시설법 57조)
(3) **형식승인**을 받지 않은 소방용품 제조·수입자(소방시설법 57조)
(4) **제품검사**를 받지 않은 사람(소방시설법 57조)
(5) 거짓이나 그 밖의 **부정한 방법**으로 제품검사 전문기관의 지정을 받은 사람(소방시설법 57조)

기억법 33관(삼삼하게 관리하기!)

답 ③

56 제1종 판매취급소에서 저장 또는 취급할 수 있는 위험물의 수량기준으로 옳은 것은?

① 지정수량의 20배 이하
② 지정수량의 20배 이상
③ 지정수량의 40배 이하
④ 지정수량의 40배 이상

해설 **위험물규칙 〔별표 14〕**

제1종 판매취급소	제2종 판매취급소
저장·취급하는 위험물의 수량이 지정수량의 **20배 이하**인 판매취급소	저장·취급하는 위험물의 수량이 지정수량의 **40배 이하**인 판매취급소

답 ①

57 원활한 소방활동을 위하여 실시하는 소방용수시설에 대한 조사결과는 몇 년간 보관하는가?

① 2년
② 3년
③ 4년
④ 영구

해설 **기본규칙 7조**
소방용수시설 및 지리조사
(1) 조사자 : 소방본부장·소방서장
(2) 조사일시 : 월 1회 이상
(3) 조사내용
  ㉠ 소방용수시설
  ㉡ 도로의 폭·교통상황
  ㉢ 도로 주변의 토지 고저
  ㉣ 건축물의 개황
(4) 조사결과 : 2년간 보관

답 ①

58 방염성능기준 이상의 실내장식물 등을 설치하여야 하는 특정소방대상물이 아닌 것은?

① 다중이용업의 영업장
② 의료시설 중 정신의료기관
③ 방송통신시설 중 방송국 및 촬영소
④ 건축물 옥내에 있는 운동시설 중 수영장

해설 **소방시설법 시행령 30조**
방염성능기준 이상 적용 특정소방대상물
(1) 층수가 **11층 이상**인 것(아파트 제외 : 2026. 12. 1. 삭제)
(2) 체력단련장, 공연장 및 종교집회장
(3) 문화 및 집회시설
(4) 종교시설
(5) 운동시설(수영장은 제외)
(6) 의료시설(종합병원, 정신의료기관)
(7) 의원, 치과의원, 한의원, 조산원, 산후조리원
(8) 교육연구시설 중 합숙소
(9) 노유자시설
(10) 숙박이 가능한 수련시설
(11) 숙박시설
(12) 방송국 및 촬영소
(13) 다중이용업소(단란주점영업, 유흥주점영업, 노래연습장업의 영업장 등)

답 ④

59 특정소방대상물 중 업무시설에 해당되지 않는 것은?

① 방송국
② 마을회관
③ 주민자치센터
④ 변전소

① 방송국 : 방송통신시설

소방시설법 시행령 [별표 2]
업무시설
(1) 주민자치센터(동사무소)
(2) 경찰서
(3) 소방서
(4) 우체국
(5) 보건소
(6) 공공도서관
(7) 국민건강보험공단
(8) 금융업소·오피스텔·신문사
(9) 변전소·양수장·정수장·대피소·공중화장실

답 ①

60 화재예방을 위하여 불을 사용하는 설비의 관리기준 중 용접 또는 용단 작업자 주변 반경 몇 m 이내에 소화기를 갖추어야 하는가? (단, 산업안전보건법 제23조의 적용을 받는 사업장의 경우는 제외한다.)

① 1   ② 3
③ 5   ④ 7

화재예방법 시행령 [별표 1]
보일러 등의 위치·구조 및 관리와 화재예방을 위하여 불의 사용에 있어서 지켜야 할 사항

구분	기준
불꽃을 사용하는 용접·용단기구	① 용접 또는 용단 작업장 주변 반경 5m 이내에 소화기를 갖추어 둘 것 ② 용접 또는 용단 작업장 주변 반경 10m 이내에는 가연물을 쌓아두거나 놓아두지 말 것(단, 가연물의 제거가 곤란하여 방화포 등으로 방호조치를 한 경우는 제외)

답 ③

제 4 과목 소방전기시설의 구조 및 원리

61 공기관식 차동식 분포형 감지기 설치기준으로 옳은 것은?

① 검출부는 5° 이상 경사되지 아니하도록 부착할 것
② 공기관의 노출부분은 감지구역마다 15m 이상이 되도록 할 것
③ 검출부는 바닥으로부터 0.5m 이상 1.5m 이하의 위치에 설치할 것
④ 하나의 검출부분에 접속하는 공기관의 길이는 150m 이하로 할 것

공기관식 감지기의 설치기준 (NFPC 203 7조, NFTC 203 2.4.3.7)
(1) 노출부분은 감지구역마다 20m 이상이 되도록 할 것
(2) 각 변과의 수평거리는 1.5m 이하가 되도록 하고, 공기관 상호간의 거리는 6m(내화구조는 9m) 이하가 되도록 할 것
(3) 공기관은 도중에서 분기하지 아니하도록 할 것
(4) 하나의 검출부분에 접속하는 공기관의 길이는 100m 이하로 할 것
(5) 검출부는 5° 이상 경사되지 아니하도록 부착할 것
(6) 검출부는 바닥으로부터 0.8~1.5m 이하의 위치에 설치할 것

※ 경사제한각도

차동식 분포형 감지기	스포트형 감지기
5° 이상	45° 이상

② 15m 이상 → 20m 이상
③ 0.5m 이상 → 0.8m 이상
④ 150m 이하 → 100m 이하

답 ①

62 다음 중 ( )에 들어갈 내용으로 알맞은 것은?

자동화재탐지설비의 감지기회로의 전로저항은 (㉠) 이하가 되도록 하여야 하며, 수신기의 각 회로별 종단에 설치되는 감지기에 접속되는 배선의 전압은 감지기 정격전압의 (㉡) 이상이어야 한다.

① ㉠ 50Ω, ㉡ 85%   ② ㉠ 40Ω, ㉡ 80%
③ ㉠ 40Ω, ㉡ 85%   ④ ㉠ 50Ω, ㉡ 80%

자동화재탐지설비의 배선 (NFPC 203 11조, NFTC 203 2.8)
(1) P형 수신기 및 GP형 수신기의 감지기회로의 배선에 있어서 하나의 공통선에 접속할 수 있는 경계구역은 7개 이하로 할 것
(2) 자동화재탐지설비의 감지기회로의 전로저항은 50Ω 이하가 되도록 하여야 하며, 수신기의 각 회로별 종단에 설치되는 감지기에 접속되는 배선의 전압은 감지기 정격전압의 80% 이상이어야 할 것

답 ④

63 하나의 경계구역의 면적이 1900m²인 곳에 자동화재탐지설비를 설치시 최소 경계구역수는? (단, 특정소방대상물의 주된 출입구에서 내부 전체가 보이는 경우이다.)

① 1   ② 2
③ 3   ④ 4

내부 전체가 보이는 곳의 경계구역수 = $\dfrac{바닥면적[m^2]}{1000m^2}$

$= \dfrac{1900}{1000}$

$= 1.9 ≒ 2개$ (절상)

중요

경계구역의 **설정기준**(NFPC 203 3·4조, NFTC 203 1.7, 2.1)
(1) 1경계구역이 2개 이상의 **건축물**에 미치지 않을 것
(2) 1경계구역이 2개 이상의 **층**에 미치지 않을 것(단, 500m² 이하는 2개층을 1경계구역으로 할 수 있다.)
(3) 1경계구역의 면적은 600m²(내부가 보이면 1000m²) 이하로 하고, 1변의 길이는 50m 이하로 할 것

※ **경계구역** : 소방대상물 중 화재신호를 발신하고 그 신호를 수신 및 유효하게 제어할 수 있는 구역

답 ②

---

64 케이블트레이에 정온식 감지선형 감지기를 설치하는 경우 케이블트레이 받침대에 무엇을 이용하여 감지선을 설치해야 하는가?

① 보조선 ② 접착제
③ 마감금구 ④ 단자부

해설 정온식 감지선형 감지기의 설치기준(NFPC 203 7조, NFTC 203 2.4.3.12)
(1) 정온식 감지선형 감지기의 거리기준

종 별	1종		2종	
수평거리	내화구조	기타구조	내화구조	기타구조
감지기와 감지구역의 각 부분과의 수평거리	4.5m 이하	3m 이하	3m 이하	1m 이하

(2) 감지선형 감지기의 굴곡반경 : **5cm** 이상
(3) 단자부와 마감 고정금구와의 설치간격 : **10cm** 이내
(4) 보조선이나 고정금구를 사용하여 감지선이 늘어지지 않도록 설치할 것
(5) 케이블트레이에 감지기를 설치하는 경우에는 **케이블레이 받침대**에 **마감금구**를 사용하여 설치할 것
(6) 창고의 **천장** 등에 지지물이 적당하지 않은 장소에서는 **보조선**을 설치하고 그 보조선에 설치할 것
(7) 분전반 내부에 설치하는 경우 **접착제**를 이용하여 돌기를 바닥에 고정시키고 그곳에 감지기를 설치할 것

답 ③

---

65 자동화재속보설비 속보기의 외함에 강판을 사용할 경우 외함의 최소 두께는?

① 1.2mm
② 3mm
③ 6.4mm
④ 7mm

해설 속보기의 외함두께(자동화재속보설비의 속보기의 성능인증 및 제품검사의 기술기준 4조)

강판	합성수지
1.2mm 이상	3mm 이상

답 ①

---

66 비상콘센트설비의 화재안전기준에서 규정하는 특고압의 범위는?

① 4000V 초과
② 5000V 초과
③ 6000V 초과
④ 7000V 초과

해설 전압(NFTC 504 1.7)

구 분		전 압[V]
저압	교류	$V \leq 1000$
	직류	$V \leq 1500$
고압	교류	$7000 \geq V > 1000$
	직류	$7000 \geq V > 1500$
특고압		$7000 < V$

답 ④

---

67 무선통신보조설비의 증폭기에 관한 설명으로 틀린 것은?

① 증폭기라 함은 2개 이상의 입력신호를 원하는 비율로 조합한 출력이 발생하도록 하는 장치를 말한다.
② 증폭기 비상전원용량은 무선통신보조설비를 유효하게 30분 이상 작동시킬 수 있는 것으로 한다.
③ 증폭기 전면에는 주회로전원이 정상인지의 여부를 표시하는 표시등 및 전압계를 설치한다.
④ 상용전원은 전기가 정상적으로 공급되는 축전지설비 또는 교류전압 옥내간선으로 한다.

해설 무선통신보조설비

용 어	설 명
누설동축케이블	동축케이블의 외부도체에 가느다란 홈을 만들어서 **전파**가 외부로 새어나갈 수 있도록 한 케이블
분배기	신호의 전송로가 분기되는 장소에 설치하는 것으로 **임피던스 매칭**(matching)과 **신호 균등분배**를 위해 사용하는 장치 기억법 배임(배임죄)
분파기	서로 다른 **주**파수의 합성된 **신호**를 **분리**하기 위해서 사용하는 장치 기억법 파주

16. 03. 시행 / 산업(전기)

혼합기	두 개 이상의 **입력신호**를 원하는 비율로 **조합**한 **출력**이 발생하도록 하는 장치
증폭기	신호전송시 신호가 약해져 수신이 불가능해지는 것을 방지하기 위해서 **증폭**하는 장치
무선중계기	안테나를 통하여 수신된 무전기 신호를 증폭한 후 음영지역에 재방사하여 무전기 상호간 송수신이 가능하도록 하는 장치
옥외안테나	감시제어반 등에 설치된 무선중계기의 입력과 출력포트에 연결되어 송수신 신호를 원활하게 방사·수신하기 위해 옥외에 설치하는 장치

① 증폭기 → 혼합기

중요

무선통신보조설비의 증폭기 및 무선중계기의 설치기준
(NFPC 505 8조, NFTC 505 2.5)
(1) 상용전원은 **축전지설비**, 전기저장장치 또는 **교류전압 옥내간선**으로 하고, 전원까지의 배선은 **전용**
(2) 증폭기의 전면에는 전원확인 **표시등** 및 **전압계** 설치
(3) 증폭기의 비상전원용량은 30분 이상
(4) **증폭기 및 무선중계기**를 설치하는 경우 전파법 규정에 따른 적합성 평가를 받은 제품으로 설치
(5) 디지털방식의 무전기를 사용하는 데 지장이 없도록 설치할 것

용어

전기저장장치
외부 전기에너지를 저장해 두었다가 필요할 때 전기를 공급하는 장치

답 ①

---

68 누전경보기의 전원전압 정류회로에서 병렬로 연결되는 콘덴서의 용도로서 가장 적합한 것은?
[13.09.문62]

① 직류전압을 평활하게 하기 위한 것이다.
② 직류전압의 온도보정용이다.
③ 교류전압을 저지하기 위한 것이다.
④ 정류기의 절연저항을 증가시키기 위한 것이다.

해설 **콘덴서**(condenser)
직류전압을 **평활**(일정하게 유지)하게 하기 위하여 정류회로의 **출력단**에 설치하여야 한다.

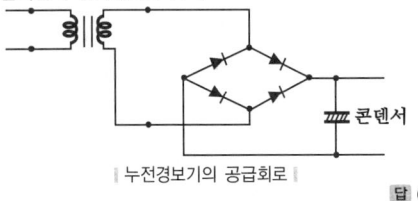

▮누전경보기의 공급회로▮

답 ①

---

69 피난기구의 설치기준으로 틀린 것은?

① 피난기구를 설치하는 개구부는 서로 동일 직선상인 위치에 있을 것
② 완강기는 강하시 로프가 소방대상물과 접촉하여 손상되지 아니하도록 할 것
③ 미끄럼대는 안전한 강하속도를 유지하도록 하고 전락방지를 위한 안전조치를 할 것
④ 구조대의 길이는 안정한 강하속도를 유지할 것

해설 **적응성 및 설치개수**(NFPC 301 5조, NFTC 301 2.1)
피난기구를 설치하는 **개구부**는 서로 동일 **직선상**이 **아닌 위치**에 있을 것

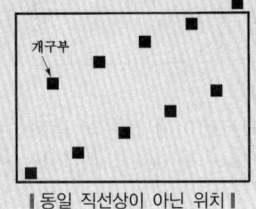

▮동일 직선상이 아닌 위치▮

답 ①

---

70 비상방송설비에 사용하는 확성기는 각 층마다 설치하되 그 층의 각 부분으로부터 하나의 확성기까지 수평거리가 몇 m 이하가 되도록 설치하는가?

[19.09.문77]
[19.04.문71]
[19.03.문71]
[15.09.문65]
[15.05.문75]
[14.05.문80]
[14.03.문74]
[13.03.문63]

① 15 ② 25
③ 30 ④ 45

해설 **비상방송설비**의 **설치기준**(NFPC 202 4조, NFTC 202 2.1)
(1) 확성기의 음성입력은 실내 **1W**, 실외 **3W** 이상일 것
(2) 확성기는 각 **층**마다 설치하되, 각 부분으로부터의 수평거리는 **25m 이하**일 것
(3) 음량조정기는 **3선식** 배선일 것
(4) 조작위치는 바닥으로부터 **0.8~1.5m** 이하의 높이에 설치할 것
(5) 다른 전기회로에 의하여 **유도장애**가 생기지 않을 것
(6) 비상방송 개시시간은 **10초** 이하일 것
(7) **엘리베이터** 내부에는 **별도**의 **음향장치**를 설치할 수 있다.
(8) 2 이상의 조작부가 설치된 경우 동시통화가 가능하고 전 구역에 방송할 수 있을 것

답 ②

---

71 비상방송설비에서 기동장치에 따른 화재신고를 수신한 후 필요한 음량으로 화재발생 상황 및 피난에 유효한 방송이 자동으로 개시될 때까지의 소요시간은?

[19.04.문71]
[15.09.문65]
[15.05.문75]
[14.05.문80]
[14.03.문74]
[13.03.문63]

① 5초 이하
② 10초 이하
③ 15초 이하
④ 20초 이하

해설 문제 70 참조

② 비상방송설비 : **10초** 이하

중요

소요시간

기기	시간
• P형·P형 복합식·R형·R형 복합식·GP형·GP형 복합식·GR형·GR형 복합식 수신기 • 중계기	5초 이내
비상방송설비	10초 이하
가스누설경보기	60초 이내
축적형 수신기	• 축적시간 : 30~60초 이하 • 화재표시감지시간 : 60초

답 ②

72 3선식 배선으로 상시 충전되는 유도등의 전기회로에 점멸기를 설치하는 경우에 유도등이 점등되어야 할 때가 아닌 것은?

① 자동화재탐지설비의 감지기 또는 발신기가 작동한 때
② 비상경보설비의 발신기가 작동한 때
③ 방재업무를 통제하는 곳 또는 전기실의 배전반에서 수동으로 점등하는 때
④ 옥내소화전설비가 작동되는 때

해설 유도등의 3선식 배선시 점등되는 경우(NFTC 303 2.7.4)
(1) 자동화재탐지설비의 감지기 또는 발신기가 작동되는 경우
(2) 비상경보설비의 발신기가 작동되는 경우
(3) 상용전원이 정전되거나 전원선이 단선되는 경우
(4) 방재업무를 통제하는 곳 또는 전기실의 배전반에서 수동적으로 점등하는 경우
(5) 자동소화설비가 작동되는 경우

답 ④

73 복도에 비상조명등을 설치한 경우 휴대용 비상조명등을 설치하지 아니할 수 있는 시설은?

① 아파트
② 숙박시설
③ 근린생활시설
④ 다중이용업소

해설 휴대용 비상조명등의 설치제외 장소(NFPC 304 5조, NFTC 304 2.2.2)
(1) 지상 1층 또는 피난층으로서 복도·통로 또는 창문 등의 개구부를 통하여 피난이 용이한 경우
(2) 숙박시설로서 복도에 비상조명등을 설치한 경우

비교

비상조명등의 설치제외 장소(NFPC 304 5조)
(1) 거실의 각 부분으로부터 하나의 출입구에 이르는 보행거리가 15m 이내인 부분
(2) 의원·경기장·공동주택·의료시설·학교의 거실

기억법 공주학교의 의경

답 ②

74 누전경보기의 부품 중 전압 지시전기계기의 최대눈금은 사용하는 회로의 정격전압의 몇 % 이상 몇 % 이하여야 하는가?

① 110~125%
② 120~140%
③ 130~150%
④ 140~200%

해설 누전경보기의 형식승인 및 제품검사의 기술기준 4조
전압 지시전기계기의 최대눈금 : 정격전압의 140~200% 이하

답 ④

75 공연장 및 집회장에 설치해야 할 유도등 및 유도표지의 종류에 해당하지 않는 것은?

① 객석유도등
② 통로유도등
③ 피난구유도표지
④ 대형 피난구유도등

해설 유도등 및 유도표지의 종류(NFPC 303 4조, NFTC 303 2.1.1)

설치장소	유도등 및 유도표지의 종류
• **공**연장·**집**회장·**관**람장·**운**동시설 • 유흥주점 영업시설(카바레, 나이트클럽)	• **대**형 피난구유도등 • **통**로유도등 • **객**석유도등
• 위락시설·판매시설 • 관광숙박업·의료시설·방송통신시설 • 전시장·지하상가·지하철역사 • 운수시설·장례식장	• 대형 피난구유도등 • 통로유도등
• 숙박시설·오피스텔 • 지하층·무창층 및 11층 이상의 부분	• 중형 피난구유도등 • 통로유도등
• 근린생활시설·노유자시설·업무시설 • 종교시설·교육연구시설·공장 • 교정 및 군사시설 • 자동차정비공장·운전학원 및 정비학원 • 다중이용업소 • 수련시설·발전시설 • 복합건축물	• 소형 피난구유도등 • 통로유도등
• 그 밖의 것	• 피난구유도표지 • 통로유도표지

기억법 공집관운 대통객

답 ③

76 열반도체식 감지기의 구성요소가 아닌 것은?

① 수열판
② 다이어프램
③ 미터릴레이
④ 열반도체소자

해설 **구성요소**

열반도체식 감지기	열전대식 감지기
① 열반도체소자 ② 수열판 ③ 미터릴레이	① 열전대 ② 미터릴레이 　(가동선륜, 스프링, 접점) ③ 접속전선

② 다이어프램 : 차동식 스포트형 감지기의 구성요소

답 ②

77 무선통신보조설비의 누설동축케이블은 금속제 또는 자기제 등의 지지금구를 이용하여 벽·천장 등에 몇 m 이내마다 고정시켜야 하는가? (단, 불연재료로 구획된 반자 안에 설치하는 경우는 제외한다.)

16.05.문79
15.09.문70
14.05.문77
12.03.문72
02.05.문68

① 4　　② 6
③ 8　　④ 10

해설 **누설동축케이블의 설치기준**(NFPC 505 5조, NFTC 505 2.5)
(1) 소방전용 주파수대에서 전파의 **송신** 또는 **복사**에 적합한 것으로서 소방전용의 것일 것
(2) 누설동축케이블과 이에 접속하는 안테나 또는 동축케이블과 이에 접속하는 안테나일 것
(3) 누설동축케이블 및 동축케이블은 화재에 따라 해당 케이블의 피복이 소실된 경우에 케이블 본체가 떨어지지 아니하도록 **4m** 이내마다 금속제 또는 자기제 등의 지지금구로 벽·천장·기둥 등에 견고하게 고정시킬 것 (단, 불연재료로 구획된 반자 안에 설치하는 경우 제외)
(4) 누설동축케이블 및 안테나는 고압전로로부터 **1.5m** 이상 떨어진 위치에 설치할 것(해당 전로에 **정전기차폐장치**를 유효하게 설치한 경우에는 제외)
(5) 누설동축케이블의 끝부분에는 **무반사종단저항**을 설치할 것

※ **무반사종단저항** : 전송로로 전송되는 전자파가 전송로의 종단에서 반사되어 교신을 방해하는 것을 막기 위한 저항이다.

답 ①

78 누전경보기 배선용 차단기의 전류용량은 몇 A 이하의 것으로 하여야 하는가?

16.10.문69
15.05.문73
15.03.문76
14.09.문70
14.09.문76
14.03.문63
14.03.문69
13.06.문70

① 15　　② 20
③ 40　　④ 60

해설 **누전경보기의 설치기준**(NFPC 205 6조, NFTC 205 2.3)
(1) 각 극에 개폐기 및 **15A** 이하의 **과전류차단기**를 설치할 것(**배선용 차단기**는 **20A** 이하)

기억법 과15(과일 다오.)

(2) 분전반으로부터 **전용회로**로 할 것
(3) 개폐기에는 누전경보기임을 표시할 것

60A 이하	60A 초과
1급 또는 2급	1급

답 ②

79 비상전원수전설비에서 옥외에 설치하는 큐비클형의 경우 외함에 노출하여 설치할 수 없는 것은?

① 환기장치
② 퓨즈 등으로 보호한 전압계
③ 전선의 인입구 및 인출구
④ 불연성 재료로 덮개를 설치한 표시등

해설 **소방시설용 비상전원수전설비**(NFPC 602 5조, NFTC 602 2.2.3.3)
큐비클형 외함을 옥외에 노출하여 설치할 수 있는 경우
(1) 표시등(불연성 또는 난연성 재료로 덮개를 설치한 것)
(2) 전선의 인입구 및 인출구
(3) 환기장치

답 ②

80 비상콘센트설비의 전원부와 외함 사이의 절연저항 측정기준으로 옳은 것은?

19.09.문75
19.03.문66
14.05.문70
13.06.문77

① 250V 절연저항계로 측정할 때 10MΩ 이상일 것
② 250V 절연저항계로 측정할 때 20MΩ 이상일 것
③ 500V 절연저항계로 측정할 때 10MΩ 이상일 것
④ 500V 절연저항계로 측정할 때 20MΩ 이상일 것

해설 **절연저항시험**

절연저항계	절연저항	대상
직류 250V	0.1MΩ 이상	• 1경계구역의 절연저항
	5MΩ 이상	• 누전경보기 • 가스누설경보기 • 수신기(10회로 미만, 절연된 충전부와 외함 간) • 자동화재속보설비 • 비상경보설비 • 유도등(교류입력측과 외함 간 포함) • 비상조명등(교류입력측과 외함 간 포함)
직류 500V	20MΩ 이상	• 경종 • 발신기 • 중계기 • **비상콘센트** • 기기의 절연된 선로 간 • 기기의 충전부와 비충전부 간 • 기기의 교류입력측과 외함 간(유도등·비상조명등 제외)
	50MΩ 이상	• 감지기(정온식 감지선형 감지기 제외) • 가스누설경보기(10회로 이상) • 수신기(10회로 이상, 교류입력측과 외함 간 제외)
	1000MΩ 이상	• 정온식 감지선형 감지기

기억법 콘2(콘이 맞았다!)

답 ④

2016. 5. 8 시행

2016년 산업기사 제2회 필기시험

자격종목	종목코드	시험시간	형별
소방설비산업기사(전기분야)		2시간	

수험번호	성명

※ 각 문항은 4지택일형으로 질문에 가장 적합한 보기 항을 선택하여 체크하여야 합니다.

제1과목 소방원론

01 물의 물리적 성질에 대한 설명으로 틀린 것은?
① 물의 비열은 1cal/g·℃이다.
② 물의 융융열은 79.7cal/g이다.
③ 물의 증발잠열은 439kcal/g이다.
④ 대기압하에서 100℃ 물이 액체에서 수증기로 바뀌면 체적은 약 1600배 증가한다.

  ③ 439kcal/g → 539cal/g

물의 잠열

잠열 및 열량	설 명
80cal/g	융해잠열
539cal/g	기화(증발)잠열
639cal	0℃의 **물** 1g이 100℃의 수증기가 되는 데 필요한 열량
719cal	0℃의 **얼음** 1g이 100℃의 수증기가 되는 데 필요한 열량

답 ③

02 화재강도에 영향을 미치는 인자가 아닌 것은?
① 가연물의 비표면적
② 화재실의 구조
③ 가연물의 배열상태
④ 점화원 또는 발화원의 온도

 화재강도(fire intensity)에 **영향**을 미치는 **인자**
(1) 가연물의 비표면적
(2) 화재실의 구조
(3) 가연물의 배열상태

용어
화재강도
열의 집중 및 방출량을 상대적으로 나타낸 것. 즉 화재의 온도가 높으면 화재강도는 커진다.

답 ④

03 물분무소화설비의 주된 소화효과가 아닌 것은?
① 냉각효과
② 연쇄반응 단절효과
③ 질식효과
④ 희석효과

주된 소화효과

물	물분무	할론	분말
● 냉각효과	● 냉각효과 ● 질식효과 ● 희석효과	● 연쇄반응 차단효과	● 질식효과

답 ②

04 할로겐화합물 및 불활성기체 소화약제 중 HFC 계열인 펜타플루오로에탄(HFC-125, CHF_2CF_3)의 최대 허용설계농도는?
① 0.2%   ② 1.0%
③ 11.5% ④ 9.0%

할로겐화합물 및 불활성기체 소화약제 최대 허용설계농도
(NFTC 107A 2.4.2)

소화약제	최대 허용설계농도[%]
FIC-13I1	0.3
HCFC-124	1.0
FK-5-1-12	10
HCFC BLEND A	
HFC-227ea	10.5
HFC-125	**11.5**
HFC-236fa	12.5
HFC-23	30
FC-3-1-10	40
IG-01	43
IG-100	
IG-541	
IG-55	

답 ③

05
어떤 유기화합물을 분석한 결과, 실험식이 CH_2O이었으며 분자량을 측정하였더니 60이었다. 이 물질의 시성식은? (단, C, H, O의 원자량은 각각 12, 1, 16이다.)

① CH_3OH
② CH_3COOCH_3
③ CH_3COCH_3
④ CH_3COOH

해설

원소	원자량
H	1
C	12
O	16

분자량 $CH_2O = 12 + (1 \times 2) + 16 = 30$
문제에서 분자량 60은 30의 2배이므로
$CH_2O \xrightarrow{2배} C_2H_4O_2 \Rightarrow CH_3COOH$
(여기서, C : 2개, H : 4개, O : 2개)

답 ④

06
건축물의 주요구조부에서 제외되는 것은?

16.10.문09
13.06.문12

① 차양   ② 바닥
③ 내력벽   ④ 지붕틀

해설

① 차양 : 주요구조부에서 제외

주요구조부
(1) 내력**벽**
(2) **보**(작은 보 제외)
(3) **지**붕틀(차양 제외)
(4) **바**닥(최하층 바닥 제외)
(5) **주**계단(옥외계단 제외)
(6) **기**둥(사잇기둥 제외)

기억법 벽보지 바주기

답 ①

07
실험군 쥐를 15분 동안 노출시켰을 때 실험군 쥐의 절반이 사망하는 치사농도는?

① ODP
② GWP
③ NOAEL
④ ALC

해설 ALC(Approximate Lethal Concentration) : **치사농도**
(1) 실험쥐의 **50%**를 15분 이내에 사망시킬 수 있는 허용농도
(2) 실험쥐를 **15분** 동안 노출시켰을 때 실험쥐의 **절반**이 사망하는 치사농도

 중요

독성학의 허용농도
(1) LD_{50}과 LC_{50}

LD_{50}(Lethal Dose) : 반수치사량	LC_{50}(Lethal Concentration) : 반수치사농도
실험쥐의 50%를 사망시킬 수 있는 물질의 양	실험쥐의 50%를 사망시킬 수 있는 물질의 농도

(2) **LOAEL**과 **NOAEL**

LOAEL(Lowest Observed Adverse Effect Level)	NOAEL(No Observed Adverse Effect Level)
인간의 심장에 영향을 주는 최소농도	인간의 심장에 영향을 주지 않는 최대농도

(3) TLV(Threshold Limit Values) : **허용한계농도**
독성 물질의 섭취량과 인간에 대한 그 반응 정도를 나타내는 관계에서 손상을 입히지 않는 농도 중 가장 큰 값

TLV 농도표시법	정 의
TLV-TWA (시간가중 평균농도)	매일 일하는 근로자가 하루에 8시간씩 근무할 경우 근로자에게 노출되어도 아무런 영향을 주지 않는 최고 평균농도
TLV-STEL (단시간 노출허용농도)	단시간 동안 노출되어도 유해한 증상이 나타나지 않는 최고 허용농도
TLV-C (최고 허용한계농도)	단 한순간이라도 초과하지 않아야 하는 농도

답 ④

08
다음 열분해반응식과 관계가 있는 분말소화약제는?

19.03.문14
17.03.문18
14.09.문18
13.09.문17

$$2NaHCO_3 \rightarrow Na_2CO_3 + CO_2 + H_2O$$

① 제1종 분말   ② 제2종 분말
③ 제3종 분말   ④ 제4종 분말

해설 분말소화기 : 질식효과

종 별	소화약제	약제의 착색	화학반응식	적응화재
제1종	중탄산나트륨 ($NaHCO_3$)	백색	$2NaHCO_3 \rightarrow Na_2CO_3 + CO_2 + H_2O$	BC급
제2종	중탄산칼륨 ($KHCO_3$)	담자색 (담회색)	$2KHCO_3 \rightarrow K_2CO_3 + CO_2 + H_2O$	BC급
제3종	인산암모늄 ($NH_4H_2PO_4$)	담홍색	$NH_4H_2PO_4 \rightarrow HPO_3 + NH_3 + H_2O$	ABC급
제4종	중탄산칼륨+요소 ($KHCO_3 + (NH_2)_2CO$)	회(백)색	$2KHCO_3 + (NH_2)_2CO \rightarrow K_2CO_3 + 2NH_3 + 2CO_2$	BC급

● 화학반응식=열분해반응식

답 ①

09. 화재의 종류에서 A급 화재에 해당하는 색상은?

① 황색
② 청색
③ 백색
④ 적색

해설

화재 종류	표시색	적응물질
일반화재(A급)	**백**색	• 일반가연물 • **종**이류 화재 • **목**재, **섬**유화재
유류화재(B급)	**황**색	• 가연성 액체 • 가연성 가스 • 액화가스화재 • 석유화재
전기화재(C급)	**청**색	• **전기**설비
금속화재(D급)	**무**색	• 가연성 금속
주방화재(K급)	–	• 식용유화재

기억법 백황청무

※ 요즘은 표시색의 의무규정은 없음

답 ③

10. 오존층 파괴효과가 없는(ODP=0) 소화약제는?

① Halon 1301
② HFC-227ea
③ HCFC BLEND A
④ Halon 1211

해설
① Halon 1301 : ODP=10
③ HCFC BLEND A : ODP=0.04
④ Halon 1211 : ODP=3

ODP=0인 소화약제
(1) FC-3-1-10
(2) HFC-125
(3) **HFC-227ea**
(4) HFC-23
(5) IG-541

용어

오존파괴지수(ODP ; Ozone Depletion Potential)
어떤 물질의 오존파괴능력을 상대적으로 나타내는 지표

$$ODP = \frac{어떤\ 물질\ 1kg이\ 파괴하는\ 오존량}{CFC\ 11의\ 1kg이\ 파괴하는\ 오존량}$$

답 ②

11. 연소상태에 대한 설명 중 적합하지 못한 것은?

① 불완전연소는 산소의 공급량 부족으로 나타나는 현상이다.
② 가연성 액체의 연소는 액체 자체가 연소하고 있는 것이다.
③ 분해연소는 가연물질이 가열분해되고, 그때 생기는 가연성 기체가 연소하는 현상을 말한다.
④ 표면연소는 가연물 그 자체가 직접 불에 타는 현상을 의미한다.

해설

② 가연성 액체의 연소는 **가연성 증기**가 연소하는 것이다.

연소의 형태

연소형태	설명
표면연소	① 열분해에 의하여 가연성 가스를 발생하지 않고 그 물질 **자체**가 **연소**하는 현상 ② 가연물 그 자체가 직접 불에 타는 현상
분해연소	① 연소시 열분해에 의하여 발생된 **가스**와 **산소**가 **혼합**하여 연소하는 현상 ② 가연물질이 가열분해되고, 그때 생기는 가연성 기체가 연소하는 현상
증발연소	가열하면 **고체**에서 **액체**로, **액체**에서 **기체**로 상태가 변하여 그 기체가 연소하는 현상
자기연소	열분해에 의해 **산소**를 **발생**하면서 연소하는 현상

답 ②

12. 다음 중 가연성 가스가 아닌 것은?

① 수소
② 염소
③ 암모니아
④ 메탄

해설 **가연성 가스**와 **지연성 가스**

가연성 가스	지연성 가스
• 수소 • 메탄 • 암모니아 • 일산화탄소 • 천연가스 • 에탄 • 프로판	• 산소 • 공기 • 오존 • 불소 • 염소

• 지연성 가스 = 조연성 가스

참고

가연성 가스와 **지연성 가스**

가연성 가스	지연성 가스
물질 자체가 연소하는 것	자기 자신은 연소하지 않지만 연소를 도와주는 가스

답 ②

13. 화재발생 위험에 대한 설명으로 틀린 것은?

① 인화점은 낮을수록 위험하다.
② 발화점은 높을수록 위험하다.
③ 산소농도는 높을수록 위험하다.
④ 연소하한계는 낮을수록 위험하다.

해설 폭발한계(연소범위)
(1) 하한계가 낮을수록 위험하다.
(2) 상한계가 높을수록 위험하다.
(3) 연소범위가 넓을수록 위험하다.
(4) 연소범위의 하한계는 그 물질의 인화점에 해당된다.
(5) 연소범위는 주위온도에 관계가 깊다.
(6) 압력상승시 하한계는 불변, 상한계만 상승한다.
(7) 연소하한과 연소상한의 범위를 나타낸다.
(8) 인화점은 낮을수록 위험하다.
(9) **발화점은 낮을수록** 위험하다.
(10) 산소농도는 높을수록 위험하다.

답 ②

14. 열에너지원의 종류 중 화학열에 해당하는 것은?

① 압축열
② 분해열
③ 유전열
④ 스파크열

해설
① 압축열 : 기계열
③ 유전열 : 전기열
④ 스파크열 : 기계열

열에너지원의 종류

기계열 (기계적 점화원)	전기열 (전기적 점화원)	화학열 (화학적 점화원)
• 압축열 • 마찰열 • 마찰스파크(스파크열)	• 유도열 • 유전열 • 저항열 • 아크열 • 정전기열 • 낙뢰에 의한 열	• **연**소열 • **용**해열 • **분**해열 • **생**성열 • **자**연발화열

기억법 기압마   **기억법** 화연용분생자

답 ②

15. 분말소화약제의 열분해에 의한 반응식 중 맞는 것은?

① $2NaHCO_3 + 열 \rightarrow NaCO_3 + 2CO_2 + H_2O$
② $2KHCO_3 + 열 \rightarrow KCO_3 + 2CO_2 + H_2O$
③ $NH_4H_2PO_4 + 열 \rightarrow HPO_3 + NH_3 + H_2O$
④ $2KHCO_3 + (NH_2)_2CO + 열 \rightarrow K_2CO_3 + NH_2 + CO_2$

해설 분말소화기 : 질식효과

종별	소화약제	약제의 착색	화학반응식	적응 화재
제1종	중탄산나트륨 ($NaHCO_3$)	백색	$2NaHCO_3 + 열 \rightarrow$ $Na_2CO_3 + CO_2 + H_2O$	BC급
제2종	중탄산칼륨 ($KHCO_3$)	담자색 (담회색)	$2KHCO_3 + 열 \rightarrow$ $K_2CO_3 + CO_2 + H_2O$	BC급
제3종	인산암모늄 ($NH_4H_2PO_4$)	담홍색	$NH_4H_2PO_4 + 열 \rightarrow$ $HPO_3 + NH_3 + H_2O$	**ABC**급
제4종	중탄산칼륨 +요소 ($KHCO_3+$ $(NH_2)_2CO$)	회(백)색	$2KHCO_3 +$ $(NH_2)_2CO + 열 \rightarrow$ $K_2CO_3 +$ $2NH_3 + 2CO_2$	BC급

• 중탄산나트륨 = 탄산수소나트륨
• 중탄산칼륨 = 탄산수소칼륨
• 제1인산암모늄 = 인산암모늄 = 인산염
• 중탄산칼륨 + 요소 = 탄산수소칼륨 + 요소

기억법 3ABC(3종이니까 3가지 **ABC**급)

답 ③

16. 위험물의 위험성을 나타내는 성질에 대한 설명으로 틀린 것은?

① 비등점이 낮아지면 인화의 위험성이 높다.
② 비중의 값이 클수록 위험성이 높다.
③ 융점이 낮아질수록 위험성이 높다.
④ 점성이 낮아질수록 위험성이 높다.

해설 ② 클수록 → 낮아질수록

위험물질의 위험성
(1) 비등점(비점)이 낮아질수록 위험하다.
(2) 융점이 낮아질수록 위험하다.
(3) 점성이 낮아질수록 위험하다.
(4) 비중이 낮아질수록 위험하다.

용어

구분	설명
비등점	액체가 끓어오르는 온도, '비점'이라고도 한다.
융점	녹는 온도, '융해점'이라고도 한다.
점성	끈끈한 성질
비중	어떤 물질과 표준물질과의 질량비

답 ②

17. 건물내부에서 화재가 발생하여 실내온도가 27℃에서 1227℃로 상승한다면 이 온도상승으로 인하여 실내공기는 처음의 몇 배로 팽창하는가? (단, 화재에 의한 압력변화 등 기타 주어지지 않은 조건은 무시한다.)

① 3배 ② 5배
③ 7배 ④ 9배

해설 **샤를의 법칙**(Charl's law)

$$\frac{V_1}{T_1} = \frac{V_2}{T_2}$$

여기서, V_1, V_2 : 부피[m³]
 T_1, T_2 : 절대온도[K]

부피 V_2는

$V_2 = V_1 \times \frac{T_2}{T_1} = 1 \times \frac{(273+1227)K}{(273+27)K} ≒ 5배$

※ 처음 부피(V_1)는 1로 가정한다.

답 ②

18. 온도 및 습도가 높은 장소에서 취급할 때 자연발화의 위험성이 가장 큰 것은?
17.09.문05
14.05.문17
10.05.문05
① 질산나트륨   ② 황화인
③ 아닐린   ④ 셀룰로이드

해설 **자연발화의 형태**

구분	종류
분해열	• **셀**룰로이드 • **나**이트로셀룰로오스
산화열	• 건성유(정어리유, 아마인유, 해바라기유) • 석탄 • 원면 • 고무분말
발효열	• **퇴**비 • **먼**지 • **곡**물
흡착열	• **목**탄 • **활**성탄

| 기억법 | 자분산 발흡
분셀나
발퇴먼곡
흡목활 |

답 ④

19. 유류화재에 대한 설명으로 틀린 것은?
① 액체상태에서 불이 붙을 수 있다.
② 유류는 반드시 휘발하여 기체상태에서만 불이 붙을 수 있다.
③ 경질류 화재는 쉽게 발생할 수 있으나 열축적이 없어 쉽게 진화할 수 있다.
④ 중질류 화재는 경질류 화재의 진압보다 어렵다.

해설 **유류화재**
① 액체상태에서는 불이 붙을 수 없고 가연성 증기, 즉 **기체상태**에서만 불이 붙을 수 있다.

답 ①

20. 응축상태의 연소를 무엇이라 하는가?
① 작열연소   ② 불꽃연소
③ 폭발연소   ④ 분해연소

해설 **표면연소**
숯, **코**크스, **목**탄, **금**속분 등이 열분해에 의하여 가연성 가스를 발생하지 않고 그 물질 자체가 연소하는 현상

• 표면연소=응축연소=작열연소=직접연소

답 ①

제 2 과목   소방전기일반

21. 계전기 접점의 불꽃을 소거할 목적으로 사용되는 반도체소자는?
15.09.문22
15.05.문24
12.05.문24
① 바리스터   ② 서미스터
③ 바랙터다이오드 ④ 터널다이오드

해설 **반도체소자**

명 칭	심 벌
제너다이오드(Zener Diode) : 주로 정전압 전원회로에 사용된다. '정전압다이오드'라고도 부른다.	
서미스터(thermistor) • 부온도 특성을 가진 저항기의 일종으로서 주로 **온도보정용**으로 쓰인다. • 온도에 따라 저항값이 변환하는 소자이다.	
SCR(Silicon Controlled Rectifier) : **단방향 대전류 스위칭소자**로서 제어를 할 수 있는 정류소자이다.	
바리스터(varistor) : 주로 **서**지전압에 대한 **회로보호용**으로 사용된다.(계전기 접점의 불꽃 제거)	
기억법 바서보	
UJT(UniJunction Transistor) : 단일접합 트랜지스터로서 증폭기로는 사용이 불가능하며 톱니파나 펄스발생기로 작용하고 **SCR의 트리거소자**로 쓰인다.	
바랙터(varactor) : 제너현상을 이용한 다이오드이다.	—

답 ①

22. 피드백제어계의 특징으로 틀린 것은?
14.03.문29
13.06.문29
① 정확성의 증가
② 감대폭(대역폭)의 감소
③ 구조가 복잡하고 많은 설치비용이 필요
④ 계의 특성변화에 대한 입력 대 출력비의 감도감소

16. 05. 시행 / 산업(전기)

해설 피드백제어의 특징
(1) **정확도**(정확성)가 **증가**한다.
(2) **대역폭**이 **크다**.
(3) 계의 특성변화에 대한 입력 대 출력비의 감도가 **감소**한다.
(4) 구조가 **복잡**하고 설치비용이 고가이다.
(5) 폐회로로 구성되어 있다.
(6) 입력과 출력을 비교하는 장치가 있다.
(7) 오차를 **자동정정**한다.
(8) **발진**을 일으키고 **불안정 상태**로 되는 경향성이 있다.

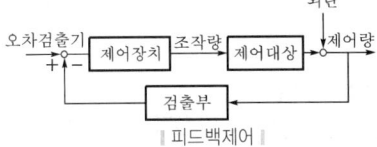

② 감대폭(대역폭)의 감소 → 감대폭(대역폭)의 증가

용어
피드백제어(feedback control)
출력신호를 입력신호로 되돌려서 **입력**과 **출력**을 **비교**함으로써 **정확한 제어**가 가능하도록 한 제어

기억법 피비(피비린내 내지마!)

답 ②

23 ★★
$i = I_m \sin(\omega t - 15°)$ A인 정현파에서 ωt가 어느 값일 때 순시값이 실효값과 같게 되는가?
① 30°
② 45°
③ 60°
④ 90°

해설 순시값
$$v = V_m \sin\omega t = \sqrt{2}\, V \sin\omega t \,[\text{V}] \quad (V_m = \sqrt{2}\, V)$$
$$i = I_m \sin\omega t = \sqrt{2}\, I \sin\omega t \,[\text{A}] \quad (I_m = \sqrt{2}\, I)$$

여기서, v : 전압의 순시값[V]
V_m : 전압의 최대값[V]
ω : 각주파수[rad/s]
t : 주기[s]
V : 실효값[V]
i : 전류의 순시값[A]
I : 전류의 실효값[A]
I_m : 전류의 최대값[A]

순시값과 실효값이 같은 경우
$$I_m \sin(\omega t - 15°) = I$$
$$\sin(\omega t - 15°) = \frac{I}{I_m}$$
$$\sin(\omega t - 15°) = \frac{\cancel{I}}{\sqrt{2}\,\cancel{I}}$$
$$\sin(\omega t - 15°) = \frac{1}{\sqrt{2}}$$
$$\sin(60° - 15°) = \frac{1}{\sqrt{2}}$$
$$\therefore \omega t = 60°$$

답 ③

24 ★
금속에 전류가 흐르는 까닭은 무엇의 이동에 따른 것인가?
① 자유전자
② 중성자
③ 전자핵
④ 양자

해설 자유전자(Free Electron)
전류의 흐름

중요
전류
(1) 자유전자의 이동
(2) 단위시간당 전기의 양

답 ①

25 ★★★
시퀀스제어에 대한 설명으로 틀린 것은?
① 논리회로가 조합되어 사용된다.
② 기계적 접점도 사용된다.
③ 전체 시스템에 연결된 접점들이 일시에 동작할 수 있다.
④ 시간지연요소가 사용된다.

해설 시퀀스제어(sequence control)
미리 정해진 순서에 따라 각 단계가 순차적으로 진행되는 제어(예 무인 커피판매기)

참고
시퀀스제어의 특징
(1) **원인**과 **결과**가 확실한 제어이다.
(2) 미리 정해진 **순서**에 따라 제어가 된다.
(3) **제어결과**에 따라 조작이 **자동적**이다.

③ **일시**에 동작할 수 있다. → **순차적**으로 동작한다.

답 ③

26 ★★
동선의 길이를 2배로 고르게 늘리니 전선의 단면적이 $\frac{1}{2}$로 되었다. 이때 저항은 처음의 몇 배가 되는가? (단, 체적은 일정하다.)
① 2배
② 4배
③ 8배
④ 16배

해설
$$R = \rho \frac{l}{A}$$

여기서, R : 저항[Ω]
ρ : 고유저항[Ω·mm²/m]
A : 전선의 단면적[mm²]
l : 전선의 길이[m]

저항 R은
$$R = \rho \frac{l}{A} \propto \frac{l}{A}$$

길이 2배(2l), 단면적 $\frac{1}{2}$배$\left(\frac{1}{2}A\right)$로 할 때 저항 R'는

$$R' = \rho \frac{l'}{A'} = \frac{2l}{\frac{1}{2}A} = 4\frac{l}{A} = 4배$$

📢 **중요**

전선의 고유저항	
전선의 종류	고유저항[Ω·mm²/m]
알루미늄선	$\frac{1}{35}$
경동선	$\frac{1}{55}$
연동선	$\frac{1}{58}$

답 ②

27 ★★ 서보전동기에 필요한 특징을 설명한 것으로 옳
05.09.문21 지 않은 것은?

① 정·역회전이 가능하여야 한다.
② 직류용은 없고 교류용만 있다.
③ 저속이며 원활한 운전이 가능하여야 한다.
④ 급가속, 급감속이 쉬워야 한다.

해설 서보전동기(servo motor)
서보기구의 최종단에 설치되는 조작기기로서, **직선운동** 또는 **회전운동**을 하며 정확한 제어가 가능하다.

② 직류용과 교류용이 있다.

📌 **참고**

서보전동기의 특징
(1) **직류전동기**와 **교류전동기**가 있다.
(2) **정·역회전**이 가능하다.
(3) **급가속, 급감속**이 가능하다.
(4) **저속운전**이 용이하다.

답 ②

28 ★★ 변압기의 정격 1차 전압이란?
09.03.문27
① 전부하를 걸었을 때의 1차 전압
② 정격 2차 전압에 권수비를 곱한 것
③ 무부하시의 1차 전압
④ 정격 2차 전압을 권수비로 나눈 것

해설 권수비

$$a = \frac{V_1}{V_2}$$

여기서, a : 권수비
  V_1 : 정격 1차 전압[V]
  V_2 : 정격 2차 전압[V]

정격 1차 전압 V_1은
$V_1 = a \times V_2$

② **정격 1차 전압** : 정격 2차 전압×권수비

답 ②

29 ★ 변압기의 용량이 4kVA, 무유도 전부하에서의
05.03.문33 동손은 120W, 철손은 80W인 경우 부하가 $\frac{1}{2}$로
되었을 때의 효율은 약 몇 %인가?

① 80% ② 85%
③ 90% ④ 95%

해설

$$\eta = \frac{\frac{1}{m}P}{\frac{1}{m}P + P_i + \left(\frac{1}{m}\right)^2 P_c}$$

여기서, η : $\frac{1}{m}$ 부하에서의 효율
  P : 변압기 용량[VA]
  P_i : 철손[W]
  P_c : 동손[W]

$\frac{1}{2}$ 부하에서의 **효율** η는

$$\eta = \frac{\frac{1}{2} \times 4000}{\frac{1}{2} \times 4000 + 80 + \left(\frac{1}{2}\right)^2 \times 120} \fallingdotseq 0.95(95\%)$$

답 ④

30 ★★ 정전용량 C의 콘덴서에 W의 에너지를 축적하
19.09.문40 려면 인가전압은 몇 V인가?
17.09.문30
14.03.문31 ① $\sqrt{\dfrac{W}{C}}$ ② $\sqrt{\dfrac{W}{2C}}$
03.05.문32

③ $\sqrt{\dfrac{2C}{W}}$ ④ $\sqrt{\dfrac{2W}{C}}$

해설 정전에너지

$$W = \frac{1}{2}QV = \frac{1}{2}CV^2 = \frac{Q^2}{2C}$$

여기서, W : 정전에너지[J]
  Q : 전하[C]
  V : 전압[V]
  C : 정전용량[F]

$W = \frac{1}{2}CV^2$에서 전압 V는

$V = \sqrt{\dfrac{2W}{C}}$ [V]

답 ④

31

유도 결합되어 있는 한 쌍의 코일이 있다. 1차측 코일의 전류가 매초 5A의 비율로 변화하여 2차측 코일 양단에 15V의 유도기전력이 발생하고 있다면 두 코일 사이의 상호인덕턴스는 몇 H인가?

① 0.33 ② 3
③ 20   ④ 75

해설 유도기전력

$$e = M\frac{di}{dt}$$

여기서, e : 유도기전력[V]
　　　　M : 상호인덕턴스[H]
　　　　dt : 시간의 변화량[s]
　　　　di : 전류의 변화량[A]

상호인덕턴스 M은

$$M = e\frac{dt}{di} = 15 \times \frac{1}{5} = 3H$$

※ **매초** : **1초**를 의미한다고 생각하면 된다.

답 ②

32

프로세스제어에 대한 설명으로 가장 옳은 것은?

① 공업공정의 상태량을 제어량으로 하는 제어를 말한다.
② 목표값의 변화가 미리 정하여져 있어 그 정하여진 대로 변화하는 제어를 말한다.
③ 회전수, 방위, 전압과 같은 제어량이 일정시간 안에 목표값에 도달되는 제어이다.
④ 임의로 변화하는 목표값을 추정하는 제어의 일종이다.

해설 제어량에 의한 분류

분류방법	제어량
프로세스제어	• 온도 • 압력 • 유량 • 액면
서보기구	• 위치 • 방위 • 자세
자동조정	• 전압 • 전류 • 주파수 • 회전속도 • 장력

※ **프로세스제어**(**공정제어**) : 공업공정의 상태량을 제어량으로 하는 제어

기억법 프공

답 ①

33

0.1μF인 콘덴서에 $v = 2\sin(2\pi 100t)$의 전압을 인가했을 때 $t = 0$에서의 전류는 몇 A인가?

① 0   ② 0.1
③ 0.125 ④ 1.25

해설

$$X_C = \frac{1}{\omega C} = \frac{1}{2\pi fC}$$

여기서, X_C : 용량리액턴스[Ω]
　　　　ω : 각주파수[rad/s]
　　　　C : 정전용량[F]
　　　　f : 주파수[Hz]

용량리액턴스 X_C는

$$X_C = \frac{1}{2\pi fC} = \frac{1}{2\pi \times 100 \times 0.1 \times 10^{-6}} ≒ 15915\,\Omega$$

$$I = \frac{v}{X_C}$$

여기서, I : 전류[A]
　　　　X_C : 용량리액턴스[Ω]
　　　　v : 전압[V]

$v = 2\sin(2\pi 100t)$에서 $t = 0$이면 $v = 2\sin 0°$
$t = 0$에서의 **전류** I는

$$I = \frac{v}{X_C} = \frac{2\sin 0°}{15915} = 0A$$

답 ①

34

두 개의 저항 R_1, R_2를 직렬로 연결하면 10Ω, 병렬로 연결하면 2.4Ω이 된다. 두 저항값은 각각 몇 Ω인가?

① 5, 5   ② 4, 6
③ 3, 7   ④ 2, 8

해설 (1) 직렬연결

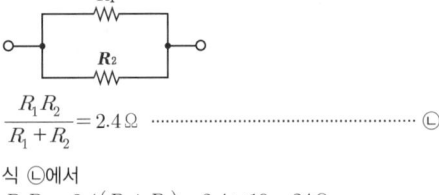

$R_1 + R_2 = 10\,\Omega$ ················ ㉠

(2) 병렬연결

$$\frac{R_1 R_2}{R_1 + R_2} = 2.4\,\Omega$$ ················ ㉡

식 ㉡에서
$R_1 R_2 = 2.4(R_1 + R_2) = 2.4 \times 10 = 24\,\Omega$

$$R_2 = \frac{24}{R_1}$$ ················ ㉢

식 ⓒ을 식 ⓐ에 적용하면
$$R_1 + R_2 = 10$$
$$R_1 + \frac{24}{R_1} = 10$$
$$R_1^2 + \frac{24R_1}{R_1} = 10R_1$$
$$R_1^2 - 10R_1 + \frac{24R_1}{R_1} = 0$$
$$R_1^2 - 10R_1 + 24 = 0$$

〈인수분해 공식〉
$$(x+a)(x+b) = x^2 + (a+b)x + ab$$
$$R_1^2 - (4+6)R_1 + (4 \times 6) \text{ 또는}$$
$$R_1^2 - (6+4)R_1 + (6 \times 4)$$
$$\therefore R_1 = 4\Omega \text{ 또는 } 6\Omega$$

$R_1 = 4$일 경우
$$R_1 + R_2 = 10$$
$$4 + R_2 = 10$$
$$R_2 = 10 - 4 = 6$$

$R_1 = 6$일 경우
$$R_1 + R_2 = 10$$
$$6 + R_2 = 10$$
$$R_2 = 10 - 6 = 4$$
$$\therefore R_2 = 6\Omega \text{ 또는 } 4\Omega$$

오랜만에 인수분해를 푸는 소감이 어떤가?

답 ②

35 전류의 열작용과 관계가 있는 법칙은?

① 키르히호프의 법칙
② 줄의 법칙
③ 플레밍의 법칙
④ 옴의 법칙

해설 여러 가지 법칙

법칙	설명
플레밍의 오른손 법칙	**도**체운동에 의한 **유**기기전력의 **방**향 결정 기억법 **방유도오**(**방**에 **우유**를 **도로** 갖다 놓게!)
플레밍의 왼손 법칙	**전**자력의 방향 결정 기억법 **왼전**(**왼** **전**쟁이냐?)
렌츠의 법칙	자속변화에 의한 **유**도기전력의 **방**향 결정 기억법 **렌유방**(오렌지가 **유**일한 **방**법이다.)
패러데이의 전자유도법칙	자속변화에 의한 **유**기기전력의 **크**기 결정 기억법 **패유크**(**패유**를 버리면 **큰**일 난다.)
앙페르의 오른나사법칙	**전**류에 의한 **자**기장의 방향을 결정하는 법칙 기억법 **앙전자**(**양전자**)
비오-사바르의 법칙	**전**류에 의해 발생되는 **자**기장의 크기 기억법 **비전자**(**비전**공자)
키르히호프의 법칙	옴의 법칙을 응용한 것으로 복잡한 회로의 전류와 전압계산에 사용
줄의 법칙	• 어떤 도체에 일정 시간 동안 전류를 흘리면 도체에는 열이 발생되는데 이에 관한 법칙 • **전류의 열작용**과 관계있는 법칙
쿨롱의 법칙	'두 자극 사이에 작용하는 힘은 두 자극의 세기의 **곱**에 **비례**하고, 두 자극 사이의 **거리**의 **제곱**에 **반비례**한다'는 법칙

답 ②

36 임피던스 $16+j12\Omega$에 $26+j40V$의 전압을 인가할 때 유효전력은 몇 W인가?

① 58.26 ② 91.04
③ 113.8 ④ 227.6

해설 (1) 임피던스
$$Z = R + jX = \sqrt{R^2 + X^2}$$

여기서, Z : 임피던스[Ω]
R : 저항[Ω]
X : 리액턴스[Ω]

임피던스 Z는
$$Z = R + jX = \sqrt{R^2 + X^2}$$
$$= 16 + j12 = \sqrt{16^2 + 12^2} = 20\Omega$$

(2) 전류
$$I = \frac{V}{Z}$$

여기서, I : 전류[A]
V : 전압[V]
Z : 임피던스[Ω]

전류 I는
$$I = \frac{V}{Z} = \frac{\sqrt{26^2 + 40^2}}{20} ≒ 2.385A$$

(3) 유효전력(소비전력)
$$P = I^2 R$$

여기서, P : 유효전력[W]
I : 전류[A]
R : 저항[Ω]

유효전력 P는
$P = I^2 R = 2.385^2 \times 16 ≒ 91.04\text{W}$

비교

무효전력
$$P_r = I^2 X$$

여기서, P_r : 무효전력(Var)
　　　　I : 전류(A)
　　　　X : 리액턴스(Ω)

무효전력 P_r는
$P_r = I^2 X = 2.385^2 \times 12 ≒ 68.3\text{Var}$

답 ②

37. 맥동률이 가장 적은 정류방식은?
① 단상 반파식　② 단상 전파식
③ 3상 반파식　④ 3상 전파식

해설 맥동주파수가 높을수록 맥동률이 적어진다.

※ 3상 전파정류는 맥동률이 가장 적다.

참고

맥동주파수(60Hz일 때)

정류방식	맥동주파수
단상 반파정류	60Hz(f_0)
단상 전파정류	120Hz($2f_0$)
3상 반파정류	180Hz($3f_0$)
3상 전파정류	360Hz($6f_0$)

답 ④

38. 회로시험기(Multi Tester)로 측정할 수 없는 것은?
① 직류전압　② 고주파전압
③ 교류전압　④ 저항

해설 회로시험기로 측정할 수 있는 것
(1) 직류전압(DCV)
(2) 직류전류(DCA)
(3) 교류전압(ACV)
(4) 저항

|회로시험기|

답 ②

39. 실리콘제어정류기(SCR)에 대한 설명 중 틀린 것은?
① pnpn의 4층 구조이다.
② 스위칭소자이다.
③ 직류 및 교류의 전력제어용으로 사용된다.
④ 양방향성 사이리스터이다.

해설 실리콘제어정류기(SCR)의 성질
(1) pnpn의 **4층 구조**로 되어 있다.
(2) OFF 상태의 저항은 매우 **높다**.
(3) 특성곡선에 **부저항** 부분이 있다.
(4) **게이트 전류**를 바꿈으로써 **출력전압**을 조정할 수 있다.
(5) **스위칭소자**이다.
(6) **직류 및 교류**의 **전력제어용**으로 사용된다.
(7) **단방향성** 사이리스터이다.

④ 양방향성 → 단방향성

답 ④

40. 접지도체에 피뢰시스템이 접속되는 경우 접지도체로 동선을 사용할 때 공칭단면적은 몇 mm² 이상 사용하여야 하는가?
① 4　② 6
③ 10　④ 16

해설 (1) 접지시스템(KEC 140)

접지 대상	접지시스템 구분	접지시스템 시설 종류	접지도체의 단면적 및 종류
특고압·고압 설비	계통접지 : 전력계통의 이상현상에 대비하여 대지와 계통을 접지하는 것	단독접지 공통접지 통합접지	6mm² 이상 연동선
일반적인 경우		변압기 중성점 접지	구리 6mm² (철제 50mm²) 이상
변압기	보호접지 : 감전보호를 목적으로 기기의 한 점 이상을 접지하는 것 피뢰시스템 접지 : 뇌격전류를 안전하게 대지로 방류하기 위해 접지하는 것		16mm² 이상 연동선

(2) 접지도체에 피뢰시스템이 접속되는 경우 접지도체의 단면적(KEC 142.3.1)

구 리	철 제
16mm² 이상	50mm² 이상

(3) 큰 고장전류가 접지도체를 통하여 흐르지 않을 경우 접지도체의 최소 단면적(KEC 142.3.1)

구 리	철 제
6mm² 이상	50mm² 이상

답 ④

제3과목 소방관계법규

41 일반소방시설관리업의 기술인력에 속하지 않는 자는?

① 고급점검자
② 중급점검자
③ 초급점검자
④ 소방시설관리사로서 실무경력 1년 이상인 자

해설 ① 해당없음

소방시설법 시행령〔별표 9〕
일반소방시설관리업의 등록기준

기술인력	기 준
주된 기술인력	• 소방시설관리사+실무경력 1년 : 1명 이상
보조 기술인력	• 중급점검자 : 1명 이상 • 초급점검자 : 1명 이상

답 ①

42 공장·창고가 밀집한 지역에서 화재로 오인할 만한 우려가 있는 불을 피우는 자가 관할 소방본부장에게 신고를 하지 않아 소방자동차를 출동하게 한 자에 대한 벌칙은?

① 200만원 이하의 과태료
② 100만원 이하의 과태료
③ 50만원 이하의 과태료
④ 20만원 이하의 과태료

해설 기본법 57조
과태료 20만원 이하
연막소독 신고를 하지 아니하여 소방자동차를 출동하게 한 자

중요
기본법 19조
화재로 오인할 만한 불을 피우거나 연막소독시 신고지역
(1) 시장지역
(2) 공장·창고가 밀집한 지역
(3) 목조건물이 밀집한 지역
(4) 위험물의 저장 및 처리시설이 밀집한 지역
(5) 석유화학제품을 생산하는 공장이 있는 지역
(6) 그 밖에 시·도의 조례로 정하는 지역 또는 장소

답 ④

43 출동한 소방대의 소방장비를 파손하거나 그 효용을 해하여 화재진압·인명구조 또는 구급활동을 방해하는 행위를 한 자의 벌칙은?

① 10년 이하의 징역 또는 5000만원 이하의 벌금
② 5년 이하의 징역 또는 5000만원 이하의 벌금
③ 3년 이하의 징역 또는 1500만원 이하의 벌금
④ 2년 이하의 징역 또는 1000만원 이하의 벌금

해설 기본법 50조
5년 이하의 징역 또는 **5000**만원 이하의 벌금
(1) 소방자동차의 **출**동 방해
(2) 사람**구**출 방해(화재진압, 구급활동 방해)
(3) **소**방용수시설 또는 **비**상소화장치의 효용 방해

기억법 출구용5

답 ②

44 대지경계선 안에 2 이상의 건축물이 있는 경우 연소 우려가 있는 구조로 볼 수 있는 것은?

① 1층 외벽으로부터 수평거리 6m 이상이고 개구부가 설치되지 않은 구조
② 2층 외벽으로부터 수평거리 10m 이상이고 개구부가 설치되지 않은 구조
③ 2층 외벽으로부터 수평거리 6m이고 개구부가 다른 건축물을 향하여 설치된 구조
④ 1층 외벽으로부터 수평거리 10m이고 개구부가 다른 건축물을 향하여 설치된 구조

해설 소방시설법 시행규칙 17조
연소 우려가 있는 건축물의 구조
(1) **1층** : 타건축물 외벽으로부터 **6m** 이하
(2) **2층 이상** : 타건축물 외벽으로부터 **10m** 이하
(3) 대지경계선 안에 2 이상의 건축물이 있는 경우
(4) 개구부가 다른 건축물을 향하여 설치된 구조

답 ③

45 연면적이 33m² 이상이 되지 않아도 소화기구를 설치하여야 하는 특정소방대상물은?

① 변전실
③ 판매시설
② 가스시설
④ 유흥주점영업소

해설 소방시설법 시행령〔별표 4〕
소화설비의 설치대상

종 류	설치대상
소화기구	• 연면적 **33m²** 이상 • 국가유산 • 가스시설, 전기저장시설 — 면적, 길이에 관계없이 설치 • 터널 • 지하구
주거용 주방자동소화장치	• 아파트 등(모든 층) • 오피스텔(모든 층)

답 ②

46. 다음 중 특정소방대상물의 관계인의 업무가 아닌 것은? (단, 소방안전관리대상물은 제외한다.)

① 자위소방대의 구성·운영·교육
② 소방시설의 관리
③ 화기취급의 감독
④ 방화구획의 관리

해설 화재예방법 24조
관계인 및 소방안전관리자의 업무

특정소방대상물 (관계인)	소방안전관리대상물 (소방안전관리자)
① **피**난시설·방화구획 및 방화시설의 관리 ② **소**방시설, 그 밖의 소방 관련시설의 관리 ③ **화**기취급의 감독 ④ 소방안전관리에 필요한 업무 ⑤ 화재발생시 초기대응	① **피**난시설·방화구획 및 방화시설의 관리 ② **소**방시설, 그 밖의 소방 관련시설의 관리 ③ **화**기취급의 감독 ④ 소방안전관리에 필요한 업무 ⑤ 소방**계**획서의 작성 및 시행(대통령령으로 정하는 사항 포함) ⑥ 자**위**소방대 및 초기대응체계의 구성·운영·교육 ⑦ 소방**훈**련 및 교육 ⑧ 소방안전관리에 관한 업무 수행에 관한 기록·유지 ⑨ 화재발생시 초기대응

기억법 계위 훈피소화

용어

특정소방대상물	소방안전관리대상물
건축물 등의 규모·용도 및 수용인원 등을 고려하여 소방시설을 설치하여야 하는 소방대상물로서 대통령령으로 정하는 것	대통령령으로 정하는 특정소방대상물

답 ①

47. 소방용수시설인 저수조의 설치기준으로 옳은 것은?

① 흡수부분의 수심이 0.5m 이하일 것
② 지면으로부터의 낙차가 4.5m 이하일 것
③ 흡수관의 투입구가 사각형의 경우에는 한 변의 길이가 60cm 이하일 것
④ 저수조에 물을 공급하는 방법은 상수도에 연결하여 수동으로 급수되는 구조일 것

해설
① 0.5m 이하 → 0.5m 이상
③ 60cm 이하 → 60cm 이상
④ 수동 → 자동

소방용수시설의 **저수조**의 **설치기준**(기본규칙 [별표 3])

구 분	기 준
낙차	4.5m 이하
수심	0.5m 이상
투입구의 길이 또는 지름	60cm 이상

(1) 소방펌프자동차가 **쉽게 접근**할 수 있도록 할 것
(2) 흡수에 지장이 없도록 **토사** 및 **쓰레기** 등을 제거할 수 있는 설비를 갖출 것
(3) 저수조에 물을 공급하는 방법은 **상수도**에 연결하여 **자동**으로 **급수**되는 구조일 것

답 ②

48. 소화용수시설별 설치기준 중 다음 ( ) 안에 모두 알맞은 것은?

소방용 호스와 연결하는 소화전의 연결금속구 구경은 (㉠)mm, 급수탑의 개폐밸브는 지상에서 (㉡)m 이상 (㉢)m 이하의 위치에 설치하도록 할 것

① ㉠ 65, ㉡ 0.8, ㉢ 1.5
② ㉠ 50, ㉡ 0.8, ㉢ 1.5
③ ㉠ 65, ㉡ 1.5, ㉢ 1.7
④ ㉠ 50, ㉡ 1.5, ㉢ 1.7

해설 기본규칙 [별표 3]
소방**용**수시설별 설치기준

구 분	소화전	급수탑
구경	**65**mm	100mm
개폐밸브 높이	–	지상 **1.5~1.7**m 이하

기억법 용65, 용517

답 ③

49. 위험물제조소 등에서 자동화재탐지설비를 설치하여야 할 제조소 및 일반취급소는 옥내에서 지정수량 몇 배 이상의 위험물을 저장·취급하는 곳인가?

① 지정수량 5배 이상
② 지정수량 10배 이상
③ 지정수량 50배 이상
④ 지정수량 100배 이상

위험물규칙 [별표 17]
제조소 등별로 설치하여야 하는 경보설비의 종류

구 분	경보설비
• 연면적 500m² 이상인 것 • 옥내에서 지정수량의 100배 이상을 취급하는 것	• 자동화재탐지설비
지정수량의 10배 이상을 저장 또는 취급하는 것	• 자동화재탐지설비 • 비상경보설비 ┐ 1종 • 확성장치 ┤ 이상 • 비상방송설비 ┘

답 ④

50. 소방시설 등에 대한 자체점검 중 작동점검의 실시 횟수로 옳은 것은?

① 분기에 1회 이상
② 6개월에 2회 이상
③ 연 1회 이상
④ 연 2회 이상

소방시설법 시행규칙 [별표 3]
소방시설 등의 자체점검

점검 구분	정 의	점검횟수 및 점검시기
작동 점검	소방시설 등을 인위적으로 조작하여 정상적으로 작동하는지를 점검하는 것	• 작동점검은 **연 1회 이상** 실시하며, 종합점검대상은 종합점검(최초점검 제외)을 받은 달부터 **6개월**이 되는 달에 실시 • 종합점검대상 외의 특정소방대상물은 사용승인일이 속하는 달의 말일까지 실시

답 ③

51. 다음 중 소방대상물이 아닌 것은?

① 산림
② 항해 중인 선박
③ 인공구조물
④ 선박건조구조물

기본법 2조 1호
소방대상물
(1) 건축물
(2) 차량
(3) 선박(매어둔 것)
(4) 선박건조구조물
(5) 인공구조물
(6) 물건
(7) 산림

답 ②

52. 특정소방대상물에 설치된 전산실의 경우 물분무등소화설비를 설치해야 하는 바닥면적 기준은 몇 m² 이상인가? (단, 하나의 방화구획 내에 둘 이상의 실이 설치된 경우 이를 하나의 실로 본다.)

① 100m²
② 300m²
③ 500m²
④ 1000m²

 전산실 : 300m² 이상

소방시설법 시행령 [별표 4]
물분무등소화설비의 설치대상

설치대상	조 건
• 차고 · 주차장	• 바닥면적 합계 200m² 이상
• 전기실 · 발전실 · 변전실 • 축전지실 · 통신기기실 · 전산실	• 바닥면적 300m² 이상
• 주차용 건축물	• 연면적 800m² 이상
• 기계식 주차장	• 20대 이상
• 항공기 격납고	• 전부(규모에 관계없이 설치)

답 ②

53. 일반음식점에서 조리를 위하여 불을 사용하는 설비를 설치할 경우 화재예방을 위하여 지켜야 할 사항 중 틀린 것은?

① 주방설비에 부속된 배출덕트는 0.5mm 이상의 아연도금강판 또는 이와 동등 이상의 내식성 불연재료로 설치할 것
② 주방시설에는 기름을 제거할 수 있는 필터 등을 설치할 것
③ 열을 발생하는 조리기구는 반자 또는 선반으로부터 0.5m 이상 떨어지게 할 것
④ 열을 발생하는 조리기구로부터 0.15m 이내의 거리에 있는 가연성 주요구조부는 단열성이 있는 불연재로 덮어씌울 것

 ③ 0.5m 이상 → 0.6m 이상

화재예방법 시행령 [별표 1]
음식 조리를 위하여 설치하는 설비
(1) 주방설비에 부속된 배출덕트는 0.5mm 이상의 **아연도금강판** 또는 이와 동등 이상의 내식성 **불연재료**로 설치
(2) 주방시설에는 동물 또는 식물의 기름을 제거할 수 있는 **필터** 등을 설치

(3) 열을 발생하는 조리기구는 반자 또는 선반으로부터 0.6m 이상 떨어지게 할 것
(4) 열을 발생하는 조리기구로부터 0.15m 이내의 거리에 있는 가연성 주요구조부는 **단열성**이 있는 불연재료로 덮어씌울 것

답 ③

54 ★★★ 건축허가 등의 동의대상물의 범위 중 노유자시설의 연면적 기준은?
15.09.문45 15.03.문49 13.06.문41

① 100m² 이상 ② 200m² 이상
③ 400m² 미만 ④ 400m² 이상

해설 ② 노유자시설 : 연면적 200m² 이상

소방시설법 시행령 7조
건축허가 등의 동의대상물
(1) 연면적 **400m²**(학교시설 : **100m²**, 수련시설 · 노유자시설 : **200m²**, 정신의료기관 · 장애인의료재활시설 : **300m²**) 이상
(2) **6층** 이상인 건축물
(3) 차고 · 주차장으로서 바닥면적 **200m²** 이상(자동차 **20대** 이상)
(4) 항공기격납고, 관망탑, 항공관제탑, 방송용 송수신탑
(5) 지하층 또는 무창층의 바닥면적 **150m²**(공연장은 **100m²**) 이상
(6) 위험물저장 및 처리시설, 지하구
(7) **결핵환자**나 **한센인**이 24시간 생활하는 **노유자시설**
(8) 전기저장시설, 풍력발전소
(9) 공동주택, 숙박시설
(10) 요양병원(의료재활시설 제외)
(11) 노인주거복지시설 · 노인의료복지시설 및 재가노인복지시설, 학대피해노인 전용쉼터, 아동복지시설, 장애인거주시설
(12) 정신질환자 관련시설(공동생활가정을 제외한 재활훈련시설 및 종합시설 중 24시간 주거를 제공하지 않는 시설 제외)
(13) 노숙인자활시설, 노숙인재활시설 및 노숙인요양시설
(14) 조산원, 산후조리원, 의원(입원실 또는 인공신장실이 있는 것)
(15) 공장 또는 창고시설로서 지정수량의 **750배** 이상의 특수가연물을 저장 · 취급하는 것
(16) 가스시설로서 지상에 노출된 탱크의 저장용량의 합계가 **100t** 이상인 것

답 ②

55 ★★ 탱크안전성능검사의 대상이 되는 탱크 중 기초 · 지반검사를 받아야 하는 옥외탱크저장소의 액체위험물탱크의 용량은 몇 L 이상인가?

① 100만 ② 10만
③ 1만   ④ 1천

해설 위험물령 8조
위험물탱크의 탱크안전성능검사

검사항목	조 건
• 기초 · 지반검사 • 용접부검사	옥외탱크저장소의 **액체위험물탱크** 중 그 용량이 **100만L** 이상인 탱크
• 충수 · 수압검사	액체위험물을 저장 또는 취급하는 탱크
• 암반탱크검사	액체위험물을 저장 또는 취급하는 암반 내의 공간을 이용한 탱크

답 ①

56 ★★★ 관리의 권원이 분리된 특정소방대상물 중 복합건축물은 지하층을 제외한 층수가 몇 층 이상인 건축물만 해당되는가?
12.03.문51

① 6층   ② 11층
③ 20층 ④ 30층

해설 화재예방법 35조, 화재예방법 시행령 35조
관리의 권원이 분리된 특정소방대상물의 소방안전관리
(1) 복합건축물(**지하층**을 **제외**한 **11층** 이상, 또는 연면적 **30000m²** 이상인 건축물)
(2) 지하가
(3) 도매시장, 소매시장, 전통시장

답 ②

57 ★★★ 지정수량 미만인 위험물의 저장 또는 취급에 관한 기술상의 기준은 무엇으로 정하는가?
09.03.문54

① 대통령령
② 소방청 고시
③ 행정안전부령
④ 시 · 도의 조례

해설 **시 · 도의 조례**
(1) 소방**체**험관(기본법 5조)
(2) **의**용소방대의 설치(기본법 37조)
(3) 지정수량 **미**만의 위험물 취급(위험물법 4조)

기억법 시체의미(시체는 의미(美)가 없다.)

답 ④

58 ★★ 위험물의 지정수량에서 산화성 고체인 다이크로뮴산염류의 지정수량은?
12.03.문54

① 3000kg ② 1000kg
③ 300kg   ④ 50kg

해설 ② 다이크로뮴산염류 : 1000kg

위험물령 〔별표 1〕
제1류 위험물

성 질	품 명	지정수량
산화성 고체	아염소산염류	50kg
	염소산염류	
	과염소산염류	
	무기과산화물	
	브로민산염류	300kg
	질산염류	
	아이오딘산염류	
	과망가니즈산염류	1000kg
	다이크로뮴산염류	

답 ②

59. 소방시설업의 등록을 하지 않고 영업을 한 자에 대한 벌칙은?

① 1년 이하의 징역 또는 1000만원 이하의 벌금
② 2년 이하의 징역 또는 1500만원 이하의 벌금
③ 3년 이하의 징역 또는 1000만원 이하의 벌금
④ 3년 이하의 징역 또는 3000만원 이하의 벌금

해설 공사업법 35조
3년 이하의 징역 또는 3000만원 이하의 벌금
(1) 소방시설업 **무**등록자
(2) **부정**한 청탁을 받고 재물 또는 재산상의 **이익**을 취득하거나 부정한 청탁을 하면서 재물 또는 재산상의 이익을 제공한 자

기억법 **무**3(**무**더위에는 **삼**계탕이 최고다.)

답 ④

60. 소방시설공사의 하자보수보증기간이 3년이 아닌 것은?

① 자동소화장치
② 무선통신보조설비
③ 자동화재탐지설비
④ 스프링클러설비

해설 ② 무선통신보조설비 : 2년

공사업령 6조
소방시설공사의 하자보수보증기간

보증기간	소방시설
2년	• **유**도등·**피**난기구 • **비**상**조**명등·비상**경**보설비·비상**방**송설비 • **무**선통신보조설비
3년	• 자동소화장치 • 옥내·외소화전설비 • 스프링클러설비 • 물분무등소화설비·소화용수설비 • 자동화재탐지설비·소화활동설비(무선통신보조설비 제외) • 화재알림설비

기억법 유비조경방무피2(**유비조경방무피투**)

답 ②

제 4 과목 소방전기시설의 구조 및 원리

61. 비상방송설비의 음향장치를 실외에 설치하는 경우 확성기의 음성입력은 최소 몇 W 이상이어야 하는가?

① 1   ② 3
③ 10   ④ 30

해설 비상방송설비의 **설치기준**(NFPC 202 4조, NFTC 202 2.1)
(1) 확성기의 음성입력은 실외 **3W**(**실**내 **1W**) 이상일 것
(2) 확성기는 **각 층**마다 설치하되, 각 부분으로부터의 수평거리는 **25m** 이하일 것

(3) **음**량조정기는 **3선**식 배선일 것
(4) 조작스위치는 바닥으로부터 0.8~1.5m 이하의 높이에 설치할 것
(5) 다른 전기회로에 의하여 **유**도장애가 생기지 아니하도록 할 것
(6) 비상방송 **개**시시간은 **10초** 이하일 것
(7) 다른 방송설비와 공용할 경우 화재시 비상경보 외의 방송을 차단할 수 있을 것

기억법 방3실1, 3음방(**삼엄**한 **방**송실), 개10

답 ②

62. 다음 ( ) 안에 알맞은 것으로 연결된 것은?

지하층으로서 특정소방대상물의 바닥부분 (㉠) 이상이 지표면과 동일하거나 지표면으로부터의 깊이가 (㉡) 이하인 경우에는 해당 층에 한하여 무선통신보조설비를 설치하지 아니할 수 있다.

① ㉠ 1면, ㉡ 1m
② ㉠ 2면, ㉡ 1m
③ ㉠ 1면, ㉡ 2m
④ ㉠ 2면, ㉡ 2m

해설 **무선통신보조설비**의 **설치제외**(NFPC 505 4조, NFTC 505 2.1)
(1) **지**하층으로서 **특**정소방대상물의 바닥부분 **2면** 이상이 지표면과 동일한 경우의 해당 층
(2) **지**하층으로서 **지**표면으로부터의 깊이가 **1m** 이하인 경우의 해당 층

기억법 지특2(**쥐**가 **특이**하다.), 지지1

답 ②

63. 비상콘센트설비 비상전원을 실내에 설치할 경우 그 실내에 설치해야 하는 것은?

① 유도등
② 휴대용 비상조명등
③ 실내조명등
④ 비상조명등

해설 비상콘센트설비의 **자가발전설비 설치기준**(NFPC 504 4조, NFTC 504 2.1.1.3)
(1) 점검에 편리하고 **화재** 및 **침수** 등의 재해로 인한 피해를 받을 우려가 없는 곳에 설치할 것
(2) 비상콘센트설비를 유효하게 **20분** 이상 작동시킬 수 있는 용량으로 할 것
(3) 상용전원으로부터 전력의 공급이 중단된 때에는 **자동**으로 **비상전원**으로부터 전력을 공급받을 수 있도록 할 것
(4) 비상전원의 설치장소는 다른 장소와 **방화구획**할 것
(5) 비상전원을 실내에 설치하는 때에는 그 실내에 **비상조명등**을 설치할 것

답 ④

64. 공연장에 설치하여야 할 유도등의 종류가 아닌 것은?

① 대형 피난구유도등
② 통로유도등
③ 중형 피난구유도등
④ 객석유도등

해설 유도등 및 유도표지의 종류(NFPC 303 4조, NFTC 303 2.1.1)

설치장소	유도등 및 유도표지의 종류
• **공**연장 · **집**회장 · **관**람장 · **운**동시설 • 유흥주점 영업시설(카바레, 나이트클럽)	• **대**형 피난구유도등 • **통**로유도등 • **객**석유도등
• 위락시설 · 판매시설 • 관광숙박업 · 의료시설 · 방송통신시설 • 전시장 · 지하상가 · 지하철역사 • 운수시설 · 장례식장	• **대**형 피난구유도등 • **통**로유도등
• 숙박시설 · 오피스텔 • 지하층 · 무창층 및 11층 이상의 부분	• **중**형 피난구유도등 • **통**로유도등
• 근린생활시설 · 노유자시설 · 업무시설 • 종교시설 · 교육연구시설 · 공장 • 교정 및 군사시설 • 자동차정비공장 · 운전학원 및 정비학원 • 다중이용업소 • 수련시설 · 발전시설 • 복합건축물	• **소**형 피난구유도등 • **통**로유도등
• 그 밖의 것	• 피난구유도표지 • 통로유도표지

기억법 공집관운 대통객

답 ③

65 누전경보기의 변류기는 경계전로에 정격전류를 흘리는 경우, 그 경계전로의 전압강하는 몇 V 이하여야 하는가? (단, 경계전로의 전선을 그 변류기에 관통시키는 것이 아닌 경우이다.)

16.10.문71
14.05.문67
10.09.문64

① 0.1
② 0.5
③ 1
④ 5

해설 대상에 따른 전압

전압	대상
0.**5**V 이하	• 누전경보기 **경**계전로의 **전**압강하
0.6V 이하	• 완전방전
60V 이하	• 약전류회로
60V 초과	• 접지단자 설치
300V 이하	• 전원**변**압기의 1차 전압 • 유도등 · 비상조명등의 사용전압
600V 이하	• **누**전경보기의 경계전로 전압

기억법 5경전, 변3(변상해), 누6(누룩)

답 ②

66 다음 중 경계전로의 누설전류를 자동적으로 검출하여 이를 누전경보기의 수신부에 송신하는 것은?

15.05.문77
13.06.문71
13.03.문73
12.05.문78

① 발신기
② 변류기
③ 중계기
④ 검출기

해설 누전경보기(NFPC 205 3조, NFTC 205 1.7)

변류기	수신부
경계전로의 **누설전류**를 자동적으로 **검출**하여 이를 누전경보기의 수신부에 송신하는 것	변류기로부터 검출된 **신호**를 **수신**하여 누전의 발생을 해당 소방대상물의 **관계인**에게 **경보**하여 주는 것(**차단기구**를 갖는 것 포함)

중요

누전경보기의 세부 구성요소

구성요소	설 명
변류기	누설전류를 **검**출한다.
수신기(수신부)	누설전류를 **증폭**한다.
음향장치	경보를 발한다.
차단기	차단릴레이 포함

기억법 누수변음차

답 ②

67 열반도체식 차동식 분포형 감지기의 설치기준 중 하나의 검출기에 접속하는 감지부의 개수는?

13.03.문70

① 2개 이상 15개 이하
② 2개 이상 20개 이하
③ 4개 이상 15개 이하
④ 4개 이상 20개 이하

해설 하나의 검출부에 접속하는 개수

열반도체식 감지기	열전대식 감지기
2~15개 이하	**4**~20개 이하

기억법 2반(**이**반), 전2(**전이**되다.), 전4(**전사**)

답 ①

68. 가스누설경보기의 가스의 누설을 표시하는 표시등은 점등시 어떤 색으로 표시되어야 하는가?

① 황색
② 적색
③ 녹색
④ 청색

해설

발신기·옥내소화전 표시등	가스누설경보기
적색등	황색등

답 ①

69. 지상 5층에 있는 의료시설에 적응성이 있는 피난기구는?

① 완강기
② 피난용 트랩
③ 공기안전매트
④ 피난사다리

해설 피난기구의 적응성(NFPC 301 2.1.1)

설치장소별 구분	1층	2층	3층	4층 이상 10층 이하
노유자시설	• 미끄럼대 • 구조대 • 피난교 • 다수인 피난 장비 • 승강식 피난기	• 미끄럼대 • 구조대 • 피난교 • 다수인 피난 장비 • 승강식 피난기	• 미끄럼대 • 구조대 • 피난교 • 다수인 피난 장비 • 승강식 피난기	• 구조대[1] • 피난교 • 다수인 피난 장비 • 승강식 피난기
의료시설·입원실이 있는 의원·접골원·조산원	–	–	• 미끄럼대 • 구조대 • 피난교 • 피난용 트랩 • 다수인 피난 장비 • 승강식 피난기	• 구조대 • 피난교 • 피난용 트랩 • 다수인 피난 장비 • 승강식 피난기
영업장의 위치가 4층 이하인 다중이용업소	–	• 미끄럼대 • 피난사다리 • 구조대 • 완강기 • 다수인 피난 장비 • 승강식 피난기	• 미끄럼대 • 피난사다리 • 구조대 • 완강기 • 다수인 피난 장비 • 승강식 피난기	• 미끄럼대 • 피난사다리 • 구조대 • 완강기 • 다수인 피난 장비 • 승강식 피난기
그 밖의 것	–	–	• 미끄럼대 • 피난사다리 • 구조대 • 완강기 • 피난교 • 피난용 트랩 • 간이완강기[2] • 공기안전매트 • 다수인 피난 장비 • 승강식 피난기	• 피난사다리 • 구조대 • 완강기 • 피난교 • 간이완강기[2] • 공기안전매트 • 다수인 피난 장비 • 승강식 피난기

[비고] 1) **구조대**의 적응성은 **장애인관련시설**로서 주된 사용자 중 **스스로 피난**이 **불가**한 자가 있는 경우 추가로 설치하는 경우에 한한다.
2) 간이완강기의 적응성은 **숙박시설**의 **3층 이상**에 있는 객실에 추가로 설치하는 경우에 한한다.

② 4층 이상 10층 이하(의료시설): 피난용 트랩

답 ②

중요
의무관리대상 공동주택(NFPC 608 13조, NFTC 608 2.9.1.3)
공동주택 구역마다 공기안전매트 1개 이상을 추가로 설치할 것

비교
피난기구 적응성

간이완강기	공기안전매트	구조대
숙박시설의 3층 이상에 있는 객실	공동주택	장애인관련시설

답 ②

70. 주요구조부가 내화구조로 된 바닥면적 $70m^2$인 특정소방대상물에 설치하는 열전대식 차동식 분포형 감지기의 열전대부는 몇 개 이상이어야 하는가?

① 1
② 2
③ 3
④ 4

해설 열전대식 감지기의 설치기준 (NFPC 203 7조, NFTC 203 2.4.3.8)

(1) 하나의 검출부에 접속하는 열전대부는 **4~20개** 이하로 할 것(단, **주소형 열전대식 감지기**는 제외)

(2) 바닥면적

분류	열전대식 1개 바닥면적	설치개수
내화구조	$22m^2$	4개 이상
기타구조	$18m^2$	4개 이상

내화구조 = $\dfrac{\text{바닥면적}}{22m^2} = \dfrac{70m^2}{22m^2} = 3.1 ≒ 4$개 (최소 4개)

답 ④

71. 다음 중 정온식 스포트형 감지기의 구조 및 작동원리에 대한 설명이 아닌 것은?

① 바이메탈의 활곡 및 반전 이용
② 금속의 온도차 이용
③ 액체의 팽창 이용
④ 가용절연물 이용

해설 정온식 스포트형 감지기의 종류
(1) **바이메탈**의 활곡을 이용한 것
(2) 바이메탈의 반전을 이용한 것
(3) 금속의 **팽창계수차**를 이용한 것
(4) **액체(기체)**팽창을 이용한 것
(5) 가용절연물을 이용한 것
(6) 감열 반도체소자를 이용한 것

② 금속의 **팽창계수차** 이용

비교
차동식 스포트형 감지기의 종류
(1) 공기의 팽창을 이용한 것
(2) 열기전력을 이용한 것
(3) 반도체를 이용한 것

72
10층짜리 건물의 3층 전체를 위락시설 및 운동시설로 사용하고자 한다. 3층에 설치해야 하는 피난기구의 최소 설치개수는? (단, 바닥면적은 3000m²이다.)

① 1개　② 2개
③ 3개　④ 4개

해설 $\frac{3000\text{m}^2}{800\text{m}^2} = 3.75 ≒ 4개$ (절상)

중요

피난기구의 설치개수 (NFPC 301 5조, NFTC 301 2.1.2, NFPC 608 13조, NFTC 608 2.9.1.3)

시 설	설치기준
• 숙박시설 · 노유자시설 · 의료시설	바닥면적 500m²마다 (층마다 설치)
• **위락시설** · 문화 및 집회시설, **운동시설** · 판매시설 · 복합용도의 층	**바닥면적 800m²마다** (층마다 설치)
• 그 밖의 용도의 층	바닥면적 1000m²마다 (층마다 설치)
• 아파트 등(계단실형 아파트)	각 세대마다

(1) 피난기구 외에 **숙박시설**(휴양콘도미니엄 제외)의 경우에는 추가로 객실마다 **완강기** 또는 둘 이상의 **간이완강기**를 설치할 것
(2) **의무관리대상 공동주택** : 하나의 관리주체가 관리하는 공동주택 구역마다 **공기안전매트 1개** 이상 추가 설치(단, **옥상**으로 피난이 가능하거나 수평 또는 수직 방향의 **인접세대**로 **피난**할 수 있는 구조인 경우 제외)

답 ④

73
자동식 사이렌설비에서 전원회로를 제외한 부속회로의 배선 상호간의 절연저항은? (단, 직류 250V의 절연저항측정기를 사용하여 1경계구역을 측정한다.)

① 0.1MΩ 이상　② 0.1MΩ 미만
③ 1MΩ 이상　④ 1MΩ 미만

해설 **절연저항시험**

절연저항계	절연저항	대 상
직류 **250**V	**0.1**MΩ 이상	• **1경**계구역의 절연저항 기억법 경2501
직류 500V	5MΩ 이상	• 누전경보기 • 가스누설경보기 • 수신기(10회로 미만, 절연된 충전부와 외함 간) • 자동화재속보설비 • 유도등(교류입력측과 외함 간 포함) • 비상조명등(교류입력측과 외함 간 포함)
직류 500V	20MΩ 이상	• 경종 • 발신기 • 중계기 • 비상콘센트 • 기기의 절연된 선로 간 • 기기의 충전부와 비충전부 간 • 기기의 교류입력측과 외함 간(유도등 · 비상조명등 제외)
	50MΩ 이상	• 감지기(정온식 감지선형 감지기 제외) • 가스누설경보기(10회로 이상) • 수신기(10회로 이상, 교류입력측과 외함 간 제외)
	1000MΩ 이상	• 정온식 감지선형 감지기

답 ①

74
휴대용 비상조명등의 설치기준으로 옳은 것은?

① 외함은 불연성능의 구조일 것
② 사용시 점등표시는 "ON, OFF"의 구조일 것
③ 건전지 용량은 20분 이상 유효하게 사용할 수 있을 것
④ 지하상가에는 수평거리 25m 이하마다 3개 이상 설치할 것

해설 **휴대용 비상조명등**의 **적합기준** (NFPC 304 4조, NFTC 304 2.1.2)

설치개수	설치장소
1개 이상	• **숙박시설** 또는 **다중이용업소**에는 객실 또는 영업장 안의 구획된 실마다 잘 보이는 곳(외부에 설치시 출입문 손잡이로부터 **1m 이내** 부분)
3개 이상	• **지하상가** 및 **지하역사**의 보행거리 25m 이내마다 • **대규모점포**(백화점 · 대형점 · 쇼핑센터) 및 **영화상영관**의 보행거리 50m 이내마다

(1) 바닥으로부터 **0.8~1.5m** 이하의 높이에 설치할 것
(2) 어둠 속에서 위치를 확인할 수 있도록 할 것
(3) 사용시 **자동**으로 **점등**되는 구조일 것
(4) 외함은 **난연성능**이 있을 것
(5) 건전지를 사용하는 경우에는 **방전방지조치**를 하여야 하고, **충전식 배터리**의 경우에는 **상시 충전**되도록 할 것
(6) 건전지 및 충전식 배터리의 용량은 **20분 이상** 유효하게 사용할 수 있는 것으로 할 것

① 불연성능 → 난연성능
② "ON, OFF"의 구조 → 자동으로 점등되는 구조
④ 수평거리 25m 이하마다 → 보행거리 25m 이내마다

답 ③

75
주방 · 보일러실 등으로서 다량의 화기를 취급하는 장소에 설치하는 정온식 감지기의 공칭작동온도는 최고 주위온도보다 몇 ℃ 이상 높은 것으로 설치해야 하는가?

① 3　② 5
③ 20　④ 100

해설 **감지기의 설치기준**(NFPC 203 7조, NFTC 203 2.4.3)
(1) 감지기(차동식 분포형 제외)는 실내의 **공기유입구**로부터 **1.5m** 이상 떨어진 위치에 설치
(2) 감지기는 천장 또는 반자의 옥내에 면하는 부분에 설치
(3) **보상식 스포트형 감지기**는 정온점이 감지기 주위의 평상시 최고온도보다 **20℃** 이상 높은 것으로 설치
(4) **정온식** 감지기는 **주방·보일러실** 등으로서 다량의 화기를 단속적으로 취급하는 장소에 설치하되, 공칭작동온도가 최고 주위온도보다 **20℃** 이상 높은 것으로 설치

기억법 2정(이정표)

답 ③

76 열반도체식 감지기의 구성요소가 아닌 것은?
① 열반도체소자 ② 수열판
③ 미터릴레이   ④ 리크공

해설 구성요소

열반도체식 감지기	열전대식 감지기
① 열반도체소자 ② 수열판 ③ 미터릴레이	① 열전대 ② 미터릴레이 (가동선륜, 스프링, 접점) ③ 접속전선

④ 리크공 : 차동식 스포트형 감지기의 구성요소

답 ④

77 다음 ( )에 알맞은 것으로 연결된 것은?

비상벨설비 또는 자동식 사이렌설비의 음향장치는 정격전압의 (㉠)%에서 음향을 발할 수 있도록 하여야 하며, 음량은 부착된 음향장치의 중심으로부터 1m 떨어진 위치에서 (㉡)dB 이상이 되는 것으로 하여야 한다.

① ㉠ 20, ㉡ 90   ② ㉠ 20, ㉡ 125
③ ㉠ 80, ㉡ 90   ④ ㉠ 80, ㉡ 125

해설 **음향장치**(NFPC 201 4조, NFTC 201 2.1)
(1) 지구음향장치는 특정소방대상물의 **층**마다 설치할 것
(2) 특정소방대상물의 각 부분으로부터 하나의 음향장치까지의 **수평거리**가 25m 이하가 되도록 할 것
(3) 정격전압의 **80%** 전압에서 음향을 발할 수 있도록 할 것
(4) 음량은 부착된 음향장치의 중심으로부터 1m 떨어진 위치에서 **90dB** 이상이 되는 것으로 할 것

답 ③

78 비상콘센트설비의 절연내력은 전원부와 외함 사이의 정격전압이 150V 이하인 경우 인가하는 실효압은?
① 150V   ② 300V
③ 500V   ④ 1000V

해설 **절연내력시험**(NFPC 504 4조, NFTC 504 2.1.6.2)

구분	150V 이하	150V 초과
실효전압	1000V	(정격전압×2)+1000V 예 220V인 경우 (220×2)+1000=1440V
견디는 시간	1분 이상	1분 이상

답 ④

79 무선통신보조설비의 누설동축케이블 및 안테나는 고압의 전로부터 몇 m 이상 떨어진 위치에 설치하여야 하는가? (단, 해당 전로에 정전기 차폐장치를 유효하게 설치한 경우가 아니다.)
① 0.5   ② 1.0
③ 1.5   ④ 2.0

해설 **누설동축케이블**의 **설치기준**(NFPC 505 5조, NFTC 505 2.2)
(1) 소방전용 주파수대에서 전파의 **전송** 또는 **복사**에 적합한 것으로서 소방전용의 것일 것
(2) 누설동축케이블과 이에 접속하는 안테나 또는 동축케이블과 이에 접속하는 안테나일 것
(3) 누설동축케이블 및 동축케이블은 화재에 따라 해당 케이블의 피복이 소실된 경우에 케이블 본체가 떨어지지 아니하도록 4m 이내마다 금속제 또는 자기제 등의 지지금구로 벽·천장·기둥 등에 견고하게 고정시킬 것(단, 불연재료로 구획된 반자 안에 설치하는 경우 제외)
(4) 누설동축케이블 및 안테나는 고압전로부터 **1.5m** 이상 떨어진 위치에 설치할 것(해당 전로에 정전기 **차폐장치**를 유효하게 설치한 경우에는 제외)
(5) 누설동축케이블의 끝부분에는 **무반사종단저항**을 설치할 것

※ **무반사종단저항** : 전송로로 전송되는 전자파가 전송로의 종단에서 반사되어 교신을 방해하는 것을 막기 위한 저항이다.

답 ③

80 공기관식 차동식 분포형 감지기의 검출기 접점수고시험은 무엇을 시험하는 것인가?
① 접점간격
② 다이어프램 용량
③ 리크밸브의 이상유무
④ 다이어프램의 이상유무

해설 **공기관식**의 **화재작동시험**

시험	설명
펌프시험	감지기의 작동공기압에 상당하는 공기량을 **테스트펌프**에 의해 불어넣어 작동할 때까지의 시간이 지정치인가를 확인하기 위한 시험
작동계속시험	감지기가 작동을 개시한 때부터 **작동정지**할 때까지의 시간을 측정하여 감지기의 작동의 계속이 정상인가를 확인하기 위한 시험
유통시험	공기관이 **새거나**, **깨지거나**, 줄어들었는지의 여부 및 **공기관의 길이**를 확인하기 위한 시험
접점수고시험	접점간격을 확인하기 위한 시험

답 ①

2016. 10. 1 시행

2016년 산업기사 제4회 필기시험

자격종목	종목코드	시험시간	형별	수험번호	성명
소방설비산업기사(전기분야)		2시간			

※ 각 문항은 4지택일형으로 질문에 가장 적합한 보기 항을 선택하여 체크하여야 합니다.

제 1 과목 소방원론

01 할론 1301 소화약제를 사용하여 소화할 때 연소열에 의하여 생긴 열분해 생성가스가 아닌 것은?
03.08.문15

① HF
② HBr
③ Br_2
④ CO_2

해설 할론 1301의 열분해 생성가스
(1) HF   (2) HBr
(3) Br_2 (4) COF_2
(5) $COBr_2$

답 ④

02 산소와 질소의 혼합물인 공기의 평균분자량은? (단, 공기는 산소 21vol%, 질소 79vol%로 구성되어 있다고 가정한다.)
19.09.문17
11.06.문03

① 30.84
② 29.84
③ 28.84
④ 27.84

해설 원자량

원 소	원자량
H	1
C	12
N	14
O	16

$O_2 : 16 \times 2 \times 0.21 = 6.72$
$N_2 : 14 \times 2 \times 0.79 = 22.12$
　　　　　　　　　　　28.84

답 ③

03 질식소화방법과 가장 거리가 먼 것은?
19.03.문20
14.09.문05
14.03.문03
13.06.문16

① 건조 모래로 가연물을 덮는 방법
② 불활성 기체를 가연물에 방출하는 방법
③ 가연성 기체의 농도를 높게 하는 방법
④ 불연성 포소화약제로 가연물을 덮는 방법

해설 ③ 가연성 기체의 농도를 높게 하면 불이 더 잘 탄다.

중요

소화방법

소화방법	설 명
냉각소화	• **점화원**을 냉각하여 소화하는 방법 • **증발잠열**을 이용하여 열을 빼앗아 가연물의 온도를 떨어뜨려 화재를 진압하는 소화방법 • **다량**의 **물**을 뿌려 소화하는 방법 • 가연성 물질을 **발화점 이하**로 **냉각** • **식용유화재**에 신선한 **야채**를 넣어 소화
질식소화	• 공기 중의 **산소농도**를 **16%(10~15%)** 이하로 희박하게 하여 소화하는 방법 • **산**화제의 농도를 낮추어 연소가 지속될 수 없도록 하는 방법 • **산**소공급을 차단하는 소화방법
제거소화	• **가연물**을 **제거**하여 소화하는 방법
부촉매 소화 (=화학소화)	• **연쇄반응**을 **차단**하여 소화하는 방법 • 화학적인 방법으로 화재 억제
희석소화	• 기체·고체·액체에서 나오는 분해가스나 증기의 농도를 낮춰 소화하는 방법

기억법 냉점증발, 질산

답 ③

04 화재를 발생시키는 열원 중 기계적 원인은?
05.09.문12

① 저항열
② 압축열
③ 분해열
④ 자연발열

해설 열에너지원의 종류

에너지원	종 류
기계열 (기계적 원인)	압축열, 마찰열, 마찰 스파크
전기열 (전기적 원인)	유도열, 유전열, 저항열, 아크열, 정전기열, 낙뢰에 의한 열
화학열 (화학적 원인)	연소열, 용해열, 분해열, 생성열, 자연발화열(자연발열)

답 ②

05 인화점에 대한 설명 중 틀린 것은?

① 인화점은 공기 중에서 액체를 가열하는 경우 액체표면에서 증기가 발생하여 점화원에서 착화하는 최저온도를 말한다.
② 인화점 이하의 온도에서는 성냥불을 접근해도 착화하지 않는다.
③ 인화점 이상 가열하면 증기를 발생하여 성냥불이 접근하면 착화한다.
④ 인화점은 보통 연소점 이상, 발화점 이하의 온도이다.

해설 인화점(flash point)
(1) 휘발성 물질에 **불꽃**을 접하여 연소가 가능한 최저온도
(2) 가연성 증기발생시 연소범위의 **하한계**에 이르는 **최저온도**
(3) 가연성 증기를 발생하는 액체가 공기와 혼합하여 기상부에 다른 불꽃이 닿았을 때 연소가 일어나는 **최저온도**
(4) **위험성 기준**의 척도
(5) 가연성 액체의 발화와 깊은 관계가 있다.
(6) 연료의 조성, 점도, 비중에 따라 달라진다.
(7) 인화점은 보통 **연소점 이하**, **발화점 이하**의 온도이다.

기억법 인불하저위

답 ④

06 이산화탄소 소화약제가 공기 중에 34vol% 공급되면 산소의 농도는 약 몇 vol%가 되는가?

① 12
② 14
③ 16
④ 18

해설
$$CO_2 = \frac{21 - O_2}{21} \times 100$$

여기서, CO_2 : CO_2의 농도(vol%)
O_2 : O_2의 농도(vol%)

$$CO_2 = \frac{21 - O_2}{21} \times 100$$

$$34 = \frac{21 - O_2}{21} \times 100$$

$$\frac{34 \times 21}{100} = 21 - O_2$$

$$O_2 + \frac{34 \times 21}{100} = 21$$

$$O_2 = 21 - \frac{34 \times 21}{100}$$

$$\fallingdotseq 14 \text{vol\%}$$

중요

이산화탄소소화설비와 관련된 식

$$CO_2 = \frac{방출가스량}{방호구역체적 + 방출가스량} \times 100$$

$$= \frac{21 - O_2}{21} \times 100$$

여기서, CO_2 : CO_2의 농도(vol%)
O_2 : O_2의 농도(vol%)

$$방출가스량 = \frac{21 - O_2}{O_2} \times 방호구역체적$$

여기서, O_2 : O_2의 농도(vol%)

● 단위가 원래는 vol% 또는 vol.%인데 줄여서 %로 쓰기도 한다.

용어

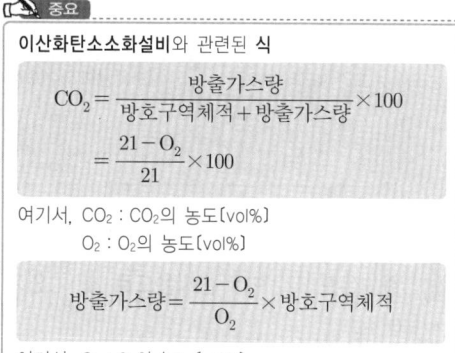

%	vol%
수를 100의 비로 나타낸 것	어떤 공간에 차지하는 부피를 백분율로 나타낸 것
50%	공기 50vol% / 50vol%
50%	50vol%

답 ②

07 할로겐화합물 및 불활성기체 소화약제의 물성을 평가하는 항목 중 심장의 역반응(심장 장애현상)이 나타나는 최저농도를 무엇이라 하는가?

① LOAEL
② NOAEL
③ ODP
④ GWP

해설

용어	설명
오존파괴지수 (**O**DP ; Ozone Depletion Potential)	오존파괴지수는 어떤 물질의 **오존파괴능력**을 상대적으로 나타내는 지표
지구**온**난화지수 (**G**WP ; Global Warming Potential)	지구온난화지수는 **지구온난화**에 기여하는 정도를 나타내는 지표
LOAEL (Least Observable Adverse Effect Level)	① 인체에 **독성**을 주는 **최소농도** ② 심장의 역반응(심장 장애현상)이 나타나는 최저농도
NOAEL (No Observable Adverse Effect Level)	인체에 **독성**을 주지 않는 **최대농도**

기억법 G온오오(지온!오온!)

공식

오존파괴지수(ODP)	지구온난화지수(GWP)
ODP = $\dfrac{\text{어떤 물질 1kg이 파괴하는 오존량}}{\text{CFC 11의 1kg이 파괴하는 오존량}}$	GWP = $\dfrac{\text{어떤 물질 1kg이 기여하는 온난화 정도}}{CO_2\ 1\text{kg이 기여하는 온난화 정도}}$

답 ①

08 화씨온도 122°F는 섭씨온도로 몇 °C인가?
① 40
② 50
③ 60
④ 70

해설 섭씨온도

$$℃ = \dfrac{5}{9}(°F - 32)$$

여기서, ℃ : 섭씨온도[℃]
°F : 화씨온도[°F]

섭씨온도 $℃ = \dfrac{5}{9}(°F - 32)$
$= \dfrac{5}{9}(122 - 32) = 50℃$

섭씨온도와 켈빈온도
(1) 섭씨온도

$$℃ = \dfrac{5}{9}(°F - 32)$$

여기서, ℃ : 섭씨온도[℃]
°F : 화씨온도[°F]

(2) 켈빈온도

$$K = 273 + ℃$$

여기서, K : 켈빈온도[K]
℃ : 섭씨온도[℃]

화씨온도와 랭킨온도
(1) 화씨온도

$$°F = \dfrac{9}{5}℃ + 32$$

여기서, °F : 화씨온도[°F]
℃ : 섭씨온도[℃]

(2) 랭킨온도

$$°R = 460 + °F$$

여기서, °R : 랭킨온도[R]
°F : 화씨온도[°F]

답 ②

09 건축법상 건축물의 주요구조부에 해당되지 않는 것은?
① 지붕틀
② 내력벽
③ 주계단
④ 최하층 바닥

해설 ④ 최하층 바닥 : 주요구조부에서 제외

주요구조부
(1) 내력**벽**
(2) **보**(작은 보 제외)
(3) **지**붕틀(차양 제외)
(4) **바**닥(최하층 바닥 제외)
(5) **주**계단(옥외계단 제외)
(6) **기**둥(사잇기둥 제외)

기억법 벽보지 바주기

답 ④

10 상온, 상압에서 액체상태인 할론소화약제는?
① 할론 2402
② 할론 1301
③ 할론 1211
④ 할론 1400

해설 상온에서의 상태

기체상태	액체상태
① 할론 **13**01	① 할론 1011
② 할론 **12**11	② 할론 104
③ **탄**산가스(CO_2)	③ 할론 2402

기억법 132탄기

답 ①

11 할로겐화합물 및 불활성기체 소화약제의 명명법은 Freon-XYZBA로 표현한다. 이 중 Y가 의미하는 것은?
① 불소원자의 수
② 수소원자의 수 − 1
③ 탄소원자의 수 − 1
④ 수소원자의 수 + 1

해설 할로겐화합물 및 불활성기체 소화약제의 명명법

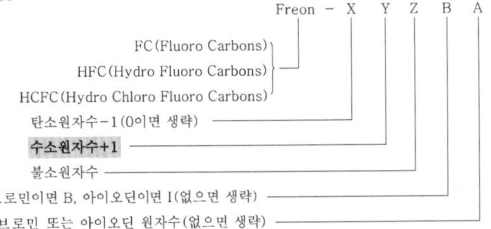

답 ④

12. 멜라민수지, 모, 실크, 요소수지 등과 같이 질소성분을 함유하고 있는 가연물의 연소시 발생하는 기체로 눈, 코, 인후 등에 매우 자극적이고 역한 냄새가 나는 유독성 연소가스는?

① 아크롤레인 ② 시안화수소
③ 일산화질소 ④ 암모니아

해설 연소가스

연소가스	설명
일산화탄소 (CO)	화재시 흡입된 일산화탄소(CO)의 화학적 작용에 의해 **헤모글로빈**(Hb)이 혈액의 **산소운반작용**을 저해하여 사람을 질식·사망하게 한다. **기억법** 일헤산(일요일에 해산할 것)
이산화탄소 (CO_2)	연소가스 중 **가장 많은 양**을 차지하고 있으며 가스 그 자체의 독성은 거의 없으나 다량이 존재할 경우 호흡속도를 증가시키고, 이로 인하여 화재가스에 혼합된 유해가스의 혼입을 증가시켜 위험을 가중시키는 가스이다.
암모니아 (NH_3)	• 나무, 페놀수지, 멜라민수지 등의 **질소성분**이 연소할 때 발생하며, 냉동시설의 **냉매**로 쓰인다. • **눈·코·폐** 등에 매우 자극성이 큰 가연성 가스
포스겐 ($COCl_2$)	매우 독성이 강한 가스로서 소화제인 **사염화탄소**(CCl_4)를 화재시에 사용할 때도 발생한다.
황화수소 (H_2S)	달걀 썩는 냄새가 나는 특성이 있다.
아크롤레인 ($CH_2=CHCHO$)	독성이 매우 높은 가스로서 **석유제품, 유지** 등이 연소할 때 생성되는 가스이다.
일산화질소 (NO)	비교적 **독성**이 크다.
시안화수소 (HCN)	무색의 **맹독성 화합물**이다.

답 ④

13. 제연방식의 종류가 아닌 것은?

① 자연제연방식
② 기계제연방식
③ 흡입제연방식
④ 스모크타워 제연방식

해설 제연방식의 종류
(1) 자연제연방식 : 건물에 설치된 창
(2) 스모크타워 제연방식
(3) 기계제연방식 ┌ 제1종 : **송풍기+배연기**
              ├ 제2종 : **송풍기**
              └ 제3종 : **배연기**

• 기계제연방식=강제제연방식=기계식 제연방식

답 ③

14. 제4류 위험물 중 제1석유류, 제2석유류, 제3석유류, 제4석유류를 각 품명별로 구분하는 분류의 기준은?

① 발화점   ② 인화점
③ 비중   ④ 연소범위

해설 ② 제1석유류~제4석유류의 분류기준 : 인화점

중요

제4류 위험물

구분	설명
제1석유류	인화점이 21℃ 미만
제2석유류	인화점이 21~70℃ 미만
제3석유류	인화점이 70~200℃ 미만
제4석유류	인화점이 200~250℃ 미만

답 ②

15. 나이트로셀룰로오스의 용도, 성상 및 위험성과 저장·취급에 대한 설명 중 틀린 것은?

① 질화도가 낮을수록 위험성이 크다.
② 운반시 물, 알코올을 첨가하여 습윤시킨다.
③ 무연화약의 원료로 사용된다.
④ 햇빛에서 황갈색으로 변하고 물에 녹지 않지만 아세톤, 초산에스터, 나이트로벤젠에 녹는다.

해설 ① 질화도가 클수록 위험성이 크다.

중요

질화도
(1) 정의 : 나이트로셀룰로오스의 질소 함유율이다.
(2) 질화도가 높을수록 위험하다.

답 ①

16. 분진폭발의 발생 위험성이 가장 낮은 물질은?

① 석탄가루   ② 밀가루
③ 시멘트   ④ 금속분류

해설 분진폭발을 일으키지 않는 물질
(1) **시**멘트
(2) **석**회석(소석회)
(3) **탄**산칼슘($CaCO_3$)
(4) **생**석회(CaO)=산화칼슘

※ 분진폭발을 일으키지 않는 물질=물과 반응하여 가연성 기체를 발생시키지 않는 것

기억법 분시석탄생

답 ③

17 100℃의 액체 물 1g을 100℃의 수증기로 만드는 데 필요한 열량은 약 몇 cal/g인가?

① 439
② 539
③ 639
④ 739

해설 물의 잠열

잠열 또는 열량	설 명
80cal/g	융해잠열(0℃의 얼음 1g이 0℃의 물로 되는 데 필요한 열량)
539cal/g	기화(증발)잠열(100℃의 물 1g이 100℃의 수증기로 되는 데 필요한 열량)
639cal/g	0℃의 물 1g이 100℃의 수증기로 되는 데 필요한 열량
719cal/g	0℃의 얼음 1g이 100℃의 수증기로 되는 데 필요한 열량

답 ②

18 대기 중에 대량의 가연성 가스가 유출하거나 대량의 가연성 액체가 유출하여 그것으로부터 발생하는 증기가 공기와 혼합해서 가연성 혼합기체를 형성하고 발화원에 의하여 발생하는 폭발현상은?

① BLEVE
② SLOP OVER
③ UVCE
④ FIRE BALL

해설 유류탱크, 가스탱크에서 발생하는 현상

여러 가지 현상	정의
블래비=블레이브(BLEVE)	과열상태의 탱크에서 내부의 액화가스가 분출하여 기화되어 폭발하는 현상
보일오버 (boil over)	• 중질유의 석유탱크에서 장시간 조용히 연소하다 탱크 내의 잔존기름이 갑자기 분출하는 현상 • 유류탱크에서 탱크바닥에 물과 기름의 에멀션이 섞여 있을 때 이로 인하여 화재가 발생하는 현상 • 연소유면으로부터 100℃ 이상의 열파가 탱크 저부에 고여 있는 물을 비등하게 하면서 연소유를 탱크 밖으로 비산시키며 연소하는 현상 • 탱크 저부의 물이 급격히 증발하여 기름이 탱크 밖으로 화재를 동반하여 방출하는 현상
	기억법 보저(보자기)
오일오버 (oil over)	저장탱크에 저장된 유류저장량이 내용적의 50% 이하로 충전되어 있을 때 화재로 인하여 탱크가 폭발하는 현상
프로스오버 (froth over)	물이 점성의 뜨거운 기름표면 아래에서 끓을 때 화재를 수반하지 않고 용기가 넘치는 현상
슬롭오버 (slop over)	• 물이 연소유의 뜨거운 표면에 들어갈 때 기름표면에서 화재가 발생하는 현상 • 유화제로 소화하기 위한 물이 수분의 급격한 증발에 의하여 액면이 거품을 일으키면서 열유층 밑의 냉유가 급히 열팽창하여 기름의 일부가 불이 붙은 채 탱크벽을 넘어서 일출하는 현상
증기운 폭발 (UVCE)	대기 중에 대량의 가연성 가스가 유출하거나 대량의 가연성 액체가 유출하여 그것으로부터 발생하는 증기가 공기와 혼합해서 가연성 혼합기체를 형성하고 발화원에 의하여 발생하는 폭발현상

답 ③

19 건축물 내부화재시 연기의 평균 수평이동속도는 약 몇 m/s인가?

① 0.5~1
② 2~3
③ 3~5
④ 10

해설 연기의 이동속도

방향 또는 장소	이동속도
수평방향	0.5~1m/s
수직방향	2~3m/s
계단실 내의 수직이동속도	3~5m/s

답 ①

20 화재의 분류 중 B급 화재의 종류로 옳은 것은?

① 금속화재
② 일반화재
③ 전기화재
④ 유류화재

해설

화재 종류	표시색	적응물질
일반화재(A급)	백색	• 일반가연물 • 종이류 화재 • 목재, 섬유화재
유류화재(B급)	황색	• 가연성 액체 • 가연성 가스 • 액화가스화재 • 석유화재
전기화재(C급)	청색	• 전기설비
금속화재(D급)	무색	• 가연성 금속
주방화재(K급)	–	• 식용유화재

기억법 백황청무

※ 요즘은 표시색의 의무규정은 없음

답 ④

제2과목 소방전기일반

21 원자 하나에 최외각 전자가 4개인 4가의 전자로서 가전자대의 4개의 전자가 안정화를 위해 원자끼리 결합한 구조로 일반적인 반도체 재료로 쓰고 있는 것은?

① Si ② P
③ As ④ Ga

해설 반도체 재료
(1) 규소(Si)=실리콘
(2) 게르마늄(Ge)
(3) 탄소(C)
(4) 아산화동(Cu_2O)

※ **반도체 재료** : 온도가 올라가면 저항이 감소하는 물질

답 ①

22 동작신호의 기울기에 비례한 조작신호를 만드는 것으로 편차발생 초기에 큰 조작신호를 만들어 편차가 커지는 것을 미리 방지하는 제어동작은?

① 온·오프동작 ② 미분동작
③ 적분동작 ④ 비례동작

PI 동작 (비례적분동작)	D 동작 (미분동작)
이득교점 **주파수가 낮아지며**, 대역폭은 감소한다.	① **지연특성**이 제어에 주는 악영향을 감소한다. ② 동작신호의 **기울기**에 비례한 **조작신호**를 만든다.

답 ②

23 10kVA의 변압기 2대로 최대 공급할 수 있는 3상 전력은 약 몇 kVA인가?

① 14.1 ② 17.3
③ 20 ④ 30

해설 V결선 출력

$$P_V = \sqrt{3}\,P$$

여기서, P_V : V결선시의 출력[kVA]
P : 단상변압기 1대의 용량[kVA]

$P_V = \sqrt{3}\,P = \sqrt{3} \times 10 ≒ 17.3\text{kVA}$

• 변압기 2대로 3상 전력을 공급하려면 **V결선**하여야 한다.

답 ②

24 어느 직류전원에 전류를 흘릴 때 전원전압을 6배로 하여 흐르는 전류가 2.5배가 되도록 하려면 저항값을 몇 배로 해야 하는가?

① 0.4 ② 2.4
③ 3.9 ④ 15.0

해설
$$R = \frac{V}{I}$$

여기서, V : 전압[V]
I : 전류[A]
R : 저항[Ω]

전압 **6배**, 전류 **2.5배**로 하면
$6V = 2.5IR$
$R = \frac{6V}{2.5I} = 2.4\frac{V}{I}$ (∴ 2.4배)

답 ②

25 부하의 역률을 개선하기 위하여 설치하는 콘덴서의 위치로 가장 효과적인 방법은?

① 부하와 직렬로 설치한다.
② 부하와 병렬로 설치한다.
③ 수전점에 설치한다.
④ 부하와 대지 간에 설치한다.

해설 역률개선용 콘덴서는 **부하**와 **병렬**로 **접속**하여야 한다.

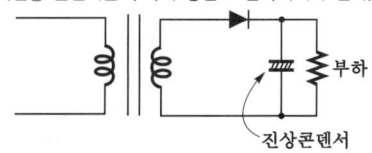

• 역률개선용 콘덴서=진상콘덴서=전력콘덴서

답 ②

26 회로에서 R_1, R_2, R_3가 각각 3Ω, 2Ω, 3Ω일 때 합성저항값은 몇 Ω인가?

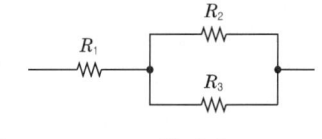

① 1.8 ② 3.3
③ 4.2 ④ 8

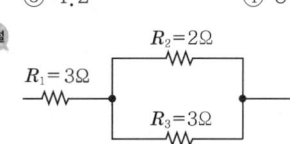

직·병렬회로의 합성저항

$$R_0 = R_1 + \frac{R_2 \times R_3}{R_2 + R_3}$$

여기서, R_0 : 합성저항[Ω]
R_1 : 직렬저항[Ω]
R_2, R_3 : 병렬저항[Ω]

직·병렬회로의 합성저항 R_0는

$R_0 = R_1 + \dfrac{R_2 \times R_3}{R_2 + R_3} = 3 + \dfrac{2 \times 3}{2 + 3} = 4.2\,Ω$

답 ③

27. 조종하는 사람이 없는 엘리베이터의 자동제어가 해당하는 것은?

① 프로그램제어 ② 추종제어
③ 비율제어   ④ 정치제어

해설 제어의 종류

제어 종류	설명
정치제어 (fixed value control)	• 일정한 목표값을 유지하는 것으로 **프로세스제어, 자동조정**이 이에 해당된다. 예 **연속식 압연기** • **목표값**이 시간에 관계없이 항상 일정한 값을 가지는 제어
추종제어 (follow-up control)	미지의 시간적 변화를 하는 목표값에 제어량을 추종시키기 위한 제어로 **서보기구**가 이에 해당된다. 예 **대공포의 포신**
비율제어 (ratio control)	• 둘 이상의 제어량을 소정의 비율로 제어하는 것 • 연료의 유량과 공기의 유량과의 사이의 비율을 연소에 적합한 것으로 유지하고자 하는 제어방식
프로그램제어 (program control)	목표값이 미리 정해진 시간적 변화를 하는 경우 제어량을 그것에 추종시키기 위한 제어 예 **열차·산업로봇의 무인운전, 엘리베이터**

중요
제어량에 의한 분류

분류방법	제어량	
프로세스제어	• 온도 • 유량	• 압력 • 액면
서보기구	• 위치 • 자세	• 방위
자동조정	• 전압 • 주파수 • 장력	• 전류 • 회전속도

• 프로세스제어 = 공정제어

답 ①

28. 프로그램제어에서 스캔타임의 계산식은?

① 스텝수 × 처리속도
② 스텝수 ÷ 처리속도
③ 스텝수 + 처리속도
④ 스텝수 - 처리속도

해설 스캔타임=스텝수×처리속도

※ 스캔타임 : 연산의 실행시간

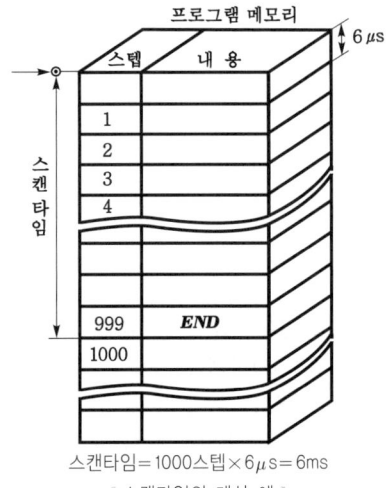

스캔타임=1000스텝×6μs=6ms

| 스캔타임의 계산 예 |

답 ①

29. 그림과 같은 논리회로의 명칭은?

① AND   ② OR
③ NOT   ④ NAND

해설 논리회로

명칭	논리회로	진리표		
		A	B	X
AND 게이트	$X = A \cdot B$	0	0	0
		0	1	0
		1	0	0
		1	1	1
OR 게이트	$X = A + B$	A	B	X
		0	0	0
		0	1	1
		1	0	1
		1	1	1

게이트	기호	진리표
NOT 게이트	$X = \overline{A}$	A|X 0|1 1|0
NAND 게이트	$X = \overline{A \cdot B}$	A|B|X 0|0|1 0|1|1 1|0|1 1|1|0
NOR 게이트	$X = \overline{A+B}$	A|B|X 0|0|1 0|1|0 1|0|0 1|1|0
EXCLUSIVE OR 게이트	$X = A \oplus B$ $= \overline{A}B + A\overline{B}$	A|B|X 0|0|0 0|1|1 1|0|1 1|1|0
EXCLUSIVE NOR 게이트	$X = \overline{A \oplus B}$ $= AB + \overline{A}\,\overline{B}$	A|B|X 0|0|1 0|1|0 1|0|0 1|1|1

답 ①

30 무인커피판매기는 무슨 제어방식인가?

① 프로세스제어 ② 서보제어
③ 자동조정   ④ 시퀀스제어

해설 사용되는 제어방식

제어	제어 예
추종제어 (follow-up control)	• 대공포의 포신
프로세스제어 (process control)	• 석유공업 • 화학공업 **기억법** 프스공
프로그램제어 (program control)	• 무인 조정되는 소방용 승강기 • 열차의 무인운전 • 엘리베이터
정치제어 (fixed value control)	• 연속식 압연기 • 항온조의 온도제어
시퀀스제어 (sequence control)	• 무인커피판매기
피드백제어 (feedback control)	• 전기다리미

• 프로세스제어 = 공정제어

중요

제어량에 의한 분류

분류방법	제어량
프로세스제어	• 온도 • 압력 • 유량 • 액면
서보기구	• 위치 • 방위 • 자세
자동조정	• 전압 • 전류 • 주파수 • 회전속도 • 장력

답 ④

31 발전기 권선의 층간 단락보호에 가장 적합한 계전기는?

① 과부하계전기
② 접지계전기
③ 차동계전기
④ 온도계전기

해설

계전기	설명
• 접지계전기	• 지락전류 검출
• 거리계전기	• 계전기 입력전압과 전류의 비에 따라 작동하는 계전기
• (비율)차동계전기 • 브흐홀츠계전기	• 발전기나 변압기의 내부고장 보호용 • 발전기 권선의 층간단락보호
• 열동계전기	• 전동기의 과부하 보호용

기억법 차발변, 열전

답 ③

32 변압기 결선시 제3고조파가 발생하는 것은?

① $\triangle - \triangle$ ② $\triangle - Y$
③ $Y - \triangle$ ④ $Y - Y$

해설 제3고조파
(1) 변압기 여자전류에 가장 많이 포함된 고조파
(2) 변압기 1, 2차 결선 중 $\triangle$결선이 없는 경우에만 발생
(3) Y-Y결선에서 발생

답 ④

33 저항 10Ω, 유도리액턴스 8Ω, 용량리액턴스 20Ω이 병렬로 접속된 회로에 80V의 교류전압을 가할 때 흐르는 전전류는 몇 A인가?

① 20 ② 15
③ 10 ④ 5

해설 병렬회로

$$I = \sqrt{\left(\frac{1}{R}\right)^2 + \left(\frac{1}{X_C} - \frac{1}{X_L}\right)^2} \cdot V$$

여기서, I : 전류[A]
R : 저항[Ω]
X_C : 용량리액턴스[Ω]
X_L : 유도리액턴스[Ω]
V : 전압[V]

병렬회로 전류 I는

$$I = \sqrt{\left(\frac{1}{R}\right)^2 + \left(\frac{1}{X_C} - \frac{1}{X_L}\right)^2} \cdot V$$

$$= \sqrt{\left(\frac{1}{10}\right)^2 + \left(\frac{1}{20} - \frac{1}{8}\right)^2} \times 80 = 10A$$

비교

직렬회로

$$I = \frac{V}{\sqrt{R^2 + (X_L - X_C)^2}}$$

여기서, I : 전류[A]
V : 전압[V]
R : 저항[Ω]
X_L : 유도리액턴스[Ω]
X_C : 용량리액턴스[Ω]

답 ③

34 부저항 특성을 갖는 서미스터의 저항값은 온도가 증가함에 따라 어떻게 변하는가?

19.03.문22
14.05.문39
11.06.문24

① 감소
② 증가
③ 증가하다가 감소
④ 감소하다가 증가

해설 부저항 특성을 갖는 소자
(1) 트라이액(TRIAC)
(2) UJT(UniJunction Transistor)=단일접합 트랜지스터
(3) 사이리스터(thyristor)
(4) 터널다이오드(tunnel diode)
(5) 서미스터(thermistor)

중요

부저항 특성(부성저항 특성)
(1) 전압이 증가하면 전류가 감소하는 특성
(2) 온도가 증가하면 저항이 감소하는 특성

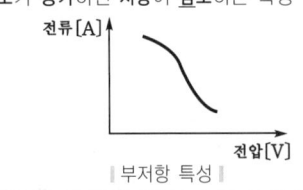
┃부저항 특성┃

기억법 부감(부교감)

답 ①

35 변류기의 2차 전류는 일반적으로 몇 A인가?

19.04.문33
06.03.문25

① 2
② 3
③ 5
④ 8

해설 변류기

구 분	설 명
2차 부담의 단위	VA
2차 전류의 표준	5A

※ 전류계 교환시에는 변류기 2차측을 반드시 **단락**하여야 한다. 만약, 개방할 경우 2차측에 **고압**이 **유발**되어 변류기의 소손우려가 있다.

답 ③

36 그림과 같은 회로에 있어 ab단자에 24V의 전압을 인가하면 3A의 전류가 흐른다. 이때 R_1, R_2에 흐르는 전류를 2 대 3의 비로 하려면 R_1, R_2의 저항값은 각각 몇 Ω인가?

15.03.문25
05.05.문40

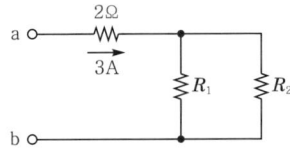

① $R_1 = 10$, $R_2 = 15$
② $R_1 = 15$, $R_2 = 10$
③ $R_1 = 8$, $R_2 = 12$
④ $R_1 = 12$, $R_2 = 8$

해설

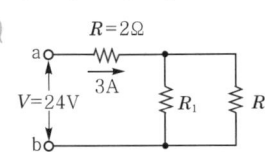

a, b 간에 흐르는 전류 I는

$$I = \frac{V}{R_0} = \frac{V}{R + \frac{R_1 \cdot R_2}{R_1 + R_2}} = \frac{24}{2 + \frac{15 \times 10}{15 + 10}} = 3A$$

• 역으로 숫자를 대입해서 풀어보면 쉽다.
• $I = \frac{V}{R} \propto \frac{1}{R}$ 전류와 저항은 반비례하고 전류가 2 대 3이므로 저항은 3 대 2이다. 그러므로 R_1이 더 크므로 답은 ②이다.

답 ②

37. 피드백제어계에서 제어요소는 동작신호를 무엇으로 변환하는 요소인가?

① 조작량
② 제어량
③ 비교량
④ 검출량

해설 피드백제어의 용어

용어	설명
제어량 (controlled value)	• 제어대상에 속하는 양으로, 제어대상을 제어하는 것을 목적으로 하는 물리적인 양이다.
조작량 (manipulated value)	• 제어장치의 **출력**인 동시에 제어**대**상의 **입력**으로 제어장치가 제어대상에 가해지는 제어신호 • 제어**요**소가 제어**대**상에게 주는 것
제어요소 (control element)	• **동작신호**를 **조작량**으로 변환하는 요소이고, **조절부**와 **조작부**로 이루어진다.
제어장치 (control device)	• 제어를 하기 위해 제어대상에 부착되는 장치이고, **조절부, 설정부, 검출부** 등이 이에 해당된다.
오차검출기	• 제어량을 설정값과 비교하여 오차를 계산하는 장치이다.

기억법 조출동, 조요대(조용하대)

답 ①

38. 바리스터의 주된 용도로 가장 옳은 것은?

① 온도보상
② 출력전류 조절
③ 전압증폭
④ 서지전압에 대한 회로보호

해설 반도체소자

반도체소자	특성
제너다이오드 (Zener diode)	**전원전압**을 **일정**하게 **유지**하기 위하여 사용되는 다이오드이다.
바리스터 (Varistor)	**서지전압**에 대한 **회로보호용**으로 사용된다. **기억법** 바서

답 ④

39. 회로시험기(tester)로 직접 측정할 수 없는 것은?

① 직류전류
② 역률
③ 교류전압
④ 저항

해설 회로시험기로 측정할 수 있는 것
(1) 직류전압(DCV)
(2) 직류전류(DCA)
(3) 교류전압(ACV)
(4) 저항

답 ②

40. 220V, 60W 가정용 전구의 전압 평균값은 약 몇 V인가?

① 110
② 141
③ 173
④ 198

해설 평균값

$$V_{av} = 0.637\, V_m$$

(1) 실효값

$$V = 0.707\, V_m$$

여기서, V : 전압의 실효값[V]
V_m : 전압의 최대값[V]

전압의 최대값 V_m은

$$V_m = \frac{V}{0.707} = \frac{220}{0.707} ≒ 311\text{V}$$

• V : 일반적으로 사용되는 값이므로 문제에서 220V 적용

(2) 평균값

$$V_{av} = 0.637\, V_m$$

여기서, V_{av} : 전압의 평균값[V]
V_m : 전압의 최대값[V]

전압의 평균값 V_{av}는

$$V_{av} = 0.637\, V_m = 0.637 \times 311 ≒ 198\text{V}$$

• 60W는 이 문제에서 무관함. 고민하지 말 것!

답 ④

제3과목 소방관계법규

41. 소방시설의 하자발생 통보를 받은 공사업자는 며칠 이내에 하자를 보수하거나 보수일정을 기록한 하자보수계획을 관계인에게 서면으로 알려야 하는가?

① 1일
② 2일
③ 3일
④ 7일

해설 착공신고・완공검사 등(공사업법 13~15조)
(1) 소방시설공사의 착공신고 ┐
(2) 소방시설공사의 완공검사 ┘ 소방본부장・소방서장
(3) 하자보수기간 : **3일** 이내

답 ③

42. 제연설비를 설치해야 하는 특정소방대상물의 기준으로 틀린 것은?

① 운동시설로서 무대부의 바닥면적이 200m² 이상인 것
② 지하상가로서 연면적 1000m² 이상인 것
③ 휴게시설로서 지하층의 바닥면적이 500m² 이상인 것
④ 문화 및 집회시설 중 영화상영관으로서 수용인원이 100명 이상인 것

해설 ③ 500m² 이상 → 1000m² 이상

소방시설법 시행령 [별표 4]
제연설비의 설치대상

설치대상	조 건
① 문화 및 집회시설, 운동시설 ② 종교시설	• 바닥면적 200m² 이상
③ 기타	• 1000m² 이상
④ 영화상영관	• 수용인원 100명 이상
⑤ 터널	• 예상교통량, 경사도 등 터널의 특성을 고려하여 **행정안전부령**으로 정하는 것
⑥ 특별피난계단 ⑦ 비상용 승강기의 승강장 ⑧ 피난용 승강기의 승강장	• 전부

용어 제연설비
화재시 발생하는 연기를 감지하여 방연 및 제연함은 물론 화재의 확대연기의 확산을 막아 연기로 인한 탈출로 차단 및 질식으로 인한 인명피해를 줄이는 등 피난 및 소화활동상 필요한 안전설비

답 ③

43. 건축허가 등의 동의를 요구한 기관이 그 건축허가 등을 취소하였을 때에는 취소한 날부터 며칠 이내에 건축물 등의 시공지 또는 소재지를 관할하는 소방본부장 또는 소방서장에게 그 사실을 통보하여야 하는가?

17.09.문55
15.05.문60
13.03.문46

① 3
② 7
③ 10
④ 14

해설 7일
(1) 옮긴 물건 등의 **보**관기간(화재예방법 시행령 17조)
(2) 건축허가 등의 취소통보(소방시설법 시행규칙 3조) 보기 ②
(3) 소방공사 감리원의 배치통보일(공사업규칙 17조)
(4) 소방공사 감리결과 통보·보고일(공사업규칙 19조)

기억법 보7(보칙)

답 ②

44. 특정소방대상물 중 지하구에 대한 기준으로 다음 ( ) 안에 들어갈 내용으로 알맞은 것은?

전력·통신용의 전선이나 가스·냉난방용의 배관 또는 이와 비슷한 것을 집합수용하기 위하여 설치한 지하 인공구조물로서 사람이 점검 또는 보수하기 위하여 출입이 가능한 것 중 폭 (㉠)m 이상이고 높이가 (㉡)m 이상이며 길이가 (㉢)m 이상인 것

① ㉠ 1.8, ㉡ 2.0, ㉢ 50
② ㉠ 2.0, ㉡ 2.0, ㉢ 500
③ ㉠ 2.5, ㉡ 3.0, ㉢ 600
④ ㉠ 3.0, ㉡ 5.0, ㉢ 700

해설 소방시설법 시행령 [별표 2]
지하구

구 분	설 명
폭	1.8m 이상
높이	2m 이상
길이	50m 이상

답 ①

45. 휴대용 비상조명등을 설치해야 하는 특정소방대상물이 아닌 것은?

① 숙박시설
② 지하상가
③ 판매시설 중 대규모점포
④ 수용인원 100명 이상의 도서관

해설 휴대용 비상조명등의 설치장소(NFPC 304 4조, NFTC 304 2.1.2.1)
(1) **숙박시설** 또는 **다중이용업소**에는 **객실** 또는 영업장 안의 **구획**된 **실**마다 잘 보이는 곳(외부에 설치시 출입문 손잡이로부터 1m 이내 부분)에 **1개 이상** 설치
(2) **대규모점포**(지하가 및 지하역사 제외)와 **영화상영관**에는 **보행거리 50m 이내마다 3개 이상** 설치
(3) **지하상가** 및 **지하역사**에는 보행거리 **25m 이내마다 3개 이상** 설치

답 ④

46 옥외저장탱크의 주위에 그 저장 또는 취급하는 위험물의 최대수량이 지정수량의 1000배 초과 2000배 이하인 경우 옥외저장탱크의 측면으로부터 보유해야 하는 공지의 최소너비는 몇 m 이상이어야 하는가? (단, 위험물을 이송하기 위한 배관, 그 밖에 이에 준하는 공작물은 제외한다.)

① 9 ② 7
③ 5 ④ 3

해설 위험물규칙 [별표 6]
옥외탱크저장소의 보유공지

위험물의 최대수량	공지의 너비
지정수량의 500배 이하	3m 이상
지정수량의 501~1000배 이하	5m 이상
지정수량의 1001~2000배 이하	→ 9m 이상
지정수량의 2001~3000배 이하	12m 이상
지정수량의 3001~4000배 이하	15m 이상
지정수량의 4000배 초과	해당 탱크의 수평단면의 최대지름과 높이 중 큰 것과 같은 거리 이상 (단, 15m 미만은 15m 이상, 30m 초과는 30m 이상으로 할 것)

비교

(1) **옥내저장소**의 보유공지(위험물규칙 [별표 5])

위험물의 최대수량	공지너비	
	내화구조	기타구조
지정수량의 5배 이하	-	0.5m 이상
지정수량의 5배 초과 10배 이하	1m 이상	1.5m 이상
지정수량의 10배 초과 20배 이하	2m 이상	3m 이상
지정수량의 20배 초과 50배 이하	3m 이상	5m 이상
지정수량의 50배 초과 200배 이하	5m 이상	10m 이상
지정수량의 200배 초과	10m 이상	15m 이상

(2) **옥외저장소**의 보유공지(위험물규칙 [별표 11])

위험물의 최대수량	공지의 너비
지정수량의 10배 이하	3m 이상
지정수량의 11~20배 이하	5m 이상
지정수량의 21~50배 이하	9m 이상
지정수량의 51~200배 이하	12m 이상
지정수량의 200배 초과	15m 이상

답 ①

47 소방시설관리업의 등록을 하지 않고 영업을 한 자에 대한 벌칙기준은?

① 300만원 이하의 벌금
② 1년 이하의 징역 또는 1000만원 이하의 벌금
③ 3년 이하의 징역 또는 3000만원 이하의 벌금
④ 5년 이하의 징역 또는 3000만원 이하의 벌금

해설 **3년** 이하의 징역 또는 **3000만원** 이하의 벌금
(1) 화재안전조사 결과에 따른 조치명령(화재예방법 50조)
(2) **소방시설관리업** 무등록자(소방시설법 57조)
(3) **형식승인**을 받지 않은 소방용품 제조·수입자(소방시설법 57조)
(4) **제품검사**를 받지 않은 사람(소방시설법 57조)
(5) 거짓이나 그 밖의 **부정한 방법**으로 제품검사 전문기관의 지정을 받은 사람(소방시설법 57조)

기억법 33관 (삼삼하게 관리하기!)

답 ③

48 방염성능기준 이상의 실내장식물 등을 설치하여야 하는 특정소방대상물에 해당되지 않는 것은?

① 근린생활시설 중 체력단련장
② 의료시설 중 종합병원
③ 숙박이 가능한 수련시설
④ 층수가 16층 이상인 아파트

해설 소방시설법 시행령 30조
방염성능기준 이상 적용 특정소방대상물
(1) 체력단련장, 공연장 및 종교집회장
(2) 문화 및 집회시설
(3) **종**교시설
(4) 운동시설(수영장은 제외)
(5) 의료시설(종합병원, 정신의료기관)
(6) 의원, 치과의원, 한의원, 조산원, 산후조리원
(7) 교육연구시설 중 합숙소
(8) **노**유자시설
(9) 숙박이 가능한 **수**련시설
(10) **숙**박시설
(11) 방송국 및 촬영소
(12) 다중이용업소(단란주점영업, 유흥주점영업, 노래연습장업의 영업장 등)
(13) 층수가 11층 이상인 것(아파트는 제외 : 2026. 12. 1. 삭제)

기억법 방숙 노종수

④ 아파트 제외

답 ④

49. 특정소방대상물에 소방시설을 설치하는 경우 소방청장이 정하는 내진설계기준에 맞게 설치해야 하는 설비가 아닌 것은?

① 옥내소화전설비 ② 연결살수설비
③ 스프링클러설비 ④ 물분무등소화설비

해설 소방시설법 시행령 8조
소방시설의 내진설계
(1) 옥내소화전설비
(2) 스프링클러설비
(3) 물분무등소화설비

답 ②

50. 소방시설 중 소화활동설비에 해당하지 않는 것은?

① 제연설비 ② 연소방지설비
③ 비상경보설비 ④ 무선통신보조설비

해설 소방시설법 시행령 [별표 1]
소화활동설비
(1) **연결송수관**설비
(2) **연결살수**설비
(3) **연소방지**설비
(4) **무선통신보조**설비
(5) **제연**설비
(6) **비상콘센트**설비

기억법 3연무제비콘

③ 경보설비

• 소화활동설비만 기억하면 대부분의 문제가 해결되므로 소화활동설비를 꼭 기억하도록 한다.

답 ③

51. 위험물제조소에 환기설비를 설치할 경우 바닥면적이 100m²이면 급기구의 면적은 몇 cm² 이상이어야 하는가?

① 150 ② 300
③ 450 ④ 600

해설 위험물규칙 [별표 4]
위험물제조소의 환기설비
(1) 환기는 **자연배기방식**으로 할 것
(2) 급기구는 바닥면적 **150m²**마다 1개 이상으로 하고, 그 크기는 **800cm²** 이상일 것

바닥면적	급기구의 면적
60m² 미만	150cm² 이상
60~90m² 미만	300cm² 이상
90~120m² 미만	450cm² 이상
120~150m² 미만	600cm² 이상

(3) 급기구는 **낮은 곳**에 설치하고, 가는 눈의 구리망 등으로 **인화방지망**을 설치할 것
(4) 환기구는 지붕 위 또는 지상 **2m** 이상의 높이에 **회전식 고정벤틸레이터** 또는 **루프팬방식**으로 설치할 것

답 ③

52. 다음에 해당하는 자에 대한 벌칙기준으로 벌금이 가장 큰 경우는?

① 소방안전관리자를 선임하지 아니한 자
② 변경허가를 받지 아니하고 제조소 등을 변경한 자
③ 위험물의 운반에 관한 중요기준을 따르지 아니한 자
④ 방염성능검사에 합격하지 아니한 물품에 합격표시를 위조하거나 변조하여 사용한 자

해설
① 화재예방법 50조 : **300만원** 이하의 벌금
② 위험물법 36조 : **1500만원** 이하의 벌금
③ 위험물법 37조 : **1000만원** 이하의 벌금
④ 소방시설법 59조 : **300만원** 이하의 벌금

답 ②

53. 특수가연물의 품명과 수량기준이 옳게 연결된 것은?

① 면화류 – 200kg 이상
② 대팻밥 – 300kg 이상
③ 가연성 고체류 – 1000kg 이상
④ 고무류·플라스틱류(발포시킨 것) – 10m³ 이상

해설 화재예방법 시행령 [별표 2]
특수가연물

품 명		수 량
가연성 **액**체류		**2**m³ 이상
목재가공품 및 나무부스러기		**10**m³ 이상
면화류		**2**00kg 이상
나무껍질 및 대팻밥		**4**00kg 이상
넝마 및 종이부스러기		1000kg 이상
사류(絲類)		
볏짚류		
가연성 **고**체류		**3**000kg 이상
고무류·플라스틱류	발포시킨 것	**2**0m³ 이상
	그 밖의 것	**3**000kg 이상
석탄·목탄류		**1**0000kg 이상

② 300kg 이상 → 400kg 이상
③ 1000kg 이상 → 3000kg 이상
④ 10m³ 이상 → 20m³ 이상

※ **특수가연물**: 화재가 발생하면 그 확대가 빠른 물품

기억법	가액목면나 넝사볏가고 고석
	2 1 2 4 1 3 3 1

답 ①

54 ★★★
[19.09.문45] 특수가연물의 저장 및 취급기준은 무엇으로 정하는가?

① 대통령령 ② 행정안전부령
③ 시·도의 조례 ④ 소방청 고시

해설 **대통령령**
(1) 소방**장**비 등에 대한 **국**고보조기준(기본법 9조)
(2) 불을 사용하는 설비의 관리사항 정하는 기준(화재예방법 17조)
(3) **특**수가연물 저장·취급(화재예방법 17조)
(4) **방**염성능기준(소방시설법 20조)
(5) 건축허가 등의 동의대상물의 범위(소방시설법 6조)
(6) 소방시설관리업의 등록기준(소방시설법 29조)
(7) 소방시설업의 업종별 영업범위(공사업법 4조)
(8) 소방공사감리의 종류 및 대상에 따른 감리원 배치, 감리의 방법(공사업법 16조)
(9) 위험물의 정의(위험물법 2조)
(10) 탱크안전성능검사의 내용(위험물법 8조)
(11) 제조소 등의 안전관리자의 자격(위험물법 15조)

| 기억법 | 대국장 특방(**대**국 시장에서 **특수 방**한복 **지**급) |

답 ①

55 ★★
[10.05.문49] 소방본부장이나 소방서장이 소방시설공사 완공검사를 위한 현장 확인대상 특정소방대상물의 범위에 해당하지 않는 것은?

① 운동시설 ② 노유자시설
③ 판매시설 ④ 업무시설

해설 **공사업령 5조**
완공검사를 위한 **현**장확인 대상 특정소방대상물의 범위
(1) **수**련시설
(2) **노**유자시설
(3) **문**화 및 집회시설, **운**동시설
(4) **종**교시설
(5) **판**매시설
(6) **숙**박시설
(7) **창**고시설
(8) 지하**상**가
(9) 다중이용업소
(10) 다음에 해당하는 설비가 설치되는 특정소방대상물
  ㉠ 스프링클러설비
  ㉡ 물분무등소화설비(호스릴방식 제외)
(11) 연면적 10000m² 이상이거나 11층 이상인 특정소방대상물(아파트 제외)

⑫ 가연성 가스를 제조·저장 또는 취급하는 시설 중 지상에 노출된 가연성 가스탱크의 저장용량 합계가 1000t 이상인 시설

| 기억법 | 문종판 노수운 숙창상현 |

답 ④

56 ★★★
[13.09.문53] 운송책임자의 감독·지원을 받아 운송해야 하는 위험물은?

① 알칼리토금속 ② 칼륨
③ 유기과산화물 ④ 알킬리튬

해설 **위험물령 19조**
운송책임자의 감독·지원을 받는 위험물
(1) 알킬알루미늄
(2) 알킬리튬

답 ④

57 ★★★
소방기본법상 소방대상물에 해당되지 않는 것은?

① 건축물 ② 항해 중인 선박
③ 차량 ④ 산림

해설 **기본법 2**
소방대상물
(1) 건축물
(2) 차량
(3) 선박(매어둔 것)
(4) 선박건조구조물
(5) 인공구조물
(6) 물건
(7) 산림

> **비교**
>
> 위험물법 3조
> 위험물의 저장·운반·취급에 대한 적용 제외
> (1) 항공기
> (2) 선박
> (3) 철도(기차)
> (4) 궤도

답 ②

58 ★★★
다음 중 소방활동 종사명령권을 가진 사람은 누구인가?

① 소방청장
② 소방대장
③ 시·도지사
④ 관계인

해설 **소방본부장·소방서장·소방대장**
(1) 소방활동 **종**사명령(기본법 24조)
(2) **강**제처분(기본법 25조)
(3) **피**난명령(기본법 26조)

| 기억법 | 소대종강피(**소**방**대**의 **종강파**티) |

답 ②

59 정당한 사유 없이 소방대가 현장에 도착할 때까지 사람을 구출하는 조치 또는 불을 끄거나 불이 번지지 아니하도록 하는 조치를 하지 아니한 사람에 대한 벌칙은?

① 1년 이하의 징역
② 100만원 이하의 벌금
③ 500만원 이하의 벌금
④ 1000만원 이하의 벌금

해설 100만원 이하의 벌금
(1) 관계인의 **소방활동** 미수행(기본법 54조)
(2) **피난명령** 위반(기본법 54조)
(3) 위험시설 등에 대한 긴급조치 방해(기본법 54조)
(4) 거짓보고 또는 자료 미제출자(공사업법 38조)
(5) **관계공무원**의 출입·조사·**검사** 방해(공사업법 38조)
(6) 정당한 사유없이 물의 **사용**이나 수도의 **개폐장치**의 사용 또는 조작을 하지 못하게 하거나 **방해**한 자(기본법 54조)
(7) 소방대의 생활안전활동을 방해한 자(기본법 54조)

[기억법] 피1(차일피일)

답 ②

60 지정수량의 몇 배 이상의 위험물을 취급하는 제조소에는 피뢰침을 설치해야 하는가? (단, 제6류 위험물을 취급하는 위험물제조소는 제외한다.)

① 5배   ② 10배
③ 50배 ④ 100배

해설 위험물규칙 [별표 4]
지정수량의 **10배** 이상의 위험물을 취급하는 제조소(제6류 위험물을 취급하는 위험물제조소 제외)에는 **피뢰침**을 설치하여야 한다. (단, 제조소 주위의 상황에 따라 안전상 지장이 없는 경우에는 피뢰침을 설치하지 아니할 수 있다.)

[기억법] 피10(피식 웃다.)

답 ②

제 4 과목 소방전기시설의 구조 및 원리

61 무선통신보조설비에서 두 개 이상의 입력신호를 원하는 비율로 조합한 출력이 발생하도록 하는 장치는?

① 분배기
② 분파기
③ 혼합기
④ 증폭기

해설 무선통신보조설비

용어	설명
누설동축 케이블	동축케이블의 외부도체에 가느다란 홈을 만들어서 **전파**가 **외부**로 새어나갈 수 있도록 한 케이블
분배기	신호의 전송로가 분기되는 장소에 설치하는 것으로 **임피던스 매칭**(matching)과 **신호균등분배**를 위해 사용하는 장치 [기억법] 배임(배임죄!)
분파기	서로 다른 **주**파수의 합성된 **신호**를 **분리**하기 위해서 사용하는 장치 [기억법] 파주
혼합기	두 개 이상의 입력신호를 원하는 비율로 조합한 출력이 발생하도록 하는 장치 [기억법] 혼두(혼다)
증폭기	신호전송시 신호가 약해져 수신이 불가능해지는 것을 방지하기 위해서 **증폭**하는 장치
무선중계기	안테나를 통하여 수신된 무전기 신호를 증폭한 후 음영지역에 재방사하여 무전기 상호간 송수신이 가능하도록 하는 장치
옥외안테나	감시제어반 등에 설치된 무선중계기의 입력과 출력포트에 연결되어 송수신 신호를 원활하게 방사·수신하기 위해 옥외에 설치하는 장치

답 ③

62 비상방송설비 음향장치의 설치기준으로 틀린 것은?

① 실내에 설치하는 확성기의 음성입력은 1W 이상일 것
② 확성기는 각 층마다 설치하되 그 층의 각 부분으로부터 하나의 확성기까지의 수평거리가 15m 이하가 되도록 할 것
③ 음량조정기를 설치하는 경우 음량조정기의 배선은 3선식으로 할 것
④ 화재발생 상황 및 피난에 유효한 방송이 자동으로 개시될 때까지의 소요시간은 10초 이하로 할 것

해설 비상방송설비의 설치기준(NFPC 202 4조, NFTC 202 2.1)
(1) 확성기의 음성입력은 실외 3W, 실내 1W 이상일 것
(2) 확성기는 각 **층**마다 설치하되, 각 부분으로부터의 수평거리는 25m 이하일 것
(3) **음**량조정기는 3선식 배선일 것
(4) 조작스위치는 바닥으로부터 0.8~1.5m 이하의 높이에 설치한 것
(5) 다른 전기회로에 의하여 유도장애가 생기지 않을 것
(6) 비상방송 개시시간은 **10초** 이하일 것
(7) **엘리베이터** 내부에는 **별도**의 **음향장치**를 설치할 수 있다.
(8) 2 이상의 조작부가 설치된 경우 동시통화가 가능하고 전 구역에 방송할 수 있을 것

[기억법] 방음3(방음삼아)

② 수평거리 15m 이하 → 수평거리 25m 이하

답 ②

63 자동화재탐지설비 음향장치는 정격전압의 몇 %에서 음향을 발할 수 있어야 하는가?

① 50
② 60
③ 70
④ 80

해설 자동화재탐지설비의 음향장치 설치기준(NFPC 203 8조, NFTC 203 2.5.1.4.1)
정격전압의 **80%** 전압에서 음향을 발할 수 있는 것으로 할 것(단, **건전지**를 주전원으로 사용한 음향장치는 제외)

답 ④

64 청각장애인용 시각경보장치의 설치기준으로 틀린 것은?

① 복도·통로·청각장애인용 객실 및 공용으로 사용하는 거실에 설치하며, 각 부분으로부터 유효하게 경보를 발할 수 있는 위치에 설치하여야 한다.
② 공연장·집회장·관람장 또는 이와 유사한 장소에 설치하는 경우에는 시선이 집중되는 무대부 부분 등에 설치하여야 한다.
③ 설치높이는 바닥으로부터 1m 이상 1.5m 이하의 장소에 설치하여야 한다.
④ 천장의 높이가 2m 이하인 경우에는 천장으로부터 0.15m 이내의 장소에 설치하여야 한다.

해설 청각장애인용 시각경보장치의 설치기준(NFPC 203 8조, NFTC 203 2.5.2)
(1) **복도·통로·청각장애인용 객실** 및 공용으로 사용하는 **거실**에 설치하며, 각 부분으로부터 유효하게 경보를 발할 수 있는 위치에 설치
(2) **공연장·집회장·관람장** 또는 이와 유사한 장소에 설치하는 경우에는 시선이 집중되는 **무대부 부분** 등에 설치
(3) 바닥으로부터 2~2.5m 이하(단, 천장의 높이가 **2m** 이하인 경우에는 천장으로부터 **0.15m 이내**의 장소에 설치)의 장소에 설치

③ 1m 이상 1.5m 이하 → 2m 이상 2.5m 이하

답 ③

65 누전경보기 수신부의 기능검사 항목이 아닌 것은?

① 방폭시험
② 방수시험
③ 충격시험
④ 절연내력시험

해설 시험항목

중계기	속보기의 예비전원	누전경보기의 수신부
• 주위온도시험 • 반복시험 • 방수시험 • 절연저항시험 • 절연내력시험 • 충격전압시험 • 충격시험 • 진동시험 • 습도시험 • 전자파 내성시험	• 충·방전시험 • 안전장치시험	• 전원전압 변동시험 • 온도특성시험 • 과입력 전압시험 • 개폐기의 조작시험 • 반복시험 • 진동시험 • **충**격시험 • **방수**시험 • **절연**저항시험 • **절연**내력시험 • **충**격파 내전압시험

기억법 누수 충수 절충

답 ①

66 지하층으로서 지표면으로부터 깊이가 몇 m 이하인 경우 해당층에 한하여 무선통신보조설비를 설치하지 않아도 되는가?

① 1
② 2
③ 3
④ 4

해설 무선통신보조설비의 설치제외(NFPC 505 4조, NFTC 505 2.1)
(1) **지하층**으로서 특정소방대상물의 바닥부분 **2면** 이상이 지표면과 동일한 경우의 해당층
(2) **지하층**으로서 **지**표면으로부터의 깊이가 **1**m 이하인 경우의 해당층

기억법 지특2(쥐가 특이하다.), 지지1

답 ①

67 축광방식 피난유도선의 설치기준으로 틀린 것은?

① 부착대에 의하여 견고하게 설치할 것
② 구획된 각 실로부터 주출입구 또는 비상구까지 설치할 것
③ 피난유도 표시부는 50cm 이내의 간격으로 연속되도록 설치할 것
④ 바닥으로부터 높이 70cm 이하의 위치 또는 바닥면에 설치할 것

해설 축광방식의 피난유도선의 설치기준(NFPC 303 9조, NFTC 303 2.6.1)
(1) 구획된 각 실로부터 **주출입구** 또는 **비상구**까지 설치
(2) 바닥으로부터 **높**이 50cm 이하의 위치 또는 바닥면에 설치
(3) 피난유도 **표**시부는 50cm 이내의 간격으로 연속되도록 설치
(4) **부**착대에 의하여 견고하게 설치
(5) **외**광 또는 조명장치에 의하여 상시 조명이 제공되거나 비상조명등에 의한 조명이 제공되도록 설치

기억법 축선 주비높 부표외(**부표**는 **왜**?)

④ 70cm 이하 → 50cm 이하

답 ④

68 광전식 분리형 감지기의 설치기준 중 광축의 높이는 천장 등 높이의 몇 % 이상이어야 하는가? (단, 천장 등이란 천장의 실내에 면한 부분 또는 상층의 바닥하부면을 말한다.)

17.03.문76
09.05.문73

① 60
② 80
③ 120
④ 140

해설 광전식 분리형 감지기의 설치기준(NFPC 203 7조, NFTC 203 2.4.3.15)
(1) 감지기의 송광부와 수광부는 설치된 뒷벽으로부터 1m 이내 위치에 설치할 것
(2) 감지기의 광축의 길이는 **공칭감시거리** 범위 이내일 것
(3) 광축의 높이는 천장 등 높이의 **80%** 이상일 것
(4) 광축은 나란한 벽으로부터 **0.6m** 이상 이격하여 설치할 것
(5) 감지기의 수광면은 **햇빛**을 직접 받지 않도록 설치할 것

∥광전식 분리형 감지기의 설치∥

답 ②

69 누전경보기의 전원은 분전반으로부터 전용회로로 하고, 각 극에 개폐기와 몇 A 이하의 과전류차단기를 설치해야 하는가?

16.03.문78
15.05.문73
15.03.문76
14.09.문70
14.09.문70
14.03.문63
14.03.문69
13.06.문70

① 10
② 15
③ 20
④ 30

해설 누전경보기의 설치기준(NFPC 205 6조, NFTC 205 2.3)
(1) 각 극에 개폐기 및 **15A** 이하의 **과전류차단기**를 설치할 것(배선용 차단기는 20A 이하)
(2) 분전반으로부터 **전용회로**로 할 것
(3) 개폐기에는 누전경보기임을 표시할 것

60A 이하	60A 초과
1급 또는 2급	1급

답 ②

70 비상콘센트설비의 비상전원 중 자가발전설비는 비상콘센트설비를 몇 분 이상 유효하게 작동시킬 수 있는 용량으로 설치해야 하는가?

19.09.문61
19.09.문70
19.03.문70
15.03.문61
15.03.문79
14.03.문68
13.09.문70

① 10
② 20
③ 30
④ 60

해설 비상전원용량

설비의 종류	비상전원용량
• **자**동화재탐지설비 • 비상**경**보설비 • **자**동화재속보설비	10분 이상
• 유도등 • **비상콘센트설비** • 제연설비 • 물분무소화설비 • 옥내소화전설비(30층 미만) • 특별피난계단의 계단실 및 부속실 제연설비(30층 미만)	20분 이상
• 무선통신보조설비의 **증**폭기	30분 이상
• 옥내소화전설비(30~49층 이하) • 특별피난계단의 계단실 및 부속실 제연설비(30~49층 이하) • 연결송수관설비(30~49층 이하) • 스프링클러설비(30~49층 이하)	40분 이상
• 유도등·비상조명등(지하상가 및 11층 이상) • 옥내소화전설비(50층 이상) • 특별피난계단의 계단실 및 부속실 제연설비(50층 이상) • 연결송수관설비(50층 이상) • 스프링클러설비(50층 이상)	60분 이상

기억법 경자비1(경자라는 이름은 비일비재하게 많다.) 3증(3중고)

답 ②

71 누전경보기용 변압기의 정격 1차 전압은 몇 V 이하로 해야 하는가?

16.05.문65
14.05.문67
10.09.문64

① 50
② 100
③ 200
④ 300

해설 대상에 따른 전압

전압	대상
0.**5**V 이하	• 누전경보기 **경**계전로의 **전**압강하
0.**6**V 이하	• 완전방전
60V 이하	• 약전류회로
60V 초과	• 접지단자 설치
300V 이하	• 전원**변**압기의 1차 전압 • 유도등·비상조명등의 사용전압
600V 이하	• **누**전경보기의 경계전로 전압

기억법 5경전, 변3(변상해), 누6(누룩)

답 ④

72. 객석의 통로 직선부분 길이가 32m인 경우 객석 유도등은 최소 몇 개 이상 설치해야 하는가?

① 5
② 6
③ 7
④ 8

해설 객석유도등

개수 $\geq \dfrac{\text{직선부분 길이}}{4} - 1 \geq \dfrac{32}{4} - 1 = 7$개

중요

설치개수
(1) 복도·거실 통로유도등

$$\text{개수} \geq \dfrac{\text{보행거리}}{20} - 1$$

(2) 유도표지

$$\text{개수} \geq \dfrac{\text{보행거리}}{15} - 1$$

(3) 객석유도등

$$\text{개수} \geq \dfrac{\text{직선부분 길이}}{4} - 1$$

답 ③

73. 무선통신보조설비에서 신호의 전송로가 분기되는 장소에 설치하는 것으로 임피던스 매칭과 신호균등분배를 위해 사용하는 장치는?

① 분파기
② 혼합기
③ 증폭기
④ 분배기

해설 무선통신보조설비의 구성부품

용어	설명
누설동축 케이블	동축케이블의 외부도체에 가느다란 홈을 만들어서 **전파**가 **외부**로 **새어나갈 수 있도록** 한 케이블
분배기	신호의 전송로가 분기되는 장소에 설치하는 것으로 **임피던스 매칭**(matching)과 **신호균등분배**를 위해 사용하는 장치
분파기	서로 다른 **주파**수의 합성된 **신호**를 **분리**하기 위해서 사용하는 장치
혼합기	두 개 이상의 **입력신호**를 원하는 비율로 **조합**한 **출력**이 발생하도록 하는 장치
증폭기	신호전송시 신호가 약해져 수신이 불가능해지는 것을 방지하기 위해서 **증폭**하는 장치
무선중계기	안테나를 통하여 수신된 무전기 신호를 증폭한 후 음영지역에 재방사하여 무전기 상호간 송수신이 가능하도록 하는 장치
옥외안테나	감시제어반 등에 설치된 무선중계기의 입력과 출력포트에 연결되어 송수신 신호를 원활하게 방사·수신하기 위해 옥외에 설치하는 장치

기억법 무분배파혼, 파파, 분배분배

답 ④

74. 비상콘센트설비 비상전원의 설치기준 중 다음 ( ) 안에 알맞은 것은?

지하층을 제외한 층수가 7층 이상으로서 연면적이 (㉠)m² 이상이거나 지하층의 바닥면적의 합계가 (㉡)m² 이상인 특정소방대상물의 비상콘센트설비에는 자가발전설비, 비상전원수전설비, 축전지설비 또는 전기저장장치를 비상전원으로 설치할 것

① ㉠ 2000, ㉡ 3000
② ㉠ 3000, ㉡ 2000
③ ㉠ 4000, ㉡ 3000
④ ㉠ 3000, ㉡ 4000

해설 비상콘센트설비의 비상전원 설치대상 (NFPC 504 4조, NFTC 504 2.1.1.2)
(1) **지**하층을 제외한 **7**층 이상으로 연면적 **2000**m² 이상
(2) 지하층의 바닥면적 합계 **3000**m² 이상

기억법 지7콘2

답 ①

75. 무선통신보조설비에 사용되는 증폭기의 비상전원용량은 무선통신보조설비를 유효하게 몇 분 이상 작동시킬 수 있는 것이어야 하는가?

① 10
② 20
③ 30
④ 60

해설 비상전원용량

설비의 종류	비상전원용량
• **자**동화재탐지설비 • 비상**경**보설비 • **자**동화재속보설비	10분 이상
• 유도등 • 비상콘센트설비 • 제연설비 • 물분무소화설비 • 옥내소화전설비(30층 미만) • 특별피난계단의 계단실 및 부속실 제연설비(30층 미만)	20분 이상
• 무선통신보조설비의 **증**폭기	30분 이상
• 옥내소화전설비(30~49층 이하) • 특별피난계단의 계단실 및 부속실 제연설비(30~49층 이하) • 연결송수관설비(30~49층 이하) • 스프링클러설비(30~49층 이하)	40분 이상

• 유도등 · 비상조명등(지하상가 및 11층 이상) • 옥내소화전설비(50층 이상) • 특별피난계단의 계단실 및 부속실 제연설비(50층 이상) • 연결송수관설비(50층 이상) • 스프링클러설비(50층 이상)	60분 이상

> 기억법 경자비1(경자라는 이름은 비일비재하게 많다.)
> 3증(3중고)

답 ③

76 ★★★ 이산화탄소 소화설비의 수동식 기동장치 조작부의 설치높이 기준으로 옳은 것은?

① 바닥으로부터 0.8m 이상 1.5m 이하
② 바닥으로부터 1.5m 이하
③ 바닥으로부터 1.0m 이상 1.5m 이하
④ 바닥으로부터 1.0m 이하

해설 설치높이

0.5~1m 이하	0.8~1.5m 이하	1.5m 이상
① **연**결송수관설비의 송수구 ② **연**결살수설비의 송수구 ③ **소**화용수설비의 채수구	① **수**동식 **기**동장치 조작부 ② **제**어밸브(수동식 개방밸브) ③ **유**수검지장치 ④ **일**제개방밸브	① **옥내**소화전설비의 방수구 ② **호**스릴함 ③ **소**화기(투척용 소화기)
기억법 연소용 51(연소용 오일은 잘 탄다.)	기억법 수기8(수기 팔아요.) 제유일 85(제가 유일하게 팔았어요.)	기억법 옥내호소 5(옥내에서 호소하시오.)

답 ①

77 ★★★ 누전경보기 전압 지시전기계기의 최대눈금의 범위로 옳은 것은?

① 사용하는 회로의 정격전압의 75% 이상~100% 이하
② 사용하는 회로의 정격전압의 80% 이상~120% 이하
③ 사용하는 회로의 정격전압의 90% 이상~110% 이하
④ 사용하는 회로의 정격전압의 140% 이상~200% 이하

해설 누전경보기의 형식승인 및 제품검사의 기술기준 4조
전압 지시전기계기의 최대눈금 : 사용하는 회로의 정격전압의 140~200% 이하

답 ④

78 ★★ 예비전원을 내장하지 않는 비상조명등의 비상전원 설치기준으로 옳은 것은?

19.09.문79
17.09.문61
15.03.문71
11.10.문72
11.03.문70

① 비상전원은 실내에 설치하지 않을 것
② 비상전원은 자가발전설비, 축전지설비 또는 전기저장장치를 설치할 것
③ 평상시 점등 여부를 확인할 수 있는 점검스위치를 설치할 것
④ 상용전원으로 전력공급이 중단된 때에는 수동으로 비상전원으로부터 전력을 공급받을 수 있도록 할 것

해설 **비상조명등**의 **비상전원**(예비전원 미내장)(NFPC 304 4조, NFTC 304 2.1.1.4)
(1) 설치장소는 다른 장소와 **방화구획**할 것
(2) 실내에 설치한 때에는 그 실내에 비상조명등 설치
(3) 상용전원의 전력공급이 중단된 때에는 자동으로 비상전원을 공급받을 수 있도록 한다.
(4) 점검에 편리하고 재해로 인한 피해를 받을 우려가 없는 곳에 설치
(5) 비상전원은 **자가발전설비**, **축전지설비** 또는 **전기저장장치**를 설치할 것

① 설치하지 않을 것 → 설치할 것
③ 예비전원을 내장하는 경우에 점검스위치 설치
④ 수동 → 자동

> 용어
> 전기저장장치
> 외부 전기에너지를 저장해 두었다가 필요할 때 전기를 공급하는 장치

답 ②

79 ★★★ 지하철역사에 설치해야 할 피난구유도등의 종류는? (단, 소방서장의 특정소방대상물의 위치·구조 및 설비의 상황을 판단한 견해는 배제한다.)

16.10.문79
16.05.문64
16.03.문75
15.05.문72
14.03.문64
13.06.문73

① 소형
② 중형
③ 대형
④ 특형

해설 유도등 및 유도표지의 종류 (NFPC 303 4조, NFTC 303 2.1.1)

설치장소	유도등 및 유도표지의 종류
• **공**연장 · **집**회장 · **관**람장 · **운동**시설 • 유흥주점 영업시설(카바레, 나이트클럽)	• **대형** 피난구유도등 • **통로**유도등 • **객석**유도등
• 위락시설 · 판매시설 • 관광숙박업 · 의료시설 · 방송통신시설 • 전시장 · 지하상가 · 지하철역사 • 운수시설 · 장례식장	• 대형 피난구유도등 • 통로유도등
• 숙박시설 · 오피스텔 • 지하층 · 무창층 및 11층 이상의 부분	• 중형 피난구유도등 • 통로유도등
• 근린생활시설 · 노유자시설 · 업무시설	• 소형 피난구유도등 • 통로유도등

• 종교시설 · 교육연구시설 · 공장 • 교정 및 군사시설 • 자동차정비공장 · 운전학원 및 정비학원 • 다중이용업소 • 수련시설 · 발전시설 • 복합건축물	• 소형 피난구유도등 • 통로유도등
• 그 밖의 것	• 피난구유도표지 • 통로유도표지

기억법 공집관운 대통객

답 ③

80 정온식 감지선형 감지기의 설치기준으로 틀린 것은?

17.09.문80
14.05.문75
05.03.문78

① 감지선형 감지기의 굴곡반경은 5cm 이상으로 할 것
② 보조선이나 고정금구를 사용하여 감지선이 늘어지지 않도록 설치할 것
③ 단자부와 마감 고정금구와의 설치간격은 15cm 이내로 설치할 것
④ 감지기와 감지구역의 각 부분과의 수평거리가 내화구조의 경우 1종 4.5m 이하, 2종 3m 이하로 할 것

해설 정온식 감지선형 감지기의 설치기준(NFPC 203 7조, NFTC 203 2.4.3.12)

(1) 단자부와 마감 고정금구와의 설치간격은 **10cm** 이내로 설치한다.
(2) 감지선형 감지기의 굴곡반경은 **5cm** 이상으로 한다.
(3) 감지기와 감지구역 각 부분과의 수평거리가 내화구조의 경우 **1종**은 **4.5m** 이하, **2종**은 **3m** 이하로 한다.
(4) 분전반 내부에 설치하는 경우 접착제를 이용하여 돌기를 바닥에 고정시키고 그곳에 감지기를 설치한다.

③ 15cm 이내 → 10cm 이내

중요

정온식 감지선형 감지기의 설치기준

수평거리	종별	1종		2종	
		내화구조	기타구조	내화구조	기타구조
감지기와 감지구역의 각 부분과의 수평거리		4.5m 이하	3m 이하	3m 이하	1m 이하

기억법 1내4 1기3, 2내3 2기1

답 ③

홍삼 잘 먹는 법

① 86도 이하로 달여야 건강성분인 사포닌이 잘 흡수된다.
② 두달 이상 장복해야 가시적인 효과가 나타난다.
③ 식사 여부와 관계없이 어느 때나 섭취할 수 있다.
④ 공복에 먹으면 흡수가 빠르다.
⑤ 공복에 먹은 뒤 위에 부담이 느껴지면 식후에 섭취한다.
⑥ 복용 초기 명현 반응(약을 이기지 못해 생기는 반응)이나 알레르기가 나타날 수 있으나 곧바로 회복되므로 크게 걱정하지 않아도 된다.
⑦ 복용 후 2주 이상 명현 반응이나 이상 증세가 지속되면 전문가와 상의한다.

자료=경희의료원 한방병원 동서협진과·영동세브란스병원비뇨기과

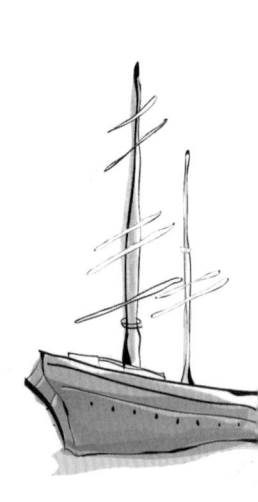

찾아보기

ㄱ

가연성고체 ·· 2-41
간이소화용구 ·· 37
감리 ··· 28
개구부 ··· 25
건축물의 동의 ······································· 2-9
건축허가 등의 동의 요구 ··························· 17
건축허가 등의 동의대상물 ························· 2-9
건축허가 등의 동의여부 회신 ····················· 17
게시판의 기재사항 ································ 2-44
결합계수 ··· 45
경계구역 ······································· 54, 57
경계신호 ··· 39
경보설비 ·· 4-3
경사제한각도 ····································· 19-46
고속국도 주유취급소의 특례 ···················· 2-48
고정주유설비와 고정급유설비 ··················· 2-47
공기관 ··· 50
공기관식의 구성요소 ······························· 50
공동주택 ·· 38
과징금 ·· 2-40
과태료 ·························· 2-4, 2-21, 2-40
관계인 ·· 29, 2-3
관광휴게시설 ······································· 4-4
광산안전법 ·· 34
구동장치 ·· 16-7
국고보조 ·· 2-5
굴뚝효과 ································· 19-5, 18-55
근린생활시설 ······························· 35, 2-14
금수성 물질 ··· 11
금수성 ·· 2-41
기전력 ·· 58
기화(증발)잠열 ··································· 18-30
기화열 ·· 21-30

ㄴ

낙뢰 ·· 21-3, 21-26
내화건축물의 표준 온도 ······················ 9, 1-27
내화구조 ·· 13, 1-42
NAND 회로 ·· 49
NOR 회로 ·· 49
노유자시설 ··· 36
논리식 ····································· 17-58, 16-10
논리회로 ·· 48
누전 ··· 4, 1-4

ㄷ

다중이용업 ·· 2-12
단독경보형 감지기 ······························ 19-45
단락 ··· 4
도급계약의 해지 ·································· 2-32
도급인 ··· 2-32
드리프트(drift) ································· 16-10

ㄹ

랙식 창고 ··································· 36, 2-15
린넨슈트 ·· 56

ㅁ

마른모래 ·· 11
매초 ··· 16-28
맥동률 ··································· 21-10, 16-30
모니터 ·· 14
무대부 ·· 2-14
무상주수 ·· 17-28
무선통신보조설비의 설치제외 ·················· 21-68
무염착화 ·· 8
무효전력 ·· 47

물분무등소화설비 ·················· 36, 20-15
물질의 발화점 ································· 5

ㅂ

바이메탈 ························· 4-9, 16-37
바이어스 전압 ·························· 17-59
반도체소자 ············· 19-35, 16-25, 16-49
반도체 재료 ················ 19-32, 16-45
발염착화 ··································· 8
발화신호 ·································· 39
방염 ······································ 33
방염대상물품 ···························· 2-13
방염성능기준 ···················· 2-12, 2-13
방염성능 ·························· 22, 2-12
방염업 ·································· 2-35
방염처리업 ······················· 26, 2-35
방유제 ································· 2-45
방유제의 용량 ··························· 2-45
방재센터 ································ 19-6
방화구조 ·································· 13
방화문 ···································· 13
방화시설 ·································· 30
배선용 차단기 ··························· 18-72
배율기 ···································· 47
100만원 이하의 벌금 ···················· 2-33
벌금 ······································ 27
벌금과 과태료 ···························· 2-4
벽·천장 사이의 거리 ···················· 2-23
변경강화기준 적용 설비 ················· 2-9
변류기 ···································· 53
변류기의 설치 ···························· 55
변압기 ··································· 3-58
보유공지 너비 ··························· 2-46
보유공지 ································ 2-45
보조기술인력 ···························· 2-34
보행거리 ································· 52
복동조회로 ······························ 16-11
복합건축물 ······················· 32, 2-15
부동충전방식 ······························ 57

분류기 ···································· 47
불대수 ···································· 48
V결선 ·································· 20-13
블록선도 ································· 3-79
비상근 ··································· 2-3
비상방송설비의 설치기준 ················ 4-49
비상전원 ·································· 52
비상조명등 ································ 51
비상조명등의 설치기준 ·················· 4-67

ㅅ

사류 ····································· 2-23
산화반응 ································· 1-9
300만원 이하의 벌금 ···················· 2-10
3중점 ·································· 19-30
상수도소화용수설비 ···················· 21-19
상호 인덕턴스 ····························· 45
샤를의 법칙 ································· 8
선간전압 ·································· 47
선임신고 ································· 2-20
선전류 ···································· 47
소방계획서 ······························ 2-20
소방공사 감리원의 배치 통보 ··········· 2-36
소방공사감리업 ························· 2-36
소방공사감리의 종류 ···················· 2-36
소방공사감리자 ························· 2-36
소방기본법 ······························ 2-3
소방기술자 실무교육기관 ··············· 2-37
소방기술자 ································ 27
소방기술자의 실무교육 ················· 2-37
소방대 ·································· 2-3
소방대상물 ······························ 2-3
소방대장 ························· 30, 2-3
소방력 기준 ······························· 23
소방력 ···································· 21
소방본부장 ······························ 2-6
소방시설 등의 자체점검 ················ 2-16
소방시설설계업 ························· 2-31

소방시설 설치 및 관리에 관한 법률 ·············2-9
소방시설 ·······································2-9
소방시설공사 시공능력 평가의 신청 · 평가 ······2-36
소방시설공사 ·································2-36
소방시설관리사 ······························20-19
소방시설관리업 ··································28
소방시설관리업의 등록증 대여 ···············2-10
소방시설업 등록기준 ···························2-31
소방시설업 ·····································2-31
소방시설업의 등록결격사유 ···················2-31
소방시설업의 영업범위 ·······················2-31
소방시설업의 종류 ································26
소방신호의 종류 ·································2-7
소방신호표 ······································2-7
소방안전관리업무 대행자 ·····················2-20
소방안전관리자 ······················2-20, 2-26
소방안전관리자의 강습 ·······················2-26
소방안전관리자의 선임 ·······················2-20
소방안전관리자의 실무교육 ··················2-26
소방안전관리자의 재선임 ·····················2-26
소방용수시설 및 지리조사 ······················2-6
소방용수시설 ·······················19, 27, 2-3
소방용수시설의 설치기준 ······················2-6
소방용수시설의 설치 · 유지 · 관리 ············2-6
소방용수시설의 저수조의 설치기준 ··········2-6
소방용품 ··2-11
소방용품 제외 대상 ···························2-11
소방체험관 ··20
소방활동 ···2-3
소방활동구역 출입자 ···························2-5
소방활동구역 ····················20, 2-3, 2-5
소방활동구역의 설정 ···························2-3
소화설비 ···24
소화용수설비 ····································24
소화활동설비 ····································24
속보기 ···51
솔레노이드 ·······································44
수평거리 ··52
순시값 ··45
스캔타임 ······································16-46

스테판-볼츠만의 법칙 ···············21-7, 19-4
슬립(Slip) ····································18-56
승강기 ···1-45
승계 ···24
시공능력 평가 및 공사방법 ··················2-37
시공능력의 평가 기준 ···························23
시공능력평가자 ·······························2-36
시 · 도지사 ·································21, 30
실리콘 정류기 ·································16-8
실무교육기관 ··································2-37
실효값 ···45

ㅇ

안전거리 ·······································2-43
앙페르의 법칙 ···································41
업무시설 ···38
에멀전 ··7
연기감지기 ·······································53
연기복합형 감지기 ······························51
연기의 형태 ······································10
연소 ···································1-9, 1-15
연소방지설비 ····································34
예방규정 ······························2-40, 2-41
예비전원 ····································52, 58
500만원 이하의 과태료 ·······················2-40
옥내소화전설비 ································4-63
옥내저장소 저장창고 배출설비 구비 ·······2-49
옥내저장소의 보유공지 ·······················2-45
옥외저장 탱크의 주입구 게시판 설치 ······2-48
옥외저장 탱크의 펌프 설비 게시판 설치 ········2-48
옥외탱크저장소의 보유공지 ··················2-46
옴의 법칙 ··40
완공검사 ·······································2-39
용량저하율(보수율) ·····························57
우수품질인증 ····································28
운송기준 ··30
원형코일 ···44
위락시설 ··4-4
위험물 ···2-39
위험물 운반용기의 재질 ······················2-44

위험물 운반용기의 주의사항	2-44	자위소방대	25
위험물의 임시저장기간	2-39	자체소방대	25
위험물안전관리자와 소방안전관리자	18	자체소방대의 설치	2-43
위험물제조소의 게시판	2-44	자체소방대의 설치제외 대상인 일반 취급소	2-43
위험물제조소의 안전거리	2-43	작동점검	2-16
위험물제조소의 표지	2-43	잔염시간	34
유도기전력	44	잔염시간과 잔진시간	2-13
유도등	51	잔진시간	34
유류화재	3	재난관리	2-26
유효전력	46	저항(R)	46
융해잠열	6	전달함수	20-38, 19-57
의용소방대원	2-3	전력	40
의용소방대의 설치	2-3	전력량	3-9, 19-36
의원과 병원	38	전류의 3대 작용	41
이동 탱크 저장소의 주입설비의 길이	2-47	전속밀도	42
이동저장 탱크	2-47	전압	40
이송취급소	2-47	정격전압	19-71, 18-47, 16-39
인덕턴스(L)	46	정온식 감지선형 감지기	54
인명구조기구와 피난기구	37	정온식 스포트형 감지기	53
200만원 이하의 과태료	2-4	정전력	42
2급 소방안전관리대상물	33	정전압 전원회로	19-35
1급 소방안전관리대상물	2-24	정전에너지	43
1급 소방안전관리자	2-24	정전용량	41
일반공사감리대상	2-36	제1류 위험물	1-32
일반화재	3	제4류 위험물	2-44
일산화탄소	6	제5류 위험물	1-34
임피던스	19-36, 18-56	제6류 위험물	1-35
		제어량	19-8, 19-56
ㅈ		제연방법	14
		제연설비	35, 37
자기	43	제조소 등의 변경신고	19-39
자기력	42, 43	제조소 등의 설치허가	19-39
자동화재속보설비	4-3	제조소 등의 승계	2-39
자동화재탐지설비	50	제조소 등의 시설기준	2-39
자동화재탐지설비 설치대상물	2-24	제조소 등의 용도폐지	2-39
자속	44	제조소	17
자속밀도	42	조도	55
자연발화성	2-41	조례	23
자연발화의 형태	7	종합상황실	22
		종합점검	2-17
		주수소화	11

주요 구조부	14
주유취급소의 게시판	2-45
주유취급소의 고정주유설비와 고정급유설비	2-47
GTO	19-7, 16-8
줄의 법칙	40
중탄산나트륨(탄산수소나트륨)	16
중탄산칼륨(탄산수소칼륨)	16
증기압	1-14
증표 제시	2-3
지정수량	23
지하 탱크 저장소	2-47
지하구	57
진리표(진가표)	48
질소	5
질식효과	16

ㅊ

착공신고	2-32
초급감리원	2-34
최소 정전기 점화에너지	12

ㅋ

커패시턴스(C)	46
컨덕턴스	3-4
콘덴서(condenser)	16-18

ㅌ

토사	2-7
토제	2-46
통로유도등	56
트랜지스터(transistor)	18-57
특급감리원	2-34
특수가연물	22
특수가연물의 저장·취급	19-15
특정소방대상물	2-12
특정소방대상물의 소방훈련	2-20
특정 옥외 탱크 저장소의 용량	2-48

ㅍ

판매취급소	2-42
패닉	1-48
패닉현상	15
평균값	45
폭굉	4
폭발	18-31
풀박스	56
프로그램제어(program control)	19-13, 18-59
플래시 오버와 같은 의미	10
플레밍의 오른손 법칙	41
플레밍의 왼손 법칙	41
피난구유도등	56
피난구조설비	4-59
피난구유도등의 설치제외장소	4-66
피난동선	14, 1-49
피난시설	30
피난시설·방화구획 및 방화시설의 관리	19-66
피난층	2-11
피상전력	47
피성년후견인	2-31

ㅎ

하자보수 보증기간	2-34
한국소방안전원	2-3
한국소방안전원의 시설기준	2-29
한국소방안전원의 업무	2-4
한국소방안전원의 정관변경	2-4
할론 1301	16
항공기격납고	31
해제신호	39
혼합가스	19-29
화원	19-50, 18-6
화재	3
화재가혹도	16-5
화재안전조사	2-19
화재안전조사 결과에 따른 조치명령	2-19
화재예방강화지구	2-19
화재의 예방 및 안전관리에 관한 법률	2-19

화재작동시험	16-39
화점의 관리	1-54
확산연소	19-4, 17-3, 16-3
활성화에너지	20-28
회피성	12
훈련신호	39
휴대용 비상조명등	19-26

VISION 연속 판매1위

교재 및 인강을 통한 합격 수기

"한번에! 빠르게! 합격하기!!"

소방설비산업기사 안 될 줄 알았는데..., 되네요!

저는 필기부터 공하성 교수님 책을 이용해서 공부하였습니다. 무턱대고 도전해보려고 책을 구입하려 할 때 서점에서 공하성 교수님 책을 추천해주었습니다. 한 달 동안 열심히 공부하고 어쩌다 보니 합격하게 되었고 실기도 한 번에 붙어보자는 생각으로 필기 때 공부하던 공하성 교수님 책을 선택했습니다. 실기에서 혼자 공부해보니 어려운 점이 많았습니다. 특히 전기분야는 가닥수에서 이해하질 못했고 그러다 보니 자연스레 공하성 교수님 인강을 들어야겠다고 판단을 했고 그것은 옳았습니다. 가장 이해하지 못했던 가닥수 문제들을 반복해서 듣다 보니 눈에 익어 쉽게 풀 수 있게 되었습니다. 공부하시는 분들 좋은 결과가 있기를...

_ 박○석님의 글

1년 만에 쌍기사 획득!

저는 소방설비기사 전기 공부를 시작으로 꼭 1년 만에 소방전기와 소방기계 둘 다 한번에 합격하여 너무나 의미 있는 한 해가 되었습니다. 1년 만에 쌍기사를 취득하니 감개무량하고 뿌듯합니다. 제가 이렇게 할 수 있었던 것은 우선 교재의 선택이 탁월했습니다. 무엇보다 쉽고 자세한 강의는 비전공자인 제가 쉽게 접근할 수 있었습니다. 그리고 저의 공부비결은 반복학습이었습니다. 또한 감사한 것은 제 아들이 대학 4학년 전기공학 전공인데 이번에 공하성 교수님 교재를 보고 소방설비기사 전기를 저와 아들 둘 다 합격하여 얼마나 감사한지 모르겠습니다. 여러분도 좋은 교재와 자신의 노력이 더해져 최선을 다한다면 반드시 합격할 수 있습니다. 다시 한 번 감사드립니다.^^

_ 이○자님의 글

소방설비기사 합격!

올해 초에 소방설비기사 시험을 보려고 이런저런 정보를 알아보던 중 친구의 추천으로 성안당 소방필기 책을 구매했습니다. 필기는 독학으로 합격할 수 있을 만큼 자세한 설명과 함께 반복적인 문제에도 문제마다 설명을 자세하게 해주셨습니다. 문제를 풀 때 생각이 나지 않아도 앞으로 다시 돌아가서 볼 필요가 없이 진도를 나갈 수 있게끔 자세한 문제해설을 보면서 많은 도움이 되어 필기를 합격했습니다. 실기는 2회차에 접수를 하고 온라인강의를 보며 많은 도움이 되었습니다. 열심히 안 해서 그런지 4점 차로 낙방을 했습니다. 다시 3회차 실기에 도전하여 열심히 공부를 한 결과 최종합격할 수 있게 되었습니다. 인강은 생소한 소방실기를 쉽게 접할 수 있는 좋은 방법으로서 저처럼 학원에 다닐 여건이 안 되는 사람에게 좋은 공부방법을 제공하는 것 같습니다. 먼저 인강을 한번 보면서 모르는 생소한 용어들을 익힌 후 다시 정리하면서 이해하는 방법으로 공부를 했습니다. 물론 오답노트를 활용하면서 외웠습니다. 소방설비기사에 도전하시는 분들께도 많은 도움이 되었으면 좋겠습니다.

_ 김○국님의 글

성안당 e러닝 bm.cyber.co.kr(031-950-6332) | 예스미디어 www.ymg.kr(010-3182-1190)

> "공하성 교수의 노하우와 함께 소방자격시험 완전정복!"
> 24년 연속 판매 1위! 한 번에 합격시켜 주는 명품교재!

성안당 소방시리즈!

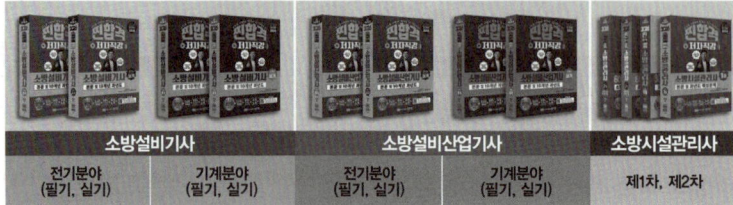

2026 최신개정판
소방설비산업기사 전기③ 필기

```
2002.  1. 10. 초   판  1쇄 발행
2017.  1. 10. 4차 개정증보 19판 1쇄(통산 31쇄) 발행
2017.  5.  4. 4차 개정증보 19판 2쇄(통산 32쇄) 발행
2018.  1.  5. 5차 개정증보 20판 1쇄(통산 33쇄) 발행
2018.  4.  6. 5차 개정증보 20판 2쇄(통산 34쇄) 발행
2019.  1.  7. 6차 개정증보 21판 1쇄(통산 35쇄) 발행
2020.  1.  6. 7차 개정증보 22판 1쇄(통산 36쇄) 발행
2021.  1.  5. 8차 개정증보 23판 1쇄(통산 37쇄) 발행
2022.  1.  5. 9차 개정증보 24판 1쇄(통산 38쇄) 발행
2023.  1. 11. 10차 개정증보 25판 1쇄(통산 39쇄) 발행
2023.  6. 14. 10차 개정증보 25판 2쇄(통산 40쇄) 발행
2024.  1.  3. 11차 개정증보 26판 1쇄(통산 41쇄) 발행
2025.  1.  8. 12차 개정증보 27판 1쇄(통산 42쇄) 발행
2025.  4. 16. 12차 개정증보 27판 2쇄(통산 43쇄) 발행
2026.  1.  7. 13차 개정증보 28판 1쇄(통산 44쇄) 발행
```

지은이 | 공하성
펴낸이 | 이종춘
펴낸곳 | BM (주)도서출판 성안당

주소 | 04032 서울시 마포구 양화로 127 첨단빌딩 3층(출판기획 R&D 센터)
      10881 경기도 파주시 문발로 112 파주 출판 문화도시(제작 및 물류)
전화 | 02) 3142-0036
      031) 950-6300
팩스 | 031) 955-0510
등록 | 1973. 2. 1. 제406-2005-000046호
출판사 홈페이지 | www.cyber.co.kr
ISBN | 978-89-315-1403-2 (13530)
정가 | 46,000원(별책부록, 해설가리개 포함)

이 책을 만든 사람들
기획 | 최옥현
진행 | 박경희
교정·교열 | 김혜린, 최주연
전산편집 | 오정은
표지 디자인 | 박현정
홍보 | 김계향, 임진성, 김주승, 최정민, 이해솜
국제부 | 이선민, 조혜란
마케팅 | 구본철, 차정욱, 오영일, 나진호, 강호묵
마케팅 지원 | 장상범
제작 | 김유석

이 책의 어느 부분도 저작권자나 BM (주)도서출판 성안당 발행인의 승인 문서 없이 일부 또는 전부를 사진 복사나 디스크 복사 및 기타 정보 재생 시스템을 비롯하여 현재 알려지거나 향후 발명될 어떤 전기적, 기계적 또는 다른 수단을 통해 복사하거나 재생하거나 이용할 수 없음.

※ 잘못된 책은 바꾸어 드립니다.

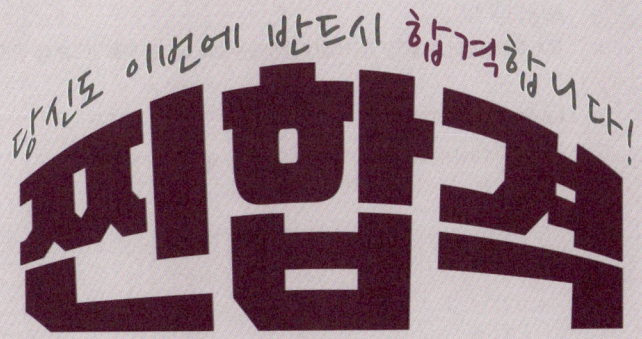

당신도 이번에 반드시 합격합니다!
찐합격

요점노트 [전기 필기]
소방설비[산업]기사

소방공학박사
우석대학교 소방방재학과 교수 **공하성** 지음

BM (주)도서출판 성안당

깜짝 알림

원퀵으로 기출문제를 보내고 원퀵으로 소방책을 받자!!

2026 소방설비산업기사, 소방설비기사 시험을 보신 후 기출문제를 재구성하여 성안당 출판사에 15문제 이상 보내주신 분에게 공하성 교수님의 소방시리즈 책 중 한 권을 무료로 보내드립니다.

독자 여러분들이 보내주신 재구성한 기출문제는 보다 더 나은 책을 만드는 데 큰 도움이 됩니다.

✉ 이메일 coh@cyber.co.kr(최옥현)   ※메일을 보내실 때 성함, 연락처, 주소를 꼭 기재해 주시기 바랍니다.

- 무료로 제공되는 책은 독자분께서 보내주신 기출문제를 공하성 교수님이 검토 후 보내드립니다.
- 책 무료 증정은 조기에 마감될 수 있습니다.

■ 도서 A/S 안내

성안당에서 발행하는 모든 도서는 저자와 출판사, 그리고 독자가 함께 만들어 나갑니다.

좋은 책을 펴내기 위해 많은 노력을 기울이고 있습니다. 혹시라도 내용상의 오류나 오탈자 등이 발견되면 **"좋은 책은 나라의 보배"** 로서 우리 모두가 함께 만들어 간다는 마음으로 연락주시기 바랍니다. 수정 보완하여 더 나은 책이 되도록 최선을 다하겠습니다.

성안당은 늘 독자 여러분들의 소중한 의견을 기다리고 있습니다. 좋은 의견을 보내주시는 분께는 성안당 쇼핑몰의 포인트(3,000포인트)를 적립해 드립니다.

잘못 만들어진 책이나 부록 등이 파손된 경우에는 교환해 드립니다.

저자 문의 : Ch http://pf.kakao.com/_TZKbxj
　　　　　 Daum cafe.daum.net/firepass
　　　　　 NAVER cafe.naver.com/fireleader

본서 기획자 e-mail : coh@cyber.co.kr(최옥현)

홈페이지 : http://www.cyber.co.kr   전화 : 031) 950-6300

요점노트 필기(전기분야)

CONTENTS

제1편　소방원론
- 제1장 화재론 ········ 2
- 제2장 방화론 ········ 9

제2편　소방관계법규

2-1. 소방기본법령 ········ 12
- 제1장 소방기본법 ········ 12
- 제2장 소방기본법 시행령 ········ 15
- 제3장 소방기본법 시행규칙 ········ 16

2-2. 소방시설 설치 및 관리에 관한 법령 ········ 18
- 제1장 소방시설 설치 및 관리에 관한 법률 ········ 18
- 제2장 소방시설 설치 및 관리에 관한 법률 시행령 ········ 21
- 제3장 소방시설 설치 및 관리에 관한 법률 시행규칙 ········ 30

2-3. 화재의 예방 및 안전관리에 관한 법령 ········ 32
- 제1장 화재의 예방 및 안전관리에 관한 법률 ········ 32
- 제2장 화재의 예방 및 안전관리에 관한 법률 시행령 ········ 35
- 제3장 화재의 예방 및 안전관리에 관한 법률 시행규칙 ········ 37

2-4. 소방시설공사업법령 ········ 40
- 제1장 소방시설공사업법 ········ 40
- 제2장 소방시설공사업법 시행령 ········ 42
- 제3장 소방시설공사업법 시행규칙 ········ 43

2-5. 위험물안전관리법령 ········ 45
- 제1장 위험물안전관리법 ········ 45
- 제2장 위험물안전관리법 시행령 ········ 48
- 제3장 위험물안전관리법 시행규칙 ········ 50

CONTENTS

제 3 편   소방전기일반

- 제1장 직류회로 ·· 62
- 제2장 정전계 ·· 65
- 제3장 자기 ·· 66
- 제4장 교류회로 ·· 70
- 제5장 비정현파 교류 ·· 75
- 제6장 과도현상 ·· 76
- 제7장 자동제어 ·· 77

제 4 편   소방전기시설의 구조 및 원리

- 제1장 경보설비의 구조 및 원리 ······································ 80
- 제2장 피난구조설비 및 소화활동설비 ···························· 86
- 제3장 소화 및 제연 · 연결송수관설비 ···························· 89
- 제4장 소방전기설비 ·· 90
- 제5장 기타 소방전기시설 ·· 92

요점 노트

제 **1** 편   소방원론

제 **2** 편   소방관계법규

제 **3** 편   소방전기일반

제 **4** 편   소방전기시설의 구조 및 원리

제1편 소방원론

제1장 화재론

1. 화재의 정의
자연 또는 인위적인 원인에 의하여 불이 물체를 연소시키고, 인명과 재산의 손해를 주는 현상

2. 화재의 발생현황(발화요인별)
부주의>**전**기적 요인>**기**계적 요인>**화**학적 요인>**교**통사고>방화의심>방화>자연적 요인>**가**스누출

기억법	부전기화교가

3. 화재의 종류

등급 구분	A급	B급	C급	D급	K급
화재 종류	일반화재	유류화재	전기화재	금속화재	주방화재
표시색	백색	황색	청색	무색	-

요즘은 표시색의 의무규정은 없음

4. 유류화재

제4류 위험물	종 류
특수 인화물	• 다이에틸에터 · 이황화탄소 · 산화프로필렌 · 아세트알데하이드
제1석유류	• 아세톤 · 휘발유 · 콜로디온
제2석유류	• 등유 · 경유
제3석유류	• 중유 · 크레오소트유
제4석유류	• 기어유 · 실린더유

5. 전기화재의 발생원인
① 단락(합선)에 의한 발화
② 과부하(과전류)에 의한 발화
③ 절연저항 감소(누전)로 인한 발화
④ 전열기기 과열에 의한 발화
⑤ 전기불꽃에 의한 발화
⑥ 용접불꽃에 의한 발화
⑦ 낙뢰에 의한 발화

6. 금속화재를 일으킬 수 있는 위험물

금속화재 위험물	종 류
제1류 위험물	• 무기과산화물
제2류 위험물	• 금속분(알루미늄(Al), 마그네슘(Mg))
제3류 위험물	• 황린(P_4), 칼슘(Ca), 칼륨(K), 나트륨(Na)

7. 공기 중의 폭발한계

가 스	하한계[vol%]	상한계[vol%]
아세틸렌(C_2H_2)	2.5	81
수소(H_2)	4	75
일산화탄소(CO)	12	75
에터($C_2H_5OC_2H_5$)	1.7	48
이황화탄소(CS_2)	1	50
에틸렌(C_2H_4)	2.7	36
암모니아(NH_3)	15	25
메탄(CH_4)	5	15
에탄(C_2H_6)	3	12.4
프로판(C_3H_8)	2.1	9.5
부탄(C_4H_{10})	1.8	8.4
휘발유($C_5H_{12}\sim C_9H_{20}$)	1.2	7.6

8. 폭발한계와 위험성
① 하한계가 낮을수록 위험하다.
② 상한계가 높을수록 위험하다.
③ 연소범위가 넓을수록 위험하다.
④ 연소범위의 하한계는 그 물질의 인화점에 해당된다.
⑤ 연소범위는 주위온도에 관계가 깊다.
⑥ 압력상승시 하한계는 불변, 상한계만 상승한다.

요 점

9. 폭발의 종류

폭발 종류	물 질
분해폭발	과산화물, 아세틸렌, 다이나마이트
분진폭발	밀가루, 담뱃가루, 석탄가루, 먼지, 전분, 금속분
중합폭발	염화비닐, 시안화수소
분해·중합폭발	산화에틸렌
산화폭발	압축가스, 액화가스

기억법 분과아다, 중염시, 분중산, 산압액

10. 분진폭발을 일으키지 않는 물질
① **시**멘트
② **석**회석
③ **탄**산칼슘($CaCO_3$)
④ **생**석회(CaO)＝산화칼슘

기억법 분시석탄생

11. 폭굉의 연소속도
1000~3500m/s

12. 폭굉
화염의 전파속도가 음속보다 빠르다.

13. 2도 화상
화상의 부위가 분홍색으로 되고, 분비액이 많이 분비되는 화상의 정도

14. 가연물이 될 수 없는 물질(불연성 물질)

특 징	불연성 물질
주기율표의 0족 원소	헬륨(He), 네온(Ne), 아르곤(Ar), 크립톤(Kr), 크세논(Xe), 라돈(Rn)
산소와 더이상 반응하지 않는 물질	물(H_2O), 이산화탄소(CO_2), 산화알루미늄(Al_2O_3), 오산화인(P_2O_5)
흡열반응 물질	질소(N_2)

기억법 흡질

15. 질소
복사열을 흡수하지 않는다.

16. 점화원이 될 수 없는 것
① 기화열
② 융해열
③ 흡착열

17. 정전기 방지대책
① **접지**를 한다.
② 공기의 상대습도를 **70%** 이상으로 한다.
③ 공기를 **이온화** 한다.
④ **도체물질**을 사용한다.

18. 연소의 형태

연소 형태	종 류
표면연소	**숯**, 코크스, 목탄, 금속분
분해연소	**석**탄, **종**이, **플**라스틱, **목**재, **고**무, **중**유, **아**스팔트
증발연소	**황**, **왁**스, **파**라핀, **나**프탈렌, **가**솔린, **등**유, **경**유, **알**코올, **아**세톤
자기연소	**나**이트로글리세린, **나**이트로셀룰로오스(질화면), **TNT**, **나**이트로화합물(피크린산), 질산에스터류(**셀**룰로이드)
액적연소	벙커C유
확산연소	**메**탄(CH_4), **암**모니아(NH_3), **아**세틸렌(C_2H_2), **일**산화탄소(CO), **수**소(H_2)

기억법 표숯코목탄금, 분석종플 목고중아, 확메암아일수

19. 불꽃연소와 작열연소
① 불꽃연소는 작열연소에 비해 대체로 발열량이 크다.
② 작열연소에는 연쇄반응이 동반되지 않는다.
③ 분해연소는 **불꽃연소**의 한 형태이다.
④ 작열연소·불꽃연소는 **완전연소** 또는 **불완전연소**시에 나타난다.

20. 연소와 관계되는 용어

용어	설명
발화점	• 가연성 물질에 불꽃을 접하지 아니하였을 때 연소가 가능한 최저온도
인화점	• 휘발성 물질에 불꽃을 접하여 연소가 가능한 최저온도
연소점	• 어떤 인화성 액체가 공기 중에서 열을 받아 점화원의 존재하에 지속적인 연소를 일으킬 수 있는 온도

21. 물질의 발화점

물질	발화점
황린	30~50℃
황화인 · 이황화탄소	100℃
나이트로셀룰로오스	180℃

22. cal · BTU · chu

단위	정의
1cal	• 1g의 물체를 1℃만큼 온도 상승시키는 데 필요한 열량
1BTU	• 1lb의 물체를 1℉만큼 온도 상승시키는 데 필요한 열량
1chu	• 1lb의 물체를 1℃만큼 온도 상승시키는 데 필요한 열량

1BTU = 252cal

23. 물의 잠열

잠열 또는 열량	설명
80cal/g	융해잠열
539cal/g	기화(증발)잠열
639cal/g	0℃의 물 1g이 100℃의 수증기로 되는 데 필요한 열량
719cal/g	0℃의 얼음 1g이 100℃의 수증기로 되는 데 필요한 열량

24. 증기비중, 증기밀도

$$증기비중 = \frac{분자량}{29}, \quad 증기밀도 = \frac{분자량}{22.4}$$

여기서, 29 : 공기의 평균 분자량[kg/kmol]
22.4 : 기체 1몰의 부피[L]

25. 증기 – 공기밀도

$$증기-공기밀도 = \frac{P_2 d}{P_1} + \frac{P_1 - P_2}{P_1}$$

여기서, P_1 : 대기압
P_2 : 주변온도에서의 증기압
d : 증기밀도

26. 위험물질의 위험성

비등점(비점)이 낮아질수록 위험하다.

27. 리프트

버너 내압이 높아져서 분출속도가 빨라지는 현상

28. 일산화탄소(CO)

화재시 흡입된 일산화탄소(CO)의 화학적 작용에 의해 헤모글로빈(Hb)이 혈액의 산소운반작용을 저해하여 사람을 질식 · 사망하게 한다.

농도	영향
0.2%	1시간 호흡시 생명에 위험을 준다.

29. 이산화탄소(CO_2)

연소가스 중 가장 많은 양을 차지한다.

이산화탄소는 온도가 낮을수록, 압력이 높을수록 용해도가 증가한다.

30. 포스겐($COCl_2$)

매우 독성이 강한 가스로서 소화제인 사염화탄소(CCl_4)를 화재시에 사용할 때도 발생한다.

31. 황화수소(H_2S)

달걀 썩는 냄새가 나는 특성이 있다.

32. 보일오버(boil over)
① 중질유의 탱크에서 장시간 조용히 연소하다 탱크 내의 잔존기름이 갑자기 분출하는 현상
② 유류탱크에서 탱크 바닥에 물과 기름의 **에멀전**이 섞여 있을 때 이로 인하여 화재가 발생하는 현상
③ 연소유면으로부터 100℃ 이상의 열파가 탱크 저부에 고여 있는 물을 비등하게 하면서 연소유를 탱크 밖으로 비산시키며 연소하는 현상
④ 탱크저부의 물이 급격히 증발하여 탱크 밖으로 화재를 동반하여 방출하는 현상

33. 열전달의 종류
① **전**도
② **대**류
③ **복**사 : 전자파의 형태로 열이 옮겨지며, 가장 크게 작용한다.

> 스테판 - 볼츠만의 법칙 : 복사체에서 발산되는 복사열은 복사체의 절대온도의 **4제곱**에 비례한다.

기억법 열전대복

34. 열에너지원의 종류

전기열	화학열
① 유도열 : 도체주위의 자장에 의해 발생	① 연소열 : 물질이 완전히 산화되는 과정에서 발생
② 유전열 : **누설전류**(절연감소)에 의해 발생	② 용해열 : **농황산**
③ 저항열 : 백열전구의 발열	③ 분해열
④ 아크열	④ 생성열
⑤ 정전기열	⑤ 자연발열(자연발화) : 어떤 물질이 외부로부터 열의 공급을 받지 아니하고 온도가 상승하는 현상
⑥ 낙뢰에 의한 열	

35. 자연발화의 형태

자연발화	종류
분해열	셀룰로이드, 나이트로셀룰로오스
산화열	건성유(정어리유, 아마인유, 해바라기유), 석탄, 원면, 고무분말
발효열	퇴비, 먼지, 곡물
흡착열	목탄, 활성탄

기억법 분셀나, 발퇴먼곡

36. 자연발화의 방지법
① 습도가 높은 곳을 피할 것(건조하게 유지할 것)
② 저장실의 온도를 낮출 것(주위온도를 낮게 유지)
③ 통풍이 잘 되게 할 것
④ 퇴적 및 수납시 열이 쌓이지 않게 할 것(열의 축적방지)
⑤ 발열반응에 정촉매 작용을 하는 물질을 피할 것

37. 보일 - 샤를의 법칙
기체가 차지하는 부피는 압력에 반비례하며, 절대온도에 비례한다.

$$\frac{P_1 V_1}{T_1} = \frac{P_2 V_2}{T_2}$$

여기서, P_1, P_2 : 기압[atm]
V_1, V_2 : 부피[m³]
T_1, T_2 : 절대온도[K]

38. 수분함량
목재의 수분함량이 15% 이상이면 고온에 장시간 접촉해도 착화하기 어렵다.

39. 목재건축물의 화재진행과정

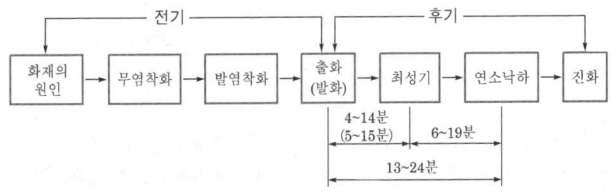

40. 무염착화
가연물이 재로 덮힌 숯불모양으로 불꽃 없이 착화하는 현상

41. 옥외출화
① 창·출입구 등에 발염착화한 때
② 목재사용 가옥에서는 **벽·추녀밑**의 판자나 목재에 **발염착화**한 때

42. 표준온도곡선
(1) 목조건축물과 내화건축물

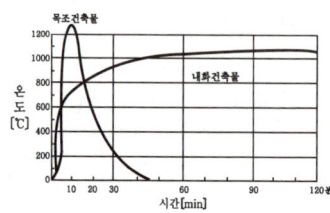

(2) 내화건축물

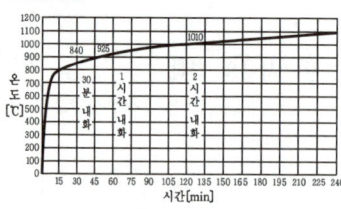

43. 건축물의 화재성상

목조건축물	내화건축물
고온단기형	저온장기형

내화건축물의 화재시 1시간 경과된 후의 화재온도는 약 950℃이다.

기억법 목고단

44. 목재건축물의 화재원인
① 접염   ② 비화   ③ 복사열

45. 성장기
공기의 유통구가 생기면 연소속도가 급격히 진행되어 실내가 순간적으로 화염이 가득하게 되는 시기

46. 플래시오버(flash over)
(1) 정의
  ① 폭발적인 착화현상
  ② 순발적인 연소확대현상
  ③ 화재로 인하여 실내의 온도가 급격히 상승하여 화재가 순간적으로 실내 전체에 확산되어 연소되는 현상

(2) 발생시점
  성장기~최성기(성장기에서 최성기로 넘어가는 분기점)

47. 플래시오버에 영향을 미치는 것
① 개구율
② 내장재료(내장재료의 제성상, 실내의 내장재료)
③ 화원의 크기
④ 실의 내표면적(실의 넓이·모양)

48. 연기의 이동속도

구 분	이동속도
수평방향	0.5~1m/s
수직방향	2~3m/s
계단실 내의 수직이동속도	3~5m/s

49. 연기의 농도와 가시거리

감광계수 [m⁻¹]	가시거리 [m]	상 황
0.1	20~30	연기감지기가 작동할 때의 농도
0.3	5	건물내부에 익숙한 사람이 피난에 지장을 느낄 정도의 농도
0.5	3	어두운 것을 느낄 정도의 농도
1	1~2	앞이 거의 보이지 않을 정도의 농도
10	0.2~0.5	화재 최성기 때의 농도
30	-	출화실에서 연기가 분출할 때의 농도

50. 연기를 이동시키는 요인
① **연돌**(굴뚝) 효과
② 외부에서의 **풍력**의 영향
③ 온도상승에 의한 증기 **팽창**(온도상승에 따른 기체의 팽창)
④ 건물 내에서의 강제적인 공기 이동(공조설비)
⑤ 건물 내외의 **온도차**(기후조건)

⑥ 비중차
⑦ 부력

51. 화재를 발생시키는 열원

물리적인 열원	화학적인 열원
마찰, 충격, 단열, 압축, 전기, 정전기	화합, 분해, 혼합, 부가

52. 위험물의 일반사항

(1) 제1류 위험물

구 분	내 용
성질	강산화성 물질(산화성 고체)
소화방법	물에 의한 냉각소화(단, 무기과산화물은 마른모래 등에 의한 질식소화)

(2) 제2류 위험물

구 분	내 용
성질	환원성 물질(가연성 고체)
소화방법	물에 의한 냉각소화(단, 금속분은 마른모래 등에 의한 질식소화)

(3) 제3류 위험물

구 분	내 용
성질	금수성 물질(자연발화성 물질)
종류	① 황린·칼륨·나트륨·생석회 ② 알킬리튬·알킬알루미늄·알칼리금속류·금속칼슘·탄화칼슘
소화방법	마른모래 등에 의한 질식소화(단, 칼륨·나트륨은 연소확대방지)

(4) 제4류 위험물

구 분	내 용
성질	인화성 물질(인화성 액체)
소화방법	포·분말·CO_2·할론소화약제에 의한 질식소화

(5) 제5류 위험물

구 분	내 용
성질	폭발성 물질(자기반응성 물질)
소화방법	화재 초기에만 대량의 물에 의한 **냉각소화** (단, 화재가 진행되면 자연진화되도록 기다릴 것)

(6) 제6류 위험물

구 분	내 용
성질	산화성 물질(산화성 액체)
소화방법	마른모래 등에 의한 질식소화(단, 과산화수소는 다량의 물로 희석소화)

53. 물질에 따른 저장장소

물 질	저장장소
황린, 이황화탄소(CS_2)	물속
나이트로셀룰로오스	알코올 속
칼륨(K), 나트륨(Na), 리튬(Li)	석유류(등유) 속
아세틸렌(C_2H_2)	디메틸포름아미드(DMF), 아세톤

> **기억법** 황이물, 나알

54. 주수소화시 위험한 물질

물 질	현 상
무기과산화물	산소 발생
금속분·마그네슘·알루미늄·칼륨·나트륨	수소 발생
가연성 액체의 유류화재	연소면(화재면) 확대

> **기억법** 무산

55. 모(毛)

모는 연소시키기 어렵고, 연소속도가 느리나 면에 비해 소화하기 어렵다.

56. 합성수지의 화재성상

열가소성 수지	열경화성 수지
① PVC수지 ② 폴리에틸렌수지 ③ 폴리스티렌수지	① 페놀수지 ② 요소수지 ③ 멜라민수지

> **기억법** 경페요멜

57. 방염성능 측정기준

① 잔진시간 : **3**0초 이내
② 잔염시간 : 20초 이내
③ 탄화면적 : 50cm² 이내
④ 탄화길이 : 20cm 이내
⑤ 불꽃접촉 횟수 : 3회 이상
⑥ 최대 연기밀도 : 400 이하

잔진시간 = 잔신시간

기억법 3진(삼진아웃)

58. 가스의 주성분

① 액화석유가스(LPG) : 프로판(C_3H_8)・부탄(C_4H_{10})
② 액화천연가스(LNG)┐
③ 도시가스 ─────┴─ 메탄(CH_4)

59. 액화석유가스(LPG)의 화재성상

① 무색, 무취하다.
② 독성이 없는 가스이다.
③ 액화하면 물보다 가볍고, 기화하면 **공기보다 무겁다.**
④ 휘발유 등 **유기용매**에 잘 녹는다.
⑤ 천연고무를 잘 녹인다.

60. BTX

① 벤젠
② 톨루엔
③ 키시렌

제2장 방화론

1. 공간적 대응
① 대항성 : 내화성능·방연성능·초기소화 대응 등의 화재사상의 저항능력
② 회피성
③ 도피성

> **기억법** 도대회

2. 연소확대방지를 위한 방화계획
① 수평구획(면적단위)
② 수직구획(층단위)
③ 용도구획(용도단위)

3. 내화구조
① 정의 : 수리하여 재사용할 수 있는 구조
② 종류 : 철근콘크리트조, 연와조, 석조

4. 방화구조
① 정의 : 화재시 건축물의 인접부분의로의 연소를 차단할 수 있는 구조
② 구조 : 철망모르타르 바르기, 회반죽 바르기

5. 내화구조의 기준

내화구분	기 준
벽·바닥	철골·철근 콘크리트조로서 두께가 10cm 이상인 것
기둥	철골을 두께 5cm 이상의 콘크리트로 덮은 것
보	두께 5cm 이상의 콘크리트로 덮은 것

6. 방화구조의 기준

구조내용	기 준
철망모르타르 바르기	두께 2cm 이상
석고판 위에 시멘트모르타르를 바른 것	두께 2.5cm 이상
석고판 위에 회반죽을 바른 것	
시멘트모르타르 위에 타일을 붙인 것	
심벽에 흙으로 맞벽치기한 것	그대로 모두 인정됨

7. 방화문의 구분

60분+방화문	60분 방화문	30분 방화문
연기 및 불꽃을 차단할 수 있는 시간이 60분 이상이고, 열을 차단할 수 있는 시간이 30분 이상인 방화문	연기 및 불꽃을 차단할 수 있는 시간이 60분 이상인 방화문	연기 및 불꽃을 차단할 수 있는 시간이 30분 이상 60분 미만인 방화문

방화문 : 화재시 상당한 시간 동안 연소를 차단할 수 있도록 하기 위하여 방화구획선상 또는 방화벽에 개구부 부분에 설치하는 것

8. 방화벽의 구조

구획단지	방화벽의 구조
연면적 1000m² 미만마다 구획	• 내화구조로서 홀로 설 수 있는 구조일 것 • 방화벽의 양쪽 끝과 위쪽 끝을 건축물의 외벽면 및 지붕면으로부터 0.5m 이상 튀어 나오게 할 것 • 방화벽에 설치하는 출입문의 너비 및 높이는 각각 2.5m 이하로 하고 해당 출입문에는 60분+방화문 또는 60분 방화문을 설치할 것

9. 주요구조부
① 내력벽
② 보(작은 보 제외)
③ 지붕틀(차양 제외)
④ 바닥(최하층 바닥 제외)
⑤ 주계단(옥외계단 제외)
⑥ 기둥(사잇기둥 제외)

주요구조부 : 건물의 구조내력상 주요한 부분

10. 연소확대방지를 위한 방화구획
① 층 또는 면적별 구획
② 승강기의 승강로 구획
③ 위험 용도별 구획
④ 방화댐퍼 설치

방화구획의 종류 : 층단위, 용도단위, 면적단위

11. 개구부에 설치하는 방화설비
① 60분+방화문 또는 60분 방화문
② 드렌처설비

드렌처설비 : 건물의 창, 처마 등 외부화재에 의해 연소·파괴되기 쉬운 부분에 설치하여 외부화재에 대비하기 위한 설비

12. 건축물의 화재하중
(1) 화재하중
① 가연물 등의 연소시 건축물의 붕괴 등을 고려하여 설계하는 하중
② 화재실 또는 화재구획의 단위면적당 가연물의 양
③ 일반건축물에서 가연성의 건축구조재와 가연성 수용물의 양으로서 건물화재시 **발열량** 및 **화재위험성**을 나타내는 용어
④ 건물화재에서 가열온도의 정도를 의미
⑤ 건물의 내화설계시 고려되어야 할 사항

(2) 건축물의 화재하중

건축물의 용도	화재하중 (kg/m^2)
호텔	5~15
병원	10~15
사무실	10~20
주택·아파트	30~60
점포(백화점)	100~200
도서관	250
창고	200~1000

13. 피난행동의 성격
① 계단 보행속도
② 군집 보행속도 ┬ 자유보행 : 0.5~2m/s
　　　　　　　　└ 군집보행 : 1m/s
③ 군집 유동계수

14. 피난대책의 일반적인 원칙
① 피난경로는 **간단명료**하게 한다.
② 피난구조설비는 **고정식 설비**를 위주로 설치한다.
③ 피난수단은 **원시적 방법**에 의한 것을 원칙으로 한다.
④ **2방향**의 피난통로를 확보한다.
⑤ 피난통로를 **완전불연화** 한다.

15. 제연방식
① 자연제연방식 : 개구부 이용
② 스모크타워 제연방식 : 루프모니터 이용
③ 기계제연방식
　㉠ 제1종 기계제연방식 : **송풍기+배연기**
　㉡ 제2종 기계제연방식 : **송풍기**
　㉢ 제3종 기계제연방식 : **배연기**

16. 건축물의 제연방법
① 연기의 희석 : 가장 많이 사용
② 연기의 배기
③ 연기의 차단

17. 제연구획
① 제연경계의 폭 : 0.6m 이상
② 제연경계의 수직거리 : 2m 이내
③ 예상제연구역~배출구의 수평거리 : 10m 이내

18. 건축물의 안전계획
(1) 피난시설의 안전구획
　① 1차 안전구획 : **복도**
　② 2차 안전구획 : **부실(계단전실)**
　③ 3차 안전구획 : **계단**

기억법 복부계

(2) 피난형태

형 태	피난방향	상 황
CO형		피난자들의 집중으로 패닉(Panic) 현상이 일어날 수가 있다.
H형		

19. 피뢰설비
① 돌출부(돌침부)
② 피뢰도선(인하도선)
③ 접지전극

20. 방폭구조의 종류

내압(耐壓) 방폭구조	내압(內壓) 방폭구조
폭발성 가스가 용기 내부에서 폭발하였을 때 용기가 그 압력에 견디거나 또는 외부의 폭발성 가스에 인화될 우려가 없도록 한 구조	용기 내부에 질소 등의 보호용 가스를 충전하여 외부에서 폭발성 가스가 침입하지 못하도록 한 구조

21. 화점
화재의 원인이 되는 불이 최초로 존재하고 발생한 곳

22. 본격 소화설비
① 소화용수설비
② 연결송수관설비
③ 연결살수설비
④ 비상용 엘리베이터
⑤ 비상콘센트설비
⑥ 무선통신보조설비

23. 소화형태
(1) 질식소화
공기 중의 **산소농도**를 **16%**(10~15%) 이하로 희박하게 하여 소화하는 방법
(2) 희석소화
  ① 아세톤에 물을 다량으로 섞는다.
  ② 폭약 등의 폭풍을 이용한다.
  ③ 불연성 기체를 화염 속에 투입하여 산소농도를 감소시킨다.

24. 적응 화재

화재의 종류	적응 소화기구
A급	• 물 • 산알칼리
AB급	• 포
BC급	• 이산화탄소 • 할론 • 1, 2, 4종 분말
ABC급	• 3종 분말 • 강화액

25. 주된 소화작용

소화제	주된 소화작용
• 물	• 냉각효과
• 포 • 분말 • 이산화탄소	• 질식효과
• 할론	• 부촉매효과(연쇄반응 억제)

할론 1301 : 소화효과가 가장 좋고 독성이 가장 약하다.

26. 할론소화약제

부촉매효과 크기	전기음성도(친화력) 크기
I > Br > Cl > F	F > Cl > Br > I

27. 분말소화기

종 별	소화약제	약제의 착색
제1종	중탄산나트륨 ($NaHCO_3$)	백색
제2종	중탄산칼륨 ($KHCO_3$)	담자색 (담회색)
제3종	인산암모늄 ($NH_4H_2PO_4$)	담홍색
제4종	중탄산칼륨+요소 ($KHCO_3+(NH_2)_2CO$)	회(백)색

28. CO_2 소화설비의 적용대상
① 가연성 기체와 액체류를 취급하는 장소
② 발전기, 변압기 등의 전기설비
③ 박물관, 문서고 등 소화약제로 인한 오손이 문제가 되는 대상

지하층 및 무창층에는 CO_2와 할론 1211의 사용을 제한하고 있다.

제 2 편

소방관계법규

2-1 소방기본법령

제1장 소방기본법

1. 소방기본법의 목적(기본법 1조)
① 화재의 예방·경계·진압
② 국민의 생명·신체 및 재산보호
③ 공공의 안녕 및 질서 유지와 복리증진
④ 구조·구급활동

2. 용어의 뜻(기본법 2조 1)
(1) 소방대상물
　① 건축물
　② 차량
　③ 선박(매어둔 것)
　④ 선박건조구조물
　⑤ 인공구조물
　⑥ 물건
　⑦ 산림

(2) 관계지역
소방대상물이 있는 **장소** 및 그 **이웃지역**으로서 화재의 예방·경계·진압·구소·구급 등의 활동에 필요한 지역

(3) 관계인
소유자·관리자·점유자

(4) 소방본부장
시·도에서 화재의 **예방·경계·진압·조사** 및 **구조·구급** 등의 업무를 담당하는 부서의 장

(5) 소방대
　① 소방공무원
　② 의무소방원
　③ 의용소방대원

(6) 소방대장
소방본부장 또는 소방서장 등 화재, 재난·재해, 그 밖의 위급한 상황이 발생한 현장에서 **소방대**를 **지휘**하는 자

3. 소방업무(기본법 3조)
(1) 소방업무
　① 수행 : **소방본부장·소방서장**
　② 지휘·감독 : 소재지 관할 시·도지사
　③ 위 ②에도 불구하고 소방청장은 화재예방 및 대형재난 등 필요한 경우 시·도 소방본부장 및 소방서장을 지휘·감독할 수 있다.
　④ 시·도에서 소방업무를 수행하기 위하여 시·도지사 직속으로 소방본부를 둔다.

(2) 소방업무상 소방기관의 필요사항
대통령령

4. 119 종합상황실(기본법 4조)
(1) 설치·운영자
　① 소방청장
　② 소방본부장
　③ 소방서장

(2) 설치·운영에 필요한 사항
행정안전부령

5. 설립과 운영(기본법 5조)

구 분	소방박물관	소방체험관
설립·운영자	소방청장	시·도지사
설립·운영 사항	행정안전부령	시·도의 조례

요점

6. 소방력 및 소방장비(기본법 8·9조)

소방력의 기준	소방장비 등에 대한 국고보조 기준
행정안전부령	대통령령

소방력 : 소방기관이 소방업무를 수행하는 데에 필요한 인력과 장비

7. 소방용수시설(기본법 10조)

구 분	설 명
종류	소화전·급수탑·저수조
기준	행정안전부령
설치·유지·관리	시·도(단, 수도법에 의한 소화전은 일반수도사업자가 관할소방서장과 협의하여 설치)

8. 소방활동(기본법 16조)

① 뜻 : 화재, 재난·재해, 그 밖의 위급한 상황이 발생한 때에는 소방대를 현장에 신속하게 출동시켜 화재진압과 인명구조·구급 등 소방에 필요한 활동을 하는 것
② 권한자 ┬ 소방청장
         ├ 소방본부장
         └ 소방서장

9. 소방교육·훈련(기본법 17조)

① 실시자 ┬ 소방청장
         ├ 소방본부장
         └ 소방서장
② 실시규정 : 행정안전부령

10. 소방신호(기본법 18조)

소방신호의 목적	소방신호의 종류와 방법
• 화재예방 • 소방활동 • 소방훈련	행정안전부령

11. 화재현장에서 관계인의 조치사항(기본법 20조)

관계인의 조치사항	설 명
소화작업	불을 끈다.
연소방지작업	불이 번지지 않도록 조치한다.
인명구조작업	사람을 구출한다.

관계인은 소방대상물에 화재, 재난, 재해, 그 밖의 위급한 상황이 발생한 경우에는 이를 **소방본부, 소방서** 또는 **관계 행정기관**에 **지체 없이** 알려야 한다.

12. 소방활동구역의 설정(기본법 23조)

① 설정권자 : 소방대장
② 설정구역 ┬ 화재현장
           └ 재난·재해 등의 위급한 상황이 발생한 현장

> 비교
> 화재예방강화지구의 지정 : 시·도지사

13. 소방활동의 비용을 지급받을 수 없는 경우 (기본법 24조)

① 소방대상물에 화재, 재난·재해, 그 밖의 위급한 상황이 발생한 경우 그 **관계인**
② 고의 또는 과실로 인하여 **화재** 또는 **구조·구급 활동**이 필요한 **상황**을 발생시킨 자
③ 화재 또는 구조·구급현장에서 **물건**을 **가져간 자**

14. 피난명령권자(기본법 26조)

① 소방본부장
② 소방서장
③ 소방대장

15. 의용소방대의 설치(의용소방대법 2~14조)

구 분	설 명
설치권자	시·도지사, 소방서장
설치장소	특별시·광역시, 특별자치시·도·특별자치도·시·읍·면
의용소방대의 임명	그 지역의 주민 중 희망하는 사람
의용소방대원의 직무	소방업무보조
의용소방대의 경비부담자	시·도지사

16. 한국소방안전원의 업무(기본법 41조)

① 소방기술과 안전관리에 관한 **교육 및 조사·연구**
② 소방기술과 안전관리에 관한 각종 **간행물**의 발간
③ 화재예방과 안전관리의식의 고취를 위한 **대국민 홍보**

④ 소방업무에 관하여 **행정기관**이 **위탁**하는 **사업**
⑤ 소방안전에 관한 **국제협력**
⑥ **회원**에 대한 **기술지원** 등 정관이 정하는 사항

17. 한국소방안전원의 정관(기본법 43조)
정관 변경 : **소방청장**의 **인가**

18. 감독(기본법 48조)
한국소방안전원의 감독권자 : **소방청장**

19. 5년 이하의 징역 또는 5000만원 이하의 벌금(기본법 50조)
① 소방자동차의 출동 방해
② 사람구출 방해
③ 소방용수시설 또는 비상소화장치의 효용 방해

20. 3년 이하의 징역 또는 3000만원 이하의 벌금(기본법 51조)
소방활동에 필요한 소방대상물 및 토지의 강제처분을 방해한 자

21. 100만원 이하의 벌금(기본법 54조)
① 피난명령 위반
② 위험시설 등에 대한 긴급조치 방해
③ 소방활동을 하지 않은 **관계인**
④ 정당한 사유없이 **물**의 **사용**이나 **수도**의 **개폐장치**의 사용 또는 조작을 하지 못하게 하거나 **방해**한 자
⑤ 소방대의 생활안전활동을 방해한 자

22. 500만원 이하의 과태료(기본법 56조)
① 화재 또는 구조·구급이 필요한 상황을 거짓으로 알린 사람
② 정당한 사유없이 화재, 재난·재해, 그 밖의 위급한 상황을 소방본부, 소방서 또는 관계 행정기관에 알리지 아니한 관계인

23. 200만원 이하의 과태료(기본법 56조)
① 한국119청소년단 또는 이와 유사한 명칭을 사용한 자
② 소방활동구역 출입
③ 소방자동차의 출동에 지장을 준 자
④ 한국소방안전원 또는 이와 유사한 명칭을 사용한 자

24. 100만원 이하의 과태료(기본법 56조)
전용구역에 차를 주차하거나 전용구역에의 진입을 가로막는 등의 방해행위를 한 자

25. 소방기본법령상 과태료(기본법 56조)
① 정하는 기준 : **대통령령**
② 부과권자 ┬ **시·도지사**
　　　　　　├ **소방본부장**
　　　　　　└ **소방서장**

요점

제2장 소방기본법 시행령

1. **국고보조의 대상 및 기준**(기본령 2조)
   (1) 국고보조의 대상
      ① 소방활동장비와 설비의 구입 및 설치
         ㉠ 소방자동차
         ㉡ 소방헬리콥터·소방정
         ㉢ 소방전용통신설비·전산설비
         ㉣ 방화복
      ② 소방관서용 청사
   (2) 소방활동장비 및 설비의 종류와 규격
      행정안전부령
   (3) 대상사업의 기준보조율
      「보조금관리에 관한 법률 시행령」에 따름

2. **소방활동구역 출입자**(기본령 8조)
   ① 소유자·관리자 또는 점유자
   ② 전기·가스·수도·통신·교통의 업무에 종사하는 자로서 원활한 **소방활동**을 위하여 필요한 자
   ③ **의사·간호사**, 그 밖의 구조·구급업무에 종사하는 자
   ④ **취재인력** 등 보도업무에 종사하는 자
   ⑤ **수사업무**에 종사하는 자
   ⑥ **소방대장**이 소방활동을 위하여 **출입**을 **허가한 자**

   소방활동구역 : 화재, 재난·재해, 그 밖의 위급한 상황이 발생한 현장에 정하는 구역

3. **승인**(기본령 10조)
   한국소방안전원의 **사업계획** 및 **예산**

제3장 소방기본법 시행규칙

1. 재난상황(기본규칙 3조)
화재, 재난·재해, 그 밖에 구조·구급이 필요한 상황

2. 종합상황실 실장의 보고화재(기본규칙 3조)
① 사망자 5명 이상 화재
② 사상자 10명 이상 화재
③ 이재민 100명 이상 화재
④ 재산피해액 50억원 이상 화재
⑤ 관광호텔, 층수가 11층 이상인 건축물, 지하상가, 시장, 백화점
⑥ 5층 이상 또는 객실 30실 이상인 숙박시설
⑦ 5층 이상 또는 병상 30개 이상인 종합병원·정신병원·한방병원·요양소
⑧ 1000t 이상인 선박(항구에 매어둔 것), 철도차량, 항공기, 발전소 또는 변전소
⑨ 지정수량 3000배 이상의 위험물 제조소·저장소·취급소
⑩ 연면적 15000m^2 이상인 공장 또는 화재예방강화지구에서 발생한 화재
⑪ 가스 및 화약류의 폭발에 의한 화재
⑫ 관공서·학교·정부미 도정공장·문화재·지하철 또는 지하구의 화재
⑬ 다중이용업소의 화재

> 종합상황실 : 화재·재난·재해·구조·구급 등이 필요한 때에 신속한 소방활동을 위한 정보를 수집·분석과 판단·전파, 상황관리, 현장 지휘 및 조정·통제 등의 업무수행

3. 소방박물관(기본규칙 4조)

설립·운영	운영위원
소방청장	7인 이내

> 소방박물관 : 소방의 역사와 안전문화를 발전시키고 국민의 안전의식을 높이기 위하여 소방청장이 설립, 운영하는 박물관

4. 국고보조산정의 기준가격(기본규칙 5조)

구 분	기준가격
국내 조달품	정부고시 가격
수입물품	해외시장의 시가
기타	2 이상의 물가조사기관에서 조사한 가격의 평균치

5. 소방용수시설 및 지리조사(기본규칙 7조)
(1) 조사자
　소방본부장·소방서장
(2) 조사일시
　월 1회 이상
(3) 조사내용
　① 소방용수시설
　② 도로의 폭·교통상황
　③ 도로주변의 토지 고저
　④ 건축물의 개황
(4) 조사결과
　2년간 보관

6. 소방업무의 상호응원협정(기본규칙 8조)
(1) 다음의 소방활동에 관한 사항
　① 화재의 경계·진압활동
　② 구조·구급업무의 지원
　③ 화재조사활동
(2) 응원출동 대상지역 및 규모
(3) 필요한 경비의 부담에 관한 사항
　① 출동대원의 수당·식사 및 의복의 수선
　② 소방장비 및 기구의 정비와 연료의 보급
(4) 응원출동의 요청방법
(5) 응원출동 훈련 및 평가

7. 소방교육훈련(기본규칙 9조)

실 시	2년마다 1회 이상 실시
기 간	2주 이상
정하는 자	소방청장
종 류	① 화재진압훈련 ② 인명구조훈련 ③ 응급처치훈련 ④ 인명대피훈련 ⑤ 현장지휘훈련

8. 소방신호의 종류(기본규칙 10조)

소방신호	설 명
경계신호	화재예방상 필요하다고 인정되거나 화재위험경보시 발령
발화신호	화재가 발생한 때 발령
해제신호	소화활동이 필요없다고 인정되는 때 발령
훈련신호	훈련상 필요하다고 인정되는 때 발령

9. 소방용수표지(기본규칙 [별표 2])

(1) 지하에 설치하는 소화전·저수조의 소방용수표지
  ① 맨홀 뚜껑은 지름 648mm 이상의 것으로 할 것
  ② 맨홀 뚜껑에는 "소화전·주정차금지" 또는 "저수조·주정차금지"의 표시를 할 것
  ③ 맨홀 뚜껑 부근에는 **노란색 반사도료**로 폭 15cm의 선을 그 둘레를 따라 칠할 것

(2) 지상에 설치하는 소화전·저수조 및 급수탑의 소방용수표지

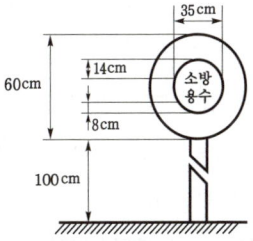

안쪽 문자는 **흰색**, 바깥쪽 문자는 **노란색**으로, 안쪽 바탕은 **붉은색**, 바깥쪽 바탕은 **파란색**으로 하고 반사재료 사용

10. 소방용수시설의 설치기준(기본규칙 [별표 3])

거리기준	지 역
100m 이하	• 공업지역 • 상업지역 • 주거지역
140m 이하	• 기타지역

기억법 주상공100

11. 소방용수시설의 저수조의 설치기준(기본규칙 [별표 3])

구 분	기 준
낙차	4.5m 이하
수심	0.5m 이상
투입구의 길이 또는 지름	60cm 이상

① 소방펌프자동차가 **쉽게 접근**할 수 있도록 할 것
② 흡수에 지장이 없도록 **토사** 및 **쓰레기** 등을 제거할 수 있는 설비를 갖출 것
③ 저수조에 물을 공급하는 방법은 **상수도**에 연결하여 **자동**으로 **급수**되는 구조일 것

12. 소방신호표(기본규칙 [별표 4])

신호방법 종별	타종신호	사이렌신호
경계신호	1타와 연 2타를 반복	5초 간격을 두고 30초씩 3회
발화신호	난타	5초 간격을 두고 5초씩 3회
해제신호	상당한 간격을 두고 1타씩 반복	1분간 1회
훈련신호	연 3타 반복	10초 간격을 두고 1분씩 3회

2-2 소방시설 설치 및 관리에 관한 법령

제1장 소방시설 설치 및 관리에 관한 법률

1. 소방시설 설치 및 관리에 관한 법률(소방시설법 1조)
① 국민의 생명·신체 및 재산보호
② 공공의 안전확보
③ 복리증진

2. 소방시설(소방시설법 2조)
① 소화설비
② 경보설비
③ 피난구조설비
④ 소화용수설비
⑤ 소화활동설비

3. 건축허가 등의 동의(소방시설법 6조)

건축허가 등의 동의권자	건축허가 등의 동의대상물의 범위
소방본부장·소방서장	대통령령

4. 피난·방화시설·방화구획의 금지행위(소방시설법 16조)
① **피난시설·방화구획** 및 **방화시설**을 **폐쇄**하거나 **훼손**하는 등의 행위
② 피난시설·방화구획 및 방화시설의 주위에 물건을 쌓아두거나 **장애물**을 **설치**하는 행위
③ 피난시설·방화구획 및 방화시설의 용도에 장애를 주거나 소방활동에 지장을 주는 행위
④ **피난시설·방화구획** 및 **방화시설**을 **변경**하는 행위

5. 변경강화기준 적용설비(소방시설법 13조, 소방시설법 시행령 13조)
① 소화기구
② 비상경보설비
③ 자동화재탐지설비
④ 자동화재속보설비
⑤ 피난구조설비
⑥ 소방시설(공동구 설치용, 전력 및 통신사업용 지하구)
⑦ **노유자시설, 의료시설**에 설치하여야 하는 소방시설

공동구, 전력 및 통신사업용 지하구	노유자시설 설치대상	의료시설 설치대상
① 소화기 ② 자동소화장치 ③ 자동화재탐지설비 ④ 통합감시시설 ⑤ 유도등 및 연소방지설비	① 간이스프링클러설비 ② 자동화재탐지설비 ③ 단독경보형 감지기	① 스프링클러설비 ② 간이스프링클러설비 ③ 자동화재탐지설비 ④ 자동화재속보설비

6. 대통령령으로 정하는 소방시설의 설치제외 장소(소방시설법 13조)
① 화재위험도가 낮은 특정소방대상물
② 화재안전기준을 적용하기가 어려운 특정소방대상물
③ 화재안전기준을 다르게 적용하여야 하는 **특수한 용도** 또는 **구조**를 가진 **특정소방대상물**
④ **자체소방대**가 **설치**된 **특정소방대상물**

용어

자체소방대	자위소방대
다량의 위험물을 저장·취급하는 제조소에 설치하는 소방대	빌딩·공장 등에 설치하는 사설소방대

7. 방염(소방시설법 20 · 21조)

구 분	설 명
방염성능 기준	• 대통령령
방염성능 검사	• 소방청장

방염성능 : 화재의 발생초기단계에서 화재확대의 매개체를 단절시키는 성질

8. 소방시설 등의 자체점검(소방시설법 23조)

소방시설 등의 자체점검결과 보고 : **소방본부장 · 소방서장**

9. 소방시설관리사(소방시설법 25~28조)

(1) 시험
  소방청장이 실시
(2) 응시자격 등의 사항
  대통령령
(3) 소방시설관리사의 결격사유
  ① 피성년후견인
  ② 금고 이상의 실형을 선고받고 그 집행이 끝나거나(집행이 끝난 것으로 보는 경우 포함) 집행이 면제된 날부터 **2년**이 지나지 아니한 사람
  ③ 금고 이상의 형의 집행유예를 선고받고 그 유예기간 중에 있는 사람
  ④ 자격이 취소된 날부터 **2년**이 지나지 아니한 사람
(4) 자격정지기간
  1년 이내

10. 소방시설관리업(소방시설법 29조)

① 업무 ┬ 소방시설 등의 **점검**
       └ 소방시설 등의 **관리**
② 등록권자 : **시 · 도지사**
③ 등록기준 : **대통령령**

11. 소방용품(소방시설법 37 · 38조)

① 형식승인권자 ─┐
② 형식승인변경권자 ─┴─ **소방청장**

③ 형식승인의 방법 · 절차 : **행정안전부령**
④ 사용 · 판매금지 소방용품
  ㉠ **형식승인**을 받지 아니한 것
  ㉡ **형상** 등을 임의로 변경한 것
  ㉢ **제품검사**를 받지 아니하거나 합격표시를 하지 아니한 것

12. 형식승인(소방시설법 39조)

제품검사의 중지사항	형식승인 취소사항
① 시험시설이 시설기준에 미달한 경우	① 부정한 방법으로 형식승인을 받은 경우
② 제품검사의 기술기준에 미달한 경우	② 부정한 방법으로 제품검사를 받은 경우
	③ 변경승인을 받지 아니하거나 부정한 방법으로 변경승인을 받은 경우

13. 우수품질 제품의 인증(소방시설법 43조)

구 분	인 증
실시자	소방청장
인증에 관한 사항	행정안전부령

14. 청문실시 대상(소방시설법 49조)

① 소방시설**관리사**의 **자격취소** 및 정지
② 소방시설**관리업**의 **등록취소** 및 영업정지
③ **소방용품**의 **형식승인취소** 및 제품검사 중지
④ 소방용품의 제품검사 **전문기관**의 **지정취소**
⑤ 우수품질인증의 취소
⑥ 소방용품의 성능인증 취소

15. 한국소방산업기술원 업무의 위탁(소방시설법 50조)

① 대통령령으로 정하는 **방염성능검사**
② 소방용품의 **형식**승인
③ 소방용품 형식승인의 변경승인
④ 소방용품 형식승인의 취소
⑤ 소방용품의 **성능**인증 및 취소
⑥ 소방용품의 **우**수품질 인증 및 취소
⑦ 소방용품의 성능인증 변경인증

> [기억법] 기방 우성형

16. 벌칙(소방시설법 56조)

5년 이하의 징역 또는 5천만원 이하의 벌금	7년 이하의 징역 또는 7천만원 이하의 벌금	10년 이하의 징역 또는 1억원 이하의 벌금
소방시설 폐쇄·차단 등의 행위를 한 자	소방시설 폐쇄·차단 등의 행위를 하여 사람을 상해에 이르게 한 자	소방시설 폐쇄·차단 등의 행위를 하여 사람을 사망에 이르게 한 자

17. 3년 이하의 징역 또는 3000만원 이하의 벌금(소방시설법 57조)

① **소방시설관리업** 무등록자
② **형식승인**을 받지 않은 소방용품 제조·수입자
③ **제품검사**를 받지 않은 자
④ 거짓이나 그 밖의 **부정한 방법**으로 제품검사 전문기관의 지정을 받은 자
⑤ 소방용품을 판매·진열하거나 소방시설공사에 사용한 자
⑥ 구매자에게 명령을 받은 사실을 알리지 아니하거나 필요한 조치를 하지 아니한 자

18. 1년 이하의 징역 또는 1000만원 이하의 벌금(소방시설법 58조)

① 소방시설의 **자체점검** 미실시자
② **소방시설관리사증** 대여
③ **소방시설관리업**의 등록증 또는 등록수첩 대여
④ 관계인의 정당업무방해 또는 **비밀누설**
⑤ **제품검사** 합격표시 위조
⑥ **성능인증** 합격표시 위조
⑦ **우수품질** 인증표시 위조

19. 300만원 이하의 벌금(소방시설법 59조)

① 방염성능검사 합격표시 위조
② 위탁받은 업무에 종사하거나 종사하였던 사람의 **비밀누설**

20. 300만원 이하의 과태료(소방시설법 61조)

① 소방시설을 화재안전기준에 따라 설치·관리하지 아니한 자
② **피난시설·방화구획** 또는 **방화시설**의 **폐쇄·훼손·변경** 등의 행위를 한 자
③ 임시소방시설을 설치·관리하지 아니한 자
④ 소방시설의 점검결과 미보고
⑤ 관계인의 거짓 자료제출
⑥ 정당한 사유없이 공무원의 출입 또는 검사를 거부·방해 또는 기피한 자
⑦ 방염대상물품을 방염성능기준 이상으로 설치하지 아니한 자

제2장 소방시설 설치 및 관리에 관한 법률 시행령

1. 무창층(소방시설법 시행령 2조)

(1) 무창층의 뜻
지상층 중 기준에 의한 개구부의 면적의 합계가 해당 층의 바닥면적의 $\frac{1}{30}$ 이하가 되는 층

(2) 무창층의 개구부의 기준
① 개구부의 크기가 지름 **50cm** 이상의 원이 통과할 수 있을 것
② 해당 층의 바닥면으로부터 개구부 밑부분까지의 높이가 **1.2m** 이내일 것
③ 개구부는 **도로** 또는 **차량**이 진입할 수 있는 **빈터**를 향할 것
④ 화재시 건축물로부터 **쉽게 피난**할 수 있도록 개구부에 창살, 그 밖의 장애물이 설치되지 않을 것
⑤ 내부 또는 외부에서 **쉽게 부수거나 열** 수 있을 것

2. 피난층(소방시설법 시행령 2조)
곧바로 지상으로 갈 수 있는 출입구가 있는 층

3. 소방용품 제외대상(소방시설법 시행령 6조)
① 주거용 주방자동소화장치용 소화약제
② 가스자동소화장치용 소화약제
③ 분말자동소화장치용 소화약제
④ 고체에어로졸자동소화장치용 소화약제
⑤ 소화약제 외의 것을 이용한 간이소화용구
⑥ 휴대용 비상조명등
⑦ 유도표지
⑧ 벨용 푸시버튼스위치
⑨ 피난밧줄
⑩ 옥내소화전함
⑪ 방수구
⑫ 안전매트
⑬ 방수복

4. 물분무등소화설비(소방시설법 시행령 [별표 1])
① 물분무소화설비
② 미분무소화설비
③ 포소화설비
④ 이산화탄소소화설비
⑤ 할론소화설비
⑥ 할로겐화합물 및 불활성기체 소화설비
⑦ 분말소화설비
⑧ 강화액 소화설비
⑨ 고체 에어로졸 소화설비

5. 건축허가 등의 동의대상물(소방시설법 시행령 7조)
① 연면적 400m² (학교시설 : 100m², 수련시설 · 노유자시설 : 200m², 정신의료기관 · 장애인 의료재활시설 : 300m²) 이상
② **6층** 이상인 건축물
③ 차고 · 주차장으로서 바닥면적 **200m² 이상**(자동차 20대 이상)
④ **항공기격납고, 관망탑, 항공관제탑, 방송용 송수신탑**
⑤ 지하층 또는 무창층의 바닥면적 **150m²** 이상(공연장은 100m² 이상)
⑥ **위험물저장 및 처리시설**
⑦ **결핵환자**나 **한센인**이 24시간 생활하는 **노유자시설**
⑧ **지하구**
⑨ 전기저장시설, 풍력발전소
⑩ 공동주택 · 숙박시설
⑪ 조산원, 산후조리원, 의원(입원실 또는 인공신장실이 있는 것)

⑫ 요양병원(의료재활시설 제외)
⑬ 노인주거복지시설·노인의료복지시설 및 재가노인복지시설·학대피해노인 전용쉼터·아동복지시설, 장애인거주시설
⑭ 정신질환자 관련시설(공동생활가정을 제외한 재활훈련시설과 종합시설 중 24시간 주거를 제공하지 않는 시설 제외)
⑮ 노숙인자활시설, 노숙인재활시설 및 노숙인요양시설
⑯ 공장 또는 창고시설로서 지정수량의 750배 이상의 특수가연물을 저장·취급하는 것
⑰ 가스시설로서 지상에 노출된 탱크의 저장용량의 합계가 100t 이상인 것

⑥ 의원, 치과의원, 한의원, 조산원, 산후조리원
⑦ 교육연구시설 중 합숙소
⑧ 노유자시설
⑨ 숙박이 가능한 수련시설
⑩ 숙박시설
⑪ 방송국 및 촬영소
⑫ 다중이용업소(단란주점영업, 유흥주점영업, 노래연습장업의 영업장 등)
⑬ 층수가 11층 이상인 것(아파트는 제외 : 2026. 12. 1. 삭제)

11층 이상 : '고층건축물'에 해당된다.

6. 인명구조기구(소방시설법 시행령 [별표 1])

종류	정의
방열복	고온의 복사열에 가까이 접근할 수 있는 내열피복으로서 **방열상의·방열하의·방열장갑·방열두건 및 속복형 방열복**으로 분류한다.
방화복	안전모, 보호장갑, 안전화를 포함한다.
공기호흡기	소화활동시에 화재로 인하여 발생하는 각종 유독가스 중에서 일정시간 사용할 수 있도록 제조된 **압축공기식 개인호흡장비**
인공소생기	호흡이 곤란한 상태의 환자에게 인공호흡을 시켜서 환자의 호흡을 돕거나 제어하기 위하여 산소나 공기를 공급하는 **장비**를 말한다.

7. 방염성능기준 이상 적용 특정소방대상물
(소방시설법 시행령 30조)

① 체력단련장, 공연장 및 종교집회장
② 문화 및 집회시설(옥내)
③ 종교시설
④ 운동시설(수영장은 제외)
⑤ 의료시설(종합병원, 정신의료기관)

8. 방염대상물품(소방시설법 시행령 31조)

(1) 제조 또는 가공 공정에서 방염처리를 한 물품
① 창문에 설치하는 **커튼류**(블라인드 포함)
② 카펫
③ **벽지류**(두께 2mm 미만인 종이벽지 제외)
④ **전시용 합판·목재** 또는 **섬유판**
⑤ **무대용 합판·목재** 또는 **섬유판**
⑥ **암막·무대막**(영화상영관·가상체험 체육시설업의 **스크린** 포함)
⑦ 섬유류 또는 합성수지류 등을 원료로 하여 제작된 소파·의자(단란주점영업, 유흥주점영업 및 노래연습장업의 영업장에 설치하는 것만 해당)

(2) 건축물 내부의 천장이나 벽에 부착하거나 설치하는 것
① 종이류(두께 **2mm 이상**), 합성수지류 또는 섬유류를 주원료로 한 물품
② **합판**이나 **목재**
③ 공간을 구획하기 위하여 설치하는 **간이칸막이**
④ **흡음재**(흡음용 커튼 포함) 또는 **방음재**(방음용 커튼 포함)

※ 가구류(옷장, 찬장, 식탁, 식탁용 의자, 사무용 책상, 사무용 의자, 계산대)와 너비 10cm 이하인 반자돌림대, 내부 마감재료 제외

9. 방염성능 기준(소방시설법 시행령 31조)

구 분	기 준
잔염시간	20초 이내
잔진시간(잔신시간)	30초 이내
탄화길이	20cm 이내
탄화면적	50cm² 이내
불꽃접촉 횟수	3회 이상
최대 연기밀도	400 이하

용어

잔염시간	잔진시간(잔신시간)
버너의 불꽃을 제거한 때부터 불꽃을 올리며 연소하는 상태가 그칠 때까지의 시간	버너의 불꽃을 제거한 때부터 불꽃을 올리지 않고 연소하는 상태가 그칠 때까지의 시간

기억법 3진(삼진아웃)

10. 소방시설관리사의 응시자격 (소방시설법 시행령 27조(구법)-2026. 12. 31. 개정 예정)

① 2년 이상 ─ 소방설비기사
  └ 소방안전공학(소방방재공학, 안전공학 포함)
② 3년 이상 ─ 소방설비산업기사
  ├ 산업안전기사
  ├ 위험물산업기사
  ├ 위험물기능사
  └ 대학(소방안전관련학과)
③ 5년 이상 ─ 소방공무원
④ 10년 이상 ─ 소방실무경력
⑤ 소방기술사·건축기계설비기술사·건축전기설비기술사·공조냉동기계기술사
⑥ 위험물기능장·건축사

11. 소방시설관리사의 시험과목[소방시설법 시행령 29조(구법)-2026. 12. 31. 개정 예정]

1·2차 시험	과 목
제1차 시험	• 소방안전관리론 및 화재역학 • 소방수리학·약제화학 및 소방전기 • 소방관련법령 • 위험물의 성질·상태 및 시설기준 • 소방시설의 구조원리
제2차 시험	• 소방시설의 점검실무행정 • 소방시설의 설계 및 시공

12. 소방시설관리사의 시험위원(소방시설법 시행령 40조)

① 소방관련분야의 **박사학위**를 가진 사람
② 소방안전관련학과 조교수 이상으로 **2년** 이상 재직한 사람
③ **소방위** 이상의 소방공무원
④ **소방시설관리사**
⑤ **소방기술사**

13. 소방시설관리사 시험(소방시설법 시행령 42조)

시 행	시험공고
1년마다 1회	시행일 90일 전

14. 한국소방산업기술원 업무의 위탁(소방시설법 시행령 48조)

방염성능검사업무(합판·목재를 설치하는 현장에서 방염처리한 경우의 방염성능검사는 제외)

15. 경보설비(소방시설법 시행령 [별표 1])

① 비상경보설비 ┬ 비상벨설비
              └ 자동식 사이렌설비
② 단독경보형 감지기
③ 비상방송설비
④ 누전경보기
⑤ 자동화재탐지설비 및 시각경보기
⑥ 자동화재속보설비
⑦ 가스누설경보기
⑧ 통합감시시설
⑨ 화재알림설비

경보설비: 화재발생 사실을 통보하는 기계·기구 또는 설비

16. 피난구조설비(소방시설법 시행령 [별표 1])

① 피난기구 ─ 피난사다리
 ├ 구조대
 ├ 완강기
 └ 소방청장이 정하여 고시하는 화재안전기준으로 정하는 것(미끄럼대, 피난교, 공기안전매트, 피난용 트랩, 다수인 피난장비, 승강식 피난기, 간이완강기, 하향식 피난구용 내림식 사다리)

② 인명구조기구 ─ 방열복
 ├ 방화복(안전모, 보호장갑, 안전화 포함)
 ├ 공기호흡기
 └ 인공소생기

③ 유도등 ─ 피난유도선
 ├ 피난구유도등
 ├ 통로유도등
 ├ 객석유도등
 └ 유도표지

④ 비상조명등·휴대용비상조명등

17. 소화활동설비(소방시설법 시행령 [별표 1])

① **연결송수관**설비
② **연결살수**설비
③ **연소방지**설비
④ **무선통신보조**설비
⑤ **제연**설비
⑥ **비상콘센트**설비

> **용어**
> **소화활동설비**
> 화재를 진압하거나 인명구조활동을 위하여 사용하는 설비

18. 근린생활시설(소방시설법 시행령 [별표 2])

면 적	적용장소
150m² 미만	• 단란주점
300m² 미만	• 종교시설 • 공연장 • 비디오물 감상실업 • 비디오물 소극장업

> **기억법** 종3(중세시대)

500m² 미만	• 탁구장 • 테니스장 • 체육도장 • 사무소 • 학원 • 당구장	• 서점 • 볼링장 • 금융업소 • 부동산 중개사무소 • 골프연습장
1000m² 미만	• 자동차영업소 • 일용품 • 의약품 판매소	• 슈퍼마켓 • 의료기기 판매소
전부	• 기원 • 이용원·미용원·목욕장 및 세탁소 • 휴게음식점·일반음식점, 제과점 • 독서실 • 안마원(안마시술소 포함) • 조산원(산후조리원 포함) • 의원, 치과의원, 한의원, 침술원, 접골원	

19. 위락시설(소방시설법 시행령 [별표 2])

① 단란주점
② 주점영업
③ 유원시설업의 시설
④ 무도장·무도학원
⑤ 카지노 영업소

20. 노유자시설(소방시설법 시행령 [별표 2])

① 아동관련시설
② 노인관련시설
③ 장애인관련시설

21. 의료시설(소방시설법 시행령 [별표 2])

구 분	종 류
병원	• 종합병원 • 병원 • 치과병원 • 한방병원 • 요양병원
격리병원	• 전염병원 • 마약진료소
정신의료기관	–
장애인의료재활시설	–

22. 업무시설(소방시설법 시행령 [별표 2])

① 주민자치센터(동사무소)
② 경찰서
③ 소방서
④ 우체국
⑤ 보건소
⑥ 공공도서관
⑦ 국민건강보험공단
⑧ 금융업소・오피스텔・신문사

23. 관광휴게시설(소방시설법 시행령 [별표 2])

① 야외음악당
② 야외극장
③ 어린이회관
④ 관망탑
⑤ 휴게소
⑥ 공원・유원지

24. 지하구의 규격(소방시설법 시행령 [별표 2])

구 분	규 격
폭	1.8m 이상
높이	2m 이상
길이	50m 이상

복합건축물: 하나의 건축물 안에 둘 이상의 특정소방대상물로서의 용도가 복합되어 있는 것

25. 소화설비의 설치대상(소방시설법 시행령 [별표 4])

종 류	설치대상
• 소화기구	① 연면적 33m² 이상 ② 국가유산 ③ 가스시설, 전기저장시설 ④ 터널 ⑤ 지하구
• 주거용 주방자동소화장치	① 아파트 등(모든 층) ② 오피스텔(모든 층)

26. 옥내소화전설비의 설치대상(소방시설법 시행령 [별표 4])

설치대상	조 건
① 차고・주차장	• 200m² 이상
② 근린생활시설 ③ 업무시설(금융업소・사무소)	• 연면적 1500m² 이상
④ 문화 및 집회시설, 운동시설 ⑤ 종교시설	• 연면적 3000m² 이상
⑥ 특수가연물 저장・취급	• 지정수량 750배 이상
⑦ 터널길이	• 1000m 이상

용어

옥외소화전설비의 설치대상(소방시설법 시행령 [별표 4])

설치대상	조 건
① 목조건축물	• 국보・보물
② 지상 1・2층	• 바닥면적 합계 9000m² 이상
③ 특수가연물 저장・취급	• 지정수량 750배 이상

27. 스프링클러설비의 설치대상(소방시설법 시행령 [별표 4])

설치대상	조 건

① 문화 및 집회시설, 운동시설
② 종교시설
	• 수용인원 - 100명 이상
	• 영화상영관 - 지하층・무창층 500m²(기타 1000m²) 이상
	• 무대부
	  ① 지하층・무창층・4층 이상 300m² 이상
	  ② 1~3층 500m² 이상

③ 판매시설 ④ 운수시설 ⑤ 물류터미널	• 수용인원 - 500명 이상 • 바닥면적 합계 5000m² 이상
⑥ 노유자시설 ⑦ 정신의료기관 ⑧ 수련시설(숙박 가능한 것) ⑨ 종합병원, 병원, 치과병원, 한방병원 및 요양병원(정신병원 제외) ⑩ 숙박시설	• 바닥면적 합계 600m² 이상

소방관계법규

⑪ 지하층·무창층·4층 이상	• 바닥면적 1000m² 이상
⑫ 창고시설(물류터미널 제외)	• 바닥면적 합계 5000m² 이상 -전층
⑬ 지하상가	• 연면적 1000m² 이상
⑭ 10m 넘는 랙식 창고	• 연면적 1500m² 이상
⑮ 복합건축물 ⑯ 기숙사	• 연면적 5000m² 이상-전층
⑰ 6층 이상	• 전층
⑱ 보일러실·연결통로	• 전부
⑲ 특수가연물 저장·취급	• 지정수량 1000배 이상
⑳ 발전시설 중 전기저장시설	• 전부

28. 물분무등소화설비의 설치대상(소방시설법 시행령)
[별표 4])

설치대상	조 건
① 차고·주차장	• 바닥면적 합계 200m² 이상
② 전기실·발전실·변전실 ③ 축전지실·통신기기실·전산실	• 바닥면적 300m² 이상
④ 주차용 건축물	• 연면적 800m² 이상
⑤ 기계식 주차장치	• 20대 이상
⑥ 항공기격납고	• 전부(규모에 관계없이 설치)

29. 비상경보설비의 설치대상(소방시설법 시행령)
[별표 4])

설치대상	조 건
① 지하층·무창층	• 바닥면적 150m²(공연장 100m²) 이상
② 전부	• 연면적 400m² 이상
③ 터널 길이	• 길이 500m 이상
④ 옥내작업장	• 50인 이상 작업

30. 비상방송설비의 설치대상(소방시설법 시행령)
[별표 4])

① 연면적 3500m² 이상
② 11층 이상(지하층 제외)
③ 지하 3층 이상

중요 소방시설의 적용대상

조 건	특정소방대상물
① 지하가 연면적 1000m² 이상	• 자동화재탐지설비 • 스프링클러설비 • 무선통신보조설비 • 제연설비
② 목조건축물(국보·보물)	• 옥외소화전설비 • 자동화재속보설비

31. 자동화재탐지설비의 설치대상(소방시설법 시행령)
[별표 4])

설치대상	조 건
① 정신의료기관·의료재활시설	• 창살설치 : 바닥면적 300m² 미만 • 기타 : 바닥면적 300m² 이상
② 노유자시설	• 연면적 400m² 이상
③ 근린생활시설·위락시설 ④ 의료시설(정신의료기관 또는 요양병원 제외) ⑤ 복합건축물·장례시설	• 연면적 600m² 이상
⑥ 목욕장·문화 및 집회시설, 운동시설 ⑦ 종교시설 ⑧ 방송통신시설·관광휴게시설 ⑨ 업무시설·판매시설 ⑩ 항공기 및 자동차 관련시설·공장·창고시설 ⑪ 지하상가·운수시설·발전시설·위험물 저장 및 처리시설 ⑫ 교정 및 군사시설 중 국방·군사시설	• 연면적 1000m² 이상

설치대상	조 건
⑬ 교육연구시설·동식물관련시설 ⑭ 자원순환관련시설·교정 및 군사시설(국방·군사시설 제외) ⑮ 수련시설(숙박시설이 있는 것 제외) ⑯ 묘지관련시설	• 연면적 2000m² 이상
⑰ 터널	• 길이 1000m 이상
⑱ 지하구 ⑲ 노유자생활시설 ⑳ 전통시장 ㉑ 아파트 등 기숙사 ㉒ 숙박시설 ㉓ 6층 이상 건축물 ㉔ 조산원, 산후조리원 ㉕ 요양병원(정신병원과 의료재활시설은 제외)	• 전부
㉖ 특수가연물 저장·취급	• 지정수량 500배 이상
㉗ 수련시설(숙박시설이 있는 것)	• 수용인원 100명 이상
㉘ 발전시설	• 전기저장시설

기억법 근위의복 6, 교동자교수 2

32. 자동화재속보설비의 설치대상(소방시설법 시행령 [별표 4])

설치대상	조 건
① 수련시설(숙박시설이 있는 것) ② 노유자시설 ③ 정신병원 및 의료재활시설	• 바닥면적 500m² 이상
④ 목조건축물	• 국보·보물
⑤ 노유자 생활시설	• 전부
⑥ 전통시장	• 전부
⑦ 의원, 치과의원 및 한의원(입원실이 있는 시설) ⑧ 조산원 및 산후조리원 ⑨ 종합병원, 병원, 치과병원, 한방병원 및 요양병원(의료재활시설 제외)	• 전부

33. 피난기구의 설치제외대상(소방시설법 시행령 [별표 4])

① 피난층 ② 지상 1·2층
③ 11층 이상 ④ 가스시설
⑤ 지하구 ⑥ 터널

피난기구의 설치대상 : 3~10층

34. 인명구조기구의 설치장소(소방시설법 시행령 [별표 4])

① 지하층을 포함한 **7층** 이상의 **관광호텔**[방열복, 방화복(안전모, 보호장갑, 안전화 포함), 인공소생기, 공기호흡기]
② 지하층을 포함한 **5층** 이상의 **병원**[방열복, 방화복(안전모, 보호장갑, 안전화 포함), 공기호흡기]

35. 객석유도등의 설치장소(소방시설법 시행령 [별표 4])

① 유흥주점영업시설(카바레·나이트클럽 등만 해당)
② 문화 및 집회시설(집회장)
③ 운동시설
④ 종교시설

36. 비상조명등의 설치대상물(소방시설법 시행령 [별표 4])

① **5층** 이상으로서 연면적 3000m² 이상(지하층 포함)
② 지하층·무창층의 바닥면적 450m² 이상
③ 터널길이 500m 이상

37. 상수도 소화용수설비의 설치대상(소방시설법 시행령 [별표 4])

① 연면적 5000m² 이상 (단, 위험물 저장 및 처리시설 중 가스시설, 터널 또는 지하구의 경우 제외)
② 가스시설로서 저장용량 100t 이상
③ 폐기물재활용시설 및 폐기물처분시설

38. 제연설비의 설치대상(소방시설법 시행령 [별표 4])

설치대상	조 건
① 문화 및 집회시설, 운동시설 ② 종교시설	• 바닥면적 200m² 이상
③ 기타	• 1000m² 이상
④ 영화상영관	• 수용인원 100명 이상
⑤ 터널	• 예상교통량, 경사도 등 터널의 특성을 고려하여 행정안전부령으로 정하는 것
⑥ 전부	• 특별피난계단 • 비상용 승강기의 승강장 • 피난용 승강기의 승강장

39. 연결송수관설비의 설치대상(소방시설법 시행령
[별표 4])

① **5층** 이상으로서 연면적 6000㎡ 이상
② **7층** 이상(지하층 포함)
③ **지하 3층** 이상이고 바닥면적 1000㎡ 이상
④ 터널길이 1000m 이상

40. 연결살수설비의 설치대상(소방시설법 시행령
[별표 4])

설치대상	조 건
① 지하층	• 바닥면적 합계 150㎡(학교 700㎡) 이상
② 판매시설 ③ 운수시설 ④ 물류터미널	• 바닥면적 합계 1000㎡ 이상
⑤ 가스시설	• 30t 이상 탱크시설
⑥ 연결통로	• 전부

41. 무선통신보조설비의 설치대상(소방시설법 시행령
[별표 4])

설치대상	조 건
① 지하상가	• 연면적 1000㎡ 이상
② 지하층	• 바닥면적 합계 3000㎡ 이상
③ 전층	• 지하 3층 이상이고 지하층 바닥면적의 합계 1000㎡ 이상
④ 터널	• 길이 500m 이상
⑤ 공동구	• 전부
⑥ 30층 이상	• 16층 이상의 전층

42. 소방시설 면제기준(소방시설법 시행령 [별표 5])

면제대상	대체설비
스프링클러설비	• 물분무등소화설비
물분무등소화설비	• 스프링클러설비

간이 스프링클러설비	• 스프링클러설비 • 물분무소화설비 • 미분무소화설비
비상경보설비 또는 단독경보형 감지기	• 자동화재탐지설비
비상경보설비	• 2개 이상 단독경보형 감지기 연동
비상방송설비	• 자동화재탐지설비 • 비상경보설비
연결살수설비	• 스프링클러설비 • 간이 스프링클러설비 • 물분무소화설비 • 미분무소화설비
제연설비	• 공기조화설비
연소방지설비	• 스프링클러설비 • 물분무소화설비 • 미분무소화설비
연결송수관설비	• 옥내소화전설비 • 스프링클러설비 • 간이 스프링클러설비 • 연결살수설비
자동화재탐지설비	• 자동화재탐지설비의 기능을 가진 스프링클러설비 • 물분무등소화설비
옥내소화전설비	• 옥외소화전설비 • 미분무소화설비(호스릴방식)

43. 수용인원의 산정방법(소방시설법 시행령 [별표 7])

특정소방대상물		산정방법
• 강의실 · 교무실 · 상담실 · 실습실 · 휴게실		바닥면적 합계 1.9㎡
• 숙박시설	침대가 있는 경우	종사자수 + 침대수
	침대가 없는 경우	종사자수 + 바닥면적 합계 3㎡
• 기타		바닥면적 합계 3㎡
• 강당 • 문화 및 집회시설, 운동시설 • 종교시설		바닥면적 합계 4.6㎡

44. 소방시설관리업의 등록기준(소방시설법 시행령 [별표 9])

구 분	기술인력	기술등급	영업범위
전문	• 주된 기술인력 : 소방시설관리사 2명 이상 • 보조기술인력 : 6명 이상	• 주된 기술인력 – 소방시설관리사 자격을 취득한 후 소방관련 실무경력이 5년 이상인 사람 1명 이상 – 소방시설관리사 자격을 취득한 후 소방관련 실무경력이 3년 이상인 사람 1명 이상 • 보조기술인력 – 고급점검자 : 2명 이상 – 중급점검자 : 2명 이상 – 초급점검자 : 2명 이상	모든 특정소방대상물
일반	• 주된 기술인력 : 소방시설관리사 1명 이상 • 보조기술인력 : 2명 이상	• 주된 기술인력 소방시설관리사 자격증 취득 후 소방관련 실무경력이 1년 이상인 사람 • 보조기술인력 – 중급점검자 : 1명 이상 – 초급점검자 : 1명 이상	1급, 2급, 3급 소방안전관리대상물

제3장 소방시설 설치 및 관리에 관한 법률 시행규칙

1. 건축허가 동의시 첨부서류(소방시설법 시행규칙 3조)
① 건축허가신청서 및 건축허가서 사본
② 설계도서 및 소방시설 설치계획표
③ 임시소방시설 설치계획서(설치시기·위치·종류·방법 등 임시소방시설의 설치와 관련한 세부사항 포함)
④ 소방시설설계업 등록증과 소방시설을 설계한 기술인력의 기술자격증 사본
⑤ 건축·대수선·용도변경신고서 사본
⑥ 주단면도 및 입면도
⑦ 소방시설별 층별 평면도
⑧ 방화구획도(창호도 포함)

건축허가 등의 동의권자 : **소방본부장·소방서장**

2. 건축허가 등의 동의(소방시설법 시행규칙 3조)

내 용		날 짜
• 동의요구 서류 보완		4일 이내
• 건축허가 등의 취소통보		7일 이내
• 동의여부 회신	5일 이내	기타
	10일 이내	① 50층 이상(지하층 제외) 또는 지상으로부터 높이 200m 이상인 아파트 ② 30층 이상(지하층 포함) 또는 높이 120m 이상(아파트 제외) ③ 연면적 10만m² 이상(아파트 제외)

3. 연소우려가 있는 건축물의 구조(소방시설법 시행규칙 17조)
① **1층** : 타 건축물 외벽으로부터 **6m** 이하
② **2층 이상** : 타 건축물 외벽으로부터 **10m** 이하
③ 대지경계선 안에 2 이상의 건축물이 있는 경우
④ 개구부가 다른 건축물을 향하여 설치된 구조

4. 소방시설 등의 자체점검(소방시설법 시행규칙 23조)
작동점검 또는 종합점검 결과 보관 : **2년**

5. 소방시설관리사의 행정처분기준(소방시설법 시행규칙 [별표 8])

위반사항	행정처분기준		
	1차	2차	3차
① 미점검	자격정지 1월	자격정지 6월	자격취소
② 거짓점검 ③ 대행인력 배치기준·자격·방법 미준수 ④ 자체점검 업무 불성실	경고 (시정명령)	자격정지 6월	자격취소
⑤ 부정한 방법으로 시험 합격 ⑥ 소방시설관리증 대여 ⑦ 관리사 결격사유에 해당한 때 ⑧ 2 이상의 업체에 취업한 때	자격 취소		

6. 소방시설관리업의 행정처분기준(소방시설법 시행규칙 [별표 8])

행정처분	위반사항
1차 등록취소	① **부정한 방법**으로 등록한 경우 ② **등록결격사유**에 해당한 경우 ③ **등록증** 또는 **등록수첩 대여**

요점

7. 소방시설 등 자체점검의 점검대상, 점검자의 자격, 점검횟수 및 시기(소방시설법 시행규칙 [별표 3])

점검구분	정 의	점검대상	점검자의 자격(주된 인력)	점검횟수 및 점검시기
작동점검	소방시설 등을 인위적으로 조작하여 정상적으로 작동하는지를 점검하는 것	① 간이스프링클러설비·자동화재탐지설비	• 관계인 • 소방안전관리자로 선임된 소방시설관리사 또는 소방기술사 • 소방시설관리업에 등록된 기술인력 중 소방시설관리사 또는 「소방시설공사업법 시행규칙」에 따른 특급점검자	• 작동점검은 연 1회 이상 실시하며, 종합점검대상은 종합점검(최초점검 제외)을 받은 달부터 6개월이 되는 달에 실시 • 종합점검대상 외의 특정소방대상물은 사용승인일이 속하는 달의 말일까지 실시
		② ①에 해당하지 아니하는 특정소방대상물	• 소방시설관리업에 등록된 기술인력 중 소방시설관리사 • 소방안전관리자로 선임된 소방시설관리사 또는 소방기술사	
		③ 작동점검 제외대상 • 특정소방대상물 중 소방안전관리자를 선임하지 않는 대상 • 위험물제조소 등 • 특급 소방안전관리대상물		
종합점검	소방시설 등의 작동점검을 포함하여 소방시설 등의 설비별 주요 구성 부품의 구조기준이 화재안전기준과 「건축법」 등 관련 법령에서 정하는 기준에 적합한지 여부를 점검하는 것 (1) 최초점검 : 특정소방대상물의 소방시설이 신설된 경우 건축물을 사용할 수 있게 된 날부터 60일 이내에 점검하는 것 (2) 그 밖의 종합점검 : 최초점검을 제외한 종합점검	④ 소방시설 등이 신설된 경우에 해당하는 특정소방대상물 ⑤ 스프링클러설비가 설치된 특정소방대상물 ⑥ 물분무등소화설비(호스릴 방식의 물분무등소화설비만을 설치한 경우는 제외)가 설치된 연면적 5000m² 이상인 특정소방대상물(위험물제조소 등 제외) ⑦ 다중이용업의 영업장이 설치된 특정소방대상물로서 연면적이 2000m² 이상인 것 ⑧ 제연설비가 설치된 터널 ⑨ 공공기관 중 연면적(터널·지하구의 경우 그 길이와 평균폭을 곱하여 계산된 값)이 1000m² 이상인 것으로서 옥내소화전설비 또는 자동화재탐지설비가 설치된 것(단, 소방대가 근무하는 공공기관 제외) **중요** **종합점검** ① 공공기관 : 1000m² ② 다중이용업 : 2000m² ③ 물분무등(호스릴 ×) : 5000m²	• 소방시설관리업에 등록된 기술인력 중 소방시설관리사 • 소방안전관리자로 선임된 소방시설관리사 또는 소방기술사	〈점검횟수〉 ㉠ 연 1회 이상(특급 소방안전관리대상물은 반기에 1회 이상) 실시 ㉡ ㉠에도 불구하고 소방본부장 또는 소방서장은 소방청장이 소방안전관리가 우수하다고 인정한 특정소방대상물에 대해서는 3년의 범위에서 소방청장이 고시하거나 정한 기간 동안 종합점검을 면제할 수 있다(단, 면제기간 중 화재가 발생한 경우는 제외). 〈점검시기〉 ㉠ ④에 해당하는 특정소방대상물은 건축물을 사용할 수 있게 된 날부터 60일 이내 실시 ㉡ ㉠을 제외한 특정소방대상물은 건축물의 사용승인일이 속하는 달에 실시(단, 학교의 경우 해당 건축물의 사용승인일이 1월에서 6월 사이에 있는 경우에는 6월 30일까지 실시할 수 있다) ㉢ 건축물 사용승인일 이후 ㉠에 따라 종합점검대상에 해당하게 된 경우에는 그 다음 해부터 실시 ㉣ 하나의 대지경계선 안에 2개 이상의 자체점검대상 건축물 등이 있는 경우 그 건축물 중 사용승인일이 가장 빠른 연도의 건축물의 사용승인일을 기준으로 점검할 수 있다.

2-3 화재의 예방 및 안전관리에 관한 법령

제1장 화재의 예방 및 안전관리에 관한 법률

1. 화재안전조사(화재예방법 7조)

구 분	설 명
실시자	소방청장·소방본부장·소방서장(소방관서장)
관계인의 승낙이 필요한 곳	주거(주택)

> **용어**
> 화재안전조사 : 소방대상물, 관계지역 또는 관계인에 대하여 소방시설 등이 소방관계법령에 적합하게 설치·관리되고 있는지, 소방대상물에 화재의 발생 위험이 있는지 등을 확인하기 위하여 실시하는 현장조사·문서열람·보고요구 등을 하는 활동

2. 화재안전조사 결과에 따른 조치명령(화재예방법 14조)

(1) 명령권자
  소방청장·소방본부장·소방서장(소방관서장)

(2) 명령사항
  ① 화재안전조사 조치명령
  ② 개수명령

3. 화재의 예방조치사항(화재예방법 17조)

① 모닥불, 흡연 등 화기의 취급
② 풍등 등 소형열기구 날리기
③ 용접·용단 등 불꽃을 발생시키는 행위
④ 그 밖에 대통령령으로 정하는 화재발생위험이 있는 행위

> 연소의 우려가 있는 소유자 불명의 물질은 안전한 곳으로 옮겨 소방청장·소방본부장 또는 소방서장(소방관서장)에 의해 보관되어야 한다.

4. 불을 사용하는 설비의 관리사항(화재예방법 17조)

① 정하는 기준 : 대통령령
② 대상 ┬ 보일러
       ├ 난로
       ├ 가스시설
       ├ 건조설비
       └ 전기시설

5. 화재예방강화지구의 지정(화재예방법 18조)

(1) 지정권자 : 시·도지사
(2) 지정지역
  ① 시장지역
  ② 공장·창고 등이 밀집한 지역
  ③ 목조건물이 밀집한 지역
  ④ 노후·불량건축물이 밀집한 지역
  ⑤ 위험물의 저장 및 처리시설이 밀집한 지역
  ⑥ 석유화학제품을 생산하는 공장이 있는 지역
  ⑦ 소방시설·소방용수시설 또는 소방출동로가 없는 지역
  ⑧ 「산업입지 및 개발에 관한 법률」에 따른 산업단지
  ⑨ 「물류시설의 개발 및 운영에 관한 법률」에 따른 물류단지
  ⑩ 소방관서장이 화재예방강화지구로 지정할 필요가 있다고 인정하는 지역

> 화재예방강화지구 : 화재 발생 우려가 크거나 화재가 발생할 경우 피해가 클 것으로 예상되는 지역에 대하여 화재의 예방 및 안전관리를 강화하기 위해 지정·관리하는 지역

지 정	화재안전조사
시·도지사	소방관서장

6. 화재(화재예방법 17·20조)

① 화재위험경보 발령권자 ┐
② 화재의 예방조치권자   ┴ 소방관서장

7. 특정소방대상물의 소방안전관리(화재예방법 24조)

(1) 소방안전관리업무 대행자
　　소방시설관리업을 등록한 사람(소방시설관리업자)

(2) 소방안전관리자의 선임
　① 선임신고 : **14일** 이내
　② 신고대상 : **소방본부장·소방서장**

(3) 관계인 및 소방안전관리자의 업무

소방안전관리대상물 (소방안전관리자)	특정소방대상물 (관계인)
① 피난시설·방화구획 및 방화시설의 관리	① 피난시설·방화구획 및 방화시설의 관리
② 소방시설, 그 밖의 소방관련시설의 관리	② 소방시설, 그 밖의 소방관련시설의 관리
③ 화기취급의 감독	③ 화기취급의 감독
④ 소방안전관리에 필요한 업무	④ 소방안전관리에 필요한 업무
⑤ **소방계획서의 작성 및 시행**(대통령령으로 정하는 사항 포함)	⑤ 화재발생시 초기대응
⑥ **자위소방대 및 초기대응체계**의 구성·운영·교육	
⑦ 소방훈련 및 교육	
⑧ 소방안전관리에 관한 업무 수행에 관한 기록·유지	
⑨ 화재발생시 초기대응	

8. 강습·실무교육 대상자(화재예방법 34조)

① 소방안전관리자
② 소방안전관리보조자
③ 소방안전관리업무 대행자
④ 소방안전관리자의 자격인정을 받고자 하는 자로서 **대통령령**으로 정하는 자
⑤ 소방안전관리업무를 대행하는 자를 감독하는 자

9. 관리의 권원이 분리된 특정소방대상물의 소방안전관리(화재예방법 35조)

① 복합건축물(지하층을 제외한 층수가 11층 이상 또는 연면적 30000m² 이상)
② 지하가
③ **대통령령**으로 정하는 특정소방대상물

10. 특정소방대상물의 소방훈련(화재예방법 37조)

소방훈련의 종류	소방훈련의 지도·감독
① 소화훈련 ② 통보훈련 ③ 피난훈련	소방본부장·소방서장

11. 벌칙

(1) 3년 이하의 징역 또는 3000만원 이하의 벌금(화재예방법 50조)

　① **화재안전조사 결과**에 따른 조치명령을 정당한 사유 없이 위반한 자
　② **소방안전관리자 선임명령** 등을 정당한 사유 없이 위반한 자
　③ 화재예방안전진단 결과에 따라 보수·보강 등의 조치명령을 정당한 사유 없이 위반한 자
　④ 거짓이나 그 밖의 부정한 방법으로 진단기관으로 지정을 받은 자

(2) 1년 이하의 징역 또는 1000만원 이하의 벌금(화재예방법 50조)

　① **관계인**의 정당한 업무를 방해하거나, 조사업무를 수행하면서 취득한 자료나 알게 된 **비밀**을 다른 사람 또는 기관에게 제공 또는 누설하거나 목적 외의 용도로 사용한 자
　② **소방안전관리자 자격증**을 다른 사람에게 빌려주거나 빌리거나 이를 알선한 자
　③ **진단기관**으로부터 화재예방안전진단을 받지 아니한 자

(3) 300만원 이하의 벌금(화재예방법 50조)

　① 화재안전조사를 정당한 사유 없이 거부·방해 또는 기피한 자
　② 화재발생 위험이 크거나 소화활동에 지장을 줄 수 있다고 인정되는 행위나 물건에 대한 금지 또는 제한 명령을 정당한 사유 없이 따르지 아니하거나 방해한 자
　③ 소방안전관리자, 총괄소방안전관리자 또는 소방안전관리보조자를 선임하지 아니한 자
　④ 소방시설·피난시설·방화시설 및 방화구획 등이 법령에 위반된 것을 발견하였음에도 필요한 조치를 할 것을 요구하지 아니한 소방안전관리자

⑤ **소방안전관리자**에게 불이익한 처우를 한 관계인
⑥ 업무를 수행하면서 알게 된 비밀을 이 법에서 정한 목적 외의 용도로 사용하거나 다른 사람 또는 기관에 제공하거나 누설한 자

(4) 300만원 이하의 과태료(화재예방법 52조)
① 정당한 사유 없이 **화재예방강화지구** 및 이에 준하는 대통령령으로 정하는 장소에서의 금지 명령에 해당하는 행위를 한 자
② 다른 안전관리자가 소방안전관리자를 겸한 자
③ 소방안전관리업무를 하지 아니한 특정소방대상물의 관계인 또는 소방안전관리대상물의 소방안전관리자
④ 소방안전관리업무의 지도·감독을 하지 아니한 자
⑤ 건설현장 소방안전관리대상물의 소방안전관리자의 업무를 하지 아니한 소방안전관리자
⑥ 피난유도 안내정보를 제공하지 아니한 자
⑦ **소방훈련** 및 **교육**을 하지 아니한 자
⑧ 화재예방안전진단 결과를 제출하지 아니한 자

(5) 200만원 이하의 과태료(화재예방법 52조)
① 불을 사용할 때 지켜야 하는 사항 및 특수가연물의 저장 및 취급 기준을 위반한 자
② 소방설비 등의 설치명령을 정당한 사유 없이 따르지 아니한 자
③ 기간 내에 **선임신고**를 하지 아니하거나 **소방안전관리자**의 **성명** 등을 게시하지 아니한 자
④ 기간 내에 선임신고를 하지 아니한 자
⑤ 기간 내에 소방훈련 및 교육 결과를 제출하지 아니한 자

(6) 100만원 이하의 과태료(화재예방법 52조)
실무교육을 받지 아니한 **소방안전관리자** 및 **소방안전관리보조자**

요점

제2장 화재의 예방 및 안전관리에 관한 법률 시행령

1. 옮긴 물건 등의 보관기간(화재예방법 시행령 17조)

보관자	보관기간
소방관서장	인터넷 홈페이지에 공고하는 기간의 종료일 다음 날부터 7일

2. 화재예방강화지구 안의 화재안전조사·소방훈련 및 교육(화재예방법 시행령 20조)

구 분	설 명
실시자	소방관서장
횟수	연 1회 이상
훈련·교육	10일 전 통보

3. 벽·천장 사이의 거리(화재예방법 시행령 [별표 1])

종 류	벽·천장 사이의 거리
건조설비	0.5m 이상
보일러	0.6m 이상

4. 특수가연물(화재예방법 시행령 [별표 2])
① 면화류
② 나무껍질 및 대팻밥
③ 넝마 및 종이 부스러기
④ 사류
⑤ 볏짚류
⑥ 가연성 고체류
⑦ 석탄·목탄류
⑧ 가연성 액체류
⑨ 목재가공품 및 나무 부스러기
⑩ 고무류·플라스틱류

특수가연물: 화재가 발생하면 그 확대가 빠른 물품

5. 소방안전관리자(화재예방법 시행령 [별표 4])

(1) 특급 소방안전관리대상물의 소방안전관리자 선임조건

자 격	경 력	비 고
• 소방기술사 • 소방시설관리사	경력 필요 없음	특급 소방안전관리자 자격증을 받은 사람
• 1급 소방안전관리자(소방설비기사)	5년	
• 1급 소방안전관리자(소방설비산업기사)	7년	
• 소방공무원	20년	
• 소방청장이 실시하는 특급 소방안전관리대상물의 소방안전관리에 관한 시험에 합격한 사람	경력 필요 없음	

(2) 1급 소방안전관리대상물의 소방안전관리자 선임조건

자 격	경 력	비 고
• 소방설비기사·소방설비산업기사	경력 필요 없음	1급 소방안전관리자 자격증을 받은 사람
• 소방공무원	7년	
• 소방청장이 실시하는 1급 소방안전관리대상물의 소방안전관리에 관한 시험에 합격한 사람	경력 필요 없음	
• 특급 소방안전관리대상물의 소방안전관리자 자격이 인정되는 사람		

(3) 2급 소방안전관리대상물의 소방안전관리자 선임조건

자 격	경 력	비 고
• 위험물기능장·위험물산업기사·위험물기능사	경력 필요 없음	2급 소방안전관리자 자격증을 받은 사람
• 소방공무원	3년	
• 소방청장이 실시하는 2급 소방안전관리대상물의 소방안전관리에 관한 시험에 합격한 사람	경력 필요 없음	
• 「기업활동 규제완화에 관한 특별조치법」에 따라 소방안전관리자로 선임된 사람(소방안전관리자로 선임된 기간으로 한정)		
• 특급 또는 1급 소방안전관리대상물의 소방안전관리자 자격이 인정되는 사람		

(4) 3급 소방안전관리대상물의 소방안전관리자 선임 조건

자격	경력	비고
• 소방공무원	1년	
• 소방청장이 실시하는 3급 소방안전관리대상물의 소방안전관리에 관한 시험에 합격한 사람		
• 「기업활동 규제완화에 관한 특별조치법」에 따라 소방안전관리자로 선임된 사람(소방안전관리자로 선임된 기간으로 한정)	경력 필요 없음	3급 소방안전관리자 자격증을 받은 사람
• 특급 소방안전관리대상물, 1급 소방안전관리대상물 또는 2급 소방안전관리대상물의 소방안전관리자 자격이 인정되는 사람		

6. 소방안전관리자를 두어야 할 특정소방대상물
(화재예방법 시행령 [별표 4])

소방안전관리대상물	특정소방대상물
특급 소방안전관리대상물 (동·식물원, 철강 등 불연성 물품 저장·취급창고, 지하구, 위험물제조소 등 제외)	• 50층 이상(지하층 제외) 또는 지상 200m 이상 아파트 • 30층 이상(지하층 포함) 또는 지상 120m 이상(아파트 제외) • 연면적 10만m² 이상(아파트 제외)
1급 소방안전관리대상물 (동·식물원, 철강 등 불연성 물품 저장·취급창고, 지하구, 위험물제조소 등 제외)	• 30층 이상(지하층 제외) 또는 지상 120m 이상 아파트 • 연면적 15000m² 이상인 것(아파트 및 연립주택 제외) • 11층 이상(아파트 제외) • 가연성 가스를 1000t 이상 저장·취급하는 시설
2급 소방안전관리대상물	• 지하구 • 가스제조설비를 갖추고 도시가스사업 허가를 받아야 하는 시설 또는 가연성 가스를 100~1000t 미만 저장·취급하는 시설 • 옥내소화전설비·스프링클러설비 • 물분무등소화설비 설치대상물 (호스릴 물분무등소화설비만을 설치한 경우 제외) • 공동주택(옥내소화전설비 또는 스프링클러설비가 설치된 공동주택 한정) • 목조건축물(국보·보물)
3급 소방안전관리대상물	• 간이스프링클러설비(주택전용 간이스프링클러설비 제외) 설치대상물 • 자동화재탐지설비 설치대상물

7. 소방계획에 포함되어야 할 사항(화재예방법 시행령 27조)

① 소방안전관리대상물의 위치·구조·연면적·용도·수용인원 등 일반현황
② 소방시설·방화시설, 전기시설·가스시설·위험물시설의 현황
③ 화재예방을 위한 **자체점검계획** 및 **대응대책**
④ **소방시설·피난시설·방화시설**의 점검·정비계획
⑤ **피난계획**
⑥ 방화구획·제연구획·건축물의 내부마감재료 및 방염대상물품의 사용, 그 밖에 **방화구조** 및 **설비**의 **유지·관리계획**
⑦ **소방교육** 및 **훈련**에 관한 계획
⑧ **자위소방대 조직**과 대원의 임무에 관한 사항
⑨ 화기취급작업에 대한 사전 안전조치 및 감독 등 공사 중 **소방안전**관리에 관한 사항
⑩ 관리의 권원이 분리된 특정소방대상물의 소방안전관리에 관한 사항
⑪ **소화** 및 **연소방지**에 관한 사항
⑫ **위험물**의 **저장·취급**에 관한 사항
⑬ **소방본부장** 또는 **소방서장**이 요청하는 사항

8. 소방계획의 작성·실시에 관한 지도·감독
(화재예방법 시행령 27조)

소방본부장, 소방서장

9. 관리의 권원이 분리된 특정소방대상물(화재예방법 35조, 화재예방법 시행령 35조)

① 복합건축물(지하층을 제외한 **11층** 이상 또는 연면적 **30000m²** 이상인 건축물)
② 지하가
③ **도매시장, 소매시장, 전통시장**

10. 한국소방안전원의 권한의 위탁

① 소방안전관리자 또는 소방안전관리보조자 선임신고의 접수
② 소방안전관리자 또는 소방안전관리보조자 해임 사실의 확인
③ 건설현장 소방안전관리자 선임신고의 접수
④ 소방안전관리자 자격시험
⑤ 소방안전관리자 자격증의 발급 및 재발급
⑥ 소방안전관리 등에 관한 종합정보망의 구축·운영
⑦ 강습교육 및 실무교육

제3장 화재의 예방 및 안전관리에 관한 법률 시행규칙

1. 소방안전관리자의 강습(화재예방법 시행규칙 25조)

구 분	설 명
실시자	소방청장(위탁 : 한국소방안전원장)
실시공고	20일 전

2. 소방안전관리자의 실무교육(화재예방법 시행규칙 29조)

구 분	설 명
실시자	소방청장(위탁 : 한국소방안전원장)
실시	2년마다 1회 이상
교육통보	30일 전

3. 특정소방대상물의 소방훈련·교육(화재예방법 시행규칙 36조)

실시횟수	실시결과 기록부 보관
연 1회 이상	2년

소방안전관리자의 재선임 : 30일 이내

4. 소방안전교육(화재예방법 시행규칙 40조)

실시자	교육통보
소방본부장·소방서장	교육일 10일 전까지

5. 소방안전관리업무의 강습교육과목 및 교육시간(화재예방법 시행규칙 [별표 5])

(1) 교육과정별 과목 및 시간

구 분	교육과목	교육시간
특급 소방안전 관리자	• 소방안전관리자 제도 • 화재통계 및 피해분석 • 직업윤리 및 리더십 • 소방관계법령 • 건축·전기·가스 관계법령 및 안전관리 • 위험물안전관계법령 및 안전관리 • 재난관리 일반 및 관련법령 • 초고층재난관리법령	160시간
특급 소방안전 관리자	• 소방기초이론 • 연소·방화·방폭공학 • 화재예방 사례 및 홍보 • 고층건축물 소방시설 적용기준 • 소방시설의 종류 및 기준 • 소방시설(소화설비, 경보설비, 피난구조설비, 소화용수설비, 소화활동설비)의 구조·점검·실습·평가 • 공사장 안전관리 계획 및 감독 • 화기취급감독 및 화재위험작업 허가·관리 • 종합방재실 운용 • 피난안전구역 운영 • 고층건축물 화재 등 재난사례 및 대응방법 • 화재원인 조사실무 • 위험성 평가기법 및 성능위주 설계 • 소방계획 수립 이론·실습·평가(피난약자의 피난계획 등 포함) • 자위소방대 및 초기대응체계 구성 등 이론·실습·평가 • 방재계획 수립 이론·실습·평가 • 재난예방 및 피해경감계획 수립 이론·실습·평가 • 자체점검 서식의 작성 실습·평가 • 통합안전점검 실시(가스, 전기, 승강기 등) • 피난시설, 방화구획 및 방화시설의 관리 • 구조 및 응급처치 이론·실습·평가 • 소방안전 교육 및 훈련 이론·실습·평가 • 화재시 초기대응 및 피난 실습·평가 • 업무수행기록의 작성·유지 실습·평가 • 화재피해 복구 • 초고층 건축물 안전관리 우수사례 토의 • 소방신기술 동향 • 시청각 교육	160시간
1급 소방안전 관리자	• 소방안전관리자 제도 • 소방관계법령 • 건축관계법령 • 소방학개론 • 화기취급감독 및 화재위험작업 허가·관리 • 공사장 안전관리 계획 및 감독 • 위험물·전기·가스 안전관리 • 종합방재실 운용 • 소방시설의 종류 및 기준	80시간

소방관계법규

구분	교육내용	시간
1급 소방안전관리자	• 소방시설(소화설비, 경보설비, 피난구조설비, 소화용수설비, 소화활동설비)의 구조·점검·실습·평가 • 소방계획 수립 이론·실습·평가(피난약자의 피난계획 등 포함) • 자위소방대 및 초기대응체계 구성 등 이론·실습·평가 • 작동점검표 작성 실습·평가 • 피난시설, 방화구획 및 방화시설의 관리 • 구조 및 응급처치 이론·실습·평가 • 소방안전 교육 및 훈련 이론·실습·평가 • 화재시 초기대응 및 피난 실습·평가 • 업무수행기록의 작성·유지 실습·평가 • 형성평가(시험)	80시간
공공기관 소방안전관리자	• 소방안전관리자 제도 • 직업윤리 및 리더십 • 소방관계법령 • 건축관계법령 • 공공기관 소방안전규정의 이해 • 소방학개론 • 소방시설의 종류 및 기준 • 소방시설(소화설비, 경보설비, 피난구조설비, 소화용수설비, 소화활동설비)의 구조·점검·실습·평가 • 소방안전관리 업무대행 감독 • 공사장 안전관리 계획 및 감독 • 화기취급감독 및 화재위험작업 허가·관리 • 위험물·전기·가스 안전관리 • 소방계획 수립 이론·실습·평가(피난약자의 피난계획 등 포함) • 자위소방대 및 초기대응체계 구성 등 이론·실습·평가 • 작동점검표 및 외관점검표 작성 실습·평가 • 피난시설, 방화구획 및 방화시설의 관리 • 응급처치 이론·실습·평가 • 소방안전 교육 및 훈련 이론·실습·평가 • 화재시 초기대응 및 피난 실습·평가 • 업무수행기록의 작성·유지 실습·평가 • 공공기관 소방안전관리 우수사례 토의 • 형성평가(수료)	40시간
2급 소방안전관리자	• 소방안전관리자 제도 • 소방관계법령(건축관계법령 포함) • 소방학개론 • 화기취급감독 및 화재위험작업 허가·관리 • 위험물·전기·가스 안전관리 • 소방시설의 종류 및 기준 • 소방시설(소화설비, 경보설비, 피난구조설비)의 구조·원리·점검·실습·평가 • 소방계획 수립 이론·실습·평가(피난약자의 피난계획 등 포함) • 자위소방대 및 초기대응체계 구성 등 이론·실습·평가 • 작동점검표 작성 실습·평가 • 피난시설, 방화구획 및 방화시설의 관리 • 응급처치 이론·실습·평가 • 소방안전 교육 및 훈련 이론·실습·평가 • 화재시 초기대응 및 피난 실습·평가 • 업무수행기록의 작성·유지 실습·평가 • 형성평가(시험)	40시간
3급 소방안전관리자	• 소방관계법령 • 화재일반 • 화기취급감독 및 화재위험작업 허가·관리 • 위험물·전기·가스 안전관리 • 소방시설(소화기, 경보설비, 피난구조설비)의 구조·점검·실습·평가 • 소방계획 수립 이론·실습·평가(업무수행기록의 작성·유지 실습·평가 및 피난약자의 피난계획 등 포함) • 작동점검표 작성 실습·평가 • 응급처치 이론·실습·평가 • 소방안전 교육 및 훈련 이론·실습·평가 • 화재 시 초기대응 및 피난 실습·평가 • 형성평가(시험)	24시간
업무대행 감독자	• 소방관계법령 • 소방안전관리 업무대행 감독 • 소방시설 유지·관리 • 화기취급감독 및 위험물·전기·가스 안전관리	16시간

구분	내용	시간
업무대행 감독자	• 소방계획 수립 이론·실습·평가 (업무수행기록의 작성·유지 및 피난약자의 피난계획 등 포함) • 자위소방대 구성운영 등 이론·실습·평가 • 응급처치 이론·실습·평가 • 소방안전 교육 및 훈련 이론·실습·평가 • 화재 시 초기대응 및 피난 실습·평가 • 형성평가(수료)	16시간
건설현장 소방안전 관리자	• 소방관계법령 • 건설현장 관련 법령 • 건설현장 화재일반 • 건설현장 위험물·전기·가스 안전관리 • 임시소방시설의 구조·점검·실습·평가 • 화기취급감독 및 화재위험작업 허가·관리 • 건설현장 소방계획 이론·실습·평가 • 초기대응체계 구성·운영 이론·실습·평가 • 건설현장 피난계획 수립 • 건설현장 작업자 교육훈련 이론·실습·평가 • 응급처치 이론·실습·평가 • 형성평가(수료)	24시간

(2) 교육운영방법 등

교육과정별 교육시간 운영 편성기준

구 분	시간 합계	이론 (30%)	실무(70%)	
			일반 (30%)	실습 및 평가 (40%)
특급 소방안전 관리자	160시간	48시간	48시간	64시간
1급 소방안전 관리자	80시간	24시간	24시간	32시간
2급 및 공공기관 소방안전 관리자	40시간	12시간	12시간	16시간
3급 소방안전 관리자	24시간	7시간	7시간	10시간
업무대행 감독자	16시간	5시간	5시간	6시간
건설현장 소방안전 관리자	24시간	7시간	7시간	10시간

소방관계법규

2-4 소방시설공사업법령

제1장 소방시설공사업법

1. 소방시설공사업법의 목적 (공사업법 1조)
① 소방시설업의 건전한 발전
② 소방기술의 진흥
③ 공공의 안전확보
④ 국민경제에 이바지

2. 소방시설업의 종류 (공사업법 2조)

소방시설설계업	소방시설공사업	소방공사감리업	방염처리업
소방시설공사에 기본이 되는 공사계획·설계도면·설계설명서·기술계산서 등을 작성하는 영업	설계도서에 따라 소방시설을 신설·증설·개설·이전·정비하는 영업	소방시설공사에 관한 발주자의 권한을 대행하여 소방시설공사가 설계도서와 관계 법령에 따라 적법하게 시공되는지를 확인하고, 품질·시공 관리에 대한 기술지도를 하는 영업	방염대상물품에 대하여 방염처리하는 영업

3. 소방기술자 (공사업법 2조 ①항)
① 소방시설관리사
② 소방기술사
③ 소방설비기사
④ 소방설비산업기사
⑤ 위험물기능장
⑥ 위험물산업기사
⑦ 위험물기능사

4. 소방시설업 (공사업법 4조)
① 등록권자 ┐
② 등록사항변경 ├ 시·도지사
③ 지위승계 ┘
④ 등록기준 ┬ 자본금
         └ 기술인력

⑤ 종류 ┬ 소방시설설계업
       ├ 소방시설공사업
       ├ 소방공사감리업
       └ 방염처리업
⑥ 업종별 영업범위 : **대통령령**

5. 소방시설업의 등록결격사유 (공사업법 5조)
① 피성년후견인
② 금고 이상의 실형을 선고받고 그 집행이 끝나거나(집행이 끝난 것으로 보는 경우 포함) 면제된 날부터 **2년**이 지나지 아니한 사람
③ 금고 이상의 형의 집행유예를 선고받고 그 유예기간 중에 있는 사람
④ 시설업의 등록이 취소된 날부터 **2년**이 지나지 아니한 자
⑤ **법인의 대표자**가 위 ①~④에 해당되는 경우
⑥ **법인의 임원**이 위 ②~④에 해당되는 경우

6. 소방시설업의 등록취소 (공사업법 9조)
① **거짓**, 그 밖의 **부정한 방법**으로 등록을 한 경우
② **등록결격사유**에 해당된 경우
③ 영업정지 기간 중에 설계·시공 또는 감리를 한 경우

7. 착공신고·완공검사 등 (공사업법 13·14·15조)
① 소방시설공사의 착공신고 ┐ 소방본부장·
② 소방시설공사의 완공검사 ┘ 소방서장
③ 하자보수기간 : 3일 이내

8. 소방공사감리 (공사업법 16·18·20조)
(1) 감리의 종류와 방법
   대통령령
(2) 감리원의 세부적인 배치기준
   행정안전부령

(3) 공사감리결과
　① 서면통지 ─ 관계인
　　　　　　 ├ 도급인
　　　　　　 └ 건축사
　② 결과보고서 제출 : 소방본부장·소방서장

9. 하도급 범위(공사업법 22조)
(1) 도급받은 소방시설공사의 일부를 다른 공사업자에게 하도급할 수 있다.
(2) 하수급인은 제3자에게 다시 하도급 불가
(3) 소방시설공사의 시공을 하도급할 수 있는 경우(공사업령 12조 ①항)
　① 주택건설사업
　② 건설업
　③ 전기공사업
　④ 정보통신공사업

10. 도급계약의 해지(공사업법 23조)
① 소방시설업이 **등록취소**되거나 **영업정지**된 경우
② 소방시설업을 **휴업** 또는 **폐업**한 경우
③ 정당한 사유없이 **30일** 이상 소방시설공사를 계속하지 아니하는 경우
④ 하수급인의 **변경요구**에 응하지 아니한 경우

11. 소방기술자의 의무(공사업법 27조)
소방기술자는 동시에 2 이상의 업체에 **취업**하여서는 아니 된다(1개 업체에 취업).

12. 권한의 위탁(공사업법 33조)

업 무	위 탁	권 한
• 실무교육	• 한국소방안전협회 • 실무교육기관	• 소방청장
• 소방기술과 관련된 자격·학력·경력의 인정 • 소방기술자 양성·인정 교육훈련업무	• 소방시설업자협회 • 소방기술과 관련된 법인 또는 단체	• 소방청장
• 시공능력평가	• 소방시설업자협회	• 소방청장 • 시·도지사

13. 3년 이하의 징역 또는 3000만원 이하의 벌금(공사업법 35조)
① 소방시설업 무등록자
② 부정한 청탁을 받고 재물 또는 재산상의 이익을 취득하거나 부정한 청탁을 하면서 재물 또는 재산상의 이익을 제공한 자

14. 1년 이하의 징역 또는 1000만원 이하의 벌금(공사업법 36조)
① 영업정지처분 위반자
② 거짓 감리자
③ 공사감리자 미지정자
④ 소방시설 설계·시공·감리 하도급자
⑤ 소방시설공사 재하도급자
⑥ 소방시설업자가 아닌 자에게 소방시설공사 등을 도급한 관계인
⑦ 공사업법의 명령에 따르지 않은 소방기술자

15. 300만원 이하의 벌금(공사업법 37조)
① 등록증·등록수첩을 빌려준 자
② 다른 자에게 자기의 성명이나 상호를 사용하여 소방시설공사 등을 수급 또는 시공하게 한 자
③ 감리원 미배치자
④ 소방기술인정 자격수첩을 빌려준 자
⑤ 2 이상의 업체에 취업한 자
⑥ 소방시설업자나 관계인 감독시 관계인의 업무를 방해하거나 **비밀누설**

16. 100만원 이하의 벌금(공사업법 38조)
① 거짓 보고 또는 자료 미제출자
② 관계공무원의 출입 또는 검사·조사를 거부·방해 또는 기피한 자

17. 200만원 이하의 과태료(공사업법 40조)
① 관계서류 미보관자
② 소방기술자 미배치자
③ 하도급 미통지자
④ 관계인에게 지위승계·행정처분·휴업·폐업 사실을 거짓으로 알린 자
⑤ 완공검사를 받지 아니한 자
⑥ 방염성능기준 미만으로 방염한 자

제2장 소방시설공사업법 시행령

1. 소방시설공사의 하자보수보증기간(공사업령 6조)

보증 기간	소방시설
2년	① 유도등·피난기구 ② 비상조명등·비상경보설비·비상방송설비 ③ 무선통신보조설비
3년	① 자동소화장치 ② 옥내·외소화전설비 ③ 스프링클러설비 ④ 물분무등소화설비·소화용수설비 ⑤ 자동화재탐지설비·소화활동설비(무선통신보조설비 제외) ⑥ 화재알림설비

2. 소방공사감리자 지정대상 특정소방대상물의 범위(공사업령 10조)

① **옥내소화전설비**를 신설·개설 또는 증설할 때
② **스프링클러설비** 등(캐비닛형 간이스프링클러설비 제외)을 신설·개설하거나 방호·방수구역을 증설할 때
③ **물분무등소화설비**(호스릴방식의 소화설비 제외)를 신설·개설하거나 방호·방수구역을 증설할 때
④ **옥외소화전설비**를 신설·개설 또는 증설할 때
⑤ **자동화재탐지설비**를 신설 또는 개설할 때
⑥ 화재알림설비를 신설 또는 개설할 때
⑦ 비상방송설비를 신설 또는 개설할 때
⑧ 통합감시시설을 신설 또는 개설할 때
⑨ 수하용수설비를 신선 또는 개설할 때
⑩ 다음의 소화활동설비에 대하여 시공을 할 때
  ㉠ 제연설비를 신설·개설하거나 제연구역을 증설할 때
  ㉡ 연결송수관설비를 신설 또는 개설할 때
  ㉢ 연결살수설비를 신설·개설하거나 송수구역을 증설할 때
  ㉣ 비상콘센트설비를 신설·개설하거나 전용회로를 증설할 때
  ㉤ 무선통신보조설비를 신설 또는 개설할 때
  ㉥ 연소방지설비를 신설·개설하거나 살수구역을 증설할 때

3. 소방시설설계(공사업령 [별표 1])

종 류	기술인력	영업범위
전문	• 주된 기술인력 : 1명 이상 • 보조 기술인력 : 1명 이상	• 모든 특정소방대상물
일반	• 주된 기술인력 : 1명 이상 • 보조 기술인력 : 1명 이상	• 아파트(기계분야 제연설비 제외) • 연면적 30000m² (공장 10000m²) 미만(기계분야 제연설비 제외) • 위험물제조소 등

4. 소방시설공사업(공사업령 [별표 1])

종 류	기술인력	자본금	영업범위
전문	• 주된 기술인력 : 1명 이상 • 보조 기술인력 : 2명 이상	• 법인 : 1억원 이상 • 개인 : 1억원 이상	• 특정소방대상물
일반	• 주된 기술인력 : 1명 이상 • 보조 기술인력 : 1명 이상	• 법인 : 1억원 이상 • 개인 : 1억원 이상	• 연면적 10000m² 미만 • 위험물제조소 등

5. 소방공사감리업(공사업령 [별표 1])

종 류	기술인력	영업범위
전문	• 소방기술사 1명 이상 • 특급감리원 1명 이상 • 고급감리원 1명 이상 • 중급감리원 1명 이상 • 초급감리원 1명 이상	• 모든 특정 소방대상물
일반	• 특급감리원 1명 이상 • 고급 또는 중급감리원 1명 이상 • 초급감리원 1명 이상	• 아파트(기계분야 제연설비 제외) • 연면적 30000m² (공장 10000m²) 미만(기계분야 제연설비 제외) • 위험물제조소 등

6. 소방기술자의 배치기준(공사업령 [별표 2])

자격구분	소방시설공사의 종류
전기분야 소방시설공사	• 자동화재탐지설비·비상경보설비 • 비상방송설비·화재알림설비 • 비상콘센트설비·무선통신보조설비 • 기계분야 소방시설에 부설되는 전기시설 중 비상전원·동력회로·제어회로

제3장 소방시설공사업법 시행규칙

1. 소방시설업(공사업규칙 2~7조)

내 용		날 짜
• 등록증 재발급	지위승계·분실 등	3일 이내
	변경신고 등	5일 이내
• 등록서류보완		10일 이내
• 등록증 발급		15일 이내
• 등록사항 변경신고 • 지위승계 신고시 서류제출		30일 이내

소방시설업 등록신청 자산평가액·기업진단보고서 : 신청일 90일 이내에 작성한 것

2. 소방시설공사(공사업규칙 12조)

내 용	날 짜
• 착공·변경 신고처리	2일 이내
• 중요사항 변경시의 신고	30일 이내

3. 소방공사감리자(공사업규칙 15조)

내 용	날 짜
• 지정·변경 신고처리	2일 이내
• 변경서류 제출	30일 이내

4. 소방공사감리원의 세부배치기준(공사업규칙 16조)

감리대상	책임감리원
일반공사 감리대상	• 주 1회 이상 방문감리 • 담당감리현장 5개 이하로서 연면적 총합계 100000m² 이하

5. 소방공사감리원의 배치 통보(공사업규칙 17조)
① 통보대상 : **소방본부장·소방서장**
② 통보일 : 배치일로부터 **7일** 이내

6. 소방시설공사 시공능력평가의 신청·평가
(공사업규칙 22·23조)

제출일	내 용
① 매년 2월 15일	• 공사실적 증명서류 • 소방시설업 등록수첩 사본 • 소방기술자 보유현황 • 신인도 평가신고서
② 매년 4월 15일(법인) ③ 매년 6월 10일(개인)	• 법인세법·소득세법 신고서 • 재무제표 • 회계서류 • 출자, 예치·담보 금액확인서
④ 매년 7월 31일	• 시공능력평가의 공시

비교

실무교육기관

보고일	내 용
매년 1월 말	• 교육실적 보고
다음연도 1월 말	• 실무교육대상자 관리 및 교육실적 보고
매년 11월 30일	• 다음 연도 교육계획 보고

7. 소방기술자의 실무교육(공사업규칙 26조)
① 실무교육 실시 : **2년**마다 **1회** 이상
② 실무교육 통지 : **10일** 전
③ 실무교육 필요사항 : **소방청장**

8. 소방기술자 실무교육기관(공사업규칙 31~35조)

내 용	날 짜
• 교육계획의 변경보고 • 지정사항 변경보고	10일 이내
• 휴·폐업 신고	14일 전까지
• 신청서류 보완	15일 이내
• 지정서 발급	30일 이내

소방관계법규

9. 소방시설업의 행정처분기준 (공사업규칙 [별표 1])

행정처분	위반사항
1차 영업정지 1월	① 화재안전기준 등에 적합하게 설계·시공을 하지 않거나 부적합하게 감리 ② 공사감리자의 인수·인계를 기피·거부·방해 ③ 감리원의 공사현장 미배치 또는 거짓배치 ④ 하수급인에게 대금 미지급
1차 영업정지 6월	① 다른 자에게 자기의 성명이나 상호를 사용하여 소방시설공사 등을 수급 또는 시공하게 하거나 소방시설업의 **등록증** 또는 **등록수첩**을 빌려준 경우 ② 소방시설공사 등에 업무수행 등을 **고의** 또는 **과실**로 위반하여 다른 자에게 **상해**를 입히거나 **재산피해**를 입힌 경우
1차 등록취소	① **부정한 방법**으로 등록한 경우 ② **등록결격사유**에 해당한 경우 ③ **영업정지기간** 중에 설계·시공·감리한 경우

10. 일반공사감리기간 (공사업규칙 [별표 3])

소방시설	감리기간
피난기구	• 고정금속구를 설치하는 기간
비상전원이 설치되는 소방시설	• 비상전원의 설치 및 소방시설과의 접속을 하는 기간

11. 시공능력평가의 산정식 (공사업규칙 [별표 4])

① **시공능력평가액** = 실적평가액 + 자본금평가액 + 기술력평가액 + 경력평가액 ± 신인도평가액

② **실적평가액** = 연평균 공사실적액

③ **자본금평가액** = (실질자본금 × 실질자본금의 평점 + 소방청장이 지정한 금융회사 또는 소방산업공제조합에 출자·예치·담보한 금액) × $\dfrac{70}{100}$

④ **기술력평가액** = 전년도 공사업계의 기술자 1인당 평균생산액 × 보유기술인력 가중치합계 × $\dfrac{30}{100}$ + 전년도 기술개발투자액

⑤ **경력평가액** = 실적평가액 × 공사업경영기간 평점 × $\dfrac{20}{100}$

⑥ **신인도평가액** = (실적평가액 + 자본금평가액 + 기술력평가액 + 경력평가액) × 신인도 반영비율 합계

12. 실무교육기관의 시설·장비 (공사업규칙 [별표 6])

실의 종류	바닥면적
• 사무실	$60m^2$ 이상
• 강의실 • 실습실·실험실·제도실	$100m^2$ 이상

2-5 위험물안전관리법령

제1장 위험물안전관리법

1. 용어의 뜻(위험물법 2조)

용어	설명
위험물	인화성 또는 발화성 등의 성질을 가지는 것으로서 **대통령령**으로 정하는 물품
지정수량	위험물의 종류별로 위험성을 고려하여 대통령령으로 정하는 수량으로서 제조소 등의 설치허가 등에 있어서 **최저**의 기준이 되는 **수량**
제조소	위험물을 제조할 목적으로 **지정수량 이상**의 위험물을 취급하기 위하여 허가를 받은 장소
저장소	지정수량 이상의 위험물을 저장하기 위한 대통령령으로 정하는 장소
취급소	지정수량 이상의 위험물을 제조 외의 목적으로 취급하기 위한 대통령령으로 정하는 장소
제조소 등	제조소·저장소·취급소

2. 위험물의 저장·운반·취급에 대한 적용 제외 (위험물법 3조)
① 항공기
② 선박
③ 철도(기차)
④ 궤도

> **비교**
> **소방대상물**(기본법 2조 1호)
> • 건축물   • 차량
> • 선박(매어둔 것) • 선박건조구조물
> • 인공구조물   • 물건
> • 산림

3. 위험물(위험물법 4·5조)
① 지정수량 미만인 위험물의 저장·취급 : **시·도의 조례**
② 위험물의 임시저장기간 : **90일** 이내

4. 제조소 등의 설치허가(위험물법 6조)
(1) 설치허가자
  시·도지사
(2) 설치허가 제외장소
  ① **주택**의 난방시설(공동주택의 중앙난방시설은 제외)을 위한 **저장소** 또는 **취급소**
  ② 지정수량 **20배** 이하의 **농예용·축산용·수산용** 난방시설 또는 건조시설의 **저장소**
(3) 제조소 등의 변경신고
  변경하고자 하는 날의 **1일** 전까지

5. 제조소 등의 시설기준(위험물법 6조)
① 제조소 등의 **위치**
② 제조소 등의 **구조**
③ 제조소 등의 **설비**

6. 탱크안전성능검사(위험물법 8조)

구분	설명
실시자	시·도지사
탱크안전성능검사의 내용	대통령령
탱크안전성능검사의 실시 등에 관한 사항	행정안전부령

7. 완공검사(위험물법 9조)
① 제조소 등 : **시·도지사**
② 소방시설공사 : **소방본부장·소방서장**

8. 제조소 등의 승계 및 용도폐지(위험물법 10·11조)

제조소 등의 승계	제조소 등의 용도 폐지
① 신고처 : 시·도지사	① 신고처 : 시·도지사
② 신고기간 : 30일 이내	② 신고일 : 14일 이내

> **기억법** 3승

9. 제조소 등 설치허가의 취소와 사용정지(위험물법 12조)
① 변경허가를 받지 아니하고 제조소 등의 위치·구조 또는 설비를 변경한 경우
② 완공검사를 받지 아니하고 제조소 등을 사용한 경우
③ 안전조치 이행명령을 따르지 아니한 경우
④ 수리·개조 또는 이전의 명령에 위반한 경우
⑤ 위험물안전관리자를 선임하지 아니한 경우
⑥ 안전관리자의 직무를 대행하는 대리자를 지정하지 아니한 경우
⑦ 정기점검을 하지 아니한 경우
⑧ 정기검사를 받지 아니한 경우
⑨ 저장·취급기준 준수명령에 위반한 경우

10. 과징금(소방시설법 36조, 공사업법 10조, 위험물법 13조)

3000만원 이하	2억원 이하
• 소방시설관리업 영업정지처분 갈음	• 제조소 사용정지처분 갈음 • 소방시설업(설계업·감리업·공사업·방염업) 영업정지처분 갈음

11. 유지·관리(위험물법 14조)
① 제조소 등의 유지·관리 ┐ 관계인
② 위험물시설의 유지·관리 ┘

12. 제조소 등의 수리·개조·이전 명령(위험물법 14조 ②항)
① 시·도지사
② 소방본부장
③ 소방서장

13. 위험물안전관리자(위험물법 15조)
(1) 선임신고
① 소방안전관리자 ┐ 14일 이내에 소방본부장
② 위험물안전관리자 ┘ ·소방서장에게 신고
(2) 제조소 등의 위험물안전관리자의 자격
대통령령

날 짜	내 용
14일 이내	• 위험물안전관리자의 선임신고
30일 이내	• 위험물안전관리자의 재선임 • 위험물안전관리자의 직무대행

14. 탱크시험자(위험물법 16조)
(1) 등록권자
　시·도지사
(2) 변경신고
　30일 이내, 시·도지사
(3) 탱크시험자의 등록취소, 6월 이내의 업무정지
　① 거짓, 그 밖의 부정한 방법으로 등록을 한 경우
　② 등록의 결격사유에 해당하게 된 경우
　③ 등록증을 다른 자에게 빌려준 경우
　④ 등록기준에 미달하게 된 경우
　⑤ 탱크안전성능시험 또는 점검을 거짓으로 한 경우
(4) 탱크시험자의 등록취소
　① 거짓, 그 밖의 부정한 방법으로 등록한 경우
　② 등록결격사유에 해당한 경우
　③ 등록증을 다른 자에게 빌려준 경우

15. 예방규정(위험물법 17조)
예방규정의 제출자 : 시·도지사

> 예방규정 : 제조소 등의 화재예방과 화재 등 재해발생시의 비상조치를 위한 규정

16. 위험물운반의 기준(위험물법 20조)
① 용기
② 적재방법
③ 운반방법

17. 제조소 등의 출입·검사(위험물법 22조)
① 검사권자 ┬ 소방청장
　　　　　├ 시·도지사
　　　　　├ 소방본부장
　　　　　└ 소방서장
② 주거(주택) : 관계인의 승낙 필요

18. **명령권자**(위험물법 23·24조)
   ① 탱크시험자에 대한 명령 ─┐ 시·도지사,
   ② 무허가장소의 위험물 조치명령 ─┘ 소방본부장, 소방서장

19. **위험물의 안전관리와 관련된 업무를 수행하는 자**(위험물법 28조)
   ① 안전관리자
   ② 탱크시험자
   ③ 위험물운송자

20. **징역형**(위험물법 33조)

1년 이상 10년 이하의 징역	무기 또는 3년 이상의 징역	무기 또는 5년 이상의 징역
제조소 등 또는 허가를 받지 않고 지정수량 이상의 위험물을 저장 또는 취급하는 장소에서 위험물을 유출·방출 또는 확산시켜 사람의 생명·신체 또는 재산에 대하여 위험을 발생시킨 자	제조소 등 또는 허가를 받지 않고 지정수량 이상의 위험물을 저장 또는 취급하는 장소에서 위험물을 유출·방출 또는 확산시켜 사람을 상해에 이르게 한 사람	제조소 등 또는 허가를 받지 않고 지정수량 이상의 위험물을 저장 또는 취급하는 장소에서 위험물을 유출·방출 또는 확산시켜 사람을 사망에 이르게 한 사람

21. **1년 이하의 징역 또는 1000만원 이하의 벌금**(위험물법 35조)
   ① 제조소 등의 정기점검기록 허위 작성
   ② **자체소방대**를 두지 않고 제조소 등의 허가를 받은 자
   ③ **위험물 운반용기**의 검사를 받지 않고 유통시킨 자
   ④ 제조소 등의 긴급사용정지 위반자

22. **1500만원 이하의 벌금**(위험물법 36조)
   ① 위험물의 **저장·취급**에 관한 중요기준 위반
   ② 제조소 등의 무단 변경
   ③ 제조소 등의 **사용정지**명령 위반
   ④ 안전관리자를 미선임한 관계인
   ⑤ 대리자를 미지정한 관계인
   ⑥ 탱크시험자의 업무정지명령 위반
   ⑦ **무허가장소**의 위험물조치명령 위반

23. **1000만원 이하의 벌금**(위험물법 37조)
   ① 위험물 **취급**에 관한 안전관리와 감독하지 않은 자
   ② 위험물 **운반**에 관한 중요기준 위반
   ③ 관계인의 정당업무방해 또는 출입·검사 등의 **비밀누설**
   ④ 운송규정을 위반한 위험물운송자

24. **500만원 이하의 과태료**(위험물법 39조)
   ① 위험물의 임시저장 미승인
   ② 위험물의 운반에 관한 세부기준 위반
   ③ 제조소 등의 지위승계 거짓신고
   ④ 예방규정을 준수하지 아니한 자
   ⑤ **제조소 등**의 **점검결과** 기록보존 아니한 자
   ⑥ **위험물**의 **운송기준** 미준수자
   ⑦ 제조소 등의 폐지 허위신고

제2장 위험물안전관리법 시행령

1. 제조소 등의 재발급 완공검사합격확인증 제출 (위험물령 10조)

제출일	제출대상
10일 이내	시·도지사

2. 예방규정을 정하여야 할 제조소 등 (위험물령 15조)

① 10배 이상의 제조소·일반취급소
② 100배 이상의 옥외저장소
③ 150배 이상의 옥내저장소
④ 200배 이상의 옥외탱크저장소
⑤ 이송취급소
⑥ 암반탱크저장소

3. 운송책임자의 감독·지원을 받는 위험물 (위험물령 19조)

① 알킬알루미늄
② 알킬리튬
③ 알킬리튬·알킬알루미늄이 함유된 물질

4. 정기검사의 대상인 제조소 등과 한국소방산업 기술원에 업무의 위탁 (위험물령 17·22조)

정기검사의 대상인 제조소 등	한국소방산업기술원에 위탁하는 탱크안전성능검사
액체위험물을 저장 또는 취급하는 50만ℓ 이상의 옥외탱크저장소	① 100만ℓ 이상인 액체위험물을 저장하는 탱크 ② 암반탱크 ③ 지하탱크저장소의 액체위험물탱크

5. 위험물 (위험물령 [별표 1])

유별	성질	품명
제1류	산화성 고체	• 아염소산염류 • 염소산염류 • 과염소산염류 • 질산염류 • 무기과산화물
제2류	가연성 고체	• 황화인 • 적린 • 황 • 마그네슘
제3류	자연발화성 물질 및 금수성 물질	• 황린 • 칼륨 • 나트륨
제4류	인화성 액체	• 특수인화물 • 석유류 • 알코올류 • 동식물유류
제5류	자기반응성 물질	• 셀룰로이드 • 유기과산화물 • 나이트로화합물 • 나이트로소화합물 • 아조화합물
제6류	산화성 액체	• 과염소산 • 과산화수소 • 질산

중요 제4류 위험물 (위험물령 [별표 1])

성질	품명		지정수량	대표물질
인화성 액체	특수인화물		50ℓ	• 다이에틸에터 • 이황화탄소
	제1석유류	비수용성	200ℓ	• 휘발유 • 콜로디온
		수용성	400ℓ	• 아세톤
	알코올류		400ℓ	• 변성알코올
	제2석유류	비수용성	1000ℓ	• 등유 • 경유
		수용성	2000ℓ	• 아세트산
	제3석유류	비수용성	2000ℓ	• 중유 • 크레오소트유
		수용성	4000ℓ	• 글리세린
	제4석유류		6000ℓ	• 기어유 • 실린더유
	동식물유류		10000ℓ	• 아마인유

6. 위험물(위험물령 [별표 1])

종 류	기 준
과산화수소	농도 36wt% 이상
황	순도 60wt% 이상
질산	비중 1.49 이상

판매취급소: **점포**에서 위험물을 용기에 담아 판매하기 위하여 지정수량의 **40배** 이하의 위험물을 취급하는 장소

7. 위험물탱크 안전성능시험자의 기술능력·시설·장비(위험물령 [별표 7])

기술능력(필수인력)	시 설	장비(필수장비)
• 위험물기능장·산업기사·기능사 1명 이상 • 비파괴검사기술사 1명 이상·초음파비파괴검사·자기비파괴검사·침투비파괴검사별로 기사 또는 산업기사 각 1명 이상	전용사무실	• 영상초음파시험기 ┐ • 방사선투과시험기 및 초음파시험기 ┤택 1 • 자기탐상시험기 • 초음파두께측정기

제3장 위험물안전관리법 시행규칙

1. 도로(위험물규칙 2조)
(1) 도로법에 의한 도로
(2) 임항교통시설의 도로
(3) 사도
(4) 일반교통에 이용되는 너비 2m 이상의 도로(자동차의 통행이 가능한 것)

2. 위험물 품명의 지정(위험물규칙 3조)

품 명	지정물질
제1류 위험물	① 과아이오딘산염류 ② 과아이오딘산 ③ 크로뮴, 납 또는 아이오딘의 산화물 ④ 아질산염류 ⑤ 차아염소산염류 ⑥ 염소화아이소사이아누르산 ⑦ 퍼옥소이황산염류 ⑧ 퍼옥소붕산염류
제3류 위험물	① 염소화규소화합물
제5류 위험물	① 금속의 아지화합물 ② 질산구아니딘
제6류 위험물	① 할로젠간화합물

3. 탱크의 내용적(위험물기준 [별표 1])
(1) 타원형 탱크의 내용적
  ① 양쪽이 볼록한 것

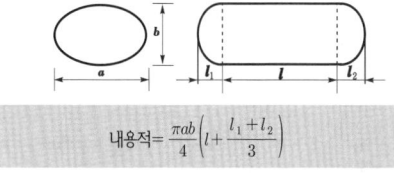

내용적 = $\dfrac{\pi ab}{4}\left(l + \dfrac{l_1 + l_2}{3}\right)$

② 한쪽은 볼록하고 다른 한쪽은 오목한 것

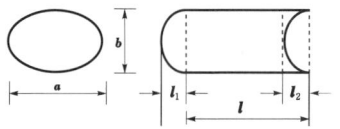

내용적 = $\dfrac{\pi ab}{4}\left(l + \dfrac{l_1 - l_2}{3}\right)$

(2) 원형 탱크의 내용적
  ① 횡으로 설치한 것

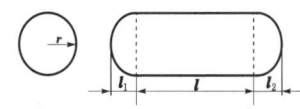

내용적 = $\pi r^2 \left(l + \dfrac{l_1 + l_2}{3}\right)$

② 종으로 설치한 것

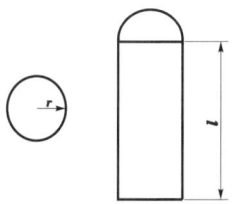

내용적 = $\pi r^2 l$

탱크의 용량 = 탱크의 내용적 − 탱크의 공간용적

4. 제조소 등의 변경허가 신청서류(위험물규칙 7조)
(1) 제조소 등의 **완공검사합격확인증**
(2) 제조소 등의 **위치 · 구조** 및 설비에 관한 **도면**
(3) 소화설비(**소화기구 제외**)를 설치하는 제조소 등의 설계도서
(4) 화재예방에 관한 조치사항을 기재한 **서류**

5. 제조소 등의 완공검사 신청시기(위험물규칙 20조)
(1) **지하탱크**가 있는 제조소
  해당 지하탱크를 매설하기 전
(2) **이동탱크저장소**
  이동저장탱크를 완공하고 상치장소를 확보한 후

(3) 이송취급소
이송배관공사의 전체 또는 일부를 완료한 후(지하·하천 등에 매설하는 것은 이송배관을 매설하기 전)

제조소 등의 정기점검횟수 : 연 1회 이상

6. 위험물의 운송책임자(위험물규칙 52조)
(1) 기술자격을 취득하고 1년 이상 경력이 있는 자
(2) 안전교육을 수료하고 2년 이상 경력이 있는 자

7. 특정·준특정 옥외탱크저장소(위험물규칙 65조)
옥외탱크저장소 중 저장 또는 취급하는 액체 위험물의 최대수량이 50만*l* 이상인 것

8. 특정옥외탱크저장소의 구조안전점검기간(위험물규칙 65조)

점검기간	조 건
●11년 이내	최근의 정밀정기검사를 받은 날부터
●12년 이내	완공검사합격확인증을 발급받은 날부터
●13년 이내	최근의 정밀정기검사를 받은 날부터(연장신청을 한 경우)

9. 자체소방대의 설치제외대상인 일반 취급소
(위험물규칙 73조)
(1) 보일러·버너로 위험물을 소비하는 일반취급소
(2) 이동저장탱크에 위험물을 주입하는 일반취급소
(3) 용기에 위험물을 옮겨담는 일반취급소
(4) 유압장치·윤활유순환장치로 위험물을 취급하는 일반취급소
(5) 광산안전법의 적용을 받는 일반취급소

10. 위험물제조소의 안전거리(위험물규칙 [별표 4])

안전거리	대 상
3m 이상	●7~35kV 이하의 특고압가공전선
5m 이상	●35kV를 초과하는 특고압가공전선
10m 이상	●주거용으로 사용되는 것
20m 이상	●고압가스 제조시설(용기에 충전하는 것 포함) ●고압가스 사용시설(1일 30m³ 이상 용적 취급) ●고압가스 저장시설 ●액화산소 소비시설 ●액화석유가스 제조·저장시설 ●도시가스 공급시설
30m 이상	●학교 ●병원급 의료기관 ●공연장 ┐ 300명 이상 수용시설 ●영화상영관 ┘ ●아동복지시설 ●노인복지시설 ●장애인복지시설 ●한부모가족 복지시설 ┐ 20명 이상 수용시설 ●어린이집 ●성매매 피해자 등을 위한 지원시설 ●정신건강증진시설 ●가정폭력피해자 보호시설 ┘
50m 이상	●지정문화유산 ●천연기념물 등

11. 위험물제조소의 보유공지(위험물규칙 [별표 4])

취급하는 위험물의 최대수량	공지의 너비
지정수량의 10배 이하	3m 이상
지정수량의 10배 초과	5m 이상

12. 보유공지를 제외할 수 있는 방화상 유효한 격벽의 설치기준(위험물규칙 [별표 4])

(1) 방화벽은 **내화구조**로 할 것 (단, 취급하는 위험물이 **제6류 위험물**인 경우에는 **불연재료**로 할 수 있다.)
(2) 방화벽에 설치하는 출입구 및 창 등의 개구부는 가능한 한 **최소**로 하고, 출입구 및 창에는 자동폐쇄식의 60분+방화문 또는 60분 방화문을 설치할 것
(3) 방화벽의 양단 및 상단이 외벽 또는 지붕으로부터 **50cm** 이상 돌출하도록 할 것

13. 위험물제조소의 표지 설치기준(위험물규칙 [별표 4])

(1) 한 변의 길이가 **0.3m** 이상, 다른 한 변의 길이가 **0.6m** 이상인 직사각형일 것
(2) 바탕은 **백색**으로, 문자는 **흑색**일 것

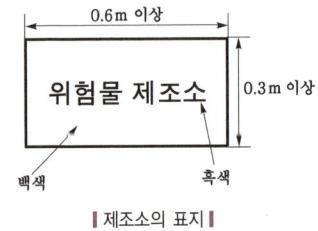

| 제조소의 표지 |

14. 위험물제조소의 게시판 설치기준(위험물규칙 [별표 4])

위험물	주의 사항	비 고
• 제1류 위험물 (알칼리금속의 과산화물) • 제3류 위험물(금수성 물질)	물기엄금	청색 바탕에 백색문자
• 제2류 위험물(인화성 고체 제외)	화기주의	
• 제2류 위험물(인화성 고체) • 제3류 위험물(자연발화성 물질) • 제4류 위험물 • 제5류 위험물	화기엄금	적색 바탕에 백색문자
• 제6류 위험물		별도의 표시를 하지 않는다.

비교
위험물 운반용기의 주의사항(위험물규칙 [별표 19])

위험물		주의사항
제1류 위험물	알칼리금속의 과산화물	• 화기·충격주의 • 물기엄금 • 가연물접촉주의
	기타	• 화기·충격주의 • 가연물접촉주의
제2류 위험물	철분·금속분·마그네슘	• 화기주의 • 물기엄금
	인화성 고체	• 화기엄금
	기타	• 화기주의
제3류 위험물	자연발화성 물질	• 화기엄금 • 공기접촉엄금
	금수성 물질	• 물기엄금
제4류 위험물		• 화기엄금
제5류 위험물		• 화기엄금 • 충격주의
제6류 위험물		• 가연물접촉주의

15. 제조소의 조명설비의 적합기준(위험물규칙 [별표 4])

(1) 가연성 가스 등이 체류할 우려가 있는 장소의 조명등은 **방폭등**으로 할 것
(2) 전선은 **내화·내열전선**으로 할 것
(3) 점멸스위치는 **출입구 바깥부분**에 설치할 것(단, 스위치의 스파크로 인한 화재·폭발의 우려가 없는 경우는 제외)

요 점

16. 위험물제조소의 환기설비(위험물규칙 [별표 4])
(1) 환기는 **자연배기방식**으로 할 것
(2) 급기구는 바닥면적 **150m²**마다 1개 이상으로 하되, 그 크기는 **800cm²** 이상일 것

바닥면적	급기구의 면적
60m² 미만	150cm² 이상
60~90m² 미만	300cm² 이상
90~120m² 미만	450cm² 이상
120~150m² 미만	600cm² 이상

(3) 급기구는 **낮은 곳**에 설치하고, 가는 눈의 구리망 등으로 **인화방지망**을 설치할 것
(4) 환기구는 지상 **2m** 이상의 높이에 **회전식 고정벤틸레이터** 또는 **루프팬 방식**으로 설치할 것

17. 채광설비·환기설비의 설치제외(위험물규칙 [별표 4])

채광설비의 설치제외	환기설비의 설치제외
조명설비가 설치되어 유효하게 조도가 확보되는 건축물	배출설비가 설치되어 유효하게 환기가 되는 건축물

> 위험물제조소의 배출설비의 배출능력은 1시간당 배출장소용적의 **20배** 이상인 것으로 할 것(단, 전역방식의 경우 **18m³/m²** 이상으로 할 수 있다.)

18. 옥외에서 액체위험물을 취급하는 바닥기준
(위험물규칙 [별표 4])
(1) 바닥의 둘레에 높이 **0.15m** 이상의 턱을 설치하는 등 위험물이 외부로 흘러나가지 아니하도록 할 것
(2) 바닥은 **콘크리트** 등 위험물이 스며들지 아니하는 재료로 하고, 턱이 있는 쪽이 낮게 경사지게 할 것

(3) 바닥의 **최저부**에 **집유설비**를 할 것
(4) 위험물(온도 20℃의 물 100g에 용해되는 양이 1g 미만일 것)을 취급하는 설비에 있어서는 해당 위험물이 직접 배수거에 흘러들어가지 아니하도록 집유설비에 **유분리장치**를 설치할 것

19. 안전장치의 설치기준(위험물규칙 [별표 4])
(1) 자동적으로 압력의 상승을 정지시키는 장치
(2) 감압측에 안전밸브를 부착한 감압밸브
(3) **안전밸브**를 겸하는 경보장치
(4) 파괴판 : 안전밸브의 작동이 곤란한 경우에 사용

20. 위험물제조소 방유제의 용량(위험물규칙 [별표 4])

1개의 탱크	2개 이상의 탱크
방유제용량=탱크용량×0.5	방유제용량=최대탱크용량×0.5 +기타 탱크용량의 합×0.1

> 지정수량의 10배 이상의 위험물을 취급하는 제조소(**제6류 위험물**을 취급하는 위험물제조소 제외)에는 **피뢰침**을 설치하여야 한다.

21. 아세트알데하이드 등을 취급하는 제조소의 특례(위험물규칙 [별표 4])
(1) **은·수은·동·마그네슘** 또는 이들을 성분으로 하는 합금으로 만들지 아니할 것
(2) 연소성 혼합기체의 생성에 의한 폭발을 방지하기 위한 **불활성 기체** 또는 **수증기**를 봉입하는 장치를 갖출 것
(3) 탱크에는 **냉각장치** 또는 **보냉장치** 및 연소성 혼합기체의 생성에 의한 폭발을 방지하기 위한 **불활성 기체를 봉입**하는 **장치**를 갖출 것

22. 하이드록실아민 등을 취급하는 제조소의 안전거리(위험물규칙 [별표 4])

$$D = 51.1\sqrt[3]{N}$$

여기서, D : 거리[m]
N : 해당 제조소에서 취급하는 하이드록실아민 등의 지정수량의 배수

23. 옥내저장소의 안전거리 적용제외(위험물규칙 [별표 5])

(1) 제4석유류 또는 동식물유류 저장·취급장소(최대수량이 지정수량의 **20배** 미만)
(2) 제6류 위험물 저장·취급장소
(3) 다음 기준에 적합한 지정수량 **20배**(하나의 저장창고의 바닥면적이 **150m²** 이하인 경우 **50배**) 이하의 장소
   ① 저장창고의 **벽·기둥·바닥·보** 및 **지붕**이 **내화구조**일 것
   ② 저장창고의 출입구에 수시로 열 수 있는 **자동폐쇄방식**의 60분+ 방화문 또는 60분 방화문이 설치되어 있을 것
   ③ 저장창고에 **창**을 설치하지 아니할 것

24. 옥내저장소의 보유공지(위험물규칙 [별표 5])

위험물의 최대수량	공지너비	
	내화구조	기타구조
지정수량의 5배 이하	—	0.5m 이상
지정수량의 5배 초과 10배 이하	1m 이상	1.5m 이상
지정수량의 10배 초과 20배 이하	2m 이상	3m 이상
지정수량의 20배 초과 50배 이하	3m 이상	5m 이상
지정수량의 50배 초과 200배 이하	5m 이상	10m 이상
지정수량의 200배 초과	10m 이상	15m 이상

> **중요** 보유공지

(1) 옥외저장소의 보유공지(위험물규칙 [별표 11])

위험물의 최대수량	공지의 너비
지정수량의 10배 이하	3m 이상
지정수량의 11~20배 이하	5m 이상
지정수량의 21~50배 이하	9m 이상
지정수량의 51~200배 이하	12m 이상
지정수량의 200배 초과	15m 이상

(2) 옥외탱크저장소의 보유공지(위험물규칙 [별표 6])

위험물의 최대수량	공지의 너비
지정수량의 500배 이하	3m 이상
지정수량의 501~1000배 이하	5m 이상
지정수량의 1001~2000배 이하	9m 이상
지정수량의 2001~3000배 이하	12m 이상
지정수량의 3001~4000배 이하	15m 이상
지정수량의 4000배 초과	당해 탱크의 수평단면의 **최대지름**(가로형인 경우에는 긴 변)과 높이 중 큰 것과 같은 거리 이상(단, 30m 초과의 경우에는 30m 이상으로 할 수 있고, 15m 미만의 경우에는 15m 이상)

(3) 지정과산화물의 옥내저장소의 보유공지(위험물규칙 [별표 5])

저장 또는 취급하는 위험물의 최대수량	공지의 너비	
	저장창고가 주위에 담 또는 토제를 설치하는 경우	기타의 경우
5배 이하	3.0m 이상	10m 이상
6~10배 이하	5.0m 이상	15m 이상
11~20배 이하	6.5m 이상	20m 이상
21~40배 이하	8.0m 이상	25m 이상
41~60배 이하	10.0m 이상	30m 이상
61~90배 이하	11.5m 이상	35m 이상
91~150배 이하	13.0m 이상	40m 이상
151~300배 이하	15.0m 이상	45m 이상
300배 초과	16.5m 이상	50m 이상

25. 옥내저장소의 저장창고(위험물규칙 [별표 5])
(1) 위험물의 저장을 전용으로 하는 **독립**된 **건축물**로 할 것
(2) 처마높이가 **6m** 미만인 **단층건물**로 하고 그 바닥을 지반면보다 **높게** 할 것
(3) 벽·기둥 및 바닥은 **내화구조**로 하고, 보와 서까래는 **불연재료**로 할 것
(4) 지붕을 폭발력이 위로 방출될 정도의 가벼운 **불연재료**로 하고, 천장을 만들지 아니할 것
(5) 출입구에는 60분+방화문 또는 60분 방화문, 또는 30분 방화문을 설치하되, 연소의 우려가 있는 외벽에 있는 출입구에는 수시로 열 수 있는 **자동폐쇄식**의 60분+방화문 또는 60분 방화문을 설치할 것
(6) 창 또는 출입구에 유리를 이용하는 경우에는 **망입유리**로 할 것

26. 옥내저장소의 바닥 방수구조 적용 위험물(위험물규칙 [별표 5])

유 별	품 명
제1류 위험물	• 알칼리금속의 과산화물
제2류 위험물	• 철분 • 금속분 • 마그네슘
제3류 위험물	• 금수성 물질
제4류 위험물	• 전부

27. 옥내저장소의 하나의 저장창고 바닥면적 $1000m^2$ 이하(위험물규칙 [별표 5])

유 별	품 명
제1류 위험물	• 아염소산염류 • 염소산염류 • 과염소산염류 • 무기과산화물 • 지정수량 50kg인 위험물
제3류 위험물	• 칼륨 • 나트륨 • 알킬알루미늄 • 알킬리튬 • 황린 • 지정수량 10kg 또는 20kg인 위험물
제4류 위험물	• 특수인화물 • 제1석유류 • 알코올류
제5류 위험물	• 유기과산화물 • 지정수량 10kg인 위험물 • 질산에스터류
제6류 위험물	• 전부

28. 지정유기과산화물의 저장창고 두께(위험물규칙 [별표 5])
(1) 외벽
  ① 20cm 이상 : 철근 콘크리트조·철골 철근 콘크리트조
  ② 30cm 이상 : 보강 콘크리트 블록조
(2) 격벽
  ① 30cm 이상 : 철근 콘크리트조·철골 철근 콘크리트조
  ② 40cm 이상 : 보강 콘크리트 블록조

> $150m^2$ 이내마다 격벽으로 완전구획하고, 격벽의 양측은 외벽으로부터 1m 이상, 상부는 지붕으로부터 50cm 이상일 것

29. 옥외저장탱크의 외부구조 및 설비(위험물규칙 [별표 6])
(1) 압력탱크
  수압시험(최대 상용압력의 1.5배의 압력으로 10분간 실시)
(2) 압력탱크 외의 탱크
  충수시험

> **비교**
> 지하탱크저장소의 **수압시험**(위험물규칙 [별표 8])
> (1) 압력탱크 : 최대 상용압력의 **1.5배** 압력 ┐ 10분간
> (2) 압력탱크 외 : **70kPa**의 압력   ┘ 실시

30. 옥외저장탱크의 통기장치(위험물규칙 [별표 6])
(1) 밸브 없는 통기관
  ① 지름 : 30mm 이상
  ② 끝부분 : 45° 이상
  ③ 인화방지장치 : 인화점이 38℃ 미만인 위험물만을 저장 또는 취급하는 탱크에 설치하는 통기관에는 화염방지장치를 설치하고, 그 외의 탱크에 설치하는 통기관에는 40메시(mesh) 이상의 구리망 또는 동등 이상의 성능을 가진 인화방지장치를 설치할 것(단, 인화점이 70℃ 이상인 위험물만을 해당 위험물의 인화점 미만의 온도로 저장 또는 취급하는 탱크에 설치하는 통기관은 제외)
(2) 대기밸브부착 통기관
  ① 작동압력 차이 : 5kPa 이하

② 인화방지장치 : 인화점이 38℃ 미만인 위험물만을 저장 또는 취급하는 탱크에 설치하는 통기관에는 화염방지장치를 설치하고, 그 외의 탱크에 설치하는 통기관에는 40메시(mesh) 이상의 구리망 또는 동등 이상의 성능을 가진 인화방지장치를 설치할 것(단, 인화점이 70℃ 이상인 위험물만을 해당 위험물의 인화점 미만의 온도로 저장 또는 취급하는 탱크에 설치하는 통기관은 제외)

> **참고**
>
> **밸브 없는 통기관**
> (1) 간이 탱크저장소(위험물규칙 [별표 9])
> ① 지름 : 25mm 이상
> ② 통기관의 끝부분
> • 각도 : 45° 이상
> • 높이 : 지상 1.5m 이상
> ③ 통기관의 설치 : 옥외
> ④ 인화방지장치 : 가는 눈의 구리망 사용(단, 인화점이 70℃ 이상인 위험물만을 해당 위험물의 인화점 미만의 온도로 저장 또는 취급하는 탱크에 설치하는 통기관은 제외)
>
> (2) 옥내탱크저장소(위험물규칙 [별표 7])
> ① 지름 : 30mm 이상
> ② 통기관의 끝부분 : 45° 이상
> ③ 인화방지장치 : 인화점이 38℃ 미만인 위험물만을 저장 또는 취급하는 탱크에 설치하는 통기관에는 화염방지장치를 설치하고, 그 외의 탱크에 설치하는 통기관에는 40메시(mesh) 이상의 구리망 또는 동등 이상의 성능을 가진 인화방지장치를 설치할 것(단, 인화점이 70℃ 이상인 위험물만을 해당 위험물의 인화점 미만의 온도로 저장 또는 취급하는 탱크에 설치하는 통기관은 제외)
> ④ 통기관은 가스 등이 체류할 우려가 있는 굴곡이 없도록 할 것

> **중요 수치** 아주 중요!
>
> (1) **0.15m 이상**
> 레버의 길이(위험물규칙 [별표 10])
> (2) **0.2m 이상**
> CS_2 옥외탱크저장소의 두께(위험물규칙 [별표 6])
> (3) **0.3m 이상**
> 지하탱크저장소의 철근 콘크리트조 **뚜껑** 두께(위험물규칙 [별표 8])
> (4) **0.5m 이상**
> ① 옥내탱크저장소의 탱크 등의 **간격**(위험물규칙 [별표 7])
> ② 지정수량 100배 이하의 지하탱크저장소의 상호간격(위험물규칙 [별표 8])
> (5) **0.6m 이상**
> 지하탱크저장소의 철근 콘크리트 뚜껑 크기(위험물규칙 [별표 8])
> (6) **1m 이내**
> 이동탱크저장소 측면틀 탱크 상부 **네 모퉁이**에서의 위치(위험물규칙 [별표 10])
> (7) **1.5m 이하**
> 황 옥외저장소의 **경계표시** 높이(위험물규칙 [별표 11])
> (8) **2m 이상**
> 주유취급소의 **담** 또는 **벽**의 높이(위험물규칙 [별표 13])
> (9) **4m 이상**
> 주유취급소의 **고정주유설비**와 **고정급유설비** 사이의 **이격거리**(위험물규칙 [별표 13])
> (10) **5m 이내**
> 주유취급소의 주유관의 길이(위험물규칙 [별표 13])
> (11) **6m 이하**
> 옥외저장소의 **선반높이**(위험물규칙 [별표 11])
> (12) **50m 이내**
> 이동탱크저장소의 **주입설비**의 길이(위험물규칙 [별표 10])

31. 옥외탱크저장소의 방유제(위험물규칙 [별표 6])

구 분	설 명
높이	0.5~3m 이하
탱크	10기(모든 탱크 용량이 20만*l* 이하, 인화점이 70~200℃ 미만은 20기) 이하
면적	80000m² 이하
용량	① 1기 이상 : 탱크용량×110% 이상 ② 2기 이상 : 최대용량×110% 이상

32. 옥외탱크저장소의 방유제와 탱크 측면의 이격거리(위험물규칙 [별표 6])

탱크지름	이격거리
15m 미만	탱크높이의 $\frac{1}{3}$ 이상
15m 이상	탱크높이의 $\frac{1}{2}$ 이상

33. 옥내탱크저장소 단층건물 외의 건축물 설치 위험물(1층·지하층 설치)(위험물규칙 [별표 7])

유 별	품 명
제2류 위험물	• 황화인 • 적린 • 덩어리상태의 황
제3류 위험물	• 황린
제6류 위험물	• 질산

요 점

34. 배관에 제어밸브 설치시 탱크의 윗부분에 설치하지 않아도 되는 경우(위험물규칙 [별표 8])
(1) 제2석유류 : 인화점 40℃ 이상
(2) 제3석유류
(3) 제4석유류
(4) 동식물유류

35. 수치 절대 중요!
(1) 100*l* 이하
  ① 셀프용 고정주유설비 **휘발유 주유량**의 상한
   (위험물규칙 [별표 13])
  ② 셀프용 고정주유설비 **급유량**의 상한(위험물규칙 [별표 13])
(2) 400*l* 이상
  이송취급소 **기자재창고 포소화약제** 저장량(위험물규칙 [별표 15])
(3) 600*l* 이하
  ① 간이탱크저장소의 탱크용량(위험물규칙 [별표 9])
  ② 셀프용 고정주유설비 **경유 주유량**의 상한(위험물규칙 [별표 13])
(4) 1900*l* 미만
  알킬알루미늄 등을 저장·취급하는 이동저장탱크의 용량(위험물규칙 [별표 10])
(5) 2000*l* 미만
  이동저장탱크의 방파판 설치제외(위험물규칙 [별표 10])
(6) 2000*l* 이하
  주유취급소의 폐유탱크용량(위험물규칙 [별표 13])
(7) 4000*l* 이하
  이동저장탱크의 칸막이 설치(위험물규칙 [별표 10])
(8) 40000*l* 이하
  일반취급소의 지하전용탱크의 용량(위험물규칙 [별표 16])
(9) 60000*l* 이하
  고속국도 주유취급소의 특례(위험물규칙 [별표 13])
(10) 50만~100만*l* 미만
  준특정 옥외탱크저장소의 용량(위험물규칙 [별표 6])

(11) 100만*l* 이상
  ① **특정옥외탱크저장소**의 용량(위험물규칙 [별표 6])
  ② 옥외저장탱크의 **개폐상황 확인장치** 설치(위험물규칙 [별표 6])
(12) 1000만*l* 이상
  옥외저장탱크의 **간막이 둑** 설치용량(위험물규칙 [별표 6])

36. 이동탱크저장소의 두께(위험물규칙 [별표 10])
(1) 방파판 : 1.6mm 이상
(2) 방호틀 : 2.3mm 이상(정상부분은 50mm 이상 높게 할 것)
(3) 탱크 본체 ─┐
(4) 주입관의 뚜껑 ─ 3.2mm 이상
(5) 맨홀 ─┘

방파판의 면적 : 수직단면적의 50%(원형·타원형은 40%) 이상

37. 이동탱크저장소의 안전장치(위험물규칙 [별표 10])

상용압력	작동압력
20kPa 이하	20~24kPa 이하
20kPa 초과	상용압력의 1.1배 이하

38. 주유취급소의 게시판(위험물규칙 [별표 13])
주유 중 엔진 정지 : **황색**바탕에 **흑색**문자

중요 **표시방식**

구 분	표시방식
옥외탱크저장소·컨테이너식 이동탱크저장소	백색바탕에 흑색문자
주유취급소	황색바탕에 흑색문자
물기엄금	청색바탕에 백색문자
화기엄금·화기주의	적색바탕에 백색문자

39. 주유취급소의 탱크용량(위험물규칙 [별표 13])

탱크용량	설 명
3기 이하	고정주유설비 또는 고정급유설비에 직접 접속하는 간이탱크
2000l 이하	폐유저장을 위한 위험물탱크
10000l 이하	보일러 등에 직접 접속하는 전용 탱크
50000l 이하	① 고정급유설비에 직접 접속하는 전용탱크 ② 자동차 등에 주유하기 위한 고정주유설비에 직접 접속하는 전용탱크

40. 주유취급소의 고정주유설비 · 고정급유설비 배출량(위험물규칙 [별표 13])

위험물	배출량
제1석유류	50l/min 이하
등유	80l/min 이하
경유	180l/min 이하

41. 주유취급소의 고정주유설비 · 고정급유설비
(위험물규칙 [별표 13])

주유관의 길이는 **5m** (현수식은 지면 위 **0.5m**의 수평면에 수직으로 내려 만나는 점을 중심으로 반경 **3m**) 이내로 할 것

> 이동탱크저장소의 주유관의 길이 : 50m 이내

42. 주유취급소의 특례기준(위험물규칙 [별표 13])

(1) 항공기
(2) 철도
(3) 고속국도
(4) 선박
(5) 자가용

43. 이송취급소의 설치제외장소(위험물규칙 [별표 15])

(1) **철도** 및 **도로**의 **터널** 안
(2) **고속국도** 및 **자동차전용도로**의 차도 · 갓길 및 중앙분리대
(3) **호수 · 저수지** 등으로서 수리의 수원이 되는 곳
(4) **급경사지역**으로서 붕괴의 위험이 있는 지역

44. 이송취급소 배관 등의 재료(위험물규칙 [별표 15])

배관 등	재 료
배관	• 고압배관용 탄소강관 • 압력배관용 탄소강관 • 고온배관용 탄소강관 • 배관용 스테인리스강관
관이음쇠	• 배관용 강제 맞대기용접식 관이음쇠 • 철강재 관플랜지 압력단계 • 관플랜지의 치수허용차 • 강제 용접식 관플랜지 • 철강재 관플랜지의 기본치수 • 관플랜지의 개스킷 자리치수
밸브	• 주강 플랜지형 밸브

45. 이송취급소의 지하매설배관의 안전거리
(위험물규칙 [별표 15])

대 상	안전거리
• 건축물	1.5m 이상
• 지하가 • 터널	10m 이상
• 수도시설	300m 이상

46. 이송취급소의 도로 밑 매설배관의 안전거리
(위험물규칙 [별표 15])

대 상	안전거리
• 도로 밑	1m 이상

47. 이송취급소의 철도부지 밑 매설배관의 안전거리(위험물규칙 [별표 15])

대 상	안전거리
• 철도부지의 용지경계	1m 이상
• 철도중심선	4m 이상
• 철도 · 도로의 경계선 • 주택	25m 이상
• 공공공지 • 도시공원 • 판매 · 위락 · 숙박시설(연면적 1000m^2 이상) • 기차역 · 버스터미널(1일 20000명 이상 이용)	45m 이상
• 수도시설	300m 이상

48. 이송취급소의 해저설치배관의 안전거리
(위험물규칙 [별표 15])

대 상	안전거리
• 타 배관	30m 이상

49. 이송취급소의 하천 등 횡단설치배관의 안전거리 (위험물규칙 [별표 15])

대 상	안전거리
• 좁은수로 횡단	1.2m 이상
• 하수도 · 운하 횡단	2.5m 이상
• 하천 횡단	4.0m 이상

50. 이송취급소 배관의 긴급차단밸브 설치기준
(위험물규칙 [별표 15])

대 상	간 격
• 시가지	약 4km
• 산림지역	약 10km

지진감진장치 · 강진계 : 25km 거리마다 설치

51. 이송취급소 펌프 등의 보유공지 (위험물규칙 [별표 15])

펌프 등의 최대상용압력	공지의 너비
1MPa 미만	3m 이상
1~3MPa 미만	5m 이상
3MPa 이상	15m 이상

이송취급소의 피그장치 : 너비 3m 이상의 공지 보유

52. 이송취급소 이송기지의 안전조치 (위험물규칙 [별표 15])

펌프 등의 최대상용압력	거 리
0.3MPa 미만	5m 이상
0.3~1MPa 미만	9m 이상
1MPa 이상	15m 이상

53. 온도 아주 중요!

(1) 15℃ 이하
   압력탱크 외의 아세트알데하이드의 온도(위험물규칙 [별표 18])

(2) 21℃ 미만
   ① 옥외저장탱크의 **주입구 게시판** 설치(위험물규칙 [별표 6])
   ② 옥외저장탱크의 **펌프설비 게시판** 설치(위험물규칙 [별표 6])

(3) 30℃ 이하
   압력탱크 외의 다이에틸에터 · 산화프로필렌의 온도(위험물규칙 [별표 18])

(4) 38℃ 이상
   보일러 등으로 위험물을 소비하는 일반취급소 (위험물규칙 [별표 16])

(5) 40℃ 미만
   이동탱크저장소의 **원동기** 정지(위험물규칙 [별표 18])

(6) 40℃ 이하
   ① 압력탱크의 다이에틸에터 · 아세트알데하이드의 온도(위험물규칙 [별표 18])
   ② 보냉장치가 없는 다이에틸에터 · 아세트알데하이드의 온도(위험물규칙 [별표 18])

(7) 40℃ 이상
   ① 지하탱크저장소의 배관 **윗부분** 설치 제외 (위험물규칙 [별표 8])
   ② **세정작업**의 일반취급소(위험물규칙 [별표 16])
   ③ 이동저장탱크의 **주입구 주입호스** 결합 제외 (위험물규칙 [별표 18])

(8) 55℃ 이하
   옥내저장소의 **용기수납** 저장온도(위험물규칙 [별표 18])

(9) 70℃ 미만
   옥내저장소 저장창고의 **배출설비** 구비(위험물규칙 [별표 5])

(10) 70℃ 이상
   ① 옥내저장탱크의 **외벽 · 기둥 · 바닥**을 불연재료로 할 수 있는 경우(위험물규칙 [별표 7])
   ② **열처리작업** 등의 일반취급소(위험물규칙 [별표 16])

(11) 100℃ 이상
   고인화점 위험물(위험물규칙 [별표 4])

(12) 200℃ 이상
   옥외저장탱크의 **방유제** 거리확보 제외(위험물규칙 [별표 6])

54. 소화난이도 등급 Ⅰ에 해당하는 제조소 등(위험물 규칙 [별표 17])

구 분	적용대상
제조소 일반 취급소	연면적 1000m² 이상
	지정수량 100배 이상(고인화점 위험물만을 100℃ 미만의 온도에서 취급하는 것 및 화약류 위험물을 취급하는 것 제외)
	지반면에서 6m 이상의 높이에 위험물 취급설비가 있는 것(고인화점 위험물만을 100℃ 미만의 온도에서 취급하는 것)
	일반취급소 이외의 건축물에 설치된 것
옥내저장소	지정수량 150배 이상
	연면적 150m²를 초과하는 것(150m² 이내마다 불연재료로 개구부 없이 구획된 것 및 인화성 고체 외의 제2류 위험물 또는 인화점 70℃ 이상의 제4류 위험물만을 저장하는 것은 제외)
	처마높이 6m 이상인 단층건물
	옥내저장소 이외의 건축물에 설치된 것
옥외탱크 저장소	액표면적 40m² 이상
	지반면에서 탱크 옆판의 상단까지 높이가 6m 이상
	지중탱크·해상탱크로서 지정수량 100배 이상
	지정수량 100배 이상(고체위험물 저장)
옥내탱크 저장소	액표면적 40m² 이상
	바닥면에서 탱크 옆판의 상단까지 높이가 6m 이상
	탱크전용실이 단층 외의 건축물에 있는 것
옥외 저장소	덩어리상태의 황을 저장하는 것으로서 경계시 내부의 면적 100m² 이상인 것
	지정수량 100배 이상
암반탱크 저장소	액표면적 40m² 이상
	지정수량 100배 이상(고체위험물 저장)
이송취급소	모든 대상

55. 소화난이도 등급 Ⅱ에 해당하는 제조소 등(위험물 규칙 [별표 17])

구 분	적용대상
제조소 일반취급소	연면적 600m² 이상
	지정수량 10배 이상(고인화점 위험물만을 100℃ 미만의 온도에서 취급하는 것 및 화약류 위험물을 취급하는 것 제외)

옥내저장소	단층건물 이외의 것
	지정수량 10배 이상
	연면적 150m² 초과
옥외저장소	• 덩어리상태의 황을 저장하는 것으로서 경계시 내부의 면적이 5~100m² 미만 • 인화성고체, 제1석유류, 알코올류는 지정수량 10~100배 미만
	지정수량 100배 이상
주유취급소	옥내주유취급소
판매취급소	제2종 판매취급소

56. 옥내저장소의 위험물 적재높이 기준(위험물규칙 [별표 18])

대 상	높이기준
• 기타	3m
• 제3석유류 • 제4석유류 • 동식물유류	4m
• 기계에 의한 하역구조	6m

옥외저장소에서 위험물을 수납한 용기를 선반에 저장하는 경우에는 6m를 초과하여 저장하지 아니하여야 한다.

57. 위험물을 꺼낼 때 불활성 기체 봉입압력
(위험물규칙 [별표 18])

위험물	봉입압력
• 아세트알데히드 등	100kPa 이하
• 알킬알루미늄 등	200kPa 이하

58. 운반용기의 수납률(위험물규칙 [별표 19])

위험물	수납률
• 알킬알루미늄 등	90% 이하(50℃에서 5% 이상 공간용적 유지)
• 고체위험물	95% 이하
• 액체위험물	98% 이하(55℃에서 누설되지 않을 것)

59. 위험등급별 위험물(위험물규칙 [별표 19])

(1) 위험등급 Ⅰ의 위험물

위험물	품 명
제1류 위험물	• 아염소산염류 • 염소산염류 • 과염소산염류 • 무기과산화물 • 지정수량 50kg인 위험물
제3류 위험물	• 칼륨 • 나트륨 • 알킬알루미늄 • 알킬리튬 • 황린 • 지정수량 10kg 또는 20kg 위험물
제4류 위험물	• 특수인화물
제5류 위험물	• 지정수량 10kg인 위험물
제6류 위험물	• 전부

(2) 위험등급 Ⅱ의 위험물

위험물	품 명
제1류 위험물	• 브로민산염류 • 질산염류 • 아이오딘산염류 • 지정수량 300kg인 위험물
제2류 위험물	• 황화인 • 적인 • 황 • 지정수량 100kg인 위험물
제3류 위험물	• 알칼리금속(칼륨·나트륨 제외) • 알칼리토금속 • 유기금속화합물(알킬알루미늄·알킬리튬 제외) • 지정수량 50kg인 위험물
제4류 위험물	• 제1석유류 • 알코올류
제5류 위험물	• 위험등급 Ⅰ의 위험물 외

60. 위험물의 혼재기준(위험물규칙 [별표 19])

(1) 제1류 위험물+제6류 위험물
(2) 제2류 위험물+제4류 위험물
(3) 제2류 위험물+제5류 위험물
(4) 제3류 위험물+제4류 위험물
(5) 제4류 위험물+제5류 위험물

제3편 소방전기일반

제1장 직류회로

1. 전자와 양자

구 분	설 명
전자의 질량	$m_e = 9.109 \times 10^{-31}$ kg
양자의 질량	$m_p = 1.672 \times 10^{-27}$ kg
전자와 양자의 전기량	$e = 1.602 \times 10^{-19}$ C

2. 전류(electric current)

$$I = \frac{Q}{t} \text{[A]}$$

여기서, I : 전류[A], Q : 전기량[C]
　　　　t : 시간[s]

3. 전압(Voltage)

$$V = \frac{W}{Q} \text{[V]}$$

여기서, V : 전압[V], W : 일[J]
　　　　Q : 전기량[C]

4. 옴의 법칙(Ohm's law)

$$I = \frac{V}{R} \text{[A]}$$

여기서, I : 전류[A], V : 전압[V]
　　　　R : 저항[Ω]

5. 컨덕턴스(conductance)

$$G = \frac{1}{R} [\mho, \text{S}, \Omega^{-1}]$$

여기서, G : 컨덕턴스[℧]
　　　　R : 저항[Ω]

6. 저항 n개의 직렬접속

$$R_0 = nR$$

여기서, R_0 : 합성저항[Ω]
　　　　n : 저항의 개수
　　　　R : 1개의 저항[Ω]

7. 저항 n개의 병렬접속

$$R_0 = \frac{R}{n}$$

여기서, R_0 : 합성저항[Ω]
　　　　n : 저항의 개수
　　　　R : 1개의 저항[Ω]

8. 휘트스톤브리지(Wheatstone bridge)

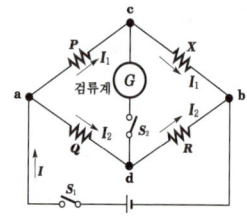

① $I_1 P = I_2 Q$
② $I_1 X = I_2 R$
∴ $PR = QX$ (마주보는 변의 곱은 서로 같다.)

- 휘트스톤브리지 : 0.5~10^5Ω의 중저항 측정
- 검류계 : 미소한 전류를 측정하기 위한 계기

9. 키르히호프의 제1법칙(전류평형의 법칙)

$I_1 + I_2 = I_3$
$\Sigma I = 0$

요 점

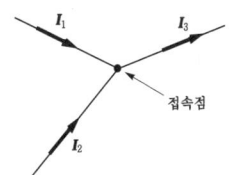

10. 전력(electric power)

$$P = VI = I^2 R = \frac{V^2}{R} \text{[W]}$$

여기서, P : 전력[W], V : 전압[V]
I : 전류[A], R : 저항[Ω]

전력 : 전기장치가 행한 일

11. 전력량(electric power quantity)

$$W = VIt = I^2 Rt = Pt \text{[J]}$$

여기서, W : 전력량[J], P : 전력[W]
t : 시간[s], I : 전류[A]
V : 전압[V], R : 저항[Ω]

전력량 : 마력으로 환산되지 않는다.

12. 줄의 법칙(Joule's law)

$$H = 0.24Pt = 0.24VIt = 0.24I^2 Rt$$
$$= 0.24 \frac{V^2}{R} t \text{[cal]}$$

여기서, H : 발열량[cal], P : 전력[W]
t : 시간[s], V : 전압[V]
I : 전류[A], R : 저항[Ω]

줄의 법칙 : 전류의 열작용

13. 전열기의 용량

$$860 P \eta t = M(T_2 - T_1)$$

여기서, P : 용량[kW], η : 효율
t : 소요시간[h], M : 질량[l]
T_2 : 상승 후 온도[℃]
T_1 : 상승 전 온도[℃]

14. 단위환산

① 1W=1J/s
② 1J=1N·m
③ 1kg=9.8N
④ 1Wh=860cal
⑤ 1BTU=252cal

15. 저항과 고유저항의 관계

$$R = \rho \frac{l}{A} \text{[Ω]}$$

여기서, R : 저항[Ω]
ρ : 고유저항[Ω·m]
A : 도체의 단면적[m²]
l : 도체의 길이[m]

- 고유저항의 단위 : Ω·m=Ω·mm²/m
- 도전율의 단위 : $\frac{\text{℧}}{\text{m}}$

16. 저항의 온도계수

$$R_2 = R_1 [1 + \alpha_{t_1}(t_2 - t_1)] \text{[Ω]}$$

여기서, R_2 : t_2의 저항[Ω]
R_1 : t_1의 저항[Ω]
α_{t_1} : t_1의 온도계수
t_2 : 상승 후의 온도[℃]
t_1 : 상승 전의 온도[℃]

t_1의 온도계수 : $\alpha_{t_1} = \frac{1}{234.5 + t_1}$ [1/℃]

17. 온도상승시 저항감소 물질

① 규소　　② 게르마늄
③ 탄소　　④ 아산화동

18. 패러데이의 법칙

① 전기분해에 의해서 석출되는 물질의 양은 전해액을 통과한 **총전기량**에 비례한다.
② 전기량이 일정할 때 석출되는 물질의 양은 **화학당량**(chemical equivalent)에 비례한다.

19. 2차 전지
방전방향과 반대방향으로 충전하여 몇 번이고 계속 사용할 수 있는 전지
① 납축전지
② 알칼리축전지

20. 국부작용(local action)
① 전극의 불순물로 인하여 기전력이 감소하는 현상
② 전지를 쓰지 않고 오래두면 못쓰게 되는 현상

21. 분극(성극)작용
일정한 전압을 가진 전지에 부하를 걸면 단자전압이 저하하는 현상

22. 축전지의 접속

직렬접속	전압은 2배가 되고 용량은 1개일 때와 같다.
병렬접속	전압은 1개일 때와 같고 용량은 2배가 된다.

23. 건전지(dry cell)
① 양극 : 탄소(C)
② 음극 : 아연(Zn)
③ 전해액 : 염화암모늄 용액($NH_4Cl + H_2O$)
④ 감극제 : 이산화망가니즈(MnO_2)

24. 연축전지(lead-acid battery)
① 양극 : 이산화납(PbO_2)
② 음극 : 납(Pb)
③ 전해액 : 묽은 황산($2H_2SO_4 = H_2SO_4 + H_2O$)
④ 비중 : 1.2~1.3
⑤ 화학반응식

$$PbO_2 + 2H_2SO_4 + Pb \underset{충전}{\overset{방전}{\rightleftarrows}} PbSO_4 + 2H_2O + PbSO_4$$
 (+)   (전해액) (−)   (+)   (물)   (−)

연축전지		
• 충전시	┌ 양극판 : 적갈색	
	└ 음극판 : 회백색	
• 방전시	┌ 양극판 : 회백색	
	└ 음극판 : 회백색	

25. 표준전지 : 클라크전지, 웨스턴전지
① 양극 : 수은(Hg)
② 음극 : Cd아말감
③ 전해액 : 황산카드뮴($CdSO_4$)
④ 기전력 : 20℃에서 1.0183V
⑤ 내부저항 : 500Ω 이내

26. 제벡효과(Seebeck effect)
① 다른 종류의 금속선으로 된 폐회로의 두 접합점의 온도를 달리하였을 때 **열기전력**이 발생하는 효과
② 이종 금속을 접합하여 **폐회로**를 만든 후 두 접합점의 온도를 다르게 하여 **열전류**를 얻는 열전현상

제2장 정전계

1. 정전용량(electrostatic capacity)

$$C = \frac{\varepsilon A}{d} \, [\text{F}]$$

여기서, A : 극판의 면적[m²]
 d : 극판간의 간격[m]
 ε : 유전율[F/m]($\varepsilon = \varepsilon_o \cdot \varepsilon_s$)

정전용량=커패시턴스(capacitance)

2. 콘덴서의 직렬접속

$$C = \frac{1}{\frac{1}{C_1} + \frac{1}{C_2} + \frac{1}{C_3}} \, [\text{F}]$$

여기서, C : 합성정전용량[F]
 C_1, C_2, C_3 : 각각의 정전용량[F]

3. 콘덴서의 병렬접속

$$C = C_1 + C_2 + C_3 \, [\text{F}]$$

여기서, C : 합성정전용량[F]
 C_1, C_2, C_3 : 각각의 정전용량[F]

4. 쿨롱의 법칙(Coulom's law)

$$F = \frac{Q_1 Q_2}{4\pi \varepsilon r^2} = QE \, [\text{N}]$$

여기서, F : 정전력[N]
 Q_1, Q_2 : 전하[C]
 ε : 유전율[F/m]($\varepsilon = \varepsilon_o \cdot \varepsilon_s$)
 r : 거리[m]
 E : 전계의 세기[V/m]

진공의 유전율 : $\varepsilon_o = 8.855 \times 10^{-12}$ [F/m]

5. 전기력선의 기본성질

① 전기력선의 방향은 그 접점에서의 **전계**의 **방향**과 **일치**한다.
② 전기력선은 전위가 높은 점에서 낮은 점으로 향한다.
③ 전기력선은 **정전하**에서 시작하여 **부전하**에서 그친다.
④ 전기력선은 그 자신만으로 **폐곡선**이 **안** 된다.
⑤ 단위전하에서는 $1/\varepsilon_o$개의 전기력선이 출입한다.

6. 전계의 세기(intensity of electric field)

$$E = \frac{Q}{4\pi \varepsilon r^2} \, [\text{V/m}]$$

여기서, E : 전계의 세기[V/m]
 Q : 전하[C]
 ε : 유전율[F/m]($\varepsilon = \varepsilon_o \cdot \varepsilon_s$)
 r : 거리[m]

7. P점에서의 전위

$$V_P = \frac{Q}{4\pi \varepsilon r}$$

여기서, V_P : P점에서의 전위[V]
 Q : 전하[C]
 ε : 유전율[F/m]($\varepsilon = \varepsilon_o \cdot \varepsilon_s$)
 r : 거리[m]

8. 전속밀도(dielectric flux density)

$$D = \varepsilon_o \varepsilon_s E \, [\text{C/m}^2]$$

여기서, D : 전속밀도[C/m²]
 ε_o : 진공의 유전율[F/m]
 ε_s : 비유전율(단위 없음)
 E : 전계의 세기[V/m]

9. 정전에너지(electrostatic energy)

$$W = \frac{1}{2}QV = \frac{1}{2}CV^2 = \frac{Q^2}{2C} \, [\text{J}]$$

여기서, W : 정전에너지[J]
 Q : 전하[C]
 V : 전압[V]
 C : 정전용량[F]

10. 에너지밀도

$$W_o = \frac{1}{2}ED = \frac{1}{2}\varepsilon E^2 = \frac{D^2}{2\varepsilon} \, [\text{J/m}^3]$$

여기서, W_o : 에너지밀도[J/m³]
 E : 전계의 세기[V/m]
 D : 전속밀도[C/m²]
 ε : 유전율[F/m]($\varepsilon = \varepsilon_o \cdot \varepsilon_s$)

제3장 자기

1. 쿨롱의 법칙(coulom's law)

$$F = \frac{m_1 m_2}{4\pi \mu r^2} = mH \, [N]$$

여기서, F : 자기력[N]

m_1, m_2 : 자하[Wb]

μ : 투자율[H/m]$(\mu = \mu_o \cdot \mu_s)$

r : 거리[m]

H : 자계의 세기[A/m]

진공의 투자율 : $\mu_o = 4\pi \times 10^{-7}$ [H/m]

2. 자계의 세기(magnetic field intensity)

$$H = \frac{m}{4\pi \mu r^2} \, [AT/m]$$

여기서, H : 자계의 세기[AT/m]

m : 자하[Wb]

μ : 투자율[H/m]$(\mu = \mu_o \cdot \mu_s)$

r : 거리[m]

3. P점에서의 자위

$$U_m = \frac{m}{4\pi \mu r} \, [AT]$$

여기서, U_m : P점에서의 자위[AT]

μ : 투자율[H/m]$(\mu = \mu_o \cdot \mu_s)$

r : 거리[m]

m : 자극의 세기[Wb]

4. 자석이 받는 회전력

$$T = MH \sin\theta = mHl \sin\theta \, [N \cdot m]$$

여기서, T : 회전력[N·m]

M : 자기 모멘트[Wb·m]

H : 자계의 세기[AT/m]

m : 자극의 세기[Wb]

l : 자석의 길이[m]

θ : 이루는 각[rad]

5. 자성체의 종류

상자성체 (paramagnetic material)	반자성체 (diamagnetic material)	강자성체 (ferromagnetic material)
① 알루미늄(Al) ② 백금(Pt)	① 금(Au), 은(Ag) ② 구리(Cu), 아연(Zn), 탄소(C)	① 니켈(Ni), 코발트(Co) ② 망가니즈(Mn), 철(Fe)

기억법 상알백, 강니코망철

6. 자속밀도(magnetic flux density)

$$B = \mu_o \mu_s H \, [Wb/m^2]$$

여기서, B : 자속밀도[Wb/m²]

μ_o : 진공의 투자율[H/m]

μ_s : 비투자율(단위 없음)

H : 자계의 세기[AT/m]

7. 암페어의 오른나사 법칙(Ampere's right handed screw rule)

전류의 방향	자계의 방향
오른나사의 진행방향	오른나사의 회전방향

암페어의 오른나사 법칙 : 전류에 의한 자계의 방향을 결정하는 법칙

8. 기자력(magnetive force)

$$F = NI = Hl = R_m \phi \, [AT]$$

여기서, F : 기자력[AT]

N : 코일권수

I : 전류[A]

H : 자계의 세기[AT/m]

l : 자로의 길이[m]

R_m : 자기저항[AT/Wb]

ϕ : 자속[Wb]

9. 자기저항(magnetic reluctance)

$$R_m = \frac{l}{\mu A} = \frac{F}{\phi} \text{[AT/Wb]}$$

여기서, R_m : 자기저항[AT/Wb]
 l : 자로의 길이[m]
 μ : 투자율[H/m]
 A : 단면적[m²]
 F : 기자력[AT]
 ϕ : 자속[Wb]

10. 유한장 직선전류의 자계

$$H = \frac{I}{4\pi a}(\sin\beta_1 + \sin\beta_2)$$
$$= \frac{I}{4\pi a}(\cos\theta_1 + \cos\theta_2) \text{[AT/Wb]}$$

여기서, H : 자계의 세기[AT/m]
 I : 전류[A]
 a : 도체의 수직거리[m]

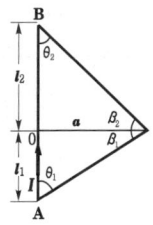

11. 무한장 직선전류의 자계

$$H = \frac{I}{2\pi r} \text{[AT/m]}$$

여기서, H : 자계의 세기[AT/m]
 I : 전류[A]
 r : 거리[m]

12. 원형 코일 중심의 자계

$$H = \frac{NI}{2a} \text{[AT/m]}$$

여기서, H : 자계의 세기[AT/m]
 N : 코일권수
 a : 반지름[m]

원통형 코일 : 코일 내부의 자장의 세기는 모두 같다.

13. 무한장 솔레노이드에 의한 자계

내부 자계	외부 자계
$H_i = nI$ [AT/m]	$H_e = 0$

여기서, n : 1m당 권수
 I : 전류[A]

14. 환상 솔레노이드에 의한 자계

내부 자계	외부 자계
$H_i = \frac{NI}{2\pi a}$ [AT/m]	$H_e = 0$

여기서, N : 코일권수
 I : 전류[A]
 a : 반지름[m]

15. 플레밍의 왼손법칙(Fleming's left-hand rule)

중지	검지	엄지
전류의 방향	자계의 방향	힘의 방향

플레밍의 왼손법칙 : **전동기**에 관한 법칙

기억법 중전 검자

16. 플레밍의 오른손법칙(Fleming's right-hand rule)

중지	검지	엄지
유기기전력의 방향	자속의 방향	운동의 방향

플레밍의 오른손법칙 : **발전기**에 관한 법칙

17. 직선전류의 힘

$$F = BIl\sin\theta = \mu HIl\sin\theta \text{[N]}$$

여기서, F : 직선전류의 힘[N]
 B : 자속밀도[Wb/m²]
 I : 전류[A]
 l : 도체의 길이[m]

μ : 투자율[H/m] ($\mu = \mu_o \cdot \mu_s$)
H : 자계의 세기[AT/m]
θ : 이루는 각[rad]

18. 평행도체의 힘

$$F = \frac{\mu_o I_1 I_2}{2\pi r} [\text{N/m}]$$

여기서, F : 평행전류의 힘[N/m]
μ_o : 진공의 투자율[H/m]
I_1, I_2 : 전류[A]
r : 거리[m]

힘의 방향	
흡인력	반발력
전류가 같은 방향	전류가 반대 방향

기억법 반반

19. 전자력과 전자유도에 관한 법칙

법칙	설명
플레밍의 오른손법칙	도체운동에 의한 유기기전력의 방향 결정
플레밍의 왼손법칙	전자력의 방향 결정
렌츠의 법칙	전자유도현상에서 코일에 생기는 유도기전력의 방향 결정
패러데이의 법칙	유기기전력의 크기 결정

20. 유도기전력(induced electromitive force)

$$e = -N\frac{d\phi}{dt} = -L\frac{di}{dt} = Bl v \sin\theta [\text{V}]$$

여기서, e : 유기기전력[V]
N : 코일권수
$d\phi$: 자속의 변화량[Wb]
dt : 시간의 변화량[s]
L : 자기인덕턴스[H]
di : 전류의 변화량[A]
B : 자속밀도[Wb/m^2]

l : 도체의 길이[m]
v : 도체의 이동속도[m/s]
θ : 이루는 각[rad]

21. 자기인덕턴스(self inductance)

$$L = \frac{\mu A N^2}{l} [\text{H}]$$

여기서, L : 자기인덕턴스[H]
μ : 투자율[H/m]
A : 단면적[m^2]
N : 코일권수
l : 평균자로의 길이[m]

22. 상호인덕턴스(mutual inductance)

$$M = K\sqrt{L_1 L_2} [\text{H}]$$

여기서, M : 상호인덕턴스[H]
K : 결합계수
L_1, L_2 : 자기인덕턴스[H]

$K=0$	$K=1$
두 코일 직교시	이상결합·완전결합시

23. 합성인덕턴스

$$L = L_1 + L_2 \pm 2M [\text{H}]$$

여기서, L : 합성인덕턴스[H]
L_1, L_2 : 자기인덕턴스[H]
M : 상호인덕턴스[H]

24. 코일에 축적되는 에너지

$$W = \frac{1}{2}LI^2 = \frac{1}{2}IN\phi [\text{J}]$$

여기서, W : 코일의 축적에너지[J]
L : 자기인덕턴스[H]
N : 코일권수
ϕ : 자속[Wb]
I : 전류[A]

25. 단위체적당 축적되는 에너지

$$W_m = \frac{1}{2}BH = \frac{1}{2}\mu H^2 = \frac{B^2}{2\mu} \text{[J/m}^3\text{]}$$

여기서, W_m : 단위체적당 축적에너지[J/m³]
　　　　B : 자속밀도[Wb/m²]
　　　　μ : 투자율[H/m]
　　　　H : 자계의 세기[AT/m]

26. 흡인력

$$F = \frac{B^2 A}{2\mu_o} \text{[N]}$$

여기서, F : 흡인력[N]
　　　　μ_o : 진공의 투자율[H/m]
　　　　B : 자속밀도[Wb/m²]
　　　　A : 단면적[m²]

제4장 교류회로

1. 각주파수(angular frequency)

$$\omega = \frac{2\pi}{T} = 2\pi f \, [\text{rad/s}]$$

여기서, ω : 각주파수[rad/s]
　　　　T : 주기[s]
　　　　f : 주파수[Hz]

2. 순시값(instantaneous value)

$$v = V_m \sin \omega t = \sqrt{2}\, V \sin \omega t \, [\text{V}]$$

여기서, v : 전압의 순시값[V]
　　　　V_m : 전압의 최대값[V]
　　　　ω : 각주파수[rad/s]
　　　　t : 주기[s]
　　　　V : 실효값[V]

3. 평균값(average value)

$$V_{av} = \frac{2}{\pi} V_m = 0.637 V_m \, [\text{V}]$$

여기서, V_{av} : 전압의 평균값[V]
　　　　V_m : 전압의 최대값[V]

4. 실효값(effective value)

$$V = \frac{V_m}{\sqrt{2}} = 0.707 V_m \, [\text{V}]$$

여기서, V : 전압의 실효값[V]
　　　　V_m : 전압의 최대값[V]

저항(R)	인덕턴스(L)	커패시턴스(C)
동상	전압이 전류보다 90° 앞선다.	전압이 전류보다 90° 뒤진다.

5. RLC의 접속

회로의 종류		위상차	전류와 전압 관계	역률 및 무효율
단독회로	R	0	$I = \dfrac{V}{R}$	• $\cos\theta = 1$ • $\sin\theta = 0$
	L	$\dfrac{\pi}{2}$	$I = \dfrac{V}{X_L} = \dfrac{V}{\omega L}$	• $\cos\theta = 0$ • $\sin\theta = 1$
	C	$\dfrac{\pi}{2}$	$I = \dfrac{V}{X_C} = \omega C V$	• $\cos\theta = 0$ • $\sin\theta = 1$
직렬회로	$R-L$	$\tan^{-1} \dfrac{\omega L}{R}$	$I = \dfrac{V}{Z} = \dfrac{V}{\sqrt{R^2 + X_L^2}}$	• $\cos\theta = \dfrac{R}{\sqrt{R^2 + X_L^2}}$ • $\sin\theta = \dfrac{X_L}{\sqrt{R^2 + X_L^2}}$
	$R-C$	$\tan^{-1} \dfrac{1}{\omega CR}$	$I = \dfrac{V}{Z} = \dfrac{V}{\sqrt{R^2 + X_C^2}}$	• $\cos\theta = \dfrac{R}{\sqrt{R^2 + X_C^2}}$ • $\sin\theta = \dfrac{X_C}{\sqrt{R^2 + X_C^2}}$
	$R-L-C$	$\tan^{-1} \dfrac{X_L - X_C}{R}$	$I = \dfrac{V}{Z} = \dfrac{V}{\sqrt{R^2 + (X_L - X_C)^2}}$	• $\cos\theta = \dfrac{R}{Z}$ • $\sin\theta = \dfrac{X_L - X_C}{Z}$

요점

병렬회로	$R-L$	$\tan^{-1}\dfrac{R}{\omega L}$	$I=YV=\sqrt{\left(\dfrac{1}{R}\right)^2+\left(\dfrac{1}{X_L}\right)^2}\cdot V$	• $\cos\theta=\dfrac{X_L}{\sqrt{R^2+X_L^2}}$ • $\sin\theta=\dfrac{R}{\sqrt{R^2+X_L^2}}$
	$R-C$	$\tan^{-1}\omega CR$	$I=YV=\sqrt{\left(\dfrac{1}{R}\right)^2+\left(\dfrac{1}{X_C}\right)^2}\cdot V$	• $\cos\theta=\dfrac{X_C}{\sqrt{R^2+X_C^2}}$ • $\sin\theta=\dfrac{R}{\sqrt{R^2+X_C^2}}$
	$R-L-C$	$\tan^{-1}R\left(\dfrac{1}{X_C}-\dfrac{1}{X_L}\right)$	$I=YV=\sqrt{\left(\dfrac{1}{R}\right)^2+\left(\dfrac{1}{X_C}-\dfrac{1}{X_L}\right)^2}\cdot V$	• $\cos\theta=\dfrac{\dfrac{1}{R}}{Y}$ • $\sin\theta=\dfrac{\dfrac{1}{X_C}-\dfrac{1}{X_L}}{Y}$

6. 유도리액턴스

$$X_L=\omega L=2\pi fL\,(\Omega)$$

여기서, X_L : 유도리액턴스(Ω)
  f : 주파수(Hz)
  ω : 각주파수(rad/s)
  L : 인덕턴스(H)

7. 용량리액턴스

$$X_C=\dfrac{1}{\omega C}=\dfrac{1}{2\pi fC}\,(\Omega)$$

여기서, X_C : 용량리액턴스(Ω)
  f : 주파수(Hz)
  ω : 각주파수(rad/s)
  C : 정전용량(커패시턴스)(F)

8. 직렬공진과 병렬공진

직렬공진	병렬공진
① 임피던스 최소 ② 전류 최대	① 임피던스 최대 ② 전류 최소

기억법 직임소

9. 단상 유효전력(평균전력, 소비전력)

$$P=VI\cos\theta=I^2R\,(W)$$

여기서, P : 유효전력(W)

V : 전압(V)
I : 전류(A)
θ : 이루는 각(rad)
R : 저항(Ω)

10. 단상 무효전력

$$P_r=VI\sin\theta=I^2X\,(Var)$$

여기서, P_r : 무효전력(Var)
  V : 전압(V)
  I : 전류(A)
  θ : 이루는 각(rad)
  X : 리액턴스(Ω)

11. 단상 피상전력

$$P_a=VI=\sqrt{P^2+P_r^2}=I^2Z\,(VA)$$

여기서, P_a : 피상전력(VA)
  V : 전압(V)
  I : 전류(A)
  P : 유효전력(W)
  P_r : 무효전력(Var)
  Z : 임피던스(Ω)

12. 3상 유효전력

$$P=3V_PI_P\cos\theta=\sqrt{3}\,V_lI_l\cos\theta=3I_P^2R\,(W)$$

여기서, P : 유효전력(W)
V_P, I_P : 상전압(V), 상전류(A)
V_l, I_l : 선간전압(V), 선전류(A)
R : 저항(Ω)

13. 3상 무효전력

$$P_r = 3V_P I_P \sin\theta = \sqrt{3} V_l I_l \sin\theta$$
$$= 3I_P^2 X \text{ (Var)}$$

여기서, P_r : 무효전력(Var)
V_P, I_P : 상전압(V), 상전류(A)
V_l, I_l : 선간전압(V), 선전류(A)
X : 리액턴스(Ω)

14. 3상 피상전력

$$P_a = 3V_P I_P = \sqrt{3} V_l I_l = \sqrt{P^2 + P_r^2}$$
$$= 3I_P^2 Z \text{ (VA)}$$

여기서, P_a : 피상전력(VA)
V_P, I_P : 상전압(V), 상전류(A)
V_l, I_l : 선간전압(V), 선전류(A)
Z : 임피던스(Ω)

15. 최대전력

$$P_{\max} = \frac{V_g^2}{4R_g}$$

여기서, $P_{\max}$: 최대전력(W)
V_g : 전압(V)
R_g : 저항(Ω)

16. 임피던스

$$Z = R + jX \text{ (Ω)}$$

여기서, Z : 임피던스(Ω)
R : 저항(Ω)
X : 리액턴스(Ω)

17. 어드미턴스

$$Y = G + jB \text{ (℧)}$$

여기서, Y : 어드미턴스(℧)
G : 콘덕턴스(℧)
B : 서셉턴스(℧)

18. 공진주파수

$$f_o = \frac{1}{2\pi\sqrt{LC}} \text{ (Hz)}$$

여기서, f_o : 공진주파수(Hz)
L : 인덕턴스(H)
C : 정전용량(F)

19. 공진임피던스

$$Z_o = \frac{L}{CR} \text{ (Ω)}$$

여기서, Z_o : 공진임피던스(Ω)
L : 인덕턴스(H)
C : 정전용량(F)
R : 저항(Ω)

20. Y결선의 전압·전류

선간전압(line voltage)	선전류(line current)
$V_l = \sqrt{3} V_P$	$I_l = I_P$

여기서, V_l : 선간전압(V)　　여기서, I_l : 선전류(A)
　　　　V_P : 상전압(V)　　　　　　I_P : 상전류(A)

21. △결선의 전압·전류

선간전압(line voltage)	선전류(line current)
$V_l = V_P$	$I_l = \sqrt{3} I_P$

여기서, V_l : 선간전압(V)　　여기서, I_l : 선전류(A)
　　　　V_P : 상전압(V)　　　　　　I_P : 상전류(A)

22. Y―△ 회로의 변환

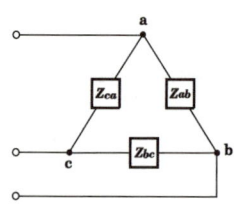

요 점

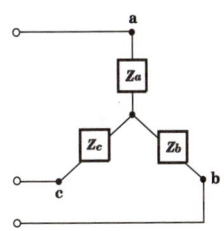

(1) △ → Y 변환

$$Z_a = \frac{Z_{ab} \cdot Z_{ca}}{Z_{ab} + Z_{bc} + Z_{ca}} \,[\Omega]$$

$$Z_b = \frac{Z_{ab} \cdot Z_{bc}}{Z_{ab} + Z_{bc} + Z_{ca}} \,[\Omega]$$

$$Z_c = \frac{Z_{bc} \cdot Z_{ca}}{Z_{ab} + Z_{bc} + Z_{ca}} \,[\Omega]$$

△ → Y 변환 : $Z_a = \dfrac{\text{인접한 } Z \text{의 곱}}{\Sigma Z}$

(2) Y → △ 변환

$$Z_{ab} = \frac{Z_a Z_b + Z_b Z_c + Z_c Z_a}{Z_c} \,[\Omega]$$

$$Z_{bc} = \frac{Z_a Z_b + Z_b Z_c + Z_c Z_a}{Z_a} \,[\Omega]$$

$$Z_{ca} = \frac{Z_a Z_b + Z_b Z_c + Z_c Z_a}{Z_b} \,[\Omega]$$

Y → △ 변환 : $Z_{ab} = \dfrac{\Sigma ZZ}{\text{마주보는 } Z}$

23. V결선

① 출력 : $P = \sqrt{3}\, V_P I_P \cos\theta \,[W]$

여기서, P : V결선의 출력[W]
V_P : 상전압[V]
I_P : 상전류[A]
θ : 이루는 각[rad]

② 변압기 1대의 이용률 : **0.866**

③ 출력비 : **0.577**

24. 2전력계법

① 유효전력 : $P = P_1 + P_2 \,[W]$

② 무효전력 : $P_r = \sqrt{3}(P_1 - P_2)\,[Var]$

③ 역률 : $\cos\theta = \dfrac{P_1 + P_2}{2\sqrt{P_1{}^2 + P_2{}^2 - P_1 P_2}}$

여기서, P_1, P_2 : 전력계의 지시값

25. 전기계기의 오차

① 백분율 오차(오차율) $= \dfrac{M-T}{T} \times 100\%$

② 백분율 보정(보정률) $= \dfrac{T-M}{M} \times 100\%$

여기서, T : 참값, M : 측정값

26. 분류기

$$I_o = I\left(1 + \frac{R_A}{R_S}\right)[A]$$

여기서, I_o : 측정하고자 하는 전류[A]
I : 전류계의 최대눈금[A]
R_A : 전류계 내부저항[Ω]
R_S : 분류기저항[Ω]

분류기 : 전류계와 **병렬접속**

27. 배율기

$$V_o = V\left(1 + \frac{R_m}{R_v}\right)[V]$$

여기서, V_o : 측정하고자 하는 전압[V]
V : 전압계의 최대눈금[V]
R_v : 전압계 내부저항[Ω]
R_m : 배율기저항[Ω]

배율기 : 전압계와 **직렬접속**

28. 지시전기계기의 종류

① 가동코일형 ── 직류용
② 가동철편형 ┐
③ 정류형   ├ 교류용
④ 유도형   ┘
⑤ 전류력계형 ┐
⑥ 열전형   ├ 교류, 직류 양용
⑦ 정전형   ┘

29. 측정기구

측정기구	설 명
메거(megger)	절연저항 측정
어스테스터 (earth resistance tester)	접지저항 측정
코올라우시브리지 (Kohlrausch bridge)	전지의 내부저항 측정
휘트스톤브리지 (Wheatstone bridge)	미지의 저항(0.5~$10^5 \Omega$)을 측정하는 측정기
훅크온메타 (hook on meter)	전선의 전류를 측정하는 계기

기억법 메절, 어접

30. 밀만의 정리(Millman's theorem)

$$V_{ab} = \frac{\frac{E_1}{Z_1} + \frac{E_2}{Z_2}}{\frac{1}{Z_1} + \frac{1}{Z_2}} \text{[V]}$$

여기서, V_{ab} : 단자전압[V]
  E_1, E_2 : 각각의 전압[V]
  Z_1, Z_2 : 각각의 임피던스[Ω]

31. 4단자 정수

① A : 입출력 전압비
② B : 전달임피던스
③ C : 전달어드미턴스
④ D : 입출력 전류비

32. 영상임피던스(image impedance)

(1) 입력단에서 본 임피던스

$$Z_{01} = \sqrt{\frac{AB}{CD}} \text{ [Ω]}$$

(2) 출력단에서 본 임피던스

$$Z_{02} = \sqrt{\frac{BD}{AC}} \text{ [Ω]}$$

여기서, A, B, C, D : 4단자 정수

33. 무손실선로의 특성임피던스

$$Z_0 = \sqrt{\frac{Z}{Y}} = \sqrt{\frac{R + j\omega L}{G + j\omega C}} = \sqrt{\frac{L}{C}} \text{ [Ω]}$$

여기서, Z_0 : 특성임피던스[Ω]
  Z : 임피던스[Ω]
  Y : 어드미턴스[℧]
  R : 저항[Ω]
  ω : 각주파수[rad/s]
  L : 인덕턴스[H]
  G : 콘덕턴스[℧]
  C : 정전용량[F]

제5장 비정현파 교류

1. 비정현파의 교류

직류분 + 기본파 + 고조파

2. 파형률과 파고율

① 파형률 = $\dfrac{\text{실효값}}{\text{평균값}}$

② 파고율 = $\dfrac{\text{최대값}}{\text{실효값}}$

기억법 형실평, 고최실

파 형	최대값	실효값	평균값	파형률	파고율
• 정현파 • 전파정류파	V_m	$\dfrac{V_m}{\sqrt{2}}$	$\dfrac{2V_m}{\pi}$	1.11	1.414 ($\sqrt{2}$)
• 반구형파	V_m	$\dfrac{V_m}{\sqrt{2}}$	$\dfrac{V_m}{2}$	1.414	1.414
• 삼각파 (3각파) • 톱니파	V_m	$\dfrac{V_m}{\sqrt{3}}$	$\dfrac{V_m}{2}$	1.155	1.732 ($\sqrt{3}$)
• 구형파	V_m	V_m	V_m	1	1
• 반파정류파	V_m	$\dfrac{V_m}{2}$	$\dfrac{V_m}{\pi}$	1.571	2

여기서, V_m : 최대값[V]

3. 왜형률(distortion factor)

$$D = \dfrac{\text{전고조파의 실효값}}{\text{기본파의 실효값}}$$

$$= \dfrac{\sqrt{I_2^{\,2} + I_3^{\,2} + \cdots\cdots + I_n^{\,2}}}{I_1}$$

제6장 과도현상

1. RL 직렬회로

스위치 S를 닫을 때	① 전류 : $i = \dfrac{E}{R}\left(1 - e^{-\frac{R}{L}t}\right)$ [A]
	② 시정수 : $\tau = \dfrac{L}{R}$ [s]
스위치 S를 열 때	① 전류 : $i = \dfrac{E}{R} e^{-\frac{R}{L}t}$ [A]
	② 시정수 : $\tau = \dfrac{L}{R}$ [s]

여기서, E : 전압[V]
  R : 저항[Ω]
  e : 자연대수
  L : 인덕턴스[H]

자연대수 : $e = 2.718281$을 밑으로 하는 대수

2. RC 직렬회로

스위치 S를 닫을 때	① 전류 : $i = \dfrac{E}{R} e^{-\frac{1}{RC}t}$ [A]
	② 시정수 : $\tau = RC$ [s]
스위치 S를 열 때	① 전류 : $i = -\dfrac{E}{R} e^{-\frac{1}{RC}t}$ [A]
	② 시정수 : $\tau = RC$ [s]

여기서, E : 전압[V]
  R : 저항[Ω]
  e : 자연대수
  C : 정전용량[F]

3. RLC 직렬회로(스위치 S를 닫을 때)

비진동상태	임계상태	진동상태
$R^2 > 4\dfrac{L}{C}$	$R^2 = 4\dfrac{L}{C}$	$R^2 < 4\dfrac{L}{C}$

여기서, R : 저항[Ω]
  L : 인덕턴스[H]
  C : 정전용량[F]

제7장 자동제어

1. 제어량에 의한 분류

프로세스제어 (process control)	서보기구 (servo mechanism)	자동조정 (automatic regulation)
① 온도 ② 압력 ③ 유량 ④ 액면	① 위치 ② 방위 ③ 자세	① 전압 ② 전류 ③ 주파수 ④ 회전속도 ⑤ 장력

프로세스제어=공정제어

기억법 프온압유액, 서위방자

3. 불대수의 정리

논리합	논리곱	비 고
$X + 0 = X$	$X \cdot 0 = 0$	-
$X + 1 = 1$	$X \cdot 1 = X$	-
$X + X = X$	$X \cdot X = X$	-
$X + \overline{X} = 1$	$X \cdot \overline{X} = 0$	-
$X + Y = Y + X$	$X \cdot Y = Y \cdot X$	교환법칙
$X + (Y + Z)$ $= (X + Y) + Z$	$X(YZ) = (XY)Z$	결합법칙
$X(Y + Z)$ $= XY + XZ$	$(X + Y)(Z + W)$ $= XZ + XW + YZ + YW$	분배법칙
$X + XY = X$	$\overline{X} + XY = \overline{X} + Y$ $X + \overline{X}Y = X + Y$ $X + \overline{X}\,\overline{Y} = X + \overline{Y}$	흡수법칙
$\overline{(X + Y)} = \overline{X} \cdot \overline{Y}$	$\overline{(X \cdot Y)} = \overline{X} + \overline{Y}$	드모르간의 정리

2. 시퀀스제어(sequence control)

미리 정해진 순서에 따라 각 단계가 순차적으로 진행되는 제어(예 무인커피판매기)

4. 시퀀스회로와 논리회로

명 칭	시퀀스회로	논리회로	진리표
AND 회로		$X = A \cdot B$ 입력신호 A, B가 동시에 1일 때만 출력신호 X가 1이 된다.	A B X 0 0 0 0 1 0 1 0 0 1 1 1
OR 회로		$X = A + B$ 입력신호 A, B 중 어느 하나라도 1이면 출력신호 X가 1이 된다.	A B X 0 0 0 0 1 1 1 0 1 1 1 1
NOT 회로		$X = \overline{A}$ 입력신호 A가 0일 때만 출력신호 X가 1이 된다.	A X 0 1 1 0

회로	회로도	논리기호 및 논리식			A	B	X
NAND 회로		$X = \overline{A \cdot B}$ 입력신호 A, B가 동시에 1일 때만 출력신호 X가 0이 된다. (AND회로의 부정)			0 0 1 1	0 1 0 1	1 1 1 0
NOR 회로		$X = \overline{A + B}$ 입력신호 A, B가 동시에 0일 때만 출력신호 X가 1이 된다. (OR회로의 부정)			0 0 1 1	0 1 0 1	1 0 0 0
EXCLUSIVE OR 회로		$X = A \oplus B = \overline{A}B + A\overline{B}$ 입력신호 A, B 중 어느 한쪽만이 1이면 출력신호 X가 1이 된다.			0 0 1 1	0 1 0 1	0 1 1 0
EXCLUSIVE NOR 회로		$X = \overline{A \oplus B} = AB + \overline{A}\,\overline{B}$ 입력신호 A, B가 동시에 0이거나 1일 때 출력신호 X가 1이 된다.			0 0 1 1	0 1 0 1	1 0 0 1

5. 전압변동률

$$\delta = \frac{V_{Ro} - V_R}{V_R} \times 100 \,[\%]$$

여기서, V_{Ro} : 무부하시 수전단 전압[V]
V_R : 부하시 수전단 전압[V]

6. 정류효율

$$\eta = \frac{P_{DC}}{P_{AC}} \times 100 \,[\%]$$

여기서, P_{DC} : 직류 출력전력의 평균값[W]
P_{AC} : 교류 입력전력의 실효값[W]

7. 맥동률

$$\gamma = \frac{V_{AC}}{V_{DC}} \times 100 \,[\%]$$

여기서, V_{AC} : 직류 출력전압의 교류분[V]
V_{DC} : 직류 출력전압[V]

8. 단상 반파·전파 정류회로

구 분	단상 반파 정류회로	단상 전파 정류회로
정류효율	40.6%	81.2%
맥동률	1.21	0.482

9. 다이오드의 접속

직렬접속	병렬접속
과전압으로부터 보호	과전류로부터 보호

> 기억법 직압

10. 반도체소자

소 자	설 명
서미스터(thermistor)	온도보상용
바리스터(varistor)	서지전압에 대한 회로보호용
UJT(단일접합트랜지스터)	펄스발생기로 성능 우수

실리콘정류기	고전압 대전류용으로 최고허용온도는 140~200℃이다.
게르마늄 정류기	최고 허용온도는 65~75℃이다.

기억법 서온, 바서지

11. 변환요소

① 정온식 감지선형 감지기 : 온도 → 임피던스
② 열전대식 감지기 ┐
③ 열반도체식 감지기 ┘ 온도 → 전압
④ 유압분사관 : 변위 → 압력
⑤ 포텐셔미터 ┐
⑥ 차동변압기 ├ 변위 → 전압
⑦ 전위차계 ┘

열전대는 온도를 전압으로 변환시키는 요소로서, 감지기 중 열전대식 차동식 분포형 감지기에 이용된다.

기억법 열온전

12. 기동토크가 큰 순서

반발기동형>반발유도형>콘덴서기동형>분상기동형 >셰이딩 코일형

13. 직류전동기의 속도제어

① 저항제어
② 전압제어 : 정토크제어
③ 계자제어 : 정출력제어

중요 출력

$$P = 9.8\omega\tau = 9.8 \times 2\pi \frac{N}{60} \times \tau [W]$$

여기서, P : 출력[W]
ω : 각속도[rad/s]
N : 회전수[rpm]
τ : 토크[kg·m]

14. 유도전동기의 기동법

① 전전압기동법 : 전동기 용량 5.5kW 미만에 적용
② Y-△ 기동법 : 전동기 용량 5.5~15kW 미만에 적용
③ 기동보상기법 : 전동기 용량 15kW 이상에 적용
④ 기동저항기법
⑤ 콘도르퍼기동법
⑥ 게르게스법

15kW 이상도 Y-△ 기동법을 사용하기도 한다.

15. 절연물의 허용온도

절연의 종류	Y	A	E	B	F	H	C
최고 허용 온도 [℃]	90	105	120	130	155	180	180 초과

제4편 소방전기시설의 구조 및 원리

제1장 경보설비의 구조 및 원리

1. 경보설비의 종류

경보설비
- 자동화재탐지설비 · 시각경보기
- 자동화재속보설비
- 누전경보기
- 비상방송설비
- 비상경보설비(비상벨설비, 자동식 사이렌설비)
- 가스누설경보기
- 단독경보형 감지기
- 통합감시시설
- 화재알림설비

2. 자동화재탐지설비의 구성요소

① 감지기 ② 수신기
③ 발신기 ④ 중계기
⑤ 음향장치 ⑥ 표시등
⑦ 전원 ⑧ 배선

3. 자동화재탐지설비의 설치대상

설치대상	조 건
① 정신의료기관 · 의료재활시설	• 창살설치 : 바닥면적 $300m^2$ 미만 • 기타 : 바닥면적 $300m^2$ 이상
② 노유자시설	• 연면적 $400m^2$ 이상
③ 근린생활시설 · 위락시설 ④ 의료시설(정신의료기관 또는 요양병원 제외) ⑤ 복합건축물 · 장례시설	• 연면적 $600m^2$ 이상
⑥ 목욕장 · 문화 및 집회시설, 운동시설 ⑦ 종교시설 ⑧ 방송통신시설 · 관광휴게시설 ⑨ 업무시설 · 판매시설 ⑩ 항공기 및 자동차 관련시설 · 공장 · 창고시설 ⑪ 지하상가 · 운수시설 · 발전시설 · 위험물 저장 및 처리시설 ⑫ 교정 및 군사시설 중 국방 · 군사시설	• 연면적 $1000m^2$ 이상
⑬ 교육연구시설 · 동식물관련시설 ⑭ 자원순환관련시설 · 교정 및 군사시설(국방 · 군사시설 제외) ⑮ 수련시설(숙박시설이 있는 것 제외) ⑯ 묘지관련시설	• 연면적 $2000m^2$ 이상
⑰ 터널	• 길이 1000m 이상
⑱ 지하구 ⑲ 노유자생활시설 ⑳ 아파트 등 기숙사 ㉑ 숙박시설 ㉒ 6층 이상인 건축물 ㉓ 조산원 및 산후조리원 ㉔ 전통시장 ㉕ 요양병원(정신병원과 의료재활시설 제외)	• 전부
㉖ 특수가연물 저장 · 취급	• 지정수량 500배 이상
㉗ 수련시설(숙박시설이 있는 것)	• 수용인원 100명 이상
㉘ 발전시설	• 전기저장시설

> **기억법** 근위의복 6, 교동자교수 2

4. 감지기의 종별

감지기	설 명
차동식 스포트형 감지기	• 주위온도가 일정상승률 이상이 되는 경우에 작동하는 것으로서 **일국소**에서의 **열효과**에 의하여 작동하는 것
차동식 분포형 감지기	• 주위온도가 일정상승률 이상이 되는 경우에 작동하는 것으로서 **넓은 범위**에서의 **열효과**에 의하여 작동하는 것
보상식 스포트형 감지기	• 차동식 스포트형과 정온식 스포트형의 성능을 **겸용**한 것으로서 차동식 스포트형 또는 정온식 스포트형의 한 기능이 작동되면 작동신호를 발하는 것

5. 공기관식 감지기

(1) 구성요소

감열부	검출부
공기관 (두께 0.3mm 이상, 바깥지름 1.9mm 이상)	다이어프램, 리크구멍, 시험장치, 접점

리크구멍 : 오동작 방지

기억법 열319

(2) 공기관 상호간의 접속
슬리브에 삽입한 후 납땜한다.

6. 열전대식 감지기

(1) 구성요소

감열부	검출부
열전대	미터릴레이

(2) 고정방법
메신저와이어(Messenger Wire)를 사용할 때 30cm 이내

7. 열반도체식 감지기

(1) 구성요소

감열부	검출부
열반도체소자, 수열판	미터릴레이

(2) 열반도체소자의 구성요소
① 비스무스(Bi)
② 안티몬(Sb)
③ 텔루륨(Te)

8. 차동식 스포트형 감지기

공기의 팽창을 이용한 것	열기전력을 이용한 것
① 구성요소 : 감열실, 다이어프램, 리크구멍, 접점, 작동표시장치 ② 리크구멍 : 감지기의 오동작 방지	① 구성요소 : 감열실, 반도체 열전대, 고감도릴레이

9. 정온식 스포트형 감지기의 구조

① 금속의 팽창을 이용한 것
② 금속의 용융을 이용한 것
③ 가용절연물을 이용한 것
④ 반도체의 열효과를 이용한 것

10. 정온식 감지선형 감지기의 고정방법

구 분	고정방법
단자부와 마감고정금구	10cm 이내
굴곡반경	5cm 이상

11. 감지기의 부착높이

부착높이	감지기의 종류
8~15m 미만	• 차동식 분포형 • 이온화식 1종 또는 2종 • 광전식(스포트형·분리형·공기흡입형) 1종 또는 2종 • 연기복합형 • 불꽃감지기
15~20m 미만	• 이온화식 1종 • 광전식(스포트형·분리형·공기흡입형) 1종 • 연기복합형 • 불꽃감지기

12. 연기감지기의 설치장소

① 계단·경사로 및 에스컬레이터 경사로
② 복도(30m 미만 제외)
③ 엘리베이터 승강로(권상기실이 있는 경우에는 권상기실)·린넨슈트·파이프피트 및 덕트, 기타 이와 유사한 장소
④ 천장 또는 반자의 높이가 15~20m 미만의 장소
⑤ 공동주택·오피스텔·숙박시설 ─┐
  ·노유자시설·수련시설
⑥ 합숙소   ├ 취침·숙박·입
⑦ 의료시설, 입원실이 있는   │ 원 등 이와 유
  의원·조산원   │ 사한 용도로 사
⑧ 교정 및 군사시설   │ 용되는 거실
⑨ 고시원 ─────────────┘

13. 감지기의 설치기준

① 감지기(차동식 분포형 제외)는 실내로의 공기유입구로부터 1.5m 이상 떨어진 위치에 설치할 것
② 스포트형 감지기는 45° 이상 경사되지 아니하도록 부착할 것

③ 스포트형 감지기의 바닥면적

(단위 : m²)

부착높이 및 소방대상물의 구분		감지기의 종류				
		차동식·보상식 스포트형		정온식 스포트형		
		1종	2종	특종	1종	2종
4m 미만	내화구조	90	70	70	60	20
	기타구조	50	40	40	30	15
4m 이상 8m 미만	내화구조	45	35	35	30	–
	기타구조	30	25	25	15	–

14. 공기관식 감지기의 설치기준

① 노출부분은 감지구역마다 **20m** 이상이 되도록 할 것
② 각 변과의 수평거리는 **1.5m** 이하가 되도록 하고, 공기관 상호간의 거리는 **6m**(주요구조부를 **내화구조**로 된 특정소방대상물 또는 그 부분에 있어서는 **9m**) 이하가 되도록 할 것
③ 하나의 검출부분에 접속하는 공기관의 길이는 **100m** 이하로 할 것
④ 검출부는 **5°** 이상 경사되지 아니하도록 부착할 것

15. 열전대식 감지기의 설치기준

① 하나의 검출부에 접속하는 열전대부는 **4~20개** 이하로 할 것
② 바닥면적

(단위 : m²)

분류	바닥면적
내화구조	22
기타구조	18

16. 열반도체식 감지기의 설치기준

① 하나의 검출기에 접속하는 감지부는 **2~15개** 이하로 되도록 할 것

② 바닥면적

(단위 : m²)

부착높이 및 소방대상물의 구분		감지기의 종류	
		1종	2종
8m 미만	내화구조	65	36
	기타구조	40	23
8m 이상 15m 미만	내화구조	50	36
	기타구조	30	23

17. 정온식 감지선형 감지기의 수평거리

1종	2종
3m(내화구조는 4.5m) 이하	1m(내화구조는 3m) 이하

18. 연기감지기의 설치기준

① 복도 및 통로는 보행거리 **30m**(3종은 **20m**)마다 1개 이상으로 할 것
② 계단 및 경사로는 수직거리 **15m**(3종은 **10m**)마다 1개 이상으로 할 것
③ 감지기는 벽 또는 보로부터 **0.6m** 이상 떨어진 곳에 설치할 것
④ 바닥면적

(단위 : m²)

부착높이	감지기의 종류	
	1종 및 2종	3종
4m 미만	150	50
4~20m 미만	75	설치할 수 없다.

19. 감지기의 설치제외장소

① 천장 또는 반자의 높이가 **20m** 이상인 장소
② 삭제 〈2015.1.23〉
③ 파이프덕트 등 2개층마다 방화구획된 것 또는 수평단면적이 **5m²** 이하인 것

20. 차동식 분포형 감지기의 화재작동시험

공기관식	열전대식
• 펌프시험 · 작동계속시험 • 유통시험 · 접점수고시험	• 화재작동시험, 합성저항시험

21. 감지기의 형식승인 및 제품검사기술기준
(1) 표시등
① 전구는 **2개** 이상을 **병렬**로 접속하여야 한다.
  (단, **방전등** 또는 **발광다이오드**의 경우는 제외)
② 작동표시장치의 표시등은 주변 조도가 (500±25)lx인 조건에서 감지기 정면으로부터 6m 떨어진 위치에서 식별되어야 한다.

(2) 음향장치
① 사용전압의 **80%**인 전압에서 소리를 내어야 한다.
② 단독경보형 감지기의 화재경보음은 **1m** 떨어진 곳에서 **85dB** 이상이어야 한다.

(3) 반복시험
6000회

(4) 절연저항시험

정온식 감지선형 감지기	기타 감지기
직류 500V 절연저항계, 1m당 1000MΩ 이상	직류 500V 절연저항계, 50MΩ 이상

22. P형 수신기의 기능
① 화재표시작동시험장치
② 수신기와 감지기 사이의 도통시험장치
③ 상용전원과 예비전원의 자동절환장치
④ 예비전원 양부시험장치
⑤ 기록장치

23. R형 수신기의 특성
① 선로수가 적어 경제적이다.
② 선로길이를 길게 할 수 있다.
③ 증설 또는 이설이 비교적 쉽다.
④ 화재발생지구를 선명하게 숫자로 표시할 수 있다.
⑤ 신호의 전달이 확실하다.

24. 수신기의 적합기준
① 해당 특정소방대상물의 경계구역을 각각 표시할 수 있는 회선수 이상의 수신기를 설치할 것
② 해당 특정소방대상물에 가스누설탐지설비가 설치된 경우에는 가스누설탐지설비로부터 가스누설신호를 수신하여 가스누설경보를 할 수 있는 수신기를 설치할 것(가스누설탐지설비의 수신부를 별도로 설치한 경우에는 제외한다.)

25. 수신기의 성능시험
① 화재표시작동시험
② 회로도통시험
③ 공통선시험
④ 예비전원시험
⑤ 동시작동시험(**5회선** 동시작동)
⑥ 저전압시험
⑦ 회로저항시험
⑧ 비상전원시험

26. 수신기의 소요시간

기 기	시 간
• P형 · P형 복합식 · R형 · R형 복합식 · GP형 · GP형 복합식 · GR형 · GR형 복합식 수신기 • 중계기	**5초 이내**
비상방송설비	10초 이하
가스누설경보기	60초 이내

기억법 시중5 6가

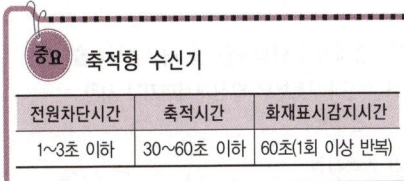

중요 축적형 수신기

전원차단시간	축적시간	화재표시감지시간
1~3초 이하	30~60초 이하	60초(1회 이상 반복)

27. 수신기의 절연저항시험

측정대상	절연저항	
절연된 충전부와 외함간	10회로 미만	직류 500V의 절연저항계 5MΩ 이상
	10회로 이상	직류 500V의 절연저항계 50MΩ 이상
교류입력측과 외함간	직류 500V의 절연저항계 20MΩ 이상	
절연된 선로간	직류 500V의 절연저항계 20MΩ 이상	

28. 발신기의 종류
P형 발신기

29. 발신기의 설치기준
① 조작이 쉬운 장소에 설치하고, 스위치는 바닥으로부터 0.8~1.5m 이하의 높이에 설치할 것
② 특정소방대상물의 **층**마다 설치하되, 해당 특정소방대상물의 각 부분으로부터 하나의 발신기까지의 수평거리가 25m 이하가 되도록 할 것

30. 발신기의 형식승인 및 제품검사기술기준
(1) 구조 및 기능
　외함은 1.2mm 이상(강판 사용)
(2) 반복시험
　5000회
(3) 절연저항시험
　① 절연된 단자간 : 직류 500V 절연저항계, 20MΩ 이상
　② 단자와 외함간 : 직류 500V 절연저항계, 20MΩ 이상

31. 중계기의 기능시험
① 상용전원시험
② 예비전원시험

32. 중계기의 형식승인 및 제품검사기술기준
(1) 수신개시로부터 발신개시까지의 시간
　5초 이내
(2) 반복시험
　2000회
(3) 절연저항시험
　① 절연된 충전부와 외함간 : 직류 500V 절연저항계, 20MΩ 이상
　② 절연된 선로간 : 직류 500V 절연저항계, 20MΩ 이상

33. 자동화재탐지설비 우선경보방식
11층(공동주택은 16층) 이상의 특정소방대상물의 경보

발화층	경보층	
	11층(공동주택은 16층) 미만	11층(공동주택은 16층) 이상
2층 이상 발화	전층 일제경보	• 발화층 • 직상 4개층
1층 발화		• 발화층 • 직상 4개층 • 지하층
지하층 발화		• 발화층 • 직상층 • 기타의 지하층

34. 음향장치의 구조 및 성능기준
① 정격전압의 80% 전압에서 음향을 발할 것(단, 건전지를 주전원으로 사용하는 음향장치는 제외)
② 음량은 1m 떨어진 위치에서 90dB 이상일 것
③ 감지기 · 발신기의 작동과 **연동**하여 작동할 것

35. 자동화재속보설비
(1) 설치기준
　① 자동화재탐지설비와 연동으로 소방관서에 통보할 것
　② 조작스위치는 바닥으로부터 0.8~1.5m 이하의 높이에 설치하고, 보기 쉬운 곳에 스위치임을 표시한 표지를 할 것

(2) 설치대상

설치대상	조 건
① 수련시설(숙박시설이 있는 것) ② 노유자시설 ③ 정신병원, 의료재활시설	• 바닥면적 500m² 이상
④ 목조건축물	• 국보 · 보물
⑤ 노유자생활시설	• 전부
⑥ 전통시장	• 전부
⑦ 의원, 치과의원, 한의원(입원실이 있는 시설) ⑧ 조산원, 산후조리원 ⑨ 종합병원, 병원, 치과의원, 한방병원 및 요양병원(의료재활시설 제외)	• 전부

36. 속보기의 성능시험기술기준
20초 이내에 3회 이상 소방관서에 자동속보할 것

37. 비상방송설비의 설치기준
① 확성기의 음성입력은 실내 1W, 실외 3W 이상일 것
② 확성기는 **각 층**마다 설치하되, 각 부분으로부터의 수평거리는 **25m** 이하일 것
③ 음량조정기는 **3선식** 배선일 것
④ 비상방송 개시시간은 **10초** 이하일 것

38. 설치대상
(1) 비상경보설비

설치대상	조 건
① 지하층·무창층	• 바닥면적 150m² (공연장 100m²) 이상
② 전부	• 연면적 400m² 이상
③ 터널	• 길이 500m 이상
④ 옥내작업장	• 50인 이상 작업

(2) 비상방송설비
① 연면적 3500m² 이상
② 11층 이상(지하층 제외)
③ 지하 3층 이상

39. 누전경보기의 구성요소

구성요소	설 명
영상변류기	누설전류를 검출한다.
수신기(차단기구 포함)	누설전류를 증폭한다.
음향장치	-

40. 누전경보기의 수신부

설치장소	설치제외장소
옥내의 점검에 편리한 장소	① 습도가 높은 장소 ② 온도의 변화가 급격한 장소 ③ 화약류제조·저장·취급장소 ④ 대전류회로·고주파 발생회로 등의 영향을 받을 우려가 있는 장소 ⑤ 가연성의 증기·먼지·가스·부식성의 증기·가스 다량체류장소

41. 누전경보기의 설치방법

60A 초과	60A 이하
1급 누전경보기 설치	1급 또는 2급 누전경보기 설치

42. 누전경보기의 전원기준
① 각 극에 **개폐기** 및 15A 이하의 **과전류차단기**를 설치할 것(배선용 차단기는 20A 이하)
② 분전반으로부터 **전용회로**로 할 것

43. 누전경보기의 형식승인 및 제품검사기술기준
(1) 공칭작동전류치
  200mA 이하
(2) 감도조정장치의 조정범위
  1A 이하
(3) 절연저항시험
  직류 500V 절연저항계
  ① 절연된 1차 권선과 2차 권선간의 절연저항 : 5MΩ 이상
  ② 절연된 1차 권선과 외부금속부간의 절연저항 : 5MΩ 이상
  ③ 절연된 2차 권선과 외부금속부간의 절연저항 : 5MΩ 이상

44. 가스누설경보기의 형식승인 및 제품검사 기술기준
(1) 경보기의 분류
  ① 단독형 : 가정용
  ② 분리형 ┬ 영업용 : 1회로용
          └ 공업용 : 1회로 이상용
(2) 수신개시로부터 가스누설표시까지의 소요시간
  60초 이내일 것
(3) 분리형의 주위온도 시험범위
  $-(10\pm2)$℃ ~ (50 ± 2)℃

제2장 피난구조설비 및 소화활동설비

1. 객석유도등의 설치장소
① 공연장 ② 집회장
③ 관람장 ④ 운동시설

2. 설치높이

설치높이	유도등·유도표지
1m 이하	• 복도통로유도등 • 계단통로유도등 • 통로유도표지
1.5m 이상	• 피난구유도등 • 거실통로유도등

3. 조도

구 분	조 도
객석유도등	0.2lx 이상
통로유도등	1lx 이상
비상조명등	1lx 이상

4. 표시색

통로유도등	피난구유도등
백색바탕에 녹색글씨 또는 문자	녹색바탕에 백색글씨 또는 문자

기억법 피녹바

5. 최소설치개수 산정식

(1) 객석유도등

$$설치개수 = \frac{객석의\ 통로의\ 직선부분의\ 길이[m]}{4} - 1$$

(2) 유도표지

$$설치개수 = \frac{구부러진\ 곳이\ 없는\ 부분의\ 보행거리[m]}{15} - 1$$

(3) 복도통로유도등, 거실통로유도등

$$설치개수 = \frac{구부러진\ 곳이\ 없는\ 부분의\ 보행거리[m]}{20} - 1$$

6. 비상전원의 종류
(1) 유도등 : 축전지

(2) 비상콘센트설비 — 자가발전설비
 — 축전지설비
 — 비상전원수전설비
 — 전기저장장치

(3) 옥내소화전설비 — 자가발전설비
 — 축전지설비
 — 전기저장장치

7. 유도등의 형식승인 및 제품검사기술기준

(1) 사용전압
   300V 이하

(2) 전선의 굵기
   인출선인 경우 0.75mm² 이상

(3) 인출선의 길이
   150mm 이상

(4) 조도시험

유도등의 종류	시험방법
• 계단통로유도등	바닥면에서 2.5m 높이에 유도등을 설치하고 수평거리 10m 위치에서 법선조도 0.5lx 이상
• 복도통로유도등	바닥면에서 1m 높이에 유도등을 설치하고 중앙으로부터 0.5m 위치에서 조도 1lx 이상
• 거실통로유도등	바닥면에서 2m 높이에 유도등을 설치하고 중앙으로부터 0.5m 위치에서 조도 1lx 이상
• 객석유도등	바닥면에서 0.5m 높이에 유도등을 설치하고 바로 밑에서 0.3m 위치에서 수평조도 0.2lx 이상

(5) 식별도시험

유도등의 종류	시험방법
• 피난구 유도등 • 거실통로 유도등	① 상용전원 : 10~30lx의 주위조도로 30m에서 식별 ② 비상전원 : 0~1lx의 주위조도로 20m에서 식별
• 복도통로 유도등	① 상용전원 : 직선거리 20m에서 식별 ② 비상전원 : 직선거리 15m에서 식별

8. 비상조명등의 설치대상
① 5층 이상으로서 연면적 3000m² 이상(지하층 포함)
② 지하층 또는 무창층의 바닥면적이 450m² 이상
③ 터널길이 500m 이상

9. 비상전원 용량

설비의 종류	비상전원 용량
자동화재탐지설비, 비상경보설비, 자동화재속보설비	10분 이상
유도등, 비상콘센트설비, 옥내소화전설비(30층 미만), 제연설비, 물분무소화설비, 특별피난계단의 계단실 및 부속실 제연설비(30층 미만)	20분 이상
무선통신보조설비의 증폭기	30분 이상
옥내소화전설비(30~49층 이하), 특별피난계단의 계단실 및 부속실 제연설비(30~49층 이하), 연결송수관설비(30~49층 이하), 스프링클러설비(30~49층 이하)	40분 이상
유도등·비상조명등(지하상가 및 11층 이상), 옥내소화전설비(50층 이상), 특별피난계단의 계단실 및 부속실 제연설비(50층 이상), 연결송수관설비(50층 이상), 스프링클러설비(50층 이상)	60분 이상

10. 반복시험 횟수

횟 수	기 기
1000회	속보기
2000회	중계기
5000회	전원스위치, 발신기
6000회	감지기
10000회	비상조명등, 스위치접점, 기타의 설비 및 기기

기억법 2중

11. 비상콘센트 전원회로의 설치기준

구분	전 압	용 량	플러그접속기
단상 교류	220V	1.5kVA 이상	접지형 2극

① 1전용회로에 설치하는 비상콘센트는 **10개** 이하로 할 것
② 풀박스는 **1.6mm** 이상의 철판을 사용할 것

12. 비상콘센트설비의 설치대상
① 11층 이상의 층
② 지하 3층 이상이고, 지하층의 바닥면적 합계가 1000m² 이상은 지하층의 전층
③ 터널길이 500m 이상

13. 설치높이

기타 기기	시각경보장치
0.8~1.5m 이하	2~2.5m 이하(단, 천장의 높이가 2m 이하인 경우에는 천장으로부터 0.15m 이내의 장소에 설치)

기억법 시25

14. 무선통신보조설비의 구성요소
① 누설동축케이블, 동축케이블
② 분배기
③ 증폭기
④ 옥외안테나
⑤ 혼합기
⑥ 분파기
⑦ 무선중계기

15. 누설동축케이블의 설치기준
① 누설동축케이블 및 동축케이블은 화재에 따라 해당 케이블의 피복이 소실된 경우에 케이블 본체가 떨어지지 아니하도록 4m 이내마다 금속제 또는 자기제 등의 지지금구로 벽·천장·기둥 등에 견고하게 고정시킬 것 (단, 불연재료로 구획된 반자 안에 설치하는 경우 제외)
② 누설동축케이블 및 안테나는 고압전로로부터 1.5m 이상 떨어진 위치에 설치할 것

16. 수평거리와 보행거리
(1) 수평거리

수평거리	기 기
25m 이하	• 발신기 • 음향장치(확성기) • 비상콘센트(지하상가 또는 지하바닥면적 합계 3000m² 이상)
50m 이하	• 비상콘센트(기타)

(2) 보행거리

보행거리	기 기
15m 이하	• 유도표지
20m 이하	• 복도통로유도등 • 거실통로유도등 • 3종 연기감지기
30m 이하	• 1·2종 연기감지기

> **기억법** 2복거

(3) 수직거리

수직거리	기 기
15m 이하	• 1·2종 연기감지기
10m 이하	• 3종 연기감지기

17. 분배기·분파기·혼합기의 임피던스

50Ω

제3장 소화 및 제연·연결송수관설비

1. 옥내소화전설비의 표시등 설치기준(NFTC 102 2.4.3)

① 위치표시등은 함의 상부에 설치하되 불빛은 부착면으로부터 15° 이상의 범위 안에서 10m 떨어진 범위 안에서 쉽게 식별할 수 있을 것
② 적색등은 사용전압의 130%인 전압을 24시간 가하는 경우 단선, 현저한 광속변화, 전류변화 등이 발생하지 아니할 것

2. 스프링클러설비 제어반의 도통시험 및 작동시험을 할 수 있어야 하는 회로(NFPC 103 13조, NFTC 103 2.10.3.8)

① 기동용 수압개폐장치의 압력스위치회로
② 수조 또는 물올림수조의 저수위감시회로
③ 유수검지장치 또는 일제개방밸브의 압력스위치회로
④ 일제개방밸브를 사용하는 설비의 화재감지기회로
⑤ 개폐밸브의 폐쇄상태 확인회로

3. 전자개방밸브 설치

할론·CO_2·분말소화설비의 전기식 기동장치 (NFPC 106 6조, NFTC 106 2.3.2.2)	분말소화약제의 가압용 가스용기 (NFPC 108 5조, NFTC 108 2.2.2)
7병 이상의 저장용기를 동시에 개방하는 설비는 2병 이상에 전자개방밸브를 설치할 것	가스용기를 3병 이상 설치한 경우 2개 이상에 전자개방밸브를 부착할 것

4. 하나의 제연구역의 면적

1000m^2 이내

제4장 소방전기설비

1. 전원의 종류

전원 종류	설 명
상용전원	-
비상전원	상용전원 정전 때를 대비하기 위한 전원
예비전원	상용전원 고장시 또는 용량부족시 최소한의 기능을 유지하기 위한 전원

2. 부동충전방식

전지의 자기방전을 보충함과 동시에 상용부하에 대한 전력공급은 충전기가 부담하되 부담하기 어려운 일시적인 대전류부하는 축전지가 부담하도록 하는 방식

3. 세류충전(트리클충전)

자기방전량만 항상 충전하는 방식

4. 부동충전방식의 2차 전류

$$2차\ 전류 = \frac{축전지의\ 정격용량}{축전지의\ 공칭용량} + \frac{상시부하}{표준전압}[A]$$

5. 부동충전방식의 축전지의 용량

$$C = \frac{1}{L}KI\ [Ah]$$

여기서, C : 축전지용량
L : 용량저하율(보수율)
K : 용량환산시간[h]
I : 방전전류[A]

6. 축전지설비의 구성요소

① 축전지
② 충전장치
③ 보안장치
④ 제어장치
⑤ 역변환장치

7. 발전기의 용량산정식

$$P_n > \left(\frac{1}{e} - 1\right) X_L P\ [kVA]$$

여기서, P_n : 발전기 정격출력[kVA]
e : 허용전압강하
X_L : 과도리액턴스
P : 기동용량[kVA]

8. 발전기용 차단용량

$$P_s = \frac{1.25 P_n}{X_L}\ [kVA]$$

여기서, P_s : 발전기용 차단용량[kVA]
P_n : 발전기 용량[kVA]
X_L : 과도리액턴스

9. 대형 전동기의 기동방법

① Y-△ 기동
② 리액터 기동
③ 기동보상기에 의한 기동

10. 내화배선의 공사방법

① 금속관공사
② 2종 금속제 가요전선관공사
③ 합성수지관공사

11. 내열배선의 공사방법

① 금속관공사
② 금속제 가요전선관공사
③ 금속덕트공사
④ 케이블공사

12. 자동화재탐지설비, 옥내소화전설비의 공사방법

① 금속제 가요전선관공사
② 합성수지관공사
③ 금속관공사
④ 금속덕트공사
⑤ 케이블공사

13. 감지기회로의 말단설치
① 발신기
② 스위치
③ 종단저항

14. 종단저항 설치목적
도통시험을 용이하게 하기 위하여

15. 자동화재탐지설비의 감지기회로의 전로저항
50Ω 이하

16. 전선의 구비조건
① 도전율이 클 것
② 내구성이 좋을 것
③ 비중이 작을 것
④ 기계적 강도가 클 것
⑤ 가설이 쉽고 가격이 저렴할 것

17. 지지점 거리

관 및 덕트	지지점 거리
합성수지관	1.5m 이하
금속관	2m 이하
금속덕트	3m 이하

기억법 합15

18. 별도의 경계구역
① 계단
② 경사로
③ 엘리베이터 **승강로**(권상기실이 있는 경우 **권상기실**)
④ 린넨슈트
⑤ 파이프덕트

19. 경계구역
(1) 경계구역의 설정기준
　① 1경계구역이 2개 이상의 **건축물**에 미치지 않을 것
　② 1경계구역이 2개 이상의 **층**에 미치지 않을 것
　③ 1경계구역의 면적은 **600m²**(내부 전체가 보이면 **1000m²**) 이하로 하고, 1변의 길이는 **50m** 이하로 할 것

(2) 1경계구역 높이
　45m 이하

(3) 경계구역의 경계선
　① 복도
　② 통로
　③ 방화벽

20. 적응장소

정온식 스포트형 감지기	연기감지기
① 영사실	① 계단·경사로
② 주방·조리실	② 복도·통로
③ 용접작업장	③ 엘리베이터 권상기실
④ 건조실	④ 린넨슈트
⑤ 조리실	⑤ 파이프덕트
⑥ 스튜디오	⑥ 전산실
⑦ 보일러실	⑦ 통신기기실
⑧ 살균실	

제5장 기타 소방전기시설

1. 전선의 굵기를 결정하는 3요소
① 허용전류 ② 전압강하 ③ 기계적 강도

간선 및 분기회로의 전압강하 : 표준전압의 2% 이내

2. 전선단면적의 계산

전기방식	전선단면적
단상 2선식	$A = \dfrac{35.6LI}{1000e}$
3상 3선식	$A = \dfrac{30.8LI}{1000e}$
단상 3선식 3상 4선식	$A = \dfrac{17.8LI}{1000e'}$

여기서, A : 전선의 단면적[mm^2], L : 선로길이[m]
  I : 전부하전류[A], e : 각 선간의 전압강하[V]
  e' : 각 선간의 1선과 중성선 사이의 전압강하[V]

3. HFIX전선
① 명칭 : 450/750V 저독성 난연 가교폴리올레핀 절연전선
② 최고허용온도 : 90℃

4. 접지시스템(KEC 140)
(1) 접지시스템 구분

접지 대상	접지시스템 구분	접지시스템 시설 종류	접지도체의 단면적 및 종류
특고압·고압 설비	• 계통접지 : 전력계통의 이상현상에 대비하여 대지와 계통을 접지하는 것 • 보호접지 : 감전보호를 목적으로 기기의 한 점 이상을 접지하는 것 • 피뢰시스템 접지 : 뇌격전류를 안전하게 대지로 방류하기 위해 접지하는 것	• 단독접지 • 공통접지 • 통합접지	6mm² 이상 연동선
일반적인 경우			구리 6mm² (철제 50mm²) 이상
변압기		• 변압기 중성점 접지	16mm² 이상 연동선

(2) 접지도체에 피뢰시스템이 접속되는 경우 접지도체의 단면적(KEC 142.3.1)

구 리	철 제
16mm² 이상	50mm² 이상

(3) 큰 고장전류가 접지도체를 통하여 흐르지 않을 경우 접지도체의 최소 단면적(KEC 142.3.1)

구 리	철 제
6mm² 이상	50mm² 이상

5. 전선관의 산정 (KEC 핸드북 p.301, 306, 313)
케이블 또는 절연도체의 내부단면적이 휨(가요) 전선관 단면적의 $\dfrac{1}{3}$을 초과하지 않도록 하는 것이 바람직하다.

6. 전동기 용량의 산정

$$P\eta t = 9.8KHQ$$

여기서, P : 전동기 용량[kW], η : 효율
  t : 시간[s], K : 여유계수
  H : 전양정[m], Q : 양수량[m^3]

7. 동기속도

$$N_s = \dfrac{120f}{P} \text{[rpm]}$$

여기서, N_s : 동기속도[rpm]
  f : 주파수[Hz]
  P : 극수

8. 축전지의 비교표

구 분	연축전지	알칼리축전지
기전력	2.05~2.08V	1.32V
공칭전압	2.0V	1.2V
공칭용량	10Ah	5Ah
충전시간	길다	짧다
수명	5~15년	15~20년
종류	클래드식, 페이스트식	소결식, 포켓식

책갈피 겸용 해설가리개

※ 독자의 세심한 부분까지 신경 쓴 책갈피 겸용 해설가리개!
절취선을 따라 오린 후 본 지면으로 해설을 가리고 학습하며 실전 감각을 길러보세요!

✂ 절취선

동영상강의

bm.cyber.co.kr(031-950-6332) | 에스미디어 www.ymg.kr(010-3182-1190)

소방분야 1위자 공하성 교수의 차원이 다른 강의!

검증된 실력의 자타공인! 절대합격 필수 코스!

소방설비기사
- [쌍기사 평생연장반]
- 수방설비기사 [전기] X [기계] 패키지
- 필기 + 실기 + 과년도 문제풀이 패키지
- 필기 + 과년도 문제풀이 패키지
- 실기 + 과년도 문제풀이 패키지

소방설비산업기사
- 필기 + 실기 + 과년도 문제풀이 패키지
- 필기 + 과년도 문제풀이 패키지
- 실기 + 과년도 문제풀이 패키지

소방시설관리사
- 1차 + 2차 대비 평생연장반
- 1차 합격 대비반
- 2차 마스터 패키지

※ 강좌구성은 상황에 따라 변동될 수 있음.

검증된 실력의 자타공인! 절대합격 필수 코스!

소방설비기사
- [쌍기사 평생연장반]
- 소방설비기사 [전기] X [기계] 패키지
- 필기 + 실기 + 과년도 문제풀이 패키지
- 필기 + 과년도 문제풀이 패키지
- 실기 + 과년도 문제풀이 패키지

소방설비산업기사
- 필기 + 실기 + 과년도 문제풀이 패키지
- 필기 + 과년도 문제풀이 패키지
- 실기 + 과년도 문제풀이 패키지

소방시설관리사
- 1차 + 2차 대비 평생연장반
- 1차 합격 대비반
- 2차 마스터 패키지

※ 강좌구성은 상황에 따라 변동될 수 있음.

공하성 교수의 차원이 다른 강의!
- 한 번에 합격시켜 주는 핵심 강의
- 최근 국가화재안전기준 내용 수록
- 언제 어디서나 모바일 스마트러닝

✂ 절취선

동영상강의

bm.cyber.co.kr(031-950-6332) | 에스미디어 www.ymg.kr(010-3182-1190)

소방분야 1위자 공하성 교수의 차원이 다른 강의!

책갈피 겸용 해설가리개

※ 눈의 피로를 덜어주는 해설가리개입니다.
한번 사용해보세요.